Temas de interés

Diamante, grafito y buckminsterfullereno: sustancias que sólo contienen átomos de carbono (1.8)
El agua —un compuesto único (1.11)
Lluvia ácida (1.17)
Deducción de la ecuación de Henderson-Hasselbalch (1.24)
La sangre: una disolución amortiguadora (1.25)
Compuestos con olor desagradable (2.7)
Hidrocarburos muy tensionados (2.11)
von Baeyer y el ácido barbitúrico (2.11)
Interconversión *cis-trans* en la visión (3.4)
Otras instrucciones para las flechas curvas (3.6)
La diferencia entre $\Delta G^{\ddagger}$ y E_a (3.8)
Cálculo de los parámetros cinéticos (página 157)
Borano y diborano (4.10)
Grasas *trans* (4.11)
Plaguicidas: naturales y sintéticos (4.12)
Alquenos cíclicos (5.20)
Los enantiómeros de la talidomida (5.21)
Medicinas quirales (5.21)
¿Química del etino o el pase hacia adelante? (6.0)
Cómo sabe la babosa bananera lo que debe comer (6.2)
Amiduro de sodio y sodio (6.11)
Identificación de compuestos (6.12)
El sueño de Kekulé (7.1)
Enlaces peptídicos (7.4)
Sobrevivencia (8.0)
¿Por qué carbono y no silicio? (8.4)
Efectos de la solvatación (8.10)
Adaptación ambiental (8.10)
Erradicación de las termitas (8.11)
S-adenosilmetionina: un antidepresivo natural (8.11)
Investigación de organohaluros naturales (9.0)
La prueba de Lucas (10.1)
Alcohol de grano y de madera (10.1)
Deshidrataciones biológicas (10.4)
Contenido de alcohol en la sangre (10.5)
Alcaloides (10.6)
Anestésicos (10.7)
Benzo[*a*]pireno y cáncer (10.9)
Deshollinadores y cáncer (10.9)
Antibiótico ionóforo (10.10)
Gas mostaza —arma química (10.11)
Antídoto para un arma química (10.11)
El octanaje (11.0)
Los combustibles fósiles: fuente problemática de energía (11.0)

Ciclopropano (11.8)
Café descafeinado y temor por el cáncer (11.10)
Conservadores alimentarios (11.10)
Sangre artificial (página 506)
Espectrometría de masas en ciencias forenses (12.5)
El autor de la ley de Hooke (12.11)
Luz ultravioleta y filtros solares (12.16)
Antocianinas: una clase de compuestos coloridos (12.19)
Nikola Tesla (1856-1943) (13.1)
Las bolas Bucky y el SIDA (14.3)
La toxicidad del benceno (14.8)
Tiroxina (14.11)
Carbocationes primarios incipientes (14.15)
Medición de la toxicidad (15.0)
Las nitrosaminas y el cáncer (15.11)
El descubrimiento de la penicilina (16.4)
Los dálmatas: el alto costo de las manchas negras (16.4)
Aspirina (16.10)
Fabricación de jabón (16.14)
El somnífero de la naturaleza (16.16)
Penicilina y resistencia a los antibióticos (16.17)
Usos clínicos de las penicilinas (16.17)
Impulsos nerviosos, parálisis e insecticidas (16.22)
Polímeros sintéticos (16.23)
Suturas solubles (16.23)
Butanodiona: un producto desagradable (17.1)
Identificación de aldehídos y cetonas sin usar espectroscopia (17.8)
Preservación de especímenes biológicos (17.9)
β-caroteno (17.13)
Adiciones al grupo carbonilo catalizadas por enzimas (17.14)
Síntesis de compuestos orgánicos (17.15)
Medicamentos semisintéticos (17.15)
Quimioterapia contra el cáncer (17.16)
Interconversión *cis-trans* catalizada por una enzima (17.18)
La síntesis de la aspirina (18.9)
El papel de los hidratos en la oxidación de los alcoholes primarios (19.2)
Tratamiento del alcoholismo con Antabuse (19.2)
Síndrome de alcoholismo fetal (19.2)
Compuesto útil, pero con mal sabor (20.4)
Porfirina, bilirrubina e ictericia (20.10)
Medición de concentraciones de glucosa sanguínea en la diabetes (21.7)
Glucosa/dextrosa (21.10)

Galactosemia (21.16)
El dentista tiene razón (21.17)
Control de pulgas (21.17)
Heparina (21.18)
Vitamina C (21.18)
La maravilla del descubrimiento (21.20)
Ingesta diaria admisible (21.20)
Proteínas y nutrición (22.1)
Aminoácidos y enfermedades (22.2)
Un antibiótico peptídico (22.2)
Suavizadores de agua: ejemplos de cromatografía por intercambio de cationes (22.5)
Cabello: ¿lacio o rizado? (22.8)
Estructura primaria y evolución (22.12)
β-péptidos: intento para mejorar la naturaleza (22.14)
El Premio Nobel (23.1)
Vitamina B_1 (24.0)
"Vitamina" —una amina necesaria para la vida (24.0)
Deficiencia de niacina (24.2)
Evaluación de daños después de un ataque cardiaco (24.6)
Los primeros antibióticos (24.8)
Demasiado brócoli (24.9)
Diferencias en el metabolismo (25.0)
Fenilcetonuria, error congénito del metabolismo (25.9)
Alcaptonuria (25.9)
Tasa de metabolismo basal (25.12)
Ácidos grasos Omega (26.1)
Olestra: no es grasa, pero tiene sabor (26.3)
Ballenas y ecolocalización (26.3)
Veneno de víbora (26.4)
El chocolate ¿es un alimento saludable? (26.4)
Esclerosis múltiple y la capa de mielina (26.4)
Colesterol y enfermedades cardiacas (26.9)
Tratamiento clínico para el colesterol alto (26.9)
La estructura del ADN: Watson, Crick, Franklin y Wilkins (27.1)
Anemia de células falciformes (27.8)
Antibióticos que inhiben la traducción (27.8)
Dactiloscopia de ADN (27.11)
Resistencia a herbicidas (27.12)
Símbolos de reciclado (28.2)
Diseño de un polímero (28.7)
Luminiscencia (29.4)
La vitamina de la luz solar (29.6)
Seguridad en los medicamentos (30.4)
Fármacos huérfanos (30.13)

Química orgánica

Química orgánica

Quinta edición

Paula Yurkanis Bruice

University of California, Santa Barbara

TRADUCCIÓN
Virgilio González y Pozo
Traductor profesional

REVISIÓN TÉCNICA
Norberto Farfán
Blas Flores Pérez
Héctor García-Ortega
Fernando León Cedeño
José Manuel Méndez Stivalet
Alfredo Vázquez Martínez
Departamento de Química Orgánica
Facultad de Química
Universidad Nacional Autonoma de México

Gonzalo Trujillo
Departamento de Química Orgánica
Escuela Nacional de Ciencias Biológicas
Instituto Politécnico Nacional

México • Argentina • Brasil • Colombia • Costa Rica • Chile • Ecuador
España • Guatemala • Panamá • Perú • Puerto Rico • Uruguay • Venezuela

/ Datos de catalogación bibliográfica

YURKANIS BRUICE, PAULA

Química orgánica. Quinta edición

PEARSON EDUCACIÓN, México, 2008

ISBN: 978-970-26-0791-5
Área: Ciencias

Formato: 21 × 27 cm   Páginas: 1440

Authorized translation from the English language edition, entitled *Organic chemistry, 5th edition by Bruice, Paula Y.*, published by Pearson Education, Inc., publishing as Prentice Hall, Copyright © 2007. All rights reserved.

ISBN 0131963163

Traducción autorizada de la edición en idioma inglés, *Organic Chemistry, 5e por Bruice Paula Y.*, publicada por Pearson Education, Inc., publicada como Prentice Hall, Copyright © 2007. Todos los derechos reservados.

Esta edición en español es la única autorizada.

Edición en español
Editor: Luis Miguel Cruz Castillo
           e-mail: luis.cruz@pearsoned.com
Editora de desarrollo: Claudia Celia Martínez Amigón
Supervisor de producción: José D. Hernández Garduño

Edición en inglés
Executive Editor: Nicole Folchetti
Editor in Chief, Development: Ray Mullaney
Editor in Chief, Science: Dan Kaveney
Development Editor: Moira Lerner-Nelson
Media Editor: Michael J. Richards
Project Manager: Kristen Kaiser
Art Director: John Christiana
Executive Managing Editor: Kathleen Schiaparelli
Assistant Managing Editor, Science Media: Nicole M. Jackson
Assistant Managing Editor, Science Supplements: Karen Bosch
National Sales Director for Key Markets: David Theisen
Editorial Assistant: Timothy Murphy
Production Editor: Donna King
Creative Director: Juan Lopez
Director, Creative Services: Paul Belfanti
Purchasing Manager: Alexis Heydt-Long
Manufacturing Buyer: Alan Fischer

Senior Managing Editor, AV Production & Management: Patricia Burns
Manager, Production Technologies: Mathew Haas
Managing Editor, Art Management: Abigail Bass
AV Art Editor: Connie Long
Art Studio: Artworks
Contributing Art Studio: Wavefunction
Spectra: Reproduced by permission of Aldrich Chemical Co.
Cover and Interior Designer: Jonathan Boylan
Director, Image Resource Center: Melinda Reo
Manager, Rights and Permissions: Zina Arabia
Interior Image Specialist: Beth Boyd-Brenzel
Cover Image Specialist: Karen Sanatar
Cover Photo: Getty Images–Photonica Amana America, Inc.
Image Permission Coordinator: Michelina Viscusi
Photo Researcher: Truitt & Marshall
Production Services/Composition: Progressive Publishing Alternatives/Progressive Information Technologies

QUINTA EDICIÓN, 2008

D.R. © 2008 por Pearson Educación de México, S.A. de C.V.
   Atlacomulco 500-5o. piso
   Col. Industrial Atoto
   53519, Naucalpan de Juárez, Edo. de México

Cámara Nacional de la Industria Editorial Mexicana. Reg. Núm. 1031.

Prentice Hall es una marca registrada de Pearson Educación de México, S.A. de C.V.

Reservados todos los derechos. Ni la totalidad ni parte de esta publicación pueden reproducirse, registrarse o transmitirse, por un sistema de recuperación de información, en ninguna forma ni por ningún medio, sea electrónico, mecánico, fotoquímico, magnético o electroóptico, por fotocopia, grabación o cualquier otro, sin permiso previo por escrito del editor.

El préstamo, alquiler o cualquier otra forma de cesión de uso de este ejemplar requerirá también la autorización del editor o de sus representantes.

PEARSON Educación

ISBN 10: 970-26-0791-4
ISBN 13: 978-970-26-0791-5

Impreso en México. *Printed in Mexico.*
® 1 2 3 4 5 6 7 8 9 0 - 10 09 08 07

*A Meghan, Kenton y Alec,
con amor e inmenso respeto,*

y a Tom, mi mejor amigo

Resumen del contenido

Capítulo 1 Estructura electrónica y enlace químico • Ácidos y bases 2

Capítulo 2 Introducción a los compuestos orgánicos: Nomenclatura, propiedades físicas y representación de la estructura 71

Capítulo 3 Alquenos: Estructura, nomenclatura e introducción a la reactividad; termodinámica y cinética 124

Capítulo 4 Reacciones de los alquenos 159

Capítulo 5 Estereoquímica: Ordenamiento de los átomos en el espacio; estereoquímica de las reacciones de adición 200

Capítulo 6 Reacciones de los alquinos: Introducción a las síntesis en varios pasos 258

Capítulo 7 Electrones deslocalizados y su efecto sobre la estabilidad, la reactividad y el pK_a • Más sobre la teoría de los orbitales moleculares 287

Capítulo 8 Reacciones de sustitución en los haluros de alquilo 344

Capítulo 9 Reacciones de eliminación de los haluros de alquilo • Competencia entre sustitución y eliminación 389

Capítulo 10 Reacciones de alcoholes, aminas, éteres, epóxidos y compuestos sulfurados • Compuestos organometálicos 429

Capítulo 11 Radicales • Reacciones de los alcanos 481

Capítulo 12 Espectrometría de masas, espectroscopia infrarroja y espectroscopia ultravioleta/visible 512

Capítulo 13 Espectroscopia RMN 569

Capítulo 14 Aromaticidad • Reacciones del benceno 640

Capítulo 15 Reacciones de los bencenos sustituidos 677

Capítulo 16 Compuestos carbonílicos I: Sustitución nucleofílica en el grupo acilo 722

Capítulo 17 Compuestos carbonílicos II: Reacciones de aldehídos y cetonas • Más reacciones de derivados de ácidos carboxílicos • Reacciones de compuestos carbonílicos α,β-insaturados 788

Capítulo 18 Compuestos carbonílicos III: Reacciones en el carbono α 850

Capítulo 19 Más acerca de las reacciones de oxidación-reducción 908

Capítulo 20 Más acerca de aminas • Compuestos heterocíclicos 943

Capítulo 21 Carbohidratos 978

Capítulo 22 Aminoácidos, péptidos y proteínas 1017

Capítulo 23 Catálisis 1063

Capítulo 24 Mecanismos orgánicos de las coenzimas 1098

Capítulo 25 La química del metabolismo 1137

Capítulo 26 Lípidos 1162

Capítulo 27 Nucleósidos, nucleótidos y ácidos nucleicos 1197

Capítulo 28 Polímeros sintéticos 1232

Capítulo 29 Reacciones pericíclicas 1262

Capítulo 30 Química de los medicamentos: Descubrimiento y diseño 1293

Apéndices
I Propiedades físicas de los compuestos orgánicos A-1
II Valores de pK_a A-8
III Deducciones de las leyes de rapidez A-10
IV Resumen de métodos para sintetizar un determinado grupo funcional A-13
V Resumen de métodos para formar enlaces carbono-carbono A-17
VI Tablas de espectroscopia A-18
Respuestas a problemas seleccionados A-24
Glosario G-1
Créditos de fotografía C-1
Índice I-1

Contenido

Prefacio xxiii
Para el profesor xxx
Acerca de la autora xl

Parte 1 Introducción al estudio de la química orgánica 1

1 Estructura electrónica y enlace químico • Ácidos y bases 2

1.1 La estructura de un átomo 4
1.2 Cómo se distribuyen los electrones en un átomo 5
1.3 Enlaces iónicos y covalentes 8
1.4 Cómo se representa la estructura de un compuesto 15
1.5 Orbitales atómicos 21
1.6 Introducción a la teoría de los orbitales moleculares 22
1.7 Cómo se forman los enlaces sencillos en los compuestos orgánicos 28
1.8 Cómo se forma un doble enlace: Los enlaces del eteno 32
1.9 Cómo se forma un triple enlace: Los enlaces del etino 34
1.10 Enlaces en el catión metilo, radical metilo y anión metilo 35
1.11 Los enlaces en el agua 37
1.12 Los enlaces en el amoniaco y en el ion amonio 38
1.13 Los enlaces en los halogenuros de hidrógeno 39
1.14 Resumen: Hibridación, longitudes de enlace, fuerzas de enlace y ángulos de enlace 40
1.15 Momentos dipolares de las moléculas 43
1.16 Introducción a los ácidos y las bases 44
1.17 pK_a y pH 45
1.18 Ácidos y bases orgánicos 47
1.19 Cómo pronosticar el resultado de una reacción ácido-base 50
1.20 Acidez de un ácido en función de su estructura 51
1.21 Fuerza de un ácido en función de los sustituyentes 55
1.22 Introducción a los electrones deslocalizados 57
1.23 Resumen de los factores que determinan la fuerza de un ácido 58
1.24 Influencia del pH sobre la estructura de un compuesto orgánico 60
1.25 Soluciones amortiguadoras 63
1.26 La segunda definición de ácidos y bases: Ácidos y bases de Lewis 64
Resumen 65 ■ Términos clave 66 ■ Problemas 67
Estrategia para resolver problemas 17, 42, 47, 56, 61
Recuadros: Comparación entre natural y sintético 3 ■ Albert Einstein 6 ■ Max Karl Ernst Ludwig Planck 7 ■ Diamante, grafito y Buckminsterfullereno: Sustancias que sólo contienen átomos de carbono 33 ■ El agua —un compuesto único 38 ■ Lluvia ácida 46 ■ Deducción de la ecuación de Henderson–Hasselbalch 60 ■ La sangre: Una disolución amortiguadora 64

2 Introducción a los compuestos orgánicos: Nomenclatura, propiedades físicas y representación de la estructura 71

- 2.1 Nomenclatura de los sustituyentes alquilo 74
- 2.2 Nomenclatura de los alcanos 78
- 2.3 Nomenclatura de los cicloalcanos • Estructuras de esqueletos 82
- 2.4 Nomenclatura de los haluros de alquilo 85
- 2.5 Nomenclatura de los éteres 86
- 2.6 Nomenclatura de los alcoholes 87
- 2.7 Nomenclatura de las aminas 89
- 2.8 Las estructuras de los haluros de alquilo, alcoholes, éteres y aminas 92
- 2.9 Propiedades físicas de los alcanos, haluros de alquilo, alcoholes, éteres y aminas 94
- 2.10 Rotación respecto a enlaces carbono-carbono 101
- 2.11 Algunos cicloalcanos tienen tensión en el anillo 104
- 2.12 Conformaciones del ciclohexano 107
- 2.13 Confórmeros de los ciclohexanos monosustituidos 110
- 2.14 Confórmeros de los ciclohexanos disustituidos 113

Resumen 117 ■ Términos clave 117 ■ Problemas 118
Estrategia para resolver problemas 83, 97, 108, 113
Recuadros: Compuestos con olor desagradable 90 ■ Hidrocarburos muy tensionados 105 ■ von Baeyer y el ácido barbitúrico 106

Parte 2 Reacciones de adición electrofílica, estereoquímica y deslocalización electrónica 123

3 Alquenos: Estructura, nomenclatura e introducción a la reactividad; termodinámica y cinética 124

- 3.1 Fórmulas moleculares y grado de insaturación 125
- 3.2 Nomenclatura de los alquenos 126
- 3.3 Estructura de los alquenos 129
- 3.4 Los alquenos pueden tener isómeros *cis* y *trans* 130
- 3.5 Nomenclatura de los alquenos con el sistema E,Z 133
- 3.6 Reacciones de los alquenos • Flechas curvas para indicar el flujo de los electrones 137
- 3.7 Termodinámica y cinética 141
- 3.8 Uso de un diagrama de coordenada de reacción para describir la reacción 152

Resumen 154 ■ Términos clave 155 ■ Problemas 155
Estrategia para resolver problemas 136
Recuadros: Interconversión cis-trans en la visión 132 ■ Otras instrucciones para las flechas curvas 140 ■ La diferencia entre $\Delta G^{\ddagger}$ y E_a 151 ■ Cálculo de los parámetros cinéticos 157

4 Reacciones de los alquenos 159

- 4.1 Adición de un haluro de hidrógeno a un alqueno 160
- 4.2 La estabilidad de los carbocationes depende de la cantidad de grupos alquilo unidos al carbono con carga positiva 161
- 4.3 La estructura del estado de transición se encuentra entre las estructuras de los reactivos y de los productos 164
- 4.4 Las reacciones de adición electrofílica son regioselectivas 166
- 4.5 Reacciones de adición catalizadas por ácido 169
- 4.6 Un carbocatión se reordenará si puede formar un carbocatión más estable 172
- 4.7 Adición de un halógeno a un alqueno 175
- 4.8 Oximercuración-reducción y alcoximercuración-reducción: Otras formas de adicionar agua o alcohol a un alqueno 180
- 4.9 Adición de un peroxiácido a un alqueno 182

4.10	Adición de borano a un alqueno: Hidroboración-oxidación	184
4.11	Adición de hidrógeno a alquenos • Estabilidades relativas de los alquenos	188
4.12	Reacciones y síntesis	192

Resumen 194 ■ Resumen de reacciones 194 ■ Términos clave 196 ■ Problemas 196

Estrategia para resolver problemas 167, 183, 190

Recuadros: Borano y diborano 185 ■ Grasas trans 190 ■ Plaguicidas: Naturales y sintéticos 193

5 Estereoquímica: Ordenamiento de los átomos en el espacio; estereoquímica de las reacciones de adición 200

5.1	La rotación impedida origina los isómeros *cis-trans*	201
5.2	Los objetos quirales tienen imágenes especulares no sobreponibles	202
5.3	Centros asimétricos como causas de quiralidad en una molécula	203
5.4	Isómeros con un centro asimétrico	204
5.5	Centros asimétricos y estereocentros	205
5.6	Representación de los enantiómeros	205
5.7	Nomenclatura de los enantiómeros en el sistema *R,S*	206
5.8	Los compuestos quirales son ópticamente activos	212
5.9	Cómo se mide la rotación específica	213
5.10	Exceso enantiomérico	215
5.11	Isómeros con más de un centro asimétrico	216
5.12	Los compuestos meso tienen centros asimétricos pero son ópticamente inactivos	221
5.13	Nomenclatura de isómeros con más de un centro asimétrico	225
5.14	Reacciones de compuestos que contienen un centro asimétrico	229
5.15	Configuración absoluta del (+)-gliceraldehído	230
5.16	Separación de los enantiómeros	232
5.17	Átomos de nitrógeno y fósforo como centros asimétricos	233
5.18	Estereoquímica de las reacciones: Reacciones regioselectivas, estereoselectivas y estereoespecíficas	234
5.19	Estereoquímica de las reacciones de adición electrofílica de los alquenos	235
5.20	Estereoquímica de reacciones catalizadas por enzimas	246
5.21	Diferenciación de enantiómeros por parte de moléculas biológicas	247

Resumen 250 ■ Términos clave 251 ■ Problemas 251

Estrategia para resolver problemas 210, 211, 220, 223, 227, 244

Recuadros: Alquenos cíclicos 239 ■ Los enantiómeros de la talidomida 249 ■ Medicinas quirales 250

6 Reacciones de los alquinos: Introducción a las síntesis en varios pasos 258

6.1	Nomenclatura de los alquinos	260
6.2	Nomenclatura de un compuesto con más de un grupo funcional	261
6.3	Propiedades físicas de los hidrocarburos saturados	263
6.4	Estructura de los alquinos	264
6.5	Reactividad de los alquinos	264
6.6	Adición de haluros de hidrógeno y adición de halógenos a un alquino	266
6.7	Adición de agua a los alquinos	269
6.8	Adición de borano a un alquino: Hidroboración-oxidación	271
6.9	Adición de hidrógeno a un alquino	272
6.10	Hidrógeno "ácido" enlazado con un carbono sp	274
6.11	Síntesis usando iones acetiluro	276
6.12	Diseño de una síntesis I: Introducción a síntesis de varios pasos	277

Resumen 282 ■ Resumen de reacciones 282 ■ Términos clave 283 ■ Problemas 284

Estrategia para resolver problemas 275

Recuadros: ¿Química del etino o el pase hacia adelante? 259 ■ Cómo sabe la babosa bananera lo que debe comer 263 ■ Amiduro de sodio y sodio 275 ■ Identificación de compuestos 281

7 Electrones deslocalizados y su efecto sobre la estabilidad, la reactividad y el pK_a • Más sobre la teoría de los orbitales moleculares 287

7.1 Electrones deslocalizados del benceno 288
7.2 Los enlaces del benceno 291
7.3 Estructuras resonantes e híbrido de resonancia 291
7.4 Dibujo de las formas de resonancia 293
7.5 Estabilidad prevista de las estructuras resonantes 296
7.6 La energía de deslocalización es la estabilidad adicional que confieren los electrones deslocalizados a un compuesto 298
7.7 Ejemplos del efecto que ejercen los electrones deslocalizados sobre la estabilidad 301
7.8 Descripción de la estabilidad con la teoría de los orbitales moleculares 305
7.9 Influencia de los electrones deslocalizados sobre el pK_a 312
7.10 Influencia de los electrones deslocalizados sobre el producto de una reacción 316
7.11 Control termodinámico o cinético de las reacciones 321
7.12 La reacción de Diels-Alder es una reacción de adición 1,4 326
Resumen 335 ■ Resumen de reacciones 336 ■ Términos clave 336 ■ Problemas 337
Estrategia para resolver problemas 300, 304, 334
Recuadros: El sueño de Kekulé 290 ■ Enlaces peptídicos 295

Parte 3 Reacciones de sustitución y eliminación 343

8 Reacciones de sustitución en los haluros de alquilo 344

8.1 Forma en que reaccionan los haluros de alquilo 346
8.2 Mecanismo de una reacción S_N2 346
8.3 Factores que influyen sobre las reacciones S_N2 352
8.4 Dependencia entre la reversibilidad de una reacción S_N2 y la basicidad de los grupos salientes, en reacciones hacia delante (formación de productos) o hacia atrás (formación de reactivos) 357
8.5 Mecanismo de una reacción S_N1 361
8.6 Factores que afectan las reacciones S_N1 364
8.7 Más sobre la estereoquímica de las reacciones S_N2 y S_N1 366
8.8 Haluros bencílicos, haluros alílicos, haluros vinílicos y haluros de arilo 368
8.9 Competencia entre las reacciones S_N2 y S_N1 371
8.10 Papel del disolvente en las reacciones S_N2 y S_N1 375
8.11 Reacciones intermoleculares contra reacciones intramoleculares 381
8.12 Los reactivos metilantes biológicos tienen buenos grupos salientes 382
Resumen 384 ■ Resumen de reacciones 385 ■ Términos clave 385 ■ Problemas 385
Estrategia para resolver problemas 370, 373
Recuadros: Sobrevivencia 345 ■ ¿Por qué carbono y no silicio? 361 ■ Efectos de la solvatación 376 ■ Adaptación ambiental 379 ■ Erradicación de las termitas 383 ■ *S*-adenosilmetionina: Un antidepresivo natural 384

9 Reacciones de eliminación de los haluros de alquilo • Competencia entre sustitución y eliminación 389

9.1 La reacción E2 390
9.2 Las reacciones E2 son regioselectivas 391
9.3 La reacción E1 398
9.4 Competencia entre las reacciones E2 y E1 402
9.5 Las reacciones E2 y E1 son estereoselectivas 403
9.6 Reacciones de eliminación en ciclohexanos sustituidos 408
9.7 Isótopos cinéticos, auxiliares para determinar mecanismos 412

9.8	Competencia entre sustitución y eliminación 413	
9.9	Reacciones de sustitución y eliminación en síntesis 418	
9.10	Reacciones consecutivas de eliminación E2 420	
9.11	Diseño de una síntesis II: Caracterización del problema 421	

Resumen 423   ■   Resumen de reacciones 424   ■   Términos clave 425
■ Problemas 425

Estrategia para resolver problemas 401

Recuadro: Investigación de organohaluros naturales 390

10 Reacciones de alcoholes, aminas, éteres, epóxidos y compuestos sulfurados • Compuestos organometálicos   429

10.1 Reacciones de sustitución nucleofílica de los alcoholes: Formación de haluros de alquilo   430
10.2 Otros métodos para transformar alcoholes en haluros de alquilo   434
10.3 Conversión de alcoholes en sulfonatos de alquilo   435
10.4 Reacciones de eliminación en los alcoholes: Deshidratación   438
10.5 Oxidación de los alcoholes   445
10.6 Las aminas no presentan reacciones de sustitución o eliminación, pero son las bases orgánicas más comunes   447
10.7 Reacciones de sustitución nucleofílica de los éteres   449
10.8 Reacciones de sustitución nucleofílica de los epóxidos   452
10.9 Óxidos de areno   455
10.10 Éteres corona   460
10.11 Tioles, sulfuros y sales de sulfonio   462
10.12 Compuestos organometálicos   465
10.13 Reacciones de acoplamiento   469

Resumen 472   ■   Resumen de reacciones 473   ■   Términos clave 476
■ Problemas 476

Estrategia para resolver problemas 443

Recuadros: La prueba de Lucas 432   ■   Alcohol de grano y de madera 434
■ Deshidrataciones biológicas 443   ■   Contenido de alcohol en la sangre 447
■ Alcaloides 448   ■   Anestésicos 451   ■   Benzo[a]pireno y cáncer 459
■ Deshollinadores y cáncer 460   ■   Antibiótico ionóforo 462
■ Gas mostaza —arma química 464   ■   Antídoto para un arma química 464

11 Radicales • Reacciones de los alcanos   481

11.1 Alcanos como compuestos inertes   483
11.2 Cloración y bromación de alcanos   483
11.3 Dependencia entre la estabilidad de un radical y la cantidad de grupos alquilo unidos al carbono que tiene el electrón no apareado   485
11.4 Influencia de la probabilidad y la reactividad sobre la distribución de los productos   486
11.5 El principio de reactividad-selectividad   489
11.6 Adición de radicales a alquenos   493
11.7 Estereoquímica de las reacciones de sustitución con radical y de adición   496
11.8 Sustitución con radicales de hidrógenos bencílicos y alílicos   497
11.9 Diseño de síntesis III: Más práctica con síntesis en varios pasos   500
11.10 Reacciones de radicales en sistemas biológicos   502
11.11 Los radicales y el ozono estratosférico   505

Resumen 506   ■   Resumen de reacciones 507   ■   Términos clave 508
■ Problemas 508

Estrategia para resolver problemas 491

Recuadros: El octanaje 482   ■   Los combustibles fósiles: Fuente problemática de energía 482   ■   Ciclopropano 500   ■   Café descafeinado y temor por el cáncer 503   ■   Conservadores alimentarios 504   ■   Sangre artificial 506

Parte 4 Identificación de compuestos orgánicos 511

12 Espectrometría de masas, espectroscopia infrarroja y espectroscopia ultravioleta/visible 512

- **12.1** Espectrometría de masas 513
- **12.2** El espectro de masas • Fragmentación 515
- **12.3** Isótopos en espectrometría de masas 518
- **12.4** Obtención de fórmulas moleculares por espectrometría de masas de alta resolución 520
- **12.5** Patrones de fragmentación de grupos funcionales 520
- **12.6** Espectroscopia y el espectro electromagnético 528
- **12.7** Espectroscopia en IR 530
- **12.8** Bandas características de absorción infrarroja 533
- **12.9** Intensidad de las bandas de absorción 534
- **12.10** La posición de las bandas de absorción 535
- **12.11** Influencia de la deslocalización electrónica de grupos donadores y atractores de electrones y de los puentes de hidrógeno sobre la posición de una banda de absorción 536
- **12.12** Forma de las bandas de absorción 544
- **12.13** Ausencia de bandas de absorción 544
- **12.14** Vibraciones inactivas en el infrarrojo 545
- **12.15** Lección para interpretar los espectros de infrarrojo 546
- **12.16** Espectroscopia ultravioleta y visible 549
- **12.17** La ley de Lambert-Beer 551
- **12.18** Efecto de la conjugación sobre la $\lambda_{máx}$ 552
- **12.19** El espectro visible y los colores 554
- **12.20** Aplicaciones de la espectroscopia UV/Vis 555
    Resumen 557 ■ Términos clave 558 ■ Problemas 559
    Estrategia para resolver problemas 539
    Recuadros: Espectrometría de masas en ciencias forenses 526 ■ El autor de la ley de Hooke 535 ■ Luz ultravioleta y filtros solares 551 ■ Antocianinas: Una clase de compuestos coloridos 555

13 Espectroscopia RMN 569

- **13.1** Introducción a la espectroscopia de RMN 569
- **13.2** RMN de transformada de Fourier 572
- **13.3** La protección determina que distintos tipos de hidrógenos produzcan señales a diferentes frecuencias 573
- **13.4** Cantidad de señales en un espectro de RMN-^{1}H 574
- **13.5** El desplazamiento químico nos indica qué tan alejada está una señal de la señal de referencia 577
- **13.6** Posición relativa de las señales de RMN-^{1}H 578
- **13.7** Valores característicos de los desplazamientos químicos 579
- **13.8** Anisotropía diamagnética 582
- **13.9** Número relativo de protones que causa la señal obtenida por integración de las señales de RMN-^{1}H 584
- **13.10** El desdoblamiento de las señales se puede describir de acuerdo con la regla de $N + 1$ 586
- **13.11** Más ejemplos de espectros de RMN-^{1}H 591
- **13.12** Identificación de protones acoplados por sus constantes de acoplamiento 597
- **13.13** Explicación de la multiplicidad de una señal con diagramas de desdoblamiento 600
- **13.14** Los hidrógenos diastereotópicos no son químicamente equivalentes 603
- **13.15** Dependencia de la espectroscopia de RMN respecto al tiempo 604
- **13.16** Protones unidos a oxígeno y a nitrógeno 605
- **13.17** Uso de deuterio en la espectroscopia de RMN-^{1}H 607
- **13.18** Resolución de espectros de RMN-^{1}H 608
- **13.19** Espectroscopia de RMN-^{13}C 610
- **13.20** Espectros de RMN-^{13}C DEPT 616

13.21 Espectroscopia de RMN bidimensional   616
13.22 La RMN se usa en medicina para obtener imágenes por resonancia magnética   619
Resumen   620   ■   Términos clave   621   ■   Problemas   621
Estrategia para resolver problemas   575, 599, 614
Recuadro: Nikola Tesla (1856–1943)   572

Parte 5   Compuestos aromáticos   639

14   Aromaticidad • Reacciones del benceno   640

14.1 Estabilidad excepcional de los compuestos aromáticos   640
14.2 Los dos criterios de aromaticidad   642
14.3 Aplicación de los criterios de aromaticidad   643
14.4 Compuestos aromáticos heterocíclicos   646
14.5 Algunas consecuencias químicas de la aromaticidad   647
14.6 Antiaromaticidad   649
14.7 Descripción de aromaticidad y antiaromaticidad con la teoría de los orbitales moleculares   650
14.8 Nomenclatura de los bencenos monosustituidos   651
14.9 La forma en que reacciona el benceno   653
14.10 Mecanismo general de las reacciones de sustitución electrofílica aromática   654
14.11 Halogenación del benceno   655
14.12 Nitración del benceno   657
14.13 Sulfonación del benceno   658
14.14 Acilación de Friedel-Crafts del benceno   660
14.15 Alquilación de Friedel-Crafts del benceno   661
14.16 Alquilación del benceno por el método de acilación-reducción   664
14.17 Uso de las reacciones de acoplamiento para alquilar benceno   665
14.18 La importancia de contar con más de un método para efectuar una reacción   665
14.19 Forma de cambiar químicamente algunos sustituyentes en un anillo de benceno   666
Resumen   670   ■   Resumen de reacciones   671   ■   Términos clave   673
■   Problemas   673
Estrategia para resolver problemas   649
Recuadros: Las bolas Bucky y el SIDA   644   ■   La toxicidad del benceno   652
■   Tiroxina   657   ■   Carbocationes primarios incipientes   663

15   Reacciones de los bencenos sustituidos   677

15.1 Nomenclatura de los bencenos disustituidos y polisustituidos   678
15.2 Algunos sustituyentes aumentan la reactividad del anillo de benceno y otros la disminuyen   681
15.3 Efecto de los sustituyentes sobre la orientación   687
15.4 Efecto de los sustituyentes sobre pK_a 691
15.5 La relación *orto-para*   693
15.6 Consideraciones adicionales respecto a los efectos de los sustituyentes   694
15.7 Diseño de una síntesis IV: Síntesis de bencenos monosustituidos y disustituidos   696
15.8 Síntesis de bencenos trisustituidos   698
15.9 Síntesis de bencenos sustituidos usando sales de arenodiazonio   699
15.10 Ion arenodiazonio como electrófilo   703
15.11 Mecanismo de la reacción de aminas con ácido nitroso   704
15.12 Sustitución nucleofílica aromática: Mecanismo de adición-eliminación   707
15.13 Sustitución nucleofílica aromática: Mecanismo de eliminación-adición que forma un bencino intermediario   709
15.14 Hidrocarburos bencenoides policíclicos   711
Resumen   711   ■   Resumen de reacciones   712   ■   Términos clave   714
■   Problemas   714
Estrategia para resolver problemas   693
Recuadros: Medición de la toxicidad   679   ■   Las nitrosaminas y el cáncer   706

Parte 6 Compuestos carbonílicos 721

16 Compuestos carbonílicos I: Sustitución nucleofílica en el grupo acilo 722

- 16.1 Nomenclatura de los ácidos carboxílicos y sus derivados 724
- 16.2 Estructuras de los ácidos carboxílicos y sus derivados 729
- 16.3 Propiedades físicas de los compuestos carbonílicos 730
- 16.4 Ácidos carboxílicos naturales y derivados de ácidos carboxílicos 731
- 16.5 Reacciones de los compuestos carbonílicos de clase I 733
- 16.6 Reactividad relativa de los ácidos carboxílicos y sus derivados 737
- 16.7 Mecanismo general de las reacciones de sustitución nucleofílica en el grupo acilo 738
- 16.8 Reacciones de los haluros de acilo 739
- 16.9 Reacciones de los anhídridos de ácido 742
- 16.10 Reacciones de los ésteres 743
- 16.11 Hidrólisis de ésteres y transesterificación catalizadas por ácido 746
- 16.12 Hidrólisis de ésteres activada por el ion hidróxido 751
- 16.13 Confirmación del mecanismo de las reacciones de sustitución nucleofílica en el grupo acilo 752
- 16.14 Jabones, detergentes y micelas 754
- 16.15 Reacciones de los ácidos carboxílicos 757
- 16.16 Reacciones de las amidas 758
- 16.17 Hidrólisis de amidas catalizada por ácidos 760
- 16.18 Hidrólisis de las imidas; método para sintetizar aminas primarias 763
- 16.19 Hidrólisis de los nitrilos 764
- 16.20 Diseño de una síntesis V: Síntesis de compuestos cíclicos 765
- 16.21 Cómo se activan los ácidos carboxílicos en el laboratorio 767
- 16.22 Activación celular de los ácidos carboxílicos 768
- 16.23 Ácidos dicarboxílicos y sus derivados 772

Resumen 775 ■ Resumen de reacciones 776 ■ Términos clave 778 ■ Problemas 779

Estrategia para resolver problemas 736, 758

Recuadros: El descubrimiento de la penicilina 732 ■ Los dálmatas: El alto costo de las manchas negras 733 ■ Aspirina 745 ■ Fabricación de jabón 756 ■ El somnífero de la naturaleza 760 ■ Penicilina y resistencia a los antibióticos 762 ■ Usos clínicos de las penicilinas 762 ■ Impulsos nerviosos, parálisis e insecticidas 771 ■ Polímeros sintéticos 774 ■ Suturas solubles 774

17 Compuestos carbonílicos II: Reacciones de aldehídos y cetonas • Más reacciones de derivados de ácidos carboxílicos • Reacciones de compuestos carbonílicos α,β-insaturados 788

- 17.1 Nomenclatura de aldehídos y cetonas 790
- 17.2 Reactividad relativa de los compuestos carbonílicos 793
- 17.3 Forma de reaccionar de los aldehídos y las cetonas 795
- 17.4 Reacciones de los compuestos carbonílicos con los reactivos de Grignard 796
- 17.5 Reacciones de compuestos carbonílicos con iones acetiluro 800
- 17.6 Reacciones de los compuestos carbonílicos con el ion hidruro 800
- 17.7 Reacciones de aldehídos y cetonas con cianuro de hidrógeno 805
- 17.8 Reacciones de los aldehídos y las cetonas con aminas y sus derivados 806
- 17.9 Reacciones de los aldehídos y las cetonas con agua 814
- 17.10 Reacciones de aldehídos y cetonas con alcoholes 816
- 17.11 Grupos protectores 819
- 17.12 Adición de nucleófilos de azufre 822
- 17.13 Formación de alquenos en la reacción de Wittig 822
- 17.14 Estereoquímica de las reacciones de adición nucleofílica: Caras *Re* y *Si* 826
- 17.15 Diseño de una síntesis VI: Desconexiones, sintones y equivalentes sintéticos 827

17.16 Adición nucleofílica a aldehídos y cetonas α,β-insaturados   830
17.17 Adición nucleofílica a derivados de ácido carboxílico α,β-insaturado   834
17.18 Adiciones a compuestos carbonílicos α,β-insaturados catalizadas por enzimas   835
Resumen   836 ■ Resumen de reacciones   836 ■ Términos clave   840
■ Problemas   841
Estrategia para resolver problemas   799, 818
Recuadros: Butanodiona: Un producto desagradable   792
■ Identificación de aldehídos y cetonas sin usar espectroscopia   811
■ Preservación de especímenes biológicos   815 ■ β-caroteno   825 ■
Adiciones al grupo carbonilo catalizadas por enzimas   827 ■ Síntesis de compuestos orgánicos   829 ■ Medicamentos semisintéticos   830 ■
Quimioterapia contra el cáncer   833 ■ Interconversión cis-trans catalizada por una enzima   835

18 Compuestos carbonílicos III: Reacciones en el carbono α   850

18.1 La acidez de un hidrógeno α   851
18.2 Tautómeros ceto-enol   855
18.3 Enolización   856
18.4 Reacciones de los enoles y los iones enolato   857
18.5 Halogenación del carbono α de aldehídos y cetonas   859
18.6 Halogenación del carbono α de los ácidos carboxílicos: La reacción de Hell-Volhard-Zelinski   861
18.7 Empleo de compuestos carbonílicos α-halogenados en síntesis orgánicas   862
18.8 Uso de diisopropilamiduro de litio para formar un ion enolato   863
18.9 Alquilación del carbono α en compuestos carbonílicos   864
18.10 Alquilación y acilación del carbono α por medio de una enamina como un intermediario   867
18.11 Alquilación del carbono β: Reacción de Michael   869
18.12 Formación de β-hidroxialdehídos o β-hidroxicetonas por adición aldólica   871
18.13 Formación de aldehídos y cetonas α,β-insaturados por deshidratación de los productos de adición aldólica   873
18.14 Adición aldólica cruzada   874
18.15 Formación de un β-cetoéster con una condensación de Claisen   876
18.16 Condensación de Claisen cruzada   878
18.17 Reacciones de condensación y adición intramolecular   880
18.18 Descarboxilación de los ácidos 3-oxocarboxílicos   884
18.19 La síntesis malónica: Método para sintetizar un ácido carboxílico   886
18.20 La síntesis acetoacética: Método para sintetizar una metilcetona   888
18.21 Diseño de una síntesis VII: Formación de nuevos enlaces carbono-carbono   889
18.22 Reacciones en el carbono α en los sistemas biológicos   891
Resumen   895 ■ Resumen de reacciones   896 ■ Términos clave   899
■ Problemas   899
Estrategia para resolver problemas   854, 866, 883
Recuadro: La síntesis de la aspirina   865

Parte 7 Más acerca de las reacciones de oxidación-reducción y de aminas   907

19 Más acerca de las reacciones de oxidación-reducción   908

19.1 Reacciones de reducción   911
19.2 Oxidación de alcoholes   917
19.3 Oxidación de aldehídos y cetonas   919
19.4 Diseño de una síntesis VIII: Control de la estereoquímica   922
19.5 Hidroxilación de alquenos   923

- **19.6** Ruptura oxidativa de dioles 1,2   925
- **19.7** Ruptura oxidativa de los alquenos   926
- **19.8** Ruptura oxidativa de alquinos   931
- **19.9** Diseño de una síntesis IX: Interconversión de grupo funcional   932
  Resumen 933 ■ Resumen de reacciones 934 ■ Términos clave 936
  ■ Problemas 936
  Estrategia para resolver problemas 925
  Recuadros: El papel de los hidratos en la oxidación de los alcoholes primarios 918 ■ Tratamiento del alcoholismo con Antabuse 919 ■ Síndrome de alcoholismo fetal 919

20 Más acerca de aminas • Compuestos heterocíclicos   943

- **20.1** Más acerca de la nomenclatura de las aminas   944
- **20.2** Más acerca de las propiedades ácido-base de las aminas   945
- **20.3** Reacciones de las aminas como bases y como nucleófilos   946
- **20.4** Reacciones de eliminación en hidróxidos de amonio cuaternario   947
- **20.5** Catálisis de transferencia de fase   951
- **20.6** Oxidación de aminas • La reacción de eliminación de Cope   952
- **20.7** Síntesis de aminas   953
- **20.8** Heterociclos aromáticos con un anillo de cinco miembros   955
- **20.9** Heterociclos aromáticos con un anillo de seis miembros   960
- **20.10** Papeles de los heterociclos de amina en la naturaleza   966
  Resumen 969 ■ Resumen de reacciones 969 ■ Términos clave 972
  ■ Problemas 972
  Recuadros: Compuesto útil, pero con mal sabor 950 ■ Porfirina, bilirrubina e ictericia 968

Parte 8   Compuestos bioorgánicos   977

21 Carbohidratos   978

- **21.1** Clasificación de los carbohidratos   979
- **21.2** La notación D y L   980
- **21.3** Configuraciones de las aldosas   982
- **21.4** Configuraciones de las cetosas   983
- **21.5** Reacciones de monosacáridos en disoluciones básicas   984
- **21.6** Reacciones redox de los monosacáridos   985
- **21.7** Monosacáridos a partir de osazonas cristalinas   987
- **21.8** Alargamiento de la cadena: Síntesis de Kiliani-Fischer   989
- **21.9** Acortamiento de la cadena: Degradación de Wohl   990
- **21.10** Estereoquímica de la glucosa: La demostración de Fischer   990
- **21.11** Formación de hemiacetales cíclicos en los monosacáridos   992
- **21.12** La glucosa es la aldohexosa más estable   995
- **21.13** Formación de glicósidos   997
- **21.14** El efecto anomérico   999
- **21.15** Azúcares reductores y no reductores   999
- **21.16** Disacáridos   1000
- **21.17** Polisacáridos   1003
- **21.18** Algunos productos naturales derivados de carbohidratos   1006
- **21.19** Carbohidratos en las superficies celulares   1008
- **21.20** Edulcorantes sintéticos   1010
  Resumen 1012 ■ Resumen de reacciones 1012 ■ Términos clave 1014
  ■ Problemas 1014
  Recuadros: Medición de concentraciones de glucosa sanguínea en la diabetes 988 ■ Glucosa/dextrosa 992 ■ Intolerancia a la lactosa 1002 ■ Galactosemia 1002 ■ El dentista tiene razón 1004 ■ Control de pulgas 1006 ■ Heparina 1007 ■ Vitamina C 1008 ■ La maravilla del descubrimiento 1011 ■ Ingesta diaria admisible 1011

22 Aminoácidos, péptidos y proteínas   1017

- **22.1** Clasificación y nomenclatura de los aminoácidos   1018
- **22.2** Configuración de los aminoácidos   1023
- **22.3** Propiedades ácido-base de los aminoácidos   1024
- **22.4** El punto isoeléctrico   1026
- **22.5** Separación de aminoácidos   1028
- **22.6** Síntesis de aminoácidos   1032
- **22.7** Resolución de mezclas racémicas de aminoácidos   1035
- **22.8** Enlaces peptídicos y puentes disulfuro   1035
- **22.9** Algunos péptidos interesantes   1039
- **22.10** Estrategia de síntesis del enlace peptídico: Protección del N y activación del C   1040
- **22.11** Síntesis automatizada de péptidos   1043
- **22.12** Una introducción a la estructura de las proteínas   1045
- **22.13** Determinación de la estructura primaria de un péptido o una proteína   1046
- **22.14** Estructura secundaria de las proteínas   1052
- **22.15** Estructura terciaria de las proteínas   1055
- **22.16** Estructura cuaternaria de las proteínas   1057
- **22.17** Desnaturalización de las proteínas   1058
   Resumen   1058 ■ Términos clave   1059 ■ Problemas   1059
   Estrategia para resolver problemas   1048
   Recuadros: Proteínas y nutrición   1022 ■ Aminoácidos y enfermedades   1023 ■ Un antibiótico peptídico   1024 ■ Suavizadores de agua: Ejemplos de cromatografía por intercambio de cationes   1032 ■ Cabello: ¿Lacio o rizado?   1038 ■ Estructura primaria y evolución   1046 ■ β-péptidos: Intento para mejorar la naturaleza   1055

23 Catálisis   1063

- **23.1** Catálisis en las reacciones orgánicas   1065
- **23.2** Catálisis ácida   1066
- **23.3** Catálisis básica   1069
- **23.4** Catálisis nucleofílica   1070
- **23.5** Catálisis con ion metálico   1072
- **23.6** Reacciones intramoleculares   1074
- **23.7** Catálisis intramolecular   1076
- **23.8** Catálisis en reacciones biológicas   1079
- **23.9** Reacciones catalizadas por enzimas   1081
   Resumen   1094 ■ Términos clave   1094 ■ Problemas   1095
   Recuadro: El Premio Nobel   1065

24 Mecanismos orgánicos de las coenzimas   1098

- **24.1** Introducción al metabolismo   1101
- **24.2** La Vitamina B_3, necesaria en muchas reacciones redox   1101
- **24.3** Dinucleótido de flavina adenina y mononucleótido de flavina: Vitamina B_2 1107
- **24.4** Pirofosfato de tiamina: Vitamina B_1 1110
- **24.5** Biotina: Vitamina H   1115
- **24.6** Fosfato de piridoxal: Vitamina B_6 1117
- **24.7** Coenzima B_{12}: Vitamina B_{12} 1124
- **24.8** Tetrahidrofolato: Ácido fólico   1127
- **24.9** Vitamina KH_2: Vitamina K   1131
   Resumen   1133 ■ Términos clave   1134 ■ Problemas   1134
   Recuadros: Vitamina B_1 1100 ■ "Vitamina"—una amina necesaria para la vida   1100 ■ Deficiencia de niacina   1102 ■ Evaluación de daños después de un ataque cardiaco   1121 ■ Los primeros antibióticos   1130 ■ Demasiado brócoli   1133

25 La química del metabolismo 1137

- 25.1 Las cuatro etapas del catabolismo 1138
- 25.2 ATP: portador de la energía química 1139
- 25.3 Tres mecanismos para reacciones de transferencia de fosforilo 1141
- 25.4 Carácter de "alta energía" de los enlaces fosfoanhídrido 1144
- 25.5 Estabilidad cinética del ATP en una célula 1145
- 25.6 Catabolismo de las grasas 1146
- 25.7 Catabolismo de los carbohidratos 1149
- 25.8 Destinos del piruvato 1152
- 25.9 Catabolismo de las proteínas 1153
- 25.10 El ciclo del ácido cítrico 1155
- 25.11 Fosforilación oxidativa 1158
- 25.12 Anabolismo 1159

Resumen 1159 ■ Términos clave 1160 ■ Problemas 1160

Estrategia para resolver problemas 1152

Recuadros: Diferencias en el metabolismo 1138 ■ Fenilcetonuria: Error congénito del metabolismo 1155 ■ Alcaptonuria 1155 ■ Tasa de metabolismo basal 1159

26 Lípidos 1162

- 26.1 Los ácidos grasos son ácidos carboxílicos de cadena larga 1163
- 26.2 Ceras: Ésteres de alta masa molecular 1165
- 26.3 Grasas y aceites 1165
- 26.4 Fosfolípidos y esfingolípidos: Componentes de las membranas 1170
- 26.5 Las prostaglandinas regulan las respuestas fisiológicas 1173
- 26.6 Terpenos: Átomos de carbono en múltiplos de cinco 1177
- 26.7 La vitamina A es un diterpeno 1179
- 26.8 Biosíntesis de los terpenos 1180
- 26.9 Esteroides: Mensajeros químicos 1186
- 26.10 Síntesis del colesterol en la naturaleza 1190
- 26.11 Esteroides sintéticos 1192

Resumen 1192 ■ Términos clave 1193 ■ Problemas 1193

Recuadros: Ácidos grasos Omega 1165 ■ Olestra: No es grasa, pero tiene sabor 1169 ■ Ballenas y ecolocalización 1169 ■ Veneno de víbora 1172 ■ El chocolate ¿es un alimento saludable? 1172 ■ Esclerosis múltiple y la capa de mielina 1173 ■ Colesterol y enfermedades cardiacas 1189 ■ Tratamiento clínico para el colesterol alto 1190

27 Nucleósidos, nucleótidos y ácidos nucleicos 1197

- 27.1 Nucleósidos y nucleótidos 1198
- 27.2 Otros nucleótidos importantes 1202
- 27.3 Los ácidos nucleicos están formados por subunidades de nucleótidos 1202
- 27.4 El ADN se establece pero el ARN se rompe con facilidad 1207
- 27.5 Biosíntesis de ADN: Replicación 1207
- 27.6 La transcripción es la biosíntesis de ARN 1209
- 27.7 Hay tres clases de ARN 1210
- 27.8 Biosíntesis de proteínas: Traducción 1212
- 27.9 Por qué el ADN contiene timina y no uracilo 1216
- 27.10 Determinación de la secuencia de bases en el ADN 1217
- 27.11 Reacción en cadena de la polimerasa (PCR) 1220
- 27.12 Ingeniería genética 1221
- 27.13 Síntesis de hebras de ADN en el laboratorio 1222

Resumen 1227 ■ Términos clave 1228 ■ Problemas 1228

Recuadros: La estructura del ADN: Watson, Crick, Franklin y Wilkins 1199 ■ Anemia de células falciformes 1216 ■ Antibióticos que inhiben la traducción 1216 ■ Dactiloscopia de ADN 1221 ■ Resistencia a herbicidas 1222

Parte 9 Temas especiales de química orgánica 1231

28 Polímeros sintéticos 1232

28.1 Las dos clases principales de polímeros sintéticos 1233
28.2 Polímeros de adición 1234
28.3 Estereoquímica de la polimerización • Catalizadores de Ziegler-Natta 1245
28.4 Polimerización de dienos • Fabricación del caucho 1246
28.5 Copolímeros 1248
28.6 Polímeros de condensación 1249
28.7 Propiedades físicas de los polímeros 1254
Resumen 1257 ■ Términos clave 1258 ■ Problemas 1258
Recuadros: Símbolos de reciclado 1239 ■ Diseño de un polímero 1255

29 Reacciones pericíclicas 1262

29.1 Las tres clases de reacciones pericíclicas 1263
29.2 Orbitales moleculares y simetría orbital 1265
29.3 Reacciones electrocíclicas 1269
29.4 Reacciones de cicloadición 1275
29.5 Reordenamientos sigmatrópicos 1279
29.6 Reacciones pericíclicas en sistemas biológicos 1284
29.7 Resumen de las reglas de selección para reacciones pericíclicas 1287
Resumen 1287 ■ Términos clave 1288 ■ Problemas 1288
Recuadros: Luminiscencia 1278 ■ La vitamina de la luz solar 1286

30 Química orgánica de los medicamentos: Descubrimiento y diseño 1293

30.1 Nombre de los medicamentos 1297
30.2 Compuestos líder 1297
30.3 Modificación molecular 1298
30.4 Evaluación aleatoria 1300
30.5 Suerte y tino en el desarrollo de medicamentos 1302
30.6 Receptores 1304
30.7 Medicamentos como inhibidores de enzimas 1307
30.8 Diseño de un sustrato suicida 1311
30.9 Relaciones cuantitativas entre estructura y actividad 1312
30.10 Modelado molecular 1314
30.11 Síntesis orgánica combinatoria 1314
30.12 Medicamentos antivirales 1316
30.13 Economía de los medicamentos • Reglamentos gubernamentales 1317
Resumen 1317 ■ Términos clave 1318 ■ Problemas 1318
Recuadros: Seguridad en los medicamentos 1302 ■ Fármacos huérfanos 1317

Apéndices A1

I Propiedades físicas de los compuestos orgánicos A-1
II Valores de pK_a A-8
III Deducciones de las leyes de rapidez A-10
IV Resumen de métodos para sintetizar un determinado grupo funcional A-13
V Resumen de métodos para formar enlaces carbono-carbono A-17
VI Tablas de espectroscopia A-18

Respuestas a problemas seleccionados A-24

Glosario G-1

Créditos de fotografía C-1

Índice I-1

Prefacio

AL PROFESOR

El principio que me guió al escribir este libro fue presentar la química orgánica como una ciencia amena y de vital importancia. Demasiados son los alumnos que consideran que la química orgánica es un mal necesario, que es un curso que deben tomar por razones que desconocen. Algunos sospechan que su objeto es el de una clase de prueba de su capacidad de obstinación. Otros consideran que aprender química orgánica es igual que aprender el idioma de un país extranjero al que nunca irán. Llegan a la química orgánica habiendo tomado otros cursos de ciencias, pero probablemente no han tenido la oportunidad de estudiar una ciencia que no es un conjunto de temas individuales, sino una que se desarrolla y crece y les permite usar lo que aprendieron al iniciar el curso para explicar y pronosticar lo que sigue. Para contrarrestar la impresión de que el estudio de la química orgánica consiste todo en memorizar una colección variada de moléculas y reacciones, este libro se organizó en torno a propiedades compartidas y conceptos unificadores, y subraya los principios que se pueden aplicar una y otra vez. Quiero que los estudiantes aprendan cómo aplicar a un nuevo entorno lo que han aprendido, a razonar su camino para llegar a una solución, y no que memoricen una multitud de hechos. También deseo que consideren que la química orgánica es integral con la biología, así como con sus vidas cotidianas.

Los comentarios que me han llegado de colegas y alumnos que usaron las ediciones anteriores parecen indicar que el libro funciona de acuerdo con mis expectativas. Así como me alegro cuando la facultad me dice que sus alumnos obtuvieron en sus exámenes mejores calificaciones que nunca, nada me gratifica tanto como oír comentarios positivos de los propios alumnos. Con exceso de generosidad, muchos alumnos atribuyen su éxito en química orgánica a este libro, y no tanto a cuán intensamente estudiaron para alcanzar ese éxito. Siempre parecen estar sorprendidos de que la "*orgánica*" les haya gustado. También oigo a muchos alumnos de medicina que dicen que el libro les permitió comprender de manera definitiva la química orgánica, y que por eso la sección de química orgánica de los exámenes fue la parte más fácil, según ellos.

Tratando de que esta edición de *Química Orgánica* sea todavía más útil para los alumnos, he confiado en los comentarios constructivos de muchos de ustedes. Los agradezco encarecidamente. También conservé anotadas las preguntas que efectuaron los alumnos cuando llegaron a mi oficina. Lo más importante es que me indicaron dónde debo incluir más problemas para reducir la probabilidad de que los estudiantes que utilicen la nueva edición pregunten lo mismo. Como imparto clases a grupos numerosos, tengo un vivo interés en prever y evitar confusiones potenciales antes de que se presenten. En esta edición se han vuelto a escribir muchas secciones para optimizar su facilidad de lectura y comprensión. Hay problemas nuevos a lo largo y al final del capítulo con el fin de ampliar la capacidad para resolver problemas por parte de los alumnos. También hay nuevos cuadros de interés para indicar a los alumnos la relevancia de la química orgánica y más notas al margen para recordarles conceptos y principios importantes.

Espero que usted encuentre que esta edición es todavía más atractiva para sus alumnos que las versiones anteriores. Como siempre, deseo conocer sus comentarios, bajo el precepto de que los comentarios positivos son principalmente divertidos, pero los comentarios críticos son los más útiles.

Método de grupo funcional con una organización mecanística, que une la síntesis con la reactividad

Como mencioné antes, este libro pretende desanimar la memorización rutinaria. Para ello, la presentación de grupos funcionales se organiza en torno a semejanzas mecanísticas: adiciones electrofílicas, sustituciones nucleofílicas, eliminaciones, adiciones y sustituciones de radical, sustituciones electrofílicas aromáticas, sustituciones nucleofílicas en el grupo acilo y adiciones nucleofílicas. Esta organización permite comprender una gran cantidad de material a la luz de los principios unificadores de la reactividad.

Muchos textos de química orgánica describen la síntesis de un grupo funcional y la reactividad del mismo en el mismo lugar, sin contemplar que esos dos grupos de reacciones tienen, en general, poco que ver entre sí. En su lugar, cuando describo la reactividad de un grupo funcional cubro la síntesis de los compuestos que se forman como resultado de tal reactividad, con frecuencia haciendo que los alumnos diseñen esquemas de síntesis. Por ejemplo, en el capítulo 4, los alumnos aprenden las reacciones de los alquenos, pero *no* aprenden en ese momento la síntesis de los mismos. En su lugar, aprenden la síntesis de los haluros de alquilo, alcoholes, éteres, epóxidos y alcanos —compuestos que se forman cuando reaccionan los alquenos. Ya que los alquenos se sintetizan con las reacciones de haluros de alquilo y alcoholes, la síntesis de los alquenos se describe cuando se presentan las reacciones de los haluros de alquilo y los alcoholes. La estrategia de vincular la reactividad de un grupo funcional con la síntesis de los compuestos que resultan de tal reactividad evita que el alumno tenga que memorizar listas de reacciones sin relación. También da como resultado cierta economía de la presentación y permite cubrir más material en menos tiempo.

Aunque puede ser contraproducente memorizar las diferentes formas en que se puede preparar un grupo funcional para dominar la química orgánica, es útil contar con una compilación de dichas reacciones al diseñar una síntesis en varios pasos. Por esta razón en el apéndice IV se compilan listas de reacciones que producen determinados grupos funcionales. Al aprender cómo diseñar síntesis, los alumnos llegan a apreciar la importancia de las reacciones que cambian el esqueleto de carbonos de una molécula; esas reacciones se compilan en el apéndice V.

Formato modular

Ya que los distintos maestros enseñan la química orgánica en diferentes formas, he tratado de hacer que el libro sea tan modular como me resultó posible. Por ejemplo, los capítulos sobre espectroscopia (capítulos 12 y 13) se han redactado de modo que puedan estudiarse en cualquier momento en el curso. Para los que prefieran enseñar espectroscopia al principio del curso —o en un curso aparte de laboratorio— incluí al inicio del capítulo 12 una tabla de grupos funcionales. Para los que prefieran estudiar la química de los carbonilos temprano en el curso, pueden cubrir la parte 6 (compuestos carbonílicos) antes que la parte 5 (compuestos aromáticos). Espero que la mayor parte de los profesores cubra los primeros 22 capítulos durante un curso de un año, para después optar entre los capítulos restantes, de acuerdo con su preferencia personal y con los intereses de los estudiantes inscritos en su clase. Aquellos maestros cuyos alumnos tengan interés primordial en las ciencias biológicas se podrían inclinar a estudiar los capítulos 23 (Catálisis), 24 (Mecanismos orgánicos de las coenzimas), 25 (La química del metabolismo), 26 (Lípidos) y 27 (Nucleósidos, nucleótidos y ácidos nucleicos). Quienes enseñan cursos para licenciaturas en química o ingeniería, se pueden enfocar en el capítulo 28 (Polímeros sintéticos) y el 29 (Reacciones pericíclicas). El libro termina con un capítulo acerca del descubrimiento y diseño de medicamentos, tema que, según mi experiencia, interesa a los alumnos lo suficiente para que quieran leerlo por sí mismos, aun cuando el profesor no se los asigne.

Énfasis bioorgánico

Hoy, muchos alumnos que estudian química orgánica se interesan en las ciencias biológicas. Por consiguiente introduje en el texto material bioorgánico para mostrarles que la química orgánica y la bioquímica no son entidades separadas, sino que mantienen una relación estrecha por un continuo de conocimientos. Una vez que los alumnos aprendan cómo, por ejemplo, la deslocalización electrónica, la tendencia del grupo saliente, la electrofilia y la nucleofilia afectan las reacciones de compuestos orgánicos simples, podrán apreciar cómo esos mismos factores influyen sobre las reacciones de moléculas orgánicas más complicadas, como las enzimas, ácidos nucleicos y vitaminas. He comprobado que la economía de presentación que se logra en los primeros 20 capítulos de este texto (economía que ya se explicó arriba) hace posible dedicar más tiempo a los temas bioorgánicos.

En las dos terceras partes iniciales del libro, el material bioorgánico se limita sobre todo a las últimas secciones de los capítulos. Así, el material está disponible para el alumno curioso y no requiere que el profesor presente temas bioorgánicos en el curso. Por ejemplo, después que se presenta la estereoquímica de las reacciones orgánicas, se describe la estereoquímica de las reacciones enzimáticas; después de describir los haluros de alquilo, se examinan los compuestos biológicos con los que se metilan los sustratos; después de presentar los métodos que emplean los químicos para activar a los ácidos carboxílicos, se explican los métodos que utilizan las células para activar dichos ácidos; después de describir las reacciones de condensación, se presentan ejemplos de reacciones biológicas similares.

Además, los siete capítulos de la última parte del libro (capítulos 21 a 27) se enfocan en la química bioorgánica. Esos capítulos tienen la particularidad exclusiva de contener más química de la que se suele encontrar en las partes correspondientes de un texto de bioquímica. Por ejemplo, el capítulo 23, sobre catálisis, explica los diversos modos de catálisis que se ven en las reacciones orgánicas, y a continuación demuestra que son idénticos a los modos de catálisis que se encuentran en las reacciones enzimáticas. Todo esto se presenta en una forma que permite que los alumnos comprendan el por qué de la rapidez de las reacciones enzimáticas. El capítulo 24, sobre coenzimas, subraya el papel de la vitamina B_1 como deslocalizador de electrones, la vitamina K como base fuerte, la vitamina B_{12} como iniciador de radicales y la biotina como compuesto que puede transferir un grupo carboxilo, y también describe la forma en que se controlan las diferentes reacciones de la vitamina B_6 por traslape de orbitales p. El capítulo 25, sobre metabolismo, explica la función química del ATP. (Su papel no es proveer una ráfaga mágica de energía que nos permita tener una reacción endotérmica —lo que se suele llamar reacciones acopladas. Más bien su papel es mantener una trayectoria de reacción donde intervenga un buen grupo saliente en una reacción que no se pueda efectuar porque el grupo saliente sea malo.) El capítulo 26, sobre lípidos, presenta los mecanismos de formación de prostaglandina (y permite que los alumnos comprendan cómo actúa la aspirina), la descomposición de las grasas y la biosíntesis de terpenos. En el capítulo 27 los alumnos aprenden que el ADN contiene timina en lugar de uracilo por la hidrólisis de la timina y ven cómo se sintetizan las cadenas de ADN en el laboratorio. Así, dichos capítulos no repiten lo que se explica en un curso de bioquímica, sino que son un puente entre las dos disciplinas y permiten que los estudiantes constaten que es básico conocer la química orgánica para comprender los procesos biológicos.

Con la convicción que el estudio puede ser divertido, ciertas explicaciones orientadas hacia la biología, presentadas en cuadros de interés, aparecen como anexos intrigantes. Entre los ejemplos están: por qué los perros dálmatas son los únicos mamíferos que excretan ácido úrico, por qué la vida se basa en el carbono y no en el silicio, la forma en que un microorganismo ha aprendido a usar los desperdicios industriales como fuente de carbono, la química asociada con el SAMe, producto que se vende mucho en las tiendas de alimentos saludables, y las grasas *trans*.

Énfasis temprano y consistente hacia las síntesis orgánicas

Temprano en el libro, se presenta a los alumnos la química sintética y el análisis retrosintético (capítulos 4 y 6, respectivamente) para que puedan usar esa técnica durante el curso y diseñen síntesis de varios pasos. A intervalos adecuados se incluyen nueve secciones especiales sobre diseño de una síntesis, cada una con un enfoque diferente. Por ejemplo, una de ellas describe la elección adecuada de los reactivos y las condiciones de reacción para maximizar el rendimiento de la molécula deseada (capítulo 9); un capítulo presenta desconexiones, sintones y equivalentes sintéticos (capítulo 17); otro describe la obtención de nuevos enlaces carbono-carbono (capítulo 18), y uno más se enfoca en el control de la estereoquímica (capítulo 19). En el capítulo 30 se describe el uso de métodos combinatorios y se examina el descubrimiento y el diseño de medicamentos.

CARACTERÍSTICAS PEDAGÓGICAS

Las características pedagógicas que agradaron a los alumnos en ediciones anteriores se conservaron y aumentaron.

Notas al margen y material en cuadros para atraer al alumno

Cada capítulo comienza con una lista de antecedentes que ya se han descrito en capítulos anteriores y que sirven como base para continuar aprendiendo en ese capítulo (a partir de los fundamentos). En todo el texto aparecen notas al margen y bosquejos biográficos. Las notas al margen contienen puntos clave que los alumnos deben recordar y los bosquejos biográficos proporcionan al lector cierta idea de la historia de la química y de las personas que contribuyeron en ella. Los cuadros de interés relacionan la química con la vida real (por ejemplo al describir las Medicamentos semisintéticos, Medición de la toxicidad, Deshollinadores y cáncer, Luz ultravioleta y filtros solares, y Penicilina y resistencia a los antibióticos), o bien proporciona enseñanza adicional (como en Cálculo de los parámetros cinéticos, Algunas palabras acerca de las flechas curvas y Carbocationes primarios incipientes).

Resúmenes y globos de diálogo de ayuda para el estudiante

Cada capítulo concluye con un resumen para ayudar a los alumnos a sintetizar los puntos clave y también con una lista de términos clave. Los capítulos donde se explican reacciones terminan con un Resumen de reacciones. Los globos de diálogo ayudan a que los alumnos se concentren en los puntos que se están explicando.

Problemas, problemas resueltos y estrategias para resolver problemas

El libro contiene más de 1800 problemas, muchos de ellos de varias partes. Los problemas de cada capítulo son sobre todo de práctica, ya que permiten que los alumnos se midan en el material que se acaba de explicar antes de pasar a la sección siguiente. Los problemas seleccionados se acompañan de soluciones explicadas para dar una perspectiva de las técnicas de solución de problemas. Al final del libro se presentan respuestas cortas para los problemas marcados con un rombo con el fin de permitir que los alumnos cuenten con retroalimentación inmediata acerca de su dominio de un conocimiento o un concepto. La mayor parte de los capítulos contiene también una Estrategia para resolver problemas, característica que indica cómo atacar diversas clases de problemas. Por ejemplo, la Estrategia para resolver problemas del capítulo 8 indica a los alumnos cómo determinar si es más probable que suceda una reacción mediante una ruta S_N1 o una S_N2. A cada Estrategia para resolver problemas sigue un ejercicio para ofrecer al alumno la oportunidad de usar la destreza para resolver problemas recién aprendida.

La dificultad de los problemas al final de los capítulos es variada. Comienzan con problemas de práctica donde se integra material de todo el capítulo y se requiere que el alumno razone en función de la generalidad del capítulo más que enfocarse en secciones individuales. Los problemas se vuelven más desafiantes con el avance del alumno y con frecuencia refuerzan los conceptos de capítulos anteriores. El resultado neto, para el alumno, es una acumulación progresiva tanto de capacidad para resolver problemas como de confianza.

Sitio Web de consulta para el profesor

Parte del sitio Web de consulta (Companion) —véase la descripción más adelante— fue reacondicionada y reforzada. Cada pregunta contiene una animación o un tutorial interactivo y a continuación se plantea una pregunta relacionada; también proporciona retroalimentación que incluye vínculos de regreso a la sección relevante del libro.

Programa de ilustraciones: abundan las estructuras tridimensionales generadas en computadora

Esta edición continúa presentando estructuras tridimensionales de energía mínima, por todo el texto, con las que los alumnos pueden apreciar las formas tridimensionales de las moléculas orgánicas. En el programa de ilustraciones, los colores no sólo se usan para mostrar, sino para resaltar y organizar la información; de hecho, en esta edición aumentó el uso de realces para atraer la atención hacia los puntos de interés. He tratado de emplear colores específicos en formas consistentes (por ejemplo, las flechas de mecanismo siempre son rojas), pero no hay necesidad de que el alumno memorice la paleta de colores.

EXAMEN MINUCIOSO DEL MATERIAL Y LA ORGANIZACIÓN

Este libro se divide en nueve partes y cada una comienza con una perspectiva breve para que los alumnos puedan comprender "hacia dónde van". El primer capítulo de la parte 1 contiene un resumen de material que los alumnos deben recordar de su química general. El repaso de los ácidos y las bases subraya la relación entre acidez y la estabilidad de la base conjugada, tema que aparece en forma recurrente en todo el texto. En el capítulo 2, los alumnos aprenden cómo dar nombre a cinco clases de compuestos orgánicos, que serán los productos de las reacciones en los nueve capítulos que siguen. El capítulo 2 también cubre temas que se deben dominar antes de comenzar a estudiar las reacciones: estructuras, conformaciones y propiedades físicas de los compuestos orgánicos.

Los cinco capítulos de la parte 2 tratan sobre adición electrofílica, estereoquímica y deslocalización de electrones. El capítulo 3 prepara el escenario para estudiar las reacciones orgánicas, presentando a los alumnos los conocimientos de termodinámica y cinética que necesitarán a medida que avancen durante el curso. En un apéndice se deducen las ecuaciones de rapidez para quienes deseen tener un panorama más matemático de la cinética. También en el capítulo 3 se presenta a los alumnos el concepto de "flechas curvas". He visto que este ejercicio tiene mucho éxito para que los alumnos se sientan cómodos con un tema que debería ser fácil, pero que de alguna forma confunde aun a los mejores, a menos que tengan la práctica suficiente).

Comencé el estudio de las reacciones con las de los alquenos, por su simplicidad. Así, aunque el capítulo 4 cubre una gran variedad de reacciones de alquenos, todas tienen mecanismos parecidos: un electrófilo se une al carbono con hibridación sp^2 menos sustituido y un nucleófilo se une al otro carbono con hibridación sp^2, y sólo difieren en la naturaleza del electrófilo y del nucleófilo. Como la química orgánica trata de las interacciones del electrófilo y el nucleófilo, tiene sentido comenzar el estudio de las reacciones orgánicas presentando a los alumnos una variedad de electrófilos y nucleófilos. Las reacciones, en el capítulo 4, se describen sin tener en cuenta la estereoquímica porque me consta que los alumnos trabajan bien siempre que se les presenten uno por uno los conceptos nuevos. En este punto basta con comprender los mecanismos de las reacciones.

El capítulo 5 repasa los isómeros que se presentaron en los capítulos 2 y 3 (isómeros de constitución e isómeros *cis-trans*), para pasar a describir los isómeros debidos a un centro de asimetría —una clase de centro estereogénico. Además, el sitio Web Companion brinda a los estudiantes la oportunidad de manipular muchas moléculas en tres dimensiones. Ahora que los alumnos se sienten cómodos tanto con los isómeros como con las reacciones de adición electrofílica, se presentan los dos temas juntos, al final del capítulo 5, donde se describe la estereoquímica de las reacciones de adición electrofílica que ya se cubrieron en el capítulo 4. Mis alumnos se sienten ahora mucho más cómodos con la estereoquímica, ya que la presenté en el contexto de reacciones con las que están familiarizados. El capítulo 6 describe los alquinos. Este capítulo refuerza la confianza del alumno por la semejanza de su material con el del capítulo 4.

En química orgánica es de vital importancia comprender la deslocalización de electrones, por lo que este tema se describe en un capítulo exclusivo (capítulo 7), que es una continuación de la introducción al tema que se encontró en el capítulo 1. Los alumnos estudian la forma en que la deslocalización electrónica afecta la estabilidad y el pK_a, y puede afectar a los productos de reacciones de adición electrofílica.

La parte 3 presenta las reacciones de sustitución y eliminación en un carbono con hibridación sp^3. Primero se describen las reacciones de sustitución de los haluros de alquilo en el capítulo 8. En el capítulo 9 se presentan las reacciones de eliminación de los haluros de alquilo y después se pasa a considerar la competencia entre la sustitución y la eliminación. El capítulo 10 cubre las reacciones de sustitución y eliminación en un carbono con hibridación sp^3 cuando un grupo que no sea halógeno es el grupo saliente: son reacciones de alcoholes, éteres, epóxidos, óxidos de areno, tioles y sulfuros. También se presentan los compuestos organometálicos y las reacciones de acoplamiento catalizadas por metales de transición. El capítulo 11 cubre la química de los radicales. Los alumnos aprenden que los alcanos son muy inertes debido a la ausencia de un grupo funcional y se subraya la importancia que tiene un grupo funcional en la reactividad química.

Los dos capítulos de la parte 4 describen técnicas instrumentales. En el capítulo 12 se describen la espectrometría de masas, espectroscopia IR, y espectroscopia UV/Vis. El capítulo 13 explica la espectroscopia de resonancia magnética nuclear. Cada técnica espectral está escrita como "tema independiente", por lo que se puede estudiar en forma aislada, en cualquier momento del curso. El primero de estos capítulos comienza con una tabla de grupos funcionales para los profesores que deseen explicar la espectroscopia antes que los alumnos conozcan todos los grupos funcionales.

La parte 5 sólo trata sobre compuestos aromáticos. El capítulo 14 cubre la aromaticidad y las reacciones del benceno. El capítulo 15 describe las reacciones de los bencenos sustituidos. Como no todos los cursos de química orgánica cubren la misma cantidad de material en un semestre, los capítulos del 12 al 15 se introdujeron con perspectiva estratégica para que se estudien cerca del final del primer semestre. Si el semestre concluye antes del capítulo 12, del 13 o del 14, o después del capítulo 15, no se quedarán en el aire a medio tópico.

La parte 6 se enfoca en la química de los compuestos carbonílicos. Los profesores que nunca habían presentado los derivados de ácidos carboxílicos antes que los aldehídos y las cetonas tenían escepticismo acerca de este capítulo, al principio. Sin embargo, cuando se buscaron las opiniones de quienes ya habían usado las ediciones previas del texto, casi todos prefirieron este orden. El capítulo 16 comienza el tratamiento de la química del carbonilo explicando las reacciones de los ácidos carboxílicos y sus derivados con nucleófilos oxigenados y nitrogenados. De esta forma los estudiantes se introducen a la química de los compuestos carbonílicos, aprendiendo cómo se dividen o parten los intermediarios tetraédricos. La primera parte del capítulo 17 describe las reacciones de los derivados de ácidos carboxílicos, aldehídos y cetonas con nucleófilos carbonados e hidrogenados. Si todos esos compuestos carbonílicos se estudian juntos, los alumnos verifican cómo difieren las reacciones de aldehídos y cetonas respecto a las de los derivados de ácidos carboxílicos. Entonces, cuando pasen a estudiar la formación e hidrólisis de iminas, enaminas y acetales en la segunda parte del capítulo 17 podrán comprender con facilidad tales mecanismos, porque ya están versados en la forma en que se parten los intermediarios tetraédricos. Durante años he experimentado en mis clases y creo que ésta es la forma más efectiva y fácil de enseñar la química del grupo carbonilo. Dicho lo anterior, se pueden intercambiar los capítulos 16 y 17, siempre que se salten las secciones 17.4, 17.5 y 17.6 y se cubran después con el capítulo 16. El capítulo 18 trata acerca de las reacciones en el carbono α de los compuestos carbonílicos.

El capítulo 19, el primero de la parte 7, regresa a las reacciones de oxidación y reducción y describe otras nuevas. Los alumnos pueden comprender mucho mejor las reacciones de oxidación cuando se les presentan juntas, como una unidad, y no cuando las van conociendo una por una junto con la presentación de cada grupo funcional. El capítulo 20 repasa el material sobre las aminas, que fue explicado en los capítulos anteriores: estructura y propiedades físicas, propiedades ácido-base, nomenclatura, reactividad y síntesis —para pasar a explorar dichos temas con mayor detalle. El capítulo concluye con una descripción de los compuestos heterocíclicos.

La parte 8 presenta temas bioorgánicos. La parte 9 cubre polímeros sintéticos, reacciones pericíclicas y descubrimiento y diseño de medicamentos.

CAMBIOS EN ESTA EDICIÓN

Las respuestas de los profesores y los alumnos han conducido a realizar ajustes en la presentación y la distribución de ciertos temas, y promovido el refuerzo de las características pedagógicas de más éxito en el libro.

Contenido y organización

Se han adelantado las descripciones de la sustitución y eliminación nucleofílicas, por lo que ahora se hallan en los capítulos 8 y 9 y no en los capítulos 10 y 11. Las reacciones de adición de radicales se sacaron de los capítulos sobre alquenos (capítulo 4) y alquinos (capítulo 6) y se colocaron con la sustitución de radicales, de manera que toda la química de radicales se concentra ahora en un solo capítulo (11). Se agregó la formación de epóxidos al capítulo sobre adición electrofílica de alquenos (capítulo 4) y se introdujo la oxidación de los alcoholes al capítulo que describe las reacciones de los mismos (capítulo 10). Ambos cambios permiten disponer de una mayor variedad de problemas de síntesis y más temprano en el curso. Un nuevo capítulo sobre metabolismo (capítulo 25) destaca que las reacciones y mecanismos que se encuentran en los procesos metabólicos son similares a las reacciones y mecanismos que se encuentran en un laboratorio de química orgánica. También hay material nuevo sobre reacción en cadena de la polimerasa e ingeniería genética. Por último, se ha vuelto a redactar gran parte del libro para facilitar la comprensión por el estudiante. En particular, se reorganizaron y esclarecieron las secciones sobre reacciones de adición electrofílica, deslocalización electrónica y reacciones de adición nucleofílica.

Secciones sobre síntesis

Esta edición cuenta con nueve secciones sobre "Diseño de una síntesis", una de ellas nueva, que ayuda a que los alumnos comprendan cuándo se debe usar el análisis retrosintético. También hay muchos problemas nuevos de síntesis.

Elementos pedagógicos

Para desarrollar en los alumnos la comprensión de la química orgánica como una disciplina que se basa en la experiencia y en los conocimientos, cada capítulo (después del capítulo 1) comienza con una lista de antecedentes que los alumnos ya revisaron y que ayudan a explicar la información que se presenta en las páginas que siguen. Los mecanismos, en esta edición, se presentan en forma de pasos separados para que los pasos individuales se destaquen con más claridad. Sin embargo, no se presentan encerrados en cuadros, porque podrían interferir con la apreciación del alumno acerca de que los mecanismos son básicos para comprender la química orgánica y que no son asuntos extraños ni material opcional. También esta edición contiene más *globos de diálogo* (textos encerrados que apuntan hacia algo) para ayudar al aprendizaje de los estudiantes. En respuesta a los comentarios de alumnos, también hay más notas al margen que repiten en forma sucinta los puntos clave y facilitan el repaso. Además hay 20 nuevos cuadros de interés en esta edición, entre los cuales se cuenta uno acerca de la disolución de suturas, otro sobre grasas *trans* y uno más sobre resistencia a herbicidas.

Conjuntos de problemas

Esta edición contiene más de 200 problemas nuevos, tanto en el desarrollo como al final de los capítulos. Contiene nuevos problemas resueltos, nuevas estrategias para resolver problemas y nuevos problemas que plantean temas de más de un capítulo.

PARA EL PROFESOR (APOYOS DISPONIBLES EN INGLÉS)

Centro de recursos para el profesor (en línea). Este auxiliar de presentación de lecciones contiene una colección de medios, totalmente consultable e integrada, que le permite usar con eficiencia y eficacia su tiempo de preparación de clase, así como reforzar sus presentaciones y evaluaciones en clase. Estos recursos contienen casi todas las ilustraciones del texto, incluidas las tablas, en formatos .JPG, .PDF y PowerPoint™, todos los objetos de medios interactivos y dinámicos del sitio Web Companion y tres presentaciones preparadas en PowerPoint™. La primera contiene un esquema completo de las clases. La segunda presentación contiene completos los cuadros de **PROBLEMA** dentro de los capítulos, y la tercera contiene preguntas que usted puede hacer en clase, junto con su Sistema de Respuesta de Salón de Clase (CRS). Dentro de la página Web también tiene un motor de búsqueda que le permite encontrar recursos relevantes, a través de términos clave, objetivos de aprendizaje, números de figura y tipos de recursos. También se incluye el programa TestGen, de generación de exámenes, y una versión del Archivo de elementos de examen, en TestGen, que permite a los profesores crear y adaptar los exámenes de acuerdo con sus necesidades, o crear cuestionarios en línea para entrega en WebCT, Blackboard o CourseCompass. También se incluyen archivos del Test Item File, en Word™.

Paquete de transparencias (en página Web) por Paula Yurkanis Bruice, Universidad de California en Santa Bárbara. Este juego cuenta con 285 imágenes del texto a todo color.

Archivo de preguntas Test Item File (en página Web) por Gary Hollis, Roanoke College. Tiene una selección de más de 2500 preguntas de opción múltiple, de respuestas cortas y de ensayos para aplicar exámenes.

Auxiliares para administración del curso y las tareas

Blackboard, WebCT y el **CourseCompass** de Pearson Educación ofrecen los mejores apoyos de enseñanza y aprendizaje para su curso. Están cómodamente organizados por capítulos del texto *Química Orgánica, quinta edición*, contribuirán a ahorrar tiempo y servirá de ayuda a los alumnos para que apliquen lo que ya aprendieron en clase. Junto con el material del sitio Web Companion (*www.pearsoneducacion.net/bruice*), también se incluyen los apoyos del *Centro de Recursos del Instructor* y de *ACE Organic*.

ACE (*Achieving Chemistry Excellence*, logro de la excelencia química) Pearson Educación, con Robert B. Grossman, Raphael A. Finkel y un equipo de programadores en la Universidad de Kentucky, desarrollaron un sistema de tareas para química orgánica que finalmente puede apoyar los tipos de problemas que se asignan en química orgánica. *Achieving Chemistry Excellence: Organic Chemistry*, o ACE, es un programa basado en la Web que fue desarrollado específicamente para profesores y alumnos de introducción a la química orgánica. En un curso típico de química orgánica, los alumnos resuelven las preguntas de un texto y hay disponible un manual de soluciones. Los alumnos se esfuerzan durante algunos minutos con una pregunta, revisan la respuesta y sienten como si comprendieran cómo contestar la pregunta. No es sino hasta el día del examen que se dan cuenta que contestar una pregunta y conocer cómo contestarla son dos cosas totalmente diferentes.

La solución ideal para este problema son programas de cómputo que puedan contestar a los alumnos que sus respuestas son incorrectas, sin revelar la respuesta correcta. Existen numerosos programas de tareas de química basados en la Web, pero la mayor parte de ellos requieren respuestas basadas en el texto, o numéricas o de opción múltiple. En contraste, ACE permite que los alumnos tracen estructuras como respuesta a las preguntas con una interfaz gráfica. Presentan su estructura a un servidor y, si su respuesta es incorrecta, se les proporciona retroalimentación y se les pide que prueben de nuevo. Además, ACE es el único programa que proporciona retroalimentación específica a respuestas de estructuras incorrectas, enseñando con eficacia a los alumnos cómo resolver el problema, sin revelarles

Prefacio **xxxi**

las respuestas correctas. ACE está disponible para *Química Orgánica, quinta edición*, como parte de uno de los cursos OneKey descritos antes. Para conocer más información, llame a su representante local de Pearson Educación.

Sitio Web Companion, con GradeTracker (*http://www.pearsoneducacion.net/bruice*)
Ahora con GradeTracker, para que los profesores que deseen usarlo cuenten con funcionalidad flexible de un cuaderno de calificaciones. El sitio Companion es específico del texto *Química Orgánica, quinta edición*, y se actualizó y amplió con meticulosidad respecto a la edición anterior; proporciona a los alumnos una colección de recursos de apoyo de aprendizaje y evaluación para cada capítulo. El sitio Companion para la quinta edición contiene:

- La galería **Student Tutorials quiz**. Cada pregunta contiene una animación visual o un tutorial interactivo, y a continuación plantea una pregunta acerca de ellos y proporciona retroalimentación, que incluye vínculos de regreso a la sección relevante del libro. Al ofrecer evaluación en estrecha relación con los elementos del tutorial, incluyendo retroalimentación para respuestas incorrectas, así como referencias al libro, se refuerzan los conceptos. Vea los iconos relacionados en el texto en el lugar que corresponde al tema.
- Una **Galería de moléculas**, con una vasta selección de imágenes en 3-D de la mayor parte de las moléculas importantes en el texto. Los alumnos pueden hacer girar la molécula en tres dimensiones, cambiar su representación y explorar su estructura en detalle.
- **Conjuntos de Ejercicios** y **Adivinanzas**, con pistas y retroalimentación instantánea, incluyendo vínculos con las secciones relevantes del libro.
- La **Guía de Estudio MCAT**, consiste en 200 preguntas y puede ser un apoyo vital en la carrera.
- Para los alumnos que dispongan de ChemOffice Ltd., en el sitio Web también se encuentra disponible un cuaderno de trabajo que contiene **ChemOffice Exercises**.

Los colaboradores en el sitio Web de esta edición son Christine Hermann (Universidad Radford), Brian Groh (Universidad Estatal de Minnesota, en Mankato), Bette A. Kreuz (Universidad de Michigan-Dearborn), Ron Wikholm (Universidad de Connecticut) y Christopher Hadad (Universidad Estatal de Ohio).

AL ALUMNO

¡Bienvenido a la química orgánica! Está a punto de embarcarse en un viaje excitante. Este libro se ha escrito teniendo en mente a estudiantes como usted —quienes se encuentran con el tema por primera vez. El viaje por la química orgánica puede ser muy ameno. El objetivo central del libro es hacer que este viaje sea estimulante y que a la vez se pueda disfrutar, ayudándole a comprender los principios centrales de este campo y pidiéndole aplicarlos a medida que avance por sus páginas. Se le recordarán estos principios a intervalos frecuentes —por ejemplo, en las referencias a secciones que ya habrá dominado, y en la lista de antecedentes al iniciar cada capítulo.

Debería comenzar familiarizándose con el libro. Los interiores de las pastas de la cubierta, tanto al principio como al final del libro, contienen información que podrá consultar con frecuencia durante el curso. Los resúmenes de capítulo, términos clave y resúmenes de reacciones al final de cada capítulo contienen útiles listas de los términos y los conceptos que debe comprender después de estudiar el capítulo. El glosario, al final del libro, también puede ser una ayuda útil, como también los apéndices, que escribí para consolidar las categorías útiles de información. Los modelos moleculares y los mapas de potencial electrostático que encontrará en todo el libro se incluyeron para que usted pueda apreciar cómo se ven las moléculas en tres dimensiones y para mostrar cómo se distribuyen las cargas en una molécula. Considere que las notas al margen son la oportunidad que tiene el autor para mostrar recordatorios personales de ideas y hechos que es importante tener presentes. Asegúrese de leerlas.

Resuelva todos los problemas de cada capítulo, le permitirán practicar y al hacerlo comprobará si ya domina los conocimientos y conceptos que enseña el capítulo. Algunos de ellos (o partes de ellos) están ya resueltos en el texto. Se presentan respuestas de algunos de los demás, los que están marcados con un rombo, al final del libro. No desdeñe las "Estrategias para resolver problemas" que también se encuentran distribuidas en todo el texto; son sugerencias prácticas acerca de la mejor forma de atacar los tipos importantes de problemas.

Además de los problemas que se presentan en el transcurso de los capítulos, resuelva tantos como pueda de los del final de los capítulos. Mientras más problemas resuelva, se sentirá más complacido con el tema y estará mejor preparado para el material de los capítulos siguientes. No permita que alguno de los problemas lo deje frustrado. Asegúrese de visitar el sitio Web Companion (*http://www.pearsoneducacion.net/bruice*) para probar algunos de los auxiliares de estudio en inglés, como los Tutoriales del alumno (*Student Tutorials*), Galería de moléculas (*Molecule Gallery*) y los conjuntos de ejercicios y preguntas (*Exercise Sets and Quizzes*).

El consejo más importante que debe recordar (y seguir) al estudiar la química orgánica es ¡NO SE RETRASE! Los pasos individuales para aprender química orgánica son bastante sencillos; cada uno de por sí es relativamente fácil de dominar. Pero son muchos y el tema puede volverse abrumador con rapidez si no avanza paso por paso.

Antes de deducir muchas de las teorías y los mecanismos, la química orgánica era una disciplina que sólo se podía dominar memorizando. Por fortuna, eso ya no es cierto. Encontrará muchas ideas unificadoras que le permitirán usar lo que haya aprendido en un caso para pronosticar lo qué sucederá en otras situaciones. Así que, al leer el libro y estudiar sus notas, trate siempre de comprender *por qué* sucede cada evento o comportamiento químico. Por ejemplo, cuando comprenda las razones de la reactividad, podrá predecir la mayor parte de las reacciones. Si entra en el curso con la idea equivocada de que para tener éxito se deben memorizar cientos de reacciones sin relación entre sí elimínela porque podría representar su fracaso; simplemente ello no sería posible porque el material por memorizar sería demasiado. La comprensión y el razonamiento, no la memorización, proporcionan las bases necesarias sobre las que avanza el aprendizaje posterior. Sin embargo, de vez en cuando se necesitará memorizar algo, como ciertas reglas fundamentales y los nombres comunes de varios compuestos orgánicos. Pero ello no debería ser ningún problema; después de todo, todos sus amigos tienen nombres comunes que usted ha podido aprender.

Los alumnos que estudien química orgánica para poder ingresar a escuelas de medicina se preguntan, a veces, por qué en esas escuelas se pone tanta atención a este tema en particular. La importancia de la química orgánica no está sólo en su tema. Para dominar la química orgánica se requiere una comprensión profunda de ciertos principios fundamentales y la capacidad de usar tales fundamentos para analizar, clasificar y predecir. El estudio de la medicina demanda cosas parecidas: un médico usa sus conocimientos de ciertos principios fundamentales para analizar, clasificar y diagnosticar.

Que tenga usted buena suerte en sus estudios. Espero que disfrute su curso de química orgánica y aprenda a apreciar la lógica de esta fascinante disciplina. Si tiene comentarios acerca del libro, o alguna sugerencia para mejorarlo, me gustaría que me lo manifieste. Recuerde, los comentarios positivos son la mayor diversión, pero los negativos son los más útiles.

Paula Yurkanis Bruice
pybruice@chem.ucsb.edu

AGRADECIMIENTOS

Con gran placer reconozco el esfuerzo dedicado de muchos buenos amigos que hicieron posible que este libro se realizara. Las numerosas aportaciones de Ron Magid, de la Universidad de Tennessee, Ed Skibo de la Universidad Estatal de Arizona, Paul Papadopoulos de la Universidad de Nuevo México, Ron Starkey de la Universidad de Wisconsin en Green Bay, y de Jack Kirsch, de la Universidad de California en Berkeley, persisten en esta edición. Gracias en particular a David Yerzley, M.D., por su ayuda en la sección sobre Imágenes de resonancia magnética, a Warren Hehre de Wavefunction, Inc., y a Alan Shusterman de Reed College por su ayuda en los mapas de potencial electrostático que aparecen en el libro. También agradezco mucho a mis alumnos, que señalaron las secciones que necesitaban aclaración, resolvieron los problemas y buscaron errores.

Los siguientes revisores desempeñaron un papel de enorme importancia en el desarrollo de este libro de texto:

Revisores del manuscrito de la quinta edición

Jon C. Antilla, *University of Mississippi*
Arthur J. Ashe, III, *University of Michigan*
William F. Bailey, *University of Connecticut*
Chad Booth, *Texas State University*
Gary Breton, *Berry College*
Lale Aka Burk, *Smith College*
Dorian Canelas, *North Carolina State University*
Robert Coleman, *Ohio State University*
S. Todd Deal, *Georgia Southern University*
Malcolm D.E. Forbes, *University of North Carolina*
Annaliese Franz, *Harvard University*
Alison J. Frontier, *University of Rochester*
Albert Fry, *Wesleyan University*
Jose J. Gutierrez, *The University of Texas Pan American*
Christopher M. Hadad, *Ohio State University*
C. Frederick Jury, *Collin County Community College*
Bob Kane, *Baylor University*
Angela King, *Wake Forest University*
Irene Lee, *Case Western Reserve University*
Philip Lukeman, *New York University*
Neil Miranda, *University of Illinois at Chicago*
Robert P. O'Fee, *The College of New Jersey*
JaimeLee Iolani Rizzo, *Pace University*
Alexander J. Seed, *Kent State University*
William N. Setzer, *University of Alabama-Huntsville*
Thomas E. Sorensen, *University of Wisconsin-Milwaukee*
Jennifer A. Tripp, *University of Scranton*

Linda Waldman, *Cerritos College*
Emel L. Yakali, *Raymond Walters College*

Revisores de precisión

S. Todd Deal, *Georgia Southern University*
Malcolm Forbes, *University of North Carolina*
Steven Graham, *St. John's University*
Christopher Roy, *Duke University*
Susan Schelble, *University of Colorado at Denver*

Revisores del manuscrito de la cuarta edición

Merritt Andrus, *Brigham Young University*
Daniel Appella, *Northwestern University*
George Bandik, *University of Pittsburgh*
Daniel Blanchard, *Kutztown University*
Ron Blankespoor, *Calvin College*
Paul Buonora, *California State University, Long Beach*
Robert Chesnut, *Eastern Illinois University*
Michael Chong, *University of Waterloo*
Robert Coleman, *Ohio State University*
David Collard, *Georgia Institute of Technology*
Debbie Crans, *Colorado State University*
Malcolm Forbes, *University of North Carolina, Chapel Hill*
Deepa Godambe, *Harper College*
Fathi Halaweish, *South Dakota State University*
Steve Hardinger, *University of California, Los Angeles*
Alvan Hengge, *Utah State University*

Steve Holmgren, *University of Montana*
Nichole Jackson, *Odessa College*
Carl Kemnitz, *California State University, Bakersfield*
Keith Krumpe, *University of North Carolina, Asheville*
Michael Kurz, *Illinois State University*
Li, Yuzhuo, *Clarkson University*
Janis Louie, *University of Utah*
Charles Lovelette, *Columbus State University*
Ray Lutgring, *University of Evansville*
Janet Maxwell, *Angelo State University*
Mark McMills, *Ohio University*
Andrew Morehead, *University of Maryland*
John Olson, *Augustana University*
Brian Pagenkopf, *University of Texas, Austin*
Joanna Petridou, *Spokane Falls Community College*
Michael Rathke, *Michigan State University*
Christopher Roy, *Duke University*
Tomikazu Sasaki, *University of Washington*
David Soriano, *University of Pittsburgh*
Jon Stewart, *University of Florida*
John Taylor, *Rutgers University*
Carl Wamser, *Portland State University*
Marshall Werner, *Lake Superior State University*
Catherine Woytowicz, *George Washington University*
Zhaohui Sunny Zhou, *Washington State University*

Revisores críticos

Neil Allison, *University of Arkansas*
Joseph W. Bausch, *Villanova University*
Dana Chatellier, *University of Delaware*
Steven Fleming, *Brigham Young University*
Malcolm Forbes, *University of North Carolina, Chapel Hill*
Chuck Garner, *Baylor University*
Andrew Knight, *Loyola University*
Joe LeFevre, *State University of New York, Oswego*
Charles Liotta, *Georgia Institute of Technology*
Andrew Morehead, *University of Maryland*
Richard Pagni, *University of Tennessee*
Jimmy Rogers, *University of Texas, Arlington*
Richard Theis, *Oregon State University*

Peter J. Wagner, *Michigan State University*
John Williams, *Temple University*
Catherine Woytowicz, *George Washington University*

Revisores de precisión

Bruce Banks, *University of North Carolina, Greensboro*
Debra Bautista, *Eastern Kentucky University*
Vladimir Benin, *University of Dayton*
Linda Betz, *Widener University*
Anthony Bishop, *Amherst College*
Phil Brown, *Brigham Young University*
Sushama Dandekar, *University of North Texas*
S. Todd Deal, *Georgia Southern University*
Michael Detty, *University of Buffalo*
Matthew Dintzner, *DePaul University*
Nicholas Drapela, *Oregon State University*
Jeffrey Elbert, *University of Northern Iowa*
Mark Forman, *Saint Joseph's University*
Joe Fox, *University of Delaware*
Anne Gaquere, *State University of West Georgia*
Chuck Garner, *Baylor University*
Scott Goodman, *Buffalo State College*
Steven Graham, *St. John's University*
Christian Hamann, *Albright College*
Cliff Harris, *Albion College*
Alfred Hortmann, *Washington University*
Floyd Klavetter, *Indiana University of Pennsylvania*
Thomas Lectka, *Johns Hopkins University*
Len MacGillivray, *University of Iowa*
Jerry Manion, *University of Central Arkansas*
Alan P. Marshand, *University of North Texas*
Przemyslaw Maslak, *Pennsylvania State University*
Michael McKinney, *Marquette University*
Alex Nickon, *Johns Hopkins University*
Patrick O'Connor, *Rutgers University*
Kenneth Overly, *Providence College*
Cass Parker, *Clark Atlanta University*
Christopher Roy, *Duke University*
Susan Schelble, *University of Colorado, Denver*
Chris Spilling, *University of Missouri*
Janet Stepanek, *Colorado College*

Agradezco profundamente a mi editora, Noiole Folchetti, cuyo talento guió este libro e hizo que fuera todo lo bueno posible, y cuyo suave apremio hizo que se volviera realidad. También deseo agradecer a las demás personas, con talento y dedicadas, de Prentice Hall, cuyas aportaciones hicieron una realidad este libro. Gracias gigantescas para Ray Mullaney, quien fue parte de todas las ediciones de este libro, manteniéndome informada con una gran paciencia. Deseo en particular agradecer a David Theisen, Director nacional de ventas de Key Markets, por su aguda comprensión del libro y su fe en él. Agradezco una enormidad a Moira Lerner Nelson, editora de desarrollo, tanto por su creatividad como por su notable atención a los detalles. Su capacidad de encontrar el sentido de lo que escribí fue la gran diferencia en la calidad del texto. Y gracias a Michael J. Richards y a Benjamin Paris, los cerebros creadores de la tecnología, así como a Kristen Kaiser, que formó los auxiliares para el alumno y para el profesor que acompañan al libro.

En particular deseo agradecer a los muchos, maravillosos y talentosos alumnos que he tenido a lo largo de los años, que me enseñaron cómo ser una profesora. Y deseo agradecer a mis hijos, de quienes he aprendido mucho.

Para que este texto sea lo más amigable posible para el usuario, apreciaré todo comentario que me ayude a lograr este objetivo en ediciones futuras. Si usted encuentra secciones que se puedan aclarar o ampliar, o ejemplos que se puedan agregar, hágamelo saber, por favor. Por último, esta edición se ha examinado concienzudamente para eliminar los errores tipográficos. Todos los que restan son responsabilidad mía. Si usted encuentra alguno, mándeme un correo electrónico para poder corregirlos en futuras ediciones.

Paula Yurkanis Bruice
Universidad de California, Santa Bárbara
pybruice@chem.ucsb.edu

Aspectos sobresalientes de *Química orgánica*, quinta edición

Enfoque hacia similitudes mecanísticas

La organización única del texto, con los grupos funcionales ensamblados por similitudes mecanísticas, permite la presentación secuencial de reacciones que suceden mediante mecanismos similares.

Vinculación de síntesis y reactividad

Al unir la reactividad de un grupo funcional y la síntesis de compuestos que resultan de esa reactividad (en lugar de enseñar la reactividad y la síntesis de un grupo funcional en particular), reduce la necesidad de memorizar reacciones sin relación y se permite cierta economía en la presentación.

NUEVO Antecedentes

Se encuentran al principio de los capítulos; estas listas muestran la forma en que se relacionan los temas clave en el capítulo con el material que ya se aprendió. Revelan que la química orgánica es una historia unificada, indivisible, y no una serie de temas dispares. ▼

ANTECEDENTES

SECCIONES 4.1–4.10 Se estudió el primer ejemplo de una reacción de adición electrofílica en el capítulo 3 (sección 3.6). Ahora se estudiarán varias reacciones más de ese tipo; son las reacciones características de los alquenos.	**SECCIÓN 4.5** Un compuesto con un protón ácido pierde ese protón en soluciones cuyo pH es mayor que el valor de pK_a del compuesto (1.24).
SECCIÓN 4.2 La hiperconjugación —deslocalización de electrones por traslape de un orbital de enlace σ sobre un enlace de un carbono adyacente— explica por qué la conformación alternada del etano es más estable que la eclipsada. Ahora se revisará que esto también explica por qué los grupos alquilo estabilizan a los carbocationes (2.10).	**SECCIÓN 4.7** La regla del octeto ayuda a explicar por qué se forma un ion bromonio cíclico y no un carbocatión cuando un alqueno reacciona con un halógeno (Br$_2$ o Cl$_2$) (1.4).
	SECCIÓN 4.10 Los efectos estéricos son la causa parcial de la regioselectividad de la hidroboración-oxidación (2.10).
SECCIÓN 4.4 El producto con la energía mínima de activación para su formación es el que se forma con más rapidez (3.7).	**SECCIÓN 4.11** La tensión estérica que determina que una conformación gauche sea menos estable que una conformación anti también hace que un isómero cis sea menos estable que un isómero trans (2.10).

NUEVO Los mecanismos dentro de cuadros muestran con claridad las reacciones en una forma que es integral al texto, pero muy destacada. ▼

Mecanismo de una reacción de adición electrofílica

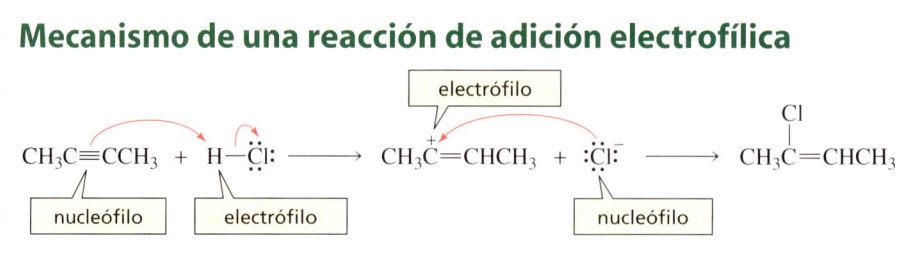

- El enlace π, relativamente débil, se rompe porque los electrones π son atraídos hacia el protón electrofílico.
- El carbocatión intermediario con carga positiva reacciona rápidamente con el ion cloruro con carga negativa.

Énfasis bioorgánico

La cobertura de la química bioorgánica conecta a la química orgánica con la bioquímica para presentarlas como un continuo del conocimiento. Este material se incorpora a lo largo del texto en diferentes maneras: cuadros de interés especial, secciones de capítulos específicas y capítulos cuyo foco son los asuntos bioorgánicos. ▶

PENICILINA Y RESISTENCIA A LOS ANTIBIÓTICOS

La penicilina contiene una amida en un anillo tensionado de β-lactama. La tensión de este anillo de cuatro miembros aumenta la reactividad de la amida. Se cree que la actividad antibiótica de la penicilina se debe a su capacidad para acilar (introducir un grupo acilo) a un grupo CH_2OH de una enzima que interviene en la síntesis de las paredes de células bacterianas. La acilación inactiva a la enzima, y las bacterias en activo crecimiento mueren porque no pueden sintetizar paredes celulares que funcionen. La penicilina no tiene efecto sobre las células de mamíferos porque éstas no están rodeadas por paredes celulares. Las penicilinas se almacenan a bajas temperaturas para minimizar la hidrólisis del anillo de β-lactama.

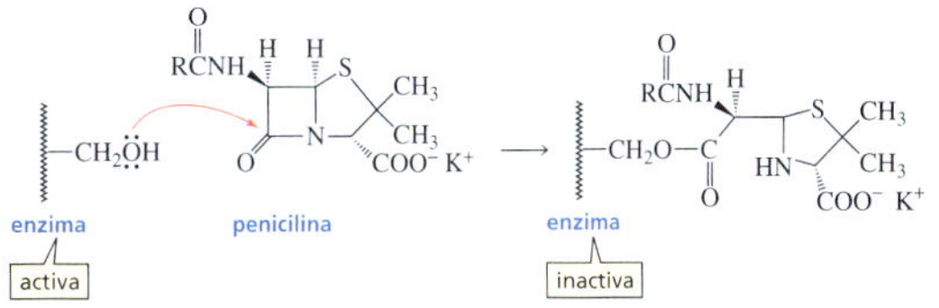

Las bacterias resistentes a la penicilina secretan penicilinasa, una enzima que cataliza la hidrólisis del anillo de β-lactama de la penicilina. El producto con el anillo abierto carece de actividad antibacteriana.

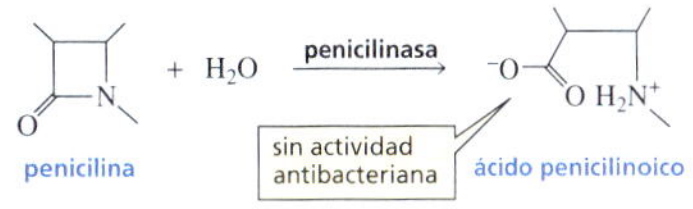

NUEVO En el capítulo sobre metabolismo se subraya que las reacciones y mecanismos que se encuentran en los procesos metabólicos se parecen a las reacciones y mecanismos que se encuentran en un laboratorio de química orgánica.

Vista completa

NUEVO Los encabezados de conceptos enmarcan el contexto de la descripción que sigue y no sólo el título de la sección. ▼

8.4 Dependencia entre la reversibilidad de una reacción S_N2 y la basicidad de los grupos salientes, en reacciones hacia delante (formación de productos) o hacia atrás (formación de reactivos)

Muchos tipos de nucleófilos diferentes pueden reaccionar con los haluros de alquilo; por lo tanto, puede sintetizarse una gran variedad de compuestos orgánicos por medio de las reacciones S_N2:

Bosquejos biográficos, que comunican a los alumnos aspectos de la historia de la química y de las personas que contribuyeron en ella. ▶

Notas al margen, subrayan las ideas fundamentales y recuerdan los principios importantes a los alumnos. ▼

los éteres disponen de grupos atractores de electrones por efecto inductivo) que son bases más fuertes que los iones haluro (X:⁻); más fuertes, son grupos salientes más malos y en consecuencia son desplazar. Entonces, los alcoholes y los éteres son menos reactivos que los en reacciones de sustitución y eliminación. Se verá que debido a sus fuertemente básicos, los alcoholes y los éteres deben "activarse" para poner una reacción de sustitución o de eliminación. En contraste, los sulfonatos les de sulfonio son grupos salientes débilmente básicos, por lo que presentan sustitución con facilidad.

Mientras más débil sea la base se podrá desplazar con más facilidad.

Mientras más fuerte sea el ácido su base conjugada será más débil.

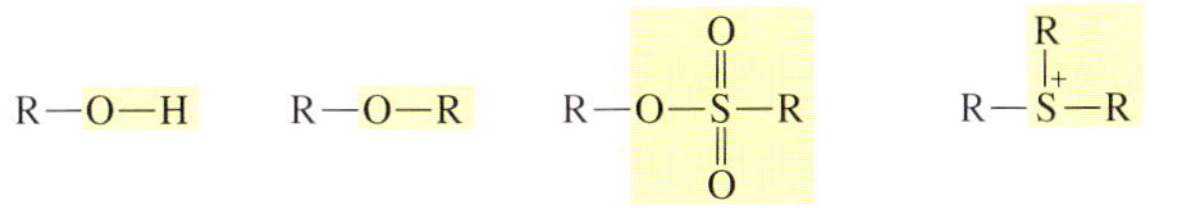

R—O—H R—O—R sulfonato de alquilo sal de sulfonio
alcohol   éter

BIOGRAFÍA

Francois Auguste Victor Grignard (1871–1935) *nació en Francia, hijo de un fabricante de veleros. Recibió un doctorado de la Universidad de Lyons en 1901. Su síntesis del primer reactivo de Grignard fue comunicada en 1900. Durante los cinco años siguientes se publicaron unos 200 trabajos sobre los reactivos de Grignard. Fue profesor de química en la Universidad de Nancy y después de la Universidad de Lyons. Compartió el Premio Nobel de Química en 1912 con Paul Sabatier (pág. 188). Durante la Primera Guerra Mundial fue reclutado por el ejército francés, donde desarrolló un método para detectar gases bélicos.*

RESUMEN DE REACCIONES

1. Reacciones de sustitución electrofílica aromática:
   a. Halogenación (sección 14.11)

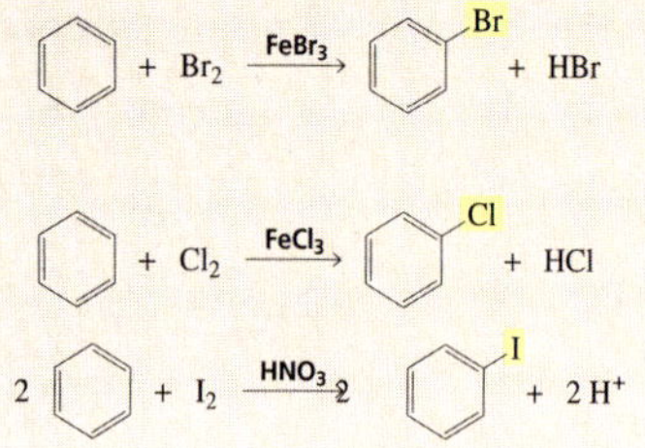

$$C_6H_6 + Br_2 \xrightarrow{FeBr_3} C_6H_5Br + HBr$$

$$C_6H_6 + Cl_2 \xrightarrow{FeCl_3} C_6H_5Cl + HCl$$

$$2\, C_6H_6 + I_2 \xrightarrow{HNO_3} 2\, C_6H_5I + 2\, H^+$$

◀ *Resumen de reacciones* al final de cada capítulo se muestra una lista de las reacciones que se han cubierto para que el alumno la repase. Con referencias cruzadas se facilita localizar la sección que trata sobre una reacción específica.

Solución de problemas

Los *Problemas resueltos* en el libro guían con cuidado a los alumnos por los pasos necesarios para resolver determinado tipo de problemas. ▼

PROBLEMA 28 RESUELTO

Antes, se consideraban varios mecanismos posibles para la hidrólisis de un éster activada por el ion hidróxido:

1. Una reacción de sustitución nucleofílica en el grupo acilo

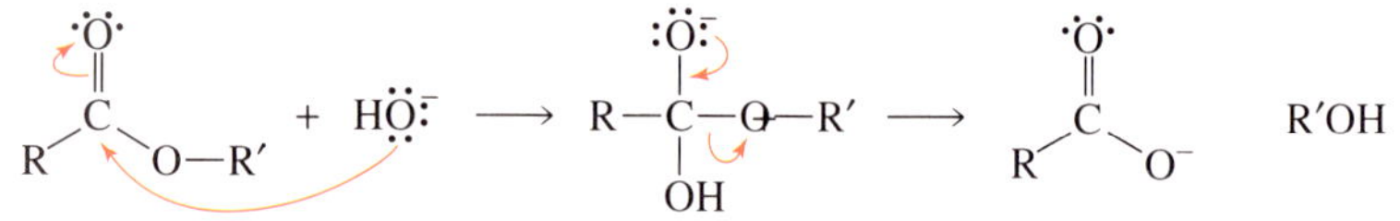

$$R-\overset{\overset{\displaystyle \ddot{O}}{\|}}{C}-O-R' + H\ddot{O}^- \longrightarrow R-\overset{\overset{\displaystyle :\ddot{O}:^-}{}}{\underset{\underset{\displaystyle OH}{|}}{C}}-O-R' \longrightarrow R-\overset{\overset{\displaystyle \ddot{O}}{\|}}{C}-O^- \quad R'OH$$

Estrategias para resolver problemas En muchos capítulos se enseña a los alumnos cómo enfocar diversos problemas, organizar sus ideas y mejorar su destreza para resolver problemas. A cada estrategia le sigue un ejercicio, que permite que los alumnos practiquen la estrategia que se acaba de describir. ▼

ESTRATEGIA PARA RESOLVER PROBLEMAS

Planeación de la síntesis de un haluro de alquilo

a. ¿Qué alqueno debe usarse para sintetizar al 3-bromohexano?

$$?\ +\ HBr\ \longrightarrow\ CH_3CH_2CHCH_2CH_2CH_3$$
$$\underset{\displaystyle Br}{|}$$
3-bromohexano

Hay más de 200 problemas nuevos en el texto, que dan más oportunidades para que los alumnos practiquen.

Aspectos sobresalientes

Las secciones *Diseño de una síntesis* están distribuidas en el texto y ayudan a los alumnos a diseñar síntesis en varios pasos. Muchos problemas de síntesis incluyen síntesis de compuestos que los alumnos reconozcan, como Novocaína, Valium, Tagamet e ibuprofeno. ▶

18.21 Diseño de una síntesis VII: formación de nuevos enlaces carbono-carbono

Cuando se planea la síntesis de un compuesto que requiere la formación de un nuevo enlace carbono-carbono, primero se localiza el nuevo enlace que debe formarse. Por ejemplo, en la síntesis de la siguiente β-dicetona, el nuevo enlace es el que forma el segundo anillo de cinco miembros:

MEDIOS DE APOYO

ACE Organic ▶

Prentice Hall, con Robert B. Grossman y Raphael A. Finkel, y un equipo de programadores en la Universidad de Kentucky, ha desarrollado un sistema para química orgánica que al fin puede manejar los tipos de problemas asignados en ese campo. ACE (*Achieving Chemistry Excellence*, logro de la excelencia química) es un programa basado en la Web, elaborado específicamente para maestros y alumnos de introducción a la química orgánica.

ACE Organic contiene cientos de problemas de trazado de estructura en química orgánica. **ACE permite que los alumnos construyan estructuras como respuesta a preguntas, con una interfaz gráfica de trazado de estructuras. Después de presentar su estructura, los alumnos reciben retroalimentación específica para su respuesta**. Esta actividad de dibujo, con retroalimentación intermedia, da como resultado un mejor aprendizaje para los alumnos y en forma automática guarda las calificaciones de los alumnos y su actividad en un cuaderno de calificaciones; proporciona a los profesores una mejor manera de evaluar la comprensión de los alumnos. *Llame a su representante local o vea más información en la descripción del prefacio.*

Para mayor información sobre ACE Organic visite www.pearsoneducacion.net/bruice.

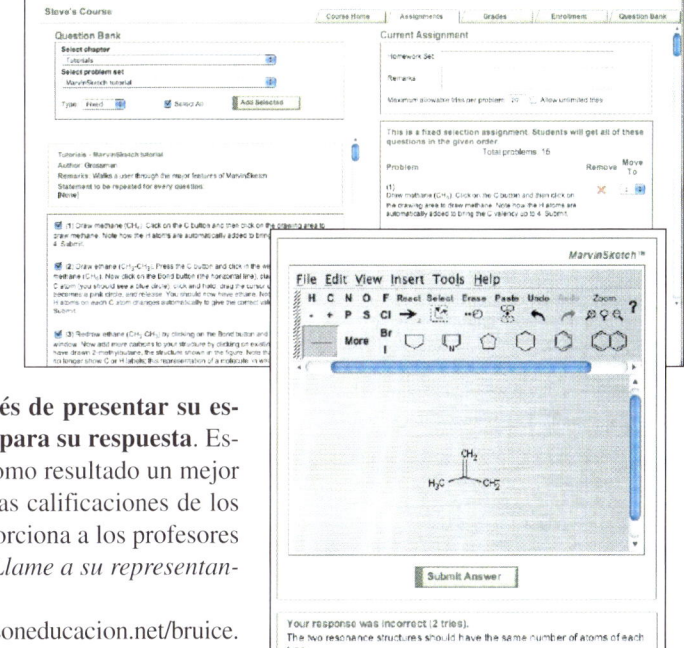

Libro de trabajo y CD *Virtual ChemLab* ▶

(0-13-238827-8) por Brian F. Woodfield de la Universidad Brigham Young. Este laboratorio virtual es un ambiente realista simulado donde los alumnos pueden adquirir una idea sobre lo que cabe esperar en un laboratorio real, o realizar experimentos sencillos diseñados para ampliar el conocimiento que los alumnos alcanzaron en clase. El programa Virtual ChemLab, el cual se adquiere por separado, puede ejecutarse directamente del CD o instalarse en la computadora del alumno. *Por favor, llame a su representante local o vea más información en la descripción del prefacio.*

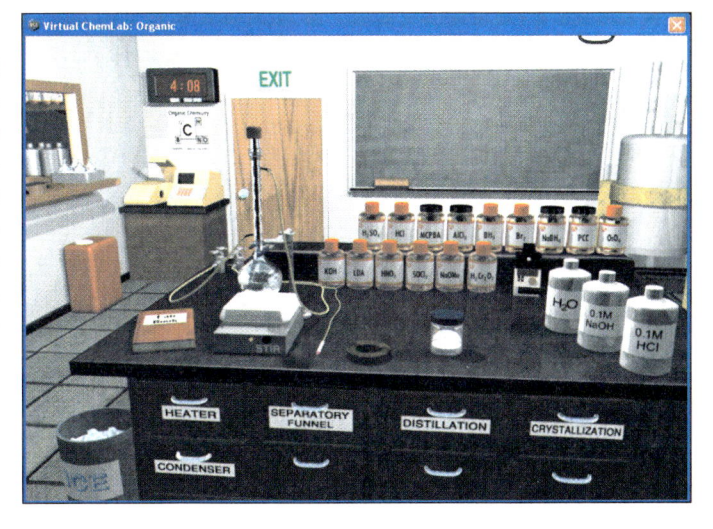

Acerca de la autora

Paula Bruice con Zeus y Abigail

Paula Yurkanis Bruice creció principalmente en Massachusetts. Después de graduarse en la Girls' Latin School en Boston, recibió el grado de Bachiller en Artes del Mount Holyoke College, y un doctorado en química en la Universidad de Virginia. Después recibió una beca posdoctoral NIH para estudiar en el Departamento de Bioquímica de la Escuela de Medicina de la Universidad de Virginia y recibió un nombramiento posdoctoral en el Departamento de Farmacología de la Escuela de Medicina de Yale.

Paula ha sido miembro docente de la Universidad de California, en Santa Bárbara, desde 1972, donde recibió el Premio Profesora del Año de la Asociación de Estudiantes, el Premio Académico a la Enseñanza Distinguida del Senado, dos Premios: Profesora del año de la Mortar Board Society y el Premio a la Enseñanza de la Asociación de Alumnos UCSB. Sus intereses en la investigación se centran en el mecanismo y la catálisis de reacciones orgánicas, en especial las de importancia biológica. Paula tiene una hija y un hijo médicos y otro, abogado. Sus pasatiempos principales son leer novelas de misterio y suspenso, y disfrutar de sus mascotas (dos perros, dos gatos y un loro).

PARTE 1

Introducción al estudio de la química orgánica

Los dos primeros capítulos del texto abarcan, como inicio, una variedad de temas con los que se debe estar familiarizado.

CAPÍTULO 1
Estructura electrónica y enlace químico • Ácidos y bases

En el **capítulo 1** se repasan temas de la química general que tendrán importancia en el estudio de la química orgánica. El capítulo comienza con una descripción de la estructura de los átomos y continúa con una descripción de la estructura de las moléculas. Se presenta la teoría de los orbitales moleculares. Se le da un repaso a la química de los ácidos y las bases, tema importante para comprender muchas reacciones orgánicas. Se verá en qué forma la estructura de una molécula afecta su acidez y cómo la acidez de una disolución afecta la estructura molecular.

CAPÍTULO 2
Introducción a los compuestos orgánicos: nomenclatura, propiedades físicas y representación de la estructura

Para describir los compuestos orgánicos se debe poder nombrarlos y visualizar sus estructuras al leer u oír sus nombres. En el **capítulo 2** se aprenderá a dar nombre a cinco clases distintas de compuestos orgánicos. Con ello ha de bastar para comprender bien las reglas básicas para nombrar a los compuestos. Como los compuestos que se examinan en el capítulo son reactivos o productos de muchas de las reacciones que se presentan en los siguientes 10 capítulos, habrá muchas oportunidades para repasar la nomenclatura de los mismos a medida que se avance por esos capítulos. También, en el capítulo 2 se comparan y contrastan las estructuras y propiedades físicas de esos compuestos, lo cual facilita un poco el aprendizaje acerca de ellos, en lugar de que cada compuesto se estudiara por separado. Ya que la química orgánica es el estudio de los compuestos que contienen carbono, la última parte del capítulo 2 describe la disposición espacial de los átomos de carbono tanto en estructuras lineales y cíclicas.

CAPÍTULO 1

Estructura electrónica y enlace químico
• Ácidos y bases

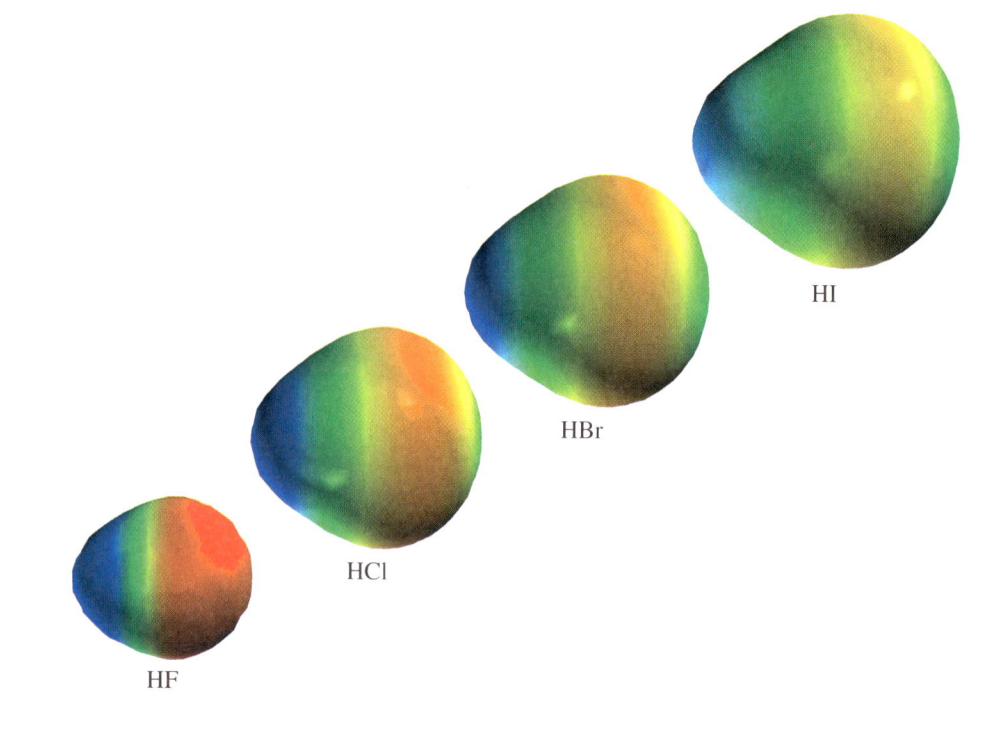

Para seguir viviendo, los primeros humanos deben haber podido diferenciar entre las clases de materiales de su mundo. "Puedes vivir de raíces y bayas" habrán dicho, "pero no puedes comer tierra. Puedes permanecer caliente quemando ramas de árbol, pero no puedes quemar piedras".

A principios del siglo XVIII, los científicos creían haber captado la naturaleza de esa diferencia, y en 1807 Jöns Jakob Berzelius asignó los nombres a las dos clases de materiales. Se creía que los compuestos derivados de los organismos vivos contenían una fuerza vital no medible —la esencia de la vida. Los llamó "orgánicos". Los compuestos derivados de minerales —que carecían de esa fuerza vital— eran "inorgánicos".

Como los químicos no podían crear la vida en el laboratorio, supusieron que era imposible sintetizar compuestos que tuvieran una fuerza vital. Como sus ideas estaban configuradas de ese modo, es de imaginarse la sorpresa con que los químicos han de haber recibido la noticia de que Friedrich Wöhler, en 1828, había obtenido urea —compuesto que se sabía excretan los mamíferos— calentando cianato de amonio, una sustancia inorgánica.

$$\overset{+}{N}H_4 \ \overset{-}{O}CN \xrightarrow{calor} H_2N-\underset{\underset{O}{\|}}{C}-NH_2$$

cianato de amonio → urea

BIOGRAFÍA

Jöns Jakob Berzelius (1779–1848), *figura importante en el desarrollo de la química moderna; nació en Suecia. Cuando Berzelius tenía dos años murió su padre. Su madre volvió a casarse, pero falleció sólo dos años después que su primer marido. Fue infeliz en el hogar de su padrastro, y lo abandonó a los 14 años, bastándose a sí mismo al trabajar como tutor y en los campos. Berzelius no sólo acuñó los términos orgánico e inorgánico, sino también inventó un sistema de símbolos químicos que sigue en uso. Publicó la primera lista de masas atómicas y propuso la idea de que los átomos portan una carga eléctrica. Purificó o descubrió los elementos cerio, selenio, silicio, torio, titanio y zirconio.*

Por primera vez se había obtenido un compuesto "orgánico" a partir de algo distinto a un organismo vivo y, con toda seguridad, sin la ayuda de ninguna fuerza vital. Es claro que los químicos necesitaban una definición nueva de "compuestos orgánicos". Ahora los **compuestos orgánicos** se definen como los *compuestos que contienen carbono.*

¿Por qué toda una rama de la química se dedica a estudiar los compuestos que contienen carbono? Se estudia la química orgánica porque casi todas las moléculas que hacen posible la vida —proteínas, enzimas, vitaminas, lípidos, carbohidratos y ácidos nucleicos— contienen carbono; por consiguiente, las reacciones químicas que se efectúan en los sistemas vivos, incluidos nuestros propios organismos, son reacciones de compuestos orgánicos. La mayor parte de los compuestos en la naturaleza —los que sirven de alimento, medicina, vestido (algodón, lana o seda), así como los energéticos (gas natural, petróleo)— también son orgánicos.

Sin embargo, los compuestos orgánicos no se limitan a los que hay en la naturaleza. Los químicos aprendieron a sintetizar millones de compuestos orgánicos que no se encuentran en la naturaleza, como fibras sintéticas, plásticos, hules sintéticos, medicinas y hasta cosas como películas fotográficas y pegamentos. Muchos de esos compuestos sintéticos evitan carencias de los productos naturales. Por ejemplo, se ha estimado que si no se contara con los materiales sintéticos para la ropa, en Estados Unidos, todo el terreno cultivable se destinaría a la producción de algodón y lana, sólo para suministrar la ropa suficiente en ese país. Hoy se conocen unos 16 millones de compuestos orgánicos y muchos más son posibles.

¿Qué hace que el carbono sea tan especial? ¿Por qué hay tantos compuestos carbonados? La respuesta está en la posición del carbono en la tabla periódica; se localiza en el centro del segundo periodo de elementos. En este periodo se puede observar que los átomos a la izquierda del carbono muestran tendencia a ceder electrones, mientras que los que se ubican a la derecha son proclives a aceptar electrones (sección 1.3).

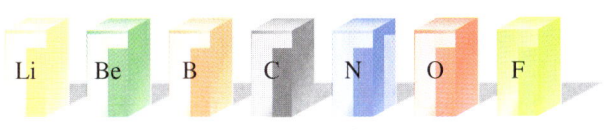

> **BIOGRAFÍA**
>
> **Friedrich Wöhler (1800–1882)**, *químico alemán, inició su vida profesional como médico y después fue profesor de química en la Universidad de Göttingen. Wöhler descubrió (junto con otra persona) el hecho de que dos sustancias diferentes podían tener la misma fórmula molecular. También inventó métodos para purificar aluminio —que en esa época era el metal más costoso— y berilio.*

Li Be B C N O F

el segundo periodo de la tabla periódica

Como el carbono está a la mitad, ni cede ni acepta electrones con facilidad; en lugar de ello, comparte electrones. El carbono puede compartir electrones con varias especies distintas de átomos y también lo puede hacer con otros átomos de carbono. En consecuencia, puede formar millones de compuestos estables, con una amplia variedad de propiedades químicas, con sólo compartir electrones.

Cuando se estudia la química orgánica se estudia cómo reaccionan los compuestos orgánicos. Cuando un compuesto orgánico reacciona, se rompen algunos enlaces y se forman otros nuevos. Se forman enlaces cuando dos átomos comparten electrones y se rompen enlaces cuando dos átomos dejan de compartirlos. La facilidad con la que se forma o se rompe un enlace depende de los átomos a los que pertenecen los electrones. Entonces, si se pretende iniciar el estudio de la química orgánica por el principio, debe comprenderse la estructura de un átomo —cuántos electrones tiene un átomo y dónde están localizados.

COMPARACIÓN ENTRE NATURAL Y SINTÉTICO

La creencia popular de que las sustancias naturales —las que se forman en la naturaleza— son mejores que las sintéticas —las que se producen en el laboratorio— es sólo eso: una suposición. Lo cierto es que cuando un químico sintetiza un compuesto como penicilina o estradiol es exactamente igual, en todos sus aspectos, al compuesto que la naturaleza ofrece, y a veces hasta superior al producto natural. Por ejemplo, los químicos han sintetizado análogos de la morfina —compuestos con estructuras parecidas pero no idénticas a la de la morfina— que producen efectos analgésicos (alivian el dolor) parecidos a los de la morfina pero, a diferencia de ésta, no causan hábito. También han sintetizado análogos de la penicilina que no producen las respuestas alérgicas que padece una fracción apreciable de los humanos contra la penicilina natural, o ante los cuales las bacterias no presentan la resistencia que desarrollan frente al antibiótico formado en la naturaleza.

Campo de amapola. La morfina comercial se obtiene del opio, el jugo que a su vez se obtiene de esta especie de amapola.

1.1 La estructura de un átomo

Un átomo consiste en un diminuto núcleo, denso, rodeado por electrones dispersos en un espacio relativamente grande en torno al núcleo. El núcleo contiene *protones con carga positiva* y *neutrones neutros*; por consiguiente, tiene carga positiva. Los *electrones tienen carga negativa* y se mueven de manera continua. Como cualquier cosa que se mueve, los electrones presentan energía cinética, que es lo que contrarresta la fuerza de atracción de los protones con carga positiva; de otra manera, los electrones con carga negativa serían atraídos por el núcleo.

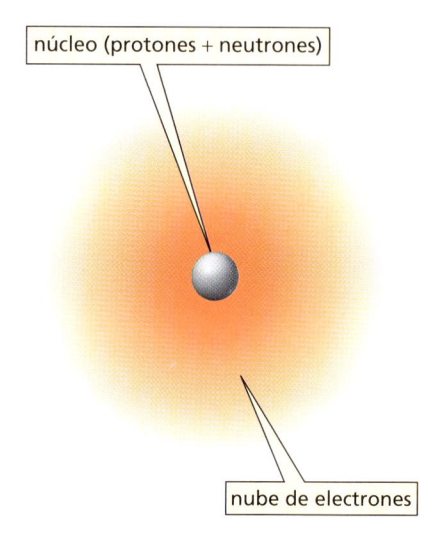

núcleo (protones + neutrones)

nube de electrones

Ya que la cantidad de carga positiva de un protón es igual a la cantidad de carga negativa de un electrón, un átomo neutro tiene cantidades iguales de protones y electrones. Los átomos pueden ganar electrones y ante ello se tornan negativos, o bien pueden perder electrones y tornarse positivos. Sin embargo, la cantidad de protones no cambia en un átomo.

Los protones y los neutrones tienen masas aproximadamente iguales y unas 1,800 veces mayores que la de un electrón. Eso significa que la mayor parte de la masa de un átomo reside en su núcleo. No obstante, la mayor parte del *volumen* de un átomo la determinan sus electrones, y a ellos nos enfocaremos porque son los que forman los enlaces químicos.

El **número atómico** de un átomo es igual al *número de protones* en su núcleo. También es el número de electrones que rodean el núcleo de un átomo neutro. Por ejemplo, el número atómico del carbono es 6 y quiere decir que un átomo neutro de carbono cuenta con seis protones y seis electrones.

El **número de masa** de un átomo es la *suma de sus protones y neutrones*. Todos los átomos de carbono tienen el mismo número atómico porque todos presentan la misma cantidad de protones. No todos ellos son equivalentes en masa porque no todos cuentan con la misma cantidad de neutrones. Por ejemplo, 98.89% de los átomos de carbono en la naturaleza tiene seis neutrones —por lo que su número de masa es 12— y 1.11% tiene siete neutrones —cuyo número de masa es 13. Esas dos clases diferentes de átomos de carbono (^{12}C y ^{13}C) se llaman isótopos. Los **isótopos** tienen el mismo número atómico (esto es, la misma cantidad de protones) pero distinto número de masa porque su cantidad de neutrones es distinta.

Entre los carbonos naturales también hay huellas de ^{14}C, que tiene seis protones y ocho neutrones. Este isótopo del carbono es radiactivo y se desintegra, o decae, con una vida media de 5,730 años. (La *vida media*, o *semivida*, es el tiempo que tarda la mitad de los núcleos en decaer). Mientras una planta o un animal estén vivos, incorporan tanto ^{14}C como el que excretan o exhalan. Al morir, ya no incorporan ^{14}C, por lo que el ^{14}C en el organismo muerto disminuye lentamente; por eso se puede determinar la edad de una sustancia orgánica a través de su contenido de ^{14}C.

La **masa atómica** de un elemento en la naturaleza es el *promedio ponderado de la masa de sus átomos*. Dado que una *unidad de masa atómica (uma)* se define como exactamente igual a 1/12 de la masa del ^{12}C, la masa atómica del ^{12}C es 12.0000 uma; la masa atómica del ^{13}C es 13.0034 uma. Así, la masa atómica del carbono es 12.011 uma [(0.9889 × 12.0000) + (0.0111 × 13.0034)] = 12.011. La masa **molecular** es la *suma de los pesos atómicos* de todos los átomos en la molécula.

> **PROBLEMA 1◆**
>
> El oxígeno tiene tres isótopos y sus números de masa son 16, 17 y 18. El número atómico del oxígeno es 8. ¿Cuántos protones y cuántos neutrones tiene cada uno de los isótopos?

1.2 Cómo se distribuyen los electrones en un átomo

Durante largo tiempo se consideró que los electrones eran partículas —"planetas" infinitesimales— en órbita alrededor del núcleo de un átomo. Sin embargo, en 1924 un físico francés, Louis de Broglie, demostró que los electrones también cuentan con propiedades ondulatorias. Para ello combinó una fórmula deducida por Albert Einstein, que relaciona la masa y la energía, con una fórmula deducida por Max Planck, que relaciona la frecuencia y la energía. Al comprender las propiedades ondulatorias de los electrones, los físicos se apresuraron para proponer un concepto matemático llamado mecánica cuántica.

La **mecánica cuántica** usa las mismas ecuaciones matemáticas que describen el movimiento ondulatorio de una cuerda de guitarra para describir el movimiento de un electrón en torno a un núcleo. La versión de la mecánica cuántica con mayor utilidad para los químicos se debe a Erwin Schrödinger, quien la propuso en 1926. De acuerdo con Schrödinger, el comportamiento de cada electrón en un átomo o una molécula se puede describir con una **ecuación de onda**. Las soluciones de la ecuación de Schrödinger se llaman **funciones de onda**, u **orbitales**. Indican la *energía* del electrón y el *volumen de espacio* en torno al núcleo donde es más probable encontrarlo.

De acuerdo con la mecánica cuántica, los electrones en un átomo se pueden concebir como ocupando un conjunto de capas concéntricas que rodean al núcleo. La primera capa es la que está más cercana al núcleo; la segunda se sitúa más lejos de éste y la tercera y demás capas sucesivas son todavía más distantes. Cada capa contiene subcapas, llamadas **orbitales atómicos**. Cada orbital atómico tiene forma y energía características, y ocupa un volumen característico, que se determina con la ecuación de Schrödinger. Algo importante de recordar es que *mientras más cercano esté el orbital al núcleo menor será su energía*.

La primera capa consiste sólo en un orbital atómico *s*; la segunda, en los orbitales atómicos *s* y *p*; la tercera, en los orbitales atómicos *s*, *p* y *d*, y la cuarta y las superiores consisten en los orbitales atómicos *s*, *p*, *d* y *f* (Tabla 1.1).

> **BIOGRAFÍA**
>
> **Victor Pierre Raymond, duque de de Broglie (1892–1987)** *nació en Francia y estudió historia en la Sorbona. Durante la Primera Guerra Mundial se estableció en la Torre Eiffel, como ingeniero de radio. Intrigado por su contacto con las radiocomunicaciones, regresó a la escuela después de la guerra y obtuvo un doctorado en física; fue profesor de física teórica en la Faculté des Sciences, en la Sorbona. Recibió el Premio Nobel de Física en 1929, cinco años después de haberse graduado, por sus trabajos demostrativos de que los electrones poseen propiedades de partículas y de ondas al mismo tiempo. En 1945 fue asesor del Comisariado Francés de Energía Atómica.*

> **BIOGRAFÍA**
>
> **Erwin Schrödinger (1887–1961)** *enseñaba física en la Universidad de Berlín cuando Hitler ascendió al poder. Aunque no era judío, Schrödinger salió de Alemania y regresó a su Austria natal sólo para ver que después era tomada por los alemanes. Se mudó a la Escuela de Estudios Avanzados de Dublín y después a la Universidad de Oxford. Compartió con Paul Dirac, profesor de la Universidad de Cambridge, el Premio Nobel de Física en 1933 por su desarrollo matemático de la mecánica cuántica.*

Tabla 1.1 Distribución de electrones en las cuatro primeras capas que rodean al núcleo				
	Primera capa	Segunda capa	Tercera capa	Cuarta capa
Orbitales atómicos	*s*	*s, p*	*s, p, d*	*s, p, d, f*
Cantidad de orbitales atómicos	1	1, 3	1, 3, 5	1, 3, 5, 7
Cantidad máxima de electrones	2	8	18	32

Mientras más cerca está el orbital del núcleo, menor es su energía.

ALBERT EINSTEIN

Albert Einstein (1879-1955) nació en Alemania. Cuando estaba en preparatoria, fracasó el negocio de su padre y su familia se mudó a Milán, Italia. Aunque Einstein deseaba unirse con su familia en Italia debió quedarse porque las leyes alemanas obligaban al servicio militar después de la preparatoria. Para ayudarlo, su profesor de matemáticas en preparatoria redactó una carta en la que afirmaba que Einstein podía sufrir un colapso nervioso sin su familia y también que ya no había nada que enseñarle. Al final, se le pidió a Einstein dejar la escuela por su conducta rebelde. La leyenda dice que abandonó la escuela por malas calificaciones en latín y griego, pero en realidad éstas fueron buenas.

Einstein visitaba Estados Unidos cuando Hitler subió al poder, por lo que aceptó un puesto en el Instituto de Estudios Avanzados en Princeton, N.J., y adquirió la ciudadanía estadounidense en 1940. Aunque fue un pacifista de por vida, escribió una carta al presidente Roosevelt advirtiéndolo de los ominosos avances en la investigación nuclear alemana. Ello condujo a la creación del Proyecto Manhattan, que fabricó la bomba atómica y la probó en Nuevo México, en 1945.

La escultura de bronce de Albert Einstein en terrenos de la Academia Nacional de Ciencias en Washington, D.C., mide 6.40 m desde su coronilla hasta las puntas de los pies, y pesa 3,182 kg. En su mano izquierda Einstein sujeta las ecuaciones matemáticas que representan sus tres contribuciones más importantes a la ciencia: el efecto fotoeléctrico, la equivalencia de energía y materia y la teoría de la relatividad. A sus pies está un planisferio celeste.

Los orbitales degenerados son los que tienen la misma energía.

Cada capa contiene un orbital s. La segunda y las superiores, además de su orbital s, contienen *tres orbitales p degenerados* cada una. Los **orbitales degenerados** son los que tienen la misma energía. La tercera capa y las superiores contienen, además de sus orbitales s y p, cinco orbitales d degenerados, y las capas cuarta y superiores contienen también siete orbitales f degenerados. Ya que sólo puede coexistir un máximo de dos electrones en un orbital atómico (véase más adelante el principio de exclusión de Pauli), la primera capa, sólo con un orbital atómico, no puede contener más de dos electrones. La segunda capa tiene cuatro orbitales atómicos, uno s y tres p, y puede contar con un total de ocho electrones. Dieciocho electrones pueden ocupar los nueve orbitales atómicos —uno s, tres p y cinco d— de la tercera capa, y 32 electrones pueden ocupar los 16 orbitales atómicos de la cuarta. Al estudiar química orgánica se pondrá énfasis sólo en los átomos que contienen electrones en las capas primera y segunda.

La **configuración electrónica de estado fundamental** de un átomo describe los orbitales que ocupan sus electrones cuando están en los orbitales disponibles con la mínima energía. Si a un átomo en el estado fundamental se le aplica energía, puede ser que uno o más electrones cambien a un orbital con mayor energía. Entonces, el átomo tendría una **configuración electrónica de estado excitado**. Las configuraciones electrónicas de estado fundamental de los 11 átomos más pequeños se muestran en la tabla 1.2. (Cada flecha, sea que apunte hacia arriba o hacia abajo, representa un electrón). Se usarán los siguientes principios para determinar qué orbitales ocupan los electrones.

1. El **principio aufbau** (*Aufbau* quiere decir construcción en alemán y con minúscula significa *constructivo*) indica lo primero que se necesita saber para poder asignar electrones a los diversos orbitales atómicos. Según este principio, un electrón siempre se dirige al orbital disponible con la mínima energía. Como un orbital $1s$ se loca-

> **MAX KARL ERNST LUDWIG PLANCK**
>
> Max Planck (1858-1947) nació en Alemania y fue hijo de un profesor de leyes civiles. Se desempeñó como profesor de las universidades de Munich (1880-1889) y de Berlín (1889-1926). Dos de sus hijas murieron en el parto y uno de sus hijos perdió la vida en acción en la Primera Guerra Mundial. En 1918, Planck recibió el Premio Nobel de Física por su desarrollo de la teoría cuántica. En 1930 fue presidente de la Sociedad Kaiser Wilhelm, de Berlín, cuyo nombre después pasó a ser Sociedad Max Planck. Planck sintió que su deber era permanecer en Alemania durante la era nazi, pero nunca apoyó a ese régimen. Sin éxito intercedió ante Hitler en representación de sus colegas judíos y, en consecuencia, fue forzado a renunciar a la presidencia de la Sociedad Kaiser Wilhelm, en 1937. Otro de sus hijos fue acusado de tomar parte en la conspiración para asesinar a Hitler y fue ejecutado. Planck perdió su hogar durante los bombardeos de los aliados y fue rescatado por esas mismas fuerzas durante los últimos días de la guerra.

liza más cerca del núcleo, cuenta con menor energía que un orbital $2s$; éste a su vez tiene menor energía y se ubica más cerca del núcleo que un orbital $3s$. Al comparar los orbitales atómicos en la misma capa se comprueba que un orbital s presenta menor energía que un orbital p y que un orbital p tiene menor energía que un orbital d.

Energías relativas de los orbitales atómicos: $1s < 2s < 2p < 3s < 3p < 4s < 3d < 4p < 5s < 4d < 5p < 6s < 4f < 5d < 6p < 7s < 5f$

2. El **principio de exclusión de Pauli** establece que a) no más de dos electrones pueden ocupar cada orbital atómico, y b) que los dos electrones deben tener espín contrario. Se llama principio de exclusión porque indica cuántos electrones pueden ocupar determinada capa. Obsérvese que en la tabla 1.2 un espín se representa con una flecha que apunta hacia arriba y el de la dirección contraria por una flecha que apunta hacia abajo.

> **BIOGRAFÍA**
>
> *Como adolescente,* **Wolfgang Pauli (1900–1958),** *austriaco, escribió artículos sobre relatividad que atrajeron la atención de Albert Einstein. Pauli progresó enseñando física en la Universidad de Hamburgo y en el Instituto Tecnológico de Zurich. Cuando se inició la Segunda Guerra Mundial, emigró a Estados Unidos, donde se unió al Instituto de Estudios Avanzados de Princeton.*

Tabla 1.2 Configuraciones electrónicas de los átomos más pequeños

Átomo	Nombre del elemento	Número atómico	$1s$	$2s$	$2p_x$	$2p_y$	$2p_z$	$3s$
H	Hidrógeno	1	↑					
He	Helio	2	↑↓					
Li	Litio	3	↑↓	↑				
Be	Berilio	4	↑↓	↑↓				
B	Boro	5	↑↓	↑↓	↑			
C	Carbono	6	↑↓	↑↓	↑	↑		
N	Nitrógeno	7	↑↓	↑↓	↑	↑	↑	
O	Oxígeno	8	↑↓	↑↓	↑↓	↑	↑	
F	Flúor	9	↑↓	↑↓	↑↓	↑↓	↑	
Ne	Neón	10	↑↓	↑↓	↑↓	↑↓	↑↓	
Na	Sodio	11	↑↓	↑↓	↑↓	↑↓	↑↓	↑

Con estas dos reglas es posible asignar electrones a los orbitales atómicos de átomos que contengan uno, dos, tres, cuatro o cinco electrones. El único electrón de un átomo de hidrógeno ocupa un orbital $1s$; el segundo electrón de un átomo de helio llena el orbital $1s$; el tercer electrón de un átomo de litio ocupa un orbital $2s$; el cuarto electrón de un átomo de berilio llena el orbital $2s$, y el quinto electrón de un átomo de boro ocupa uno de los or-

Tutorial del alumno:
Electrones en orbitales
(Electrons in orbitals)

bitales 2*p*. (Los subíndices *x*, *y* y *z* son para distinguir entre los tres orbitales 2*p*). Debido a que los tres orbitales *p* son degenerados, el electrón puede estar en cualquiera de ellos. Antes de poder continuar con átomos de seis o más electrones, se necesita la regla de Hund:

3. La **regla de Hund** establece que cuando hay orbitales degenerados, es decir, dos o más con la misma energía, un electrón ocupará un orbital vacío antes de aparearse con otro electrón. De esta forma se minimiza la repulsión entre electrones. Por consiguiente, el sexto electrón de un átomo de carbono entra en un orbital 2*p* vacío y no se aparea con el electrón que ya ocupa un orbital 2*p*. (Véase la tabla 1.2). Queda un orbital 2*p* vacío, que es donde se coloca el séptimo electrón del nitrógeno. El octavo electrón, en un átomo de oxígeno, se aparea con un electrón que ocupa un orbital 2*p*, en lugar de pasar a un orbital 3*s* de energía mayor.

Los lugares de los electrones en los elementos restantes se pueden asignar mediante estas tres reglas.

Los electrones de las capas internas (los que están bajo la capa externa) se denominan **electrones internos** y no participan en el enlace químico. Los electrones en la capa externa se llaman **electrones de valencia**. Por ejemplo, el carbono tiene dos electrones internos y cuatro electrones de valencia (tabla 1.2). El litio y el sodio tienen un electrón de valencia cada uno. Si se examina la tabla periódica en las últimas páginas de este libro se comprobará que el litio y el sodio se encuentran en la misma columna de esa tabla. Como la cantidad de electrones de valencia es el factor principal que determina las propiedades químicas de un elemento, los elementos de la misma columna de la tabla periódica tienen propiedades químicas parecidas. Así, el comportamiento químico de un elemento depende de su configuración electrónica.

BIOGRAFÍA

Friedrich Hermann Hund (1896–1997) *nació en Alemania. Fue profesor de física en varias universidades alemanas, siendo la última la de Göttingen. Pasó un año como profesor visitante en la Universidad de Harvard. En febrero de 1996, la Universidad de Göttingen organizó un simposio para honrarlo en su centenario de vida.*

> **PROBLEMA 2◆**
>
> ¿Cuántos electrones de valencia tienen los átomos siguientes?
>
> **a.** boro   **b.** nitrógeno   **c.** oxígeno   **d.** flúor

> **PROBLEMA 3◆**
>
> **a.** Encuentre el potasio (K) en la tabla periódica e indique cuántos electrones de valencia tiene.
> **b.** ¿Qué orbital ocupa el electrón no apareado?

> **PROBLEMA 4◆**
>
> **a.** Escriba las configuraciones electrónicas del cloro (número atómico 17), bromo (número atómico 35) y yodo (número atómico 53).
> **b.** ¿Cuántos electrones de valencia tienen el cloro, bromo y yodo?

> **PROBLEMA 5**
>
> Compare las configuraciones electrónicas de los átomos siguientes y compruebe sus posiciones relativas en la tabla periódica.
>
> **a.** carbono y silicio   **c.** flúor y bromo
> **b.** oxígeno y azufre   **d.** magnesio y calcio

1.3 Enlaces iónicos y covalentes

Para tratar de explicar por qué los átomos forman enlaces, G. N. Lewis propuso que *un átomo es más estable si su capa externa está llena, o contiene ocho electrones y no cuenta con electrones de mayor energía*. De acuerdo con la teoría de Lewis, un átomo cederá, aceptará o compartirá electrones para poder disponer de una capa externa llena o una capa externa que contenga ocho electrones. Esta teoría se llama **regla del octeto** (considere que el hidrógeno sólo puede tener dos electrones como máximo en su capa externa).

El litio (Li) tiene un solo electrón en su orbital $2s$. Si pierde ese electrón, termina con una capa externa llena, que supone una configuración estable; por consiguiente, el litio pierde con relativa facilidad un electrón. El sodio (Na) tiene un solo electrón en su orbital $3s$, por lo que también pierde con facilidad un electrón. Los elementos que pierden un electrón con facilidad (como el litio y el sodio) y con ello adquieren carga positiva se llaman **electropositivos**. Todos los elementos de la primera columna de la tabla periódica son electropositivos: cada uno pierde con facilidad un electrón porque todos ellos disponen de un solo electrón en su capa más externa.

Cuando se representan los electrones en torno a un átomo, como en las ecuaciones siguientes, no se muestran los electrones interiores; sólo se muestran los electrones de valencia porque sólo son ellos los que participan en la formación de enlaces. Cada electrón de valencia se representa con un punto. Obsérvese que cuando se elimina el único electrón de valencia del litio o del sodio la especie que se forma se llama ion porque porta una carga.

> el litio perdió un electrón

$$\text{Li·} \longrightarrow \text{Li}^+ + e^-$$
un átomo de litio   un ion litio

$$\text{Na·} \longrightarrow \text{Na}^+ + e^-$$
un átomo de sodio   un ion sodio

El flúor cuenta con siete electrones de valencia (tabla 1.2). En consecuencia, adquiere con facilidad un electrón para poder disponer de una capa externa de ocho electrones. Los elementos de la misma columna que el flúor (por ejemplo, cloro, bromo y yodo) también sólo necesitan un electrón para tener ocho electrones en su capa externa; en consecuencia, también adquieren con facilidad un electrón. A los elementos que adquieren con facilidad un electrón se les llama **electronegativos**: obtienen con facilidad un electrón y quedan cargados negativamente.

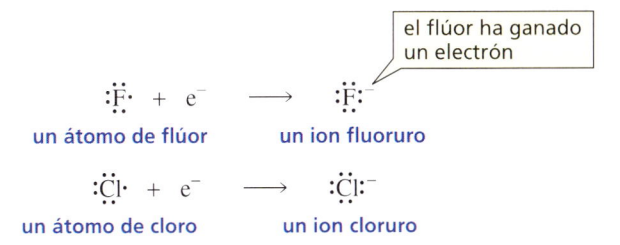

> el flúor ha ganado un electrón

$$:\!\ddot{\text{F}}\!\cdot + e^- \longrightarrow :\!\ddot{\text{F}}\!:^-$$
un átomo de flúor   un ion fluoruro

$$:\!\ddot{\text{Cl}}\!\cdot + e^- \longrightarrow :\!\ddot{\text{Cl}}\!:^-$$
un átomo de cloro   un ion cloruro

Los enlaces iónicos se forman por transferencia de electrones

Se acaba de ver que el sodio cede con facilidad un electrón y que el cloro adquiere con facilidad un electrón. En consecuencia, cuando se mezclan sodio metálico y cloro gaseoso cada átomo de sodio transfiere un electrón a un átomo de cloro y como resultado se forma cloruro de sodio (sal común) cristalino. Los iones sodio, con carga positiva, y los iones cloruro, con carga negativa, son especies independientes, que se mantienen unidas por la atracción de sus cargas opuestas (figura 1.1). Un **enlace** o **unión** es una fuerza de atracción entre dos átomos o entre iones. A las fuerzas de atracción entre cargas opuestas se les llama **atracciones electrostáticas**. Una unión que resulta sólo de atracciones electrostáticas se llama enlace iónico. Así, un **enlace iónico** se forma cuando hay una *transferencia de electrones*, haciendo que un átomo se transforme en un ion con carga positiva y el otro se transforme en un ion con carga negativa.

> un enlace iónico es la atracción entre iones de cargas opuestas

$$:\!\ddot{\text{Cl}}\!:^- \text{Na}^+ :\!\ddot{\text{Cl}}\!:^-$$
$$\text{Na}^+ :\!\ddot{\text{Cl}}\!:^- \text{Na}^+$$
$$:\!\ddot{\text{Cl}}\!:^- \text{Na}^+ :\!\ddot{\text{Cl}}\!:^-$$

cloruro de sodio

BIOGRAFÍA

Gilbert Newton Lewis (1875–1946), *químico estadounidense, nació en Weymouth, Massachusetts, y recibió un doctorado en la Universidad de Harvard, en 1899. Fue el primero en preparar "agua pesada", formada por átomos de deuterio en lugar de los átomos comunes de hidrógeno (D_2O frente al H_2O). Como el agua pesada se puede usar como moderador de neutrones, adquirió importancia en el desarrollo de la bomba atómica. Lewis inició su carrera como profesor en el Instituto Tecnológico de Massachusetts, y se unió como docente de la Universidad de California, en Berkeley, en 1912.*

Figura 1.1 ▶
a) Cloruro de sodio cristalino. b) Los iones cloruro, ricos en electrones, se representan en rojo, y los iones sodio, escasos de electrones, son azules. Cada ion cloruro está rodeado por seis iones sodio, y cada ion sodio está rodeado por seis iones cloruro. No tenga en cuenta los palillos que mantienen unidas a las esferas; sólo están para evitar que el modelo se desintegre.

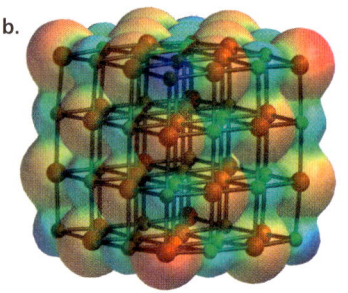

El cloruro de sodio es un ejemplo de un compuesto iónico. Algunos **compuestos iónicos** están formados por un elemento del lado izquierdo de la tabla periódica (elemento electropositivo) y por otro del lado derecho de la tabla periódica (elemento electronegativo).

Los enlaces covalentes se forman compartiendo electrones

En lugar de ceder o adquirir electrones, un átomo puede lograr tener una capa externa llena compartiendo electrones. Por ejemplo, dos átomos de flúor pueden tener, cada uno, una segunda capa llena si comparten sus electrones de valencia no apareados. A un enlace que se forma como resultado de *compartir electrones* se le llama **enlace covalente**.

$$:\!\ddot{F}\!\cdot \; + \; \cdot\ddot{F}\!: \; \longrightarrow \; :\!\ddot{F}\!:\!\ddot{F}\!:$$

se forma un enlace covalente cuando se comparten electrones

Dos átomos de hidrógeno pueden formar un enlace covalente al compartir electrones. Como resultado de esa unión covalente, cada hidrógeno alcanza a tener una primera capa estable llena.

$$H\!\cdot \; + \; \cdot H \; \longrightarrow \; H\!:\!H$$

De igual modo, el hidrógeno y el cloro pueden formar un enlace covalente si comparten electrones. Al hacerlo, el hidrógeno llena su única capa y el cloro alcanza a tener una capa externa con ocho electrones.

$$H\!\cdot \; + \; \cdot\ddot{C}\!l\!: \; \longrightarrow \; H\!:\!\ddot{C}\!l\!:$$

Un átomo de hidrógeno puede tener su orbital vacío si pierde un electrón. La pérdida de su único electrón da como resultado un **ion hidrógeno** con carga positiva. Un ion hidrógeno con carga positiva se llama **protón** porque cuando un átomo de hidrógeno pierde su electrón de valencia sólo queda el núcleo, que consiste en un solo protón. Un átomo de hidrógeno puede llegar a tener el orbital 1s lleno si gana un electrón y forma así un ion hidrógeno con carga negativa llamado **ion hidruro**.

$$H\!\cdot \; \longrightarrow \; H^+ \; + \; e^-$$
un átomo de hidrógeno — un protón

$$H\!\cdot \; + \; e^- \; \longrightarrow \; H\!:^-$$
un átomo de hidrógeno — un ion hidruro

Como el oxígeno tiene seis electrones de valencia, necesita formar dos enlaces covalentes para lograr tener una capa externa de ocho electrones. El nitrógeno, con cinco electrones de valencia, debe formar tres enlaces covalentes, y el carbono, con cuatro electrones de valencia, debe formar cuatro enlaces covalentes para lograr tener una capa externa llena. Obsérvese que todos los átomos en el agua, amoniaco y metano tienen capas externas llenas.

$$2\,H\cdot\ +\ \cdot\ddot{O}\!:\ \longrightarrow\ H\!:\!\ddot{\underset{H}{O}}\!:$$

el oxígeno ha formado 2 enlaces covalentes

agua

$$3\,H\cdot\ +\ \cdot\ddot{N}\cdot\ \longrightarrow\ H\!:\!\underset{H}{\overset{\ddots}{N}}\!:\!H$$

el nitrógeno ha formado 3 enlaces covalentes

amoniaco

$$4\,H\cdot\ +\ \cdot\ddot{C}\cdot\ \longrightarrow\ H\!:\!\underset{H}{\overset{H}{C}}\!:\!H$$

el carbono ha formado 4 enlaces covalentes

metano

Enlaces covalentes polares

Los átomos que comparten los electrones de enlace en los enlaces covalentes F—F y H—H son idénticos. Por consiguiente, comparten por igual a los electrones, esto es, cada electrón pasa tiempos iguales en la cercanía de uno y otro átomos. A ese enlace se le llama **enlace covalente no polar**.

En contraste, los electrones de enlace en el cloruro de hidrógeno, agua y amoniaco son atraídos más hacia uno de los átomos porque los átomos que comparten electrones en esas moléculas son distintos y presentan electronegatividades diferentes. **Electronegatividad** es una medida de la capacidad de un átomo para atraer electrones. Los electrones que participan en el enlace en el cloruro de hidrógeno, agua y amoniaco son más atraídos al átomo más electronegativo. Así, los enlaces de esos compuestos son enlaces covalentes polares. Un **enlace covalente polar** es un enlace covalente entre átomos de diferentes electronegatividades. En la tabla 1.3 se muestran las electronegatividades de algunos de los elementos. Obsérvese que, en general, la electronegatividad aumenta de izquierda a derecha a través de un periodo de la tabla periódica o al subir por cualquiera de sus grupos.

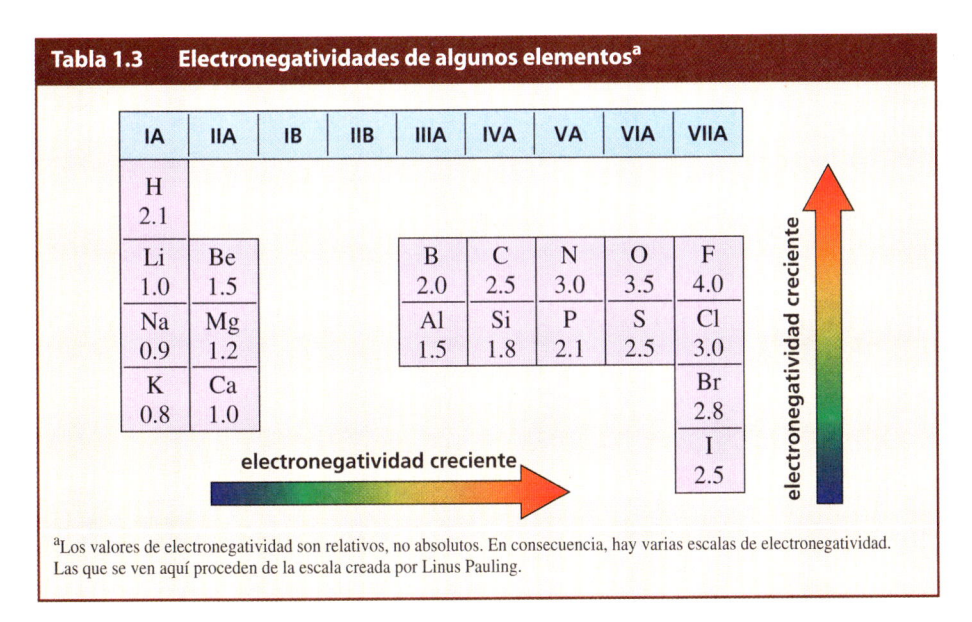

Tabla 1.3 Electronegatividades de algunos elementos[a]

IA	IIA	IB	IIB	IIIA	IVA	VA	VIA	VIIA
H 2.1								
Li 1.0	Be 1.5			B 2.0	C 2.5	N 3.0	O 3.5	F 4.0
Na 0.9	Mg 1.2			Al 1.5	Si 1.8	P 2.1	S 2.5	Cl 3.0
K 0.8	Ca 1.0							Br 2.8
								I 2.5

electronegatividad creciente →

electronegatividad creciente ↑

[a]Los valores de electronegatividad son relativos, no absolutos. En consecuencia, hay varias escalas de electronegatividad. Las que se ven aquí proceden de la escala creada por Linus Pauling.

Tutorial del alumno:
Tendencias periódicas en la electronegatividad
(Periodic trends in electronegativity)

Un enlace covalente polar tiene una carga positiva pequeña en un extremo y una carga negativa pequeña en el otro. La polaridad en un enlace covalente se representa con los símbolos δ+ y δ−, que indican carga parcial positiva y negativa, respectivamente. El extremo negativo del enlace es el que corresponde al átomo más electronegativo. Mientras mayor sea la diferencia de electronegatividades de los átomos enlazados, el enlace entre ellos será más polar. (Nótese que un par de electrones compartidos se puede representar también con una línea entre dos átomos).

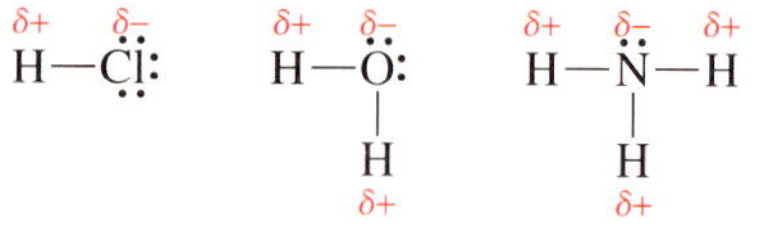

$$\overset{\delta+}{H}-\overset{\delta-}{\ddot{C}l}: \qquad \overset{\delta+}{H}-\overset{\delta-}{\underset{\underset{\delta+}{H}}{\ddot{O}}}: \qquad \overset{\delta+}{H}-\overset{\delta-}{\underset{\underset{\delta+}{H}}{\ddot{N}}}-\overset{\delta+}{H}$$

La dirección de la polaridad de un enlace se puede indicar con una flecha. Por convención, los químicos trazan la flecha para que apunte hacia la dirección a la que son atraídos los electrones. Así, la punta de la flecha está en el extremo negativo del enlace; una perpendicular corta cerca de la cola de la flecha marca el extremo positivo del enlace. (Los físicos trazan la flecha en dirección contraria).

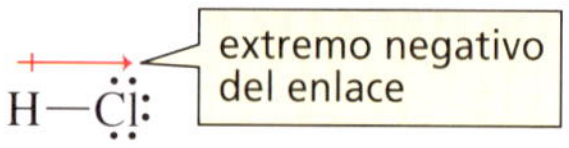

H—C̈l: ⟶ extremo negativo del enlace

El lector puede imaginar que los enlaces iónicos y los covalentes son los lados opuestos de un continuo de tipos de enlaces. En un extremo están los enlaces iónicos, donde no se comparten los electrones. En el otro extremo están los enlaces covalentes no polares, donde los electrones se comparten por igual. Los enlaces covalentes polares quedan en un lugar intermedio, y mientras mayor sea la diferencia de electronegatividades entre los átomos que forman el enlace, éste estará en el continuo más cerca del extremo iónico. Los enlaces C—H son relativamente no polares porque el carbono y el hidrógeno presentan electronegatividades similares (diferencia de electronegatividades = 0.4, véase la tabla 1.3); los enlaces N—H son más polares (diferencia de electronegatividades = 0.9), pero no tan polares como los enlaces O—H (diferencia de electronegatividades = 1.4). Todavía más cerca del extremo iónico del continuo está el enlace entre los iones sodio y cloro (diferencia de electronegatividades = 2.1), pero el cloruro de sodio no es tan iónico como el fluoruro de potasio (diferencia de electronegatividades = 3.2).

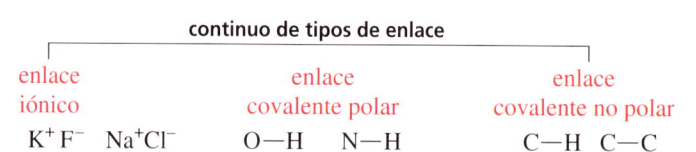

Tutorial del alumno:
Diferencias de electronegatividad y tipos de enlace
(Electronegativity differences and bond types)

continuo de tipos de enlace

enlace iónico	enlace covalente polar	enlace covalente no polar
K^+F^- Na^+Cl^-	O—H N—H	C—H C—C

PROBLEMA 6♦

¿Cuál enlace es más polar?

a. H—CH$_3$ o Cl—CH$_3$ c. H—Cl o H—F

b. H—OH o H—H   d. Cl—Cl o Cl—CH$_3$

PROBLEMA 7♦

¿Cuál de los siguientes compuestos tiene

a. el enlace más polar?   b. el enlace menos polar?

   NaI   LiBr   Cl$_2$ KCl

Un enlace polar tiene un **dipolo**: tiene un extremo o lado positivo y un extremo o lado negativo. La magnitud del dipolo se indica con el momento dipolar y su símbolo es la letra griega μ. El **momento dipolar** de un enlace es igual a la magnitud de la carga (e) del átomo (sea la carga positiva parcial o la carga negativa parcial, porque tienen la misma magnitud) multiplicada por la distancia d entre las dos cargas:

$$\text{momento dipolar} = \mu = e \times d$$

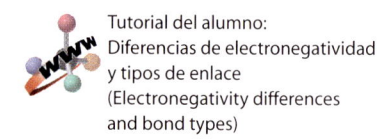

Los momentos dipolares se expresan en las unidades llamadas **debyes (D)**. Como la carga de un electrón es 4.80×10^{-10} unidades electrostáticas (ues), y la distancia entre las cargas de un enlace polar es del orden de 10^{-8} cm, el producto de carga por distancia es del orden de 10^{-18} ues cm. Un momento dipolar de 1.5×10^{-18} ues cm puede expresarse simplemente como de 1.5 D. Los momentos dipolares de algunos enlaces comunes en los compuestos orgánicos se ven en la tabla 1.4.

Tabla 1.4	Momentos dipolares de algunos enlaces representativos		
Enlace	Momento dipolar (D)	Enlace	Momento dipolar (D)
H—C	0.4	C—C	0
H—N	1.3	C—N	0.2
H—O	1.5	C—O	0.7
H—F	1.7	C—F	1.6
H—Cl	1.1	C—Cl	1.5
H—Br	0.8	C—Br	1.4
H—I	0.4	C—I	1.2

> **BIOGRAFÍA**
>
> **Peter Debye (1884–1966)** *nació en los Países Bajos. Enseñó en las universidades de Zurich (reemplazando a Einstein), Leipzig y Berlín, pero regresó a su patria en 1939, cuando los nazis le ordenaron nacionalizarse alemán. Al visitar Cornell para dar una conferencia, decidió permanecer en Estados Unidos y obtuvo la nacionalidad norteamericana en 1946. Recibió el Premio Nobel de Química en 1936 por su trabajo sobre los momentos dipolares y sobre la difracción de los rayos X y los electrones en los gases.*

Cuando una molécula sólo tiene un enlace covalente y ese enlace es polar, el momento dipolar de la molécula es idéntico al momento dipolar del enlace. Por ejemplo, el momento dipolar del cloruro de hidrógeno (HCl) es 1.1 D, porque el momento dipolar del enlace H—Cl es 1.1 D. El momento dipolar de una molécula que tenga más de un enlace covalente depende de los momentos dipolares de todos los enlaces en la molécula y de la geometría de la misma. Se examinarán los momentos dipolares de las moléculas con más de un enlace covalente en la sección 1.15, después de haber aprendido la geometría de las moléculas.

PROBLEMA 8 RESUELTO

Determinar la carga negativa parcial en un átomo de flúor en un enlace C—F. La longitud del enlace es 1.39 Å* y el momento dipolar del enlace es 1.60 D.

Solución Si hubiera una carga negativa completa en el átomo de flúor, el momento dipolar sería

$$(4.80 \times 10^{-10} \text{ ues})(1.39 \times 10^{-8} \text{ cm}) = 6.97 \text{ ues cm} = 6.97 \text{ D}$$

Si se sabe que el momento dipolar es 1.60 D, se calcula la carga parcial negativa del átomo de flúor, que resulta ser 0.23 de una carga completa:

$$\frac{1.60}{6.97} = 0.23$$

PROBLEMA 9♦

Usar los símbolos $\delta+$ y $\delta-$ para indicar la dirección de la polaridad del enlace que se ve en cada uno de los siguientes compuestos. Por ejemplo:

$$\overset{\delta+ \quad \delta-}{H_3C—OH}$$

a. HO—H
b. F—Br
c. $H_3C—NH_2$
d. $H_3C—Cl$
e. HO—Br
f. $H_3C—MgBr$
g. I—Cl
h. $H_2N—OH$

---

* El angstrom (Å) no es una unidad del Sistema Internacional. Quienes escogen adherirse estrictamente a las unidades SI pueden convertirlo en picometros: 1 picometro (pm) = 10^{-12} m; 1 Å = 10^{-10} m = 100 pm. Como muchos químicos orgánicos siguen usando el angstrom, aquí también se usará.

Es fundamental comprender la polaridad de los enlaces para poder entender cómo suceden las reacciones químicas porque una regla básica que gobierna la reactividad de los compuestos orgánicos es que *los átomos o moléculas ricos en electrones son atraídos hacia los átomos o moléculas deficientes en electrones* (sección 3.6). Los **mapas de potencial electrostático** (a los que con frecuencia se les llama sólo mapas de potencial) son modelos que muestran cómo se distribuye la carga en la molécula. Por consiguiente, muestran la clase de atracción electrostática que un átomo o molécula ejerce hacia otro átomo o molécula y como consecuencia se pueden usar para predecir las reacciones químicas. A continuación se ven los mapas de potencial de LiH, H_2 y HF.

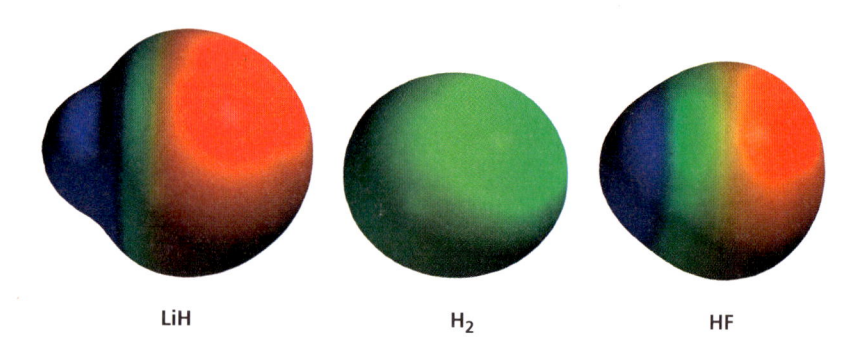

LiH H_2 HF

Los colores de un mapa de potencial indican el grado con el que una molécula o un átomo en una molécula atraen a las partículas cargadas. El rojo representa al potencial electrostático más negativo y se usa en las regiones que atraen con más intensidad a moléculas con carga positiva. El azul se usa para zonas con el potencial electrostático más positivo; son regiones que atraen con más fuerza a moléculas con carga negativa. Los demás colores indican grados intermedios de atracción.

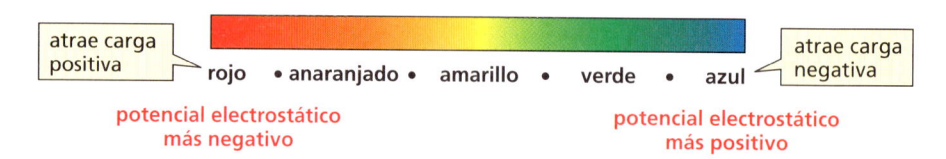

atrae carga positiva — rojo • anaranjado • amarillo • verde • azul — atrae carga negativa

potencial electrostático más negativo   potencial electrostático más positivo

Los colores de un mapa de potencial también se pueden usar para estimar la distribución de cargas. Por ejemplo, el mapa de potencial del LiH indica que el átomo de hidrógeno tiene mayor densidad electrónica que el átomo de litio. Si se comparan los tres mapas, se puede decir que el hidrógeno en el LiH tiene mayor densidad electrónica que el hidrógeno en el H_2, y que el hidrógeno en el HF tiene menor densidad electrónica que el del H_2.

El tamaño y la forma de una molécula están determinados por la cantidad de electrones que tiene y por la forma en que se mueven. Ya que un mapa de potencial marca aproximadamente la "orilla" de la nube electrónica de la molécula, el mapa indica algo acerca del tamaño y la forma relativa de la molécula. Obsérvese que determinada clase de átomo puede tener distintos tamaños en diferentes moléculas. El hidrógeno con carga negativa del LiH es mayor que un hidrógeno neutro en el H_2, el cual a su vez es mayor que el hidrógeno con carga positiva en el HF.

PROBLEMA 10◆

Después de examinar los mapas de potencial de LiH, HF y H_2, conteste lo siguiente:

a. ¿Cuál o cuáles compuestos son polares?
b. ¿Por qué el LiH tiene el hidrógeno más grande?
c. ¿Qué compuesto tiene el hidrógeno más apto para atraer a una molécula con carga negativa?

1.4 Cómo se representa la estructura de un compuesto

Primero se verá cómo se representan los compuestos mediante estructuras de Lewis. A continuación se describen las clases de estructuras que más se usan en los compuestos orgánicos.

Estructuras de Lewis

Los símbolos químicos que se han estado usando, donde los electrones de valencia se representan con puntos, se llaman **estructuras de Lewis**. Estas estructuras son útiles porque muestran cuáles átomos están unidos entre sí e indican si algunos átomos poseen *pares de electrones no enlazados* (o par de *electrones libre*, o *par no compartido, etc.*) o si tienen una *carga formal*, dos conceptos que se describen a continuación. Las estructuras de Lewis del H_2O, H_3O^+, $HO:^-$ y H_2O_2 son:

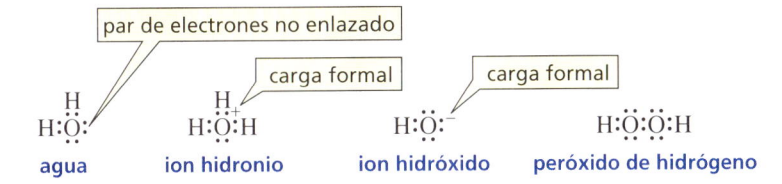

par de electrones no enlazado

carga formal   carga formal

$$H:\ddot{O}:H \qquad H:\overset{+}{\underset{H}{\ddot{O}}}:H \qquad H:\ddot{\ddot{O}}:^- \qquad H:\ddot{O}:\ddot{O}:H$$

agua   ion hidronio   ion hidróxido   peróxido de hidrógeno

Obsérvese que los átomos de las estructuras de Lewis siempre están en línea o en ángulos rectos, lo cual no indica nada acerca de los ángulos de enlace en la molécula real.

Cuando se trace una estructura de Lewis, hay que asegurarse de que los átomos de hidrógeno estén rodeados por no más de dos electrones y que los átomos de C, O, N y halógenos (F, Cl, Br, I) estén rodeados por no más de ocho electrones, de acuerdo con la regla del octeto. A los electrones de valencia que no se usan en los enlaces se les llama **par de electrones no enlazados**.

Una vez que se tengan en su lugar los átomos y los electrones, se debe examinar cada átomo para ver si corresponde asignarle una carga formal. Una **carga formal** es la *diferencia* entre la cantidad de electrones de valencia que tiene un átomo cuando no está unido a otros átomos cualesquiera y la cantidad de electrones que "posee" cuando está enlazado. Un átomo "posee" todos sus pares de electrones no enlazados y la mitad de sus electrones de enlace (los compartidos).

carga formal = número de electrones de valencia
        − (número de electrones no enlazados + 1/2 número de electrones de enlace)

Por ejemplo, un átomo de oxígeno tiene seis electrones de valencia (tabla 1.2). En el agua (H_2O), el oxígeno "posee" seis electrones (cuatro proveniente de los pares no enlazados y la mitad de los cuatro electrones de enlace). Como la cantidad de electrones que "posee" es igual a la cantidad de sus electrones de valencia ($6 - 6 = 0$), el átomo de oxígeno del agua no tiene carga formal. El átomo de oxígeno en el ion hidronio (H_3O^+) "posee" cinco electrones: dos provenientes de un par no enlazado más tres (la mitad de seis) electrones de enlace. Ya que la cantidad de átomos que "posee" es uno menos que el número de sus electrones de valencia ($6 - 5 = 1$), su carga formal es $+1$. El átomo de oxígeno en el ion hidróxido ($HO:^-$) "posee" siete electrones: seis provenientes de tres pares no enlazados más uno (la mitad de dos) de enlace. Como "posee" un electrón más que la cantidad de sus electrones de valencia ($6 - 7 = -1$), su carga formal es -1.

Tutorial del alumno:
Cargas formales
(Formal charges)

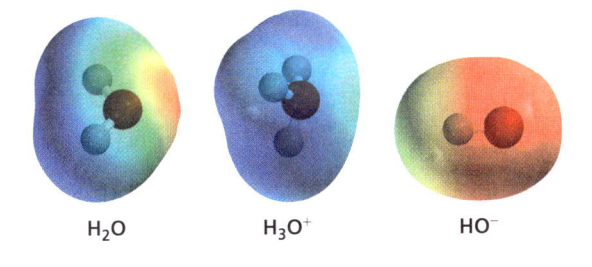

H_2O H_3O^+ HO^-

PROBLEMA 11◆

Una carga formal no indica necesariamente que el átomo tenga mayor o menor densidad electrónica que los átomos de la molécula que no tienen cargas formales. Lo anterior es factible de comprender si se examinan los mapas de potencial del H_2O, H_3O^+ y $HO:^-$.

a. ¿Qué átomo tiene la carga formal negativa en el ion hidróxido?
b. ¿Qué átomo tiene la mayor densidad electrónica en el ion hidróxido?
c. ¿Qué átomo tiene la carga formal positiva en el ion hidronio?
d. ¿Qué átomo tiene la mínima densidad electrónica en el ion hidronio?

El nitrógeno tiene cinco electrones de valencia (tabla 1.2). El lector debe convencerse de que se asignaron las cargas formales correctas a los átomos de nitrógeno en las siguientes estructuras de Lewis:

amoniaco   ion amoniaco   anión amida   hidrazina

El carbono tiene cuatro electrones de valencia. Conviene que el lector se detenga un momento para asegurarse de comprender por qué los átomos de carbono en las siguientes estructuras tienen las cargas formales indicadas:

metano   catión medio un carbocatión   anión metilo un carbanión   radical metilo   etano

Una especie que contiene un átomo de carbono con carga positiva se llama **carbocatión** y una especie que contenga un átomo de carbono con carga negativa se llama **carbanión**. (Recuérdese que un *catión* es un ion con carga positiva y que un *anión* es un ion con carga negativa.) Una especie que contiene un átomo con un solo electrón no apareado se llama **radical** (con frecuencia se le llama **radical libre**).

El hidrógeno tiene un electrón de valencia y cada halógeno (F, Cl, Br, I) tiene siete electrones de valencia, por lo que las siguientes especies tienen las cargas formales indicadas:

ion hidrógeno   ion hidruro   radical hidrógeno   ion bromuro   radical bromo   bromo   cloro

PROBLEMA 12◆

Asigne a cada átomo la carga formal correcta:

a. $CH_3-\ddot{O}-CH_3$
         |
         H

b. $H-\ddot{C}-H$
         |
         H

c. CH_3-N-CH_3 con CH_3 arriba y CH_3 abajo

d. $H-N-B-H$ con H arriba y H abajo en cada uno

Al estudiar las moléculas en esta sección téngase en cuenta que cuando los átomos carecen de una carga formal o un electrón no apareado, el hidrógeno y los halógenos siempre tienen *un* enlace covalente; el oxígeno siempre tiene *dos* enlaces covalentes; el nitrógeno siempre tiene *tres* enlaces covalentes, y el carbono tiene *cuatro* enlaces covalentes. Los átomos que tienen más enlaces o menos enlaces de los que se requieren para que sean neutros tendrán una carga formal, o un electrón no apareado. Es muy importante recordar estos números cuando se comiencen a trazar estructuras de compuestos orgánicos porque permiten disponer de una forma rápida de reconocer cuándo se cometió un error.

H—   :F̈—   :C̈l—   :Ö—   —N̈—   —C̈—
       :Ï—   :B̈r—
un enlace **un enlace**   **dos enlaces** **tres enlaces** **cuatro enlaces**

Obsérvese en las siguientes estructuras de Lewis que cada átomo dispone de su capa externa llena. También véase que como ninguna de las moléculas tiene una carga formal ni un electrón sin aparear el H y el Br forman un enlace cada uno, el O forma dos enlaces (que pueden ser dos enlaces sencillos o un enlace doble), el N forma tres enlaces (que pueden ser tres sencillos, uno doble y un sencillo, o un enlace triple), y que el C forma un total de cuatro enlaces. (Al trazar la estructura de Lewis de un compuesto que tiene dos o más átomos de oxígeno, evítense los enlaces sencillos oxígeno-oxígeno, ya que representan enlaces débiles y pocos compuestos los tienen).

> dos enlaces covalentes que unen dos átomos se llaman enlace doble

> tres enlaces covalentes que unen dos átomos se llaman enlace triple

Ya se explicó que un par de electrones compartidos también se puede representar como una raya entre dos átomos (sección 1.3). Compárense las estructuras anteriores con las siguientes:

ESTRATEGIA PARA RESOLVER PROBLEMAS

Trazado de estructuras de Lewis

Trazar la estructura de Lewis del HNO_2.

1. Determinar la cantidad total de electrones de valencia (1 para H, 5 para N y 6 para cada O; la suma es $1 + 5 + 12 = 18$.
2. Usar la cantidad total de electrones de valencia para formar enlaces y llenar octetos con pares de electrones no enlazados.
3. Si después de haber asignado todos los electrones persiste un átomo (que no sea el de hidrógeno) sin un octeto completo, usar un par de electrones no enlazados para formar un doble enlace con ese átomo.
4. Asignar una carga formal a cualquier átomo cuyo número de electrones de valencia no sea igual a la cantidad de electrones de pares no enlazados más la mitad de sus electrones de enlace. (Ninguno de los átomos del HNO_2 tiene una carga formal).

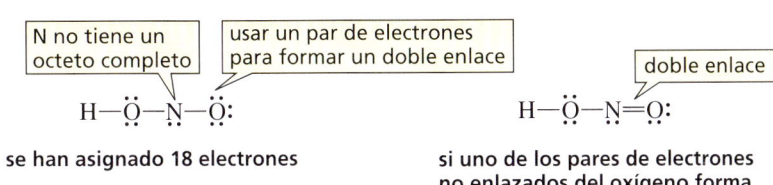

> N no tiene un octeto completo

> usar un par de electrones para formar un doble enlace

> doble enlace

H—Ö—N̈—Ö: H—Ö—N=Ö:

se han asignado 18 electrones   **si uno de los pares de electrones no enlazados del oxígeno forma un doble enlace, N tendrá un octeto completo**

Ahora continúe en el problema 13.

*Tutorial del alumno:
Estructura de Lewis
(Lewis structure)*

PROBLEMA 13 RESUELTO

Trazar la estructura de Lewis para cada una de las siguientes especies:

a. NO_3^-
b. NO_2^+
c. $^-C_2H_5$
d. $^+C_2H_5$
e. $CH_3\overset{+}{N}H_3$
f. NaOH
g. HCO_3^-
h. H_2CO

Solución a 13a La única forma en que se pueden acomodar un N y 3 O, evitando los enlaces sencillos O—O, es poniendo los tres O en torno al N. La cantidad total de electrones de valencia es 23 (5 del N y 6 de cada uno de los tres O). Como la especie tiene una carga negativa, debe sumarse 1 al número de electrones de valencia y el total será 24. Entonces se usarán los 24 electrones para formar enlaces y llenar octetos con pares de electrones no enlazados.

$$:\ddot{O}: \\ | \\ :\ddot{O}-N-\ddot{O}:$$

octeto incompleto

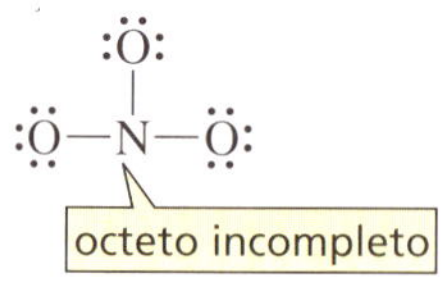

Después de asignar los 24 electrones se constata que N no tiene un octeto completo. Para completarlo se usa uno de los pares de electrones no enlazados del oxígeno con el fin de formar un doble enlace. (No importa cuál átomo de oxígeno se elija; no implica ninguna diferencia). Cuando se revisa cada átomo para comprobar si dispone de una carga formal, se verifica que dos de los O tienen carga negativa y que el N tiene carga positiva; entonces, la carga total es −1.

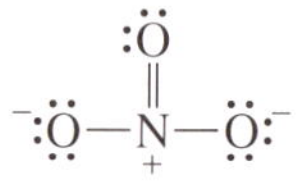

$$:\ddot{O} \\ \| \\ :\ddot{O}-\overset{+}{N}-\ddot{O}:^-$$

Solución a 13b La cantidad total de electrones de valencia es 17 (5 del N y 6 por cada uno de los dos O). Como la especie exhibe una carga positiva, debe restarse 1 del número de electrones de valencia y el total es 16. Los 16 electrones se usan para formar enlaces y a continuación se llenan los octetos con pares de electrones no enlazados.

octeto incompleto

$$:\ddot{O}-N-\ddot{O}:$$

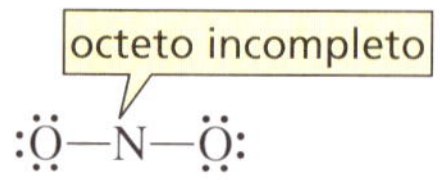

Son necesarios dos dobles enlaces para completar el octeto del N. El N tiene una carga formal de +1.

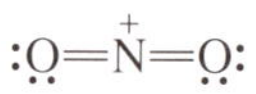

$$:\ddot{O}=\overset{+}{N}=\ddot{O}:$$

PROBLEMA 14♦

a. Trace dos estructuras de Lewis para el C_2H_6O.
b. Trace tres estructuras de Lewis para el C_3H_8O.

(*Sugerencia:* las dos estructuras de Lewis de la parte **a.** son **isómeros de constitución**, moléculas que tienen los mismos átomos pero difieren en la forma en que están unidos; véase la página 200. Las tres estructuras de Lewis de la parte **b.** también son isómeros de constitución).

Estructuras de Kekulé

En las **estructuras de Kekulé**, los electrones de enlace se trazan como líneas y los pares de electrones no enlazados se suelen ignorar por completo, a menos que se necesite llamar la atención acerca de alguna propiedad química de la molécula. (Si bien no se muestran los pares de electrones no enlazados, debe recordarse que los átomos neutros de nitrógeno,

1.4 Cómo se representa la estructura de un compuesto   **19**

oxígeno y halógenos siempre los tienen: un par en el caso del nitrógeno, dos en el del oxígeno y tres en el de un halógeno).

$$\begin{array}{c} H \\ | \\ H-C-Br \\ | \\ H \end{array} \quad \begin{array}{cc} H & H \\ | & | \\ H-C-O-C-H \\ | & | \\ H & H \end{array} \quad \begin{array}{c} O \\ \| \\ H-C-O-H \end{array} \quad \begin{array}{c} H \\ | \\ H-C-N-H \\ | & | \\ H & H \end{array} \quad N\equiv N$$

Estructuras condensadas

Con frecuencia, las estructuras se simplifican omitiendo algunos (o todos) enlaces covalentes y poniendo los átomos enlazados a determinado carbono (o nitrógeno u oxígeno) junto a él, con subíndices si es necesario. Estas estructuras se llaman **estructuras condensadas**. Compárense los ejemplos que siguen con las estructuras de Kekulé que se presentaron arriba:

$$CH_3Br \qquad CH_3OCH_3 \qquad HCO_2H \qquad CH_3NH_2 \qquad N_2$$

Podrán encontrarse más ejemplos de estructuras condensadas y de las convenciones que acaban de usarse para formarlas en la tabla 1.5. Obsérvese que, ya que ninguna de las moléculas de la tabla 1.5 tiene carga formal, ni un electrón no apareado, cada C tiene cuatro enlaces, cada N tiene tres enlaces, cada O tiene dos enlaces y cada H o halógeno tienen un enlace.

PROBLEMA 15◆

Dibuje los pares de electrones no enlazados que no se muestran en las siguientes estructuras:

a. $CH_3CH_2NH_2$ c. CH_3CH_2OH e. CH_3CH_2Cl
b. CH_3NHCH_3 d. CH_3OCH_3 f. $HONH_2$

PROBLEMA 16◆

Dibuje las estructuras condensadas de los compuestos representados por los modelos siguientes (negro = C, gris = H, rojo = O, azul = N y verde = Cl):

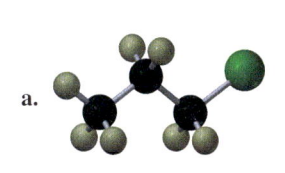

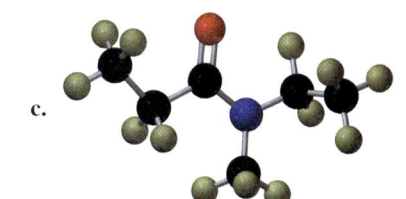

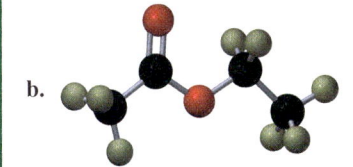

a.

b.

c.

d.

PROBLEMA 17◆

¿Cuál o cuáles de los átomos en los modelos moleculares del problema 16 tienen:

a. tres pares de electrones no enlazados?   b. dos pares de electrones no enlazados?
c. un par de electrones no enlazados?   d. ningún par de electrones no enlazados?

PROBLEMA 18

Desarrolle las siguientes estructuras condensadas para mostrar los enlaces covalentes y los pares de electrones no enlazados:

a. $CH_3NH(CH_2)_2CH_3$ c. $(CH_3)_3CBr$
b. $(CH_3)_2CHCl$ d. $(CH_3)_3C(CH_2)_3CH(CH_3)_2$

Tabla 1.5 Estructuras de Kekulé y condensadas

Estructura de Kekulé	Estructuras condensadas

Los átomos enlazados a un carbono se colocan a la derecha del mismo. Los átomos distintos del H se pueden mostrar abajo del carbono.

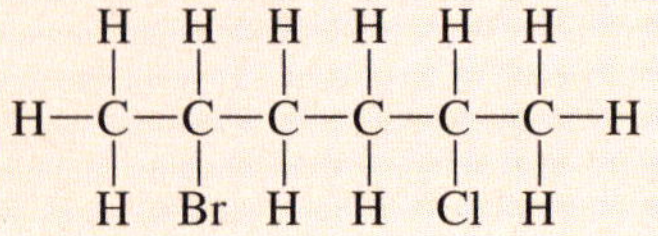

$$CH_3CHBrCH_2CH_2CHClCH_3 \quad o \quad CH_3CHCH_2CH_2CHCH_3$$
$$\underset{Br}{|}\underset{Cl}{|}$$

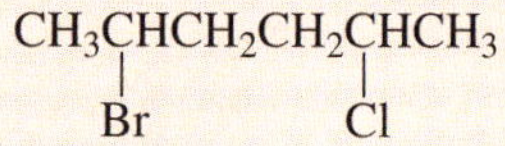

Los grupos CH₂ repetitivos se pueden mostrar entre paréntesis.

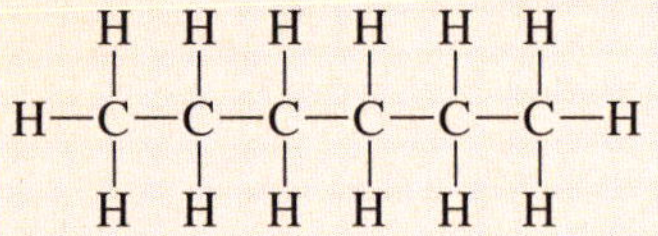

$$CH_3CH_2CH_2CH_2CH_2CH_3 \quad o \quad CH_3(CH_2)_4CH_3$$

Los grupos unidos a un carbono se pueden mostrar (entre paréntesis) a la derecha del carbono o arriba o abajo de él.

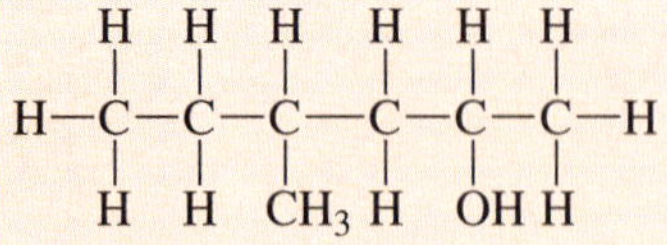

$$CH_3CH_2CH(CH_3)CH_2CH(OH)CH_3 \quad o \quad CH_3CH_2CHCH_2CHCH_3$$
$$\underset{CH_3}{|}\underset{OH}{|}$$

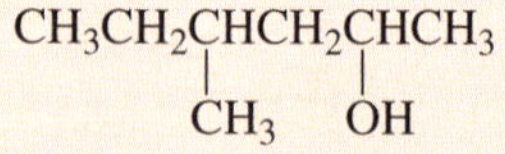

Los grupos unidos al carbono de la extrema derecha no se colocan entre paréntesis.

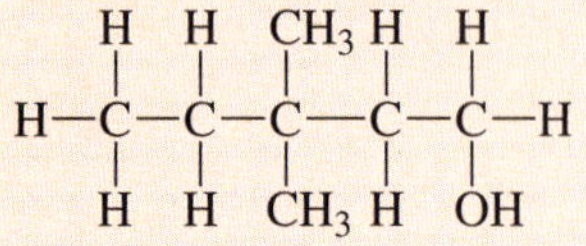

$$CH_3CH_2C(CH_3)_2CH_2CH_2OH \quad o \quad CH_3CH_2\overset{CH_3}{\underset{CH_3}{\overset{|}{\underset{|}{C}}}}CH_2CH_2OH$$

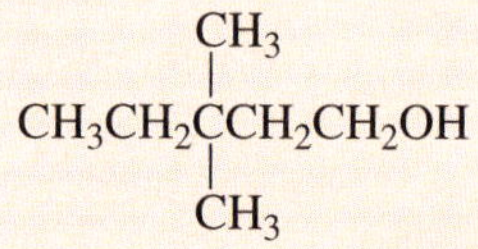

Dos o más grupos idénticos, que se consideren unidos al "primer" átomo de carbono de la izquierda, se pueden mostrar (entre paréntesis) a la izquierda de ese átomo, o arriba o abajo del mismo.

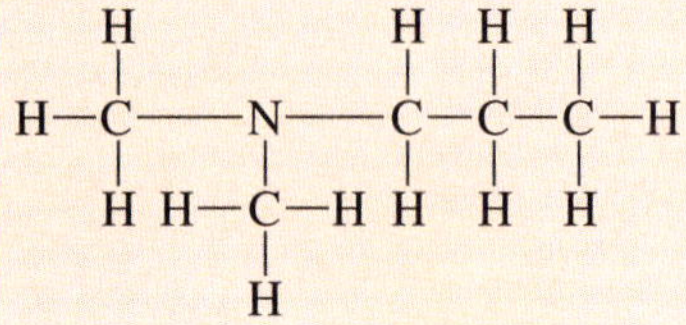

$$(CH_3)_2NCH_2CH_2CH_3 \quad o \quad CH_3NCH_2CH_2CH_3$$
$$\underset{CH_3}{|}$$

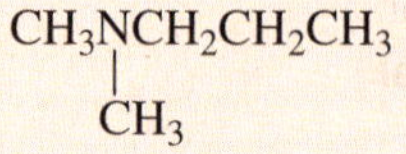

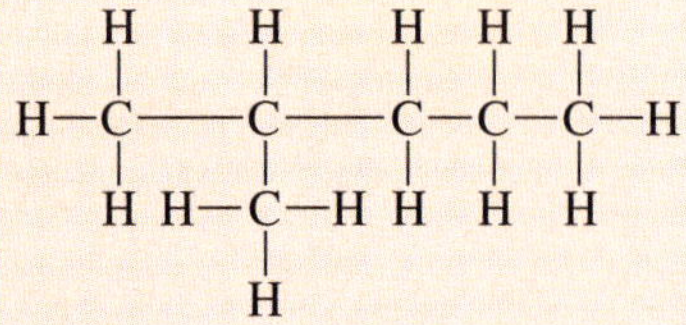

$$(CH_3)_2CHCH_2CH_2CH_3 \quad o \quad CH_3CHCH_2CH_2CH_3$$
$$\underset{CH_3}{|}$$

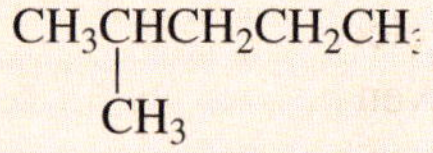

Un oxígeno unido con doble enlace con un carbono se puede mostrar arriba o abajo del carbono, o a la derecha del mismo.

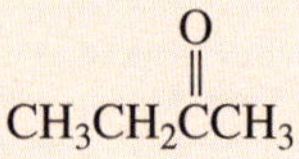

$$CH_3CH_2\overset{O}{\overset{\|}{C}}CH_3 \quad o \quad CH_3CH_2COCH_3 \quad o \quad CH_3CH_2C(\!=\!O)CH_3$$

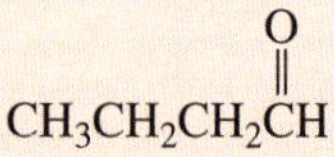

$$CH_3CH_2CH_2\overset{O}{\overset{\|}{C}}H \quad o \quad CH_3CH_2CH_2CHO \quad o \quad CH_3CH_2CH_2CH\!=\!O$$

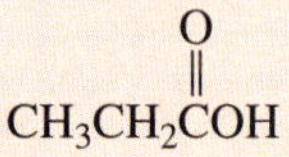

$$CH_3CH_2\overset{O}{\overset{\|}{C}}OH \quad o \quad CH_3CH_2CO_2H \quad o \quad CH_3CH_2COOH$$

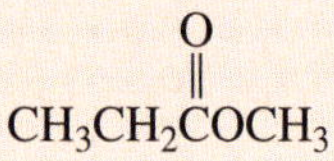

$$CH_3CH_2\overset{O}{\overset{\|}{C}}OCH_3 \quad o \quad CH_3CH_2CO_2CH_3 \quad o \quad CH_3CH_2COOCH_3$$

1.5 Orbitales atómicos

Ya se vio que los electrones se distribuyen en distintos orbitales atómicos (tabla 1.2), que son regiones tridimensionales en torno al núcleo donde es más probable encontrarlos. Sin embargo, el **principio de incertidumbre de Heisenberg** establece que el lugar y la cantidad de movimiento exactos de una partícula atómica no se pueden determinar al mismo tiempo. Esto quiere decir que nunca será posible decir con precisión dónde se encuentra un electrón, y que sólo será posible describir su ubicación probable. Con cálculos matemáticos se demuestra que un orbital atómico *s* es una esfera, con el núcleo en su centro, y la evidencia experimental apoya esta teoría. Así, al decir que un electrón ocupa un orbital 1*s* se indica que hay más de 90% de probabilidad de que el electrón se encuentre en el espacio definido por la esfera.

Ya que la segunda capa está más alejada del núcleo que la primera (sección 1.2), la distancia promedio al núcleo es mayor para un electrón en el orbital 2*s* que para un electrón en el orbital 1*s*. Por consiguiente, un orbital 2*s* se representa con una esfera mayor. Debido al mayor tamaño de un orbital 2*s*, la densidad electrónica promedio allí es menor que la densidad electrónica promedio en un orbital 1*s*.

Un orbital indica el volumen de espacio en torno al núcleo donde es más probable encontrar un electrón.

orbital 1*s*

orbital 2*s*
no se muestra el nodo

orbital 2*s*
se muestra el nodo

Un electrón en un orbital 1*s* puede estar en cualquier lugar dentro de la esfera 1*s*, pero un orbital 2*s* tiene una región donde la probabilidad de encontrar un electrón baja a cero. A esto se le llama **nodo radial**, ya que esta ausencia de densidad electrónica queda a una distancia determinada del núcleo. Así, un electrón 2*s* se puede encontrar en cualquier lugar dentro de la esfera 2*s*, incluida la región del espacio definida por la esfera 1*s*, pero no en el nodo.

Para comprender por qué hay nodos, se debe recordar que los electrones tienen propiedades de partícula y de onda al mismo tiempo. Un nodo es una consecuencia de las partículas ondulatorias de un electrón. Hay dos clases de ondas: las viajeras y las estacionarias. Las ondas viajeras se mueven en el espacio; un ejemplo de onda viajera es la luz. En contraste, una onda estacionaria se confina a un espacio limitado; un ejemplo de onda estacionaria es una cuerda de guitarra que vibra: la cuerda sube y baja, pero no viaja en el espacio. Si se estuviera por escribir una ecuación para la cuerda de la guitarra, la función de onda sería (+) en la región arriba de donde está en reposo esa cuerda, y (−) abajo de donde está en reposo la cuerda; las regiones son de fase opuesta. Las regiones donde la cuerda de guitarra no tiene desplazamiento transversal se llaman *nodos*. Un nodo está en la región donde la onda estacionaria tiene una amplitud igual a cero.

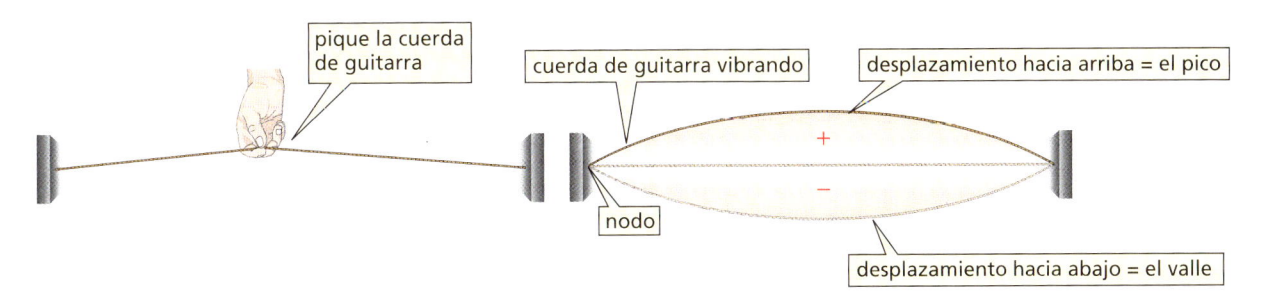

pique la cuerda de guitarra

cuerda de guitarra vibrando

desplazamiento hacia arriba = el pico

nodo

desplazamiento hacia abajo = el valle

Un electrón se comporta como una onda estacionaria pero, a diferencia de la onda estacionaria que se forma en una cuerda de guitarra, la del electrón es tridimensional. Eso quiere decir que el nodo de un orbital 2s en realidad es una superficie esférica dentro del orbital 2s. Ya que la amplitud de la onda del electrón es cero en el nodo, la probabilidad de encontrar un electrón en el nodo es cero.

A diferencia de los orbitales s, que parecen esferas, los orbitales p tienen dos lóbulos. En general, los lóbulos se representan con forma de lágrima, pero las representaciones generadas en computadora revelan que su forma es más semejante a la de los pomos de las cerraduras en las puertas. Como la cuerda de guitarra que vibra, los lóbulos son de fase opuesta y se les pueden asignar signos más (+) y menos (−), o bien dos colores diferentes. (En este contexto, + y − indican la fase del orbital, no la carga). El nodo de un orbital p es un plano —llamado **plano nodal**— que pasa por el centro del núcleo, entre sus dos lóbulos. La probabilidad de encontrar un electrón en el plano nodal del orbital p es cero.

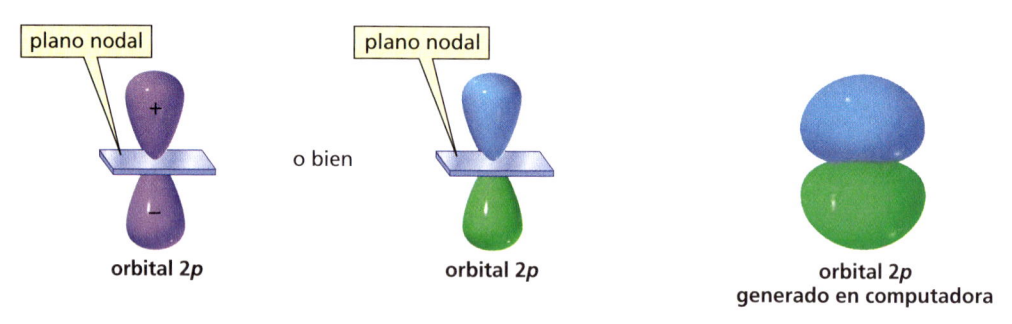

En la sección 1.2 se estudió que las capas segunda y superiores contienen tres orbitales p degenerados, cada una. El orbital p_x es simétrico respecto al eje x, el orbital p_y es simétrico respecto al eje y y el orbital p_z simétrico respecto al eje z. Ello significa que cada orbital p es perpendicular a los otros dos orbitales p. La energía de un orbital 2p es un poco mayor que la de un orbital 2s porque la ubicación promedio de un electrón en un orbital 2p está más lejos del núcleo.

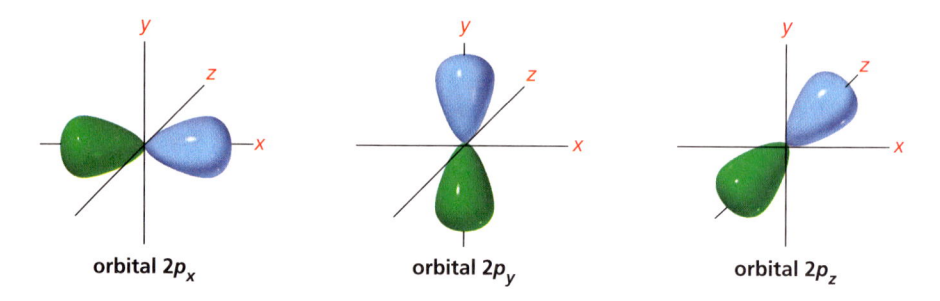

1.6 Introducción a la teoría de los orbitales moleculares

¿Cómo forman enlaces covalentes los átomos para formar las moléculas? El modelo de Lewis, que muestra a los átomos que alcanzan a tener un octeto completo compartiendo electrones, sólo cuenta parte de la historia. Un inconveniente de ese modelo es que considera a los electrones como partículas y no tiene en cuenta sus propiedades ondulatorias.

En la **teoría de los orbitales moleculares** se combina la tendencia de los átomos a llenar sus octetos compartiendo electrones (modelo de Lewis) con sus propiedades ondulatorias y asigna electrones a un volumen de espacio llamado orbital. Según la teoría de los orbitales moleculares, los enlaces covalentes se forman cuando se combinan los orbitales atómicos para formar *orbitales moleculares*. Un **orbital molecular** pertenece a toda la molécula y no a determinado átomo. Al igual que un orbital atómico, que describe el volumen de espacio en torno al núcleo de un átomo donde es probable que se encuentre un electrón, un orbital molecular describe el volumen de espacio en torno a una molécula donde es probable encontrar a un electrón. También los orbitales moleculares tienen tamaños, formas y energías específicos.

1.6 Introducción a la teoría de los orbitales moleculares

Para comenzar se analizará cómo se enlaza una molécula de hidrógeno (H_2), para lo cual hace falta imaginar un encuentro de dos átomos de H separados. A medida que un átomo con su orbital 1s se acerca al otro, también con su orbital 1s, los orbitales comienzan a traslaparse. Los átomos continúan acercándose y aumenta la cantidad de traslape hasta que los orbitales se combinan y forman un orbital molecular. El enlace covalente que se forma cuando se traslapan los dos orbitales s se llama **enlace sigma (σ)**. Un enlace σ tiene simetría cilíndrica: los electrones del enlace se distribuyen de manera simétrica en torno a una línea imaginaria que une a los centros de los dos átomos unidos por el enlace.

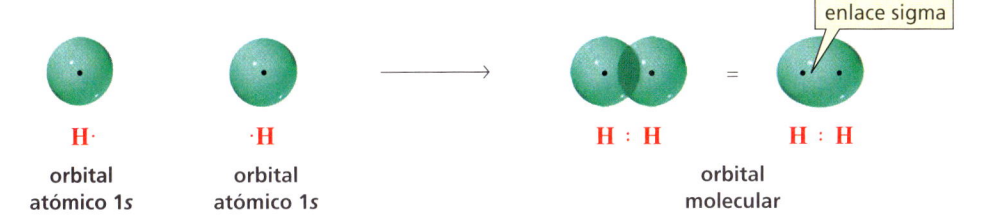

H·   ·H   →   H : H   =   H : H (enlace sigma)

orbital atómico 1s   orbital atómico 1s   orbital molecular

Al comenzar a traslaparse los dos orbitales, se desprende energía (y aumenta la estabilidad) porque el electrón de cada átomo es atraído tanto hacia su propio núcleo como hacia el núcleo de carga positiva en el otro átomo (figura 1.2). La atracción de los electrones con carga negativa hacia los dos núcleos con carga positiva es lo que mantiene unidos a los átomos. Mientras más se traslapen los orbitales, más disminuye la energía, hasta que los átomos están tan cercanos que sus núcleos con carga positiva comienzan a repelerse entre sí. La repulsión causa un gran aumento de energía. La figura 1.2 muestra que la estabilidad máxima (energía mínima) se alcanza cuando los núcleos están separados por cierta distancia. A esta distancia se le llama **longitud de enlace** de ese nuevo enlace covalente. La longitud del enlace H—H es 0.74 Å.

La estabilidad máxima corresponde a la energía mínima.

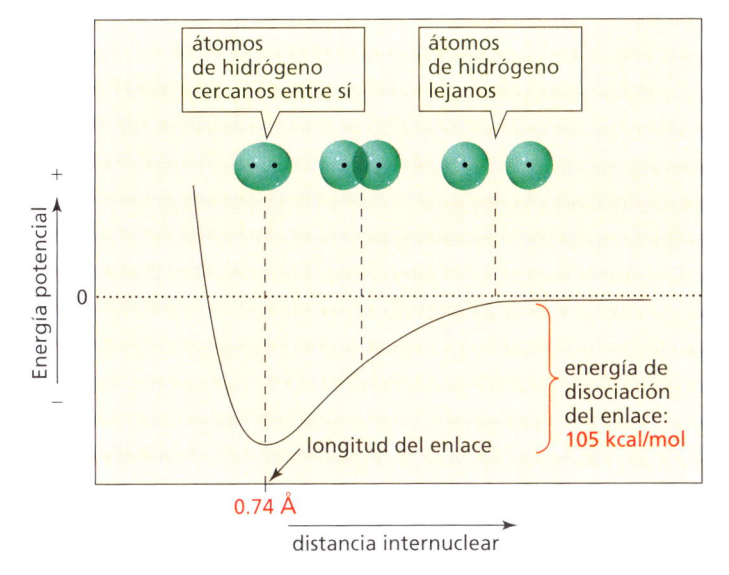

◀ **Figura 1.2**
Cambio de energía cuando se aproximan entre sí dos orbitales atómicos 1s. Cuando la energía es mínima, la distancia internuclear es la longitud del enlace covalente H—H.

Como se aprecia en la figura 1.2, se desprende energía cuando se forma un enlace covalente. Cuando se forma el enlace H—H, se desprenden 105 kcal/mol (o 439 kJ/mol)* de energía. Para romper el enlace se requiere exactamente la misma cantidad de energía. Entonces, la **fuerza del enlace**, que también se llama **energía de disociación del enlace**, es la energía requerida para romper un enlace, o la energía que se desprende cuando se forma un enlace. Cada enlace covalente tiene una longitud y una fuerza de enlace características.

Los orbitales se conservan. En otras palabras, la cantidad de orbitales moleculares que se forman debe ser igual a la cantidad de orbitales atómicos que se combinan. Al describir la formación de un enlace H—H se combinaron dos orbitales atómicos, pero sólo se des-

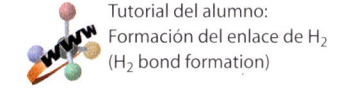

---
* Los joules son unidades del Sistema Internacional (SI), aunque muchos químicos usan las calorías (1 kcal = 4.184 kJ). En este libro se utilizan ambas unidades.

cribió un orbital molecular. ¿Dónde está el otro orbital molecular? Se verá que allí está, pero no contiene electrones.

Los orbitales atómicos se pueden combinar en dos formas diferentes: constructiva y destructiva. Pueden combinarse en forma constructiva o aditiva del mismo modo que dos ondas luminosas o dos ondas sonoras se refuerzan entre sí (figura 1.3). A esta combinación constructiva se le llama enlace **orbital molecular de enlace σ** (sigma). También los orbitales atómicos se pueden combinar en forma destructiva y anularse entre sí. La anulación se asemeja a la oscuridad que se produce cuando dos ondas luminosas se anulan entre sí, o al silencio resultante cuando se anulan dos ondas sonoras entre sí (figura 1.3). A esta combinación destructiva se le llama **orbital molecular antienlace σ***. Se usa un asterisco (*) para indicar que un orbital es antienlace.

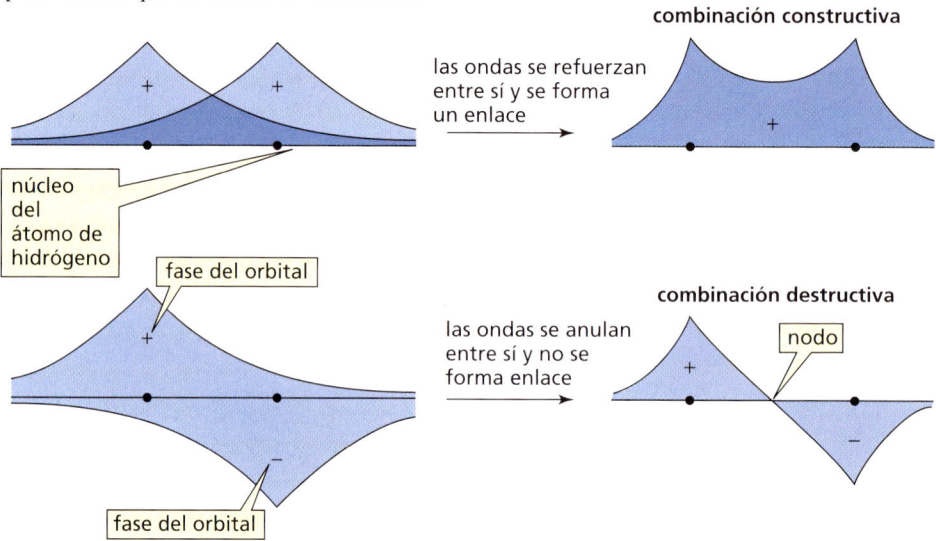

Figura 1.3 ▶
Las funciones de onda de dos átomos de hidrógeno pueden interactuar y reforzarse entre sí (*arriba*) o pueden interactuar anulándose entre sí (*abajo*). Obsérvese que las ondas que interactúan de manera constructiva están en fase, o enfasadas, mientras que las que interactúan destructivamente están fuera de fase, o desfasadas.

El orbital molecular de enlace σ y el de antienlace σ* se aprecian en el diagrama de orbital molecular (OM) de la figura 1.4. En un diagrama de orbitales moleculares, las energías de los orbitales se representan como líneas horizontales; la línea inferior es el nivel más bajo de energía y la superior es el nivel más alto. Se apreciará que todos los electrones del orbital molecular de enlace se podrán encontrar con mayor probabilidad entre los núcleos, atrayendo al mismo tiempo a ambos núcleos. Esta mayor densidad electrónica entre los núcleos es lo que une a los átomos entre sí. Como en el orbital molecular de antienlace hay un nodo entre los núcleos, todos los electrones de ese orbital se encontrarán probablemente en cualquier lugar, excepto entre los núcleos; entonces, en este caso los núcleos que-

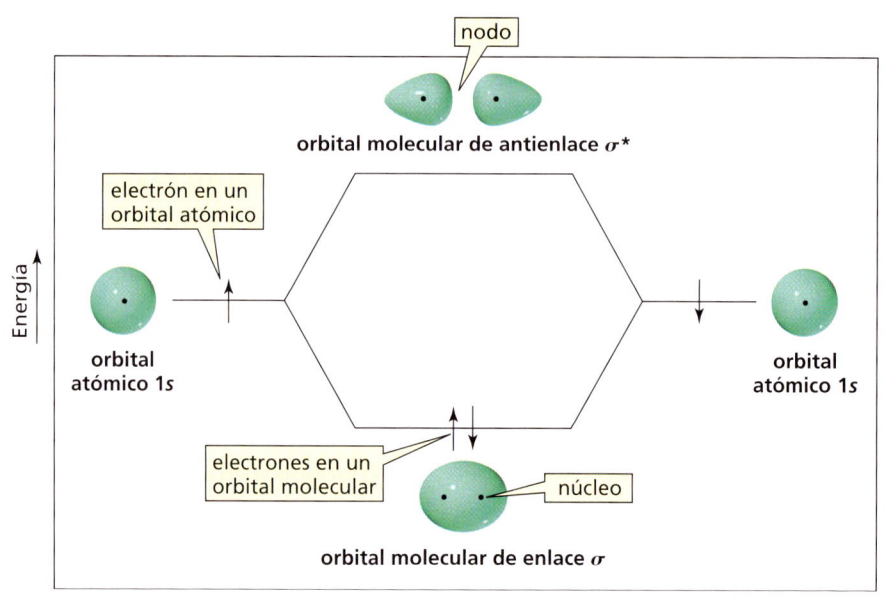

Figura 1.4 ▶
Orbitales atómicos del H_2 y orbitales moleculares del H_2. Antes de formarse la unión covalente, cada electrón está en un orbital atómico. Después de formarse el enlace covalente, ambos electrones están en el orbital molecular. El orbital molecular de antienlace está vacío.

dan más expuestos uno frente a otro y serán forzados a separarse por la repulsión electrostática. Así, los electrones que ocupan este orbital evitan más que contribuyen, a la formación de un enlace entre los átomos.

El diagrama de orbitales moleculares muestra que el orbital molecular de enlace tiene menor energía y en consecuencia es más estable que los orbitales atómicos individuales. Eso se debe a que mientras más núcleos "siente" un electrón es más estable. El orbital molecular de antienlace, con menos densidad electrónica entre los núcleos, es menos estable —de mayor energía— que los orbitales atómicos.

Después de trazar la secuencia de líneas horizontales en un diagrama de orbitales moleculares, se asignan los electrones a los orbitales moleculares. El principio aufbau y el de exclusión de Pauli, que se usaron para asignar electrones a los orbitales atómicos, también se utilizan para asignar electrones a orbitales moleculares: los electrones ocupan siempre los orbitales disponibles que tengan la mínima energía, y un orbital molecular no puede estar ocupado por más de dos electrones. Así, los dos electrones del enlace H—H ocupan el orbital molecular de enlace de menor energía (figura 1.4), donde son atraídos hacia los dos núcleos con carga positiva. Es esta atracción electrostática la que da la fuerza de un enlace covalente. Por consiguiente, mientras mayor sea el traslape entre los orbitales atómicos, el enlace covalente será más fuerte. *Los enlaces covalentes más fuertes están formados por electrones que ocupan los orbitales moleculares que tienen la energía mínima.*

El diagrama de orbitales moleculares de la figura 1.4 permite pronosticar que el H_2^+ no ha de ser tan estable como el H_2 porque el H_2^+ sólo tiene un electrón en el orbital de enlace. También es posible predecir que la molécula de He_2 no existe porque cada átomo de He aportaría dos electrones; el He_2 tendría cuatro electrones, dos que llenarían el orbital molecular de menor energía y los dos restantes llenando el orbital molecular de antienlace, de mayor energía. Los dos electrones del orbital molecular de antienlace anulan a los dos electrones del orbital molecular de enlace.

Cuando se traslapan dos orbitales atómicos se forman dos orbitales moleculares —uno de menor energía y el otro de mayor energía que los orbitales atómicos.

> **PROBLEMA 19◆**
>
> Pronostique si existe el He_2^+.

Dos orbitales atómicos p se pueden traslapar de frente o de lado a lado. Examinemos primero un traslape de frente. El traslape de frente forma un enlace con simetría cilíndrica, que por consiguiente es un enlace σ. Si los lóbulos que se traslapan en los orbitales p están enfasados (como en la figura 1.5, donde un lóbulo azul de un orbital p se sobrepone a un lóbulo azul del otro orbital p), se forma un orbital molecular de enlace σ. La densidad elec-

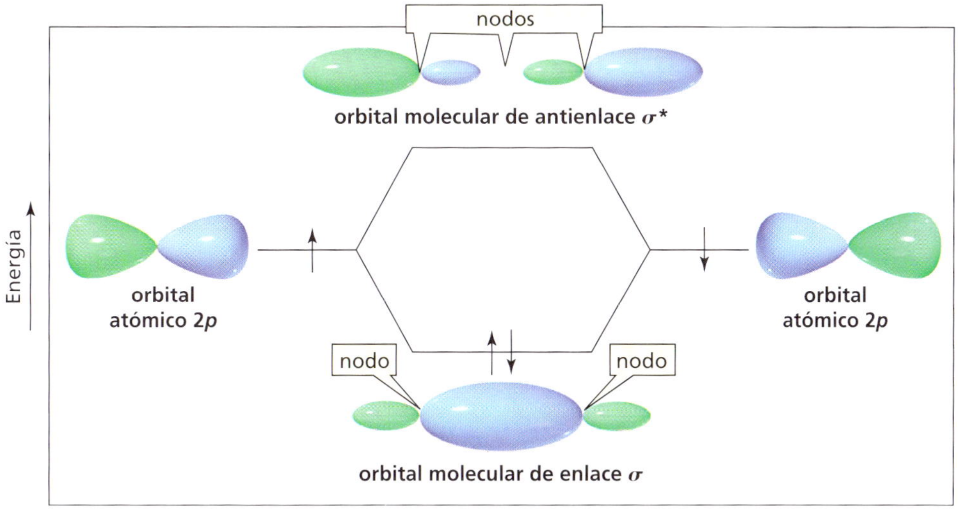

▲ **Figura 1.5**
Traslape de frente de dos orbitales p para formar un orbital molecular de enlace σ y un orbital molecular de antienlace σ^*.

trónica del orbital molecular de enlace σ se concentra entre los núcleos, lo que determina que los lóbulos posteriores (los lóbulos verdes, que no se traslapan) del orbital molecular sean muy pequeños. El orbital molecular de enlace σ tiene dos nodos —un plano nodal pasa por cada núcleo.

Si los lóbulos de los orbitales p que se traslapan están fuera de fase (un lóbulo azul de un orbital p se encima sobre un lóbulo verde del otro orbital p), se forma un orbital molecular de antienlace σ^*. Este orbital molecular de antienlace tiene *tres* nodos. Obsérvese en la figura 1.5 que la fase (el color) del orbital molecular es distinto a cada lado de cada nodo.

A diferencia del enlace σ que se forma debido a traslapes de frente, el traslape de lado a lado de dos orbitales atómicos p forma un **enlace pi (π)** (figura 1.6). El traslape de lado a lado de dos orbitales atómicos p enfasados forma un orbital molecular de enlace π, mientras que el traslape de lado a lado de dos orbitales p desenfasados forma un orbital molecular de antienlace π^*. El orbital molecular de enlace π tiene un nodo —un plano nodal que pasa por ambos núcleos. El orbital molecular de antienlace π^* tiene dos planos nodales. Aunque los enlaces σ tienen orbitales moleculares con simetría cilíndrica, los enlaces π no la tienen.

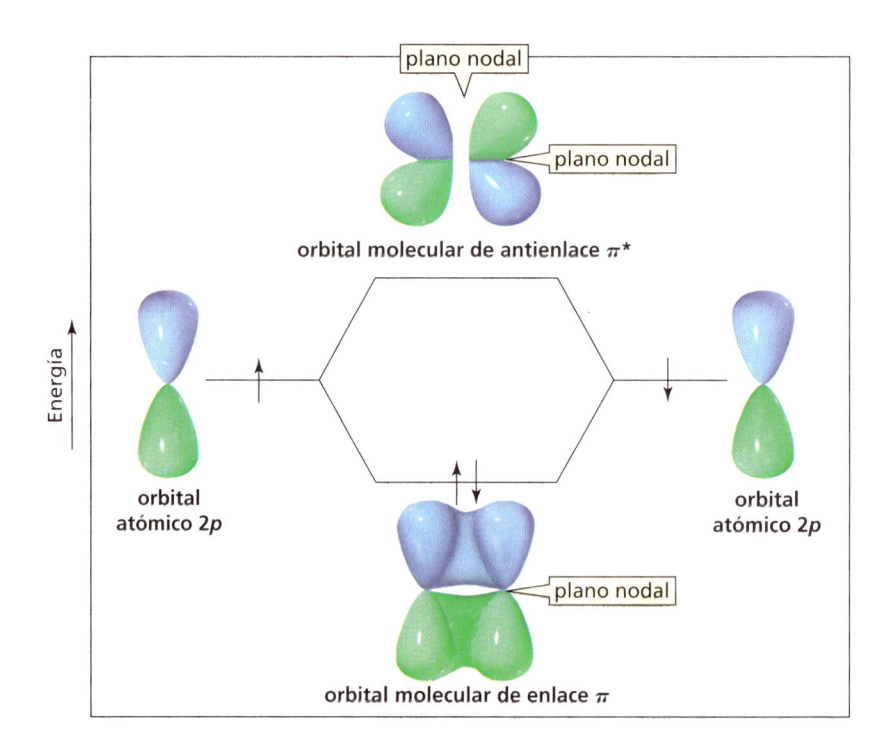

El traslape en fase forma un orbital molecular de enlace; el traslape fuera de fase forma un orbital molecular de antienlace.

El traslape de lado a lado de dos orbitales atómicos p forma un enlace π. Todos los demás enlaces covalentes en las moléculas orgánicas son enlaces σ.

Figura 1.6 ▶
Traslape de lado a lado de dos orbitales moleculares paralelos p para formar un orbital molecular de enlace π y un orbital molecular de antienlace π^*.

Un enlace σ es más fuerte que un enlace π.

El grado de traslape es mayor cuando los orbitales p se traslapan de frente que cuando lo hacen de lado a lado. Esto quiere decir que el enlace σ que se forma por el traslape de frente de orbitales p es más fuerte que el enlace π que se forma por el traslape de lado a lado de orbitales p. También indica que un orbital molecular de enlace σ es más estable que uno π porque mientras más fuerte es el enlace es más estable. La figura 1.7 muestra orbitales atómicos que forman tres enlaces —un enlace σ y dos enlaces π.

Ahora se verá el diagrama de los orbitales moleculares del traslape de lado a lado de un orbital p del carbono con un orbital p del oxígeno: los orbitales son del mismo tipo, pero pertenecen a distintas clases de átomos (figura 1.8). Cuando se combinan los dos orbitales atómicos p para formar orbitales moleculares, el orbital atómico del átomo más electronegativo contribuye más al orbital molecular de enlace, y el orbital atómico del átomo menos electronegativo contribuye más al orbital molecular de antienlace. Esto quiere decir que si se colocaran electrones en el orbital molecular de enlace, lo mejor sería colocarlos en torno al átomo de oxígeno que alrededor del átomo de carbono. Así, tanto la teoría de Lewis como la teoría de los orbitales moleculares indican que los electrones no se comparten por igual entre el carbono y el oxígeno: el átomo de oxígeno, en un enlace carbono-oxígeno, tiene una carga parcial negativa y el átomo de carbono tiene una carga parcial positiva.

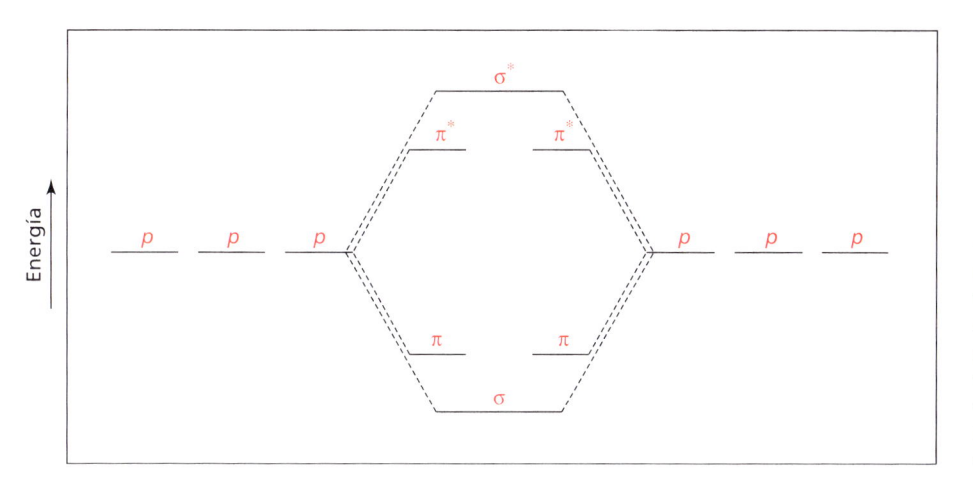

◀ **Figura 1.7**
Los orbitales *p* pueden traslaparse de frente para formar orbitales moleculares de enlace σ y de antienlace σ*, o bien pueden traslaparse de lado a lado para formar orbitales moleculares de enlace π y de antienlace π*. Las energías relativas de los orbitales moleculares son σ < π < π* < σ*.

Los químicos orgánicos ven que la información obtenida con la teoría de los orbitales moleculares, donde los electrones de valencia ocupan orbitales moleculares de enlace y de antienlace, no siempre permite contar con la información necesaria sobre los enlaces de una molécula. En el **modelo de repulsión de par de electrones en capa de valencia (RPECV)** se combinan el concepto de Lewis, de pares compartidos de electrones y pares de electrones no enlazados, con el concepto de orbitales atómicos y se agrega un tercer principio: *la minimización de la repulsión entre electrones*. En este modelo, los átomos comparten electrones al traslapar sus orbitales atómicos y como los pares de electrones se repelen entre sí, los electrones de enlace y los pares de electrones no enlazados, en torno a un átomo, se colocan tan lejos como sea posible.

Como en química orgánica las reacciones químicas se conciben en general en función de los cambios que suceden en los enlaces de las moléculas que reaccionan, el modelo RPECV proporciona con frecuencia la forma más fácil de visualizar los cambios químicos. Sin embargo, el modelo es inadecuado para ciertas moléculas, porque no permite orbitales de antienlace. En este libro se recurrirá tanto a los modelos de orbitales moleculares como de RPECV. La elección dependerá de cuál permita ofrecer la mejor descripción de la molécula que se considera. Se utilizará el modelo RPECV en las secciones 1.7 a 1.13.

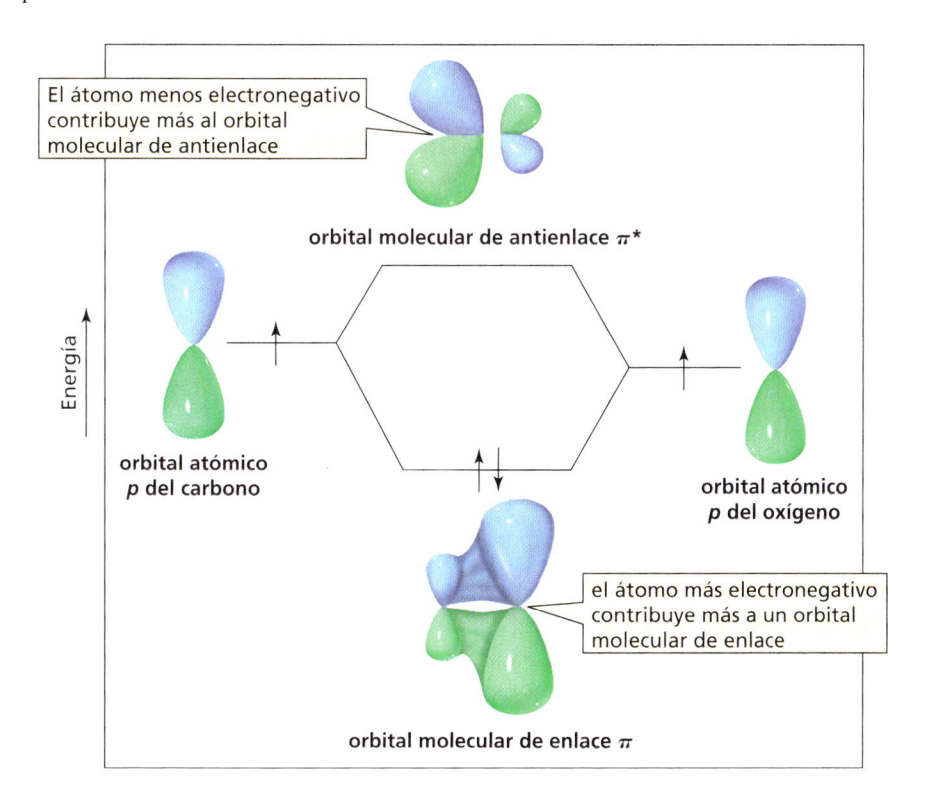

◀ **Figura 1.8**
Traslape de lado a lado de un orbital *p* del carbono con un orbital *p* del oxígeno para formar un orbital molecular de enlace π y un orbital molecular de antienlace π*.

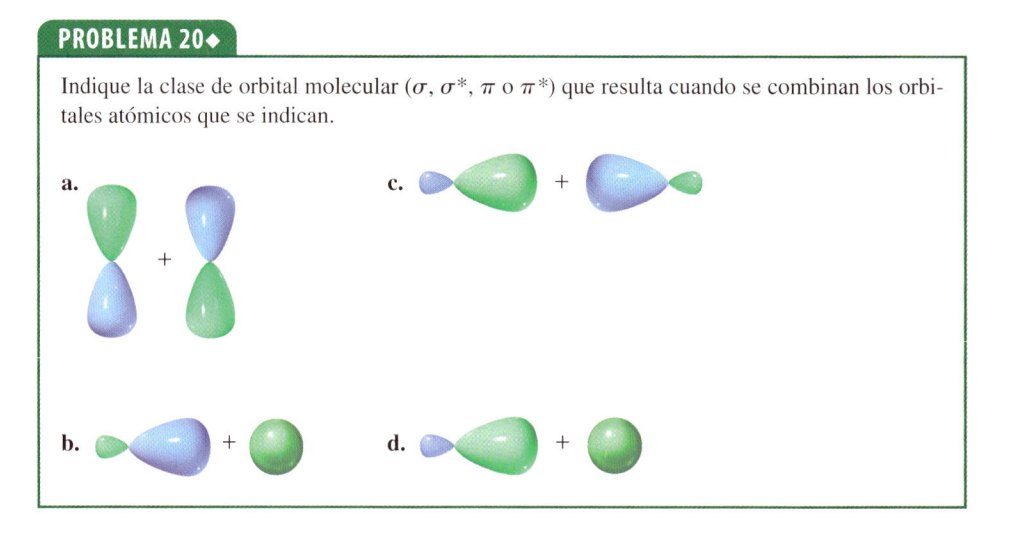

28 CAPÍTULO 1 Estructura electrónica y enlace químico • Ácidos y bases

> **PROBLEMA 20◆**
>
> Indique la clase de orbital molecular (σ, σ^*, π o π^*) que resulta cuando se combinan los orbitales atómicos que se indican.
>
> a. b. c. d.

1.7 Cómo se forman los enlaces sencillos en los compuestos orgánicos

Se comenzará por describir el enlace químico en los compuestos orgánicos examinando los enlaces del metano, compuesto que sólo tiene un átomo de carbono. A continuación se examinarán los enlaces del etano, compuesto que tiene dos carbonos unidos por un enlace sencillo carbono-carbono.

Los enlaces del metano

El metano (CH_4) tiene cuatro enlaces covalentes C—H. Como los cuatro enlaces tienen la misma longitud, 1.10 Å, y todos los ángulos de enlace son iguales, 109.5°, se puede concluir que los cuatro enlaces C—H del metano son idénticos. A continuación se ven cuatro formas distintas de representar una molécula de metano.

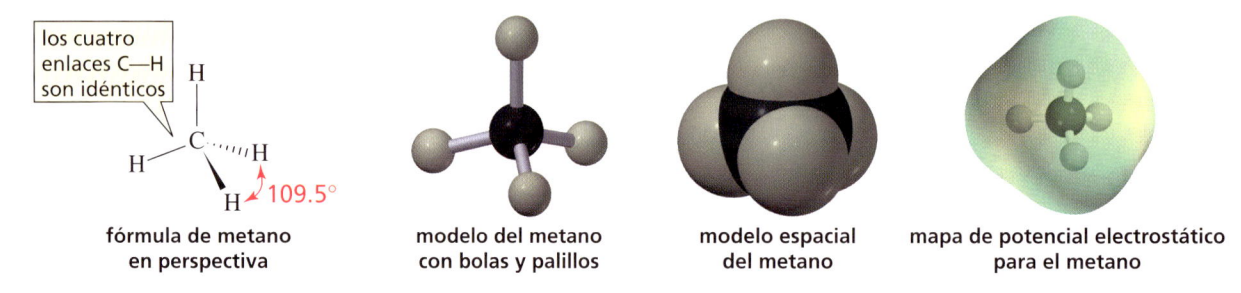

fórmula de metano en perspectiva | modelo del metano con bolas y palillos | modelo espacial del metano | mapa de potencial electrostático para el metano

En una **fórmula en perspectiva**, los enlaces se dibujan en el plano del papel como líneas llenas; los que salen del papel hacia el espectador se representan como cuñas llenas, y los que salen hacia atrás del plano del papel, alejándose del espectador, se representan como cuñas entrecortadas.

El mapa de potencial del metano muestra que ni el carbono ni el hidrógeno portan mucha carga, ni hay zonas rojas que representen átomos con carga negativa parcial, ni áreas azules, que representen átomos con carga positiva parcial. (Compare este mapa con el mapa de potencial del agua, en la página 37). La ausencia de átomos con cargas parciales se puede explicar por las electronegatividades semejantes del carbono y el hidrógeno, que hacen que compartan sus electrones de enlace relativamente por igual. Por consiguiente, el metano es una **molécula no polar**.

El lector se sorprenderá cuando sepa que el carbono forma cuatro enlaces covalentes porque sólo tiene dos electrones no apareados en su configuración electrónica de estado fundamental (tabla 1.2). Pero si el carbono sólo formara dos enlaces covalentes no completaría su octeto. Por consiguiente se necesita una explicación de la formación de cuatro enlaces en el carbono.

1.7 Cómo se forman los enlaces sencillos en los compuestos orgánicos

Si uno de los electrones del orbital 2s del carbono cambiara (fuera *promovido*) al orbital 2p vacío, la nueva configuración electrónica tendría cuatro electrones no apareados; por consiguiente, se podrían formar cuatro enlaces covalentes.

Si el carbono usara un orbital *s* y tres orbitales *p* para formar los cuatro enlaces, el enlace formado con el orbital *s* sería diferente de los tres enlaces formados con orbitales *p*. ¿Qué podría explicar que los cuatro enlaces C—H del metano son idénticos si se forman con un orbital *s* y tres *p*? La respuesta es que el carbono usa *orbitales híbridos*.

Los **orbitales híbridos** son mixtos, resultado de combinar orbitales atómicos. El concepto de combinar orbitales, que se conoce como **hibridación**, fue propuesto por primera vez por Linus Pauling en 1931. Si se combinan un orbital *s* y tres *p* de la segunda capa y a continuación se dividen en cuatro orbitales iguales, cada uno de ellos será una parte *s* y tres partes *p*. Esta clase de orbital mixto se llama orbital sp^3 (se dice "ese pe tres" y no "ese pe al cubo"). (El índice 3 indica que se mezclaron tres orbitales *p* con uno *s* para formar cuatro orbitales híbridos). Cada orbital sp^3 tiene 25% de carácter *s* y 75% de carácter *p*. Los cuatro orbitales sp^3 son degenerados —es decir que tienen la misma energía.

Igual que un orbital *p*, un orbital sp^3 tiene dos lóbulos. Sin embargo, los lóbulos tienen tamaño diferente porque el orbital *s* se suma a un lóbulo del orbital *p* y se resta del otro (figura 1.9). La estabilidad de un orbital sp^3 se refleja en su composición: es más estable que un orbital *p*, pero no tan estable como un orbital *s* (figura 1.10). El lóbulo mayor del orbital sp^3 es el que se usa en la formación del enlace covalente.

Los cuatro orbitales sp^3 adoptan una disposición espacial que los mantiene lo más alejados posible entre sí (figura 1.11a). Esto se hace porque los electrones se repelen entre sí y al ubicarse lo más lejos posible uno de otro se minimiza la repulsión (sección 1.6). Cuando cuatro orbitales se encuentran lo más alejados posible uno de otro, apuntan hacia los vértices de un tetraedro regular (pirámide con cuatro caras, siendo cada una un triángulo equilátero). Cada uno de los cuatro enlaces C—H del metano se forma por traslape de un orbital sp^3 del carbono con el orbital *s* del hidrógeno (figura 1.11b); esto explica por qué los cuatro enlaces C—H son idénticos.

Los pares de electrones quedan tan alejados entre sí como sea posible.

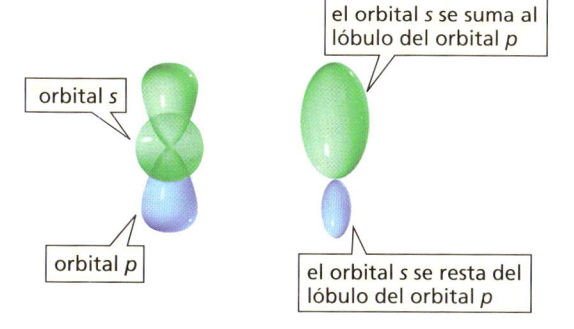

> **BIOGRAFÍA**
>
> **Linus Carl Pauling (1901–1994)** nació en Portland, Oregon, E.U.A. En el laboratorio casero de un amigo se despertó un temprano interés de Pauling por la ciencia. Recibió un doctorado del Instituto Tecnológico de California y permaneció allí durante la mayor parte de su carrera académica. Recibió el Premio Nobel de Química en 1954 por su trabajo sobre la estructura molecular. Al igual que Einstein, Pauling fue un pacifista, y ganó el Premio Nobel de la Paz por su trabajo en nombre del desarme nuclear.

◀ **Figura 1.9**
El orbital *s* se suma a un lóbulo del orbital *p* y se resta del otro.

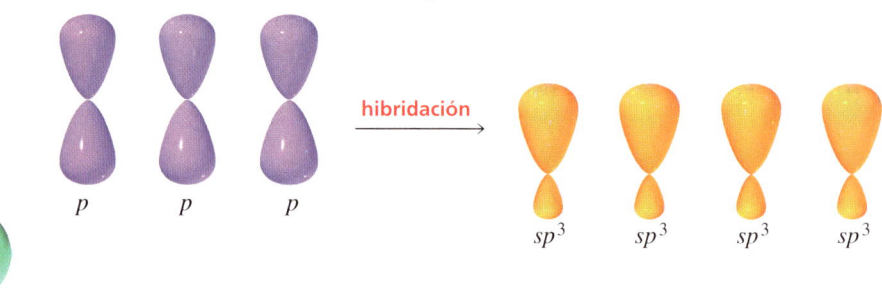

Figura 1.10 ▶
Un orbital *s* y tres orbitales *p* se combinan para formar cuatro orbitales híbridos sp^3. Un orbital sp^3 es más estable que un orbital *p*, pero no tan estable como un orbital *s*.

Figura 1.11 ▶
a) Los cuatro orbitales sp^3 se dirigen hacia los vértices de un tetraedro y hacen que cada ángulo de enlace sea de 109.5°.
b) Imagen de los orbitales del metano, donde se ve el traslape de cada orbital sp^3 del carbono con el orbital *s* de un hidrógeno. (Por claridad, no se muestran los lóbulos menores de los orbitales sp^3).

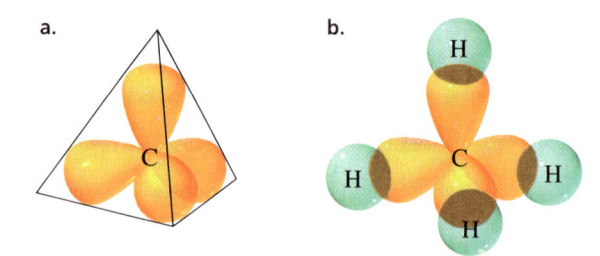

El ángulo entre dos líneas cualesquiera que apunten del centro hacia los vértices de un tetraedro es de 109.5°. Los ángulos de enlace del metano, por consiguiente, son de 109.5°; a esto se le llama **ángulo tetraédrico de enlace**. Un carbono como el del metano, que forma enlaces covalentes mediante cuatro orbitales sp^3 equivalentes, se llama **carbono tetraédrico**.

Parece que se ha modificado la teoría de los orbitales híbridos sólo para que las cosas funcionen —y así es, exactamente; pese a ello, permite contar con una imagen muy buena de los enlaces en los compuestos orgánicos.

> **Nota para el alumno**
> Es importante comprender cómo se ven las moléculas en tres dimensiones. Por consiguiente, asegúrese de visitar la página Web del texto, (http://www.pearsoneducacion.net/bruice) y vea las representaciones tridimensionales de las moléculas que pueden encontrarse en la galería de moléculas, preparada para cada capítulo.

Los enlaces del etano

Los dos átomos de carbono del etano (CH_3CH_3) son tetraédricos. Cada carbono usa cuatro orbitales sp^3 para formar cuatro enlaces covalentes (figura 1.12):

$$\begin{array}{c} \text{H} \quad \text{H} \\ | \quad | \\ \text{H} - \text{C} - \text{C} - \text{H} \\ | \quad | \\ \text{H} \quad \text{H} \end{array}$$
etano

Un orbital sp^3 de uno de los carbonos se traslapa con un orbital sp^3 del otro y se forma un enlace C—C. Cada uno de los demás orbitales sp^3 de cada carbono se traslapa con el orbital *s* de un hidrógeno y se forma un enlace C—H. Así, el enlace C—C se forma con un traslape sp^3-sp^3 y cada enlace C—H se forma con un traslape sp^3-s.

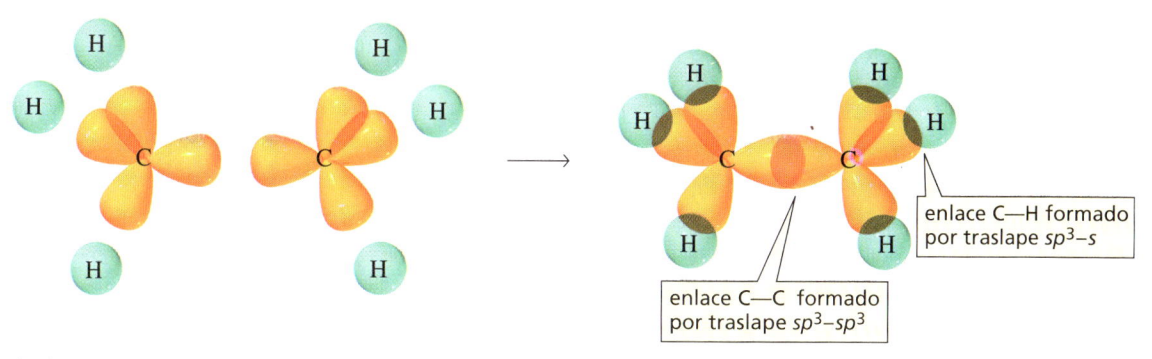

▲ Figura 1.12
Representación de los orbitales del etano. El enlace C—C se forma por traslape sp^3–sp^3 y cada enlace C—H se forma por traslape sp^3–s. (No se muestran los lóbulos menores de los orbitales sp^3).

Cada uno de los ángulos de enlace en el etano es casi igual al ángulo tetraédrico de enlace, de 109.5°, y la longitud del enlace C—C es de 1.54 Å. El etano, como el metano, es una molécula no polar.

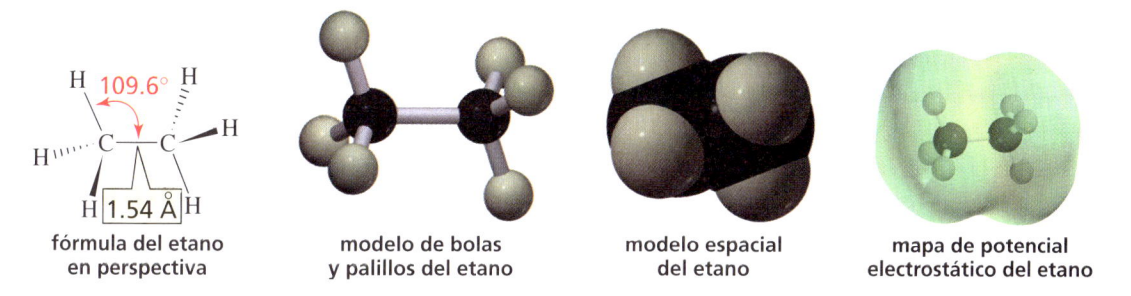

fórmula del etano en perspectiva   modelo de bolas y palillos del etano   modelo espacial del etano   mapa de potencial electrostático del etano

Todos los enlaces en el metano y el etano son sigma, porque todos se forman por traslape de frente entre orbitales atómicos. Un enlace que conecta así a dos átomos se llama **enlace sencillo**. *Todos los enlaces sencillos que se encuentran en química orgánica son enlaces sigma.*

Todos los enlaces sencillos que se encuentran en química orgánica son enlaces sigma.

PROBLEMA 21◆
¿Qué orbitales se usan para formar los 10 enlaces covalentes del propano ($CH_3CH_2CH_3$)?

El diagrama de orbitales moleculares donde se muestra el traslape de un orbital sp^3 de un carbono con un orbital sp^3 de otro carbono (figura 1.13) es parecido al del traslape de frente de dos orbitales p, lo cual no debería sorprender ya que los orbitales sp^3 tienen 75% de carácter p.

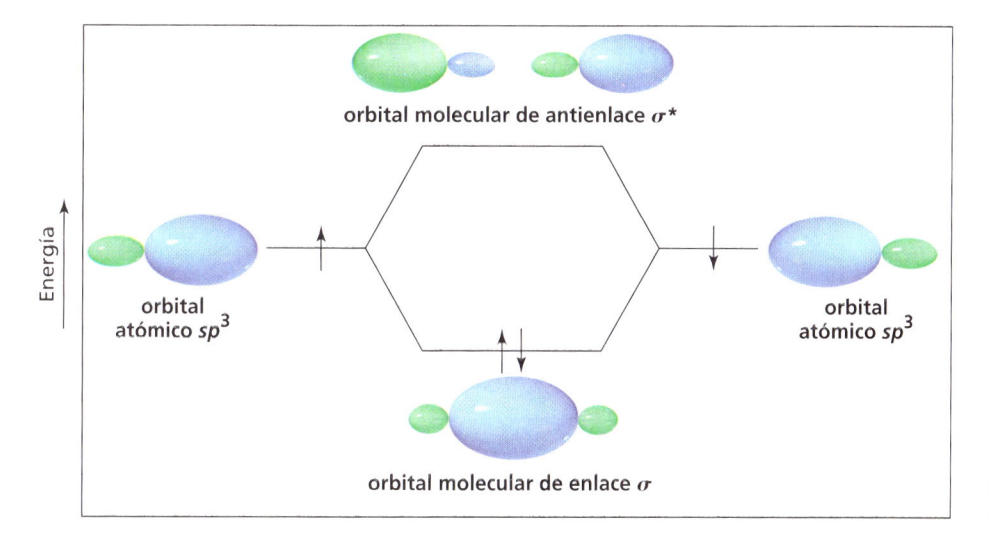

◄ Figura 1.13
Traslape de frente de dos orbitales sp^3 para formar un orbital molecular de enlace σ y un orbital molecular de antienlace σ*.

1.8 Cómo se forma un doble enlace: los enlaces del eteno

Cada uno de los átomos de carbono en el eteno (al que también se le llama etileno) forma cuatro enlaces, pero sólo está unido a tres átomos:

$$\begin{array}{c} H \\ \diagdown \\ C=C \\ \diagup \\ H \end{array} \begin{array}{c} H \\ \diagup \\ \\ \diagdown \\ H \end{array}$$

eteno
etileno

Para enlazarse con tres átomos, cada carbono combina tres orbitales atómicos: un orbital s y dos de los orbitales p. Como se combinan tres orbitales se obtienen tres orbitales híbridos, a los que se les llama orbitales sp^2. Después de la **hibridación**, cada átomo de carbono tiene tres orbitales degenerados sp^2 y un orbital p puro:

Para minimizar la repulsión entre electrones, los tres orbitales sp^2 deben alejarse entre sí tanto como sea posible. Por consiguiente, los ejes de los tres orbitales están en un plano y se dirigen hacia los vértices de un triángulo equilátero, con el núcleo de carbono en el centro. Eso quiere decir que todos los ángulos son cercanos a 120°. Ya que el átomo de carbono tiene hibridación sp^2 está unido a tres átomos que definen un plano, se le llama **carbono trigonal plano**. El orbital p puro no hibridado es perpendicular al plano definido por los ejes de los orbitales sp^2 (figura 1.14).

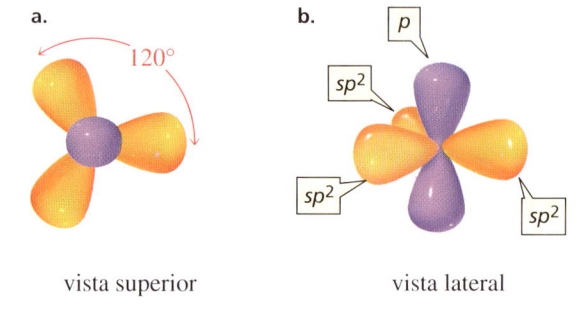

Figura 1.14 ▶
a) Los tres orbitales sp^2 degenerados se encuentran en un plano. b) El orbital p puro es perpendicular a dicho plano. (Los lóbulos más pequeños de los orbitales sp^2 no se muestran).

vista superior   vista lateral

Los carbonos del eteno forman dos enlaces entre sí. A dos enlaces que unen dos átomos se les llama **enlace doble**. Los dos enlaces carbono-carbono en el doble enlace no son idénticos. Uno de ellos resulta del traslape de un orbital sp^2 de un carbono con un orbital sp^2 del otro; es un enlace sigma ($-$) porque se forma por traslape de frente (figura 1.15a). Cada carbono usa sus otros dos orbitales sp^2 para traslaparse al orbital s de un hidrógeno y formar los enlaces C—H. El segundo enlace carbono-carbono es el resultado del traslape de lado a lado de dos orbitales p puros. El traslape lateral de orbitales p forma un enlace pi (π) (figura 1.15b). Así, uno de los enlaces de un doble enlace es un enlace σ y el otro es un enlace π. Todos los enlaces C—H son enlaces σ.

Dos orbitales p que se traslapan para formar el enlace π deben ser paralelos entre sí para que haya traslape máximo. Esto hace que el triángulo formado por un átomo de carbono y dos hidrógenos esté en el mismo plano que el formado por el otro carbono y dos hidróge-

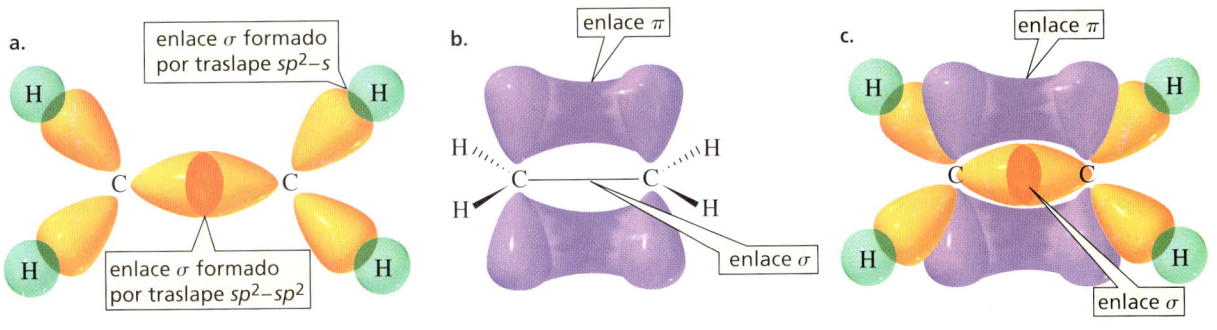

1.8 Cómo se forma un doble enlace: los enlaces del eteno   **33**

a. enlace σ formado por traslape sp²–s
enlace σ formado por traslape sp²–sp²

b. enlace π
enlace σ

c. enlace π
enlace σ

▲ **Figura 1.15**
a) Un enlace C—C del eteno se forma por un traslape sp^2-sp^2 y los enlaces C—H se forman por traslape sp^2-s. b) El segundo enlace C—C es un enlace π, que se forma por traslape de lado a lado de un orbital p de un carbono con un orbital p del otro. c) Existe una acumulación de densidad electrónica arriba y abajo del plano que contiene los dos carbonos y los cuatro hidrógenos.

nos. El resultado es que los seis átomos del eteno están en el mismo plano y los electrones de los orbitales p ocupan un volumen de espacio arriba y abajo del plano (figura 1.15c). El mapa de potencial del eteno muestra que es una molécula no polar, con una pequeña acumulación de carga negativa (área naranja pálido) arriba de los dos carbonos. (Si el lector pudiera voltear el mapa de potencial para mostrar el lado oculto, encontraría una acumulación similar de carga negativa).

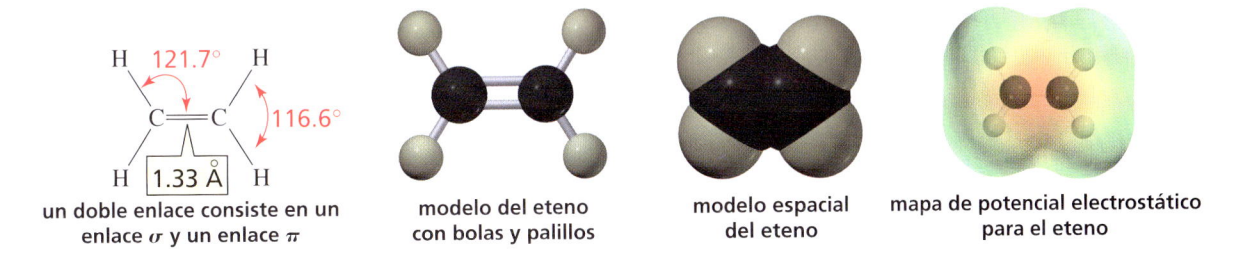

121.7° 116.6° 1.33 Å
un doble enlace consiste en un enlace σ y un enlace π

modelo del eteno con bolas y palillos

modelo espacial del eteno

mapa de potencial electrostático para el eteno

Cuatro electrones mantienen unidos a los carbonos en un doble enlace carbono-carbono; sólo dos electrones mantienen unidos a los carbonos en un enlace sencillo carbono-carbono. Eso quiere decir que un doble enlace carbono-carbono es más fuerte (174 kcal/mol, o 728 kJ/mol) y más corto (1.33 Å) que un enlace sencillo carbono-carbono (90 kcal/mol o 377 kJ/mol y 1.54 Å).

DIAMANTE, GRAFITO Y BUCKMINSTERFULLERENO: SUSTANCIAS QUE SÓLO CONTIENEN ÁTOMOS DE CARBONO

El diamante es el más duro de todos los compuestos. En contraste, el grafito es un sólido untuoso y suave, que muchos conocemos como la "puntilla" de los lápices. Ambos materiales, a pesar de sus propiedades físicas tan distintas, sólo contienen átomos de carbono. Las dos sustancias sólo difieren en la naturaleza de los enlaces que mantienen unidos a los átomos de carbono. El diamante consiste en una red tridimensional rígida de átomos de carbono, cada uno enlazado a otros cuatro mediante orbitales sp^3. Por otra parte, los átomos de carbono en el grafito tienen hibridación sp^2, por lo que cada uno sólo se une a otros tres átomos de carbono. Este ordenamiento trigonal plano determina que los átomos de carbono en el grafito estén en láminas planas y estratificadas, que pueden desprenderse y dejar un trazo delgado de grafito. Un compuesto llamado buckminsterfullereno es una tercera sustancia natural que sólo contiene átomos de carbono. Al igual que el grafito, el buckminsterfullereno sólo contiene carbonos con hibridación sp^2, pero en lugar de formar láminas planas se unen para formar estructuras esféricas con 60 carbonos. (El buckminsterfullereno se describirá con más detalle en la sección 14.2).

1.9 Cómo se forma un triple enlace: los enlaces del etino

Cada uno de los átomos de carbono del etino (llamado también acetileno) está enlazado a sólo dos átomos: uno de hidrógeno y otro de carbono:

$$H-C\equiv C-H$$
etino
acetileno

Como cada carbono forma enlaces covalentes con dos átomos, sólo están hibridados dos orbitales de cada carbono; uno *s* y uno *p*. El resultado son dos orbitales híbridos degenerados *sp*. Por consiguiente, cada átomo de carbono del etino tiene dos orbitales *sp* y dos orbitales *p* puros (figura 1.16).

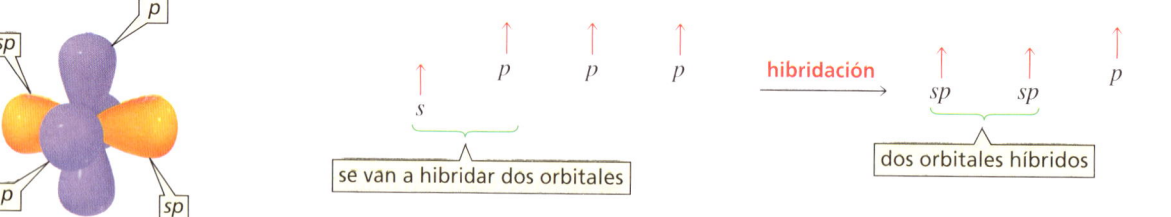

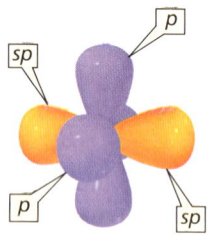

▲ **Figura 1.16**
Los dos orbitales *sp* se orientan a 180° entre sí, perpendiculares a los dos orbitales *p* puros. (No se muestran los lóbulos menores de los orbitales *sp*).

Para minimizar la repulsión electrónica, los dos orbitales *sp* apuntan en direcciones opuestas.

Los átomos de carbono del etino se mantienen unidos por tres enlaces. A tres enlaces que unen dos átomos se les llama **enlace triple**. Uno de los orbitales *sp* de un carbono del etino se traslapa con un orbital *sp* del otro carbono y se forma un enlace σ carbono-carbono. El otro orbital *sp* de cada carbono se traslapa con el orbital *s* de un hidrógeno para formar un enlace σ C—H (figura 1.17a). Como los dos orbitales *sp* apuntan en direcciones opuestas, los ángulos de enlace son de 180°. Los dos orbitales *p* puros son perpendiculares entre sí y también son perpendiculares a los orbitales *sp*. Cada uno de los orbitales *p* puros se acopla en un traslape lateral con un orbital *p* paralelo del otro carbono y el resultado es que se forman dos enlaces π (figura 1.17b).

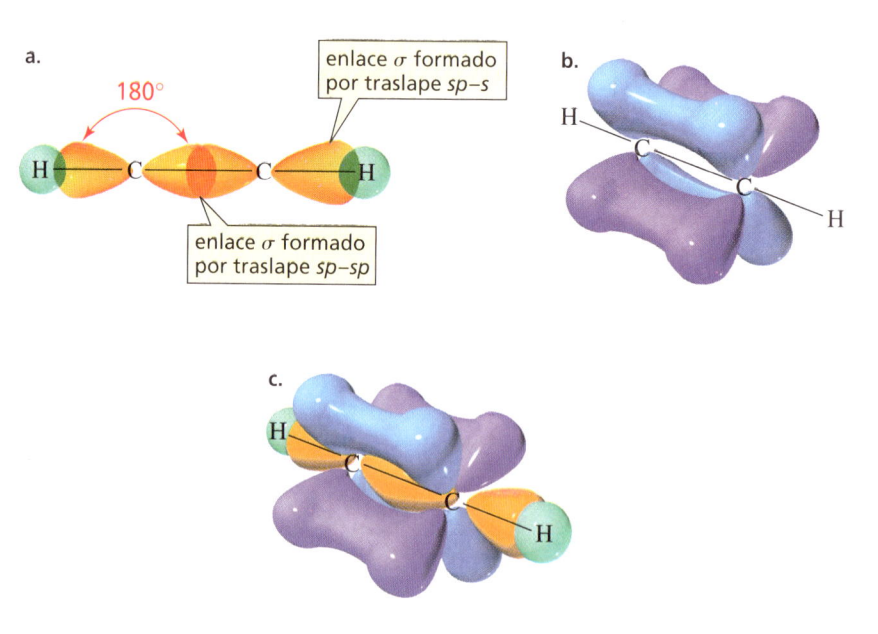

Figura 1.17 ▶
a) El enlace σ C—C del etino se forma por traslape *sp-sp*, y los enlaces C—H se forman por traslape *sp-s*. Los átomos de carbono y los átomos unidos a ellos están en una línea recta. b) Los dos enlaces *p* carbono-carbono se forman por traslape de lado a lado de los orbitales *p* de un carbono con los orbitales *p* del otro. c) El triple enlace tiene una región con mayor densidad electrónica, arriba y abajo, y adelante y atrás del eje internuclear de la molécula.

Por lo anterior, un triple enlace consiste en un enlace σ y dos enlaces π. Los dos orbitales *p* puros de cada carbono son perpendiculares entre sí y crean regiones de alta densidad electrónica arriba y abajo *y también* adelante y atrás del eje internuclear de la molécula (figura 1.17c). El mapa de potencial del etileno muestra que la carga negativa se acumula en un cilindro que rodea a una molécula de forma ovoide.

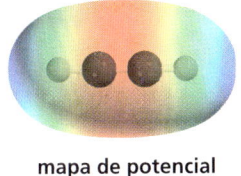

H—C≡C—H 180° 1.20 Å

un triple enlace consiste en un enlace σ y dos enlaces π

modelo del etino con bolas y palillos

modelo espacial del etino

mapa de potencial electrostático del etino

Ya que los dos átomos de carbono de un triple enlace están unidos por seis electrones, un triple enlace es más fuerte (231 kcal/mol o 967 kJ/mol) y más corto (1.20 Å) que un doble enlace (174 kcal/mol o 728 kJ/mol, y 1.33Å).

PROBLEMA 22 **RESUELTO**

Para cada una de las especies siguientes:

a. Trace su estructura de Lewis.

b. Describa los orbitales que usa cada átomo de carbono al enlazarse e indique los ángulos aproximados de enlace.

1. HCOH   2. CCl_4 3. CH_3COH 4. HCN

Solución a 22a1. Como el HCOH es neutro, sabemos que cada H forma un enlace, el oxígeno forma dos enlaces y el carbono forma cuatro enlaces. El primer intento para trazar una estructura de Lewis (trazando los átomos en el orden definido por la estructura de Kekulé) indica que el carbono es el único átomo que no forma la cantidad necesaria de enlaces.

H—C—O—H

Si se coloca un doble enlace entre el carbono y el oxígeno y se mueve uno de los H, todos los átomos tendrán la cantidad correcta de enlaces. Se usan los pares de electrones no enlazados para que cada átomo tenga una capa externa llena. Al verificar si algún átomo necesita que se le asigne una carga formal, comprobamos que ninguno de ellos la necesita.

:O:
‖
H—C—H

Solución a 22b1. Como el átomo de carbono forma un doble enlace, se sabe que el carbono usa orbitales sp^2 (como en el eteno) para unirse a los dos hidrógenos y al oxígeno. Usa su orbital p "sobrante" para formar el segundo enlace con el oxígeno. Como el carbono tiene una hibridación sp^2, los ángulos de enlace aproximados son 120°.

120°   120°
120°

1.10 Enlaces en el catión metilo, radical metilo y anión metilo

No todos los átomos de carbono forman cuatro enlaces. Un carbono que tenga una carga positiva, una carga negativa o un electrón no apareado forma tres enlaces. Se verá ahora qué orbitales usa el carbono cuando forma tres enlaces.

El catión metilo (⁺CH₃)

El carbono con carga positiva del catión metilo está unido a tres átomos, por lo que hibrida tres orbitales —un orbital s y dos orbitales p. Por consiguiente, forma sus tres enlaces covalentes por medio de orbitales sp^2. Su orbital p puro permanece vacío. El carbono con carga positiva y los tres átomos unidos a él se disponen en un plano; el orbital p es perpendicular al plano.

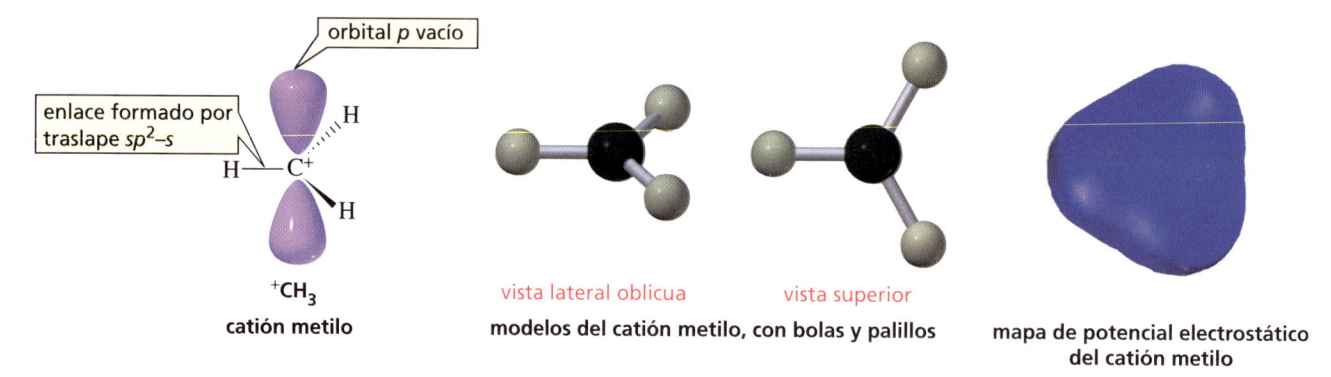

orbital p vacío

enlace formado por traslape sp^2–s

⁺CH₃
catión metilo

vista lateral oblicua   vista superior
modelos del catión metilo, con bolas y palillos

mapa de potencial electrostático del catión metilo

El radical metilo (·CH₃)

El átomo de carbono del radical metilo también tiene hibridación sp^2. El radical metilo difiere del catión metilo en un electrón no apareado. Ese electrón se encuentra en el orbital p, con la mitad de la densidad electrónica en cada lóbulo. Obsérvese la similitud de los modelos de bolas y palillo para el catión metilo y el radical metilo. En cambio, los mapas de potencial son muy distintos por el electrón adicional con que cuenta el radical metilo.

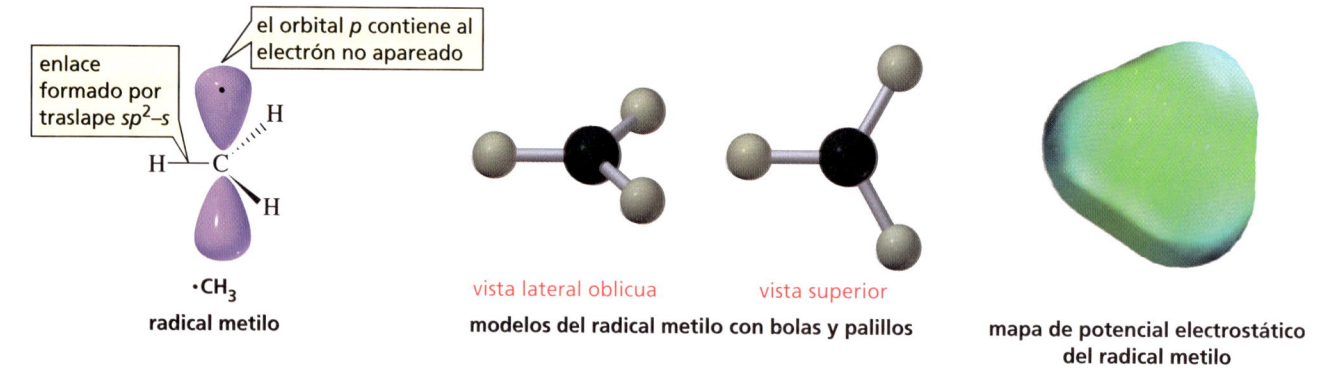

el orbital p contiene al electrón no apareado

enlace formado por traslape sp^2–s

·CH₃
radical metilo

vista lateral oblicua   vista superior
modelos del radical metilo con bolas y palillos

mapa de potencial electrostático del radical metilo

El anión metilo (:⁻CH₃)

El carbono del anión metilo tiene carga negativa y dispone de tres pares de electrones enlazantes y un par de electrones no enlazado. Los cuatro pares de electrones están más alejados entre sí cuando los cuatro orbitales que contienen a los electrones de enlace y a los del par no enlazado apuntan hacia los vértices de un tetraedro. En otras palabras, un carbono con carga negativa tiene hibridación sp^3. En el anión metilo, cada uno de los tres orbitales sp^3 del carbono se traslapa al orbital s de un hidrógeno y el cuarto orbital sp^3 conserva el par de electrones no enlazado.

el par de electrones no enlazado está en un orbital sp^3

enlace formado por traslape sp^3-s

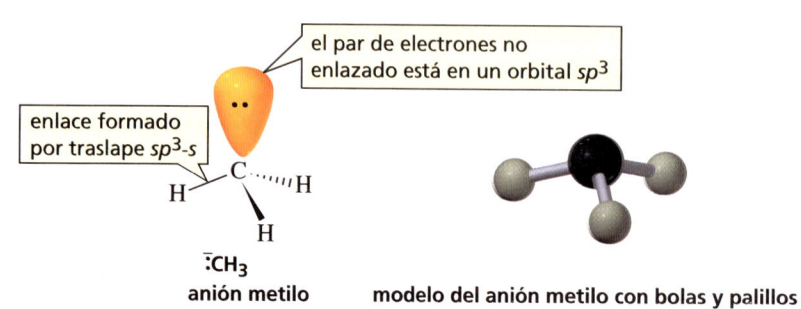

:⁻CH₃
anión metilo

modelo del anión metilo con bolas y palillos

mapa de potencial electrostático del anión metilo

Ahora conviene hacer una pausa para comparar los mapas de potencial del catión metilo, el radical metilo y el anión metilo.

1.11 Los enlaces en el agua

El átomo de oxígeno forma dos enlaces covalentes en el agua (H_2O). Ya que la configuración electrónica del oxígeno muestra que tiene dos electrones no apareados (tabla 1.2), el oxígeno no necesita promover a un electrón para que forme el número (dos) de enlaces covalentes que se requiere para lograr tener una capa externa de ocho electrones (esto es, para completar su octeto). Si se asume que el oxígeno usa orbitales p para formar los dos enlaces O—H, como predice la configuración electrónica del estado fundamental del oxígeno, habría que esperar que el ángulo de enlace fuera de unos 90° porque los dos orbitales p forman un ángulo recto. No obstante, el ángulo de enlace que se observa experimentalmente es de 104.5°.

Para explicar el ángulo de enlace observado, el oxígeno debe usar orbitales híbridos para formar enlaces covalentes —igual que el carbono. El orbital s y los tres orbitales p deben hibridarse para formar cuatro orbitales sp^3 idénticos.

Los ángulos de enlace en una molécula indican qué orbitales se usan para formar el enlace.

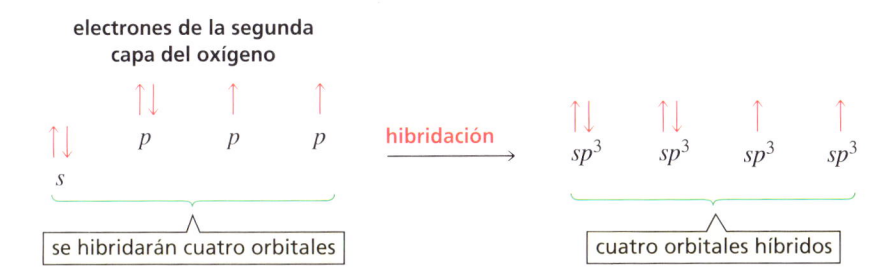

Cada uno de los dos enlaces O—H se forma por traslape de un orbital sp^3 del oxígeno con el orbital s de un hidrógeno. Un par de electrones no enlazado ocupa cada uno de los dos orbitales sp^3 restantes.

El ángulo de enlace en el agua (104.5°) es un poco menor que el ángulo de enlace en el metano (109.5°), debido a que cada uno de los pares de electrones no enlazados sólo está sujeto por un núcleo, lo que hace que un par de electrones no enlazado sea más difuso que un par de enlace, que es compartido por dos núcleos y por consiguiente está relativamente confinado entre ellos. Así, los pares de electrones no enlazados ejercen más repulsión electrónica, haciendo que los enlaces O—H se acerquen entre sí y disminuya el ángulo de enlace.

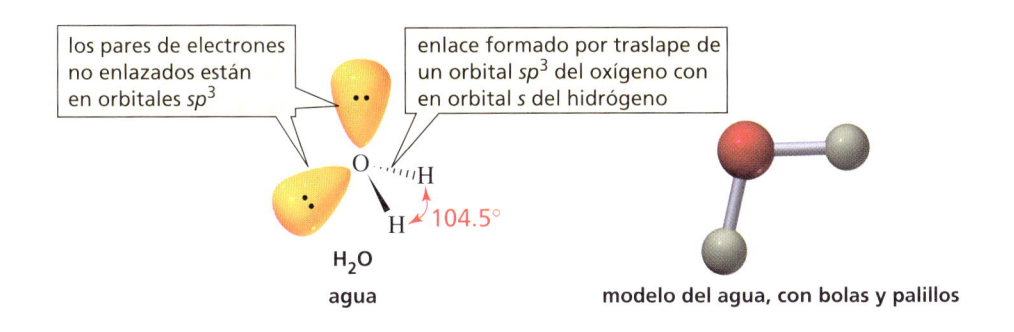

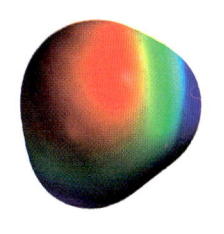

Compare el mapa de potencial del agua con el del metano; el agua es una molécula polar; la del metano es no polar.

PROBLEMA 23◆

Los ángulos de enlace en el H_3O^+ son mayores que _____ y menores que _____.

EL AGUA —UN COMPUESTO ÚNICO

El agua es el compuesto más abundante en los organismos vivos. Sus propiedades únicas han permitido el origen y la evolución de la vida. Su gran calor de fusión (el calor que se requiere para convertir un sólido en un líquido) protege a los organismos contra la congelación a bajas temperaturas porque debe eliminarse del agua una gran cantidad de calor para congelarla. Su alta capacidad calorífica (el calor que se requiere para elevar en un grado Celsius la temperatura de una cantidad dada de sustancia) minimiza los cambios de temperatura en los organismos, y su alto calor de vaporización (el calor que se requiere para convertir un líquido en un gas) permite que los animales se refresquen con una cantidad mínima de pérdida de fluido corporal. Ya que el agua líquida es más densa que el hielo, el hielo formado en la superficie del agua flota sobre ella y la aísla. De este modo los océanos y lagos no se congelan desde el fondo hacia arriba. También se debe a ello que las plantas y animales acuáticos puedan sobrevivir cuando se congela el océano o el lago donde viven.

1.12 Los enlaces en el amoniaco y en el ion amonio

Los ángulos de enlace observados en forma experimental en el NH_3 son de 107.3°. Esos ángulos indican que también el nitrógeno usa orbitales híbridos cuando forma enlaces covalentes. Al igual que el carbono y el oxígeno, el orbital s y tres orbitales p de la segunda capa del nitrógeno se hibridan y forman cuatro orbitales degenerados sp^3:

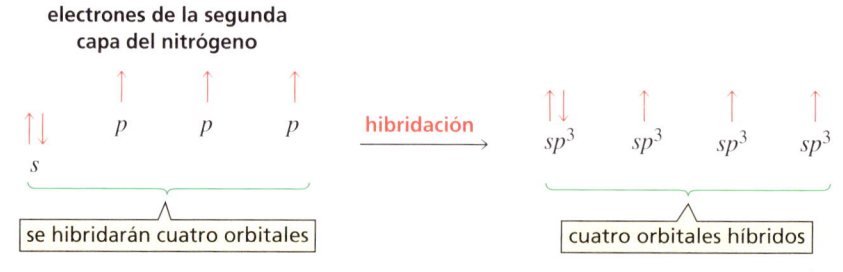

Cada uno de los enlaces N—H del NH_3 se forma por traslape de un orbital sp^3 del nitrógeno con el orbital s de un hidrógeno. El único par de electrones no enlazado ocupa un orbital sp^3. El ángulo de enlace (107.3°) es menor que el ángulo tetraédrico de enlace (109.5°) a causa del par de electrones no enlazado, relativamente difuso. Obsérvese que los ángulos de enlace del NH_3 (107.3°) son mayores que los del H_2O (104.5°) porque el nitrógeno sólo tiene un par de electrones no enlazado, mientras que el oxígeno tiene dos pares de electrones no enlazados.

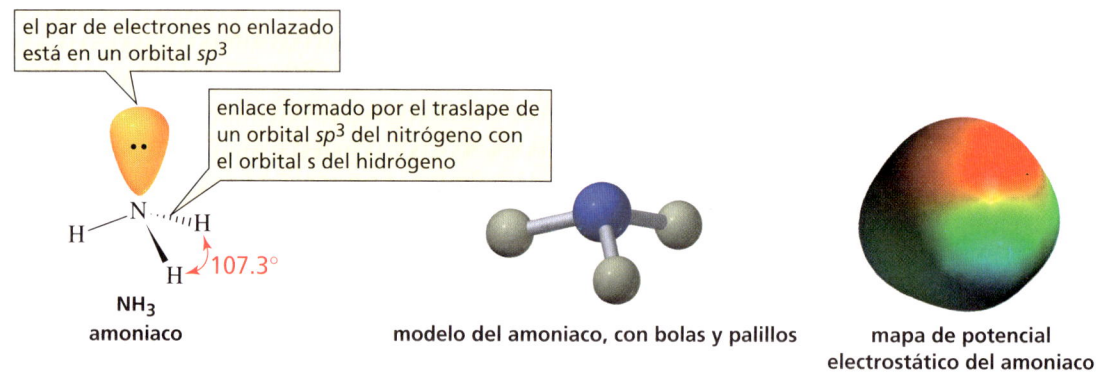

Ya que el ion amonio ($^+NH_4$) tiene cuatro enlaces N—H idénticos, y no tiene pares de electrones no enlazados, todos los ángulos de enlace son de 109.5°, exactamente igual que en el metano.

PROBLEMA 24◆

Según el mapa de potencial del ion amonio ¿cuál o cuáles átomos tienen la máxima densidad electrónica?

PROBLEMA 25◆

Compare los mapas de potencial del metano, amoniaco y agua. ¿Cuál es la molécula más polar? ¿Cuál es la menos polar?

mapa de potencial electrostático del metano

mapa de potencial electrostático del amoniaco

mapa de potencial electrostático del agua

PROBLEMA 26◆

Anticipe cuáles serán los ángulos aproximados de enlace del carbanión metilo.

1.13 Los enlaces en los halogenuros de hidrógeno

El flúor, cloro, bromo y yodo se llaman halógenos, por lo que al HF, HCl, HBr y HI se les llama haluros de hidrógeno. Sus ángulos de enlace no son de ayuda para determinar los orbitales que forman un enlace de haluro de hidrógeno, como en el caso de otras moléculas, porque los haluros de hidrógeno sólo tienen un enlace. Sin embargo sí se sabe que los tres pares de electrones no enlazados de un halógeno son idénticos y que estos se colocan de modo que se minimice la repulsión electrónica (sección 1.6). Ambas observaciones sugieren que los tres pares de electrones no enlazados del halógeno están en orbitales sp^3. Así, es posible suponer que el enlace hidrógeno-halógeno se forma por el traslape de un orbital sp^3 del halógeno con el orbital s del hidrógeno.

fluoruro de hidrógeno

cloruro de hidrógeno

bromuro de hidrógeno

yoduro de hidrógeno

H—F̈:
fluoruro de hidrógeno

modelo del fluoruro de hidrógeno, con bolas y palillos

mapa de potencial electrostático del fluoruro de hidrógeno

En el caso del flúor, el orbital sp^3 que se usa en la formación del enlace pertenece a la segunda capa de electrones. En el cloro, el orbital sp^3 pertenece a la tercera capa de electrones. Ya que la distancia promedio al núcleo es mayor para un electrón en la tercera capa que en la segunda, la densidad electrónica media es menor en un orbital $3sp^3$ que en un orbital $2sp^3$. Eso quiere decir que la densidad electrónica en la región donde se traslapa el orbital s del hidrógeno con el orbital sp^3 del halógeno disminuye a medida que aumenta el tamaño del ha-

traslape de un orbital s con un orbital $2sp^3$

traslape de un orbital s con un orbital $3sp^3$

◀ Figura 1.18
Hay mayor densidad electrónica en la región de traslape entre un orbital s y un orbital $2sp^3$ que en la región de traslape de un orbital s con un orbital $3sp^3$.

lógeno (figura 1.18). Por consiguiente, el enlace hidrógeno-halógeno se alarga y se debilita a medida que el tamaño (o la masa atómica) del halógeno aumenta (tabla 1.6).

Tabla 1.6 Longitudes y fuerzas de enlaces hidrógeno-halógeno

Halogenuro de hidrógeno	Longitud del enlace (Å)	Fuerza del enlace kcal/mol	kJ/mol
H—F	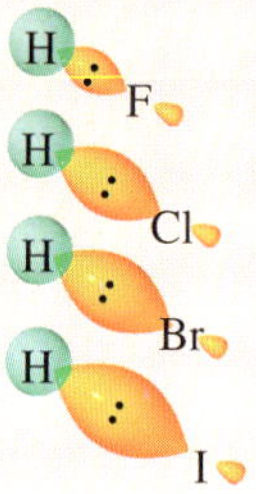 0.917	136	571
H—Cl	1.2746	103	432
H—Br	1.4145	87	366
H—I	1.6090	71	298

PROBLEMA 27◆

a. Anticipe cuáles serán las longitudes y las fuerzas relativas de los enlaces en el Cl_2 y el Br_2.
b. Prediga cuáles serán las longitudes y las fuerzas relativas de los enlaces carbono-halógeno en el CH_3F, CH_3Cl y CH_3Br.

PROBLEMA 28◆

a. ¿Cuál de los enlaces sería el más largo?
b. ¿Cuál de los enlaces sería el más fuerte?
  1. C—Cl o C—I **2.** C—C o C—Cl **3.** H—Cl o H—H

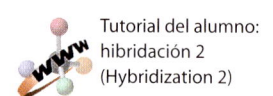

1.14 Resumen: hibridación, longitudes de enlace, fuerzas de enlace y ángulos de enlace

La hibridación de un C, O o N es $sp^{(3\_\text{cantidad de orbitales } p)}$.

Todos los **enlaces sencillos** son enlaces σ. Todos los **enlaces dobles** están formados por un enlace σ y un enlace π. Todos los **enlaces triples** están formados por un enlace σ y dos enlaces π. La forma más fácil de determinar la hibridación de un átomo de carbono, oxígeno o nitrógeno es ver cuántos enlaces π forma: si no forma enlaces π, tiene hibridación sp^3; si forma un enlace π, tiene hibridación sp^2; si forma dos enlaces π, tiene hibridación sp. Las excepciones son los carbocationes y los radicales carbono, que tienen hibridación sp^2 no porque formen un enlace π sino porque tienen un orbital p vacío o a medio llenar (sección 1.10).

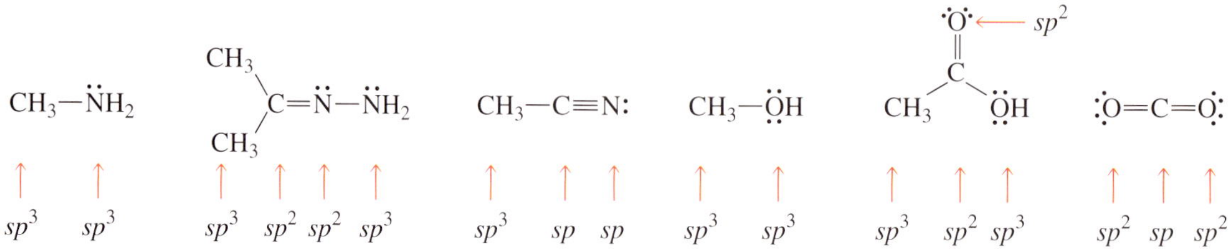

1.14 Resumen: hibridación, longitudes de enlace, fuerzas de enlace y ángulos de enlace

Tabla 1.7 Comparación de ángulos y longitudes de enlace carbono-carbono y carbono-hidrógeno en el etano, eteno y etino, con la fuerza de los enlaces

Molécula	Hibridación del carbono	Ángulos de enlace	Longitud del enlace C—C (Å)	Fuerza del enlace C—C (kcal/mol)	(kJ/mol)	Longitud del enlace C—H (Å)	Fuerza del enlace C—H (kcal/mol)	(kJ/mol)
etano (H₃C—CH₃)	sp^3	109.5°	1.54	90	377	1.10	101	423
eteno (H₂C=CH₂)	sp^2	120°	1.33	174	728	1.08	111	466
etino (H—C≡C—H)	sp	180°	1.20	231	967	1.06	131	548

Al comparar las longitudes y fuerzas de los enlaces carbono-carbono sencillos, dobles y triples se aprecia que mientras mayor sea el número de enlaces que unen a los dos átomos de carbono el enlace será más corto y más fuerte (tabla 1.7): los enlaces triples son más cortos y más fuertes que los dobles enlaces, que a su vez son más fuertes y más cortos que los enlaces sencillos.

Los datos de la tabla 1.7 indican que un enlace σ C—H es más fuerte que un enlace σ C—C; ello se debe a que el orbital s del hidrógeno está más cercano al núcleo que el orbital sp^3 del carbono. En consecuencia, los núcleos están más cercanos entre sí en un enlace formado por traslape sp^3-s que en uno formado por traslape sp^3-sp^3. Además de ser más corto, un enlace σ C—H es más fuerte que un enlace σ C—C porque hay mayor densidad electrónica en la región del traslape de un orbital sp^3 con el orbital s que en la de traslape de un orbital sp^3 con otro sp^3.

La longitud y la fuerza de un enlace C—H dependen de la **hibridación** del átomo de carbono al cual se fija el hidrógeno. Mientras el orbital que use el hidrógeno para formar el enlace tenga más carácter s, el enlace será más corto y más fuerte, de nuevo, porque un orbital s está más cerca del núcleo que un orbital p. Entonces, un enlace C—H formado por un carbono hibridado sp (50% s) es más corto y más fuerte que uno formado por un carbono hibridado sp^2 (33.3% s), el que a su vez es más corto y más fuerte que un enlace C—H formado por un carbono hibridado sp^3 (25% s).

Un doble enlace (un enlace σ más un enlace π) es más fuerte que un enlace sencillo (enlace σ) pero no es lo doble de fuerte, por lo que puede concluirse que el enlace π de un doble enlace es más débil que el enlace σ. La tabla 1.7 indica que la fuerza de un enlace σ C—C formado por traslape sp^3-sp^3 es de 90 kcal/mol. Sin embargo, cabe esperar que un enlace σ C—C formado por traslape sp^2-sp^2 sea más fuerte por el mayor carácter s de los orbitales que se traslapan; se ha estimado que es de ~112 kcal/mol. Entonces, se puede llegar a la conclusión de que la fuerza del enlace π del eteno es unas 174 kcal/mol −112 kcal/mol = 62 kcal/mol (o 259 kJ/mol). Era de esperarse que el enlace π fuera más débil que el enlace σ porque el traslape de lado a lado (o lateral) que forma un enlace π es menos efectivo que el traslape de frente (o frontal) que forma un enlace σ (sección 1.6).

También el ángulo de enlace depende del orbital que use el carbono para formarlo. Mientras mayor sea el carácter s en el orbital, el ángulo de enlace será mayor. Por ejemplo, los carbonos con hibridación sp tienen ángulos de enlace de 180°; los carbonos con hibridación sp^2 tienen ángulos de enlace de 120°, y los carbonos con hibridación sp^3 tienen ángulos de enlace de 109.5°.

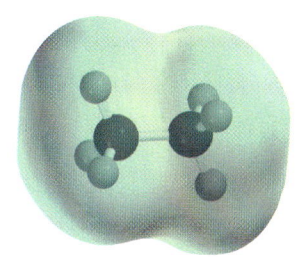

Etano

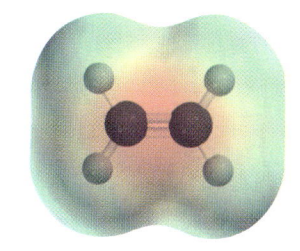

Eteno

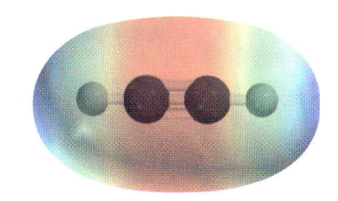

Etino

Mientras más corto sea el enlace, será más fuerte.

Mientras mayor sea la densidad electrónica en la región de traslape de orbitales, el enlace será más fuerte.

Mientras mayor sea el carácter s, el enlace será más corto y más fuerte.

Mientras mayor sea el carácter s, mayor será el ángulo de enlace.

Un enlace π es más débil que un enlace σ.

El lector se preguntará cómo es que un electrón "sabe" a cuál orbital debe ir. De hecho, los electrones no saben de orbitales; sólo ocupan el espacio en torno a los átomos de la forma más estable posible. Son los químicos los que usan el concepto de los orbitales para explicar esos ordenamientos.

PROBLEMA 29◆

¿Cuál de los enlaces de un doble enlace carbono-oxígeno tiene más traslape orbital efectivo: el enlace σ o el enlace π?

PROBLEMA 30◆

¿Cree usted que un enlace σ C—C formado por traslape sp^2-sp^2 sea más fuerte o más débil que un enlace σ formado por traslape sp^3-sp^3?

PROBLEMA 31

a. ¿Cuál es la **hibridación** de cada uno de los átomos de carbono en el siguiente compuesto?

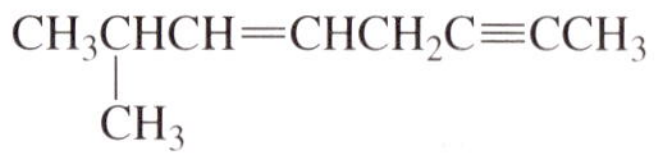

$$CH_3CHCH=CHCH_2C\equiv CCH_3$$
$$|$$
$$CH_3$$

b. ¿Cuál es la **hibridación** de cada uno de los átomos de carbono y de oxígeno en los siguientes compuestos?

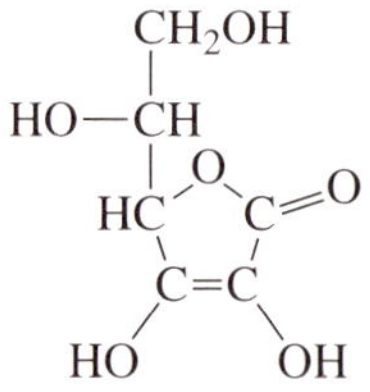

vitamina C 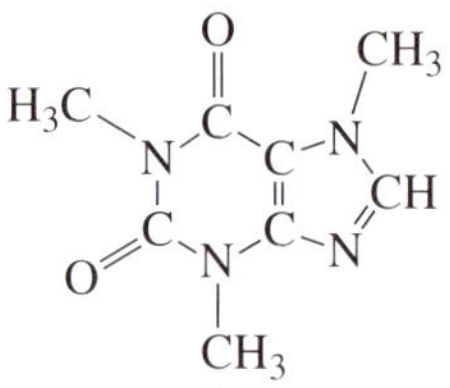   **cafeína**

ESTRATEGIA PARA RESOLVER PROBLEMAS

Determinación de ángulos de enlace

Determinar el ángulo aproximado del enlace C—N—H en la $(CH_3)_2NH$.

Primero debe determinarse la **hibridación** del átomo central. Ya que el átomo de nitrógeno sólo forma enlaces sencillos, se sabe que tiene hibridación sp^3. A continuación se busca si hay pares de electrones no enlazados que afecten al ángulo de enlace. Un nitrógeno neutro tiene un par de electrones no enlazado. Con estas observaciones es posible indicar que el ángulo del enlace C—N—H será de 107.3°, aproximadamente, igual que el ángulo de enlace H—N—H en el NH_3, otro compuesto que tiene un nitrógeno neutro con hibridación sp^3.

Ahora continúe en el problema 32.

PROBLEMA 32◆

Indique cuáles serán los ángulos aproximados de enlace:

a. el ángulo del enlace C—N—C en el $(CH_3)_2\overset{+}{N}H_2$
b. el ángulo del enlace C—C—N en el $CH_3CH_2NH_2$
c. el ángulo del enlace H—C—N en el $(CH_3)_2NH$
d. el ángulo del enlace H—C—O en el CH_3OCH_3

PROBLEMA 33

Describa los orbitales que se participan en el enlace y los ángulos de enlace en los siguientes compuestos. (*Sugerencia*: vea la tabla 1.7).

a. BeH_2 **b.** BH_3 **c.** CCl_4 **d.** CO_2 **e.** $HCOOH$ **f.** N_2

1.15 Momentos dipolares de las moléculas

En la sección 1.3 se pudo apreciar que, en las moléculas que tienen un enlace covalente, el momento dipolar del enlace es idéntico al momento dipolar de la molécula. Cuando las moléculas tienen más de un enlace covalente debe tenerse en cuenta la geometría de la molécula, porque son tanto la *magnitud* como la *dirección* (la suma vectorial) de los momentos dipolares de los enlaces individuales las que determinan el momento dipolar total de la molécula. Por consiguiente, las moléculas totalmente simétricas no tienen momento dipolar. Como ejemplo sirve efectuar el análisis del momento dipolar del dióxido de carbono (CO_2). Ya que el átomo de carbono está unido a dos átomos, utilizando orbitales *sp* para formar los enlaces σ C—O. Los dos orbitales *p* restantes en el carbono forman los dos enlaces π C—O. Los orbitales *sp* forman un ángulo de enlace de 180° por lo que se anulan los momentos dipolares del enlace individual carbono-oxígeno. Por lo anterior, el dióxido de carbono tiene un momento dipolar de 0 D. Otra molécula simétrica es la del tetracloruro de carbono (CCl_4). Los cuatro átomos unidos al carbono hibridado sp^3 son idénticos y se proyectan en forma simétrica al salir del átomo de carbono. Entonces, como en el CO_2, la simetría de la molécula hace que los momentos dipolares del enlace se anulen. Tampoco el metano tiene momento dipolar.

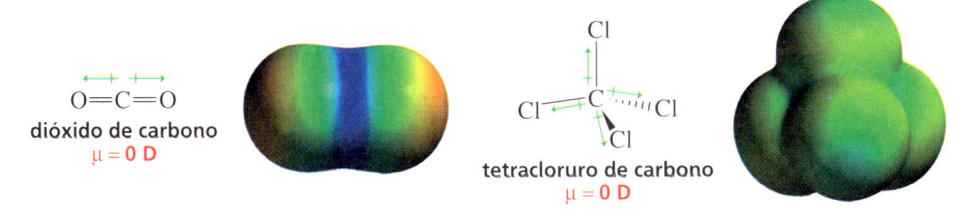

O=C=O
dióxido de carbono
μ = 0 D

tetracloruro de carbono
μ = 0 D

El momento dipolar del clorometano (CH_3Cl) es mayor (1.87 D) que el del enlace C—Cl (1.5 D) porque los dipolos C—H se orientan de tal manera que aumentan el dipolo del enlace C—Cl: todos los electrones son atraídos hacia la misma dirección relativa. El momento dipolar del agua (1.85 D) es mayor que el momento dipolar de un enlace sencillo O—H (1.5 D) porque los dipolos de los dos enlaces O—H se refuerzan entre sí. Los pares de electrones no enlazados también contribuyen al momento dipolar. De igual manera, el momento dipolar del amoniaco (1.47 D) es mayor que el momento dipolar de un enlace sencillo N—H (1.3 D).

VCL Usando cromatografía en capa fina

clorometano
μ = 1.87 D

agua
μ = 1.85 D

amoniaco
μ = 1.47 D

PROBLEMA 34

Explique la diferencia en la forma y color de los mapas de potencial para el amoniaco y para el ion amonio en la sección 1.12.

> **PROBLEMA 35 ◆**
>
> ¿Cuáles de las siguientes moléculas se espera que tengan momento dipolar cero? Para contestar las partes **g.** y **h.** debe consultar sus respuestas a los problemas 33 **a.** y **b.**
>
> **a.** CH_3CH_3 **c.** CH_2Cl_2 **e.** $H_2C=CH_2$ **g.** $BeCl_2$
> **b.** $H_2C=O$ **d.** NH_3 **f.** $H_2C=CHBr$ **h.** BF_3

1.16 Introducción a los ácidos y las bases

Los primeros químicos llamaron ácido a cualquier compuesto con sabor agrio (del latín *acidus*, agrio). Algunos ácidos comunes son el cítrico (que se encuentra en los limones y otros cítricos), el acético (que se encuentra en el vinagre) y el clorhídrico (que se encuentra en los ácidos estomacales y les comunica el sabor agrio que se percibe al vomitar). Los compuestos que neutralizan los ácidos y eliminan sus propiedades ácidas se llamaron bases, o compuestos alcalinos (de *kalai*, "ceniza" en árabe). Los limpiadores de vidrio y las soluciones para destapar drenajes son soluciones alcalinas muy conocidas.

Los términos *ácido* y *base* se pueden definir de acuerdo con Brønsted-Lowry o con la definición de Lewis (sección 1.26). En las definiciones de Brønsted-Lowry, un **ácido** es una especie que dona o cede un protón y una **base** es una especie que acepta un protón. (Recuérdese que los iones hidrógeno con carga positiva se llaman protones). En la reacción que se ve abajo, el cloruro de hidrógeno (HCl) es un ácido porque cede un protón al agua, y el agua es una base porque acepta un protón del HCl. El agua puede aceptar un protón porque tiene dos pares de electrones no enlazados y cualquiera de ellos puede formar un enlace covalente con un protón. En la reacción inversa, H_3O^+ es un ácido porque dona un protón al $Cl:^-$, y el $Cl:^-$ es una base porque acepta un protón del H_3O^+. A la reacción de un ácido con una base se le llama **reacción ácido-base** o **reacción de transferencia de protón**. Tanto un ácido como una base deben estar presentes en una reacción ácido-base porque un ácido no puede donar un protón, a menos que haya presente una base para aceptarlo.

$$H\ddot{C}l: \;+\; H_2\ddot{O}: \;\rightleftharpoons\; :\ddot{C}l:^- \;+\; H_3\ddot{O}^+$$
un ácido   una base   una base   un ácido

Obsérvese que, de acuerdo con las definiciones de Brønsted-Lowry, *toda especie que dispone de un hidrógeno puede potencialmente actuar como ácido y todo compuesto que posea un par de electrones no enlazado puede potencialmente actuar como base*.

Cuando un compuesto pierde un protón, la especie que resulta se llama **su base conjugada**. Así, $Cl:^-$ es la base conjugada del HCl, y H_2O es la base conjugada del H_3O^+. Cuando un compuesto acepta un protón, a la especie que resulta se le llama **ácido conjugado**. Entonces, HCl es el ácido conjugado del $Cl:^-$ y H_3O^+ es el ácido conjugado del H_2O.

En una reacción entre amoniaco y agua, el amoniaco (NH_3) es una base porque acepta un protón, y el agua es un ácido porque cede un protón. Así, $HO:^-$ es la base conjugada del H_2O y el ($^+NH_4$) es el ácido conjugado del (NH_3). En la reacción inversa, el ion amonio ($^+NH_4$) es un ácido porque cede un protón, y el ion hidróxido ($HO:^-$) es una base porque acepta un protón.

$$\ddot{N}H_3 \;+\; H_2\ddot{O}: \;\rightleftharpoons\; {}^+NH_4 \;+\; H\ddot{O}:^-$$
una base   un ácido   un ácido   una base

Obsérvese que el agua puede comportarse como un ácido o como una base. Se puede comportar como un ácido porque tiene un protón que puede donar, pero también puede comportarse como una base porque tiene un par de electrones no enlazado que puede aceptar un protón. En la sección 1.19 se estudia cómo se puede predecir si el agua actúa como una base en la primera reacción y como un ácido en la segunda.

La **acidez** es una medida de la tendencia que tiene un compuesto para ceder un protón. La **basicidad** es una medida de la afinidad de un compuesto hacia un protón. Un ácido fuerte es aquel que tiene una fuerte tendencia a ceder su protón, lo cual significa que su ba-

---

BIOGRAFÍA

Johannes Nicolaus Brønsted (1879–1947) *nació en Dinamarca y estudió ingeniería, antes de cambiarse a química. Pronto fue profesor de química en la Universidad de Copenhage. Durante la Segunda Guerra Mundial se le conoció por su postura antinazi y en consecuencia fue elegido para el parlamento danés en 1947. Murió antes de asumir su cargo.*

BIOGRAFÍA

Thomas M. Lowry (1874–1936) *nació en Inglaterra, hijo de un capellán del ejército. Obtuvo un doctorado en el Central Technical College, de Londres (ahora Imperial College). Fue jefe de química en el Westminster Training College y después en el Hospital Guy de Londres. En 1920 fue nombrado profesor de química en la Universidad de Cambridge.*

se conjugada debe ser débil porque tiene poca afinidad hacia el protón. Un ácido débil tiene poca tendencia a ceder su protón, lo que indica que su base conjugada es fuerte porque tiene gran afinidad hacia el protón. Por lo anterior, entre un ácido y su base conjugada existe la siguiente e importante relación: *mientras más fuerte es el ácido, su base conjugada es más débil*. Por ejemplo, ya que el HBr es un ácido más fuerte que el HCl, se sabe que Br:⁻ es una base más débil que el Cl:⁻.

Mientras más fuerte es el ácido, su base conjugada es más débil.

PROBLEMA 36◆

a. ¿Cuál es el ácido conjugado de las siguientes especies?
  1. NH_3 2. Cl^- 3. HO^- 4. H_2O
b. ¿Cuál es la base conjugada de los siguientes compuestos?
  1. NH_3 2. HBr 3. HNO_3 4. H_2O

1.17 pK_a y pH

Cuando un ácido fuerte como el cloruro de hidrógeno se disuelve en agua, casi todas sus moléculas se disocian, es decir, se rompen y forman iones; ello implica que en el equilibrio se favorece a los *productos*, es decir, el equilibrio se desplaza hacia la derecha. Cuando se disuelve en agua un ácido mucho más débil como el ácido acético, se disocian muy pocas de sus moléculas, por lo que el equilibrio favorece a los *reactivos*; el equilibrio se desplaza hacia la izquierda. Para indicar las reacciones de equilibrio se usan dos flechas en sentido opuesto. Se traza una flecha más larga hacia la especie favorecida por el equilibrio.

Tutorial del alumno: Introducción a los ácidos en medio acuoso (Introduction to aqueous acids)

$$HCl + H_2O \rightleftharpoons H_3O^+ + Cl^-$$
cloruro de hidrógeno

$$H_3C-\underset{\underset{OH}{}}{\overset{\overset{O}{\|}}{C}} + H_2O \rightleftharpoons H_3O^+ + H_3C-\underset{\underset{O^-}{}}{\overset{\overset{O}{\|}}{C}}$$
ácido acético

El grado con el que se disocia un ácido (HA) se indica con la **constante de equilibrio**, K_{eq}, de su reacción. Se usan corchetes para indicar la concentración en moles/litro, es decir, molaridad (M).

$$HA + H_2O \rightleftharpoons H_3O^+ + A^-$$

$$K_{eq} = \frac{[H_3O^+][A^-]}{[H_2O][HA]}$$

De manera habitual, el grado con el que se disocia un ácido (HA) se determina en una disolución diluida, para que la concentración de agua permanezca casi constante. Por consiguiente, se puede escribir la ecuación de equilibrio con una nueva constante, llamada **constante de disociación del ácido** (K_a).

$$K_a = \frac{[H_3O^+][A^-]}{[HA]} = K_{eq}[H_2O]$$

La constante de disociación del ácido es la constante de equilibrio multiplicada por la concentración molar del agua (55.5 M).

Mientras mayor sea su constante de disociación, el ácido será más fuerte, esto es, tendrá mayor tendencia a ceder un protón. El cloruro de hidrógeno, cuya constante de disociación es 10^7, es un ácido más fuerte que el ácido acético, cuya constante de disociación sólo es 1.74×10^{-5}. Por comodidad, la fuerza de un ácido se suele indicar por su valor de **pK_a** y no por su valor de K_a. La definición es

$$pK_a = -\log K_a$$

Tutorial del alumno:
Valores importantes de pK_a.
(Important pK_a values)

Mientras más fuerte es un ácido, su pK_a es menor

El pK_a del cloruro de hidrógeno es -7 y el del ácido acético, que es un ácido mucho más débil, es 4.76. Obsérvese que mientras menor es el pK_a el ácido es más fuerte.

ácidos muy fuertes	p$K_a < 1$
ácidos moderadamente fuertes	p$K_a = 1$ a 3
ácidos débiles	p$K_a = 3$ a 5
ácidos muy débiles	p$K_a = 5$ a 15
ácidos extremadamente débiles	p$K_a > 15$

A menos que se indique otra cosa, los valores de pK_a que menciona este texto indican la fuerza de un ácido *en agua*. Después (en la sección 8.10) se verá cómo se afecta el pK_a cuando se cambia el disolvente.

La concentración de los iones hidrógeno, con carga positiva, en una disolución se indica con el **pH** de la misma. Esa concentración se puede describir ya sea como [H^+] o, ya que el ion hidrógeno en agua se solvata, para dar [H_3O^+].

$$pH = -\log [H^+]$$

Mientras menor sea el pH, la disolución será más ácida. Las soluciones ácidas tienen valores de pH menores que 7; el pH de las soluciones básicas es mayor que 7. En el margen de la siguiente página se presentan valores de pH de algunas soluciones comunes. El pH de una disolución puede variarse con sólo agregarle ácido o base. No confunda el pH con el pK_a: la escala de pH se usa para describir la acidez de una *disolución;* el pK_a es característico de un *compuesto* en particular, como un punto de fusión o un punto de ebullición, indica la tendencia del compuesto para ceder su protón. La importancia de los ácidos

LLUVIA ÁCIDA

La lluvia es ligeramente ácida (pH = 5.5) porque cuando el CO_2 del aire reacciona con agua se forma un ácido débil, el ácido carbónico (pK_a = 6.4).

$$CO_2 + H_2O \rightleftharpoons H_2CO_3$$
ácido carbónico

En algunas partes del mundo, se ha visto que la lluvia es mucho más ácida y que sus valores de pK_a llegan hasta 4.3. Se forma lluvia ácida donde se producen dióxido de azufre y óxidos de nitrógeno porque cuando esos gases reaccionan con el agua se forman ácidos fuertes: ácido sulfúrico (p$K_a = -5.0$) y ácido nítrico (p$K_a = -1.3$). La quema de combustibles fósiles para generar energía eléctrica es el factor principal en la formación de esos gases productores de ácidos.

La lluvia ácida produce muchos efectos deletéreos. Puede destruir la vida acuática en lagos y ríos, hacer que el suelo sea tan ácido que no puedan darse los cultivos, y causar deterioro de pinturas y materiales de construcción, como los de monumentos y estatuas que son parte del legado cultural. El mármol, una forma de carbonato de calcio, decae porque el ácido reacciona con el CO_3^{2-} para formar ácido carbónico, que se descompone en CO_2 y H_2O, la inversa de la reacción que se mencionó.

$$CO_3^{2-} \underset{}{\overset{H^+}{\rightleftharpoons}} HCO_3^- \underset{}{\overset{H^+}{\rightleftharpoons}} H_2CO_3 \rightleftharpoons CO_2 + H_2O$$

foto tomada en 1935    foto tomada en 1994

Estatua de George Washington en el Washington Square Park, Greenwich Village, Nueva York.

y las bases orgánicas se aclarará cuando se describa cómo y por qué reaccionan los compuestos orgánicos.

PROBLEMA 37◆

a. ¿Cuál ácido es el más fuerte, uno con $pK_a = 5.2$ o uno con $pK_a = 5.8$?
b. ¿Cuál ácido es más fuerte, uno con constante de disociación de 3.4×10^{-3} o uno con constante de disociación de 2.1×10^{-4}?

PROBLEMA 38◆

Un ácido tiene $pK_a = 4.53 \times 10^{-6}$ en agua. ¿Cuál es su K_{eq}? ($[H_2O] = 55.5$ M).

ESTRATEGIA PARA RESOLVER PROBLEMAS

Determinación de K_a a partir de pK_a

La vitamina C tiene un valor de $pK_a = 4.17$. ¿Cuál es el valor de su K_a?

Necesitará una calculadora para contestar esta pregunta. Recuerde que $pK_a = -\log K_a$.

1. Teclee el valor de pK_a en su calculadora.
2. Multiplíquelo por -1.
3. Determine el log inverso oprimiendo la tecla 10^x.

Debe llegar a que la vitamina C tiene un valor de $K_a = 6.76 \times 10^{-5}$.

Ahora siga con el problema 39.

PROBLEMA 39◆

El ácido butírico, la causa del olor y sabor desagradables de la leche ácida, tiene un valor de $pK_a = 4.82$. ¿Cuál es su valor de K_a? ¿Es un ácido más fuerte o más débil que la vitamina C?

PROBLEMA 40

Los antiácidos son compuestos que neutralizan al ácido estomacal. Escriba las ecuaciones que indiquen cómo es que el Alka-Seltzer y el Tums eliminan el exceso de ácido.

a. Leche de magnesia: $Mg(OH)_2$
b. Alka-Seltzer: $KHCO_3$ y $NaHCO_3$
c. Tums: $CaCO_3$

PROBLEMA 41◆

Los líquidos siguientes ¿son ácidos o básicos?

a. bilis (pH = 8.4)   b. orina (pH = 5.9)   c. líquido cefalorraquídeo (pH = 7.4)

1.18 Ácidos y bases orgánicos

Los ácidos orgánicos más comunes son los ácidos carboxílicos, compuestos que tienen un grupo COOH. El ácido acético y el ácido fórmico son ejemplos de ácidos carboxílicos. Los ácidos carboxílicos tienen valores de pK_a que se encuentran alrededor de 3 a 5. Son ácidos moderadamente fuertes. Los valores de pK_a de una gran variedad de compuestos orgánicos se muestran en el apéndice II.

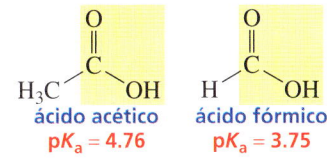

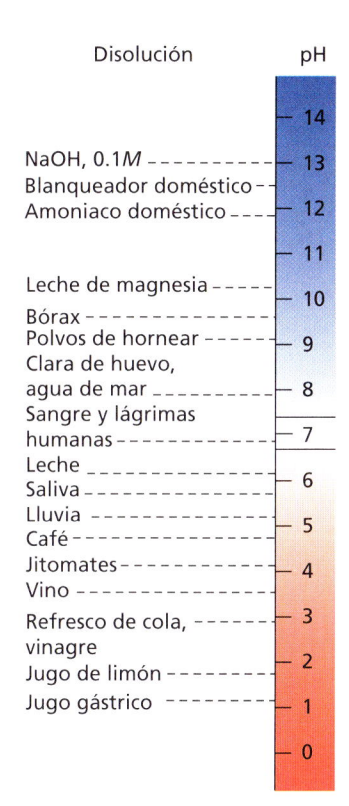

ácido acético
$pK_a = 4.76$

ácido fórmico
$pK_a = 3.75$

Los alcoholes son compuestos que tienen un grupo OH y son ácidos mucho más débiles que los ácidos carboxílicos; sus valores de pK_a se acercan a 16. Ejemplos de alcoholes son el alcohol metílico y el alcohol etílico.

CH_3OH CH_3CH_2OH
alcohol metílico   alcohol etílico
pK_a = 15.5   pK_a = 15.9

Ya se estudió que el agua se puede comportar como un ácido y una base al mismo tiempo. Un alcohol se comporta en forma parecida: se puede comportar como un ácido y ceder un protón o como una base y aceptar un protón.

una flecha curva indica de dónde parten los electrones y adónde terminan

$CH_3\ddot{O}-H$ + $H-\ddot{O}:^-$ ⇌ $CH_3\ddot{O}:^-$ + $H-\ddot{O}-H$
un ácido

$CH_3\ddot{O}-H$ + $H-\overset{+}{\ddot{O}}-H$ ⇌ $CH_3\overset{+}{\ddot{O}}-H$ + $H-\ddot{O}-H$
                                 H   H
una base

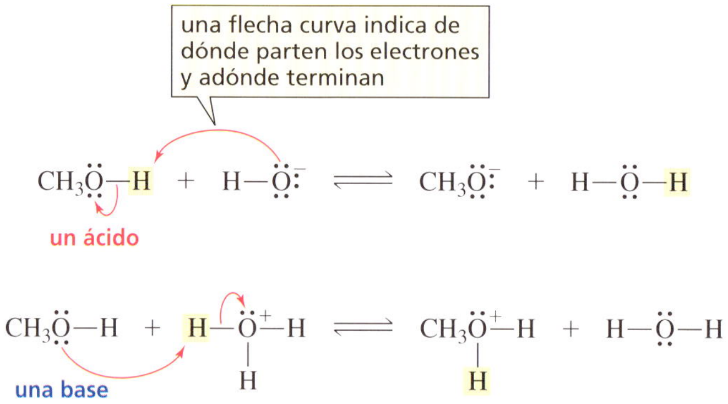

Con frecuencia, los químicos usan flechas curvas para indicar los enlaces que se rompen y se forman cuando los reactivos se convierten en productos. Esas flechas muestran de dónde parten los electrones y adónde terminan. En una reacción ácido-base, se trazan desde un par de electrones no enlazado de la base (la cola de la flecha) hasta el protón del ácido (la punta de la flecha). Se llaman flechas "curvas" para diferenciarlas de las flechas "rectas" que se usan para relacionar los reactivos con los productos en la ecuación de una reacción química.

Un ácido carboxílico puede comportarse como un ácido y donar un protón, o como una base y aceptar un protón.

[Reacción del ácido acético actuando como ácido con $H-\ddot{O}:^-$ produciendo acetato y $H-\ddot{O}-H$]
un ácido

[Reacción del ácido acético actuando como base con $H-\overset{+}{\ddot{O}}H_2$ produciendo ácido acético protonado y $H-\ddot{O}-H$]
una base

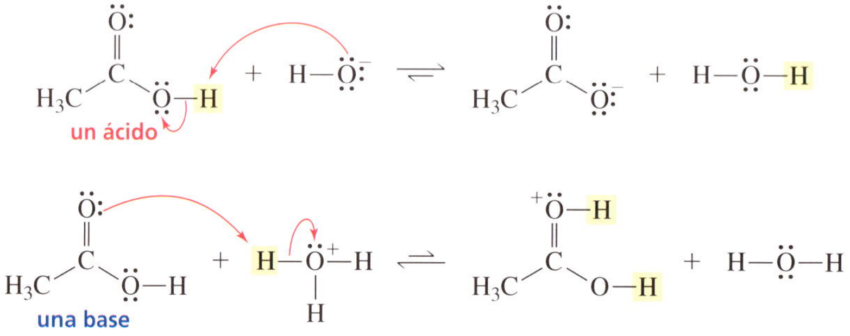

Obsérvese que el oxígeno sp^2 del ácido carboxílico es el que se protona (adquiere el protón); en la sección 16.11 se explica por qué es así.

Un compuesto *protonado* es aquel que ha ganado un protón adicional. Los alcoholes protonados y los ácidos carboxílicos protonados son ácidos muy fuertes. Por ejemplo, el alcohol metílico protonado tiene un p$K_a = -2.5$, el alcohol etílico protonado tiene p$K_a = -2.4$ y el ácido acético protonado tiene p$K_a = -6.1$.

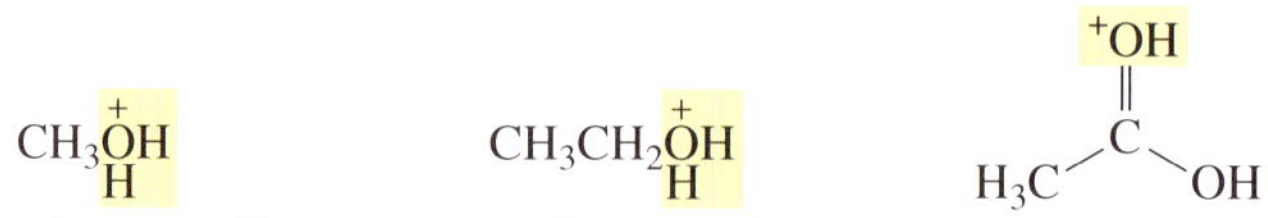

$CH_3\overset{+}{O}H$ $CH_3CH_2\overset{+}{O}H$ ácido acético protonado
    H   H
metanol protonado   etanol protonado   ácido acético protonado
p$K_a = -2.5$ p$K_a = -2.4$ p$K_a = -6.1$

Un compuesto que tenga un grupo NH_2 es una amina. Una amina puede comportarse como un ácido y ceder un protón o puede comportarse como una base y aceptar un protón.

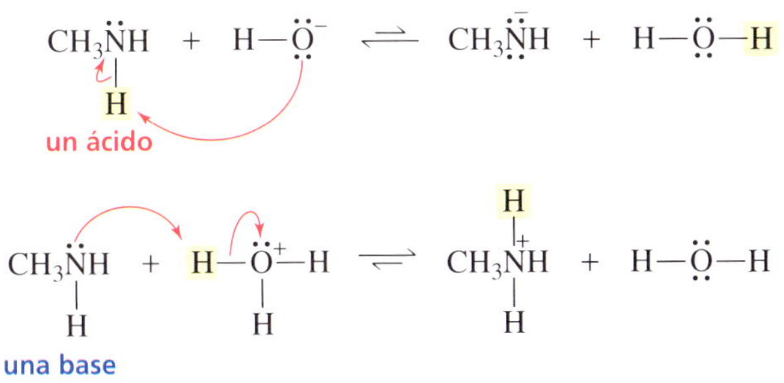

1.18 Ácidos y bases orgánicos   49

$$CH_3\ddot{N}H + H-\ddot{O}^- \rightleftharpoons CH_3\ddot{N}H + H-\ddot{O}-H$$
$$\phantom{CH_3\ddot{N}}|\ddot{:}$$
$$\phantom{CH_3\ddot{N}}H$$
un ácido

$$CH_3\ddot{N}H + H-\overset{+}{\ddot{O}}-H \rightleftharpoons CH_3\overset{H}{\underset{|}{\overset{|+}{N}}}H + H-\ddot{O}-H$$
$$\phantom{CH_3\ddot{N}}||$$
$$\phantom{CH_3\ddot{N}}HH$$
una base

Sin embargo, las aminas tienen valores de pK_a tan altos que rara vez se comportan como ácidos. El amoniaco también tiene un valor grande de pK_a.

$$CH_3NH_2 \qquad\qquad NH_3$$
metilamina   amoniaco
$pK_a = 40$ $pK_a = 36$

Es mucho más probable que las aminas actúen como bases y de hecho son las bases orgánicas más comunes. En lugar de hablar de la fuerza de una base en términos de su valor de pK_b, es más fácil hablar de la fuerza de su ácido conjugado, indicada por su valor de pK_a; se debe recordar que mientras más fuerte es el ácido, su base conjugada es más débil. Por ejemplo, con sus valores de pK_a se aprecia que la metilamina protonada es un ácido más fuerte que la etilamina protonada; ello significa que la metilamina es una base más débil que la etilamina. Obsérvese que los valores de pK_a de las aminas protonadas están en el intervalo de 10 a 11.

$$CH_3\overset{+}{N}H_3 \qquad\qquad CH_3CH_2\overset{+}{N}H_3$$
metilamina protonada   etilamina protonada
$pK_a = 10.7$ $pK_a = 11.0$

Es importante conocer los valores aproximados de pK_a de las diversas clases de compuestos que se han descrito. Una forma fácil de recordarlos es en unidades de cinco, como se ve en la tabla 1.8. (Se usa R cuando no se especifican el ácido carboxílico, el alcohol o la amina en particular). Los alcoholes protonados, los ácidos carboxílicos protonados y el agua protonada tienen valores de pK_a menores que 0; los ácidos carboxílicos tienen valores aproximados de pK_a de 5, las aminas protonadas tienen valores aproximados de pK_a de 10 y los pK_a de los alcoholes y el agua son aproximadamente de 15. Esos valores también aparecen en el interior de la contratapa de este libro para facilitar su consulta.

Asegúrese de aprender los valores aproximados de pK_a que muestra la tabla 1.8.

Tabla 1.8 Valores aproximados de pK_a

$pK_a < 0$	$pK_a \sim 5$	$pK_a \sim 10$	$pK_a \sim 15$
$R\overset{+}{O}H_2$ un alcohol protonado	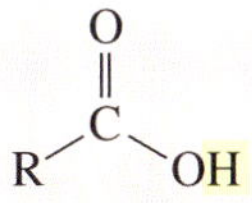 $\underset{\text{un ácido carboxílico}}{R-\overset{\overset{O}{\|}}{C}-OH}$	$R\overset{+}{N}H_3$ una amina protonada	ROH un alcohol
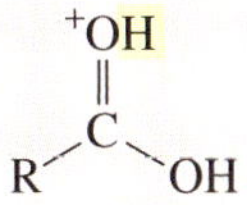 $\underset{\text{un ácido carboxílico protonado}}{R-\overset{\overset{+OH}{\|}}{C}-OH}$			H_2O agua
H_3O^+ agua protonada			

50 CAPÍTULO 1 Estructura electrónica y enlace químico • Ácidos y bases

PROBLEMA 42◆

a. ¿Cuál es la base más fuerte, $CH_3COO:^-$ o $HCOO:^-$? (El pK_a del CH_3COOH es 4.8; el pK_a del $HCOOH$ es 3.8).
b. ¿Cuál base es más fuerte, $HO:^-$ o $^-:NH_2$? (El pK_a del H_2O es 15.7, y el pK_a del NH_3 es 36).
c. ¿Cuál es la base más fuerte, H_2O o CH_3OH? (El pK_a del H_3O^+ es -1.7; el pK_a del $CH_3\overset{+}{O}H_2$ es -2.5).

PROBLEMA 43◆

Mediante los valores de pK_a de la sección 1.18, clasifique las especies en orden decreciente de su fuerza básica (es decir, comience la lista por la base más fuerte):

$$CH_3NH_2 \quad CH_3NH^- \quad CH_3OH \quad CH_3O^- \quad CH_3\overset{O}{\overset{\|}{C}}O^-$$

1.19 Cómo pronosticar el resultado de una reacción ácido-base

Ahora se explicará cómo se puede determinar si el agua va a actuar como una base en la primera de las reacciones en la sección 1.16, o como un ácido, en la segunda reacción. Para determinar cuál de los dos reactivos en la primera reacción es el ácido se necesita comparar sus valores de pK_a: el pK_a del cloruro de hidrógeno es -7 y el pK_a del agua es 15.7. Como el cloruro de hidrógeno es el ácido más fuerte cederá un protón al agua. Por consiguiente, en esta reacción la base es el agua. Cuando se comparan los valores de pK_a de los dos reactivos en la segunda reacción se comprueba que el pK_a del amoniaco es 36 y que el del agua es 15.7. En este caso, el agua es el ácido más fuerte y cede un protón al amoniaco. Por consiguiente, en esta reacción el agua es un ácido.

Para determinar la posición del equilibrio para una reacción ácido-base (es decir, si en el equilibrio se favorece a los reactivos o a los productos), es necesario comparar el valor de pK_a del ácido a la izquierda de la flecha con el valor de pK_a del ácido a la derecha de la flecha. El equilibrio favorece la *reacción* del ácido más fuerte y la *formación* del ácido más débil. En otras palabras, *el fuerte reacciona para formar el débil*. Así, el equilibrio se aleja del ácido más fuerte y se acerca al ácido más débil. Obsérvese que el ácido más fuerte tiene la base conjugada más débil.

El fuerte reacciona para formar el débil.

$$H_3C-\overset{O}{\overset{\|}{C}}-OH + NH_3 \rightleftharpoons H_3C-\overset{O}{\overset{\|}{C}}-O^- + \overset{+}{N}H_4$$

ácido más fuerte   base más fuerte   base más débil   ácido más débil
$pK_a = 4.8$ $pK_a = 9.4$

$$CH_3CH_2OH + CH_3NH_2 \rightleftharpoons CH_3CH_2O^- + CH_3\overset{+}{N}H_3$$

ácido más débil   base más débil   base más fuerte   ácido más fuerte
$pK_a = 15.9$ $pK_a = 10.7$

PROBLEMA 44

a. Escriba una ecuación donde el CH_3OH reaccione como ácido con NH_3 y una ecuación donde reaccione como base con HCl.
b. Escriba una ecuación donde el NH_3 reaccione como un ácido con el $CH_3O:^-$ y una ecuación donde reaccione como base con HBr.

PROBLEMA 45

a. Para cada una de las reacciones ácido-base de la sección 1.18, compare los valores de pK_a de los ácidos a cada lado de las flechas de equilibrio para demostrar que el equilibrio está en la dirección indicada. (Se pueden encontrar los valores de pK_a en la sección 1.18 o en el problema 42).

b. Haga lo mismo con los equilibrios de la sección 1.16. (El pK_a del $^+NH_4$ es 9.4).

PROBLEMA 46

El etino tiene un valor de pK_a de 25, el pK_a del agua es 15.7, el del amoniaco (NH_3) es 36. Escriba la ecuación y trace flechas de equilibrio que indiquen si se favorece a los reactivos o a los productos en la reacción ácido-base del etino con:

a. HO^-
b. $^-NH_2$
c. ¿Cuál sería una base mejor que se pudiera usar para eliminar un protón del etino: HO^- o $^-NH_2$?

El valor preciso de la constante de equilibrio puede calcularse dividiendo la K_a del ácido que reacciona entre la K_a del ácido que se produce (ácido producto).

$$K_{eq} = \frac{K_a \text{ del ácido reaccionante}}{K_a \text{ del ácido producido}}$$

Así, la constante de equilibrio de la reacción entre el ácido acético y el amoniaco es 4.0×10^4, y la de la reacción del alcohol etílico con la metilamina es 6.3×10^{-6}. Los cálculos son los siguientes:

reacción del ácido acético con el amoniaco:

$$K_{eq} = \frac{10^{-4.8}}{10^{-9.4}} = 10^{4.6} = 4.0 \times 10^4$$

reacción del alcohol etílico con la metilamina:

$$K_{eq} = \frac{10^{-15.9}}{10^{-10.7}} = 10^{-5.2} = 6.3 \times 10^{-6}$$

Tutorial del alumno:
Reacción ácido-base
(Acid–base reaction)

PROBLEMA 47♦

Calcule la constante de equilibrio para la reacción ácido-base entre los siguientes pares de reactivos:

a. $HCl + H_2O$
b. $CH_3COOH + H_2O$
c. $CH_3NH_2 + H_2O$
d. $CH_3\overset{+}{N}H_3 + H_2O$

1.20 Acidez de un ácido en función de su estructura

La fuerza de un ácido está determinada por la estabilidad de la base conjugada que se forma cuando el ácido cede su protón: mientras más estable sea la base, su ácido conjugado será más fuerte. (La razón de ello se explicará en la sección 3.7). Una base estable es aquella que se queda fácilmente con los electrones que compartía antes con un protón. En otras palabras, las bases estables son las bases débiles; no comparten bien sus electrones, y se puede afirmar que *mientras más débil sea la base más fuerte será su ácido conjugado*, o que *mientras más estable sea la base más fuerte es su ácido conjugado*.

Mientras más débil sea la base más fuerte es su ácido conjugado.

Las bases estables son las bases débiles.

Mientras más estable sea la base más fuerte es su ácido conjugado.

Dos factores que afectan la estabilidad de una base son su *tamaño* y su *electronegatividad*. Los elementos del segundo periodo de la tabla periódica tienen más o menos el mismo tamaño, pero sus electronegatividades son muy diferentes; aumentan al recorrer el periodo de izquierda a derecha. De los átomos que se ven, el carbono es el menos electronegativo y el flúor el más electronegativo.

electronegatividades relativas: $\quad C < N < O < F$

$\qquad\qquad\qquad\qquad\qquad\qquad\qquad\qquad$ más electronegativo

Si se examinan los ácidos que se forman al agregar hidrógenos a los elementos siguientes se ha de comprobar que el compuesto más ácido es el que tiene su hidrógeno unido con el átomo más electronegativo. Así, el HF es el ácido más fuerte y el metano es el más débil.

acidez relativa: $\quad CH_4 < NH_3 < H_2O < HF$

$\qquad\qquad\qquad\qquad\qquad\qquad\qquad\qquad$ ácido más fuerte

Si se examinan las estabilidades de las bases conjugadas de estos ácidos, se comprueba que también aumentan de izquierda a derecha porque un átomo que es más electronegativo puede conservar mejor su carga negativa. Así, se observa que el ácido más fuerte tiene la base conjugada más estable.

estabilidad relativa: $\quad {}^-CH_3 < {}^-NH_2 < HO^- < F^-$

$\qquad\qquad\qquad\qquad\qquad\qquad\qquad\qquad$ más estable

Cuando los átomos tienen tamaño parecido, el ácido más fuerte tendrá a su hidrógeno fijo al átomo más electronegativo.

Por consiguiente, es posible concluir que *cuando los átomos tienen tamaño parecido, el ácido más fuerte tendrá a su hidrógeno unido al átomo más electronegativo.*

El efecto que ejerce la electronegatividad del átomo enlazado al hidrógeno sobre la acidez de ese hidrógeno se podrá apreciar cuando se comparen los valores de pK_a de alcoholes y aminas. Como el oxígeno es más electronegativo que el nitrógeno, un alcohol es más ácido que una amina.

$\qquad\qquad\qquad CH_3OH \qquad\qquad CH_3NH_2$
$\qquad\qquad$ alcohol metílico $\qquad$ metilamina
$\qquad\qquad\quad$ pK_a = 15.5 $\qquad\qquad$ pK_a = 40

De igual modo, un alcohol protonado es más ácido que una amina protonada.

$\qquad\qquad\qquad CH_3\overset{+}{O}H_2 \qquad\qquad CH_3\overset{+}{N}H_3$
$\quad$ alcohol metílico protonado $\quad$ metilamina protonada
$\qquad\qquad\quad$ pK_a = –2.5 $\qquad\qquad$ pK_a = 10.7

La **hibridación** de un átomo afecta la acidez de un hidrógeno unido al mismo porque la electronegatividad de un átomo depende de su **hibridación**: un átomo con hibridación sp es más electronegativo que el mismo átomo con hibridación sp^2, el cual a su vez es más electronegativo que cuando tiene una hibridación sp^3.

electronegatividades relativas de los átomos de carbono

más electronegativo $\quad sp > sp^2 > sp^3 \quad$ menos electronegativo

Un carbono con hibridación *sp* es más electronegativo que un carbono con hibridación *sp*², que a su vez es más electronegativo que un carbono con hibridación *sp*³.

Ya que la electronegatividad de los átomos de carbono sigue el orden $sp > sp^2 > sp^3$, el etino es un ácido más fuerte que el eteno y éste es un ácido más fuerte que el etano; el compuesto más ácido es aquel que tiene al hidrógeno unido al átomo más electronegativo.

1.20 Acidez de un ácido en función de su estructura

más ácido → HC≡CH   H$_2$C=CH$_2$ CH$_3$CH$_3$ ← menos ácido
etino   eteno   etano
pK_a = 25   pK_a = 44   pK_a > 60

¿Por qué la **hibridación** del átomo afecta su electronegatividad? La electronegatividad es una medida de la capacidad que tiene un átomo para atraer los electrones de enlace. Así, el átomo más electronegativo será el que tenga sus electrones de enlace más cercanos al núcleo. La distancia promedio de un electrón 2s al núcleo es menor que la distancia promedio de un electrón 2p al núcleo. Entonces, un átomo con hibridación sp, con 50% de carácter s, es el más electronegativo, le sigue un átomo con hibridación sp^2, con 33.3% de carácter s, y un átomo con hibridación sp^3, con 25% de carácter s es el menos electronegativo.

Al comparar átomos con tamaños muy diferentes, el *tamaño* del átomo es más importante que su *electronegatividad* para determinar lo bien que lleva su carga negativa. Por ejemplo, al descender por un grupo de la tabla periódica, los elementos se hacen más grandes y *disminuye* su electronegatividad. Pero la estabilidad de las bases aumenta al descender por la columna y entonces la fuerza de los ácidos conjugados también *aumenta*. Así, el HI es el ácido más fuerte de los haluros de hidrógeno aunque el yodo sea el menos electronegativo de los halógenos. De esta manera, *cuando los átomos tienen tamaños muy diferentes, el ácido más fuerte tendrá su hidrógeno unido al átomo más grande*.

El tamaño predomina sobre la electronegatividad.

Cuando los átomos tienen tamaños muy diferentes, el ácido más fuerte tendrá su hidrógeno unido al átomo más grande.

electronegatividad relativa: F   >   Cl   >   Br   >   I
                              más   mayor
                        electronegativo

estabilidad relativa: F$^-$ <   Cl$^-$ <   Br$^-$ <   I$^-$
                                                          más estable

acidez relativa: HF   <   HCl   <   HBr   <   HI
                                                ácido más fuerte

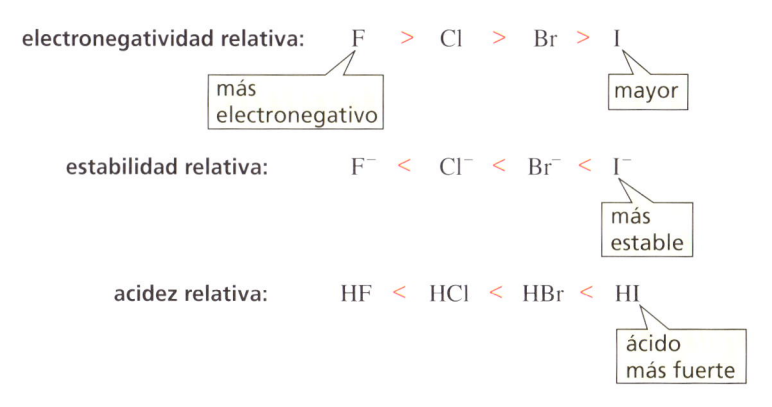

¿Por qué el tamaño de un átomo tiene un efecto tan importante sobre la estabilidad de una base, que hasta contrarresta la diferencia de electronegatividades? Los electrones de valencia del F:$^-$ están en un orbital 2sp^3; los de valencia del Cl:$^-$ están en un orbital 3sp^3, los del Br:$^-$ están en un orbital 4sp^3 y los del I:$^-$ están en un orbital 5sp^3. El volumen de espacio ocupado por un orbital 3sp^3 es bastante mayor que el ocupado por uno 2sp^3 porque un orbital 3sp^3 se extiende más lejos del núcleo. Como la carga negativa se reparte en un volumen mayor, el Cl:$^-$ es más estable que el F:$^-$.

Así, a medida que el ion haluro aumenta de tamaño aumenta su estabilidad porque su carga negativa se distribuye en un volumen mayor (disminuye su densidad electrónica). Por consiguiente, el HI es el ácido más fuerte de los haluros de hidrógeno porque el I:$^-$ es el ion haluro más estable, pese a que el yodo sea el menos electronegativo de los halógenos (tabla 1.9). Los mapas de potencial ilustran la gran diferencia de tamaños entre los haluros de hidrógeno:

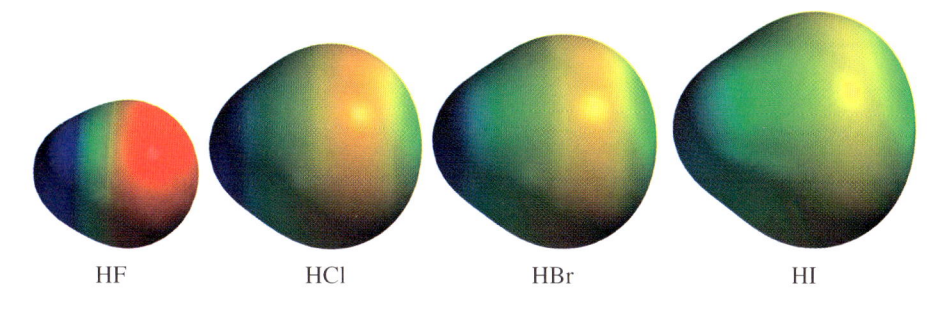

HF   HCl   HBr   HI

Tabla 1.9 Valores de pK_a de algunos ácidos simples

CH$_4$	NH$_3$	H$_2$O	HF
pK_a = 60	pK_a = 36	pK_a = 15.7	pK_a = 3.2
		H$_2$S	HCl
		pK_a = 7.0	pK_a = −7
			HBr
			pK_a = −9
			HI
			pK_a = −10

En resumen, al recorrer de izquierda a derecha un periodo de la tabla periódica los orbitales de los átomos tienen más o menos el mismo volumen, por lo que es la electronegatividad de un elemento que acepta protones lo que determina la estabilidad de la base, y en consecuencia la acidez del protón unido a esa base. Al descender por una columna de la tabla periódica aumenta el volumen de los orbitales. El aumento de volumen hace que disminuya la densidad electrónica de la base. La densidad electrónica de los orbitales es más importante que la electronegatividad para determinar la estabilidad de una base y en consecuencia la acidez de su ácido conjugado. Esto es, *mientras menor sea la densidad electrónica de un elemento será más estable como base y más fuerte como ácido conjugado.*

PROBLEMA 48◆

Para cada uno de los pares siguientes, indique cuál es el ácido más fuerte.

a. HCl o HBr

b. CH$_3$CH$_2$CH$_2$$\overset{+}{N}H_3$ o CH$_3$CH$_2$CH$_2$$\overset{+}{O}H_2$

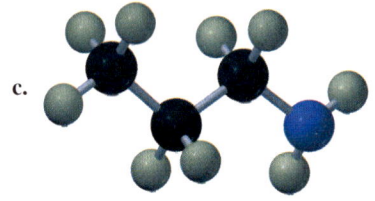

c. [modelo molecular] o [modelo molecular]

negro = C, gris = H, azul = N, rojo = O

d.
$$\underset{H_3C}{}\overset{O}{\underset{\|}{C}}-OH \quad o \quad \underset{H_3C}{}\overset{O}{\underset{\|}{C}}-SH$$

PROBLEMA 49◆

a. ¿Cuál de los iones haluros (F$^-$, Cl$^-$, Br$^-$ o I$^-$) es la base más fuerte?

b. ¿Cuál de ellos es la base más débil?

PROBLEMA 50◆

a. ¿Cuál es más electronegativo, el oxígeno o el azufre?

b. ¿Cuál es el ácido más fuerte, H$_2$O o H$_2$S?

c. ¿Cuál es el ácido más fuerte, CH$_3$OH o CH$_3$SH?

PROBLEMA 51◆

De cada uno de los pares siguientes, indique cuál es la base más fuerte:

a. H_2O o HO^- b. H_2O o NH_3 c. CH_3CO^- (carboxilato) o CH_3O^- d. CH_3O^- o CH_3S^-

1.21 Fuerza de un ácido en función de los sustituyentes

Aunque el protón ácido de cada uno de los siguientes cuatro ácidos carboxílicos está fijo al mismo átomo (de oxígeno), la acidez de los cuatro compuestos son diferentes:

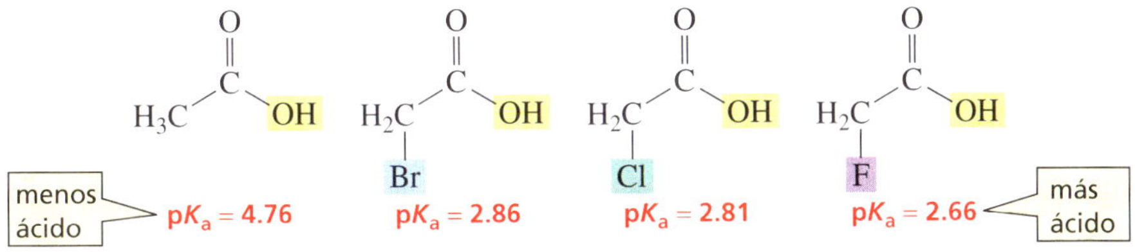

$H_3C-COOH$ $pK_a = 4.76$ (menos ácido)
$BrH_2C-COOH$ $pK_a = 2.86$
$ClH_2C-COOH$ $pK_a = 2.81$
$FH_2C-COOH$ $pK_a = 2.66$ (más ácido)

Estas diferencias indican que además de la naturaleza del átomo al que está enlazado el hidrógeno, debe haber otro factor que influye sobre la acidez.

De acuerdo con los valores de pK_a de los cuatro ácidos carboxílicos, se comprueba que al cambiar uno de los átomos de hidrógeno del grupo metilo (CH_3) por un átomo de halógeno varía la acidez del compuesto. (Decir que se cambia un átomo de un compuesto es decir que hay una *sustitución* y al nuevo átomo se le llama *sutituyente*). La razón es que los halógenos son más electronegativos que el hidrógeno. Un átomo electronegativo de halógeno atrae a los electrones de enlace. A la atracción de los electrones a través de enlaces sigma (σ) se le llama **efecto inductivo**. Si se examina la base conjugada de un ácido carboxílico se aprecia que el efecto inductivo lo estabiliza al *disminuir la densidad electrónica* en torno al átomo de oxígeno. La estabilización de una base aumenta la acidez de su ácido conjugado.

La atracción inductiva de electrón aumenta la fuerza de un ácido.

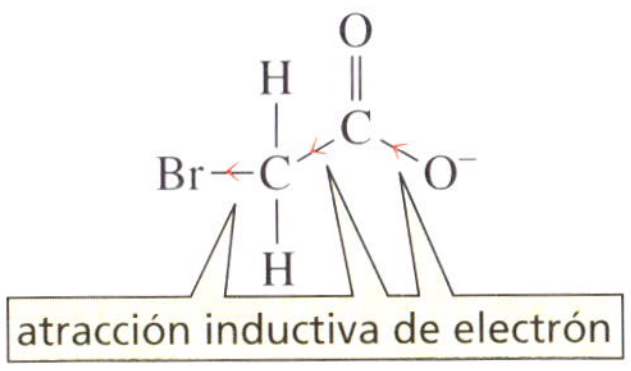

$Br-CH_2-COO^-$ con flechas indicando *atracción inductiva de electrón*

Como indican los valores de pK_a de los cuatro ácidos carboxílicos, el efecto inductivo aumenta la acidez de un compuesto. Mientras mayor sea la capacidad de atracción de electrón (electronegatividad) del sustituyente halógeno más aumentará la acidez porque se estabilizará más su base conjugada.

El efecto de un sustituyente sobre la acidez de un compuesto disminuye al aumentar la distancia entre el sustituyente y el protón ácido.

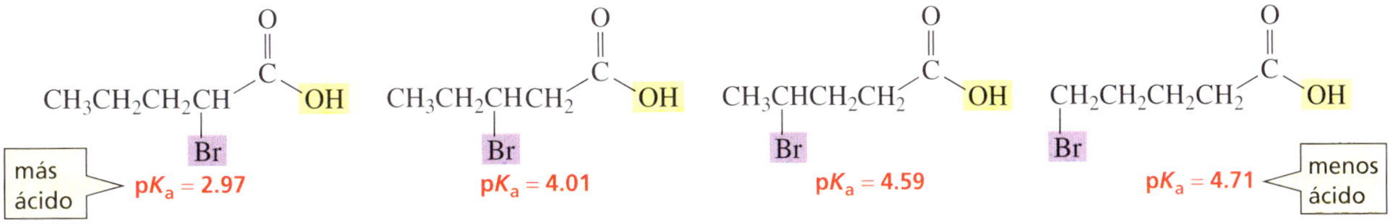

$CH_3CH_2CHBr-COOH$ $pK_a = 2.97$ (más ácido)
$CH_3CH_2CHBrCH_2-COOH$ $pK_a = 4.01$
$CH_3CHBrCH_2CH_2-COOH$ $pK_a = 4.59$
$BrCH_2CH_2CH_2CH_2-COOH$ $pK_a = 4.71$ (menos ácido)

ESTRATEGIA PARA RESOLVER PROBLEMAS

Determinación de la fuerza ácida relativa a partir de la estructura

a. ¿Cuál es el ácido más fuerte?

$$\text{CH}_3\text{CHCH}_2\text{OH} \quad \text{o} \quad \text{CH}_3\text{CHCH}_2\text{OH}$$
$$\quad\quad\quad\ |\quad\quad\quad\quad\quad\quad\quad\quad\quad\ |$$
$$\quad\quad\quad\ \text{F}\quad\quad\quad\quad\quad\quad\quad\quad\ \text{Br}$$

Cuando se le pida comparar dos sustancias, ponga atención en sus diferencias. Los dos compuestos de arriba difieren sólo en el átomo de halógeno que está unido al carbono intermedio de la molécula. Como el flúor es más electronegativo que el bromo, hay mayor atracción del electrón del átomo de oxígeno en el compuesto fluorado. Por consiguiente, el compuesto fluorado tendrá la base conjugada más estable, por lo que será el ácido más fuerte.

b. ¿Cuál es el ácido más fuerte?

$$\quad\quad\quad\quad\text{Cl}\quad\quad\quad\quad\quad\quad\quad\quad\quad\text{Cl}$$
$$\quad\quad\quad\quad\ |\quad\quad\quad\quad\quad\quad\quad\quad\quad\ |$$
$$\text{CH}_3\text{CCH}_2\text{OH}\quad \text{o} \quad \text{CH}_2\text{CHCH}_2\text{OH}$$
$$\quad\quad\quad\quad\ |\quad\quad\quad\quad\quad\quad\quad\quad\quad\ |$$
$$\quad\quad\quad\quad\text{Cl}\quad\quad\quad\quad\quad\quad\quad\quad\quad\text{Cl}$$

Estos dos compuestos difieren en la ubicación de uno de los átomos de cloro. Como el segundo cloro en el compuesto de la izquierda está más cercano al enlace O—H que el cloro en el compuesto de la derecha, el primero es más efectivo para atraer electrones del átomo de oxígeno. Así, el compuesto de la izquierda tendrá la base conjugada más estable y será un ácido más fuerte.

Ahora continúe en el problema 52.

PROBLEMA 52♦

Indique cuál es el ácido más fuerte, en cada uno de los pares siguientes:

a. $\text{CH}_3\text{OCH}_2\text{CH}_2\text{OH}$ o $\text{CH}_3\text{CH}_2\text{CH}_2\text{CH}_2\text{OH}$

b. $\text{CH}_3\text{CH}_2\text{CH}_2\overset{+}{\text{NH}}_3$ o $\text{CH}_3\text{CH}_2\text{CH}_2\overset{+}{\text{OH}}_2$

c. $\text{CH}_3\text{OCH}_2\text{CH}_2\text{CH}_2\text{OH}$ o $\text{CH}_3\text{CH}_2\text{OCH}_2\text{CH}_2\text{OH}$

d. $\text{CH}_3\overset{\text{O}}{\overset{\|}{\text{C}}}\text{CH}_2\text{OH}$ o $\text{CH}_3\text{CH}_2\overset{\text{O}}{\overset{\|}{\text{C}}}\text{OH}$

PROBLEMA 53♦

Clasifique los siguientes compuestos por acidez decreciente:

$$\text{CH}_3\text{CHCH}_2\text{OH} \quad\quad \text{CH}_3\text{CH}_2\text{CH}_2\text{OH} \quad\quad \text{CH}_2\text{CH}_2\text{CH}_2\text{OH} \quad\quad \text{CH}_3\text{CHCH}_2\text{OH}$$
$$\quad\ |\quad\quad\quad\quad\quad\quad\quad\quad\quad\quad\quad\quad\quad\quad\quad\quad\quad\quad\ |\quad\quad\quad\quad\quad\quad\quad\ |$$
$$\quad\ \text{F}\quad\quad\quad\quad\quad\quad\quad\quad\quad\quad\quad\quad\quad\quad\quad\quad\quad\quad\text{Cl}\quad\quad\quad\quad\quad\quad\quad\text{Cl}$$

PROBLEMA 54♦

De cada uno de los siguientes pares, indique cuál es la base más fuerte.

a. CH_3CHCO^- o CH_3CHCO^- (con O doble enlace; Br y F respectivamente en el carbono)

b. $\text{CH}_3\text{CHCH}_2\text{CO}^-$ o $\text{CH}_3\text{CH}_2\text{CHCO}^-$ (con Cl en el carbono indicado)

c. $\text{BrCH}_2\text{CH}_2\text{CO}^-$ o $\text{CH}_3\text{CH}_2\text{CO}^-$

d. $\text{CH}_3\overset{\text{O}}{\overset{\|}{\text{C}}}\text{CH}_2\text{CH}_2\text{O}^-$ o $\text{CH}_3\text{CH}_2\overset{\text{O}}{\overset{\|}{\text{C}}}\text{CH}_2\text{O}^-$

PROBLEMA 55 RESUELTO

Si el HCl es más débil que el HBr, ¿por qué el ClCH$_2$COOH es un ácido más fuerte que el BrCH$_2$COOH?

Solución Para comparar la acidez del HCl y el HBr es necesario comparar la estabilidad de sus bases conjugadas, Cl:⁻ y Br:⁻. Ya se sabe que el tamaño es más importante que la electronegatividad cuando se determina la estabilidad, por lo que el Br:⁻ es más estable que el Cl:⁻. Por consiguiente, el HBr es un ácido más fuerte que el HCl. Para comparar la acidez de los dos ácidos carboxílicos es necesario comparar la estabilidad de sus bases conjugadas, RCOO:⁻ y R′COO:⁻. (Obsérvese que en ambos compuestos se rompe un enlace O—H). La única diferencia entre las bases conjugadas es la electronegatividad del átomo que está atrayendo a los electrones, retirándolos del oxígeno con carga negativa. Como el Cl es más electronegativo que el Br, el Cl ejerce mayor efecto inductivo. Entonces tiene un mayor efecto estabilizador sobre la base que se forma cuando sale el protón, por lo que el compuesto cloro-sustituido es el ácido más fuerte.

1.22 Introducción a los electrones deslocalizados

Ya se vio que un ácido carboxílico tiene un pK_a de 5, aproximadamente, mientras que el pK_a de un alcohol es de alrededor de 15. Como un ácido carboxílico es mucho más fuerte que un alcohol, se asume que un ácido carboxílico dispone de una base conjugada mucho más estable.

$$\text{CH}_3-\overset{\overset{\displaystyle O}{\|}}{\text{C}}-\text{O}-\text{H} \qquad \text{CH}_3\text{CH}_2\text{O}-\text{H}$$
$$\text{p}K_a = 4.76 \qquad \qquad \text{p}K_a = 15.9$$

Hay dos factores determinantes para que la base conjugada de un ácido carboxílico sea más estable que la de un alcohol. Primero, la base conjugada de un ácido carboxílico tiene un oxígeno con doble enlace, en lugar de los dos hidrógenos de la base conjugada de un alcohol. La atracción inductiva de electrón hacia este oxígeno electronegativo disminuye la densidad electrónica del oxígeno con carga negativa. En segundo lugar, la densidad electrónica baja más porque hay *deslocalización electrónica*.

Cuando un alcohol pierde un protón, la carga negativa reside en su único átomo de oxígeno: los electrones que sólo pertenecen a un átomo se llaman electrones *localizados*. En contraste, cuando un ácido carboxílico pierde un protón, la carga negativa se comparte entre ambos átomos de oxígeno porque los electrones están *deslocalizados*. Los **electrones deslocalizados** son los que se comparten entre más de dos átomos.

> **Los electrones deslocalizados son compartidos entre más de dos átomos.**

electrones localizados

$$\text{CH}_3\text{CH}_2-\ddot{\text{O}}\text{:}^-$$

$$\text{CH}_3\text{C}\begin{smallmatrix}\ddot{\text{O}}\text{:}\\ \|\\ \ddot{\text{O}}\text{:}^-\end{smallmatrix} \longleftrightarrow \text{CH}_3\text{C}\begin{smallmatrix}\ddot{\text{O}}\text{:}^-\\ \\ \ddot{\text{O}}\text{:}\end{smallmatrix}$$

contribuyentes a la resonancia

$$\text{CH}_3\text{C}\begin{smallmatrix}\ddot{\text{O}}\text{:}^{\delta-}\\ \\ \ddot{\text{O}}\text{:}_{\delta-}\end{smallmatrix}$$ electrones deslocalizados

híbrido de resonancia

Las dos estructuras que se ven de la base conjugada del ácido carboxílico se conocen como **estructuras resonantes**. Ninguna de las estructuras resonantes representa la estructura real de la base conjugada. En lugar de ello, la estructura real, llamada **híbrido de resonancia**, es un compuesto de las dos estructuras resonantes. La flecha con doble punta entre las dos estructuras resonantes indica que la estructura real es un híbrido de resonancia. Obsérvese que las dos estructuras resonantes sólo difieren en la ubicación de sus electrones π y de sus pares de electrones no enlazados: todos los átomos permanecen en el mismo lugar. En el híbrido de resonancia, un par de electrones se reparte entre dos oxígenos y un carbono. Los dos oxígenos comparten por igual la carga negativa y los dos enlaces carbono-oxígeno tienen la misma longitud —no son tan largos como un enlace sencillo, pero son más largos que un enlace doble. Un híbrido de resonancia puede representarse por líneas de puntos para indicar los electrones deslocalizados.

Los siguientes mapas de potencial muestran que hay menor densidad electrónica en los átomos de oxígeno del ion carboxilato (región naranja) que en el átomo de oxígeno del ion alcóxido (región roja).

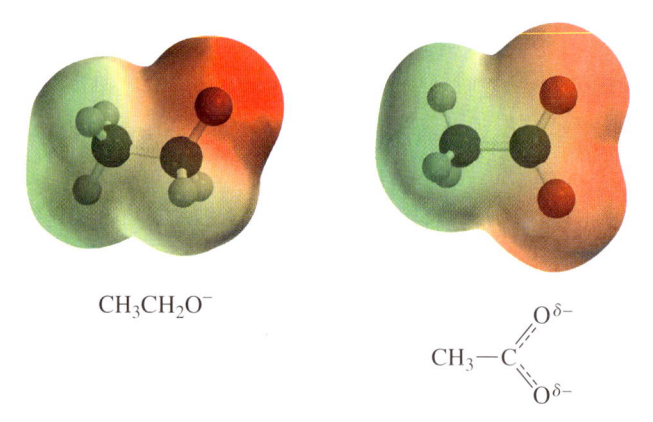

$$CH_3CH_2O^-$$

$$CH_3-C{\overset{O^{\delta-}}{\underset{O^{\delta-}}{\lessgtr}}}$$

Así, la combinación del efecto inductivo con la capacidad de dos átomos para compartir la carga negativa disminuyen la densidad electrónica y hacen que la base conjugada del ácido carboxílico sea más estable que la del alcohol.

En el capítulo 7 se describen con más detalle el efecto de los electrones deslocalizados. Para ese entonces el lector se sentirá muy cómodo con compuestos que sólo tienen electrones deslocalizados y así será posible investigar más la forma en que afectan la estabilidad y reactividad de los compuestos orgánicos.

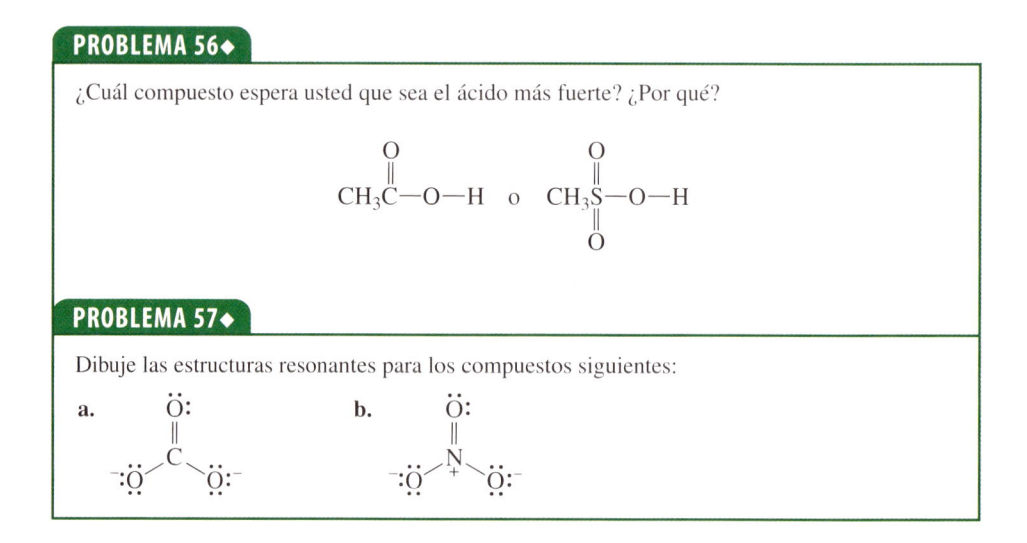

PROBLEMA 56◆

¿Cuál compuesto espera usted que sea el ácido más fuerte? ¿Por qué?

$$CH_3\overset{O}{\underset{\|}{C}}-O-H \quad o \quad CH_3\overset{O}{\underset{\underset{O}{\|}}{\overset{\|}{S}}}-O-H$$

PROBLEMA 57◆

Dibuje las estructuras resonantes para los compuestos siguientes:

a.
$$:\overset{..}{\underset{..}{O}}:-\overset{\overset{\overset{..}{O}:}{\|}}{C}-\overset{..}{\underset{..}{O}}:^-$$

b.
$$:\overset{..}{\underset{..}{O}}:-\overset{\overset{\overset{..}{O}:}{\|}}{\underset{+}{N}}-\overset{..}{\underset{..}{O}}:^-$$

1.23 Resumen de los factores que determinan la fuerza de un ácido

Ya se planteó que la fuerza de un ácido depende de cinco factores: el *tamaño* del átomo al que se une el hidrógeno, la *electronegatividad* del átomo al que se une el hidrógeno, la **hi-**

bridación del átomo al cual está unido el hidrógeno, *los efectos inductivos* y la *deslocalización electrónica*. Los cinco factores afectan la acidez porque estabilizan la base conjugada.

1. **Tamaño:** al aumentar de tamaño, el átomo unido al hidrógeno (si se desciende por un grupo de la tabla periódica) aumenta la fuerza del ácido.
2. **Electronegatividad:** al aumentar la electronegatividad del átomo unido al hidrógeno (si se recorre un periodo de la tabla periódica de izquierda a derecha), aumenta la fuerza del ácido.

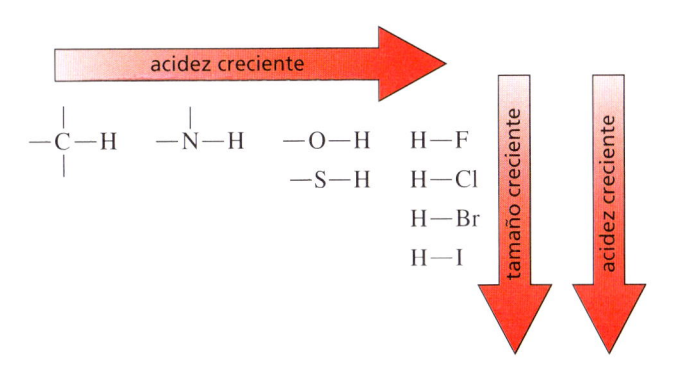

acidez creciente

—C—H   —N—H   —O—H   H—F
                —S—H   H—Cl
                        H—Br
                        H—I

tamaño creciente
acidez creciente

3. **Hibridación:** las electronegatividades relativas de un átomo son: $sp > sp^2 > sp^3$. Ya que la **hibridación** afecta la electronegatividad de un átomo, un hidrógeno unido a un carbono sp es el más ácido y uno unido a un carbono sp^3 es el menos ácido.

más ácido → HC≡CH > H$_2$C=CH$_2$ > CH$_3$CH$_3$ ← menos ácido
              sp sp^2 sp^3

4. **Efecto inductivo:** un grupo ávido de electrones aumenta la fuerza del ácido: mientras más electronegativo sea el grupo ávido de electrones y mientras más cerca esté del hidrógeno ácido el ácido será más fuerte.

más ácido → CH$_3$CHCH$_2$OH > CH$_3$CHCH$_2$OH > CH$_3$CHCH$_2$OH > CH$_3$CH$_2$CH$_2$OH ← menos ácido
               | | |
               F   Cl   Br

más ácido → CH$_3$CHCH$_2$OH > CH$_2$CH$_2$CH$_2$OH > CH$_3$CH$_2$CH$_2$OH ← menos ácido
               | |
               F   F

5. **Deslocalización electrónica:** un ácido cuya base conjugada tenga electrones deslocalizados es más ácido que otro parecido que tenga una base en la que todos los electrones estén localizados.

más ácido → R−C(=O)−OH   RCH$_2$OH ← menos ácido

más estable → R−C(=O$^{\delta-}$)−O$^{\delta-}$ RCH$_2$O$^-$ ← menos estable

PROBLEMA 58◆

Use la tabla de valores de pK_a en el apéndice II para contestar lo siguiente:

a. ¿Cuál es el compuesto orgánico más ácido en esa tabla?
b. ¿Cuál es el compuesto orgánico menos ácido en esa tabla?
c. ¿Cuál es el ácido carboxílico más ácido en esa tabla?
d. ¿Qué es más electronegativo, un oxígeno con hibridado sp^3 o un oxígeno con hibridación sp^2? (*Sugerencia:* escoja un compuesto en el apéndice II que tenga un hidrógeno unido a un oxígeno sp^2 y uno en que el hidrógeno esté unido a un oxígeno sp^3 y compare sus valores de pK_a).
e. ¿Qué compuestos ilustran que las electronegatividades relativas de un átomo de nitrógeno hibridado son $sp > sp^2 > sp^3$?
f. ¿Qué es más ácido, el HNO_3 o el HNO_2? ¿Por qué?

1.24 Influencia del pH sobre la estructura de un compuesto orgánico

El que determinado ácido pierda un protón en una disolución acuosa depende tanto de su pK_a como del pH de la disolución. La relación entre los dos factores se define con la **ecuación de Henderson-Hasselbalch**. Es una ecuación de extrema utilidad porque indica si un compuesto existirá en su forma ácida (conservando su protón) o en su forma básica (eliminando su protón) a determinado pH.

ecuación de Henderson–Hasselbalch

$$pK_a = pH + \log \frac{[HA]}{[A^-]}$$

La ecuación de Henderson-Hasselbalch indica que cuando el pH de una disolución es igual al pK_a del compuesto que se disocia la concentración [HA] del compuesto en su forma ácida será igual a la concentración [A:$^-$] del compuesto en su forma básica (porque log 1 = 0). Si el pH de la disolución es menor que el pK_a del compuesto, éste existirá de manera preponderante en su forma ácida. Si el pH de la disolución es mayor que el pK_a del compuesto, éste existirá sobre todo en su forma básica. En otras palabras, *los compuestos existen de manera preponderante en sus formas ácidas cuando las soluciones son más ácidas que sus valores de pK_a, y sobre todo en sus formas básicas cuando las soluciones son más básicas que sus valores de pK_a.*

Si se conoce el pH de la disolución y el pK_a del compuesto, la ecuación de Henderson-Hasselbalch permite calcular con precisión qué parte del compuesto estará en su forma ácida y cuánto estará en su forma básica. Por ejemplo, cuando un compuesto cuyo pK_a = 5.2

Un compuesto existe principalmente en su forma ácida si el pH de la disolución es menor que el pK_a del compuesto.

Un compuesto existe principalmente en su forma básica si el pH de la disolución es mayor que el pK_a del compuesto.

DEDUCCIÓN DE LA ECUACIÓN DE HENDERSON-HASSELBALCH

Se puede deducir la ecuación de Henderson-Hasselbalch si se parte de la ecuación que define la constante de disociación del ácido:

$$K_a = \frac{[H_3O^+][A^-]}{[HA]}$$

Se obtienen los logaritmos de ambos lados de la ecuación y en el paso siguiente se multiplican ambos lados de la ecuación por -1 para obtener

$$\log K_a = \log [H_3O^+] + \log \frac{[A^-]}{[HA]}$$

y entonces

$$-\log K_a = -\log [H_3O^+] - \log \frac{[A^-]}{[HA]}$$

Si se sustituye y recuerda que cuando se invierte una fracción cambia el signo de su logaritmo, se llega a

$$pK_a = pH + \log \frac{[HA]}{[A^-]}$$

1.24 Influencia del pH sobre la estructura de un compuesto orgánico

[Gráfico de barras que muestra cantidades relativas de forma ácida (azul) y forma básica (verde) a distintos valores de pH:
- pH = 3.2 (pH = pK_a − 2): 99% ácida, 1% básica
- pH = 4.2 (pH = pK_a − 1): 90% ácida, 10% básica
- pH = 5.2 (pH = pK_a): 50% ácida, 50% básica
- pH = 6.2 (pH = pK_a + 1): 10% ácida, 90% básica
- pH = 7.2 (pH = pK_a + 2): 1% ácida, 99% básica]

◀ **Figura 1.19**
Cantidades relativas de un compuesto cuyo $pK_a = 5.2$, en sus formas ácida y básica, a distintos valores de pH.

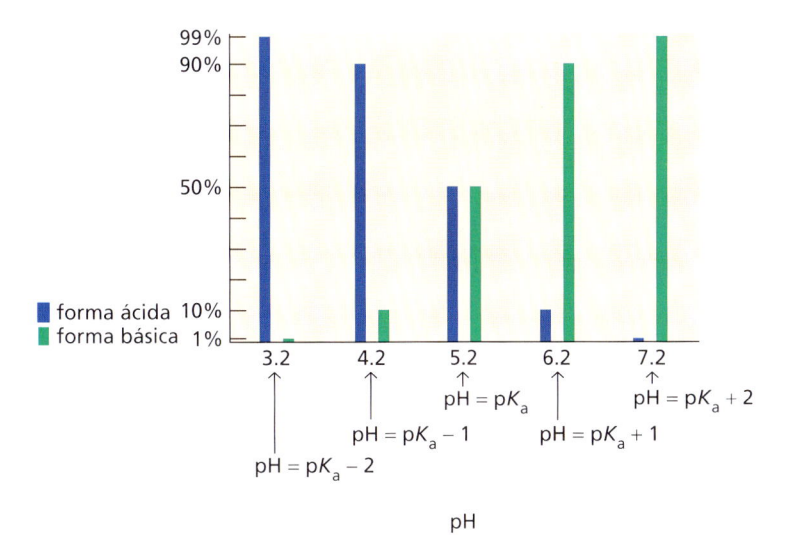

está en una disolución de pH = 5.2, la mitad del compuesto estará en la forma básica (figura 1.19). Si el pH es una unidad menor que el pK_a del compuesto (pH = 4.2), habrá 10 veces más compuesto en la forma ácida que en la forma básica (porque log 10 = 1). Si el pH es dos unidades menor que el pK_a del compuesto (pH = 3.2), habrá 100 veces más compuesto en su forma ácida que en la forma básica (porque log 100 = 2). Si el pH es 6.2, habrá 10 veces más compuesto en su forma básica que en su forma ácida, y al pH = 7.2 habrá 100 veces más compuesto en su forma básica que en la forma ácida.

ESTRATEGIA PARA RESOLVER PROBLEMAS

Determinación de la estructura a un determinado pH

Escribir la forma que predominará en los siguientes compuestos en una disolución de pH 5.5:

a. CH_3CH_2OH ($pK_a = 15.9$)
b. $CH_3CH_2\overset{+}{O}H_2$ ($pK_a = -2.5$)
c. $CH_3\overset{+}{N}H_3$ ($pK_a = 11.0$)

Para contestar preguntas como ésta se necesita comparar el pH de la disolución con el pK_a del protón disociable del compuesto.

a. El pH de la disolución (5.5) es más ácido que el valor del pK_a del grupo OH, que es de 15.9. Por consiguiente, el compuesto existirá principalmente en forma de CH_3CH_2OH, con su protón.

b. El pH de la disolución (5.5) es más básico que el valor de pK_a del grupo $^+OH_2$, que es −2.5. Por consiguiente, el compuesto ha de existir sobre todo como CH_3CH_2OH, sin su protón.

c. El pH de la disolución (5.5) es más ácido que el valor de pK_a del grupo $^+NH_3$, que es de 11.0. Por consiguiente, el compuesto existirá de manera preponderante como $CH_3\overset{+}{N}H_3$, con su protón.

Pase ahora al problema 59.

PROBLEMA 59◆

Para cada uno de los compuestos siguientes, que se representan en sus formas ácidas, escriba la forma que predominará en una disolución de pH = 5.5.

a. CH_3COOH ($pK_a = 4.76$)
b. $CH_3CH_2\overset{+}{N}H_3$ ($pK_a = 11.0$)
c. H_3O^+ ($pK_a = -1.7$)
d. HBr ($pK_a = -9$)
e. $^+NH_4$ ($pK_a = 9.4$)
f. $HC\equiv N$ ($pK_a = 9.1$)
g. HNO_2 ($pK_a = 3.4$)
h. HNO_3 ($pK_a = -1.3$)

PROBLEMA 60◆

a. Indique si un ácido carboxílico (RCOOH) cuyo pK_a = 4.5 tendrá más moléculas cargadas que moléculas neutras en una disolución con los siguientes valores de pH:

1. pH = 1
2. pH = 3
3. pH = 5
4. pH = 7
5. pH = 10
6. pH = 13

b. Conteste la pregunta anterior, para el caso de una amina protonada (R$\overset{+}{N}$H$_3$) cuyo pK_a = 9.

c. Conteste la pregunta **a.** para el caso de un alcohol (ROH) cuyo pK_a = 15.

PROBLEMA 61◆

Un aminoácido natural como la alanina tiene al mismo tiempo un grupo de ácido carboxílico y un grupo amina. Se indican en la figura los valores de pK_a de los dos grupos.

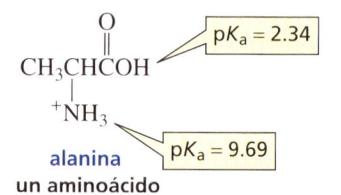

$$\begin{array}{c} \text{O} \\ \parallel \\ \text{CH}_3\text{CHCOH} \\ | \\ {}^+\text{NH}_3 \end{array}$$

pK_a = 2.34
pK_a = 9.69

alanina
un aminoácido

a. Trace la estructura de la alanina en una disolución con pH fisiológico (pH = 7.3).

b. ¿Hay algún pH en el que la alanina sea neutra (donde ninguno de los grupos tenga una carga)?

c. ¿A qué pH la alanina no tendrá carga neta (la cantidad de carga negativa igual a la cantidad de carga positiva)?

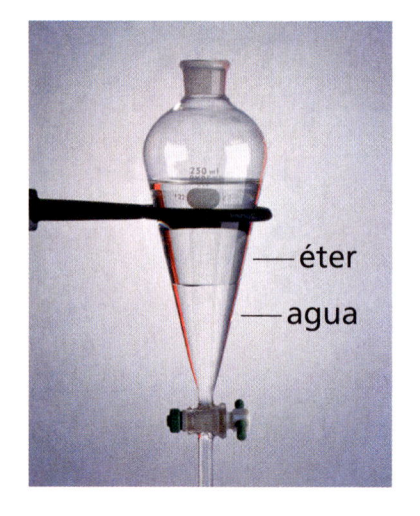

La ecuación de Henderson-Hasselbalch puede ser de gran utilidad en el laboratorio al separar los compuestos en una mezcla. El agua y el éter dietílico no son líquidos miscibles entre sí y, en consecuencia, formarán dos capas al mezclarlos. La fase etérea quedará arriba de la fase acuosa, donde esta última es más densa. Los compuestos cargados son más solubles en agua, mientras que los compuestos neutros son más solubles en el éter dietílico. Dos compuestos, como un ácido carboxílico (RCOOH) que tenga un pH de 5.0, y una amina protonada (RNH$_3^+$), que tenga un pK_a = 10.0, que se disuelvan en una mezcla de agua y éter dietílico se pueden separar ajustando el pH de la fase acuosa. Por ejemplo, si el pH de esa fase es 2, el ácido carboxílico y la amina estarán en sus formas ácidas, los dos, porque el pH del agua es menor que los pK_a de ambos compuestos. La forma ácida de un ácido carboxílico es neutra y la forma ácida de una amina tiene carga. Por lo anterior, el ácido carboxílico será más soluble en la fase etérea y la amina protonada será más soluble en la fase acuosa.

forma ácida   forma básica

RCOOH $\rightleftharpoons$ RCOO$^-$ + H$^+$

R$\overset{+}{N}$H$_3$ $\rightleftharpoons$ RNH$_2$ + H$^+$

Para que la separación sea más efectiva, el pH de la fase acuosa debe ser al menos dos unidades distinto de los valores de pK_a de los compuestos que se estén separando. Así, las cantidades relativas de los compuestos en sus formas ácidas y básicas serán 100:1, cuando menos (figura 1.19).

Se es según donde está uno: un compuesto estará principalmente en su forma ácida cuando la disolución sea ácida (pH < pK_a) y principalmente en la forma básica cuando la disolución sea básica (pH > pK_a).

PROBLEMA 62◆ RESUELTO

a. ¿A qué pH la concentración de un compuesto cuyo pK_a es 8.4 será 100 veces mayor en su forma básica que en su forma ácida?

b. ¿A qué pH la concentración de un compuesto cuyo pK_a es 3.7 será 10 veces mayor en su forma ácida que en su forma básica?

c. ¿A qué pH la concentración de un compuesto cuyo pK_a es 8.4 será 100 veces mayor en su forma ácida que en su forma básica?

d. ¿A qué pH estará en su forma básica 50% de un compuesto cuyo pK_a es 7.3?

e. ¿A qué pH la concentración de un compuesto cuyo pK_a es 4.6 será 100 veces mayor en su forma básica que en su forma ácida?

Solución a 62a Si la concentración en la forma básica es 100 veces mayor que la que hay en forma ácida, la ecuación de Henderson-Hasselbalch es:

$$p K_a = pH + \log 1/100$$
$$8.4 = pH + \log .01$$
$$8.4 = pH - 2.0$$
$$pH = 10.4$$

Hay un método más rápido para llegar a la respuesta: si hay presente 100 veces más compuesto en su forma básica que en su forma ácida, el pH será dos unidades más básico que el pK_a. Así, pH = 8.4 + 2.0 = 10.4.

Solución a 62b Si hay presente 10 veces más compuesto en la forma ácida que en la forma básica, el pH será una unidad más ácido que el pK_a. Entonces, pH = 3.7 − 1.0 = 2.7.

PROBLEMA 63◆

Para cada uno de los compuestos siguientes, indique el pH en el cual

a. El 50% del compuesto estará en una forma que tenga una carga.

b. Más de 99% del compuesto estará en una forma que tenga una carga.

1. CH_3CH_2COOH (pK_a = 4.9)
2. $CH_3\overset{+}{N}H_3$ (pK_a = 10.7)

PROBLEMA 64◆

Mientras el pH sea mayor que _____, más de 50% de una amina protonada, cuyo pK_a = 10.4, estará en su forma neutra, no protonada.

1.25 Soluciones amortiguadoras

Una disolución de ácido débil (HA) y de su base conjugada (A:⁻) en la misma concentración se llama **disolución amortiguadora** o **disolución buffer**. Una disolución amortiguadora mantendrá un pH casi constante al agregarle pequeñas cantidades de ácido o de base porque el ácido débil puede ceder un protón a todo HO:⁻ que se agregue y su base conjugada puede aceptar todo H⁺ que se agregue a la disolución.

puede ceder un H⁺ al HO⁻
$$HA + HO^- \longrightarrow A^- + H_2O$$
$$A^- + H_3O^+ \longrightarrow HA + H_2O$$
puede aceptar un H⁺ del H_3O^+

LA SANGRE: UNA DISOLUCIÓN AMORTIGUADORA

La sangre es un fluido que transporta oxígeno a todas las células del cuerpo humano. El pH normal de la sangre es de 7.3 a 7.4. Se produce la muerte si este valor baja de ~6.8 o si sube a más de ~8.0 aunque sea durante algunos segundos.

El oxígeno es transportado a las células por una proteína de la sangre llamada hemoglobina (HbH$^+$). Cuando la hemoglobina se une al O$_2$ pierde un protón, con lo que quedaría más ácida si no contuviera un amortiguador para mantener su pH.

$$HbH^+ + O_2 \rightleftharpoons HbO_2 + H^+$$

Es un amortiguador de ácido carbónico/bicarbonato lo que controla el pH de la sangre. Una propiedad importante de ese amortiguador es que el ácido carbónico se descompone formando CO$_2$ y H$_2$O:

$$CO_2 + H_2O \rightleftharpoons \underset{\text{ácido carbónico}}{H_2CO_3} \rightleftharpoons \underset{\text{bicarbonato}}{HCO_3^-} + H^+$$

Durante el ejercicio, el metabolismo se acelera y se producen grandes cantidades de CO$_2$. La mayor concentración de CO$_2$ desplaza hacia la derecha el equilibrio entre ácido carbónico y bicarbonato, con lo que aumenta la concentración de H$^+$. También durante el ejercicio se producen cantidades importantes de ácido láctico con lo que aumenta más la concentración de H$^+$. Los receptores cerebrales responden a la mayor concentración de H$^+$ desencadenando un reflejo que aumenta la rapidez de la respiración. Entonces, la hemoglobina desprende más oxígeno hacia las células y se elimina más CO$_2$ en las exhalaciones. Ambos procesos disminuyen la concentración de H$^+$ en la sangre, al desplazar el equilibrio hacia la izquierda.

Así, toda afección que disminuya la rapidez y profundidad de la ventilación, como el enfisema, disminuirá el pH de la sangre; a esta alteración se le llama acidosis. En contraste, todo aumento excesivo en la rapidez y profundidad de la ventilación, como cuando hay hiperventilación debida a la ansiedad, aumentará el pH de la sangre; a esta alteración se le llama alcalosis.

PROBLEMA 65◆

Escriba la ecuación que muestre la forma en que una disolución amortiguadora, preparada disolviendo CH$_3$COOH y CH$_3$COO:$^-$ Na$^+$ en agua, evita que cambie el pH de una disolución cuando:

a. a la disolución se le agrega una pequeña cantidad de H$^+$.
b. a la disolución se le agrega una pequeña cantidad de OH:$^-$.

1.26 La segunda definición de ácidos y bases: ácidos y bases de Lewis

G. N. Lewis (página 9) propuso, en 1923, nuevas definiciones para los términos *ácido* y *base*. Definió a un ácido como una especie que acepta un par de electrones y a una base como una especie que cede un par de electrones. Todos los ácidos que ceden protones se ajustan a la definición de Lewis, porque todos ellos pierden un protón, y el protón acepta un par de electrones.

$$\underset{\substack{\text{ácido} \\ \text{acepta un par de electrones}}}{H^+} + \underset{\substack{\text{base} \\ \text{cede un par de electrones}}}{:NH_3} \rightleftharpoons H-\overset{+}{N}H_3$$

la flecha curva indica dónde comienza el par de electrones y dónde termina

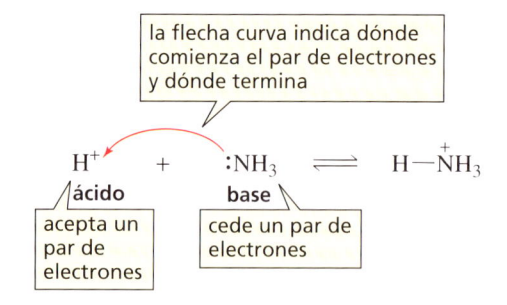

Sin embargo, los ácidos de Lewis no se limitan a compuestos que ceden protones. Según la definición de Lewis, compuestos como el cloruro de aluminio (AlCl$_3$), trifluoruro de boro (BF$_3$) y borano (BH$_3$) son ácidos porque tienen orbitales de valencia que no cumplen con la regla del octeto y así pueden aceptar un par de electrones. Esos compuestos reaccionan con un compuesto que tenga un par de electrones no enlazado de la misma forma en que un protón reacciona con el amoniaco. Así, la definición de un ácido de acuerdo con Lewis incluye a todos los compuestos que ceden protones y algunos otros más, que no tienen protones. En todo este libro se usará el término *ácido* para referirse a un ácido de

Brønsted, que cede protones, mientras que **ácido de Lewis** se usará para indicar ácidos que no ceden protones, como AlCl₃ o BF₃.

Ácido de Lewis: necesita dos electrones.

Todas las bases son **bases de Lewis** porque todas tienen un par de electrones que pueden compartir, sea con un protón o con un átomo como el de aluminio (en AlCl₃) o el de boro (en el BF₃).

Base de Lewis: tiene un par de electrones y lo comparte.

la flecha curva indica de dónde parte el par de electrones y dónde termina

$$Cl_3Al + CH_3\ddot{O}CH_3 \rightleftharpoons Cl_3Al-\overset{+}{\ddot{O}}(CH_3)_2$$

tricloruro de aluminio
un ácido de Lewis

éter dimetílico
una base de Lewis

$$BH_3 + :NH_3 \rightleftharpoons H_3\overset{-}{B}-\overset{+}{N}H_3$$

borano
un ácido de Lewis

amoniaco
una base de Lewis

PROBLEMA 66

Escriba los productos de las siguientes reacciones usando flechas curvas para indicar de dónde parte el par de electrones y adónde termina.

a. $ZnCl_2 + CH_3\ddot{O}H \rightleftharpoons$

b. $FeBr_3 + :\ddot{B}r:^- \rightleftharpoons$

c. $AlCl_3 + :\ddot{C}l:^- \rightleftharpoons$

PROBLEMA 67

Indique cómo reacciona cada uno de los siguientes compuestos con HO⁻:

a. CH_3OH **c.** $CH_3\overset{+}{N}H_3$ **e.** $^+CH_3$ **g.** $AlCl_3$

b. $^+NH_4$ **d.** BF_3 **f.** $FeBr_3$ **h.** CH_3COOH

RESUMEN

Los **compuestos orgánicos** son los que contienen carbono. El **número atómico** de un átomo es igual a la cantidad de protones en su núcleo. El **número de masa** de un átomo es la suma de sus protones y neutrones. Los **isótopos** tienen el mismo número atómico, pero distinto número de masa.

Un **orbital atómico** indica dónde hay una alta probabilidad de encontrar a un electrón. Mientras más cerca esté el orbital atómico al núcleo, su energía será menor. Los **orbitales degenerados** tienen la misma energía. Los electrones se asignan a orbitales de acuerdo con el **principio aufbau**, el **principio de exclusión de Pauli** y la **regla de Hund**.

La **regla del octeto** establece que un átomo cederá, aceptará o compartirá electrones para llenar su capa externa de electrones o para disponer de una capa externa con ocho electrones. Los elementos **electropositivos** pierden electrones con facilidad; los elementos **electronegativos** adquieren electrones con facilidad. La **configuración electrónica** de un átomo describe los orbitales que ocupan los electrones del átomo. A los electrones de las capas internas se les llama **electrones internos**; los electrones de la capa externa se llaman **electrones de valencia**. El **par de electrones no enlazado** son electrones de valencia que no se usan en la formación de enlaces. Las fuerzas de atracción entre cargas opuestas se llaman **atracciones electrostáticas**. Un **enlace iónico** se forma por una transferencia de electrones; un **enlace covalente** se forma compartiendo electrones. Un **enlace covalente polar** es un enlace covalente entre átomos de distintas **electronegatividades**. Por consiguiente, un enlace covalente polar tiene un **dipolo** que se mide con un **momento dipolar**. El **momento dipolar** de una molécula depende de las magnitudes y direcciones de los momentos dipolares del enlace.

Las **estructuras de Lewis** indican cuáles átomos se unen entre sí y muestran **pares de electrones no enlazados** y **cargas formales**. Un **carbocatión** tiene un carbono con carga positiva; un **carbanión** tiene un carbono con carga negativa, y un **radical** tiene un electrón sin aparear.

De acuerdo con la **teoría de los orbitales moleculares**, se forman enlaces covalentes cuando se combinan orbitales atómicos para formar **orbitales moleculares**. Los orbitales atómicos se combinan para formar un **orbital molecular de enlace**, de menor energía, y un **orbital molecular de antienlace**, de mayor energía. A los enlaces de simetría cilíndrica se les llama **enlaces sigma (σ)**; se forman **enlaces pi (π)** cuando se traslapan orbitales p lado con lado. La fuerza de un enlace se mide con la **energía de disociación del enlace**. Un enlace σ es más fuerte que un enlace π. Todos los **enlaces sencillos** en los compuestos orgánicos son enlaces σ; un **enlace doble** consiste en un enlace σ y un enlace π, y un **triple enlace** consiste en un enlace σ y dos enlaces π. Los enlaces triples son más cortos y más fuertes que los dobles enlaces, que a su vez son más cortos y más fuertes que los enlaces sencillos. Para formar cuatro enlaces, el carbono promueve a un electrón desde un orbital $2s$ hasta un orbital $2p$. El C, N y O forman enlaces usando **orbitales híbridos**. La **hibridación** de C, N u O depende de la cantidad de enlaces π que forma el átomo: si no hay enlaces π quiere decir que el átomo tiene **hibridación sp^3**, un enlace π indica que tiene **hibridación sp^2** y si hay dos enlaces π quiere decir que tiene **hibridación sp**. Las excepciones son los carbocationes y los radicales carbono, que tiene hibridación sp^2. Mientras más carácter s tenga el orbital con el que se forma un enlace, éste será más corto y más fuerte y el ángulo de enlace será mayor. Los electrones de enlace y los no enlazados en torno a un átomo se ubican tan alejados entre sí como sea posible.

Un **ácido** es una especie que cede un protón y una **base** es una especie que acepta un protón. Un **ácido de Lewis** es una especie que acepta un par de electrones; una **base de Lewis** es una especie que cede un par de electrones.

La **acidez** es una medida de la tendencia que tiene un compuesto para ceder un protón. La **basicidad** es una medida de afinidad del compuesto hacia los protones. Mientras más fuerte sea el ácido, su base conjugada será más débil. La fuerza de un ácido se determina con su **constante de disociación de ácido (K_a)**. Los valores aproximados de K_a son los siguientes: alcoholes protonados, ácidos carboxílicos protonados, agua protonada < 0; ácidos carboxílicos ~5; aminas protonadas ~10; alcoholes y agua ~15. El **pH** de una disolución indica la concentración de iones hidrógeno con carga positiva en la disolución. En las **reacciones ácido-base**, el equilibrio favorece la reacción del fuerte y la formación del débil. Las flechas curvas indican los enlaces que se rompen cuando los reactivos se convierten en productos.

La fuerza de un ácido se determina por la estabilidad de su base conjugada: mientras más estable sea la base, su ácido conjugado será más fuerte. Cuando los átomos tienen tamaño similar, el compuesto más ácido es el que tiene su hidrógeno unido al átomo más electronegativo. La **hibridación** de un átomo afecta la acidez porque un átomo de carbono con hibridación sp es más electronegativo que uno con hibridación sp^2, el cual a su vez es más electronegativo que uno sp^3. El **efecto inductivo** aumenta la acidez: mientras más electronegativo sea el grupo que recibe al electrón, y mientras más cercano esté del hidrógeno ácido, el ácido será más fuerte.

Los **electrones deslocalizados**, que son electrones compartidos por más de dos átomos, estabilizan a una especie. Un **híbrido de resonancia** es una combinación de las estructuras **resonantes**, estructuras que sólo difieren en la ubicación de sus pares de electrones no enlazados y π.

La **ecuación de Henderson-Hasselbalch** define la relación entre pK_a y pH: un compuesto existe principalmente en su forma ácida cuando la disolución es más ácida que su pK_a, y sobre todo en su forma básica cuando la disolución es más básica que su pK_a.

TÉRMINOS CLAVE

acidez (pág. 44)
ácido (pág. 44)
ácido conjugado (pág. 44)
ácido de Lewis (pág. 65)
ángulo tetraédrico de enlace (pág. 30)
atracción electrostática (pág. 9)
atracción inductiva de electrón (pág. 55)
base (pág. 44)
base conjugada (pág. 44)
base de Lewis (pág. 65)
basicidad (pág. 44)
carbanión (pág. 16)
carbocatión (pág. 16)
carbono tetraédrico (pág. 30)
carbono trigonal plano (pág. 32)
carga formal (pág. 15)
compuesto iónico (pág. 10)

compuesto orgánico (pág. 2)
configuración electrónica de estado excitado (pág. 6)
configuración electrónica de estado fundamental (pág. 6)
constante de disociación del ácido (Ka) (pág. 45)
constante de equilibrio (pág. 45)
debye (D) (pág. 13)
dipolo (pág. 12)
doble enlace (pág. 32)
ecuación de Henderson-Hasselbalch (pág. 60)
ecuación de onda (pág. 5)
electronegatividad (pág. 11)
electronegativo (pág. 9)
electrones de valencia (pág. 8)

electrones deslocalizados (pág. 57)
electrones internos (pág. 8)
electrones de no enlace (pág. 15)
electropositivo (pág. 9)
energía de disociación de enlace (pág. 23)
enlace (pág. 9)
enlace covalente (pág. 10)
enlace covalente no polar (pág. 11)
enlace covalente polar (pág. 11)
enlace iónico (pág. 9)
enlace pi (π) (pág. 26)
enlace sencillo (pág. 40)
enlace sigma (σ) (pág. 23)
estructura condensada (pág. 19)
estructura de Kekulé (pág. 4)
estructura de Lewis (pág. 15)
estructuras resonantes (pág. 57)

fórmula en perspectiva (pág. 28)
fuerza de enlace (pág. 23)
función de onda (pág. 5)
hibridación (pág. 29)
hibridación de orbital (pág. 29)
híbrido de resonancia (pág. 57)
ion hidrógeno (pág. 10)
ion hidruro (pág. 10)
isómero de constitución (pág. 18)
isótopos (pág. 4)
longitud de enlace (pág. 23)
mapa de potencial electrostático (pág. 14)
masa atómica (pág. 5)
masa molecular (pág. 5)
mecánica cuántica (pág. 5)
molécula no polar (pág. 28)

momento dipolar (−) (pág. 12)
nodo (pág. 21)
nodo radial (pág. 21)
número atómico (pág. 4)
número de masa (pág. 4)
orbital (pág. 5)
orbital atómico (pág. 5)
orbital híbrido (pág. 29)
orbital molecular (pág. 22)
orbital molecular de antienlace (pág. 24)
orbital molecular de enlace (pág. 24)
orbitales degenerados (pág. 6)
par de electrones no enlazado (pág. 15)
pH (pág. 46)
pK_a (pág. 45)
plano nodal (pág. 22)

principio aufbau (pág. 6)
principio de exclusión de Pauli (pág. 7)
principio de incertidumbre de Heisenberg (pág. 21)
protón (pág. 10)
radical (pág. 16)
radical libre (pág. 16)
reacción ácido-base (pág. 44)
reacción de transferencia de protón (pág. 44)
regla de Hund (pág. 8)
regla del octeto (pág. 9)
disolución amortiguadora (pág. 63)
teoría de los orbitales moleculares (pág. 22)
teoría de repulsión de par de electrones en capa de valencia (pág. 27)
triple enlace (pág. 34)

PROBLEMAS

68. Trace una estructura de Lewis para cada una de las especies siguientes:
   a. H_2CO_3
   b. CO_3^{2-}
   c. H_2CO
   d. N_2H_4
   e. CH_3NH_2
   f. $CH_3N_2^+$
   g. CO_2
   h. H_2NO^-

69. Especifique la **hibridación** del átomo central de cada una de las especies siguientes e indique si el ordenamiento de los enlaces a su alrededor es lineal, trigonal plano o tetraédrico:
   a. NH_3
   b. BH_3
   c. $^-CH_3$
   d. $\cdot CH_3$
   e. $^+NH_4$
   f. $^+CH_3$
   g. HCN
   h. $C(CH_3)_4$
   i. H_3O^+

70. Trace la estructura condensada de un compuesto que sólo tenga átomos de carbono e hidrógeno y que tenga:
   a. tres carbonos con hibridación sp^3.
   b. un carbono con hibridación sp^3 y dos carbonos con hibridación sp^2.
   c. dos carbonos con hibridación sp^3 y dos carbonos con hibridación sp.

71. Determine los ángulos aproximados de enlace:
   a. el ángulo de enlace C—N—H en la $(CH_3)_2NH$
   b. el ángulo de enlace C—N—C en la $(CH_3)_2NH$
   c. el ángulo de enlace C—N—C en la $(CH_3)_2\overset{+}{N}H_2$
   d. el ángulo de enlace C—O—C en el CH_3OCH_3
   e. el ángulo de enlace C—O—H en el CH_3OH
   f. el ángulo de enlace H—C—H en el $H_2C=O$
   g. el ángulo de enlace F—B—F en el $^-BF_4$
   h. el ángulo de enlace C—C—N en el $CH_3C\equiv N$
   i. el ángulo de enlace C—C—N en la $CH_3CH_2NH_2$

72. Trace la configuración electrónica de estado fundamental de:
   a. Ca
   b. Ca^{2+}
   c. Ar
   d. Mg^{2+}

73. Ordene los enlaces por polaridad creciente (es decir, coloque primero el enlace más polar).
   a. C—O, C—F, C—N
   b. C—Cl, C—I, C—Br
   c. H—O, H—N, H—C
   d. C—H, C—C, C—N

74. ¿Cuál es la base más fuerte?
   a. HS^- o HO^-
   b. CH_3O^- o $CH_3\overset{-}{N}H$
   c. CH_3OH o CH_3O^-
   d. Cl^- o Br^-

75. Escriba la estructura de Kekulé de cada uno de los compuestos siguientes:
   a. CH_3CHO
   b. CH_3OCH_3
   c. CH_3COOH
   d. $(CH_3)_3COH$
   e. $CH_3CH(OH)CH_2CN$
   f. $(CH_3)_2CHCH(CH_3)CH_2C(CH_3)_3$

76. Indique la dirección del momento dipolar en cada uno de los enlaces siguientes (use las electronegatividades de la tabla 1.3):
   a. CH_3—Br
   b. CH_3—Li
   c. HO—NH_2
   d. I—Br
   e. CH_3—OH
   f. $(CH_3)_2N$—H

68 CAPÍTULO 1   Estructura electrónica y enlace químico • Ácidos y bases

77. ¿Cuál es la **hibridación** del átomo indicado en cada una de las moléculas siguientes?

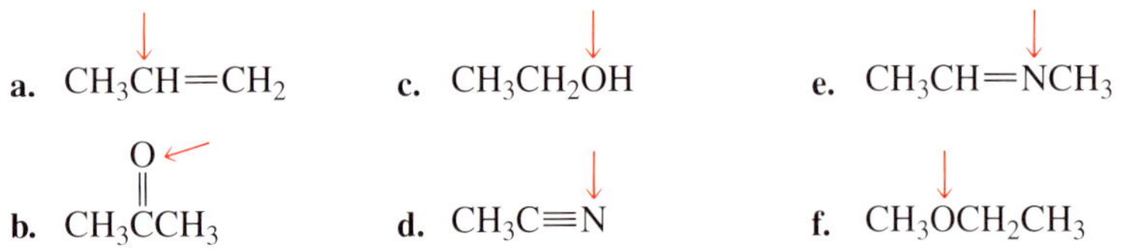

a. $CH_3\overset{\downarrow}{C}H=CH_2$ c. $CH_3CH_2\overset{\downarrow}{O}H$ e. $CH_3CH=\overset{\downarrow}{N}CH_3$

b. $CH_3\overset{\overset{\displaystyle O}{\|}\leftarrow}{C}CH_3$ d. $CH_3\overset{\downarrow}{C}\equiv N$ f. $CH_3\overset{\downarrow}{O}CH_2CH_3$

78. Dibuje los pares de electrones no enlazados que faltan y asigne las cargas formales que faltan.

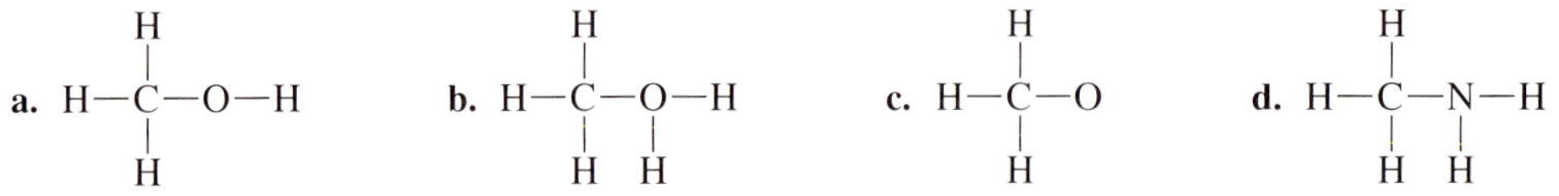

a. $H-\underset{\underset{\displaystyle H}{\displaystyle |}}{\overset{\overset{\displaystyle H}{\displaystyle |}}{C}}-O-H$ b. $H-\underset{\underset{\displaystyle H}{\displaystyle |}}{\overset{\overset{\displaystyle H}{\displaystyle |}}{C}}-O-H$ c. $H-\underset{\underset{\displaystyle H}{\displaystyle |}}{\overset{\overset{\displaystyle H}{\displaystyle |}}{C}}-O$ d. $H-\underset{\underset{\displaystyle H}{\displaystyle |}}{\overset{\overset{\displaystyle H}{\displaystyle |}}{C}}-\underset{\underset{\displaystyle H}{\displaystyle |}}{N}-H$

79. a. Haga una lista de los ácidos carboxílicos siguientes por acidez decreciente:

$CH_3CH_2CH_2COOH$ $CH_3CH_2\underset{\underset{\displaystyle Cl}{\displaystyle |}}{C}HCOOH$ $ClCH_2CH_2CH_2COOH$ $CH_3\underset{\underset{\displaystyle Cl}{\displaystyle |}}{C}HCH_2COOH$
$K_a = 1.52 \times 10^{-5}$ $K_a = 1.39 \times 10^{-3}$ $K_a = 2.96 \times 10^{-5}$ $K_a = 8.9 \times 10^{-5}$

b. ¿Cómo afecta la presencia de un sustituyente electronegativo como Cl la acidez de un ácido carboxílico?
c. ¿Cómo afecta la ubicación del sustituyente la acidez del ácido carboxílico?

80. a. ¿Cuál de los enlaces indicados en cada molécula es el más corto?
b. Indique la **hibridación** de los átomos de C, O y N en cada una de las moléculas.

1. $CH_3\overset{\downarrow}{C}H=CH\overset{\downarrow}{C}\equiv CH$

2. $CH_3\overset{\overset{\displaystyle O}{\overset{\displaystyle \rightarrow}{\|}}}{C}\overset{\downarrow}{C}H_2-OH$

3. $CH_3\overset{\downarrow}{N}H-CH_2CH_2\overset{\downarrow}{N}=CHCH_3$

4. $\underset{H}{\overset{H\searrow}{>}}C=CHC\equiv C-H$

5. $\underset{H}{\overset{H\searrow}{>}}C=CHC\equiv C-\underset{\underset{\displaystyle CH_3}{\displaystyle |}}{\overset{\overset{\displaystyle CH_3}{\displaystyle |}}{C}}-H$

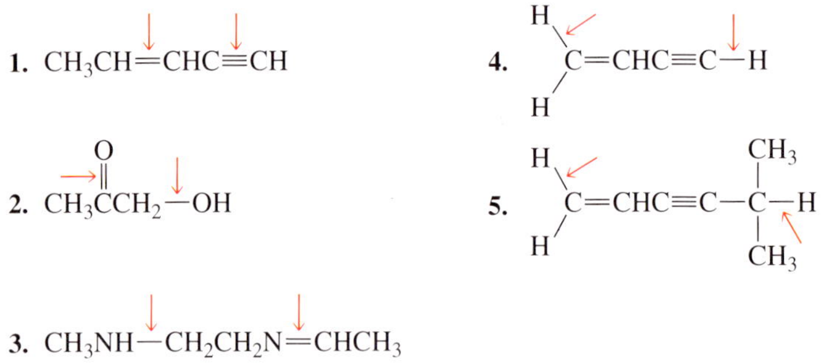

81. En cada uno de los compuestos siguientes, trace la forma en que predominará cuando el pH = 3, pH = 6, pH = 10 y pH = 14:

a. CH_3COOH b. $CH_3CH_2\overset{+}{N}H_3$ c. CF_3CH_2OH
   $pK_a = 4.8$ $pK_a = 11.0$ $pK_a = 12.4$

82. a. Ordene los siguientes alcoholes por acidez decreciente:

CCl_3CH_2OH CH_2ClCH_2OH $CHCl_2CH_2OH$
$K_a = 5.75 \times 10^{-13}$ $K_a = 4.90 \times 10^{-13}$ $K_a = 1.29 \times 10^{-13}$

b. Explique su acidez relativa.

83. ¿Están en el mismo plano los carbonos sp^2 y sp^3 indicados?

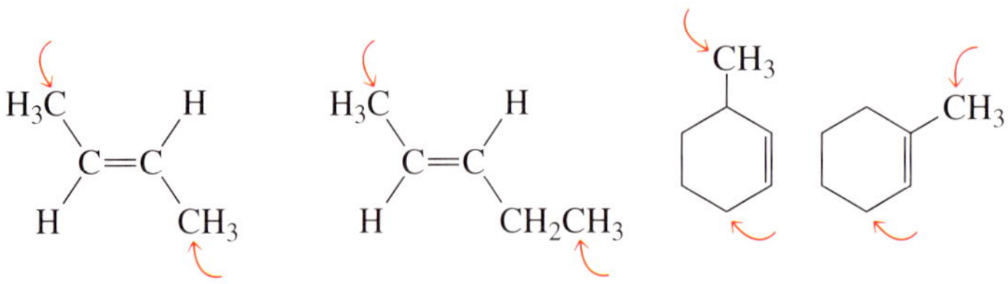

$\underset{H}{\overset{H_3C}{>}}C=C\underset{CH_3}{\overset{H}{<}}$ $\underset{H}{\overset{H_3C}{>}}C=C\underset{CH_2CH_3}{\overset{H}{<}}$ (ciclohexeno con CH$_3$)   (ciclohexeno con CH$_3$)

84. Escriba los productos de las siguientes reacciones ácido-base e indique si el equilibrio favorece a los reactivos o a los productos (use los valores de pK_a de la sección 1.18):

a. $CH_3\overset{\overset{\displaystyle O}{\|}}{C}OH + CH_3O^- \rightleftharpoons$

b. $CH_3CH_2OH + {}^-NH_2 \rightleftharpoons$

c. $CH_3\overset{\overset{\displaystyle O}{\|}}{C}OH + CH_3NH_2 \rightleftharpoons$

d. $CH_3CH_2OH + HCl \rightleftharpoons$

85. ¿Cuáles de las moléculas siguientes tienen un átomo tetraédrico?

$$H_2O \quad H_3O^+ \quad {}^+CH_3 \quad BF_3 \quad NH_3 \quad {}^+NH_4 \quad {}^-CH_3$$

86. Para cada una de las moléculas que siguen, indique la **hibridación** de cada átomo de carbono y escriba los valores aproximados de todos los ángulos de enlace:
   a. $CH_3C{\equiv}CH$
   b. $CH_3CH{=}CH_2$
   c. $CH_3CH_2CH_3$
   d. $CH_2{=}CH{-}CH{=}CH_2$

87. a) Estime el valor del pK_a de cada uno de los ácidos que siguen sin usar calculadora (es decir, entre 3 y 4, entre 9 y 10, etc.):
   1. ácido nitroso (HNO_2), $K_a = 4.0 \times 10^{-4}$
   2. ácido nítrico (HNO_3), $K_a = 22$
   3. bicarbonato (HCO_3^-), $K_a = 6.3 \times 10^{-11}$
   4. cianuro de hidrógeno (HCN), $K_a = 7.9 \times 10^{-10}$
   5. ácido fórmico (HCOOH), $K_a = 2.0 \times 10^{-4}$
   b. Determine los valores del pK_a, con calculadora.
   c. ¿Cuál es el ácido más fuerte?

88. a. Localice los tres átomos de nitrógeno en el mapa de potencial eléctrico de la histamina, compuesto que produce los síntomas del resfriado común y de las respuestas alérgicas. ¿Cuál de los dos átomos de nitrógeno del anillo es el más básico?

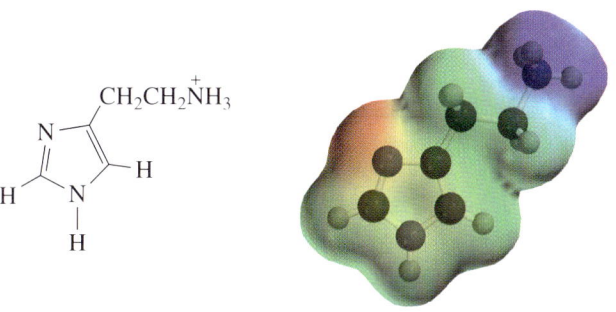

histamina

   b. Si no hubiera mapa de potencial ¿podría usted haber anticipado cuál es el nitrógeno más básico a partir de la estructura de la histamina?

89. a. Haga la lista de los ácidos carboxílicos siguientes, en orden de acidez decreciente:

$$\underset{Br}{CH_3CH_2CHCOOH} \quad CH_3CH_2CH_2COOH \quad \underset{OH}{CH_3CH_2CHCOOH} \quad \underset{Cl}{CH_3CH_2CHCOOH}$$

$K_a = 1.02 \times 10^{-3}$ $K_a = 1.51 \times 10^{-5}$ $K_a = 6.03 \times 10^{-5}$ $K_a = 1.45 \times 10^{-3}$

   b. ¿Cuál es el sustituyente más electronegativo, el Cl o el OH?

90. Trace una estructura de Lewis para cada una de las especies siguientes:
   a. $CH_3N_2^+$
   b. CH_2N_2
   c. N_3^-
   d. N_2O (ordenado NNO)

91. a. En cada uno de los siguientes pares de reacciones, indique cuál tiene la constante de equilibrio más favorable, esto es, cuál reacción favorece más a los productos.
   1. $CH_3CH_2OH + NH_3 \rightleftharpoons CH_3CH_2O^- + \overset{+}{N}H_4$
      o
      $CH_3OH + NH_3 \rightleftharpoons CH_3O^- + \overset{+}{N}H_4$
   2. $CH_3CH_2OH + NH_3 \rightleftharpoons CH_3CH_2O^- + \overset{+}{N}H_4$
      o
      $CH_3CH_2OH + CH_3NH_2 \rightleftharpoons CH_3CH_2O^- + CH_3\overset{+}{N}H_3$
   b. ¿Cuál de las cuatro reacciones tiene la constante de equilibrio más favorable?

92. El siguiente compuesto tiene dos isómeros:

$$ClCH{=}CHCl$$

Un isómero tiene momento dipolar 0 D y el momento dipolar del otro es 2.95 D. Proponga las estructuras para los dos isómeros que estén de acuerdo con estos datos.

93. Explique por qué no es estable el siguiente compuesto:

94. Si pH + pOH = 14 y la concentración de agua en una disolución de agua es 55.5 M, demuestre que el pK_a del agua es 15.7. (*Sugerencia:* pOH = $-\log$ [HO$^-$].)

95. El agua y el éter dietílico son líquidos inmiscibles. Los compuestos con carga se disuelven en el agua y los compuestos sin carga se disuelven en el éter. Si el C$_6$H$_{11}$COOH tiene pK_a = 4.8 y el pK_a del C$_6$H$_{11}$NH$_3$ es 10.7:
  a. ¿A qué pH llevaría usted la fase acuosa para hacer que ambos compuestos se disuelvan en ella?
  b. ¿A qué pH llevaría usted la fase acuosa para hacer que el ácido se disolviera en ella y que la amina se disolviera en la fase etérea?
  c. ¿A qué pH llevaría usted la fase acuosa para hacer que el ácido se disolviera en la fase etérea y que la amina se disolviera en la fase acuosa?

96. ¿Cómo separaría usted una mezcla de los siguientes compuestos? Los reactivos a su alcance son agua, éter, HCl 1.0 M y NaOH 1.0 M. (*Sugerencia:* vea el problema 95.)

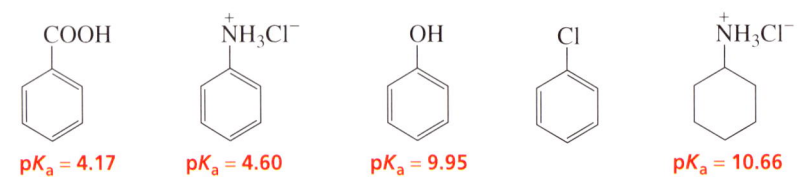

pK_a = 4.17   pK_a = 4.60   pK_a = 9.95   pK_a = 10.66

97. Use la teoría de los orbitales moleculares para explicar por qué la llegada de luz al Br$_2$ hace que se descomponga en átomos, pero al alumbrar H$_2$ la molécula no se rompe.

98. Demuestre que $K_{eq} = \dfrac{K_a \text{ del ácido reaccionante}}{K_a \text{ del ácido producido}} = \dfrac{[\text{productos}]}{[\text{reactantes}]}$

99. El ácido carbónico tiene pK_a = 6.1 a la temperatura fisiológica. El sistema amortiguador de ácido carbónico/bicarbonato que mantiene el pH de la sangre en 7.3 ¿es mejor para neutralizar un exceso de ácido o un exceso de base?

100. a. Si un ácido cuyo pK_a = 5.3 está en disolución acuosa de pH 5.7 ¿qué porcentaje del ácido está presente en su forma ácida?
  b. ¿A qué pH estará 80% del ácido en su forma ácida?

101. Calcule los valores de pH de las soluciones siguientes:
  a. Una disolución de ácido acético (pK_a = 4.76) 1.0 M.
  b. Una disolución de metilamina protonada (pK_a = 10.7) 0.1 M.
  c. Una disolución con 0.3 M HCOOH y 0.1 M HCOO$^-$ (pK_a del HCOOH = 3.76)

CAPÍTULO 2

Introducción a los compuestos orgánicos

Nomenclatura, propiedades físicas y representación de la estructura

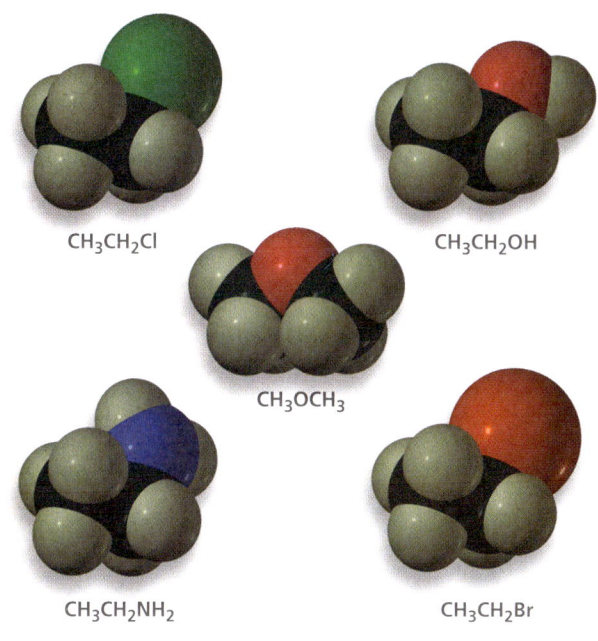

CH₃CH₂Cl

CH₃CH₂OH

CH₃OCH₃

CH₃CH₂NH₂

CH₃CH₂Br

ANTECEDENTES

| SECCIÓN 2.8 | Los alcoholes y los éteres son de estructura parecida al agua (1.11); las aminas tienen estructura parecida a | la del amoniaco (1.12), y los haluros de alquilo tienen estructura parecida a la de los alcanos (sección 1.7). |

En este libro se organiza la presentación de la química orgánica de acuerdo con la forma en que reaccionan los compuestos orgánicos. Al estudiar cómo reaccionan, el lector no debe olvidar que siempre que un compuesto reacciona se sintetiza un nuevo compuesto. En otras palabras, al estar aprendiendo cómo reaccionan los compuestos orgánicos estudiará cómo se sintetizan estos compuestos.

$$Y \longrightarrow Z$$
Y reacciona se sintetiza Z

Las clases principales de compuestos que se sintetizan con las reacciones que se describen en los capítulos 3 al 10 son los alcanos, haluros de alquilo, éteres, alcoholes y aminas. Cuando se aprenda cómo sintetizar los compuestos se hará necesario poder citarlos por su nombre, así que el estudio de la química orgánica dará inicio aprendiendo a dar nombre a esas cinco clases de compuestos.

Lo primero será aprender a dar nombre a los *alcanos* porque su nomenclatura forma la base de los nombres de casi todos los compuestos orgánicos. Los **alcanos** o **parafinas** están formados sólo por átomos de carbono y átomos de hidrógeno, y contienen exclusivamente enlaces sencillos. Los compuestos que sólo contienen carbono e hidrógeno se llaman **hidrocarburos**; entonces, un alcano es un hidrocarburo que sólo presenta enlaces sencillos. Los alcanos donde los carbonos forman una cadena lineal, sin ramificaciones, se llaman **alcanos de cadena lineal** o **alcanos normales**. En la tabla 2.1 se muestran los nombres de varios alcanos de cadena lineal. Es importante aprender los nombres, cuando menos, de los 10 primeros.

72 CAPÍTULO 2 Introducción a los compuestos orgánicos

Tabla 2.1 Nomenclatura y propiedades físicas de los alcanos de cadena lineal						
Cantidad de carbonos	Fórmula molecular	Nombre	Estructura condensada	Punto de fusión (°C)	Punto de ebullición (°C)	Densidad[a] (g/mL)
1	CH_4	metano	CH_4	−167.7	−182.5	
2	C_2H_6	etano	CH_3CH_3	−88.6	−183.3	
3	C_3H_8	propano	$CH_3CH_2CH_3$	−42.1	−187.7	
4	C_4H_{10}	butano	$CH_3CH_2CH_2CH_3$	−0.5	−138.3	
5	C_5H_{12}	pentane	$CH_3(CH_2)_3CH_3$	36.1	−129.8	0.5572
6	C_6H_{14}	hexano	$CH_3(CH_2)_4CH_3$	68.7	−95.3	0.6603
7	C_7H_{16}	heptano	$CH_3(CH_2)_5CH_3$	98.4	−90.6	0.6837
8	C_8H_{18}	octano	$CH_3(CH_2)_6CH_3$	125.7	−56.8	0.7026
9	C_9H_{20}	nonano	$CH_3(CH_2)_7CH_3$	150.8	−53.5	0.7177
10	$C_{10}H_{22}$	decano	$CH_3(CH_2)_8CH_3$	174.0	−29.7	0.7299
11	$C_{11}H_{24}$	undecano	$CH_3(CH_2)_9CH_3$	195.8	−25.6	0.7402
12	$C_{12}H_{26}$	dodecano	$CH_3(CH_2)_{10}CH_3$	216.3	−9.6	0.7487
13	$C_{13}H_{28}$	tridecano	$CH_3(CH_2)_{11}CH_3$	235.4	−5.5	0.7546
⋮	⋮	⋮	⋮	⋮	⋮	⋮
20	$C_{20}H_{42}$	eicosano	$CH_3(CH_2)_{18}CH_3$	343.0	36.8	0.7886
21	$C_{21}H_{44}$	heneicosano	$CH_3(CH_2)_{19}CH_3$	356.5	40.5	0.7917
⋮	⋮	⋮	⋮	⋮	⋮	⋮
30	$C_{30}H_{62}$	triacontano	$CH_3(CH_2)_{28}CH_3$	449.7	65.8	0.8097

[a]La densidad depende de la temperatura. Estas densidades están determinadas a 20°C ($d^{20°}$).

La familia de alcanos que muestra la tabla es un ejemplo de una serie homóloga. Una **serie homóloga** (de *homos*, "igual que" en griego) es una familia de compuestos en la que cada miembro difiere del anterior en la serie en un **grupo metileno** (CH_2). A los miembros de una serie homóloga se les llama **homólogos**. El propano ($CH_3CH_2CH_3$) y el butano ($CH_3CH_2CH_2CH_3$) son homólogos.

Si el lector examina las cantidades relativas de átomos de carbono e hidrógeno en los alcanos de la tabla 2.1, comprobará que la fórmula molecular general de un alcano es C_nH_{2n+2}, donde *n* es un número entero. Así, si un alcano tiene un átomo de carbono, debe tener cuatro átomos de hidrógeno; si tiene dos átomos de carbono, debe tener seis átomos de hidrógeno.

Ya se estableció que el carbono forma cuatro enlaces covalentes y que el hidrógeno sólo forma un enlace covalente (sección 1.4). Ello significa que sólo hay una estructura posible de un alcano que tenga la fórmula molecular CH_4 (metano) y una sola estructura para un alcano cuya fórmula molecular sea C_2H_6 (etano). Las estructuras de estos compuestos se examinaron en la sección 1.7. También hay sólo una estructura posible para un alcano con fórmula molecular C_3H_8 (propano).

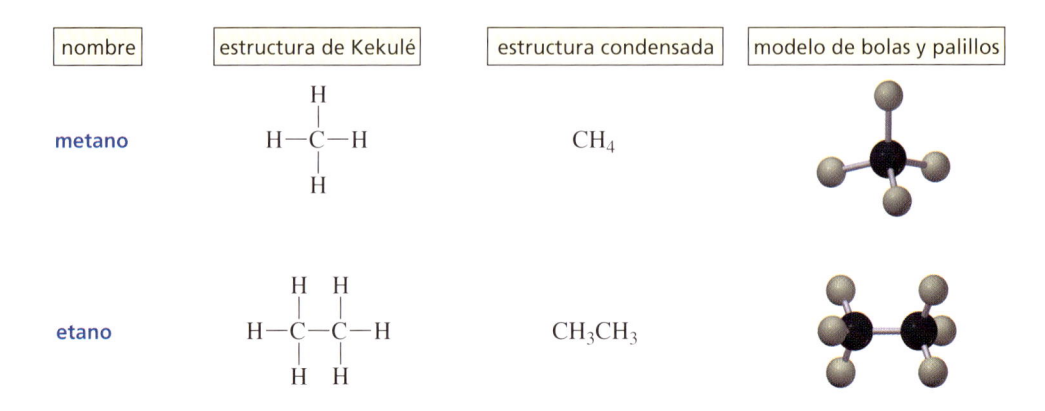

nombre	estructura de Kekulé	estructura condensada	modelo de bolas y palillos
metano	H−C(H)(H)−H	CH_4	
etano	H−C(H)(H)−C(H)(H)−H	CH_3CH_3	

propano   H–C–C–C–H $CH_3CH_2CH_3$
           H H H
           | | |
           H H H

butano   H–C–C–C–C–H $CH_3CH_2CH_2CH_3$
           H H H H
           | | | |
           H H H H

Cuando un alcano contiene más de tres átomos de carborno, aumenta la cantidad de estructuras posibles. Hay dos estructuras posibles para un alcano que tenga la fórmula molecular C_4H_{10}; además del butano ($CH_3CH_2CH_2CH_3$), que es un alcano de cadena lineal, existe un butano ramificado, llamado isobutano ($CH_3CH(CH_3)CH_3$). Los dos compuestos cumplen con el requisito de que cada átomo de carbono forme cuatro enlaces y que cada hidrógeno forme un solo enlace.

A los compuestos como el butano y el isobutano, que muestran la misma fórmula molecular pero difieren en el orden en que están unidos los átomos se les llama **isómeros de constitución** —es decir, se encuentran unidos de manera diferente. De hecho, el nombre del isobutano se debe a que es un "isó"mero (*iso* significa "iguales partes") del butano. La unidad estructural formada por un carbono unido a un hidrógeno y a dos grupos CH_3 (metilo), que contiene el isobutano, se acostumbra llamar "iso." Así, el nombre del isobutano indica que el compuesto es un alcano de cuatro carbonos con una unidad estructural iso.

$CH_3CH_2CH_2CH_3$ CH_3CHCH_3 $CH_3CH—$
butano | |
                      CH_3 CH_3
                      isobutano   unidad
                                      estructural "iso"

Existen tres alcanos con fórmula molecular C_5H_{12} y el lector ya habrá aprendido cómo se designan dos de ellos. El pentano es el alcano de cadena lineal. El isopentano, como indica su nombre, tiene una unidad estructural iso y cinco átomos de carbono. No es posible dar nombre al otro alcano de cadena lineal sin definir el nombre de una nueva unidad estructural. (Por ahora, no debe tomarse en cuenta los nombres escritos en azul).

$CH_3CH_2CH_2CH_2CH_3$ $CH_3CHCH_2CH_3$ CH_3CCH_3 (con CH_3 arriba y CH_3 abajo)
pentano |
                          CH_3
                          isopentano   2,2-dimetilpropano

Existen cinco isómeros de constitución cuya fórmula molecular es C_6H_{14}. De nuevo, en este momento sólo es posible dar nombre a dos de ellos, a menos que se definan nuevas unidades estructurales.

nombre común: $CH_3CH_2CH_2CH_2CH_2CH_3$ $CH_3CHCH_2CH_2CH_3$ $CH_3CCH_2CH_3$
                 hexano | (con CH_3 arriba y CH_3 abajo)
nombre sistemático: hexano CH_3 2,2-dimetilbutano
                                               isohexano
                                               2-metilpentano

                 $CH_3CH_2CHCH_2CH_3$ $CH_3CH—CHCH_3$
                 | | |
                 CH_3 CH_3 CH_3
                 3-metilpentano   2,3-dimetilbutano

Existen nueve isómeros cuya fórmula molecular es C_7H_{16}; ahora sólo es posible dar nombre a dos de ellos (heptano e isoheptano).

$$CH_3CH_2CH_2CH_2CH_2CH_2CH_3$$
nombre común: heptano
nombre sistemático: heptano

$$CH_3CHCH_2CH_2CH_2CH_3$$
$$|$$
$$CH_3$$
isoheptano
2-metilhexano

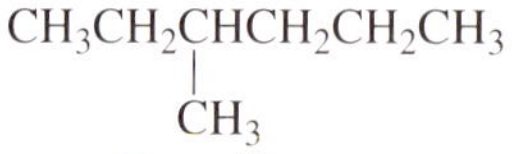

$$CH_3CH_2CHCH_2CH_2CH_3$$
$$|$$
$$CH_3$$
3-metilhexano

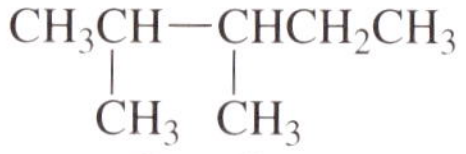

$$CH_3CH{-}CHCH_2CH_3$$
$$|\quad\;\;|$$
$$CH_3\;CH_3$$
2,3-dimetilpentano

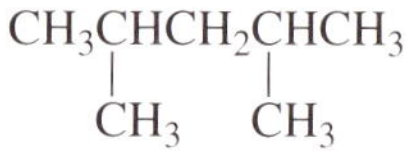

$$CH_3CHCH_2CHCH_3$$
$$|\quad\quad\;|$$
$$CH_3\;\;\;CH_3$$
2,4-dimetilpentano

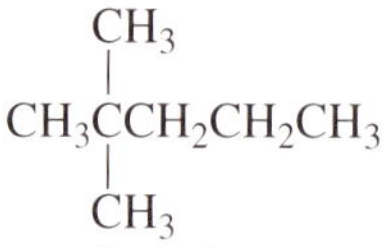

$$CH_3$$
$$|$$
$$CH_3CCH_2CH_2CH_3$$
$$|$$
$$CH_3$$
2,2-dimetilpentano

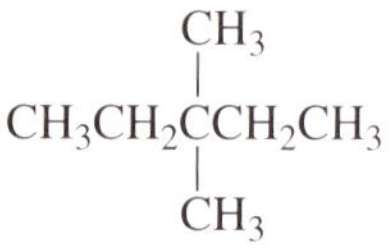

$$CH_3$$
$$|$$
$$CH_3CH_2CCH_2CH_3$$
$$|$$
$$CH_3$$
3,3-dimetilpentano

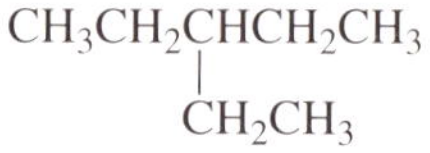

$$CH_3CH_2CHCH_2CH_3$$
$$|$$
$$CH_2CH_3$$
3-etilpentano

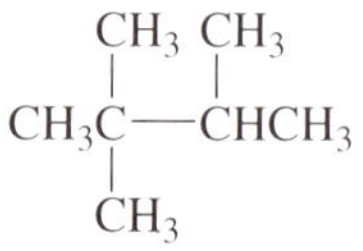

$$CH_3\;CH_3$$
$$|\quad\;\;|$$
$$CH_3C{-}CHCH_3$$
$$|$$
$$CH_3$$
2,2,3-trimetilbutano

La cantidad de isómeros de constitución aumenta con celeridad conforme lo hace la cantidad de carbonos en un alcano. Por ejemplo, hay 75 isómeros para la fórmula molecular es $C_{10}H_{22}$ y 4347 para $C_{15}H_{32}$. Para evitar la memorización de los nombres de miles de unidades estructurales, se crearon reglas para asignar nombres sistemáticos que describen la estructura de los compuestos. De esa manera, sólo se requiere aprender esas reglas. Ya que el nombre describe la estructura, con esas reglas se puede conocer la estructura de un compuesto a partir de su nombre.

A este método de nomenclatura se le llama **nomenclatura sistemática**, y también **nomenclatura IUPAC** porque fue establecida por una comisión de la Unión Internacional de Química Pura y Aplicada ("IUPAC" por sus iniciales en inglés de *International Union of Pure and Applied Chemistry*); esa comisión se reunió por primera vez en Ginebra, Suiza, en 1892. Desde entonces, la comisión establece de manera continua esas reglas. Un nombre como "isobutano" es el **nombre común** y no el sistemático. Cuando ambos nombres se mencionen en este libro, los nombres comunes se escribirán en rojo y los nombres sistemáticos (IUPAC) en azul. Antes de poder comprender cómo se forma un nombre sistemático de un alcano debe aprenderse a dar nombre a los sustituyentes alquilo.

2.1 Nomenclatura de los sustituyentes alquilo

Si a un alcano se le elimina un hidrógeno, el resultado es un **sustituyente alquilo** o **grupo alquilo**. Los sustituyentes alquilo se indican cambiando la terminación "ano" del alcano por "ilo". Para indicar un grupo alquilo cualquiera se usa la letra "R".

CH_3-
grupo metilo

CH_3CH_2-
grupo etilo

$CH_3CH_2CH_2-$
grupo propilo

$CH_3CH_2CH_2CH_2-$
grupo butilo

$CH_3CH_2CH_2CH_2CH_2-$
grupo pentilo

$R-$
cualquier grupo alquilo

Si el hidrógeno de un alcano se sustituye por un OH, el compuesto es un **alcohol**; si el hidrógeno se sustituye por un NH$_2$, el compuesto es una **amina**; si es un halógeno, el compuesto es un **haluro de alquilo**, y si es un OR, el grupo es un **éter**.

R—OH   R—NH$_2$ R—X $\boxed{X = F, Cl, Br, o\ I}$ R—O—R
un alcohol una amina un haluro de alquilo   un éter

El nombre del grupo alquilo seguido o precedido por el nombre de la clase de compuestos (alcohol, amina, etc.) forma el nombre común del compuesto. En los éteres, los dos grupos alquilo se citan en orden alfabético. Los ejemplos siguientes muestran la forma en que se usan los nombres de los grupos alquilo para formar los nombres comunes.

CH$_3$OH   CH$_3$CH$_2$NH$_2$ CH$_3$CH$_2$CH$_2$Br   CH$_3$CH$_2$CH$_2$CH$_2$Cl
alcohol metílico   etilamina   bromuro de propilo   cloruro de butilo

CH$_3$I   CH$_3$CH$_2$OH   CH$_3$CH$_2$CH$_2$NH$_2$ CH$_3$CH$_2$OCH$_3$
yoduro de metilo   alcohol etílico   propilamina   éter etil-metílico

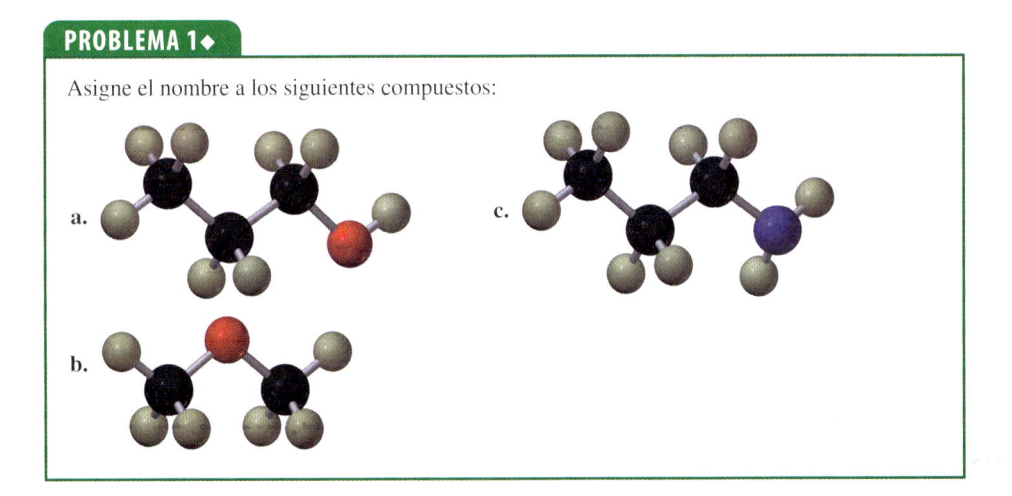

alcohol metílico

cloruro de metilo

metilamina

PROBLEMA 1◆

Asigne el nombre a los siguientes compuestos:

a.

b.

c.

Dos grupos alquilo tienen tres átomos de carbono: el grupo propilo y el grupo isopropilo. Un grupo propilo se obtiene al eliminar un hidrógeno de un *carbono primario* del propano. Un **carbono primario** es un carbono unido sólo a un carbono. Un grupo isopropilo se obtiene cuando se elimina un hidrógeno del *carbono secundario* del propano. Un **carbono secundario** es un carbono unido a otros dos carbonos. Obsérvese que un grupo isopropilo, como indica su nombre, tiene sus tres átomos de carbono dispuestos como en la unidad estructural iso.

$\boxed{\text{carbono primario}}$ $\boxed{\text{carbono secundario}}$
CH$_3$CH$_2$**C**H$_2$—   CH$_3$**C**HCH$_3$
                                              |
grupo propilo   grupo isopropilo

CH$_3$CH$_2$CH$_2$Cl   CH$_3$CHCH$_3$
                                              |
                                             Cl
cloruro de propilo   cloruro de isopropilo

Las estructuras moleculares se pueden dibujar en diversas formas. Por ejemplo, el cloruro de isopropilo se representa a continuación en dos formas distintas. Ambas representaciones ilustran el mismo compuesto, aunque a primera vista parezcan distintas las vistas bidimensionales: los grupos metilo se colocan en los extremos opuestos de una estructura

Construya modelos de las dos representaciones del cloruro de isopropilo para comprobar que representan al mismo compuesto.

y en ángulo recto en la otra; sin embargo, las estructuras son idénticas porque el carbono es tetraédrico. Los cuatro grupos unidos al carbono central son un hidrógeno, un cloro y dos grupos metilo (CH_3); esos cuatro grupos apuntan hacia los vértices de un tetraedro. Si el lector hace girar 90° el modelo tridimensional de la derecha, en el sentido de las manecillas del reloj, podrá ver que los dos modelos son iguales. (Visite la Galería de moléculas para el capítulo 2 en http://www.pearsoneducacion.net/bruice, podrá hacer girar realmente el cloruro de isopropilo para convencerse de que las dos moléculas son idénticas).

dos formas distintas de dibujar al cloruro de isopropilo

CH_3CHCH_3
|
Cl

CH_3CHCl
|
CH_3

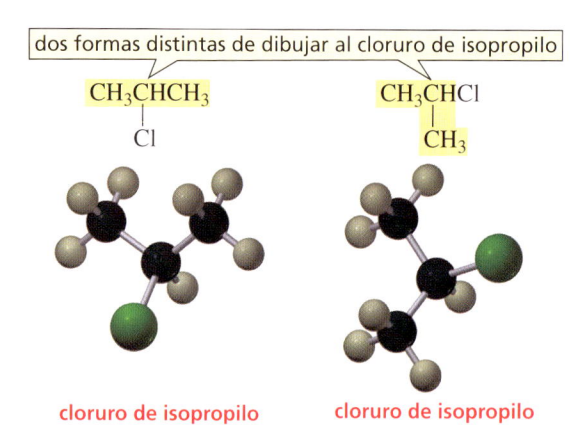

cloruro de isopropilo   cloruro de isopropilo

Existen cuatro grupos alquilo que contienen cuatro átomos de carbono. A dos de ellos, los grupos butilo e isobutilo, se obtienen eliminando un hidrógeno de un carbono primario. Un grupo *sec*-butilo se obtiene eliminando un hidrógeno de un carbono secundario (*sec*-, que con frecuencia se abrevia *s*-, indica secundario), y un grupo *ter*-butilo es aquel que se obtiene al eliminar un hidrógeno de un carbono terciario (*ter*- se abrevia *t* con frecuencia e indica terciario). Un **carbono terciario** es aquel que está unido a otros tres carbonos. Obsérvese que el grupo isobutilo es el único grupo que presenta la unidad estructural iso.

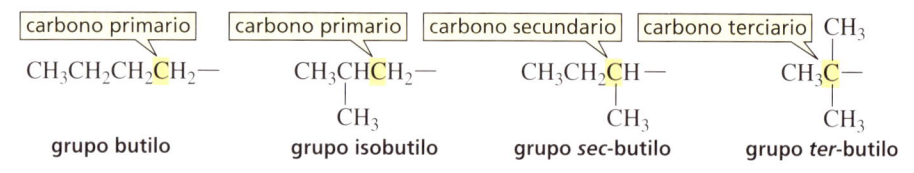

> **Un carbono primario está unido a un carbono; un carbono secundario está unido a dos carbonos, y un carbono terciario está unido a tres carbonos.**

Tutorial del alumno:
Grado de sustitución de alquilo
(Degree of alkyl substitution)

carbono primario	carbono primario	carbono secundario	carbono terciario
$CH_3CH_2CH_2CH_2-$	CH_3CHCH_2- $\;\;\;\;\;\;\;\;\;\;\;\;\;\;\;\;|$ $\;\;\;\;\;\;\;\;\;\;\;\;\;\;\;\;CH_3$	CH_3CH_2CH- $\;\;\;\;\;\;\;\;\;\;\;\;\;\;\;\;|$ $\;\;\;\;\;\;\;\;\;\;\;\;\;\;\;\;CH_3$	CH_3 $\;\;|$ CH_3C- $\;\;|$ $\;\;CH_3$
grupo butilo	grupo isobutilo	grupo *sec*-butilo	grupo *ter*-butilo

Los nombres de los grupos alquilo de cadena lineal tienen con frecuencia el prefijo "*n*-" de "normal" para señalar que los átomos de carbono están en una cadena sin ramificaciones.

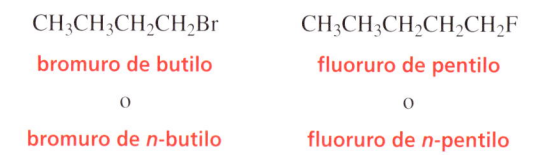

$CH_3CH_2CH_2CH_2Br$ $CH_3CH_2CH_2CH_2CH_2F$
bromuro de butilo   fluoruro de pentilo
o   o
bromuro de *n*-butilo   fluoruro de *n*-pentilo

Al igual que los carbonos, los hidrógenos en una molécula también pueden ser primarios, secundarios y terciarios. Los **hidrógenos primarios** están unidos a carbonos primarios, los **hidrógenos secundarios** están unidos a carbonos secundarios y los **hidrógenos terciarios** a carbonos terciarios.

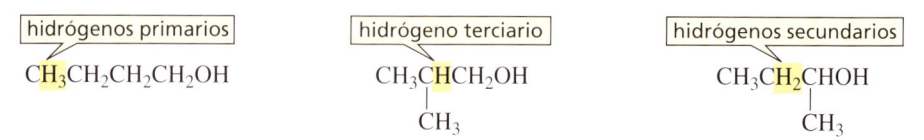

> **Los hidrógenos primarios están unidos a un carbono primario, los hidrógenos secundarios están unidos a un carbono secundario, y los hidrógenos terciarios están unidos a un carbono terciario.**

hidrógenos primarios   hidrógeno terciario   hidrógenos secundarios
$CH_3CH_2CH_2CH_2OH$ CH_3CHCH_2OH CH_3CH_2CHOH
$\;|$ $\;|$
$\;CH_3$ $\;CH_3$

Un nombre químico debe especificar sólo a un compuesto. En consecuencia, el prefijo "*sec*" sólo se puede usar con compuestos secundarios, como el *sec*-butilo. Así, no se puede usar el nombre "*sec*-pentilo" porque el pentano tiene dos átomos de carbono secundario diferentes y ello implica que al quitar un hidrógeno a un carbono secundario del pentano se obtiene uno de dos grupos alquilo secundarios, dependiendo de cuál hidrógeno se elimine.

El resultado es que el cloruro de *sec*-pentilo especificaría dos cloruros de alquilo diferentes, por lo que no es un nombre correcto.

Un nombre sólo debe especificar un solo compuesto.

Los dos haluros de alquilo tienen cinco átomos de carbono con un cloro unido a un carbono secundario, pero dos compuestos no pueden llamarse cloruro de *sec*-pentilo.

$$CH_3CHCH_2CH_2CH_3 \qquad CH_3CH_2CHCH_2CH_3$$
$$\quad\;\; | \qquad\qquad\qquad\qquad\quad |$$
$$\quad\;\; Cl \qquad\qquad\qquad\qquad\quad Cl$$

El prefijo *ter* se usa en los compuestos como *ter*-butilo y *ter*-pentilo porque cada uno de esos sustituyentes describe sólo a un grupo alquilo. El nombre "*ter*-hexilo" no puede usarse porque describe a dos grupos alquilo diferentes.

$$\begin{array}{cccc}
CH_3 & CH_3 & CH_2CH_3 & CH_3 \\
| & | & | & | \\
CH_3C-Br & CH_3C-Br & CH_3CH_2C-Br & CH_3CH_2CH_2C-Br \\
| & | & | & | \\
CH_3 & CH_2CH_3 & CH_3 & CH_3
\end{array}$$

bromuro de *ter*-butilo **bromuro de *ter*-pentilo**

Los dos bromuros de alquilo tienen seis átomos de carbono con un bromo unido a un carbono terciario, pero estos dos compuestos no se pueden llamar bromuro de *ter*-butilo.

Si el lector examina las siguientes estructuras apreciará que siempre que se usa el prefijo "iso" la unidad estructural estará en un extremo de la molécula mientras el grupo que sustituye a un hidrógeno se localiza en el otro extremo.

$$\begin{array}{ccc}
CH_3CHCH_2CH_2OH & CH_3CHCH_2CH_2CH_2Cl & CH_3CHCH_2NH_2 \\
| & | & | \\
CH_3 & CH_3 & CH_3
\end{array}$$

alcohol isopentílico **cloruro de isohexilo** **isobutilamina**

$$\begin{array}{ccc}
CH_3CHCH_2Br & CH_3CHCH_2CH_2OH & CH_3CHBr \\
| & | & | \\
CH_3 & CH_3 & CH_3
\end{array}$$

bromuro de isobutilo **alcohol isopentílico** **bromuro de isopropilo**

También podrá observar que un grupo iso dispone de un grupo metilo en el penúltimo carbono de la cadena. Asimismo, que todos los compuestos de isoalquilo cuentan con el sustituyente (OH, Cl, NH$_2$, etc.) en un carbono primario, excepto el isopropilo, que lo presenta en un carbono secundario. El grupo isopropilo se podría haber llamado grupo *sec*-propilo. Cualquiera de los nombres hubiera sido correcto porque el grupo tiene una unidad estructural iso y se ha tomado un hidrógeno de un carbono secundario. Sin embargo, se decidió llamarlo isopropilo y eso significa que "*sec*" sólo se usa en el *sec*-butilo.

De esta manera, los nombres de los grupos alquilo deben usarse con la frecuencia necesaria para aprender lo que significan. Algunos de los nombres de los grupos alquilo más comunes se presentan en la tabla 2.2 para su conveniencia.

Tabla 2.2 Nombres de algunos grupos alquilo comunes

metilo	CH$_3$—	isobutilo	CH$_3$CHCH$_2$—
			           |
			          CH$_3$
				pentilo	CH$_3$CH$_2$CH$_2$CH$_2$CH$_2$—

etilo	CH$_3$CH$_2$—			isopentilo	CH$_3$CHCH$_2$CH$_2$—
					        |
					        CH$_3$

propilo	CH$_3$CH$_2$CH$_2$—	*sec*-butilo	CH$_3$CH$_2$CH—
			             |
			             CH$_3$		

isopropilo	CH$_3$CH—
	      |
	      CH$_3$
				hexilo	CH$_3$CH$_2$CH$_2$CH$_2$CH$_2$CH$_2$—

				isohexilo	CH$_3$CHCH$_2$CH$_2$CH$_2$—
					        |
					        CH$_3$

butilo	CH$_3$CH$_2$CH$_2$CH$_2$—	*tert*-butilo	CH$_3$C—
			          |
			          CH$_3$		

PROBLEMA 2◆

Dibuje la estructura y asigne el nombre sistemático a un compuesto cuya fórmula molecular es C_5H_{12}, y tiene

a. un carbono terciario. **b.** no tiene carbonos secundarios.

PROBLEMA 3◆

Dibuje las estructuras y asigne el nombre a los cuatro isómeros de constitución cuya fórmula molecular es C_4H_9Br.

PROBLEMA 4◆

¿Cuál de las cuatro afirmaciones demuestra que el carbono es tetraédrico?

a. El bromuro de metilo no tiene isómeros de constitución.
b. El tetraclorometano (tetracloruro de carbono) no tiene momento dipolar.
c. El dibromometano no tiene isómeros de constitución.

PROBLEMA 5◆

Escriba una estructura para cada uno de los compuestos siguientes:

a. alcohol isopropílico   **c.** yoduro de *sec*-butilo   **e.** *ter*-butilamina
b. fluoruro de isopentilo   **d.** alcohol *ter*-pentílico   **f.** bromuro de *n*-octilo

PROBLEMA 6◆

¿Cuál es el nombre de cada uno de los compuestos siguientes?

a. $CH_3OCH_2CH_3$

b. $CH_3OCH_2CH_2CH_3$

c. $CH_3CH_2\underset{\underset{CH_3}{|}}{C}HNH_2$

d. $CH_3CH_2CH_2CH_2OH$

e. $CH_3\underset{\underset{CH_3}{|}}{C}HCH_2Br$

f. $CH_3CH_2\underset{\underset{CH_3}{|}}{C}HCl$

2.2 Nomenclatura de los alcanos

El nombre sistemático de un alcano se forma aplicando las siguientes reglas:

1. Determinar la cantidad de carbonos en la cadena continua más larga de carbonos, cadena a la que se le denomina **hidrocarburo primario, hidrocarburo generador** o **hidrocarburo precursor.** El nombre que indica la cantidad de carbonos del hidrocarburo primario es su "primer nombre". Por ejemplo, un hidrocarburo primario con ocho carbonos se llamaría *octano*. La cadena continua más larga no siempre es lineal; a veces habrá que "dar la vuelta" para obtenerla.

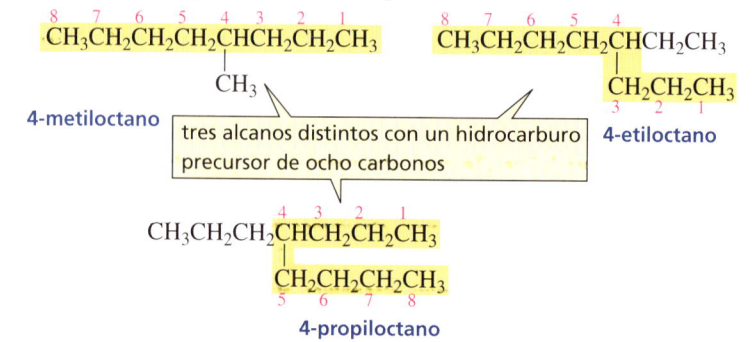

Primero se determina la cantidad de carbonos en la cadena continua que sea más larga.

$\overset{8}{C}H_3\overset{7}{C}H_2\overset{6}{C}H_2\overset{5}{C}H_2\overset{4}{C}H\overset{3}{C}H_2\overset{2}{C}H_2\overset{1}{C}H_3$
                 $|$
                 CH_3

4-metiloctano

$\overset{8}{C}H_3\overset{7}{C}H_2\overset{6}{C}H_2\overset{5}{C}H_2\overset{4}{C}HCH_2CH_3$
                         $|$
                         $\underset{3}{C}H_2\underset{2}{C}H_2\underset{1}{C}H_3$

4-etiloctano

tres alcanos distintos con un hidrocarburo precursor de ocho carbonos

$CH_3CH_2CH_2\overset{4}{C}H\overset{3}{C}H_2\overset{2}{C}H_2\overset{1}{C}H_3$
              $|$
              $\underset{5}{C}H_2\underset{6}{C}H_2\underset{7}{C}H_2\underset{8}{C}H_3$

4-propiloctano

2.2 Nomenclatura de los alcanos 79

2. El nombre de un sustituyente alquilo unido al hidrocarburo primario se antepone al nombre de ese hidrocarburo, junto con un número que indique al carbono al cual está unido el sustituyente alquilo. Los carbonos de la cadena primaria se numeran en la dirección en la que el sustituyente tenga el número menor posible. El nombre del sustituyente y el nombre del hidrocarburo primario se unen en una palabra[1] precedida por un guión que une al número y al nombre del sustituyente.

> **Se numera la cadena en la dirección en la que el sustituyente tenga el número menor.**

$$\underset{1\ 2\ 3\ 4\ 5}{CH_3CHCH_2CH_2CH_3}$$
$$|$$
$$CH_3$$
2-metilpentano

$$\underset{6\ 5\ 4\ 3\ 2\ 1}{CH_3CH_2CH_2CHCH_2CH_3}$$
$$|$$
$$CH_2CH_3$$
3-etilhexano

$$\underset{1\ 2\ 3\ 4\ 5\ 6\ 7\ 8}{CH_3CH_2CH_2CHCH_2CH_2CH_2CH_3}$$
$$|$$
$$CHCH_3$$
$$|$$
$$CH_3$$
4-isopropiloctano

Obsérvese que sólo los nombres sistemáticos tienen números; los nombres comunes nunca incluyen números.

> **Se usan números sólo en los nombres sistemáticos y nunca en los nombres comunes.**

$$CH_3$$
$$|$$
$$CH_3CHCH_2CH_2CH_3$$

nombre común: **isohexano**
nombre sistemático: **2-metilpentano**

3. Si hay más de un sustituyente unido al hidrocarburo primario, la cadena se numera en la dirección que permita que el nombre tenga los números más bajos posibles. Los sustituyentes se colocan en orden alfabético (no numérico) y cada sustituyente va precedido del número adecuado. En el siguiente ejemplo, el nombre correcto (5-etil-3-metiloctano) contiene un 3 como número más pequeño; el nombre incorrecto (4-etil-6-metiloctano) contiene un 4 como más pequeño posible:

> **Los sustituyentes se colocan en orden alfabético.**

$$CH_3CH_2CHCH_2CHCH_2CH_2CH_3$$
$$|\qquad\ \ |$$
$$CH_3\quad CH_2CH_3$$
5-etil-3-metiloctano
y no
4-etil-6-metiloctano,
porque 3 < 4

Si dos o más sustituyentes son iguales, se usan los prefijos "di", "tri", "tetra", etc., para indicar cuántos sustituyentes idénticos tiene el compuesto. Los números que indican los lugares de los sustituyentes se ponen juntos, separados por comas. Debe tenerse en cuenta que en un nombre debe haber tantos números como sustituyentes haya. Los prefijos "di", "tri", "tetra," *sec* y *ter* no se toman en cuenta al alfabetizar los grupos sustituyentes, pero sí se hace con los prefijos "iso" y "ciclo" (se presentará "ciclo" más adelante).

> **Un número y una palabra se separan con un guión; los números se separan con una coma.**
>
> **Al alfabetizar, no se toman en cuenta los prefijos di, tri, tetra, *sec* y *ter*.**
>
> **Los prefijos iso y ciclo sí se toman en cuenta al alfabetizar.**

$$CH_3CH_2CHCH_2CHCH_3$$
$$|\qquad\ \ |$$
$$CH_3\quad CH_3$$
2,4-dimetilhexano

$$CH_2CH_3$$
$$|$$
$$CH_3CH_2CCH_2CH_2CHCH_3$$
$$|\qquad\qquad\ \ |$$
$$CH_3\qquad\quad CH_3$$
5-etil-2,5-dimetilheptano

$$CH_2CH_3\quad CH_3$$
$$|\qquad\quad\ |$$
$$CH_3CH_2CCH_2CH_2CHCHCH_2CH_3$$
$$|\qquad\quad\ \ |$$
$$CH_2CH_3\ CH_2CH_3$$
3,3,6-trietil-7-metildecano

$$CH_3$$
$$|$$
$$CH_3CH_2CH_2CHCH_2CH_2CHCH_3$$
$$|$$
$$CH_3CHCH_3$$
5-isopropil-2-metiloctano

---
[1] N. del T.: Algunas veces, no se unen en una palabra, para conservar la claridad cuando se manejan nombres largos. Sólo como ejemplo, el 4-isopropiloctano de la figura sería 4-isopropil octano, o 4-isopropil-octano. Éste es un nombre muy sencillo, y casi nunca se separa.

80 CAPÍTULO 2 Introducción a los compuestos orgánicos

4. Cuando es igual numerar en cualquier dirección, porque resulte igual el número mínimo que tenga uno de los sustituyentes, la cadena se numera en la dirección que produzca el número menor posible para uno de los sustituyentes restantes.

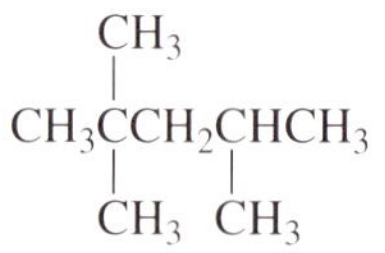

$$\begin{array}{c} CH_3 \\ | \\ CH_3CCH_2CHCH_3 \\ | \quad | \\ CH_3 \quad CH_3 \end{array} \qquad \begin{array}{c} CH_3 \quad CH_2CH_3 \\ | \qquad | \\ CH_3CH_2CHCHCH_2CHCH_2CH_3 \\ | \\ CH_3 \end{array}$$

2,2,4-trimetilpentano
y no
2,4,4-trimetilpentano,
porque 2 < 4

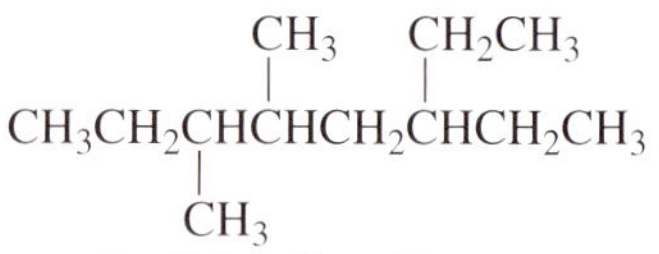

6-etil-3,4-dimetiloctano
y no
3-etil-5,6-dimetiloctano,
porque 4 < 5

Sólo si se obtiene el mismo conjunto de números en ambas direcciones, el primer grupo mencionado tiene el número más bajo.

5. Si se obtienen los mismos números de sustituyente en ambas direcciones, el primer grupo mencionado recibe el número menor.

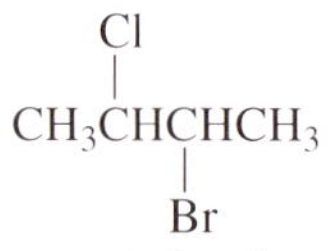

$$\begin{array}{c} Cl \\ | \\ CH_3CHCHCH_3 \\ | \\ Br \end{array} \qquad \begin{array}{c} CH_2CH_3 \\ | \\ CH_3CH_2CHCH_2CHCH_2CH_3 \\ | \\ CH_3 \end{array}$$

2-bromo-3-clorobutano
y no
3-bromo-2-clorobutano

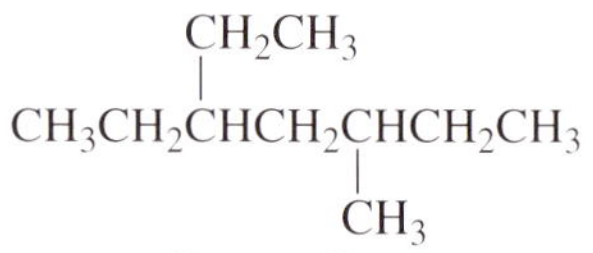

3-etil-5-metilheptano
y no
5-etil-3-metilheptano

En el caso de dos cadenas de hidrocarburos con las mismas cantidades de carbonos, se elige la que tenga más sustituyentes.

6. Si un compuesto tiene dos o más cadenas de la misma longitud, el hidrocarburo primario es la cadena que tenga la mayor cantidad de sustituyentes.

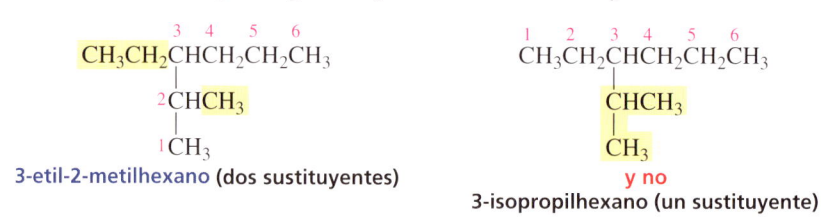

$$\begin{array}{c} {}^3\;\;{}^4\;\;{}^5\;\;{}^6 \\ CH_3CH_2CHCH_2CH_2CH_3 \\ | \\ {}^2CHCH_3 \\ | \\ {}^1CH_3 \end{array} \qquad \begin{array}{c} {}^1\;\;{}^2\;\;{}^3\;\;{}^4\;\;{}^5\;\;{}^6 \\ CH_3CH_2CHCH_2CH_2CH_3 \\ | \\ CHCH_3 \\ | \\ CH_3 \end{array}$$

3-etil-2-metilhexano (dos sustituyentes)

y no
3-isopropilhexano (un sustituyente)

7. En el sistema de nomenclatura IUPAC se aceptan nombres como "isopropilo," "*sec*-butilo" y "*ter*-butilo," pero se prefieren los nombres sistemáticos de ellos. Los nombres sistemáticos de los sustituyentes se obtienen numerando al sustituyente alquilo, comenzando en el carbono unido al hidrocarburo primario. Eso quiere decir que el carbono unido al hidrocarburo primario siempre es el carbono número 1 del sustituyente. En un compuesto como el 4-(1-metiletil)octano, el nombre del sustituyente está entre paréntesis; el número entre paréntesis indica la posición en el sustituyente, mientras que el número fuera del paréntesis indica la posición en el hidrocarburo primario. (Obsérvese que si un prefijo como "di" es parte de un nombre de rama, *sí* se incluye en la alfabetización).

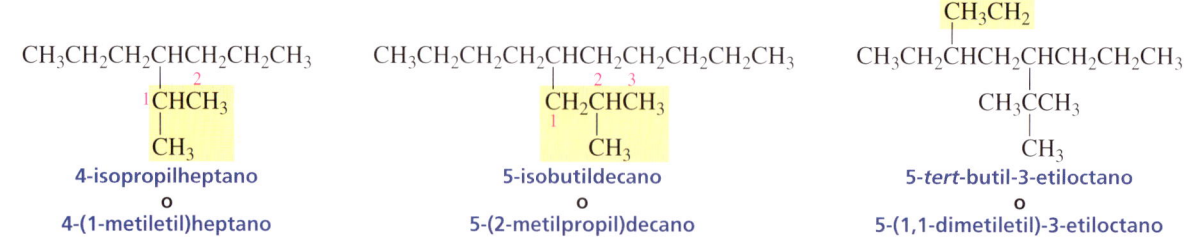

$$\begin{array}{c} CH_3CH_2CH_2CHCH_2CH_2CH_3 \\ | \\ {}^1CHCH_3 \\ | \\ CH_3 \end{array} \qquad \begin{array}{c} CH_3CH_2CH_2CH_2CHCH_2CH_2CH_2CH_3 \\ | \\ {}^1CH_2CHCH_3 \\ | \\ CH_3 \end{array} \qquad \begin{array}{c} CH_3CH_2 \\ | \\ CH_3CH_2CHCH_2CHCH_2CH_3 \\ | \\ CH_3CCH_3 \\ | \\ CH_3 \end{array}$$

4-isopropilheptano
o
4-(1-metiletil)heptano

5-isobutildecano
o
5-(2-metilpropil)decano

5-*tert*-butil-3-etiloctano
o
5-(1,1-dimetiletil)-3-etiloctano

Algunos sustituyentes sólo tienen un nombre sistemático.

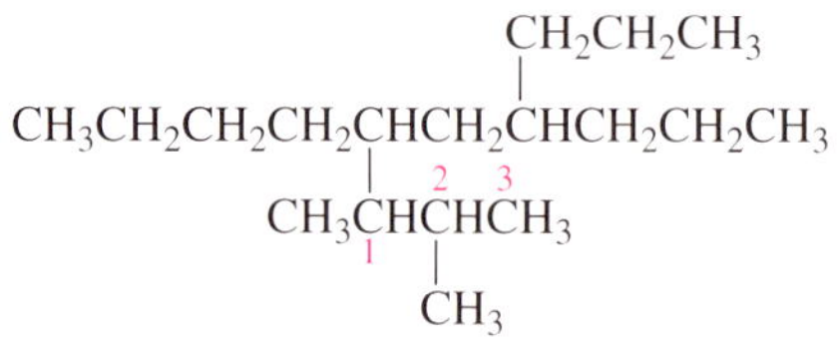

$$\begin{array}{c} CH_2CH_2CH_3 \\ | \\ CH_3CH_2CH_2CH_2CHCH_2CHCH_2CH_3 \\ | \\ CH_3CHCHCH_3 \\ | \\ CH_3 \end{array} \qquad \begin{array}{c} CH_3 \quad\quad CH_3 \\ | \quad\quad\quad | \\ CH_3CHCHCH_2CHCH_2CHCH_2CH_3 \\ | \quad\quad\quad | \\ CH_3 \quad CH_2CH_2CH_2CH_3 \end{array}$$

6-(1,2-dimetilpropil)-4-propildecano

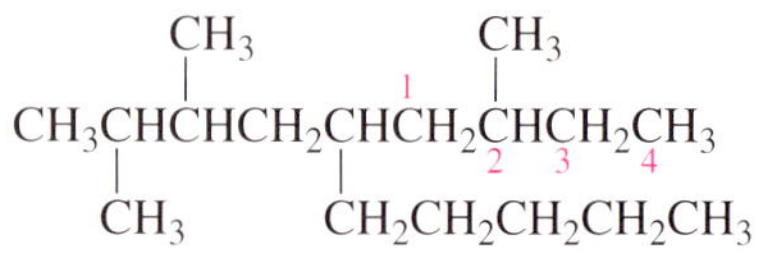

2,3-dimetil-5-(2-metilbutil)decano

Estas reglas permiten asignar nombres a miles de alcanos y más adelante el lector aprenderá las reglas adicionales necesarias para dar nombre a muchas otras clases de compuestos. Las reglas son importantes cuando se busca un compuesto en las publicaciones científicas porque en general se mencionará su nombre sistemático. Pese a ello, es recomendable aprender los nombres comunes porque están muy arraigados en el vocabulario de los químicos, a tal grado que se usan mucho en las conversaciones científicas y con frecuencia se pueden encontrar en las publicaciones.

Examine los nombres sistemáticos (los escritos en azul) de los hexanos y los heptanos isoméricos que aparecen al principio de este capítulo para asegurarse que comprendió cómo se formaron.

Tutorial del alumno:
Nomenclatura básica de los alcanos
(Basic nomenclature of alkanes)

PROBLEMA 7◆

Dibuje la estructura de cada una de las sustancias siguientes:

a. 2,3-dimetilhexano
b. 4-isopropil-2,4,5-trimetilheptano
c. 4,4-dietildecano
d. 2,2-dimetil-4-propiloctano
e. 4-isobutil-2,5-dimetiloctano
f. 4-(1,1-dimetiletil)octano

PROBLEMA 8 — RESUELTO

a. Dibujar los 18 octanos isoméricos.
b. Asignar a cada uno su nombre sistemático.
c. ¿Cuántos isómeros tienen nombres comunes?
d. ¿Cuáles isómeros tienen un grupo isopropilo?
e. ¿Cuáles isómeros contienen un grupo *sec*-butilo?
f. ¿Cuáles isómeros tienen un grupo *ter*-butilo?

Solución a 8a Se comienza con el isómero que tiene una cadena continua de ocho carbonos. A continuación se trazan los isómeros con cadena continua de siete carbonos y un grupo metilo. Después se trazan isómeros con una cadena continua de seis carbonos, más dos grupos metilo, o con un grupo etilo. A continuación se trazan los isómeros con cadena continua de cinco carbonos, más tres grupos metilo, o con un grupo metilo y un grupo etilo. Por último, trace una cadena continua de cuatro carbonos con cuatro grupos metilo. (Podrá decir si dibujó dos estructuras iguales, de acuerdo con sus respuestas al problema 8b, porque si dos estructuras tienen el mismo nombre sistemático representan al mismo compuesto).

PROBLEMA 9◆

Indique el nombre sistemático de cada uno de los compuestos siguientes:

a.
$$\begin{array}{c} \quad\quad\quad CH_3\quad CH_3 \\ \quad\quad\quad | \quad\quad\; | \\ CH_3CH_2CHCH_2CCH_3 \\ \quad\quad\quad\quad\quad\; | \\ \quad\quad\quad\quad\quad CH_3 \end{array}$$

b. $CH_3CH_2C(CH_3)_3$

c.
$$\begin{array}{c} CH_3CH_2CH_2CHCH_2CH_2CH_3 \\ \quad\quad\quad\quad\; | \\ \quad\quad\quad\quad CH_3CHCH_2CH_3 \end{array}$$

d.
$$\begin{array}{c} \quad CH_3 \quad\quad CH_3 \\ \quad | \quad\quad\quad\; | \\ CH_3CHCH_2CH_2CCH_3 \\ \quad\quad\quad\quad\quad\; | \\ \quad\quad\quad\quad\quad CH_3 \end{array}$$

e. $CH_3CH_2C(CH_2CH_3)_2CH(CH_3)CH(CH_2CH_3)_2$

f.
$$\begin{array}{c} \quad\quad CH_3 \quad CH_2CH_2CH_3 \\ \quad\quad | \quad\quad\quad | \\ CH_3C\!-\!\!-\!\!-\!CHCH_2CH_3 \\ \quad\quad | \\ \quad\; CH_2CH_2CH_3 \end{array}$$

g. $CH_3CH_2C(CH_2CH_3)_2CH_2CH_2CH_3$

h.
$$\begin{array}{c} CH_3CH_2CH_2CH_2CHCH_2CH_3 \\ \quad\quad\quad\quad\quad\quad\; | \\ \quad\quad\quad\quad\quad\quad CH(CH_3)_2 \end{array}$$

i.
$$\begin{array}{c} \quad\quad\quad\quad\quad CH_3 \\ \quad\quad\quad\quad\quad\; | \\ CH_3CHCH_2CH_2CHCH_3 \\ \quad\quad| \\ \; CH_2CH_3 \end{array}$$

82 CAPÍTULO 2 Introducción a los compuestos orgánicos

> **PROBLEMA 10◆**
>
> Dibuje la estructura e indique el nombre sistemático de un compuesto cuya fórmula molecular es C_5H_{12}, y tiene
>
> **a.** sólo hidrógenos primarios y secundarios.
> **b.** sólo hidrógenos primarios.
> **c.** un hidrógeno terciario.
> **d.** dos hidrógenos secundarios.

2.3 Nomenclatura de los cicloalcanos • Estructuras de esqueletos

Los **cicloalcanos**, **cicloparafinas** o **naftenos** son alcanos en los que sus átomos de carbono están dispuestos en un anillo. Debido al anillo, un cicloalcano tiene dos hidrógenos menos que un alcano acíclico con la misma cantidad de carbonos. Eso quiere decir que la fórmula molecular general de un cicloalcano es C_nH_{2n}. Los nombres de los cicloalcanos se forman agregando el prefijo "ciclo" al nombre del alcano que indique la cantidad de átomos de carbono en el anillo o "núcleo".

ciclopropano   ciclobutano   ciclopentano   ciclohexano

Los cicloalcanos casi siempre se escriben en forma de **estructuras de esqueleto**. Estas estructuras muestran los enlaces carbono-carbono como líneas, pero no muestran los carbonos ni los hidrógenos unidos a los carbonos. Se muestran átomos distintos al carbono, y también los hidrógenos unidos a esos átomos distintos del carbono. Cada vértice de una estructura de esqueleto de un anillo representa un carbono y se sobreentiende que cada carbono está unido a la cantidad adecuada de hidrógenos para que el carbono cuente con cuatro enlaces.

ciclopropano   ciclobutano   ciclopentano   ciclohexano

Las moléculas acíclicas también se pueden representar con estructuras de esqueleto. En estos casos, las cadenas de carbono se representan con líneas en zig-zag. También, cada vértice representa un carbono y se supone que contiene un carbono donde comienza o termina una línea.

butano   2-metilhexano   3-metil-4-propilheptano   6-etil-2,3-dimetilnonano

Las reglas para dar nombre a los cicloalcanos se parecen a aquéllas con las que se da nombre a los alcanos acíclicos o lineales.

1. En un cicloalcano con un sustituyente alquilo unido a él, el anillo es el hidrocarburo primario, a menos que el sustituyente tenga más átomos de carbono que el anillo. En ese caso, el sustituyente es el hidrocarburo precursor y el anillo se cita como sustituyente. No hay necesidad de numerar la posición cuando el anillo tiene un solo sustituyente.

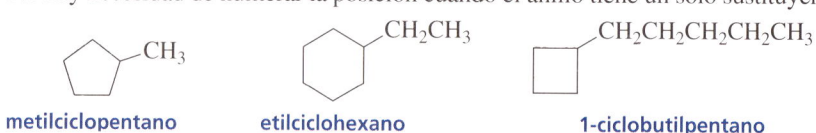

Si sólo hay un sustituyente en un anillo, no se le asigna un número.

metilciclopentano   etilciclohexano   1-ciclobutilpentano

2. Si el anillo tiene dos sustituyentes distintos, se citan en *orden alfabético* y se asigna la posición número 1 al sustituyente que se cita primero.

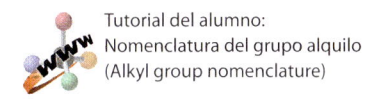

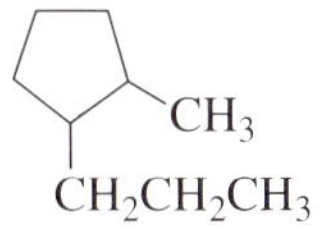

1-metil-2-propilciclopentano 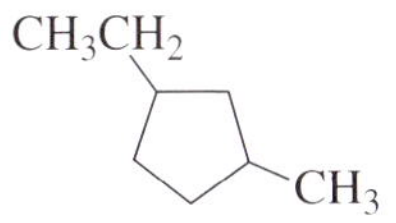   **1-etil-3-metilciclopentano** 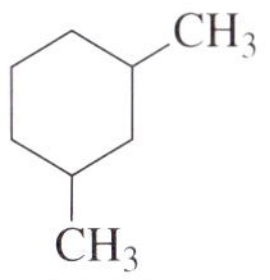   **1,3-dimetilciclohexano**

3. Si contiene más de dos sustituyentes en el núcleo, se citan en orden alfabético. Al sustituyente que se le asigna la posición número 1 es el que hace que un segundo sustituyente tenga el número menor posible. Si dos sustituyentes tienen el mismo número menor, el anillo se numera en la dirección que haga que el tercer sustituyente tenga el número menor posible, sea esa dirección en el sentido de las manecillas del reloj o en sentido contrario. Por ejemplo, el nombre correcto del siguiente compuesto es 4-etil-2-metil-1-propilciclohexano y no 5-etil-1-metil-2-propilciclohexano:

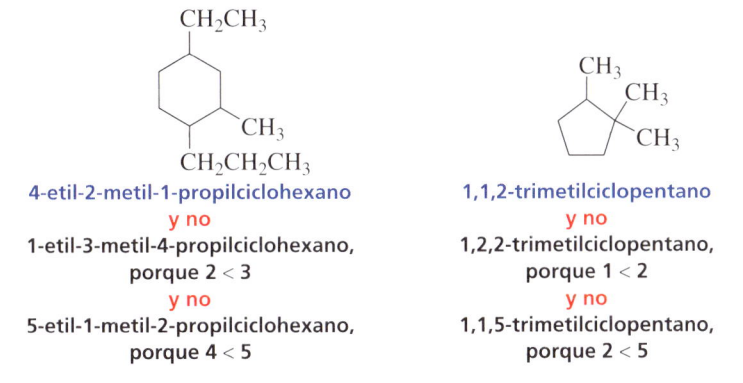

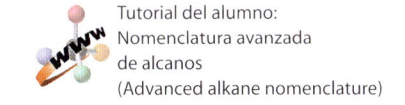

4-etil-2-metil-1-propilciclohexano
y no
1-etil-3-metil-4-propilciclohexano,
porque 2 < 3
y no
5-etil-1-metil-2-propilciclohexano,
porque 4 < 5

1,1,2-trimetilciclopentano
y no
1,2,2-trimetilciclopentano,
porque 1 < 2
y no
1,1,5-trimetilciclopentano,
porque 2 < 5

ESTRATEGIA PARA RESOLVER PROBLEMAS

Interpretación de una estructura de esqueleto

Escriba los hidrógenos unidos a cada uno de los átomos de carbono indicados en el siguiente compuesto:

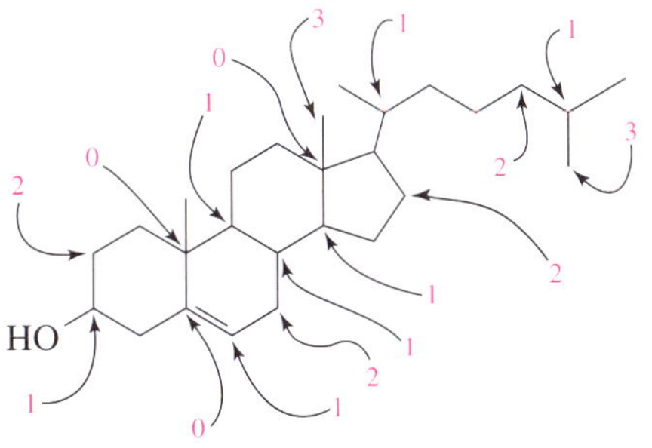

colesterol

Todos los átomos de carbono en este compuesto son neutros, por lo que cada uno debe tener cuatro enlaces. Entonces, cuando sólo se indica que el carbono tiene un enlace, debe estar unido a tres hidrógenos que no se muestran; si se muestra que el carbono tiene dos enlaces, debe estar unido a dos hidrógenos que no se muestran, etcétera.

Ahora, continúe con el problema 11.

PROBLEMA 11

Escriba la cantidad de hidrógenos unidos a cada uno de los átomos de carbono indicados, en el siguiente compuesto.

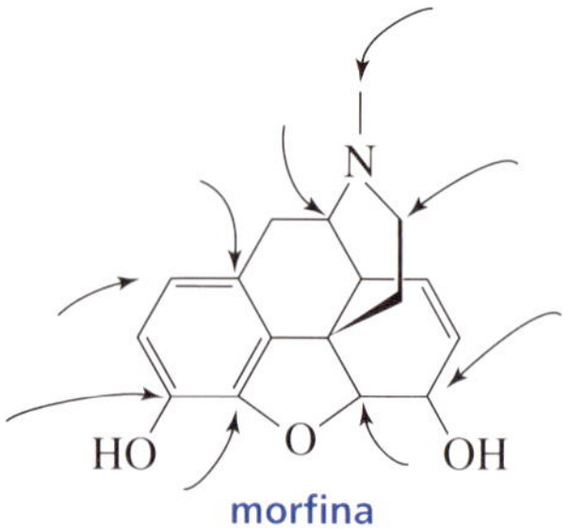

morfina

PROBLEMA 12♦

Convierta las siguientes estructuras condensadas en estructuras de esqueleto (recuerde que las estructuras condensadas muestran los átomos, pero muestran pocos enlaces, si es que los muestran. Las estructuras de esqueleto muestran los enlaces, pero muestran pocos átomos, si es que los muestran):

a. $CH_3CH_2CH_2CH_2CH_2CH_2OH$

b. $CH_3CH_2CH_2CH_2CH_2CH_3$

c. $CH_3CH_2\overset{\underset{\mid}{CH_3}}{CH}CH_2\overset{\underset{\mid}{CH_3}}{CH}CH_2CH_3$

d. $CH_3CH_2CH_2CH_2OCH_3$

e. $CH_3CH_2NHCH_2CH_2CH_3$

f. $CH_3\overset{\underset{\mid}{CH_3}}{CH}CH_2CH_2\overset{\underset{\mid}{Br}}{CH}CH_3$

PROBLEMA 13

Convierta las estructuras del problema 9 en estructuras de esqueleto.

PROBLEMA 14♦

Asigne el nombre sistemático a cada uno de los compuestos siguientes:

a.

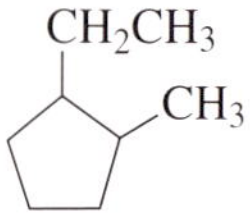

b.

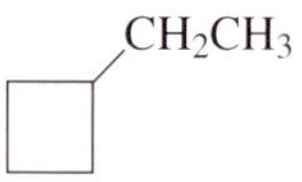

c.

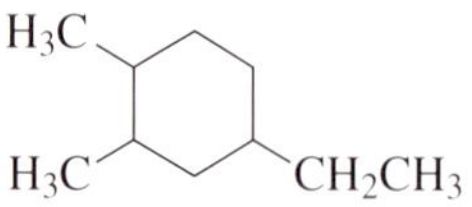

d.

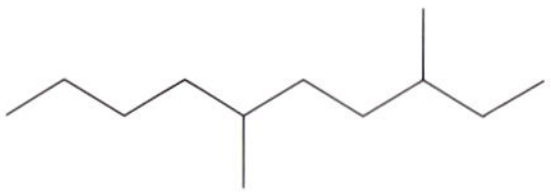

e. $CH_3CHCH_2CH_2CH_3$

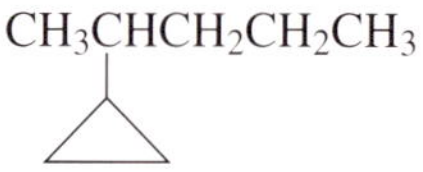

f.

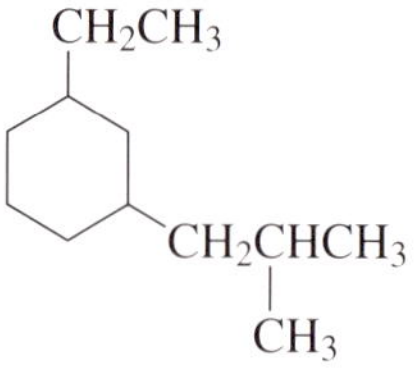

g.

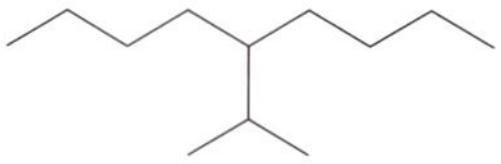

h.

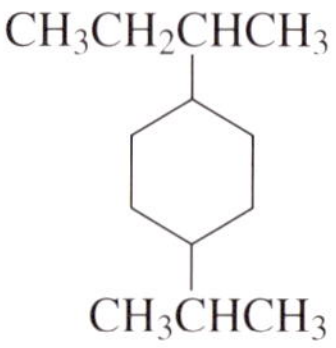

2.4 Nomenclatura de los haluros de alquilo

Un **haluro de alquilo** es un compuesto en el que un halógeno sustituye a un hidrógeno de un alcano. Los haluros de alquilo se clasifican en primarios, secundarios o terciarios, de acuerdo con el carbono al que está unido el halógeno. En los **haluros de alquilo primarios** el halógeno se enlaza con un carbono primario; en los **haluros de alquilo secundarios** el halógeno se une a un carbono secundario, y en los **haluros de alquilo terciarios** el halógeno se enlaza a un carbono terciario (sección 2.1). En los halógenos, en general, los **pares de electrones no enlazados** no se muestran, a menos que se necesite llamar la atención hacia cierta propiedad química del átomo.

> La cantidad de grupos alquilo unidos al carbono al que está enlazado el halógeno determina si un haluro de alquilo es primario, secundario o terciario.

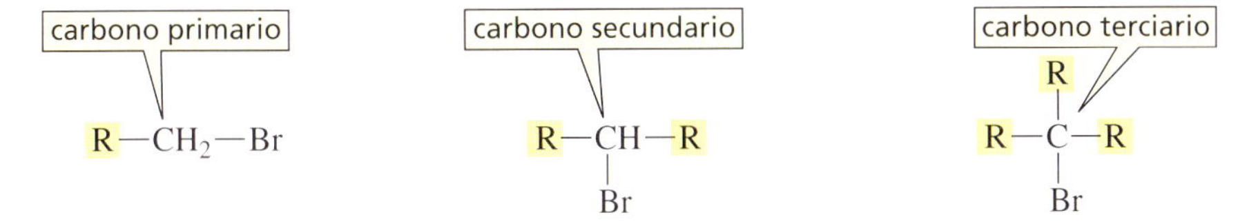

carbono primario
R—CH$_2$—Br
haluro de alquilo primario

carbono secundario
R—CH—R
    |
    Br
haluro de alquilo secundario

carbono terciario
    R
    |
R—C—R
    |
    Br
haluro de alquilo terciario

CH_3F fluoruro de metilo

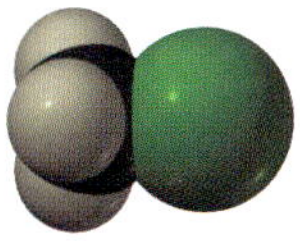

Los nombres comunes de los haluros de alquilo consisten en el nombre del haluro seguido por el nombre del grupo alquilo; el nombre del haluro es el nombre del halógeno terminado en "uro" (fluoruro, cloruro, bromuro y yoduro).

CH_3Cl
nombre común: cloruro de metilo
nombre sistemático: clorometano

CH_3CH_2F
fluoruro de etilo
fluoroetano

CH_3CHI
    |
    CH_3
yoduro de isopropilo
2-yodopropano

CH_3CH_2CHBr
         |
         CH_3
bromuro de *sec*-butilo
2-bromobutano

CH_3Cl cloruro de metilo

En el sistema IUPAC, los haluros de alquilo se nombran como alcanos sustituidos. Los prefijos de los halógenos terminan en "o" (fluoro, cloro, bromo o yodo). Con frecuencia se les llama haloalcanos a los haluros de alquilo. Obsérvese que aunque un nombre sólo debe especificar a un compuesto, un compuesto puede tener más de un nombre.

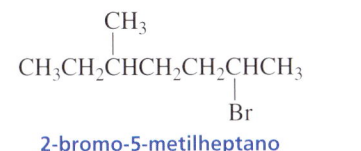

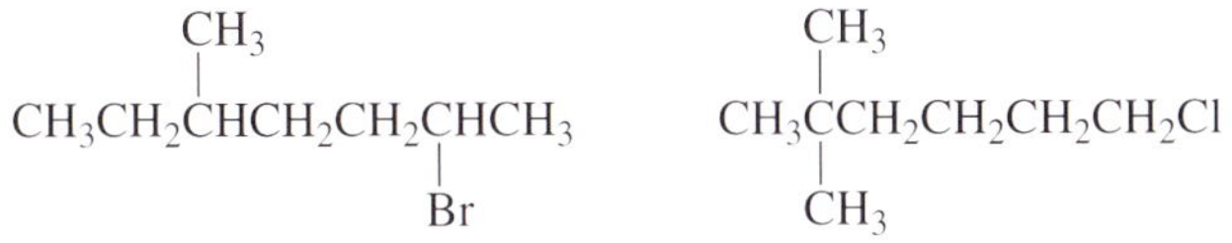

CH_3Br bromuro de metilo

         CH_3
          |
$CH_3CH_2CHCH_2CH_2CHCH_3$
                    |
                    Br
2-bromo-5-metilheptano

        CH_3
         |
$CH_3CCH_2CH_2CH_2CH_2Cl$
         |
         CH_3
1-cloro-5,5-dimetilhexano

CH_3I yoduro de metilo

1-etil-2-iodociclopentano

4-bromo-2-cloro-1-metilciclohexano

PROBLEMA 15 ◆

Asigne dos nombres a cada uno de los compuestos siguientes e indique si se trata de un haluro de alquilo primario, secundario o terciario.

a. $CH_3CH_2CHCH_3$
              |
              Cl

b. $CH_3CHCH_2CH_2CH_2Cl$
        |
        CH_3

c. (ciclohexano con Br)

d. CH_3CHCH_3
         |
         F

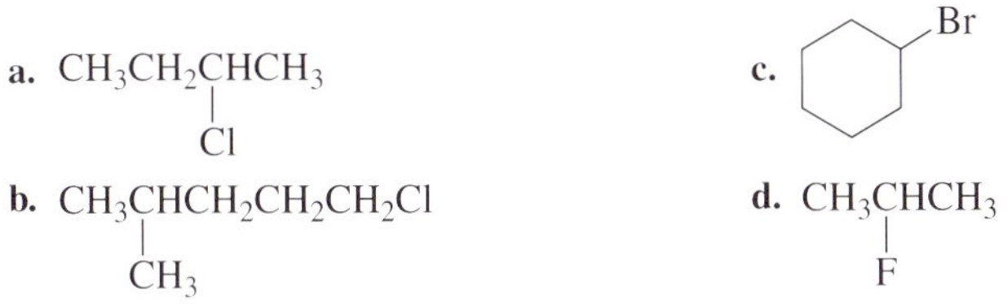

> Tutorial del alumno:
> Nomenclatura avanzada de alquilos
> (Advanced alkyl nomenclature)

> Un compuesto puede tener más de un nombre, pero un nombre sólo debe especificar a un solo compuesto.

86 CAPÍTULO 2 Introducción a los compuestos orgánicos

> **PROBLEMA 16**
>
> Dibuje las estructuras y asigne los nombres sistemáticos en las incisos a, b y c, sustituyendo un hidrógeno del metilciclohexano por un cloro:
>
> **a.** un haluro de alquilo primario
> **b.** un haluro de alquilo terciario
> **c.** tres haluros de alquilo secundarios

2.5 Nomenclatura de los éteres

Un **éter** es un compuesto en el que un oxígeno está unido con dos sustituyentes alquilo. Si los sustituyentes alquilo son idénticos, el éter es un **éter simétrico**; si los sustituyentes son diferentes, se trata de un **éter asimétrico**.

A veces no se recurre al prefijo "di" cuando se trata de éteres simétricos. Hay que tratar que esta omisión no se vuelva hábito.

R—O—R
éter simétrico

R—O—R′
éter asimétrico

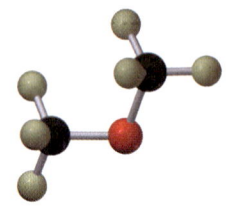

El nombre común de un éter consiste en la palabra "éter" seguida por los nombres de los dos sustituyentes alquilo, terminado en "ico". Casi siempre a los éteres más pequeños se les indica por sus nombres comunes.

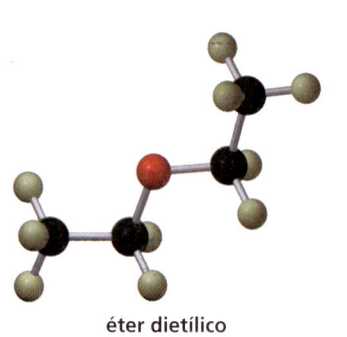

éter dimetílico

éter dietílico

$CH_3OCH_2CH_3$
éter etil-metílico

$CH_3CH_2OCH_2CH_3$
éter dietílico
con frecuencia se le llama éter etílico

$CH_3CHCH_2OCCH_3$ (con CH_3, CH_3, CH_3)
éter *ter*-butil isobutílico

$CH_3CHOCHCH_2CH_3$ (con CH_3, CH_3)
éter *sec*-butílico isopropílico

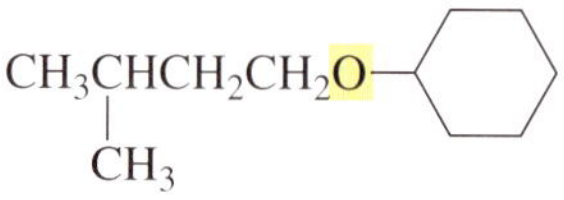

$CH_3CHCH_2CH_2O$—ciclohexilo (con CH_3)
éter ciclohexil isopentílico

El sistema IUPAC asigna el nombre de un éter como un alcano con un sustituyente RO. Los grupos éter se nombran cambiando la terminación "ilo" por "oxi" en el alquilo sustituyente.

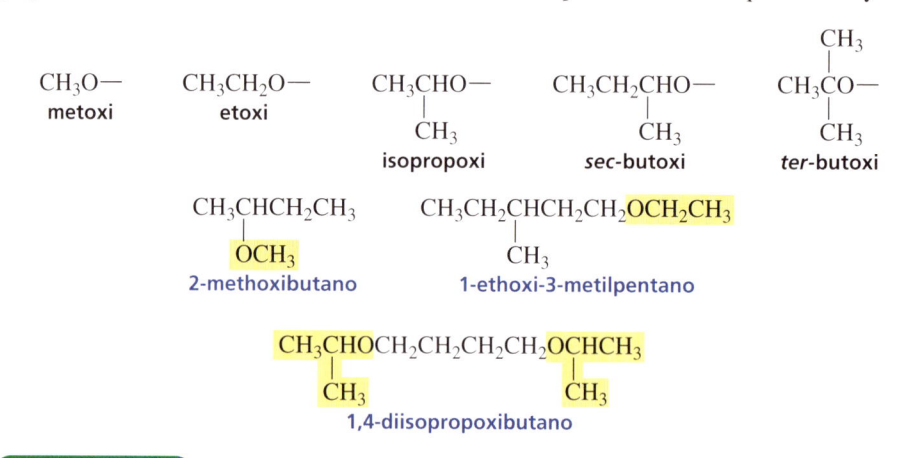

CH_3O—
metoxi

CH_3CH_2O—
etoxi

CH_3CHO— (CH_3)
isopropoxi

CH_3CH_2CHO— (CH_3)
sec-butoxi

CH_3CO— (CH_3, CH_3)
ter-butoxi

$CH_3CHCH_2CH_3$
 |
 OCH_3
2-methoxibutano

$CH_3CH_2CHCH_2CH_2OCH_2CH_3$
 |
 CH_3
1-ethoxi-3-metilpentano

$CH_3CHOCH_2CH_2CH_2OCHCH_3$
 | CH_3 | CH_3
1,4-diisopropoxibutano

Tutorial del alumno:
Nomenclatura de los éteres
(Nomenclature of ethers, Ether nomenclature)

> **PROBLEMA 17◆**
>
> **a.** Asigne el nombre sistemático (IUPAC) a cada uno de los éteres siguientes:
>
> **1.** $CH_3OCH_2CH_3$
>
> **2.** $CH_3CH_2OCH_2CH_3$
>
> **3.** $CH_3CH_2CH_2CH_2CHCH_2CH_3$
> |
> OCH_3
>
> **4.** $CH_3CHOCH_2CH_2CHCH_3$
> | CH_3 | CH_3

5. CH₃CH₂CH₂OCH₂CH₂CH₂CH₃

6. 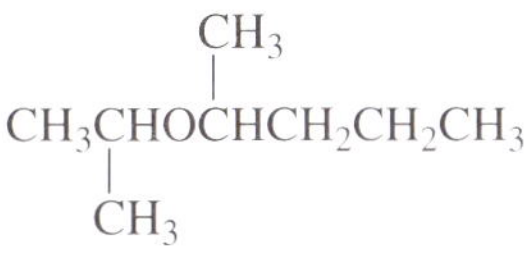 CH₃CHOCHCH₂CH₂CH₃
   (con CH₃ arriba del primer CH y CH₃ abajo)

b. Todos esos éteres ¿tienen nombres comunes?
c. ¿Cuáles son sus nombres comunes?

2.6 Nomenclatura de los alcoholes

Un **alcohol** es un compuesto en el que un grupo OH sustituyó a un hidrógeno de un alcano. Los alcoholes se clasifican en **alcoholes primarios, alcoholes secundarios** y **alcoholes terciarios**, según si el grupo OH está unido a un carbono primario, secundario o terciario —igual a como se clasifican los haluros de alquilo.

> La cantidad de grupos alquilo unidos al carbono al cual está unido el grupo OH determina si un alcohol es primario, secundario o terciario.

R—CH₂—OH   R—CH—OH   R—C—OH
                     | |
                     R   R (y R)

alcohol primario   alcohol secundario 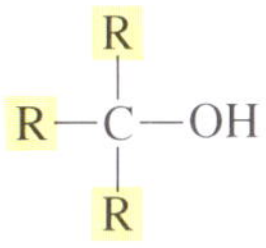   alcohol terciario

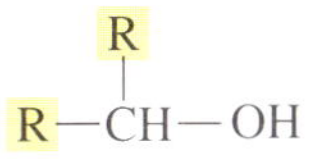

El nombre común de un alcohol consiste en la palabra "alcohol" seguida por el nombre del grupo alquilo al que está unido el grupo OH, pero terminado en "ico."

CH₃CH₂OH   CH₃CH₂CH₂OH   CH₃CHOH   CH₃CHCH₂OH
alcohol etílico   alcohol propílico | |
                                      CH₃   CH₃
                                  alcohol isopropílico 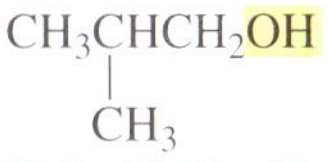   alcohol isobutílico

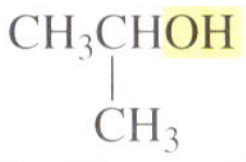

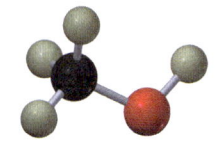

alcohol metílico

El **grupo funcional** es el centro de reactividad en una molécula orgánica. En un alcohol, el grupo funcional es el OH. El sistema IUPAC usa *sufijos* para indicar ciertos grupos funcionales; por ejemplo, el nombre sistemático de un alcohol se obtiene cambiando la "o" en el final del nombre del hidrocarburo primario por el sufijo "ol".

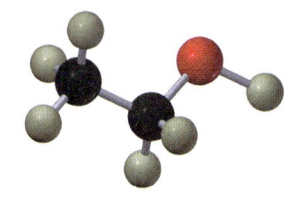

CH₃OH   CH₃CH₂OH
metanol   etanol

alcohol etílico

Cuando es necesario, se indica la posición del grupo funcional con un número inmediatamente antes del nombre del alcohol, o inmediatamente antes del sufijo. Los nombres IUPAC aprobados más recientemente son aquéllos en los que se menciona el hidrocarburo y el número precede inmediatamente al sufijo. Sin embargo, también se han usado durante largo tiempo los nombres en los que se indica el número que antecede al nombre del alcohol, de modo que son los que con más probabilidad se vean en las publicaciones, en las botellas de reactivo o en las pruebas normalizadas. También serán los que aparezcan con más frecuencia en este libro.

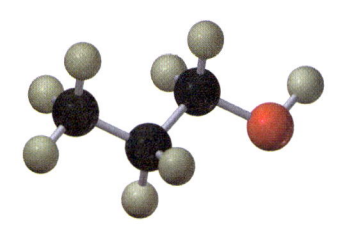

alcohol propílico

CH₃CH₂CHCH₂CH₃
         |
         OH
3-pentanol
o bien
pentan-3-ol

88 CAPÍTULO 2 Introducción a los compuestos orgánicos

Se usan las siguientes reglas para dar nombre a un compuesto que tiene sufijo de grupo funcional:

1. El hidrocarburo primario es el de la cadena continua más larga *que contiene al grupo funcional*.

2. El hidrocarburo primario se numera en la dirección que *asigne el menor número posible al grupo funcional del sufijo*.

$$\overset{1}{C}H_3\overset{2}{C}H\overset{3}{C}H_2\overset{4}{C}H_3 \qquad \overset{5}{C}H_3\overset{4}{C}H_2\overset{3}{C}H_2\overset{2}{C}H\overset{1}{C}H_2OH \qquad \overset{}{C}H_3CH_2CH_2CH_2O\overset{3}{C}H_2\overset{2}{C}H_2\overset{1}{C}H_2OH$$
$$\underset{OH}{|} \qquad \underset{CH_2CH_3}{|}$$

2-butanol   **2-etil-1-pentanol**   **3-butoxi-1-propanol**
o   o   o
butan-2-ol   **2-etilpentan-1-ol**   **3-butoxipropan-1-ol**

> La cadena continua más larga tiene seis carbonos, pero la más larga que contiene al grupo funcional OH tiene cinco carbonos, por lo que el nombre del compuesto será un pentanol.

> La cadena continua más larga tiene cuatro carbonos, pero la más larga que contiene al grupo funcional OH tiene tres carbonos, así que el compuesto se nombrará como un propanol.

Cuando sólo hay un sustituyente, éste debe tener el número más bajo posible.

Cuando sólo hay un sufijo de grupo funcional, el sufijo debe tener el número más bajo posible.

Cuando hay un sufijo de grupo funcional y también un sustituyente, el sufijo del grupo funcional tiene el número menor posible.

3. Si hay un sufijo de grupo funcional y un sustituyente, el sufijo del grupo funcional debe llevar el número menor posible.

$$HO\overset{1}{C}H_2\overset{2}{C}H_2\overset{3}{C}H_2Br \qquad Cl\overset{4}{C}H_2\overset{3}{C}H_2\overset{2}{C}H\overset{1}{C}H_3 \qquad \overset{5}{C}H_3\overset{4}{C}\overset{3}{C}H_2\overset{2}{C}H\overset{1}{C}H_3$$

3-bromo-1-propanol   **4-cloro-2-butanol**   **4,4-dimetil-2-pentanol**

4. Si al avanzar en cualquier dirección se obtiene el mismo número para el sufijo del grupo funcional, la cadena se numera en la dirección que asigne el número menor posible al sustituyente. Nótese que no se necesita un número para indicar la posición de un sufijo de grupo funcional en un compuesto cíclico porque se supone que está en la posición 1.

2-cloro-3-pentanol   **2-metil-4-heptanol**   **3-metilciclohexanol**
y no   y no   y no
4-cloro-3-pentanol   6-metil-4-heptanol   5-metilciclohexanol

Tutorial del alumno:
Nomenclatura de los alcoholes
(Nomenclature of alcohols)

5. Si hay más de un sustituyente, los sustituyentes se citan en orden alfabético:

6-bromo-4-etil-2-heptanol   **2-etil-5-metilciclohexanol**   **3,4-dimetilciclopentanol**

Téngase presente que el nombre de un sustituyente va *antes* del hidrocarburo primario y que el sufijo de grupo funcional va *después* del nombre del hidrocarburo.

[sustituyente][hidrocarburo primario][sufijo de grupo funcional]

PROBLEMA 18

Dibuje las estructuras de una serie homóloga de alcoholes que tengan de uno a seis carbonos; a continuación asigne a cada uno un nombre común y un nombre sistemático.

PROBLEMA 19◆

Asigne un nombre sistemático a cada uno de los compuestos siguientes e indique si es un alcohol primario, secundario o terciario.

a. $CH_3CH_2CH_2CH_2CH_2OH$

b. 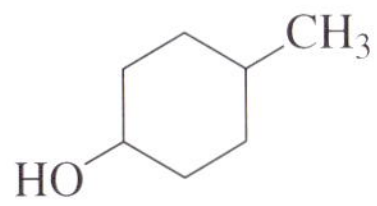 4-metilciclohexanol (HO–ciclohexano–CH$_3$)

c. 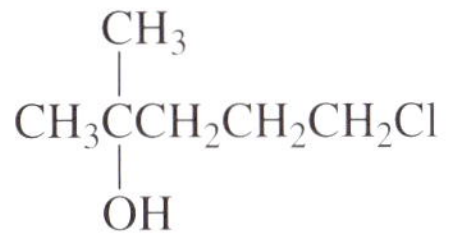 $CH_3\underset{OH}{\overset{CH_3}{C}}CH_2CH_2CH_2Cl$

d. 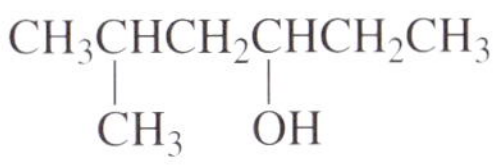 $CH_3\underset{CH_3}{CH}CH_2\underset{OH}{CH}CH_2CH_3$

e. 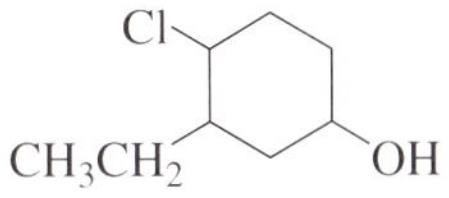 ciclohexano con Cl, CH_3CH_2 y OH

f.  $CH_3\underset{CH_3}{CH}CH_2\underset{OH}{CH}CH_2\underset{CH_3}{CH}CH_2CH_3$

PROBLEMA 20◆

Escriba las estructuras de todos los alcoholes terciarios cuya fórmula molecular sea $C_6H_{14}O$ y a cada uno asígnele su nombre sistemático.

2.7 Nomenclatura de las aminas

Una **amina** es un compuesto en el que se han sustituido uno o más hidrógenos del amoniaco por grupos alquilo. Existen **aminas primarias, aminas secundarias** y **aminas terciarias**. La clasificación depende de cuántos grupos alquilo están unidos al nitrógeno. Las aminas primarias tienen un grupo alquilo unido al nitrógeno; las aminas secundarias tienen dos, y las aminas terciarias tienen tres.

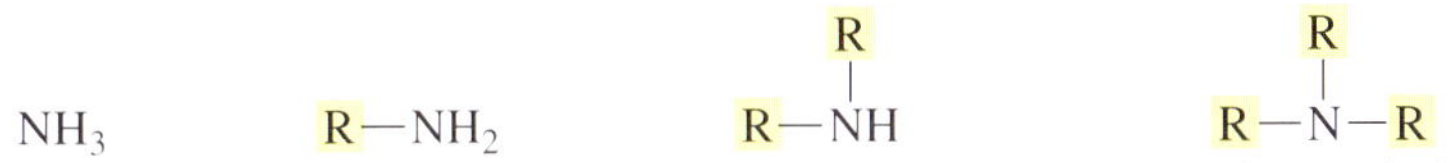

$$NH_3 \qquad R-NH_2 \qquad R-\underset{}{NH}-R \qquad R-\underset{R}{\overset{R}{N}}-R$$

amoniaco — amina primaria — amina secundaria — amina terciaria

Obsérvese que la cantidad de grupos alquilo *unidos al nitrógeno* es lo que determina que la amina sea primaria, secundaria o terciaria. Por otra parte, en los haluros de alquilo o los alcoholes, la cantidad de grupos alquilo *unidos al carbono* al que está unido el halógeno o el OH es la que determina su clasificación (secciones 2.4 y 2.6).

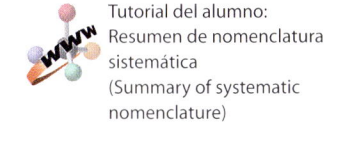

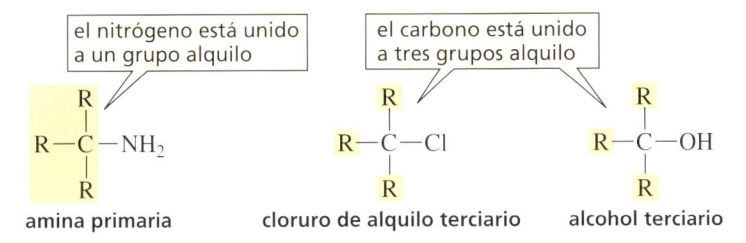

- el nitrógeno está unido a un grupo alquilo: $R-\underset{R}{\overset{R}{C}}-NH_2$ — amina primaria
- el carbono está unido a tres grupos alquilo: $R-\underset{R}{\overset{R}{C}}-Cl$ — cloruro de alquilo terciario
- $R-\underset{R}{\overset{R}{C}}-OH$ — alcohol terciario

La cantidad de grupos alquilo unidos al nitrógeno determina que una amina sea primaria, secundaria o terciaria.

El nombre común de una amina se forma con los nombres de los grupos alquilo unidos al nitrógeno, en orden alfabético, seguidos por "amina". Todo el nombre se escribe en una palabra (a diferencia de los nombres comunes de los alcoholes, éteres y haluros de alquilo, en los que las palabras "alcohol," "éter" y "haluro" están separadas).

CH$_3$NH$_2$
metilamina

CH$_3$NHCH$_2$CH$_2$CH$_3$
metilpropilamina

CH$_3$CH$_2$NHCH$_2$CH$_3$
dietilamina

$$\begin{array}{c}\text{CH}_3\\|\\\text{CH}_3\text{NCH}_3\end{array}$$
trimetilamina

$$\begin{array}{c}\text{CH}_3\\|\\\text{CH}_3\text{NCH}_2\text{CH}_2\text{CH}_2\text{CH}_3\end{array}$$
butildimetilamina

$$\begin{array}{c}\text{CH}_3\\|\\\text{CH}_3\text{CH}_2\text{NCH}_2\text{CH}_2\text{CH}_3\end{array}$$
etilmetilpropilamina

El sistema IUPAC usa el sufijo "amina" para indicar el grupo funcional amina. Al final del nombre del hidrocarburo primario se escribe "amina" —en forma parecida a como se nombran los alcoholes. Un número identifica al carbono al que está unido el nitrógeno. El número puede aparecer antes del nombre del hidrocarburo precursor o antes de "amina." El nombre de cualquier grupo alquilo unido al nitrógeno está precedido por una "*N*" (cursiva) para indicar que el grupo está unido al nitrógeno, y no a un carbono.

$\overset{4}{\text{CH}_3}\overset{3}{\text{CH}_2}\overset{2}{\text{CH}_2}\overset{1}{\text{CH}_2}\text{NH}_2$
1-butanamina
o
butan-1-amina

$\overset{1}{\text{CH}_3}\overset{2}{\text{CH}_2}\overset{3}{\text{CH}}\overset{4}{\text{CH}_2}\overset{5}{\text{CH}_2}\overset{6}{\text{CH}_3}$
   |
   NHCH$_2$CH$_3$
N-etil-3-hexanamina
o
N-etilhexan-3-amina

$\overset{3}{\text{CH}_3}\overset{2}{\text{CH}_2}\overset{1}{\text{CH}_2}\text{NCH}_2\text{CH}_3$
   |
   CH$_3$
N-etil-*N*-metil-1-propanamina
o
N-etil-*N*-metilpropan-1-amina

Los sustituyentes, independientemente de si están unidos al nitrógeno o al hidrocarburo primario, se citan en orden alfabético y a continuación se le asigna una "*N*" a cada uno. La cadena se numera en la dirección que asigne el número mínimo al sufijo de grupo funcional.

$\overset{4}{\text{CH}_3}\overset{3}{\text{CH}}\overset{2}{\text{CH}_2}\overset{1}{\text{CH}_2}\text{NHCH}_3$
   |
   Cl
3-cloro-*N*-metil-1-butanamina

$\overset{1}{\text{CH}_3}\overset{2}{\text{CH}_2}\overset{3}{\text{CH}}\overset{4}{\text{CH}_2}\overset{5}{\text{CH}}\overset{6}{\text{CH}_3}$
       | |
       NHCH$_2$CH$_3$ CH$_3$
N-etil-5-metil-3-hexanamina

Br
|
$\overset{5}{\text{CH}_3}\overset{4}{\text{CH}}\overset{3}{\text{CH}_2}\overset{2}{\text{CH}}\overset{1}{\text{CH}_3}$
      |
      CH$_3$NCH$_3$
4-bromo-*N*,*N*-dimetil-2-pentanamina

2-etil-*N*-propilciclohexanamina

Los compuestos nitrogenados con cuatro grupos alquilo unidos al nitrógeno, que en consecuencia tiene una carga formal positiva, se llaman **sales cuaternarias de amonio**. Sus nombres consisten en el nombre del ion contrario (el ion que acompaña al compuesto) separado de y seguido por los nombres de los grupos alquilo, en orden alfabético y seguidos por "amonio", todo en una palabra.

$$\begin{array}{c}\text{CH}_3\\|\\\text{CH}_3-\overset{+}{\text{N}}-\text{CH}_3\quad\text{HO}^-\\|\\\text{CH}_3\end{array}$$
hidróxido de tetrametilamonio

$$\begin{array}{c}\text{CH}_3\\|\\\text{CH}_3\text{CH}_2\text{CH}_2-\overset{+}{\text{N}}-\text{CH}_3\quad\text{Cl}^-\\|\\\text{CH}_2\text{CH}_3\end{array}$$
cloruro de etildimetilpropilamonio

COMPUESTOS CON OLOR DESAGRADABLE

Las aminas se relacionan con algunos de los olores desagradables en la naturaleza. Por ejemplo, las aminas con grupos alquilo relativamente pequeños tienen un olor a pescado. Así, el tiburón fermentado, platillo tradicional de Islandia, huele exactamente igual que la trietilamina. Las aminas putrescina y cadaverina son compuestos venenosos que se forman cuando se degradan los aminoácidos. Como el organismo los excreta en las formas más rápidas posibles, sus olores se pueden detectar en la orina y en el aliento. También las aminas producen el olor de la carne en descomposición.

H$_2$N~~~~~NH$_2$
putrescina

H$_2$N~~~~~~NH$_2$
cadaverina

2.7 Nomenclatura de las aminas

La tabla 2.3 resume las maneras de dar nombre a los haluros de alquilo, éteres, alcoholes y aminas.

Tabla 2.3	Resumen de la nomenclatura	
	Nombre sistemático	**Nombre común**
Haluro de alquilo	alcano sustituido CH_3Br bromoetano CH_3CH_2Cl cloroetano	*haluro* y el nombre del grupo alquilo al que está unido el *halógeno* CH_3Br bromuro de metilo CH_3CH_2Cl cloruro de etilo
Éter	alcano sustituido CH_3OCH_3 metoximetano $CH_3CH_2OCH_3$ metoxietano	*éter* y el nombre de los grupos alquilo unidos al oxígeno CH_3OCH_3 éter dimetílico $CH_3CH_2OCH_3$ éter etilmetílico
Alcohol	el sufijo del grupo funcional es *ol* CH_3OH metanol CH_3CH_2OH etanol	*alcohol* más el grupo alquilo al que está unido el OH, pero terminado en *ico* CH_3OH alcohol metílico CH_3CH_2OH alcohol etílico
Amina	el sufijo del grupo funcional es *amina* $CH_3CH_2NH_2$ etilamina $CH_3CH_2CH_2NHCH_3$ *N*-metil-1-propilamina	los grupos alquilos unidos al N y *amina* $CH_3CH_2NH_2$ etilamina $CH_3CH_2CH_2NHCH_3$ metilpropilamina

PROBLEMA 21◆

Indique si los compuestos siguientes son primarios, secundarios o terciarios.

a. 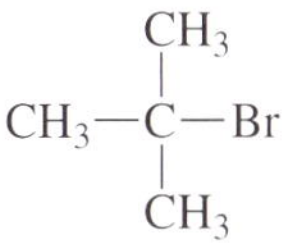 $CH_3-\underset{\underset{CH_3}{|}}{\overset{\overset{CH_3}{|}}{C}}-Br$ **b.** $CH_3-\underset{\underset{CH_3}{|}}{\overset{\overset{CH_3}{|}}{C}}-OH$ **c.** $CH_3-\underset{\underset{CH_3}{|}}{\overset{\overset{CH_3}{|}}{C}}-NH_2$

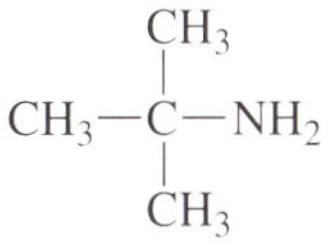

PROBLEMA 22◆

Asigne un nombre común (si es que lo tiene) y un nombre sistemático a cada una de las siguientes sustancias e indique si cada una es una amina primaria, secundaria o terciaria.

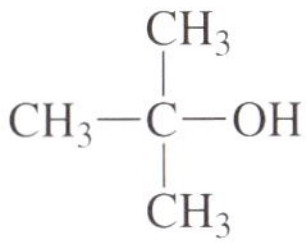

a. $CH_3CH_2CH_2CH_2CH_2CH_2NH_2$
b. 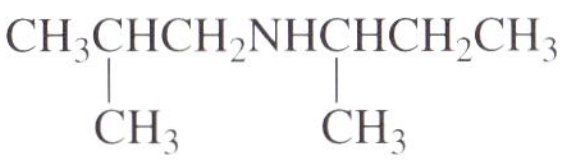 $CH_3CHCH_2NHCHCH_2CH_3$
  $\quad\;\;|\qquad\quad\;\;\;|$
  $\;\;\;CH_3\qquad\;\;CH_3$
c. 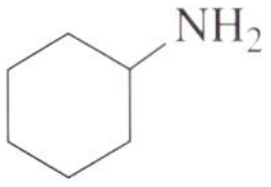 ciclohexil-NH_2

d. $CH_3CH_2CH_2NHCH_2CH_2CH_2CH_3$
e. 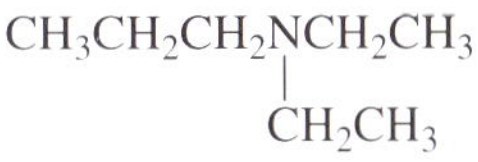 $CH_3CH_2CH_2NCH_2CH_3$
  $\qquad\qquad\quad\;\;\;|$
  $\qquad\qquad\;\;CH_2CH_3$
f. 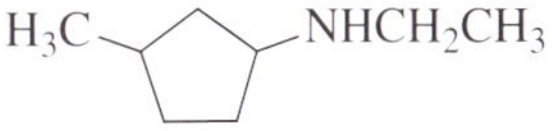 H_3C—ciclopentil—$NHCH_2CH_3$

PROBLEMA 23◆

Dibuje la estructura de cada uno de los siguientes compuestos:

a. 2-metil-*N*-propil-1-propilamina
b. *N*-etiletilamina
c. 5-metil-1-hexilamina

d. metildipropilamina
e. *N*,*N*-dimetil-3-pentilnamina
f. ciclohexiletilmetilamina

PROBLEMA 24◆

Indique el nombre sistemático y el nombre común (si lo tiene) de cada uno de los siguientes compuestos e indique si es una amina primaria, secundaria o terciaria:

a. CH$_3$CHCH$_2$CH$_2$CH$_2$CH$_2$CH$_2$NH$_2$
   |
   CH$_3$

c. (CH$_3$CH$_2$)$_2$NCH$_3$

b. CH$_3$CH$_2$CH$_2$NHCH$_2$CH$_2$CHCH$_3$
   |
   CH$_3$

d. (cyclohexane with CH$_3$, H$_3$C, and NH$_2$ substituents)

2.8 Las estructuras de los haluros de alquilo, alcoholes, éteres y aminas

Las clases de compuesto que se han descrito en este capítulo tienen semejanzas estructurales con los compuestos más simples que se presentaron en el capítulo 1. Se dará inicio con el examen de los haluros de alquilo y su parecido a los alcanos. Ambas clases de compuestos tienen la misma geometría; la única diferencia es un enlace C—X (donde X representa a un halógeno) en lugar de un enlace C—H (sección 1.7). El enlace C—X de un haluro de alquilo se forma al traslapar un orbital sp^3 del halógeno con un orbital sp^3 del carbono. El flúor usa un orbital $2sp^3$ para traslaparse con un orbital $2sp^3$ del carbono; el cloro usa un orbital $3sp^3$, el bromo un orbital $4sp^3$ y el yodo un orbital $5sp^3$. Ya que la densidad electrónica del orbital disminuye al aumentar el volumen, el enlace C—X es más largo y más débil a medida que aumenta el tamaño del halógeno (tabla 2.4). Recuérdese que es la misma tendencia que muestra el enlace H—X de los haluros de hidrógeno (tabla 1.6, página 40).

Tabla 2.4 Longitudes y fuerzas de los enlaces carbono-halógeno

	Interacciones de orbitales	Longitudes de enlace	Fuerza del enlace kcal/mol	kJ/mol
H$_3$C—F		1.39 Å	108	451
H$_3$C—Cl		1.78 Å	84	350
H$_3$C—Br		1.93 Å	70	294
H$_3$C—I		2.14 Å	57	239

Tutorial del alumno: Grupos funcionales (Functional groups)

A continuación se revisa la geometría del oxígeno en un alcohol, que es igual que la del oxígeno en el agua (sección 1.11). De hecho, se puede imaginar que una molécula de alcohol es, desde el punto de vista estructural, como una molécula de agua que tiene un grupo alquilo en lugar de uno de sus hidrógenos. El átomo de oxígeno en un alcohol tiene una hibridación sp^3, como en el agua. Uno de los orbitales sp^3 del oxígeno se traslapa con un orbital sp^3 de un carbono, otro orbital sp^3 del oxígeno se traslapa con el orbital s del hidrógeno y los otros dos orbitales sp^3 del oxígeno contienen un par de electrones no enlazado cada uno.

También el oxígeno de un éter exhibe la misma geometría que el oxígeno en el agua. Se puede imaginar que una molécula de éter es estructuralmente una molécula de agua con grupos alquilo en lugar de los dos hidrógenos.

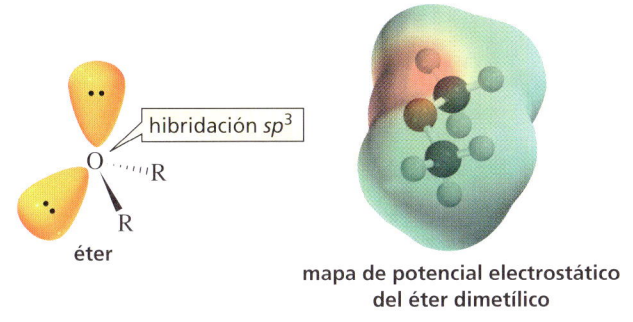

El nitrógeno de una amina tiene la misma geometría que el nitrógeno del amoniaco (sección 1.12). El nitrógeno tiene una hibridación sp^3 como el amoniaco y tiene grupos alquilo en lugar de uno, dos o tres de los hidrógenos. Recuérdese que la cantidad de hidrógenos sustituidos por grupos alquilo es lo que determina si la amina es primaria, secundaria o terciaria (sección 2.7).

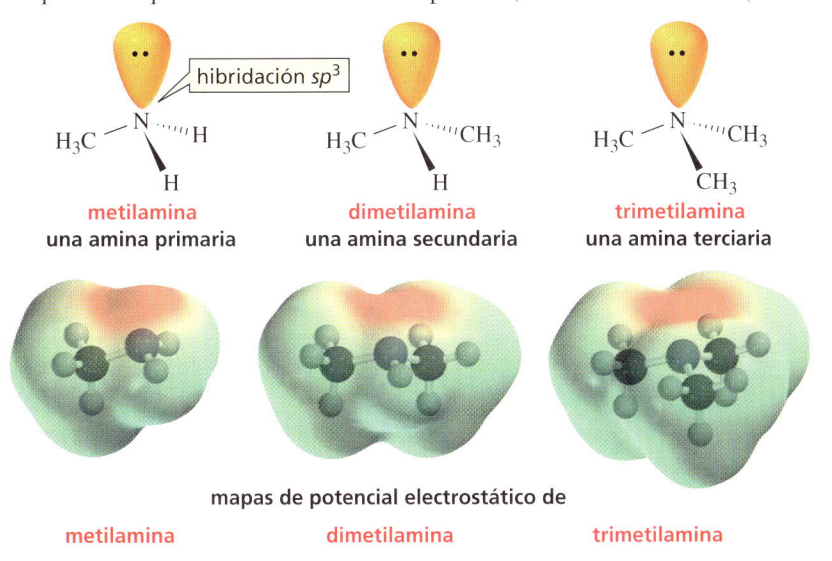

PROBLEMA 25◆

Indique el valor aproximado de los siguientes ángulos de enlace. (*Sugerencia:* vea las secciones 1.11 y 1.12).

a. el ángulo del enlace C—O—C en un éter
b. el ángulo del enlace C—N—C en una amina secundaria
c. el ángulo del enlace C—O—H en un alcohol
d. el ángulo del enlace C—N—C en una sal de amonio cuaternario.

2.9 Propiedades físicas de los alcanos, haluros de alquilo, alcoholes, éteres y aminas

Ahora se han de revisar las propiedades físicas de las clases de compuestos cuyos nombres y estructuras se acaban de estudiar.

Puntos de ebullición

El **punto de ebullición (P.e.)** de un compuesto es la temperatura a la que la forma líquida se transforma en gas (se evapora). Para que un compuesto se vaporice deben anularse las fuerzas que mantienen cercanas entre sí a las moléculas individuales en el líquido. Ello significa que el punto de ebullición de un compuesto depende de la fuerza del conjunto de las fuerzas de atracción entre las moléculas individuales. Si las fuerzas que mantienen unidas a las moléculas son fuertes, se ha de requerir gran cantidad de energía para separar entre sí a las moléculas y el compuesto mostrará un punto de ebullición alto. En contraste, si las moléculas están unidas por fuerzas débiles, sólo se necesitará una cantidad pequeña de energía para separarlas entre sí y el compuesto presentará un punto de ebullición bajo.

Las fuerzas de atracción entre las moléculas de alcanos son relativamente débiles. Los alcanos sólo contienen átomos de carbono e hidrógeno y las electronegatividades del carbono y el hidrógeno son parecidas. El resultado es que los enlaces en los alcanos son no polares: no hay cargas parciales importantes en algunos de los átomos; así, los alcanos son moléculas neutras (no polares).

Sin embargo, sólo es neutra la distribución promedio de la carga en la molécula del alcano. Los electrones se mueven de manera continua y en cualquier instante la densidad electrónica en un lado de la molécula puede ser un poco mayor que en el otro lado y de ello resultar que la molécula muestre un dipolo temporal. Téngase en cuenta que una molécula con un dipolo tiene un extremo negativo y un extremo positivo (sección 1.1).

Un dipolo temporal en una molécula puede inducir un dipolo temporal en una molécula cercana. El resultado es que el lado (temporalmente) negativo de una molécula termina junto al lado (temporalmente) positivo de otra, como se ve en la figura 2.1. Ya que los dipolos en las moléculas están inducidos, a las interacciones entre las moléculas se les llama **interacciones dipolo inducido-dipolo inducido**. Las moléculas de un alcano se mantienen unidas a causa de esas interacciones entre dipolo inducido-dipolo inducido, que también se llaman **fuerzas de van der Waals**. Las fuerzas de van der Waals son las más débiles de todas las atracciones intermoleculares.

La magnitud de las fuerzas de van der Waals que mantienen unidas a las moléculas de alcano depende del área de contacto entre esas moléculas. Mientras mayor sea el área de contacto, las fuerzas de van der Waals serán más intensas, y se necesitará mayor cantidad de energía para superarlas. Si el lector examina la serie homóloga de los alcanos en la tabla 2.1 verá que sus puntos de ebullición aumentan a medida que lo hace su tamaño. Esta relación se debe a que cada grupo metileno (CH_2) adicional aumenta el área de contacto entre las moléculas. Los cuatro alcanos más pequeños tienen puntos de ebullición menores que la temperatura ambiente (unos 25°C), por lo que existen en forma de gases, a temperatura ambiente. El pentano (P.e. = 36.1 °C) es el alcano líquido más pequeño a temperatura ambiente.

Como la magnitud de las fuerzas de van der Waals depende del área de contacto entre las moléculas, al haber ramificaciones en un compuesto disminuye su punto de ebullición porque se reduce su área de contacto. Si el lector imagina al pentano, alcano no ramificado, el cual tiene forma de un puro, y al 2,2-dimetilpropano como una pelota de tenis, comprobará que la ramificación disminuye el área de contacto entre las moléculas: dos puros hacen contacto en un área más grande que dos pelotas de tenis. Así, si dos alcanos tienen el mismo peso molecular, el que esté más ramificado tendrá un punto de ebullición menor.

BIOGRAFÍA

Johannes Diderik van der Waals (1837–1923), *físico holandés, nació en Leiden, hijo de un carpintero, fue sobre todo autodidacta hasta que entró a la Universidad de Leiden, donde obtuvo un doctorado, van der Waals fue profesor de física en la Universidad de Amsterdam de 1877 a 1903. En 1910 ganó el Premio Nobel de Física por sus investigaciones sobre los estados gaseoso y líquido de la materia.*

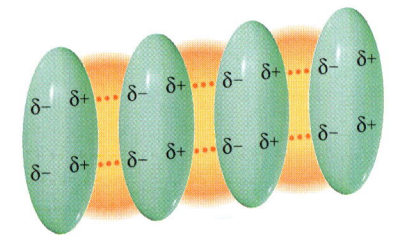

▲ **Figura 2.1**
Las fuerzas de van der Waals son interacciones entre dipolo inducido-dipolo inducido.

$CH_3CH_2CH_2CH_2CH_3$
pentano
P.e. = 36.1 °C

$CH_3CHCH_2CH_3$
|
CH_3
2-metilbutano
P.e. = 27.9 °C

CH_3
|
CH_3CCH_3
|
CH_3
2,2-dimetilpropano
P.e. = 9.5 °C

En cualquier serie homóloga, los puntos de ebullición de sus compuestos aumentan a medida que aumentan sus pesos moleculares, por el aumento de las fuerzas de van der Waals. Así, los puntos de ebullición de los compuestos en una serie homóloga de éteres, haluros de alquilo, alcoholes o aminas aumentan al aumentar el peso molecular (véase el apéndice I). Sin embargo, los puntos de ebullición de esos compuestos también están afectados por el carácter polar del enlace C—Z (donde Z representa N, O, F, Cl o Br). El enlace C—Z es polar porque el nitrógeno, oxígeno y halógenos son más electronegativos que el carbono al que estén unidos.

$$R-\overset{|}{\underset{|}{C}}-\overset{\delta+\ \delta-}{Z} \qquad Z = N, O, F, Cl\ o\ Br$$

> El punto de ebullición de un compuesto depende de la magnitud de las fuerzas de atracción entre las moléculas individuales.

La magnitud del diferencial de carga entre los dos átomos enlazados se indica con el momento dipolar del enlace (sección 1.3).

$H_3C-O-CH_3$	H_3C-OH	H_3C-NH_2
0.7 D	0.7 D	0.2 D

H_3C-F	H_3C-Cl	H_3C-Br	H_3C-I
1.6 D	1.5 D	1.4 D	1.2 D

Las moléculas con momentos dipolares se atraen entre sí porque se pueden alinear en tal forma que el extremo positivo de un dipolo quede junto al extremo negativo de otro dipolo. Estas fuerzas de atracción electrostática se llaman **interacciones dipolo-dipolo**, o **interacciones entre dipolos**, o **interacciones entre dipolo-dipolo**, y son más fuertes que las fuerzas de van der Waals, pero no tan fuertes como los enlaces iónicos o covalentes.

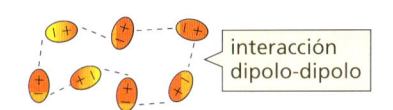

> El momento dipolar de un enlace es igual a la magnitud de la carga en uno de los átomos unidos por la distancia entre los átomos unidos.

En general, los éteres tienen puntos de ebullición más elevados que los alcanos de peso molecular parecido porque para que hierva un éter deben superarse las fuerzas de van der Waals y también las interacciones entre dipolo y dipolo (tabla 2.5).

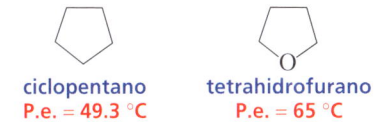

ciclopentano tetrahidrofurano
P.e. = 49.3 °C   P.e. = 65 °C

Tabla 2.5   Comparación de puntos de ebullición (°C)

Alcanos	Éteres	Alcoholes	Aminas
$CH_3CH_2CH_3$	CH_3OCH_3	CH_3CH_2OH	$CH_3CH_2NH_2$
−42.1	−23.7	78	16.6
$CH_3CH_2CH_2CH_3$	$CH_3OCH_2CH_3$	$CH_3CH_2CH_2OH$	$CH_3CH_2CH_2NH_2$
−0.5	10.8	97.4	47.8

Como se ve en la tabla, los alcoholes tienen puntos de ebullición mucho más altos que los alcanos o los éteres con pesos moleculares parecidos porque, además de las fuerzas de van der Waals y de las interacciones entre dipolo-dipolo del enlace C—O, los alcoholes pueden formar **puentes de hidrógeno**. Un puente de hidrógeno es una clase especial de interacción dipolo-dipolo que se produce entre un hidrógeno unido a un oxígeno, nitrógeno o flúor y los pares de electrones no enlazados de un oxígeno, nitrógeno o flúor en otra molécula.

La longitud del enlace covalente entre el oxígeno y el hidrógeno es 0.96 Å. El puente de hidrógeno que se establece entre un oxígeno de una molécula y un hidrógeno de otra molécula es casi el doble de largo (1.69 a 1.79 Å) y eso quiere decir que un puente de hidrógeno no es tan fuerte como un enlace covalente O—H. A pesar de ello, un puente de hidrógeno es más fuerte que otras interacciones entre dipolo-dipolo. Los puentes de hidró-

Los puentes de hidrógeno son más fuertes que otras interacciones dipolo-dipolo, que a su vez son más fuertes que las fuerzas de van der Waals.

geno más fuertes son los lineales, donde los dos átomos electronegativos y el hidrógeno entre ellos están en línea recta.

Aunque cada puente de hidrógeno individual es débil y requiere unas 5 kcal/mol (o 21 kJ/mol) para romperse, hay muchos de esos puentes que mantienen unidas a las moléculas de alcohol. La energía adicional necesaria para romper esos puentes de hidrógeno es la causa de que los alcoholes tengan puntos de ebullición mucho más altos que los alcanos o los éteres con pesos moleculares parecidos.

El punto de ebullición del agua es un ejemplo del efecto drástico que desempeñan los puentes de hidrógeno sobre los puntos de ebullición. La masa molar del agua es 18 g/mol y su punto de ebullición es 100 °C. El alcano que más se le parece en tamaño es el metano, con una masa molar de 16 g/mol. El metano hierve a −167.7 °C.

También las aminas primarias y secundarias forman puentes de hidrógeno, por lo cual éstas presentan puntos de ebullición más elevados que los alcanos con pesos moleculares similares. Sin embargo, el nitrógeno no es tan electronegativo como el oxígeno y eso equivale a que los puentes de hidrógeno entre las moléculas de amina son más débiles que los que unen a las moléculas de alcohol. En consecuencia, una molécula de amina tiene punto de ebullición menor que un alcohol con peso molecular parecido (tabla 2.5).

Ya que las aminas primarias tienen dos enlaces N—H, los puentes de hidrógeno son más importantes en las aminas primarias que en las secundarias. Las aminas terciarias no pueden formar puentes de hidrógeno entre sus moléculas porque carecen de hidrógenos unidos al nitrógeno. En consecuencia, al comparar aminas con igual peso molecular y estructuras parecidas, se aprecia que una amina primaria presenta un punto de ebullición más elevado que una amina secundaria y que el punto de ebullición de una amina secundaria es mayor que el de una amina terciaria.

CH₃CH₂CH(CH₃)CH₂NH₂	CH₃CH₂CH(CH₃)NHCH₃	CH₃CH₂N(CH₃)CH₂CH₃
amina primaria	**amina secundaria**	**amina terciaria**
P.e. = 97 °C	P.e. = 84 °C	P.e. = 65 °C

Los puentes de hidrógeno desempeñan un papel importante en biología. Más adelante se estudiará que las proteínas están moldeadas por puentes de hidrógeno (sección 22.14) y que la estructura del ADN se basa en los puentes de hidrógeno para copiar toda su información hereditaria (sección 27.5).

Para que un haluro de alquilo hierva deben superarse las fuerzas de van der Waals y también las interacciones entre dipolo-dipolo; además, al aumentar el tamaño del átomo de halógeno, estas interacciones son más fuertes. La gran densidad electrónica equivale a que el área de contacto de van der Waals es mayor y que también aumenta la polarizabilidad de la densidad electrónica. La **polarizabilidad**, o facilidad de polarización, indica la facilidad con la que se puede distorsionar la densidad electrónica. Mientras mayor sea el átomo, menos mantiene unidos a sus electrones de la capa externa, y estos electrones podrán distorsionarse más y formar un dipolo inducido fuerte. Por consiguiente, un fluoruro de alquilo tiene punto de ebullición menor que un cloruro del mismo alquilo. De igual modo, los cloruros de alquilo tienen menores puntos de ebullición que los bromuros de alquilo, y a su vez menores puntos de ebullición que los yoduros de alquilo (tabla 2.6).

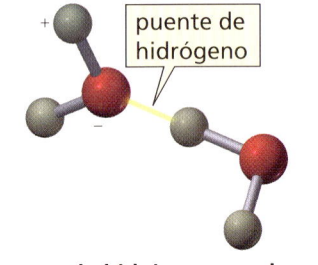

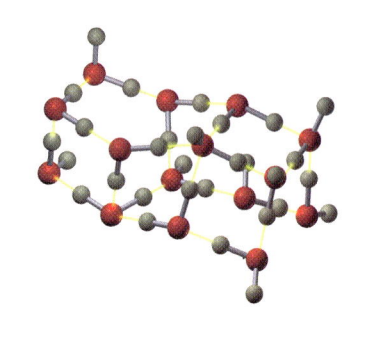

En el apéndice I se encuentran tablas más extensas de propiedades físicas.

2.9 Propiedades físicas de los alcanos, haluros de alquilo, alcoholes, éteres y aminas

Tabla 2.6 Comparación de puntos de ebullición de alcanos y de haluros de alquilo (°C)

			Y		
	H	F	Cl	Br	I
CH₃—Y	−161.7	−78.4	−24.2	3.6	42.4
CH₃CH₂—Y	−88.6	−37.7	12.3	38.4	72.3
CH₃CH₂CH₂—Y	−42.1	−2.5	46.6	71.0	102.5
CH₃CH₂CH₂CH₂—Y	−0.5	32.5	78.4	101.6	130.5
CH₃CH₂CH₂CH₂CH₂—Y	36.1	62.8	107.8	129.6	157.0

ESTRATEGIA PARA RESOLVER PROBLEMAS

Formación de puentes de hidrógeno

a. ¿Cuál de los siguientes compuestos formará puentes de hidrógeno entre sus moléculas?
   1. CH₃CH₂CH₂OH   2. CH₃CH₂CH₂F   3. CH₃OCH₂CH₃

b. ¿Cuál de estos compuestos formará puentes de hidrógeno con un disolvente como el etanol?

Para resolver esta clase de preguntas, se inicia definiendo las clases de compuestos que pueden formar puentes de hidrógeno.

a. Se forma un puente de hidrógeno cuando interactúa un hidrógeno unido a un átomo de O, N o F de una molécula con un par de electrones no enlazados de un átomo de O, N o F de otra molécula. Por consiguiente, un compuesto que forme puentes de hidrógeno consigo mismo debe tener un hidrógeno unido a un O, N o F. Sólo el compuesto 1 podrá formar puentes de hidrógeno consigo mismo.

b. El etanol tiene un átomo de hidrógeno unido a un oxígeno, por lo que podrá formar puentes de hidrógeno con un compuesto que tenga un par de electrones no enlazados en un átomo de O, N o F. Los tres compuestos podrán formar puentes de hidrógeno con el etanol.

Ahora continúe en el problema 26.

PROBLEMA 26◆

a. ¿Cuáles de los siguientes compuestos formarán puentes de hidrógeno entre sus moléculas?
   1. CH₃CH₂CH₂COOH
   2. CH₃CH₂N(CH₃)₂
   3. CH₃CH₂CH₂CH₂Br
   4. CH₃CH₂CH₂NHCH₃
   5. CH₃CH₂OCH₂CH₂OH
   6. CH₃CH₂CH₂CH₂F

b. ¿Cuáles de los compuestos anteriores forman puentes de hidrógeno con un disolvente como el etanol?

PROBLEMA 27

Explique por qué

a. el H₂O tiene mayor punto de ebullición que el CH₃OH (65 °C)
b. el H₂O tiene punto de ebullición más elevado que el NH₃ (−33 °C).
c. el H₂O tiene un punto de ebullición más elevado que el HF (20 °C).

PROBLEMA 28◆

Ordene los siguientes compuestos por punto de ebullición decreciente.

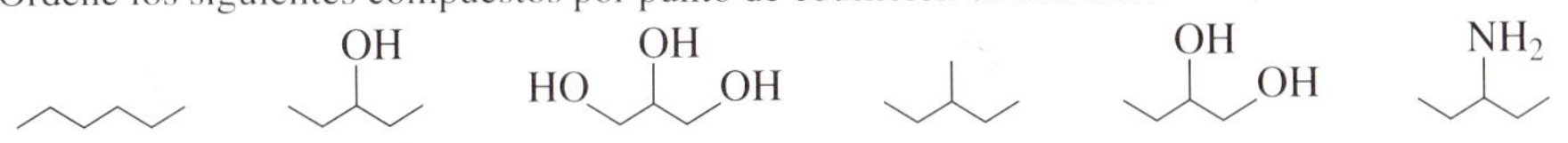

98 CAPÍTULO 2 Introducción a los compuestos orgánicos

> **PROBLEMA 29**◆
>
> Ordene los compuestos de cada conjunto por punto de ebullición decreciente:
>
> **a.** CH₃CH₂CH₂CH₂CH₂CH₂Br   CH₃CH₂CH₂CH₂Br   CH₃CH₂CH₂CH₂CH₂Br
>
> **b.** CH₃CHCH₂CH₂CH₂CH₂CH₃
> |
>   CH₃
>
>   CH₃ CH₃
> | |
>   CH₃C — CCH₃
> | |
>   CH₃ CH₃
>
> CH₃CH₂CH₂CH₂CH₂CH₂CH₂CH₃   CH₃CH₂CH₂CH₂CH₂CH₂CH₂CH₂CH₃
>
> **c.** CH₃CH₂CH₂CH₂CH₃   CH₃CH₂CH₂CH₂OH   CH₃CH₂CH₂CH₂Cl
> CH₃CH₂CH₂CH₂CH₂OH

Puntos de fusión

El **punto de fusión (P.f.)** de un compuesto es la temperatura a la cual su forma sólida se convierte en líquida. Si el lector examina los puntos de fusión de los alcanos en la tabla 2.1, descubrirá que aumentan (con algunas excepciones) dentro de una serie homóloga al aumentar el peso molecular. El aumento del punto de fusión es menos regular que el del punto de ebullición porque, además de las atracciones intermoleculares que se describen arriba, el punto de fusión está influido por la clase de **empacamiento**, o **empaquetamiento,** esto es, el ordenamiento, que incluye la cercanía y la compactación de las moléculas en la red cristalina. Mientras más estrecho sea su ajuste, se requiere mayor energía para romper la red y fundir al compuesto.

La figura 2.2 muestra que los puntos de fusión de los alcanos con números pares de átomos de carbono quedan en una curva uniforme (la línea roja). Los de los alcanos con nú-

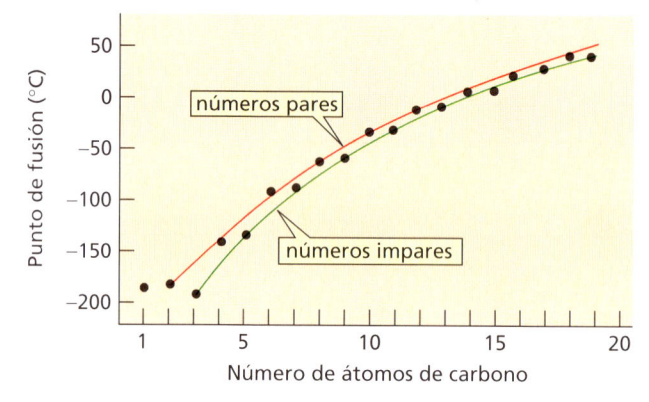

Figura 2.2 ▶
Puntos de fusión de alcanos de cadena lineal. Los alcanos con número par de átomos de carbono están en una curva de punto de fusión más elevada que la de los alcanos con número impar de átomos de carbono.

meros impares de átomos de carbono también caen en una curva uniforme (la línea verde). Sin embargo, las dos curvas no se sobreponen porque los alcanos con cantidad par de átomos de carbono se empacan de una manera más compacta, esto se debe que los alcanos con número impar de átomos de carbono el arreglo no es óptimo porque las moléculas, estando cada cadena en zig-zag, terminan con la misma inclinación y pueden estar junto a otra que tenga un grupo metilo en un extremo dirigido hacia el grupo metilo en el extremo de la otra a la cual repele, aumentando así la distancia promedio entre las cadenas. En consecuencia, las moléculas de alcano con número impar de átomos de carbono tienen menores atracciones intermoleculares y en consecuencia menores puntos de fusión.

       cantidad impar de carbonos   cantidad par de carbonos

Solubilidad

Lo semejante disuelve a lo semejante.

La regla general que gobierna a la **solubilidad** es "lo semejante disuelve a lo semejante." *Los compuestos polares se disuelven en disolventes polares y los compuestos no polares se disuelven en disolventes no polares.* La razón por la que "lo polar disuelve a lo polar" es que un **disolvente polar**, como el agua, tiene cargas parciales que pueden interactuar con las cargas parciales de un compuesto polar. Los polos negativos de las moléculas de disolvente rodean al polo positivo del *soluto* polar, y los polos positivos de las moléculas de disolvente rodean al polo negativo del *soluto* polar. El agrupamiento de las moléculas de disolvente en torno a las del soluto separa a las moléculas del soluto, y es lo que las hace disolverse. La interacción entre las moléculas del disolvente y las del soluto se llama **solvatación**.

Tutorial del alumno:
Solvatación de los compuestos polares
(Solvation of polar compounds)

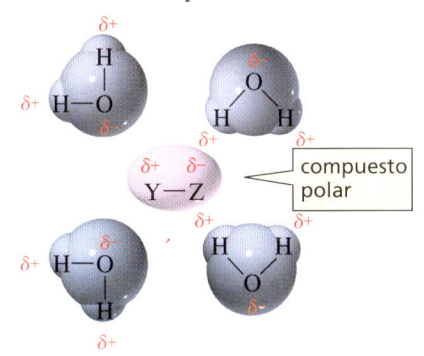

solvatación de un compuesto polar por el agua

Ya que los compuestos no polares carecen de carga neta, no atraen a los disolventes polares. Para que una molécula no polar se disuelva en un disolvente polar como el agua debería empujar y separar las moléculas de agua y romper sus puentes de hidrógeno. Los puentes de hidrógeno encierran la resistencia suficiente para impedir la entrada del compuesto no polar. En contraste, los solutos no polares se disuelven en los disolventes no polares porque las interacciones de van der Waals entre las moléculas de disolvente y de soluto son más o menos iguales que entre las moléculas de disolvente-disolvente, y entre las moléculas de soluto-soluto.

Los alcanos son no polares, por lo que son solubles en **disolventes no polares** e insolubles en disolventes polares como el agua. Las densidades de los alcanos (tabla 2.1) aumentan al incrementarse la masa molecular; sin embargo, hasta un alcano con 30 carbonos como es el triacontano (densidad a 20 °C, o $d^{20°}$ = 0.8097 g/mL) es menos denso que el agua ($d^{20°}$ = 1.00 g/mL). Eso quiere decir que una mezcla de alcano y agua se separará con formación de dos fases, y que la de alcano, al ser menos densa, flotará sobre el agua. El derrame de crudo en Alaska, en 1989, el derrame del Golfo Pérsico de 1991 y el de la costa noroeste de España en 2002 son ejemplos de este fenómeno, pero a gran escala (el crudo es de manera preponderante una mezcla de alcanos).

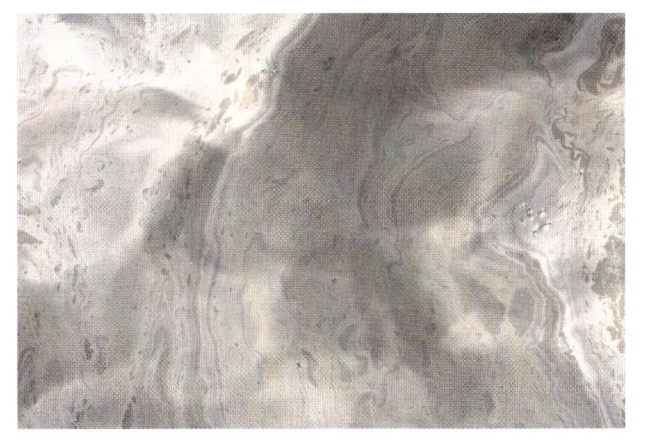

Petróleo del derrame de 70,000 toneladas de crudo en la costa de Gales en 1996.

Un alcohol tiene un grupo alquilo no polar y un grupo OH polar, al mismo tiempo. Entonces, un alcohol ¿es molécula polar o no polar? ¿Es soluble en un solvente no polar o es soluble en agua? La respuesta depende del tamaño del grupo alquilo. Al aumentar ese tamaño y ser una fracción más importante de la molécula del alcohol, el compuesto se vuelve cada vez menos soluble en agua. En otras palabras, la molécula se parece cada vez más a la de un alcano. Los grupos formados por cuatro carbonos tienden a estar en la línea divisoria, a temperatura ambiente: los alcoholes con menos de cuatro carbonos son solubles en agua, pero los que tienen más de cuatro carbonos son insolubles en ella. Es decir, un grupo OH puede hacer que unos tres o cuatro carbonos se disuelvan en agua.

La estimación de los cuatro carbonos sólo es una guía aproximada porque la solubilidad de un alcohol también depende de la estructura del grupo alquilo. Los alcoholes con grupos alquilo ramificados son más solubles en agua que los que tienen alquilos no ramificados, con la misma cantidad de carbonos; ello se debe a que la ramificación minimiza la superficie de contacto de la parte no polar de la molécula. Entonces, el alcohol *ter*-butílico es más soluble en agua que el alcohol *n*-butílico.

De igual manera, el átomo de oxígeno de un éter puede arrastrar a la disolución en agua sólo a unos tres carbonos (tabla 2.7). Ya se estudió (foto de la página 62) que el éter dietílico, con cuatro átomos de carbono, no es soluble en agua.

Tabla 2.7 Solubilidades de éteres en agua

2 C's	CH_3OCH_3	soluble
3 C's	$CH_3OCH_2CH_3$	soluble
4 C's	$CH_3CH_2OCH_2CH_3$	ligeramente soluble (10 g/100 g H_2O)
5 C's	$CH_3CH_2OCH_2CH_2CH_3$	casi insoluble (1.0 g/100 g H_2O)
6 C's	$CH_3CH_2CH_2OCH_2CH_2CH_3$	insoluble (0.25 g/100 g H_2O)

Las aminas de bajo peso molecular son solubles en agua porque pueden formar puentes de hidrógeno con el agua. Al comparar las aminas con las mismas cantidades de átomos de carbono se podrá advertir que las aminas primarias son más solubles que las secundarias porque las primarias tienen dos hidrógenos que pueden formar puentes. Las aminas terciarias, como las primarias y las secundarias, tienen un par de electrones no enlazado que pueden aceptar puentes de hidrógeno pero, a diferencia de las primarias y las secundarias, las aminas terciarias carecen de hidrógenos que ceder como puentes de hidrógeno. En consecuencia, las aminas terciarias son menos solubles en agua que las aminas secundarias con la misma cantidad de carbonos.

Los haluros de alquilo tienen cierto carácter polar, pero sólo los fluoruros de alquilo cuentan con un átomo que puede formar puente de hidrógeno con el agua. Ello quiere decir que los fluoruros de alquilo son los más solubles en agua de los haluros de alquilo. Los demás haluros de alquilo son menos solubles en agua que los éteres o los alcoholes con la misma cantidad de carbonos (tabla 2.8).

Tabla 2.8 Solubilidades de los haluros de alquilo en agua

CH_3F muy soluble	CH_3Cl soluble	CH_3Br ligeramente soluble	CH_3I ligeramente soluble
CH_3CH_2F soluble	CH_3CH_2Cl ligeramente soluble	CH_3CH_2Br ligeramente soluble	CH_3CH_2I ligeramente soluble
$CH_3CH_2CH_2F$ ligeramente soluble	$CH_3CH_2CH_2Cl$ ligeramente soluble	$CH_3CH_2CH_2Br$ ligeramente soluble	$CH_3CH_2CH_2I$ ligeramente soluble
$CH_3CH_2CH_2CH_2F$ insoluble	$CH_3CH_2CH_2CH_2Cl$ insoluble	$CH_3CH_2CH_2CH_2Br$ insoluble	$CH_3CH_2CH_2CH_2I$ insoluble

PROBLEMA 30◆

Ordene los siguientes grupos de compuestos por solubilidad decreciente en agua:

a. $CH_3CH_2CH_2OH$ $CH_3CH_2CH_2CH_2Cl$
   $CH_3CH_2CH_2CH_2OH$ $HOCH_2CH_2CH_2OH$

b. ciclopentano-CH_3 ciclopentano-NH_2 ciclopentano-OH

PROBLEMA 31◆

¿En cuál disolvente tendrá menor solubilidad el ciclohexano? 1-pentanol, éter dietílico, etanol, hexano.

2.10 Rotación respecto a enlaces carbono-carbono

Ya se vio anteriormente que se forma un enlace sencillo carbono-carbono (enlace σ) cuando un orbital sp^3 se traslapa con un orbital sp^3 de un segundo átomo de carbono (sección 1.7). Como los enlaces σ son cilíndricamente simétricos (esto es, son simétricos respecto a una línea imaginaria que une los centros de los dos átomos unidos por el enlace σ), puede haber rotación respecto a un enlace sencillo carbono-carbono, sin que exista cambio en la cantidad de traslape de orbitales (figura 2.3). A las distintas disposiciones espaciales de los átomos que resultan de la rotación respecto a un enlace sencillo se les llama **conformaciones.**

La conformación producida por la rotación respecto al enlace carbono-carbono del etano representa un continuo entre los dos extremos que se muestran abajo: una *conformación alternada* y una *conformación eclipsada*. Entre estos dos extremos hay una cantidad infinita de conformaciones posibles.

Los dibujos de moléculas bidimensionales se utilizan para representar estructuras tridimensionales. En química se suelen usar las *fórmulas en perspectiva*, presentadas en la sección 1.7, y las *proyecciones de Newman* para mostrar los arreglos espaciales tridimensionales que resultan de rotaciones en torno a un enlace σ. En una **proyección de Newman** se supone que el espectador ve a lo largo del eje longitudinal de determinado enlace C—C. El carbono frontal se representa con un punto (donde se ve que se cruzan tres líneas), y el carbono trasero se representa con un círculo. Las tres líneas que emanan de cada carbono representan sus otros tres enlaces.

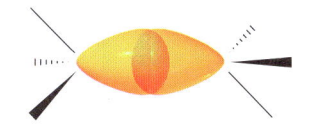

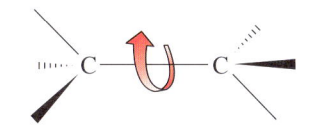

▲ **Figura 2.3**
Se forma un enlace carbono-carbono por traslape de orbitales sp^3 con simetría cilíndrica. Por consiguiente, puede haber rotación respecto al enlace sin cambiar el traslape de orbitales.

BIOGRAFÍA

Melvin S. Newman (1908–1993) *nació en Nueva York. Recibió un doctorado de la Universidad de Yale, en 1932, y fue profesor de química en la Universidad del Estado de Ohio, de 1936 a 1973. Sugirió su técnica para representar las moléculas orgánicas en 1952.*

Una **conformación alternada** es más estable, y por consiguiente su energía es menor, que una **conformación eclipsada**. Debido a esta diferencia de energías, la rotación respecto a un enlace sencillo carbono-carbono no es completamente libre. La conformación eclipsada tiene mayor energía y debe vencerse la barrera de energía cuando sucede una rotación respecto al enlace C—C (figura 2.4). Sin embargo, en el etano la barrera es lo bastante pequeña (2.9 kcal/mol o 12 kJ/mol) como para permitir una rotación continua. La conformación de una molécula cambia millones de veces por segundo, de alternada a eclipsada, a temperatura ambiente. Debido a esta interconversión continua, no se pueden separar entre sí los diferentes conformeros, aunque algunos tienen más probabilidad de persistir que otros. A la investigación de las diferentes conformaciones de un compuesto y sus estabilidades relativas se le llama **análisis conformacional**.

Una conformación alternada es más estable que una conformación eclipsada.

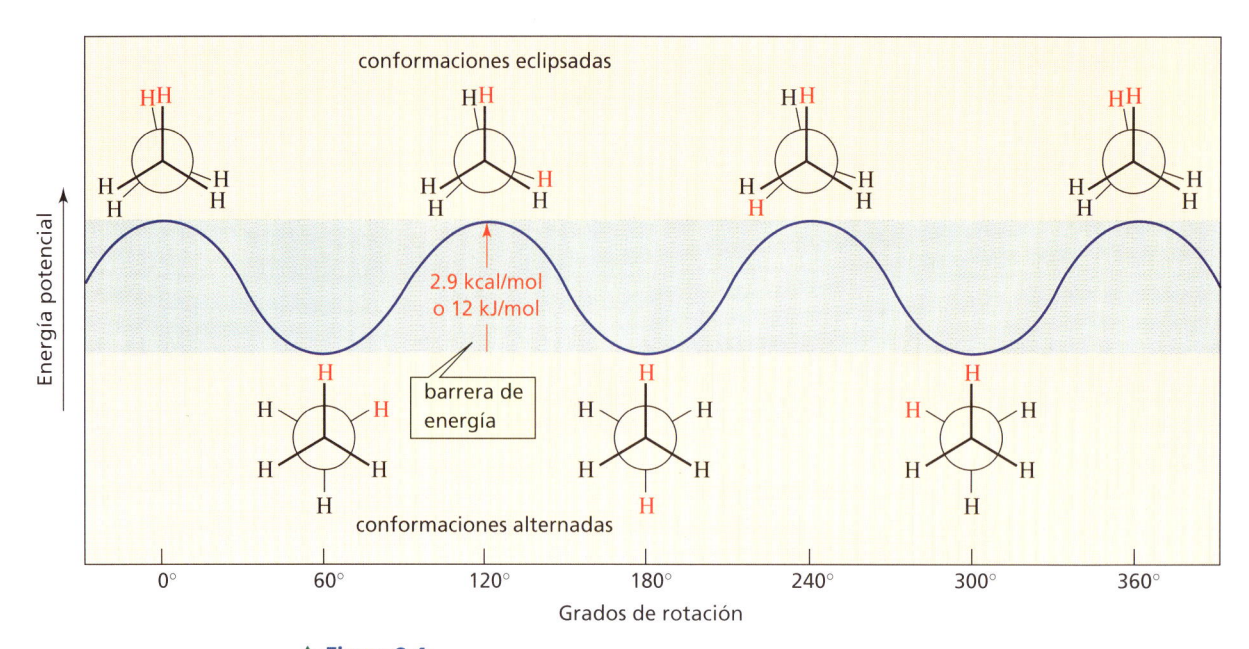

▲ Figura 2.4
Energía potencial del etano en función del ángulo de rotación respecto al enlace carbono-carbono.

La figura 2.4 muestra las energías potenciales de todas las conformaciones del etano que se obtienen en un giro completo de 360° respecto al enlace C—C. Obsérvese que las conformaciones alternadas están en los mínimos de energía, mientras que las conformaciones eclipsadas están en los máximos. Las conformaciones con la energía mínima son los **confórmeros**. Así, el etano tiene tres confórmeros.

¿Por qué la conformación alternada es más estable que la eclipsada? El mayor aporte a la diferencia de energía entre ellas es una interacción estabilizadora entre el orbital enlazante C—H σ de un carbono y el orbital antienlazante C—H σ^* del otro carbono: los electrones en el orbital enlazante lleno pasan de manera parcial al orbital antienlazante parcialmente desocupado. Esta interacción es máxima en la conformación alternada, o eclipsada porque sólo en esa conformación los dos orbitales son paralelos. A esa deslocalización de electrones en el traslape de un orbital σ y un orbital vacío se le llama **hiperconjugación**.

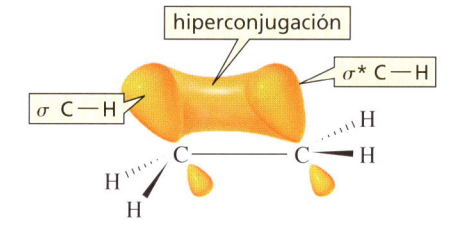

El butano tiene tres enlaces sencillos carbono-carbono y puede haber rotación respecto a cada uno de ellos. Las siguientes proyecciones de Newman muestran las conformaciones alternadas y eclipsadas por rotación respecto al enlace C-1—C-2:

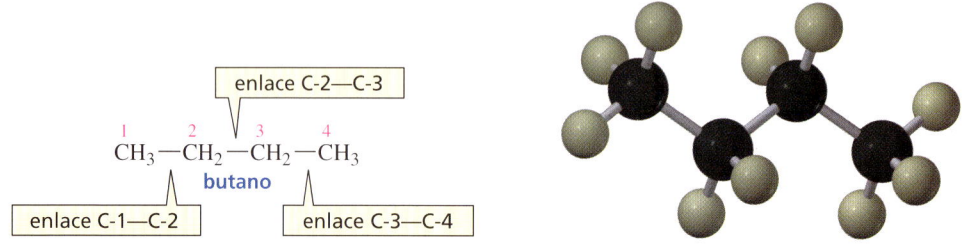

modelo de bolas y palillos para el butano

2.10 Rotación respecto a enlaces carbono-carbono

conformación alternada por rotación respecto al enlace C-1—C-2 en el butano

conformación eclipsada por rotación respecto al enlace C-1—C-2 en el butano

Es importante mencionar que el carbono con número menor se pone al frente en una proyección de Newman.

Aunque las conformaciones alternadas que resultan de la rotación respecto al enlace C-1—C-2 del butano tienen la misma energía, las que resultan por rotación respecto al enlace C-2—C-3 no la tienen. Las conformaciones alternadas y eclipsadas por rotación respecto al enlace C-2—C-3 en el butano son:

A   B   C   D   E   F   A

De las conformaciones alternadas, la D, en la que los dos grupos metilo están lo más alejados posible, es más estable que las otras dos conformaciones alternadas (B y F). La más estable de las conformaciones de un enlace (en este caso, la D) se llama **conformación anti**, y las otras dos conformaciones alternadas (en este caso B y F) se llaman **conformaciones gauche**. *Anti* es "opuesto de" en griego; *gauche* es "izquierda" en francés. En la conformación anti, los sustituyentes más grandes están opuestos entre sí; en una conformación gauche son adyacentes. Las dos conformaciones gauche tienen la misma energía, que es mayor que la energía de la conformación anti.

Las conformaciones anti y gauche no tienen la misma energía debido al **efecto estérico**, el cual se debe a la energía adicional que tiene una molécula cuando los átomos o grupos son cercanos entre sí, haciendo que sus densidades de electrones se repelan entre sí. Existe un mayor efecto estérico en una conformación gauche que en una anti porque los dos sustituyentes (que en el butano son los dos grupos metilo) están más cercanos entre sí en la conformación gauche. Este tipo de efecto estérico se llama **interacción gauche**. En general, el efecto estérico aumenta en las moléculas a medida que lo hace el tamaño de los átomos o grupos que interaccionan.

Las conformaciones eclipsadas que resultan de la rotación respecto al enlace C-2—C-3 en el butano también tienen energías diferentes. La conformación eclipsada en que los dos grupos metilo se encuentran más próximos entre sí (A) es menos estable que cuando están alejados (C y E).

En la figura 2.5 se aprecian las energías de las conformaciones debidas a rotación respecto al enlace C-2—C-3 del butano. Las letras en esa figura corresponden a las letras que identifican las estructuras de arriba. El grado de rotación de cada conformación se determina por el ángulo diedro (que es el ángulo que forman dos átomos a tres enlaces), por ejemplo es el ángulo que forman los enlaces C—H en la proyección de Newman del etano, en el carbono más cercano, con el enlace C—H del carbono que se encuentra atrás. La conformación en la que un grupo metilo está directamente frente al otro, que es la conformación menos estable, tiene un ángulo diedro igual a 0°.

Ya que hay una rotación continua respecto a todos los enlaces sencillos C—C en una molécula, las moléculas orgánicas con esos enlaces no son bolas y palillos estáticos: tienen muchas conformaciones interconvertibles. Las cantidades relativas de moléculas en determinadas conformaciones en cualquier momento depende de la estabilidad de las conformaciones: mientras más estable sea la conformación, mayor será la fracción de molécu-

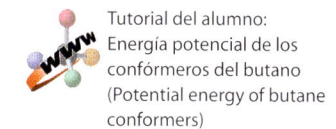

Tutorial del alumno:
Energía potencial de los confórmeros del butano
(Potential energy of butane conformers)

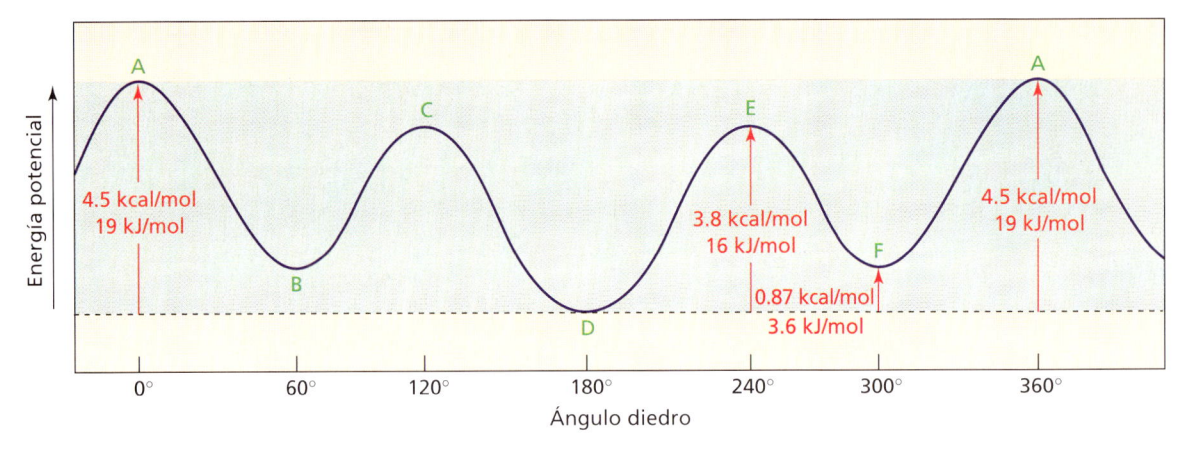

▲ **Figura 2.5**
Energía potencial del butano en función del grado de rotación en torno al enlace C-2—C-3. Las letras verdes indican las conformaciones A a F que se ven en la página 103.

las que estarán en ella. Por consiguiente, la mayor parte de las moléculas se encuentran en conformaciones alternadas en determinado momento y hay un mayor número de moléculas en conformación anti que en conformación gauche. La menor energía de una conformación alternada determina que las cadenas de carbonos tengan la tendencia a adoptar formas de zig-zag, como se ve en el modelo del decano, con bolas y palillos.

modelo del decano con bolas y palillos

PROBLEMA 32

a. Trace todas las conformaciones alternadas y eclipsadas que resultan de la rotación del enlace C-2—C-3 del pentano.
b. Trace un diagrama de energía potencial para la rotación en 360° del enlace C-2—C-3 del pentano, comenzando con la conformación menos estable.

PROBLEMA 33◆

Use proyecciones de Newman para dibujar la conformación más estable de cada uno de los enlaces siguientes:

a. 3-metilpropano, visto a lo largo del enlace C-2—C-3
b. 3-metilhexano, visto a lo largo del enlace C-3—C-4
c. 3,3-dimetilhexano, visto a lo largo del enlace C-3—C-4

2.11 Algunos cicloalcanos tienen tensión en el anillo

Los primeros químicos observaron que, en general, los compuestos cíclicos naturales tienen anillos de cinco o seis miembros; los compuestos con anillos de tres o cuatro miembros son mucho menos frecuentes. Esta observación parece indicar que los compuestos con anillo de cinco o seis miembros son más estables que los que tienen anillos de tres o cuatro miembros.

Adolf von Baeyer, químico alemán, propuso en 1885 que la inestabilidad de anillos con tres y cuatro miembros se debe a tensión angular. Se sabe que, en el caso ideal, un carbono sp^3 tiene ángulos de enlace de 109.5° (sección 1.7). Baeyer sugirió que se puede predecir la estabilidad de un cicloalcano evaluando la diferencia entre este ángulo ideal de enlace y el ángulo plano del cicloalcano. Por ejemplo, los ángulos en un triángulo equilátero son de 60° y representan una desviación de 49.5° respecto a los 109.5° del tetraedro. De acuerdo con Baeyer, esta desviación causa **tensión angular** y en consecuencia inestabilidad en el ciclopropano.

La tensión angular en un anillo con tres miembros se puede comprender examinando el traslape de los orbitales que forman los enlaces σ del ciclopropano (figura 2.6). Los enlaces σ normales se forman por traslape de dos orbitales sp^3 que apuntan directamente uno hacia el otro. En el ciclopropano, los orbitales que se traslapan no pueden apuntar directamente uno hacia el otro, por lo que la cantidad de traslape entre ellos es menor que en un enlace C—C normal. El menor grado de traslape determina que los enlaces C—C del ciclopropano sean más débiles que los enlaces C—C normales. Esta debilidad es la que se denomina tensión angular.

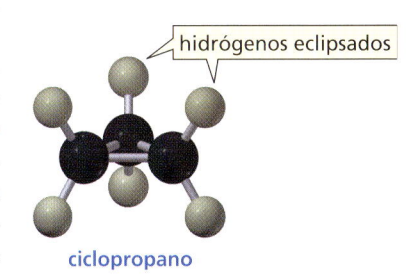

◀ Figura 2.6
a) Traslape de orbitales sp^3 en un enlace σ normal. b) Traslape de orbitales sp^3 en el ciclopropano.

Como los orbitales enlazantes C—C en el ciclopropano no pueden apuntar uno directamente hacia el otro, los enlaces que se forman parecen bananas y en consecuencia se le llama con frecuencia **enlaces banana**. Además de la tensión angular de los enlaces C—C, todos los enlaces C—H del ciclopropano están eclipsados, no alternados, lo cual crea aún más tensión.

Los ángulos de enlace en una molécula hipotética plana de ciclobutano deberían comprimirse de 109.5° a 90°, que es el ángulo que corresponde a un anillo plano de cuatro miembros. En consecuencia, el ciclobutano plano tendría menor tensión angular que el ciclopropano porque los ángulos de enlace del ciclobutano sólo se alejan 19.5° del ángulo ideal de enlace. No obstante, tendría ocho pares de hidrógenos eclipsados, en comparación con los seis pares en el ciclopropano. Debido a los hidrógenos eclipsados, una molécula de ciclobutano no es plana. Su estructura real se explicará y mostrará más adelante, en la página 106.

HIDROCARBUROS MUY TENSIONADOS

Los químicos han logrado sintetizar algunos hidrocarburos cíclicos muy tensionados, como el biciclo[1.1.0]butano, el cubano y el prismano. David Lemal, Fredric Menger y George Clark, de la Universidad de Wisconsin, sintetizaron el biciclo[1.1.0]butano. El cubano fue sintetizado por Philip Eaton y Thomas Cole Jr., en la Universidad de Chicago. El prismano fue sintetizado por Thomas Katz y Nancy Acton, de la Universidad de Columbia.

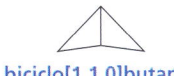

biciclo[1.1.0]butano   cubano   prismano

Philip Eaton, primero en sintetizar el cubano, también sintetizó el octanitrocubano, que es cubano con un grupo NO_2 enlazado a cada uno de los ocho vértices. Sucedió que fue un explosivo menos potente que lo que se esperaba.

PROBLEMA 34◆

Los ángulos de enlace en un polígono de n lados son igual a:

$$180° - \frac{360°}{n}$$

a. ¿Cuáles son los ángulos de enlace en un octágono regular?
b. ¿Cuáles son los ángulos de enlace en un nonágono regular?

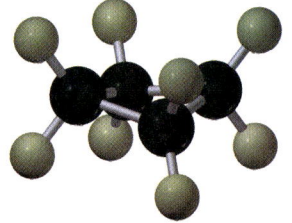

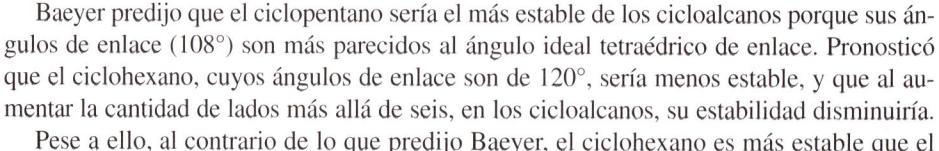

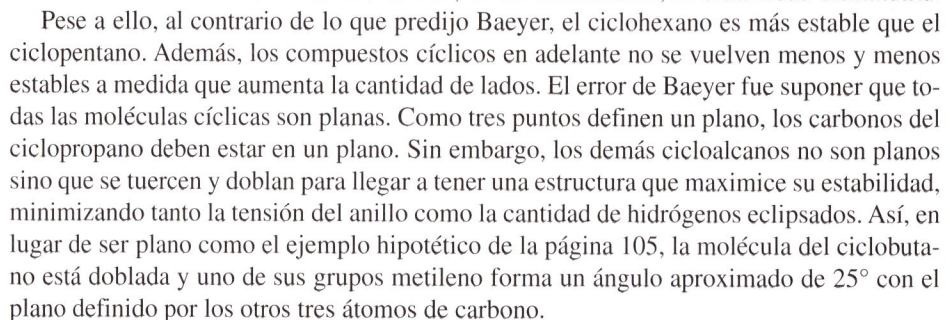

ciclobutano

Baeyer predijo que el ciclopentano sería el más estable de los cicloalcanos porque sus ángulos de enlace (108°) son más parecidos al ángulo ideal tetraédrico de enlace. Pronosticó que el ciclohexano, cuyos ángulos de enlace son de 120°, sería menos estable, y que al aumentar la cantidad de lados más allá de seis, en los cicloalcanos, su estabilidad disminuiría.

Pese a ello, al contrario de lo que predijo Baeyer, el ciclohexano es más estable que el ciclopentano. Además, los compuestos cíclicos en adelante no se vuelven menos y menos estables a medida que aumenta la cantidad de lados. El error de Baeyer fue suponer que todas las moléculas cíclicas son planas. Como tres puntos definen un plano, los carbonos del ciclopropano deben estar en un plano. Sin embargo, los demás cicloalcanos no son planos sino que se tuercen y doblan para llegar a tener una estructura que maximice su estabilidad, minimizando tanto la tensión del anillo como la cantidad de hidrógenos eclipsados. Así, en lugar de ser plano como el ejemplo hipotético de la página 105, la molécula del ciclobutano está doblada y uno de sus grupos metileno forma un ángulo aproximado de 25° con el plano definido por los otros tres átomos de carbono.

Si el anillo de ciclopentano fuera plano, como indicaba Baeyer, en esencia no tendría tensión angular, pero tendría 10 pares de hidrógenos eclipsados. Entonces, el ciclopentano se dobla y permite que algunos de los hidrógenos queden casi alternados, pero en el proceso la molécula adquiere cierta tensión angular. La estructura doblada del ciclopentano se llama *conformación en sobre* porque la forma del anillo se asemeja a un sobre donde uno de los carbono esta fuera del plano.

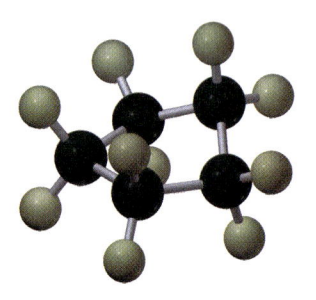

ciclopentano

VON BAEYER Y EL ÁCIDO BARBITÚRICO

Johann Friedrich Wilhelm Adolf von Baeyer (1835-1917), químico alemán, fue profesor de química en la Universidad de Estrasburgo, y después en la Universidad de Munich. En 1864 descubrió el ácido barbitúrico, el primero de un grupo de sedantes llamados barbituratos, cuyo nombre se debe a Bárbara, una mujer. No es seguro quién fue Bárbara. Algunos dicen que era su novia, pero como Baeyer descubrió el ácido barbitúrico en el mismo año en que Prusia derrotó a Dinamarca, hay quienes creen que bautizó su descubrimiento en honor de Santa Bárbara, la patrona de los artilleros. También Baeyer es conocido como el primero en sintetizar el índigo, colorante usado en la fabricación de los pantalones de mezclilla. Recibió el Premio Nobel de Química en 1905 por sus trabajos en síntesis orgánicas.

PROBLEMA 35◆

La eficacia de un barbiturato como sedante se relaciona con su capacidad de penetrar en la membrana no polar de una célula. ¿Cuál de los siguientes barbituratos espera usted que sea el sedante más efectivo?

hexetal   barbital

2.12 Conformaciones del ciclohexano

Los compuestos cíclicos más frecuentes en la naturaleza contienen anillos de seis miembros porque los anillos de carbono de ese tamaño pueden existir en una conformación, llamada *conformación de silla*, que casi está libre de tensión. Donde todos los ángulos de enlace en el **confórmero silla** son de 111°, muy cercano al ángulo tetraédrico ideal de 109.5°, y todos los enlaces adyacentes están alternados (figura 2.7).

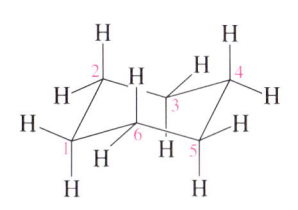

confórmero silla
del ciclohexano

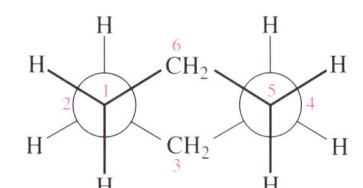

proyección de Newman
del confórmero silla

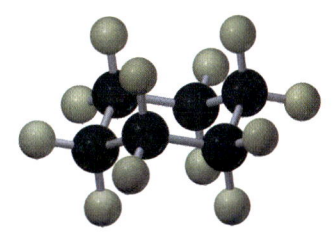

modelo del confórmero silla del
ciclohexano, con bolas y palillos

◀ **Figura 2.7**
El confórmero silla del ciclohexano, proyección de Newman del confórmero silla, y un modelo de bolas y palillos; muestran que todos los enlaces son alternados.

El confórmero silla es tan importante que hay que aprender a dibujarlo:

1. Trace dos paralelas de la misma longitud, inclinadas hacia la derecha y comenzando en el mismo nivel.

2. Una los extremos superiores de las líneas mediante una V, cuyo brazo izquierdo sea un poco más largo que su lado derecho. Una los extremos inferiores de las líneas con la misma V invertida y al revés: las líneas inferior izquierda y superior derecha deben ser paralelas, y las líneas superior izquierda e inferior derecha deben ser paralelas. Con esto se completa el contorno del anillo de seis miembros.

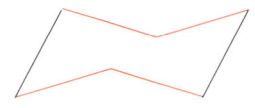

3. Cada carbono tiene un enlace axial y uno ecuatorial. Los **enlaces axiales** (líneas rojas) son verticales y alternan hacia arriba y hacia abajo del anillo. El enlace axial en uno de los carbonos dibujados en la parte superior apunta hacia arriba, el siguiente hacia abajo, el siguiente hacia arriba, y así sucesivamente.

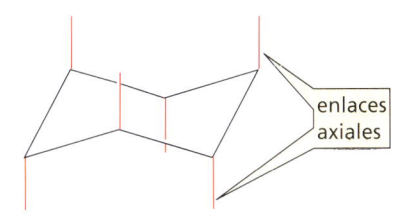

4. Los **enlaces ecuatoriales** (líneas rojas con puntos azules) apuntan hacia fuera del anillo. Como los ángulos de enlace son mayores que 90°, los enlaces ecuatoriales están inclinados. Si el enlace axial apunta hacia arriba, el enlace ecuatorial en el mis-

mo carbono tiene inclinación hacia abajo. Si el enlace axial apunta hacia abajo, el enlace ecuatorial del mismo carbono tiene pendiente hacia arriba.

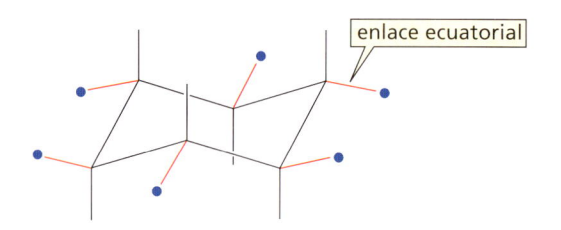

Obsérvese que cada enlace ecuatorial es paralelo a dos enlaces del anillo (separado por dos carbonos).

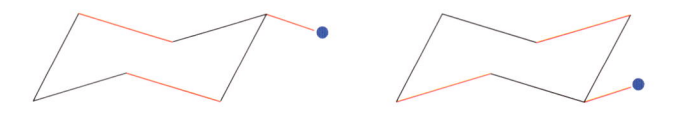

Recuérdese que en esta representación el ciclohexano se ve de lado. Los enlaces inferiores del anillo están al frente y los superiores están atrás.

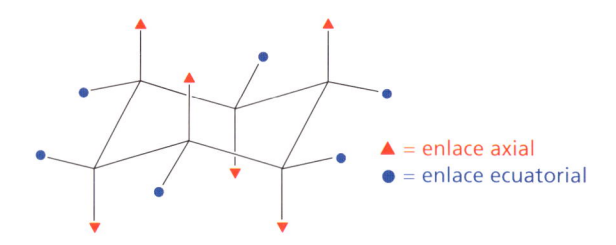

▲ = enlace axial
● = enlace ecuatorial

PROBLEMA 36

Trace la estructura del 1,2,3,4,5,6-hexametilciclohexano con

a. todos los grupos metilo en las posiciones axiales.
b. todos los grupos metilo en las posiciones ecuatoriales.

ESTRATEGIA PARA RESOLVER PROBLEMAS

Cálculo de la energía de tensión de un cicloalcano

Si se supone que el ciclohexano está totalmente libre de tensiones será posible usar el **calor de formación**, el calor que se desprende cuando se forma un compuesto a partir de sus elementos, bajo condiciones normales, para calcular la energía total de tensión de los demás cicloalcanos. Si el calor de formación del ciclohexano se toma de la tabla 2.9 y se divide entre sus seis grupos CH_2 resulta un valor de -4.92 kcal/mol, o -20.6 kJ/mol, para un grupo CH_2 "sin tensión." ($-29.5/6 = -4.92$). Con este valor se puede calcular el calor de formación de cualquier otro cicloalcano "sin tensión": sólo hay que multiplicar la cantidad de grupos CH_2 en su anillo por -4.92 kcal/mol. La tensión total en el compuesto será la diferencia entre su calor de formación "sin tensión" y su calor real de formación (tabla 2.9). Por ejemplo, el ciclopentano tiene un calor de formación "sin tensión" de $(5)(-4.92) = -24.6$ kcal/mol. Como su calor real de formación es -18.4 kcal/mol, el ciclopentano tiene una energía total de tensión igual a 6.2 kcal/mol, porque $[-18.4 - (-24.6) = 6.2]$. (Al multiplicar por 4.184 se convierten las kcal en kJ).

Ahora continúe en el problema 37.

2.12 Conformaciones del ciclohexano

Tabla 2.9 Calores de formación y energías totales de deformación de cicloalcanos

	Calor de formación (kcal/mol)	(kJ/mol)	Calor de formación "sin tensiones" (kcal/mol)	(kJ/mol)	Energía total de tensión (kcal/mol)	(kJ/mol)
Cilopropano	+12.7	53.1	−14.6	−61.1	27.3	114.2
Ciclobutano	+6.8	28.5	−19.7	−82.4	26.5	110.9
Ciclopentano	−18.4	−77.0	−24.6	−102.9	6.2	25.9
Ciclohexano	−29.5	−123.4	−29.5	−123.4	0	0
Cicloheptano	−28.2	−118.0	−34.4	−143.9	6.2	25.9
Ciclooctano	−29.7	−124.3	−39.4	−164.8	9.7	40.6
Ciclononano	−31.7	−132.6	−44.3	−185.4	12.6	52.7
Ciclodecano	−36.9	−154.4	−49.2	−205.9	12.3	51.5
Cicloundecano	−42.9	−179.5	−54.1	−226.4	11.2	46.9

PROBLEMA 37◆

Calcule la energía total de tensión del cicloheptano.

El ciclohexano se interconvierte rápidamente entre dos confórmeros silla estables por la facilidad de rotación respecto a sus enlaces C—C. A este proceso se le conoce como **interconversión de anillo** (figura 2.8). Cuando se interconvierten los dos confórmeros silla, los enlaces que son ecuatoriales en un confórmero silla son axiales en el otro confórmero, y viceversa.

Los enlaces que son ecuatoriales en un confórmero silla son axiales en el otro confórmero silla.

◀ **Figura 2.8**
Los enlaces que son axiales en un confórmero silla son ecuatoriales en el otro confórmero silla. Los enlaces que son ecuatoriales en un confórmero silla son axiales en el otro confórmero silla.

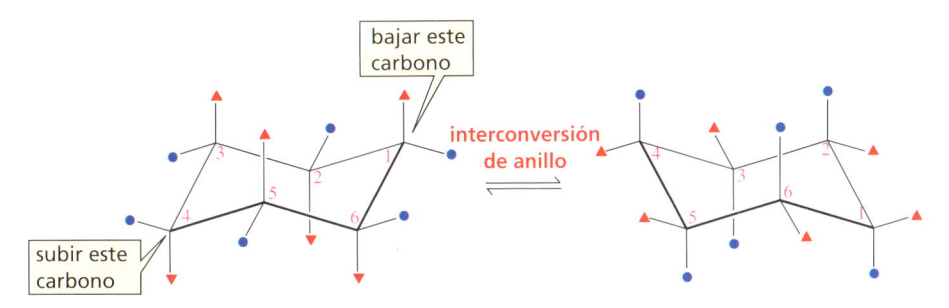

El ciclohexano también existe en una **conformación de bote**, que se muestra en la figura 2.9. Al igual que la conformación de silla, la de bote no tiene tensión angular. Pero, la conformación de bote no resulta tan estable porque algunos de los enlaces se encuentran eclipsados. Además, la conformación de bote está desestabilizada también por la cercanía de los **hidrógenos mástil**, que son los que están en la "proa" y la "popa" del bote; causan tensión estérica.

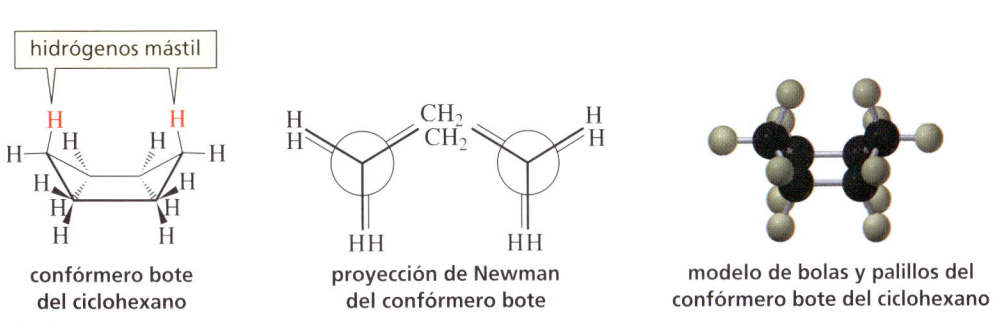

confórmero bote del ciclohexano

proyección de Newman del confórmero bote

modelo de bolas y palillos del confórmero bote del ciclohexano

▲ **Figura 2.9**
El confórmero bote del ciclohexano, una proyección de Newman del mismo y un modelo de bolas y palillos muestran que algunos de los enlaces están eclipsados.

110 CAPÍTULO 2 Introducción a los compuestos orgánicos

Haga un modelo del ciclohexano. Conviértalo de un confórmero silla en el otro, bajando el carbono superior y subiendo el carbono inferior.

Las conformaciones que puede tener el ciclohexano, al interconvertir dos confórmeros silla, se ven en la figura 2.10. Para pasar de una conformación de bote a una de silla se debe bajar uno de los dos carbonos superiores de la conformación de bote para que se vuelva el carbono inferior de la silla. Cuando el carbono sólo se baja un poco se obtiene la **conformación de bote torcido**. Esta conformación es más estable que la conformación de bote porque los hidrógenos mástil se alejan entre sí y se elimina la tensión estérica. Cuando el carbono se baja hasta el punto en que está en el mismo plano que los lados del bote, se obtiene la **conformación de media silla**, que es muy inestable. Al seguir bajando el carbono se produce la *conformación de silla*. La gráfica de la figura 2.10 muestra la energía de una molécula de ciclohexano cuando se interconvierte de un confórmero silla en el otro; la barrera de energía para la interconversión es 12.1 kcal/mol (50.6 kJ/mol). A partir de este valor, se puede calcular que el ciclohexano sufre 10^5 interconversiones de anillo por segundo, a temperatura ambiente. En otras palabras, los dos confórmeros silla están en un equilibrio rápido.

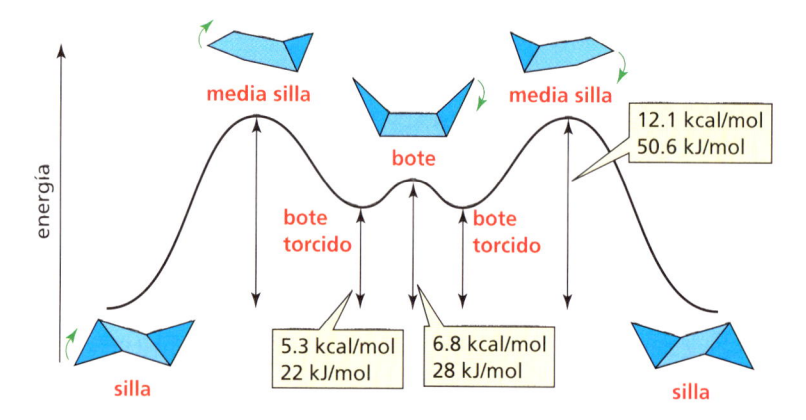

Figura 2.10 ▶
Los confórmeros del ciclohexano, y sus energías relativas, al interconvertir los dos confórmeros silla.

Visite el sitio Web para ver representaciones tridimensionales de los confórmeros del ciclohexano.

Los confórmeros silla son las conformaciones más estables del ciclohexano; en cualquier instante hay más moléculas de ciclohexano en conformaciones de silla que en las demás. Por cada 10,000 moléculas de ciclohexano en conformación de silla no se encuentran más de dos moléculas en la conformación más estable siguiente, que es la de bote torcido.

2.13 Confórmeros de los ciclohexanos monosustituidos

El ciclohexano tiene dos confórmeros silla equivalentes, pero los dos confórmeros silla de un ciclohexano monosustituido, como el metilciclohexano, no son equivalentes. El sustituyente metilo está en una posición ecuatorial en un confórmero y axial en el otro (figura 2.11) porque como se acaba de ver los hidrógenos (o los sustituyentes) que son ecuatoriales en un confórmero silla son axiales en el otro (figura 2.8).

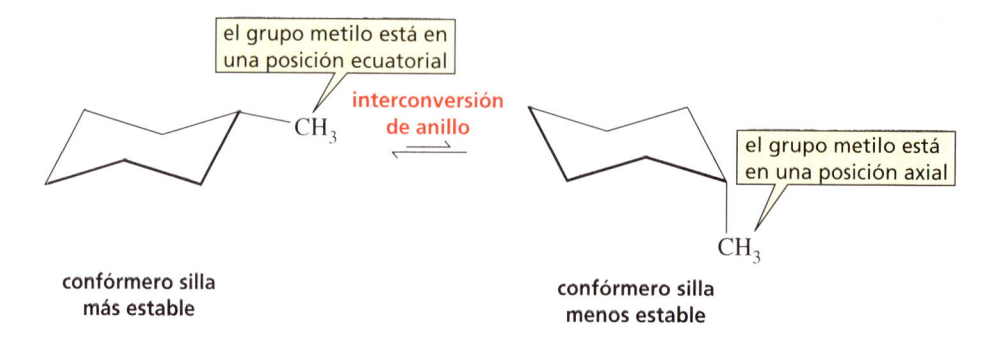

Figura 2.11 ▶
Un sustituyente está en una posición ecuatorial en un confórmero silla y en una posición axial en el otro. El confórmero que tiene el sustituyente en la posición ecuatorial es el más estable.

El confórmero silla que tiene el sustituyente metilo en una posición ecuatorial es el más estable porque dispone de más espacio y en consecuencia tiene menos interacciones estéricas. Esto se puede comprender con un dibujo como la figura 2.12, que muestra que cuando el grupo metilo está en una posición ecuatorial es anti a los carbonos C-3 y C-5. Por consiguiente, el sustituyente se extiende por el espacio, lejos del resto de la molécula.

◀ **Figura 2.12**
Un sustituyente ecuatorial en el carbono C-1 es anti a los carbonos C-3 y C-5.

En contraste, cuando el grupo metilo está en una posición axial, es gauche a los carbonos C-3 y C-5 (figura 2.13). El resultado es que existen interacciones estéricas desfavorables entre el grupo metilo axial y el hidrógeno axial en el C-3 y también el hidrógeno axial

◀ **Figura 2.13**
Un sustituyente axial en el carbono C-1 es gauche respecto a los carbonos C-3 y C-5.

en C-5. En otras palabras, los tres enlaces axiales del mismo lado del anillo son paralelos entre sí, por lo que los hidrógenos o sustituyente axial estará relativamente cerca de los hidrógenos o sustituyentes axiales en los otros dos carbonos. Como los hidrógenos o sustituyentes que interaccionan están en posiciones relativas 1,3 entre sí, a esas interacciones estéricas desfavorables se les llama **interacciones 1,3 diaxiales**. Si el lector se toma unos minutos para formar los modelos comprobará que el hidrógeno o un sustituyente presentan menos interacciones estéricas si está en posición ecuatorial que si está en posición axial.

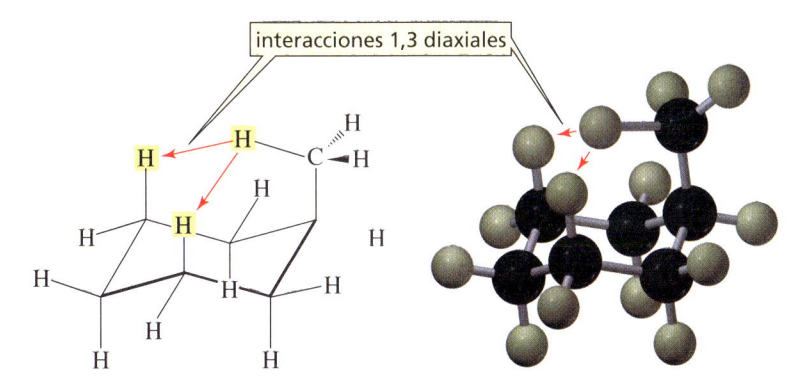

El confórmero gauche del butano y el confórmero del metilciclohexano sustituido axialmente se comparan en la figura 2.14. Obsérvese que la interacción gauche en el butano es

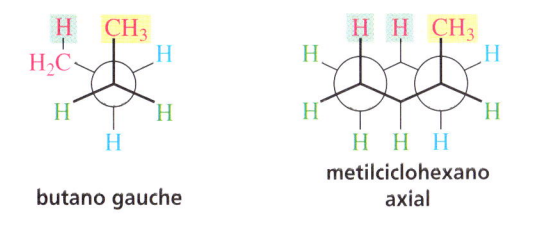

◀ **Figura 2.14**
La tensión estérica del butano gauche es igual que la que hay entre un grupo metilo axial del metilciclohexano y uno de sus hidrógenos axiales. El butano presenta una interacción gauche entre un grupo metilo y un hidrógeno; el metilciclohexano tiene dos.

igual que la interacción 1,3 diaxial en el metilciclohexano. El butano tiene una interacción gauche y el metilciclohexano tiene dos interacciones 1,3 diaxiales.

En la sección 2.10 se explicó que la interacción gauche entre los grupos metilo del butano hacía que la conformación gauche sea 0.87 kcal/mol (3.6 kJ/mol) menos estable que la conformación anti. Como hay dos interacciones gauche en el confórmero silla del metilciclohexano cuando el grupo metilo está en una posición axial, este confórmero es 1.74 kcal/mol (7.2 kJ/mol) menos estable que el confórmero silla con el grupo metilo en la posición ecuatorial.

Debido a la diferencia de estabilidades de los dos confórmeros silla, en cualquier momento una muestra de metilciclohexano o de cualquier otro cicloalcano sustituido contendrá más confórmeros silla con el sustituyente en la posición ecuatorial que en la posición axial. Las cantidades relativas de los dos confórmeros silla dependen del tamaño del sustituyente (tabla 2.10).

Tabla 2.10 Constantes de equilibrio para algunos ciclohexanos monosustituidos, a 25 °C

Sustituyente	Axial $\xrightleftharpoons{K_{eq}}$ Ecuatorial	Sustituyente	Axial $\xrightleftharpoons{K_{eq}}$ Ecuatorial
H	1	CN	1.4
CH_3	18	F	1.5
CH_3CH_2	21	Cl	2.4
$CH_3CH(CH_3)$	35	Br	2.2
		I	2.2
$CH_3C(CH_3)_2(CH_3)$	4800	HO	5.4

El sustituyente vecino a los hidrógenos 1,3 diaxiales que tenga el mayor volumen tendrá mayor preferencia hacia la posición ecuatorial porque mantendrá interacciones diaxiales 1,3 más fuertes. Por ejemplo, la constante experimental de equilibrio (K_{eq}) de los confórmeros del metilciclohexano (tabla 2.10) indica que 95% de sus moléculas tiene el grupo metilo en la posición ecuatorial, a 25 °C:

$$K_{eq} = \frac{[\text{confórmero ecuatorial}]}{[\text{confórmero axial}]} = \frac{18}{1}$$

$$\%\text{ de confórmero ecuatorial} = \frac{[\text{confórmero ecuatorial}]}{[\text{confórmero ecuatorial}] + [\text{confórmero axial}]} \times 100$$

$$\%\text{ de confórmero ecuatorial} = \frac{18}{18 + 1} \times 100 = 95\%$$

Mientras más grande sea el sustituyente en un anillo de ciclohexano, se favorecerá más el confórmero ecuatorialmente sustituido.

En el *ter*-butilciclohexano, las interacciones diaxiales 1,3 son más desestabilizadoras todavía porque un grupo *ter*-butilo es más grande que un grupo metilo, y más de 99.9% de las moléculas tienen al grupo *ter*-butilo en la posición ecuatorial.

PROBLEMA 38◆

El confórmero silla del fluorociclohexano es 0.25 kcal/mol (1.0 kJ/mol) más estable cuando el sustituyente flúor está en una posición ecuatorial que cuando está en una axial. ¿Cuánto más estable es la conformación anti del 1-fluoropropano en comparación con una conformación gauche?

PROBLEMA 39◆

Con los datos de la tabla 2.10, calcule el porcentaje de moléculas de ciclohexanol que tienen al grupo OH en la posición ecuatorial.

2.14 Confórmeros de los ciclohexanos disustituidos

Si un anillo de ciclohexano tiene dos sustituyentes, deben tenerse en cuenta cuando se trate de decir cuál de los dos confórmeros silla es el más estable. Se recurrirá como ejemplo al 1,4-dimetilciclohexano. Primero que nada obsérvese que hay dos dimetilciclohexanos diferentes. Uno tiene los dos sustituyentes metilo del *mismo lado* del anillo de ciclohexano (ambos apuntan hacia abajo) y se llama **isómero *cis*** (*cis* es "en este lado", en latín). El otro presenta los dos sustituyentes metilo en *lados opuestos* del anillo: uno apunta hacia arriba y uno hacia abajo; se llama **isómero *trans*** (*trans* es "a través" en latín).

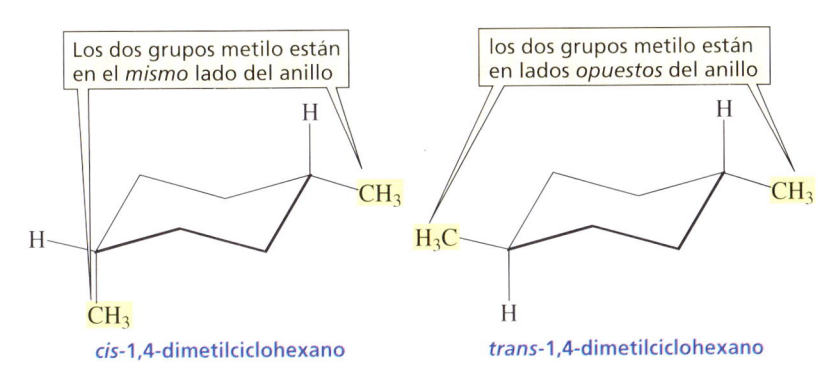

El isómero *cis* de un compuesto cíclico disustituido tiene sus sustituyentes en el mismo lado del anillo.

El isómero *trans* de un compuesto cíclico disustituido tiene sus sustituyentes en el lado opuesto del anillo.

Los dos grupos metilo están en el *mismo* lado del anillo

los dos grupos metilo están en lados *opuestos* del anillo

cis-1,4-dimetilciclohexano

trans-1,4-dimetilciclohexano

El *cis*-1,4-dimetilciclohexano y el *trans*-1,4-dimetilciclohexano son ejemplos de **isómeros *cis-trans*** o **isómeros geométricos**. Los isómeros *cis-trans* son compuestos que contienen los mismos átomos, los átomos están enlazados en el mismo orden, pero presentan dos ordenamientos espaciales diferentes. Los isómeros *cis* y *trans* son compuestos diferentes, con puntos de fusión y de ebullición diferentes. Por consiguiente, se pueden separar uno de otro.

ESTRATEGIA PARA RESOLVER PROBLEMAS

Diferenciación de los isómeros *cis-trans*

El confórmero de 1,2-dimetilciclohexano con un grupo metilo en una posición ecuatorial y el otro en una posición axial, ¿es el isómero *cis* o el *trans*?

El isómero ¿es *cis* o *trans*?

Para resolver esta clase de problemas se necesita determinar si los dos sustituyentes están en el mismo lado del anillo (*cis*) o en lados opuestos (*trans*). Si los enlaces con los sustituyentes apuntan hacia arriba o hacia abajo en ambos casos, el compuesto es el isómero *cis*; si un enlace apunta hacia arriba y el otro hacia abajo, el compuesto es el isómero *trans*. Como el confórmero en cuestión tiene ambos grupos metilo unidos a los enlaces que apuntan hacia abajo, es el isómero *cis*.

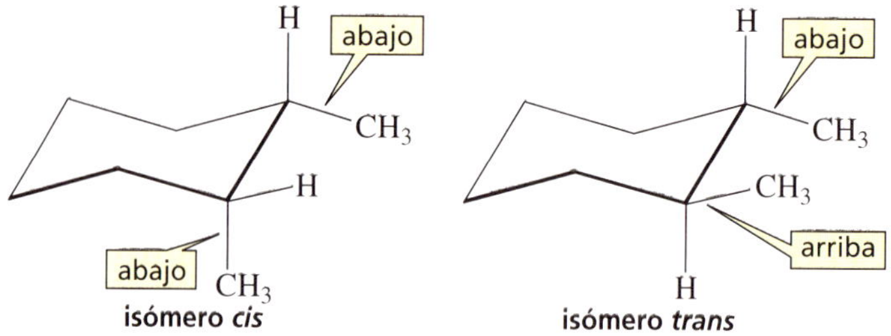

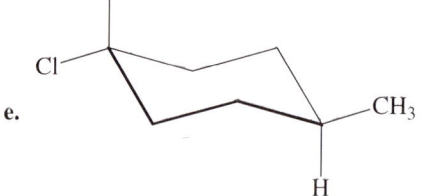

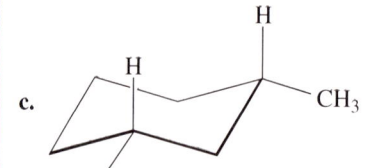

isómero *cis*   isómero *trans*

El isómero que engaña más al dibujarlo en dos dimensiones es el *trans*-1,2-disustituido. A primera vista, los grupos metilo del *trans*-1,2-dimetilciclohexano (arriba, a la derecha) parecen estar orientados en la misma dirección, por lo que se podría creer que el compuesto es el isómero *cis*. Sin embargo, un examen más detenido muestra que un enlace apunta hacia arriba y el otro hacia abajo, por lo que entonces se trata del isómero *trans*. (Si construye un modelo del compuesto, podrá decir con más facilidad que es el isómero *trans*).

Ahora siga en el problema 40.

PROBLEMA 40◆

Determine si cada uno de los siguientes compuestos es un isómero *cis* o *trans*.

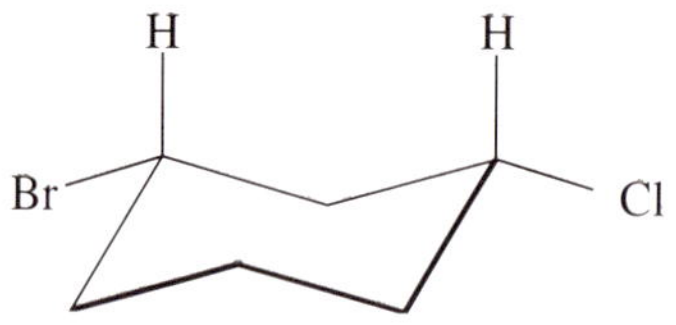

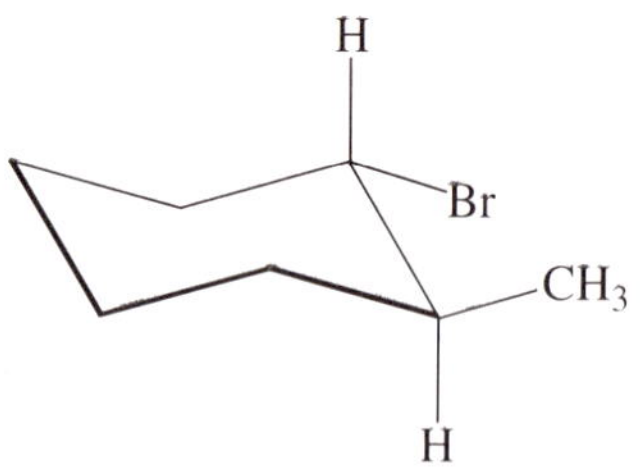

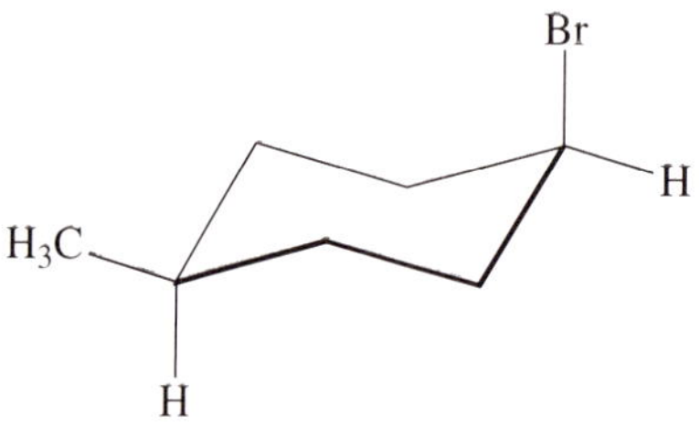

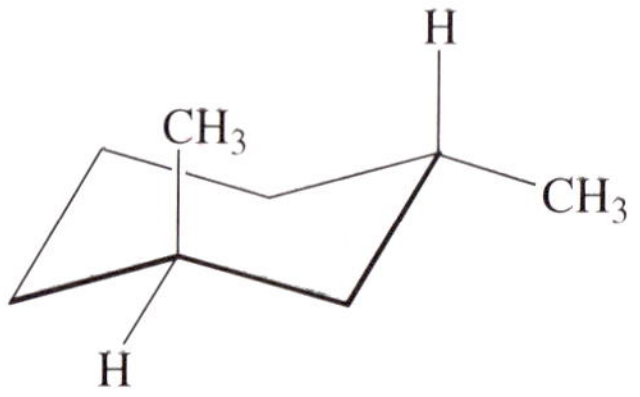

Todo compuesto con anillo de ciclohexano tiene dos confórmeros silla; así, los isómeros *cis* y *trans* de los ciclohexanos disustituidos tienen cada uno dos confórmeros silla. Se comparan las estructuras de los dos confórmeros silla del *cis*-1,4-dimetilciclohexano para comprobar si es posible pronosticar alguna diferencia en sus estabilidades.

2.14 Confórmeros de los ciclohexanos disustituidos

cis-1,4-dimetilciclohexano

El confórmero de la izquierda tiene un grupo metilo en posición ecuatorial y un grupo metilo en posición axial. El confórmero de la derecha también tiene un grupo metilo en posición ecuatorial y uno en posición axial. Por consiguiente, ambos confórmeros silla tienen la misma estabilidad.

En contraste, los dos confórmeros silla del *trans*-1,4-dimetilciclohexano tienen distintas estabilidades porque uno tiene los dos sustituyentes metilo en posiciones ecuatoriales y el otro los presenta en posiciones axiales. El confórmero con los dos sustituyentes en posiciones ecuatoriales es el más estable.

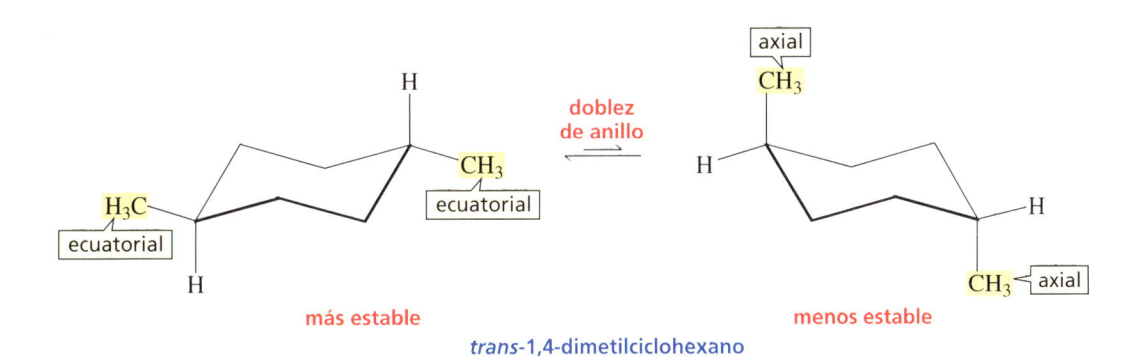

trans-1,4-dimetilciclohexano

El confórmero silla con ambos sustituyentes en posiciones axiales tiene cuatro interacciones 1,3-diaxiales que determinan que sea unas 4×0.87 kcal/mol = 3.5 kcal/mol (o 14.6 kJ/mol) menos estable que el confórmero silla con ambos grupos metilo en posiciones ecuatoriales. Entonces se puede afirmar que el *trans*-1,4-dimetilciclohexano existirá casi en su totalidad en la conformación diecuatorial, la más estable.

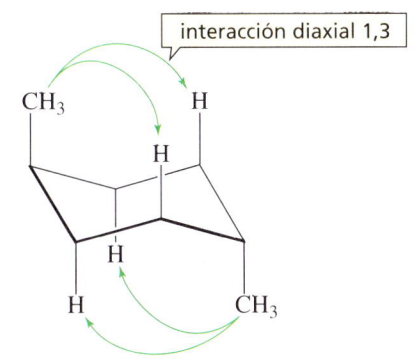

este confórmero silla tiene cuatro interacciones 1,3-diaxiales

Ahora se han de estudiar los isómeros geométricos del 1-*ter*-butil-3-metilciclohexano. Ambos sustituyentes del isómero *cis* están en posiciones ecuatoriales en un confórmero y en posiciones axiales en el otro. El confórmero con ambos sustituyentes en posiciones ecuatoriales es más estable.

más estable — menos estable
cis-1-*ter*-butil-3-metilciclohexano

Ambos confórmeros del isómero *trans* tienen un sustituyente en posición ecuatorial y el otro en posición axial. Como el grupo *ter*-butilo es más grande que el grupo metilo, las interacciones diaxiales 1,3 serán más fuertes cuando el grupo *ter*-butilo esté en la posición axial. Por lo anterior, el confórmero que tiene al grupo *ter*-butilo en una posición ecuatorial es más estable.

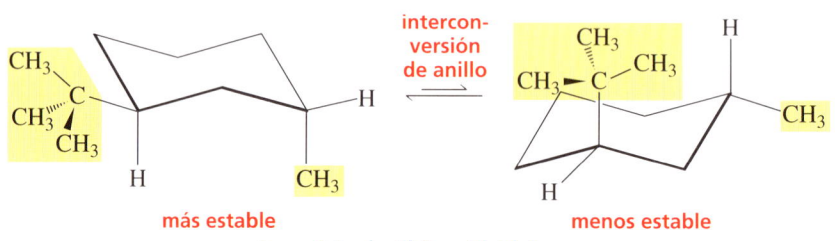

más estable — menos estable
trans-1-*ter*-butil-3-metilciclohexano

PROBLEMA 41◆

¿Cuál tendrá mayor porcentaje de confórmero diecuatorialmente sustituido en comparación con el sustituido diaxialmente: el *trans*-1,4-dimetilciclohexano o el *cis*-1-*ter*-butil-3-metilciclohexano?

PROBLEMA 42 RESUELTO

a. Dibuje el confórmero silla más estable del *cis*-1-etil-2-metilciclohexano.
b. Dibuje el confórmero más estable del *trans*-1-etil-2-metilciclohexano.
c. ¿Cuál de los dos es más estable, el *cis*-1-etil-2-metilciclohexano o el *trans*-1-etil-2-metilciclohexano?

Solución del 42a Si los dos sustituyentes de un ciclohexano disustituido en 1,2 deben estar en el mismo lado del anillo, uno debe estar en una posición ecuatorial y el otro en una posición axial. El confórmero silla más estable es el que tiene el mayor de los dos sustituyentes (el grupo etilo) en la posición ecuatorial.

PROBLEMA 43◆

En cada uno de los siguientes ciclohexanos disustituidos, indique si los sustituyentes en los dos confórmeros silla serían ambos ecuatoriales en uno y ambos axiales en el otro, *o bien* uno sería ecuatorial y uno axial en cada uno de los confórmeros silla.

a. *cis*-1,2-   c. *cis*-1,3-   e. *cis*-1,4-
b. *trans*-1,2- d. *trans*-1,3- f. *trans*-1,4-

> **PROBLEMA 44◆**
>
> a. Calcule la diferencia de energía entre los dos confórmeros silla del *trans*-1,4-dimetilciclohexano.
>
> b. ¿Cuál es la diferencia de energía entre los dos confórmeros silla del *cis*-1,4-dimetilciclohexano?

RESUMEN

Los **alcanos** son **hidrocarburos** que sólo contienen enlaces sencillos. Su fórmula molecular general es C_nH_{2n+2}. Los **isómeros de constitución** tienen la misma fórmula molecular, pero sus átomos están unidos en forma distinta. Los nombres de los alcanos se forman determinando la cantidad de carbonos en su **hidrocarburo primario**, que tiene la cadena continua más larga. Los sustituyentes se indican en orden alfabético, con un número que indique su posición en la cadena. Cuando sólo hay un sustituyente, se le asigna el menor de los números posibles; cuando sólo hay un sufijo de grupo funcional, se le asigna el menor de los números posibles; cuando hay al mismo tiempo un sufijo de grupo funcional y un sustituyente, al sufijo de grupo funcional se le asigna el menor de los números posibles. Un **grupo funcional** es un centro de reactividad en una molécula.

Los **haluros de alquilo** y los **éteres** se nombran como alcanos sustituidos. Los nombres de los **alcoholes** y las **aminas** se forman usando un sufijo de grupo funcional. Los **nombres sistemáticos** pueden contener números y los **nombres comunes** nunca los contienen. Un compuesto puede tener más de un nombre, pero un nombre debe especificar a un solo compuesto. El que los haluros de alquilo o los alcoholes sean **primarios, secundarios o terciarios** depende de si el X (halógeno) o el grupo OH está unido a un carbono **primario, secundario o terciario**. Un **carbono primario** está unido a un carbono, un **carbono secundario** está unido a dos carbonos y un **carbono terciario** está enlazado con tres carbonos. El que las aminas sean **primarias, secundarias o terciarias** depende de la cantidad de grupos alquilo unidos al nitrógeno. Los compuestos con cuatro grupos alquilo enlazados al nitrógeno se llaman **sales de amonio cuaternario**.

El oxígeno de un alcohol o un éter tiene la misma geometría que el oxígeno en el agua; el nitrógeno de una amina tiene la misma geometría que el nitrógeno en el amoniaco. Mientras mayores sean las fuerzas de atracción —**fuerzas de van der Waals, interacciones dipolo-dipolo, puentes de hidrógeno**- entre las moléculas, mayor será el **punto de ebullición** del compuesto. Un **puente de hidrógeno** es una interacción entre un hidrógeno unido a un átomo de O, N o F y un par de electrones no enlazado del átomo de O, N o F en otra molécula. En una serie de homólogos, el punto de ebullición aumenta al aumentar la masa molecular. La ramificación disminuye el punto de ebullición. La **polarizabilidad** indica la facilidad con la que una nube electrónica se puede distorsionar: los átomos mayores son más polarizables.

Los compuestos polares se disuelven en disolventes polares y los compuestos no polares se disuelven en disolventes no polares. La interacción entre un disolvente y una molécula o un ion disueltos en ese disolvente se llama **solvatación**. El oxígeno de un alcohol y un éter puede arrastrar, en general, de tres a cuatro carbonos a la disolución en agua.

La rotación en torno a un enlace C—C da como resultado dos conformaciones extremas, alternada y eclipsada, que se interconvierten rapidamente. Una **conformación alternada** es más estable que una **conformación eclipsada** por la **hiperconjugación**. Puede haber dos confórmeros alternados diferentes: el **confórmero anti** es más estable que el **confórmero gauche** debido a la **tensión estérica**, que es la repulsión entre las nubes electrónicas de los átomos o grupos. La tensión estérica en un confórmero gauche se llama **interacción gauche**.

Los anillos con cinco y seis miembros son más estable que los de tres o cuatro miembros por la **tensión angular** que se produce cuando los ángulos de enlace son distintos a 109.5°, el ángulo ideal de enlace. En un proceso llamado **interconversión de anillo**, el ciclohexano se interconvierte rápidamente entre dos conformaciones estables de silla. Los **enlaces** que son **axiales** en un confórmero silla son **ecuatoriales** en el otro, y viceversa. El confórmero silla con un sustituyente en la posición ecuatorial es más estable porque tiene más espacio y en consecuencia menos tensión estérica. Un sustituyente en posición axial está sometido a **interacciones 1,3-diaxiales** que son desfavorables. En el caso de los ciclohexanos disustituidos, el confórmero más estable tendrá su sustituyente más grande en posición ecuatorial. Los isómeros *cis* y *trans* se llaman **isómeros geométricos**, o **isómeros cis-trans**. Un **isómero cis** tiene sus dos sustituyentes del mismo lado del anillo y un **isómero trans** tiene sus dos sustituyentes en lados contrarios del anillo. Los isómeros *cis* y *trans* son compuestos diferentes. Los confórmeros son distintos arreglos por rotación de enlaces sencillos del mismo compuesto.

TÉRMINOS CLAVE

alcano (pág. 71)
alcano de cadena lineal (pág. 71)
alcohol (pág. 87)
alcohol primario (pág. 87)
alcohol secundario (pág. 87)

alcohol terciario (pág. 87)
amina (pág. 89)
amina primaria (pág. 89)
amina secundaria (pág. 89)
amina terciaria (pág. 89)

análisis conformacional (pág. 101)
calor de formación (pág. 108)
carbono primario (pág. 75)
carbono secundario (pág. 75)
carbono terciario (pág. 76)

118 CAPÍTULO 2 Introducción a los compuestos orgánicos

cicloalcano (pág. 82)
conformación (pág. 101)
conformación de bote (pág. 109)
conformación de bote torcido (pág. 110)
conformación de media silla (pág. 110)
Conformación de silla (pág. 107)
conformación eclipsada (pág. 101)
confórmero (pág. 102)
confórmero alternado (pág. 101)
confórmero anti (pág. 103)
confórmero gauche (pág. 103)
empacamiento (pág. 98)
enlace axial (pág. 107)
enlace banana (pág. 105)
enlace ecuatorial (pág. 107)
estructura del esqueleto (pág. 82)
éter (pág. 86)
éter asimétrico (pág. 86)
éter simétrico (pág. 86)
fuerzas de van der Waals (pág. 94)

grupo funcional (pág. 87)
grupo metileno (CH_2) (pág. 72)
haluro de alquilo (pág. 85)
haluro de alquilo primario (pág. 85)
haluro de alquilo secundario (pág. 85)
haluro de alquilo terciario (pág. 85)
hidrocarburo (pág. 71)
hidrocarburo primario (pág. 78)
hidrógeno mástil (pág. 109)
hidrógeno primario (pág. 76)
hidrógeno secundario (pág. 76)
hidrógeno terciario (pág. 76)
hiperconjugación (pág. 102)
homólogo (pág. 72)
interacción 1,3 diaxial (pág. 111)
interacción dipolo-dipolo (pág. 95)
interacción dipolo inducido-dipolo inducido (pág. 94)
interacción gauche (pág. 103)
interconversión de anillo (pág. 109)

isómero *cis* (pág. 113)
isómero *trans* (pág. 113)
isómeros *cis-trans* (pág. 113)
isómeros de constitución (pág. 73)
isómeros geométricos (pág. 113)
nombre común (pág. 74)
nomenclatura IUPAC (pág. 74)
nomenclatura sistemática (pág. 74)
polarizabilidad (pág. 96)
proyección de Newman (pág. 101)
puente de hidrógeno (pág. 95)
punto de ebullición (P.e.) (pág. 94)
punto de fusión (P.f.) (pág. 98)
sal cuaternaria de amonio (pág. 90)
serie homóloga (pág. 72)
solubilidad (pág. 98)
solvatación (pág. 99)
sustituyente alquilo (pág. 74)
tensión angular (pág. 105)

PROBLEMAS

45. Escriba una fórmula estructural para cada uno de los compuestos siguientes:
  a. éter *sec*-butil *ter*-butílico
  b. alcohol isoheptílico
  c. *sec*-butilamina
  d. bromuro de isopentilo
  e. 1,1-dimetilciclohexano
  f. 4,5-diisopropilnonano
  g. trietilamina
  h. ciclopentilciclohexano
  i. 4-*ter*-butilheptano
  j. 5,5-dibromo-2-metiloctano
  k. 1-metilciclopentanol
  l. 3-etoxi-2-metilhexano
  m. 5-(1,2-dimetilpropil)nonano
  n. 3,4-dimetiloctano
  o. 4-(1-metiletil)nonano

46. a. Escriba el nombre sistemático de cada uno de los siguientes compuestos:

  1. $(CH_3)_3CCH_2CH_2CH_2CH(CH_3)_2$

  2. $CH_3CHCH_2CH_2CHCH_2CH_2CH_3$
     $\quad\; |\qquad\qquad\; |$
     $\;\; CH_3\qquad\quad\; Br$ (Br on position 4, CH_3 on position 2)

  3. $CH_3CHCH_2CHCH_2CH_3$
     $\quad\; |\qquad\; |$
     $\;\; CH_3\;\; OH$

  4. $(CH_3CH_2)_4C$

  5. $BrCH_2CH_2CH_2CH_2CH_2NHCH_2CH_3$

  6. $CH_3CHCH_2CHCHCH_3$
     $\quad\; |\qquad\; |\;\; |$
     $\;\; CH_3\;\; CH_3\; CH_3$

  7. $CH_3CH_2CHOCH_2CH_3$
     $\qquad\quad\; |$
     $\qquad\quad CH_2CH_2CH_3$

  8. $CH_3OCH_2CH_2CH_2OCH_3$

  9. cyclohexyl-$N(CH_3)_2$ (N,N-dimethylcyclohexylamine structure)

  10. 3-ethyl-cyclohexanol structure (CH_2CH_3 and OH on cyclohexane)

  11. 1-bromo-4-methylcyclohexane (Br and CH_3 on cyclohexane)

  b. Dibuje las estructuras de esqueleto de estas sustancias.

47. a. ¿Cuántos carbonos primarios tiene el siguiente compuesto?

(cyclohexane with CH_2CH_3 and CH_2CHCH_3 substituents, CH_3 below)

b. ¿Cuántos carbonos secundarios tiene?
c. ¿Cuántos carbonos terciarios tiene?

48. ¿Cuál de los siguientes confórmeros del cloruro de isobutilo es el más estable?

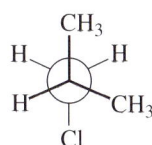

49. Dibuje la fórmula estructural de un alcano que tenga
   a. seis carbonos, todos secundarios
   b. ocho carbonos y sólo hidrógenos primarios
   c. siete carbonos y dos grupos isopropilo

50. Escriba los nombres de cada uno de los siguientes compuestos:

a. CH$_3$CH$_2$CHCH$_3$
           |
           NH$_2$

b. CH$_3$CH$_2$CHCH$_3$
           |
           Cl

c. CH$_3$CH$_2$CH(CH$_3$)NHCH$_2$CH$_3$

d. CH$_3$CH$_2$CH$_2$OCH$_2$CH$_3$

e. CH$_3$CHCH$_2$CH$_2$CH$_3$
           |
           CH$_3$

f. CH$_3$CHNH$_2$
           |
           CH$_3$

g. CH$_3$CBr
              |
              CH$_3$
              (CH$_2$CH$_3$)

h. CH$_3$CHCH$_2$CH$_2$CH$_2$OH
           |
           CH$_3$

i. ciclopentil-Br

j. ciclohexil-OH

51. ¿Cuál de los pares siguientes tiene
   a. el punto de ebullición más alto, el 1-bromopentano o el 1-bromohexano?
   b. el punto de ebullición más alto, el cloruro de pentilo o el cloruro de isopentilo?
   c. la mayor solubilidad en agua, el 1-butanol o el 1-pentanol?
   d. el punto de ebullición más alto, el 1-hexanol o el 1-metoxipentano?
   e. el punto de fusión más alto, el hexano o el isohexano?
   f. el punto de ebullición más alto, el 1-cloropentano o el 1-pentanol?
   g. el punto de ebullición más alto, el 1-bromopentano o el 1-cloropentano?
   h. el punto de ebullición más alto, el éter dietílico o el alcohol butílico?
   i. la densidad mayor, el heptano o el octano?
   j. el punto de ebullición más alto, el alcohol isopentílico o la isopentilamina?
   k. el punto de ebullición más alto, la hexilamina o la dipropilamina?

52. Dibuje los nueve heptanos isómeros e indique el nombre de cada uno.

53. El Ansaid y el Motrin pertenecen a los medicamentos llamados antiinflamatorios no esteroidales. Ambos son ligeramente solubles en agua, pero uno es algo más soluble que el otro. ¿Cuál de los dos medicamentos tiene la mayor solubilidad en agua?

Ansaid®

Motrin®

54. A Juan Pérez se le mostraron las fórmulas estructurales de varios compuestos, y se le pidió indicara sus nombres sistemáticos. ¿Cuántas fueron las respuestas correctas de Juan Pérez?
  a. 4-bromo-3-pentanol
  b. 2,2-dimetil-4-etilheptano
  c. 5-metilciclohexanol
  d. 1,1-dimetil-2-ciclohexanol
  e. 5-(2,2-dimetiletil)nonano
  f. bromuro de isopentilo
  g. 3,3-diclorooctano
  h. 5-etil-2-metilhexano
  i. 1-bromo-4-pentanol
  j. 3-isopropiloctano
  k. 2-metil-2-isopropilheptano
  l. 2-metil-N,N-dimetil-4-hexanamina

55. ¿Cuál de los confórmeros siguientes tiene la mayor energía?

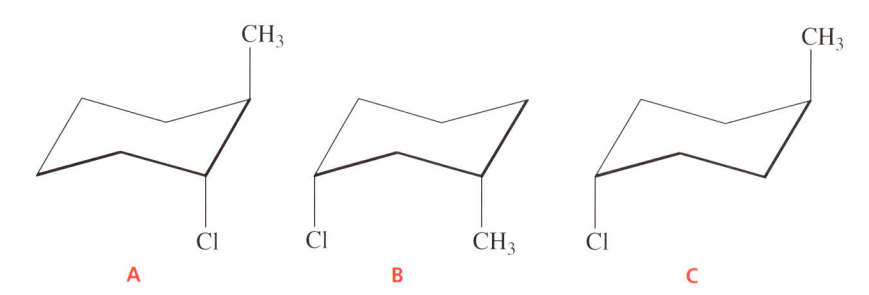

56. Escriba los nombres sistemáticos de todos los alcanos cuya fórmula molecular sea C_7H_{16} y que no tengan hidrógenos secundarios.

57. Trace las estructuras de esqueleto de los compuestos siguientes:
  a. 5-etil-2-metiloctano
  b. 1,3-dimetilciclohexano
  c. 2,3,3,4-tetrametilheptano
  d. propilciclopentano
  e. 2-metil-4-(1-metiletil)octano
  f. 2,6-dimetil-4-(2-metilpropil)decano

58. En la rotación del enlace C-3—C-4 del 2-metilhexano:
  a. Dibuje la proyección de Newman de la conformación más estable.
  b. Dibuje la proyección de Newman de la conformación menos estable.
  c. ¿Respecto a qué otros enlaces carbono-carbono puede haber rotación?
  d. ¿Cuántos de los enlaces carbono-carbono del compuesto tienen confórmeros alternados que tengan igual estabilidad?

59. ¿Cuáles de las siguientes estructuras representan un isómero *cis*?

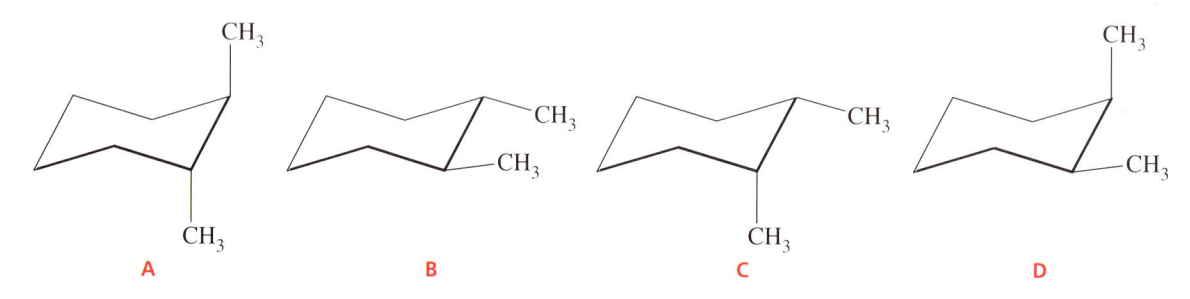

60. Dibuje todos los isómeros cuya fórmula molecular sea $C_5H_{11}Br$. (*Sugerencia:* son ocho isómeros).
  a. A cada uno de los isómeros asigne el nombre sistemático.
  b. Escriba un nombre común de cada isómero que lo tenga.
  c. ¿Cuántos isómeros carecen de nombres comunes?
  d. ¿Cuántos de los isómeros son haluros de alquilo primarios?
  e. ¿Cuántos de los isómeros son haluros de alquilo secundarios?
  f. ¿Cuántos de los isómeros son haluros de alquilo terciarios?

61. Indique el nombre sistemático de cada uno de los siguientes compuestos

62. Dibuje los dos confórmeros de silla de cada uno de los compuestos siguientes e indique cuál es más estable:
  a. *cis*-1-etil-3-metilciclohexano
  b. *trans*-1-etil-2-isopropilciclohexano
  c. *trans*-1-etil-2-metilciclohexano
  d. *trans*-1-etil-3-metilciclohexano
  e. *cis*-1-etil-3-isopropilciclohexano
  f. *cis*-1-etil-4-isopropilciclohexano

63. ¿Por qué los alcoholes de baja masa molecular son más solubles en agua que los de masa molecular más alta?

64. ¿Cuántos éteres tienen la fórmula molecular $C_5H_{12}O$? Trace sus estructuras e indique el nombre sistemático de cada uno. ¿Cuáles son sus nombres comunes?

65. Trace el confórmero más estable de la siguiente molécula.

66. Indique el nombre sistemático de cada uno de los compuestos siguientes:

  a. $CH_3CH_2CHCH_2CH_2CHCH_3$
       $\quad\quad\;\;|\quad\quad\quad\;\;|$
       $\quad\quad\;NHCH_3\;\;\;CH_3$

  b. $CH_3CH_2CHCH_2CHCH_2CH_3$
       $\quad\quad\quad\;\;|\quad\quad\;\;|$
       $\quad\quad\quad\;CH_3\;CHCH_3$
       $\quad\quad\quad\quad\quad\quad\;\;|$
       $\quad\quad\quad\quad\quad\quad\;CH_3$

  c. $CH_3CHCHCH_2Cl$
       $\quad\;\;|\quad\;|$
       $\;CH_2CH_3\;Cl$ (reordenado)

       $\quad\quad CH_2CH_3$
       $\quad\quad\;\;|$
       $CH_3CHCHCH_2Cl$
       $\quad\quad\;\;|$
       $\quad\quad\;Cl$

  d. $CH_3CH_2CHCH_3$
       $\quad\quad\;\;|$
       $\quad\quad CHCH_3$
       $\quad\quad\;\;|$
       $\quad\quad CH_3$

  e. $CH_3CH_2CH_2CH_2CHCH_2CH_2CH_3$
       $\quad\quad\quad\quad\quad\quad\;|$
       $\quad\quad\quad\quad\;\;CH_3CCH_2CH_3$
       $\quad\quad\quad\quad\quad\quad\;|$
       $\quad\quad\quad\quad\quad\;\;CH_3$

  f. $CH_3CH_2CH_2CH_2CHCH_2CHCH_2CH_3$
       $\quad\quad\quad\quad\quad\quad\quad\quad\;|\quad\;\;|$
       $\quad\quad\quad\quad\quad\quad\quad\;CH_2\;CH_2CH_3$
       $\quad\quad\quad\quad\quad\quad\;\;CH_3CCH_3$
       $\quad\quad\quad\quad\quad\quad\quad\quad\;|$
       $\quad\quad\quad\quad\quad\quad\;\;CH_2CH_3$

67. Calcule la diferencia de energía entre los dos confórmeros de silla del *trans*-1,2-dimetilciclohexano.

68. La forma más estable de la glucosa (azúcar en la sangre) es un anillo de seis miembros en conformación de silla, con sus cinco sustituyentes en posiciones ecuatoriales. Trace la forma más estable de la glucosa colocando los grupos OH en los enlaces adecuados del confórmero silla.

glucosa

69. Asigne nombre sistemático a cada uno de los siguientes compuestos:

  a. $CH_3CHCH_2CHCH_2CH_3$
       $\quad\;\;|\quad\quad\;|$
       $\quad\;CH_3\quad\;OH$

  b. (ciclopentenilo con Br)

  c. $CH_3CHCHCH_2CH_3$
       $\quad\;\;|\quad\;|$
       $\quad\;CH_3\;OH$

  d. $CH_3CHCH_2CH_2CHCH_2CH_3$
       $\quad\;\;|\quad\quad\quad\;|$
       $\quad\;CH_3\quad\quad\;Br$

  e. $CH_3CH_2CH_2CHCHCH_2CH_2CH_3$
       $\quad\quad\quad\quad\;|\quad|$
       $\quad\quad\quad CH_2CH_3$
       $\quad\quad\quad\;\;CH_2CH_2CH_3$

  f. $CH_3CHCH_2CH_2CH_2CH_2Br$
       $\quad\;\;|$
       $\quad\;OH$

  g. (ciclohexano con OH, CH$_2$CH$_3$, CH$_3$)

  h. (ciclohexano con Br, CH$_2$CH$_3$, CH$_3$)

70. Explique por qué:
   a. El 1-hexanol tiene punto de ebullición más elevado que el 3-hexanol.
   b. El éter dietílico tiene muy poca solubilidad en agua, pero en esencia es completamente soluble en tetrahidrofurano.

tetrahidrofurano

71. Se ha determinado que uno de los confórmeros silla del *cis*-1,3-dimetilciclohexano es 5.4 kcal/mol (23 kJ/mol) menos estable que el otro. ¿Cuánta tensión estérica introduce en el confórmero la interacción 1,3-diaxial entre los dos grupos metilo?

72. El bromo es un átomo más grande que el cloro, pero las constantes de equilibrio de la tabla 2.10 indican que un sustituyente cloro tiene mayor preferencia por la posición ecuatorial comparado con un sustituyente bromo. Trate de explicar este hecho.

73. Calcule la cantidad de tensión estérica en cada uno de los confórmeros de silla del 1,1,3-trimetilciclohexano. ¿Cuál confórmero predominará en el equilibrio?

PARTE 2

Reacciones de adición electrofílica, estereoquímica y deslocalización electrónica

Las reacciones de los compuestos orgánicos se pueden dividir en tres tipos principales: **reacciones de adición, de sustitución y de eliminación**. El tipo particular de reacción en la que participa un compuesto depende del grupo funcional que haya en él. La **parte 2** describe las reacciones de los compuestos que tienen enlaces carbono-carbono doble y triple. Verá que esos compuestos participan en reacciones de adición o, con más precisión, **reacciones de adición electrofílica**. En la **parte 2** también se revisarán dos temas que pueden ser importantes para determinar el resultado de una reacción. El primero de ellos es la estereoquímica y el segundo es la deslocalización electrónica.

CAPÍTULO 3
Alquenos: Estructura, nomenclatura e introducción a la reactividad; termodinámica y cinética

El **capítulo 3** comienza con un vistazo a la estructura, nomenclatura y estabilidad de los alquenos, que son *compuestos que contienen enlace doble carbono-carbono*, para después presentar algunos principios fundamentales que gobiernan las reacciones de los compuestos orgánicos. El lector aprenderá a trazar flechas curvas que muestran cómo se mueven los electrones durante el curso de una reacción a medida que se forman nuevos enlaces covalentes y se rompen los que existían. También en este capítulo se describen los principios de la termodinámica y la cinética que son básicos para comprender cómo y por qué se efectúan las reacciones orgánicas.

CAPÍTULO 4
Reacciones de los alquenos

Los compuestos orgánicos se pueden dividir en familias y por fortuna todos los miembros de una familia reaccionan en la misma forma. En el **capítulo 4** se aprenderá cómo reacciona la familia de compuestos llamados alquenos y qué tipos de productos se forman en las reacciones. Aunque se describen muchas y distintas reacciones, el lector comprobará que todas proceden a lo largo de rutas similares.

CAPÍTULO 5
Estereoquímica: Ordenamiento de los átomos en el espacio; estereoquímica de las reacciones de adición

Todo el **capítulo 5** versa sobre estereoquímica. Después de aprender los distintos tipos posibles de isómeros de compuestos orgánicos, se regresa a las reacciones aprendidas en el capítulo 4 para averiguar si los productos pueden existir como isómeros y, en caso afirmativo, qué isómeros se forman.

CAPÍTULO 6
Reacciones de los alquinos; introducción a las síntesis en varios pasos

El **capítulo 6** cubre las reacciones de los alquinos, que son *compuestos que tienen enlace triple carbono-carbono*. Como tanto los alquenos como los alquinos disponen de enlaces tipo π carbono-carbono reactivos, el lector descubrirá que sus reacciones guardan muchas semejanzas. También en este capítulo se presentan algunas de las técnicas que se usan en química para diseñar síntesis de compuestos orgánicos y a continuación el lector se encontrará con la primera oportunidad de diseñar una síntesis en varios pasos.

CAPÍTULO 7
Electrones deslocalizados y su efecto sobre la estabilidad, la reactividad y el pK_a; más sobre la teoría de los orbitales moleculares

En el **capítulo 7** el lector aprenderá más acerca de los electrones deslocalizados, que se vieron por primera vez en el capítulo 1. Estudiará la forma en que influyen sobre algunas de las propiedades químicas con las que ya está familiarizado, como la acidez, la estabilidad de carbocationes y las reacciones de los alquenos. Luego se pasará a las reacciones de los dienos, que son los compuestos que *cuentan con dos enlaces dobles carbono-carbono*. El lector comprenderá que si los dos enlaces dobles de un dieno están separados lo suficiente, las reacciones del dieno son idénticas a las de los alquenos (capítulo 4); sin embargo, si sólo hay un enlace sencillo que separe a los enlaces dobles, la deslocalización electrónica juega un papel importante en las reacciones del dieno.

CAPÍTULO 3

Alquenos
Estructura, nomenclatura e introducción
a la reactividad; termodinámica y cinética

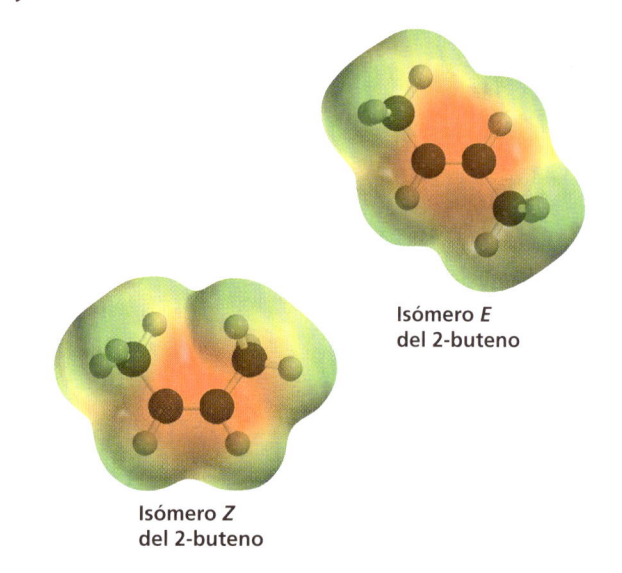

Isómero *E*
del 2-buteno

Isómero *Z*
del 2-buteno

ANTECEDENTES

SECCIÓN 3.2	Los nombres de los alquenos se forman usando un sufijo de grupo funcional, de la misma forma en que se nombran los alcoholes (2.6) y las aminas (2.7).	**SECCIÓN 3.6**	Las flechas curvas que se usaron para mostrar los procesos de formación y ruptura de enlaces en las reacciones ácido-base (1.18) se usarán para mostrar los procesos de formación y ruptura de enlaces en las reacciones de los alquenos.
SECCIÓN 3.3	Las estructuras de los alquenos se parecen a la estructura del eteno (1.8).		
SECCIÓN 3.4	Los isómeros *cis-trans* se estudiaron al examinar las estructuras de los ciclohexanos disustituidos (2.14); ahora se revisará que también los alquenos pueden tener isómeros *cis-trans*.	**SECCIÓN 3.7**	Ya se explicó que la solvatación determina que una molécula polar se disuelva en un disolvente polar (2.9); ahora se verá cómo la solvatación afecta tanto al $\Delta H°$ como al $\Delta S°$.
SECCIÓN 3.5	Como un enlace π es más débil que un enlace σ (1.14), el enlace π es el que se rompe cuando un alqueno participa en una reacción.		

En el capítulo 2 se estudió que los alcanos son hidrocarburos que sólo contienen enlaces *sencillos* carbono-carbono. Los hidrocarburos que contienen un *doble* enlace carbono-carbono se llaman **alquenos**. Los químicos ya habían notado que se forma una sustancia aceitosa cuando el eteno ($H_2C=CH_2$), que es el alqueno más pequeño, reacciona con cloro. Con base en esta observación, se nombró originalmente a los alquenos como *olefinas* ("formadoras de aceite").

Los alquenos juegan un papel muy importante en biología. Por ejemplo, el eteno es una hormona vegetal: compuesto que controla el crecimiento y otros cambios en los tejidos vegetales. El eteno afecta la germinación de las semillas, la germinación de las flores y la maduración de las frutas.

Las sustancias que generan los organismos para comunicarse entre sí se llaman feromonas. Muchas de las feromonas sexuales, de alarma y de rastro son alquenos. La interferencia con la capacidad de un insecto para mandar o recibir señales químicas es una forma ambientalmente segura de controlar poblaciones de insectos. Por ejemplo, se han usado trampas aromatizadas con feromonas sexuales sintéticas para capturar plagas de cultivos como la polilla lagarta y el gorgojo algodonero.

El eteno es la hormona que hace madurar a los tomates.

muscalura
atrayente sexual de la mosca doméstica

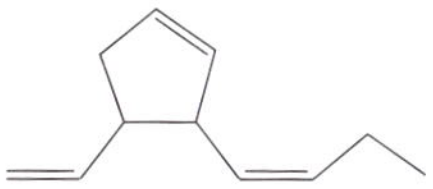

multifideno
atrayente sexual de las algas pardas

Muchos de los aromas y fragancias producidos por las plantas pertenecen también a la familia del alqueno.

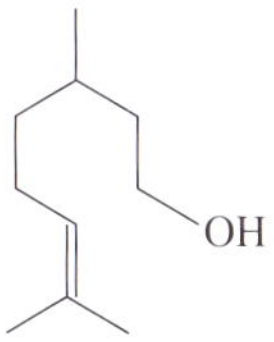

citronelol
en aceites de rosa y de geranio

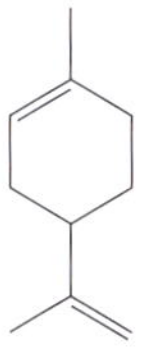

limoneno
en aceites de limón y naranja

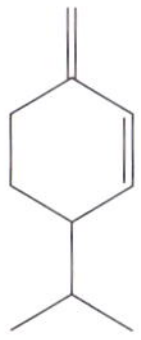

β-felandreno
aceite de eucalipto

Iniciaremos el estudio de los alquenos examinando sus estructuras y la manera en que se les nombra. Después se examinará una reacción de un alqueno poniendo mucha atención en los pasos mediante los que se efectúa y los cambios de energía que los acompañan. El lector comprobará que algo de la descripción de este capítulo gira en torno a conceptos con los que ya está familiarizado, mientras que otra parte de la información es nueva y ampliará las bases del conocimiento que se desarrollará en los capítulos siguientes.

3.1 Fórmulas moleculares y grado de insaturación

Ya se estudió que la fórmula molecular general de un alcano acíclico es C_nH_{2n+2} (sección 2.0). También se explicó que la fórmula general molecular de un alcano cíclico es C_nH_{2n} porque con la estructura cíclica la cantidad de hidrógenos se reduce en dos (sección 2.2). También se estableció que los compuestos **acíclicos** (el prefijo "*a*" quiere decir "no" en griego) se llaman no cíclicos.

La fórmula molecular general de un *alqueno acíclico* es también C_nH_{2n} porque como resultado del enlace doble un alqueno cuenta con dos hidrógenos menos que un alcano con la misma cantidad de carbonos. Entonces, la fórmula molecular general de un *alqueno cíclico* es C_nH_{2n+2}. Por consiguiente, es posible afirmar lo siguiente: *la fórmula molecular general de un hidrocarburo es C_nH_{2n+2} menos dos hidrógenos por cada enlace π o cada anillo existente en la molécula.*

> La fórmula molecular general de un hidrocarburo es C_nH_{2n+2} menos dos hidrógenos por cada enlace π o anillo que haya en la molécula.

CH₃CH₂CH₂CH₂CH₃
un alcano
C_5H_{12}
C_nH_{2n+2}

CH₃CH₂CH₂CH=CH₂
un alqueno
C_5H_{10}
C_nH_{2n}

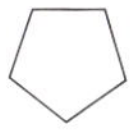

un alcano cíclico
C_5H_{10}
C_nH_{2n}

un alqueno cíclico
C_5H_8
C_nH_{2n-2}

Entonces, si se conoce la fórmula molecular de un hidrocarburo se pueden determinar cuántos anillos y cuántos enlaces π tiene porque por cada *dos* hidrógenos que falten en la fórmula molecular general (C_nH_{2n+2}) un hidrocarburo podrá tener un enlace π o un anillo. Por ejemplo, un compuesto cuya fórmula molecular sea C_8H_{14} necesita cuatro hidrógenos para llegar a C_8H_{18} ($C_8H_{(2 \times 8)+2}$). En consecuencia, el compuesto tiene (A) dos dobles enlaces, (B) un anillo y un doble enlace, (C) dos anillos o (D) un enlace triple. Recuérdese que un enlace triple está formado por dos enlaces π y un enlace σ (sección 1.9). La cantidad total de enlaces π y anillos en un alqueno es su **grado de insaturación.** Así, el C_8H_{14} tiene dos grados de insaturación.

algunos compuestos con fórmula molecular C_8H_{14}:

$CH_3CH=CH(CH_2)_3CH=CH_2$ [estructura B: ciclohexeno con sustituyente CH_2CH_3]   [estructura C: biciclo] $CH_3(CH_2)_5C\equiv CH$

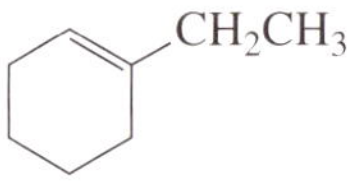

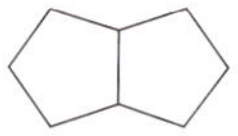

A   B   C   D

Como los alcanos contienen la cantidad máxima posible de enlaces C—H, esto es, están saturados con hidrógeno, se llaman **hidrocarburos saturados.** En contraste, a los alquenos se les llama **hidrocarburos no saturados** porque tienen menos hidrógenos que la cantidad máxima posible.

$CH_3CH_2CH_2CH_3$ $CH_3CH=CHCH_3$
hidrocarburo saturado   **hidrocarburo no saturado**

PROBLEMA 1♦   RESUELTO

Determine la fórmula molecular de cada uno de los compuestos siguientes:

a. un hidrocarburo de 5 carbonos y un enlace π y un anillo.
b. un hidrocarburo de 4 carbonos y dos enlaces π, sin anillos.
c. un hidrocarburo de 10 carbonos y un enlace π y dos anillos.
d. un hidrocarburo de 8 carbonos con tres enlaces π y un anillo.

Solución de 1a   Para un hidrocarburo de 5 carbonos sin enlaces π y sin anillos, $C_nH_{2n+2} = C_5H_{12}$. Un hidrocarburo con 5 carbonos y un enlace π y un anillo tienen cuatro hidrógenos menos porque se restan dos hidrógenos por cada enlace π o anillo que haya en la molécula. En consecuencia, la fórmula molecular es C_5H_8.

PROBLEMA 2♦   RESUELTO

Determine el grado de insaturación de los hidrocarburos con las siguientes fórmulas moleculares:

a. $C_{10}H_{16}$ **b.** $C_{20}H_{34}$ **c.** C_8H_{16} **d.** $C_{12}H_{20}$ **e.** $C_{40}H_{56}$

Solución a 2a   Para un hidrocarburo sin enlaces π y sin anillos, $C_nH_{2n+2} = C_{10}H_{22}$. Un compuesto de 10 carbonos cuya fórmula molecular es $C_{10}H_{16}$ cuenta con seis hidrógenos menos de los posibles. Entonces, el grado de insaturación es 6/2 = 3.

PROBLEMA 3

Determine el grado de insaturación y a continuación trace las estructuras posibles de los compuestos con las siguientes fórmulas moleculares:

a. C_3H_6 **b.** C_3H_4 **c.** C_4H_6

3.2 Nomenclatura de los alquenos

Ya se explicó que el sistema IUPAC usa un sufijo para indicar ciertos grupos funcionales (secciones 2.6 y 2.7). El doble enlace es el grupo funcional de un alqueno y su presencia se indica con el sufijo "eno". Por consiguiente, el nombre sistemático (IUPAC) de un alqueno se obtiene de sustituir la terminación "ano" del alcano correspondiente por "eno". Por ejemplo, un alqueno con dos carbonos se llama eteno y uno con tres carbonos se llama propeno. Al eteno se le conoce con frecuencia por su nombre común: etileno.

	$H_2C=CH_2$	$CH_3CH=CH_2$	ciclopenteno	ciclohexeno
nombre sistemático:	eteno	propeno	ciclopenteno	ciclohexeno
nombre común:	etileno	propileno		

La mayor parte de los nombres de los alquenos necesita un número que indique la posición del doble enlace (los cuatro nombres de arriba no los necesitan porque no existe ambigüedad). Las reglas IUPAC que se aprendieron en el capítulo 2 también se aplican a los alquenos:

1. La cadena continua más larga que contiene el grupo funcional (en este caso el enlace doble carbono-carbono) se numera en la dirección en la que el sufijo del grupo funcional tenga el número menor posible. Por ejemplo, 1-buteno significa que el enlace doble se localiza entre el primero y el segundo carbonos del buteno; 2-hexeno significa que el enlace doble se encuentra entre el segundo y el tercer carbonos del hexeno.

> Numerar la cadena continua más larga que contenga al grupo funcional en la dirección que asigne el número mínimo al sufijo de grupo funcional.

$\overset{4}{C}H_3\overset{3}{C}H_2\overset{2}{C}H=\overset{1}{C}H_2$ $\overset{1}{C}H_3\overset{2}{C}H=\overset{3}{C}H\overset{4}{C}H_3$ $\overset{1}{C}H_3\overset{2}{C}H=\overset{3}{C}H\overset{4}{C}H_2\overset{5}{C}H_2\overset{6}{C}H_3$

1-buteno   2-buteno   2-hexeno

$\overset{6}{C}H_3\overset{5}{C}H_2\overset{4}{C}H_2\overset{3}{C}H_2\overset{2}{C}CH_2CH_3$
$\|$
$\overset{1}{C}H_2$

2-propil-1-hexeno

> la cadena continua más larga contiene ocho carbonos, pero la cadena continua más larga que contiene al grupo funcional consta de seis carbonos, de manera que el nombre principal del compuesto es hexeno

Obsérvese que el 1-buteno carece de nombre común. Se podría decir que es "butileno", análogo al "propileno" del propeno, pero butileno no es un nombre adecuado. Un nombre no debe ser ambiguo y "butileno" podría implicar 1-buteno o 2-buteno.

2. Para un compuesto con dos dobles enlaces el sufijo es "dieno".

$\overset{1}{C}H_2=\overset{2}{C}H-\overset{3}{C}H_2-\overset{4}{C}H=\overset{5}{C}H_2$ $\overset{1}{C}H_3\overset{2}{C}H=\overset{3}{C}H-\overset{4}{C}H=\overset{5}{C}H\overset{6}{C}H_2\overset{7}{C}H_3$ $\overset{5}{C}H_3\overset{4}{C}H=\overset{3}{C}H-\overset{2}{C}H=\overset{1}{C}H_2$

1,4-pentadieno   2,4-heptadieno   1,3-pentadieno

3. Se menciona el nombre de un sustituyente antes del nombre de la cadena continua más larga que contiene al grupo funcional junto con un número que designe el carbono al que está unido el sustituyente. Tome en cuenta que *si un compuesto contiene un sufijo de grupo funcional y también un sustituyente, el sufijo del grupo funcional es el que debe tener el número mínimo posible.*

> Cuando hay tanto un sufijo de grupo funcional como un sustituyente, el sufijo de grupo funcional debe llevar el número mínimo posible.

$\overset{}{C}H_3$
$|$
$\overset{1}{C}H_3\overset{2}{C}H=\overset{3}{C}H\overset{4}{C}H\overset{5}{C}H_3$

4-metil-2-penteno

$\overset{2}{C}H_2\overset{1}{C}H_3$
$|$
$\overset{}{C}H_3\overset{3}{C}=\overset{4}{C}H\overset{5}{C}H_2\overset{6}{C}H_2\overset{7}{C}H_3$

3-metil-3-hepteno

$CH_3CH_2CH_2CH_2CH_2O\overset{4}{C}H_2\overset{3}{C}H_2\overset{2}{C}H=\overset{1}{C}H_2$

4-pentoxi-1-buteno

CH_3
$|$
$CH_3\overset{4}{C}=\overset{3}{C}H\overset{2}{C}H=\overset{1}{C}H_2$

4-metil-1,3-pentadieno

4. Si una cadena tiene más de un sustituyente, los sustituyentes se citan en orden alfabético con las mismas reglas de alfabetización descritas en la sección 2.2. A continuación a cada sustituyente se le asigna el número adecuado.

> Los sustituyentes se citan en orden alfabético.

3,6-dimetil-3-octeno

$CH_3CH_2\overset{|}{C}H\overset{|}{C}HCH_2CH=CH_2$
      Br Cl

5-bromo-4-cloro-1-hepteno

Un sustituyente recibe el número mínimo posible sólo si no hay sufijo de grupo funcional o si el mismo número de grupo funcional se obtiene en ambas direcciones.

Tutorial del alumno: Nomenclatura de alquenos (Alkene nomenclature)

5. Si al contar en cualquier dirección se obtiene el mismo número de sufijo de grupo funcional alqueno, el nombre correcto es el que contiene el número mínimo para el sustituyente. Por ejemplo, el 2,5-dimetil-4-octeno es un 4-octeno, aunque la cadena continua más larga se numere de izquierda a derecha o de derecha a izquierda. Si se numera de izquierda a derecha, los sustituyentes están en las posiciones 4 y 7, pero si se numera de derecha a izquierda están en las posiciones 2 y 5. De esos cuatro números asignados a los sustituyentes, el 2 es el mínimo, por lo que el nombre del producto es 2,5-dimetil-4-octeno, *y no* 4,7-dimetil-4-octeno.

$$CH_3CH_2CH_2C=CHCH_2CHCH_3 \qquad CH_3CHCH=CCH_2CH_3$$
$$\quad\quad\quad\quad\ \ |\quad\quad\quad\ |\qquad\qquad\quad\ |\quad\quad\ |$$
$$\quad\quad\quad\quad\ CH_3\quad\quad CH_3\qquad\qquad\ Br\quad\ CH_3$$

2,5-dimetil-4-octeno **2-bromo-4-metil-3-hexeno**
y no y no
4,7-dimetil-4-octeno 5-bromo-3-metil-3-hexeno
porque 2 < 4 porque 2 < 3

6. No se necesita un número para indicar la posición del doble enlace en un alqueno cíclico porque el anillo siempre se numera de tal modo que el doble enlace esté entre los carbonos 1 y 2. Para asignar números a los sustituyentes, se cuenta alrededor del anillo en la dirección (en el sentido de las manecillas del reloj o en el sentido contrario) que introduce el número mínimo en el nombre.

3-etilciclopenteno **4,5-dimetilciclohexeno** **4-etil-3-metilciclohexeno**

Por ejemplo, el 1,6-diclorociclohexeno *no* se llama 2,3-diclorociclohexeno porque el 1,6-diclorociclohexeno tiene el número mínimo de sustituyente (1), aun cuando no tiene la suma mínima de números de sustituyente (1 + 6 = 7, comparado con 2 + 3 = 5).

1,6-diclorociclohexeno **5-etil-1-metilciclohexeno**
y no y no
2,3-diclorociclohexeno 4-etil-2-metilciclohexeno
porque 1 < 2 porque 1 < 2

7. Si al contar en cualquier dirección se obtiene el mismo número para el sufijo de grupo funcional alqueno y el mismo número o números mínimos para uno o más sustituyentes, se prescinde de la numeración para esos sustituyentes y se escoge la dirección que corresponda al número menor de algún sustituyente restante.

2-bromo-4-etil-7-metil-4-octeno **6-bromo-3-cloro-4-metilciclohexeno**
y no y no
7-bromo-5-etil-2-metil-4-octeno 3-bromo-6-cloro-5-metilciclohexeno
porque 4 < 5 porque 4 < 5

Los carbonos sp^2 de un alqueno se llaman **carbonos vinílicos**. A un carbono sp^3 que está adyacente a un carbono vinílico se le llama **carbono alílico**.

carbonos vinílicos
$$RCH_2-CH=CH-CH_2R$$
carbonos alílicos

En los nombres comunes se usan dos grupos que contienen un enlace doble carbono-carbono: el **grupo vinilo** y el **grupo alilo**. El grupo vinilo es el más pequeño posible que contiene un carbono vinílico; el grupo alilo es el más pequeño posible que contiene un carbono alílico. Cuando en un nombre se usa "vinilo" o "alilo", el sustituyente debe estar unido al carbono vinílico o alílico, respectivamente.

Tutorial del alumno:
Nombres comunes de los grupos alquilo
(Common names of alkyl groups)

$$H_2C=CH- \qquad H_2C=CHCH_2-$$
grupo vinilo grupo alilo

$$H_2C=CHCl \qquad H_2C=CHCH_2Br$$

nombre sistemático: cloroeteno 3-bromopropeno
nombre común: cloruro de vinilo bromuro de alilo

PROBLEMA 4◆

Trace la estructura de cada uno de los compuestos siguientes:

a. 3,2-dimetilciclopenteno
b. 6-bromo-2,3-dimetil-2-hexeno
c. éter etílico vinílico
d. alcohol alílico

PROBLEMA 5◆

Escriba el nombre sistemático de cada uno de los compuestos siguientes:

a. CH$_3$CHCH=CHCH$_3$
   |
   CH$_3$

b. CH$_3$CH$_2$C=CCHCH$_3$
        | |
       CH$_3$ Cl

c. (bromociclopentenо con Br)

d. BrCH$_2$CH$_2$CH=CCH$_3$
                |
               CH$_2$CH$_3$

e. (ciclohexeno con H$_3$C y CH$_3$)

f. CH$_3$CH=CHOCH$_2$CH$_2$CH$_2$CH$_3$

3.3 Estructura de los alquenos

La estructura del alqueno más pequeño, el eteno, se describió en la sección 1.8. Otros alquenos tienen estructuras similares. Cada carbono con doble enlace en un alqueno tiene tres orbitales con hibridación sp^2 que se encuentran en un plano, en ángulos de 120°. Cada uno de esos orbitales sp^2 se traslapa con un orbital del mismo tipo de otro átomo para formar un enlace σ. Así, uno de los enlaces carbono-carbono de un enlace doble es un enlace σ formado por el traslape de un orbital con hibridación sp^2 de un carbono con un orbital con hibridación sp^2 del otro carbono. El segundo enlace, el enlace π, se forma por traslape de lado a lado entre el orbital p puro restante de uno de los carbonos con hibridación sp^2 con el orbital p puro restante del otro carbono con hibridación sp^2. Como tres puntos determinan un plano, cada carbono con hibridación sp^2 y los dos átomos unidos a él con enlace sencillo deben estar en un plano. Para tener el máximo traslape entre orbital y orbital, los dos orbitales p deben estar paralelos entre sí. Por consiguiente, los seis átomos del sistema del enlace doble se localizan en el mismo plano.

$$\begin{array}{c} H_3C \quad CH_3 \\ C=C \\ H_3C \quad CH_3 \end{array}$$

los seis átomos de carbono se encuentran en el mismo plano

Es importante recordar que el enlace π consiste en la nube de electrones distribuidos arriba y abajo del plano definido por los dos carbonos con hibridación sp^2 y los cuatro carbonos unidos a ellos.

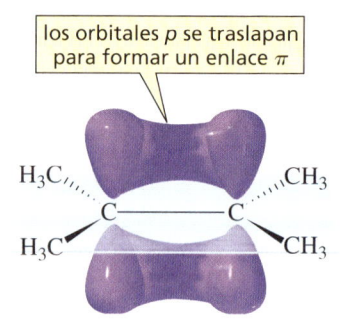

los orbitales *p* se traslapan para formar un enlace π

PROBLEMA 6◆

Para cada uno de los compuestos siguientes, indique cuántos de sus carbonos están en el mismo plano:

a. (1-metilciclohexeno) b. (3-metilciclohexeno) c) (4-metilciclohexeno) d. (1,2-dimetilciclohexeno)

Solución de 6a Los dos carbonos con hibridación sp^2 (puntos azules) y los tres carbonos unidos a estos carbonos (puntos rojos) están en el mismo plano. En consecuencia, cinco carbonos se encuentran en el mismo plano.

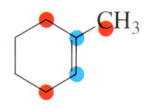

3.4 Los alquenos pueden tener isómeros *cis* y *trans*

Se acaba de ver que los dos orbitales *p* puro que forman el enlace π deben ser paralelos para que el traslape resulte máximo. En consecuencia, no hay una rotación fácil respecto a un doble enlace. Si la hubiera, los dos orbitales *p* ya no se traslaparían y el enlace π se rompería (figura 3.1). La barrera de energía para el giro respecto a un doble enlace es de unas 62 kcal/mol o 259 kJ/mol (sección 1.14). Compárese con la barrera de energía de 2.9 kcal/mol o 12 kJ/mol, para el giro en torno a un enlace sencillo carbono-carbono (sección 2.10).

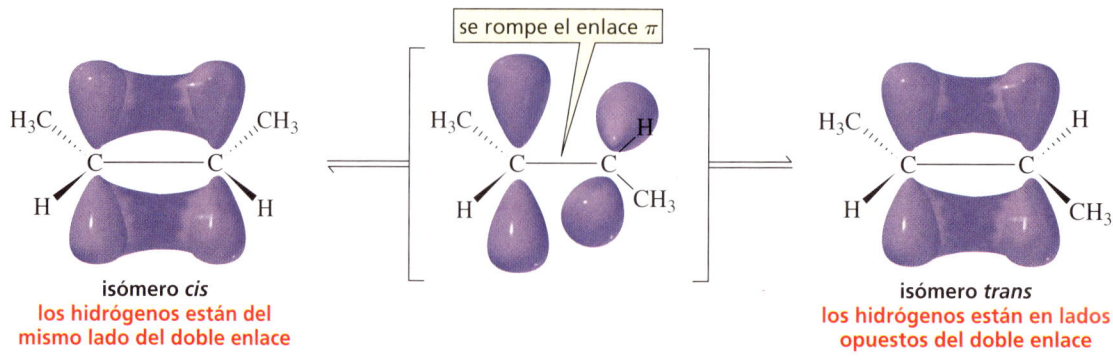

se rompe el enlace π

isómero *cis*
los hidrógenos están del mismo lado del doble enlace

isómero *trans*
los hidrógenos están en lados opuestos del doble enlace

▲ **Figura 3.1**
La rotación en torno al enlace carbono-carbono doble rompería el enlace π.

3.4 Los alquenos pueden tener isómeros *cis* y *trans*

A causa de la gran barrera de energía para la rotación respecto a un enlace doble carbono-carbono, un alqueno, como el 2-buteno, puede existir en dos formas distintas: los hidrógenos unidos a los carbonos sp^2 pueden estar en el mismo lado o en lados opuestos del enlace doble.

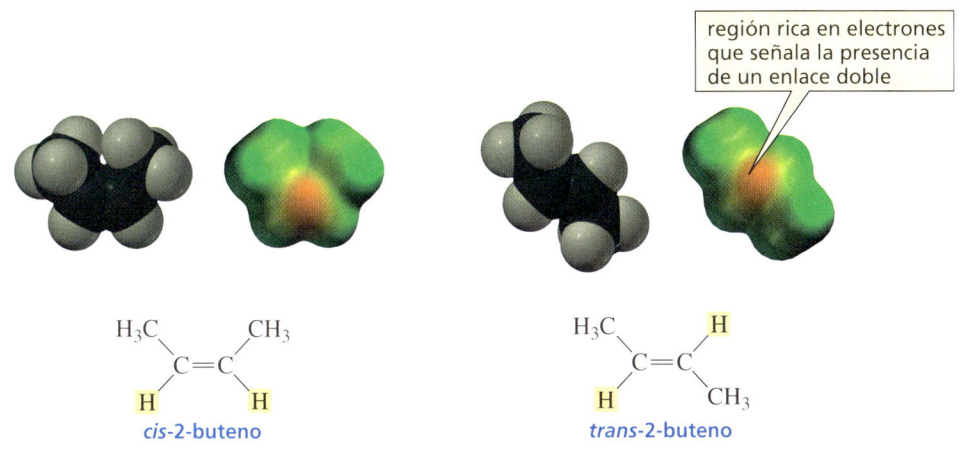

región rica en electrones que señala la presencia de un enlace doble

$$\underset{\text{cis-2-buteno}}{\underset{H}{\overset{H_3C}{>}}C=C\underset{H}{\overset{CH_3}{<}}} \qquad \underset{\text{trans-2-buteno}}{\underset{H}{\overset{H_3C}{>}}C=C\underset{CH_3}{\overset{H}{<}}}$$

Al isómero con los hidrógenos en el mismo lado del doble enlace se le llama **isómero *cis*** y al que tiene los hidrógenos en lados opuestos del enlace doble se le llama **isómero *trans***. Un par de isómeros, como el *cis*-2-buteno y el *trans*-2-buteno, se llaman **isómeros *cis*-*trans*** o **isómeros geométricos**. Esos términos le deben recordar al lector los isómeros *cis*-*trans* de los ciclohexanos disustituidos en 1,2, que se estudiaron en la sección 2.14: el isómero *cis* tenía los sustituyentes en el mismo lado del anillo, y el isómero *trans* los tenía en lados opuestos. Téngase en cuenta que los isómeros *cis*-*trans* tienen la misma fórmula molecular y los mismos enlaces, pero son distintos en la forma en que sus átomos se orientan en el espacio.

Si uno de los carbonos con hibridación sp^2 del doble enlace está unido a dos sustituyentes idénticos, sólo hay una estructura posible para el alqueno. En otras palabras, no es posible que ese alqueno, con sustituyentes idénticos unidos a uno de los carbonos con hibridación sp^2, tenga isómeros *cis* y *trans*.

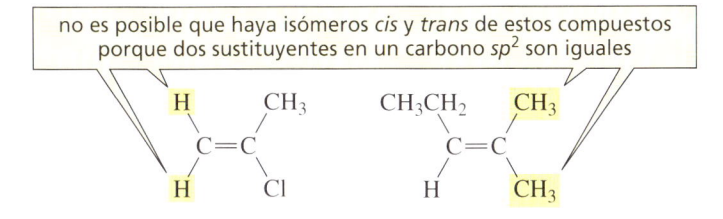

no es posible que haya isómeros *cis* y *trans* de estos compuestos porque dos sustituyentes en un carbono sp^2 son iguales

$$\underset{H}{\overset{H}{>}}C=C\underset{Cl}{\overset{CH_3}{<}} \qquad \underset{H}{\overset{CH_3CH_2}{>}}C=C\underset{CH_3}{\overset{CH_3}{<}}$$

PROBLEMA 7◆

a. ¿Cuál de los siguientes compuestos puede existir como isómeros *cis*-*trans*?
b. Para estos compuestos, trace los isómeros *cis* y *trans* e indique cuáles son.

1. $CH_3CH=CHCH_2CH_2CH_3$
2. $CH_3CH_2\underset{\underset{CH_2CH_3}{|}}{C}=CHCH_3$
3. $CH_3CH=CHCH_3$
4. $CH_3CH_2CH=CH_2$

PROBLEMA 8◆

Dibuje tres alquenos que tengan la fórmula molecular C_5H_{10} y no incluya los isómeros *cis*-*trans*.

Debido a la barrera de energía contra la rotación de un doble enlace, los isómeros *cis* y *trans* de los alquenos no pueden interconvertirse (excepto bajo condiciones de reacción que superen la barrera de energía y hagan posible la ruptura del enlace π). Eso quiere decir que pueden ser separados uno de otro por métodos físicos. En otras palabras, los dos

132 CAPÍTULO 3 Alquenos

isómeros son compuestos distintos, con propiedades físicas distintas, tales como el punto de ebullición y el momento dipolar. Obsérvese que el *trans*-2-buteno y el *trans*-1,2-dicloroeteno, a diferencia de sus isómeros *cis* respectivos, tienen momentos dipolares (μ) iguales a cero porque se anulan los momentos dipolares de enlace (sección 1.15).

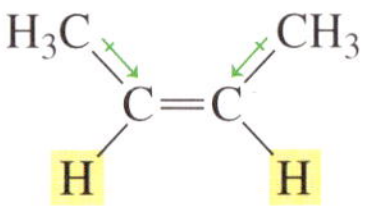

cis-2-buteno
P.e. = 3.7 °C
μ = 0.33 D

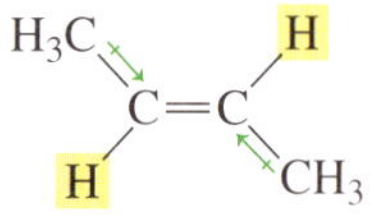

trans-2-buteno
P.e. = 0.9 °C
μ = 0 D

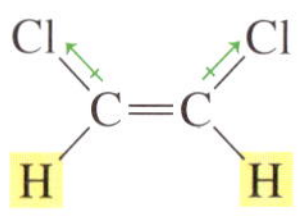

cis-1,2-dicloroeteno
P.e. = 60.3 °C
μ = 2.95 D

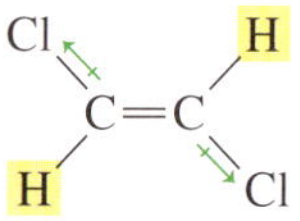

trans-1,2-dicloroeteno
P.e. = 47.5 °C
μ = 0 D

Debido a que los isómeros *cis* y *trans* se pueden interconvertir (en ausencia de reactivos) sólo cuando la molécula absorbe la energía térmica o luminosa necesaria para que se rompa el enlace π, la interconversión *cis-trans* no es un procedimiento práctico de laboratorio.

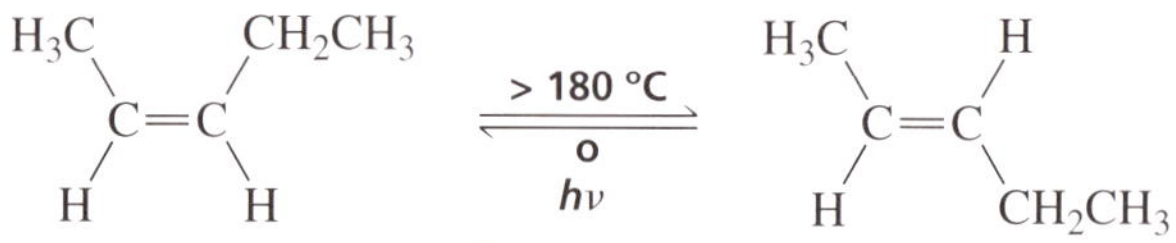

cis-2-penteno $\xrightleftharpoons{> 180 °C \text{ o } h\nu}$ *trans*-2-penteno

INTERCONVERSIÓN CIS-TRANS EN LA VISIÓN

La capacidad de ver depende, en parte, de que se produzca una interconversión *cis*-trans en los ojos. Una proteína llamada opsina se une al *cis*-retinal en los bastones de la retina formando rodopsina. Cuando la rodopsina absorbe la luz, un enlace doble se interconvierte entre las configuraciones *cis* y *trans* y desencadena un impulso nervioso que desempeña un importante papel en la visión (sección 26.7). Entonces la opsina libera trans-retinal, que se isomeriza y regresa a *cis*-retinal, para comenzar de nuevo. Para desencadenar el impulso nervioso, un grupo de unos 500 bastones debe registrar de 5 a 7 isomerizaciones de rodopsina en menos de unas pocas décimas de segundo.

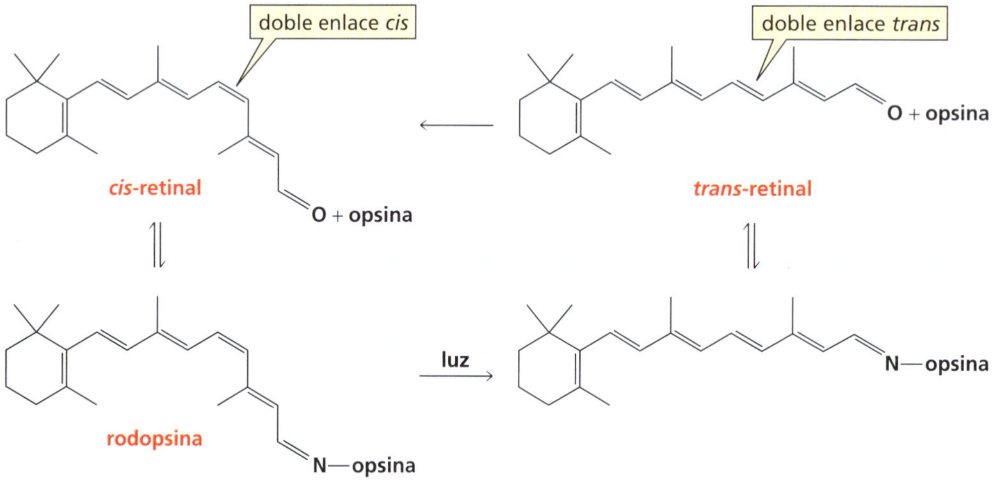

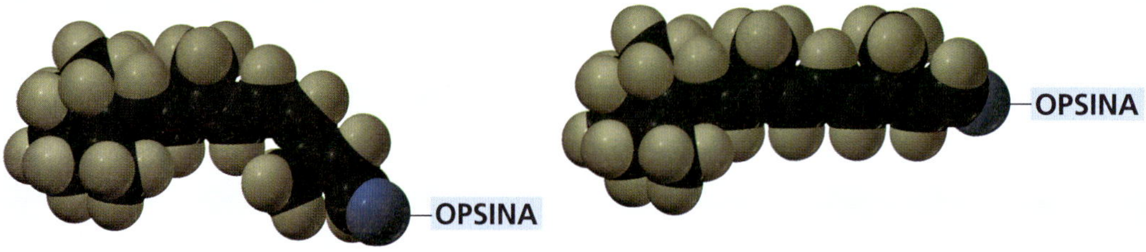

cis-retinal

trans-retinal

rodopsina $\xrightarrow{luz}$

forma *cis*

forma *trans*

PROBLEMA 9◆

¿Cuáles de los siguientes compuestos tienen momento dipolar igual a cero?

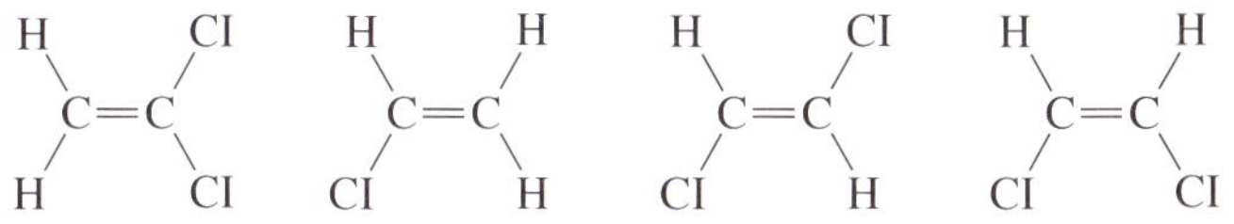

$$\underset{A}{\underset{H}{\overset{H}{>}}C=C\underset{Cl}{\overset{Cl}{<}}} \quad \underset{B}{\underset{Cl}{\overset{H}{>}}C=C\underset{H}{\overset{H}{<}}} \quad \underset{C}{\underset{Cl}{\overset{H}{>}}C=C\underset{H}{\overset{Cl}{<}}} \quad \underset{D}{\underset{Cl}{\overset{H}{>}}C=C\underset{Cl}{\overset{H}{<}}}$$

3.5 Nomenclatura de los alquenos con el sistema *E,Z*

Mientras cada uno de los carbonos con hibridación sp^2 de un alqueno esté unido sólo a un sustituyente se pueden usar los términos "*cis*" y "*trans*" para indicar su estructura; *si los hidrógenos están en el mismo lado del enlace doble, es el isómero cis; si están en lados opuestos del doble enlace, es el isómero trans*. Pero ¿cómo designar a los isómeros de un compuesto como el 1-bromo-2-cloropropeno?

$$\underset{H}{\overset{Br}{>}}C=C\underset{CH_3}{\overset{Cl}{<}} \quad \underset{H}{\overset{Br}{>}}C=C\underset{Cl}{\overset{CH_3}{<}}$$

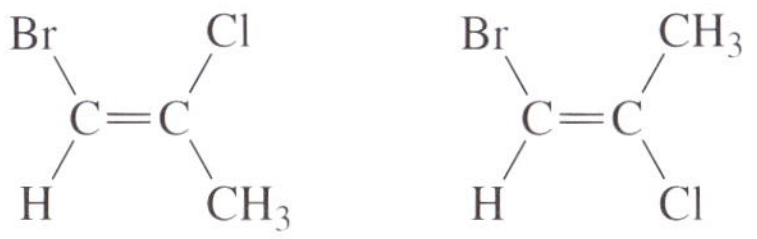

¿Cuál isómero es *cis* y cuál es *trans*?

Para un compuesto como el 1-bromo-2-cloropropeno no se puede usar el sistema *cis-trans* de nomenclatura porque hay cuatro grupos diferentes en los dos carbonos vinílicos. Para esta tipo de compuestos se inventó el sistema *E,Z* de nomenclatura.[1]

Para dar nombre a un isómero con el sistema *E,Z*, primero se determinan las prioridades relativas de los dos grupos unidos a uno de los carbonos sp^2 y a continuación las prioridades relativas de los dos grupos unidos al otro carbono sp^2. (Las reglas para asignar prioridades relativas se explicarán adelante.) Si los dos grupos de alta prioridad (uno en cada carbono) están en el mismo lado del doble enlace, el isómero tiene la configuración *Z* (*Z* viene de *zusammen*, "juntos" en alemán). Si los grupos de alta prioridad están en lados opuestos del enlace doble, el isómero tiene la configuración *E* (*E* de *entgegen*, "opuesto" en alemán).

El isómero *Z* tiene los grupos de alta prioridad en el mismo lado.

Las prioridades relativas de los dos grupos unidos a un carbono sp^2 se determinan con las siguientes reglas:

1. Las prioridades relativas de los dos grupos dependen de los números atómicos de los átomos unidos directamente al carbono sp^2. Mientras mayor sea el número atómico, la prioridad será mayor.

Mientras mayor sea el número atómico del átomo unido al carbono sp^2, mayor será la prioridad del sustituyente.

---

[1] El sistema IUPAC prefiere las designaciones E y Z, porque se pueden usar con todos los alquenos isómeros. Sin embargo, hay muchos químicos que continúan usando las designaciones "cis" y "trans" para moléculas simples.

Por ejemplo, en los compuestos siguientes, uno de los carbonos sp^2 está unido a un Br y a un H:

$$\underset{\text{isómero } Z}{\overset{\text{alta prioridad}}{\underset{H}{\overset{Br}{C}}}=\underset{CH_3}{\overset{Cl}{C}}} \qquad \underset{\text{isómero } E}{\overset{\text{alta prioridad}}{\underset{H}{\overset{Br}{C}}}=\underset{Cl}{\overset{CH_3}{C}}}$$

El número atómico del bromo es mayor que el del hidrógeno, de modo que el **Br** tiene mayor prioridad que el **H**. El otro carbono sp^2 está unido a un Cl y a un C. El cloro tiene el número atómico mayor, por lo el **Cl** tiene mayor prioridad que el **C**. (Téngase en cuenta que se usa el número atómico del C y no la masa del grupo CH$_3$ porque las prioridades se basan en números atómicos de átomos y no en las masas de grupos.) El isómero de la izquierda tiene los grupos de alta prioridad (Br y Cl) del mismo lado del doble enlace y representa entonces al **isómero Z.** El isómero de la derecha tiene los grupos de alta prioridad en lados opuestos del doble enlace y constituye por lo tanto el **isómero E.**

Si los átomos unidos a un carbono sp^2 son iguales, se comparan los átomos unidos a los primeros; el que tiene el mayor número atómico es el grupo con la mayor prioridad.

2. Si los dos grupos unidos a un carbono sp^2 comienzan en el mismo átomo (hay un empate), habrá que alejarse del punto de unión y tener en cuenta los números atómicos de los átomos unidos a los átomos "empatados".

   En los compuestos siguientes, los dos átomos unidos al carbono sp^2 de la izquierda son C (en un grupo CH$_2$Cl y en el otro grupo CH$_2$CH$_2$Cl), por lo que hay un empate.

$$\underset{\text{isómero } Z}{\underset{ClCH_2}{\overset{ClCH_2CH_2}{C}}=\underset{CH_2OH}{\overset{\overset{CH_3}{|}CHCH_3}{C}}} \qquad \underset{\text{isómero } E}{\underset{ClCH_2CH_2}{\overset{ClCH_2}{C}}=\underset{CH_2OH}{\overset{\overset{CH_3}{|}CHCH_3}{C}}}$$

El C del grupo CH$_2$Cl está unido a **Cl**, **H**, **H**, y el C del grupo CH$_2$CH$_2$Cl está enlazado con **C**, **H**, **H**. El Cl tiene mayor número atómico que el C, de manera que el grupo CH$_2$Cl tiene mayor prioridad. Los dos átomos unidos al otro carbono sp^2 son de C (en un grupo CH$_2$OH y en el otro grupo CH(CH$_3$)$_2$), de modo que hay empate también por ese lado. El C del grupo CH$_2$OH está unido a **O**, **H**, **H** y el C del grupo CH(CH$_3$)$_2$ está unido a **C**, **C**, **H**. De estos seis átomos, el O tiene el mayor número atómico, de donde resulta que el **CH$_2$OH** tiene mayor prioridad que el **CH(CH$_3$)$_2$**. (Nótese que no se suman los números atómicos; basta establecer cuál es el átomo que tiene el número atómico mayor.) Los isómeros E y Z se muestran arriba.

Si un átomo tiene doble enlace con otro átomo, se considera como si tuviera enlace sencillo hacia dos de esos átomos.

Si un átomo tiene enlace triple con otro átomo, se considera como si tuviera enlaces sencillos hacia tres de esos átomos.

3. Si un átomo tiene enlace doble con otro átomo, el sistema de prioridades lo considera como si tuviera enlaces sencillos con dos de esos átomos. Si un átomo tiene enlace triple con otro átomo, el sistema de prioridades lo considera como si estuviera unido con tres de esos átomos, con enlaces sencillos.

   Por ejemplo, uno de los carbonos sp^2 del siguiente par de isómeros está unido a un grupo CH$_2$CH$_2$OH y a un grupo CH$_2$C≡CH:

$$\underset{\text{isómero } Z}{\underset{HC\equiv CCH_2}{\overset{HOCH_2CH_2}{C}}=\underset{CH_2CH_3}{\overset{CH=CH_2}{C}}} \qquad \underset{\text{isómero } E}{\underset{HC\equiv CCH_2}{\overset{HOCH_2CH_2}{C}}=\underset{CH=CH_2}{\overset{CH_2CH_3}{C}}}$$

Como los carbonos inmediatos unidos al carbono sp^2 en la izquierda están enlazados a C, H y H, no se tienen en cuenta, y la atención se dirige a los grupos unidos a ellos.

Uno de éstos es CH$_2$OH y el otro es C≡CH. Se considera que el C con el triple enlace está unido con **C, C, C**; el otro C está unido a **O, H, H**. De los seis átomos, el O tiene el mayor número atómico, por lo que **CH$_2$OH** tiene mayor prioridad que **C≡CH**. Los dos átomos unidos al otro carbono sp^2 son de C, así que están empatados. El primer carbono del grupo CH$_2$CH$_3$ está unido a **C, H, H**. El primer carbono del grupo CH═CH$_2$ está unido a un H, y doblemente enlazado a un C, por lo que se considera que está enlazado a **H, C, C**. Un C se anula en cada uno de los dos grupos, y quedan H y H del grupo CH$_2$CH$_3$, y H y C en el grupo CH═CH$_2$. El C tiene mayor número atómico que el H, así que **CH═CH$_2$** tiene mayor prioridad que **CH$_2$CH$_3$**.

4. Si se comparan dos isótopos (átomos con el mismo número atómico pero con distintos números de masa), se usa el número de masa para determinar las prioridades relativas. En las estructuras siguientes, por ejemplo, uno de los carbonos sp^2 está unido a un deuterio (D) y a un hidrógeno (H):

> Los átomos que sean idénticos en los dos grupos se anulan y se usan los átomos restantes para determinar el grupo que tenga la mayor prioridad.
>
> Si los átomos tienen el mismo número atómico pero distintos números de masa, el que tenga el mayor número de masa tiene la mayor prioridad.

isómero Z   isómero E

Tutorial del alumno:
Nomenclatura *E* y *Z*
(*E* and *Z* Nomenclature)

El deuterio y el hidrógeno tienen el mismo número atómico pero D tiene mayor número de masa, así que a **D** se le asigna mayor prioridad que a **H**. Los carbonos que están unidos al otro carbono sp^2 están unidos *ambos* a **C, C, H**, de modo que habrá que ir al siguiente conjunto de átomos para romper el empate. El segundo carbono del grupo CH(CH$_3$)$_2$ está unido a **H, H, H**, mientras que el segundo carbono del grupo CH═CH$_2$ está unido a **H, H, C**. Por consiguiente, el **CH═CH$_2$** tiene mayor prioridad que el **CH(CH$_3$)$_2$**.

PROBLEMA 10◆

Asigne prioridades relativas a cada conjunto de sustituyentes:

a. ─Br, ─I, ─OH, ─CH$_3$
b. ─CH$_2$CH$_2$OH, ─OH, ─CH$_2$Cl, ─CH═CH$_2$

PROBLEMA 11

Dibuje las fórmulas de los siguientes compuestos e indique cuáles son los isómeros *E* y *Z*:

a. CH$_3$CH$_2$CH═CHCH$_3$

b. CH$_3$CH$_2$C═CHCH$_2$CH$_3$
       |
       Cl

c. CH$_3$CH$_2$CH$_2$CH$_2$
                |
       CH$_3$CH$_2$C═CCH$_2$Cl
                |
                CH$_3$CHCH$_3$

d. HOCH$_2$CH$_2$C═CC≡CH
              | |
         O═CH C(CH$_3$)$_3$

PROBLEMA 12◆

Asigne el nombre a los siguientes compuestos:

a. **b.** **c.**

ESTRATEGIA PARA RESOLVER PROBLEMAS

Trazado de estructuras E,Z

Dibujar la estructura del (E)-1-bromo-2-metil-2-buteno.

Primero se dibuja el compuesto sin especificar el isómero para poder ver qué sustituyentes están unidos a los carbonos con hibridación sp^2. A continuación se determinan las prioridades relativas de los dos grupos en cada uno de los carbonos con hibridación sp^2.

$$BrCH_2\underset{\underset{CH_3}{|}}{C}=CHCH_3$$

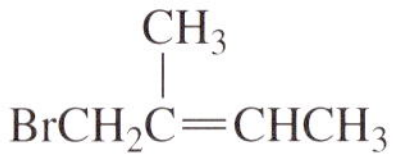

Un carbono con hibridación sp^2 está unido a un CH_3 y a un H; el CH_3 tiene la mayor prioridad. El otro carbono con hibridación sp^2 está unido a un CH_3 y a un CH_2Br; el CH_2Br tiene la mayor prioridad. Para obtener el isómero E, se dibuja el compuesto que tiene los dos sustituyentes de alta prioridad en lados opuestos del doble enlace:

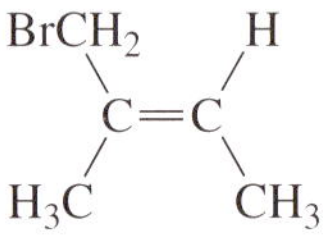

$$\underset{H_3C}{\overset{BrCH_2}{}}C=C\underset{CH_3}{\overset{H}{}}$$

Ahora continúe en el problema 13.

PROBLEMA 13

Trace la estructura del (Z)-3-isopropil-2-hepteno.

ESTRATEGIA PARA RESOLVER PROBLEMAS

Trazado de isómeros de compuestos con dos enlaces dobles

¿Cuántos isómeros geométricos tiene el siguiente compuesto?

$$ClCH_2CH=CHCH=CHCH_2CH_3$$

Tiene cuatro isómeros geométricos porque cada uno de sus dobles enlaces puede tener la configuración E o Z. Existen, entonces, los isómeros E-E, Z-Z, E-Z y Z-E.

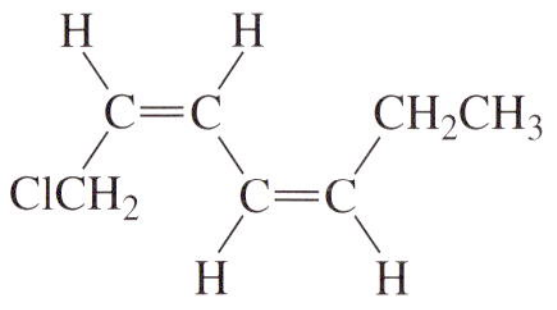

(2Z,4Z)-1-cloro-2,4-heptadieno   (2Z,4E)-1-cloro-2,4-heptadieno

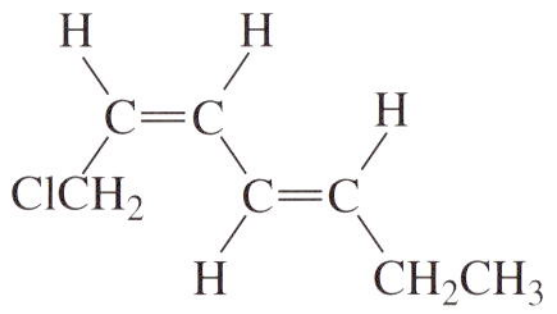

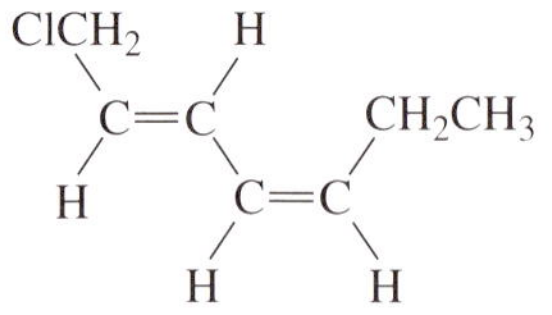

(2E,4Z)-1-cloro-2,4-heptadieno   (2E,4E)-1-cloro-2,4-heptadieno

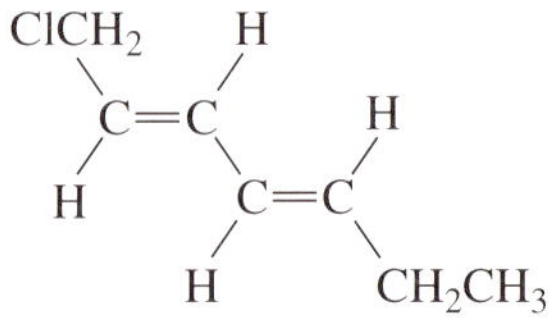

Ahora continúe en el problema 14.

PROBLEMA 14

Dibuje los isómeros geométricos de los siguientes compuestos e indique el nombre de cada uno.

a. 2-metil-2,4-hexadieno   **b.** 2,4-heptadieno   **c.** 1,3-pentadieno

3.6 Reacciones de los alquenos • Flechas curvas para indicar el flujo de los electrones

Hay muchos millones de compuestos orgánicos. Si el lector tuviera que memorizar cómo reacciona cada uno de ellos, el estudio de la química orgánica no sería placentero. Por fortuna, los compuestos orgánicos se pueden dividir en familias, de tal modo que todos los miembros de una familia reaccionen en forma parecida. Lo que facilita todavía más el aprendizaje de la química orgánica es que sólo hay unas cuantas reglas que gobiernan la reactividad de cada familia.

La familia a la que pertenece un compuesto orgánico está determinada por su grupo funcional. El **grupo funcional** es el centro de reactividad de una molécula (sección 2.6). El lector encontrará una tabla de grupos funcionales comunes en el interior de la contratapa de este libro. Ahora, el lector ya se encuentra familiarizado con el grupo funcional de un alqueno: el doble enlace carbono-carbono. Todos los compuestos con doble enlace carbono-carbono reaccionan en forma parecida, se trate de una molécula pequeña como el eteno o de una grande como el colesterol.

Primero se necesita comprender *por qué* un grupo funcional reacciona como lo hace. No basta conocer que un compuesto con un doble enlace carbono-carbono reacciona con HBr y forma un producto en el que los átomos de H y de Br se fijan en el enlace π; también debe comprenderse *por qué* el compuesto reacciona con HBr. En cada capítulo en que se describe la reactividad de determinado grupo funcional, se ha de explicar cómo su naturaleza permite pronosticar el tipo de reacciones que tendrá. Entonces, cuando se encuentre frente a una reacción que nunca antes había visto, el conocimiento de la forma en que la estructura de la molécula afecta su reactividad le ayudará a determinar cuáles serán los productos de la reacción.

En esencia, la química orgánica estudia la interacción de los átomos o moléculas ricos en electrones con los átomos o moléculas pobres en electrones; son las fuerzas que determinan que las reacciones químicas se lleven a cabo. Consecuencia de esta observación es una regla muy importante para predecir la reactividad de los compuestos orgánicos: *los átomos o moléculas ricos en electrones son atraídos hacia átomos o moléculas pobres en electrones*. Cada vez que el lector estudie un nuevo grupo funcional deberá recordar que las reacciones que tenga frente a sí se pueden explicar con esta regla tan simple.

Por consiguiente, para comprender cómo reacciona un grupo funcional, primero se debe reconocer cuáles son los átomos o moléculas ricos en electrones y cuáles los pobres en electrones. Un átomo o molécula pobre en electrones se llama **electrófilo**. En el sentido literal, "electrófilo" quiere decir que "ama a los electrones" (*filo* es un sufijo que significa "amante" en griego). Un electrófilo busca un par de electrones.

Los átomos o moléculas ricos en electrones son atraídos a átomos o moléculas pobres en electrones.

$H^+ \quad CH_3\overset{+}{C}H_2 \quad BH_3$

son electrófilos porque pueden aceptar un par de electrones

Un nucleófilo reacciona con un electrófilo.

Un átomo o molécula rico en electrones se llama **nucleófilo**. Un nucleófilo tiene un par de electrones que puede compartir. Por eso, cuando un electrófilo busca electrones, no debe sorprender que electrófilo y nucleófilo se atraigan entre sí. Entonces, la regla anterior se puede enunciar como que *un nucleófilo reacciona con un electrófilo*.

$$HO:^- \quad :\ddot{C}l:^- \quad CH_3\ddot{N}H_2 \quad H_2\ddot{O}:$$

son nucleófilos porque tienen un par de electrones para compartir

PROBLEMA 15

Identifique al nucleófilo y al electrófilo en las siguientes reacciones ácido-base:

a. $AlCl_3 + NH_3 \rightleftharpoons Cl_3Al^--\overset{+}{N}H_3$

b. $H-Br + HO^- \rightleftharpoons Br^- + H_2O$

Ya se revisó que el enlace π de un alqueno consiste en una nube de electrones arriba y abajo del enlace σ. Como consecuencia de esta nube de electrones, un alqueno es una molécula rica en electrones, es decir, un nucleófilo. (Observe la zona naranja pálida, rica en electrones, en los mapas de potencial electrostático del *cis*- y *trans*-2-buteno, en la sección 3.4.) También se explicó que un enlace π es más débil que un enlace σ (sección 1.14). Por consiguiente, el enlace π es el que se rompe con mayor facilidad cuando un alqueno reacciona. Por estas razones es posible pronosticar que un alqueno reaccionará con un electrófilo y, en el proceso, se romperá el enlace π. De esta manera, si se agrega un reactivo como bromuro de hidrógeno a un alqueno; el alqueno, que es nucleófilo, reaccionará con el hidrógeno con carga positiva parcial, electrófilo, del bromuro de hidrógeno, y se formará un carbocatión. En el segundo paso de la reacción, el carbocatión con carga positiva (electrófilo) reaccionará con el ion bromuro con carga negativa (nucleófilo) para formar un haluro de alquilo.

$$CH_3CH=CHCH_3 + \overset{\delta+}{H}-\overset{\delta-}{Br} \longrightarrow CH_3\overset{+}{CH}-CHCH_3 + Br^- \longrightarrow CH_3CH-CHCH_3$$
$$\qquad\qquad\qquad\qquad\qquad\qquad\qquad\qquad | \qquad\qquad\qquad\qquad\qquad | \quad |$$
$$\qquad\qquad\qquad\qquad\qquad\qquad\qquad\qquad H \qquad\qquad\qquad\qquad\qquad Br \; H$$
$$\qquad\qquad\qquad\qquad\qquad\qquad\qquad\text{a carbocatión} \qquad\qquad\qquad\text{2-bromobutano}$$
$$\qquad\qquad\qquad\qquad\qquad\qquad\qquad\qquad\qquad\qquad\qquad\qquad\quad\text{un haluro de alquilo}$$

Las flechas curvas muestran el flujo de electrones; se trazan desde un centro rico en electrones hasta un centro pobre en electrones.

La punta de flecha con dos lados representa el movimiento de dos electrones.

La descripción paso a paso del proceso por el que los reactivos (como alqueno + HBr) se transforman en productos (como el haluro de alquilo) se llama **mecanismo de la reacción**. Para ayudar a comprender un mecanismo, se trazan flechas curvas que indican cómo se mueven los electrones cuando se forman nuevos enlaces covalentes y se rompen los enlaces covalentes existentes. Cada flecha representa el movimiento simultáneo de dos electrones (un par electrónico) desde un centro rico en electrones (en la cola de la flecha) hacia un centro pobre en electrones (en la punta de la flecha). De este modo, las flechas muestran cuáles enlaces se forman y cuáles se rompen.

$$CH_3CH=CHCH_3 + \overset{\delta+}{H}-\overset{\delta-}{\ddot{B}r}: \longrightarrow CH_3\overset{+}{CH}-CHCH_3 + :\ddot{B}r:^-$$
$$\qquad\qquad\qquad\qquad\qquad\qquad\qquad\qquad\qquad\qquad |$$
$$\qquad\qquad\qquad\qquad\qquad\qquad\qquad\qquad\qquad\qquad H$$

se rompió el enlace π

se formó un nuevo enlace σ

En la reacción del 2-buteno con HBr, se traza una flecha para indicar que los dos electrones del enlace π en el alqueno son atraídos al hidrógeno del HBr, con carga positiva parcial. El hidrógeno no queda libre de inmediato para aceptar este par de electrones, porque ya está enlazado a un bromo y el hidrógeno sólo se puede enlazar a un átomo al mismo tiempo (sección 1.4); sin embargo, a medida que los electrones π del alqueno se mueven hacia el hidrógeno se rompe el enlace H—Br y el bromo sigue teniendo los electrones enlazantes. Obsérvese que los electrones π son apartados de un carbono pero permanecen unidos al otro. Así, los dos electrones que originalmente formaban el enlace π ahora forman un enlace σ entre el carbono y el hidrógeno del HBr. El producto de este primer paso de la reacción es un carbocatión, porque el carbono sp^2 que no formó el nuevo enlace con el hidrógeno ya perdió una parte del par de electrones (los electrones del enlace π), por lo cual queda con carga positiva.

En el segundo paso de la reacción, un par libre de electrones no enlazado en el ion bromuro con carga negativa forma un enlace con un carbono con carga positiva del carbocatión. Obsérvese que en ambos pasos de la reacción *un electrófilo reacciona con un nucleófilo*.

$$CH_3CH—CHCH_3 + :\ddot{B}r:^- \longrightarrow CH_3CH—CHCH_3$$
$$\quad\quad\quad\quad\quad\quad\quad\quad\quad\quad :\ddot{B}r:\quad H$$

nuevo enlace σ

Sólo por saber que un electrófilo reacciona con un nucleófilo y que un enlace π es el más débil en un alqueno es posible predecir que el producto de la reacción entre el 2-buteno y el HBr es 2-bromobutano. La reacción total implica la adición de 1 mol de HBr a 1 mol del alqueno; por ello, ésta es una **reacción de adición**. Como el primer paso de la reacción es la adición de un electrófilo (H^+) al alqueno, esta reacción se llama, con más precisión, **reacción de adición electrofílica**. *Las reacciones de adición electrofílica son las reacciones características de los alquenos.*

Por lo pronto, se está en condiciones de considerar que es más fácil memorizar tan sólo que el 2-bromobutano es el producto de la reacción, sin tratar de comprender el mecanismo que explica por qué se forma ese producto. No obstante, conviene tener en cuenta que ante una gran cantidad de reacciones es imposible memorizarlas todas. Pese a ello, si trata de comprender el mecanismo de cada reacción, es muy factible que los principios unificadores de la química orgánica se apreciarán con claridad y resultará mucho más fácil y divertido dominar éste o cualquier material relativo.

PROBLEMA 16◆

¿Cuáles de las siguientes especies son electrófilos y cuáles son nucleófilos?

$$H^- \quad CH_3O^- \quad CH_3C\equiv CH \quad CH_3\overset{+}{C}HCH_3 \quad NH_3$$

PROBLEMA 17

Deduzca la consecuencia de seguir las flechas incorrectas del elemento 1, en el cuadro de la página 140, "Algunas palabras sobre las flechas curvas." ¿Qué hay de malo en las estructuras que obtenga usted?

PROBLEMA 18

Use flechas curvas que indiquen el movimiento de los electrones en cada uno de los siguientes pasos de reacción. (*Sugerencia:* revise los materiales de partida y los productos y después trace las flechas).

a. $CH_3\overset{O}{\overset{\|}{C}}—O—H + H\ddot{O}:^- \longrightarrow CH_3\overset{O}{\overset{\|}{C}}—O^- + H_2\ddot{O}:$

b. ⬡ + $\ddot{B}r:^+ \longrightarrow$ ⬡ con $\ddot{B}r:$ y carga $+$

140 CAPÍTULO 3 Alquenos

c. $CH_3\overset{\overset{\overset{..}{O}:}{\|}}{C}OH + H-\overset{\overset{+}{\underset{H}{|}}}{O}-H \longrightarrow CH_3\overset{\overset{\overset{+}{O}H}{\|}}{C}OH + H_2O$

d. $CH_3\underset{CH_3}{\overset{CH_3}{\underset{|}{\overset{|}{C^+}}}} + :\overset{..}{\underset{..}{Cl}}:^- \longrightarrow CH_3\underset{CH_3}{\overset{CH_3}{\underset{|}{\overset{|}{C}}}}-\overset{..}{\underset{..}{Cl}}:$

OTRAS INSTRUCCIONES PARA LAS FLECHAS CURVAS

1. Trace las flechas de modo que apunten en la dirección del flujo de electrones y nunca en contra de éste. Eso significa que una flecha se aleja de una carga negativa y se dirige hacia una carga positiva. Se usa una flecha para indicar tanto el enlace que se forma como el enlace que se rompe.

   [correcto / incorrecto diagrams showing arrow mechanisms for $CH_3-C(-Br)(-CH_3)(=O^-) \longrightarrow CH_3-C(=O)(-CH_3) + :Br:^-$]

   [correcto / incorrecto diagrams for $CH_3-\overset{+}{O}H(-H) \longrightarrow CH_3-\overset{..}{O}-H + H^+$]

2. Las flechas curvas son para indicar el movimiento de electrones; nunca use una flecha curva para indicar el movimiento de un átomo. Por ejemplo, no use una flecha como indicación de que se elimina un protón, como se ve aquí:

   [correcto / incorrecto diagrams for $CH_3CCH_3 \longrightarrow CH_3CCH_3 + H^+$]

3. La punta de una flecha curva siempre se dirige hacia un átomo o hacia un enlace. Nunca trace la punta en dirección hacia fuera, hacia el espacio.

   [correcto / incorrecto diagrams for $CH_3COCH_3 + H\overset{..}{O}:^- \longrightarrow CH_3COCH_3(-OH)$]

4. La flecha comienza en la fuente de electrones, no comienza en un átomo. En el siguiente ejemplo, la flecha comienza en un enlace π y no en un átomo de carbono:

   $CH_3CH=CHCH_3 + H-\overset{..}{Br}: \longrightarrow CH_3\overset{+}{C}H-\underset{\underset{H}{|}}{C}HCH_3 + :\overset{..}{\underset{..}{Br}}:^-$
   correcto

   $CH_3CH=CHCH_3 + H-\overset{..}{Br}: \longrightarrow CH_3\overset{+}{C}H-\underset{\underset{H}{|}}{C}HCH_3 + :\overset{..}{\underset{..}{Br}}:^-$
   incorrecto

PROBLEMA 19

En cada una de las reacciones del problema 18, indique qué reactivo es el nucleófilo y cuál es el electrófilo.

3.7 Termodinámica y cinética

Para comprender los cambios de energía que se llevan a cabo en una reacción, como la adición de HBr a un alqueno, se deben tener claros algunos de los conceptos básicos de *termodinámica*, que describen una reacción en equilibrio, y de *cinética*, que explica la rapidez de las reacciones químicas.

Imaginemos una reacción en la que Y se convierte en Z: la *termodinámica* de la reacción indica las cantidades relativas de los reactivos (Y) y de los productos (Z) presentes cuando la reacción llega al equilibrio, mientras que la *cinética* de la reacción informa con qué rapidez los reactivos se convierten en productos.

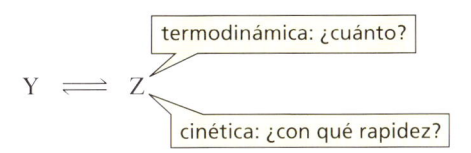

$$Y \rightleftharpoons Z$$

termodinámica: ¿cuánto?
cinética: ¿con qué rapidez?

Un diagrama de coordenada de reacción describe la ruta de la reacción

El mecanismo de una reacción, como se ha explicado, describe los pasos que se sabe suceden cuando los reactivos se convierten en productos. Un **diagrama de coordenada de reacción** muestra los cambios de energía que se efectúan en cada uno de esos pasos. En un diagrama de coordenada de reacción, la energía total de todas las especies se grafica en función del avance de la reacción. Una reacción avanza de izquierda a derecha, tal como se indica en la ecuación química, y entonces la energía de los reactivos se grafica en el lado izquierdo del eje *x*, y la energía de los productos se grafica en el lado derecho. En la figura 3.2 se observa un diagrama típico de coordenada de reacción. Describe la reacción de A—B con C para formar A y B—C. Recuerde que *mientras más estable es la especie su energía es menor*.

Mientras más estable es la especie, su energía es menor.

$$A{-}B + C \rightleftharpoons A + B{-}C$$
reactivos   productos

A medida que los reactivos se convierten en productos, la reacción pasa por un estado de energía *máxima*, llamado **estado de transición**. La altura del estado de transición (la diferencia entre la energía de los reactivos y la energía del estado de transición) indica el grado de probabilidad de que suceda la reacción: si la altura es grande, los reactivos no podrán convertirse en productos y no habrá reacción. La estructura del estado de transición está en algún lugar entre la estructura de los reactivos y la estructura de los productos. Los enlaces que se rompen y los que se forman a medida que los reactivos se convierten en productos se rompen y se forman parcialmente en el estado de transición. Se usan líneas entrecortadas para representar enlaces parcialmente rotos o parcialmente formados.

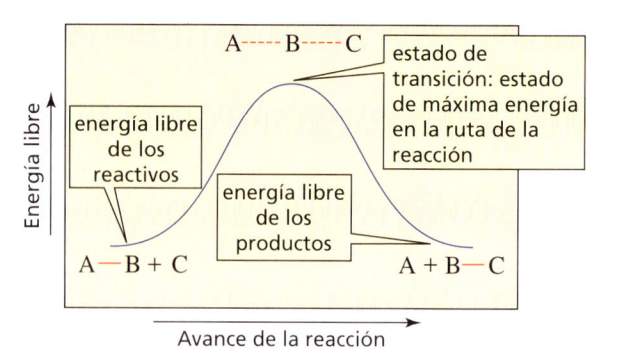

Figura 3.2 ▶
Diagrama de coordenada de reacción. Las líneas entrecortadas en el estado de transición indican los enlaces que se forman parcialmente o los que se rompen parcialmente.

Termodinámica: ¿Cuánto producto se forma?

La **termodinámica** es el campo de la química que describe las propiedades de un sistema en equilibrio. Las concentraciones relativas de reactivos y productos en equilibrio se pueden expresar en forma numérica mediante una constante de equilibrio K_{eq} (sección 1.17). Por ejemplo, en una reacción en la que m moles de A reaccionan con n moles de B para formar s moles de C y t moles de D, K_{eq} es igual a la relación de las concentraciones de productos y de reactivos en el equilibrio.

$$m\,A + n\,B \rightleftharpoons s\,C + t\,D$$

$$K_{eq} = \frac{[\text{productos}]}{[\text{reactivos}]} = \frac{[C]^s[D]^t}{[A]^m[B]^n}$$

Mientras más estable es el compuesto, su concentración en equilibrio será mayor.

Las concentraciones relativas (es decir, la relación o el cociente de las concentraciones) de productos y reactivos en el equilibrio dependen de sus estabilidades relativas: *mientras más estable es el compuesto, su concentración en equilibrio será mayor*. Así, si los productos son más estables (tienen menor energía libre) que los reactivos (figura 3.3a), habrá mayor concentración de productos que de reactivos en el equilibrio, y K_{eq} será mayor que 1. Pero si los reactivos son más estables que los productos (figura 3.3b), habrá mayor concentración de reactivos que de productos en el equilibrio y K_{eq} será menor que 1. Ahora al lector le será posible comprender por qué la fuerza de un ácido está determinada por la estabilidad de su base conjugada (sección 1.20). En otras palabras, a medida que la base es más estable, la constante de equilibrio (K_a) de su formación se hace más grande.

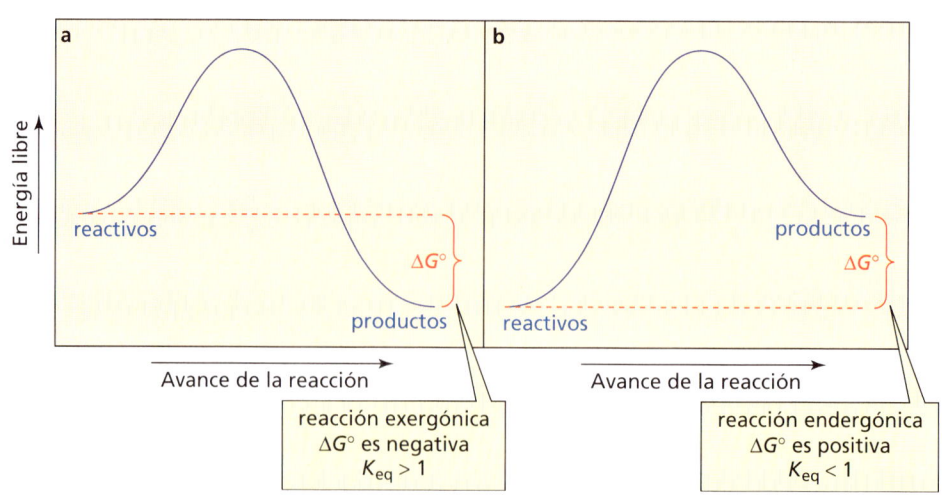

Figura 3.3 ▶
Diagramas de coordenada de reacción para (a) una reacción en que los productos son más estables que los reactivos (reacción exergónica) y (b) una reacción en que los productos son menos estables que los reactivos (reacción endergónica).

A la diferencia entre la energía libre de los productos y la energía libre de los reactivos bajo condiciones normales se le llama **cambio de energía libre de Gibbs**, $\Delta G°$. El símbolo ° indica condiciones normales o estándar: todas las especies a una concentración de 1 M, una temperatura de 25 °C y una presión de 1 atm.

$$\Delta G° = (\text{energía libre de los productos}) - (\text{energía libre de los reactivos})$$

En esta ecuación se puede ver que $\Delta G°$ será negativa si los productos tienen menor energía libre (son más estables) que los reactivos. En otras palabras, la reacción desprenderá más energía de la que consume, que corresponde a la definición de una **reacción exergónica** (figura 3.3a). Si los productos tienen mayor energía libre (son más estables) que los reactivos, $\Delta G°$ será positiva, y la reacción consumirá más energía de la que desprende, lo cual es coherente con la definición de una **reacción endergónica** (figura 3.3b). (Obsérvese que los términos *exergónico* y *endergónico* indican si la reacción tiene $\Delta G°$ negativa o positiva, respectivamente. No se confundan estos términos con *exotérmico* y *endotérmico*, que se definirán después.)

Una buena reacción es aquélla en la que el equilibrio favorece a los productos. Ya se vió que el hecho de que el equilibrio favorezca a los reactivos o a los productos se puede indicar por la constante de equilibrio (K_{eq}) o por el cambio de energía libre ($\Delta G°$). Estas dos cantidades están relacionadas por la ecuación

$$\Delta G° = -RT \ln K_{eq}$$

donde R es la constante de los gases (1.986×10^{-3} kcal mol^{-1} K^{-1} u 8.314×10^{-3} kJ/mol^{-1} K^{-1} porque 1 kcal = 4.184 kJ) y T es la temperatura en kelvins (K = °C + 273; por consiguiente, 25 °C = 298 K).

Una pequeña diferencia en $\Delta G°$ produce una gran diferencia en K_{eq} y, en consecuencia, una gran diferencia entre concentraciones relativas de reactivos y productos (sección 3.1). Por ejemplo, para una reacción a 25 °C, la relación de productos entre reactivos cambia en un factor de 10 cuando $\Delta G°$ es 1.36 kcal/mol (o 5.7 kJ/mol) más negativa (tabla 3.1). Cuando el lector resuelva el problema 21, verá que una pequeña diferencia de $\Delta G°$ produce una gran diferencia en la cantidad de producto obtenido en el equilibrio.

Cuando el equilibrio favorece a los productos, $\Delta G°$ es negativa y K_{eq} es mayor que 1.

Cuando el equilibrio favorece a los reactivos, $\Delta G°$ es positiva y K_{eq} es menor que 1.

BIOGRAFÍA

Josiah Willard Gibbs (1839–1903), *nació en New Haven, Connecticut, hijo de un profesor de Yale. En 1863 obtuvo el primer doctorado que otorgó Yale en ingeniería. Después de estudiar en Francia y Alemania, regresó a Yale como profesor de física matemática. Sus trabajos sobre energía libre despertaron poco interés durante más de 20 años porque eran pocos los químicos que podían comprender las matemáticas y porque Gibbs los publicó en* Transactions of the Connecticut Academy of Sciences, *revista relativamente desconocida. En 1950 fue elegido para el Salón de la Fama de los Grandes Estadounidenses.*

Tabla 3.1   Relación entre $\Delta G°$ y K_{eq} a 25 °C

$\Delta G°$ (kcal/mol)	K_{eq}	B $\rightleftharpoons$ C % C en el equilibrio
−0.1	1.2	54.5
−1	5.4	84.4
−2.36	5.4×10	98.1
−5	4.6×10^3	99.98
−5.36	4.6×10^4	99.9998

PROBLEMA 20◆

a. ¿Cuál de los ciclohexanos monosustituidos de la tabla 2.10 tiene $\Delta G°$ negativa para la conversión de un confórmero silla sustituido axialmente en uno sustituido ecuatorialmente?

b. ¿Cuál es el ciclohexano monosustituido que tiene el valor más negativo de $\Delta G°$?

c. ¿Cuál ciclohexano monosustituido es el que tiene máxima preferencia para la posición ecuatorial?

d. Calcule la $\Delta G°$ para la conversión de un metilciclohexano "axial" en uno "ecuatorial" a 25 °C.

PROBLEMA 21   RESUELTO

a. La $\Delta G°$ para la conversión del fluorociclohexano "axial" en el correspondiente "ecuatorial" a 25 °C es −0.25 kcal/mol. Calcule el porcentaje de las moléculas de fluorociclohexano que tienen el sustituyente en la posición ecuatorial en el equilibrio.

b. Haga los mismos cálculos para el isopropilciclohexano (su $\Delta G°$ a 25 °C es −2.1 kcal/mol).

c. ¿Por qué el isopropilciclohexano tiene mayor porcentaje del confórmero con el sustituyente en posición ecuatorial?

BIOGRAFÍA

Se cree que la constante de los gases, R, tuvo esa inicial en honor de **Henri Victor Regnault (1810–1878)**, *comisionado por el Ministro Francés de Obras Públicas, en 1842, para calcular todas las constantes físicas necesarias para el diseño y el funcionamiento de la máquina de vapor. A Regnault se le conocía por su trabajo sobre las propiedades térmicas de los gases. Después, al estudiar la termodinámica de las soluciones diluidas, van't Hoff encontró (pág. 213) que R se podía usar en todos los equilibrios químicos.*

Solución de 21a

$$\text{fluorociclohexano axial} \rightleftharpoons \text{fluorociclohexano ecuatorial}$$

$$\Delta G° = -0.25 \text{ kcal/mol a } 25°C$$

$$\Delta G° = -RT \ln K_{eq}$$

$$-0.25 \frac{\text{kcal}}{\text{mol}} = -1.986 \times 10^{-3} \frac{\text{kcal}}{\text{mol K}} \times 298 \text{ K} \times \ln K_{eq}$$

$$\ln K_{eq} = 0.422$$

$$K_{eq} = 1.53 = \frac{[\text{fluorociclohexano}]_{\text{ecuatorial}}}{[\text{fluorociclohexano}]_{\text{axial}}} = \frac{1.53}{1}$$

Ahora debe calcularse el porcentaje que es ecuatorial:

$$\frac{[\text{fluorociclohexano}]_{\text{ecuatorial}}}{[\text{fluorociclohexano}]_{\text{ecuatorial}} + [\text{fluorociclohexano}]_{\text{axial}}} = \frac{1.53}{1.53 + 1} = \frac{1.53}{2.53} = 0.60 \text{ o } 60\%$$

Por fortuna, hay formas de aumentar la cantidad de producto que se forma en una reacción. El **principio de Le Châtelier** establece que *si se perturba un equilibrio el sistema se ajustará para tratar de compensar la perturbación*. En otras palabras, si disminuye la concentración de C o de D, A y B reaccionarán para formar más C y D con el fin de mantener el valor de la constante de equilibrio. Entonces, si uno de los productos cristaliza y se separa de la disolución a medida que se forma, o si se puede expulsar en forma de gas, los reactivos continuarán reaccionando para sustituir al producto que se elimina y así poder mantener el valor de la constante de equilibrio. También se pueden formar más productos si se aumenta la concentración de uno de los reactivos.

$$A + B \rightleftharpoons C + D$$

$$K_{eq} = \frac{[C][D]}{[A][B]}$$

Si se perturba un equilibrio, el sistema se ajustará para compensar la perturbación.

El cambio de energía libre estándar de Gibbs ($\Delta G°$) tiene un componente de entalpía ($\Delta H°$) y uno de entropía ($\Delta S°$); T es la temperatura en kelvins:

$$\Delta G° = \Delta H° - T\Delta S°$$

El término de **entalpía** ($\Delta H°$) se refiere al calor desprendido o al calor consumido durante el curso de una reacción. Los átomos se mantienen unidos por enlaces. Se desprende calor cuando se forman los enlaces y se consume calor cuando se rompen los enlaces. Así, $\Delta H°$ es una medida de la energía de los procesos de formación y ruptura de enlaces que suceden cuando los reactivos se convierten en productos.

$\Delta H°$ = (energía de los enlaces que se rompen) − (energía de los enlaces que se forman)

Si los enlaces que se forman en una reacción son más fuertes que los que se rompen, se desprenderá más energía en el proceso de formación de enlaces que la energía consumida en el proceso de ruptura de enlaces y $\Delta H°$ será negativa. Una reacción con $\Delta H°$ negativa se llama **reacción exotérmica**. Si los enlaces que se forman son más débiles que los que se rompen, $\Delta H°$ será positiva. Una reacción con $\Delta H°$ positiva es una **reacción endotérmica**.

La entropía es una medida de la libertad de movimiento de un sistema.

La **entropía** ($\Delta S°$) es una medida de la libertad de movimiento en un sistema. Si se restringe la libertad de movimiento de una molécula disminuye su entropía. Por ejemplo, en una reacción en la que dos moléculas se unen y forman una sola molécula, la entropía del producto será menor que la entropía en los reactivos porque dos moléculas separadas pueden moverse de maneras distintas que no le serían posibles estando unidas en una sola molécula. En esa reacción, $\Delta S°$ será negativa. En una reacción en la que se rompe una sola molécula y forma dos moléculas separadas, los productos tendrán mayor libertad de movimiento que el reactivo y $\Delta S°$ será positiva.

$\Delta S°$ = (libertad de movimiento de los productos) − (libertad de movimiento de los reactivos)

> **PROBLEMA 22◆**
> a. ¿Para cuál reacción de cada conjunto $\Delta S°$ será más importante?
> b. ¿Para cuál reacción $\Delta S°$ será positiva?
> 1. A $\rightleftharpoons$ B o A + B $\rightleftharpoons$ C
> 2. A + B $\rightleftharpoons$ C o A + B $\rightleftharpoons$ C + D

> **BIOGRAFÍA**
>
> **Henri Louis Le Châtelier (1850–1936)**, nació en Francia, fue hijo del inspector general de minas en Francia. Estudió ingeniería minera y, como es de comprender por el puesto de su padre, se interesó particularmente en la seguridad de las minas, y en aprender cómo evitar explosiones. La investigación de las explosiones condujo a Le Châtelier a estudiar el calor y su medición, que estimularon su interés en la termodinámica.

Una reacción con $\Delta G°$ negativa tiene una constante de equilibrio favorable ($K_{eq} > 1$); esto es, la reacción se favorece tal como está escrita, de izquierda a derecha, porque los productos son más estables que los reactivos. Si el lector examina la ecuación del cambio de energía libre estándar de Gibbs comprobará que los valores negativos de $\Delta H°$ y los valores positivos de $\Delta S°$ contribuyen a que $\Delta G°$ sea negativa. En otras palabras, *la formación de productos con enlaces más fuertes y mayor libertad de movimiento determina que $\Delta G°$ sea más negativa.* Obsérvese que el término entropía se vuelve más importante a medida que aumenta la temperatura. Por consiguiente, una reacción con $\Delta S°$ positiva puede ser endergónica a bajas temperatura pero exergónica a altas temperaturas.

> **PROBLEMA 23◆**
> a. Para una reacción donde $\Delta H° = -12$ kcal/mol y $\Delta S° = 0.01$ kcal mol^{-1} K^{-1}, calcule la $\Delta G°$ y la constante de equilibrio a 1) 30 °C y 2) 150 °C.
> b. ¿Cómo cambia $\Delta G°$ a medida que aumenta T?
> c. ¿Cómo cambia K_{eq} a medida que aumenta T?

La formación de productos con enlaces más fuertes y mayor libertad de movimiento determina que $\Delta G°$ sea negativa.

Es relativamente fácil calcular los valores de $\Delta H°$, por lo que con frecuencia en química orgánica sólo se evalúan las reacciones en función de esa cantidad. Sin embargo, sólo se puede pasar por alto el término entropía si la reacción implica sólo un cambio pequeño de entropía porque el término $T\Delta S°$ será pequeño y el valor de $\Delta H°$ será muy cercano al valor de $\Delta G°$. No obstante, recuérdese que muchas reacciones orgánicas se efectúan con un importante cambio de entropía o suceden a altas temperaturas, por lo que sus términos $T\Delta S°$ son importantes; si no se tiene en cuenta el término entropía en esos casos, se puede llegar a conclusiones equivocadas. Se admite usar valores de $\Delta H°$ para decir *aproximadamente* si una reacción tiene una constante de equilibrio favorable, pero si se necesita una respuesta precisa se deben usar los valores de $\Delta G°$. Cuando se usan los valores de $\Delta G°$ para construir los diagramas de coordenada de reacción, el eje *y* representa la energía libre; cuando se usan valores de $\Delta H°$, el eje *y* representa energía potencial.

Se pueden calcular los valores de $\Delta H°$ a partir de las energías de disociación de enlace (tabla 3.2), como se aprecia en el ejemplo siguiente. Se ha determinado que la energía de disociación del enlace π del eteno es de 62 kcal/mol. La energía de disociación de enlace se representa por el término especial *DH*. Recuérdese, de la sección 3.4, que la barrera frente a la rotación respecto al enlace π del eteno también se indicó que es de 62 kcal/mol. En otras palabras, para girar se requiere romper el enlace π. (Téngase en cuenta que este valor no puede obtenerse restando la energía de disociación del enlace C—C σ del etano, a partir de la energía total de enlace del eteno, porque un enlace σ formado por traslape sp^2—sp^2 es más fuerte que el enlace σ formado por traslape sp^3—sp^3).

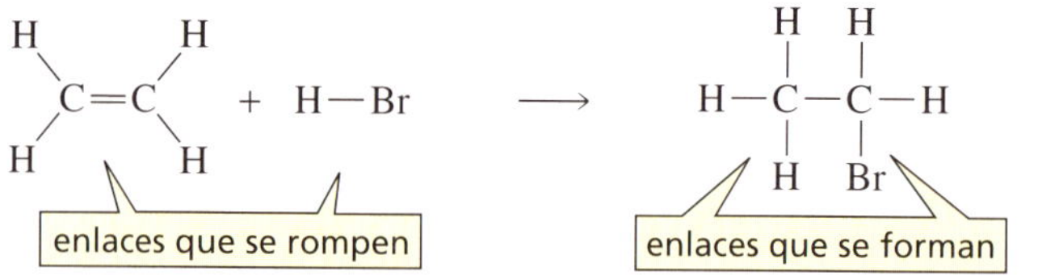

enlace π de eteno	DH	=	62 kcal/mol
H—Br	DH	=	87 kcal/mol
	DH_{total}	=	149 kcal/mol

C—H	DH	=	101 kcal/mol
C—Br	DH	=	72 kcal/mol
	DH_{total}	=	173 kcal/mol

$\Delta H°$ de la reacción = DH de los enlaces que se rompen − DH de los enlaces que se forman

= 149 kcal/mol − 173 kcal/mol

= −24 kcal/mol

El valor de $\Delta H°$ de −24 kcal/mol calculado de restar la suma de los valores de $\Delta H°$ de los enlaces que se forman de la suma de los valores de $\Delta H°$ de los enlaces que se rompen, indica que la adición de HBr al eteno es una reacción exotérmica. Pero ¿quiere decir eso que la $\Delta G°$ de la reacción también es negativa? En otras palabras, ¿la reacción es exergónica y también exotérmica? Ya que $\Delta H°$ tiene un valor negativo importante (−24 kcal/mol), se puede suponer que $\Delta G°$ también es negativo. Sin embargo, si el valor de $\Delta H°$ fuera cercano a cero, ya no podría suponerse que $\Delta H°$ tiene el mismo signo que $\Delta G°$.

Tenga el lector en cuenta que se deben cumplir dos condiciones para justificar la predicción de los valores de $\Delta G°$ con los valores de $\Delta H°$. La primera condición es que el cambio de entropía en la reacción debe ser pequeño, haciendo que $T\Delta S°$ sea cercano a cero y, en consecuencia, que el valor de $\Delta H°$ sea muy cercano al valor de $\Delta G°$. La segunda condición es que la reacción debe efectuarse en fase gaseosa.

Tabla 3.2 Energías de disociación de enlace para Y—Z → Y· + ·Z

Enlace	DH kcal/mol	DH kJ/mol	Enlace	DH kcal/mol	DH kJ/mol
CH_3—H	105	439	H—H	104	435
CH_3CH_2—H	101	423	F—F	38	159
$CH_3CH_2CH_2$—H	101	423	Cl—Cl	58	242
$(CH_3)_2CH$—H	99	414	Br—Br	46	192
$(CH_3)_3C$—H	97	406	I—I	36	150
			H—F	136	571
CH_3—CH_3	90.1	377	H—Cl	103	432
CH_3CH_2—CH_3	89.0	372	H—Br	87	366
$(CH_3)_2CH$—CH_3	88.6	371	H—I	71	298
$(CH_3)_3C$—CH_3	87.5	366			
			CH_3—F	115	481
H_2C=CH_2	174	728	CH_3—Cl	84	350
HC≡CH	231	966	CH_3CH_2—Cl	85	356
			$(CH_3)_2CH$—Cl	85	356
HO—H	119	497	$(CH_3)_3C$—Cl	85	356
CH_3O—H	105	439	CH_3—Br	72	301
CH_3—OH	92	387	CH_3CH_2—Br	72	301
			$(CH_3)_2CH$—Br	74	310
			$(CH_3)_3C$—Br	73	305
			CH_3—I	58	243
			CH_3CH_2—I	57	238

S. J. Blanksby y G. B. Ellison, *Acc. Chem. Res.*, 2003, 36, 255.

Cuando las reacciones se efectúan en disolución, que es el caso de la vasta mayoría de las reacciones orgánicas, las moléculas de disolvente pueden interactuar con los reactivos y los productos. Las moléculas de disolventes polares se agrupan en torno a una carga (sea carga total o carga parcial) en un reactivo o un producto, y se giran de tal modo que sus polos negativos rodean a la carga positiva y sus polos positivos rodean a la carga negativa. A la interacción entre un disolvente y una especie (una molécula o ion) en disolución se llama **solvatación** (sección 8.10).

La solvatación puede tener un efecto grande sobre la $\Delta H°$ y la $\Delta S°$ de una reacción. Por ejemplo, en una reacción de un reactivo polar solvatado, debe tenerse en cuenta la $\Delta H°$ necesaria para romper las interacciones dipolo-dipolo entre el disolvente y el reactivo, y en una reacción que tiene un producto polar que se solvata se debe tener en cuenta la $\Delta H°$ para formar las interacciones dipolo-dipolo entre el disolvente y el producto. Además, la solvatación de un reactivo polar o un producto polar por un disolvente polar puede reducir mucho la libertad de movimiento de las moléculas del disolvente y afectar así el valor de $\Delta S°$.

PROBLEMA 24◆

a. Use las energías de disociación de enlace en la tabla 3.2 para calcular la $\Delta H°$ para la adición de HCl al eteno.
b. Calcule la $\Delta H°$ para la adición de H_2 a eteno.
c. Estas reacciones ¿fueron exotérmicas o endotérmicas?
d. ¿Espera usted que las reacciones sean exergónicas o endergónicas?

Cinética: ¿Con qué rapidez se forma el producto?

Saber si una reacción es exergónica o endergónica no contribuye a saber con qué rapidez sucede porque la $\Delta G°$ de una reacción sólo describe la diferencia entre la estabilidad de los reactivos y la de los productos; no indica nada acerca de la barrera de energía de la reacción, que es la "montaña" de energía que habrá que escalar para que los reactivos se conviertan en productos. Mientras más alta sea la barrera de energía, la reacción será más lenta. La **cinética**, o **cinética química**, es el campo de la química que estudia la rapidez de las reacciones químicas y los factores que afectan dicha rapidez.

La barrera de energía de una reacción, identificada por $\Delta G^‡$ en la figura 3.4, se llama **energía libre de activación**. Es la diferencia entre la energía libre del estado de transición y la energía libre de los reactivos.

$$\Delta G^‡ = \text{(energía libre del estado de transición)} - \text{(energía libre de los reactivos)}$$

Mientras menor sea la $\Delta G^‡$, la reacción será más rápida. Así, *todo lo que desestabilice al reactivo o estabilice el estado de transición hará que la reacción sea más rápida*.

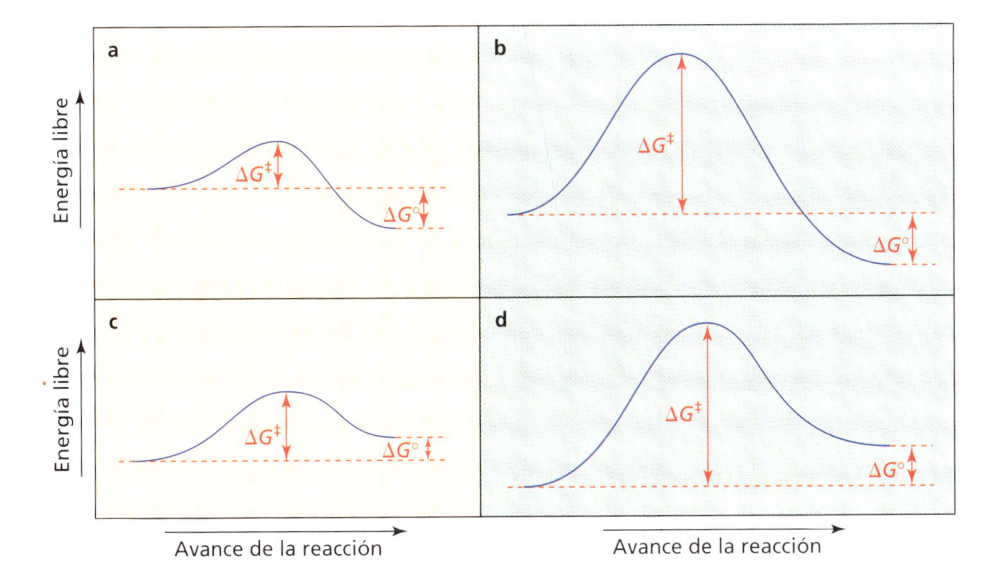

Mientras más alta sea la barrera de energía, la reacción es más lenta.

◀ **Figura 3.4**
Diagramas de coordenada de reacción para a) una reacción exergónica rápida, b) una reacción exergónica lenta, c) una reacción endergónica rápida y d) una reacción endergónica lenta. (Las cuatro coordenadas de reacción se trazan con la misma escala).

Al igual que $\Delta G°$, $\Delta G^{\ddagger}$ tiene un componente de entalpía y también uno de entropía. Obsérvese que cualquier cantidad que se refiera al estado de transición se representa con un índice de obelisco doble ($\ddagger$).

$$\Delta G^{\ddagger} = \Delta H^{\ddagger} - T\Delta S^{\ddagger}$$
$$\Delta H^{\ddagger} = \text{(entalpía del estado de transición)} - \text{(entalpía de los reactivos)}$$
$$\Delta S^{\ddagger} = \text{(entropía del estado de transición)} - \text{(entropía de los reactivos)}$$

Algunas reacciones exergónicas tienen energías libres de activación pequeñas, por lo que se pueden llevar a cabo a temperatura ambiente (figura 3.4a). En contraste, algunas reacciones exergónicas tienen energías libres de activación tan grandes que las reacciones no pueden efectuarse a menos que se suministre energía, además de la energía suministrada por las condiciones térmicas del ambiente (figura 3.4b). También las reacciones endergónicas pueden tener energías libres de activación pequeñas, como en la figura 3.4c, o grandes, como en la figura 3.4d.

Repárese en que $\Delta G°$ se relaciona con la *constante de equilibrio* de la reacción, mientras que $\Delta G^{\ddagger}$ se relaciona con la *rapidez* de la reacción. La **estabilidad termodinámica** se indica por $\Delta G°$. Si por ejemplo $\Delta G°$ es negativa, el producto es *termodinámicamente estable* en comparación con el reactivo, y si $\Delta G°$ es positiva, el producto es *termodinámicamente inestable* en comparación con el reactivo. La **estabilidad cinética** se indica por $\Delta G^{\ddagger}$. Si $\Delta G^{\ddagger}$ es grande, el compuesto es *cinéticamente estable* porque la reacción no se efectúa con rapidez. Si $\Delta G^{\ddagger}$ es pequeña, el compuesto es *cinéticamente inestable* y la reacción es rápida. En general, cuando en química se usa el término "estabilidad", se refiere a la estabilidad termodinámica.

PROBLEMA 25♦

a. ¿Cuál de las reacciones en la figura 3.4 tiene un producto termodinámicamente estable en comparación con el reactivo?
b. ¿Cuál de las reacciones de la figura 3.4 tiene el producto más estable cinéticamente?
c. ¿Cuál de las reacciones de la figura 3.4 tiene el producto menos estable cinéticamente?

PROBLEMA 26

Trace un diagrama de coordenada de la reacción en donde

a. el producto sea termodinámicamente inestable y cinéticamente inestable.
b. el producto sea termodinámicamente inestable y cinéticamente estable.

La rapidez de una reacción química es la rapidez con que las sustancias reaccionantes se consumen o la rapidez con que se forman los productos. La rapidez de una reacción depende de los factores siguientes:

1. **La cantidad de colisiones o choques que hay entre las moléculas reaccionantes en determinado tiempo.** Mientras mayor sea la cantidad de choques, la reacción será más rápida.

2. **La fracción de los choques en los que la energía es suficiente para que las moléculas reaccionantes salven la barrera de energía.** Si la energía libre de activación es pequeña, serán más las colisiones que terminen en reacción que si la energía libre de activación es grande.

3. **La fracción de choques que suceden donde la orientación es correcta.** Por ejemplo, el 2-buteno y el HBr sólo reaccionan cuando las moléculas chocan con el hidrógeno del HBr viendo hacia el enlace π del 2-buteno. Si en el choque el hidrógeno se acerca al grupo metilo del 2-buteno no habrá reacción, independientemente de cuál sea la energía de activación.

$$\text{rapidez de una reacción} = \begin{pmatrix} \text{cantidad de choques} \\ \text{por unidad de tiempo} \end{pmatrix} \times \begin{pmatrix} \text{fracción con la} \\ \text{energía suficiente} \end{pmatrix} \times \begin{pmatrix} \text{fracción con la} \\ \text{orientación correcta} \end{pmatrix}$$

Al aumentar la concentración de los reactivos aumenta la rapidez de una reacción porque aumenta la cantidad de choques que suceden en determinado tiempo. Al aumentar la temperatura a la que se efectúa la reacción también aumenta la rapidez de una reacción porque aumenta la energía cinética de las moléculas, que a su vez aumenta la frecuencia de los choques (las moléculas que se mueven con más rapidez chocan con más frecuencia) y también la cantidad de choques que tienen la energía suficiente para que las moléculas reaccionantes salven la barrera de energía (figura 3.5).

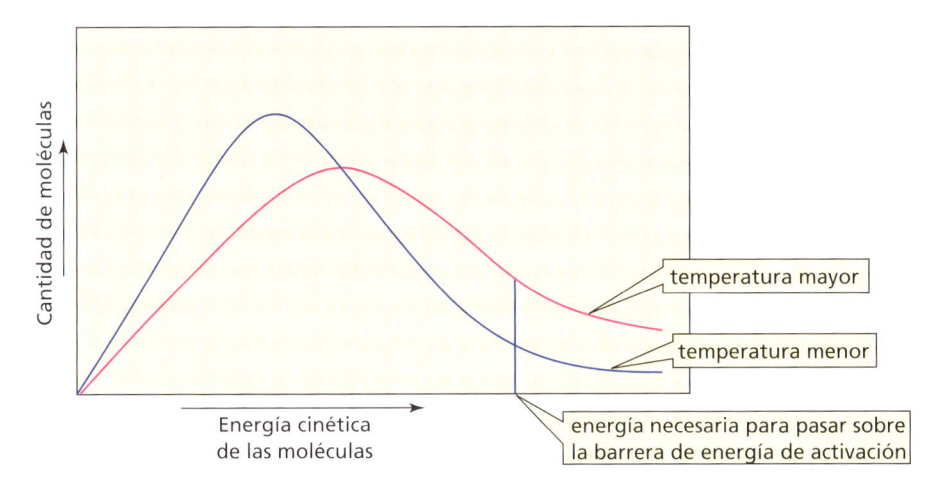

◀ **Figura 3.5**
Curvas de distribución de Boltzmann, a dos temperaturas diferentes. Las curvas muestran la distribución de moléculas con determinada energía cinética. La energía de la mayor parte de las moléculas se agrupa en torno a un promedio, pero hay algunas con energía mucho menor y algunas con energía mucho mayor. A mayor temperatura, habrá más moléculas con la energía suficiente para pasar sobre la barrera de energía.

Para una reacción en la que una sola molécula de reactivo A se convierte en una molécula de producto B, la rapidez de la reacción es proporcional a la concentración de A. Si la concentración de A aumenta al doble, la rapidez de la reacción aumentará al doble; si la concentración de A aumenta al triple, la rapidez de la reacción se triplicará, y así sucesivamente. Como la rapidez de esta reacción es proporcional a la concentración de sólo *un* reactivo, se llama **reacción de primer orden**.

reacción de primer orden: A ⟶ B

rapidez ∝ [A]

El signo de proporcionalidad (α) se puede sustituir por uno de igualdad si se usa una constante de proporcionalidad k, llamada **constante de rapidez**. En el caso que se describe, se trata de una **constante de rapidez primer orden.**

constante de rapidez de primer orden

rapidez = k[A]

Mientras menor sea la constante de rapidez, la reacción es más lenta.

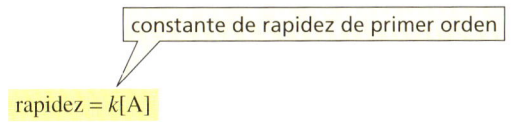

Una reacción cuya rapidez depende de las concentraciones de *dos* reactivos, A y B, se llama **reacción de segundo orden**. Si la concentración de A o de B sube al doble, la rapidez de la reacción subirá al doble; si las concentraciones de A y B aumentan al doble cada una, la rapidez de la reacción aumentará al cuádruple, y así sucesivamente. En este caso, k es una **constante de rapidez de segundo orden**.

reacción de segundo orden: A + B ⟶ C + D

rapidez = k[A][B]

constante de rapidez de segundo orden

Una reacción en la que se combinan dos moléculas de A para formar una molécula de B también es una reacción de segundo orden: si aumenta al doble la concentración de A, la rapidez de la reacción aumentará al cuádruple.

reacción de segundo orden: A + A ⟶

rapidez = k[A]^2

> **BIOGRAFÍA**
>
> **Svante August Arrhenius (1859–1927)**, *químico sueco, recibió un doctorado de la Universidad de Uppsala. Amenazado por bajas calificaciones en su disertación, cuando sus examinadores no comprendieron su tesis acerca de la disociación iónica, mandó su trabajo a varios científicos influyentes, que a continuación lo defendieron. Al final, esta disertación le valió el Premio Nobel de Química en 1903. Arrhenius fue el primero en describir el efecto "invernadero" y pronosticó que a medida que aumenten las concentraciones del dióxido de carbono atmosférico (CO_2), también aumentará la temperatura de la superficie de la Tierra (sección 11.0).*

No confunda la *constante de rapidez* de una reacción (k) con la *rapidez* de la reacción. La *constante de rapidez* establece lo fácil que es llegar al estado de transición (la facilidad de pasar sobre la barrera de energía). Las barreras de energía bajas se asocian con constantes de rapidez grandes (figura 3.4 a y c), mientras que las barreras de energía altas tienen constantes de rapidez pequeñas (figura 3.4 b y d). La *rapidez* de la reacción es una medida de la cantidad de producto que se forma por unidad de tiempo. Las ecuaciones anteriores indican que la *rapidez* es el producto de la *constante de rapidez por las concentraciones de reactivos*. Así, la rapidez de reacción depende de la concentración, mientras que las constantes de rapidez son independientes de la concentración. Por consiguiente, cuando se comparan dos reacciones para conocer cuál sucede con más facilidad, deben comparar sus constantes de rapidez y no la rapidez de las reacciones, que dependen de concentraciones (en el apéndice III se explica cómo se determinan las constantes de rapidez).

Aunque las constantes de rapidez son independientes de la concentración, dependen de la temperatura. La **ecuación de Arrhenius** relaciona la constante de rapidez de una reacción con la energía de activación experimental (una energía aproximada de activación; véase "la diferencia entre $\Delta G^{\ddagger}$ y E_a", en la siguiente página) con la temperatura a la que se efectúa la reacción. Una buena regla fácil de recordar es que un aumento de 10 °C en la temperatura hará aumentar al doble la constante de rapidez de una reacción, y en consecuencia, aumentará al doble la rapidez de esa reacción.

ecuación de Arrhenius

$$k = Ae^{-E_a/RT}$$

donde k es la constante de rapidez, E_a es la energía experimental de activación, R es la constante del gas (1.986×10^{-3} kcal/mol·K, u 8.314×10^{-3} kJ/mol·K), T es la temperatura absoluta, K, y A es el factor de frecuencia. El factor de frecuencia representa la fracción de colisiones que suceden con la orientación adecuada para la reacción. El término $e^{-E_a/RT}$ es la fracción de choques con la energía mínima (E_a) necesaria para reaccionar. Al sacar logaritmos de ambos lados de la ecuación de Arrhenius, el resultado es

$$\ln k = \ln A - \frac{E_a}{RT}$$

El problema 54 de la página 158 muestra cómo se usa esta ecuación para calcular valores de E_a, $\Delta G^{\ddagger}$, $\Delta H^{\ddagger}$ y $\Delta S^{\ddagger}$ para una reacción.

PROBLEMA 27   *RESUELTO*

A 30 °C, la constante de rapidez de segundo orden para la reacción entre el cloruro de metilo y HO^- es 1.0×10^{-5} M^{-1} s^{-1}.

a. ¿Cuál es la rapidez de la reacción cuando $[CH_3Cl] = 0.10$ M y $[HO^-] = 0.10$ M?

b. Si disminuye la concentración del cloruro de metilo hasta 0.01 M ¿cuál será el efecto sobre la *rapidez* de la reacción?

c. Si la concentración del cloruro de metilo disminuye hasta 0.01 M ¿cuál será el efecto sobre la *constante de rapidez* de la reacción?

Solución de 27a   La rapidez de la reacción se determina con

$$\text{rapidez} = k\,[\text{cloruro de metilo}][HO{:}^-]$$

Se sustituye la constante de rapidez, que es dato, y las concentraciones de los reactivos para obtener

$$\text{rapidez} = 1.0 \times 10^{-5}\,M^{-1}s^{-1}\,[0.10\,M][0.10\,M]$$
$$= 1.0 \times 10^{-7}\,Ms^{-1}$$

PROBLEMA 28◆

La constante de rapidez de una reacción se puede aumentar _____ la estabilidad del reactivo o _____ la estabilidad del estado de transición.

LA DIFERENCIA ENTRE $\Delta G^{\ddagger}$ Y E_a

No confunda la *energía libre de activación*, $\Delta G^{\ddagger}$, con la **energía experimental de activación**, E_a, en la ecuación de Arrhenius. La energía libre de activación ($\Delta G^{\ddagger} = \Delta H^{\ddagger} - T\Delta S^{\ddagger}$) tiene un componente de entalpía y también uno de entropía, mientras que la energía experimental de activación ($E_a = \Delta H^{\ddagger} + RT$) sólo tiene un componente de entalpía ya que el componente de entropía es implícito en el término A de la ecuación de Arrhenius. Entonces, la energía experimental de activación es una barrera de energía aproximada en una reacción. La barrera real de energía en una reacción es $\Delta G^{\ddagger}$, porque aunque algunas reacciones son impulsadas por un cambio de entalpía y otras por un cambio de entropía, la mayor parte de las reacciones depende de cambios de estas dos propiedades.

PROBLEMA 29◆

De acuerdo con la ecuación de Arrhenius, indique cómo

a. el aumento de la energía experimental de activación afectará la constante de rapidez de una reacción.

b. el aumento de la temperatura afectará la constante de rapidez de una reacción.

El siguiente asunto por examinar es ¿cómo se relacionan las constantes de rapidez con la constante de equilibrio? En el equilibrio, la rapidez de la reacción directa debe ser igual a la rapidez de la reacción inversa porque no cambian las cantidades de reactivos y productos:

$$A \underset{k_{-1}}{\overset{k_1}{\rightleftarrows}} B$$

rapidez directa = rapidez inversa

$$k_1[A] = k_{-1}[B]$$

Por consiguiente,

$$K_{eq} = \frac{k_1}{k_{-1}} = \frac{[B]}{[A]}$$

En esta ecuación se puede ver que la constante de equilibrio de una reacción puede determinarse con la relación de las concentraciones de los productos y de los reactivos en el equilibrio o con la relación de las constantes de rapidez de las reacciones directa e inversa. La reacción que se muestra en la figura 3.3a tiene una constante de equilibrio grande porque los productos son mucho más estables que los reactivos. También se podría decir que tiene una constante de equilibrio grande porque la constante de rapidez de la reacción directa es mucho mayor que la de la reacción inversa.

PROBLEMA 30◆

a. ¿Cuál reacción tiene la constante de equilibrio mayor: una cuya constante de rapidez de la reacción directa sea 1×10^{-3} s^{-1} y de la reacción inversa sea 1×10^{-5} s^{-1}, o una cuyas respectivas constantes de rapidez sean 1×10^{-2} s^{-1} y 1×10^{-3} s^{-1}?

b. Si ambas reacciones se inician con concentración 1.0 M de reactivo ¿cuál de ellas formará más producto?

3.8 Uso de un diagrama de coordenada de reacción para describir la reacción

Ya se vio que la adición de HBr a 2-buteno es un proceso en dos pasos (sección 3.6). En cada paso, los reactivos pasan por un estado de transición cuando se convierten en productos. La estructura del estado de transición para cada uno de los pasos se muestra a continuación, entre corchetes. Obsérvese que los enlaces que se rompen y los que se forman en el curso de la reacción se rompen y se forman parcialmente en el estado de transición, como indican las líneas entrecortadas. De igual modo, los átomos que se cargan o que pierden su carga durante el curso de la reacción se cargan en forma parcial en el estado de transición. Los estados de transición siempre se representan entre corchetes, con un índice de doble obelisco.

$$CH_3CH=CHCH_3 + HBr \longrightarrow [CH_3CH\overset{\delta+}{\cdots}CHCH_3\text{ H }\overset{\delta-}{\cdots}Br]^{\ddagger} \longrightarrow CH_3\overset{+}{C}HCH_2CH_3 + Br^-$$

‡ simboliza el estado de transición
enlace formado parcialmente
enlace roto parcialmente
estado de transición

$$CH_3\overset{+}{C}HCH_2CH_3 + Br^- \longrightarrow [CH_3\overset{\delta+}{C}HCH_2CH_3\ \overset{\delta-}{\cdots}Br]^{\ddagger} \longrightarrow CH_3CHCH_2CH_3\ |\ Br$$

estado de transición

Se puede trazar un diagrama de coordenada de reacción para cada paso (figura 3.6). En el primer paso de la reacción, el alqueno se convierte en un carbocatión menos estable que los reactivos. Por consiguiente, el primer paso es endergónico ($\Delta G°$ es positiva). En el segundo paso de la reacción, el carbocatión reacciona con un nucleófilo para formar un producto que es más estable que el carbocatión que reacciona. Por consiguiente, este paso es exergónico ($\Delta G°$ es negativa).

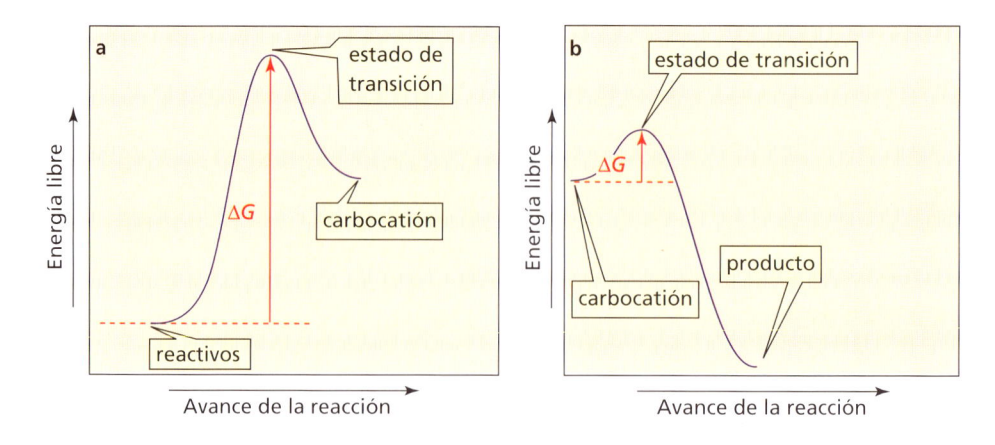

Figura 3.6 ▶
Diagramas de coordenada de reacción para los dos pasos en la adición de HBr a 2-buteno: a) primer paso, b) segundo paso.

Como los productos del primer paso son los reactivos en el segundo, los dos diagramas de coordenada de reacción se pueden acoplar y obtener el diagrama de coordenada de la reacción total o general (figura 3.7). La $\Delta G°$ de la reacción total es la diferencia entre la energía libre de los productos finales y la energía libre de los reactivos iniciales. La figura muestra que la $\Delta G°$ de la reacción total es negativa. Por consiguiente, la reacción total es exergónica.

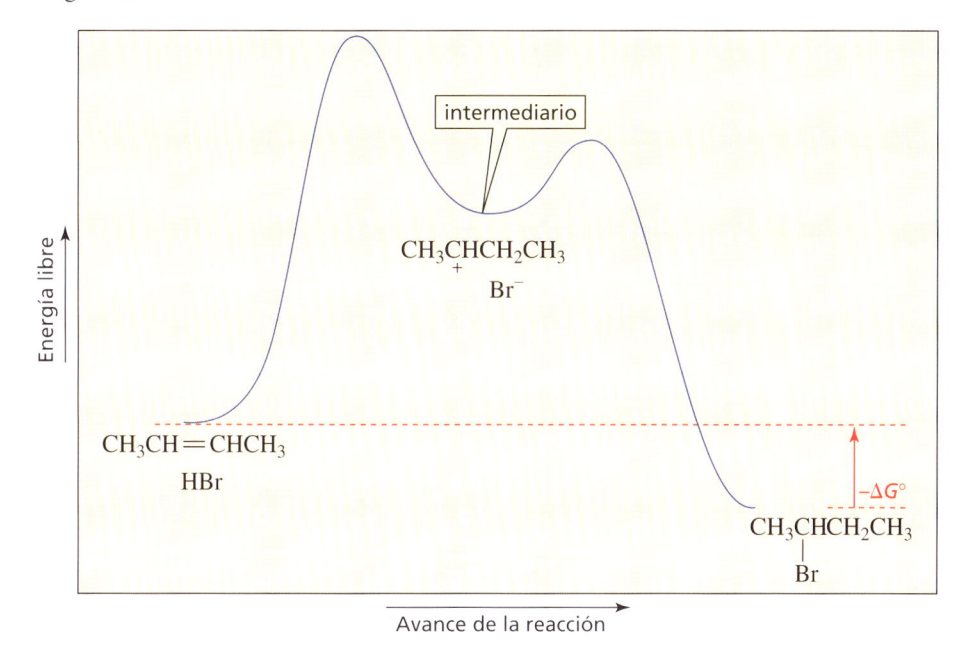

Figura 3.7
Diagrama de coordenada de reacción para la adición de HBr al 2-buteno.

Una especie química que es un producto de un paso en una reacción y es reactivo para el siguiente paso se llama **intermediario** o **producto intermediario**. El carbocatión intermedio en esta reacción es demasiado inestable para poder aislarlo, pero algunas reacciones tienen intermediarios más estables que sí se pueden aislar. En contraste, los **estados de transición** representan las estructuras de máxima energía que intervienen en una reacción. Sólo existen en forma fugaz y nunca pueden ser aislados. No confundir estados de transición con estados intermedios: *los estados de transición tienen enlaces formados parcialmente, mientras que los intermedios tienen enlaces formados totalmente*.

En el diagrama de coordenada de reacción (figura 3.7) se puede ver que la energía libre de activación para el primer paso de la reacción es mayor que la del segundo paso. En otras palabras, la constante de rapidez del primer paso es menor que la del segundo paso. Es lo que se debe esperar si se tiene en cuenta que las moléculas, en el primer paso de esta reacción, deben chocar con la energía suficiente que rompa enlaces covalentes, mientras que en el segundo paso no se rompen enlaces.

Si una reacción tiene dos pasos o más, el paso que tiene su estado de transición *en el punto más alto del diagrama de coordenada de reacción* se llama **paso determinante de la rapidez de la reacción**, o **paso limitador de la rapidez**. El paso determinante de la rapidez controla la rapidez total de la reacción porque ésta (figura 3.7) no puede ser mayor que la rapidez del paso determinante. En la figura 3.7, el paso determinante de la rapidez es el primero: la adición del electrófilo (el protón) al alqueno.

También se pueden usar diagramas de coordenada de reacción para explicar por qué determinada reacción forma cierto producto y no otros. Se verá el primer ejemplo de esta aplicación en la sección 4.3.

Los estados de transición tienen enlaces formados parcialmente. Los intermedios tienen enlaces formados totalmente.

PROBLEMA 31

Trace un diagrama de coordenada de una reacción en dos pasos en la que el primero sea endergónico, el segundo sea exergónico y la reacción total sea endergónica. Identifique cuáles son los reactivos, los productos, los intermediarios y los estados de transición.

> **PROBLEMA 32◆**
>
> a. ¿Cuál paso, en la reacción representada abajo, tiene la máxima energía libre de activación? 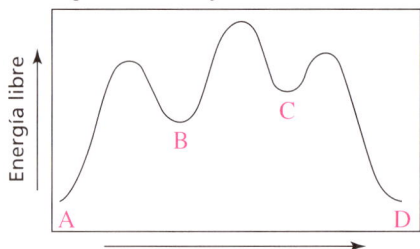
>
> b. El primer intermediario que se forma ¿es más apto para regresarse a los reactivos o para continuar o formar los productos?
>
> c. ¿Cuál paso de la secuencia de reacciones es el que limita la rapidez?
>
> **PROBLEMA 33◆**
>
> Trace un diagrama de coordenada de reacción para la siguiente reacción, en que C es la más estable y B la menos estable de las tres especies y el estado de transición entre A y B es más estable que el estado de transición de B a C:
>
> $$A \underset{k_{-1}}{\overset{k_1}{\rightleftharpoons}} B \underset{k_{-2}}{\overset{k_2}{\rightleftharpoons}} C$$
>
> a. ¿Cuántos intermediarios hay?
> b. ¿Cuántos estados de transición hay?
> c. ¿Cuál paso tiene la mayor constante de rapidez directa?
> d. ¿Cuál paso tiene la mayor constante de rapidez inversa?
> e. De los cuatro pasos ¿cuál tiene la máxima constante de rapidez?
> f. ¿Cuál es el paso limitante de la rapidez en la reacción directa?
> g. ¿Cuál es el paso limitante de la rapidez en la reacción inversa?

RESUMEN

Los **alquenos** son hidrocarburos que contienen un doble enlace. El doble enlace es el **grupo funcional** o centro de reactividad del alqueno. El **sufijo de grupo funcional** de un alqueno es "eno". La fórmula molecular general de un hidrocarburo no saturado, o hidrocarburo cíclico, es C_nH_{2n+2} menos dos hidrógenos por cada enlace π o cada anillo en la molécula. La cantidad de enlaces π y anillos es el **grado de insaturación.** Como los alquenos contienen menos hidrógenos que la cantidad máxima permitida llaman **hidrocarburos no saturados**.

La rotación en torno al doble enlace está restringida, por lo que un alqueno sustituido puede tener **isómeros *cis-trans***. El **isómero *cis*** tiene sus hidrógenos del mismo lado del doble enlace; el **isómero *trans*** tiene sus hidrógenos en lados opuestos del doble enlace. El **isómero *Z*** tiene los grupos de alta prioridad en el mismo lado del doble enlace; el **isómero *E*** tiene los grupos de alta prioridad en lados opuestos del doble enlace. Las prioridades relativas dependen de los números atómicos de los átomos unidos directamente al carbono sp^2.

Todos los compuestos con determinado **grupo funcional** reaccionan en forma parecida. Debido a la nube de electrones arriba y abajo de su enlace π, un alqueno es una especie rica en electrones, es decir, un **nucleófilo**. Los nucleófilos son atraídos hacia especies pobres en electrones llamadas **electrófilos**. Los alquenos sufren **reacciones de adición electrofílica**. La descripción del proceso, paso a paso, por el que los reactivos se transforman en productos se llama **mecanismo de la reacción**. Las **flechas curvas** muestran cuáles enlaces se forman y cuáles se rompen, así como la dirección del flujo de electrones que acompaña estos cambios.

La **termodinámica** describe una reacción en el equilibrio; la **cinética** describe la rapidez con que se efectúa la reacción. Un **diagrama de coordenada de reacción** muestra los cambios de energía que se suscitan en una reacción. Mientras más estable sea una especie, menor será su energía. Cuando los reactivos se convierten en productos, una reacción pasa por un **estado de transición**, de máxima energía. Un **intermediario** es un producto de un paso de una reacción y es reactivo en el siguiente paso. Los estados de transición cuentan con enlaces parcialmente formados; los intermediarios presentan enlaces totalmente formados. El **paso determinante de la rapidez de la reacción** tiene su estado de transición en el punto de máxima energía en la coordenada de reacción.

Las concentraciones relativas de reactivos y productos en el equilibrio se determinan con la constante de equilibrio K_{eq}. Mientras más estable sea el compuesto obtenido, mayor será su concentración en el equilibrio. El principio de Le Châtelier indica que si se perturba un equilibrio, el sistema se ajustará para contrarrestar la perturbación. Si los productos son más estables que los reactivos, K_{eq} es > 1, $\Delta G°$ es negativa y la reacción es **exergónica**; si los reactivos son más estables que los productos, $K_{eq} < 1$, $\Delta G°$ es positiva, y la reacción es **endergónica**. $\Delta G°$ es el **cambio de energía libre de Gibbs**, y $\Delta G° = \Delta H° - T\Delta S°$. $\Delta H°$ es el cambio de **entalpía**, que es el calor desprendido o consumido resultado de la formación y ruptura de enlaces. Una **reacción exotérmica** tiene $\Delta H°$ negativa; una **reacción endotérmica** tiene $\Delta H°$ positiva. $\Delta S°$ es el cambio de **entropía**, o cambio en la libertad de movimiento del sistema. Una reacción con $\Delta G°$ negativo tiene una **constante de equilibrio favorable**: la formación de productos con enlaces más fuertes y mayor libertad de movimiento determina que $\Delta G°$ sea negativa. $\Delta G°$ y K_{eq} se relacionan mediante la fórmula $\Delta G° = -RT \ln K_{eq}$. La interacción entre un disolvente y una especie en disolución se llama **solvatación**.

La **energía libre de activación,** $\Delta G^{\ddagger}$, es la barrera de energía en una reacción. Es la diferencia entre la energía libre de los reactivos y la energía libre del estado de transición. Mientras menor sea $\Delta G^{\ddagger}$, la reacción será más rápida. Todo lo que desestabilice al reactivo o estabilice al estado de transición hará que la reacción sea más rápida. La **estabilidad cinética** se determina con $\Delta G^{\ddagger}$ y la **estabilidad termodinámica** con $\Delta G°$. La **rapidez** de una reacción depende de la concentración de los reactivos, la temperatura y la constante de rapidez. La **constante de rapidez,** que es independiente de la concentración, indica la facilidad o dificultad para que los reactivos alcancen el estado de transición. Una **reacción de primer orden** depende de la concentración de un reactivo, una **reacción de segundo orden** depende de la concentración de dos reactivos.

TÉRMINOS CLAVE

acíclico (pág. 125)
alqueno (pág. 124)
cambio de energía libre de Gibbs (pág. 142)
carbono alílico (pág. 128)
carbono vinílico (pág. 128)
cinética (pág. 147)
constante de rapidez (pág. 149)
constante de rapidez de primer orden (pág. 149)
constante de rapidez de segundo orden (pág. 149)
diagrama de coordenada de reacción (pág. 141)
ecuación de Arrhenius (pág. 150)
electrófilo (pág. 137)
energía experimental de activación (pág. 151)
energía libre de activación (pág. 147)

entalpía (pág. 144)
entropía (pág. 144)
estabilidad cinética (pág. 148)
estabilidad termodinámica (pág. 148)
estado de transición (pág. 141)
grado de insaturación (pág. 127)
grupo alilo (pág. 129)
grupo funcional (pág. 137)
grupo vinilo (pág. 129)
hidrocarburo no saturado (pág. 127)
hidrocarburo saturado (pág. 127)
intermediario (pág. 153)
isómero *cis* (pág. 131)
isómero *E* (pág. 134)
isómero *trans* (pág. 131)
isómero *Z* (pág. 134)
isómeros *cis-trans* (pág. 131)

isómeros geométricos (pág. 131)
mecanismo de la reacción (pág. 138)
nucleófilo (pág. 138)
paso determinante de la rapidez de la reacción (pág. 153)
paso limitador de la rapidez (pág. 153)
principio de Le Châtelier (pág. 144)
reacción de adición (pág. 139)
reacción de adición electrofílica (pág. 139)
reacción endergónica (pág. 143)
reacción endotérmica (pág. 144)
reacción exergónica (pág. 143)
reacción exotérmica (pág. 144)
reacción de primer orden (pág. 149)
reacción de segundo orden (pág. 149)
solvatación (pág. 147)
termodinámica (pág. 142)

PROBLEMAS

34. Escriba el nombre sistemático de cada uno de los compuestos siguientes:

a. CH₃CH₂CHCH=CHCH₂CH₂CHCH₃
        | |
        Br   Br

b. H₃C   CH₂CH₃
         \   /
          C=C
         /   \
    CH₃CH₂   CH₂CH₂CHCH₃
                       |
                       CH₃

c. (ciclopenteno con CH₃ en C1 y CH₃ en C2)

d. H₃C   CH₂CH₃
         \   /
          C=C
         /   \
        H₃C   CH₂CH₂CH₂CH₃

e. (ciclohexeno con CH₃)

f. (ciclohexeno con CH₂CH₃ y CH₃)

35. Dibuje la estructura de un hidrocarburo que tenga seis átomos de carbono y
   a. tres hidrógenos vinílicos y dos hidrógenos alílicos.
   b. tres hidrógenos vinílicos y un hidrógeno alílico.
   c. tres hidrógenos vinílicos y ningún hidrógeno alílico.

36. Trace la estructura de cada uno de los siguientes compuestos:
   a. (Z)-1,3,5-tribromo-2-penteno
   b. (Z)-3-metil-2-hepteno
   c. (E)-1,2-dibromo-3-isopropil-2-hexeno
   d. bromuro de vinilo
   e. 1,2-dimetilciclopenteno
   f. dialilamina

156 CAPÍTULO 3 Alquenos

37. a. Trace las estructuras y escriba los nombres sistemáticos de todos los alquenos cuya fórmula molecular sea C$_6$H$_{12}$, sin tener en cuenta los isómeros *cis-trans*. (*Sugerencia:* son 13).
b. ¿Cuáles de los compuestos tienen isómeros *E* y *Z*?

38. Escriba el nombre de los siguientes compuestos:

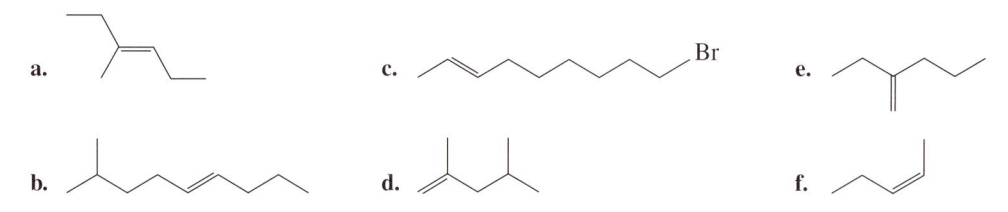

a. b. c. d. e. f.

39. Trace flechas curvas que indiquen el flujo de electrones causante de la conversión de reactivos en productos:

$$H-\ddot{\underset{..}{O}}:^- + H-\underset{\underset{H}{|}}{\overset{\overset{H}{|}}{C}}-\underset{\underset{Br}{|}}{\overset{\overset{H}{|}}{C}}-H \longrightarrow H_2O + \underset{\underset{H}{}}{\overset{\overset{H}{}}{C}}=\underset{\underset{H}{}}{\overset{\overset{H}{}}{C}} + Br^-$$

40. El tamoxifeno desacelera el crecimiento de algunos tumores de mama al unirse a receptores de estrógeno. El tamoxifeno ¿es un isómero *E* o uno *Z*?

tamoxifeno

41. En una reacción donde el reactivo A está en equilibrio con el producto B a 25 °C ¿cuáles son las cantidades relativas de A y B en equilibrio si $\Delta G°$ a 25 °C es
a. 2.72 kcal/mol?
b. 0.65 kcal/mol?
c. −2.72 kcal/mol?
d. −0.65 kcal/mol?

42. Con varios estudios se ha demostrado que el *β*-caroteno, precursor de la vitamina A, puede ser útil en la prevención del cáncer. El *β*-caroteno tiene la fórmula molecular C$_{40}$H$_{56}$, contiene dos anillos y no contiene triples enlaces. ¿Cuántos dobles enlaces tiene?

43. De cada par de los enlaces siguientes ¿cuál tiene la mayor fuerza? Explique por qué, brevemente.
a. CH$_3$—Cl o CH$_3$—Br
b. I—Br o Br—Br

44. Indique si cada uno de los siguientes compuestos tiene la configuración *E* o *Z*:

a. b. c. d.

45. El escualeno es un hidrocarburo de fórmula molecular C$_{30}$H$_{50}$ que se obtiene del hígado de tiburón. (Tiburón, en latín es *squalus*.) Si el escualeno es un compuesto acíclico ¿cuántos enlaces π tiene?

46. Asigne prioridades relativas a cada conjunto de sustituyentes.
a. —CH$_2$CH$_2$CH$_3$, —CH(CH$_3$)$_2$, —CH=CH$_2$, —CH$_3$
b. —CH$_2$NH$_2$, —NH$_2$, —OH, —CH$_2$OH
c. —COCH$_3$, —CH=CH$_2$, —Cl, —C≡N

47. Trace los isómeros de configuración de los compuestos siguientes y escriba el nombre de cada uno:
   a. 2-metil-2,3-hexadieno   b). 1,5-heptadieno   c. 1,4-pentadieno

48. Susana es una técnica de laboratorio cuyo supervisor le pidió que ponga los nombres en las etiquetas de un conjunto de alquenos donde sólo se muestran las estructuras. ¿Cuántos aciertos tuvo Susana? Corrija los nombres erróneos.
   a. 3-penteno
   b. 2-octeno
   c. 2-vinilpentano
   d. 1-etil-1-penteno
   e. 5-etilciclohexeno
   f. 5-cloro-3-hexeno
   g. 2-etil-2-buteno
   h. (E)-2-metil-1-hexeno
   i. 2-metilciclopenteno

49. Dibuje las estructuras de los compuestos siguientes:
   a. (2E,4E)-1-cloro-3-metil-2,4-hexadieno
   b. (3Z,5E)-4-metil-3,5-nonadieno
   c. (3Z,5Z)-4,5-dimetil-3,5-nonadieno
   d. (3E,5E)-2,5-dibromo-3,5-octadieno

50. Para el diagrama de coordenada de la reacción de A para formar D, conteste lo siguiente:

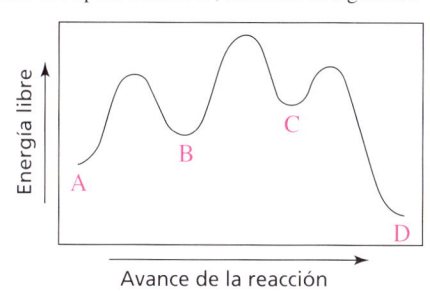

   a. ¿Cuántos productos intermedios se forman en la reacción?
   b. ¿Cuántos estados de transición hay?
   c. ¿Cuál es el paso más rápido de la reacción?
   d. ¿Cuál es más estable, A o D?
   e. ¿Cuál es el reactivo del paso determinante de la rapidez de la reacción?
   f. El primer paso de la reacción ¿es exergónico o endergónico?
   g. La reacción total ¿es exergónica o endergónica?
   h. ¿Cuál es el intermediario más estable?

51. a. ¿Cuál es la constante de equilibrio de una reacción que se efectúa a 25 °C (298 K) con $\Delta H° = 20$ kcal/mol y $\Delta S° = 25$ kcal mol^{-1} K^{-1}?
   b. ¿Cuál es la constante de equilibrio de la misma reacción, pero efectuada a 125 °C?

52. a. Para una reacción que se efectúa a 25 °C ¿cuánto debe cambiar $\Delta G°$ para aumentar la constante de equilibrio en un factor de 10?
   b. ¿Cuánto debe cambiar $\Delta H°$ si $\Delta S° = 0$ kcal mol^{-1} K^{-1}?
   c. ¿Cuánto debe cambiar $\Delta S°$ si $\Delta H° = 0$ kcal mol^{-1}?

53. La conformación de bote torcido del ciclohexano tiene su energía libre 3.8 kcal/mol (o 15.9 kJ/mol) mayor que la conformación silla. Calcule el porcentaje de conformaciones de bote torcido que hay en una muestra de ciclohexano a 25 °C. ¿Concuerda su respuesta con la afirmación de la sección 2.12 acerca de la cantidad relativa de moléculas en esas dos conformaciones?

CÁLCULO DE LOS PARÁMETROS CINÉTICOS

Después de obtener las constantes de rapidez a varias temperaturas, puede usted calcular como sigue E_a, $\Delta H^\ddagger$, $\Delta G^\ddagger$ y $\Delta S^\ddagger$ para una reacción:

- La ecuación de Arrhenius permite calcular E_a a partir de la pendiente de una gráfica de $\ln k$ en función de $1/T$, porque

$$\ln k_2 - \ln k_1 = -E_a/R \left(\frac{1}{T_2} - \frac{1}{T_1} \right)$$

- Se puede determinar $\Delta H^\ddagger$ a determinada temperatura, a partir de E_a, porque $\Delta H^\ddagger = E_a - RT$.

- Se puede determinar $\Delta G^\ddagger$, en kJ/mol, con la siguiente ecuación, que relaciona a $\Delta G^\ddagger$ con la constante de rapidez a determinada temperatura:

$$-\Delta G^\ddagger = RT \ \ln \frac{kh}{Tk_B}$$

en esta ecuación, h es la constante de Planck (6.62608 − 10^{-34} J s) y k_B es la constante de Boltzmann (1.38066 − 10^{-23} J K^{-1}).

- Se puede determinar la entropía de activación con los otros dos parámetros cinéticos y con la fórmula $\Delta S^\ddagger = (\Delta H^\ddagger - \Delta G^\ddagger)/T$.

Con esta información, conteste el problema 54.

158 CAPÍTULO 3 Alquenos

54. A partir de las siguientes constantes de rapidez, determinadas a cinco temperaturas, calcule la energía experimental de activación y $\Delta G^{\ddagger}$, $\Delta H^{\ddagger}$ y $\Delta S^{\ddagger}$ para la reacción a 30 °C:

Temperatura	Constante de rapidez observada
31.0 °C	$2.11 \times 10^{-5} \, \text{s}^{-1}$
40.0 °C	$4.44 \times 10^{-5} \, \text{s}^{-1}$
51.5 °C	$1.16 \times 10^{-4} \, \text{s}^{-1}$
59.8 °C	$2.10 \times 10^{-4} \, \text{s}^{-1}$
69.2 °C	$4.34 \times 10^{-4} \, \text{s}^{-1}$

CAPÍTULO 4

Reacciones de los alquenos

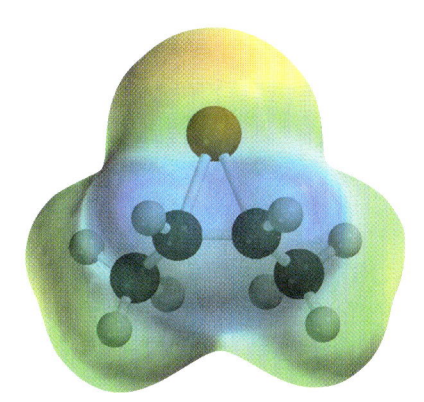

ion bromonio cíclico

ANTECEDENTES

SECCIONES 4.1–4.10 Se estudió el primer ejemplo de una reacción de adición electrofílica en el capítulo 3 (sección 3.6). Ahora se estudiarán varias reacciones más de ese tipo; son las reacciones características de los alquenos.

SECCIÓN 4.2 La hiperconjugación —deslocalización de electrones por traslape de un orbital de enlace σ sobre un enlace de un carbono adyacente— explica por qué la conformación alternada del etano es más estable que la eclipsada. Ahora se revisará que esto también explica por qué los grupos alquilo estabilizan a los carbocationes (2.10).

SECCIÓN 4.4 El producto con la energía mínima de activación para su formación es el que se forma con más rapidez (3.7).

SECCIÓN 4.5 Un compuesto con un protón ácido pierde ese protón en soluciones cuyo pH es mayor que el valor de pK_a del compuesto (1.24).

SECCIÓN 4.7 La regla del octeto ayuda a explicar por qué se forma un ion bromonio cíclico y no un carbocatión cuando un alqueno reacciona con un halógeno (Br$_2$ o Cl$_2$) (1.4).

SECCIÓN 4.10 Los efectos estéricos son la causa parcial de la regioselectividad de la hidroboración-oxidación (2.10).

SECCIÓN 4.11 La tensión estérica que determina que una conformación gauche sea menos estable que una conformación anti también hace que un isómero cis sea menos estable que un isómero trans (2.10).

Ya se ha estudiado que un **alqueno** como el 2-buteno presenta una **reacción de adición electrofílica** con HBr (sección 3.6). El primer paso de la reacción es una adición relativamente lenta del protón electrofílico al alqueno nucleofílico para formar un **carbocatión intermediario**. En el segundo paso, el carbocatión intermediario, con carga positiva (electrófilo), reacciona rápidamente con el ion bromuro con carga negativa (nucleófilo).

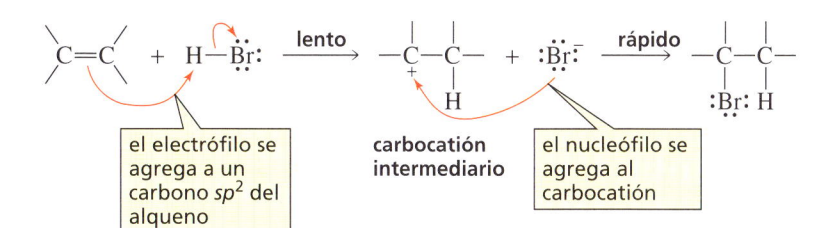

Una flecha curva con punta completa indica el movimiento de dos electrones.

En este capítulo se revisarán una gran variedad de reacciones de alquenos. El lector observará que algunas de las reacciones forman carbocationes intermediarios, como el que surge cuando el HBr reacciona con un alqueno, mientras algunas forman otros tipos de compuestos intermediarios y otras más no dan lugar a compuestos intermediarios. Al principio, las reacciones que se explicarán en este capítulo podrían parecer muy variadas, pero el lector comprobará que todas se efectúan con mecanismos similares. Al estudiar cada reacción se debe buscar la propiedad que tienen en común todas las reacciones de los alquenos: *los electrones π relativamente sueltos del doble enlace carbono-carbono son atraídos hacia un electrófilo. Entonces, cada reacción comienza con la adición de un electrófilo a uno de los carbonos sp^2 del alqueno y termina con la adición de un nucleófilo al otro carbono sp^2*. El resultado final es que el enlace π se rompe y electrófilo y nucleófilo forman nuevos enlaces σ con los carbonos sp^2. Obsérvese que los carbonos sp^2 en el reactivo se convierten en carbonos sp^3 en el producto.

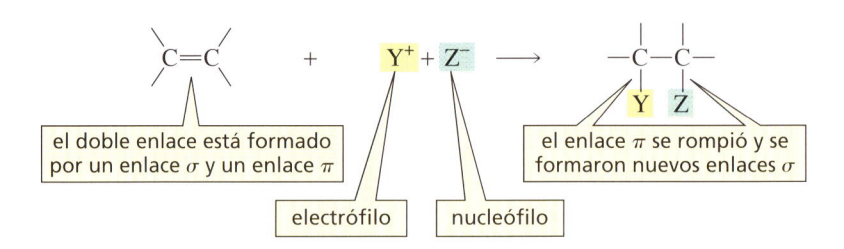

$$\text{C=C} + Y^+ + Z^- \longrightarrow -\overset{|}{\underset{Y}{C}}-\overset{|}{\underset{Z}{C}}-$$

el doble enlace está formado por un enlace σ y un enlace π

electrófilo   nucleófilo

el enlace π se rompió y se formaron nuevos enlaces σ

Esta reactividad determina que los alquenos sean tan importantes en química orgánica porque se pueden usar para sintetizar una gran variedad de otros compuestos. Por ejemplo, se verificará que los haluros de alquilo, alcoholes, éteres, epóxidos y alcanos se pueden sintetizar a partir de los alquenos por reacciones de adición electrofílica. El producto que se obtenga sólo depende del *electrófilo* y el *nucleófilo* que se usen en la reacción de adición.

4.1 Adición de un haluro de hidrógeno a un alqueno

Si el reactivo electrofílico que se agrega a un alqueno es un haluro de hidrógeno (HF, HCl, HBr o HI), el producto de la reacción será un haluro de alquilo.

$$CH_2=CH_2 + HCl \longrightarrow CH_3CH_2Cl$$
eteno   cloroeteno

$$\underset{H_3C}{\overset{H_3C}{>}}C=C\underset{CH_3}{\overset{CH_3}{<}} + HBr \longrightarrow CH_3\underset{}{CH}-\underset{\underset{Br}{|}}{C}CH_3$$
2,3-dimetil-2-buteno   2-bromo-2,3-dimetilbutano

ciclohexeno + HI ⟶ iodociclohexano

Ya que en las reacciones anteriores los alquenos muestran los mismos sustituyentes en ambos carbonos sp^2, es fácil predecir cuál será el producto de la reacción: el electrófilo (H^+) se agrega a uno de los carbonos sp^2 y el nucleófilo ($X:^-$) se adiciona sobre el otro carbono sp^2. No importa a cuál de los carbonos sp^2 se agregue el electrófilo porque en cualquier caso se obtendrá el mismo producto.

4.2 La estabilidad de los carbocationes depende de la cantidad de grupos alquilo unidos al carbono con carga positiva

Pero ¿qué sucede si el alqueno no presenta los mismos sustituyentes en ambos carbonos sp^2? ¿Cuál carbono sp^2 se queda con el hidrógeno? Por ejemplo ¿la adición de HCl al 2-metilpropeno produce cloruro de *terc*-butilo o cloruro de isobutilo?

$$CH_3\overset{CH_3}{\underset{|}{C}}=CH_2 + HCl \longrightarrow CH_3\overset{CH_3}{\underset{\underset{Cl}{|}}{C}}H_3 \quad \text{o} \quad CH_3\overset{CH_3}{\underset{|}{C}}HCH_2Cl$$

2-metilpropeno   cloruro de *terc*-butilo   cloruro de isobutilo

Para contestar esta pregunta se necesita llevar a cabo la reacción, aislar los productos e identificarlos. Al hacerlo se encuentra que el único producto de la reacción es el cloruro de *terc*-butilo. Entonces se requiere entender por qué ése es el único producto para poder aplicar ese conocimiento en la predicción de los productos de otras reacciones de alquenos. Para ello en necesario volver a examinar el **mecanismo de la reacción** (sección 3.6).

Recuérdese que el primer paso de la reacción, la adición de H^+ a un carbono sp^2 para formar el catión *terc*-butilo o el catión isobutilo, es el paso que determina la rapidez de la reacción (sección 3.7). Si hay alguna diferencia en la rapidez de formación de esos dos carbocationes, el que se forme con mayor rapidez será el producto principal del primer paso. Además, como la formación del carbocatión es el paso que determina la rapidez de la reacción, el carbocatión que se forme en el primer paso determina cuál será el producto final de la reacción. Es decir, si se forma el catión *terc*-butilo, reaccionará rápidamente con el $Cl:^-$ para formar cloruro de *terc*-butilo. Por otra parte, si se forma el catión isobutilo, reaccionará rápidamente con $Cl:^-$ para formar cloruro de isobutilo. Ya que el único producto de la reacción es el cloruro de *terc*-butilo, se deduce que el catión *terc*-butilo se formó con mucha mayor rapidez que el catión isobutilo.

> **BIOGRAFÍA**
>
> **George Olah** *nació en Hungría en 1927 y recibió un doctorado de la Universidad Técnica de Budapest, en 1949. La revolución húngara precipitó su emigración a Canadá en 1956, donde trabajó como científico de la Dow Chemical Company hasta que ingresó como docente en la Universidad Case Western Reserve, en 1965. En 1977 se convirtió en profesor de química de la Universidad del Sur de California. En 1994 recibió el Premio Nobel de Química por su trabajo sobre carbocationes.*

$$CH_3\overset{CH_3}{\underset{|}{C}}=CH_2 + HCl \longrightarrow \begin{cases} CH_3\overset{CH_3}{\underset{|}{\overset{+}{C}}}CH_3 \xrightarrow{Cl^-} CH_3\overset{CH_3}{\underset{\underset{Cl}{|}}{C}}CH_3 \\ \text{catión \textit{terc}-butilo} \quad \text{cloruro de \textit{terc}-butilo,} \\ \quad\quad\quad\quad\quad\quad\quad\quad\quad \text{único producto que se forma} \\ \\ \overset{\times}{\longrightarrow} CH_3\overset{CH_3}{\underset{|}{C}}H\overset{+}{C}H_2 \xrightarrow{Cl^-} CH_3\overset{CH_3}{\underset{|}{C}}HCH_2Cl \\ \text{catión isobutilo} \quad \text{cloruro de isobutilo,} \\ \quad\quad\quad\quad\quad\quad\quad\quad\quad \text{no se forma} \end{cases}$$

La cuestión es ahora ¿por qué se forma el catión *terc*-butilo con mayor rapidez que el catión isobutilo? Para contestarlo se necesita examinar los factores que afectan la estabilidad de los carbocationes y por consiguiente la facilidad con la que se forman.

> El carbono sp^2 que *no* se une al protón es el carbono que tiene la carga positiva en el carbocatión.

4.2 La estabilidad de los carbocationes depende de la cantidad de grupos alquilo unidos al carbono con carga positiva

Los carbocationes se clasifican de acuerdo con la cantidad de sustituyentes alquilo que están enlazados al carbono con carga positiva: un **carbocatión primario** tiene un sustituyente alquilo, un **carbocatión secundario** presenta dos y un **carbocatión terciario** cuenta con tres. La estabilidad de un carbocatión aumenta a medida que es mayor la cantidad de sustituyentes alquilo unidos al carbono con carga positiva. Así, los carbonos terciarios son más estables que los secundarios y a su vez éstos lo son más que los primarios. Sin embargo, hay que tener en cuenta que esas estabilidades son relativas; rara vez los carbocationes presentan la estabilidad suficiente como para poder aislarlos.

estabilidades relativas de los carbocationes

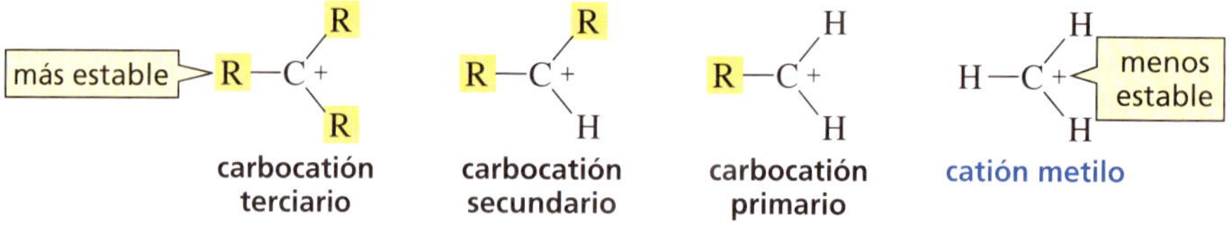

más estable → R—C⁺(R)(R) R—C⁺(R)(H) R—C⁺(H)(H) H—C⁺(H)(H) ← menos estable
 carbocatión   carbocatión   carbocatión   catión metilo
  terciario   secundario   primario

Mientras mayor sea la cantidad de sustituyentes alquilo unidos al carbono con carga positiva, el carbocatión será más estable.

La razón de esta pauta de estabilidad decreciente es que los grupos alquilo enlazados con el carbono con carga positiva disminuyen la concentración de carga positiva en el carbono, lo cual determina que el carbocatión sea más estable. Obsérvese que el azul (que representa carga positiva) en los siguientes mapas de potencial electrostático es más intenso en el catión metilo, el menos estable, y es menos intenso en el catión *terc*-butilo, el más estable.

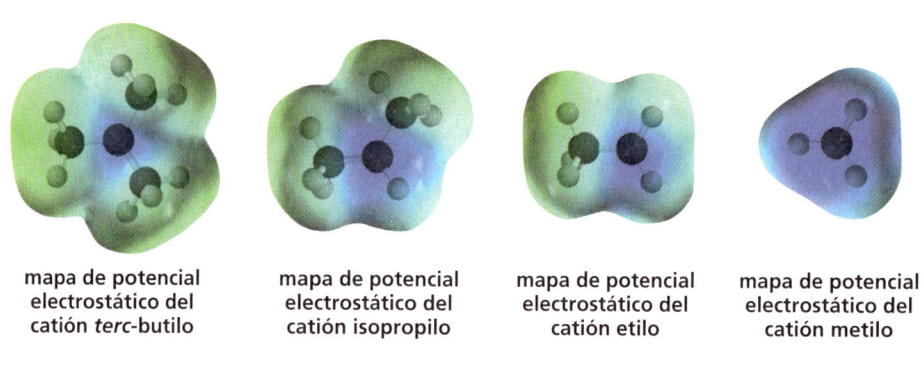

mapa de potencial electrostático del catión *terc*-butilo

mapa de potencial electrostático del catión isopropilo

mapa de potencial electrostático del catión etilo

mapa de potencial electrostático del catión metilo

Estabilidad de los carbocationes: 3° > 2° > 1°

¿Por qué los grupos alquilo disminuyen la concentración de carga positiva en el carbono? Recuérdese que la carga positiva en un carbono significa que hay un orbital p vacío (sección 1.10). La figura 4.1 muestra que en el catión etilo el orbital de un enlace C—H σ adyacente puede traslaparse con el orbital p vacío. En el carbono del metilo no es posible

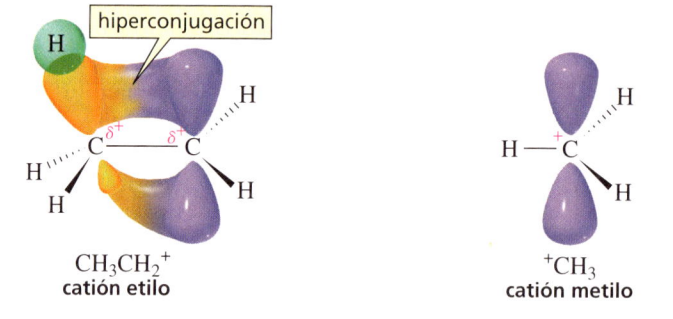

Figura 4.1 ▶
Estabilización de un carbocatión por hiperconjugación: los electrones de un orbital C—H σ adyacente del catión etilo se reparten en el orbital p vacío. No puede haber hiperconjugación en un catión metilo.

$CH_3CH_2^+$
catión etilo

$^+CH_3$
catión metilo

ese traslape. El movimiento de los electrones desde el orbital del enlace σ hacia el orbital p vacante del catión etilo disminuye la carga en el carbono sp^2 y causa el desarrollo de una carga positiva parcial en el carbono unido por el enlace σ. Por consiguiente, la carga positiva ya no se concentra sólo en un átomo sino que está deslocalizada, repartida en un volumen mayor. Esta dispersión de carga positiva estabiliza al carbocatión porque una especie con carga es más estable si su carga se distribuye (se deslocaliza) sobre más de un átomo (sección 1.22). La deslocalización de electrones por el traslape de un enlace σ con un orbital de un carbono adyacente se llama **hiperconjugación** (sección 2.10). El diagrama sencillo de orbitales moleculares de la figura 4.2 es otra forma de representar la estabilización que se logra por el traslape de un orbital lleno de un enlace σ C—H con un orbital p vacío.

La hiperconjugación sucede sólo si el orbital del enlace σ y el orbital p vacío tienen las orientaciones adecuadas. Esas orientaciones se logran con facilidad, porque hay libre rota-

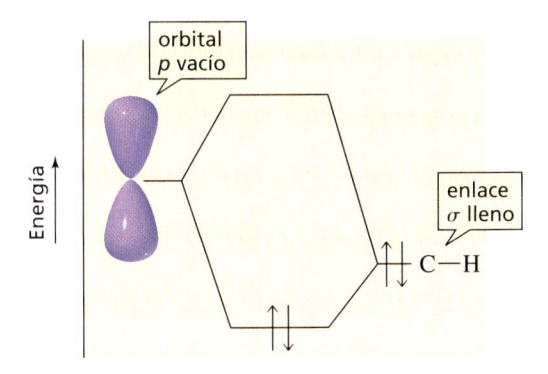

4.2 La estabilidad de los carbocationes depende de la cantidad de grupos alquilo unidos al carbono con carga positiva

◄ Figura 4.2
Diagrama de orbitales moleculares que muestra la estabilización obtenida al traslapar los electrones de un enlace C—H con un orbital p vacío.

ción en torno al enlace σ carbono-carbono (sección 2.10). Nótese que los enlaces σ capaces de traslaparse con el orbital p vacío son los que *están unidos a un átomo que está enlazado al carbono de carga positiva*. En el catión *terc*-butilo hay nueve orbitales de enlace σ que cuentan con el potencial de traslaparse con el orbital p vacío del carbono con carga positiva. (Los nueve enlaces σ se marcan abajo con puntos rojos). El catión isopropilo dispone de seis orbitales de este tipo y los cationes etilo y propilo cuentan con tres cada uno. Por consiguiente, hay mayor estabilización por hiperconjugación en el catión *terc*-butilo terciario que en el catión isopropilo secundario y mayor estabilización en el catión isopropilo secundario que en el catión etilo o propilo primario. Obsérvese que los cationes etilo y propilo presentan más o menos la misma estabilidad porque los orbitales de enlace C—H y C—C σ pueden traslaparse con el orbital p vacío.

catión *terc*-butilo   catión isopropilo   catión etilo   catión propilo

PROBLEMA 1◆

a. ¿Cuántos orbitales de enlace σ hay disponibles para traslaparse con el orbital p vacío en el catión metilo?
b. ¿Qué es más estable, un catión metilo o un catión etilo?

PROBLEMA 2◆

a. ¿Cuántos orbitales de enlace σ hay disponibles para traslaparse con el orbital p vacante en
  1. el catión isobutilo?   **2.** el catión *n*-butilo?   **3.** el catión *sec*-butilo?
b. ¿Cuál es el más estable?

Tutorial del alumno:
Primer paso en la adición de haluros de hidrógeno a alquenos
(First step in addition of hydrogen halides to alienes)

PROBLEMA 3◆

Ordene los siguientes carbocationes por estabilidad decreciente:

a. $CH_3CH_2\overset{+}{C}CH_3$ con CH_3 arriba $CH_3CH_2\overset{+}{C}HCH_3$ $CH_3CH_2CH_2\overset{+}{C}H_2$

b. $CH_3CHCH_2\overset{+}{C}H_2$ con Cl abajo $CH_3CHCH_2\overset{+}{C}H_2$ con CH_3 abajo $CH_3CHCH_2\overset{+}{C}H_2$ con F abajo

Tutorial del alumno:
Segundo paso en la adición de haluros de hidrógeno a alquenos
(Second step in addition of hydrogen halides to alkenes)

4.3 La estructura del estado de transición se encuentra entre las estructuras de los reactivos y de los productos

Cierto conocimiento acerca de la estructura del estado de transición puede ayudar a pronosticar los productos de una reacción. En la sección 3.7 se vio que la estructura del estado de transición está en algún lugar entre la de los reactivos y la de los productos. Pero ¿exactamente qué es "en algún lugar"? ¿Está *exactamente* a la mitad entre las estructuras de los reactivos y los productos (posibilidad II en el siguiente esquema de reacción)? o ¿el estado de transición se asemeja más a los reactivos que a los productos (posibilidad I)? o bien ¿a los productos más que a los reactivos (posibilidad III)?

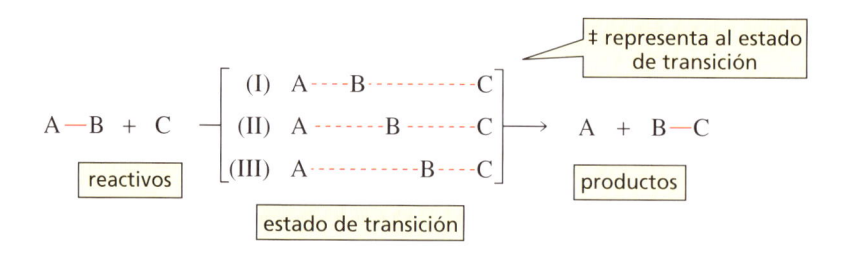

$$A-B + C \longrightarrow \begin{bmatrix} (I) & A\cdots B\cdots\cdots\cdots C \\ (II) & A\cdots\cdots B\cdots\cdots C \\ (III) & A\cdots\cdots\cdots B\cdots C \end{bmatrix} \longrightarrow A + B-C$$

reactivos — estado de transición — productos

‡ representa al estado de transición

BIOGRAFÍA

George Simms Hammond (1921–2005) *nació en Maine y recibió la licenciatura del Bates College en 1943 y un doctorado de la Universidad de Harvard, en 1947. Fue profesor de química en la Universidad Estatal de Iowa y en el Instituto Tecnológico de California, así como científico de Allied Chemical Co.*

Esta pregunta es contestada por el **postulado de Hammond** el cual dice que *el estado de transición tiene una estructura más parecida a la especie a la que se asemeja más en energía*. En una reacción exergónica, el estado de transición tiene una energía más parecida a la del reactivo que a la del producto (figura 4.3, curva I). Por consiguiente, la estructura del estado de transición se parecerá más a la del reactivo que a la del producto, como en la posibilidad I. En una reacción endergónica (figura 4.3, curva III), el estado de transición se parece más en energía al producto, por lo que la estructura del estado de transición se parecerá más a la del producto (posibilidad III). Sólo cuando el reactivo y el producto presentan energías idénticas (figura 4.3, curva II) cabrá esperar que la estructura del estado de transición quede exactamente a la mitad entre las estructuras del reactivo y del producto (posibilidad II).

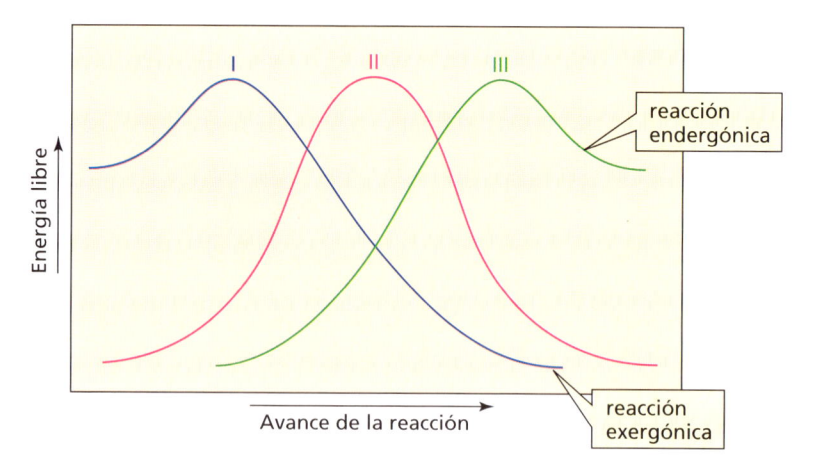

Figura 4.3 ▶
Diagramas de coordenadas de reacciones con un estado de transición temprano (I), estado de transición a la mitad (II) y estado de transición tardío (III).

El estado de transición se parece más en estructura a la especie a la que se parece más en energía.

Ahora resulta posible comprender por qué se forma con más rapidez el catión *terc*-butilo que el catión isobutilo cuando reaccionan 2-metilpropeno y HCl. Ya que la formación de un carbocatión es una reacción endergónica (figura 4.4), la estructura del estado de transición se parecerá a la del carbocatión producto. Ello significa que el estado de transición dispondrá de una cantidad importante de carga positiva en un carbono. Los mismos factores que estabilizan al carbocatión con carga positiva estabilizan al estado de transición, con carga parcial positiva. Se sabe que el catión *terc*-butilo (un carbocatión terciario) es más estable que el carbocatión isobutilo (un carbocatión primario). Entonces, el estado de tran-

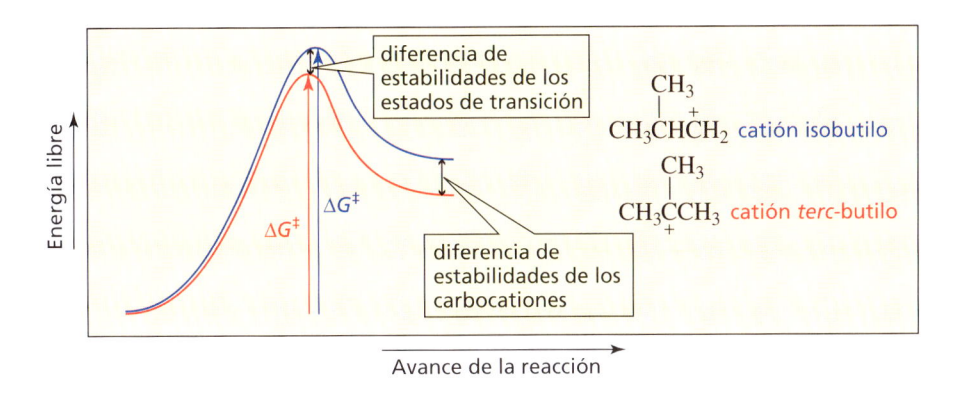

4.3 La estructura del estado de transición se encuentra entre las estructuras de los reactivos y de los productos 165

Figura 4.4
Diagrama de coordenadas de reacción para la adición de H^+ al 2-metilpropeno para formar el catión isobutilo primario y el catión *terc*-butilo terciario.

sición que lleva al catión *terc*-butilo es más estable (de menor energía) que el que conduce al catión isobutilo. Sin embargo, obsérvese que debido a que la cantidad de carga positiva en el estado de transición no es tan grande como la carga positiva en el carbocatión producto, la diferencia de estabilidades de los dos estados de transición no es tan grande como la diferencia de estabilidades de los dos carbocationes producto (figura 4.4).

Ya se explicó que la rapidez de una reacción está determinada por la energía libre de activación, que es la diferencia entre la energía libre del estado de transición y la energía libre del reactivo: mientras más estable sea el estado de transición, la energía libre de activación será menor y, por consiguiente, la reacción será más rápida (sección 3.7). Así, se formará el catión *terc*-butilo con más rapidez que el catión isobutilo. *En una reacción de adición electrofílica, el carbocatión más estable será el que se forme con más rapidez.*

Como la formación del carbocatión es el paso que limita la rapidez de la reacción, la rapidez relativa de formación de los dos carbocationes determina la cantidad relativa de los productos que se forman. Si la diferencia de rapidez es pequeña, ambos productos se formarán, pero el producto principal será el que se origine por la reacción del nucleófilo con el carbocatión más estable. Si la diferencia de rapidez es suficientemente grande, el único producto de la reacción será el que se genere por la reacción del nucleófilo con el carbocatión más estable. Por ejemplo, cuando el HCl se adiciona al 2-metilpropeno, la rapidez de formación de los dos carbocationes intermediarios posibles, uno primario y el otro terciario, presentan una diferencia suficiente como para hacer que el único producto de la reacción sea el cloruro de *terc*-butilo.

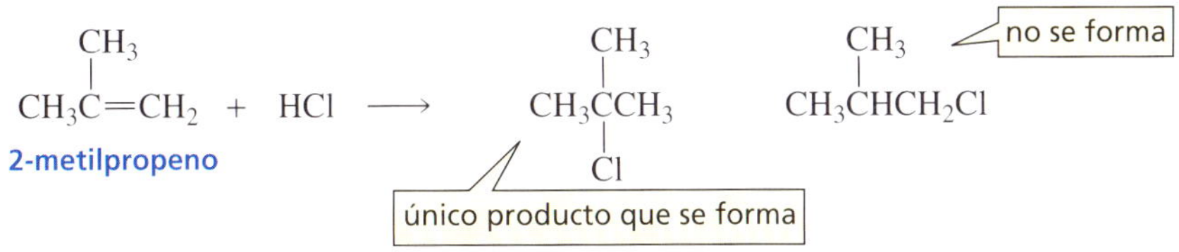

PROBLEMA 4◆

En cada uno de los siguientes diagramas de coordenadas de reacción, diga si la estructura del estado de transición se parecerá más a la estructura de los reactivos o a la estructura de los productos:

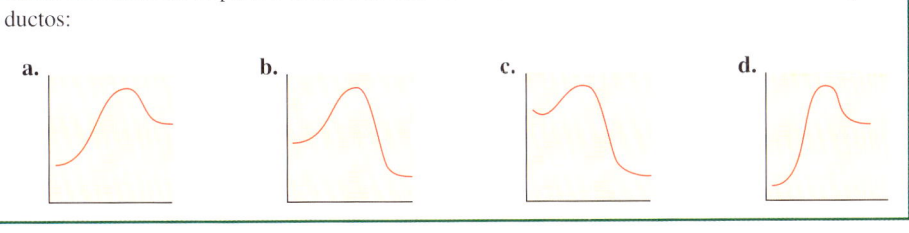

a.   b.   c.   d.

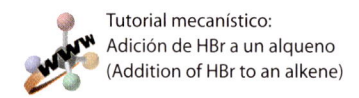

4.4 Las reacciones de adición electrofílica son regioselectivas

Cuando un alqueno con sustituyentes distintos en sus carbonos sp^2 experimenta una reacción de adición electrofílica, el electrófilo se puede adicionar a dos carbonos sp^2 diferentes. Acaba de verse que el producto principal de la reacción es el que se obtiene al agregar el electrófilo al carbono sp^2 que produzca la formación del carbocatión más estable (sección 4.3). Por ejemplo, cuando reaccionan propeno y HCl, el protón se puede adicionar al carbono número 1 (C-1) y formar un carbocatión secundario o se puede adicionar al carbono número 2 (C-2) y formar un carbocatión primario. El carbocatión secundario se forma con más rapidez porque es más estable que el carbocatión primario. (Los carbocationes primarios son tan inestables que sólo se forman con gran dificultad.) Por consiguiente, el producto de la reacción es 2-cloropropano.

El producto principal que se obtiene en la adición de HI a 2-metil-2-buteno es el 2-yodo-2-metilbutano; sólo se obtiene una pequeña cantidad de 2-yodo-3-metilbutano. El producto principal que se obtiene en la adición de HBr a 1-metilciclohexeno es 1-bromo-1-metilciclohexano. En ambos casos, se forma el carbocatión terciario, más estable, con más rapidez que el carbocatión secundario, menos estable, y entonces el producto principal de cada reacción es el que resulta de la formación del carbocatión terciario.

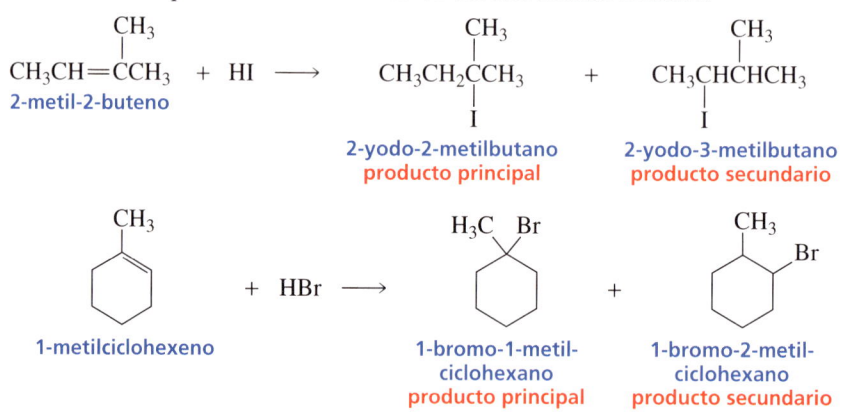

Los dos productos distintos en cada una de estas reacciones son isómeros constitucionales. En el capítulo 2 se estudió que los **isómeros constitucionales** presentan la misma fórmula molecular, pero que son distintos en la forma que se unen sus átomos. Una reacción (como cualquiera de las que se acaban de describir) en la que se puedan obtener dos o más isómeros constitucionales como productos, pero donde predomina uno de ellos, se llama **reacción regioselectiva**.

Hay varios grados de **regioselectividad**: una reacción puede ser *moderadamente regioselectiva*, *altamente regioselectiva* o *completamente regioselectiva*. En una reacción completamente regioselectiva no se forma uno de los productos posibles. La adición de un haluro de hidrógeno al 2-metilpropeno (donde los dos carbocationes posibles son terciario y primario) es más altamente regioselectiva que la adición de un haluro de hidrógeno al 2-metil-2-buteno (donde los dos carbocationes posibles son terciario y secundario) porque los dos carbocationes que se forman del 2-metil-2-buteno se parecen más en su estabilidad.

La regioselectividad es la formación preferente de un isómero constitucionales respecto a otro.

4.4 Las reacciones de adición electrofílica son regioselectivas

La adición de HBr a 2-penteno no es regioselectiva. Como la adición de un protón a cualquiera de los carbonos sp^2 produce un carbocatión secundario, los dos carbocationes intermediarios muestran la misma estabilidad y entonces se forman con igual facilidad; por lo tanto, tiene lugar la formación de cantidades aproximadamente iguales de los dos haluros de alquilo.

$$CH_3CH=CHCH_2CH_3 + HBr \longrightarrow CH_3\underset{|}{\overset{Br}{C}}HCH_2CH_2CH_3 + CH_3CH_2\underset{|}{\overset{Br}{C}}HCH_2CH_3$$

2-penteno .... 2-bromopentano 3-bromopentano
.... 50% 50%

Con base en las reacciones de alquenos que han sido revisadas hasta el momento, es posible idear una regla que se aplique a *todas* las reacciones de adición electrofílica en alquenos: *el electrófilo se adiciona al carbono* sp^2 *que esté enlazado a la mayor cantidad de hidrógenos*. Vladimir Markovnikov fue el primero en reconocer que en la adición de un haluro de hidrógeno a un alqueno el H$^+$ se adiciona al carbono sp^2 que esté enlazado a la mayor cantidad de hidrógenos. Por consiguiente, a esta regla se le llama con frecuencia **regla de Markovnikov**.

> El electrófilo se adiciona al carbono sp^2 que esté enlazado a la mayor cantidad de hidrógenos.

La regla sólo es una forma rápida de comparar la estabilidad relativa de los intermediarios que podrán formarse en el paso determinante de la rapidez. El lector llegará al mismo resultado, ya sea que identifique al producto principal de una reacción de adición electrofílica aplicando la regla o identificando las estabilidades relativas de carbocationes. Por ejemplo, en la siguiente reacción H$^+$ es el electrófilo:

$$CH_3CH_2\overset{2}{C}H=\overset{1}{C}H_2 + HCl \longrightarrow CH_3CH_2\underset{|}{\overset{Cl}{C}}HCH_3$$

Se puede concluir que el H$^+$ se adiciona en forma preferencial al C-1 porque este carbono se encuentra unido a dos hidrógenos, mientras que el C-2 sólo está enlazado a uno. También se puede decir que el H$^+$ se adiciona al C-1 porque ello causa la formación de un carbocatión secundario, que es más estable que el carbocatión primario que se habría formado si el H$^+$ se adicionara al C-2.

BIOGRAFÍA

Vladimir Vasilevich Markovnikov (1837–1904) *nació en Rusia, fue hijo de un oficial del ejército y ya de adulto se desempeñó como profesor de química en las universidades de Kasan, Odessa y Moscú. Al sintetizar anillos con cuatro y siete carbonos, refutó el concepto de que el carbono sólo puede formar anillos de cinco y seis miembros.*

PROBLEMA 5◆

¿Cuál sería el producto principal obtenido en la adición de HBr a cada uno de los compuestos siguientes?

a. $CH_3CH_2CH=CH_2$

b. $CH_3CH=\underset{|}{\overset{CH_3}{C}}CH_3$

c. 1-metilciclopenteno

d. $CH_2=\underset{|}{\overset{CH_3}{C}}CH_2CH_2CH_3$

e. metilenciclohexano

f. $CH_3CH=CHCH_3$

ESTRATEGIA PARA RESOLVER PROBLEMAS

Planeación de la síntesis de un haluro de alquilo

a. ¿Qué alqueno debe usarse para sintetizar al 3-bromohexano?

$$? + HBr \longrightarrow CH_3CH_2\underset{\underset{Br}{|}}{C}HCH_2CH_2CH_3$$

3-bromohexano

Lo mejor para contestar este tipo de preguntas es comenzar haciendo una lista de todos los alquenos que se pueden usar. Debido a que se desea sintetizar un haluro de alquilo que tiene un sustituyente bromo en la posición 3, el alqueno debe contar con un carbono sp^2 en esa posición. Hay dos alquenos que se ajustan a esa descripción: el 2-hexeno y el 3-hexeno.

168 CAPÍTULO 4 Reacciones de los alquenos

$$CH_3CH=CHCH_2CH_2CH_3 \qquad CH_3CH_2CH=CHCH_2CH_3$$
2-hexeno **3-hexeno**

Como hay dos posibilidades, a continuación debe decidirse si hay alguna ventaja por usar uno u otro. La adición de H^+ a 2-hexeno puede formar dos carbocationes distintos, pero ambos son carbocationes secundarios. Como tienen la misma estabilidad, se formarán cantidades aproximadamente iguales de cada uno. Por tanto, la mitad del producto será 3-bromohexano y la mitad 2-bromohexano.

$$CH_3CH=CHCH_2CH_2CH_3 \xrightarrow{HBr} \begin{array}{c} CH_3CH_2\overset{+}{C}HCH_2CH_2CH_3 \\ \text{carbocatión secundario} \end{array} \xrightarrow{Br^-} \begin{array}{c} CH_3CH_2CHCH_2CH_2CH_3 \\ | \\ Br \\ \text{3-bromohexano} \end{array}$$

$$\xrightarrow{HBr} \begin{array}{c} CH_3\overset{+}{C}HCH_2CH_2CH_2CH_3 \\ \text{carbocatión secundario} \end{array} \xrightarrow{Br^-} \begin{array}{c} CH_3CHCH_2CH_2CH_2CH_3 \\ | \\ Br \\ \text{2-bromohexano} \end{array}$$

La adición de H^+ a cualquiera de los carbonos sp^2 del 3-hexeno, por otra parte, forma el mismo carbocatión porque el alqueno es simétrico. Por consiguiente, todo el producto será el 3-bromohexano, que es el que se desea.

$$CH_3CH_2CH=CHCH_2CH_3 \xrightarrow{HBr} \underset{\text{sólo se forma un carbocatión}}{CH_3CH_2\overset{+}{C}HCH_2CH_2CH_3} \xrightarrow{Br^-} \begin{array}{c} CH_3CH_2CHCH_2CH_2CH_3 \\ | \\ Br \\ \text{3-bromohexano} \end{array}$$

Como todo el haluro de alquilo que se forma a partir del 3-hexeno es 3-bromohexano, y sólo la mitad del haluro formado de 2-hexeno es 3-bromohexano, el 3-hexeno es el mejor alqueno que se puede utilizar para preparar 3-bromohexano.

b. ¿Qué alqueno debe usarse para sintetizar al 2-bromopentano?

$$? \quad + \quad HBr \quad \longrightarrow \quad \begin{array}{c} CH_3CHCH_2CH_2CH_3 \\ | \\ Br \\ \text{2-bromopentano} \end{array}$$

Se podrían usar 1-penteno o 2-penteno porque los dos tienen un carbono sp^2 en la posición 2.

$$CH_2=CHCH_2CH_2CH_3 \qquad CH_3CH=CHCH_2CH_3$$
1-penteno **2-penteno**

Cuando se agrega H^+ a 1-penteno, uno de los carbocationes que pueden formarse es secundario y el otro es primario. Un carbocatión secundario es más estable que uno primario, el cual es tan inestable que se formará poco, si es que se forma. Así, el 2-bromopentano será el producto único de la reacción.

$$CH_2=CHCH_2CH_2CH_3 \xrightarrow{HBr} \begin{array}{c} CH_3\overset{+}{C}HCH_2CH_2CH_3 \end{array} \xrightarrow{Br^-} \begin{array}{c} CH_3CHCH_2CH_2CH_3 \\ | \\ Br \\ \text{2-bromopentano} \end{array}$$

$$\xrightarrow{HBr} \times \overset{+}{C}H_2CH_2CH_2CH_2CH_3$$

1-penteno

Por otra parte, cuando se adiciona H^+ al 2-penteno, cada uno de los dos carbocationes que se pueden formar es secundario. Ambos muestran la misma estabilidad, por lo que se formaron en cantidades aproximadamente iguales. Así, sólo la mitad del producto de la reacción será 2-bromopentano; la otra mitad será 3-bromopentano.

$$CH_3CH=CHCH_2CH_3 \xrightarrow{HBr} \begin{matrix} CH_3\overset{+}{C}HCH_2CH_2CH_3 \xrightarrow{Br^-} CH_3\underset{Br}{C}HCH_2CH_2CH_3 \\ \text{2-bromopentano} \\ CH_3CH_2\overset{+}{C}HCH_2CH_3 \xrightarrow{Br^-} CH_3CH_2\underset{Br}{C}HCH_2CH_3 \\ \text{3-bromopentano} \end{matrix}$$

2-penteno

En vista de que todo el haluro de alquilo formado a partir de 1-penteno es 2-bromopentano, pero sólo la mitad del haluro que se forma a partir del 2-penteno es 2-bromopentano, el 1-penteno es el mejor alqueno que se puede usar para preparar 2-bromopentano.

Ahora continúe con el Problema 6.

PROBLEMA 6◆

¿Qué alqueno se debe usar para sintetizar cada uno de los bromuros siguientes?

a. $CH_3\underset{Br}{\overset{CH_3}{C}}CH_3$

b. cyclohexyl$-CH_2\underset{Br}{C}HCH_3$

c. cyclohexyl$-\underset{Br}{\overset{CH_3}{C}}CH_3$

d. cyclohexyl with $\overset{CH_2CH_3}{\underset{Br}{|}}$

PROBLEMA 7◆

¿Con qué compuesto de los siguientes pares, la adición de HBr será más altamente regioselectiva?

a. $CH_3CH_2\underset{}{\overset{CH_3}{C}}=CH_2$ o $CH_3\overset{CH_3}{C}=CHCH_3$

b. methylenecyclohexane ($=CH_2$) o 1-methylcyclohexene (CH_3)

Halogenación de alqueno 2

4.5 Reacciones de adición catalizadas por ácido

El agua y los alcoholes se adicionan a alquenos sólo en presencia de un ácido.

Adición de agua a un alqueno

Un alqueno no reacciona con agua porque no hay electrófilo disponible que se adicione al alqueno nucleofílico. Los enlaces O—H del agua son muy fuertes —el agua es muy débilmente ácida— para permitir que el hidrógeno actúe como electrófilo en esta reacción.

$$CH_3CH=CH_2 + H_2O \longrightarrow \text{no hay reacción}$$

Si un ácido (el que se usa con más frecuencia es H_2SO_4) se agrega a la disolución, el resultado es muy diferente: habrá reacción porque el ácido suministra al electrófilo (H^+) y el

Hidratación de alqueno 1

producto de la misma es un alcohol. La adición de agua a una molécula se llama **hidratación**, por lo que se puede decir que un alqueno se *hidrata* en presencia de agua y un ácido.[1]

$$CH_3CH=CH_2 + H_2O \xrightleftharpoons{H_2SO_4} CH_3CH-CH_2$$
$$\phantom{CH_3CH=CH_2 + H_2O \xrightleftharpoons{H_2SO_4} CH_3CH}||$$
$$\phantom{CH_3CH=CH_2 + H_2O \xrightleftharpoons{H_2SO_4} CH_3CH}OHH$$
2-propanol
un alcohol

El H_2SO_4 ($pK_a = -5$) es un ácido fuerte que se disocia casi por completo en disolución acuosa (sección 1.24). Por tanto, el ácido que participa en la reacción es más probable que sea un protón hidratado; es lo que se llama un ion hidronio, que se escribe como H_3O^+.

$$H_2SO_4 + H_2O \rightleftharpoons H_3O^+ + HSO_4^-$$
ion hidronio

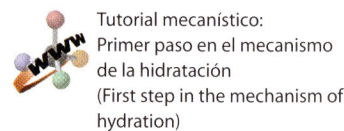

Obsérvese que los primeros dos pasos del *mecanismo de adición de agua a un alqueno catalizada por ácido* son en esencia iguales que los dos pasos del *mecanismo de adición de un haluro de hidrógeno a un alqueno*:

Mecanismo de la adición de agua catalizada por ácido

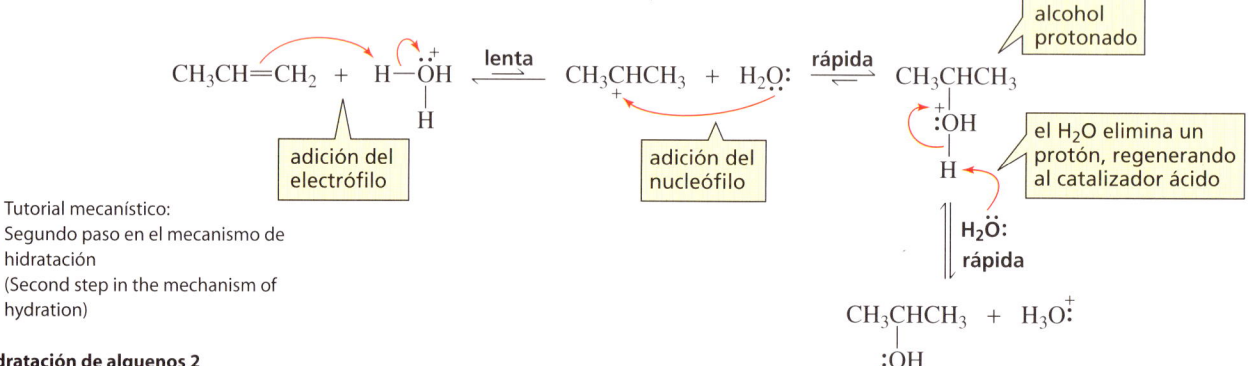

Tutorial mecanístico: Primer paso en el mecanismo de la hidratación (First step in the mechanism of hydration)

Tutorial mecanístico: Segundo paso en el mecanismo de hidratación (Second step in the mechanism of hydration)

Hidratación de alquenos 2

Tutorial mecanístico: Tercer paso en el mecanismo de hidratación (Third step in the mechanism of hydration)

Tutorial mecanístico: Primer paso en el mecanismo de hidratación, donde se muestra la orientación (First step in the mechanism of hydration showing orientation)

No memorice los productos de las reacciones de adición a alquenos. Mejor, para cada reacción, pregúntese "¿cuál es el electrófilo?" y "¿qué nucleófilo está presente en mayor concentración?"

Tutorial mecanístico: Segundo paso del mecanismo de hidratación, mostrando orientación (Second step in the mechanism of hydration showing orientation)

Tutorial mecanístico: Adición de agua a un alqueno (Addition of water to an alkene)

- El electrófilo (H^+) se adiciona al carbono sp^2 que está unido a la mayor cantidad de hidrógenos.
- El nucleófilo (H_2O) se adiciona al carbocatión, formándose un alcohol protonado.
- El alcohol protonado pierde un protón porque el pH de la disolución es mayor que el pK_a del alcohol protonado (sección 1.24). (Ya se explicó que los alcoholes protonados son ácidos muy fuertes, sección 1.18).

Como se estudió en la sección 3.7, la adición de electrófilo al alqueno es relativamente lenta, mientras que la adición del nucleófilo al carbocatión, que es la siguiente reacción, sucede con rapidez. La reacción del carbocatión con un nucleófilo es tan rápida que, de hecho, el carbocatión se combina con cualquier nucleófilo con el que se encuentre: téngase en cuenta que en disolución hay dos nucleófilos, el agua y el ion contrario del ácido (HSO_4^-) que se usó para iniciar la reacción. (La razón de que HO^- no sea nucleófilo en esta reacción es que no hay una concentración apreciable de HO^- en una disolución ácida.)[2] Como la concentración del agua es mucho mayor que la del ion contrario, es bastante más probable que el carbocatión colisione con agua. El producto final de la reacción de adición, entonces, es un alcohol.

En el primer paso, un protón se adiciona al alqueno, pero en el paso final un protón regresa a la mezcla de reacción. En total, entonces, no se consumen los protones. Una espe-

---

[1] Como los alquenos no son solubles en agua, el agua no es el único disolvente que se usa en esta reacción. Se requiere un segundo disolvente, como el sulfóxido de dimetilo (sección 8.3), que no reaccione con los reactivos, los productos ni los intermediarios que se formen en la reacción, pero en el que se puedan disolver tanto el alqueno como el agua.

[2] Por ejemplo, a un pH de 4, la concentración de HO^- es 1×10^{-10} M, mientras que la concentración de agua en una disolución acuosa diluida es 55.5 M.

cie que aumenta la rapidez de una reacción, pero que no se consume en ella, se llama **catalizador**. Los catalizadores aumentan la rapidez de la reacción al disminuir la energía libre de activación (sección 3.7). *No* afectan la constante de equilibrio de esa reacción. En otras palabras, un catalizador aumenta la *rapidez* con la que se forma un producto, pero no afecta la *cantidad* de producto formado cuando la reacción llega al equilibrio. El catalizador que se emplea en la hidratación de un alqueno es un ácido, por lo que esa reacción se designa **reacción catalizada por ácido**.

Tutorial sintético:
Adición de agua a un alqueno
(Addition of water to an alkene)

PROBLEMA 8◆

El pK_a de un alcohol protonado es −2.5, aproximadamente, y el pK_a de un alcohol es de alrededor de 15. Por consiguiente, mientras el pH de la disolución sea mayor que _____ y menor que _____, más de 50% del 2-propanol (el producto de la reacción anterior) estará en su forma neutra, no protonada.

Hidratación de alqueno 3

PROBLEMA 9◆

Conteste lo siguiente acerca del mecanismo de la hidratación de un alqueno catalizada por ácido:

a. ¿Cuántos estados de transición hay?
b. ¿Cuántos productos intermediarios hay?
c. ¿Cuál paso, en la dirección de avance, tiene la menor constante de rapidez?

PROBLEMA 10◆

Escriba el producto principal que se obtiene en la hidratación catalizada por ácido de cada uno de los alquenos siguientes:

a. $CH_3CH_2CH_2CH=CH_2$

c. $CH_3CH_2CH_2CH=CHCH_3$

b. (ciclohexeno)

d. (ciclohexilideno)=CH_2

Adición de un alcohol a un alqueno

Los alcoholes reaccionan con los alquenos de la misma forma que el agua, por lo que también en estas reacciones se necesita un catalizador ácido. El producto de la reacción es un éter.

$$CH_3CH=CH_2 + CH_3OH \xrightleftharpoons{H_2SO_4} CH_3CH-CH_2$$
$$\phantom{CH_3CH=CH_2 + CH_3OH \xrightleftharpoons{H_2SO_4} }||$$
$$\phantom{CH_3CH=CH_2 + CH_3OH \xrightleftharpoons{H_2SO_4}} OCH_3 \; H$$

2-metoxipropano
un éter

El *mecanismo de la adición de un alcohol catalizada por ácido* es en esencia el mismo que el *mecanismo de la adición de agua catalizada por ácido*. La única diferencia estriba en que el nucleófilo es ROH en lugar de HOH.

Mecanismo de la adición de un alcohol, catalizada por ácido

$$CH_3CH=CH_2 + H-\overset{+}{O}CH_3 \underset{}{\overset{lenta}{\rightleftharpoons}} CH_3\overset{+}{C}HCH_3 + CH_3\ddot{O}H \overset{rápida}{\rightleftharpoons} CH_3CHCH_3$$

con grupo $\overset{+}{O}CH_3$ / H, seguido por CH$_3\ddot{O}$H rápida, dando:

$$CH_3CHCH_3 + CH_3\overset{+}{O}H$$
$$||$$
$$:OCH_3 H$$

- El electrófilo (H$^+$) se adiciona al carbono sp^2 que está unido a la mayor cantidad de hidrógenos.
- El nucleófilo (CH$_3$OH) se adiciona al carbocatión y forma un éter protonado.
- El éter protonado pierde un protón porque el pH de la disolución es mayor que el pK_a del éter protonado (p$K_a \sim -3.6$).

Eterificación-1

PROBLEMA 11

a. Escriba el producto principal de cada una de las reacciones siguientes:

1. CH$_3$C(CH$_3$)=CH$_2$ + HCl ⟶
2. CH$_3$C(CH$_3$)=CH$_2$ + HBr ⟶
3. CH$_3$C(CH$_3$)=CH$_2$ + H$_2$O $\xrightarrow{H_2SO_4}$
4. CH$_3$C(CH$_3$)=CH$_2$ + CH$_3$OH $\xrightarrow{H_2SO_4}$

b. ¿Qué tienen en común todas estas reacciones?
c. ¿En qué difieren todas estas reacciones?

PROBLEMA 12

¿Cómo se podrían preparar los siguientes compuestos con un alqueno como uno de los materiales de partida?

a. ciclohexil—OCH$_3$

b. CH$_3$OC(CH$_3$)$_2$CH$_3$

c. CH$_3$CH$_2$OCH(CH$_3$)CH$_2$CH$_3$

d. CH$_3$CH(OH)CH$_2$CH$_3$

e. ciclopentanol

f. CH$_3$CH$_2$CH(OH)CH$_2$CH$_2$CH$_3$

Tutorial sintético:
Adición de un alcohol a un alqueno
(Addition of alcohol to an alkene)

PROBLEMA 13

Proponga un mecanismo para la siguiente reacción (recuerde usar flechas curvas cuando se ilustre un mecanismo):

CH$_3$CH(CH$_3$)CH$_2$CH$_2$OH + CH$_3$C(CH$_3$)=CH$_2$ $\xrightarrow{H_2SO_4}$ CH$_3$CH(CH$_3$)CH$_2$CH$_2$OC(CH$_3$)$_2$CH$_3$

BIOGRAFÍA

Frank (Rocky) Clifford Whitmore (1887–1947) *nació en Massachusetts, recibió un doctorado de la Universidad de Harvard y fue profesor de química en las universidades de Minnesota, Northwestern y Pennsylvania. Nunca durmió una noche completa; sus jornadas de trabajo fueron de 20 horas y cuando se cansaba tomaba una siesta de una hora. En general tenía 30 estudiantes graduados trabajando en su laboratorio al mismo tiempo y escribió un texto avanzado que se considera una referencia en el campo de la química orgánica.*

4.6 Un carbocatión se reordenará si puede formar un carbocatión más estable

Algunas reacciones de adición electrofílica dan lugar a productos que se apartan notablemente de la pauta en la que un electrófilo se une al carbono sp^2 unido a la mayor cantidad de hidrógenos y un nucleófilo se une al otro carbono sp^2. Por ejemplo, la adición de HBr al 3-metil-1-buteno forma 2-bromo-3-metilbutano (producto secundario) y 2-bromo-2-metilbutano (producto principal). El 2-bromo-3-metilbutano es el producto que cabría esperar en la adición de H$^+$ al carbono sp^2 unido a la mayor cantidad de hidrógenos y el Br:$^-$ al otro carbono sp^2. Sin embargo, el 2-bromo-2-metilbutano es un producto "inesperado" que, sin embargo, representa el producto principal de la reacción.

4.6 Un carbocatión se reordenará si puede formar un carbocatión más estable

$$\underset{\text{3-metil-1-buteno}}{CH_3\underset{\underset{CH_3}{|}}{C}HCH=CH_2} + HBr \longrightarrow \underset{\underset{\text{producto secundario}}{\text{2-bromo-3-metilbutano}}}{CH_3\underset{\underset{CH_3}{|}}{C}H\underset{\underset{Br}{|}}{C}HCH_3} + \underset{\underset{\text{producto principal}}{\text{2-bromo-2-metilbutano}}}{CH_3\underset{\underset{Br}{|}}{\overset{\overset{CH_3}{|}}{C}}CH_2CH_3}$$

Otro ejemplo: la adición de HCl a 3,3-dimetil-1-buteno forma 3-cloro-2,2-dimetilbutano (producto ya esperado) y 2-cloro-2,3-dimetilbutano (producto inesperado). De nuevo, el producto inesperado se obtiene con mayor rendimiento.

$$\underset{\text{3,3-dimetil-1-buteno}}{\overset{\overset{CH_3}{|}}{\underset{\underset{CH_3}{|}}{CH_3C}}-CH=CH_2} + HCl \longrightarrow \underset{\underset{\text{producto secundario}}{\text{3-cloro-2,2-dimetilbutano}}}{\overset{\overset{CH_3}{|}}{\underset{\underset{CH_3}{|}}{CH_3C}}-\underset{\underset{Cl}{|}}{C}HCH_3} + \underset{\underset{\text{producto principal}}{\text{2-cloro-2,3-dimetilbutano}}}{\overset{\overset{CH_3}{|}}{\underset{\underset{Cl}{|}}{CH_3C}}-\underset{\underset{CH_3}{|}}{C}HCH_3}$$

F. C. Whitmore sugirió por primera vez que el producto inesperado es el resultado de un *reordenamiento* del carbocatión intermediario. No todos los carbocationes se reordenan; de hecho, ninguno de los que se estudiaron hasta ahora se reordena. Los carbocationes sólo se reordenan si se vuelven más estables como resultado del reacomodo. Por ejemplo, cuando se adiciona un electrófilo al 3-metil-1-buteno, se forma primero un carbocatión *secundario*. Empero, el carbocatión secundario dispone de un hidrógeno que puede moverse con su par de electrones al carbono adyacente, con carga positiva, y formar un carbocatión *terciario* más estable.

Un reordenamiento causa un cambio en la forma en la que están conectados los átomos.

El resultado del **reordenamiento del carbocatión** es que se forman dos haluros de alquilo, uno por la adición del nucleófilo al carbocatión sin reordenar y uno por la adición del nucleófilo al carbocatión ya reordenado. El producto principal es el que procede del reordenamiento. Como involucra el desplazamiento de un hidrógeno con su par de electrones, el reordenamiento se llama desplazamiento de hidruro. (Recuérdese que H:⁻ es un ion hidruro.) Más específicamente, se llama **desplazamiento de hidruro 1,2** porque el ion hidruro pasa de un carbono a un carbono *adyacente*. (Téngase en cuenta que eso no significa que se mueva de C-1 a C-2).

Después que el 3,3-dimetil-1-buteno adquiere un electrófilo para formar un carbocatión *secundario*, uno de los grupos metilo con su par de electrones se desplaza al carbono adyacente con carga positiva para formar un carbocatión *terciario*, más estable. A este tipo de desplazamiento se le llama **desplazamiento de metilo 1,2**. (Se debería haber llamado desplazamiento de metiluro 1,2, para seguir el sistema del desplazamiento de hidruro 1,2, pero no fue así, por alguna razón).

174   CAPÍTULO 4   Reacciones de los alquenos

$$CH_3\underset{\underset{CH_3}{|}}{\overset{\overset{CH_3}{|}}{C}}-CH=CH_2 + H-Cl \longrightarrow CH_3\overset{\overset{CH_3}{|}}{C}-\overset{+}{C}HCH_3 \xrightarrow{\text{desplazamiento de metilo 1,2}} CH_3\overset{\overset{CH_3}{|}}{\underset{\underset{CH_3}{|}}{\overset{+}{C}}}-CHCH_3$$

3,3-dimetil-1-buteno   carbocatión secundario   carbocatión terciario

adición al carbocatión no reordenado ↓ Cl⁻

$$CH_3\underset{\underset{H_3C}{|}}{\overset{\overset{CH_3}{|}}{C}}-\underset{\underset{Cl}{|}}{C}HCH_3$$

producto secundario

adición al carbocatión reordenado ↓ Cl⁻

$$CH_3\underset{\underset{Cl}{|}}{\overset{\overset{CH_3}{|}}{C}}-\underset{\underset{CH_3}{|}}{C}HCH_3$$

producto principal

Hidratación de alquenos 4

Un desplazamiento o transposición es un movimiento de una especie desde un carbono hasta un carbono adyacente; en el caso normal no hay desplazamientos 1,3. Además, si un reordenamiento no conduce a un carbocatión más estable, ese reordenamiento no sucede. Por ejemplo, cuando un protón se adiciona al 4-metil-1-penteno, se forma un carbocatión secundario. Un desplazamiento de hidruro 1,2 formaría un carbocatión secundario distinto, pero como ambos carbocationes presentan la misma estabilidad no hay ventaja energética para que tenga lugar el desplazamiento. En consecuencia, el reordenamiento no sucede y sólo se forma un haluro de alquilo.

$$CH_3\overset{\overset{CH_3}{|}}{C}HCH_2CH=CH_2 + HBr \longrightarrow CH_3\overset{\overset{CH_3}{|}}{C}HCH_2\overset{+}{C}HCH_3 \xrightarrow{\times} CH_3\overset{\overset{CH_3}{|}}{\overset{+}{C}}HCHCH_2CH_3$$

4-metil-1-penteno   el carbocatión no se reordena

↓ Br⁻

$$CH_3\overset{\overset{CH_3}{|}}{C}HCH_2\underset{\underset{Br}{|}}{C}HCH_3$$

También hay reordenamientos de carbocationes por *expansión de anillos*, que es otro tipo de desplazamientos 1,2.

En este ejemplo, la expansión del anillo produce un carbocatión que es más estable porque es terciario, y no secundario; además, un anillo con cinco miembros tiene menos tensión angular que uno de cuatro miembros (sección 2.11).

En los capítulos que siguen estudiaremos otras reacciones que forman carbocationes intermediarios. Téngase en mente que *siempre que una reacción conduce a la formación de un carbocatión se debe verificar su estructura para ver si es posible un reordenamiento.*

Siempre que una reacción forma un carbocatión intermediario se debe comprobar si el carbocatión puede reordenarse.

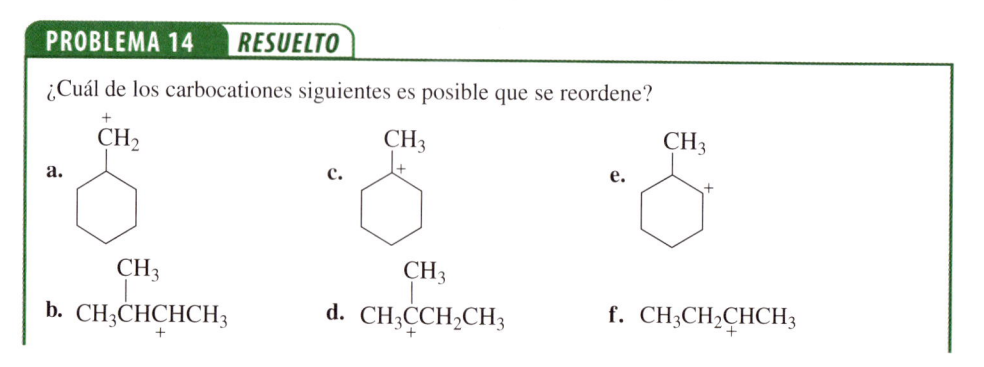

PROBLEMA 14   RESUELTO

¿Cuál de los carbocationes siguientes es posible que se reordene?

a. cyclohexane-$\overset{+}{C}H_2$

b. $CH_3\underset{\underset{+}{|}}{\overset{\overset{CH_3}{|}}{C}}HCHCH_3$

c. cyclohexane con $\overset{CH_3}{\underset{+}{|}}$

d. $CH_3\underset{+}{\overset{\overset{CH_3}{|}}{C}}CH_2CH_3$

e. cyclohexane con CH₃ y +

f. $CH_3CH_2\overset{+}{C}HCH_3$

Solución

a. Este carbono primario sí se reordena porque un desplazamiento de hidruro 1,2 lo convierte en un carbocatión terciario.

$$\text{H–CH}_2^+\text{–C}_6\text{H}_{10} \longrightarrow \text{CH}_3\text{–C}^+\text{–C}_6\text{H}_{10}$$

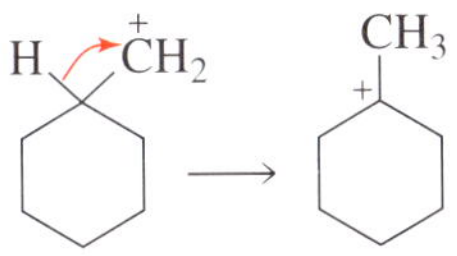

b. Este carbono secundario sí se reordena porque un desplazamiento de hidruro 1,2 lo convierte en un carbocatión terciario.

$$\begin{array}{c}\text{CH}_3\\|\\\text{CH}_3\text{C}-\overset{+}{\text{C}}\text{HCH}_3\\|\\\text{H}\end{array} \longrightarrow \begin{array}{c}\text{CH}_3\\|\\\text{CH}_3\overset{+}{\text{C}}\text{CH}_2\text{CH}_3\end{array}$$

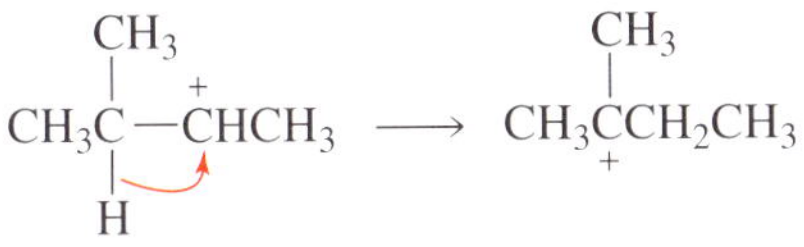

c. Este carbocatión no se reordena porque es terciario y su estabilidad no podrá mejorarse por medio de un reordenamiento de carbocatión.

d. Este carbocatión no se reordena porque es terciario y no puede mejorarse su estabilidad con un reordenamiento de carbocatión.

e. Este carbocatión secundario sí se reordena porque un corrimiento de hidruro 1,2 lo convierte en un carbocatión terciario.

$$\text{H}_3\text{C–CH–C}_6\text{H}_{10}^+ \longrightarrow \text{CH}_3\text{–C}^+\text{–C}_6\text{H}_{10}$$

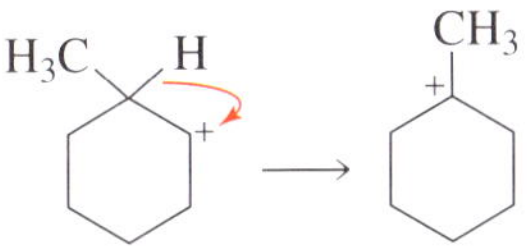

f. Este carbocatión no se reordena porque es secundario y un reordenamiento de carbocatión sólo produciría otro carbocatión secundario.

PROBLEMA 15◆

Indique cuál es el producto principal que se obtiene en la reacción de HBr con cada uno de los siguientes compuestos:

a. 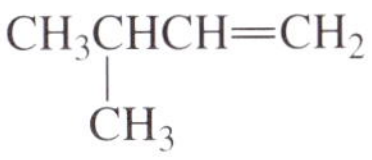 $\text{CH}_3\text{CHCH}=\text{CH}_2$
  $\quad\ \ |$
  $\quad\ \ \text{CH}_3$

b. 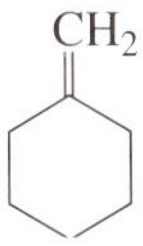 $\text{CH}_2=\text{C}_6\text{H}_{10}$ (metilenciclohexano)

c. 1-metilciclohexeno

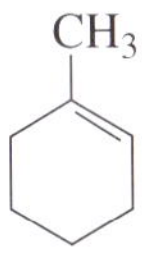

d.  $\text{CH}_3\text{CHCH}_2\text{CH}=\text{CH}_2$
  $\quad\ \ |$
  $\quad\ \ \text{CH}_3$

e. 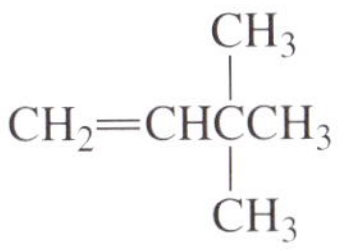 $\text{CH}_2=\text{CHCCH}_3$
  $\qquad\quad\ |\ \ |$
  $\qquad\ \text{CH}_3\ \text{CH}_3$

f. 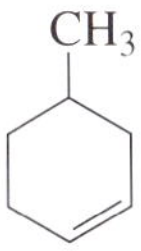 5-metilciclohexeno

4.7 Adición de un halógeno a un alqueno

Los halógenos Br_2 y Cl_2 se adicionan a los alquenos. Esto sorprenderá al lector porque de inmediato no es aparente que haya un electrófilo —que es necesario para iniciar una reacción de adición electrofílica.

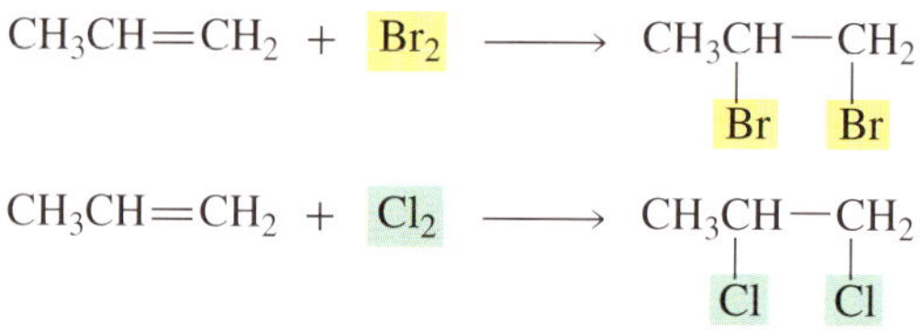

176 CAPÍTULO 4 Reacciones de los alquenos

VCL **Halogenación de alquenos 3**

VCL **Halogenación de alquenos 4**

$$CH_3CH=CH_2 + Br_2 \longrightarrow CH_3CH-CH_2$$
$$||$$
$$BrBr$$

$$CH_3CH=CH_2 + Cl_2 \longrightarrow CH_3CH-CH_2$$
$$||$$
$$ClCl$$

La reacción es posible porque el enlace que une a los dos átomos de halógeno es relativamente débil (consúltese la lista de energías de disociación en la tabla 3.2) y, en consecuencia, se rompe con facilidad. El mecanismo de adición de bromo (la adición de cloro es análoga) a un alqueno se muestra a continuación.

Mecanismo de la adición de bromo a un alqueno

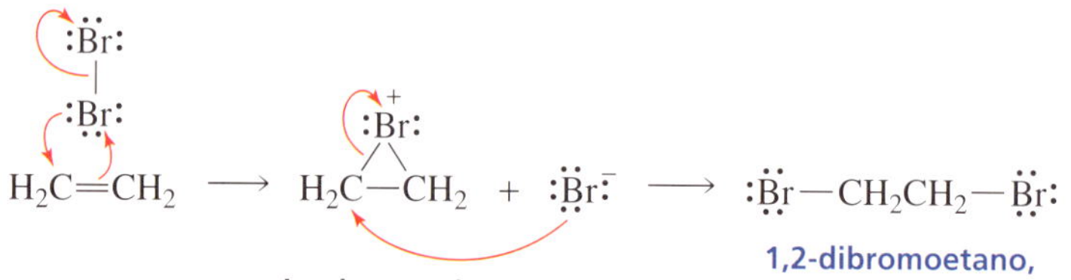

Tutorial mecanístico:
Adición de halógenos a alquenos
(Addition of halogens to alkenes)

Tutorial mecanístico:
Formación de ion bromonio
(Formation of bromonium ion)

$$H_2C=CH_2 \longrightarrow H_2\overset{+}{C}-CH_2 + :\ddot{\underset{..}{Br}}:^- \longrightarrow :\ddot{\underset{..}{Br}}-CH_2CH_2-\ddot{\underset{..}{Br}}:$$

ion bromonio cíclico

1,2-dibromoetano, un dibromuro vecinal

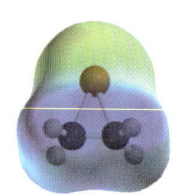

ion bromonio cíclico del eteno

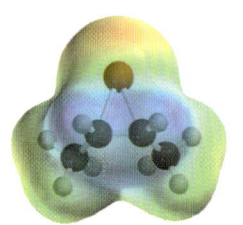

ion bromonio cíclico del *cis*-2-buteno

- Cuando los electrones π del alqueno se acercan a una molécula de Br_2, uno de los átomos de bromo acepta esos electrones y libera los electrones del enlace Br—Br al otro átomo de bromo. Obsérvese que un par libre de electrones no enlazado en el bromo es el nucleófilo que se fija al otro carbono sp^2. Así, el electrófilo y el nucleófilo se adicionan al doble enlace en el mismo paso.

- El compuesto intermediario es un ion bromonio cíclico y es inestable porque todavía hay bastante carga positiva en lo que era el carbono sp^2. (Consúltense los mapas de potencial.) Por consiguiente, el ion bromonio cíclico reacciona con un nucleófilo, que es el ion bromuro. El producto es un *dibromuro vecinal*. **Vecinal** indica que los dos bromos son vecinos por hallarse en carbonos adyacentes (*vicinus* es "cercano" en latín).

El producto del primer paso es un ion bromonio cíclico y no un carbocatión porque la nube de electrones del bromo está lo bastante cerca del otro carbono sp^2 como para participar en una formación de enlace. El ion bromonio cíclico no es estable, pero es más estable que lo que hubiera sido el carbocatión porque todos los átomos (excepto de hidrógeno) en el ion bromonio tienen octetos llenos, mientras que el carbono con carga positiva del carbocatión no los tiene. (Para repasar la regla del octeto, revísese la sección 1.3).

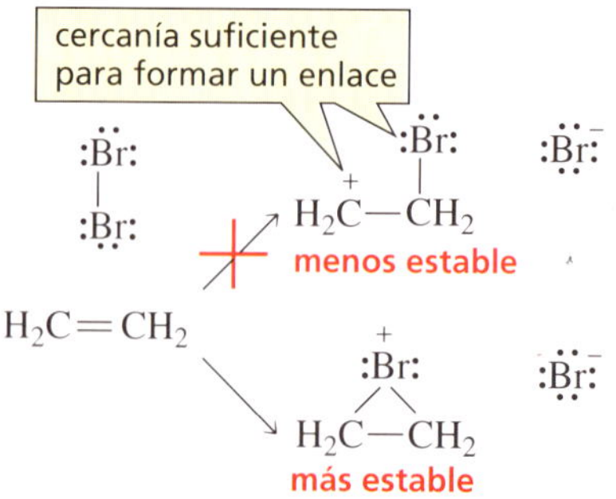

cercanía suficiente para formar un enlace

menos estable

más estable

Los mapas de potencial electrostático del ion bromonio cíclico muestran que la región deficiente en electrones (la zona azul) abarca los carbonos, aun cuando la carga formal positiva esté en el bromo.

Cuando se adiciona Cl_2 a un alqueno se forma un ion cloronio cíclico. El producto final de la reacción es un dicloruro vecinal. Las reacciones de los alquenos con Br_2 o Cl_2 se hacen, en general, mezclando el alqueno y el halógeno en un disolvente inerte, como el diclorometano (CH_2Cl_2), que disuelve con facilidad a ambos reactivos, pero que no participa en la reacción.

4.7 Adición de un halógeno a un alqueno

$$CH_3\underset{\underset{CH_3}{|}}{C}=CH_2 + Cl_2 \xrightarrow{CH_2Cl_2} CH_3\underset{\underset{Cl}{|}}{\overset{\overset{CH_3}{|}}{C}}CH_2Cl$$

2-metilpropeno

1,2-dicloro-2-metilpropano,
un dicloruro vecinal

Debido a que cuando se adicionan Br_2 o Cl_2 a un alqueno no se forma un carbocatión, no hay reordenamientos de carbocatión en estas reacciones.

$$CH_3\underset{\underset{CH_3}{|}}{CH}CH=CH_2 + Br_2 \xrightarrow{CH_2Cl_2} CH_3\underset{\underset{CH_3}{|}}{CH}\underset{\underset{Br}{|}}{CH}CH_2Br$$

3-metil-1-buteno

el esqueleto de carbonos no se reordena

1,2-dibromo-3-metilbutano,
un dibromuro vecinal

PROBLEMA 16◆

¿Cuál hubiera sido el producto de la reacción anterior si se hubiera usado HBr en lugar de Br_2?

PROBLEMA 17

a. ¿En qué difiere el primer paso de la reacción de eteno con Br_2 del primer paso de la reacción de eteno con HBr?
b. Para comprender por qué el Br:⁻ ataca a un átomo de carbono del ion bromonio, y no al átomo de bromo con carga positiva, dibuje el producto que se obtendría si el Br:⁻ *sí* atacara al átomo de bromo.

Halogenación de alquenos 5

Los ejemplos anteriores ilustran la forma en que se suelen escribir las reacciones orgánicas. Los reactivos van a la izquierda de la flecha de reacción y los productos van a la derecha. Todas los requisitos que se deban estipular, como el disolvente, la temperatura o algún catalizador necesario, se escriben arriba o abajo de la flecha. A veces, sólo se pone el reactivo orgánico (que contiene carbono) a la izquierda de la flecha y todos los demás reactivos se escriben arriba o abajo de la flecha.

$$CH_3CH=CHCH_3 \xrightarrow[CH_2Cl_2]{Cl_2} CH_3\underset{\underset{Cl}{|}}{CH}\underset{\underset{Cl}{|}}{CH}CH_3$$

Tutorial sintético:
Adición de halógenos a alquenos
(Addition of halogens to alkenes)

Aunque I_2 y F_2 son halógenos, no se usan como reactivos en reacciones de adición electrofílica. El flúor reacciona con los alquenos en forma explosiva, por lo que la adición electrofílica de F_2 no es útil para sintetizar compuestos nuevos. La adición de I_2 a un alqueno es termodinámicamente desfavorable. Los diyoduros vecinales son inestables a temperatura ambiente y se descomponen para regenerar al alqueno y el I_2 iniciales.

$$CH_3CH=CHCH_3 + I_2 \xrightleftharpoons[CH_2Cl_2]{} CH_3\underset{\underset{I}{|}}{CH}\underset{\underset{I}{|}}{CH}CH_3$$

inestable

Si se usa H_2O como disolvente en lugar de CH_2Cl_2, el producto principal de la reacción será una halohidrina vecinal (en forma más específica, una bromohidrina o una clorohidrina). Una **halohidrina** es una molécula orgánica que contiene un halógeno y también un grupo OH. En una halohidrina vecinal, el halógeno y el grupo OH están unidos a carbonos adyacentes.

178 CAPÍTULO 4 Reacciones de los alquenos

$$CH_3CH=CH_2 + Br_2 \xrightarrow{H_2O} \underset{\underset{\text{producto secundario}}{\text{una bromohidrina}}}{CH_3\underset{OH}{CH}CH_2Br} + \underset{\text{producto principal}}{CH_3\underset{Br}{CH}CH_2Br} + HBr$$

$$\underset{\text{2-metil-2-buteno}}{CH_3CH=\underset{CH_3}{C}CH_3} + Cl_2 \xrightarrow{H_2O} \underset{\underset{\text{producto secundario}}{\text{una clorohidrina}}}{CH_3\underset{Cl}{\overset{CH_3}{C}}\underset{OH}{C}CH_3} + \underset{\text{producto principal}}{CH_3\underset{Cl}{\overset{CH_3}{C}}\underset{Cl}{C}CH_3} + HCl$$

El mecanismo de formación de una halohidrina tiene tres pasos.

Mecanismo de formación de una halohidrina

- Un ion bromonio (o ion cloronio) cíclico se forma en el primer paso porque el Br^+ (o el Cl^+) es el único electrófilo de la mezcla de reacción.
- El ion bromonio cíclico, relativamente inestable, reacciona con cualquier nucleófilo con que se encuentre. En la disolución hay dos nucleófilos, H_2O y $Br:^-$, pero como H_2O es el disolvente su concentración es mayor que la de $Br:^-$. En consecuencia, es más probable que el ion bromonio choque con agua y no con $Br:^-$.
- La halohidrina protonada es un ácido fuerte (sección 1.18) y entonces pierde un protón.

Formación de halohidrinas 1

¿Cómo se puede explicar la regioselectividad de la reacción de adición anterior? En otras palabras, ¿por qué el electrófilo (Br^+) termina en el carbono sp^2 unido a más hidrógenos? En los dos estados de transición posibles para el segundo paso de la reacción, el enlace C—Br se rompe en mayor grado que el enlace C—O que se ha formado. El resultado es que hay una carga positiva parcial en el carbono que es atacado por el nucleófilo.

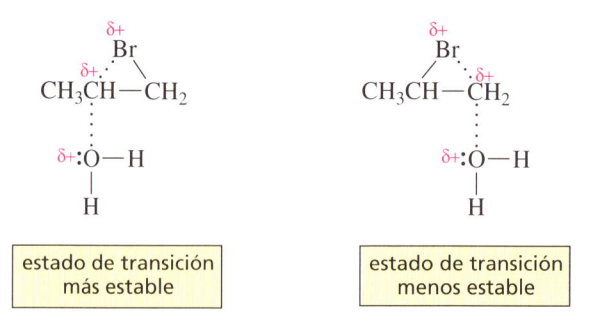

Por consiguiente, el estado de transición más estable es el que se obtiene al agregar el nucleófilo al carbono sp^2 más sustituido, que es el carbono unido a menos hidrógenos porque en ese caso la carga positiva parcial está en un carbono secundario y no en uno primario. Así, esta reacción también se apega a la regla general de reacciones de adición electrofílica: el electrófilo (en este caso, Br^+) se adiciona al carbono sp^2 que está unido a la mayor cantidad de hidrógenos.

Cuando a la mezcla de reacción se agregan otros nucleófilos que no sean H_2O también modifican el producto de la reacción, como el agua cambió el producto de la adición de Br_2

de dibromuro vecinal a bromohidrina vecinal. Como la concentración del nucleófilo agregado será mayor que la del ion haluro generado a partir del Br_2 o el Cl_2, el nucleófilo agregado será el que con más probabilidad participe en el segundo paso de la reacción.

$$CH_3CH=\underset{\underset{CH_3}{|}}{C}CH_3 + Cl_2 + CH_3OH \longrightarrow CH_3CH\underset{\underset{Cl\ OCH_3}{|\ \ |}}{C}CH_3 + HCl$$

$$CH_3CH=CH_2 + Br_2 + NaCl \longrightarrow CH_3\underset{\underset{Cl}{|}}{C}HCH_2Br + NaBr$$

Recuérdese que iones como Na^+ y K^+ no pueden formar enlaces covalentes y así no reaccionan con compuestos orgánicos. Sólo sirven como iones contrarios de especies con carga negativa y en general se pasa por alto su presencia al escribir ecuaciones químicas.

$$CH_3\underset{\underset{CH_3}{|}}{C}=CH_2 + Br_2 + Cl^- \longrightarrow CH_3\underset{\underset{Cl}{|}}{\overset{\overset{CH_3}{|}}{C}}-CH_2Br + Br^-$$

PROBLEMA 18

Hay dos nucleófilos en cada una de las reacciones siguientes:

a. $CH_2=\underset{\underset{CH_3}{|}}{C}CH_3 + Cl_2 \xrightarrow{CH_3OH}$

b. $CH_2=CHCH_3 + 2\ NaI + HBr \longrightarrow$

c. $CH_3CH=CHCH_3 + HCl \xrightarrow{H_2O}$

d. $CH_3CH=CHCH_3 + HBr \xrightarrow{CH_3OH}$

En cada reacción, explique por qué hay más concentración de un nucleófilo que de otro. ¿Cuál será el producto principal de cada reacción?

PROBLEMA 19

¿Por qué el Na^+ y el K^+ no pueden formar enlaces covalentes?

PROBLEMA 20♦

¿Cuál es el producto de la adición de I—Cl a 1-buteno? [*Sugerencia:* el cloro es más electronegativo que el yodo (tabla 1.3)].

PROBLEMA 21♦

¿Cuál será el producto principal obtenido con la reacción de Br_2 con 1-buteno si la reacción se efectuara en

a. diclorometano?
b. agua?
c. alcohol etílico?
d. alcohol metílico?

Tutorial sintético:
Reacción de halohidrina
(Halohydrin reaction)

4.8 Oximercuración-reducción y alcoximercuración-reducción: otras formas de adicionar agua o alcohol a un alqueno

En la sección 4.5 el lector vio que el agua se adiciona a un alqueno si está presente un catalizador ácido. Este es el proceso industrial para convertir alquenos en alcoholes. No obstante, en la mayor parte de los laboratorios se adiciona agua a un alqueno con un procedimiento llamado **oximercuración-reducción**. Esta adición de agua por oximercuración-reducción presenta dos ventajas sobre la adición catalizada por ácido: no requiere condiciones ácidas, que son dañinas para muchas moléculas orgánicas, y como no se forman carbocationes intermediarios no hay reordenamientos de carbocatión.

En la oximercuración el alqueno se trata con acetato mercúrico en tetrahidrofurano (THF) acuoso. Después de terminada la reacción, a la mezcla se le añade borohidruro de sodio.

$$R-CH=CH_2 \xrightarrow[\text{2. NaBH}_4]{\text{1. Hg(OAc)}_2,\ H_2O/THF} R-\underset{OH}{CH}-CH_3$$

(Los números frente a los reactivos arriba y abajo de la flecha de reacción indican que se efectúan dos reacciones en sucesión; el segundo reactivo no se agrega sino hasta concluir la reacción con el primer reactivo).

Mecanismo de la oximercuración

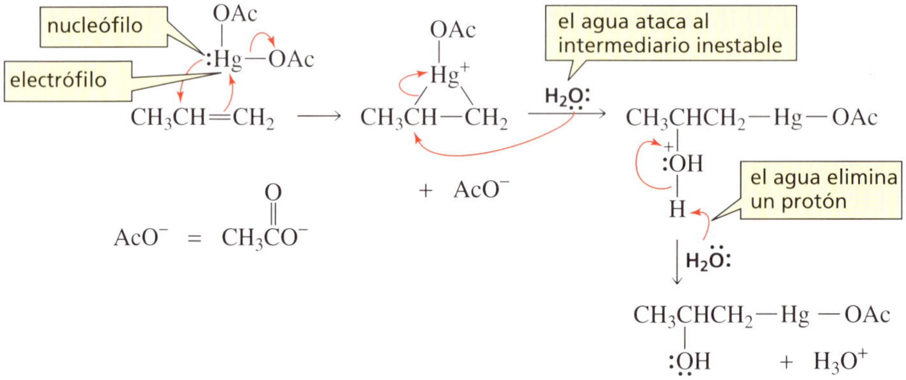

Los pasos del mecanismo de oximercuración son:

- El mercurio electrofílico del acetato mercúrico se adiciona al doble enlace (se muestran dos de los electrones 5*d* del mercurio). Como se ha visto que no suceden reordenamientos de carbocatión, se puede concluir que el producto de la reacción de adición es un ion mercurinio cíclico y no un carbocatión. Como en la formación del ion bromonio cíclico (sección 4.7), el electrófilo posee un par libre de electrones no enlazado que sirve como nucleófilo.

- El agua ataca al carbono más sustituido del ion mercurinio cíclico inestable; es el carbono unido con menos hidrógenos, por la misma razón que el agua ataca al carbono más sustituido del ion bromonio cíclico en la formación de halohidrinas (sección 4.7). Esto es, el ataque al carbono más sustituido lleva al estado de transición más estable.

4.8 Oximercuración-reducción y alcoximercuración-reducción: otras formas de adicionar agua o alcohol a un alqueno

estado de transición más estable

estado de transición menos estable

- El alcohol protonado pierde un protón porque el pH de la disolución es mayor que el pK_a del grupo alcohol protonado (sección 1.24).

En la segunda de las reacciones, el borohidruro de sodio (NaBH$_4$) convierte el enlace C—Hg en un enlace C—H. Las reacciones que aumentan la cantidad de enlaces C—H o disminuyen la cantidad de enlaces C—O, C—N o C—X en un compuesto (X representa un halógeno) son **reacciones de reducción**. En consecuencia, la reacción con borohidruro de sodio es una reacción de reducción. El mecanismo de esta reacción no se ha comprendido del todo.

La reducción aumenta la cantidad de enlaces C—H o disminuye la cantidad de enlaces C—O, C—N o C—X.

$$CH_3CHCH_2-Hg-OAc \xrightarrow{NaBH_4} CH_3CHCH_3 + Hg + AcO^-$$
$$\quad\quad |\quad\quad\quad\quad\quad\quad\quad\quad\quad\quad |$$
$$\quad OH \quad\quad\quad\quad\quad\quad\quad\quad\quad\quad OH$$

La reacción total (oximercuración-reducción) forma el mismo producto que se obtendría en la adición de agua catalizada por ácido: el hidrógeno se adiciona al carbono sp^2 unido a la mayor cantidad de hidrógenos y el OH se adiciona al otro carbono sp^2.

Ya se explicó que los alquenos reaccionan con alcoholes en presencia de un catalizador ácido y forman éteres (sección 4.5). Así como hay ventajas por adicionar agua en presencia de acetato mercúrico, y no en presencia de un ácido fuerte, también hay ventajas por adicionar un alcohol en presencia de acetato mercúrico. [El triflouroacetato mercúrico, Hg(O$_2$CCF$_3$)$_2$ funciona aún mejor.] Esta reacción se llama de **alcoximercuración-reducción**.

1-metilciclohexeno
$\xrightarrow{\text{1. Hg(O}_2\text{CCF}_3)_2,\ CH_3OH}_{\text{2. NaBH}_4}$
1-metoxi-1-metilciclohexano
un éter

Los mecanismos de oximercuración y de alcoximercuración son idénticos, en esencia; la única diferencia es que en la oximercuración el agua es el nucleófilo y en la alcoximercuración lo es un alcohol. Por consiguiente, el producto de la reacción de oximercuración-reducción es un alcohol, mientras que el de la alcoximercuración-reducción es un éter.

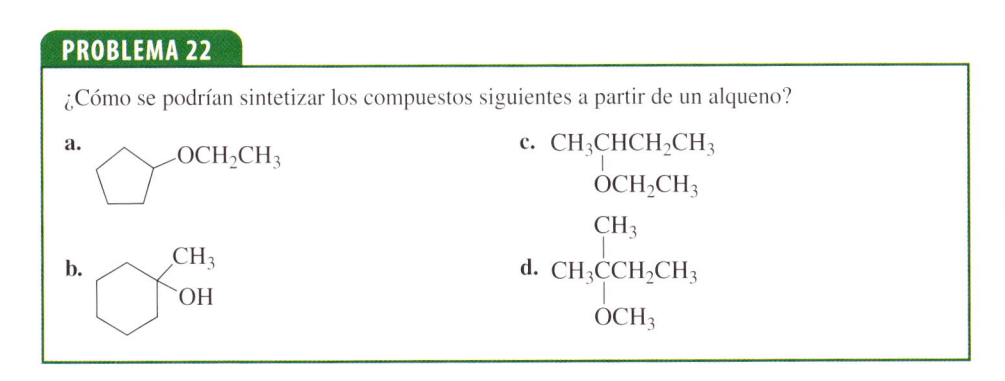

PROBLEMA 22

¿Cómo se podrían sintetizar los compuestos siguientes a partir de un alqueno?

a. ciclopentil-OCH$_2$CH$_3$

b. 1-metilciclohexanol (CH$_3$, OH)

c. CH$_3$CHCH$_2$CH$_3$
   |
   OCH$_2$CH$_3$

d. CH$_3$CCH$_2$CH$_3$
   |
   CH$_3$ / OCH$_3$

Tutorial mecanístico:
Oximercuración-desmercuración
(Oxymercuration-Demercuration)

PROBLEMA 23

¿Cómo se podrían sintetizar los siguientes compuestos a partir del 3-metil-1-buteno?

a. 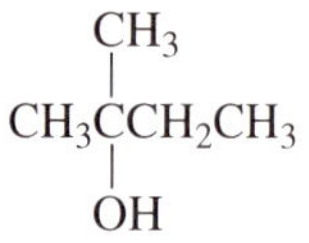 $CH_3\underset{OH}{\overset{CH_3}{\underset{|}{\overset{|}{C}}}}CH_2CH_3$

b. 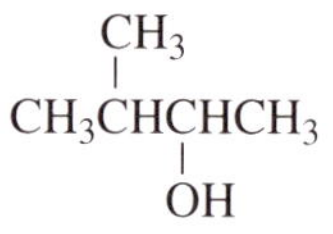 $CH_3\overset{CH_3}{\underset{|}{CH}}\underset{OH}{\underset{|}{CH}}CH_3$

4.9 Adición de un peroxiácido a un alqueno

Un alqueno puede convertirse en un *epóxido* utilizando un peroxiácido. Un **epóxido** es un éter en el que el átomo de oxígeno forma parte de un anillo de tres miembros; un **peroxiácido** es un ácido carboxílico con un átomo adicional de oxígeno. La reacción general equivale a la transferencia de un oxígeno del peroxiácido al alqueno; es una reacción de oxidación. Una **reacción de oxidación** aumenta la cantidad de enlaces C—O, C—N o C—X en un compuesto (X representa un halógeno) o disminuye la cantidad de enlaces C—H.

> **La oxidación disminuye la cantidad de enlaces C—H o aumenta la cantidad de enlaces C—O, C—N o C—X.**

$$RCH=CH_2 + RCOOH \longrightarrow RCH-CH_2 + RCOH$$
alqueno + peroxiácido (dos oxígenos) → epóxido + ácido carboxílico (un oxígeno)

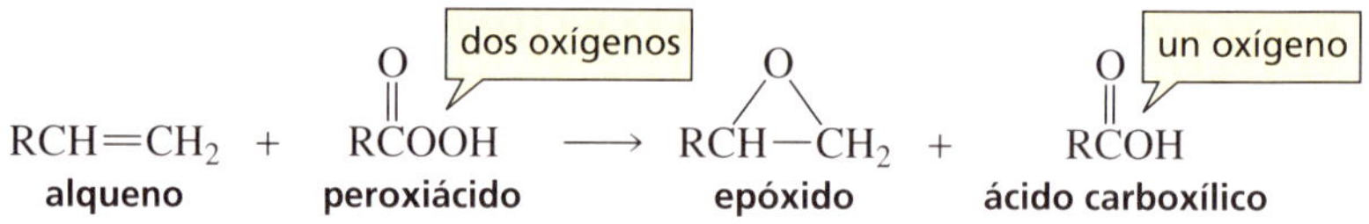

Recuérdese que el enlace O—O es débil, por lo que se rompe con facilidad (sección 1.4).

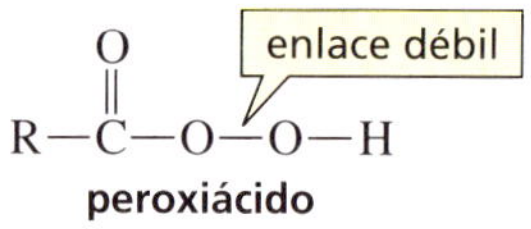

$$R-\overset{O}{\underset{\|}{C}}-O-O-H \quad \text{enlace débil}$$
peroxiácido

Mecanismo de epoxidación de un alqueno

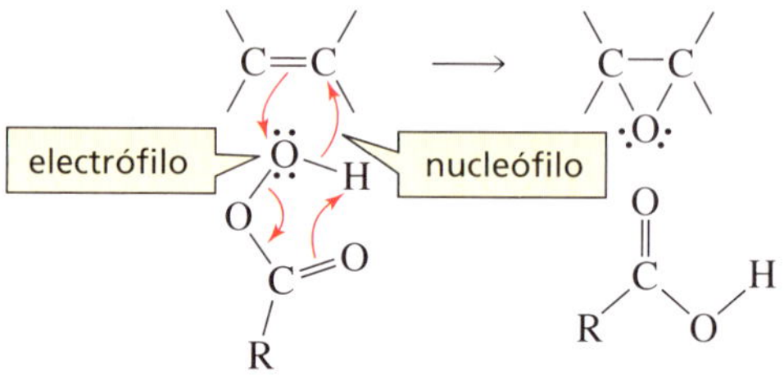

(electrófilo) (nucleófilo)

- El átomo de oxígeno del grupo OH en el peroxiácido tiene deficiencia de electrones, por lo que es un electrófilo. Acepta un par de electrones del enlace π del alqueno lo cual provoca que se rompa el débil enlace O—O. Los electrones del enlace O—O se deslocalizan (sección 1.22). Los electrones que permanecen cuando se rompe el enlace O—H se adicionan al otro carbono sp^2 del alqueno.

El mecanismo de formación del epóxido demuestra que se trata de una reacción *concertada*. Una **reacción concertada** es aquélla en la que todos los procesos de formación y de ruptura de enlaces suceden en un mismo paso (todos los eventos suceden "de una manera concertada").

> **En una reacción concertada, todos los procesos de formación y de ruptura de enlaces suceden en el mismo paso.**

El mecanismo de adición de oxígeno a un doble enlace para formar un epóxido es análogo al mecanismo que se acaba de ver para formar un ion bromonio cíclico (sección 4.7) o un ion mercurinio cíclico (sección 4.8).

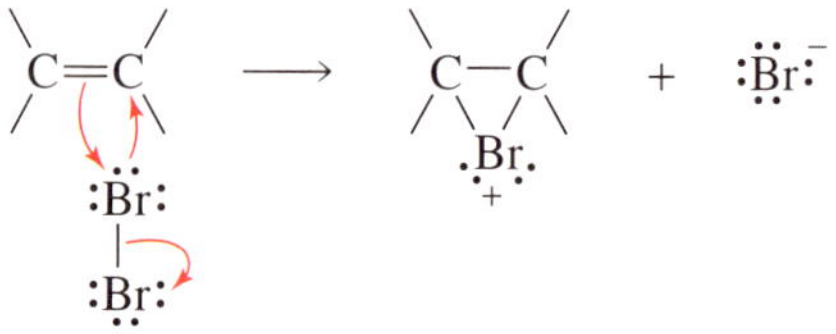

4.9 Adición de un peroxiácido a un alqueno

En las tres reacciones, el par libre de electrones no enlazado del electrófilo es el nucleófilo que se adiciona al otro carbono sp^2. Sin embargo, a diferencia de los iones bromonio o mercurinio cíclicos, el epóxido tiene la estabilidad suficiente para poderse aislar porque ninguno de los átomos del anillo tiene una carga positiva.

El nombre común de un epóxido se obtiene de anteponer "óxido de" al nombre común del alqueno, suponiendo que el átomo de oxígeno está donde estaría el enlace π de un alqueno. El epóxido más simple es el óxido de etileno.

$H_2C=CH_2$ **etileno** $H_2C\overset{O}{-}CH_2$ **óxido de etileno** $H_2C=CHCH_3$ **propileno** $H_2C\overset{O}{-}CHCH_3$ **óxido de propileno**

Hay dos formas sistemáticas para dar nombre a los epóxidos. Un método llama "oxirano" al anillo de tres miembros que contiene oxígeno y asigna la posición 1 del anillo al oxígeno. Así, el 2-etiloxirano muestra un sustituyente etilo en la posición 2 del anillo de oxirano. También se puede asignar el nombre a un epóxido como un alcano con el prefijo "epoxi" que identifique los carbonos a los que está unido el oxígeno.

$H_2C\overset{O}{-}CHCH_2CH_3$
2-etiloxirano
1,2-epoxibutano

$CH_3CH\overset{O}{-}CHCH_3$
2,3-dimetiloxirano
2,3-epoxibutano

$H_2C\overset{O}{-}C(CH_3)_2$
2,2-dimetiloxirano
1,2-epoxi-2-metilpropano

PROBLEMA 24◆

Dibuje la estructura de los siguientes compuestos:

a. 2-propiloxirano
b. óxido de ciclohexeno
c. 2,2,3,3-tetrametiloxirano
d. 2,3-epoxi-2-metilpentano

PROBLEMA 25◆

¿Qué alqueno haría reaccionar usted con un peroxiácido para obtener cada uno de los siguientes epóxidos?

a. (ciclohexano con O formando epóxido)   **b.** $H_2C\overset{O}{-}CHCH_2CH_3$

VCL Epoxidación-1

ESTRATEGIA PARA RESOLVER PROBLEMAS

Propuesta de un mecanismo

Un **carbeno** es una especie rara que contiene carbono: tiene un carbono con un par solitario de electrones y un orbital vacío. El orbital vacío determina que el carbeno sea muy reactivo. El carbeno más simple, el metileno (:CH$_2$), se genera calentando diazometano. Con esta información, proponga un mecanismo para la siguiente reacción:

$$:\overset{-}{C}H_2-\overset{+}{N}\equiv N \xrightarrow[H_2C=CH_2]{\Delta} \triangle + N_2$$
diazometano

La información anterior es todo lo que se necesita. Primero, ya que el lector conoce la estructura del metileno, podrá ver que se puede genera rompiendo el enlace C—N del diazometano. Después, como el metileno presenta un orbital vacío, es un electrófilo y, en consecuencia, va a reaccionar con eteno, que es un nucleófilo. Ahora la cuestión es ¿qué nucleófilo reacciona con el otro carbono sp^2 del alqueno? Como ya se conoce que el ciclopropano (un compuesto con tres carbonos) es el producto de la reacción, el lector ya sabe que el nucleófilo debe ser el par de electrones libre del metileno.

$$:\bar{C}H_2-\overset{+}{N}\equiv N \longrightarrow N_2 + :CH_2 \longrightarrow \triangle$$
$$H_2C=CH_2$$

(*Nota:* el diazometano es un gas que debe manejarse con mucho cuidado porque es explosivo y tóxico al mismo tiempo).

Ahora continúe en el problema 26.

PROBLEMA 26

Proponga un mecanismo para la siguiente reacción:

$$CH_2=C(CH_3)CH_2CH(CH_3)CH_2OH \xrightarrow{HCl} \text{(tetrahidrofurano 2,2,4-trimetil sustituido)}$$

4.10 Adición de borano a un alqueno: hidroboración-oxidación

Un átomo o una molécula no tiene que tener carga positiva ni siquiera carga parcial positiva para ser un electrófilo. El borano (BH_3) es una molécula neutra y también es un electrófilo porque su átomo de boro sólo cuenta con seis electrones compartidos en su capa de valencia y no con un octeto completo. Ya se estudió que el boro forma enlaces usando orbitales sp^2 (capítulo 1, problema 33b); entonces, al igual que un catión metilo, tiene un orbital p vacío que puede aceptar electrones.

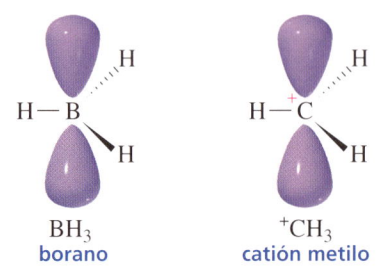

BH_3 borano $^+CH_3$ catión metilo

Ya que el boro acepta con facilidad un par de electrones, un alqueno puede desarrollar una reacción de adición electrofílica donde el borano sea el electrófilo. Cuando termina la reacción de adición, a la mezcla de reacción se le agrega una disolución acuosa de hidróxido de sodio y peróxido de hidrógeno. El producto de esta reacción es un alcohol. Al proceso total, adición de borano a un alqueno seguida de la reacción con ion hidróxido y peróxido de hidrógeno, se le llama **hidroboración-oxidación**, procedimiento descrito por primera vez por H. C. Brown, en 1959.

hidroboración-oxidación

$$CH_2=CH_2 \xrightarrow[\text{2. HO}^-, H_2O_2, H_2O]{\text{1. BH}_3/\text{THF}} CH_2-CH_2$$
$$||$$
$$HOH$$
alcohol

Como demuestran las siguientes reacciones, el alcohol que se forma en la hidroboración-oxidación de un alqueno tiene los grupos H y OH intercambiados en comparación con el alcohol que se forma en la adición de agua catalizada por ácido (sección 4.5). Sin

BIOGRAFÍA

Herbert Charles Brown (1921–2004) *nació en Londres, donde sus padres habían emigrado desde Ucrania. Cuando Brown era niño, su padre, un ebanista, se mudó con su familia a Chicago, donde abrió una ferretería. Cuando Brown tenía 14 años, su padre murió, lo que condicionó que debiera suspender la escuela durante algún tiempo para ayudar a manejar el negocio de la familia. Después de recibir una licenciatura y un doctorado de la Universidad de Chicago, comenzó su carrera como profesor en la Universidad Estatal Wayne, y más tarde fue profesor de química en la Universidad Purdue, desde 1947 hasta su retiro, en 1978. Por sus estudios sobre compuestos orgánicos borados compartió el Premio Nobel de Química en 1979 con G. Wittig (página 822).*

4.10 Adición de borano a un alqueno: hidroboración-oxidación **185**

> **BORANO Y DIBORANO**
>
> El borano existe fundamentalmente como un gas incoloro llamado diborano. El diborano es un **dímero**, una molécula formada por la unión de dos moléculas idénticas. Como el boro está rodeado sólo por seis electrones, tiene una gran tendencia a adquirir un par adicional de electrones. En consecuencia, en el dímero dos átomos de boro comparten los dos electrones en un enlace hidrógeno-boro mediante unos medios enlaces excepcionales. Esos enlaces hidrógeno-boro se indican con líneas punteadas, para indicar que consisten en menos electrones de los que tiene un enlace normal.

embargo, en ambas reacciones *el electrófilo se adiciona al carbono* sp^2 *que está unido a más hidrógenos*. En la adición de agua catalizada por ácido, H^+ es el electrófilo y H_2O es el nucleófilo, mientras que en la hidroboración-oxidación, como se verá, el BH_3 es el electrófilo (y después el HO toma su lugar) y el $H:^-$ es el nucleófilo.

> En la adición de agua catalizada por ácido, el H^+ es el electrófilo; en la hidroboración-oxidación, el $H:^-$ es el nucleófilo.

$$CH_3CH=CH_2 \xrightarrow[H_2O]{H_2SO_4} CH_3CHCH_3$$
$$\text{propeno} \qquad\qquad \text{OH}$$
$$\text{2-propanol}$$

$$CH_3CH=CH_2 \xrightarrow[\text{2. HO}^-, H_2O_2, H_2O]{\text{1. } BH_3/THF} CH_3CH_2CH_2OH$$
$$\text{propeno} \qquad\qquad \text{1-propanol}$$

En vista de que el diborano (B_2H_6), la fuente del borano, es un gas inflamable, tóxico y explosivo, es más cómodo usar una disolución de borano preparada disolviendo diborano en un éter como el THF (tetrahidrofurano) como reactivo más conveniente y menos peligroso. Uno de los pares de electrones no enlazados del oxígeno en el éter satisface el requisito de dos electrones adicionales del boro y produce un complejo borano-THF que es la fuente real de BH_3 en la hidroboración.

Tutorial del alumno:
Complejo borano-THF
(Borane-THF complex)

Para comprender por qué la hidroboración-oxidación del propeno forma 1-propanol debe examinarse el mecanismo de la reacción. Cuando el boro electrófilo acepta los electrones π del alqueno nucleófilo y forma un enlace con un carbono sp^2 cede un ion hidruro al otro carbono sp^2. La adición de borano a un alqueno es otro ejemplo de una reacción concertada (sección 4.9).

$$CH_3CH=CH_2 \longrightarrow CH_3CH-CH_2$$
$$H-BH_2 \qquad\qquad H \quad BH_2$$
nucleófilo — electrófilo — un alquilborano

Ya que el boro electrófilo y el ion hidruro nucleófilo se adicionan al alqueno en un paso, no se forma un compuesto intermediario.

El boro se adiciona al carbono sp^2 que esté unido a más hidrógenos. Los electrófilos en las otras reacciones de adición que se han visto (como el H^+) también se adicionaban al carbono sp^2 unido a más hidrógenos. Se puso de manifiesto que lo hacían así para formar el carbocatión intermediario más estable. Ya que no se forma un intermediario en una reacción concertada, ¿cómo se puede explicar entonces la regioselectividad de la adición de boro? ¿Por qué se adiciona de preferencia el boro al carbono sp^2 unido a la mayor cantidad de hidrógenos?

Si se examinan los dos estados de transición posibles para la adición de borano se comprobará que el enlace C—B se forma en mayor grado que el enlace C—H. En consecuencia, el carbono sp^2 que no se fija al boro presenta una carga positiva parcial. Esta carga positiva parcial está en un carbono secundario, si el boro se adiciona al carbono sp^2 que tiene más hidrógenos. La carga positiva parcial está en un carbono primario, si el boro se adiciona al otro carbono sp^2. Así, aun cuando no se forme un carbocatión intermediario, se integra un estado de transición semejante a un carbocatión. Entonces, la adición del borano y la adición de un electrófilo como H^+ se llevan a cabo en el mismo carbono sp^2 por la misma razón: formar el estado de transición más estable.

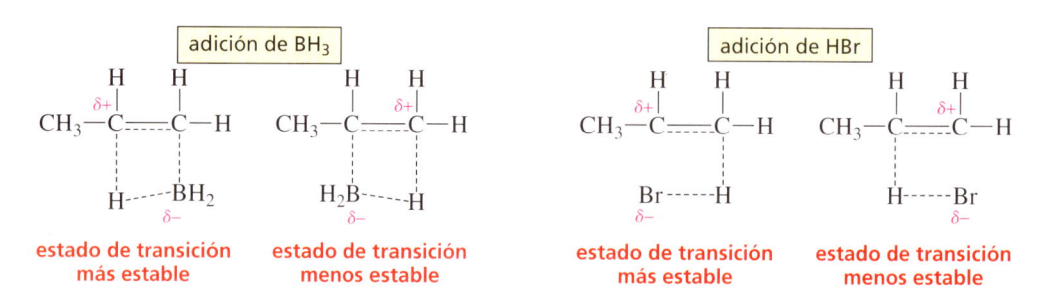

El alquilborano que se forma en el primer paso reacciona con otra molécula de alqueno y forma un dialquilborano, que entonces reacciona con otra molécula más de alqueno para formar un trialquilborano. En cada una de estas reacciones, el boro se adiciona al carbono sp^2 unido con más hidrógenos y el ion hidruro se adiciona al otro carbono sp^2.

El alquilborano (RBH_2) es una molécula más voluminosa que el BH_3 porque R es un sustituyente más grande que H. El dialquilborano con dos grupos R (R_2BH) es todavía más voluminoso. Así, hay ahora dos razones para que el alquilborano y el dialquilborano se agreguen al carbono sp^2 que está enlazado con más hidrógenos: primero, para alcanzar el *estado de transición más estable, semejante a un carbocatión,* y segundo, porque hay *más espacio* en este carbono para que se le una el grupo voluminoso. Los **efectos estéricos** son efectos de relleno de espacio (recuérdese la tensión estérica de la sección 2.10). El **impedimento estérico** es un efecto estérico causado por grupos voluminosos en el sitio de la reacción que dificultan el acercamiento mutuo de los reactivos. El impedimento estérico asociado con el alquilborano, y en especial con el dialquilborano, hace que el electrófilo se adicione al carbono sp^2 que está unido con mayor cantidad de hidrógenos porque es el que presenta menos impedimento estérico de los dos carbonos sp^2. Por consiguiente, en cada una de las tres adiciones sucesivas al alqueno, el boro se adiciona al carbono sp^2 que está unido a más hidrógenos y el $H:^-$ se adiciona al otro carbono sp^2.

Cuando la hidroboración concluye, se adicionan hidróxido de sodio acuoso y peróxido de hidrógeno (HOOH) a la mezcla de reacción para que se lleve a cabo la sustitución del boro por un grupo OH. Ya que el reemplazo del boro por un grupo OH es una *reacción de oxidación* (aumentó la cantidad de uniones C—O), a la reacción general se le llama hidroboración-oxidación.

$$R_3B \xrightarrow{HO^-, H_2O_2, H_2O} 3 \ R-OH + {}^-B(OH)_4$$

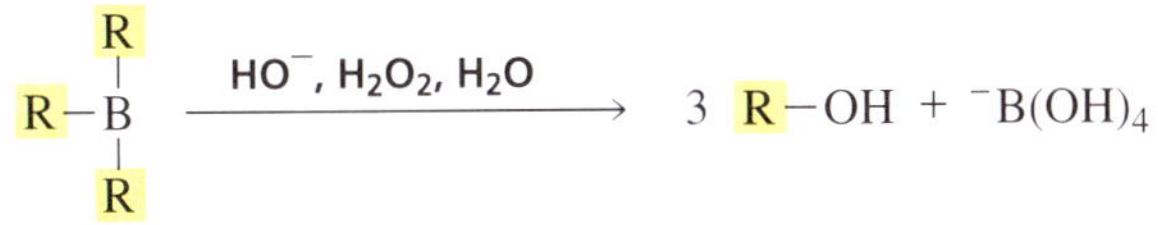

Hidroboración 1

Mecanismo de la reacción de oxidación

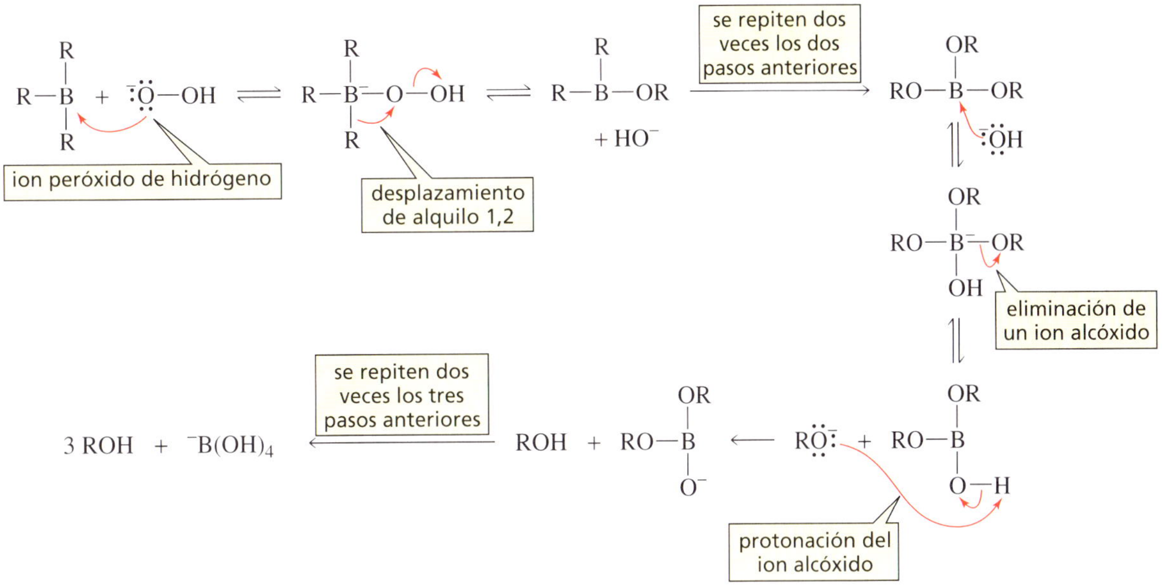

El mecanismo de la reacción de oxidación indica que:

- Un ion peróxido de hidrógeno (nucleófilo) se adiciona a R_3B (un electrófilo).
- Una migración de alquilo 1,2 desplaza a un ion hidróxido. Estos dos primeros pasos se repiten dos veces más para que los tres grupos R se transformen en grupos OR.
- El ion hidróxido (nucleófilo) se adiciona a $(RO)_3B$ (electrófilo).
- Se elimina un ion alcóxido.
- La protonación del ion alcóxido forma el alcohol. Los tres pasos anteriores se repiten dos veces más para que todos los iones alcóxido sean expulsados del boro y se formen tres moléculas del alcohol.

En la reacción general de hidroboración-oxidación ya se estudió que 1 mol de BH_3 reacciona con 3 moles de alqueno y se forman 3 moles de alcohol. El OH termina en el carbono sp^2 que estaba unido con más hidrógenos porque sustituye al boro, que era el electrófilo original en la reacción.

$$3 \ CH_3CH=CH_2 + BH_3 \xrightarrow{THF} (CH_3CH_2CH_2)_3B \xrightarrow[H_2O]{HO^-, H_2O_2} 3 \ CH_3CH_2CH_2OH + {}^-B(OH)_4$$

Como no se forman carbocationes intermediarios en la reacción de hidroboración, no hay reordenamiento de carbocatión.

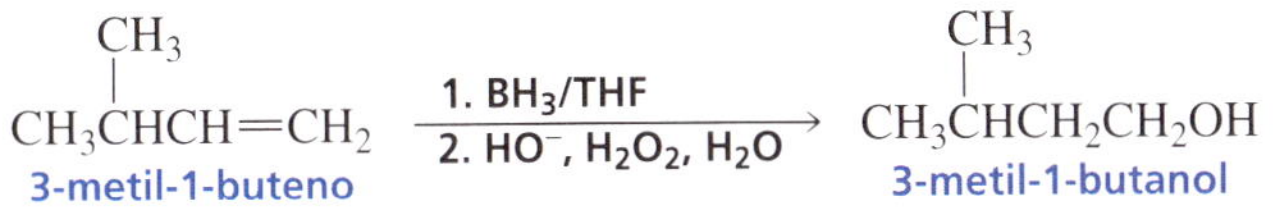

$$\underset{\text{3-metil-1-buteno}}{CH_3\underset{\underset{CH_3}{|}}{C}HCH=CH_2} \xrightarrow[\text{2. } HO^-, H_2O_2, H_2O]{\text{1. } BH_3/THF} \underset{\text{3-metil-1-butanol}}{CH_3\underset{\underset{CH_3}{|}}{C}HCH_2CH_2OH}$$

Tutorial sintético:
Hidroboración-oxidación
(Hydroboration-oxidation)

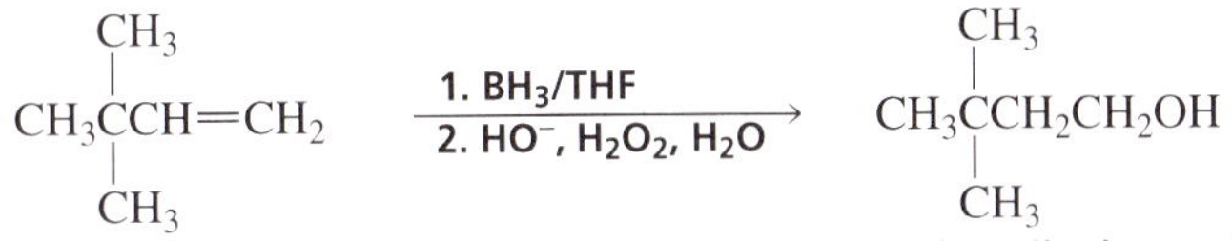

$$\underset{\text{3,3-dimetil-1-buteno}}{CH_3\underset{\underset{CH_3}{|}}{\overset{\overset{CH_3}{|}}{C}}CH=CH_2} \xrightarrow[\text{2. } HO^-, H_2O_2, H_2O]{\text{1. } BH_3/THF} \underset{\text{3,3-dimetil-1-butanol}}{CH_3\underset{\underset{CH_3}{|}}{\overset{\overset{CH_3}{|}}{C}}CH_2CH_2OH}$$

Tutorial mecanístico:
Hidroboración-oxidación
(Hydroboration-oxidation)

BIOGRAFÍA

Roger Adams (1889–1971), nacido en Boston, recibió un doctorado de la Universidad de Harvard y fue profesor de química en la Universidad de Illinois. Él y Sir Alexander Todd (Sección 27.1) aclararon la estructura del tetrahidrocanabinol (THC), el ingrediente activo de la mariguana. Las investigaciones de Adams demostraron que la prueba que la Oficina Federal de Narcóticos llevaba a cabo en esos tiempos para detectar la mariguana en realidad detectaba un compuesto adjunto inocuo.

PROBLEMA 27◆

¿Cuántos moles de BH_3 se necesitan para reaccionar con 2 moles de 1-penteno?

PROBLEMA 28◆

¿Qué producto se obtendría en la hidroboración-oxidación de los siguientes alquenos?

a. 2-metil-2-buteno
b. 1-metilciclohexeno

4.11 Adición de hidrógeno a alquenos • Estabilidades relativas de los alquenos

En presencia de un catalizador metálico, como platino, paladio o níquel, se adiciona hidrógeno (H_2) al doble enlace de un alqueno y se forma un alcano. La transformación es una reacción de *reducción* porque hay más enlaces C—H en el producto que en el reactivo (sección 4.8). Sin el catalizador, la barrera de energía de la reacción es enorme porque el enlace H—H es muy fuerte (tabla 3.2). El catalizador disminuye la energía de activación porque debilita el enlace H—H. El platino y el paladio se usan en un estado finamente dividido adsorbidos en carbón activado (Pt/C, Pd/C). Con frecuencia se usa como catalizador de platino el PtO_2, llamado catalizador de Adams.

$$CH_3CH=CHCH_3 + H_2 \xrightarrow{Pt/C} CH_3CH_2CH_2CH_3$$
2-buteno → butano

$$CH_3\underset{|}{\overset{CH_3}{C}}=CH_2 + H_2 \xrightarrow{Pd/C} CH_3\underset{|}{\overset{CH_3}{CH}}CH_3$$
2-metilpropeno → 2-metilpropano

ciclohexeno + H_2 $\xrightarrow{Ni}$ ciclohexano

BIOGRAFÍA

El platino y el paladio son metales costosos. **Paul Sabatier (1854–1941)** *descubrió por accidente que el níquel, metal mucho menos caro, puede catalizar las reacciones de hidrogenación y las hacía factibles a escala industrial. La conversión de aceites vegetales en margarina es una de esas hidrogenaciones. Sabatier nació en Francia y fue profesor de la Universidad de Toulouse. Compartió el Premio Nobel de Química con Victor Grignard (pág. 466) en 1912.*

A la adición de hidrógeno se le llama **hidrogenación**. Como la reacción de hidrogenación requiere un catalizador, es una **hidrogenación catalítica**. Los catalizadores metálicos mencionados arriba son insolubles en la mezcla de reacción, por lo que se les clasifica como **catalizadores heterogéneos**. Un catalizador heterogéneo se puede separar con facilidad de la mezcla de reacción por filtración. Después se puede reutilizar, lo cual es afortunado porque los catalizadores metálicos tienden a ser costosos.

No se han comprendido por completo los detalles del mecanismo de la hidrogenación catalítica. Se sabe que el hidrógeno se adsorbe en la superficie del metal y que el alqueno se compleja con el metal traslapando sus propios orbitales p con orbitales vacíos del metal. Todos los eventos de ruptura y formación de enlace suceden en la superficie del metal. A medida que se forma el alcano producto de la reacción, éste se difunde y aleja de la superficie metálica (figura 4.5).

Aunque no es una representación fiel de lo que sucede en realidad, es posible imaginar que la reacción sucede como sigue: se rompe la unión H—H y se rompe el enlace π, y se adicionan los radicales hidrógeno a los radicales carbono.

$$CH_3CH=CHCH_3 \longrightarrow CH_3\overset{.}{C}H-\overset{.}{C}HCH_3 \longrightarrow CH_3\underset{H}{\overset{|}{CH}}-\underset{H}{\overset{|}{CH}}CH_3$$
H—H · H· ·H

4.11 Adición de hidrógeno a alquenos • Estabilidades relativas de los alquenos

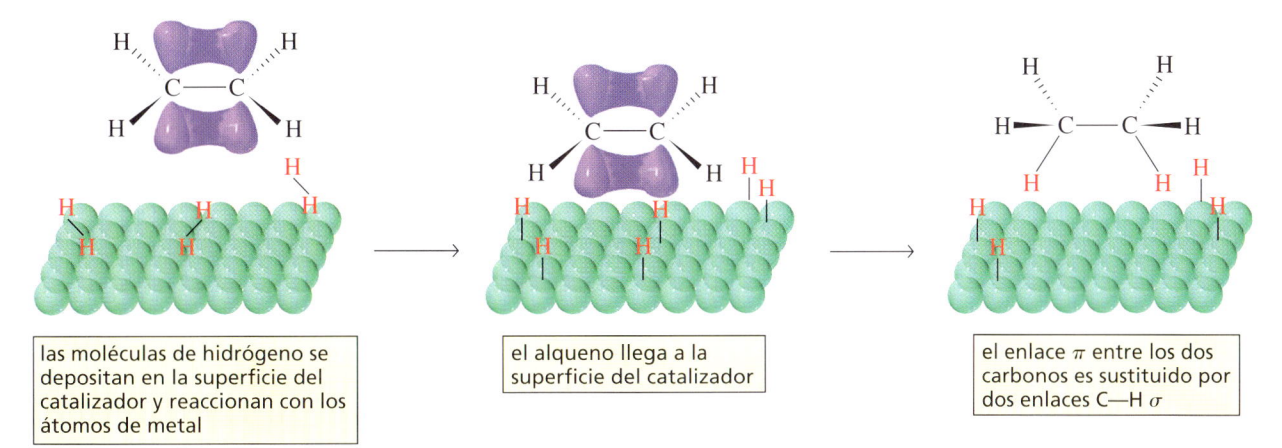

▲ **Figura 4.5**
Hidrogenación catalítica de un alqueno.

las moléculas de hidrógeno se depositan en la superficie del catalizador y reaccionan con los átomos de metal

el alqueno llega a la superficie del catalizador

el enlace π entre los dos carbonos es sustituido por dos enlaces C—H σ

El calor desprendido en una reacción de hidrogenación se llama **entalpía** o **calor de hidrogenación**. Se acostumbra asignarle un valor positivo. Sin embargo, las reacciones de hidrogenación son exotérmicas (tienen valores negativos de $\Delta H°$), por lo que el calor de hidrogenación es el valor positivo de la $\Delta H°$ de la reacción.

El alqueno más estable tiene el calor de hidrogenación más pequeño.

	calor de hidrogenación	$\Delta H°$ kcal/mol	kJ/mol
CH₃C=CHCH₃ (CH₃) + H₂ →Pt/C→ CH₃CHCH₂CH₃ (CH₃) **2-metil-2-buteno**	26.9 kcal/mol	−26.9	−113
CH₂=CCH₂CH₃ (CH₃) + H₂ →Pt/C→ CH₃CHCH₂CH₃ (CH₃) **2-metil-1-buteno**	28.5 kcal/mol	−28.5	−119
CH₃CHCH=CH₂ (CH₃) + H₂ →Pt/C→ CH₃CHCH₂CH₃ (CH₃) **3-metil-1-buteno**	30.3 kcal/mol	−30.3	−127

Como no se conoce el mecanismo preciso de una reacción de hidrogenación, no resulta posible dibujar su diagrama de coordenadas de reacción. No obstante, se puede trazar un diagrama que exhiba las energías relativas de los reactivos y los productos (figura 4.6). Las tres reacciones de hidrogenación catalítica que se mencionaron arriba producen el mismo alcano, por lo que la energía del *producto* es igual para cada reacción. Sin embargo, las tres reacciones tienen distintos calores de hidrogenación y entonces los tres *reactivos* deben presentar energías diferentes. Por ejemplo, el 3-metil-1-buteno desprende el mayor calor y debe ser el *menos* estable (debe tener la máxima energía) de los tres alquenos. En contraste, el 2-metil-2-buteno desprende el calor menor y debe ser el *más* estable de los tres alquenos. Obsérvese que mientras mayor sea la estabilidad de un compuesto su energía será menor y su calor de hidrogenación será menor.

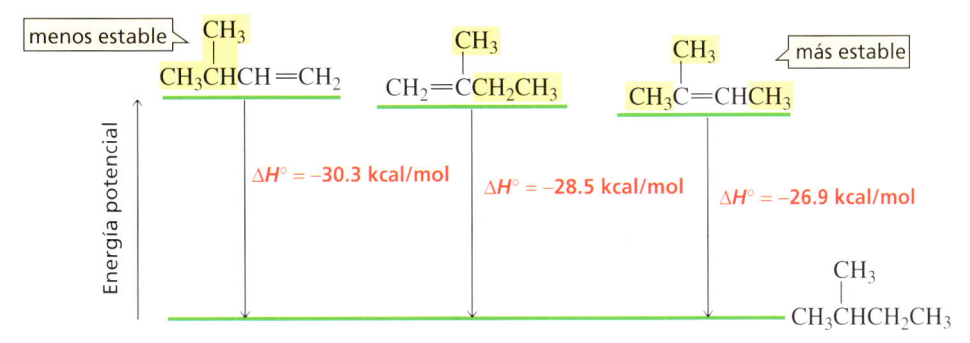

Tutorial del alumno:
Hidrogenación catalítica del etileno
(Catalytic hydrogenation of ethylene)

menos estable: CH₃CHCH=CH₂ (CH₃)

CH₂=CCH₂CH₃ (CH₃)

más estable: CH₃C=CHCH₃ (CH₃)

$\Delta H° = -30.3$ kcal/mol
$\Delta H° = -28.5$ kcal/mol
$\Delta H° = -26.9$ kcal/mol

CH₃CHCH₂CH₃ (CH₃)

◀ **Figura 4.6**
Energías relativas (estabilidades) de tres alquenos que pueden hidrogenarse catalíticamente para obtener 2-metilbutano.

Energía potencial

190 CAPÍTULO 4 Reacciones de los alquenos

GRASAS TRANS

Las grasas son sólidas a temperatura ambiente, mientras que los aceites son líquidos a esas temperaturas porque contienen más dobles enlaces carbono-carbono (sección 26.1). Se dice que los aceites son poliinsaturados porque poseen muchos enlaces dobles.

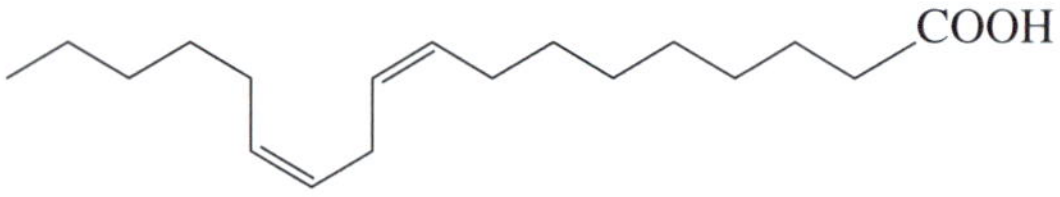

ácido linoleico
ácido graso de 18 carbonos, con dos dobles enlaces *cis*

Algunos, o todos, los dobles enlaces de los aceites se pueden reducir por hidrogenación catalítica. Por ejemplo, la margarina y la manteca se preparan hidrogenando aceites vegetales, como el de soya y el de cártamo, hasta que alcancen la consistencia cremosa y sólida que se desea.

Todos los dobles enlaces en las grasas y aceites naturales tienen la configuración *cis*. El calor que se usa en la hidrogenación rompe el enlace π de los enlaces dobles. A veces, en lugar de hidrogenarse, el enlace doble se reforma; si el enlace sigma gira mientras se rompe el enlace π se puede reformar el doble enlace hacia la configuración *trans* y constituir lo que se denomina grasa *trans*.

Una razón por la que las grasas *trans* preocupan en la salud es que no presentan la misma forma que las grasas *cis* naturales, pero pueden reemplazar dichas grasas en las membranas celulares y afectar su capacidad de controlar el flujo de las moléculas que entran y salen de las células.

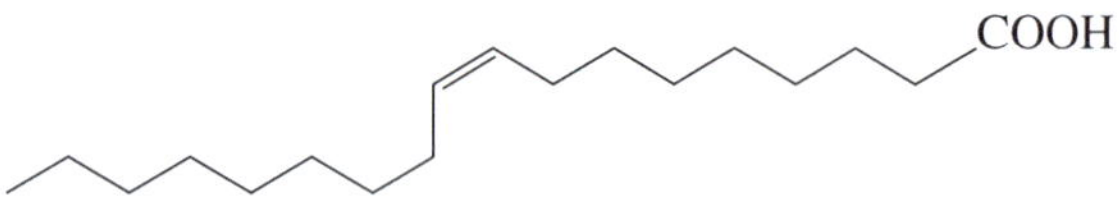

ácido oleico
ácido graso de 18 carbonos con un doble enlace *cis*
antes de calentarlo

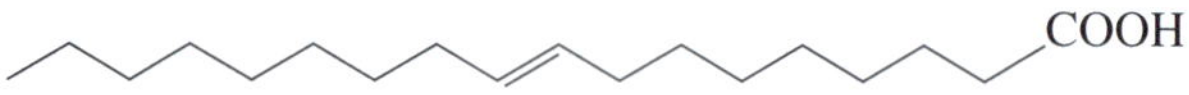

ácido graso de 18 carbonos con un doble enlace *trans*
después de calentarlo

ESTRATEGIA PARA RESOLVER PROBLEMAS

Elección del reactivo para una síntesis

¿De cuál alqueno se partiría para poder sintetizar metilciclohexano?

Se necesita escoger un alqueno que presente la misma cantidad de carbonos, unidos de la misma forma que los que tiene el producto que se desea. Para esta síntesis se podrían usar varios alquenos porque el doble enlace puede estar en cualquier lugar de la molécula.

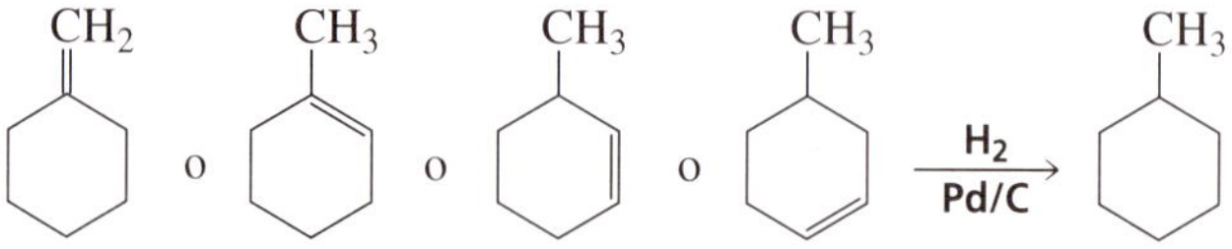

Ahora continúe en el problema 29.

PROBLEMA 29

¿Qué alqueno usaría usted para sintetizar:

a. pentano?   **b.** metilciclopentano?

PROBLEMA 30

¿Cuántos alquenos distintos se pueden hidrogenar para obtener:

a. butano?   **b.** metilciclohexano?   **c.** hexano?

Si examina las estructuras de los tres alquenos reactivos de la figura 4.6 verá que el alqueno más estable tiene dos sustituyentes alquilo unidos a uno de los carbonos sp^2 y un sustituyente alquilo unido al otro carbono sp^2, haciendo un total de tres sustituyentes alquilo (tres grupos metilo) unidos a sus dos carbonos sp^2. El alqueno de estabilidad intermedia tiene un total de dos sustituyentes alquilo (un grupo metilo y un grupo etilo) unidos con sus carbonos sp^2 y el menos estable de los tres alquenos sólo tiene un sustituyente alquilo (un grupo isopropilo) enlazado a un carbono sp^2. Así, se ve que los sustituyentes alquilo unidos a los carbonos sp^2 de un alqueno ejercen un efecto estabilizador sobre el alqueno. Por consiguiente, se puede afirmar que *mientras más sustituyentes alquilo haya unidos a los carbonos* sp^2 *de un alqueno, mayor será la estabilidad del alqueno*. (A algunos alumnos se les facilita ver la cantidad de hidrógenos unidos a los carbonos sp^2. En términos de hidrógenos, la afirmación es: *mientras menos hidrógenos haya unidos a los carbonos* sp^2 *de un alqueno, la estabilidad del alqueno será mayor*).

Mientras mayor sea la cantidad de grupos alquilo unidos con los carbonos sp^2 de un alqueno será más estable.

Los sustituyentes alquilo estabilizan tanto a alquenos como a carbocationes.

estabilidades relativas de los alquenos sustituidos con alquilo

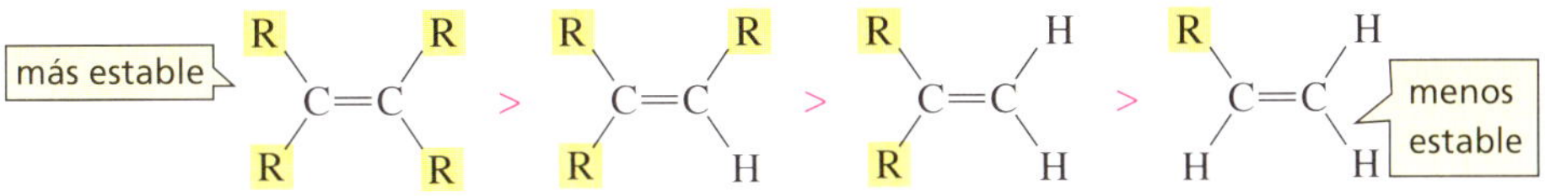

más estable > R₂C=CR₂ > R₂C=CHR > RHC=CHR > RHC=CH₂ menos estable

PROBLEMA 31◆

El mismo alcano se obtiene por hidrogenación catalítica, tanto del alqueno A como del alqueno B. El calor de hidrogenación del alqueno A es 29.8 kcal/mol (125 kJ/mol) y el del alqueno B es 31.4 kcal/mol (131 kJ/mol). ¿Cuál alqueno es más estable?

PROBLEMA 32◆

a. ¿Cuál de los compuestos siguientes es más estable?

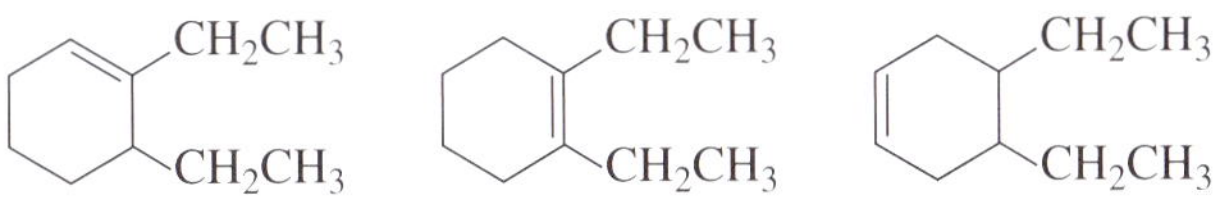

b. ¿Cuál es el menos estable?
c. ¿Cuál tiene el menor calor de hidrogenación?

Tanto el *trans*-2-buteno como el *cis*-2-buteno tienen dos grupos alquilo unidos a sus carbonos sp^2, pero el *trans*-2-buteno dispone de menor calor de hidrogenación. Eso quiere decir que el isómero *trans*, en el que los sustituyentes grandes están más alejados, es más estable que el isómero *cis*, donde esos sustituyentes están más cerca entre sí.

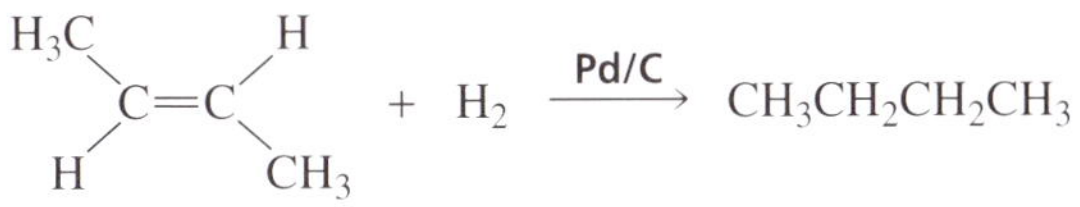

	calor de hidrogenación	$\Delta H°$ kcal/mol	kJ/mol
trans-2-buteno + H₂ →(Pd/C) CH₃CH₂CH₂CH₃	27.6	−27.6	−115
cis-2-buteno + H₂ →(Pd/C) CH₃CH₂CH₂CH₃	28.6	−28.6	−120

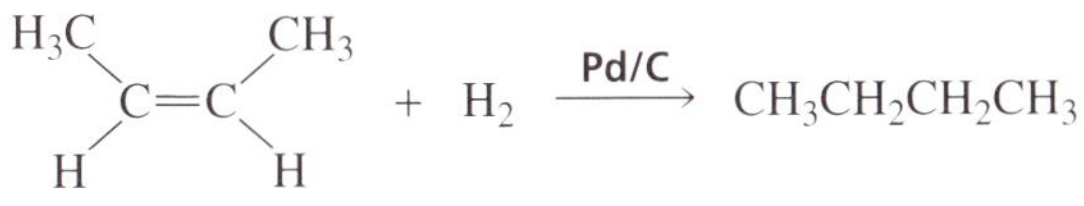

Cuando los sustituyentes grandes están en el mismo lado de la molécula, las nubes electrónicas pueden interferir entre sí y causar tensión estérica en la molécula (sección 2.10) para hecerla menos estable. Cuando se localizan en lados opuestos de la molécula sus nubes electrónicas no pueden interactuar, por lo que la molécula se somete a menos tensión estérica y en consecuencia resulta más estable.

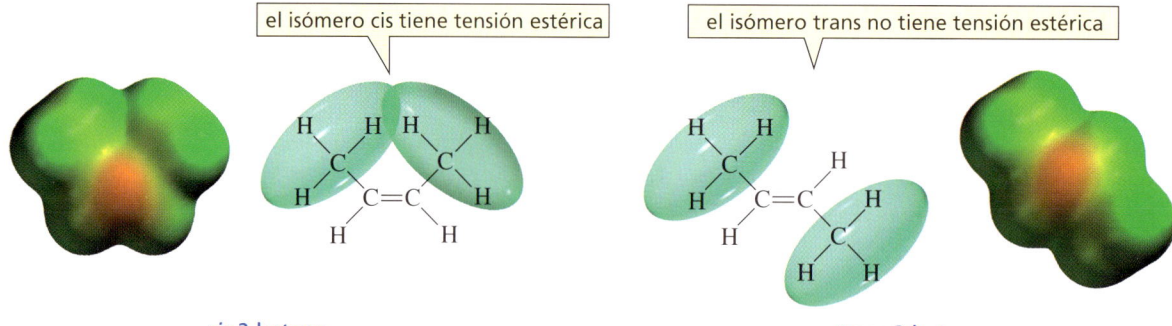

cis-2-buteno — el isómero cis tiene tensión estérica

trans-2-buteno — el isómero trans no tiene tensión estérica

El calor de hidrogenación del *cis*-2-buteno, en el que los dos sustituyentes alquilo están en el *mismo lado* del doble enlace, es parecido al del 2-metilpropeno, en el que los dos sustituyentes alquilo están en el *mismo carbono*. Los tres alquenos sustituidos con dialquilo son *menos* estables que un alqueno sustituido con trialquilo y son *más* estables que un alqueno sustituido con monoalquilo.

estabilidades relativas de alcanos sustituidos con dialquilo

los sustituyentes alquilo son trans > los sustituyentes alquilo son cis ~ los sustituyentes alquilo están en el mismo carbono sp^2

PROBLEMA 33◆

Clasifique los compuestos siguientes por estabilidad decreciente:
trans-3-hexeno, *cis*-3-hexeno, *cis*-2,5-dimetil-3-hexeno, *cis*-3,4-dimetil-3-hexeno

4.12 Reacciones y síntesis

Este capítulo explica las reacciones de los alquenos. El lector habrá visto por qué reaccionan los alquenos, los tipos de reactivos con los que reaccionan, los mecanismos por los que se efectúan las reacciones y los productos que se forman. Es importante recordar que cuando se estudian reacciones al mismo tiempo se estudia síntesis. Cuando se aprende que el compuesto A reacciona con cierta sustancia para formar el compuesto B no sólo se aprende acerca de la reactividad de A, sino también la forma en que se puede sintetizar el compuesto B.

A ⟶ B
A reacciona;
B se sintetiza

Por ejemplo, se estudió que muchos y diversos reactivos se pueden adicionar a los alquenos y que el resultado es que se pueden sintetizar compuestos como haluros de alquilo, dihaluros vecinales, halohidrinas, alcoholes, éteres, epóxidos y alcanos.

Aunque el lector habrá visto cómo reaccionan los alquenos y habrá aprendido los tipos de compuestos que se sintetizan en las reacciones de los alquenos, todavía no vio cómo se sintetizan los alquenos. Las reacciones de los alquenos implican la *adición* de átomos (o grupos de átomos) a los dos carbonos sp^2 del doble enlace. Las reacciones de síntesis de al-

PLAGUICIDAS: NATURALES Y SINTÉTICOS

Mucho antes de que los químicos aprendieran a crear compuestos que protegieran a las plantas contra sus depredadores, las plantas hacían lo mismo ellas solas. Tenían todos los incentivos para sintetizar plaguicidas. Cuando uno no puede correr necesita buscar otra forma para protegerse. Pero ¿cuáles plaguicidas son más dañinos, los que sintetizan los químicos o los que sintetizan las plantas? Desafortunadamente no conocemos la respuesta porque aunque las leyes federales establecen que se deben probar los plaguicidas hechos por el hombre para verificar si causan efectos cancerígenos no piden pruebas para los plaguicidas hechos por las plantas. Además, las evaluaciones de riesgo para sustancias químicas suelen hacerse en ratas, y algo que sea carcinógeno para las ratas puede no serlo para los humanos. Además, cuando se hacen pruebas con ratas, éstas se exponen a concentraciones mucho mayores de la sustancia que cabe esperar encuentre un humano y algunas sustancias sólo son peligrosas en dosis altas. Por ejemplo, para sobrevivir todos necesitamos cloruro de sodio, pero altas concentraciones del mismo son venenosas, y aunque relacionamos los renuevos de alfalfa con una dieta sana, los monos desarrollan perturbaciones del sistema inmunológico cuando son alimentados con grandes cantidades de renuevos de alfalfa.

quenos son exactamente lo contrario: implican la *eliminación* de átomos (o grupos de átomos) de dos carbonos sp^3 adyacentes.

$$\text{C}=\text{C} + \text{Y}^+ + \text{Z}^- \underset{\substack{\text{síntesis de un alqueno}\\ \text{una reacción de eliminación}}}{\overset{\substack{\text{reacción de un alqueno}\\ \text{una reacción de adición}}}{\rightleftharpoons}} -\underset{\text{Y}}{\text{C}}-\underset{\text{Z}}{\text{C}}-$$

El lector aprenderá cómo se sintetizan los alquenos al estudiar compuestos que sufren reacciones de eliminación. En el apéndice IV se publica una lista de las diversas reacciones que conducen a la síntesis de los alquenos.

PROBLEMA 34 RESUELTO

Indique cómo se puede sintetizar cada uno de los compuestos siguientes a partir de un alqueno:

a. 2-clorociclohexanol (Cl, OH)

b. 2-metilciclohexanol (CH₃, OH)

Solución

a. El único alqueno que puede usarse para esta síntesis es el ciclohexeno. Para llegar a tener los sustituyentes adecuados en el anillo, el ciclohexeno debe reaccionar con Cl_2 en disolución acuosa para que el agua sea el nucleófilo.

ciclohexeno $\xrightarrow{Cl_2 / H_2O}$ 2-clorociclohexanol

b. El alqueno que se debe usar aquí es el 1-metilciclohexeno. Para que los sustituyentes estén en los lugares adecuados, el electrófilo debe ser BH_3 para que el HO lo sustituya en la subsecuente reacción de oxidación.

1-metilciclohexeno $\xrightarrow[\text{2. HO}^-,\ H_2O_2,\ H_2O]{\text{1. BH}_3/\text{THF}}$ 2-metilciclohexanol

PROBLEMA 35 ◆

¿Por qué no se debe usar 3-metilciclohexeno como material de partida en el problema 34b?

PROBLEMA 36

Indique cómo se puede sintetizar cada uno de los compuestos siguientes a partir de un alqueno:

a. CH₃CHOCH₃
      |
      CH₃

b. CH₃CH₂CHCHCH₃
        | |
        Br   Br

c. ciclohexilo con CH₂OH

d. ciclohexilo con CH₃O y CH₃

e. ciclohexilo con Br y CH₃

f. ciclohexilo con OCH₂CH₂CH₃

RESUMEN

Los **alquenos** experimentan **reacciones de adición electrofílica**. Estas reacciones comienzan con la adición de un electrófilo a uno de los carbonos sp^2 y termina con la adición de un nucleófilo al otro carbono sp^2. En todas las reacciones de adición electrofílica, el *electrófilo* se adiciona al carbono sp^2 unido a la mayor cantidad de hidrógenos.

La adición de haluros de hidrógeno y la adición de agua o alcoholes catalizada por ácido forma **carbocationes intermediarios**. La **hiperconjugación** determina que los **carbocationes terciarios** sean más estables que los **carbocationes secundarios,** que a su vez son más estables que los **carbocationes primarios**. Un carbocatión se reordena si se vuelve más estable como resultado de esa transposición. Los **reordenamientos de carbocatión** se efectúan por **desplazamientos de hidruro 1,2, desplazamientos de metilo 1,2** y por **expansión de anillo**.

La **oximercuración, alcoximercuración** y la adición de Br_2 o Cl_2 forman intermediarios cíclicos. La **hidroboración** es una **reacción concertada** y no forma un **compuesto intermediario**. Como estas reacciones no forman carbocationes intermediarios no implican reordenamientos de carbocatión.

Los productos de oximercuración y alcoximercuración están sujetos a una reacción de reducción. La **reducción** aumenta la cantidad de enlaces C—H o disminuye la cantidad de enlaces C—O, C—N o C—X (donde X representa un halógeno). Los productos de la **hidroboración** se someten a una reacción de oxidación. La **oxidación** disminuye la cantidad de enlaces C—H o aumenta la cantidad de enlaces C—O, C—N o C—X (también aquí X representa un halógeno). La reacción de un alqueno con un peroxiácido para formar un epóxido es otro ejemplo de una reacción de oxidación.

El **postulado de Hammond** establece que un estado de transición se parece más en su estructura a la especie a la que se parece más en energía. Así, el producto más estable dispondrá del estado de transición más estable y llevará al producto principal de la reacción. La **Regioselectividad** es la formación preferente de un **isómero constitucional** frente a otro.

La adición de H_2 a un alqueno se llama **hidrogenación**. El **calor de hidrogenación** es el que se desprende en una reacción de hidrogenación. Mientras *mayor* sea la *estabilidad* de un compuesto, su *energía* será *menor*, como también lo será su *calor de hidrogenación*. Mientras más sustituyentes alquilo haya enlazados a los carbonos sp^2 de un alqueno, la estabilidad del mismo será mayor. Por consiguiente, los carbocationes y los alquenos se estabilizan con sustituyentes alquilo. Los **alquenos** *trans* son más estables que los **alquenos** *cis* debido a que tienen menor tensión estérica.

Las reacciones de adición electrofílica de los alquenos llevan a la **síntesis** de **haluros de alquilo, dihaluros vecinales, halohidrinas, alcoholes, éteres, epóxidos** y **alcanos**.

RESUMEN DE REACCIONES

Al repasar las reacciones de los alquenos, téngase en cuenta la propiedad que es común a todos ellos: el primer paso de cada reacción es la adición de un electrófilo al carbono sp^2 que está unido con más hidrógenos.

1. Reacciones de adición electrofílica

    a. Adición de haluros de hidrógeno (H⁺ es el electrófilo; sección 4.1)

$$RCH=CH_2 + HX \longrightarrow RCHCH_3$$
$$|$$
$$X$$

HX = HF, HCl, HBr, HI

b. Adición de agua o alcoholes catalizada por ácido (H$^+$ es electrófilo, sección 4.5)

$$RCH=CH_2 + H_2O \underset{}{\overset{H_2SO_4}{\rightleftharpoons}} RCHCH_3$$
$$\phantom{RCH=CH_2 + H_2O \xrightarrow{H_2SO_4} RCH}|$$
$$\phantom{RCH=CH_2 + H_2O \xrightarrow{H_2SO_4} RC}OH$$

$$RCH=CH_2 + CH_3OH \underset{}{\overset{H_2SO_4}{\rightleftharpoons}} RCHCH_3$$
$$|$$
$$OCH_3$$

c. Adición de halógeno (Br$^+$ o Cl$^+$ es el electrófilo, sección 4.7)

$$RCH=CH_2 + Cl_2 \xrightarrow{CH_2Cl_2} RCHCH_2Cl$$
$$|$$
$$Cl$$

$$RCH=CH_2 + Br_2 \xrightarrow{CH_2Cl_2} RCHCH_2Br$$
$$|$$
$$Br$$

$$RCH=CH_2 + Br_2 \xrightarrow{H_2O} RCHCH_2Br$$
$$|$$
$$OH$$

d. Oximercuración-reducción y alcoximercuración-reducción (Hg^{2+} es el electrófilo y a continuación es reemplazado por H:$^-$, sección 4.8)

$$RCH=CH_2 \xrightarrow[\text{2. NaBH}_4]{\text{1. Hg(OAc)}_2,\ H_2O,\ THF} RCHCH_3$$
$$|$$
$$OH$$

$$RCH=CH_2 \xrightarrow[\text{2. NaBH}_4]{\text{1. Hg(O}_2\text{CCF}_3)_2,\ CH_3OH} RCHCH_3$$
$$|$$
$$OCH_3$$

e. Adición de un peroxiácido (O es el electrófilo, sección 4.9)

$$\underset{\text{un alqueno}}{RCH=CH_2} + \underset{\text{un peroxiácido}}{RCOOH} \longrightarrow \underset{\text{un epóxido}}{RCH-CH_2} + \underset{\text{un ácido carboxílico}}{RCOH}$$

(donde el peroxiácido es R–C(=O)–O–OH, el epóxido contiene O puente, y el subproducto es R–C(=O)–OH)

f. Hidroboración-oxidación (B es el electrófilo y a continuación es reemplazado por OH, sección 4.10)

$$RCH=CH_2 \xrightarrow[\text{2. HO}^-,\ H_2O_2,\ H_2O]{\text{1. BH}_3/\text{THF}} RCH_2CH_2OH$$

2. Adición de hidrógeno (sección 4.11)

$$RCH=CH_2 + H_2 \xrightarrow{\text{Pd/C, Pt/C, o Ni}} RCH_2CH_3$$

TÉRMINOS CLAVE

alcoximercuración-reducción (pág. 181)
alqueno (pág. 159)
calor de hidrogenación (pág. 189)
carbeno (pág. 183)
carbocatión intermediario (pág. 159)
carbocatión primario (pág. 161)
carbocatión secundario (pág. 161)
carbocatión terciario (pág. 161)
catalizador (pág. 171)
catalizador heterogéneo (pág. 188)
desplazamiento de hidruro 1,2 (pág. 173)
desplazamiento de metilo (pág. 173)
dímero (pág. 185)

efectos estéricos (pág. 186)
epóxido (pág. 182)
halohidrina (pág. 177)
hidratación (pág. 170)
hidroboración-oxidación (pág. 184)
hidrogenación (pág. 188)
hidrogenación catalítica (pág. 188)
hiperconjugación (pág. 162)
impedimento estérico (pág. 186)
isómeros constitucionales (pág. 166)
mecanismo de la reacción (pág. 161)
oximercuración-reducción (pág. 180)
peroxiácido (pág. 182)

postulado de Hammond (pág. 164)
reacción catalizada por ácido (pág. 171)
reacción concertada (pág. 182)
reacción de adición electrofílica (pág. 159)
reacción de oxidación (pág. 182)
reacción de reducción (pág. 181)
reacción regioselectiva (pág. 166)
reordenamiento de carbocatión (pág. 173)
regioselectividad (pág. 166)
regla de Markovnikov (pág. 167)
vecinal (pág. 176)

PROBLEMAS

37. Indique cuál es el producto principal en cada una de las reacciones siguientes.

    a. 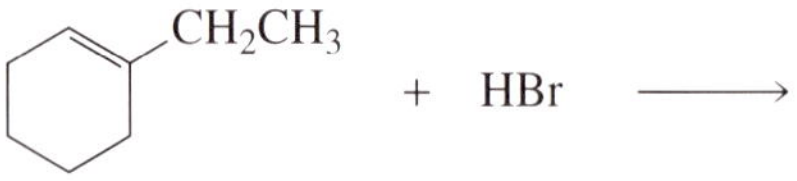 1-etilciclohexeno + HBr ⟶

    b. $CH_2=CCH_2CH_3$ (con CH₃ en C2) + HBr ⟶

    c. 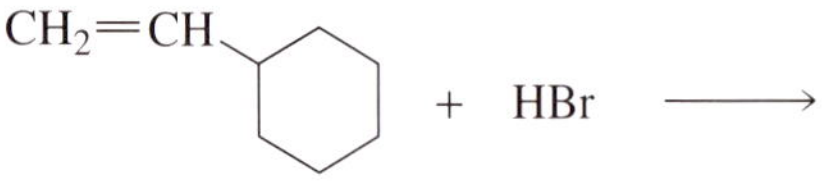 $CH_2=CH$–ciclohexilo + HBr ⟶

    d. $CH_3CH_2C(CH_3)(CH_3)CH=CH_2$ + HBr ⟶

38. Indique cuál es el electrófilo y cuál el nucleófilo en los siguientes pasos de reacción. A continuación trace flechas curvas que ilustren los procesos de formación y ruptura de enlace.

    a. $CH_3\overset{+}{C}HCH_3$ + $:\!\ddot{C}\!l\!:^-$ ⟶ $CH_3CH(Cl)CH_3$

    b. $CH_3CH=CH_2$ + H—Br ⟶ $CH_3\overset{+}{C}H$—CH_3 + Br^-

    c. $CH_3CH=CH_2$ + BH_3 ⟶ CH_3CH_2—CH_2BH_2

39. ¿Cuál será el producto principal de la reacción de 2-metil-2-buteno con cada uno de los siguientes compuestos?

    a. HBr
    b. un peroxiácido
    c. HI
    d. Cl_2/CH_2Cl_2
    e. ICl
    f. H_2/Pd
    g. Br_2 + exceso de NaCl
    h. $Hg(OAc)_2$, H_2O seguida por $NaBH_4$
    i. H_2O + trazas de H_2SO_4
    j. Br_2/CH_2Cl_2
    k. Br_2/H_2O
    l. Br_2/CH_3OH
    m. BH_3/THF, y después $H_2O_2/HO^-/H_2O$
    n. $Hg(O_2CCF_3)_2$ + CH_3OH, seguido por $NaBH_4$

40. Indíquense los nombres de cada uno de los compuestos siguientes:

    a. 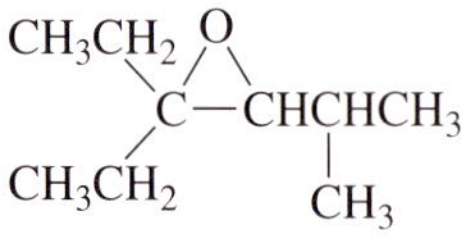 epóxido entre C(CH₂CH₃)(CH₂CH₃) y CH(CH₃)—
    b. 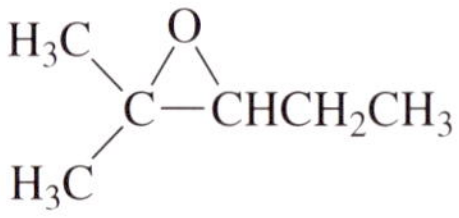 epóxido entre C(CH₃)(CH₃) y CH(CH₂CH₃)—

41.
  a. ¿Cuál compuesto es más estable: 3,4-dimetil-2-hexeno, 2,3-dimetil-2-hexeno o 4,5-dimetil-2-hexeno?
  b. ¿Cuál compuesto espera usted que tenga el mayor calor de hidrogenación?
  c. ¿Cuál espera usted que tenga el menor calor de hidrogenación?

42. ¿Qué reactivos se requieren para sintetizar los siguientes alcoholes?

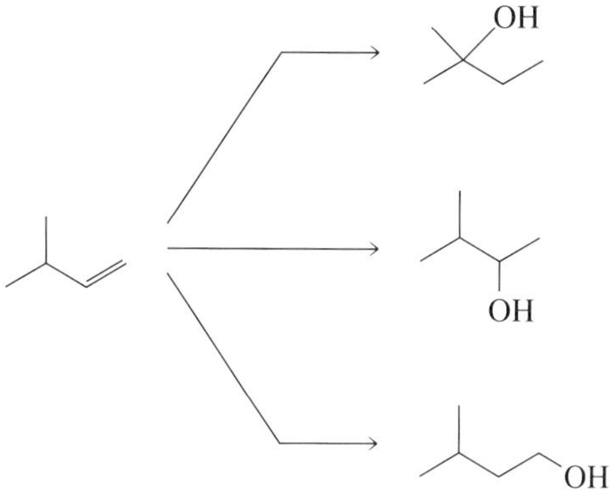

43. Cuando reaccionan 3-metil-1-buteno y HBr, se forman dos haluros de alquilo: 2-bromo-3-metilbutano y 2-bromo-2-metilbutano. Proponga un mecanismo que explique la formación de estos productos.

44. En el problema 37 del capítulo 3 se le pidió indicar las estructuras de todos los alquenos con fórmula molecular C_6H_{12}. Use esas estructuras para contestar lo siguiente:
  a. ¿Cuál de esos alquenos es el más estable?
  b. ¿Cuál de esos alquenos es el menos estable?

45. Trace flechas curvas que muestren el flujo de electrones causante de la conversión de reactivos en productos.

  a. 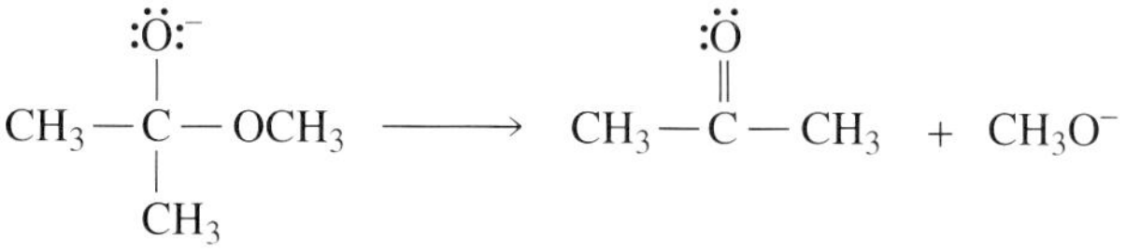 $CH_3-\underset{\underset{CH_3}{|}}{\overset{\overset{:\ddot{O}:^-}{|}}{C}}-OCH_3 \longrightarrow CH_3-\overset{\overset{:\ddot{O}}{\|}}{C}-CH_3 + CH_3O^-$

  b. $CH_3C\equiv C-H + :\ddot{N}H_2^- \longrightarrow CH_3C\equiv C^- + \ddot{N}H_3$

  c. $CH_3CH_2-Br + CH_3\ddot{\underset{..}{O}}:^- \longrightarrow CH_3CH_2-\ddot{\underset{..}{O}}CH_3 + Br^-$

46. Indique qué reactivos se necesitarían para hacer las siguientes síntesis:

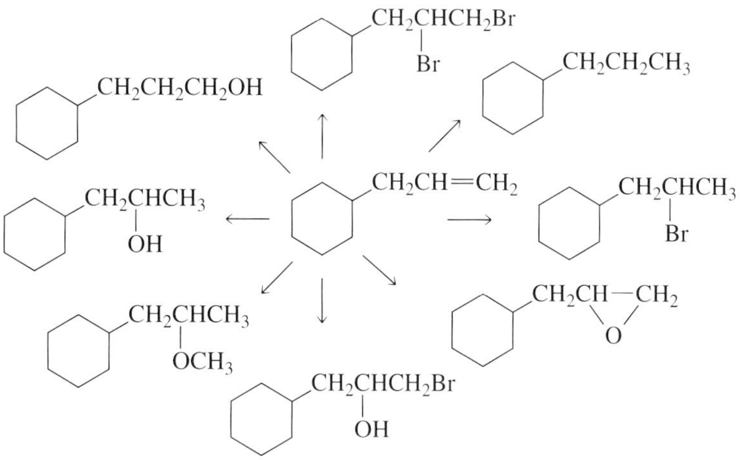

47. Indique cuál es el producto principal en cada una de las reacciones siguientes:

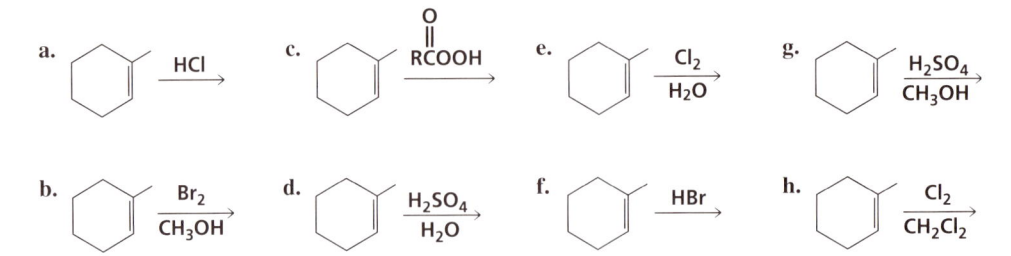

a. ciclohexeno + HCl →

b. ciclohexeno + Br₂/CH₃OH →

c. ciclohexeno + RCOOH →

d. 1-metilciclohexeno + H₂SO₄/H₂O →

e. metilenciclohexano + Cl₂/H₂O →

f. metilenciclohexano + HBr →

g. metilenciclohexano + H₂SO₄/CH₃OH →

h. metilenciclohexano + Cl₂/CH₂Cl₂ →

48. Usando un alqueno y los reactivos necesarios ¿cómo prepararía usted los compuestos siguientes?

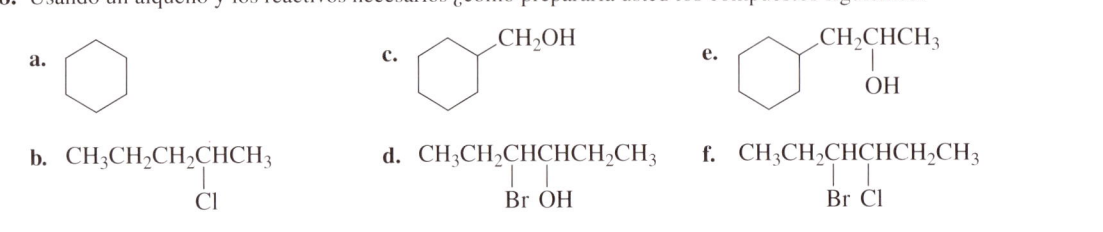

a. ciclohexano

b. $CH_3CH_2CH_2\overset{|}{\underset{Cl}{C}}HCH_3$

c. ciclohexil-CH₂OH

d. $CH_3CH_2\overset{|}{\underset{Br}{C}}H\overset{|}{\underset{OH}{C}}HCH_2CH_3$

e. ciclohexil-CH₂CHCH₃ con OH

f. $CH_3CH_2\overset{|}{\underset{Br}{C}}H\overset{|}{\underset{Cl}{C}}HCH_2CH_3$

49. Indique dos alquenos que reaccionen con HBr para formar 1-bromo-1-metilciclohexano sin que haya un reordenamiento de carbocatión.

50. En cada uno de los pares siguientes, indique cuál es la especie más estable:

a. $CH_3\overset{CH_3}{\underset{+}{C}}CH_3$ o $CH_3\overset{+}{C}HCH_2CH_3$

b. $CH_3\overset{+}{C}HCH_3$ o $CH_3\overset{+}{C}HCH_2Cl$

c. $CH_3\overset{CH_3}{C}=CHCH_2CH_3$ o $CH_3\overset{CH_3}{C}H=CHCHCH_3$

d. 1-metilciclohexeno (con doble enlace entre C1-C2) o 3-metilciclohexeno

51. La constante de rapidez de segundo orden (en M⁻¹ s⁻¹) de la hidratación catalizada por ácido, a 25 °C, se indica para cada uno de los alquenos siguientes:

H_3C $C=CH_2$ H	H_3C CH_3 $C=C$ H H	H_3C H $C=C$ H CH_3	H_3C CH_3 $C=C$ H CH_3	H_3C CH_3 $C=C$ H_3C CH_3
4.95×10^{-8}	8.32×10^{-8}	3.51×10^{-8}	2.15×10^{-4}	3.42×10^{-4}

a. Calcule la rapidez relativa de hidratación de los alquenos.
b. ¿Por qué el (Z)-2-buteno reacciona con más rapidez que el (E)-2-buteno?
c. ¿Por qué el 2-metil-2-buteno reacciona con más rapidez que el (Z)-2-buteno?
d. ¿Por qué el 2,3-dimetil-2-buteno reacciona con más rapidez que el 2-metil-2-buteno?

52. ¿Cuál compuesto tiene mayor momento dipolar?

a. (E)-1,2-dicloroeteno o (Z)-1,2-dicloroeteno

b. (E)-1-cloropropeno o (Z)-1-cloropropeno

53. Marcos Nicof iba a identificar los productos que había obtenido en la reacción de HI con 3,3,3-trifluoropropeno cuando se dio cuenta que se habían caído las etiquetas de los matraces y no sabía cuál era la correspondencia de las etiquetas. Otro alumno le recordó la regla que indica que el electrófilo se adiciona al carbono sp^2 que tiene más hidrógenos; así, debía poner la etiqueta 1,1,1-trifluoro-2-yodopropano al matraz con la mayor parte del producto, y la de 1,1,1-trifluoro-3-yodopropano al otro matraz, con menos producto. ¿Debe atender Marcos el consejo de su compañero?

54. a. Proponga un mecanismo para la siguiente reacción (indique todas las flechas curvas):

$$CH_3CH_2CH=CH_2 + CH_3OH \xrightarrow{H_2SO_4} CH_3CH_2\overset{|}{\underset{OCH_3}{C}}HCH_3$$

b. ¿Cuál es el paso que determina la rapidez de la reacción?
c. ¿Cuál es el electrófilo en el primer paso?
d. ¿Cuál es el nucleófilo en el primer paso?
e. ¿Cuál es el electrófilo en el segundo paso?
f. ¿Cuál es el nucleófilo en el segundo paso?

55. Indique cuáles son los productos principales de cada una de las reacciones siguientes:

a. $HOCH_2CH_2CH_2CH=CH_2$ + Br_2 $\xrightarrow{CH_2Cl_2}$

b. $HOCH_2CH_2CH_2CH_2CH=CH_2$ + Br_2 $\xrightarrow{CH_2Cl_2}$

56. a. ¿Qué producto se obtiene de la reacción de HCl con 1-buteno? ¿Y con 2-buteno?
b. ¿Cuál de las dos reacciones tiene mayor energía libre de activación?
c. ¿Cuál de los dos alquenos reaccionan con más rapidez con HCl?
d. ¿Cuál compuesto reacciona con mayor rapidez con HCl, el (Z)-2-buteno o el (E)-2-buteno?

57. a. ¿Cuántos alquenos podría usted tratar con H_2/Pt para preparar metilciclopentano?
b. ¿Cuál de los alquenos es el más estable?
c. ¿Cuál de los alquenos tiene el menor calor de hidrogenación?

58. a. Proponga un mecanismo para la siguiente reacción:

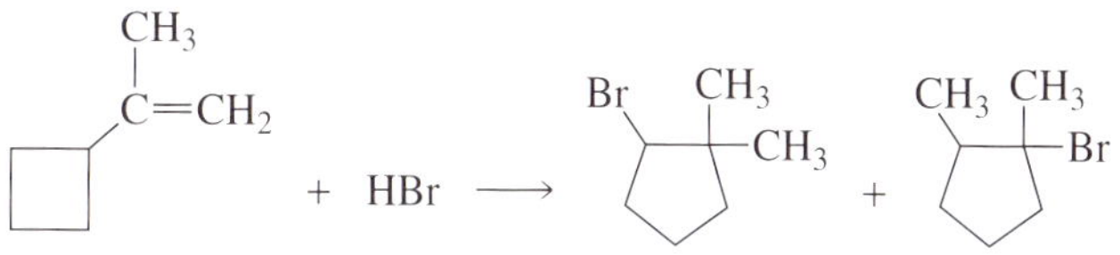

[ciclobutil-C(CH₃)=CH₂] + HBr ⟶ [1-bromo-1,2-dimetilciclopentano] + [1-bromo-2,2-dimetilciclopentano]

b. El carbocatión que se forma inicialmente ¿es primario, secundario o terciario?
c. El carbocatión que se reordenó, ¿es primario, secundario o terciario?
d. ¿Por qué sucede el reordenamiento?

59. Cuando se hidrata el siguiente compuesto en presencia de un ácido, se ve que el alqueno sin reaccionar conserva los átomos de deuterio:

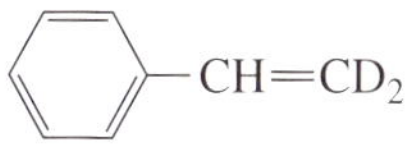

[C₆H₅—CH=CD₂]

¿Qué le dice esta afirmación, acerca del mecanismo de la hidratación?

60. Proponga un mecanismo para la reacción siguiente:

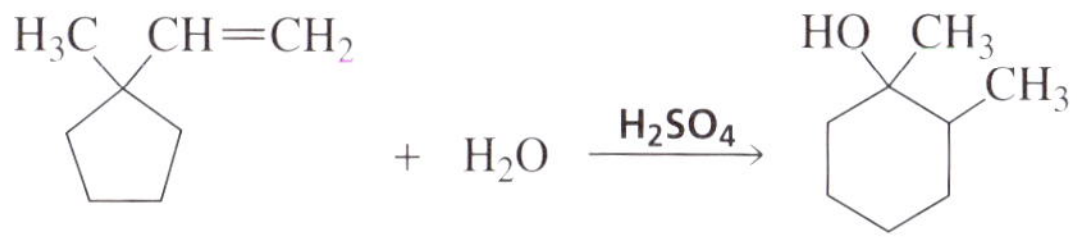

[1-(1-metilciclopentil)... H₃C CH=CH₂] + H_2O $\xrightarrow{H_2SO_4}$ [1,2-dimetilciclohexanol]

61. a. El diclorocarbeno se puede preparar calentando cloroformo con HO:⁻. Proponga un mecanismo para la reacción.

$CHCl_3$ + HO^- $\xrightarrow{\Delta}$ $Cl_2C:$ + H_2O + Cl^-
cloroformo   **diclorocarbeno**

b. También se puede generar diclorocarbeno calentando tricloroacetato de sodio. Proponga un mecanismo para la reacción.

$Cl_3C\overset{O}{\overset{\|}{C}}O^- Na^+$ $\xrightarrow{\Delta}$ $Cl_2C:$ + CO_2 + $Na^+ Cl^-$
tricloroacetato de sodio

CAPÍTULO 5

Estereoquímica
Ordenamiento de los átomos en el espacio;
estereoquímica de las reacciones de adición

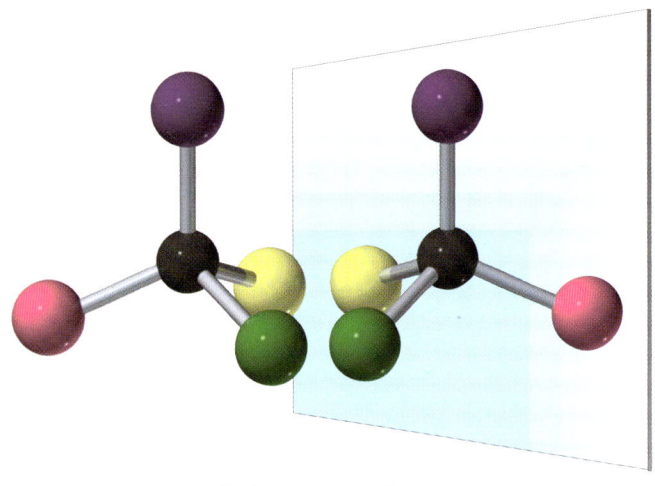

imágenes especulares
no sobreponibles

ANTECEDENTES

SECCIÓN 5.1 Los compuestos con rotación restringida debido a una estructura cíclica o a un doble enlace pueden tener isómeros *cis-trans* (2.14 y 3.4). Ahora se estudiará que los isómeros *cis-trans* son una de dos tipos de estereoisómeros.

SECCIÓN 5.7 Se asignan nombres a los estereoisómeros con centros asimétricos usando el mismo sistema de prioridades que se usa para determinar los isómeros *E* y *Z* (3.5).

SECCIÓN 5.19 En el capítulo 4 el lector aprendió la forma de determinar cuál es el producto principal que resulta cuando un alqueno participa en una reacción de adición electrofílica. Ahora aprenderá a determinar cuáles estereoisómeros de ese producto se forman.

SECCIÓN 5.19 Un carbono con carga positiva tiene una hibridación sp^2 y determina que los tres átomos unidos a él se encuentren en un plano (1.10). Esta geometría influye sobre los estereoisómeros que se obtienen en reacciones donde se forma un carbocatión intermediario.

Los compuestos que tienen la misma fórmula molecular pero no estructuras idénticas se llaman **isómeros**. Los isómeros caen en dos tipos principales: *isómeros constitucionales* y *estereoisómeros*. Los **isómeros constitucionales** difieren en la forma en que están unidos sus átomos (sección 2.0). Por ejemplo, el etanol y el éter dimetílico son isómeros constitucionales y su fórmula molecular es C_2H_6O. En el etanol, el oxígeno está unido a un carbono y a un hidrógeno, mientras que el oxígeno del éter dimetílico está unido a dos carbonos.

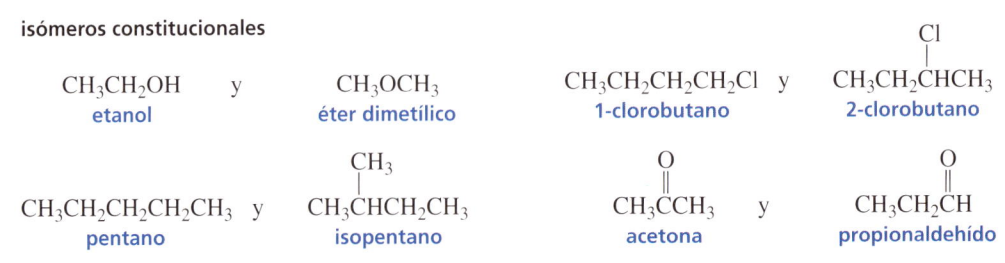

isómeros constitucionales

CH_3CH_2OH y CH_3OCH_3 $CH_3CH_2CH_2CH_2Cl$ y $CH_3CH_2\overset{\underset{\mid}{Cl}}{C}HCH_3$
etanol   éter dimetílico   1-clorobutano   2-clorobutano

$CH_3CH_2CH_2CH_2CH_3$ y $CH_3\overset{\underset{\mid}{CH_3}}{C}HCH_2CH_3$ $CH_3\overset{O}{\overset{\|}{C}}CH_3$ y $CH_3CH_2\overset{O}{\overset{\|}{C}}H$
pentano   isopentano   acetona   propionaldehído

A diferencia de los isómeros constitucionales, en los estereoisómeros los átomos se unen de la misma manera. Los **estereoisómeros** (llamados también **isómeros de configuración**) difieren en la forma en que sus átomos se disponen en el espacio. Al igual que los isómeros constitucionales, los estereoisómeros se pueden separar porque son compuestos diferentes que no se interconvierten con facilidad. Hay dos tipos de estereoisómeros: *isómeros cis-trans* y estereoisómeros que contienen *centros asimétricos*.

```
                    isómeros
                   /        \
    isómeros constitucionales   estereoisómeros
                              /              \
                      isómeros          isómeros que contienen
                      cis-trans         centros asimétricos
```

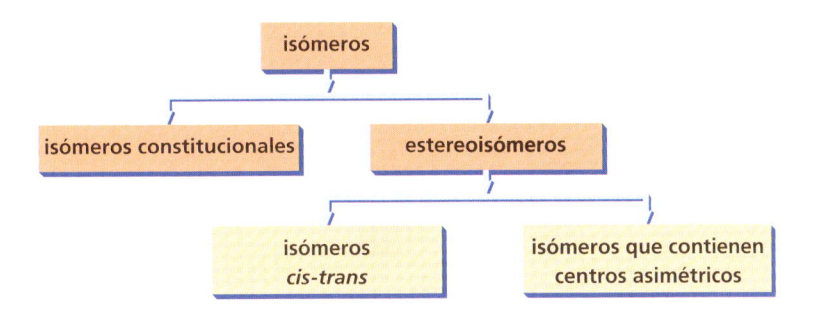

Tutorial del alumno:
Isomería
(Isomerism)

Después de revisar los isómeros *cis-trans*, se estudiarán los isómeros que contienen centros asimétricos, los únicos que el lector no habrá visto ya. A continuación se regresará para revisar las reacciones que se aprendieron en el capítulo 4 y se estudiará, en las reacciones cuyos productos pueden ser estereoisómeros, cuáles se forman específicamente.

PROBLEMA 1♦

a. Dibuje tres isómeros constitucionales que tengan la fórmula molecular C_3H_8O.
b. ¿Cuántos isómeros constitucionales es capaz de dibujar para el $C_4H_{10}O$?

5.1 La rotación impedida origina los isómeros *cis-trans*

Los **isómeros *cis-trans*** (que también se llaman **isómeros geométricos**) son resultado de una rotación impedida. Esta restricción de movimiento puede deberse a un *doble enlace* o a una *estructura cíclica*. Ya se revisó que, debido a la rotación impedida en torno a su enlace doble carbono-carbono, un alqueno como el 2-penteno puede existir como isómeros *cis* y *trans* (sección 3.4). El **isómero *cis*** presenta los hidrógenos del *mismo lado* del enlace doble y el **isómero *trans*** muestra los hidrógenos en *lados opuestos* del doble enlace. (Recuérdese que se usan *Z* y *E*, en lugar de *cis* y *trans*, para moléculas más complejas).

Como resultado de la rotación impedida en torno a los enlaces de un anillo, también los compuestos cíclicos cuentan con isómeros *cis* y *trans* (sección 2.14). El isómero *cis* tiene los hidrógenos del mismo lado del anillo, mientras que el isómero *trans* los presenta en lados opuestos del anillo.

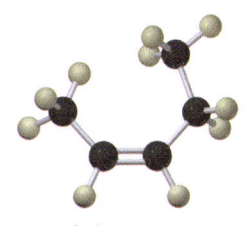

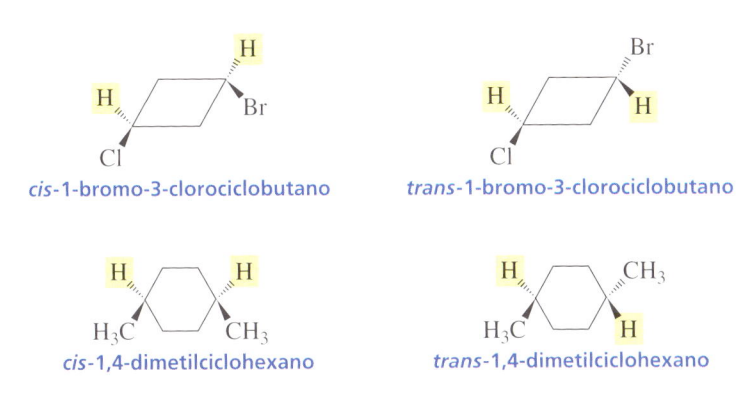

cis-2-penteno

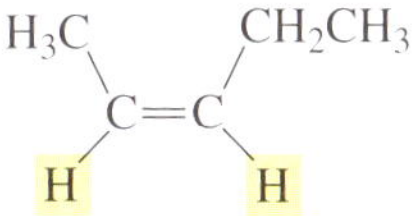

cis-2-penteno

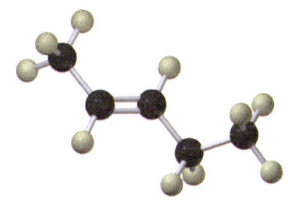

trans-2-penteno

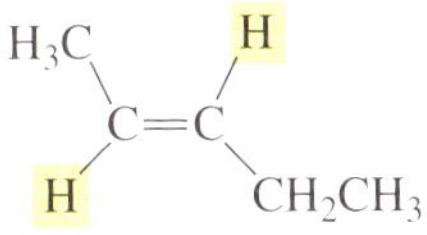

trans-2-penteno

cis-1-bromo-3-clorociclobutano

trans-1-bromo-3-clorociclobutano

cis-1,4-dimetilciclohexano

trans-1,4-dimetilciclohexano

202 CAPÍTULO 5 Estereoquímica

> **PROBLEMA 2**
>
> Dibuje los isómeros *cis* y *trans* de los siguientes compuestos:
>
> **a.** 3-hexeno
> **b.** 2-metil-3-hepteno
> **c.** 1-bromo-4-clorociclohexano
> **d.** 1-etil-3-metilciclobutano

5.2 Los objetos quirales tienen imágenes especulares no sobreponibles

¿Por qué el lector no puede calzarse su zapato derecho en su pie izquierdo? ¿Por qué no se puede poner su guante derecho en su mano izquierda? Es porque las manos, pies, guantes y zapatos tienen formas derechas e izquierdas. Un objeto con forma derecha e izquierda se llama **quiral**, palabra derivada de *cheir*, que significa "mano" en griego.

Un objeto quiral tiene una *imagen especular no sobreponible*. En otras palabras, su imagen en un espejo no es igual que una imagen del objeto mismo. Una mano es quiral porque, como cuando alguien se ve la mano derecha en un espejo, lo que se observa no es una mano derecha sino una mano izquierda (figura 5.1). En contraste, una silla no es quiral: la reflexión de la silla en el espejo se ve igual que la silla misma. Los objetos que no son quirales son **aquirales**. Un objeto aquiral sí tiene una *imagen especular sobreponible*. Otros objetos aquirales son una mesa, una fuente y un globo (suponiendo que sean sencillos y sin adornos).

Figura 5.1 ▶
Prueba de quiralidad con un espejo. Un objeto quiral no es el mismo que su imagen en el espejo; no se pueden sobreponer. Un objeto aquiral es igual a su imagen especular: se pueden sobreponer.

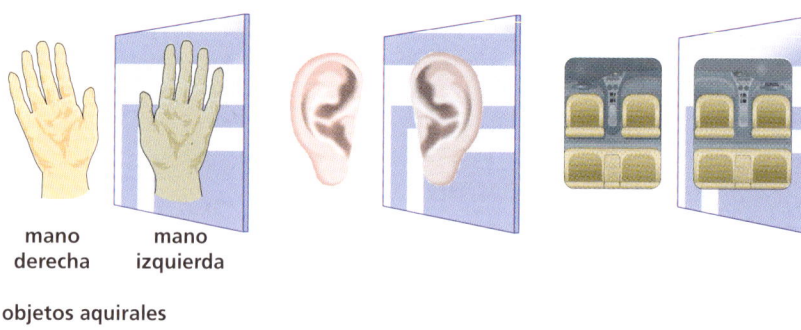

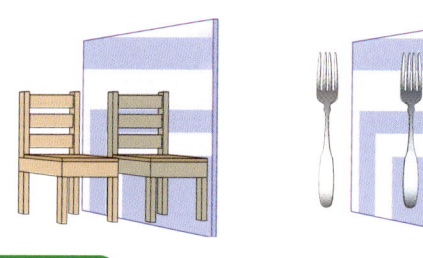

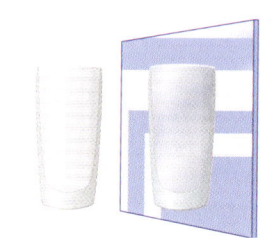

> **PROBLEMA 3◆**
>
> ¿Cuáles de los objetos siguientes son quirales?
>
> **a.** Un tarro, con OTTO escrito a un lado del asa.
> **b.** Un tarro, con ANA escrito a un lado del asa.
> **c.** Un tarro, con OTTO escrito en el lado contrario del asa.
> **d.** Un tarro, con ANA escrito en el lado contrario del asa.
> **e.** Una carretilla.
> **f.** Un control remoto para TV.
> **g.** Un clavo.
> **h.** Un tornillo.

> **PROBLEMA 4◆**
>
> **a.** Escriba cinco letras mayúsculas que sean quirales.
> **b.** Escriba cinco letras mayúsculas que sean aquirales.

5.3 Centros asimétricos como causas de quiralidad en una molécula

Los objetos no son los únicos que pueden ser quirales, también las moléculas pueden ser quirales. La *causa de la quiralidad en una molécula es un centro asimétrico*, por lo general. (Hay otras propiedades que causan quiralidad relativamente raras y que salen del alcance de este libro, pero se puede ver un ejemplo en el problema 96, al final de este capítulo).

Un **centro asimétrico** (o un centro quiral o centro de quiralidad) es un átomo tetraédrico unido a cuatro grupos distintos. Cada uno de los compuestos que se muestran abajo tiene un centro asimétrico indicado con una estrella. Por ejemplo, el carbono con estrella del 4-octanol es un centro asimétrico porque está unido a cuatro grupos distintos: H, OH, $CH_2CH_2CH_3$ y $CH_2CH_2CH_2CH_3$. Obsérvese que los átomos unidos directamente al centro asimétrico no son por fuerza diferentes entre sí; los grupos propilo y butilo son diferentes, aunque el punto en el que difieren queda varios átomos alejado del centro asimétrico. El carbono con estrella del 2,4-dimetilhexano es centro asimétrico porque también está unido a cuatro grupos diferentes: metilo, etilo, isobutilo e hidrógeno.

Una molécula con un centro asimétrico es quiral.

Tutorial del alumno:
Identificación de centros asimétricos I
(Identification of asymmetric centers I)

Tutorial del alumno:
Identificación de centros asimétricos II
(Identification of asymmetric centers II)

$$CH_3CH_2CH_2\overset{*}{C}HCH_2CH_2CH_2CH_3 \quad CH_3\overset{*}{C}HCH_2CH_3 \quad CH_3\overset{*}{C}HCH_2CHCH_2CH_3$$
$$\quad\quad\; | \quad\quad\quad\quad\quad\quad\quad\quad\quad\quad\quad\; | \quad\quad\quad\quad\quad\quad\;\; |\quad\quad\quad |$$
$$\quad\quad OH \quad\quad\quad\quad\quad\quad\quad\quad\quad\quad Br \quad\quad\quad\quad\quad\quad CH_3 \;\; CH_3$$

4-octanol   **2-bromobutano**   **2,4-dimetilhexano**

centro asimétrico

Tutorial del alumno:
Identificación de centros asimétricos III
(Identification of asymmetric centers III)

PROBLEMA 5◆

¿Cuáles de los siguientes compuestos tienen centro asimétrico?

a. $CH_3CH_2CHCH_3$
             |
             Cl

b. $CH_3CH_2CHCH_3$
             |
             CH_3

c. $CH_3CH_2\underset{Br}{\overset{CH_3}{\underset{|}{\overset{|}{C}}}}CH_2CH_3$

d. CH_3CH_2OH

e. $CH_3CH_2CHCH_2CH_3$
             |
             Br

f. $CH_2=CHCHCH_3$
               |
               NH_2

PROBLEMA 6   RESUELTO

Se dice que la tetraciclina es un antibiótico de amplio espectro porque actúa contra una gran variedad de bacterias. ¿Cuántos centros asimétricos tiene la tetraciclina?

Solución Sólo los carbonos sp^3 pueden ser centros asimétricos porque un centro de tales características debe disponer de cuatro grupos diferentes unidos a él. En consecuencia, hay que comenzar por ubicar todos los carbonos sp^3 de la tetraciclina. (Se numeraron en rojo.) La tetraciclina cuenta con nueve carbonos sp^3. Cuatro de ellos (los números 1, 2, 5 y 8) no son centros asimétricos por no estar unidos a cuatro grupos diferentes. Entonces, la tetraciclina presenta cinco centros asimétricos.

tetraciclina

5.4 Isómeros con un centro asimétrico

Un compuesto que tiene un centro asimétrico (como el 2-bromobutano) puede existir en forma de dos estereoisómeros. Los dos estereoisómeros son análogos a una mano izquierda y una mano derecha. Si se imagina un espejo entre los dos estereoisómeros podrá verse que son imágenes especulares entre sí. Además, son imágenes especulares no sobreponibles y por consiguiente son moléculas diferentes.

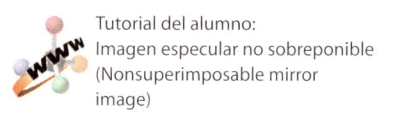

$$CH_3CHCH_2CH_3$$
$$|$$
$$Br$$

2-bromobutano

los dos isómeros del 2-bromobutano
enantiómeros

Tutorial del alumno:
Imagen especular no sobreponible
(Nonsuperimposable mirror image)

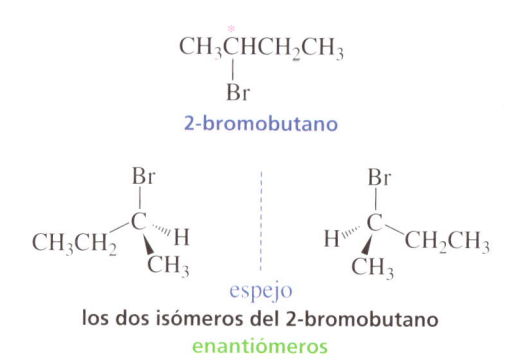

> **Nota para el alumno**
> Demuestre que los dos isómeros del 2-bromobutano no son idénticos construyendo modelos de bolas y palillos que los representen y tratando de sobreponer uno al otro; use bolas de cuatro colores distintos, que representen los cuatro grupos diferentes unidos al centro asimétrico.

Una molécula quiral tiene imagen especular no sobreponible.

Las moléculas que son imágenes especulares no sobreponibles entre sí se llaman **enantiómeros** (del griego *enantion*, "opuesto"). Así, los dos estereoisómeros del 2-bromobutano son enantiómeros. Una molécula que tiene imagen especular *no sobreponible*, como un objeto que tiene imagen especular *no sobreponible*, es *quiral*. Por consiguiente, cada miembro de un par de enantiómeros es quiral. Téngase en cuenta que la quiralidad es una propiedad de todo un objeto o de toda una molécula.

Una molécula aquiral tiene imagen especular sobreponible.

Una molécula que tiene una imagen especular *sobreponible*, como un objeto que tiene una imagen especular *sobreponible*, es *aquiral*. Para ver que la molécula aquiral de abajo se puede sobreponer a su imagen especular (que son moléculas idénticas), gírela en el sentido de las manecillas del reloj, en forma mental.

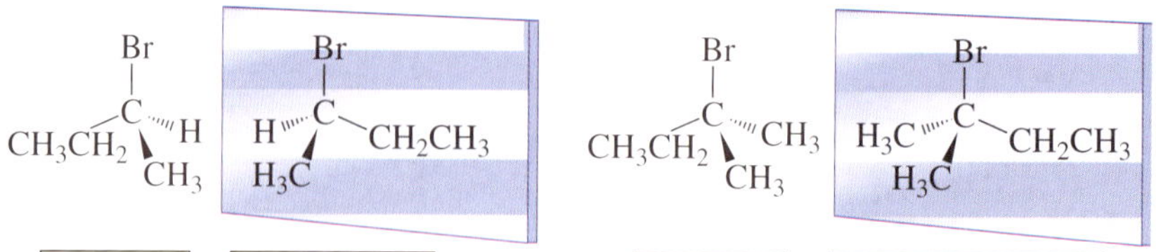

| molécula quiral | imagen no sobreponible | | molécula aquiral | imagen especular sobreponible |

enantiómeros — moléculas idénticas

PROBLEMA 7◆

¿Cuáles de los compuestos del problema 5 pueden existir como enantiómeros?

5.5 Centros asimétricos y estereocentros

Un **estereocentro** (o **centro estereogénico**) es un átomo en el que el intercambio de dos grupos produce un estereoisómero. Los estereocentros pueden ser *centros asimétricos*, donde el intercambio de dos grupos produce un enantiómero, o bien, los carbonos sp^2 o sp^3, donde el intercambio de dos grupos convierte un isómero *cis* en isómero *trans*, o viceversa (o un isómero *Z* en isómero *E*). Ello quiere decir que aunque *todos los centros asimétricos son estereocentros*, no todos los estereocentros son centros asimétricos.

5.6 Representación de los enantiómeros

En química los enantiómeros se dibujan mediante *fórmulas en perspectiva* o con *proyecciones de Fischer*. Una **fórmula en perspectiva** muestra dos de los enlaces del centro asimétrico en el plano del papel, uno como cuña llena, como si sobresaliera del papel, y el cuarto enlace como cuña entrecortada, como si se extendiera hacia atrás del papel. Las cuñas llena y entrecortada deben ser adyacentes. Cuando el lector trace el primer enantiómero, los cuatro grupos unidos con el centro asimétrico pueden colocarse en cualquier orden. A continuación se traza el segundo enantiómero trazando la imagen especular del primero.

fórmulas en perspectiva de los enantiómeros del 2-bromobutano

Una **proyección de Fischer** es un método rápido para representar el ordenamiento tridimensional de grupos unidos a un centro asimétrico. Fue inventada por Emil Fischer (sección 21.0) a fines del siglo XIX y representa un centro asimétrico como punto de intersección de dos líneas perpendiculares. Las líneas horizontales representan enlaces que salen del plano del papel, hacia el espectador, y las líneas verticales representan enlaces que se extienden desde el papel hacia atrás, alejándose del espectador. En general, la cadena de carbonos se dibuja vertical, con el C-1 en la parte superior.

proyecciones de Fischer de los enantiómeros del 2-bromobutano

Cuando el lector dibuje enantiómeros usando proyecciones de Fischer podrá representar al primero colocando los cuatro átomos o grupos unidos al centro asimétrico alrededor de ese centro en cualquier orden. A continuación trazará el segundo enantiómero intercambiando dos de los átomos o grupos. No importará cuáles sean los dos que intercambie. (Háganse modelos para ayudar al convencimiento). Lo mejor es intercambiar los grupos en los dos enlaces horizontales porque entonces los enantiómeros se ven como imágenes especulares en el papel.

Sea que se dibujen fórmulas en perspectiva o proyecciones de Fischer, el intercambio de dos grupos o átomos mostrará el otro enantiómero. Si se intercambian los átomos o grupos por segunda vez, se regresa a la molécula original.

Una cuña de línea llena representa un enlace que sale del plano del papel hacia el espectador.

Una cuña entrecortada representa un enlace que apunta del plano del papel hacia atrás, alejándose del espectador.

Cuando se dibuja una fórmula en perspectiva, se debe asegurar que los dos enlaces en el plano del papel estén adyacentes entre sí; entre ellos no debe dibujarse una cuña de línea llena ni una cuña entrecortada.

En una proyección de Fischer, las líneas horizontales salen del plano del papel, hacia el espectador, y las líneas verticales se dirigen hacia atrás, alejándose del espectador.

206 CAPÍTULO 5 Estereoquímica

> **PROBLEMA 8**
>
> Trace enantiómeros de cada uno de los compuestos que siguen y use:
>
> **a.** fórmulas en perspectiva.
> **b.** proyecciones de Fischer.
>
> 1. CH$_3$CHCH$_2$OH (Br sobre CH)
> 2. ClCH$_2$CH$_2$CHCH$_2$CH$_3$ (CH$_3$ sobre CH)
> 3. CH$_3$CHCHCH$_3$ (CH$_3$ sobre el primer CH, OH sobre el segundo CH)

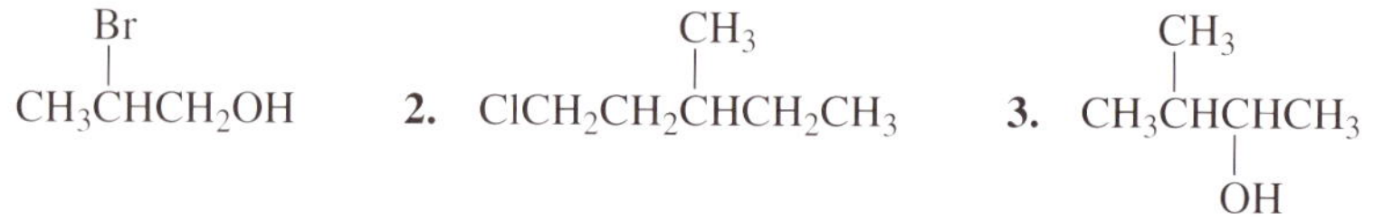

5.7 Nomenclatura de los enantiómeros en el sistema *R,S*

¿Cómo son los nombres de los distintos estereoisómeros de un compuesto como el 2-bromobutano para poder saber de cuál se está hablando? Se necesita un sistema de nomenclatura que indique el ordenamiento de los átomos o grupos en torno al centro asimétrico. En química se usan las letras *R* y *S* para este fin. En cada par de enantiómeros con un centro asimétrico, un miembro tendrá la **configuración *R*** y el otro la **configuración *S***. El sistema *R,S* fue inventado por R. S. Cahn, C. Ingold y V. Prelog.

Primero se ha de revisar cómo se puede determinar la configuración de un compuesto cuando se cuenta con un modelo tridimensional.

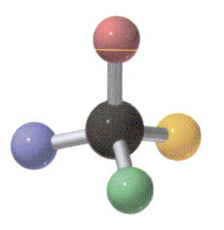

> **BIOGRAFÍA**
>
> **Robert Sidney Cahn (1899–1981)** *nacido en Inglaterra, recibió una licenciatura en la Universidad de Cambridge y un doctorado en filosofía natural en Francia. Editó la revista Journal of the Chemical Society (London).*

> **BIOGRAFÍA**
>
> **Sir Christopher Ingold (1893–1970)** *nacido en Ilford, Inglaterra, fue nombrado caballero por la Reina Isabel II. Fue profesor de química en la Universidad de Leeds (1924 a 1930) y en el University College de Londres (1930-1970).*

> **BIOGRAFÍA**
>
> **Vladimir Prelog (1906–1998)** *nació en Sarajevo, Bosnia. En 1929 recibió el grado de doctor en ingeniería en el Instituto de Tecnología de Praga, Checoeslovaquia. Dio clases en la Universidad de Zagreb desde 1935 hasta 1941, cuando huyó a Suiza del ejército alemán invasor. Fue profesor en el Instituto Federal Suizo de Tecnología (ETH). Por sus trabajos que contribuyeron a comprender la forma en que los organismos vivos efectúan las reacciones químicas, compartió el Premio Nobel de Química con John Cornforth (página 246).*

1. **Ordenar por prioridades los grupos (o átomos) unidos al centro asimétrico.** Los números atómicos de los átomos unidos directamente al centro asimétrico son los que determinan las prioridades. Mientras mayor sea el número atómico, la prioridad es mayor. Esto recuerda la forma en que se asignan prioridades relativas a los isómeros *E* y *Z* (sección 3.5) porque el sistema de prioridades fue inventado primero para el sistema de nomenclatura *R,S* y después fue adoptado en el sistema *E,Z*.

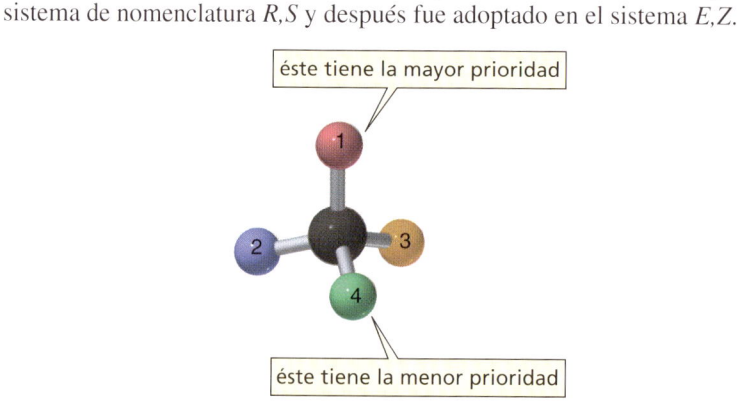

   éste tiene la mayor prioridad → 1
   2, 3
   4 ← *éste tiene la menor prioridad*

2. **Orientar la molécula de tal modo que el grupo (o átomo) que tenga la prioridad menor (4) se aleje del espectador. A continuación trazar una flecha imaginaria del grupo (o átomo) con la mayor prioridad (1) hasta el grupo (o átomo) con la siguiente prioridad mayor (2)**. Si la flecha apunta en el sentido de las manecillas del reloj, el centro asimétrico tiene la configuración *R* (*R* viene de *rectus*, "derecho" en latín). Si la flecha apunta en contra del sentido de las manecillas del reloj, el centro tiene la configuración *S* (*S* viene de *sinister*, "izquierdo" en latín).

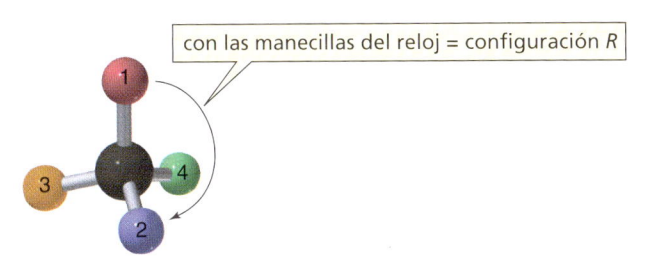

5.7 Nomenclatura de los enantiómeros en el sistema *R,S* 207

con las manecillas del reloj = configuración *R*

La molécula se orienta de tal modo que el grupo con la menor prioridad se aleje del espectador. Si una flecha se traza desde el grupo de máxima prioridad hasta el grupo con la prioridad siguiente y tiene el sentido de las manecillas del reloj, la molécula tiene configuración *R*.

Si el lector olvida la correspondencia entre dirección y configuración, debe imaginar que maneja un automóvil y gira el volante en el sentido de las manecillas del reloj, para dar vuelta a la derecha, o en contra de las manecillas del reloj, para dar vuelta a la izquierda.

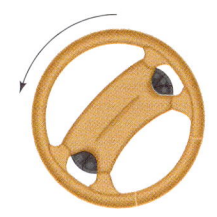

vuelta a la izquierda

vuelta a la derecha

PROBLEMA 9◆

¿Cuáles de los modelos moleculares siguientes son idénticos?

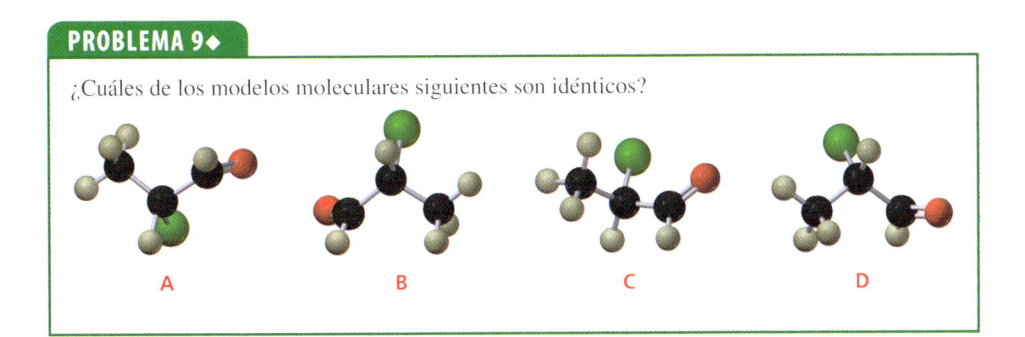

A   B   C   D

Si el lector puede visualizar con facilidad relaciones espaciales, todo lo que necesita son las dos reglas anteriores para determinar si el centro asimétrico de una molécula escrito en un papel bidimensional tiene la configuración *R* o *S*. Debe girar de manera mental la molécula de modo que el grupo (o átomo) con la menor prioridad (4) se aleje de sí, y a continuación trazar una flecha imaginaria desde el grupo (o átomo) de máxima prioridad hasta el grupo (o átomo) de la siguiente prioridad mayor.

Si el lector presenta dificultad en visualizar relaciones espaciales y carece de acceso a un modelo, con los conjuntos siguientes de instrucciones le resultará posible determinar la configuración en torno a un centro asimétrico sin tener que recurrir al giro mental de la molécula.

Primero ha de fijarse en la forma en que le sea posible determinar la configuración de un compuesto representado por una fórmula en perspectiva. Como ejemplo, se usarán los enantiómeros del 2-bromobutano.

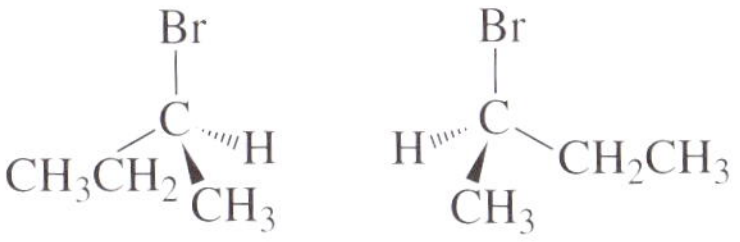

enantiómeros del 2-bromobutano

1. Clasifique los grupos (o átomos) unidos al centro asimétrico por prioridades. En el caso del ejemplo, el bromo presenta la mayor prioridad (1), el grupo etilo tiene la siguiente mayor prioridad (2), el grupo metilo los sigue con la tercera (3) y el hidrógeno representa la prioridad menor (4). (Conviene repasar la sección 3.5 si no comprende la asignación de estas prioridades).

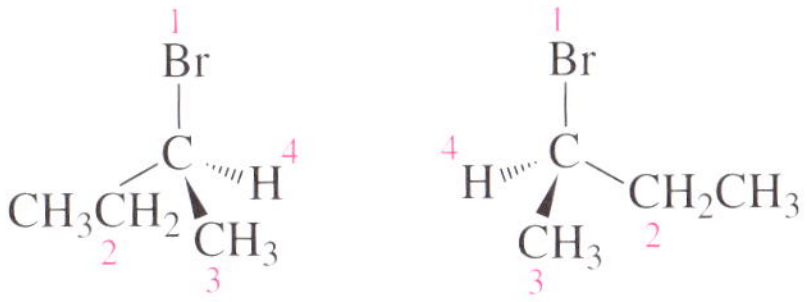

2. Si el grupo (o átomo) de prioridad menor está unido con una cuña entrecortada, se debe trazar una flecha desde el grupo (o átomo) de mayor prioridad (1) hasta el grupo (o átomo) con la segunda mayor prioridad (2). Si la flecha se dirige en el sentido de las manecillas del reloj, el compuesto tiene la configuración *R*, y si apunta en contra de las manecillas del reloj, presenta la configuración *S*.

el grupo con menor prioridad está unido por un enlace entrecortado

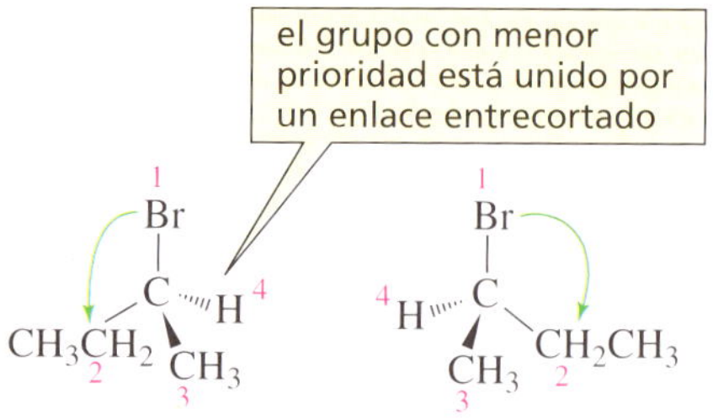

(*S*)-2-bromobutano   (*R*)-2-bromobutano

3. Si el grupo con la menor prioridad (4) no está unido por una cuña entrecortada, se deben intercambiar dos grupos para que el grupo 4 cuente con la unión de una cuña entrecortada. A continuación se procede como en el paso 2: se traza una flecha desde el grupo (o átomo) con la mayor prioridad (1) hasta el grupo (o átomo) con la siguiente mayor prioridad (2). Como se han intercambiado dos grupos, ahora el lector se encontrará determinando la configuración del enantiómero de la molécula original. Entonces, si la flecha apunta en el sentido de las manecillas del reloj, el *enantiómero* (con los grupos intercambiados) tiene la configuración *R*, lo que significa que la molécula original ostenta la configuración *S*. Por otra parte, si la flecha apunta contra las manecillas del reloj, el enantiómero (con los grupos intercambiados) tiene la configuración *S* y entonces la molécula original presenta la configuración *R*.

El sentido de las manecillas del reloj indica *R* si el sustituyente de menor prioridad está en una cuña entrecortada.

Contra las manecillas del reloj indica *S* si el sustituyente de menor prioridad está en una cuña entrecortada.

¿cuál configuración es?

intercambiar CH₃ and H

esta molécula tiene configuración *R*; por consiguiente, tenía la configuración *S* antes de intercambiar los grupos

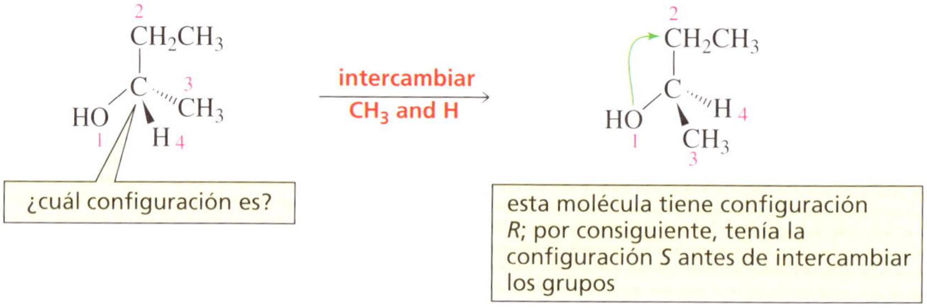

4. Para trazar la flecha del grupo 1 al grupo 2, se le puede hacer pasar por el grupo con la menor prioridad (4), pero nunca se debe dibujar haciéndola pasar por el grupo con la segunda menor prioridad (3).

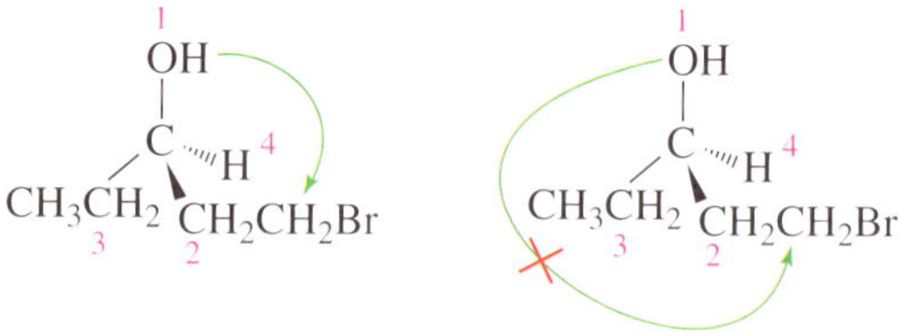

PROBLEMA 10◆

Indique la configuración de cada una de las estructuras siguientes:

a.

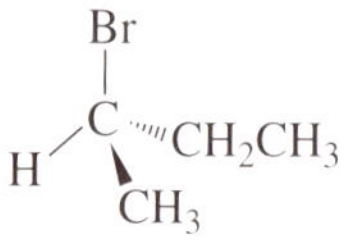

b.

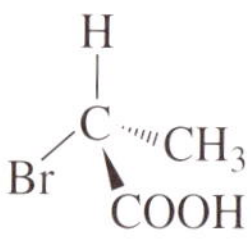

c.

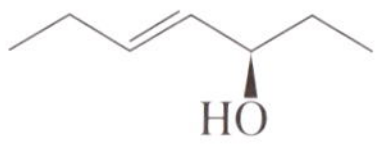

d.

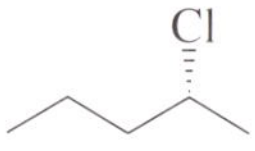

Ahora se ha de revisar la manera de determinar la configuración de un compuesto representado como proyección de Fischer.

1. Ordene los grupos (o átomos) que estén enlazados al centro asimétrico por prioridad decreciente.
2. Trace una flecha desde el grupo (o átomo) con la mayor prioridad (1) hasta el grupo (o átomo) con la siguiente prioridad mayor (2). Si la flecha apunta en el sentido de las manecillas del reloj, el enantiómero presenta la configuración *R*; si apunta en sentido contrario al de las manecillas del reloj, el enantiómero tiene la configuración *S*, *siempre y cuando el grupo con la menor prioridad (4) esté en un enlace vertical.*

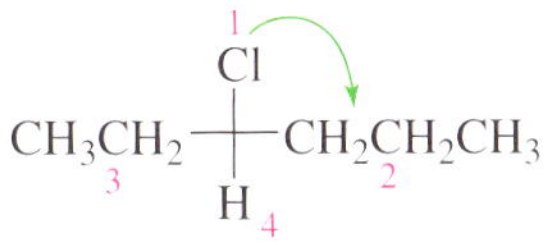

(*R*)-3-clorohexano 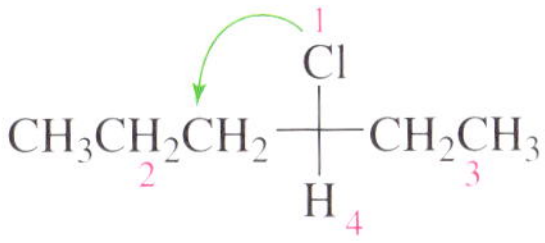   (*S*)-3-clorohexano

3. Si el grupo (o átomo) con la menor prioridad está en un enlace *horizontal,* lo que indica la dirección de la flecha será contrario a lo correcto. Por ejemplo, si la flecha apunta en el sentido de las manecillas del reloj, con lo cual estaría indicando que el centro asimétrico presenta la configuración *R*, en realidad tendrá la configuración *S*; si la flecha apunta en sentido contrario al de las manecillas del reloj, pareciendo indicar que el centro asimétrico tiene la configuración *S*, en realidad tendrá la configuración *R*. En el ejemplo que sigue, el grupo con menor prioridad está en un enlace horizontal, por lo que sentido de las manecillas indica la configuración *S* y no la configuración *R*.

El sentido de las manecillas del reloj indica *R* si el sustituyente de menor prioridad está en un enlace vertical.

Contra las manecillas del reloj indica *S* si el sustituyente de menor prioridad está en un enlace horizontal.

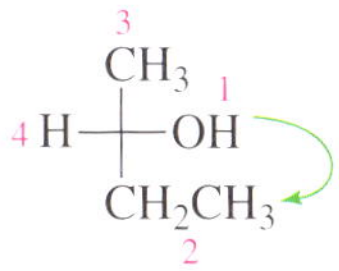

(*S*)-2-butanol 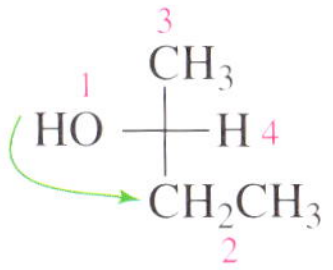   (*R*)-2-butanol

4. Al trazar la flecha del grupo 1 al grupo 2, se la puede hacer pasar por el grupo (o átomo) con la menor prioridad (4), pero nunca debe dibujarse haciéndola pasar por el grupo (o átomo) con la siguiente prioridad menor (3).

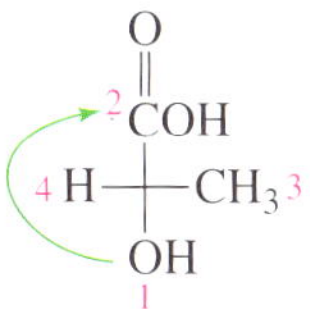

ácido (*S*)-láctico 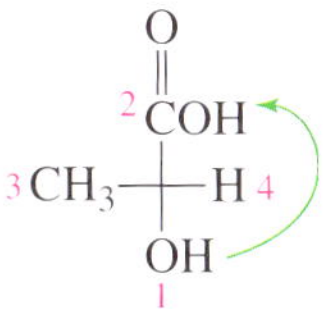   ácido (*R*)-láctico

> **Nota para el alumno**
> Al comparar dos proyecciones de Fischer para ver si son iguales o distintas, nunca gire una 90° o la invierta "del frente hacia atrás" porque así se llega a una conclusión incorrecta. Una proyección de Fischer se puede girar 180° en el plano del papel, pero es la única forma de moverla sin arriesgarse a obtener una respuesta incorrecta.

CAPÍTULO 5 Estereoquímica

PROBLEMA 11◆

Indique la configuración de cada una de las estructuras siguientes:

a.
$$\begin{array}{c} \text{CH(CH}_3)_2 \\ \text{CH}_3\text{CH}_2 \!-\!\!|\!-\! \text{CH}_2\text{Br} \\ \text{CH}_3 \end{array}$$

b.
$$\begin{array}{c} \text{CH}_2\text{CH}_2\text{CH}_3 \\ \text{HO}\!-\!\!|\!-\!\text{H} \\ \text{CH}_2\text{OH} \end{array}$$

c.
$$\begin{array}{c} \text{Br} \\ \text{CH}_3\!-\!\!|\!-\!\text{H} \\ \text{CH}_2\text{CH}_3 \end{array}$$

d.
$$\begin{array}{c} \text{CH}_2\text{CH}_2\text{CH}_2\text{CH}_3 \\ \text{CH}_3\!-\!\!|\!-\!\text{CH}_2\text{CH}_2\text{CH}_3 \\ \text{CH}_2\text{CH}_3 \end{array}$$

ESTRATEGIA PARA RESOLVER PROBLEMAS

Reconocimiento de pares de enantiómeros

El siguiente par de estructuras ¿representan moléculas idénticas o enantiómeros?

$$\begin{array}{c} \text{CH}_3 \\ | \\ \text{HO}\!-\!\text{C}\!\cdots\!\text{H} \\ \text{CH}_2\text{CH}_2\text{CH}_3 \end{array} \quad \text{y} \quad \begin{array}{c} \text{OH} \\ | \\ \text{C}\!\cdots\!\text{CH}_3 \\ \text{CH}_3\text{CH}_2\text{CH}_2 \; \text{H} \end{array}$$

La forma más fácil de comprobar si dos moléculas son enantiómeros o moléculas idénticas es determinando sus configuraciones. Si una tiene la configuración *R* y la otra la configuración *S*, son enantiómeros. Si las dos tienen la configuración *R* o las dos tienen la configuración *S*, son moléculas idénticas. Como la estructura de la izquierda tiene configuración *S* y la de la derecha tiene configuración *R*, representan un par de enantiómeros.

Ahora continúe en el problema 12.

PROBLEMA 12◆ *RESUELTO*

Las estructuras siguientes ¿representan moléculas idénticas o pares de enantiómeros?

a.
$$\begin{array}{c} \text{HC}\!=\!\text{O} \\ | \\ \text{C}\!\cdots\!\text{OH} \\ \text{HOCH}_2\text{CH}_2 \; \text{CH}_2\text{CH}_3 \end{array} \quad \text{y} \quad \begin{array}{c} \text{HC}\!=\!\text{O} \\ | \\ \text{C}\!\cdots\!\text{CH}_2\text{CH}_2\text{OH} \\ \text{CH}_3\text{CH}_2 \; \text{OH} \end{array}$$

b.
$$\begin{array}{c} \text{CH}_2\text{Br} \\ | \\ \text{C}\!\cdots\!\text{Cl} \\ \text{H}_3\text{C} \; \text{CH}_2\text{CH}_3 \end{array} \quad \text{y} \quad \begin{array}{c} \text{Cl} \\ | \\ \text{C}\!\cdots\!\text{CH}_3 \\ \text{CH}_3\text{CH}_2 \; \text{CH}_2\text{Br} \end{array}$$

c.
$$\begin{array}{c} \text{CH}_2\text{Br} \\ | \\ \text{C}\!\cdots\!\text{OH} \\ \text{H} \; \text{CH}_3 \end{array} \quad \text{y} \quad \begin{array}{c} \text{H} \\ | \\ \text{C}\!\cdots\!\text{CH}_3 \\ \text{HO} \; \text{CH}_2\text{Br} \end{array}$$

d.
$$\begin{array}{c} \text{Cl} \\ \text{CH}_3\!-\!\!|\!-\!\text{CH}_2\text{CH}_3 \\ \text{H} \end{array} \quad \text{y} \quad \begin{array}{c} \text{CH}_3 \\ \text{H}\!-\!\!|\!-\!\text{Cl} \\ \text{CH}_2\text{CH}_3 \end{array}$$

Solución de 12a La primera estructura de la parte **a.** tiene la configuración *R* y la segunda tiene la configuración *S*. Como tienen configuraciones opuestas representan un par de enantiómeros.

5.7 Nomenclatura de los enantiómeros en el sistema R,S 211

ESTRATEGIA PARA RESOLVER PROBLEMAS

Dibujo de un enantiómero con la configuración deseada

La (S)-alanina es un aminoácido natural. Trazar su estructura usando una fórmula en perspectiva.

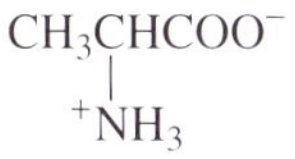

$$\underset{\textbf{alanina}}{\mathrm{CH_3CHCOO^-}\atop{|\atop{{}^+NH_3}}}$$

Primero se trazan los enlaces en torno al centro asimétrico. Recuérdese que los dos enlaces que están en el plano del papel deben quedar adyacentes entre sí.

Se coloca el grupo con la menor prioridad en la cuña entrecortada. El grupo con la mayor prioridad se coloca en cualquier enlace de los que restan.

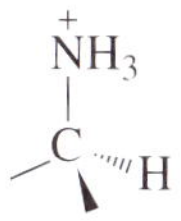

Como se pidió trazar el enantiómero S, se traza una flecha en sentido contrario al de las manecillas del reloj desde el grupo con la mayor prioridad hasta el siguiente enlace disponible y en ese enlace se dispone el grupo con la segunda prioridad mayor.

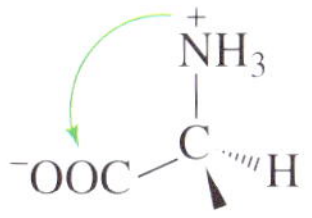

El sustituyente que queda se coloca en el último enlace disponible.

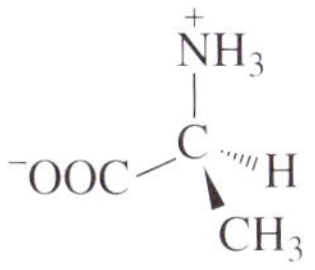

Ahora pase al problema 13.

PROBLEMA 13

Trace fórmulas en perspectiva de los siguientes compuestos:

a. (S)-2-clorobutano
b. (R)-1,2-dibromobutano

PROBLEMA 14♦

Asigne prioridades relativas a los grupos o átomos en cada uno de los siguientes conjuntos:

a. $-CH_2OH$ $-CH_3$ $-CH_2CH_2OH$ $-H$
b. $-CH=O$ $-OH$ $-CH_3$ $-CH_2OH$
c. $-CH(CH_3)_2$ $-CH_2CH_2Br$ $-Cl$ $-CH_2CH_2CH_2Br$

d. $-CH=CH_2$ $-CH_2CH_3$ —⟨phenyl⟩ $-CH_3$

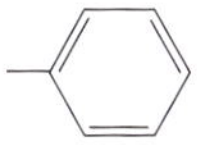

5.8 Los compuestos quirales son ópticamente activos

Los enantiómeros comparten muchas de las mismas propiedades: tienen los mismos puntos de ebullición, mismos puntos de fusión y mismas solubilidades. De hecho, todas las propiedades físicas de los enantiómeros son iguales, excepto las que se deben a la forma en que los grupos que se unen al centro asimétrico están ordenados en el espacio. Una de las propiedades que no comparten los enantiómeros es la forma en que interactúan con un plano de luz polarizada.

La luz normal, como la que viene de una lámpara o del Sol, está formada por rayos que oscilan en todas direcciones. En contraste, todos los rayos de un haz de **luz polarizada** oscilan en un solo plano. El plano de luz polarizada se produce haciendo pasar luz normal a través de un polarizador, como por ejemplo una lente polarizada o un prisma de Nicol. Sólo la luz que oscila en determinado plano los puede atravesar.

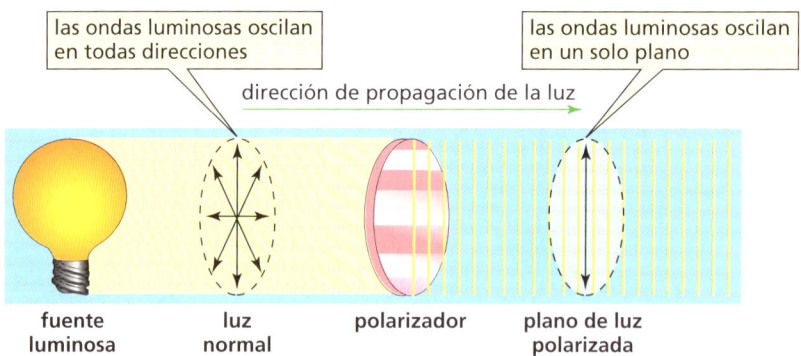

> **BIOGRAFÍA**
>
> *Nacido en Escocia,* **William Nicol (1768–1851)** *fue profesor de la Universidad de Edimburgo. Desarrolló el primer prisma que produjo un plano de luz polarizada. También desarrolló métodos para producir cortes delgados de materiales para usarlas en estudios de microscopia*

El lector puede sentir los efectos de una lente polarizada al colocarse un par de anteojos polarizados para el sol. Estos anteojos sólo permiten pasar la luz que oscila en un solo plano, y es la causa de que bloqueen las reflexiones (el resplandor) mejor que los lentes para sol no polarizados.

Jean-Baptiste Biot, físico, descubrió en 1815 que ciertas sustancias orgánicas naturales, como el alcanfor o el aguarrás, pueden hacer girar el plano de polarización de la luz polarizada. Observó que algunos compuestos lo hacían girar en el sentido de las manecillas del reloj y otros en sentido contrario, mientras que otros más no hacían girar el plano de polarización. Predijo que la capacidad de hacer girar el plano de polarización se debía a alguna asimetría de las moléculas. Van't Hoff y Le Bel determinaron después que la asimetría se relacionaba con compuestos que tenían uno o más centros asimétricos.

Cuando la luz polarizada atraviesa una disolución de moléculas aquirales pasa a través de la disolución sin que cambie su plano de polarización. *Un compuesto aquiral no hace girar el plano de polarización; es ópticamente inactivo.*

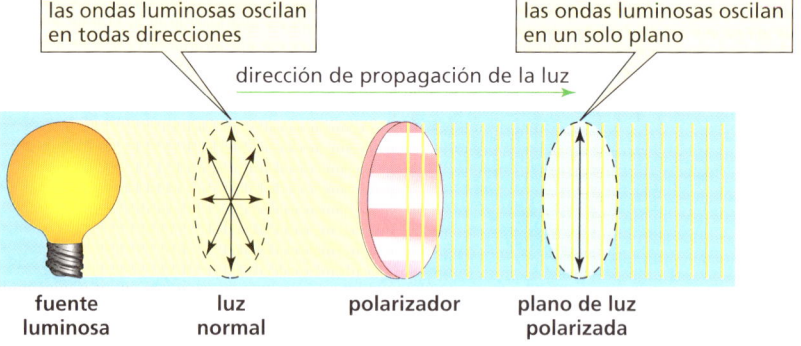

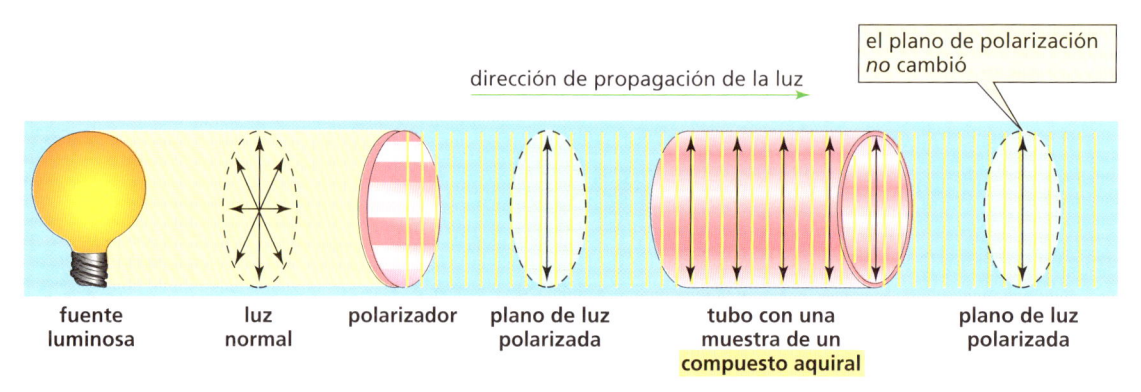

> **BIOGRAFÍA**
>
> *Nacido en Francia,* **Jean-Baptiste Biot (1774–1862)** *fue a prisión por tomar parte en una revuelta callejera durante la Revolución Francesa. Fue profesor de matemáticas en la Universidad de Beauváis y después profesor de física en el Collège de France. Luis XVIII le otorgó la Legión de Honor. (Véase también la página 232).*

Sin embargo, cuando la luz polarizada atraviesa una disolución de un compuesto quiral la atraviesa cambiando su plano de polarización. Entonces, *un compuesto quiral hace girar el plano de polarización*. Un compuesto quiral puede hacer girar el plano de polarización de la luz en el sentido de las manecillas del reloj o en sentido contrario. Si un enantiómero hace girar el plano de polarización en el sentido de las manecillas del reloj su imagen especular lo hará girar en sentido contrario al de las manecillas del reloj exactamente la misma cantidad.

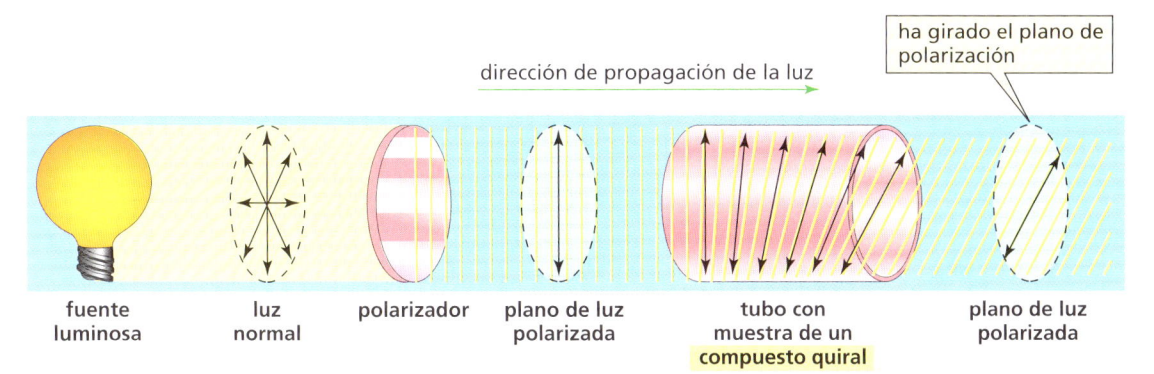

A un compuesto que hace girar el plano de polarización de la luz se le llama **ópticamente activo**. En otras palabras, los compuestos quirales son ópticamente activos y los compuestos aquirales son **ópticamente inactivos**.

Si un compuesto ópticamente activo hace girar el plano de polarización en el sentido de las manecillas del reloj se dice que es **dextrorrotatorio**, y en el nombre del compuesto se le identifica con un (+). Si hace girar el plano de polarización en sentido contrario al de las manecillas del reloj es **levorrotatorio** y se indica con un (−). *Dextro* y *levo* son prefijos latinos que significan "a la derecha" y "a la izquierda," respectivamente. A veces, en lugar de (+) y (−) se usan *d* y *l* minúsculas, respectivamente.

No debe confundirse (+) y (−) con *R* y *S*. Los símbolos (+) y (−) indican la dirección en la cual un compuesto ópticamente activo hace girar el plano de polarización, mientras que *R* y *S* indican el ordenamiento de los grupos con respecto al centro asimétrico. Algunos compuestos con configuración *R* son (+) y otros son (−).

Al ver la estructura de un compuesto se puede decir si tiene configuración *R* o *S*, pero la única forma de afirmar que un compuesto es dextrorrotatorio (+) o levorrotatorio (−) es poniendo el compuesto en un polarímetro, instrumento que mide la dirección y la cantidad en que se hace girar el plano de polarización de la luz. Por ejemplo, el ácido (*S*)-láctico y el (*S*)-lactato de sodio tienen ambos la configuración *S*, pero el ácido (*S*)-láctico es dextrorrotatorio, mientras que el (*S*)-lactato de sodio es levorrotatorio. Cuando se conoce la dirección en que un compuesto ópticamente activo hace girar el plano de polarización se le puede agregar un (+) o un (−) a su nombre.

ácido (S)-(+)-láctico   (S)-(−)-lactato de sodio

PROBLEMA 15◆

a. El ácido (*R*)-láctico ¿es dextrorrotatorio o levorrotatorio?
b. El (*R*)-lactato de sodio ¿es dextrorrotatorio o levorrotatorio?

5.9 Cómo se mide la rotación específica

La figura 5.2 muestra una descripción simplificada de la forma en que funciona un **polarímetro**. La cantidad de rotación causada por un compuesto ópticamente activo varía en función de la longitud de onda de la luz que se use, y entonces la fuente luminosa de un polarímetro debe producir una luz monocromática (de una sola longitud de onda). La mayor parte de los polarímetros usa luz de un arco de sodio (llamada línea D del sodio; longitud de onda = 589 nm; véase la sección 12.16). En un polarímetro, la luz monocromática atraviesa un polarizador y sale como luz polarizada. A continuación esa luz polarizada

BIOGRAFÍA

Jacobus Hendricus van't Hoff (1852–1911), *químico holandés, fue profesor de química en la Universidad de Amsterdam, y después en la Universidad de Berlín. Recibió el primer Premio Nobel de Química en 1901 por sus trabajos sobre disoluciones.*

BIOGRAFÍA

Joseph Achille Le Bel (1847–1930), *químico francés, heredó la fortuna de su familia, lo que le permitió establecer su propio laboratorio. Él y van't Hoff llegaron, en forma independiente, a la causa de la actividad óptica de ciertas moléculas. Aunque la explicación de van't Hoff fue más precisa, a ambos químicos se les acredita este trabajo.*

Algunas moléculas de configuración *R* son (+) y otras son (−). De igual manera, algunas moléculas de configuración *S* son (+) y otras son (−).

atraviesa un tubo de muestra. Si el tubo está vacío o lleno con un disolvente ópticamente inactivo, la luz emerge sin que cambie su plano de polarización. A continuación la luz atraviesa un analizador, que es un segundo polarizador montado en el ocular, con una escala marcada en grados. Antes de iniciar una determinación, el usuario mira por el ocular y hace girar el analizador hasta que se obtiene una oscuridad total. En este punto el analizador está en ángulo recto respecto al primer polarizador y la luz no puede atravesarlo. Este ajuste del analizador corresponde a una rotación cero.

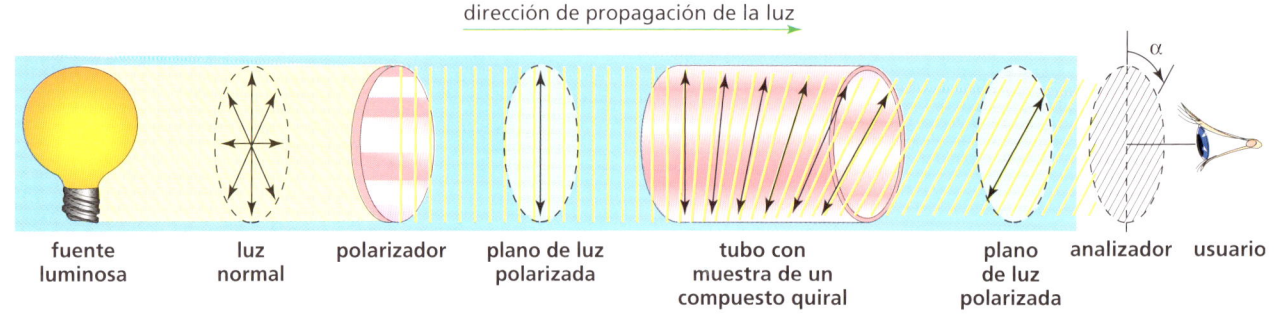

▲ **Figura 5.2**
Esquema de un polarímetro.

Cuando la luz se filtra a través de dos lentes polarizados que se encuentran a 90° entre sí, nada de la luz atraviesa ninguno de los dos.

Tabla 5.1 Rotación específica de algunos compuestos naturales	
Colesterol	−31.5
Cocaína	−16
Codeína	−136
Morfina	−132
Penicilina V	+233
Progesterona (hormona sexual femenina)	+172
Sacarosa (azúcar de caña)	+66.5
Testosterona (hormona sexual masculina)	+109

La muestra a medir se coloca entonces en el tubo de muestra. Si la muestra es ópticamente activa hará girar el plano de polarización. Por consiguiente, el analizador ya no bloqueará toda la luz y algo de la misma llegará al ojo del usuario. Entonces, el usuario hace girar de nuevo el analizador hasta que no pase luz. La cantidad que se gira el analizador se lee en la escala y representa la diferencia entre una muestra ópticamente inactiva y otra ópticamente activa. Este valor, medido en grados, se llama **rotación observada** ($-$). Depende de la cantidad de moléculas ópticamente activas con que se encuentra la luz en la muestra, lo que a su vez depende de la concentración de la muestra y de la longitud del tubo de muestra. También, la rotación observada depende de la temperatura y de la longitud de onda de la fuente luminosa.

Cada compuesto ópticamente activo tiene una rotación específica característica. La **rotación específica** de un compuesto es la que produce una disolución de 1.0 g del compuesto por mililitro de disolución en un tubo de muestra de 1.0 dm de longitud a una temperatura y una longitud de onda especificadas.[1] A partir de la rotación observada se calcula la rotación específica con la siguiente ecuación:

$$[\alpha]_\lambda^T = \frac{\alpha}{l \times c}$$

donde $[\alpha]$ es la rotación específica, T es la temperatura en °C, λ es la longitud de onda de la luz incidente (cuando se usa la línea D del sodio, λ se indica como D); α es la rotación observada, l es la longitud del tubo de muestra, en decímetros, y c es la concentración de la muestra, en gramos por mililitro de disolución.

Si un enantiómero tiene una rotación específica igual a +5.75, la rotación específica del otro enantiómero debe ser −5.75 porque la molécula de imagen especular hace girar el plano de polarización de la luz la misma cantidad pero en dirección contraria. En la tabla 5.1 se ven las rotaciones específicas de algunos compuestos comunes.

(R)-2-metil-1-butanol   (S)-2-metil-1-butanol

$[\alpha]_D^{20\,°C} = +5.75$ $[\alpha]_D^{20\,°C} = -5.75$

---

[1] A diferencia de la rotación observada, que se mide en grados, las unidades de la rotación específica son 10^{-1} grados cm² g⁻¹. En este libro, los valores de la rotación específica se presentarán sin unidades.

> **PROBLEMA 16◆**
>
> La rotación observada de 2.0 g de un compuesto en 50 mL de disolución, en un tubo de polarímetro de 20 cm de longitud, es +13.4. ¿Cuál es la rotación específica del compuesto?

Una mezcla de cantidades iguales de dos enantiómeros, como por ejemplo ácido (R)-(−)-láctico y ácido (S)-(+)-láctico, se llama **mezcla racémica** o **racemato**. Las mezclas racémicas no hacen girar el plano de la luz polarizada. Son ópticamente inactivas porque por cada molécula que haga girar el plano de polarización en una dirección habrá una molécula como imagen especular que lo hará girar en la dirección opuesta. El resultado es que la luz atraviesa una mezcla racémica sin que cambie su plano de polarización. Para indicar que una mezcla es racémica se usa el símbolo (±). Así, (±)-2-bromobutano indica que se trata de una mezcla de 50% de (+)-2-bromobutano y 50% de (−)-2-bromobutano.

> **PROBLEMA 17◆**
>
> El (S)-(+)-glutamato monosódico (GMS) es un intensificador de sabor que se usa en muchos alimentos. Algunas personas presentan alergia al GMS (dolor de cabeza, dolor de pecho y sensación de debilidad general). La "comida rápida" contiene con frecuencia cantidades apreciables de MSG, que se usa mucho también en la cocina china. El (S)-(+)-GMS tiene una rotación específica igual a +24.
>
> $$\text{COO}^- \text{Na}^+$$
> $$|$$
> $$^-\text{OOCCH}_2\text{CH}_2-\overset{\text{C}}{\underset{\overset{+}{\text{NH}_3}}{|}}-\text{H}$$
>
> **(S)-(+)-glutamato monosódico**
>
> **a.** ¿Cuál es la rotación específica del (R)-(−)-glutamato monosódico?
> **b.** ¿Cuál es la rotación específica de una mezcla racémica de GMS?

5.10 Exceso enantiomérico

Se puede determinar si una determinada muestra está formada por un solo enantiómero o por una mezcla de enantiómeros mediante su **rotación específica observada**, que es la rotación específica medida en la muestra determinada. Por ejemplo, si una muestra de (S)-(+)-2-bromobutano es **enantioméricamente pura**, que quiere decir que sólo hay un enantiómero presente, tendrá una *rotación específica observada* igual a +23.1 porque la *rotación específica* del (S)-(+)-2-bromobutano es +23.1. Sin embargo, si la muestra del 2-bromobutano es una mezcla racémica tendrá una rotación específica observada igual a 0. Si la rotación específica observada es positiva, pero menor que +23.1, entonces la muestra es una mezcla de enantiómeros que contiene más enantiómero con la configuración S que con la configuración R. El **exceso enantiomérico (ee)** indica cuánto hay de exceso de un enantiómero en la mezcla. Se puede calcular a partir de la rotación específica observada:

$$\text{exceso enantiomérico} = \frac{\text{rotación específica observada}}{\text{rotación específica del enantiómero puro}} \times 100\%$$

Por ejemplo, si la muestra de 2-bromobutano tiene rotación específica observada igual a +9.2, el exceso enantiomérico es 40%. En otras palabras, el exceso de uno de los enantiómeros forma 40% de la mezcla.

$$\text{exceso enantiomérico} = \frac{+9.2}{+23.1} \times 100\% = 40\%$$

Si la mezcla contiene 40% de exceso enantiomérico, el 40% de la mezcla es exceso de enantiómero *S* y 60% es una mezcla racémica. La mitad de la mezcla racémica más la cantidad de exceso enantiomérico de *S* es igual a la cantidad de enantiómero *S* presente en la mezcla. Así, el 70% de la mezcla es el enantiómero *S* [(1/2) × 60) + 40] y 30% es el enantiómero *R*.

PROBLEMA 18◆

El ácido (+)-mandélico tiene una rotación específica igual a +158. ¿Cuál sería la rotación específica de cada una de las mezclas siguientes?

a. 25% de ácido (−)-mandélico y 75% de ácido (+)-mandélico
b. 50% de ácido (−)-mandélico y 50% de ácido (+)-mandélico
c. 75% de ácido (−)-mandélico y 25% de ácido (+)-mandélico

PROBLEMA 19◆

El naproxeno, medicamento antiinflamatorio no esteroideo e ingrediente activo de Aleve, tiene una rotación específica igual a +66. Una preparación comercial indica que se trata de una mezcla con 97% de exceso enantiomérico.

a. El naproxeno ¿tiene la configuración *R* o la configuración *S*?
b. ¿Qué porcentaje de cada enantiómero se puede obtener de la preparación comercial?

PROBLEMA 20 RESUELTO

Se vio que una disolución preparada mezclando 10 mL de una disolución 0.10 M del enantiómero *R* de un compuesto y 30 mL de una disolución 0.10 M del enantiómero *S* tenía una rotación específica observada igual a +4.8. ¿Cuál es la rotación específica de cada uno de los enantiómeros? (*Sugerencia:* mL × M = mmol).

Solución 1 mmol (10.0 mL × 0.10 M) del enantiómero *R* se mezcla con 3 mmol (30.0 mL × 0.10 M) del enantiómero *S*; 1 mmol del enantiómero *R* más 1 mmol del enantiómero *S* formarán 2 mmol de una mezcla racémica, por lo que habrán sobrado 2 mmol del enantiómero *S*. Como de 4 mmol hay 2 mmol de exceso de enantiómero *S* (2/4 = 0.50), la disolución tiene 50% de exceso enantiomérico.

$$\text{exceso enantiomérico} = \frac{\text{rotación específica observada}}{\text{rotación específica del enantiómero puro}} \times 100\%$$

$$50\% = \frac{+4.8}{x} \times 100\%$$

$$x = +4.8 \times 2$$

$$x = +9.6$$

El enantiómero *S* presenta una rotación específica igual a +9.6; el enantiómero *R* muestra una rotación específica igual a −9.6.

5.11 Isómeros con más de un centro asimétrico

Muchos compuestos orgánicos tienen más de un centro asimétrico. Mientras más centros asimétricos tenga un compuesto, más estereoisómeros puede tener. Si se conoce la cantidad de centros asimétricos es posible calcular la cantidad máxima de estereoisómeros de ese compuesto: *un compuesto puede tener un máximo de 2^n estereoisómeros, en el que n es igual a la cantidad de centros asimétricos* (siempre que no tenga también estereoisómeros que lo hagan contar con isómeros *cis-trans*, véase el problema 18). Por ejemplo, el 3-cloro-2-butanol tiene dos centros asimétricos; por consiguiente, puede tener un máximo de cuatro ($2^2 = 4$) estereoisómeros. A continuación se muestran los cuatro estereoisómeros en fórmulas en perspectiva y también como proyecciones de Fischer.

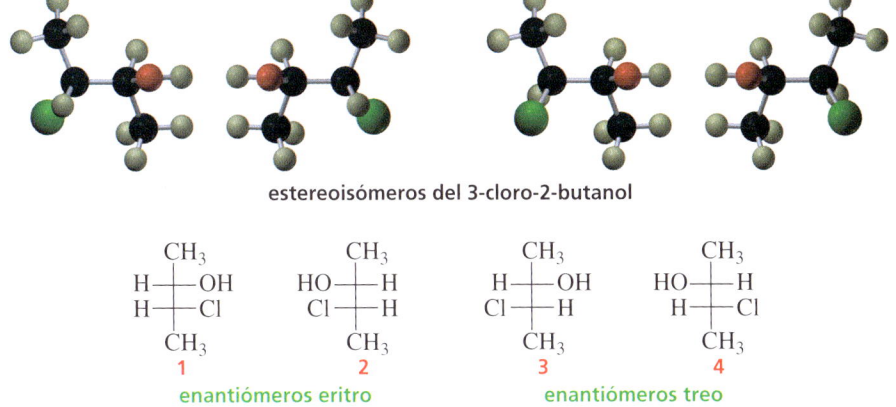

CH$_3$CHCHCH$_3$
| |
Cl   OH

3-cloro-2-butanol

[Estructuras en perspectiva de los 4 estereoisómeros numerados 1, 2, 3, 4]

enantiómeros eritro (1 y 2)   **enantiómeros treo** (3 y 4)

fórmulas en perspectiva de los estereoisómeros del 3-cloro-2-butanol (alternado)

estereoisómeros del 3-cloro-2-butanol

Proyecciones de Fischer:

```
   CH₃            CH₃            CH₃            CH₃
H──┼──OH       HO──┼──H       H──┼──OH       HO──┼──H
H──┼──Cl       Cl──┼──H       Cl──┼──H       H──┼──Cl
   CH₃            CH₃            CH₃            CH₃
    1              2              3              4
```

enantiómeros eritro   **enantiómeros treo**

proyecciones de Fischer de los enantiómeros del 3-cloro-2-butanol

Los cuatro estereoisómeros del 3-cloro-2-butanol consisten en dos pares de enantiómeros. Los estereoisómeros **1** y **2** son imágenes especulares no sobreponibles. Por consiguiente, son enantiómeros. Los estereoisómeros **3** y **4** también son enantiómeros. Los estereoisómeros **1** y **3** no son idénticos y no son imágenes especulares; a dichos estereoisómeros se les llama **diastereómeros**. *Los diastereómeros son estereoisómeros que no son enantiómeros.* Los estereoisómeros **1** y **4**, **1** y **3**, **2** y **3**, y **2** y **4** también son pares de diastereómeros. Obsérvese que la configuración de uno de los centros asimétricos es igual en cada par de diastereómeros, pero la configuración del otro centro asimétrico es diferente. (Los isómeros *cis-trans* también se consideran diastereómeros por tratarse de estereoisómeros que no son enantiómeros).

Los diastereómeros son estereoisómeros que no son enantiómeros.

Los enantiómeros tienen *propiedades físicas idénticas* (a excepción de su forma de interactuar con la luz polarizada) y *propiedades químicas idénticas*, por lo que reaccionan con la misma rapidez con un reactivo aquiral dado. Los diastereómeros tienen *propiedades físicas distintas*, es decir, distintos puntos de fusión, de ebullición, solubilidades, rotaciones específicas, etc., y *diferentes propiedades químicas*, por lo que reaccionan con distinta rapidez con determinado reactivo aquiral.

Cuando se trazan proyecciones de Fischer para estereoisómeros con dos centros asimétricos adyacentes (como los del 3-cloro-2-butanol), los enantiómeros con grupos similares en el mismo lado de la cadena de carbonos se llaman **enantiómeros eritro** (sección 21.3). Los que tienen grupos similares en lados opuestos se llaman **enantiómeros treo**. Por consiguiente, **1** y **2** son enantiómeros eritro del 3-cloro-2-butanol (los hidrógenos están del mismo lado), mientras que **3** y **4** son enantiómeros treo. En cada una de las proyecciones de Fischer que se muestran, los enlaces horizontales salen del papel hacia el espectador y los enlaces verticales van hacia atrás del papel, alejándose del espectador. Los grupos pueden girar libremente en torno a los enlaces sencillos carbono-carbono, pero las proyecciones de Fischer representan a los estereoisómeros en sus conformaciones eclipsadas.

En vista de que una proyección de Fischer no muestra la estructura tridimensional de la molécula, y como representa la molécula en una conformación eclipsada relativamente inestable, la mayoría de los químicos prefiere usar fórmulas en perspectiva. Estas fórmulas muestran la estructura tridimensional de la molécula en una conformación alternada estable, y así representan la estructura con más fidelidad. Cuando se trazan fórmulas en perspectiva para mostrar los estereoisómeros en sus conformaciones eclipsadas, menos estables, se puede ver con facilidad que los isómeros eritro presentan los grupos similares en el mismo lado. Aquí se usarán tanto fórmulas en perspectiva como proyecciones de Fischer para representar el ordenamiento de grupos unidos a un centro asimétrico.

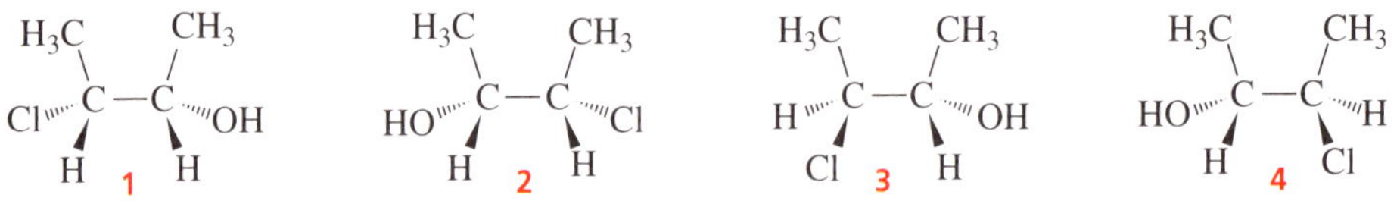

enantiómeros eritro (1, 2)   **enantiómeros treo** (3, 4)

fórmulas en perspectiva de los estereoisómeros del 3-cloro-2-butanol (eclipsado)

PROBLEMA 21

El siguiente compuesto sólo dispone de un centro asimétrico. Entonces, ¿por qué tiene cuatro estereoisómeros?

$$CH_3CH_2\overset{*}{C}HCH_2CH=CHCH_3$$
$$|$$
$$Br$$

PROBLEMA 22 ◆

¿Es correcta la siguiente afirmación?

Un compuesto puede tener un máximo de 2^n estereoisómeros, donde n es igual a la cantidad de estereocentros.

PROBLEMA 23 ◆

a. A los estereoisómeros con dos centros asimétricos se les llama —————— si la configuración de ambos centros asimétricos en un estereoisómero es opuesta a la configuración de los centros asimétricos en el otro estereoisómero.

b. Los estereoisómeros con dos centros asimétricos se llaman —————— si la configuración de ambos centros en un estereoisómero es igual que la configuración de los centros asimétricos en el otro estereoisómero.

c. Los estereoisómeros con dos centros asimétricos se llaman —————— si uno de los centros asimétricos tiene la misma configuración en ambos estereoisómeros y el otro centro asimétrico tiene la configuración opuesta en los dos estereoisómeros.

PROBLEMA 24 ◆

El estereoisómero del colesterol natural es

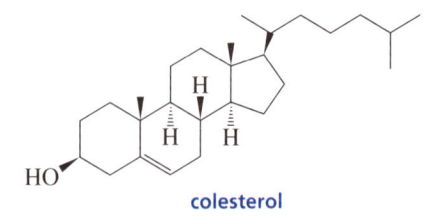

colesterol

Tutorial del alumno:
Identificación de los centros asimétricos
(Identification of asymmetric centers)

a. ¿Cuántos centros asimétricos tiene el colesterol natural?
b. ¿Cuál es la cantidad máxima de estereoisómeros que puede tener el colesterol natural?

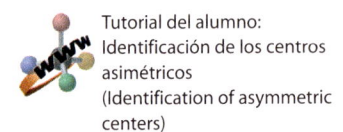

PROBLEMA 25

Dibuje los estereoisómeros de los siguientes aminoácidos. Indique pares de enantiómeros y pares de diastereómeros.

$$\text{CH}_3\text{CHCH}_2-\text{CHCOO}^- \qquad \text{CH}_3\text{CH}_2\text{CH}-\text{CHCOO}^-$$
$$\quad\quad |\qquad\qquad\quad |\qquad\qquad\qquad\quad |\qquad\quad |$$
$$\quad\ \text{CH}_3\qquad\quad\ ^+\text{NH}_3\qquad\qquad\ \text{CH}_3\ \ ^+\text{NH}_3$$

leucina **isoleucina**

También, el 1-bromo-2-metilciclopentano tiene dos centros asimétricos y cuatro estereoisómeros. Como el compuesto es cíclico, los sustituyentes pueden ser *cis* o *trans*. El isómero *cis* existe en forma de un par de enantiómeros y el isómero *trans* también.

cis-1-bromo-2-metilciclopentano   **trans-1-bromo-2-metilciclopentano**

El 1-bromo-3-metilciclobutano carece de centros asimétricos. El carbono C-1 tiene un bromo y un hidrógeno unidos a él, pero sus otros dos grupos [—CH$_2$CH(CH$_3$)CH$_2$—] son idénticos; el C-3 tiene un grupo metilo y un hidrógeno unidos a él, pero sus otros dos grupos [—CH$_2$CH(Br)CH$_2$—] son idénticos. Ya que el compuesto carece de un carbono con cuatro grupos diferentes unidos a él, sólo tiene dos estereoisómeros, el isómero *cis* y el *trans*. Los isómeros *cis* y *trans* no tienen enantiómeros.

cis-1-bromo-3-metilciclobutano   **trans-1-bromo-3-metilciclobutano**

El 1-bromo-3-metilciclohexano tiene dos centros asimétricos. El carbono unido a un hidrógeno y a un bromo también está enlazado con dos grupos carbonados distintos (—CH$_2$CH(CH$_3$)CH$_2$CH$_2$CH$_2$— y —CH$_2$CH$_2$CH$_2$CH(CH$_3$)CH$_2$—), por lo que es un centro asimétricos. El carbono que está unido a un hidrógeno y a un grupo metilo también está unido a dos grupos carbonados diferentes y entonces también constituye un centro asimétrico.

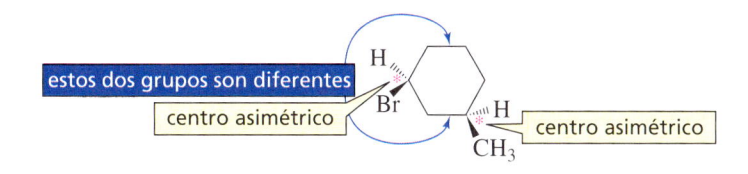

estos dos grupos son diferentes
centro asimétrico — centro asimétrico

Ya que el compuesto tiene dos centros asimétricos, cuenta con cuatro estereoisómeros. Se pueden dibujar los enantiómeros del isómero *cis* y se pueden dibujar los enantiómeros del isómero *trans*. Cada uno de los estereoisómeros es una molécula quiral.

cis-1-bromo-3-metilciclohexano   **trans-1-bromo-3-metilciclohexano**

El 1-bromo-4-metilciclohexano carece de centros asimétricos; en consecuencia, el compuesto sólo tiene un isómero *cis* y uno *trans*. Cada uno de los estereoisómeros es una molécula aquiral.

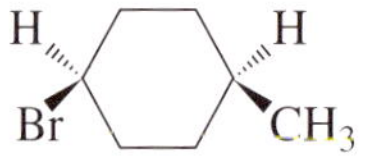

cis-1-bromo-4-metilciclohexano    *trans*-1-bromo-4-metilciclohexano

PROBLEMA 26

Trace todos los estereoisómeros posibles de cada uno de los compuestos siguientes:

a. 2-cloro-3-hexanol
b. 2-bromo-4-clorohexano
c. 2,3-dicloropentano
d. 1,3-dibromopentano

PROBLEMA 27

Dibuje los estereoisómeros del 1-bromo-3-clorociclohexano.

PROBLEMA 28♦

De todos los ciclooctanos posibles que tienen un sustituyente cloro y uno metilo ¿cuáles no tienen centros asimétricos?

ESTRATEGIA DE SOLUCIÓN DE PROBLEMAS

Dibujo de enantiómeros y diastereómeros

Trazar un enantiómero y un diastereómero del siguiente compuesto:

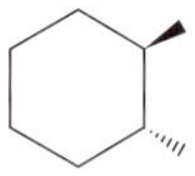

Hay dos métodos para dibujar un enantiómero. Se puede cambiar la configuración de todos los centros asimétricos cambiando todas las cuñas llenas por entrecortadas, como en **A**. O bien, se puede trazar una imagen especular del compuesto, como en **B**. Observe que como **A** y **B** son enantiómeros cada uno del compuesto dado, **A** y **B** son moléculas idénticas.

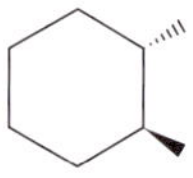

A   o   **B**

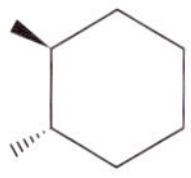

Se puede dibujar un diasteréomero cambiando la configuración de sólo de uno de los centros asimétricos, como en **C**.

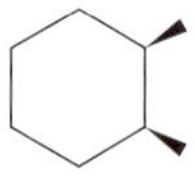

Ahora continúe en el problema 29.

PROBLEMA 29

Trace un diasteréomero de cada uno de los siguientes compuestos.

a., b., 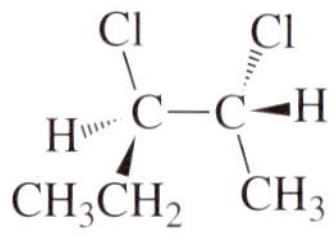 c., 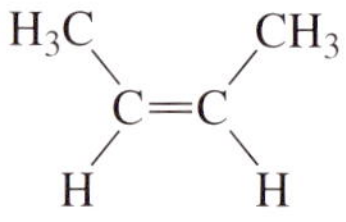 d.

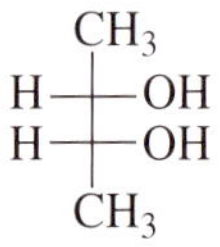

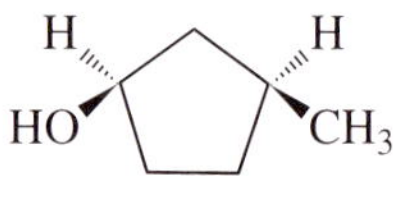

5.12 Los compuestos meso tienen centros asimétricos pero son ópticamente inactivos

En los ejemplos que acaban de verse los compuestos con dos centros asimétricos tuvieron cuatro estereoisómeros. Sin embargo, algunos compuestos con dos centros asimétricos sólo presentan tres estereoisómeros. En ello estriba que en la sección 5.11 se subrayara que la cantidad *máxima* de estereoisómeros de un compuesto con n centros asimétricos es igual a 2^n (a menos que disponga de otros estereocentros), en lugar de decir que un compuesto con n centros asimétricos tiene 2^n estereoisómeros.

Un ejemplo de un compuesto con dos centros asimétricos que sólo tiene tres estereoisómeros es el 2,3-dibromobutano.

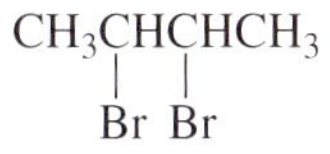

$$CH_3CHCHCH_3$$
$$\;\;\;\;\;|\;\;\;|$$
$$\;\;\;\;Br\;Br$$

2,3-dibromobutano

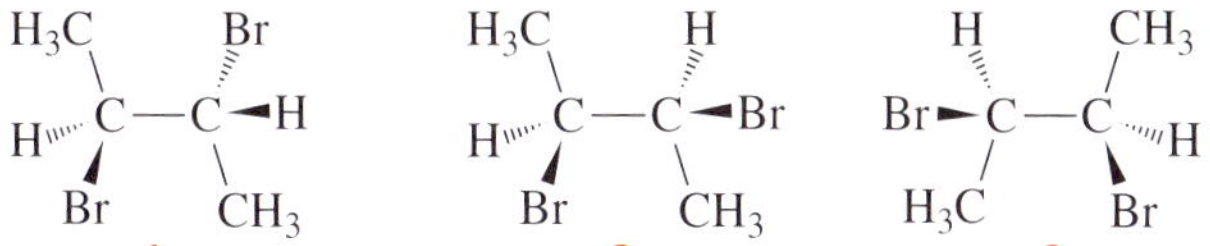

fórmulas en perspectiva de los estereoisómeros del 2,3-dibromobutano (alternadas)

El isómero "que falta" es la imagen especular de **1** porque **1** y su imagen especular son la misma molécula. Esto se puede ver con claridad cuando se trazan las fórmulas en perspectiva, en conformaciones eclipsadas, o cuando se usan proyecciones de Fischer.

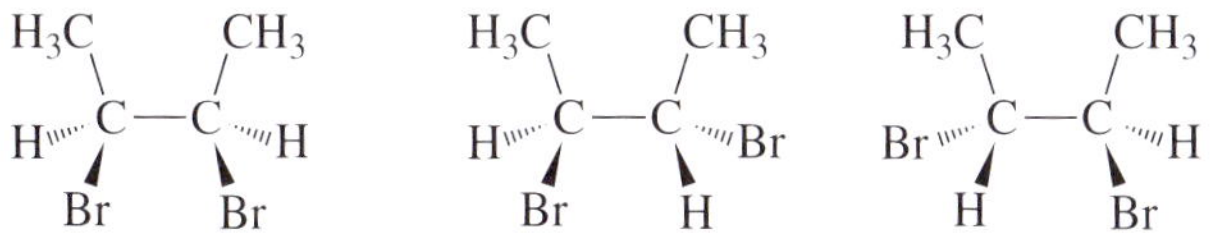

fórmulas en perspectiva de los estereoisómeros del 2,3-dibromobutano (eclipsadas)

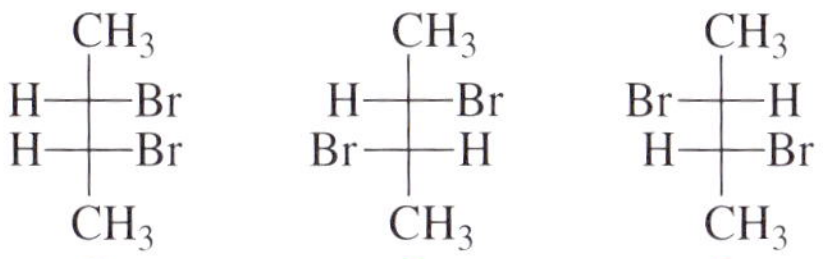

Proyecciones de Fischer de los estereoisómeros del 2,3-dibromobutano

Al examinar la fórmula en perspectiva de la conformación eclipsada, sólo se puede ver que **1** y su imagen especular son idénticos. Para convencerse de que la proyección de Fischer de **1** y su imagen especular son idénticas debe girarse 180° la imagen especular. (*Recuérdese que sólo se pueden mover las proyecciones de Fischer si se las hace girar 180° en el plano del papel*).

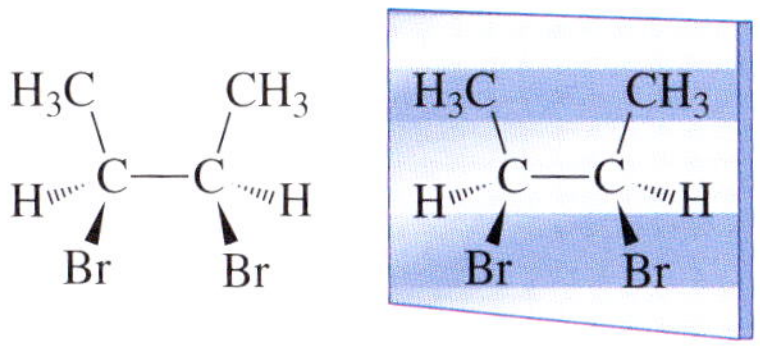

imagen especular sobreponible

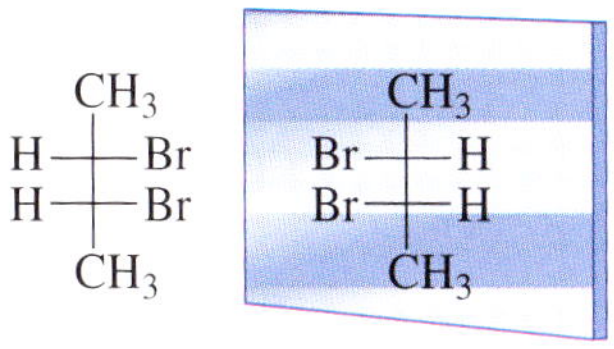

imagen especular sobreponible

222 CAPÍTULO 5 Estereoquímica

Un compuesto meso es aquiral.

Tutorial del alumno:
Plano de simetría
(Plane of symmetry)

Un compuesto meso tiene dos o más centros asimétricos y un plano de simetría.

Un compuesto quiral no puede tener un plano de simetría.

Si un compuesto tiene un plano de simetría no será ópticamente activo aun cuando tenga centros asimétricos.

Si un compuesto con dos centros asimétricos tiene los mismos cuatro grupos unidos a cada uno de los centros asimétricos, uno de sus estereoisómeros será un compuesto meso.

El estereoisómero **1** se llama compuesto meso. Aun cuando un **compuesto meso** tiene centros asimétricos es aquiral. Un compuesto meso no hace girar el plano de polarización de la luz porque se puede sobreponer a su imagen especular. *Mesos* es "medio" en griego.

Se puede reconocer que un compuesto es meso porque cuenta con dos o más centros asimétricos y un plano de simetría. Un **plano de simetría** corta la molécula a la mitad, de tal modo que una mitad es imagen especular de la otra. Una molécula que tenga un plano de simetría no tiene un enantiómero. Compárese el estereoisómero **1**, que tiene un plano de simetría y por consiguiente no tiene enantiómero, con el estereoisómero **2**, que carece de plano de simetría y en consecuencia *sí* tiene un enantiómero. *Si un compuesto tiene un plano de simetría, no será ópticamente activo y no tendrá un enantiómero, aun cuando tenga centros asimétricos.*

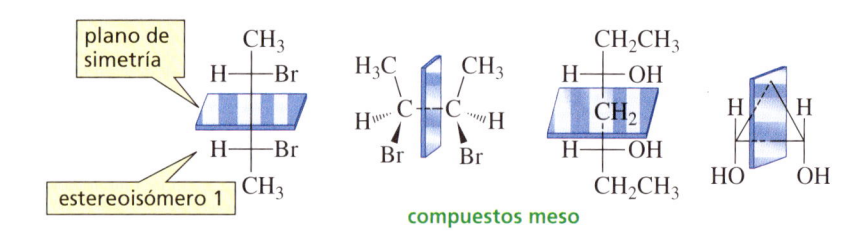

compuestos meso

Es fácil ver cuándo un compuesto con dos centros asimétricos tiene un estereoisómero que es compuesto meso: los cuatro átomos o grupos unidos a un centro asimétrico son idénticos a los cuatro átomos o grupos unidos al otro centro asimétrico. *Un compuesto con los mismos cuatro átomos unidos a dos centros asimétricos distintos tendrá tres estereoisómeros: uno será un compuesto meso y los otros dos serán enantiómeros.*

compuesto meso — enantiómeros

compuesto meso — enantiómeros

En el caso de los compuestos cíclicos, el isómero *cis* será el compuesto meso y el isómero *trans* existirá bajo la forma de sus enantiómeros.

cis-1,3-dimetilciclopentano
compuesto meso

trans-1,3-dimetilciclopentano
par de enantiómeros

cis-1,2-dibromociclohexano
compuesto meso

trans-1,2-dibromociclohexano
par de enantiómeros

En la fórmula en perspectiva anterior, el *cis*-1,2-dibromociclohexano parece tener un plano de simetría. Sin embargo, recuérdese que el ciclohexano no es un hexágono plano sino que existe de preferencia en la conformación de silla, y la conformación de silla del 1,2-dibromociclohexano no tiene plano de simetría. Sólo la conformación de bote, mucho menos estable, del *cis*-1,2-dibromociclohexano, tiene un plano de simetría. Lo anterior invita a preguntar si el *cis*-1,2-dibromociclohexano es un compuesto meso. La respuesta es sí. Mientras una conformación de un compuesto tenga un plano de simetría, el compuesto será aquiral, y un compuesto aquiral con dos centros asimétricos es un compuesto meso.

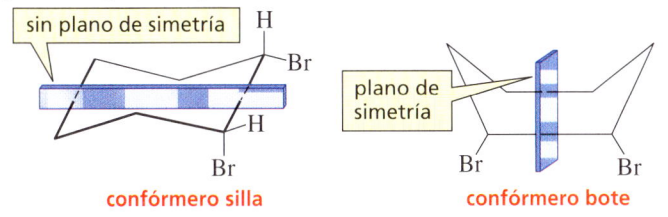

confórmero silla   confórmero bote

Esta regla es válida también para los compuestos acíclicos. Acaba de verse que el 2,3-dibromobutano es un compuesto meso aquiral porque tiene un plano de simetría. No obstante, para encontrar su plano de simetría hubo que examinar una conformación eclipsada, relativamente inestable. La conformación alternada más estable carece de plano de simetría. El 2,3-dibromobutano sigue siendo un compuesto meso porque presenta una conformación con un plano de simetría.

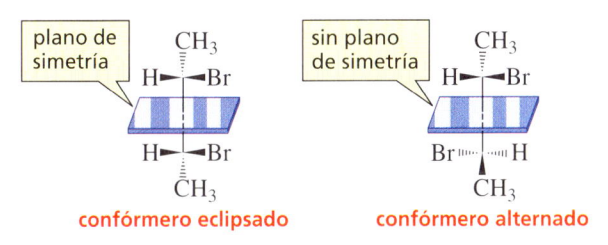

confórmero eclipsado   confórmero alternado

ESTRATEGIA PARA RESOLVER PROBLEMAS

Determinar si un compuesto tiene un estereoisómero que sea compuesto meso

¿Cuál de los compuestos siguientes tiene un estereoisómero que sea un compuesto meso?

A 2,3-dimetilbutano   E 1,4-dimetilciclohexano
B 3,4-dimetilhexano   F 1,2-dimetilciclohexano
C 2-bromo-3-metilpentano   G 3,4-dietilhexano
D 1,3-dimetilciclohexano   H 1-bromo-2-metilciclohexano

Examine cada compuesto para verificar si dispone de los requisitos para contar con un estereoisómero que sea compuesto meso. Esto es, ¿tiene dos o más centros asimétricos y, si tiene dos centros asimétricos, cada uno tiene los mismos cuatro sustituyentes unidos a ellos?

Los compuestos **A, E** y **G** *no* tienen un estereoisómero que sea compuesto meso porque no tienen centro alguno de asimetría.

Los compuestos **C** y **H** tienen dos centros asimétricos cada uno; empero, *no* tienen un estereoisómero que sea compuesto meso porque *ninguno* de los centros asimétricos está unido a los mismos cuatro sustituyentes.

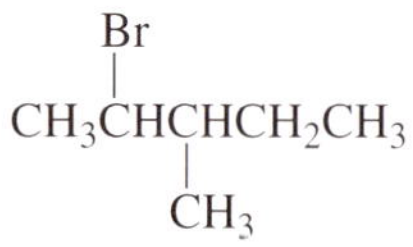

$$\underset{\underset{CH_3}{|}}{CH_3\overset{\overset{Br}{|}}{CH}CHCH_2CH_3}$$

C

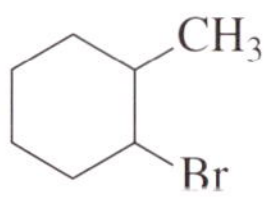

(cyclohexane with CH₃ and Br substituents)

H

Los compuestos **B**, **D** y **F** tienen dos centros asimétricos y cada uno de estos centros está unido a los mismos cuatro átomos o grupos. En consecuencia, estos compuestos cuentan con un estereoisómero que es un compuesto meso.

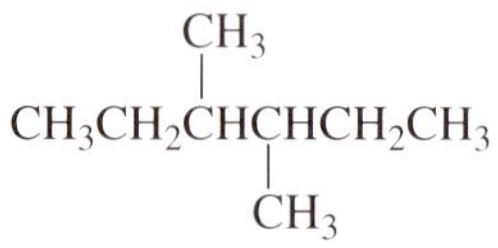

$$\underset{\underset{CH_3}{|}}{CH_3CH_2\overset{\overset{CH_3}{|}}{CH}CHCH_2CH_3}$$

B

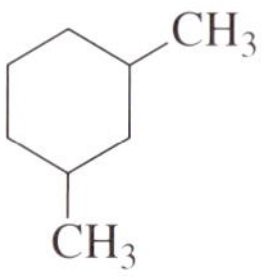

(1,3-dimethylcyclohexane) **D**

(1,2-dimethylcyclohexane) **F**

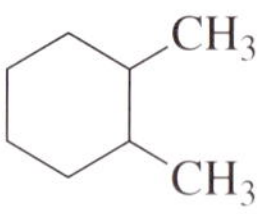

En el caso del compuesto acíclico, el isómero que es el compuesto meso es el que presenta un plano de simetría cuando el compuesto se dibuja en su conformación eclipsada (**B**). Para los compuestos cíclicos, el isómero *cis* es el compuesto meso (**D** y **F**).

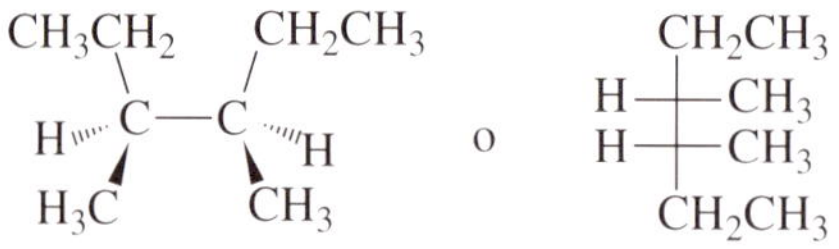

B 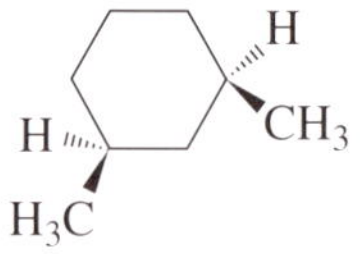   **D** 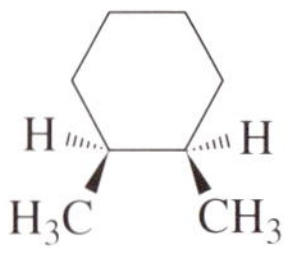   **F**

Ahora continúe con el problema 30.

PROBLEMA 30◆

¿Cuál de los compuestos siguientes tiene un estereoisómero que sea compuesto meso?

a. 2,4-dibromohexano
b. 2,4-dibromopentano
c. 2,4-dimetilpentano
d. 1,3-diclorociclohexano
e. 1,4-diclorociclohexano
f. 1,2-diclorociclobutano

PROBLEMA 31 RESUELTO

¿Cuáles de los siguientes compuestos son quirales?

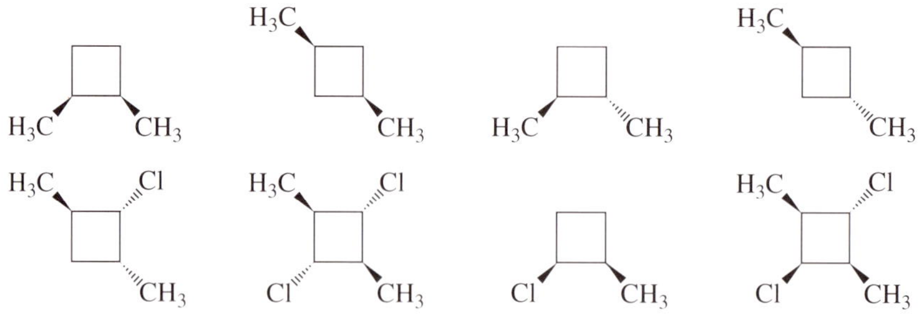

Solución Una molécula quiral no tiene plano de simetría. Por consiguiente, sólo los compuestos siguientes son quirales:

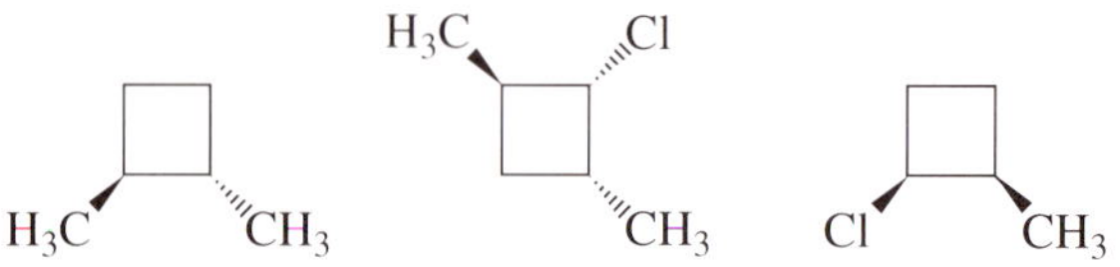

De la fila horizontal superior de compuestos, sólo el tercero es quiral. El primero, segundo y cuarto tienen plano de simetría. En la fila horizontal inferior, el primero y el tercero son quirales. El segundo y el cuarto tienen un plano de simetría cada uno.

PROBLEMA 32

Dibuje todos los estereoisómeros de cada uno de los siguientes compuestos:

a. 1-bromo-2-metilbutano
b. 1-cloro-3-metilpentano
c. 2-metil-1-propanol
d. 2-bromo-1-butanol
e. 3-cloro-3-metilpentano
f. 3-bromo-2-butanol
g. 3,4-diclorohexano
h. 2,4-dicloropentano
i. 2,4-dicloroheptano
j. 1,2-diclorociclobutano
k. 1,3-diclorociclohexano
l. 1,4-diclorociclohexano
m. 1-bromo-2-clorociclobutano
n. 1-bromo-3-clorociclobutano

5.13 Nomenclatura de isómeros con más de un centro asimétrico

Si un compuesto cuenta con más de un centro asimétrico, los pasos para determinar si dicho centro tiene la configuración *R* o *S* deben aplicarse a cada centro en forma individual. Como ejemplo se dará nombre a uno de los estereoisómeros del 3-bromo-2-butanol.

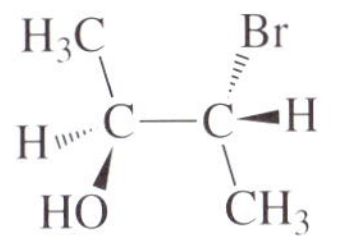

estereoisómero del 3-bromo-2-butanol

Primero se debe determinar la configuración en el C-2. El grupo OH tiene la mayor prioridad, el carbono C-3 (el que está unido a Br, C y H) tiene la segunda mayor prioridad, sigue el CH_3 y el H representa la menor prioridad. Como el grupo con la menor prioridad está unido por una cuña entrecortada, de inmediato se puede trazar una flecha desde el grupo con la mayor prioridad hasta el grupo con la segunda mayor prioridad. Esa flecha apunta en contra del sentido de las manecillas del reloj y entonces la configuración en C-2 es *S*.

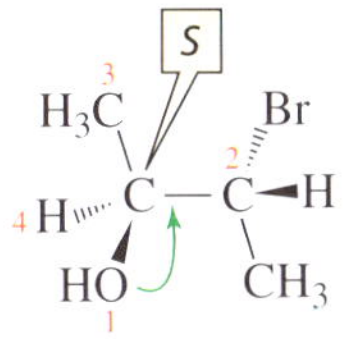

A continuación se necesita determinar la configuración en C-3. Como el grupo con la menor prioridad (H) no está unido con una cuña entrecortada, se le debe poner, intercambiando provisionalmente dos grupos.

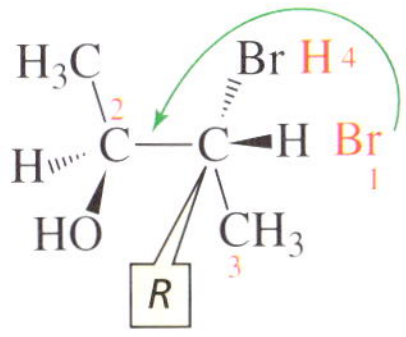

La flecha que va desde el grupo de mayor prioridad (Br) hasta el grupo con la segunda mayor prioridad (el C unido a O, C, H) apunta en sentido contrario al de las manecillas del reloj, con lo cual pareciera indicar que su configuración es *S*. Sin embargo, como se intercambiaron dos grupos antes de trazar la flecha, C-3 presenta la configuración contraria —tiene la configuración *R*—, y entonces el isómero se llama (2*S*,3*R*)-3-bromo-2-butanol.

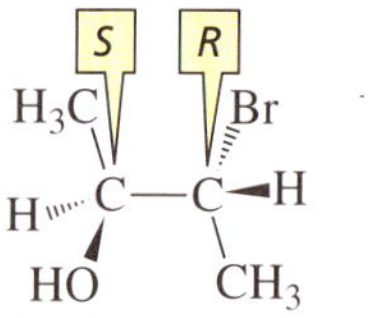

(2S,3R)-3-bromo-2-butanol

Cuando se usan proyecciones de Fischer, el procedimiento es parecido. Sólo se aplican los pasos a cada centro asimétrico, como se aprendió a hacer con una proyección de Fischer con un centro asimétrico. En el C-2, la flecha desde el grupo con la mayor prioridad hasta el grupo con la segunda mayor prioridad se dirige en el sentido de las manecillas del reloj, lo cual parecería indicar una configuración *R*. Sin embargo, el grupo con la menor prioridad se localiza en un enlace horizontal y ello lleva a la conclusión de que el C-2 presenta la configuración *S* (sección 5.7).

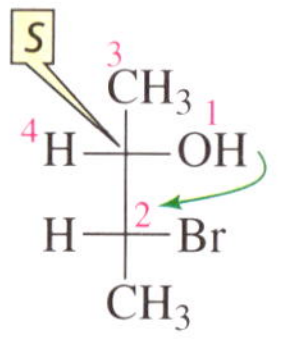

Estos pasos se repiten para el C-3 y se verifica que el centro asimétrico presenta la configuración *R*. Entonces, el nombre del isómero es (2*S*,3*R*)-3-bromo-2-butanol.

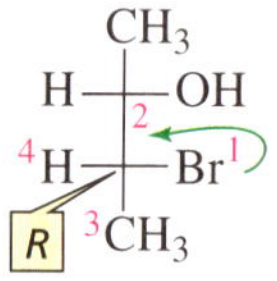

(2S,3R)-3-bromo-2-butanol

Los cuatro estereoisómeros del 3-bromo-2-butanol tienen los nombres que se citan a continuación. Tómese el lector su tiempo para verificar los nombres.

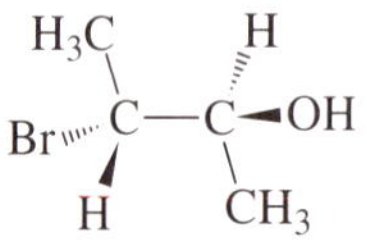

(2*S*,3*R*)-3-bromo-2-butanol 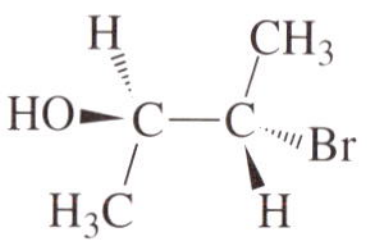   (2*R*,3*S*)-3-bromo-2-butanol 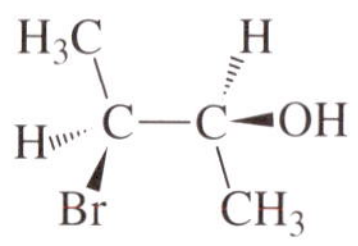   (2*S*,3*S*)-3-bromo-2-butanol 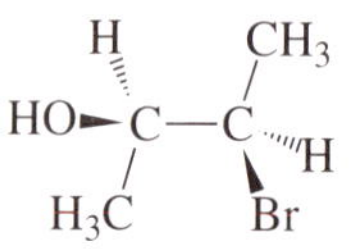   (2*R*,3*R*)-3-bromo-2-butanol

fórmulas en perspectiva de los estereoisómeros del 3-bromo-2-butanol

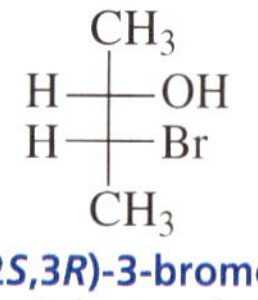

(2*S*,3*R*)-3-bromo-2-butanol 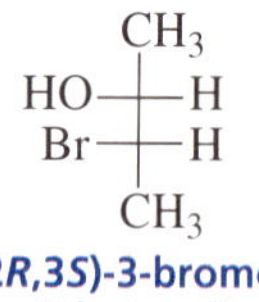   (2*R*,3*S*)-3-bromo-2-butanol 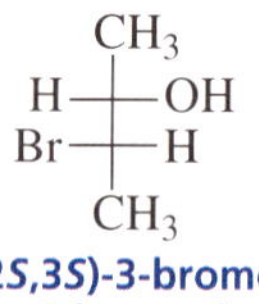   (2*S*,3*S*)-3-bromo-2-butanol 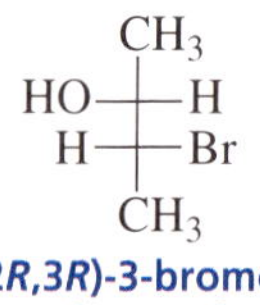   (2*R*,3*R*)-3-bromo-2-butanol

proyecciones de Fischer de los estereoisómeros del 3-bromo-2-butanol

Obsérvese que los enantiómeros tienen configuración opuesta en ambos centros asimétricos, mientras que los diastereómeros presentan la misma configuración en un centro asimétrico y la configuración opuesta en el otro.

PROBLEMA 33

Trace y escriba el nombre de los cuatro estereoisómeros del 1,3-dicloro-2-butanol; use:

a. fórmulas en perspectiva **b.** proyecciones de Fischer

El ácido tártrico o tartárico tiene tres estereoisómeros porque cada uno de sus dos centros asimétricos cuenta con el mismo conjunto de cuatro sustituyentes. Los nombres del compuesto meso y del par de enantiómeros son los que se indican a continuación.

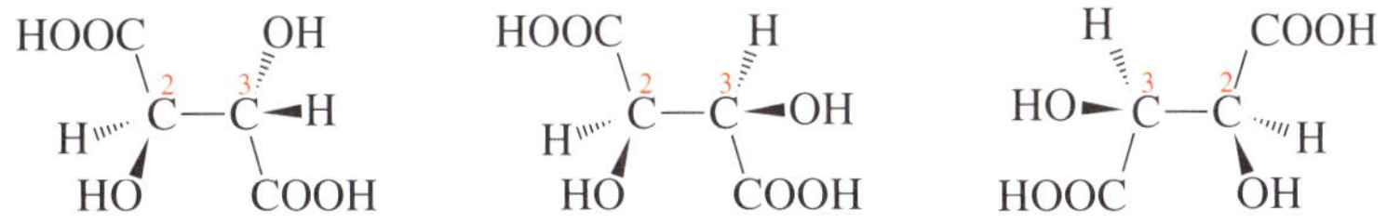

ácido (2R,3S)-tartárico
compuesto meso

ácido (2R,3R)-tartárico

ácido (2S,3S)-tartárico

un par de enantiómeros

fórmulas en perspectiva de los isómeros del ácido tartárico

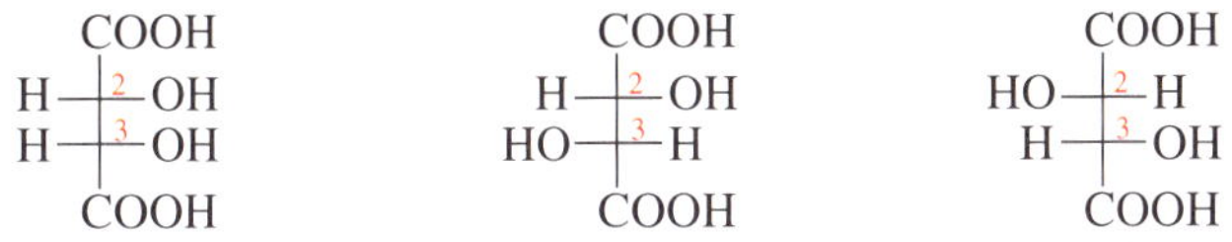

ácido (2R,3S)-tartárico
compuesto meso

ácido (2R,3R)-tartárico

ácido (2S,3S)-tartárico

un par de enantiómeros

proyecciones de Fischer de los estereoisómeros del ácido tartárico

Las propiedades físicas de los tres estereoisómeros del ácido tartárico se ven en la tabla 5.2. El compuesto meso y cualquiera de los enantiómeros son diastereómeros. Obsérvese que las propiedades físicas de los enantiómeros son iguales, mientras que las de los diastereómeros son diferentes. También repárese en que las propiedades físicas de la mezcla racémica son distintas de las de los enantiómeros.

Tabla 5.2 Propiedades físicas de los estereoisómeros del ácido tartárico

	Punto de fusión, °C	Rotación específica	Solubilidad, g/100 g H_2O a 15 °C
Ácido (2R,3R)-(+)-tartárico	171	+11.98	139
Ácido (2S,3S)-(−)-tartárico	171	−11.98	139
Ácido (2R,3S)-tartárico (meso)	146	0	125
Ácido (±)-tartárico	206	0	

PROBLEMA 34◆

El cloranfenicol es un antibiótico de amplio espectro de utilidad especial contra la fiebre tifoidea. ¿Cuál es la configuración de cada centro asimétrico en el cloranfenicol?

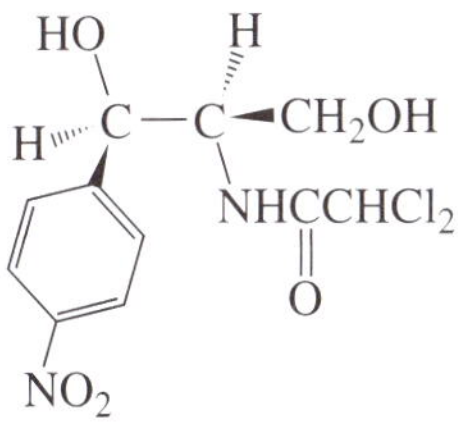

cloranfenicol

ESTRATEGIA PARA RESOLVER PROBLEMAS

Dibujo de una fórmula en perspectiva para un compuesto con dos centros asimétricos

Dibujar una fórmula en perspectiva para el (2S,3R)-3-cloro-2-pentanol.

Primero se escribe una estructura condensada del compuesto, sin tener en cuenta la configuración en los centros asimétricos.

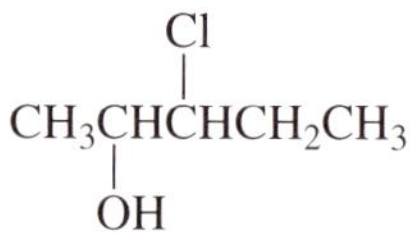

$$\underset{\underset{\text{OH}}{|}}{\overset{\overset{\text{Cl}}{|}}{\text{CH}_3\text{CHCHCH}_2\text{CH}_3}}$$

3-cloro-2-pentanol

Ahora se trazan los enlaces en torno a los centros asimétricos.

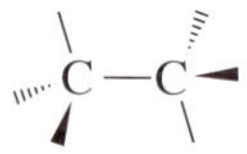

En cada centro asimétrico se coloca el grupo con la menor prioridad en la cuña entrecortada.

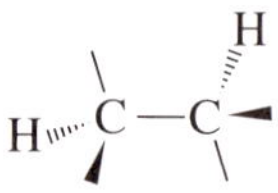

En cada centro asimétrico se pone el grupo con la mayor prioridad en un enlace tal que una flecha apunte en el sentido de las manecillas del reloj, si se desea representar la configuración *R*, o en contra de las manecillas del reloj, si se desea representar la configuración *S*, hacia el grupo con la segunda mayor prioridad.

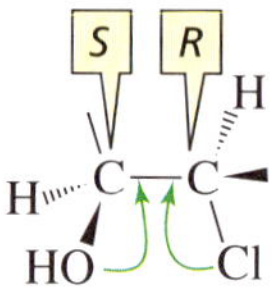

Se colocan los sustituyentes que resten en los últimos enlaces disponibles.

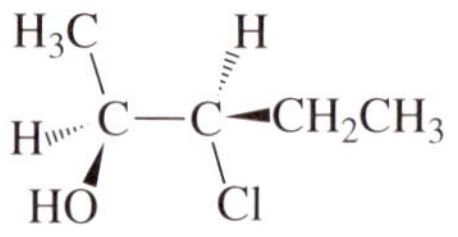

(2S,3R)-3-cloro-2-pentanol

Ahora continúe en el problema 35.

PROBLEMA 35

Dibuje las fórmulas en perspectiva para los compuestos siguientes:

a. (*S*)-3-cloro-1-pentanol
b. (2*R*,3*R*)-2,3-dibromopentano
c. (2*S*,3*R*)-3-metil-2-pentanol
d. (*R*)-1,2-dibromobutano

PROBLEMA 36 ◆

La treonina es un aminoácido que tiene cuatro estereoisómeros. El isómero que se encuentra en la naturaleza es la (2*S*,3*R*)-treonina. ¿Cuál de las siguientes estructuras representa al aminoácido natural?

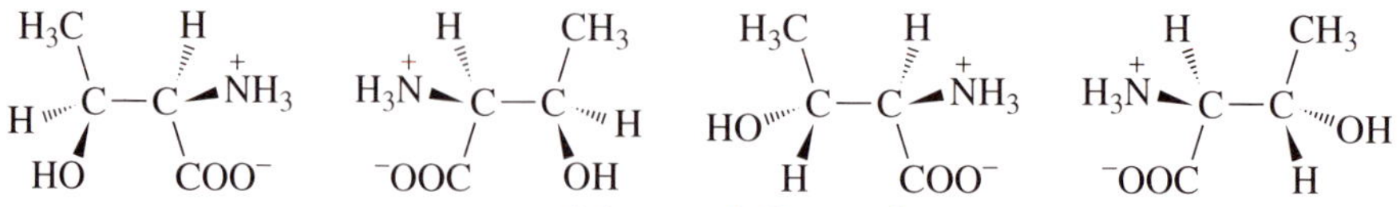

estereoisómeros de la treonina

PROBLEMA 37◆

Escriba el nombre de los compuestos siguientes:

a. Estructura con dos carbonos: C unido a Cl, H (cuña entrecortada), CH₃CH₂; y C unido a Cl, H (cuña llena), CH₃.

b. Estructura con dos carbonos: C unido a CH₃CH₂, H (cuña entrecortada), Cl; y C unido a Br (cuña entrecortada), CH₃ (cuña llena), H.

c. Ciclopentano con HO (cuña llena) en una posición y OH (cuña llena) en otra posición.

d. Cadena con Cl (cuña llena) y CH₃ en un carbono central.

5.14 Reacciones de compuestos que contienen un centro asimétrico

Cuando reacciona un compuesto que contiene un centro asimétrico, el efecto sobre la configuración de ese centro depende de la reacción. Si la reacción no rompe alguno de los cuatro enlaces al centro asimétrico, las posiciones relativas de los grupos unidos a ese centro no cambian. Por ejemplo, cuando reacciona el (*S*)-1-cloro-3-metilpentano con el ion hidróxido, el OH sustituye al Cl. (En la sección 8.2 habrá oportunidad de ver por qué el OH sustituye al Cl). Como la reacción no rompe alguno de los enlaces con el centro asimétrico, el reactivo y el producto tienen la misma **configuración relativa**, lo que significa que los grupos mantienen sus posiciones relativas y el grupo CH₃CH₂ está a la izquierda, el grupo CH₃ está unido a una cuña llena y el H está unido a una cuña entrecortada.

> Si una reacción no rompe un enlace con un centro asimétrico el reactivo y el producto tendrán las mismas configuraciones relativas.

(*S*)-1-cloro-3-metilpentano →[HO⁻] (*S*)-3-metil-1-pentanol

Precaución. Aun cuando los cuatro grupos unidos al centro asimétrico mantengan sus posiciones relativas, no siempre un reactivo *S* forma un producto *S*, como sucedió en la reacción anterior, y un reactivo *R* no siempre forma un producto *R*. En el ejemplo siguiente, los grupos mantienen sus posiciones relativas durante la reacción y dan las mismas *configuraciones relativas* al reactivo y al producto. Empero, el reactivo tiene la configuración *S*, pero el producto presenta la configuración *R*. Aunque los grupos mantuvieron sus posiciones relativas, sus prioridades relativas, definidas por las reglas de Cahn-Ingold-Prelog, ya cambiaron (el grupo vinilo tiene la mayor prioridad en el reactivo, mientras que el grupo propilo tiene la mayor prioridad en el producto, sección 3.5). El cambio de prioridades relativas, y no algún cambio en la posición de los grupos o los átomos, fue lo que causó que el reactivo *S* se transformara en un producto *R*.

(*S*)-3-metilhexeno →[H₂ / Pd/C] (*R*)-3-metilhexano

En este ejemplo, el reactivo y el producto tienen la misma configuración relativa, pero como el reactivo tiene la configuración *S* y el producto la *R*, tienen distintas configuraciones absolutas. La **configuración absoluta** es la configuración *real* del compuesto. En otras palabras, la configuración existe en un sentido absoluto y no en sentido relativo. Conocer la

Si una reacción rompe un enlace con el centro asimétrico no se puede indicar la configuración del producto, a menos que se conozca el mecanismo de la reacción.

configuración absoluta de un compuesto es conocer si tiene la configuración *R* o la *S*. En contraste, conocer que dos compuestos tienen la misma *configuración relativa* es saber que los grupos o átomos unidos al centro asimétrico en ambos compuestos presentan las mismas posiciones relativas.

Se acaba de ver que si la reacción no rompe alguno de los enlaces con el centro asimétrico, el reactivo y el producto han de presentar la misma configuración relativa. En contraste, si la reacción *sí* rompe uno de los enlaces al centro asimétrico, el producto puede tener la misma configuración relativa que el reactivo o puede mostrar la configuración relativa opuesta. El producto que se forme realmente depende del mecanismo de la reacción. Por consiguiente, no se puede indicar cuál será la configuración del producto a menos que se conozca el mecanismo de la reacción.

tiene la misma configuración relativa que la del reactivo

tiene una configuración relativa opuesta a la del reactivo

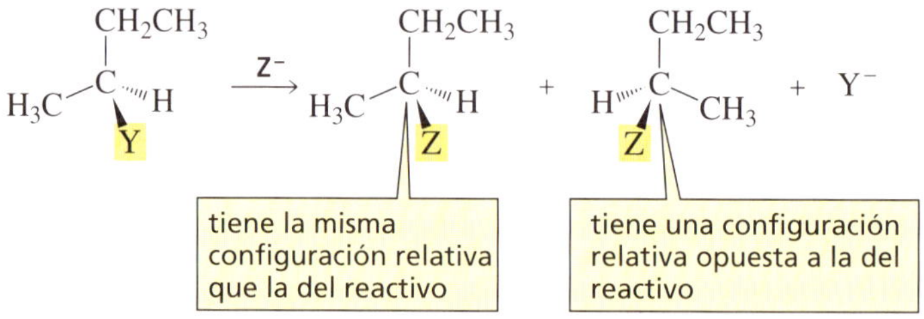

PROBLEMA 38   RESUELTO

Se puede convertir el (*S*)-(−)-2-metil-1-butanol en ácido (+)-2-metilbutanoico sin romper ninguno de los enlaces con el centro asimétrico. ¿Cuál es la configuración del ácido (−)-2-metilbutanoico?

(*S*)-(−)-2-metil-1-butanol   ácido (+)-2-metilbutanoico

Solución Se sabe que el ácido (+)-2-metilbutanoico tiene la configuración relativa de la figura porque se formó a partir del (*S*)-(−)-2-metil-1-butanol sin romper ninguno de los enlaces con el centro asimétrico; por consiguiente, conocemos que el ácido (+)-2-metilbutanoico tiene la configuración *S*. Entonces podemos llegar a la conclusión que el ácido (−)-2-metilbutanoico presenta la configuración *R*.

PROBLEMA 39◆

El estereoisómero del 1-yodo-2-metilbutano con la configuración *R* hace girar el plano de polarización de la luz en el sentido de las manecillas del reloj. La reacción que se representa abajo produce un alcohol que hace girar el plano de polarización de la luz en sentido contrario al de las manecillas del reloj. ¿Cuál es la configuración del (+)-2-metil-1-butanol?

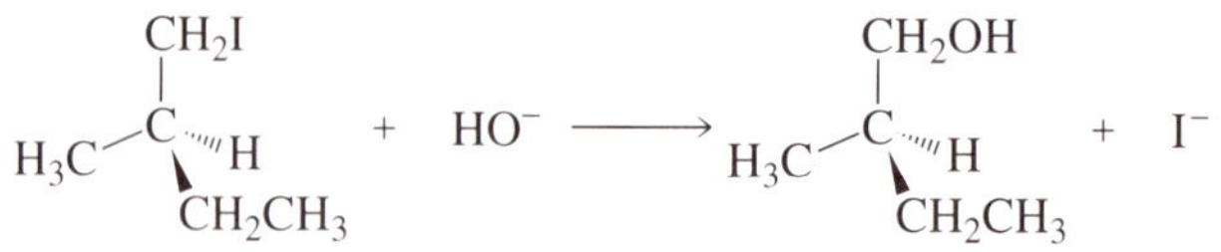

5.15 Configuración absoluta del (+)-gliceraldehído

El gliceraldehído tiene un centro asimétrico y, en consecuencia, tiene dos estereoisómeros. No se conocieron sus configuraciones absolutas sino hasta 1951. Entonces, antes de esa fecha, no se sabía si el (+)-gliceraldehído tenía la configuración *R* o la *S*, aunque de modo arbitrario se le asignó la configuración *R*. La probabilidad de acertar fue 50-50.

HC=O   HC=O
HO—C—H   H—C—OH
CH₂OH   HOCH₂

(*R*)-(+)-gliceraldehído   (*S*)-(−)-gliceraldehído

Al principio se dedujeron las configuraciones de muchos compuestos orgánicos de acuerdo con que se pudieran sintetizar a partir del (+) o (−)-gliceraldehído, o se pudieran convertir en (+) o (−)-gliceraldehído, mediante reacciones que no rompieran ninguno de los enlaces al centro asimétrico. Por ejemplo, como se suponía que la configuración del (+)-gliceraldehído era la que se muestra arriba, podía suponerse que el ácido (−)-láctico tenía la configuración que se ve abajo porque una serie de reacciones que no rompen ninguno de los enlaces al centro asimétrico indica que el ácido (−)-láctico y el (+)-gliceraldehído tienen la misma configuración relativa. Pese a ello, como no se sabía con seguridad que el (+)-gliceraldehído tuviera la configuración *R*, las configuraciones asignadas a esas moléculas eran relativas y no configuraciones absolutas. Eran relativas al (+)-gliceraldehído y se basaron en la *suposición* de que el (+)-gliceraldehído tiene la configuración *R*.

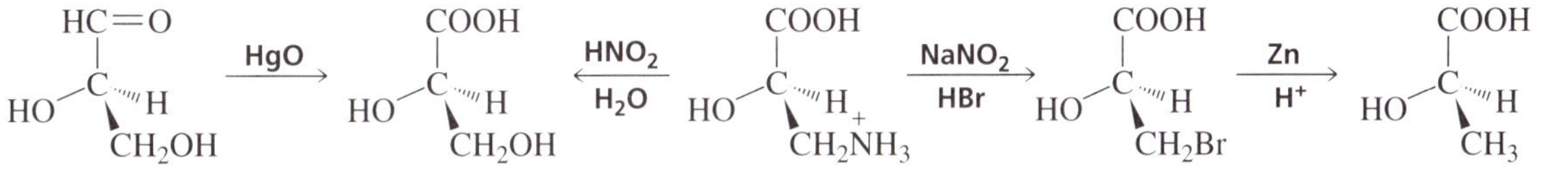

(+)-gliceraldehído →[HgO] ácido (−)-glicérico ←[HNO₂ / H₂O] (+)-isoserina →[NaNO₂ / HBr] ácido (−)-3-bromo-2-hidroxipropanoico →[Zn / H⁺] ácido (−)-láctico

En 1951, J. M. Bijvoet, A. F. Peerdeman y A. J. van Bommel, químicos holandeses, aplicaron la cristalografía de rayos X y una nueva técnica, llamada dispersión anómala, para determinar que la sal de sodio y rubidio del ácido (+)-tartárico tiene la configuración *R,R*. Como el ácido (+)-tartárico se puede sintetizar a partir del (−)-gliceraldehído, éste debía ser el enantiómero *S*. En consecuencia, ¿fue correcta la hipótesis de que el (+)-gliceraldehído tiene la configuración *R*?

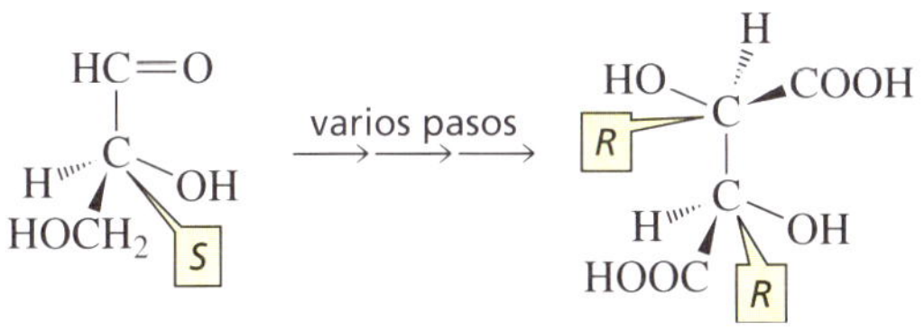

De inmediato, el trabajo de esos químicos permitió establecer las configuraciones absolutas de todos los compuestos cuyas configuraciones relativas se habían determinado por síntesis o conversiones a partir del (+)-gliceraldehído. Así, el ácido (−)-láctico tiene la configuración que se indicó arriba. Si el (+)-gliceraldehído hubiera sido el enantiómero *S*, esto es, si hubiera tenido la configuración opuesta a la que se ve arriba, también el ácido (−)-láctico hubiera tenido la configuración opuesta a la de arriba.

PROBLEMA 40◆

¿Cuál es la configuración absoluta de cada uno de los compuestos siguientes?

a. ácido (−)-glicérico   **c.** (−)-gliceraldehído
b. (+)-isoserina   **d.** ácido (+)-láctico

BIOGRAFÍA

Louis Pasteur (1822–1895) *químico y microbiólogo francés, demostró por primera vez que los microbios causan enfermedades específicas. Cuando la industria vinícola francesa le pidió determinar por qué con frecuencia el vino se agriaba al añejarlo, demostró que los microorganismos que fermentan el jugo de uva para producir vino también hacen que el vino se agrie. Si el vino se calienta suavemente después de la fermentación, en un proceso llamado pasteurización, se mata a los microorganismos y ya no pueden agriar el vino.*

PROBLEMA 41◆

¿Cuáles de los siguientes enunciados son ciertos?

a. Si dos compuestos tienen la misma configuración relativa, tendrán la misma configuración absoluta.

b. Si dos compuestos tienen la misma configuración relativa y se conoce la configuración absoluta de alguno de ellos, se puede determinar la configuración absoluta del otro.

c. Un reactivo R forma siempre un producto S.

5.16 Separación de los enantiómeros

Los enantiómeros no pueden separarse mediante las técnicas normales, como destilación fraccionada o cristalización, porque sus puntos de ebullición y solubilidades idénticas los hacen destilar o cristalizar en forma simultánea. Quien por primera vez pudo separar un par de enantiómeros fue Louis Pasteur. Al trabajar con cristales de tartrato de sodio y amonio, observó que esos cristales no eran idénticos, algunos eran "derechos" y otros eran "izquierdos". Después de una laboriosa separación de las dos clases de cristales con unas pinzas, encontró que una disolución de los cristales derechos hacía girar el plano de polarización de la luz en el sentido de las manecillas del reloj, mientras que una disolución de los cristales izquierdos lo hacía girar en sentido contrario al de las manecillas del reloj.

cristales izquierdos   cristales derechos

A Pasteur, en esos días de apenas 26 años y desconocido en los círculos científicos, le preocupaba la exactitud de sus observaciones porque pocos años antes Eilhardt Mitscherlich, conocido químico orgánico alemán, había informado que todos los cristales de tartrato de sodio y amonio eran idénticos. De inmediato Pasteur informó su hallazgo a Jean-Baptiste Biot (sección 5.8) y repitió el experimento en presencia de tal científico. Éste se convenció que Pasteur había separado los enantiómeros del tartrato de sodio y amonio. También, el experimento de Pasteur originó un nuevo término químico. El ácido tartárico se obtiene de las uvas, por lo que se le llamó ácido racémico (*racemus* es "racimo" en latín). Es la razón de que una mezcla de cantidades iguales de enantiómeros se llama **mezcla racémica** (sección 5.9). A la separación de los enantiómeros se le llama **resolución de una mezcla racémica**, o **separación de una mezcla racémica**.

Después se vio que Pasteur tuvo suerte. El tartrato de sodio y amonio sólo forma cristales asimétricos bajo las condiciones precisas que empleaba Pasteur. Bajo otras condiciones, los cristales simétricos que se forman engañaron a Mitscherlich. Pero, citando a Pasteur, "la suerte favorece a la mente preparada".

BIOGRAFÍA

Eilhardt Mitscherlich (1794–1863), *químico alemán, estudió medicina para poder viajar por Asia y satisfacer su interés en las lenguas orientales. Le fascinó la química. Fue profesor de química en la Universidad de Berlín y escribió un libro de texto de química, de mucho éxito, publicado en 1829.*

Cristales de tartrato de hidrógeno y potasio, sal natural que se encuentra en los vinos. La mayor parte de las frutas produce ácido cítrico, pero las uvas producen ácido tartárico en su lugar. El tartrato de hidrógeno y potasio, llamado también crémor tártaro, se usa en lugar del vinagre o del jugo de limón en algunas recetas.

La separación manual de los enantiómeros, como lo hizo Pasteur, no es un método de utilidad universal porque pocos compuestos forman cristales asimétricos. Hasta hace relativamente poco, la separación de enantiómeros era un proceso muy tedioso. Había que convertir los enantiómeros en diastereómeros que se pudieran separar por presentar distintas propiedades físicas (sección 5.11). Después de la separación, los diastereómeros individuales debían regresarse a los enantiómeros originales.

Por fortuna, hoy los enantiómeros se pueden separar con relativa facilidad con una técnica llamada **cromatografía**. En este método, se disuelve la mezcla a separar y la disolución se pasa por una columna empacada con un material quiral, que tienda a absorber compuestos orgánicos. Se espera que los dos enantiómeros atraviesen la columna con distinta rapidez porque tienen diferentes afinidades hacia el material quiral —como la mano derecha prefiere un guante de mano derecha frente a uno de mano izquierda—, así que un enantiómero saldrá de la columna antes que el otro. Como ya es tan fácil separar enantiómeros, muchos medicamentos se venden como enantiómeros puros y no como mezclas racémicas (sección 5.10).

El material quiral que se usa en cromatografía es un ejemplo de un **diferenciador quiral, sensor quiral**, **detector quiral** o **sonda quiral**, algo capaz de distinguir entre los enantiómeros. Otro ejemplo de un diferenciador quiral es un polarímetro (sección 5.9). En la sección 5.21 verá el lector dos clases de moléculas biológicas, las enzimas y los receptores, que son sensores quirales.

5.17 Átomos de nitrógeno y fósforo como centros asimétricos

Otros átomos distintos al carbono pueden ser centros asimétricos. Cualquier átomo que, como el nitrógeno o el fósforo, tenga cuatro grupos o átomos diferentes unidos a él es un centro asimétrico. Por ejemplo, los siguientes pares de compuestos son enantiómeros.

Si uno de los cuatro "grupos" unidos al nitrógeno es un par de electrones no enlazado, los enantiómeros no se pueden separar porque rápidamente se interconvierten a temperatura ambiente. A esta interconversión rápida se le llama **interconversión de amina**. Una forma de representar la interconversión de amina es imaginar una sombrilla que se voltea al revés en un ventarrón.

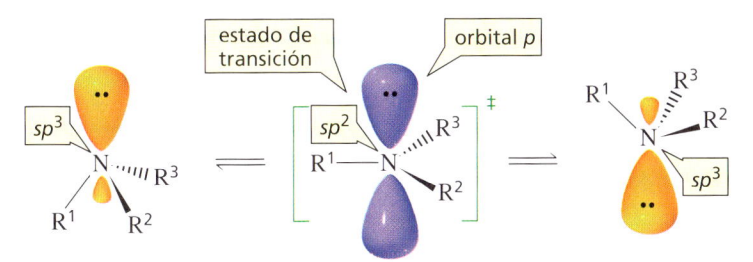

La interconversión de amina se efectúa pasando por un estado de transición en el que el nitrógeno sp^3 se convierte en un nitrógeno sp^2. Los tres grupos unidos al nitrógeno sp^2 son coplanares en el estado de transición y sus ángulos de enlace son de 120°; el par de electrones no enlazado está en un orbital p. Las moléculas de amina "invertidas" y "no invertidas" son enantiómeros, pero no pueden separarse por ser tan rápida esta interconversión de amina. La energía necesaria para la interconversión de amina es de unas 6 kcal/mol (o 25 kJ/ mol), aproximadamente el doble de la energía que se requiere para una rotación respecto a un enlace carbono-carbono sencillo, pero todavía lo bastante baja como para permitir que los enantiómeros se interconviertan con rapidez a temperatura ambiente. El par de electrones no enlazado es necesario para la inversión: los iones amonio cuaternarios, con cuatro enlaces al nitrógeno, y en consecuencia sin par de electrones no enlazado no se interconvierten.

PROBLEMA 42

El compuesto A tiene dos estereoisómeros, pero los compuestos B y C existen como compuestos únicos. Explique por qué.

5.18 Estereoquímica de las reacciones: reacciones regioselectivas, estereoselectivas y estereoespecíficas

Cuando se explicaron las reacciones de adición electrofílica de los alquenos (capítulo 4) se examinó paso a paso el proceso que efectuaba cada reacción (el mecanismo de la reacción) y se determinó qué productos se formaban; sin embargo, no se incluyó la estereoquímica de las reacciones.

La **estereoquímica** es el campo de la química que estudia las estructuras de las moléculas en tres dimensiones. Al estudiar la estereoquímica de una reacción se plantean las siguientes cuestiones:

1. Si el *producto* de una reacción puede existir en forma de dos o más estereoisómeros, ¿produce la reacción un solo estereoisómero, un conjunto determinado de estereoisómeros o todos los estereoisómeros posibles?

2. Si el *reactivo* puede estar como dos o más estereoisómeros, los estereoisómeros del reactivo ¿forman los mismos estereoisómeros del producto, o cada estereoisómero del reactivo forma un estereoisómero diferente o conjunto diferente de estereoisómeros en el producto?

Antes de examinar la estereoquímica de las reacciones de adición electrofílica es necesario familiarizarse con algunos de los términos que se usan en la estereoquímica de reacciones.

Ya se explicó que una reacción **regioselectiva** es aquélla en la que se pueden obtener dos *isómeros constitucionales* como productos, pero uno se obtiene en mayor cantidad que el otro (sección 4.4). En otras palabras, una reacción regioselectiva selecciona determinado isómero constitucional. Recuérdese que una reacción puede ser *moderadamente regioselectiva, altamente regioselectiva* o *completamente regioselectiva*, dependiendo de las cantidades relativas de los isómeros constitucionales que se forman en la reacción.

> **Una reacción regioselectiva forma más de un isómero constitucional que del otro.**

reacción regioselectiva

A ⟶ B + C   *(isómeros constitucionales)*

se forma más B que C

Estereoselectiva es un término parecido pero se refiere a la formación preferente de un *estereoisómero* y no a un *isómero constitucional*. Si una reacción que genera un doble enlace carbono-carbono o un centro asimétrico en un producto forma un estereoisómero de preferencia frente a otro es una reacción estereoselectiva. En otras palabras, selecciona determinado estereoisómero. De acuerdo con el grado de preferencia hacia determinado estereoisómero, una reacción se puede describir como *moderadamente estereoselectiva, altamente estereoselectiva* o *completamente estereoselectiva*.

reacción estereoselectiva

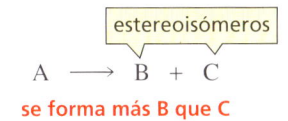

estereoisómeros
A ⟶ B + C
se forma más B que C

Una reacción es **estereoespecífica** si el *reactivo* puede existir en forma de estereoisómeros y cada estereoisómero del reactivo forma un estereoisómero diferente o conjunto diferente de estereoisómeros del producto.

reacciones estereoespecíficas

estereoisómeros ⟨ A ⟶ B ⟩ estereoisómeros
            C ⟶ D

En la reacción anterior, el estereoisómero A forma al estereoisómero B, pero no forma a D, por lo que la reacción es estereoselectiva, además de ser estereoespecífica. *Todas las reacciones estereoespecíficas también son estereoselectivas; no obstante, no todas las reacciones estereoselectivas son estereoespecíficas* porque hay reacciones estereoselectivas en las que el reactivo carece de un doble enlace carbono-carbono o un centro asimétrico, por lo que resulta imposible que cuente con estereoisómeros.

> Tutorial del alumno:
> Términos comunes en estereoquímica
> (Common terms in stereo chemistry)

> **Una reacción estereoselectiva forma más de un estereoisómero constitucional que del otro.**

> **En una reacción estereoespecífica cada estereoisómero forma un producto estereoisomérico diferente o un conjunto distinto de productos estereoisoméricos.**

> **Una reacción estereoespecífica también es estereoselectiva. Una reacción estereoselectiva no necesariamente es estereoespecífica.**

5.19 Estereoquímica de las reacciones de adición electrofílica de los alquenos

Ahora que el lector está familiarizado con las reacciones de adición electrofílica *y también* con los estereoisómeros, es posible combinar los dos tópicos y describir la estereoquímica de las reacciones de adición electrofílica. En otras palabras, se examinán los estereoisómeros que se forman en las reacciones de adición electrofílica que fueron descritas en el capítulo 4.

En esa ocasión se vio que cuando un alqueno reacciona con un reactivo electrofílico, como HBr, el producto principal de la reacción de adición es el que se obtiene al adicionar el electrófilo (H^+) al carbono sp^2 unido con más hidrógenos y al adicionar el nucleófilo ($Br:^-$) al otro carbono sp^2 (sección 4.4). Por ejemplo, el producto principal que se obtiene en la reacción del propeno con HBr es 2-bromopropano. Este producto en particular no tiene estereoisómeros porque carece de centro asimétrico. En consecuencia, no debe preocupar la estereoquímica de esta reacción.

$$CH_3CH=CH_2 \xrightarrow{HBr} CH_3\overset{+}{C}HCH_3 \quad Br^- \longrightarrow CH_3CHCH_3$$
$$\text{propeno} \qquad\qquad\qquad\qquad\qquad\qquad\qquad\qquad |$$
$$\qquad\qquad\qquad\qquad\qquad\qquad\qquad\qquad\qquad Br$$
2-bromopropano
producto principal

Empero, si la reacción crea un producto con un centro asimétrico es necesario conocer cuáles estereoisómeros se forman. Por ejemplo, la reacción de HBr con 1-buteno forma 2-bromobutano, compuesto que tiene un centro asimétrico. Pero ¿cuál es la configuración del producto? ¿Se obtiene el enantiómero *R*, el enantiómero *S* o ambos?

$$CH_3CH_2CH=CH_2 \xrightarrow{HBr} CH_3CH_2\overset{+}{C}HCH_3 \quad Br^- \longrightarrow CH_3CH_2\overset{\text{centro asimétrico}}{CHCH_3}$$
$$\text{1-buteno} \qquad\qquad\qquad\qquad\qquad\qquad\qquad\qquad\qquad |$$
$$\qquad\qquad\qquad\qquad\qquad\qquad\qquad\qquad\qquad\qquad Br$$
2-bromobutano

236 CAPÍTULO 5 Estereoquímica

La descripción de la estereoquímica de las reacciones de adición electrofílica comenzará con el examen de las reacciones que producen un compuesto con un centro asimétrico. Después se pasará a examinar las reacciones donde se forma un producto con dos centros asimétricos.

Reacciones de adición que forman un producto con un centro asimétrico

Cuando un reactivo que carece de centro asimétrico participa en una reacción en la que se forma un producto con *un* centro asimétrico el producto siempre será una mezcla racémica. Por ejemplo, la reacción del 1-buteno con HBr forma cantidades idénticas de (*R*)-2-bromobutano y (*S*)-2-bromobutano. Entonces, una reacción de adición electrofílica que forma un compuesto con un centro asimétrico a partir de un reactivo que no tiene centros asimétricos no es estereoselectiva porque no selecciona determinado estereoisómero. ¿Por qué?

Será posible comprender por qué se obtiene una mezcla racémica al examinar la estructura del carbocatión que se forma en el primer paso de la reacción. El carbono con carga positiva tiene una hibridación sp^2, así que los tres átomos a los que está unido se encuentran en un plano (sección 1.10). Cuando el ion bromuro se acerca al carbono con carga positiva desde arriba del plano se forma un enantiómero, pero al acercarse desde abajo del plano se forma el otro enantiómero. Como el ion bromuro tiene igual acceso por ambos lados del plano, en esta reacción se obtienen cantidades idénticas de los enantiómeros *R* y *S*.

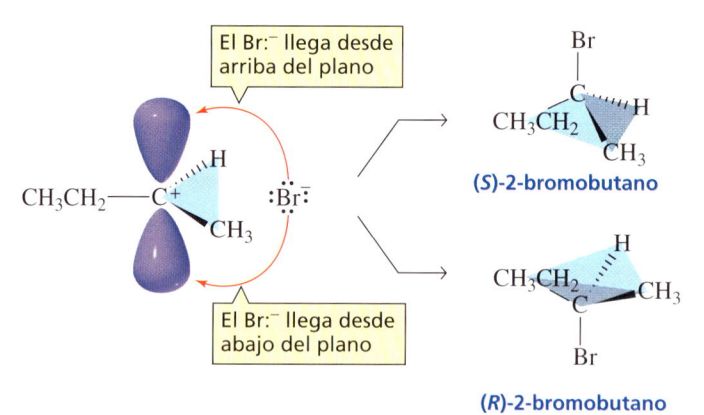

PROBLEMA 43

a. La reacción de 2-buteno con HBr ¿es regioselectiva?
b. ¿Es estereoselectiva?
c. ¿Es estereoespecífica?
d. La reacción de 1-buteno con HBr ¿es regioselectiva?
e. ¿Es estereoselectiva?
f. ¿Es estereoespecífica?

PROBLEMA 44

¿Qué estereoisómeros se obtienen en cada una de las reacciones siguientes?

a. $CH_3CH_2CH_2CH=CH_2 \xrightarrow{HCl}$

b. (Z)-3-hexeno $\xrightarrow[H_2O]{H^+}$

c. 1-metilciclopentileno $\xrightarrow{HBr}$

d. (E)-2,3-dimetil-2-buteno (CH₃)₂C=C(CH₃)(H) $\xrightarrow{HBr}$

5.19 Estereoquímica de las reacciones de adición electrofílica de los alquenos **237**

Si una reacción de adición forma un centro asimétrico nuevo en un compuesto que ya cuenta con un centro asimétrico (y el reactivo es un solo enantiómero de ese compuesto) se formará un par de diastereómeros. Por ejemplo, repárese en la reacción que se muestra abajo. Como durante la adición de HBr no se rompe ninguno de los enlaces al centro asimétrico en el reactivo, la configuración de este centro asimétrico no cambia. El ion bromuro puede acercarse al carbocatión intermediario plano desde arriba o desde abajo en el proceso de creación del nuevo centro asimétrico; en consecuencia, resultan dos estereoisómeros. Los estereoisómeros son diastereómeros porque uno de los centros asimétricos presenta la misma configuración en ambos estereoisómeros y el otro muestra configuraciones opuestas.

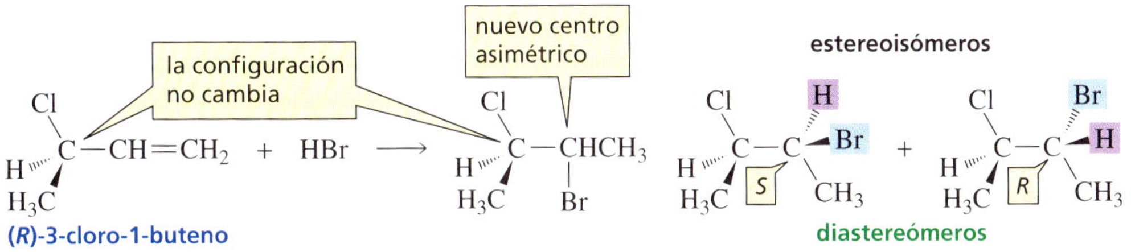

Como los productos de la reacción anterior son diastereómeros, los estados de transición de donde proceden también son diastereoisoméricos. Por consiguiente, los dos estados de transición no tendrán la misma estabilidad y se formarán distintas cantidades de los dos diastereómeros. Entonces, la reacción es estereoselectiva porque forma más de un estereoisómero que del otro. También la reacción es estereoespecífica ya que el (*R*)-3-cloro-1-buteno forma un par distinto de diastereómeros que el (*S*)-3-cloro-1-buteno.

Reacciones de adición que forman productos con dos centros asimétricos

Cuando un reactivo que carece de centro asimétrico reacciona y forma un producto con *dos* centros asimétricos, los estereoisómeros que se forman dependen del mecanismo de la reacción.

Reacciones de adición que forman un carbocatión intermediario. Si se crean dos centros asimétricos como resultado de una reacción de adición donde se forma un carbocatión intermediario se pueden obtener cuatro estereoisómeros como productos.

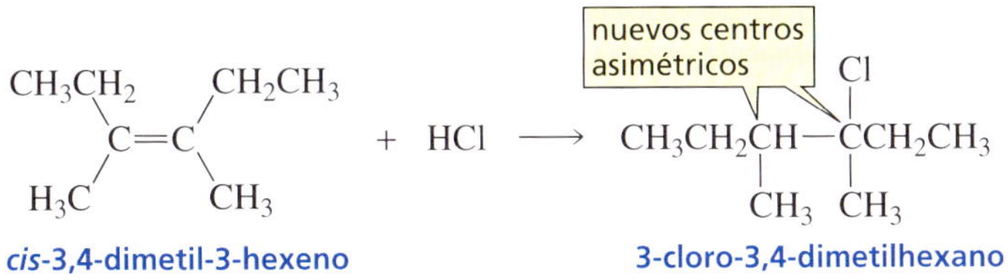

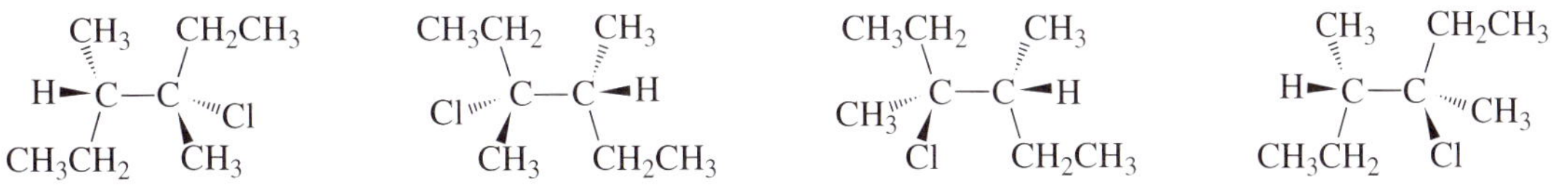

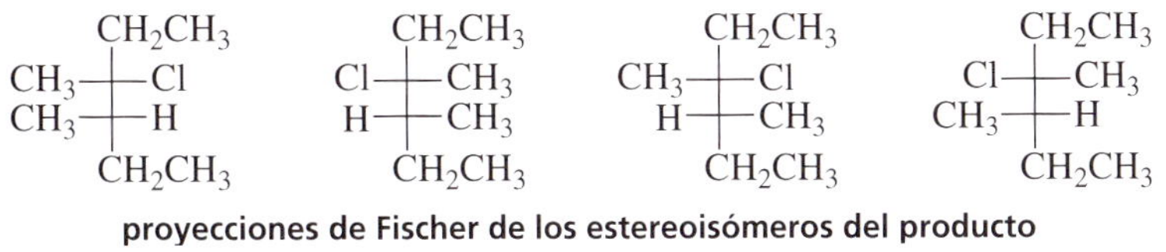

En el primer paso de la reacción, el protón puede llegar al plano que contiene los carbonos doblemente enlazados del alqueno desde arriba o desde abajo para formar el carbocatión. Una vez formado el carbocatión, el ion cloruro puede llegar al carbono con carga positiva desde arriba o desde abajo. El resultado es que se obtienen cuatro estereoisómeros como productos: la adición del protón y del ion cloruro se puede describir como arriba-arriba (ambos se adicionan desde arriba), arriba-abajo, abajo-arriba o abajo-abajo. Cuando se adicionan dos sustituyentes por el mismo lado de un doble enlace a la adición se le llama **adición sin**. Cuando dos sustituyentes se adicionan en lados opuestos de un doble enlace a la adición se le llama **adición anti**. Ambas adiciones, sin y anti, se efectúan en las reacciones de adición a alquenos que forman un carbocatión intermediario. Se obtienen cantidades iguales de los cuatro estereoisómeros, por lo que la reacción no es estereoselectiva y, debido a que se forman los cuatro estereoisómeros con el alqueno *cis* y son idénticos a los cuatro estereoisómeros formados con el alqueno *trans*, tampoco esta reacción es estereoespecífica.

Estereoquímica de la adición de hidrógeno. Antes se estudió que en una hidrogenación catalítica (sección 4.11) el alqueno se deposita en la superficie de un catalizador metálico en el que se ha dispersado H_2. El resultado es que los dos átomos de hidrógeno se adicionan por el mismo lado del doble enlace y entonces la adición de H_2 a un alqueno es una reacción de adición sin.

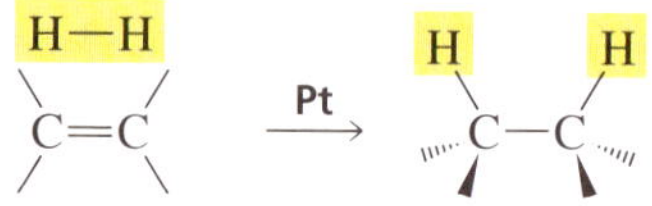

la adición de H_2 es una reacción sin

Si la adición de hidrógeno a un alqueno forma un producto con dos centros asimétricos, entonces sólo se obtienen dos de los cuatro estereoisómeros posibles porque sólo hay adiciones sin. (Los otros dos estereoisómeros deberían formarse a partir de adiciones anti). Uno de los dos estereoisómeros resulta de la adición de ambos hidrógenos desde arriba del plano del doble enlace y el otro por la adición de ambos hidrógenos desde abajo del plano porque el alqueno puede depositarse sobre el catalizador metálico con cualquiera de los lados viendo hacia arriba. El par determinado de estereoisómeros que se forme depende de si el reactivo es un alqueno *cis* o uno *trans*. La adición sin de H_2 a un alqueno *cis* sólo forma los enantiómeros eritro. (En la sección 5.11 se estudió que los enantiómeros eritro son aquéllos con grupos idénticos en el mismo lado de la cadena de carbonos, en confórmeros eclipsados).

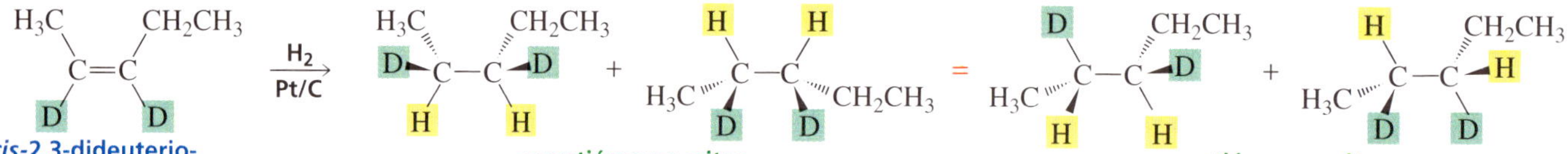

cis-2,3-dideuterio-2-penteno

enantiómeros eritro
fórmulas en perspectiva
(confórmeros eclipsados)

enantiómeros eritro
fórmulas en perspectiva
(confórmeros alternados)

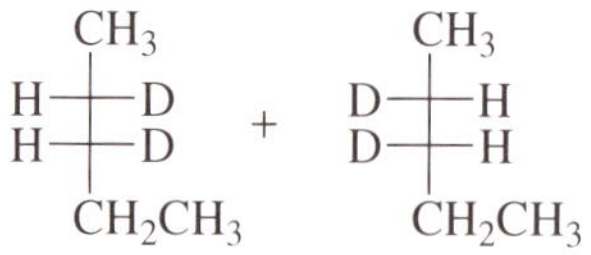

enantiómeros eritro
Proyecciones de Fischer

Si cada uno de los dos centros asimétricos en el producto está unido con los mismos cuatro sustituyentes se formará un compuesto meso en lugar de los enantiómeros eritro.

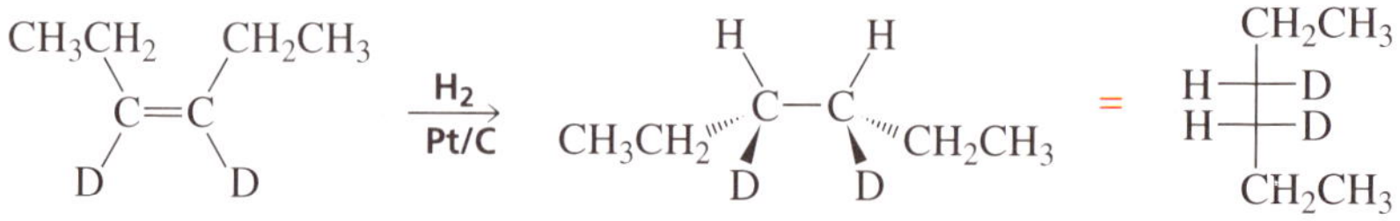

cis-2,3-dideutero-2-penteno

compuesto meso

5.19 Estereoquímica de las reacciones de adición electrofílica de los alquenos

En contraste, la adición *sin* de H₂ a un alqueno *trans* sólo forma los enantiómeros treo. Entonces, la adición de hidrógeno es una reacción estereoespecífica: el producto que se obtiene de la adición al isómero *cis* es diferente del que se obtiene de la adición al isómero *trans*. También es una reacción estereoselectiva porque no se forman los cuatro estereoisómeros posibles; por ejemplo, en la siguiente reacción sólo se forman los enantiómeros treo.

trans-2,3-dideuterio-2-penteno

enantiómeros treo
fórmulas en perspectiva
(confórmeros eclipsados)

enantiómeros treo
fórmulas en perspectiva
(confórmeros alternados)

enantiómeros treo
Proyecciones de Fischer

Si el producto es un compuesto cíclico, la adición de H₂ formará los enantiómeros *cis* porque los dos hidrógenos se adicionan por mismo lado del doble enlace.

1-isopropil-2-metil-ciclopenteno

Cada uno de los dos centros asimétricos en el producto de la siguiente reacción está unido a los mismos cuatro sustituyentes; en consecuencia, la adición sin forma un compuesto meso.

1,2-dideuterio-ciclopenteno

ALQUENOS CÍCLICOS

Los alquenos cíclicos con menos de ocho carbonos en el anillo, como el ciclopenteno y el ciclohexeno, sólo pueden existir con las configuraciones cis porque no tienen la cantidad de carbonos que se necesitaría para formar un doble enlace trans. Por consiguiente, no es necesario usar la designación cis con sus nombres. Sin embargo, los isómeros cis y trans son posibles en anillos que contengan ocho o más carbonos, y la configuración del compuesto debe especificarse con su nombre.

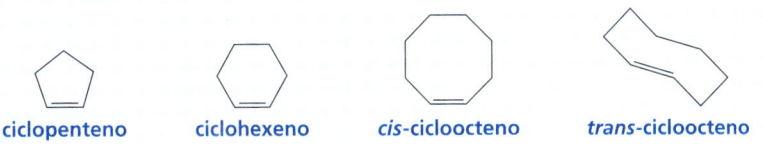

ciclopenteno   ciclohexeno   *cis*-cicloocteno   *trans*-cicloocteno

240 CAPÍTULO 5 Estereoquímica

> **PROBLEMA 45**
>
> **a.** ¿Cuáles estereoisómeros se forman en la siguiente reacción? 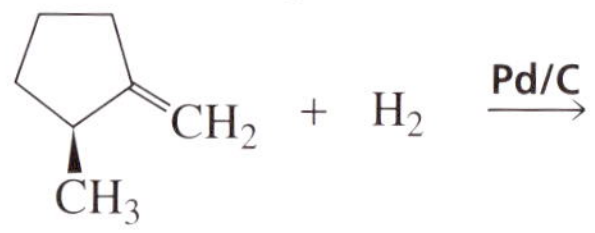
>
> (metilenciclopentano con CH₃) + H₂ →(Pd/C)
>
> **b.** ¿Qué estereoisómero se forma con más rendimiento?

Estereoquímica de la adición de peroxiácido. La adición de un peroxiácido a un alqueno para formar un epóxido (sección 4.9) es una reacción concertada: el átomo de oxígeno se adiciona a los dos carbonos sp^2 al mismo tiempo; por tanto, debe ser una adición sin.

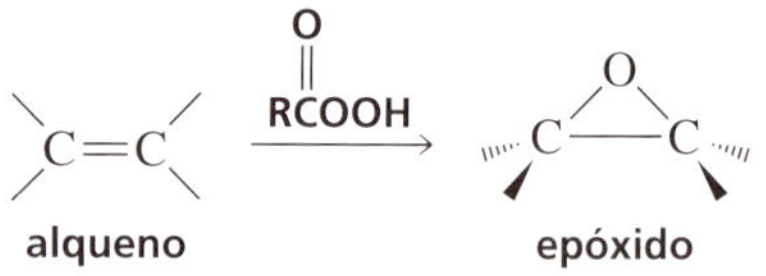

alqueno →(RCOOH) epóxido

la adición de peroxiácido es una reacción sin

El oxígeno se puede adicionar desde arriba o desde abajo del plano que contiene al doble enlace; por consiguiente, la adición de un peroxiácido a un alqueno forma dos estereoisómeros. La adición sin a un alqueno *cis* forma los enantiómeros *cis*. Ya que sólo hay adición sin, la reacción es estereoselectiva.

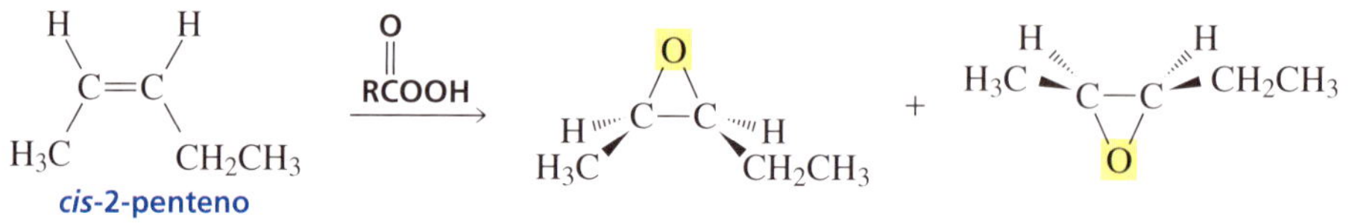

cis-2-penteno →(RCOOH) (epóxidos enantioméricos cis)

La adición sin a un alqueno *trans* forma los enantiómeros *trans*.

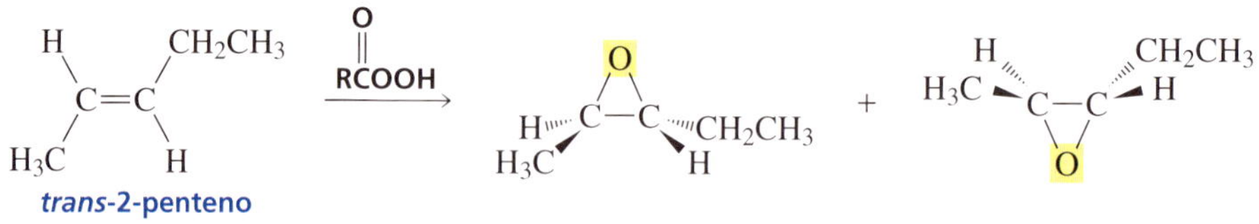

trans-2-penteno →(RCOOH) (epóxidos enantioméricos trans)

La adición de un peroxiácido al *cis*-2-buteno forma un compuesto meso: cada uno de los dos centros asimétricos está unido a los mismos cuatro grupos (sección 5.12).

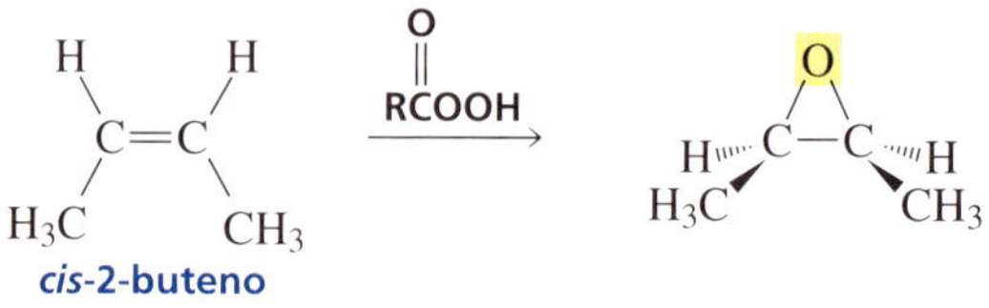

cis-2-buteno →(RCOOH) (epóxido meso)

5.19 Estereoquímica de las reacciones de adición electrofílica de los alquenos 241

PROBLEMA 46◆

a. ¿Qué alqueno se necesitaría para sintetizar los compuestos siguientes?

1. 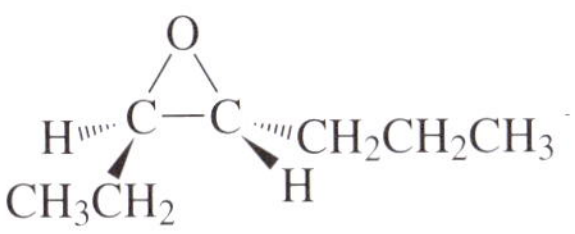 Epóxido con H, CH₃CH₂, C—C, CH₂CH₂CH₃, H

2. 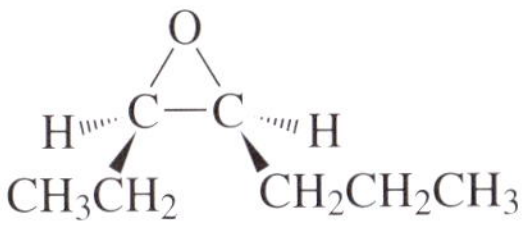 Epóxido con H, CH₃CH₂, C—C, CH₂CH₂CH₃, H

b. ¿Qué otro epóxido se formaría?

Estereoquímica de la hidroboración-oxidación. La adición de borano a un alqueno (sección 4.10) también es una reacción concertada. El boro y el ion hidruro se adicionan a los dos carbonos sp^2 del doble enlace al mismo tiempo. Ya que las dos especies se adicionan en forma simultánea deben hacerlo por el mismo lado del doble enlace, por lo que la adición de borano a un alqueno, como la adición de hidrógeno y la adición de un peroxiácido, es una adición sin.

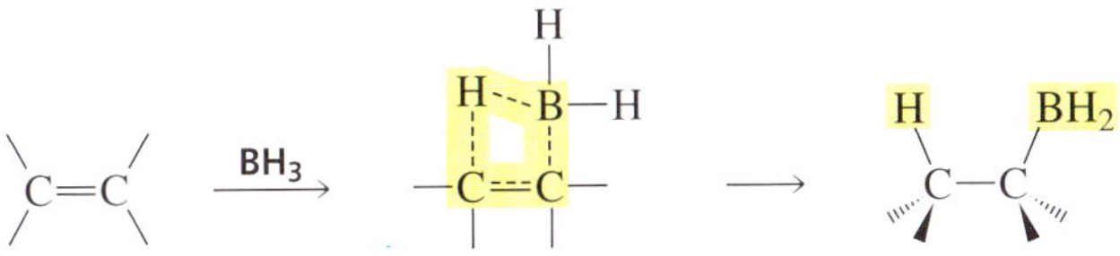

la adición de borano es una adición sin

Hidroboración 2

Cuando el alquilborano resultante se oxida por reacción con peróxido de hidrógeno y el ion hidróxido, el grupo OH queda en la misma posición que el grupo boro al que sustituye. En consecuencia, la reacción general, llamada hidroboración-oxidación, equivale a una adición sin de agua a un doble enlace carbono-carbono.

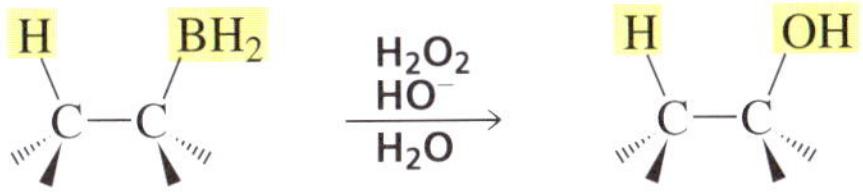

alquilborano → alcohol

la hidroboración-oxidación es una adición sin de agua

En vista de que sólo hay adición sin, la hidroboración-oxidación es estereoselectiva —sólo se forman dos de los cuatro estereoisómeros posibles. Como se planteó al explicar la adición de H₂ o de un peroxiácido, si el producto es cíclico la adición sin da como resultado la formación de sólo el par de enantiómeros que tiene los grupos adicionados en el mismo lado del anillo.

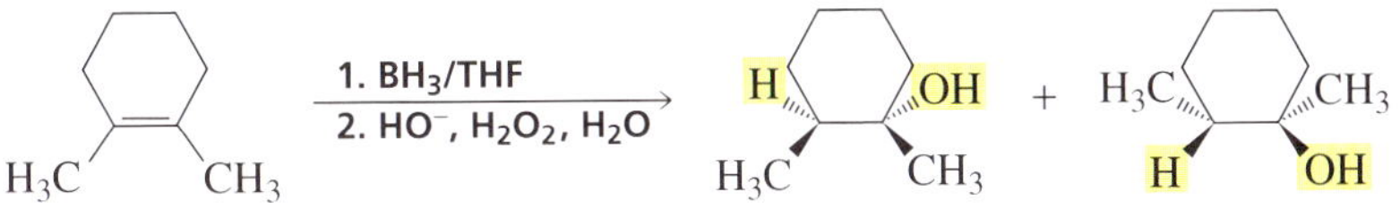

1. BH₃/THF
2. HO⁻, H₂O₂, H₂O

PROBLEMA 47◆

¿Qué estereoisómeros se obtendrían por hidroboración-oxidación de los compuestos siguientes?

a. ciclohexeno
b. 1-etilciclohexeno
c. 1,2-dimetilciclopenteno
d. *cis*-2-buteno

Reacciones de adición que forman un ion bromonio cíclico intermediario. Si se forman dos centros asimétricos como resultado de una reacción de adición que forma un ion bromonio intermediario sólo se formará un par de enantiómeros. La adición de Br_2 al alqueno *cis* sólo forma los enantiómeros treo.

cis-2-penteno + Br_2 $\xrightarrow{CH_2Cl_2}$ **enantiómeros treo** — fórmulas en perspectiva

enantiómeros treo — proyecciones de Fischer

Si usted tiene dificultad para determinar la configuración de un producto haga un modelo del mismo.

Bromación de alquenos 1

De igual modo, la adición de Br_2 al alqueno *trans* sólo forma los enantiómeros eritro. Como los isómeros *cis* y *trans* forman productos diferentes, la reacción es estereoespecífica y también estereoselectiva.

trans-2-penteno + Br_2 $\xrightarrow{CH_2Cl_2}$ **enantiómeros eritro** — fórmulas en perspectiva

enantiómeros eritro — proyecciones de Fischer

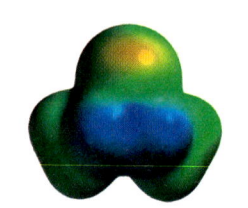

el ion bromonio cíclico que se forma por reacción del Br_2 con *cis*-2-buteno

Como la adición de Br_2 al *alqueno cis* forma los enantiómeros treo sabemos que debe haber ocurrido una adición anti porque se acaba de ver que la adición sin formaría los enantiómeros eritro. La adición de Br_2 es anti porque el intermediario de la reacción es un ion bromonio cíclico (sección 4.7). Una vez formado el ion bromonio, el átomo de bromo en el anillo bloquea ese lado. Entonces, el ion bromuro con carga negativa debe llegar desde el lado opuesto (siguiendo las flechas verdes *o bien* las flechas rojas que se indican abajo). Entonces, los dos átomos de bromo se adicionan en lados opuestos del doble enlace. Ya que sólo puede haber adición anti de Br_2, sólo se obtienen dos de los cuatro estereoisómeros posibles.

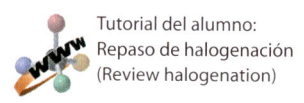

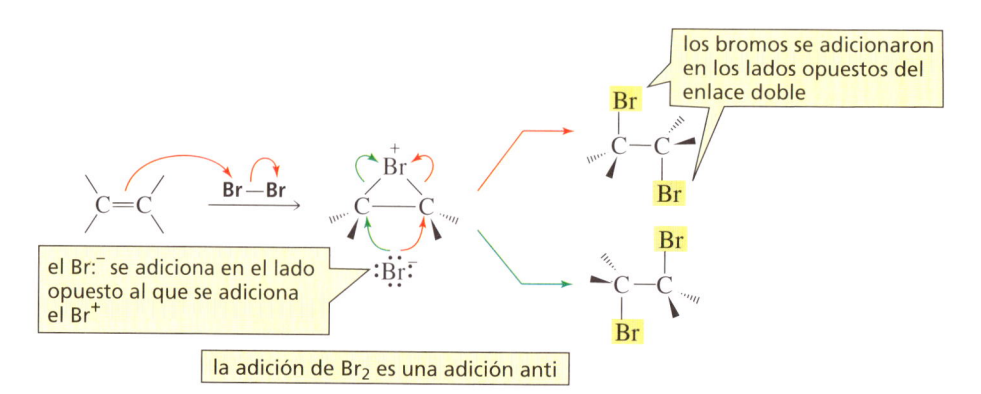

Tutorial del alumno:
Repaso de halogenación
(Review halogenation)

los bromos se adicionaron en los lados opuestos del enlace doble

el $Br:^-$ se adiciona en el lado opuesto al que se adiciona el Br^+

la adición de Br_2 es una adición anti

5.19 Estereoquímica de las reacciones de adición electrofílica de los alquenos 243

Si los dos centros asimétricos en el producto tienen los mismos cuatro sustituyentes cada uno, los isómeros eritro son idénticos y forman un compuesto meso; por consiguiente, la adición de Br$_2$ al *trans*-2-buteno forma un compuesto meso.

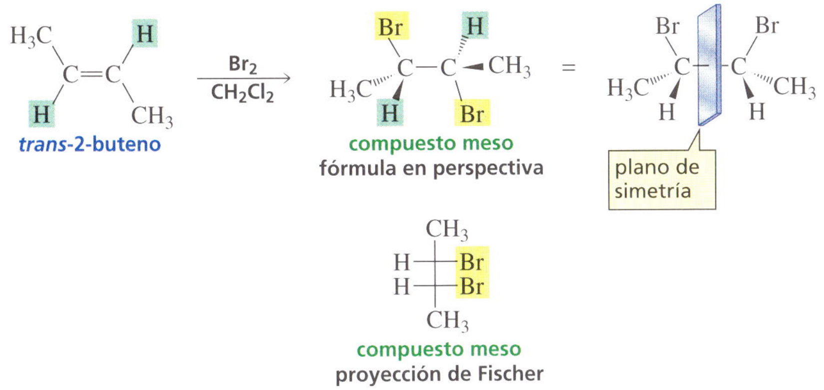

Bromación de alquenos 2

En vista de que sólo sucede adición anti, la adición de Br$_2$ a un ciclohexeno sólo forma los enantiómeros que tienen los átomos de bromo adicionados en los lados opuestos del anillo.

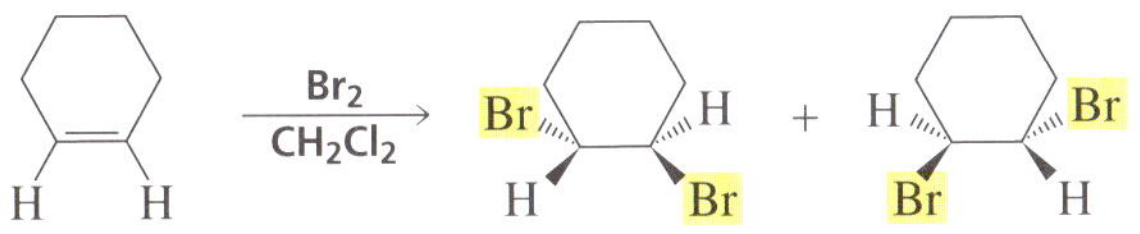

En la tabla 5.3 se presenta un resumen de la estereoquímica de los productos obtenidos con reacciones de adición a los alquenos.

Tabla 5.3 Estereoquímica de las reacciones de adición a alquenos

Reacción	Tipo de adición	Estereoisómeros formados
Reacciones de adición que crean un centro asimétrico en el producto		1. Si el reactivo no tiene un centro asimétrico, se obtendrá un par de enantiómeros (cantidades iguales de *R* y *S*).
		2. Si el reactivo tiene un centro asimétrico, se obtendrán cantidades diferentes de un par de diastereómeros.
Reacciones de adición que crean dos centros asimétricos en el producto		
Adición de reactivos que forman un carbocatión intermediario	sin y anti	Se pueden obtener cuatro estereoisómeros* (los isómeros cis y trans forman los mismos productos).
Adición de H$_2$ Adición de borano Adición de un peroxiácido	sin	cis ⟶ enantiómeros eritro o *cis** trans ⟶ enantiómeros treo o *trans**
Adición de Br$_2$, Br$_2$ + H$_2$O, Br$_2$ + ROH (toda reacción que forme un ion bromonio cíclico intermediario)	anti	cis ⟶ enantiómeros treo o *trans* trans ⟶ enantiómeros eritro o *cis**

*Si los dos centros asimétricos tienen los mismos sustituyentes se obtendrá un compuesto meso en vez de el par de enantiómeros eritro.

244 CAPÍTULO 5 Estereoquímica

> **PROBLEMA 48**
>
> La reacción de 2-etil-1-penteno con Br_2 y con H_2 + Pt/C, o con BH_3 seguido por $HO:^-$ + H_2O_2, conduce a la obtención de una mezcla racémica. Explique por qué en este caso se obtiene una mezcla racémica.

> **PROBLEMA 49**
>
> ¿Cómo podría usted demostrar, usando una muestra de *trans*-2-buteno, que la adición de Br_2 forma un ion bromonio cíclico intermediario y no un carbocatión intermediario?

Formación de halohidrinas 2

Una forma para determinar qué estereoisómeros se obtienen en una reacción que forma un producto con dos centros asimétricos es la nemotécnica **CIS-SIN-ERITRO** o **CIS**. (El tercer término es "eritro" si el producto es acíclico y "cis" si es cíclico.) Es fácil recordar los tres términos porque todos ellos significan "del mismo lado". Se pueden cambiar dos cualesquiera de los términos, pero no se puede cambiar sólo uno. Por ejemplo, **TRANS-ANTI-ERITRO, TRANS-SIN-TREO** y **CIS-ANTI-TREO** se permiten, pero no se permite **TRANS-SIN-ERITRO**. Entonces, si se tiene un reactivo *cis* que sufre adición de Br_2 (que es anti) se obtienen los productos treo, si son acíclicos, y los productos *trans*, si el producto es cíclico. Esta nemotécnica funciona para todas las reacciones que tienen productos con estructuras que pueden describirse por eritro y treo, o *cis* y *trans*.

> **ESTRATEGIA PARA RESOLVER PROBLEMAS**
>
> **Predicción de los estereoisómeros que se obtienen en reacciones de adición de alquenos**
>
> ¿Cuáles estereoisómeros se obtienen en las siguientes reacciones?
>
> **a.** 1-buteno + HCl
> **b.** ciclohexeno + HBr
> **c.** *cis*-3-hepteno + Br_2
> **d.** *trans*-3-hexeno + Br_2
>
> Se comienza escribiendo el producto, sin considerar su configuración, para comprobar que la reacción ha creado centros asimétricos. A continuación se determinan las configuraciones de los productos poniendo atención en la configuración (si es el caso) del reactivo, en cuántos centros asimétricos se forman y en el mecanismo de la reacción. Comencemos con la parte **a**.
>
> **a.** $CH_3CH_2CHCH_3$
> |
>   Cl
>
> El producto tiene un centro asimétrico y entonces se formarán cantidades iguales de los enantiómeros *R* y *S*.
>
> **b.** bromociclohexano
>
> El producto carece de un centro asimétrico, de modo que tampoco tiene estereoisómeros.

c. 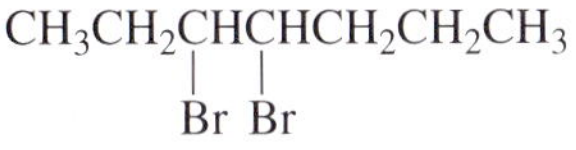 CH₃CH₂CHCHCH₂CH₂CH₃
         | |
         Br Br

Se han creado dos centros asimétricos en el producto. Como el reactivo es *cis* y la adición de Br₂ es anti se forman los enantiómeros treo.

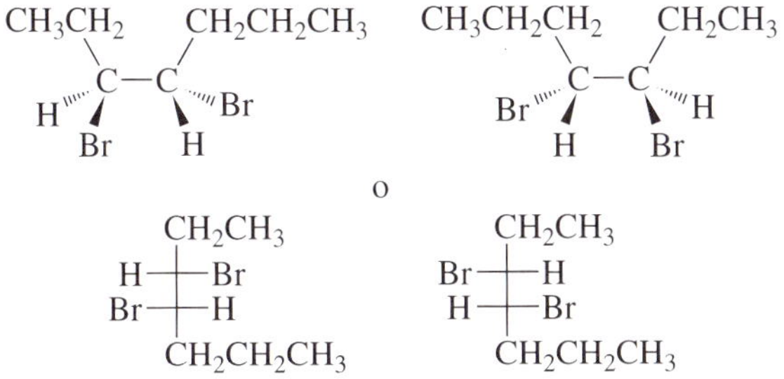

$$\begin{array}{cc}
\text{CH}_3\text{CH}_2 \quad \text{CH}_2\text{CH}_2\text{CH}_3 & \text{CH}_3\text{CH}_2\text{CH}_2 \quad \text{CH}_2\text{CH}_3 \\
\text{H} \diagdown \text{C}-\text{C} \diagup \text{Br} & \text{Br} \diagdown \text{C}-\text{C} \diagup \text{H} \\
\text{Br} \quad \text{H} & \text{H} \quad \text{Br}
\end{array}$$

o

$$\begin{array}{cc}
\quad\text{CH}_2\text{CH}_3 & \quad\text{CH}_2\text{CH}_3 \\
\text{H}-\!\!\!-\text{Br} & \text{Br}-\!\!\!-\text{H} \\
\text{Br}-\!\!\!-\text{H} & \text{H}-\!\!\!-\text{Br} \\
\quad\text{CH}_2\text{CH}_2\text{CH}_3 & \quad\text{CH}_2\text{CH}_2\text{CH}_3
\end{array}$$

d.  CH₃CH₂CHCHCH₂CH₃
         | |
         Br Br

Se han creado dos centros asimétricos en el producto. Ya que el reactivo es *trans* y la adición de Br₂ es anti cabría esperar los enantiómeros eritro. No obstante, los dos centros asimétricos están unidos a los mismos cuatro grupos y entonces el producto eritro es un compuesto meso; por consiguiente, sólo se forma un estereoisómero.

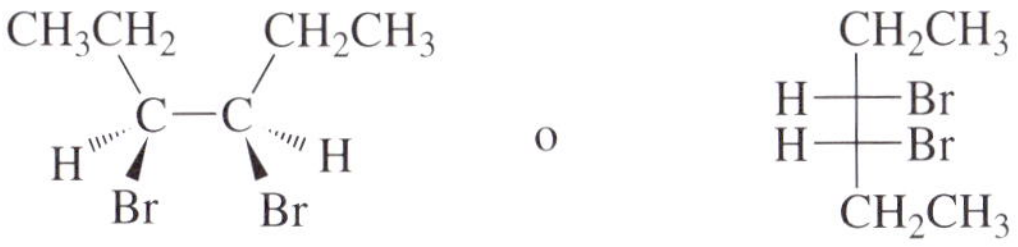

$$\begin{array}{cc}
\text{CH}_3\text{CH}_2 \quad \text{CH}_2\text{CH}_3 & \quad\text{CH}_2\text{CH}_3 \\
\text{H} \diagdown \text{C}-\text{C} \diagup \text{H} & \text{H}-\!\!\!-\text{Br} \\
\text{Br} \quad \text{Br} & \text{H}-\!\!\!-\text{Br} \\
 & \quad\text{CH}_2\text{CH}_3
\end{array}$$

Continúe ahora con el problema 50.

PROBLEMA 50

¿Qué enantiómeros se obtienen en las siguientes reacciones?

a. *trans*-2-buteno + HBr
b. (*Z*)-3-metil-2-penteno + HBr
c. (*E*)-3-metil-2-penteno + HBr
d. *cis*-3-hexeno + HBr
e. *cis*-2-penteno + Br₂
f. 1-hexeno + Br₂

PROBLEMA 51

Cuando el Br₂ se adiciona a un alqueno que tiene sustituyentes diferentes en cada uno de los dos carbonos sp^2, como en el *cis*-2-hepteno, se obtienen cantidades idénticas de los dos enantiómeros, aun cuando es más probable que el Br:⁻ ataque al átomo de carbono con menos impedimento estérico en el ion bromonio. Explique por qué se obtienen cantidades idénticas de los estereoisómeros.

PROBLEMA 52

a. ¿Qué productos se obtendrían en la adición de Br₂ a ciclohexeno si el disolvente fuera H₂O en lugar de CH₂Cl₂?
b. Proponga un mecanismo de la reacción.

VCL Epoxidación 2

> **PROBLEMA 53**
>
> ¿Qué estereoisómeros se espera obtener en cada una de las reacciones siguientes?
>
> a. CH_3CH_2, CH_3 — $\text{C}=\text{C}$ — H_3C, CH_2CH_3 $\xrightarrow{\text{Br}_2 / \text{CH}_2\text{Cl}_2}$
>
> d. ciclopenteno con H_3C y CH_2CH_3 $\xrightarrow{\text{Br}_2 / \text{CH}_2\text{Cl}_2}$
>
> b. CH_3CH_2, CH_3 — $\text{C}=\text{C}$ — H_3C, CH_2CH_3 $\xrightarrow{\text{H}_2 / \text{Pt/C}}$
>
> e. ciclopenteno con H_3C y CH_3 $\xrightarrow{\text{H}_2 / \text{Pt/C}}$
>
> c. ciclopenteno con H_3C y CH_3 $\xrightarrow{\text{Br}_2 / \text{CH}_2\text{Cl}_2}$
>
> f. ciclopenteno con H_3C y CH_2CH_3 $\xrightarrow{\text{H}_2 / \text{Pt/C}}$

> **PROBLEMA 54 ◆**
>
> a. ¿Cuál es el principal producto obtenido de la reacción de propeno y Br_2 más un exceso de $\text{Cl}:^-$?
> b. Indique las cantidades relativas de estereoisómeros obtenidos.

5.20 Estereoquímica de reacciones catalizadas por enzimas

La química asociada con los organismos vivos se llama **bioquímica**. Cuando se estudia bioquímica se estudian las estructuras y funciones de las moléculas que se encuentran en el mundo biológico, así como las reacciones que suceden en la síntesis y degradación de esas moléculas. Como los compuestos en los organismos vivos son compuestos orgánicos no debe sorprender que muchas de las reacciones que se ven en la química orgánica también suceden en los sistemas biológicos. Las células vivas no contienen moléculas como las de Cl_2, HBr o BH_3, de modo que no debe esperarse encontrar la adición de esos reactivos a alquenos en los sistemas biológicos. Sin embargo, las células vivas sí contienen agua y catalizadores ácidos, por lo que algunos alquenos que se encuentren en los sistemas biológicos participan en la adición de agua catalizada por ácido (sección 4.5).

Las reacciones que tienen lugar en los sistemas biológicos son catalizadas por proteínas llamadas **enzimas**. Cuando una enzima cataliza una reacción en la que se forma un producto con un centro asimétrico sólo se forma un estereoisómero porque estas reacciones son completamente estereoselectivas. Por ejemplo, la enzima fumarasa cataliza la adición de agua a fumarato para formar un malato, compuesto con un centro asimétrico.

> **BIOGRAFÍA**
>
> *Por sus estudios sobre la estereoquímica de las reacciones catalizadas por enzimas* **Sir John Cornforth** *recibió el Premio Nobel de Química 1975 (que compartió con Vladimir Prelog, pág. 206). Nacido en Australia, en 1917, Cornforth estudió en la Universidad de Sydney y recibió un doctorado de Oxford. Su investigación principal fue en los laboratorios del Consejo de Investigación Médica de Inglaterra, y en Shell Research Ltd. Fue nombrado caballero en 1977.*

$$\underset{\text{fumarato}}{\overset{\text{H}}{\underset{^-\text{OOC}}{>}}\text{C}=\text{C}\overset{\text{COO}^-}{\underset{\text{H}}{<}}} + \text{H}_2\text{O} \xrightarrow{\text{fumarasa}} \underset{\text{malato}}{^-\text{OOCCH}_2\overset{\text{centro asimétrico}}{\underset{\text{OH}}{\text{CHOO}^-}}}$$

No obstante, la reacción sólo forma el (*S*)-malato; no se forma el enantiómero *R*.

$$\underset{(S)\text{-malato}}{^-\text{OOCCH}_2 - \overset{\text{COO}^-}{\underset{\text{OH}}{\text{C}}} \cdots \text{H}}$$

Una reacción catalizada por una enzima sólo forma un estereoisómero porque el sitio de enlazamiento de la enzima restringe la adición de los reactivos sólo por un lado del grupo funcional del compuesto.

También las reacciones catalizadas por enzimas son estereoespecíficas; generalmente, una enzima cataliza la reacción de sólo un estereoisómero; por ejemplo, la fumarasa cataliza la adición de agua a fumarato (al isómero *trans*) pero no al maleato (isómero *cis*).

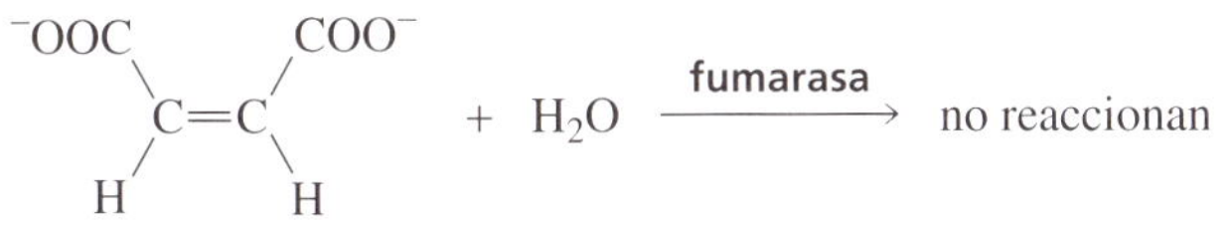

$$\text{maleato} + H_2O \xrightarrow{\text{fumarasa}} \text{no reaccionan}$$

> **BIOGRAFÍA**
>
> **Frank H. Westheimer** *realizó trabajos fundamentales en la estereoquímica de reacciones catalizadas por enzimas. Nació en Baltimore, en 1912, realizó su doctorado en la Universidad de Harvard, formó parte de la Facultad de la Universidad de Chicago, y después regresó a Harvard, como profesor de química.*

Una enzima puede diferenciar entre los dos estereoisómeros porque sólo uno de ellos presenta la estructura que le permite ajustarse al sitio de enlace de la enzima.

PROBLEMA 55♦

a. ¿Cuál sería el producto de la reacción de fumarato con H_2O si se usara H^+ como catalizador en lugar de fumarasa?

b. ¿Cuál sería el producto de la reacción de maleato con H_2O si se usara H^+ como catalizador en vez de fumarasa?

5.21 Diferenciación de enantiómeros por parte de moléculas biológicas

Las enzimas y receptores pueden diferenciar entre los dos enantiómeros porque son proteínas y las proteínas son moléculas quirales.

Enzimas

Cuando los enantiómeros reaccionan con reactivos *aquirales*, ambos reaccionan a la misma rapidez porque tienen las mismas propiedades químicas. Así, el ion hidróxido (reactivo aquiral) reacciona con (*R*)-2-bromobutano con la misma rapidez a la que reacciona con (*S*)-2-bromobutano.

Como una enzima es un *reactivo quiral* no sólo puede distinguir entre isómeros *cis-trans*, como maleato y fumarato (sección 5.20); también puede diferenciar entre enantiómeros y catalizar la reacción de sólo uno de ellos. En el laboratorio se usa la especificidad de una enzima hacia determinado enantiómero para separar enantiómeros; por ejemplo, la enzima oxidasa de D-aminoácido cataliza exclusivamente la reacción del enantiómero *R* y deja al enantiómero *S* inalterado. El producto de la reacción catalizada por enzima se puede separar con facilidad del enantiómero sin reaccionar.

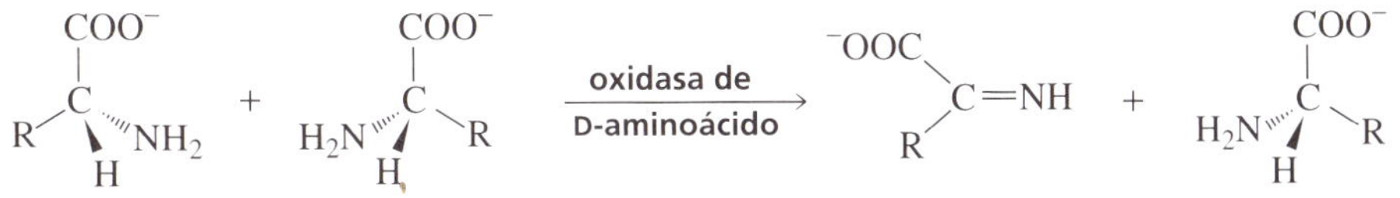

enantiómero *R* + enantiómero *S* $\xrightarrow{\text{oxidasa de D-aminoácido}}$ enantiómero *R* oxidado + enantiómero *S* sin reaccionar

Una enzima puede diferenciar entre enantiómeros y entre isómeros *cis* y *trans*, como se vio arriba, porque su sitio de enlace es quiral. La enzima entonces sólo se unirá al estereoisómero cuyos sustituyentes estén en las posiciones correctas para interactuar con sustituyentes en el sitio de enlace quiral. En la figura 5.3 la enzima se une al enantiómero *R* pero no al enantiómero *S*. Este último no presenta sus sustituyentes en las posiciones adecuadas, por lo que no se pueden enlazar con eficiencia a la enzima. Al igual que un guante derecho, que sólo entra en la mano derecha, una enzima sólo forma un estereoisómero y sólo reacciona con un estereoisómero (sección 5.20).

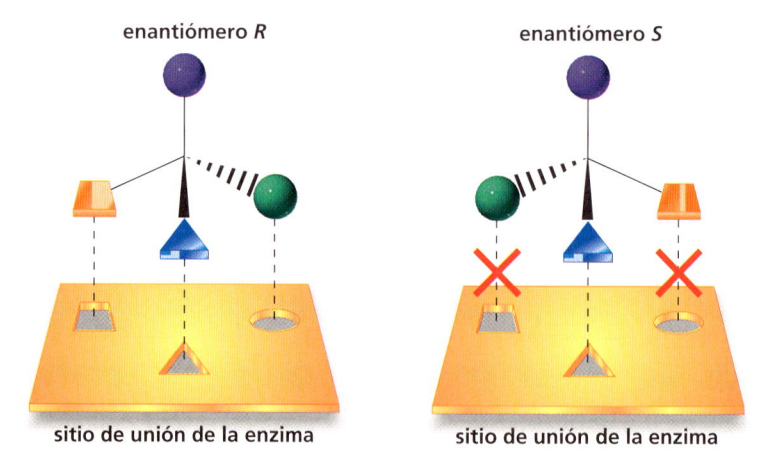

Figura 5.3 ▶
Esquema donde se explica por qué una enzima sólo se enlaza con un enantiómero. Un enantiómero se ajusta al sitio de enlace y el otro no.

Un reactivo aquiral reacciona en forma idéntica con ambos enantiómeros. Un calcetín, que es aquiral, entra en cualquier pie.

Un reactivo quiral reacciona en forma distinta con cada enantiómero. Un zapato, que es quiral, sólo entra en un pie.

El problema de tener que separar enantiómeros se puede evitar si se realiza una síntesis que forme de preferencia uno de los enantiómeros. Se están desarrollando **catalizadores quirales** que sinteticen un enantiómero en gran exceso respecto al otro. Por ejemplo, la hidrogenación catalítica del 2-etil-1-penteno forma cantidades iguales de dos enantiómeros porque se puede adicionar H_2 con igual facilidad en ambas caras del enlace doble (sección 5.19).

$$\underset{CH_3CH_2CH_2}{\overset{CH_3CH_2}{C}}=CH_2 \xrightarrow{\underset{Pd/C}{H_2}} CH_3CH_2CH_2\overset{CH_3CH_2}{\underset{CH_3}{\overset{|}{\underset{|}{C}}}}H + CH_3CH_2CH_2\overset{CH_3CH_2}{\underset{H}{\overset{|}{\underset{|}{C}}}}CH_3$$

(*R*)-3-metilhexano   (*S*)-3-metilhexano
50%   50%

Empero, si el catalizador metálico se torna complejo con una molécula orgánica quiral sólo se adicionará H_2 en una cara del doble enlace. Uno de esos catalizadores quirales, que usa Ru(II) como metal, y BINAP (2,2—-bis(difenilfosfino)-1,1—binaftilo) como molécula quiral, se ha empleado para sintetizar (*S*)-naproxeno, el ingrediente activo de Aleve y varios otros medicamentos antiinflamatorios no esteroideos que se venden sin receta; en esta reacción el exceso enantiomérico es mayor que 98%.

(*S*)-naproxeno
>98% ee

5.21 Diferenciación de enantiómeros por parte de moléculas biológicas

PROBLEMA 56◆

¿Qué porcentaje de naproxeno se obtiene en forma de enantiómero S en la síntesis anterior?

Receptores

Un **receptor** es una proteína que se une con determinada molécula. En vista de que un receptor es quiral, se enlazará mejor con un enantiómero que con el otro, al igual que una enzima se une mejor con un enantiómero que con el otro.

El hecho de que un receptor suela reconocer sólo un enantiómero determina que los enantiómeros presenten diferentes propiedades fisiológicas. Por ejemplo, los receptores ubicados en el exterior de las células nerviosas de la nariz pueden percibir y diferenciar los 10,000 olores estimados a los que están expuestos. La razón de que la (R)-(−)-carvona (que se encuentra en el aceite de menta) y la (S)-(+)-carvona (el componente principal del aceite de semillas de alcaravea) tienen olores tan diferentes es que cada enantiómero entra en un receptor diferente.

(R)-(−)-carvona
aceite de menta
$[\alpha]_D^{20\,°C} = -62.5$

(S)-(+)-carvona
aceite de alcaravea
$[\alpha]_D^{20\,°C} = +62.5$

Muchos medicamentos ejercen su actividad fisiológica al unirse a receptores de la superficie celular. Si el medicamento cuenta con un centro asimétrico el receptor puede enlazar en forma preferente a uno de los enantiómeros. Así, los enantiómeros de un medicamento pueden desarrollar las mismas actividades fisiológicas, distintos grados de la misma actividad o actividades muy diferentes; todo depende de la sustancia.

LOS ENANTIÓMEROS DE LA TALIDOMIDA

La talidomida fue desarrollada en Alemania Occidental y se comenzó a vender en 1957 para el insomnio y malestar matinal. En esos días se conseguía en más de 40 países, pero su uso no había sido aprobado en Estados Unidos porque Frances O. Kelsey, médica de la Administración de Alimentos y Medicinas (FDA, Food and Drug Administration), había insistido en que se hicieran más pruebas (véase también la sección 30.4).

El isómero dextrorrotatorio tiene mayores propiedades sedantes, pero la medicina comercial era una mezcla racémica. Nadie sabía que el isómero levorrotatorio era muy teratógeno —causa horribles defectos en el nacimiento— hasta que las mujeres a las que se había administrado el medicamento durante los tres primeros meses del embarazo dieron a luz bebés con una gran variedad de defectos, siendo los más comunes las extremidades deformes. El medicamento dañó a unos 10,000 bebés. Al final se determinó que el isómero dextrorrotatorio también tiene una actividad teratógena moderada y que cada uno de los enantiómeros se puede racemizar (interconvertir) en el otro. Entonces no queda claro si los defectos de nacimiento hubieran sido menores si a las mujeres se les hubiese administrado solamente el isómero dextrorrotatorio. En fecha reciente, se aprobó la talidomida, con restricciones, para tratar lepra y melanomas.

talidomida

MEDICINAS QUIRALES

Hasta fecha relativamente reciente, la mayor parte de los medicamentos se han vendido como mezclas racémicas por la dificultad de sintetizar enantiómeros puros y el alto costo de separar enantiómeros. Sin embargo, en 1992, la Food and Drug Administration (Administración de Alimentos y Medicinas) emitió una declaración de principios instando a las empresas farmacéuticas a usar los últimos avances en la síntesis y las técnicas de separación con el fin de producir medicamentos con un solo enantiómero. Ahora, la tercera parte de todos los medicamentos que se venden son enantiómeros puros. Las empresas farmacéuticas han podido ampliar sus patentes al desarrollar fármacos como un solo enantiómero que antes se vendía como racemato (sección 30.13).

Si un medicamento se vende como racemato, la FDA pide ensayar ambos enantiómeros porque los enantiómeros de un fármaco pueden presentar propiedades parecidas o muy diferentes. De ello, hay muchos ejemplos. El isómero S del Prozac, un antidepresivo, es mejor para bloquear la serotonina, pero se consume con más rapidez que el isómero R. Tras varias pruebas se ha demostrado que la (S)-$(+)$-ketamina es cuatro veces más potente como anestésico que la (R)-$(-)$ketamina, y los efectos colaterales perjudiciales están asociados aparentemente con el enantiómero (R)-$(-)$. Sólo el enantiómero S del propanolol, un betabloqueador, desarrolla actividad; el isómero R es inactivo. La actividad del ibuprofeno, el popular analgésico que se vende como Advil, Nuprin y Motrin, depende principalmente del enantiómero (S)-$(+)$. Los adictos a la heroína se pueden mantener con $(-)$-α-acetilmetadol durante 72 horas, en comparación con las 24 horas de la metadona racémica. Eso significa visitas menos frecuentes a la clínica externa; una sola dosis puede mantener estable a un adicto durante todo un fin de semana.

Al recetar un solo enantiómero se evita que el paciente tenga que metabolizar el enantiómero menos potente y se disminuye la probabilidad de interacciones no deseadas con el medicamento. Los fármacos que no se podían administrar como racematos por la toxicidad de uno de los enantiómeros hoy se pueden usar. Por ejemplo, la (S)-penicilamina se puede usar en el tratamiento de la enfermedad de Wilson aun cuando la (R)-penicilamina cause ceguera.

PROBLEMA 57◆

El limoneno existe como dos estereoisómeros distintos. El enantiómero R se encuentra en las naranjas y el enantiómero S en los limones. ¿Cuál de las moléculas siguientes se encuentra en las naranjas?

$(+)$-limoneno $(-)$-limoneno

RESUMEN

La **estereoquímica** es el campo de la química que estudia las estructuras de las moléculas en tres dimensiones. Los compuestos que tienen la misma fórmula molecular pero no son idénticos se llaman **isómeros**; pueden ser de dos clases: isómeros constitucionales y estereoisómeros. Los **isómeros constitucionales** difieren en la forma en que están unidos sus átomos. Los **estereoisómeros** difieren en la forma en que sus átomos se distribuyen en el espacio. Hay dos clases de estereo- isómeros: los **isómeros *cis-trans*** y los isómeros con **centros asimétricos**.

Una molécula **quiral** tiene una imagen especular, o de espejo, no sobreponible. Una molécula **aquiral** tiene una imagen especular sobreponible. La propiedad que con más frecuencia es causa de quiralidad es un centro asimétrico. Un **centro asimétrico** es un átomo tetraédrico (con más frecuencia uno de carbono) unido a cuatro átomos o grupos diferentes.

A las moléculas con imagen especular no sobreponible se les llama **enantiómeros**. Los **diastereómeros** son estereoisómeros que no son enantiómeros. Los enantiómeros tienen propiedades físicas y químicas idénticas; los diastereómeros tienen propiedades físicas y químicas diferentes. Un reactivo aquiral reacciona en forma idéntica con ambos enantiómeros; un reactivo quiral reacciona en forma diferente con cada enantiómero. A una mezcla de cantidades iguales de dos enantiómeros se le llama **mezcla racémica** o **racemato**.

Las letras R y S indican la **configuración** en torno a un centro asimétrico. Si una molécula tiene la configuración R y la otra la tiene S son enantiómeros. Si ambas tienen la configuración R o ambas la S son moléculas idénticas.

Los compuestos quirales son **ópticamente activos**, lo que quiere decir que hacen girar el plano de polarización de la luz; los compuestos aquirales son **ópticamente inactivos**. Si un enantiómero hace girar el plano de polarización de la luz en el sentido de las manecillas del reloj $(+)$, su imagen especular lo hará girar la misma cantidad pero en sentido contrario al de las manecillas del reloj $(-)$. Cada compuesto ópticamente activo tiene una **rotación específica** característica. Una **mezcla racémica** es ópticamente inactiva. Un **compuesto meso** tiene dos o más centros asimétricos y un plano de simetría. Es una molécula aquiral. Un compuesto con los mismos cuatro grupos unidos a dos centros asimétricos diferentes tendrá tres estereoisómeros, un compuesto meso y un par de enantiómeros.

Si una reacción no rompe ningún enlace al centro asimétrico, el reactivo y el producto tendrán la misma **configuración relativa:** sus sustituyentes tendrán las mismas posiciones relativas. La **configuración absoluta** es la configuración real. Si una reacción rompe un enlace del centro asimétrico la configuración del producto dependerá del mecanismo de la reacción.

Una reacción **regioselectiva** selecciona determinado isómero constitucional; una reacción **estereoselectiva** selecciona determinado estereoisómero. Una reacción es **estereoespecífica** si el reactivo puede existir como estereoisómeros y cada estereoisómero del reactivo forma un estereoisómero o conjunto de estereoisómeros distinto. Cuando un reactivo que no tiene centro asimétrico forma un producto con un centro asimétrico ese producto será una mezcla racémica.

En la **adición sin** los sustituyentes se agregan en el mismo lado de un doble enlace; en una **adición anti**, se agregan en los lados opuestos del doble enlace. Las adiciones sin y anti se efectúan en las reacciones de adición electrofílica que forman un carbocatión intermediario. La adición de H_2 a un alqueno es una reacción de adición sin; la adición de un peroxiácido a un alqueno es una adición sin de un átomo de oxígeno; la hidroboración-oxidación es, en total, una adición sin de agua. La adición de Br_2 es una reacción de adición anti. Una reacción catalizada por una enzima sólo forma un estereoisómero; en el caso típico, una enzima cataliza la reacción de un solo estereoisómero.

TÉRMINOS CLAVE

adición anti (pág. 238)
adición sin (pág. 238)
aquiral (pág. 202)
bioquímica (pág. 246)
catalizador quiral (pág. 248)
centro asimétrico (pág. 203)
centro estereogénico (pág. 205)
compuesto meso (pág. 222)
configuración (pág. 206)
configuración absoluta (pág. 229)
configuración R (pág. 206)
configuración relativa (pág. 229)
configuración S (pág. 206)
cromatografía (pág. 233)
dextrorrotatorio (pág. 213)
diastereómero (pág. 217)
diferenciador quiral (pág. 233)
enantioméricamente puro (pág. 215)

enantiómero (pág. 204)
enantiómeros eritro (pág. 217)
enantiómeros treo (pág. 217)
enzima (pág. 246)
estereocentro (pág. 205)
estereoespecífico (pág. 235)
estereoisómeros (pág. 200)
estereoquímica (pág. 234)
estereoselectivo (pág. 234)
exceso enantiomérico (ee) (pág. 215)
fórmula en perspectiva (pág. 205)
interconversión de amina (pág. 233)
isómero *cis* (pág. 201)
isómero *trans* (pág. 201)
isómeros (pág. 200)
isómeros *cis-trans* (pág. 201)
isómeros constitucionales (pág. 200)
isómeros de configuración (pág. 200)

isómeros geométricos (pág. 201)
levorrotatorio (pág. 213)
mezcla racémica (pág. 215)
ópticamente activo (pág. 213)
ópticamente inactivo (pág. 213)
plano de luz polarizada (pág. 212)
plano de simetría (pág. 222)
polarímetro (pág. 213)
proyección de Fischer (pág. 205)
quiral (pág. 202)
racemato (pág. 215)
receptor (pág. 249)
regioselectivo (pág. 234)
resolución de una mezcla racémica (pág. 232)
rotación específica (pág. 214)
rotación específica observada (pág. 215)
rotación observada (pág. 214)

PROBLEMAS

58. Sin tener en cuenta los estereoisómeros, indique las estructuras de todos los compuestos que tengan la fórmula molecular C_5H_{10}. ¿Cuáles pueden existir como estereoisómeros?

59. Dibuje todos los estereoisómeros posibles de cada uno de los compuestos siguientes; indique cuando no haya estereoisómeros posibles.
  a. 1-bromo-2-clorociclohexano
  b. 2-bromo-4-metilpentano
  c. 1,2-diclorociclohexano
  d. 2-bromo-4-cloropentano
  e. 3-hepteno
  f. 1-bromo-4-clorociclohexano
  g. 1,2-dimetilciclopropano
  h. 4-bromo-2-penteno
  i. 3,3-dimetilpentano
  j. 3-cloro-1-buteno
  k. 1-bromo-2-clorociclobutano
  l. 1-bromo-3-clorociclobutano

60. ¿Cuáles de los siguientes compuestos son ópticamente activos?

$CHBr_2Cl$ $BHFCl$ CH_3CHCl_2 $CHFBrCl$ $BeHCl$

61. Escriba el nombre de cada uno de los compuestos siguientes usando las designaciones *R,S* y *E,Z* (sección 3.5) cuando sea necesario:

252 CAPÍTULO 5 Estereoquímica

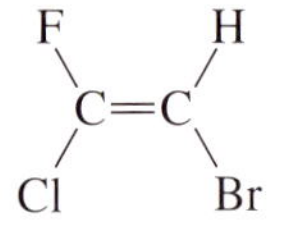

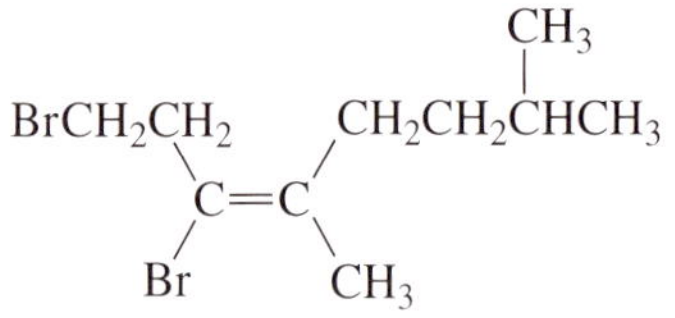

d. F\C=C/H con Cl y Br

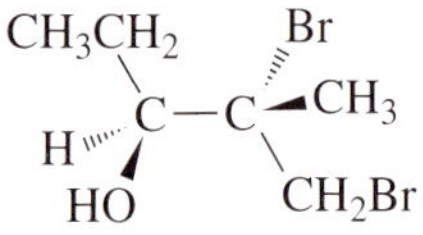

e. 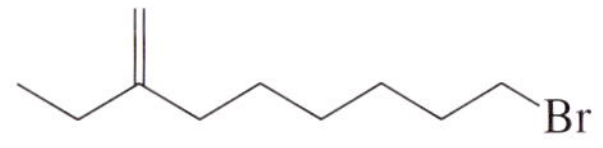 CH₂=C(CH₂CH₃)CH₂CH₂CH₂CH₂CH₂CH₂Br

f. BrCH₂CH₂\C(Br)=C(CH₃)/CH₂CH₂CH(CH₃)CH₃

g. 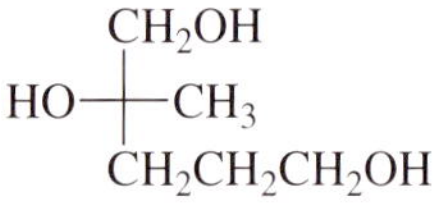 HO–C(CH₂OH)(CH₃)(CH₂CH₂CH₂OH)

h. CH₃CH₂–C(H)(OH)–C(Br)(CH₃)(CH₂Br)

i. 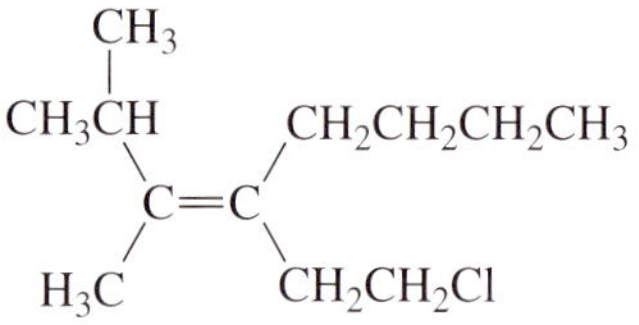 (CH₃)₂CH\C(CH₃)=C(CH₂CH₂Cl)/CH₂CH₂CH₂CH₃ con H₃C abajo izq

62. El medicamento Mevacor se usa para disminuir las concentraciones de colesterol en el suero. ¿Cuántos centros asimétricos tiene el Mevacor?

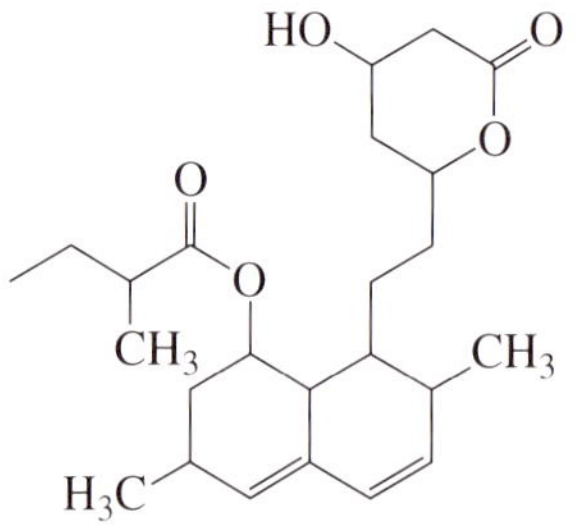

Mevacor®

63. Indique si cada uno de los siguientes pares de compuestos son idénticos o si son enantiómeros, diastereómeros o isómeros constitucionales:

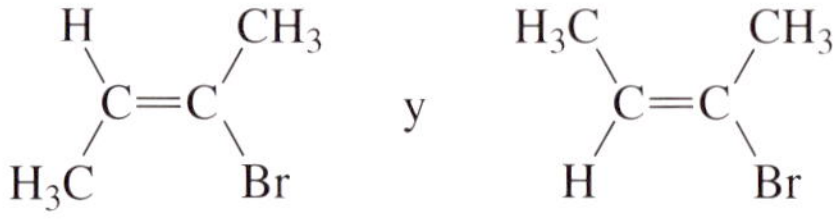

a.  ciclopropano con H,Br / Br,H y H,H / Br,Br

b.  ciclopropano con H,Br / Br,H y Br,H / H,Br

c.  ciclopropano con H,CH₃ / H,CH₃ y H₃C,H / H,CH₃

d. 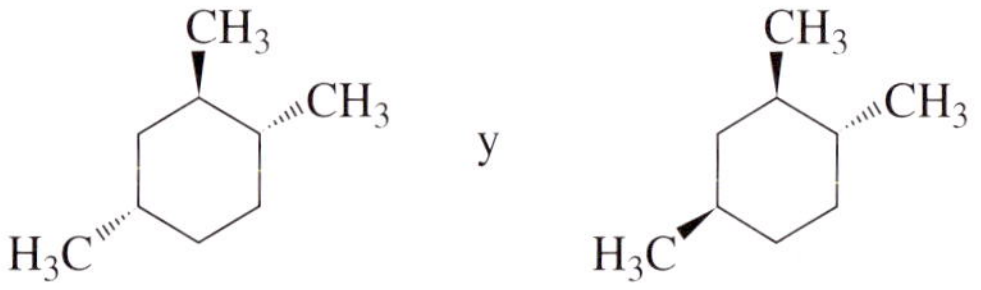 ciclohexano con CH₃,CH₃ y H₃C y ciclohexano con CH₃,CH₃ y H₃C

e. 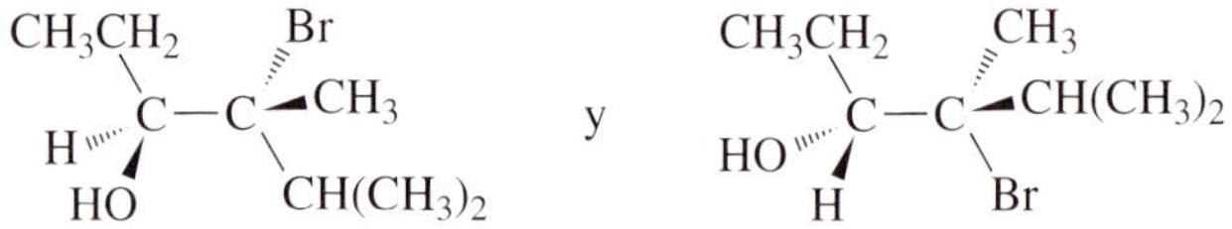 CH₃CH₂–C(H)(HO)–C(Br)(CH₃)(CH(CH₃)₂) y CH₃CH₂–C(HO)(H)–C(CH₃)(CH(CH₃)₂)(Br)

f.  ciclohexano Cl,Cl y ciclohexano Cl,Cl

g. H\C=C/CH₃ con H₃C y Br y H₃C\C=C/CH₃ con H y Br

h. H₃C\C=C/H con H₃C y Br y H\C=C/CH₃ con Br y CH₃

64. a. Escriba el o los productos que se obtendrían de la reacción del *cis*-2-buteno y el *trans*-2-buteno con cada uno de los reactivos que siguen. Si un producto puede existir en forma de estereoisómeros, indique cuáles estereoisómeros se obtienen.
  1. HCl
  2. BH₃/THF seguido por HO⁻, H₂O₂, H₂O
  3. un peroxiácido
  4. Br₂ en CH₂Cl₂
  5. Br₂ + H₂O
  6. H₂ + Pt/C
  7. HCl + H₂O
  8. HCl + CH₃OH

b. ¿Con cuáles reactivos reaccionan los dos alquenos para formar productos diferentes?

65. Durante muchos siglos los chinos han usado extractos de un grupo de hierbas llamadas efedra para tratar el asma. Se encontró que un compuesto llamado efedrina, aislado de estas hierbas, es un potente dilatador de las vías aéreas en los pulmones.

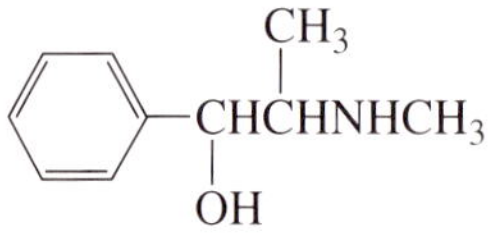

C₆H₅–CH(OH)–CH(NHCH₃)–CH₃

efedrina

a. ¿Cuántos isómeros posibles tiene la efedrina?
b. El estereoisómero que se muestra a continuación es el que desarrolla actividad farmacológica. ¿Cuál es la configuración de cada uno de los centros asimétricos?

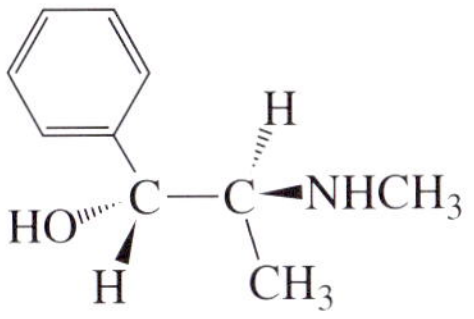

66. ¿Cuáles de los compuestos siguientes tienen un estereoisómero aquiral?
    a. 2,3-diclorobutano
    b. 2,3-dicloropentano
    c. 2,3-dicloro-2,3-dimetilbutano
    d. 1,3-diclorociclopentano
    e. 1,3-dibromociclobutano
    f. 2,4-dibromopentano
    g. 2,3-dibromopentano
    h. 1,4-dimetilciclohexano
    i. 1,2-dimetilciclopentano
    j. 1,2-dimetilciclobutano

67. Indique si cada uno de los compuestos en los pares siguientes son idénticos o son enantiómeros, diastereómeros o isómeros constitucionales:

    a. 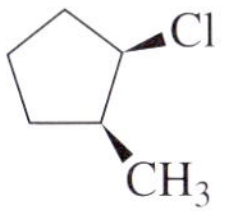
    b. 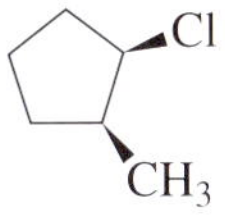
    c. 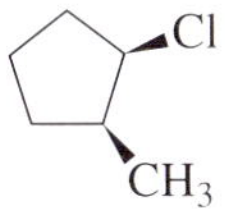
    d.

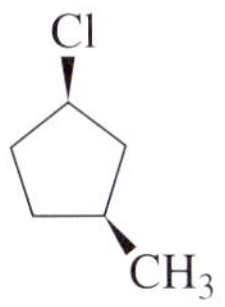

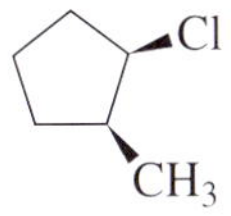

68. Escriba los productos, con sus configuraciones, que se obtienen en la reacción del 1-etilciclohexeno con los siguientes reactivos:
    a. HBr   b. H_2, Pt/C   c. BH_3/THF seguido por HO^-, H_2O_2, H_2O d. Br_2/CH_2Cl_2

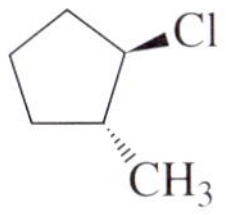

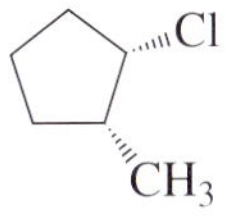

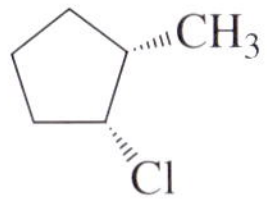

69. La sintasa del citrato, una de las enzimas de la serie de reacciones catalizadas por enzimas llamada ciclo del ácido cítrico (sección 25.10), cataliza la síntesis del ácido cítrico a partir del ácido oxalacético y la acetil-CoA. Si la síntesis se efectúa con acetil-CoA que contiene carbono radiactivo (^{14}C) en la posición indicada (sección 1.1) se obtiene el isómero que se muestra aquí.

HOOCCH$_2$CCOOH + ^{14}CH$_3$CSCoA →(sintasa de citrato) ^{14}CH$_2$COOH / HO—C—COOH / CH$_2$COOH

ácido oxalacético   acetil-CoA   ácido cítrico

a. ¿Cuál estereoisómero del ácido cítrico se sintetiza, el R o el S?
b. ¿Por qué no se obtiene el otro estereoisómero?
c. Si la acetil-CoA usada en la síntesis no contiene ^{14}C (sección 1.1) el producto de la reacción ¿será quiral o aquiral?

70. Escriba los productos de las siguientes reacciones. Si esos productos pueden existir como estereoisómeros, indique cuáles estereoisómeros se obtienen.
    a. *cis*-2-penteno + HCl
    b. *trans*-2-penteno + HCl
    c. 1-etilciclohexeno + H_3O^+, H_2O
    d. 2,3-dimetil-3-hexeno + H_2, Pt/C
    e. 1,2-dimetilciclohexeno + HCl
    f. 1,2-dideuteriociclohexeno + H_2, Pt/C
    g. 3,3-dimetil-1-penteno + Br_2/CH_2Cl_2
    h. (*E*)-3,4-dimetil-3-hepteno + H_2, Pt/C
    i. (*Z*)-3,4-dimetil-3-hepteno + H_2, Pt/C
    j. 1-cloro-2-etilciclohexeno + H_2, Pt/C

71. Indique si los compuestos en cada uno de los pares siguientes son idénticos, o si son enantiómeros, diastereómeros o isómeros constitucionales:

a. 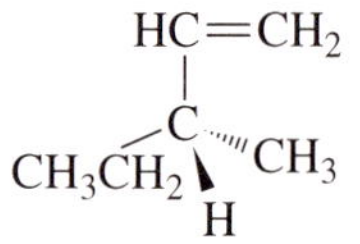
$$\underset{H}{\underset{|}{CH_3CH_2}}\overset{HC=CH_2}{\underset{|}{C}}\cdots CH_3 \quad y \quad \underset{HC=CH_2}{\underset{|}{H}}\overset{CH_2CH_3}{\underset{|}{C}}\cdots CH_3$$

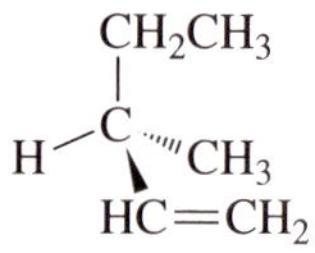

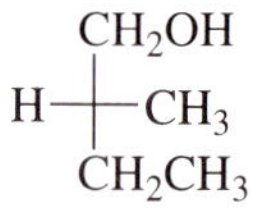

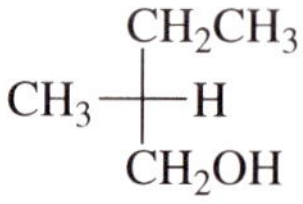

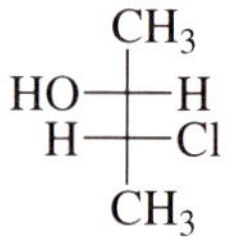

b.
$$H\!\!-\!\!\!\overset{CH_2OH}{\underset{CH_2CH_3}{\overset{|}{\underset{|}{C}}}}\!\!-\!\!CH_3 \quad y \quad CH_3\!\!-\!\!\!\overset{CH_2CH_3}{\underset{CH_2OH}{\overset{|}{\underset{|}{C}}}}\!\!-\!\!H$$

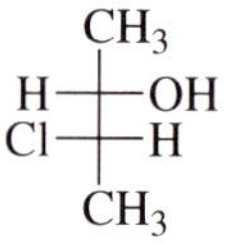

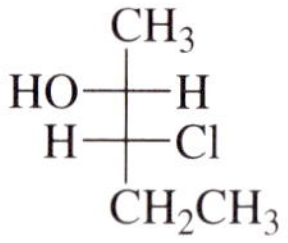

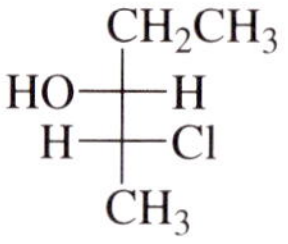

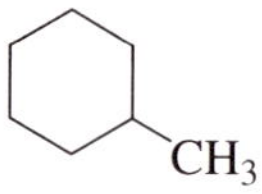

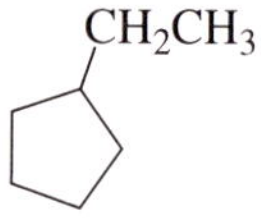

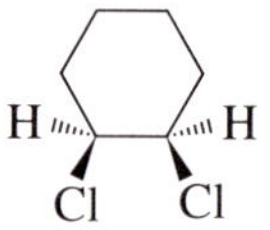

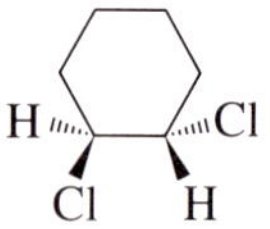

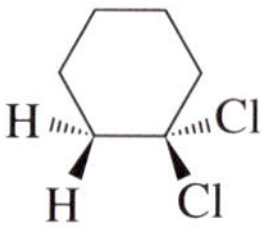

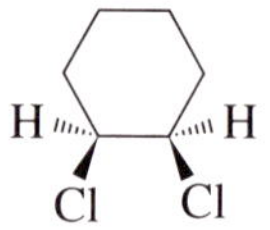

c.
$$\overset{CH_3}{\underset{CH_3}{\overset{|}{\underset{|}{\overset{HO\,-\,H}{H\,-\,Cl}}}}} \quad y \quad \overset{CH_3}{\underset{CH_3}{\overset{|}{\underset{|}{\overset{H\,-\,OH}{Cl\,-\,H}}}}}$$

d.
$$\overset{CH_3}{\underset{CH_2CH_3}{\overset{|}{\underset{|}{\overset{HO\,-\,H}{H\,-\,Cl}}}}} \quad y \quad \overset{CH_2CH_3}{\underset{CH_3}{\overset{|}{\underset{|}{\overset{HO\,-\,H}{H\,-\,Cl}}}}}$$

e. (ciclohexano-CH₃) y (ciclopentano-CH₂CH₃)

f, g, h. (pares de ciclohexanos con sustituyentes Cl y H)

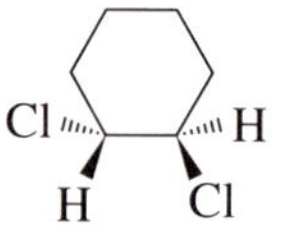

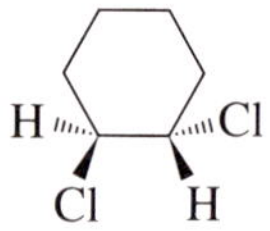

72. La rotación específica del (R)-(+)-gliceraldehído es +8.7. Si la rotación específica observada de una mezcla de (R)-gliceraldehído y (S)-gliceraldehído es +1.4, ¿qué porcentaje de gliceraldehído está presente como enantiómero R?

73. Indique si cada una de las estructuras siguientes es (R)-2-clorobutano o (S)-2-clorobutano. (Si es necesario, use modelos).

a, 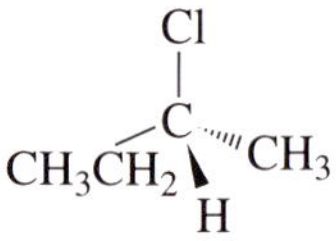 b, 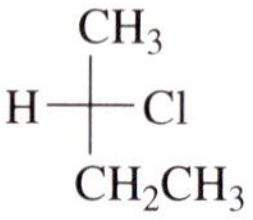 c, 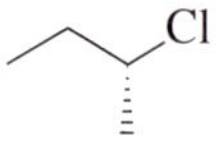 d, 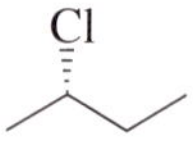 e, 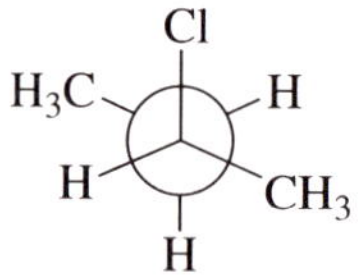 f.

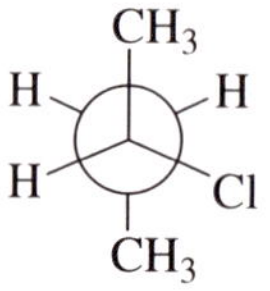

74. Una disolución de un compuesto desconocido (3.0 g del compuesto en 20 mL de disolución), al ponerla en un polarímetro con tubo de 2.0 dm hace girar 1.8° el plano de polarización de la luz en dirección contraria a la de las manecillas del reloj. ¿Cuál es la rotación específica del compuesto?

75. El Butaclamol es un antipsicótico potente que se ha usado clínicamente en el tratamiento de la esquizofrenia. ¿Cuántos centros asimétricos tiene?

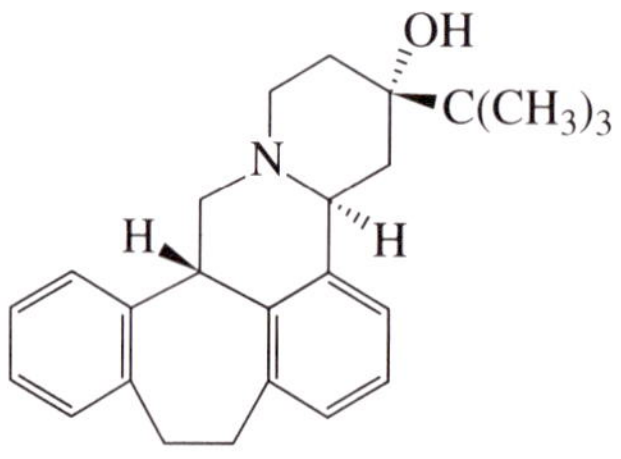

Butaclamol®

76. Explique cuál es la relación de R y S con (+) y (−).

77. Indique los productos de las reacciones siguientes. Si los productos pueden existir como estereoisómeros, señale cuál estereoisómero se obtiene.
   a. cis-2-penteno + Br$_2$/CH$_2$Cl$_2$
   b. trans-2-penteno + Br$_2$/CH$_2$Cl$_2$
   c. 1-buteno + HCl
   d. metilciclohexeno + HBr
   e. trans-3-hexeno + Br$_2$/CH$_2$Cl$_2$
   f. cis-3-hexeno + Br$_2$/CH$_2$Cl$_2$
   g. 3,3-dimetil-1-penteno + HBr
   h. cis-2-buteno + HBr
   i. (Z)-2,3-dicloro-2-buteno + H$_2$, Pt/C
   j. (E)-2,3-dicloro-2-buteno + H$_2$, Pt/C
   k. (Z)-3,4-dimetil-3-hexeno + H$_2$, Pt/C
   l. (E)-3,4-dimetil-3-hexeno + H$_2$, Pt/C

78. a. Dibuje todos los estereoisómeros posibles del siguiente compuesto:

   HOCH$_2$CH—CH—CHCH$_2$OH
           | | |
           OH OH OH

   b. ¿Cuáles isómeros son ópticamente inactivos (no harán girar el plano de polarización de la luz)?

79. Indique la configuración de los centros asimétricos en las moléculas siguientes:

80. a. Dibuje todos los isómeros que tengan fórmula molecular C$_6$H$_{12}$ y que contengan un anillo de ciclobutano. (*Pista:* hay siete).
   b. Indique el nombre de los compuestos sin especificar la configuración de los centros asimétricos.
   c. Indique cuáles son:
      1. isómeros constitucionales
      2. estereoisómeros
      3. isómeros *cis-trans*
      4. compuestos quirales
      5. compuestos aquirales
      6. compuestos meso
      7. enantiómeros
      8. diastereómeros

81. Un compuesto tiene −39.0 de rotación específica. Una disolución con 0.187 g/mL del compuesto tiene una rotación observada de −6.52 cuando se usa un tubo de polarímetro de 10 cm de longitud. ¿Cuál es el porcentaje de cada enantiómero en la disolución?

82. Indique si en cada uno de los pares siguientes los compuestos son idénticos o si son enantiómeros, diastereómeros o isómeros constitucionales:

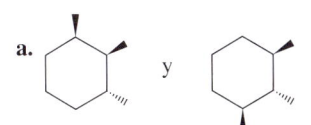

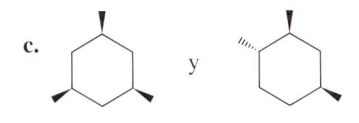

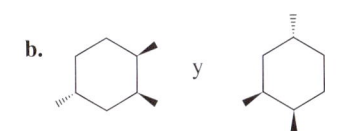

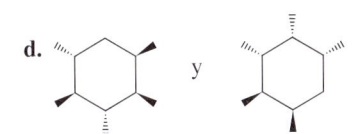

83. Dibuje las estructuras de cada una de las moléculas siguientes:
   a. (S)-1-bromo-1-clorobutano
   b. (2R,3R)-2,3-dicloropentano
   c. un isómero aquiral del 1,2-dimetilciclohexano
   d. un isómero quiral del 1,2-dibromociclobutano
   e. dos isómeros aquirales del 3,4,5-trimetilheptano

84. Explique por qué se pueden separar los enantiómeros de la 1,2-dimetilaziridina aun cuando uno de los "grupos" unidos al nitrógeno es un par de electrones no enlazado.

enantiómeros de la 1,2-dimetilaziridina

85. De los productos posibles indicados para la siguiente reacción ¿hay alguno que no se formaría?

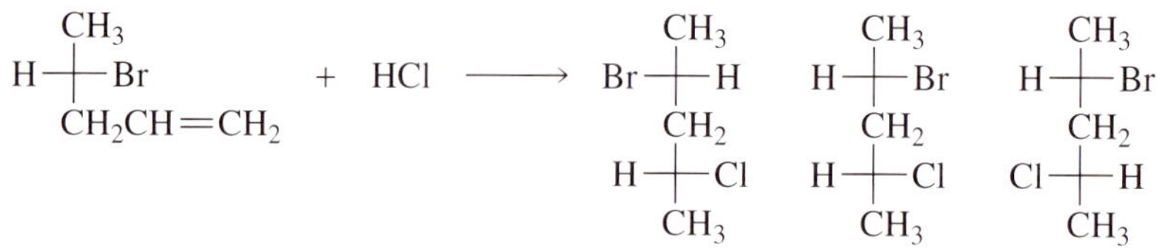

$$\begin{array}{c} \text{CH}_3 \\ \text{H}\!-\!\!\!-\!\!\text{Br} \\ \text{CH}_2\text{CH}=\text{CH}_2 \end{array} + \text{HCl} \longrightarrow \begin{array}{c} \text{CH}_3 \\ \text{Br}\!-\!\!\!-\!\!\text{H} \\ \text{CH}_2 \\ \text{H}\!-\!\!\!-\!\!\text{Cl} \\ \text{CH}_3 \end{array} \quad \begin{array}{c} \text{CH}_3 \\ \text{H}\!-\!\!\!-\!\!\text{Br} \\ \text{CH}_2 \\ \text{H}\!-\!\!\!-\!\!\text{Cl} \\ \text{CH}_3 \end{array} \quad \begin{array}{c} \text{CH}_3 \\ \text{H}\!-\!\!\!-\!\!\text{Br} \\ \text{CH}_2 \\ \text{Cl}\!-\!\!\!-\!\!\text{H} \\ \text{CH}_3 \end{array}$$

86. Se encontró que una mezcla de ácido (S)-(+)-láctico tiene una pureza óptica de 72%. ¿Cuánto isómero R contiene la muestra?

87. El compuesto siguiente ¿es ópticamente activo?

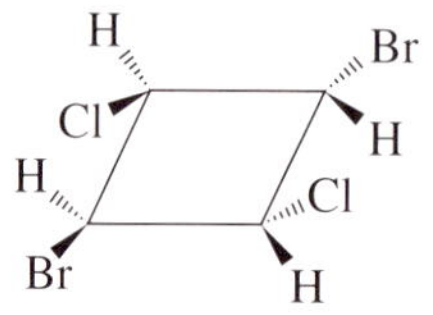

88. Dibuje los productos de las reacciones siguientes con sus configuraciones:

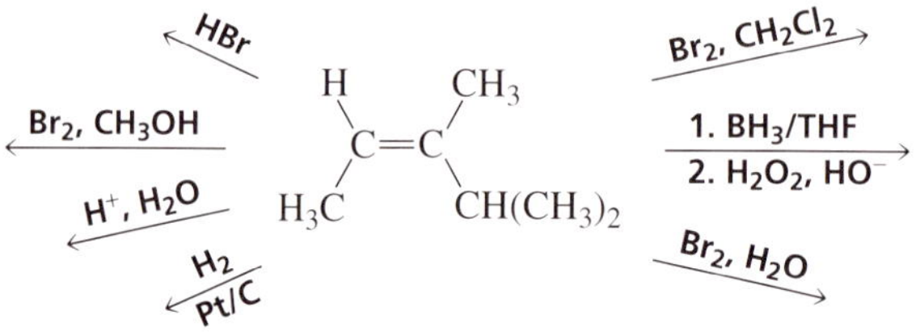

89. a) Use la notación de cuñas llenas y entrecortadas para dibujar los nueve estereoisómeros del 1,2,3,4,5,6-hexaclorociclohexano.
  b) Entre los nueve estereoisómeros, identifique un par de enantiómeros.
  c) Dibuje la conformación más estable del estereoisómero más estable.

90. Sherry O. Eismer decidió que la configuración de los centros asimétricos en azúcares como la D-glucosa se puede determinar con rapidez asignando la configuración R a un centro asimétrico con un grupo OH a la derecha y la configuración S a un centro asimétrico con un grupo OH a la izquierda. ¿Está en lo correcto? [En el capítulo 21 se explicará que la "D" de la D-glucosa indica que el grupo OH del centro asimétrico más inferior (en C-5) está a la derecha].

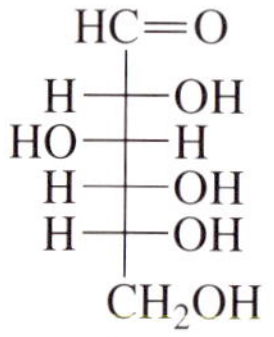

D-glucosa

91. El ciclohexeno sólo existe en forma *cis*, mientras que el ciclodeceno existe en las formas *cis* y *trans*. Explique por qué. (*Sugerencia:* para este problema son útiles los modelos moleculares).

92. Cuando un fumarato reacciona con D$_2$O en presencia de la enzima fumarasa sólo se forma un isómero del producto, como se indica abajo. La enzima ¿está catalizando una adición sin o una anti de D$_2$O?

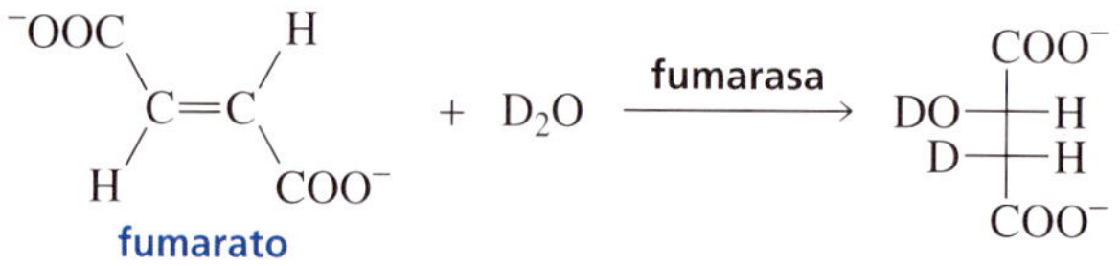

93. Cuando reacciona (S)-(+)-1-cloro-2-metilbutano con cloro, uno de los productos es (−)-1,4-dicloro-2-metilbutano. Ese producto ¿tiene la configuración R o la S?

94. Indique la configuración de los centros asimétricos en las moléculas siguientes:

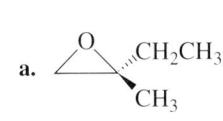

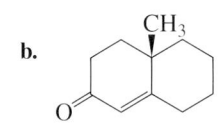

a. [epóxido con CH₂CH₃ y CH₃]   b. [decalona con CH₃]   c. [ciclohexano con H, OH, Br, H]

95. a. Dibuje los dos confórmeros silla de cada uno de los estereoisómeros del *trans*-1-*terc*-butil-3-metilciclohexano.
  b. En cada par, indique cuál confórmero es más estable.

96. a. Los compuestos que siguen ¿tienen centros asimétricos?
  1. $CH_2\!=\!C\!=\!CH_2$
  2. $CH_3CH\!=\!C\!=\!CHCH_3$
  b. Estos compuestos ¿son quirales? (*Sugerencia:* haga modelos).

CAPÍTULO 6

Reacciones de los alquinos
Introducción a las síntesis en varios pasos

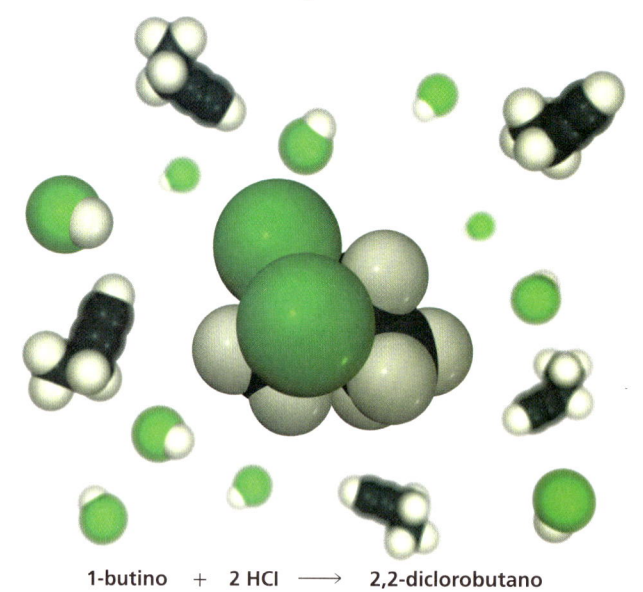

1-butino + 2 HCl ⟶ 2,2-diclorobutano

ANTECEDENTES

SECCIÓN 6.1 Igual que los alcoholes (2.6), las aminas (2.7) y los alquenos (3.2), los nombres de los alquinos se forman usando un sufijo de grupo funcional.	tienen dos enlaces π pueden participar dos veces en algunas de esas reacciones.
SECCIÓN 6.4 Las estructuras de los alquinos se parecen a la estructura del etino, el primer alquino que se mencionó en esta obra (1.9).	**SECCIÓN 6.5** Como ya se sabe que la reactividad depende de la $\Delta G^{\ddagger}$ respecto al paso limitante de la rapidez de la reacción (3.7), es posible comprender por qué los alquinos son menos reactivos que los alquenos.
SECCIÓN 6.3 Las propiedades físicas de los alquenos y los alquinos se parecen a las propiedades físicas de los alcanos (2.9); en otras palabras, todos los hidrocarburos denotan propiedades físicas parecidas.	**SECCIÓN 6.6** Los alquenos y los alquinos tienen la misma regioselectividad en reacciones de adición electrofílica: el electrófilo se agrega al carbono sp^2 (en los alquenos) o al carbono sp (en los alquinos) que esté unido con más hidrógenos.
SECCIÓN 6.4 Se comprobará que los grupos alquilo estabilizan a los alquinos, del mismo modo que estabilizan a los carbocationes (4.2) y los alquenos (4.11).	**SECCIÓN 6.10** Como un carbono con hibridación sp es más electronegativo que otros átomos de carbono (1.20), los alquinos terminales tienen propiedades ácidas, útiles en esquemas de síntesis en los que se debe aumentar la cantidad de carbonos en un reactivo.
SECCIÓN 6.5 Los alquinos, como los alquenos, tienen un enlace π relativamente débil que los hace participar en reacciones de adición electrofílica, como lo hacen los alquenos (capítulo 4). Sin embargo, como los alquinos	

Un **alquino** es un hidrocarburo que contiene un triple enlace carbono-carbono. Debido a su enlace triple, un alquino posee cuatro hidrógenos menos que un alcano con la misma cantidad de carbonos. En consecuencia, mientras que la fórmula general de un alcano es C_nH_{2n+2}, la fórmula molecular general de un alquino acíclico (no cíclico) es C_nH_{2n-2}, y la de un alquino cíclico es C_nH_{2n-4}.

Sólo hay unos cuantos alquinos naturales. Entre los ejemplos está la capillina, con actividad fungicida, y el ictiotereol, convulsivo que usan los indígenas del Amazonas en sus flechas envenenadas. Se ha visto que un tipo de compuestos naturales llamados enedinos tienen potentes propiedades antibióticas y anticancerígenas. Todos estos compuestos cuentan con un anillo de nueve o diez miembros que contiene dos triples enlaces separados por un doble enlace. En la actualidad, hay algunos enedinos que se están ensayando en pruebas clínicas (sección 30.13).

capillina: CH₃C≡C—C≡C—C(=O)—C₆H₅

ictiotereol: CH₃C≡C—C≡C—C≡C—CH=CH—[tetrahydropyran with OH]

un enedino: estructura cíclica con R¹, R², R³, R⁴, R⁵

Los pocos medicamentos que contienen grupos funcionales alquino no son compuestos naturales; existen porque se pudieron sintetizar. Sus marcas comerciales se indican en verde. Las marcas comerciales siempre se anotan comenzando en mayúscula; sólo la empresa poseedora de la patente de un producto puede usar su marca de fábrica con fines comerciales (sección 30.1).

Parsal® Sinovial® — **parsalmida** — un analgésico

Eudatin® Supirdyl® — **pargilina** — un antihipertensivo

Norquen® Ovastol® — **mestranol** — un componente de anticonceptivos orales

Acetileno (HC≡CH) es el nombre común del alquino más pequeño, y es conocido por el soplete oxiacetilénico que se usa en soldadura y para cortar acero. El acetileno se lleva al soplete desde un tanque de gas a alta presión, y el oxígeno desde otro tanque. La combustión del acetileno produce una llama de alta temperatura capaz de fundir o evaporar hierro y acero.

¿QUÍMICA DEL ETINO O EL PASE HACIA ADELANTE?

El padre Julius Arthur Nieuwland (1878-1936) llevó a cabo gran parte de los primeros trabajos que condujeron a la síntesis de un polímero llamado neopreno, un caucho sintético. Formó la materia prima requerida haciendo reaccionar vinilacetileno con HCl. Por el voto de pobreza que hizo al tomar el hábito, se negó a aceptar regalías por este descubrimiento.

HC≡CCH=CH₂ (**vinilacetileno**) —HCl→ CH₂=CClCH=CH₂ (**2-cloro-1,3-butadieno, cloropreno**) → **neopreno**

El padre Nieuwland nació en Bélgica, pero se asentó con sus padres en South Bend, Indiana, dos años después. Después de convertirse en padre, fue profesor de botánica y química en la Universidad de Notre Dame, donde Knute Rockne, el inventor del pase hacia adelante, trabajó para él como ayudante de investigación. Rockne también enseñó química en Notre Dame, pero cuando recibió una oferta para dirigir al equipo de fútbol cambió de campo, pese a los esfuerzos del padre Nieuwland para convencerlo de continuar sus trabajos de científico.

Rockne se convirtió en uno de los coaches más famosos del fútbol colegial: con sus equipos Notre Dame ganó seis campeonatos nacionales. Durante el medio tiempo en el juego contra el Ejército, en 1928, Rockne inspiró a su equipo para ganar con su histórico "Gana uno para el Gipper".

Knute Rockne en su uniforme, durante el año que fue capitán del equipo de futbol de Notre Dame.

260 CAPÍTULO 6 Reacciones de los alquinos

> **PROBLEMA 1◆**
> ¿Cuál es la fórmula molecular de un hidrocarburo cíclico con 14 carbonos y dos triples enlaces?

6.1 Nomenclatura de los alquinos

El nombre sistemático de un alquino se obtiene sustituyendo la terminación "ano" del alcano por "ino". En forma análoga a como se dan nombres a compuestos con otros grupos funcionales (Secciones 2.6, 2.7, 3.2), la cadena continua más larga que contiene al grupo funcional, en este caso el triple enlace carbono-carbono, se numera en dirección tal que asigne un número tan bajo como sea posible al sufijo del grupo funcional. Si el triple enlace está en un extremo de la cadena, el alquino se clasifica como **alquino terminal**. Los alquinos con triples enlaces ubicados en cualquier lugar de la cadena, excepto los extremos, se llaman **alquinos internos**. Por ejemplo, el 1-butino es un alquino terminal, mientras que el 2-pentino es un alquino interno.

	HC≡CH	CH₃CH₂C≡CH	CH₃C≡CCH₂CH₃	CH₃CHC≡CCH₃ (con CH₂CH₃)
Sistemático:	etino	1-butino	2-pentino	4-metil-2-hexino
Común:	acetileno	etilacetileno	etilmetilacetileno	*sec*-butilmetilacetileno
		un alquino terminal	un alquino interno	

1-hexino, alquino terminal

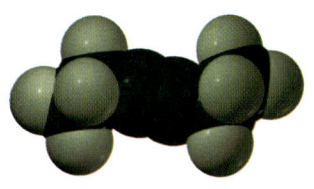

3-hexino, alquino interno

En la nomenclatura común, los nombres de los alquinos son los de *acetilenos sustituidos*. El nombre común se obtiene citando en orden alfabético los nombres de los grupos alquilo que han reemplazado a los hidrógenos del acetileno. Acetileno es un nombre común desafortunado para el alquino más pequeño por su terminación "eno", que es característica de un enlace doble y no de uno triple.

Si al contar desde cualquier dirección se obtiene el mismo número para el sufijo de grupo funcional, el nombre sistemático correcto es el que contiene el número menor para el sustituyente. Si el compuesto contiene más de un sustituyente, los sustituyentes se mencionan en orden alfabético.

$$\underset{1\ 2\ 3\ 4\ \ 5\ 6\ 7\ 8}{CH_3\overset{Cl}{C}H\overset{Br}{C}HC\equiv CCH_2CH_3}$$

3-bromo-2-cloro-4-octino
y no 6-bromo-7-cloro-4-octino,
porque 2 < 6

$$\underset{6\ \ 5\ 4\ \ 3\ 2\ 1}{CH_3\overset{CH_3}{C}HC\equiv CCH_2CH_2Br}$$

1-bromo-5-metil-3-hexino
y no 6-bromo-2-metil-3-hexino,
porque 1 < 2

Un sustituyente sólo recibe el menor número posible si no hay sufijo de grupo funcional o si el conteo en cualquier dirección lleva al mismo número para el sufijo de grupo funcional.

El triple enlace que contiene el grupo propargilo se usa en la nomenclatura común. Es análogo al grupo alilo, que contiene enlace doble y que se estudió en la sección 3.2.

HC≡CCH₂—   H₂C=CHCH₂—
grupo propargilo   **grupo alilo**

HC≡CCH₂Br   H₂C=CHCH₂OH
bromuro de propargilo   **alcohol alílico**

> **PROBLEMA 2◆**
> Dibuje la estructura de cada uno de los compuestos siguientes:
>
> **a.** 1-cloro-3-hexino   **c.** isopropilacetileno   **e.** 4,4-dimetil-1-pentino
> **b.** ciclooctino   **d.** cloruro de propargilo   **f.** dimetilacetileno

PROBLEMA 3◆

Indique el nombre de los siguientes compuestos:

a. [CH₂=CH–CH=CH–CH₂–Br] b. [HC≡C–CH₂–CH=CH–CH₃] c. [HC≡C–CH=CH–CH₂–CH₃]

PROBLEMA 4◆

Trace las estructuras y escriba los nombres común y sistemático de los siete alquinos cuya fórmula molecular es C_6H_{10}.

PROBLEMA 5◆

Indique el nombre sistemático de cada uno de los compuestos siguientes:

a. $BrCH_2CH_2C\equiv CCH_3$

b. $CH_3CH_2CHC\equiv CCH_2CHCH_3$
　　　　　$|$　　　　　　$|$
　　　　　Br　　　　　　Cl

c. $CH_3OCH_2C\equiv CCH_2CH_3$

d. $CH_3CH_2CHC\equiv CH$
　　　　　　$|$
　　　　　$CH_2CH_2CH_3$

6.2 Nomenclatura de un compuesto con más de un grupo funcional

Para crear el nombre sistemático de un compuesto con dos dobles enlaces se identifica la cadena continua más larga de carbonos que contiene a ambos dobles enlaces por su nombre de alqueno y se sustituye la terminación "eno" por "dieno". Se numera la cadena en dirección tal que asigne los números menores posibles a los carbonos que participan en los dobles enlaces. A continuación se colocan los números que indican los lugares de los dobles enlaces, ya sea antes del nombre del compuesto primario o antes del sufijo. Se mencionan los sustituyentes en orden alfabético. Para compuestos con dos enlaces triples se usan reglas similares, con la terminación "diíno".

$CH_2=C=CH_2$
sistemático: propadieno
común: aleno

$\overset{1}{CH_2}=\overset{2}{\underset{|}{C}}-\overset{3}{CH}=\overset{4}{CH_2}$
CH_3
2-metil-1,3-butadieno
o
2-metilbuta-1,3-dieno
isopreno

5-bromo-1,3-ciclohexadieno
o
5-bromociclohexa-1,3-dieno

$\overset{6}{CH_3}\overset{5}{CH}=\overset{4}{CH}\overset{3}{CH_2}\overset{2}{\underset{|}{C}}=\overset{1}{CH_2}$
CH_3
2-metil-1,4-hexadieno
o
2-metilhexa-1,4-dieno

$CH_3\underset{|}{CH}C\equiv CCH_2C\equiv CH$
CH_3
6-metil-1,4-heptadiino
o
6-metilhepta-1,4-diino

Para dar nombre a un alqueno en el que el segundo grupo funcional no es otro doble enlace, pero que también se identifica con un sufijo de grupo funcional, se determina la cadena continua más larga de carbonos que contenga a ambos grupos funcionales y se ponen los dos sufijos al final del nombre. Primero debe estar la terminación "eno". El número que indica el lugar del primer grupo funcional citado se suele colocar antes del nombre de la cadena primaria. El número que indica el lugar del segundo grupo funcional citado se pone inmediatamente antes del sufijo de ese grupo funcional.

Si los dos grupos funcionales son un *enlace doble* y uno *triple*, la cadena se numera en la dirección en que se obtenga un nombre con el menor número. Así, en los ejemplos que

> Cuando los grupos funcionales son un enlace doble y uno triple, la cadena se numera en la dirección que produzca el nombre con el menor número posible, independientemente de cuál grupo funcional reciba el número menor.

siguen, el número menor se da al sufijo alquino en el compuesto de la izquierda y al sufijo alqueno en el compuesto de la derecha.

$$\overset{7}{C}H_3\overset{6}{C}H=\overset{5}{C}H\overset{4}{C}H_2\overset{3}{C}H_2\overset{2}{C}\equiv\overset{1}{C}H \qquad \overset{1}{C}H_2=\overset{2}{C}H\overset{3}{C}H_2\overset{4}{C}H_2\overset{5}{C}\equiv\overset{6}{C}\overset{7}{C}H_3$$

5-hepten-1-ino
y no **2-hepten-6-ino,**
porque 1 < 2

1-hepten-5-ino
y no **6-hepten-2-ino,**
porque 1 < 2

$$CH_2=\overset{1}{C}H\overset{2}{C}H\overset{3}{C}\overset{4}{=}\overset{5}{C}\overset{6}{C}H_3$$
$$\underset{|}{CH_2CH_2CH_2CH_3}$$

3-butil-1-hexen-4-ino

la cadena continua más larga tiene ocho carbonos, pero la cadena de 8 carbonos no contiene a ambos grupos funcionales; en consecuencia, el nombre del compuesto es hexenino porque la cadena continua más larga que contiene a ambos grupos funcionales tiene seis carbonos

Si hay empate entre un enlace doble y uno triple, al doble enlace se le adjudica el número menor.

Si se obtiene el mismo número bajo en ambas direcciones, la cadena se numera en la dirección que asigne el número menor al doble enlace.

$$\overset{1}{C}H_3\overset{2}{C}H=\overset{3}{C}H\overset{4}{C}\equiv\overset{5}{C}\overset{6}{C}H_3 \qquad \overset{6}{H}C\equiv\overset{5}{C}\overset{4}{C}H_2\overset{3}{C}H_2\overset{2}{C}H=\overset{1}{C}H_2$$

2-hexen-4-ino
y no **4-hexen-2-ino**

1-hexen-5-ino
y no **5-hexen-1-ino**

Las prioridades relativas de los sufijos de grupo funcional se muestran en la tabla 6.1. Si el segundo grupo funcional tiene mayor prioridad que el sufijo alqueno, la cadena se numera en la dirección que asigne el número menor al grupo funcional que tenga el sufijo de mayor prioridad.

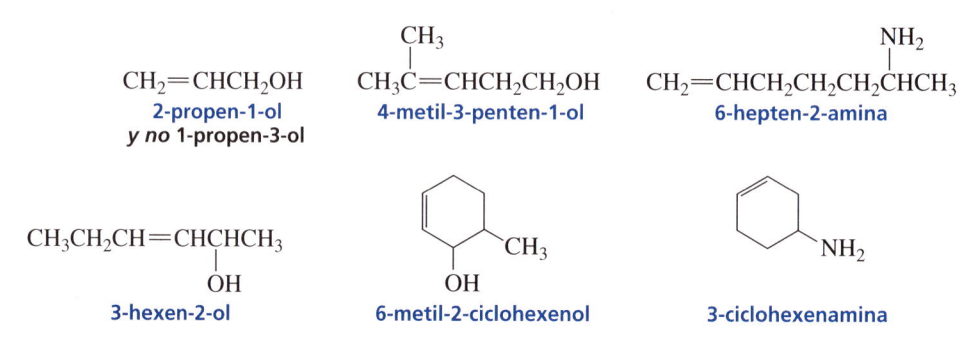

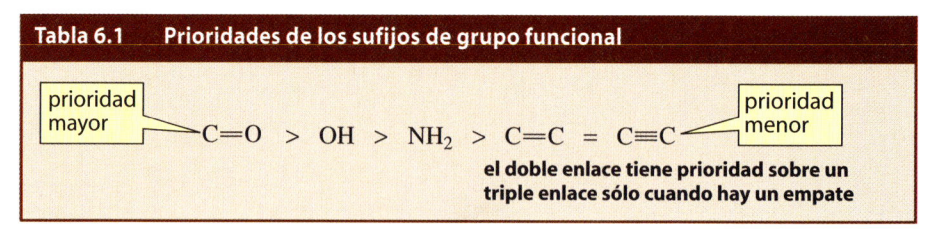

Una cadena se numera para asignar el menor número posible al grupo funcional que tenga la mayor prioridad.

$$CH_2=CHCH_2OH \qquad CH_3\underset{|}{\overset{CH_3}{C}}=CHCH_2CH_2OH \qquad CH_2=CHCH_2CH_2CH_2\underset{|}{\overset{NH_2}{C}}HCH_3$$

2-propen-1-ol
y no **1-propen-3-ol**

4-metil-3-penten-1-ol

6-hepten-2-amina

$$CH_3CH_2CH=CHCHCH_3$$
$$\underset{|}{OH}$$

3-hexen-2-ol

6-metil-2-ciclohexenol

3-ciclohexenamina

Tabla 6.1	Prioridades de los sufijos de grupo funcional

prioridad mayor → C=O > OH > NH$_2$ > C=C = C≡C ← prioridad menor

el doble enlace tiene prioridad sobre un triple enlace sólo cuando hay un empate

PROBLEMA 6◆

Indique el nombre sistemático de cada uno de los compuestos siguientes:

a. $CH_2=CHCH_2C\equiv CCH_2CH_3$

b. $CH_3CH=\underset{|}{\overset{CH_3}{C}}CH_2CH=CH_2$

c. $CH_3CH_2CH=\underset{|}{\overset{CH=CH_2}{C}}CH_2CH_2C\equiv CH$

d. $HOCH_2CH_2C\equiv CH$

e. $CH_3CH=CHCH=CHCH=CH_2$

f. $CH_3CH=\overset{CH_3}{\underset{|}{C}}CH_2\overset{CH_3}{\underset{|}{C}}HCH_2OH$

CÓMO SABE LA BABOSA BANANERA LO QUE DEBE COMER

Muchas especies de hongos sintetizan 1-octen-3-ol, que actúa como repelente para expulsar a las babosas depredadoras. Esos hongos se pueden reconocer por las pequeñas marcas de mordedura en sus sombrillas, donde la babosa comenzó a comer antes de que se liberara el compuesto volátil. A los humanos no los afecta la liberación de este compuesto porque para ellos el 1-octen-3-ol huele a hongos. También, el 1-octen-3-ol tiene propiedades antibacterianas que pueden proteger al hongo contra microorganismos que de otra forma invadirían la herida inferida por la babosa. No es de sorprender que la especie de hongo que suelen comer las babosas bananeras no puede sintetizar el 1-octen-3-ol.

$$H_2C=CHCHCH_2CH_2CH_2CH_3$$
$$|$$
$$OH$$

1-octen-3-ol

6.3 Propiedades físicas de los hidrocarburos saturados

Todos los hidrocarburos tienen propiedades físicas parecidas. En otras palabras, los alquenos y alquinos tienen propiedades físicas similares a las de los alcanos (sección 2.9). Todos son insolubles en agua y solubles en disolventes no polares como benceno y éter dietílico. Son menos densos que el agua y, como todas las demás series homólogas, tienen puntos de ebullición que aumentan al incrementarse la masa molecular (tabla 6.2). Los alquinos son más lineales que los alquenos y un enlace triple es más polarizable que un enlace doble (sección 2.9). Estas dos propiedades determinan que los alquinos tengan interacciones de van der Waals más fuertes. El resultado es que un alquino presenta un punto de ebullición más alto que un alqueno con la misma cantidad de carbonos.

Tabla 6.2 Punto de ebullición de los hidrocarburos menores

	P.e. (°C)		P.e. (°C)		P.e. (°C)
CH_3CH_3 etano	−88.6	$H_2C=CH_2$ eteno	−104	$HC≡CH$ etino	−84
$CH_3CH_2CH_3$ propano	−42.1	$CH_3CH=CH_2$ propeno	−47	$CH_3C≡CH$ propino	−23
$CH_3CH_2CH_2CH_3$ butano	−0.5	$CH_3CH_2CH=CH_2$ 1-buteno	−6.5	$CH_3CH_2C≡CH$ 1-butino	8
$CH_3(CH_2)_3CH_3$ pentano	36.1	$CH_3CH_2CH_2CH=CH_2$ 1-penteno	30	$CH_3CH_2CH_2C≡CH$ 1-pentino	39
$CH_3(CH_2)_4CH_3$ hexano	68.7	$CH_3CH_2CH_2CH_2CH=CH_2$ 1-hexeno	63.5	$CH_3CH_2CH_2CH_2C≡CH$ 1-hexino	71
		$CH_3CH=CHCH_3$ cis-2-buteno	3.7	$CH_3C≡CCH_3$ 2-butino	27
		$CH_3CH=CHCH_3$ trans-2-buteno	0.9	$CH_3CH_2C≡CCH_3$ 2-pentino	55

Los alquenos internos tienen puntos de ebullición más elevados que los alquenos terminales. De igual manera, los alquinos internos tienen puntos de ebullición más elevados que los alquinos terminales. Obsérvese que el punto de ebullición del *cis*-2-buteno es un poco mayor que el del *trans*-2-buteno porque el isómero cis tiene un momento dipolar pequeño, mientras que el del isómero trans es cero (sección 3.4).

PROBLEMA 7◆

¿Cuáles son el alcano, el alqueno y el alquino más pequeños de la tabla 6.2 que son líquidos a temperatura ambiente?

6.4 Estructura de los alquinos

En la sección 1.9 se describió la estructura del etino. En dicha ocasión se explicó que cada carbono tiene hibridación *sp*, por lo que cada uno tiene dos orbitales *sp* y dos orbitales *p*. Un orbital *sp* se traslapa con el orbital *s* de un hidrógeno y el otro se traslapa con un orbital *sp* del otro carbono. Como los orbitales *sp* se orienten tan lejos entre sí como es posible, para minimizar la repulsión electrónica, el etino es una molécula lineal, con ángulos de enlace de 180°.

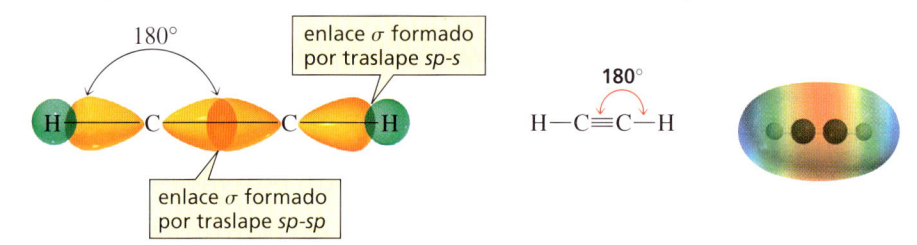

Los dos orbitales *p* restantes de cada carbono están orientados en ángulo recto entre sí y respecto a los orbitales *sp* (figura 6.1). Cada uno de los dos orbitales *p* de un carbono se traslapa con el orbital *p* del otro carbono para formar dos enlaces π. Un par de orbitales *p* traslapados forma una nube de electrones arriba y abajo del enlace σ, mientras el otro par forma una nube de electrones frente y atrás del enlace. El mapa de potencial electrostático del etino (que se ve arriba) muestra que se puede imaginar al resultado final como un cilindro de electrones envuelto en torno a los electrones del enlace σ.

Un enlace triple está formado por un enlace σ y dos enlaces π.

Figura 6.1 ▶
(a) Cada uno de los dos enlaces π de un enlace triple se forma por traslape de lado a lado de un orbital *p* de un carbono y un orbital *p* paralelo del carbono adyacente.
(b) Un triple enlace consiste en un enlace σ formado por traslape *sp-sp* (amarillo) y dos enlaces π formados por traslape *p-p* (azul y púrpura).

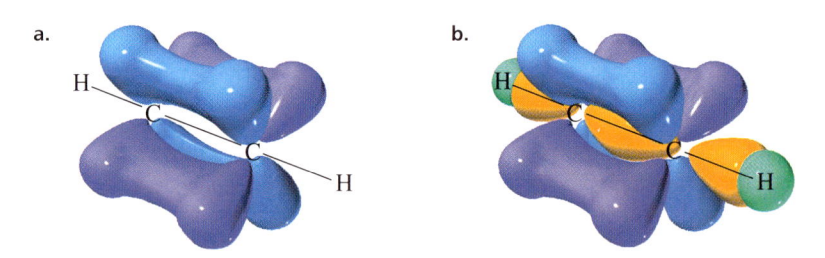

Ya se estudió que un enlace triple carbono-carbono es más corto y más fuerte que un enlace doble carbono-carbono, el cual a su vez es más corto y más fuerte que un enlace sencillo carbono-carbono. También se estudió que un enlace π es más débil que un enlace σ (sección 1.14). Los enlaces π, relativamente débiles, permiten que los alquinos reaccionen con facilidad. Los grupos alquilo estabilizan a los alquinos, al igual que a los alcanos, por hiperconjugación. En consecuencia, los alquinos internos son más estables que los alquinos terminales. Ya se vio entonces que *los grupos alquilo estabilizan a los alqueno, alquinos* y a los *carbocationes*.

PROBLEMA 8◆

¿Qué orbitales se usan para formar el enlace σ carbono-carbono en los carbonos indicados?

a. $CH_3CH=CHCH_3$
b. $CH_3CH=CHCH_3$
c. $CH_3CH=C=CH_2$
d. $CH_3C\equiv CCH_3$
e. $CH_3C\equiv CCH_3$
f. $CH_2=CHCH=CH_2$
g. $CH_3CH=CHCH_2CH_3$
h. $CH_3C\equiv CCH_2CH_3$
i. $CH_2=CHC\equiv CH$

6.5 Reactividad de los alquinos

Un alquino, con una nube de electrones rodeando totalmente al enlace σ, es una molécula rica en electrones. En otras palabras, es un nucleófilo y en consecuencia reaccionará con un electrófilo.

Mecanismo de una reacción de adición electrofílica

$$CH_3C{\equiv}CCH_3 + H{-}\ddot{\underset{..}{Cl}}{:} \longrightarrow CH_3\overset{+}{C}{=}CHCH_3 + {:}\ddot{\underset{..}{Cl}}{:}^- \longrightarrow CH_3\overset{Cl}{\underset{|}{C}}{=}CHCH_3$$

nucleófilo — electrófilo — electrófilo — nucleófilo

- El enlace π, relativamente débil, se rompe porque los electrones π son atraídos hacia el protón electrofílico.
- El carbocatión intermediario con carga positiva reacciona rápidamente con el ion cloruro con carga negativa.

Así, los alquinos, igual que los alquenos, participan en reacciones de adición electrofílica. Habrá ocasión de comprobar que los mismos reactivos electrofílicos que se adicionan a los alquenos también se adicionan a los alquinos y que, de nuevo como los alquenos, la adición electrofílica a un alquino *terminal* es regioselectiva: cuando un electrófilo se adiciona a un alquino terminal lo hace al carbono *sp* que esté unido al hidrógeno. Sin embargo, las reacciones de adición de los alquinos tienen una propiedad que no tienen los alquenos: como el producto de la adición de un reactivo electrofílico a un alquino es un alqueno, puede efectuarse una segunda reacción de adición electrofílica.

El electrófilo se agrega al carbono *sp* de un alquino terminal que está unido al hidrógeno.

$$CH_3C{\equiv}CCH_3 \xrightarrow{HCl} CH_3\overset{Cl}{\underset{|}{C}}{=}CHCH_3 \xrightarrow{HCl} CH_3\overset{Cl}{\underset{\underset{Cl}{|}}{\underset{|}{C}}}CH_2CH_3$$

se efectúa una segunda reacción de adición electrofílica

Un alquino es *menos* reactivo que un alqueno en las reacciones de adición electrofílica; esto sorprendería al primer momento porque un alquino es menos estable que un alqueno (figura 6.2). Sin embargo, la reactividad depende de la $\Delta G^{\ddagger}$, que a su vez depende de la estabilidad del reactivo *y también* de la estabilidad del estado de transición (sección 3.7). Para que un alquino sea menos estable y menos reactivo que un alqueno al mismo tiempo, deben satisfacerse dos condiciones: el estado de transición para el paso limitante de la rapidez (el primer paso) de una reacción de adición electrofílica de un alquino debe ser menos estable que el estado de transición para el primer paso de una reacción de adición electrofílica de un alqueno, *y también* la diferencia de estabilidades de los estados de transición debe ser mayor que la de las estabilidades de los reactivos, por lo que $\Delta G^{\ddagger}_{alquino} > \Delta G^{\ddagger}_{alqueno}$ (figura 6.2).

Los alquinos son menos reactivos que los alquenos en las reacciones de adición electrofílica.

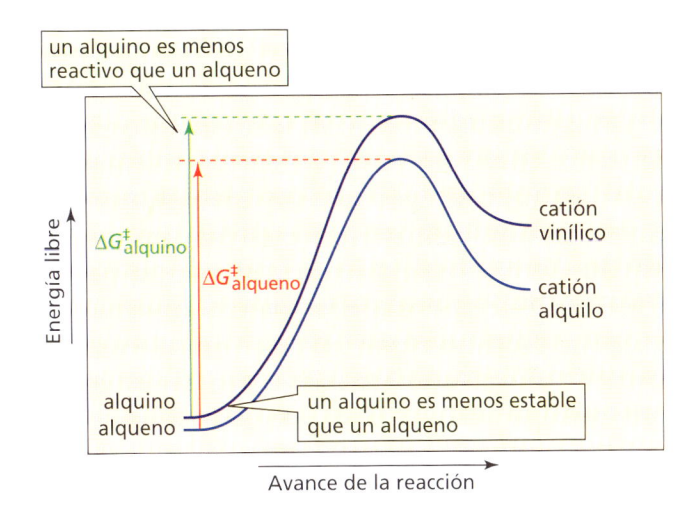

◀ **Figura 6.2**
Comparación de las energías libres de activación para la adición de un electrófilo a un alquino y a un alqueno. Como un alquino es menos reactivo que un alqueno frente a la adición electrofílica, se sabe que la $\Delta G^{\ddagger}$ de la reacción de un alquino es mayor que la $\Delta G^{\ddagger}$ para la reacción de un alqueno.

266 CAPÍTULO 6 Reacciones de los alquinos

¿Por qué el estado de transición en el primer paso de una reacción de adición electrofílica a un alquino es menos estable que en la de un alqueno? El postulado de Hammond indica que la estructura del estado de transición se parecerá a la estructura del compuesto intermediario (sección 4.3). El compuesto intermediario que se forma cuando un protón se adiciona a un alquino es un catión vinílico, mientras que el que se forma cuando un protón se adiciona a un alqueno es un catión alquilo. Un **catión vinílico** tiene una carga positiva en un carbono vinílico. Un catión vinílico es menos estable que un catión alquilo con los mismos sustituyentes. En otras palabras, un catión vinílico primario es menos estable que un catión alquilo primario, y un catión vinílico secundario es menos estable que un catión alquilo secundario.

estabilidad relativa de los carbocationes

más estable → R_3C^+ > R_2CH^+ > $RCH{=}\overset{+}{C}{-}R$ ≈ RCH_2^+ > $RCH{=}\overset{+}{C}{-}H$ ≈ H_3C^+ ← menos estable

carbocatión terciario | carbocatión secundario | catión vinílico secundario | carbocatión primario | catión vinílico primario | catión metilo

Un catión vinílico es menos estable porque la carga positiva está en un carbono sp, que ya se explicó que es más electronegativo que el carbono sp^2 de un catión alquilo (sección 1.20). Por consiguiente, un catión vinílico es menos capaz de poseer una carga positiva. Además, la hiperconjugación es menos efectiva para estabilizar la carga en un catión vinílico que en un catión alquilo (sección 4.2).

PROBLEMA 9◆

¿Bajo qué circunstancias se puede suponer que el menos estable de dos compuestos será el compuesto más reactivo?

6.6 Adición de haluros de hidrógeno y adición de halógenos a un alquino

Tutorial del alumno:
Adición de HCl a un alquino
(Addition of HCl to an alkyne)

Se acaba de explicar que un alquino es un nucleófilo y que en el primer paso de la reacción de un alquino con un haluro de hidrógeno, el H^+ electrofílico se adiciona alquino. Si se trata de un alquino terminal, el H^+ se adicionará al carbono con hibridación sp unido a un hidrógeno porque el catión vinílico secundario que resulta es más estable que el catión vinílico primario que se formaría si el H^+ se adicionara al otro carbono sp. (Recuérdese que los grupos alquilo estabilizan a los átomos de carbono con carga positiva, sección 4.2).

más reactivo → $CH_3CH_2C{\equiv}CH$ →[HBr] $CH_3CH_2\overset{+}{C}{=}CH_2$ → $CH_3CH_2C(Br){=}CH_2$ ← menos reactivo
1-butino .... Br^- 2-bromo-1-buteno
.... alqueno sustituido con halógeno

más estable → $CH_3CH_2\overset{+}{C}{=}CH_2$ .... $CH_3CH_2CH{=}\overset{+}{C}H$ ← menos estable
catión vinílico secundario .... catión vinílico primario

Se puede detener la adición de un haluro de hidrógeno a un alquino después de agregar un equivalente del haluro porque, aunque un alquino es menos reactivo que un alqueno, es más reactivo que el alqueno sustituido con halógeno, que es el producto de la primera reacción de adición. El alqueno sustituido con halógeno es menos reactivo porque un sustitu-

6.6 Adición de haluros de hidrógeno y adición de halógenos a un alquino 267

yente halógeno atrae inductivamente a los electrones (a través del enlace σ) y entonces disminuye el carácter nucleofílico del enlace doble.

Aunque la adición de un haluro de hidrógeno a un alquino se puede detener, por lo general, después de agregar un equivalente del haluro sucederá una segunda reacción de adición si hay presente exceso del haluro de hidrógeno. El producto de la segunda reacción de adición es un **dihaluro geminal**, molécula con dos halógenos en el mismo carbono. "Geminal" viene de *geminus*, "gemelo" en latín.

$$\underset{\text{2-bromo-1-buteno}}{CH_3CH_2\overset{Br}{\underset{}{C}}=CH_2} \xrightarrow{HBr} \underset{\substack{\text{2,2-dibromobutano} \\ \text{dihaluro geminal}}}{CH_3CH_2\overset{Br}{\underset{Br}{C}}CH_3}$$

(el electrófilo se agrega aquí)

Cuando el segundo equivalente de haluro de hidrógeno se agrega al doble enlace, el electrófilo (H^+) se agrega al carbono sp^2 unido a más hidrógenos —como indica la regla que gobierna las reacciones de adición electrofílica (sección 4.4). El carbocatión que resulta es más estable que el que se hubiera formado si el H^+ se hubiese agregado al otro carbono sp^2 porque el bromo puede compartir la carga positiva con el carbono, traslapando uno de sus orbitales que contenga un par de electrones no enlazado con el orbital $2p$ vacío del carbono con carga positiva.

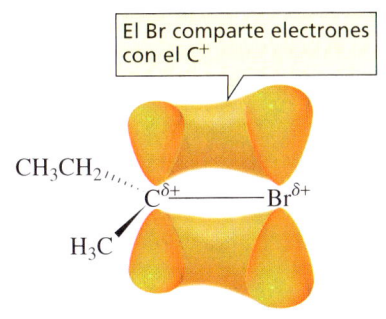

$$CH_3CH_2\cdots\overset{H_3C}{\underset{}{C^{\delta+}}}\text{---}Br^{\delta+}$$

(El Br comparte electrones con el C^+)

Al describir el mecanismo de la adición de un haluro de hidrógeno se indicó que el compuesto intermediario es un catión vinílico. Puede ser que este mecanismo no sea del todo correcto. Un catión vinílico secundario es casi tan estable como un carbocatión primario, y en general, los carbocationes primarios son demasiado inestables para poderse formar. En consecuencia, hay quienes creen que el compuesto intermediario que se forma es un **complejo π** y no un catión vinílico.

$$\underset{\text{un complejo } \pi}{\overset{\overset{\delta-Cl}{\underset{\delta+H}{\vdots}}}{HC\equiv CH}}$$

El respaldo para que el compuesto intermediario sea un complejo π es la observación de que muchas (pero no todas) de las reacciones de adición a alquinos son estereoselectivas. Por ejemplo, la adición de HCl a 2-butino sólo forma (Z)-2-cloro-2-buteno y ello indica que sólo sucede adición anti de H y de Cl. Es claro que no se ha comprendido por completo la naturaleza del compuesto intermediario en las reacciones de adición a alquinos.

$$\underset{\text{2-butino}}{CH_3C\equiv CCH_3} \xrightarrow{HCl} \underset{\text{(Z)-2-cloro-2-buteno}}{\underset{H_3C}{\overset{H}{C}}=\underset{Cl}{\overset{CH_3}{C}}}$$

(adición anti)

La adición de un haluro de hidrógeno a un alquino *interno* forma dos dihaluros geminales porque la adición inicial del protón puede hacerse con igual facilidad a cualquiera de los carbonos *sp*.

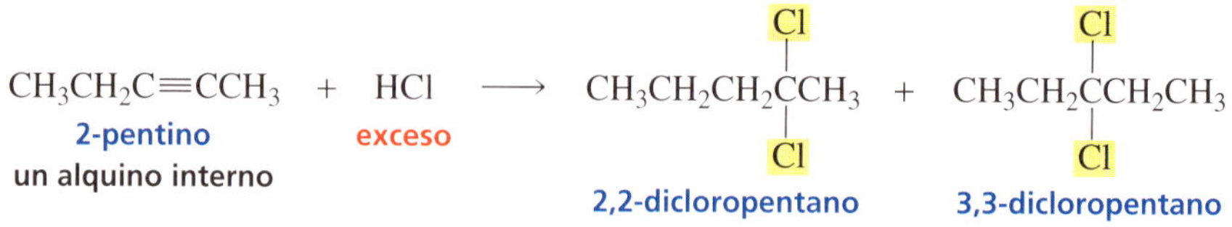

$$\text{CH}_3\text{CH}_2\text{C}\equiv\text{CCH}_3 + \text{HCl} \longrightarrow \text{CH}_3\text{CH}_2\text{CH}_2\text{CCl}_2\text{CH}_3 + \text{CH}_3\text{CH}_2\text{CCl}_2\text{CH}_2\text{CH}_3$$

2-pentino (un alquino interno) + HCl (exceso) → 2,2-dicloropentano + 3,3-dicloropentano

Sin embargo, obsérvese que si el mismo grupo está unido a cada uno de los carbonos *sp* del alquino interno sólo se obtendrá un dihaluro geminal.

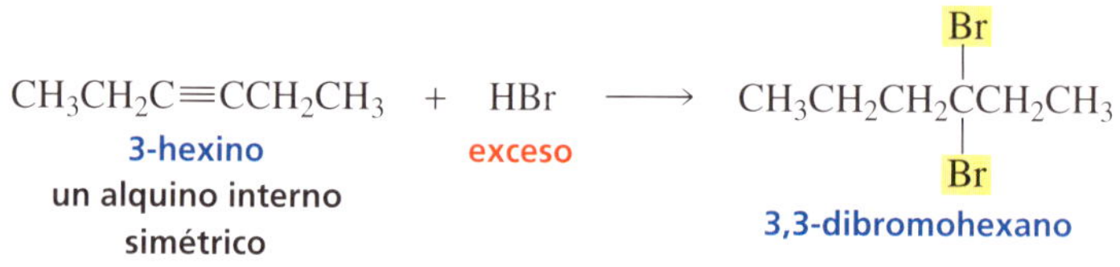

$$\text{CH}_3\text{CH}_2\text{C}\equiv\text{CCH}_2\text{CH}_3 + \text{HBr} \longrightarrow \text{CH}_3\text{CH}_2\text{CH}_2\text{CBr}_2\text{CH}_2\text{CH}_3$$

3-hexino (un alquino interno simétrico) + HBr (exceso) → 3,3-dibromohexano

También los halógenos Cl_2 y Br_2 se adicionan a los alquinos. En presencia de exceso de halógeno se efectúa una segunda reacción de adición. En el caso típico, el disolvente es CH_2Cl_2.

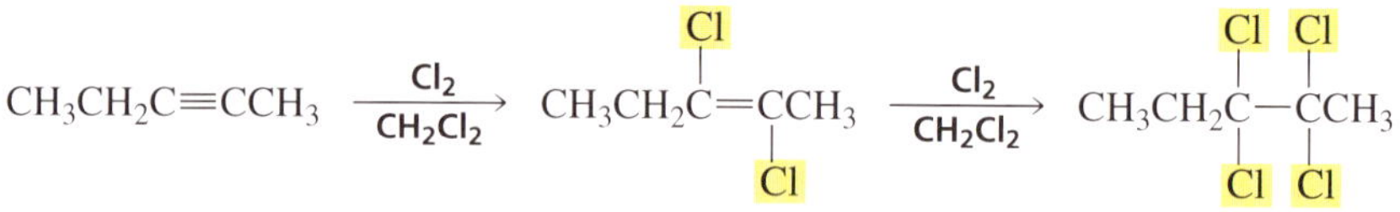

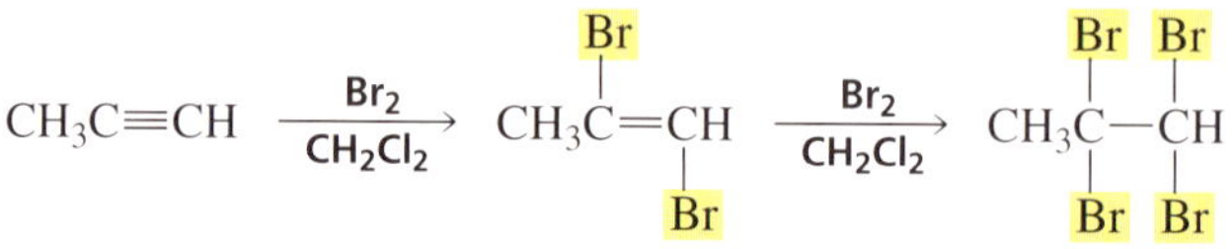

$$\text{CH}_3\text{CH}_2\text{C}\equiv\text{CCH}_3 \xrightarrow[\text{CH}_2\text{Cl}_2]{\text{Cl}_2} \text{CH}_3\text{CH}_2\text{CCl}=\text{CClCH}_3 \xrightarrow[\text{CH}_2\text{Cl}_2]{\text{Cl}_2} \text{CH}_3\text{CH}_2\text{CCl}_2\text{CCl}_2\text{CH}_3$$

$$\text{CH}_3\text{C}\equiv\text{CH} \xrightarrow[\text{CH}_2\text{Cl}_2]{\text{Br}_2} \text{CH}_3\text{CBr}=\text{CHBr} \xrightarrow[\text{CH}_2\text{Cl}_2]{\text{Br}_2} \text{CH}_3\text{CBr}_2\text{CHBr}_2$$

PROBLEMA 10♦

Indique cuál es el producto principal de cada una de las reacciones siguientes:

a. $HC\equiv CCH_3 \xrightarrow{HBr}$

b. $HC\equiv CCH_3 \xrightarrow{\text{HBr en exceso}}$

c. $CH_3C\equiv CCH_3 \xrightarrow[\text{CH}_2\text{Cl}_2]{Br_2}$

d. $HC\equiv CCH_3 \xrightarrow[\text{CH}_2\text{Cl}_2]{\text{Br}_2 \text{ en exceso}}$

e. $CH_3C\equiv CCH_3 \xrightarrow{\text{HBr en exceso}}$

f. $CH_3C\equiv CCH_2CH_3 \xrightarrow{\text{HBr en exceso}}$

PROBLEMA 11♦

De acuerdo con lo que ya conoce de estereoquímica de las reacciones de adición a alquenos, indique cuál será la configuración del producto que se obtendría de la reacción del 2-butino con un equivalente de Br_2 en CH_2Cl_2.

6.7 Adición de agua a los alquinos

En la sección 4.5 se estudió que los alquenos llevan a cabo la reacción de adición de agua catalizada por ácido. El producto de la reacción es un alcohol.

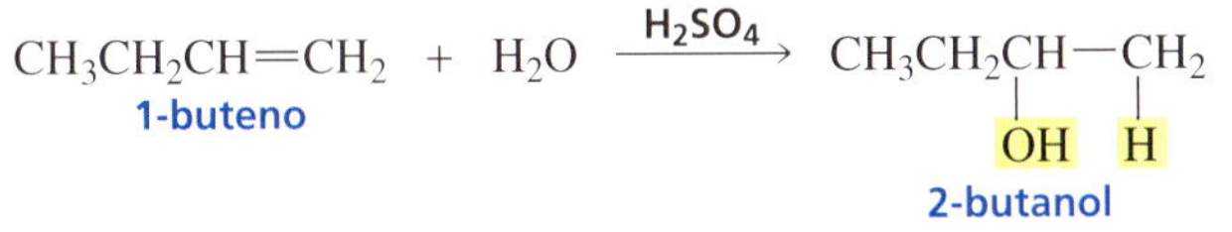

$$CH_3CH_2CH=CH_2 + H_2O \xrightarrow{H_2SO_4} CH_3CH_2\underset{OH}{\underset{|}{CH}}-\underset{H}{\underset{|}{CH_2}}$$

1-buteno → 2-butanol

También los alquinos llevan a cabo la reacción de adición de agua catalizada por ácido. El producto inicial de esa reacción es un **enol**. Un **enol** es un compuesto con un doble enlace carbono-carbono y un grupo OH unido a uno de los carbonos sp^2. (La terminación "eno" indica el enlace doble y la terminación "ol" indica el grupo alcohol (OH). Cuando las dos sílabas se unen, se elimina la "o" de "eno" para evitar dos vocales consecutivas).

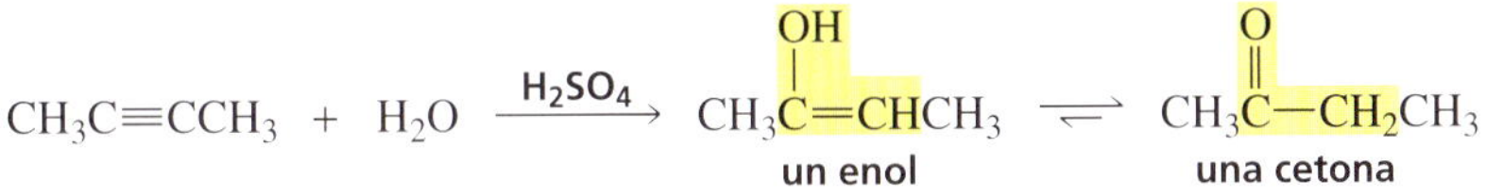

$$CH_3C\equiv CCH_3 + H_2O \xrightarrow{H_2SO_4} CH_3\underset{\text{un enol}}{C(OH)=CHCH_3} \rightleftharpoons \underset{\text{una cetona}}{CH_3C(=O)-CH_2CH_3}$$

De inmediato, el enol se equilibra y forma una *cetona*, compuesto con la estructura general que se muestra abajo. Un carbono doblemente enlazado a un oxígeno es un **grupo carbonilo**, y una **cetona** es un compuesto que tiene dos grupos alquilo unidos a un grupo carbonilo. Un **aldehído** es un compuesto que tiene cuando menos un hidrógeno unido a un grupo carbonilo.

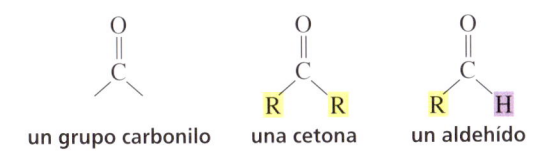

un grupo carbonilo   una cetona (R-C(=O)-R)   un aldehído (R-C(=O)-H)

Una cetona y un enol sólo difieren en la ubicación de un doble enlace y un hidrógeno. Una cetona, y su enol correspondiente, se llaman **tautómeros ceto-enol**. Los tautómeros son isómeros que están en equilibrio rápido. A la interconversión de los tautómeros se le llama **tautomería** o **tautomerización**. Se examinará el mecanismo de la interconversión ceto-enol en el capítulo 18. Por ahora, lo importante que se debe recordar es que los tautómeros ceto y enol están en equilibrio en disolución y que el tautómero ceto, por ser mucho más estable en general que el tautómero enol, es el que predomina.

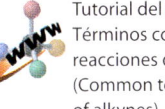

$$RCH_2-\underset{\text{tautómero ceto}}{C(=O)-R} \underset{\text{tautomería}}{\rightleftharpoons} RCH=\underset{\text{tautómero enol}}{C(OH)-R}$$

Tutorial del alumno:
Términos comunes en las reacciones de los alquinos (Common terms in the reactions of alkynes)

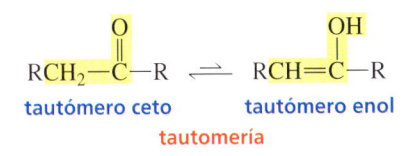

La adición de agua a un alquino interno que tiene el mismo grupo unido a cada uno de los carbonos sp forma una sola cetona como producto. Pero si los dos grupos no son idénticos, se forman dos cetonas porque la adición inicial del protón puede hacerse a cualquiera de los carbonos sp.

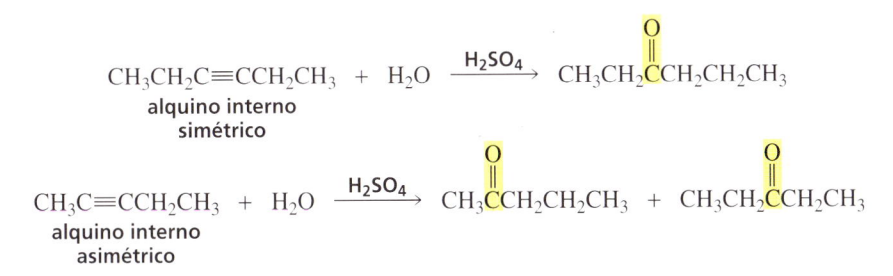

$$CH_3CH_2C\equiv CCH_2CH_3 + H_2O \xrightarrow{H_2SO_4} CH_3CH_2C(=O)CH_2CH_2CH_3$$
alquino interno simétrico

$$CH_3C\equiv CCH_2CH_3 + H_2O \xrightarrow{H_2SO_4} CH_3C(=O)CH_2CH_2CH_3 + CH_3CH_2C(=O)CH_2CH_3$$
alquino interno asimétrico

270 CAPÍTULO 6 Reacciones de los alquinos

Los alquinos terminales son menos reactivos que los alquinos internos frente a la adición de agua. El agua se agrega a los alquinos terminales si se añade ion mercúrico (Hg^{2+}) a la mezcla ácida. El ion mercúrico es un catalizador porque aumenta la rapidez de la reacción de adición.

$$CH_3CH_2C\equiv CH + H_2O \xrightarrow[HgSO_4]{H_2SO_4} \underset{\text{un enol}}{CH_3CH_2\underset{|}{\overset{OH}{C}}=CH_2} \rightleftharpoons \underset{\text{una cetona}}{CH_3CH_2\overset{O}{\underset{\|}{C}}-CH_3}$$

El primer paso del *mecanismo de hidratación catalizada por ion mercúrico* de un alquino debe recordar al lector los iones bromonio y mercurinio cíclicos que se forman como intermediarios en las reacciones de adición electrofílica de los alquenos (secciones 4.7 y 4.8).

Mecanismo de la hidratación de un alquino catalizada por ion mercúrico

[Mechanism diagram showing the steps: $CH_3C\equiv CH \rightarrow$ cyclic mercurinium ion with Hg^{2+} → attack by H_2O on more substituted carbon → $CH_3C=CH$ with Hg^+ and ^+OH → loss of proton to form an enol mercúrico → tautomerization to cetona mercúrica $CH_3C(O)-CH_2-Hg^+$ → loss of Hg^{2+} gives enol $CH_3C(OH)=CH_2$ → tautomerization to CH_3CCH_3 with C=O (una cetona)]

el agua ataca al carbono más sustituido

un enol mercúrico

una cetona mercúrica

- La reacción del alquino con el ion mercúrico (Hg^{2+}) forma un ion mercurinio cíclico. (Se muestran dos de los electrones en el orbital atómico $5d$, lleno, del mercurio).
- El agua ataca al carbono más sustituido del compuesto cíclico intermediario (sección 4.8).
- El grupo OH protonado, que es un ácido muy fuerte, pierde un protón y forma un enol mercúrico, que de inmediato se tautomeriza en una cetona mercúrica.
- La pérdida del ion mercúrico forma un enol, que se tautomeriza y forma una cetona.

Obsérvese que la adición general de agua se apega a la regla de las reacciones de adición electrofílica: el electrófilo (H^+) se adiciona al carbono sp unido a más hidrógenos.

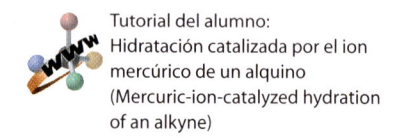

Tutorial del alumno:
Hidratación catalizada por el ion mercúrico de un alquino
(Mercuric-ion-catalyzed hydration of an alkyne)

PROBLEMA 12◆

¿Qué cetonas se formarían en la hidratación del 3-heptino catalizada por ácido?

PROBLEMA 13◆

¿Qué alquino sería el mejor reactivo en la síntesis de cada una de las cetonas siguientes?

a. $CH_3\overset{O}{\underset{\|}{C}}CH_3$ b. $CH_3CH_2\overset{O}{\underset{\|}{C}}CH_2CH_3$ c. $CH_3\overset{O}{\underset{\|}{C}}-\text{C}_6H_{11}$ (ciclohexilo)

PROBLEMA 14◆

Dibuje todos los tautómeros enol de cada una de las cetonas en el problema 13.

6.8 Adición de borano a un alquino: hidroboración-oxidación

El borano se agrega a los alquinos en la misma forma que lo hace con los alquenos. Esto es, el boro es el electrófilo y el H:⁻ es el nucleófilo, y una molécula de BH_3 reacciona con tres de alquino para formar un mol de alqueno sustituido con boro (sección 4.10). Cuando la reacción de adición termina, se agregan hidróxido de sodio y peróxido de hidrógeno a la mezcla de reacción. El resultado final, como en el caso de los alquenos, es la sustitución del boro por un grupo OH. De inmediato, el producto enólico se tautomeriza en una cetona.

$$3\ CH_3C\equiv CCH_3 + BH_3 \xrightarrow{THF} \underset{\text{alqueno sustituido con boro}}{\overset{H_3C\quad CH_3}{\underset{H\quad \underset{R}{\overset{|}{B}}-R}{C=C}}} \xrightarrow[H_2O]{HO^-,\ H_2O_2} 3\ \underset{\text{un enol}}{\overset{H_3C\quad CH_3}{\underset{H\quad OH}{C=C}}}$$

$$\downarrow\uparrow$$

$$3\ \underset{\text{una cetona}}{CH_3CH_2\overset{O}{\overset{\|}{C}}CH_3}$$

Para obtener al enol como producto de la reacción de adición sólo se puede permitir la adición de un solo equivalente de borano al alquino. En otras palabras, la reacción se debe detener en la etapa de alqueno. En el caso de los alquinos internos, los sustituyentes del alqueno sustituido con boro evitan que suceda la segunda adición. Sin embargo, los alquinos terminales tienen menos impedimento estérico, por lo que resulta más difícil detener la reacción de adición en la etapa del alqueno. Se ha desarrollado un reactivo especial llamado disiamilborano para usarse con alquinos terminales ("siamil" representa **isoamilo** secundario; amilo es un nombre común para un fragmento con cinco carbonos). Los grupos alquilo voluminosos del disiamilborano evitan una segunda adición al alqueno sustituido con boro. Entonces, se puede usar borano para hidratar alquinos internos, pero para hidratar alquinos terminales se prefiere el disiamilborano.

$$CH_3CH_2C\equiv CH + \underset{\underset{\text{disiamilborano}}{\text{bis(1,2-dimetilpropil)borano}}}{\left(\overset{CH_3\ CH_3}{\underset{CH_3CH-CH}{|\quad |}}\right)_2 BH} \longrightarrow \overset{CH_3CH_2\quad H}{\underset{H\quad B\left(-\overset{CH_3\ CH_3}{\underset{CH-CHCH_3}{|\quad |}}\right)_2}{C=C}} \xrightarrow[H_2O]{HO^-,\ H_2O_2} \underset{\text{un enol}}{\overset{CH_3CH_2\quad H}{\underset{H\quad OH}{C=C}}}$$

el electrófilo se adiciona al C unido a un H

$$\downarrow\uparrow$$

$$\underset{\text{un aldehído}}{CH_3CH_2CH_2\overset{O}{\overset{\|}{C}}H}$$

La adición de borano (o de disiamilborano) a un alquino terminal tiene la misma regioselectividad que se vio en la adición de borano a un alqueno. El boro, con su orbital vacío ávido de electrones, se agrega de preferencia al carbono *sp* unido al hidrógeno, y el grupo que contiene al boro se reemplaza entonces por un grupo OH. Por consiguiente, la reacción se apega a la regla general de las reacciones de adición electrofílica: el electrófilo (BH_3) se agrega al carbono *sp* unido con más hidrógenos. En consecuencia, la adición de agua a un alquino terminal catalizada por ion mercúrico produce una *cetona* (el grupo carbonilo *no*

272 CAPÍTULO 6 Reacciones de los alquinos

La hidroboración-oxidación de un alquino terminal forma un aldehído.

está en el carbono terminal), mientras que la hidroboración-oxidación de un alquino terminal produce un *aldehído* (el grupo carbonilo *está* en un carbono terminal).

La adición de agua a un alquino terminal forma una cetona.

$$CH_3C\equiv CH \xrightarrow[HgSO_4]{H_2O, H_2SO_4} CH_3\underset{OH}{C}=CH_2 \rightleftharpoons CH_3\underset{O}{\overset{\|}{C}}CH_3 \text{ una cetona}$$

$$CH_3C\equiv CH \xrightarrow[\text{2. HO}^-, H_2O_2, H_2O]{\text{1. disiamilborano}} CH_3\underset{OH}{CH}=CH \rightleftharpoons CH_3CH_2\underset{O}{\overset{\|}{C}}H \text{ un aldehído}$$

> **PROBLEMA 15◆**
>
> Escriba los productos de (1) la adición de agua catalizada por ion mercúrico y (2) la hidroboración-oxidación de los siguientes compuestos:
>
> **a.** 1-butino **b.** 2-butino **c.** 2-pentino
>
> **PROBLEMA 16◆**
>
> Sólo hay un alquino que forma un aldehído cuando se le agrega agua catalizada por ácido o por ion mercúrico. Identifique a ese alquino.

$(CH_3COO^-)_2Pb^{2+}$
acetato de plomo(II)

quinolina

6.9 Adición de hidrógeno a un alquino

El hidrógeno se agrega a un alquino en presencia de un catalizador metálico, como paladio, platino o níquel, en la misma forma que se agrega a un alqueno (sección 4.11). El producto inicial es un alqueno, pero es difícil detener la reacción en esta etapa por la fuerte tendencia que tiene el hidrógeno de agregarse a los alquenos en presencia de esos catalizadores metálicos eficientes. El producto final de la reacción de hidrogenación es, por tanto, un alcano.

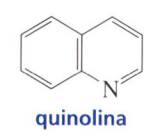

$$CH_3CH_2C\equiv CH \xrightarrow{H_2}{Pt/C} CH_3CH_2CH=CH_2 \xrightarrow{H_2}{Pt/C} CH_3CH_2CH_2CH_3$$
alquino → alqueno → alcano (un alquino se convierte en un alcano)

BIOGRAFÍA

Herbert H. M. Lindlar *nació en Suiza, en 1909, y recibió un doctorado de la Universidad de Berna. Trabajó en Hoffmann-La Roche & Co. en Basilea, Suiza, y es autor de muchas patentes. Su última patente fue un procedimiento para aislar el carbohidrato xilosa de los desechos producidos en las fábricas de papel.*

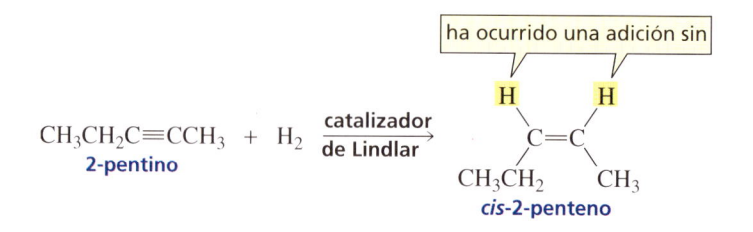

Se puede detener la reacción en la etapa del alqueno si se usa un catalizador metálico "envenenado" (parcialmente desactivado). El catalizador metálico parcialmente desactivado que se usa más se llama catalizador de Lindlar, que se prepara precipitando el ion paladio sobre carbonato de calcio y luego se trata con acetato de plomo (II) y quinolina. Este tratamiento modifica la superficie del paladio y la hace mucho más eficiente para catalizar la adición de hidrógeno a un enlace triple que a un enlace doble.

En vista de que el alquino se deposita en la superficie del catalizador metálico y los hidrógenos se agregan al triple enlace desde esa superficie, ambos hidrógenos se disponen en el mismo lado del enlace doble. En otras palabras, sólo hay adición sin de hidrógeno (sección 5.19). La adición sin de hidrógeno a un alquino interno forma un *alqueno cis*.

Tutorial del alumno:
Hidrogenación/catalizador de Lindlar
(Hydrogenation-Lindlar catalyst)

$$CH_3CH_2C\equiv CCH_3 + H_2 \xrightarrow{\text{catalizador de Lindlar}} \underset{CH_3CH_2}{\overset{H}{\underset{|}{}}}C=C\underset{CH_3}{\overset{H}{\underset{|}{}}}$$
2-pentino → *cis*-**2-penteno** (ha ocurrido una adición sin)

6.9 Adición de hidrógeno a un alquino **273**

Los alquinos internos se pueden convertir en *alquenos trans*, usando sodio (o litio) en amoniaco líquido. La reacción se detiene en la etapa del alqueno porque el sodio (o el litio) reacciona más rápidamente con los enlaces triples que con los enlaces dobles. El amoniaco es un gas a temperatura ambiente (P.e. = −33 °C), de modo que se mantiene en estado líquido usando una mezcla de hielo seco y acetona (P.e. = −78 °C).

$$CH_3C{\equiv}CCH_3 \xrightarrow[-78\,°C]{Na\ o\ Li \atop NH_3\ (líq)} \begin{array}{c} H_3C \\ \diagdown \\ C{=}C \\ \diagup \\ H \end{array} \begin{array}{c} H \\ \diagup \\ \\ \diagdown \\ CH_3 \end{array}$$

2-butino   *trans*-2-buteno

Mecanismo de conversión de un alquino en un alqueno *trans*

$CH_3-C{\equiv}C-CH_3 + Na\cdot \longrightarrow CH_3-\overset{\cdot}{C}{=}\overset{\cdot\cdot}{\underset{-}{C}}-CH_3 \xrightarrow{H-NH_2}$ un anión radical + Na⁺ $CH_3-\overset{\cdot}{C}{=}\underset{H}{\overset{CH_3}{C}} \xrightarrow{Na\cdot}$ un radical vinílico + ⁻NH₂ $CH_3-\overset{\cdot\cdot}{\underset{-}{C}}{=}\underset{H}{\overset{CH_3}{C}} \xrightarrow{H-NH_2}$ un anión vinílico + Na⁺ $\underset{H_3C}{\overset{H}{\diagdown}}C{=}C\underset{H}{\overset{CH_3}{\diagup}}$ un alqueno *trans* + ⁻NH₂

- el sodio cede un electrón del orbital 1s
- una base fuerte
- el sodio cede un electrón del orbital 1s
- una base fuerte

Los pasos del mecanismo de conversión de un alquino interno en un alqueno *trans* son:

- El electrón del orbital *s* del sodio (o del litio) se transfiere a un carbono *sp* para formar un **anión radical**, una especie que dispone de una carga negativa y un electrón no apareado. Obsérvese que la transferencia de un solo electrón se representa con una flecha de media punta con un solo lado. (Recuérdese que el sodio y el litio tienen gran tendencia a perder el único electrón en su orbital *s* de capa externa, sección 1.3).
- El anión radical es una base tan fuerte que puede extraer uno de los protones del amoniaco. Esto da como resultado la formación de un **radical vinílico**, donde el electrón sin aparear se localiza en un carbono vinílico.
- Otra transferencia de un solo electrón del sodio (o del litio) al radical vinílico forma un anión vinílico.
- El anión vinílico también es una base fuerte: extrae un protón de otra molécula de amoniaco. El producto es un alqueno *trans*.

Tutorial del alumno:
Síntesis de alquenos trans usando Na/NH3 (líq)
(Synthesis of trans alkenes using Na/NH3 (liq))

El anión vinílico puede tener la configuración *cis* o *trans*. Los aniones *cis* y *trans* están en equilibrio, pero éste favorece al isómero *trans*, más estable, porque en esa configuración los grupos alquilo, relativamente voluminosos, están lo más alejados posible entre sí.

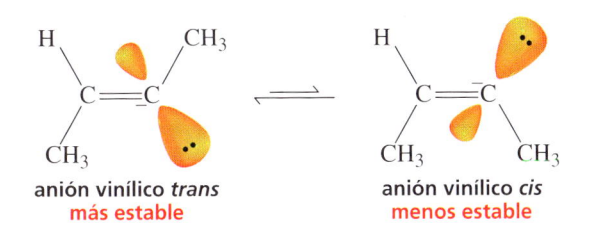

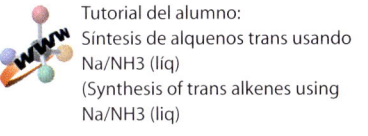

anión vinílico *trans*
más estable

anión vinílico *cis*
menos estable

> **PROBLEMA 17◆**
>
> Describa el alquino con el que comenzaría usted y los reactivos que usaría si deseara sintetizar:
>
> **a.** pentano. **b.** *cis*-2-buteno. **c.** *trans*-2-penteno. **d.** 1-hexeno.

6.10 Hidrógeno "ácido" enlazado con un carbono *sp*

Ya se estudió que la hibridación de un átomo afecta la acidez de un hidrógeno enlazado a él porque la electronegatividad de un átomo depende de la hibridación. Por ejemplo, un carbono con hibridación sp es más electronegativo que uno con hibridación sp^2, que a su vez es más electronegativo que un carbono con hibridación sp^3 (sección 1.20).

Un carbono *sp* es más electronegativo que un carbono *sp*², que a su vez es más electronegativo que un carbono *sp*³.

electronegatividad relativa de los átomos de carbono

$$\text{más electronegativo} \rightarrow sp > sp^2 > sp^3 \leftarrow \text{menos electronegativo}$$

Ya que el compuesto más ácido es aquél en el que el hidrógeno está unido al átomo más electronegativo (cuando los átomos son del mismo tamaño), el etino es un ácido más fuerte que el eteno, así como el eteno es un ácido más fuerte que el etano.

$$\begin{array}{ccc} \text{HC} \equiv \text{CH} & \text{H}_2\text{C}=\text{CH}_2 & \text{CH}_3\text{CH}_3 \\ \text{etino} & \text{eteno} & \text{etano} \\ pK_a = 25 & pK_a = 44 & pK_a > 60 \end{array}$$

Mientras más fuerte sea el ácido, su base conjugada será más débil.

Para extraer un protón de un ácido (en una reacción que favorezca mucho a los productos), la base que extraiga el protón debe ser más fuerte que la que se genere como resultado de extraer dicho protón (sección 1.19). En otras palabras, se debe comenzar con una base más fuerte que la base que se vaya a formar. Como el NH_3 es un ácido más débil ($pK_a = 36$) que un alquino terminal ($pK_a = 25$), un ion amiduro ($^-:NH_2$) es una base más fuerte que el carbanión, llamado ion acetiluro, que se forma cuando un hidrógeno se extrae del carbono *sp* de un alquino terminal. En consecuencia, un ion amiduro puede usarse para extraer un protón de un alquino terminal con el fin de preparar un **ion acetiluro**.

Para extraer un protón de un ácido en una reacción que favorezca a los productos, la base que extrae al protón debe ser más fuerte que la base que se forme.

$$\underset{\substack{\text{ácido más fuerte}}}{\text{RC} \equiv \text{CH}} + \underset{\substack{\text{ion amiduro}\\\text{base más fuerte}}}{^-\text{NH}_2} \rightleftharpoons \underset{\substack{\text{ion acetiluro}\\\text{base más débil}}}{\text{RC} \equiv \text{C}^-} + \underset{\substack{\text{ácido más débil}}}{\text{NH}_3}$$

Si el ion hidróxido se usara como la base, la reacción favorecería mucho a los reactivos porque el ion hidróxido es una base mucho más débil que el ion acetiluro que se formaría.

$$\underset{\substack{\text{ácido más débil}}}{\text{RC} \equiv \text{CH}} + \underset{\substack{\text{anión hidróxido}\\\text{base más débil}}}{\text{HO}^-} \rightleftharpoons \underset{\substack{\text{anión acetiluro}\\\text{base más fuerte}}}{\text{RC} \equiv \text{C}^-} + \underset{\substack{\text{ácido más fuerte}}}{\text{H}_2\text{O}}$$

Un ion amiduro ($^-:NH_2$) no puede extraer un hidrógeno unido a un carbono sp^2 o sp^3. Sólo un hidrógeno unido a un carbono *sp* es lo suficientemente ácido como para ser extraído por un ion amiduro. En consecuencia, un hidrógeno unido a un carbono *sp* a veces se considera que es hidrógeno "ácido". La propiedad "ácida" de los alquinos terminales es una forma en que su reactividad difiere de la de los alquenos. Pero téngase cuidado de no malinterpretar lo que se indica al afirmar que el hidrógeno unido a un carbono *sp* es "ácido". Ello significa que es más ácido que la mayor parte de los otros hidrógenos unidos al carbo-

AMIDURO DE SODIO Y SODIO

Debemos cuidarnos de no confundir el compuesto amiduro de sodio (Na^+ $^-$:NH_2) con una mezcla de sodio (Na) y amoniaco líquidos. El amiduro de sodio es la base fuerte que se usa para extraer un protón de un alquino terminal. El sodio en amoniaco se usa como fuente de electrones y protones, respectivamente, para convertir un alquino interno en un alqueno trans (sección 6.9).

no, pero es mucho menos ácido que un hidrógeno de una molécula de agua, y el agua sólo es un compuesto ácido muy débil (pK_a = 15.7).

fuerza ácidez relativa

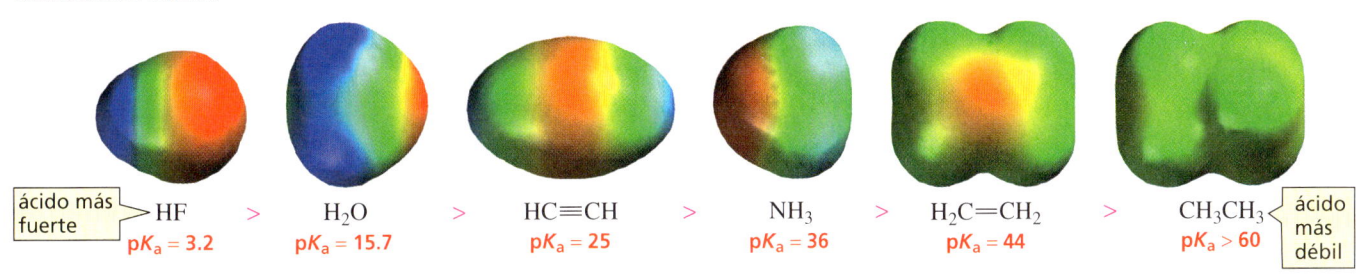

ácido más fuerte → HF > H_2O > HC≡CH > NH_3 > H_2C=CH_2 > CH_3CH_3 ← ácido más débil

pK_a = 3.2 pK_a = 15.7 pK_a = 25 pK_a = 36 pK_a = 44 pK_a > 60

PROBLEMA 18◆

Toda base cuyo ácido conjugado tiene un pK_a mayor que _____ puede extraer un protón de un alquino terminal para formar un ion acetiluro (en una reacción que favorezca a los productos).

PROBLEMA 19◆

¿Cuál carbocatión de los siguientes pares es más estable?

a. $CH_3\overset{+}{C}H_2$ o $H_2C=\overset{+}{C}H$ **b.** $H_2C=\overset{+}{C}H$ o $HC≡\overset{+}{C}$

PROBLEMA 20◆

Explique por qué el amiduro de sodio no puede usarse para formar un carbanión a partir de un alcano en una reacción que favorezca a los productos.

ESTRATEGIA PARA RESOLVER PROBLEMAS

Comparación de la acidez de compuestos

a. Ordena los siguientes compuestos por acidez decreciente:

$CH_3CH_2\overset{+}{N}H_3$ $CH_3CH=\overset{+}{N}H_2$ $CH_3C≡\overset{+}{N}H$

Para comparar la acidez de un grupo de compuestos primero se investiga en qué difieren. Estos tres compuestos difieren en la hibridación del nitrógeno al que está unido el hidrógeno ácido. Ahora, recuerde lo que conoce acerca de la hibridación y acidez. Sabe usted que la hibridación de un átomo afecta su electronegatividad (sp es más electronegativo que sp^2, y sp^2 es más electronegativo que sp^3), y también sabe que mientras más electronegativo sea el átomo al que está unido un hidrógeno, éste será más ácido. Con esto, usted podrá contestar la pregunta.

acidez relativa $CH_3C≡\overset{+}{N}H$ > $CH_3CH=\overset{+}{N}H_2$ > $CH_3CH_2\overset{+}{N}H_3$

b. Dibuje las bases conjugadas de los compuestos anteriores y ordénenlas por basicidad decreciente.

> Primero se extrae un protón de cada ácido para obtener las estructuras de las bases conjugadas. Mientras más fuerte sea el ácido, más débil será su base conjugada, de manera que usando las fuerzas acidez relativa obtenidas en la parte **a.** se ve que el orden de basicidad decreciente es:
>
> **basicidad relativa** $CH_3CH_2NH_2 \; > \; CH_3CH=NH \; > \; CH_3C\equiv N$
>
> Ahora continúe con el problema 21.

PROBLEMA 21◆

Ordene las especies siguientes por basicidad decreciente:

a. $CH_3CH_2CH=\bar{C}H$ $CH_3CH_2C\equiv C^-$ $CH_3CH_2CH_2\bar{C}H_2$

b. $CH_3CH_2O^-$ F^- $CH_3C\equiv C^-$ $^-NH_2$

6.11 Síntesis usando iones acetiluro

Las reacciones que forman enlaces carbono-carbono son importantes en las síntesis de compuestos orgánicos porque, sin ellas, no sería posible la conversión de moléculas con esqueletos pequeños de carbono en moléculas con esqueletos mayores de carbono. El producto de una reacción siempre tendría la misma cantidad de carbonos que el material de partida.

Una reacción que forma un enlace carbono-carbono es la de un ion acetiluro con un haluro de alquilo. En esta reacción sólo deben usarse haluros de alquilo primario o de metilo.

$$CH_3CH_2C\equiv C^- \; + \; CH_3CH_2CH_2Br \; \longrightarrow \; CH_3CH_2C\equiv CCH_2CH_2CH_3 \; + \; Br^-$$
3-heptino

El mecanismo de esta reacción está bien estudiado. El bromo es más electronegativo que el carbono y, en consecuencia, los electrones del enlace C—Br no se comparten por igual por los dos átomos. Existe una carga positiva parcial en el carbono y una carga negativa parcial en el bromo.

$$CH_3CH_2C\equiv \ddot{C}^- \; + \; CH_3CH_2CH_2^{\delta+}—Br^{\delta-} \; \longrightarrow \; CH_3CH_2C\equiv CCH_2CH_2CH_3 \; + \; Br^-$$

El ion acetiluro con carga negativa (un nucleófilo) es atraído al carbono con carga positiva (un electrófilo) del haluro de alquilo. Cuando los electrones del ion acetiluro se acercan al carbono para formar el nuevo enlace C—C expulsan al bromo y a sus electrones enlazantes porque el carbono no se puede unir con más de cuatro átomos a la vez.

Éste representa un ejemplo de una *reacción de alquilación*. Una **reacción de alquilación** une a un grupo alquilo al material de partida. El mecanismo de esta reacción y otras similares se describirá con más detalle en el capítulo 8. Será ésa la ocasión de revisar por qué la reacción se efectúa mejor con haluros de alquilo primarios y haluros de metilo.

Se puede convertir alquinos terminales en alquinos internos de cualquier longitud de cadena que se requiera con sólo elegir un haluro de alquilo con la estructura adecuada. Lo único que se necesita para ello es contar la cantidad de carbonos en el alquino terminal y la cantidad de carbonos en el producto para saber cuántos carbonos se requieren en el haluro de alquilo.

$$CH_3CH_2CH_2C\equiv CH \; \xrightarrow{NaNH_2} \; CH_3CH_2CH_2C\equiv C^- \; \xrightarrow{CH_3CH_2Br} \; CH_3CH_2CH_2C\equiv CCH_2CH_3$$
1-pentino   **3-heptino**

PROBLEMA 22 RESUELTO

Un químico desea sintetizar 3-heptino, pero no puede conseguir ningún 1-pentino, el material de partida que se utiliza para la síntesis que se muestra abajo. ¿De qué otra forma puede sintetizarse el 3-heptino?

Solución Los carbonos sp del 3-heptino están enlazados a un grupo propilo y a un grupo etilo. Por lo tanto, para producir 3-heptino, el ion acetiluro del 1-pentino puede reaccionar con un etilhaluro o el ion acetiluro del 1-butino puede reaccionar con un propilhaluro. Como no se dispone de 1-pentino, el químico debería usar 1-butino y un propilhaluro..

$$CH_3CH_2CH_2C\equiv CH \xrightarrow[\text{2. } CH_3CH_2Cl]{\text{1. } NaNH_2} CH_3CH_2CH_2C\equiv CCH_2CH_3$$

1-pentino → 3-heptino

(Recuerde que los números 1 y 2 que preceden a los reactivos que están arriba y abajo de la flecha de la reacción indican dos reacciones secuenciales; el segundo reactivo no se añade hasta que la reacción con el primero no queda completamente concluida).

6.12 Diseño de una síntesis I: Introducción a síntesis de varios pasos

Para cada reacción de las presentadas hasta ahora se dejó claro *por qué* se efectúa, *cómo* se efectúa y los *productos* que se forman. Una buena forma de repasar esas reacciones es diseñar síntesis, porque para diseñar una síntesis se deben recordar muchas de las reacciones que ya se aprendieron.

En la síntesis se tienen en cuenta el tiempo, costo y rendimiento para diseñarlas. En aras del tiempo, una síntesis bien diseñada consistirá en tan pocos pasos (reacciones sucesivas) como sea posible, y cada uno de esos pasos será una reacción fácil de llevar a cabo. Si en una empresa farmacéutica se le pidiera a dos químicos que prepararan un medicamento nuevo y uno la sintetizara en tres pasos sencillos mientras que el otro recurriera a 20 pasos difíciles ¿a quién de ellos no se le aumentaría el sueldo? Los costos de las materias primas también se toman en cuenta para diseñar una síntesis. Además, cada paso de la síntesis debe tener el mayor rendimiento posible del producto que se desea. Mientras más reactivo se necesite para sintetizar 1 gramo de producto, su costo de producción será mayor. A veces se prefiere una síntesis en varios pasos porque los materiales de partida son baratos, las reacciones son fáciles de llevar a cabo y el rendimiento de cada paso es alto. Esa síntesis es mejor que una con menos pasos si esos pasos requieren materiales de partida costosos y consisten en reacciones que son más difíciles de practicar o producen menores rendimientos. En esta etapa de conocimientos químicos del lector, todavía no está familiarizado con los costos de las distintas sustancias, o con la dificultad de efectuar reacciones específicas. Así que, por el momento, cuando diseñe una síntesis sólo ha de concentrarse en encontrar la ruta con menos pasos.

Los ejemplos que siguen le darán una idea del tipo de razonamiento que se requiere para diseñar una buena síntesis. Problemas de este tipo aparecerán en forma repetitiva en este libro porque resolverlos es una buena manera de aprender química orgánica.

Ejemplo 1. Si se comienza con 1-butino ¿cómo podría preparar la cetona que se indica abajo? Puede usar cualquier reactivo orgánico e inorgánico.

$$CH_3CH_2C\equiv CH \xrightarrow{?} CH_3CH_2\overset{O}{\underset{\|}{C}}CH_2CH_2CH_3$$

1-butino

Muchas personas encuentran que la manera más fácil de diseñar una síntesis es ir a la inversa. En lugar de fijarse en el material de partida y decidir cómo dar el primer paso de la síntesis, examinan el producto y deciden cómo dar el último paso. El producto es una cetona. En este momento las únicas reacciones que conoce el lector acerca de una cetona son la adición de agua a un alquino, catalizada por ácido, y la hidroboración-oxidación de un alquino. Se puede usar cualquiera de esos métodos para obtener la cetona que se pretende. (A medida que aumente la cantidad de reacciones que el lector conozca encontrará útil consultar el apéndice IV al diseñar síntesis; ese recurso presenta los diversos métodos para sintetizar determinados grupos funcionales). Si el alquino usado en la reacción tiene sustituyentes idénticos en ambos carbonos *sp*, sólo se obtendrá una cetona. Así, el 3-hexino es el alquino que se debe usar en la síntesis de la cetona que se desea.

> **BIOGRAFÍA**
>
> **Elias James Corey** *acuñó el término "análisis retrosintético". Nació en Massachusetts en 1928, y es profesor de química en la Universidad de Harvard. Recibió el Premio Nobel de Química en 1990 por su contribución a la química orgánica sintética.*

$$CH_3CH_2C\equiv CCH_2CH_3 \xrightarrow{\underset{H_2SO_4}{H_2O}} CH_3CH_2\underset{\underset{OH}{|}}{C}=CHCH_2CH_3 \rightleftharpoons CH_3CH_2\overset{\overset{O}{\|}}{C}CH_2CH_2CH_3$$
3-hexino

El 3-hexino se puede obtener a partir del material de partida extrayendo el protón de su carbono *sp* y con una alquilación. Para llegar al producto deseado, en la reacción de alquilación debe usarse un haluro de un alquilo con dos carbonos.

$$CH_3CH_2C\equiv CH \xrightarrow[\text{2. }CH_3CH_2Br]{\text{1. }NaNH_2} CH_3CH_2C\equiv CCH_2CH_3$$
1-butino   **3-hexino**

El diseño de síntesis retrocediendo desde los productos a los reactivos no sólo es una técnica que se enseña a los alumnos de química orgánica; los químicos experimentados la usan con tal frecuencia que se le ha dado el nombre de **análisis retrosintético**. En química se usan flechas huecas al escribir sus análisis retrosintéticos para indicar que avanzan hacia los reactivos. En el caso típico, los reactivos necesarios para efectuar cada paso no se especifican sino hasta que la reacción se escribe en dirección de avance. Por ejemplo, la síntesis de cetona que se describió arriba se puede deducir con el siguiente análisis retrosintético:

> análisis retrosintético

$$CH_3CH_2\overset{\overset{O}{\|}}{C}CH_2CH_2CH_3 \Longrightarrow CH_3CH_2C\equiv CCH_2CH_3 \Longrightarrow CH_3CH_2C\equiv CH$$

Una vez que se ha establecido la secuencia completa de reacciones mediante el análisis retrosintético, se puede escribir el esquema de síntesis invirtiendo los pasos e incluyendo los reactivos que se necesitan para cada uno de ellos.

> síntesis

$$CH_3CH_2C\equiv CH \xrightarrow[\text{2. }CH_3CH_2Br]{\text{1. }NaNH_2} CH_3CH_2C\equiv CCH_2CH_3 \xrightarrow{\underset{H_2SO_4}{H_2O}} CH_3CH_2\overset{\overset{O}{\|}}{C}CH_2CH_2CH_3$$

Ejemplo 2. Comenzando con etino ¿cómo se podría preparar el 2-bromopentano?

$$HC\equiv CH \xrightarrow{?} CH_3CH_2CH_2\underset{\underset{Br}{|}}{C}HCH_3$$
etino   **2-bromopentano**

El producto que se desea se puede preparar a partir del 1-penteno, el cual se puede preparar a partir del 1-pentino. El 1-pentino se puede preparar del etino y un haluro de alquilo con tres carbonos.

> análisis retrosintético

$$CH_3CH_2CH_2\underset{\underset{Br}{|}}{C}HCH_3 \Longrightarrow CH_3CH_2CH_2CH=CH_2 \Longrightarrow CH_3CH_2CH_2C\equiv CH \Longrightarrow HC\equiv CH$$

6.12 Diseño de una síntesis I: Introducción a síntesis de varios pasos

Ahora ya podemos escribir el esquema de síntesis:

síntesis

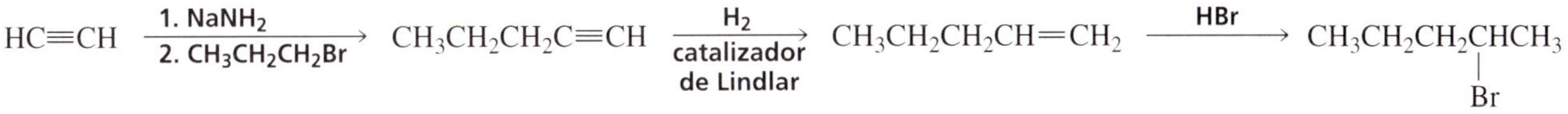

$$HC\equiv CH \xrightarrow[\text{2. CH}_3\text{CH}_2\text{CH}_2\text{Br}]{\text{1. NaNH}_2} CH_3CH_2CH_2C\equiv CH \xrightarrow[\text{catalizador de Lindlar}]{H_2} CH_3CH_2CH_2CH=CH_2 \xrightarrow{HBr} CH_3CH_2CH_2CHCH_3$$
$$|$$
$$Br$$

Ejemplo 3. ¿Cómo se podría preparar 2,6-dimetilheptano a partir de un alquino y un haluro de alquilo? (La prima en R′ indica que R y R′ son grupos alquilo distintos).

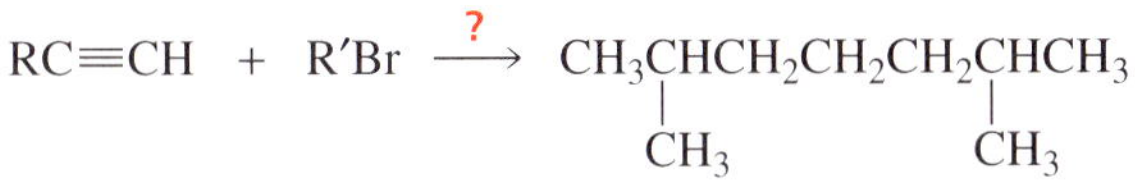

$$RC\equiv CH \;+\; R'Br \xrightarrow{?} CH_3CHCH_2CH_2CH_2CHCH_3$$
$$\hspace{4cm} | \hspace{2.5cm} |$$
$$\hspace{4cm} CH_3 \hspace{2cm} CH_3$$

2,6-dimetilheptano

El 2,6-dimetil-3-heptino es el único alquino que por hidrogenación forma el alcano que se desea. Este alquino se puede separar en dos formas distintas: se podría preparar con la reacción de un ion acetiluro con un haluro de alquilo primario (bromuro de isobutilo) o con la reacción de un ion acetiluro y un haluro de alquilo secundario (bromuro de isopropilo).

análisis retrosintético

$$CH_3CHCH_2CH_2CH_2CHCH_3 \Longrightarrow CH_3CHCH_2C\equiv CCHCH_3$$
$$\;\;\;| \hspace{2cm} | \hspace{3.5cm} | \hspace{2cm} |$$
$$\;\;CH_3 \hspace{1.5cm} CH_3 \hspace{3cm} CH_3 \hspace{1.5cm} CH_3$$

$$CH_3CHCH_2Br \;+\; HC\equiv CCHCH_3 \quad o \quad CH_3CHBr \;+\; HC\equiv CCH_2CHCH_3$$
$$\;\;\;| \hspace{3cm} | \hspace{5cm} | \hspace{4cm} |$$
$$\;\;CH_3 \hspace{2.5cm} CH_3 \hspace{4.5cm} CH_3 \hspace{3.5cm} CH_3$$

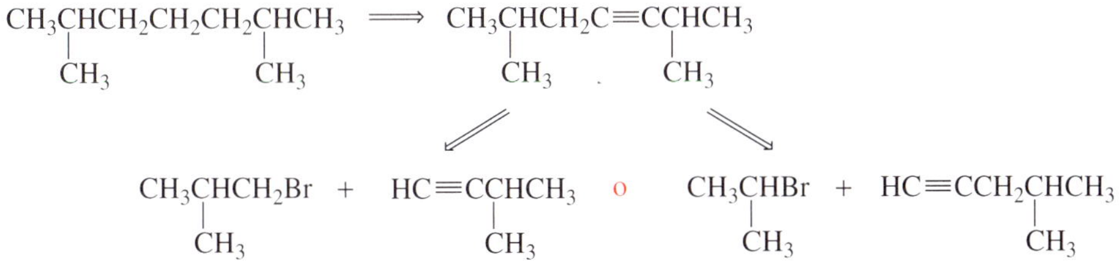

Como conocemos que la reacción de un ion acetiluro con un haluro de alquilo se efectúa mejor con haluros de alquilo primarios y con haluros de metilo, podríamos proceder como sigue:

síntesis

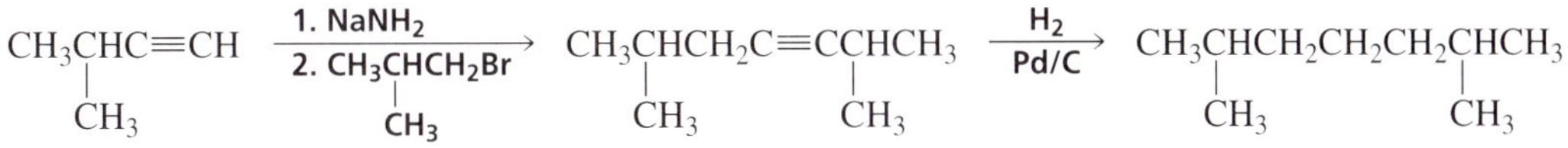

$$CH_3CHC\equiv CH \xrightarrow[\text{2. CH}_3\text{CHCH}_2\text{Br}]{\text{1. NaNH}_2} CH_3CHCH_2C\equiv CCHCH_3 \xrightarrow{\substack{H_2 \\ Pd/C}} CH_3CHCH_2CH_2CH_2CHCH_3$$
$$\;\;| \hspace{2cm} | \hspace{4cm} | \hspace{2cm} | \hspace{3.5cm} | \hspace{2cm} |$$
$$\;CH_3 \hspace{1.5cm} CH_3 \hspace{3.5cm} CH_3 \hspace{1.5cm} CH_3 \hspace{3cm} CH_3 \hspace{1.5cm} CH_3$$

Ejemplo 4. ¿Cómo podría efectuarse la siguiente síntesis a partir del material de partida indicado?

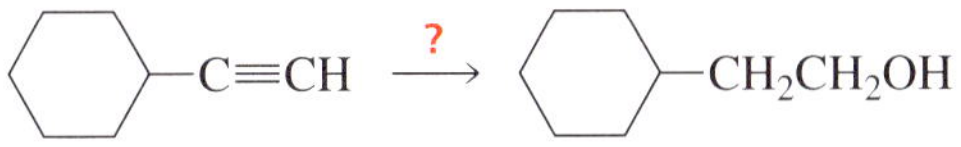

$$\text{C}_6\text{H}_{11}\text{-}C\equiv CH \xrightarrow{?} \text{C}_6\text{H}_{11}\text{-}CH_2CH_2OH$$

Un alcohol se puede preparar a partir de un alqueno, y un alqueno se puede preparar a partir de un alquino.

análisis retrosintético

$$\text{C}_6\text{H}_{11}\text{-}CH_2CH_2OH \Longrightarrow \text{C}_6\text{H}_{11}\text{-}CH=CH_2 \Longrightarrow \text{C}_6\text{H}_{11}\text{-}C\equiv CH$$

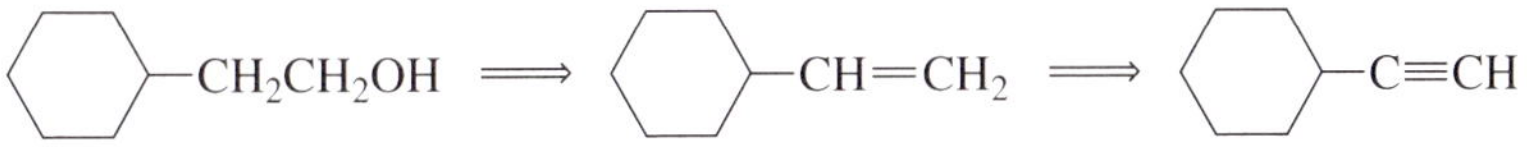

280 CAPÍTULO 6 Reacciones de los alquinos

El lector puede usar cualquiera de los dos métodos que conoce para convertir un alquino en un alqueno porque el alqueno que se desea carece de isómeros *cis-trans*. Debe usarse la hidroboración-oxidación para convertir el alqueno en el alcohol que se desea porque la adición de agua catalizada por ácido no lo formaría.

síntesis

$$\text{C}_6\text{H}_{11}\text{-C}\equiv\text{CH} \xrightarrow[\text{o Na/NH}_3\text{ (líq)}]{\text{H}_2 \text{ / catalizador de Lindlar}} \text{C}_6\text{H}_{11}\text{-CH}=\text{CH}_2 \xrightarrow[\text{2. HO}^-, \text{H}_2\text{O}_2, \text{H}_2\text{O}]{\text{1. BH}_3} \text{C}_6\text{H}_{11}\text{-CH}_2\text{CH}_2\text{OH}$$

Ejemplo 5. ¿Cómo prepararía el lector (*E*)-2-penteno a partir de etino?

$$\text{HC}\equiv\text{CH} \xrightarrow{?} \begin{array}{c} \text{CH}_3\text{CH}_2 \quad \text{H} \\ \diagdown \quad \diagup \\ \text{C}=\text{C} \\ \diagup \quad \diagdown \\ \text{H} \quad \text{CH}_3 \end{array}$$

(*E*)-2-penteno

Un alqueno *trans* puede prepararse con la reacción de un alquino interno con sodio y amoniaco. El alquino necesario para sintetizar el alqueno que se desea se puede preparar a partir del 1-butino y un haluro de metilo. El 1-butino se puede preparar a partir del etino y un haluro de etilo.

análisis retrosintético

$$\begin{array}{c} \text{CH}_3\text{CH}_2 \quad \text{H} \\ \diagdown \quad \diagup \\ \text{C}=\text{C} \\ \diagup \quad \diagdown \\ \text{H} \quad \text{CH}_3 \end{array} \Longrightarrow \text{CH}_3\text{CH}_2\text{C}\equiv\text{CCH}_3 \Longrightarrow \text{CH}_3\text{CH}_2\text{C}\equiv\text{CH} \Longrightarrow \text{HC}\equiv\text{CH}$$

síntesis

$$\text{HC}\equiv\text{CH} \xrightarrow[\text{2. CH}_3\text{CH}_2\text{Br}]{\text{1. NaNH}_2} \text{CH}_3\text{CH}_2\text{C}\equiv\text{CH} \xrightarrow[\text{2. CH}_3\text{Br}]{\text{1. NaNH}_2} \text{CH}_3\text{CH}_2\text{C}\equiv\text{CCH}_3 \xrightarrow[\text{Na}]{\text{NH}_3 \text{ (liq)}} \begin{array}{c} \text{CH}_3\text{CH}_2 \quad \text{H} \\ \diagdown \quad \diagup \\ \text{C}=\text{C} \\ \diagup \quad \diagdown \\ \text{H} \quad \text{CH}_3 \end{array}$$

Ejemplo 6. ¿Cómo prepararía *cis*-2,3-dietiloxirano a partir del etino?

$$\text{HC}\equiv\text{CH} \xrightarrow{?} \begin{array}{c} \text{O} \\ \diagup \backslash \\ \text{H}^{\text{....}}\text{C}\text{-}\text{C}^{\text{....}}\text{H} \\ | \quad | \\ \text{CH}_3\text{CH}_2 \quad \text{CH}_2\text{CH}_3 \end{array}$$

***cis*-2,3-dietiloxirano**

Un epóxido *cis* se puede preparar a partir de un alqueno *cis* y un peroxiácido. El alqueno *cis* que debe usarse es el *cis*-3-hexeno, que se puede obtener del 3-hexino. El 3-hexino se puede preparar a partir del 1-butino, y éste se puede preparar a partir del etino.

análisis retrosintético

$$\begin{array}{c} \text{O} \\ \diagup \backslash \\ \text{H}^{\text{....}}\text{C}\text{-}\text{C}^{\text{....}}\text{H} \\ | \quad | \\ \text{CH}_3\text{CH}_2 \quad \text{CH}_2\text{CH}_3 \end{array} \longrightarrow \begin{array}{c} \text{H} \quad \text{H} \\ \diagdown \quad \diagup \\ \text{C}=\text{C} \\ \diagup \quad \diagdown \\ \text{CH}_3\text{CH}_2 \quad \text{CH}_2\text{CH}_3 \end{array} \longrightarrow \text{CH}_3\text{CH}_2\text{C}\equiv\text{CCH}_2\text{CH}_3$$

$$\text{HC}\equiv\text{CH} \longleftarrow \text{CH}_3\text{CH}_2\text{C}\equiv\text{CH}$$

El alquino se debe convertir en el alqueno usando H₂ y catalizador de Lindlar para formar el alqueno *cis* que se pretende.

síntesis

$$HC\equiv CH \xrightarrow[\text{2. CH}_3\text{CH}_2\text{Br}]{\text{1. NaNH}_2} CH_3CH_2C\equiv CH \xrightarrow[\text{2. CH}_3\text{CH}_2\text{Br}]{\text{1. NaNH}_2} CH_3CH_2C\equiv CCH_2CH_3$$

$$\downarrow H_2 \mid \text{catalizador de Lindlar}$$

Epóxido (con CH₃COOH) ⟵ alqueno *cis* (CH₃CH₂)(H)C=C(H)(CH₂CH₃)

Ejemplo 7. ¿Cómo prepararía usted 3,3-dibromohexano con reactivos que no contengan más de dos átomos de carbono?

reactivos con no más de 2 átomos de carbono ⟶ CH₃CH₂CBr₂CH₂CH₂CH₃

3,3-dibromohexano

Se puede preparar un dibromuro geminal a partir de un alquino. El 3-hexino es el alquino adecuado porque formará un bromuro geminal, mientras que el 2-hexino formaría dos di-bromuros geminales distintos. El 3-hexino se puede obtener a partir del 1-butino y de bromuro de etilo, y el 1-butino se puede preparar partiendo de etino y de bromuro de etilo.

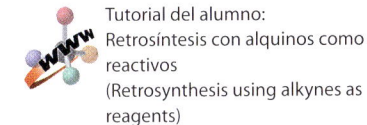

Tutorial del alumno:
Retrosíntesis con alquinos como reactivos
(Retrosynthesis using alkynes as reagents)

análisis retrosintético

CH₃CH₂CBr₂CH₂CH₂CH₃ ⟹ CH₃CH₂C≡CCH₂CH₃ ⟹ CH₃CH₂C≡CH ⟹ HC≡CH

síntesis

$$HC\equiv CH \xrightarrow[\text{2. CH}_3\text{CH}_2\text{Br}]{\text{1. NaNH}_2} CH_3CH_2C\equiv CH \xrightarrow[\text{2. CH}_3\text{CH}_2\text{Br}]{\text{1. NaNH}_2} CH_3CH_2C\equiv CCH_2CH_3 \xrightarrow{\text{exceso de HBr}} CH_3CH_2CBr_2CH_2CH_2CH_3$$

IDENTIFICACIÓN DE COMPUESTOS

Después de terminar una síntesis, se debe identificar el producto final de la reacción para asegurarse de que lo que se pretendía sintetizar se haya obtenido realmente. Hay varias pruebas químicas rápidas con las que uno puede ayudarse a identificar los compuestos orgánicos; una consiste en tratar el producto con una pequeña cantidad de Br₂.

CH₃CH₂CH=CH₂ + Br₂ ⟶ CH₃CH₂CHBrCH₂Br

un alqueno — marrón — incoloro

CH₃CH₂C≡CH + Br₂ ⟶ CH₃CH₂CBr=CHBr

un alquino — marrón — incoloros

El Br₂ tiene color marrón. Si ese color desaparece se puede concluir que el producto es un compuesto (alqueno, alquino u otro compuesto insaturado) que reacciona con el Br₂; si el color persiste se puede deducir que el producto no es un compuesto insaturado que pueda reaccionar con el Br₂.

PROBLEMA 23

Partiendo del acetileno ¿cómo se podrían sintetizar los siguientes compuestos?

a. $CH_3CH_2CH_2C{\equiv}CH$

b. $CH_3CH{=}CH_2$

c.
$$\begin{array}{c} H_3C \\ \diagdown \\ C{=}C \\ \diagup \diagdown \\ H H \end{array} \begin{array}{c} \\ CH_3 \\ \\ \end{array}$$

d. $CH_3CH_2CH_2CH_2\overset{\displaystyle O}{\overset{\displaystyle \|}{C}}H$

e. $CH_3\underset{\underset{\displaystyle Br}{|}}{C}HCH_3$

f. $CH_3\underset{\underset{\displaystyle Cl}{|}}{\overset{\overset{\displaystyle Cl}{|}}{C}}CH_3$

RESUMEN

Un **alquino** es un hidrocarburo que contiene un triple enlace carbono-carbono. Se puede concebir un enlace triple como un cilindro de electrones envuelto en torno al enlace σ. El sufijo funcional de un alquino es "ino". Un **alquino terminal** tiene el enlace triple en el extremo de la cadena; un **alquino interno** lo tiene en algún lugar de la cadena que no sean los extremos. Los alquinos internos con dos sustituyentes alquilo unidos a los carbonos sp son más estables que los alquinos terminales. Ya fue visto que los grupos alquilo estabilizan a carbocationes, alquenos y alquinos.

Los alquinos, como los alquenos, participan en reacciones de adición electrofílica. Los mismos reactivos que se adicionan a los alquenos se adicionan a los alquinos. Aunque un alquino es menos estable que un alqueno, es menos reactivo porque un **catión vinílico** es menos estable que un catión alquilo con sustituyentes similares. La adición electrofílica a un alquino terminal es regioselectiva; el electrófilo se adiciona al carbono sp que esté unido al hidrógeno porque el compuesto intermediario que se forma, un catión vinílico secundario, es más estable que un catión vinílico primario. Si hay disponible exceso de reactivo, los alquinos tienen una segunda reacción de adición con haluros de hidrógeno y halógenos porque el producto de la primera reacción es un alqueno.

Cuando un alquino participa en la adición de agua catalizada con ácido el producto de la reacción es un enol. De inmediato, el enol se equilibra y forma una cetona. Una **cetona** es un compuesto que tiene dos grupos alquilo unidos a un **grupo carbonilo** (C=O). Un **aldehído** es un compuesto que tiene al menos un hidrógeno unido a un grupo carbonilo. La cetona y el enol son **tautómeros** ceto-enol; son distintos en el lugar de un doble enlace y un hidrógeno. La interconversión de los tautómeros se llama **tautomería**. El tautómero ceto predomina en el equilibrio. El agua se agrega a los alquinos terminales si se añade a la mezcla ácida ion mercúrico. En la hidroboración-oxidación, el H^+ no es el electrófilo; el $H:^-$ es el nucleófilo. En consecuencia, la adición de agua catalizada por ion mercúrico a un alquino terminal produce una *cetona*, mientras que la hidroboración-oxidación de un alquino terminal produce un *aldehído*.

El hidrógeno se adiciona a un alquino en presencia de un catalizador metálico (Pd, Pt o Ni) para formar un alcano. La adición de hidrógeno a un alquino en presencia de catalizador de Lindlar forma un *alqueno*, y si es un alquino interno forma un *alqueno cis*. El sodio en amoniaco líquido convierte un alquino interno en un *alqueno trans*.

Las electronegatividades de los átomos de carbono disminuyen como sigue: $sp > sp^2 > sp^3$. Por consiguiente, el etino es un ácido más fuerte que el eteno, y el eteno es un ácido más fuerte que el etano. Un ion amiduro puede extraer un hidrógeno unido a un carbono sp de un alquino terminal porque es una base más fuerte que el **ion acetiluro** que se forma. Un ion acetiluro puede participar en una reacción de alquilación con un haluro de metilo o un haluro de alquilo primario y formar un alquino interno. Una **reacción de alquilación** une un grupo alquilo al material de partida.

Al diseño de una síntesis en orden inverso se le llama **análisis retrosintético**. Se usan flechas huecas para indicar que la dirección se invirtió. Los reactivos necesarios para efectuar cada paso no se incluyen sino hasta que la reacción se escribe en dirección de avance.

RESUMEN DE REACCIONES

1. Reacciones de adición electrofílica

    a. Adición de haluros de hidrógeno (H^+ es el electrófilo; sección 6.6)

$$RC{\equiv}CH \xrightarrow{HX} R\underset{\underset{\displaystyle X}{|}}{C}{=}CH_2 \xrightarrow{\text{exceso de HX}} R\underset{\underset{\displaystyle X}{|}}{\overset{\overset{\displaystyle X}{|}}{C}}{-}CH_3$$

HX = HF, HCl, HBr, HI

b. Adición de halógenos (sección 6.6)

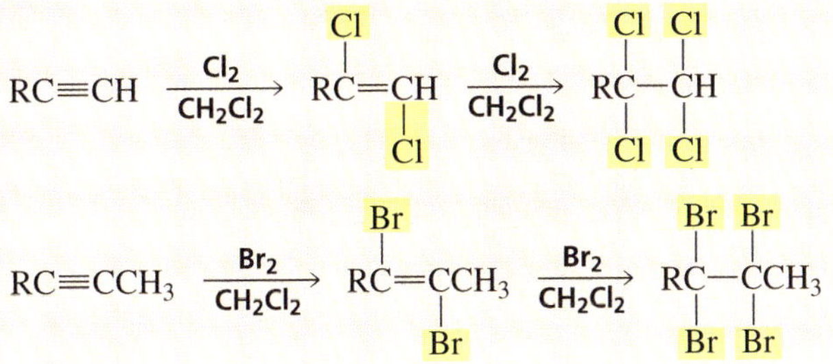

$$RC\equiv CH \xrightarrow[CH_2Cl_2]{Cl_2} RC=CH \text{ (Cl arriba, Cl abajo)} \xrightarrow[CH_2Cl_2]{Cl_2} RC-CH \text{ (Cl,Cl arriba; Cl,Cl abajo)}$$

$$RC\equiv CCH_3 \xrightarrow[CH_2Cl_2]{Br_2} RC=CCH_3 \text{ (Br arriba, Br abajo)} \xrightarrow[CH_2Cl_2]{Br_2} RC-CCH_3 \text{ (Br,Br arriba; Br,Br abajo)}$$

c. Adición de agua catalizada por ácido/hidroboración-oxidación (secciones 6.7 y 6.8)

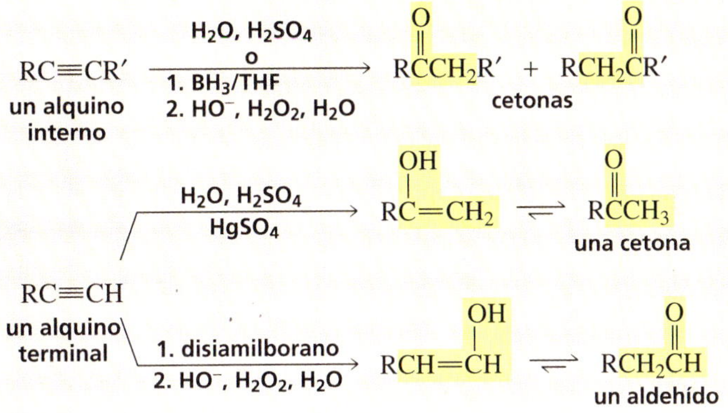

$$RC\equiv CR' \text{ (un alquino interno)} \xrightarrow[\substack{1.\ BH_3/THF \\ 2.\ HO^-,\ H_2O_2,\ H_2O}]{H_2O,\ H_2SO_4} RCCH_2R' + RCH_2CR' \quad \text{cetonas}$$

$$RC\equiv CH \text{ (un alquino terminal)}$$

$$\xrightarrow[HgSO_4]{H_2O,\ H_2SO_4} RC=CH_2 \text{ (OH)} \rightleftharpoons RCCH_3 \text{ (=O)} \quad \text{una cetona}$$

$$\xrightarrow[\substack{1.\ disiamilborano \\ 2.\ HO^-,\ H_2O_2,\ H_2O}]{} RCH=CH \text{ (OH)} \rightleftharpoons RCH_2CH \text{ (=O)} \quad \text{un aldehído}$$

2. Adición de hidrógeno (sección 6.9)

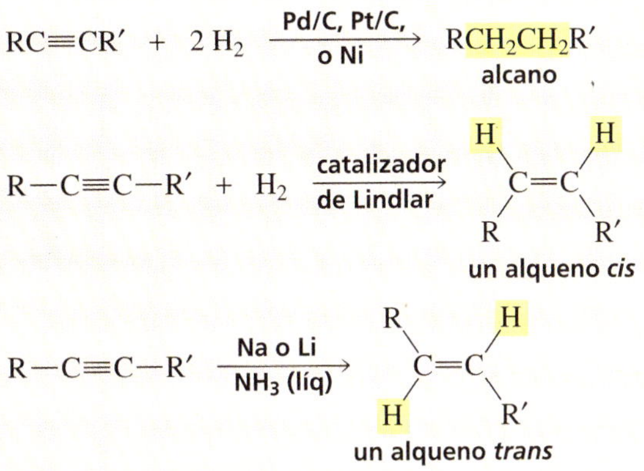

$$RC\equiv CR' + 2\ H_2 \xrightarrow[\text{o Ni}]{Pd/C,\ Pt/C,} RCH_2CH_2R' \quad \text{alcano}$$

$$R-C\equiv C-R' + H_2 \xrightarrow{\substack{\text{catalizador} \\ \text{de Lindlar}}} \begin{array}{c} H \quad\quad H \\ C=C \\ R \quad\quad R' \end{array} \quad \text{un alqueno } cis$$

$$R-C\equiv C-R' \xrightarrow[NH_3\ (líq)]{Na\ o\ Li} \begin{array}{c} R \quad\quad H \\ C=C \\ H \quad\quad R' \end{array} \quad \text{un alqueno } trans$$

3. Extracción de un protón en un alquino terminal seguida por alquilación (secciones 6.10 y 6.11)

$$RC\equiv CH \xrightarrow{NaNH_2} RC\equiv C^- \xrightarrow{R'CH_2Br} RC\equiv CCH_2R'$$

TÉRMINOS CLAVE

aldehído (pág. 269)
alquino (pág. 258)
alquino interno (pág. 260)
alquino terminal (pág. 260)
análisis retrosintético (pág. 278)
anión radical (pág. 273)

catión vinílico (pág. 266)
cetona (pág. 269)
complejo π (pág. 267)
dihaluro geminal (pág. 267)
enol (pág. 269)
grupo carbonilo (pág. 269)

ion acetiluro (pág. 274)
radical vinílico (pág. 273)
reacción de alquilación (pág. 276)
tautomería (pág. 269)
tautómeros (pág. 269)
tautómeros ceto-enol (pág. 269)

PROBLEMAS

24. Escriba el producto principal que se obtiene en la reacción de cada una de las sustancias siguientes con HCl en exceso:
  a. $CH_3CH_2C\equiv CH$
  b. $CH_3CH_2C\equiv CCH_2CH_3$
  c. $CH_3CH_2C\equiv CCH_2CH_2CH_3$

25. Dibuje la estructura de cada uno de los compuestos siguientes:
  a. 2-hexino
  b. 5-etil-3-octino
  c. metilacetileno
  d. vinilacetileno
  e. metoxietino
  f. sec-butil-terc-butilacetileno
  g.) 1-bromo-1-pentino
  h. bromuro de propargilo
  i. dietilacetileno
  j. di-terc-butilacetileno
  k. ciclopentilacetileno
  l. 5,6-dimetil-2-heptino

26. Identifique al electrófilo y al nucleófilo en los siguientes pasos de reacción. A continuación trace flechas curvas que indiquen los procesos de formación y ruptura de enlaces.

$$CH_3CH_2\overset{+}{C}=CH_2 \;+\; :\!\ddot{\underset{..}{Cl}}\!:^- \longrightarrow CH_3CH_2C=CH_2 \;\;\; \underset{:\!\ddot{\underset{..}{Cl}}\!:}{|}$$

$$CH_3C\equiv CH \;+\; H-Br \longrightarrow CH_3\overset{+}{C}=CH_2 \;+\; Br^-$$

$$CH_3C\equiv C-H \;+\; :\!\ddot{N}H_2^- \longrightarrow CH_3C\equiv C:^- \;+\; \ddot{N}H_3$$

27. Indique el nombre sistemático de cada una de las siguientes sustancias.

  a. $CH_3C\equiv CCH_2\underset{Br}{\overset{|}{C}H}CH_3$

  b. $CH_3C\equiv CCH_2\underset{CH_2CH_2CH_3}{\overset{|}{C}H}CH_3$

  c. $CH_3C\equiv CCH_2\underset{CH_3}{\overset{\overset{CH_3}{|}}{C}}CH_3$

  d. $CH_3\underset{Cl}{\overset{|}{C}H}CH_2C\equiv C\underset{CH_3}{\overset{|}{C}H}CH_3$

  e. (ciclooctatrieno)

  f. (1,2-dimetilciclohexadieno)

28. ¿Qué reactivos se podrían usar para efectuar las síntesis siguientes?

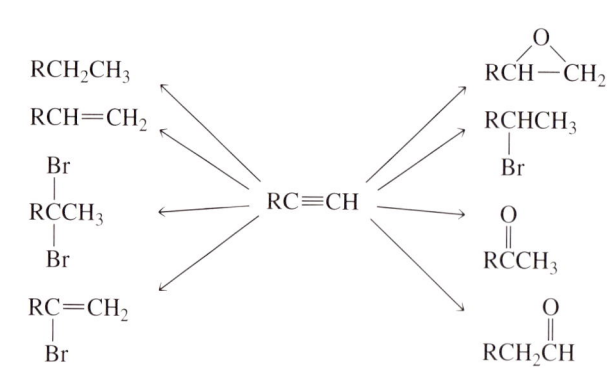

(diagrama de síntesis a partir de $RC\equiv CH$ hacia: RCH_2CH_3, $RCH=CH_2$, $R\underset{Br}{\overset{|}{C}H}CH_3$ (con Br), $R\underset{Br}{\overset{|}{C}}CH_3$ (con Br, Br), $R\overset{Br}{\underset{|}{C}}=CH_2$; y hacia: $RCH\overset{O}{\diagup}CH_2$, $R\underset{Br}{\overset{|}{C}H}CH_3$, $R\overset{O}{\overset{\|}{C}}CH_3$, $RCH_2\overset{O}{\overset{\|}{C}}H$)

29. A Aquino, un estudiante de química, se le presentaron las fórmulas estructurales de varios compuestos y se le pidió asignarles nombres sistemáticos. ¿Cuántos nombres fueron correctos? Corrija los que estén equivocados.
  a. 4-etil-2-pentino
  b. 1-bromo-4-heptino
  c. 2-metil-3-hexino
  d. 3-pentino

30. Dibuje las estructuras e indique los nombres común y sistemático de los alquinos cuya fórmula molecular sea C_7H_{12}.

31. Explique por qué la siguiente reacción forma el producto que se indica:

$$CH_3CH_2CH_2C\equiv CH \;\xrightarrow[H_2O]{Br_2}\; CH_3CH_2CH_2\overset{O}{\overset{\|}{C}}CH_2Br$$

32. ¿Cómo podrían sintetizarse los compuestos siguientes, a partir de un hidrocarburo que tenga la misma cantidad de átomos de carbono que el producto que se desea?

a. CH$_3$CH$_2$CH$_2$CH$_2$CH=O

b. CH$_3$CH$_2$CH$_2$CH$_2$OH

c. CH$_3$CH$_2$CH$_2$C(=O)CH$_2$CH$_2$CH$_3$

33. ¿Qué reactivos usaría usted en las siguientes síntesis?
 a. (Z)-3-hexeno a partir de 3-hexino
 b. (E)-3-hexeno a partir de 3-hexino
 c. hexano a partir de 3-hexino

34. Indique el nombre sistemático de cada uno de los siguientes compuestos:

a. CH$_3$C≡CCH$_2$CH$_2$CH=CH$_2$

b.
$$\begin{array}{c}\text{HOCH}_2\text{CH}_2 \quad\quad \text{CH}_2\text{CH}_3 \\ \text{C}=\text{C} \\ \text{H} \quad\quad\quad\quad \text{H}\end{array}$$

c. CH$_3$CH$_2$C≡CCH$_2$CH$_2$C≡CH

d. (ciclohexadieno con Cl)

e. (cicloheptatrieno con CH$_3$)

35. ¿Cuál será la fórmula molecular de un hidrocarburo que tiene 1 triple enlace, 2 enlaces dobles, 1 anillo y 32 carbonos?

36. ¿Cuál será el producto principal de la reacción de 1 mol de propino con cada uno de los siguientes reactivos?
 a. HBr (1 mol)
 b. HBr (2 mol)
 c. Br$_2$ (1 mol)/CH$_2$Cl$_2$
 d. Br$_2$ (2 mol)/CH$_2$Cl$_2$
 e. H$_2$SO$_4$ acuoso, HgSO$_4$
 f. disiamilborano seguido por H$_2$O$_2$/HO$^-$.
 g. exceso de H$_2$, Pt/C
 h. H$_2$/catalizador de Lindlar
 i. sodio en amoniaco líquido
 j. amiduro de sodio
 k. haciendo reaccionar el producto de la parte **j.** con 1-cloropentano

37. Conteste el problema 36 usando 2-butino como material de partida en lugar de propino.

38. a. A partir de 3-metil-1-butino ¿cómo podría usted preparar los alcoholes siguientes?
 1. 2-metil-2-butanol   **2.** 3-metil-1-butanol
 b. En cada caso también se obtendría un alcohol secundario. ¿Qué alcohol sería?

39. ¿Cuáles de los nombres siguientes están correctos? Corrija los que no lo estén.
 a. 4-heptino
 b. 2-etil-3-hexino
 c. 4-cloro-2-pentino
 d. 2,3-dimetil-5-octino
 e. 4,4-dimetil-2-pentino
 f. 2,5-dimetil-3-hexino

40. ¿Cuáles de los siguientes pares son tautómeros ceto-enol?

a. CH$_3$CH$_2$CH=CHCH$_2$OH y CH$_3$CH$_2$CH$_2$CH$_2$CH=O

b. CH$_3$CH(OH)CH$_3$ y CH$_3$C(=O)CH$_3$

c. CH$_3$CH$_2$CH=CHOH y CH$_3$CH$_2$CH$_2$CH=O

d. CH$_3$CH$_2$CH$_2$CH=CHOH y CH$_3$CH$_2$CH$_2$C(=O)CH$_3$

e. CH$_3$CH$_2$CH$_2$C(OH)=CH$_2$ y CH$_3$CH$_2$CH$_2$C(=O)CH$_3$

286 CAPÍTULO 6 Reacciones de los alquinos

41. Usando etino como material de partida ¿cómo se podrían preparar los siguientes compuestos?

   a. CH$_3$CHO

   b. CH$_3$CH$_2$CHCH$_2$Br
            |
            Br

   c. CH$_3$CCH$_3$ (ketone)

   d. trans-2-pentene (structure)

   e. cis-2-pentene (structure)

   f. pentane (structure)

42. Indique los estereoisómeros que se obtienen en la reacción de 2-butino con los siguientes reactivos:
   a. 1. H$_2$/catalizador de Lindlar 2. Br$_2$/CH$_2$Cl$_2$
   b. 1. Na/NH$_3$(líq) 2. Br$_2$/CH$_2$Cl$_2$
   c. 1. Cl$_2$/CH$_2$Cl$_2$ 2. Br$_2$/CH$_2$Cl$_2$

43. Dibuje el tautómero ceto de cada una de las siguientes sustancias:

   a. CH$_3$CH=C(OH)CH$_3$
   b. CH$_3$CH$_2$CH$_2$C(OH)=CH$_2$
   c. cyclohexenol
   d. cyclohexylidene-CHOH

44. Indique cómo se podría preparar cada uno de los compuestos siguientes a partir del material de partida indicado con todos los reactivos necesarios y compuestos orgánicos que no contengan más de cuatro átomos de carbono:

   a. HC≡CH ⟶ CH$_3$CH$_2$CH$_2$CH$_2$CCH$_3$ (with C=O)

   b. HC≡CH ⟶ CH$_3$CH$_2$CHCH$_3$
                       |
                        Br

   c. HC≡CH ⟶ CH$_3$CH$_2$CH$_2$CHCH$_3$
                         |
                        OH

   d. cyclohexyl-C≡CH ⟶ cyclohexyl-CH$_2$CHO

   e. cyclohexyl-C≡CH ⟶ cyclohexyl-C(=O)CH$_3$

   f. phenyl-C≡CCH$_3$ ⟶ cis phenyl-CH=CH-CH$_3$ (Z alkene)

45. El Dr. Helio Gasol quería sintetizar 3-octino adicionando 1-bromobutano al producto obtenido en la reacción de 1-butino con amiduro de sodio. Sin embargo, y desafortunadamente, olvidó pedir 1-butino. ¿Cómo podría preparar el 3-octino sin el 1-butino?

46. a. Explique por qué se obtiene un solo producto puro en la hidroboración-oxidación de 2-butino mientras que se obtienen dos productos por hidroboración-oxidación de 2-pentino.
   b. Indique el nombre de otros dos alquinos internos que sólo formen un producto en la hidroboración-oxidación.

47. Indique las configuraciones de los productos obtenidos en las siguientes reacciones:

   a. CH$_3$CH$_2$C≡CCH$_2$CH$_3$ $\xrightarrow{\text{1. Na, NH}_3\text{(líq)}}_{\text{2. D}_2,\text{ Pd/C}}$

   b. CH$_3$CH$_2$C≡CCH$_2$CH$_3$ $\xrightarrow{\text{1. H}_2\text{/catalizador de Lindlar}}_{\text{2. D}_2,\text{ Pd/C}}$

48. En la sección 6.5 se dijo que la hiperconjugación es menos eficaz para estabilizar la carga de un catión vinílico que en un catión alquilo. ¿Por qué cree el lector que sucede eso?

49. El α-farneseno es un dodecatetraeno que se encuentra en la capa cerosa de la cáscara de manzanas. ¿Cuál es su nombre sistemático? Use *E* y *Z* donde sea necesario para indicar la configuración de los dobles enlaces.

   α-farneseno

50. Indique cómo se podrían sintetizar los productos siguientes a partir de acetileno.
   a. *cis*-2-octeno
   b. *trans*-3-hepteno
   c. 4-bromo-3-hexanol

CAPÍTULO 7

Electrones deslocalizados y su efecto sobre la estabilidad, la reactividad y el pK_a • Más sobre la teoría de los orbitales moleculares

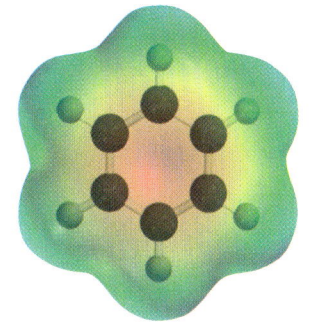

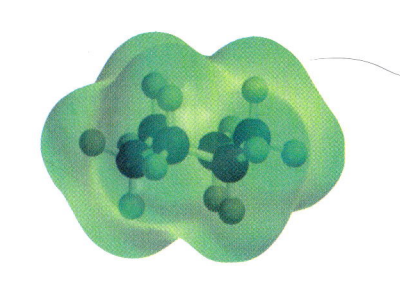

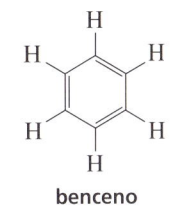

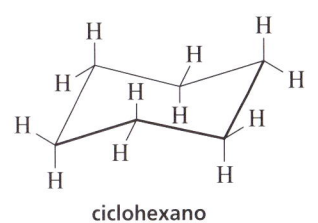

benceno   ciclohexano

ANTECEDENTES

SECCIONES 7.1–7.10 Continúa la descripción de los electrones deslocalizados (1.22).

SECCIÓN 7.8 Los dienos aislados reaccionan igual que los alquenos (4.4).

SECCIÓN 7.8 Mientras más cercanos están los electrones al núcleo, el enlace es más corto y más fuerte (1.14).

SECCIÓN 7.8 Continúa la descripción de la teoría de los orbitales moleculares (1.6).

SECCIÓN 7.9 Se agregan a la lista dos clases más de compuestos y cuyos valores aproximados de pK_a debe conocer el lector (tabla 1.8 en la sección 1.18).

SECCIÓN 7.10 Se puede determinar la estabilidad relativa de los dienos, igual que la de los alquenos (4.11), por sus valores de $-\Delta H°$ de hidrogenación.

SECCIÓN 7.12 Al examinar la estereoquímica de las reacciones de Diels-Alder, se comprobará que si la reacción forma un producto con un centro asimétrico se formará una mezcla racémica; si forma un producto con dos centros asimétricos la estereoquímica de los productos dependerá del mecanismo de la reacción (5.19).

Los electrones que están ubicados en una determinada región se llaman **electrones localizados**. Los electrones localizados pertenecen a un solo átomo o se encuentran en un enlace entre dos átomos.

No todos los electrones se encuentran en un solo átomo o enlace. Muchos compuestos orgánicos contienen electrones *deslocalizados*. Los **electrones deslocalizados** no pertenecen a un solo átomo ni se encuentran en un enlace entre dos átomos, sino que están compartidos por tres átomos o más. Los electrones deslocalizados fueron presentados al lector en la sección 1.22, donde se pudo ver que los dos electrones representados por el enlace π del grupo COO:$^-$ están compartidos por tres átomos: el de carbono y los dos de oxígeno. Las líneas entrecortadas en las estructuras químicas indican que los dos electrones están deslocalizados entre tres átomos.

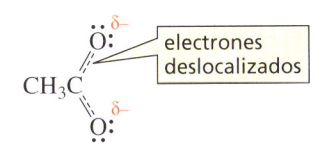

288 CAPÍTULO 7 Electrones deslocalizados y su efecto sobre la estabilidad, la reactividad y el pK_a

En este capítulo el lector aprenderá a reconocer compuestos que contienen electrones deslocalizados y también a dibujar estructuras que representen la distribución electrónica en moléculas con electrones deslocalizados. También se presentarán algunas de las características especiales de los compuestos que tienen electrones deslocalizados. El lector podrá entonces comprender el importante efecto que ejercen los electrones deslocalizados sobre la reactividad de los compuestos orgánicos. El examen comenzará por el benceno, un compuesto cuyas propiedades no podían explicarse, sino hasta que se reconoció que los electrones podían estar deslocalizados en las moléculas orgánicas.

7.1 Electrones deslocalizados del benceno

Como no se conocían los electrones deslocalizados, la estructura del benceno confundió a los primeros químicos orgánicos. Sabían que el benceno tenía una fórmula molecular C_6H_6, que era un compuesto excepcionalmente estable y que no participaba en las reacciones de adición características de los alquenos (sección 3.6). También les era conocido que cuando un átomo diferente sustituye a cualquiera de los hidrógenos del benceno sólo se obtiene un producto, y cuando el producto sustituido recibe una segunda sustitución se obtienen tres productos.

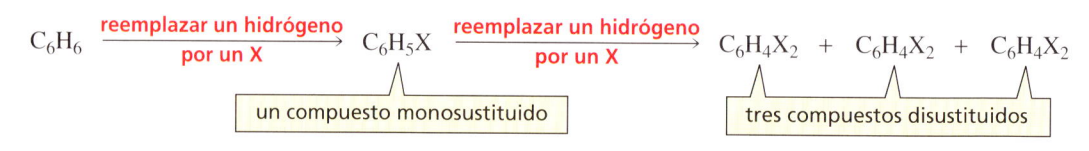

$$C_6H_6 \xrightarrow{\text{reemplazar un hidrógeno por un X}} C_6H_5X \xrightarrow{\text{reemplazar un hidrógeno por un X}} C_6H_4X_2 + C_6H_4X_2 + C_6H_4X_2$$

un compuesto monosustituido   tres compuestos disustituidos

Por cada dos hidrógenos que faltan en la fórmula molecular general, C_nH_{2n+2}, un hidrocarburo tiene un enlace π o un anillo.

¿Qué estructura podría anticiparse para el benceno si los químicos sólo conocían las evidencias experimentales antes mencionadas? La fórmula molecular, C_6H_6, indica que el benceno tiene ocho hidrógenos menos que un alcano acíclico con seis carbonos ($C_nH_{2n+2} = C_6H_{14}$). Por consiguiente, el benceno tiene un grado de insaturación igual a cuatro (sección 3.1). Dicha conclusión implica que el benceno es un compuesto acíclico con cuatro enlaces π, un compuesto cíclico con tres enlaces π, un compuesto bicíclico con dos enlaces π, un compuesto tricíclico cono un enlace π o un compuesto tetracíclico.

Como sólo se obtiene un producto, independientemente de cuál de los seis hidrógenos se sustituye con otro átomo, todos los hidrógenos deben ser idénticos. Dos estructuras que satisfacen estos requisitos son las siguientes:

$$CH_3C{\equiv}C-C{\equiv}CCH_3$$

(estructura cíclica del benceno con enlace doble más corto y enlace sencillo más largo señalados)

Ninguna de estas estructuras es consistente con la evidencia de que se obtienen tres compuestos si se reemplaza un segundo hidrógeno por otro átomo. La estructura acíclica produce dos productos disustituidos:

$$CH_3C{\equiv}C-C{\equiv}CCH_3 \xrightarrow{\text{reemplazar 2 H por 2 Br}} CH_3C{\equiv}C-C{\equiv}CCHBr \quad \text{y} \quad BrCH_2C{\equiv}C-C{\equiv}CCH_2Br$$
$$\qquad\qquad\qquad\qquad\qquad\qquad\qquad\qquad\qquad\qquad\qquad\quad |$$
$$\qquad\qquad\qquad\qquad\qquad\qquad\qquad\qquad\qquad\qquad\quad Br$$

La estructura cíclica, con enlaces sencillos y enlaces dobles alternados un poco más cortos forma cuatro productos disustituidos: uno disustituido en posiciones 1,3, uno disustituido en posiciones 1,4 y dos disustituidos en posiciones 1,2, porque estos dos últimos sustituyentes se pueden colocar en dos carbonos adyacentes unidos por un enlace sencillo, o en dos carbonos adyacentes unidos por un enlace doble.

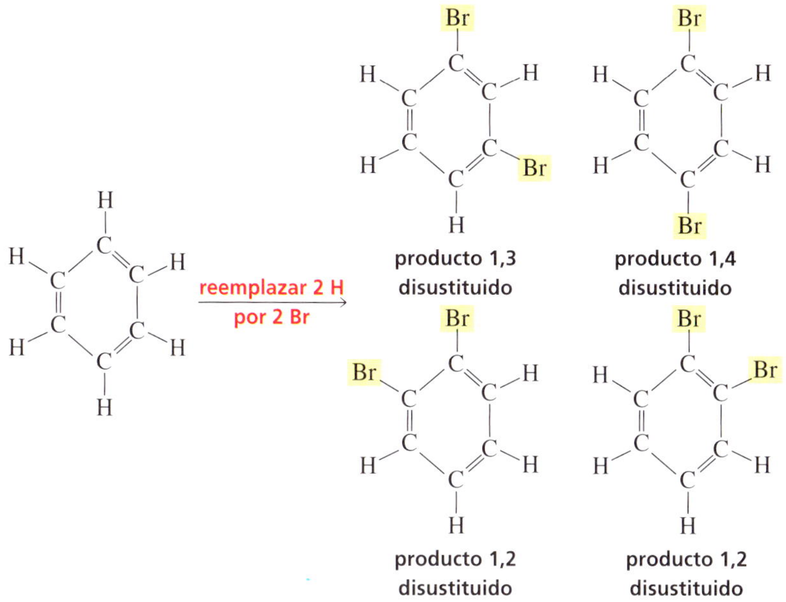

7.1 Electrones deslocalizados del benceno

Kekulé, químico alemán, sugirió en 1865 una forma de resolver este dilema. Propuso que el benceno no es un solo compuesto sino una mezcla de dos compuestos en equilibrio rápido.

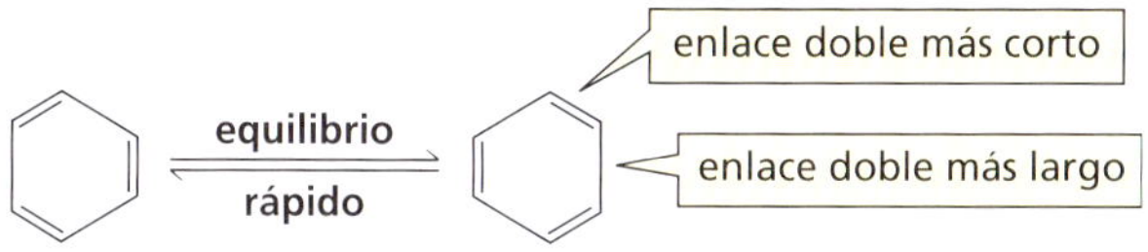

estructuras de Kekulé del benceno

La propuesta de Kekulé explicaba por qué sólo se obtienen tres productos disustituidos cuando un benceno monosustituido recibe una segunda sustitución. De acuerdo con Kekulé, en realidad *hay* cuatro productos disustituidos, pero los dos productos disustituidos 1,2 se interconvierten con demasiada rapidez como para distinguirlos y separarlos entre sí.

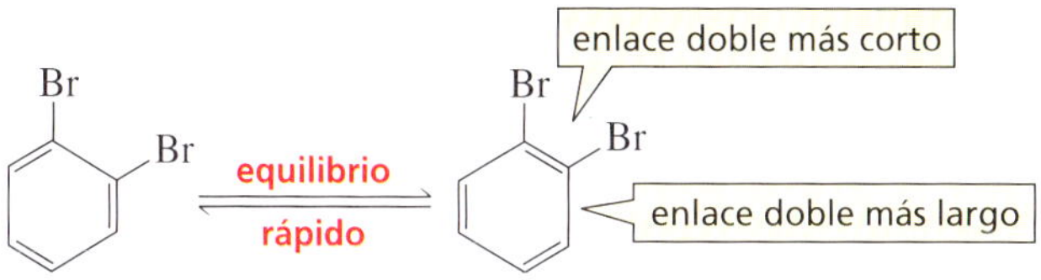

Las estructuras de Kekulé para el benceno explican la fórmula molecular del benceno y la cantidad de isómeros obtenidos como resultado de la sustitución. Sin embargo, no explican la estabilidad excepcional del benceno, que evita que sus dobles enlaces lleven a cabo las reacciones de adición características de los alquenos. Que el benceno cuenta con un anillo de seis miembros fue confirmado por Paul Sabatier en 1901 (sección 4.11) cuando encontró que la hidrogenación del benceno produce ciclohexano. Esto, no obstante, no alcanzaba para resolver el enigma de la estructura bencénica.

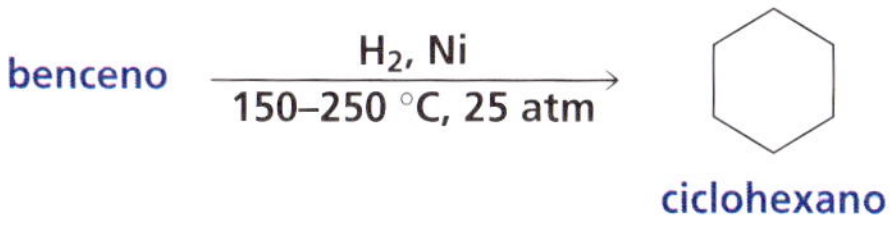

$$\text{benceno} \xrightarrow[\text{150--250 °C, 25 atm}]{H_2, Ni} \text{ciclohexano}$$

La controversia sobre la estructura del benceno continuó hasta la década de 1930, cuando las nuevas técnicas de difracción de rayos X y de electrones produjeron un sorprendente resultado: demostraron que la estrucura del benceno *es una molécula plana y que los seis enlaces carbono-carbono tienen la misma longitud*. La longitud de cada enlace carbono-carbono es de 1.39 Å, más corta que un enlace sencillo carbono-carbono (1.54 Å), pero más larga que un enlace doble carbono-carbono (1.33 Å, sección 1.14). En otras palabras, el benceno no tiene enlaces sencillos y dobles alternados.

Si en el benceno los enlaces carbono-carbono son todos de la misma longitud, deben tener también la misma cantidad de electrones entre los átomos de carbono. Empero, tal posibilidad sólo puede ser factible si los electrones π del benceno están deslocalizados en torno al anillo, y no localizados por pares entre dos átomos de carbono. Para comprender mejor el concepto de electrones deslocalizados, se examinará más de cerca el enlace en los átomos del benceno.

EL SUEÑO DE KEKULÉ

Friedrich August Kekulé von Stradonitz (1829-1896) nació en Alemania. Ingresó a la Universidad de Giessen para estudiar arquitectura, pero cambió a química después de tomar un curso sobre el tema. Fue profesor de química en la Universidad de Heidelberg, en la de Gante en Bélgica y después en la de Bonn. En 1890 dio una conferencia extemporánea con motivo de la celebración del 25 aniversario de la publicación de su primer trabajo sobre la estructura cíclica del benceno. En esta plática dijo que había llegado a las estructuras de Kekulé como resultado de un sueño frente a una chimenea al trabajar en un libro de texto. Soñó cadenas de átomos de carbono retorciéndose y girando como reptiles, cuando de repente la cabeza de una serpiente mordió su propia cola y formó un anillo giratorio. En fecha reciente se ha cuestionado la veracidad de su historia de serpientes por quienes hacen notar que no hay registro escrito del sueño, desde que lo soñó en 1861 hasta cuando lo relató en 1890. Otros replican que los sueños no son la clase de pruebas que se publican en los trabajos científicos, aunque no es raro que los científicos relaten que sus ideas creativas se originan en su subconsciente, en momentos en que no están pensando en la ciencia. También, Kekulé advirtió contra la publicación de sueños al decir "Aprendamos cómo soñar, y quizá entonces aprenderemos la verdad. Pero también cuidémonos de no publicar nuestros sueños sino hasta que hayan sido examinados por nuestra mente ya despierta". En 1895 fue nombrado noble por el emperador Guillermo II de Alemania. Eso le permitió agregar "von Stradonitz" a su nombre. Los alumnos de Kekulé recibieron tres de los primeros cinco Premios Nobel de Química: van't Hoff en 1901 (pág. 213), Fischer en 1902 (pág. 991) y Baeyer en 1905 (pág. 920).

Friedrich August Kekulé von Stradonitz

BIOGRAFÍA

Sir James Dewar (1842–1923) *nació en Escocia, hijo de un administrador de hotel. Después de estudiar con Kekulé, fue profesor de la Universidad de Cambridge, y luego en la Royal Institution de Londres. El trabajo más importante de Dewar tuvo lugar en el campo de la química de bajas temperaturas. Usó botellas de doble pared con vacío entre ellas para reducir la transmisión de calor. Estas botellas ahora se llaman botellas de Dewar y fuera de la química se conocen mejor como termos.*

BIOGRAFÍA

Albert Ladenburg (1842–1911) *nació en Alemania. Fue profesor de química en la Universidad de Kiel.*

PROBLEMA 1♦

a. ¿Cuántos productos monosustituidos tendría cada uno de los compuestos siguientes? (Observe que cada compuesto tiene la misma fórmula molecular que el benceno).
   1. $HC\equiv CC\equiv CCH_2CH_3$
   2. $CH_2=CHC\equiv CCH=CH_2$

b. ¿Cuántos productos disustituidos tendría cada uno de los compuestos anteriores? (No incluya los estereoisómeros).

c. ¿Cuántos productos disustituidos tendría cada uno de los compuestos si se incluyen los estereoisómeros?

PROBLEMA 2

Entre 1865 y 1890 se propusieron otras estructuras para el benceno, de las cuales mostramos dos:

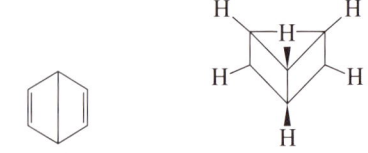

benceno de Dewar   benceno de Ladenburg

Considerando que los químicos del siglo diecinueve conocían lo relativo al benceno, ¿cuál es la mejor propuesta para la estructura del benceno, la de Dewar o la de Landeburg? ¿Por qué?

7.2 Los enlaces del benceno

Cada uno de los seis carbonos del benceno tiene hibridación sp^2. Un carbono con hibridación sp^2 tiene ángulos de enlace de 120°, idénticos a los ángulos de un hexágono plano. Entonces, la estructura del benceno es una molécula plana. Cada uno de los carbonos del benceno usa dos orbitales sp^2 para unirse a otros dos carbonos; el tercer orbital sp^2 de cada carbono se traslapa con el orbital s de un hidrógeno (figura 7.1a). Cada carbono cuenta también con un orbital p en ángulo recto con los orbitales sp^2. Como el benceno es plano, los seis orbitales p son paralelos (figura 7.1b). Los orbitales p están lo bastante cercanos para traslaparse lado a lado, de modo que cada orbital p se traslapa con los orbitales p de *los dos* carbonos adyacentes. El resultado es que el traslape de orbitales p forma una nube continua de electrones en forma de dona arriba del plano del anillo de benceno y otra nube en forma de dona abajo de él (figura 7.1c). El mapa de potencial electrostático (figura 7.1d) muestra que todos los enlaces carbono-carbono tienen la misma densidad electrónica.

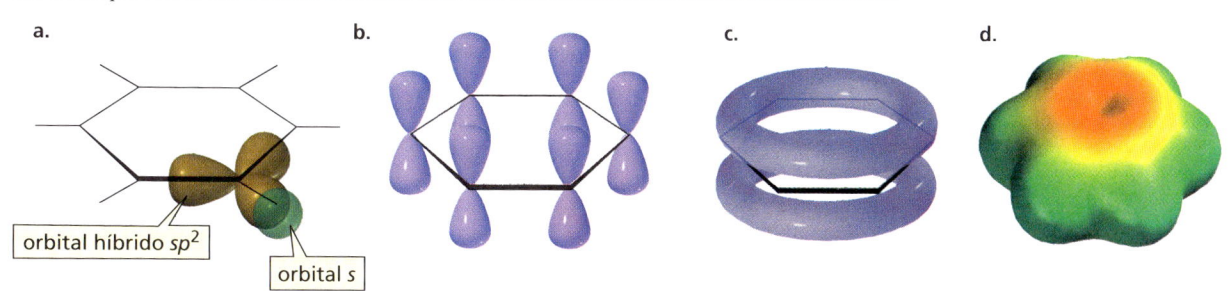

▲ **Figura 7.1**
a) Los enlaces σ carbono-carbono y carbono-hidrógeno en el benceno.
b) El orbital p de cada carbono del benceno puede traslaparse con dos orbitales p adyacentes.
c) Las nubes de electrones arriba y abajo del plano del anillo de benceno.
d) Mapa de potencial electrostático del benceno.

En consecuencia, cada uno de los seis electrones π no se localiza en un solo carbono ni tampoco en un enlace entre dos carbonos (como en los alquenos); en vez de ello, cada electrón π es compartido por los seis carbonos. En otras palabras, los seis electrones π están deslocalizados y se mueven libremente dentro de las nubes, en forma de dona, que están arriba y abajo del anillo de átomos de carbono. Con frecuencia, el benceno se representa como un hexágono que contiene líneas entrecortadas o un círculo para representar los seis electrones π deslocalizados.

Con este tipo de representación es claro que no hay dobles enlaces en el benceno. Puede apreciarse ahora que la estructura de Kekulé casi era correcta; la estructura real del benceno es una estructura de Kekulé con electrones deslocalizados.

7.3 Estructuras resonantes e híbrido de resonancia

Una desventaja de usar líneas entrecortadas para representar electrones deslocalizados consiste en que dichas líneas no indican cuántos electrones π representan. Las líneas de punto dentro del hexágono indican que los electrones π se comparten por igual entre los seis carbonos del benceno y que todos los enlaces carbono-carbono son de la misma longitud, pero no indican cuántos electrones π hay en el anillo. En consecuencia, se prefiere usar estructuras que muestren a los electrones como si estuvieran localizados (indicando el número de electrones), aun cuando se encuentren deslocalizados en la llamada estructura real del compuesto. La estructura *aproximada* con electrones localizados se llama estructura **resonante** o **forma resonante**. La estructura con electrones deslocalizados, se llama **híbrido**

de resonancia. Obsérvese que es fácil ver que hay seis electrones π en el anillo de cada estructura resonante.

estructura resonante   estructura resonante

híbrido de resonancia

La deslocalización de electrones se indica con flechas de doble punta (⟷). El equilibrio se indica con dos flechas que apuntan en direcciones opuestas (⇌).

Las estructuras resonantes se muestran con una flecha de doble punta entre ellos. Esta flecha de doble punta *no* significa que las estructuras estén en equilibrio entre sí; más bien indica que la estructura real está entre las estructuras resonantes. Las estructuras resonantes sólo son una forma cómoda de mostrar los electrones π; en realidad no ilustran alguna distribución real de electrones. Por ejemplo, el enlace entre el C-1 y C-2 del benceno no es un enlace doble, aunque la estructura resonante de la izquierda indique que sí lo es. Tampoco es un enlace sencillo, como lo representa la estructura resonante de la derecha. Ninguna de las estructuras resonantes representa con fidelidad la estructura del benceno. La estructura del benceno, representada por el híbrido de resonancia, se obtiene promediando mentalmente las dos estructuras resonantes.

La siguiente analogía ilustra la diferencia entre estructura resonante e híbrido de resonancia. El lector debe imaginarse que trata de describir a un amigo a qué se parece un rinoceronte. Podría decirle que un rinoceronte parece una cruza entre unicornio y dragón. Como las estructuras resonantes, en realidad el unicornio y el dragón no existen. Además, como las estructuras resonantes, no están en equilibrio: un rinoceronte no va y viene entre las dos formas, siendo un unicornio en un instante y un dragón el siguiente. El unicornio y el dragón sólo son formas de describir cómo se ve la estructura real, el rinoceronte. *Las estructuras resonantes, como los unicornios y los dragones, son imaginarios, no reales; lo único real es el híbrido de resonancia, el rinoceronte.*

unicornio
estructura resonante   dragón
estructura resonante

rinoceronte
híbrido de resonancia

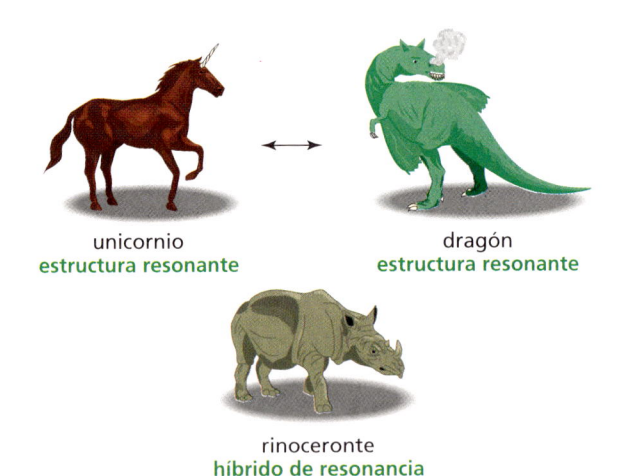

La deslocalización electrónica es más efectiva si todos los átomos que comparten a los electrones deslocalizados se encuentran situados en un mismo plano, o muy cercano a la planaridad, de modo que sus orbitales *p* se puedan traslapar lo máximo. Por ejemplo, el ciclooctatetraeno no es plano, sus carbonos con hibridación *sp*^{2} tienen ángulos de enlace de 120°, mientras que un anillo plano de ocho miembros tendría ángulos de enlace de 135° (otra razón por la que no es plano se describirá en la sección 14.6). Como el anillo no es plano, un orbital *p* se puede traslapar con un orbital *p* adyacente, pero puede traslaparse poco con el otro orbital *p* adyacente. Por consiguiente, los ocho electrones no se encuentran deslocalizados en todo el anillo de ciclooctatetraeno y no todos sus enlaces carbono-carbono tienen la misma longitud.

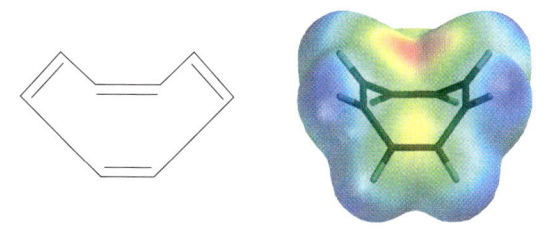

7.4 Dibujo de las formas de resonancia

Ya fue explicado que un compuesto orgánico con electrones deslocalizados se representa, por lo general, como una estructura con electrones localizados para indicar cuántos electrones π hay en la molécula. Por ejemplo, el nitroetano se representa como si tuviera un doble enlace nitrógeno-oxígeno y un enlace sencillo nitrógeno-oxígeno.

nitroetano

Pese a ello, en realidad los dos enlaces nitrógeno-oxígeno del nitroetano son idénticos; cada uno tiene la misma longitud. Una descripción más real de la estructura de la molécula se obtiene dibujando las dos estructuras resonantes. Ambas muestran al compuesto con un enlace doble nitrógeno-oxígeno y un enlace sencillo nitrógeno-oxígeno, pero indican que los electrones están deslocalizados al ilustrar el enlace doble en una estructura resonante como enlace sencillo en la otra:

estructura resonante   estructura resonante

En contraste, el híbrido de resonancia muestra que el orbital p del nitrógeno se traslapa con el orbital p de cada oxígeno. En otras palabras, muestra que los dos electrones π están compartidos por tres átomos. También, el híbrido de resonancia muestra que los dos enlaces nitrógeno-oxígeno son idénticos y que la carga negativa es compartida por igual por los dos átomos de oxígeno. Así, es necesario visualizar y promediar mentalmente ambas estructuras resonantes para apreciar cómo se ve la molécula real, el híbrido de resonancia.

híbrido de resonancia

Los electrones deslocalizados son el resultado del traslape de un orbital p sobre otros orbitales p de átomos adyacentes.

Reglas para dibujar formas de resonancia

Para dibujar un conjunto de estructuras resonantes se traza una estructura de Lewis de la molécula, que representa la primera estructura resonante, y a continuación se mueven los electrones de acuerdo con las reglas que se establecen a continuación para generar la siguiente estructura resonante.

Tutorial del alumno:
Trazado de estructuras resonantes
(Drawing resonance contributors)

1. Sólo se mueven los electrones; los átomos nunca se mueven.
2. Sólo se pueden mover los electrones π (electrones en enlaces π) y los pares de electrones no enlazados; los electrones σ nunca se mueven.

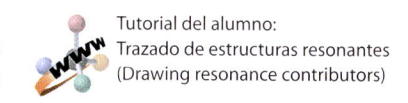

294 CAPÍTULO 7 Electrones deslocalizados y su efecto sobre la estabilidad, la reactividad y el pK_a

Para dibujar estructuras resonantes, sólo se mueven los electrones π o los pares de electrones no enlazados hacia un carbono con hibridación sp² (o sp).

3. La cantidad total de electrones en una molécula no cambia. Por consiguiente, cada una de las estructuras resonantes de determinado compuesto deben tener la misma carga neta. Si la carga neta de una es 0, las cargas netas de todas las demás deben ser también de 0. (Una carga neta igual a 0 no significa necesariamente que alguno de los átomos carece de carga: una molécula con carga positiva en un átomo y carga negativa en otro átomo tendrá una carga neta igual a 0).

Cuando se estudien los ejemplos para las siguientes estructuras resonantes y se practiquen los dibujos correspondientes téngase en cuenta que los electrones (electrones π y pares de electrones no enlazados) siempre se mueven hacia un átomo con hibridación sp^2 (o sp). Recuérdese que un carbono con hibridación sp^2 es un carbono con carga positiva (sección 1.10) o un carbono con enlace doble, y que un carbono con hibridación sp tiene dos enlaces π y por consiguiente, en general es un carbono con enlace triple. Los electrones no pueden moverse hacia un carbono con hibridación sp^3 porque tiene un octeto completo y ello le impide dar cabida a más electrones.

El siguiente carbocatión tiene electrones deslocalizados. Para dibujar su estructura resonante, *los electrones se mueven hacia un carbono con hibridación sp^2*. Una flecha curva puede ayudar a decidir cómo trazar la siguiente estructura resonante. Recuérdese que la cola de la flecha curva indica de dónde parten los electrones, mientras que la punta indica hacia dónde van. El híbrido de resonancia muestra que dos carbonos comparten la carga positiva.

$$CH_3CH=CH-\overset{+}{C}HCH_3 \longleftrightarrow CH_3\overset{+}{C}H-CH=CHCH_3$$
estructuras resonantes

$$CH_3\overset{\delta+}{C}H\text{---}CH\text{---}\overset{\delta+}{C}HCH_3$$
híbrido de resonancia

Comparemos este carbocatión con un compuesto similar en el que todos los electrones están localizados. En el compuesto que se muestra abajo los electrones π no pueden moverse porque el carbono al que lo harían tiene una hibridación sp^3 y tales carbonos, ya se sabe, no pueden aceptar electrones.

$$CH_2=CH-CH_2\overset{+}{C}HCH_3$$
electrones localizados

En el ejemplo que sigue, *los electrones π se mueven de nuevo hacia un carbono con hibridación sp^2*. El híbrido de resonancia muestra que la carga positiva es compartida por tres carbonos.

$$CH_3CH=CH-CH=CH-\overset{+}{C}H_2 \longleftrightarrow CH_3CH=CH-\overset{+}{C}H-CH=CH_2 \longleftrightarrow CH_3\overset{+}{C}H-CH=CH-CH=CH_2$$
estructuras resonantes

$$CH_3\overset{\delta+}{C}H\text{---}CH\text{---}\overset{\delta+}{C}H\text{---}CH\text{---}\overset{\delta+}{C}H_2$$
híbrido de resonancia

La estructura resonante del compuesto que sigue se obtiene *moviendo el par de electrones no enlazado hacia un carbono con hibridación sp^2*. Este carbono puede dar cabida a los nuevos electrones rompiendo un enlace π.

Tutorial del alumno: Electrones localizados y deslocalizados (Localized and delocalized electrons)

7.4 Dibujo de las formas de resonancia

[estructuras resonantes con carbono sp² e híbrido de resonancia; ejemplo de que un carbono con hibridación sp³ no puede aceptar electrones]

En el ejemplo que sigue, *el par de electrones no enlazado se mueve hacia un carbono con hibridación sp.*

$$CH_3\ddot{C}H-C\equiv CH \longleftrightarrow CH_3CH=C=\ddot{C}H^-$$

La estructura resonante del siguiente compuesto se obtiene *moviendo electrones π hacia un carbono con hibridación sp*.

$$CH_2=CH-C\equiv N \longleftrightarrow \overset{+}{C}H_2-CH=C=\ddot{N}^-$$

PROBLEMA 3◆

a. Indique la longitud relativa de los tres enlaces carbono-oxígeno en el ion carbonato (CO_3^{2-}).
b. ¿Cuál espera usted que sea la carga en cada átomo de oxígeno?

ENLACES PEPTÍDICOS

Cada tercer enlace de una proteína es enlace peptídico. Para un enlace peptídico, una estructura resonante se puede trazar moviendo el par de electrones no enlazado del nitrógeno hacia el carbono con hibridación sp^2.

A causa del carácter parcial de enlace doble del enlace peptídico, los átomos de carbono y de nitrógeno y los dos átomos unidos a ellos están unidos con firmeza en un plano, como se representa abajo mediante las zonas azules y verdes. Esta planaridad afecta la forma en que se pueden plegar las proteínas, por lo que son importantes sus implicaciones sobre la forma tridimensional de esas moléculas biológicas.

segmento de una proteína

296 CAPÍTULO 7 Electrones deslocalizados y su efecto sobre la estabilidad, la reactividad y el pK_a

> **PROBLEMA 4**
>
> **a.** ¿Cuáles de los compuestos siguientes tienen electrones deslocalizados?
>
> 1. $CH_2=CHCH_2CH=CH_2$
> 2. $CH_3CH=CHCH=\overset{+}{C}HCH_2$
> 3. $CH_3CH_2\ddot{N}HCH_2CH=CH_2$
> 4. pirrol (anillo de cinco con N-H)
> 5. anillo de seis con doble enlace y O
> 6. ciclohexeno-$CH_2\ddot{N}H_2$
> 7. ciclohexeno-$\ddot{N}H_2$
>
> **b.** Dibuje las estructuras resonantes para esos compuestos.

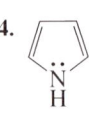

7.5 Estabilidad prevista de las estructuras resonantes

No todas las estructuras resonantes aportan necesariamente por igual al híbrido de resonancia. El grado con el que contribuye cada forma resonante depende de su estabilidad prevista. Como las estructuras resonantes no son reales, su estabilidad no puede medirse. En consecuencia, la estabilidad de las estructuras resonantes debe determinarse con base en propiedades moleculares que se encuentren en moléculas reales. *Mientras mayor sea la estabilidad prevista de la estructura resonante, aporta más a la estructura del híbrido de resonancia, y mientras más contribuya a la estructura del híbrido de resonancia, la estructura resonante será más parecida a la molécula real.* Los ejemplos que siguen ilustran estos argumentos.

> **Mientras mayor sea la estabilidad prevista de la estructura resonante, más contribuirá a la estructura del híbrido de resonancia.**

Las dos estructuras resonantes del ácido carboxílico que se muestran abajo se identifican con **A** y **B**. La estructura **B** tiene dos propiedades que la hacen menos estable que la estructura **A**. Uno de los átomos de oxígeno cuenta con una carga positiva, que no es una condición apropiada para un átomo electronegativo, y la estructura presenta cargas separadas. Una molécula con **cargas separadas** tiene una carga positiva y una carga negativa que se pueden neutralizar con el movimiento de los electrones. Las estructuras resonantes con cargas separadas son relativamente inestables (tienen energía relativamente alta) porque se requiere energía para mantener separadas las cargas opuestas. Por consiguiente, se prevé que la estructura **A** realice una contribución mayor al híbrido de resonancia que la estructura **B**. En consecuencia, **A** aporta más al híbrido de resonancia por lo que ese híbrido se parece más a **A** que a **B**.

$$\underset{\textbf{A}}{\overset{\ddot{O}:}{\underset{R}{\overset{\parallel}{C}}\underset{\ddot{O}H}{}}} \longleftrightarrow \underset{\textbf{B}}{\overset{:\ddot{O}:^-}{\underset{R}{\overset{|}{C}}\underset{\overset{+}{O}H}{}}} \quad \text{cargas separadas}$$

ácido carboxílico

A continuación se muestran las dos estructuras resonantes para un ion carboxilato.

$$\underset{\textbf{C}}{\overset{\ddot{O}:}{\underset{R}{\overset{\parallel}{C}}\underset{\ddot{O}:^-}{}}} \longleftrightarrow \underset{\textbf{D}}{\overset{:\ddot{O}:^-}{\underset{R}{\overset{|}{C}}\underset{\ddot{O}:}{}}}$$

ion carboxilato

7.5 Estabilidad prevista de las estructuras resonantes 297

Se espera que las estructuras **C** y **D** presenten estabilidad similar y en consecuencia que contribuyan por igual al híbrido de resonancia.

Cuando los electrones se pueden mover en más de una dirección, la estructura resonante más estable se obtiene moviéndolos hacia el átomo más electronegativo. Por ejemplo, la estructura **G** del ejemplo siguiente se obtiene acercando los electrones π al oxígeno — el átomo más electronegativo en la molécula. En contraste, la estructura **E** se obtiene alejando los electrones π del oxígeno.

$$\left[\begin{array}{c} {}^+\ddot{O}: \\ \| \\ H_3C-C=CH-\bar{C}H_2 \end{array} \right] \longleftrightarrow \begin{array}{c} \ddot{O}: \\ \| \\ H_3C-C-CH=CH_2 \end{array} \longleftrightarrow \begin{array}{c} :\ddot{O}:^- \\ | \\ H_3C-C=CH-\overset{+}{C}H_2 \end{array}$$

E — octeto incompleto
estructura resonante obtenida por el movimiento de electrones π desde el átomo más electronegativo
estructura resonante insignificante

F

G — octeto incompleto
estructura resonante obtenida por el movimiento de electrones π hacia el átomo más electronegativo

Es posible prever que la estructura **G** sólo haga una aportación pequeña al híbrido de resonancia porque tiene cargas separadas y un átomo con un octeto incompleto. También la estructura **E** tiene cargas separadas y un átomo con octeto incompleto, pero su estabilidad es aún menor que la de la estructura **G** porque exhibe una carga positiva en el oxígeno electronegativo. Su contribución al híbrido de resonancia es tan insignificante que no se necesita incluir como una de las estructuras resonantes. En consecuencia, el híbrido de resonancia se parece mucho a la estructura **F**.

Solamente será necesario representar una estructura resonante obtenida por el movimiento de electrones desde el átomo más electronegativo cuando es la única posibilidad en que se pueden mover esos electrones. En otras palabras, el movimiento de electrones partiendo del átomo más electronegativo es mejor que no hacer ningún movimiento porque la deslocalización de electrones hace más estable a una molécula (como se verá en la sección 7.6). Por ejemplo, la única estructura resonante que puede dibujarse en la siguiente molécula requiere alejar electrones del oxígeno:

$$CH_2=CH-\ddot{O}CH_3 \longleftrightarrow \bar{C}H_2-CH=\overset{+}{O}CH_3$$

H **I**

Se espera que la estructura **I** sea relativamente inestable porque tiene cargas separadas y su átomo más electronegativo es el que ostenta la carga positiva. Por consiguiente, la estructura del híbrido de resonancia se parece a la estructura **H** y sólo hay una contribución pequeña de la estructura **I**.

Ahora se verá cuál de las estructuras resonantes que se ven abajo cuenta con mayor estabilidad prevista. La estructura **J** dispone de una carga negativa en el carbono y la estructura **K** presenta una carga negativa en el oxígeno. El oxígeno es más electronegativo que el carbono de manera que el oxígeno puede admitir mejor la carga negativa. En consecuencia, es de esperar que la estructura **K** sea más estable que la estructura **J**. Por consiguiente, el híbrido de resonancia se parece más a la estructura **K**, esto es, tiene mayor concentración de carga negativa en el átomo de oxígeno que en el átomo de carbono.

$$\begin{array}{c} :\ddot{O}: \\ \| \\ R-C-\bar{C}HCH_3 \end{array} \longleftrightarrow \begin{array}{c} :\ddot{O}:^- \\ | \\ R-C=CHCH_3 \end{array}$$

J **K**

298 CAPÍTULO 7 Electrones deslocalizados y su efecto sobre la estabilidad, la reactividad y el pK_a

Las propiedades que disminuyen la estabilidad prevista de una estructura resonante se pueden resumir como sigue:

1. un átomo con un octeto incompleto
2. una carga negativa que no está en el átomo más electronegativo o una carga positiva que no está en el átomo menos electronegativo (más electropositivo)
3. separación de cargas

Cuando se compara la estabilidad relativa de las estructuras resonantes, en general un átomo con un octeto incompleto (propiedad 1) determina que la estructura sea más inestable que cualquiera de las propiedades 2 o 3.

PROBLEMA 5 **RESUELTO**

Dibujar las estructuras resonantes para las especies siguientes y clasificarlas por aportación decreciente al híbrido.

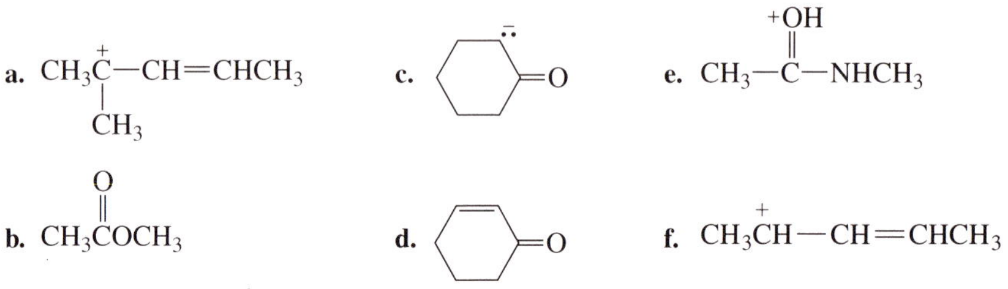

a. $CH_3\overset{+}{C}(CH_3)-CH=CHCH_3$

b. CH_3COCH_3 (con C=O)

c. ciclohexanona con O con carga negativa (enolato cíclico)

d. ciclohex-2-enona

e. $CH_3-\underset{\underset{NHCH_3}{|}}{\overset{\overset{+OH}{||}}{C}}-NHCH_3$

f. $CH_3\overset{+}{C}H-CH=CHCH_3$

Solución a 5a La estructura **A** es más estable que la estructura **B** porque la carga positiva se encuentra en un carbono terciario en **A** y en un carbono secundario en **B** (sección 4.2).

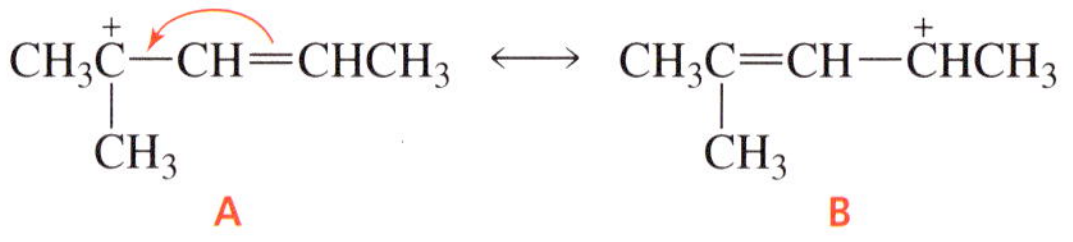

$$CH_3\overset{+}{C}(CH_3)-CH=CHCH_3 \longleftrightarrow CH_3C(CH_3)=CH-\overset{+}{C}HCH_3$$

　　　　　　　　A　　　　　　　　　　　　　　　　B

PROBLEMA 6

Dibuje el híbrido de resonancia de cada una de las especies en el problema 5.

7.6 La energía de deslocalización es la estabilidad adicional que confieren los electrones deslocalizados a un compuesto

La energía de deslocalización es una medida de cuánto más estable es un compuesto con electrones deslocalizados de lo que sería si los electrones estuvieran localizados.

Un híbrido de resonancia es más estable que lo previsto para cualquiera de sus estructuras resonantes.

Los electrones deslocalizados estabilizan a un compuesto. La estabilidad adicional de un compuesto por disponer de electrones deslocalizados se llama **energía de deslocalización**. La **deslocalización electrónica** también se llama **resonancia** y por ello la energía de deslocalización también se llama **energía de resonancia**. Ya que la energía de resonancia indica cuánto más estable es un compuesto como resultado de contar con electrones deslocalizados, a veces se le llama **energía de estabilización de resonancia**. A sabiendas de que los electrones deslocalizados aumentan la estabilidad de una molécula, se puede llegar a la conclusión de que *un híbrido de resonancia es más estable que la estabilidad prevista para cualquiera de sus estructuras resonantes.*

7.6 La energía de deslocalización es la estabilidad adicional que confieren los electrones deslocalizados a un compuesto

La energía de deslocalización asociada a un compuesto que dispone de electrones deslocalizados depende de la cantidad *y también* de la estabilidad de las estructuras resonantes: *mientras mayor sea el número de estructuras resonantes relativamente estables, mayor resultará la energía de deslocalización*. Por ejemplo, la energía de deslocalización de un ion carboxilato con dos estructuras resonantes relativamente estables es apreciablemente mayor que la de un ácido carboxílico, que sólo tiene una estructura resonante relativamente estable.

(estructuras resonantes en un ácido carboxílico / estructuras resonantes en un ion carboxilato)

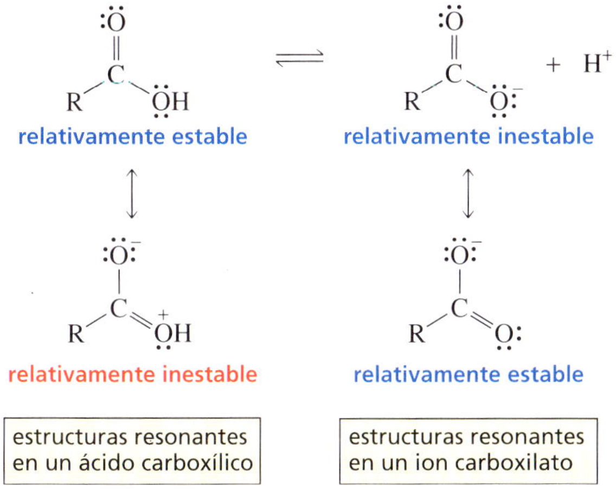

Obsérvese que es la cantidad de estructuras resonantes *relativamente estables*, y no la cantidad total de estructuras resonantes, lo que será importante para determinar la energía de deslocalización. Por ejemplo, la energía de deslocalización de un ion carboxilato con dos estructuras resonantes relativamente estables es mayor que la del compuesto en el ejemplo que sigue, porque aun cuando este último disponga de tres estructuras resonantes, sólo una de las mismas es relativamente estable:

Mientras mayor sea el número de estructuras resonantes relativamente estables, mayor será la energía de deslocalización.

$$\overset{-}{C}H_2-CH=CH-\overset{+}{C}H_2 \longleftrightarrow CH_2=CH-CH=CH_2 \longleftrightarrow \overset{+}{C}H_2-CH=CH-\overset{-}{C}H_2$$

relativamente inestable — relativamente estable — relativamente inestable

Mientras más parecidas sean las estructuras resonantes, la energía de deslocalización será mayor. El dianión carbonato presenta una estabilidad particular porque cuenta con tres estructuras resonantes equivalentes:

Mientras más parecidas sean las estructuras resonantes, la energía de deslocalización será mayor.

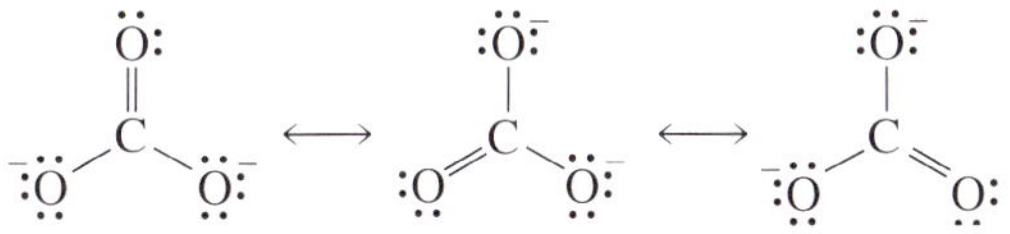

En este punto conviene efectuar un resumen de los conocimientos adquiridos acerca de las estructuras resonantes:[2]

1. Mientras mayor sea la estabilidad prevista de una estructura resonante contribuye más al híbrido de resonancia.
2. Mientras mayor sea la cantidad de estructuras resonantes relativamente estables la energía de deslocalización resulta mayor.
3. Mientras más semejantes entre sí sean las estructuras resonantes la energía de deslocalización es mayor.

---

[2] En los sistemas cíclicos, hay otro factor que tiene profunda influencia sobre la estabilidad calculada de las estructuras de resonancia. Véanse las secciones 14.1 a 14.7 para más detalles.

ESTRATEGIA PARA RESOLVER PROBLEMAS

Determinación de estabilidades relativas

¿Cuál carbocatión es el más estable?

$$CH_3CH=CH-\overset{+}{C}H_2 \quad \text{o} \quad CH_3\underset{|}{\overset{CH_3}{C}}=CH-\overset{+}{C}H_2$$

Comencemos por trazar la estructura resonante para cada carbocatión.

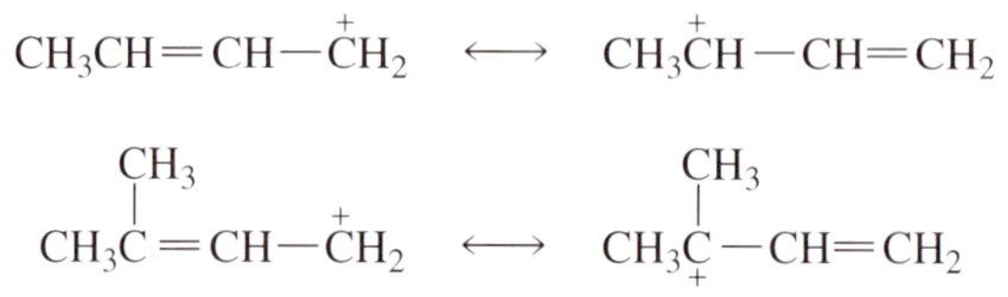

$$CH_3CH=CH-\overset{+}{C}H_2 \quad \longleftrightarrow \quad CH_3\overset{+}{C}H-CH=CH_2$$

$$CH_3\underset{|}{\overset{CH_3}{C}}=CH-\overset{+}{C}H_2 \quad \longleftrightarrow \quad CH_3\underset{+}{\overset{CH_3}{\underset{|}{C}}}-CH=CH_2$$

Ahora veamos las formas en que difieren los dos conjuntos de estructuras resonantes y pensemos cómo afectan esas diferencias a la estabilidad relativa de los dos híbridos de resonancia.

Cada carbocatión tiene dos estructuras resonantes. La carga positiva del carbocatión de la izquierda está compartida por un carbono primario y uno secundario. La carga positiva del carbocatión de la derecha está compartida por un carbono primario y uno terciario. Ya que un carbono terciario es más estable que un carbono secundario (sección 4.2), el carbocatión de la derecha es el más estable.

Ahora continúe en el problema 7.

PROBLEMA 7◆

¿Cuál especie es más estable?

a.  $CH_3CH_2\overset{\overset{CH_2}{\|}}{\overset{+}{C}}CH_2$ o $CH_3CH_2CH=\overset{+}{C}HCH_2$

b. $CH_3\overset{\overset{O}{\|}}{C}CH=CH_2$ o $CH_3\overset{\overset{O}{\|}}{C}CH=CHCH_3$

c. $CH_3\underset{|}{\overset{O^-}{C}}HCH=CH_2$ o $CH_3\underset{|}{\overset{O^-}{C}}=CHCH_3$

d. 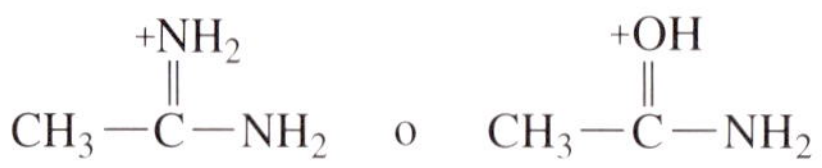 $CH_3-\overset{\overset{+NH_2}{\|}}{C}-NH_2$ o $CH_3-\overset{\overset{+OH}{\|}}{C}-NH_2$

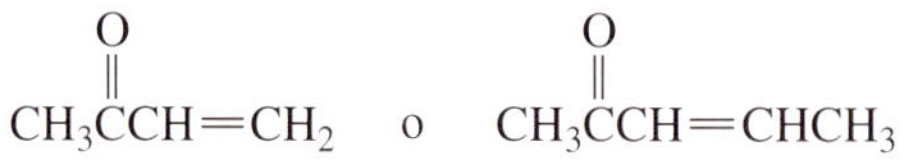

PROBLEMA 8◆

¿Cuál especie tiene la mayor energía de deslocalización?

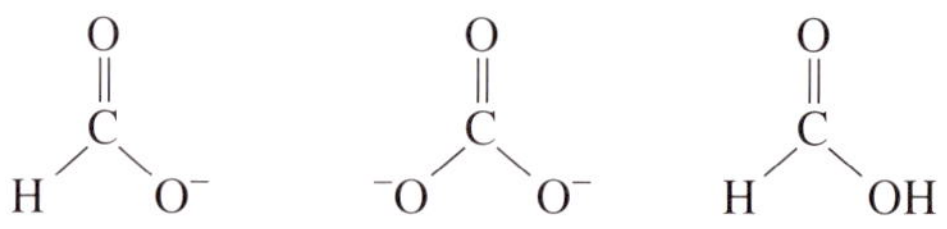

$$\underset{H \quad\quad O^-}{\overset{O}{\overset{\|}{C}}} \quad\quad \underset{^-O \quad\quad O^-}{\overset{O}{\overset{\|}{C}}} \quad\quad \underset{H \quad\quad OH}{\overset{O}{\overset{\|}{C}}}$$

7.7 Ejemplos del efecto que ejercen los electrones deslocalizados sobre la estabilidad

Ahora se examinarán dos ejemplos que ilustran la estabilidad adicional que adquiere una molécula como resultado de sus electrones deslocalizados.

Estabilidad de los dienos

Los **dienos** son hidrocarburos con dos enlaces dobles. Los **dienos aislados** tienen enlaces dobles aislados; los **enlaces dobles aislados** están separados por más de un enlace sencillo. Los **dienos conjugados** tienen enlaces dobles conjugados; los **enlaces dobles conjugados** están separados por un solo enlace sencillo.

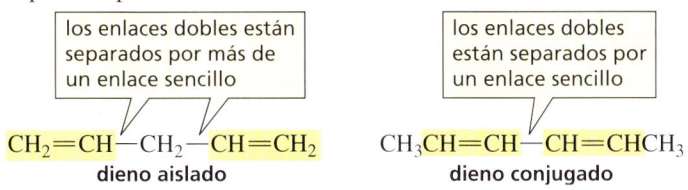

los enlaces dobles están separados por más de un enlace sencillo

$CH_2=CH-CH_2-CH=CH_2$
dieno aislado

los enlaces dobles están separados por un enlace sencillo

$CH_3CH=CH-CH=CHCH_3$
dieno conjugado

Tutorial del alumno:
Nomenclatura de alquenos
(Alkene nomenclature)

En la sección 4.11 se planteó que la estabilidad relativa de los alquenos se puede determinar por medio de sus valores de $-\Delta H°$ de hidrogenación catalítica. Recuérdese que el alqueno más estable presenta el menor valor de $-\Delta H°$; desprende menor calor cuando se hidrogena porque dispone de menos energía al comienzo. El valor de $-\Delta H°$ para la hidrogenación del 1,3-pentadieno (un dieno conjugado) es menor que el del 1,4-pentadieno (un dieno aislado). Por consiguiente, se puede llegar a la conclusión de que los dienos conjugados son más estables que los dienos aislados.

El alqueno más estable tiene el menor valor de $-\Delta H°$.

$CH_2=CH-CH_2-CH=CH_2$ + 2 H_2 $\xrightarrow{Pt}$ $CH_3CH_2CH_2CH_2CH_3$ $\Delta H° = -60.2$ kcal/mol (-252 kJ/mol)
1,4-pentadieno
un dieno aislado

$CH_2=CH-CH=CHCH_3$ + 2 H_2 $\xrightarrow{Pt}$ $CH_3CH_2CH_2CH_2CH_3$ $\Delta H° = -54.1$ kcal/mol (-226 kJ/mol)
1,3-pentadieno
un dieno conjugado

¿Por qué un dieno conjugado es más estable que uno aislado? Hay dos factores que contribuyen a la diferencia. El primero reside en la *deslocalización electrónica*. Los electrones π en cada uno de los enlaces dobles de un dieno aislado se *localizan* entre dos carbonos; en contraste, los electrones π en un dieno conjugado están *deslocalizados*. Como se explicó en la sección 7.6, la deslocalización electrónica estabiliza una molécula. El híbrido de resonancia indica que el enlace sencillo del 1,3-butadieno no es un enlace sencillo puro. (Obsérvese que como el compuesto carece de un átomo electronegativo que determine la dirección en la que se mueven los electrones, éstos pueden hacerlo tanto a la izquierda como hacia la derecha).

Un aumento de energía de deslocalización equivale a un aumento de estabilidad.

$\overset{-}{C}H_2-CH=CH-\overset{+}{C}H_2 \longleftrightarrow CH_2=CH-CH=CH_2 \longleftrightarrow \overset{+}{C}H_2-CH=CH-\overset{-}{C}H_2$
estructuras resonantes

electrones deslocalizados

$CH_2\text{=}\!\!\text{=}CH\text{=}\!\!\text{=}CH\text{=}\!\!\text{=}CH_2$
1,3-butadieno
híbrido de resonancia

Los orbitales híbridos que forman enlaces sencillos carbono-carbono también determinan que un dieno conjugado sea más estable que un dieno aislado. El enlace sencillo carbono-carbono del 1,3-butadieno se forma por traslape de un orbital sp^2 con otro orbital sp^2, mientras que los enlaces sencillos carbono-carbono del 1,4-pentadieno se forman por traslape de un orbital sp^2 con un orbital sp^2.

enlace sencillo formado por traslape de los orbitales sp^2–sp^2

$CH_2=CH-CH=CH_2$
1,3-butadieno

enlaces sencillos formados por traslape de los orbitales sp^3–sp^2

$CH_2=CH-CH_2-CH=CH_2$
1,4-pentadieno

En la sección 1.14 se estudió que la longitud y fuerza de un enlace dependen de lo cerca que estén del núcleo los electrones en el orbital de enlace: *mientras más cerca estén los electrones del núcleo, el enlace será más corto y más fuerte*. Como un electrón 2s está en promedio más cerca del núcleo que un electrón 2p, un enlace formado por traslape de los ortbitales sp^2-sp^2 es más corto y más fuerte que el formado por traslape de los orbitales sp^3-sp^2 (tabla 7.1). (Un orbital sp^2 tiene 33.3% de carácter *s*, mientras que un orbital sp^3 sólo tiene 25% de carácter *s*.) Entonces, un dieno conjugado dispone de un enlace sencillo más fuerte que un dieno aislado y los enlaces más fuertes determinan que un compuesto sea más estable.

Tabla 7.1 Dependencia de la longitud de un enlace sencillo carbono-carbono respecto a la hibridación de los orbitales que se usaron para formarlo

Compuesto	Hibridación	Longitud de enlace (Å)
H_3C-CH_3	sp^3–sp^3	1.54
$H_3C-CH=CH_2$	sp^3–sp^2	1.50
$H_2C=CH-CH=CH_2$	sp^2–sp^2	1.47
$H_3C-C\equiv CH$	sp^3–sp	1.46
$H_2C=CH-C\equiv CH$	sp^2–sp	1.43
$HC\equiv C-C\equiv CH$	sp–sp	1.37

Tutorial del alumno: Traslape de orbitales moleculares en enlaces C—C (Orbital overlap in C—C bonds)

Los **alenos** son compuestos que presentan **enlaces dobles acumulados;** es decir, enlaces dobles adyacentes entre sí. Los enlaces dobles acumulados confieren una geometría excepcional a los alenos por los orbitales hibridos *sp* del carbono central. Uno de los orbitales *p* del carbono central en el enlace doble acumulado se traslapa a un orbital *p* del carbono con hibridación sp^2 adyacente. El segundo orbital *p* del carbono central se traslapa con un orbital *p* del otro carbono con hibridación sp^2 (figura 7.2a).

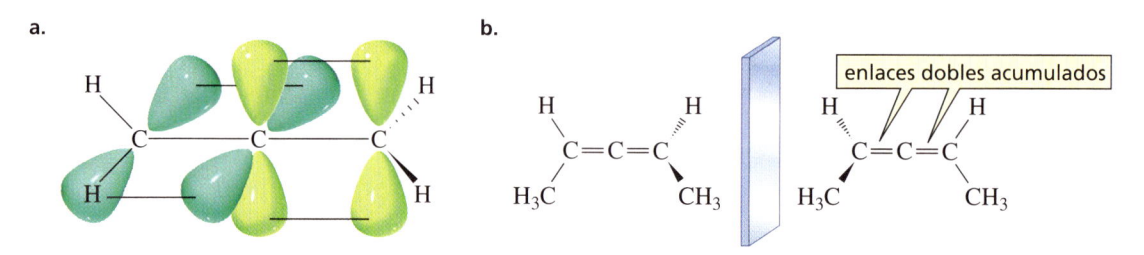

▲ **Figura 7.2**
a) Los enlaces dobles se forman por traslape de un orbital *p* con otro orbital *p*. Los dos orbitales *p* del carbono central son perpendiculares y hacen que el aleno sea una molécula no plana. b) El 2,3-pentadieno tiene una imagen especular no sobreponible. Por consiguiente, es una molécula quiral, aun cuando no tenga centro asimétrico.

Los dos orbitales *p* del carbono central son perpendiculares. Entonces, el plano que contiene un grupo H—C—H es perpendicular al plano que contiene al otro grupo H—C—H. Así, un aleno sustituido, como el 2,3-pentadieno, tiene una imagen especular no sobreponible (figura 7.2b) y es una molécula quiral, aunque carezca de un centro asimétrico.

PROBLEMA 9◆

La $-\Delta H°$ de hidrogenación para el 2,3-pentadieno, que es un dieno acumulado, es 70.5 kcal/mol. ¿Cuál es la estabilidad relativa de los dienos acumulados, conjugados y aislados?

PROBLEMA 10◆

Escriba los nombres de los dienos siguientes y ordénelos por estabilidad creciente. (Los grupos alquilo estabilizan a los dienos en la misma forma en que lo hacen con los alquenos, sección 4.11).

$CH_3CH{=}CHCH{=}CHCH_3$ $\quad$ $CH_2{=}CHCH_2CH{=}CH_2$

$CH_3\overset{\overset{\displaystyle CH_3}{|}}{C}{=}CHCH{=}\overset{\overset{\displaystyle CH_3}{|}}{C}CH_3$ $\quad$ $CH_3CH{=}CHCH{=}CH_2$

Estabilidad de los cationes alílicos y bencílicos

Ahora se examinarán dos clases de carbocationes que presentan electrones deslocalizados y que en consecuencia son más estables que carbocationes similares con electrones localizados. Un **catión alílico** es un carbocatión con la carga positiva en un carbono alílico. Un **carbono alílico** es un carbono adyacente a un carbono con hibridación sp^2 de un alqueno (sección 3.2). Un **catión bencílico** es un carbocatión con la carga positiva en un carbono bencílico. Un **carbono bencílico** es un carbono adyacente a un carbono con hibridación sp^2 de un anillo de benceno.

catión alílico $\qquad$ catión bencílico

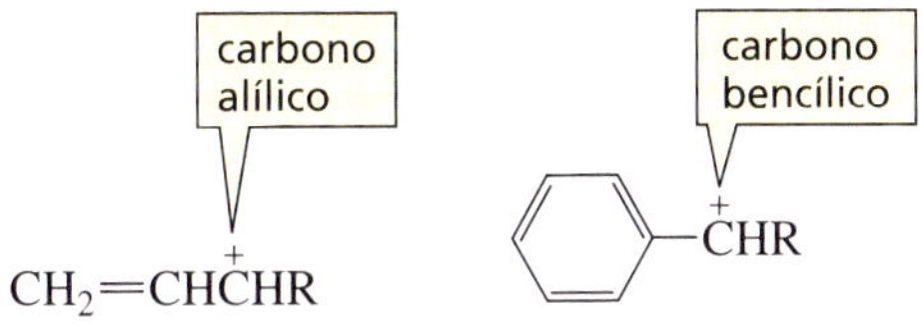

El *catión alilo* es un catión alílico no sustituido, y el *catión bencilo* es un catión bencílico no sustituido.

catión alilo $\qquad$ catión bencilo

Un catión alílico dispone de dos estructuras resonantes. La carga positiva no está localizada en un solo carbono sino compartida por dos carbonos.

$$RCH{=}CH{-}\overset{+}{C}H_2 \longleftrightarrow R\overset{+}{C}H{-}CH{=}CH_2$$

catión alílico

Un catión bencílico cuenta con cinco estructuras resonantes. Obsérvese que la carga positiva está compartida por cuatro carbonos.

catión bencílico

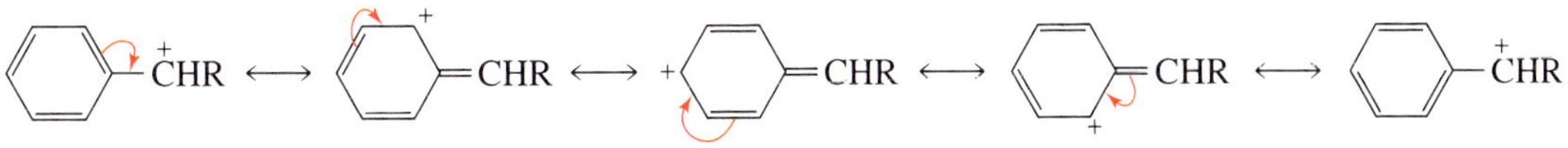

304 CAPÍTULO 7 Electrones deslocalizados y su efecto sobre la estabilidad, la reactividad y el pK_a

Ya que los cationes alilo y bencilo presentan electrones deslocalizados son más estables que otros carbocationes primarios. (En realidad, tienen más o menos la misma estabilidad que los carbocationes alquilo secundarios.) Se pueden agregar los cationes bencilo y alilo a la lista de aquéllos cuyas estabilidades relativas se examinaron en las secciones 4.2 y 6.5.

estabilidad relativa de carbocationes

$$\text{más estable} \quad R-\overset{+}{\underset{R}{C}}-R \; > \; C_6H_5-\overset{+}{C}H_2 \; \approx \; CH_2=CH\overset{+}{C}H_2 \; \approx \; R-\overset{+}{\underset{H}{C}}-R \; > \; R-\overset{+}{\underset{H}{C}}-H \; > \; H-\overset{+}{\underset{H}{C}}-H \; > \; CH_2=\overset{+}{C}H \quad \text{menos estable}$$

| carbocatión terciario | catión bencilo | catión alilo | carbocatión secundario | carbocatión primario | catión metilo | catión vinilo |

Tutorial del alumno:
Términos comunes
(Common terms)

No todos los cationes alílicos o bencílicos presentan la misma estabilidad. Así como un carbocatión alquilo terciario es más estable que uno alquilo secundario, un catión alílico terciario es más estable que un catión alílico secundario, que a su vez es más estable que el catión alilo (primario). De igual manera, un catión bencílico terciario es más estable que uno bencílico secundario y éste a su vez es más estable que el catión bencilo (primario).

estabilidad relativa

$$\text{más estable} \quad CH_2=CH-\overset{+}{\underset{R}{C}}-R \; > \; CH_2=CH-\overset{+}{\underset{H}{C}}-R \; > \; CH_2=CH-\overset{+}{\underset{H}{C}}-H$$

catión alílico terciario   catión alílico secundario   catión alilo

$$\text{más estable} \quad C_6H_5-\overset{+}{\underset{R}{C}}-R \; > \; C_6H_5-\overset{+}{\underset{H}{C}}-R \; > \; C_6H_5-\overset{+}{\underset{H}{C}}-H$$

catión bencílico terciario   catión bencílico secundario   catión bencilo

Téngase presente que son los cationes bencilo *primario* y alilo *primario* los que tienen más o menos la misma estabilidad que los carbocationes alquilo *secundario*. Los cationes alílicos y bencílicos secundarios, así como los cationes bencílicos y alílicos terciarios, son más estables todavía que los cationes primarios bencilo y alilo.

ESTRATEGIA PARA RESOLVER PROBLEMAS

Determinación de la reactividad relativa

¿Cuál de los alquenos siguientes reacciona con mayor rapidez con HBr?

$$CH_2=C\underset{CH_3}{\overset{CH_3}{\diagup}} \qquad CH_2=C\underset{CH_2\ddot{O}CH_3}{\overset{CH_3}{\diagup}} \qquad CH_2=C\underset{\ddot{O}CH_3}{\overset{CH_3}{\diagup}}$$

       A   **B**   **C**

Primero debe recordarse que, como los alquenos presentan más o menos la misma estabilidad, el alqueno que forma el carbocatión más estable, será el que reacciona con mayor rapidez con

HBr (sección 4.4). En consecuencia, se comenzará por dibujar el carbocatión que se formaría a partir de cada uno de los tres alquenos y a continuación se analizará su estabilidad relativa.

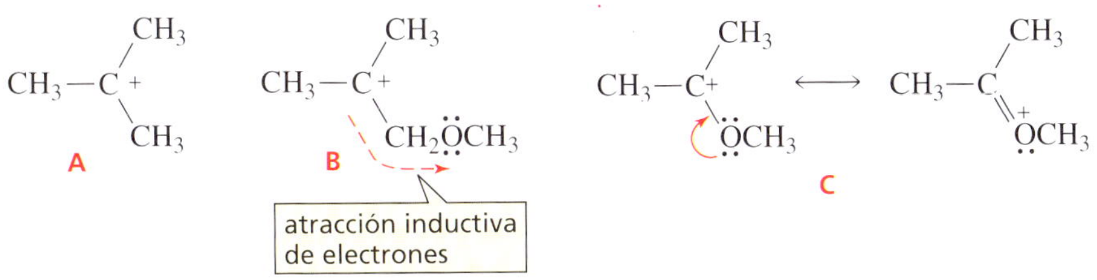

$$CH_3-\overset{CH_3}{\underset{CH_3}{\overset{|}{C}^+}} \quad\quad CH_3-\overset{CH_3}{\underset{CH_2\ddot{O}CH_3}{\overset{|}{C}^+}} \quad\quad CH_3-\overset{CH_3}{\underset{\ddot{O}CH_3}{\overset{|}{C}^+}} \longleftrightarrow CH_3-\overset{CH_3}{\underset{\overset{+}{\ddot{O}}CH_3}{\overset{|}{C}}}$$

A   B   C

atracción inductiva de electrones

La estructura **A** es más estable que la **B**, porque el oxígeno atrae inductivamente a los electrones y al hacerlo aumenta el tamaño de la carga positiva, lo que desestabiliza al carbocatión. La estructura **C** es más estable que la **A** porque la carga positiva en el carbono se reduce al compartirla con el oxígeno. Por lo anterior, el alqueno que se forma de **C** es el más reactivo.

Ahora continúe en el problema 11.

PROBLEMA 11◆

¿Qué carbocatión de cada uno de los pares siguientes es más estable?

a. [ciclohexenil-$\overset{+}{C}HCH_3$] o [ciclohexenil-$\overset{+}{C}HCH_3$]

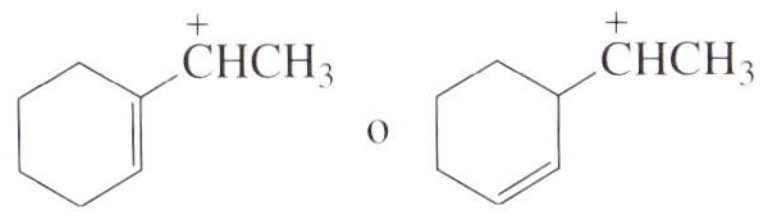

b. $CH_3O\overset{+}{C}H_2$ o $CH_3NH\overset{+}{C}H_2$

c. [fenil-$\overset{+}{C}$] o [2,6-di-*terc*-butilfenil-$\overset{+}{C}$]

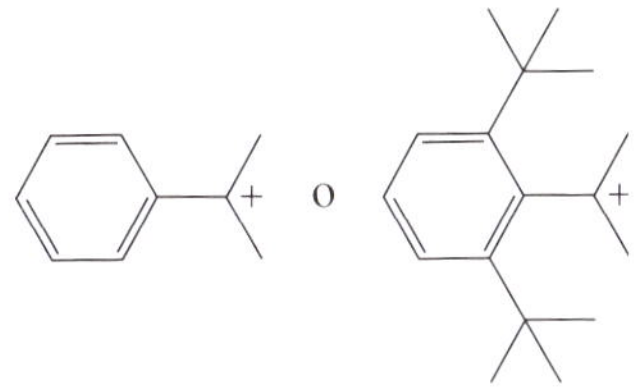

7.8 Descripción de la estabilidad con la teoría de los orbitales moleculares

En la descripción presente hasta ahora se usaron estructuras resonantes para mostrar cómo se estabilizan los compuestos mediante deslocalización electrónica. Esta estabilización también se puede explicar con la teoría de los orbitales moleculares.

En la sección 5.1 se estudió que los dos lóbulos de un orbital *p* tienen fases opuestas. También se planteó que dos orbitales *p* en fase se traslapan para formar un enlace covalente y que cuando se traslapan dos orbitales *p* fuera de fase se anulan entre sí y producen un nodo entre los dos núcleos (sección 1.6). Recuérdese que un *nodo* es una región donde la probabilidad de encontrar un electrón es nula.

Repasemos la forma en que se construyen los orbitales moleculares π del eteno. Una descripción de orbitales moleculares del eteno se presenta en la figura 7.3. Los dos orbitales *p* pueden estar en fase o fuera de fase. (Las distintas fases se representan con diferentes colores). Obsérvese que se conserva la cantidad de orbitales: la cantidad de orbitales moleculares es igual a la cantidad de orbitales atómicos que los produjeron. Entonces, los dos

Tómese unos minutos para repasar la sección 1.6.

orbitales atómicos *p* del eteno se traslapan y forman dos orbitales moleculares. Un traslape de lado a lado de orbitales *p* en fase (lóbulos del mismo color) produce un **orbital molecular de enlace**, que se representa con ψ_1 (la letra griega psi). El orbital molecular de enlace tiene menos energía que los orbitales atómicos *p* y abarca a ambos carbonos. En otras palabras, cada electrón en el orbital molecular de enlace se reparte sobre los dos átomos de carbono.

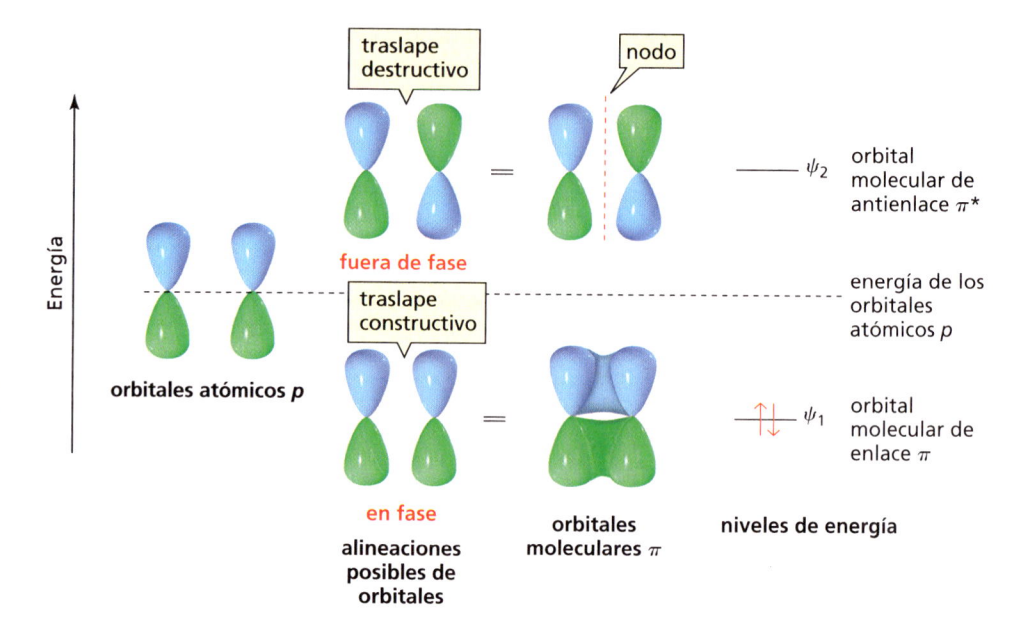

Figura 7.3 ▶
Distribución de electrones en el eteno. El traslape de orbitales *p* en fase forma un orbital molecular de enlace que tiene menor energía que los orbitales atómicos *p*. El traslape de orbitales *p* fuera de fase produce un orbital molecular de antienlace, que tiene mayor energía que los orbitales atómicos *p*.

El traslape lado a lado de orbitales *p* fuera de fase produce un **orbital molecular de antienlace**, ψ_2, que tiene más energía que los orbitales atómicos *p*. El orbital molecular de antienlace presenta un nodo entre los lóbulos de fases opuestas. Recuérdese que el traslape de orbitales en fase mantiene unidos a los átomos: es una interacción de enlace. En contraste, el traslape de orbitales fuera de fase separa los átomos; es una interacción de antienlace.

Los electrones π se colocan en orbitales moleculares de acuerdo con las mismas reglas que gobiernan la colocación de electrones en orbitales atómicos (sección 1.2): el principio aufbau (los orbitales se llenan en orden creciente de energía), el principio de exclusión de Pauli (cada orbital puede tener dos electrones de spin opuesto) y la regla de Hund (un electrón ocupa un orbital degenerado vacío antes de aparearse con un electrón que ya esté presente en un orbital).

1,3-butadieno y 1,4-pentadieno

Los electrones π en el 1,3-butadieno se encuentran deslocalizados sobre cuatro carbonos con hibridación sp^2 (sección 7.7). En otras palabras, hay cuatro carbonos en el sistema π.

$$\bar{C}H_2-CH=CH-\overset{+}{C}H_2 \longleftrightarrow CH_2=CH-CH=CH_2 \longleftrightarrow \overset{+}{C}H_2-CH=CH-\bar{C}H_2$$

1,3-butadieno
estructuras resonantes

$$CH_2\cdots CH\cdots CH\cdots CH_2$$
híbrido de resonancia

En la figura 7.4 se observa una descripción de orbitales moleculares del 1,3-butadieno. Cada uno de los cuatro carbonos aporta un orbital atómico *p* y los cuatro orbitales atómicos *p* se combinan para producir cuatro orbitales moleculares π: ψ_1, ψ_2, ψ_3 y ψ_4, en orden de energía

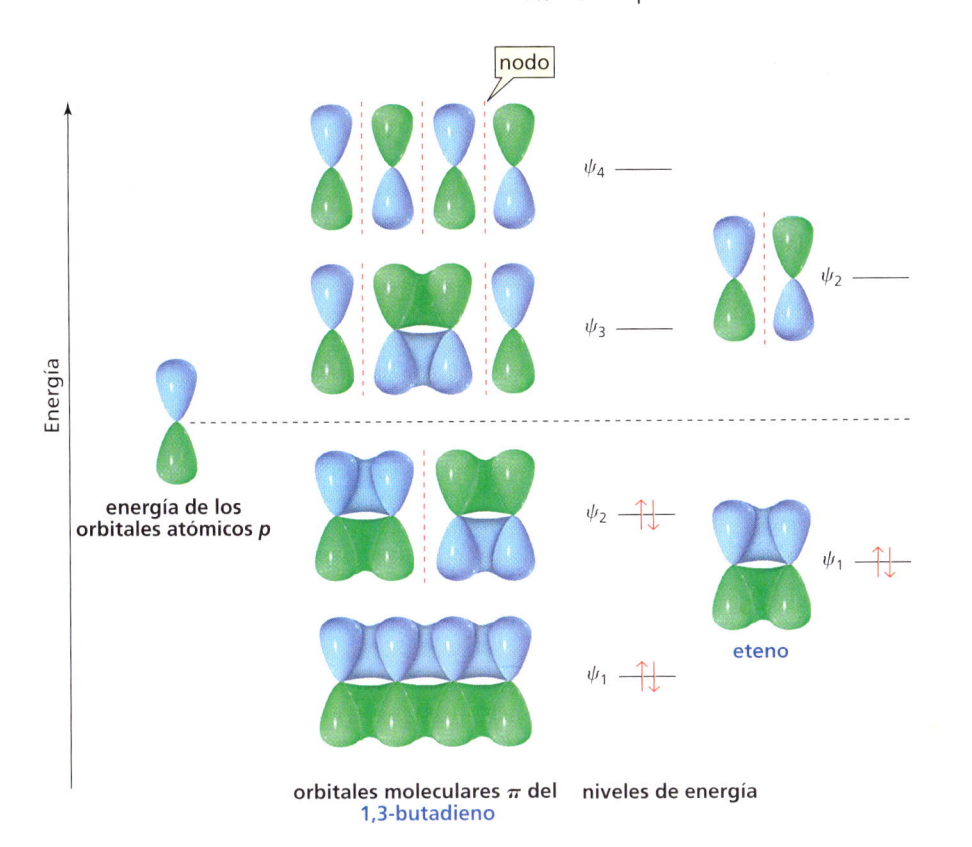

Figura 7.4

Cuatro orbitales atómicos *p* se traslapan y forman cuatro orbitales moleculares en el 1,3-butadieno, y dos orbitales atómicos *p* se traslapan para producir dos orbitales moleculares en el eteno. En ambos compuestos, los orbitales moleculares de enlace se llenan y los orbitales moleculares de antienlace están vacíos.

creciente. Así, se puede ver que un orbital molecular es el resultado de la **combinación lineal de orbitales atómicos (CLOA**, del inglés *LCAO, linear combination of atomic orbitals*). La mitad de los orbitales moleculares son de enlace π (ψ_1 y ψ_2) y la otra mitad son de antienlace π* (ψ_3 y ψ_4). Las energías de los orbitales moleculares de enlace y de antienlace se distribuyen simétricamente arriba y abajo de la energía de los orbitales atómicos *p*.

Obsérvese que a medida que aumenta la energía de los orbitales moleculares, lo hace también la cantidad de nodos entre ellos y disminuye la cantidad de interacciones de enlace. El orbital molecular de energía mínima (ψ_1) sólo tiene el nodo que corta a la mitad los orbitales *p* (no tiene nodos entre los núcleos porque todos los lóbulos azules se traslapan en una cara de la molécula, y todos los lóbulos verdes se traslapan en la otra cara), y tres interacciones de enlace; ψ_2 tiene un nodo entre los núcleos y dos interacciones de enlace (con un resultado neto de una interacción de enlace); ψ_3 tiene dos nodos entre los núcleos y una interacción de enlace (con un resultado neto de una interacción de antienlace) y ψ_4 tiene tres nodos entre los núcleos, tres interacciones de antienlace y carece de interacciones de enlace. Los cuatro electrones π del 1,3-butadieno residen en ψ_1 y ψ_2.

El orbital molecular de menor energía en el 1,3-butadieno (ψ_1) es especialmente estable porque dispone de tres interacciones de enlace y sus dos electrones están deslocalizados entre los cuatro núcleos, abarcando a todos los carbonos en el sistema π. El orbital molecular que le sigue en energía (ψ_2) también es un orbital molecular de enlace porque cuenta con una interacción de enlace más que las interacciones de antienlace; no es tan fuertemente de enlace ni tan bajo de energía como ψ_1. Estos dos orbitales moleculares de enlace indican que la máxima densidad electrónica π en un compuesto con dos enlaces dobles unidos por un enlace sencillo está entre C-1 y C-2 y entre C-3 y C-4, pero hay algo de densidad electrónica π entre C-2 y C-3, exactamente como indican las estructuras resonantes. También indican por qué el 1,3-butadieno es más estable en una conformación plana: si el 1,3-butadieno no fuera plano habría poco o nada de traslape entre C-2 y C-3. En general, ψ_3 es un orbital molecular de antienlace: tiene una interacción de antienlace más que interacciones de enlace, pero no es tan fuertemente de antienlace como ψ_4, que no tiene interacciones de enlace y sí tres interacciones de antienlace.

Tutorial del alumno:
Orbitales moleculares
(Molecular orbitals)

Tanto ψ_1 como ψ_3 son **orbitales moleculares simétricos** porque tienen un plano de simetría; entonces, una mitad es la imagen especular de la otra. En contraste, tanto ψ_2 como ψ_4 son antisimétricos porque no tienen un plano de simetría (pero tendrían uno si una mitad del orbital molecular se volteara de cabeza). Obsérvese que a medida que aumenta la energía de los orbitales moleculares alternan de simétrico a antisimétrico.

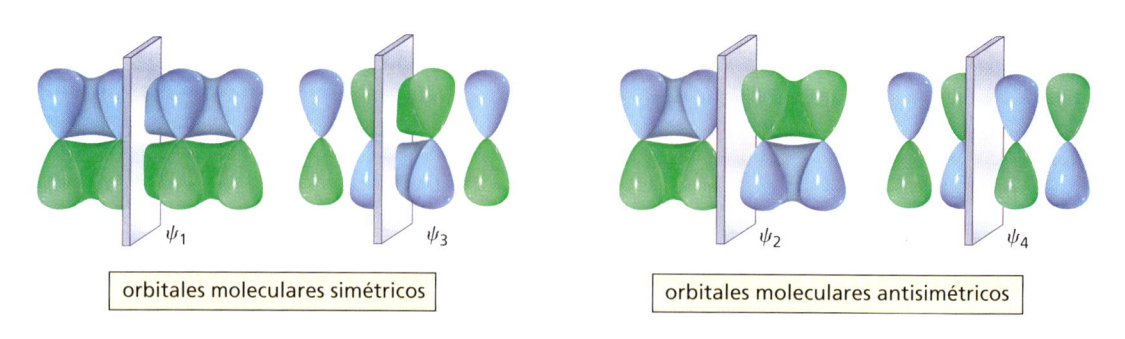

orbitales moleculares simétricos

orbitales moleculares antisimétricos

La energía de los orbitales moleculares del 1,3-butadieno y el eteno se comparan en la figura 7.4. Obsérvese que la energía promedio de los electrones en el 1,3-butadieno es menor que la de los electrones en el eteno; esta menor energía es la energía de deslocalización. En otras palabras, el 1,3-butadieno está estabilizado por deslocalización electrónica.

HOMO = orbital molecular de mayor energía ocupado.

LUMO = orbital molecular de menor energía desocupado.

El orbital molecular de mayor energía que contiene electrones en el 1,3-butadieno es ψ_2. En consecuencia a ψ_2 se le llama **orbital molecular de mayor energía ocupado (HOMO,** por sus siglas en inglés). El orbital molecular de menor energía que no contiene electrones en el 1,3-butadieno es ψ_3; por ello, ψ_3 recibe el nombre de **orbital molecular de menor energía desocupado (LUMO,** por sus siglas en inglés).

La descripción de los orbitales moleculares del 1,3-butadieno que se ve en la figura 7.4 representa la configuración electrónica de la molécula en su estado fundamental. Si la molécula absorbe luz de una longitud de onda adecuada, esa energía promoverá a un electrón de su HOMO hasta su LUMO (de ψ_2 a ψ_3); entonces, la molécula se encuentra en un estado excitado (sección 1.2). Después se estudiará que la excitación de un electrón del HOMO al LUMO es la base de la espectroscopia ultravioleta y visible (sección 12.16).

PROBLEMA 12◆

¿Cuál es la cantidad total de nodos en los orbitales moleculares ψ_3 y ψ_4 en el 1,3-butadieno?

PROBLEMA 13◆

Conteste lo siguiente, acerca de los orbitales moleculares π del 1,3-butadieno:

a. ¿Cuáles son los orbitales moleculares de enlace y cuáles los de antienlace?
b. ¿Cuáles orbitales moleculares son simétricos y cuáles son antisimétricos?
c. ¿Cuál orbital es el HOMO y cuál es el LUMO en el estado fundamental?
d. ¿Cuál orbital molecular es el HOMO y cuál es el LUMO en el estado excitado?
e. ¿Cuál es la relación entre los orbitales moleculares HOMO y LUMO y entre simétrico y antisimétrico?

Ahora vemos los orbitales moleculares π del 1,4-pentadieno.

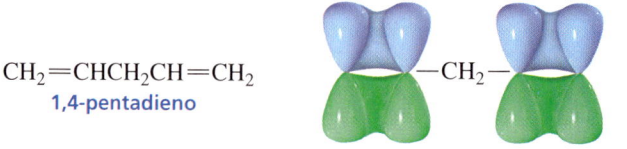

$CH_2=CHCH_2CH=CH_2$
1,4-pentadieno

orbitales moleculares del 1,4-pentadieno

El 1,4-pentadieno, como el 1,3-butadieno, tiene cuatro electrones π. Sin embargo, a diferencia de los electrones π deslocalizados en el 1,3-butadieno, los electrones π del 1,4-pentadieno están totalmente separados entre sí. En otras palabras, los electrones están localizados. Los orbitales moleculares del 1,4-pentadieno tienen la misma energía que los del eteno, compuesto con un par de electrones π localizados. Así, la teoría de los orbitales moleculares y las estructuras resonantes son dos formas distintas de demostrar que los electrones π del 1,3-butadieno están deslocalizados y que la deslocalización electrónica estabiliza a una molécula.

1,3,5-hexatrieno y benceno
El 1,3,5-hexatrieno, con seis átomos de carbono, tiene seis orbitales atómicos p.

$CH_2=CH-CH=CH-CH=CH_2$ $CH_2\text{═}CH\text{═}CH\text{═}CH\text{═}CH\text{═}CH_2$
1,3,5-hexatrieno   **híbrido de resonancia del 1,3,5-hexatrieno**

Los seis orbitales atómicos ψ se combinan para producir seis orbitales moleculares π: ψ_1, $\psi_2, \psi_3, \psi_4, \psi_5$ y ψ_6 (figura 7.5). La mitad de los orbitales moleculares (ψ_1, ψ_2 y ψ_3) son de enlace y la otra mitad (ψ_4, ψ_5 y ψ_6) son de antienlace. Los seis electrones π del 1,3,5-hexatrieno ocupan los tres orbitales moleculares de enlace (ψ_1, ψ_2 y ψ_3), y dos de los electrones (los de ψ_1) están deslocalizados entre los seis carbonos. Así, la teoría de los orbitales moleculares y las estructuras resonantes son dos maneras distintas de demostrar que los elec-

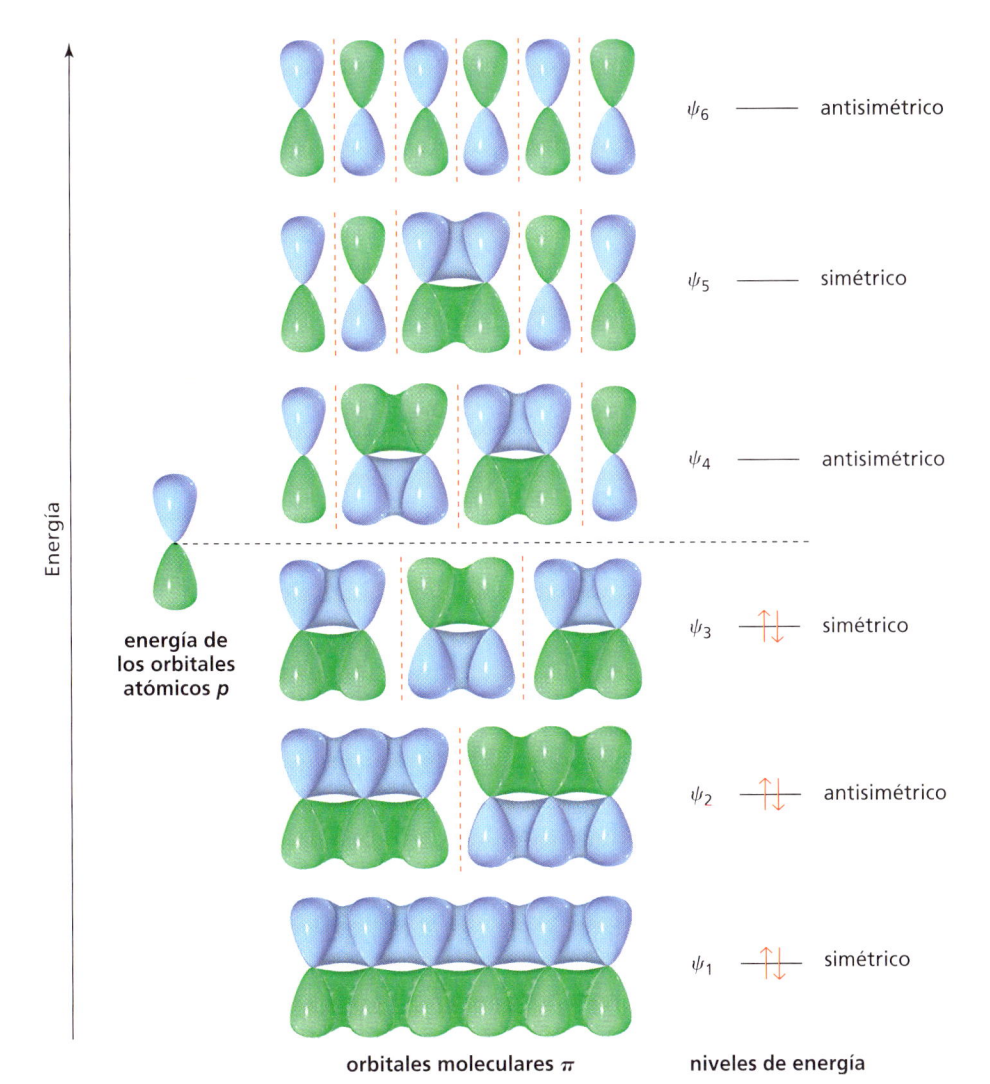

◄ **Figura 7.5**
Seis orbitales atómicos p se traslapan para producir los seis orbitales moleculares p del 1,3,5-hexatrieno. Los seis electrones ocupan los tres orbitales moleculares de enlace ψ_1, ψ_2 y ψ_3.

trones π en el 1,3,5-hexatrieno están deslocalizados. Obsérvese en la figura 7.5 que a medida que aumenta la energía de los orbitales moleculares aumenta la cantidad de nodos, disminuye la cantidad de interacciones de enlace y que los orbitales moleculares alternan de simétricos a antisimétricos.

PROBLEMA 14◆

Conteste lo siguiente, acerca de los orbitales moleculares del 1,3,5-hexatrieno:

a. ¿Cuáles son los orbitales moleculares de enlace y cuáles los de antienlace?
b. ¿Cuáles orbitales moleculares son simétricos y cuáles son antisimétricos?
c. ¿Cuál orbital es el HOMO y cuál es el LUMO en el estado fundamental?
d. ¿Cuál orbital molecular es el HOMO y cuál es el LUMO en el estado excitado?
e. ¿Cuál es la relación entre los orbitales moleculares HOMO y LUMO y entre simétrico y antisimétrico?

Como el 1,3,5-hexatrieno, el benceno tiene un sistema π de seis carbonos; no obstante, este sistema en el benceno es cíclico. Los seis orbitales atómicos p se combinan para producir seis orbitales moleculares π (figura 7.6). Tres de los orbitales moleculares son de enlace (ψ_1, ψ_2 y ψ_3) y tres son de antienlace (ψ_4, ψ_5 y ψ_6). Los seis electrones π del benceno ocupan los tres orbitales moleculares de menor energía (los orbitales moleculares de enlace). El método para determinar la energía relativa de los orbitales moleculares de compuestos con sistemas π cíclicos se describirá en la sección 14.7.

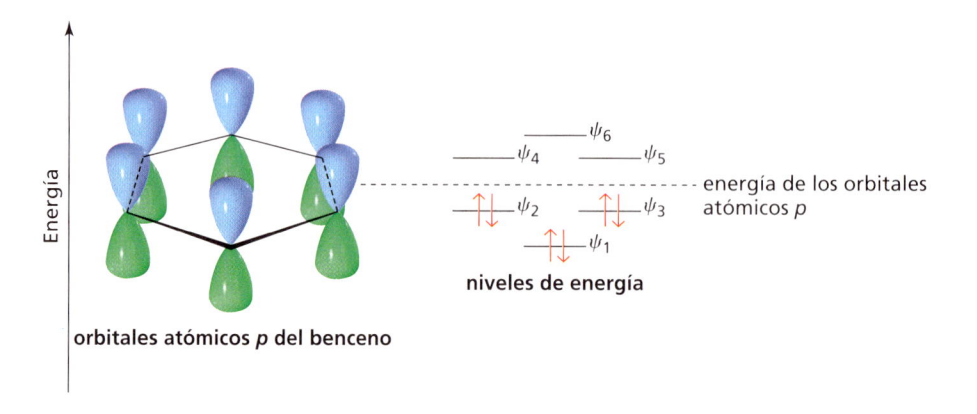

Figura 7.6 ▶
El benceno tiene seis orbitales moleculares π, tres de enlace (ψ_1, ψ_2, ψ_3) y tres de antienlace (ψ_4, ψ_5, ψ_6). Los seis electrones π ocupan los tres orbitales moleculares de enlace.

orbitales atómicos p del benceno

niveles de energía

energía de los orbitales atómicos p

La figura 7.7 muestra que hay seis interacciones de enlace en el orbital molecular de menor energía (ψ_1) del benceno —uno más que el orbital molecular de menor energía en el 1,3,5-hexatrieno (figura 7.5). En otras palabras, cuando en el benceno sus tres enlaces dobles se ordenan en un anillo la estabilidad de la molécula aumenta. Los otros dos orbitales moleculares del benceno (ψ_2 y ψ_3) son degenerados: ψ_2 tiene cuatro interacciones de enlace y dos de antienlace, y el resultado neto son dos interacciones de enlace; ψ_3 también posee dos interacciones de enlace. Entonces ψ_2 y ψ_3 son orbitales moleculares de enlace, pero no son tan fuertemente de enlace como ψ_1.

Los niveles de energía de los orbitales moleculares del eteno, del 1,3-butadieno, del 1,3,5-hexatrieno y del benceno se comparan en la figura 7.8. El lector puede ver que el benceno es una molécula particularmente estable —más estable que la del 1,3,5-hexatrieno y mucho más estable que una molécula que sólo tiene uno o más enlaces dobles aislados. Los compuestos como el benceno, que son de excepcional estabilidad a causa de grandes energías de deslocalización, se llaman **compuestos aromáticos**. La gran energía de deslocalización del benceno evita que tenga las reacciones de adición características de los alquenos, lo cual confundió a los químicos del siglo XIX (sección 7.1). En la sección 14.2 se describirán las características estructurales que determinan que un compuesto sea aromático.

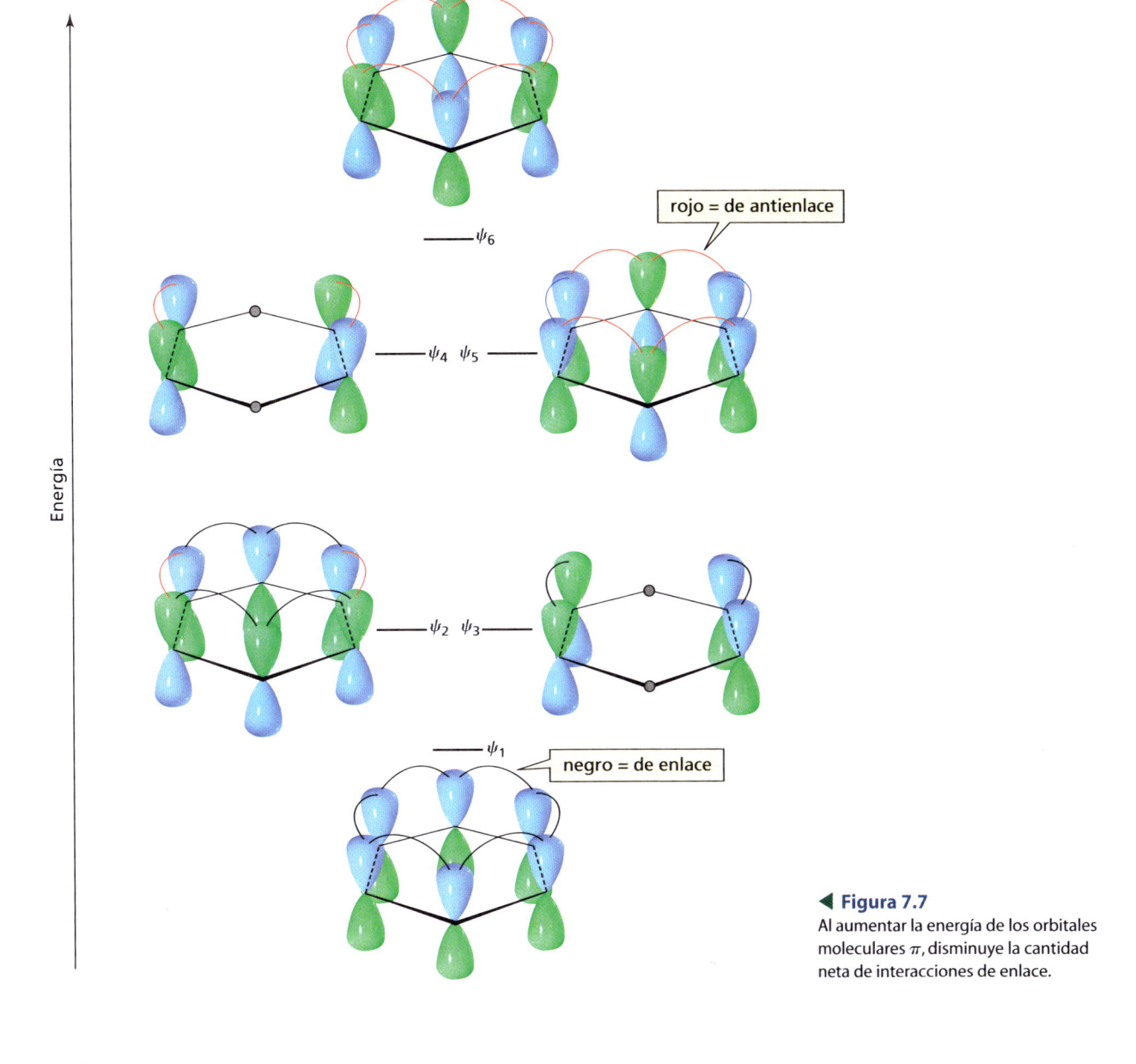

7.8 Descripción de la estabilidad con la teoría de los orbitales moleculares **311**

rojo = de antienlace

ψ_6

$\psi_4 \quad \psi_5$

$\psi_2 \quad \psi_3$

ψ_1

negro = de enlace

◀ **Figura 7.7**
Al aumentar la energía de los orbitales moleculares π, disminuye la cantidad neta de interacciones de enlace.

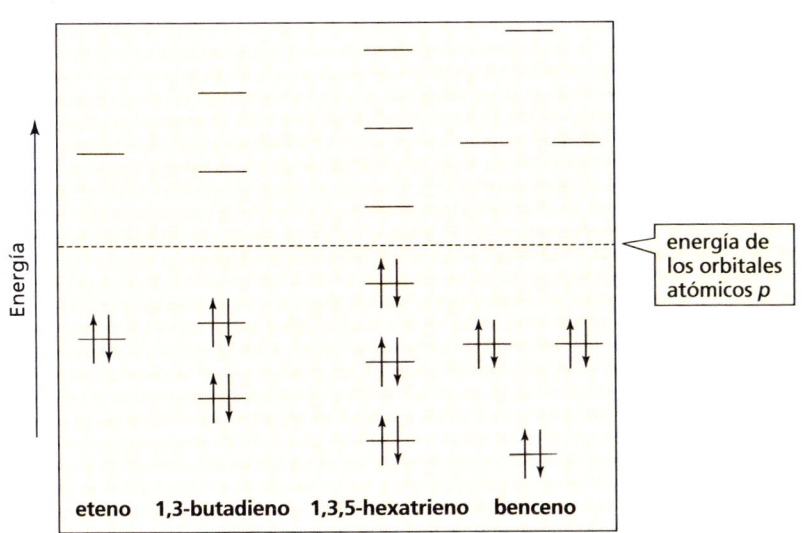

energía de los orbitales atómicos p

eteno   1,3-butadieno   1,3,5-hexatrieno   benceno

◀ **Figura 7.8**
Comparación de los niveles de energía de los orbitales moleculares π en el eteno, 1,3-butadieno, 1,3,5-hexatrieno y benceno.

312 CAPÍTULO 7 Electrones deslocalizados y su efecto sobre la estabilidad, la reactividad y el pK_a

> **PROBLEMA 15◆**
>
> ¿Cuántas interacciones de enlace hay en los orbitales moleculares ψ_1 y ψ_2 de los compuestos siguientes?
>
> **a.** 1,3-butadieno **b.** 1,3,5,7-octatetraeno

7.9 Influencia de los electrones deslocalizados sobre el pK_a

Ya se explicó que un ácido carboxílico es mucho más fuerte que un alcohol porque la base conjugada de un ácido carboxílico es bastante más estable que la base conjugada de un alcohol (sección 1.22). (Recuérdese que mientras más estable es la base su ácido conjugado es más fuerte.) Por ejemplo, el pK_a del ácido acético es 4.76, mientras que el pK_a del etanol es 15.9.

$$\underset{\substack{\text{ácido acético} \\ pK_a = 4.76}}{\text{CH}_3\overset{\overset{\displaystyle O}{\|}}{\text{C}}\text{OH}} \qquad \underset{\substack{\text{etanol} \\ pK_a = 15.9}}{\text{CH}_3\text{CH}_2\text{OH}}$$

La atracción de electrones aumenta la estabilidad de un anión.

La diferencia de la estabilidad en las dos bases conjugadas se puede atribuir a dos factores. El primero es que el ion carboxilato dispone de un átomo de oxígeno con enlace doble que sustituye a los dos hidrógenos del ion alcóxido. La atracción de electrones por este oxígeno electronegativo estabiliza al ion al disminuir la densidad electrónica del oxígeno con carga negativa.

$$\underset{\text{ion carboxilato}}{\text{CH}_3\overset{\overset{\displaystyle O}{\|}}{\text{C}}\text{O}^-} \qquad \underset{\text{ion alcóxido}}{\text{CH}_3\text{CH}_2\text{O}^-}$$

El otro factor determinante de la mayor estabilidad del ion carboxilato es su *mayor energía de deslocalización* en relación con la de su ácido conjugado. El ion carboxilato tiene mayor energía de deslocalización porque cuenta con dos estructuras resonantes equivalentes que se espera sean relativamente estables, mientras que el ácido carboxílico sólo presenta uno (sección 7.6). En consecuencia, la pérdida de un protón de un ácido carboxílico se acompaña de mayor energía de deslocalización —en otras palabras, de un aumento de estabilidad.

estructuras resonantes de un ácido carboxílico: relativamente estable ↔ relativamente inestable

estructuras resonantes de un ion carboxilato: relativamente estable ↔ relativamente estable

En contraste, todos los electrones en un alcohol como el etanol y en su base conjugada están localizados, por lo que la pérdida de un protón en un alcohol no se acompaña de un aumento en la energía de deslocalización.

$$\underset{\text{etanol}}{\text{CH}_3\text{CH}_2\text{OH}} \rightleftharpoons \text{CH}_3\text{CH}_2\text{O}^- + \text{H}^+$$

Tutorial del alumno:
Acidez y deslocalización electrónica
(Acidity and electron delocalization)

Los mismos dos factores determinantes de la mayor acidez de un ácido carboxílico en comparación con la de un alcohol explican que un fenol sea más ácido que un alcohol cíclico como el ciclohexanol: estabilización de la base conjugada del fenol por *atracción de electrones* y por un aumento en la *energía de deslocalización*.

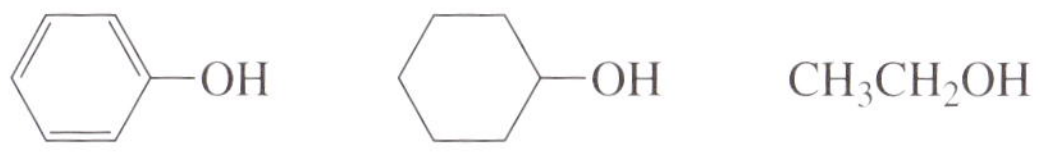

7.9 Influencia de los electrones deslocalizados sobre el pK_a

fenol
pK_a = 10

ciclohexanol
pK_a = 16

etanol
pK_a = 16

El grupo OH del fenol está unido a un carbono con hibridación sp^2, que es más electronegativo que el carbono con hibridación sp^3 al que está unido el grupo OH en el ciclohexanol (sección 1.20). La mayor *avidez electrónica* del carbono con hibridación sp^2 estabiliza la base conjugada al disminuir la densidad electrónica de su oxígeno con carga negativa. Si bien tanto el fenol como el ion fenolato tienen electrones deslocalizados, la energía de deslocalización del ion fenolato es mayor que la del fenol porque tres de las estructuras resonantes del fenol tienen cargas separadas. La pérdida de un protón del fenol, entonces, se acompaña de un aumento en la energía de deslocalización. La donación de electrones a través de enlaces π se llama **donación de electrones por resonancia,** o **donación electrónica de resonancia**.

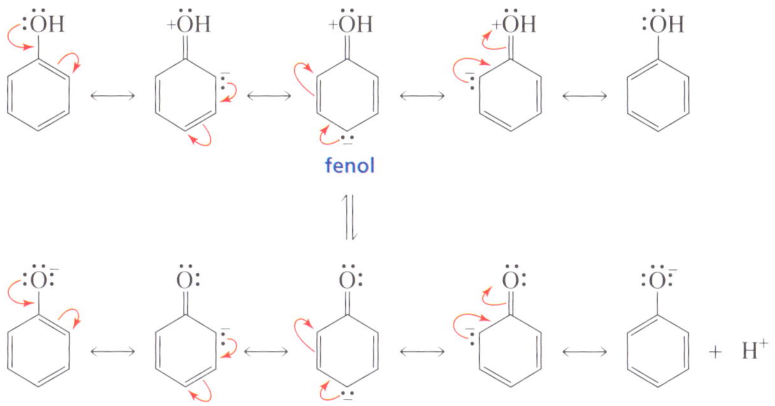

fenol

ion fenolato

En contraste, ni el ciclohexanol ni su base conjugada tienen electrones deslocalizados que los estabilicen.

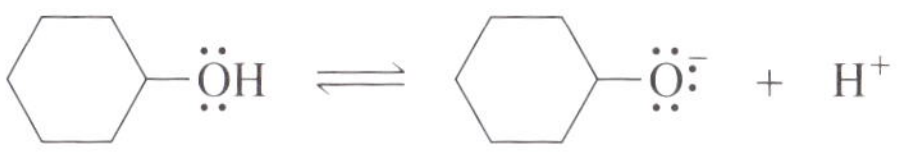

ciclohexanol

El fenol es un ácido más débil que un ácido carboxílico porque la atracción de electrones del oxígeno en el ion fenolato no es tan grande como en el ion carboxilato. Además, la mayor energía de deslocalización debida a la pérdida de un protón no es tan grande en un ion fenolato como en un ion carboxilato, donde la carga negativa se comparte por igual entre dos oxígenos.

Se pueden invocar los mismos dos factores para explicar por qué la anilina protonada es un ácido más fuerte que la ciclohexilamina protonada.

anilina protonada
pK_a = 4.60

ciclohexilamina protonada
pK_a = 11.2

En primer lugar, el átomo de nitrógeno de la anilina está unido a un carbono con hibridación sp^2, mientras que en la ciclohexilamina está unido a un carbono con hibridación sp^3, menos electronegativo. En segundo lugar, el átomo de nitrógeno en la amina protonada carece de un par de electrones no enlazado que pueda deslocalizarse; empero, cuando el nitrógeno pierde un protón se puede deslocalizar el par de electrones que antes unían al protón. Por consiguiente, la pérdida de un protón se acompaña de un aumento en la energía de deslocalización.

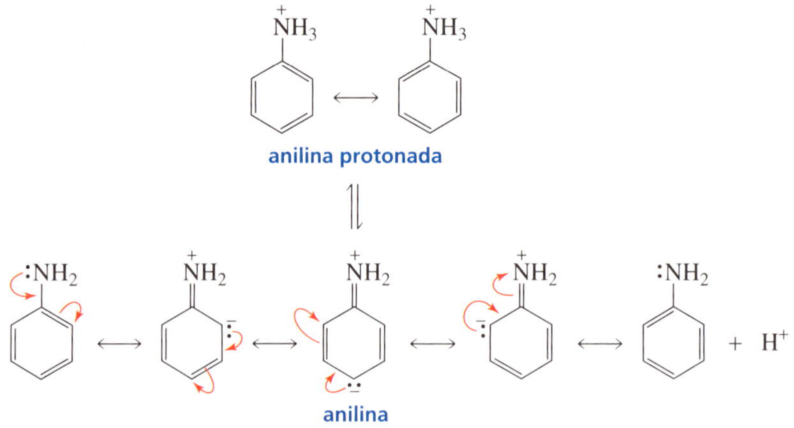

anilina protonada

anilina

Una amina como la ciclohexilamina no tiene electrones deslocalizados que la estabilicen en la forma protonada ni en la forma no protonada.

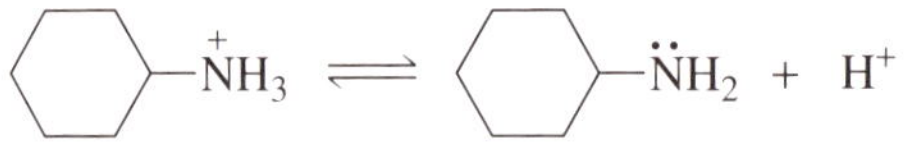

ciclohexilamina protonada ⇌ **ciclohexilamina** + H⁺

Ahora ya se puede agregar el fenol y la anilina protonada a la lista de compuestos orgánicos cuyos valores aproximados de pK_a debe conocer el lector (tabla 7.2).

Tabla 7.2 Valores aproximados de pK_a

pK_a < 0	pK_a ≈ 5	pK_a ≈ 10	pK_a ≈ 15
RO⁺H₂	RCOOH	RN⁺H₃	ROH
RC(⁺OH)=OH	Ph-N⁺H₃	Ph-OH	H₂O
H₃O⁺			

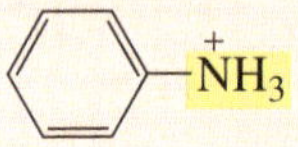

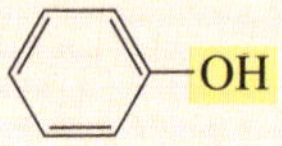

PROBLEMA 16◆

¿Cuál ácido es el más fuerte de los siguientes pares de compuestos?

a. CH₃CH₂CH₂OH o CH₃CH=CHOH

b. HCCH₂OH (con C=O) o CH₃COH (con C=O)

c. CH₃CH=CHCH₂OH o CH₃CH=CHOH

d. CH₃CH₂CH₂N⁺H₃ o CH₃CH=CHN⁺H₃

PROBLEMA 17◆

¿Cuál es la base más fuerte en cada uno de los siguientes pares de compuestos?

a. etilamina o anilina
b. etilamina o ion etóxido (CH₃CH₂O⁻)
c. ion fenolato o ion etóxido

PROBLEMA 18◆

Ordene los siguientes compuestos por fuerza ácida decreciente:

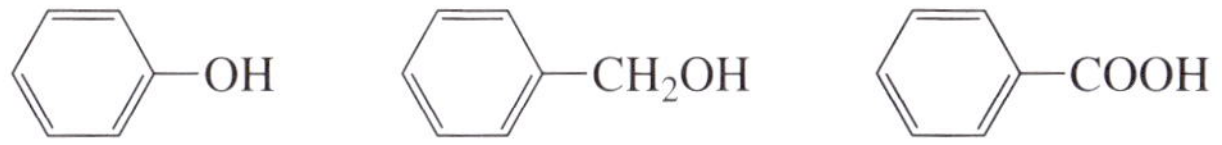

C₆H₅—OH   C₆H₅—CH₂OH   C₆H₅—COOH

PROBLEMA 19 RESUELTO

¿Cuál de los siguientes compuestos diría usted que es el ácido más fuerte?

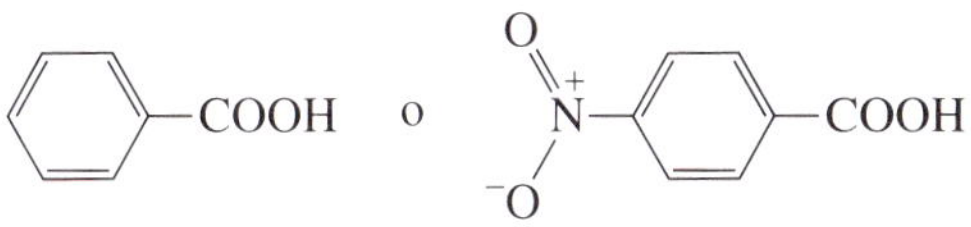

C₆H₅—COOH   o   O₂N—C₆H₄—COOH

Solución El compuesto sustituido con un grupo nitro es el ácido más fuerte porque ese sustituyente atrae electrones inductivamente (a través de los enlaces σ) y también **atrae electrones por resonancia** (a través de los enlaces π). Hemos visto que los sustituyentes ávidos de electrones aumentan la acidez de un compuesto porque estabilizan su base conjugada.

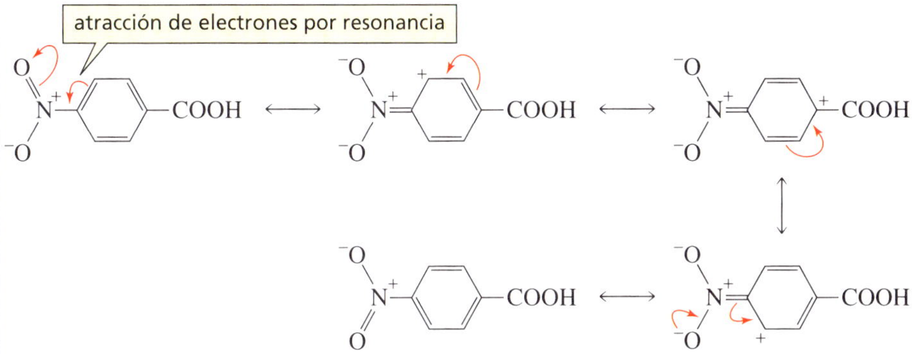

atracción de electrones por resonancia

[estructuras de resonancia del ácido p-nitrobenzoico]

PROBLEMA 20◆

Un sustituyente metoxi (CH₃O) unido al anillo de benceno atrae inductivamente electrones (a través de los enlaces σ) porque el oxígeno es más electronegativo que el carbono. El grupo también **dona electrones por resonancia** (a través de los enlaces π).

donación de electrones por resonancia

[estructuras de resonancia del ácido p-metoxibenzoico]

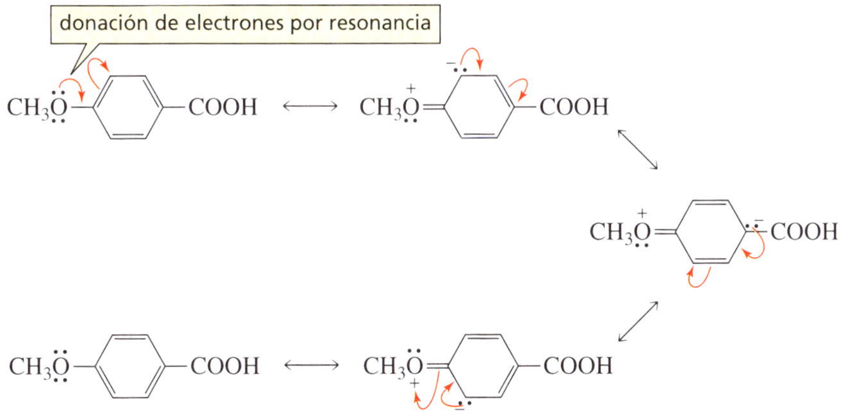

De acuerdo con los valores de pK_a de los siguientes ácidos carboxílicos no sustituido y sustituido con metóxido, prediga cuál es el efecto más importante: atracción inductiva de electrones o donación de electrones por resonancia.

C₆H₅—COOH   CH₃O—C₆H₄—COOH
pK_a = 4.20   pK_a = 4.47

7.10 Influencia de los electrones deslocalizados sobre el producto de una reacción

La capacidad de prever el producto de una reacción orgánica depende con frecuencia de poder reconocer cuándo las moléculas orgánicas tienen electrones deslocalizados. Por ejemplo, en la siguiente reacción, los dos carbonos con hibridación sp^2 del alqueno están unidos con la misma cantidad de hidrógenos:

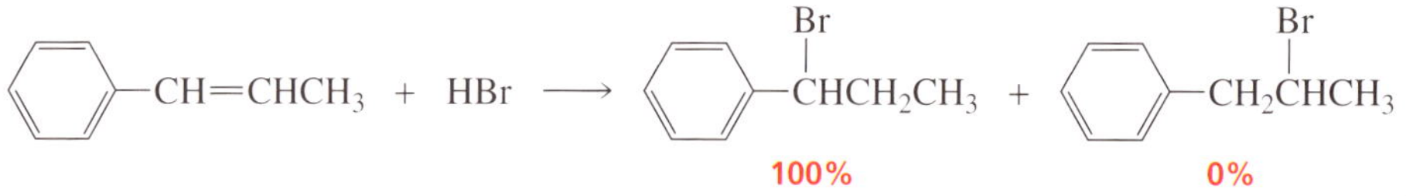

Ph—CH=CHCH$_3$ + HBr ⟶ Ph—CHBrCH$_2$CH$_3$ (100%) + Ph—CH$_2$CHBrCH$_3$ (0%)

Por consiguiente, la regla que señala adicionar el electrófilo al carbono con hibridación sp^2 enlazado con más hidrógenos indica que se formarán cantidades aproximadamente iguales de los dos productos; no obstante, cuando se lleva a cabo la reacción, sólo se obtiene uno de ellos.

La regla condujo a una afirmación incorrecta acerca del producto de la reacción porque prescinde de la deslocalización electrónica. Esa regla supone que los dos carbocationes intermediarios presentan igual estabilidad porque ambos son carbocationes secundarios. La regla no tiene en cuenta que un intermediario es un carbocatión alquilo secundario y el otro es un catión bencílico secundario. Como el catión bencílico secundario se estabiliza por deslocalización electrónica se forma con más facilidad. La diferencia en la rapidez de formación de los dos carbocationes es suficiente para que sólo se obtenga un producto.

Ph—$\overset{+}{C}$HCH$_2$CH$_3$ Ph—CH$_2\overset{+}{C}$HCH$_3$
catión bencílico secundario   **carbocatión secundario**

Este ejemplo debe servir como advertencia. La regla que describe al carbono con hibridación sp^2 al que se une el electrófilo no puede usarse en reacciones donde haya carbocationes que se puedan estabilizar por deslocalización electrónica. En esos casos el lector debe buscar la estabilidad relativa de los carbocationes individuales para pronosticar cuál será el producto principal de la reacción.

PROBLEMA 21◆

¿Cuál es el producto principal obtenido en la adición de HBr al siguiente compuesto?

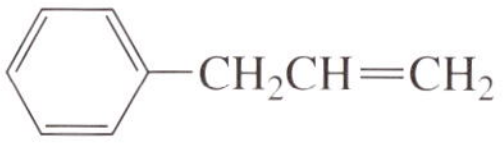

Ph—CH$_2$CH=CH$_2$

PROBLEMA 22   RESUELTO

Indique los sitios donde pueda efectuarse la protonación en cada uno de los compuestos siguientes.

a. CH$_3$CH=CHOCH$_3$ + H$^+$ **b.** (cyclohexenyl)—N(piperidine) + H$^+$

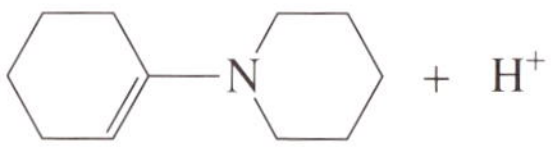

Solución de 22a Las estructuras resonantes indican que hay dos sitios que se pueden protonar: el oxígeno, con un par de electrones no enlazado, y el carbono, con un par de electrones no enlazado.

CH$_3$CH=CH—$\ddot{\text{O}}$CH$_3$ ⟷ CH$_3$$\overset{-}{\ddot{\text{C}}}$H—CH=$\overset{+}{\ddot{\text{O}}}CH_3$ CH$_3$CH=CH$\ddot{\ddot{\text{O}}}$CH$_3$
estructuras resonantes   **sitios de protonación**

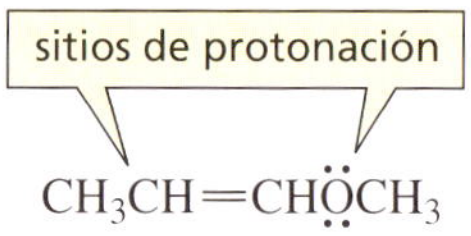

7.10 Influencia de los electrones deslocalizados sobre el producto de una reacción

Ahora se compararán los productos que se forman cuando los *dienos aislados* (dienos que sólo tienen electrones localizados) desarrollan reacciones de adición electrofílica, con los productos que se forman cuando los *dienos conjugados* (dienos que tienen electrones deslocalizados) participan en las mismas reacciones.

$$CH_2=CHCH_2CH_2CH=CH_2 \qquad CH_3CH_2CH-CH=CHCH_3$$
$$\text{dieno aislado} \qquad\qquad \text{dieno conjugado}$$

Reacciones de los dienos aislados

Las reacciones de los *dienos con enlaces dobles aislados* son como las reacciones de los alcanos. Si hay presente un exceso del reactivo electrofílico, se efectuarán dos reacciones independientes de adición. En cada una el electrófilo se adiciona al carbono con hibridación sp^2 unido a más hidrógenos.

$$CH_2=CHCH_2CH_2CH=CH_2 + HBr \longrightarrow CH_3\underset{Br}{C}HCH_2CH_2\underset{Br}{C}HCH_3$$
$$\text{1,5-hexadieno} \qquad\qquad \text{exceso}$$

La reacción se efectúa exactamente como cabría esperar, de acuerdo con los conocimientos adquiridos del mecanismo de la reacción de alquenos con reactivos electrofílicos.

Mecanismo de la reacción de un dieno aislado con HBr en exceso

$$CH_2=CHCH_2CH_2CH=CH_2 + H-\ddot{B}r: \longrightarrow CH_3\overset{+}{C}HCH_2CH_2CH=CH_2 \longrightarrow CH_3\underset{Br}{C}HCH_2CH_2CH=CH_2$$
$$+ :\ddot{B}r:^-$$

$$CH_3\underset{Br}{C}HCH_2CH_2\underset{Br}{C}HCH_3 \longleftarrow CH_3\underset{Br}{C}HCH_2CH_2\overset{+}{C}HCH_3 + :\ddot{B}r:^-$$

- El electrófilo (H^+) se adiciona a doble enlace rico en electrones de manera que se produzca el carbocatión más estable (sección 4.4).
- Después, el ion bromuro se adiciona al carbocatión.
- Como hay un exceso de reactivo electrofílico habrá la cantidad suficiente para adicionarse al otro enlace doble.

Si sólo hay suficiente reactivo electrofílico para adicionarse a uno de los enlaces dobles, lo hará de preferencia al enlace doble más reactivo. Por ejemplo, en la reacción del 2-metil-1,5-hexadieno con HCl, la adición de HCl al doble enlace de la izquierda (figura 4) forma un carbocatión secundario, mientras que la adición de HCl al enlace doble de la derecha forma un carbocatión terciario. Ya que el estado de transición que lleva a la formación de un carbocatión terciario es más estable que el que lleva a un carbocatión secundario, el carbocatión terciario se forma con mayor rapidez (sección 4.4). Por consiguiente, en presencia de una cantidad limitada de HCl, el producto principal de la reacción será 5-cloro-5-metil-1-hexeno.

$$CH_2=CHCH_2CH_2\underset{\underset{\text{1 mol}}{}}{\overset{\overset{CH_3}{|}}{C}}=CH_2 + HCl \longrightarrow CH_2=CHCH_2CH_2\underset{\underset{Cl}{|}}{\overset{\overset{CH_3}{|}}{C}}CH_3$$
$$\text{2-metil-1,5-hexadieno} \qquad \text{1 mol} \qquad\qquad \text{5-cloro-5-metil-1-hexeno}$$
$$\text{1 mol} \qquad\qquad\qquad\qquad\qquad \text{producto principal}$$

PROBLEMA 23

Indique cuál es el producto principal de cada una de las siguientes reacciones, suponiendo que en todas se usa un equivalente de cada reactivo.

a. $CH_2=CHCH_2CH_2CH=\overset{\underset{\displaystyle CH_3}{|}}{C}CH_3 \xrightarrow{HBr}$

b. $HC\equiv CCH_2CH_2CH=CH_2 \xrightarrow{Cl_2}$

c. 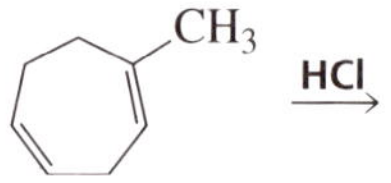 (1-metil-1,3-cicloheptadieno) $\xrightarrow{HCl}$

PROBLEMA 24 ♦

¿Cuál de los enlaces dobles del cingibereno, compuesto causante del olor del jengibre, es el más reactivo en una reacción de adición electrofílica?

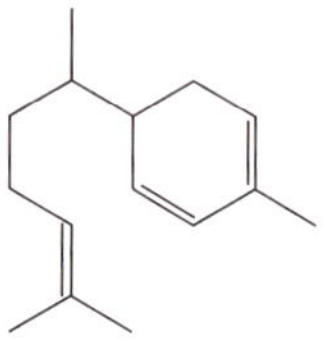

cingibereno

Reacciones de dienos conjugados

Cuando un dieno con *enlaces dobles conjugados* como el 1,3-butadieno reacciona con una cantidad limitada de reactivo electrofílico, para que sólo pueda haber adición en uno de los enlaces dobles se forman dos productos de adición. Uno es un **producto de adición 1,2**, que es el resultado de la adición en las posiciones 1 y 2; el otro es un **producto de adición 1,4**, que resulta de adiciones en las posiciones 1 y 4.

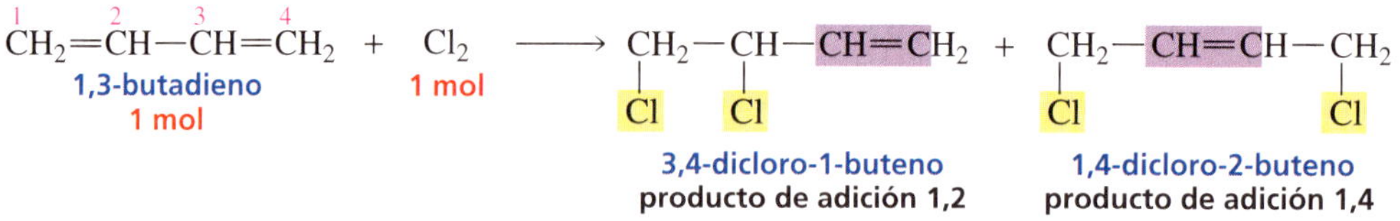

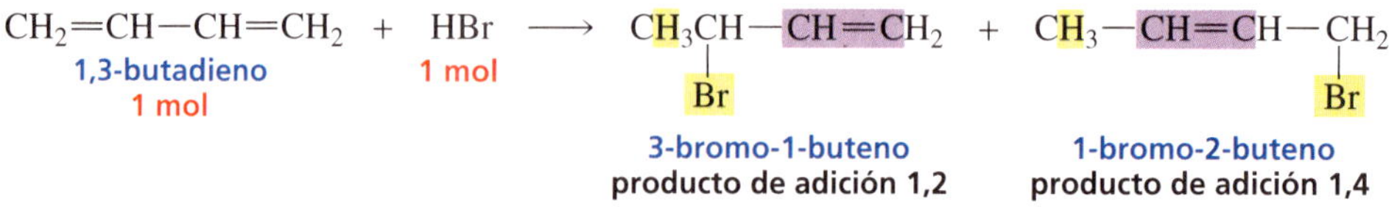

$$\overset{1}{CH_2}=\overset{2}{CH}-\overset{3}{CH}=\overset{4}{CH_2} + Cl_2 \longrightarrow CH_2-CH-CH=CH_2 + CH_2-CH=CH-CH_2$$
$$\underset{Cl\ \ \ Cl}{} \quad \underset{Cl\ \ \ \ \ \ \ \ \ \ \ Cl}{}$$

1,3-butadieno   1 mol   3,4-dicloro-1-buteno   1,4-dicloro-2-buteno
1 mol   producto de adición 1,2   producto de adición 1,4

$$CH_2=CH-CH=CH_2 + HBr \longrightarrow CH_3CH-CH=CH_2 + CH_3-CH=CH-CH_2$$
$$\underset{Br}{} \quad \underset{Br}{}$$

1,3-butadieno   1 mol   3-bromo-1-buteno   1-bromo-2-buteno
1 mol   producto de adición 1,2   producto de adición 1,4

Un dieno aislado sólo tiene adiciones 1,2.

Un dieno conjugado tiene adiciones 1,2 y 1,4.

La adición en las posiciones 1 y 2 se llama **adición 1,2** o **adición directa**. La adición en las posiciones 1 y 4 se llama **adición 1,4** o **adición conjugada**.

Con base en los conocimientos del lector acerca de la forma en que los reactivos electrofílicos se adicionan a enlaces dobles, cabría esperar que se formara el producto de adición en 1,2. Sin embargo, sorprenderá que también se forme el producto de adición en 1,4 porque no sólo el reactivo no se adiciona a carbonos adyacentes sino que un enlace doble cambia de posición. El enlace doble en el producto 1,4 se localiza entre las posiciones 2 y 3, una posición en la que el reactivo tenía enlace sencillo.

Cuando se habla de adición en las posiciones 1 y 2 o 1 y 4 los números indican los cuatro carbonos del sistema conjugado. Así, el carbono en la posición 1 es uno de los carbonos con hibridación sp^2 en el extremo del sistema conjugado y no necesariamente es el primer carbono en la molécula.

$$R-\underset{1}{CH}=\underset{2}{CH}-\underset{3}{CH}=\underset{4}{CH}-R$$

el sistema conjugado

$$CH_3CH=CH-CH=CHCH_3 \xrightarrow{Br_2} CH_3CH-CH-CH=CHCH_3 + CH_3CH-CH=CH-CHCH_3$$
$$\quad\quad\quad\quad\quad\quad\quad\quad\quad\quad\quad\quad\quad\quad\quad\quad Br\ \ Br \quad\quad\quad\quad\quad\quad\quad Br\quad\quad\quad\quad Br$$

2,4-hexadieno   4,5-dibromo-2-hexeno   2,5-dibromo-3-hexeno
                              producto de adición 1,2   **producto de adición 1,4**

Para comprender por qué una reacción de adición electrofílica con un dieno conjugado forma productos de adición en 1,2 y en 1,4 es necesario examinar el mecanismo de la reacción.

Mecanismo de la reacción de un dieno conjugado con HBr

$$CH_2=CH-CH=CH_2 + H-\ddot{Br}: \longrightarrow CH_3-\overset{+}{CH}-CH=CH_2 \longleftrightarrow CH_3-CH=CH-\overset{+}{CH_2}$$

1,3-butadieno   + :Ḃr:⁻   catión alílico   + :Ḃr:⁻

$$\overset{+}{CH_2}-CH_2-CH=CH_2 \quad\quad\quad CH_3-CH-CH=CH_2 + CH_3-CH=CH-CH_2$$
$$\quad\quad\quad\quad\quad\quad\quad\quad\quad\quad\quad\quad\quad\quad\ \ Br\quad\quad\quad\quad\quad\quad\quad\quad\quad\quad\quad Br$$

carbocatión primario   3-bromo-1-buteno   1-bromo-2-buteno
                             producto de adición 1,2   **producto de adición 1,4**

- El protón se adiciona al C-1 y forma un catión alílico. Los electrones π del catión alílico están deslocalizados, por lo que la carga positiva se comparte entre dos carbonos. (Obsérvese que como el 1,3-butadieno es simétrico, adicionar en C-1 es igual que hacerlo en C-4). El protón no se adiciona al C-2 o al C-3 porque al hacerlo se formaría un carbocatión primario. Los electrones π de un carbocatión primario estarían localizados; por consiguiente, no es tan estable como el catión alílico deslocalizado.
- Las estructuras resonantes del catión alílico muestran que la carga positiva en el carbocatión no está localizada en C-2 sino que está compartida por C-2 y C-4. En consecuencia, el ion haluro puede atacar al C-2, o bien, al C-4 para formar el producto de adición 1,2 o el de adición en 1,4, respectivamente.

$$CH_3-\overset{\delta+}{CH}=\!=\!CH=\!=\overset{\delta+}{CH_2}$$

Cuando se examinen más ejemplos, obsérvese que el primer paso en todas las adiciones electrofílicas a dienos conjugados es la adición del electrófilo a uno de los carbonos con hibridación sp^2 al final del sistema conjugado. Es la única manera de formar un carbocatión que esté estabilizado por deslocalización electrónica. Si el electrófilo se adicionara a uno de los carbonos con hibridación sp^2 internos, el carbocatión resultante sólo tendría electrones localizados.

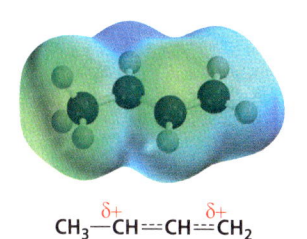

Halogenación de dienos 1

> **PROBLEMA 25◆**
>
> Indique cuáles son los productos de las siguientes reacciones suponiendo que en ellas se usa un equivalente de cada reactivo.
>
> **a.** $CH_3CH=CH-CH=CHCH_3 \xrightarrow{Cl_2}$
>
> **b.** $CH_3CH=C(CH_3)-C(CH_3)=CHCH_3 \xrightarrow{HBr}$
>
> **c.** ciclopentadieno $\xrightarrow{Br_2}$
>
> **PROBLEMA 26**
>
> ¿Qué estereoisómeros se obtienen en las reacciones de las páginas 316 y 317? (*Sugerencia:* repase la sección 5.19).

Repasemos la información de esta sección comparando el resultado de la adición electrofílica a un dieno aislado con el de la adición electrofílica a un dieno conjugado. El carbocatión formado por adición de un electrófilo a un dieno aislado no está estabilizado por resonancia. La posición de la carga está localizada en un solo carbono, de modo que sólo sucede la adición directa (en 1,2).

adición a un dieno aislado

$CH_2=CHCH_2CH_2CH=CH_2 \xrightarrow{HBr} CH_3\overset{+}{C}HCH_2CH_2CH=CH_2 + Br^- \longrightarrow CH_3CHCH_2CH_2CH=CH_2$
                                                                                                                                         $|$
                                                                                                                                         Br

1,5-hexadieno — adición del electrófilo — adición del nucleófilo — **5-bromo-1-hexeno**

En contraste, el carbocatión que se forma por adición de un electrófilo a un dieno conjugado se encuentra estabilizado por deslocalización electrónica. Dos carbonos comparten la carga positiva y el resultado consiste en que se efectúan adiciones en 1,2 y en 1,4.

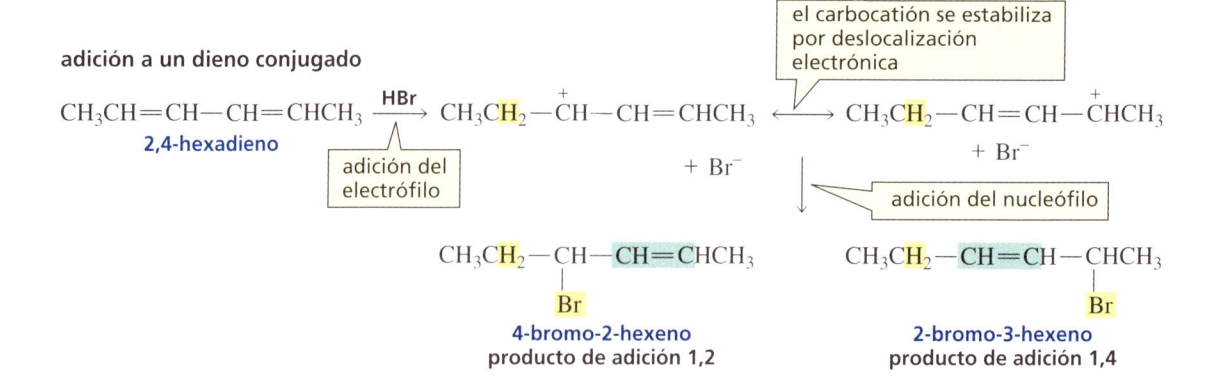

adición a un dieno conjugado

$CH_3CH=CH-CH=CHCH_3 \xrightarrow{HBr} CH_3CH_2-\overset{+}{C}H-CH=CHCH_3 \longleftrightarrow CH_3CH_2-CH=CH-\overset{+}{C}HCH_3$

2,4-hexadieno — adición del electrófilo — el carbocatión se estabiliza por deslocalización electrónica — $+ Br^-$

$CH_3CH_2-CH-CH=CHCH_3 \qquad CH_3CH_2-CH=CH-CHCH_3$
$\quad\quad\quad\quad |\quad\quad\quad\quad\quad\quad\quad\quad\quad\quad\quad\quad\quad\quad\quad\quad |$
$\quad\quad\quad\quad Br\quad\quad\quad\quad\quad\quad\quad\quad\quad\quad\quad\quad\quad\quad\quad Br$

4-bromo-2-hexeno — **2-bromo-3-hexeno**
producto de adición 1,2 — producto de adición 1,4

Si el dieno conjugado no es simétrico, los productos principales de la reacción son los que se obtienen agregando el electrófilo al carbono con hibridación sp^2 terminal que tenga como resultado la formación del carbocatión más estable. Por ejemplo, en la reacción del 2-metil-1,3-butadieno con HBr, el protón se adiciona de preferencia al C-1 porque la carga positiva del carbocatión que resulta está compartida por un carbono alílico terciario y uno alílico primario. Si el protón se adiciona a C-4 se formaría un carbocatión en el que la carga positiva estaría compartida por un carbono alílico secundario y uno alílico primario. En vista de que la adición a C-1 forma el carbocatión más estable, los productos principales de la reacción son 3-bromo-3-metil-1-buteno y 1-bromo-3-metil-2-buteno.

$$\underset{\text{2-metil-1,3-butadieno}}{\overset{1}{CH_2}=\underset{\underset{CH_3}{|}}{C}-CH=\overset{4}{CH_2}} + HBr \longrightarrow \underset{\text{3-bromo-3-metil-1-buteno}}{CH_3-\underset{\underset{Br}{|}}{\overset{\overset{CH_3}{|}}{C}}-CH=CH_2} + \underset{\text{1-bromo-3-metil-2-buteno}}{CH_3-\overset{\overset{CH_3}{|}}{C}=CH-\underset{\underset{Br}{|}}{CH_2}}$$

$$CH_3\underset{+}{\overset{\overset{CH_3}{|}}{C}}-CH=CH_2 \longleftrightarrow CH_3\overset{\overset{CH_3}{|}}{C}=CH-\underset{+}{CH_2}$$

carbocatión que se forma por adición de H⁺ a C-1

$$CH_2=\underset{+}{\overset{\overset{CH_3}{|}}{C}}-CHCH_3 \longleftrightarrow \underset{+}{CH_2}-\overset{\overset{CH_3}{|}}{C}=CHCH_3$$

carbocatión que se forma por adición de H⁺ a C-4

Eterificación 2

PROBLEMA 27

¿Qué productos se obtendrían en la reacción de 1,3,5-hexatrieno con un equivalente de HBr? No tenga en cuenta los estereoisómeros.

PROBLEMA 28

Indique cuáles son los productos de las reacciones siguientes sin tener en cuenta los estereoisómeros (en cada reacción se usa un equivalente de cada reactivo).

a. $CH_3CH=CH-\underset{\underset{CH_3}{|}}{C}=CH_2$

b. [ciclohexeno con sustituyente CH₃]

c. $CH_3CH=CH-\underset{\underset{CH_3}{|}}{C}=CHCH_3 \xrightarrow{HBr}$

7.11 Control termodinámico o cinético de las reacciones

Cuando un dieno conjugado se expone a una reacción de adición electrofílica, hay dos factores que determinan si el producto principal de adición será 1,2 o 1,4: la temperatura a la que se efectúa la reacción y la estructura del reactivo.

Cuando una reacción forma más de un producto, al *producto que se forma con mayor rapidez* se le llama **producto cinético** y al *producto más estable* se le llama **producto termodinámico**. Las reacciones que generan el producto cinético como producto principal se llaman *cinéticamente controladas*. Las reacciones que originan el producto termodinámico como producto principal se llaman *termodinámicamente controladas*.

El producto cinético es el producto que se forma con mayor rapidez.

El producto termodinámico es el producto más estable.

322 CAPÍTULO 7 Electrones deslocalizados y su efecto sobre la estabilidad, la reactividad y el pK_a

Tutorial del alumno:
Producto termodinámico o producto cinético
(Thermodynamic product versus kinetic product)

En muchas reacciones orgánicas el producto más estable también es el que se forma con mayor rapidez. En otras palabras, el producto cinético y el producto termodinámico son uno solo. La adición electrofílica al 1,3-butadieno es un ejemplo de reacción en la que el producto cinético y el producto termodinámico *no son* el mismo: el producto de adición en 1,2 es el producto cinético y el producto de adición en 1,4 es el producto termodinámico.

$$CH_2=CHCH=CH_2 + HBr \longrightarrow CH_3CHCH=CH_2 + CH_3CH=CHCH_2$$
$$\hspace{2cm}\text{1,3-butadieno} \hspace{3cm} | \hspace{4cm} |$$
$$\hspace{7cm} Br \hspace{4cm} Br$$

producto de adición en 1,2   producto de adición 1,4
producto cinético   producto termodinámico

En una reacción en donde los productos cinético y termodinámico no son iguales, el producto que predomine dependerá de las condiciones bajo las que se efectúe la reacción. Si la reacción tiene lugar bajo condiciones suficientemente moderadas (baja temperatura) para que sea *irreversible*, el producto principal será el *producto cinético*. Por ejemplo, cuando se hace la adición de HBr al 1,3-butadieno a −80 °C, el producto principal es el *producto de adición en 1,2*, que es el que se forma con mayor rapidez.

El producto cinético predomina cuando la reacción es irreversible.

$$CH_2=CHCH=CH_2 + HBr \xrightarrow{-80\ °C} CH_3CHCH=CH_2 + CH_3CH=CHCH_2$$
$$\hspace{7cm} | \hspace{4cm} |$$
$$\hspace{7cm} Br \hspace{4cm} Br$$

producto de adición 1,2   producto de adición 1,4
80%   20%

El producto termodinámico predomina cuando la reacción es reversible.

Si por otro lado la reacción se efectúa bajo condiciones suficientemente vigorosas (alta temperatura) para que sea *reversible*, el producto principal será el *producto termodinámico*. Cuando se efectúa la misma reacción a 45 °C, el producto principal es el *producto de adición 1,4*, el más estable.

$$CH_2=CHCH=CH_2 + HBr \xrightarrow{45\ °C} CH_3CHCH=CH_2 + CH_3CH=CHCH_2$$
$$\hspace{7cm} | \hspace{4cm} |$$
$$\hspace{7cm} Br \hspace{4cm} Br$$

producto de adición 1,2   producto de adición 1,4
15%   85%

Un diagrama de coordenada de reacción ayuda a explicar por qué predominan diferentes productos bajo diferentes condiciones de reacción (figura 7.9). El primer paso de la

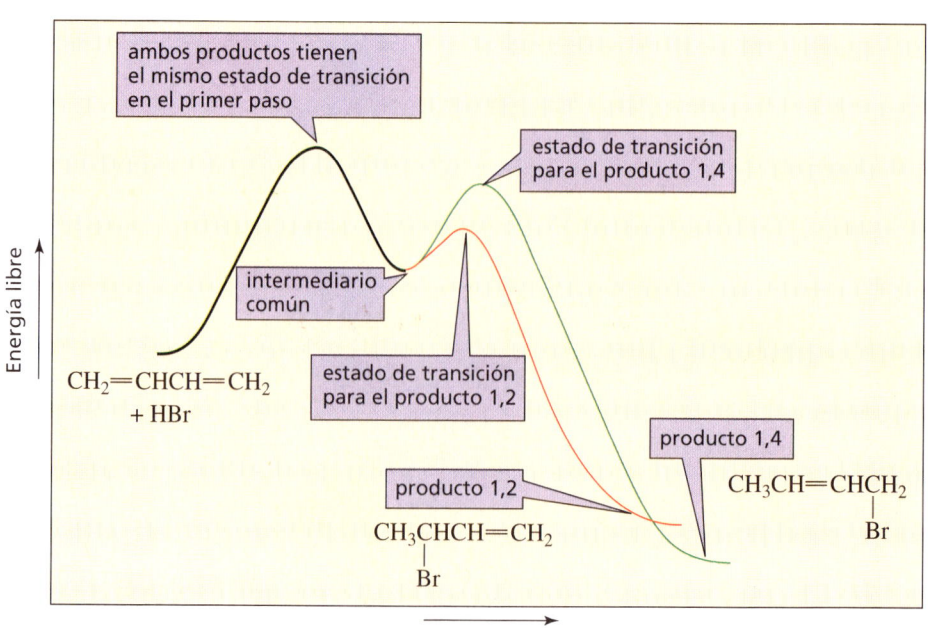

Figura 7.9
Diagrama de coordenada de reacción para la adición de HBr a 1,3-butadieno.

reacción de adición es igual, sea que se obtenga el producto de adición 1,2 o 1,4: un protón se adiciona a C-1. El segundo paso de la reacción es el que determina si el nucleófilo (Br:$^-$) ataca al C-2 o al C-4. Como el producto de adición en 1,2 se forma con mayor rapidez, el estado de transición de su formación es más estable que el estado de transición de la formación del producto de adición en 1,4. En el transcurso de lo que lleva estudiado, ¡es la primera vez que hay ocasión de ver una reacción en la que el producto menos estable presenta el estado de transición más estable!

A bajas temperaturas (-80 °C) se dispone de energía suficiente para que los reactivos superen la barrera de energía del primer paso de la reacción, y hay energía suficiente para que el producto intermediario que se formó en el primer paso se transforme en los dos productos de adición. Pese a ello, se carece de suficiente energía para que suceda la reacción inversa: los productos no pueden superar las grandes barreras de energía que los separan del producto intermediario. En consecuencia, las cantidades relativas de los dos productos obtenidos a -80 °C reflejan las barreras relativas de energía para el segundo paso de la reacción. La barrera de energía de la formación del producto de adición en 1,2 es más baja que la de formación del producto de adición en 1,4, de manera que el producto principal es el de adición en 1,2.

En contraste, a 45 °C hay energía suficiente para que uno de los productos regrese al compuesto intermediario. El intermediario se llama **intermediario común** porque lo tienen ambos productos en común. La capacidad de regresar a un intermediario común permite que los productos se interconviertan. Cuando se pueden interconvertir dos productos, su cantidad relativa en el equilibrio depende de su estabilidad relativa.

Así, se dice que una reacción que es *irreversible* en las condiciones empleadas en el experimento está bajo *control cinético*. Cuando una reacción está bajo **control cinético**, la cantidad relativa de los productos *depende de la rapidez* a la que se forman.

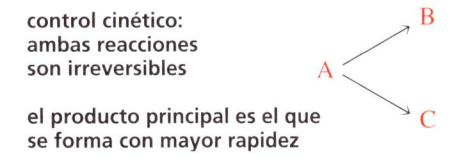

control cinético:
ambas reacciones
son irreversibles

el producto principal es el que
se forma con mayor rapidez

Se dice que una reacción está bajo *control termodinámico* cuando hay suficiente energía disponible para que la reacción sea *reversible*. Cuando una reacción se halla bajo **control termodinámico**, la cantidad relativa de los productos *depende de su estabilidad*. Ya que una reacción debe ser reversible para estar bajo control termodinámico, al control termodinámico también se le llama **control por equilibrio**.

control termodinámico:
una o ambas reacciones
son reversibles

el producto principal
es el más estable

Para cada reacción que es irreversible bajo condiciones moderadas, y reversible bajo condiciones más exigentes, hay una temperatura a la cual sucede el cambio de irreversible a reversible. La temperatura a la que una reacción cambia de tener control cinético a tener control termodinámico depende de los reactivos. Por ejemplo, la reacción de 1,3-butadieno con HCl permanece bajo control cinético a 45 °C, aun cuando la adición de HBr a 1,3-butadieno esté bajo control termodinámico a esa temperatura. Como un enlace C—Cl es más fuerte que un enlace C—Br (tabla 3.2), se necesita mayor temperatura para que los productos que contienen un enlace C—Cl tengan la reacción inversa. (Recuérde que el control termodinámico sólo se alcanza cuando hay energía suficiente para invertir una o las dos reacciones).

Para la reacción de 1,3-butadieno con HBr ¿por qué es más estable el producto de adición en 1,4? En la sección 4.11 se explicó que la estabilidad relativa de un alqueno está determinada por la cantidad de grupos alquilo unidos a sus carbonos con hibridación sp^2: mientras mayor cantidad de grupos alquilo haya, el alqueno es más estable. Los dos productos que se forman en la reacción de 1,3-butadieno con un equivalente de HBr tienen distintas estabilidades porque el producto de adición en 1,2 sólo tiene un grupo alquilo unido a sus carbonos con hibridación sp^2, mientras que el producto 1,4 cuenta con dos grupos alquilo unidos a sus carbonos con hibridación sp^2. Por consiguiente, el producto de adición en 1,4 es más estable y por lo mismo es el producto termodinámico.

$$\underset{\underset{\text{producto cinético}}{\textbf{producto de adición 1,2}}}{\underset{\text{Br}}{\text{CH}_3\text{CHCH}=\text{CH}_2}} \qquad \underset{\underset{\text{producto termodinámico}}{\textbf{producto de adición 1,4}}}{\underset{\text{Br}}{\text{CH}_3\text{CH}=\text{CHCH}_2}}$$

Halogenación de dienos 2

La siguiente pregunta que se debe contestar es ¿por qué se forma con mayor rapidez el producto de adición en 1,2? En otras palabras ¿por qué es más estable el estado de transición para la formación del producto de adición en 1,2 que el estado de transición para la formación del producto de adición en 1,4? Durante muchos años se creyó que la causa era que el estado de transición para la formación del producto de adición en 1,2 se parece a la estructura resonante en que la carga positiva se encuentra en un carbono alílico secundario. En contraste, el estado de transición en la formación del producto de adición en 1,4 se asemeja a la estructura resonante, en que la carga positiva se localiza en un carbono alílico primario, menos estable.

$$\text{CH}_2=\text{CHCH}=\text{CH}_2 \xrightarrow{\text{HBr}} \underset{+\text{Br}^-}{\overset{\text{carbono alílico secundario}}{\text{CH}_3\overset{+}{\text{C}}\text{HCH}=\text{CH}_2}} \longleftrightarrow \underset{+\text{Br}^-}{\overset{\text{carbono alílico primario}}{\text{CH}_3\text{CH}=\text{CH}\overset{+}{\text{C}}\text{H}_2}}$$

$$\left[\underset{\delta^-\ \ :\ddot{\text{Br}}:}{\overset{\delta^+}{\text{CH}_3\text{CHCH}=\text{CH}_2}}\right] \qquad \left[\underset{\delta^-\ \ :\ddot{\text{Br}}:}{\overset{\delta^+}{\text{CH}_3\text{CH}=\text{CHCH}_2}}\right]$$

estado de transición en la formación del producto de adición 1,2   **estado de transición en la formación del producto de adición 1,4**

Sin embargo, la reacción de 1,3-pentadieno con DCl se lleva a cabo bajo control cinético, y en esencia se obtienen las mismas cantidades de productos de adición 1,2 y 1,4 que las que se obtienen en la reacción de 1,3-butadieno con HBr, cinéticamente controlada. Si la hipótesis original fuera correcta, las cantidades de los dos productos obtenidos en la reacción de 1,3-pentadieno serían iguales porque los estados de transición en la formación de los productos de adición en 1,2 y en 1,4 a partir del 1,3-pentadieno tienen la misma estabilidad (porque ambos se asemejan a una estructura resonante en la que la carga positiva está en un carbono alílico secundario). Entonces ¿por qué se forma con mayor rapidez el producto de adición en 1,2 también en esta reacción?

$$\underset{\textbf{1,3 pentadieno}}{\text{CH}_2=\text{CHCH}=\text{CHCH}_3} + \text{DCl} \xrightarrow{-78\,°\text{C}} \underset{\underset{78\%}{\textbf{producto de adición 1,2}}}{\underset{\text{D} \quad \text{Cl}}{\text{CH}_2\text{CHCH}=\text{CHCH}_3}} + \underset{\underset{22\%}{\textbf{producto de adición 1,4}}}{\underset{\text{D} \quad \quad \text{Cl}}{\text{CH}_2\text{CH}=\text{CHCHCH}_3}}$$

Cuando los electrones π del dieno sustraen D^+ de una molécula de DCl sin disociar, el ion cloruro puede estabilizar con más facilidad una carga positiva en C-2 que en C-4 simplemente porque cuando se produce por primera vez el ion cloruro está más cerca de C-2 que de C-4. Por consiguiente, es un *efecto de proximidad* lo que hace que se forme con mayor rapidez el producto de adición en 1,2. Un **efecto de proximidad** es el causado cuando una especie está cerca de otra.

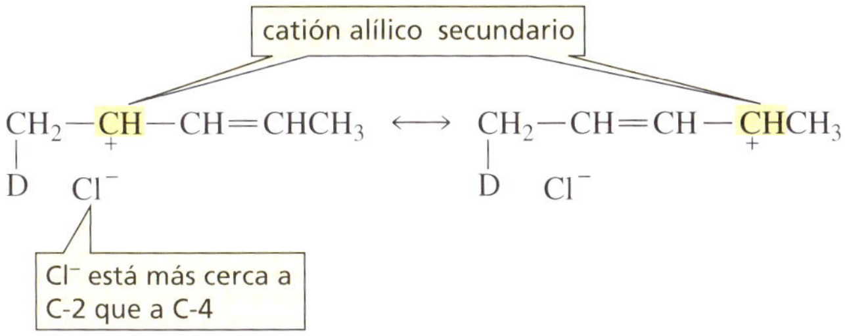

$$CH_2-\underset{D}{\underset{|}{\overset{+}{CH}}}-CH=CHCH_3 \quad Cl^- \longleftrightarrow \quad CH_2-CH=CH-\underset{D}{\overset{+}{CH}}CH_3 \quad Cl^-$$

catión alílico secundario

Cl⁻ está más cerca a C-2 que a C-4

PROBLEMA 29◆

a. ¿Por qué el deuterio se adiciona al C-1 y no al C-4 en la reacción anterior?
b. ¿Por qué se usó DCl en la reacción y no HCl?

PROBLEMA 30◆

a. Cuando se adiciona HBr a un dieno conjugado, ¿cuál es el paso determinante de la rapidez de la reacción?
b. Cuando se adiciona HBr a un dieno conjugado, ¿cuál es el paso que determina el producto?

Debido a que la mayor proximidad del nucleófilo a C-2 contribuye a una mayor rapidez de formación del producto de adición 1,2, en esencia éste es el producto cinético en todos los dienos conjugados; sin embargo, *no* se debe suponer que el producto de adición 1,4 *siempre* es el producto termodinámico. Lo que en último término determina al producto termodinámico es la estructura del dieno conjugado. Por ejemplo, el producto de adición 1,2 es a la vez el producto cinético y el producto termodinámico en la reacción de 4-metil-1,3-pentadieno con HBr porque no sólo se forma con mayor rapidez el producto 1,2 sino que es más estable que el producto 1,4.

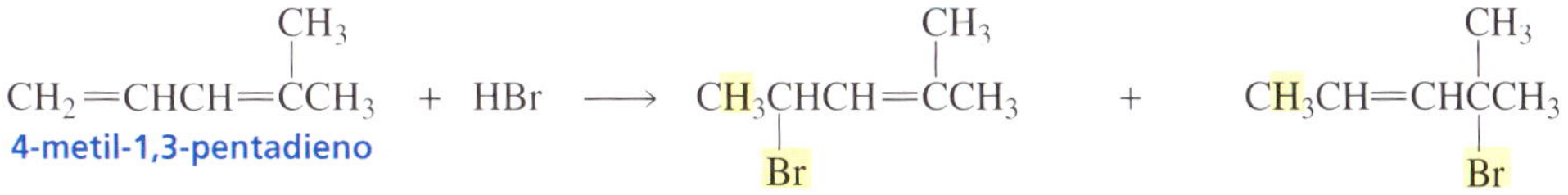

$$CH_2=CHCH=\overset{CH_3}{\underset{|}{C}}CH_3 + HBr \longrightarrow CH_3\underset{Br}{\underset{|}{CH}}CH=\overset{CH_3}{\underset{|}{C}}CH_3 + CH_3CH=CH\underset{Br}{\overset{CH_3}{\underset{|}{C}}}CH_3$$

4-metil-1,3-pentadieno

4-bromo-2-metil-2-penteno
producto de adición 1,2
producto cinético
producto termodinámico

4-bromo-4-metil-2-penteno
producto de adición 1,4

Los productos de adición 1,2 y 1,4 que se obtienen en la reacción de 2,4-hexadieno y HCl tienen la misma estabilidad porque ambos disponen de igual cantidad de grupos alquilo unidos a sus carbonos con hibridación sp^2. Así, ninguno de los productos se encuentra termodinámicamente controlado.

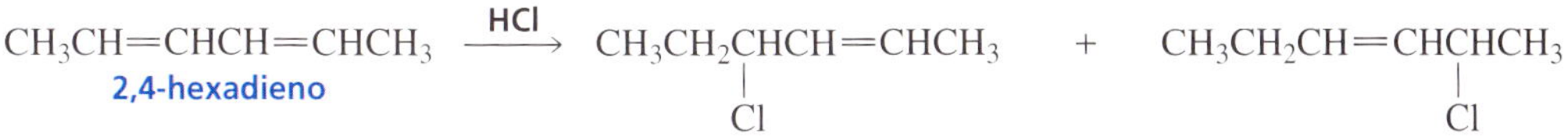

$$CH_3CH=CHCH=CHCH_3 \xrightarrow{HCl} CH_3CH_2\underset{Cl}{\underset{|}{CH}}CH=CHCH_3 + CH_3CH_2CH=CH\underset{Cl}{\underset{|}{CH}}CH_3$$

2,4-hexadieno

4-cloro-2-hexeno
producto de adición 1,2
producto cinético

2-cloro-3-hexeno
producto de adición 1,4

los productos tienen la misma estabilidad

PROBLEMA 31 *RESUELTO*

Para cada una de las reacciones siguientes, 1) indique cuáles son los productos principales de adición en 1,2 y en 1,4, y 2) indique cuál es el producto cinético y cuál el producto termodinámico.

a. [metilenciclohexeno] + HCl ⟶

b. $CH_3CH=CHC(CH_3)=CH_2$ + HCl ⟶

c. [1-metilciclohexa-1,3-dieno con CH₃] + HCl ⟶

d. [ciclohexenil-CH=CHCH₃] + HCl ⟶

Solución para 31a En primer lugar necesitamos determinar cuál de los carbonos terminales con hibridación sp^2 del sistema conjugado debe ser el carbono C-1. El protón se agregará al carbono con hibridación sp^2 que se indica abajo porque el carbocatión que se forma tiene una carga positiva en un carbono terciario alílico y uno secundario alílico. Si el protón se adicionara al carbono con hibridación sp^2 en el otro extremo del sistema conjugado, el carbocatión que se formaría sería menos estable porque su carga positiva está repartida entre un carbono alílico primario y uno secundario. Por consiguiente, el producto de adición es 3-cloro-3-metilciclohexeno y el producto de adición en 1,4 es 3-cloro-1-metilciclohexeno. El 3-cloro-3-metilciclohexeno es el producto cinético por la proximidad del ion cloruro a C-1, y el 3-cloro-1-metilciclohexeno es el producto termodinámico porque su enlace doble más sustituido lo hace más estable.

[Esquema: H⁺ se adiciona aquí → carbocatión con CH₃ ↔ resonancia + Cl⁻ → 3-cloro-3-metilciclohexeno (producto cinético) + 3-cloro-1-metilciclohexeno (producto termodinámico)]

BIOGRAFÍA

Otto Paul Hermann Diels (1876–1954) nació en Alemania, hijo de un profesor de filología clásica en la Universidad de Berlín. Recibió un doctorado de esa universidad trabajando con Emil Fischer y fue profesor de química en la Universidad de Berlín y después en la Universidad de Kiel. Se retiró en 1945, cuando su hogar y su laboratorio quedaron destruidos en las incursiones de bombardeo de la Segunda Guerra Mundial. Dos de sus hijos murieron en esa guerra. Recibió el Premio Nobel de Química 1950, compartiéndolo con Kurt Alder, un antiguo alumno suyo.

7.12 La reacción de Diels-Alder es una reacción de adición 1,4

Las reacciones que forman nuevos enlaces carbono-carbono son muy importantes en síntesis orgánica porque sólo mediante esas reacciones los esqueletos pequeños de carbono se pueden convertir en otros mayores (sección 6.11). La reacción de Diels-Alder tiene especial importancia porque forma *dos* nuevos enlaces carbono-carbono y en el proceso se forma una molécula cíclica. Como reconocimiento a la importancia de esta reacción en síntesis orgánica, Otto Diels y Kurt Alder compartieron el Premio Nobel de Química en 1950.

En una **reacción de Diels-Alder**, un dieno conjugado reacciona con un compuesto que contiene un doble enlace carbono-carbono. A este último compuesto se le llama **dienófilo** porque "ama a los dienos".

$$CH_2=CH-CH=CH_2 + CH_2=CH-R \xrightarrow{\Delta} \text{[ciclohexeno-R]}$$

dieno conjugado   **dienófilo**

(Recuerde que Δ en una ecuación química representa calor).

Aunque esta reacción podrá no parecerse a alguna que el lector haya visto antes, sólo es la adición de un electrófilo y un nucleófilo a un dieno conjugado. No obstante, a diferencia de las demás reacciones de adición 1,4 donde el electrófilo se adiciona al dieno en el primer paso y el nucleófilo se adiciona al carbocatión en el segundo, la reacción de Diels-Al-

7.12 La reacción de Diels-Alder es una reacción de adición 1,4

der es una **reacción concertada:** la adición del electrófilo y el nucleófilo se hace en un solo paso. A primera vista, la reacción parece extraña porque el electrófilo y el nucleófilo que se adicionan al dieno conjugado son los carbonos con hibridación sp^2 adyacentes de un doble enlace. Al igual que otras reacciones de adición 1,4, el doble enlace en el producto se ubica entre C-2 y C-3 de lo que era el dieno conjugado.

> La reacción de Diels-Alder es una adición 1,4 de un dienófilo a un dieno conjugado.

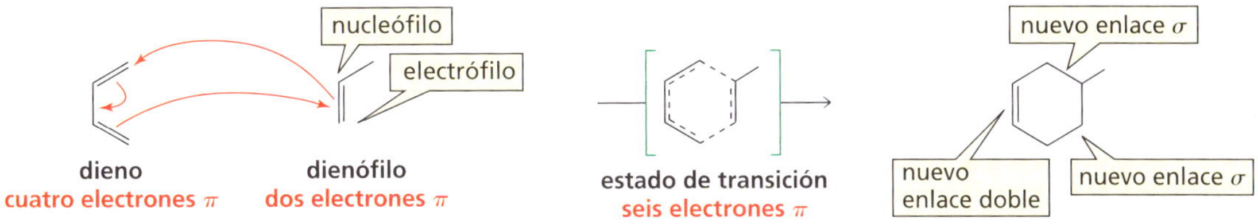

dieno
cuatro electrones π

dienófilo
dos electrones π

estado de transición
seis electrones π

nuevo enlace σ
nuevo enlace doble
nuevo enlace σ

La reacción de Diels-Alder es una reacción pericíclica. Una **reacción pericíclica** es aquella que se efectúa en un paso por un desplazamiento cíclico de electrones. También es una **reacción de cicloadición** en la que dos reactivos forman un producto cíclico. Con más precisión, la reacción de Diels-Alder es una **reacción de cicloadición [4 + 2]** porque, de los seis electrones π que participan en el estado cíclico de transición, *cuatro* proceden del dieno conjugado y *dos* provienen del dienófilo. En esencia, la reacción convierte dos enlaces π en dos enlaces σ.

La reactividad del dienófilo aumenta si hay uno o más grupos atractores de electrones unidos a los carbonos con hibridación sp^2.

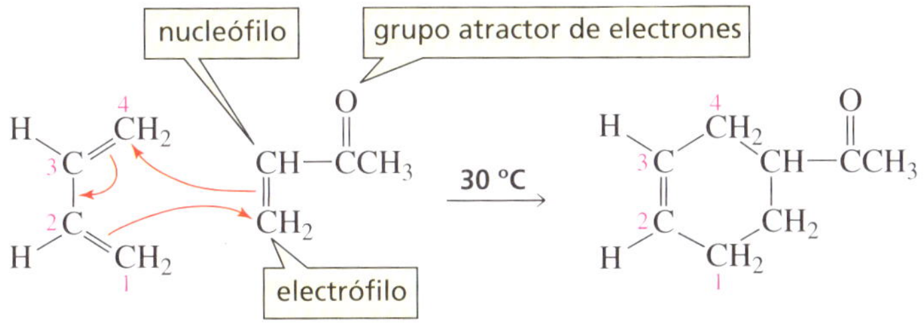

reacción de adición 1,4 al 1,3-butadieno

BIOGRAFÍA

Kurt Alder (1902–1958) *nació en una parte de Alemania que ahora pertenece a Polonia. Después de la Primera Guerra Mundial, él y su familia se mudaron a Alemania, al ser expulsados de su región natal, cuando fue cedida a Polonia. Después de recibir su doctorado siendo alumno de Diels en 1926, continuó trabajando con él, y en 1928 descubrieron la reacción de Diels-Alder. Alder fue profesor de química en la universidad de Kiel y en la Universidad de Colonia. Recibió el Premio Nobel de Química en 1950, que compartió con Otto Diels, su mentor.*

Un grupo atractor de electrones, como por ejemplo un grupo carbonilo ($C{=}O$) o un grupo ciano ($C{\equiv}N$), atrae electrones del doble enlace. Lo anterior produce una carga positiva parcial en uno de los carbonos con hibridación sp^2 y hace que se inicie la reacción de Diels-Alder con mayor facilidad (figura 7.10).

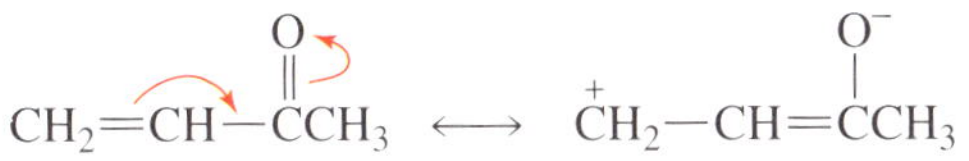

$$CH_2{=}CH{-}\overset{O}{\overset{\|}{C}}CH_3 \longleftrightarrow \overset{+}{C}H_2{-}CH{=}\overset{O^-}{\overset{|}{C}}CH_3$$
estructuras resonantes del dienófilo

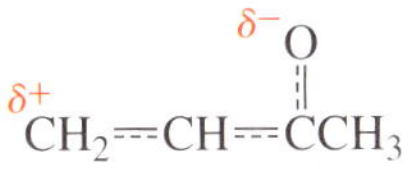

$$\overset{\delta+}{CH_2}{=\!=}CH{=\!=}\overset{\delta- O}{\overset{\|}{C}}CH_3$$
híbrido de resonancia

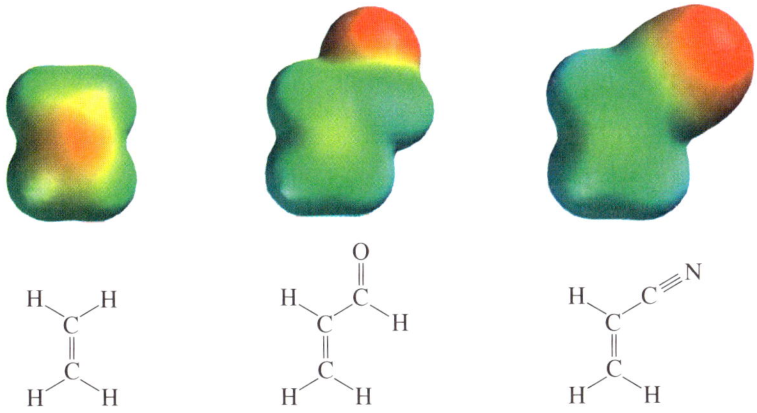

◀ **Figura 7.10**
Comparando estos mapas de potencial electrostático se puede ver que un sustituyente atractor de electrones reduce la densidad electrónica del enlace doble carbono-carbono.

328 CAPÍTULO 7 Electrones deslocalizados y su efecto sobre la estabilidad, la reactividad y el pK_a

El carbono con hibridación sp^2 con carga parcial positiva del dienófilo se puede asemejar al electrófilo que es atacado por electrones π del C-1 en el dieno conjugado. El otro carbono con hibridación sp^2 del dienófilo es el nucleófilo que se adiciona al C-4 del dieno.

Descripción de la reacción de Diels-Alder con orbitales moleculares

Los dos enlaces σ nuevos que se forman en una reacción de Diels-Alder son consecuencia de una transferencia de densidad electrónica entre los reactivos. La teoría de los orbitales moleculares permite conocer este proceso. En una reacción de cicloadición, los orbitales de un reactivo deben traslaparse con los del segundo reactivo. Como los nuevos enlaces σ en el producto se forman por donación de densidad electrónica de un reactivo al otro, debe tenerse en cuenta el HOMO (orbital molecular de mayor energía ocupado) y el LUMO (orbital molecular de menor energía desocupado) del otro porque sólo un orbital vacío puede aceptar electrones (sección 7.11). No importa si se concibe el traslape entre el HOMO del dienófilo y el LUMO del dieno o viceversa; sólo debe considerarse el HOMO de uno y el LUMO del otro.

Para construir el HOMO y el LUMO necesarios para ilustrar la transferencia de electrones en la reacción de Diels-Alder es necesario regresar a las figuras 7.3 y 7.4. En éstas se muestra que el HOMO del dieno y el LUMO del dienófilo son antisimétricos (figura 7.11a) y que el LUMO del dieno y el HOMO del dienófilo son simétricos (figura 7.11b).

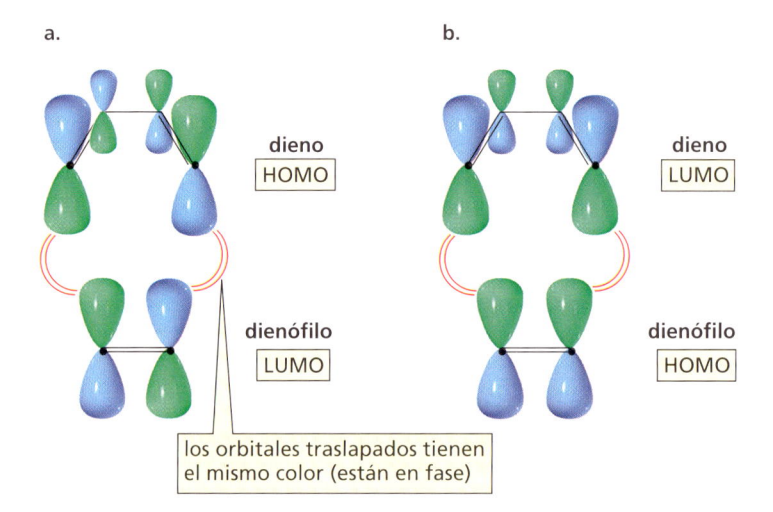

Figura 7.11 ▶
Los nuevos enlaces σ formados en una reacción de Diels-Alder son el resultado del traslape de orbitales en fase.
a) Traslape del HOMO del dieno y el LUMO del dienófilo. b) Traslape del HOMO del dienófilo y el LUMO del dieno.

Las reacciones pericíclicas como la reacción de Diels-Alder se pueden describir con una teoría cuyo nombre es *conservación de la simetría de orbitales*. Esta sencilla teoría dice que las reacciones pericíclicas suceden como resultado del traslape de orbitales en fase. La fase de los orbitales en la figura 7.11 se indica con su color. Así, cada nuevo enlace σ formado en una reacción de Diels-Alder debe ser creado por el traslape de orbitales del mismo color. Ya que se forman dos enlaces σ nuevos, se requiere disponer de cuatro orbitales en el lugar correcto y con la simetría (el color) correcta. La figura muestra que, independientemente de cuál par de HOMO y LUMO se escoja, los orbitales que se traslapan tienen el mismo color. En otras palabras, una reacción de Diels-Alder sucede con relativa facilidad. Ésta y otras reacciones de cicloadición se describirán con mayor detalle en la sección 29.4.

Se puede obtener una gran variedad de compuestos cíclicos con sólo variar las estructuras del dieno conjugado y del dienófilo. Obsérvese que los compuestos que contienen enlaces triples carbono-carbono también pueden usarse como dienófilos en reacciones de Diels-Alder para preparar compuestos con dos enlaces dobles aislados.

7.12 La reacción de Diels-Alder es una reacción de adición 1,4   **329**

$$H_3C\text{-}C(=CH_2)\text{-}C(=CH_2)\text{-}CH_3 + CH_3O_2C\text{-}C\equiv C\text{-}CHO \xrightarrow{\Delta} \text{producto}$$

Si el dienófilo tiene dos enlaces dobles carbono-carbono, pueden efectuarse dos reacciones de Diels-Alder sucesivas, si hay disponible un exceso de dieno.

$$\text{butadieno} + \text{benzoquinona} \xrightarrow{20\,°C} \text{aducto} \xrightarrow{\text{butadieno}} \text{diaducto}$$

PROBLEMA 32

Explique por qué no habrá reacción de cicloadición [2 + 2] sin absorción de luz. Recuerde que, a menos que las moléculas absorban luz, tienen una configuración electrónica de estado fundamental; esto es, los electrones están en orbitales disponibles con las menores energías.

PROBLEMA 33◆

Indique cuáles son los productos en cada una de las reacciones siguientes:

a. $CH_2=CH-CH=CH_2 + CH_3\overset{O}{\overset{\|}{C}}-C\equiv C-\overset{O}{\overset{\|}{C}}CH_3 \xrightarrow{\Delta}$

b. $CH_2=CH-CH=CH_2 + HC\equiv C-C\equiv N \xrightarrow{\Delta}$

c. $CH_2=\overset{CH_3}{\underset{|}{C}}-\overset{CH_3}{\underset{|}{C}}=CH_2 + \underset{O}{\overset{O\quad\quad O}{\diagdown/\diagdown}} \longrightarrow$ (anhídrido maleico)

d. $CH_3\overset{CH_3}{\underset{|}{C}}=CH-CH=\overset{CH_3}{\underset{|}{C}}CH_3 + \text{(2-ciclohexen-1,4-diona)} \longrightarrow$

VCL Diels Alder 2

Determinación del producto cuando ambos reactivos están sustituidos asimétricamente

En cada una de las reacciones anteriores de Diels-Alder sólo se forma un producto (si no se tienen en cuenta los estereoisómeros) porque al menos una de las moléculas reaccionantes está sustituida simétricamente. Sin embargo, si el dieno y el dienófilo están sustituidos asimétricamente habrá dos productos posibles. Los productos son isómeros constitucionales.

$$CH_2=CHCH=CHOCH_3 + CH_2=CHCHO \longrightarrow$$

ningún compuesto es simétrico

2-metoxi-3-carbaldehído ciclohexeno   +   5-metoxi-3-carbaldehído ciclohexeno

Dos son los productos posibles, porque los reactivos se pueden alinear en dos formas distintas.

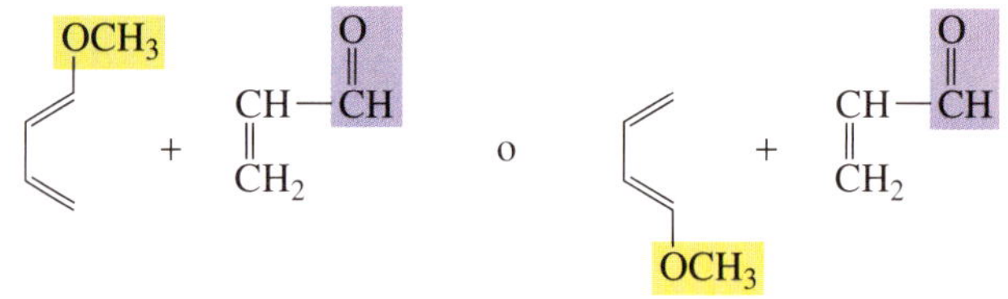

El que se forme de los dos productos (o el que se forme con mayor rendimiento) depende de la distribución de carga en cada uno de los reactivos. Para determinar esa distribución es necesario dibujar las estructuras resonantes. En la reacción que se presenta arriba, el grupo metoxi del dieno es capaz de *donar electrones por resonancia* (véase el problema 20); en consecuencia, el átomo de carbono terminal lleva una carga negativa parcial. Por otra parte, el grupo aldehído del dienófilo *extrae electrones por resonancia* (véase el problema 19) y en consecuencia su carbono terminal posee una carga positiva parcial.

donación de electrones por resonancia

$CH_2=CH-CH=CH-\ddot{O}CH_3 \longleftrightarrow \ddot{C}H_2-CH=CH-CH=\overset{+}{O}CH_3$

estructuras resonantes del dieno

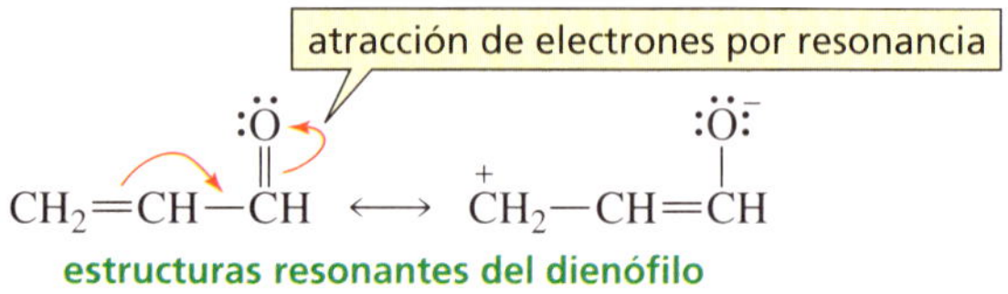

atracción de electrones por resonancia

$CH_2=CH-CH=\overset{\ddot{O}}{} \longleftrightarrow \overset{+}{C}H_2-CH=CH-\overset{\ddot{O}:^-}{}$

estructuras resonantes del dienófilo

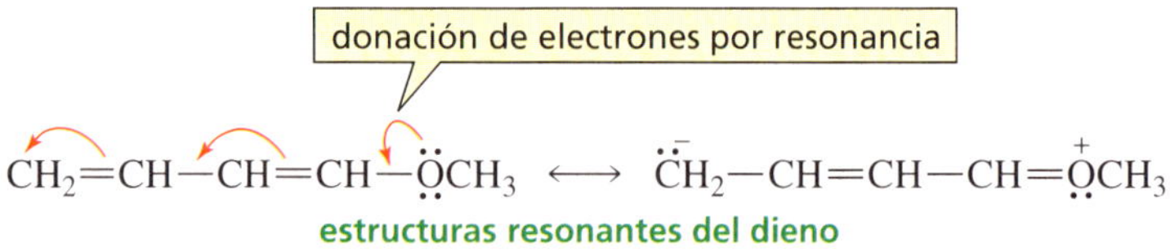

El átomo de carbono con carga positiva parcial del dienófilo se unirá de preferencia al átomo de carbono con carga negativa del dieno. Por consiguiente, el producto principal será 2-metoxi-3-carbaldehídociclohexeno.

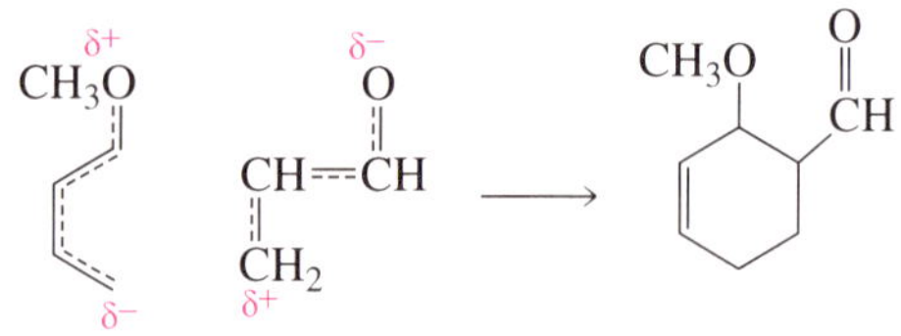

PROBLEMA 34◆

¿Cuál será el producto principal si el sustituyente metoxi de la reacción anterior estuviera unido al C-2 del dieno y no al C-1?

PROBLEMA 35◆

Indique cuáles son los productos de cada una de las reacciones siguientes:

a. $CH_2=CH-CH=CH-CH_3 \; + \; HC\equiv C-C\equiv N \; \overset{\Delta}{\longrightarrow}$

b. $CH_2=CH-\underset{\underset{CH_3}{|}}{C}=CH_2 \; + \; HC\equiv C-C\equiv N \; \overset{\Delta}{\longrightarrow}$

Conformaciones del dieno

En la sección 7.8 se señaló que un dieno conjugado como el 1,3-butadieno es más estable en su conformación plana. Un dieno conjugado puede existir en dos conformaciones planas distintas: la conformación *s*-cis y la conformación *s*-trans. (Recuérdese que una con-

7.12 La reacción de Diels-Alder es una reacción de adición 1,4

formación es el resultado de una rotación respecto a enlaces sencillos, sección 2.10.) En la **conformación s-cis**, los enlaces dobles son *cis* respecto al enlace sencillo (*s* = sencillo), mientras que son *trans* respecto al doble enlace en la **conformación s-trans**. La conformación *s-trans* es un poco más estable (en 2.3 kcal/mol o 9.6 kJ/mol) que la conformación *s-cis* por la mayor proximidad de los hidrógenos, que causa algo de tensión estérica (sección 2.10). La barrera de rotación entre las conformaciones *s-cis* y *s-trans* es lo bastante baja (4.9 kcal/mol o 20.5 kJ/mol) como para permitirles interconvertirse a temperatura ambiente.

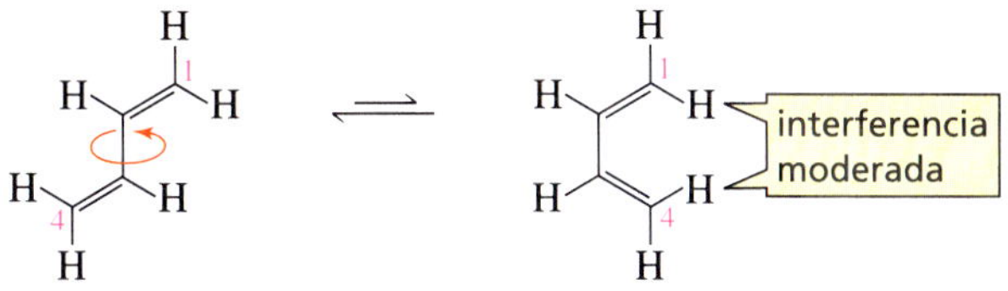

conformación *s*-trans ⇌ conformación *s*-cis (interferencia moderada)

Para participar en una reacción de Diels-Alder, el dieno conjugado debe estar en una conformación *s-cis* porque en una *s-trans* los carbonos numerados como 1 y 4 están demasiado lejanos como para reaccionar con el dienófilo. Un dieno conjugado que está fijo en una conformación *s-trans* no puede tener una reacción de Diels-Alder.

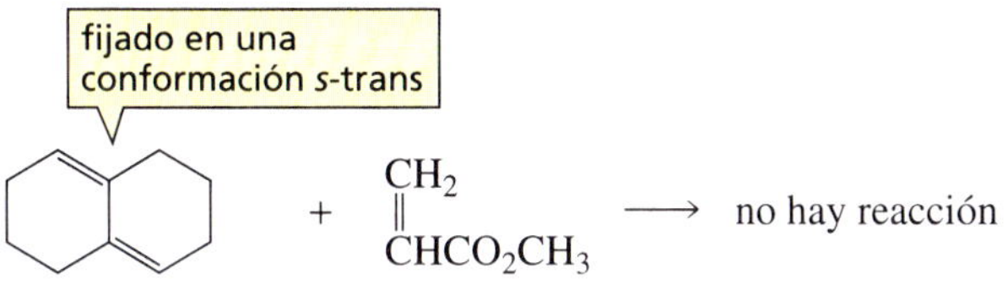

fijado en una conformación *s*-trans + CH$_2$=CHCO$_2$CH$_3$ ⟶ no hay reacción

Un dieno conjugado que está fijo en una conformación *s-cis*, como el 1,3-ciclopentadieno, es muy reactivo en reacciones de Diels-Alder. Cuando el dieno es un compuesto cíclico, el producto de la reacción de Diels-Alder es un **compuesto bicíclico puente**, un compuesto que contiene dos anillos que comparten dos carbonos no adyacentes.

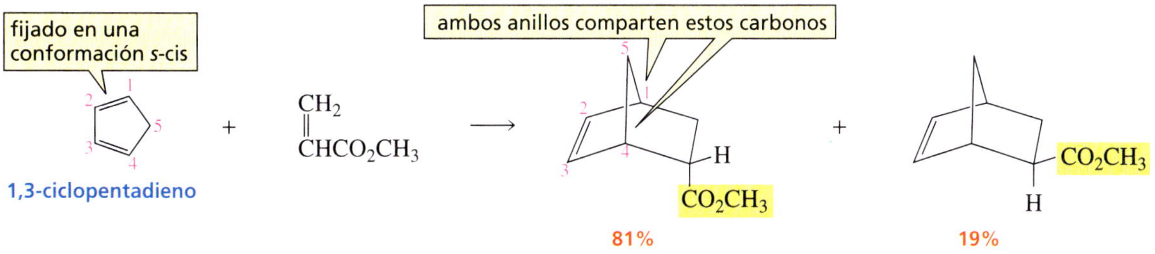

fijado en una conformación *s*-cis

1,3-ciclopentadieno + CH$_2$=CHCO$_2$CH$_3$ ⟶ (ambos anillos comparten estos carbonos) CO$_2$CH$_3$ 81% + CO$_2$CH$_3$ 19%

compuestos bicíclicos puente

Hay dos configuraciones posibles para los compuestos bicíclicos puente porque el sustituyente (R) puede apuntar alejándose del enlace doble (la configuración **exo**) o hacia el enlace doble (la configuración **endo**).

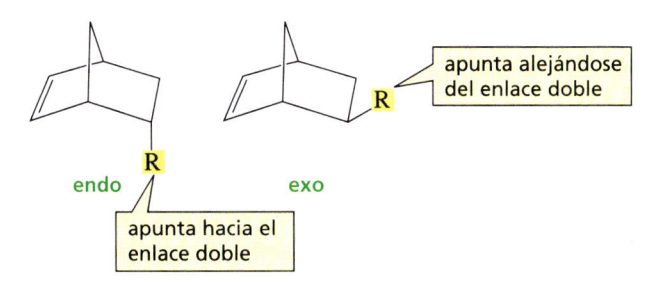

endo (apunta hacia el enlace doble) | exo (apunta alejándose del enlace doble)

El producto endo se forma con más rapidez cuando el dienófilo tiene un sustituyente con electrones π. Unos estudios recientes parecen indicar que una mayor rapidez de formación del producto endo se debe a efectos estéricos y electrostáticos.

Tutorial del alumno: Compuestos bicíclicos (Bicyclic compounds)

Tutorial del alumno: Cicloadición (Cycloaddition)

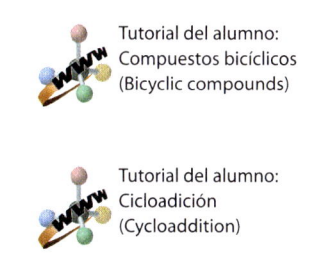

Cuando el dienófilo tiene electrones π (que no sean los electrones π de su enlace doble carbono-carbono), se forma más del producto endo.

PROBLEMA 36◆

¿Cuáles de los siguientes dienos no reaccionaría con un dienófilo en una reacción de Diels-Alder?

a. 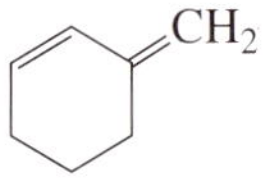 (1-metilenciclohexeno con =CH₂)

b. 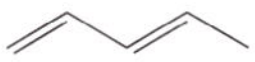 (1,3-pentadieno)

c. 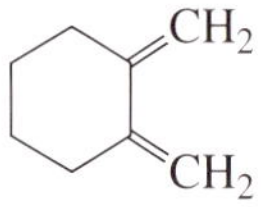 (1,2-bis(metilen)ciclohexano, =CH₂ y =CH₂)

d. 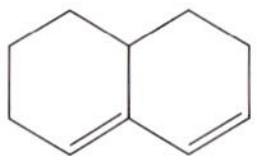 (octahidronaftaleno con dos dobles enlaces)

e.  (furano)

f. 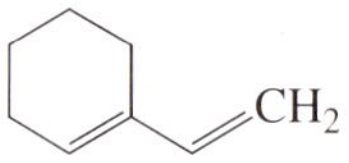 (1-vinilciclohexeno, =CH₂)

PROBLEMA 37 RESUELTO

Ordene los dienos siguientes por reactividad decreciente en reacciones de Diels-Alder:

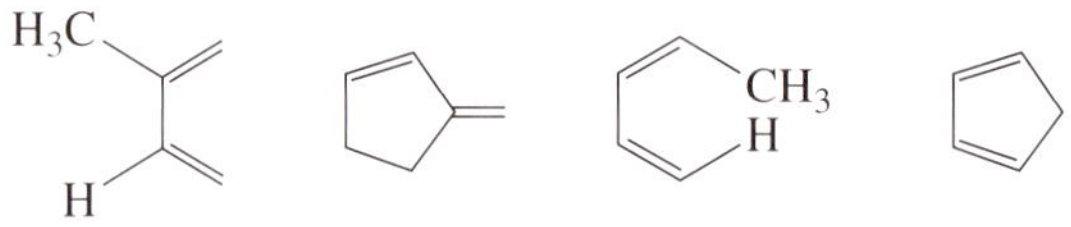

$$H_3C\text{—(2-metil-1,3-butadieno)} \quad \text{(metilenciclopentano con doble enlace)} \quad \text{(1,3-pentadieno con CH}_3\text{)} \quad \text{(ciclopentadieno)}$$

Solución El dieno más reactivo tiene los enlaces dobles fijos en una conformación *s-cis*, mientras que el dieno menos reactivo no puede tener la conformación *s-cis* requerida porque está fijado en una conformación *s-trans*. El 2-metil-1,3-butadieno y el 1,3-pentadieno tienen reactividades intermedias porque pueden existir en las conformaciones *s-cis* y *s-trans*. El 1,3-pentadieno es menos apto para tener la conformación *s-cis* requerida por interferencia estérica entre el hidrógeno y el grupo metilo. En consecuencia, el 1,3-pentadieno es menos reactivo que el 2-metil-1,3-butadieno.

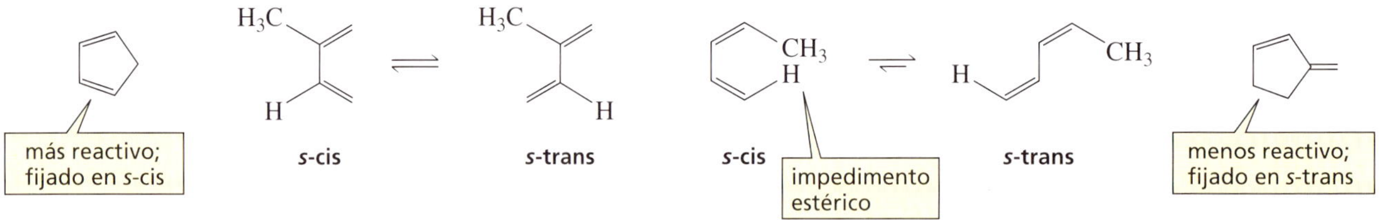

| más reactivo; fijado en *s-cis* | *s-cis* ⇌ *s-trans* | *s-cis* (impedimento estérico) ⇌ *s-trans* | menos reactivo; fijado en *s-trans* |

Así, los cuatro dienos tienen el siguiente orden por reactividad decreciente:

ciclopentadieno > 2-metil-1,3-butadieno > 1,3-pentadieno > metilenciclopentano

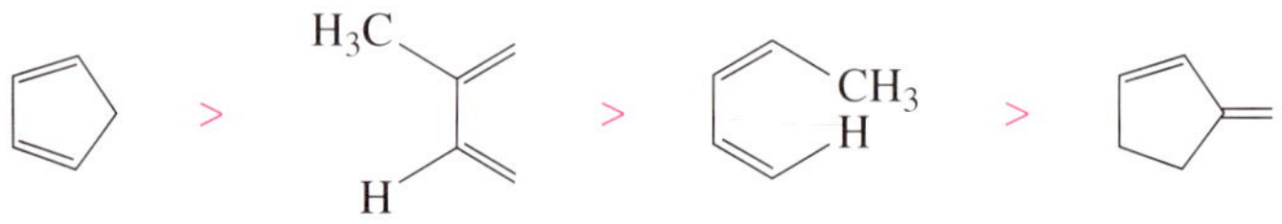

Estereoquímica de la reacción de Diels-Alder

Si una reacción de Diels-Alder forma un producto con un centro asimétrico se obtienen cantidades idénticas de los enantiómeros *R* y *S*. En otras palabras, el producto es una mezcla racémica (sección 5.19).

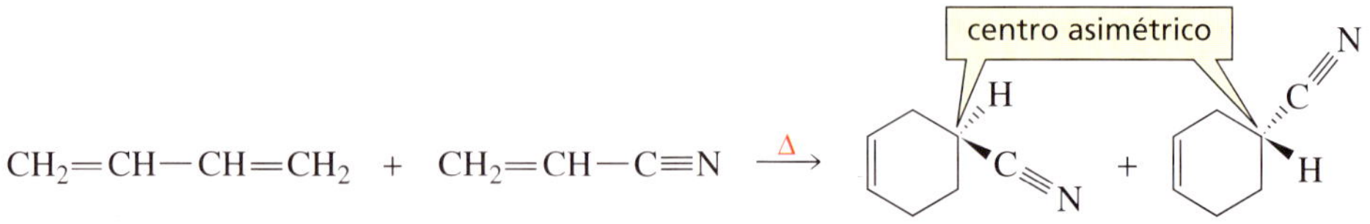

$$CH_2=CH-CH=CH_2 \ + \ CH_2=CH-C\equiv N \ \xrightarrow{\Delta} \ \text{(ciclohexeno con C≡N, centro asimétrico)} \ + \ \text{(enantiómero)}$$

La reacción de Diels-Alder es una reacción de adición syn con respecto al dieno como al dienófilo: una cara del dieno se adiciona a una cara del dienófilo. Por consiguiente, si los sustituyentes en el *dienófilo* son cis serán *cis* en el producto; si son trans serán trans en el producto.

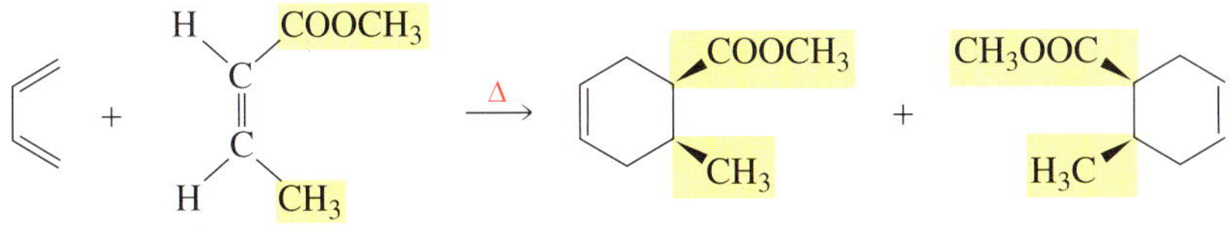

dienófilo cis → **productos cis**

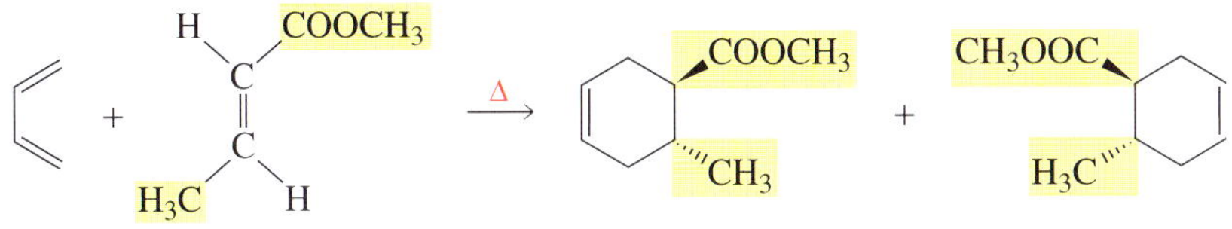

dienófilo trans → **productos trans**

Los sustituyentes en el *dieno* también deben mantener sus configuraciones relativas en los productos. Por ejemplo, en las siguientes reacciones, si los hidrógenos están en el mismo lado del sistema conjugado del reactivo estarán en el mismo lado en el producto; si los hidrógenos están en lados opuestos del sistema conjugado del reactivo estarán en lados opuestos en el producto.

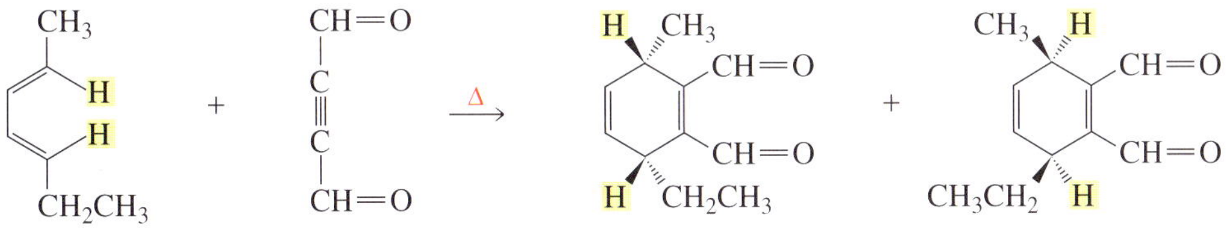

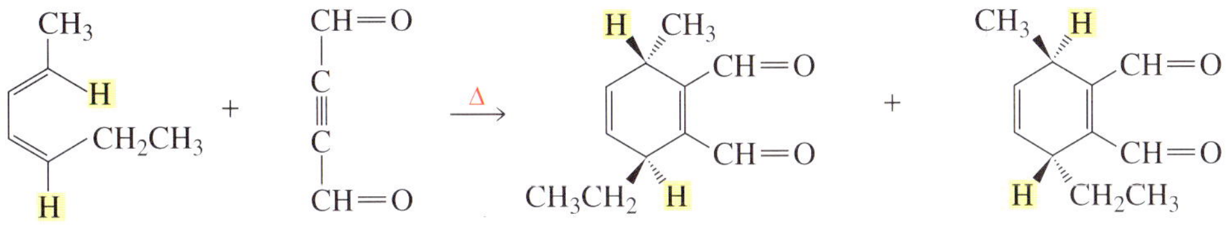

Cada una de las cuatro reacciones anteriores forma un producto con dos centros asimétricos nuevos; entonces, cada producto tiene cuatro estereoisómeros posibles. Sin embargo, como sólo hay adición syn, cada reacción sólo forma dos de los estereoisómeros (sección 5.19). Así, la reacción de Diels-Alder es estereoespecífica: cada reactivo estereoisomérico forma un conjunto distinto de productos estereoisoméricos porque se mantiene la configuración de los reactivos durante el curso de la reacción. En la sección 29.4 se describirá con más detalle la estereoquímica de la reacción.

PROBLEMA 38◆

Explique por qué los siguientes productos no son ópticamente activos:

a. el obtenido de la reacción de 1,3-butadieno con *cis*-1,2-dicloroeteno
b. el obtenido de la reacción de 1,3-butadieno con *trans*-1,2-dicloroeteno

334 CAPÍTULO 7 Electrones deslocalizados y su efecto sobre la estabilidad, la reactividad y el pK_a

ESTRATEGIA PARA RESOLVER PROBLEMAS

Análisis de un producto de reacción Diels-Alder

¿Qué dieno y qué dienófilo se usaron para sintetizar el siguiente compuesto?

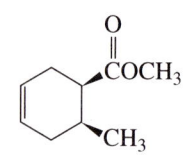

El dieno que se usó para formar el producto cíclico tenía enlaces dobles a cada lado del enlace doble del producto, así que se dibujan esos enlaces y se elimina el enlace π entre ellos.

Los nuevos enlaces σ están ahora a cada lado de los enlaces dobles.

Se borran estos enlaces σ y se coloca un enlace π entre los dos carbonos que estaban unidos por los enlaces σ para obtener el dieno y el dienófilo.

Ahora continúe en el problema 39.

PROBLEMA 39◆

¿Qué dieno y qué dienófilo se deben usar para sintetizar los siguientes compuestos?

RESUMEN

Los **electrones localizados** pertenecen a un sólo átomo o están situados en un enlace entre dos átomos. Los **electrones deslocalizados** están compartidos por más de dos átomos, son el resultado del traslape de un orbital p con los orbitales p de más de un átomo de carbono adyacente. Hay deslocalización de electrón sólo si todos los átomos que comparten los electrones deslocalizados están en el mismo plano o cercanos a él.

Cada uno de los seis carbonos del benceno tiene hibridación sp^2 con ángulos de enlace de 120°. Un orbital p de cada carbono se traslapa con los orbitales p de los carbonos adyacentes. Los seis electrones π están compartidos por los seis carbonos; en consecuencia, el benceno es una molécula plana con seis electrones π deslocalizados.

En química se usan **estructuras resonantes** o **formas de resonancia**; son estructuras con electrones localizados que tratan de aproximarse a la estructura real de un compuesto que tiene electrones deslocalizados: el **híbrido de resonancia**. Para dibujar las estructuras resonantes sólo se cambian electrones π o electrones no apareados hacia un átomo con hibridación sp^2 o sp. El número total de electrones y el número de electrones apareados y no apareados no cambia.

Mientras mayor sea la estabilidad esperada de la estructura resonante, más contribuye a la estructura del híbrido y su estructura se parece más a la molécula real. La estabilidad esperada disminuye debido a 1) un átomo con un octeto incompleto, 2) una carga negativa (positiva) que no esté en el átomo más electronegativo (electropositivo) o 3) separación de cargas. Un híbrido de resonancia es más estable que la estabilidad esperada de cualquiera de sus estructuras resonantes.

La estabilidad adicional que adquiere un compuesto al tener electrones deslocalizados se llama **energía de deslocalización**, **energía de resonancia** o **estabilización por resonancia**. Indica cuánto más estable es un compuesto con electrones deslocalizados en comparación con otro que los tuviera localizados. Mientras mayor sea la cantidad de estructuras resonantes relativamente estables y cuanto más similares sean, la energía de resonancia del compuesto será mayor. Los cationes alílicos y bencílicos tienen electrones deslocalizados, por lo que son más estables que carbocationes con sustituyentes similares y electrones localizados. Los compuestos como el benceno que son excepcionalmente estables debido a grandes energías de deslocalización se llaman **compuestos aromáticos**.

Los **enlaces dobles conjugados** están separados por un solo enlace sencillo. Los **enlaces dobles aislados** están separados por más de un enlace sencillo. Como los dienos con enlaces dobles conjugados tienen electrones deslocalizados son más estables que los dienos con enlaces dobles aislados. El alqueno menos estable tiene el valor mayor de $-\Delta H°$ de hidrogenación.

Un orbital molecular es el resultado de la **combinación lineal de orbitales atómicos (CLOA)**. La cantidad de orbitales se conserva; en otras palabras, la cantidad de orbitales moleculares es igual a la cantidad de orbitales atómicos que los produjeron. El traslape de orbitales p en fase, lado a lado, forma un **orbital molecular de enlace**, que es más estable que los orbitales atómicos. El traslape lado a lado de orbitales p fuera de fase produce un **orbital molecular de antienlace**, que es menos estable que los orbitales atómicos. El **orbital molecular de enlace de mayor energía ocupado (HOMO**, de *highest occupied molecular orbital*) es el orbital molecular de mayor energía que contiene electrones. El **orbital molecular de menor energía desocupado (LUMO**, de *lowest unoccupied molecular orbital*) es el orbital molecular de menor energía que no contiene electrones.

A medida que aumenta la energía de los orbitales moleculares, aumenta la cantidad de nodos, disminuye la cantidad de interacciones de enlace y los orbitales alternan entre **simétricos** y antisimétricos. Las teorías de los orbitales moleculares y de las estructuras resonantes demuestran que los electrones están deslocalizados y que la deslocalización electrónica hace que una molécula sea más estable.

La deslocalización electrónica puede afectar el pK_a de un compuesto. Un ácido carboxílico y un fenol son más ácidos que un alcohol como el etanol y una anilina protonada es más ácida que una amina protonada porque la atracción de electrones estabiliza sus bases conjugadas y la pérdida de un protón se acompaña de un aumento en la energía de deslocalización. La donación de electrones a través de enlaces π se llama **donación electrónica por resonancia**; la atracción de electrones a través de enlaces π se llama **atracción electrónica por resonancia**.

La deslocalización electrónica puede afectar a la naturaleza del producto formado en una reacción. Un dieno aislado, como un alqueno, sólo tiene adición en 1,2. Si sólo hay el reactivo electrofílico suficiente para adicionarse a uno de los dobles enlaces lo hará de preferencia en el que forme el carbocatión más estable. Un dieno conjugado reacciona con una cantidad limitada de reactivo electrofílico para formar un **producto de adición 1,2** y un **producto de adición 1,4**. El primer paso es la adición del electrófilo a uno de los carbonos con hibridación sp^2 en el extremo del sistema conjugado.

Cuando una reacción forma más de un producto, el producto que se forma con mayor rapidez es el **producto cinético**; el producto más estable es el **producto termodinámico**. Si la reacción se efectúa bajo condiciones moderadas, para que sea irreversible, el producto principal será el producto cinético. Si la reacción se lleva a cabo bajo condiciones más vigorosas para que sea reversible, el producto principal será el producto termodinámico. Cuando una reacción está bajo **control cinético**, la cantidad relativa de los productos depende de la rapidez con las que se forman; cuando una reacción está bajo **control termodinámico**, la cantidad relativa de los productos depende de su estabilidad. Un **intermediario común** es un compuesto intermediario que ambos productos tienen en común. En la adición electrofílica a un dieno conjugado, el producto 1,2 siempre es el producto cinético; el producto termodinámico puede ser el producto 1,2 o el 1,4, dependiendo de las estructuras de dichos productos.

En una **reacción de Diels-Alder**, un **dieno conjugado** reacciona con un dienófilo para formar un compuesto cíclico. En esta **reacción de cicloadición [4 + 2]** concertada se forman dos nuevos enlaces σ a expensas de dos enlaces π. El dieno conjugado debe estar en una **conformación s-cis**. La reactividad del **dienófilo** aumenta cuando hay grupos atractores de electrones unidos a los carbonos con hibridación sp^2. En la descripción de la reacción por orbitales moleculares, el **HOMO**, el orbital molecular de mayor energía ocupado de un reactivo, y el **LUMO**, el orbital molecular de menor energía desocupado del otro, se usan para ilustrar la transferencia de electrones entre las moléculas. De acuerdo con la conservación de la simetría de orbitales, las **reacciones pericíclicas** se efectúan a consecuencia del traslape de orbitales en fase. Si el dieno y el dienófilo están sustituidos en forma asimétrica, son posibles los dos productos porque se pueden alinear los reactivos en dos formas diferentes. La reacción de Diels-Alder es estereoespecífica; es una reacción de adición syn con respecto tanto al dieno como al dienófilo. En los **compuestos bicíclicos puente** un sustituyente puede ser **endo** o **exo**; se favorece el endo si el sustituyente del dienófilo tiene electrones π.

RESUMEN DE REACCIONES

1. En presencia de exceso de reactivo electrofílico, los dos enlaces dobles de un *dieno aislado* sufren adición electrofílica.

$$CH_2=CHCH_2CH_2\underset{CH_3}{C}=CH_2 + HBr \longrightarrow CH_3CHCH_2CH_2\underset{CH_3}{C}CH_3$$
$$\text{exceso} \qquad\qquad \underset{Br}{} \qquad \underset{Br}{}$$

En presencia de sólo un equivalente de reactivo electrofílico, sólo el enlace doble más reactivo de un *dieno aislado* tendrá adición electrofílica (sección 7.10).

$$CH_2=CHCH_2CH_2\underset{CH_3}{C}=CH_2 + HBr \longrightarrow CH_2=CHCH_2CH_2\underset{CH_3}{C}CH_3$$
$$\underset{Br}{}$$

2. Los *dienos conjugados* tienen adiciones 1,2 y 1,4 en presencia de un equivalente de reactivo electrofílico (sección 7.10).

$$RCH=CHCH=CHR + HBr \longrightarrow RCH_2CHCH=CHR + RCH_2CH=CHCHR$$
$$\underset{Br}{} \qquad\qquad \underset{Br}{}$$
producto de adición 1,2   producto de adición 1,4

3. Los *dienos conjugados* tienen adición 1,4 con un dienófilo (reacción de Diels-Alder) (sección 7.12).

$$CH_2=CH-CH=CH_2 + CH_2=CH-\underset{\|}{\overset{O}{C}}-R \xrightarrow{\Delta} \text{(ciclohexeno con C(O)R)}$$

TÉRMINOS CLAVE

adición 1,2 (pág. 318)
adición 1,4 (pág. 318)
adición conjugada (pág. 318)
adición directa (pág. 318)
aleno (pág. 301)
atracción electrónica por resonancia (pág. 315)
carbono alílico (pág. 303)
carbono bencílico (pág. 303)
cargas separadas (pág. 296)
catión alílico (pág. 303)
catión bencílico (pág. 303)
combinación lineal de orbitales atómicos (CLOA), (pág. 307)
compuesto bicíclico puente (pág. 331)

compuesto intermediario común (pág. 323)
compuestos aromáticos (pág. 310)
conformación *s*-cis (pág. 331)
conformación *s*-trans (pág. 331)
estructura resonante (pág. 291)
control cinético (pág. 321)
control por equilibrio (pág. 323)
control termodinámico (pág. 323)
deslocalización electrónica (pág. 298)
dieno (pág. 301)
dienófilo (pág. 326)
dienos conjugados (pág. 301)
donación de electrones por resonancia (pág. 313)

efecto de proximidad (pág. 325)
electrones deslocalizados (pág. 287)
electrones localizados (pág. 287)
endo (pág. 331)
enlaces dobles aislados (pág. 301)
enlaces dobles acumulados (pág. 302)
enlaces dobles conjugados (pág. 301)
energía de deslocalización (pág. 298)
energía de estabilización de resonancia (pág. 298)
energía de resonancia (pág. 298)
estructura resonante (pág. 291)
exo (pág. 331)
híbrido de resonancia (pág. 292)

orbital molecular de antienlace (pág. 306)
orbital molecular antisimétrico (pág. 308)
orbital molecular de enlace (pág. 306)
orbital molecular de mayor energía ocupado (HOMO) (pág. 308)
orbital molecular de menor energía desocupado (LUMO) (pág. 308)

orbital molecular simétrico (pág. 308)
producto cinético (pág. 323)
producto de adición 1,2 (pág. 318)
producto de adición 1,4 (pág. 318)
producto termodinámico (pág. 321)
reacción de cicloadición (pág. 327)
reacción de cicloadición [4 + 2] (pág. 327)

reacción concertada (pág. 327)
reacción de Diels-Alder (pág. 326)
reacción pericíclica (pág. 327)
resonancia (pág. 298)

PROBLEMAS

40. ¿Cuáles de los compuestos siguientes tienen electrones deslocalizados?

a. $CH_2=CHCCH_3$ (con C=O)

b. $CH_3CH=CHOCH_2CH_3$

c. $CH_3\overset{+}{C}HCH_2CH=CH_2$

d. 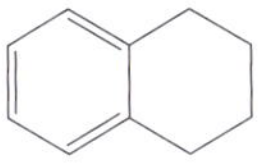 (tetrahidronaftaleno)

e. 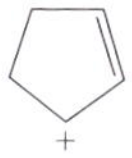 (ciclopentenilo catión)

f. $CH_3\overset{+}{C}(CH_3)CH_2CH=CH_2$

g. $CH_2=CHCH_2CH=CH_2$

h. $CH_3CH_2NHCH_2CH=CHCH_3$

i. 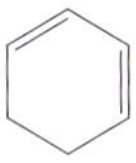 (ciclohexeno)

j. 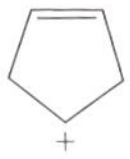 (ciclopentadienilo catión)

k. 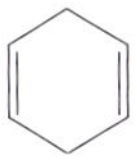 (ciclohexadieno)

l. $CH_3CH_2\overset{+}{C}HCH=CH_2$

m. $CH_3CH_2NHCH=CHCH_3$

n. 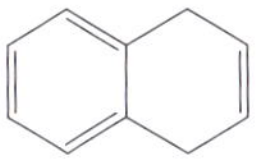 (dihidronaftaleno)

41. **a.** Trace las estructuras resonantes para las siguientes especies mostrando todos los pares de electrones no enlazados:
  1. CH_2N_2 2. N_2O 3. NO_2^-

b. Para cada especie, indique la estructura resonante más estable.

42. Indique cuál es el producto principal en cada una de las reacciones siguientes suponiendo la presencia de un equivalente de cada reactivo:

a. 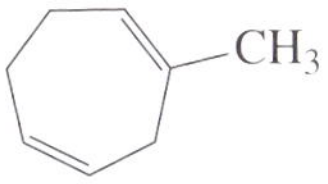 (cicloheptadieno con CH₃) + HBr ⟶

b. 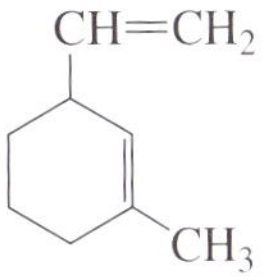 (ciclohexeno con CH=CH₂ y CH₃) + HBr ⟶

43. Trace las estructuras resonantes para los iones siguientes:

a. 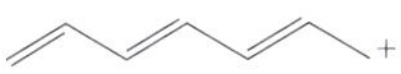 catión heptatrienilo

b. 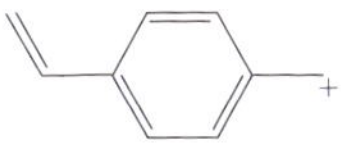 catión estirilbencílico

c. 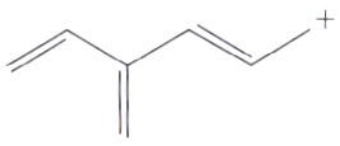 catión pentadienilo con metileno

d. 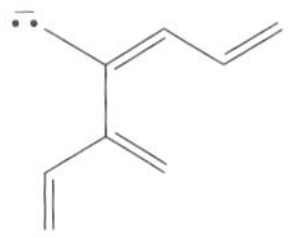 anión con dos vinilos

44. Indique cuáles son todos los productos de las siguientes reacciones.

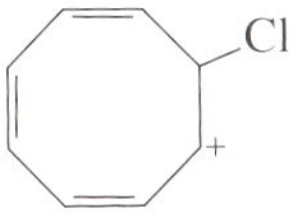

(ciclooctatrienilo-Cl) + $HO^{\cdot\cdot -}$

45. Los siguientes pares de estructuras ¿son estructuras resonantes o son distintos compuestos?

a. $CH_3\overset{O}{\overset{\|}{C}}CH_2CH_3$ y $CH_3\overset{OH}{\overset{|}{C}}=CHCH_3$

b. $CH_3\overset{+}{C}HCH=CHCH_3$ y $CH_3CH=CHCH_2\overset{+}{C}H_2$

c. $CH_3CH=\overset{+}{C}HCH=CH_2$ y $CH_3\overset{+}{C}HCH=CHCH=CH_2$

d. 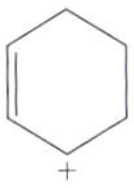 (ciclohexenilo catión) y (ciclohexenilo catión distinto)

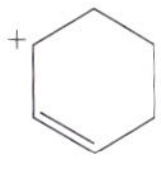

e. 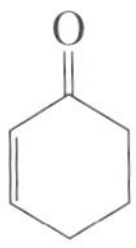 (ciclohexenona) y (ciclohexenona isómera)

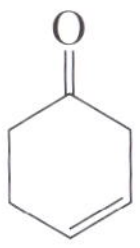

46. a. ¿Cuántos dienos lineales tienen fórmula molecular C_6H_{10}? (No tenga en cuenta los isómeros *cis-trans*).
  b. ¿Cuántos de los dienos lineales de la parte **a** son dienos conjugados?
  c. ¿Cuántos son dienos aislados?

47. a. Dibuje las estructuras resonantes de las siguientes especies. No incluya las estructuras que sean tan inestables que sus contribuyentes al híbrido de resonancia sean despreciables. Indique cuáles son los principales estructuras resonantes y cuáles son estructuras resonantes secundarias al híbrido de resonancia.

1. $CH_3CH=CHOCH_3$
2. 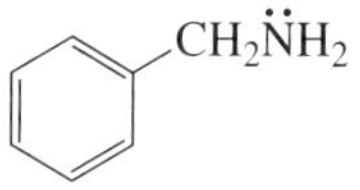 $C_6H_5CH_2\ddot{N}H_2$
3. 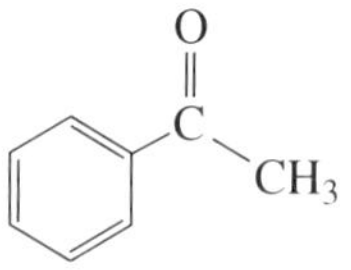 $C_6H_5\underset{\underset{CH_3}{|}}{\overset{\overset{O}{\|}}{C}}$
4. $CH_3-\overset{+}{N}\underset{O^-}{\overset{O}{\diagup\diagdown}}$
5. $CH_3\bar{\ddot{C}}H-\overset{+}{N}\underset{O^-}{\overset{O}{\diagup\diagdown}}$
6. $CH_3CH=CH\overset{+}{C}H_2$
7. 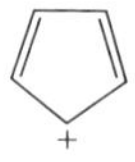 cyclopentadienyl cation
8. $CH_3CH_2\overset{\overset{O}{\|}}{C}OCH_2CH_3$
9. $CH_3CH=CHCH=\overset{+}{C}H_2$
10. $\bar{\ddot{C}}H_2\overset{\overset{O}{\|}}{C}CH_2CH_3$
11. $CH_3\bar{\ddot{C}}HC\equiv N$
12. 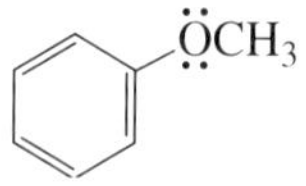 $C_6H_5\overset{-}{\ddot{O}}CH_3$
13. $H\overset{\overset{O}{\|}}{C}NHCH_3$
14. $H\overset{\overset{O}{\|}}{C}CH=CH\bar{\ddot{C}}H_2$
15. $CH_3\overset{\overset{O}{\|}}{C}\bar{\ddot{C}}H\overset{\overset{O}{\|}}{C}CH_3$

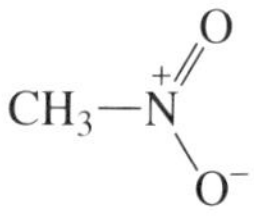

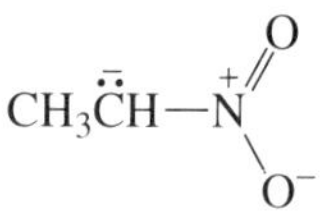

  b. Algunas de estas especies ¿tienen formas de resonancia que contribuyan todas por igual al híbrido de resonancia?

48. ¿Cuál compuesto espera usted que tenga el mayor valor de $-\Delta H°$ de hidrogenación, el 1,2-pentadieno o el 1,4-pentadieno?

49. ¿Cuál estructura resonante aporta más al híbrido de resonancia?

  a. $CH_3\overset{+}{C}HCH=CH_2$ o $CH_3CH=CH\overset{+}{C}H_2$

  b. 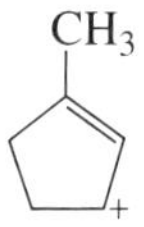 1-methyl-cyclopentenyl cation (carga en C4) o 1-methyl-cyclopentenyl cation (carga en C3)

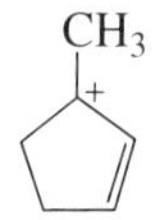

  c. 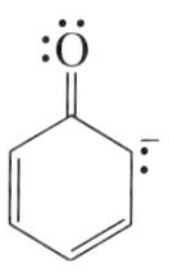 cyclohexadienone con carbanión o fenóxido

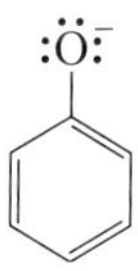

50. a. ¿Cuál átomo de oxígeno tiene mayor densidad electrónica?

$$CH_3\overset{\overset{O}{\|}}{C}OCH_3$$

  b. ¿Cuál compuesto tiene mayor densidad electrónica en su átomo de nitrógeno?

  pirrol o pirrolidina

  c. ¿Cuál compuesto tiene mayor densidad electrónica en su átomo de oxígeno?

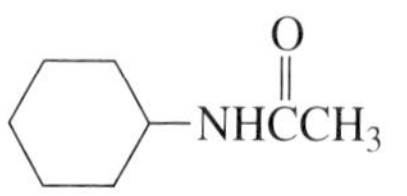

  ciclohexil-$NH\overset{\overset{O}{\|}}{C}CH_3$ o fenil-$NH\overset{\overset{O}{\|}}{C}CH_3$

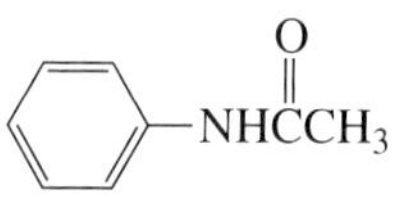

51. ¿Cuál puede perder un protón con más facilidad: un grupo metilo unido al ciclohexano o un grupo metilo unido al benceno?

52. El catión trifenilmetilo es tan estable que una sal como el cloruro de trifenilmetilo se puede aislar y guardar. ¿Por qué este carbocatión es tan estable?

cloruro de trifenilmetilo

53. Trace las estructuras resonantes del siguiente anión y ordénelas por estabilidad decreciente:

$$CH_3CH_2\ddot{O} - \overset{\overset{\displaystyle \ddot{O}:}{\|}}{C} - \overset{..}{C}H - C \equiv N:$$

54. Ordene los siguientes compuestos por acidez decreciente:

55. ¿Cuál especie de cada par es más estable?

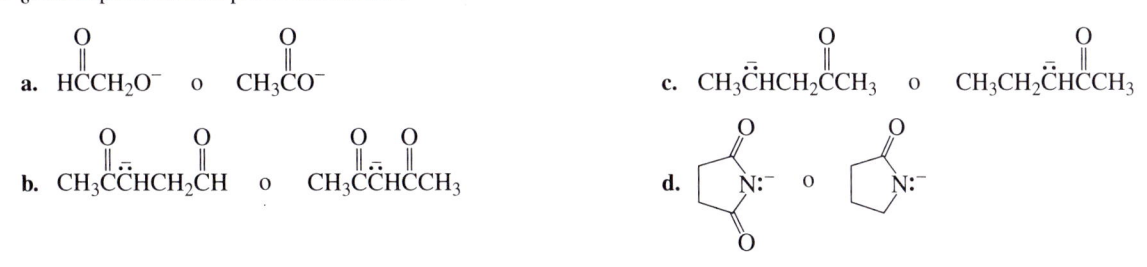

a. $H\overset{O}{\overset{\|}{C}}CH_2O^-$ o $CH_3\overset{O}{\overset{\|}{C}}O^-$

b. $CH_3\overset{O}{\overset{\|}{C}}\bar{C}HCH_2\overset{O}{\overset{\|}{C}}H$ o $CH_3\overset{O}{\overset{\|}{C}}\bar{C}HC\overset{O}{\overset{\|}{C}}CH_3$

c. $CH_3\bar{C}HCH_2\overset{O}{\overset{\|}{C}}CH_3$ o $CH_3CH_2\bar{C}H\overset{O}{\overset{\|}{C}}CH_3$

d. succinimida anión o 2-pirrolidinona anión

56. En cada par del problema 55, ¿cuál especie es la base más fuerte?

57. ¿Por qué la energía de resonancia del pirrol (21 kcal/mol) es mayor que la del furano (16 kcal/mol)?

pirrol   furano

58. Ordene los siguientes compuestos por acidez decreciente del hidrógeno indicado:

$CH_3\overset{O}{\overset{\|}{C}}CH_2CH_2\overset{O}{\overset{\|}{C}}CH_3$ $CH_3\overset{O}{\overset{\|}{C}}CH_2CH_2CH_2\overset{O}{\overset{\|}{C}}CH_3$ $CH_3\overset{O}{\overset{\|}{C}}CH_2\overset{O}{\overset{\|}{C}}CH_3$

59. Conteste lo siguiente acerca de los orbitales moleculares π del 1,3,5,7-octatetraeno:
  a. ¿Cuántos orbitales moleculares π tiene el compuesto?
  b. ¿Cuáles son los orbitales moleculares de enlace y cuáles son los de antienlace?
  c. ¿Cuáles orbitales moleculares son simétricos y cuáles son antisimétricos?
  d. ¿Cuál orbital molecular es el HOMO y cuál es el LUMO en el estado fundamental?
  e. ¿Cuál orbital molecular es el HOMO y cuál es el LUMO en el estado excitado?
  f. ¿Cuál es la relación entre los orbitales moleculares HOMO y LUMO y entre simétrico y antisimétrico?
  g. ¿Cuántos nodos tiene entre los núcleos el orbital molecular p de mayor energía en el 1,3,5,7-octatetraeno?

60. Diana Ofelia Mendoza trató 1,3-ciclohexadieno con Br_2 y obtuvo dos productos (no teniendo en cuenta estereoisómeros). Su compañera de laboratorio trató 1,3-ciclohexadieno con HBr y se sorprendió al obtener sólo un producto (sin tener en cuenta estereoisómeros). Explique esos resultados.

61. ¿Cómo se podrían sintetizar los siguientes compuestos usando una reacción de Diels-Alder?

a.

b.

c.

d.

62. a. ¿Cómo se podría preparar en un solo paso cada uno de los siguientes compuestos a partir de un hidrocarburo?

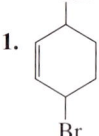

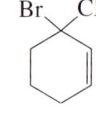

1. **2.** **3.**

b. ¿Qué otro compuesto orgánico se obtendría en las síntesis de la parte **a**?

63. a. Indique qué productos se obtienen en la reacción de 1 mol de HBr con 1 mol de 1,3,5-hexatrieno.
b. Indique cuál o cuáles productos predominan si la reacción está bajo control cinético.
c. ¿Cuál o cuáles productos predominan si la reacción está bajo control termodinámico?

64. ¿Cómo afectan los siguientes sustituyentes a la rapidez de una reacción de Diels-Alder?
a. un sustituyente donador de electrones en el dieno.
b. un sustituyente donador de electrones en el dienófilo.
c. un sustituyente atractor de electrones en el dieno.

65. Indique cuáles son los productos principales que se obtienen en la reacción de un equivalente de HCl con los compuestos siguientes. En cada reacción indique cuáles son el producto cinético y el producto termodinámico.
a. 2,3-dimetil-1,3-pentadieno
b. 2,4-dimetil-1,3-pentadieno

66. La constante de disociación (K_a) para la pérdida de un protón en el ciclohexanol es 1×10^{-16}.
a. Trace un diagrama de energía para la pérdida de un protón del ciclohexanol.

$$\text{C}_6\text{H}_{11}\text{—OH} \xrightleftharpoons{K_a = 1 \times 10^{-16}} \text{C}_6\text{H}_{11}\text{—O}^- + \text{H}^+$$

b. Dibuje las estructuras resonantes del fenol.
c. Dibuje las estructuras resonantes del ion fenolato.
d. En la misma gráfica del diagrama de energía para la pérdida de un protón del ciclohexanol, trace un diagrama de energía para la pérdida de un protón del fenol.

$$\text{C}_6\text{H}_5\text{—OH} \rightleftharpoons \text{C}_6\text{H}_5\text{—O}^- + \text{H}^+$$

e. ¿Cuál tiene la mayor K_a, el ciclohexanol o el fenol?
f. ¿Cuál es el ácido más fuerte, el ciclohexanol o el fenol?

67. La ciclohexilamina protonada tiene una $K_a = 1 \times 10^{-11}$. Use los mismos pasos del problema 66 para determinar cuál es la base más fuerte, la ciclohexilamina o la anilina.

$$\text{C}_6\text{H}_{11}\text{—}\overset{+}{\text{N}}\text{H}_3 \rightleftharpoons \text{C}_6\text{H}_{11}\text{—NH}_2 + \text{H}^+$$

$$\text{C}_6\text{H}_5\text{—}\overset{+}{\text{N}}\text{H}_3 \rightleftharpoons \text{C}_6\text{H}_5\text{—NH}_2 + \text{H}^+$$

Problemas

68. Indique cuál es el o los productos que se obtendrían en cada una de las reacciones siguientes:

a. C₆H₅—CH=CH₂ + CH₂=CH—CH=CH₂ $\xrightarrow{\Delta}$

b. CH₂=CH—C(C₆H₅)=CH₂ + CH₂=CHCCH₃ (con C=O) $\xrightarrow{\Delta}$

c. C₆H₅—CH=CH₂ + CH₂=CH—C(CH₃)=CH₂ $\xrightarrow{\Delta}$

69. ¿Cuáles dos conjuntos, de dieno conjugado y dienófilo, se podrían usar para preparar el siguiente compuesto?

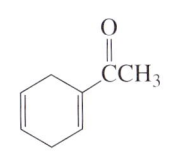

(ciclohexadieno con sustituyente —C(=O)CH₃)

70. a. ¿Cuál dienófilo de cada par es más reactivo en una reacción de Diels-Alder?

   1. CH₂=CHCH(=O)   o   CH₂=CHCH₂CH(=O)
   2. CH₂=CHCH(=O)   o   CH₂=CHCH₃

   b. ¿Cuál dieno es más reactivo en la reacción de Diels-Alder?

   CH₂=CHCH=CHOCH₃   o   CH₂=CHCH=CHCH₂OCH₃

71. El ciclopentadieno puede reaccionar consigo mismo en una reacción de Diels-Alder. Dibuje los productos endo y exo.

72. ¿Qué dieno y qué dienófilo se podrían usar para preparar cada uno de los compuestos siguientes?

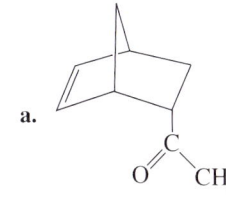

a. (norborneno con —C(=O)CH₃)   b. (norborneno con CCl₂)   c. (norborneno con dos grupos C≡N)   d. (anhídrido norbornendicarboxílico)

73. a. Indique cuáles son los productos de la siguiente reacción:

(vinilciclohexeno) + Br₂ ⟶

   b. ¿Cuántos estereoisómeros de cada producto podrían obtenerse?

74. Se podrían obtener hasta 18 productos diferentes en una reacción de Diels-Alder calentando una mezcla de 1,3-butadieno y 2-metil-1,3-butadieno. Indique cuáles son los productos.

75. En una sola gráfica de coordenada de reacción represente la adición de un equivalente de HBr a 2-metil-1,3-pentadieno y un equivalente de HBr a 2-metil-1,4-pentadieno. ¿Cuál reacción es más rápida?

76. Al tratar de recristalizar anhídrido maleico, la profesora Esperanza Dávila lo disolvió en ciclopentadieno recién destilado y no en ciclopentano recién destilado. ¿Tuvo éxito su recristalización?

anhídrido maleico

77. A altas temperaturas pueden efectuarse reacciones inversas de Diels-Alder. ¿Por qué se requieren altas temperaturas?

78. El equilibrio siguiente se desplaza hacia la derecha si la reacción se efectúa en presencia de anhídrido maleico (vea el problema 76):

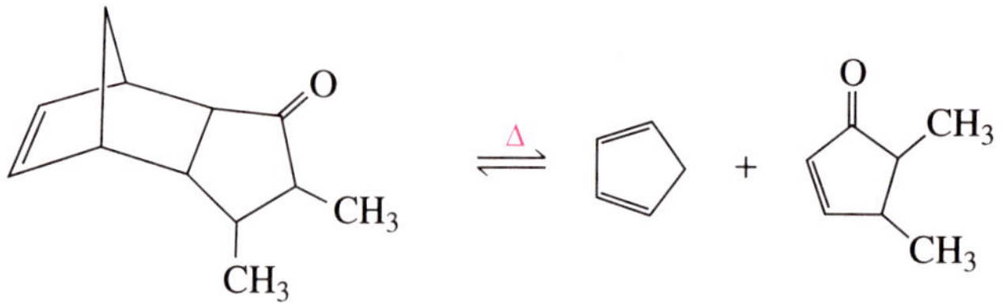

¿Cuál es la función del anhídrido maleico?

79. J. Bredt, químico alemán, en 1935 propuso que un bicicloalqueno no podría tener un doble enlace en un carbono cabeza de puente a menos que uno de los anillos tuviera cuando menos ocho átomos de carbono. Es lo que se llama la regla de Bredt. Explique por qué no puede haber un doble enlace en esta posición.

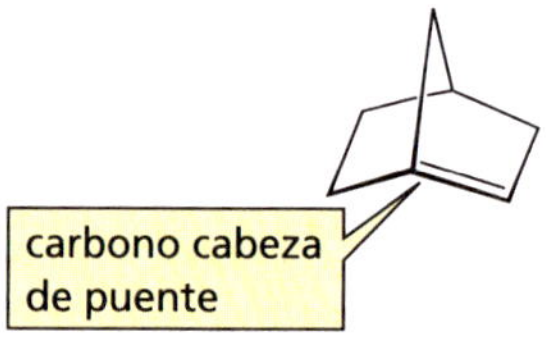

carbono cabeza de puente

80. El experimento que se ve abajo, y que se describió en la sección 7.11, demostró que la proximidad del ion cloruro al C-2 en el estado de transición hizo que el producto de adición 1,2 se formara con mayor rapidez que el producto de adición 1,4.

$$CH_2=CHCH=CHCH_3 \ + \ DCl \ \xrightarrow{-78\,°C} \ \underset{\underset{D \ \ \ Cl}{|\ \ \ |}}{CH_2CHCH=CHCH_3} \ + \ \underset{\underset{D \ \ \ \ \ \ \ Cl}{|\ \ \ \ \ \ \ |}}{CH_2CH=CHCHCH_3}$$

a. ¿Por qué fue importante para los investigadores conocer que la reacción se lleve a cabo bajo control cinético?
b. ¿Cómo se podría determinar que la reacción se lleve a cabo bajo control cinético?

81. Un alumno quería saber si la mayor proximidad del nucleófilo al carbono C-2 en el estado de transición es lo que hace que el producto de adición 1,2 se forme con mayor rapidez cuando reacciona el 1,3-butadieno con HCl. En consecuencia, decidió investigar la reacción de 2-metil-1,3-ciclohexadieno con HCl. Su amigo le dijo que mejor debería usar 1-metil-1,3-ciclohexadieno. ¿Debería seguir ese consejo?

PARTE 3

Reacciones de sustitución y eliminación

Los tres primeros capítulos de la parte 3 describen las reacciones de compuestos que tienen un átomo o grupo atractor de densidad de electrónica —un grupo saliente potencial— unido a un carbono con hibridación sp^3. Estos compuestos pueden tener reacciones de sustitución o eliminación, o bien, ambos tipos de reacción a la vez. El cuarto y último capítulo de la parte 3 describirá las reacciones de los alcanos, compuestos que carecen de un grupo saliente, pero que pueden tener una reacción de sustitución por radicales bajo condiciones extremas.

CAPÍTULO 8
Reacciones de sustitución en los haluros de alquilo

En el **capítulo 8** se describen las reacciones de sustitución en los haluros de alquilo. De los distintos compuestos que tienen reacciones de sustitución y eliminación, se examinan primero los haluros de alquilo porque tienen grupos salientes relativamente buenos. También, en el capítulo se describen los tipos de compuestos que utilizan los organismos biológicos en lugar de haluros de alquilo ya que estos haluros no se encuentran con facilidad en la naturaleza.

CAPÍTULO 9
Reacciones de eliminación de los haluros de alquilo • Competencia entre sustitución y eliminación

El **capítulo 9** cubre las reacciones de eliminación en los haluros de alquilo. Como muchos haluros de alquilo pueden llevar a cabo reacciones tanto de sustitución como de eliminación, también en este capítulo se describen los factores que determinan cuándo un haluro de alquilo dado lleva a cabo una reacción de sustitución, una reacción de eliminación o reacciones de sustitución y eliminación a la vez.

CAPÍTULO 10
Reacciones de alcoholes, aminas, éteres, epóxidos y compuestos sulfurados • Compuestos organometálicos

En el **capítulo 10** se describen compuestos distintos a los haluros de alquilo que tienen reacciones de sustitución y eliminación. Allí, el lector verá que cómo los alcoholes y los éteres son grupos salientes relativamente malos en comparación con los de los haluros de alquilo, los alcoholes y los éteres deben activarse antes de poder ser sustituidos o eliminados. Se examinarán varios métodos de uso común para activar los grupos salientes. Las aminas tienen grupos salientes tan malos que no pueden tener reacciones de sustitución y eliminación, aunque sí participan en otras reacciones importantes. En el capítulo se comparan también las reacciones de los tioles y los sulfuros con las de los alcoholes y los éteres; se examinan las reacciones de los epóxidos, que muestran cómo la tensión del anillo afecta la capacidad como grupo saliente y se describe cómo se relaciona la carcinogenia de los óxidos de areno con la estabilidad del carbocatión. Por último, este capítulo presentará al lector los compuestos organometálicos, un tipo de compuestos muy importante para los químicos orgánicos sintéticos.

CAPÍTULO 11
Radicales • Reacciones de los alcanos

El **capítulo 11** describe las reacciones de sustitución de los alcanos, hidrocarburos que sólo contienen enlaces sencillos. En los capítulos anteriores se estudió que cuando un compuesto reacciona primero se rompe el enlace más débil de su molécula; sin embargo, los alcanos sólo tienen enlaces fuertes. En consecuencia, se necesitan condiciones muy vigorosas para generar radicales. El capítulo también examina las reacciones de alquenos y alquinos con radicales. Termina con una descripción de algunas reacciones con radicales que suceden en el mundo biológico.

CAPÍTULO 8

Reacciones de sustitución en los haluros de alquilo

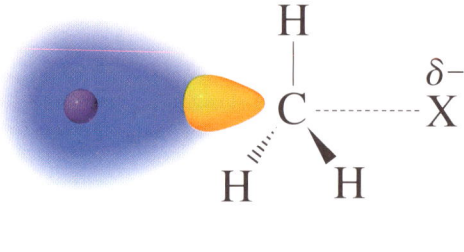

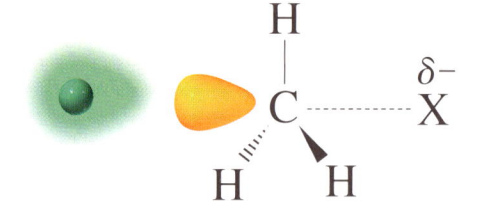

ANTECEDENTES

SECCIÓN 8.1 Cuando se examinaron las reacciones de adición de alquenos, alquinos y dienos se pudo apreciar que se nombraron reacciones de adición *electrofílica* porque esos compuestos reaccionan con los electrófilos. En este capítulo se verá que las reacciones de sustitución con haluros de alquilo se nombran reacciones de sustitución *nucleofílica* porque los haluros de alquilo reaccionan con nucleófilos.

SECCIÓN 8.3 Cuando el lector estudie las reacciones S_N2 le parecerán familiares porque ya vio antes una reacción S_N2, aunque no se le identificó como tal (6.11).

SECCIÓN 8.3 Se explicó que los efectos estéricos dan lugar a un confórmero *gauche*, el cual es menos estable que uno *anti* (2.10). Ahora va ha ver que los efectos estéricos pueden influir sobre la rapidez de ciertas reacciones.

SECCIONES 8.3 Y 8.6 El ion yoduro es la base más débil entre los iones haluro (1.20). Ahora se estudiará que, como la capacidad saliente de un grupo unido a un carbono sp^3 depende de la basicidad del grupo, el ion yoduro es el mejor grupo saliente entre los iones haluro.

SECCIÓN 8.4 Se puede usar el principio de Le Châtelier (3.7) para dirigir una reacción hacia los productos que se desean.

SECCIÓN 8.5 Se forma un carbocatión intermediario en una reacción S_N1. Como en el caso de otras reacciones con carbocationes intermediarios (4.6), este carbocatión se transpone si se puede formar uno más estable.

SECCIÓN 8.6 Se estudió que la facilidad de polarización de un átomo puede afectar el punto de ebullición de un compuesto (2.9). Aquí se verá que esto también afecta la nucleofilicidad del átomo.

SECCIÓN 8.8 La deslocalización electrónica en un carbocatión intermediario que se forma durante la adición de un electrófilo a un dieno conjugado forma dos productos de adición (7.10). Ahora se verá que la deslocalización electrónica en un carbocatión alílico formado durante una reacción S_N1 también puede formar dos productos de sustitución.

SECCIÓN 8.10 En la sección 1.17 se estableció que la mayor parte de los valores de pK_a en este libro se determinaron en agua. Ahora se verá por qué esos valores de pK_a son distintos en disolventes diferentes.

SECCIÓN 8.10 Al determinar la forma en que un cambio de disolvente afecta la rapidez de una reacción, se ha de recordar que esa rapidez depende de la estabilidad relativa de los reactivos y del estado de transición en el paso limitante de la rapidez de la reacción. Para determinar la forma en que un cambio de disolvente afecta un valor de pK_a se repasará que la constante de equilibrio depende de las estabilidades relativas de los reactivos y los productos (3.7).

Los compuestos orgánicos que tienen un átomo electronegativo o un grupo atractor de densidad electrónica unido a un carbono con hibridación sp^3 participan en reacciones de sustitución y/o de eliminación.

En una **reacción de sustitución**, el átomo electronegativo o el grupo atractor de densidad electrónica es reemplazado por otro átomo o grupo. En una **reacción de eliminación**, el átomo electronegativo o el grupo atractor de densidad electrónica es eliminado junto con un hidrógeno de un carbono adyacente. El átomo o grupo que es *sustituido* o *eliminado* en estas reacciones se llama **grupo saliente**. La reacción de sustitución se llama, con más propiedad, **reacción de sustitución nucleofílica** porque el átomo o grupo que sustituye al grupo saliente es un nucleófilo.

$$RCH_2CH_2X + Y^- \quad \begin{array}{c} \xrightarrow{\text{reacción de sustitución}} RCH_2CH_2Y + X^- \\ \xrightarrow{\text{reacción de eliminación}} RCH=CH_2 + HY + X^- \end{array}$$

grupo saliente

Este capítulo se enfoca en las reacciones de sustitución de los haluros de alquilo, compuestos en los que el grupo saliente es un ion haluro ($F:^-$, $Cl:^-$, $Br:^-$ o $I:^-$). En la sección 2.4 se describió la nomenclatura de los haluros de alquilo.

haluros de alquilo

R—F	R—Cl	R—Br	R—I
fluoruro de alquilo	cloruro de alquilo	bromuro de alquilo	yoduro de alquilo

En el capítulo 9 se estudiarán las reacciones de eliminación de haluros de alquilo y los factores que determinan si prevalecerá la sustitución o la eliminación cuando un haluro de alquilo participa en una reacción.

Los haluros de alquilo constituyen una familia de compuestos adecuada para iniciar el estudio de las reacciones de sustitución y eliminación porque tienen grupos salientes relativamente buenos; esto es, los iones haluro se desplazan con facilidad. Después de estudiar las reacciones de los haluros de alquilo, el lector estará preparado para comprender, en el capítulo 10, las reacciones de sustitución y eliminación de compuestos con grupos salientes malos —que son más difíciles de desplazar.

Las reacciones de sustitución son importantes en química orgánica porque éstas hacen posible convertir a los haluros de alquilo, fácilmente asequibles, en una gran variedad de otros compuestos. Las reacciones de sustitución también son importantes en las células de plantas y animales. Sin embargo, como se verá más adelante, los haluros de alquilo son insolubles en agua y las células existen en forma predominante en ambientes acuosos, en los sistemas biológicos se recurre a compuestos en los que el grupo sustituido es más polar que un halógeno y, en consecuencia, más soluble en agua.

SOBREVIVENCIA

Algunos organismos marinos, como esponjas, corales y algas, sintetizan organohaluros (compuestos orgánicos que contienen halógenos), que usan para ahuyentar a sus depredadores. Por ejemplo, las algas rojas sintetizan un organohaluro tóxico y de mal sabor que evita que los depredadores se las coman. Sin embargo, un depredador que no se inmuta es una babosa llamada liebre de mar. Después de consumir algas rojas, la liebre de mar convierte su organohaluro en un compuesto similar en estructura, que usa para su propia defensa. A diferencia de otros moluscos, una liebre de mar no tiene concha. Su método de defensa es rodearse de una sustancia viscosa que contiene el organohaluro y así se protege contra los peces carnívoros.

sintetizado por las algas rojas

sintetizado por la babosa conocida como liebre de mar

Babosa conocida como liebre de mar

8.1 Forma en que reaccionan los haluros de alquilo

El flúor, el cloro y el bromo son más electronegativos que el carbono. En consecuencia, cuando el carbono está unido con cualquiera de esos elementos, los dos átomos no comparten por igual sus electrones de enlace. Como el halógeno más electronegativo atrae una mayor parte de los electrones de enlace, presenta una carga negativa parcial (δ^-) y el carbono al que está unido presenta una carga positiva parcial (δ^+).

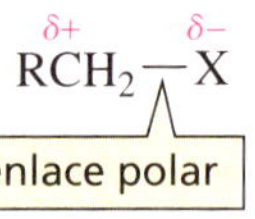

$$\overset{\delta+}{RCH_2}\!-\!\overset{\delta-}{X} \qquad X = F, Cl, Br$$

enlace polar

Es este enlace polar carbono-halógeno lo que determina que los haluros de alquilo participen en reacciones de sustitución y eliminación. Hay dos mecanismos importantes de reacciones de sustitución nucleofílica:

1. Un nucleófilo es atraído al carbono con carga positiva parcial (un electrófilo). A medida que el nucleófilo se acerca al átomo de carbono y forma un enlace nuevo, el enlace carbono-halógeno se rompe en forma heterolítica (el halógeno toma los dos electrones de enlace).

$$\text{Nu}^- + \ -\overset{\delta+}{\underset{|}{C}}\!-\!\overset{\delta-}{X} \longrightarrow \ -\underset{|}{\overset{|}{C}}\!-\!\text{Nu} \ + \ X^-$$

nucleófilo — producto de sustitución

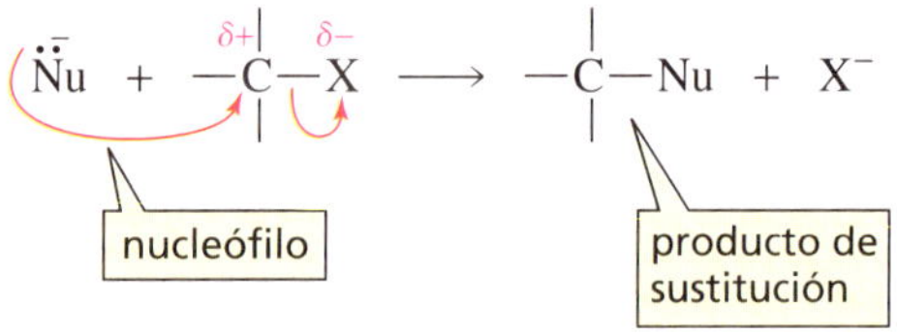

2. El enlace carbono-halógeno se rompe heterolíticamente sin ayuda del nucleófilo y forma un carbocatión. El carbocatión, un electrófilo, reacciona entonces con el nucleófilo para formar el producto de sustitución.

$$-\overset{\delta+}{\underset{|}{C}}\!-\!\overset{\delta-}{X} \longrightarrow \ -\underset{|}{\overset{|}{C}}{}^+ \ + \ X^-$$

$$-\underset{|}{\overset{|}{C}}{}^+ \ + \ \text{Nu}^- \longrightarrow \ -\underset{|}{\overset{|}{C}}\!-\!\text{Nu}$$

producto de sustitución

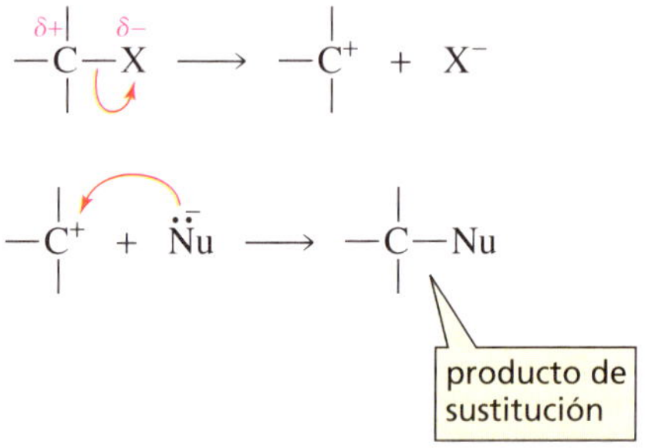

Se verá que el mecanismo *que predomina* depende de los factores siguientes:

- la estructura del haluro de alquilo
- la reactividad del nucleófilo
- la concentración del nucleófilo
- el disolvente en el que se lleva a cabo la reacción

8.2 Mecanismo de una reacción S$_N$2

Quizá el lector se preguntará cómo se determina el mecanismo de una reacción. Se puede aprender mucho acerca del mecanismo de una reacción estudiando su **cinética** —los factores que afectan su rapidez.

La rapidez de una reacción de sustitución nucleofílica, como la de bromometano con un ion hidróxido, depende de la concentración de ambos reactivos. Si la concentración del bromometano en la mezcla de reacción se eleva al doble, la rapidez de la reacción aumenta al doble. De igual modo, si la concentración del nucleófilo (el ion hidróxido) se eleva al doble, la rapidez de la reacción aumenta al doble. Si se elevan al doble las concentraciones de ambos reactivos, la rapidez de la reacción aumenta al cuádruple.

$$CH_3Br + HO^- \longrightarrow CH_3OH + Br^-$$
bromometano — metanol

Cuando se conoce la relación entre la rapidez de una reacción y la concentración de los reactivos, se puede escribir una **ley de rapidez** para la reacción. Como la rapidez de la reacción del bromometano con el ion hidróxido depende de la concentración de ambos reactivos, la ley de rapidez en este caso es

rapidez ∝ [haluro de alquilo][nucleófilo]

Como ya fue explicado en la sección 3.7, un signo de proporcionalidad (∝) puede ser sustituido por uno de igualdad y una constante de proporcionalidad. En este caso la constante de proporcionalidad se llama **constante de rapidez**. La magnitud de la constante de rapidez de una determinada reacción indica lo difícil que es para los reactivos superar la barrera de energía de la reacción —lo difícil que es llegar al estado de transición. Mientras mayor es la constante de rapidez la barrera de energía es menor y en consecuencia es más fácil que los reactivos alcancen el estado de transición (véase la figura 8.3, página 350).

rapidez = k [haluro de alquilo][nucleófilo]

constante de rapidez

Como la rapidez de esta reacción depende de la concentración de dos reactivos, se trata de una **reacción de segundo orden**.

La ley de rapidez indica cuáles moléculas participan en el estado de transición del paso determinante de la rapidez de la reacción. Por ejemplo, a partir de la ley de rapidez para la reacción del bromometano con iones hidróxido se sabe que *ambos*, el bromometano y el ion hidróxido, participan en el estado de transición que determina la rapidez de la reacción.

> **BIOGRAFÍA**
>
> **Edward Davies Hughes (1906–1963)**, *nacido en el norte de Gales, obtuvo dos doctorados uno de la Universidad de Gales y otro de la Universidad de Londres, donde trabajó con Sir Christopher Ingold. Fue profesor de química en el Colegio Universitario de Londres.*

PROBLEMA 1◆

¿Cómo se afecta la rapidez de la reacción si la concentración de bromometano se cambia de 1.00 M a 0.05 M?

La reacción del bromometano con el ion hidróxido es un ejemplo de una **reacción S_N2**, donde "S" significa sustitución, "N" significa nucleofílica y "2" significa bimolecular. **Bimolecular** quiere decir que en el estado de transición del paso determinante de la rapidez de la reacción participan dos moléculas. Edward Hughes y Christopher Ingold propusieron, en 1937, un mecanismo para la reacción S_N2. Recuérdese que un mecanismo describe paso a paso el proceso por el cual los reactivos se convierten en productos. Es una teoría que se ajusta a las evidencias experimentales acumuladas acerca de la reacción. Hughes e Ingold basaron su mecanismo de reacción S_N2 en las tres evidencias experimentales siguientes:

> **BIOGRAFÍA**
>
> **Sir Christopher Ingold (1893–1970)** *nació en Ilford, Inglaterra. Además de determinar el mecanismo de la reacción S_N2 fue miembro de un grupo que desarrolló el sistema de nomenclatura de enantiómeros (véase la página 206). También participó en el desarrollo de la teoría de la resonancia.*

1. La rapidez de la reacción depende de la concentración del haluro de alquilo *y también* de la concentración del nucleófilo. Lo anterior significa que los dos reactivos participan en el estado de transición para el paso determinante de la rapidez de la reacción.
2. Conforme se sustituyan sucesivamente los hidrógenos del bromometano por grupos metilo, la rapidez de la reacción con determinado nucleófilo disminuye en forma progresiva (tabla 8.1).
3. La reacción de un haluro de alquilo en el que el halógeno está unido a un centro asimétrico lleva a la formación sólo de un estereoisómero, y la configuración del centro asimétrico en el producto se invierte con respecto a la que existía en el haluro de alquilo que reacciona.

Tabla 8.1 Rapidez relativa de reacciones S$_N$2 para varios haluros de alquilo

$$R-Br + Cl^- \xrightarrow{S_N2} R-Cl + Br^-$$

Haluro de alquilo	Tipo de haluro de alquilo	Rapidez relativa
CH$_3$—Br	metilo	1200
CH$_3$CH$_2$—Br	primario	40
CH$_3$CH$_2$CH$_2$—Br	primario	16
CH$_3$CH(CH$_3$)—Br	secundario	1
(CH$_3$)$_3$C—Br	terciario	muy lenta para medirla

Hughes e Ingold propusieron que una reacción S$_N$2 es de tipo *concertado* (por lo que se efectúa en un solo paso), y entonces no se forman especies intermediarias. El nucleófilo ataca al carbono que tiene el grupo saliente y desplaza al propio grupo saliente.

Mecanismo de la reacción S$_N$2 de un haluro de alquilo

$$HO^- + CH_3-Br: \longrightarrow CH_3-OH + :Br:^-$$

grupo saliente

Una reacción S$_N$2 es una reacción en un paso

Un choque productivo es aquel que da lugar a la formación del producto. En una reacción S$_N$2 un choque productivo requiere que un nucleófilo golpee al carbono en el lado opuesto al que está unido al grupo saliente; por ello se dice que el carbono sufre un **ataque por atrás**. ¿Por qué el nucleófilo debe atacar por atrás? La explicación más sencilla es que el grupo saliente obstruye el acercamiento del nucleófilo por el frente de la molécula.

La teoría de los orbitales moleculares también explica el ataque por atrás. Recuérdese, de la sección 7.12, que para que se forme un enlace, el LUMO (orbital molecular desocupado de más baja energía, por sus siglas en inglés) de una especie debe interactuar con el HOMO (orbital molecular ocupado de más alta energía, por sus siglas en inglés) de la otra. Cuando el nucleófilo se acerca al haluro de alquilo, el orbital molecular de no enlace lleno (el HOMO) del nucleófilo debe interactuar con el orbital molecular de antienlace σ* vacío (el LUMO) asociado al enlace C—Br. La figura 8.1a muestra que en un ataque por atrás hay una interacción de enlace entre el nucleófilo y al lóbulo más grande de σ*. Compárese esto con lo que sucede cuando el nucleófilo se acerca por el frente del carbono (figura 8.1b): se produce una interacción de enlace y una de antienlace al mismo tiempo y las dos se anulan entre sí. En consecuencia, el mejor traslape de los orbitales que interactúan se alcanza mediante el ataque por atrás. De hecho, un nucleófilo siempre se acerca a un carbono con hibridación sp^3 por atrás. (Ya se vieron antes ataques por atrás en la reacción de un ion bromuro con un ion bromonio cíclico, en la sección 5.19).

Un nucleófilo ataca por el lado de atrás de un carbono que está unido al grupo saliente.

¿Cómo explica el mecanismo de Hughes e Ingold las tres evidencias experimentales? El mecanismo muestra que el haluro de alquilo y el nucleófilo se juntan en el estado de transición de la reacción que ocurre en un paso. Por consiguiente, al incrementar la concentración de alguno de ellos, sus colisiones serán más probables. Así, la reacción sigue la cinética de segundo orden, que es exactamente lo que se observa.

$$HO^- + \overset{}{C}-Br \longrightarrow [HO\cdots\overset{\delta-}{C}\cdots\overset{\delta-}{Br}]^{\ddagger} \longrightarrow HO-\overset{}{C} + Br^-$$

estado de transición

8.2 Mecanismo de una reacción S$_N$2 **349**

a. ataque por detrás

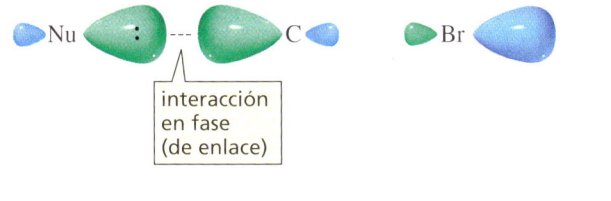

orbital molecular de antienlace σ^* vacío

interacción en fase (de enlace)

orbital molecular de enlace σ lleno

b. ataque por delante

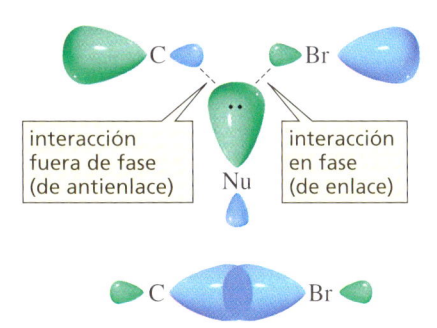

orbital molecular de antienlace σ^* vacío

interacción fuera de fase (de antienlace)

interacción en fase (de enlace)

orbital molecular de enlace σ lleno

◀ **Figura 8.1**
a) El ataque por atrás da como resultado una interacción de enlace entre el HOMO (el orbital molecular de mayor energía ocupado, por sus siglas en inglés) del nucleófilo y el LUMO (el orbital molecular de menor energía no ocupado, por sus siglas en inglés) del enlace C—Br.
b) El ataque por delante formaría una interacción de enlace y también una de antienlace que se anularían entre sí.

Como el nucleófilo ataca por atrás al carbono unido al halógeno, los sustituyentes voluminosos unidos a ese carbono disminuirán la aproximación del nucleófilo por atrás, y por consiguiente harán disminuir la rapidez de la reacción (figura 8.2). Esto explica por qué al ir sustituyendo los hidrógenos del bromometano por grupos metilo disminuye en forma progresiva la rapidez de la reacción de sustitución (tabla 8.1).

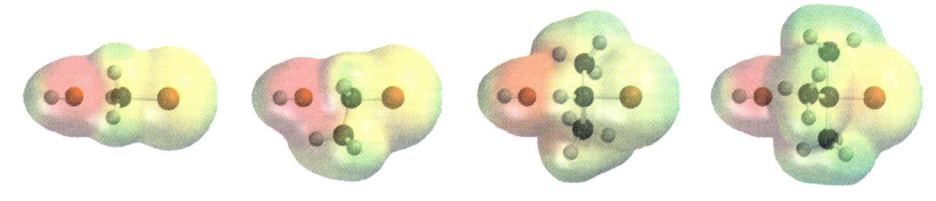

▲ **Figura 8.2**
El acercamiento de HO$^-$ a un haluro de metilo, a un haluro de alquilo primario, a un haluro de alquilo secundario y a un haluro de alquilo terciario. Al aumentar el volumen de los sustituyentes unidos al carbono que sufre el ataque nucleofílico disminuye el acceso por atrás del carbono y con ello se disminuye la rapidez de la reacción del S$_N$2.

B I O G R A F Í A

Viktor Meyer (1848–1897) *nació en Alemania. Para evitar que fuera un actor, sus padres lo persuadieron para entrar en la Universidad de Heidelberg, donde obtuvo un doctorado en 1867, a los 18 años. Meyer fue profesor de química en las Universidades de Stuttgart y de Heidelberg. Acuñó el término "estereoquímica" en el estudio de las formas moleculares y fue quien primero describió el efecto del impedimento estérico en una reacción.*

Los **efectos estéricos** son efectos causados por el hecho de que los grupos ocupan cierto volumen en el espacio (sección 2.10). Un efecto estérico que haga disminuir la reactividad se llama **impedimento estérico**. El impedimento estérico se presenta cuando hay grupos que estorban en un sitio de reacción. El impedimento estérico da lugar a que los haluros de alquilo tengan la reactividad relativa siguiente en una reacción S$_N$2 porque, *en general*, los haluros de alquilo primario tienen menos impedimento estérico que los haluros de alquilo secundario, los que a su vez están menos impedimento estérico que los haluros de alquilo terciario:

El impedimento estérico determina que los haluros de metilo y los haluros de alquilo primario sean los haluros más reactivos en las reacciones S$_N$2.

reactividades relativas de los haluros de alquilo en una reacción S$_N$2

más reactivo → haluro de metilo > haluro de alquilo 1° > haluro de alquilo 2° > haluro de alquilo 3° ← muy inerte para participar en una reacción S$_N$2

Los haluros de alquilo terciario no pueden tener reacciones S_N2.

Los tres grupos alquilo de un haluro de alquilo terciario hacen imposible que el nucleófilo llegue a la distancia de enlace del carbono terciario y en consecuencia dichos haluros de alquilo terciarios no son capaces de presentar reacciones S_N2.

Los diagramas de coordenada de la reacción, para una reacción S_N2 entre bromometano *no impedido* (figura 8.3a) y el de un bromuro de alquilo secundario con *impedimento estérico* (figura 8.3b) muestran que el impedimento estérico incrementa la energía del estado de transición y hace más lenta la reacción.

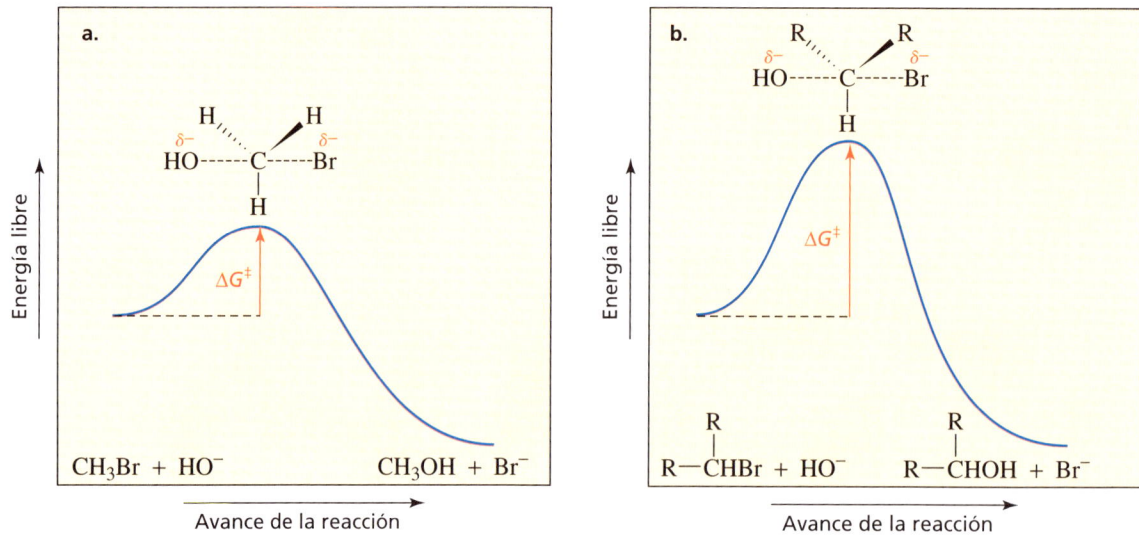

▲ **Figura 8.3**
Diagramas de coordenada de reacción para
a) la reacción S_N2 de bromometano con ion hidróxido;
b) una reacción S_N2 de un bromuro de alquilo secundario, con impedimento estérico, con un ion hidróxido.

La rapidez de una reacción S_N2 no depende sólo del *número* de grupos alquilo unidos al carbono que sufre ataque nucleofílico, sino también de su tamaño. Por ejemplo, mientras que el bromoetano y el 1-bromopropano son haluros de alquilo primarios, el bromoetano es más de dos veces más reactivo en una reacción S_N2 (tabla 8.1) porque el grupo más voluminoso en el carbono que sufre el ataque nucleofílico del 1-bromopropano causa más impedimento estérico al ataque por atrás. También, aunque el 1-bromo-2,2-dimetilpropano es un haluro de alquilo primario, este presenta reacciones S_N2 muy lentas porque su único grupo alquilo es excepcionalmente voluminoso.

$$\begin{array}{c} CH_3 \\ | \\ CH_3CCH_2Br \\ | \\ CH_3 \end{array}$$

1-bromo-2,2-dimetilpropano

Con respecto a la tercera evidencia que explica el mecanismo de Hughes e Ingold, la figura 8.4 muestra que cuando el nucleófilo se acerca por atrás del carbono en el bromometano, los enlaces C—H comienzan a alejarse del nucleófilo y de sus electrones atacantes. Para cuando se llega al estado de transición, todos los enlaces C—H se encuentran en el mismo plano y el carbono se pentacoordina (se enlaza por completo a tres átomos y de forma parcial con dos) y no es tetraédrico. Al acercarse más el nucleófilo al carbono y alejarse más del mismo el bromo, los enlaces C—H continúan moviéndose en la misma dirección. Al final, se forma por completo el enlace entre el carbono y el nucleófilo y se rompe por completo el enlace entre el carbono y el bromo, por lo que el carbono es de nuevo tetraédrico.

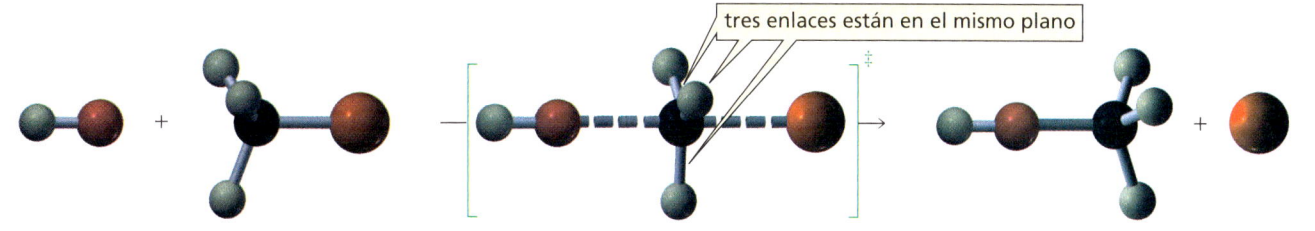

8.2 Mecanismo de una reacción S$_N$2

tres enlaces están en el mismo plano

▲ Figura 8.4
Reacción S$_N$2 entre el ion hidróxido y el bromometano.

El carbono donde sucede la sustitución tiene invertido su configuración durante la reacción como cuando un paraguas tiende a invertirse en un ventarrón. Esta **inversión de la configuración** se llama *inversión de Walden* en honor a Paul Walden, primero en descubrir que la configuración de un compuesto se invierte durante el curso de una reacción S$_N$2.

Ya que una reacción S$_N$2 se efectúa con inversión de la configuración, sólo se forma un producto de sustitución cuando un haluro de alquilo cuyo átomo de halógeno está unido a un centro asimétrico participa en una reacción S$_N$2. La configuración de ese producto se invierte en relación con la configuración del haluro de alquilo. Por ejemplo, el producto de sustitución que se obtiene en la reacción entre el ion hidróxido y el (*R*)-2-bromopentano es el (*S*)-2-pentanol. Por eso, el mecanismo de reacción propuesto explica también la configuración observada en el producto.

se invierte la configuración del producto en relación con la configuración del reactivo

CH$_3$ CH$_3$
|C""H + HO⁻ ⟶ H""C| + Br⁻
CH$_3$CH$_2$ Br   HO CH$_2$CH$_3$

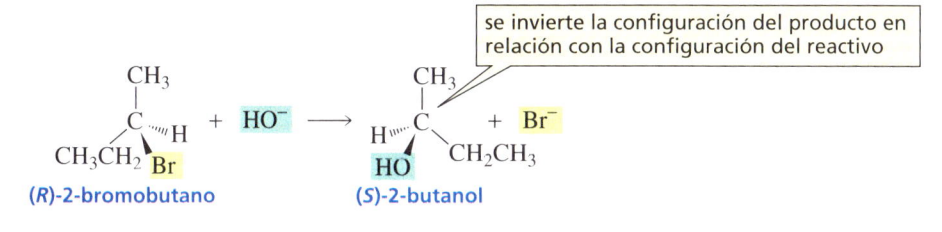

(*R*)-2-bromobutano   (*S*)-2-butanol

Tutorial del alumno:
S$_N$2
(S$_N$2)

Tutorial del alumno:
La S$_N$2 es una reacción concertada
(S$_N$2 a concerted reaction)

Para dibujar el producto invertido de una reacción S$_N$2, se traza la imagen especular del reactivo y se sustituye el halógeno por el nucleófilo.

BIOGRAFÍA

Paul Walden (1863–1957) *nació en Cesis, Letonia, hijo de un campesino. Sus padres murieron cuando era niño, y él mismo se costeó sus estudios en la Universidad de Riga y en la Universidad de San Petersburgo, trabajando como tutor. Walden recibió un doctorado de la Universidad de Leipzig y regresó a Letonia como profesor de química en la Universidad de Riga. Después de la Revolución Rusa, regresó a Alemania como profesor de la Universidad de Rostock y más tarde de la Universidad de Tübingen.*

PROBLEMA 2◆

Si se incrementa la barrera de energía en una reacción S$_N$2 ¿aumenta o disminuye la magnitud de la constante de rapidez de esa reacción?

PROBLEMA 3◆

Ordene los siguientes bromuros de alquilo de acuerdo a su reactividad decreciente en una reacción S$_N$2: 1-bromo-2-metilbutano, 1-bromo-3-metilbutano, 2-bromo-2-metilbutano y 1-bromopentano.

PROBLEMA 4◆   RESUELTO

Determine el producto que se formaría en la reacción S$_N$2 del

a. 2-bromobutano y el ion hidróxido.

b. (*R*)-2-bromobutano y el ion hidróxido.

c. (*S*)-3-clorohexano y el ion hidróxido.

d. 3-yodopentano y el ion hidróxido.

Solución a 4a El producto es 2-butanol. Como es una reacción S$_N$2, sabemos que la configuración del producto se invierte en relación con la configuración del reactivo. Sin embargo, la configuración del reactivo no se especifica, por lo que no podremos especificar la configuración del producto.

no se especifica la configuración

$$CH_3\underset{Br}{CH}CH_2CH_3 + HO^- \longrightarrow CH_3\underset{OH}{CH}CH_2CH_3 + Br^-$$

8.3 Factores que influyen sobre las reacciones S_N2

Ahora se examinará la forma en que la naturaleza del grupo saliente y la del nucleófilo afectan a la reacción S_N2.

Grupo saliente en una reacción S_N2

Si un yoduro, un bromuro, un cloruro y un fluoruro de alquilo, todos teniendo el mismo grupo alquilo, se dejaran reaccionar con el mismo nucleófilo bajo las mismas condiciones, se comprobaría que el yoduro de alquilo es el más reactivo y que el fluoruro de alquilo es el menos reactivo.

		rapidez relativa de reacción
$HO^- + RCH_2I \longrightarrow RCH_2OH + I^-$		30,000
$HO^- + RCH_2Br \longrightarrow RCH_2OH + Br^-$		10,000
$HO^- + RCH_2Cl \longrightarrow RCH_2OH + Cl^-$		200
$HO^- + RCH_2F \longrightarrow RCH_2OH + F^-$		1

La única diferencia entre esas cuatro reacciones es la naturaleza del grupo saliente. De acuerdo con la rapidez de reacción relativa se puede ver que el ion yoduro es el mejor grupo saliente y que el ion fluoruro es el peor. Lo anterior conduce a una importante regla de la química orgánica —una con la que el lector se encontrará con frecuencia: *mientras más débil sea la basicidad de un grupo mejor será su capacidad como grupo saliente*. La razón por la que la capacidad como grupo saliente depende de la basicidad es porque las *bases débiles son bases estables*; con facilidad retienen los electrones que antes compartían con un protón. Como las bases débiles no comparten bien sus electrones, una base débil no está unida con tanta fuerza al carbono como estaría una base fuerte y un enlace más débil se rompe con más facilidad (sección 1.20).

Ya se explicó que el ion yoduro es la base más débil de los iones haluro y que el ion fluoruro es la más fuerte (sección 1.20).

Mientras más débil sea la base, mejor grupo saliente será.

Las bases estables son las bases débiles.

basicidad relativa de los iones haluro

$$I^- < Br^- < Cl^- < F^-$$

base más débil, base más estable — base más fuerte, base menos estable

Tutorial del alumno: Impedimento estérico en S_N2 un terciario no puede presentar S_N2 (Steric hindrance in the S_N2 tertiary cannot undergo S_N2)

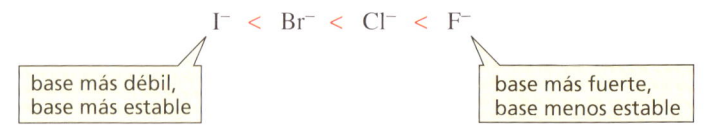

Por consiguiente, los yoduros de alquilo son los más reactivos de los haluros de alquilo y los fluoruros de alquilo son los menos reactivos. De hecho, el ion fluoruro es una base tan fuerte que en esencia los fluoruros de alquilo no presentan reacciones S_N2.

reactividad relativa de haluros de alquilo en reacciones S_N2

más reactivo — $RI > RBr > RCl > RF$ — muy inerte para participar en una reacción S_N2

En la sección 8.1 se planteó que es el enlace polar carbono-halógeno el que determina que los haluros de alquilo desarrollen reacciones de sustitución; sin embargo, el carbono y el yodo tienen la misma electronegatividad (véase la tabla 1.3 de la página 11). Entonces ¿por qué un yoduro de alquilo desarrolla una reacción de sustitución? Se sabe que los átomos más grandes son más polarizables que los más pequeños. (Recuérdese, de la sección 2.9, que la polarizabilidad es una medida de la facilidad con la que se puede distorsionar la nube electrónica de un átomo). La alta polarizabilidad del átomo de yodo grande, lo hace reaccionar como si fuera polar, aun cuando, con base en las electronegatividades de los átomos de carbono y de yodo, el enlace sea no polar.

El nucleófilo en una reacción S$_N$2

Cuando se hace referencia a átomos o moléculas que tienen electrones de par solitario, a veces se los llama bases y a veces nucleófilos. ¿Cuál es la diferencia entre una base y un nucleófilo?

La **basicidad** es una medida de qué tan bien un compuesto (una **base**) comparte su par de electrones no enlazado; mientras más fuerte sea la base, mejor comparte sus electrones. La basicidad se mide con una *constante de equilibrio* (la constante de disociación de ácido, K_a) que indica la tendencia del ácido conjugado de la base a perder un protón (sección 1.17).

La **nucleofilicidad** es una medida de la facilidad con la que un compuesto (un **nucleófilo**) puede atacar a un átomo deficiente en electrones. La nucleofilicidad se mide con una *constante de rapidez* (k). En el caso de una reacción S$_N$2, la nucleofilicidad es una medida de la facilidad con que el nucleófilo ataca a un carbono sp^3 unido a un grupo saliente.

Cuando se comparan moléculas que tienen *el mismo átomo atacante*, se observa que hay una relación directa entre la basicidad y la nucleofilicidad: *las bases más fuertes son los mejores nucleófilos*. Por ejemplo, una especie con una carga negativa es una base más fuerte *y también* un nucleófilo mejor que una especie que tenga el mismo átomo atacante pero que sea neutro. Así, HO:$^-$ es una base más fuerte y un nucleófilo mejor que el H$_2$O. Observe que las bases se describen como fuertes o débiles; los nucleófilos se describen como buenos o malos.

base más fuerte, mejor nucleófilo	base más débil, peor nucleófilo
HO$^-$	> H$_2$O
CH$_3$O$^-$	> CH$_3$OH
$^-$NH$_2$	> NH$_3$
CH$_3$CH$_2$NH$^-$	> CH$_3$CH$_2$NH$_2$

Al comparar moléculas cuyos *átomos atacantes son aproximadamente de igual tamaño* se descubre que, de nuevo, *las bases más fuertes son los mejores nucleófilos*. Los átomos de la segunda fila de la tabla periódica tienen más o menos el mismo tamaño. Si se unen hidrógenos a los elementos de la segunda fila, los compuestos que resultan presentan la misma acidez relativa (sección 1.20):

fuerza de acidez relativa

ácido más débil → NH$_3$ < H$_2$O < HF

En consecuencia, las bases conjugadas tienen las siguientes fuerzas de basicidad relativa y nucleofilicidad relativa:

fuerza de basicidad relativa y nucleofilicidad relativa

base más fuerte → $^-$NH$_2$ > HO$^-$ > F$^-$

mejor nucleófilo

Observe que el anión amiduro es la base más fuerte y también el mejor nucleófilo.

Al comparar moléculas cuyos *átomos atacantes son de tamaño muy diferente*, hay otro factor que entra en juego: la polarizabilidad del átomo. Como en el átomo más grande los electrones están más lejos, no se retienen con tanta fuerza y en consecuencia pueden moverse con más libertad hacia una carga positiva. El resultado es que los electrones pueden traslaparse con el orbital del carbono desde más lejos, como se ve en la figura 8.5. Esto da como resultado mayor grado de enlace en el estado de transición, haciendo que este resulte más estable.

Figura 8.5
Un ion yoduro es más grande y más polarizable que un ion fluoruro. Por consiguiente, cuando un ion yoduro ataca a un carbono los electrones relativamente poco unidos del ion pueden traslaparse con el orbital del carbono desde más lejos. Los electrones muy unidos del ion fluoruro no pueden comenzar a traslaparse con el orbital del carbono sino hasta que los reactivos estén más cercanos entre sí.

Ahora la pregunta es ¿compensa la mayor polarizabilidad que ayuda a que los átomos más grandes sean mejores nucleófilos, la menor basicidad que los hace ser malos nucleófilos? La respuesta depende de las condiciones bajo las que se efectúa la reacción.

Un disolvente aprótico no contiene hidrógeno unido a un oxígeno o a un nitrógeno; no forma puentes de hidrógeno.

Si la reacción se efectúa en un **disolvente polar aprótico**, término que significa que las moléculas del disolvente *no tienen* un hidrógeno unido a un oxígeno o a un nitrógeno, la relación directa entre basicidad y nucleofilicidad se mantiene: las bases más fuertes siguen siendo los mejores nucleófilos. En otras palabras, la mayor polarizabilidad de los átomos más grandes no compensa su menor basicidad. *Por consiguiente, el ion yoduro es el peor nucleófilo de los iones haluro en un solvente polar aprótico*. No obstante, si la reacción se efectúa en un **disolvente prótico**, lo que implica que sus moléculas *sí tienen* un hidrógeno unido a un oxígeno o a un nitrógeno, la relación entre basicidad y nucleofilicidad se invierte. El átomo más grande es el mejor nucleófilo aunque sea la base más débil. *Por consiguiente, el ion yoduro es el mejor nucleófilo de los iones haluro en un disolvente prótico.*

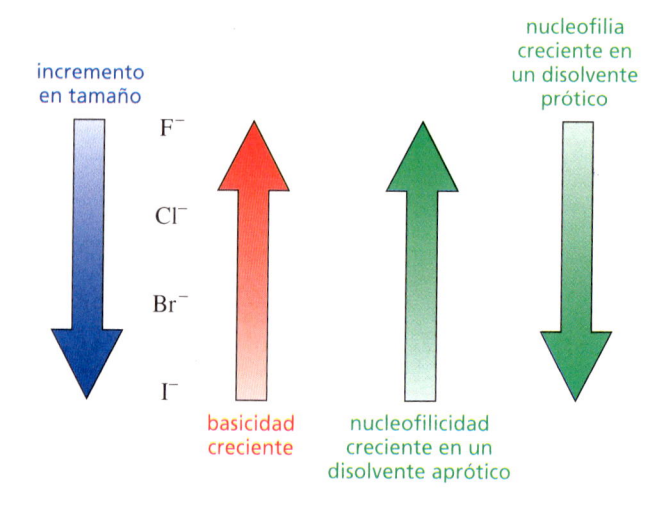

Un disolvente prótico contiene hidrógeno unido a un oxígeno o a un nitrógeno; forma puentes de hidrógeno.

> **PROBLEMA 5◆**
>
> a. ¿Cuál es la base más fuerte, RO:⁻ o RS:⁻?
> b. ¿Cuál es un mejor nucleófilo en una disolución acuosa?

Influencia del disolvente sobre la nucleofilicidad

¿Por qué, en un disolvente prótico, el átomo más pequeño es el peor nucleófilo, aun cuando sea la base más fuerte? *¿Cómo es que un disolvente prótico determina que las bases fuertes sean menos nucleófilas?* Cuando una especie con carga negativa se coloca en un disolvente prótico, el ion se solvata (sección 2.9). Los disolventes próticos son donadores de puentes de hidrógeno y entonces las moléculas de disolvente se ordenan con sus hidrógenos con carga positiva parcial apuntando hacia la especie con carga negativa. La interacción entre el ion y el dipolo del disolvente prótico se llama **interacción ion-dipolo**.

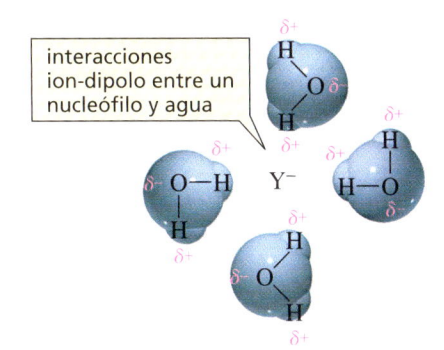

Como el disolvente rodea al nucleófilo, debe romperse al menos una de las interacciones ion-dipolo para que el nucleófilo pueda participar en una reacción S_N2. Las bases débiles interaccionan débilmente con los disolventes próticos, mientras que las bases fuertes interaccionan con más fuerza porque comparten mejor sus electrones. En consecuencia, es más fácil romper las interacciones ion-dipolo entre un ion yoduro (una base débil) y el disolvente, que entre un ion fluoruro (una base más fuerte) y el disolvente. El resultado es que, en un disolvente prótico, un ion yoduro es mejor nucleófilo que un ion fluoruro (tabla 8.2).

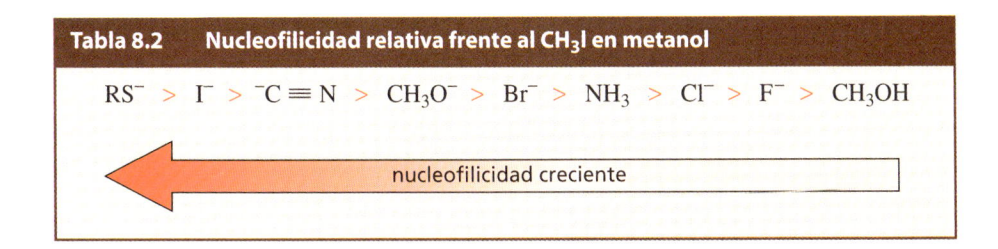

Tabla 8.2 Nucleofilicidad relativa frente al CH_3I en metanol

$$RS^- > I^- > {}^-C\equiv N > CH_3O^- > Br^- > NH_3 > Cl^- > F^- > CH_3OH$$

⟵ nucleofilicidad creciente

El ion fluoruro sería mejor nucleófilo en un *disolvente no polar* que en un disolvente polar porque no habría interacciones ion-dipolo entre el ion y el disolvente no polar; pero los compuestos iónicos son insolubles en la mayor parte de los disolventes no polares. Sin embargo, se pueden disolver en disolventes apróticos polares como la dimetilformamida (DMF) o el sulfóxido de dimetilo (DMSO, por sus siglas en inglés). Un disolvente polar aprótico no es donador de puentes de hidrógeno porque no tiene hidrógeno unido a un oxígeno o a un nitrógeno, por lo que no hay hidrógenos con carga positiva que formen interacciones ion-dipolo. Las moléculas de un disolvente polar aprótico tienen una carga negativa parcial en su superficie que puede solvatar a cationes, pero la carga positiva parcial está en el *interior* de la molécula y en consecuencia es menos accesible. Así, el ion fluoruro es un buen nucleófilo en DMSO y un mal nucleófilo en agua.

N,N-dimetilformamida
DMF

la δ− está en la superficie de la molécula

la δ+ no es muy accesible

sulfóxido de dimetilo
DMSO

el DMSO puede solvatar a un catión mejor que lo que puede solvatar a un anión

PROBLEMA 6◆

Indique si cada uno de los disolventes siguientes es prótico o aprótico:

a. cloroformo ($CHCl_3$)
b. éter dietílico ($CH_3CH_2OCH_2CH_3$)
c. ácido acético (CH_3COOH)
d. hexano [$CH_3(CH_2)_4CH_3$]

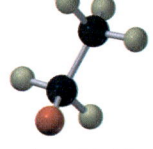

ion etóxido

ion *terc*-butóxido

Influencia de los efectos estéricos sobre la nucleofilicidad

La fuerza de la base casi no es afectada por los efectos estéricos porque una base elimina un protón relativamente poco impedido. La fuerza de una base sólo depende de lo bien que la base comparte sus electrones con un protón. Así, el ion *terc*-butóxido, a pesar de sus sustituyentes más voluminosos, es una base más fuerte que el ion etóxido porque el *terc*-butanol ($pK_a = 18$) es un ácido más débil que el etanol ($pK_a = 15.9$).

$$CH_3CH_2O^- \qquad (CH_3)_3CO^-$$

ion etóxido
mejor nucleófilo

ion *terc*-butóxido
base más fuerte

Por otra parte, los efectos estéricos sí afectan a la nucleofilicidad. Un nucleófilo voluminoso no se puede acercar por atrás de un carbono con la misma facilidad que un nucleófilo con menor impedimento estérico. Entonces, el ion *terc*-butóxido, con sus tres grupos metilo, es un mal nucleófilo comparado con el ion etóxido aun cuando el ion *terc*-butóxido sea una base más fuerte.

PROBLEMA 7 RESUELTO

Ordenar las especies siguientes de acuerdo a su nucleofilicidad *decreciente* en una disolución acuosa:

$$C_6H_5O^- \quad CH_3OH \quad HO^- \quad CH_3CO_2^- \quad CH_3S^-$$

Solución Primero dividiremos a los nucleófilos en grupos. Hay un nucleófilo con un azufre con carga negativa, tres con oxígenos con carga negativa y uno con un oxígeno neutro. Sabemos que en el disolvente acuoso polar el compuesto con el azufre con carga negativa es el más nucleofílico porque el azufre es más grande que el oxígeno. También sabemos que el peor nucleófilo es el que tiene el átomo de oxígeno neutro. Para completar el problema necesitamos ordenar a los tres nucleófilos con oxígenos con carga negativa y lo podemos hacer viendo los valores de pK_a de sus ácidos conjugados. Un ácido carboxílico es un ácido más fuerte que el fenol, el que a su vez es un ácido más fuerte que el agua (sección 7.9). Como el agua es el ácido más débil, su base conjugada es la más fuerte y es el mejor nucleófilo. Entonces, la nucleofilicidad relativa es

$$CH_3S^- > HO^- > C_6H_5-O^- > CH_3\overset{O}{\underset{\|}{C}}O^- > CH_3OH$$

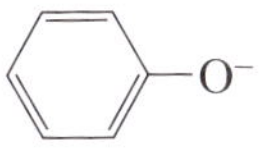

PROBLEMA 8◆

En cada uno de los pares siguientes de reacciones S_N2, indique cuál de ellas se efectúa con mayor rapidez:

a. $CH_3CH_2Br + H_2O$ o $CH_3CH_2Br + HO^-$

b. $CH_3\underset{\underset{CH_3}{|}}{CH}CH_2Br + HO^-$ o $CH_3CH_2\underset{\underset{CH_3}{|}}{CH}Br + HO^-$

c. $CH_3CH_2Cl + CH_3O^-$ o $CH_3CH_2Cl + CH_3S^-$
                 (un etanol)

d. $CH_3CH_2Cl + I^-$ o $CH_3CH_2Br + I^-$

8.4 Dependencia entre la reversibilidad de una reacción S_N2 y la basicidad de los grupos salientes, en reacciones hacia delante (formación de productos) o hacia atrás (formación de reactivos)

Muchos tipos de nucleófilos diferentes pueden reaccionar con los haluros de alquilo; por lo tanto, puede sintetizarse una gran variedad de compuestos orgánicos por medio de las reacciones S_N2:

$$CH_3CH_2Cl + HO^- \longrightarrow CH_3CH_2OH + Cl^-$$
$$\text{alcohol}$$

$$CH_3CH_2Br + HS^- \longrightarrow CH_3CH_2SH + Br^-$$
$$\text{tiol}$$

$$CH_3CH_2I + RO^- \longrightarrow CH_3CH_2OR + I^-$$
$$\text{éter}$$

$$CH_3CH_2Br + RS^- \longrightarrow CH_3CH_2SR + Br^-$$
$$\text{tioéter}$$

$$CH_3CH_2Cl + {^-}NH_2 \longrightarrow CH_3CH_2NH_2 + Cl^-$$
$$\text{amina primaria}$$

$$CH_3CH_2Br + {^-}C\equiv CR \longrightarrow CH_3CH_2C\equiv CR + Br^-$$
$$\text{alquino}$$

$$CH_3CH_2I + {^-}C\equiv N \longrightarrow CH_3CH_2C\equiv N + I^-$$
$$\text{nitrilo}$$

Obsérvese que la penúltima reacción es entre un haluro de alquilo y un ion acetiluro. Es la reacción que se estudió en la sección 6.11 que se usó para crear cadenas de carbonos más largas. Ahora ya sabemos que se trata de una reacción S_N2.

Puede parecer que la reacción reversible de cada una de estas reacciones también puede ocurrir por medio de la sustitución nucleofílica; por ejemplo, en la primera reacción el cloruro de etilo reacciona con el ion hidróxido para formar alcohol etílico y un ion cloruro. También parecería que la reacción inversa satisface los requisitos de una reacción de sustitución nucleofílica ya que el ion cloruro es un nucleófilo y el alcohol etílico tiene como grupo saliente a un HO:⁻ pero el alcohol etílico y el ion cloruro *no* reaccionan.

¿Por qué una reacción de sustitución nucleofílica se efectúa en una dirección pero no en la otra? Lo anterior se puede contestar comparando la tendencia del Cl:⁻ como grupo saliente en la reacción hacia adelante y la tendencia del HO:⁻ como grupo como saliente en la reacción reversible. Comparar las tendencias como grupos salientes equivale a comparar su basicidad. Como el HCl es un ácido mucho más fuerte que el H$_2$O (tabla 8.3), el Cl:⁻ es una base mucho más débil que el HO:⁻ y debido a que el Cl:⁻ es una base más débil, el Cl:⁻ es un grupo saliente mejor. En consecuencia, el HO:⁻ puede desplazar al Cl:⁻ en la reacción hacia adelante, pero el Cl:⁻ no puede desplazar al HO:⁻ en la reacción reversible. Esto se ve en forma gráfica en la figura 8.6a: la energía libre de activación en la reacción hacia adelante es mucho menor que la de activación para la reacción inversa. Entonces, una reacción S$_N$2 se efectúa en la dirección que permite que la base más fuerte desplace a la base más débil (el mejor grupo saliente).

Una reacción S$_N$2 avanza en la dirección que permita que la base más fuerte desplace a la base más débil.

Tabla 8.3	Acidez de los ácidos conjugados de algunos grupos salientes	
Ácido	**pK_a**	**Base conjugada (grupo saliente)**
HI	−10.0	I⁻
HBr	−9.0	Br⁻
HCl	−7.0	Cl⁻
C$_6$H$_5$—SO$_3$H	−6.5	C$_6$H$_5$—SO$_3^-$
H$_2$SO$_4$	−5.0	⁻OSO$_3$H
CH$_3$O⁺H$_2$	−2.5	CH$_3$OH
H$_3$O⁺	−1.7	H$_2$O
HF	3.2	F⁻
CH$_3$COH (O=)	4.8	CH$_3$CO⁻ (O=)
H$_2$S	7.0	HS⁻
HC≡N	9.1	⁻C≡N
⁺NH$_4$	9.4	NH$_3$
CH$_3$CH$_2$SH	10.5	CH$_3$CH$_2$S⁻
(CH$_3$)$_3$N⁺H	10.8	(CH$_3$)$_3$N
CH$_3$OH	15.5	CH$_3$O⁻
H$_2$O	15.7	HO⁻
HC≡CH	25	HC≡C⁻
NH$_3$	36	⁻NH$_2$
H$_2$	~40	H⁻

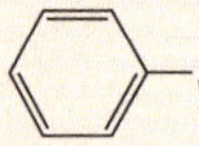

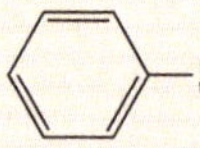

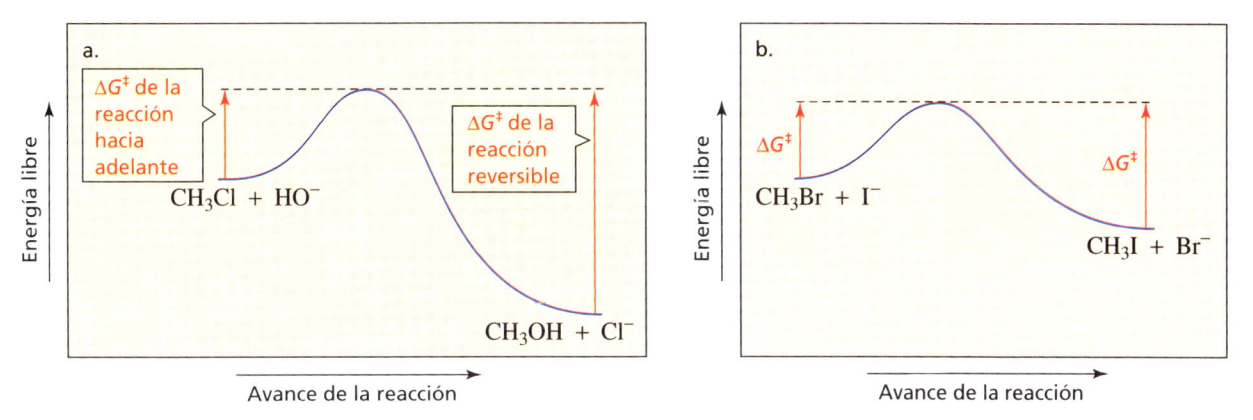

8.4 Dependencia entre la reversibilidad de una reacción S_N2 y la basicidad de los grupos salientes, en reacciones hacia delante

▲ Figura 8.6
a) Diagrama de coordenada de reacción para una reacción S_N2 irreversible.
b) Diagrama de coordenada de reacción para una reacción S_N2 reversible.

Si la diferencia entre la basicidad del nucleófilo y del grupo saliente no es muy grande la reacción será reversible (figura 8.6b). Por ejemplo, en la reacción del bromuro de etilo con el ion yoduro, el Br:⁻ es el grupo saliente en una dirección y el I:⁻ es el grupo saliente en la dirección inversa. La reacción es reversible porque los valores de pK_a de los ácidos conjugados de los dos grupos salientes son similares: pK_a del HBr = -9; pK_a del HI = -10 (véase la tabla 8.3).

$$CH_3CH_2Br + I^- \rightleftharpoons CH_3CH_2I + Br^-$$

una reacción S_N2 es reversible cuando las basicidades de los grupos salientes son similares

Ya se explicó que una reacción reversible se puede impulsar hacia los productos que se desean eliminando uno de ellos a medida que se forma (principio de Le Châtelier, sección 3.7). Así, si se disminuye la concentración del producto C, A y B reaccionarán para formar más C y D, para mantener el valor de la constante de equilibrio.

$$A + B \rightleftharpoons C + D$$

$$K_{eq} = \frac{[C][D]}{[A][B]}$$

Por ejemplo, la reacción del cloroetano con metanol es reversible porque la diferencia entre las basicidades del nucleófilo y del grupo saliente no es muy grande. Sin embargo, si la reacción se lleva a cabo en una disolución neutra, el producto protonado perderá un protón (sección 1.24), perturbando el equilibrio, e impulsando la reacción hacia los productos.

$$CH_3CH_2Cl + CH_3OH \rightleftharpoons CH_3CH_2\overset{+}{O}CH_3 \xrightarrow{\text{rápida}} CH_3CH_2OCH_3 + H^+$$
$$\underset{H}{|} + Cl^-$$

Si se perturba un equilibrio, el sistema se ajustará para compensar la perturbación.

PROBLEMA 9 RESUELTO

La reacción de cloruro de metilo con ion hidróxido a 30 °C tiene un valor de $\Delta G° = -21.7$ kcal/mol. ¿Cuál es la constante de equilibrio para la reacción?

Solución La ecuación necesaria para calcular la K_{eq} a partir del cambio de energía libre está en la sección 3.7.

$$\ln K_{eq} = \frac{-\Delta G°}{RT}$$

$$\ln K_{eq} = \frac{-(-21.7 \text{ kcal mol}^{-1})}{0.001986 \text{ kcal mol}^{-1} \text{ K}^{-1} \times 303 \text{ K}} = \frac{21.7}{0.60}$$

$$\ln K_{eq} = 36.1$$

$$K_{eq} = 4.8 \times 10^{15}$$

Como era de esperarse, esta reacción tan exergónica (figura 8.6a) tiene una constante de equilibrio muy grande.

PROBLEMA 10

Compruebe si los valores de pK_a de la tabla 8.3 predicen en forma correcta la dirección de cada una de las reacciones de la página 357.

PROBLEMA 11♦

¿Cuál es el producto de la reacción de bromuro de etilo con cada uno de los nucleófilos siguientes?

a. $CH_3CH_2CH_2O^-$ **b.** $CH_3C\equiv C^-$ **c.** $(CH_3)_3N$ **d.** $CH_3CH_2S^-$

PROBLEMA 12   RESUELTO

¿Qué producto se obtiene cuando la etilamina reacciona con un exceso de yoduro de metilo en una disolución básica de carbonato de potasio?

$$CH_3CH_2\ddot{N}H_2 + CH_3-I \xrightarrow{K_2CO_3} ?$$
exceso

Solución El yoduro de metilo y la etilamina participan en una reacción S_N2. El producto de la reacción es una amina secundaria, que está de manera predominante en su forma básica (neutra) ya que la reacción se efectúa en una disolución básica. La amina secundaria puede participar en una reacción S_N2 con otro equivalente de yoduro de metilo y formar una amina terciaria. La amina terciaria puede reaccionar con yoduro de metilo en otra reacción S_N2 adicional. El producto final de la reacción es un yoduro de amonio cuaternario.

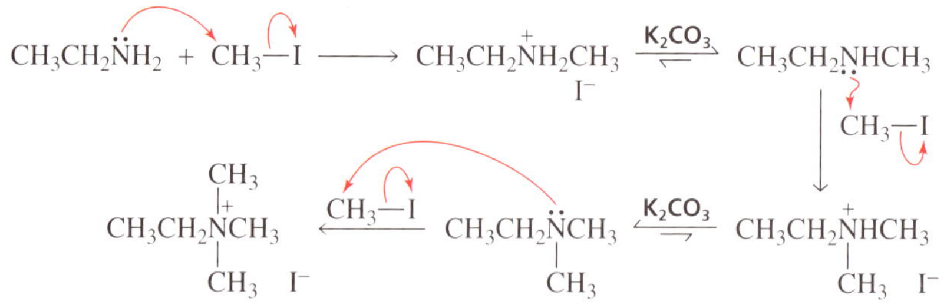

$$CH_3CH_2\ddot{N}H_2 + CH_3-I \longrightarrow CH_3CH_2\overset{+}{N}H_2CH_3 \; I^- \xrightleftharpoons{K_2CO_3} CH_3CH_2\ddot{N}HCH_3$$

$$\downarrow CH_3-I$$

$$\underset{\underset{CH_3 \; I^-}{|}}{\overset{\overset{CH_3}{|}}{CH_3CH_2\overset{+}{N}CH_3}} \xleftarrow{CH_3-I} \underset{\underset{CH_3}{|}}{CH_3CH_2\ddot{N}CH_3} \xrightleftharpoons{K_2CO_3} \underset{\underset{CH_3 \; I^-}{|}}{CH_3CH_2\overset{+}{N}HCH_3}$$

PROBLEMA 13

a. Explique por qué la reacción de un haluro de alquilo con amoniaco tiene bajo rendimiento de amina primaria.

b. Explique por qué se obtiene un rendimiento mucho mejor de amina primaria en la reacción de un haluro de alquilo y el ion azida ($^-$:N_3) seguida por una hidrogenación catalítica. (*Sugerencia:* Una azida de alquilo no es nucleofílica).

$$CH_3CH_2CH_2Br \xrightarrow{^-N_3} CH_3CH_2CH_2N\overset{+}{=}N=N^- \xrightarrow[\text{Pt}]{H_2} CH_3CH_2CH_2NH_2 + N_2$$
azida de alquilo

> ## ¿POR QUÉ CARBONO Y NO SILICIO?
>
> Hay dos razones por las que los organismos vivientes están formados principalmente por carbono, oxígeno, hidrógeno y nitrógeno: la *adecuación* de estos elementos para funciones específicas en los procesos vitales y su *disponibilidad* en el ambiente. De las dos razones se puede apreciar que la adecuación fue más importante que la disponibilidad porque el carbono, y no el silicio, fue la piedra constructiva fundamental de los organismos vivientes, aun cuando el silicio, que está inmediatamente abajo del carbono en la tabla periódica, es más de 140 veces más abundante en la corteza terrestre que el carbono.
>
> **Abundancia (átomos/100 átomos)**
>
> | Elemento | En organismos vivos | En la corteza terrestre |
> |---|---|---|
> | H | 49 | 0.22 |
> | C | 25 | 0.19 |
> | O | 25 | 47 |
> | N | 0.3 | 0.1 |
> | Si | 0.03 | 28 |
>
> ¿Por qué el hidrógeno, carbono, oxígeno y nitrógeno son tan adecuados para los papeles que desempeñan en los organismos vivos? Lo primero y principal es que están entre los átomos más pequeños que forman enlaces covalentes, y además el carbono, oxígeno y nitrógeno pueden formar enlaces múltiples. Como los átomos son pequeños y pueden formar enlaces múltiples, establecen enlaces fuertes que dan lugar a moléculas estables. Los compuestos que forman los organismos vivos deben ser estables y, por consiguiente, deben reaccionar con lentitud si los organismos han de sobrevivir.
>
> El silicio tiene aproximadamente el doble del diámetro que el carbono, por lo que forma enlaces más largos y más débiles. En consecuencia, una reacción S_N2 en el silicio sucedería con mucho mayor rapidez que una con el carbono. Además, el silicio presenta otro problema. El producto final del metabolismo del carbono es CO_2. El producto análogo del metabolismo del silicio sería SiO_2, pero, a diferencia del carbono que está doblemente enlazado al oxígeno en el CO_2, el silicio sólo presenta un enlace simple con el oxígeno en el SiO_2. Por consiguiente, las moléculas del dióxido de silicio se polimerizan y forman cuarzo (arena). ¡Es difícil imaginar que pueda existir vida, y mucho menos proliferar, si los animales exhalaran arena en vez de CO_2!

8.5 Mecanismo de una reacción S_N1

De acuerdo con el conocimiento que ya poseemos de las reacciones S_N2, cabría esperar que la rapidez de la reacción entre 2-bromo-2-metilpropano con agua fuera muy lenta porque el agua es un mal nucleófilo y el 2-bromo-2-metilpropano tiene impedimento estérico para ser atacado por un nucleófilo; sin embargo, sucede que la reacción es sorprendentemente rápida. De hecho, es más de 1 millón de veces más rápida que la reacción del bromoetano (compuesto sin impedimento estérico) y agua (tabla 8.4). Es claro que la reacción debe efectuarse mediante un mecanismo distinto al de una reacción S_N2.

$$(CH_3)_3C-Br + H_2O \longrightarrow (CH_3)_3C-OH + HBr$$

2-bromo-2-metilpropano → 2-metil-2-propanol

Tabla 8.4 Rapidez relativa de reacciones S_N1 para varios bromuros de alquilo (el disolvente es H_2O, el nucleófilo es H_2O)

Bromuro de alquilo	Tipo de bromuro de alquilo	Rapidez relativa
$(CH_3)_3C-Br$	terciario	1,200,000
$(CH_3)_2CH-Br$	secundario	11.6
CH_3CH_2-Br	primario	1.00*
CH_3-Br	metilo	1.05*

*Aunque la rapidez de la reacción S_N1 de este compuesto con agua es 0, se observa una rapidez de la reacción pequeña como resultado de una reacción S_N2.

Ya se estableció que para determinar el mecanismo de una reacción, se debe especificar qué factores afectan su rapidez y se debe conocer la configuración de los productos de la reacción. Si se comprueba que al duplicar la concentración del haluro de alquilo la rapidez de la reacción se duplica pero al cambiar la concentración del nucleófilo no se observa efecto alguno sobre la rapidez de la reacción, se puede entonces escribir una ley de rapidez para la reacción:

rapidez = k[haluro de alquilo]

La rapidez de la reacción sólo depende de la concentración de un reactivo. Entonces, se trata de una **reacción de primer orden** (sección 3.7).

Como la ley de rapidez para la reacción entre el 2-bromo-2-metilpropano y el agua es distinta de la ley de rapidez para la reacción del bromoetano con el ion hidróxido (sección 8.2), las dos reacciones deben ocurrir por mecanismos distintos. Ya se vio que la reacción entre el bromometano y el ion hidróxido es una reacción $S_N 2$. La reacción entre el 2-bromo-2-metilpropano y el agua es una **reacción $S_N 1$** donde "S" significa sustitución, "N" significa nucleofílica y "1" significa unimolecular. **Unimolecular** indica que sólo interviene una molécula en el estado de transición del paso determinante de la rapidez de la reacción. El mecanismo de una reacción $S_N 1$ se basa en las evidencias experimentales siguientes:

1. La ley de la rapidez indica que esa rapidez de la reacción sólo depende de la concentración del haluro de alquilo; esto quiere decir que el estado de transición del paso determinante de la rapidez de la reacción sólo implica al haluro de alquilo.
2. Cuando los grupos metilo del 2-bromo-2-metilpropano se sustituyen en forma sucesiva por hidrógenos, la rapidez de la reacción $S_N 1$ disminuye en forma progresiva (tabla 8.4). Es lo contrario del patrón de reactividades que presentan los haluros de alquilo en reacciones $S_N 2$ (tabla 8.1).
3. La reacción de sustitución de un haluro de alquilo en el que el halógeno está unido a un centro asimétrico forma dos estereoisómeros: uno con la misma configuración relativa en el centro asimétrico que tenía el haluro de alquilo reaccionante y el otro con la configuración invertida.

A diferencia de una reacción $S_N 2$, donde el grupo saliente se va y el nucleófilo se acerca *al mismo tiempo*, el grupo saliente en una reacción $S_N 1$ se aleja *antes* de que el nucleófilo se acerque.

Mecanismo de la reacción $S_N 1$ de un haluro de alquilo

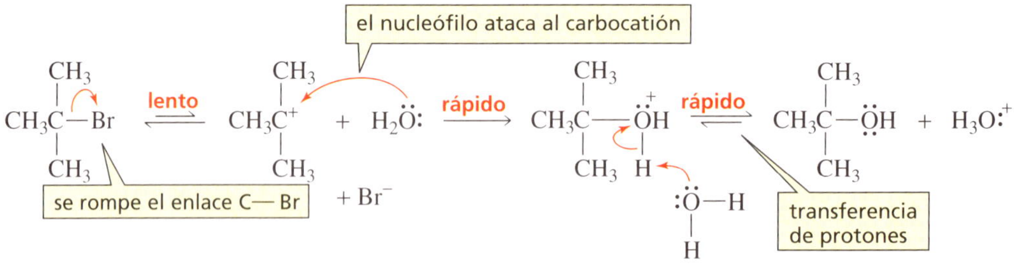

Una reacción $S_N 1$ es una reacción en dos pasos.

- En el primer paso de una reacción $S_N 1$ de un haluro de alquilo se rompe el enlace carbono-halógeno y el par de electrones que antes se compartía permanece con el halógeno. El resultado es que se forma un carbocatión intermediario.
- En el segundo paso, el nucleófilo reacciona con rapidez con el carbocatión para formar un alcohol protonado.
- El que el alcohol producto exista en su forma protonada (ácida) o en su forma neutra (básica) depende del pH de la disolución. Cuando el pH = 7, el alcohol existirá de manera predominante en su forma neutra (sección 1.24).

Como la rapidez de una reacción S_N1 sólo depende de la concentración del haluro de alquilo, el primer paso debe ser el lento (el que determina la rapidez de la reacción). El nucleófilo no participa en el paso determinante de la rapidez de la reacción y su concentración no tiene influencia alguna sobre la rapidez de la reacción. Si el lector examina el diagrama de coordenada de la reacción en la figura 8.7 comprobará por qué al aumentar la rapidez del segundo paso no se hará que una reacción S_N1 proceda con una mayor rapidez.

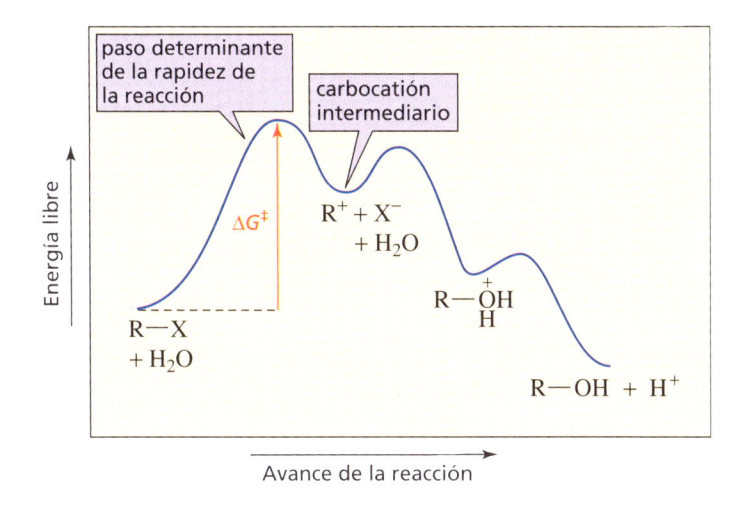

◀ **Figura 8.7**
Diagrama de coordenada de reacción para una reacción S_N1.

¿Cómo se explican las tres evidencias experimentales con el mecanismo de una reacción S_N1? En primer lugar, como el haluro de alquilo es la única especie que participa en el paso determinante de la rapidez de la reacción, el mecanismo concuerda con la observación de que la rapidez de la reacción sólo depende de la concentración del haluro de alquilo, no depende de la concentración del nucleófilo.

En segundo lugar, el mecanismo muestra que se forma un carbocatión en el paso determinante de la rapidez de la reacción. Se sabe que un carbocatión terciario es más estable y en consecuencia se forma con más facilidad que un carbocatión secundario, el que a su vez es más estable y se forma con más facilidad que un carbocatión primario (sección 4.2). Por consiguiente, los haluros de alquilo terciarios son más reactivos que los haluros de alquilo secundarios, que a su vez son más reactivos que los haluros de alquilo primarios. Este orden de reactividad relativa concuerda con la observación de que la rapidez de una reacción S_N1 disminuye a medida que se van sustituyendo los grupos metilo del 2-bromo-2-metilpropano en forma sucesiva (tabla 8.4).

Estabilidad de carbocationes: 3° > 2° > 1°.

Los haluros de alquilo primarios y los haluros de metilo no pueden presentar reacciones S_N1.

reactividad relativa de haluros de alquilo en una reacción S_N1

más reactivo ⟩ haluro de alquilo 3° > haluro de alquilo 2° > haluro de alquilo 1° ⟨ demasiado inerte para participar en una reacción S_N1

En realidad, los carbocationes primarios y los cationes metilo son tan inestables que los haluros de alquilo primarios y los de metilo no presentan las reacciones S_N1. (Las reacciones muy lentas del bromuro de etilo y bromometano de la tabla 8.4 son reacciones S_N2).

En tercer lugar, el carbono con carga positiva del carbocatión intermediario tiene hibridación sp^2, lo que implica que los tres enlaces unidos a él se encuentran en el mismo plano. En el segundo paso de la reacción S_N1, el nucleófilo puede acercarse al carbocatión desde cualquier cara del plano.

Tutorial del alumno:
S_N1
(S_N1)

364 CAPÍTULO 8 Reacciones de sustitución en los haluros de alquilo

Tutorial del alumno:
Racemización-inversión S_N1
(AN1 racemization-inversion)

Tutorial del alumno:
Racemización-inversión S_N1
(AN1 racemization-retention)

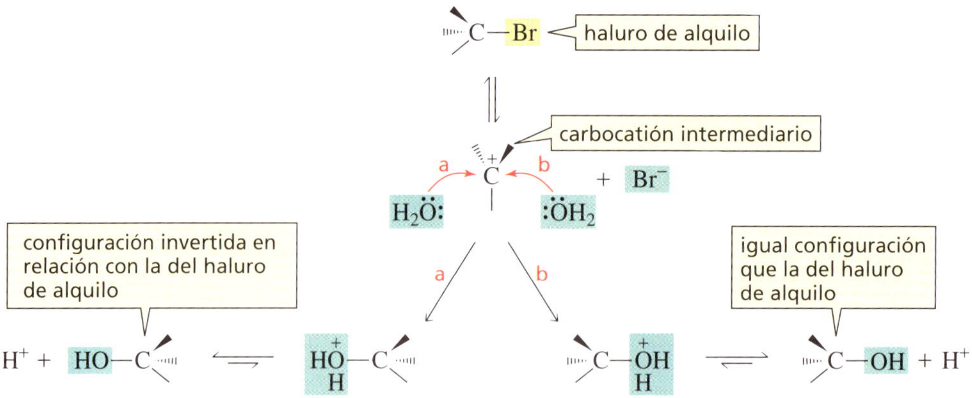

Si el nucleófilo ataca el lado del carbono de donde partió el grupo saliente (identificado con b en la ilustración de arriba), el producto tendrá la misma configuración relativa que la del haluro de alquilo reaccionante. Sin embargo, si el nucleófilo ataca el lado opuesto del carbono (identificado con a en la ilustración de arriba), el producto resultará con la configuración invertida con respecto a la del haluro de alquilo. Entonces es posible comprender por qué una reacción S_N1 de un haluro de alquilo, en la que el grupo saliente está unido a un centro asimétrico, forma dos estereoisómeros: el ataque del nucleófilo desde una cara del carbocatión plano forma un estereoisómero y el ataque por la otra cara produce el otro estereoisómero.

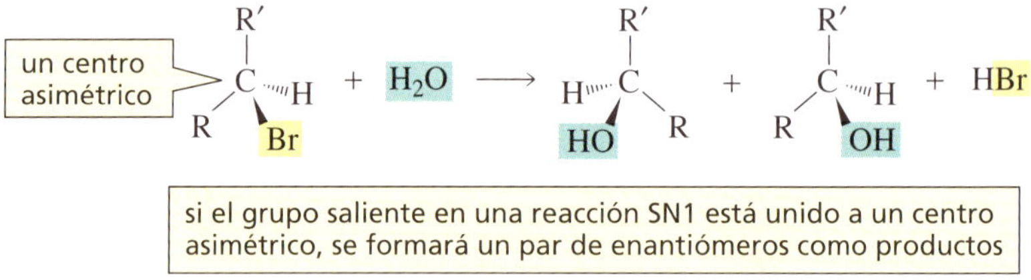

si el grupo saliente en una reacción SN1 está unido a un centro asimétrico, se formará un par de enantiómeros como productos

PROBLEMA 14◆

Ordene los siguientes bromuros de alquilo por reactividad decreciente en una reacción S_N1: 2-bromopropano, 1-bromopropano, 2-bromo-2-metilpropano, bromometano.

PROBLEMA 15

Explique por qué la rapidez se las reacciones de la tabla 8.4 correspondientes a las reacciones S_N2 de bromoetano y bromometano son tan lentas.

8.6 Factores que afectan las reacciones S_N1

Ahora se describirá la forma en que la naturaleza del grupo saliente y del nucleófilo afectan a las reacciones S_N1 y se mostrará que esas reacciones pueden presentar transposiciones de carbocatión.

El grupo saliente en las reacciones S_N1

Como el paso que determina la rapidez de una reacción S_N1 es la disociación del haluro de alquilo para formar un carbocatión, hay dos factores que afectan esa rapidez: 1) la facilidad con la que se disocia el grupo saliente del carbono, y 2) la estabilidad del carbocatión que se forme. En la sección anterior se explicó que los haluros de alquilo terciario son más reactivos que los haluros de alquilo secundario porque los carbocationes terciarios son más estables que los secundarios y en consecuencia se forman con más facilidad. También se estudió que los carbocationes primarios son tan inestables porque los haluros de alquilo primario carecen de reacciones S_N1.

Pero ¿cómo se podría ordenar la reactividad relativa de una serie de haluros de alquilo con diferentes grupos salientes que se disocian para formar el mismo carbocatión? Como en el caso de una reacción S_N2, hay una relación directa entre la basicidad y la capacidad como grupo saliente en una reacción S_N1: mientras más débil sea la base menos fuertemente está unida al carbono y con más facilidad se puede romper el enlace carbono-halógeno. Como resultado, un yoduro de alquilo es el más reactivo y un fluoruro de alquilo es el menos reactivo de los haluros de alquilo tanto en las reacciones S_N1 como en las S_N2.

reactividades relativas de los haluros de alquilo en una reacción S_N1

$$\boxed{\text{más reactivo}} > RI > RBr > RCl > RF < \boxed{\text{menos reactivo}}$$

El nucleófilo en las reacciones S_N1

Ya se estudió que el paso determinante de la rapidez de una reacción S_N1 es la formación del carbocatión. Como el nucleófilo no participa sino hasta *después* del paso determinante de la rapidez de la reacción, el nucleófilo no tiene influencia sobre la rapidez de una reacción S_N1 (figura 8.7).

En la mayoría de las reacciones S_N1, el disolvente es el nucleófilo. Por ejemplo, la rapidez relativa de la tabla 8.4 son para reacciones de haluros de alquilo con agua. El agua sirve de nucleófilo y también de disolvente. A la reacción con un solvente se le llama **solvólisis**. Entonces, la rapidez relativa de las reacciones de la tabla 8.4 son para la solvólisis en agua de los bromuros de alquilo indicados.

Reordenamientos de carbocatión

En la sección 4.6 se explicó que un carbocatión se reordena si se vuelve más estable en el proceso. Si se reordena el carbocatión formado en una reacción S_N1, las reacciones S_N1 y S_N2 con el mismo haluro de alquilo pueden producir distintos isómeros constitucionales, ya que en una reacción S_N2 no se forma un carbocatión y en consecuencia no se puede reordenar el esqueleto de carbonos. Por ejemplo, el producto obtenido cuando se sustituye el OH con Br en el 2-bromo-3-metilbutano en una reacción S_N1 es diferente del producto que se obtiene en una reacción S_N2. Cuando la reacción se efectúa bajo condiciones que favorecen una reacción S_N1, el carbocatión secundario que se forma al principio sufre un desplazamiento de hidruro 1,2 y forma un carbocatión terciario más estable. En las secciones 8.9 y 8.10 se verá que se puede tener cierto control sobre la reacción S_N1 o S_N2 que se efectúe si se seleccionan las condiciones de reacción adecuadas.

> Cuando una reacción forme un carbocatión intermediario, compruebe siempre la posibilidad de que haya un reordenamiento en dicho carbocatión.
>
> Tutorial del alumno:
> Reordenamientos de carbocatión
> (Carbocation rearrangements)

PROBLEMA 16◆

Ordene los siguientes haluros de alquilo por reactividad decreciente en una reacción S_N1: 2-bromopentano, 2-cloropentano, 1-cloropentano, 3-bromo-3-metilpentano.

366 CAPÍTULO 8 Reacciones de sustitución en los haluros de alquilo

---

PROBLEMA 17◆

¿Cuál de los siguientes haluros de alquilo forma un producto de sustitución en una reacción S_N1 que sea distinto del producto de sustitución formado en una reacción S_N2?

a. 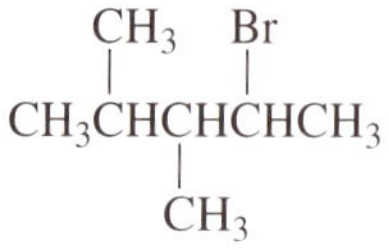 $CH_3CHCHCHCH_3$ con CH_3 y Br en los carbonos 2 y 3, y CH_3 en el carbono 3

c. 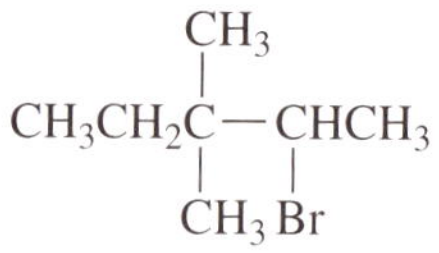 $CH_3CH_2C-CHCH_3$ con CH_3 en el carbono 3 y CH_3, Br en el carbono 4

e. 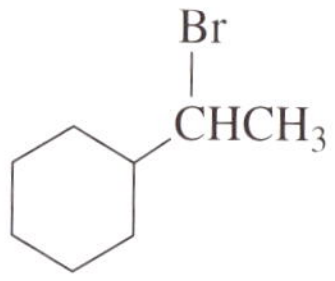 ciclohexilo con $-CHCH_3$ sustituyente y Br en el carbono bencílico

b. 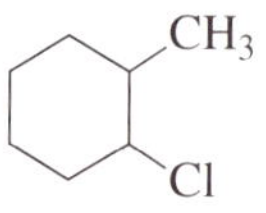 1-metil-2-clorociclohexano

d. 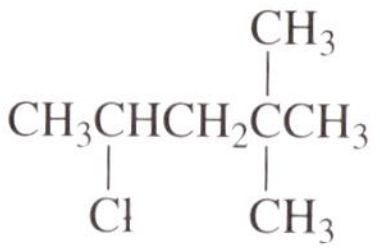 $CH_3CHCH_2CCH_3$ con Cl en C2 y dos CH_3 en C4

f. 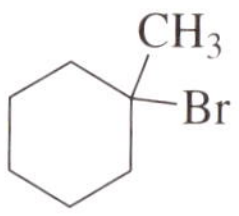 1-metil-1-bromociclohexano

---

PROBLEMA 18◆

En la reacción de 3-cloro-3-metil-1-buteno con acetato de sodio ($CH_3COO:^- Na^+$) en ácido acético se forman dos productos de sustitución bajo condiciones que favorecen una reacción S_N1. Identifique esos productos.

8.7 Más sobre la estereoquímica de las reacciones S_N2 y S_N1

Ya se estudió que cuando un haluro de alquilo con un grupo saliente unido a un centro asimétrico y presenta una reacción S_N2, el producto adquiere una configuración invertida, pero cuando tiene una reacción S_N1, el producto es un par de enantiómeros. Ahora se describirán algunos ejemplos de los estereoisómeros que se forman en reacciones S_N2 y S_N1.

La estereoquímica de las reacciones S_N2

La reacción de 2-bromopropano con ion hidróxido forma un producto de sustitución sin centros asimétricos; por consiguiente, el producto carece de estereoisómeros.

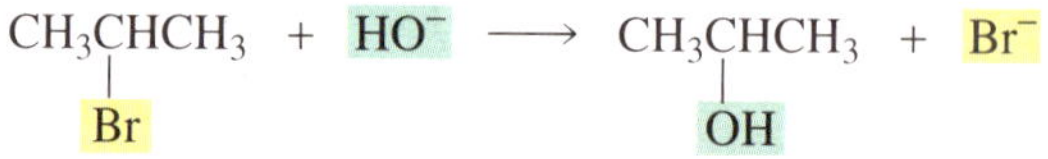

$$CH_3CHCH_3 + HO^- \longrightarrow CH_3CHCH_3 + Br^-$$
$$\quad\;\; Br \qquad\qquad\qquad\qquad\quad OH$$
2-bromopropano → 2-propanol

La reacción del 2-bromobutano con el ion hidróxido forma un producto de sustitución con un centro asimétrico; en consecuencia, el producto tiene estereoisómeros.

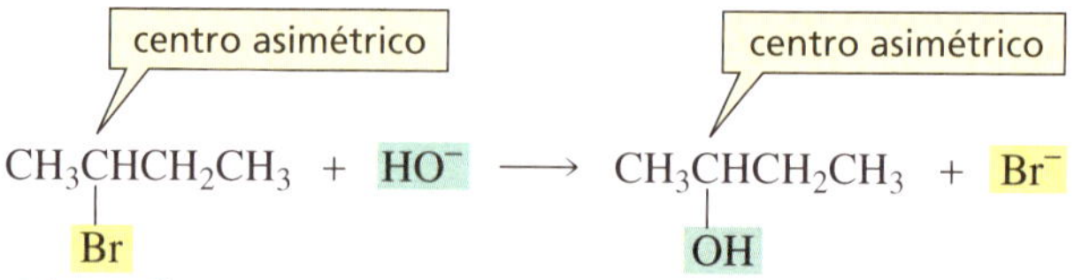

$$CH_3CHCH_2CH_3 + HO^- \longrightarrow CH_3CHCH_2CH_3 + Br^-$$
$$\quad\;\; Br \qquad\qquad\qquad\qquad\qquad\;\; OH$$
2-bromobutano → 2-butanol

(centro asimétrico en ambos)

Pese a ello, no se puede predecir cuál de los estereoisómeros del producto se va a formar, a menos que se conozca la configuración del reactivo *y también* si se trata de una reacción S_N2 o S_N1.

Por ejemplo, cuando el (*S*)-2-bromobutano tiene una reacción S_N2, se anticipa que el producto será el (*R*)-2-butanol porque en una reacción S_N2 el nucleófilo que entra ataca por atrás del carbono que está unido al halógeno (sección 8.2); por consiguiente, la configuración del producto se invertirá con respecto a la del reactivo. (Recuérdese que una reacción S_N2 se efectúa con *inversión de la configuración*).

Una reacción S_N2 ocurre con una inversión de la configuración.

8.7 Más sobre la estereoquímica de las reacciones S_N2 y S_N1 **367**

(S)-2-bromobutano + HO⁻ →[Condiciones S_N2] (R)-2-butanol + Br⁻
se invierte la configuración respecto a la del reactivo

La estereoquímica de las reacciones S_N1

A diferencia de la reacción S_N2, la reacción S_N1 de (S)-2-bromobutano forma dos productos de sustitución: uno con la misma configuración relativa que la del reactivo y el otro con la configuración invertida porque en una reacción S_N1 el nucleófilo puede atacar cualquier lado del carbocatión intermediario plano (sección 8.5).

Una reacción S_N1 se efectúa con racemización.

(S)-2-bromobutano + H₂O →[condiciones S_N1] (R)-2-butanol [*producto con inversión de la configuración*] + (S)-2-butanol [*producto con retención de la configuración*] + HBr

Aunque el lector esperaría que se formen cantidades iguales de ambos productos en una reacción S_N1, en la mayor parte de los casos se obtiene una cantidad mayor del producto con la configuración invertida. En el caso típico, de 50 a 70% del producto de una reacción S_N1 es el producto invertido. Si la reacción produce cantidades iguales de los dos estereoisómeros, se dice que se efectúa con **racemización completa**. Cuando se forma más de uno de los productos, se dice que se efectúa con **racemización parcial**.

Saul Winstein explicó por primera vez por qué se forma en general una cantidad mayor del producto invertido en una reacción S_N1. Él postuló que la disociación del haluro de alquilo resulta en la formación inicial de un **par iónico íntimo**. En un par iónico íntimo, el enlace entre el carbono y el grupo saliente se rompió, pero el catión y el anión permanecen cercanos entre sí. Cuando se alejan un poco, se convierten en un *par de iones separados por disolvente*, lo cual significa que se tiene un par de iones con una o más moléculas de disolvente entre el catión y el anión. Cuando los iones se separan más se convierten en iones disociados.

Si el grupo saliente está unido a un centro asimétrico, una reacción S_N2 forma el estereoisómero con la configuración invertida.

Si el grupo saliente está unido a un centro asimétrico, una reacción S_N1 forma un par de enantiómeros.

> **BIOGRAFÍA**
>
> **Saul Winstein (1912–1969)** nació en Montreal, Canadá. Recibió un doctorado del Instituto Tecnológico de California y fue profesor de química en la Universidad de California, Los Ángeles, desde 1942 hasta su muerte.

R—X → R⁺ X⁻ → R⁺ (disolvente) X⁻ → R⁺ ⋯ X⁻
molécula no disociada | par iónico íntimo | par de iones separados por disolvente | iones disociados

El nucleófilo puede atacar a cualquiera de las cuatro especies. Si sólo ataca al carbocatión completamente disociado, el producto estará completamente racemizado. Si el nucleófilo ataca al carbocatión de un par iónico íntimo, o de un par de iones separado por el disolvente, el grupo saliente estará en posición de bloquear en forma parcial el acercamiento del nucleófilo a esa cara del carbocatión y se formará más producto con la configuración invertida.

El Br⁻ se alejó por difusión y el H₂O tiene igual acceso por ambas caras del carbocatión

El Br⁻ no se ha alejado por difusión y bloquea el acercamiento de H₂O por una cara del carbocatión

368 CAPÍTULO 8 Reacciones de sustitución en los haluros de alquilo

(Nótese que si el nucleófilo ataca a la molécula no disociada, la reacción será S_N2 y todo el producto tendrá la configuración invertida).

La diferencia entre los productos obtenidos en una reacción S_N1 y una S_N2 se puede visualizar con algo más de facilidad en el caso de los compuestos cíclicos. Por ejemplo, cuando el *cis*-1-bromo-4-metilciclohexano participa en una reacción S_N2, sólo se obtiene el producto *trans* porque el carbono unido al grupo saliente es atacado por el nucleófilo sólo por atrás.

cis-1-bromo-4-metilciclohexano + HO⁻ → (condiciones S_N2) → *trans*-4-metilciclohexanol + Br⁻

No obstante, cuando el *cis*-1-bromo-4-metilciclohexano tiene una reacción S_N1 se forman los productos *cis* y *trans* al mismo tiempo porque el nucleófilo puede acercarse al carbocatión intermediario por cualquiera de sus caras.

cis-1-bromo-4-metilciclohexano + H_2O → (condiciones S_N1) → *trans*-4-metilciclohexanol + *cis*-4-metilciclohexanol + HBr

PROBLEMA 19

Indique los productos de sustitución que se forman en las siguientes reacciones, si:

a. la reacción se lleva a cabo bajo condiciones que favorezcan una reacción S_N2.
b. la reacción se lleva a cabo bajo condiciones que favorezcan una reacción S_N1.
   1. *trans*-1-yodo-4-etilciclohexano + metóxido de sodio/metanol
   2. *cis*-1-cloro-3-metilciclobutano + hidróxido de sodio/agua

8.8 Haluros bencílicos, haluros alílicos, haluros vinílicos y haluros de arilo

Hasta ahora la descripción se limitó a las reacciones de sustitución a haluros de metilo y haluros de alquilo primario, secundario y terciario. Pero ¿qué hay acerca de los haluros bencílicos, alílicos, vinílicos y de arilo?

Primero se revisarán los haluros bencílicos y alílicos. A menos que sean terciarios, estos haluros participan con facilidad en reacciones S_N2. Los haluros terciarios bencílicos y alílicos, como otros haluros terciarios, son inertes en las reacciones S_N2 debido al impedimento estérico.

C₆H₅—CH_2Cl + CH_3O^- → (condiciones S_N2) → C₆H₅—CH_2OCH_3 + Cl^-
cloruro de bencilo → **éter bencil metílico**

$CH_3CH=CHCH_2Br$ + HO⁻ → (condiciones S_N2) → $CH_3CH=CHCH_2OH$ + Br⁻
1-1-bromo-2-buteno → **22-buteno-1-ol**
un haluro alílico

Los haluros bencílicos y alílicos participan también con facilidad en reacciones S_N1 porque forman carbocationes relativamente estables. Los haluros de alquilo primario (como CH_3CH_2Br y $CH_3CH_2CH_2Br$) no pueden tener reacciones S_N1 porque sus carbocationes son muy inestables, mientras que los haluros bencílicos y alílicos primarios participan con facilidad en reacciones S_N1 porque sus carbocationes están estabilizados por deslocalización electrónica (sección 7.7).

Los haluros bencílicos y alílicos presentan reacciones S_N1 y S_N2.

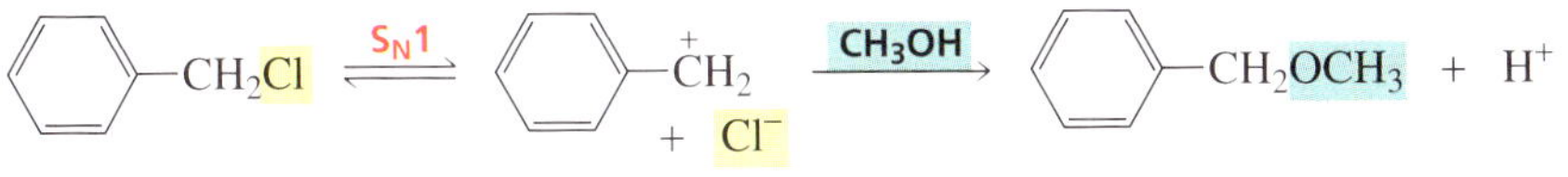

8.8 Haluros bencílicos, haluros alílicos, haluros vinílicos y haluros de arilo

$$C_6H_5-CH_2Cl \underset{}{\overset{S_N1}{\rightleftharpoons}} C_6H_5-\overset{+}{C}H_2 + Cl^- \xrightarrow{CH_3OH} C_6H_5-CH_2OCH_3 + H^+$$

$$CH_2=CHCH_2Br \underset{}{\overset{S_N1}{\rightleftharpoons}} CH_2=CH\overset{+}{C}H_2 \longleftrightarrow \overset{+}{C}H_2CH=CH_2 + Br^- \xrightarrow{H_2O} CH_2=CHCH_2OH + H^+$$

Si las estructuras resonantes del carbocatión alílico intermediario presentan grupos distintos unidos a sus carbonos sp^2, se formarán dos productos de sustitución. Es otro ejemplo de la forma en que la deslocalización de electrones puede afectar la naturaleza de los productos que se forman en una reacción (sección 7.10).

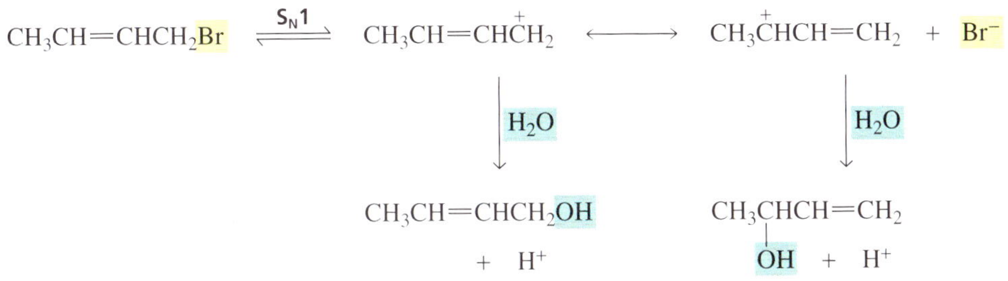

$$CH_3CH=CHCH_2Br \underset{}{\overset{S_N1}{\rightleftharpoons}} CH_3CH=CH\overset{+}{C}H_2 \longleftrightarrow CH_3\overset{+}{C}HCH=CH_2 + Br^-$$

$$\downarrow H_2O \qquad\qquad \downarrow H_2O$$

$$CH_3CH=CHCH_2OH + H^+ \qquad CH_3CHCH=CH_2 \;|\; OH + H^+$$

Los haluros vinílicos y los de arilo (estos últimos, compuestos en que el halógeno está unido a un anillo aromático, como el de benceno) no presenta reacciones S_N2 o S_N1. Estos compuestos no presentan reacciones S_N2 porque al acercarse el nucleófilo por atrás del carbono sp^2, este es repelido por la nube de electrones π del doble enlace o del anillo aromático.

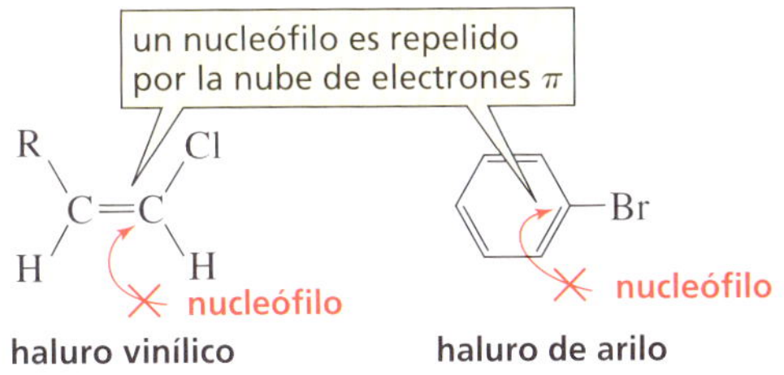

Los haluros vinílicos y arílicos no presentan reacciones S_N1 ni S_N2.

un nucleófilo es repelido por la nube de electrones π

haluro vinílico   haluro de arilo

Hay dos razones por las que los haluros vinílicos y arílicos no presentan reacciones S_N1. La primera es que los cationes vinílicos y de arilo son todavía más inestables que los carbocationes primarios (sección 6.5) porque la carga positiva se localiza en un carbono sp. Como los carbonos sp son más electronegativos que los carbonos sp^2 que tienen la carga positiva de los carbocationes alquilo, los carbonos sp son más resistentes a convertirse en especies con carga positiva. La segunda es que se ha comprobado que los carbonos sp^2 forman enlaces más fuertes que los carbonos sp^3 (sección 1.14). El resultado es que cuando un halógeno está unido a un carbono sp^2 es más difícil romper el enlace carbono-halógeno.

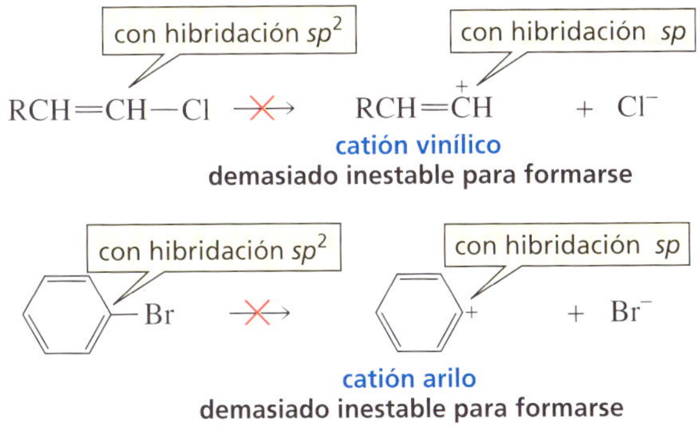

con hibridación sp^2 con hibridación sp

$$RCH=CH-Cl \;\;\cancel{\longrightarrow}\;\; RCH=\overset{+}{C}H + Cl^-$$

catión vinílico
demasiado inestable para formarse

con hibridación sp^2 con hibridación sp

$$C_6H_5-Br \;\;\cancel{\longrightarrow}\;\; C_6H_5^+ + Br^-$$

catión arilo
demasiado inestable para formarse

CAPÍTULO 8 Reacciones de sustitución en los haluros de alquilo

> ### ESTRATEGIA PARA RESOLVER PROBLEMAS
>
> **Predicción de reactividad relativa**
>
> ¿Cuál haluro de alquilo sería más reactivo en una reacción S_N1 de solvólisis?
>
> $$CH_3\ddot{\underset{..}{O}}-CH=CH-CH_2Br \quad \text{o} \quad CH_3\ddot{\underset{..}{O}}CH_2-CH=CH-CH_2Br$$
>
> Cuando se pide determinar las reactividad relativa de dos compuestos, necesitamos comparar los valores de $\Delta G^{\ddagger}$ de sus pasos determinantes de la rapidez de la reacción. El compuesto que reacciona con mayor rapidez tendrá el valor *menor* de $\Delta G^{\ddagger}$, esto es, la menor diferencia entre su energía libre y la energía libre de su estado de transición determinante de la rapidez de la reacción. Ambos haluros de alquilo tienen aproximadamente la misma estabilidad, de tal manera que la diferencia entre la rapidez de las reacciones se deberá a la diferencia de estabilidad de los estados de transición para sus pasos determinantes de la rapidez de la reacción. El paso que determina la rapidez de la reacción es la formación de un carbocatión, así que el compuesto que forme el carbocatión más estable será el que tenga mayor rapidez de solvólisis. El compuesto de la izquierda forma el carbocatión más estable porque tiene tres estructuras resonantes, mientras que el otro carbocatión sólo tiene dos estructuras resonantes importantes.
>
> $$CH_3\ddot{\underset{..}{O}}-CH=CH-\overset{+}{C}H_2 \longleftrightarrow CH_3\ddot{\underset{..}{O}}-\overset{+}{C}H-CH=CH_2 \longleftrightarrow CH_3\overset{+}{\underset{..}{O}}=CH-CH=CH_2$$
>
> $$CH_3\ddot{\underset{..}{O}}CH_2-CH=CH-\overset{+}{C}H_2 \longleftrightarrow CH_3\ddot{\underset{..}{O}}CH_2-\overset{+}{C}H-CH=CH_2$$
>
> Ahora continúe con los problemas 20 a 22.

PROBLEMA 20◆

¿Cuál haluro de alquilo cree usted que sea más reactivo en una solvólisis S_N1?

$$\underset{\underset{Br}{|}}{CH_3CHCH_2}\overset{H}{\underset{}{\diagdown}}C=C\overset{CH_2CH_3}{\underset{H}{\diagup}} \quad \text{o} \quad \underset{\underset{Br}{|}}{CH_3CH_2CH}\overset{H}{\underset{}{\diagdown}}C=C\overset{CH_3}{\underset{H}{\diagup}}$$

PROBLEMA 21◆

¿Cuál haluro de alquilo cree usted que sea más reactivo en una reacción S_N2 con un nucleófilo dado? En cada caso puede usted suponer que ambos haluros de alquilo tienen la misma estabilidad.

a. $\underset{\underset{CH_3}{|}}{CH_3CHCl} \quad \text{o} \quad \underset{\underset{CH_3}{|}}{CH_3CHBr}$

b. $\underset{\underset{CH_3}{|}}{CH_3CH_2CHBr} \quad \text{o} \quad \underset{\underset{CH_2CH_3}{|}}{CH_3CH_2CHBr}$

c. $\underset{\underset{CH_3}{|}}{CH_3CH_2CH_2CHBr} \quad \text{o} \quad \underset{\underset{CH_3}{|}}{CH_3CH_2CHCH_2Br}$

d. ⌬—CH_2CH_2Br o ⌬—$\underset{\underset{Br}{|}}{CH_2CHCH_3}$

e. C₆H₅—CH₂Br o C₆H₅—Br

f. CH₃CH=CCH₃ o CH₃CH=CHCHCH₃
         | |
         Br   Br

g. CH₃CH₂CH₂Cl o CH₃OCH₂Cl

PROBLEMA 22◆

En los pares a al f del problema 21 ¿cuál compuesto sería más reactivo en una reacción S_N1?

PROBLEMA 23

Indique qué productos se obtienen en la siguiente reacción y muestre sus configuraciones:

a. bajo condiciones que favorezcan una reacción S_N2
b. bajo condiciones que favorezcan una reacción S_N1

$$CH_3CH=CHCH_2Br + CH_3O^- \xrightarrow{CH_3OH}$$

8.9 Competencia entre las reacciones S_N2 y S_N1

En la tabla 8.5 se comparan las características de las reacciones S_N2 y S_N1. Recuerde que el "2" en "S_N2" y el "1" en "S_N1" indican la molecularidad de la reacción (el número de moléculas que intervienen en el estado de transición del paso determinante de la rapidez de la reacción). Así, el paso que determina la rapidez de una reacción S_N2 es bimolecular, mientras que en una reacción S_N1 es unimolecular. Estos números no se refieren a la cantidad de pasos en el mecanismo. De hecho, lo contrario sí es cierto: una reacción S_N2 se efectúa con un mecanismo concertado de *un* paso y una reacción S_N1 se efectúa con un mecanismo de *dos* pasos, con un carbocatión intermediario.

Tabla 8.5 Comparación entre reacciones S_N2 y S_N1	
S_N2	**S_N1**
Es mecanismo de un paso	Es un mecanismo en pasos que forma carbocationes intermediarios
Un paso bimolecular determinante de la rapidez de la reacción	Un paso unimolecular determinante en la rapidez de la reacción
No hay reordenamientos de carbocatión	Hay reordenamientos de carbocatión
El producto tiene configuración invertida en relación con la del reactivo	Los productos tienen configuraciones conservada e invertida, a la vez, en relación con la del reactivo
Orden de reactividades: metilo > 1° > 2° > 3°	Orden de reactividades: 3° > 2° > 1° > metilo

Ya fue explicado que los *haluros de metilo y los haluros de alquilo primarios sólo presentan reacciones* S_N2 porque los cationes metilo y los carbocationes primarios que se deberían formar en una reacción S_N1 son demasiado inestables para formarse. *Los haluros de alquilo terciario sólo presentan reacciones* S_N1 porque su impedimento estérico los hace inertes en reacciones S_N2. Los *haluros de alquilo secundarios y los haluros bencílicos y alílicos* (a menos que sean terciarios) *pueden tener reacciones* S_N1 y S_N2 porque forman carbocationes relativamente estables y el impedimento estérico asociado con estos haluros de alquilo no es muy grande en general. *Los haluros vinílicos y de arilo no presentan reacciones* S_N1 *ni* S_N2. Estos resultados se resumen en la tabla 8.6.

Tabla 8.6	Resumen de la reactividad de los haluros de alquilo en reacciones de sustitución nucleofílica
Haluros de metilo y de alquilo 1°	Sólo S_N2
Haluros vinílicos y de arilo	Ni S_N1 ni S_N2
Haluros de alquilo 2°	S_N1 y S_N2
Haluros bencílicos 1° y 2°, y alílicos 1° y 2°	S_N1 y S_N2
Haluros de alquilo 3°	Sólo S_N1
Haluros bencílicos 3° y alílicos 3°	Sólo S_N1

Solvólisis de haluro de alquilo

Cuando un haluro de alquilo puede presentar a la vez una reacción S_N1 *y también* una reacción S_N2, ambas reacciones suceden de manera simultánea. Las condiciones bajo las que se haga la reacción determinan cuál de las reacciones predomina. Por consiguiente, se dispone de algún control sobre la reacción que se lleve a cabo.

¿Qué condiciones favorecen una reacción S_N2? Estas son preguntas importantes para los químicos sintéticos porque una reacción S_N2 forma un solo producto de sustitución, mientras que una reacción S_N1 puede formar dos productos de sustitución si el grupo saliente está unido a un centro asimétrico. Una reacción S_N1 se complica más por reordenamientos del carbocatión. En otras palabras, una reacción S_N2 es amiga de los químicos sintéticos, pero una reacción S_N1 puede ser una pesadilla para dichos químicos.

Cuando la *estructura* de un haluro de alquilo le permite presentar reacciones tanto S_N2 como S_N1, son tres las condiciones que determinan qué reacción ha de predominar: 1) la *concentración* del nucleófilo, 2) la *reactividad* del nucleófilo y 3) el *disolvente* donde se lleva a cabo la reacción. Para comprender cómo afectan la concentración y la reactividad del nucleófilo para que predomine una reacción S_N2 o una S_N1, se debe examinar las leyes de rapidez de las dos reacciones (secciones 8.2 y 8.5). Se han puesto subíndices a las constantes de rapidez para indicar el orden de la reacción.

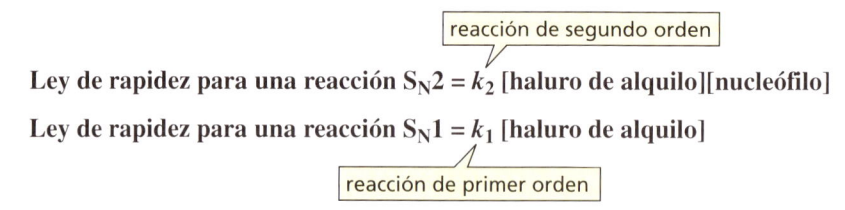

Ley de rapidez para una reacción S_N2 = k_2 [haluro de alquilo][nucleófilo] (reacción de segundo orden)

Ley de rapidez para una reacción S_N1 = k_1 [haluro de alquilo] (reacción de primer orden)

La ley de rapidez para la reacción de un haluro de alquilo que puede presentar reacciones S_N2 y S_N1 al mismo tiempo es la suma de las leyes de rapidez individuales.

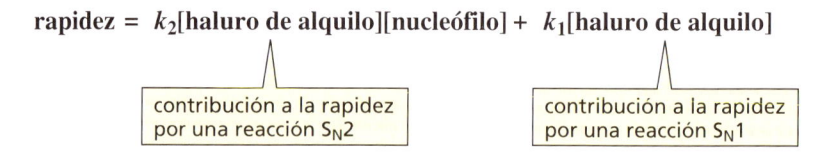

rapidez = k_2[haluro de alquilo][nucleófilo] + k_1[haluro de alquilo]

contribución a la rapidez por una reacción S_N2 — contribución a la rapidez por una reacción S_N1

De acuerdo con la ley de rapidez de la reacción, se puede ver que si se aumenta la *concentración* del nucleófilo también lo hace la rapidez de una reacción S_N2, pero no se tiene efecto alguno sobre la rapidez de una reacción S_N1. Por consiguiente, cuando las dos reacciones ocurren al mismo tiempo, al aumentar la concentración del nucleófilo aumenta la fracción de la reacción que se efectúa por un paso S_N2. En contraste, al disminuir la concentración del nucleófilo se disminuye la fracción de la reacción que sucede a través de un paso S_N2.

El paso lento (y único) de una reacción S_N2 es el ataque del nucleófilo sobre el haluro de alquilo. Al aumentar la *reactividad* del nucleófilo aumenta la rapidez de una reacción S_N2 porque aumenta el valor de la constante de rapidez, k_2, ya que un nucleófilo más reactivo puede desplazar mejor al grupo saliente. El paso lento de una reacción S_N1 es la disociación del haluro de alquilo. El carbocatión que se forma en el paso lento reacciona con rapidez, en el segundo paso, con cualquier nucleófilo presente en la mezcla de reacción. Si se aumenta la rapidez del paso rápido de la reacción no se afecta la rapidez del paso lento anterior, el paso de formación de carbocatión; esto significa que el aumento de la reactividad del nucleófilo no ejerce ningún efecto sobre la rapidez de una reacción S_N1. Por consiguiente, un buen nucleófilo favorece una reacción S_N2 frente a una reacción S_N1. Un mal nucleófilo favorece una reacción S_N1 no porque aumente la rapidez de esa reacción S_N1 sino porque disminuye la rapidez de la reacción S_N2 que esté compitiendo. En resumen:

- Una alta concentración de un buen nucleófilo favorece una reacción S_N2.
- Un mal nucleófilo favorece una reacción S_N1.

Si se vuelven a revisar las reacciones S_N1 en las secciones anteriores se notará que cada una de ellas tiene un mal nucleófilo (H_2O, CH_3OH), mientras que todas las reacciones S_N2 tienen buenos nucleófilos ($HO:^-$, $CH_3O:^-$). En otras palabras, un mal nucleófilo promueve una reacción S_N1 y un buen nucleófilo promueve una reacción S_N2. En la sección 8.10 se describe el tercer factor que influye sobre el predominio de reacción S_N2 o S_N1: el disolvente en el que se efectúa la reacción.

Sustitución nucleofílica 1

ESTRATEGIA PARA RESOLVER PROBLEMAS

Predicción de si una reacción de sustitución es S_N1 o S_N2

Este problema proporcionará la práctica para determinar si una reacción de sustitución procede por un paso S_N1 o S_N2. (Téngase en cuenta que los buenos nucleófilos favorecen las reacciones S_N2, mientras que los malos nucleófilos favorecen las reacciones S_N1).

Indicar la o las configuraciones del (o los) producto(s) de sustitución que se formarán por las reacciones de los siguientes haluros de alquilo secundario con el nucleófilo indicado:

a. $H_3C-\underset{Br}{\overset{CH_2CH_3}{C}}-H + CH_3O^-$ (alta concentración) $\longrightarrow$ $H-\underset{CH_3O}{\overset{CH_2CH_3}{C}}-CH_3$

Como se usa una alta concentración de un buen nucleófilo, podemos predecir que es una reacción S_N2. Por consiguiente, el producto tendrá la configuración invertida con respecto a la del reactivo. (Una forma fácil para trazar el producto con la configuración invertida es dibujar la imagen especular del haluro de alquilo reaccionante y entonces colocar al nucleófilo en el mismo lugar que tenía el grupo saliente).

b. $H_3C-\underset{Br}{\overset{CH_2CH_3}{C}}-H + CH_3OH \longrightarrow H_3C-\underset{OCH_3}{\overset{CH_2CH_3}{C}}-H + H-\underset{CH_3O}{\overset{CH_2CH_3}{C}}-CH_3$

Como se usa un mal nucleófilo, podremos decir que predomina una reacción S_N1. Por consiguiente, obtendremos dos productos de sustitución, uno en el que la configuración se retiene y uno en el que la configuración se invierte, en comparación con la configuración del reactivo.

c. $CH_3CH_2\underset{I}{C}HCH_2CH_3 + CH_3OH \longrightarrow CH_3CH_2\underset{OCH_3}{C}HCH_2CH_3$

El mal nucleófilo nos permite predecir que es una reacción S_N1; no obstante, el producto no tiene centro asimétrico de tal manera que no tiene estereoisómeros. (Se hubiera obtenido el mismo producto de sustitución si la reacción hubiera sido S_N2).

d. $CH_3CH_2\underset{Cl}{C}HCH_3 + HO^-$ (alta concentración) $\longrightarrow CH_3CH_2\underset{OH}{C}HCH_3$

Como se emplea una alta concentración de un buen nucleófilo, podremos predecir que es una reacción S_N2. Por consiguiente, el producto tendrá una configuración en la que hay inversión con respecto a la configuración del reactivo. Pero como no se indica la configuración del reactivo, no podemos conocer la configuración del producto.

e. 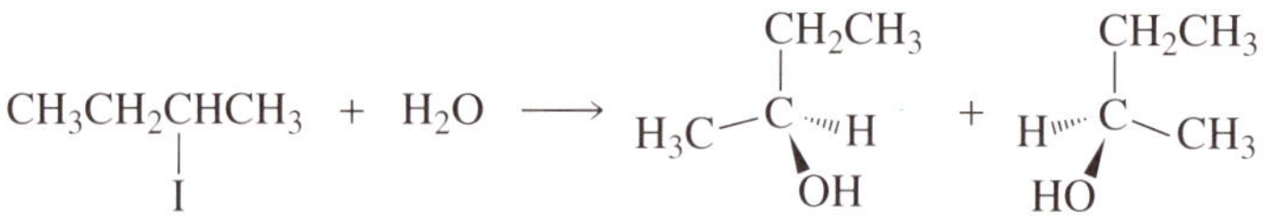 $CH_3CH_2CHICH_3$ + H_2O $\longrightarrow$ configuración con $H_3C-\overset{CH_2CH_3}{\underset{OH}{C}}-H$ + $H-\overset{CH_2CH_3}{\underset{HO}{C}}-CH_3$

Ya que el nucleófilo es malo, podremos predecir que la reacción será S_N1. Por consiguiente, se formarán ambos estereoisómeros independientemente de la configuración del reactivo.

Ahora continúe en el problema 24.

PROBLEMA 24

Indique la (o las) configuración(es) de los productos de sustitución que se formarán en las reacciones de los haluros de alquilo secundarios siguientes con el nucleófilo indicado:

a. 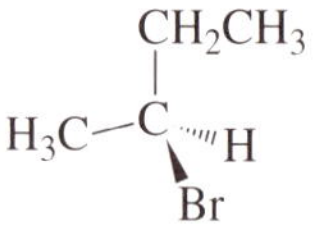 $H_3C-\overset{CH_2CH_3}{\underset{Br}{C}}-H$ + $CH_3CH_2CH_2O^-$ (alta concentración) $\longrightarrow$

b. 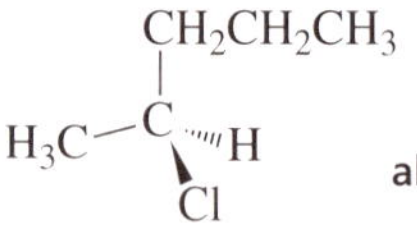 $H_3C-\overset{CH_2CH_2CH_3}{\underset{Cl}{C}}-H$ + NH_3 (alta concentración) $\longrightarrow$

c. 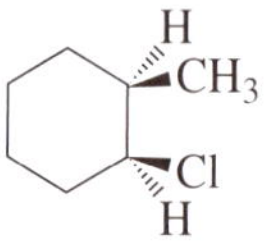 (ciclohexano con H/CH₃ arriba y Cl/H abajo) + CH_3O^- (alta concentración) $\longrightarrow$

d. 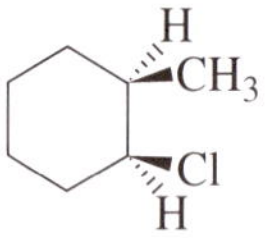 (ciclohexano con H/CH₃ arriba y Cl/H abajo) + CH_3OH $\longrightarrow$

e. 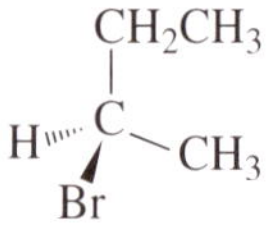 $H-\overset{CH_2CH_3}{\underset{Br}{C}}-CH_3$ + CH_3O^- (alta concentración) $\longrightarrow$

f. 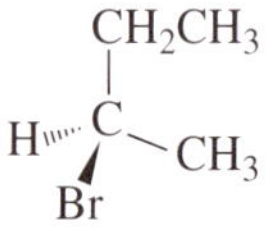 $H-\overset{CH_2CH_3}{\underset{Br}{C}}-CH_3$ + CH_3OH $\longrightarrow$

PROBLEMA 25◆

¿Cuál de las siguientes reacciones se efectuará con mayor rapidez si aumenta la concentración del nucleófilo?

a. 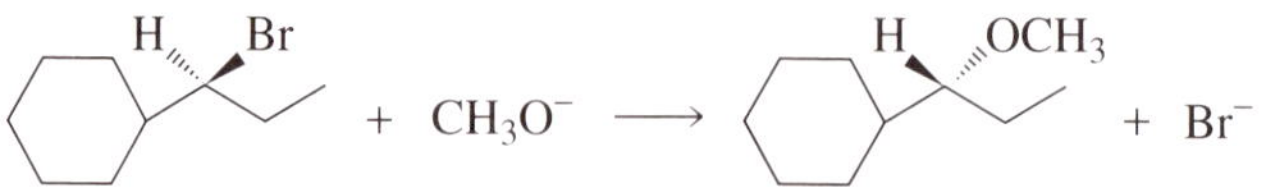 (ciclohexilo con H/Br) + CH_3O^- $\longrightarrow$ (ciclohexilo con H/OCH₃) + Br^-

b.  $CH_3CH_2CH_2CH_2CH_2Br$ + CH_3S^- $\longrightarrow$ $CH_3CH_2CH_2CH_2CH_2SCH_3$ + Br^-

c. 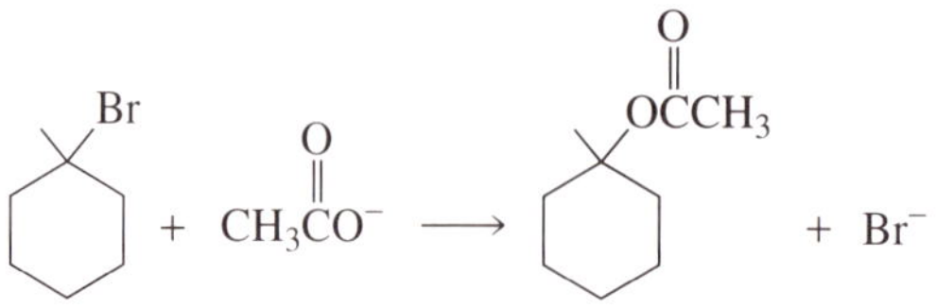 (1-bromo-1-metilciclohexano) + $CH_3\overset{O}{\underset{}{C}}O^-$ $\longrightarrow$ (1-metilciclohexil acetato, $OCCH_3$ con =O) + Br^-

VCL Síntesis de Williamson de éteres 1

PROBLEMA 26 RESUELTO

La ley de rapidez para la reacción de sustitución entre el 2-bromobutano y HO:⁻ en 75% de etanol y 25% de agua, a 30 °C, es

rapidez = 3.20×10^{-5}[2-bromobutano][HO⁻] + 1.5×10^{-6}[2-bromobutano]

¿Qué porcentaje de la reacción se efectúa por la ruta S_N2 cuando se utilizan las siguientes condiciones?

a. [HO⁻] = 1.00 M   **b.** [HO⁻] = 0.001 M

Solución de 26a

porcentaje por S_N2 = $\dfrac{\text{cantidad por } S_N2}{\text{cantidad por } S_N2 + \text{cantidad por } S_N1} \times 100$

$= \dfrac{3.20 \times 10^{-5}[\text{2-bromobutano}](1.00) \times 100}{3.20 \times 10^{-5}[\text{2-bromobutano}](1.00) + 1.5 \times 10^{-6}[\text{2-bromobutano}]}$

$= \dfrac{3.20 \times 10^{-5}}{3.20 \times 10^{-5} + 0.15 \times 10^{-5}} \times 100 = \dfrac{3.20 \times 10^{-5}}{3.35 \times 10^{-5}} \times 100$

$= 96\%$

8.10 Papel del disolvente en las reacciones S_N2 y S_N1

El disolvente en el que se efectúa una reacción de sustitución nucleofílica también influye sobre cuál reacción predomina, la S_N2 o la S_N1. Sin embargo, antes de poder comprender la forma en que determinado disolvente favorece una reacción frente a otra es necesario comprender la forma en que los disolventes estabilizan a las moléculas orgánicas.

La **constante dieléctrica** de un disolvente es una medida de lo bien que puede aislar entre sí cargas eléctricas opuestas. Las moléculas del disolvente aíslan una carga al rodearla, por lo que los polos positivos de las moléculas del disolvente rodean a las cargas negativas y los polos negativos de las moléculas de disolvente rodean a las cargas positivas. Recuérdese que se llama *solvatación* (sección 2.9) a la interacción entre un disolvente y un ion o una molécula disueltos en él. Cuando un ion interacciona con un disolvente polar, la carga ya no se localiza únicamente en el ion sino que se reparte hacia las moléculas de disolvente que lo rodean. La difusión de la carga estabiliza a las especies cargadas.

interacciones ion-dipolo entre una especie con carga negativa y agua

interacciones ion-dipolo entre una especie con carga positiva y agua

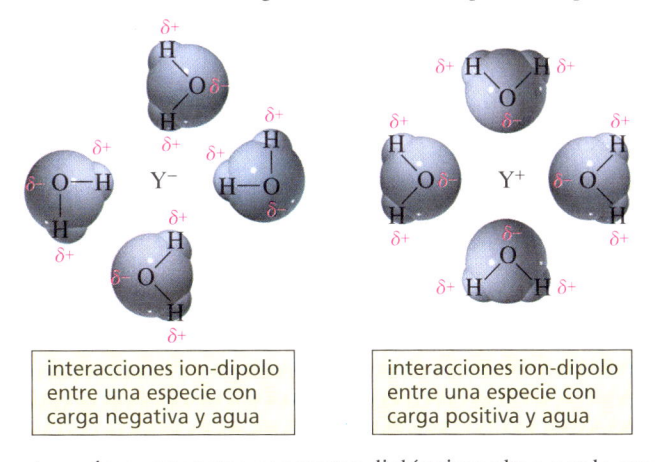

Los disolventes polares presentan constantes dieléctricas altas, por lo que son muy buenos para aislar (solvatar) las cargas. Los disolventes no polares tienen constantes dieléctricas bajas y son malos aislantes. Las constantes dieléctricas de algunos disolventes comunes pueden verse en la tabla 8.7, donde se dividen en dos grupos: disolventes próticos y disolventes apróticos. Recuérdese que los **disolventes próticos** contienen un puente de hidrógeno unido a un oxígeno o a un nitrógeno, por lo que esos disolventes forman puentes de

Tabla 8.7	Constantes dieléctricas de algunos disolventes comunes			
Disolvente	Estructura	Abreviatura	Constante dieléctrica (ε, a 25 °C)	Punto de ebullición (°C)
Disolventes próticos				
Agua	H_2O	—	79	100
Ácido fórmico	HCOOH	—	59	100.6
Metanol	CH_3OH	MeOH	33	64.7
Etanol	CH_3CH_2OH	EtOH	25	78.3
Alcohol *terc-butílico*	$(CH_3)_3COH$	*tert*-BuOH	11	82.3
Ácido acético	CH_3COOH	HOAc	6	117.9
Disolventes apróticos				
Sulfóxido de dimetilo	$(CH_3)_2SO$	DMSO	47	189
Acetonitrilo	CH_3CN	MeCN	38	81.6
Dimetilformamida	$(CH_3)_2NCHO$	DMF	37	153
Triamida del ácido hexametilfosfórico	$[(CH_3)_2N]_3PO$	HMPA	30	233
Acetona	$(CH_3)_2CO$	Me_2CO	21	56.3
Diclorometano	CH_2Cl_2	—	9.1	40
Tetrahidrofurano	(anillo de 5 miembros con O)	THF	7.6	66
Acetato de etilo	$CH_3COOCH_2CH_3$	EtOAc	6	77.1
Éter dietílico	$CH_3CH_2OCH_2CH_3$	Et_2O	4.3	34.6
Benceno	(anillo bencénico)	—	2.3	80.1
Hexano	$CH_3(CH_2)_4CH_3$	—	1.9	68.7

hidrógeno. Por otra parte, los **disolventes apróticos** no tienen un hidrógeno unido a un oxígeno o a un nitrógeno, así que *no forman* puentes de hidrógeno.

La estabilización de cargas por interacción con el disolvente tiene un papel importante en las reacciones orgánicas. Por ejemplo, cuando un haluro de alquilo presenta una reacción S_N1, el primer paso es la disociación del enlace carbono-halógeno para formar un carbocatión y un ion haluro. Se requiere energía para romper el enlace, pero si no se forman enlaces ¿de dónde viene la energía? Si la reacción se efectúa en un disolvente polar, los iones que se producen están solvatados. La energía asociada con una sola interacción ion-dipolo es pequeña, pero el efecto aditivo de todas las interacciones ion-dipolo que se efectúan cuando un disolvente estabiliza a una especie cargada, lo cual representa una gran cantidad de energía. Esas interacciones ion-dipolo proporcionan gran parte de la energía necesaria para la disociación del enlace carbono-halógeno. Entonces, en una reacción S_N1, el haluro de alquilo no se disocia en forma espontánea sino que las moléculas polares del disolvente lo separan. En consecuencia, una reacción S_N1 no puede efectuarse en un disolvente no polar. Tampoco puede efectuarse en fase gaseosa porque ahí no hay moléculas de disolvente y en consecuencia no hay efectos de solvatación.

EFECTOS DE LA SOLVATACIÓN

La cantidad tan tremenda de energía que produce la solvatación podrá apreciarse si se considera la energía requerida para romper la red cristalina del cloruro de sodio (sal de mesa, figura 1.1). En ausencia de disolvente, el cloruro de sodio debe calentarse a más de 800 °C para vencer las fuerzas que mantienen unidos a los iones con cargas opuestas. Sin embargo, el cloruro de sodio se disuelve con facilidad en agua a temperatura ambiente porque la solvatación de los iones Na^+ y Cl^- por el agua suministra la energía necesaria para separarlos.

Influencia del disolvente sobre la rapidez de reacción en general

Una regla sencilla describe la forma en que un cambio en el disolvente afecta la rapidez de la mayor parte de las reacciones químicas: *al aumentar la polaridad del disolvente disminuirá la rapidez de la reacción si uno o más de los reactivos en el paso determinante de rapidez están cargados y aumentará la rapidez de la reacción si ninguno de los reactivos en el paso determinante de la rapidez está cargado.*

Ahora veamos por qué es válida esta regla. La rapidez de una reacción depende de la diferencia entre la energía libre de los reactivos y la energía libre del estado de transición en el paso que controla la rapidez de la reacción. Por consiguiente, se puede pronosticar la forma en que un cambio de polaridad del disolvente afecta la rapidez de una reacción sólo con ver la carga en el o los reactivos del paso determinante de la rapidez de la reacción y la carga en el estado de transición de ese paso para ver cuál de esas especies será estabilizada más por un disolvente polar.

Mientras mayor sea la carga en una molécula solvatada, sus interacciones serán más fuertes con un disolvente polar y la carga se estabilizará más. Por consiguiente, si la carga en los reactivos es mayor que la del estado de transición, un disolvente polar estabilizará más a los reactivos que al estado de transición aumentando la diferencia de energía ($\Delta G^{\ddagger}$) entre ellos. En consecuencia, *al aumentar la polaridad del disolvente disminuirá la rapidez de la reacción,* como se ve en la figura 8.8.

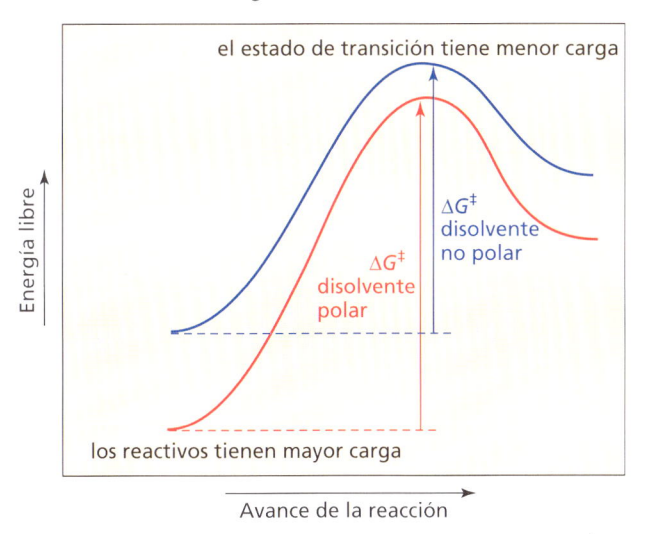

El aumento de la polaridad del disolvente hará disminuir la rapidez de la reacción si están cargados uno o más de los reactivos en el paso determinante de la rapidez.

◀ **Figura 8.8**
Diagrama de coordenada de reacción, para una reacción en que la carga en los reactivos es mayor que la que hay en el estado de transición.

Por otra parte, si la carga en el estado de transición es mayor que en los reactivos, un disolvente polar estabilizará más al estado de transición que a los reactivos. Por consiguiente, *al aumentar la polaridad del disolvente* disminuirá la diferencia de energía ($\Delta G^{\ddagger}$) entre ellos y *aumentará la rapidez de la reacción,* como se ve en la figura 8.9.

El aumento de la polaridad del disolvente aumentará la rapidez de la reacción si no está cargado alguno de los reactivos en el paso determinante de la rapidez.

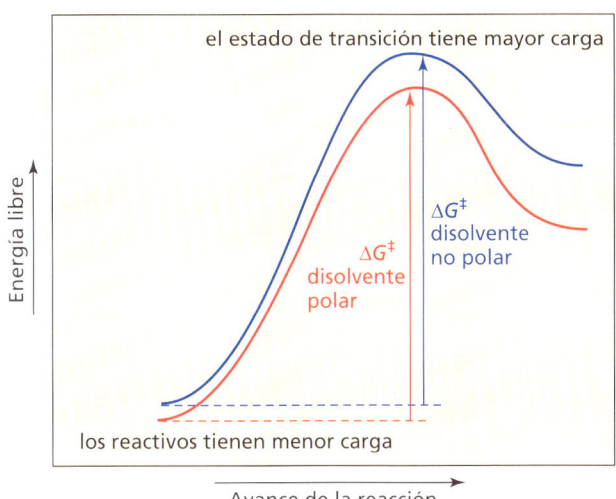

◀ **Figura 8.9**
Diagrama de coordenada de reacción, para una reacción en que la carga en el estado de transición es mayor que la carga en los reactivos.

Influencia del disolvente sobre la rapidez de las reacciones S_N1

Ahora se verán tipos específicos de reacción comenzando con una reacción S_N1 de un haluro de alquilo. Este haluro, que es el único reactivo en el paso determinante de la rapidez de una reacción S_N1, es una molécula neutra con un pequeño momento dipolar. El estado de transición, del paso determinante de la rapidez de la reacción, tiene carga mayor porque cuando se rompe el enlace carbono-halógeno el carbono se vuelve más positivo y el halógeno se vuelve más negativo. Como la carga en el estado de transición es mayor que en el reactivo, al aumentar la polaridad del disolvente se estabilizará más el estado de transición que el reactivo y aumentará la rapidez de la reacción S_N1 (figura 8.9 y tabla 8.8).

avance de la reacción S_N1

reactivo   estado de transición   productos

Tabla 8.8 Efecto de la polaridad del disolvente sobre la rapidez de la reacción del 2-bromo-2-metilpropano en una reacción S_N1	
Disolvente	**Rapidez relativa**
100% de agua	1200
80% de agua, 20% de etanol	400
50% de agua, 50% de etanol	60
20% de agua, 80% de etanol	10
100% de etanol	1

En el capítulo 10 veremos que hay otros compuestos, además de los haluros de alquilo, que también presentan reacciones S_N1. Mientras el compuesto que presente una reacción S_N1 sea neutro, al aumentar la polaridad del disolvente *aumentará* la rapidez de la reacción S_N1 porque el disolvente polar estabilizará las cargas dispersas en el estado de transición más que estabilizar al reactivo relativamente neutro (figura 8.9). Empero, si el compuesto que tiene una reacción S_N1 está cargado, al aumentar la polaridad del disolvente *disminuirá* la rapidez de la reacción porque el disolvente más polar estabilizará toda la carga en el reactivo más que la carga dispersa en el estado de transición (figura 8.8).

Influencia del disolvente sobre la rapidez de las reacciones S_N2

La forma en que afecta un cambio de polaridad del disolvente a la rapidez de una reacción S_N2 depende de si los reactivos están cargados o son neutros, igual que en una reacción S_N1.

La mayor parte de las reacciones S_N2 de los haluros de alquilo se efectúa entre un haluro de alquilo neutro y un nucleófilo cargado. Si se aumenta la polaridad de un disolvente, habrá un fuerte efecto estabilizador sobre el nucleófilo con carga negativa. También el estado de transición tiene carga negativa, pero esa carga está dispersa en dos átomos. Por consiguiente, la interacción entre el disolvente y el estado de transición no es tan fuerte como las interacciones entre el disolvente y el nucleófilo con carga total. En consecuencia, un disolvente polar estabiliza al nucleófilo más que al estado de transición, así que al aumentar la polaridad del disolvente disminuirá la rapidez de la reacción (figura 8.8).

Pese a ello, si la reacción S_N2 sucede entre un haluro de alquilo y un nucleófilo neutro, la carga en el estado de transición será mayor que en los reactivos neutros y al aumentar la polaridad del disolvente se incrementará la rapidez de la reacción de sustitución (figura 8.9).

En resumen, la forma en que un cambio de disolvente afecta a la rapidez de una reacción de sustitución no depende del mecanismo de la reacción; *sólo* depende de si un reactivo está cargado en el paso determinante de la rapidez de la reacción. *Si un reactivo está cargado en el paso determinante de la rapidez de la reacción, al aumentar la polaridad del disolvente disminuirá la rapidez de la reacción. Si ninguno de los reactivos, en el paso determinante de la rapidez de la reacción, está cargado, al aumentar la polaridad del solvente aumentará la rapidez de la reacción.*

Cuando se describió la solvatación de especies cargadas por un disolvente polar, los disolventes polares que se vieron forman puentes de hidrógeno (disolventes polares próticos) como agua y alcoholes. Hay algunos disolventes polares que no forman puentes de hidrógeno como, por ejemplo, la *N,N*-dimetilformamida (DMF), el sulfóxido de dimetilo (DMSO) y la triamida del ácido hexametilfosfórico (HMPA, por sus siglas en inglés); son disolventes polares apróticos (tabla 8.7).

En vista de que un disolvente polar disminuye la rapidez de una reacción S_N2 cuando el nucleófilo tiene carga negativa, se podría efectuar esa reacción en un solvente no polar. No obstante, en general, los nucleófilos con carga negativa no se disuelven en disolventes no polares. En lugar de ello se usa un disolvente polar aprótico. Ya que los disolventes polares apróticos no son donadores de puentes de hidrógeno, son menos efectivos que los polares próticos para solvatar las cargas negativas; en realidad, lo visto hasta ahora es que solvatan muy mal las cargas negativas (sección 8.3). Entonces, la rapidez de una reacción S_N2 con un nucleófilo con carga negativa será mayor en un disolvente polar aprótico que en uno polar prótico. En consecuencia, un disolvente polar aprótico es la opción para una reacción S_N2 en la que el nucleófilo tiene carga negativa, mientras que se usa un disolvente polar prótico si el nucleófilo es una molécula neutra.

Hasta ahora se ha visto que cuando un haluro de alquilo puede presentar tanto una reacción S_N2 como una S_N1 la primera resulta favorecida por una alta concentración de un buen (con carga negativa) nucleófilo en un disolvente polar aprótico, mientras que la reacción S_N1 resultará favorecida por un nucleófilo pobre (neutro) en un disolvente polar prótico.

Una reacción S_N2 de un haluro de alquilo se favorece con una alta concentración de un buen nucleófilo en un disolvente polar aprótico.

Una reacción S_N1 de un haluro de alquilo se favorece con un mal nucleófilo en un solvente polar prótico.

ADAPTACIÓN AMBIENTAL

El microorganismo *Xanthobacter* ha aprendido a usar haluros de alquilo que llegan al suelo, en calidad de contaminantes industriales, como fuentes de carbono. Este microorganismo sintetiza una enzima que usa al haluro de alquilo como materia prima para producir otros compuestos de carbono que necesita. Esa enzima tiene varios grupos no polares en el sitio activo (que es la región en la enzima donde se efectúa la reacción que cataliza). El primer paso de la reacción catalizada por la enzima es una reacción S_N2 con un nucleófilo cargado. Los grupos no polares en la superficie de la enzima forman el ambiente no polar necesario para aumentar la rapidez de la reacción.

PROBLEMA 27 ◆

Si cada una de las siguientes reacciones S_N2 se efectúa en un disolvente polar prótico ¿cómo cambiará la rapidez de la reacción si aumenta la polaridad del disolvente?

a. $CH_3CH_2CH_2CH_2Br + HO^- \longrightarrow CH_3CH_2CH_2CH_2OH + Br^-$

b. $CH_3\overset{+}{S}CH_3 + CH_3O^- \longrightarrow CH_3OCH_3 + CH_3SCH_3$
$\quad\;\;|$
$\quad\;CH_3$

c. $CH_3CH_2I + NH_3 \longrightarrow CH_3CH_2\overset{+}{N}H_3\, I^-$

Tutorial del alumno:
Factores que promueven S_N2
(S_N2 Promoting factors)

CAPÍTULO 8 Reacciones de sustitución en los haluros de alquilo

Tutorial del alumno:
Términos comunes
(Common terms)

PROBLEMA 28♦

¿Cuál reacción en cada uno de los siguientes pares se efectuará con una mayor rapidez?

a. $CH_3Br + HO^- \longrightarrow CH_3OH + Br^-$

$CH_3Br + H_2O \longrightarrow CH_3OH + HBr$

b. $CH_3I + HO^- \longrightarrow CH_3OH + I^-$

$CH_3Cl + HO^- \longrightarrow CH_3OH + Cl^-$

c. $CH_3Br + NH_3 \longrightarrow CH_3\overset{+}{N}H_3 + Br^-$

$CH_3Br + H_2O \longrightarrow CH_3OH + Br^-$

d. $CH_3Br + HO^- \xrightarrow{DMSO} CH_3OH + Br^-$

$CH_3Br + HO^- \xrightarrow{EtOH} CH_3OH + Br^-$

e. $CH_3Br + NH_3 \xrightarrow{Et_2O} CH_3\overset{+}{N}H_3 + Br^-$

$CH_3Br + NH_3 \xrightarrow{EtOH} CH_3\overset{+}{N}H_3 + Br^-$

PROBLEMA 29 RESUELTO

La mayor parte de los valores de pK_a que aparecen en este libro están determinados en agua. ¿Cómo serían los valores de pK_a de los siguientes tipos de compuestos si se determinaran en un disolvente menos polar que el agua como, por ejemplo, 50% de agua/50% de dioxano, en caso de los ácidos carboxílicos, los fenoles, los iones amonio (RNH_3^+) y los iones anilinio ($C_6H_5NH_3^+$)?

Solución Un pK_a es el logaritmo negativo de una constante de equilibrio, K_a (sección 1.17). Como estamos determinando la forma en que un cambio de polaridad de un disolvente afecta una constante de equilibrio, debemos ver la forma en que un cambio de polaridad del disolvente afecta la estabilidad de los reactivos y los productos (sección 3.7).

$$K_a = \frac{[B^-][H^+]}{[HB]} \qquad K_a = \frac{[B][H^+]}{[HB^+]}$$

ácido neutral ⟶ ⟵ ácido con carga positiva

Los ácidos carboxílicos, los alcoholes y los fenoles son neutros en sus formas ácidas (HB) y están cargados en sus formas básicas (B:$^-$). Un disolvente polar prótico estabilizará a B:$^-$ y a H$^+$ más que lo que estabilice a HB y entonces aumentará K_a. Por consiguiente, K_a será mayor en agua que en un disolvente menos polar y los valores de pK_a de los ácidos carboxílicos, alcoholes y fenoles serán mayores (serán ácidos más débiles) en un disolvente menos polar.

Los iones amonio y anilinio están cargados en sus formas ácidas (HB$^+$) y neutros en sus formas básicas (B). Un disolvente polar estabilizará a HB$^+$ y a H$^+$ más que estabilizar a B. Como HB$^+$ está estabilizado un poco más que H$^+$, K_a será menor en agua que en un disolvente menos polar, y los valores de pK_a de los iones amonio y anilinio serán menores (serán ácidos más fuertes) en un disolvente menos polar.

PROBLEMA 30♦

¿Espera usted que el ion acetato ($CH_3CO_2^-$) sea nucleófilo más reactivo en una reacción S_N2 efectuada en metanol o en sulfóxido de dimetilo?

PROBLEMA 31◆

¿Bajo cuáles de las siguientes condiciones de reacción se formará más (*R*)-2-butanol a partir de (*R*)-2-clorobutano: en 50% de agua y 50% de etanol o en HO:⁻ en 100% de etanol?

8.11 Reacciones intermoleculares contra reacciones intramoleculares

Una molécula con dos grupos funcionales recibe el nombre de **molécula bifuncional**. Si los dos grupos funcionales pueden reaccionar entre sí pueden llevarse a cabo dos tipos de reacciones. Se puede decir que los dos grupos funcionales son unos que pueden participar en una reacción S_N2: un nucleófilo y un haluro de alquilo. El nucleófilo de una molécula del compuesto puede desplazar al ion bromuro de una segunda molécula. A esa reacción se le llama reacción intermolecular. *Inter* es "entre" en latín: una **reacción intermolecular** se efectúa entre dos moléculas. Si el producto de esta reacción reacciona después con una tercera molécula bifuncional (y después una cuarta, y así sucesivamente) se formará un polímero. Un polímero es una molécula grande formada de la unión entre sí de especies repetitivas de moléculas pequeñas (capítulo 28).

reacción intermolecular

$$BrCH_2(CH_2)_nCH_2\ddot{O}:^- \quad Br-CH_2(CH_2)_nCH_2\ddot{O}:^- \longrightarrow BrCH_2(CH_2)_nCH_2\ddot{O}CH_2(CH_2)_nCH_2\ddot{O}:^- + Br^-$$

En forma alternativa, el nucleófilo de una molécula puede desplazar al ion bromuro de la misma molécula y formar así un compuesto cíclico. A esa reacción se le llama reacción intramolecular. *Intra* es "dentro de" en latín: una **reacción intramolecular** se efectúa dentro de una sola molécula.

reacción intramolecular

$$Br-CH_2(CH_2)_nCH_2\ddot{O}: \longrightarrow \begin{array}{c} (CH_2)_n \\ H_2C \quad CH_2 \\ \ddot{O} \end{array} + Br^-$$

¿Cuál reacción es más probable que suceda, la intermolecular o la intramolecular? La respuesta depende de la *concentración* de la molécula bifuncional y del *tamaño del anillo* que se formaría en la reacción intramolecular.

La reacción intramolecular tiene una ventaja: los grupos reactivos están unidos unos con otros, por lo que no se tienen que difundir a través del disolvente para encontrar un grupo con quién reaccionar. Entonces, una baja concentración de reactivo favorece una reacción intramolecular porque los dos grupos funcionales tienen mayor probabilidad de encontrarse si están en la misma molécula. Una alta concentración de reactivo ayuda a compensar la ventaja ganada por encontrarse los dos grupos unidos formando parte de la misma molécula y aumenta la probabilidad de que las reacciones sean intermoleculares.

Qué tanta ventaja tiene una reacción intramolecular sobre una intermolecular depende del tamaño del anillo que se forme, esto es, de la longitud de la ligadura. Si la reacción intramolecular forma un anillo de cinco o seis miembros estará muy favorecida frente a la reacción intermolecular porque los anillos de cinco y seis miembros son estables y en consecuencia se forman con facilidad.

$$\begin{array}{c} CH_2 \\ H_2C \quad CH_2 \\ H_2C \quad CH_2-Cl \\ :\ddot{O}:^- \end{array} \longrightarrow \begin{array}{c} \\ \ddot{O} \end{array} + Cl^-$$

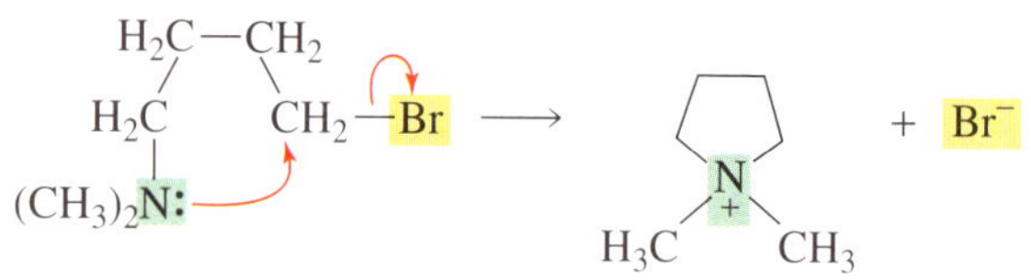

382 CAPÍTULO 8 Reacciones de sustitución en los haluros de alquilo

$$\begin{array}{c} H_2C-CH_2 \\ H_2C \quad CH_2-Br \\ (CH_3)_2N: \end{array} \longrightarrow \underset{H_3C \;\; CH_3}{\overset{+}{N}} + Br^-$$

Los anillos de tres y cuatro miembros están tensionados, por lo que son menos estables que los de cinco y seis miembros y en consecuencia se forman con menos facilidad. La mayor energía de activación para la formación de anillos de tres y cuatro miembros anula algo de la ventaja que se gana al ser un proceso intramolecular de unión de los dos grupos en una sola molécula.

En general, los compuestos con un anillo de tres miembros se forman con más facilidad que con cuatro miembros. Para que se forme un éter cíclico, el átomo nucleofílico de oxígeno debe orientarse de tal modo que pueda atacar por atrás del carbono unido al halógeno. La rotación con respecto a un enlace C—C puede producir conformaciones en las que los grupos apunten alejándose entre sí y no puedan reaccionar. La molécula que forma un éter con anillo de tres miembros tiene sólo un enlace C—C que puede girar, mientras que la que forma un anillo de cuatro miembros tiene dos enlaces C—C que pueden girar. Por consiguiente, es más probable que la molécula que forma los anillos de tres miembros tenga sus grupos reactivos en la conformación necesaria para que ocurra la reacción.

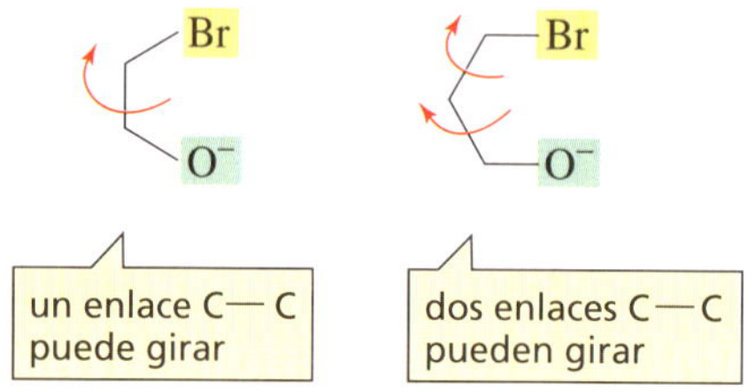

| un enlace C—C puede girar | dos enlaces C—C pueden girar |

La probabilidad de que los grupos reactivos se encuentren entre sí, disminuye cuando están en compuestos que pueden formar anillos de siete miembros o mayores. Por consiguiente, la reacción intramolecular se favorece menos a medida que aumenta el tamaño del anillo a más de seis miembros.

PROBLEMA 32◆

¿Cuál compuesto de cada par, después de eliminar un protón del grupo OH, formaría un éter cíclico con una mayor rapidez?

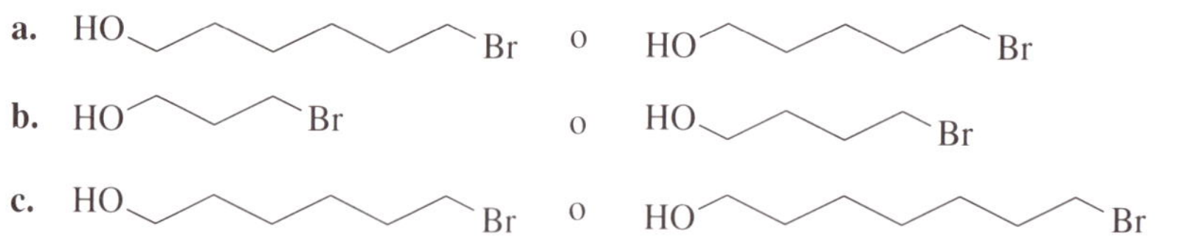

a. HO⁀⁀⁀⁀⁀Br o HO⁀⁀⁀Br

b. HO⁀Br o HO⁀⁀⁀Br

c. HO⁀⁀⁀⁀⁀Br o HO⁀⁀⁀⁀⁀⁀Br

8.12 Los reactivos metilantes biológicos tienen buenos grupos salientes

Si un químico quisiera poner un grupo metilo en un nucleófilo, es más probable que usaría al yoduro de metilo como agente metilante. De los haluros de metilo, el yoduro tiene el grupo saliente que se desplaza con más facilidad porque el I:⁻ es la base más débil de los iones haluro. Además, el yoduro de metilo es líquido a temperatura ambiente y es más fácil de manejar que el bromuro o el cloruro de metilo. La reacción sería una simple reacción S_N2.

$$\overset{..}{Nu}{}^- + CH_3-I \longrightarrow CH_3-Nu + I^-$$

8.12 Los reactivos metilantes biológicos tienen buenos grupos salientes **383**

Sin embargo, en una célula viva, no hay yoduro de metilo disponible. Este compuesto sólo es ligeramente soluble en agua, de tal manera que no se encuentra en los ambientes predominantemente acuosos de los sistemas biológicos. En su lugar, los sistemas biológicos usan S-adenosilmetionina (SAM) y N^5-metiltetrahidrofolato como agentes metilantes; ambos compuestos son solubles en agua. Aunque parecen mucho más complicados que el yoduro de metilo desempeñan su misma función: transfieren un grupo metilo a un nucleófilo. Obsérvese que el grupo metilo en cada uno de estos agentes metilantes está unido a un átomo con carga positiva. Este átomo acepta con facilidad los electrones cuando el grupo saliente se desplaza. En otras palabras, los grupos metilo están unidos a grupos salientes muy buenos y permiten efectuar la metilación biológica a una rapidez razonable.

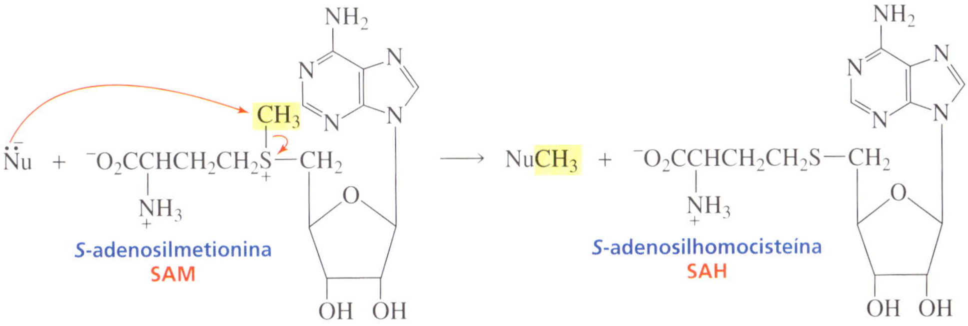

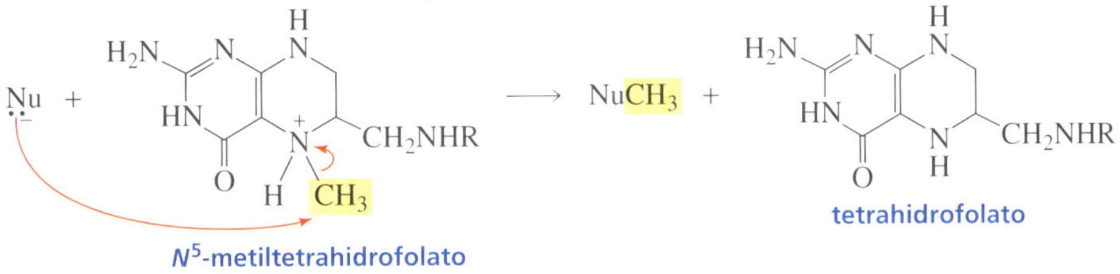

Un ejemplo específico de una reacción de metilación que se efectúa en los sistemas biológicos es la conversión de la noradrenalina (norepinefrina) en adrenalina (epinefrina). La reacción usa la S-adenosilmetionina (SAM) como fuente del grupo metilo. La noradrenalina y la adrenalina son hormonas que controlan el metabolismo del glucógeno; también se liberan en el torrente sanguíneo como respuesta a la tensión. La adrenalina es más potente que la noradrenalina.

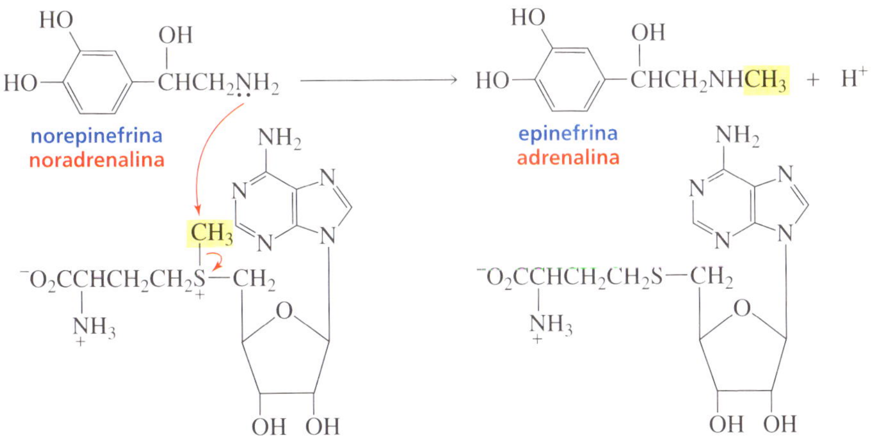

ERRADICACIÓN DE LAS TERMITAS

Los haluros de alquilo pueden ser muy tóxicos para los organismos biológicos. Por ejemplo, el bromometano se usa para matar a las termitas y a otras plagas. El bromometano funciona metilando los grupos NH_2 y SH de las enzimas y destruye así su capacidad de catalizar las reacciones orgánicas necesarias. Desafortunadamente, se ha visto que el bromometano agota la capa de ozono (sección 11.11), por lo que en fecha reciente se ha prohibido su producción en los países desarrollados, y los países en desarrollo disponen hasta 2015 para eliminarlo.

La conversión de la fosfatidiletanolamina, un compuesto de las membranas celulares, en fosfatidilcolina, otro compuesto de dichas membranas, requiere tres metilaciones con tres equivalentes de SAM. (Las membranas celulares se describirán en la sección 26.4; el uso del N^5-metiltetrahidrofolato como un agente metilante biológico se describirá con más detalle en la sección 24.8).

$$\text{fosfatidiletanolamina} + 3\text{ SAM} \longrightarrow \text{fosfatidilcolina} + 3\text{ SAH}$$

S-ADENOSILMETIONINA: UN ANTIDEPRESIVO NATURAL

La *S*-adenosilmetionina se vende con el nombre de SAMe en muchas tiendas de alimentos y medicamentos para la salud para el tratamiento de la depresión y la artritis. Aunque SAMe se ha usado clínicamente en Europa durante más de dos décadas, no ha sido evaluado en forma rigurosa en Estados Unidos, y en consecuencia no ha sido aprobado por la FDA (*Food and Drug* Administration, Administración de Alimentos y Medicinas de Estados Unidos). Sin embargo se puede vender, porque la FDA no prohíbe la venta de la mayor parte de las sustancias naturales siempre que el vendedor no haga afirmaciones terapéuticas. También se ha visto que SAMe es efectivo en el tratamiento de las enfermedades hepáticas, como las causadas por el alcohol y el virus de la hepatitis C. La atenuación de las lesiones hepáticas se acompaña de mayores concentraciones de glutatión en el hígado. El glutatión es un antioxidante biológico importante (sección 22.9). Se requiere SAM para la biosíntesis de la cisteína, un aminoácido que, a su vez, se requiere para la síntesis del glutatión.

RESUMEN

Los haluros de alquilo presentan dos tipos de **reacciones de sustitución nucleofílica**: S_N2 y S_N1. En ambas reacciones un nucleófilo sustituye a un halógeno. Una reacción S_N2 es bimolecular, ya que dos moléculas participan en el estado de transición del paso limitante de la rapidez de la reacción. Una reacción S_N1 es unimolecular: se requiere una molécula en el estado de transición del paso determinante de la rapidez de la reacción.

La rapidez de una **reacción S_N2** depende de la concentración tanto del haluro de alquilo como del nucleófilo. Una reacción S_N2 se lleva a cabo a través de un mecanismo de un paso: el nucleófilo ataca por atrás del carbono que está unido al halógeno. La reacción avanza en la dirección que permita que la base más fuerte desplace a la más débil; sólo es reversible si la diferencia entre las basicidades del nucleófilo y del grupo saliente es pequeña. La rapidez de una reacción S_N2 se afecta por el impedimento estérico: los grupos más voluminosos en el lado trasero del carbono que sufre el ataque determinan que la reacción sea más lenta; por consiguiente, los carbocationes no pueden presentar reacciones S_N2. Una reacción S_N2 se lleva a cabo con **inversión de la configuración**.

La rapidez de una **reacción S_N1** sólo depende de la concentración del haluro de alquilo. El halógeno se separa en el primer paso y se forma un carbocatión que es atacado por un nucleófilo en el segundo paso; en consecuencia, puede haber reordenamientos en el carbocatión. La rapidez de una reacción S_N1 depende de la facilidad con que se forme el carbocatión. Por consiguiente, los haluros de alquilo terciarios son más reactivos que los haluros de alquilo secundarios porque los carbocationes terciarios son más estables que los secundarios. Los carbocationes primarios son tan inestables que los haluros de alquilo primarios no pueden presentar reacciones S_N1. Una reacción S_N1 se acompaña de racemización. La mayor parte de las reacciones S_N1 son de **solvólisis**: el disolvente es el nucleófilo.

La rapidez de las reacciones S_N2 y S_N1 están influidas por la naturaleza del grupo saliente. Las bases débiles son los mejores grupos salientes porque forman los enlaces más débiles. Así, mientras más débil sea la basicidad del grupo saliente la reacción será más rápida. Por consiguiente, las reactividades relativas de los haluros de alquilo, que sólo difieren en el átomo de halógeno son RI > RBr > RCl > RF, tanto en las reacciones S_N2 como en las S_N1.

La **basicidad** es una medida de lo bien que un compuesto comparte su par de electrones no enlazado con un protón. La **nucleofilicidad** es una medida de lo fácil que una especie puede atacar a un átomo deficiente en electrones. Si dos moléculas se comparan con el mismo átomo atacante, o con dos átomos atacantes del mismo tamaño, la base más fuerte es mejor nucleófilo. Si los átomos atacantes tienen un tamaño muy diferente, la relación entre basicidad y nucleofilicidad depende del disolvente. En los disolventes próticos, las bases más fuertes son nucleófilos más malos por las **interacciones ion-dipolo** entre el ion y el disolvente.

Los haluros de metilo y los haluros de alquilo primarios sólo presentan reacciones S_N2; los haluros de alquilo terciarios sólo presentan reacciones S_N1; los haluros vinílicos y de arilo no presentan reacciones S_N2 ni S_N1, y los haluros de alquilo secundarios y los haluros bencílicos y alílicos (a menos que sean terciarios) presentan reacciones S_N1 y S_N2. Cuando la estructura del haluro de alquilo le permite participar en reacciones S_N2 y S_N1, la reacción S_N2 se favorece con una alta concentración de un buen nucleófilo en un disolvente polar aprótico, mientras que la reacción S_N1 es favorecida por un mal nucleófilo en un disolvente polar prótico.

Los **disolventes próticos** (H_2O, ROH) forman puentes de hidrógeno; los **disolventes apróticos** (DMF —dimetilformamida—, DMSO —sulfóxido de dimetilo) no forman puentes de hidrógeno. La **constante dieléctrica** de un disolvente indica lo bien que el disolvente aísla entre sí cargas eléctricas opuestas. Al aumentar la polaridad del disolvente disminuye la rapidez de la reacción si uno o más de los reactivos están cargados en el paso determinante de la rapidez y aumenta la rapidez de la reacción si ninguno de los reactivos tiene carga en el paso determinante de la rapidez.

Si los dos grupos funcionales de una **molécula bifuncional** pueden reaccionar entre sí puede haber **reacciones intermoleculares** e **intramoleculares**. La reacción que se efectúe con mayor probabilidad depende de la concentración de la molécula bifuncional y del tamaño del anillo que se formaría en la reacción intramolecular.

RESUMEN DE REACCIONES

1. Reacción S_N2: mecanismo de un paso

$$\text{Nu}^- + \text{—C—X} \longrightarrow \text{—C—Nu} + \text{X}^-$$

Reactividad relativa de los haluros de alquilo: $CH_3X > 1° > 2° > 3°$.

Sólo se forma el producto con inversión en la coonfiguración.

2. Reacción S_N1: mecanismo de dos pasos con un carbocatión intermediario

$$\text{—C—X} \longrightarrow \text{—C}^+ \xrightarrow{\text{Nu}^-} \text{—C—Nu} + \text{X}^-$$

Reactividad relativa de los haluros de alquilo: $3° > 2° > 1° > CH_3X$.

Se forman los productos con inversión y sin inversión de la configuración.

TÉRMINOS CLAVE

ataque por detrás (pág. 348)
base (pág. 353)
basicidad (pág. 353)
bimolecular (pág. 347)
cinética (pág. 346)
constante dieléctrica (pág. 375)
constante de rapidez (pág. 347)
efectos estéricos (pág. 349)
grupo saliente (pág. 345)
impedimento estérico (pág. 349)
interacción ion-dipolo (pág. 355)

inversión de la configuración (pág. 351)
ley de rapidez (pág. 347)
molécula bifuncional (pág. 381)
nucleofilicidad (pág. 353)
nucleófilo (pág. 353)
par iónico íntimo (pág. 367)
racemización completa (pág. 367)
racemización parcial (pág. 367)
reacción de eliminación (pág. 344)
reacción intermolecular (pág. 381)
reacción intramolecular (pág. 381)

reacción de primer orden (pág. 362)
reacción de segundo orden (pág. 347)
reacción S_N1 (pág. 362)
reacción S_N2 (pág. 347)
reacción de sustitución (pág. 344)
reacción de sustitución nucleofílica (pág. 345)
disolvente aprótico (pág. 376)
disolvente polar aprótico (pág. 354)
disolvente prótico (pág. 354)
solvólisis (pág. 365)
unimolecular (pág. 362)

PROBLEMAS

33. Indique el producto de la reacción entre bromometano y cada uno de los siguientes nucleófilos:
    a. HO^- b. $^-NH_2$ c. H_2S d. HS^- e. CH_3O^- f. CH_3NH_2

34. Indique cómo afecta cada uno de los siguientes factores a
    a. una reacción S_N1.
    b. una reacción S_N2.
        1. la estructura del haluro de alquilo
        2. la reactividad del nucleófilo
        3. la concentración del nucleófilo
        4. el disolvente

CAPÍTULO 8 Reacciones de sustitución en los haluros de alquilo

35. ¿Cuál especie de los siguientes pares es mejor nucleófilo en metanol?
    a. H_2O o HO^-
    b. NH_3 o H_2O
    c. H_2O o H_2S
    d. HO^- o HS^-
    e. I^- o Br^-
    f. Cl^- o Br^-

36. Indique cuál miembro de cada par en el problema 35 es un mejor grupo saliente.

37. ¿Qué nucleófilos se podrían usar para reaccionar con yoduro de butilo en la preparación de los compuestos siguientes?
    a. $CH_3CH_2CH_2CH_2OH$
    b. $CH_3CH_2CH_2CH_2OCH_3$
    c. $CH_3CH_2CH_2CH_2SH$
    d. $CH_3CH_2CH_2CH_2SCH_2CH_3$
    e. $CH_3CH_2CH_2CH_2NHCH_3$
    f. $CH_3CH_2CH_2CH_2C{\equiv}N$
    g. $CH_3CH_2CH_2CH_2O\overset{O}{\overset{\|}{C}}CH_3$
    h. $CH_3CH_2CH_2CH_2C{\equiv}CCH_3$

38. Partiendo del ciclohexeno, ¿cómo se podrían preparar los compuestos siguientes?
    a. metoxiciclohexano
    b. éter diciclohexílico
    c. ciclohexilmetilamina

39. Ordene los compuestos siguientes por nucleofilicidad *decreciente*.
    a. $CH_3\overset{O}{\overset{\|}{C}}O^-$, $CH_3CH_2S^-$, $CH_3CH_2O^-$ en metanol
    b. $C_6H_5{-}O^-$ y ciclohexil${-}O^-$ en DMSO
    c. H_2O y NH_3 en metanol
    d. Br^-, Cl^-, I^- en metanol

40. El pK_a del ácido acético en agua es 4.76 (sección 1.18). ¿Qué efecto tendría una disminución de la polaridad del disolvente sobre el pK_a? ¿Por qué?

41. a. Identifique los tres productos que se forman cuando se disuelve 2-bromo-2-metilpropano en una mezcla de 80% de etanol y 20% de agua.
    b. Explique por qué se obtienen los mismos productos cuando se disuelve 2-cloro-2-metilpropano en una mezcla de 80% de etanol y 20% de agua.

42. Para cada una de las reacciones siguientes, indique los productos de sustitución; si dichos productos pueden existir como estereoisómeros, indique cuáles estereoisómeros se obtienen.
    a. (*R*)-2-bromopentano + alta concentración de CH_3O^-
    b. (*R*)-2-bromopentano + CH_3OH
    c. *trans*-1-cloro-2-metilciclohexano + alta concentración de CH_3O^-
    d. *trans*-1-cloro-2-metilciclohexano + CH_3OH
    e. 3-bromo-2-metilpentano + CH_3OH
    f. 3-bromo-3-metilpentano + CH_3OH

43. Indique los productos que se obtienen en la solvólisis de cada uno de los compuestos siguientes en etanol:
    a. 3-bromociclohexeno
    b. 1-(bromometil)ciclopentenо
    c) bromuro de alilo sustituido (3-bromo-1-propeno con grupo metilo)

44. ¿Esperaría usted que el ion metóxido fuera mejor nucleófilo si se disolviera en CH_3OH o si se disolviera en sulfóxido de dimetilo (DMSO)? ¿Por qué?

45. ¿Cuál reacción de cada uno de los pares siguientes será más rápida?
    a. *t*-BuCl + CH_3S^- → *t*-BuSCH$_3$ + Cl^-
       t-BuCl + $(CH_3)_2CHS^-$ → *t*-BuSCH(CH$_3$)$_2$ + Cl^-
    b. $CH_3CH_2CH_2CH_2Cl$ + HO^- → $CH_3CH_2CH_2CH_2OH$ + Cl^-
       $CH_3CH_2OCH_2Cl$ + HO^- → $CH_3CH_2OCH_2OH$ + Cl^-
    c. $(CH_3)_3CCl$ + H_2O → $(CH_3)_3COH$ + HCl
       (alquil más voluminoso)Cl + H_2O → (alquil más voluminoso)OH + HCl
    d. $(CH_3)_3CBr$ + H_2O → $(CH_3)_3COH$ + HBr
       $(CH_3)_3CBr$ + CH_3CH_2OH → $(CH_3)_3COCH_2CH_3$ + HBr

46. La reacción de un cloruro de alquilo con yoduro de potasio se efectúa, por lo general, en acetona para maximizar la cantidad de yoduro de alquilo que se forma. ¿Por qué el disolvente aumenta el rendimiento de yoduro de alquilo? (*Sugerencia:* el yoduro de potasio es soluble en acetona pero el cloruro de potasio no).

47. En la sección 8.12 vimos que la *S*-adenosilmetionina (SAM) metila al átomo de nitrógeno de la noradrenalina para formar adrenalina, una hormona más potente. Si, en vez de ello, la SAM metila un grupo OH del anillo de benceno éste destruye por completo la actividad de la noradrenalina. Indique el mecanismo de la metilación del grupo OH por la SAM.

$$HO-\underset{HO}{\overset{}{\bigcirc}}-\underset{\underset{OH}{|}}{CH}CH_2NH_2 + SAM \longrightarrow HO-\underset{CH_3O}{\overset{}{\bigcirc}}-\underset{\underset{OH}{|}}{CH}CH_2NH_2 + SAH$$

noradrenalina   compuesto biológicamente inactivo

48. El cloruro de *terc*-butilo sufre solvólisis tanto en el ácido acético como en el ácido fórmico.

$$CH_3\underset{CH_3}{\overset{CH_3}{\underset{|}{C}}}-Cl + CH_3COH \longrightarrow CH_3\underset{CH_3}{\overset{CH_3}{\underset{|}{C}}}-OCCOH_3 + Cl^-$$

$$CH_3\underset{CH_3}{\overset{CH_3}{\underset{|}{C}}}-Cl + HCOH \longrightarrow CH_3\underset{CH_3}{\overset{CH_3}{\underset{|}{C}}}-OCH + Cl^-$$

La solvólisis es 5,000 veces más rápida en uno de estos ácidos que en el otro. ¿En cuál disolvente es más rápida la solvólisis? Explique su respuesta. (*Sugerencia:* vea la tabla 8.3).

49. En cada una de las reacciones siguientes, indique cuáles son los productos de sustitución; si los productos pueden existir como estereoisómeros, indique qué estereoisómeros se obtienen.
   a. (2*S*,3*S*)-2-cloro-3-metilpentano + alta concentración de CH_3O^-
   b. (2*S*,3*R*)-2-cloro-3-metilpentano + alta concentración de CH_3O^-
   c. (2*R*,3*S*)-2-cloro-3-metilpentano + alta concentración de CH_3O^-
   d. (2*R*,3*R*)-2-cloro-3-metilpentano + alta concentración de CH_3O^-
   e. 3-cloro-2,2-dimetilpentano + CH_3CH_2OH
   f. bromuro de bencilo + CH_3CH_2OH

50. Indique los productos de sustitución que se obtienen cuando cada uno de los compuestos siguientes se agrega a una solución de acetato de sodio en ácido acético.
   a. 2-cloro-2-metil-3-hexeno   **b.** 3-bromo-1-metilciclohexeno

51. ¿En cuál disolvente estaría más desplazado hacia la derecha el equilibrio de la siguiente reacción S_N2, en etanol o en éter dietílico?

$$CH_3SCH_3 + CH_3Br \rightleftharpoons CH_3\overset{CH_3}{\underset{+}{S}}CH_3 + Br^-$$

52. La rapidez de la reacción de yoduro de metilo con quinuclidina se midió en nitrobenceno y a continuación se midió la rapidez de la reacción del yoduro de metilo con trietilamina en el mismo disolvente.
   a. ¿Cuál reacción tuvo la mayor constante de rapidez?
   b. Se realizó el mismo experimento usando yoduro de isopropilo en lugar de yoduro de metilo. ¿Cuál reacción tuvo la mayor constante de rapidez?
   c. ¿Cuál haluro de alquilo tiene la mayor relación $k_{trietilamina}/k_{quinuclidina}$?

quinuclidina   trietilamina

53. Sólo se obtiene un bromoéter (sin tener en cuenta los estereoisómeros) de la reacción entre metanol y el siguiente dihaluro de alquilo:

Indique la estructura del éter.

388 CAPÍTULO 8 Reacciones de sustitución en los haluros de alquilo

54. Cuando se disuelven cantidades equivalentes de bromuro de metilo y yoduro de sodio en metanol, la concentración del ion yoduro disminuye con rapidez y después regresa a su concentración original. Explique esta observación.

55. La constante de rapidez de una reacción intramolecular sólo depende del tamaño del anillo (n) que se forma. Explique la rapidez relativa de formación de los iones de amonio secundario.

$$Br—(CH_2)_{n-1}—NH_2 \longrightarrow (CH_2)_{n-1}{}^+NH_2 \quad Br^-$$

$n =$	3	4	5	6	7	10
rapidez relativa:	1×10^{-1}	2×10^{-3}	100	1.7	3×10^{-3}	1×10^{-8}

56. Para cada una de las siguientes reacciones, indique cuáles son los productos de sustitución suponiendo que todas ellas se efectúan bajo condiciones S_N2; si los productos pueden existir como estereoisómeros, indique cuáles estereoisómeros se forman:
  a. (3S,4S)-3-bromo-4-metilhexano + CH_3O^-
  b. (3S,4R)-3-bromo-4-metilhexano + CH_3O^-
  c. (3R,4R)-3-bromo-4-metilhexano + CH_3O^-
  d. (3R,4S)-3-bromo-4-metilhexano + CH_3O^-

57. Explique por qué el tetrahidrofurano puede solvatar una especie con carga positiva mejor que el éter dietílico.

tetrahidrofurano $CH_3CH_2OCH_2CH_3$
                     éter dietílico

58. Proponga un mecanismo para cada una de las reacciones siguientes:

59. ¿Cuál de los siguientes compuestos reaccionará con más rapidez en una reacción S_N1: el *cis*-1-bromo-4-*terc*-butilciclohexano o el *trans*-1-bromo-4-*terc*-butilciclohexano?

60. Se han usado los haluros de alquilo como insecticidas desde el descubrimiento del diclorodifeniltricloroetano (DDT) en 1939. El DDT fue el primer compuesto que se vio tenía una gran toxicidad para los insectos y una toxicidad relativamente baja para los mamíferos. En 1972 se prohibió el DDT en Estados Unidos porque es un compuesto duradero y su uso muy difundido estaba causando la acumulación de concentraciones apreciables en la vida silvestre. El clordano es un haluro de alquilo insecticida que se usa para proteger las construcciones de madera contra las termitas. El clordano se puede sintetizar a partir de dos reactivos en una reacción de un solo paso. Uno de los reactivos es el hexaclorociclopentadieno. ¿Cuál es el otro reactivo? (*Sugerencia:* vea la sección 7.12).

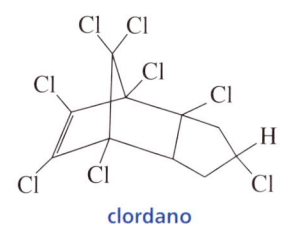

clordano

61. Explique por qué el siguiente haluro de alquilo no presenta reacciones de sustitución independientemente de las condiciones que imperen en la reacción.

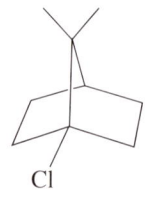

CAPÍTULO 9

Reacciones de eliminación de los haluros de alquilo • Competencia entre sustitución y eliminación

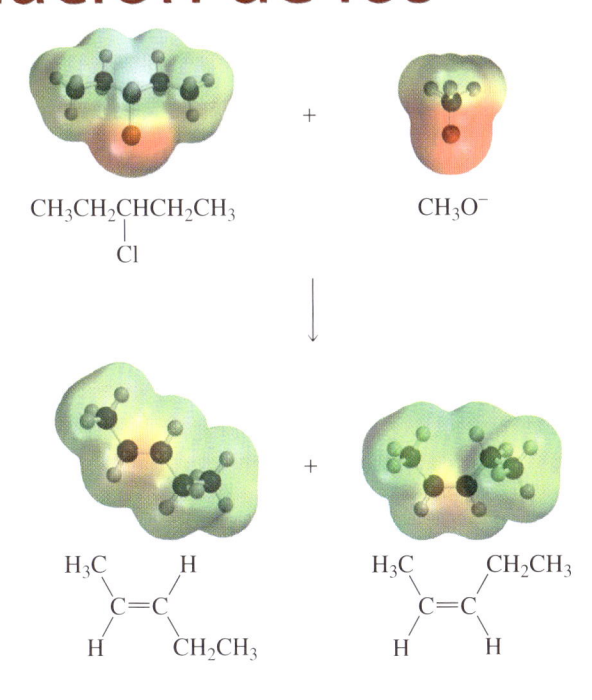

CH₃CH₂CHCH₂CH₃
      |
      Cl
    +   CH₃O⁻

↓

H₃C   H
  C=C
H   CH₂CH₃
    +
H₃C   CH₂CH₃
  C=C
H   H

ANTECEDENTES

SECCIONES 9.1 Y 9.3 La ley de rapidez ayuda a determinar el mecanismo de una reacción (8.2 y 8.5).

SECCIÓN 9.1 La eliminación de HX para que se forme un alqueno a partir de un haluro de alquilo se compara con la reacción inversa, la adición de HX a un alqueno para formar un haluro de alquilo (4.1).

SECCIÓN 9.2 El orden de estabilidad de los carbocationes es 3° > 2° > 1° porque los grupos alquilo donadores de densidad electrónica estabilizan la carga positiva (4.2). Se apreciará que la estabilidad de los carbaniones tiene el orden contrario porque el grupo alquilo desestabiliza la carga negativa.

SECCIÓN 9.2 Los grupos alquilo enlazados a los carbonos sp^2 (4.11) estabilizan a los dienos, que también son estabilizados por conjugación (7.7).

SECCIÓN 9.3 Con la hiperconjugación se explica por qué la conformación alternada del etano es más estable que la eclipsada (2.10), y por qué los grupos alquilo estabilizan a los carbocationes (4.2). Se apreciará que también ayuda a explicar por qué es tan fácil eliminar un protón del carbono β de un carbocatión.

SECCIÓN 9.4 Las condiciones de reacción que favorecen las reacciones S_N2 también favorecen las reacciones E2, y las que favorecen las reacciones S_N1 también favorecen a las reacciones E1 (8.9).

SECCIÓN 9.5 La eliminación anti necesita que la molécula esté en la conformación alternada, más estable (2.10), y por consiguiente es la favorecida en las reacciones E2.

SECCIÓN 9.6 Cuando en los ciclohexanos sustituidos hay interconversión del anillo, los enlaces ecuatoriales se transforman en axiales y viceversa (2.13). Esto es importante cuando se determinan los productos que se forman en las reacciones E2 de los ciclohexanos sustituidos.

Además de participar en las reacciones de sustitución nucleofílica descritas en el capítulo 8, los haluros de alquilo también pasan por reacciones de eliminación. En una **reacción de eliminación**, hay átomos o grupos que se separan de un reactivo. Por ejemplo, cuando un haluro de alquilo participa en una reacción de eliminación, el halógeno (X) se elimina de un carbono y de otro carbono adyacente se elimina hidrógeno. Se forma un enlace doble entre los dos carbonos de los que se eliminaron los átomos. En consecuencia, cuando los haluros de alquilo pasan por reacciones de eliminación, *el producto es un alqueno*.

390 CAPÍTULO 9 Reacciones de eliminación de los haluros de alquilo • Competencia entre sustitución y eliminación

El producto de una reacción de eliminación es un alqueno.

$$CH_3CH_2CH_2X + Y^- \xrightarrow{\text{sustitución}} CH_3CH_2CH_2Y + X^-$$

$$CH_3CH_2CH_2X + Y^- \xrightarrow{\text{eliminación}} CH_3CH=CH_2 + HY + X^-$$

(doble enlace nuevo)

Este capítulo dará inicio describiendo las reacciones de eliminación en los haluros de alquilo. A continuación se han de examinar los factores que determinan si un haluro de alquilo tendrá reacción de sustitución, reacción de eliminación o reacciones de sustitución y de eliminación a la vez.

INVESTIGACIÓN DE ORGANOHALUROS NATURALES

Como muchos otros productos naturales —compuestos que se producen en la naturaleza— ciertos organohaluros que se encuentran en organismos marinos tienen actividad biológica interesante y potente. La ciclocinamida A, es uno de ellos, y proviene de una criatura llamada esponja encrostante anaranjada. Este compuesto, así como una multitud de análogos, tiene propiedades antitumorales impresionantes que se aprovechan en la actualidad en el desarrollo de nuevos medicamentos anticancerígenos.

La jasplanquinolida, otro organohaluro que se encuentra en una esponja, modula la formación y despolimerización de microtúbulos de actina. Todas las células disponen de microtúbulos, que se usan en eventos móviles como el transporte de vacuolas, migración y división celular. En consecuencia, la jasplanquinolida se usa para ampliar nuestros conocimientos acerca de esos procesos. Nótese que la ciclocinamida A tiene cuatro carbonos asimétricos y la jasplanquinolida seis. En vista de la gran diversidad de la vida marina, es probable que en los océanos existan muchos compuestos con buenas propiedades medicinales a la espera de ser descubiertos por los científicos.

ciclocinamida A

jasplanquinolida

9.1 La reacción E2

Así como hay dos reacciones importantes de sustitución nucleofílica, la S_N1 y la S_N2, existen dos reacciones importantes de eliminación, la E1 y la E2. La reacción entre 2-bromo-2-metilpropano con ion hidróxido es un ejemplo de **reacción E2**: "E" significa *eliminación* y "2" significa *bimolecular* (sección 8.2).

$$\underset{\text{2-bromo-2-metilpropano}}{CH_3-\underset{\underset{Br}{|}}{\overset{\overset{CH_3}{|}}{C}}-CH_3} + HO^- \longrightarrow \underset{\text{2-metilpropeno}}{CH_2=\overset{\overset{CH_3}{|}}{C}-CH_3} + H_2O + Br^-$$

La rapidez de una reacción E2 depende de las concentraciones del haluro de alquilo y del ion hidróxido; en consecuencia, es una reacción de segundo orden.

rapidez = *k*[haluro de alquilo][base]

La ley de rapidez indica que en el estado de transición del paso determinante de la rapidez de la reacción intervienen tanto el haluro de alquilo como el ion hidróxido. El mecanismo siguiente, que presenta una reacción E2 como concertada, es decir, ocurre en una sola etapa, concuerda con la cinética observada de segundo orden:

Mecanismo de la reacción E2

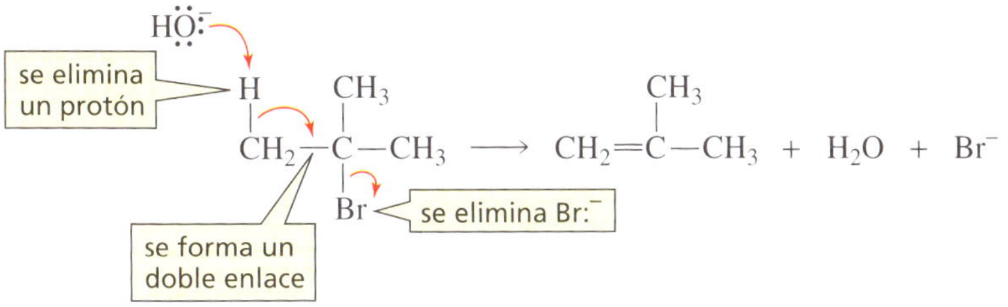

$$HO^- \ + \ CH_2H\text{—}C(CH_3)_2\text{—}Br \longrightarrow CH_2\text{=}C(CH_3)\text{—}CH_3 + H_2O + Br^-$$

- se elimina un protón
- se forma un doble enlace
- se elimina Br:⁻

- La base extrae un protón de un carbono que está adyacente al carbono unido al halógeno. Al eliminarse el protón, los electrones que compartía con el carbono se transfieren al carbono adyacente que está unido con el halógeno. Cuando esos electrones se pasan al carbono, el halógeno se elimina y se lleva a los electrones del enlace.

Cuando la reacción termina, los electrones que enlazaban originalmente al hidrógeno en el reactivo forman el enlace π en el producto. A la eliminación de un protón y un ion haluro se le llama **deshidrohalogenación**.

El carbono al que está unido el halógeno se le llama carbono α. Un carbono adyacente al carbono α se llama carbono β. Como la reacción de eliminación se inicia eliminando un protón de un carbono β, a veces a las reacciones E2 se les llama **reacciones de β eliminación**. También se les llama **reacción de eliminación 1,2**, porque se eliminan átomos unidos en carbonos adyacentes.

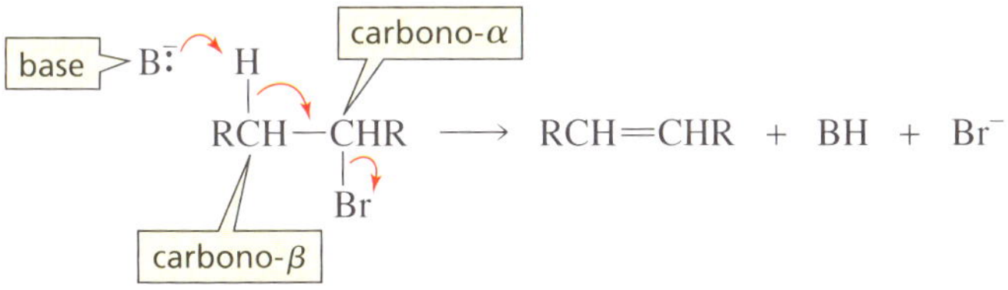

$$B:^- \ + \ RCH(H)\text{—}CHR(Br) \longrightarrow RCH\text{=}CHR + BH + Br^-$$

- base
- carbono-α
- carbono-β

En una serie de haluros de alquilo que tienen el mismo grupo alquilo, los yoduros son los más reactivos y los fluoruros son los menos reactivos en reacciones E2 porque las bases más débiles son los mejores grupos salientes (sección 8.3).

Mientras más débil sea la base, será mejor grupo saliente.

reactividades relativas de los haluros de alquilo en una reacción E2

más reactivo ▶ RI > RBr > RCl > RF ◀ menos reactivo

Tutorial del alumno:
Deshidrohalogenación E2
(E2 Dehydrohalogenation)

9.2 Las reacciones E2 son regioselectivas

En un haluro de alquilo, como el 2-bromopropano, que tiene dos carbonos β de donde se puede eliminar un protón en una reacción E2, como los dos carbonos β son idénticos, el protón se puede eliminar de cualquiera de ellos con igual probabilidad. El producto de esta reacción de eliminación es propeno.

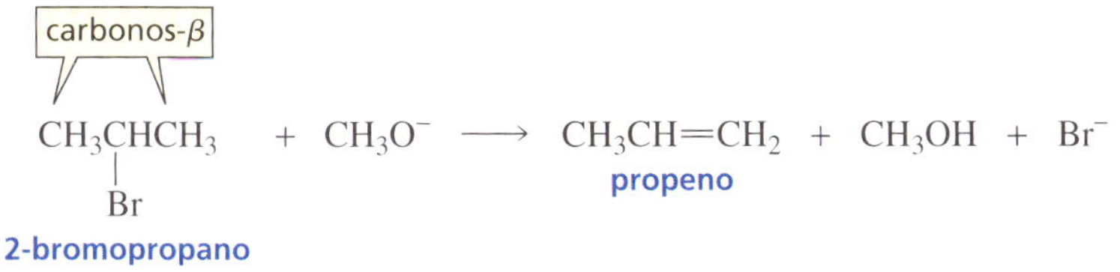

$$CH_3CHCH_3\text{(Br)} + CH_3O^- \longrightarrow CH_3CH\text{=}CH_2 + CH_3OH + Br^-$$

- carbonos-β
- 2-bromopropano
- propeno

En contraste, el 2-bromobutano cuenta con dos carbonos β con estructuras diferentes de donde se puede eliminar un protón. Entonces, el 2-bromobutano reacciona con una base, se forman dos productos de eliminación: 2-buteno (80%) y 1-buteno (20%). Esta reacción E2 es *regioselectiva* porque se forma preferentemente un isómero sobre el otro.

$$\underset{\text{2-bromobutano}}{CH_3\underset{\underset{Br}{|}}{C}HCH_2CH_3} + CH_3O^- \xrightarrow{CH_3OH} \underset{\underset{\text{(mezcla de E y Z)}}{\underset{80\%}{\text{2-buteno}}}}{CH_3CH=CHCH_3} + \underset{\underset{20\%}{\text{1-buteno}}}{CH_2=CHCH_2CH_3} + CH_3OH + Br^-$$

(carbonos-β marcados sobre los dos CH del 2-bromobutano)

¿Qué factores determinan cuál de los dos productos de eliminación se forma con mayor rendimiento? En otras palabras ¿qué causa la regioselectividad en una reacción E2? Esta pregunta se puede contestar examinando el diagrama de coordenadas de reacción (figura 9.1) de la reacción E2 con 2-bromobutano.

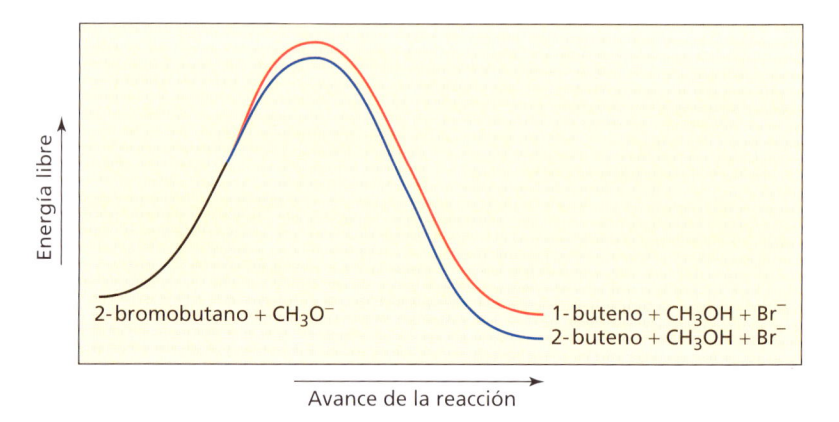

▲ **Figura 9.1**
Diagrama de coordenadas para la reacción E2 del 2-bromobutano y el ion metóxido.

En el estado de transición que lleva a un alqueno, los enlaces C—H y C—Br se rompen parcialmente y se forma el doble enlace de manera parcial (los enlaces parcialmente rotos y parcialmente formados se indican con líneas entrecortadas), que adjudica al estado de transición una estructura parecida a la de un alqueno. Como el estado de transición presenta esa estructura, todos los factores que estabilicen al alqueno también estabilizarán al estado de transición que lleve a su formación y permitirán que el alqueno se forme con más rapidez. La diferencia en la rapidez de formación de los dos alquenos no es muy grande. En consecuencia, se forman ambos productos, pero en general *el más estable* de los dos alquenos será el producto principal de la reacción.

$$\underset{\underset{\text{más estable}}{\text{estado de transición que conduce a 2-buteno}}}{\overset{\overset{\delta-}{OCH_3}}{\overset{\vdots}{\underset{\underset{\delta-}{Br}}{\underset{\vdots}{CH_3CH=CHCH_3}}}}} \qquad \underset{\underset{\text{menos estable}}{\text{estado de transición que conduce a 1-buteno}}}{\overset{\overset{\delta-}{OCH_3}}{\overset{\vdots}{\underset{\underset{\delta-}{Br}}{\underset{\vdots}{CH_2=CHCH_2CH_3}}}}}$$

El producto principal de una reacción E2 es el alqueno más estable.

Como se vio anteriormente, la estabilidad de un alqueno depende de la cantidad de sustituyentes alquilo unidos a sus carbonos sp^2: mientras mayor sea la cantidad de sustituyentes alquilo, el alqueno será más estable (sección 4.11). En consecuencia el 2-buteno, con un total de dos sustituyentes metilo unidos a los carbonos sp^2, es más estable que el 1-buteno, con un sustituyente etilo.

La reacción de 2-bromo-2-metilbutano con ion hidróxido forma dos productos de eliminación: 2-metil-2-buteno y 2-metil-1-buteno. Como el 2-metil-2-buteno es el alqueno más sustituido (tiene mayor cantidad de sustituyentes alquilo unidos a sus carbonos sp^2), es el más estable de los dos y en consecuencia es el producto principal de la reacción de eliminación.

$$\underset{\text{2-bromo-2-metilbutano}}{CH_3\underset{Br}{\overset{CH_3}{C}}CH_2CH_3} + HO^- \xrightarrow{H_2O} \underset{\substack{\text{2-metil-2-buteno}\\70\%}}{CH_3\overset{CH_3}{C}=CHCH_3} + \underset{\substack{\text{2-metil-1-buteno}\\30\%}}{CH_2=\overset{CH_3}{C}CH_2CH_3} + H_2O + Br^-$$

Alexander M. Zaitsev, químico ruso del siglo XIX, inventó un método fácil para predecir cuál es el alqueno más sustituido que se produce. Indicó que *se obtiene el alqueno más sustituido cuando se elimina un protón del carbono β que contiene el menor número de hidrógenos*. A esto se le llama regla de Zaitsev. Por ejemplo, en el 2-cloropentano, un carbono β está unido con tres hidrógenos y el otro carbono β tiene dos hidrógenos. De acuerdo con la **regla de Zaitsev**, el alqueno más sustituido será el que se formará al eliminar un protón del carbono β que contiene dos hidrógenos. Por consiguiente, el 2-penteno (alqueno disustituido) es el producto principal, y el 1-penteno (alqueno monosustituido) es el producto secundario.

Tutorial del alumno: Estereoquímica E2 (E2 stereochemistry)

$$\underset{\text{2-cloropentano}}{CH_3CH_2CH_2\underset{Cl}{CH}CH_3} + HO^- \longrightarrow \underset{\substack{\text{2-penteno}\\67\%\\(\text{mezcla de }E\text{ y }Z)}}{CH_3CH_2CH=CHCH_3} + \underset{\substack{\text{1-penteno}\\33\%}}{CH_3CH_2CH_2CH=CH_2}$$

Ya que en el caso típico la eliminación en un haluro de alquilo terciario conduce a un alqueno más sustituido que la eliminación en un haluro de alquilo secundario, y a que en general una eliminación de un haluro de alquilo secundario forma un alqueno más sustituido que la eliminación de un haluro de alquilo primario, las reactividades relativas de los haluros de alquilo en una reacción E2 son las siguientes:

Tutorial del alumno: Regioquímica de la eliminación E2 (E2 elimination regiochemistry)

reactividades relativas de haluros de alquilo en reacciones E2

haluro de alquilo terciario > haluro de alquilo secundario > haluro de alquilo primario

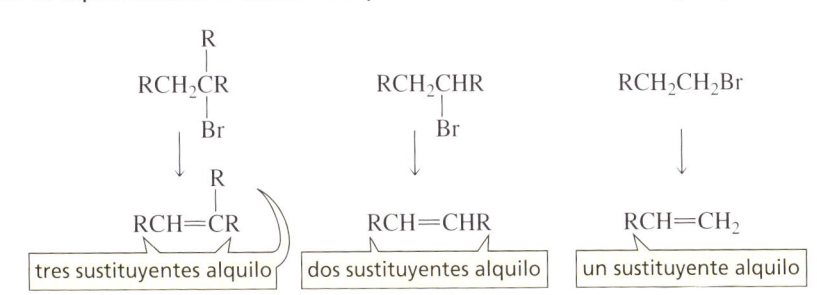

$$\underset{\text{tres sustituyentes alquilo}}{RCH_2\underset{Br}{\overset{R}{C}}R \longrightarrow RCH=CR_2}\qquad \underset{\text{dos sustituyentes alquilo}}{RCH_2\underset{Br}{CH}R \longrightarrow RCH=CHR}\qquad \underset{\text{un sustituyente alquilo}}{RCH_2CH_2Br \longrightarrow RCH=CH_2}$$

> **BIOGRAFÍA**
>
> **Alexander M. Zaitsev (1841–1910)** nació en Kazán, Rusia. (A veces se usa la transliteración alemana de su apellido *Saytzeff*). Recibió un doctorado de la Universidad de Leipzig en 1866, y fue profesor de química, primero en la Universidad de Kazán y después en la Universidad de Kiev.

PROBLEMA 1◆

¿Cuál sería el producto principal de eliminación que se obtendría en la reacción de cada uno de los haluros de alquilo siguientes con ion hidróxido?

a. $CH_3\underset{I}{\overset{CH_3}{C}}CH_2CH_3$ **b.** $CH_3\overset{CH_3}{CH}\underset{Br}{CH}CH_3$ **c.** $CH_3CH_2\underset{CH_3}{\overset{CH_3}{C}}-\underset{Br}{CH}CH_3$

394 CAPÍTULO 9 Reacciones de eliminación de los haluros de alquilo • Competencia entre sustitución y eliminación

Téngase en cuenta que el producto principal de una reacción E2 es *el alqueno más estable* y que la regla de Zaitsev sólo es un método fácil para determinar cuál de los alquenos formados es el *alqueno más sustituido*; no obstante, no siempre el alqueno más sustituido es el alqueno más estable. En las reacciones que siguen el alqueno conjugado es el más estable, aun cuando no sea el más sustituido. El producto principal de cada reacción, en consecuencia, es el alqueno conjugado porque al ser más estable se forma con más facilidad.

$$CH_2=CHCH_2CH(CH_3)CH_3 \xrightarrow{HO^-} CH_2=CHCH=CHCH_3 + CH_2=CHCH_2CH=C(CH_3)CH_3 + H_2O + Cl^-$$

4-cloro-5-metil-1-hexeno

5-metil-1,3-hexadieno
dieno conjugado
producto principal

5-metil-1,4-hexadieno
dieno aislado
producto secundario

$$Ph-CH_2CH(CH_3)CH_3 \text{ (Br)} \xrightarrow{HO^-} Ph-CH=CHCH(CH_3) + Ph-CH_2CH=C(CH_3)CH_3 + H_2O + Br^-$$

2-bromo-3-metil-1-fenilbutano

3-metil-1-fenil-1-buteno
el doble enlace está conjugado con el anillo de benceno
producto principal

3-metil-1-fenil-2-buteno
el doble enlace no está conjugado con el anillo de benceno
producto secundario

La regla de Zaitsev predice la formación del alqueno más sustituido.

No puede aplicarse la regla de Zaitsev para predecir cuáles serán los productos principales de las reacciones anteriores porque dicha regla no tiene en cuenta que los dobles enlaces conjugados son más estables que los dobles enlaces aislados (sección 7.7). Por consiguiente, si el haluro de alquilo dispone de un doble enlace o un anillo aromático en posición γ, no se debe aplicar la regla de Zaitsev para indicar cuál es el producto principal (más estable) de una reacción de eliminación.

En general (pero no siempre), el alqueno más estable es el alqueno más sustituido.

En algunas reacciones de eliminación, el alqueno más estable no es el producto principal. Por ejemplo, si la base en una reacción E2 es voluminosa y el acercamiento del haluro de alquilo se encuentra estéricamente impedido, por lo que la base preferirá extraer al hidrógeno más accesible. En la reacción que se muestra abajo es más fácil que el ion *terc*-butóxido (base voluminosa) extraiga uno de los hidrógenos terminales más expuestos, con lo que se forma el alqueno menos sustituido. Ya que el alqueno menos sustituido se forma con más facilidad, es el producto principal de la reacción (producto cinético).

el acercamiento al hidrógeno tiene impedimento estérico

base voluminosa

$$CH_3C(CH_3)(Br)CH_2CH_3 + CH_3C(CH_3)_2O^- \xrightarrow{(CH_3)_3COH} CH_3C(CH_3)=CHCH_3 + CH_2=C(CH_3)CH_2CH_3 + CH_3C(CH_3)_2OH + Br^-$$

2-bromo-2-metilbutano   ion *terc*-butóxido

2-metil-2-buteno
28%

2-metil-1-buteno
72%

Los datos de la tabla 9.1, que describen los resultados de reacciones E2 entre el mismo haluro de alquilo estéricamente impedido con diversos iones alcóxido de diferentes tamaños, demuestran que el porcentaje del alqueno menos sustituido aumenta a medida que aumenta el tamaño de la base.

Si el haluro de alquilo no presenta impedimento estérico y la base sólo se encuentra moderadamente impedida, el producto principal será el más estable, de acuerdo con la regla general. Por ejemplo, el producto principal que se obtiene en la reacción de 2-yodobutano con ion *terc*-butóxido es el 2-buteno. En otras palabras, se necesita un impedimento estérico grande para que el producto menos estable sea el producto principal.

$$CH_3CH(I)CH_2CH_3 + CH_3C(CH_3)_2O^- \longrightarrow CH_3CH=CHCH_3 + CH_2=CHCH_2CH_3 + CH_3C(CH_3)_2O^- + I^-$$

2-yodobutano   ion *terc*-butóxido

2-buteno
79%

1-buteno
21%

Tabla 9.1 Efecto de las propiedades estéricas de la base sobre la distribución de los productos en una reacción E2

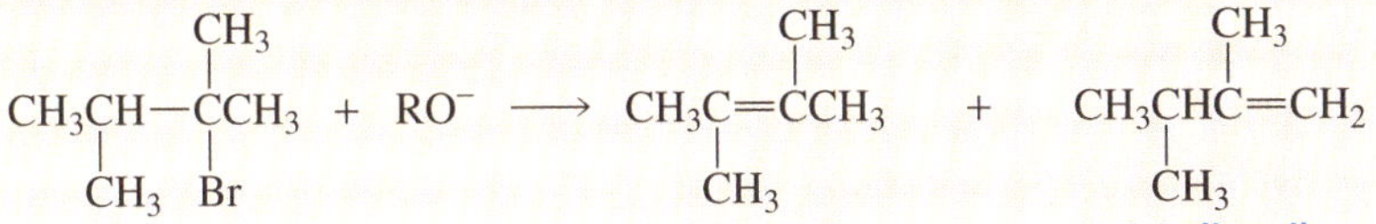

$$\underset{\underset{\text{2-bromo-2,}}{\text{3-dimetilbutano}}}{\text{CH}_3\text{CH}-\overset{\overset{\text{CH}_3}{|}}{\underset{\underset{\text{Br}}{|}}{\text{C}}}\text{CH}_3} + \text{RO}^- \longrightarrow \underset{\underset{\text{2,3-dimetil-}}{\text{2-buteno}}}{\text{CH}_3\text{C}=\overset{\overset{\text{CH}_3}{|}}{\underset{\underset{\text{CH}_3}{|}}{\text{C}}}\text{CH}_3} + \underset{\underset{\text{2,3-dimetil-}}{\text{1-buteno}}}{\text{CH}_3\overset{\overset{\text{CH}_3}{|}}{\underset{\underset{\text{CH}_3}{|}}{\text{CH}}}\text{C}=\text{CH}_2}$$

Base	Alqueno más sustituido	Alqueno menos sustituido
$CH_3CH_2O^-$	79%	21%
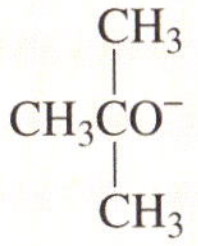 $(CH_3)_3CO^-$	27%	73%
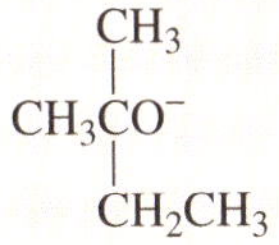 $CH_3(CH_2CH_3)(CH_3)CO^-$	19%	81%
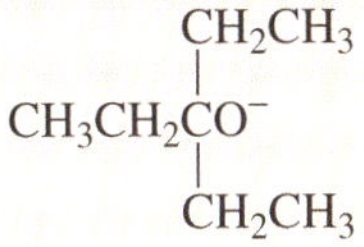 $CH_3CH_2C(CH_2CH_3)_2O^-$	8%	92%

PROBLEMA 2◆

¿Cuál de los haluros de alquilo en cada par es más reactivo en reacciones E2?

a. $CH_3CH_2CH_2CH_2Br$ o $CH_3CH_2\underset{\underset{Br}{|}}{CH}CH_3$

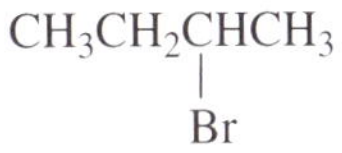

b. 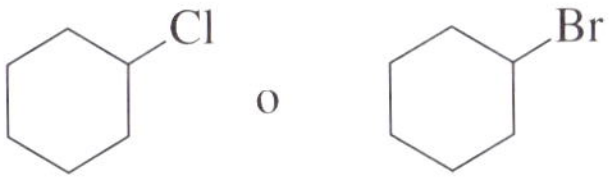 ciclohexil-Cl o ciclohexil-Br

c. 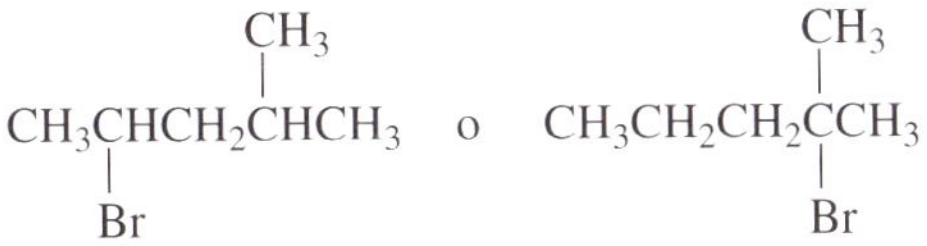 $CH_3\underset{\underset{Br}{|}}{CH}CH_2CH_2CH_3$ o $CH_3CH_2CH_2\underset{\underset{Br}{|}}{\overset{\overset{CH_3}{|}}{C}}CH_3$

d. 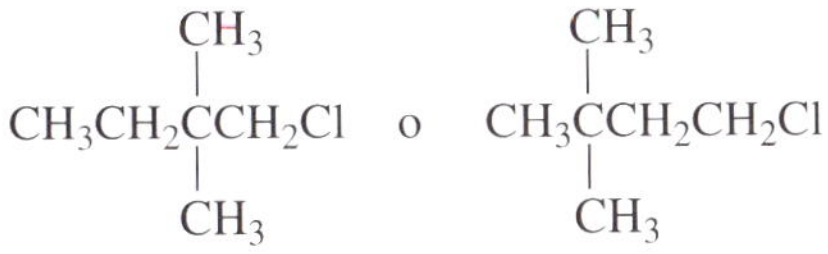 $CH_3CH_2\underset{\underset{CH_3}{|}}{\overset{\overset{CH_3}{|}}{C}}CH_2Cl$ o $CH_3\underset{\underset{CH_3}{|}}{\overset{\overset{CH_3}{|}}{C}}CH_2CH_2Cl$

PROBLEMA 3

Trace un diagrama de coordenada de reacción para la reacción E2 entre 2-bromo-2,3-dimetilbutano con *terc*-butóxido de sodio.

396 CAPÍTULO 9 Reacciones de eliminación de los haluros de alquilo • Competencia entre sustitución y eliminación

Aunque el producto principal de una deshidrohalogenación E2 de cloruros, bromuros y yoduros de alquilo es el alqueno más sustituido, en el caso normal, el producto de la deshidrohalogenación E2 de fluoruros de alquilo es el alqueno menos sustituido (tabla 9.2).

$$\underset{\text{2-fluoropentano}}{\text{CH}_3\text{CHFCH}_2\text{CH}_2\text{CH}_3} + \underset{\substack{\text{ion}\\\text{metóxido}}}{\text{CH}_3\text{O}^-} \xrightarrow{\text{CH}_3\text{OH}} \underset{\substack{\text{2-penteno}\\30\%\\(\text{mezcla de }E\text{ y }Z)}}{\text{CH}_3\text{CH}=\text{CHCH}_2\text{CH}_3} + \underset{\substack{\text{1-penteno}\\70\%}}{\text{CH}_2=\text{CHCH}_2\text{CH}_2\text{CH}_3} + \text{CH}_3\text{OH} + \text{F}^-$$

Tabla 9.2 Productos obtenidos en la reacción E2 entre CH$_3$O$^-$ y 2-halohexanos

			Producto más sustituido	Producto menos sustituido
$\underset{}{\text{CH}_3\text{CHXCH}_2\text{CH}_2\text{CH}_2\text{CH}_3}$	+ CH$_3$O$^-$	$\longrightarrow$	CH$_3$CH=CHCH$_2$CH$_2$CH$_3$ **2-hexeno** (mezcla de *E* y *Z*)	CH$_2$=CHCH$_2$CH$_2$CH$_2$CH$_3$ **1-hexeno**
Grupo saliente	**Ácido conjugado**	**pK_a**		
X = I	HI	−10	81%	19%
X = Br	HBr	−9	72%	28%
X = Cl	HCl	−7	67%	33%
X = F	HF	3.2	30%	70%

Cuando se eliminan un hidrógeno y un cloro, bromo o yodo de un haluro de alquilo, el halógeno inicia su salida tan pronto como la base comienza a eliminar el protón. En consecuencia, no se altera la densidad electrónica en el carbono que esté perdiendo el protón. Entonces, el estado de transición se parece más a un alqueno que a un carbanión (sección 9.1). Empero, el ion fluoruro es la base más fuerte entre los iones haluro y en consecuencia el flúor es mal grupo saliente. Así, cuando una base comienza a extraer un protón de un fluoruro de alquilo, el ion fluoruro no exhibe una tendencia tan fuerte a salir como la hubiera mostrado otro ion haluro. El resultado es que se establece una carga negativa en el carbono que está perdiendo el protón haciendo que el estado de transición se parezca más a un carbanión que a un alqueno. Para determinar cuál de los estados de transición parecidos a un carbanión es más estable se requiere examinar cuál carbanión sería más estable.

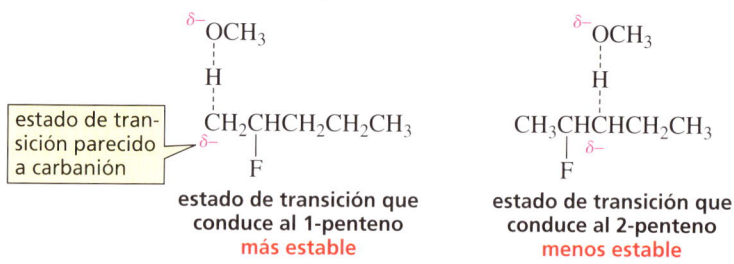

estado de transición parecido a carbanión:

$$\underset{\substack{\text{estado de transición que}\\\text{conduce al 1-penteno}\\\textbf{más estable}}}{\overset{\delta-\text{OCH}_3}{\underset{\text{F}}{\overset{|}{\underset{|}{\text{CH}_2\text{CHCH}_2\text{CH}_3}}}}\overset{|}{\text{H}}} \qquad \underset{\substack{\text{estado de transición que}\\\text{conduce al 2-penteno}\\\textbf{menos estable}}}{\overset{\delta-\text{OCH}_3}{\underset{\text{F}}{\overset{|}{\underset{|}{\text{CH}_3\text{CHCHCH}_2\text{CH}_3}}}}\overset{|}{\text{H}}}$$

Estabilidad de carbocationes: el 3° es más estable que el 1°.

Ya se estudió que, por tener carga positiva, los carbocationes se encuentran estabilizados por grupos alquilo, los cuales son donadores de densidad electrónica. Entonces, los carbocationes terciarios son los más estables y los cationes metilo son los menos estables (sección 4.2).

estabilidades relativas de carbocationes

$$\underset{\textbf{carbocatión terciario}}{\underset{\text{R}}{\overset{\text{R}}{\text{R}-\overset{|}{\underset{|}{\text{C}}}{}^+}}} > \underset{\textbf{carbocatión secundario}}{\underset{\text{H}}{\overset{\text{R}}{\text{R}-\overset{|}{\underset{|}{\text{C}}}{}^+}}} > \underset{\textbf{carbocatión primario}}{\underset{\text{H}}{\overset{\text{H}}{\text{R}-\overset{|}{\underset{|}{\text{C}}}{}^+}}} > \underset{\textbf{catión metilo}}{\underset{\text{H}}{\overset{\text{H}}{\text{H}-\overset{|}{\underset{|}{\text{C}}}{}^+}}}$$

(más estable) ← → (menos estable)

Por otra parte, los carbaniones poseen carga negativa, por lo que se encuentran desestabilizados por grupos alquilo (donadores de densidad electrónica). Por consiguiente, los aniones metilo son los más estables y los carbaniones terciarios son los menos estables.

Estabilidad de carbaniones: el 1° es más estable que el 3°.

estabilidades relativas de carbaniones

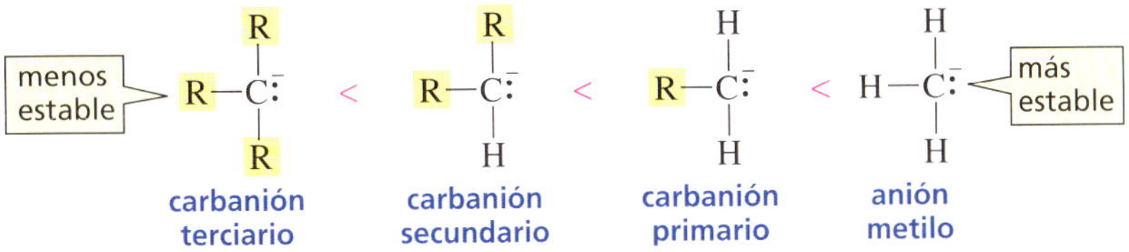

menos estable R–CR₂R⁻ < R–CHR⁻ < R–CH₂⁻ < H–CH₂⁻ más estable

carbanión terciario   carbanión secundario   carbanión primario   anión metilo

La carga negativa que se desarrolla en el estado de transición que lleva a la formación del 1-penteno está en un carbono primario, el cual es más estable que el estado de transición que lleva a 2-penteno, donde la carga negativa se encuentra en un carbono secundario. Como el estado de transición que lleva a 1-penteno es más estable, éste se forma con mayor rapidez y el producto principal de la reacción E2 del 2-fluoropentano es el 2-penteno.

Los datos de la tabla 9.2 indican que a medida que el ion haluro aumenta de basicidad (baja su capacidad como grupo saliente), disminuye el rendimiento del alqueno más sustituido. A pesar de ello, el alqueno más sustituido sigue siendo el producto principal de la reacción de eliminación en todos los casos, excepto cuando el halógeno es flúor.

Se puede resumir diciendo que *el producto principal de una reacción de eliminación E2 es el alqueno más estable*, excepto *cuando los reactivos se encuentran estéricamente impedidos o se tiene un grupo saliente malo* (por ejemplo un ion fluoruro), en cuyo caso el producto principal será el alqueno menos estable. En la sección 9.6 el lector verá que en el caso de ciertos compuestos cíclicos no siempre el alqueno más estable es el producto principal.

PROBLEMA 4◆

Indique cuál es el producto principal que se obtiene en reacciones E2 entre cada uno de los haluros de alquilo siguientes con ion hidróxido:

a. 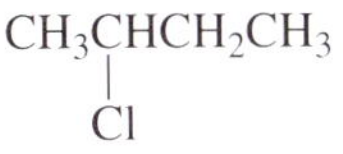 CH₃CHCH₂CH₃
       |
       Cl

b. 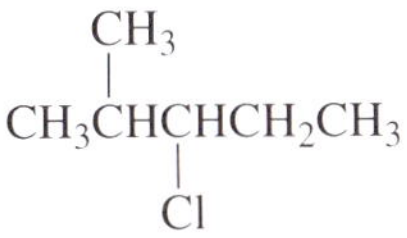 CH₃
       |
       CH₃CHCHCH₂CH₃
              |
              Cl

c.  CH₃CHCH₂CH=CH₂
       |
       Cl

d. 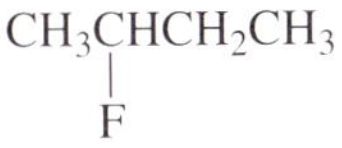 CH₃CHCH₂CH₃
       |
       F

e. 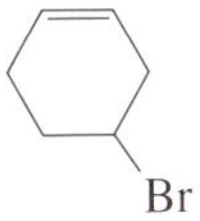 (ciclohexano con Br)

f. CH₃
       |
       CH₃CHCHCH₂CH₃
              |
              F

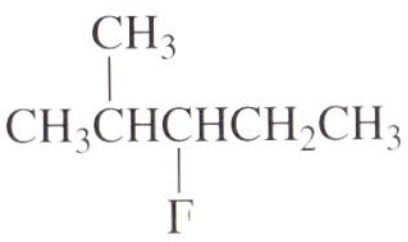

PROBLEMA 5◆

¿Cuál haluro de alquilo de cada uno de los pares siguientes cree usted que sea más reactivo en una reacción E2?

a. 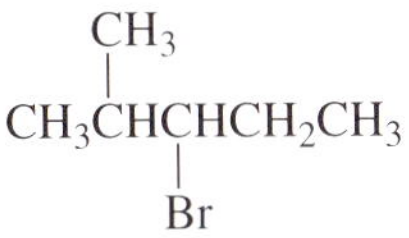 CH₃   CH₃
       | |
       CH₃CHCHCH₂CH₃   o   CH₃CHCH₂CHCH₃
              | |
              Br   Br

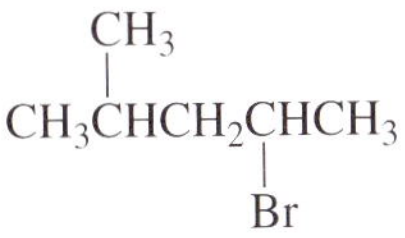

b. [ciclohepteno con Br] o [ciclohepteno con Br]

c. CH$_3$CH$_2$CH$_2$CHCH$_3$ o CH$_3$CH$_2$CHCH$_2$CH$_3$
                    | |
                    Br   Br

d. C$_6$H$_5$—CH$_2$CHCH$_2$CH$_3$ o C$_6$H$_5$—CH$_2$CH$_2$CHCH$_3$
                        | |
                        Br   Br

9.3 La reacción E1

El segundo tipo de reacción de eliminación que se puede dar en los haluros de alquilo es la reacción de eliminación E1. Un ejemplo de **reacción E1** ("E" significa *eliminación*" y "1" significa "*unimolecular*") es la de 2-bromo-2-metilpropano con agua para formar 2-metilpropeno.

$$\begin{array}{c} CH_3 \\ | \\ CH_3-C-CH_3 \\ | \\ Br \end{array} + H_2O \longrightarrow \begin{array}{c} CH_3 \\ | \\ CH_2=C-CH_3 \end{array} + H_3O^+ + Br^-$$

2-bromo-2-metilpropano   **2-metilpropeno**

En una reacción de eliminación E1 es de primer orden porque la rapidez de reacción sólo depende de la concentración del haluro de alquilo.

Rapidez = k[haluro de alquilo]

Tutorial del alumno: Mecanismo E1 (E1 mechanism)

En consecuencia, es sabido que sólo el haluro de alquilo es el que toma parte en el paso determinante de la rapidez de la reacción. Entonces, una reacción E1 debe tener dos pasos cuando menos. El mecanismo siguiente concuerda con la cinética observada, de primer orden. Como el primer paso es el que determina la rapidez, un aumento en la concentración de la base —que participa sólo participa en el segundo paso de la reacción— y por lo tanto no causa efecto sobre la rapidez de la reacción.

Mecanismo de la reacción E1

$$\begin{array}{c} CH_3 \\ | \\ CH_3-C-CH_3 \\ | \\ Br \end{array} \xrightleftharpoons{\text{lenta}} \begin{array}{c} CH_3 \\ | \\ CH_2-\overset{+}{C}-CH_3 \\ | \\ H \end{array} \xrightarrow{\text{rápida}} \begin{array}{c} CH_3 \\ | \\ CH_2=C-CH_3 \end{array} + H_3O^+$$

$H_2\ddot{O}:$ + Br$^-$

el haluro de alquilo se disocia y forma un carbocatión

la base extrae un protón de un carbono-β

- El haluro de alquilo se disocia y forma un carbocatión.
- La base forma el producto de eliminación extrayendo un protón de uno de los carbonos adyacentes al carbono con carga positiva (es decir, del carbono β).

Ya se explicó que el pK_a de un compuesto como el etano, que sólo tiene hidrógenos unidos a carbonos sp^3, es > 60 (sección 6.10). Entonces ¿cómo puede una base débil como el agua extraer un protón de un carbono sp^3 en el segundo paso de la reacción? Primero que nada, el pK_a se reduce mucho debido al carbono con carga positiva, que puede aceptar los electrones que quedaron atrás cuando se elimina el protón de un carbono adyacente. En segundo lugar, el carbono adyacente al carbocatión comparte esa carga positiva como resultado de la hiperconjugación. Así, la hiperconjugación estabiliza la densidad electrónica del enlace C—H y lo debilita. Recuérdese que la hiperconjugación —donde los electrones σ de un enlace a un carbono adyacente al carbocatión se deslocalizan en el orbital p vacío— es el mecanismo por el cual se explica la mayor estabilidad de un carbocatión terciario en comparación con uno secundario (sección 4.2).

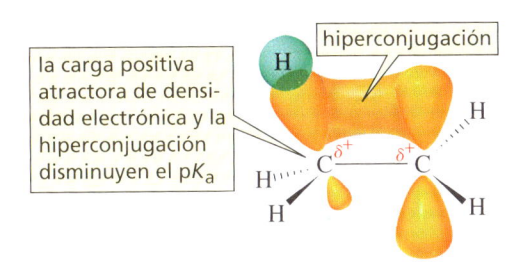

Cuando se puede formar más de un alqueno, la reacción E1, al igual que la E2, es regioselectiva. En general, el producto principal es el alqueno más sustituido.

$$CH_3CH_2\underset{\underset{Cl}{|}}{\overset{\overset{CH_3}{|}}{C}}CH_3 + H_2O \longrightarrow CH_3CH=\underset{\underset{}{}}{\overset{\overset{CH_3}{|}}{C}}CH_3 + CH_3CH_2\overset{\overset{CH_3}{|}}{C}=CH_2 + H_3O^+ + Cl^-$$

2-cloro-2-metilbutano   **2-metil-2-buteno**   **2-metil-1-buteno**
                              producto principal **producto secundario**

El alqueno más sustituido es el más estable de los dos que se forman en la reacción anterior, y en consecuencia, cuenta con el estado de transición más estable que lo forma (figura 9.2). El resultado es que el alqueno más sustituido se forma con mayor rapidez, por lo que constituye el producto principal. El alqueno más sustituido se forma eliminando al hidrógeno del carbono β que tenga menos hidrógenos, de acuerdo con la regla de Zaitsev.

Ya que el primer paso es el que determina la rapidez de la reacción, en el caso de una reacción E1 ésta depende tanto de la facilidad con la que se forma el carbocatión, *como también* de la facilidad con que se libera el grupo saliente. Mientras más estable sea el carbocatión se forma con más facilidad porque los carbocationes más estables cuentan con estados de transición de mayor estabilidad que conducen a su formación. En consecuencia, las reactividades relativas de una serie de haluros cuyo grupo saliente sea el mismo van en

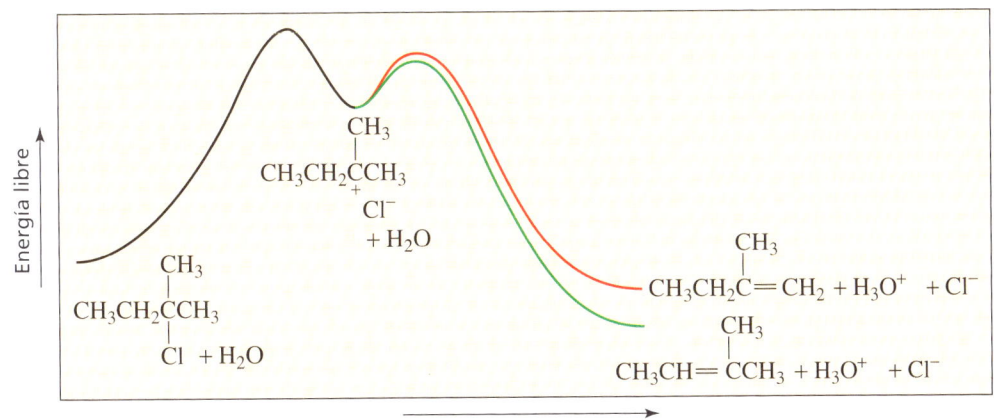

◀ **Figura 9.2**
Diagrama de coordenadas para la reacción E1 del 2-cloro-2-metilbutano con agua. El producto principal es el alqueno más sustituido porque su mayor estabilidad determina que el estado de transición que conduce a la formación del más estable.

paralelo con las estabilidades relativas de los carbocationes. Un haluro bencílico terciario es el más reactivo porque un catión bencílico terciario —el carbocatión más estable— es el que se forma con más facilidad (secciones 7.7).

reactividad relativa de los haluros de alquilo en una reacción E1 = estabilidad relativa de los carbocationes

bencílico 3° ≈ alílico 3° > bencílico 2° ≈ alílico 2° ≈ 3° > bencílico 1° ≈ alílico 1° ≈ 2° > 1° > vinilo

[más estable]   [menos estable]

Obsérvese que los haluros de alquilo terciario son más reactivos que los haluros de alquilo secundario; éstos a su vez son más reactivos que los haluros de alquilo primario tanto en reacciones E1 como E2 (sección 9.2).

Ya se estudió que las bases más débiles son los mejores grupos salientes (sección 9.3). En consecuencia, para series de haluros del mismo grupo alquilo, los yoduros son los más reactivos y los fluoruros son los menos reactivos en reacciones E1.

reactividad relativa de los haluros de alquilo en reacciones E1

[más reactivo]   RI > RBr > RCl > RF   [menos reactivo]

Entonces, es válido para las reacciones E2 y E1 que: el producto principal es el alqueno más estable, los haluros de alquilo terciarios son los más reactivos y los haluros de alquilo primario son los menos reactivos; un yoduro de alquilo es más reactivo que un cloruro del mismo grupo alquilo.

Ya que la reacción E1 forma un carbocatión intermedio, el esqueleto de carbono se puede reordenar antes de que se elimine el protón si el reordenamiento conduce a un carbocatión más estable. Por ejemplo, el carbocatión secundario que se forma cuando se disocia un ion cloruro del 3-cloro-2-metil-2-fenilbutano sufre un desplazamiento 1,2 de metilo para formar un carbocatión bencílico terciario más estable, y que posteriormente se desprotona y forma el alqueno.

$$\underset{\text{3-cloro-2-metil-2-fenilbutano}}{\text{Ph}-\underset{\underset{\text{CH}_3}{|}}{\overset{\overset{\text{CH}_3}{|}}{\text{C}}}-\underset{\text{Cl}}{\text{CHCH}_3}} \xrightarrow{\text{CH}_3\text{OH}} \underset{\text{carbocatión secundario}}{\text{Ph}-\underset{\underset{\text{CH}_3}{|}}{\overset{\overset{\text{CH}_3}{|}}{\text{C}}}-\overset{+}{\text{CHCH}_3}} \xrightarrow[\text{1,2 de metilo}]{\text{desplazamiento}} \underset{\text{catión bencílico terciario}}{\text{Ph}-\overset{+}{\underset{\underset{\text{CH}_3}{|}}{\text{C}}}-\underset{\text{CH}_3}{\text{CHCH}_3}} \longrightarrow \underset{\text{2-metil-3-fenil-2-buteno}}{\text{Ph}-\underset{\underset{\text{CH}_3}{|}}{\overset{\overset{\text{CH}_3}{|}}{\text{C}}}=\text{CCH}_3} + \text{H}^+$$

En la reacción que sigue, el carbocatión secundario que se forma al principio sufre un desplazamiento de hidruro 1,2 y se transforma en un catión alílico secundario, más estable.

$$\underset{\text{5-bromo-2-hepteno}}{\text{CH}_3\text{CH}=\text{CHCH}_2\underset{\underset{\text{Br}}{|}}{\text{CH}}\text{CH}_2\text{CH}_3} \xrightleftharpoons{\text{CH}_3\text{OH}} \underset{\text{carbocatión secundario}}{\text{CH}_3\text{CH}=\text{CHCH}_2\overset{+}{\text{CH}}\text{CH}_2\text{CH}_3} \xrightarrow[\text{1,2 de hidruro}]{\text{desplazamiento}} \underset{\text{catión alílico secundario}}{\text{CH}_3\text{CH}=\text{CH}\overset{+}{\text{CH}}\text{CH}_2\text{CH}_2\text{CH}_3}$$

$$\downarrow$$

$$\text{H}^+ + \underset{\text{2,4-heptadieno}}{\text{CH}_3\text{CH}=\text{CHCH}=\text{CHCH}_2\text{CH}_3}$$

Se dedicará un minuto para comparar la eliminación de un haluro de alquilo para formar un alqueno con la reacción inversa, que fue estudiada en la sección 4.4: adición a un alqueno para formar un haluro de alquilo. La reacción de eliminación necesita una base para extraer un protón del carbocatión y formar el alqueno. La reacción de adición requiere un ácido para reaccionar con el alqueno nucleófilo y formar el carbocatión.

$$CH_3CHCH_3 \rightleftharpoons CH_3\overset{+}{C}HCH_3 \begin{array}{l} \xrightarrow{H_2O} CH_3CH=CH_2 + H_3O^+ \quad \text{eliminación} \\ \xleftarrow{H^+} CH_3CH=CH_2 \quad \text{adición} \\ \quad Br^- \end{array}$$
$$\quad \vert$$
$$\quad Br$$

PROBLEMA 6◆

En la reacción de eliminación E1 con 3-bromo-2,3-dimetilpentano se forman cuatro alquenos. Indique sus estructuras y ordénelas de acuerdo con las cantidades que se van a formar.

PROBLEMA 7◆

Si el 2-fluoropentano tuviera una reacción E1 ¿esperaría usted que el producto principal fuera el que indique la regla de Zaitsev? Explique por qué.

PROBLEMA 8◆

¿Cuál de los compuestos siguientes reaccionaría con mayor rapidez en una

a. reacción E1?   b. reacción E2?   c. reacción S_N1?   d. reacción S_N2?

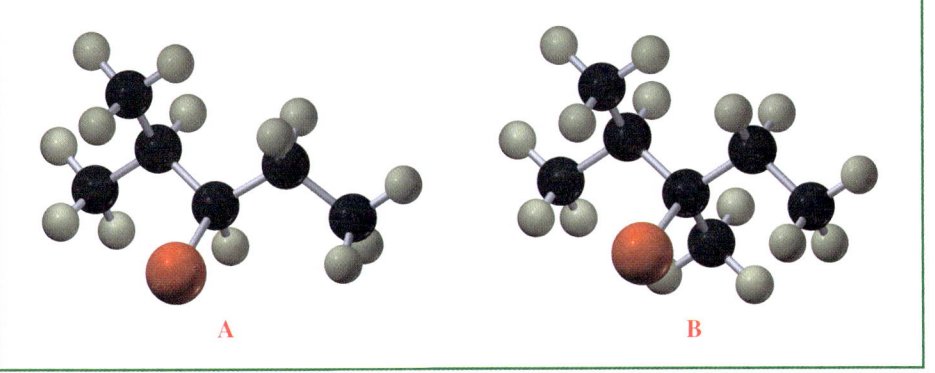

A   B

ESTRATEGIA PARA RESOLVER PROBLEMAS

Propouesta de un mecanismo

Proponer un mecanismo para la reacción siguiente:

Como en esta reacción el reactivo es un ácido, iniciaremos protonando la molécula en la posición que permita la formación del carbocatión más estable. Si se protona el grupo CH_2 se forma un carbocatión alílico terciario en el que la carga positiva está deslocalizada sobre otros dos carbonos. Ahora movemos los electrones π para que el desplazamiento de metilo 1,2 forme el producto. La pérdida de un protón forma el producto final.

Ahora continúe en el problema 9.

PROBLEMA 9

Proponga un mecanismo para la reacción siguiente:

9.4 Competencia entre las reacciones E2 y E1

Los haluros de alquilo *primario* sólo presentan reacciones E2; ya que no pueden presentar reacciones E1 porque los carbocationes primarios son demasiado inestables para formarse. Los haluros de alquilo *secundario* y *terciario* participan en reacciones E2 y también E1 (tabla 9.3).

Tabla 9.3	Resumen de las reactividades de los haluros de alquilo en reacciones de eliminación
Haluro de alquilo primario	sólo E2
Haluro de alquilo secundario	E1 y E2
Haluro de alquilo terciario	E1 y E2

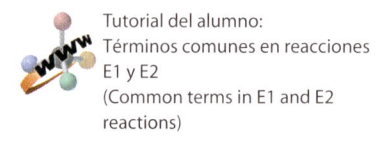

Tutorial del alumno:
Términos comunes en reacciones E1 y E2
(Common terms in E1 and E2 reactions)

Una reacción S_N2 de un haluro de alquilo se favorece con una concentración alta de un buen nucleófilo en un disolvente polar aprótico.

Una reacción S_N1 de un haluro de alquilo se favorece con un mal nucleófilo en un disolvente polar prótico.

Para los haluros de alquilo que pueden tener reacciones E2 y E1, la reacción E2 se favorece con los mismos factores que favorecen a una reacción S_N2, y la reacción E1 se favorece con los mismos factores que favorecen a una reacción S_N1. Así, *una reacción E2 se favorece con una alta concentración de una base fuerte y un disolvente polar aprótico (como DMSO o DMF), mientras que una reacción E1 se favorece con una base débil y un disolvente polar prótico (Como H_2O o ROH)*. La forma en que el disolvente favorece a una reacción frente a la otra se describió en la sección 8.10.

Obsérvese que se seleccionaron un haluro de alquilo terciario y una base fuerte para ilustrar la reacción E2 en la sección 9.1, mientras que se usaron un haluro de alquilo terciario y una base débil para ilustrar la reacción E1 en la sección 9.3.

PROBLEMA 10

En cada una de las reacciones siguientes, 1) indique qué tipo de eliminación sucederá, E2 o E1, y 2) indique el producto principal de cada reacción de eliminación, sin tener en cuenta los estereoisómeros:

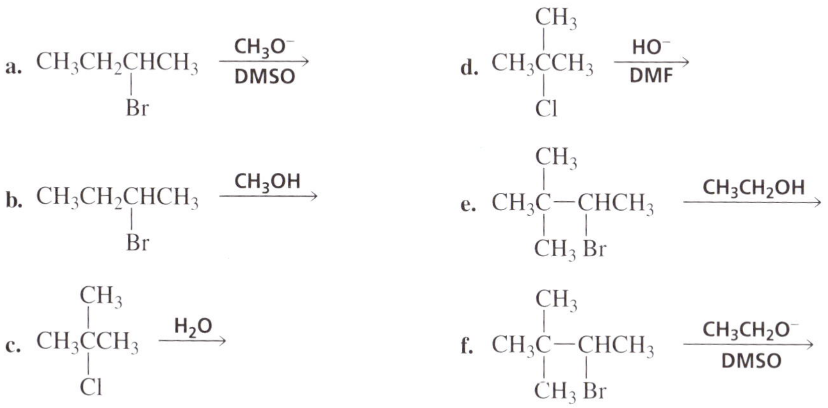

a. $CH_3CH_2CHCH_3$ (Br) $\xrightarrow{CH_3O^-/DMSO}$

b. $CH_3CH_2CHCH_3$ (Br) $\xrightarrow{CH_3OH}$

c. CH_3CCH_3 (CH$_3$, Cl) $\xrightarrow{H_2O}$

d. CH_3CCH_3 (CH$_3$, Cl) $\xrightarrow{HO^-/DMF}$

e. $CH_3C-CHCH_3$ (CH$_3$, CH$_3$, Br) $\xrightarrow{CH_3CH_2OH}$

f. $CH_3C-CHCH_3$ (CH$_3$, CH$_3$, Br) $\xrightarrow{CH_3CH_2O^-/DMSO}$

PROBLEMA 11

La ley de rapidez para la reacción de HO:$^-$ con bromuro de *terc*-butilo para formar un producto de eliminación, en 75% de etanol/25% de agua a 30 °C, es la suma de las leyes de rapidez para las reacciones E2 y E1:

$$\text{rapidez} = 7.1 \times 10^{-5} \text{ L mol}^{-1} \text{ s}^{-1} [\text{bromuro de }\textit{terc}\text{-butilo}][HO^-] + 1.5 \times 10^{-5} \text{ s}^{-1}[\text{bromuro de }\textit{terc}\text{-butilo}]$$

¿Qué porcentaje de la reacción se efectúa por la ruta E2 cuando existen las condiciones siguientes?

a. $[HO^-] = 5.0$ M
b. $[HO^-] = 0.0025$ M

9.5 Las reacciones E2 y E1 son estereoselectivas

Se acaba de estudiar que las reacciones E2 y E1 son regioselectivas porque se forma más de un isómero constitucional que de otro; por ejemplo, el producto principal que se forma con la reacción E2 o E1 del 2-bromopentano es 2-penteno (secciones 9.1 y 9.3). Ahora se estudiará que las reacciones E2 y E1 también son estereoselectivas.

$CH_3CH_2CH_2CHCH_3$ (Br) $\xrightarrow{CH_3CH_2O^-/CH_3CH_2OH}$ $CH_3CH_2CH=CHCH_3$ + $CH_3CH_2CH_2CH=CH_2$

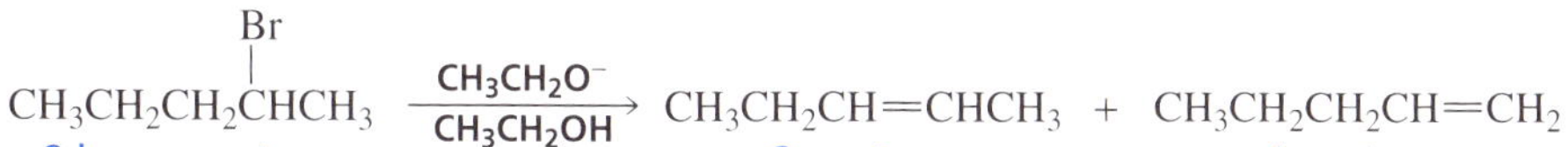

2-bromopentano → 2-penteno 72% (mezcla de *E* y *Z*) + 1-penteno 28%

Estereoisómeros que se forman en una reacción E2

Una reacción E2 extrae dos grupos de carbonos adyacentes. Es una reacción concertada porque los dos grupos se eliminan en un solo paso. Los enlaces a los dos grupos que se eliminan (que se identifican como H y X en el ejemplo siguiente) deben estar en el mismo plano porque el orbital sp^3 del carbono unido a H y el del carbono unido a X se transforman en orbitales *p* traslapados en el alqueno producido. Por consiguiente, los orbitales deben traslaparse en el estado de transición. Para que el traslape sea óptimo, los orbitales deben estar paralelos (es decir, en el mismo plano).

Existen dos formas en que los enlaces C—H y C—X pueden estar en el mismo plano. Pueden estar paralelos entre sí, en el mismo lado de la molécula, en un ordenamiento que se llama **sinperiplanar**, o pueden estar paralelos entre sí en lados opuestos de la molécula en una disposición que se denomina **antiperiplanar**.

los sustituyentes son sinperiplanares	los sustituyentes son antiperiplanares
conformación eclipsada	conformación alternada

Si una reacción de eliminación extrae a dos sustituyentes del mismo lado del enlace C—C se llama **eliminación *sin***. Si los sustituyentes se eliminan de lados opuestos del enlace C—C la reacción se denomina de **eliminación *anti***. Puede haber los dos tipos de eliminación, pero la eliminación *sin* es mucho más lenta, por lo que en una reacción E2 se favorece mucho la eliminación *anti*. Una de las razones por las que se favorece la eliminación *anti* es que la eliminación *sin* requiere que la molécula esté en una conformación eclipsada, mientras que la eliminación anti requiere que esté en una conformación alternada *anti*, que es más estable.

Las **proyecciones de caballete**, que representan al enlace C—C visto desde un ángulo oblicuo, revelan otra razón por la que se favorece la eliminación *anti*. En la eliminación *sin*, los electrones del hidrógeno que sale pasan al lado *frontal* del carbono unido a X, mientras que en una eliminación *anti* los electrones se mueven hacia el lado *opuesto* del carbono unido a X.

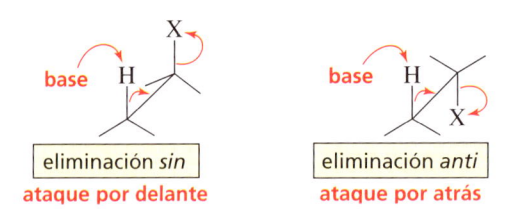

eliminación *sin*	eliminación *anti*
ataque por delante	ataque por atrás

Como ya se vio que las reacciones de desplazamiento suceden por ataque por detrás porque de esa forma se consigue el mejor traslape de los orbitales que interactúan (sección 8.2). Por último, en una eliminación *anti*, la base rica en electrones se aleja por la repulsión que experimenta al ubicarse en el mismo lado de la molécula que el ion haluro que sale, con el par de electrones del enlace.

La eliminación anti predomina en una reacción E2.

Por los factores que favorecen la eliminación *anti*, una reacción E2 es *estereoselectiva*, lo que significa que se forma más de un estereoisómero que del otro. Por ejemplo, el 2-penteno que se obtiene como producto principal de la reacción de eliminación del 2-bromopentano puede existir en forma de un par de estereoisómeros, el (*E*)-2-penteno y el (*Z*)-2-penteno, donde el primero es el producto principal.

(*E*)-2-penteno
producto principal

(*Z*)-2-penteno
producto secundario

Se puede hacer la siguiente afirmación general acerca de la estereoselectividad de las reacciones E2: si el reactivo cuenta con dos hidrógenos unidos al carbono de donde se va a eliminar un hidrógeno, se formarán ambos productos, *E* y *Z*, porque el reactivo tiene dos confórmeros en los que los grupos a eliminarse son *anti*.

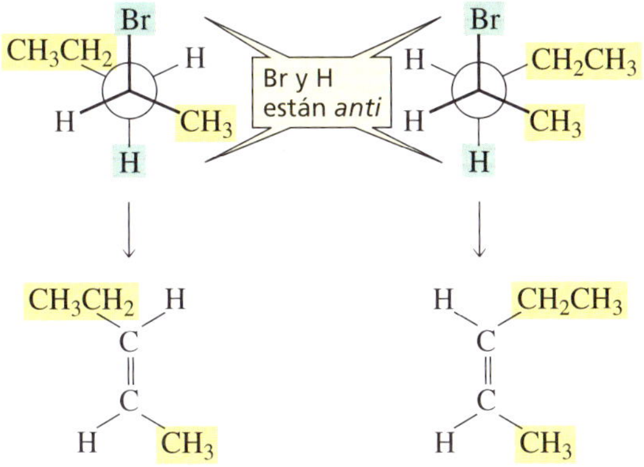

(E)-2-penteno
más estable

(Z)-2-penteno
menos estable

El alqueno que tiene los *grupos más voluminosos en lados opuestos del doble enlace* será el que se forme en mayor proporción porque representa al alqueno más estable. Recuérdese que el alqueno que dispone de los grupos más voluminosos del *mismo* lado del doble enlace es menos estable porque las densidades electrónicas de los sustituyentes voluminosos pueden interferir entre sí causando repulsión estérica (sección 4.11).

Cuando hay dos hidrógenos unidos al carbono-β, el producto principal de una reacción E2 es el alqueno que tiene los sustituyentes más voluminosos en lados opuestos del doble enlace.

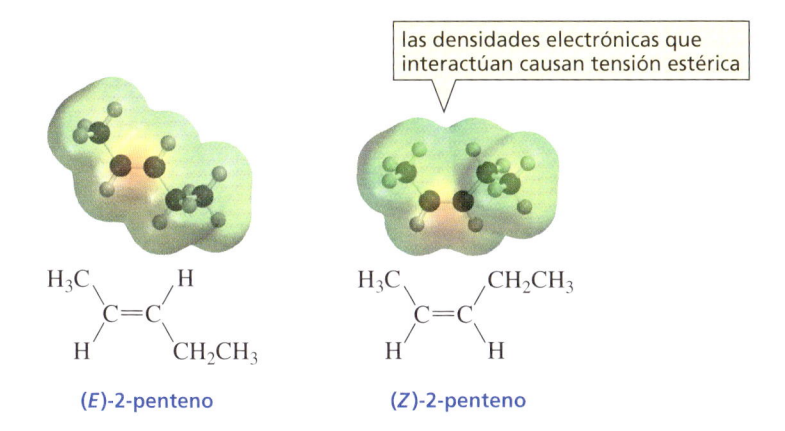

(E)-2-penteno

(Z)-2-penteno

El alqueno más estable presenta el estado de transición más estable y en consecuencia se forma con mayor rapidez (figura 9.3).

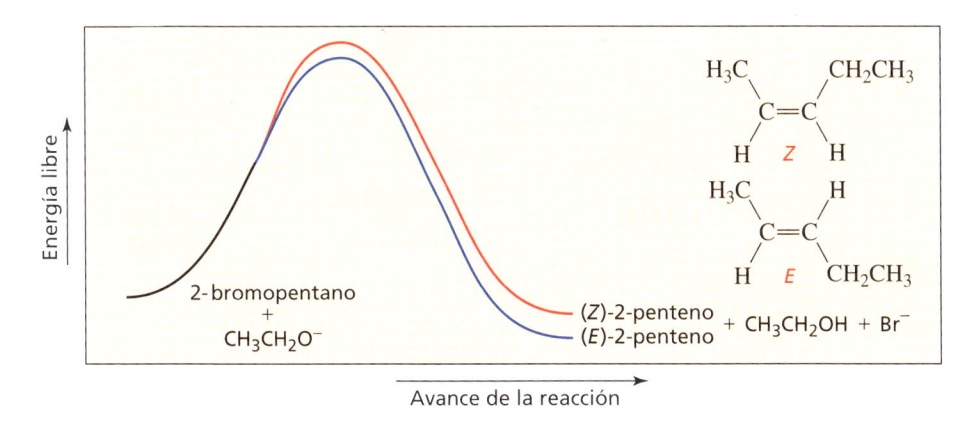

◀ **Figura 9.3**
Diagrama de coordenadas para la reacción E2 del 2-bromopentano con el ion etóxido.

Es así como la eliminación de HBr del 3-bromo-2,2,3-trimetilpentano forma el isómero *E* porque este estereoisómero cuenta con el grupo metilo, que es el más voluminoso en un carbono sp^2, opuesto al *terc*-butilo, que es el grupo más voluminoso en el otro carbono sp^2.

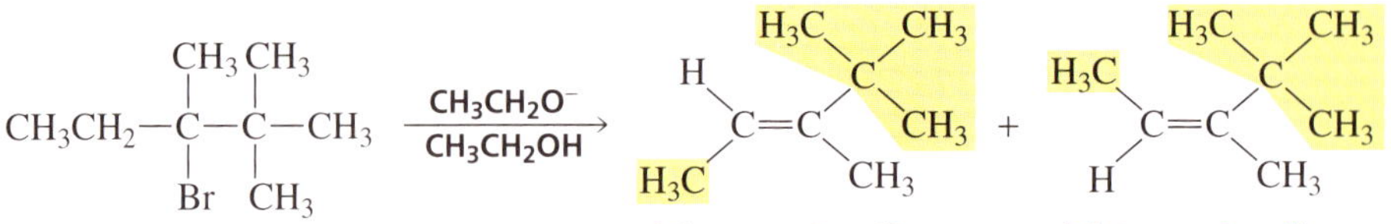

406 CAPÍTULO 9 Reacciones de eliminación de los haluros de alquilo • Competencia entre sustitución y eliminación

$$CH_3CH_2-\underset{Br}{\underset{|}{C}}(CH_3)_2-\underset{CH_3}{\underset{|}{C}}(CH_3)-CH_3 \xrightarrow{CH_3CH_2O^-}{CH_3CH_2OH}$$

3-bromo-2,2,3-trimetilpentano

(E)-3,4,4-trimetil-2-penteno
producto principal

+

(Z)-3,4,4-trimetil-2-penteno
producto secundario

Cuando sólo hay un hidrógeno unido al carbono-β, el producto principal de una reacción E2 depende de la estructura del alqueno que se forme.

Por otra parte, si el carbono β de donde va a eliminarse un hidrógeno se encuentra unido sólo a un hidrógeno, se dispone de un solo confórmero en el que los grupos a eliminar son *anti*; por consiguiente, sólo se puede formar un alqueno. El isómero que se forme en particular depende de la configuración del reactivo. Por ejemplo, la eliminación *anti* de HBr del (2S,3S)-2-bromo-3-fenilbutano forma el isómero E, mientras que la eliminación anti de HBr del (2S,3R)-2-bromo-3-fenilbutano forma el isómero Z. Obsérvese que los grupos que no se eliminan conservan sus posiciones relativas.

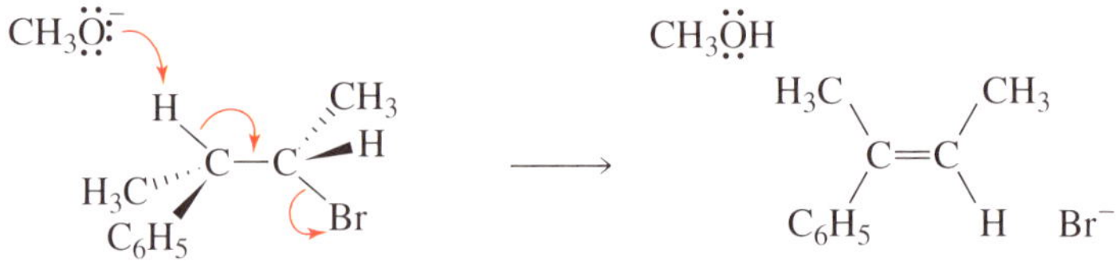

(2S,3S)-2-bromo-3-fenilbutano → (E)-2-fenil-2-buteno

Los modelos moleculares pueden ayudar cuando la estereoquímica es complicada.

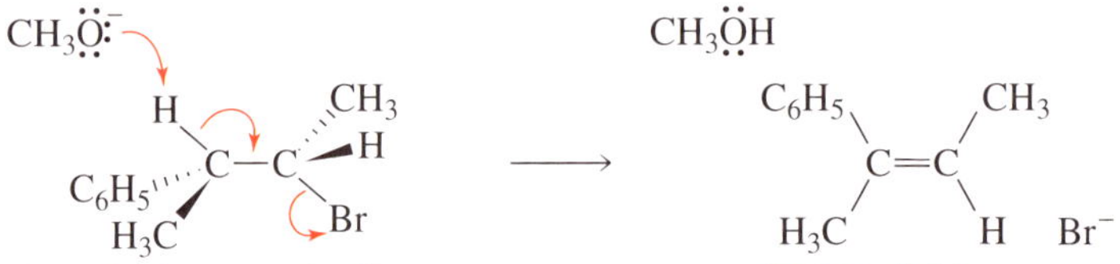

(2S,3R)-2-bromo-3-fenilbutano → (Z)-2-fenil-2-buteno

PROBLEMA 12◆

a. Para cada uno de los siguientes haluros de alquilo, indique la estructura del producto principal que se obtendría en una reacción E2 y establezca su configuración:

1.  $CH_3CH_2\underset{Br}{\underset{|}{C}}H\underset{CH_3}{\underset{|}{C}}HCH_3$

2. $CH_3CH_2\underset{Cl}{\underset{|}{C}}HCH_2CH=CH_2$

3. 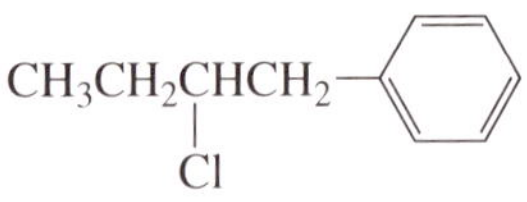 $CH_3CH_2\underset{Cl}{\underset{|}{C}}HCH_2\text{—}C_6H_5$

b. ¿Dependerá la formación del producto obtenido de si se comienza con el enantiómero R o S del reactivo?

Estereoisómeros que se forman en una reacción E1

Una reacción E1, al igual que una E2, es estereoselectiva; se forman los productos E y Z, pero el producto principal será aquel que tenga los *grupos más voluminosos en lados opuestos del doble enlace*. Veamos por qué es así.

El estereoisómero principal obtenido en una reacción E1 es el alqueno en el que los sustituyentes más voluminosos se encuentran en lados opuestos del doble enlace.

Se ha repetido que una reacción E1 se efectúa en dos etapas; en el primer paso se elimina el grupo saliente y en el segundo paso se elimina un protón de un carbono adyacente, de

9.5 Las reacciones E2 y E1 son estereoselectivas   **407**

acuerdo con la regla de Zaitsev, para formar el alqueno más estable. El carbocatión que se forma en la primera etapa es plano, de manera que los electrones de un protón que sale pueden moverse hacia el carbono con carga positiva desde *cualquier lado;* entonces pueden dar origen a eliminaciones *sin* y *anti*.

Como en una reacción E1 pueden efectuarse eliminaciones *sin* y *anti*, se forman los productos *E* y *Z* independientemente de si el carbono β de donde se elimina el protón tiene uno o dos hidrógenos y el producto principal es el que tenga los grupos más voluminosos en lados opuestos del doble enlace porque representa al alqueno más estable.

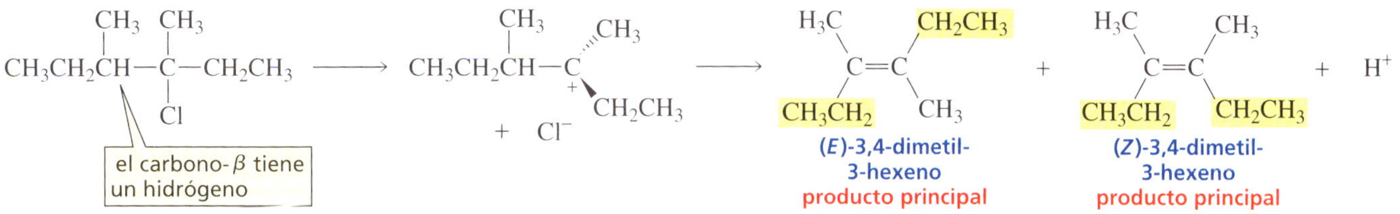

$$CH_3CH_2\underset{\underset{Cl}{|}}{\overset{\overset{CH_3}{|}}{CH}}-\underset{\underset{CH_2CH_3}{|}}{\overset{\overset{CH_3}{|}}{C}}-CH_2CH_3 \longrightarrow CH_3CH_2\underset{+\ Cl^-}{\overset{\overset{CH_3}{|}}{CH}}-\overset{\overset{CH_3}{\cdot\cdot\cdot}}{\underset{CH_2CH_3}{C^+}} \longrightarrow$$

el carbono-β tiene un hidrógeno

(*E*)-3,4-dimetil-3-hexeno + (*Z*)-3,4-dimetil-3-hexeno + H⁺
producto principal   producto principal

En contraste, se acaba de estudiar que una reacción E2 forma los productos *E* y *Z* sólo si el carbono β del que se elimina el protón dispone de dos hidrógenos. Si el carbono β está unido a un solo hidrógeno, la reacción E2 sólo forma un producto porque se favorece la eliminación *anti*.

PROBLEMA 13♦ RESUELTO

Para cada uno de los siguientes haluros de alquilo, determine cuál es el producto principal que se forma cuando el haluro participa en una reacción E1:

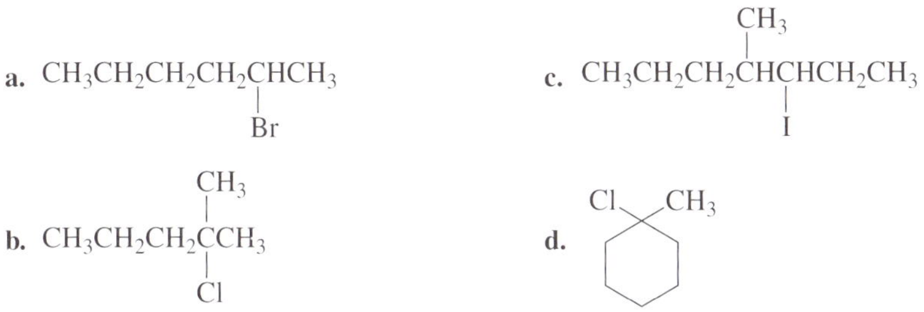

a. $CH_3CH_2CH_2CH_2\underset{\underset{Br}{|}}{CH}CH_3$

b. $CH_3CH_2CH_2\underset{\underset{Cl}{|}}{\overset{\overset{CH_3}{|}}{C}}CH_3$

c. $CH_3CH_2CH_2\underset{\underset{I}{|}}{\overset{\overset{CH_3}{|}}{CH}}CHCH_2CH_3$

d. (ciclohexano con Cl y CH₃ en el mismo carbono)

Solución a 13a Primero necesitamos considerar la regioquímica de la reacción: se formará más del 2-hexeno que del 1-hexeno porque el 2-hexeno es más estable.

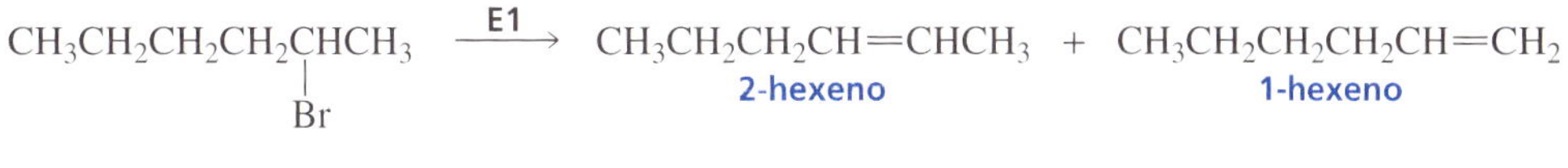

$$CH_3CH_2CH_2CH_2\underset{\underset{Br}{|}}{CH}CH_3 \xrightarrow{E1} CH_3CH_2CH_2CH=CHCH_3 + CH_3CH_2CH_2CH_2CH=CH_2$$
2-hexeno   1-hexeno

A continuación debemos considerar la estereoquímica de la reacción: del 2 hexeno que se forma habrá más del (*E*)-2-hexeno que del (*Z*)-2-hexeno porque el primero es más estable. Así, el (*E*)-2-hexeno es el producto principal de la reacción.

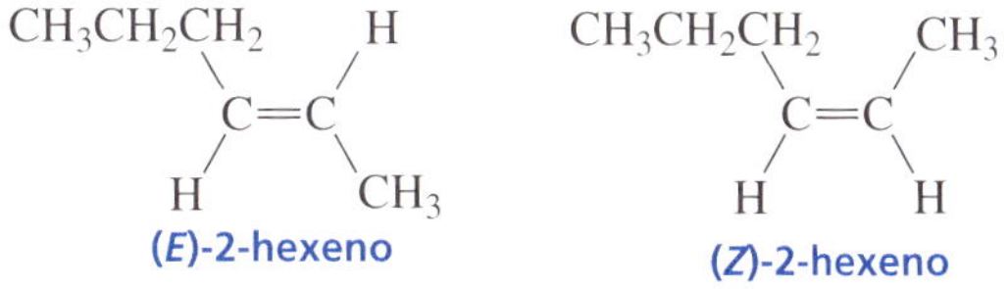

(*E*)-2-hexeno   (*Z*)-2-hexeno

9.6 Reacciones de eliminación en ciclohexanos sustituidos

La reacción de eliminación en ciclohexanos sustituidos sigue las mismas reglas estereoquímicas que la eliminación en compuestos de cadena abierta.

Reacciones E2 de ciclohexanos sustituidos

Se acaba de explicar que para contar con la geometría antiperiplanar que se favorece en una reacción E2 los dos grupos que se van a eliminar deben ser antiperiplanares (sección 9.5). Para que dos grupos sean antiparalelos en un anillo de ciclohexano ambos deben encontrarse en *posiciones axiales*.

En una reacción E2 de un ciclohexano sustituido, los grupos que se van a eliminar deben estar ambos en posiciones axiales.

los grupos a eliminar deben estar ambos en posiciones axiales

El confórmero más estable del clorociclohexano no participa en una reacción E2 porque el sustituyente cloro se encuentra en una posición ecuatorial. (Recuérdese, de la sección 2.13, que el confórmero más estable de un ciclohexano monosustituido es el que presenta el sustituyente en una posición ecuatorial). El confórmero menos estable, con el sustituyente cloro en la posición axial, es el que participa fácilmente en una reacción E2.

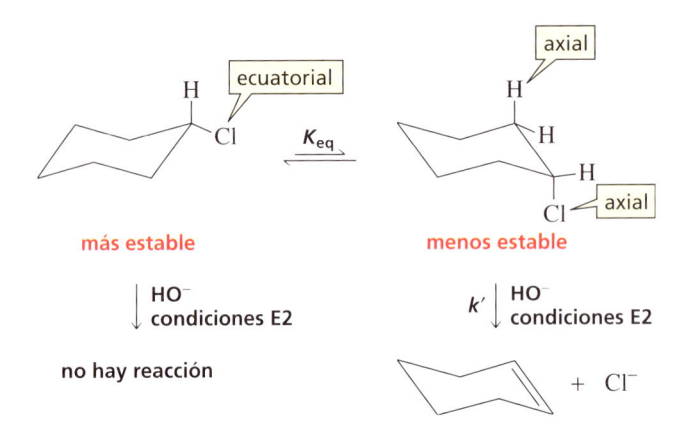

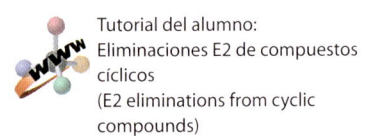

más estable ⇌ menos estable

no hay reacción

Tutorial del alumno:
Eliminaciones E2 de compuestos cíclicos
(E2 eliminations from cyclic compounds)

En vista de que uno de los dos confórmeros carece de reacción E2, la constante de rapidez para la reacción de eliminación está definida por $k'K_{eq}$. Por consiguiente, la reacción es más rápida si K_{eq} es grande.

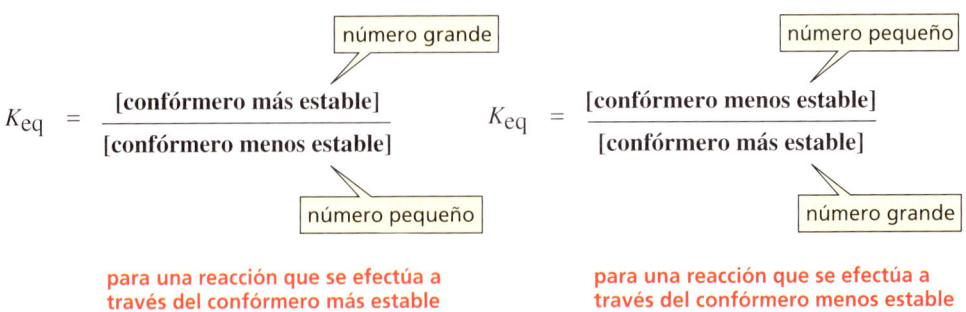

$$K_{eq} = \frac{[\text{confórmero más estable}]}{[\text{confórmero menos estable}]} \qquad K_{eq} = \frac{[\text{confórmero menos estable}]}{[\text{confórmero más estable}]}$$

(número grande / número pequeño) (número pequeño / número grande)

para una reacción que se efectúa a través del confórmero más estable   **para una reacción que se efectúa a través del confórmero menos estable**

9.6 Reacciones de eliminación en ciclohexanos sustituidos

La mayor parte de las moléculas se encuentran como los confórmeros más estables en cualquier momento. Entonces, K_{eq} será grande si la eliminación se efectúa a través del confórmero más estable y será pequeña si la eliminación se realiza a través del confórmero menos estable. Por ejemplo, el cloruro de neomentilo lleva a cabo una reacción E2 con iones etóxido con una rapidez unas 200 veces mayor que el cloruro de mentilo. El confórmero del cloruro de neomentilo que participa en la eliminación es el *más estable* porque cuando el Cl y el H se encuentran en las posiciones axiales necesarias los grupos metilo e isopropilo están en las posiciones ecuatoriales.

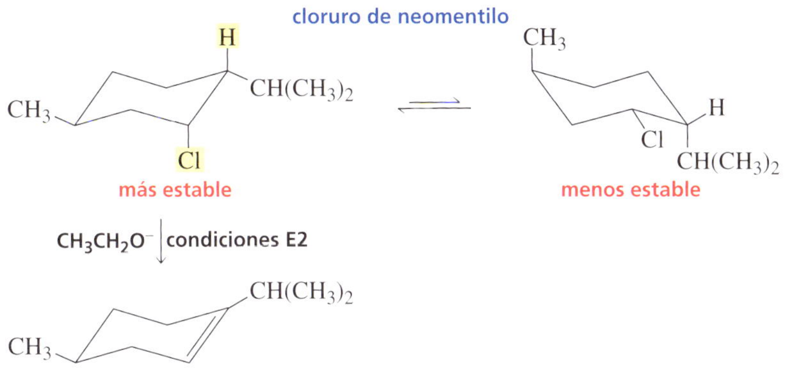

BIOGRAFÍA

Sir Derek H. R. Barton (1918–1998) *fue quien indicó primero que la reactividad química de los ciclohexanos sustituidos está controlada por su conformación. Barton nació en Gravesend, Kent, Inglaterra. Obtuvo con honores la licenciatura en ciencias y un doctorado del Imperial College, Londres, en 1942, y fue miembro de docente allí, tres años después. Más adelante fue profesor de las Universidades de Londres y de Glasgow, del Institut de Chemie des Substances Naturelles de París y de la Universidad de Texas A&M en EUA. Recibió el Premio Nobel de Química en 1969 por sus trabajos sobre la relación de las estructuras tridimensionales de los compuestos orgánicos con su reactividad química. Fue nombrado Caballero por la Reina Isabel II en 1972.*

En contraste, el confórmero del cloruro de mentilo que sufre una eliminación es el *menos estable* porque cuando Cl e H se encuentran en las posiciones axiales los grupos metilo e isopropilo también se localizan en posiciones axiales.

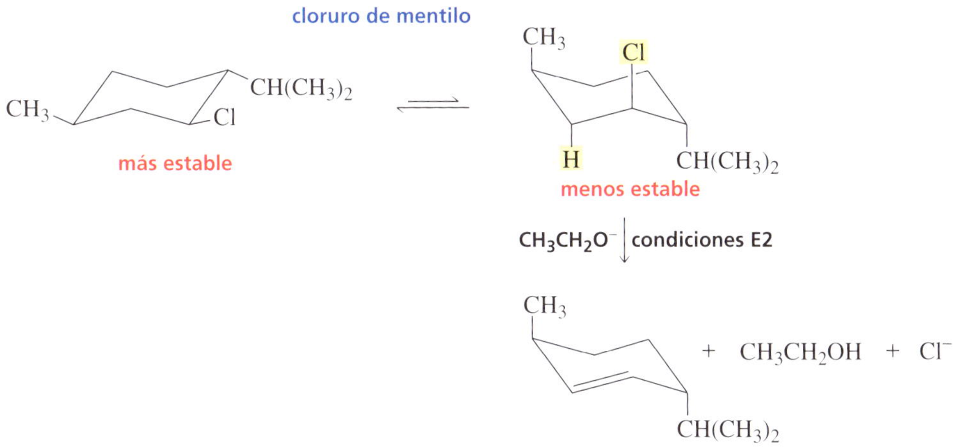

Téngase en cuenta que cuando el cloruro de mentilo (arriba) o el *trans*-1-cloro-2-metilciclohexano (abajo) lleva a cabo una reacción E2, el hidrógeno que se elimina no sale del carbono β que tiene menos hidrógenos. Esto parecerá una violación a la regla de Zaitsev, pero dicha regla afirma que cuando hay *más de un* carbono β de donde se pueda eliminar un hidrógeno ese hidrógeno se eliminará del carbono β que disponga de menos hidrógenos. El hidrógeno que se elimina debe estar en posición axial y el cloruro de mentilo y el *trans*-1-cloro-2-metilciclohexano sólo disponen de un carbono β con un hidrógeno en posición axial. En consecuencia, ese hidrógeno es el que se elimina, aunque no se encuentre en el carbono β unido a la menor cantidad de hidrógenos.

410 CAPÍTULO 9 Reacciones de eliminación de los haluros de alquilo • Competencia entre sustitución y eliminación

trans-1-cloro-2-metilciclohexano
más estable

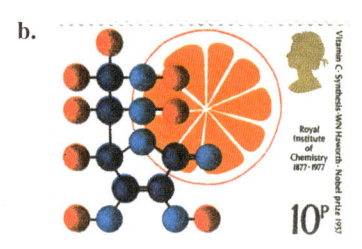

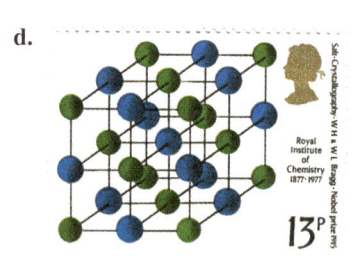

axial
ecuatorial
axial **menos estable**

HO⁻ | condiciones E2

+ H_2O + Cl^-

Estampillas emitidas en honor de los Premios Nobel de Química ingleses: a) Sir Derek Barton, por análisis conformacional, 1969; b) Sir Walter Haworth, por la síntesis de la vitamina C, 1937; c) A. J. P. Martin y Richard L. M. Synge, por cromatografía, 1952; d) William H. Bragg y William L. Bragg, por cristalografía, 1915 (padre e hijo recibieron un Premio Nobel).

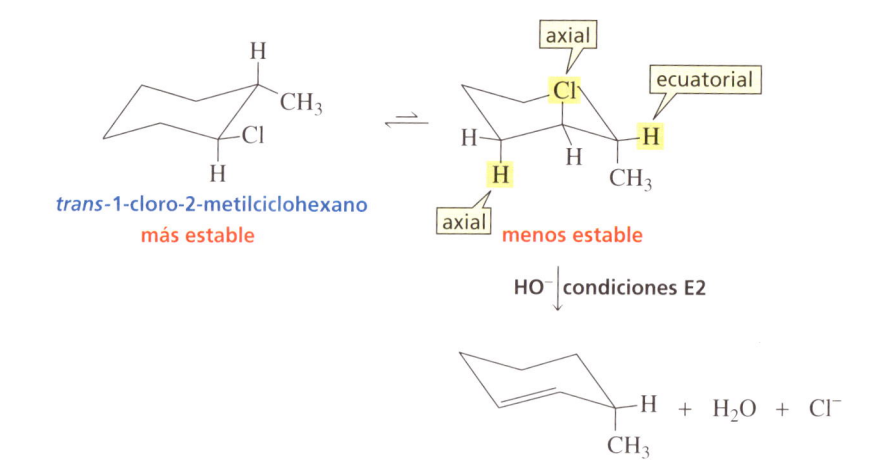

PROBLEMA 14◆

¿Por qué el *cis*-1-bromo-2-etilciclohexano y el *trans*-1-bromo-2-etilciclohexano forman productos principales diferentes cuando llevan a cabo reacciones E2?

PROBLEMA 15◆

¿Cuál isómero reacciona con más rapidez en una reacción E2: el *cis*-1-bromo-4-*terc*-butilciclohexano o el *trans*-1-bromo-4-butilciclohexano? Explique su respuesta.

Reacciones E1 de los ciclohexanos sustituidos

Cuando un ciclohexano sustituido lleva a cabo una reacción E1, los dos grupos que se eliminan no deben proceder ambos de las posiciones axiales porque la eliminación no es concertada. En la siguiente reacción se forma un carbocatión en el primer paso; después pierde un protón del carbono adyacente unido con menos hidrógenos; en otras palabras, se sigue la regla de Zaitsev.

CH_3OH
condiciones E1

no en posición axial

+ Cl^-

+ H^+

Una reacción E1 comprende eliminaciones *sin* y *anti*.

Como se forma un carbocatión en una reacción E1, se debe comprobar la posibilidad de que exista reordenamiento de catión antes de usar la regla de Zaitsev para determinar cuál es el producto de la eliminación. En la siguiente reacción, el carbocatión secundario sufre un desplazamiento de hidruro 1,2 y forma un carbocatión terciario más estable.

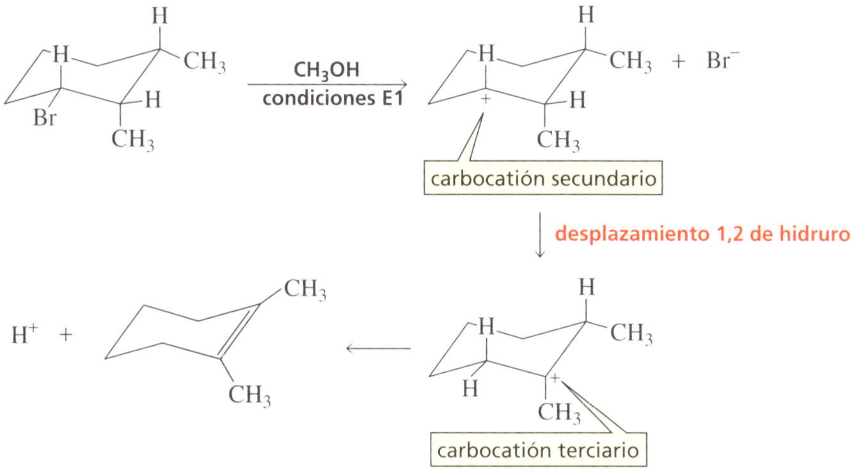

9.6 Reacciones de eliminación en ciclohexanos sustituidos

[Esquema de reacción: bromociclohexano con dos grupos CH₃ → CH₃OH, condiciones E1 → carbocatión secundario + Br⁻ → desplazamiento 1,2 de hidruro → carbocatión terciario → alqueno (1,2-dimetilciclohexeno) + H⁺]

La tabla 9.4 resume los resultados estereoquímicos de las reacciones de sustitución y eliminación.

Formación de alquenos

Tabla 9.4	Estereoquímica de las reacciones de sustitución y eliminación
Reacción	**Productos**
S_N1	Se forman los dos estereoisómeros (R y S) (en la configuración del producto hay mayor inversión que retensión).
E1	Se forman los dos estereoisómeros E y Z (más del que tiene los grupos más voluminosos en lados opuestos del doble enlace).
S_N2	Sólo se forma el producto con configuración invertida.
E2	Se forman los dos estereoisómeros E y Z (más del que tiene los grupos más voluminosos en lados opuestos del doble enlace) a menos que el carbono-β en el reactivo esté unido sólo con un hidrógeno; en ese caso sólo se forma un estereoisómero; su configuración depende de la configuración del reactivo.

PROBLEMA 16

Indique cuáles son los productos de sustitución y eliminación en las siguientes reacciones; muestre la configuración de cada producto:

a. (S)-2-clorohexano $\xrightarrow{\text{CH}_3\text{O}^-}_{\text{S}_N2/\text{condiciones E2}}$

b. (S)-2-clorohexano $\xrightarrow{\text{CH}_3\text{OH}}_{\text{S}_N1/\text{condiciones E1}}$

c. *trans*-1-cloro-2-metilciclohexano $\xrightarrow{\text{CH}_3\text{O}^-}_{\text{S}_N2/\text{condiciones E2}}$

d. *trans*-1-cloro-2-metilciclohexano $\xrightarrow{\text{CH}_3\text{OH}}_{\text{S}_N1/\text{condiciones E1}}$

e. 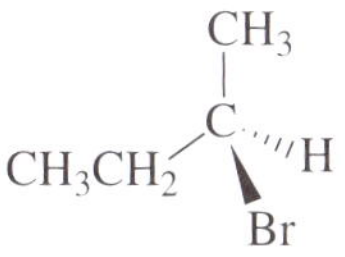 CH₃CH₂—C(CH₃)(H)(Br) $\xrightarrow{\text{CH}_3\text{O}^-}_{\text{S}_N2/\text{condiciones E2}}$

f. 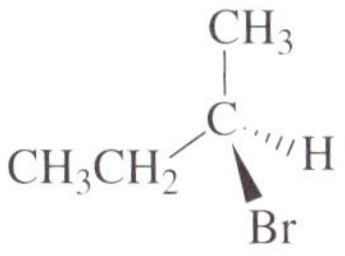 CH₃CH₂—C(CH₃)(H)(Br) $\xrightarrow{\text{CH}_3\text{OH}}_{\text{S}_N1/\text{condiciones E1}}$

9.7 Isótopos cinéticos, auxiliares para determinar mecanismos

A esta altura ya está claro que un mecanismo es un modelo que se explica con todas las evidencias experimentales acumuladas acerca de una reacción. Por ejemplo, los mecanismos de las reacciones S_N1, S_N2, E1 y E2 se basan en la ley de rapidez de cada reacción, las reactividades relativas de reactivos específicos y las estructuras de productos específicos.

Otro tipo de prueba experimental que ayuda a determinar el mecanismo de una reacción es el **efecto isotópico cinético del deuterio**, la relación de las constantes de rapidez observada para un compuesto conteniendo átomos de hidrógeno y la observada para un compuesto idéntico en el que uno o más de los hidrógenos se han sustituido por deuterio, que es un isótopo del hidrógeno. Recuérdese que el núcleo de un átomo de deuterio exhibe un protón y un neutrón, mientras que el núcleo de un átomo de hidrógeno sólo contiene un protón (sección 1.1).

efecto isotópico cinético del deuterio $= \dfrac{k_H}{k_D} = \dfrac{\text{constante de velocidad para el reactivo con H}}{\text{constante de velocidad para el reactivo con D}}$

Las propiedades químicas del deuterio y del hidrógeno son parecidas; sin embargo, un enlace C—D es aprox. 1.2 kcal/mol (5 kJ/mol) más fuerte que un enlace C—H. Entonces, un enlace C—D es más difícil de romper que el enlace C—H correspondiente.

Cuando la constante de rapidez (k_H) para la eliminación de HBr del 1-bromo-2-feniletano se compara con la correspondiente (k_D) para la eliminación de DBr del 2-bromo-1,1-dideuterio-1-feniletano (determinadas bajo condiciones idénticas), se ve que k_H es 7.1 veces mayor que k_D. El efecto isotópico cinético del deuterio para esta reacción es 7.1, por consiguiente. La diferencia en la rapidez de reacción se debe a la diferencia de energías necesarias para romper un enlace C—H en comparación con un enlace C—D.

Ph—CH$_2$CH$_2$Br + CH$_3$CH$_2$O$^-$ $\xrightarrow[\text{CH}_3\text{CH}_2\text{OH}]{k_H}$ Ph—CH=CH$_2$ + Br$^-$ + CH$_3$CH$_2$OH

1-bromo-2-feniletano

Ph—CD$_2$CH$_2$Br + CH$_3$CH$_2$O$^-$ $\xrightarrow[\text{CH}_3\text{CH}_2\text{OH}]{k_D}$ Ph—CD=CH$_2$ + Br$^-$ + CH$_3$CH$_2$OD

2-bromo-1,1-dideuterio-1-feniletano

Como el efecto isotópico cinético del deuterio es mayor que uno para esta reacción indica que el cambio de hidrógeno a deuterio afecta la rapidez de la reacción, y ya se sabe que se debe romper el enlace C—H (o el C—D) en el paso determinante de la rapidez de reacción; este hecho es consistente con el mecanismo propuesto para una reacción E2.

PROBLEMA 17◆

Ordene los compuestos siguientes por reactividad decreciente en una reacción E2:

$$\begin{array}{ccccc} \text{CH}_3 & \text{CD}_3 & \text{CH}_3 & \text{CH}_3 & \text{CD}_3 \\ | & | & | & | & | \\ \text{CH}_3\text{C}-\text{Cl} & \text{CD}_3\text{C}-\text{F} & \text{CH}_3\text{C}-\text{F} & \text{CH}_3\text{C}-\text{Br} & \text{CH}_3\text{C}-\text{F} \\ | & | & | & | & | \\ \text{CH}_3 & \text{CD}_3 & \text{CH}_3 & \text{CH}_3 & \text{CD}_3 \end{array}$$

PROBLEMA 18◆

Si las dos reacciones descritas en esta sección fueran reacciones de eliminación E1 ¿qué valor cabría esperar para obtener el efecto isotópico cinético del deuterio?

9.8 Competencia entre sustitución y eliminación

Ya fue estudiado que los haluros de alquilo pueden tener cuatro tipos de reacciones: S_N2, S_N1, E2 y E1. Entonces, el lector podrá sentirse algo abrumado cuando se le pida indicar los productos de la reacción de determinado haluro de alquilo con un nucleófilo o base. En consecuencia, se hará un pequeño paréntesis para organizar lo que se atesora con respecto a las reacciones de haluros de alquilo para facilitar algo la determinación de esos productos. Nótese, en la siguiente descripción, que a HO^- se le llama *nucleófilo* en una reacción de sustitución (porque ataca a un carbono) y *base* en la reacción de eliminación (porque elimina a un protón).

Para pronosticar cuáles serán los productos de la reacción con un haluro de alquilo, lo primero que debe decidirse es si las condiciones de reacción favorecen a las reacciones S_N2/E2 o S_N1/E1. Recuérdese que las condiciones que favorecen a una reacción S_N2 también favorecen a las reacciones E2 y que las condiciones que favorecen a las reacciones S_N1 también favorecen a las reacciones E1.

Si el reactivo es un haluro de alquilo *primario*, sólo puede llevar a cabo reacciones S_N2/E2. Recuérdese que los carbocationes primarios son demasiado inestables para formarse, por lo que los haluros de alquilo primarios no pueden tener reacciones S_N1/E1. Si el reactivo es un haluro de alquilo *secundario* o *terciario* puede llevar a cabo reacciones S_N2/E2 o S_N1/E1: las reacciones S_N2/E2 se favorecen con una alta concentración de un buen nucleófilo y base fuerte, mientras que las reacciones S_N1/E1 se favorecen con un mal nucleófilo y base débil (secciones 8.9 y 9.4). Además, el disolvente en el que se efectúa la reacción puede influir sobre el mecanismo (sección 8.10).

Regresemos a las reacciones S_N1/E1 de las secciones anteriores y obsérvese que todas cuentan con malos nucleófilos y bases débiles (H_2O, CH_3OH), mientras que las reacciones S_N2/E2 tienen buenos nucleófilos y bases fuertes (HO^-, CH_3O^-, NH_3). En otras palabras, un buen nucleófilo y base fuerte favorecen las reacciones S_N2/E2, y un mal nucleófilo y base débil favorecen las reacciones S_N1/E1 al desalentar las reacciones S_N2/E2.

Una vez que se decide si las condiciones de reacción favorecen a las reacciones S_N2/E2 o a las S_N1/E1, a continuación se debe decidir si el reactivo formará el producto de sustitución, el producto de eliminación o los productos de sustitución y de eliminación. Las cantidades relativas de productos de sustitución y eliminación dependen de si el haluro de alquilo es primario, secundario o terciario, y de la naturaleza del nucleófilo y la base. Este asunto se describe a continuación y se resume en la tabla 9.6 de la página 417.

> Una reacción S_N2/E2 de un haluro de alquilo se favorece con una concentración alta de un buen nucleófilo y base fuerte.
>
> Una reacción S_N1/E1 de un haluro de alquilo se favorece con un mal nucleófilo y base débil.

Condiciones S_N2/E2

Primero se revisarán las condiciones que favorecen a las reacciones S_N2/E2: una alta concentración de un buen nucleófilo y una base fuerte. Una especie con carga negativa puede actuar como nucleófilo y atacar por detrás al carbono β para formar el producto de sustitución, o puede actuar como base y extraer un hidrógeno β para formar el producto de eliminación. Así, las dos reacciones compiten entre sí. De hecho, ambas suceden por la misma razón: el halógeno atractor de densidad electrónica induce una carga parcial positiva al carbono con el que está unido.

$$CH_3-CH_2-Br \longrightarrow CH_3CH_2OH + Br^-$$
$$\text{producto de sustitución}$$
$$HO^-$$

$$CH_2-CH_2-Br \longrightarrow CH_2=CH_2 + H_2O + Br^-$$
$$\quad |$$
$$\quad H \quad HO^-$$
$$\text{producto de eliminación}$$

Las reactividades relativas de los haluros de alquilo en reacciones S_N2 y E2 se muestran en la tabla 9.5. Como un haluro de alquilo *primario* es el más reactivo en una reacción S_N2,

Los haluros de alquilo primario llevan a cabo reacciones de sustitución, principalmente, bajo condiciones $S_N2/E2$.

porque el lado opuesto del carbono β no está obstaculizado y es el menos reactivo en una reacción E2, un haluro de alquilo primario forma sobre todo el producto de sustitución en una reacción efectuada bajo condiciones que favorezcan reacciones $S_N2/E2$. En otras palabras, la sustitución gana la competencia.

$$CH_3CH_2CH_2Br + CH_3O^- \xrightarrow{CH_3OH} CH_3CH_2CH_2OCH_3 + CH_3CH=CH_2 + CH_3OH + Br^-$$

haluro de alquilo primario: bromuro de propilo
éter metilpropílico 90%
propeno 10%

Sustitución nucleofílica 2

Tabla 9.5 Reactividades relativas de los haluros de alquilo

En reacciones S_N2:	1° > 2° > 3°	En reacciones S_N1:	3° > 2° > 1°
En reacciones E2:	3° > 2° > 1°	En reacciones E1:	3° > 2° > 1°

Sin embargo, si el haluro de alquilo primario o el nucleófilo o base se encuentran estéricamente impedidos, el nucleófilo enfrentará dificultades para llegar al lado opuesto al grupo saliente del carbono α. El resultado será que la eliminación ganará la competencia y el producto de eliminación predominará.

el haluro de alquilo primario está impedido estéricamente

$$CH_3CHCH_2Br + CH_3O^- \xrightarrow{CH_3OH} CH_3CHCH_2OCH_3 + CH_3C=CH_2 + CH_3OH + Br^-$$
$\quad\quad|\quad\quad\quad\quad\quad\quad\quad\quad\quad\quad\quad\quad\quad|\quad\quad\quad\quad\quad\quad|$
$\quad CH_3\quad\quad\quad\quad\quad\quad\quad\quad\quad\quad\quad\quad CH_3\quad\quad\quad\quad\quad CH_3$

1-bromo-2-metilpropano
éter isobutilmetílico 40%
2-metilpropeno 60%

el nucleófilo está impedido estéricamente

$$CH_3CH_2CH_2CH_2CH_2Br + CH_3CO^- \xrightarrow{(CH_3)_3COH} CH_3CH_2CH_2CH_2CH_2OCCH_3 + CH_3CH_2CH_2CH=CH_2 + CH_3COH + Br^-$$

1-bromopentano
éter *terc*-butilpentílico 15%
1-penteno 85%

Una base fuerte favorece a la eliminación sobre la sustitución.

Una base voluminosa favorece a la eliminación frente a la sustitución.

Un haluro de alquilo *secundario* puede formar productos tanto de sustitución como de eliminación bajo condiciones $S_N2/E2$. Las cantidades relativas de los dos productos dependen de la fuerza y el volumen del nucleófilo o la base. *Mientras más fuerte y voluminosa sea la base mayor será el porcentaje del producto de eliminación*. Por ejemplo, la acidez del ácido acético es más mayor ($pK_a = 4.76$) que la del etanol ($pK_a = 15.9$) y eso quiere decir que el ion acetato es una base más débil que el ion etóxido. El producto de eliminación es el principal que se forma en la reacción entre 2-cloropropano y el ion etóxido, el cual es fuertemente básico, por lo tanto no se forma producto de eliminación con el ion acetato, el cual es débilmente básico. El porcentaje de producto de eliminación que se obtiene aumentaría si se usara el ion *terc*-butóxido en lugar del ion etóxido debido a que esta base es muy voluminosa (sección 8.3).

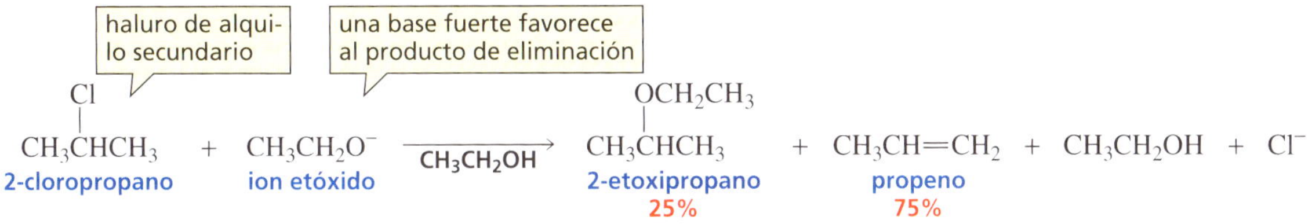

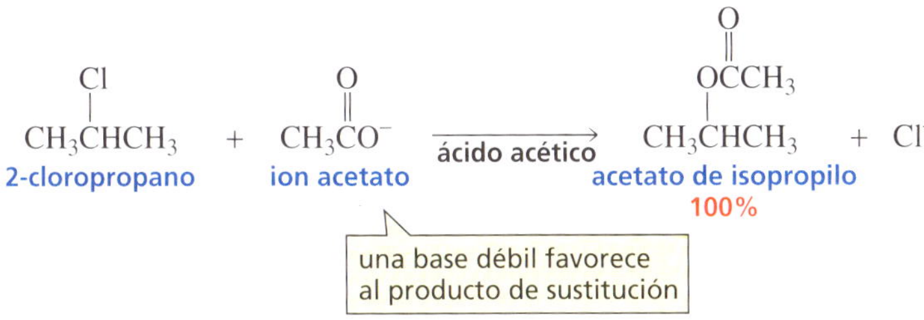

9.8 Competencia entre sustitución y eliminación

haluro de alquilo secundario →

una base fuerte favorece al producto de eliminación

$$\underset{\text{2-cloropropano}}{CH_3\underset{\underset{Cl}{|}}{CH}CH_3} + \underset{\text{ion etóxido}}{CH_3CH_2O^-} \xrightarrow{CH_3CH_2OH} \underset{\underset{25\%}{\text{2-etoxipropano}}}{CH_3\underset{\underset{OCH_2CH_3}{|}}{CH}CH_3} + \underset{\underset{75\%}{\text{propeno}}}{CH_3CH=CH_2} + CH_3CH_2OH + Cl^-$$

$$\underset{\text{2-cloropropano}}{CH_3\underset{\underset{Cl}{|}}{CH}CH_3} + \underset{\text{ion acetato}}{CH_3\overset{\overset{O}{\|}}{C}O^-} \xrightarrow{\text{ácido acético}} \underset{\underset{100\%}{\text{acetato de isopropilo}}}{CH_3\underset{\underset{OCCH_3}{|}}{CH}CH_3} + Cl^-$$

una base débil favorece al producto de sustitución

Las cantidades relativas de productos de sustitución y de eliminación también dependen de la temperatura: las temperaturas altas favorecen a la eliminación debido al valor mayor de $\Delta S°$ para la reacción de eliminación ya que dicha reacción forma más moléculas de producto que una reacción de sustitución (sección 3.7).

> **Una temperatura alta favorece la eliminación frente a la sustitución.**

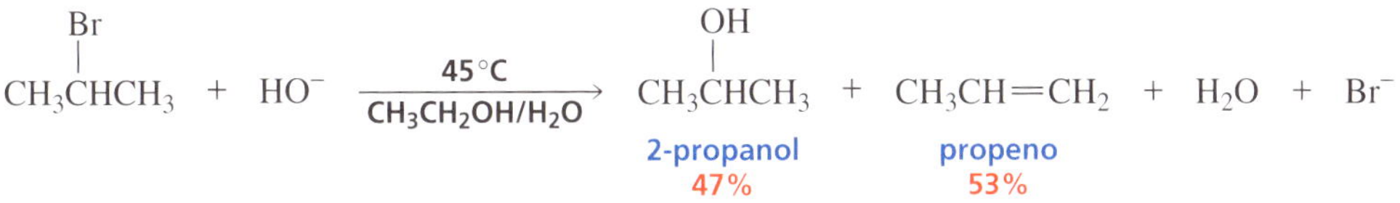

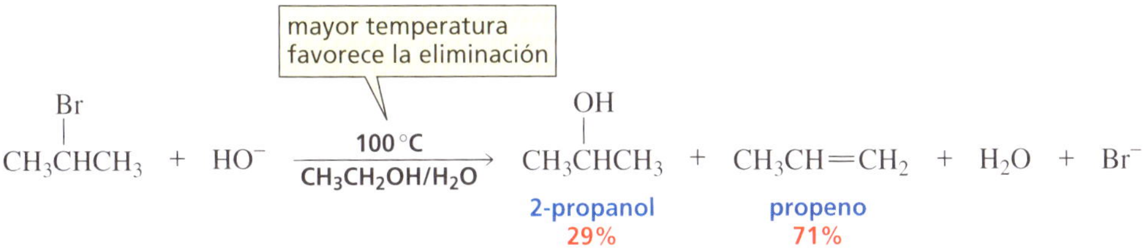

$$CH_3\underset{\underset{Br}{|}}{CH}CH_3 + HO^- \xrightarrow[CH_3CH_2OH/H_2O]{45\,°C} \underset{\underset{47\%}{\text{2-propanol}}}{CH_3\underset{\underset{OH}{|}}{CH}CH_3} + \underset{\underset{53\%}{\text{propeno}}}{CH_3CH=CH_2} + H_2O + Br^-$$

mayor temperatura favorece la eliminación

$$CH_3\underset{\underset{Br}{|}}{CH}CH_3 + HO^- \xrightarrow[CH_3CH_2OH/H_2O]{100\,°C} \underset{\underset{29\%}{\text{2-propanol}}}{CH_3\underset{\underset{OH}{|}}{CH}CH_3} + \underset{\underset{71\%}{\text{propeno}}}{CH_3CH=CH_2} + H_2O + Br^-$$

Un haluro de alquilo *terciario* es el menos reactivo de los haluros de alquilo en una reacción S_N2 y el más reactivo en una reacción E2 (tabla 9.5). En consecuencia, sólo se forma el producto de eliminación cuando un haluro de alquilo terciario reacciona con un nucleófilo y una base bajo condiciones S_N2/E2.

> **Los haluros de alquilo terciario sólo presentan reacciones de eliminación bajo condiciones S_N2/E2.**

haluro de alquilo terciario

$$\underset{\text{2-bromo-2-metilpropano}}{CH_3\underset{\underset{CH_3}{|}}{\overset{\overset{CH_3}{|}}{C}}Br} + CH_3CH_2O^- \xrightarrow{CH_3CH_2OH} \underset{\underset{97\%}{\text{2-metilpropeno}}}{CH_3\underset{\underset{CH_3}{|}}{C}=CH_2} + CH_3CH_2OH + Br^-$$

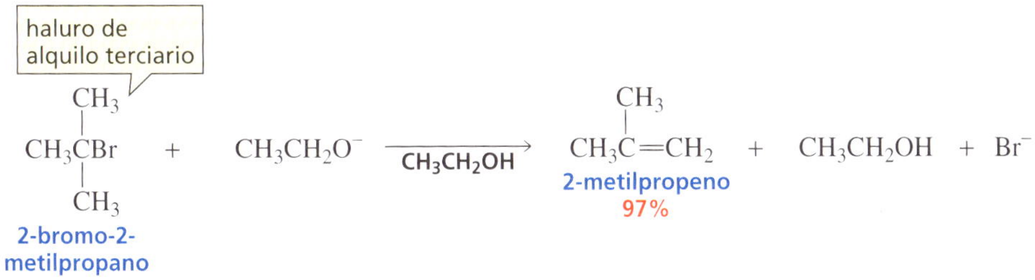

PROBLEMA 19◆

¿En qué forma cree usted que cambie la relación de producto de sustitución entre el de eliminación, en la reacción de bromuro de propilo con $CH_3O{:}^-$ en metanol si el nucleófilo se cambiara a $CH_3S{:}^-$?

Síntesis de Williamson de éteres 2

> **PROBLEMA 20◆**
>
> Explique por qué se obtiene sólo un producto de sustitución, y no se observa el producto de eliminación, cuando se trata el siguiente compuesto con metóxido de sodio: 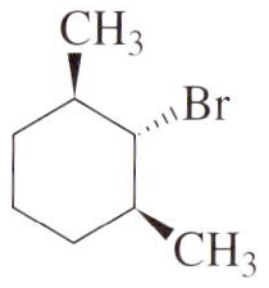
>
> (ciclohexano con CH₃, Br, CH₃ sustituyentes)

Condiciones S$_N$1/E

Ahora se revisará lo que sucede cuando las condiciones favorecen las reacciones S$_N$1/E1, que se caracterizan por un mal nucleófilo y base débil. En las reacciones S$_N$1/E1, el haluro de alquilo se disocia y forma un carbocatión, que a continuación reacciona con el nucleófilo para formar el producto de sustitución, o perder un protón para formar el producto de eliminación.

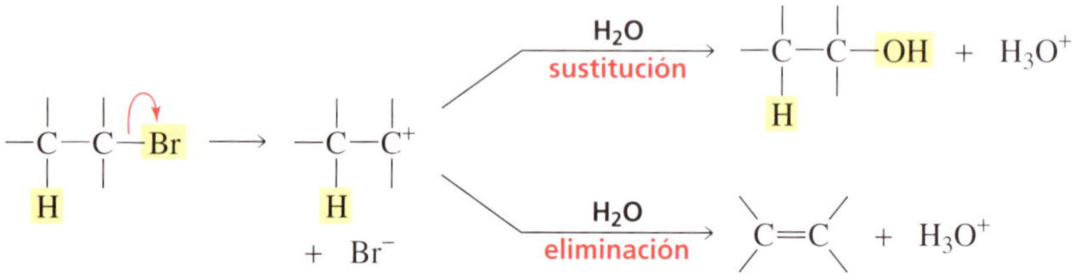

Los haluros de alquilo tienen el mismo orden de reactividad en las reacciones S$_N$1 que en las reacciones E1 porque ambas presentan el mismo paso determinante en la rapidez de reacción: la disociación del haluro de alquilo para formar un carbocatión (tabla 9.5). Ello significa que todos los haluros de alquilo que reaccionan bajo condiciones S$_N$1/E1 formarán productos tanto de sustitución como de eliminación. Recuérdese que en los haluros de alquilo primario las reacciones S$_N$1/E1 no se encuentran favorecidas porque los carbocationes primarios son demasiado inestables para formarse. Por fortuna, las reacciones S$_N$1/E1 de los haluros de alquilo terciario favorecen al producto de sustitución porque el producto de eliminación es el único que se obtiene bajo condiciones S$_N$2/E2.

Los haluros de alquilo primario no forman carbocationes; por consiguiente, no pueden llevar a cabo reacciones S$_N$1 y E1.

$$(CH_3)_3CBr + CH_3CH_2OH \xrightarrow{S_N1} (CH_3)_2C(OCH_2CH_3)CH_3 + CH_3C(CH_3)=CH_2$$
81%   19%

$$(CH_3)_3CBr + CH_3CH_2O^- \xrightarrow{S_N2} CH_3C(CH_3)=CH_2$$
97%

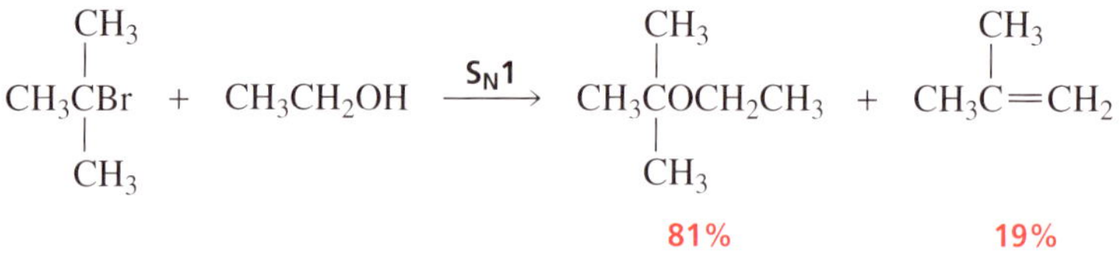

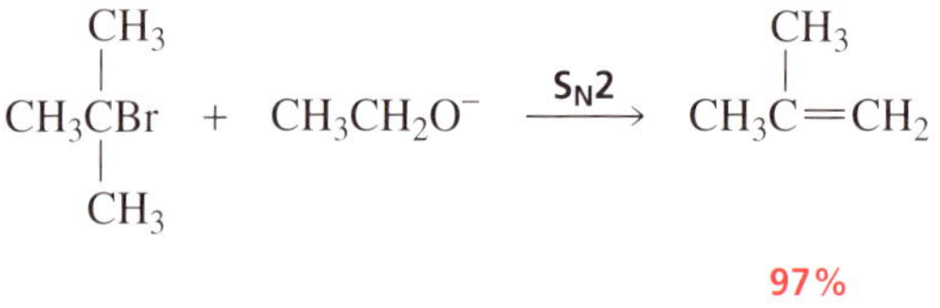

En la tabla 9.6 se resumen los productos obtenidos cuando los haluros de alquilo reaccionan con nucleófilos o bases bajo condiciones S$_N$2/E2 y bajo condiciones S$_N$1/E1.

Tabla 9.6 Resumen de los productos esperados en reacciones de sustitución y eliminación

Tipo de haluro de alquilo	S_N2 comparada con E2	S_N1 comparada con E1
Haluro de alquilo primario	Principalmente sustitución, a menos que haya impedimento estérico en el haluro de alquilo o el nucleófilo, en cuyo caso se favorece la eliminación	No puede llevar a cabo reacciones S_N1/E1
Haluro de alquilo secundario	Tanto sustitución como eliminación; mientras más fuerte y voluminosa sea la base, y mientras mayor sea la temperatura, será mayor el porcentaje de eliminación	Tanto sustitución como eliminación
Haluro de alquilo terciario	Sólo eliminación	Tanto sustitución como eliminación

PROBLEMA 21♦

a. ¿Cuál compuesto reacciona con mayor rapidez en reacciones S_N2?

$$CH_3CH_2CH_2Br \quad \text{o} \quad CH_3CH_2CHCH_3$$
$$\phantom{CH_3CH_2CH_2Br \quad \text{o} \quad CH_3CH_2CH}|$$
$$\phantom{CH_3CH_2CH_2Br \quad \text{o} \quad CH_3CH_2CHC}Br$$

b. ¿Cuál compuesto reacciona con mayor rapidez en reacciones E1?

(ciclohexilo-I o ciclohexilo-Br)

c. ¿Cuál compuesto reacciona con mayor rapidez en reacciones S_N1?

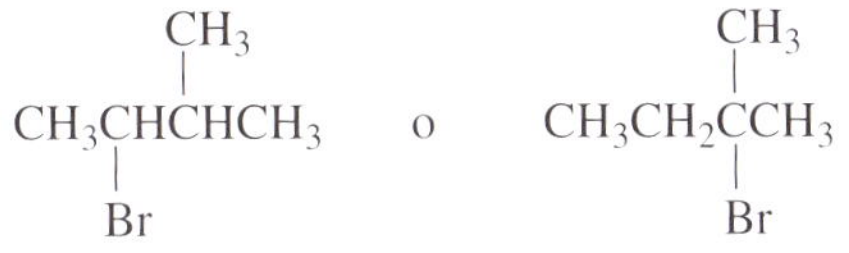

$$\begin{array}{c} CH_3 \\ | \\ CH_3CHCHCH_3 \\ | \\ Br \end{array} \quad \text{o} \quad \begin{array}{c} CH_3 \\ | \\ CH_3CH_2CCH_3 \\ | \\ Br \end{array}$$

d. ¿Cuál compuesto reacciona con mayor rapidez en reacciones E2?

(bromociclohexano o 3-bromociclohexeno)

PROBLEMA 22♦

Indique si los haluros de alquilo de la lista de abajo formarán sobre todo productos de sustitución, sólo productos de eliminación, tanto productos de sustitución como de eliminación o no habrá productos cuando sean tratados bajo las siguientes condiciones:

a. metanol bajo condiciones S_N1/E1
b. metóxido de sodio bajo condiciones S_N2/E2
   1. 1-bromobutano
   2. 1-bromo-2-metilpropano
   3. 2-bromobutano
   4. 2-bromo-2-metilpropano

> **PROBLEMA 23**◆
>
> ¿Es difícil que el 1-bromo-2,2-dimetilpropano tenga reacciones S_N2 o S_N1?
>
> a. Explique por qué.
> b. ¿Puede tener reacciones E2 y E1?

9.9 Reacciones de sustitución y eliminación en síntesis

Cuando se usan reacciones de sustitución o de eliminación en síntesis debe tenerse cuidado de escoger reactivos y condiciones de reacción que maximicen el rendimiento del producto que se desea.

Uso de reacciones de sustitución en síntesis de compuestos

En la sección 8.4 el lector tuvo ocasión de ver que las reacciones de sustitución nucleofílica de haluros de alquilo pueden llevar a una gran variedad de compuestos orgánicos. Por ejemplo, los éteres se sintetizan con la reacción de un haluro de alquilo y un ion alcóxido. Esta reacción fue descubierta por Alexander Williamson en 1850 y se sigue considerando como una de las mejores formas de sintetizar éteres.

BIOGRAFÍA

Alexander William Williamson (1824–1904) *nació en Londres, hijo de padres escoceses. De niño perdió un brazo y un ojo. Se embarcó en el estudio de la medicina, pero a medio camino cambió de opinión y decidió estudiar química. Recibió un doctorado de la universidad de Geissen en 1846. Fue profesor de química en el University College, de Londres.*

Síntesis de Williamson

$$R-Br + R-O^- \longrightarrow R-O-R + Br^-$$
haluro de alquilo   ion alcóxido   éter

El ion alcóxido (RO:$^-$) para la **síntesis de Williamson de éteres** se prepara con sodio metálico o hidruro de sodio (NaH) para extraer un protón de un alcohol.

$$ROH + Na \longrightarrow RO^- + Na^+ + \tfrac{1}{2}H_2$$

$$ROH + NaH \longrightarrow RO^- + Na^+ + H_2$$

La síntesis de Williamson de éteres es una reacción de sustitución nucleofílica; requiere una alta concentración de un buen nucleófilo, lo que indica que se lleva a cabo una reacción S_N2. Si el lector desea sintetizar un éter como el éter butilpropílico puede elegir los materiales de partida: puede usar un haluro de propilo y un ion butóxido, o un haluro de butilo y el ion propóxido.

$$CH_3CH_2CH_2Br + CH_3CH_2CH_2CH_2O^- \longrightarrow CH_3CH_2CH_2OCH_2CH_2CH_2CH_3 + Br^-$$
bromuro de propilo   ion butóxido   éter butilpropílico

$$CH_3CH_2CH_2CH_2Br + CH_3CH_2CH_2O^- \longrightarrow CH_3CH_2CH_2OCH_2CH_2CH_2CH_3 + Br^-$$
bromuro de butilo   ion propóxido   éter butilpropílico

Tutorial del alumno: Factores que favorecen la E2 (E2 promoting factors)

Sin embargo, si lo que desea es sintetizar éter *terc*-butílico etílico, los materiales de partida deben ser un haluro de etilo y el ion *terc*-butóxido. Si tratara de usar un haluro de *terc*-butilo y ion etóxido como reactivos no obtendría el éter porque la reacción de un haluro de alquilo terciario bajo condiciones S_N2/E2 sólo forma el producto de eliminación. En consecuencia, se debe diseñar una síntesis Williamson de éteres de tal modo que el haluro de alquilo proporcione el grupo alquilo menos impedido, y que el ion alcóxido suministre el más impedido.

9.9 Reacciones de sustitución y eliminación en síntesis

$$CH_3CH_2Br + CH_3\underset{CH_3}{\overset{CH_3}{C}}O^- \longrightarrow CH_3CH_2OCCH_3 + CH_2=CH_2 + CH_3\underset{CH_3}{\overset{CH_3}{C}}OH + Br^-$$

bromuro de etilo   ion *terc*-butóxido   éter *terc*-butiletílico   eteno

$$CH_3CH_2O^- + CH_3\underset{CH_3}{\overset{CH_3}{C}}Br \longrightarrow CH_2=\underset{}{\overset{CH_3}{C}}CH_3 + CH_3CH_2OH + Br^-$$

ion etóxido   bromuro de *terc*-butilo   2-metilpropeno

En síntesis de éteres, el haluro de alquilo debe proporcionar el grupo con menos impedimento estérico.

En la sección 6.11 vimos que se pueden sintetizar alquinos con la reacción de un ion acetiluro y un haluro de alquilo.

$$CH_3CH_2C\equiv C^- + CH_3CH_2CH_2Br \longrightarrow CH_3CH_2C\equiv CCH_2CH_2CH_3 + Br^-$$

Ahora que el lector sabe que se trata de una reacción S_N2 (el haluro de alquilo reacciona con una alta concentración de un buen nucleófilo) puede comprender por qué se le recomendó que es mejor usar haluros de alquilo primario, o de metilo, en la reacción. Esos haluros de alquilo son los únicos que forman de manera preponderante el producto de sustitución que se desea. Un haluro de alquilo terciario sólo formaría el producto de eliminación y un haluro de alquilo secundario formaría sobre todo el producto de eliminación porque el ion acetiluro es una base muy fuerte.

PROBLEMA 24◆

¿Qué otro producto orgánico se formará cuando el haluro de alquilo que se usa en la síntesis del éter butilpropílico es

a. bromuro de propilo?   **b.** bromuro de butilo?

PROBLEMA 25

¿Cómo se podrían preparar los éteres siguientes usando un haluro de alquilo y un alcohol?

a. $CH_3CH_2\underset{}{\overset{CH_3}{C}H}OCH_2CH_2CH_3$

b. ⬡—OCH_3

c. $CH_3CH_2OCH_2\underset{}{\overset{CH_3}{C}H}CH_2CH_3$

d. ⬡—CH_2O—⬡

Uso de reacciones de eliminación en síntesis

Si se desea sintetizar un alqueno, debería escogerse el haluro de alquilo más impedido estéricamente posible para maximizar el producto de eliminación y minimizar el producto de sustitución. Por ejemplo, el 2-bromopropano sería mejor material de partida que el 1-bromopropano para sintetizar propeno porque el haluro de alquilo secundario tendría mayor rendimiento del producto de eliminación que se desea y menor rendimiento del producto de sustitución que compite. El porcentaje de alqueno podría aumentarse más usando una base con impedimento estérico, como el ion *terc*-butóxido, en lugar del ion hidróxido.

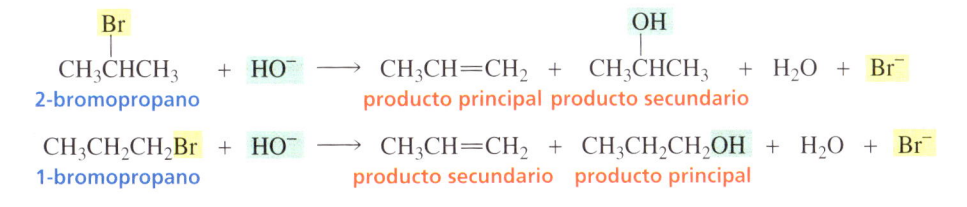

Tutorial del alumno: Síntesis de alquenos (Synthesis of alkenes)

$$CH_3\overset{Br}{C}HCH_3 + HO^- \longrightarrow CH_3CH=CH_2 + CH_3\overset{OH}{C}HCH_3 + H_2O + Br^-$$

2-bromopropano   producto principal   producto secundario

$$CH_3CH_2CH_2Br + HO^- \longrightarrow CH_3CH=CH_2 + CH_3CH_2CH_2OH + H_2O + Br^-$$

1-bromopropano   producto secundario   producto principal

Para sintetizar 2-metil-2-buteno a partir de 2-bromo-2-metilbutano deberían usarse condiciones $S_N2/E2$ (alta concentración de $HO:^-$ en un disolvente polar aprótico) porque un haluro de alquilo terciario *sólo* forma el producto de eliminación bajo esas condiciones. Si se usaran condiciones $S_N1/E1$ (baja concentración de $HO:^-$ en agua) se obtendrían los productos tanto de eliminación como de sustitución.

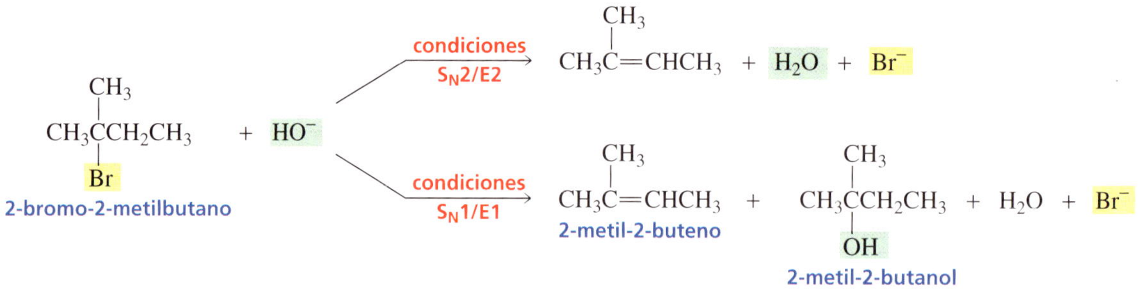

PROBLEMA 26◆

Identifique los tres productos que se forman cuando se disuelve 2-bromo-2-metilpropano en una mezcla de 80% de etanol y 20% de agua.

PROBLEMA 27

a. ¿Qué productos (incluyendo estereoisómeros, si es el caso) se formarían en la reacción de 3-bromo-2-metilpentano con HO^- bajo condiciones $S_N2/E2$ y bajo condiciones $S_N1/E1$?
b. Conteste la pregunta anterior usando 3-bromo-3-metilpentano.

9.10 Reacciones consecutivas de eliminación E2

Los dihaluros de alquilo pueden tener dos deshidrohalogenaciones consecutivas formando productos que contienen dos dobles enlaces. En el ejemplo que sigue, la regla de Zaitsev indica cuál será el producto más estable de la primera deshidrohalogenación, pero no el producto más estable de la segunda. La razón por la que la regla de Zaitsev falla en la segunda reacción es que un dieno conjugado presenta mayor estabilidad que un dieno aislado (sección 7.7).

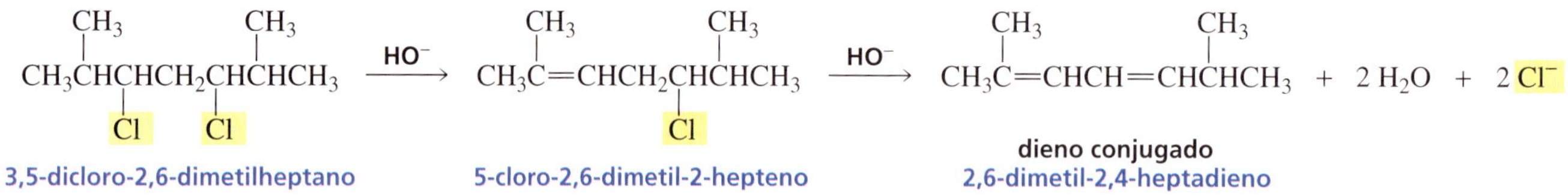

Si los dos halógenos están en el mismo carbono (dihaluros geminales) o en carbonos adyacentes (dihaluros vecinales), las dos deshidrohalogenaciones consecutivas E2 pueden dar como resultado la formación de un enlace triple. Esta es una forma en que se suelen sintetizar los alquinos.

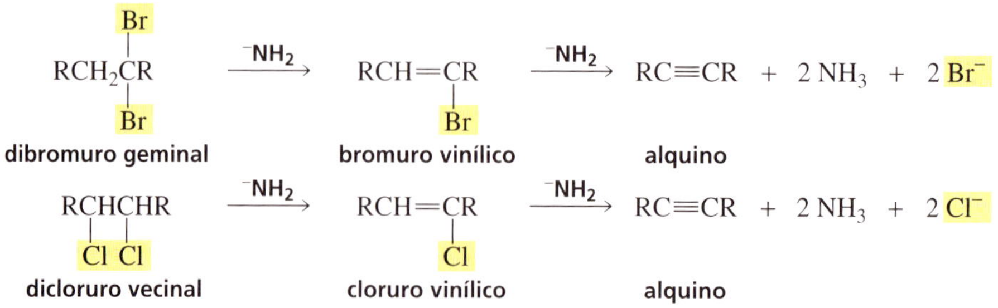

En las reacciones anteriores los haluros vinílicos intermedios son relativamente inertes; en consecuencia, se necesita una base muy fuerte, como $^-{:}NH_2$, para la segunda eliminación. Si se usa una base más débil, como $HO{:}^-$, a temperatura ambiente, la reacción se detendrá en el haluro vinílico y no se formará alquino.

Como en la reacción de un alqueno con Br_2 o Cl_2 se forma un dihaluro vecinal, el lector acaba de aprender cómo se convierte un doble enlace en un triple enlace.

$$CH_3CH{=}CHCH_3 \xrightarrow{Br_2/CH_2Cl_2} CH_3CHBrCHBrCH_3 \xrightarrow{^-NH_2} CH_3CH{=}CCH_3 \text{ (Br)} \xrightarrow{^-NH_2} CH_3C{\equiv}CCH_3 + 2\,NH_3 + 2\,Br^-$$

2-buteno → 2-butino

PROBLEMA 28

¿Por qué no se forma un dieno acumulado en la reacción anterior?

9.11 Diseño de una síntesis II: caracterización del problema

Cuando se pide diseñar una síntesis, una forma de atacar esta tarea es imaginar el material de partida que se haya asignado y preguntarse si hay una serie de reacciones obvias que comience con el material de partida y que conduzca a la **molécula objetivo** (el producto deseado). A veces es el mejor modo de atacar una síntesis *sencilla*. Los ejemplos que siguen han de proporcionar práctica al lector en el empleo de esta estrategia.

Ejemplo 1. Usando el material de partida indicado ¿cómo se prepararía el producto deseado?

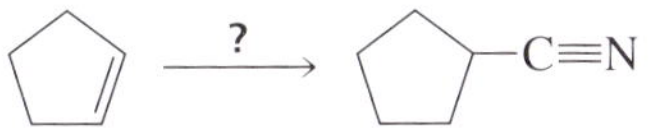

Si se agrega HBr al alqueno se formaría un compuesto con un grupo saliente que puede sustituirse con un nucleófilo. Ya que el $^-{:}C{\equiv}N$ es una base relativamente débil (pK_a del $HC{\equiv}N$ = 9), la sustitución que se desea se favorecerá frente a la reacción paralela de eliminación.

síntesis

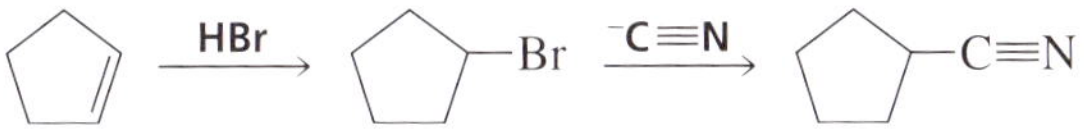

ciclopenteno $\xrightarrow{HBr}$ bromociclopentano $\xrightarrow{^-C{\equiv}N}$ ciclopentil-C≡N

Ejemplo 2. Comenzando con 1-bromo-1-metilciclohexano ¿cómo se prepararía *trans*-2-metilciclohexanol?

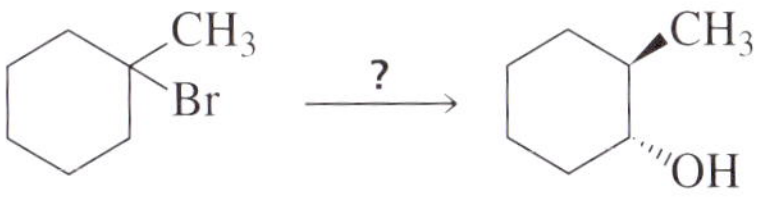

La reacción de eliminación se realiza bajo condiciones E2 porque bajo tales condiciones los haluros de alquilo terciario sólo presentan eliminación, de manera que no habrá producto de sustitución que compita. Ya que en general la hidroboración-oxidación da como resultado la adición *sin* de agua, se obtiene la molécula que se desea (así como su enantiómero).

síntesis

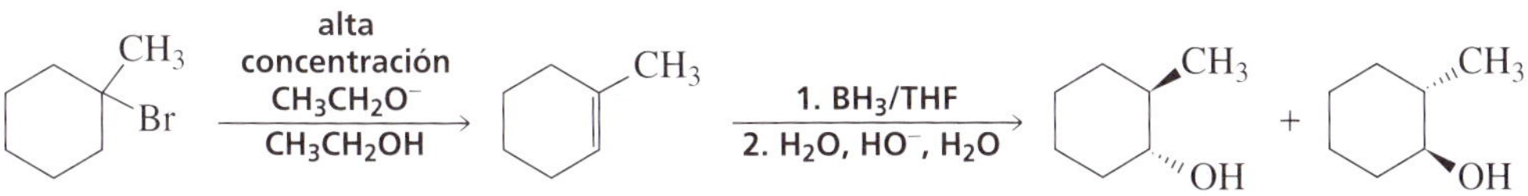

1-bromo-1-metilciclohexano $\xrightarrow[\text{CH}_3\text{CH}_2\text{OH}]{\text{alta concentración } CH_3CH_2O^-}$ 1-metilciclohexeno $\xrightarrow{\text{1. }BH_3/THF;\ \text{2. }H_2O, HO^-, H_2O}$ *trans*-2-metilciclohexanol + enantiómero

422 CAPÍTULO 9 Reacciones de eliminación de los haluros de alquilo • Competencia entre sustitución y eliminación

Como el lector estudió en la sección 6.12, para diseñar una síntesis puede ayudar realizar un análisis inverso, en especial cuando el material de partida no indica con claridad cómo proceder. Véase la molécula deseada y pregúntese cómo se podría preparar. Cuando se disponga de una respuesta, obsérvese el precursor que se haya seleccionado y pregúntese cómo lo podría preparar. Se continúa con el análisis inverso, un paso cada vez, hasta que se obtenga un material de partida que se consiga fácilmente. A esta técnica se le denomina *análisis retrosintético*.

Ejemplo 3. ¿Cómo preparar etilmetilcetona a partir de 1-bromobutano?

$$CH_3CH_2CH_2CH_2Br \xrightarrow{?} CH_3CH_2\overset{O}{\underset{\|}{C}}CH_3$$

En este momento, en sus estudios de química orgánica, el lector sólo conoce dos formas de sintetizar una cetona: 1) por adición de agua a un alquino (sección 6.7) y 2) por hidroboración-oxidación de un alquino (sección 6.8). El alquino puede prepararse con dos reacciones E2 sucesivas de un dihaluro vecinal, el cual a su vez se puede sintetizar de un alqueno. El alqueno adecuado se puede preparar a partir del material de partida mediante una reacción de eliminación.

análisis retrosintético

$$CH_3CH_2\overset{O}{\underset{\|}{C}}CH_3 \Longrightarrow CH_3CH_2C\equiv CH \Longrightarrow CH_3CH_2\underset{Br}{\overset{}{C}}HCH_2Br \Longrightarrow CH_3CH_2CH=CH_2 \Longrightarrow CH_3CH_2CH_2CH_2Br$$

molécula objetivo

la flecha abierta indica que se está avanzando al revés

Ahora se puede escribir la secuencia de reacciones en la dirección de síntesis junto con los reactivos necesarios en cada paso de reacción. Obsérvese que se utiliza una base voluminosa en la reacción de eliminación para maximizar la cantidad de producto de eliminación.

síntesis

$$CH_3CH_2CH_2CH_2Br \xrightarrow[\text{terc-BuOH}]{\substack{\text{alta} \\ \text{concentración} \\ \text{terc-BuO}^-}} CH_3CH_2CH=CH_2 \xrightarrow[CH_2Cl_2]{Br_2} CH_3CH_2\underset{Br}{CHCH_2Br} \xrightarrow{^-NH_2} CH_3CH_2C\equiv CH$$

$$\xrightarrow[\substack{H_2SO_4 \\ HgSO_4}]{H_2O}$$

$$CH_3CH_2\overset{O}{\underset{\|}{C}}CH_3$$

molécula objetivo

Ejemplo 4. ¿Cómo se podría preparar el siguiente éter cíclico a partir del material de partida indicado?

$$BrCH_2CH_2CH_2CH=CH_2 \xrightarrow{?} \underset{O}{\bigcirc}\text{—}CH_3$$

Tutorial del alumno: análisis retrosintético (Retrosynthetic analysis)

Para preparar un éter cíclico, el haluro de alquilo y el alcohol necesarios para sintetizarlo deben ser partes de la misma molécula. Ya que el éter que se desea dispone de un anillo de cinco miembros, los carbonos que tienen los dos grupos reaccionantes deben estar separados por dos carbonos adicionales. La adición de agua al material de partida indicado formará el compuesto bifuncional que se requiere, el cual entonces producirá el éter cíclico a través de una reacción intramolecular.

análisis retrosintético

$$\text{[tetrahidrofurano-2-metil]} \implies \text{BrCH}_2\text{CH}_2\text{CH}_2\text{CHCH}_3 \implies \text{BrCH}_2\text{CH}_2\text{CH}_2\text{CH}=\text{CH}_2$$
$$\quad\quad\quad\quad\quad\quad\quad\quad\quad\quad\quad\quad\quad |$$
$$\quad\quad\quad\quad\quad\quad\quad\quad\quad\quad\quad\quad\text{OH}$$

molécula objetivo

síntesis

$$\text{BrCH}_2\text{CH}_2\text{CH}_2\text{CH}=\text{CH}_2 \xrightarrow[\text{H}_2\text{O}]{\text{H}^+} \text{BrCH}_2\text{CH}_2\text{CH}_2\text{CHCH}_3 \xrightarrow{\text{Na}} \text{[tetrahidrofurano-2-metil]}$$
$$\quad\quad\quad\quad\quad\quad\quad\quad\quad\quad\quad\quad\quad\quad |$$
$$\quad\quad\quad\quad\quad\quad\quad\quad\quad\quad\quad\quad\quad\text{OH}$$

molécula objetivo

PROBLEMA 29

¿Cómo se prepararía la molécula objetivo en la síntesis anterior usando 4-penteno-1-ol como material de partida? ¿Cuál síntesis tendría mayor rendimiento de la molécula deseada?

PROBLEMA 30

Para cada uno de los siguientes compuestos deseados, diseñe una síntesis en varios pasos para indicar cómo se podría preparar a partir del material de partida dado.

a. ciclohexil-Br ⟶ 1,2-epoxiciclohexano

b. ciclohexil-CH=CH₂ ⟶ ciclohexil-CH₂CHO

c. ciclohexil-Br ⟶ trans-1,2-dibromociclohexano

d. ciclohexil-CH=CH₂ ⟶ ciclohexil-CH₂CH₂CH₂CH₃

RESUMEN

Además de tener reacciones de sustitución nucleofílica, los haluros de alquilo presentan reacciones de eliminación β, en las que el halógeno se elimina de un carbono, un hidrógeno se elimina de un carbono adyacente y se forma un doble enlace entre los dos carbonos de donde se eliminaron esos átomos. El producto de una **reacción de eliminación** es, entonces, un alqueno. La eliminación de un protón y un ion haluro se llama **deshidrohalogenación**. Hay dos mecanismos para las **reacciones de eliminación β** importantes, E1 y E2.

Una **reacción E2** es una reacción concertada, es decir que ocurre en un paso; el protón y el ion haluro se eliminan al mismo tiempo y no se forma un compuesto intermediario. En una **reacción E1** el haluro de alquilo se disocia y forma un carbocatión intermediario. En un segundo paso, una base extrae un protón de un carbono que adyacente al carbocatión formado. Como la reacción E1 forma un carbocatión intermediario, el esqueleto de carbonos se puede reordenar antes de perder el protón.

Los haluros de alquilo primario sólo presentan reacciones de eliminación E2. Los haluros de alquilo secundario y terciario tienen reacciones E2 y E1. Para los haluros de alquilo que pueden llevar a cabo reacciones E2 y E1, la reacción E2 se favorece con los mismos factores que favorecen las reacciones S_N2: alta concentración de una base fuerte y un disolvente polar aprótico; la reacción E1 se favorece con los mismos factores que favorecen las reacciones S_N1: una base débil y un disolvente polar prótico.

Una reacción E2 es regioselectiva; el producto principal es el alqueno más estable, a menos que los reactivos estén impedidos estéricamente, o que tenga un mal grupo saliente. El alqueno más estable es en general (pero no siempre) el alqueno más sustituido. El alqueno más sustituido se determina con la regla de Zaitsev: es el que se forma cuando un protón se elimina del carbono β que está unido al carbono que contiene un menor número de hidrógenos. La sustitución en alquilos aumenta la estabilidad de un carbocatión y disminuye la estabilidad de un carbanión.

También una reacción E2 es estereoselectiva porque se favorece la **eliminación** anti. Si el carbono β cuenta con dos hidrógenos, se formarán los productos tanto *E* como *Z*, pero el que tiene los grupos más voluminosos en lados opuestos del doble enlace, el cual es más estable y se formará con mayor rendimiento. Si el carbono β sólo dispone de un hidrógeno se forma un solo alqueno ya que hay exclusivamente un confórmero en el que los grupos que se van a eliminar están en posición *anti*. Los dos grupos eliminados de un anillo de seis miembros deben estar ambos en posiciones axiales, es decir que sean antiplanares; la eliminación es más rápida cuando el H y el X son diaxiales en el confórmero más estable.

Una reacción E1 es regioselectiva: el producto principal es el alqueno más estable, que en general es el más sustituido. Una reacción E1 es estereoselectiva: el producto principal es el alqueno con los grupos más voluminosos en lados opuestos del doble enlace. El carbocatión formado en el primer paso puede tener eliminaciones *sin* y *anti*; en consecuencia, no es forzoso que los dos grupos que se eliminan de un anillo de seis miembros presenten posiciones axiales.

Para determinar cuáles productos se forman cuando un haluro de alquilo desarrolla una reacción comienza con la determinación de si las condiciones favorecen las reacciones S_N2/E2 o S_N1/E1. Cuando se favorecen las reacciones S_N2/E2, los haluros de alquilo primario forman en especial productos de sustitución, a menos que el nucleófilo o la base presenten impedimento estérico, en cuyo caso predominan los productos de eliminación. Los haluros de alquilo secundario forman productos tanto de sustitución como de eliminación; mientras más fuerte y más voluminosa sea la base el porcentaje del producto de eliminación será mayor. Los haluros de alquilo terciario sólo forman productos de eliminación. Cuando se favorecen las condiciones S_N1/E1, los haluros de alquilo secundario y terciario forman productos tanto de sustitución como de eliminación; los haluros de alquilo primario no presentan reacciones S_N1/E1.

La **síntesis Williamson de éteres** consiste en la reacción de un haluro de alquilo con un ion alcóxido. Si dos halógenos están en el mismo carbono, o en carbonos adyacentes, dos deshidrohalogenaciones E2 consecutivas pueden conducir a la formación de un triple enlace (un alquino).

RESUMEN DE REACCIONES

1. Reacción E2: mecanismo de un paso

$$\ddot{B} + -\overset{|}{C}-\overset{|}{C}-X \longrightarrow \overset{}{C}=\overset{}{C} + {}^+BH + X^-$$

Reactividades relativas de los haluros de alquilo: 3° > 2° > 1°

En la eliminación *anti*: se forman los estereoisómeros *E* y *Z*. El isómero con los grupos más voluminosos en los lados opuestos del doble enlace se formará con mayor rendimiento. Si el carbono β de donde se elimina el hidrógeno sólo está unido con un hidrógeno, se formará exclusivamente un producto de eliminación. Su configuración depende de la configuración del reactivo.

2. Reacción E1: mecanismo de dos pasos con un carbocatión intermediario

$$-\overset{|}{C}-\overset{|}{C}-X \longrightarrow -\overset{|}{C}-\overset{|}{C}{}^+ \longrightarrow \overset{}{C}=\overset{}{C} + {}^+BH$$
$$H H$$
$$ \ddot{B} + X^-$$

Reactividades relativas de los haluros de alquilo: 3° > 2° > 1°

Eliminación *anti* y *sin*: se forman los estereoisómeros *E* y *Z*. El isómero que cuenta con los grupos más voluminosos en lados opuestos del doble enlace se forma en mayor rendimiento.

Reacciones S_N2 y E2 en competencia

Haluros de alquilo primario: principalmente sustitución
Haluros de alquilo secundario: sustitución y eliminación
Haluros de alquilo terciario: sólo eliminación

Reacciones S_N1 y E1 en competencia

Haluros de alquilo primario: no pueden tener reacciones S_N1 ni E1
Haluros de alquilo secundario: sustitución y eliminación
Haluros de alquilo terciario: sustitución y eliminación

TÉRMINOS CLAVE

antiperiplanar (pág. 404)
deshidrohalogenación (pág. 391)
efecto isotópico cinético del deuterio (pág. 412)
eliminación *anti* (pág. 404)
eliminación *sin* (pág. 404)

molécula objetivo (pág. 421)
proyección de caballete (pág. 404)
reacción de eliminación (pág. 389)
reacción de eliminación 1,2 (pág. 391)
reacción de eliminación β (pág. 391)
reacción E1 (pág. 398)

reacción E2 (pág. 390)
regla de Zaitsev (pág. 393)
sinperiplanar (pág. 404)
síntesis de Williamson de éteres (pág. 418)

PROBLEMAS

31. Indique el producto principal que se obtiene cuando cada uno de los siguientes haluros de alquilo participa en una reacción E2:

a. $CH_3CHCH_2CH_3$
     $|$
     Br

c. $CH_3CHCH_2CH_3$
     $|$
     Cl

e. $CH_3CHCH_2CH_2CH_3$
     $|$
     Cl

b. ciclohexil-Cl

d. ciclohexil-CH_2Cl

f. 1-cloro-1-metilciclohexano

32. Indique cuál es el producto principal que se obtiene cuando cada uno de los haluros de alquilo en el problema 31 participa en una reacción E1.

33. a. Indique cómo influye cada uno de los factores siguientes en una reacción E1:
  1. la estructura del haluro de alquilo
  2. la fuerza de la base
  3. la concentración de la base
  4. el disolvente

b. Indique cómo afecta una reacción E2 cada uno de los factores anteriores.

34. ¿Cuál especie de cada par es la más estable?

a. $CH_3\overset{-}{C}HCH_2CH_3$ o $CH_3CH_2CH_2\overset{-}{C}H_2$

b. $CH_3\overset{+}{C}HCH_2CH_3$ o $CH_3CH_2CH_2\overset{+}{C}H_2$

c. $\overset{+}{C}H_2CH_2CH=CH_2$ o $CH_2\overset{+}{C}HCH=CH_2$

d. $\overset{-}{C}H_2CH_2CH=CH_2$ o $CH_2\overset{-}{C}HCH=CH_2$

e. $CH_3CHCH=CH_2$ o $CH_3CH_2C=CH_2$
     $|$ $|$
     CH_3 CH_3

f. $CH_3CH\overset{-}{C}HCH_3$ o $CH_3\overset{-}{C}CH_2CH_3$
     $|$ $|$
     CH_3 CH_3

g. $CH_3CH\overset{+}{C}HCH_3$ o $CH_3\overset{+}{C}CH_2CH_3$
     $|$ $|$
     CH_3 CH_3

35. El Dr. T. Mata deseaba sintetizar el anestésico 2-etoxi-2-metilpropano. Usó el ion etóxido y el 2-cloro-2-metilpropano para esta síntesis y obtuvo muy poco éter. ¿Cuál fue el producto predominante de esta síntesis? ¿Qué reactivos debió haber usado?

36. ¿Cuál reactivo de cada uno de los pares siguientes tendrá una reacción de eliminación más rápida? Explique su selección.

a. $(CH_3)_3CCl \xrightarrow[H_2O]{HO^-}$ o $(CH_3)_3CBr \xrightarrow[H_2O]{HO^-}$

b. ciclohexano sustituido $\xrightarrow[CH_3OH]{CH_3O^-}$ o ciclohexano sustituido $\xrightarrow[CH_3OH]{CH_3O^-}$

37. En cada una de las reacciones siguientes, indique el producto principal de eliminación; si el producto puede existir como estereoisómeros, indique cuál de ellos se obtiene con mayor rendimiento.
  a. (R)-2-bromohexano + alta concentración de HO:⁻
  b. (R)-2-bromohexano + H₂O
  c. trans-1-cloro-2-metilciclohexano + concentración alta de CH₃O:⁻
  d. trans-1-cloro-2-metilciclohexano + CH₃OH
  e. 3-bromo-3-metilpentano + concentración alta de HO:⁻
  f. 3-bromo-3-metilpentano + H₂O

38. a. ¿Qué compuesto reacciona con mayor rapidez en una reacción E2: el 3-bromociclohexeno o el bromociclohexano?
  b. ¿Cuál de las sustancias anteriores reacciona con mayor rapidez en una reacción E1?

39. Partiendo de un haluro de alquilo ¿cómo se podrían preparar los siguientes compuestos?
  a. 2-metoxibutano   **b.** 1-metoxibutano   **c.** butilmetilamina

40. Indique cuál de los compuestos de cada par dará una relación mayor de producto de sustitución entre el producto de eliminación al reaccionar con bromuro de isopropilo:
  a. ion etóxido o ion terc-butóxido
  b. ⁻OCN o ⁻SCN
  c. Cl⁻ o Br⁻
  d. CH₃S⁻ o CH₃O⁻

41. Ordene los siguientes compuestos por reactividad decreciente en reacciones E2:

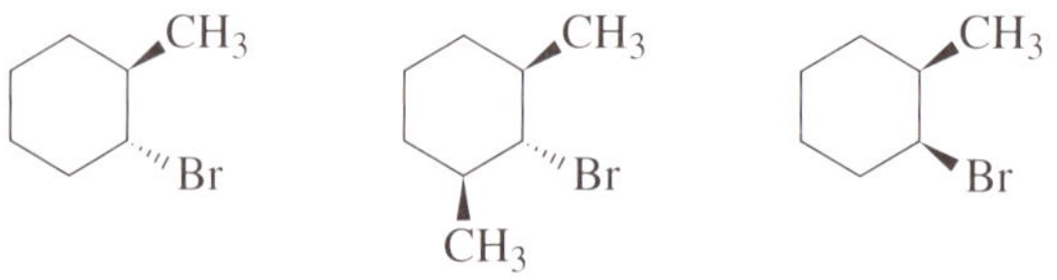

42. Para cada uno de los haluros de alquilo siguientes, indique cuál estereoisómero se obtendría con mayor rendimiento al reaccionar con una elevada concentración de ion hidróxido.
  a. 3-bromo-2,2,3-trimetilpentano   **c.** 3-bromo-2,3-dimetilpentano
  b. 4-bromo-2,2,3,3-tetrametilpentano   **d.** 3-bromo-3,4-dimetilhexano

43. Cuando reacciona 2-bromo-2,3-dimetilbutano con una base bajo condiciones E2 se forman dos alquenos: 2,3-dimetil-1-buteno y 2,3-dimetil-2-buteno.
  a. ¿Cuál de las bases que se están a continuación produciría el mayor porcentaje del 1-alqueno?
  b. ¿Cuál produciría el mayor porcentaje del 2-alqueno?

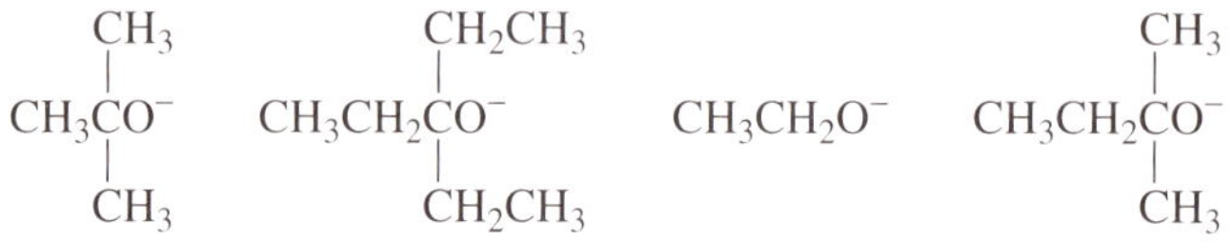

44. a. Indique las estructuras de los productos obtenidos en la reacción de cada enantiómero del cis-1-cloro-2-isopropilciclopentano con una concentración alta de metóxido de sodio en metanol.
  b. Esos productos ¿son ópticamente activos?
  c. ¿En qué difieren los productos si el material de partida fuera el isómero trans? ¿Son todos esos productos ópticamente activos?
  d. Los enantiómeros cis o los enantiómeros trans ¿formarán productos de sustitución con más rapidez?
  e. Los enantiómeros cis o los enantiómeros trans ¿formarán productos de eliminación con mayor rapidez?

45. Cuando el compuesto siguiente se somete a solvólisis en etanol se obtienen tres productos. Proponga un mecanismo que explique la formación de esos productos.

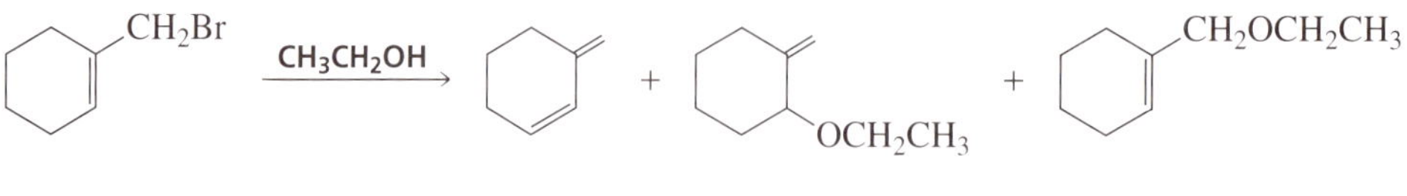

46. El cis-1-bromo-4-terc-butilciclohexano y el trans-1-bromo-4-terc-butilciclohexano reaccionan con etóxido de sodio en etanol y forman 4-terc-butilciclohexeno. Explique por qué el isómero cis reacciona con mucha mayor rapidez que el isómero trans.

47. En cada una de las reacciones siguientes indique cuáles son los productos de eliminación; si los productos pueden existir como estereoisómeros indique cuáles estereoisómeros se obtienen.
  a. (2S,3S)-2-cloro-3-metilpentano + concentración alta de CH$_3$O:$^-$
  b. (2S,3R)-2-cloro-3-metilpentano + concentración alta de CH$_3$O:$^-$
  c. (2R,3S)-2-cloro-3-metilpentano + concentración alta de CH$_3$O:$^-$
  d. (2R,3R)-2-cloro-3-metilpentano + concentración alta de CH$_3$O:$^-$
  e. 3-cloro-3-etil-2,2-dimetilpentano + alta concentración de CH$_3$CH$_2$O:$^-$

48. Indique cuál es el producto principal de eliminación que se obtendría en cada una de las reacciones siguientes:

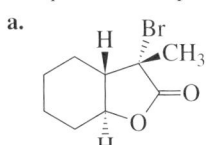

  a.   **b.**

49. ¿Cuál de los hexaclorociclohexanos siguientes es el menos reactivo en reacciones E2?

50. Explique por qué aumenta la rapidez de la reacción del 1-bromo-2-buteno con etanol si se agrega nitrato de plata a la mezcla de reacción.

51. Indique cuáles son los productos de cada una de las reacciones siguientes efectuadas bajo condiciones S$_N$2/E2. Si el producto puede existir como mezcla de estereoisómeros indique cuáles estereoisómeros se forman.
  a. (3S,4S)-3-bromo-4-metilhexano + CH$_3$O:$^-$ **c.** (3S,4R)-3-bromo-4-metilhexano + CH$_3$O:$^-$
  b. (3R,4R)-3-bromo-4-metilhexano + CH$_3$O:$^-$ **d.** (3R,4S)-3-bromo-4-metilhexano + CH$_3$O:$^-$

52. En la siguiente reacción de eliminación E2 se obtienen dos productos:

$$CH_3CH_2CHDCH_2Br \xrightarrow{HO^-}$$

  a. ¿Cuáles son los productos de eliminación?
  b. ¿Cuál se forma con mayor rendimiento? Explique por qué.

53. ¿Cómo podría usted preparar los compuestos siguientes a partir de los materiales de partida indicados?

  a. CH$_3$CH$_2$CH$_2$CH$_2$Br ⟶ CH$_3$CH$_2$CCH$_2$CH$_2$CH$_3$ (con =O)   **b.** BrCH$_2$CH$_2$CH$_2$CH$_2$Br ⟶ ciclohexano-CH$_2$CH$_3$

54. El *cis*-4-bromociclohexanol y el *trans*-4-bromociclohexanol forman el mismo producto de eliminación al reaccionar con HO:$^-$ pero distintos productos de sustitución.

  a. Indicando los mecanismos, explique por qué se obtienen diferentes productos de sustitución.
  b. ¿Cuántos estereoisómeros del producto se forman en cada reacción?

428 CAPÍTULO 9   Reacciones de eliminación de los haluros de alquilo • Competencia entre sustitución y eliminación

55. En la siguiente reacción se forman tres productos de sustitución y tres de eliminación:

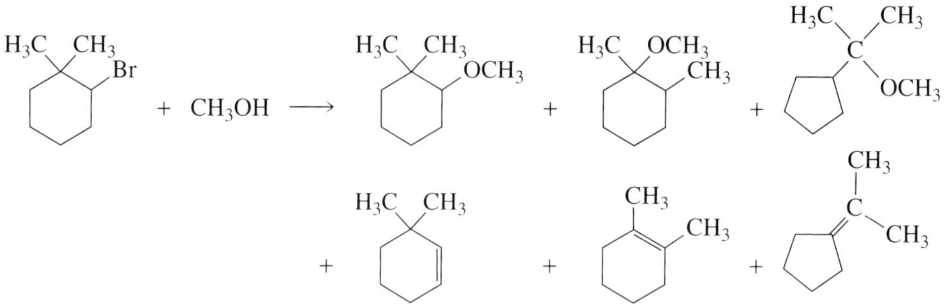

Explique la formación de estos productos.

56. Sólo se forma un producto cuando el estereoisómero del 2-cloro-1,3-dimetilciclohexano reacciona con ion metóxido en un disolvente que favorezca reacciones S_N2/E2:

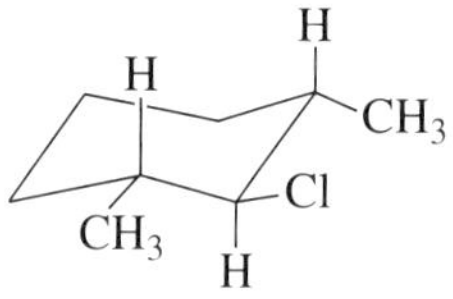

Cuando el mismo compuesto reacciona con ion metóxido en un disolvente que favorezca las reacciones S_N1/E1, se forman doce productos. Identifique los productos que se forman bajo los dos conjuntos de condiciones.

57. Para cada uno de los compuestos siguientes, indique el producto que se forma en una reacción E2 e indique la configuración del producto:
   a. (1S,2S)-1-bromo-1,2-difenilpropano
   b. (1S,2R)-1-bromo-1,2-difenilpropano

CAPÍTULO 10

Reacciones de alcoholes, aminas, éteres, epóxidos y compuestos sulfurados • Compuestos organometálicos

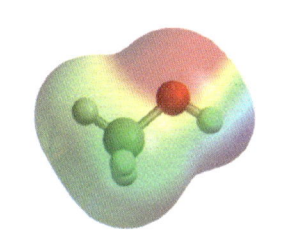

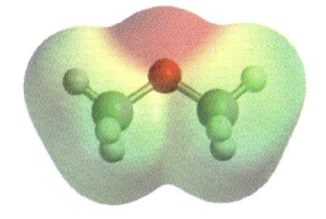

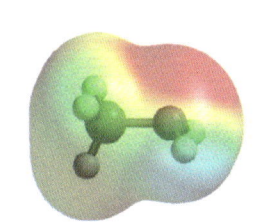

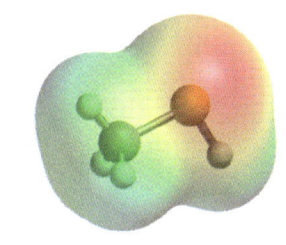

ANTECEDENTES

SECCIONES 10.1 Y 10.7 Los alcoholes y los éteres presentan reacciones de sustitución nucleofílica (S_N1 y S_N2) como los haluros de alquilo (8.2 y 8.5); sin embargo, los alcoholes y los éteres deben activarse para que reaccionen porque tienen grupos salientes muy malos. Hay varias formas de activar un alcohol, pero sólo una para activar un éter.

SECCIÓN 10.4 Cuando se activan, los alcoholes también presentan reacciones de eliminación (E1 y E2) como los haluros de alquilo (9.1 y 9.3).

SECCIÓN 10.4 La deshidratación de los alcoholes es la reacción inversa de la adición de agua a un alqueno catalizada por ácido (4.5).

SECCIÓN 10.5 Hemos visto dos reacciones de oxidación (4.8 y 4.9); ahora veremos algunas más.

SECCIÓN 10.8 Hemos visto que un alqueno se puede convertir en un epóxido (4.9). Ahora el lector aprenderá cómo se asignan los nombres a los epóxidos y cómo reaccionan.

SECCIÓN 10.11 Las propiedades físicas de los tioles se comparan con las de los alcoholes (2.9).

Ya se estudió que los haluros de alquilo presentan reacciones de sustitución y de eliminación por sus átomos de halógeno, atractor de electrones por efecto inductivo (capítulos 8 y 9). Los compuestos con otros grupos atractores de electrones por efecto inductivo también experimentan reacciones de sustitución y eliminación. La reactividad relativa de esos compuestos depende del grupo atractor de electrones.

Los alcoholes y los éteres disponen de grupos atractores de electrones por efecto inductivo (HO:⁻, RO:⁻ respectivamente) que son bases más fuertes que los iones haluro (X:⁻); por tratarse de bases más fuertes, son grupos salientes más malos y en consecuencia son más difíciles de desplazar. Entonces, los alcoholes y los éteres son menos reactivos que los haluros de alquilo en reacciones de sustitución y eliminación. Se verá que debido a sus grupos salientes fuertemente básicos, los alcoholes y los éteres deben "activarse" para poder experimentar una reacción de sustitución o de eliminación. En contraste, los sulfonatos de alquilo y las sales de sulfonio son grupos salientes débilmente básicos, por lo que presentan reacciones de sustitución con facilidad.

Mientras más débil sea la base se podrá desplazar con más facilidad.

Mientras más fuerte sea el ácido su base conjugada será más débil.

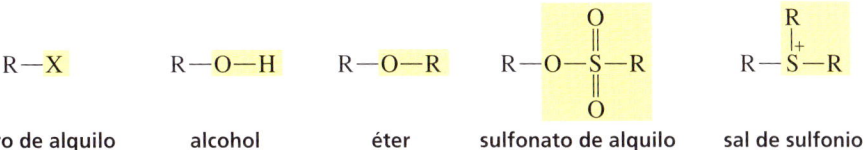

R—X   R—O—H   R—O—R   R—O—S(=O)(=O)—R   R—S⁺(R)—R

haluro de alquilo   alcohol   éter   sulfonato de alquilo   sal de sulfonio
X = F, Cl, Br, I

10.1 Reacciones de sustitución nucleofílica de los alcoholes: formación de haluros de alquilo

Un **alcohol** posee un grupo saliente fuertemente básico (HO:⁻) al que un nucleófilo no puede desplazar. En consecuencia, un alcohol no puede experimentar reacciones de sustitución nucleofílica.

$$CH_3-\overset{..}{\underset{..}{O}}H + Br^- \xrightarrow{\times} CH_3-Br + HO^-$$

grupo saliente muy básico / base fuerte

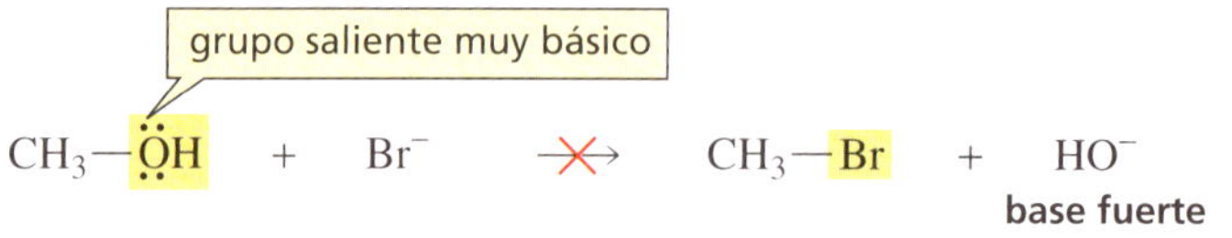

Sin embargo, si el grupo OH del alcohol se convierte en un grupo que sea base más débil (y por consiguiente, en un mejor grupo saliente), puede suscitarse una reacción de sustitución nucleofílica. Una forma de convertir un grupo OH en una base más débil es protonarlo, lo que supone agregar ácido a la disolución. Con la protonación el grupo saliente cambia de HO:⁻ a H₂O, que es una base suficientemente débil como para ser desplazada por un nucleófilo. La reacción de sustitución es lenta y requiere calor (excepto en el caso de los alcoholes terciarios) si ha de efectuarse en un tiempo razonable.

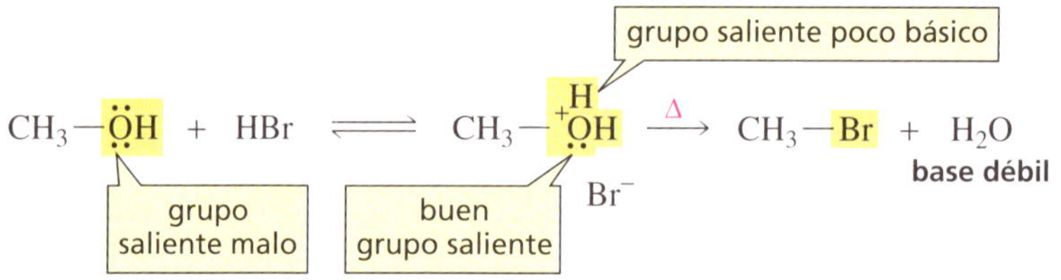

$$CH_3-\overset{..}{\underset{..}{O}}H + HBr \rightleftharpoons CH_3-\overset{+}{O}H_2 \xrightarrow{\Delta} CH_3-Br + H_2O$$

grupo saliente malo / buen grupo saliente / grupo saliente poco básico / base débil

Como se debe protonar el grupo OH del alcohol antes de que un nucleófilo lo pueda desplazar, en la reacción de sustitución sólo se pueden usar nucleófilos débilmente básicos (I:⁻, Br:⁻, Cl:⁻). Los nucleófilos moderada y fuertemente básicos (NH₃, RNH₂, CH₃O:⁻) no se pueden usar porque también se protonarían en la disolución ácida y una vez protonados dejarían de ser nucleófilos (⁺NH₄, RNH₃⁺) o serían malos nucleófilos (CH₃OH).

PROBLEMA 1◆

¿Por qué el NH₃ y el CH₃NH₂ ya no son nucleófilos cuando se protonan?

Todos los alcoholes primarios, secundarios y terciarios presentan reacciones de sustitución nucleofílica con HI, HBr y HCl para formar haluros de alquilo.

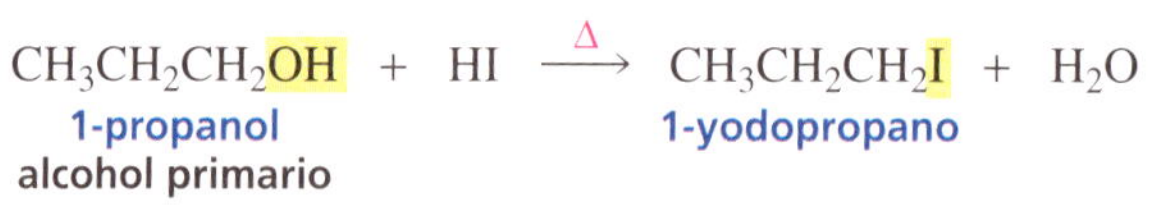

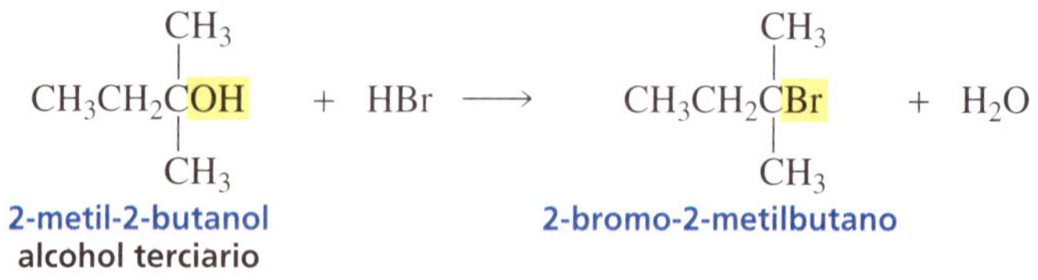

$$CH_3CH_2CH_2OH + HI \xrightarrow{\Delta} CH_3CH_2CH_2I + H_2O$$
1-propanol (alcohol primario) → 1-yodopropano

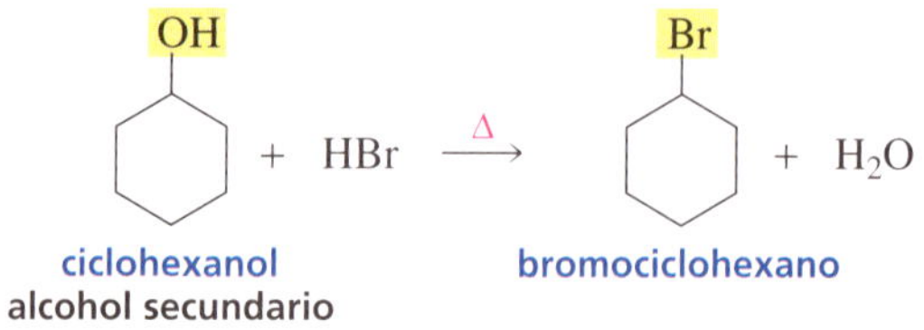

ciclohexanol (alcohol secundario) + HBr $\xrightarrow{\Delta}$ bromociclohexano + H₂O

$$CH_3CH_2\underset{CH_3}{\overset{CH_3}{\underset{|}{\overset{|}{C}}}}OH + HBr \longrightarrow CH_3CH_2\underset{CH_3}{\overset{CH_3}{\underset{|}{\overset{|}{C}}}}Br + H_2O$$

2-metil-2-butanol (alcohol terciario) → 2-bromo-2-metilbutano

10.1 Reacciones de sustitución nucleofílica de los alcoholes: formación de haluros de alquilo **431**

El mecanismo de la reacción de sustitución depende de la estructura del alcohol. Los alcoholes secundarios y terciarios presentan reacciones S_N1.

> Los alcoholes secundarios y terciarios presentan reacciones S_N1 con haluros de hidrógeno.

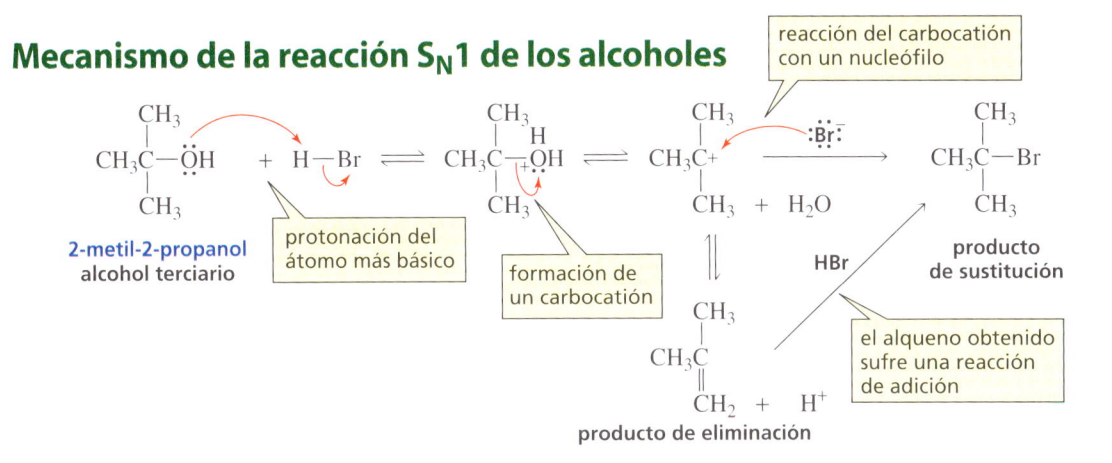

Mecanismo de la reacción S_N1 de los alcoholes

$$CH_3C(CH_3)(CH_3)-\ddot{O}H + H-Br \rightleftharpoons CH_3C(CH_3)(CH_3)-\overset{H}{\underset{+}{\ddot{O}H}} \rightleftharpoons CH_3\overset{CH_3}{\underset{CH_3}{C^+}} + H_2O \xrightarrow{:\ddot{Br}:^-} CH_3\overset{CH_3}{\underset{CH_3}{C}}-Br$$

2-metil-2-propanol
alcohol terciario — protonación del átomo más básico — formación de un carbocatión — reacción del carbocatión con un nucleófilo — producto de sustitución

$$\Updownarrow HBr$$

$$CH_3\overset{CH_3}{\underset{\|}{C}}=CH_2 + H^+$$

producto de eliminación — el alqueno obtenido sufre una reacción de adición

- Un ácido reacciona siempre igual con una molécula orgánica: protona al átomo más básico de la molécula.
- El agua, débilmente básica, es el grupo saliente que se expulsa y forma un carbocatión.
- El carbocatión tiene dos destinos posibles: se puede combinar con un nucleófilo y formar un producto de sustitución, o puede perder un protón y formar un producto de eliminación.

Aunque la reacción puede formar un producto de sustitución y un producto de eliminación, en realidad sólo se obtiene el producto de sustitución porque todo alqueno que se forme en una reacción de eliminación sufrirá después una reacción de adición con HBr y se formará más producto de sustitución.

Los alcoholes terciarios experimentan reacciones de sustitución con haluros de hidrógeno más rápidas que los secundarios porque los carbocationes terciarios se forman con más facilidad que los carbocationes secundarios. (Recuérdese que los grupos alquilo estabilizan los carbocationes por hiperconjugación, sección 4.2). Entonces, la reacción de un alcohol terciario con un haluro de hidrógeno se efectúa con facilidad a temperatura ambiente, mientras que la de un alcohol secundario con un haluro de hidrógeno se debe calentar para que presente la misma rapidez.

> Un ácido protona al átomo más básico de una molécula.

> Estabilidad de carbocationes: 3° > 2° > 1°

$$CH_3\underset{OH}{\overset{CH_3}{C}}CH_2CH_3 + HBr \longrightarrow CH_3\underset{Br}{\overset{CH_3}{C}}CH_2CH_3 + H_2O$$

$$CH_3\underset{OH}{C}HCH_2CH_3 + HBr \xrightarrow{\Delta} CH_3\underset{Br}{C}HCH_2CH_3 + H_2O$$

Los alcoholes primarios no pueden llevar a cabo reacciones S_N1 porque los carbocationes primarios son demasiado inestables para formarse (sección 8.5). Entonces, cuando un alcohol primario reacciona con un haluro de hidrógeno lo debe hacer a través de una reacción S_N2.

Mecanismo de la reacción S_N2 de los alcoholes

$$CH_3CH_2\ddot{O}H + H-Br \rightleftharpoons CH_3CH_2-\overset{H}{\underset{+}{\ddot{O}H}} \longrightarrow CH_3CH_2Br + H_2O$$

etanol
alcohol primario — protonación del oxígeno — ataque del nucleófilo por el lado de atrás — $:\ddot{Br}:^-$

432 CAPÍTULO 10 Reacciones de alcoholes, aminas, éteres, epóxidos y compuestos sulfurados • Compuestos organometálicos

Los alcoholes primarios presentan reacciones S$_N$2 con haluros de hidrógeno.

- El ácido protona al átomo más básico del reactivo.
- El nucleófilo ataca por el lado de atrás del carbono y desplaza al grupo saliente.

Sólo se obtiene un producto de sustitución; no se forma producto de eliminación porque el ion haluro, aunque es un buen nucleófilo, también es una base débil y una reacción E2 requiere una base fuerte para extraer un protón de un carbono β (sección 9.4). (Téngase presente que un carbono β es el carbono adyacente al carbono que está unido el grupo saliente).

Cuando se usa HCl en vez de HBr o de HI, la reacción S$_N$2 es más lenta porque el Cl:$^-$ es un nucleófilo más deficiente que el Br:$^-$ o el I:$^-$ (sección 8.3); pese a ello, se puede aumentar la rapidez de la reacción usando ZnCl$_2$ como catalizador.

$$CH_3CH_2CH_2OH + HCl \xrightarrow[\Delta]{ZnCl_2} CH_3CH_2CH_2Cl + H_2O$$

El ZnCl$_2$ es un ácido de Lewis, que forma un complejo muy fuerte con un par de electrones no enlazado del oxígeno. Esta interacción debilita el enlace C—O y crea un grupo saliente mejor.

$$CH_3CH_2CH_2\ddot{O}H + \underset{\underset{Cl}{|}}{ZnCl} \longrightarrow CH_3CH_2CH_2-\overset{\overset{ZnCl}{|}}{\underset{\ddot{Cl}:^-}{\overset{+}{O}H}} \longrightarrow CH_3CH_2CH_2Cl + HOZnCl$$

LA PRUEBA DE LUCAS

Con la prueba de Lucas se determina si un alcohol es primario, secundario o terciario, al aprovechar la rapidez relativa con la que reaccionan esas tres clases de alcoholes con HCl/ZnCl$_2$. Se agrega el alcohol a una mezcla de HCl y ZnCl$_2$, llamada reactivo de Lucas. Los alcoholes de baja masa molecular son solubles en el reactivo de Lucas, pero los haluros de alquilo que se producen no lo son, así que hacen que la disolución se vuelva turbia. Si el alcohol es terciario, la disolución se vuelve turbia de inmediato. Si el alcohol es secundario, se pondrá turbia en unos cinco minutos. Un alcohol primario sólo producirá una disolución turbia si se calienta. Como la prueba depende de la solubilidad completa del alcohol en el reactivo de Lucas, es útil sólo para alcoholes con menos de seis carbonos.

BIOGRAFÍA

Howard J. Lucas (1885-1963) *nació en Ohio y obtuvo la licenciatura y la maestría en ciencias en la Universidad Estatal de Ohio. Publicó una descripción de la prueba de Lucas en 1930. Fue profesor de química en el Instituto Tecnológico de California.*

PROBLEMA 2 RESUELTO

Use los valores de pK_a de los ácidos conjugados de los grupos salientes (el pK_a del HBr es -9; el del H$_2$O es 15.7; el del H$_3$O$^+$ es -1.7) para explicar la diferencia de reactividad en las reacciones de sustitución entre:

a. CH$_3$Br y CH$_3$OH

b. CH$_3$OH$_2^+$ y CH$_3$OH

Solución a 2a El ácido conjugado del grupo saliente del CH$_3$Br es HBr; el ácido conjugado del grupo saliente del CH$_3$OH es H$_2$O. Como el HBr es un ácido mucho más fuerte (p$K_a = -9$) que el H$_2$O (p$K_a = 15.7$), el Br:$^-$ es una base mucho más débil que HO:$^-$. (Recuérdese que mientras más fuerte sea el ácido la base conjugada es más débil.) Por consiguiente, el Br:$^-$ es un grupo saliente mucho mejor que el HO:$^-$ y determina que el CH$_3$Br sea mucho más reactivo que el CH$_3$OH.

PROBLEMA 3 RESUELTO

Demuestre cómo se puede convertir 1-butanol en los compuestos siguientes:

a. CH$_3$CH$_2$CH$_2$CH$_2$OCH$_3$

b. CH$_3$CH$_2$CH$_2$CH$_2$O$\overset{\overset{O}{\|}}{C}CH_2CH_3$

c. CH$_3$CH$_2$CH$_2$CH$_2$NHCH$_2$CH$_3$

d. CH$_3$CH$_2$CH$_2$CH$_2$C$\equiv$N

Solución de 3a En vista de que el grupo OH del 1-butanol es demasiado básico para ser sustituido, primero se debe convertir el alcohol en un haluro de alquilo. El haluro de alquilo cuenta con un grupo saliente que puede sustituirse por $CH_3O:^-$, el nucleófilo necesario para obtener el producto que se desea.

$$CH_3CH_2CH_2CH_2OH \xrightarrow[\Delta]{HBr} CH_3CH_2CH_2CH_2Br \xrightarrow[\Delta]{CH_3O^-} CH_3CH_2CH_2CH_2OCH_3$$

PROBLEMA 4

La reactividad relativa observada de los alcoholes primarios, secundarios y terciarios con un haluro de hidrógeno es 3° > 2° > 1°. Si los alcoholes secundarios tuvieran una reacción S_N2 en vez de una S_N1 con un haluro de hidrógeno ¿cuál sería la reactividad relativa de las tres clases de alcoholes?

Como la reacción de un alcohol secundario o terciario con un haluro de alquilo es S_N1 se forma un carbocatión intermediario. Entonces, debe comprobarse la posibilidad de que haya un reordenamiento del carbocatión para determinar el producto de la reacción de sustitución. Recuérdese que habrá un reordenamiento del carbocatión si conduce a la formación de un carbocatión más estable (sección 4.6). Por ejemplo, el producto principal de la reacción del 3-metil-2-butanol con HBr es el 2-bromo-2-metilbutano porque un desplazamiento del hidruro 1,2 convierte al carbocatión secundario que se forma al principio en un carbocatión terciario, más estable.

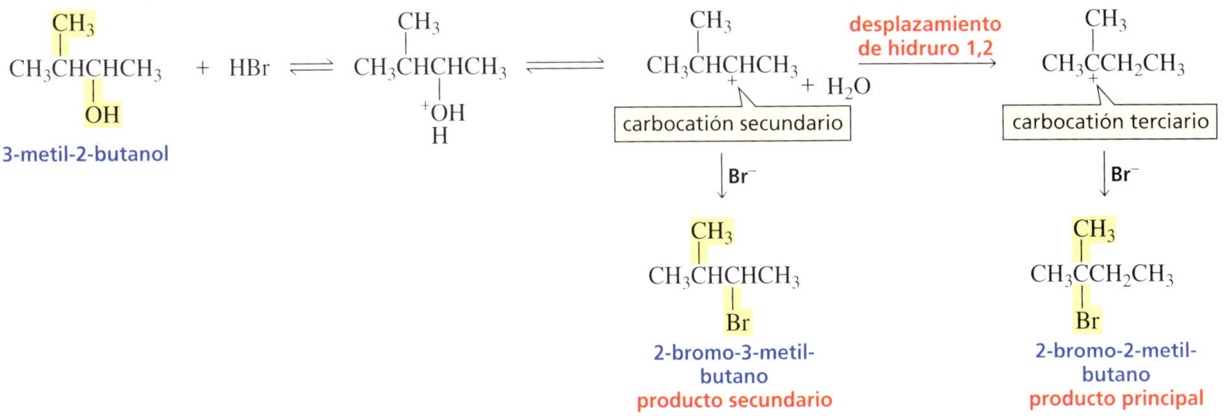

PROBLEMA 5

Indique el producto principal que se forma en cada una de las reacciones siguientes:

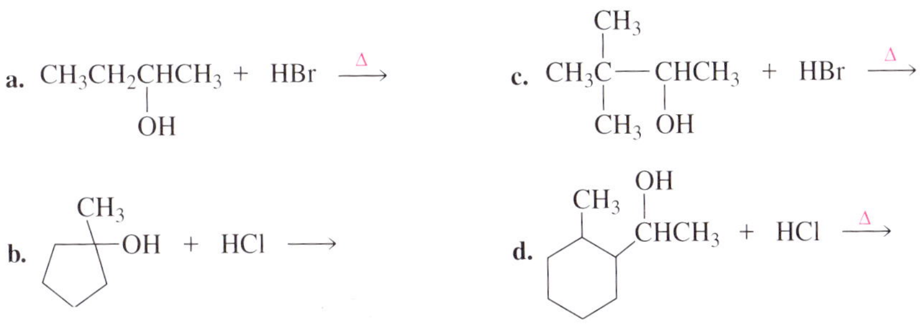

a. $CH_3CH_2CH(OH)CH_3 + HBr \xrightarrow{\Delta}$

b. (1-metilciclopentanol) $+ HCl \longrightarrow$

c. $CH_3C(CH_3)_2-CH(OH)CH_3 + HBr \xrightarrow{\Delta}$

d. (1-metil-2-(1-hidroxietil)ciclohexano) $+ HCl \xrightarrow{\Delta}$

ALCOHOL DE GRANO Y DE MADERA

Cuando uno ingiere etanol, éste actúa sobre el sistema nervioso central. Las cantidades moderadas afectan el juicio y aminoran las inhibiciones morales. Cantidades mayores interfieren con la coordinación motora y causan habla confusa y amnesia. Con cantidades todavía mayores, se produce náusea y pérdida de conciencia. Si se ingieren cantidades muy grandes de etanol, hay interferencia con la respiración espontánea y el desenlace puede ser fatal.

El etanol en las bebidas alcohólicas se produce por la fermentación de la glucosa, que se obtiene principalmente de uvas, de granos como maíz, centeno y trigo (por lo que al etanol también se le llama alcohol de grano) y también se obtiene del jugo de la caña (por lo que también se le conoce como alcohol de caña). Los granos se cocinan en presencia de malta (que es cebada germinada) para convertir gran parte de su almidón en glucosa. Se agregan levaduras para convertir la glucosa en etanol y dióxido de carbono (sección 25.8).

$$C_6H_{12}O_6 \xrightarrow{\text{enzimas de la levadura}} 2\ CH_3CH_2OH + 2\ CO_2$$
glucosa etanol

La clase de bebida que se obtiene (vino blanco o tinto, cerveza, whisky escocés o bourbon, o champaña) depende de la especie de la planta que sea la fuente de la celulosa, de si se deja escapar el CO_2 formado en la fermentación, de si se agregan otras sustancias y de la forma de purificar la bebida (sedimentación en los vinos, destilación para los licores como el whisky o el bourbon).

El impuesto que se cobra en los licores haría que el etanol fuera un reactivo de laboratorio costosísimo. Por el alcohol de laboratorio o industrial no se pagan impuestos porque se usa en una gran variedad de procesos comerciales e industriales. Aunque no paga impuestos, se reglamenta su uso con cuidado por parte de los gobiernos federales para asegurar que no se use en la preparación de bebidas alcohólicas. El alcohol desnaturalizado es etanol que se ha convertido en no ingerible, agregándole un desnaturalizante como benceno o metanol; no paga impuestos, pero las impurezas que se le agregan hacen que no se pueda emplear directamente en muchos usos de laboratorio.

El metanol también se conoce como alcohol de madera porque hace tiempo se obtenía calentando madera en ausencia de oxígeno; es muy tóxico. Si se ingieren cantidades muy pequeñas puede causar ceguera, y cuando se ha ingerido una onza puede ser fatal. En la sección 24.2 se describirá el antídoto para el metanol.

10.2 Otros métodos para transformar alcoholes en haluros de alquilo

Los alcoholes son compuestos poco costosos y se consiguen con facilidad. Como se acaba de ver, no experimentan sustitución nucleofílica porque el grupo $HO:^-$ es demasiado básico para ser desplazado por un nucleófilo. En consecuencia, se necesitan otros métodos para convertir los alcoholes, abundantes pero inertes, en haluros de alquilo reactivos que se puedan usar como materias primas en la preparación de muchos compuestos orgánicos (sección 8.4).

$$R-OH \xrightarrow[\Delta]{HX} R-X \xrightarrow{^-Nu} R-Nu$$
alcohol haluro de alquilo
X = Cl, Br, I

Se acaba de ver que se puede convertir un alcohol en un haluro de alquilo tratándolo con un haluro de hidrógeno. Empero, se obtienen mejores rendimientos y se pueden evitar el reordenamientos del carbocatión si se usa un trihaluro de fósforo (PCl_3, PBr_3 o PI_3)[*] o cloruro de tionilo ($SOCl_2$). Todos estos reactivos actúan de la misma forma: convierten el alcohol en un compuesto intermediario que posee un grupo saliente que se desplaza con facilidad por un ion haluro. Por ejemplo, el tribromuro de fósforo convierte el grupo OH de un alcohol en un grupo bromosulfito, al cual puede desplazar con facilidad un ion bromuro.

$$CH_3CH_2-\ddot{O}H + \underset{\substack{\text{tribromuro}\\\text{de fósforo}}}{PBr_3} \longrightarrow CH_3CH_2-\overset{+}{\underset{H}{O}}PBr_2 \longrightarrow CH_3CH_2-\ddot{O}PBr_2 \longrightarrow CH_3CH_2Br + {}^-OPBr_2$$

grupo bromofosfito

---

[*] Por su inestabilidad, el PI_3 se genera in situ (en la mezcla de reacción) haciendo reaccionar fósforo con yodo.

El cloruro de tionilo convierte un grupo OH en un grupo clorosulfito, que puede ser desplazado por el Cl:⁻.

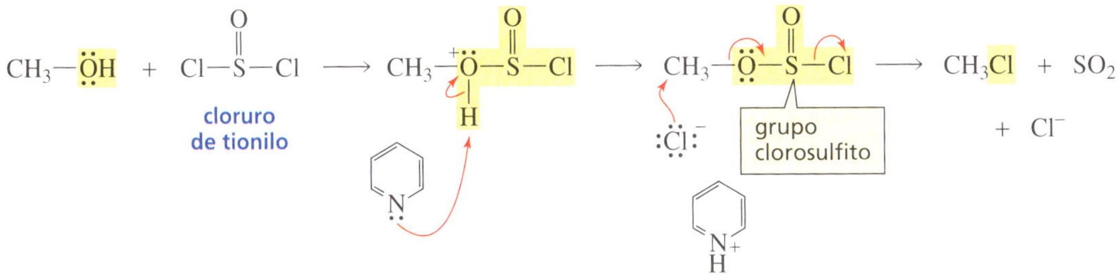

$$CH_3-\ddot{O}H + Cl-\underset{O}{\overset{O}{S}}-Cl \longrightarrow CH_3-\overset{+}{\underset{H}{\ddot{O}}}-\underset{O}{\overset{O}{S}}-Cl \longrightarrow CH_3-\ddot{O}-\underset{O}{\overset{O}{S}}-Cl \longrightarrow CH_3Cl + SO_2 + Cl^-$$

cloruro de tionilo

grupo clorosulfito

En general se usa piridina como disolvente en estas reacciones, porque evita la acumulación de HBr o HCl, y es un nucleófilo relativamente malo.

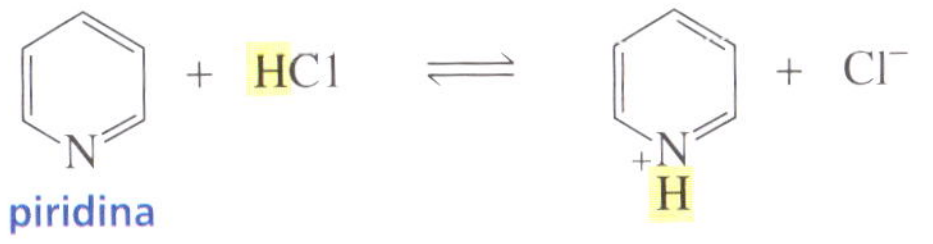

piridina + HCl ⇌ piridina-H⁺ + Cl⁻

VCL Halogenación de alcoholes 1

Las reacciones anteriores proceden bien con los alcoholes primarios y secundarios, pero los alcoholes terciarios dan malos rendimientos, porque el compuesto intermediario que se forma en ese caso está estéricamente impedido para el ataque del ion haluro.

En la tabla 10.1 se resumen algunos de los métodos de uso común para convertir alcoholes en haluros de alquilo.

Tabla 10.1 Métodos usados más frecuentes para transformar alcoholes en haluros de alquilo

ROH + HBr	$\xrightarrow{\Delta}$	RBr
ROH + HI	$\xrightarrow{\Delta}$	RI
ROH + HCl	$\xrightarrow[\Delta]{ZnCl_2}$	RCl
ROH + PBr₃	$\xrightarrow{piridina}$	RBr
ROH + PCl₃	$\xrightarrow{piridina}$	RCl
ROH + SOCl₂	$\xrightarrow{piridina}$	RCl

VCL Halogenación de alcoholes 2

10.3 Conversión de alcoholes en sulfonatos de alquilo

Además de convertirse en haluros de alquilo, otra forma en que se pueden activar los alcoholes para que tengan reacciones con nucleófilos es convertirlos en sulfonatos de alquilo. Un **sulfonato de alquilo** se forma cuando un alcohol reacciona con un cloruro de sulfonilo.

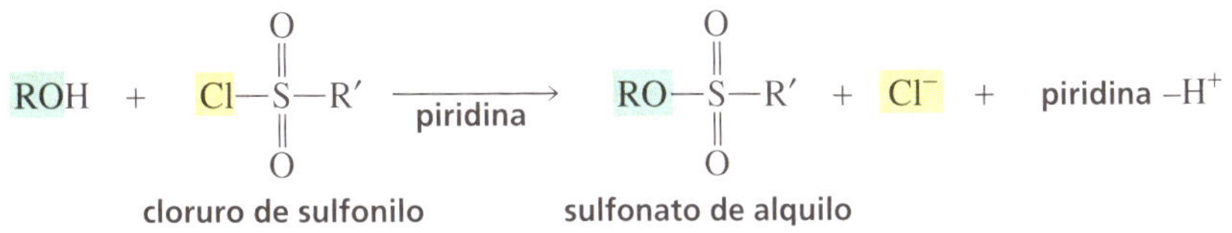

$$ROH + Cl-\underset{O}{\overset{O}{\underset{\|}{S}}}-R' \xrightarrow{piridina} RO-\underset{O}{\overset{O}{\underset{\|}{S}}}-R' + Cl^- + piridina-H^+$$

cloruro de sulfonilo   sulfonato de alquilo

La reacción es una sustitución nucleofílica. El alcohol desplaza al ion cloruro. Se usa piridina como disolvente y también para evitar que se acumule el HCl.

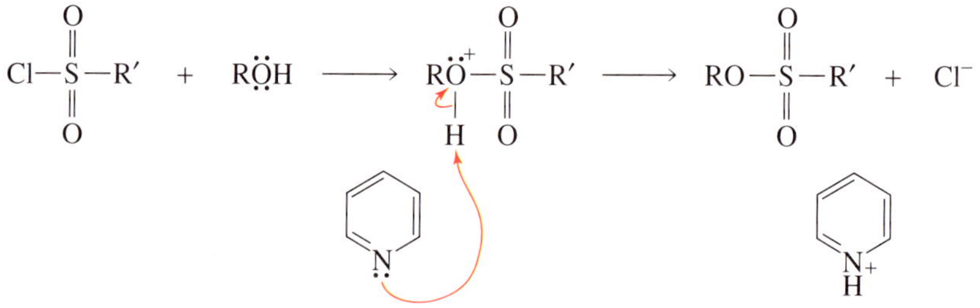

Un ácido sulfónico es un ácido muy fuerte (pK_a = −6.5) porque su base conjugada denota una estabilidad especial por la deslocalización de su carga negativa sobre tres átomos de oxígeno. (Recuérdese que, en la sección 7.6, se describió que la deslocalización electrónica estabiliza a las especies con carga). Como el ácido sulfónico es un ácido muy fuerte, su base conjugada es débil y el sulfonato de alquilo es un excelente grupo saliente. Obsérvese que el azufre dispone de una capa de valencia expandida; está rodeado por 12 electrones.

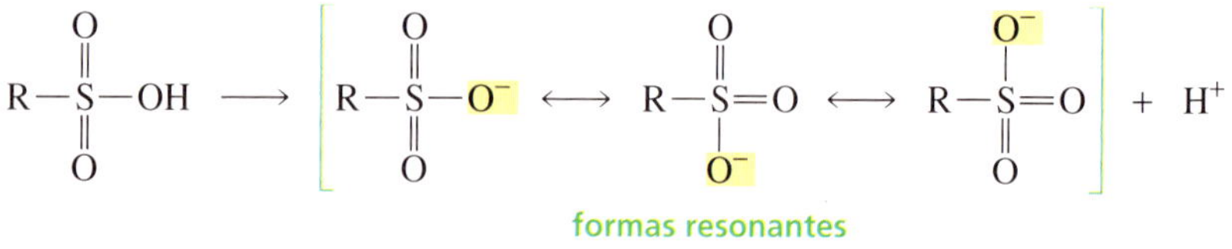

formas resonantes

Halogenación de alcoholes 3

Se dispone de varios cloruros de sulfonilo para activar a los grupos OH; el más común es el cloruro de *para*-toluensulfonilo.

cloruro de *para*-toluensulfonilo

cloruro de metanosulfonilo

cloruro de trifluorometanosulfonilo

Una vez activado el alcohol por haberlo convertido en un sulfonato de alquilo, se agrega el nucleófilo adecuado, en general bajo condiciones que favorezcan a las reacciones S_N2. Las reacciones se llevan a cabo con facilidad a temperatura ambiente porque el grupo saliente es muy bueno. Por ejemplo, un ion *para*-toluensulfonato es unas 100 veces mejor que un ion cloruro como grupo saliente. Los sulfonatos de alquilo reaccionan con una gran variedad de nucleófilos y se pueden utilizar para sintetizar una gran variedad de compuestos.

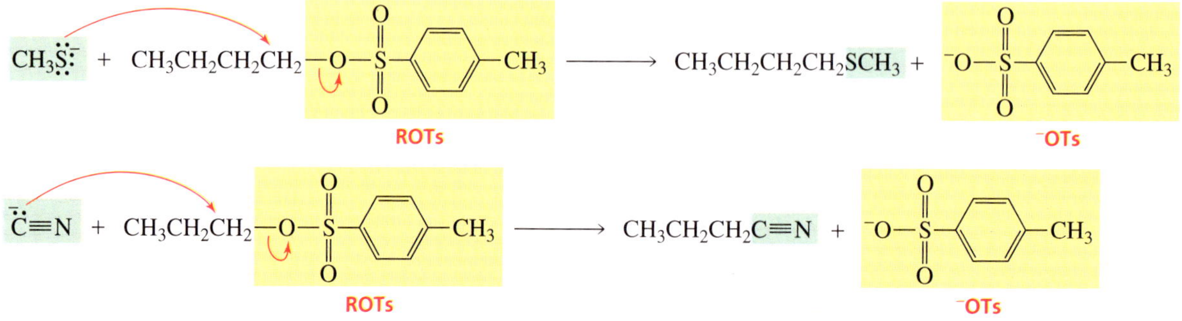

10.3 Conversión de alcoholes en sulfonatos de alquilo

El cloruro de *para*-toluensulfonilo se llama cloruro de tosilo y se abrevia TsCl; el producto de la reacción de cloruro de *para*-toluensulfonilo con un alcohol se llama **tosilato de alquilo** y se abrevia ROTs. Por consiguiente, el grupo saliente es ⁻:OTs. El producto de la reacción de cloruro de trifluorometanosulfonilo y un alcohol se llama **triflato de alquilo** y se abrevia ROTf.

Tutorial del alumno:
Grupos salientes
(Leaving groups)

$$CH_3CH_2CH_2OTs \; + \; ^-C\equiv N \; \longrightarrow \; CH_3CH_2CH_2C\equiv N \; + \; ^-OTs$$
tosilato de alquilo

$$CH_3CH_2CH_2OTf \; + \; CH_3NH_2 \; \longrightarrow \; CH_3CH_2CH_2\overset{+}{N}H_2CH_3 \; + \; ^-OTf$$
triflato de alquilo

PROBLEMA 6 RESUELTO

Explique por qué el éter que se obtiene al tratar un alcohol ópticamente activo con PBr₃ seguido por metóxido de sodio tiene la misma configuración que la del alcohol, mientras que el éter obtenido al tratar el alcohol con cloruro de tosilo, y después con metóxido de sodio, muestra configuración contraria a la del alcohol.

$$\underset{H}{\overset{CH_3}{R-C-OH}} \xrightarrow[\text{2. } CH_3O^-]{\text{1. } PBr_3/\text{piridina}} \underset{H}{\overset{CH_3}{R-C-OCH_3}}$$
la misma configuración que la del alcohol

$$\underset{H}{\overset{CH_3}{R-C-OH}} \xrightarrow[\text{2. } CH_3O^-]{\text{1. } TsCl/\text{piridina}} \underset{H}{\overset{CH_3}{CH_3O-C-R}}$$
configuración opuesta a la del alcohol

Solución La conversión del alcohol en éter pasando por el haluro de alquilo requiere dos reacciones S$_N$2 sucesivas: 1) ataque del Br:⁻ al bromofosfito y 2) ataque del CH₃O:⁻ al haluro de alquilo. Cada reacción S$_N$2 se efectúa con inversión de la configuración, de manera que el producto final tiene la misma configuración que la del material de partida. En contraste, la conversión del alcohol en éter por vía del tosilato de alquilo sólo requiere una reacción S$_N$2: el ataque del CH₃O:⁻ al tosilato de alquilo. Por consiguiente, el producto final y el material de partida presentan configuraciones opuestas.

$$\underset{H}{\overset{CH_3}{R-C-OH}} \xrightarrow[\text{piridina}]{PBr_3} \underset{H}{\overset{CH_3}{R-C-OPBr_2}} \xrightarrow{Br^-} \underset{H}{\overset{CH_3}{Br-C-R}} \xrightarrow{CH_3O^-} \underset{H}{\overset{CH_3}{R-C-OCH_3}}$$

$$\underset{H}{\overset{CH_3}{R-C-OH}} \xrightarrow[\text{piridina}]{TsCl} \underset{H}{\overset{CH_3}{R-C-OTs}} \xrightarrow{CH_3O^-} \underset{H}{\overset{CH_3}{CH_3O-C-R}}$$

438 CAPÍTULO 10 Reacciones de alcoholes, aminas, éteres, epóxidos y compuestos sulfurados • Compuestos organometálicos

> **PROBLEMA 7**
>
> Indique cómo se puede convertir 1-propanol en los compuestos siguientes a través de un sulfonato de alquilo.
>
> a. $CH_3CH_2CH_2SCH_2CH_3$
>
> b. $CH_3CH_2CH_2OCH_2CHCH_3$
> $\qquad\qquad\qquad\qquad\quad|$
> $\qquad\qquad\qquad\qquad\;\,CH_3$

10.4 Reacciones de eliminación en los alcoholes: deshidratación

Un alcohol puede experimentar una reacción de eliminación perdiendo un OH de un carbono y un H de un carbono adyacente. El producto de la reacción es un alqueno. En general, eso equivale a la eliminación de una molécula de agua. A la pérdida de agua de una molécula se le llama **deshidratación**. La deshidratación de un alcohol requiere un catalizador ácido y calor. Los catalizadores ácidos que más se usan son el ácido sulfúrico (H_2SO_4) y el ácido fosfórico (H_3PO_4). Recuérdese que un catalizador aumenta la rapidez de una reacción pero no se consume durante ella (sección 4.5). Así, la deshidratación de un alcohol es una reacción catalizada por ácido; el ácido no se consume. En contraste, la reacción de un alcohol con HBr para formar haluro de alquilo no es una reacción catalizada por ácido (sección 10.1) ya que el ácido se consume.

$$CH_3CH_2CHCH_3 \xrightleftharpoons[\Delta]{H_2SO_4} CH_3CH=CHCH_3 + H_2O$$
$$\qquad\;\;|$$
$$\qquad\;OH$$

Las deshidrataciones de los alcoholes secundarios y terciarios son reacciones E1.

Mecanismo E1 para la deshidratación de un alcohol

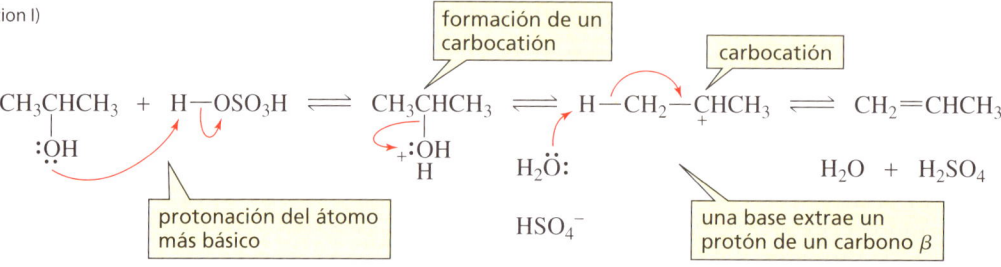

$$CH_3CHCH_3 + H-OSO_3H \rightleftharpoons CH_3CHCH_3 \rightleftharpoons H-CH_2-\overset{+}{C}HCH_3 \rightleftharpoons CH_2=CHCH_3$$
$$\;\;\;|\qquad\qquad\qquad\qquad\qquad\qquad\;\;\;|$$
$$\;:\!\ddot{O}H\qquad\qquad\qquad\qquad\qquad\;\;\;\,{}^+\!\!:\!\ddot{O}H\qquad H_2\ddot{O}:\qquad\qquad\qquad\qquad H_2O + H_2SO_4$$
$$\qquad\qquad\qquad\qquad\qquad\qquad\qquad\;H$$

- formación de un carbocatión
- carbocatión
- protonación del átomo más básico
- HSO_4^-
- una base extrae un protón de un carbono β

Los alcoholes secundarios y terciarios presentan deshidratación a través de un mecanismo E1.

- El ácido protona al átomo más básico en el reactivo. Como se explicó antes, la protonación convierte al grupo saliente, muy malo ($HO:^-$), en un buen grupo saliente (H_2O).
- El agua sale y deja un carbocatión.
- Una base en la mezcla de reacción (el agua es la base presente en mayor concentración) elimina a un protón de un carbono β (un carbono adyacente al carbono con carga positiva), forma un alqueno y regenera el catalizador ácido. Obsérvese que la deshidratación es una reacción E1 de un alcohol protonado.

Cuando se puede formar más de un producto de eliminación, el producto principal es el alqueno más sustituido, el que se obtiene eliminando un protón del carbono β que tenga menos hidrógenos (sección 9.2). El alqueno más sustituido es el producto principal porque es el alqueno más estable, y tiene el estado de transición más estable para su formación (figura 10.1).

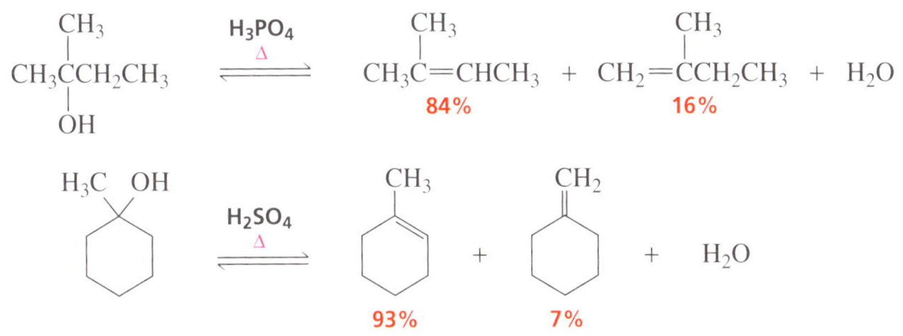

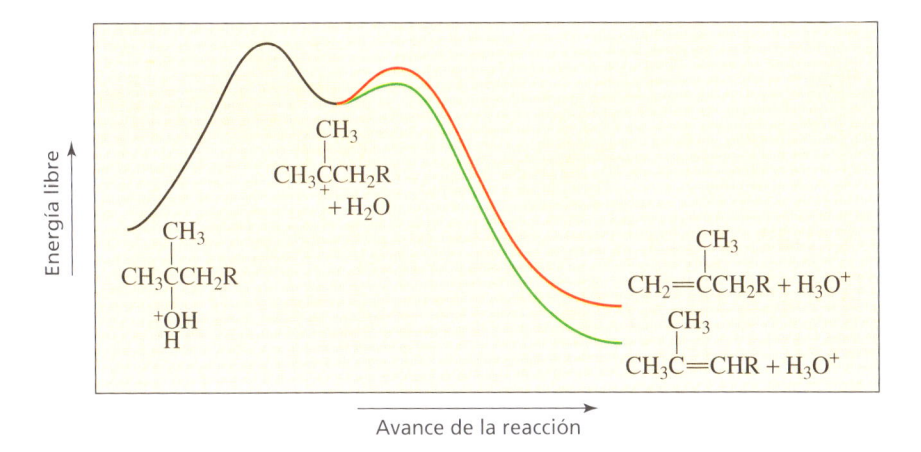

10.4 Reacciones de eliminación en los alcoholes: deshidratación

$$\underset{\underset{OH}{|}}{CH_3\underset{|}{\overset{CH_3}{C}}CH_2CH_3} \; \underset{\Delta}{\overset{H_3PO_4}{\rightleftharpoons}} \; \underset{84\%}{CH_3\overset{CH_3}{\overset{|}{C}}=CHCH_3} \; + \; \underset{16\%}{CH_2=\overset{CH_3}{\overset{|}{C}}CH_2CH_3} \; + \; H_2O$$

$$\text{(cyclohexanol con }H_3C\text{ y OH)} \;\underset{\Delta}{\overset{H_2SO_4}{\rightleftharpoons}}\; \underset{93\%}{\text{1-metilciclohexeno}} \; + \; \underset{7\%}{\text{metilenciclohexano}} \; + \; H_2O$$

◀ Figura 10.1
Diagrama de coordenada de reacción para la deshidratación de un alcohol protonado. El producto principal es el alqueno más sustituido porque el estado de transición que lleva a su formación es más estable y permite que el alqueno se forme con mayor rapidez.

Ya se vio que un alqueno se hidrata (se le agrega una molécula de agua) en presencia de un catalizador ácido formando un alcohol (sección 4.5). La hidratación de un alqueno es la reacción inversa de la deshidratación de un alcohol catalizada por ácido.

$$\underset{\underset{OH}{|}}{RCH_2CHR} \; + \; H^+ \; \underset{\text{hidratación}}{\overset{\text{deshidratación}}{\rightleftharpoons}} \; RCH=CHR \; + \; H_2O \; + \; H^+$$

Para evitar que el alqueno formado en la reacción de deshidratación se hidrate y vuelva a formar el alcohol, se puede eliminar el alqueno a medida que se forma porque su punto de ebullición es mucho menor que el del alcohol (sección 2.9). Al eliminar un producto la reacción se desplaza hacia la derecha. (Véase el Principio de Le Châtelier, sección 3.7).

PROBLEMA 8◆

¿Cuál de los siguientes alcoholes se deshidrataría con más rapidez al calentarlo con ácido?

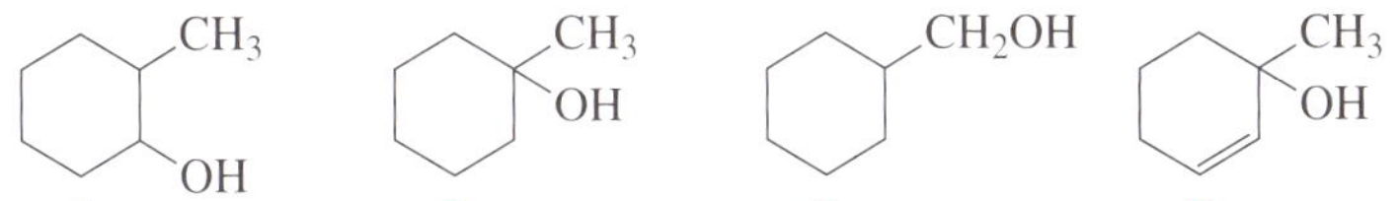

A. 2-metilciclohexanol
B. 1-metilciclohexanol
C. ciclohexilmetanol
D. 1-metil-2-ciclohexen-1-ol

PROBLEMA 9

Explique por qué la deshidratación de un alcohol catalizada por ácido es una reacción reversible, mientras que la deshidrohalogenación de un haluro de alquilo con una base es una reacción irreversible.

440 CAPÍTULO 10 Reacciones de alcoholes, aminas, éteres, epóxidos y compuestos sulfurados • Compuestos organometálicos

Deshidratación de alcoholes

Como el paso determinante de la rapidez en la deshidratación de un alcohol secundario o terciario es la formación de un carbocatión intermediario, la rapidez de deshidratación refleja la facilidad con la que se forma el carbocatión: los alcoholes terciarios son los que se deshidratan con más facilidad porque los carbocationes terciarios son más estables y por consiguiente se forman con mayor facilidad que los carbocationes secundarios y primarios (sección 4.2). Para que haya deshidratación, los alcoholes terciarios deben calentarse a unos 50 °C en H_2SO_4 al 5%; los alcoholes secundarios deben calentarse a unos 100 °C en H_2SO_4 al 75%, y los alcoholes primarios sólo se pueden deshidratar bajo condiciones extremas (170 °C en H_2SO_4 al 75%) y con un mecanismo diferente porque los carbocationes primarios son demasiado inestables para formarse (sección 8.5).

facilidad relativa de deshidratación

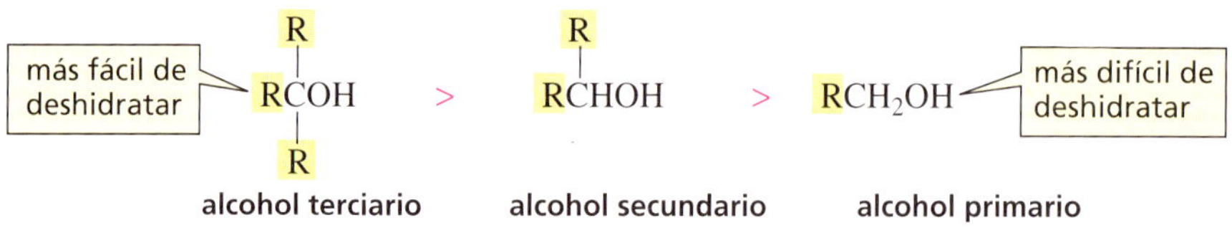

más fácil de deshidratar — $RCOH$ (terciario, con dos R) > $RCHOH$ (con una R) > RCH_2OH — más difícil de deshidratar

alcohol terciario   alcohol secundario   alcohol primario

La deshidratación de los alcoholes secundarios y terciarios implica la formación de un carbocatión intermediario; se debe verificar la estructura del carbocatión para comprobar si hay posibilidad de reordenamientos. Recuérdese que un carbocatión se reordena si así se produce un carbocatión más estable (sección 4.6). Por ejemplo, el carbocatión secundario que se forma primero en la reacción siguiente se reordena y forma un carbocatión terciario más estable:

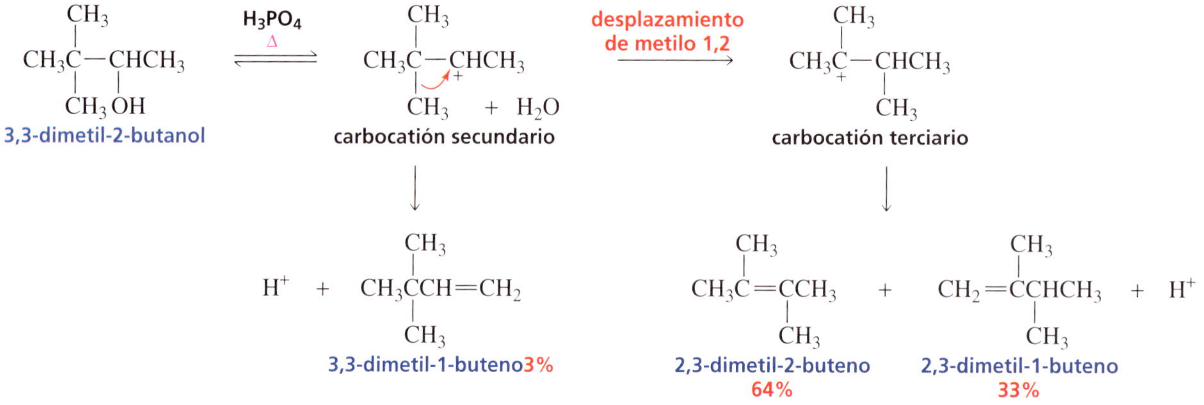

3,3-dimetil-2-butanol $\xrightarrow{H_3PO_4, \Delta}$ carbocatión secundario + H_2O $\xrightarrow{\text{desplazamiento de metilo 1,2}}$ carbocatión terciario

↓   ↓

H^+ + 3,3-dimetil-1-buteno 3%   2,3-dimetil-2-buteno 64% + 2,3-dimetil-1-buteno 33% + H^+

La siguiente reacción es un ejemplo de un **reordenamiento con expansión del anillo**. El carbocatión que se forma al principio y el que se forma por el reordenamiento del primero son ambos carbocationes secundarios, pero el que se forma al principio es menos estable por la tensión de su anillo de cuatro miembros (sección 2.11). El reordenamiento con formación de un anillo mayor alivia esta tensión. El carbocatión secundario reordenado se puede volver a reordenar mediante un desplazamiento de hidruro 1,2 y formar un carbocatión terciario todavía más estable.

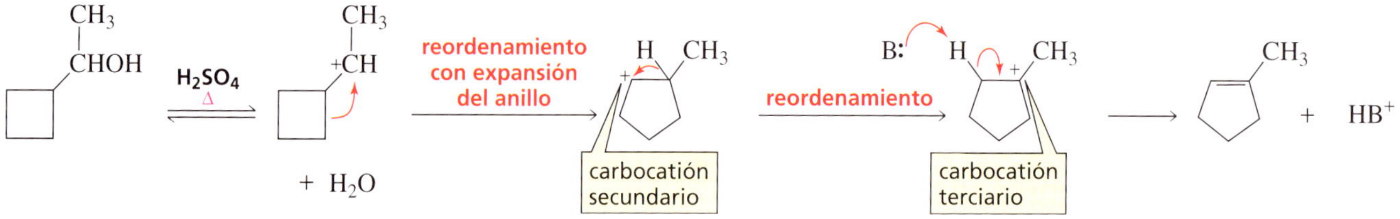

ciclobutil-CHOH-CH₃ $\xrightarrow{H_2SO_4, \Delta}$ ciclobutil-⁺CH-CH₃ + H_2O $\xrightarrow{\text{reordenamiento con expansión del anillo}}$ carbocatión secundario $\xrightarrow{\text{reordenamiento}}$ carbocatión terciario $\longrightarrow$ 1-metilciclopenteno + HB^+

donde B: es cualquier base presente en la disolución.

PROBLEMA 10◆

¿Qué producto se formaría si el alcohol anterior, con anillo de cuatro miembros, se calentara con una cantidad equivalente de HBr y no con una cantidad catalítica de H$_2$SO$_4$?

PROBLEMA 11◆

Ordene los siguientes alcoholes por rapidez decreciente de deshidratación en presencia de ácido:

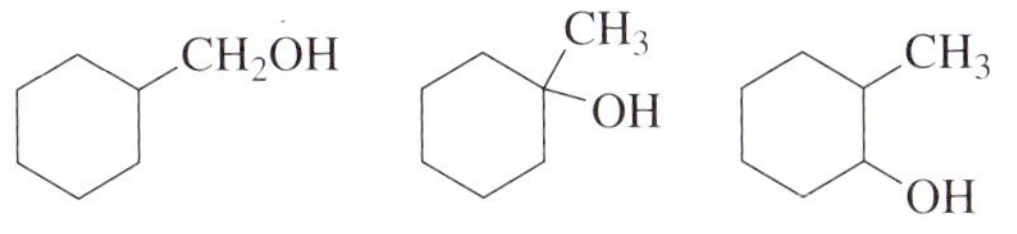

[Estructuras: ciclohexil-CH$_2$OH ; 1-metilciclohexanol (CH$_3$, OH en mismo carbono) ; 2-metilciclohexanol (CH$_3$ y OH en carbonos adyacentes)]

Mientras que la deshidratación de un alcohol terciario o secundario es una reacción E1, la de un alcohol primario es una reacción E2 porque los carbocationes primarios son demasiado inestables para formarse. Cualquier base (B:) en la mezcla de reacción (ROH, ROR, H$_2$O, HSO$_4^-$) puede extraer el protón en la reacción de eliminación. También se obtiene un éter; es el producto de una reacción S$_N$2 en competencia, ya que los alcoholes primarios son los que con más probabilidad forman productos de sustitución en las reacciones S$_N$2/E2 (sección 9.8).

Los alcoholes primarios presentan deshidratación por un mecanismo E2.

Mecanismo E2 de la deshidratación de un alcohol y de la sustitución (S$_N$2) en competencia

$$CH_3CH_2\ddot{O}H + H-OSO_3H \rightleftharpoons CH_2-CH_2-\overset{+}{O}H \xrightarrow{E2} CH_2=CH_2 + H_2O + HB^+$$

protonación del átomo más básico

B:

eliminación de un protón de un carbono β

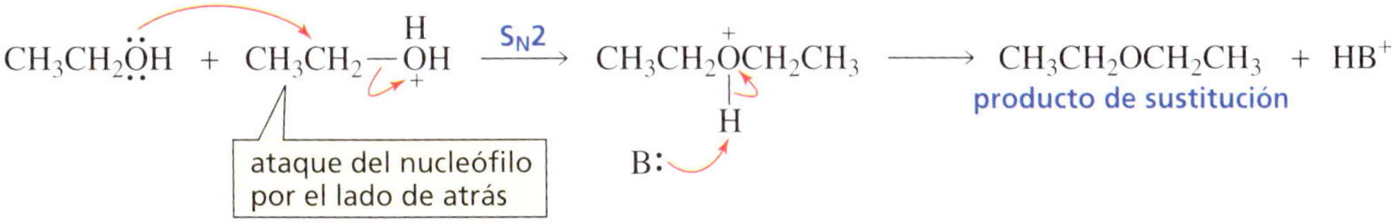

+ $^-OSO_3H$

producto de eliminación

$$CH_3CH_2\ddot{O}H + CH_3CH_2-\overset{+}{O}H \xrightarrow{S_N2} CH_3CH_2\overset{+}{O}CH_2CH_3 \longrightarrow CH_3CH_2OCH_2CH_3 + HB^+$$

ataque del nucleófilo por el lado de atrás

B:

producto de sustitución

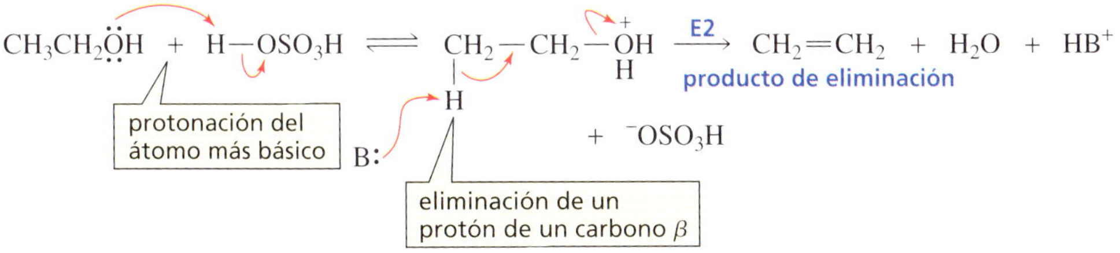

Aunque la deshidratación de un alcohol primario es una reacción E2 y en consecuencia no forma carbocatión intermediario, el producto que se obtiene en la mayor parte de los casos es idéntico al que se obtendría si se hubiera formado un carbocatión en una reacción E1 y después se hubiera reordenado. Por ejemplo, es de esperar que el 1-buteno sea el producto de la deshidratación E2 del 1-butanol; no obstante, se encuentra que en realidad el producto es 2-buteno, que hubiera sido el producto si hubiese sucedido una reacción E1 y el carbocatión intermediario que se formara al principio se hubiera reordenado y pasado a un carbocatión secundario más estable. El 2-buteno es el producto de la reacción no porque la reacción sea E1, sino porque después que se forma el producto E2 (1-buteno) se agrega un protón de la disolución ácida al enlace doble, adicionándose al carbono con hibridación sp^2 que tenga más hidrógenos (de acuerdo con la regla que gobierna las reacciones de adición electrofílica, sección 4.4) para formar un carbocatión. La pérdida de un protón del carbocatión, del carbono β unido con menos hidrógenos (de acuerdo con la regla de Zaitsev), forma el 2-buteno, producto final de la reacción.

$$CH_3CH_2CH_2CH_2OH \xrightleftharpoons[\Delta]{H_2SO_4} CH_3CH_2CH=CH_2 \xrightleftharpoons{H^+} CH_3CH_2\overset{+}{C}HCH_3 \rightleftharpoons CH_3CH=CHCH_3 + H^+$$
1-butanol   1-buteno   + H_2O 2-buteno

PROBLEMA 12

Una buena forma de preparar un éter simétrico, como el éter dietílico, es calentar un alcohol con ácido sulfúrico.

a. Explique por qué no es un buen método para preparar éteres asimétricos como el éter etilpropílico.

b. ¿Cómo sintetizaría usted el éter etilpropílico?

El resultado estereoquímico de la deshidratación E1 de un alcohol es idéntico al resultado estereoquímico de la deshidrohalogenación E1 de un haluro de alquilo. Esto es, se obtienen los dos isómeros, *E* y *Z*, como productos. En la reacción se obtiene más del estereoisómero en el que el grupo más voluminoso en cada uno de los carbonos con hibridación sp^2 se halla en los lados opuestos del enlace doble; ese estereoisómero, por ser más estable, se forma con más rapidez, ya que el estado de transición que lleva a su formación es más estable (sección 9.5).

$$CH_3CH_2CHCH_3 \xrightleftharpoons[\Delta]{H_2SO_4} CH_3CH_2\overset{+}{C}HCH_3 \longrightarrow \underset{\substack{\text{trans-2-buteno}\\74\%}}{\overset{H_3C}{\underset{H}{>}}C=C\overset{H}{\underset{CH_3}{<}}} + \underset{\substack{\text{cis-2-buteno}\\23\%}}{\overset{H_3C}{\underset{H}{>}}C=C\overset{CH_3}{\underset{H}{<}}} + \underset{\substack{\text{1-buteno}\\3\%}}{CH_3CH_2CH=CH_2} + H^+$$
2-butanol

Los alcoholes y los éteres presentan reacciones $S_N1/E1$, si no forman un carbocatión primario; en ese caso tienen reacciones $S_N2/E2$.

Lo aprendido acerca de los mecanismos por los que los alcoholes llevan a cabo reacciones de sustitución y eliminación se puede resumir como sigue: reaccionan por las rutas S_N1 y E1, a menos que no puedan. En otras palabras, los alcoholes 3° y 2° tienen reacciones S_N1 y E1, y los alcoholes primarios, como no pueden formar carbocationes primarios, deben tener reacciones S_N2 y E2.

Las condiciones relativamente severas (ácido y calor) necesarias para deshidratar los alcoholes y los cambios estructurales que resultan por los reordenamientos de los carbocationes pueden dar como resultado bajos rendimientos del alqueno que se desea. Sin embargo, la deshidratación se puede llevar a cabo bajo condiciones más suaves usando oxicloruro de fósforo ($POCl_3$) y piridina.

$$CH_3CH_2CHCH_3 \xrightarrow[\text{piridina, 0 °C}]{POCl_3} CH_3CH=CHCH_3$$
$$\quad\quad | \quad\quad\quad\quad$$
$$\quad\quad OH$$

La reacción con $POCl_3$ convierte al grupo OH del alcohol en $OPOCl_2$, que es un buen grupo saliente. Las condiciones básicas de reacción favorecen a la reacción E2, de modo que no se forma un carbocatión y no hay reordenamientos de carbocatión. La piridina sirve como base para extraer al protón en la reacción de eliminación y para evitar la acumulación de HCl, que se adicionaría al alqueno.

10.4 Reacciones de eliminación en los alcoholes: deshidratación

DESHIDRATACIONES BIOLÓGICAS

En muchos procesos biológicos importantes se efectúan reacciones de deshidratación. En lugar de ser catalizadas por ácidos fuertes, que no estarían disponibles en una célula, son catalizadas por enzimas. Por ejemplo, la fumarasa es la enzima que cataliza la deshidratación del malato en el ciclo del ácido cítrico (sección 25.10). El ciclo del ácido cítrico es una serie de reacciones donde se oxidan los compuestos derivados de carbohidratos, ácidos grasos y aminoácidos.

malato $\rightleftharpoons$ (fumarasa) fumarato + H_2O

La enolasa, otra enzima, cataliza la deshidratación del α-fosfoglicerato en la glicólisis (sección 25.7). La glicólisis es una serie de reacciones que preparan a la glucosa para entrar al ciclo del ácido cítrico.

α-fosfoglicerato $\rightleftharpoons$ (enolasa) fosfoenolpiruvato + H_2O

PROBLEMA 13◆

¿Qué alcohol trataría usted con oxicloruro de fósforo y piridina para obtener cada uno de los alquenos siguientes?

a. $CH_3CH_2\underset{\underset{CH_3}{|}}{C}=CH_2$

b. 1-metilciclohexeno

c. $CH_3CH=CHCH_2CH_3$

d. metilenciclohexano

ESTRATEGIA PARA RESOLVER PROBLEMAS

Proposición de un mecanismo

Proponer un mecanismo para la siguiente reacción:

1,1,2-trimetil-2-ciclohexilheptanol (con OH) $\xrightarrow{H^+, \Delta}$ producto alqueno

Se puede deducir hasta el mecanismo aparentemente más complicado si se avanza paso a paso y se tiene en cuenta la estructura del producto final. El oxígeno es el único átomo básico en la materia prima, por lo que en él se efectúa la protonación. Por la pérdida de agua se forma un carbocatión terciario.

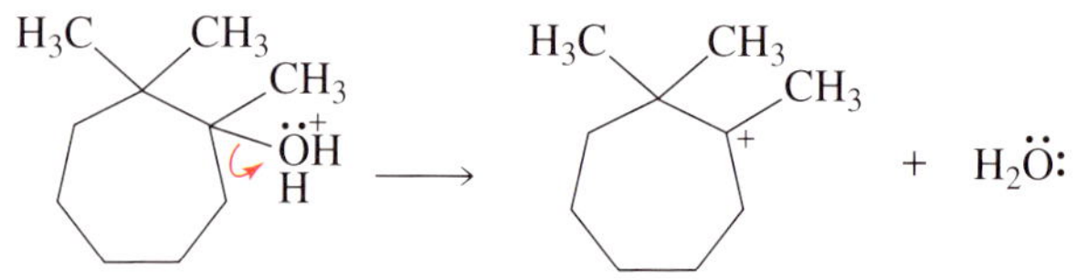

En vista de que la materia prima contiene un anillo de siete miembros y el producto final cuenta con un anillo de seis miembros, debe haber un reordenamiento con contracción del anillo. Cuando sucede un *reordenamiento con contracción del anillo* (o uno de expansión del anillo), es útil identificar los carbonos equivalentes en el reactivo y el producto, como se ve abajo. De las dos rutas posibles de contracción del anillo, una lleva a un carbocatión terciario y la otra a un carbocatión primario. La ruta correcta debe ser la que conduce a un carbocatión terciario ya que ese carbocatión posee el mismo ordenamiento de átomos que el producto y porque un carbocatión primario sería demasiado inestable para formarse.

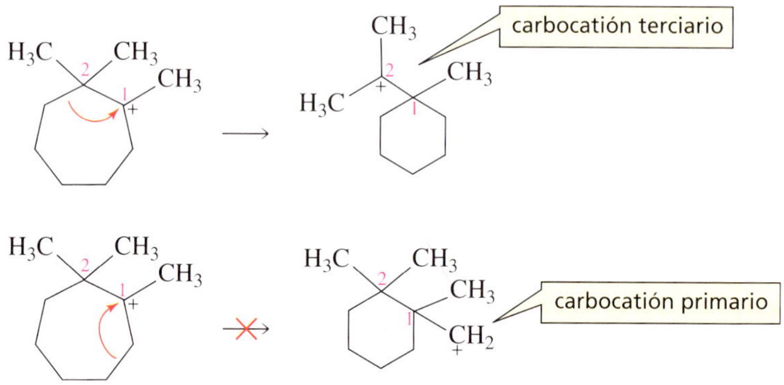

Ya se puede obtener el producto final eliminando un protón del carbocatión reordenado.

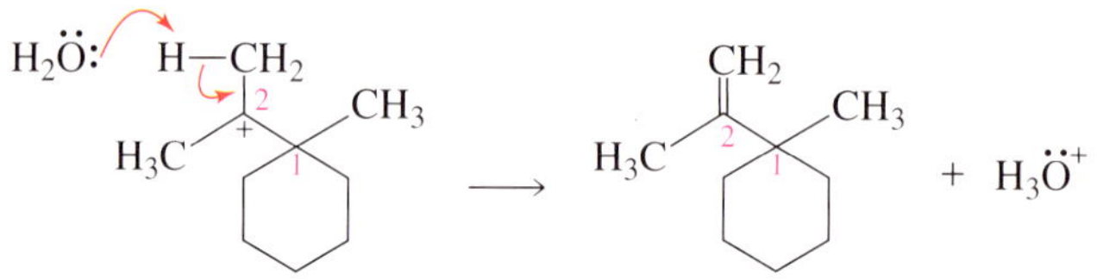

Ahora continúe con el problema 14.

PROBLEMA 14

Proponga un mecanismo para cada una de las reacciones siguientes:

a. 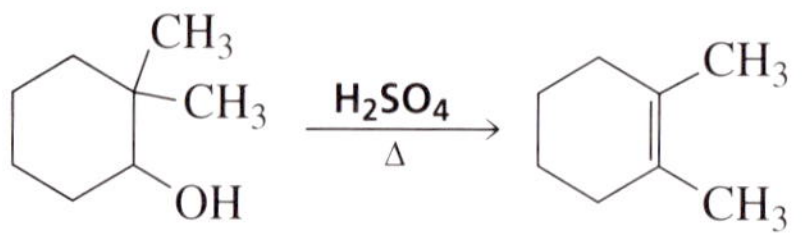 [ciclohexanol con dos CH₃ geminales] $\xrightarrow{H_2SO_4, \Delta}$ [ciclohexeno con dos CH₃]

b. 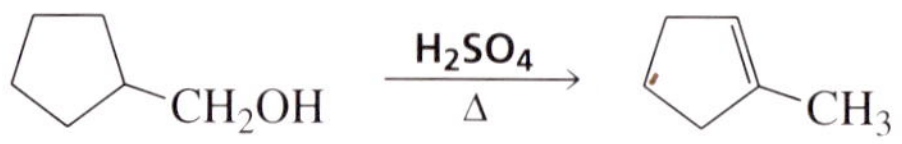 [ciclopentil-CH₂OH] $\xrightarrow{H_2SO_4, \Delta}$ [metilciclopentadieno]

c. 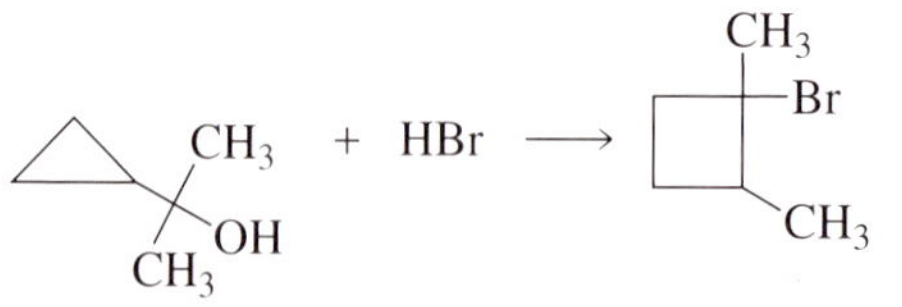 [ciclopropilo con C(CH₃)₂OH] + HBr ⟶ [ciclobutano con Br, CH₃, CH₃]

PROBLEMA 15◆

Indique el producto principal que se forma cuando se calienta cada uno de los alcoholes siguientes en presencia de H$_2$SO$_4$:

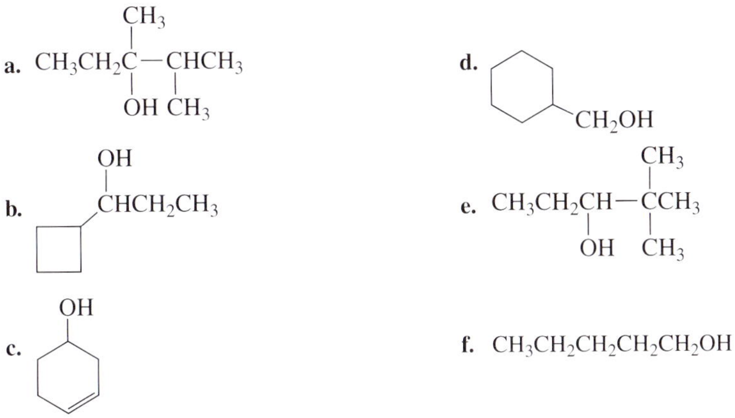

a. CH$_3$CH$_2$C(CH$_3$)(OH)—CH(CH$_3$)CH$_3$

b. cyclobutyl-CH(OH)CH$_2$CH$_3$

c. ciclohex-3-en-1-ol

d. ciclohexil-CH$_2$OH

e. CH$_3$CH$_2$CH(OH)—C(CH$_3$)$_2$CH$_3$

f. CH$_3$CH$_2$CH$_2$CH$_2$CH$_2$OH

PROBLEMA 16

Cuando se calienta el siguiente compuesto en presencia de H$_2$SO$_4$:

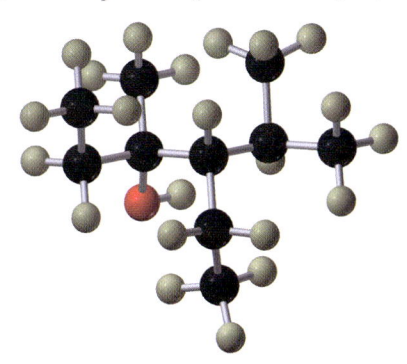

a. ¿Cuál isómero constitucional se produce con mayor rendimiento?
b. ¿Cuál estereoisómero de los obtenidos en la parte **a** se produce con mayor rendimiento?

10.5 Oxidación de los alcoholes

Un reactivo que se usa con frecuencia para oxidar los alcoholes es el ácido crómico (H$_2$CrO$_4$), que se forma cuando se disuelven trióxido de cromo (CrO$_3$) o dicromato de sodio (Na$_2$Cr$_2$O$_7$) en ácido acuoso. Los *alcoholes secundarios* se oxidan a *cetonas*. Estas reacciones de oxidación se reconocen con facilidad porque disminuye la cantidad de enlaces C—H y aumenta la cantidad de enlaces C—O (sección 4.9).

alcoholes secundarios   **cetonas**

CH$_3$CH$_2$CH(OH)CH$_3$ $\xrightarrow{\text{CrO}_3 / \text{H}_2\text{SO}_4}$ CH$_3$CH$_2$C(O)CH$_3$

ciclohexanol $\xrightarrow{\text{Na}_2\text{Cr}_2\text{O}_7 / \text{H}_2\text{SO}_4}$ ciclohexanona

ciclopentil-CH(OH)CH$_2$CH$_3$ $\xrightarrow{\text{H}_2\text{CrO}_4}$ ciclopentil-C(O)CH$_2$CH$_3$

Tutorial del alumno:
Cambios en el estado de oxidación
(Changes in oxidation state)

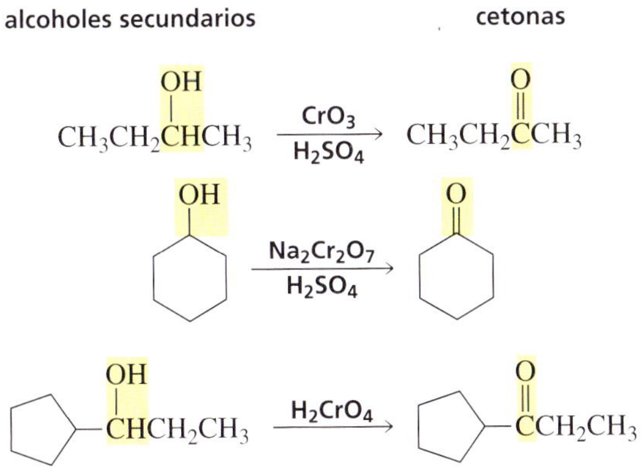

Los alcoholes secundarios se oxidan a cetonas.

Con esos reactivos, los alcoholes primarios se oxidan inicialmente a aldehídos; sin embargo, la reacción no se detiene en el aldehído. En lugar de ello, el aldehído se sigue oxidando (aumenta la cantidad de enlaces C—O) y forma un ácido carboxílico.

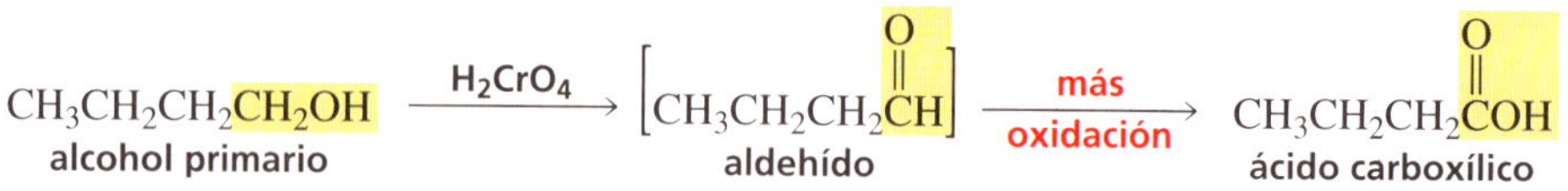

$$CH_3CH_2CH_2CH_2OH \xrightarrow{H_2CrO_4} \left[CH_3CH_2CH_2\overset{O}{\underset{\|}{CH}} \right] \xrightarrow{\text{más oxidación}} CH_3CH_2CH_2\overset{O}{\underset{\|}{COH}}$$

alcohol primario — aldehído — ácido carboxílico

Los alcoholes primarios se oxidan a ácidos carboxílicos y a aldehídos.

La oxidación de un alcohol primario se detiene en el aldehído si se usa clorocromato de piridinio (PCC, de *pyridinium chlorochromate*) como agente oxidante en un disolvente como diclorometano (CH_2Cl_2). En la sección 19.2 se explicará por qué la reacción se detiene en el aldehído.

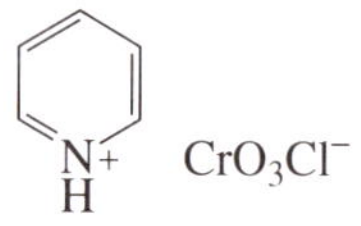

clorocromato de piridinio
PCC

$$CH_3CH_2CH_2CH_2OH \xrightarrow[CH_2Cl_2]{PCC} CH_3CH_2CH_2\overset{O}{\underset{\|}{CH}}$$

alcohol primario — aldehído

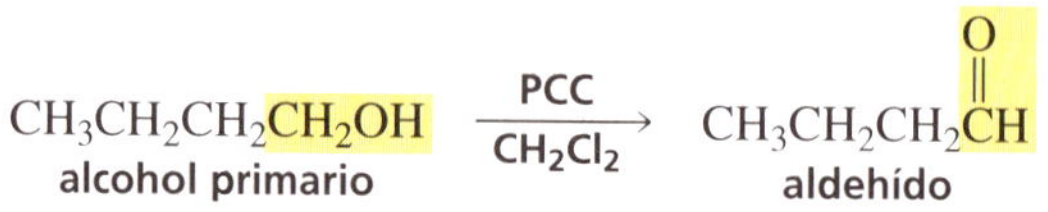

Obsérvese que en la oxidación de un alcohol primario o uno secundario se elimina un hidrógeno del carbono al que está unido el OH. El carbono que presenta el grupo OH en un alcohol terciario no está unido a un hidrógeno, por lo que su grupo OH no puede oxidarse y formar un grupo carbonilo.

no se puede oxidar para formar un grupo carbonilo

alcohol terciario

En la reacción general de oxidación intervienen reacciones S_N2 y E2.

Mecanismo de la oxidación de un alcohol con ácido crómico

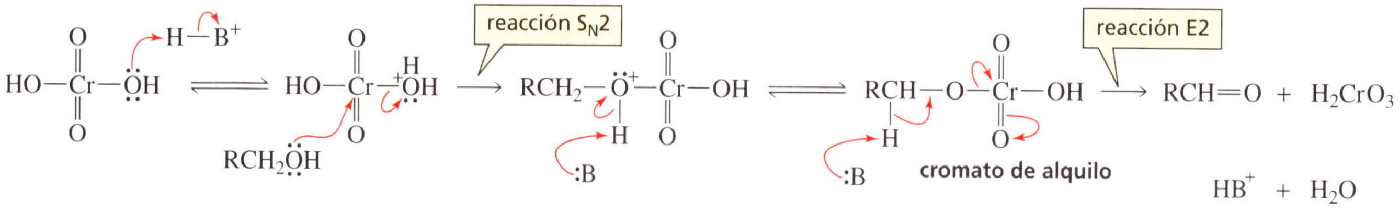

reacción S_N2 — reacción E2

cromato de alquilo

Tutorial del alumno:
Reacciones de oxidación de los alcoholes
(Oxidation Reactions of Alcohols)

- En la disolución ácida se protona un oxígeno del ácido crómico.
- La molécula de alcohol desplaza a una molécula de agua en una reacción S_N2 sobre el cromo.
- Una base presente en la mezcla de reacción (H_2O, ROH) elimina un protón del intermediario fuertemente ácido.
- Una base elimina un protón del cromato de alquilo en una reacción E2 y forma el compuesto carbonílico, regenerando el ácido que se usó en el primer paso.

PROBLEMA 17◆

Indique el producto que se forma en la reacción de los compuestos siguientes con una disolución ácida de dicromato de sodio:

a. 3-pentanol
b. 1-pentanol
c. 2-metil-2-pentanol
d. 2,4-hexanediol
e. ciclohexanol
f. 1,4-butanediol

CONTENIDO DE ALCOHOL EN LA SANGRE

Cuando la sangre pasa por las arterias de los pulmones, se establece un equilibrio entre el alcohol en la sangre y el alcohol en el aliento. Por consiguiente, si se conoce la concentración en un medio se puede estimar la concentración en el otro. La prueba que usa la policía para estimar la concentración aproximada de alcohol en la sangre, se basa en la oxidación del etanol presente en el aliento. Se coloca un agente oxidante soportado en un material inerte en un tubo de vidrio cerrado. Cuando se aplica la prueba se rompen los extremos del tubo y se adaptan una boquilla en uno y una bolsa inflable en el otro. La persona a la que se le hace la prueba sopla en la boquilla hasta que la bolsa se llena de aire.

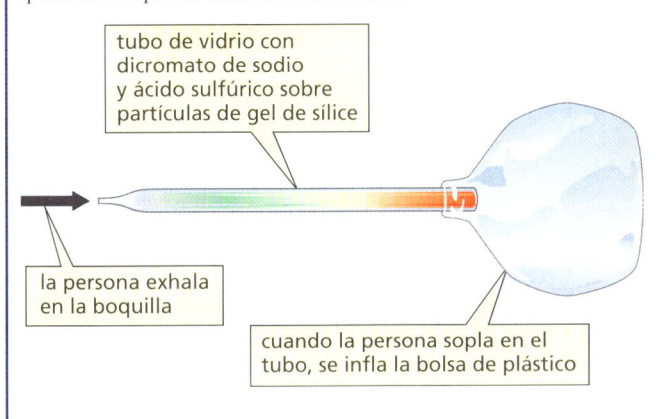

Todo el etanol que haya en el aliento se oxida al pasar por el tubo. Al oxidarse, el ion dicromato, anaranjado, se reduce y forma el ion crómico verde (Cr^{3+}). Mientras mayor sea la concentración de alcohol en el aliento, el color verde llega más lejos dentro del tubo.

$$CH_3CH_2OH + Cr_2O_7^{2-} \xrightarrow{H^+} CH_3\overset{\overset{O}{\|}}{C}OH + Cr^{3+}$$
anaranjado   verde

Si la persona no pasa esta prueba, lo cual se determina por la distancia que ocupa el color verde en el tubo, se le hace una prueba más precisa. Esta prueba (con Breathalyzer™) también depende de la oxidación del etanol presente en el aliento, pero sus resultados son más exactos porque es cuantitativa. Se burbujea un volumen conocido de aliento en una disolución ácida de dicromato de sodio y se mide con precisión la concentración del ion crómico, verde, en un espectrofotómetro (sección 12.17).

- tubo de vidrio con dicromato de sodio y ácido sulfúrico sobre partículas de gel de sílice
- la persona exhala en la boquilla
- cuando la persona sopla en el tubo, se infla la bolsa de plástico

PROBLEMA 18

Proponga un mecanismo para la oxidación de 1-propanol con ácido crómico para obtener propanal.

10.6 Las aminas no presentan reacciones de sustitución o eliminación, pero son las bases orgánicas más comunes

Se acaba de ver que los alcoholes son mucho menos reactivos que los haluros de alquilo en reacciones de sustitución y de eliminación. Las aminas son todavía *menos reactivas* que los alcoholes. La reactividad relativa de un fluoruro de alquilo (el menos reactivo de los haluros de alquilo por tener el peor grupo saliente), un alcohol y una amina se pueden ver comparando los valores de pK_a de los ácidos conjugados de sus grupos salientes, recordando que mientras más débil sea el ácido, su base conjugada será más fuerte y la base será más mala como grupo saliente. El grupo saliente de una amina ($^-$:NH_2) es una base tan fuerte que las aminas no pueden tener reacciones de sustitución ni de eliminación.

Mientras más fuerte sea la base más mala será como grupo saliente.

reactividad relativa

más reactivo → RCH_2F > RCH_2OH > RCH_2NH_2 ← menos reactivo

                     HF H_2O NH_3
               pK_a = 3.2   pK_a = 15.7   pK_a = 36

La protonación del grupo amino lo hace mejor grupo saliente, pero no tan bueno como un alcohol protonado, que es unas ~13 unidades de pK_a más ácido que una amina protonada.

$$CH_3CH_2\overset{+}{O}H_2 \quad > \quad CH_3CH_2\overset{+}{N}H_3$$
$$pK_a = -2.4 \qquad\qquad pK_a = 11.2$$

Por consiguiente, a diferencia del grupo saliente de un alcohol protonado, el grupo saliente de una amina protonada no se puede disociar y formar un carbocatión, ni ser reemplazado por un ion haluro. Tampoco se pueden desplazar los grupos amino protonados por nucleófilos fuertemente básicos, como HO:$^-$, porque el nucleófilo reaccionaría inmediatamente con el hidrógeno ácido del grupo $^+NH_3$ convirtiéndose en agua, que es mal nucleófilo.

$$CH_3CH_2\overset{+}{N}H_3 \; + \; HO^- \; \rightleftharpoons \; CH_3CH_2NH_2 \; + \; H_2O$$

Aunque las aminas no presentan reacciones de sustitución o de eliminación son compuestos orgánicos de extrema importancia. El par de electrones no enlazado en el átomo de nitrógeno le permite actuar tanto como base y como nucleófilo.

Las aminas son las bases orgánicas más comunes. Ya se vio que las aminas protonadas cuentan con valores aproximados de pK_a de 11 (sección 1.18) y que las anilinas protonadas presentan valores aproximados de pK_a de 5 (sección 7.9). Las aminas neutras tienen valores muy altos de pK_a; por ejemplo, el pK_a de la metilamina es 40.

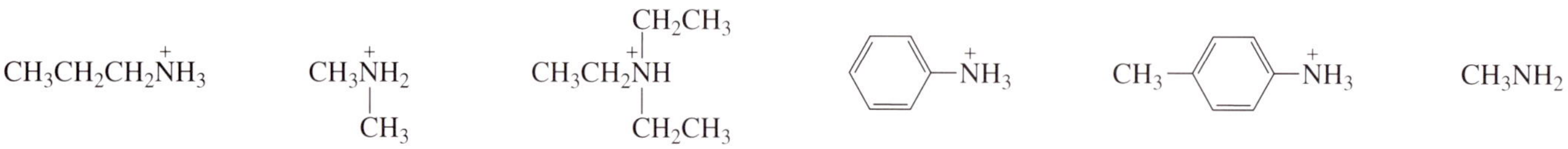

$CH_3CH_2CH_2\overset{+}{N}H_3$	$CH_3\overset{+}{N}H_2CH_3$	$CH_3CH_2\overset{+}{N}H(CH_2CH_3)_2$	$C_6H_5\overset{+}{N}H_3$	CH_3-C_6H_4-$\overset{+}{N}H_3$	CH_3NH_2
pK_a = 10.8	pK_a = 10.9	pK_a = 11.1	pK_a = 4.58	pK_a = 5.07	pK_a = 40

Las aminas reaccionan como nucleófilos en una gran variedad de reacciones, por ejemplo, con los haluros de alquilo en reacciones S_N2.

$$CH_3CH_2Br \; + \; CH_3NH_2 \;\xrightarrow{\text{reacción } S_N2}\; CH_3CH_2\overset{+}{N}H_2CH_3 \; + \; Br^-$$

También habrá oportunidad de ver que reaccionan como nucleófilos con una gran variedad de compuestos carbonílicos (secciones 16.8 a 16.10, 17.8).

ALCALOIDES

Los **alcaloides** son aminas que existen en las hojas, la corteza, las raíces o las semillas de muchas plantas. Entre ellos están la cafeína (en las hojas de té, granos de café y nueces de cola), la nicotina (en las hojas de tabaco) y la cocaína (en los arbustos de coca, de las regiones de las selvas húmedas, colombiana, peruana y boliviana). La efedrina, que es un broncodilatador, se obtiene de la *Ephedra sinica*, planta que se encuentra en China. La morfina es un alcaloide que se obtiene del opio, el jugo que se extrae de una especie de amapola (sección 30.3).

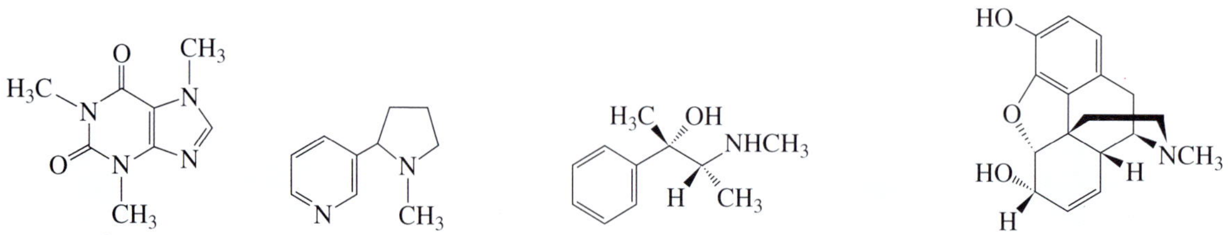

cafeína   nicotina   efedrina   morfina

PROBLEMA 19

¿Por qué un ion haluro como el Br:⁻ puede tener una reacción S$_N$2 con un alcohol primario protonado, pero no con una amina primaria protonada?

10.7 Reacciones de sustitución nucleofílica de los éteres

El grupo OR de un **éter** y el grupo OH de un alcohol tienen casi la misma basicidad porque los ácidos conjugados de esos dos grupos presentan valores similares de pK_a. (El pK_a del CH$_3$OH es 15.5 y el del H$_2$O es 15.7.) Ambos grupos son bases fuertes, por consiguiente son grupos salientes muy malos. En consecuencia, los éteres, al igual que los alcoholes, deben activarse para experimentar una sustitución nucleofílica.

$$R-\ddot{O}-H \qquad R-\ddot{O}-R$$
$$\text{alcohol} \qquad \text{éter}$$

Los éteres, al igual que los alcoholes, pueden activarse por protonación. En consecuencia, pueden presentar reacciones de sustitución nucleofílica con HBr o HI. Como en el caso de los alcoholes, la reacción de los éteres con haluros de hidrógeno es lenta. La mezcla de reacción debe calentarse para que proceda a una rapidez razonable.

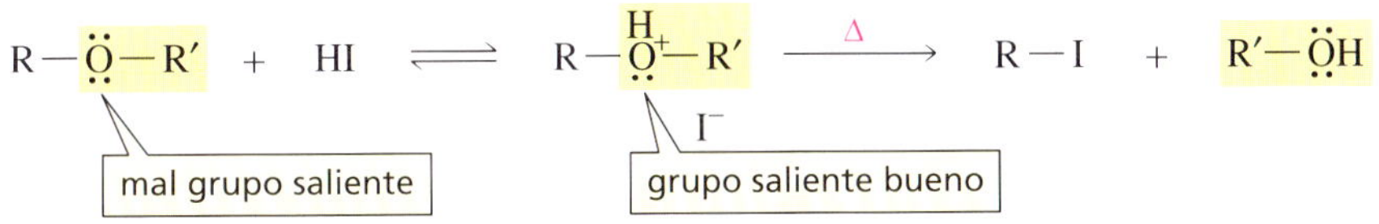

$$R-\ddot{O}-R' + HI \rightleftharpoons R-\overset{H}{\underset{I^-}{\overset{+}{O}}}-R' \xrightarrow{\Delta} R-I + R'-\ddot{O}H$$

mal grupo saliente   grupo saliente bueno

- De nuevo se comprueba que el primer paso de un mecanismo, en el que un ácido es uno de los reactivos, es la protonación del átomo más básico, que en este caso es el oxígeno. La protonación convierte el grupo saliente RO:⁻, muy básico, en el grupo saliente ROH, menos básico.
- Lo que suceda a continuación depende de la estructura del éter. Si la salida de ROH crea un carbocatión relativamente estable (como por ejemplo un carbocatión terciario), se efectúa una reacción S$_N$1. El grupo saliente sale y el ion haluro se combina con el carbocatión.

Ruptura de éteres: reacción S$_N$1

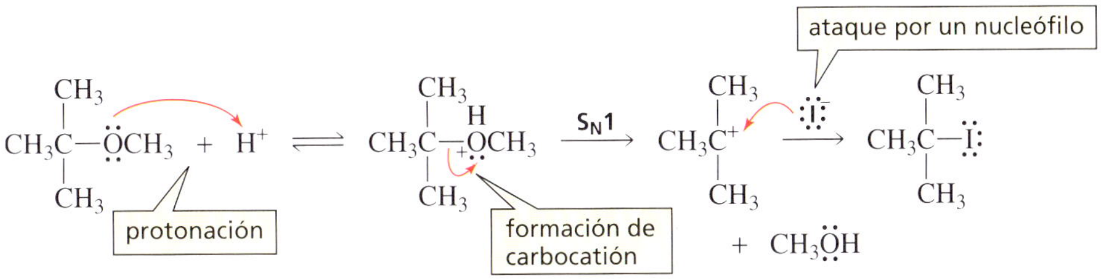

$$\underset{\underset{CH_3}{|}}{\overset{\overset{CH_3}{|}}{CH_3C-\ddot{O}CH_3}} + H^+ \rightleftharpoons \underset{\underset{CH_3}{|}}{\overset{\overset{CH_3}{|}}{CH_3C-\overset{H}{\overset{+}{O}}CH_3}} \xrightarrow{S_N1} \underset{\underset{CH_3}{|}}{\overset{\overset{CH_3}{|}}{CH_3C^+}} \xrightarrow{:\ddot{I}:^-} \underset{\underset{CH_3}{|}}{\overset{\overset{CH_3}{|}}{CH_3C-\ddot{I}:}}$$

protonación   formación de carbocatión   + CH$_3$ÖH   ataque por un nucleófilo

- Sin embargo, si el alejamiento del grupo saliente crea un carbocatión inestable (como un carbocatión metilo, vinilo, arilo o primario), el grupo saliente no se puede alejar, debe ser desplazado por el ion haluro. En otras palabras, se efectúa una reacción S$_N$2. En la reacción S$_N$2 el ion haluro ataca de preferencia al grupo alquilo que tenga menos impedimento estérico de los dos.

Ruptura de éteres: reacción S$_N$2

$$CH_3\ddot{\underset{..}{O}}CH_2CH_2CH_3 + H^+ \rightleftharpoons CH_3\overset{H}{\underset{+}{\ddot{O}}}CH_2CH_2CH_3 \xrightarrow{S_N2} CH_3\ddot{\underset{..}{I}}: + CH_3CH_2CH_2OH$$

protonación

el nucleófilo ataca al carbono con menos impedimento estérico

Los éteres se rompen por un mecanismo S$_N$1, a menos que la inestabilidad del carbocatión requiera un mecanismo S$_N$2.

En resumen, los éteres se rompen por un mecanismo S$_N$1, a menos que la inestabilidad del carbocatión determine que la reacción siga un mecanismo S$_N$2; la ruptura S$_N$1 es más rápida que la ruptura S$_N$2. La ruptura S$_N$2 con HI es más rápida que con HBr porque el I:$^-$ es un mejor nucleófilo que el Br:$^-$. Si se emplea HCl, las condiciones deben ser más drásticas porque el Cl:$^-$ es un nucleófilo todavía peor.

La reacción de ruptura sólo forma un producto de sustitución porque las bases en la mezcla de reacción (iones haluro y H$_2$O) son demasiado débiles para eliminar un protón en una reacción E2, y todo alqueno que se formara en una reacción E1 debería tener adición electrofílica con HBr o HI para formar el mismo haluro de alquilo que el que se obtendría en la reacción de sustitución.

Muchos de los reactivos que se usan para activar alcoholes, para que puedan tener sustitución nucleofílica (como SOCl$_2$ o PCl$_3$), no pueden usarse para activar a los éteres. Cuando un alcohol reacciona con un activador como el cloruro de sulfonilo, un protón del compuesto intermediario se disocia en el segundo paso de la reacción y el resultado es un sulfonato de alquilo estable.

ROH (alcohol) + R'—S(=O)(=O)—Cl ⟶ R'—S(=O)(=O)—$\overset{+}{O}R$ | H + Cl$^-$ ⇌ R'—S(=O)(=O)—OR + H$^+$ (sulfonato de alquilo)

Sin embargo, cuando un éter reacciona con un cloruro de sulfonilo, el átomo de oxígeno no tiene protón que se pueda disociar. El grupo alquilo (R) no se puede disociar y no se puede formar un sulfonato de alquilo estable; en lugar de ello, se vuelven a formar las materias primas, que son más estables.

ROR (éter) + R'—S(=O)(=O)—Cl ⇌ R'—S(=O)(=O)—$\overset{+}{O}R$ | R + Cl$^-$

Como las únicas sustancias que reaccionan con los éteres son los haluros de hidrógeno, con frecuencia los éteres se usan como disolventes. En la tabla 10.2 se muestran algunos éteres disolventes comunes.

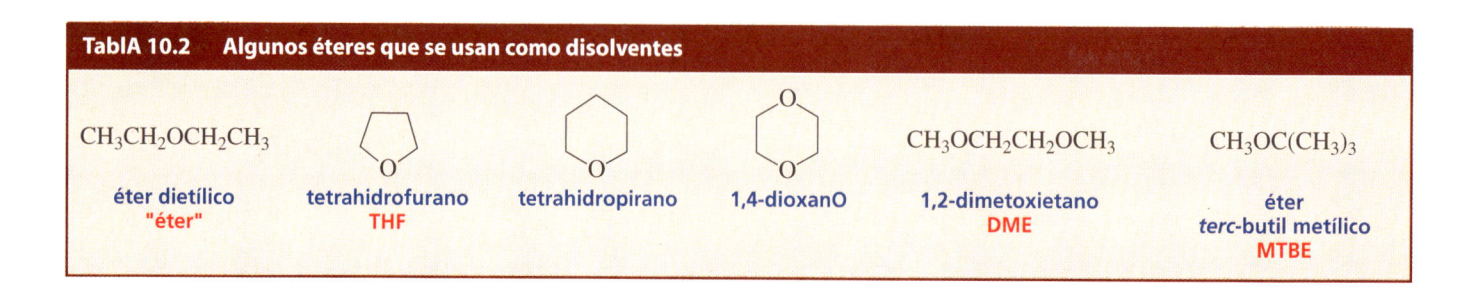

TablA 10.2 Algunos éteres que se usan como disolventes

CH$_3$CH$_2$OCH$_2$CH$_3$	(tetrahidrofurano)	(tetrahidropirano)	(1,4-dioxano)	CH$_3$OCH$_2$CH$_2$OCH$_3$	CH$_3$OC(CH$_3$)$_3$
éter dietílico "éter"	tetrahidrofurano THF	tetrahidropirano	1,4-dioxano	1,2-dimetoxietano DME	éter *terc*-butil metílico MTBE

ANESTÉSICOS

Debido a que el éter dietílico (llamado "éter" comúnmente) es un relajante muscular de corta vida, fue muy usado durante algún tiempo como anestésico por inhalación. Sin embargo, su efecto se presenta con lentitud y tiene un periodo largo y desagradable de recuperación; en consecuencia, hay otros compuestos como el enflurano, el isoflurano y el halotano que lo han reemplazado como anestésico. Aun así, el éter dietílico se sigue usando donde son escasos los anestesiólogos adiestrados porque es el más seguro para que lo administre una persona sin entrenamiento. Los anestésicos interactúan con las moléculas no polares de las membranas celulares, con lo cual logran que las membranas se hinchen e interfieren de ese modo con su permeabilidad.

"éter"   isoflurano   enflurano   halotano

El pentotal sódico (también llamado tiopental sódico) se usa con frecuencia como anestésico intravenoso. El inicio de la anestesia y la pérdida de conciencia ocurren a los pocos segundos de su administración. Se debe tener cuidado al administrar pentotal sódico porque la dosis para que la anestesia sea efectiva es 75% de la dosis letal. Debido a su gran toxicidad no se puede usar como anestésico único sino que en general se utiliza para inducir la anestesia antes de administrar un anestésico por inhalación. En contraste, el propofol tiene todas las propiedades del "anestésico perfecto": se puede administrar como anestésico único por goteo intravenoso, presenta un periodo de inducción rápido y agradable, y tiene un amplio margen de seguridad. Además, también la recuperación de los efectos del mismo es rápida y agradable.

pentotal sódico   propofol

Amputación de una pierna sin anestesia.

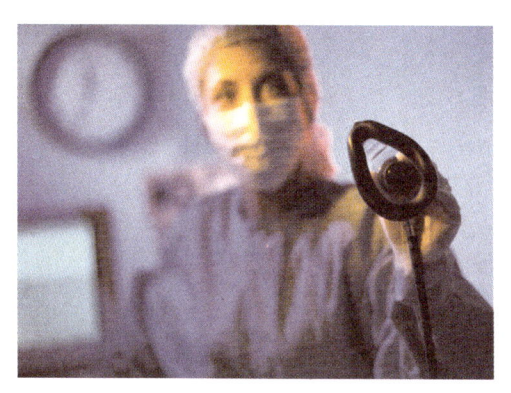

Los avances en este campo permiten utilizar en la actualidad métodos rápidos e indoloros.

PROBLEMA 20 RESUELTO

Explique por qué el éter metilpropílico forma yoduro de metilo y también yoduro de propilo cuando se caliente con un exceso de HI.

Solución Se acaba de ver que la reacción S_N2 del éter metilpropílico con una cantidad equivalente de HI forma yoduro de metilo y alcohol propílico porque el grupo metilo tiene menos impedimento estérico para que lo ataque el ion yoduro. Cuando hay exceso de HI, el alcohol producido en esta primera reacción puede reaccionar con HI en otra reacción S_N2 (sección 10.1). Es así que los productos son yoduro de metilo y yoduro de propilo.

$$CH_3CH_2CH_2OCH_3 \xrightarrow{HI} CH_3CH_2CH_2OH \xrightarrow{HI} CH_3CH_2CH_2I + H_2O$$
$$+ CH_3I$$

PROBLEMA 21◆

¿Se puede usar HF para romper éteres? Explique por qué.

PROBLEMA 22 *RESUELTO*

Indique cuáles son los productos principales obtenidos al calentar cada uno de los éteres siguientes con un equivalente de HI:

a. $CH_3CH=CHOCH_2CH_3$

b. 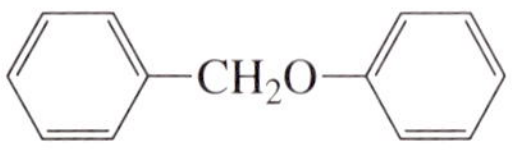 Ph—CH_2—O—Ph

c. $CH_3CH_2CH_2OCH_2$—Ph

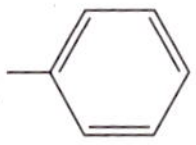

d. 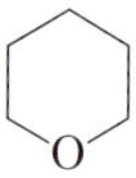 tetrahidropirano

e. 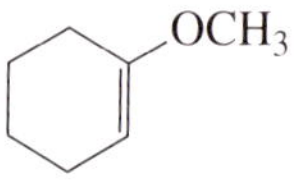 ciclohexeno con OCH_3

f. 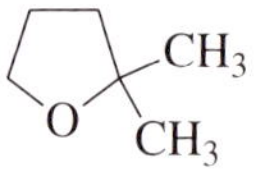 tetrahidrofurano 2,2-dimetil (CH_3, CH_3)

Solución a 22a La reacción se efectúa vía un mecanismo S_N2 porque ninguno de los grupos alquilo forma un carbocatión relativamente estable. El ion yoduro ataca al carbono del grupo etilo porque de otra manera tendría que atacar a un carbono vinílico y en general los nucleófilos no atacan a los carbonos vinílicos (sección 8.8). Entonces los productos principales son yoduro de etilo y un enol que de inmediato se tautomeriza y forma un aldehído (sección 6.7).

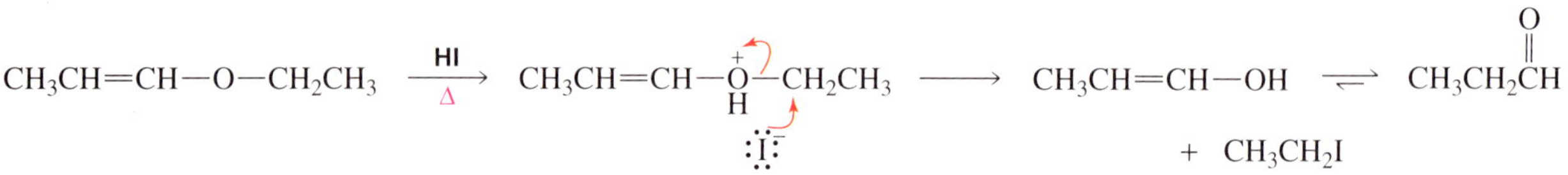

$$CH_3CH=CH-O-CH_2CH_3 \xrightarrow[\Delta]{HI} CH_3CH=CH-\overset{+}{\underset{H}{O}}-CH_2CH_3 \longrightarrow CH_3CH=CH-OH \rightleftharpoons CH_3CH_2\overset{O}{\underset{\|}{C}}H$$
$$:\overset{..}{\underset{..}{I}}:^- \qquad\qquad + CH_3CH_2I$$

10.8 Reacciones de sustitución nucleofílica de los epóxidos

Ya se estudió que un alqueno se puede convertir en un **epóxido** usando un peroxiácido (sección 4.9).

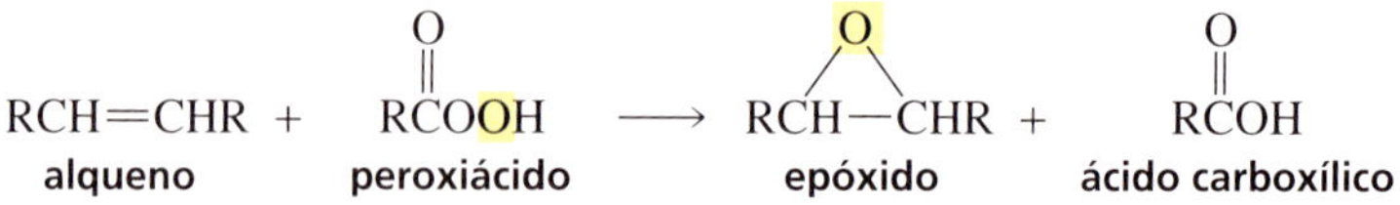

$$RCH=CHR + R\overset{O}{\underset{\|}{C}}OOH \longrightarrow RCH-CHR + R\overset{O}{\underset{\|}{C}}OH$$
$$\text{alqueno} \qquad \text{peroxiácido} \qquad\qquad \text{epóxido} \qquad \text{ácido carboxílico}$$

Aunque un epóxido y un éter disponen del mismo grupo saliente, en reacciones de sustitución nucleofílica los epóxidos son mucho más reactivos que los éteres porque la tensión en su anillo de tres miembros se libera cuando el anillo se abre (figura 10.2). Por consiguiente, los epóxidos experimentan reacciones de sustitución nucleofílica con una gran variedad de nucleófilos.

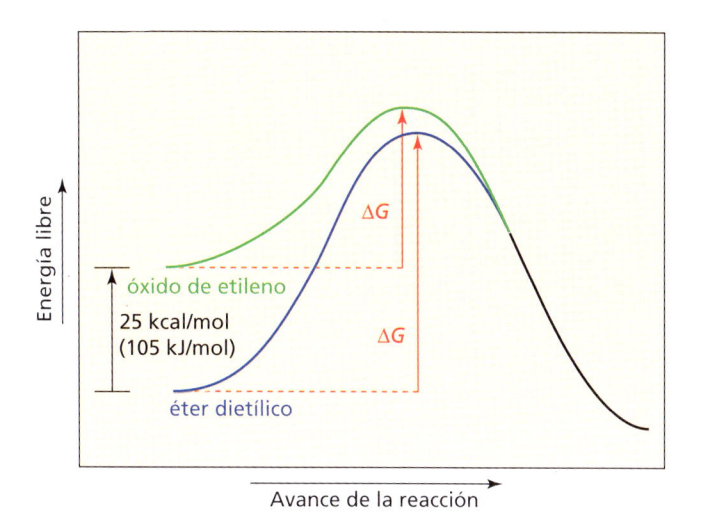

10.8 Reacciones de sustitución nucleofílica de los epóxidos

Figura 10.2
Diagramas de coordenada de reacción para el ataque nucleofílico del ion hidróxido con el óxido de etileno y con el éter dietílico. La mayor reactividad del epóxido es resultado de la tensión en el anillo de tres miembros, lo cual aumenta la energía libre del epóxido.

Al igual que otros éteres, los epóxidos reaccionan con los haluros de hidrógeno.

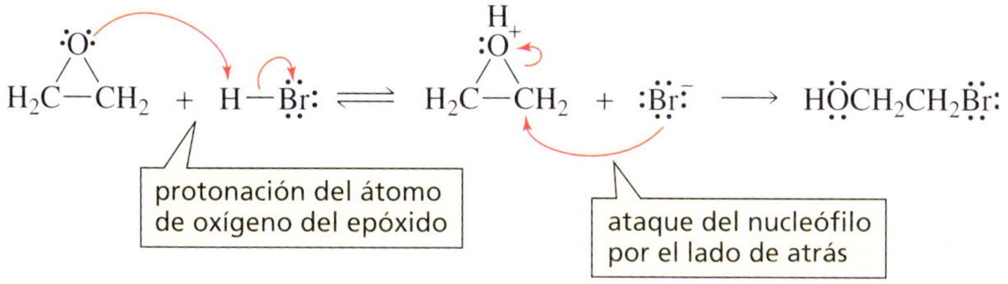

- El ácido protona al átomo de oxígeno del epóxido.
- El epóxido protonado sufre ataque del ion haluro por el lado de atrás.

Como los epóxidos son mucho más reactivos que los éteres, la reacción se efectúa con facilidad a temperatura ambiente, a diferencia del caso de un éter con un haluro de hidrógeno que requiere calor.

Los epóxidos protonados son tan reactivos que los malos nucleófilos, como H_2O y los alcoholes, los pueden abrir.

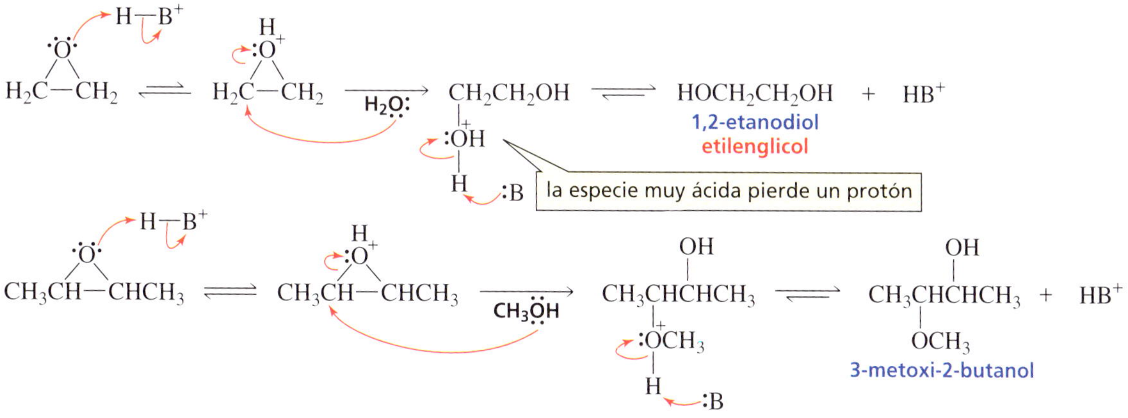

donde HB^+ es cualquier ácido que haya en la disolución y B: es cualquier base.

Si hay distintos sustituyentes unidos a los dos carbonos del epóxido protonado y el nucleófilo es distinto al H_2O, el producto que se obtiene con el ataque nucleofílico en la posición 2 del anillo de oxirano será distinto al que se obtiene por el ataque nucleofílico en la posición 3. El producto principal es el que resulta del ataque nucleofílico al carbono *más sustituido*.

454 CAPÍTULO 10 Reacciones de alcoholes, aminas, éteres, epóxidos y compuestos sulfurados • Compuestos organometálicos

$$\underset{\underset{2}{CH_3CH}-\underset{3}{CH_2}}{\overset{\overset{1}{O}}{\triangle}} \;\xrightleftharpoons{H^+}\; \underset{CH_3CH-CH_2}{\overset{\overset{H}{\overset{+}{O}}}{\triangle}} \;\xrightarrow{CH_3OH}\; \underset{\substack{\text{2-metoxi-1-propanol}\\\text{producto principal}}}{CH_3CHCH_2OH}\overset{OCH_3}{|} \;+\; \underset{\substack{\text{1-metoxi-2-propanol}\\\text{producto secundario}}}{CH_3CHCH_2OCH_3}\overset{OH}{|} \;+\; H^+$$

El carbono más sustituido es el que se ataca con más probabilidad porque después de protonarse el epóxido es tan reactivo que uno de los enlaces C—O comienza a romperse aun antes de que el nucleófilo tenga oportunidad de atacar. Cuando el enlace C—O comienza a romperse se desarrolla una carga positiva parcial en el carbono que esté perdiendo su parte de los electrones de enlace con el oxígeno. El epóxido protonado se rompe de preferencia en la dirección que ponga la carga positiva parcial en el carbono más sustituido porque un carbocatión más sustituido es más estable. Recuérdese que los carbocationes terciarios son más estables que los secundarios y éstos a su vez son más estables que los carbocationes primarios.

Bajo condiciones ácidas, el nucleófilo ataca al carbono más sustituido del anillo

La mejor forma de describir la reacción es decir que sucede por un mecanismo que parcialmente es S_N1 y en parte S_N2. No es una reacción S_N1 pura porque no se forma por completo un carbocatión intermediario; no es una reacción S_N2 pura porque el grupo saliente comienza a alejarse antes de que el compuesto sea atacado por el nucleófilo.

Aunque un éter debe protonarse para experimentar una reacción de sustitución nucleofílica (sección 10.7), los epóxidos pueden tener reacciones de sustitución nucleofílica sin tener que protonarlos primero por la tensión en el anillo de tres miembros (figura 10.2). Cuando un nucleófilo ataca a un epóxido no protonado la reacción es S_N2 pura.

Bajo condiciones básicas, el nucleófilo ataca al carbono del anillo con menos impedimento estérico.

- El enlace C—O no comienza a romperse sino hasta que el carbono es atacado por el nucleófilo. Es más probable que el nucleófilo ataque al carbono *menos sustituido* porque es el más accesible al ataque ya que presenta menos impedimento estérico.
- El ion alcóxido toma un protón del disolvente o de un ácido que se agregue después de haber terminado la reacción.

De este modo, el sitio del ataque nucleofílico a un epóxido asimétrico, bajo condiciones neutras o básicas (cuando el epóxido *no está* protonado), es diferente del sitio de ataque nucleofílico bajo condiciones ácidas (cuando el epóxido está protonado).

$$\underset{\substack{\text{sitio del ataque nucleofílico} \\ \text{en condiciones ácidas}}}{CH_3CH}\overset{O}{-}\underset{\substack{\text{sitio del ataque nucleofílico} \\ \text{en condiciones neutras o básicas}}}{CH_2}$$

Los epóxidos son reactivos versátiles porque pueden reaccionar con una gran variedad de nucleófilos y forman también una gran variedad de productos.

$$H_2C\overset{O}{-}C(CH_3)_2 + CH_3C\equiv C^- \longrightarrow CH_3C\equiv CCH_2C(CH_3)_2O^- \xrightarrow{H^+} CH_3C\equiv CCH_2C(CH_3)_2OH$$

$$CH_3CH\overset{O}{-}CH_2 + CH_3NH_2 \longrightarrow CH_3CHCH_2\overset{+}{N}H_2CH_3 \longrightarrow CH_3CHCH_2NHCH_3$$
$$\overset{|}{O^-}\overset{|}{OH}$$

También los epóxidos son importantes en los procesos biológicos porque presentan la suficiente reactividad para ser atacados por nucleófilos bajo las condiciones que imperan en los sistemas vivos (sección 10.9).

Obsérvese que la reacción entre óxido de ciclohexeno y un nucleófilo forma productos *trans* porque la reacción S_N2 implica el ataque nucleofílico por el lado de atrás.

La reacción forma dos centros asimétricos nuevos y entonces el ataque por el lado de atrás forma dos estereoisómeros.

PROBLEMA 23◆

Indique cuál es el producto principal en cada una de las reacciones siguientes:

a. $H_2C\overset{O}{-}C(CH_3)_2 \xrightarrow[CH_3OH]{H^+}$

b. $H_2C\overset{O}{-}C(CH_3)_2 \xrightarrow[CH_3OH]{CH_3O^-}$

c. $H-C\overset{O}{-}C(CH_3)_2$ (con H_3C) $\xrightarrow[CH_3OH]{H^+}$

d. $H-C\overset{O}{-}C(CH_3)_2$ (con H_3C) $\xrightarrow[CH_3OH]{CH_3O^-}$

PROBLEMA 24◆

¿Espera usted que la reactividad de un anillo de éter con cinco miembros, como el de tetrahidrofurano (tabla 10.2), se parezca más a la de un epóxido o a la de un éter acíclico?

10.9 Óxidos de areno

Cuando se ingiere o se inhala un hidrocarburo aromático como el benceno una enzima lo convierte en un *óxido de areno*. Un **óxido de areno** es un compuesto en el que uno de los "enlaces dobles" del anillo aromático ha sido convertido en un epóxido. La formación de un óxido de areno es el primer paso en la transformación de un compuesto aromático que

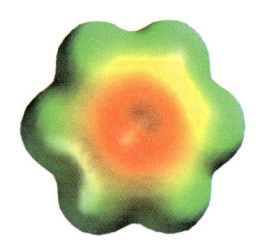

benceno

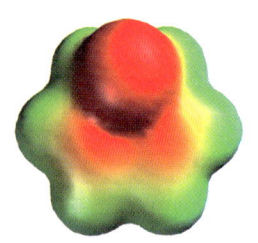

óxido de benceno

entra al organismo como sustancia extraña (por ejemplo, un medicamento, humo de cigarrillo o del escape de un automóvil) en un compuesto más soluble en agua que se pueda eliminar al final. La enzima que destoxifica a los hidrocarburos aromáticos convirtiéndolos en óxidos de areno se llama citocromo P_{450}.

$$\text{benceno} \xrightarrow[O_2]{\text{citocromo } P_{450}} \text{óxido de benceno (un óxido de areno)}$$

Algunos óxidos de areno son intermediarios importantes en la biosíntesis de fenoles con trascendencia bioquímica, como la tirosina (un aminoácido) o la serotonina (un vasoconstrictor).

tirosina
un aminoácido

serotonina
un vasoconstrictor

Un óxido de areno puede reaccionar en dos formas. Lo puede hacer como un epóxido típico y sufrir un ataque por un nucleófilo para formar productos de adición (sección 10.8). También puede reordenarse para formar un fenol, lo cual no pueden hacer los epóxidos.

productos de adición

producto reordenado

A continuación se muestra el mecanismo del reordenamiento.

Mecanismo del reordenamiento de un óxido de areno

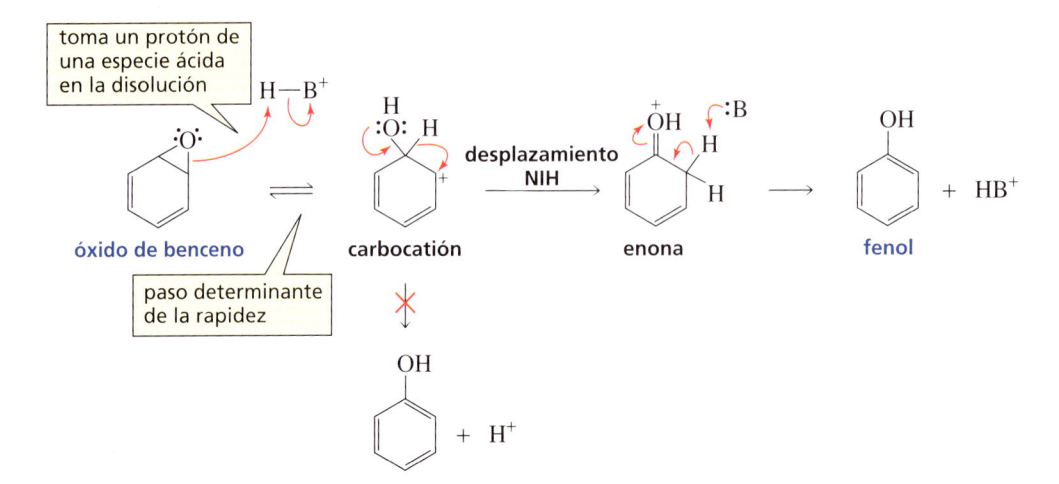

toma un protón de una especie ácida en la disolución

óxido de benceno ⇌ carbocatión → (desplazamiento NIH) enona → fenol + HB^+

paso determinante de la rapidez

$OH + H^+$

- Se abre el anillo de tres miembros y toma un protón de una molécula (como el agua) en la disolución.
- En lugar de perder de inmediato un protón para formar el fenol, el carbocatión forma una *enona*, resultado de un desplazamiento de hidruro 1,2. A esto se le llama *desplazamiento NIH* porque se observó primero en un laboratorio del Instituto Nacional de Salud (*National Institutes of Health*) de EUA.
- La eliminación de un protón de la enona forma el fenol.

Ya que la formación del carbocatión es el paso que determina la rapidez, la rapidez de formación del fenol depende de la estabilidad del carbocatión. Mientras más estable sea el carbocatión, el anillo se abre con más facilidad para formar el fenol.

Sólo se puede formar un óxido de areno a partir de naftaleno porque no se puede epoxidar el "enlace doble" compartido por los dos anillos. Recuérdese que los anillos de benceno denotan estabilidad especial, de modo que es mucho más probable que la molécula se epoxide en una posición que deje intacto a uno de los anillos de benceno (sección 7.8).

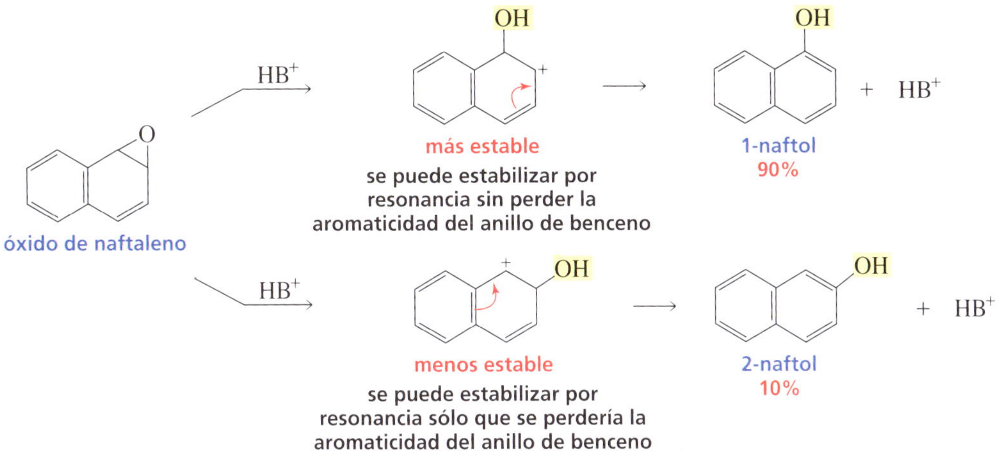

El óxido de naftaleno se puede reordenar para formar 1-naftol o 2-naftol. El carbocatión que lleva al 1-naftol es más estable porque su carga positiva puede estabilizarse por resonancia sin destruir la aromaticidad del anillo de benceno a la izquierda de la estructura. En contraste, la carga positiva en el carbocatión que lleva al 2-naftol se puede estabilizar por resonancia sólo si se destruye la aromaticidad del anillo de benceno. En consecuencia, el reordenamiento da lugar en particular a 1-naftol.

PROBLEMA 25

Dibuje todas las estructuras de resonancia posibles para los dos carbocationes de la reacción anterior. Use las estructuras de resonancia para explicar por qué el 1-naftol es el producto principal de la reacción.

PROBLEMA 26◆

La existencia del desplazamiento NIH fue establecida determinando el producto principal del reordenamiento del siguiente óxido de areno, en el que un deuterio reemplazó a un hidrógeno:

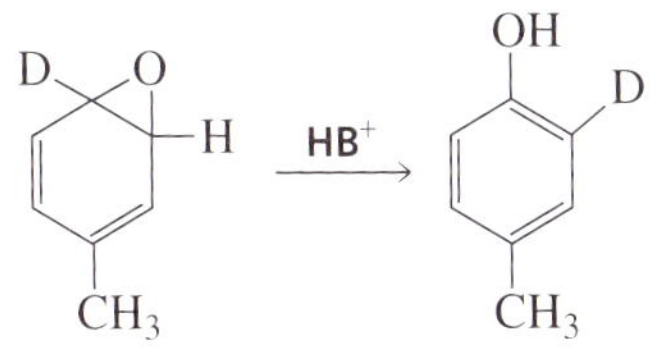

¿Cuál sería el producto principal si no hubiera desplazamiento NIH? (*Sugerencia:* recuerde que es más fácil romper el enlace C—H que el C—D, de acuerdo con la sección 9.7).

458 CAPÍTULO 10 Reacciones de alcoholes, aminas, éteres, epóxidos y compuestos sulfurados • Compuestos organometálicos

> **PROBLEMA 27◆**
>
> ¿En qué se diferenciarían los productos principales obtenidos con el reordenamiento de los óxidos de areno siguientes?

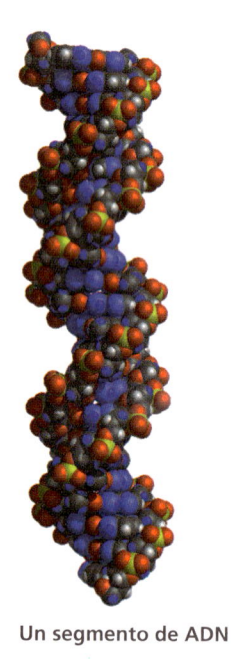

Algunos compuestos aromáticos son cancerígenos. Sin embargo, se ha determinado con investigaciones que los hidrocarburos mismos no son cancerígenos; en cambio sí lo son los óxidos de areno en los que se convierten los hidrocarburos dentro del organismo. ¿Cómo es que los óxidos de areno causan cáncer? Ya se explicó que los nucleófilos reaccionan con los epóxidos y forman productos de adición. La 2′-desoxiguanosina, componente del ADN (sección 27.1), dispone de un grupo NH_2 nucleofílico que se sabe reacciona con ciertos óxidos de areno. Una vez que una molécula de 2′-desoxiguanosina se une a un óxido de areno le resulta imposible incorporarse en la doble hélice del ADN por tener ahora mayor tamaño. El resultado es que no se transcribirá bien el código genético, lo cual puede causar las mutaciones que dan origen al cáncer. El cáncer se produce cuando las células pierden su capacidad de controlar su crecimiento y reproducción.

Un segmento de ADN

óxido de areno

2′-desoxiguanosina

unido en forma covalente al óxido de areno

No todos los óxidos de areno son cancerígenos. Que determinado óxido de areno resulte cancerígeno depende de la rapidez relativa de sus dos rutas de reacción: reordenamiento y reacción con un nucleófilo. El reordenamiento de los óxidos de areno lleva a fenoles, que no son cancerígenos, mientras que la formación de productos de adición por el ataque nucleofílico por ADN puede conducir a productos que causen cáncer. Así, si la rapidez de reordenamiento del óxido de areno es mayor que la del ataque nucleofílico por ADN, el óxido de areno será inocuo. Empero, si la rapidez del ataque nucleofílico es mayor que la rapidez del reordenamiento es probable que el óxido de areno sea cancerígeno.

Ya que la rapidez de reordenamiento del óxido de areno depende de la estabilidad del carbocatión que se forma en el primer paso del reordenamiento, *el potencial de causar cáncer de un óxido de areno depende de la estabilidad de dicho carbocatión*. Si el carbocatión es relativamente estable el reordenamiento será rápido y con mucha probabilidad el óxido de areno no será cancerígeno. Por otra parte, si el carbocatión es relativamente inestable, el reordenamiento será lento y es probable que el óxido de areno tenga una existencia suficientemente larga como para ser atacado por nucleófilos y, en consecuencia, sea cancerígeno. Lo anterior implica que cuanto más reactivo sea el óxido de areno (que se abra con más facilidad para formar un carbocatión) menos probable resultará que sea cancerígeno.

Mientras más estable sea el carbocatión formado cuando se abre el anillo del epóxido de un óxido de areno menos probable será que el óxido de areno sea carcinógeno.

BENZO[a]PIRENO Y CÁNCER

El benzo[a]pireno es uno de los hidrocarburos aromáticos más cancerígenos. Se forma siempre que un compuesto orgánico no se quema por completo. Por ejemplo, el benzo[a]pireno se encuentra en el humo de los cigarrillos y de los escapes de los automóviles y en la carne asada al carbón. Algunos óxidos de areno pueden formarse a partir del benzo[a]pireno. Los dos más peligrosos son el 4,5-epoxi y el 7,8-epoxi. Se ha sugerido que las personas que desarrollan cáncer pulmonar como resultado de fumar pueden tener una concentración de citocromo P_{450} mayor que la normal en su tejido pulmonar.

benzo[a]pireno → citocromo P_{450}, O_2 → 4,5-epoxi-benzo[a]pireno + 7,8-epoxi-benzo[a]pireno

El 4,5-epoxi es dañino porque forma un carbocatión que no puede ser estabilizado por resonancia sin destruir la aromaticidad de un anillo de benceno adyacente. Entonces, el carbocatión es relativamente inestable y el epóxido no se abre sino hasta que es atacado por un nucleófilo (la ruta cancerígena). El 7,8-epoxi es dañino porque reacciona con el agua y forma un diol, que a continuación forma un epóxido. El diol epóxido no se puede reordenar fácilmente (la ruta inocua) porque se abre a un carbocatión que está desestabilizado por los grupos OH, que por efecto inductivo atraen electrones. En consecuencia, el diol epóxido puede existir el tiempo suficiente para ser atacado por nucleófilos (la ruta cancerígena).

→ H_2O, hidrolasa de epóxido → diol

→ O_2, citocromo P_{450} →

epóxido diol

PROBLEMA 28 RESUELTO

¿Cuál compuesto de cada par será cancerígeno con mayor probabilidad?

a. (epóxido con NO_2) o (epóxido con OCH_3)

b. (naftaleno epóxido) o (naftaleno epóxido isómero)

Solución a 28a Es más probable que el compuesto nitrosustituido sea cancerígeno. El grupo nitro desestabiliza al carbocatión que se forma cuando se abre el anillo, retirando electrones del anillo por resonancia (capítulo 7, problema 19). En contraste, el grupo metoxi estabiliza al carbocatión donando electrones al anillo por resonancia (capítulo 7, problema 20). La formación de carbocatión conduce al producto inocuo y será menos probable que el compuesto nitrosustituido, con un carbocatión menos estable (que se forma con menos facilidad), sufra un reordenamiento y forme un producto inocuo. Además, el grupo nitro, atractor de electrones, aumenta la susceptibilidad del óxido de areno al ataque nucleofílico, que es la ruta causante del cáncer.

DESHOLLINADORES Y CÁNCER

Percival Potts, médico británico, fue el primero en reconocer, en 1775, que los factores ambientales pueden causar cáncer, cuando observó que los deshollinadores presentaban una mayor incidencia de cáncer de escroto que la población masculina en general. Supuso que algo en el hollín causaba el cáncer. Ahora se sabe que es el benzo[a]pireno.

Deshollinadores de Londres en el siglo XIX.

PROBLEMA 29

Explique por qué los dos óxidos de areno del problema 28a se abren en direcciones opuestas.

PROBLEMA 30

Del fenantreno se pueden obtener tres óxidos de areno.

fenantreno

a. Indique las estructuras de los tres óxidos de fenantreno.
b. Indique las estructuras de los fenoles que pueden obtenerse a partir de cada óxido de fenantreno.
c. Si un óxido de fenantreno puede llevar a la formación de más de un fenol, ¿cuál fenol se obtendrá con mayor rendimiento?
d. ¿Cuál de los tres óxidos de fenantreno es cancerígeno con mayor probabilidad?

10.10 Éteres corona

Los **éteres corona** son compuestos cíclicos que contienen varias uniones de éter en torno a una cavidad central. En forma específica, un éter corona se une con ciertos iones metálicos o con moléculas orgánicas, dependiendo del tamaño de la cavidad. El éter corona es el "anfitrión" y la especie que se une a él es el "huésped". Como las uniones éter son químicamente inertes, el éter corona puede unirse con el huésped sin reaccionar con él. El *complejo anfitrión-huésped* se llama **compuesto de inclusión**. Los nombres de los éteres corona son [X]-corona-Y, donde X es la cantidad total de átomos en el anillo y Y es la cantidad de átomos de oxígeno en el anillo. El [15]-corona-5 se une con Na^+ en forma selectiva porque tiene una cavidad con un diámetro de 1.7 a 2.2 Å y el Na$^+$ tiene un diámetro iónico de 1.80 Å. La unión se logra por interacción del ion con carga positiva y los pares de electrones no compartidos de los átomos de oxígeno que apuntan hacia la cavidad.

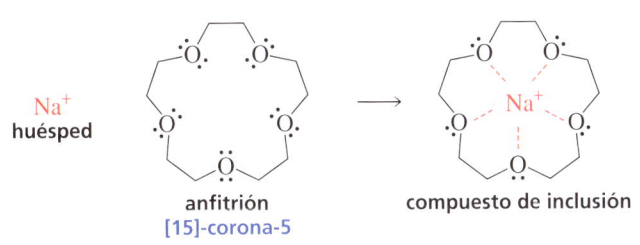

Na$^+$
huésped

anfitrión
[15]-corona-5

compuesto de inclusión

El Li$^+$, con diámetro iónico de 1.20 Å, es demasiado pequeño para ser enlazado por el [15]-corona-5, pero se une muy bien con el [12]-corona-4. Por otra parte, el K$^+$, con diámetro iónico de 2.66 Å, es demasiado grande para caber en el [15]-corona-5, pero se une en forma específica con el [18]-corona-6.

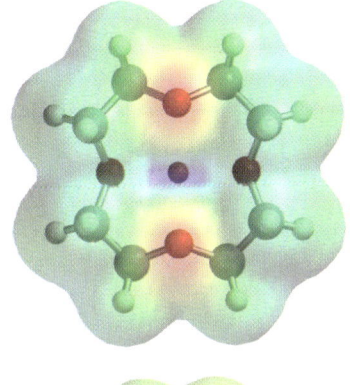

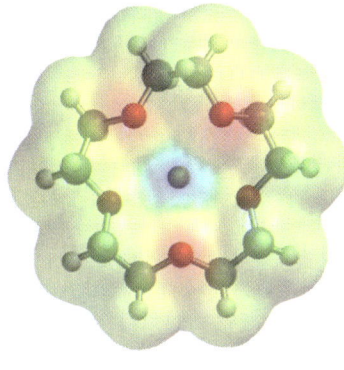

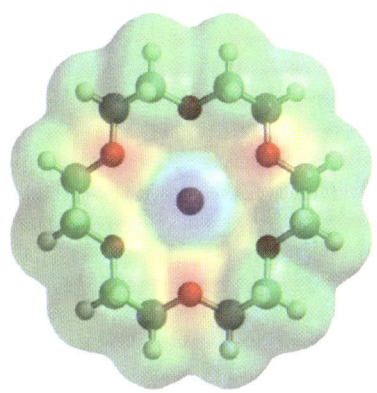

> **BIOGRAFÍA**
>
> **Donald J. Cram (1919–2001)** *nació en Vermont. Recibió una licenciatura en el Rollins College, una maestría en ciencias de la Universidad de Nebraska y un doctorado de la Universidad de Harvard. Fue profesor de química en la Universidad de California en Los Ángeles y un ávido surfista. Por su trabajo en el campo de los éteres corona,* **Donald J. Cram, Charles J. Pedersen** *y* **Jean-Marie Lehn** *compartieron el Premio Nobel de Química de 1987.*

> **BIOGRAFÍA**
>
> **Charles J. Pedersen (1904–1989)** *nació en Corea, de madre coreana y padre noruego. Cuando era adolescente se mudó a Estados Unidos y recibió una licenciatura en ingeniería química de la Universidad de Dayton, y una maestría en ciencias, en química orgánica, del MIT. Entró a DuPont en 1927 y se retiró de allí en 1969. Es una de las pocas personas que no tuvieron doctorado pero que recibieron un Premio Nobel de ciencias.*

> **BIOGRAFÍA**
>
> **Jean–Marie Lehn** *nació en Francia, en 1939. Al principio estudió filosofía y luego se cambió a química; recibió un doctorado de la Universidad de Estrasburgo. Como becario postdoctoral trabajó con Robert Burns Woodward en Harvard en la síntesis total de la vitamina B12 (véase la página 1125). Es profesor de química de la Universidad Louis Pasteur en Estrasburgo, Francia, y en el Collège de France, en París.*

La capacidad de un anfitrión para unirse sólo con ciertos huéspedes es un ejemplo del **reconocimiento molecular**, una molécula reconoce a otra como resultado de interacciones específicas. El reconocimiento molecular explica la forma en que las enzimas reconocen a sus sustratos, la forma en que los anticuerpos reconocen a los antígenos, en que los medicamentos reconocen a los receptores, así como muchos otros procesos biológicos que se llevan a cabo. Sólo hasta fecha reciente se han podido diseñar y sintetizar moléculas orgánicas que tienen reconocimiento molecular, aunque en general la especificidad de esos compuestos sintéticos hacia sus huéspedes presenta menos desarrollo que el que denotan las moléculas biológicas.

Una propiedad notable de los éteres corona es que permiten que las sales inorgánicas se disuelvan en disolventes orgánicos no polares y condicionan de este modo que muchas reacciones se efectúen en disolventes no polares, que de otra forma no tendrían lugar. Por ejemplo, la reacción S_N2 del 1-bromohexano con el ion acetato presenta un problema porque el haluro de alquilo sólo es soluble en un disolvente no polar, mientras que el acetato de potasio, compuesto iónico, sólo es soluble en agua. Además, el ion acetato es un mal nucleófilo.

$$CH_3CH_2CH_2CH_2CH_2CH_2Br + CH_3CO^- \xrightarrow{[18]\text{-corona-6}} CH_3CH_2CH_2CH_2CH_2CH_2OCCH_3 + Br^-$$

soluble sólo en un disolvente no polar

soluble sólo en agua

No obstante, el acetato de potasio se disuelve en un disolvente no polar si a la disolución se le agrega [18]-corona-6. El éter corona acomoda dentro de su cavidad al ion potasio, con carga positiva, y todo el complejo no polar de éter corona–potasio se disuelve en el disolvente no polar acompañado por el ion acetato para mantener la neutralidad eléctrica. Ya que el acetato no se solvata en el disolvente no polar, es un nucleófilo mucho más efectivo que si estuviera en un disolvente polar prótico (sección 8.3). El éter corona es un **catalizador de transferencia de fase** porque lleva a un reactivo a la fase donde se necesita. En la sección 20.5 se describirán más ejemplos de catalizadores de transferencia de fase.

ANTIBIÓTICO IONÓFORO

Un antibiótico es un compuesto que interfiere con el crecimiento de los microorganismos. La nonactina es un antibiótico natural que debe su actividad biológica a su capacidad para modificar las concentraciones de electrólitos, que hay en niveles fijos en el interior y el exterior de una célula. La función celular normal requiere gradientes entre las concentraciones de iones sodio y potasio dentro de la célula y fuera de ella. Para conseguir esos gradientes los iones potasio son bombeados hacia adentro y los iones sodio se bombean al exterior.

La nonactina modifica uno de esos gradientes al actuar como un éter corona. El diámetro de la nonactina es tal que se une en forma específica con los iones potasio. Los ocho átomos de oxígeno están orientados hacia el interior de la cavidad e interactúan con el K^+ se indican en la estructura que se muestra abajo. El exterior de la nonactina es no polar y transporta con facilidad iones K^+ hacia afuera de la célula, atravesando la membrana celular no polar. La disminución resultante de la concentración de K^+ dentro de la célula determina que la bacteria muera. La nonactina es un ejemplo de antibiótico *ionóforo*. Un *ionóforo* es un compuesto que transporta iones metálicos uniéndose fuertemente a ellos.

nonactina

10.11 Tioles, sulfuros y sales de sulfonio

Los **tioles** son análogos con azufre de los alcoholes. Solían llamarse mercaptanos porque forman complejos muy estables con metales pesados como el arsénico y el mercurio (capturan mercurio).

$$2\text{ CH}_3\text{CH}_2\ddot{\text{S}}\text{H} + \text{Hg}^{2+} \longrightarrow \text{CH}_3\text{CH}_2\ddot{\text{S}}-\text{Hg}-\ddot{\text{S}}\text{CH}_2\text{CH}_3 + 2\text{ H}^+$$

tiol   **ion mercúrico**

Los nombres de los tioles se forman agregando el sufijo "tiol" al nombre del hidrocarburo precursor. Si hay un segundo grupo funcional en la molécula, se identifica con un sufijo, o el grupo SH se puede indicar como sustituyente con el nombre "mercapto". Al igual que otros nombres de sustituyentes, se antepone al nombre del hidrocarburo precursor.

$\text{CH}_3\text{CH}_2\text{SH}$	$\text{CH}_3\text{CH}_2\text{CH}_2\text{SH}$	$\text{CH}_3\overset{\overset{\displaystyle\text{CH}_3}{\mid}}{\text{CH}}\text{CH}_2\text{CH}_2\text{SH}$	$\text{HSCH}_2\text{CH}_2\text{OH}$
etanotiol	**1-propanotiol**	**3-metil-1-butanotiol**	**2-mercaptoetanol**

Los tioles de bajo peso molecular son notables por sus olores fuertes y desagradables, como los que se asocian a las cebollas, a los ajos y a los zorrillos. El gas natural es totalmente inodoro y puede causar explosiones mortales si una fuga del mismo pasa desapercibida. Por consiguiente, se le añade una cantidad pequeña de un tiol para dotarlo de olor y que las fugas de gas se puedan detectar.

Los átomos de azufre son más grandes que los de oxígeno y la carga negativa del ion tiolato se distribuye sobre un espacio de mayor volumen que la carga de un ion alcóxido; ello determina que el ion tiolato sea más estable. Recuérdese que mientras más estable sea la base su ácido conjugado es más fuerte (sección 1.18). En consecuencia, los tioles son ácidos más fuertes ($pK_a = 10$) que los alcoholes y los iones tiolato son bases más débiles que los iones alcóxido. Los iones tiolato, más grandes, se solvatan menos que los iones alcóxido, y entonces los iones tiolato son mejores nucleófilos que los iones alcóxido en disolventes próticos (sección 8.3).

$$\text{CH}_3\ddot{\ddot{\text{S}}}{:}^- + \text{CH}_3\text{CH}_2-\text{Br} \xrightarrow{\text{CH}_3\text{OH}} \text{CH}_3\ddot{\ddot{\text{S}}}\text{CH}_2\text{CH}_3 + \text{Br}^-$$

Como el azufre no es tan electronegativo como el oxígeno, los tioles no son buenos formadores de puentes de hidrógeno. En consecuencia, presentan atracciones intermoleculares más débiles, y sus puntos de ebullición son bastante menores que los de los alcoholes (sección 2.9). Por ejemplo, el punto de ebullición del $\text{CH}_3\text{CH}_2\text{OH}$ es 78 °C, mientras que el del $\text{CH}_3\text{CH}_2\text{SH}$ es 37 °C.

Los análogos con azufre de los éteres son llamados **sulfuros** o **tioéteres**. El azufre es un nucleófilo excelente porque su nube electrónica es polarizable (sección 8.3). El resultado es que los sulfuros reaccionan con facilidad con los haluros de alquilo para formar **sales de sulfonio**, mientras que los éteres no reaccionan con los haluros de alquilo porque el oxígeno no es tan nucleófilo como el azufre y además no puede distribuir una carga tan bien como el azufre.

$$\text{CH}_3\ddot{\ddot{\text{S}}}\text{CH}_3 + \text{CH}_3-\text{I} \longrightarrow \text{CH}_3\overset{\overset{\displaystyle\text{CH}_3}{\mid}}{\overset{+}{\ddot{\text{S}}}}\text{CH}_3 \quad \text{I}^-$$

sulfuro de dimetilo   **yoduro de trimetilsulfonio, sal de sulfonio**

Como tiene un grupo saliente débilmente básico, un ion sulfonio experimenta con facilidad reacciones de sustitución nucleofílica. Al igual que otras reacciones S_N2, la reacción se efectúa mejor si el grupo que sufre el ataque nucleofílico es metilo o alquilo primario. En la sección 8.12 se estudió que el SAM, un agente metilante biológico, es una sal de sulfonio.

$$\text{H}\ddot{\ddot{\text{O}}}{:}^- + \text{CH}_3\overset{\overset{\displaystyle\text{CH}_3}{\mid}}{\overset{+}{\ddot{\text{S}}}}\text{CH}_3 \longrightarrow \text{CH}_3\ddot{\ddot{\text{O}}}\text{H} + \text{CH}_3\ddot{\ddot{\text{S}}}\text{CH}_3$$

PROBLEMA 31

Usando un haluro de alquilo y un tiol como materias primas, ¿cómo prepararía usted los siguientes compuestos?

a. $CH_3CH_2SCH_2CH_3$

b. $CH_3\underset{\underset{CH_3}{|}}{\overset{\overset{CH_3}{|}}{S}}CCH_3$

c. $CH_2=CHCH(CH_3)SCH_2CH_3$

d. Ph–S–CH$_2$–Ph

GAS MOSTAZA – ARMA QUÍMICA

La Guerra Química se dio por primera vez en 1915 cuando Alemania diseminó cloro gaseoso contra las fuerzas británicas y francesas en la batalla de Yprés. En el resto de la Primera Guerra Mundial, ambas partes usaron una variedad de agentes químicos como armas. Uno de los más comunes fue el gas mostaza, reactivo que produce ampollas en la superficie del organismo. El gas mostaza es un compuesto muy reactivo por su átomo de azufre, muy nucleofílico, que desplaza con facilidad a los iones cloruro por reacción S_N2 intramolecular formando una sal cíclica de sulfonio que reacciona con rapidez con un nucleófilo. La sal de sulfonio tiene una reactividad muy grande por tener un anillo de tres miembros, con mucha tensión, y un excelente grupo saliente (con carga positiva).

$ClCH_2CH_2\ddot{S}CH_2CH_2{-}Cl$ (gas mostaza) $\longrightarrow$ $ClCH_2CH_2\overset{+}{S}\underset{CH_2}{\overset{CH_2}{<}}$ (sal de sulfonio) $+ Cl^-$ $\xrightarrow{H_2\ddot{O}:}$ $Cl{-}CH_2CH_2\ddot{S}CH_2CH_2OH + H^+$

$H^+ + HOCH_2CH_2\ddot{S}CH_2CH_2OH \longleftarrow \xrightarrow{H_2\ddot{O}:} \underset{CH_2}{\overset{CH_2}{<}}\overset{+}{S}CH_2CH_2OH + Cl^-$

El ampollamiento causado por el gas mostaza se debe a las altas concentraciones locales de HCl producido cuando el gas mostaza se pone en contacto con el agua —o con cualquier otro nucleófilo— sobre la piel o en el tejido pulmonar. Las autopsias de los soldados muertos en la Primera Guerra Mundial por el gas mostaza —se estima que fueron unos 400,000—, indicaron que tenían concentraciones extremadamente bajas de glóbulos blancos en la sangre, por lo que el gas mostaza interfiere con el desarrollo de la médula ósea. Un tratado internacional, en la década de 1980, prohibió el uso de gas mostaza y ordenó destruir todo el que estuviera almacenado.

ANTÍDOTO PARA UN ARMA QUÍMICA

La lewisita es un arma química desarrollada por Winford. Lee Lewis, científico estadounidense, en 1917. Penetra con rapidez en la ropa y la piel y es venenoso porque contiene arsénico, que inactiva a las enzimas al combinarse con sus grupos tiol (sección 22.8). Durante la Segunda Guerra Mundial preocupaba a los aliados que los alemanes usaran lewisita, y los científicos ingleses desarrollaron un antídoto que los aliados llamaron "anti-lewisita británica" (BAL, de British anti-lewisite). El BAL contiene dos grupos tiol que reaccionan con la lewisita y evitan así que ésta reaccione con los grupos tiol de las enzimas.

$\underset{\text{BAL}}{\begin{array}{c}CH_2SH\\|\\CHSH\\|\\CH_2OH\end{array}}$ + $\underset{\text{lewisita}}{Cl_2As{-}CH{=}CH{-}Cl}$ $\longrightarrow$ $\begin{array}{c}CH_2S\\|\diagdown\\CHS{-}As{-}CH{=}CH{-}Cl\\|\\CH_2OH\end{array}$ + 2 HCl

PROBLEMA 32◆

El descubrimiento de que el gas mostaza interfiere con el desarrollo de la médula ósea hizo que se buscaran mostazas menos reactivas que pudieran usarse en medicina. Se estudiaron los tres compuestos siguientes:

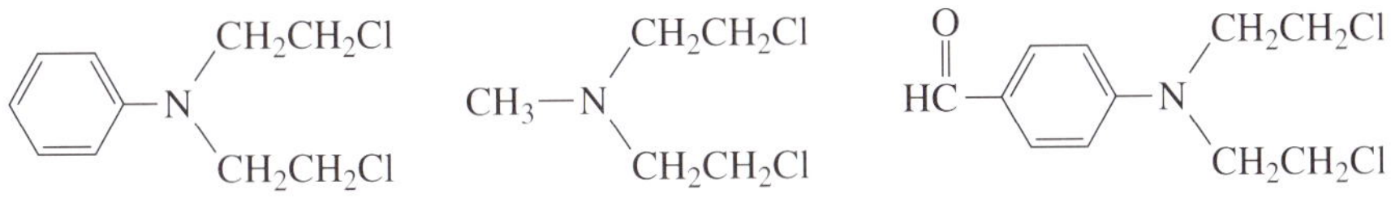

[Estructuras: C₆H₅–N(CH₂CH₂Cl)₂ ; CH₃–N(CH₂CH₂Cl)₂ ; 4-OHC–C₆H₄–N(CH₂CH₂Cl)₂]

Se encontró que uno era demasiado reactivo, otro demasiado inerte y se vio que uno era demasiado insoluble en agua para inyectarse en forma intravenosa. ¿Cuál es cuál? (*Sugerencia*: dibuje las formas de resonancia).

10.12 Compuestos organometálicos

Todos los alcoholes, éteres y haluros de alquilo contienen un átomo de carbono unido a un átomo *más* electronegativo. En consecuencia, el átomo de carbono es *electrofílico* y reacciona con un nucleófilo.

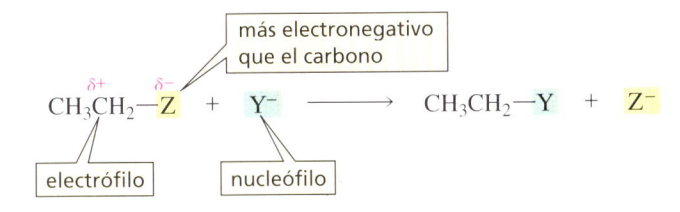

Un carbono es electrofílico si está unido a un átomo más electronegativo.

$$CH_3CH_2^{\delta+}-Z^{\delta-} + Y^- \longrightarrow CH_3CH_2-Y + Z^-$$

(electrófilo) (nucleófilo) — más electronegativo que el carbono

Pero ¿y si se desea que un átomo de carbono reaccione con un electrófilo? Para ello se necesitaría un compuesto que tuviera un átomo de carbono nucleofílico. Para ser *nucleofílico*, el carbono debería estar unido a un átomo *menos* electronegativo.

Un carbono es nucleofílico si está unido a un átomo menos electronegativo.

$$CH_3CH_2^{\delta-}-M^{\delta+} + E^+ \longrightarrow CH_3CH_2-E + M^+$$

(nucleófilo) (electrófilo) — menos electronegativo que el carbono

Un carbono unido a un metal es nucleofílico porque la mayor parte de los metales son menos electronegativos que el carbono (tabla 10.3). Un **compuesto organometálico** es aquel que contiene un enlace carbono-metal. Los *compuestos de organolitio* y los *compuestos organomagnesianos* son dos de los compuestos organometálicos más comunes. Los mapas de potencial electrostático indican que el carbono unido con el halógeno del haluro de alquilo es electrofílico (azul verde), mientras que el carbono unido al ion metálico del compuesto organometálico es nucleofílico (rojo).

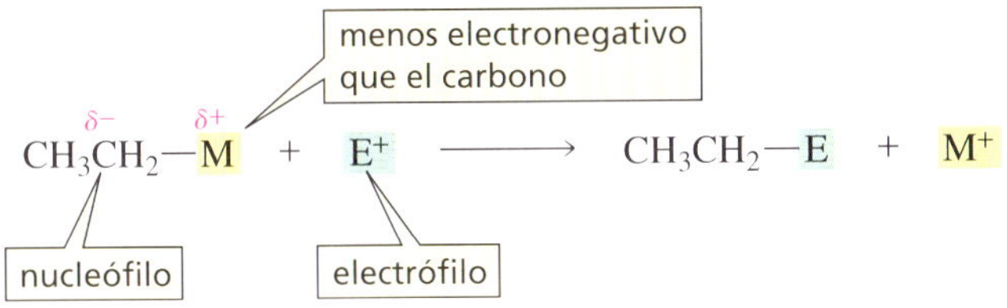

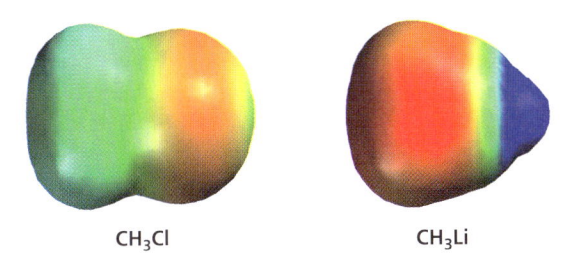

Tutorial del alumno:
Compuestos organometálicos
(Organometallic compounds)

CH₃Cl   CH₃Li

Tabla 10.3 Electronegatividad de algunos de los elementos[a]

IA	IIA	IB	IIB	IIIA	IVA	VA	VIA	VIIA
H 2.1								
Li 1.0	Be 1.5			B 2.0	C 2.5	N 3.0	O 3.5	F 4.0
Na 0.9	Mg 1.2			Al 1.5	Si 1.8	P 2.1	S 2.5	Cl 3.0
K 0.8	Ca 1.0	Cu 1.8	Zn 1.7	Ga 1.8	Ge 2.0			Br 2.8
		Ag 1.4	Cd 1.5		Sn 1.7			I 2.5
			Hg 1.5		Pb 1.6			

[a] De la escala inventada por Linus Pauling

BIOGRAFÍA

Francois Auguste Victor Grignard (1871–1935) *nació en Francia, hijo de un fabricante de veleros. Recibió un doctorado de la Universidad de Lyons en 1901. Su síntesis del primer reactivo de Grignard fue comunicada en 1900. Durante los cinco años siguientes se publicaron unos 200 trabajos sobre los reactivos de Grignard. Fue profesor de química en la Universidad de Nancy y después de la Universidad de Lyons. Compartió el Premio Nobel de Química en 1912 con Paul Sabatier (pág. 188). Durante la Primera Guerra Mundial fue reclutado por el ejército francés, donde desarrolló un método para detectar gases bélicos.*

Los **compuestos de organolitio** se preparan agregando litio a un haluro de alquilo en un disolvente no polar, como hexano.

$$CH_3CH_2CH_2CH_2Br + 2\,Li \xrightarrow{hexano} CH_3CH_2CH_2CH_2Li + LiBr$$
1-bromobutano → butil litio

$$C_6H_5Cl + 2\,Li \xrightarrow{hexano} C_6H_5Li + LiCl$$
clorobenceno → fenil litio

Los **compuestos organomagnesianos** o **compuestos de organomagnesio**, llamados **reactivos de Grignard** en honor a su descubridor, se preparan agregando un haluro de alquilo a limaduras de magnesio y agitando la mezcla en éter dietílico o THF bajo condiciones anhidras. La reacción introduce un magnesio entre el carbono y el halógeno.

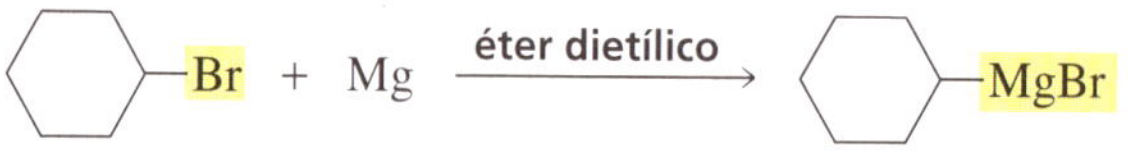

$$C_6H_{11}Br + Mg \xrightarrow{\text{éter dietílico}} C_6H_{11}MgBr$$
bromuro de ciclohexilo → bromuro de ciclohexilmagnesio

$$CH_2=CHBr + Mg \xrightarrow{THF} CH_2=CHMgBr$$
bromuro de vinilo → bromuro de vinilmagnesio

El disolvente (por lo general éter dietílico o tetrahidrofurano) juega un papel crucial en la formación de un reactivo de Grignard. En ese reactivo, el átomo de magnesio sólo está rodeado por cuatro electrones y necesita dos pares más de electrones para formar un octeto. Las moléculas del disolvente aportan esos electrones al coordinarse con el metal. La coordinación permite que el reactivo de Grignard se disuelva en el disolvente y evita que recubra las limaduras de magnesio, lo cual las haría inertes.

Como el carbono es más electronegativo que el átomo metálico (Li o Mg) al que está unido, los compuestos de organolitio y organomagnesianos reaccionan como si fueran carbaniones.

10.12 Compuestos organometálicos

CH₃CH₂MgBr   reacciona como si fuera   CH₃$\overset{..}{\overset{-}{C}}$H₂ $\overset{+}{M}$gBr
bromuro de etilmagnesio

C₆H₅—Li   reacciona como si fuera   C₆H₅:⁻ Li⁺
fenil litio

Los haluros de alquilo, los de vinilo y los de arilo se pueden usar para formar compuestos de organolitio y organomagnesianos. Los bromuros de alquilo son los haluros de alquilo que se usan con más frecuencia para obtener compuestos organometálicos porque reaccionan con más facilidad que los cloruros de alquilo y son más baratos que los yoduros de alquilo.

El carbono nucleofílico de un compuesto organometálico reacciona con un electrófilo. Por ejemplo, en las siguientes reacciones el reactivo de organolitio reacciona con un epóxido.

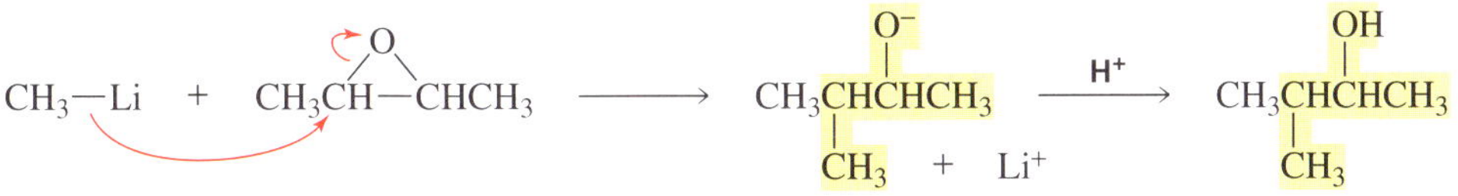

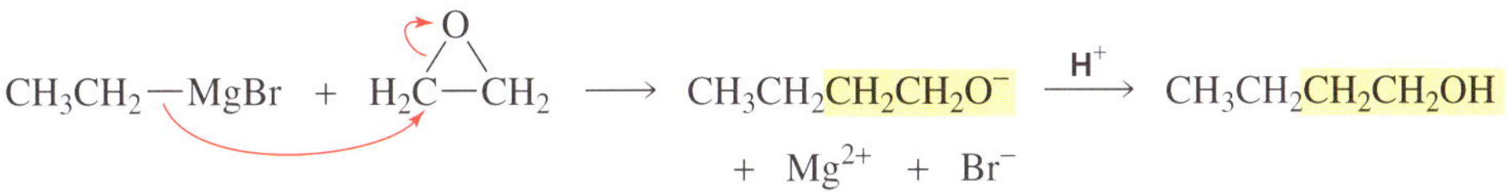

CH₃—Li + CH₃CH—CHCH₃ (epóxido) ⟶ CH₃CHCHCH₃ (con O⁻ y CH₃) + Li⁺ —H⁺→ CH₃CHCHCH₃ (con OH y CH₃)

CH₃CH₂—MgBr + H₂C—CH₂ (epóxido) ⟶ CH₃CH₂CH₂CH₂O⁻ —H⁺→ CH₃CH₂CH₂CH₂OH
+ Mg²⁺ + Br⁻

Obsérvese que cuando un compuesto organometálico reacciona con óxido de etileno se forma un alcohol primario que contiene dos carbonos más de los que tenía el compuesto organometálico.

PROBLEMA 33◆

¿Qué alcoholes se formarían con la reacción de óxido de etileno y los siguientes reactivos de Grignard?

a. CH₃CH₂CH₂MgBr

b. 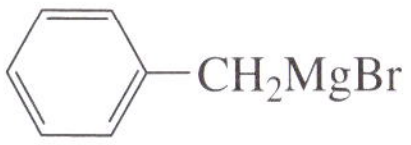 C₆H₅—CH₂MgBr

c. 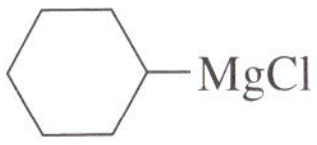 C₆H₁₁—MgCl

PROBLEMA 34

¿Cómo se podrían preparar los compuestos siguientes usando ciclohexeno como material de partida?

a. 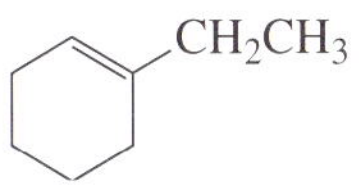 ciclohexenil-CH₂CH₃   **b.** 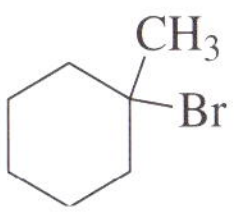 1-bromo-1-metilciclohexano   **c.** 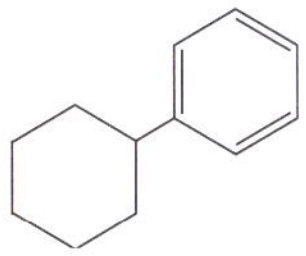 ciclohexilbenceno

Los compuestos de organomagnesio y organolitio son bases tan fuertes que reaccionan de inmediato con cualquier ácido que haya en la mezcla de reacción, aun con ácidos muy débiles, como agua y alcoholes. Cuando eso sucede, el compuesto organometálico se convierte en un alcano. Si se usa D₂O en lugar de H₂O se obtiene un compuesto deuterado.

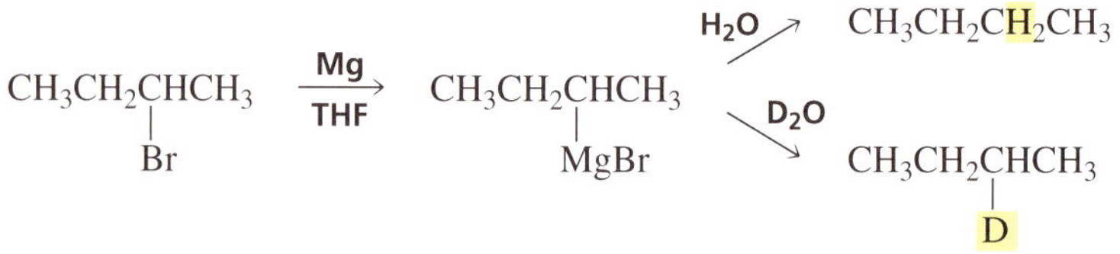

$$CH_3CH_2CHCH_3\underset{Br}{|} \xrightarrow[THF]{Mg} CH_3CH_2CHCH_3\underset{MgBr}{|} \begin{matrix} \xrightarrow{H_2O} CH_3CH_2CH_2CH_3 \\ \xrightarrow{D_2O} CH_3CH_2CHCH_3\underset{D}{|} \end{matrix}$$

Ello significa que los reactivos de Grignard y los compuestos de organolitio no se pueden preparar partiendo de sustancias que contengan grupos ácidos (—OH, —NH₂, —NHR, —SH, —C≡CH o —COOH). En vista de que aun trazas de humedad pueden destruir un compuesto organometálico, es importante que todos los reactivos estén secos cuando se sintetizan los compuestos organometálicos y cuando reaccionan con otras sustancias.

PROBLEMA 35 RESUELTO

Use todos los reactivos necesarios para indicar cómo se pueden preparar los compuestos siguientes, recurriendo al óxido de etileno como uno de los reactivos:

a. CH₃CH₂CH₂CH₂OH
b. CH₃CH₂CH₂CH₂Br
c. CH₃CH₂CH₂CH₂D
d. CH₃CH₂CH₂CH₂CH₂CH₂OH

Solución

a. $CH_3CH_2Br \xrightarrow{Mg, Et_2O} CH_3CH_2MgBr \xrightarrow[2.\ H^+]{1.\ \triangle O} CH_3CH_2CH_2CH_2OH$

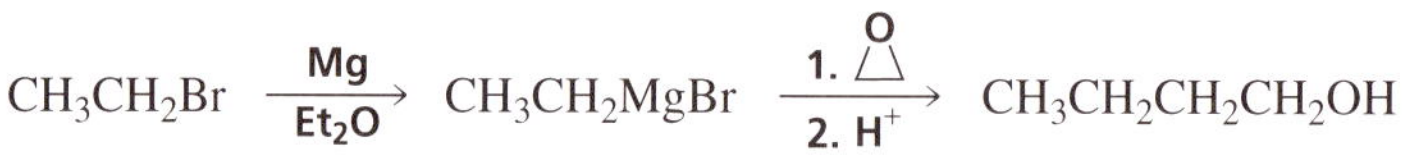

b. producto de a $\xrightarrow{PBr_3}$ CH₃CH₂CH₂CH₂Br

c. producto de b $\xrightarrow{Mg, Et_2O}$ CH₃CH₂CH₂CH₂MgBr $\xrightarrow{D_2O}$ CH₃CH₂CH₂CH₂D

d. la misma secuencia de reacción que en la parte **a.** pero sin bromuro de butilo en el primer paso.

PROBLEMA 36◆

¿Cuáles de las siguientes reacciones sí se efectúan? Vea en el apéndice II los valores de pK_a necesarios para resolver este problema.

CH₃MgBr + H₂O ⟶ CH₄ + HOMgBr

CH₃MgBr + CH₃OH ⟶ CH₄ + CH₃OMgBr

CH₃MgBr + NH₃ ⟶ CH₄ + H₂NMgBr

CH₃MgBr + CH₃NH₂ ⟶ CH₄ + CH₃NMgBr

CH₃MgBr + HC≡CH ⟶ CH₄ + HC≡CMgBr

Hay muchos compuestos organometálicos. Mientras el carbono sea más electronegativo que el metal, el carbono unido al metal será nucleofílico.

$$\overset{\delta-}{C}-\overset{\delta+}{Mg} \quad \overset{\delta-}{C}-\overset{\delta+}{Li} \quad \overset{\delta-}{C}-\overset{\delta+}{Cu} \quad \overset{\delta-}{C}-\overset{\delta+}{Cd} \quad \overset{\delta-}{C}-\overset{\delta+}{Si}$$

$$\overset{\delta-}{C}-\overset{\delta+}{Zn} \quad \overset{\delta-}{C}-\overset{\delta+}{Al} \quad \overset{\delta-}{C}-\overset{\delta+}{Pb} \quad \overset{\delta-}{C}-\overset{\delta+}{Hg} \quad \overset{\delta-}{C}-\overset{\delta+}{Sn}$$

La reactividad de un compuesto organometálico frente a un electrófilo depende de la polaridad del enlace carbono-metal: mientras mayor sea la polaridad del enlace, el compuesto será más reactivo como nucleófilo. La polaridad del enlace depende de la diferencia de electronegatividades del metal y del carbono (tabla 10.3). Por ejemplo, el magnesio presenta una electronegatividad de 1.2 en comparación con la de 2.5 del carbono. Esta gran diferencia de electronegatividades determina que el enlace carbono-magnesio resulte muy polar (es aproximadamente 52% iónico). El litio (1.0) es todavía menos electronegativo que el magnesio (1.2). Así, el enlace carbono-litio es más polar que el carbono-magnesio y un reactivo de organolitio es más reactivo como nucleófilo que un reactivo de Grignard.

En general, el nombre de un compuesto organometálico comienza con el nombre del grupo alquilo seguido por el nombre del metal.

CH_3CH_2MgBr $CH_3CH_2CH_2CH_2Li$ $(CH_3CH_2CH_2)_2Cd$ $(CH_3CH_2)_4Pb$
bromuro de etilmagnesio   butil litio   dipropilcadmio   tetraetilo de plomo

Un reactivo de Grignard puede presentar **transmetalación** (intercambio de metal) si se agrega a un haluro cuyo metal sea más electronegativo que el magnesio. En otras palabras, habrá intercambio de metales si el resultado es un enlace carbono-metal menos polar. Por ejemplo, el cadmio (1.5) es más electronegativo que el magnesio (1.2). En consecuencia, un enlace carbono-cadmio es menos polar que uno carbono-magnesio y habrá intercambio de metales.

$$2\ CH_3CH_2MgCl\ +\ CdCl_2\ \longrightarrow\ (CH_3CH_2)_2Cd\ +\ 2\ MgCl_2$$
cloruro de etilmagnesio   dietilcadmio

PROBLEMA 37◆

¿Qué compuesto organometálico se formará en la reacción de cloruro de metilmagnesio con $SiCl_4$? (*Sugerencia*: consulte la tabla 10.3)

10.13 Reacciones de acoplamiento

Se pueden formar nuevos enlaces carbono-carbono usando un reactivo organometálico en el que el metal sea un metal de transición. Los metales de transición se marcan con color púrpura en la tabla periódica que se encuentra al final de este libro. Las reacciones se llaman **reacciones de acoplamiento** porque se unen (se acoplan) dos grupos (dos grupos alquilo, arilo o vinilo cualquiera).

En las reacciones de acoplamiento se unen dos grupos que contienen CH.

Los primeros compuestos organometálicos usados en las reacciones de acoplamiento fueron los **reactivos de Gilman**, llamados también **organocupratos**. Se preparan por reacción de un compuesto de organolitio con yoduro cuproso en éter dietílico o en THF:

$$2\ CH_3Li\ +\ CuI\ \xrightarrow{THF}\ (CH_3)_2CuLi\ +\ LiI$$
reactivo de organolitio   reactivo de Gilman

BIOGRAFÍA

Henry Gilman (1893–1986), *nació en Boston, recibió sus grados de licenciatura en artes y doctorado de la Universidad de Harvard. Ingresó como profesor de la Universidad del Estado de Iowa en 1919, donde permaneció durante toda su carrera. Publicó más de 1000 trabajos de investigación y más de la mitad de ellos después de haber perdido la vista como resultado de un desprendimiento de retina y por glaucoma, en 1947. Ruth, su esposa, fue como sus ojos durante 40 años.*

Los reactivos de Gilman son útiles en síntesis orgánicas. Cuando un reactivo de Gilman se trata con un haluro de alquilo (exceptuando los fluoruros de alquilo, que no dan esta reacción), uno de los grupos alquilo del reactivo de Gilman sustituye al halógeno. Esto quiere decir que se puede formar un alcano a partir de dos haluros de alquilo —uno de ellos se usa para formar el reactivo de Gilman, que a continuación reacciona con un segundo haluro de alquilo. Se desconoce el mecanismo preciso de la reacción, pero se cree que intervienen radicales.

$$CH_3CH_2CH_2CH_2Br\ +\ (CH_3CH_2CH_2)_2CuLi\ \xrightarrow{THF}\ CH_3CH_2CH_2CH_2CH_2CH_2CH_3\ +\ CH_3CH_2CH_2Cu\ +\ LiBr$$
heptano

Con los reactivos de Gilman se pueden preparar compuestos que no se pueden obtener usando reacciones de sustitución nucleofílica. Por ejemplo, no se pueden usar reacciones

S$_N$2 para preparar los compuestos siguientes porque los haluros de vinilo y de arilo no se sustituyen por un ataque nucleofílico (sección 8.8):

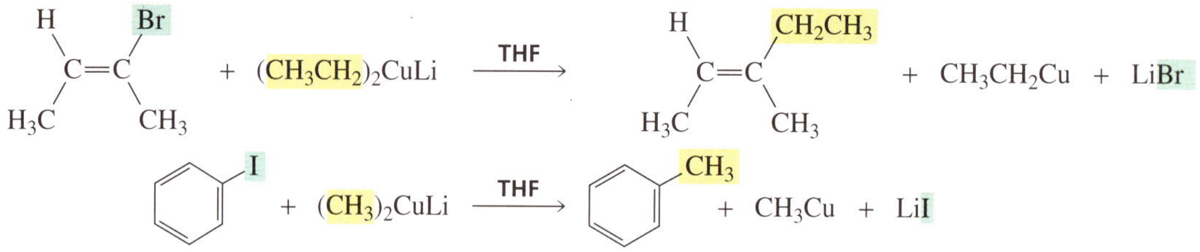

$$\underset{H_3C}{\overset{H}{}}C=C\underset{CH_3}{\overset{Br}{}} + (CH_3CH_2)_2CuLi \xrightarrow{THF} \underset{H_3C}{\overset{H}{}}C=C\underset{CH_3}{\overset{CH_2CH_3}{}} + CH_3CH_2Cu + LiBr$$

$$C_6H_5I + (CH_3)_2CuLi \xrightarrow{THF} C_6H_5CH_3 + CH_3Cu + LiI$$

Los reactivos de Gilman pueden hasta reemplazar a los halógenos en compuestos que contienen otros grupos funcionales.

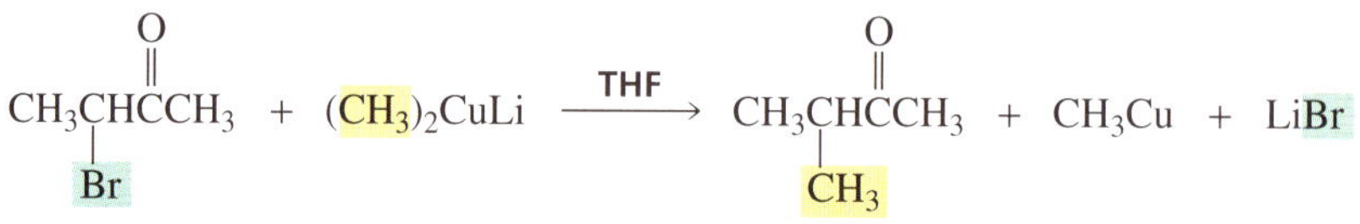

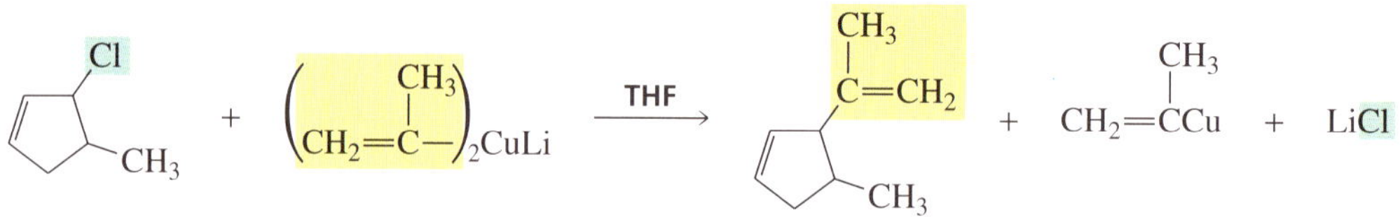

$$\underset{Br}{\overset{O}{CH_3CHCCH_3}} + (CH_3)_2CuLi \xrightarrow{THF} \underset{CH_3}{\overset{O}{CH_3CHCCH_3}} + CH_3Cu + LiBr$$

(cyclopentyl-Cl con CH₃) + (CH$_2$=C(CH$_3$)–)$_2$CuLi $\xrightarrow{\text{THF}}$ (cyclopentyl con C(CH$_3$)=CH$_2$ y CH$_3$) + CH$_2$=CCu(CH$_3$) + LiCl

PROBLEMA 38

Explique por qué no se pueden usar los haluros de alquilo terciarios en reacciones de acoplamiento con reactivos de Gilman.

PROBLEMA 39

La muscalura es la feromona sexual de la mosca doméstica. Las moscas se apresuran a llegar a las trampas llenas de cebo para moscas que contiene muscalura y un insecticida. Es fatal para ellas comer el cebo.

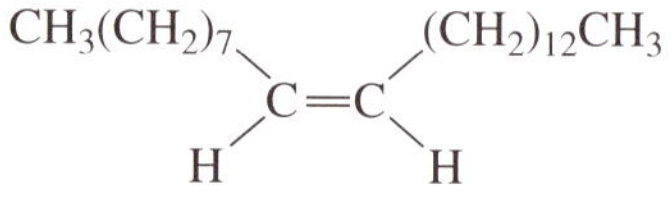

$$\underset{H}{\overset{CH_3(CH_2)_7}{}}C=C\underset{H}{\overset{(CH_2)_{12}CH_3}{}}$$

muscalura

¿Cómo podría usted sintetizar la muscalura a partir de las sustancias siguientes?

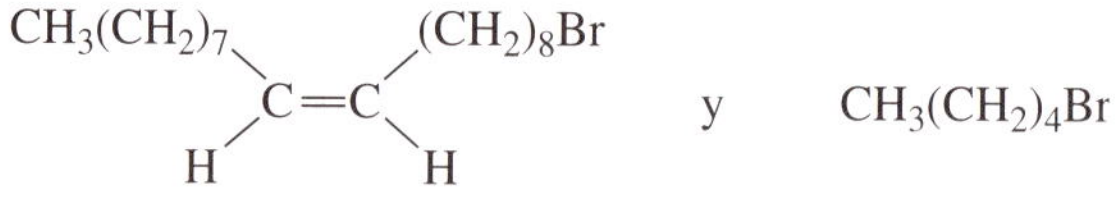

$$\underset{H}{\overset{CH_3(CH_2)_7}{}}C=C\underset{H}{\overset{(CH_2)_8Br}{}} \quad y \quad CH_3(CH_2)_4Br$$

Las reacciones de Heck, de Stille y de Suzuki también son reacciones de acoplamiento donde se usa un reactivo organometálico en el que el ion metálico es un metal de transición (paladio). En las tres reacciones, el reactivo es paladio coordinado a cuatro moléculas de trifenilfosfina. Esas reacciones proporcionan altos rendimientos (de 80 a 98%) de los productos.

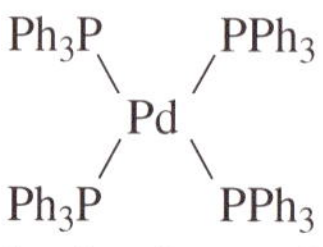

catalizador de metal de transición: Pd(PPh$_3$)$_4$

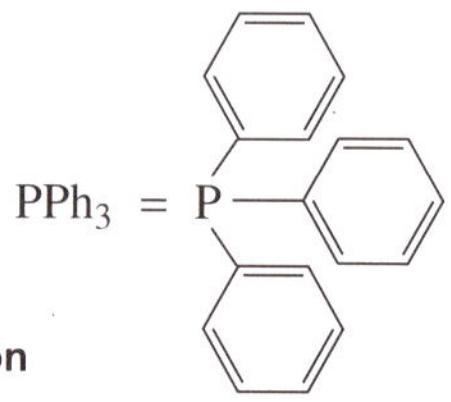

PPh$_3$ = P(C$_6$H$_5$)$_3$ **trifenilfosfina**

BIOGRAFÍA

John K. Stille (1930–1989) recibió un doctorado de la Universidad de Arizona. Fue profesor de química en la Universidad Estatal de Colorado, hasta su muerte prematura en un accidente aéreo comercial, cuando se trasladaba a un congreso científico en Suiza.

10.13 Reacciones de acoplamiento

La **reacción de Heck** acopla un haluro o triflato de arilo, bencilo o vinilo (sección 10.3) con un alqueno en una disolución básica.

Reacción de Heck

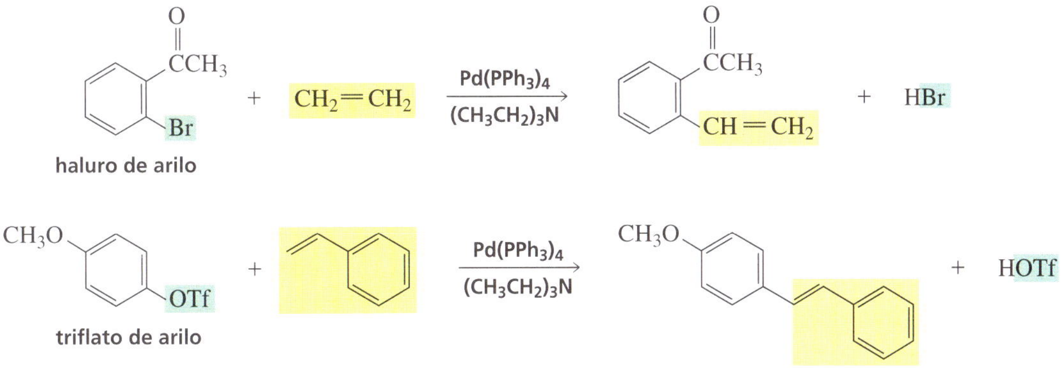

[haluro de arilo: 2-bromoacetofenona] + CH₂=CH₂ —Pd(PPh₃)₄ / (CH₃CH₂)₃N→ [2-vinilacetofenona] + HBr

[triflato de arilo: 4-metoxifenil triflato] + [estireno] —Pd(PPh₃)₄ / (CH₃CH₂)₃N→ [4-metoxiestilbeno] + HOTf

La **reacción de Stille** acopla un haluro o triflato de arilo, bencilo o vinilo con un estanano.

reacción de Stille

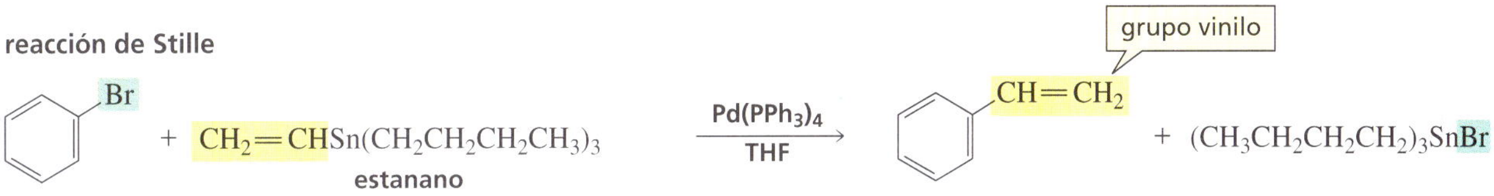

[bromobenceno] + CH₂=CHSn(CH₂CH₂CH₂CH₃)₃ (estanano) —Pd(PPh₃)₄ / THF→ [estireno] (grupo vinilo CH=CH₂) + (CH₃CH₂CH₂CH₂)₃SnBr

Los grupos arilo y vinilo se acoplan en forma preferente, pero un grupo alquilo se puede acoplar si se usa un tetraalquilestanano.

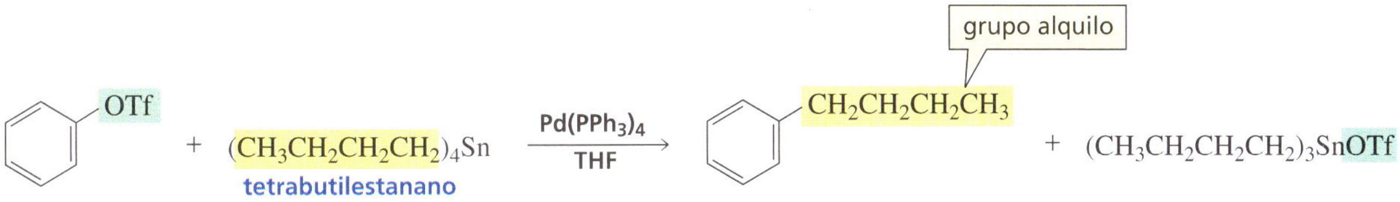

[fenil triflato] + (CH₃CH₂CH₂CH₂)₄Sn (tetrabutilestanano) —Pd(PPh₃)₄ / THF→ [butilbenceno] (grupo alquilo CH₂CH₂CH₂CH₃) + (CH₃CH₂CH₂CH₂)₃SnOTf

La **reacción de Suzuki** acopla a un haluro de arilo, bencilo o vinilo con un organoborano en una disolución básica.

Reacción de Suzuki

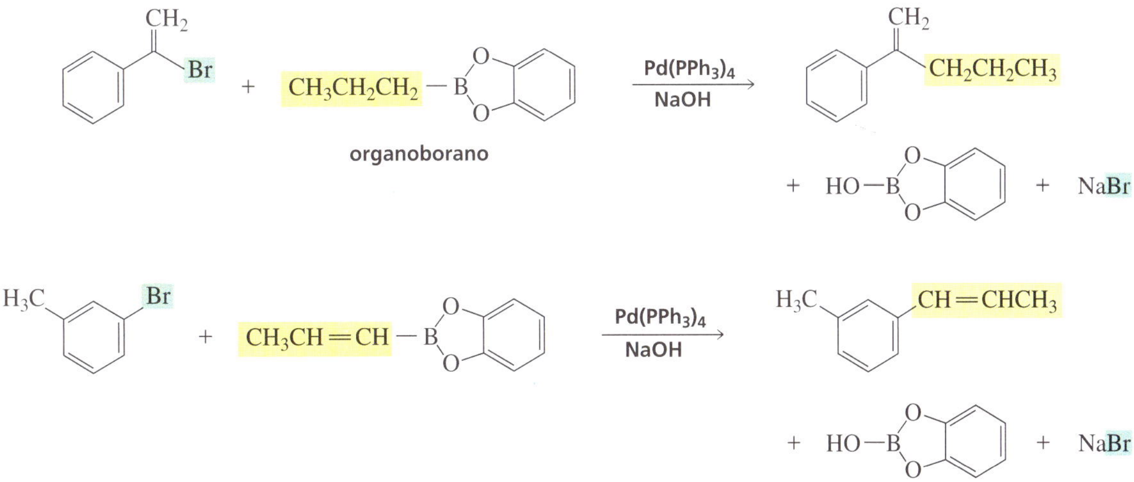

[α-bromoestireno] + CH₃CH₂CH₂—B(organoborano, catecolborano) —Pd(PPh₃)₄ / NaOH→ [α-propilestireno, CH₂=C(C₆H₅)CH₂CH₂CH₃] + HO—B(catecol) + NaBr

[3-bromotolueno] + CH₃CH=CH—B(catecolborano) —Pd(PPh₃)₄ / NaOH→ [3-metil-β-metilestireno, CH=CHCH₃] + HO—B(catecol) + NaBr

472 CAPÍTULO 10 Reacciones de alcoholes, aminas, éteres, epóxidos y compuestos sulfurados • Compuestos organometálicos

---

PROBLEMA 40◆

¿Qué haluros de alquilo usaría usted para sintetizar los siguientes compuestos usando el organoborano indicado?

a. [estructura: Ph–CH=CH–CH₂–CH₂–CH₃]

b. [estructura: Ph–CH=CH–CH=CH–CH₂–CH₃]

c. [estructura: Ph–C(=CH₂)–CH₂–CH=CH–CH₂–CH₃]

[organoborano: CH₃–CH₂–CH₂–CH=CH–B(catecol)]

PROBLEMA 41◆

El organoborano que se usa en una reacción de Suzuki se prepara por la reacción de catecolborano con un alqueno o con un alquino.

$$RCH=CH_2 + H-B\overset{O}{\underset{O}{\diagdown\diagup}}\text{(catecol)} \longrightarrow RCH_2CH_2-B\overset{O}{\underset{O}{\diagdown\diagup}}\text{(catecol)}$$

catecolborano

¿Qué hidrocarburo usaría usted para preparar el organoborano del problema 40?

PROBLEMA 42◆

Identifique los dos bromuros de alquilo y los dos alquenos que se puedan usar en una reacción de Heck para preparar el siguiente compuesto:

$$CH_3\overset{O}{\underset{\|}{C}}-\!\!\left<\!\!\!\bigcirc\!\!\!\right>\!\!-CH=CH-\!\!\left<\!\!\!\bigcirc\!\!\!\right>\!\!-OCH_3$$

Tutorial del alumno:
Términos comunes
(Common terms)

RESUMEN

Los grupos salientes de los **alcoholes** y los **éteres** son bases más fuertes que los iones haluro; entonces los alcoholes y los éteres son menos reactivos que los haluros de alquilo y se deben "activar" para poder experimentar reacciones de sustitución o de eliminación. Los **epóxidos** no se necesitan activar porque la tensión en el anillo aumenta su reactividad. Los **sulfonato de alquilo** y las **sales de sulfonio** tienen grupos salientes débilmente básicos y entonces pueden experimentar reacciones de sustitución con facilidad. Las aminas no pueden experimentar reacciones de sustitución ni de eliminación, porque sus grupos salientes (⁻:NH₂, ⁻:NHR, ⁻:NR₂) son bases muy fuertes.

Los alcoholes primarios, secundarios y terciarios presentan reacciones de sustitución nucleofílica con HI, HBr y HCl para formar haluros de alquilo. Son reacciones S_N1, en el caso de los alcoholes terciarios y secundarios, y reacciones S_N2 en el caso de los alcoholes primarios. Un alcohol también se puede convertir en un haluro de alquilo mediante trihaluros de fósforo o con cloruro de tionilo. Estos reactivos convierten al alcohol en un compuesto intermediario que cuenta con un grupo saliente al que un ion haluro desplaza con facilidad.

La conversión de un alcohol en un **sulfonato de alquilo** es otra forma de activarlo (al alcohol) para una reacción posterior con un nucleófilo. Como un ácido sulfónico es un ácido fuerte, su base conjugada es débil. Al activar un alcohol convirtiéndolo en un sulfonato de alquilo para después hacerlo reaccionar con un nucleófilo, se forma un producto de sustitución que presenta configuración opuesta a la del alcohol, mientras que si se activa el alcohol convirtiéndolo en un haluro de alquilo y después se hace reaccionar con un nucleófilo se forma un producto de sustitución con la misma configuración que la del alcohol.

Un alcohol experimenta reacciones de eliminación si se calienta con un catalizador ácido. La **deshidratación** (eliminación de una molécula de agua) es una reacción E1 en el caso de los alcoholes secundarios y terciarios, y es una reacción E2 en el caso de los alcoholes primarios. Los alcoholes terciarios son los que se deshidratan con más facilidad, y los primarios son los que lo hacen con más dificultad. El producto principal es el alqueno más sustituido. Si el alqueno tiene estereoisómeros, predomina el que dispone de los grupos más voluminosos en los lados opuestos del enlace doble. Las reacciones E1 forman carbocationes intermediarios, de manera que pueden efectuarse **reordenamientos del carbocatión** y de **expansión del anillo (o de contracción del anillo)**.

El ácido crómico oxida los alcoholes secundarios y los convierte en cetonas y a los alcoholes primarios, en ácidos carboxílicos. El PCC oxida a los alcoholes primarios formando aldehídos.

Los éteres pueden tener reacciones de sustitución nucleofílica con HBr o HI; si la salida del grupo saliente crea un carbocatión relativamente estable, se efectúa una reacción S_N1; si no es así, se efectúa una reacción S_N2.

Los **epóxidos** experimentan reacciones de sustitución nucleofílica. En condiciones básicas se ataca el carbono con menos impedimento estérico; en condiciones ácidas se ataca el carbono más sustituido. Los **óxidos de areno** se reordenan para formar fenoles, o se atacan nucleofílicamente para formar productos de adición. El potencial cancerígeno de un óxido de areno depende de la estabilidad del carbocatión que se forme durante el reordenamiento.

Un **éter corona** se une en forma específica con ciertos iones metálicos o moléculas orgánicas, de acuerdo con el tamaño de su cavidad, y forma un **compuesto de inclusión**. La capacidad de un anfitrión para enlazarse sólo con ciertos huéspedes es un ejemplo de **reconocimiento molecular**. El éter corona puede actuar como **catalizador de transferencia de fase**.

Los **tioles** son los análogos con azufre de los alcoholes. Son ácidos más fuertes y con menores puntos de ebullición que los alcoholes. Los iones tiolato son bases más débiles y mejores nucleófilos que los iones alcóxido en disolventes próticos. Los análogos con azufre de los éteres se llaman **sulfuros** o **tioéteres**. Los sulfuros reaccionan con haluros de alquilo para formar **sales de sulfonio**.

Los **compuestos organomagnesianos (reactivos de Grignard)** y los **compuestos de organolitio** son los **compuestos organometálicos** más comunes; son compuestos que contienen un enlace carbono-metal. No se pueden preparar a partir de compuestos que contengan grupos ácidos. El átomo de carbono unido al halógeno en el haluro de alquilo es electrofílico, mientras que el átomo de carbono unido al ion metálico del compuesto organometálico es nucleofílico. Mientras mayor sea la polaridad del enlace carbono-metal, el compuesto organometálico será más reactivo como nucleófilo.

Se pueden formar nuevos enlaces carbono-carbono usando reactivos organometálicos de metales de transición. A las reacciones se les llama **reacciones de acoplamiento** porque se unen entre sí dos grupos que contienen carbono. Los **reactivos de Gilman** fueron los primeros compuestos organometálicos que se usaron en reacciones de acoplamiento. Las **reacciones de Heck, de Stille** y **de Suzuki** son reacciones de acoplamiento.

RESUMEN DE REACCIONES

1. Conversión de un *alcohol* en un *haluro de alquilo* (secciones 10.1 y 10.2).

$$ROH + HBr \xrightarrow{\Delta} RBr$$
$$ROH + HI \xrightarrow{\Delta} RI$$
$$ROH + HCl \xrightarrow{\Delta} RCl$$

rapidez relativa: terciaria > secundaria > primaria

$$ROH + PBr_3 \xrightarrow{\text{piridina}} RBr$$
$$ROH + PCl_3 \xrightarrow{\text{piridina}} RCl$$
$$ROH + SOCl_2 \xrightarrow{\text{piridina}} RCl$$

sólo para alcoholes primarios y secundarios

2. Conversión de un alcohol en *sulfonato de aquilo* (sección 10.3).

$$ROH + R'-\underset{\underset{O}{\|}}{\overset{\overset{O}{\|}}{S}}-Cl \xrightarrow{\text{piridina}} RO-\underset{\underset{O}{\|}}{\overset{\overset{O}{\|}}{S}}-R' + HCl$$

474 CAPÍTULO 10 Reacciones de alcoholes, aminas, éteres, epóxidos y compuestos sulfurados • Compuestos organometálicos

3. Conversión de *un alcohol activado* (un haluro de alquilo o un sulfonato de alquilo) en un *compuesto con un nuevo grupo unido al carbono con hibridación sp³* (sección 10.3).

$$RBr + Y^- \longrightarrow RY + Br^-$$

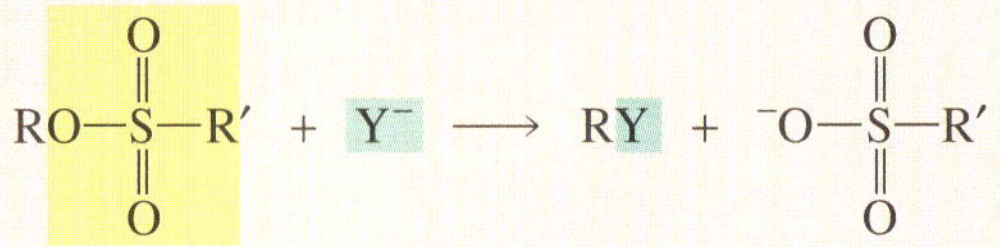

$$RO-\underset{\underset{O}{\|}}{\overset{\overset{O}{\|}}{S}}-R' + Y^- \longrightarrow RY + {}^-O-\underset{\underset{O}{\|}}{\overset{\overset{O}{\|}}{S}}-R'$$

4. Reacciones de eliminación de los alcoholes: deshidratación (sección 10.4).

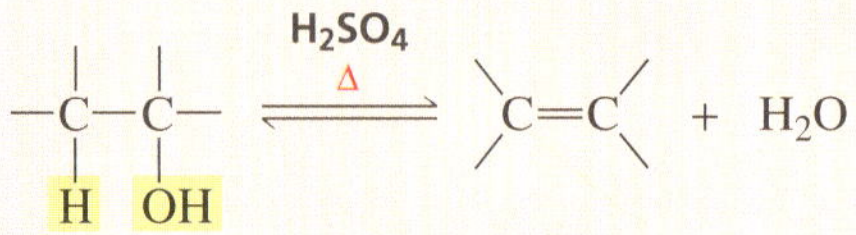

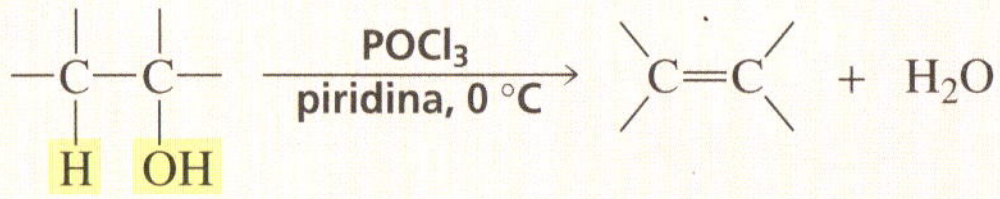

$$\underset{\underset{H\ \ OH}{|\ \ \ |}}{-\overset{|}{C}-\overset{|}{C}-} \xrightleftharpoons[\Delta]{H_2SO_4} \overset{}{C}=\overset{}{C} + H_2O$$

$$\underset{\underset{H\ \ OH}{|\ \ \ |}}{-\overset{|}{C}-\overset{|}{C}-} \xrightarrow[\text{piridina, 0 °C}]{POCl_3} \overset{}{C}=\overset{}{C} + H_2O$$

rapidez relativa: terciarios > secundarios > primarios

5. Oxidación de alcoholes (sección 10.5).

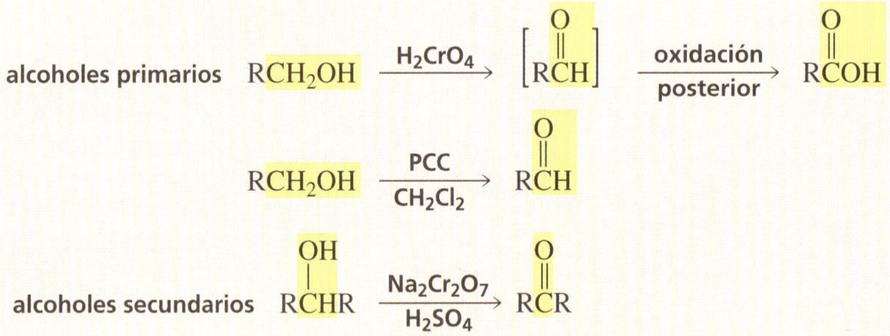

alcoholes primarios $\quad RCH_2OH \xrightarrow{H_2CrO_4} \left[R\overset{\overset{O}{\|}}{C}H \right] \xrightarrow{\text{oxidación posterior}} R\overset{\overset{O}{\|}}{C}OH$

$\quad RCH_2OH \xrightarrow[\text{CH}_2\text{Cl}_2]{PCC} R\overset{\overset{O}{\|}}{C}H$

alcoholes secundarios $\quad R\overset{\overset{OH}{|}}{C}HR \xrightarrow[\text{H}_2\text{SO}_4]{Na_2Cr_2O_7} R\overset{\overset{O}{\|}}{C}R$

6. Reacciones de sustitución nucleofílica de los éteres (sección 10.7).

$$ROR' + HX \xrightarrow{\Delta} ROH + R'X$$

HX = HBr o HI

7. Reacciones de sustitución nucleofílica de los *epóxidos* (sección 10.8).

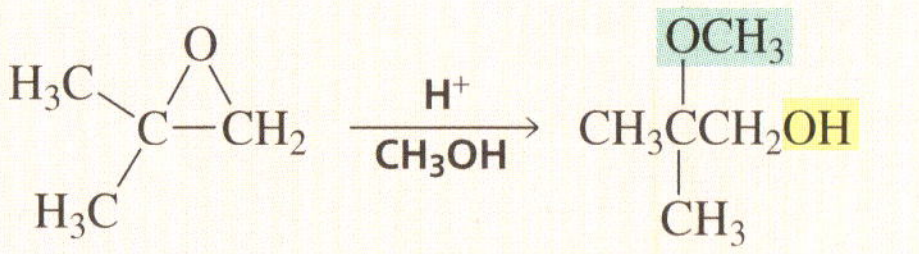

$$\underset{\underset{H_3C}{H_3C}}{\overset{}{\diagdown}}\overset{O}{\underset{}{C-CH_2}} \xrightarrow[\text{CH}_3\text{OH}]{H^+} CH_3\underset{\underset{CH_3}{|}}{\overset{\overset{OCH_3}{|}}{C}}CH_2OH$$

bajo condiciones ácidas, el nucleófilo ataca al carbono del anillo que esté más sustituido

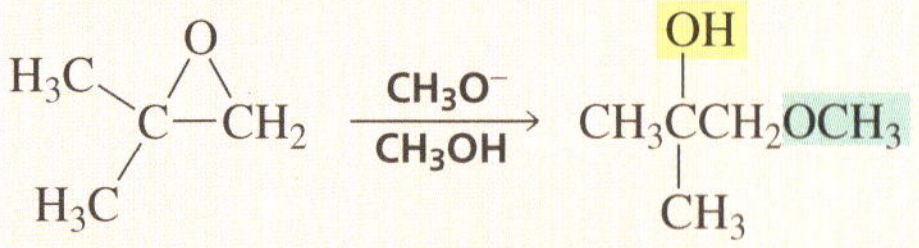

$$\underset{\underset{H_3C}{H_3C}}{\overset{}{\diagdown}}\overset{O}{\underset{}{C-CH_2}} \xrightarrow[\text{CH}_3\text{OH}]{CH_3O^-} CH_3\underset{\underset{CH_3}{|}}{\overset{\overset{OH}{|}}{C}}CH_2OCH_3$$

bajo condiciones neutras o básicas, el nucleófilo ataca al carbono del anillo que tenga menos impedimento estérico

8. Reacciones de los *óxidos de areno*: apertura del anillo y reordenamiento (sección 10.9).

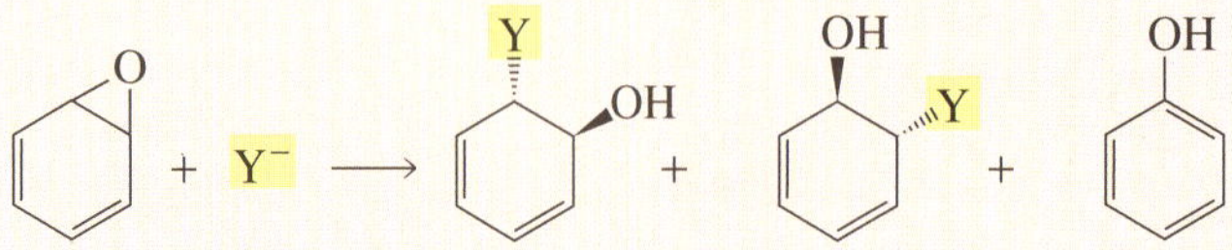

9. Reacciones de tioles, sulfuros y sales de sulfonio (sección 10.11).

$$2\ RSH + Hg^{2+} \longrightarrow RS-Hg-SR + 2\ H^+$$

$$RS^- + R'-Br \longrightarrow RSR' + Br^-$$

$$RSR + R'I \longrightarrow R\overset{R'}{\underset{+}{S}}R\ \ I^-$$

$$R\overset{R}{\underset{+}{S}}R + Y^- \longrightarrow RY + RSR$$

10. Formación de un compuesto de *organolitio* o de *organomagnesio* y su reacción con un *epóxido* (sección 10.12).

$$RBr \xrightarrow[\text{éter dietílico}]{Mg} RMgBr$$
reactivo de Grignard

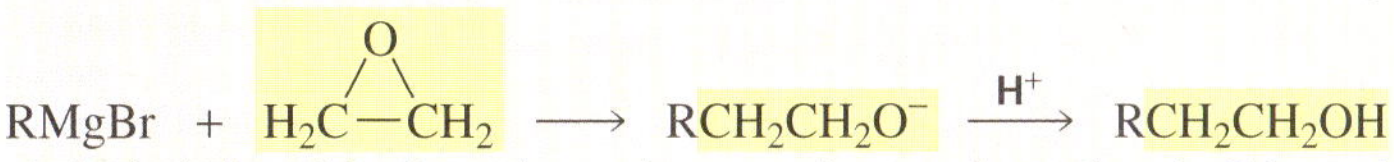

$$RMgBr + H_2C\overset{O}{-}CH_2 \longrightarrow RCH_2CH_2O^- \xrightarrow{H^+} RCH_2CH_2OH$$
el alcohol obtenido tiene dos carbonos más que el reactivo de Grignard

11. Formación de un *reactivo de Gilman* y su reacción con un *haluro de alquilo* (sección 10.13).

$$2\ RLi + CuI \xrightarrow{THF} R_2CuLi + LiI$$
reactivo de Gilman

$$CH_3CH_2CH_2X + R_2CuLi \xrightarrow{THF} CH_3CH_2CH_2R + RCu + LiX$$

X = Cl, Br, o I

12. Reacción de un *haluro* o *triflato de arilo, bencilo* o *vinilo* con un *alqueno*: la reacción de Heck (sección 10.13).

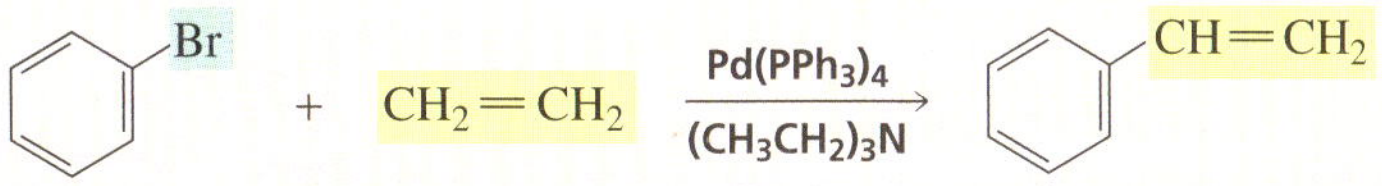

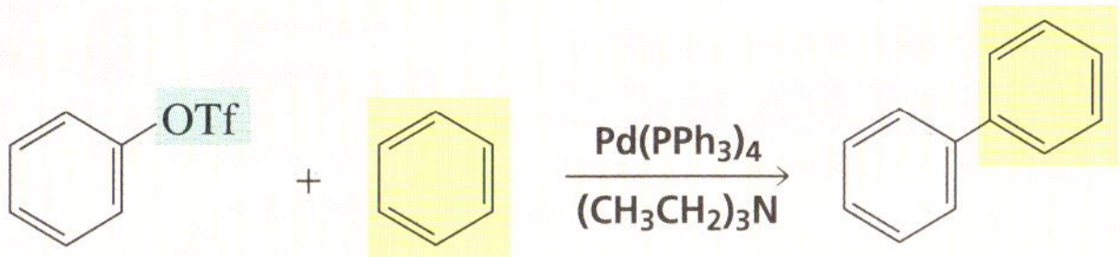

[Ph-Br] + $CH_2=CH_2$ $\xrightarrow[(CH_3CH_2)_3N]{Pd(PPh_3)_4}$ [Ph-CH=CH_2]

[Ph-OTf] + [benceno] $\xrightarrow[(CH_3CH_2)_3N]{Pd(PPh_3)_4}$ [bifenilo]

13. Reacción de un *haluro* o *triflato de arilo, bencilo* o *vinilo* con un *estanano*: la reacción de Stille (sección 10.13).

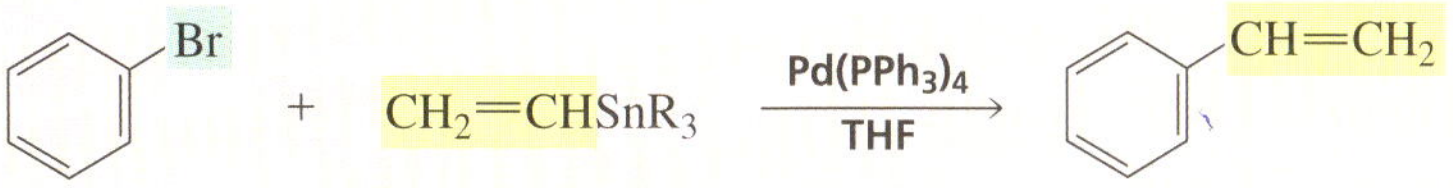

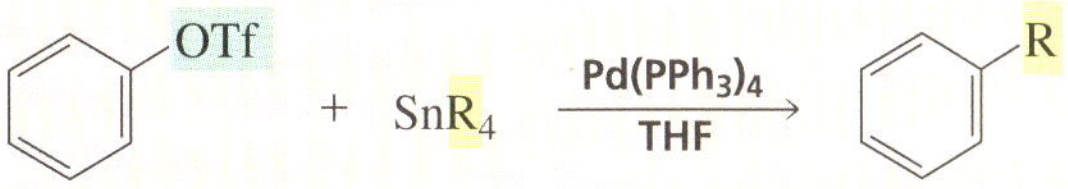

[Ph-Br] + $CH_2=CHSnR_3$ $\xrightarrow[THF]{Pd(PPh_3)_4}$ [Ph-CH=CH_2]

[Ph-OTf] + SnR_4 $\xrightarrow[THF]{Pd(PPh_3)_4}$ [Ph-R]

14. Reacción de un *haluro de arilo, bencilo* o *vinilo* con un *organoborano*: la reacción de Suzuki (sección 10.13).

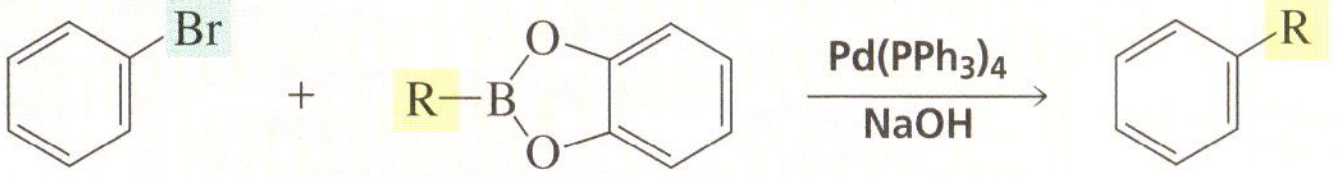

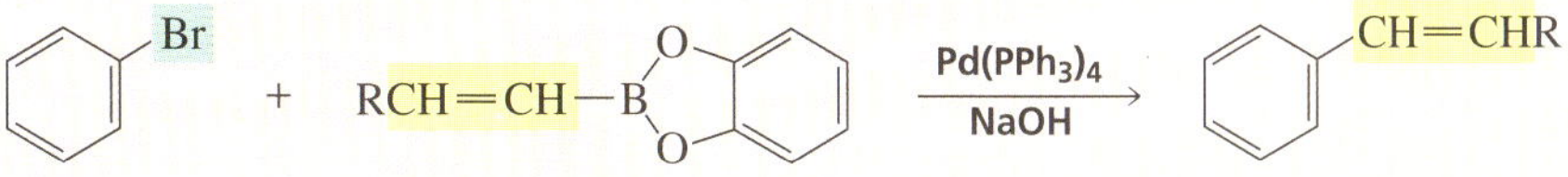

[Ph-Br] + R-B(OO) $\xrightarrow[NaOH]{Pd(PPh_3)_4}$ [Ph-R]

[Ph-Br] + $RCH=CH-B(OO)$ $\xrightarrow[NaOH]{Pd(PPh_3)_4}$ [Ph-CH=CHR]

476 CAPÍTULO 10 Reacciones de alcoholes, aminas, éteres, epóxidos y compuestos sulfurados • Compuestos organometálicos

TÉRMINOS CLAVE

alcaloide (pág. 448)
alcohol (pág. 430)
catalizador de transferencia de fase (pág. 462)
compuesto de inclusión (pág. 460)
compuesto de organolitio (pág. 466)
compuesto organomagnesiano (pág. 466)
compuesto organometálico (pág. 465)
deshidratación (pág. 438)
epóxido (pág. 452)
éter (pág. 449)

éter corona (pág. 460)
organocuprato (pág. 469)
óxido de areno (pág. 455)
reacción de acoplamiento (pág. 469)
reacción de Heck (pág. 471)
reacción de Stille (pág. 471)
reacción de Suzuki (pág. 471)
reactivo de Gilman (pág. 469)
reactivo de Grignard (pág. 466)
reconocimiento molecular (pág. 461)

reordenamiento de expansión del anillo (pág. 440)
sal de sulfonio (pág. 463)
sulfonato de alquilo (pág. 435)
sulfuro (pág. 463)
tioéter (pág. 463)
tiol (pág. 462)
tosilato de alquilo (pág. 437)
transmetalación (pág. 469)
triflato de alquilo (pág. 437)

PROBLEMAS

43. Indique el producto de cada una de las reacciones siguientes:

a. $CH_3CH_2CH_2OH \xrightarrow[\text{2. } CH_3\overset{O}{\overset{\|}{C}}O^-]{\text{1. cloruro de metansulfonilo}}$

b. $CH_3CH_2CH_2CH_2OH + PBr_3 \xrightarrow{\text{piridina}}$

c. $CH_3CHCH_2CH_2OH \xrightarrow[\text{2. } C_6H_5O^-]{\text{1. cloruro de } p\text{-toluensulfonilo}}$
$\quad\quad\ \ |$
$\quad\quad CH_3$

d. $CH_3CH_2CH\overset{CH_3}{\underset{O\ \ \ \ CH_3}{-C}} + CH_3OH \xrightarrow{H^+}$

e. (phenyl)–I $+ CH_2=CH_2 \xrightarrow[\text{Et}_3\text{N}]{\text{Pd(PPh}_3)_4}$

f. $CH_3CH_2CH\overset{CH_3}{\underset{O\ \ \ \ CH_3}{-C}} + CH_3OH \xrightarrow{CH_3O^-}$

g. $CH_3CH_2CH_2CH_2OH \xrightarrow[\Delta]{H_2SO_4}$

h. $CH_3CHCH_2CH_2OH \xrightarrow[\text{piridina}]{SOCl_2}$
$\quad\quad\ \ |$
$\quad\quad CH_3$

i. (phenyl)–$CH_2MgBr \xrightarrow[\text{2. H}^+,\text{H}_2\text{O}]{\text{1. óxido de etileno}}$

j. (phenyl)–Br $+ Sn(CH_2CH_2CH_3)_4 \xrightarrow[\text{THF}]{\text{Pd(PPh}_3)_4}$

44. Indique cuál alcohol de cada par de compuestos se deshidratará con más rapidez al calentarlo con H_2SO_4.

a. PhCH$_2$OH   o   PhCH$_2$CH$_2$OH

b. ciclohexanol   o   2-ciclohexen-1-ol

c. 1-metilciclohexanol   o   2-metilciclohexanol

d. 1-ciclohexiletanol   o   1-feniletanol

e. PhCH$_2$CH$_2$OH   o   1-feniletanol

f. $CH_3CH_2CHCH_3$ o $CH_3\underset{OH}{\overset{CH_3}{\underset{|}{C}}}CH_2CH_3$
$\ \ \ \ \ \ \ \ |$
$\ \ \ \ \ \ \ \ OH$

45. Use la materia prima indicada y los reactivos inorgánicos necesarios, así como los compuestos con un máximo de dos átomos de carbono que sean necesarios, para efectuar las síntesis siguientes:

a. $CH_3CH_2CH_2CH_2Br \longrightarrow CH_3CH_2CH_2\overset{O}{\overset{\|}{C}}OH$

b. $CH_3CH_2CH_2CH_2Br \longrightarrow CH_3CH_2CH_2CH_2CH_2\overset{O}{\overset{\|}{C}}H$

c. CH₃CH=CHCH₃ ⟶ CH₃CH=CCH₂CH₃
                                            |
                                           CH₃

d. CH₃CH=CHCH₃ ⟶ CH₃CHCCH₃
                                      | ‖
                                      CH₃ O

46. ¿Cuales de los siguientes haluros de alquilo se podrían usar para formar un reactivo de Grignard?

a. HOCH₂CH₂CH₂CH₂Br
b. BrCH₂CH₂CH₂COOH
c. CH₃NCH₂CH₂CH₂Br
      |
      CH₃
d. H₂NCH₂CH₂CH₂Br

47. Partiendo de (R)-1-deuterio-1-propanol ¿cómo prepararía usted:
a. (S)-1-deuterio-1-propanol?
b. (S)-1-deuterio-1-metoxipropano?
c. (R)-1-deuterio-1-metoxipropano?

48. ¿Qué alquenos espera obtener usted en la deshidratación de 1-hexanol catalizada por ácido?

49. Indique cuál es el producto de cada una de las reacciones siguientes:

a. CH₃COCH₂CH₃ + HBr →Δ (with two CH₃ groups on central C)

b. CH₃CHCH₂OCH₃ + HI →Δ
       |
       CH₃

c. CH₃CH₂CHCHCH₃ →H₂SO₄/Δ
           | |
           OH CH₃

d. 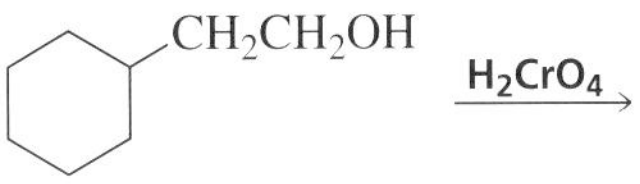 cyclohexyl-CH₂CH₂OH →H₂CrO₄

e. 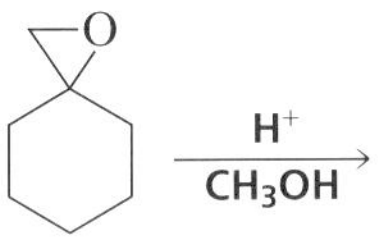 spiro epoxide-cyclohexane →H⁺/CH₃OH

f. spiro epoxide-cyclohexane →CH₃O⁻/CH₃OH

g. trans-4-methylcyclohexanol →1. TsCl/piridina 2. NaC≡N

h. 1-chlorocyclohexene →(CH₃CH₂CH₂)₂CuLi

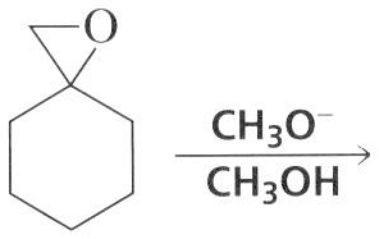

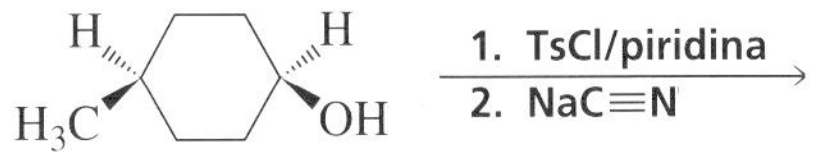

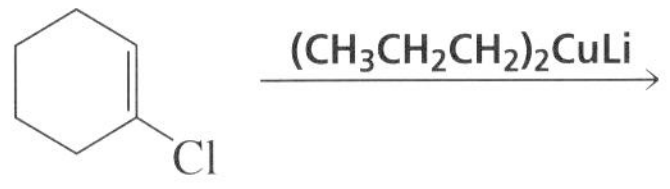

i. 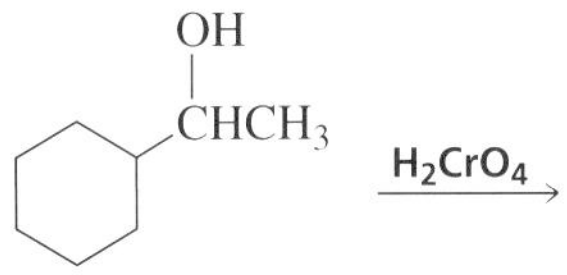 cyclohexyl-CH(OH)CH₃ →H₂CrO₄

50. Cuando se calientan con H₂SO₄, tanto el 3,3-dimetil-2-butanol como el 2,3-dimetil-2-butanol se deshidratan y forman el 2,3-dimetil-2-buteno. ¿Cuál alcohol se deshidrata con más rapidez?

51. Indique como el bromociclohexano se puede transformar en los productos siguientes:

a. 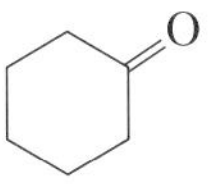 cyclohexanone
b. 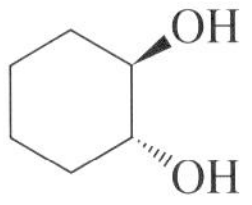 cis-1,2-cyclohexanediol
c. 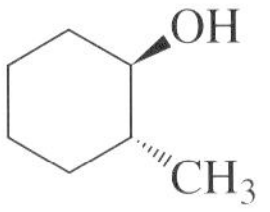 trans-2-methylcyclohexanol
d. 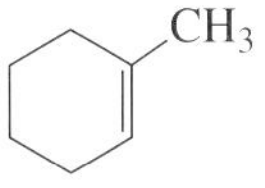 1-methylcyclohexene

52. Proponga un mecanismo para la siguiente reacción:

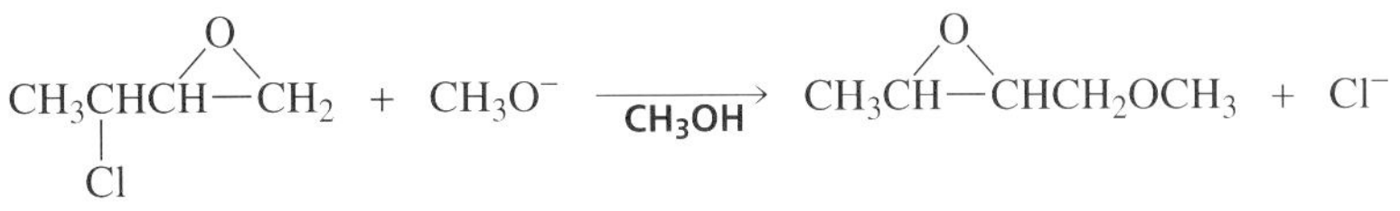

CH₃CHCH—CH₂ + CH₃O⁻ →CH₃OH CH₃CH—CHCH₂OCH₃ + Cl⁻
      | \O/   \O/
      Cl

53. Cuando el óxido de fenantreno deuterado sufre un reordenamiento en agua para formar un fenol, el 81% del deuterio se conserva en el producto.

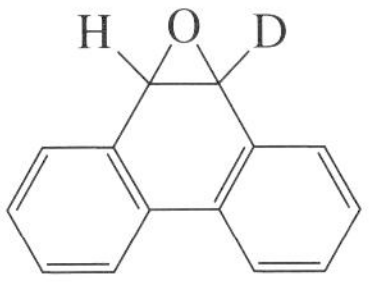

a. ¿Qué porcentaje del deuterio permanecerá si sucede un desplazamiento NIH?
b. ¿Qué porcentaje del deuterio permanecerá si no sucede un desplazamiento NIH?

54. Explique por qué el (S)-2-butanol forma una mezcla racémica al calentarlo con ácido sulfúrico.

478 CAPÍTULO 10   Reacciones de alcoholes, aminas, éteres, epóxidos y compuestos sulfurados • Compuestos organometálicos

55. Use la materia prima indicada con todos los reactivos inorgánicos necesarios y cualquier compuesto que contenga dos átomos de carbono como máximo, e indique cómo se podrían hacer las síntesis siguientes:

   a. 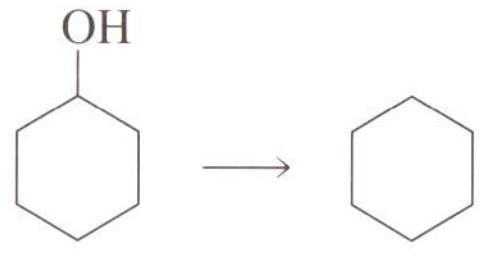 ciclohexanol → ciclohexano

   b. 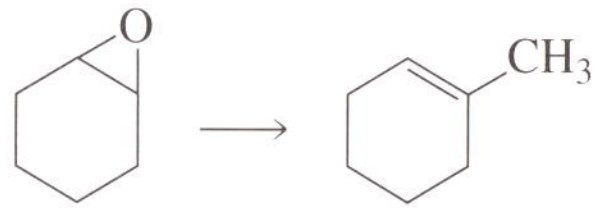 1,2-epoxiciclohexano → 1-metilciclohexeno

   c. 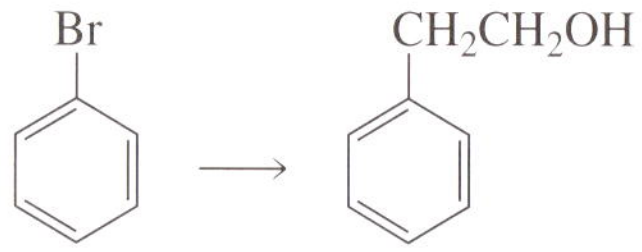 bromobenceno → 2-feniletanol (PhCH$_2$CH$_2$OH)

   d. 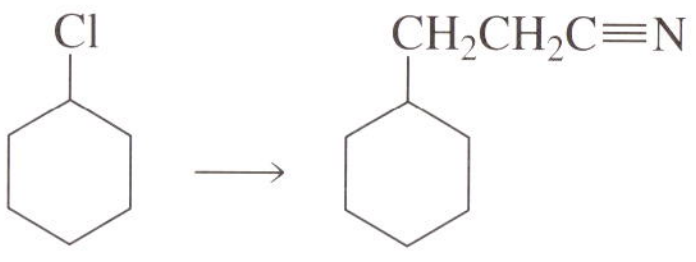 clorociclohexano → ciclohexil-CH$_2$CH$_2$C≡N

   e. CH$_3$CH$_2$C≡CH → CH$_3$CH$_2$C≡CCH$_2$CH$_2$OH

   f. CH$_3$CHCH$_2$OH → CH$_3$CHCH$_2$CH$_2$CH$_2$OH
      | |
      CH$_3$ CH$_3$

56. Cuando se calienta 3-metil-2-butanol con HBr concentrado se obtiene un producto reordenado. Cuando bajo las mismas condiciones reacciona 2-metil-1-propanol no se obtiene un producto reordenado. Explique por qué.

57. Cuando el siguiente alcohol con un anillo de siete miembros se deshidrata se forman tres alquenos:

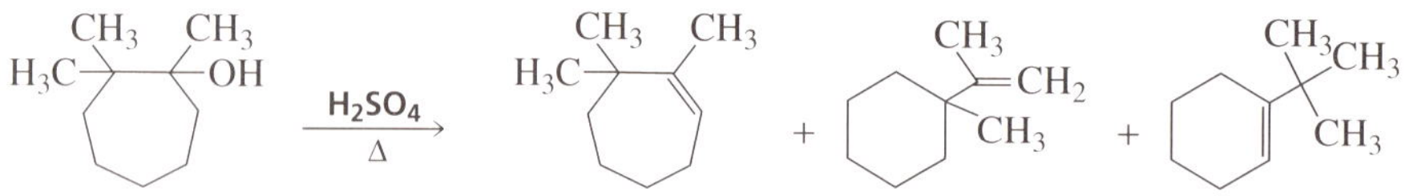

   [estructura de cicloheptanol con sustituyentes CH$_3$, CH$_3$, H$_3$C] $\xrightarrow{H_2SO_4, \Delta}$ [tres productos alquenos]

   Proponga un mecanismo para su formación.

58. ¿Cómo sintetizaría usted éter isopropilpropílico usando alcohol isopropílico como materia prima?

59. El óxido de etileno reacciona con facilidad con HO:$^-$ por la tensión de su anillo de tres miembros. Explique por qué el ciclopropano, compuesto con aproximadamente la misma tensión, no reacciona con HO:$^-$.

60. ¿Cuál de los siguientes éteres se obtendría con mayor rendimiento en forma directa a partir de un alcohol?

   CH$_3$OCH$_2$CH$_2$CH$_3$ CH$_3$CH$_2$OCH$_2$CH$_2$CH$_3$ CH$_3$CH$_2$OCH$_2$CH$_3$ CH$_3$OC(CH$_3$)$_3$

61. Proponga un mecanismo para cada una de las reacciones siguientes:

   a. 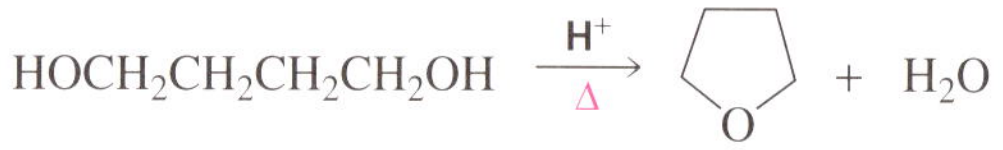 HOCH$_2$CH$_2$CH$_2$CH$_2$OH $\xrightarrow{H^+, \Delta}$ tetrahidrofurano + H$_2$O

   b. 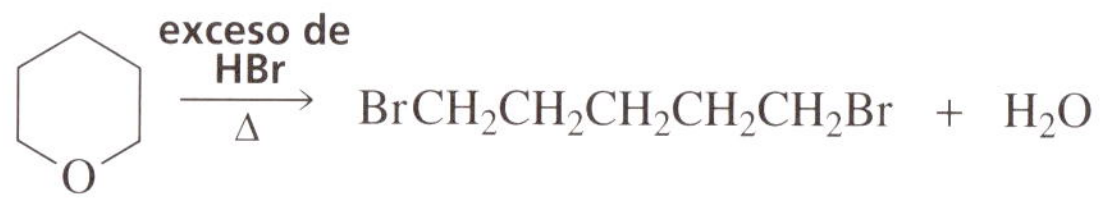 tetrahidropirano $\xrightarrow{\text{exceso de HBr}, \Delta}$ BrCH$_2$CH$_2$CH$_2$CH$_2$CH$_2$Br + H$_2$O

62. Indique la forma en que se podría preparar cada uno de los compuestos siguientes usando la materia prima indicada:

   a. 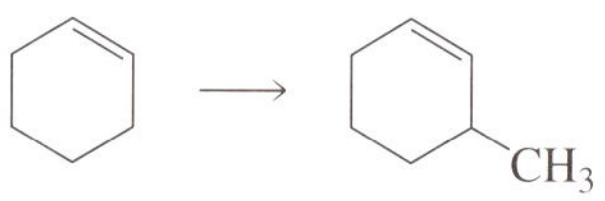 ciclohexeno → 3-metilciclohexeno

   b. 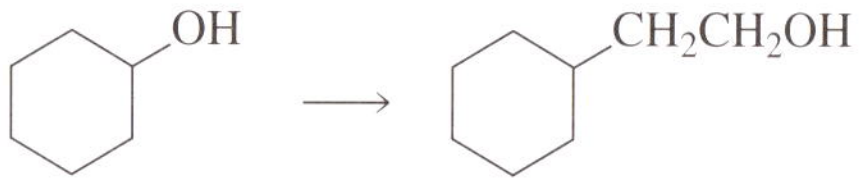 ciclohexanol → (2-hidroxietil)ciclohexano

   c. CH$_3$CH$_2$CH=CH$_2$ → CH$_3$CH$_2$CH$_2$CH$_2$CH$_2$CH$_2$CH$_3$

   d. 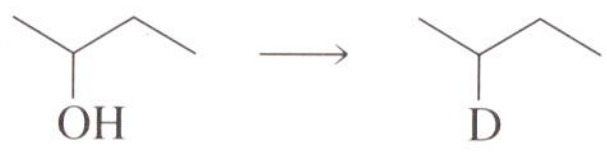 2-butanol → 2-deuterobutano

   e. CH$_3$CCH$_2$CH$_2$CH$_3$ → CH$_3$CHCHCH$_2$CH$_3$
         | | |
         CH$_3$, OH   CH$_3$, Br

63. El trietilenglicol es uno de los productos que se obtienen en la reacción de óxido de etileno con el ion hidróxido. Proponga un mecanismo para su formación.

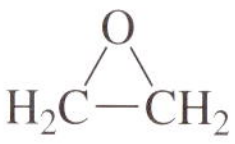

   H$_2$C—CH$_2$ (epóxido) + HO$^-$ → HOCH$_2$CH$_2$OCH$_2$CH$_2$OCH$_2$CH$_2$OH

   trietilenglicol

64. Indique cuál es el producto principal que se espera obtener en la reacción de 2-etiloxirano con cada uno de los reactivos siguientes:
  a. 0.1 M HCl
  b. CH_3OH/H^+
  c. bromuro de etilmagnesio en éter seguido por HCl 0.1 M.
  d. 0.1 M NaOH
  e. CH_3OH/CH_3O^-

65. Cuando se calienta éter etílico con HI en exceso durante varias horas, el único producto orgánico que se obtiene es yoduro de etilo. Explique por qué no se obtiene alcohol etílico como producto.

66. a. Proponga un mecanismo para la siguiente reacción:

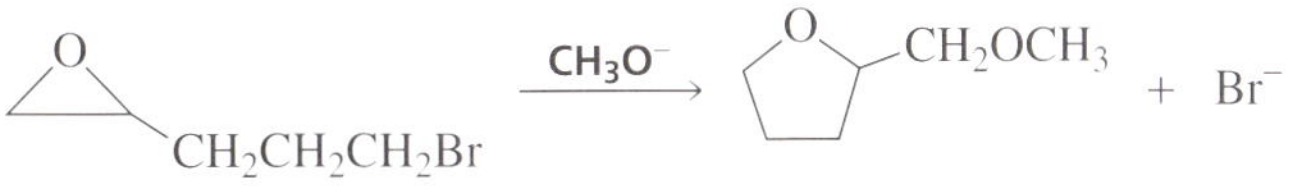

  b. También se forma una cantidad pequeña de un producto que tiene un anillo de seis miembros. Indique la estructura de ese producto.
  c. ¿Por qué se forma tan poco producto con un anillo de seis miembros?

67. Indique qué representan A a H.

$$CH_3Br \xrightarrow[B]{A} C \xrightarrow[\text{2. E}]{\text{1. D}} CH_3CH_2CH_2OH \xrightarrow[\substack{\text{2. G} \\ \text{3. H}}]{\text{1. F}} CH_3CH_2CH_2OCH_2CH_2OH$$

68. Una persona agregó un equivalente de 3,4-epoxi-4-metilciclohexanol a una disolución de bromuro de metilmagnesio en éter y a continuación agregó ácido clorhídrico diluido. Esperaba que el producto fuera 1,2-dimetil-1,4-ciclohexanodiol. No obtuvo nada de lo que esperaba. ¿Qué producto obtuvo?

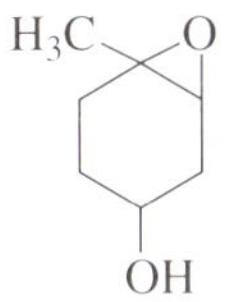

3,4-epoxi-4-metil-ciclohexanol

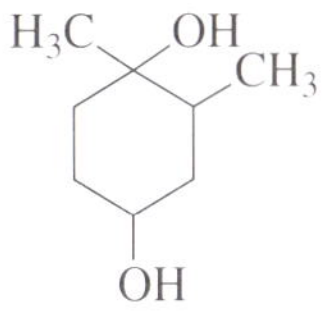

1,2-dimetil-1,4-ciclohexanodiol

69. Un ion con un átomo de nitrógeno con carga positiva en un anillo de tres miembros se llama ion aziridinio. El siguiente ion aziridinio reacciona con metóxido de sodio y forma los compuestos A y B.

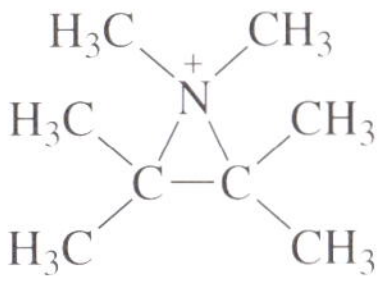

ion aziridinio

Si se agrega una pequeña cantidad de Br_2 acuoso a A persiste el color rojizo del Br_2, pero desaparece cuando el bromo se agrega a B. Cuando el ion aziridinio reacciona con metanol sólo se forma A. Identifique A y B.

70. La dimerización es una reacción secundaria durante la preparación de un reactivo de Grignard. Proponga un mecanismo que explique la formación del dímero.

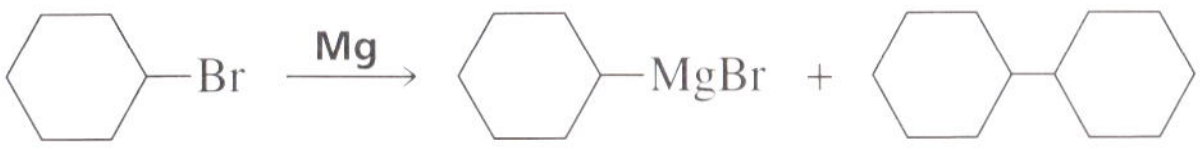

dímero

71. Proponga un mecanismo para cada una de las reacciones siguientes:

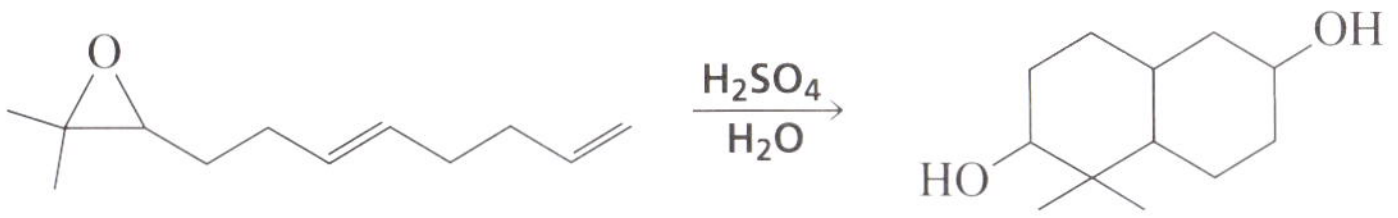

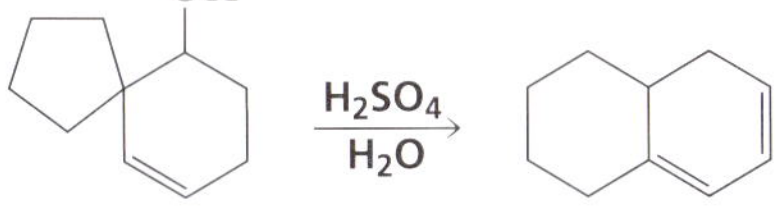

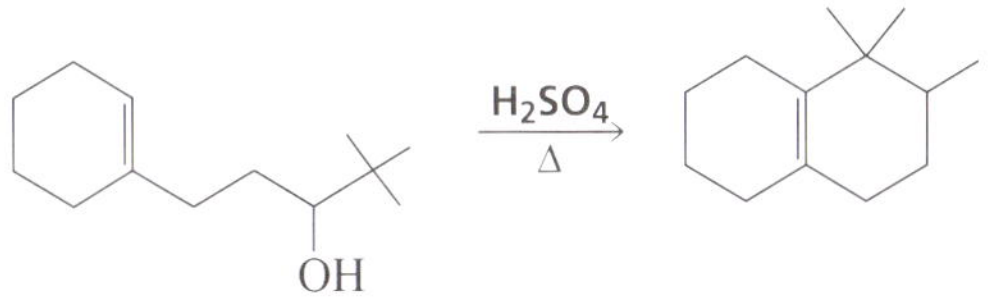

480 CAPÍTULO 10 Reacciones de alcoholes, aminas, éteres, epóxidos y compuestos sulfurados • Compuestos organometálicos

72. Uno de los métodos con los que se sintetizan los epóxidos es tratar un alqueno con agua de bromo (disolución acuosa de Br_2) y después con una disolución acuosa de hidróxido de sodio.
    a. Proponga un mecanismo para la conversión de ciclohexeno en óxido de ciclohexeno con este método.
    b. ¿Cuántos productos se forman cuando el óxido de ciclohexeno reacciona con ion metóxido en metanol? Dibuje sus estructuras.

73. ¿Cuál de las siguientes reacciones es la más rápida? ¿Por qué?

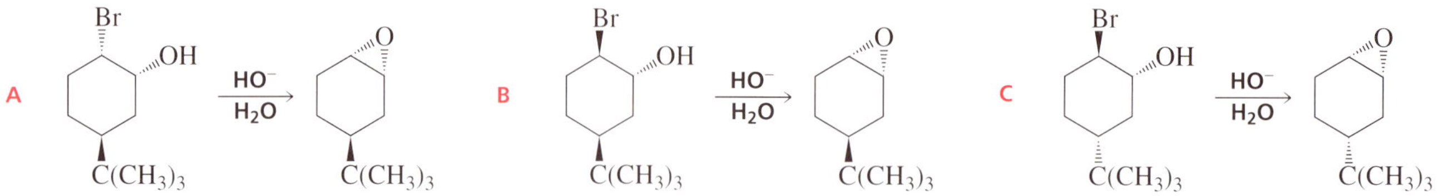

    A, B, C: reacciones de bromohidrinas con sustituyente C(CH₃)₃ convirtiéndose en epóxidos con HO^-/H_2O.

74. Cuando reacciona bromobenceno con propeno en una reacción de Heck se obtienen dos isómeros constitucionales como productos. Indique las estructuras de los productos y explique por qué se obtienen esos productos.

75. La siguiente reacción se efectúa con una rapidez varias veces mayor que la del 2-clorobutano con $HO:^-$.

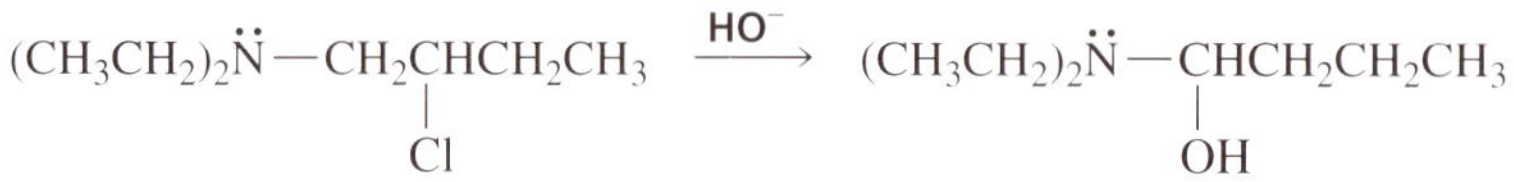

    $$(CH_3CH_2)_2\ddot{N}-CH_2CHCH_2CH_3 \xrightarrow{HO^-} (CH_3CH_2)_2\ddot{N}-CHCH_2CH_2CH_3$$
    $$\qquad\qquad\qquad\quad |\qquad\qquad\qquad\qquad\qquad\qquad\qquad\quad |$$
    $$\qquad\qquad\qquad\quad Cl\qquad\qquad\qquad\qquad\qquad\qquad\qquad\; OH$$

    a. Explique por qué la reacción es más rápida.
    b. Explique por qué el OH del producto no está unido al carbono que estaba unido al Cl en el reactivo.

76. Un glicol tiene grupos OH en carbonos adyacentes. La deshidratación de un diol vecinal se acompaña de un reordenamiento llamado reordenamiento pinacólico. Proponga un mecanismo para esta reacción.

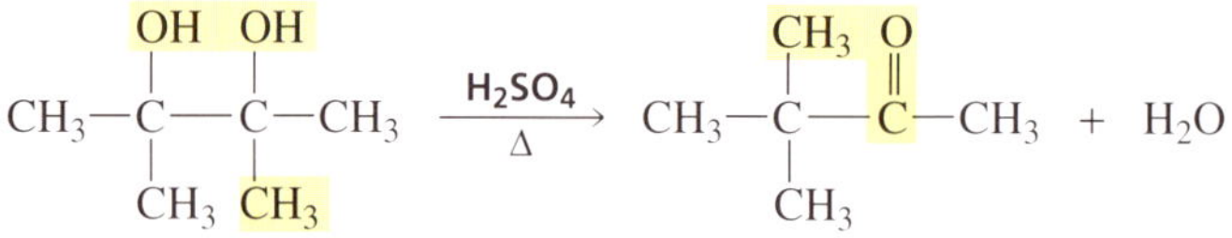

77. Aunque el 2-metil-1,2-propanodiol es un diol vecinal asimétrico, sólo se obtiene un producto cuando se deshidrata en presencia de ácido.
    a. ¿Cuál es ese producto?
    b. ¿Por qué es el único producto que se forma?

78. ¿Qué producto se obtiene cuando se calienta el siguiente diol vecinal en disolución ácida?

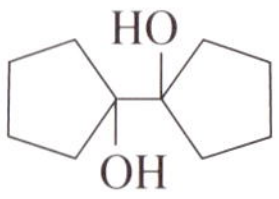

79. Se obtienen dos estereoisómeros en la reacción de óxido de ciclopenteno y dimetilamina. El isómero R,R se usa en la fabricación de eclanamina, un antidepresivo. ¿Qué otro isómero se obtiene?

80. Proponga un mecanismo para cada una de las reacciones siguientes:

    a. 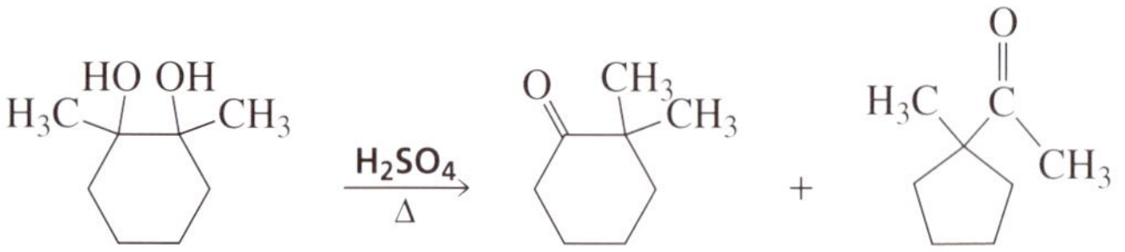
    b.

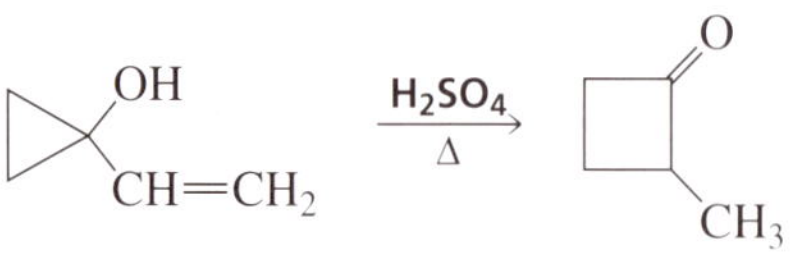

CAPÍTULO 11

Radicales • Reacciones de los alcanos

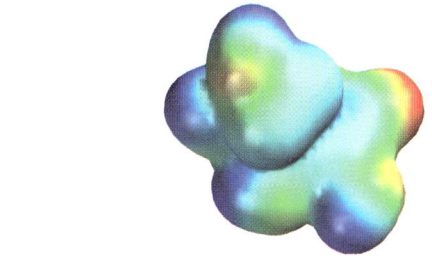

vitamina C

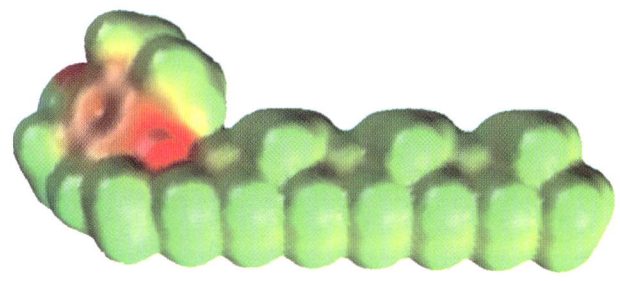

vitamina E

ANTECEDENTES

SECCIÓN 11.3 Los grupos alquilo estabilizan a los radicales en la misma forma que estabilizan a los carbocationes (4.2).

SECCIÓN 11.5 Se usan el postulado de Hammond (4.3) y los valores de $\Delta H°$ (3.7) para explicar por qué un radical bromo es más selectivo que un radical cloro.

SECCIÓN 11.6 Un peróxido invierte el "orden de adición" de HBr a un alqueno (4.4) porque hace que el electrófilo sea un radical bromo y no un H^+.

SECCIÓN 11.6 En una reacción de adición de radical a un alqueno, el radical bromo (al igual que otros electrófilos) se agrega al carbono con hibridación sp^2 unido con la mayor cantidad de hidrógenos (4.4).

SECCIÓN 11.7 Cuando se parte de un reactivo sin centro asimétrico y se realiza una reacción que forma un producto con un centro asimétrico, el producto será una mezcla racémica (5.19).

Ya se sabe que hay tres clases de hidrocarburos: los *alcanos*, que sólo contienen uniones simples, los *alquenos*, que contienen enlaces dobles, y los *alquinos*, que contienen enlaces triples. Como los **alcanos** no contienen enlaces dobles ni triples, se llaman **hidrocarburos saturados** para indicar que están saturados con hidrógeno. Algunos ejemplos de alcanos son los siguientes:

CH₃CH₂CH₂CH₃
butano

etilciclopentano

4-etil-3,3-dimetildecano

trans-1,3-dimetil-ciclohexano

Los alcanos están muy distribuidos, tanto en la Tierra como en otros planetas. Las atmósferas de Júpiter, Saturno, Urano y Neptuno contienen grandes cantidades de metano (CH_4), el alcano más pequeño, un gas inodoro e inflamable. De hecho, los colores azules de Urano y Neptuno se deben al metano en sus atmósferas. En la Tierra, los alcanos se encuentran en el gas natural y en el petróleo, y se forman durante la descomposición de la materia vegetal y animal que ha estado sepultada por largo tiempo en la corteza terrestre, donde escasea el oxígeno. En consecuencia, al gas natural y al petróleo se les llama *combustibles fósiles*.

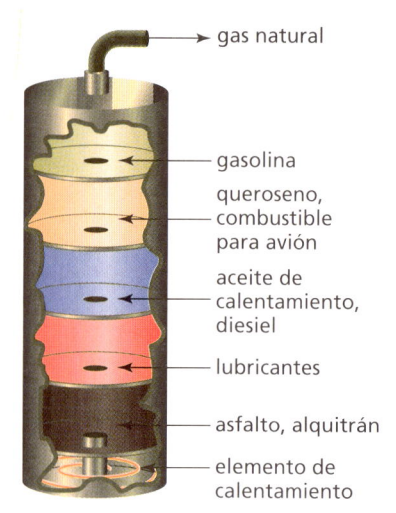

El gas natural contiene aproximadamente 75% de metano; el 25% restante está formado por otros alcanos inferiores, como etano, propano y butano. En la década de 1950, el gas natural sustituyó al carbón como fuente principal de energía para calentamiento doméstico e industrial en muchas partes de EUA.

El petróleo es una mezcla compleja de alcanos y cicloalcanos que se puede separar en fracciones por destilación. La fracción que ebulle a la menor temperatura (hidrocarburos que contienen tres y cuatro carbonos) es un gas que se puede licuar a presión. Este gas se usa como combustible para encendedores de cigarrillo, estufas para campamento y de patios. La fracción que ebulle a temperaturas algo mayores (hidrocarburos de 5 a 11 carbonos) es gasolina; la siguiente (de 9 a 16 carbonos) incluye el queroseno y los combustibles de aviación. La fracción de 15 a 25 carbonos se usa como diesel y como combustible para calderas, y la fracción que ebulle a mayor temperatura se utiliza para lubricantes y grasas. La naturaleza no polar de esos compuestos les confiere su aspecto grasoso. Después de la destilación queda un residuo no volátil llamado asfalto o alquitrán.

La fracción de 5 a 11 carbonos que se usa como gasolina es, de hecho, un mal combustible en los motores de combustión interna y requiere un proceso llamado craqueo catalítico para que se convierta en una gasolina de alto rendimiento. El craqueo catalítico convierte a

EL OCTANAJE

Cuando en un motor se usan combustibles de mala calidad, la combustión puede iniciarse antes de que la bujía se encienda. En ese caso, se oirá un golpeteo en el motor al trabajar. A medida que se mejora la calidad del combustible, es menos probable que el motor "cascabelee". La calidad de un combustible se indica por su octanaje. Los hidrocarburos de cadena recta tienen octanajes bajos y están contenidos en los combustibles deficientes. Por ejemplo, el heptano tiene un octanaje igual a 0, asignado arbitrariamente, y hace que los motores cascabeleen mucho. Los alcanos de cadena ramificada tienen más hidrógenos en carbonos primarios. Son los enlaces C—H que requieren más energía para romperse y, en consecuencia, determinan que la combustión se inicie con más dificultad y el cascabeleo se reduzca. En consecuencia, los alcanos de cadena ramificada presentan altos octanajes. Por ejemplo el 2,2,4-trimetilpentano no causa cascabeleo y se le ha asignado, en forma arbitraria, un octanaje de 100.

$CH_3CH_2CH_2CH_2CH_2CH_2CH_3$
heptano
octanaje = 0

2,2,4-trimetilpentano
octanaje = 100

El octanaje de una gasolina se determina comparando el cascabeleo que causa con el que causan diversas mezclas de heptano y 2,2,4-trimetilpentano. El octanaje asignado a la gasolina corresponde al porcentaje de 2,2,4-trimetilpentano en la mezcla que le iguala. El término "octanaje" se originó porque el 2,2,4-trimetilpentano contiene ocho carbonos.

LOS COMBUSTIBLES FÓSILES: FUENTE PROBLEMÁTICA DE ENERGÍA

La sociedad moderna encara tres problemas principales como consecuencia de su dependencia de los combustibles fósiles como fuente de energía: el primero es que son recursos no renovables y la oferta mundial disminuye continuamente. El segundo es que un grupo de países del Medio Oriente y de América del Sur controla una gran parte del suministro mundial de petróleo. Esos países han formado un cártel llamado *Organización de Países Exportadores de Petróleo* (*OPEP*) que controla tanto la oferta como el precio del crudo. La inestabilidad política en algún país de la OPEP puede afectar gravemente el suministro mundial de petróleo. El tercer problema es que al quemar los combustibles fósiles aumenta la concentración de CO_2 en la atmósfera, y el quemado del carbón aumenta la concentración de CO_2 y de SO_2. Se ha establecido experimentalmente que el SO_2 atmosférico causa la "lluvia ácida", amenaza para la vegetación terrestre y en consecuencia para nuestro suministro de alimentos y oxígeno (sección 1.17).

Desde 1958 se ha medido en forma periódica la concentración de CO_2 atmosférico en Mauna Loa, Hawaii. La concentración ha aumentado 20% desde que se hicieron las primeras mediciones y debido a ello se predice un aumento en la temperatura de la Tierra como consecuencia de la absorción de la radiación infrarroja por el CO_2 (el *efecto invernadero*). Un aumento continuo de la temperatura de la Tierra causaría efectos devastadores, incluyendo la formación de nuevos desiertos, pérdidas masivas de cosechas y la fusión de los glaciares, con un aumento concomitante del nivel del mar. Es claro que lo que se necesita es una fuente de energía renovable, apolítica, no contaminante y económica.

los hidrocarburos de cadena recta o lineal, que son malos combustibles, en compuestos de cadena ramificada, que son combustibles de alto rendimiento. En forma original, el craqueo (que también se llama *pirólisis*) requeriría calentar la gasolina a temperaturas muy altas para obtener hidrocarburos entre tres y cinco carbonos. Los métodos modernos de craqueo usan catalizadores que hacen lo mismo a temperaturas mucho más bajas.

11.1 Alcanos como compuestos inertes

Los enlaces dobles y triples de los alquenos y los alquinos están formados por fuertes enlaces σ y enlaces π más débiles. Ya se estudió que la reactividad de los *alquenos* y los *alquinos* es resultado de que un electrófilo sea atraído a la nube de electrones que forma el enlace π (secciones 3.6 y 6.5).

Los *alcanos* no sólo disponen de fuertes enlaces σ; además los electrones de los enlaces σ C—H y C—C están compartidos por igual entre los átomos unidos y ninguno de ellos, en un alcano, posee carga importante alguna. Ello significa que ni los nucleófilos ni los electrófilos son atraídos por ellos. Así, los alcanos son compuestos relativamente inertes. Que los alcanos sean poco reactivos hizo que los primeros químicos los llamaran *parafinas*, de *parum affinis*, que en latín quiere decir "poca afinidad" (hacia otros compuestos).

11.2 Cloración y bromación de alcanos

Los alcanos sí reaccionan con cloro (Cl_2) o con bromo (Br_2) para formar cloruros o bromuros de alquilo. Esas **reacciones de halogenación** sólo se efectúan a temperaturas altas o en presencia de la luz. (La irradiación con luz se representa por $h\nu$.) Son las únicas reacciones que experimentan los alcanos, a excepción de la **combustión** (o quemado), reacción con oxígeno que se efectúa a altas temperaturas y transforma los alcanos en dióxido de carbono y agua.

$$CH_4 + Cl_2 \xrightarrow[h\nu]{\Delta \text{ o }} CH_3Cl + HCl$$
clorometano

$$CH_3CH_3 + Br_2 \xrightarrow[h\nu]{\Delta \text{ o }} CH_3CH_2Br + HBr$$
bromoetano

Cuando un enlace se rompe de tal manera que sus dos electrones permanecen en uno de los átomos, al proceso se le llama **ruptura heterolítica de enlace** o **heterólisis**. Cuando un enlace se rompe de tal modo que cada uno de los átomos conserva uno de los electrones del enlace, al proceso se le llama **ruptura homolítica de enlace** u **homólisis**. Obsérvese que se usa una flecha con media punta, como un arpón, que a veces se llama anzuelo, para indicar el movimiento de un electrón, mientras que una flecha con punta completa, como dos arpones, indica el movimiento de dos electrones (sección 3.6).

ruptura de enlace heterolítica — la punta tiene dos arpones
$$A—B \longrightarrow A^+ + B^-$$

ruptura de enlace homolítica — la punta tiene un arpón
$$A—B \longrightarrow A\cdot + \cdot B$$

El mecanismo de la halogenación de un alcano está bien comprendido. Por ejemplo, veamos el mecanismo de la monocloración del metano.

Mecanismo de la monocloración del metano

$$:\!\ddot{Cl}\!-\!\ddot{Cl}\!: \xrightarrow[h\nu]{\Delta \text{ o}} 2\ :\!\ddot{Cl}\!\cdot \quad \text{paso de iniciación}$$

ruptura homolítica

$$:\!\ddot{Cl}\!\cdot\ +\ H\!-\!CH_3 \longrightarrow H\ddot{Cl}\!: +\ \cdot CH_3$$

radical metilo

$$\cdot CH_3\ +\ :\!\ddot{Cl}\!-\!\ddot{Cl}\!: \longrightarrow CH_3Cl\ +\ :\!\ddot{Cl}\!\cdot$$

pasos de propagación

$$:\!\ddot{Cl}\!\cdot\ +\ :\!\ddot{Cl}\!\cdot \longrightarrow Cl_2$$

$$\cdot CH_3\ +\ \cdot CH_3 \longrightarrow CH_3CH_3$$

$$:\!\ddot{Cl}\!\cdot\ +\ \cdot CH_3 \longrightarrow CH_3Cl$$

pasos de terminación

- Con calor o luz se suministra la energía necesaria para romper el enlace Cl—Cl (o Br—Br) homolíticamente. Este es el **paso de iniciación** de la reacción porque forma radicales. Un **radical** (que con frecuencia se llama **radical libre**) es una especie que contiene un átomo con un electrón no apareado. Un radical es muy reactivo porque al adquirir un electrón completará su octeto.

- El radical cloro que se forma en el paso de iniciación extrae un átomo de hidrógeno del alcano (que en este caso es metano) y forma HCl y un radical metilo.

- El radical metilo toma un átomo de cloro del Cl_2 y forma clorometano y otro radical cloro, que a su vez puede extraer un átomo de hidrógeno de otra molécula de metano. Los pasos descritos en los pasos 2 y 3 anteriores son los **pasos de propagación**, porque el radical creado en el primer paso de la propagación reacciona en el segundo y produce el radical que puede repetir el primer paso de propagación. Un paso de propagación es aquel que propaga la cadena de reacciones. Entonces, los dos pasos de propagación anteriores se repiten una y otra vez. El primero de ellos es el que determina la rapidez de la reacción general.

- Dos radicales cualquiera en la mezcla de reacción se pueden combinar para formar una molécula en la que estén apareados todos los electrones. A la combinación de dos radicales se le llama **paso de terminación** porque ayuda a que la reacción llegue a su fin al disminuir la cantidad de radicales disponibles para propagarla. Dos radicales cualquiera presentes en la mezcla de reacción se pueden combinar en un paso de terminación; las reacciones entre radicales producen, en consecuencia, una mezcla de productos.

Tutorial del alumno:
Reacción en cadena de radicales
(Radical chain reaction)

Las reacciones de radicales tienen pasos de iniciación, propagación y terminación.

La cloración por radicales de alcanos distintos al metano tiene el mismo mecanismo. Como la reacción cuenta con radicales intermediarios y pasos de propagación repetitivos, se le llama **reacción en cadena de radicales**. Esta clase particular de reacción en cadena de radicales, la de un alcano con cloro (o bromo) para formar un haluro de alquilo, se llama **reacción de sustitución con radicales** porque sustituye un hidrógeno del alcano por un halógeno.

Para maximizar la cantidad de producto monohalogenado que se obtiene, una reacción de sustitución con radicales se debe efectuar en presencia de un exceso de alcano. Este exceso en la mezcla de reacción aumenta la probabilidad de que el radical halógeno choque con una molécula de alcano y no con una de haluro de alquilo, aun al final de la reacción; en ese momento se habrá formado una cantidad considerable de haluro de alquilo. Si el radical halógeno elimina a un hidrógeno de una molécula de haluro de alquilo y no de una de alcano, se obtendrá un producto dihalogenado.

$$Cl\cdot\ +\ CH_3Cl \longrightarrow \cdot CH_2Cl\ +\ HCl$$

$$\cdot CH_2Cl\ +\ Cl_2 \longrightarrow CH_2Cl_2\ +\ Cl\cdot$$

compuesto dihalogenado

La bromación de alcanos sigue el mismo mecanismo que la cloración.

Mecanismo de la monobromación del etano

$$Br-Br \xrightarrow[h\nu]{\Delta \text{ o}} 2\ Br\cdot \quad \text{paso de iniciación}$$

$$Br\cdot + H-CH_2CH_3 \longrightarrow CH_3\dot{C}H_2 + HBr$$
$$CH_3\dot{C}H_2 + Br-Br \longrightarrow CH_3CH_2Br + Br\cdot \quad \text{pasos de propagación}$$

$$Br\cdot + Br\cdot \longrightarrow Br_2$$
$$CH_3\dot{C}H_2 + CH_3\dot{C}H_2 \longrightarrow CH_3CH_2CH_2CH_3 \quad \text{pasos de terminación}$$
$$CH_3\dot{C}H_2 + Br\cdot \longrightarrow CH_3CH_2Br$$

PROBLEMA 1
Indique los pasos de iniciación, propagación y terminación de la monocloración del ciclohexano.

PROBLEMA 2
Escriba el mecanismo de la formación de tetraclorometano, CCl_4, de la reacción de metano con $Cl_2 + h\nu$.

11.3 Dependencia entre la estabilidad de un radical y la cantidad de grupos alquilo unidos al carbono que tiene el electrón no apareado

Al igual que los carbocationes, los grupos alquilo, donadores de electrones, estabilizan a los radicales. En consecuencia, la estabilidad relativa de los **radicales alquilo primarios, secundarios** y **terciarios** tienen el mismo orden que la estabilidad relativa de los carbocationes primarios, secundarios y terciarios.

Estabilidad de radicales alquilo:
$3° > 2° > 1°$

estabilidad relativa de los radicales alquilo

$$\underset{\text{radical terciario}}{R-\dot{C}(R)(R)} > \underset{\text{radical secundario}}{R-\dot{C}(R)(H)} > \underset{\text{radical primario}}{R-\dot{C}(H)(H)} > \underset{\text{radical metilo}}{H-\dot{C}(H)(H)}$$

(más estable → menos estable)

Sin embargo, las diferencias de estabilidad relativa entre los radicales son mucho menores que entre los carbocationes porque los grupos alquilo no estabilizan a los radicales tan bien como a los carbocationes. Los grupos alquilo estabilizan a los carbocationes y a los radicales por hiperconjugación (sección 4.2). La estabilización de un carbocatión es el resultado del traslape de un enlace C—H o C—C con un orbital p vacío: un sistema de dos electrones (figura 11.1a). En contraste, la estabilización de un radical se debe al traslape de un enlace C—H o C—C con un orbital p que contiene un electrón: es un sistema de tres electrones (figura 11.1b). En el sistema de dos electrones, los dos se localizan en un orbital molecular de enlace, pero en el sistema de tres electrones uno de ellos debe pasar a un orbital molecular de antienlace. El sistema de tres electrones, en general, todavía se estabiliza porque hay más electrones en el orbital molecular de enlace que en el de antienlace; sin embargo, no se estabiliza tanto como el sistema de dos electrones, que no tiene electrones en el orbital molecular de antienlace. En consecuencia, los grupos alquilo estabilizan a los carbocationes de 5 a 10 veces mejor que lo que estabilizan a los radicales.

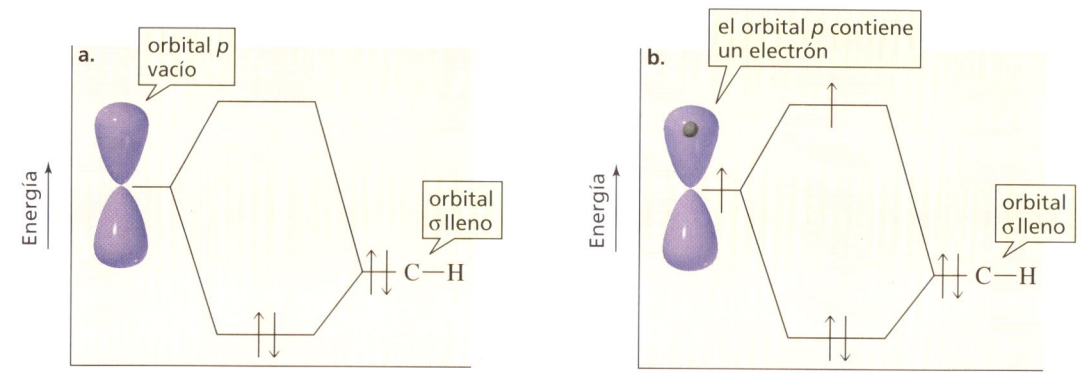

▲ **Figura 11.1**
Diagramas de orbitales moleculares, donde se ve la estabilización obtenida cuando se traslapan los electrones de un enlace C—H con a) un orbital p vacío y b) un orbital p que contiene un electrón.

PROBLEMA 3◆

a. ¿Cuál de los hidrógenos en la estructura siguiente es más fácil que sea eliminado por un radical cloro?

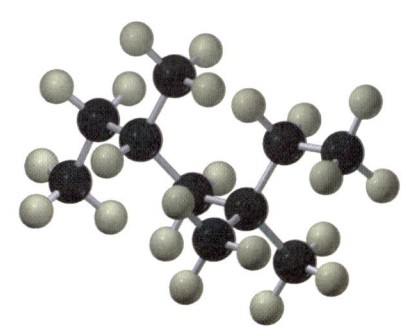

b. ¿Cuántos hidrógenos secundarios tiene la estructura?

11.4 Influencia de la probabilidad y la reactividad sobre la distribución de los productos

En la monocloración del butano se obtienen dos haluros de alquilo diferentes. Si se sustituye un hidrógeno unido a uno de los carbonos terminales se obtiene 1-clorobutano, mientras que la sustitución de un hidrógeno unido a uno de los carbonos internos forma 2-clorobutano.

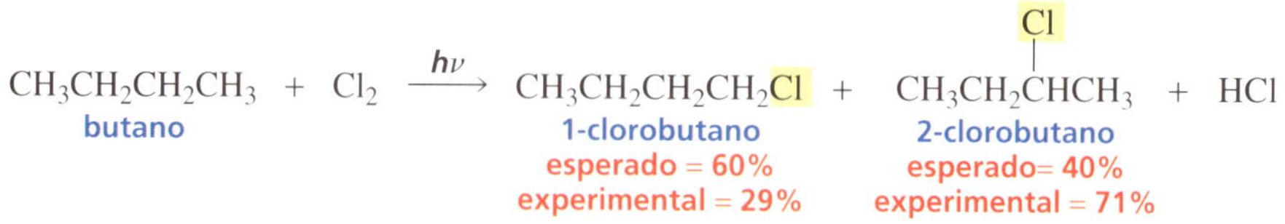

$$CH_3CH_2CH_2CH_3 + Cl_2 \xrightarrow{h\nu} CH_3CH_2CH_2CH_2Cl + CH_3CH_2CHClCH_3 + HCl$$

butano
1-clorobutano
esperado = 60%
experimental = 29%

2-clorobutano
esperado = 40%
experimental = 71%

La distribución esperada (estadística) de los productos sería 60% de 1-clorobutano y 40% de 2-clorobutano porque seis de los 10 hidrógenos del butano se pueden sustituir y formar 1-clorobutano, mientras que sólo cuatro pueden sustituirse y formar 2-clorobutano. No obstante, ello supone que todos los enlaces C—H del butano se rompen con la misma facilidad. Si ése fuera el caso, la cantidad relativa de los dos productos sólo dependería de la probabilidad de que un radical cloro chocara con un hidrógeno primario frente a la probabilidad de que lo hiciera con un hidrógeno secundario. Sin embargo, cuando la reacción se realiza en el laboratorio y se analiza el producto se encuentra 29% de 1-clorobutano y 71% de 2-clorobutano. En consecuencia, no se explica la distribución de los productos sólo con la probabilidad.

Cuando un radical cloro reacciona con butano puede extraer un átomo de hidrógeno de un carbono interno y formar un radical alquilo secundario que conduce a la formación de 2-clorobutano o puede eliminar un átomo de hidrógeno en un carbono terminal y formar un radical alquilo primario que conduce a la formación de 1-clorobutano. Como se obtiene más 2-clorobutano que lo esperado, y el *paso determinante de la rapidez de la reacción general es la eliminación del átomo de hidrógeno,* se puede concluir que un átomo de hidrógeno es más fácil de eliminar de un carbono secundario que de uno primario, haciendo que se forme el 2-clorobutano con mayor rapidez.

$$CH_3CH_2CH_2CH_3 \xrightarrow{Cl\cdot} \begin{array}{c} CH_3CH_2\dot{C}HCH_3 \\ \text{radical alquilo} \\ \text{secundario} \end{array} + HCl \xrightarrow{Cl_2} \begin{array}{c} Cl \\ | \\ CH_3CH_2CHCH_3 \\ \text{2-clorobutano} \end{array} + Cl\cdot$$

$$CH_3CH_2CH_2CH_3 \xrightarrow{Cl\cdot} \begin{array}{c} CH_3CH_2CH_2\dot{C}H_2 \\ \text{radical alquilo} \\ \text{primario} \end{array} + HCl \xrightarrow{Cl_2} CH_3CH_2CH_2CH_2Cl + Cl\cdot$$
$$\text{1-clorobutano}$$

No debe causar sorpresa que resulte más fácil extraer un átomo de hidrógeno de un carbono secundario para formar un radical secundario que extraerlo de un carbono primario y formar un radical primario porque un radical secundario es más estable que uno primario. Mientras más estable sea el radical es más factible que se forme porque la estabilidad del radical se refleja en la estabilidad del estado de transición que lleva a su formación (sección 4.3).

Después de determinar en forma experimental la cantidad de cada producto de cloración obtenido a partir de varios hidrocarburos, se pudo llegar a la conclusión de que *a temperatura ambiente* es 5.0 veces más fácil que un radical cloro extraiga un átomo de hidrógeno de un carbono terciario que de uno primario, y es 3.8 veces más fácil sacar un átomo de hidrógeno de un carbono secundario que de uno primario (véase problema 33). La relación exacta difiere a distintas temperaturas.

rapidez relativa de formación de radicales alquilo por un radical cloro a temperatura ambiente

$$\text{terciario} > \text{secundario} > \text{primario}$$
$$5.0 \qquad\qquad 3.8 \qquad\qquad 1.0$$

← incremento en la rapidez de formación

Para determinar la cantidad relativa de los diferentes productos obtenidos por cloración vía radical de un alcano se deben tener en cuenta tanto la *probabilidad* (la cantidad de hidrógenos que pueden sustituirse y que conducen a la formación de determinado producto) como la *reactividad* (la rapidez relativa con la que se elimina determinado hidrógeno). Cuando se consideran ambos factores, las cantidades calculadas de 1-clorobutano y 2-clorobutano concuerdan con las cantidades obtenidas de manera experimental.

> Se deben tener en cuenta tanto la probabilidad como la reactividad al calcular la cantidad relativa de productos.

cantidad relativa de 1-clorobutano

número de hidrógenos × reactividad
$6 \times 1.0 = 6.0$

% de rendimiento = $\dfrac{6.0}{21} = 29\%$

cantidad relativa de 2-clorobutano

número de hidrógenos × reactividad
$4 \times 3.8 = 15$

% de rendimiento = $\dfrac{15}{21} = 71\%$

El porcentaje de rendimiento de cada cloruro de alquilo se calcula dividiendo la cantidad relativa de determinado producto entre la suma de las cantidades relativas de todos los productos cloruro de alquilo ($6 + 15 = 21$).

La monocloración de radicales del 2,2,5-trimetilhexano da como resultado la formación de cinco productos de monocloración. Como la cantidad relativa de los cinco cloruros de alquilo es 35 en total (9.0 + 7.6 + 7.6 + 5.0 + 6.0 = 35), el rendimiento porcentual de cada producto se puede calcular como sigue:

$$\underset{\text{2,2,5-trimetilhexano}}{\text{CH}_3\underset{\underset{\text{CH}_3}{|}}{\overset{\overset{\text{CH}_3}{|}}{\text{C}}}\text{CH}_2\text{CH}_2\overset{\overset{\text{CH}_3}{|}}{\text{CH}}\text{CH}_3} + \text{Cl}_2 \xrightarrow{\Delta} \underset{\begin{array}{c}9 \times 1.0 = 9.0 \\ \frac{9.0}{35} = 26\%\end{array}}{\text{CH}_2\text{Cl}\underset{\underset{\text{CH}_3}{|}}{\overset{\overset{\text{CH}_3}{|}}{\text{C}}}\text{CH}_2\text{CH}_2\overset{\overset{\text{CH}_3}{|}}{\text{CH}}\text{CH}_3} + \underset{\begin{array}{c}2 \times 3.8 = 7.6 \\ \frac{7.6}{35} = 22\%\end{array}}{\text{CH}_3\underset{\underset{\text{CH}_3\ \text{Cl}}{|}}{\overset{\overset{\text{CH}_3}{|}}{\text{C}}}-\text{CHCH}_2\overset{\overset{\text{CH}_3}{|}}{\text{CH}}\text{CH}_3} +$$

$$\underset{\begin{array}{c}2 \times 3.8 = 7.6 \\ \frac{7.6}{35} = 22\%\end{array}}{\text{CH}_3\underset{\underset{\text{CH}_3\ \text{Cl}}{|}}{\overset{\overset{\text{CH}_3}{|}}{\text{C}}}\text{CH}_2\overset{\overset{\text{CH}_3}{|}}{\text{CH}}\text{CHCH}_3} + \underset{\begin{array}{c}1 \times 5.0 = 5.0 \\ \frac{5.0}{35} = 14\%\end{array}}{\text{CH}_3\underset{\underset{\text{CH}_3\ \ \text{Cl}}{|}}{\overset{\overset{\text{CH}_3}{|}}{\text{C}}}\text{CH}_2\text{CH}_2\overset{\overset{\text{CH}_3}{|}}{\text{C}}\text{CH}_3} + \underset{\begin{array}{c}6 \times 1.0 = 6.0 \\ \frac{6.0}{35} = 17\%\end{array}}{\text{CH}_3\underset{\underset{\text{CH}_3}{|}}{\overset{\overset{\text{CH}_3}{|}}{\text{C}}}\text{CH}_2\text{CH}_2\overset{\overset{\text{CH}_3}{|}}{\text{CH}}\text{CH}_2\text{Cl}} + \text{HCl}$$

Ya que la cloración vía radicales de un alcano puede formar varios productos monosustituidos diferentes y productos que contienen más de un átomo de cloro, no constituye el mejor método para sintetizar un cloruro de alquilo. La adición de un haluro de hidrógeno a un alqueno (sección 4.1) o la conversión de un alcohol en un haluro de alquilo (secciones 10.1 y 10.2) son métodos mucho mejores para obtener un haluro de alquilo. La halogenación vía radicales de un alcano es, sin embargo, todavía una reacción que se usa porque es la única forma de convertir un alcano inerte en un compuesto reactivo; una vez que el halógeno se introduce en el alcano se puede sustituir por una diversidad de otros sustituyentes (sección 10.2).

PROBLEMA 4

Cuando se monoclora el 2-metilpropano en presencia de luz a temperatura ambiente, 36% del producto es 2-cloro-2-metilpropano y 64% es 1-cloro-2-metilpropano. A partir de estos datos calcule cuántas veces es más fácil eliminar un átomo de hidrógeno de un carbono terciario que de uno primario bajo estas condiciones.

PROBLEMA 5 ◆

¿Cuántos cloruros de alquilo se pueden obtener con la monocloración de los siguientes alcanos? No tenga en cuenta los estereoisómeros.

a. $\text{CH}_3\text{CH}_2\text{CH}_2\text{CH}_2\text{CH}_3$

b. $\text{CH}_3\overset{\overset{\text{CH}_3}{|}}{\text{CH}}\text{CH}_2\text{CH}_2\overset{\overset{\text{CH}_3}{|}}{\text{CH}}\text{CH}_3$

c. $\text{CH}_3\overset{\overset{\text{CH}_3}{|}}{\text{CH}}\text{CH}_2\text{CH}_2\text{CH}_3$

d. (ciclohexano)

e. (metilciclohexano)

f. (1,2-dimetilciclohexano)

g. $\text{CH}_3\underset{\underset{\text{CH}_3}{|}}{\overset{\overset{\text{CH}_3}{|}}{\text{C}}}\text{CH}_2\underset{\underset{\text{CH}_3}{|}}{\overset{\overset{\text{CH}_3}{|}}{\text{C}}}\text{CH}_3$

h. $\text{CH}_3\underset{\underset{\text{CH}_3}{|}}{\overset{\overset{\text{CH}_3}{|}}{\text{C}}}-\underset{\underset{\text{CH}_3}{|}}{\overset{\overset{\text{CH}_3}{|}}{\text{C}}}\text{CH}_3$

i. $\text{CH}_3\underset{\underset{\text{CH}_3}{|}}{\overset{\overset{\text{CH}_3}{|}}{\text{C}}}\text{CH}_2\overset{\overset{\text{CH}_3}{|}}{\text{CH}}\text{CH}_3$

PROBLEMA 6◆

Calcule el rendimiento porcentual de cada producto obtenido en el problema **5a**, **b** y **c** si la cloración se hace en presencia de luz a temperatura ambiente.

PROBLEMA 7 ***RESUELTO***

Si el ciclopentano reacciona con más de un equivalente de Cl_2 a alta temperatura ¿cuántos diclorociclopentanos espera usted obtener como productos?

Solución Se obtendrían siete dicloropentanos. Sólo es posible un isómero del compuesto 1,1-diclorado. Los compuestos 1,2 y 1,3-diclorados tienen dos centros asimétricos. Cada uno tiene tres estereoisómeros porque el isómero *cis* es compuesto *meso* y los isómeros *trans* son un par de enantiómeros.

compuesto meso enantiómeros

compuesto meso enantiómeros

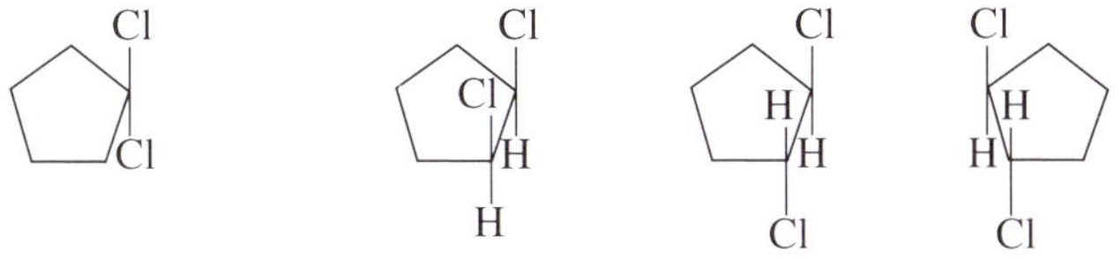

11.5 El principio de reactividad-selectividad

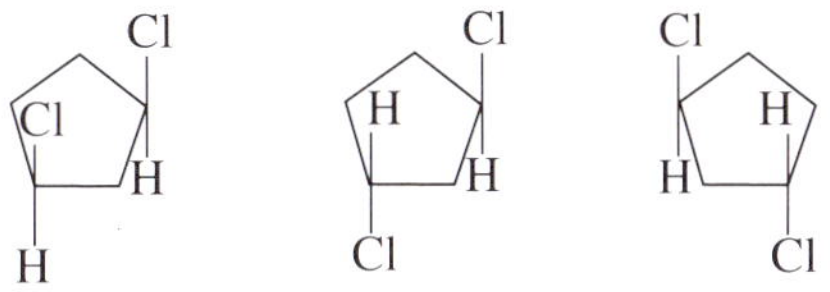

La rapidez relativa de formación de radical por un radical bromo es distinta a las promovida por un radical cloro. Por ejemplo, a 125 °C, un radical bromo extrae un átomo de hidrógeno de un carbono terciario 1 600 veces más rápidamente que de un carbono primario y extrae un átomo de hidrógeno de un carbono secundario 82 veces más rápidamente que de un carbono primario.

rapidez relativa de formación por un radical bromo a 125 °C

terciario >	secundario >	primario
1600	82	1

← incremento en la rapidez de formación

Cuando un radical bromo extrae un átomo de hidrógeno, las diferencias de reactividad son tan grandes que el factor reactividad adquiere una importancia abrumadora en comparación con el factor probabilidad. Por ejemplo, la bromación del radical de butano tiene 98% de rendimiento de 2-bromobutano en comparación con el 71% de rendimiento de 2-clorobutano alcanzado cuando se clora el butano (sección 11.4). En otras palabras, la bromación es más selectiva que la cloración.

$$CH_3CH_2CH_2CH_3 + Br_2 \xrightarrow{h\nu} \underset{\substack{\text{1-bromobutano} \\ 2\%}}{CH_3CH_2CH_2CH_2Br} + \underset{\substack{\text{2-bromobutano} \\ 98\%}}{CH_3CH_2\overset{\overset{\large Br}{|}}{C}HCH_3} + HBr$$

De igual modo, en la bromación del 2,2,5-trimetilhexano se tiene un 82% del producto en el que el bromo reemplaza al hidrógeno terciario. En la cloración del mismo alcano sólo se tiene un 14% de rendimiento para el cloruro de alquilo terciario (sección 11.4).

$$\underset{\substack{\text{2,2,5-trimetilhexano}}}{\text{CH}_3\underset{\underset{\text{CH}_3}{|}}{\overset{\overset{\text{CH}_3}{|}}{\text{C}}}\text{CH}_2\text{CH}_2\overset{\overset{\text{CH}_3}{|}}{\text{CHCH}_3}} + \text{Br}_2 \xrightarrow{h\nu} \underset{\substack{\text{2-bromo-2,5,5-trimetilhexano}\\ \text{82\%}}}{\text{CH}_3\underset{\underset{\text{CH}_3}{|}}{\overset{\overset{\text{CH}_3}{|}}{\text{C}}}\text{CH}_2\text{CH}_2\overset{\overset{\text{CH}_3}{|}}{\underset{\underset{\text{Br}}{|}}{\text{C}}}\text{CH}_3} + \text{HBr}$$

PROBLEMA 8◆

Calcule lo necesario para determinar que

a. el 2-bromobutano se obtendrá con 98% de rendimiento.
b. el 2-bromo-2,5,5-trimetilhexano se obtendrá con 82% de rendimiento.

¿Por qué es tan diferente la rapidez relativa de formación de un radical cuando se usan radicales cloro o bromo como reactivos para extraer hidrógeno? Para contestar deben compararse los valores de $\Delta H°$ de formación de radicales primarios, secundarios y terciarios por un radical cloro y un radical bromo. Estos valores de $\Delta H°$ se pueden calcular usando las energías de disociación de enlace de la tabla 3.2, en la página 146. (Recuérdese que $\Delta H°$ es la energía del enlace que se rompe menos la del enlace que se forma, sección 3.7).

			$\Delta H°$ (kcal/mol)	$\Delta H°$ (kJ/mol)
Cl· + CH$_3$CH$_2$CH$_3$	⟶	CH$_3$CH$_2$ĊH$_2$ + HCl	101 − 103 = −2	−8
Cl· + CH$_3$CH$_2$CH$_3$	⟶	CH$_3$ĊHCH$_3$ + HCl	99 − 103 = −4	−17
Cl· + CH$_3$CHCH$_3$ (CH$_3$)	⟶	CH$_3$ĊCH$_3$ (CH$_3$) + HCl	97 − 103 = −6	−25

			$\Delta H°$ (kcal/mol)	$\Delta H°$ (kJ/mol)
Br· + CH$_3$CH$_2$CH$_3$	⟶	CH$_3$CH$_2$ĊH$_2$ + HBr	101 − 87 = 14	59
Br· + CH$_3$CH$_2$CH$_3$	⟶	CH$_3$ĊHCH$_3$ + HBr	99 − 87 = 12	50
Br· + CH$_3$CHCH$_3$ (CH$_3$)	⟶	CH$_3$ĊCH$_3$ (CH$_3$) + HBr	97 − 87 = 10	42

También debe tenerse en cuenta que la bromación es una reacción mucho más lenta que la cloración. La energía de activación para que un radical bromo extraiga un átomo de hidrógeno se ha determinado en forma experimental y es unas 4.5 veces mayor que para que un radical cloro extraiga un átomo de hidrógeno. Si se usan los valores calculados de $\Delta H°$ y las energías de activación experimentales, será posible trazar los diagramas de coordenada de reacción para la formación de radicales primarios, secundarios y terciarios por un radical cloro (figura 11.2a) y por un radical bromo (figura 11.2b).

Un radical bromo es menos reactivo y más selectivo que un radical cloro.

Ya que la reacción de un radical cloro con un alcano para formar un radical primario, secundario o terciario es exotérmica, los estados de transición se parecen más a los reactivos que a los productos (vea el postulado de Hammond, sección 4.3). Todos los reactivos poseen aproximadamente la misma energía y sólo hay una diferencia pequeña en las energías de activación para extraer un átomo de hidrógeno de un carbono primario, secundario o terciario. En contraste, la reacción de un radical bromo con un alcano es endotérmica y los estados de transición se parecen más a los productos que a los reactivos. Ya que hay diferencias importantes entre las energías de los radicales producto, que dependen de si son primarios, secundarios o terciarios, hay diferencias importantes entre las energías de acti-

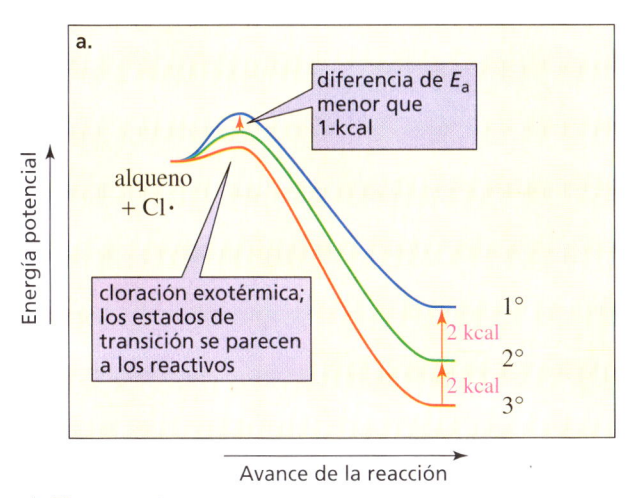

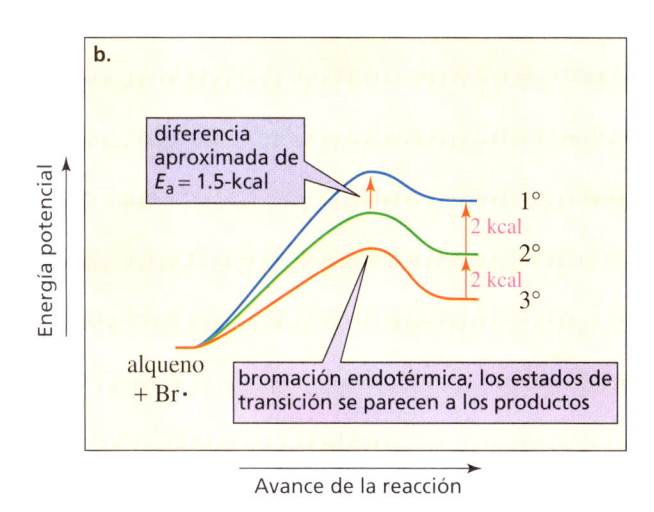

11.5 El principio de reactividad-selectividad

▲ Figura 11.2
a) Diagrama de coordenada de reacción para la formación de radicales alquilo primario, secundario y terciario como resultado de la eliminación de un átomo de hidrógeno por un radical cloro. Los estados de transición tienen un carácter de radical relativamente pequeño porque se parecen a los reactivos.
b) Diagramas de coordenada de reacción para la formación de radicales alquilo primario, secundario y terciario como resultado de la extracción de un átomo de hidrógeno por un radical bromo. Los estados de transición tienen un carácter relativamente alto de radical porque se parecen a los productos.

vación. Por consiguiente, un radical cloro forma radicales primarios, secundarios y terciarios casi con la misma facilidad, mientras que un radical bromo muestra una definida preferencia para formar el radical terciario, el más fácil de formar (figura 11.2). En otras palabras, como un radical bromo es relativamente inerte, es muy selectivo respecto a cuál átomo de hidrógeno elimina. En contraste, el radical cloro, mucho más reactivo, es mucho menos selectivo. Estas observaciones ilustran el **principio de reactividad-selectividad**, que establece que *mientras mayor sea la reactividad de una especie será menos selectiva*.

En vista de que la cloración es relativamente no selectiva, sólo es de utilidad cuando hay exclusivamente una clase de hidrógeno en el alcano.

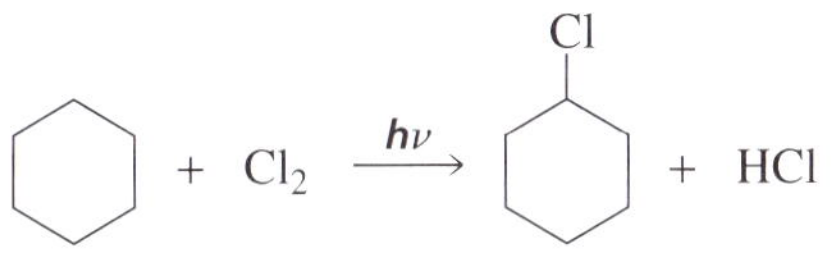

Mientras más reactiva sea una especie será menos selectiva.

$$\text{C}_6\text{H}_{12} + \text{Cl}_2 \xrightarrow{h\nu} \text{C}_6\text{H}_{11}\text{Cl} + \text{HCl}$$

ESTRATEGIA PARA RESOLVER PROBLEMAS

Planeación de la síntesis de un haluro de alquilo

¿Se produciría mayor rendimiento de 1-halo-1-metilciclohexano con cloración o con bromación de metilciclohexano?

Para resolver esta clase de problemas, primero se trazan las estructuras de los compuestos que se están considerando.

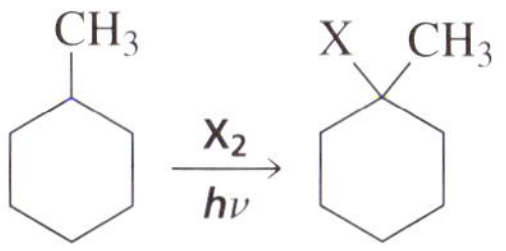

El 1-halo-1-metilciclohexano es un haluro de alquilo terciario, así que la pregunta se transforma en: "¿cómo se obtendrá mayor rendimiento de un haluro de alquilo terciario, mediante una reacción de bromación o una de cloración?". Como la bromación es más selectiva, producirá mayor rendimiento del compuesto deseado. La cloración formará algo del haluro de alquilo terciario, pero también dará lugar a cantidades importantes de los haluros de alquilo primario y secundario.

Ahora continúe en el problema 9.

492 CAPÍTULO 11 Radicales • Reacciones de los alcanos

> **PROBLEMA 9◆**
>
> **a.** ¿Qué produciría mayor rendimiento del 1-halo-2,3-dimetilbutano, la cloración o la bromación?
> **b.** ¿Qué produciría mayor rendimiento del 2-halo-2,3-dimetilbutano, la cloración o la bromación?
> **c.** ¿Qué produciría mayor rendimiento del 1-halo-2,2-dimetilpropano, la cloración o la bromación?

Si comparamos los valores de $\Delta H°$ para la suma de los dos pasos de propagación en la monohalogenación del metano, podremos comprender por qué los alcanos pueden clorarse y bromarse, pero no yodarse, y por qué la fluoración es una reacción demasiado violenta para ser de utilidad.

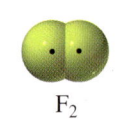

F_2

Cl_2

Br_2

I_2
Halógenos

$$F\cdot + CH_4 \longrightarrow \cdot CH_3 + HF \qquad 105 - 136 = -31$$
$$\cdot CH_3 + F_2 \longrightarrow CH_3F + F\cdot \qquad 38 - 115 = -77$$
$$\Delta H° = -108 \text{ kcal/mol} \quad (\text{o } -452 \text{ kJ/mol})$$

$$Cl\cdot + CH_4 \longrightarrow \cdot CH_3 + HCl \qquad 105 - 103 = 2$$
$$\cdot CH_3 + Cl_2 \longrightarrow CH_3Cl + Cl\cdot \qquad 58 - 84 = -26$$
$$\Delta H° = -24 \text{ kcal/mol} \quad (\text{o } -100 \text{ kJ/mol})$$

$$Br\cdot + CH_4 \longrightarrow \cdot CH_3 + HBr \qquad 105 - 87 = 18$$
$$\cdot CH_3 + Br_2 \longrightarrow CH_3Br + Br\cdot \qquad 46 - 72 = -26$$
$$\Delta H° = -8 \text{ kcal/mol} \quad (\text{o } -23 \text{ kJ/mol})$$

$$I\cdot + CH_4 \longrightarrow \cdot CH_3 + HI \qquad 105 - 71 = 34$$
$$\cdot CH_3 + I_2 \longrightarrow CH_3I + I\cdot \qquad 36 - 58 = -22$$
$$\Delta H° = 12 \text{ kcal/mol} \quad (\text{o } 50 \text{ kJ/mol})$$

El radical flúor es el más reactivo de los radicales halógeno y su reacción con los alcanos es violenta ($\Delta H° = -31$ kcal/mol). En contraste, el radical yodo es el menos reactivo de los radicales halógeno. De hecho, es tan inerte ($\Delta H° = 34$ kcal/mol) que no puede extraer un átomo de hidrógeno de un alcano. En consecuencia, reacciona con otro radical yodo y vuelve a formar I_2.

PROBLEMA 10 **RESUELTO**

¿Cómo se podría preparar butanona a partir de butano?

$$CH_3CH_2CH_2CH_3 \xrightarrow{?} CH_3\overset{O}{\underset{\|}{C}}CH_2CH_3$$
butano butanona

Solución Se sabe que la primera reacción debe ser una halogenación vía radical porque es la única reacción que llevan a cabo los alcanos. La bromación produciría un rendimiento mayor del compuesto sustituido en 2 con halógeno que la cloración porque un radical bromo es más selectivo que un radical cloro. Una reacción de sustitución nucleofílica forma el alcohol, que a su vez forma el compuesto deseado cuando se oxida.

$$CH_3CH_2CH_2CH_3 \xrightarrow[h\nu]{Br_2} CH_3\overset{Br}{\underset{|}{C}HCH_2CH_3} \xrightarrow{HO^-} CH_3\overset{OH}{\underset{|}{C}HCH_2CH_3} \xrightarrow{H_2CrO_4} CH_3\overset{O}{\underset{\|}{C}}CH_2CH_3$$

> **PROBLEMA 11◆**
>
> Si se broma el 2-metilpropano a 125 °C en presencia de luz ¿qué porcentaje del producto será 2-bromo-2-metilpropano? Compare su respuesta con el porcentaje de la cloración del 2-metilpropano en el problema 4.

> **PROBLEMA 12◆**
>
> Con los mismos alcanos cuyos porcentajes de productos de monocloración calculó en el problema 6, ahora calcule qué porcentajes serían de productos de monobromación si la bromación se hiciera a 125 °C.

Tutorial del alumno:
Reactividad-selectividad
(Reactivity–selectivity)

11.6 Adición de radicales a alquenos

La adición de HBr al 1-buteno forma 2-bromobutano porque el electrófilo (H^+) se adiciona al carbono con hibridación sp^2 unido con más hidrógenos, siguiendo la regla que se aplica a todas las reacciones de adición electrofílica (sección 4.4). Sin embargo, si se desea sintetizar 1-bromobutano se debe encontrar una forma de hacer que el bromo sea un electrófilo para que él, y no el H^+, se adicione al carbono con hibridación sp^2 que tenga más hidrógenos.

$$CH_3CH_2CH=CH_2 + HBr \longrightarrow CH_3CH_2CHCH_3$$
$$\text{1-buteno} \qquad\qquad\qquad \overset{Br}{|}\ \text{2-bromobutano}$$

$$CH_3CH_2CH=CH_2 + HBr \xrightarrow{\text{peróxido}} CH_3CH_2CH_2CH_2Br$$
$$\text{1-buteno} \qquad\qquad\qquad\qquad\qquad \text{1-bromobutano}$$

Si un peróxido de alquilo (ROOR) se agrega a la mezcla de reacción, el producto de la reacción de adición será el 1-bromobutano que se desea. Así, el peróxido cambia el mecanismo de la reacción de forma que el Br· sea el electrófilo. El siguiente mecanismo de la adición de HBr a un alqueno en presencia de un peróxido muestra que es una reacción en cadena vía radicales, con pasos característicos de iniciación, propagación y terminación:

Mecanismo de adición de HBr a un alqueno en presencia de un peróxido

$$RO-OR \xrightarrow[\Delta]{\text{luz o}} 2\ RO\cdot$$
peróxido de alquilo → radicales alcoxi

$$R-O\cdot + H-Br \longrightarrow R-O-H + \cdot Br$$
radical bromo

⎫ pasos de iniciación

$$\cdot Br + CH_2=CHCH_2CH_3 \longrightarrow CH_2\underset{Br}{C}HCH_2CH_3$$
radical alquilo

$$\underset{Br}{C}H_2CHCH_2CH_3 + H-Br \longrightarrow \underset{Br}{C}H_2-\underset{H}{C}HCH_2CH_3 + \cdot Br$$

⎫ pasos de propagación

$$\ddot{\text{Br}}\cdot + \cdot\ddot{\text{Br}}: \longrightarrow :\ddot{\text{Br}}-\ddot{\text{Br}}:$$

$$\text{BrCH}_2\dot{\text{C}}\text{HCH}_2\text{CH}_3 + :\ddot{\text{Br}}\cdot \longrightarrow \underset{\underset{\text{Br}}{|}}{\text{BrCH}_2\text{CHCH}_2\text{CH}_3}$$

$$2\ \text{BrCH}_2\dot{\text{C}}\text{HCH}_2\text{CH}_3 \longrightarrow \underset{\underset{\text{BrCH}_2\ \ \text{CH}_2\text{Br}}{|\qquad\ \ |}}{\text{CH}_3\text{CH}_2\text{CH}-\text{CHCH}_2\text{CH}_3}$$

} pasos de terminación

- El peróxido de alquilo tiene un enlace sencillo oxígeno-oxígeno que es débil y que se rompe homolíticamente con facilidad en presencia de luz o calor para formar radicales alcoxi. Es un paso de iniciación porque forma radicales.
- El radical alcoxi completa su octeto extrayendo un átomo de hidrógeno de una molécula de HBr y formando un radical bromo. Éste también representa un paso de iniciación porque forma el radical que propaga la cadena (Br·).
- El radical bromo busca ahora un electrón para completar su octeto. Ya que el enlace doble de un alqueno es rico en electrones, el radical bromo completa su octeto combinándose con uno de los electrones del enlace π del alqueno para formar un enlace C—Br. El segundo electrón del enlace π es el electrón no apareado en el radical alquilo resultante. Si el radical bromo se adiciona al carbono con hibridación sp^2 del 1-buteno que está unido con más hidrógenos, se forma un radical alquilo secundario. Si el radical bromo se adiciona al otro carbono con hibridación sp^2, se forma un radical alquilo primario. Entonces, el radical bromo se adiciona al carbono con hibridación sp^2 que cuenta con más hidrógenos para formar el compuesto intermediario más estable.
- El radical alquilo extrae un átomo de hidrógeno de otra molécula de HBr para producir una nueva molécula del producto haluro de alquilo y otro radical bromo. Este paso y el precedente son pasos de propagación; en el primer paso de propagación un radical (Br·) reacciona para producir otro radical; en el segundo paso de propagación el radical producido en el primer paso reacciona para formar el radical (Br·) que fue el reactivo en el primer paso de propagación.
- Los últimos tres pasos son los de terminación.

Debido a que la primera especie que se adiciona al alqueno es un radical (Br·), la adición de HBr en presencia de un peróxido se llama **reacción de adición vía radical**.

Cuando el HBr reacciona con un alqueno en ausencia de un peróxido, el electrófilo, que es la primera especie en adicionarse al alqueno, es H$^+$. En presencia de un peróxido, el electrófilo es Br·. En ambos casos, el electrófilo se adiciona al carbono con hibridación sp^2 que tiene más hidrógenos, de manera que las dos reacciones se apegan a la regla general de reacciones de adición electrofílica: *el electrófilo se adiciona al carbono con hibridación sp^2 que tiene más hidrógenos*.

El electrófilo se adiciona al carbono con hibridación sp^2 que tenga más hidrógenos.

Como la adición de HBr en presencia de un peróxido forma un radical intermediario y no un carbocatión intermediario, el intermediario no se reordena. Los radicales no se reordenan con tanta facilidad como los carbocationes.

$$\underset{\underset{\text{CH}_3}{|}}{\text{CH}_3\text{CHCH}=\text{CH}_2} + \text{HBr} \xrightarrow{\text{peróxido}} \underset{\underset{\text{CH}_3}{|}}{\text{CH}_3\text{CHCH}_2\text{CH}_2\text{Br}}$$

3-metil-1-buteno → 1-bromo-3-metilbutano

el esqueleto de carbonos no se reordena

PROBLEMA 13

Escriba los pasos de propagación para la adición de HBr a 1-metilciclohexeno en presencia de un peróxido.

Un peróxido de alquilo es un **iniciador de radicales** porque crea radicales. Sin un peróxido, no se efectuaría la reacción por radicales que se acaba de describir. Toda reacción que se efectúa en presencia de un iniciador de radicales, pero que no se lleva a cabo en ausencia del mismo, debe tener un mecanismo donde intervengan radicales como intermediarios. Todo compuesto que pueda tener homólisis (disociarse para formar radicales) con facilidad puede actuar como iniciador de radicales. Los iniciadores de radicales se volverán a mencionar al describir los polímeros en el capítulo 28; en la tabla 28.3 se muestran ejemplos de iniciadores de radicales.

Si bien los iniciadores de radicales determinan que sucedan las reacciones de radicales, los **inhibidores de radicales** tienen el efecto contrario: atrapan radicales cuando se forman y evitan que haya reacciones que dependen de la presencia de estos. La forma en que los inhibidores de radicales los atrapan se describe en la sección 11.10.

Un peróxido no ejerce efecto sobre la adición de HCl o HI a un alqueno; la adición que sucede cuando hay un peróxido presente es la misma que la adición que ocurre cuando está ausente un peróxido.

$$CH_3CH=CH_2 + HCl \xrightarrow{peróxido} CH_3CHCH_3$$
$$\qquad\qquad\qquad\qquad\qquad\qquad\qquad\;\; |$$
$$\qquad\qquad\qquad\qquad\qquad\qquad\qquad\; Cl$$

$$\begin{array}{c} CH_3 \\ | \\ CH_3C=CH_2 \end{array} + HI \xrightarrow{peróxido} \begin{array}{c} CH_3 \\ | \\ CH_3CCH_3 \\ | \\ I \end{array}$$

¿Por qué se observa el **efecto peróxido** en la adición de HBr pero no en la adición de HCl ni de HI? Esta pregunta se puede contestar calculando la $\Delta H°$ de los dos pasos de propagación en la reacción en cadena de radicales (usando las energías de disociación de enlace en la tabla 3.2).

$Cl\cdot + CH_2=CH_2 \longrightarrow ClCH_2\dot{C}H_2$ $\Delta H° = 63 - 85 = -22$ kcal/mol (o -91 kJ/mol) — exotérmica

$ClCH_2\dot{C}H_2 + HCl \longrightarrow ClCH_2CH_3 + Cl\cdot$ $\Delta H° = 103 - 101 = +2$ kcal/mol (o $+8$ kJ/mol) — endotérmica

$Br\cdot + CH_2=CH_2 \longrightarrow BrCH_2\dot{C}H_2$ $\Delta H° = 63 - 72 = -9$ kcal/mol (o -38 kJ/mol) — exotérmica

$BrCH_2\dot{C}H_2 + HBr \longrightarrow BrCH_2CH_3 + Br\cdot$ $\Delta H° = 87 - 101 = -14$ kcal/mol (o -59 kJ/mol) — exotérmica

$I\cdot + CH_2=CH_2 \longrightarrow ICH_2\dot{C}H_2$ $\Delta H° = 63 - 57 = +6$ kcal/mol (o $+25$ kJ/mol) — endotérmica

$ICH_2\dot{C}H_2 + HI \longrightarrow ICH_2CH_3 + I\cdot$ $\Delta H° = 71 - 101 = -30$ kcal/mol (o -126 kJ/mol) — exotérmica

Para la adición de radicales con HCl, el primer paso de propagación es exotérmico y el segundo endotérmico. Para la adición de radicales con HI, el primer paso de propagación es endotérmico y el segundo exotérmico. Sólo para la adición de radicales con HBr los dos pasos de propagación son exotérmicos. En una reacción de radicales los pasos que propagan la reacción en cadena están en competencia con los pasos que la terminan. Los pasos de terminación siempre son exotérmicos porque sólo sucede la formación de enlace (y no la ruptura de enlaces). Por consiguiente, sólo cuando los dos pasos de propagación son exotérmicos la propagación puede ganarle a la terminación en la competencia. Cuando se adicionan HCl o HI a un alqueno en presencia de un peróxido, toda reacción en cadena que se inicie se termina sin propagarse porque la propagación no puede competir con la terminación. En consecuencia, la reacción en cadena de radicales no se efectúa y la única reacción que sucede es la adición iónica (H^+ seguida por Cl^- o I^-).

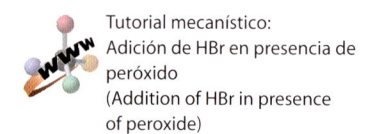

496 CAPÍTULO 11 Radicales • Reacciones de los alcanos

Tutorial mecanístico:
Adición de HBr en presencia de peróxido
(Addition of HBr in presence of peroxide)

> **PROBLEMA 14◆**
>
> ¿Cuál será el producto principal de la reacción del 2-metil-2-buteno con cada uno de los reactivos siguientes?
>
> **a.** HBr
> **b.** HCl
> **c.** HBr + peróxido
> **d.** HCl + peróxido

11.7 Estereoquímica de las reacciones de sustitución con radical y de adición

Ya se vio que cuando un reactivo que carece de un centro asimétrico experimenta una reacción donde se forma un producto con un centro asimétrico el producto será una mezcla racémica (sección 5.19). Entonces, la siguiente reacción de sustitución con radical forma cantidades iguales de cada enantiómero.

Cuando un reactivo que no tiene centro asimétrico participa en una reacción donde se forma un producto con un centro asimétrico, el producto será una mezcla racémica.

$$CH_3CH_2CH_2CH_3 \;+\; Br_2 \xrightarrow{h\nu} CH_3CH_2\overset{*}{C}HCH_3 \;+\; HBr$$
$$\phantom{CH_3CH_2CH_2CH_3 \;+\; Br_2 \xrightarrow{h\nu} CH_3CH_2}|$$
$$\phantom{CH_3CH_2CH_2CH_3 \;+\; Br_2 \xrightarrow{h\nu} CH_3CH_2}Br$$

(centro asimétrico)

configuración de los productos

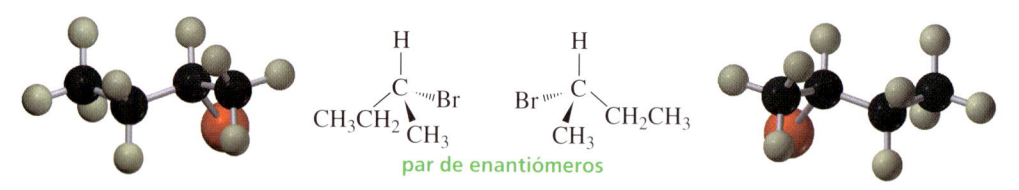

$$\begin{array}{cc}
\text{H} & \text{H} \\
| & | \\
\text{C}\cdots\text{Br} & \text{Br}\cdots\text{C} \\
\text{CH}_3\text{CH}_2\text{CH}_3 & \text{CH}_3\text{CH}_2\text{CH}_3
\end{array}$$

par de enantiómeros

De igual modo, el producto de la siguiente reacción de adición por radical es una mezcla racémica:

$$\begin{array}{c}CH_3\\|\\CH_3CH_2C{=}CH_2\end{array} + HBr \xrightarrow{\text{peróxido}} \begin{array}{c}CH_3\\|\\CH_3CH_2\overset{*}{C}HCH_2Br\end{array}$$

2-metil-1-buteno   1-bromo-2-metilbutano

(centro asimétrico)

configuración de los productos

$$\begin{array}{cc}
\text{H} & \text{H} \\
| & | \\
\text{C}\cdots\text{CH}_2\text{Br} & \text{BrCH}_2\cdots\text{C} \\
\text{CH}_3\text{CH}_2\text{CH}_3 & \text{CH}_3\text{CH}_2\text{CH}_3
\end{array}$$

un par de enantiómeros

Tanto la reacción de sustitución con radical como la de adición por radical forman una mezcla racémica porque en ambas reacciones se genera un radical intermediario. El radical intermediario de la reacción de sustitución se forma cuando el radical bromo extrae a un átomo de hidrógeno del reactivo; el radical intermediario en la reacción de adición se forma cuando el radical bromo se adiciona a uno de los carbonos con hibridación sp^2 del enlace doble.

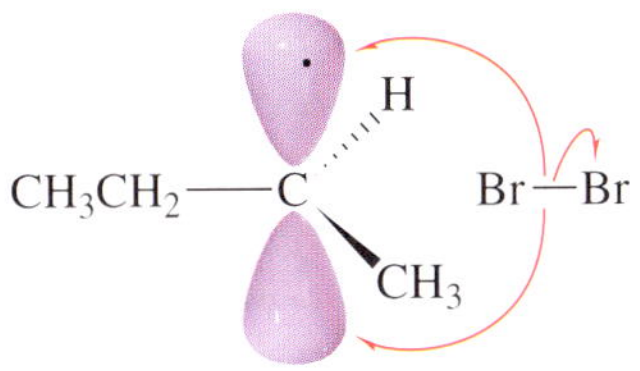

11.8 Sustitución con radicales de hidrógenos bencílicos y alílicos

radical intermediario en la reacción de sustitución

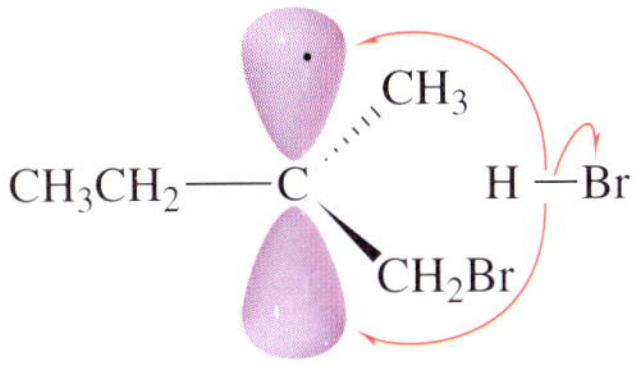

radical intermediario en la reacción de adición

El carbono que tiene el electrón no apareado en el radical intermediario tiene una hibridación sp^2; entonces, los tres átomos a los que está unido se encuentran en un plano (sección 1.10). El átomo que llega tiene igual acceso a ambos lados del plano. Así, se obtienen cantidades idénticas de los enantiómeros *R* y *S*, tanto en la reacción de sustitución como en la de adición.

En resumen, el resultado estereoquímico de una *reacción de sustitución con radical* es idéntico al resultado estereoquímico de una *reacción de adición por radical* porque ambas reacciones forman un radical intermediario, y es la reacción del intermediario la que determina la configuración de los productos.

También se obtienen cantidades idénticas de los enantiómeros *R* y *S* si un hidrógeno unido a un centro asimétrico se sustituye por un halógeno. Al romper el enlace con el centro asimétrico se destruye la configuración en ese lugar y se forma un radical intermediario plano. El halógeno que llega tiene acceso a ambos lados del plano por igual, así que se obtienen cantidades idénticas de los dos enantiómeros.

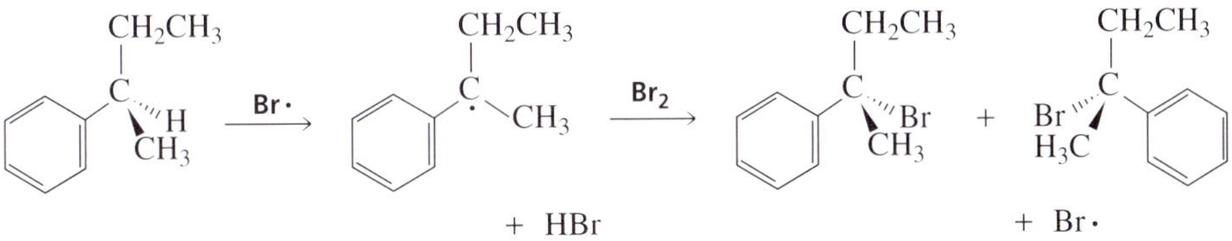

PROBLEMA 15◆

a. ¿Qué hidrocarburo con fórmula molecular C_4H_{10} forma sólo dos productos monoclorados? Ambos productos son aquirales.

b. ¿Qué hidrocarburo con la misma fórmula molecular que el de la parte **a** sólo forma tres productos monoclorados? Uno es aquiral y dos son quirales.

11.8 Sustitución con radicales de hidrógenos bencílicos y alílicos

Un **radical alílico** tiene un electrón no apareado en un carbono alílico y, como un catión alílico, tiene dos estructuras que contribuyen a la resonancia.

$$R\dot{C}H-CH=CH_2 \longleftrightarrow RCH=CH-\dot{C}H_2$$

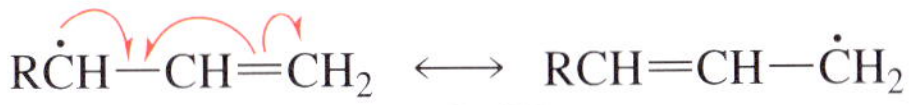

radical alílico

Un **radical bencílico** tiene un electrón no apareado en un carbono bencílico y, como los cationes bencílicos, tiene cinco estructuras que contribuyen a la resonancia.

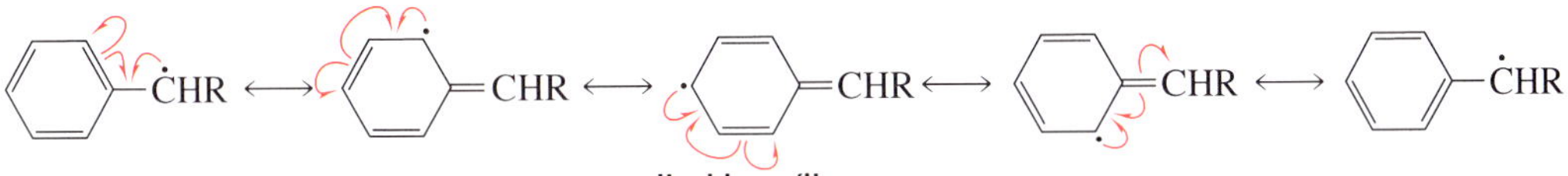

radical bencílico

La deslocalización de electrones aumenta la estabilidad de una molécula.

Ya que la deslocalización electrónica estabiliza a una molécula (sección 7.6), los radicales alilo y bencilo son más estables que otros radicales primarios; Siendo aún más estables que los radicales terciarios.

estabilidad relativa de radicales

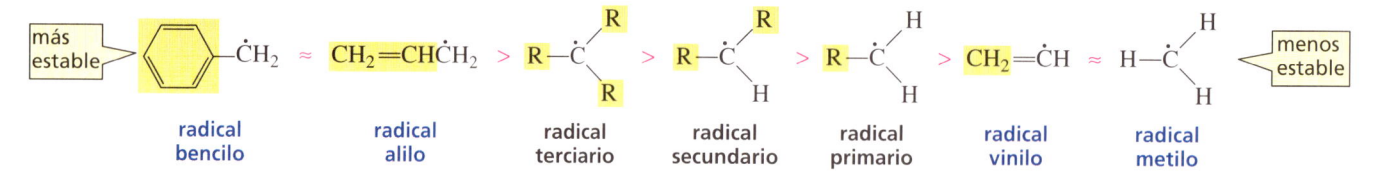

más estable — C₆H₅–ĊH₂ ≈ CH₂=CHĊH₂ > R₃Ċ > R₂ĊH > RĊH₂ > CH₂=ĊH ≈ H–ĊH₂ — menos estable

radical bencilo — radical alilo — radical terciario — radical secundario — radical primario — radical vinilo — radical metilo

Tutorial del alumno: Bromación por radicales (Radical bromination)

Se sabe que mientras más estable sea el radical más rápido se puede formar. Ello significa que un hidrógeno unido a un carbono bencílico o alílico se sustituirá, de preferencia, en una reacción de halogenación. Como la bromación es más regioselectiva qué la cloración, el porcentaje de sustitución en el carbono bencílico o alílico es mayor en la bromación.

C₆H₅CH₂CH₃ + X₂ —Δ→ C₆H₅CHXCH₃ + HX   (X = Cl or Br)   *producto bencílico sustituido*

CH₃CH=CH₂ + X₂ —Δ→ XCH₂CH=CH₂ + HX   *producto alílico sustituido*

Para bromar carbonos alílicos se usa con frecuencia la *N*-bromosuccinimida (NBS) porque permite efectuar una reacción de sustitución con radical en presencia de baja concentración de Br₂ y baja concentración de HBr. Si hay Br₂ presente en alta concentración, su adición electrofílica al enlace doble competirá con la sustitución alílica. Si hay una alta concentración de HBr presente, la adición por radical con HBr al enlace doble competirá con la sustitución alílica.

Para bromar carbonos alílicos se usa NBS.

ciclohexeno + N-bromosuccinimida —hν o Δ, peróxido→ 3-bromociclohexeno + succinimida

N-bromosuccinimida NBS

La reacción comienza con la ruptura homolítica del enlace N—Br en la NBS; ello genera el radical bromo necesario para iniciar la reacción de radical. Con luz o calor, y un radical iniciador como peróxido, se promueve la reacción. El radical bromo extrae el hidrógeno alílico para formar HBr y un radical alílico estabilizado por resonancia. El radical alílico reacciona con Br₂ y forma el bromuro de alilo y un radical bromo propagador de la cadena.

Br· + ciclohexeno ⟶ HBr + radical ciclohexenilo —Br₂→ 3-bromociclohexeno + Br·

El Br$_2$ que se usa en el segundo paso de la secuencia anterior de reacciones se produce en bajas concentraciones vía una reacción iónica rápida de NBS con HBr.

$$\text{NBS} + \text{HBr} \longrightarrow \text{succinimida-NH} + \text{Br}_2$$

Cuando un radical extrae un átomo de hidrógeno de un carbono alílico, el electrón no apareado del radical alílico se comparte entre dos carbonos. En otras palabras, el radical alílico tiene dos estructuras resonantes. En la siguiente reacción se forma un producto de sustitución porque los grupos unidos a los carbonos con hibridación sp^2 son iguales en las dos estructuras resonantes.

Tutorial del alumno:
Términos comunes en radicales
(Common terms in radicals)

$$\text{Br}\cdot + \text{CH}_3\text{CH}=\text{CH}_2 \longrightarrow \dot{\text{C}}\text{H}_2\text{CH}=\text{CH}_2 \longleftrightarrow \text{CH}_2=\text{CH}\dot{\text{C}}\text{H}_2 + \text{HBr}$$

$$\downarrow \text{Br}_2$$

$$\text{BrCH}_2\text{CH}=\text{CH}_2 + \text{Br}\cdot$$
3-bromopropeno

Sin embargo, si los grupos unidos a los dos carbonos con hibridación sp^2 del radical alílico *no son* iguales en las dos estructuras resonantes se forman dos productos de sustitución:

$$\text{Br}\cdot + \text{CH}_3\text{CH}_2\text{CH}=\text{CH}_2 \longrightarrow \text{CH}_3\dot{\text{C}}\text{HCH}=\text{CH}_2 \longleftrightarrow \text{CH}_3\text{CH}=\text{CH}\dot{\text{C}}\text{H}_2 + \text{HBr}$$

$$\downarrow \text{Br}_2$$

$$\underset{\text{Br}}{\text{CH}_3\text{CHCH}=\text{CH}_2} + \text{CH}_3\text{CH}=\text{CHCH}_2\text{Br} + \text{Br}\cdot$$
3-bromo-1-buteno   **1-bromo-2-buteno**

PROBLEMA 16

Cuando el metilenciclohexano reacciona con NBS se forman dos productos. Explique cómo se forma cada uno.

$$\text{metilenciclohexano} \xrightarrow{\text{NBS, }\Delta\text{, peróxido}} \text{(3-bromometilenciclohexano)} + \text{(ciclohexenilmetilbromuro)}$$

PROBLEMA 17 **RESUELTO**

¿Cuántos bromoalquenos sustituidos se forman en la reacción de 2-penteno con NBS? No tenga en cuenta los estereoisómeros.

Solución El radical bromo extraerá con más facilidad un hidrógeno alílico secundario del C-2 en el 2-penteno que un hidrógeno alílico primario del C-1. Las estructuras resonantes del radical intermediario que resulta tienen los mismos grupos unidos a los carbonos con hibridación sp^2, de modo que sólo se forma un bromoalqueno. Debido a la gran selectividad del radical bromo, se formará una cantidad insignificante del radical por extracción de un hidrógeno de la posición alílica primaria, menos reactiva.

$$\text{CH}_3\text{CH}=\text{CHCH}_2\text{CH}_3 \xrightarrow{\text{NBS, }\Delta\text{, peróxido}} \text{CH}_3\text{CH}=\text{CH}\dot{\text{C}}\text{HCH}_3 \longleftrightarrow \text{CH}_3\dot{\text{C}}\text{HCH}=\text{CHCH}_3 + \text{HBr}$$

$$\downarrow$$

$$\underset{\text{Br}}{\text{CH}_3\text{CH}=\text{CHCHCH}_3}$$

PROBLEMA 18

a. Indique cuáles son los productos principales de la reacción del 1-metilciclohexeno con los reactivos siguientes, sin tener en cuenta los estereoisómeros:
  1. NBS/Δ/peróxido
  2. Br$_2$/CH$_2$Cl$_2$
  3. HBr
  4. HBr/peróxido

b. Indique la configuración de los productos.

¿Por qué el radical bromo de la NBS extrae un hidrógeno alílico mientras que el radical bromo de HBr + peróxido se adiciona al enlace doble? En realidad, el radical bromo puede hacer ambas cosas. No obstante, cuando se usa NBS hay poco HBr presente para terminar la reacción de adición, después de que se ha adicionado el radical bromo al enlace doble. En consecuencia, se vuelve a formar el reactivo ya que la adición de un radical bromo a un enlace doble es reversible y el de la sustitución alílica es el producto principal.

$$CH_3CH=CH_2 + Br\cdot \begin{cases} \rightarrow \dot{C}H_2CH=CH_2 & \text{el } \cdot Br \text{ extrae un hidrógeno alílico} \\ \rightleftarrows CH_3\dot{C}HCH_2Br & \text{el } \cdot Br \text{ se adiciona al enlace doble} \end{cases}$$

CICLOPROPANO

Aunque es un alcano, el ciclopropano tiene reacciones de adición electrofílica como si fuera un alqueno.

△ + HBr ⟶ CH$_3$CH$_2$CH$_2$Br

△ + Cl$_2$ $\xrightarrow{FeCl_3}$ ClCH$_2$CH$_2$CH$_2$Cl

△ + H$_2$ $\xrightarrow[80\,°C]{Ni}$ CH$_3$CH$_2$CH$_3$

El ciclopropano es más reactivo que el propeno frente a la adición de ácidos como HBr y HCl, pero menos reactivo frente a la adición de Cl$_2$ y Br$_2$, por lo que se necesita un ácido de Lewis (FeCl$_3$ o FeBr$_3$) para catalizar la adición de halógeno (sección 1.26).

Es la tensión en el pequeño anillo lo que hace posible que el ciclopropano tenga reacciones de adición electrofílica (sección 2.11). Debido a los ángulos de 60° entre los enlaces de su anillo de tres miembros, los orbitales sp^3 del compuesto no se pueden traslapar de frente, y se reduce la eficacia del traslape de orbitales. Entonces, los "enlaces banana" C—C del ciclopropano son bastante más débiles que los enlaces C—C σ normales (figura 2.6, página 105). En consecuencia, los anillos de tres miembros tienen reacciones de apertura de anillo con reactivos electrofílicos.

△ + XY ⟶ H$_2$C(X)—CH$_2$—CH$_2$(Y)

11.9 Diseño de síntesis III: Más práctica con síntesis en varios pasos

Ahora que ha aumentado la cantidad de reacciones con las que el lector está familiarizado, podrá diseñar la síntesis de una gran variedad de compuestos.

Ejemplo 1. A partir del éter indicado abajo ¿cómo prepararía usted el ácido carboxílico?

Al calentar el éter con un equivalente de HI se forma un alcohol que, cuando se oxida, forma el ácido carboxílico que se desea.

Ciclohexil-CH$_2$OCH$_3$ $\xrightarrow[\Delta]{HI}$ Ciclohexil-CH$_2$OH $\xrightarrow{H_2CrO_4}$ Ciclohexil-COOH

Ejemplo 2. Sugerir una forma de preparar 1,3-ciclohexadieno a partir de ciclohexano.

Es fácil decidir cuál debería ser la primera reacción porque la única reacción que puede experimentar un alcano es la halogenación. Después, con una reacción E2 donde se use una alta concentración de una base fuerte y voluminosa, efectuada a una temperatura relativamente alta para favorecer la eliminación frente a la sustitución, se formará ciclohexeno. Entonces se usaría el ion *terc*-butóxido como la base y alcohol *terc*-butílico como disolvente. La bromación del ciclohexeno forma un bromuro alílico, el que conducirá a la formación de la molécula que se desea mediante otra reacción E2.

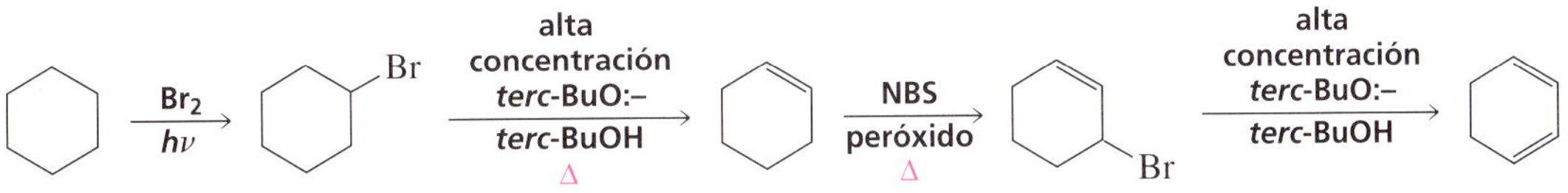

Ejemplo 3. A partir del metilciclohexano, ¿cómo se podría preparar el *trans*-dihaluro vecinal siguiente?

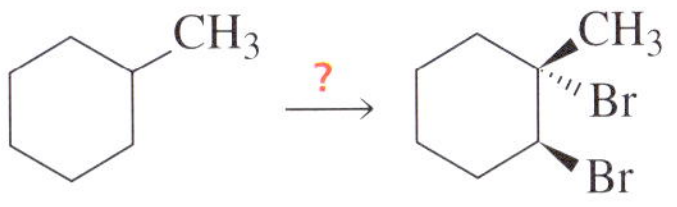

Otra vez, como el material de partida es un alcano, la primera reacción debe ser una sustitución con radical: la bromación conduce a la sustitución selectiva del hidrógeno terciario. Bajo las condiciones E2, los haluros de alquilo terciario sólo tienen eliminación, así que no habrá producto de sustitución que se forme en competencia en la siguiente reacción. Empero, se debe usar una base relativamente no voluminosa para favorecer la eliminación de un protón del carbono secundario, frente a la eliminación de un protón del grupo metilo. El paso final es la adición de Br_2; sólo hay adición anti en esta reacción y de este modo se obtiene la molécula deseada (junto con su enantiómero).

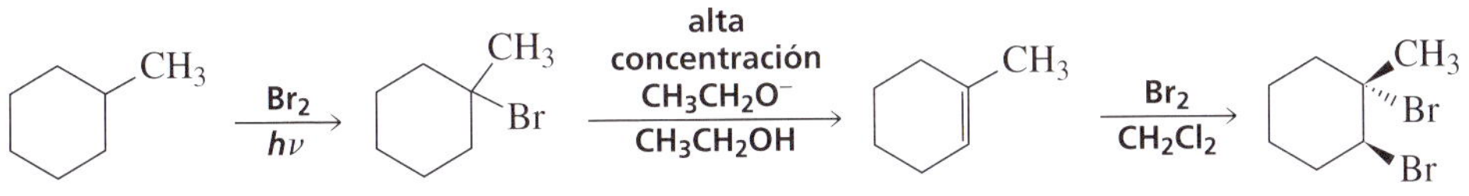

Ejemplo 4. Diseñar una síntesis de la molécula indicada a partir del material de partida señalado.

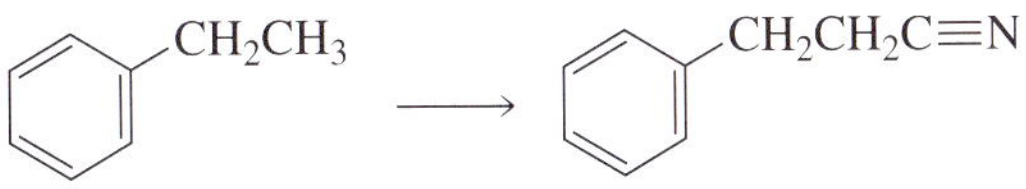

De inmediato no es obvio cómo hacer esta síntesis, así que usaremos análisis retrosintético para encontrar la ruta. El único método que conoce el lector para introducir un grupo C≡N en una molécula es por sustitución nucleofílica. El haluro de alquilo para esa reacción de sustitución se puede obtener con la adición de HBr en presencia de un peróxido. El alqueno para la reacción de adición se puede obtener mediante una reacción de eliminación donde se use un haluro de alquilo obtenido en una sustitución bencílica.

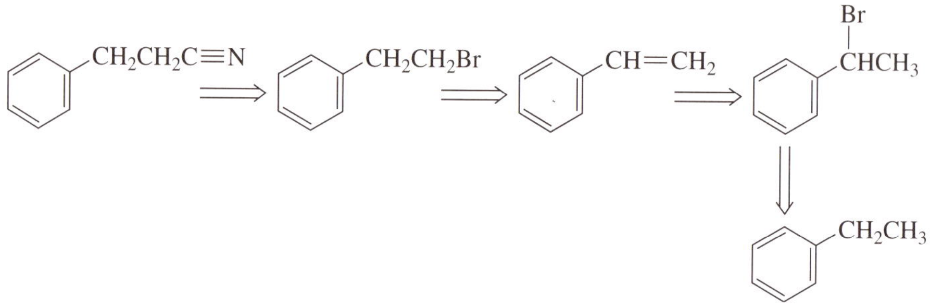

Ya se puede escribir la secuencia de reacciones en dirección de avance. Obsérvese que se usa una base voluminosa para favorecer la eliminación frente a la sustitución.

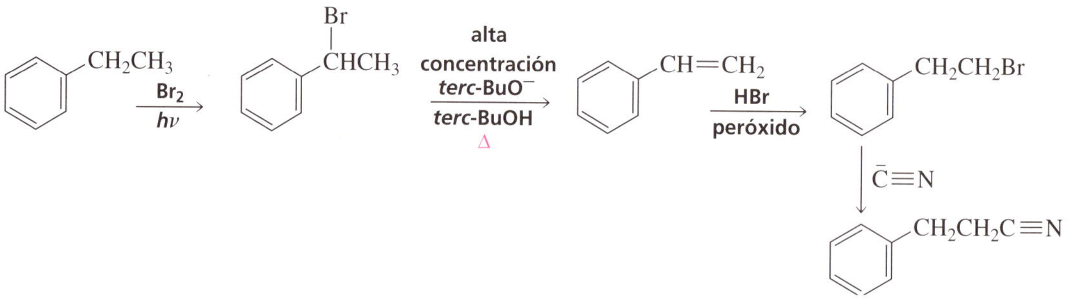

PROBLEMA 19

Diseñar una síntesis de varios pasos que indique cómo se puede obtener cada uno de los compuestos siguientes a partir del material de partida indicado:

a. 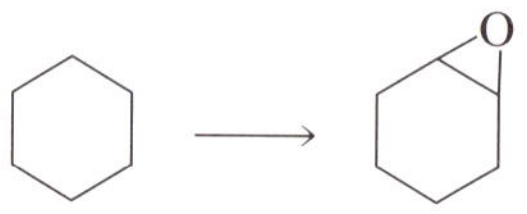 ciclohexano → epóxido de ciclohexano

b. 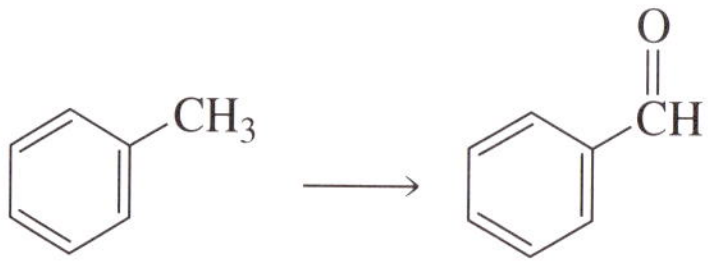 tolueno → benzaldehído

c. 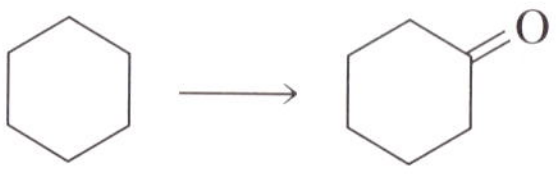 ciclohexano → ciclohexanona

d. 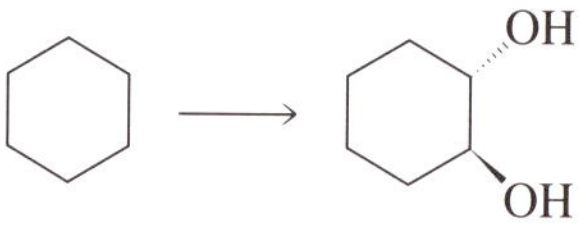 ciclohexano → trans-1,2-ciclohexanodiol

11.10 Reacciones de radicales en sistemas biológicos

Debido a la gran cantidad de energía —térmica o luminosa— necesaria para iniciar una reacción de radicales, y porque una vez iniciada una reacción de radicales en cadena es difícil controlar los pasos de propagación, durante largo tiempo se supuso que las reacciones con radicales no tenían importancia en los sistemas biológicos. Sin embargo, hoy se reconoce que hay muchas reacciones biológicas donde intervienen radicales. En lugar de generarse con luz o calor, en esas reacciones los radicales se forman por interacción de moléculas orgánicas con iones metálicos. Las reacciones de radicales se efectúan en los sitios activos de las enzimas (sección 23.9). Al contener la reacción en un sitio específico se puede controlar.

Los compuestos solubles en agua (polares) se eliminan con facilidad del organismo. En contraste, los insolubles en agua (no polares) no se eliminan con facilidad, sino que se acumulan en los componentes celulares no polares. Para que las células no sean "tiraderos tóxicos" los compuestos no polares que se ingieran (medicamentos, alimentos, contaminantes ambientales) se deben convertir en compuestos polares que se puedan excretar.

Una reacción biológica en el hígado convierte hidrocarburos tóxicos no polares en alcoholes polares, menos tóxicos, al sustituir un H en el hidrocarburo por un OH. En la reacción intervienen radicales y está catalizada por una enzima que contiene hierro llamada citocromo P_{450}, la misma que destoxifica los hidrocarburos aromáticos al convertirlos en óxidos de areno (sección 10.9). Se forma un radical alquilo intermediario cuando el $Fe^V=O$ elimina un átomo de hidrógeno de un alcano. Entonces, el $Fe^{IV}OH$ se disocia homolíticamente en Fe^{III} y $HO^\bullet$, y el $HO^\bullet$ se combina de inmediato con el radical intermediario para formar el alcohol.

$$Fe^V{=}O + H{-}C{-} \longrightarrow Fe^{IV}{-}OH + {}^\bullet C{-} \longrightarrow Fe^{III} + HO{-}C{-}$$

alcano   radical intermediario   alcohol

Esta reacción también puede tener el efecto toxicológico opuesto. Esto es, si se sustituye un H por un OH en algunos compuestos, un compuesto no tóxico se puede convertir en tóxico. Por ejemplo, en unos estudios con animales se demostró que si se sustituye un H por un OH el diclorometano (CH_2Cl_2) se volvía cancerígeno por inhalación. Se ve que compuestos que no son tóxicos *in vitro* (en un tubo de ensayo) no necesariamente son no tóxicos *in vivo* (en un organismo).

CAFÉ DESCAFEINADO Y TEMOR POR EL CÁNCER

Los estudios en animales indicaron que el diclorometano se vuelve cancerígeno cuando se inhala y causaron cierta preocupación porque el diclorometano era el disolvente para extraer la cafeína de las pepitas de café en la fabricación del café descafeinado. Sin embargo, cuando se agregó diclorometano al agua administrada a ratas y ratones de laboratorio no se encontraron efectos tóxicos, ni siquiera en ratas que consumieron una cantidad de diclorometano equivalente a la que se ingeriría tomando 120,000 tazas de café descafeinado diarias, ni en ratones que consumieron una cantidad equivalente a beber 4.4 millones de tazas diarias de café descafeinado. Además, no se encontró aumento en el riesgo de cáncer en miles de trabajadores expuestos diariamente a la inhalación de diclorometano. (Eso demuestra que los estudios hechos en humanos no siempre concuerdan con los resultados de los que se hacen en animales de laboratorio). A pesar de ello, por la preocupación inicial, se buscaron métodos alternativos para extraer la cafeína de los granos de café. Se encontró que la extracción con CO_2 líquido a temperaturas y presiones supercríticas es una mejor forma porque extrae la cafeína sin sacar al mismo tiempo algo de los compuestos aromatizantes, como lo hace el diclorometano. Fue uno de los primeros procesos químicos comerciales verdes (benignos para el ambiente) que se desarrolló. El CO_2 es un producto de desecho relativamente inocuo, mientras que el diclorometano no es una sustancia que se usaría para después descargarla al ambiente.

Las grasas y los aceites reaccionan con los radicales para formar compuestos que tienen fuertes olores (sección 26.3). Dichos compuestos son causantes del gusto y olor desagradables relacionados con la leche agria y la mantequilla rancia. Las moléculas que forman las membranas celulares pueden tener esta misma reacción con radicales (sección 26.4). Además, en los sistemas biológicos, las reacciones con radicales se han relacionado con el proceso de envejecimiento.

Es claro que los radicales no deseados en los sistemas biológicos se deben destruir antes de que causen daño a las células. Las reacciones no deseadas con radicales se evitan con **inhibidores de radicales**, compuestos que los destruyen convirtiéndoles en radicales no reactivos o en compuestos que sólo tienen electrones apareados. Un ejemplo de inhibidores de radicales es la hidroquinona. Cuando la hidroquinona atrapa un radical forma semiquinona, que también es un radical, pero está estabilizado por deslocalización electrónica y, en consecuencia, es menos reactiva que otros radicales. Además, la semiquinona

504 CAPÍTULO 11 Radicales • Reacciones de los alcanos

puede atrapar otro radical y formar quinona, compuesto en el que todos sus electrones están apareados.

hidroquinona + R· (radical reactivo) ⟶ semiquinona + RH →(R·) quinona + RH

Otros dos ejemplos de inhibidores de radicales en los sistemas biológicos son las vitaminas C y E. Como la hidroquinona, forman radicales relativamente estables (inertes). La vitamina C (también llamada ácido ascórbico) es un compuesto hidrosoluble que atrapa radicales que se forman en las células y en el plasma sanguíneo (en ambos casos los ambientes son acuosos). La vitamina E (también llamada α-tocoferol) es insoluble en agua (es liposoluble) y atrapa los radicales que se forman en membranas no polares. La causa de que una vitamina funcione en ambientes acuosos y la otra en ambientes no acuosos se debe aclarar con sus estructuras y mapas de potencial electrostático; se ve que la vitamina C es un compuesto relativamente polar, mientras que la vitamina E es no polar.

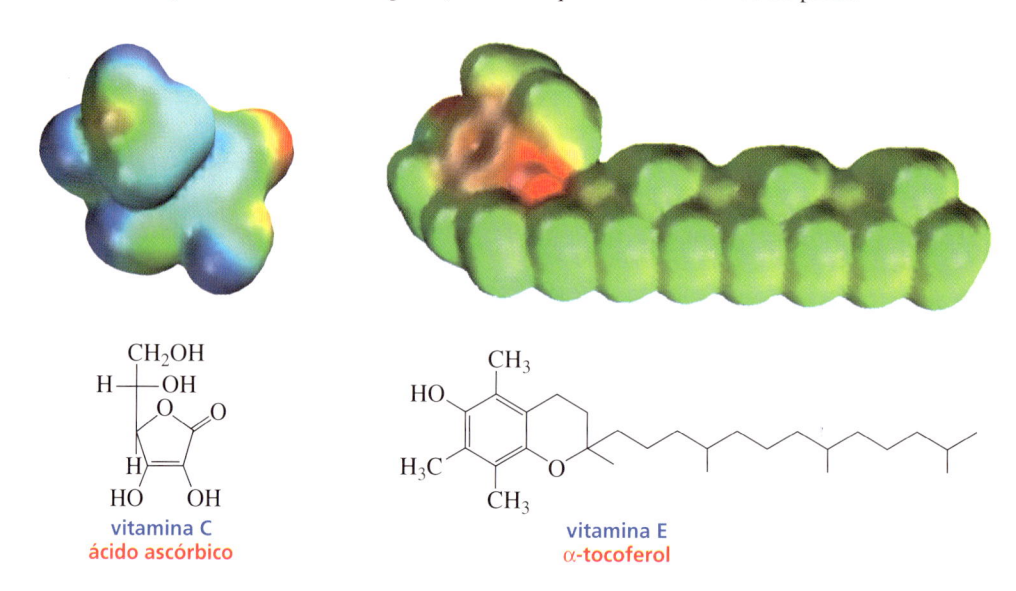

vitamina C
ácido ascórbico

vitamina E
α-tocoferol

CONSERVADORES ALIMENTARIOS

Los inhibidores de radicales contenidos o agregados a los alimentos se llaman *conservadores, preservadores* o *antioxidantes*. Conservan los alimentos al evitar reacciones indeseables de radicales. La vitamina E es un conservador natural contenido en aceites vegetales. El BHA o el BHT (véase abajo) son conservadores sintéticos que se agregan a muchos alimentos empacados.

hidroxianisol butilado
BHA

hidroxitolueno butilado
BHT

conservadores de alimentos

11.11 Los radicales y el ozono estratosférico

El ozono (O_3) es uno de los principales componentes de la contaminación atmosférica y es perjudicial para la salud al nivel del suelo. No obstante, en la estratosfera hay una capa de ozono que protege a la Tierra contra las radiaciones solares perjudiciales. La capa de ozono es más delgada en el ecuador y más densa hacia los polos; las mayores concentraciones se encuentran entre 19 y 24 km sobre la superficie terrestre. El ozono se forma en la atmósfera por interacción entre el oxígeno molecular y la luz ultravioleta de muy corta longitud de onda.

$$O_2 \xrightarrow{h\nu} O + O$$
$$O + O_2 \longrightarrow O_3 \text{ (ozono)}$$

En la estratosfera, el ozono funciona como filtro de la radiación ultravioleta, biológicamente perjudicial, que de otro modo llegaría a la superficie terrestre. Entre otros de sus efectos, la luz ultravioleta de alta energía y longitud de onda corta puede dañar el ADN en las células cutáneas, causando mutaciones que provocan cáncer de la piel (sección 29.6). La vida se debe a esta capa protectora de ozono. De acuerdo con las teorías actuales sobre la evolución, la vida no se habría desarrollado en la tierra sin esa capa. La mayoría, si no es que todos, de los seres vivientes hubieran tenido que permanecer en el mar, donde el agua neutraliza la dañina radiación ultravioleta.

Desde más o menos 1985 se ha notado una precipitada reducción del ozono estratosférico sobre la Antártida. Esta zona de agotamiento de ozono, apodada "agujero de ozono", no tiene precedente en la historia de las observaciones de ozono. Después se ha notado una disminución similar de ozono en las regiones árticas; entonces, en 1988 se detectó un agotamiento de ozono sobre Estados Unidos, por primera vez. Tres años después se determinó que la rapidez del agotamiento de ozono era de dos a tres veces mayor que la que se había previsto. Muchos en la comunidad científica culpan los aumentos de cataratas y cáncer de la piel observados en fecha reciente, así como el menor crecimiento de vegetales, a la radiación ultravioleta que atraviesa la capa reducida de ozono. Hay quienes estiman que la erosión de la capa protectora de ozono causará 200,000 muertes adicionales debidas a cáncer de la piel en los próximos 50 años.

Pruebas sólidas disponibles implican a los clorofluorocarbonos (CFC) sintéticos, como $CFCl_3$ y CF_2Cl_2, que son alcanos en los que todos los hidrógenos se han sustituido por flúor y por cloro, como una de las causas principales del agotamiento de ozono. Esos gases, cuyo nombre comercial es freón, se han usado mucho como fluidos de enfriamiento en refrigeradores y acondicionadores de aire. También alguna vez se usaron mucho como propelentes en latas de nebulizaciones de aerosol (desodorante, productos para el cabello, etc.) por sus propiedades: son inodoros, no son tóxicos y no son inflamables y porque, siendo químicamente inertes, no reaccionan con el contenido de las latas. Sin embargo su uso ya está prohibido.

Los clorofluorocarbonos son muy estables en la atmósfera hasta que llegan a la estratosfera. Allí se encuentran con las longitudes de onda de la luz ultravioleta, que rompen homolíticamente el enlace C—Cl y generan radicales cloro.

$$F-\underset{\underset{F}{|}}{\overset{\overset{Cl}{|}}{C}}-Cl \xrightarrow{h\nu} F-\underset{\underset{F}{|}}{\overset{\overset{Cl}{|}}{C}}\cdot + Cl\cdot$$

Estos radicales cloro son los que eliminan al ozono. Reaccionan con el ozono formando radicales de monóxido de cloro y oxígeno molecular. El radical monóxido de cloro reacciona entonces con más ozono y forma dióxido de cloro, que se disocia y regenera un radical cloro. Esos tres pasos, dos de los cuales destruyen cada uno a una molécula de ozono, se

---

BIOGRAFÍA

En 1995, el Premio Nobel de Química fue otorgado a **Sherwood Rowland**, **Mario Molina**, y **Paul Crutzen** por sus trabajos precursores sobre la explicación de los procesos químicos responsables del agotamiento de la capa de ozono en la estratosfera. Lo que encontraron demostró que las actividades humanas podrían interferir con los procesos globales que sostienen la vida. Fue la primera vez que se otorgó el Premio Nobel por trabajos sobre ciencias ambientales.

Franklin Sherwood Rowland nació en Ohio en 1927. Recibió un doctorado de la Universidad de Chicago y es profesor de química en la Universidad de California, en Irvine.

Mario José Molina nació en México, en 1943, y adquirió la ciudadanía estadounidense. Recibió un doctorado de la Universidad de California, en Berkeley, y trabajó como asociado posdoctoral en el laboratorio de Rowland. En la actualidad es profesor de ciencias de la tierra, atmosféricas y planetarias en el Instituto Tecnológico de Massachusetts.

Paul Crutzen nació en Amsterdam en 1933. Se educó como meteorólogo y se interesó en química de la estratosfera y en el ozono atmosférico, en particular. Es profesor del Instituto Max Planck de Química, en Mainz, Alemania.

Tutorial del alumno: Clorofluorocarbonos y ozono (Chlorofluorocarbons and ozone)

En los polos las nubes estratosféricas aumentan la rapidez de destrucción del ozono. Esas nubes se forman sobre la Antártida durante los meses fríos de invierno. El agotamiento de ozono en el ártico es menos grave, porque en general allí la temperatura no baja lo suficiente para que se formen nubes en la estratosfera.

repiten una y otra vez. Se ha calculado que ¡un solo átomo de cloro destruye 100,000 moléculas de ozono!

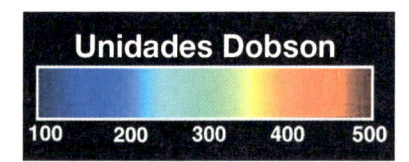

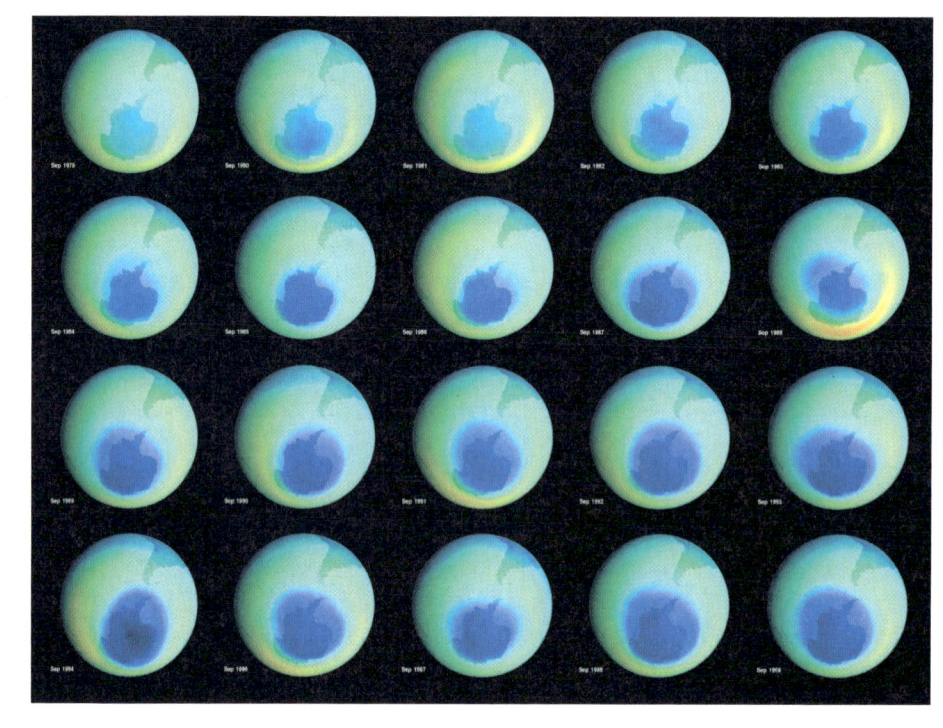

$$Cl\cdot + O_3 \longrightarrow ClO\cdot + O_2$$
$$ClO\cdot + O_3 \longrightarrow ClO_2 + O_2$$
$$ClO_2 \longrightarrow Cl\cdot + O_2$$

Crecimiento del agujero de ozono sobre la Antártida desde 1979, localizado casi por completo sobre ese continente. Las imágenes se formaron con datos suministrados por espectrómetros de cartografía de ozono total. La escala de colores indica los valores de ozono total en unidades* Dobson; las menores densidades de ozono se representan en azul oscuro.

SANGRE ARTIFICIAL

Se están haciendo pruebas clínicas para usar perfluorocarbonos, que son alcanos en los que todos los hidrógenos se han sustituido por flúor, como sustituto de la sangre. Se ha visto que uno de los compuestos que se estudian es más efectivo que la hemoglobina para transportar el oxígeno a las células y el dióxido de carbono a los pulmones. La sangre artificial tiene varias ventajas: no se altera con las enfermedades, se puede administrar a cualquier tipo de sangre, su disponibilidad no depende de donantes de sangre y se puede guardar durante más tiempo que la sangre entera, que sólo es buena durante unos 40 días.

RESUMEN

Los **alcanos** se llaman **hidrocarburos saturados** porque no contienen enlaces dobles ni triples. Como sólo tienen fuertes enlaces σ y átomos sin cargas parciales, son inertes. Los alcanos experimentan **reacciones de sustitución con radicales** con cloro (Cl_2) o bromo (Br_2) a altas temperaturas o en presencia de luz; forman entonces cloruros o bromuros de alquilo. La reacción de sustitución es una **reacción en cadena de radicales** con **pasos de iniciación, propagación y terminación**.

En la **ruptura heterolítica de enlace**, un enlace se rompe de forma que ambos electrones permanecen en uno de los átomos; en la **ruptura homolítica de radicales** un enlace se rompe de tal modo que cada uno de los átomos conserva uno de los electrones del enlace.

El paso que determina la rapidez de las reacciones de sustitución con radicales, es la formación de un **radical** alquilo por eliminación de un átomo de hidrógeno. Los radicales se estabilizan

---

* Se mide el espesor de una capa de ozono comprimida a 0 °C y 1 atm de presión; 1 unidad Dobson = 0.01 mm de espesor.

por grupos alquilo donadores de electrones. Así, un **radical alquilo terciario** es más estable que un **radical alquilo secundario**, que a su vez es más estable que un **radical alquilo primario**. La rapidez relativa de formación de radicales es bencílico ~ alilo > 3° > 2° > 1° > vinilo ~ metilo. El cálculo de la cantidad relativa de productos obtenidos en la halogenación con radicales de un alcano debe tener en cuenta tanto la probabilidad como la rapidez relativa con la que se elimina determinado hidrógeno en particular. El **principio de reactividad-selectividad** establece que mientras más reactiva sea una especie menos selectiva será. Un radical bromo es *menos reactivo* que un radical cloro, de manera que un radical bromo es *más selectivo* respecto a cuál átomo de hidrógeno extrae. Se usa *N*-bromosuccinimida (NBS) para bromar carbonos alílicos. Las reacciones no deseadas con radicales se evitan con **inhibidores de radicales**, compuestos que destruyen radicales reactivos creando radicales que son relativamente estables, o compuestos que sólo cuentan con electrones apareados.

Un peróxido de alquilo es un **iniciador de radicales** porque crea radicales. Las **reacciones de adición por radicales** también son reacciones en cadena, con **pasos de iniciación, propagación y terminación**. Un peróxido invierte el orden de adición de H y de Br porque determina que el electrófilo sea Br· y no H$^+$. El **efecto peróxido** sólo se observa en la adición de HBr.

Si un reactivo que no tiene centro asimétrico experimenta una reacción de sustitución o de adición de radical que forme un producto con un centro asimétrico, se obtiene una mezcla racémica. También se obtiene una mezcla racémica si un halógeno sustituye un hidrógeno unido a un centro asimétrico.

Algunas reacciones biológicas implican radicales que se forman en interacciones de moléculas orgánicas con iones metálicos. Las reacciones se efectúan en el sitio activo de una enzima.

Hay fuertes evidencias circunstanciales indicativas de que los clorofluorocarbonos sintéticos son la causa del agotamiento de la capa de ozono. La interacción de esos compuestos con luz UV genera radicales cloro, que son los que consumen el ozono.

RESUMEN DE REACCIONES

1. Los *alcanos* experimentan reacciones de sustitución de radicales con Cl_2 o Br_2 en presencia de calor o luz (secciones 11.2-11.5).

$$CH_3CH_3 + Cl_2 \xrightarrow{\Delta \text{ o } h\nu} CH_3CH_2Cl + HCl$$
$$\text{exceso}$$

$$CH_3CH_3 + Br_2 \xrightarrow{\Delta \text{ o } h\nu} CH_3CH_2Br + HBr$$
$$\text{exceso}$$

la bromación es más selectiva que la cloración

2. Adición por radical, entre bromuro de hidrógeno y un *alqueno* en presencia de un peróxido (Br· es el electrófilo, sección 11.6).

$$RCH=CH_2 + HBr \xrightarrow{\text{peróxido}} RCH_2CH_2Br$$

3. Los *bencenos con sustituyente alquilo* presentan sustitución por radical en la posición bencílica (sección 11.8).

$$\text{Ph}-CH_2R + Br_2 \xrightarrow{h\nu} \text{Ph}-CHR(Br) + HBr$$

4. Los *alquenos* experimentan sustitución por radical en los carbonos alílicos. Para bromar en los carbonos alílicos se usa NBS (*N*-bromosuccinimida) (sección 11.8).

$$\text{ciclopenteno} + NBS \xrightarrow[\text{peróxido}]{\Delta \text{ o } h\nu} \text{3-bromociclopenteno}$$

$$RCH_2CH=CH_2 + NBS \xrightarrow[\text{peróxido}]{\Delta \text{ o } h\nu} RCH(Br)CH=CH_2 + RCH=CHCH_2Br + HBr$$

TÉRMINOS CLAVE

alcano (pág. 481)
combustión (pág. 483)
efecto de peróxido (pág. 495)
heterólisis (pág. 483)
hidrocarburos saturados (pág. 481)
homólisis (pág. 483)
inhibidor de radicales (pág. 495)
iniciador de radicales (pág. 495)
paso de iniciación (pág. 484)

paso de propagación (pág. 484)
paso de terminación (pág. 484)
principio de reactividad-selectividad (pág. 491)
radical (pág. 484)
radical alílico (pág. 497)
radical alquilo primario (pág. 485)
radical alquilo secundario (pág. 485)
radical alquilo terciario (pág. 485)

radical bencílico (pág. 497)
radical libre (pág. 484)
reacción de adición vía radical (pág. 494)
reacción de halogenación (pág. 483)
reacción de sustitución con radicales (pág. 484)
reacción en cadena de radicales (pág. 484)
ruptura heterolítica de enlace (pág. 483)
ruptura homolítica de enlace (pág. 483)

PROBLEMAS

20. Indique cuál o cuáles son los productos de cada una de las reacciones que siguen sin tener en cuenta los estereoisómeros:

a. $CH_2=CHCH_2CH_2CH_3$ + NBS $\xrightarrow[\text{peróxido}]{\Delta}$

b. $CH_3\overset{CH_3}{\underset{|}{C}}=CHCH_3$ + NBS $\xrightarrow[\text{peróxido}]{\Delta}$

c. $CH_3CH_2\overset{CH_3}{\underset{|}{C}H}CH_2CH_2CH_3$ + Br_2 $\xrightarrow{h\nu}$

d. cyclohexane + Cl_2 $\xrightarrow{h\nu}$

e. cyclopentane + Cl_2 $\xrightarrow{CH_2Cl_2}$

f. methylcyclopentane + Cl_2 $\xrightarrow{h\nu}$

21. a. Identifique un alcano que tenga fórmula molecular C_5H_{12} y que sólo forme un producto monoclorado al calentarlo con Cl_2.
b. Identifique un alcano que tenga fórmula molecular C_7H_{16} y que forme siete productos monoclorados (sin tener en cuenta estereoisómeros) al calentarlo con Cl_2.

22. Para cada uno de los compuestos siguientes, indique cuál es el producto principal que se obtendría al tratar un exceso del compuesto con Cl_2 en presencia de luz y a temperatura ambiente. No tenga en cuenta los estereoisómeros.

a. 1,3-dimethylcyclohexane **b.** 1,4-dimethylcyclohexane **c.** 1,3,5-trimethylcyclohexane

23. ¿Cuáles serían las respuestas al problema 22 si se trataran los mismos compuestos con Br_2 a 125 °C?

24. Indique cuál es el producto principal de cada una de las reacciones siguientes sin tener en cuenta los estereoisómeros:

a. cyclopentene + NBS $\xrightarrow[\text{peróxido}]{\Delta}$

b. cyclopentadiene + NBS $\xrightarrow[\text{peróxido}]{\Delta}$

c. 3-methylcyclohexene + NBS $\xrightarrow[\text{peróxido}]{\Delta}$

d. ethylbenzene + NBS $\xrightarrow[\text{peróxido}]{\Delta}$

e. 1,3-dimethylcyclopentene + NBS $\xrightarrow[\text{peróxido}]{\Delta}$

f. 3,5-dimethylcyclopentene + NBS $\xrightarrow[\text{peróxido}]{\Delta}$

25. El yodo (I_2) no reacciona con el etano, aun cuando el I_2 se rompe homolíticamente con más facilidad que los demás halógenos. Explique por qué.

26. Proponga un mecanismo que explique la formación de los productos en la siguiente reacción:

[estructura: 1,2,3,4-tetrahidronaftaleno] + NBS →(Δ, peróxido) [tetrahidronaftaleno con Br] + [estructura con Br en carbono cabeza de puente y doble enlace]

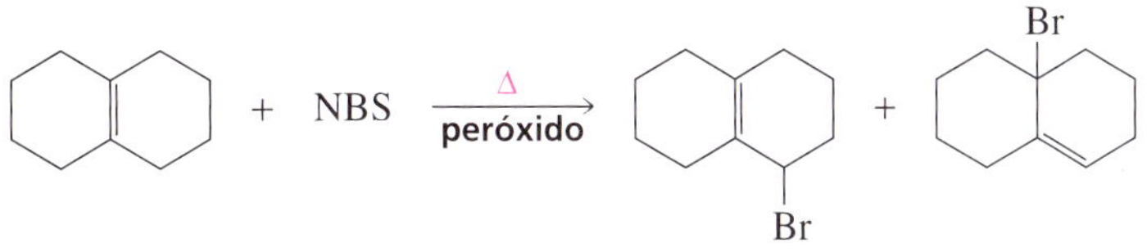

27. En la cloración de un alcano, el efecto isotópico cinético del deuterio se define con la ecuación siguiente:

$$\text{efecto isotrópico cinético del deuterio} = \frac{\text{rapidez de ruptura homolítica de un enlace C—H por Cl·}}{\text{rapidez de ruptura homolítica de un enlace C—D por Cl·}}$$

Indique si la cloración o la bromación tendrán mayor efecto isotópico cinético del deuterio.

28. a. ¿Cuántos productos de monobromación se obtendrían con la bromación de metilciclohexano vía radicales? No tenga en cuenta los estereoisómeros.
  b. ¿Cuál producto se obtendría con mayor rendimiento? Explique por qué.
  c. ¿Cuántos productos de monobromación se obtendrían si se incluyeran todos los estereoisómeros?

29. Indique cuál es el producto principal de cada una de las reacciones siguientes sin tener en cuenta los estereoisómeros:

a. 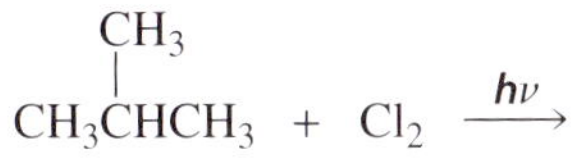 CH_3CHCH_3 (con CH$_3$) + Cl_2 →($h\nu$)

b. 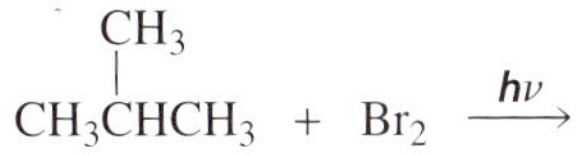 CH_3CHCH_3 (con CH$_3$) + Br_2 →($h\nu$)

c. 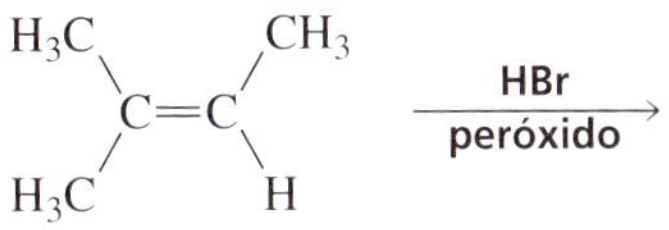 $(H_3C)_2C=CH(CH_3)$ (2-metil-2-buteno tipo) + HBr →(peróxido)

d. 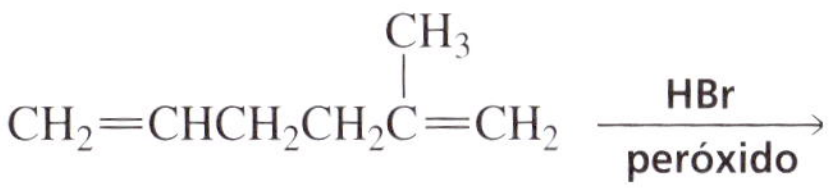 $CH_2=CHCH_2CH_2C(CH_3)=CH_2$ + HBr →(peróxido)

e.  [cicloheptadieno con CH$_3$] + HBr →(peróxido)

f. 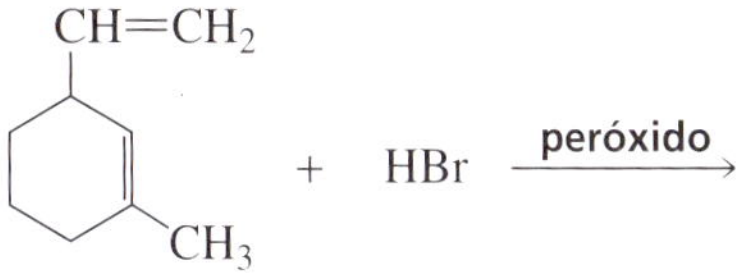 [ciclohexeno con CH=CH$_2$ y CH$_3$] + HBr →(peróxido)

30. a. Proponga un mecanismo para la siguiente reacción:

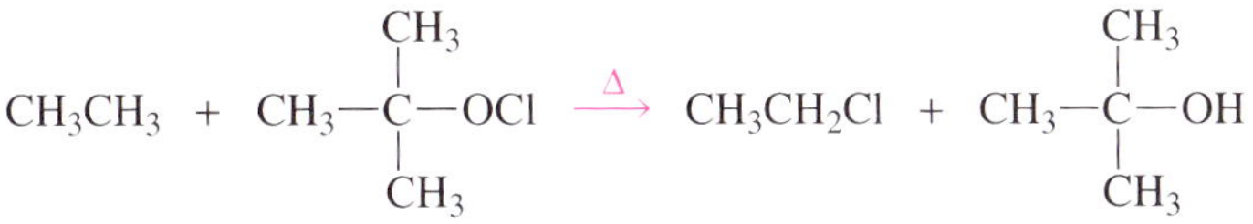

$CH_3CH_3 + CH_3-C(CH_3)_2-OCl$ →(Δ) $CH_3CH_2Cl + CH_3-C(CH_3)_2-OH$

  b. Si el valor de $\Delta H°$ para esta reacción es -42 kcal/mol, y las energías de disociación de los enlaces C—H, C—Cl y O—H son 101, 82 y 102 kcal/mol, respectivamente, calcule la energía de disociación del enlace O—Cl.
  c. ¿Cuál conjunto de pasos de propagación probablemente sucederá?

31. ¿Cuáles estereoisómeros se obtendrían en la siguiente reacción?

$(CH_3CH_2)(H_3C)C=C(CH_2CH_3)(CH_3)$ + HBr →(H_2O_2)

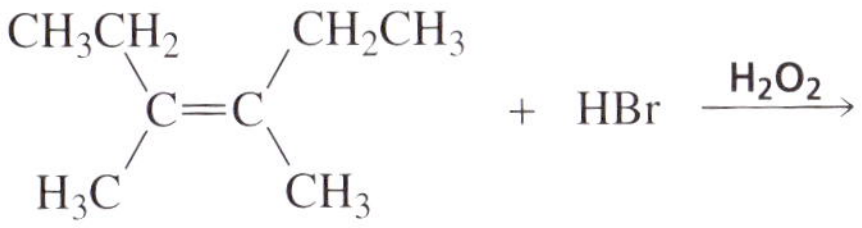

32. Use el material de partida indicado y todos los reactivos orgánicos e inorgánicos necesarios para indicar cómo se podrían sintetizar los compuestos citados.

  a. $HC\equiv CH \longrightarrow CH_3CH_2CH_2CH_2CH_2Br$

  b. $HOCH_2CH_2CH=CH_2 \longrightarrow$ [tetrahidrofurano]

  d. 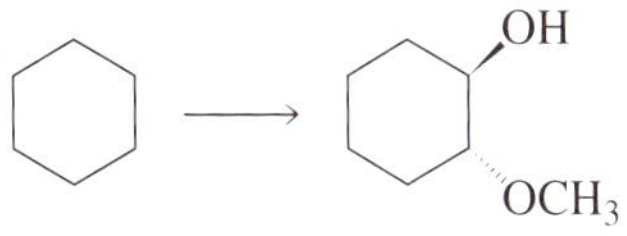 [ciclohexano] → [ciclohexano con OH y OCH$_3$ trans]

  e. 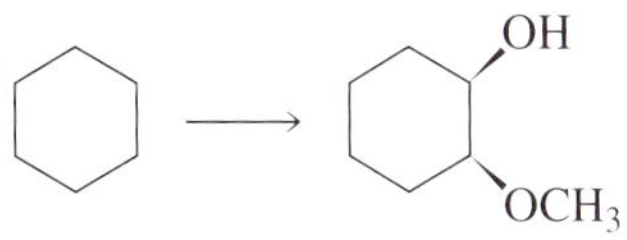 [ciclohexano] → [ciclohexano con OH y OCH$_3$ cis]

510 CAPÍTULO 11 Radicales • Reacciones de los alcanos

    c. $CH_3CH_2CH=CH_2 \longrightarrow CH_2=CHCH=CH_2$

33. El doctor Martín Álvarez deseaba determinar en forma experimental la facilidad relativa de extracción de un átomo de hidrógeno de un carbono terciario, secundario y primario, por un radical cloro. Dejó clorar 2-metilbutano a 300 °C y obtuvo 36% de 1-cloro-2-metilbutano, 18% de 2-cloro-2-metilbutano, 28% de 2-cloro-3-metilbutano y 18% de 1-cloro-3-metilbutano como productos. ¿Qué valores obtuvo de la facilidad relativa de extracción de un átomo de hidrógeno de carbono terciario, secundario y primario por un radical cloro bajo las condiciones de su experimento?

34. A 600 °C, la relación de la rapidez relativa de formación de un radical terciario, uno secundario y uno primario por un radical cloro es 2.6:2.1:1. Explique el cambio relativo de regioselectividad en comparación con lo que encontró el Dr. Martín Alvarez del problema 33.

35. a. ¿Qué alcano de cinco carbonos formará el mismo producto, sea que reaccione con HBr en *presencia* de un peróxido o que reaccione con HBr en *ausencia* de un peróxido?
    b. Indique tres alquenos de 6 carbonos que formen el mismo producto, sea que reaccionen con HBr en *presencia* de un peróxido o con HBr en *ausencia* de un peróxido.

36. a. Calcule el valor de $\Delta H°$ para la siguiente reacción:

$$CH_4 + Cl_2 \xrightarrow{h\nu} CH_3Cl + HCl$$

    b. Calcule la suma de los valores de $\Delta H°$ para los dos pasos de propagación siguiente:

$$CH_3-H + \cdot Cl \longrightarrow \cdot CH_3 + H-Cl$$
$$\cdot CH_3 + Cl-Cl \longrightarrow CH_3-Cl + \cdot Cl$$

    c. ¿Por qué se obtiene el mismo valor de $\Delta H°$ con los dos cálculos anteriores?

37. Un mecanismo alternativo posible al del problema 36 para la monocloración de metano implicaría los siguientes pasos de propagación:

$$CH_3-H + \cdot Cl \longrightarrow CH_3-Cl + \cdot H$$
$$\cdot H + Cl-Cl \longrightarrow H-Cl + \cdot Cl$$

¿Cómo sabe usted que la reacción no tuvo lugar por este mecanismo?

38. Proponga un mecanismo para la siguiente reacción:

ciclooctadieno + $HCCl_3$ $\xrightarrow{\text{peróxido}}$ biciclo con sustituyente CCl_3

39. Use el material de partida indicado y todos los reactivos orgánicos e inorgánicos necesarios para mostrar cómo se pueden sintetizar los siguientes compuestos orgánicos:

    a. ciclohexano $\longrightarrow$ 3-metilciclohexeno

    c. $\underset{\underset{OH}{|}}{\overset{\overset{CH_3}{|}}{CH_3CCH_2CH_2CH_3}} \longrightarrow \underset{\underset{Br}{|}}{\overset{\overset{CH_3}{|}}{CH_3CHCHCH_2CH_3}}$

    b. $CH_3CH_2CH=CH_2 \longrightarrow CH_3CH_2CH_2CH_2CH_2CH_2CH_2CH_3$

40. Explique por qué la rapidez de bromación del metano disminuye si se agrega HBr a la mezcla de reacción.

PARTE 4

Identificación de compuestos orgánicos

A estas alturas el lector ha resuelto muchos problemas donde se le pedía diseñar la síntesis de compuestos orgánicos. Pero si en realidad tuviera que ir al laboratorio y realizar la síntesis que diseñó, ¿cómo sabría que lo que obtuvo es lo que quería preparar? Cuando un investigador descubre un compuesto nuevo, con actividad fisiológica, debe determinar su estructura. Sólo después de conocer su estructura pueden diseñarse métodos para sintetizarlo y emprender la evaluación de su comportamiento biológico. Es claro que los químicos deben poder determinar las estructuras de los compuestos.

CAPÍTULO 12
Espectrometría de masas, espectroscopia infrarroja y espectroscopia ultravioleta/visible

En el c**apítulo 12** se aprenderán tres técnicas instrumentales para analizar compuestos. La **espectrometría de masas** se usa para determinar la masa molecular y la fórmula molecular de un compuesto orgánico, así como para identificar ciertas propiedades estructurales del compuesto. La **espectroscopia infrarroja (IR)** permite identificar las clases de grupos funcionales en un compuesto orgánico. La **espectroscopia ultravioleta/ visible (UV/Vis)** proporciona información acerca de los compuestos orgánicos que tienen enlaces dobles conjugados.

CAPÍTULO 13
Espectroscopia de RMN

El **capítulo 13** describe la **espectroscopia de resonancia magnética nuclear (RMN)**, que suministra información acerca del marco de carbonos-hidrógenos de un compuesto orgánico.

CAPÍTULO 12

Espectrometría de masas, espectroscopia infrarroja y espectroscopia ultravioleta/visible

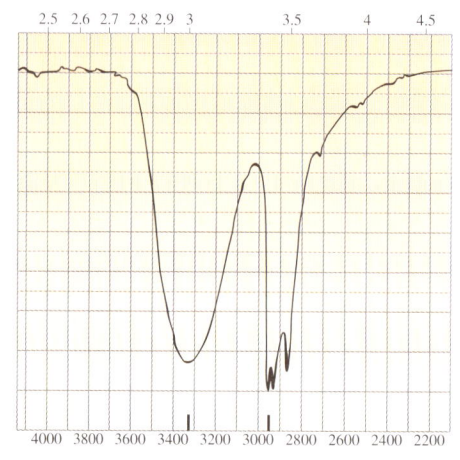

ANTECEDENTES

SECCIÓN 12.3 Los isótopos (1.1) tienen utilidad en el análisis de los espectros de masas.

SECCIÓN 12.9 Se volverán a describir los momentos dipolares de los enlaces (1.3), ya que mientras mayor sea el cambio en el momento dipolar también lo será la intensidad de una banda de absorción de IR.

SECCIÓN 12.11 Mientras mayor sea el carácter s del carbono, el enlace que forme será más fuerte (1.23). Esta relación adquiere importancia en la espectroscopia IR ya que los enlaces más fuertes absorben luz IR de números de onda mayores.

SECCIÓN 12.11 Se estudiarán más ejemplos de donación de electrones por resonancia (7.9) y de atracción inductiva de electrones (1.21).

SECCIÓN 12.11 Los puentes de hidrógeno (2.9) afectan la posición de una banda de absorción IR.

SECCIÓN 12.18 Los enlaces dobles conjugados (7.7) y los conceptos de orbitales moleculares (7.12) tienen importancia en la espectroscopia de UV/Vis.

La determinación de las estructuras de los compuestos orgánicos es una parte importante de la química orgánica. Siempre que alguien sintetiza un compuesto debe confirmar su estructura. Por ejemplo, se le dijo al lector que se forma una cetona cuando a un alquino se le adiciona agua catalizando la reacción con ácido (sección 6.7). Pero ¿cómo se determinó en realidad que el producto de esa reacción es una cetona?

En todo el mundo, los investigadores tratan de encontrar nuevos compuestos que presenten actividad fisiológica. Si se encuentra un compuesto que promete, debe determinarse su estructura. Si no la conocen, no pueden diseñar formas de sintetizarlo, ni pueden emprender estudios para determinar su comportamiento biológico.

Antes de poder determinar la estructura del compuesto, éste debe aislarse. Por ejemplo, si se va a identificar el producto de una reacción en el laboratorio, primero debe aislarse del disolvente y de cualquier material de partida sin reaccionar y también de todos los productos secundarios que se hayan formado. Un compuesto natural debe aislarse del organismo que lo produce.

La purificación de los productos y la determinación de sus estructuras eran tareas sobrecogedoras. Los únicos medios de que disponían los químicos para aislar productos eran destilación (para líquidos) y sublimación o recristalización fraccionada (para sólidos). Hoy se cuenta con varias técnicas cromatográficas que permiten aislar a los compuestos con relativa facilidad. El lector aprenderá esas técnicas en su curso de laboratorio.

Durante algún tiempo, para determinar la estructura de un compuesto orgánico se necesitaba deducir su fórmula molecular mediante análisis elemental, determinar las propiedades físicas del compuesto (punto de fusión, punto de ebullición, etc.) y efectuar pruebas químicas sencillas que indicaran la presencia o ausencia de ciertos grupos funcionales. Por ejemplo, cuando se agrega un aldehído a un tubo de ensayo con una disolución de óxido de plata y amoniaco se forma un espejo de plata en el interior del tubo. Sólo los aldehídos presentan esta propiedad y entonces, si se forma un espejo, se puede deducir que el compuesto desconocido es un aldehído; si no se forma el espejo de plata el compuesto no es un aldehído. Otro ejemplo de un análisis sencillo es la prueba de Lucas, con el que se diferencian los alcoholes primarios, secundarios y terciarios por la rapidez con que se vuelve lechosa la disolución después de agregar el reactivo de Lucas (sección 10.1). Desafortunadamente, estos sencillos procedimientos eran inadecuados para caracterizar moléculas de estructuras complejas y por la cantidad relativamente grande de muestra necesaria del compuesto desconocido para hacer todas esas pruebas, que las hacían imprácticas para analizar los compuestos difíciles de obtener.

Hoy se cuenta con varias técnicas instrumentales diferentes para identificar a los compuestos orgánicos. Esas técnicas pueden practicarse con rapidez, con pequeñas cantidades de un compuesto, y pueden suministrar mucha más información acerca de la estructura del compuesto que lo que pueden ofrecer las pruebas químicas sencillas. En este capítulo se describen tres técnicas instrumentales:

- **Espectrometría de masas**, que permite determinar la *masa molecular* y la *fórmula molecular* de un compuesto así como algunas de sus *características estructurales*.
- **Espectroscopia infrarroja**, que indica las *clases de grupos funcionales* que tiene un compuesto.
- **Espectroscopia ultravioleta/visible (UV/Vis)**, que proporciona información sobre compuestos orgánicos con enlaces dobles conjugados.

De esas técnicas instrumentales, la espectrometría de masas es la única que no emplea radiación electromagnética. Por ello se llama *espectrometría*, mientras que las otras se llaman *espectroscopia*.

A medida que se describan las diversas técnicas instrumentales se hará referencia a distintos tipos de compuestos orgánicos; aparecen en la tabla 12.1 (también están en el interior de la contratapa del libro para consultarlas con facilidad).

12.1 Espectrometría de masas

Hubo tiempos en que el peso molecular de un compuesto se determinaba a través de la densidad de su vapor o por la depresión de su punto de congelación; las fórmulas moleculares se determinaban por análisis elemental, técnica para medir la proporción relativa de los elementos en el compuesto. Eran procedimientos largos y tediosos que necesitaban una cantidad relativamente grande de una muestra muy pura del compuesto. Hoy las masas y las fórmulas moleculares se pueden determinar con rapidez mediante espectrometría de masas sobre una cantidad de muestra muy pequeña.

En la espectrometría de masas se introduce una cantidad pequeña de un compuesto a un instrumento llamado espectrómetro de masas, donde se vaporiza y después se ioniza (de cada molécula se elimina un electrón). La ionización puede realizarse de varias maneras. En un método frecuente las moléculas vaporizadas se bombardean con un haz de electrones de alta energía. Se puede variar la energía del haz, pero suele ser de unos 70 electrones volts (1614 kcal/mol). Cuando el haz de electrones choca con una molécula, expulsa de ella un electrón y produce un **ion molecular**. Un ion molecular es un **catión radical**, una especie con un electrón no apareado y una carga positiva.

$$M \xrightarrow{\text{haz de electrones}} M^{+\cdot} + e^{-}$$

molécula → ion molecular, catión radical + electrón

En el bombardeo con electrones se inyecta tal cantidad de energía cinética a los iones moleculares que la mayor parte de ellos se rompen en cationes más pequeños, en radicales,

514 CAPÍTULO 12 Espectrometría de masas, espectroscopia infrarroja y espectroscopia ultravioleta/visible

Tabla 12.1	Clases de compuestos orgánicos			
Alcano	$-\overset{|}{\underset{|}{C}}-$ sólo contiene enlaces C—C y C—H		Aldehído	$\overset{O}{\underset{\|}{RCH}}$
Alqueno	$\text{C}=\text{C}$		Cetona	$\overset{O}{\underset{\|}{RCR}}$
Alquino	$-C\equiv C-$		Ácido carboxílico	$\overset{O}{\underset{\|}{RCOH}}$
Nitrilo	$-C\equiv N$		Éster	$\overset{O}{\underset{\|}{RCOR}}$
Haluro de alquilo	RX X = F, Cl, Br, o I		Amidas	$\overset{O}{\underset{\|}{RCNH_2}}$ $\overset{O}{\underset{\|}{RCNHR}}$ $\overset{O}{\underset{\|}{RCNR_2}}$
Éter	ROR			
Alcohol	ROH			
Fenol	ArOH Ar = (fenilo)		Amina (primaria)	RNH_2
			Amina (secundaria)	R_2NH
Anilina	$ArNH_2$		Amina (terciaria)	R_3N

en moléculas neutras y en otros cationes radicales. No es de sorprender que los enlaces que se rompen con más probabilidad sean los más débiles y los que causan la formación de los productos más estables. Todos los *fragmentos con carga positiva* de la molécula se hacen pasar entre dos placas con carga negativa, que los aceleran y mandan al tubo analizador (fi-

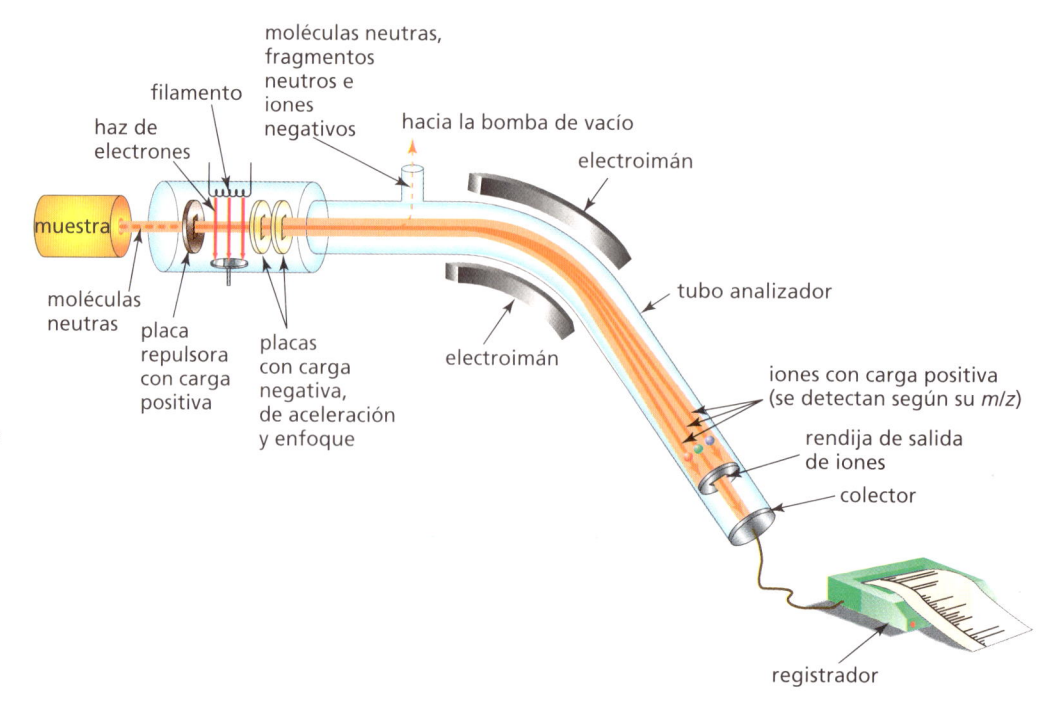

Figura 12.1
Esquema de un espectrómetro de masas. Un haz de electrones de alta energía determina que las moléculas se ionicen y se fragmenten. Los fragmentos con carga positiva pasan por el tubo analizador. El cambio de intensidad del campo magnético permite separar fragmentos de relación masa a carga variable.

gura 12.1). Los fragmentos neutros no son atraídos a las placas con carga negativa y en consecuencia no se aceleran. Terminan por ser evacuados del espectrómetro.

El tubo analizador está rodeado por un electroimán cuyo campo magnético desvía los fragmentos con carga positiva y los hace tomar una trayectoria curva. A determinada intensidad del campo magnético, el grado con el que se desvía la trayectoria depende de la relación de masa entre carga (m/z) del fragmento: la trayectoria de un fragmento con menor valor de m/z se desvía más que la de un fragmento de mayor masa. De esa forma se pueden separar las partículas con los mismos valores de m/z de todas las demás. Si la trayectoria de un fragmento coincide con la curvatura del tubo analizador, el fragmento pasará por el tubo y saldrá por la rendija de salida de iones. Un detector registra la cantidad relativa de fragmentos con determinada relación de m/z que pasan por la rendija. Mientras más estable es el fragmento, es más probable que llegue al detector sin seguirse rompiendo. La fuerza del campo magnético se incrementa en forma gradual para que los fragmentos con valores de m/z cada vez mayores sean guiados a través del tubo y salgan por la rendija de salida al detector.

El espectrómetro de masas registra un **espectro de masas**; es un espectro que muestra la abundancia relativa de cada fragmento, graficada en función de su valor de m/z. Debido a que la carga (z) de casi todos los fragmentos que llegan al detector es $+1$, el valor de m/z es la masa molecular (m) del fragmento. *Recuérdese que sólo las especies con carga positiva llegan al detector.*

Un espectro de masas sólo registra fragmentos con carga positiva.

PROBLEMA 1◆

¿Cuál de los fragmentos siguientes producidos en un espectrómetro de masas sería acelerado y atravesaría el tubo analizador?

$CH_3\dot{C}H_2 \quad CH_3CH\overset{+}{C}H_2 \quad CH_3CH_2\overset{\cdot+}{C}H_2 \quad \dot{C}H_2CH=CH_2 \quad \overset{+}{C}H_2CH=CH_2$

12.2 El espectro de masas • Fragmentación

Los iones moleculares que produce el espectrómetro y el patrón (figura) de picos de iones de fragmentos que registra el espectrómetro son únicos para cada compuesto. Por consiguiente, un espectro de masas es como una huella dactilar del compuesto. Se puede llevar a cabo una identificación positiva de un compuesto comparando su espectro de masas con el del compuesto real.

En la figura 12.2 se muestra el espectro de masas del pentano. Cada valor de m/z del espectro es la **masa molecular nominal** de uno de los fragmentos; es la masa molecular cerrada al entero más cercano. Se define que el ^{12}C tiene una masa de 12,000 unidades de

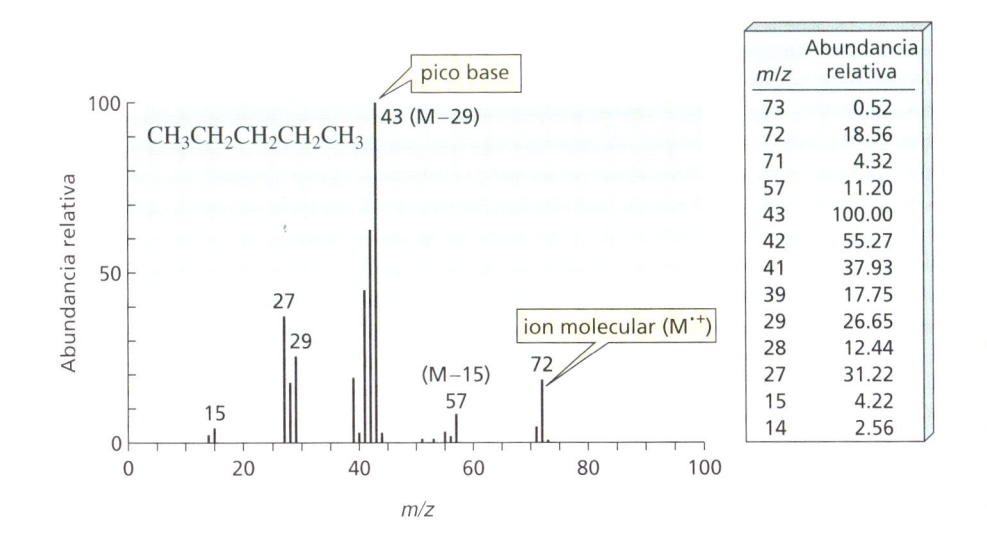

m/z	Abundancia relativa
73	0.52
72	18.56
71	4.32
57	11.20
43	100.00
42	55.27
41	37.93
39	17.75
29	26.65
28	12.44
27	31.22
15	4.22
14	2.56

◀ **Figura 12.2**
Espectro de masas del pentano, en forma de diagrama de barras y en forma de tabla. El pico base representa el fragmento que aparece con mayor abundancia. El valor de m/z para el ion molecular indica la masa molecular del compuesto.

masa atómica (uma), y las masas de los demás átomos se basan en este patrón. Por ejemplo, un protón presenta una masa de 1.007825 uma. En consecuencia, el pentano tiene una *masa molecular* de 72.0939 y una *masa molecular nominal* de 72.

El pico que tiene el valor máximo de *m/z* en el espectro, en este caso el de *m/z* = 72, corresponde al fragmento que resulta cuando se expulsa un electrón de una molécula de la muestra inyectada; en este caso es una molécula de pentano. En otras palabras, el pico con el valor máximo de *m/z* representa al ion molecular [M$^{•+}$] del pentano. (Después se explicará el pico extremadamente diminuto en *m/z* = 73.) Como no se conoce cuál enlace pierde el electrón, el ion molecular se escribe entre corchetes y se asigna a toda la molécula la carga positiva y el electrón no apareado. *El valor m/z del ion molecular indica la masa molecular del compuesto.* Los picos con menores valores de *m/z*, que se llaman **picos de fragmento de ion**, representan fragmentos de la molécula con carga positiva.

El valor de *m/z* del ion molecular es la masa molecular del compuesto.

$$CH_3CH_2CH_2CH_2CH_3 \xrightarrow{\text{haz de electrones}} [CH_3CH_2CH_2CH_2CH_3]^{•+} + e^-$$

ion molecular
m/z = 72

El **pico base** es el pico más alto porque denota la máxima abundancia. Al pico base se le asigna la abundancia relativa de 100% y la abundancia relativa de cada uno de los demás picos aparece como porcentaje del pico base. Se pueden mostrar los espectros de masas como gráficas de barras o en forma tabular.

Un espectro de masas ofrece información estructural acerca del compuesto porque *los valores de m/z y la abundancia relativa de los fragmentos dependen de la fuerza de los enlaces del ion molecular y de la estabilidad de los fragmentos.* Los enlaces débiles se rompen de preferencia frente a los enlaces fuertes, y los enlaces que se rompen para formar fragmentos más estables se forman más que los que forman fragmentos menos estables.

Por ejemplo, todos los enlaces C—C del ion molecular que se forma a partir del pentano tienen más o menos la misma fuerza. Sin embargo, es más probable que se rompa el enlace C-2—C-3 que el enlace C-1—C-2 porque la fragmentación de C-2—C-3 causa la formación de un carbocatión *primario* y un radical *primario*, que en conjunto son más estables que el carbocatión *primario* y el radical *metilo* (o el radical *primario* y el catión *metilo*) que resultan de la fragmentación de C-1—C-2. Los iones que se forman por fragmentación de C-2—C-3 tienen *m/z* = 43 o 29, mientras que los que se forman por fragmentación de C-1—C-2 tienen *m/z* = 57 o 15. El pico base de 43 en el espectro de masas del pentano indica que hay mayor probabilidad de fragmentación de C-2—C-3. (Véanse las secciones 7.7 y 11.3, y repásese la estabilidad relativa de los carbocationes y los radicales, respectivamente).

$$[\overset{1}{C}H_3\overset{2}{C}H_2\overset{3}{C}H_2\overset{4}{C}H_2\overset{5}{C}H_3]^{•+}$$
ion molecular
m/z = 72

$$\longrightarrow CH_3\dot{C}H_2 + \overset{+}{C}H_2CH_2CH_3 \quad m/z = 43$$
$$\longrightarrow CH_3\overset{+}{C}H_2 + \dot{C}H_2CH_2CH_3 \quad m/z = 29$$
$$\longrightarrow \dot{C}H_3 + \overset{+}{C}H_2CH_2CH_2CH_3 \quad m/z = 57$$
$$\longrightarrow \overset{+}{C}H_3 + \dot{C}H_2CH_2CH_2CH_3 \quad m/z = 15$$

Un método para identificar los iones fragmento usa la diferencia entre el valor de *m/z* de determinado ion fragmento y del ion molecular. Por ejemplo, el ion fragmento con *m/z* = 43 en el espectro de masas del pentano es 29 unidades menor que el ion molecular (72 − 43 = 29). Un radical etilo (CH$_3$CH$_2$$^{•}$) tiene masa molecular 29 (porque los números de masa del C y del H son 12 y 1, respectivamente). Así, el pico en 43 se puede atribuir al ion molecular menos un radical etilo. De igual modo, el ion fragmento con *m/z* = 57 se puede atribuir al ion molecular menos un radical metilo (72 − 57 = 15). Los picos en *m/z* = 15 y en *m/z* = 29 se reconocen con facilidad como debidos a cationes metilo y etilo, respectivamente. El apéndice VI contiene una tabla de los iones fragmento comunes y una tabla de fragmentos comunes que se pierden.

Se observan normalmente picos en valores de *m/z* dos unidades menores a los valores de *m/z* de los carbocationes porque los carbocationes pueden perder dos átomos de hidrógeno.

$$CH_3CH_2\overset{+}{C}H_2 \longrightarrow \overset{+}{C}H_2CH=CH_2 + H\cdot$$
$$m/z = 43 \qquad\qquad m/z = 41$$

El 2-metilbutano tiene la misma fórmula molecular que el pentano, así que también presenta un ion molecular con $m/z = 72$ (figura 12.3). Su espectro de masas se parece al del pentano pero con una excepción notable: el pico en $m/z = 57$, que indica la pérdida de un radical metilo, es mucho más intenso.

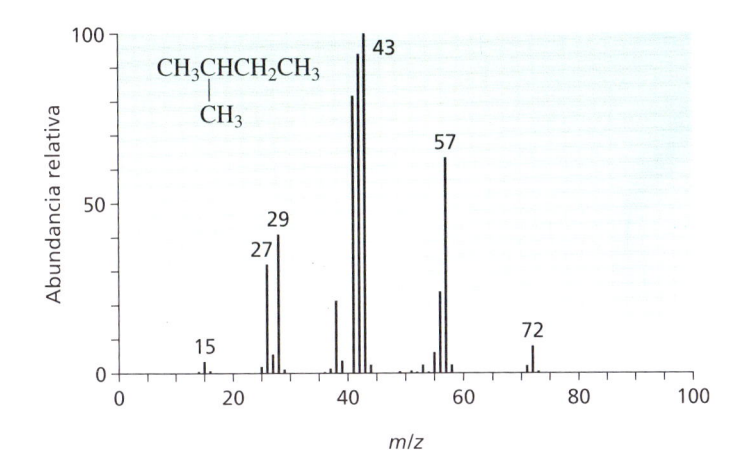

◀ **Figura 12.3**
Espectro de masas del 2-metilbutano.

Es más probable que el 2-metilbutano pierda un radical metilo que el pentano porque cuando lo hace se forma un carbocatión *secundario*. En contraste, cuando el pentano pierde un radical metilo se forma un carbocatión *primario*, menos estable.

$$[CH_3\overset{\overset{\displaystyle CH_3}{|}}{C}HCH_2CH_3]^{+\cdot} \longrightarrow CH_3\overset{+}{C}HCH_2CH_3 + \dot{C}H_3$$
$$\text{ion molecular} \qquad\qquad m/z = 57$$
$$m/z = 72$$

> **PROBLEMA 2**
>
> ¿En qué se diferenciarían los espectros de masas del 2,2-dimetilpropano y el del 2-metilbutano?

> **PROBLEMA 3◆**
>
> ¿Cuál es el valor más probable de *m/z* para el pico base en el espectro de masas del 3-metilpentano?

> **PROBLEMA 4 RESUELTO**
>
> Los espectros de masas de dos cicloalcanos muy estables ambos tienen un pico de ion molecular en $m/z = 98$. Un espectro tiene un pico base en $m/z = 69$, y el otro en $m/z = 83$. Identifique cuáles son esos cicloalcanos.
>
> **Solución** La fórmula molecular de los cicloalcanos es C_nH_{2n}. Como la masa molecular de ambos cicloalcanos es 98, sus fórmulas moleculares deben ser C_7H_{14} (7 − 12 = 84; 84 + 14 =

98). Un pico base igual a 69 indica la pérdida de un sustituyente etilo (98 − 69 = 29), mientras que un pico base de 83 indica la pérdida de un sustituyente metilo (98 − 83 = 15). Como se sabe que los dos cicloalcanos son muy estables, se debe suponer que carecen de anillos de tres o cuatro miembros. Un cicloalcano con siete carbonos y un pico base que indica la pérdida de un sustituyente etilo debe ser etilciclopentano. Un cicloalcano con siete carbonos y un pico base que indica la pérdida de un sustituyente metilo debe ser metilciclohexano.

etil-ciclopentano $\xrightarrow{\text{haz de electrones}}$ + $CH_3\dot{C}H_2$ $m/z = 69$

metil-ciclohexano $\xrightarrow{\text{haz de electrones}}$ + $\dot{C}H_3$ $m/z = 83$

PROBLEMA 5

La "regla del nitrógeno" dice que si un compuesto tiene un ion molecular de masa impar, el compuesto contiene una cantidad impar de átomos de nitrógeno.

a. Calcule el valor de m/z del ion molecular de los compuestos siguientes:
  1. $CH_3CH_2CH_2CH_2NH_2$
  2. $H_2NCH_2CH_2CH_2NH_2$

b. Explique por qué es válida la regla del nitrógeno.

c. Enuncie la regla en términos de un ion molecular con masa par.

12.3 Isótopos en espectrometría de masas

Aunque los iones moleculares del pentano y del 2-metilbutano tienen ambos valores de m/z igual a 72, cada espectro presenta un pico muy pequeño en $m/z = 73$ (figuras 12.2 y 12.3). Este pico se llama pico de $M^{\bullet+} + 1$ porque el ion causal del mismo es una unidad más pesado que el ion molecular. El ion de $M^{\bullet+} + 1$ debe su presencia a que hay dos isótopos naturales del carbono: el 98.89% del carbono natural es ^{12}C y el 1.11% es de ^{13}C (sección 1.1). Entonces, el 1.11% de los carbonos en los iones moleculares contiene un ^{13}C en lugar de un ^{12}C y por consiguiente aparece en $M^{\bullet+} + 1$.

Los picos atribuibles a isótopos pueden ayudar a identificar al compuesto productor de un espectro de masas. Por ejemplo, si un compuesto contiene cinco átomos de carbono, se estima que la abundancia relativa del ion $M^{\bullet+} + 1$ es $5(1.1\%) = 5(0.011)$ multiplicado por la abundancia relativa del ion molecular. Ello significa que la cantidad de átomos de carbono en un compuesto se puede calcular si se conocen la intensidad relativa de los picos $M^{\bullet+}$ y $M^{\bullet+} + 1$.

$$\text{número de átomos de carbono} = \frac{\text{intensidad relativa del pico M + 1}}{0.011 \times (\text{intensidad relativa del pico})}$$

Las distribuciones isotópicas de algunos elementos frecuentes en los compuestos orgánicos se presentan en la tabla 12.2. En las distribuciones isotópicas es posible observar que se puede usar el pico de $M^{\bullet+} + 1$ para determinar la cantidad de átomos de carbono en compuestos que contengan H, O o halógenos porque las contribuciones al pico de $M^{\bullet+} + 1$ por parte de los isótopos de H, O y los halógenos son muy pequeñas o no existen. Esta fórmula no funciona bien para determinar la cantidad de átomos de carbono en un compuesto nitrogenado porque la abundancia natural de ^{15}N es relativamente alta.

El espectro de masas puede tener picos de $M^{\bullet+} + 2$ como resultado de una contribución del ^{18}O o por contener dos isótopos pesados en la misma molécula (por ejemplo, ^{13}C

Tabla 12.2 Abundancia natural de isótopos que se encuentran con frecuencia en compuestos orgánicos

Elemento		Abundancia natural		
Carbón	^{12}C 98.89%	^{13}C 1.11%		
Hidrógeno	^{1}H 99.99%	^{2}H 0.01%		
Nitrógeno	^{14}N 99.64%	^{15}N 0.36%		
Oxígeno	^{16}O 99.76%	^{17}O 0.04%	^{18}O 0.20%	
Sulfuro	^{32}S 95.0%	^{33}S 0.76%	^{34}S 4.22%	^{36}S 0.02%
Fluoruro	^{19}F 100%			
Cloruro	^{35}Cl 75.77%		^{37}Cl 24.23%	
Bromuro	^{79}Br 50.69%		^{81}Br 49.31%	
Yodo	^{127}I 100%			

y ^{2}H, o dos ^{13}C). Con mayor frecuencia, el pico de M$^{\bullet+}$ + 2 es muy pequeño. La presencia de un pico grande en M$^{\bullet+}$ + 2 es prueba de que un compuesto contiene cloro o bromo porque cada uno de esos elementos posee un gran porcentaje de isótopo natural, que es dos unidades más pesado que el isótopo más abundante. A partir de la abundancia natural de los isótopos de cloro y bromo en la tabla 12.2, se puede llegar a la conclusión de que si el pico de M$^{\bullet+}$ + 2, exhibe la tercera parte de la altura del pico del ion molecular el compuesto contiene un átomo de cloro porque la abundancia natural del ^{37}Cl es la tercera parte de la del ^{35}Cl. Si los picos de M$^{\bullet+}$ y M$^{\bullet+}$ + 2 presentan más o menos la misma altura, el compuesto contiene un átomo de bromo porque las abundancias naturales del ^{79}Br y el ^{81}Br son bastante similares.

Para calcular las masas moleculares de los iones y los fragmentos moleculares se debe usar la *masa atómica* de un solo isótopo (por ejemplo, Cl = 35 o 37) porque en la espectrometría de masas se mide el valor de *m/z* de un fragmento *individual*. No se pueden usar las *masas atómicas* de la tabla periódica (Cl = 35.453) porque son *promedios ponderados* de todos los isótopos naturales de ese elemento.

PROBLEMA 6◆

El espectro de masas de un compuesto desconocido tiene un pico de ion molecular con abundancia relativa de 43.27%, y un pico en M$^{\bullet+}$ + 1 con una abundancia relativa de 3.81%. ¿Cuántos átomos de carbono tiene el compuesto?

PROBLEMA 7◆

Calcule las intensidades relativas del pico de ion molecular, el pico de M$^{\bullet+}$ + 2 y el pico de M$^{\bullet+}$ + 4 para el CH_2Br_2.

12.4 Obtención de fórmulas moleculares por espectrometría de masas de alta resolución

Todos los espectros de masas que se ven en este libro se obtuvieron con un espectrómetro de masas de baja resolución. Estos espectrómetros indican la *masa molecular nominal* de un fragmento, que es la masa al entero más cercano. Los espectrómetros de masas de alta resolución pueden determinar la *masa molecular exacta* de un fragmento con una precisión de 0.001 uma y hacen posible diferenciar entre compuestos que tienen la misma masa nominal. Por ejemplo, la lista siguiente muestra seis compuestos cuya masa molecular es 122 uma, pero cada uno de ellos presenta una masa molecular exacta diferente.

Algunos compuestos de masa molecular nominal igual a 122 uma, y sus masas moleculares exactas con sus fórmulas moleculares

Masa molecular exacta (uma)	122.1096	122.0845	122.0732	122.0368	122.0579	122.0225
Fórmula molecular	C_9H_{14}	$C_7H_{10}N_2$	$C_8H_{10}O$	$C_7H_6O_2$	$C_4H_{10}O_4$	$C_4H_{10}S_2$

Las masas moleculares exactas de algunos isótopos frecuentes se presentan en la tabla 12.3. Hay algunos programas de cómputo que pueden determinar la fórmula molecular de un compuesto a partir de su masa molecular exacta.

Tabla 12.3 Masas moleculares exactas de algunos isótopos comunes

Isótopo	Masa	Isótopo	Masa
^1H	1.007825 uma	^{32}S	31.9721 uma
^{12}C	12.00000 uma	^{35}Cl	34.9689 uma
^{14}N	14.0031 uma	^{79}Br	78.9183 uma
^{16}O	15.9949 uma		

PROBLEMA 8♦

¿Cuál fórmula molecular tiene masa molecular exacta igual a 86.1096 uma: C_6H_{14}, $C_4H_{10}N_2$ o $C_4H_6O_2$?

12.5 Patrones de fragmentación de grupos funcionales

Cada grupo funcional tiene patrones característicos de fragmentación que pueden ayudar a identificar un compuesto. Los patrones comenzaron a reconocerse después de haber estudiado muchos compuestos que contenían determinado grupo funcional. Se examinarán los patrones de fragmentación poniendo como ejemplos los de haluros de alquilo, éteres, alcoholes y cetonas.

Haluros de alquilo

Primero se verá el espectro de masas del 1-bromopropano de la figura 12.4. La altura relativa de los picos en M•+ y en M•+ + 2 son más o menos iguales, y ya se explicó que el fenómeno es característico de un compuesto que contiene un átomo de bromo. El bombardeo con electrones expulsará con mucha probabilidad un electrón del par de electrones no en-

Tutorial del alumno:
Fragmentación de los haluros de alquilo
(Fragmentation of alkyl halides)

lazado si la molécula lo contiene, porque una molécula no sujeta a estos electrones con tanta fuerza como a sus electrones de enlace. Entonces, se crea el ion molecular cuando el bombardeo con electrones expulsa a uno de los electrones de los pares de electrones no enlazados del bromo.

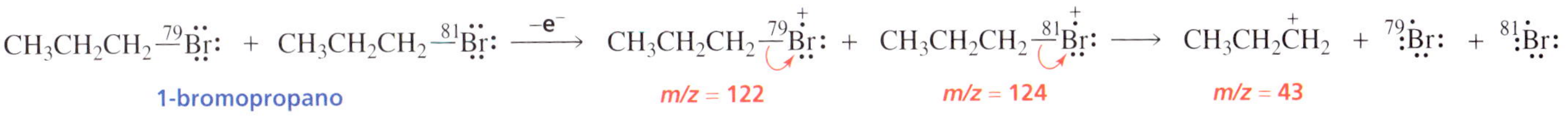

$$CH_3CH_2CH_2-{}^{79}\ddot{\underset{..}{Br}}: + CH_3CH_2CH_2-{}^{81}\ddot{\underset{..}{Br}}: \xrightarrow{-e^-} CH_3CH_2CH_2-{}^{79}\overset{+}{\underset{..}{Br}}: + CH_3CH_2CH_2-{}^{81}\overset{+}{\underset{..}{Br}}: \longrightarrow CH_3CH_2\overset{+}{C}H_2 + {}^{79}\!\!:\!\dot{Br}: + {}^{81}\!\!:\!\dot{Br}:$$

1-bromopropano   *m/z* = 122   *m/z* = 124   *m/z* = 43

El enlace más débil de este ion molecular es el C—Br (la energía de disociación del enlace C—Br es 69 kcal/mol; la energía de disociación del enlace C—C es 85 kcal/mol; véase la tabla 3.2 de la página 146). Cuando el enlace C—Br se rompe lo hace heterolíticamente, y ambos electrones se dirigen al más electronegativo de los átomos que estaban unidos por el enlace; se forma un catión propilo y un átomo de bromo. El resultado es que en el espectro de masas del 1-bromopropano, el pico base queda en $m/z = 43$ [$M^{\bullet+} - 79$, o $(M^{\bullet+} + 2) - 81$].

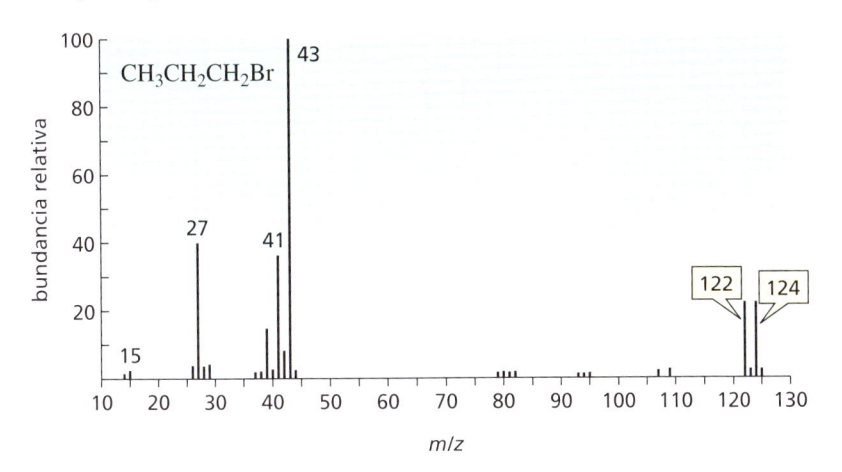

◀ **Figura 12.4**
Espectro de masas del 1-bromopropano.

En la figura 12.5 se muestra el espectro de masas del 2-cloropropano. Se sabe que el compuesto contiene un átomo de cloro porque el pico de $M^{\bullet+} + 2$ exhibe la tercera parte de la altura del pico del ion molecular (sección 12.3).

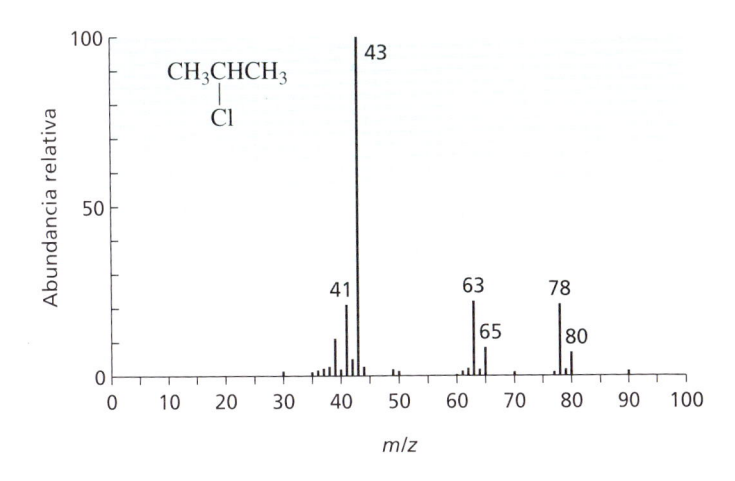

◀ **Figura 12.5**
Espectro de masas del 2-cloropropano.

El pico base en $m/z = 43$ se debe a la *ruptura heterolítica* del enlace C—Cl. Los picos en $m/z = 63$ y $m/z = 65$ tienen una relación de alturas 3:1 que indica que esos fragmentos contienen un átomo de cloro. Son el resultado de una *ruptura homolítica* de un enlace C—C en el carbono α (el carbono unido al cloro). A esta ruptura se le llama **ruptura α**.

La forma en que se fragmenta un ion molecular depende de la fuerza de sus enlaces y de la estabilidad de los fragmentos.

522 CAPÍTULO 12 Espectrometría de masas, espectroscopia infrarroja y espectroscopia ultravioleta/visible

$$\text{CH}_3\overset{+}{\text{CH}}\text{CH}_3 \;+\; {}^{35}\!:\!\ddot{\text{Cl}}: \;+\; {}^{37}\!:\!\ddot{\text{Cl}}:$$
$m/z = 43$

↑ ruptura heterolítica

Notar que una flecha con media punta representa el movimiento de un electrón.

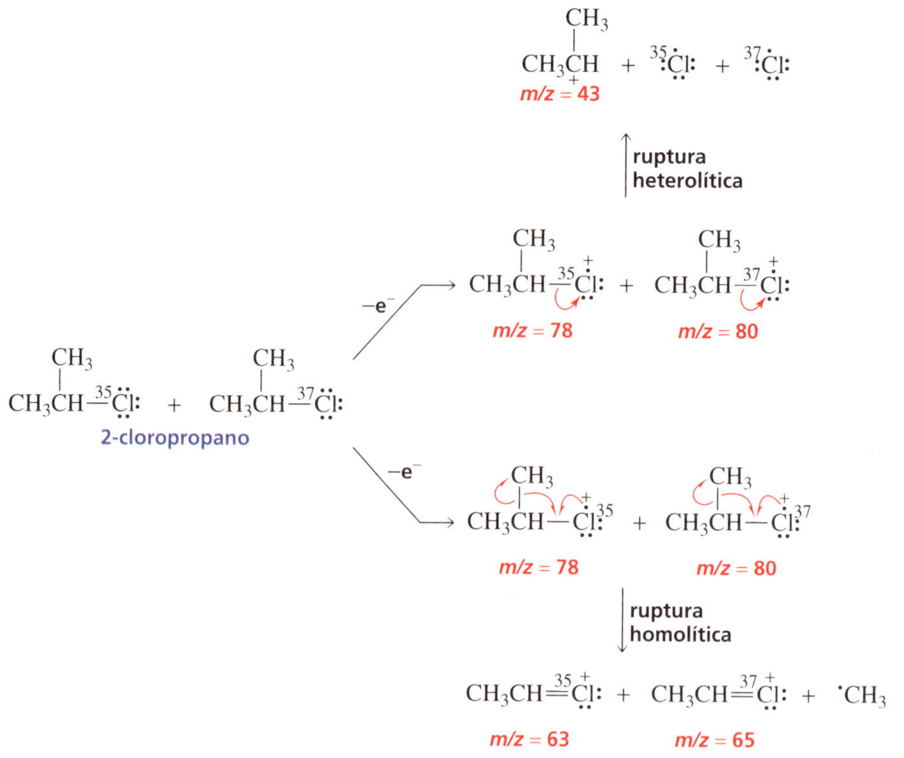

$$\text{CH}_3\text{CH}\!-\!{}^{35}\!\ddot{\text{Cl}}: \;+\; \text{CH}_3\text{CH}\!-\!{}^{37}\!\ddot{\text{Cl}}:$$
2-cloropropano

$\xrightarrow{-e^-}$

$\text{CH}_3\text{CH}\!-\!{}^{35}\overset{+}{\ddot{\text{Cl}}}: \;+\; \text{CH}_3\text{CH}\!-\!{}^{37}\overset{+}{\ddot{\text{Cl}}}:$
$m/z = 78 \qquad\qquad m/z = 80$

$\xrightarrow{-e^-}$

$\text{CH}_3\text{CH}\!-\!\overset{+}{\ddot{\text{Cl}}}{}^{35} \;+\; \text{CH}_3\text{CH}\!-\!\overset{+}{\ddot{\text{Cl}}}{}^{37}$
$m/z = 78 \qquad\qquad m/z = 80$

↓ ruptura homolítica

$\text{CH}_3\text{CH}\!=\!\overset{+}{\ddot{\text{Cl}}}:{}^{35} \;+\; \text{CH}_3\text{CH}\!=\!\overset{+}{\ddot{\text{Cl}}}:{}^{37} \;+\; \cdot\text{CH}_3$
$m/z = 63 \qquad\qquad m/z = 65$

Se presenta la ruptura α porque los enlaces C—Cl (82 kcal/mol) y C—C (85 kcal/mol) tienen fuerzas parecidas, y la especie que se forma es un catión relativamente estable ya que dos átomos comparten su carga positiva:

$$\text{CH}_3\text{CH}\!=\!\overset{+}{\ddot{\text{Cl}}}: \;\longleftrightarrow\; \text{CH}_3\overset{+}{\text{CH}}\!-\!\ddot{\text{Cl}}$$

Es menos probable que haya ruptura α en los bromuros de alquilo porque el enlace C—C es mucho más fuerte que el enlace CBr.

PROBLEMA 9

Dibuje un esquema del espectro de masas del 1-cloropropano.

Éteres

En la figura 12.6 se muestra el espectro de masa del 2-isopropoxibutano. El patrón de fragmentación de un éter es parecido al de un haluro de alquilo.

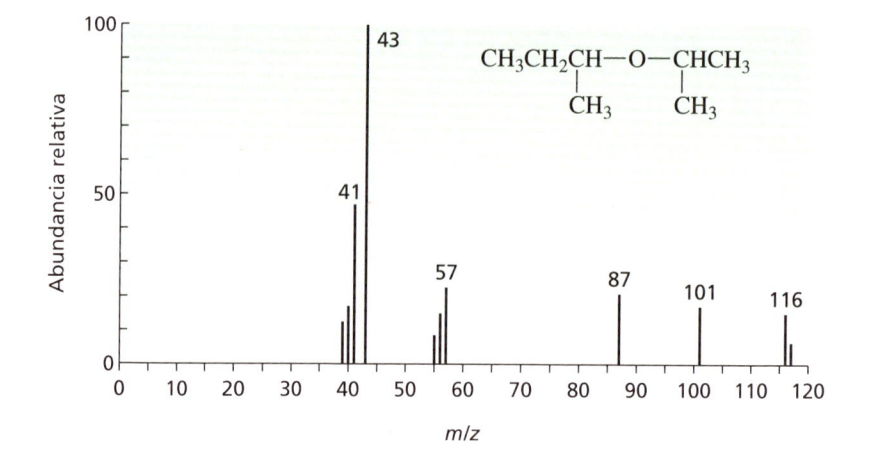

Tutorial del alumno: Fragmentación de los éteres (Fragmentation of ethers)

$$\text{CH}_3\text{CH}_2\text{CH}\!-\!\text{O}\!-\!\text{CHCH}_3$$
$$\qquad\qquad |\qquad\qquad\;\;|$$
$$\qquad\quad\;\text{CH}_3\qquad\;\;\text{CH}_3$$

Figura 12.6 ▶
Espectro de masas del 2-isopropoxibutano.

12.5 Patrones de fragmentación de grupos funcionales

1. El bombardeo con electrones desprende uno de los electrones de los pares de electrones no enlazados del oxígeno.
2. La fragmentación del ion molecular que resulta sucede principalmente de dos maneras:

   a. Un enlace C—O se rompe *heterolíticamente* y los electrones se dirigen al átomo de oxígeno más electronegativo.

$$\underset{\text{2-isopropoxibutano}}{CH_3CH_2\overset{CH_3}{\underset{|}{CH}}-\overset{..}{\underset{..}{O}}-\overset{CH_3}{\underset{|}{CHCH_3}}} \xrightarrow{-e^-} \underset{m/z = 116}{CH_3CH_2\overset{CH_3}{\underset{|}{CH}}-\overset{+}{\underset{..}{O}}-\overset{CH_3}{\underset{|}{CHCH_3}}}$$

$$\longrightarrow \underset{m/z = 57}{CH_3CH_2\overset{CH_3}{\underset{+}{CH}}} + :\overset{..}{\underset{..}{O}}-\overset{CH_3}{\underset{|}{CHCH_3}}$$

$$\longrightarrow CH_3CH_2\overset{CH_3}{\underset{|}{CH}}-\overset{..}{\underset{..}{O}}: + \underset{m/z = 43}{\overset{CH_3}{\underset{+}{CHCH_3}}}$$

   b. Un enlace C—O se rompe *homolíticamente* en una posición α porque produce un catión relativamente estable en el que la carga positiva está compartida por dos átomos (un carbono y un oxígeno). El grupo alquilo que se rompe y se elimina para formar el radical más estable es el grupo alquilo que se rompe con mayor facilidad. Entonces, el pico en $m/z = 87$ es más abundante que el de $m/z = 101$ porque un radical primario es más estable que un radical metilo, aunque el compuesto tenga tres grupos metilo unidos a carbonos α que se pueden separar y formar el pico en $m/z = 101$.

$$CH_3CH_2-\overset{CH_3}{\underset{..}{CH}}-\overset{+}{\underset{..}{O}}-\overset{CH_3}{\underset{|}{CHCH_3}} \xrightarrow{\text{ruptura } \alpha} \underset{m/z = 87}{\overset{CH_3}{\underset{|}{CH}}=\overset{+}{\underset{..}{O}}-\overset{CH_3}{\underset{|}{CHCH_3}}} + CH_3\dot{C}H_2$$

$$CH_3CH_2\overset{CH_3}{\underset{|}{CH}}-\overset{+}{\underset{..}{O}}-\overset{CH_3}{\underset{|}{CHCH_3}} \xrightarrow{\text{ruptura } \alpha} \underset{m/z = 101}{CH_3CH_2CH=\overset{+}{\underset{..}{O}}-\overset{CH_3}{\underset{|}{CHCH_3}}} + \dot{C}H_3$$

$$CH_3CH_2\overset{CH_3}{\underset{|}{\underset{+}{CH}}}-\overset{..}{\underset{..}{O}}-\underset{\text{carbono }\alpha}{\overset{CH_3}{\underset{|}{CHCH_3}}} \xrightarrow{\text{ruptura } \alpha} \underset{m/z = 101}{CH_3CH_2\overset{CH_3}{\underset{|}{CH}}-\overset{+}{\underset{..}{O}}=CHCH_3} + \dot{C}H_3$$

PROBLEMA 10◆

En la figura 12.7 se ven los espectros de masas del 1-metoxibutano, 2-metoxibutano y 2-metoxi-2-metilpropano. Indique cuál es el espectro que corresponde a cada compuesto.

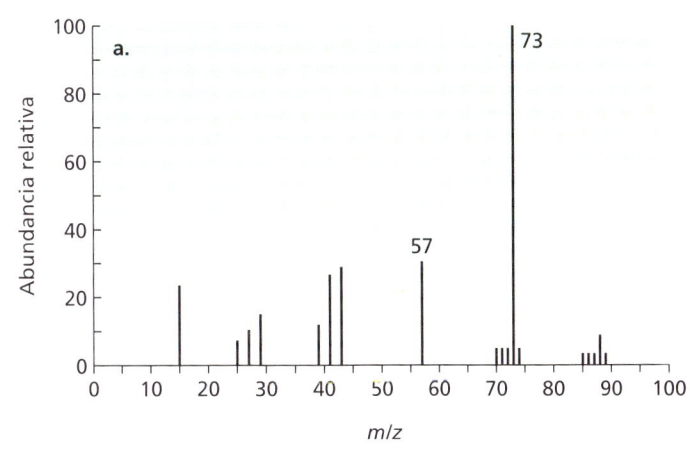

▲ **Figura 12.7**
Espectros de masas para el problema 10.

Figura 12.7
Continúa

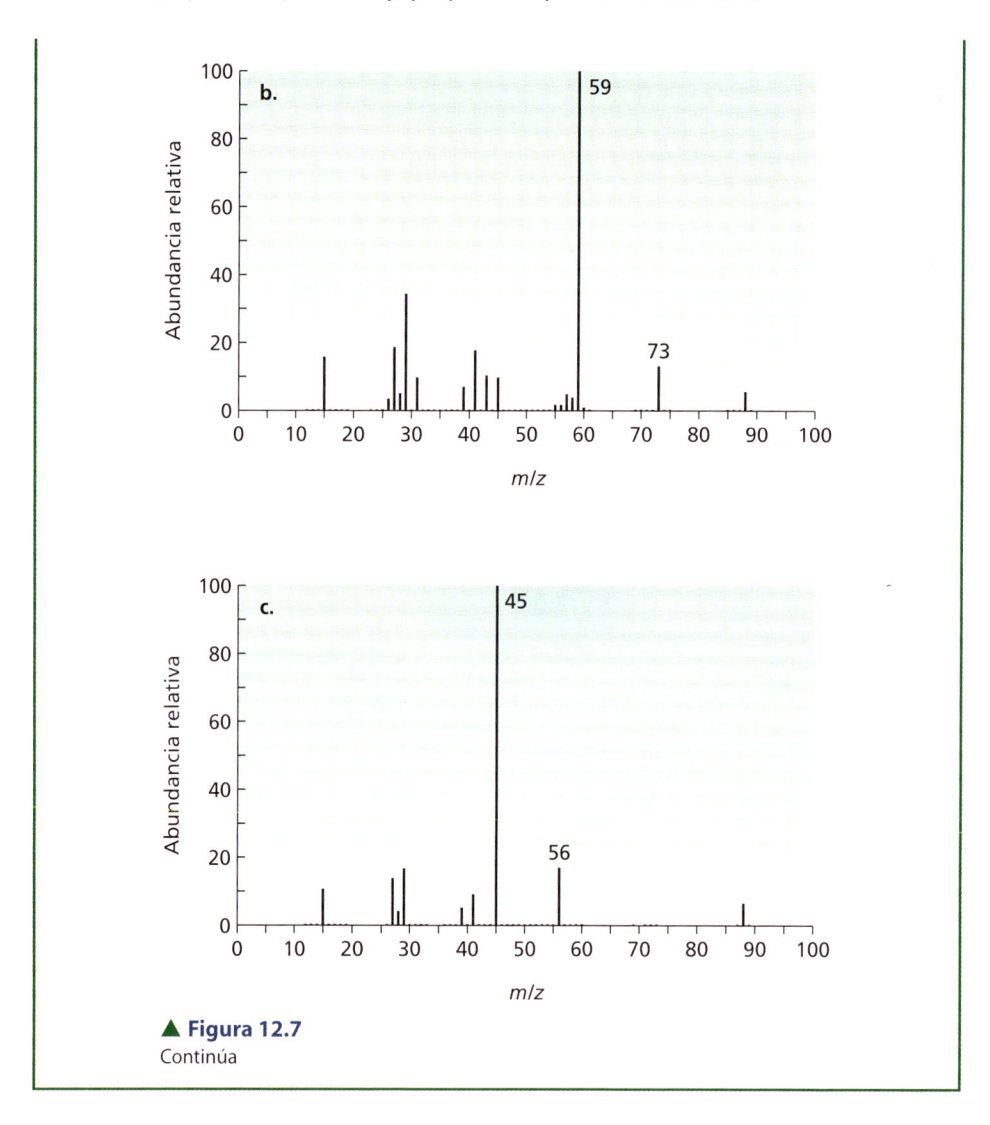

Alcoholes

Los iones moleculares que se obtienen de los alcoholes se fragmentan con tanta facilidad que pocos de ellos sobreviven hasta llegar al detector. El resultado es que los espectros de masas de los alcoholes muestran picos moleculares pequeños. Obsérvese el pico del ion molecular pequeño en $m/z = 102$ en el espectro de masas del 2-hexanol (figura 12.8).

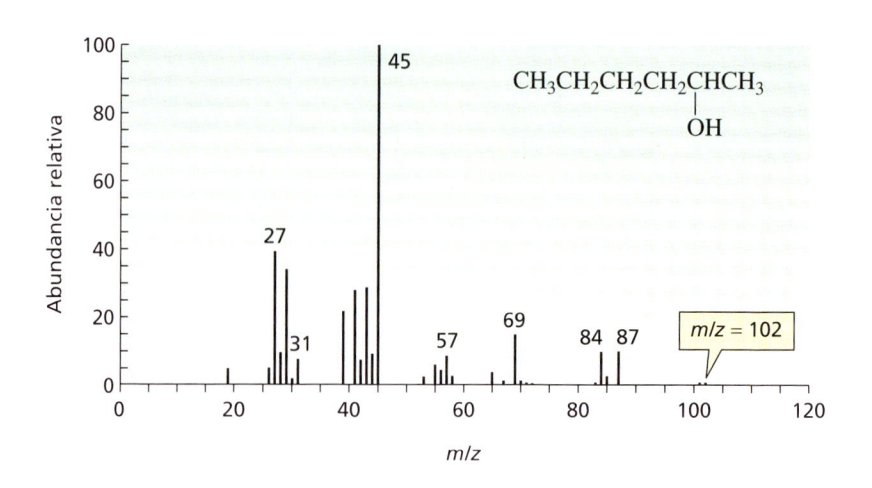

Tutorial del alumno:
Fragmentación de los alcoholes
(Fragmentation of alcohols)

Figura 12.8
Espectro de masas del 2-hexanol.

12.5 Patrones de fragmentación de grupos funcionales

Como los haluros de alquilo y los éteres, los alcoholes sufren ruptura α. En consecuencia, el espectro de masas del 2-hexanol exhibe un pico base en $m/z = 45$ (ruptura α que forma un radical butilo más estable) y un pico más pequeño en $m/z = 87$ (ruptura α que conduce a un radical metilo, menos estable).

$$CH_3CH_2CH_2CH_2\overset{:\ddot{O}H}{\underset{|}{C}}HCH_3 \xrightarrow{-e^-} CH_3CH_2CH_2CH_2\overset{{}^+\!\ddot{O}H}{\underset{|}{C}}HCH_3$$
2-hexanol, $m/z = 102$, carbono α

ruptura α → $CH_3CH_2CH_2\dot{C}H_2 + CH_3CH={\overset{+}{\ddot{O}}}H$ $m/z = 45$

ruptura α → $CH_3CH_2CH_2CH_2CH={\overset{+}{\ddot{O}}}H + \dot{C}H_3$ $m/z = 87$

En todas las fragmentaciones vistas hasta este momento sólo se rompe un enlace; sin embargo, con los alcoholes se presenta una fragmentación importante en la que se rompen dos enlaces. Se rompen dos enlaces porque la fragmentación forma una molécula de agua, estable. El agua está formada por un grupo OH y un hidrógeno γ. La pérdida de agua da como resultado un pico de fragmentación en $m/z = M^{\bullet +} - 18$.

α el hidrógeno γ está unido a carbón γ

$$CH_3CH_2\underset{\gamma}{C}H\underset{\beta}{C}H_2\underset{\alpha}{C}HCH_3 \longrightarrow CH_3CH_2\dot{C}HCH_2\overset{+}{C}HCH_3 + H_2O$$
$m/z = (102 - 18) = 84$

Obsérvese que los haluros de alquilo, los éteres y los alcoholes experimentan en común el comportamiento de fragmentación siguiente:

1. El enlace entre un carbono y un átomo *más electronegativo* (un halógeno o un oxígeno) se rompe heterolíticamente.
2. El enlace entre un carbono y un átomo de *electronegatividad similar* (un carbono o un hidrógeno) se rompe homolíticamente.
3. Los enlaces que se rompen con mayor probabilidad son los más débiles y también los que llevan a la formación del catión más estable. (Véase la fragmentación que da como resultado un catión con carga positiva compartida entre dos átomos).

PROBLEMA 11◆

Los alcoholes primarios muestran un pico intenso en $m/z = 31$. ¿Qué fragmento es el responsable de ese pico?

Cetonas

En general, el espectro de masas de las cetonas tiene un pico intenso de ion molecular. Una cetona se fragmenta homolíticamente en el enlace C—C adyacente al enlace C=O porque así se forma un catión con una carga positiva compartida entre dos átomos. El grupo alquilo que conduce al radical más estable es el que se rompe con más facilidad.

Tutorial del alumno:
Fragmentación de las cetonas
(Fragmentation of ketones)

$$CH_3CH_2CH_2\overset{\ddot{O}:}{\underset{\|}{C}}CH_3 \xrightarrow{-e^-} CH_3CH_2CH_2\overset{\dot{\ddot{O}}:}{\underset{\|}{C}}CH_3$$
2-pentanona, $m/z = 86$

→ $CH_3CH_2\dot{C}H_2 + CH_3C\equiv\overset{+}{O}:$ $m/z = 43$

→ $CH_3CH_2CH_2C\equiv\overset{+}{O}: + \dot{C}H_3$ $m/z = 71$

Si uno de los grupos alquilo fijo al carbono del grupo carbonilo dispone de un hidrógeno γ puede acontecer la ruptura, la cual transcurre a través del estado de transición del anillo de seis miembros favorable. Esta ruptura se conoce como un **rearreglo de McLafferty** y en el mismo el enlace entre los carbonos α y β se rompe homolíticamente y un átomo de hidrógeno del carbono γ migra hacia el átomo de oxígeno. Otra vez, la fragmentación ha ocurrido en la ruta que produce un catión con una carga positiva compartida por dos átomos.

$$\underset{m/z\,=\,86}{\underset{\beta\quad\alpha}{\underset{H_2C}{\overset{\gamma}{H_2C}}}\text{—}CH_2\text{—}\overset{\overset{+}{\ddot{O}:}}{\underset{\|}{C}}\text{—}CH_3} \xrightarrow{\text{rearreglo de McLafferty}} H_2C{=}CH_2 + \underset{m/z\,=\,58}{\cdot CH_2\text{—}\overset{\overset{+}{\ddot{O}:}\text{—}H}{\underset{\|}{C}}\text{—}CH_3}$$

ESPECTROMETRÍA DE MASAS EN CIENCIAS FORENSES

La ciencia forense es un campo que se caracteriza por la aplicación de las ciencias cuyo objetivo es la justicia. La espectrometría de masas es una herramienta importante de la ciencia forense. Se usa para analizar líquidos corporales para investigar la presencia y concentraciones de drogas y de sustancias tóxicas. También puede identificar la presencia de drogas en el pelo, lo cual amplifica la ventana de detección, de horas y días (después de los cuales ya los líquidos corporales no son útiles) a meses y hasta años. Por primera vez se empleó en 1955 para detectar drogas en atletas en una competencia de ciclismo en Francia. (Veinte por ciento de esas pruebas dieron positivo.) También, con espectrometría de masas se identifican los residuos de incendios provocados y de explosivos entre los residuos de explosión, así como para analizar pinturas, adhesivos y fibras.

PROBLEMA 12

¿Cómo podrían distinguirse los espectros de masas de los compuestos siguientes?

$$CH_3CH_2\overset{O}{\underset{\|}{C}}CH_2CH_3 \qquad CH_3\overset{O}{\underset{\|}{C}}CH_2CH_2CH_3 \qquad CH_3\overset{O}{\underset{\|}{C}}\underset{\underset{CH_3}{|}}{C}HCH_3$$

PROBLEMA 13 ◆

Identifique las cetonas que produjeron los espectros de masas de la figura 12.9.

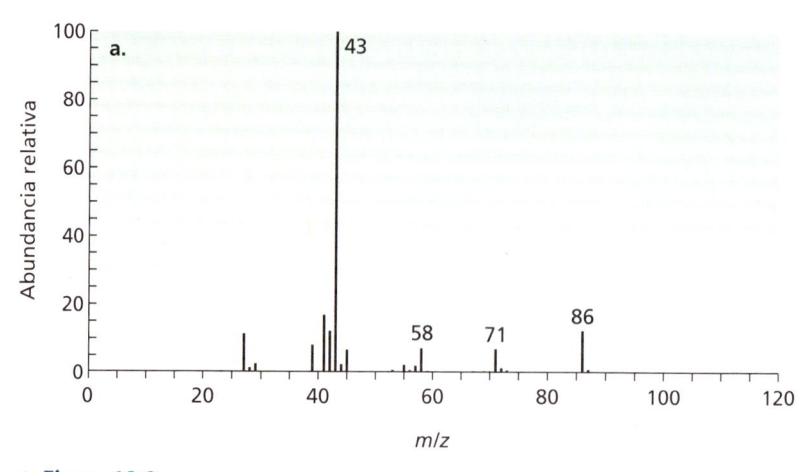

▲ **Figura 12.9**
Espectros de masa para el problema 13.

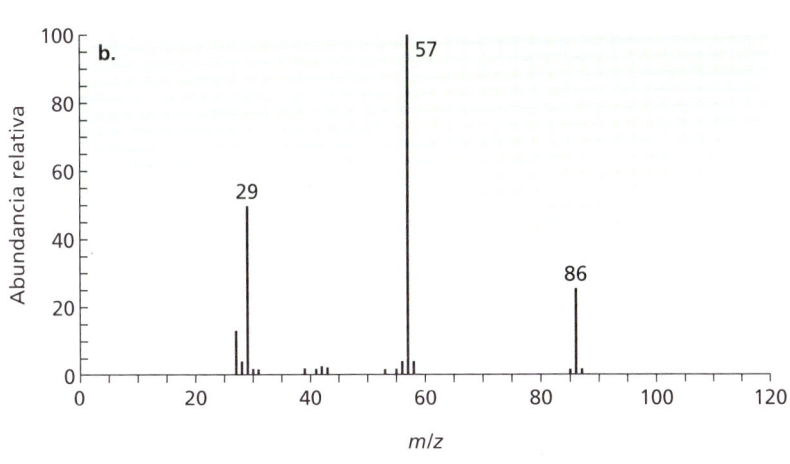

12.5 Patrones de fragmentación de grupos funcionales 527

Figura 12.9
Continuación

PROBLEMA 14

Use flechas curvas para indicar los fragmentos principales que se observarían en el espectro de masas de cada uno de los compuestos siguientes:

a. $CH_3CH_2CH_2CH_2CH_2OH$

b. $CH_3CH_2CHCH_2CH_2CH_2CH_3$
            $|$
           OH

c. $CH_3CH_2O\overset{\overset{\displaystyle CH_2CH_3}{|}}{\underset{\underset{\displaystyle CH_3}{|}}{C}}CH_2CH_2CH_3$

d. $CH_3\overset{\overset{\displaystyle O}{\|}}{C}CH_2CH_2CH_2CH_3$

e. $CH_3CH_2\underset{\underset{\displaystyle CH_3}{|}}{CHCl}$

f. $CH_3-\overset{\overset{\displaystyle CH_3}{|}}{\underset{\underset{\displaystyle CH_3}{|}}{C}}-Br$

PROBLEMA 15◆

Se obtienen dos productos con la reacción de (Z)-2-penteno y agua y catalizada con H_2SO_4. En la figura 12.10 se presentan los espectros de masas de esos productos. Indique cuáles son los compuestos responsables de esos espectros.

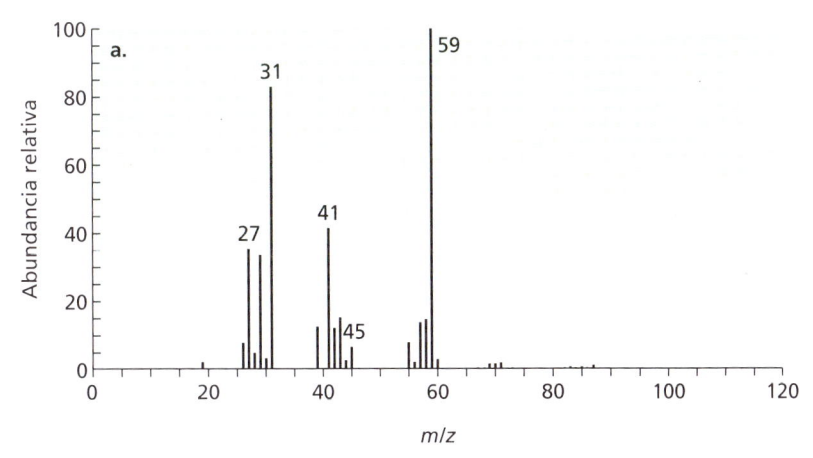

Figura 12.10
Espectros de masas para el problema 15.

▲ **Figura 12.10**
Continuación

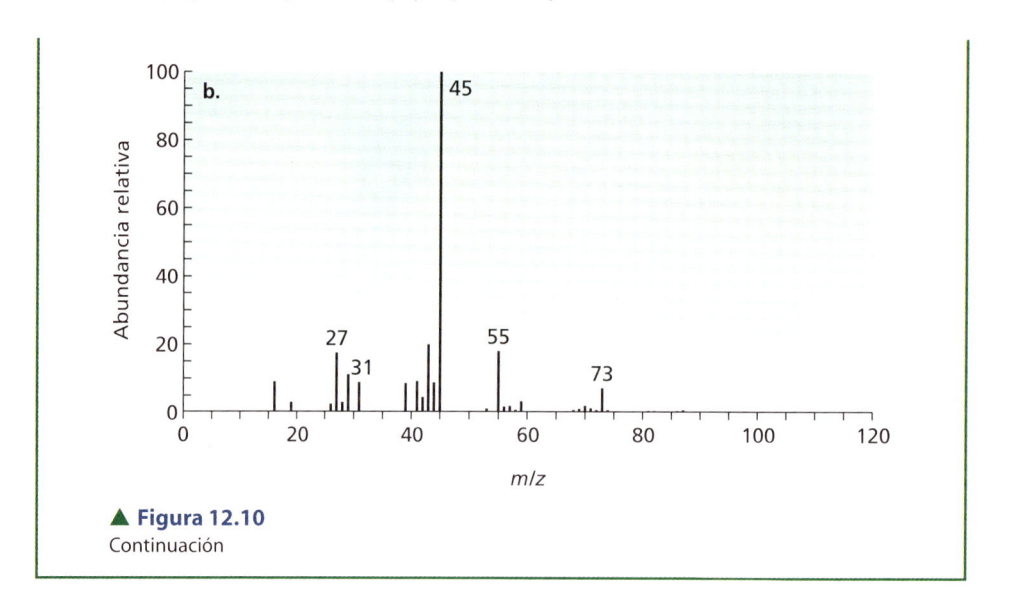

12.6 Espectroscopia y el espectro electromagnético

La **espectroscopia** es el estudio de la interacción de materia con radiación electromagnética. El espectro electromagnético (figura 12.11) está formado por un continuo de distintas clases de **radiación electromagnética**; cada una se asocia con determinado intervalo de energías. La luz visible es la radiación electromagnética con la que estamos más familiarizados, pero sólo representa una fracción de todo el espectro electromagnético. Los rayos X y las ondas de radio son los otros tipos más conocidos de radiación electromagnética.

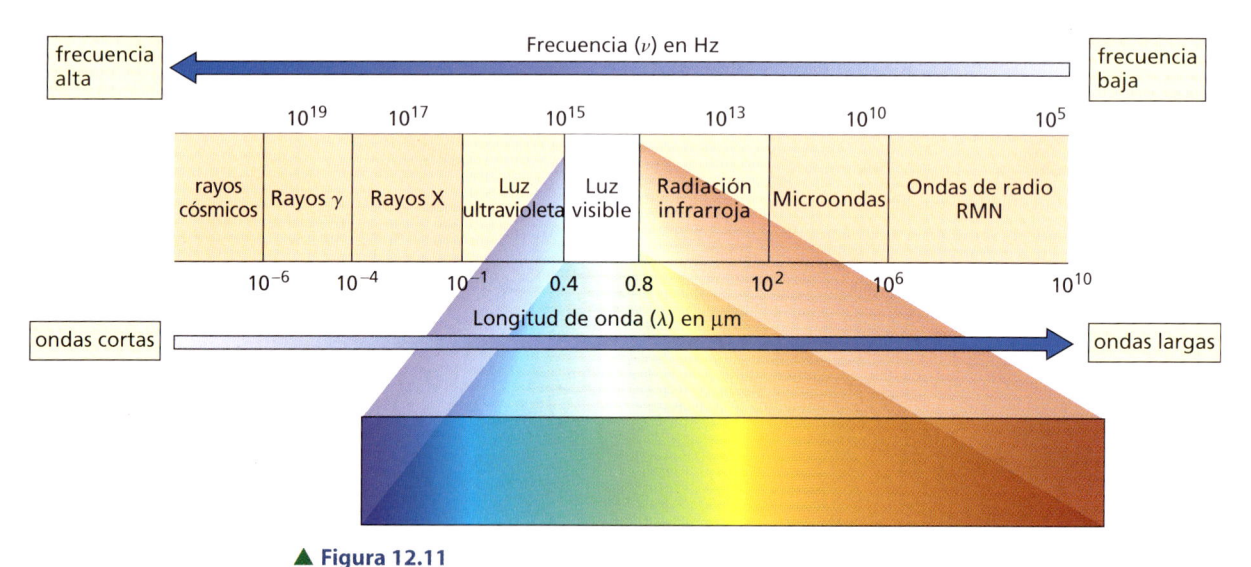

▲ **Figura 12.11**
El espectro electromagnético.

Las diversas clases de radiación electromagnética se pueden caracterizar como sigue:

- Los *rayos cósmicos* proceden del Sol y tienen la mayor energía, las mayores frecuencias y las menores longitudes de onda.
- Los *rayos γ* (rayos gamma) son emitidos por los núcleos de ciertos elementos radiactivos y, debido a su gran energía, pueden dañar gravemente a los organismos vivos.

- Los *rayos X*, con energía algo menor que los rayos γ, son menos dañinos, excepto en grandes dosis. Los rayos X en dosis bajas se emplean para examinar la estructura interna de los organismos. Mientras más denso es el tejido, más bloquea a los rayos X.
- La *luz ultravioleta* (*UV*), componente de la luz solar, es la que causa las quemaduras en la piel; una exposición repetida a dicha luz puede causar cáncer de la piel porque daña las moléculas de ADN en las células cutáneas (sección 29.6).
- La *luz visible* es la radiación electromagnética que vemos.
- La *radiación infrarroja* se percibe como calor.
- Las *microondas* se aprovechan para cocinar y también en el radar.
- Las *ondas de radio* poseen la menor energía (la frecuencia más baja) de las distintas clases de radiación electromagnética. Se las utiliza en comunicaciones por radio y por televisión, imágenes digitales, aparatos de control remoto y enlaces inalámbricos para computadoras portátiles. También se usan ondas de radio en espectroscopia de RMN y en imágenes de resonancia magnética (IRM).

Cada técnica espectroscópica de las que se describen en este libro emplea una clase distinta de radiación electromagnética. En este capítulo se estudiará la espectroscopia infrarroja (IR) y la espectroscopia ultravioleta/visible (UV/Vis), y en el próximo capítulo habrá ocasión de ver de qué manera pueden identificarse compuestos usando espectroscopia de resonancia magnética nuclear (RMN).

Debido a que la radiación electromagnética presenta propiedades ondulatorias, se puede caracterizar como una onda por su frecuencia (ν) o por su longitud de onda (λ). La **frecuencia** se define como la cantidad de crestas de onda que pasan por determinado punto en un segundo. Las unidades de frecuencia son los hertz (Hz). La **longitud de onda** es la distancia desde cualquier punto en la onda hasta el punto correspondiente en la siguiente onda. En general, la longitud de onda se mide en micrómetros o en nanómetros. Un micrómetro (μm) es 10^{-6} metros, y un nanómetro (nm) es 10^{-9} metros.

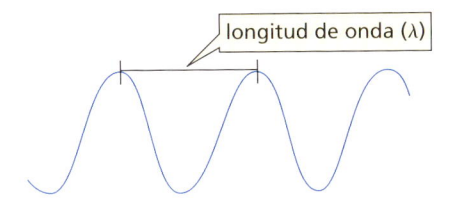

longitud de onda (λ)

La relación entre la energía (E) y la frecuencia (ν) o la longitud de onda de la radiación electromagnética se describe con la ecuación

$$E = h\nu = \frac{hc}{\lambda}$$

donde h es la constante de proporcionalidad, que corresponde a la *constante de Planck* por el físico alemán que la descubrió (sección 3.7), y c es la velocidad de la luz ($c = 3 \times 10^{10}$ cm/s). La ecuación indica que las longitudes de onda cortas tienen altas frecuencias y las ondas largas tienen bajas frecuencias.

$$\nu = \frac{c}{\lambda}$$

Otra forma de describir la *frecuencia* de la radiación electromagnética, que es la que más se usa en espectroscopia infrarroja, es el **numero de onda** ($\tilde{\nu}$), el número de ondas en

1 cm. Por consiguiente, sus unidades son de centímetros recíprocos (cm^{-1}). La relación entre el número de onda (en cm^{-1}) y la longitud de onda (en μm) se define con la ecuación

$$\widetilde{\nu}(\text{cm}^{-1}) = \frac{10^4}{\lambda(\mu\text{m})} \quad \text{(porque 1 μm = 10}^{-4}\text{ cm)}$$

Las frecuencias altas, los números grandes de onda y las longitudes de onda bajas, se relacionan con alta energía.

Entonces, *las altas frecuencias, los números de onda grandes y las longitudes cortas de onda* se relacionan con *alta energía*.

PROBLEMA 16◆

Uno de los siguientes esquemas representa las ondas asociadas con la radiación infrarroja, y el otro representa las ondas relacionadas con la luz ultravioleta. ¿Cuál es cuál?

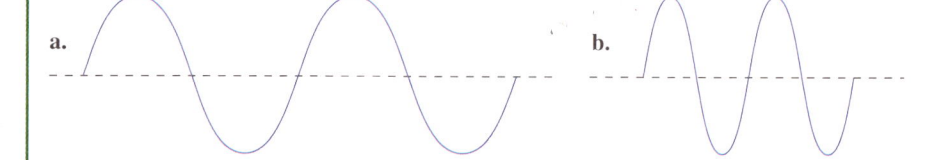

a.

b.

PROBLEMA 17◆

a. ¿Qué radiación electromagnética tiene más energía, la de número de onda 100 cm^{-1} o la de 2000 cm^{-1}?

b. ¿Qué radiación electromagnética tiene más energía, la de longitud de onda de 9 μm o la de 8 μm?

c. ¿Qué radiación electromagnética tiene más energía, la de número de onda de 3000 cm^{-1} o la de 2 μm?

PROBLEMA 18◆

a. ¿Cuál es el número de onda de la radiación cuya longitud de onda es de 4 μm?

b. ¿Cuál es la longitud de onda de la radiación cuyo número de onda es de 200 cm^{-1}?

12.7 Espectroscopia en IR

La longitud indicada para un enlace entre dos átomos sólo es una longitud promedio porque en realidad un enlace se comporta como si fuera un resorte en vibración. Un enlace vibra porque experimenta movimientos de estiramiento y de flexión. Un *estiramiento* es una vibración que sucede a lo largo de la línea del enlace que cambia la longitud del mismo. Una *flexión* es una vibración que *no* sucede a lo largo de la línea del enlace; las vibraciones de flexión cambian los ángulos del enlace. Una molécula diatómica, como la de H—Cl, sólo puede tener **vibración de estiramiento** porque carece de ángulos de enlace.

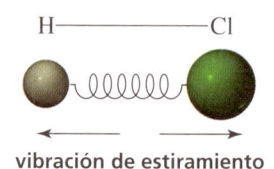

H———Cl

vibración de estiramiento

Las vibraciones de una molécula que tenga tres o más átomos son más complejas (figura 12.12). Tales moléculas pueden experimentar estiramientos y/o flexiones simétricos y asimétricos, y sus vibraciones de flexión pueden ocurrir en un plano o fuera de éste. Las **vibraciones de flexión** casi siempre se indican con términos descriptivos, como *oscilación, de tijeras* y *torsión*.

12.7 Espectroscopia en IR

Vibraciones de estiramiento

- estiramiento simétrico
- estiramiento asimétrico

Vibraciones de flexión

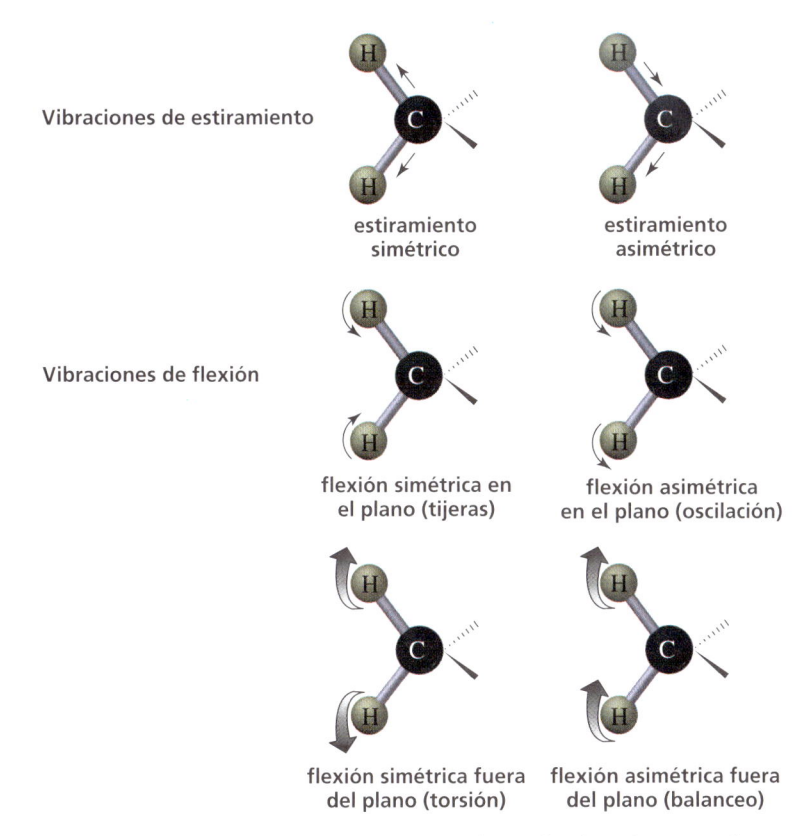

- flexión simétrica en el plano (tijeras)
- flexión asimétrica en el plano (oscilación)
- flexión simétrica fuera del plano (torsión)
- flexión asimétrica fuera del plano (balanceo)

Tutorial del alumno: Estiramiento y flexión en el IR (IR stretching and bending)

◀ **Figura 12.12**
Vibraciones de estiramiento y flexión de enlaces en moléculas orgánicas.

Cada vibración de flexión y de estiramiento de determinado enlace sucede con una frecuencia característica. La **radiación infrarroja** presenta justamente las frecuencias que corresponden a las de las vibraciones de estiramiento y de flexión en las moléculas orgánicas. Los límites de números de onda para la radiación infrarroja son de 4000 a 600 cm^{-1}. Es un poco menor que la "región del rojo" de la luz visible. *Infra* es "abajo" en latín.

Cuando una molécula se irradia con una frecuencia que coincida exactamente con la de uno de sus modos de vibración, la molécula absorbe energía; ello permite que los enlaces se estiren y se flexionen un poco más. Si se determinan en forma experimental los números de onda de la energía que absorbe determinado compuesto, se puede indicar qué clases de enlaces tiene. Por ejemplo, la vibración de estiramiento de un enlace C=O absorbe energía con número de onda ~1700 cm^{-1}, mientras que la vibración de estiramiento de un enlace O—H absorbe energía con número de onda de ~3450 cm^{-1} (figura 12.13).

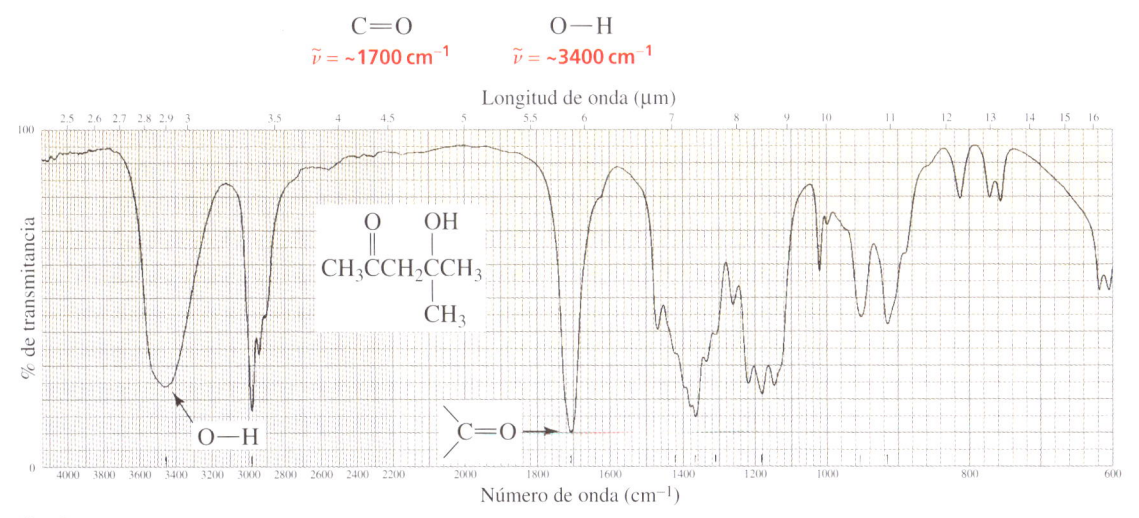

C=O $\tilde{\nu}$ = ~1700 cm^{-1} O—H $\tilde{\nu}$ = ~3400 cm^{-1}

▲ **Figura 12.13**
Espectro infrarrojo de la 4-hidroxi-4-metil-2-pentanona. El espectro indica el porcentaje de transmitancia de radiación en función del número de onda o de la longitud de onda de la radiación.

Obtención de un espectro infrarrojo

Un **espectro infrarrojo** se obtiene haciendo pasar radiación infrarroja a través de una muestra de un compuesto; y se obtiene una gráfica del porcentaje de la transmitancia de la radiación en función del número de onda (o de la longitud de onda) de la radiación transmitida (figura 12.13). El instrumento con el que se obtiene un espectro infrarrojo se llama espectrofotómetro IR. Una transmitancia del 100% en un espectro infrarrojo, indica que toda la energía de la radiación (de determinada longitud de onda o número de onda) atraviesa la molécula. Valores menores del porcentaje de transmitancia indican que el compuesto absorbe algo de la energía. Cada pico hacia abajo en el espectro IR representa absorción de energía. Los picos se llaman **bandas de absorción**. La mayoría de los químicos indica la localización de las bandas de absorción usando números de onda.

En la actualidad existe un nuevo tipo de espectrofotómetro IR que se llama espectrofotómetro con transformada de Fourier en IR (FT-IR, de *Fourier transform-IR*); que tiene ventajas sobre los espectrofotómetros convencionales. Por ejemplo, su sensibilidad es superior porque en lugar de explorar las frecuencias una tras otra las mide todas en forma simultánea. A continuación la información se digitaliza y con una computadora se determina su transformada de Fourier para producir el espectro FT-IR. Un espectrofotómetro IR convencional puede tardar de 2 a 10 minutos para explorar todas las frecuencias. En contraste, los espectros FT-IR se pueden tomar en 1 a 2 segundos. Los espectros que se muestran en este libro son de FT-IR.

Se puede tomar un espectro IR de un gas, un sólido o un líquido. Los gases se expanden en una celda evacuada (un recipiente pequeño). Los sólidos se pueden comprimir con KBr anhidro, formando un disco que se coloca en el trayecto del haz luminoso. También se pueden examinar en forma de polvo, que se prepara moliendo algunos miligramos del sólido en un mortero, agregando una o dos gotas de aceite mineral y continuando la molienda. Los líquidos se pueden examinar directamente (sin diluir); se colocan algunas gotas entre dos placas ópticamente pulidas de NaCl que se intercalan en el haz luminoso. También, se usa una celda con ventanas de NaCl o de AgCl ópticamente pulidas para contener las muestras disueltas. Los discos, placas y celdas que se usan para contener las muestras se fabrican con sustancias iónicas porque al carecer de enlaces covalentes no absorben radiación del IR, mientras que el vidrio, el cuarzo y los plásticos disponen de enlaces covalentes y absorben radiaciones del IR.

Cuando se analizan compuestos en disolución, deben estar en disolventes que presenten pocas bandas de absorción en la región de interés. Los disolventes que se usan con frecuencia son CH_2Cl_2 y $CHCl_3$. En un espectrofotómetro de doble haz, la radiación del IR se divide en dos rayos: uno que pasa por la celda de la muestra y otro que pasa por una celda que sólo contiene el disolvente. Toda absorción del disolvente se anula y el espectro de absorción pertenece sólo al soluto.

Grupo funcional y regiones dactiloscópicas

Un espectro infrarrojo se puede dividir en dos zonas. Los dos tercios del lado izquierdo del espectro (de 4000 a 1400 cm^{-1}) corresponden al sitio donde se encuentran más grupos funcionales con bandas de absorción. A ésta se le llama **región de grupos funcionales**. La tercera parte de la derecha (de 1400 a 600 cm^{-1}) del espectro se llama **región dactiloscópica** porque es característica para cada compuesto, del mismo modo que una huella digital es característica de una sola persona. Aun cuando dos moléculas diferentes cuenten con los mismos grupos funcionales, sus espectros IR no serán idénticos porque los grupos funcionales no están exactamente en el mismo ambiente en cada compuesto; esta diferencia se refleja en la figura de bandas de absorción en la región dactiloscópica, donde cada compuesto muestra un patrón único. Por ejemplo, el 2-pentanol y el 3-pentanol poseen los mismos grupos funcionales, y muestran entonces bandas de absorción parecidas en la región de grupos funcionales; empero, sus regiones dactiloscópicas son diferentes porque los compuestos son diferentes (figura 12.14). Así, un compuesto se puede identificar en forma positiva comparando su región dactiloscópica con la del espectro de una muestra patrón del mismo compuesto.

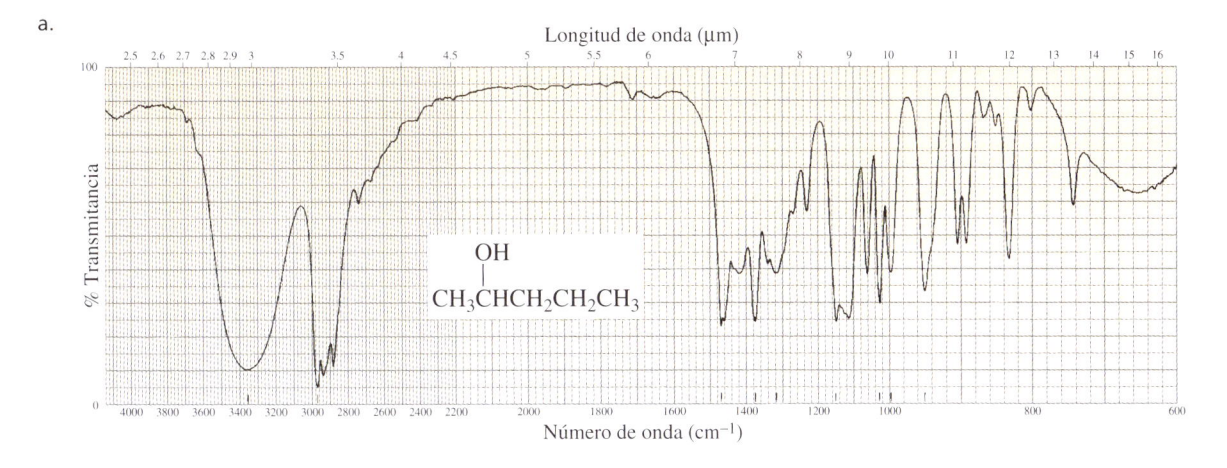

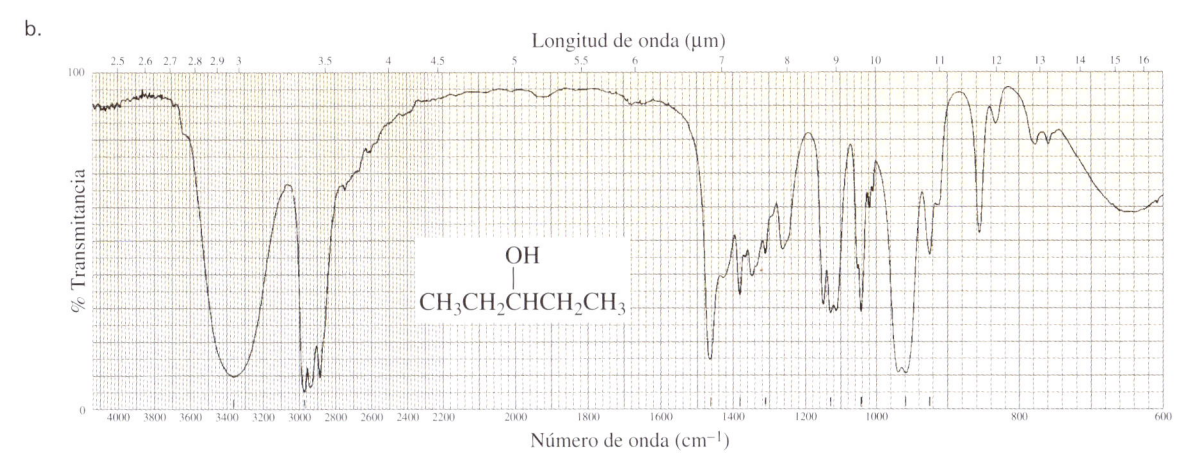

▲ Figura 12.14
Espectros IR de (a) 2-pentanol y (b) 3-pentanol. Las regiones de grupo funcional se parecen mucho porque los dos compuestos presentan el mismo grupo funcional, pero las regiones dactiloscópicas son únicas para cada compuesto.

12.8 Bandas características de absorción infrarroja

Los espectros IR pueden ser muy complejos porque las vibraciones de estiramiento y flexión de cada enlace en una molécula pueden producir una banda de absorción. Es obvio que hay mucho más sobre la espectroscopia infrarroja que lo que en este lugar se puede presentar. Sin embargo, en química orgánica, en general, no se trata de identificar todas las bandas de absorción de un espectro IR. Al identificar un compuesto desconocido con frecuencia se usa la espectroscopia IR junto con información recabada con otras técnicas espectroscópicas. En este capítulo sólo se han de examinar varias bandas características de absorción infrarroja para que el lector tenga oportunidad de decir algo acerca de la estructura de un compuesto que produce determinado espectro IR. Se puede encontrar una tabla extensa de las frecuencias características de los grupos funcionales en el apéndice VI. Algunos de los problemas de este capítulo, y muchos de los del capítulo 13, suministran la práctica en el uso de la información originada en dos o más métodos instrumentales para identificar compuestos.

Como se requiere más energía para estirar un enlace que para doblarlo, las bandas de absorción de vibraciones de estiramiento se localizan en la región de grupo funcional (de 4000 a 1400 cm^{-1}), mientras que las bandas de absorción para las vibraciones de flexión se suelen encontrar en la región dactiloscópica (de 1400 a 600 cm^{-1}). Por consiguiente, las vibraciones de estiramiento son las que se usan con más frecuencia para determinar qué clases de enlaces contiene una molécula. Las *frecuencias de vibraciones de estiramiento* asociadas con distintos tipos de enlaces se ven en la tabla 12.4 y se describirán en las secciones 12.10 y 12.11.

Se necesita más energía para estirar un enlace que para flexionarlo.

534 CAPÍTULO 12 Espectrometría de masas, espectroscopia infrarroja y espectroscopia ultravioleta/visible

Tabla 12.4	Frecuencias de vibraciones importantes de estiramiento en IR	
Tipo de enlace	Número de onda (cm^{-1})	Intensidad
C≡N	2260–2220	media
C≡C	2260–2100	de media a débil
C=C	1680–1600	media
C=N	1650–1550	media
⬡	~1600 y ~1500–1430	de fuerte a débil
C=O	1780–1650	fuerte
C—O	1250–1050	fuerte
C—N	1230–1020	media
O—H (alcohol)	3650–3200	fuerte, ancha
O—H (ácido carboxílico)	3300–2500	fuerte, muy ancha
N—H	3500–3300	media, ancha
C—H	3300–2700	media

12.9 Intensidad de las bandas de absorción

Mientras más cambie el momento dipolar, la absorción es más intensa.

Cuando un enlace vibra cambia su momento dipolar. La intensidad de la banda de absorción causante de la vibración depende de la magnitud de ese cambio de momento dipolar: mientras mayor sea el cambio la absorción será más intensa. Cuando el enlace se estira, la distancia creciente entre los átomos hace aumentar el momento dipolar. (Recuérdese que el momento dipolar de un enlace es igual a la magnitud de la carga de uno de los átomos enlazados multiplicada por la distancia entre las dos cargas, sección 1.3.) La vibración de estiramiento de un enlace O—H se asocia con mayor cambio de momento dipolar que la de un enlace N—H porque el enlace O—H es más polar. En consecuencia, un enlace O—H tendrá una absorción más intensa que un enlace N—H. De igual manera, un enlace N—H tendrá una absorción más intensa que un enlace C—H porque el enlace N—H es más polar.

Mientras más polar sea el enlace, la absorción es más intensa.

polaridad relativa de enlace
intensidad relativa de absorción infrarroja

más polar / más intensa O—H > N—H > C—H menos polar / menos intensa

La intensidad de una banda de absorción también depende de la cantidad de enlaces determinantes de la absorción. Por ejemplo, la banda de absorción para el estiramiento C—H será más intensa para un compuesto como el yoduro de octilo, que tiene 17 enlaces C—H, que para el yoduro de metilo, que sólo tiene tres enlaces C—H. La concentración de la muestra con la que se obtiene un espectro IR también afecta la intensidad de las bandas de absorción. Las muestras concentradas tienen más cantidad de moléculas que absorben y, en consecuencia, sus bandas de absorción son más intensas. En las publicaciones químicas el lector encontrará intensidades calificadas como fuerte(s), media(s) o débil(es), anchas o angostas.

PROBLEMA 19◆

¿Cuál se espera que sea más intensa: la vibración de estiramiento de un enlace C=O o la vibración de estiramiento de un enlace C=C?

12.10 La posición de las bandas de absorción

La cantidad de energía necesaria para estirar un enlace depende de la *fuerza* del enlace y de las *masas* de los átomos unidos. Mientras más fuerte sea el enlace la energía necesaria para estirarlo será mayor; imagínese el lector que un enlace más fuerte se asemeja a un resorte más rígido. La frecuencia de la vibración (número de onda de la banda de absorción) presenta una relación inversa con la masa de los átomos unidos al resorte y así los átomos más pesados vibran a menores frecuencias.

Ley de Hooke

El número aproximado de onda de una banda de absorción puede calcularse con la ecuación siguiente, deducida de la **ley de Hooke**, que describe el movimiento de un resorte que vibra:

$$\tilde{\nu} = \frac{1}{2\pi c}\left[\frac{f(m_1 + m_2)}{m_1 m_2}\right]^{1/2}$$

donde c es la velocidad de la luz, $\tilde{\nu}$ es el número de onda de una banda de absorción, f es la constante de resorte del enlace (una medida de la fuerza del enlace) y m_1 y m_2 son las masas (en gramos) de los átomos unidos por el enlace. De acuerdo con esta ecuación, los *enlaces más fuertes* y los *átomos más ligeros* originan frecuencias más altas.

Los átomos más ligeros tienen bandas de absorción a mayores números de onda.
C—H
~3000 cm^{-1}
C—D
~2200 cm^{-1}
C—O
~1100 cm^{-1}
C—Cl
~700 cm^{-1}

> ### EL AUTOR DE LA LEY DE HOOKE
> Robert Hooke (1635-1703) nació en la isla de Wight, frente a la costa sur de Inglaterra. Fue un científico brillante y realizó aportaciones a casi cada campo científico. Fue el primero en sugerir que la luz tiene propiedades ondulatorias. Descubrió que Gamma Arietis es una estrella doble y descubrió la Gran Mancha Roja de Júpiter. En una conferencia publicada después de su muerte, sugirió que los terremotos se deben al enfriamiento y contracción de la Tierra. Examinó el corcho bajo el microscopio y acuñó el término "cell" (célula) para describir lo que vio. Escribió acerca del desarrollo evolutivo basándose en sus estudios de fósiles microscópicos, y realizó algunos estudios muy consultados acerca de los insectos. También inventó el mecanismo de balance de los resortes para los relojes, y la junta universal que suele usarse en los vehículos.

El efecto del orden de enlace

El orden de enlace afecta la fuerza del mismo y por consiguiente modifica la posición de las bandas de absorción, calculada por la ley de Hooke. Un enlace C=C es más fuerte que uno C≡C, por lo que el enlace C—C se estira a mayor frecuencia (~2100 cm^{-1}) que un enlace C=C (~1650 cm^{-1}); los enlaces C—C tienen vibraciones de estiramiento en la región que va de 1200 a 800 cm^{-1}, pero esas vibraciones son débiles y muy comunes, por lo que son de poco valor para identificar compuestos. De forma parecida, un enlace C=O se estira a mayor frecuencia (~1700 cm^{-1}) que un enlace C—O (~1100 cm^{-1}), y un enlace C≡N se estira a mayor frecuencia (~2200 cm^{-1}) que uno C=N (~1600 cm^{-1}); éste, a su vez, se estira a mayor frecuencia que un enlace C—N (~1100 cm^{-1}) (tabla 12.4).

Los enlaces más fuertes tienen bandas de absorción a mayores números de onda.
C≡N
~2200 cm^{-1}
C=N
~1600 cm^{-1}
C—N
~1100 cm^{-1}

> **PROBLEMA 20◆**
>
> **a.** ¿Qué banda estará a mayor número de onda…
>   1. un estiramiento C≡C o un estiramiento C=C?
>   2. un estiramiento C—H o una flexión C—H?
>   3. un estiramiento C—N o un estiramiento C=N?
>   4. un estiramiento C=O o un estiramiento C—O?
>
> **b.** Suponiendo que las constantes de resorte son iguales ¿qué sucederá a mayor número de onda…
>   1. un estiramiento C—O o un estiramiento C—Cl?
>   2. un estiramiento C—O o un estiramiento C—C?

12.11 Influencia de la deslocalización electrónica de grupos donadores y atractores de electrones y de los puentes de hidrógeno sobre la posición de una banda de absorción

La tabla 12.4 muestra un intervalo de números de onda para la frecuencia de la vibración de estiramiento de cada grupo funcional porque la posición exacta de la banda de absorción de un grupo en el espectro de determinado compuesto depende de otras propiedades estructurales de la molécula, como su deslocalización electrónica, el efecto electrónico de los sustituyentes vecinos y el de los puentes de hidrógeno. De hecho, los detalles importantes de la estructura de un compuesto pueden revelarse por las posiciones exactas de sus bandas de absorción.

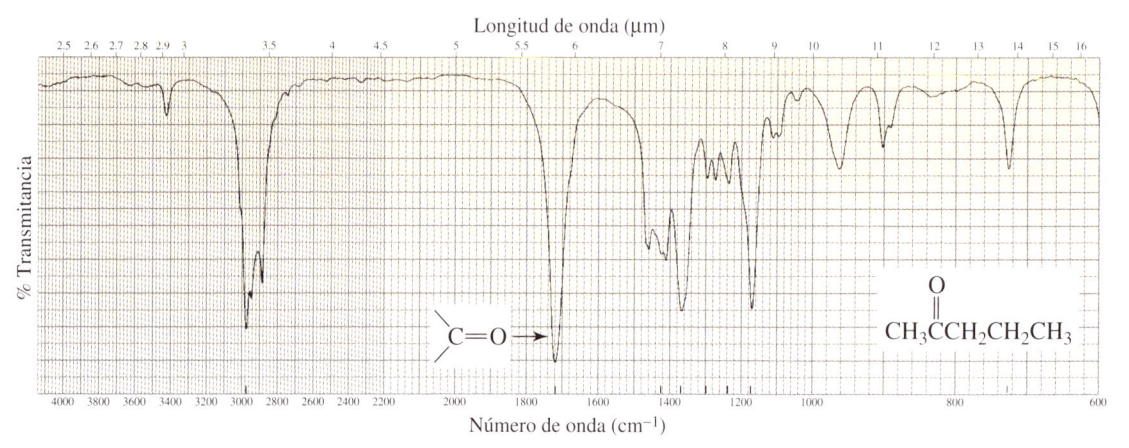

▲ **Figura 12.15**
Espectro IR de la 2-pentanona. La banda de absorción intensa en ~1720 se debe a un enlace C=O.

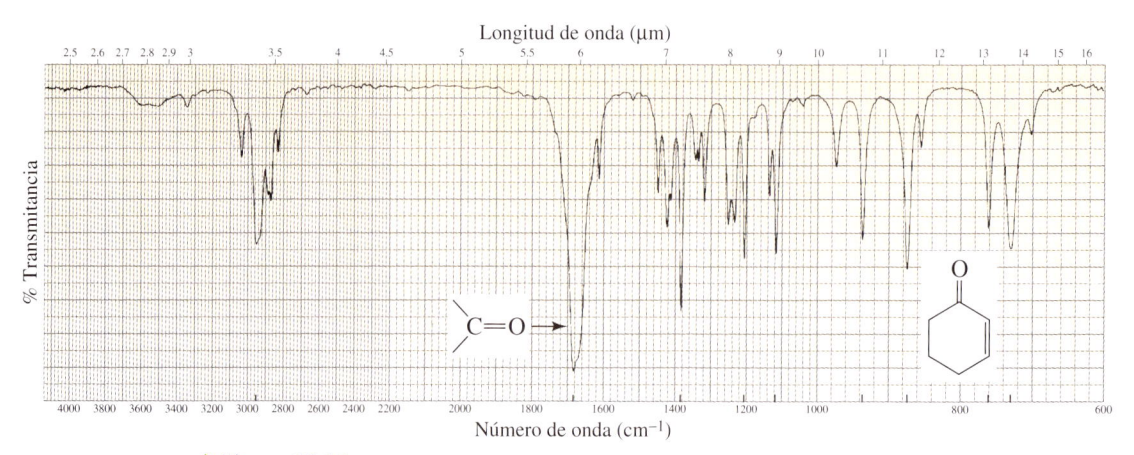

▲ **Figura 12.16**
Espectro IR de la 2-ciclohexenona. La deslocalización electrónica hace disminuir el carácter de enlace doble en su grupo carbonilo y entonces absorbe a una frecuencia menor (~1680 cm^{-1}) que el grupo carbonilo cuando tiene electrones localizados (~1720 cm^{-1}).

12.11 Influencia de la deslocalización electrónica

Por ejemplo, el espectro IR de la figura 12.15 muestra que el grupo carbonilo (C=O) de la 2-pentanona absorbe a 1720 cm^{-1}, mientras que el espectro IR de la figura 12.16 muestra que el grupo carbonilo de la 2-ciclohexenona absorbe a menor frecuencia (1680 cm^{-1}). Este último grupo absorbe a una frecuencia menor porque tiene más carácter de enlace sencillo debido a la deslocalización electrónica. Un enlace sencillo es más débil que un enlace doble y así un grupo carbonilo con cierto carácter importante de enlace doble se estirará a menor frecuencia que uno que tenga poco o nada de carácter de enlace sencillo.

Si hay otro átomo que no sea carbono junto al grupo carbonilo también produce el desplazamiento de la posición de la banda de absorción del carbonilo. El que se desplace a una frecuencia menor o mayor depende de si el efecto predominante del átomo es donar o atraer electrones por resonancia.

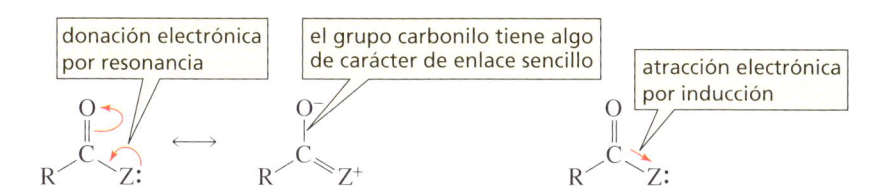

El efecto predominante del nitrógeno de una amida es la donación de electrones por resonancia (sección 7.9). En contraste, el efecto predominante del átomo de oxígeno en un éster es atraer electrones inductivamente (sección 1.21) y entonces la forma de resonancia que tiene el enlace sencillo C—O contribuye menos al híbrido. El resultado consiste en que el grupo carbonilo de un éster tiene menos carácter de enlace sencillo y requiere más energía para estirarse (1740 cm^{-1} en la figura 12.17) que el grupo carbonilo de una amida (1660 cm^{-1} en la figura 12.18).

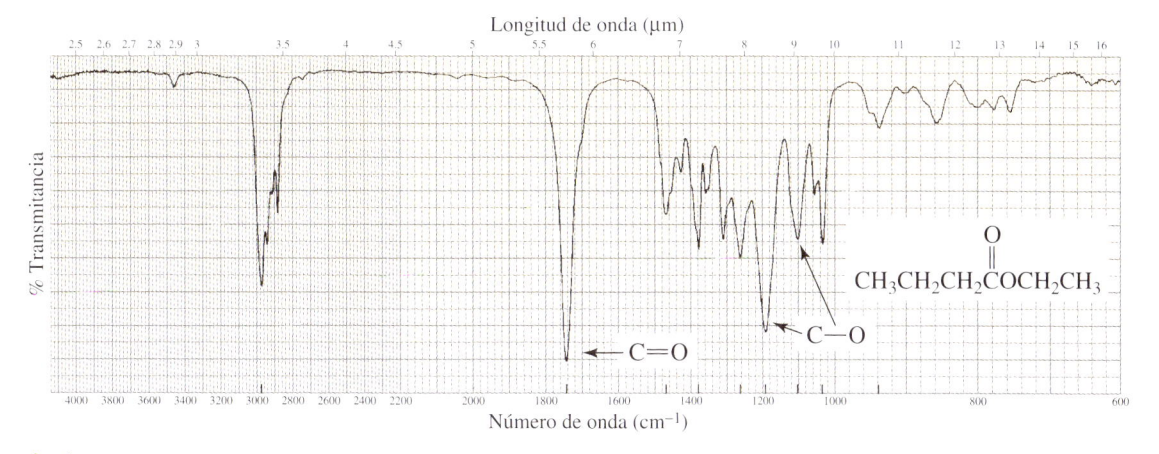

▲ **Figura 12.17**
Espectro IR del butanoato de etilo. El átomo de oxígeno, ávido de electrones, hace que el grupo carbonilo de un éster sea más difícil de estirar (~1740 cm^{-1}) que el de una cetona (~1720 cm^{-1}).

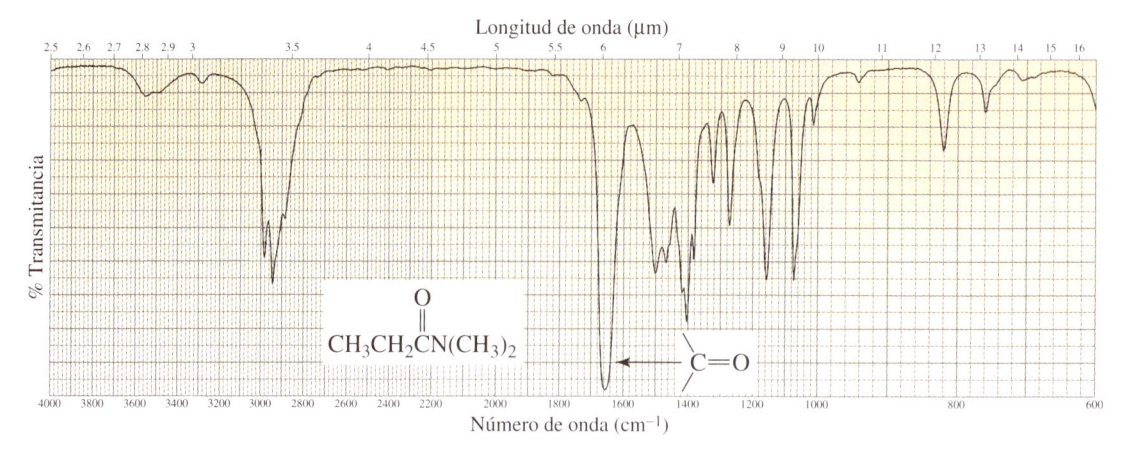

▲ Figura 12.18
Espectro infrarrojo de la *N,N*-dimetilpropanamida. El grupo carbonilo de una amida tiene menos carácter de enlace doble que el grupo carbonilo de una cetona, así que el primero se estira con más facilidad (~1660 cm^{-1}).

Si se comparan las frecuencias de la vibración de estiramiento del grupo carbonilo en un éster (1740 cm^{-1} en la figura 12.17) con la del grupo carbonilo de una cetona (1720 cm^{-1} en la figura 12.15) se podrá constatar la importancia que tiene la atracción inductiva de electrones sobre la posición de la vibración de estiramiento para el grupo carbonilo.

Un enlace C—O presenta una vibración de estiramiento entre 1250 y 1050 cm^{-1}. Si el enlace C—O es de un alcohol (figura 12.19) o de un éter, el estiramiento se encontrará hacia el extremo inferior del intervalo; no obstante, si el enlace C—O pertenece a un ácido carboxílico (figura 12.20), el estiramiento quedará en el extremo superior del intervalo. La posición de la absorción de C—O varía porque el enlace C—O en un alcohol es un enlace sencillo puro, mientras que el enlace C—O en un ácido carboxílico tiene un carácter parcial de enlace doble debido a donación de electrones por resonancia. Los ésteres exhiben estiramientos de C—O en ambos extremos del intervalo (figura 12.18) porque cuentan con dos enlaces sencillos C—O: uno que es un enlace sencillo puro y el otro que tiene un carácter parcial de enlace doble.

CH$_3$CH$_2$—OH
~1050 cm^{-1}

CH$_3$CH$_2$—O—CH$_2$CH$_3$
~1050 cm^{-1}

~1250 cm^{-1}

~1250 cm^{-1} y ~1050 cm^{-1}

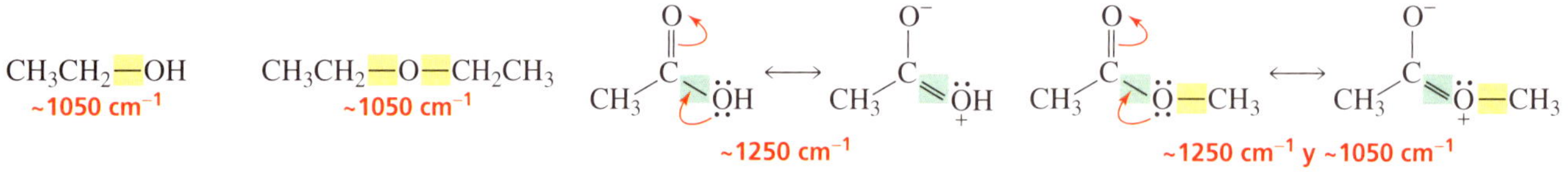

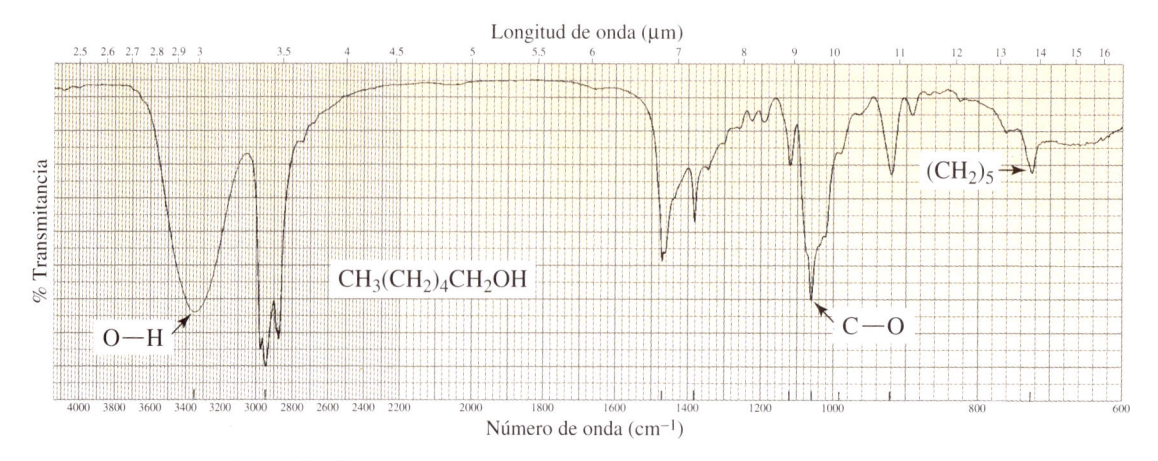

▲ Figura 12.19
Espectro IR del 1-hexanol.

12.11 Influencia de la deslocalización electrónica **539**

▲ Figura 12.20
Espectro IR del ácido pentanoico.

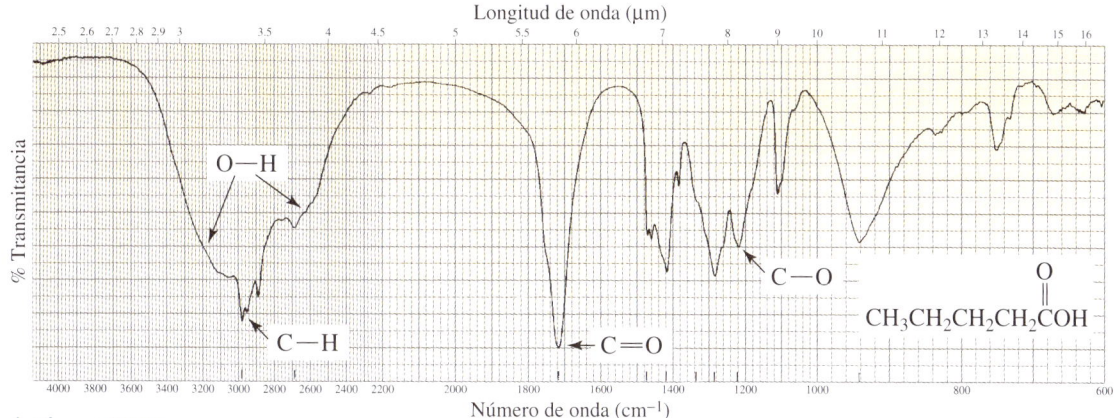

ESTRATEGIA PARA RESOLVER PROBLEMAS

Diferencias en espectros de IR

¿Qué sucederá a mayor número de onda, el estiramiento C—N de una amina o el estiramiento C—N de una amida?

Para contestar esta clase de preguntas se necesita ver si la deslocalización electrónica determina que uno de los enlaces no sea un enlace sencillo puro. Al hacerlo, vemos que la deslocalización electrónica determina que el enlace C—N de una amida tiene un carácter parcial de doble enlace, mientras que no hay deslocalización electrónica en el enlace C—N de la amina. Por consiguiente, el estiramiento del C—N en una amida estará en un número de onda mayor que el de una amina.

R—NH$_2$

no hay deslocalización electrónica

la deslocalización electrónica determina que el enlace C—N adquiera un carácter parcial de enlace doble

Ahora, continúe con el problema 21.

PROBLEMA 21◆

¿Qué banda se encontrará a mayor número de onda…

a. el estiramiento del C—O de un fenol o el estiramiento del C—O del ciclohexanol?
b. el estiramiento del C=O de una cetona o el estiramiento del C=O de una amida?
c. el estiramiento o la flexión del enlace C—O en el etanol?

PROBLEMA 22◆

¿Qué grupo funcional tendrá una banda de absorción a mayor número de onda, un grupo carbonilo unido a un carbono con hibridación sp^3 o un grupo carbonilo unido a un carbono con hibridación sp^2?

PROBLEMA 23◆

Ordene los compuestos siguientes por número de onda decreciente de la banda de absorción de C=O:

c. [estructuras: γ-butirolactona, 2-furanona, 3-furanona (lactonas de 5 miembros con variaciones de insaturación)]

((*Sugerencia:* recuerde que la hiperconjugación determina que un grupo alquilo sea mayor donador de electrones que un hidrógeno, sección 4.2).

Bandas de absorción de O—H

Como los enlaces O—H son polares muestran bandas intensas de absorción que pueden ser bastante anchas (figuras 12.19 y 12.20). La posición y anchura de una banda de absorción de O—H dependen de la concentración de la disolución. Mientras más concentrada esté la disolución será más probable que las moléculas que contienen OH formen puentes de hidrógeno intermoleculares. Es más fácil que un enlace O—H se estire si cuenta con puente de hidrógeno porque este último es atraído hacia el oxígeno de una molécula vecina. Entonces, el estiramiento del O—H en una disolución concentrada (con puentes de hidrógeno) de un alcohol se ubica entre 3550 y 3200 cm^{-1}, mientras que el estiramiento del O—H de una disolución diluida (con pocos o ningún puente de hidrógeno) se encontrará entre 3650 y 3590 cm^{-1}. Los grupos OH con puente de hidrógeno también presentan bandas de absorción más anchas porque varía la fuerza de los puentes de hidrógeno (sección 2.9). Las bandas de absorción de los grupos OH sin puente de hidrógeno son más angostas.

puente de hidrógeno

R—O—H------O—R
              |
              H

disolución concentrada
3550–3200 cm^{-1}

R—O—H

disolución diluida
3650–3590 cm^{-1}

PROBLEMA 24◆

¿Qué banda de un estiramiento de O—H aparecerá a mayor número de onda: el etanol disuelto en disulfuro de carbono o una muestra de etanol sin diluir?

PROBLEMA 25◆

¿Por qué la banda de absorción de C—O en el 1-hexanol está a menor número de onda (1060 cm^{-1}) que la banda de absorción del ácido pentanoico (1220 cm^{-1})?

Bandas de absorción de C—H

Las vibraciones de estiramiento y flexión de los enlaces C—H proporcionan información importante acerca de la identidad de los compuestos.

Vibraciones de estiramiento. El estiramiento de un enlace de C—H depende de la hibridación del carbono: mientras mayor sea el carácter *s* del carbono el enlace que forme será más fuerte (sección 1.14). Por consiguiente, un enlace C—H es más fuerte cuando el carbono tiene hibridado *sp* que cuando tiene hibridación *sp*^{2}, el cual a su vez es más fuerte que cuando el carbono presenta hibridado *sp*^{3} (véase la tabla 1.7, página 41). Se necesita más energía para estirar un enlace más fuerte, lo que se refleja en las bandas de absorción para el estiramiento de C—H que están a ~3300 cm^{-1} para un carbono con hibridación *sp*, a ~3100 cm^{-1} para un carbono con hibridación *sp*^{2} y a ~2900 cm^{-1} para un carbono con hibridación *sp*^{3} (tabla 12.5).

Tutorial del alumno:
Espectros IR
(IR spectra)

12.11 Influencia de la deslocalización electrónica

Tabla 12.5   Absorciones IR de enlaces carbono-hidrógeno

Vibraciones de estiramiento carbono-hidrógeno	Número de onda (cm^{-1})
C≡C—H	~3300
C=C—H	3100–3020
C—C—H	2960–2850
R—C(=O)—H	~2820 y ~2720

Vibraciones de flexión carbono-hidrógeno		Número de onda (cm^{-1})
CH$_3$— —CH$_2$— —CH—		1450–1420
CH$_3$—		1385–1365
H,R / C=C / R,H	trans	980–960
R,R / C=C / H,H	cis	730–675
R,R / C=C / R,H	trisustituido	840–800
R,H / C=C / R,H	alqueno terminal	890
R,H / C=C / H,H	alqueno terminal	990 y 910

Un paso útil en el análisis de un espectro consiste en buscar las bandas de absorción en la cercanía de 3000 cm^{-1}. Las figuras 12.21, 12.22 y 12.23 muestran los espectros IR del metilciclohexano, ciclohexeno y etilbenceno, respectivamente. La única banda de absorción cerca de 3000 cm^{-1} en la figura 12.21 está un poco a la derecha de ese valor. Ello indica que el compuesto tiene hidrógenos unidos a los carbonos con hibridación sp^3, pero que no los hay unidos a carbonos con hibridación sp^2 o sp. Las figuras 12.22 y 12.23 mues-

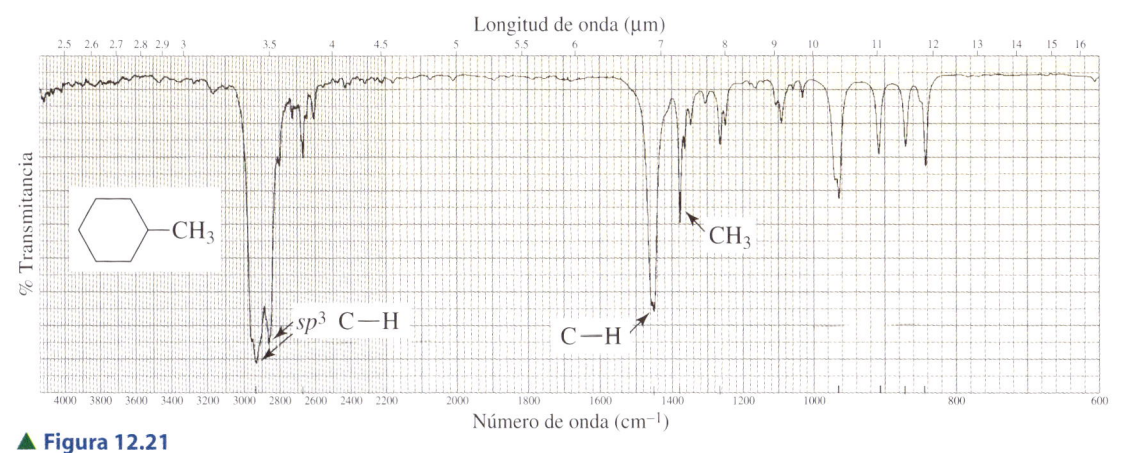

▲ **Figura 12.21**
Espectro IR del metilciclohexano.

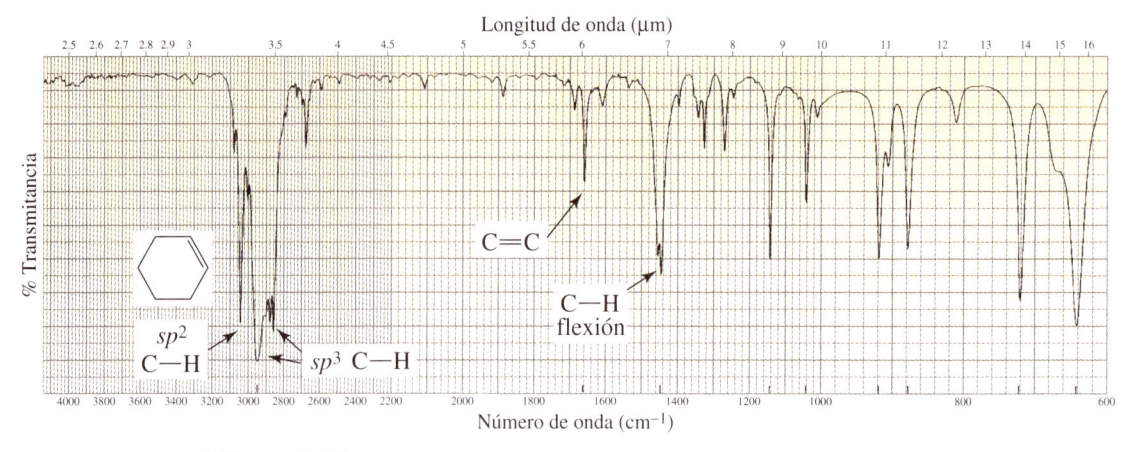

542 CAPÍTULO 12 Espectrometría de masas, espectroscopia infrarroja y espectroscopia ultravioleta/visible

▲ **Figura 12.22**
Espectro IR del ciclohexeno.

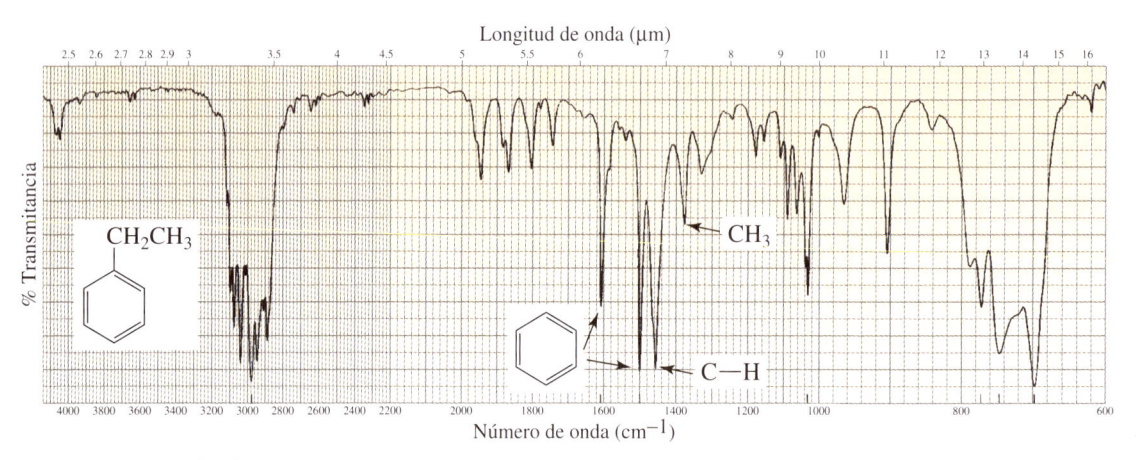

▲ **Figura 12.23**
Espectro IR del etilbenceno.

tran bandas de absorción un poco a la derecha y un poco a la izquierda de 3000 cm^{-1}, que indican que los compuestos que produjeron esos espectros contienen hidrógenos unidos a carbonos con hibridación sp^2 y sp^3.

Una vez que se conozca que un compuesto dispone de hidrógenos unidos a carbonos con hibridación sp^2, se necesita determinar si dichos carbonos son carbonos con hibridación sp^2 de un alqueno o de un anillo de benceno. Un anillo de benceno produce bandas de absorción angostas a ~1600 cm^{-1} y a 1500-1430 cm^{-1}, mientras que un alqueno produce sólo una banda a ~1600 cm^{-1} (tabla 12.4). Por consiguiente, el compuesto cuyo espectro está en la figura 12.22 es un alqueno, mientras que el del espectro de la figura 12.23 tiene un anillo de benceno. Se debe tener en cuenta que existen vibraciones de flexión de N—H a 1600 cm^{-1}, y así la absorción en esa longitud de onda no siempre indica que haya un enlace C=C. Sin embargo, las bandas de absorción causadas por flexiones de N—H tienden a ser más anchas (por los puentes de hidrógeno) y más intensas (por ser más polares) que las producidas por estiramientos C=C (véase la figura 12.25), y estarán acompañadas por estiramientos de N—H a 3500-3300 cm^{-1} (tabla 12.4).

El estiramiento del enlace C—H de un grupo aldehído tiene dos bandas de absorción: una a ~2820 cm^{-1} y la otra a ~2720 cm^{-1} (figura 12.24). Por eso los aldehídos se identifican con facilidad porque en esencia no se conocen otras bandas de absorción que presenten esos números de onda.

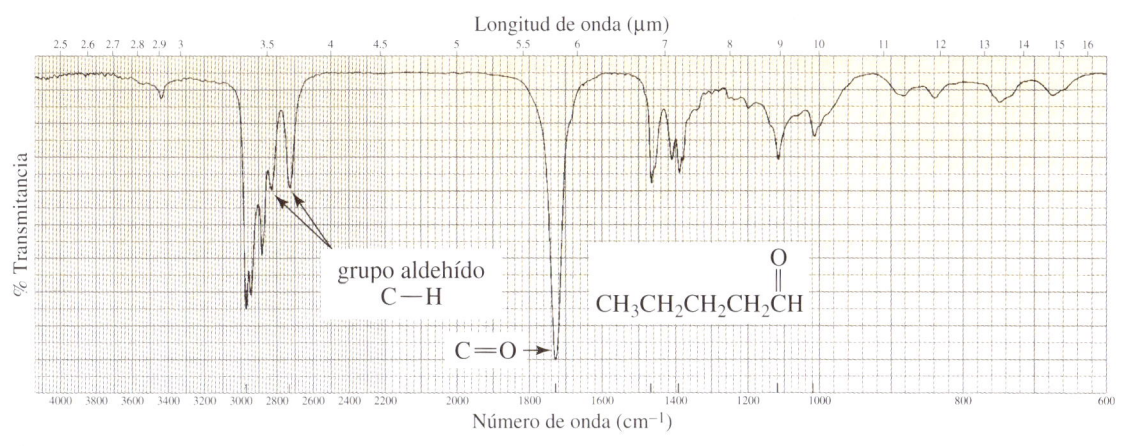

12.11 Influencia de la deslocalización electrónica **543**

▲ **Figura 12.24**
Espectro IR del pentanal. Las absorciones en ~2820 y ~2720 cm^{-1} identifican con facilidad a un grupo aldehído. Nótese también la banda de absorción intensa a ~1730 cm^{-1}, que indica un enlace C=O.

Vibraciones de flexión. Si un compuesto presenta carbonos con hibridación sp^3, un vistazo a la posición de 1400 cm^{-1} en su espectro IR indicará si el compuesto cuenta con un grupo metilo. Todos los hidrógenos unidos a carbonos con hibridación sp^3 muestran una vibración de flexión de C—H un poco a la *izquierda* de 1400 cm^{-1}. Sólo los grupos metilo producen una vibración de flexión de C—H un poco a la *derecha* de 1400 cm^{-1}. Entonces, si un compuesto presenta un grupo metilo, aparecerán bandas de absorción a la derecha *y a la* izquierda de 1400 cm^{-1}. En caso contrario, sólo estará presente la banda a la izquierda de 1400 cm^{-1}. Se puede tener evidencia de que hay un grupo metilo en la figura 12.21 (metilciclohexano) y en la figura 12.23 (etilbenceno), pero no en la figura 12.22 (ciclohexeno). Dos grupos metilo unidos al mismo carbono pueden detectarse, a veces, por una división de la banda del metilo a ~1380 cm^{-1} (figura 12.25).

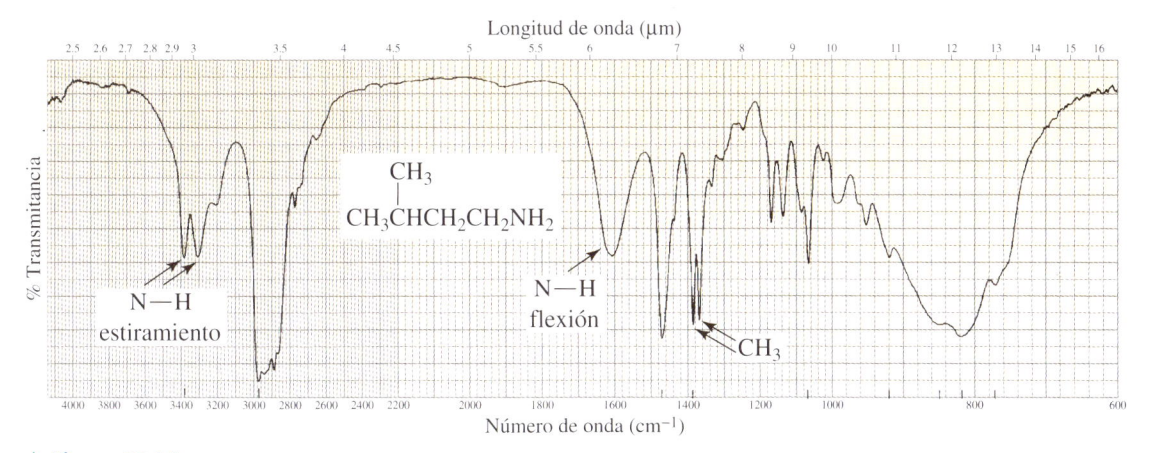

▲ **Figura 12.25**
Espectro IR de la isopentilamina. La banda doble en ~1380 cm^{-1} indica la presencia de un grupo isopropilo. También se ve la presencia de dos enlaces N—H a ~3350 cm^{-1}.

Las vibraciones de flexión de C—H para hidrógenos unidos a carbonos con hibridación sp^2 producen bandas de absorción en la región de 1000 a 600 cm^{-1}. Como se aprecia en la tabla 12.5, la frecuencia de la vibración de flexión de C—H de un alqueno depende de la cantidad de grupos alquilo unidos al doble enlace y de la configuración del alqueno. Es importante tener en cuenta que esas bandas de absorción pueden desplazarse fuera de sus regiones características, si hay sustituyentes fuertemente atractores o donadores de electrones cerca del enlace doble (sección 12.10). Los compuestos acíclicos con más de cuatro grupos metileno (CH$_2$) adyacentes producen una banda característica de absorción a 720 cm^{-1} causada por oscilación en fase de los grupos metileno (figura 12.19).

12.12 Forma de las bandas de absorción

La posición, intensidad y forma de una banda de absorción ayudan a identificar grupos funcionales.

La forma de una banda de absorción puede contribuir a identificar al compuesto que produjo un espectro IR. Por ejemplo, tanto los enlaces O—H como O—N se estiran a números de onda mayores a 3100 cm^{-1}, pero las formas de sus bandas de absorción de estiramiento son características. Obsérvese la diferencia en la forma de esas bandas de absorción en los espectros IR del 1-hexanol (figura 12.19), del ácido pentanoico (figura 12.20) y de la isopentilamina (figura 12.25). Una banda de absorción de N—H (~3300 cm^{-1}) es más angosta que una de absorción de O—H (~3300 cm^{-1}) y la banda de absorción de un ácido carboxílico (~3300 a 2500 cm^{-1}) es más ancha que la banda de absorción de O—H en un alcohol (secciones 12.9 y 12.10). Obsérvese que en la figura 12.25 se pueden detectar dos bandas de absorción para el estiramiento de N—H porque tiene dos enlaces N—H en ese compuesto.

PROBLEMA 26♦

a. ¿Por qué un estiramiento de O—H es más intenso que un estiramiento de N—H?

b. ¿Por qué el estiramiento de O—H en un ácido carboxílico es más ancho que el estiramiento de O—H en un alcohol?

12.13 Ausencia de bandas de absorción

La ausencia de una banda de absorción puede ayudar tanto como la presencia de una banda para identificar un compuesto por espectroscopia IR. Por ejemplo, el espectro de la figura 12.26 muestra una fuerte absorción a ~1100 cm^{-1}, que indica la presencia de un enlace C—O. Es claro que el compuesto no es un alcohol porque no hay absorción a más de 3100 cm^{-1}. Tampoco es un éster, ni cualquier otra clase de compuesto carbonílico porque no hay absorción a ~1700 cm^{-1}. El compuesto no tiene enlaces C≡C, C=C, C≡N, C=N ni C—N. Entonces es posible deducir que el compuesto se trata de un éter. Sus bandas de absorción de C—H muestran que sólo dispone de hidrógenos en carbonos con hibridación sp^3 y que cuenta con un grupo metilo. También se puede saber que el compuesto presenta menos de cuatro grupos metileno adyacentes porque no hay absorción a ~720 cm^{-1}. En realidad, ese compuesto es éter dietílico.

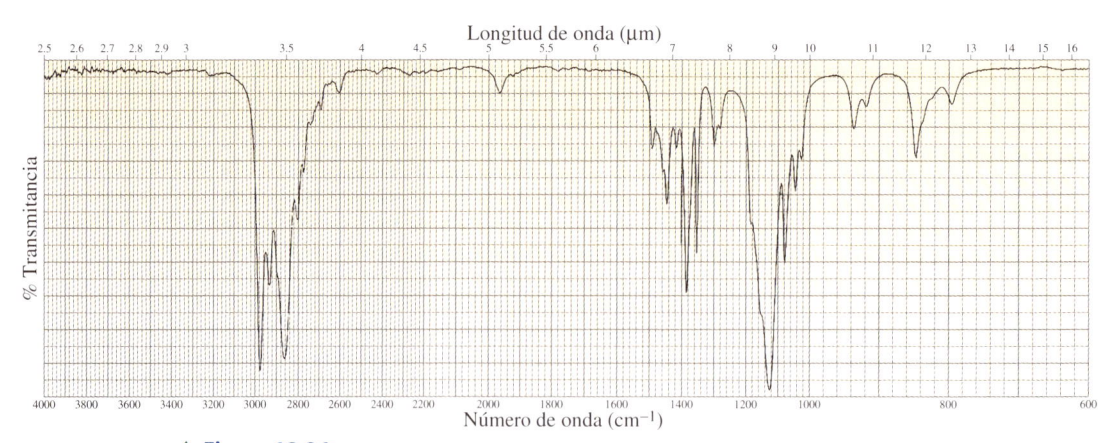

▲ **Figura 12.26**
Espectro IR del éter dietílico.

PROBLEMA 27♦

¿Cómo se sabe que la banda de absorción a ~1100 cm^{-1} de la figura 12.26 se debe a un grupo C—O y no a un grupo C—N?

PROBLEMA 28◆

a. Un compuesto oxigenado tiene una banda de absorción a ~1700 cm^{-1} y carece de bandas de absorción a ~3300 cm^{-1}, ~2700 cm^{-1} y a ~1100 cm^{-1}. ¿Qué clase de compuesto es?

b. Un compuesto nitrogenado no tiene banda de absorción a ~3400 cm^{-1} y tampoco entre 1700 y 1600 cm^{-1}. ¿Qué clase de compuesto es?

PROBLEMA 29

¿Cómo podría distinguir la espectroscopia IR entre los siguientes pares de compuestos?

a. Una cetona y un aldehído
b. Una cetona cíclica y una cetona de cadena abierta
c. Benceno y ciclohexeno
d. *cis*-2-hexeno y *trans*-2-hexeno
e. ciclohexeno y ciclohexano
f. una amina primaria y una amina terciaria

PROBLEMA 30

De cada uno de los siguientes pares de compuestos, indique una banda de absorción que pueda usarse para diferenciarlos.

a. $CH_3CH_2CH_2CH_3$ y $CH_3CH_2OCH_3$

b. $CH_3CH_2\overset{O}{\overset{\|}{C}}OCH_3$ y $CH_3CH_2\overset{O}{\overset{\|}{C}}OH$

c. 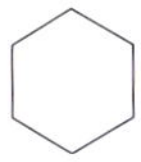 ciclohexano y metilciclohexano

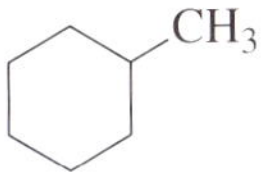

d. $CH_3CH_2C\equiv CCH_3$ y $CH_3CH_2C\equiv CH$

e. $CH_3CH_2\overset{O}{\overset{\|}{C}}OH$ y $CH_3CH_2CH_2OH$

f. 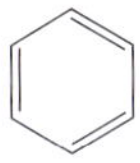 benceno y tolueno

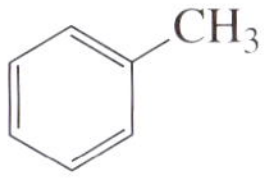

12.14 Vibraciones inactivas en el infrarrojo

No todas las vibraciones producen bandas de absorción. Para que la vibración de un enlace absorba radiación IR, el momento dipolar del enlace debe cambiar cuando vibre. Por ejemplo, el enlace C=C en el 1-buteno tiene momento dipolar porque la molécula no es simétrica respecto a este enlace. Cuando el enlace C=C se estira, la mayor distancia entre los átomos hace aumentar el momento dipolar. (Recuérdese que el momento dipolar es igual a la magnitud de la carga de los átomos por la distancia entre ellos, sección 1.3.) Como el momento dipolar cambia cuando el enlace se estira, se observa una banda de absorción de la vibración de estiramiento del C=C.

asimétrico respecto al enlace C=C; tiene momento dipolar

simétrico con respecto al enlace C=C; no tiene momento dipolar

1-buteno   2,3-dimetil-2-buteno   2,3-dimetil-2-hepteno

En contraste, el 2,3-dimetil-2-buteno es una molécula simétrica, así que su enlace C=C no tiene momento dipolar. Cuando el enlace se estira sigue sin tener momento dipolar. Ya que el estiramiento no se acompaña por una carga en el momento dipolar, no se observa banda de absorción para ese enlace. La vibración es *inactiva en infrarrojo*. El 2,3-dimetil-2-hepteno tiene un cambio muy pequeño de momento dipolar cuando se estira su enlace C=C y entonces sólo se detectará una banda de absorción extremadamente débil de la vibración de estiramiento de ese enlace.

PROBLEMA 31◆

¿Cuáles de los siguientes compuestos tienen una vibración que es inactiva en infrarrojo: acetona, 1-butino, 2-butino, H_2, H_2O, Cl_2 o eteno?

PROBLEMA 32◆

En las figuras 12.27 y 12.28 se ven el espectro de masas y el espectro infrarrojo, respectivamente, de un compuesto desconocido. Identifique ese compuesto.

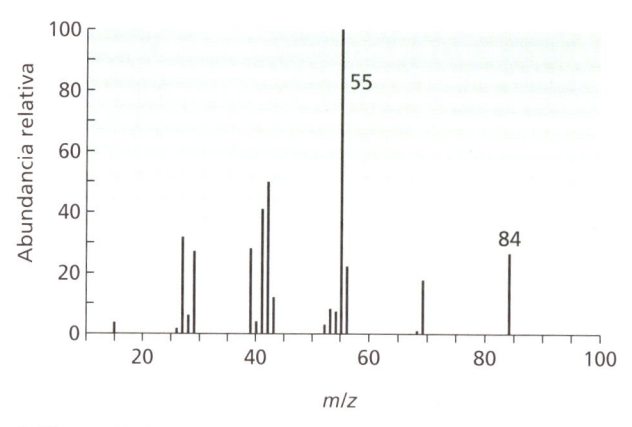

▲ **Figura 12.27**
Espectro de masas para el problema 32.

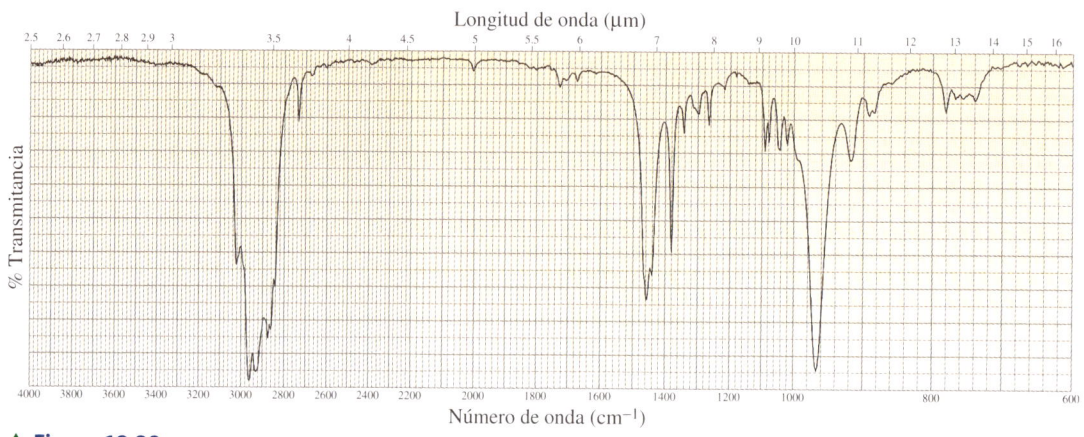

▲ **Figura 12.28**
Espectro IR para el problema 32.

12.15 Lección para interpretar los espectros de infrarrojo

Ahora se examinarán algunos espectros IR y se practicará un ejercicio de deducción acerca de las estructuras de los compuestos que los produjeron. No es forzoso que se identifique con precisión un compuesto, pero cuando se sepa cuál es su estructura debería ajustarse a las observaciones efectuadas.

Compuesto 1. Las absorciones en la región de 3000 cm^{-1} en la figura 12.29 indican que hay hidrógenos unidos a carbonos con hibridación sp^2 (3075 cm^{-1}) y también a carbonos con hibridación sp^3 (2950 cm^{-1}). Ahora procede averiguar si los carbonos con hibridación sp^2 pertenecen a un alqueno o a un anillo de benceno. La absorción en 1650 cm^{-1}, la ausencia de una banda a 1500-1430 cm^{-1} y la absorción a ~890 cm^{-1} (tabla 12.5) parecen indicar que el compuesto es un alqueno terminal con dos sustituyentes alquilo en la posición 2. La ausencia de absorción a ~720 cm^{-1} indica que el compuesto tiene menos de cuatro grupos metileno adyacentes. No constituiría ninguna sorpresa que el compuesto fuera 2-metil-1-penteno.

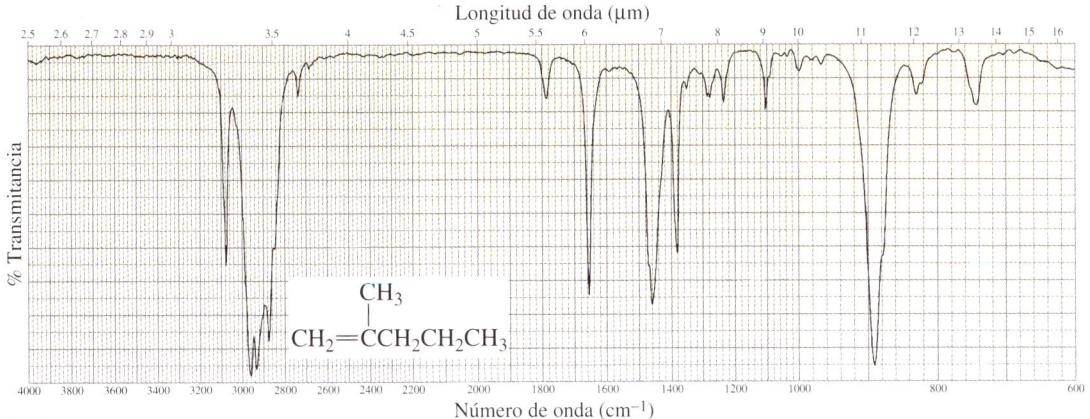

▲ **Figura 12.29**
Espectro IR del compuesto 1.

Compuesto 2. En la figura 12.30, la absorción en la región de 3000 cm^{-1} indica que los hidrógenos están unidos a carbonos con hibridación sp^2 (3050 cm^{-1}) pero no a carbonos con hibridación sp^3. Las absorciones a 1600 cm^{-1} y a 1460 cm^{-1} indican que el compuesto tiene un anillo de benceno. Las absorciones a 2810 y a 2730 cm^{-1} informan que el compuesto es un aldehído. La banda de absorción para el grupo carbonilo (C=O) está más abajo de lo normal (1700 cm^{-1} contra 1730 cm^{-1}), de modo que el grupo carbonilo tiene un carácter parcial de enlace sencillo; debe estar unido directamente al anillo de benceno. El compuesto es benzaldehído.

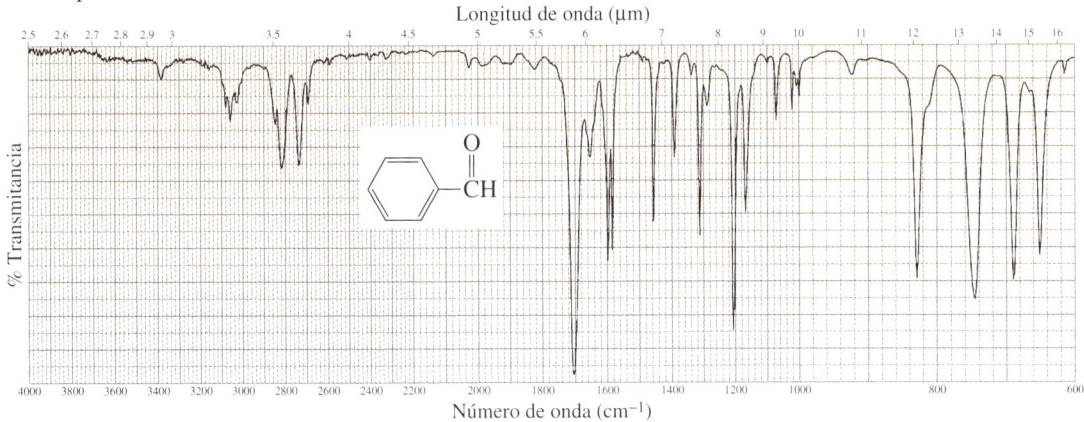

▲ **Figura 12.30**
Espectro IR del compuesto 2.

Compuesto 3. Las absorciones en la región de 3000 cm^{-1} de la figura 12.31 indican que los hidrógenos están unidos a carbonos con hibridación sp^3 (2950 cm^{-1}), pero no a carbo-

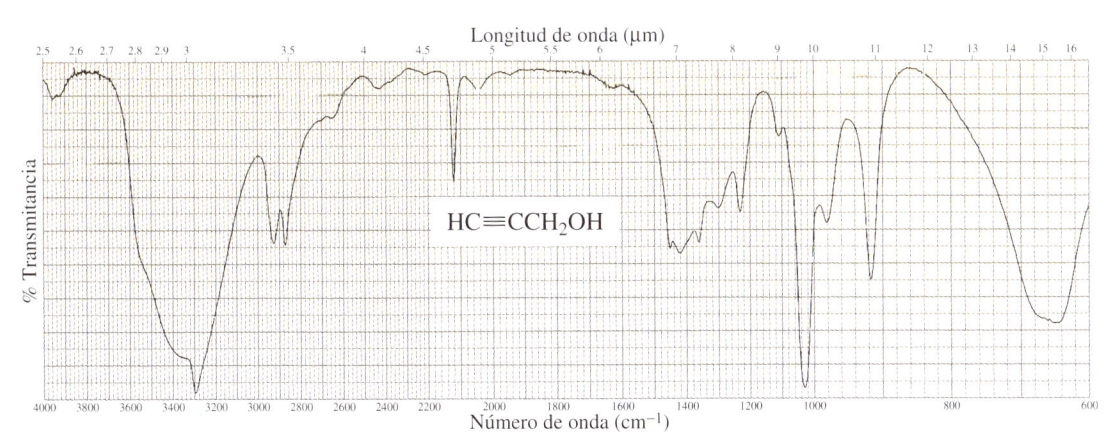

▲ **Figura 12.31**
Espectro IR del compuesto 3.

nos con hibridación sp^2. La forma de la banda intensa de absorción a 3300 cm^{-1} es característica del grupo O—H de un alcohol. La absorción a ~2100 cm^{-1} indica que el compuesto cuenta con un enlace triple. La banda angosta de absorción a 3300 cm^{-1} indica que el compuesto tiene un hidrógeno en un carbono con hibridación sp; por consiguiente es un alquino terminal. El compuesto es 2-propin-1-ol.

Compuesto 4. La banda de absorción en la región de 3000 cm^{-1}, figura 12.32, indica que los hidrógenos están unidos a carbonos con hibridación sp^3 (2950 cm^{-1}). La banda de absorción relativamente intensa a 3300 cm^{-1} parece indicar que el compuesto tiene un enlace N—H. La presencia del enlace N—H se confirma por la banda de absorción a 1560 cm^{-1}. La absorción de C=O a 1660 cm^{-1} indica que el compuesto es una amida. El compuesto es *N*-metilacetamida.

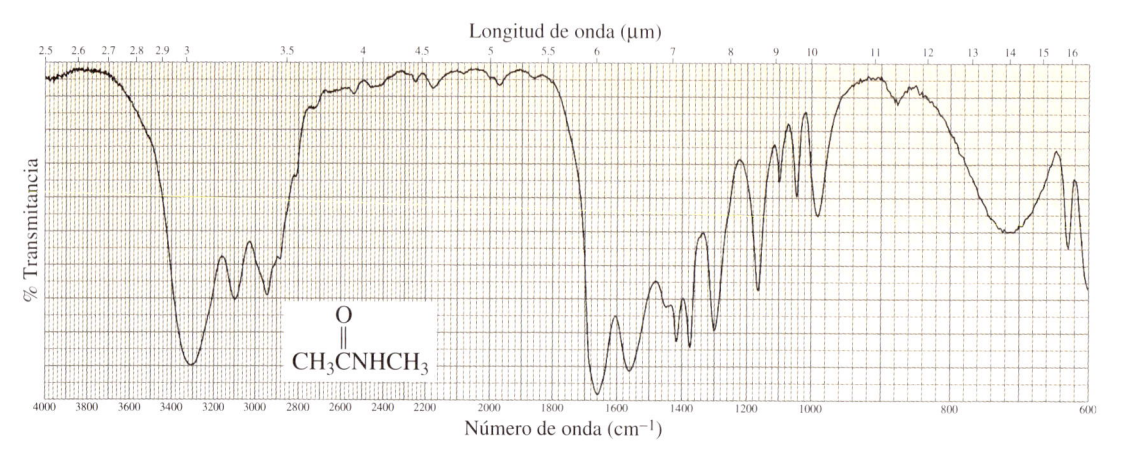

▲ **Figura 12.32**
Espectro IR del compuesto 4.

Compuesto 5. Las absorciones en la región de 3000 cm^{-1} de la figura 12.33 indican que el compuesto tiene hidrógenos unidos a carbonos con hibridación sp^2 (> 3000 cm^{-12}) y a carbonos con hibridación sp^3 (< 3000 cm^{-1}). Las absorciones en 1605 cm^{-1} y en 1500 cm^{-1} indican que el compuesto tiene un anillo de benceno. La absorción a 1720 cm^{-1} para el grupo carbonilo indica que el compuesto es una cetona y que el grupo carbonilo no presenta unión directa al anillo de benceno. La absorción a ~1380 cm^{-1} indica que el compuesto contiene un grupo metilo. El compuesto es 1-fenil-2-butanona.

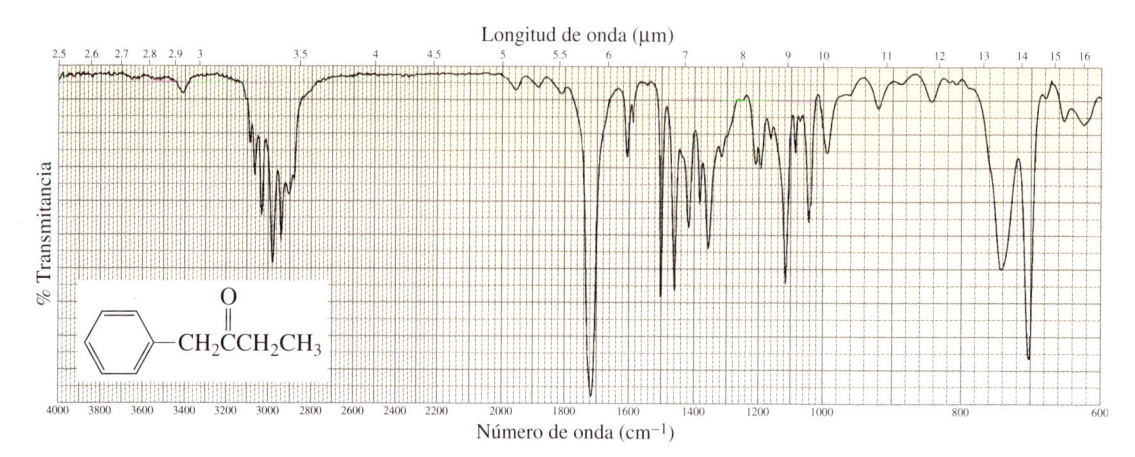

▲ **Figura 12.33**
Espectro IR del compuesto 5.

PROBLEMA 33◆

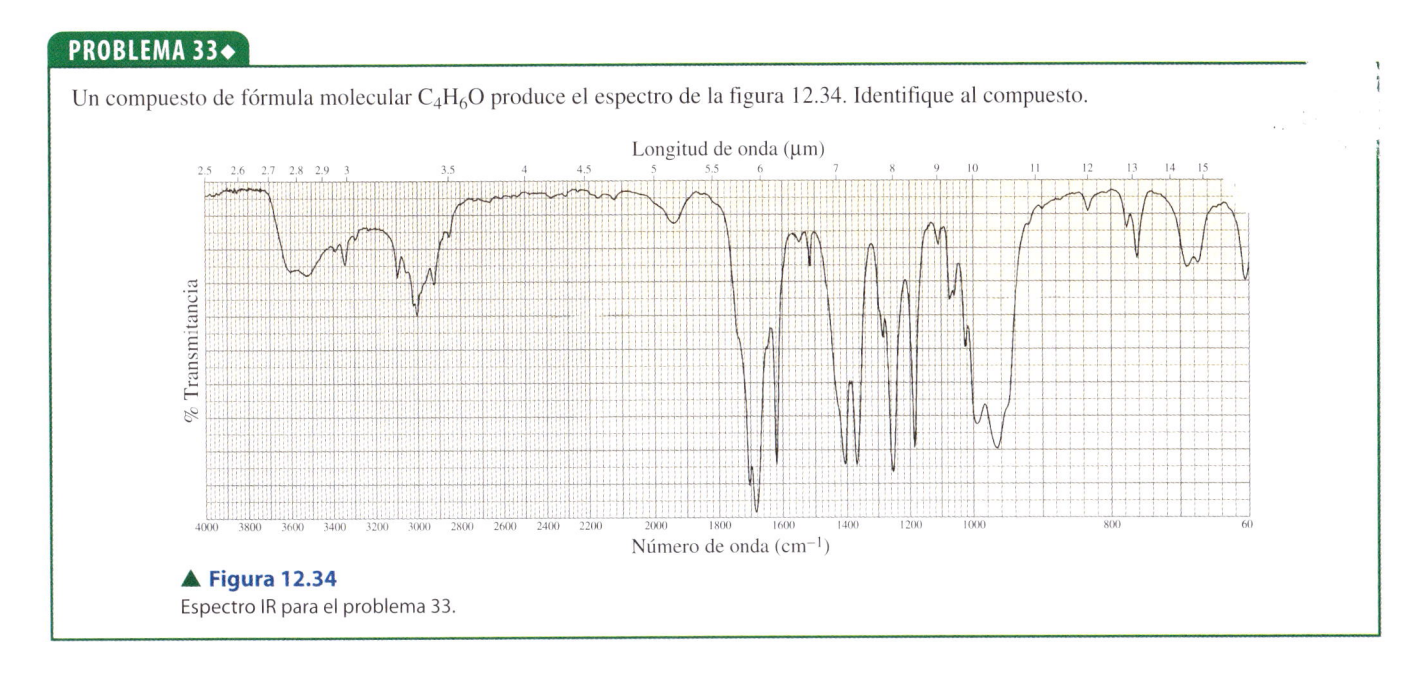

Un compuesto de fórmula molecular C_4H_6O produce el espectro de la figura 12.34. Identifique al compuesto.

▲ **Figura 12.34**
Espectro IR para el problema 33.

12.16 Espectroscopia ultravioleta y visible

La **espectroscopia ultravioleta y visible (UV/Vis)** proporciona información acerca de compuestos que tienen enlaces dobles conjugados. La luz ultravioleta y la luz visible tienen justo la energía adecuada para causar una transición electrónica en una molécula, esto es, para promover a un electrón desde un orbital molecular a otro de mayor energía. Dependiendo de la energía necesaria para efectuar la transición electrónica, una molécula absorberá luz ultravioleta o luz visible. Si absorbe **luz ultravioleta**, se obtiene un espectro UV; si absorbe **luz visible**, se obtiene un espectro visible. La luz ultravioleta es radiación electromagnética con longitudes de onda que van de 180 a 400 nm (nanómetros); la luz visible tiene longitudes de onda que van de 400 a 780 nm. Recuerde el lector que en la sección 12.6 se dijo que la **longitud de onda** (λ) guarda una relación inversa con la energía de la radiación: mientras más corta es la longitud de onda la energía es mayor. Por consiguiente, la luz ultravioleta encierra mayor energía que la luz visible.

$$E = \frac{hc}{\lambda}$$

Mientras más corta sea la longitud de onda, la energía de la radiación es más grande.

En la configuración electrónica del estado fundamental de una molécula, todos los electrones se encuentran en orbitales moleculares de energía mínima. Cuando una molécula absorbe luz con la energía necesaria para promover a un electrón a un orbital molecular de mayor energía, esto es, cuando sufre una **transición electrónica**, la molécula queda en un estado excitado. La energía relativa de los orbitales moleculares de enlace, de no enlace y de antienlace se indica en la figura 12.35.

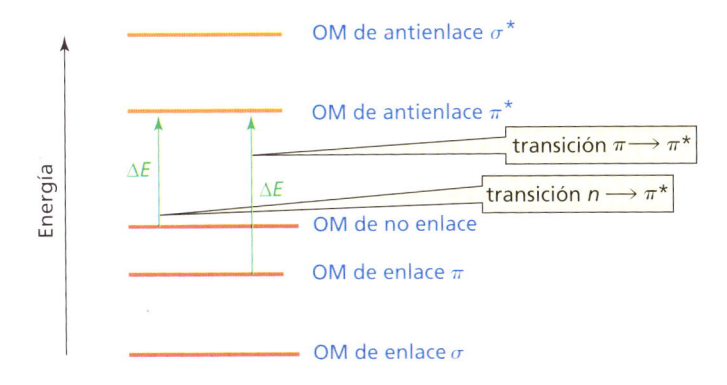

◀ **Figura 12.35**
Energía relativa de los orbitales de enlace, de no enlace y de antienlace.

Sólo los compuestos que tengan electrones π pueden producir espectros UV/Vis.

La luz ultravioleta y la luz visible sólo tienen la energía suficiente para causar las dos transiciones electrónicas que se indican en la figura 12.35. La transición electrónica que requiere menor cantidad de energía es la promoción de un electrón de no enlace (de un par no enlazado, π) a un orbital molecular de antienlace π^*. Se le llama transición $n \rightarrow \pi^*$ ("ene a π estrella"). La transición electrónica de mayor energía es la promoción de un electrón de un orbital molecular de enlace π a un orbital molecular de antienlace π^*, que se conoce como transición $\pi \rightarrow \pi^*$ ("π a π estrella"). Eso quiere decir que sólo los *compuestos orgánicos que tengan electrones π pueden producir espectros de UV/Vis*, porque las dos transiciones promueven un electrón a un orbital molecular de antienlace π^*.

En la figura 12.36 se muestra el espectro UV de la acetona. La acetona tiene electrones π y también pares de electrones no enlazados. Por consiguiente, su espectro UV presenta dos **bandas de absorción**: una para la transición $\pi \rightarrow \pi^*$ y otra para la transición $n \rightarrow \pi^*$. La $\lambda_{\text{máx}}$ (se dice "lambda máxima") es la longitud de onda a la que la banda de absorción tiene su absorbancia máxima. Para la transición $\pi \rightarrow \pi^*$, $\lambda_{\text{máx}} = 195$ nm; para la transición $n \rightarrow \pi^*$, $\lambda_{\text{máx}} = 274$ nm. Se sabe que la transición $\pi \rightarrow \pi^*$ de la figura 12.35 corresponde a la $\lambda_{\text{máx}}$ de la menor longitud de onda porque esa transición requiere más energía que la transición $n \rightarrow \pi^*$. Las bandas de absorción son anchas porque cada estado electrónico tiene subniveles de vibración (figura 12.37). Por consiguiente, las transiciones electrónicas son de y hacia distintos niveles de vibración y abarcan un intervalo de longitudes de onda.

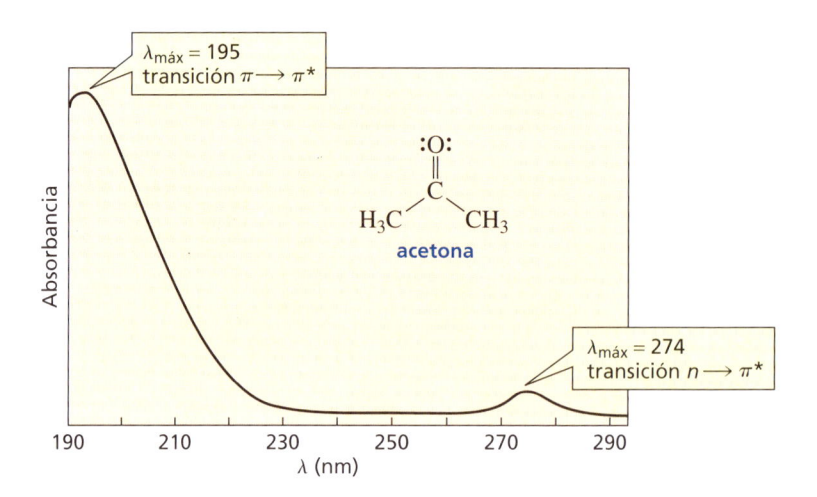

Figura 12.36
Espectro UV de la acetona.

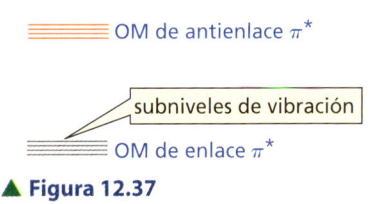

▲ Figura 12.37
Las bandas de absorción UV/Vis son anchas porque cada estado electrónico tiene subniveles de vibración.

Un **cromóforo** es la parte de una molécula que absorbe luz UV o visible. El grupo carbonilo es el cromóforo de la acetona. Todos los compuestos siguientes tienen el mismo cromóforo y entonces presentan aproximadamente la misma $\lambda_{\text{máx}}$.

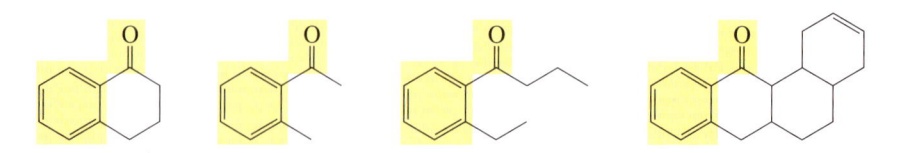

PROBLEMA 34◆

Explique por qué el éter dietílico no tiene espectro UV aunque dispone de pares de electrones no enlazados.

LUZ ULTRAVIOLETA Y FILTROS SOLARES

La exposición a la luz ultravioleta (UV) estimula a unas células especializadas de la piel para producir un pigmento negro llamado melanina que hace que la piel luzca bronceada. La melanina absorbe la luz UV, por lo que protege al organismo contra los efectos perjudiciales de la luz solar. Si llega más luz UV a la piel de la que puede absorber la melanina, la luz quemará la piel y causará reacciones fotoquímicas que pueden causar cáncer de la piel (sección 29.6). La luz UV de menor energía es la UV-A, de 315 a 400 nm, y no hace el más mínimo daño biológico. Por fortuna, la mayor parte de la luz UV de mayor energía y más peligrosa, la UV-B (de 290 a 315 nm), así como la UV-C (de 180 a 290 nm) es filtrada y eliminada por la capa de ozono en la estratosfera. Es la causa de que nos debe preocupar el adelgazamiento evidente de la capa de ozono (sección 11.11).

La aplicación de un filtro solar puede proteger la piel contra la luz UV. La cantidad de protección otorgada por determinado filtro solar se indica con su factor de protección solar (SPF, de *sun protection factor*). Mientras mayor sea el SPF, la protección es mayor. Algunos filtros solares contienen un componente inorgánico, como óxido de zinc, que refleja la luz tal como llega. Otros contienen un compuesto que absorbe la luz UV. El PABA fue el primer filtro solar comercial que hubo. Absorbe la luz UV-B, pero no es muy soluble en las lociones para la piel, que contienen aceite. Hoy se usan compuestos menos polares, como Padimate O. Investigaciones recientes han demostrado que los filtros solares que sólo absorben luz UV-B no dan protección adecuada contra el cáncer cutáneo; se necesita protección contra UV-A y contra UV-B. Giv Tan F absorbe esas dos clases de luz y suministra mejor protección.

ácido *para*-aminobenzoico
PABA

4-(dimetilamino)benzoato de 2-etilhexilo
Padimate O

(*E*)-3-(4-metoxifenil)-2-propenoato de 2-etilhexilo
Giv Tan F

12.17 La ley de Lambert-Beer

En forma independiente, Wilhelm Beer y Johann Lambert propusieron que la absorbancia de una muestra a determinada longitud de onda depende de la cantidad de especie absorbente con la que se encuentra la luz al pasar por la muestra. En otras palabras, la absorbancia depende tanto de la concentración de la muestra como de la longitud de la trayectoria de la luz a través de la muestra. La relación entre absorbancia, concentración y longitud de trayectoria de la luz, llamada **ley de Lambert-Beer**, se define por:

$$A = \varepsilon c l$$

donde

A = absorbancia de las muestras = $\log \dfrac{I_0}{I}$

I_0 = intensidad de la radiación que entra a la muestra.

I = intensidad de la radiación que sale de la muestra.

c = concentración de la muestra, moles/litro

l = longitud de la trayectoria de la luz a través de la muestra, centímetros

ε = absortividad molar, litros mol^{-1} cm^{-1}.

La **absortividad molar** (ε) de un compuesto es una constante característica de ese compuesto a determinada longitud de onda. Es la absorbancia que se observaría con una disolución 1.00 M en una celda con trayectoria de luz de 1.00 cm. La absortividad molar de la acetona disuelta en hexano, por ejemplo, es 9000 M^{-1} cm^{-1} a 195 nm, y 15 M^{-1} cm^{-1} a 274 nm. Se menciona el disolvente donde está disuelta la muestra porque la absortividad molar no es exactamente igual en todos los disolventes. Entonces, el espectro UV de acetona en hexano se mencionaría como sigue: $\lambda_{\text{máx}}$ 195 nm ($\varepsilon_{\text{máx}}$ = 9000, hexano); $\lambda_{\text{máx}}$ 274

BIOGRAFÍA

Wilhelm Beer (1797-1850), nació en Alemania; fue un banquero cuyo pasatiempo era la astronomía. Fue el primero en hacer un mapa de las áreas más oscuras y más claras de Marte.

BIOGRAFÍA

Johann Heinrich Lambert (1728–1777), matemático alemán; fue el primero en efectuar medidas exactas de intensidades de luz y en introducir funciones hiperbólicas en trigonometría. Aunque la ecuación que relaciona la absorbancia, la concentración y la trayectoria de la luz tiene los apellidos de Lambert y de Beer, se cree que el primero en formularla fue **Pierre Bouguer (1698–1758)**, francés, en 1729.

nm ($\varepsilon_{máx}$ = 13.6, hexano). Como la absorbancia es proporcional a la concentración, se puede determinar la concentración de una disolución si se conocen la absorbancia y la absortividad molar a determinada longitud de onda.

Las dos bandas de absorción de la acetona en la figura 12.36 tienen tamaños muy distintos por la diferencia de absortividad molar a las dos longitudes de onda. Las absortividades molares pequeñas son características de las transiciones $n \to \pi^*$, así que esas transiciones pueden ser difíciles de detectar. Por consiguiente, las transiciones $\pi \to \pi^*$ son más útiles para analizar espectros.

La disolución con la que se obtiene un espectro UV o visible se pone en una celda. La mayor parte de las celdas tiene longitudes de trayectoria de 1 cm. Se pueden usar celdas de vidrio o de cuarzo para los espectros visibles, pero se deben usar celdas de cuarzo (hechas de sílice fundida de alta calidad) para obtener espectros UV porque el vidrio absorbe la luz UV.

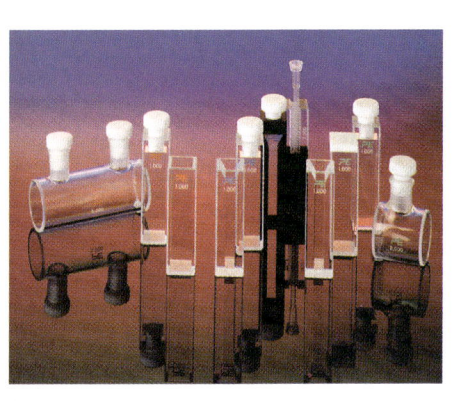

Celdas que se usan en espectroscopia UV/Vis.

PROBLEMA 35◆

Una disolución de 4-metil-3-pentén-2-ona en etanol tiene una absorbancia de 0.52 a 236 nm en una celda de longitud de trayectoria de 1 cm. Su absortividad molar en etanol, a esa longitud de onda, es 12,600 M^{-1} cm^{-1}. ¿Cuál es la concentración del compuesto?

PROBLEMA 36◆

Una disolución de nitrobenceno 4.0×10^{-5} M en hexano tiene 0.40 de absorbancia a 252 nm en una celda con trayectoria de 1 cm. ¿Cuál es la absortividad molar del nitrobenceno en hexano a $\lambda_{máx}$ = 252 nm?

12.18 Efecto de la conjugación sobre la $\lambda_{máx}$

Mientras más enlaces dobles conjugados tenga un compuesto, la longitud de onda en la que suceden las transiciones $n \to \pi^*$ y $\pi \to \pi^*$ será mayor. Por ejemplo, la transición $n \to \pi^*$ de la metilvinilcetona está en 324 nm, y la transición $\pi \to \pi^*$ está a 219 nm. Ambos valores son de longitudes de onda mayores que los correspondientes a las $\lambda_{máx}$ de la acetona porque la metilvinilcetona cuenta con dos enlaces dobles conjugados, mientras que la acetona sólo tiene un enlace doble.

acetona

$n \longrightarrow \pi^*$ $\lambda_{máx}$ =274 nm ($\varepsilon_{máx}$ = 13.6)
$\pi \longrightarrow \pi^*$ $\lambda_{máx}$ =195 nm ($\varepsilon_{máx}$ = 9000)

metilvinilcetona

$\lambda_{máx}$ =324 nm ($\varepsilon_{máx}$ = 25)
$\lambda_{máx}$ =219 nm ($\varepsilon_{máx}$ = 9600)

La $\lambda_{máx}$ aumenta a medida que aumenta la cantidad de enlaces dobles.

Los valores de $\lambda_{máx}$ de la transición $\pi \to \pi^*$ para diversos dienos conjugados se ven en la tabla 12.6. Obsérvese que la $\lambda_{máx}$ y la absortividad molar aumentan cuando aumenta la

Tabla 12.6	Valores de $\lambda_{máx}$ y de ε para etileno y dienos conjugados	
Compuesto	$\lambda_{máx}$ (nm)	$\varepsilon(M^{-1} cm^{-1})$
$H_2C=CH_2$	165	15,000
	217	21,000
	256	50,000
	290	85,000
	334	125,000
	364	138,000

cantidad de enlaces dobles conjugados. Así, con la $\lambda_{máx}$ de un compuesto se puede estimar la cantidad de enlaces dobles conjugados que tiene un compuesto.

La conjugación eleva la energía del **HOMO (orbital molecular de mayor energía ocupado)** y disminuye la energía del **LUMO (orbital molecular de menor energía desocupado)** (sección 7.12); entonces, se requiere menos energía para efectuar una transición electrónica en un sistema conjugado que en uno no conjugado (figura 12.38). Mientras más enlaces dobles conjugados haya en un compuesto menor es la energía que se requiere para la transición electrónica y por consiguiente la longitud de onda a la que sucede la transición electrónica será mayor.

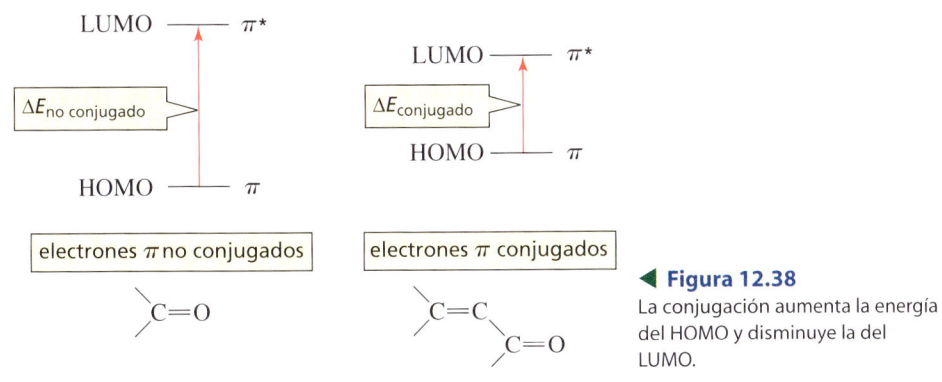

◀ **Figura 12.38**
La conjugación aumenta la energía del HOMO y disminuye la del LUMO.

Si un compuesto tiene los enlaces dobles suficientes absorberá luz visible ($\lambda_{máx} > 400$ nm) y el compuesto tendrá color. Así, el β-caroteno, precursor de la vitamina A y que se encuentra en las zanahorias, chabacanos (albaricoques) y camotes (patatas dulces o boniatos), es una sustancia anaranjada. El licopeno, que se encuentra en jitomates (tomates), sandías y uvas rosadas, es rojo.

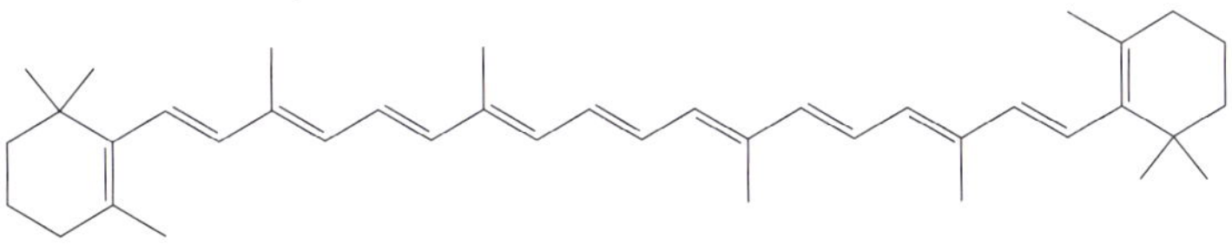

β-caroteno
$\lambda_{máx} = 455$ nm

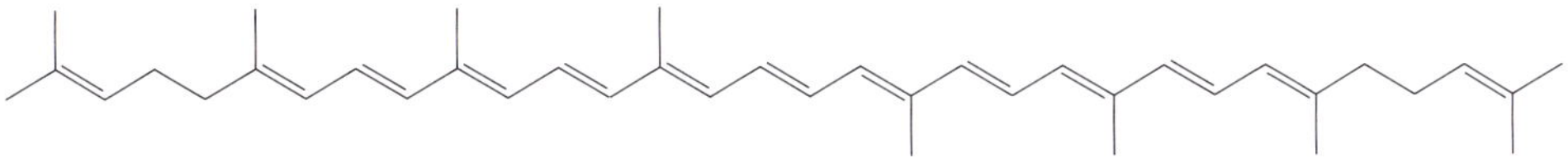

licopeno
$\lambda_{máx} = 474$ nm

Un **auxocromo** es un sustituyente que, cuando se une a un cromóforo, altera la $\lambda_{máx}$ y la intensidad de la absorción, por lo general con aumento de ambas. Por ejemplo, los grupos OH y NH_2 son auxocromos. En los compuestos que contienen OH y NH_2 que se ven abajo, los pares de electrones no enlazados del oxígeno y el nitrógeno están disponibles para interactuar con la nube de electrones π del anillo de benceno; esa interacción aumenta la $\lambda_{máx}$. Como el ion anilinio carece de auxocromo, su $\lambda_{máx}$ es similar a la del benceno.

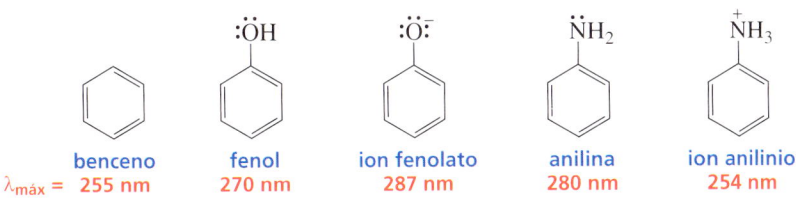

benceno	fenol	ion fenolato	anilina	ion anilinio
$\lambda_{máx}$ = 255 nm	270 nm	287 nm	280 nm	254 nm

Si se elimina un protón del fenol con formación de un ion fenolato aumenta la $\lambda_{máx}$ porque el ion que resulta tiene un par de electrones no enlazado de más. Al protonar la anilina (y formar con ello el ion anilinio) disminuye la $\lambda_{máx}$ porque el ion anilinio ya no está disponible para interactuar con la nube de electrones π del anillo de benceno.

554 CAPÍTULO 12 Espectrometría de masas, espectroscopia infrarroja y espectroscopia ultravioleta/visible

PROBLEMA 37◆

Ordene los compuestos por $\lambda_{máx}$ decreciente:

a. C₆H₆ ; C₆H₅—C₆H₅ ; C₆H₅—CH=CH—C₆H₅ ; C₆H₅—CH=CH₂

b. C₆H₅—N⁺(CH₃)₃ ; (ciclohexil)—N(CH₃)₂ ; C₆H₅—N(CH₃)₂ ; (ciclohexadienil)—N(CH₃)₂

12.19 El espectro visible y los colores

La luz blanca es una mezcla de todas las longitudes de onda de la luz visible. Si se elimina cualquiera de esas longitudes de onda en la luz visible, la luz que queda tiene color. Por consiguiente, un compuesto que absorbe luz visible tiene color, que depende del color de las longitudes de onda de la luz que absorbe. Las longitudes de onda que el compuesto no absorbe se reflejan hacia el espectador y producen el color que éste ve.

La relación entre las longitudes de onda de la luz que absorbe una sustancia y el color que absorbe se ven en la tabla 12.7. Obsérvese que son necesarias dos bandas de absorción para obtener el verde. La mayor parte de los compuestos coloridos exhiben bandas de absorción bastante anchas, aunque los colores intensos muestran bandas de absorción angosta. ¡El ojo humano puede distinguir más de un millón de tonalidades distintas de colores!

Tabla 12.7 Dependencia entre el color observado y la longitud de onda de la luz absorbida

Longitudes de onda absorbida (nm)	Color absorbido	Color observado
380–460	azul-violeta	amarillo
380–500	azul	anaranjado
440–560	azul-verde	verde
480–610	verde	púrpura
540–650	anaranjado	azul
380–420 y 610–700	púrpura	verde

Los azobencenos (anillos de benceno unidos por un enlace N=N) tienen un sistema conjugado ampliado que los hace absorber luz de la región visible del espectro. Algunos azobencenos sustituidos, como los dos que se indican abajo, se usan comercialmente como colorantes. Con variaciones en el grado de conjugación y en los sustituyentes unidos al sistema conjugado, se crea una gran cantidad de diversos colores. Obsérvese que la única diferencia entre el amarillo mantequilla y el anaranjado de metilo es un grupo $SO_3^-\,Na^+$. Cuando se produjo por primera vez margarina, los fabricantes la tiñeron con amarillo mantequilla para hacerla más semejante al producto natural. (La margarina blanca no era muy atractiva.) Este colorante fue abandonado después que se demostró que es cancerígeno. Para colorear la margarina hoy se usa β-caroteno (página 553). El anaranjado de metilo es un indicador ácido-base de uso frecuente (véase el problema 70a).

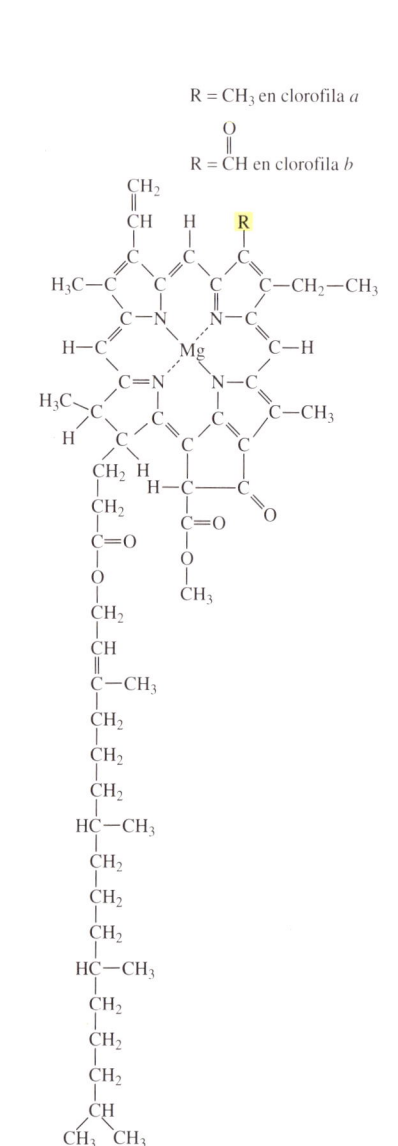

Las clorofilas *a* y *b* son los pigmentos que dan color verde a las plantas. Esos compuestos, muy conjugados, absorben la luz que no es verde. Por consiguiente, la luz que reflejan los tejidos de la superficie de las plantas es verde.

amarillo mantequilla
un azobenceno

anaranjado de metilo
un azobenceno

ANTOCIANINAS: UNA CLASE DE COMPUESTOS COLORIDOS

Una clase de compuestos muy conjugados, llamados *antocianinas,* produce los colores rojo, púrpura y azul de muchas flores (amapolas, peonías, maíz), de frutas (arándanos, ruibarbo, fresas, piel de manzanas, piel de uvas moradas) y de verduras (betabeles, rábanos, col roja). En disolución neutra o básica, el fragmento monocíclico (en el lado derecho de la antocianina) no está conjugado con el resto de la molécula, y la antocianina no absorbe luz visible; en consecuencia, es un compuesto incoloro. Sin embargo, en un medio ácido, el grupo OH se protona y se elimina agua. (Recuérdese que el agua, siendo una base débil, es un buen grupo saliente.) La pérdida de agua da como resultado que el tercer anillo se conjugue con el resto de la molécula. Debido a la mayor conjugación, la antocianina absorbe luz visible con longitudes entre 480 y 550 nm. La longitud de onda exacta de la luz absorbida depende de los sustituyentes (R y R′) de la antocianina. Así, la flor, fruta o verdura es roja, púrpura o azul, dependiendo de cuáles sean los grupos R. El lector puede ver este cambio de color si altera el pH del jugo de arándano para que ya no sea ácido.

R = H, OH, o OCH$_3$
R' = H, OH, o OCH$_3$

(se interrumpe la conjugación) incoloro

(se interrumpe la conjugación) incoloro

antocianina (tres anillos están conjugados) roja, azul o púrpura

PROBLEMA 38◆

a. A pH = 7, uno de los iones que se muestran abajo es púrpura y el otro es azul. ¿Cuál es cuál?
b. ¿Cuál sería la diferencia en los colores de los compuestos a un pH = 3?

12.20 Aplicaciones de la espectroscopia UV/Vis

La espectroscopia UV/Vis se usa con frecuencia para medir la rapidez de reacción. Se puede medir la rapidez de una reacción siempre que uno de los reactivos, o uno de los productos, absorba luz UV o visible a una longitud de onda a la que los demás reactivos y productos tengan una absorbancia pequeña o nula. Por ejemplo, el anión de nitroetano tiene una $\lambda_{máx}$ a 240 nm, pero ni el otro producto (H$_2$O) ni los reactivos muestran absorbancia apreciable a esa longitud de onda. Para medir la rapidez con la que el ion hidróxido extrae un protón del nitroetano (esto es, la rapidez con que se forma el anión nitroetano) se ajusta el espectrofotómetro UV para medir la absorbancia a 240 nm, en función del tiempo, en lugar de la absorbancia en función de la longitud de onda. Se agrega nitroetano a una celda de cuarzo que contiene una disolución básica y se determina la rapidez de la reacción vigilando el aumento de absorbancia a 240 nm (figura 12.39).

Las hojas de los árboles contienen licopeno, β-caroteno y antocianinas, pero en general sus colores característicos están enmascarados por el color verde de la clorofila. En otoño, cuando la clorofila se degrada, los demás colores aparecent.

$$CH_3CH_2NO_2 + HO^- \rightleftharpoons CH_3\bar{C}HNO_2 + H_2O$$

nitroetano   anión nitroetano
$\lambda_{máx}$ = 240 nm

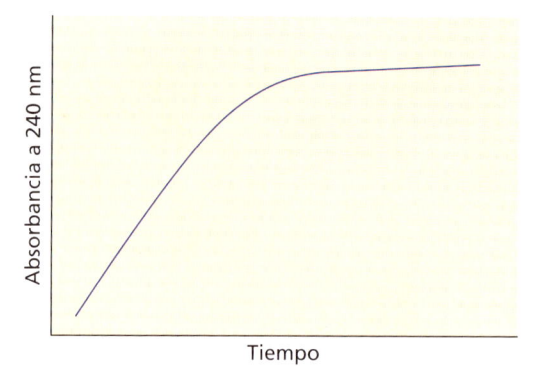

Figura 12.39 ▶
La rapidez con la que se elimina un protón del nitroetano se determina con el registro del aumento de la absorbancia a 240 nm.

La enzima deshidrogenasa láctica cataliza la reducción de piruvato por NADH (dinucleótido de nicotinamida y adenina reducido) para formar lactato. El NADH es la única especie en la mezcla de reacción que absorbe luz a 340 nm, por lo que la rapidez de la reacción se puede determinar siguiendo la disminución de la absorbancia a 340 nm (figura 12.40).

$$CH_3\overset{O}{\overset{\|}{C}}COO^- + NADH + H^+ \xrightarrow{\text{lactato dehidrogenasa}} CH_3\overset{OH}{\overset{|}{C}}HCOO^- + NAD^+$$

piruvato $\lambda_{máx}$ = 340 nm   lactato

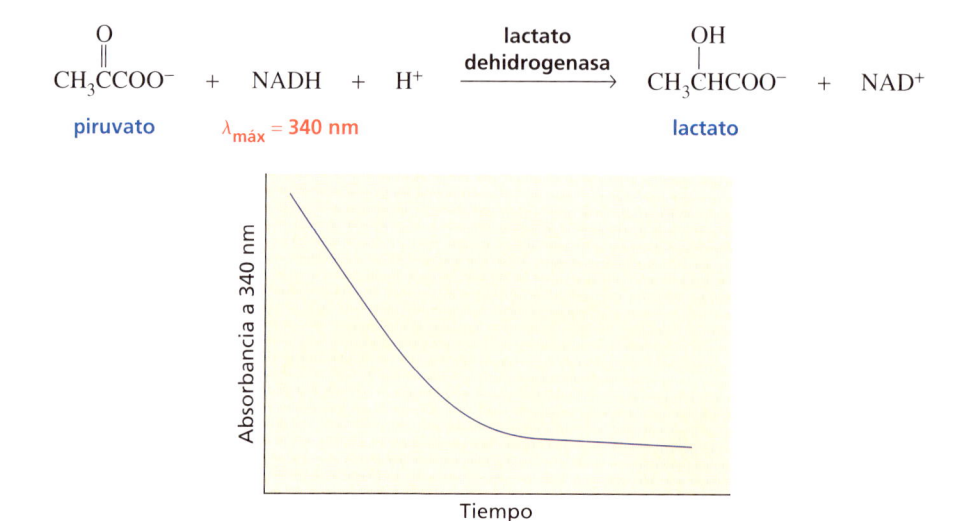

Figura 12.40 ▶
La rapidez de reducción de piruvato por NADH se mide registrando la disminución de la absorbancia a 340 nm.

PROBLEMA 39◆

Describa una forma para determinar la rapidez de oxidación del etanol por NAD^+ (dinucleótido de nicotinamida y adenina oxidado) catalizada por deshidrogenasa de alcohol (sección 24.2).

El pK_a de un compuesto puede determinarse mediante espectroscopia UV/Vis si la forma ácida o la forma básica del compuesto absorben luz UV o visible. Por ejemplo, el ion fenolato tiene una $\lambda_{máx}$ a 287 nm. Si se determina la absorbancia a 287 nm en función del pH se puede establecer el pK_a del fenol determinando el pH al cual se obtiene exactamente la mitad del aumento en la absorbancia (figura 12.41). En ese pH, la mitad del fenol se ha convertido en ion fenolato. Recuérdese que la ecuación de Henderson-Hasselbalch (sección 1.24) indica que el pK_a de un compuesto es el pH en el que la mitad del compuesto existe en su forma ácida y la otra mitad existe en su forma básica ([HA] = [A:$^-$]).

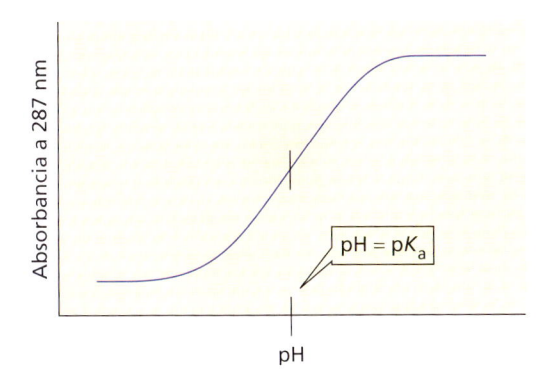

Figura 12.41
Absorbancia de una disolución acuosa de fenol en función del pH.

También, con la espectroscopia UV se puede estimar la composición del ADN en nucleótidos. Las dos cadenas de ADN se mantienen unidas por puentes de hidrógeno entre las bases de una cadena y las bases de la otra (véase la figura 27.4, página 1204); cada guanina forma puentes de hidrógeno con una citosina (un par G-C); cada adenina forma puentes de hidrógeno con una timina (un par A-T). Cuando se calienta ADN, las cadenas se separan y la absorbancia aumenta porque el ADN de una cadena tiene mayor absortividad molar a 260 nm que el ADN de cadena doble. La temperatura de fusión (T_f) del ADN está en el punto medio de una curva de absorbancia en función de temperatura (figura 12.42). Para ADN de cadena doble, la T_f aumenta al aumentar la cantidad de pares G-C porque se mantienen unidos por tres puentes de hidrógeno, mientras que los pares A-T sólo se mantienen unidos por dos puentes de hidrógeno. En consecuencia, se puede usar la T_f para estimar la cantidad de pares de G-C. Son sólo algunos ejemplos de los muchos usos de la espectroscopia UV/Vis.

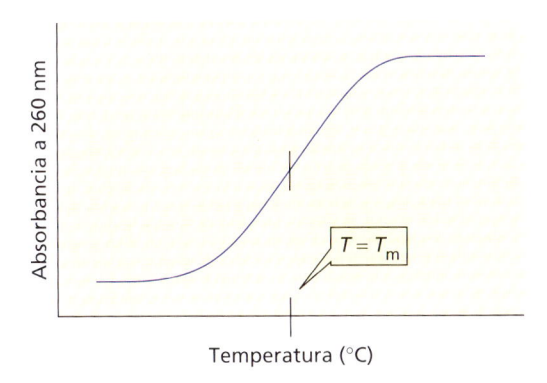

Figura 12.42
Absorbancia de una disolución de ADN en función de la temperatura.

PROBLEMA 40◆

Bajo las mismas condiciones se midió la absorbancia de una disolución de un ácido débil a una serie de valores de pH. La única especie en la disolución que absorbe luz UV a la longitud de onda usada es su base conjugada. Estímese el pK_a del compuesto a partir de los datos obtenidos.

pH	1.0	2.0	3.0	4.0	5.0	6.0	7.0	8.0	9.0	10.0
Absorbancia	0	0	0.10	0.50	0.80	1.10	1.50	1.60	1.60	1.60

RESUMEN

La **espectrometría de masas** permite determinar la *masa molecular* y la *fórmula molecular* de un compuesto, así como algunas de sus propiedades estructurales. En este método analítico se evapora una muestra pequeña del compuesto y después se ioniza eliminando un electrón de cada molécula; se produce un **ion molecular**, un catión radical. Muchos de los iones moleculares se rompen y forman cationes, radicales, moléculas neutras y otros radicales cationes. Los enlaces que se rompen con más probabilidad son los más débiles y también los que resultan en la formación de los productos más estables.

El espectrómetro de masas registra un **espectro de masas**, que es una gráfica de la abundancia relativa de cada fragmento con carga positiva en función de su valor de *m/z*. El pico de ion molecular ($M^{\bullet +}$) representa al ion molecular, y su valor de *m/z* indica la masa molecular del compuesto. Los picos de menores valores de *m/z*, que son **picos de fragmentos de iones**, representan fragmentos de la molécula con carga positiva. El **pico base** es el pico que tiene la máxima intensidad. Los espectrómetros de masas de alta resolución determinan la masa molecular exacta, lo que permite determinar la fórmula molecular de un compuesto. La "regla del nitrógeno" establece que si un compuesto cuenta con un ion molecular de masa impar, el compuesto contiene una cantidad impar de átomos de nitrógeno.

El pico $M^{\bullet +} + 1$ aparece debido al isótopo natural ^{13}C del carbono. La cantidad de átomos de carbono en un compuesto puede calcularse a partir de la intensidad relativa de los picos $M^{\bullet +}$ y $M^{\bullet +} + 1$. Un pico $M^{\bullet +} + 2$ grande es una prueba de que un compuesto contiene cloro o bromo; si presenta la tercera parte de la altura del pico M, el compuesto contiene un átomo de cloro; si los picos $M^{\bullet +}$ y $M^{\bullet +} + 2$ son más o menos de la misma altura, el compuesto contiene un átomo de bromo.

Las pautas características de fragmentación se asocian con grupos funcionales específicos. Es más probable que el bombardeo con electrones expulse a un electrón del par no enlazado. Un enlace entre carbono y un átomo más electronegativo se rompe *heterolíticamente* y los electrones pasan al átomo más electronegativo; un enlace entre carbono y un átomo de electronegatividad parecida se rompe *homolíticamente*. Se produce la ruptura en α debido a que la especie que forma tiene una carga positiva que se comparte entre dos átomos.

La **espectroscopia** es el estudio de la interacción de materia con la **radiación electromagnética**. El espectro electromagnético está formado por un continuo de distintos tipos de radiación electromagnética. La radiación de alta energía se relaciona con *altas frecuencias, números de onda grandes* y *cortas longitudes de onda*.

La **espectroscopia infrarroja** identifica las diversas clases de grupos funcionales en un compuesto. Los enlaces vibran con movimientos de estiramiento y de flexión. Las vibraciones de estiramiento de determinado compuesto tienen una frecuencia característica, al igual que las vibraciones de flexión. Se necesita más energía para estirar un enlace que para flexionarlo. Cuando un compuesto se bombardea con radiación de una frecuencia que coincida exactamente con la frecuencia de una de sus vibraciones, la molécula absorbe energía y produce una **banda de absorción**, que corresponde a esa frecuencia en el espectro infrarrojo. La **región de grupo funcional** de un espectro infrarrojo (de 4000 a 1400 cm^{-1}) es donde la mayor parte de los grupos funcionales producen bandas de absorción; la **región dactiloscópica** (de 1400 a 600 cm^{-1}) es característica del compuesto en su totalidad.

La posición, intensidad y forma de una banda de absorción ayudan a identificar a los grupos funcionales. La cantidad de energía necesaria para estirar un enlace depende de la *fuerza* del mismo: los enlaces más fuertes producen bandas de absorción a mayores números de onda. En consecuencia, la frecuencia de la banda de absorción depende del tipo de enlace, de la hibridación de los átomos, de la donación y atracción de electrones, así como de la deslocalización electrónica del enlace. La frecuencia tiene una relación inversa con la *masa* de los átomos, de modo que los átomos de mayor masa vibran a frecuencias menores. La intensidad de una banda de absorción depende del tamaño del cambio de momento dipolar asociado con la vibración y de la cantidad de enlaces que vibran a esa frecuencia (la cantidad de enlaces de ese tipo que tiene el compuesto). Para que una vibración absorba radiación IR debe cambiar el momento dipolar del enlace cuando se produce la vibración.

Con la **espectroscopia UV** y **visible** (**UV/Vis**) se obtiene información sobre compuestos que presentan enlaces dobles conjugados. La luz UV es de mayor energía que la luz visible; mientras menor es la longitud de onda, la energía es mayor. La luz UV y la luz visible causan **transiciones electrónicas** $n \rightarrow \pi^*$ y $\pi \rightarrow \pi^*$; las transiciones $\pi \rightarrow \pi^*$ tienen mayor absortividad molar. Un **cromóforo** es la parte de una molécula que absorbe luz UV o visible. La **ley de Lambert-Beer** es la relación entre absorbancia, concentración y longitud de la trayectoria de luz: $A = \varepsilon cl$. Mientras más enlaces dobles conjugados haya en un compuesto se requerirá menos energía para la transición electrónica y la λ_{max} a la que sucede es mayor. Con frecuencia se mide la rapidez de una reacción y los valores de pK_a usando espectroscopia UV/Vis.

TÉRMINOS CLAVE

absortividad molar (pág. 551)
auxocromo (pág. 553)
banda de absorción (pág. 532)
catión radical (pág. 513)
cromóforo (pág. 550)
espectro de infrarrojo (pág. 532)
espectro de masas (pág. 515)
espectrometría de masas (pág. 513)
espectroscopia (pág. 528)
espectroscopia infrarroja (pág. 513)
espectroscopia UV/Vis (pág. 513)
frecuencia (pág. 529)

ion molecular (pág. 513)
ley de Hooke (pág. 535)
ley de Lambert-Beer (pág. 551)
longitud de onda (pág. 529)
luz ultravioleta (pág. 549)
luz visible (pág. 549)
masa molecular nominal (pág. 515)
número de onda (pág. 529)
orbital molecular de mayor energía ocupado (HOMO) (pág. 553)
orbital molecular de menor energía desocupado (LUMO) (pág. 553)

pico base (pág. 516)
pico de fragmento de ion (pág. 516)
radiación electromagnética (pág. 528)
radiación infrarroja (pág. 531)
región dactiloscópica (pág. 532)
región de grupos funcionales (pág. 532)
rearreglo de McLafferty (pág. 526)
ruptura α (pág. 521)
transición electrónica (pág. 549)
vibración de estiramiento (pág. 530)
vibración de flexión (pág. 530)

PROBLEMAS

41. En el espectro de masas de los compuestos siguientes ¿cuál sería el pico más intenso, el que está en $m/z = 57$ o el que está en $m/z = 71$?
  a. 3-metilpentano
  b. 2-metilpentano

42. Indique tres factores que influyan sobre la intensidad de una banda de absorción IR.

43. De cada uno de los siguientes pares de compuestos, indique una banda de absorción IR que se pueda usar para diferenciarlos:

  a. $CH_3CH_2\overset{O}{\overset{\|}{C}}OCH_3$ y $CH_3CH_2\overset{O}{\overset{\|}{C}}CH_3$

  b. 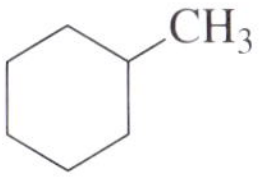 cyclohexil-CH_3 y $CH_3CH_2CH_2CH_2CH_2CH_2CH_3$

  c. $CH_3CH_2CH_2OH$ y $CH_3CH_2OCH_3$

  d. $CH_3CH_2\overset{O}{\overset{\|}{C}}NH_2$ y $CH_3CH_2\overset{O}{\overset{\|}{C}}OCH_3$

  e. 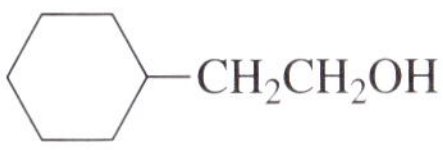 cyclohexil-CH_2CH_2OH y cyclohexil-$CHCH_3$ | OH

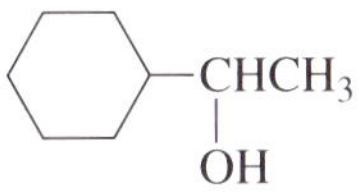

  f. *cis*-2-buteno y *trans*-2-buteno

  g. $CH_3\overset{O}{\overset{\|}{C}}OCH_2CH_3$ y $CH_3\overset{O}{\overset{\|}{C}}CH_2OCH_3$

  h. 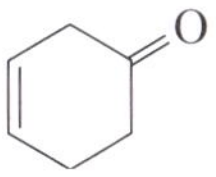 ciclohex-2-enona y ciclohex-3-enona

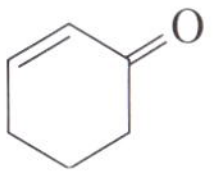

  i. $CH_3CH_2CH=CHCH_3$ y $CH_3CH_2C\equiv CCH_3$

  j. $CH_3CH_2\overset{O}{\overset{\|}{C}}H$ y $CH_3CH_2\overset{O}{\overset{\|}{C}}CH_3$

  k. 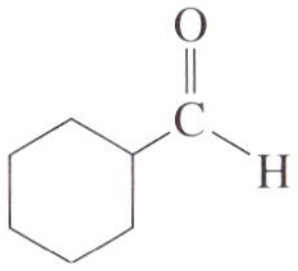 ciclohexil-CHO y benzaldehído

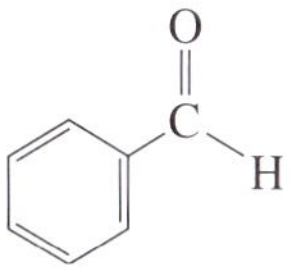

  l. $CH_3CH_2CH=CH_2$ y $CH_3CH_2CH=\overset{CH_3}{\overset{|}{C}}CH_3$

44. La 4-metil-3-penten-2-ona tiene dos bandas de absorción en su espectro UV, una a 236 nm y una en 314 nm.

$$CH_3\overset{O}{\overset{\|}{C}}CH=\overset{CH_3}{\overset{|}{C}}CH_3$$

4-metil-3-penten-2-ona

  a. ¿Por qué hay dos bandas de absorción?
  b. ¿Cuál banda tiene mayor absorbancia?

45. a. ¿Cómo podría usted aplicar la espectroscopia infrarroja para determinar si se ha efectuado la siguiente reacción?

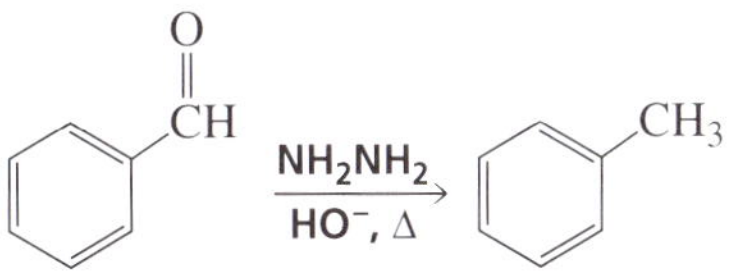

PhCHO $\xrightarrow[HO^-, \Delta]{NH_2NH_2}$ PhCH_3

  b. Después de purificar el producto, ¿cómo se podría determinar si se ha eliminado la NH_2NH_2?

46. ¿Cómo se podría usar la espectroscopia UV para diferenciar entre los compuestos de cada uno de los pares siguientes?

  a. 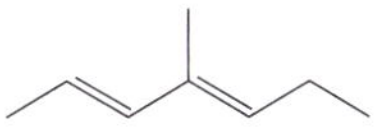 (3-metil-hexa-1,3-dieno) y (3-metil-hepta-1,3,6-trieno)

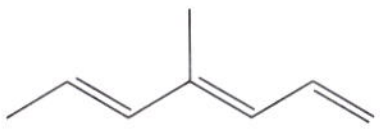

  b. $CH_2=CHCH=CHCH=CH_2$ y $CH_2=CHCH=CH\overset{O}{\overset{\|}{C}}CH_3$

  c) 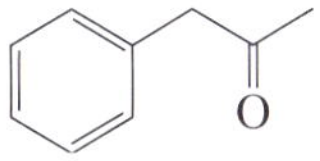 PhCH_2COCH_3 y PhCOCH_2CH_3

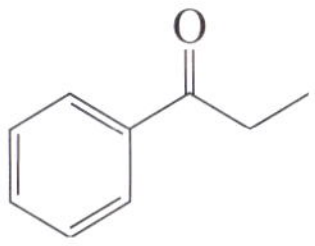

  d) 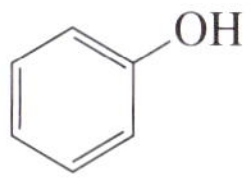 fenol y anisol

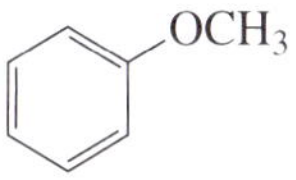

47. ¿Qué características de identificación tendría el espectro de masas de un compuesto que tiene dos átomos de bromo?

48. Suponiendo que la constante de resorte es aproximadamente igual para los enlaces C—C, C—N y C—O, estime la posición relativa de sus vibraciones de estiramiento.

49. En los cuadros que siguen, indique los tipos de enlace y el número de onda aproximado al cual se espera que cada tipo de enlace muestre una absorción infrarroja:

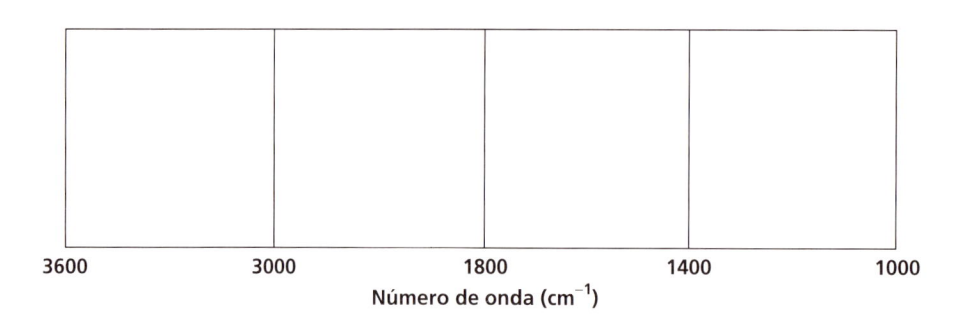

```
| 3600 | 3000 | 1800 | 1400 | 1000 |
```
Número de onda (cm^{-1})

50. Un espectro de masas tiene picos importantes a m/z = 87, 115, 140 y 143. ¿Cuál de los compuestos siguientes produjo ese espectro de masas: 4,7-dimetil-1-octanol, 2,6-dimetil-4-octanol o 2,2,4-trimetil-4-heptanol?

51. ¿Cómo podría diferenciarse entre 1,5-hexadieno y 2,4-hexadieno con la espectroscopia IR?

52. Un compuesto produce un espectro de masas donde en esencia sólo hay tres picos, en m/z = 77 (40%), 112 (100%) y 114 (33%). Diga cuál es el compuesto.

53. ¿Qué hidrocarburos tendrán un pico de ion molecular en m/z = 112?

54. Cada uno de los espectros IR que presentan las figuras 12.43, 12.44 y 12.45 se acompaña con un conjunto de cuatro compuestos. En cada caso, indique cuál de los cuatro compuestos es el responsable del espectro.

a. CH$_3$CH$_2$CH$_2$C≡CCH$_3$ CH$_3$CH$_2$CH$_2$CH$_2$OH   CH$_3$CH$_2$CH$_2$CH$_2$C≡CH   CH$_3$CH$_2$CH$_2$COH (=O)

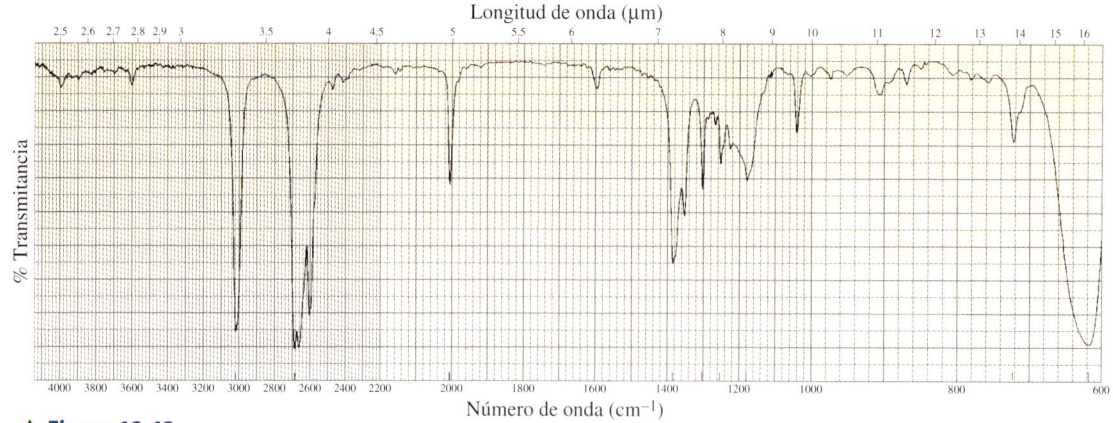

▲ **Figura 12.43**
Espectro infrarrojo para el problema 54a.

b. CH$_3$CH$_2$C(=O)OH   CH$_3$CH$_2$C(=O)OCH$_2$CH$_3$ CH$_3$CH$_2$C(=O)H   CH$_3$CH$_2$C(=O)CH$_3$

▲ **Figura 12.44**
Espectro IR para el problema 54b.

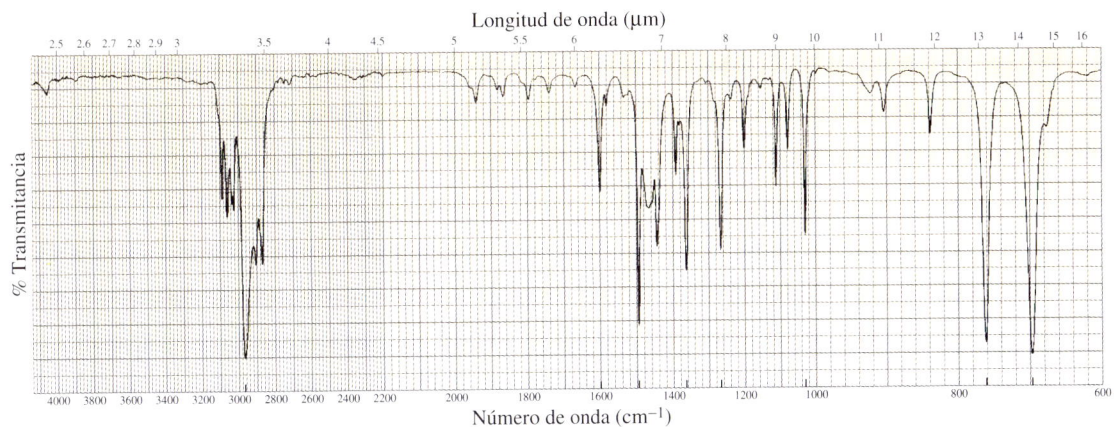

c. C₆H₅—C(CH₃)₃   C₆H₅—CH₂CH₂Br   C₆H₅—CH=CH₂   C₆H₅—CH₂OH

▲ **Figura 12.45**
Espectro IR para el problema 54c.

55. ¿Cuáles picos se pueden usar en sus espectros de masas, para diferenciar entre 4-metil-2-pentanona y 2-metil-3-pentanona?

56. Se sabe que un compuesto es uno de los que se muestran abajo. ¿Qué bandas de absorción en el espectro IR le permitirían identificar ese compuesto?

A   B   C

57. ¿Cómo se podría diferenciar, con espectroscopia IR, entre 1-hexino, 2-hexino y 3-hexino?

58. A cada uno de los espectros IR de las figuras 12.46, 12.47 y 12.48 se adjuntan cinco compuestos. Indique cuál de los cinco es responsable de cada espectro.

a. $CH_3CH_2CH=CH_2$ $CH_3CH_2CH_2CH_2OH$ $CH_2=CHCH_2CH_2OH$ $CH_3CH_2CH_2OCH_3$ $CH_3CH_2CH_2COOH$

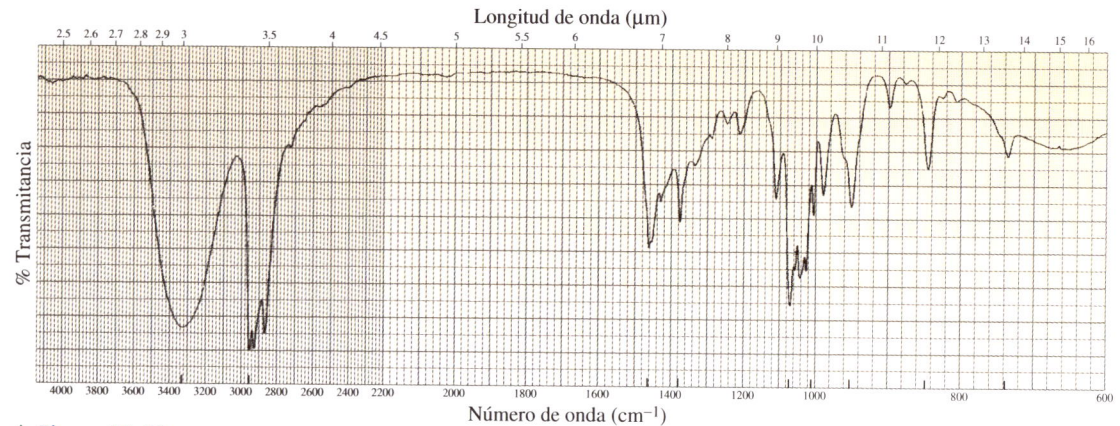

562 CAPÍTULO 12 Espectrometría de masas, espectroscopia infrarroja y espectroscopia ultravioleta/visible

▲ **Figura 12.46**
Espectro IR para el problema 58a.

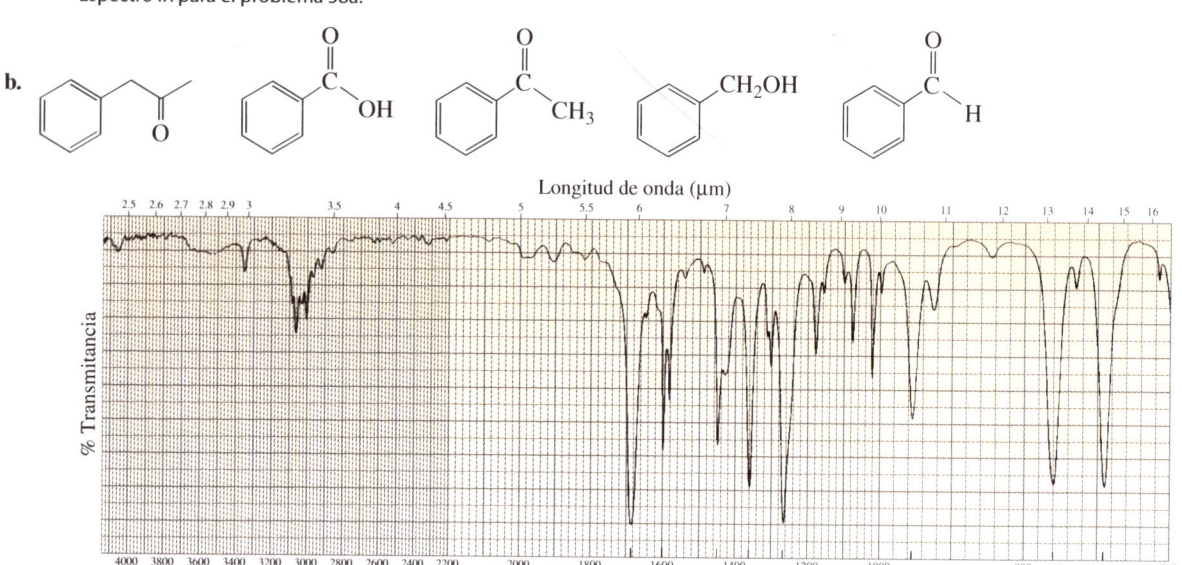

▲ **Figura 12.47**
Espectro IR para el problema 58b.

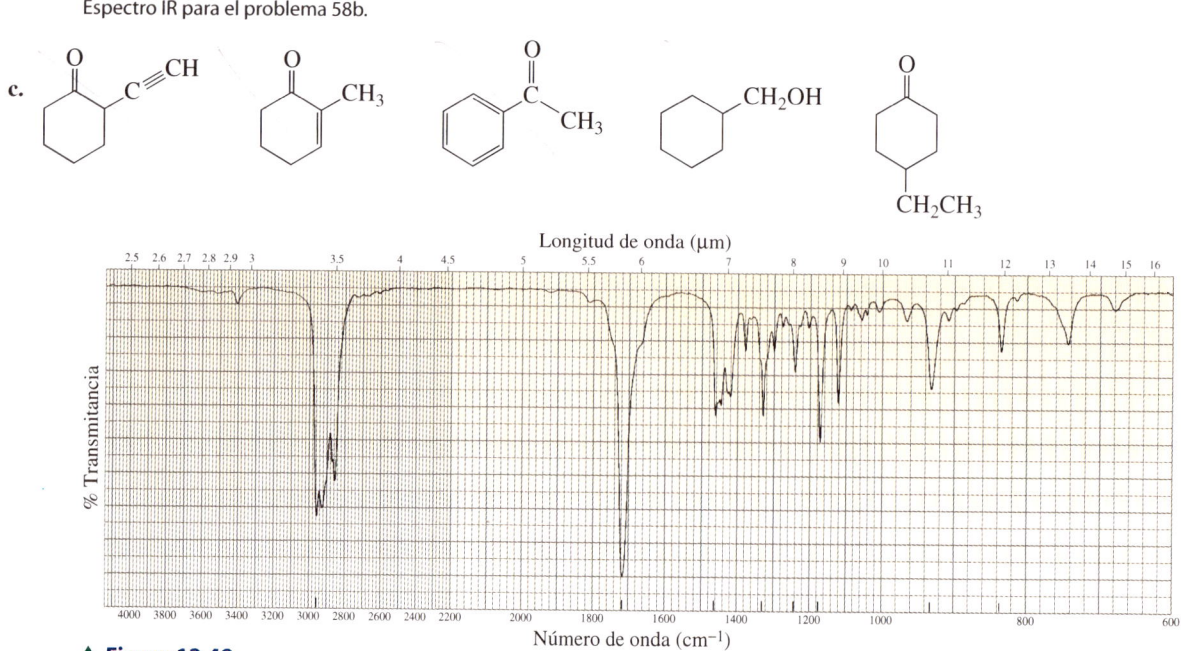

▲ **Figura 12.48**
Espectro IR para el problema 58c.

59. Una disolución de etanol se ha contaminado con benceno; esta técnica se usa para evitar que el etanol se pueda beber. El benceno tiene una absortividad molar de 230 a 260 nm en etanol, y el etanol carece de absorbancia a 260 nm. ¿Cómo se podría determinar la concentración de benceno en la disolución?

60. Cada uno de los espectros IR de la figura 12.49 corresponde a uno de los compuestos siguientes. Indique cuál es el compuesto que produjo cada espectro.

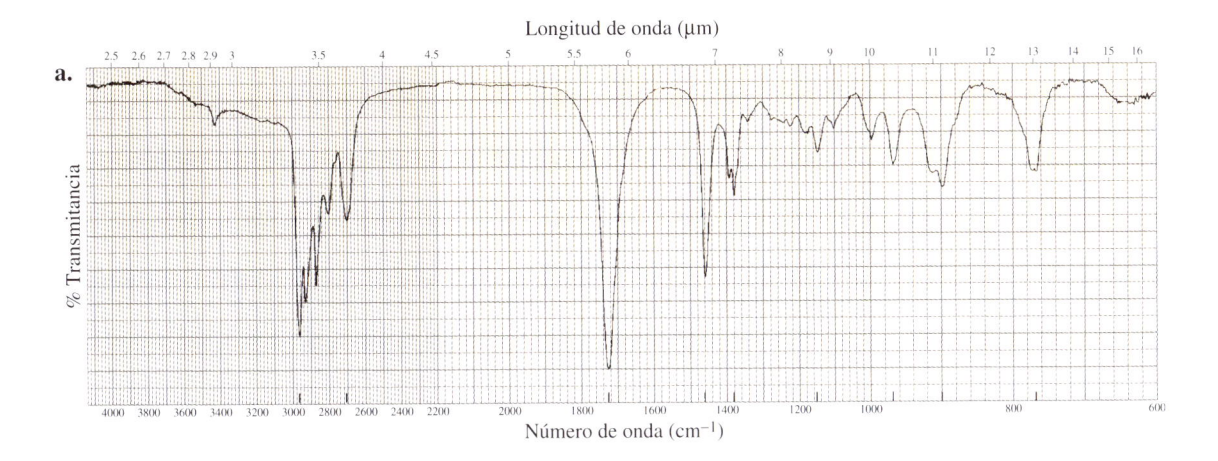

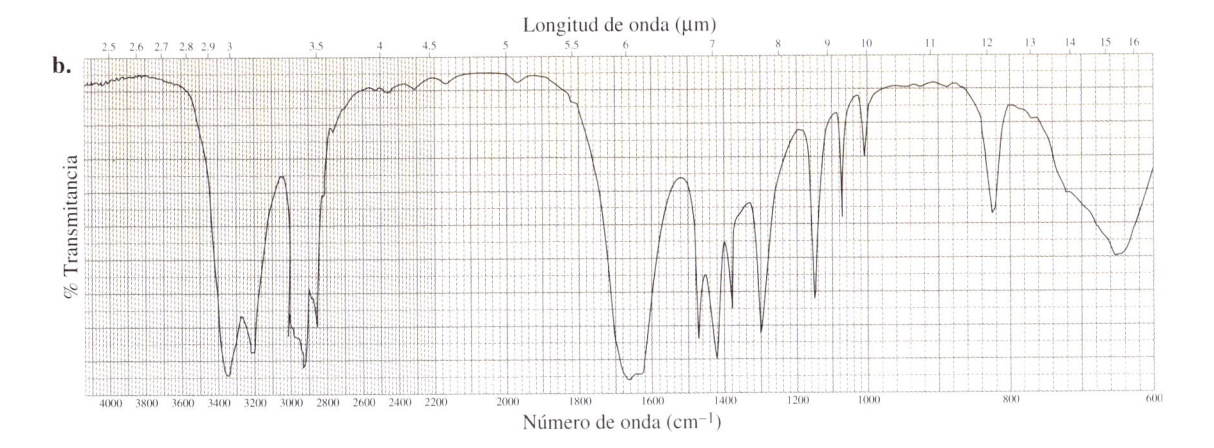

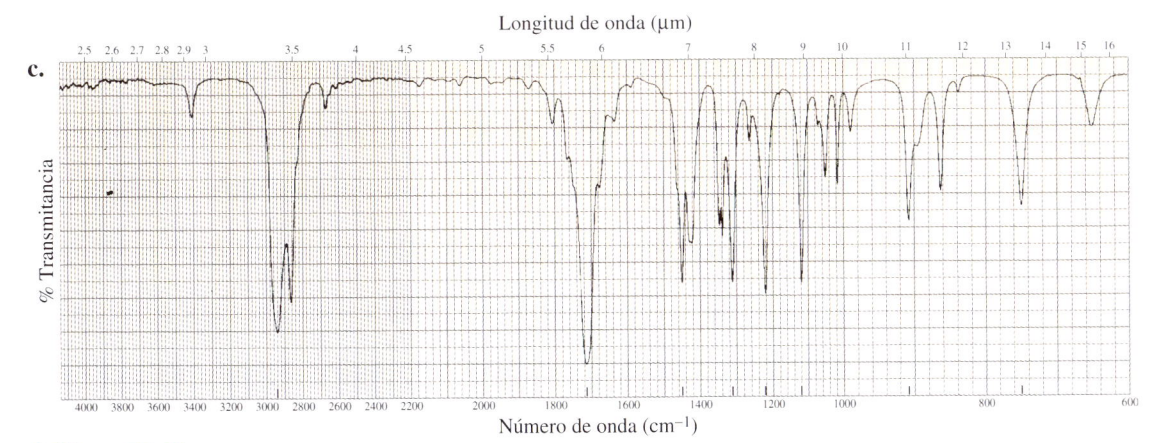

▲ Figura 12.49
Espectros IR para el problema 60.

61. Indique cuáles son las principales bandas de absorción IR características que se obtendrían con cada uno de los compuestos siguientes:

a. CH₂=CHCH₂C(=O)H

b. C₆H₅C(=O)OCH₂CH₃

c. ciclohexil–CH₂CH₂OH

d. CH₃CH₂C(=O)CH₂CH₂NH₂

e. ciclohexil–CH₂C≡CH

f. ciclohexil–CH₂COOH

62. Si las constantes de resorte para los enlaces C—H y C—C son parecidas, explique por qué la vibración de estiramiento de un enlace C—H se presenta en un número de onda mayor.

63. En la figura 12.50 se muestra el espectro IR de un compuesto cuya fórmula molecular es C_5H_8O. Identifique ese compuesto.

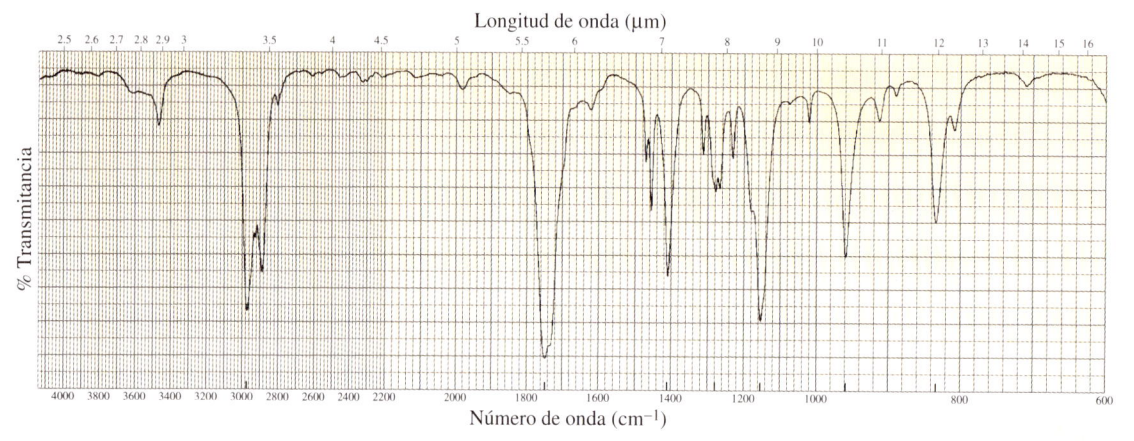

▲ **Figura 12.50**
Espectro IR para el problema 63.

64. Algunos recibos de venta de tarjeta de crédito tienen una primera hoja de "papel autocopia" que transfiere una calca de la firma del cliente a una hoja colocada abajo (el recibo del cliente). El papel contiene diminutas cápsulas, llenas con el siguiente compuesto incoloro:

Cuando se hace presión sobre el papel, las cápsulas se rompen y el compuesto incoloro se pone en contacto con la segunda hoja, tratada con ácido, y se forma un compuesto muy colorido. ¿Cuál es la estructura del compuesto colorido?

65. ¿Cuál de los siguientes compuestos produjo el espectro IR de la figura 12.51?

▲ Figura 12.51
Espectro IR para el problema 65.

66. ¿Cuál de los siguientes compuestos produjo el espectro IR de la figura 12.52?

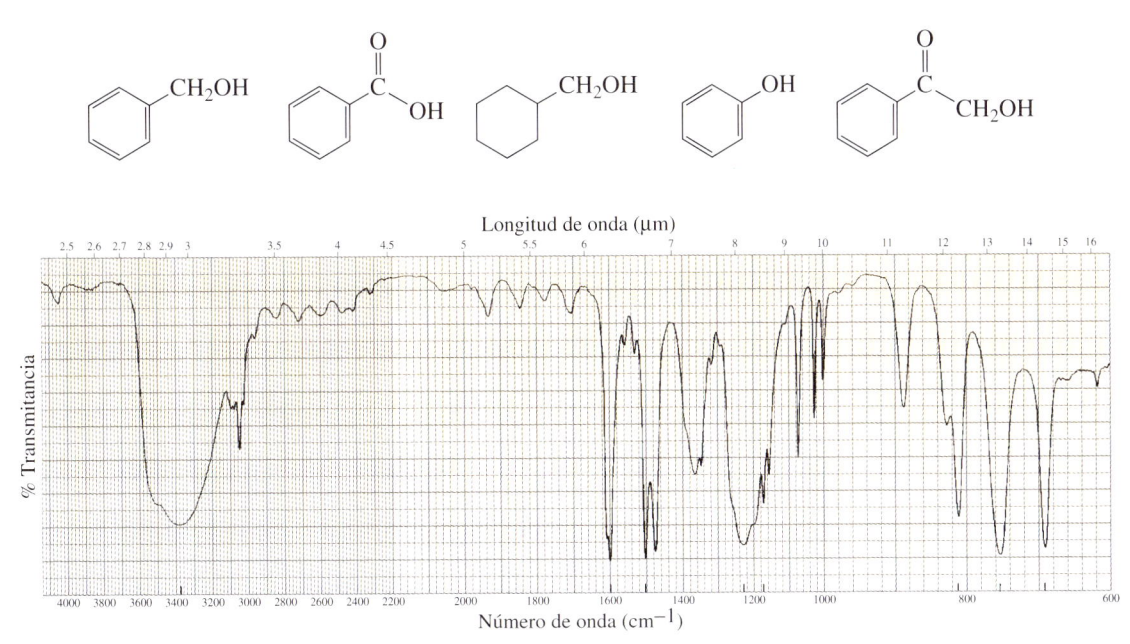

▲ Figura 12.52
Espectro IR para el problema 66.

67. ¿Cuál es la fórmula molecular de un hidrocarburo acíclico saturado que tiene un pico M$^{\bullet +}$ en $m/z = 100$, con abundancia relativa de 27.32%, y un pico M$^{\bullet +}$ + 1 con una abundancia relativa de 2.10%?

68. Calcule el número de onda aproximado en el que habrá un estiramiento C=C si la constante de resorte para el enlace C=C es 10×10^5 g s^{-2}.

69. En las figuras 12.53 a 12.55 se muestran los espectros de IR y de masas de distintos compuestos. Identifique cuál es cada uno de los compuestos.

a.

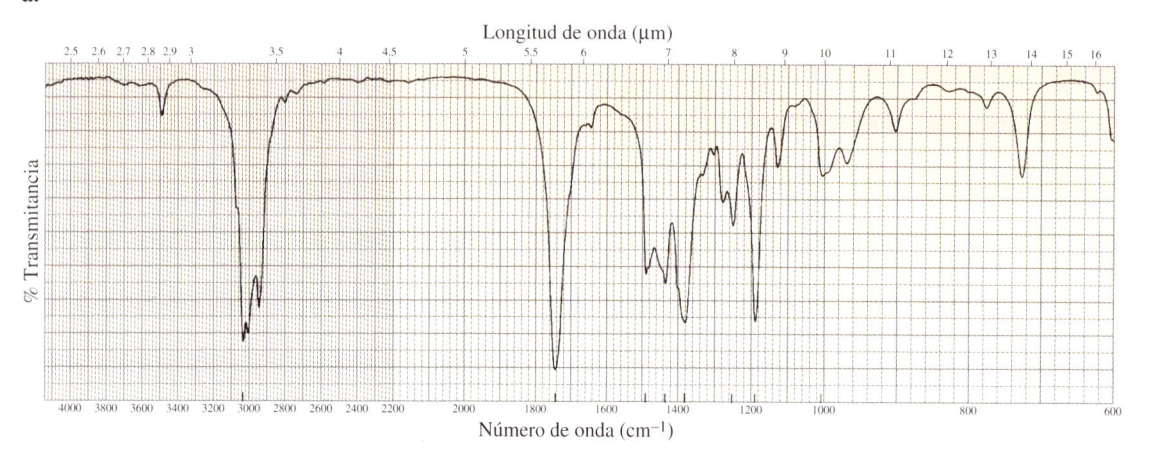

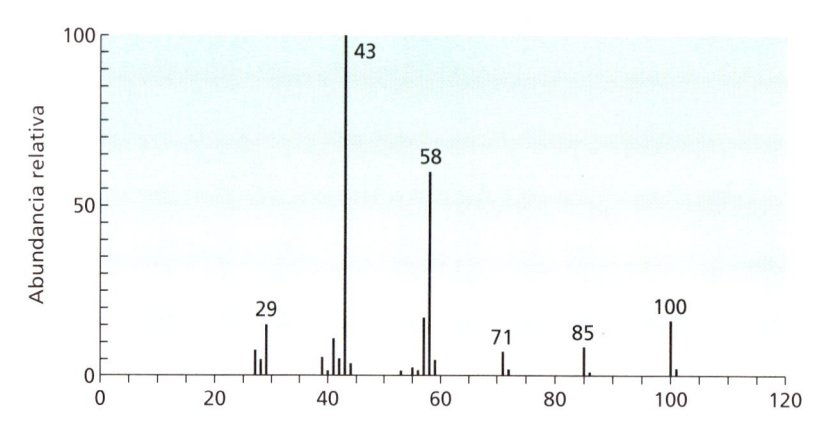

▲ Figura 12.53
Espectros IR y de masas para el problema 69a.

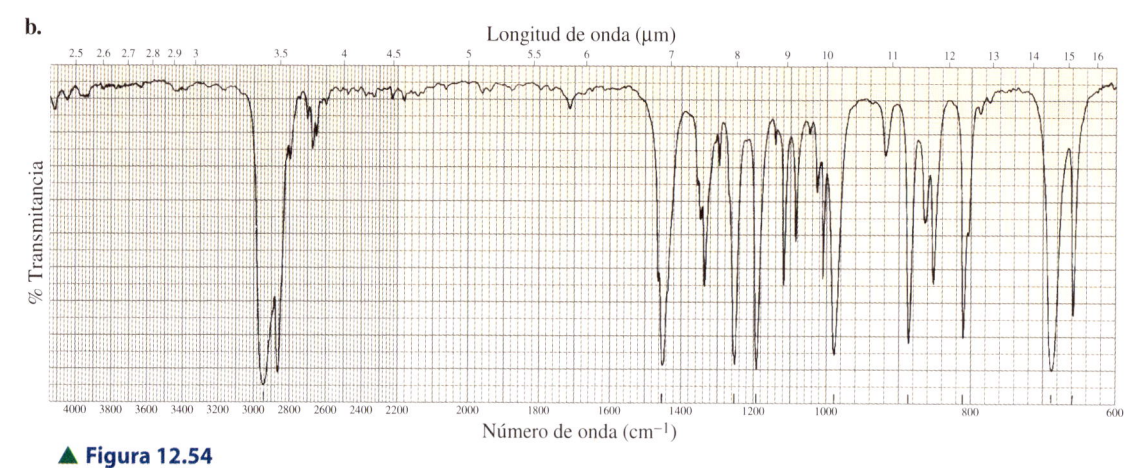

b.

▲ Figura 12.54
Espectros de IR y de masas para el problema 69b.

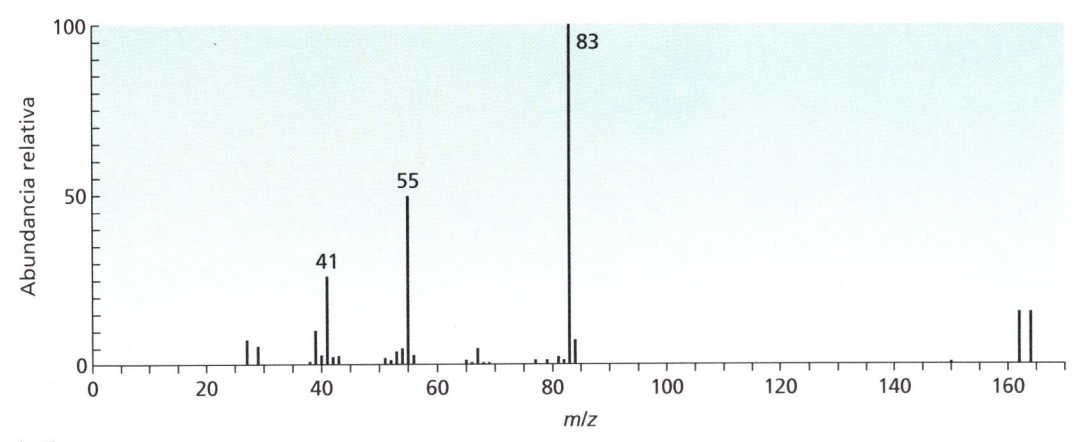

▲ **Figura 12.54**
Continuación

c)

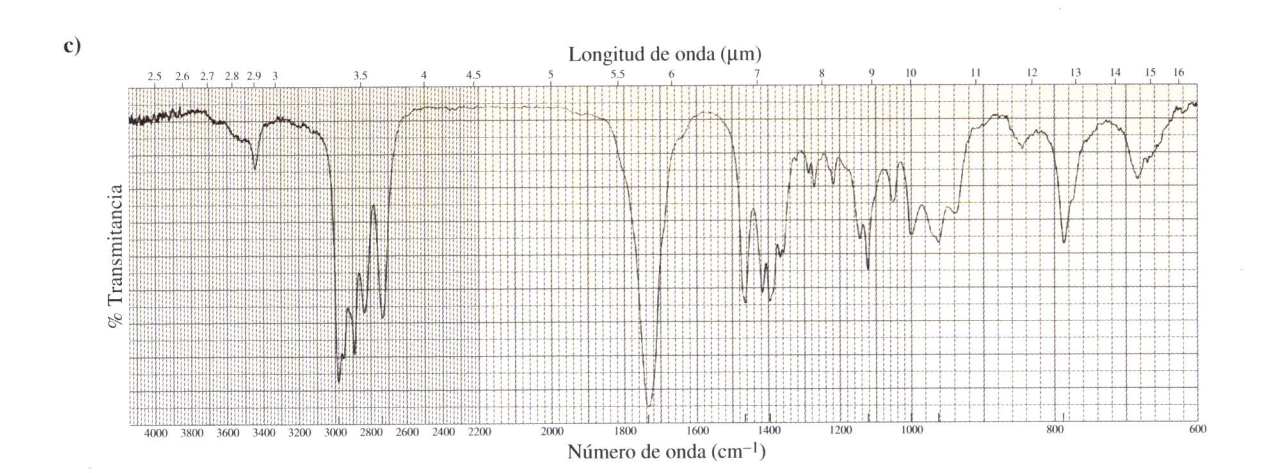

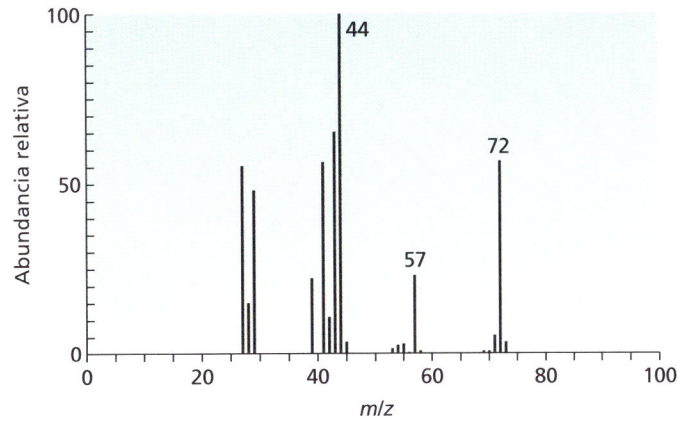

▲ **Figura 12.55**
Espectros de IR y de masas para el problema 69c.

70. a. El anaranjado de metilo (cuya estructura está en la sección 12.19) es un indicador ácido-base. En disoluciones con pH < 4, es rojo; en disoluciones de pH > 4, es amarillo. Explique el cambio de color.

b. La fenolftaleína, otro indicador, tiene un cambio de color mucho más acentuado. En disoluciones de pH < 8.5 es incolora; en disoluciones de pH > 8.5 es rojo púrpura profundo. Explique este cambio de color.

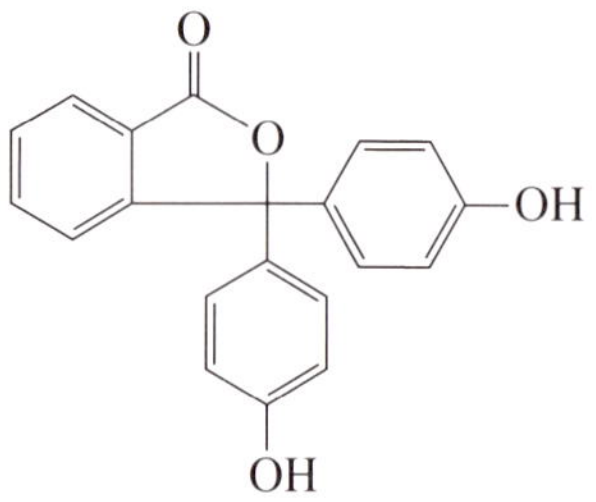

fenolftaleína

CAPÍTULO 13

Espectroscopia de RMN

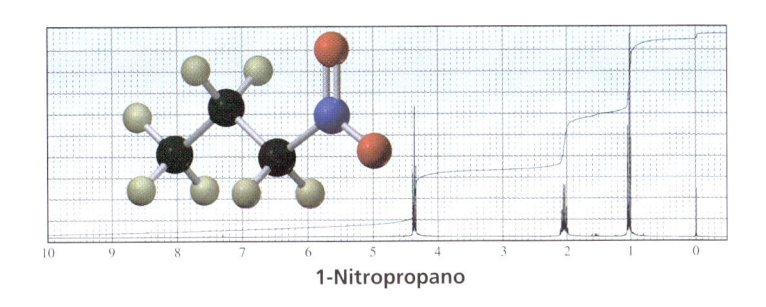

1-Nitropropano

ANTECEDENTES

SECCIÓN 13.6 La atracción inductiva de electrones (1.21) determina las posiciones relativas de las señales en un espectro de RMN-^{1}H.

SECCIÓN 13.7 Los desplazamientos químicos indican que el carbono es más electronegativo que el hidrógeno. Antes se estudió que cuando hay un orbital *p* adyacente, los grupos alquilo son donadores de electrones en comparación con los hidrógenos (4.2, 4.11 y 11.3). Es evidente que la hiperconjugación sobrecompensa la mayor electronegatividad del carbono.

SECCIÓN 13.18 Un espectro de RMN-^{13}C registra las señales del isótopo 13C del carbono, que sólo forma el 1.11% de los átomos de carbono (1.1).

SECCIÓN 13.18 La atracción inductiva de electrones (1.21) determina las posiciones relativas de las señales en un espectro de RMN-^{13}C.

En el capítulo 12 se presentaron tres técnicas instrumentales para determinar las estructuras de compuestos orgánicos: espectrometría de masas, espectroscopia IR y espectroscopia UV/Vis. Ahora se estudiará una cuarta técnica, la *espectroscopia de resonancia magnética nuclear (RMN)*. La **espectroscopia de RMN** ayuda a identificar la estructura de carbonos e hidrógenos en un compuesto orgánico.

La ventaja de la espectroscopia de RMN sobre las demás técnicas instrumentales estudiadas es que no sólo hace posible identificar la funcionalidad en un carbono específico sino que también permite conectar carbonos vecinos. En muchos casos se puede usar la RMN para determinar toda la estructura de una molécula.

13.1 Introducción a la espectroscopia de RMN

La espectroscopia de RMN fue inventada por fisicoquímicos a finales de la década de 1940 para estudiar las propiedades de los núcleos atómicos. En 1951 los químicos advirtieron que la espectroscopia de RMN se podía usar también para estudiar las estructuras de los compuestos orgánicos. Los núcleos que tienen una cantidad impar de protones o un número impar de neutrones (o ambas cosas) tienen propiedades magnéticas como lo indica un valor de su número cuántico de espín distinto de cero. Esos núcleos (^{1}H, ^{13}C, ^{15}N, ^{19}F y ^{31}P) se pueden estudiar con RMN. En contraste, el ^{12}C y el ^{16}O carecen de propiedades

BIOGRAFÍA

Edward Purcell y **Felix Bloch** *elaboraron el trabajo sobre las propiedades magnéticas de los núcleos que hizo posible el desarrollo de la espectroscopia de RMN. Compartieron el Premio Nobel de Física 1952.*

Edward Mills Purcell (1912–1997) *nació en Illinois. Recibió un doctorado de la Universidad de Harvard en 1938 y de inmediato fue contratado como miembro de la facultad, en el departamento de física.*

> **BIOGRAFÍA**
>
> **Felix Bloch (1905-1983)** *nació en Suiza. Su primer contrato académico fue en la Universidad de Leipzig. Después de salir de Alemania al llegar Hitler al poder, trabajó en universidades de Dinamarca, Holanda e Italia. Finalmente llegó a Estados Unidos, donde se nacionalizó en 1939. Fue profesor de física en la Universidad de Stanford y trabajó en el proyecto de la bomba atómica, en Los Álamos, Nuevo México, durante la Segunda Guerra Mundial.*

magnéticas (cada uno tiene número cuántico de espín igual a cero) y por consiguiente no se pueden estudiar con RMN. Como los núcleos de hidrógeno (protones) fueron los primeros que se estudiaron con resonancia magnética nuclear, en general se supone que el acrónimo "RMN" se refiere a la **RMN-^{1}H** (**resonancia magnética de protón**).

Un núcleo que gira con propiedades magnéticas genera un campo magnético, en forma parecida al campo magnético que produce un pequeño imán de barra. En ausencia de un campo magnético aplicado, los momentos magnéticos asociados con los espines nucleares tienen orientación aleatoria. Sin embargo, cuando se colocan entre los polos de un imán potente (figura 13.1), los momentos magnéticos nucleares se alinean ya sea *a favor* o *contra* (en forma *paralela* o *antiparalela*) el campo magnético aplicado. Los que se alinean con el campo están en el **estado de espín α**, de menor energía; los que se alinean contra el campo están en el **estado de espín β**, de mayor energía porque se necesita más energía para alinear contra el campo que en su misma dirección. Hay más núcleos en el estado de espín α que en el estado de espín β. La diferencia de poblaciones es muy pequeña (unos 20 entre 1 millón de protones), pero es suficiente para formar la base de la espectroscopia de RMN.

Figura 13.1
En ausencia de un campo magnético aplicado, los momentos magnéticos de los núcleos tienen orientación aleatoria. En presencia de un campo magnético, los momentos magnéticos de los núcleos se alinean con o en contra del campo magnético.

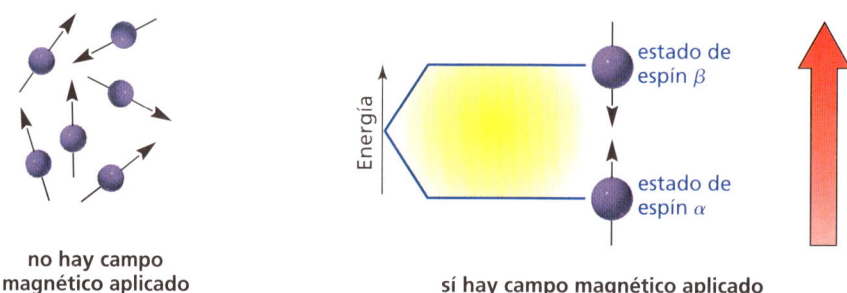

no hay campo magnético aplicado

sí hay campo magnético aplicado

estado de espín β

estado de espín α

La diferencia de energías (ΔE) entre los estados de espín α y β depende de la intensidad del **campo magnético aplicado** (B_0): mientras mayor sea la intensidad del campo magnético, la diferencia de energías entre los estados de espín α y β es mayor (figura 13.2).

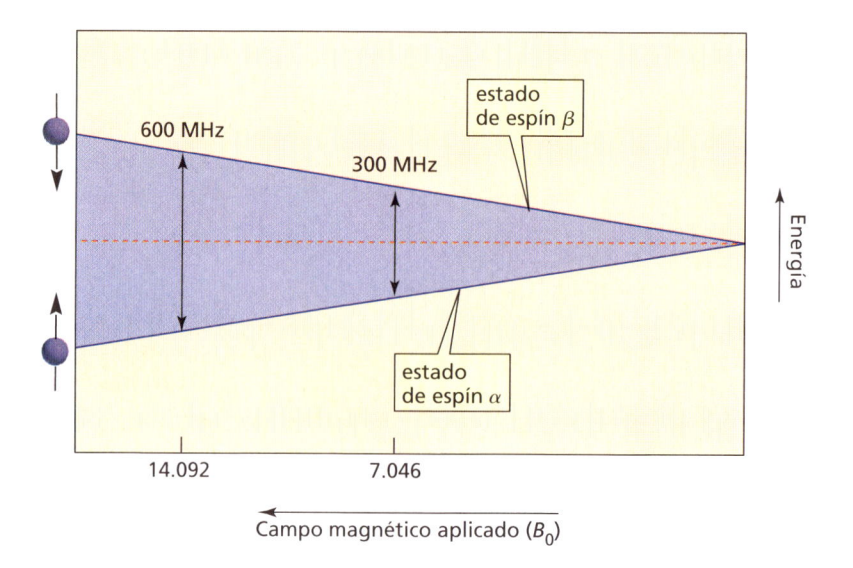

Figura 13.2
Mientras mayor sea la intensidad del campo magnético aplicado, la diferencia de energía entre los estados de espín α y β es mayor.

600 MHz

300 MHz

estado de espín β

estado de espín α

14.092   7.046

Campo magnético aplicado (B_0)

Cuando se somete una muestra a un impulso de radiación cuya energía corresponde a la diferencia de energías (ΔE) entre los estados de espín α y β, los núcleos en estado de espín α son elevados al estado de espín β. A esta transición se le llama "inversión" del espín. Con los imanes disponibles en la actualidad, la diferencia de energía entre los estados de espín α y β es pequeña, por lo que sólo se necesita una cantidad pequeña de energía para invertir al espín. La radiación que se usa para suministrar esta energía está en la región de radiofrecuencia (rf) del espectro electromagnético y se llama **radiación rf**. Cuando los núcleos absorben radiación de rf invierten rápidamente su espín y al hacerlo generan señales cuya frecuencia depende de la diferencia de energías (ΔE) entre los estados de espín α y β. El espectrómetro de RMN detecta esas señales y las muestra en forma de una gráfica de frecuencia de señal contra intensidad; esa gráfica es el espectro de RMN. Se dice que los núcleos están *en resonancia* con la radiación de rf y de aquí el término "resonancia magnética nuclear". En este contexto, "resonancia" se refiere a la inversión rápida una y otra vez de núcleos entre los estados de espín α y β como respuesta a la radiación de rf, y no tiene nada que ver con la "resonancia" asociada a la deslocalización electrónica.

La ecuación que se presenta abajo indica que la diferencia de energías entre los estados de espín (ΔE) depende de la frecuencia de operación ν del espectrómetro; lo cual, a su vez, depende de la intensidad del campo magnético (B_0) expresada en teslas (T)*, y de la *razón giromagnética* (γ); h es la constante de Planck (sección 12.6).

$$\Delta E = h\nu = h\frac{\gamma}{2\pi}B_0$$

La **razón giromagnética** es una constante que depende del momento magnético de determinada clase de núcleo. En el caso de un protón, el valor de γ es 2.675×10^8 T^{-1} s^{-1}; en el caso de un núcleo de ^{13}C, es 6.688×10^7 T^{-1} s^{-1}. La constante de Planck se simplifica en ambos lados de la ecuación y queda

$$\nu = \frac{\gamma}{2\pi}B_0$$

El campo magnético terrestre es de 5×10^{-5} T, medido en el ecuador. Su campo magnético superficial máximo es 7×10^{-5} T, medido en el polo sur magnético.

Los cálculos siguientes demuestran que si un espectrómetro de RMN-^1H tiene un magneto que produce un campo magnético de 7.046 T necesitará una frecuencia de operación de 300 MHz (megahertz):

$$\nu = \frac{\gamma}{2\pi}B_0$$
$$= \frac{2.675 \times 10^8}{2(3.1416)} T^{-1} s^{-1} \times 7.046 \text{ T}$$
$$= 300 \times 10^6 \text{ Hz} = 300 \text{ MHz}$$

La ecuación indica que la fuerza del *campo magnético* (B_0) *es proporcional a la frecuencia de operación* (MHz). Por consiguiente, si el espectrómetro tiene un magneto más potente, debe tener una **frecuencia de operación** mayor. Por ejemplo, un campo magnético de 14.092 T requiere una frecuencia de operación de 600 MHz.

El campo magnético es proporcional a la frecuencia de operación.

Los **espectrómetros de RMN** actuales funcionan con frecuencias entre 60 y 900 MHz. Mientras mayor sea la frecuencia de operación del instrumento —y mientras más potente sea el magneto— mejor será la resolución del espectro de RMN; la resolución se describe en la sección 13.17.

Ya que cada clase de núcleo tiene su propia razón giromagnética, se requieren distintas energías para poner en resonancia a las distintas clases de núcleos. Por ejemplo, un espectrómetro de RMN con un magneto que requiera una frecuencia de 300 MHz para invertir el espín de un núcleo de ^1H requiere 75 MHz de frecuencia para invertir el espín de un núcleo de ^{13}C. Los espectrómetros de RMN tienen fuentes de radiación electromagnética que se pueden sintonizar a distintas frecuencias, y entonces se pueden usar para obtener espectros de RMN de distintas clases de núcleos (^1H, ^{13}C, ^{15}N, ^{19}F, ^{31}P).

---

*Hasta fecha reciente, era el gauss (G) la unidad en que se solía expresar la intensidad de campo magnético. (1 T = 10^4 G.)

572 CAPÍTULO 13 Espectroscopia de RMN

NIKOLA TESLA (1856–1943)

Nikola Tesla nació en Croacia, hijo de un clérigo. En 1884 emigró a los Estados Unidos y obtuvo la ciudadanía en 1891. Fue partidario del uso de la corriente alterna para distribuir la electricidad y tuvo importantes discusiones con Thomas Edison, quien era partidario de la corriente directa. Aunque Tesla no ganó la discusión con Guglielmo Marconi sobre quién de ellos había inventado el radio, a Tesla se le dio el crédito por el desarrollo de la luz de neón, la luz fluorescente, el microscopio electrónico, el refrigerador de motor y de la bobina de Tesla (un tipo de transformador que sirve para cambiar el voltaje de la corriente alterna).

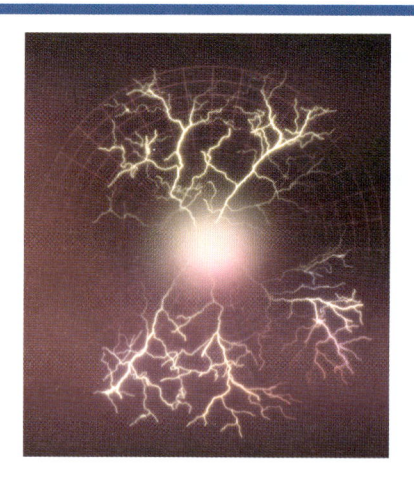

PROBLEMA 1◆

¿Qué frecuencia, en MHz, se requiere para que un protón invierta su espín al estar expuesto a un campo de 1 T?

PROBLEMA 2◆

a. Calcule el campo magnético, en teslas, necesario para invertir un núcleo de ^{1}H en un espectrómetro de RMN que opera a 360 MHz.

b. ¿De qué intensidad se requiere un campo magnético cuando se usa un instrumento de 500 MHz para RMN-^{1}H?

13.2 RMN de transformada de Fourier

Para obtener un **espectro de RMN** se disuelve una pequeña cantidad de compuesto en unos 0.5 mL de disolvente. Esta disolución se pone en un tubo de vidrio largo y grueso, que a su vez se coloca dentro de un campo magnético potente (figura 13.3). (Los disolventes que se usan en la RMN se describen en la sección 13.16). Se gira el tubo con la mues-

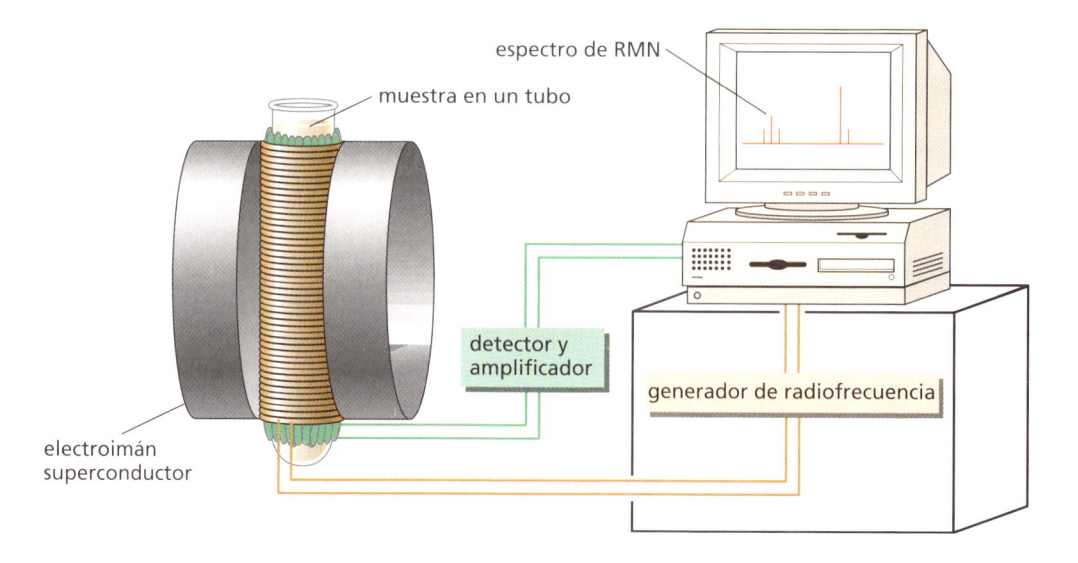

Figura 13.3 ▶
Esquema de un espectrómetro de RMN

tra en torno a su eje longitudinal, para promediar la posición de las moléculas en el campo magnético, con lo que aumenta mucho la resolución del espectro.

En los instrumentos modernos, llamados *espectrómetros pulsados con transformada de Fourier (TF)*, se mantiene constante el campo magnético y se aplica un pulso de rf de corta duración, que excita a todos los protones en forma simultánea. Como el pulso corto de rf cubre un intervalo de frecuencias, los protones individuales absorben la frecuencia que cada uno requiere para entrar en resonancia (invertir su espín) y producir una señal compleja llamada decaimiento de inducción libre (FID por sus siglas en inglés, *free induction decay*), a una frecuencia que corresponde a ΔE. La intensidad de la señal decrece a medida que los núcleos pierden la energía que ganaron del pulso de rf. Una computadora mide el cambio de intensidad a través del tiempo y lo convierte en datos de intensidad en función de la frecuencia en una operación matemática llamada *transformada de Fourier*; se produce un espectro que se llama **espectro de RMN con transformada de Fourier (RMN-TF)** (sección 12.7). El espectro de RMN-TF se puede registrar en unos 2 segundos y grandes cantidades de FID se pueden promediar en pocos minutos, con menos de 5 mg de compuesto. Los espectros de RMN que presenta este libro fueron tomados en un espectrómetro cuya frecuencia de operación es 300 MHz. Las descripciones en el resto de este capítulo se refieren a RMN-TF, y no a la RMN de onda continua (CW, por sus siglas en inglés, *continuous wave*) anterior, ya que la RMN-TF es más moderna y fácil de comprender.

> **BIOGRAFÍA**
>
> *El Premio Nobel de 1991 fue otorgado a* **Richard R. Ernst** *por dos contribuciones importantes: la espectroscopia de RMN-FT y un método de tomografía por RMN que es la base de la técnica de imagen por resonancia magnética (IRM). Ernst nació en 1933, recibió un Doctorado del Instituto Federal Suizo de Tecnología [Eidgenössische Technische Hochschule (ETH)] en Zurich, y colaboró como investigador científico en Varian Associates en Palo Alto, California. En 1968 regresó al ETH para ser profesor de química. En la actualidad colabora con el Instituto de Investigaciones Scripps en La Jolla, California y con la Academia Suiza de Ciencias.*

13.3 La protección determina que distintos tipos de hidrógenos produzcan señales a diferentes frecuencias

La frecuencia de una señal de RMN depende de la intensidad del campo magnético (figura 13.2) a la que es sometido el núcleo. Así, si todos los hidrógenos de un compuesto orgánico experimentaran el campo magnético aplicado con el mismo grado, todos producirían señales de la misma frecuencia. Si ese fuera el caso, todos los espectros de RMN consistirían en una sola señal, lo cual no proporcionaría información acerca de la estructura del compuesto, salvo que contiene hidrógenos.

Sin embargo, un núcleo está rodeado por una nube de electrones que lo *protege* parcialmente contra el campo magnético aplicado. Por fortuna para los químicos, la **protección** varía para distintos hidrógenos en una molécula. En otras palabras, no todos los hidrógenos experimentan el mismo campo magnético aplicado.

¿Qué causa la protección? En un campo magnético, los electrones circulan en torno a los núcleos e inducen un campo magnético local que actúa en oposición al campo magnético aplicado y se sustrae de él. El **campo magnético efectivo**, la magnitud del campo magnético que "sienten" en realidad los núcleos a través del ambiente electrónico que los rodea, es en consecuencia un poco menor que el campo aplicado:

$$B_{\text{efectivo}} = B_{\text{aplicado}} - B_{\text{local}}$$

Esto significa que mientras mayor sea la densidad electrónica del ambiente en el que se encuentra el protón[*] B_{local} es mayor y el protón está más protegido contra el campo magnético aplicado. A esta clase de protección se le denomina **protección diamagnética**. Así, los protones en ambientes densos en electrones experimentan un *campo magnético efectivo menor*. En consecuencia, requieren *menor frecuencia* para entrar en resonancia, es decir, invertir su espín, porque ΔE es menor (figura 13.2). Los protones en ambientes con pocos electrones experimentan un *campo magnético efectivo mayor* y por consiguiente necesitarán *mayor frecuencia* para entrar en resonancia porque ΔE es mayor.

Un espectro de RMN muestra una señal por cada protón que se halle en un ambiente diferenciado. Los protones en ambientes ricos en electrones están más protegidos y aparecen a frecuencias menores (hacia la derecha del espectro, figura 13.4). Los protones en am-

Mientras mayor sea el campo magnético que experimenta el protón la frecuencia de la señal es mayor.

---

[*] En el contexto de espectroscopia de RMN, se usan los términos "protón" e "hidrógeno" para describir un hidrógeno con enlace covalente.

no protegido = menos protegido

bientes pobres en electrones están menos protegidos y aparecen a frecuencias mayores (hacia el lado izquierdo del espectro). Por ejemplo, la señal de los protones del metilo en el CH_3F está a mayor frecuencia que la señal de los protones del metilo en el CH_3Br porque el flúor es más electronegativo y, en consecuencia, retira inductivamente electrones con más fuerza que el bromo (sección 1.21); entonces, los protones del CH_3F se hallan en un ambiente menos rico en electrones. (Obsérvese que la alta frecuencia en un espectro de RMN está en el lado izquierdo, igual que en los espectros de IR y de UV/Vis).

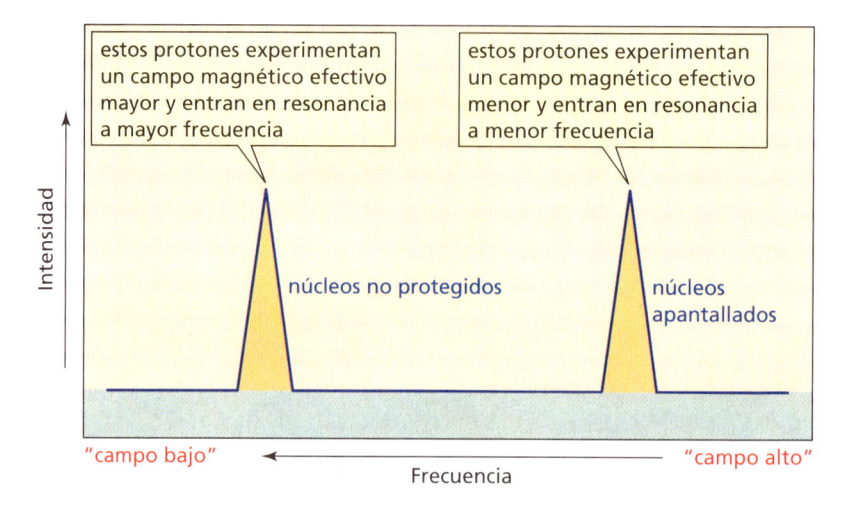

Figura 13.4
Los núcleos protegidos entran en resonancia a menores frecuencias que los que no están protegidos.

Los términos "campo alto" y "campo bajo" que se usaron cuando llegaron los espectrómetros de onda continua (CW), antes del advenimiento de los espectrómetros con transformada de Fourier, están tan arraigados en el vocabulario de la RMN que se necesita conocer qué significan. **Campo alto** quiere decir más hacia el lado derecho del espectro y **campo bajo** implica más hacia el lado izquierdo del espectro. En contraste con las técnicas de RMN-TF que mantienen constante la intensidad del campo magnético y varían la frecuencia, las técnicas de onda continua mantienen constante la frecuencia y varían el campo magnético. El campo magnético aumenta de izquierda a derecha a través de un espectro porque se requieren campos magnéticos mayores para poner en resonancia protones protegidos a una frecuencia dada (figura 13.4). Entonces, *campo alto* es hacia la derecha y *campo bajo* es hacia la izquierda.

13.4 Cantidad de señales en un espectro de RMN-¹H

Los protones que están en el mismo ambiente se llaman **protones químicamente equivalentes**. Por ejemplo, el 1-bromopropano tiene tres conjuntos distintos de protones químicamente equivalentes: 1) los tres protones del metilo son químicamente equivalentes por la rotación respecto al enlace C—C; 2) los dos protones del metileno (CH_2) en el carbono intermedio son químicamente equivalentes y 3) los dos protones del metileno en el carbono unido al átomo de bromo forman el tercer conjunto de protones químicamente equivalentes.

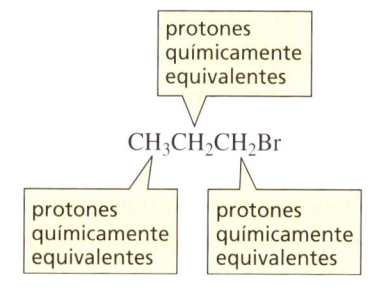

$CH_3CH_2CH_2Br$

13.4 Cantidad de señales en un espectro de RMN-¹H **575**

Cada conjunto de protones químicamente equivalentes en un compuesto produce una señal en el espectro de RMN-¹H para ese compuesto. A veces, las señales no se separan lo suficiente y se traslapan entre sí; cuando esto sucede, se ven menos señales que las que se esperaban. Como el 1-bromopropano cuenta con tres conjuntos de protones químicamente equivalentes, su espectro de RMN-¹H tiene tres señales.

El 2-bromopropano dispone de dos conjuntos de protones químicamente equivalentes y, por consiguiente, presenta dos señales en su espectro de RMN-¹H; los seis protones del metilo en el 2-bromopropano son equivalentes, por lo que sólo producen una señal; el hidrógeno unido al carbono intermedio produce la segunda señal. El éter etilmetílico cuenta con tres conjuntos de protones químicamente equivalentes: los protones del metilo en el carbono adyacente al oxígeno, los protones del metileno en el carbono adyacente al oxígeno y los protones del metilo en el carbono que se halla a un carbono de distancia del oxígeno. En los compuestos siguientes, los protones químicamente equivalentes se indican con la misma letra:

> **Cada conjunto de protones químicamente equivalentes produce una señal.**

$\underset{\text{tres señales}}{\overset{a\ \ \ b\ \ \ c}{CH_3CH_2CH_2Br}}$ $\underset{\underset{\text{dos señales}}{\underset{|}{Br}}}{\overset{a\ \ \ b\ \ \ a}{CH_3CHCH_3}}$ $\underset{\text{tres señales}}{\overset{a\ \ \ c\ \ \ b}{CH_3CH_2OCH_3}}$ $\underset{\text{una señal}}{\overset{a\ \ \ \ \ a}{CH_3OCH_3}}$ $\underset{\underset{\text{dos señales}}{\underset{|}{\underset{a}{CH_3}}}}{\overset{\overset{a}{\overset{|}{CH_3}}}{\overset{a\ \ \ \ \ b}{CH_3COCH_3}}}$

$\underset{\text{dos señales}}{\overset{a\ \ \ \ \ b}{CH_3OCHCl_2}}$ dos señales (H₃C, H₃C / H, H en C=C)   tres señales (H, H / H, Br en C=C)   una señal (benceno)   tres señales (nitrobenceno)

El lector podrá decir cuántos conjuntos de protones químicamente equivalentes tiene un compuesto si conoce la cantidad de señales en su espectro de RMN-¹H.

A veces dos protones en el mismo carbono no son equivalentes; por ejemplo, el espectro de RMN-¹H del clorociclobutano tiene cinco señales. Aunque están unidos al mismo carbono, los protones H_a y H_b no son equivalentes, porque no están en el mismo ambiente: H_a es *trans* respecto al Cl, y H_b es *cis* con respecto al Cl. De igual modo, los protones H_c y H_d no son equivalentes.

> su espectro de RMN-¹H tiene cinco señales
>
> **clorociclobutano**
> H_a y H_b no son equivalentes
> H_c y H_d no son equivalentes

ESTRATEGIA PARA RESOLVER PROBLEMAS

Determinación de la cantidad de señales en un espectro de RMN-¹H

¿Cuántas señales se esperaría que tuviera el espectro de RMN-¹H del etilbenceno?

$CH_3CH_2-\!\!\bigcirc$

Para determinar la cantidad de señales que se esperan ver en el espectro, se sustituye cada hidrógeno, uno por uno, por otro átomo (aquí se usará Br) y se da nombre al compuesto que resulte. El número de nombres distintos corresponde al número de señales en el espectro de RMN-¹H. En el caso de los ciclohexenos bromosustituidos, se obtienen cinco nombres diferentes, y entonces se espera ver cinco señales en el espectro de RMN-¹H del etilbenceno.

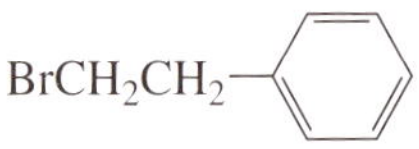

BrCH₂CH₂—C₆H₅   CH₃CH(Br)—C₆H₅   CH₃CH₂—C₆H₄(Br) (orto)

1-bromo-2-feniletano 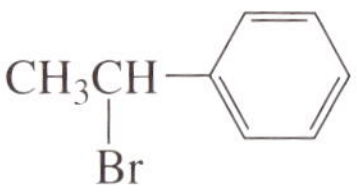   **1-bromo-1-feniletano** 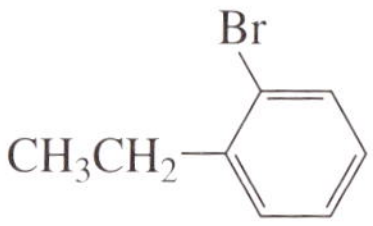   **1-bromo-2-etilbenceno**

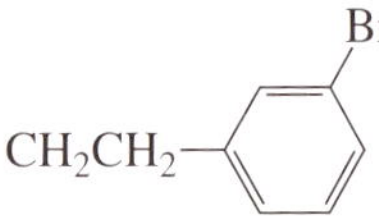

CH₂CH₃—C₆H₄(Br) (meta)   CH₃CH₂—C₆H₄—Br (para)   CH₃CH₂—C₆H₄(Br) (meta)   CH₃CH₂—C₆H₄(Br) (orto)

1-bromo-3-etilbenceno 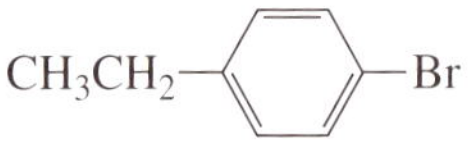   **1-bromo-4-etilbenceno** 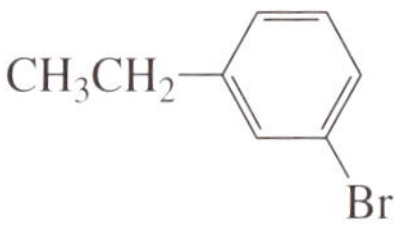   **1-bromo-3-etilbenceno** 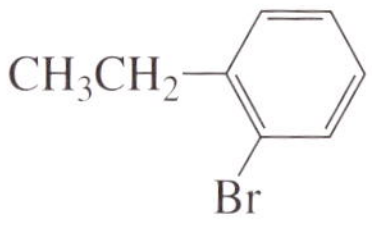   **1-bromo-2-etilbenceno**

Ahora, continúe en el problema 3.

PROBLEMA 3◆

¿Cuántas señales espera usted que haya en el espectro de RMN-^{1}H de cada uno de los compuestos siguientes?

a. $CH_3CH_2CH_2CH_3$

b. $BrCH_2CH_2Br$

c. $CH_2=CHCl$

d.  ciclohexeno

e. 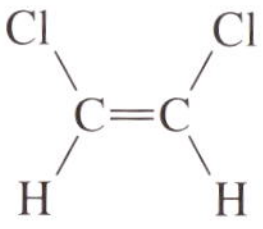 $Cl_2C=CH_2$ (cis-1,2-dicloroeteno, Cl y H en cada carbono)

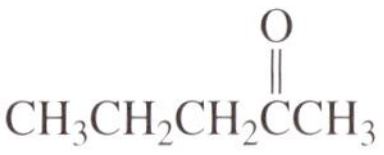

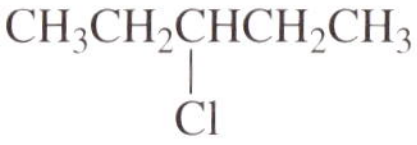

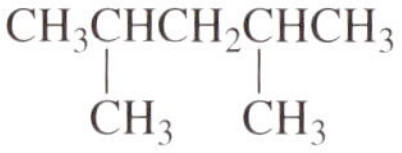

f. $CH_3CH_2CH_2\overset{O}{\overset{\|}{C}}CH_3$

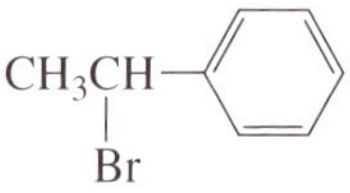

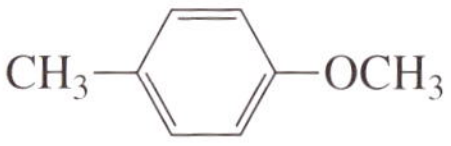

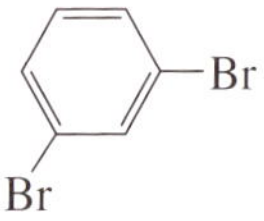

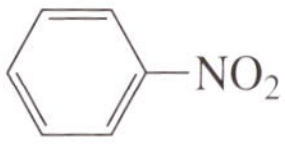

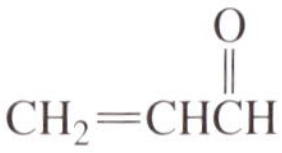

g. $CH_3CH_2\overset{}{\underset{Cl}{CH}}CH_2CH_3$

h. $CH_3\overset{}{\underset{CH_3}{CH}}CH_2\overset{}{\underset{CH_3}{CH}}CH_3$

i. $CH_3\overset{}{\underset{Br}{CH}}$—C₆H₅

j. CH_3—C₆H₄—OCH_3

k. CH_3—C₆H₄—CH_3 (para)

l. 1,3-dibromobenceno

m. C₆H₅—NO_2

n. $CH_2=CH\overset{O}{\overset{\|}{C}}H$

o. (Cl)(H)C=C(CH₃)(H)

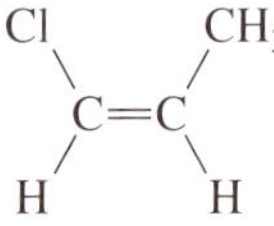

PROBLEMA 4

¿Cómo se podría distinguir el espectro de RMN-^{1}H de los compuestos siguientes?

a. $CH_3OCH_2OCH_3$ **b.** CH_3OCH_3 **c.** 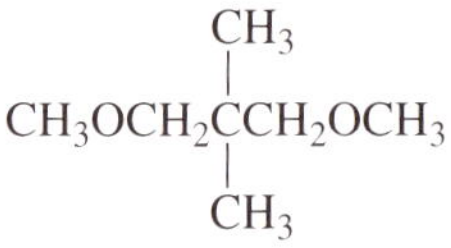 $CH_3OCH_2\overset{\overset{CH_3}{|}}{\underset{\underset{CH_3}{|}}{C}}CH_2OCH_3$

PROBLEMA 5◆

Hay tres isómeros del diclorociclopropano. Sus espectros de RMN-^{1}H tienen una señal para el isómero 1, dos señales para el isómero 2 y 3 señales para el isómero 3. Dibuje las estructuras de los isómeros 1, 2 y 3.

13.5 El desplazamiento químico nos indica qué tan alejada está una señal de la señal de referencia

Al tubo de muestra que contiene el compuesto cuyo espectro de RMN se va a obtener se le agrega una pequeña cantidad de un **compuesto de referencia** inerte. Las posiciones de las señales en un espectro de RMN se definen de acuerdo con lo alejadas que estén de la señal del compuesto de referencia. El compuesto de referencia que se usa con más frecuencia es el tetrametilsilano (TMS). Como el TMS es un compuesto muy volátil (P. e. = 26.5 °C), se puede eliminar con facilidad de la muestra, evaporándolo después de haber tomado el espectro de RMN.

Los protones del metilo en el TMS se encuentran en un ambiente más denso en electrones que la mayor parte de los protones en las moléculas orgánicas porque el silicio es menos electronegativo que el carbono (sus electronegatividades respectivas son 1.8 y 2.5). En consecuencia, la señal de los protones del metilo en el TMS está a menor frecuencia que la mayor parte de las demás señales (esto es, aparece a la derecha de las demás señales).

La posición a la que se produce una señal en un espectro de RMN se llama *desplazamiento químico*. El **desplazamiento químico** es una medida de lo alejada que está una señal de la señal de referencia del TMS. La escala más común de desplazamientos químicos es la escala δ (delta). Se usa la señal del TMS para definir la posición cero en esta escala. El desplazamiento químico se determina midiendo la señal desde el pico de TMS, en hertz, y dividiendo entre la frecuencia de operación del instrumento, en megahertz. Ya que las unidades son Hz/MHz, un desplazamiento químico tiene unidades de partes por millón (ppm) de la frecuencia de operación:

$$\delta = \text{desplazamiento químico (ppm)} = \frac{\text{distancia a campo bajo relativa al TMS (Hz)}}{\text{frecuencia de operación del espectrómetro (MHz)}}$$

La mayor parte de los desplazamientos químicos de protones está entre 0 y 12 ppm.

En la figura 13.5 se muestra el espectro de RMN-^{1}H del 2,2-dimetilpropano; se ve que el desplazamiento químico de los protones de metilo está a 1.05 ppm y que el desplazamiento químico de los protones del metileno se encuentra a 3.28 ppm. *Observe que las señales de baja frecuencia (campo alto, protegidos) denotan valores pequeños de δ, mientras que las señales de alta frecuencia (campo bajo, no protegidos) presentan valores grandes de δ.*

$$\begin{array}{c} CH_3 \\ | \\ CH_3-Si-CH_3 \\ | \\ CH_3 \end{array}$$

tetrametilsilano
TMS

Mientras mayor sea el valor del desplazamiento químico (δ), la frecuencia es mayor.

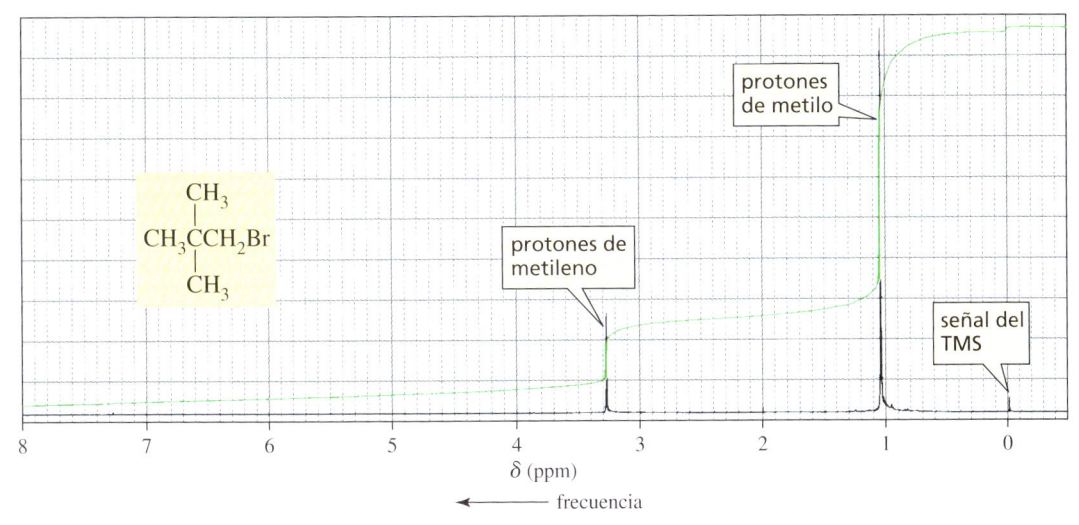

▲ **Figura 13.5**
Espectro de RMN-^{1}H del 1-bromo-2,2-dimetilpropano. La señal del TMS es una señal de referencia a partir de la cual se miden los desplazamientos químicos; define la posición cero en la escala.

La ventaja de la escala δ es que el desplazamiento químico de determinado núcleo es *independiente de la frecuencia de operación del espectrómetro de RMN*. Así, el desplazamiento químico de los protones de metilo del 1-bromo-2,2-dimetilpropano está a 1.05 ppm aunque el instrumento sea de 60 MHz o de 360 MHz. Si el desplazamiento químico se expresara en hertz estaría en 63 Hz en un instrumento de 60 MHz y en 378 Hz en uno de 360

El desplazamiento químico (δ) es independiente de la frecuencia de operación del espectrómetro.

MHz (63/60 = 1.05; 378/360 = 1.05). El diagrama siguiente ayudará al lector a recordar los términos relacionados con la espectroscopia de RMN:

protones en ambientes pobres en electrones	protones en ambientes densos en electrones
protones no protegidos	protones protegidos
campo bajo	campo alto
alta frecuencia	baja frecuencia
grandes valores de δ	pequeños valores de δ

⟵ δ ppm
⟵ frecuencia

PROBLEMA 6◆

¿A cuántos hertz a campo bajo respecto a la señal del TMS estaría la señal de 1.0 ppm

a. en un espectrómetro de 300 MHz?   **b.** en un espectrómetro de 500 MHz?

PROBLEMA 7◆

Se produce una señal a 600 Hz a campo bajo respecto a la señal del TMS en un espectrómetro cuya frecuencia de operación es 300 MHz.

a. ¿Cuál es el desplazamiento químico de la señal?
b. ¿Cuál sería el desplazamiento químico en un instrumento que opere a 100 MHz?
c. ¿A cuántos hertz campo abajo del TMS estaría la señal en un espectrómetro de 100 MHz?

PROBLEMA 8◆

a. Si dos señales difieren en 1.5 ppm en un espectrómetro de 300 MHz ¿en cuánto difieren en un espectrómetro de 100 MHz?
b. Si dos señales difieren en 90 Hz en un espectrómetro de 300 mHz ¿en cuánto difieren en un espectrómetro de 100 MHz?

PROBLEMA 9◆

¿Dónde esperaría usted encontrar la señal de RMN-^{1}H del $(CH_3)_2Mg$ en relación con la señal del TMS? (*Sugerencia:* el magnesio es todavía menos electronegativo que el silicio).

13.6 Posición relativa de las señales de RMN-^{1}H

El espectro de RMN-^{1}H del 1-bromo-2,2-dimetilpropano que se ve en la figura 13.5 tiene dos señales porque el compuesto presenta dos clases distintas de protones. Los protones de metileno están en un ambiente menos denso en electrones que los protones de metilo porque los del metileno están más cercanos al bromo, que es atractor de electrones. Como los protones del metileno se hallan en un ambiente menos denso en electrones, están menos protegidos contra el campo magnético aplicado. Por consiguiente, la señal de esos protones se produce a una frecuencia mayor que la de la señal de los protones de metilo, más protegidos. *Recuerde que el lado derecho de un espectro de RMN es el de bajas frecuencias, donde los protones que están en ambientes densos en electrones (más protegidos) producen una señal. El lado izquierdo es el lado de alta frecuencia, donde los protones que están en ambientes pobres en electrones (menos protegidos) producen una señal* (figura 13.4).

En ambientes pobres en electrones los protones producen señales a altas frecuencias.

Sería de esperarse que el espectro de RMN-^{1}H del 1-nitropropano mostrara tres señales porque el compuesto tiene tres clases distintas de protones. Mientras más cerca se encuentren los protones al grupo nitro, que retira electrones inductivamente, estarán menos protegidos contra el campo magnético aplicado; así que será mayor la frecuencia a la que aparecerá su señal (aparecerá más lejos a campo bajo). Así, los protones más cercanos al grupo nitro producen una señal a la máxima frecuencia (4.37 ppm), y los que están más alejados del grupo nitro producen una señal a la frecuencia menor (1.04 ppm).

> La atracción de electrones determina que las señales de RMN aparezcan a mayores frecuencias (a mayores valores de δ).

$$CH_3CH_2CH_2NO_2$$
1.04 ppm   2.07 ppm   4.37 ppm

Compárense los desplazamientos químicos de los protones del metileno inmediatamente adyacente al halógeno en cada uno de los siguientes haluros de alquilo. La posición de la señal depende de la electronegatividad del halógeno: mientras más electronegativo sea el halógeno la frecuencia de la señal es mayor. Así, la señal de los protones del metileno adyacente al flúor (el más electronegativo de los halógenos) está en la frecuencia más alta, mientras que la señal de los protones del metileno adyacente al yodo (el menos electronegativo de los halógenos) se halla en la frecuencia más baja.

$CH_3CH_2CH_2CH_2CH_2F$ — 4.50 ppm $CH_3CH_2CH_2CH_2CH_2Cl$ — 3.50 ppm $CH_3CH_2CH_2CH_2CH_2Br$ — 3.40 ppm $CH_3CH_2CH_2CH_2CH_2I$ — 3.20 ppm

PROBLEMA 10◆

a. ¿Cuál conjunto de protones en cada uno de los compuestos siguientes es el menos protegido?

1. $CH_3CH_2CH_2Cl$ 2. $CH_3CH_2\overset{O}{\overset{\|}{C}}OCH_3$ 3. $CH_3\underset{Br}{CH}\underset{Br}{CH}Br$

b. ¿Cuál conjunto de protones en cada compuesto es el más protegido?

13.7 Valores característicos de los desplazamientos químicos

En la tabla 13.1 se presentan valores aproximados de desplazamientos químicos para distintas clases de protones. (En el apéndice VI se puede consultar una compilación más extensa). Un espectro de RMN-^{1}H se puede dividir en siete regiones y una de ellas está vacía. Si al lector le resulta posible recordar las clases de protones que aparecen en cada región podrá decir qué clases de protones tiene una molécula con sólo echar un vistazo a su espectro de RMN-^{1}H.

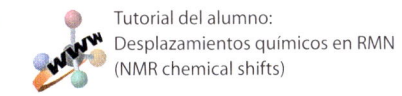

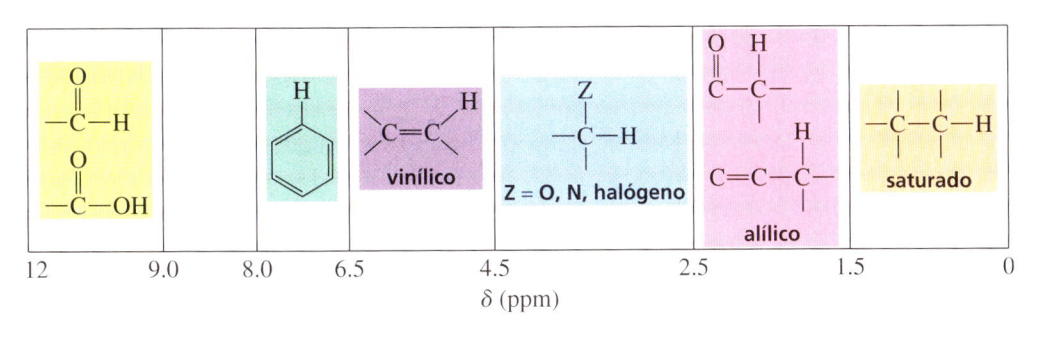

> Tutorial del alumno: Desplazamientos químicos en RMN (NMR chemical shifts)

| 12 | 9.0 | 8.0 | 6.5 | 4.5 | 2.5 | 1.5 | 0 |

—C(=O)—H, —C(=O)—OH | H (aromático) | C=C—H vinílico | Z—C—H (Z = O, N, halógeno) | O=C—C—H, C=C—C—H alílico | —C—C—H saturado

δ (ppm)

Tabla 13.1 Valores aproximados de desplazamientos químicos en ¹H NMR[a]

Tipo de protón	Desplazamiento químico aproximado (ppm)	Tipo de protón	Desplazamiento químico aproximado (ppm)
—CH₃	0.85	I—C—H	2.5–4
—CH₂—	1.20	Br—C—H	2.5–4
—CH—	1.55	Cl—C—H	3–4
—C=C—CH₃	1.7	F—C—H	4–4.5
O‖—C—CH₃	2.1	RNH₂	Variable, 1.5–4
C₆H₅—CH₃	2.3	ROH	Variable, 2–5
—C≡C—H	2.4	ArOH	Variable, 4–7
R—O—CH₃	3.3	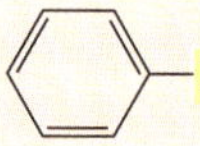 C₆H₅—H	6.5–8
R—C=CH₂ (R)	4.7	O‖—C—H	9.0–10
R—C=C—H (R, R)	5.3	O‖—C—OH	Variable, 10–12
		O‖—C—NH₂	Variable, 5–8

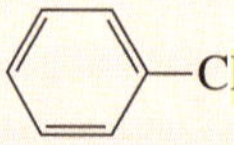

[a]Los valores son aproximados, porque los sustituyentes vecinos influyen sobre ellos.

—CH—
metino

—CH₂—
metileno

—CH₃
metilo

En ambientes similares, la señal de un protón de metino está a mayor frecuencia que la de los protones de metileno, los cuales a su vez producen una señal a mayor frecuencia que la de los protones de metilo.

El carbono es más electronegativo que el hidrógeno (tabla 1.3, página 11). Por consiguiente, el cambio químico de un **protón de metino** (un hidrógeno unido a un carbono con hibridación sp^3, que a su vez está unido a tres carbonos) está menos protegido y en consecuencia tiene un desplazamiento químico a mayor frecuencia que el de los **protones de metileno** (hidrógenos unidos a un carbono con hibridación sp^3, que a su vez está unido a dos carbonos), en un ambiente similar. De igual modo, el desplazamiento químico de los protones de metileno está a mayor frecuencia que el de los **protones de metilo** (hidrógenos unidos a un carbono con hibridación sp^3, que a su vez está unido a un carbono), si el ambiente es similar (tabla 13.1).

protón de metino   protón de metileno   protón de metilo

C—C(C)—H   H—C(C)—H   H—C(C)—H
1.55 ppm   1.20 ppm   0.85 ppm

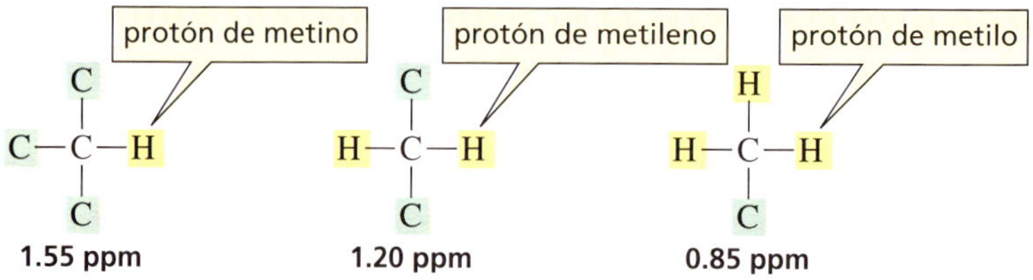

Por ejemplo, el espectro de RMN-^{1}H de la butanona tiene tres señales. La señal que está en la frecuencia menor es la de los protones **a** de la butanona; estos protones están más alejados del grupo carbonilo, atractor de electrones. (Al correlacionar un espectro de RMN con una estructura, al conjunto de protones que producen la señal de frecuencia menor se les llamará **a**, al siguiente conjunto se le llamará **b**, el siguiente conjunto **c**, etc.) Los protones **b** y **c** están a la misma distancia del grupo carbonilo, pero la señal de los protones **b** está a una frecuencia menor porque los protones de metilo aparecen a menor frecuencia que los protones de metileno, si el ambiente es similar.

$$\underset{\underset{a\quad c\quad\quad b}{\text{butanona}}}{CH_3CH_2-\overset{\overset{O}{\|}}{C}-CH_3} \qquad \underset{\underset{a}{\text{2-metoxipropano}}}{\overset{b\quad\; c\quad\; a}{CH_3OCHCH_3}\atop{|\atop CH_3}}$$

La señal de los protones **a** del 2-metoxipropano es la que está en la menor frecuencia en el espectro de RMN-^{1}H de este compuesto porque esos protones son los más lejanos del oxígeno atractor de electrones. Los protones **b** y **c** se hallan a la misma distancia del oxígeno, pero la señal de los protones **b** aparece a menor frecuencia porque, en un ambiente similar, los protones de metilo aparecen a menor frecuencia que la de un protón de metino.

PROBLEMA 11◆

En cada uno de los compuestos siguientes ¿cuáles de los protones (o conjuntos de protones) subrayados tiene desplazamiento químico mayor (esto es, la señal con frecuencia mayor)?

a. $CH_3\underline{CH}\underline{CH}Br$
     $\;\;|\quad|$
     $\;\;Br\;\;Br$

b. $CH_3\underline{CH}O\underline{CH}_3$
     $\quad\;\;|$
     $\quad\;\;CH_3$

c. $CH_3\underline{CH}_2\underline{CH}CH_3$
     $\qquad\quad|$
     $\qquad\quad Cl$

d. $CH_3\underline{CH}\overset{\overset{O}{\|}}{C}\underline{CH}_2CH_3$
     $\qquad|$
     $\qquad CH_3$

e. $CH_3\underline{CH}_2CH=\underline{CH}_2$

f. $CH_3O\underline{CH}_2\underline{CH}_2CH_3$

PROBLEMA 12◆

En cada uno de los compuestos siguientes ¿cuál de los protones (o conjuntos de protones) subrayados tiene el mayor desplazamiento químico (esto es, la señal de mayor frecuencia)?

a. $CH_3CH_2\underline{CH}_2Cl$ o $CH_3CH_2\underline{CH}_2Br$

b. $CH_3CH_2\underline{CH}_2Cl$ o $CH_3CH_2\underline{CH}CH_3$
                                     $\qquad\qquad\quad|$
                                     $\qquad\qquad\quad Cl$

c. $CH_3CH_2\overset{\overset{O}{\|}}{\underline{CH}}$ o $CH_3CH_2\overset{\overset{O}{\|}}{C}O\underline{CH}_3$

PROBLEMA 13

Sin consultar la tabla 13.1, indique con **a** al protón o conjunto de protones en cada conjunto que produzca la señal a la menor frecuencia; al siguiente con menor frecuencia con **b** y así sucesivamente.

a. $CH_3CH_2\overset{\overset{O}{\|}}{CH}$

b. $CH_3CH_2CHCH_3$
              $|$
              OCH_3

c. $ClCH_2CH_2CH_2Cl$

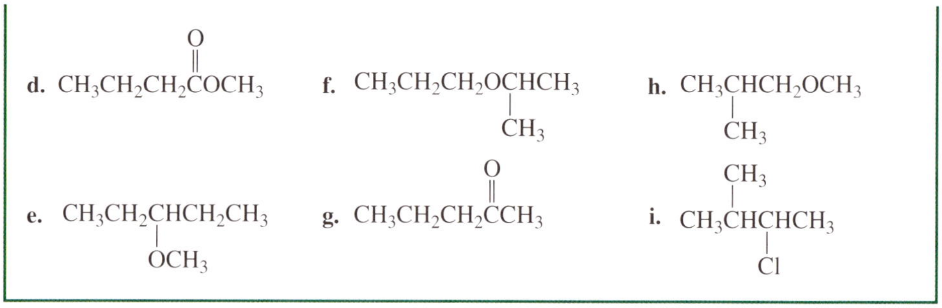

d. CH₃CH₂CH₂COCH₃ (con C=O en el tercer carbono)

f. CH₃CH₂CH₂OCHCH₃
              |
              CH₃

h. CH₃CHCH₂OCH₃
         |
         CH₃

e. CH₃CH₂CHCH₂CH₃
              |
              OCH₃

g. CH₃CH₂CH₂CCH₃ (con C=O)

i. CH₃CHCHCH₃
         | |
         CH₃ Cl (con CH₃ arriba y Cl abajo)

13.8 Anisotropía diamagnética

Los desplazamientos químicos de hidrógenos unidos a carbonos con hibridación sp^2 están a mayores frecuencias que las que se podría esperar, de acuerdo con las electronegatividades de los carbonos con hibridación sp^2. Por ejemplo, un hidrógeno unido a un anillo de benceno aparece entre 6.5 y 8.0 ppm, uno unido a un carbono con hibridación sp^2 terminal de un alqueno aparece a entre 4.7 y 5.3 ppm, y un hidrógeno unido a un carbono de un grupo carbonilo aparece a entre 9.0 y 10.0 ppm (tabla 13.1).

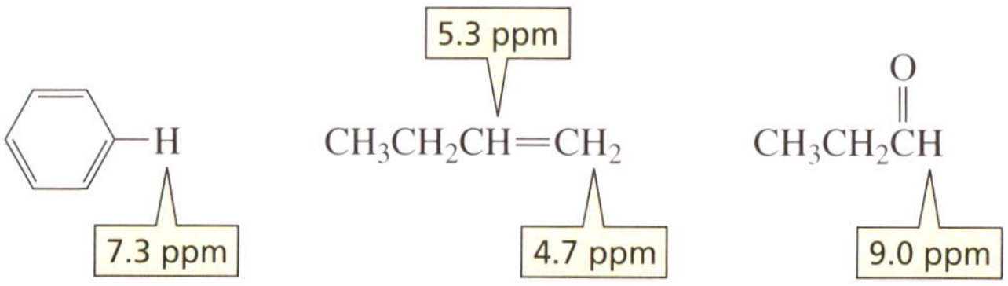

C₆H₅—H 7.3 ppm

CH₃CH₂CH=CH₂   5.3 ppm / 4.7 ppm

CH₃CH₂CH=O   9.0 ppm

Los desplazamientos químicos excepcionales correspondientes a hidrógenos unidos a carbonos que forman enlaces π se deben a la **anisotropía diamagnética**. Con este término se describe un ambiente en el que se encuentran distintos campos magnéticos en distintos puntos en el espacio. (*Anisotrópico* es "diferente en distintas direcciones" en griego). Como los electrones π están menos atraídos a los núcleos que los electrones σ, los electrones π se mueven con mayor libertad en respuesta a un campo magnético. Cuando se aplica un campo magnético a un compuesto con electrones π, éstos se mueven en una trayectoria circular que induce un campo magnético local pequeño. La forma en que este campo magnético inducido afecta al desplazamiento químico de un protón, en relación con el campo magnético aplicado, depende de la dirección del campo inducido en la región donde está el protón.

El campo magnético inducido por los electrones π de un anillo de benceno en la región donde están los protones del benceno se orienta en la misma dirección que la del campo magnético aplicado (figura 13.6). Entonces, los protones experimentan un campo magnético aplicado mayor, la suma de las intensidades del campo aplicado y del campo inducido. Ya que la frecuencia es proporcional a la intensidad del campo magnético que experimentan los protones (figura 13.2), éstos producen señales a *mayores frecuencias* que las que resultarían si los electrones π no indujeran un campo magnético.

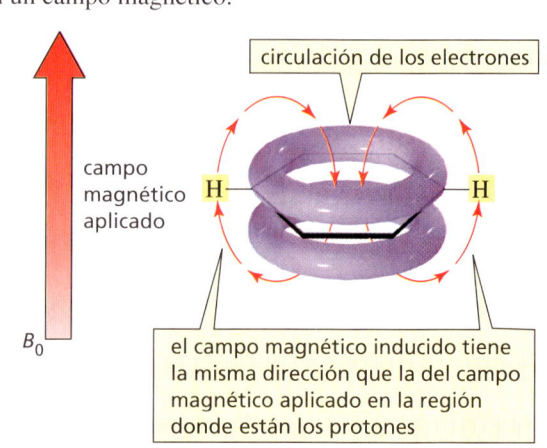

Figura 13.6 ▶
El campo magnético inducido por los electrones π de un anillo de benceno en la cercanía de los protones unidos a los carbonos con hibridación sp^2 tiene la misma dirección que la del campo magnético aplicado. Ya que los protones experimentan un campo magnético efectivo mayor, producen señales a mayores frecuencias.

campo magnético aplicado B_0

circulación de los electrones

el campo magnético inducido tiene la misma dirección que la del campo magnético aplicado en la región donde están los protones

El campo magnético inducido por los electrones π de un alqueno o de un aldehído (en la región donde están los protones unidos a los carbonos con hibridación sp^2 del alqueno o al carbono con hibridación sp^2 del aldehído) también se orienta en la *misma dirección* que la del campo magnético aplicado (figura 13.7). También estos protones producen señales a frecuencias mayores que las esperadas.

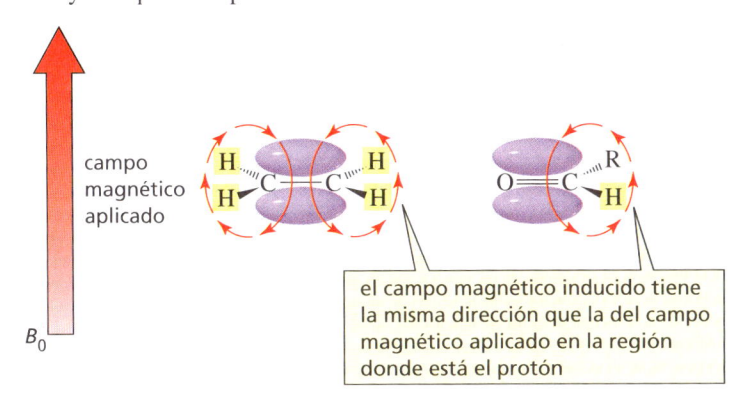

◀ **Figura 13.7**
Los campos magnéticos inducidos por los electrones π de un alqueno y por los electrones π de un grupo carbonilo en la cercanía de los protones vinílicos y aldehídicos tienen la misma dirección que la del campo magnético aplicado. Ya que los protones experimentan un campo magnético efectivo mayor, producen señales a mayores frecuencias.

En contraste, el desplazamiento químico de un hidrógeno unido a un carbono con hibridación sp está a una frecuencia menor que la que se espera de acuerdo con la electronegatividad de ese carbono con hibridación sp. En la región donde está el protón, la dirección del campo magnético inducido por el cilindro de electrones π del alquino es *contraria* a la del campo magnético aplicado (figura 13.8). Por eso el protón muestra una señal a *menor frecuencia* que si los electrones π no indujeran un campo magnético.

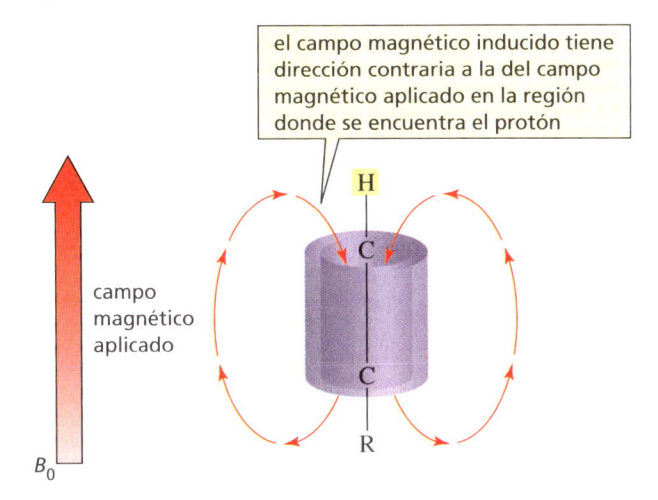

◀ **Figura 13.8**
El campo magnético inducido por los electrones π de un alquino en la cercanía del protón unido al carbono con hibridación sp tiene dirección contraria a la del campo magnético aplicado. Ya que el protón experimenta un campo magnético efectivo menor produce una señal con una frecuencia menor.

PROBLEMA 14◆

El [18]-anuleno produce dos señales en su espectro de RMN-^{1}H: una a 9.25 ppm y la otra muy lejos a campo alto (a la derecha de la señal del TMS), a -2.88 ppm. ¿Cuáles hidrógenos causan cada una de las señales? (*Sugerencia:* fíjese en la dirección del campo magnético inducido fuera y dentro del anillo de benceno en la figura 13.6).

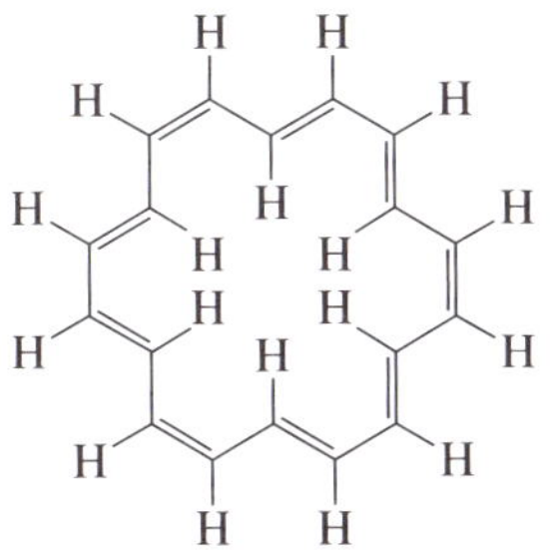

[18]-anuleno

13.9 Número relativo de protones que causa la señal obtenida por integración de las señales de RMN-^{1}H

Las dos señales en el espectro de RMN-^{1}H del 1-bromo-2,2-dimetilpropano en la figura 13.5 no tienen el mismo tamaño porque *el área bajo cada señal es proporcional al número de protones que producen la señal*. El espectro se vuelve a mostrar en la figura 13.9. El área bajo la señal que se produce a menor frecuencia es mayor porque es causada por *nueve* protones de metilo, mientras que la señal menor, de mayor frecuencia, es producida por *dos* protones de metileno.

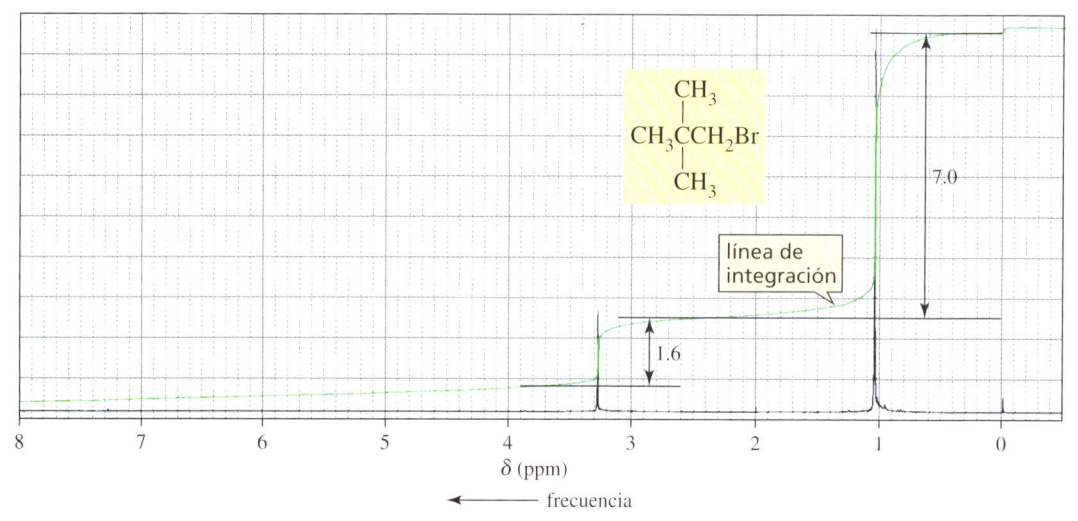

▲ **Figura 13.9**
Análisis de la línea de integración en el espectro de RMN-^{1}H del 1-bromo-2,2-dimetilpropano.

Es probable que el lector recuerde, por su curso de cálculo, que el área bajo una curva se puede determinar con una integral. Un espectrómetro de RMN-^{1}H dispone de una computadora que calcula electrónicamente integrales y las muestra en forma de un trazo integral sobrepuesto al espectro original (figura 13.9). La altura de cada escalón de la figura integral es proporcional al área bajo la correspondiente señal, la cual, a su vez, es proporcional al número de protones que produce la señal. Por ejemplo, las alturas de los escalones de integración en la figura 13.9 indican que la relación aproximada de las integrales es 1.6:7.0 = 1:4.4. Se multiplica la relación por un número que haga que todos los números en la relación se acerquen a ser números enteros; en este caso, se multiplican por 2. El quiere decir que la relación de protones en el compuesto es 2:8.8, que se redondea a 2:9 ya que sólo pueden existir números enteros de protones. De esta forma se ve que la relación de protones en el compuesto es 2:9. (Las integrales medidas son aproximadas, por los errores experimentales). Los espectrómetros modernos imprimen las integrales como números, en el espectro (véase la figura 13.11 en la página 586).

La **integración** indica el *número relativo* de protones que producen cada señal y no el número *absoluto*. En otras palabras, una integración no podría diferenciar entre el 1,1-dicloroetano y el 1,2-dicloro-2-metilpropano porque ambos compuestos producen una relación integral igual a 1:3.

1,1-dicloroetano
relación de protones = 1:3

1,2-dicloro-2-metilpropano
relación de protones 2:6 = 1:3

13.9 Número relativo de protones que causa la señal obtenida por integración de las señales de RMN-^{1}H   **585**

PROBLEMA 15◆

¿Cómo diferenciaría la integración los espectros de RMN-^{1}H de los siguientes compuestos?

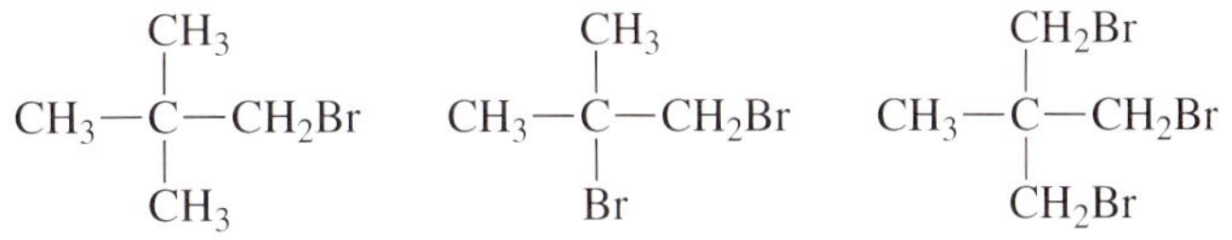

$$\begin{array}{c} CH_3 \\ | \\ CH_3-C-CH_2Br \\ | \\ CH_3 \end{array} \qquad \begin{array}{c} CH_3 \\ | \\ CH_3-C-CH_2Br \\ | \\ Br \end{array} \qquad \begin{array}{c} CH_2Br \\ | \\ CH_3-C-CH_2Br \\ | \\ CH_2Br \end{array}$$

PROBLEMA 16 RESUELTO

a. Calcular las relaciones de las distintas clases de protones en un compuesto con una relación integral de 6:4:18.4 (de izquierda a derecha en el espectro).

b. Determinar la estructura de un compuesto que produzca esas integrales relativas en el orden observado.

Solución

a. Se divide cada número en la relación entre el número menor:

$$\frac{6}{4} = 1.5 \qquad \frac{4}{4} = 1 \qquad \frac{18.4}{4} = 4.6$$

Los resultados se multiplican por un número que haga que todos los números obtenidos se acerquen a números enteros:

$$1.5 \times 2 = 3 \qquad 1 \times 2 = 2 \qquad 4.6 \times 2 = 9$$

La relación 3 : 2 : 9 indica los números relativos de las distintas clases de protones. La relación real podría ser 6:4:18, o hasta algún múltiplo mayor; pero veamos si no es necesario ir tan lejos.

b. El "3" parece indicar la presencia de un grupo metilo, el "2", un grupo metileno, y el "9", un grupo *terc*-butilo. El grupo metilo está más cerca al grupo que en la molécula causa menor protección y el grupo *terc*-butilo está más alejado de ese grupo desprotector. El siguiente compuesto cumple con los requisitos anteriores:

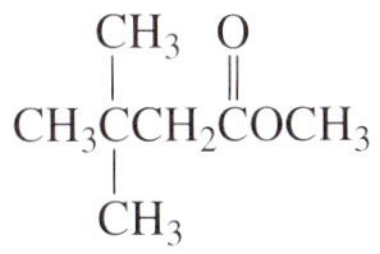

$$\begin{array}{c} CH_3 \quad O \\ | \quad \quad \| \\ CH_3CCH_2COCH_3 \\ | \\ CH_3 \end{array}$$

PROBLEMA 17◆

El espectro de RMN-^{1}H en la figura 13.10 corresponde a uno de los compuestos siguientes. ¿Cuál compuesto produjo el espectro?

$$HC\equiv C-\!\!\!\!\bigcirc\!\!\!\!-C\equiv CH \qquad CH_3-\!\!\!\!\bigcirc\!\!\!\!-CH_3 \qquad ClCH_2-\!\!\!\!\bigcirc\!\!\!\!-CH_2Cl \qquad Br_2CH-\!\!\!\!\bigcirc\!\!\!\!-CHBr_2$$

        A   B   C   D

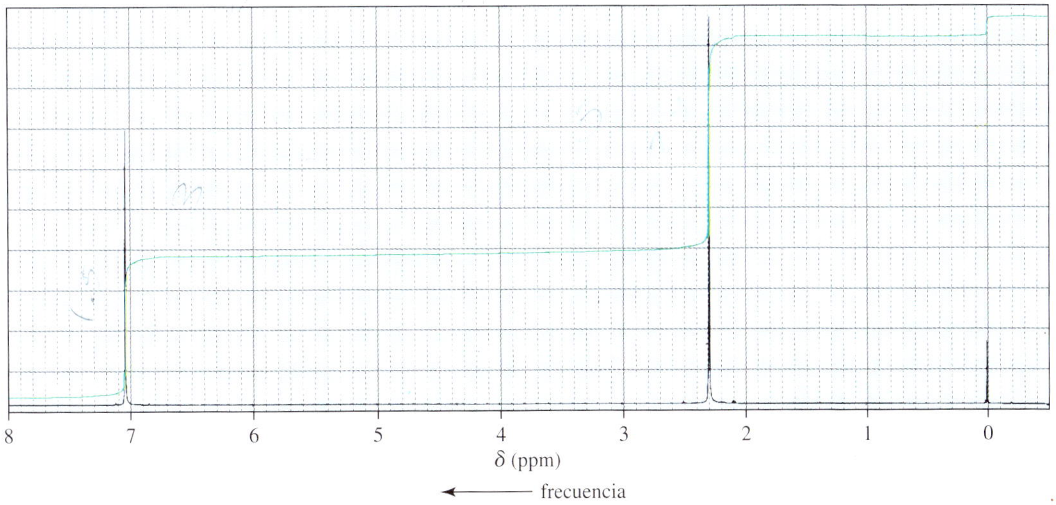

▲ **Figura 13.10**
Espectro de RMN-^{1}H para el problema 17.

13.10 El desdoblamiento de las señales se puede describir de acuerdo con la regla de $N + 1$

Observe que las formas de las señales en el espectro de RMN-^{1}H del 1,1-dicloroetano (figura 13.11) son distintas de las que hay en el espectro de RMN-^{1}H del 1-bromo-2,2-dimetilpropano (figura 13.5). Las dos señales en la figura 13.5 son **singuletes**, lo que quiere decir que cada una está formada por un solo pico. En contraste, la señal de los protones de metilo en el 1,1-dicloroetano (la señal de menor frecuencia) está dividida en dos picos (es un **doblete**), y la señal del protón de metino se desdobla en cuatro picos (es un **cuarteto**). En los insertos de la figura 13.11 se ven ampliaciones del eje de frecuencias para el doblete y el cuarteto; los números de integración están en verde).

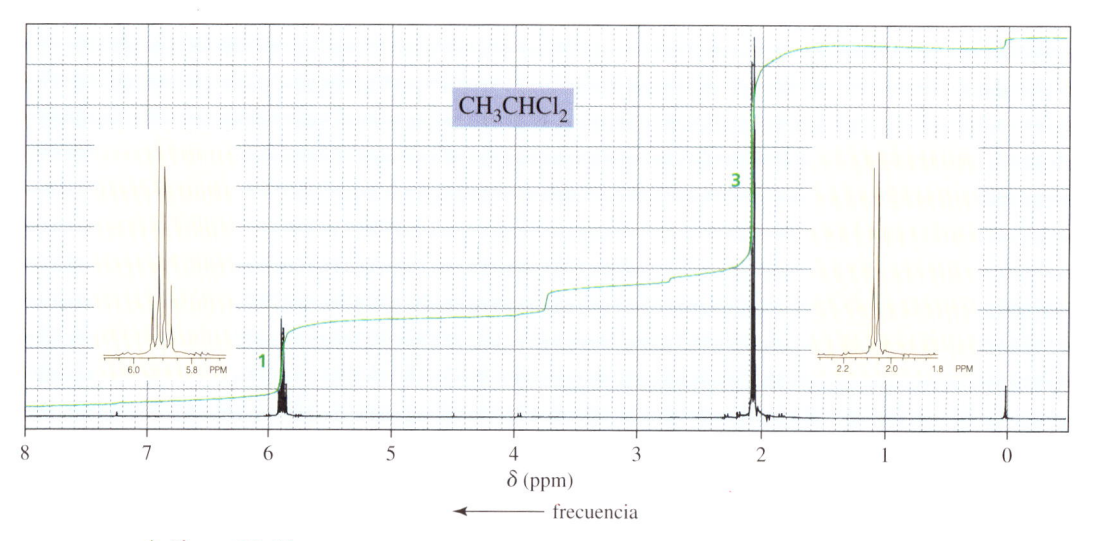

▲ **Figura 13.11**
Espectro de RMN-^{1}H del 1,1-dicloroetano. La señal de mayor frecuencia es un ejemplo de un cuarteto; la de menor frecuencia es un doblete.

Una señal de ^{1}H NMR se desdobla en $N + 1$ picos, en donde N es el número de protones equivalentes unidos a carbonos adyacentes.

Los protones acoplados desdoblan mutuamente sus señales.

Los protones acoplados están unidos a carbonos adyacentes.

El desdoblamiento se debe a protones unidos a carbonos adyacentes. El desdoblamiento de una señal se describe con la **regla de $N + 1$**, donde N es el número de protones *equivalentes* unidos a carbonos *adyacentes*. Por "protones equivalentes" se entiende que los protones unidos a un carbono adyacente son equivalentes entre sí, pero no son equivalentes al protón que produce la señal. Las dos señales de la figura 13.5 son singuletes, ya que los tres grupos metilo del bromo-2,2-dimetilpropano producen una señal no desdoblada porque están unidos a un carbono que no está unido con un hidrógeno; también el grupo metileno produce una señal no desdoblada porque está unido a un carbono que no está unido con un hidrógeno ($N = 0$, así que $N + 1 = 1$). En contraste, el carbono adyacente al grupo metilo en el 1,1-dicloroetano (figura 13.11) está unido a un protón y entonces la señal de los protones de metilo se desdobla en un doblete ($N = 1$, y $N + 1 = 2$). El carbono adyacente al carbono unido al protón de metino tiene tres protones equivalentes, de modo que la señal del protón de metino se desdobla en un cuarteto ($N = 3$, y $N + 1 = 4$). El número de picos en una señal se llama **multiplicidad** de la señal. El desdoblamiento siempre es mutuo: si los protones *a* desdoblan a los protones *b*, los protones *b* deben desdoblar a los protones *a*. En este caso, los protones *a* y *b* son protones acoplados. Los **protones acoplados** desdoblan mutuamente sus señales. Obsérvese que los protones acoplados están unidos a carbonos adyacentes.

Tenga en cuenta que no es el número de protones que producen una señal lo que determina la multiplicidad de ésta; más bien es el número de protones unidos a los carbonos inmediatamente adyacentes lo que determina la multiplicidad. Por ejemplo, la señal de los protones *a* en el compuesto siguiente se desdoblará formando tres picos (un **triplete**) porque el carbono adyacente está unido a dos hidrógenos. La señal de los protones *b* será un

13.10 El desdoblamiento de las señales se puede describir de acuerdo con la regla de $N + 1$ 587

cuarteto porque el carbono adyacente tiene tres hidrógenos y la señal de los protones *c* será un singulete.

$$\underset{a\quad b\quad\quad c}{CH_3CH_2\overset{\overset{O}{\|}}{C}OCH_3}$$

Una señal de un protón nunca se desdobla debido a protones *equivalentes*. Por ejemplo, el espectro de RMN-^{1}H del bromometano muestra un singulete. Los tres protones de metilo son químicamente equivalentes y los protones químicamente equivalentes no desdoblan señales entre sí. Los cuatro protones en el 1,2-dicloroetano también son químicamente equivalentes y entonces su espectro de RMN-^{1}H muestra un singulete.

Los protones equivalentes no desdoblan mutuamente sus señales.

CH_3Br $ClCH_2CH_2Cl$
bromoetano   **1,2-dicloroetano**

cada compuesto tiene un espectro de RMN-^{1}H que contiene un singulete porque los protones equivalentes no desdoblan las señales entre sí

El desdoblamiento de las señales se produce cuando distintas clases de protones están lo bastante cercanos entre sí como para que sus campos magnéticos interactúen, situación que se llama **acoplamiento espín-espín**. Por ejemplo, la frecuencia a la cual los protones de metilo en el 1,1-dicloroetano producen una señal está influida por el campo magnético del protón de metino. Si el campo magnético de ese protón de metino se alinea *con* el del campo magnético aplicado se sumará al campo magnético aplicado y los protones de metilo producirán una señal a una frecuencia ligeramente mayor. Por otra parte, si el campo magnético del protón de metino se alinea *en contra* del campo magnético aplicado se restará del campo magnético aplicado y los protones de metilo producirán una señal a una frecuencia menor (figura 13.12). Por consiguiente, la señal de los protones de metilo se desdobla y forma dos picos, uno que corresponde a la mayor frecuencia y uno que corresponde a la frecuencia más baja. Como cada estado de espín tiene casi la misma población, más o menos la mitad de los protones de metino se alinea con el campo magnético aplicado y más o menos la mitad se alinea en contra de él. El resultado es que los dos picos del *doblete* muestran la misma altura aproximada y la misma área.

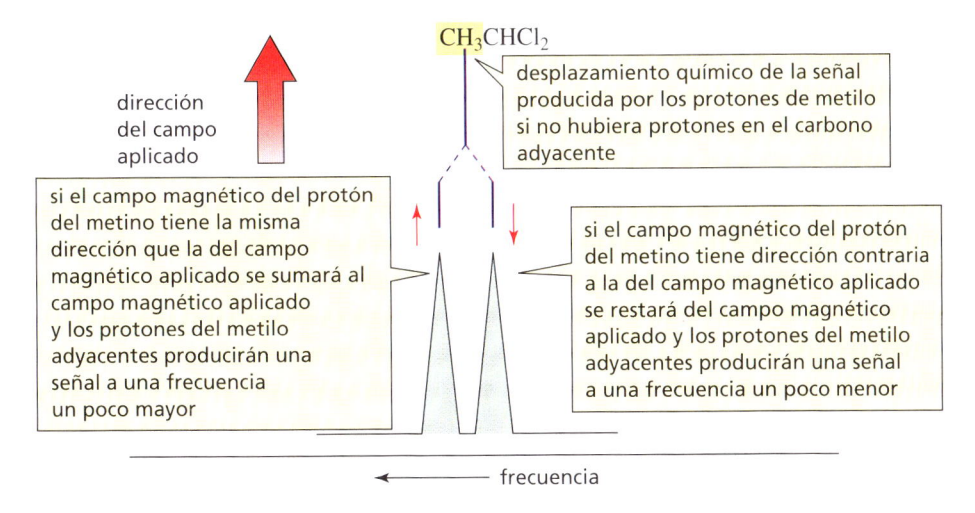

◀ **Figura 13.12**
El protón del metino desdobla la señal de los protones del metilo en el 1,1-dicloroetano y se produce un doblete.

De igual modo, la frecuencia a la que el protón de metino produce una señal se ve influida por los campos magnéticos de los tres protones unidos al carbono adyacente. Los campos magnéticos de los tres protones de metilo se pueden alinear con el campo magnético aplicado; dos se pueden alinear con el campo y uno en contra de él, uno con él y dos en contra de él, o todos contra él. Ya que el campo magnético que experimenta el protón de metino está afectado en cuatro formas distintas, su señal es un *cuarteto* (figura 13.13).

CH$_3$CHCl$_2$

desplazamiento químico del protón del metino si no hubiera protones en el carbono adyacente

la señal del protón del metino se desdobla formando un cuarteto

frecuencia

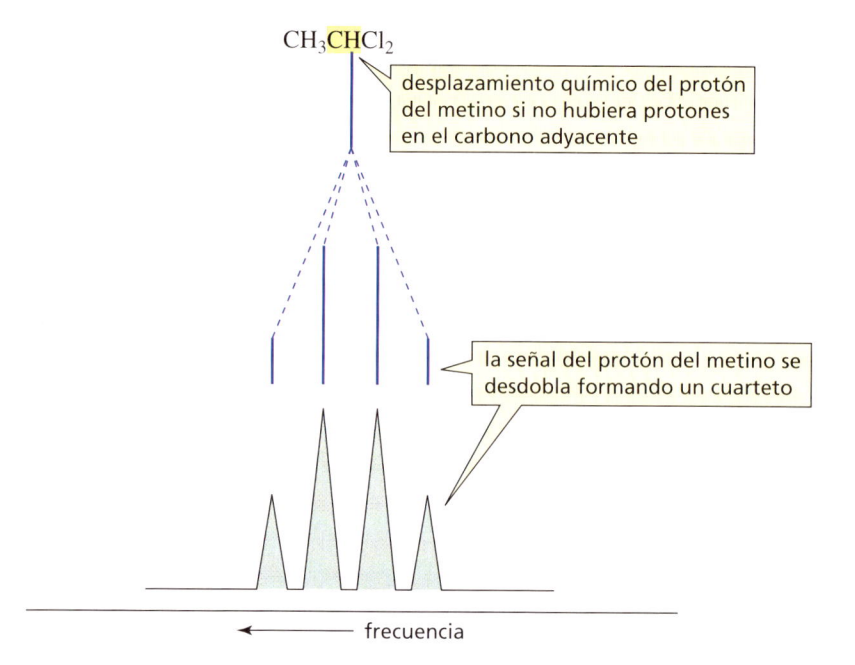

Figura 13.13 ▶
La señal del protón del metino en el 1,1-dicloroetano se desdobla en un cuarteto debido a los protones del metilo.

Las intensidades relativas de los picos en una señal reflejan la cantidad de formas en que se pueden alinear los protones vecinos en relación con el campo magnético aplicado. Por ejemplo, un cuarteto tiene intensidades relativas de picos de 1:3:3:1. Sólo hay una forma de alinear los campos magnéticos de los tres protones para que todos ellos estén orientados con el campo magnético aplicado y sólo hay una forma de alinearlos para que todos estén orientados en contra del campo aplicado. Sin embargo, hay tres formas de alinear los campos magnéticos de los tres protones para que dos estén alineados con el campo magnético aplicado y uno esté alineado en contra de él (figura 13.14), y hay tres formas de alinearlos para que uno esté alineado con el campo magnético y dos estén alienados en contra de él. Estas diversas posibilidades explican las intensidades distintas de los picos.

todos con   todos en contra

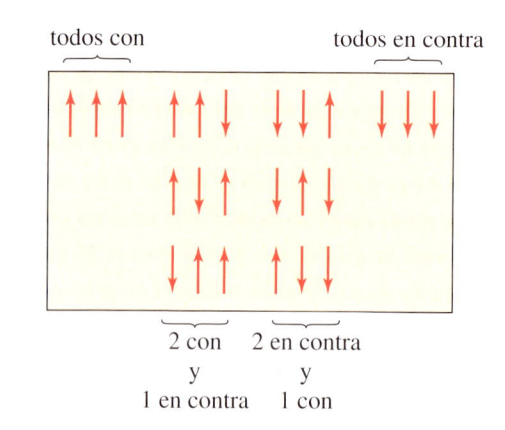

2 con   2 en contra
y   y
1 en contra   1 con

Figura 13.14 ▶
Formas en que se pueden alienar los campos magnéticos de tres protones.

La intensidad relativa obedece el esquema nemotécnico matemático llamado *triángulo de Pascal*. (El lector recordará este artificio nemotécnico por sus clases de matemáticas). De acuerdo con Pascal, cada número en la base de un triángulo, en la columna extrema derecha de la tabla 13.2, es la suma de los dos números a su izquierda y derecha inmediatas, del renglón que está arriba de él.

13.10 El desdoblamiento de las señales se puede describir de acuerdo con la regla de $N + 1$

Tabla 13.2 Multiplicidad de la señal e intensidad relativa de los picos en ella

Número de protones equivalentes causantes de desdoblamiento	Multiplicidad de la señal	Intensidad relativa de los picos
0	singulete	1
1	doblete	1 : 1
2	triplete	1 : 2 : 1
3	cuarteto	1 : 3 : 3 : 1
4	quinteto	1 : 4 : 6 : 4 : 1
5	sexteto	1 : 5 : 10 : 10 : 5 : 1
6	septeto	1 : 6 : 15 : 20 : 15 : 6 : 1

BIOGRAFÍA

Blaise Pascal (1623–1662) *nació en Francia. A los 16 años publicó un libro de geometría y a los 19 inventó una calculadora. Propuso la teoría moderna de las probabilidades, desarrolló el principio de la prensa hidráulica y demostró que la presión atmosférica disminuye a medida que aumenta la altitud. En 1644 apenas pudo escapar de la muerte, cuando se desbocaron los caballos que tiraban de una carroza donde viajaba. El miedo hizo que desde entonces se dedicara, por el resto de su vida, a la meditación y a ensayos religiosos.*

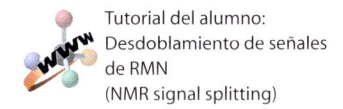

En el caso normal, los protones *no equivalentes* desdoblan entre sí sus señales sólo si están en carbonos *adyacentes*. El desdoblamiento es un efecto "a través del enlace" y no "a través del espacio": en casos raros se observa si los protones están separados por más de tres enlaces σ. Sin embargo, si están separados por más de tres enlaces y uno de ellos es un enlace doble o triple, a veces se observa un pequeño desdoblamiento. A este fenómeno se le llama **acoplamiento de largo alcance**.

Tutorial del alumno:
Desdoblamiento de señales de RMN
(NMR signal splitting)

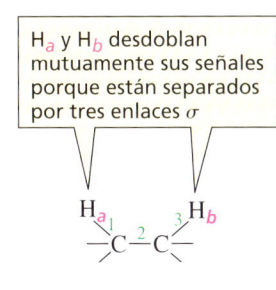

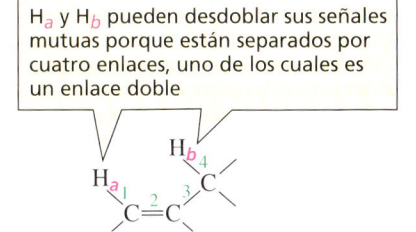

H_a y H_b desdoblan mutuamente sus señales porque están separados por tres enlaces σ

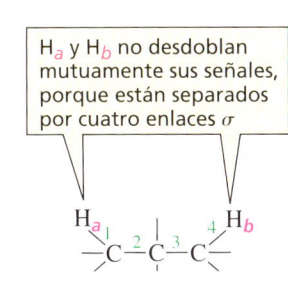

H_a y H_b no desdoblan mutuamente sus señales, porque están separados por cuatro enlaces σ

H_a y H_b pueden desdoblar sus señales mutuas porque están separados por cuatro enlaces, uno de los cuales es un enlace doble

PROBLEMA 18◆

Uno de los espectros de la figura 13.15 es del 1-cloropropano y el otro, del 1-yodopropano. ¿Cuál es cuál?

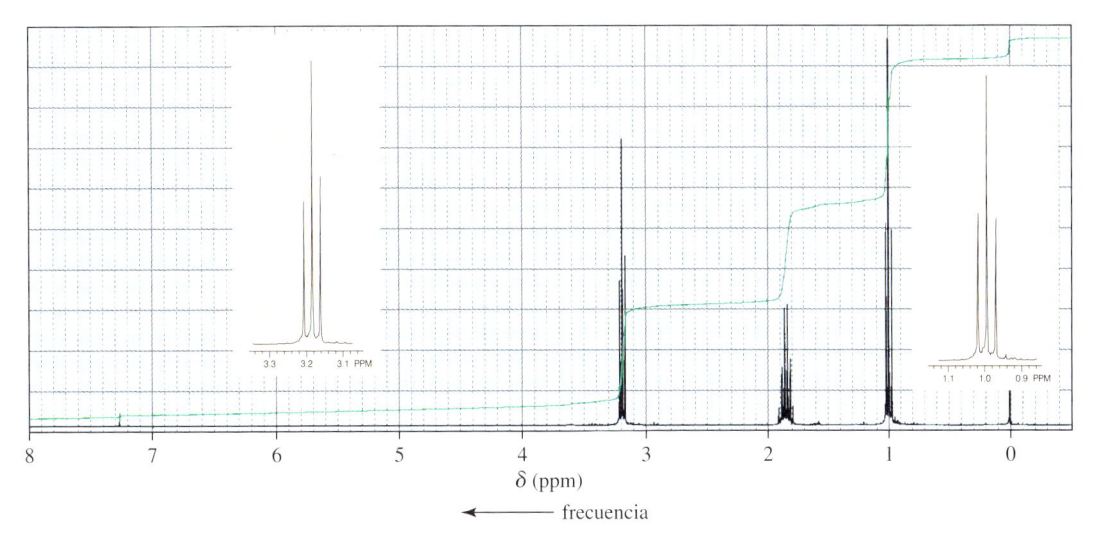

▲ **Figura 13.15**
Espectro de RMN-^{1}H para el problema 18.

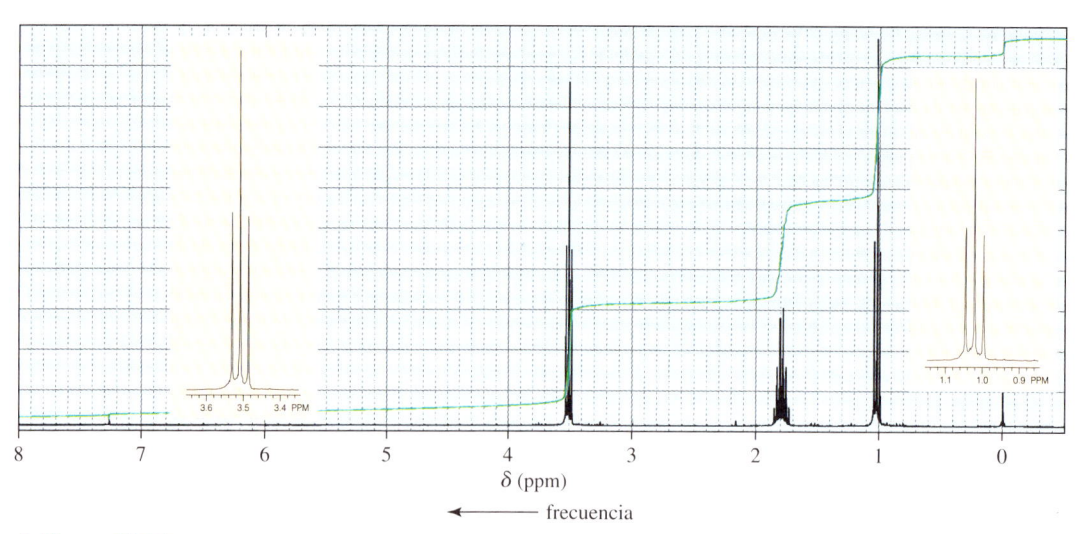

▲ **Figura 13.15**
Continuación

PROBLEMA 19

Trace un diagrama como el de la figura 13.14 para estimar

a. la intensidad relativa de los picos en un triplete.
b. la intensidad relativa de los picos en un quinteto.

PROBLEMA 20◆

En la figura 13.16 se ven los espectros de RMN-^{1}H para dos ácidos carboxílicos cuya fórmula molecular es $C_3H_5O_2Cl$. Identifique esos ácidos carboxílicos. (La notación "desviación" significa que la señal extrema izquierda se movió hacia la derecha en la cantidad indicada para que quepa en el espectro que muestra la página; así, la señal a 9.8 ppm de desviación por 2.4 ppm tiene un desplazamiento químico real de 12.2 ppm).

a.

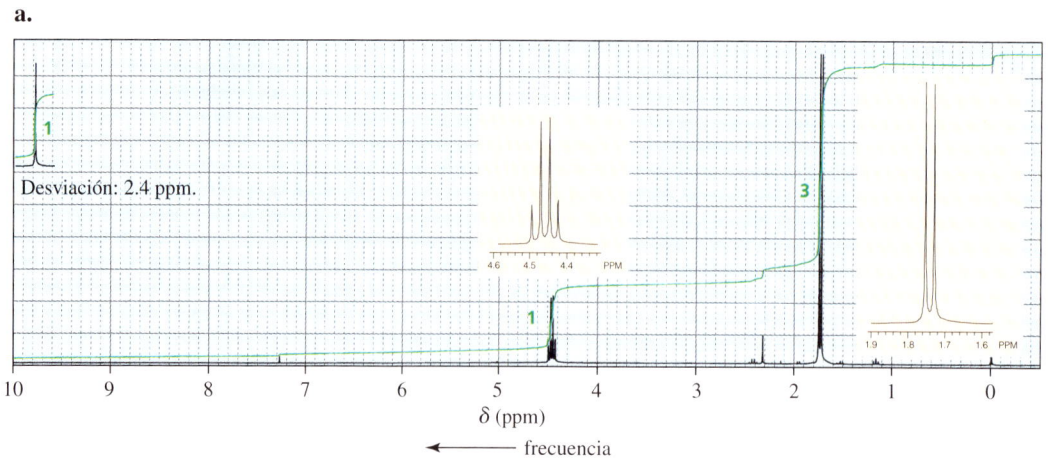

▲ **Figura 13.16a**
Espectros de RMN-^{1}H para el problema 20.

b.

Desviación: 1.7 ppm.

▲ **Figura 13.16b**

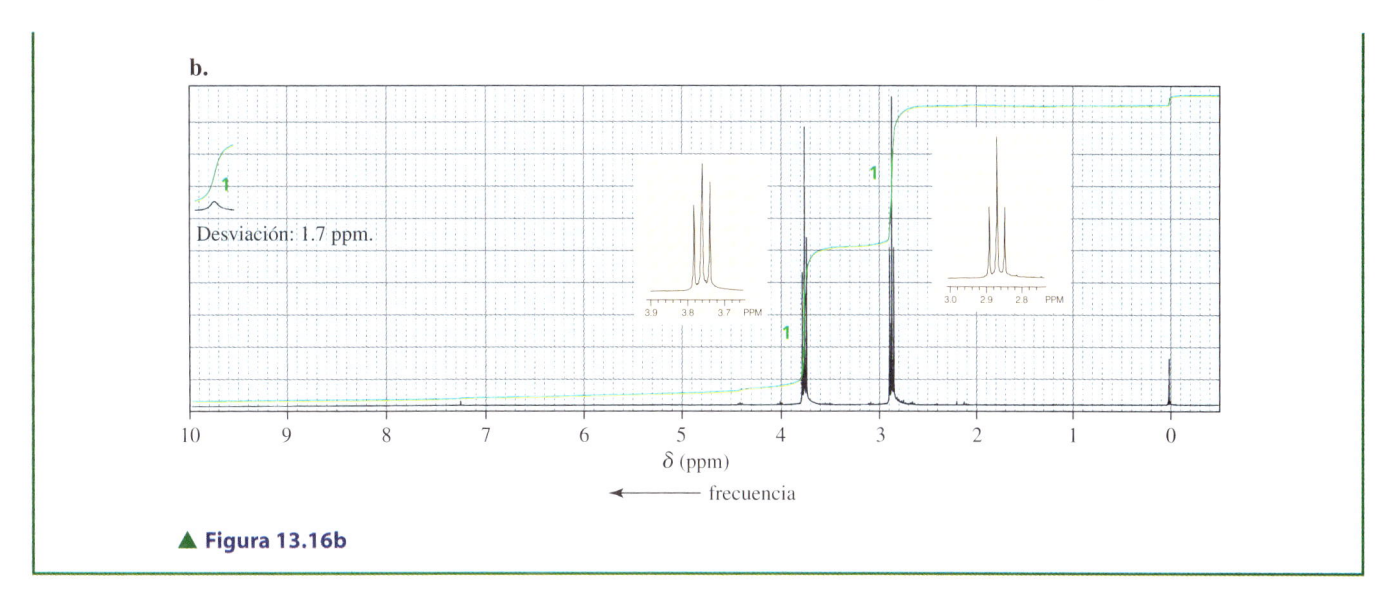

13.11 Más ejemplos de espectros de RMN-^{1}H

Ahora se describirán algunos espectros más para que el lector adquiera más práctica en el análisis de espectros de RMN-^{1}H.

Hay dos señales en el espectro de RMN-^{1}H del 1,3-dibromopropano (figura 13.17). La señal de los protones H_b está desdoblada en un triplete por los dos hidrógenos en el carbono adyacente. Los carbonos adyacentes al que está unido a los protones H_a también están unidos con los protones H_b. Los protones de uno de ellos son equivalentes a los del otro. Como los dos conjuntos de protones son equivalentes, se aplica la regla de N + 1 a ambos conjuntos al mismo tiempo. En otras palabras, N es igual a la suma de los protones equivalentes en ambos carbonos. Entonces, la señal de los protones H_a se desdobla y forma un quinteto (4 + 1 = 5). La integración confirma que dos grupos metileno contribuyen a la señal de H_b porque demuestra que el doble de protones produce esa señal respecto a la señal de H_a.

Interpretación de espectros de RMN 1

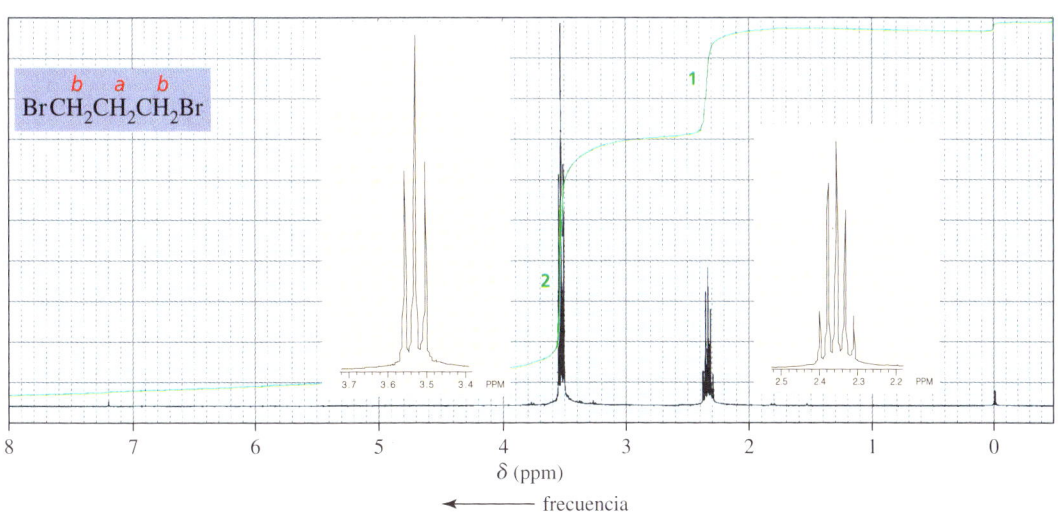

$$\underset{b}{Br}\underset{}{CH_2}\underset{a}{CH_2}\underset{b}{CH_2}Br$$

▲ **Figura 13.17**
Espectro de RMN-^{1}H del 1,3-dibromopropano

Interpretación de espectros de RMN 2

El espectro de RMN-^{1}H del butanoato de isopropilo tiene cinco señales (figura 13.18). La señal de los protones H$_a$ se desdobla en un triplete por los protones H$_c$. La señal de los protones H$_b$ forma un doblete por el protón H$_e$. La señal de los protones H$_d$ se desdobla en un triplete por los protones H$_c$ y la señal del protón H$_e$ se desdobla por los protones H$_b$ y forma un septeto. La señal de los protones H$_c$ se desdobla por los protones H$_a$ y también por los protones H$_d$. Como los protones H$_a$ y H$_d$ no son equivalentes, se debe aplicar la regla de $N + 1$ por separado a cada conjunto. Entonces, la señal de los protones H$_c$ se desdoblará en un cuarteto por los protones H$_a$ y cada uno de esos cuatro picos se desdoblará en un triplete por los protones H$_d$: $(N_a + 1)(N_d + 1) = (4)(3) = 12$. El resultado es que la señal de los protones H$_c$ es un **multiplete**, una señal más compleja que un triplete, cuarteto, quinteto o cosa parecida. La razón por la que no se ven 12 picos en el espectro es que algunos de ellos se traslapan (sección 13.13).

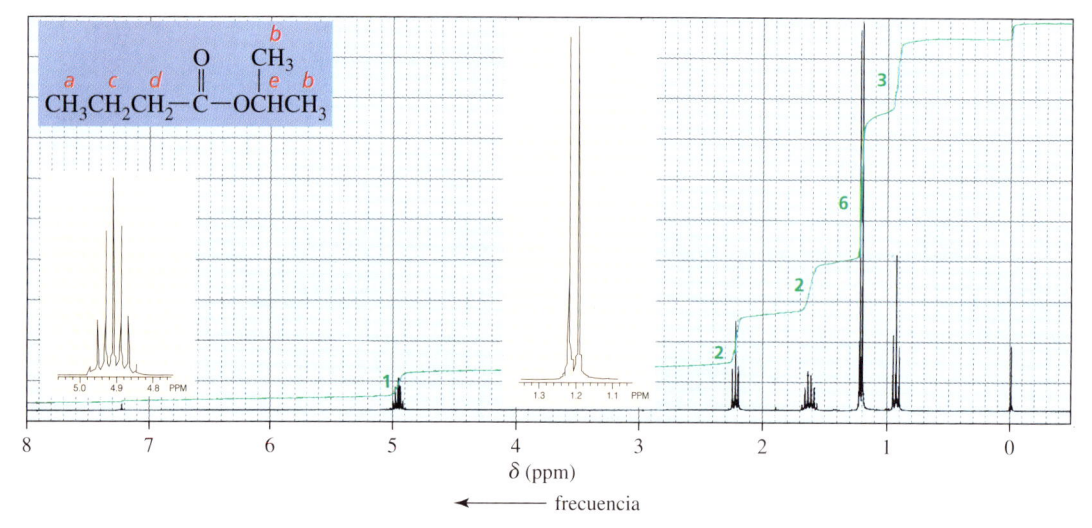

▲ **Figura 13.18**
Espectro de RMN-^{1}H del butanoato de isopropilo.

PROBLEMA 21

Indique el número de señales y la multiplicidad de cada señal en el espectro de RMN-^{1}H para cada uno de los compuestos siguientes:

a. ICH$_2$CH$_2$CH$_2$Br   b. ClCH$_2$CH$_2$CH$_2$Cl   c. ICH$_2$CH$_2$CHBr$_2$

Interpretación de espectros de RMN 3

El espectro de RMN-^{1}H del 3-bromo-1-propeno tiene cuatro señales (figura 13.19). Aunque los protones H$_b$ y H$_c$ están unidos al mismo carbono no son químicamente equivalentes: uno es *cis* respecto al grupo bromometilo y el otro es *trans* respecto a ese grupo; entonces, cada uno produce una señal por separado. La señal de los protones H$_a$ produce un doblete debido al protón H$_d$. Observe que las señales de los tres protones vinílicos están a frecuencias relativamente altas debido a la anisotropía diamagnética (sección 13.7). La señal del protón H$_d$ es un multiplete porque se desdobla por separado debido a los protones H$_a$, H$_b$ y H$_c$.

Como los protones H$_b$ y H$_c$ no son equivalentes, desdoblan mutuamente sus señales. Eso quiere decir que la señal del protón H$_b$ se divide en un doblete por el protón H$_d$ y que cada uno de los picos del doblete se desdobla y forma un doblete debido al protón H$_c$. En consecuencia, la señal del protón H$_b$ debe ser lo que se llama **doblete de dobletes** y así debe ser la señal del protón H$_c$. Sin embargo, el desdoblamiento mutuo de las señales de dos protones no idénticos unidos con el mismo carbono con hibridación sp^2, llamado **acopla-**

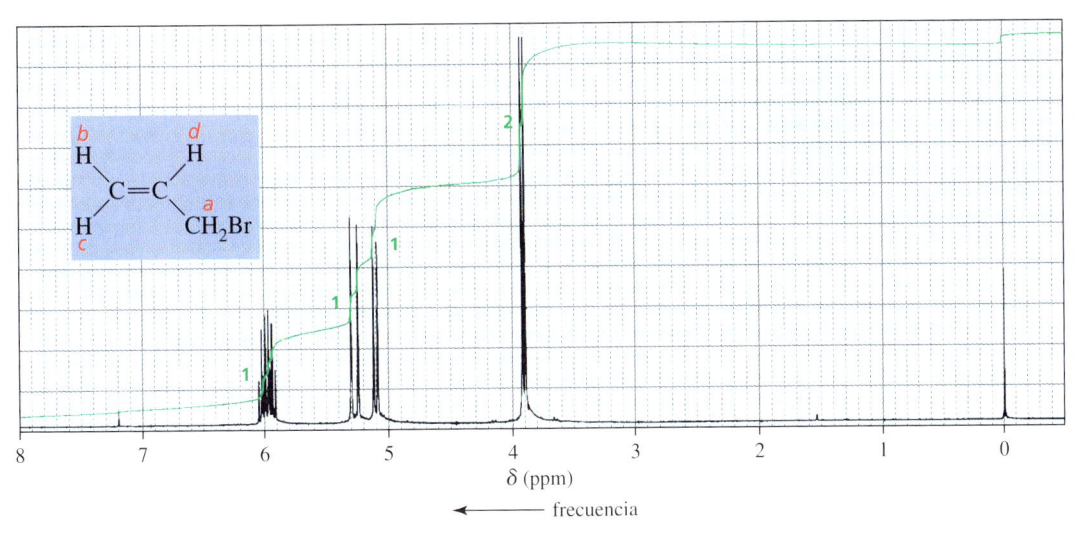

▲ **Figura 13.19**
Espectro de RMN-^{1}H del 3-bromo-1-propeno.

miento geminal, con frecuencia es demasiado pequeño para ser observado (véase la tabla 13.3). Así, las señales de los protones H$_b$ y H$_c$ en la figura 13.19 aparecen como dobletes y no como dobletes de dobletes. (Si las señales se ampliaran a lo largo del eje de frecuencia se observaría el doblete de dobletes).

Hay una clara diferencia entre un cuarteto y un doblete de dobletes aunque ambos exhiban cuatro picos. Un cuarteto se debe al desdoblamiento por *tres protones adyacentes equivalentes*: por consiguiente la intensidad relativa de sus picos es 1:3:3:1, y los picos individuales están a distancias iguales. Por otra parte, un doblete de dobletes se debe al desdoblamiento por *dos protones adyacentes no equivalentes*; la intensidad relativa de sus picos es 1:1:1:1, y los picos individuales no necesariamente están a distancias iguales (véase la figura 13.26 en la página 601).

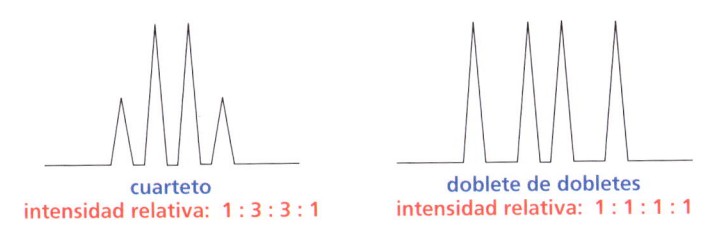

El etilbenceno tiene cinco conjuntos de protones químicamente equivalentes (figura 13.20); se observa el triplete esperado para los protones H$_a$ y el cuarteto para los protones H$_b$. Esta figura es característica para un grupo etilo. Es de esperarse que la señal de los protones H$_c$ sea un doblete y que la señal del protón H$_e$ sea un triplete. Ya que los protones H$_c$ y H$_e$ no son equivalentes, deben considerarse por separado para determinar el desdoblamiento de la señal de los protones H$_d$. En consecuencia, se espera que la señal de los protones H$_d$ se desdoble y forme un doblete debido a los protones H$_c$ y que cada pico del doblete forme otro doblete debido al protón H$_e$: que se forme un doblete de dobletes. Sin embargo, no se aprecian tres señales distintas para los protones H$_c$, H$_d$ y H$_e$ en la figura 13.20; en lugar de ello vemos señales traslapadas. Parece que el efecto electrónico (esto es, la capacidad donadora o atractora de electrones) de un sustituyente etilo no es lo bastante distinta a la de un hidrógeno para causar una diferencia en los ambientes de los protones H$_c$, H$_d$ y H$_e$, que sin embargo es lo bastante grande para permitirles aparecer como señales separadas.

Interpretación de espectros de RMN 4

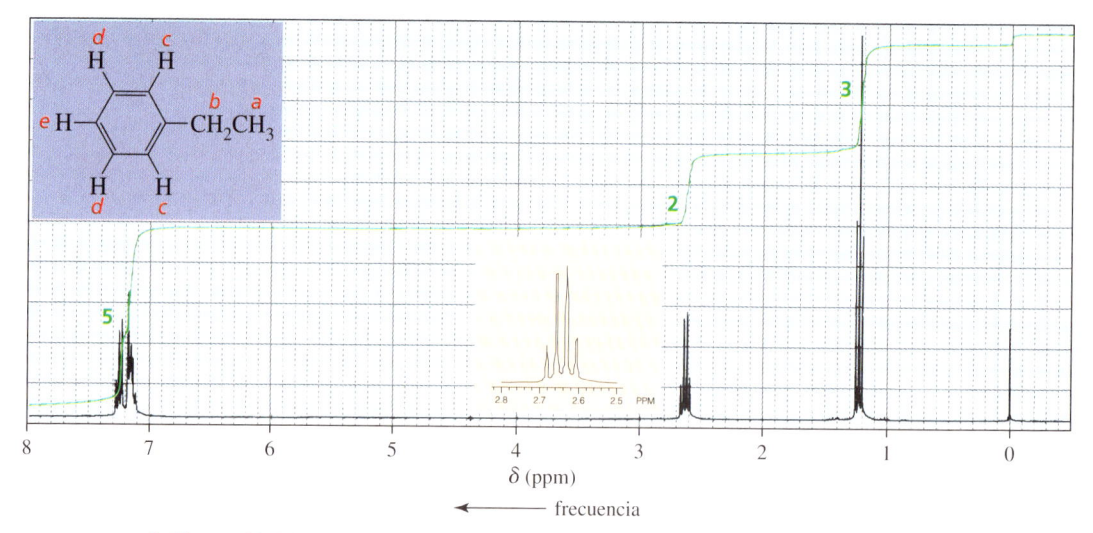

▲ **Figura 13.20**
Espectro de RMN-^{1}H del etilbenceno. Se traslapan las señales de los protones H_c, H_d y H_e.

En contraste con los protones del benceno en el etilbenceno (H_c, H_d y H_e), los del nitrobenceno (H_a, H_b y H_c) producen tres señales distintas (figura 13.21), y la multiplicidad de cada señal es la que cabría esperar para las señales de protones en el anillo de benceno del etilbenceno (H_c es un doblete, H_b es un triplete y H_b es un doblete de dobletes). El grupo nitro es lo bastante atractor de electrones como para hacer que los protones H_a, H_b y H_c tengan ambientes distintos para que sus señales no se traslapen.

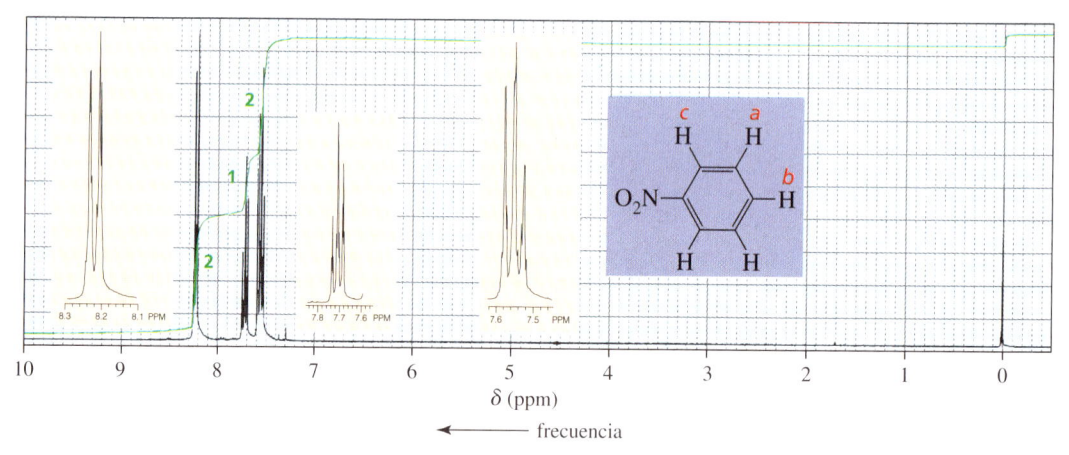

▲ **Figura 13.21**
Espectro de RMN-^{1}H del nitrobenceno. Las señales de los protones H_a, H_b y H_c no se traslapan.

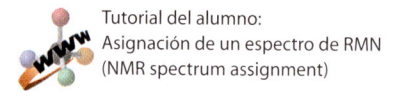

Tutorial del alumno:
Asignación de un espectro de RMN
(NMR spectrum assignment)

Observe que las señales de los protones en el anillo de benceno, en las figuras 13.20 y 13.21, están en la región de 7.0 a 8.5 ppm. Otras clases de protones en general no aparecen en esta región, así que en esta parte de un espectro de RMN-^{1}H las señales indican que es probable que el compuesto contenga un anillo aromático.

PROBLEMA 22

Explique por qué la señal para los protones que se identificaron como H_a en la figura 13.21 aparece en la frecuencia más baja y la señal de los protones identificados como H_c aparece en la mayor frecuencia. (*Sugerencia:* dibuje las estructuras resonantes).

PROBLEMA 23

¿Cómo se podrían distinguir los siguientes compuestos mediante sus espectros de RMN-^{1}H?

A B C

PROBLEMA 24

¿En qué diferirían los espectros de RMN-^{1}H para los cuatro compuestos de fórmula molecular $C_3H_6Br_2$?

PROBLEMA 25◆

Identifique cada compuesto de acuerdo con su fórmula molecular y su espectro de RMN-^{1}H.

a. C_9H_{12}

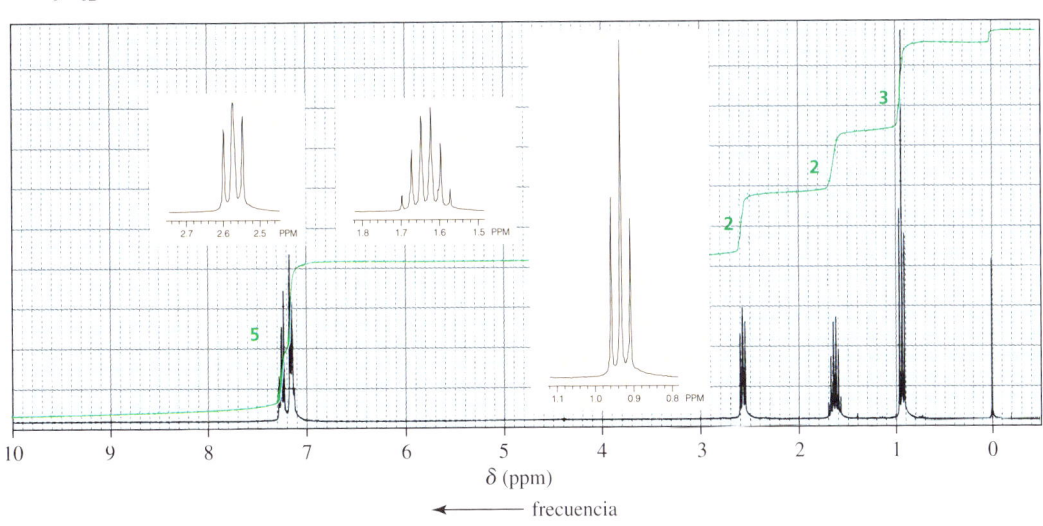

b. $C_5H_{10}O$

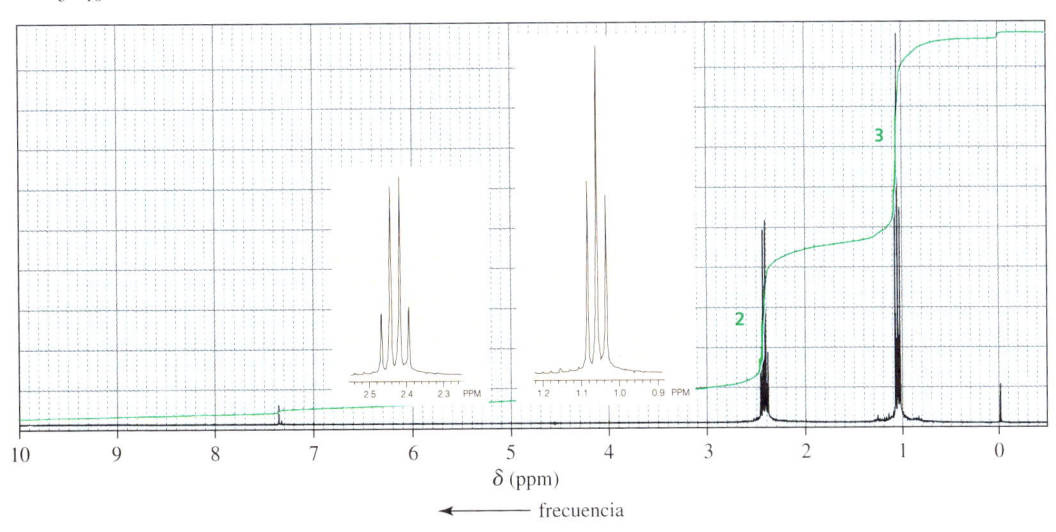

c. $C_9H_{10}O_2$

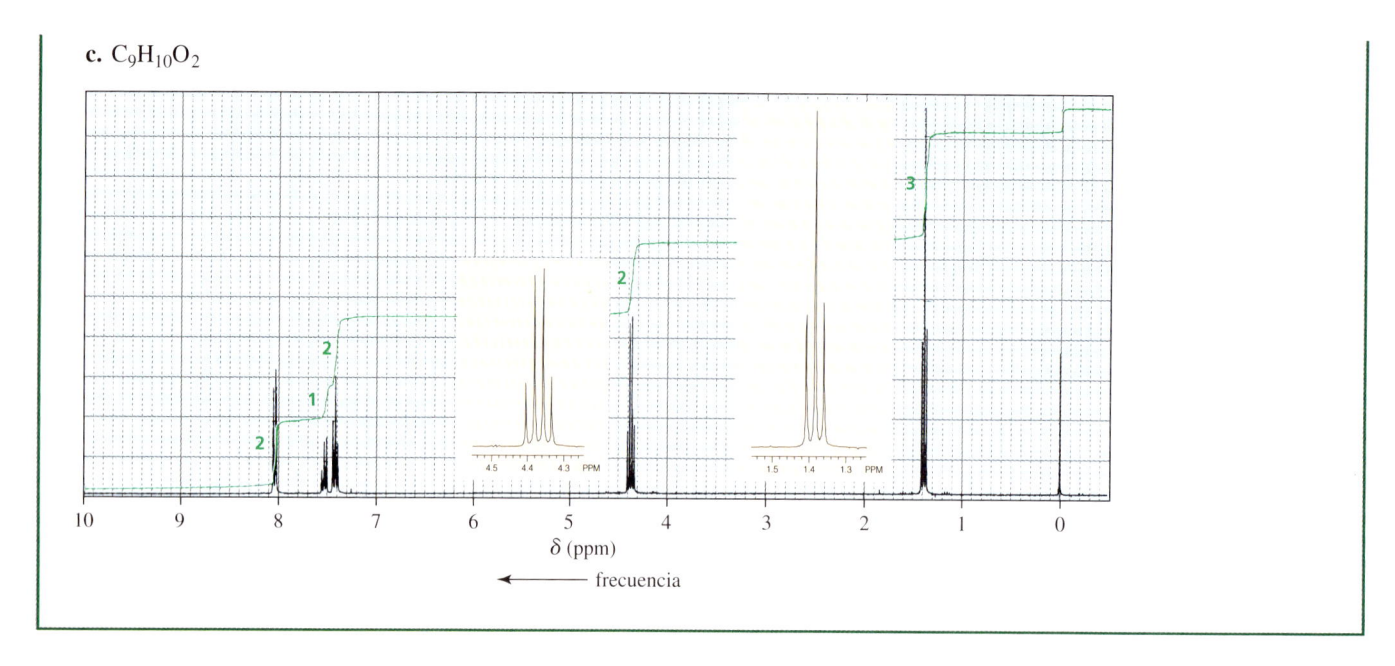

PROBLEMA 26

Indique cuáles serán los patrones de desdoblamiento de las señales que se dieron para los compuestos de **a** a **m** en el problema **3**.

PROBLEMA 27 ◆

Indique cuáles son los siguientes compuestos. (Las integrales relativas se indican de izquierda a derecha del espectro).

a. El espectro de RMN-^{1}H de un compuesto con fórmula molecular $C_4H_{10}O_2$ tiene dos singuletes con una relación de áreas de 2:3.

b. El espectro de RMN-^{1}H de un compuesto con fórmula molecular $C_6H_{10}O_2$ tiene dos singuletes con una relación de áreas de 2:3.

c. El espectro de RMN-^{1}H de un compuesto con fórmula molecular $C_8H_6O_2$ tiene dos singuletes con relación de áreas de 1:2.

Tutorial del alumno:
Interpretación de un espectro de RMN
(MR spectrum interpretation)

PROBLEMA 28

Describa el espectro de RMN-^{1}H que esperaría usted para cada uno de los compuestos siguientes, usando desplazamientos químicos relativos y no desplazamientos químicos absolutos.

a. $BrCH_2CH_2CH_2CH_2Br$

b. $CH_3OCH_2CH_2CH_2Br$

c. O=⬡=O

d. $CH_3\underset{Br}{\overset{CH_3}{\underset{|}{C}}}CH_2CH_3$

e. $CH_3\overset{O}{\overset{\|}{C}}CH_2\overset{O}{\overset{\|}{C}}OCH_3$

f. $\underset{H}{\overset{H}{}}C=C\underset{Cl}{\overset{H}{}}$

g. $CH_3CH_2OCH_2CH_3$

h. $CH_3CH_2OCH_2Cl$

i. $CH_3CHCHCl_2$ with Cl below

j. ▱—O (oxetane)

k. $CH_3\underset{}{\overset{CH_3}{\underset{|}{CH}}}CH_2\overset{O}{\overset{\|}{C}}H$

l. $CH_3OCH_2CH_2CH_2OCH_3$

m. $\underset{H}{\overset{H}{}}C=C\underset{Cl}{\overset{Cl}{}}$

n. $\underset{H}{\overset{Cl}{}}C=C\underset{Cl}{\overset{H}{}}$

o. ⬠

13.12 Identificación de protones acoplados por sus constantes de acoplamiento

La distancia en hertz entre dos picos adyacentes de una señal desdoblada de RMN se llama **constante de acoplamiento** (se representa por J). La constante de acoplamiento para H_a cuando se desdobla debido a H_b se representa por J_{ab}. Las señales de los protones acoplados (protones que desdoblan mutuamente sus señales) tienen la misma constante de acoplamiento; en otras palabras, $J_{ab} = J_{ba}$ (figura 13.22). Las constantes de acoplamiento son útiles para analizar espectros complejos de RMN-^{1}H porque se pueden identificar protones en carbonos adyacentes por sus constantes de acoplamiento idénticas.

◀ **Figura 13.22**
Los protones H_a y H_b del 1,1-dicloroetano son protones que están acoplados, por lo que sus señales tienen la misma constante de acoplamiento, $J_{ab} = J_{ba}$.

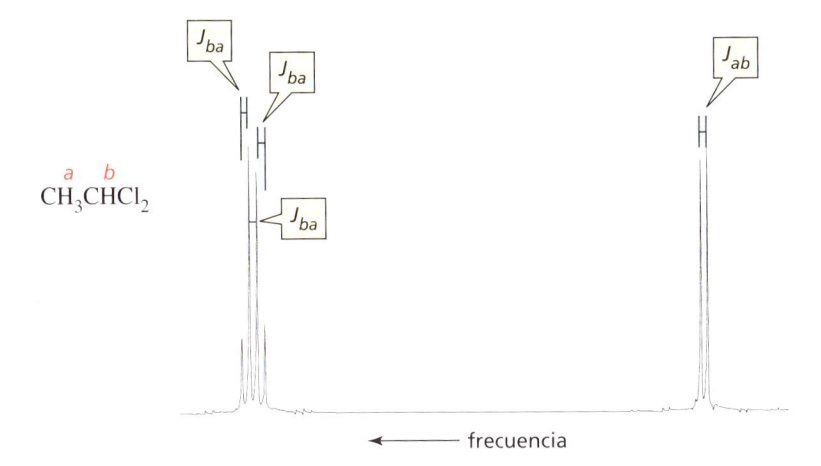

La magnitud de una constante de acoplamiento es independiente de la frecuencia de operación del espectrómetro: se obtiene la misma constante con un instrumento de 300 MHz que con uno de 600 MHz. La magnitud de una constante de acoplamiento es una medida de lo fuerte que se influyen mutuamente los espines nucleares de los protones acoplados. Por consiguiente, depende del número y el tipo de enlaces que unen a los protones acoplados, así como de la relación geométrica entre los protones. En la tabla 13.3 se presentan constantes de acoplamiento características; sus valores están entre 0 y 15 Hz.

Tabla 13.3 Valores aproximados de constantes de acoplamiento

Valor aproximado de J_{ab} (Hz)		Valor aproximado de J_{ab} (Hz)	
H_a–C–H_b (geminal)	12	H_aC=CH_b (trans)	15 (trans)
H_a–C–C–H_b	7	H_aC=CH_b (cis)	10 (cis)
H_a–C–C–C–H_b	0	H_aC=C–CH_b	1 (acoplamiento de largo alcance)
C=C (H_a, H_b)	2 (acoplamiento geminal)		

598 CAPÍTULO 13 Espectroscopia de RMN

> **BIOGRAFÍA**
>
> La dependencia entre la constante de acoplamiento y el ángulo que forman dos enlaces C–H se llama relación de Karplus, por **Martin Karplus**, primero en reconocerla. Karplus nació en 1930. Recibió una licenciatura de la Universidad de Harvard y un doctorado del Instituto Tecnológico de California. En la actualidad es profesor de química en la Universidad de Harvard.

La constante de acoplamiento para protones trans de un alqueno es mayor que la de protones cis de un alqueno.

La constante de acoplamiento para dos hidrógenos no equivalentes en el *mismo* carbono con hibridación sp^3 es grande. (Dos hidrógenos en el mismo carbono con hibridación sp^3 no son equivalentes si ese carbono con hibridación sp^3 está unido a un centro asimétrico, sección 13.14.) En contraste, la constante de acoplamiento para dos hidrógenos no equivalentes en el *mismo* carbono con hibridación sp^2 suele ser muy pequeña para verla (figura 13.19), pero es grande si los hidrógenos no equivalentes están unidos a carbonos con hibridación sp^2 *adyacentes*. Aparentemente, la interacción entre los hidrógenos se afecta mucho por los electrones π intermedios. Ya se vio que los electrones π también permiten acoplamiento de largo alcance, esto es, acoplamiento a través de cuatro enlaces o más (sección 13.10).

Se pueden usar las constantes de acoplamiento para diferenciar entre los espectros de RMN-^{1}H de alquenos *cis* y *trans*. La constante de acoplamiento de protones vinílicos *trans* es bastante mayor que la de los protones vinílicos *cis* (figura 13.23) porque depende del ángulo diedro entre los dos enlaces C—H en la unidad H—C=C—H (sección 2.10). La constante de acoplamiento es máxima cuando el ángulo entre los dos enlaces C—H es 180° (*trans*) y es más pequeña cuando el ángulo es 0° (*cis*). Observe la diferencia entre J_{bd} y J_{cd} en el espectro del 3-bromo-1-propeno (figura 13.19, página 593).

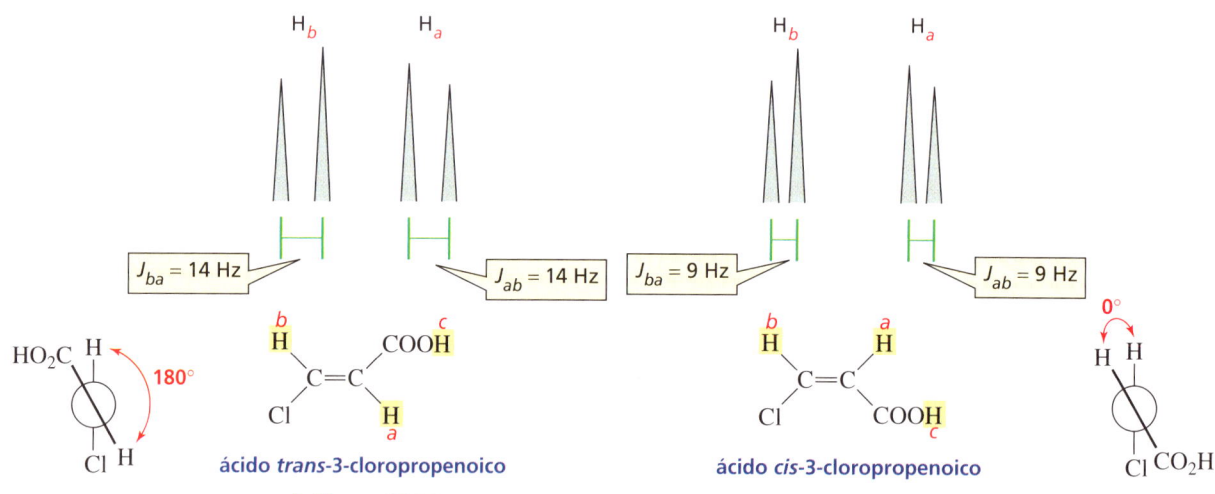

▲ **Figura 13.23**
Dobletes que se observan para los protones H$_a$ y H$_b$ en los espectros de RMN-^{1}H del ácido *trans*-3-cloropropenoico y *cis*-3-cloropropenoico. La constante de acoplamiento para los protones trans (14 Hz) es mayor que la de los protones cis (9 Hz).

> **PROBLEMA 29**
>
> ¿Por qué no hay acoplamiento entre H$_a$ y H$_c$, ni entre H$_b$ y H$_c$ en el ácido *cis* o *trans*-3-cloropropenoico?

Incógnitas en análisis cualitativo

Ahora se resumirá la clase de información que se puede obtener con un espectro de RMN-^{1}H:

1. El número de señales indica el número de distintas clases de protones en el compuesto.
2. La posición de una señal indica la clase del o los protones responsables de la misma (metilo, metileno, metino, alílico, vinílico, aromático, etc.) y las clases de sustituyentes vecinos.
3. La integración de la señal indica el número relativo de protones causantes de la señal.
4. La multiplicidad de la señal ($N + 1$) indica el número (N) de protones unidos a carbonos adyacentes.
5. Las constantes de acoplamiento identifican a los protones acoplados.

ESTRATEGIA PARA RESOLVER PROBLEMAS

Uso de espectros de IR y de RMN-^{1}H para deducir una estructura química

Identifique el compuesto con la fórmula molecular $C_9H_{10}O$ que proporciona los espectros de IR y de RMN-^{1}H en la figura 13.24.

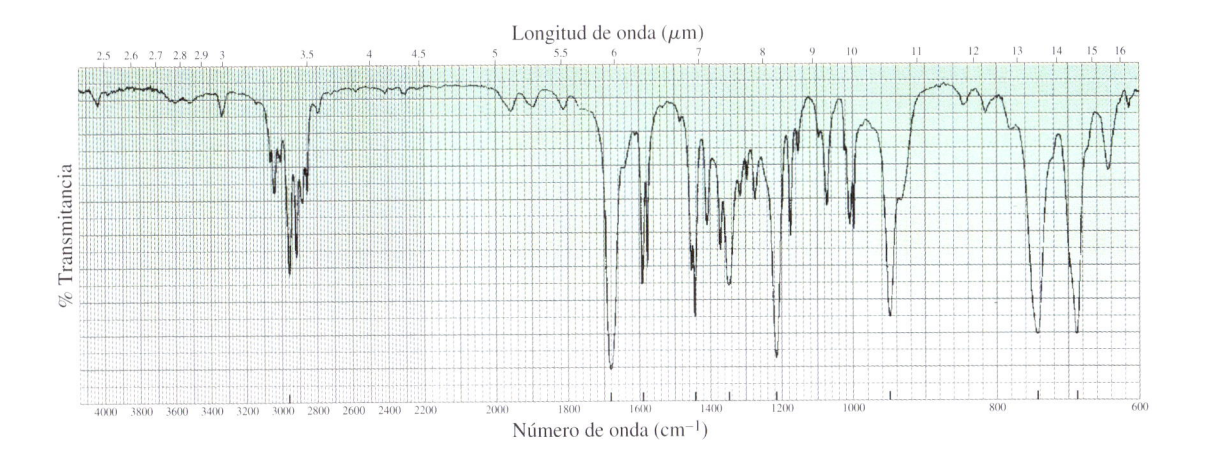

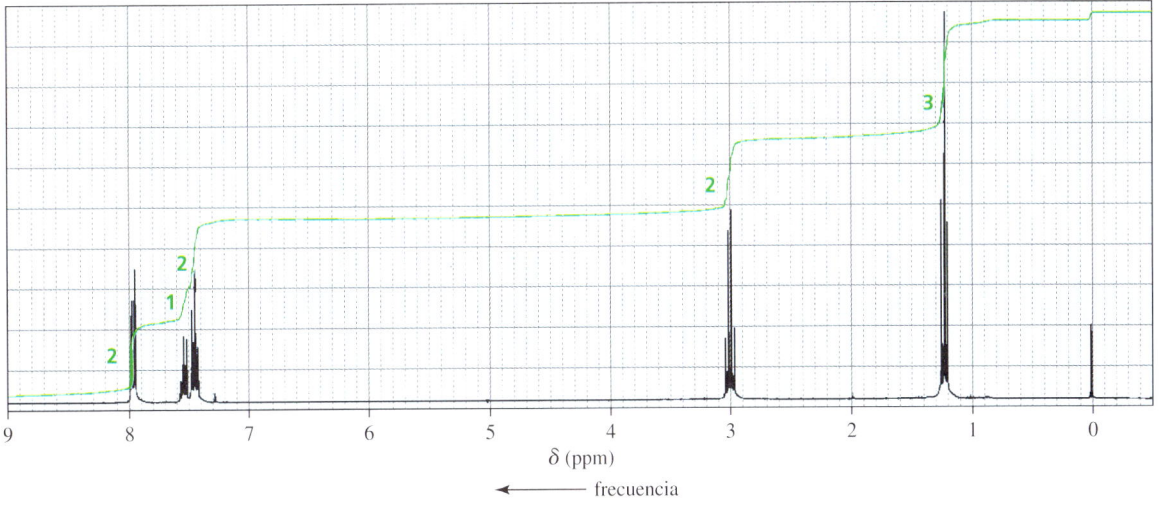

▲ **Figura 13.24**
Espectros de IR y de RMN-^{1}H para esta estrategia de resolución de problemas.

La mejor manera de atacar esta clase de problemas es identificar todas las propiedades estructurales que se puedan a partir de la fórmula molecular y del espectro de IR, y a continuación usar la información del espectro de RMN-^{1}H para ampliar ese conocimiento. De acuerdo con la fórmula molecular y el espectro de IR se ve que el compuesto es una cetona: tiene un grupo carbonilo a ~1680 cm^{-1}, sólo tiene un oxígeno y carece de bandas de absorción a ~2820 y ~2720 cm^{-1} que indican que se trata de un aldehído. La banda de absorción del grupo carbonilo está a una frecuencia menor que la normal, lo que parece indicar que tiene carácter parcial de enlace sencillo como resultado de deslocalización electrónica, quizá porque esté unido a un carbono con hibridación sp^2. El compuesto tiene un anillo de benceno (bandas de absorción a > 3000 cm^{-1}, ~1600 cm y ~1440 cm^{-1}) y tiene hidrógenos unidos a carbonos con hibridación sp^3 (absorción en la región de < 3000 cm^{-1}). En el espectro de RMN-^{1}H, el triplete en ~1.2 ppm y el cuarteto a ~3.0 ppm indican la presencia de un grupo etilo unido a un grupo atractor de electrones. Las señales en la región de 7.4 a 8.0 ppm confirman la presencia de un anillo de benceno. Con esta información se puede concluir que el compuesto es la cetona que se ve abajo. La relación de integración 5:2:3 confirma esta respuesta.

Ahora, continúe en el problema 30.

600 CAPÍTULO 13 Espectroscopia de RMN

PROBLEMA 30◆

Identifique el compuesto cuya fórmula molecular es $C_8H_{10}O$ que produce los espectros de IR y de RMN-^{1}H que se ven en la figura 13.25.

▲ Figura 13.25
Espectros IR y de RMN-^{1}H para el problema 30.

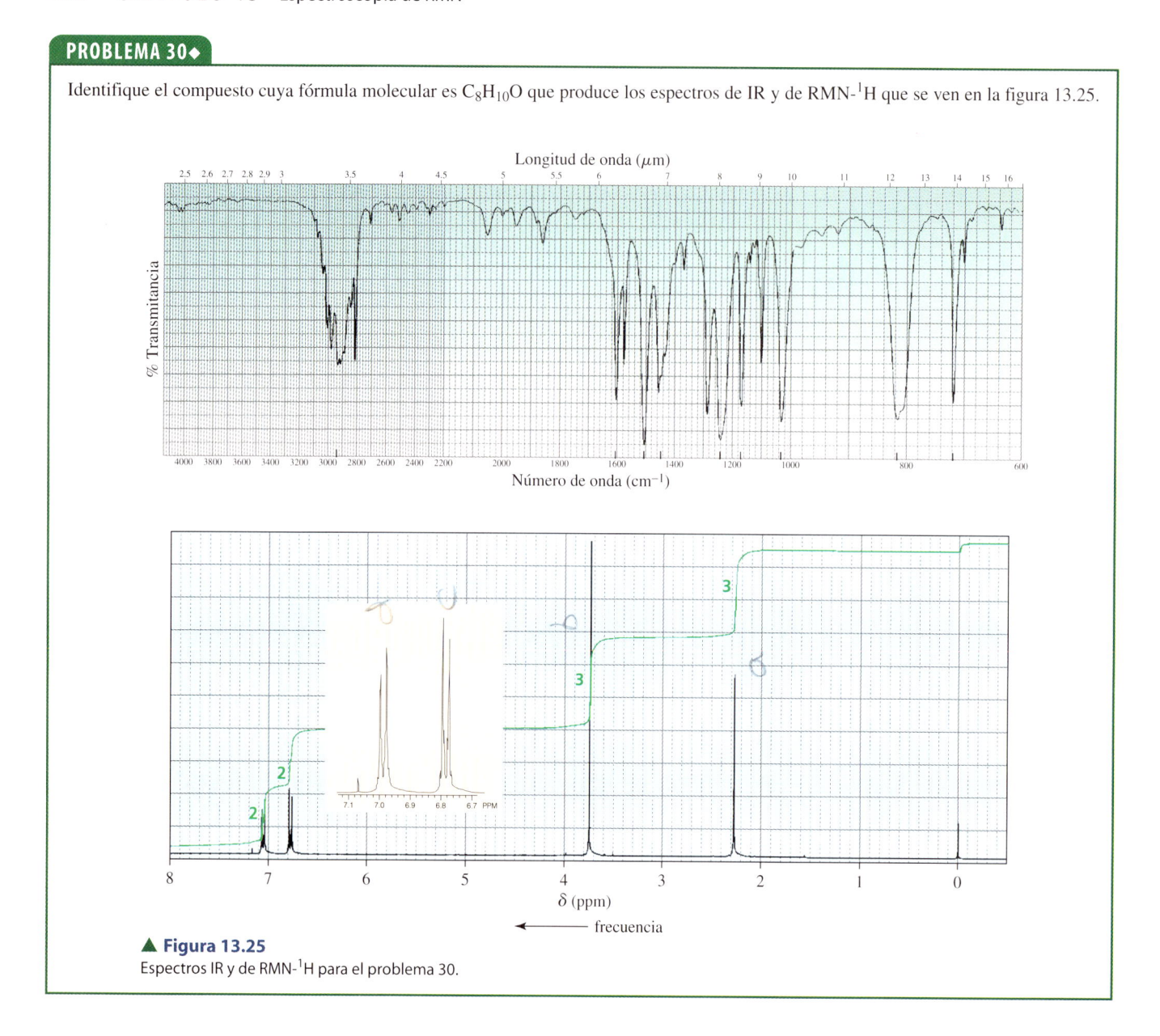

13.13 Explicación de la multiplicidad de una señal con diagramas de desdoblamiento

El patrón de desdoblamiento que se obtiene cuando una señal se divide debido a más de un conjunto de protones se puede comprender mejor usando un diagrama de desdoblamiento. En un **diagrama de desdoblamiento** (que también se llama **árbol de desdoblamiento**), los picos de RMN se ven como líneas verticales y el efecto de cada desdoblamiento se muestra uno por uno. El diagrama de desdoblamiento de la figura 13.26, por ejemplo, ilustra el desdoblamiento de la señal del protón H_c del 1,1,2-tricloro-3-metilbutano en un doblete de dobletes por los protones H_b y H_d.

La señal de los protones H_b del 1-bromopropano se desdobla en un cuarteto por los protones H_a (figura 13.27), y cada uno de los cuatro picos que resultan se desdobla en un triplete por los protones H_c. De los 12 picos, el número de señales que realmente se vean en

13.13 Explicación de la multiplicidad de una señal con diagramas de desdoblamiento **601**

$$\underset{a}{CH_3}\underset{b}{CH}\underset{c}{CH}\underset{d}{CH}Cl$$
$$\underset{}{\underset{|}{Cl}}\underset{}{\underset{|}{Cl}}$$
$$\underset{}{\underset{|}{CH_3}}$$

1,1,2-tricloro-3-metilbutano

diagrama de desdoblamiento

H_c — desplazamiento químico de la señal del protón H_c si no hubiera desdoblamiento

J_{cb} — desdoblamiento por el protón H_b

J_{cd} — desdoblamiento por el protón H_d

doblete de dobletes

⬅ frecuencia

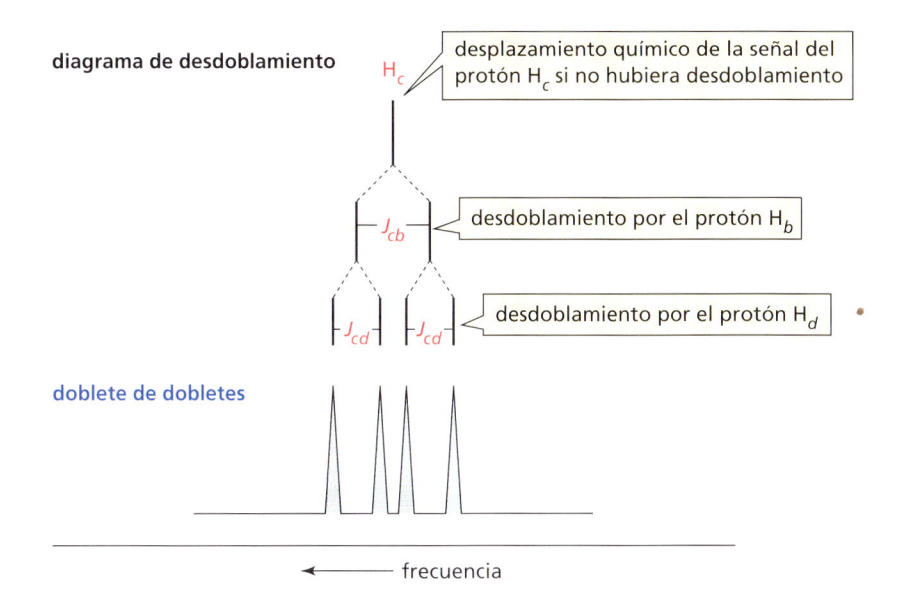

◀ **Figura 13.26**
Diagrama de desdoblamiento para un doblete de dobletes.

el espectro depende de la magnitud relativa de las dos constantes de acoplamiento, J_{ba} y J_{bc}. Por ejemplo, la figura 13.27 muestra que hay 12 picos cuando J_{ba} es mucho mayor que J_{bc}; 9 picos cuando $J_{ba} = 2J_{bc}$ y sólo 6 picos cuando $J_{ba} = J_{bc}$. La cantidad de picos observados depende de cuántos se traslapan entre sí. Cuando los picos se traslapan se suman sus intensidades.

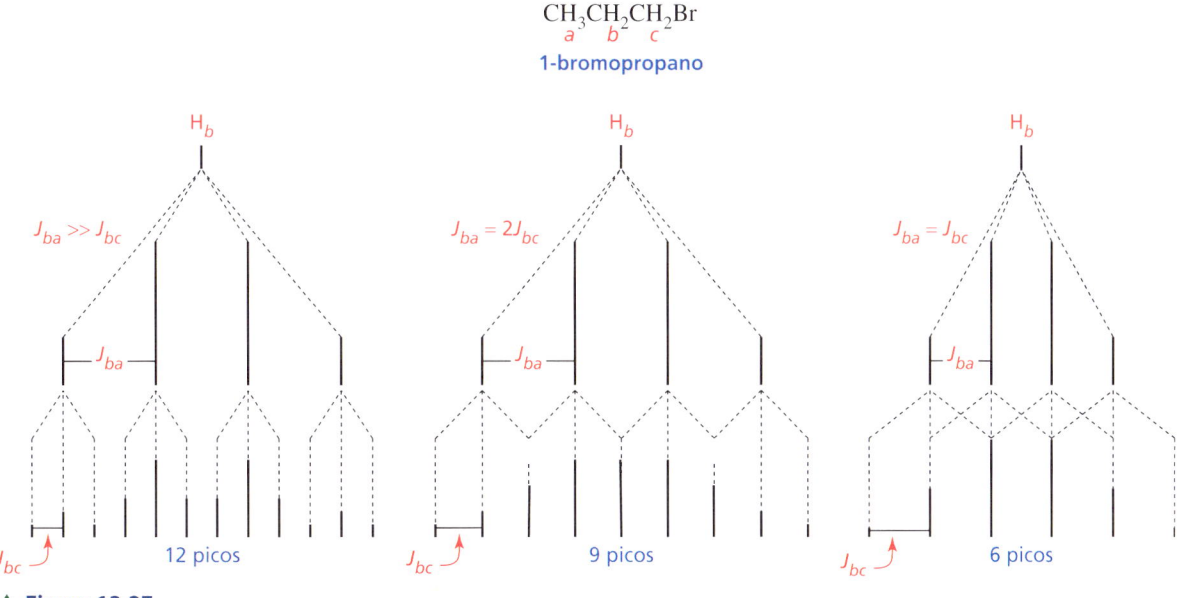

$$\underset{a}{CH_3}\underset{b}{CH_2}\underset{c}{CH_2}Br$$
1-bromopropano

H_b H_b H_b

$J_{ba} \gg J_{bc}$ $J_{ba} = 2J_{bc}$ $J_{ba} = J_{bc}$

J_{ba}

J_{bc} — 12 picos J_{bc} — 9 picos J_{bc} — 6 picos

▲ **Figura 13.27**
Diagrama de desdoblamiento para un cuarteto de tripletes. La cantidad de picos que se observa en realidad cuando una señal se desdobla debido a dos conjuntos de protones depende de la magnitud relativa de las dos constantes de acoplamiento.

Es de esperarse que la señal de los protones H$_a$ del 1-cloro-3-yodopropano sea un triplete de tripletes (que se desdoble en nueve picos) porque se desdoblaría en un triplete debido a los protones H$_b$, y cada uno de esos picos se desdoblaría en un triplete por los protones H$_c$. Sin embargo, la señal es un quinteto (figura 13.28).

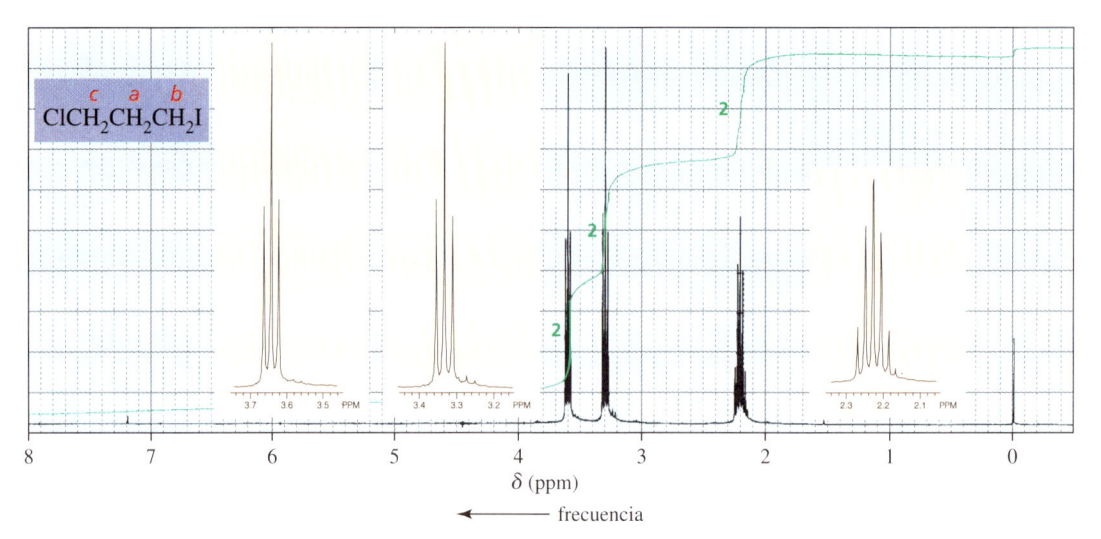

▲ **Figura 13.28**
Espectro de RMN-^{1}H del 1-cloro-3-yodopropano.

Ver que la señal de los protones H$_a$ del 1-cloro-3-yodopropano es un quinteto indica que J_{ab} y J_{ac} tienen más o menos el mismo valor. El diagrama de desdoblamiento muestra que resulta un quinteto si $J_{ab} = J_{ac}$.

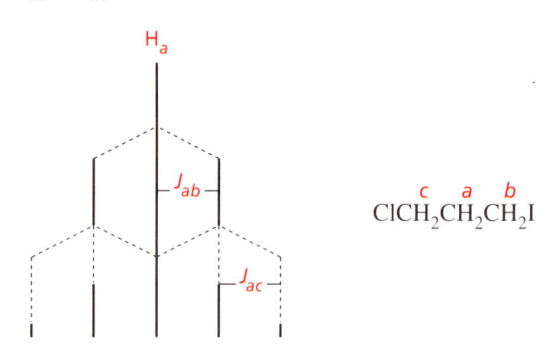

Podemos llegar a la conclusión que *cuando dos conjuntos distintos de protones desdoblan una señal se puede determinar la multiplicidad de la señal usando la regla de N + 1 por separado para cada conjunto de hidrógenos, siempre que las constantes de acoplamiento para los dos conjuntos sean diferentes. Cuando las constantes de acoplamiento son parecidas, se puede determinar la multiplicidad de una señal considerando a ambos conjuntos de hidrógenos adyacentes como si fueran equivalentes.* En otras palabras, cuando las constantes de acoplamiento son similares, se puede aplicar la regla de $N + 1$ a ambos conjuntos de protones en forma simultánea.

PROBLEMA 31

Trace un diagrama de desdoblamiento para H$_b$, siendo

a. $J_{ba} = 12$ Hz y $J_{bc} = 6$ Hz. **b.** $J_{ba} = 12$ Hz y $J_{bc} = 12$ Hz.

13.14 Los hidrógenos diastereotópicos no son químicamente equivalentes

Si un carbono está unido a dos hidrógenos y a dos grupos diferentes, los dos hidrógenos se llaman **hidrógenos enantiotópicos**. Por ejemplo, los dos hidrógenos (H_a y H_b) del grupo CH_2 en el etanol son enantiotópicos porque los otros dos grupos unidos al carbono (CH_3 y OH) no son idénticos. Al sustituir un hidrógeno enantiotópico por un deuterio (o cualquier otro átomo o grupo que no sea CH_3 ni OH) se forma una molécula quiral.

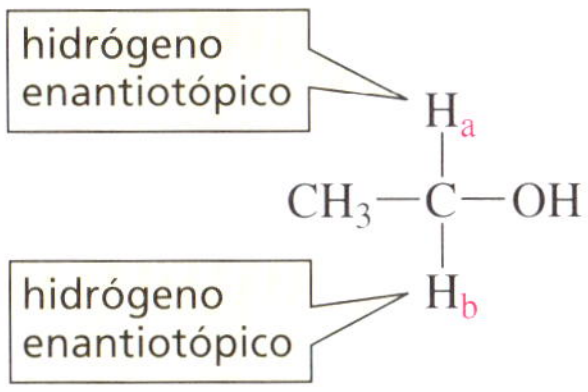

El carbono al que están unidos los hidrógenos enantiotópicos se llama **carbono proquiral** porque se transforma en un centro de quiralidad (un centro asimétrico) si uno de los hidrógenos se sustituye por un deuterio (o cualquier otro grupo que no sea CH_3 ni OH, en este caso). Si el hidrógeno H_a se sustituye por un deuterio, el centro asimétrico tendrá la configuración *R*. Así, el hidrógeno H_a se llama **hidrógeno pro-*R***. El hidrógeno H_b se llama **hidrógeno pro-*S*** porque si se sustituye por un deuterio el centro asimétrico presentará la configuración *S*. Los hidrógenos pro-*R* y pro-*S* son químicamente equivalentes, por lo que sólo producen una señal de RMN.

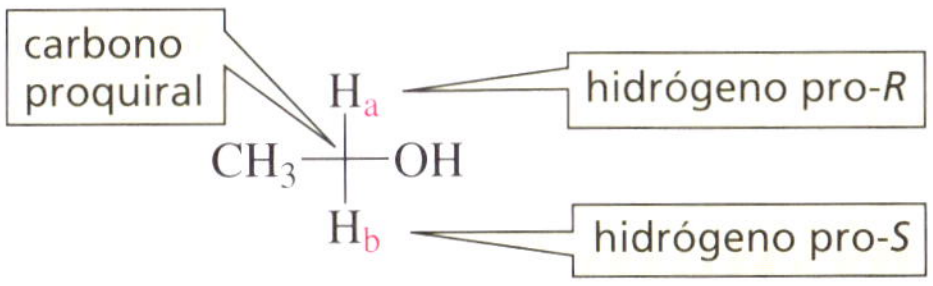

Si el carbono está unido a dos hidrógenos en un compuesto que tenga un centro asimétrico, los dos hidrógenos reciben el nombre de **hidrógenos diastereotópicos** porque al reemplazar uno por uno por deuterio (u otro grupo) se crea un par de diastereómeros.

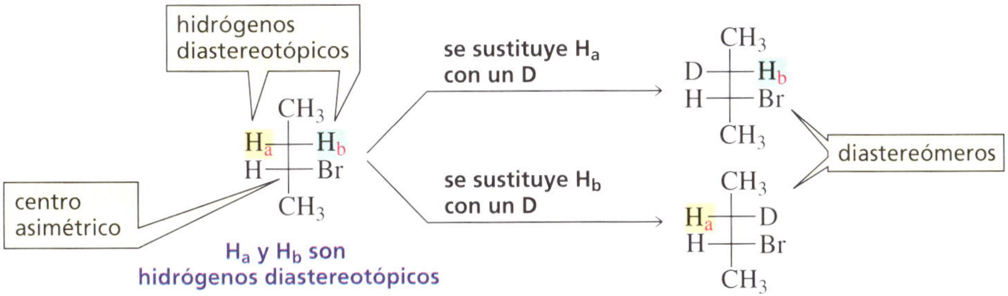

Los hidrógenos diastereotópicos no son químicamente equivalentes; en consecuencia no tienen la misma reactividad con reactivos aquirales. Por ejemplo, en la sección 9.5 se explicó que debido a que el *trans*-2-buteno es más estable que el *cis*-2-buteno, la eliminación de H_b y de Br del *trans*-2-buteno es más rápida que la eliminación de H_a y Br del *cis*-2-buteno.

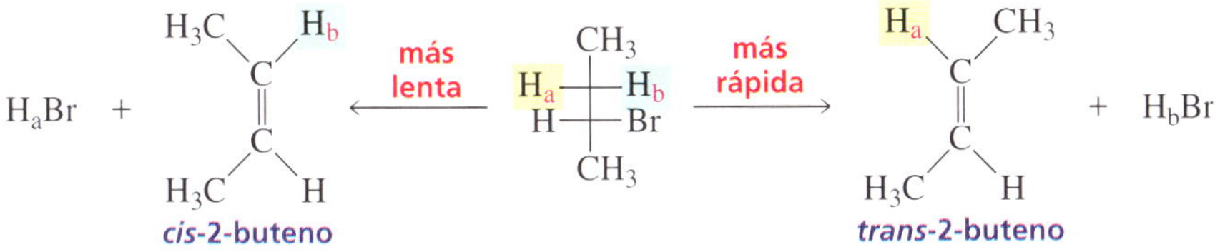

Ya que los hidrógenos diastereotópicos no son químicamente equivalentes, tienen distintos desplazamientos químicos. En el caso típico los desplazamientos químicos son parecidos y, como otros hidrógenos no equivalentes, hasta se puede dar la casualidad que sean

604 CAPÍTULO 13 Espectroscopia de RMN

Tutorial del alumno:
falta de equivalencia
estereoquímica
(Stereochemical nonequivalence)

iguales. Mientras más alejados estén los hidrógenos diasterotópicos del centro asimétrico, es de esperar que sus desplazamientos químicos sean más parecidos. Ya que los hidrógenos diasterotópicos no son equivalentes, se les debe aplicar por separado la regla de $N + 1$.

PROBLEMA 32◆

a. ¿Cuál(es) de los compuestos siguientes tiene hidrógenos enantiotópicos?
b. ¿Cuál(es) tiene hidrógenos diastereotópicos?

$$CH_3CH_2\underset{H_b}{\overset{H_a}{C}}CH_3 \qquad \underset{Br\ H_b}{\overset{H\ H_a}{\diagdown}} \qquad \overset{H_a\ H_b}{\bigcirc} \qquad \underset{H}{\overset{H_3C}{\diagdown}}C=C\underset{H_b}{\overset{H_a}{\diagup}}$$

A **B** **C** **D**

PROBLEMA 33 RESUELTO

Al aplicar la regla de $N + 1$ por separado a los dos hidrógenos diastereotópicos del 2-bromobutano esperamos que la señal de los hidrógenos adyacentes de metilo debería ser un doblete de dobletes; sin embargo, la señal es un triplete. Use un diagrama de desdoblamiento para explicar por qué es triplete y no doblete de dobletes.

$$CH_3\overset{*}{C}HCH_2CH_3$$
$$\quad\ |$$
$$\ \ \ Br$$

hidrógenos diastereotópicos no equivalentes

Solución La observación de un triplete quiere decir que no debe aplicarse por separado la regla de $N + 1$ a los hidrógenos diastereotópicos, en este caso, pero que se podría haber aplicado a los dos protones como un conjunto ($N = 2$, entonces $N + 1 = 3$). Esto indica que la constante de acoplamiento para el desdoblamiento de la señal del metilo por uno de los hidrógenos diastereotópicos es parecida a la constante de acoplamiento para el desdoblamiento por parte del otro hidrógeno diastereotópico.

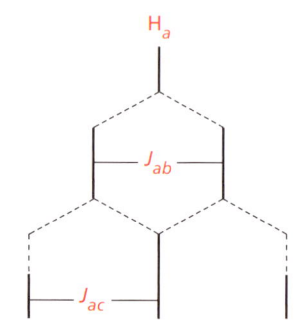

13.15 Dependencia de la espectroscopia de RMN respecto al tiempo

Ya se explicó que los tres hidrógenos de metilo en el bromuro de etilo sólo producen una señal en el espectro de RMN-^{1}H porque presentan equivalencia química debido a la rotación en torno al enlace C—C. No obstante, en cualquier momento los tres hidrógenos pueden estar en ambientes muy distintos: uno puede estar anti respecto al bromo, uno puede estar gauche respecto al bromo y otro puede estar eclipsado respecto al bromo.

anti   gauche   eclipsada

Un espectrómetro de RMN se parece mucho a una cámara fotográfica con baja velocidad del obturador: es demasiado lento para poder detectar estos ambientes distintos y lo que ve es un promedio de todos ellos. Como cada uno de los tres hidrógenos de metilo tiene el mismo ambiente promedio, sólo se aprecia una señal del grupo metilo en el espectro de RMN-^{1}H.

Del mismo modo, el espectro de RMN-^{1}H del ciclohexano sólo muestra una señal, aunque el ciclohexano cuenta con hidrógenos axiales y ecuatoriales. Sólo hay una señal porque los confórmeros silla del ciclohexano se interconvierten con demasiada rapidez, a temperatura ambiente, para que los detecte el espectrómetro de RMN en forma individual. Ya que los hidrógenos axiales en un confórmero silla son hidrógenos ecuatoriales en el otro confórmero silla (sección 2.13), todos los hidrógenos del ciclohexano tienen el mismo ambiente promedio en la escala de tiempo de la RMN, por lo que el espectro de RMN-^{1}H muestra una señal.

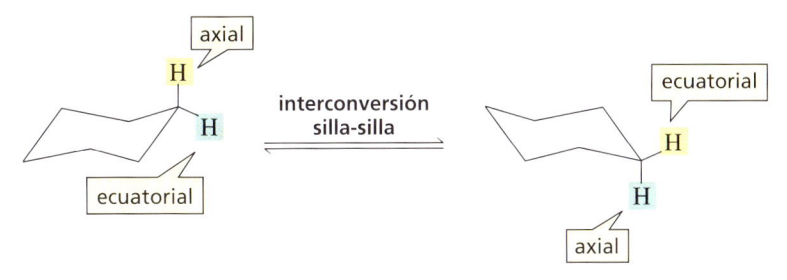

La rapidez de interconversión silla-silla depende de la temperatura: mientras menor sea la temperatura la rapidez es menor. El ciclohexano-d_{11} tiene 11 átomos de deuterio y ello implica que sólo tiene un hidrógeno. En la figura 13.29 se ven varios espectros de RMN-^{1}H del ciclohexano-d_{11} tomados a varias temperaturas. En este experimento se usó ciclohexano con un solo hidrógeno para evitar el desdoblamiento de la señal, que hubiera complicado el espectro. No se pueden detectar señales de deuterio en la RMN-^{1}H y con frecuencia el desdoblamiento debido a un deuterio en el mismo carbono, o en uno adyacente, es demasiado pequeño para poder detectarlo a la frecuencia de operación en un espectrómetro de RMN-^{1}H.

A temperatura ambiente, el espectro de RMN-^{1}H del ciclohexano-d_{11} presenta una señal angosta, que es un promedio del hidrógeno axial de un hidrógeno silla y el ecuatorial de la otra silla. Al bajar la temperatura se ensancha la señal y finalmente se separa en dos señales equidistantes de la señal original. A -89 °C se observan dos singuletes angostos porque a esa temperatura la rapidez de interconversión silla-silla ha disminuido lo suficiente como para permitir la detección individual de las dos clases de hidrógeno (axial y ecuatorial) en la escala de tiempo de RMN.

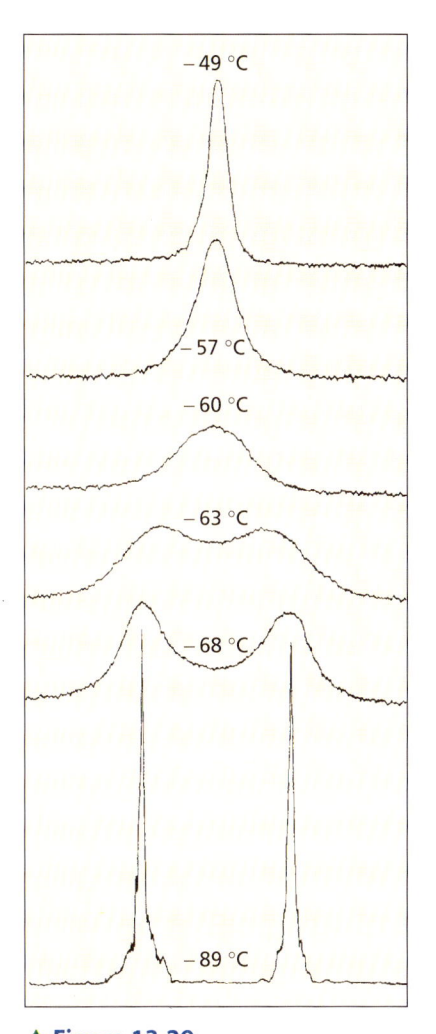

▲ **Figura 13.29**
Serie de espectros de RMN-^{1}H del ciclohexano-d_{11} obtenidos a diversas temperaturas.

13.16 Protones unidos a oxígeno y a nitrógeno

El desplazamiento químico de un protón unido a un oxígeno o a un nitrógeno depende del grado de puentes de hidrógeno que siente el protón: mientras mayor sea la magnitud del puente de hidrógeno el desplazamiento químico es mayor porque la magnitud del puente de hidrógeno afecta la densidad electrónica en torno al protón. Por ejemplo, el desplazamiento químico del protón del OH en un alcohol va de 2 a 5 ppm; el del protón de OH en un ácido carboxílico, de 10 a 12 ppm, el del protón de NH en una amina, de 1.5 a 4 ppm y el desplazamiento químico del protón de NH en una amida, de 5 a 8 ppm.

En la figura 13.30a se muestra el espectro de RMN-^{1}H de etanol puro y seco y el espectro de RMN-^{1}H de etanol con trazas de ácido se ve en la figura 13.30b. El espectro de la figura 13.30a es lo que cabría esperar de lo que se lleva aprendido hasta ahora. La señal del protón unido al oxígeno es la más alejada campo abajo y está desdoblada en un triplete debido a los protones de metileno vecinos; la señal de los protones de metileno se desdobla y forma un multiplete por los efectos combinados de los protones de metilo y el protón de OH.

El espectro de la figura 13.30(b) es la clase de espectro que se obtiene con más frecuencia para los alcoholes. La señal del protón unido al oxígeno no se desdobla y tal protón no desdobla la señal de los protones adyacentes. Por consiguiente, la señal del protón de OH es un singulete y la señal de los protones de metileno es un cuarteto porque sólo se desdobla debido a los protones de metilo.

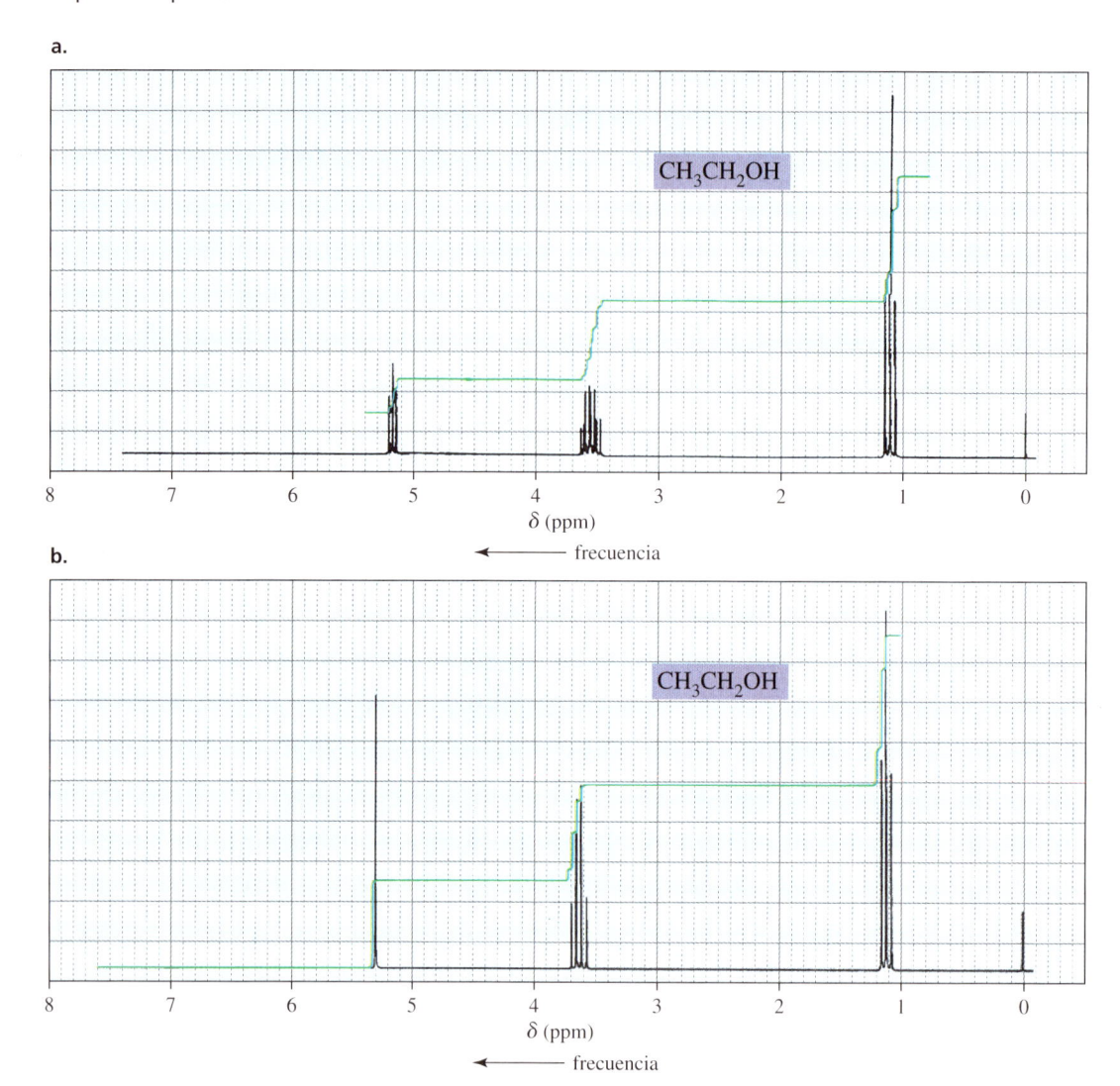

Figura 13.30
a) Espectro de RMN-^{1}H de etanol puro.
b) Espectro de RMN-^{1}H de etanol con trazas de ácido

Los dos espectros son diferentes porque los protones unidos al oxígeno experimentan **intercambio de protón**, lo cual significa que son transferidos de una molécula a otra. Que el protón del OH y los protones del metileno desdoblen mutuamente sus señales depende del tiempo que determinado protón está en el grupo OH.

En una muestra de alcohol puro, la rapidez de intercambio de protones es muy lenta. Ello determina que el espectro no sea diferente del que se hubiera obtenido si no hubiese intercambio de protones. Los ácidos y las bases catalizan el intercambio de protones, así que si el alcohol se contamina tan sólo con trazas de ácido o base el intercambio de protones se logra rápidamente. Cuando el intercambio de protón es rápido, el espectro sólo registra un promedio de todos los ambientes posibles. En consecuencia, un protón que se intercambie con rapidez se registra como un singulete. También se promedia el efecto que ejerce un protón de intercambio rápido sobre los protones adyacentes. Así, su señal no sólo no se desdobla debido a protones adyacentes; el protón de intercambio rápido no causa desdoblamiento.

A menos que la muestra sea pura, los hidrógenos vecinos no desdoblan al hidrógeno de un grupo OH, y éste no desdobla a sus vecinos.

Mecanismo de intercambio de protones catalizado por ácido

$$R\ddot{O}-H + H\overset{H}{\underset{+}{O}}H \rightleftharpoons R\ddot{O}\overset{H}{\underset{+}{-}}H + H\ddot{O}H \rightleftharpoons R\ddot{O}: + H\overset{H}{\underset{+}{O}}H$$

Con frecuencia, la señal de un protón de OH se localiza con facilidad en un espectro de RMN-^{1}H porque suele ser algo más ancha que otras señales (véase la señal en δ 4.9, en la figura 13.32b, página 608). El ensanchamiento se debe a que la rapidez de intercambio de protones no es lo bastante lenta como para producir una señal bien desdoblada, como en la figura 13.28a, o lo bastante rápida para que la señal esté bien promediada, como en la figura 13.30b. Los protones de NH también producen señales anchas, no por el intercambio químico, que en general es bastante lento con el NH, sino por razones que van más allá del alcance de este libro.

PROBLEMA 34

Explique por qué el desplazamiento químico del protón de OH en un ácido carboxílico está a una frecuencia mayor que el de un protón de OH en un alcohol.

PROBLEMA 35◆

¿Qué tendría un mayor desplazamiento químico del protón de OH, el espectro de RMN-^{1}H de etanol puro o el espectro de RMN-^{1}H de etanol disuelto en CH_2Cl_2?

PROBLEMA 36

Proponga un mecanismo para el intercambio de protones catalizado por base.

PROBLEMA 37◆

Identifique el compuesto cuya fórmula molecular es C_3H_7NO que produjo el espectro de RMN-^{1}H de la figura 13.31.

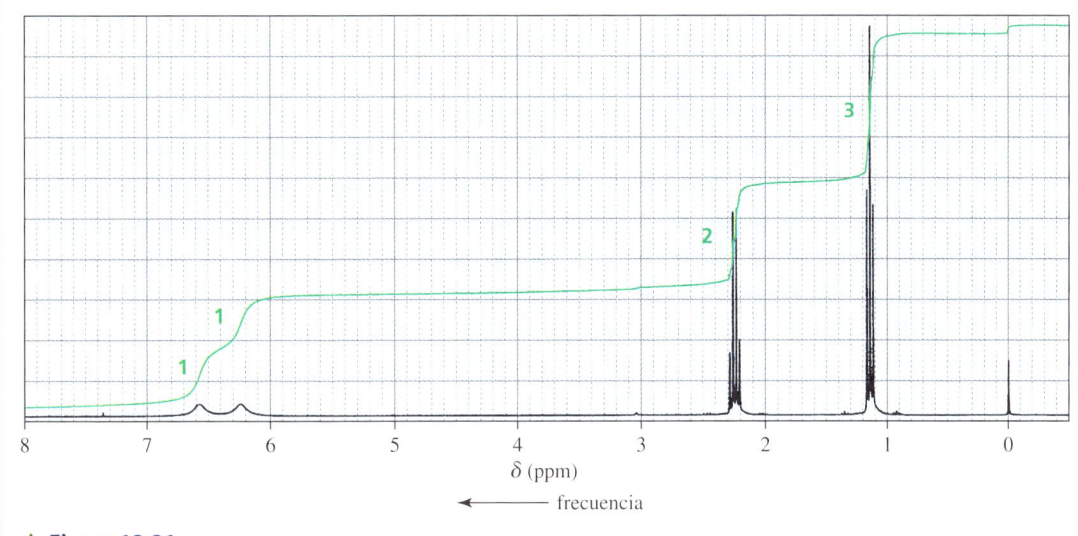

▲ **Figura 13.31**
Espectro de RMN-^{1}H para el problema 37.

13.17 Uso de deuterio en la espectroscopia de RMN-^{1}H

En vista de que las señales de deuterio no se ven en un espectro de RMN-^{1}H, la sustitución de un hidrógeno por un deuterio es una técnica que se aplica para identificar señales y para simplificar espectros de RMN-^{1}H (sección 13.14).

Por ejemplo, para identificar la señal de OH en el espectro de RMN-^{1}H de un alcohol se toma el espectro del alcohol y después se agregan algunas gotas de D_2O a la muestra. La señal de OH será la que se vuelva menos intensa (o desaparezca) en el segundo espectro debido al proceso de intercambio de protones que se acaba de describir. Esta técnica se puede usar con cualquier protón que presente intercambios.

608 CAPÍTULO 13 Espectroscopia de RMN

$$R{-}O{-}H + D{-}O{-}D \longrightarrow R{-}O{-}D + D{-}O{-}H$$

se ve en RMN-^{1}H → no se ve en RMN-^{1}H

Si el espectro de RMN-^{1}H del CH$_3$CH$_2$OCH$_3$ se compara con el del CH$_3$CD$_2$OCH$_3$, la señal de la mayor frecuencia en el primer espectro estaría ausente en el segundo, lo que indica que esta señal corresponde al grupo metileno.

La muestra que se usa para obtener un espectro de RMN-^{1}H se obtiene disolviendo el compuesto en un disolvente adecuado. No se pueden usar disolventes con protones ya que sus señales serían muy intensas porque hay más disolvente que compuesto en una disolución. En lugar de ello se suelen usar disolventes deuterados, como CDCl$_3$ (y no CHCl$_3$) y D$_2$O (y no H$_2$O) en espectroscopia de RMN.

13.18 Resolución de espectros de RMN-^{1}H

En la figura 13.32a se ve el espectro de RMN-^{1}H del 2-*sec*-butilfenol obtenido con un espectrómetro de RMN de 60 MHz; el espectro de RMN-^{1}H del mismo compuesto obtenido

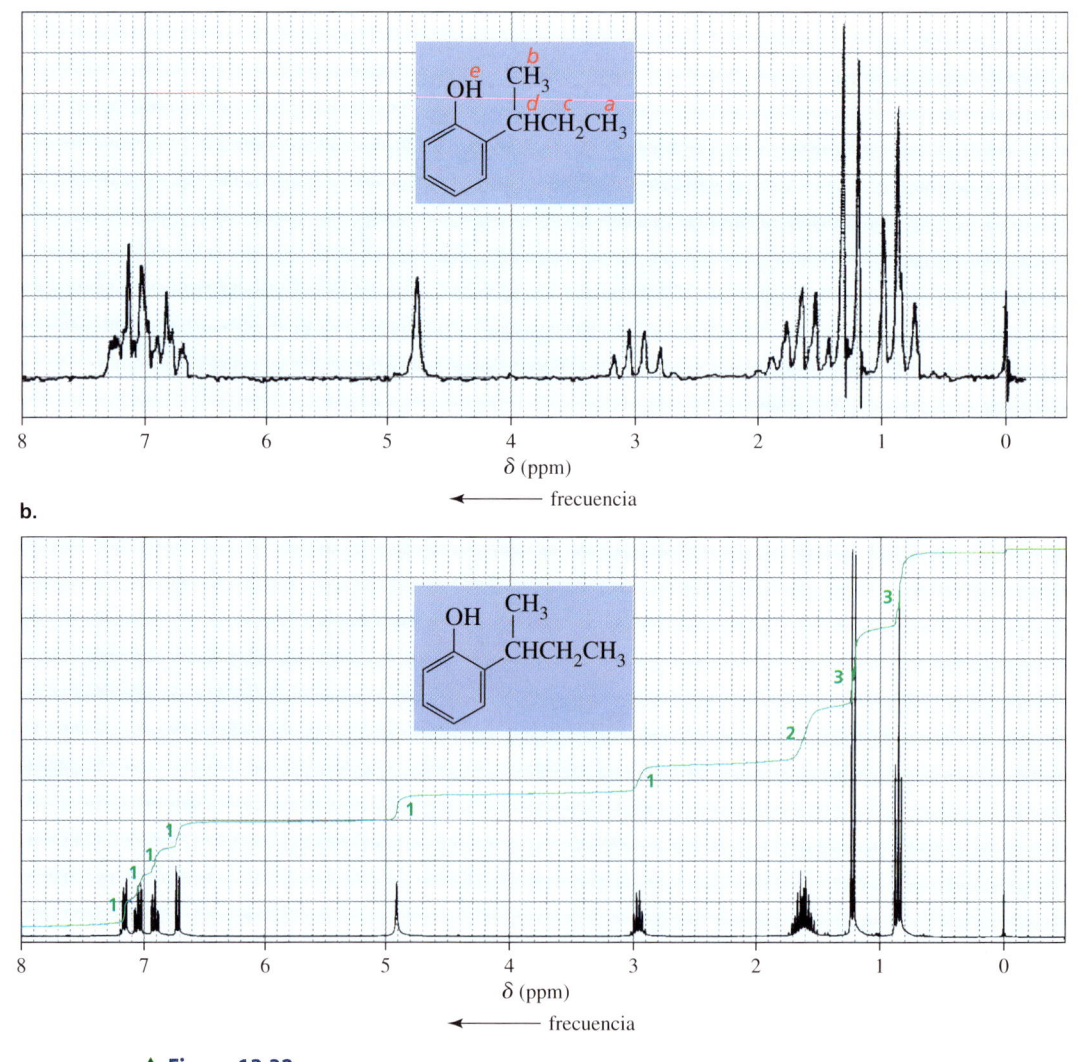

▲ **Figura 13.32**
a) Espectro de RMN-^{1}H del 2-sec-butilfenol a 60 MHz.
b) Espectro de RMN-^{1}H del 2-sec-butilfenol a 300 MHz

en un instrumento de 300 MHz se muestra en la figura 13.32b. ¿Por qué la resolución del segundo espectro es mucho mejor?

Para producir señales separadas con patrones de desdoblamiento "limpios" la diferencia de desplazamientos químicos ($\Delta \nu$ en Hz) de dos protones acoplados adyacentes debe tener, cuando menos, 10 veces el valor de la constante de acoplamiento J. Las señales de la figura 13.33 producidas por los protones H_a y H_b de un grupo etilo indican que a medida que disminuye $\Delta \nu/J$ las dos señales se acercan entre sí y los picos exteriores de ellas se vuelven menos intensos, mientras que los picos más interiores se vuelven más intensos. El cuarteto y el triplete del grupo etilo se observan con claridad sólo cuando $\Delta \nu/J$ es mayor que 10.

$$\overset{a}{CH_3}\overset{b}{CH_2}X$$

$J_{ab} = 5.0$ Hz

$\Delta \nu = 100$ Hz $\Delta \nu/J = 20$

$\Delta \nu = 25$ Hz $\Delta \nu/J = 5$

$\Delta \nu = 15$ Hz $\Delta \nu/J = 3$

$\Delta \nu = 10$ Hz $\Delta \nu/J = 2$

$\Delta \nu = 5$ Hz $\Delta \nu/J = 1$

◀ **Figura 13.33**
Patrón de desdoblamiento de un grupo etilo en función de la relación $\Delta \nu/J$.

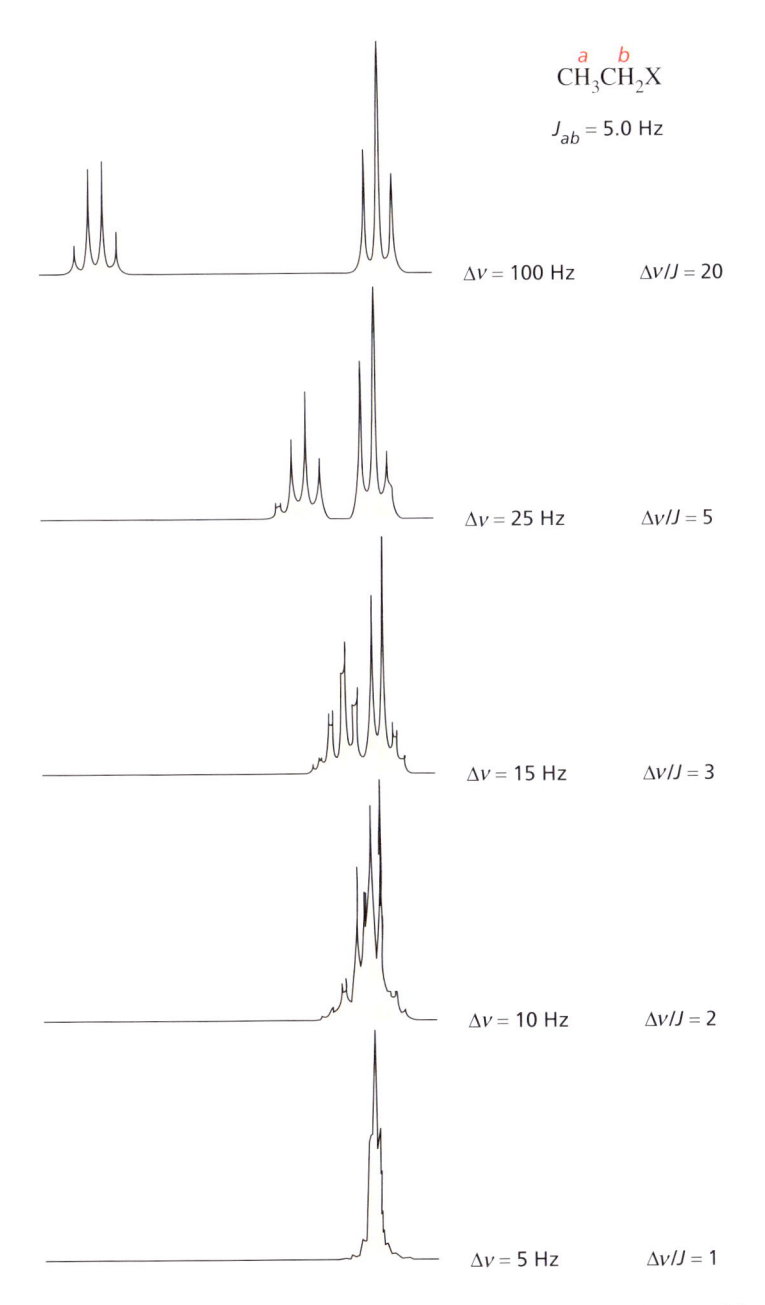

La diferencia de desplazamientos químicos para los protones H_a y H_c en el 2-*sec*-butilfenol es 0.8 ppm, que corresponde a 48 Hz en un espectrómetro de 60 MHz, y a 240 Hz en un espectrómetro de 300 MHz. (Recuerde que los valores de $\Delta \nu$ dependen de la frecuencia de operación del espectrómetro, sección 13.5.) En contraste, los valores de J son independientes de la frecuencia de operación, de manera que J_{ac} es 7 MHz sea que el espectro se tome con un instrumento de 60 MHz o uno de 300 MHz. Sólo en el caso del espectrómetro de 300 MHz la diferencia de desplazamientos químicos es más de 10 veces mayor que la constante de acoplamiento, por lo cual sólo en el espectro de 300 MHz las señales tienen patrones de desdoblamiento limpios.

en un espectrómetro de 300 MHz

$$\frac{\Delta v}{J} = \frac{240}{7} = 34$$

en un espectrómetro de 60 MHz

$$\frac{\Delta v}{J} = \frac{48}{7} = 6.9$$

13.19 Espectroscopia de RMN-^{13}C

El número de señales en un espectro de RMN-^{13}C indica cuántas clases distintas de carbonos tiene un compuesto —igual que el número de señales en un espectro de RMN-^{1}H indica cuántas clases distintas de hidrógenos tiene un compuesto. Los principios de las espectroscopias de RMN-^{1}H y de RMN-^{13}C son iguales en esencia, no obstante existen algunas diferencias que facilitan la interpretación de la RMN-^{13}C.

El uso de espectroscopia de RMN-^{13}C como procedimiento analítico rutinario no fue posible hasta que hubo computadoras que pudieron efectuar una transformada de Fourier (sección 13.2). En RMN-^{13}C se requieren técnicas de transformada de Fourier porque las señales obtenidas con una sola adquisición son demasiado débiles para distinguirse del ruido electrónico de fondo. Pese a ello, las adquisiciones en la RMN-^{13}C FT se pueden repetir con rapidez de tal forma que se puede registrar y sumar una gran cantidad de adquisiciones. Cuando se combinan cientos de adquisiciones, las señales del ^{13}C se destacan porque el ruido electrónico es aleatorio y su suma es cercana a cero. Sin la transformada de Fourier, se necesitarían días para registrar la cantidad de adquisiciones necesarios para un espectro de RMN-^{13}C usando un espectrómetro de onda continua (CW).

Las señales individuales del ^{13}C son débiles porque el isótopo ^{13}C del carbono que produce las señales de RMN-^{13}C sólo forma el 1.11% del carbono natural (sección 13.3). (El isótopo más abundante del carbono, el ^{12}C, no tiene espín nuclear y en consecuencia no puede producir una señal de RMN.) La poca abundancia del ^{13}C equivale a que la intensidad de las señales en RMN-^{13}C sean más débiles que las que hay en RMN-^{1}H por un factor aproximado de 100. Además, la razón giromagnética (γ) del ^{13}C es una cuarta parte, aproximadamente, de la de ^{1}H, y la intensidad de una señal es proporcional a γ^3. Por lo anterior, la intensidad en general de una señal de ^{13}C es unas 6,400 veces ($100 \times 4 \times 4 \times 4$) menor que la de una señal de ^{1}H.

Una ventaja de la espectroscopia de RMN-^{13}C es que los desplazamientos químicos de los átomos de carbono se extienden sobre unas 220 ppm (tabla 13.4), en comparación con unas 12 ppm para los protones (tabla 13.1); esto quiere decir que es menos probable que se traslapen sus señales. Por ejemplo, los datos en la tabla 13.4 indican que los grupos carbonilo en aldehídos (190 a 200 ppm) y cetonas (205 a 220 ppm) se pueden distinguir con facilidad de otros grupos carbonilo. El compuesto de referencia que se usa en RMN-^{13}C es TMS, el mismo compuesto que en RMN-^{1}H. El lector verá que es útil, al analizar espectros de RMN-^{13}C, dividirlos en cinco regiones y recordar la clase de carbonos que producen señales en cada una.

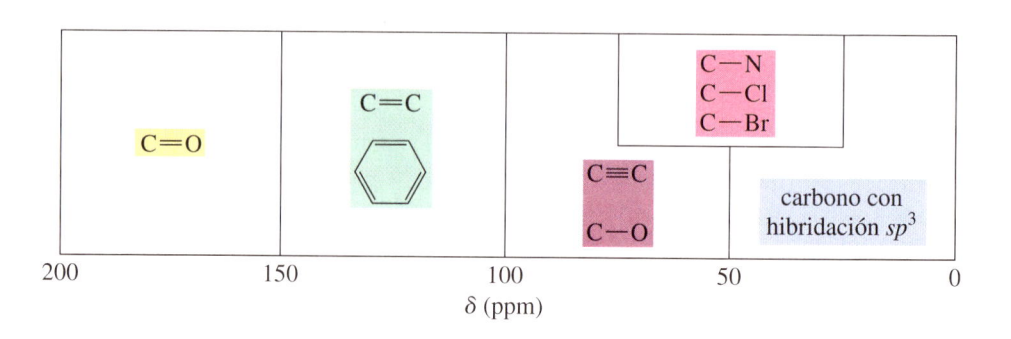

13.19 Espectroscopia de RMN-^{13}C

Tabla 13.4 Valores aproximados de desplazamientos químicos en RMN-^{13}C

Tipo de carbono	Desplazamiento químico aproximado (ppm)	Tipo de carbono	Desplazamiento químico aproximado (ppm)
(CH$_3$)$_4$Si	0	C—I	0–40
R—CH$_3$	8–35	C—Br	25–65
R—CH$_2$—R	15–50	C—Cl C—N C—O	35–80 40–60 50–80
R—CH(R)—R (CH)	20–60	R$_2$N—C(=O)—	165–175
R—C(R)(R)—R	30–40	RO—C(=O)—	165–175
≡C	65–85	HO—C(=O)—	175–185
=C	100–150	H—C(=O)—R	190–200
C (aromático)	110–170	R—C(=O)—R	205–220

Una desventaja de la espectroscopia de RMN-^{13}C es que, a menos que se usen técnicas especiales, el área bajo una señal de RMN-^{13}C *no es* proporcional al número de carbonos que la producen. Así, el número de carbonos que producen una señal de RMN-^{13}C no se puede determinar en forma rutinaria por integración.

En la figura 13.34 se ve el espectro de RMN-^{13}C del 2-butanol. El 2-butanol tiene carbonos en cuatro ambientes distintos, y por lo tanto hay cuatro señales en el espectro. La po-

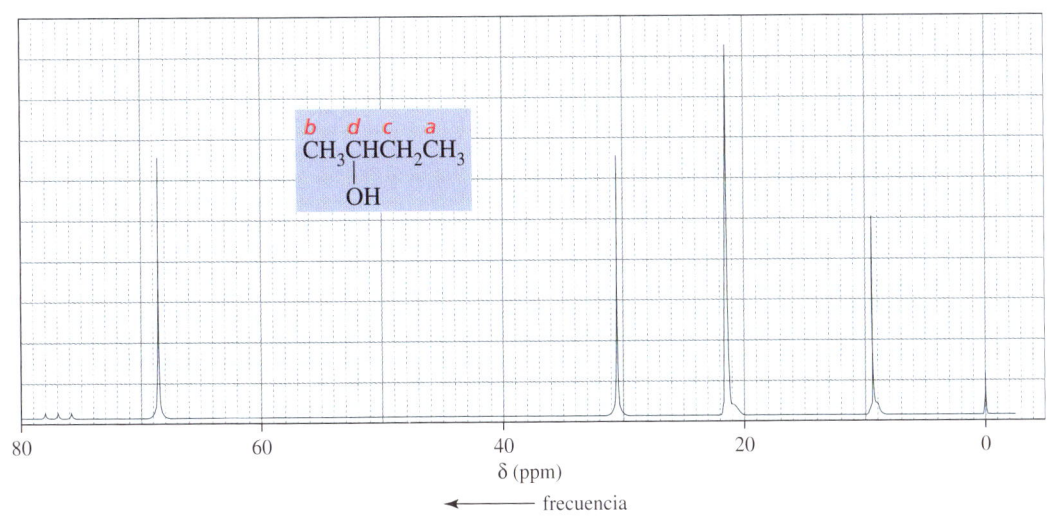

▲ **Figura 13.34**
Espectro de RMN-^{13}C del 2-butanol.

sición relativa de las señales depende de los mismos factores que determinan la posición relativa de las señales del protón en un espectro de RMN-^{1}H. Los carbonos en ambientes densos en electrones producen señales de baja frecuencia y los carbonos que están cerca de grupos atractores de electrones producen señales de alta frecuencia. Esto significa que las señales de los carbonos en el 2-butanol tienen el mismo orden relativo que las de los protones unidos a esos carbonos en el espectro de RMN-^{1}H. Así, el carbono del grupo metilo más alejado del grupo OH, atractor de electrones, produce la señal de menor frecuencia. El otro carbono de metilo le sigue a continuación, en orden de frecuencia creciente, seguido por el carbono del metileno; el carbono unido al grupo OH produce la señal de máxima frecuencia.

Normalmente, las señales en RMN-^{13}C no se desdoblan debido a la presencia de carbonos vecinos porque hay poca probabilidad de que un carbono adyacente sea un ^{13}C. Debido a que el ^{12}C, que carece de momento magnético, no puede desdoblar la señal de un ^{13}C adyacente y la probabilidad de que dos carbonos ^{13}C sean vecinos entre sí es 1.11 % × 1.11 % (más o menos de 1 en 10,000). Las señales de un espectro de RMN-^{13}C se pueden desdoblar debido a hidrógenos cercanos, pero ese desdoblamiento no se observa en general porque los espectros se registran usando desacoplamiento de espín, lo cual hace imperceptibles a las interacciones carbono-protón. Así, en un espectro ordinario de RMN-^{13}C, todas las señales son singuletes (figura 13.34).

Sin embargo, si el espectrómetro funciona en el modo *acoplado a protón*, cada señal será desdoblada por los *hidrógenos* unidos al carbono que produce la señal. La multiplicidad de la señal se determina con la regla de $N + 1$. El **espectro de RMN-^{13}C acoplado a protón** del 2-butanol se muestra en la figura 13.35. (El triplete a 78 ppm es producido por el disolvente CDCl$_3$.) Las señales de los carbonos de metilo están desdobladas cada una en un cuarteto porque cada carbono de metilo está unido a tres hidrógenos (3 + 1 = 4). La señal del carbono de metileno está desdoblada en un triplete (2 + 1 = 3), y la del carbono unido al grupo OH está desdoblada en un doblete (1 + 1 = 2).

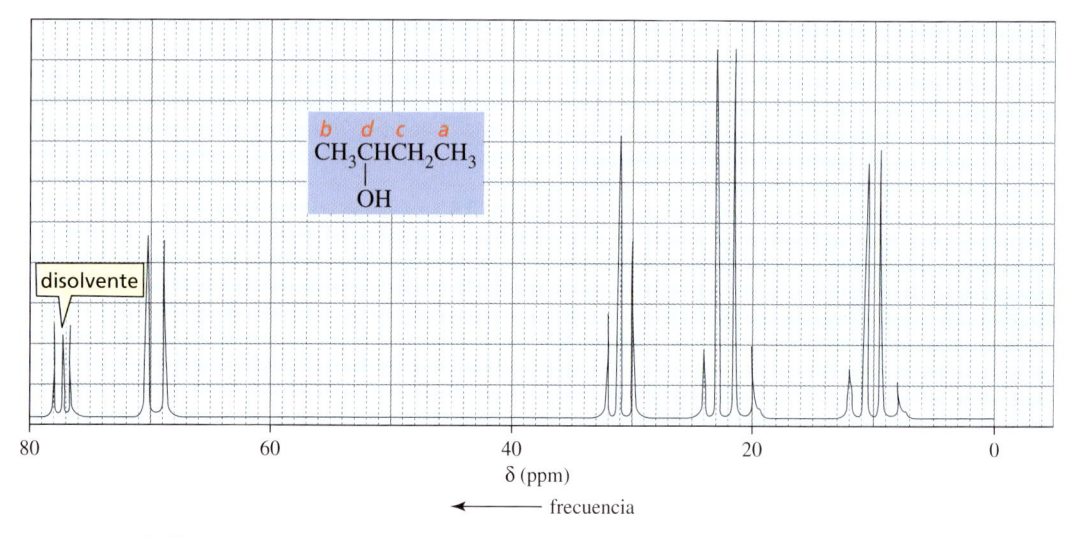

▲ **Figura 13.35**
Un espectro de RMN-^{13}C acoplado a protón del 2-butanol. Si el espectrómetro funciona en modo acoplado a protón, se observa el desdoblamiento causado por los protones unidos directamente en un espectro de RMN-^{13}C.

En la figura 13.36 se ve el espectro de RMN-^{13}C del 2,2-dimetilbutano. Los tres grupos metilo en un extremo de la molécula son equivalentes y sólo producen una señal. Debido a que la intensidad de una señal tiene cierta relación con el número de carbonos que la producen, la señal de esos tres grupos metilo es la más intensa del espectro. La señal diminu-

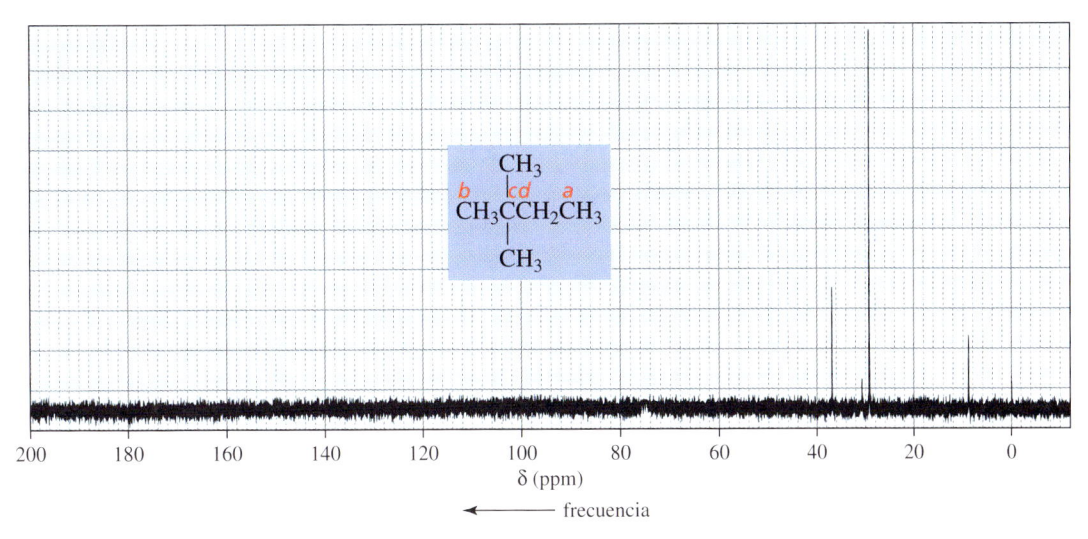

Figura 13.36
Espectro de RMN-^{13}C del 2,2-dimetilbutano.

ta (en ≤31 ppm) es del carbono cuaternario; los carbonos que no están unidos a hidrógenos producen señales muy pequeñas.

PROBLEMA 38

Conteste lo siguiente para cada uno de los compuestos:

a. ¿Cuántas señales hay en su espectro de RMN-^{13}C?
b. ¿Cuál señal tiene la menor frecuencia?

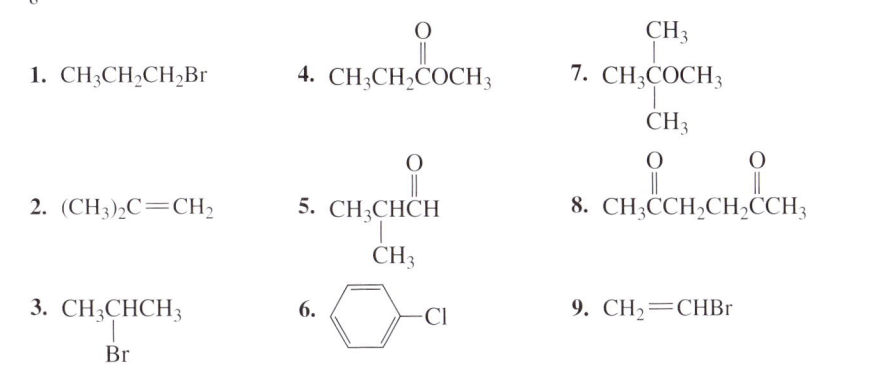

1. $CH_3CH_2CH_2Br$
2. $(CH_3)_2C=CH_2$
3. CH_3CHCH_3
    $\quad\;\;|$
    $\quad\;\;Br$
4. $CH_3CH_2\overset{O}{\overset{\|}{C}}OCH_3$
5. $CH_3\overset{O}{\overset{\|}{C}}HCH$
    $\;\;\;|$
    $\;\;CH_3$
6. phenyl—Cl
7. $CH_3\overset{CH_3}{\overset{|}{\underset{|}{C}}}OCH_3$
    $\quad\;\;CH_3$
8. $CH_3\overset{O}{\overset{\|}{C}}CH_2CH_2\overset{O}{\overset{\|}{C}}CH_3$
9. $CH_2=CHBr$

Tutorial del alumno:
Interpretación de la RMN-^{13}C.
(Carbon-13 NMR interpretation)

PROBLEMA 39

Describa el espectro de RMN-^{13}C acoplado a protón para los compuestos 1, 3 y 5 del problema 38 indicando valores relativos (no absolutos) de desplazamientos químicos.

PROBLEMA 40

¿Cómo se pueden distinguir 1,2, 1,3 y 1,4-dinitrobenceno con

a. Espectroscopia de RMN-^{1}H?
b. Espectroscopia de RMN-^{13}C?

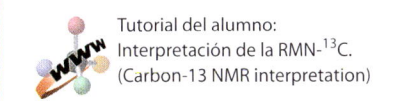

ESTRATEGIA PARA RESOLVER PROBLEMAS

Deducción de una estructura química a partir de un espectro de RMN-^{13}C

Identifique el compuesto con la siguiente fórmula molecular $C_9H_{10}O$ y que produce el espectro de RMN-^{13}C que sigue:

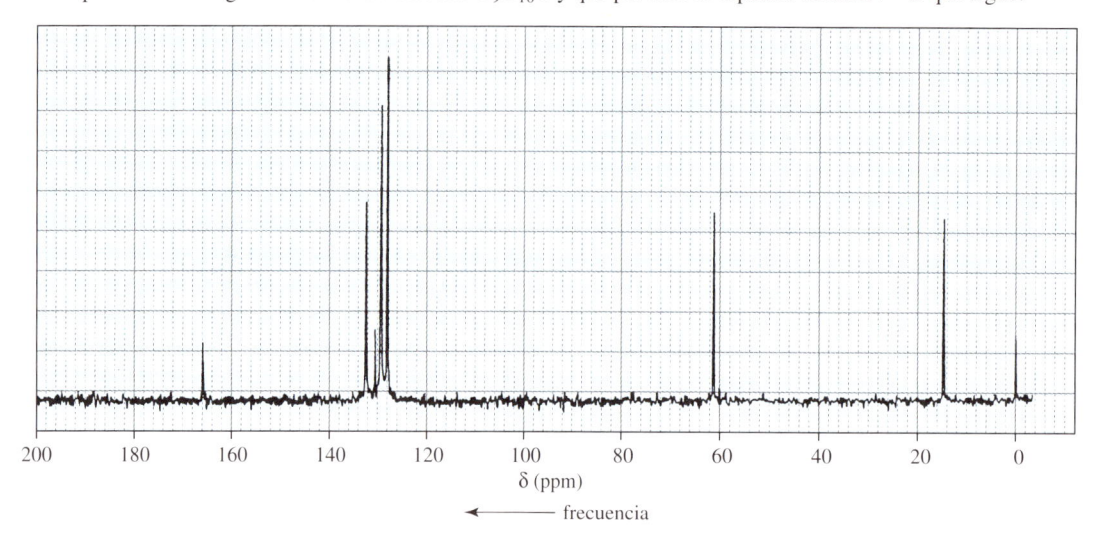

Primero se seleccionan las señales que se pueden identificar con certeza; por ejemplo, los dos átomos de oxígeno en la fórmula molecular y la señal del carbono de un grupo carbonilo a 166 ppm indican que el compuesto es un éster. Las cuatro señales a más o menos 130 ppm parecen indicar que el compuesto tiene un anillo de benceno con un solo sustituyente. (Una señal es del carbono al que está unido el sustituyente, una señal es de los dos carbonos adyacentes, etcétera.) Al sustituir esos fragmentos (C_6H_5 y CO_2) de la fórmula molecular queda C_2H_5, fórmula molecular de un sustituyente etilo. Por lo anterior, el compuesto es benzoato de etilo o propanoato de fenilo.

benzoato de etilo   **propanoato de fenilo**

Como la señal del grupo metileno está a unas 60 ppm, se puede llegar a la conclusión que está adyacente a un oxígeno; entonces, el compuesto debe ser benzoato de etilo.

Ahora continúe en el problema 41.

PROBLEMA 41◆

Identifique cada compuesto de la figura 13.37 de acuerdo con su fórmula molecular y su espectro de RMN-^{13}C.

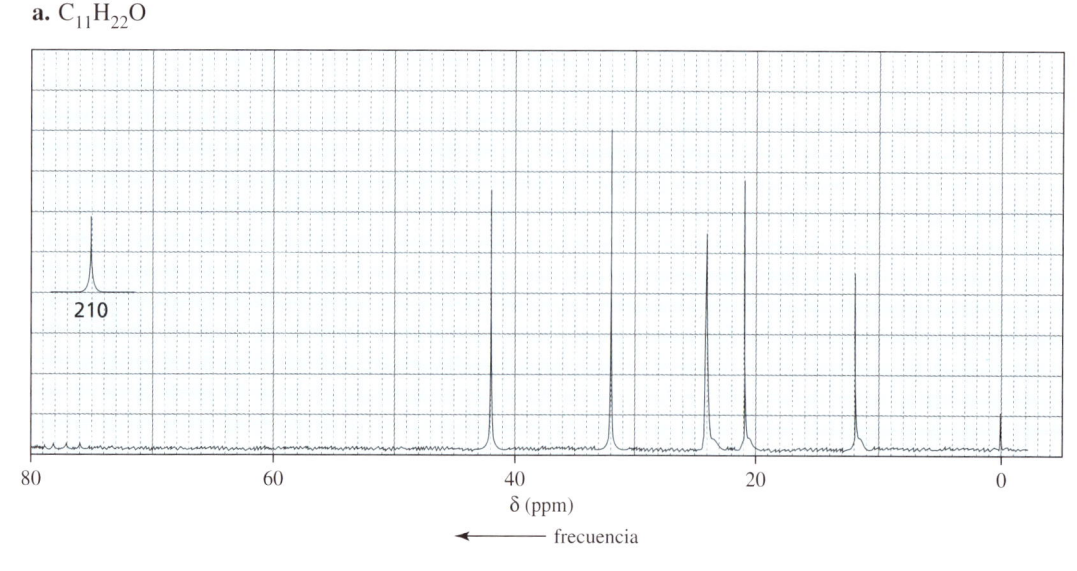

a. $C_{11}H_{22}O$

b. C_8H_9Br

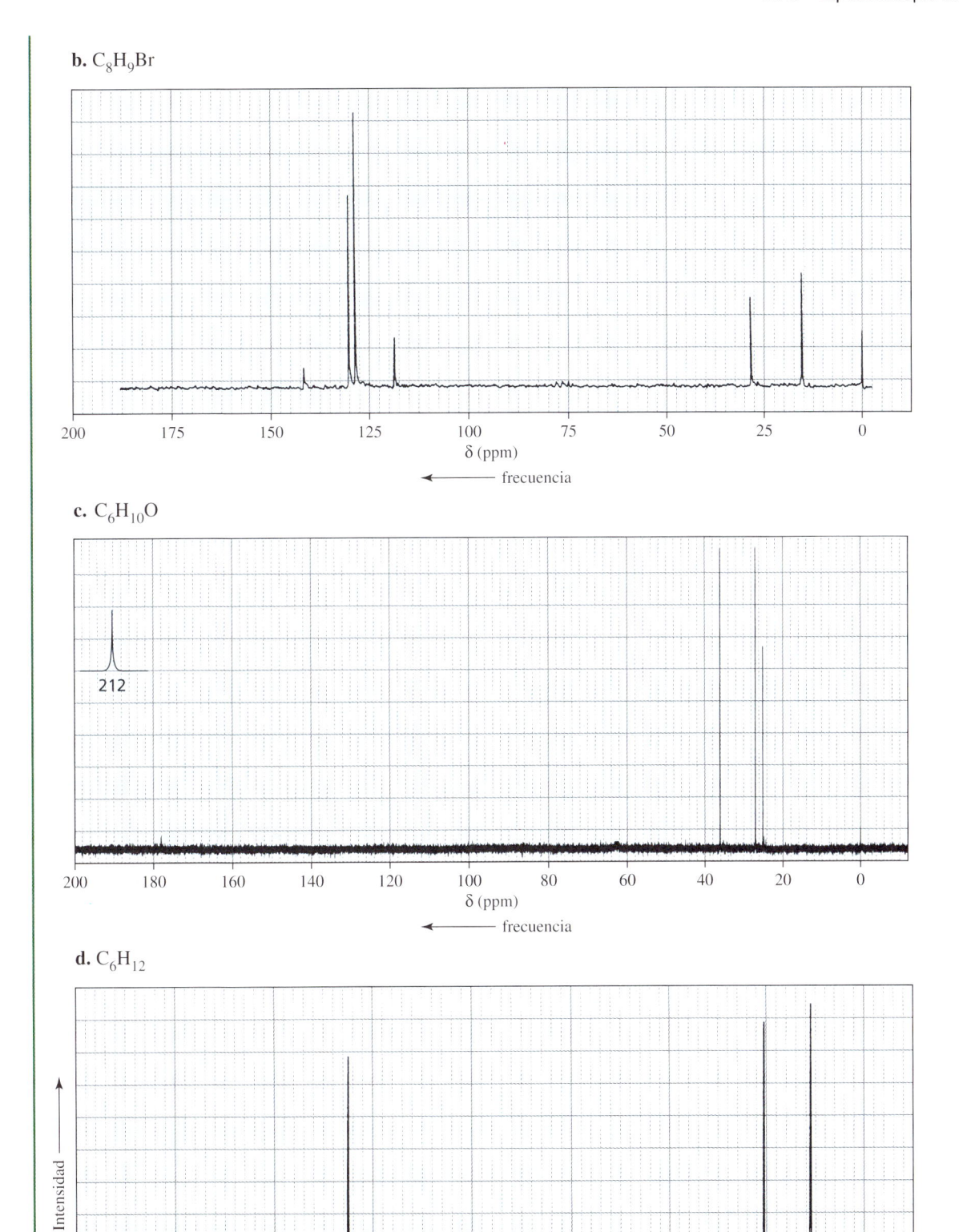

c. $C_6H_{10}O$

212

d. C_6H_{12}

▲ **Figura 13.37**
Espectros de RMN-^{13}C para el problema 41.

616 CAPÍTULO 13 Espectroscopia de RMN

13.20 Espectros de RMN-^{13}C DEPT

Hay una técnica, llamada RMN-^{13}C DEPT (de *distortionless enhancement by polarization transfer*, ampliación sin distorsión por transferencia de polarización) que se ha desarrollado para distinguir entre los grupos CH_3, CH_2 y CH. Ahora se usa mucho más que el acoplamiento de protones para determinar le número de hidrógenos unidos a un carbono.

Una **gráfica de RMN-^{13}C DEPT** muestra tres espectros producidos por el mismo compuesto, como se ve en la figura 13.38, para el citronelal. El espectro superior se corre bajo condiciones que permiten sólo señales producidas por carbonos de CH_3. El espectro intermedio se corre bajo condiciones que sólo permiten señales producidas por carbonos de CH_2, y el espectro inferior tiene señales que sólo producen carbonos de CH. Entonces, un espectro de RMN-^{13}C DEPT indica si una señal es producida por un carbono de CH_3, CH_2 o CH.

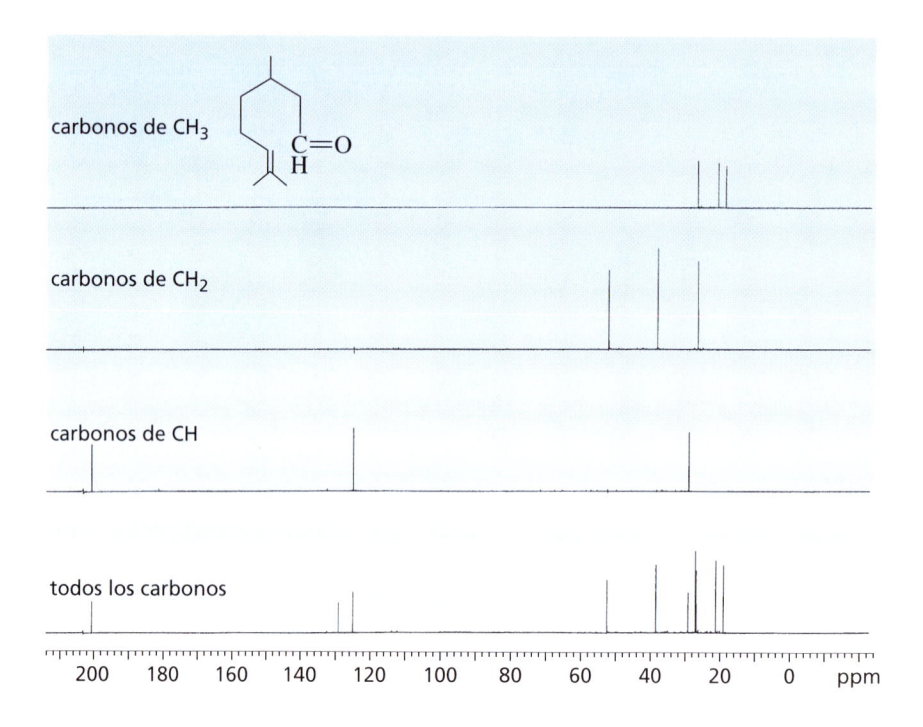

Figura 13.38 ▶
Espectro de RMN-^{13}C DEPT del citronelal.

Se puede correr un cuarto espectro que tenga señales de todos los carbonos y que permita detectar carbonos que no estén unidos a hidrógenos.

13.21 Espectroscopia de RMN bidimensional

Tutorial del alumno:
RMN 2-D
(2-D NMR)

Es difícil analizar las moléculas complejas, como proteínas y ácidos nucleicos, con RMN porque las señales de sus espectros se traslapan. Esos compuestos se analizan hoy con técnicas de RMN bidimensional (2-D). Las técnicas de **RMN 2-D** permiten determinar estructuras de moléculas complejas en disolución. Esto tiene particular importancia en el estudio de moléculas biológicas cuyas propiedades dependen de la forma en que se pliegan en agua. En fecha reciente se han desarrollado espectroscopias de RMN en 3-D y en 4-D para determinar estructuras de moléculas muy complejas. Una descripción detallada de la RMN 2-D sale del alcance de este libro, pero el capítulo no estaría completo sin presentar una breve introducción a esta técnica espectroscópica de importancia creciente.

Los espectros de RMN-^{1}H y de RMN-^{13}C descritos en las secciones anteriores tienen un eje de frecuencia y un eje de intensidad. Los espectros de RMN 2-D tienen dos ejes de frecuencia y un eje de intensidad. Los espectros más comunes en 2-D implican correlaciones de desplazamiento ^{1}H-^{1}H, que identifican protones acoplados (que desdoblan mutuamente sus señales). A esto se le llama espectroscopias de desplazamientos ^{1}H-^{1}H correlacionados y su acrónimo es COSY (de *shift-correlated spectroscopy*).

En la figura 13.39a se presenta una parte del **espectro COSY** del éter etilvinílico; parece una serranía vista desde el aire porque la intensidad es el tercer eje. Estos espectros "de montañas", llamados *gráficas de superficie*, en realidad no son los que se usan realmente para identificar un compuesto. En su lugar, el compuesto se identifica con una gráfica de contorno (figura 13.37b), que representa a cada montaña de la figura 13.39a con un punto grande (como si se hubiera truncado su cumbre). Las dos montañas que se ven en la figura 13.39a corresponden a los puntos identificados como Y y Z en la figura 13.39b.

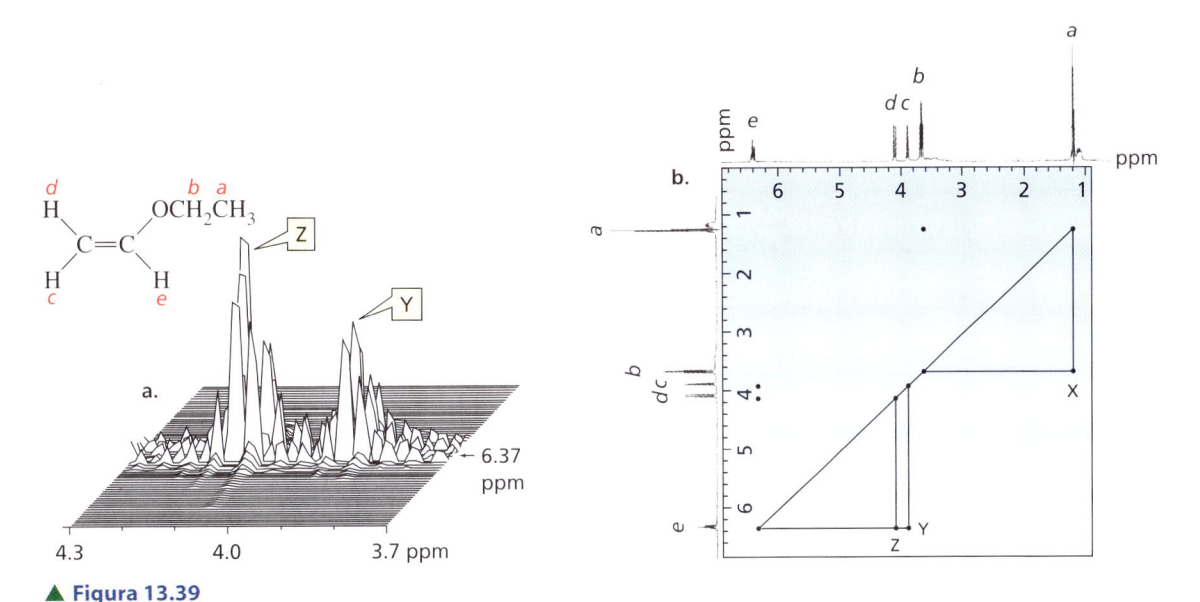

▲ **Figura 13.39**
a) Espectro COSY del éter etílico vinílico (gráfica de superficie).
b) Espectro COSY del éter etilvinílico (gráfica de contorno). En un espectro COSY se grafica un espectro de RMN-^{1}H en los ejes *x* y *y*. El cruce de los picos Y y Z representan las montañas en a).

En la gráfica de contorno (figura 13.39b), se grafica el espectro unidimensional normal de RMN-^{1}H en los ejes *x* y *y*. Para analizar el espectro se traza una línea diagonal que pase por los puntos y que divida en dos el espectro. Los puntos que *no están* en la diagonal (X, Y, Z) se llaman *picos de cruce*; representan pares de protones que están acoplados. Por ejemplo, si se comienza en el pico de cruce indicado con X y se traza una recta paralela al eje *y* que vaya de X hasta cruzar la diagonal se llega al punto que está en la diagonal a ~1.1 ppm debido a los protones de H$_a$. Si se retrocede hasta X y se traza una recta que vaya de X a la diagonal y sea paralela al eje *x* se llega al punto en la diagonal que está a ~3.8 ppm producido por los protones H$_b$. Eso quiere decir que los protones H$_a$ y H$_b$ están acoplados. Si a continuación se va al pico de cruce identificado con Y y se trazan otras dos líneas perpendiculares hasta la diagonal se comprobará que los protones H$_c$ y H$_e$ están acoplados. De manera similar, el pico cruzado identificado como Z muestra que los protones H$_d$ y H$_e$ se encuentran acoplados. Aunque se han usado picos de cruce abajo de la diagonal como ejemplos, los que se hallen arriba de la misma proporcionan la misma información. La ausencia de un pico de cruce debido al acoplamiento de H$_c$ y H$_d$ coincide con las expectativas previas: dos protones unidos a un carbono con hibridación sp^2 no están acoplados en el espectro unidimensional de RMN-^{1}H de la figura 13.17. El poder de un experimento con COSY radica en que revela protones acoplados sin tener que analizar constantes de acoplamiento.

En la figura 13.40 se ve un espectro COSY de 1-nitropropano. El pico de cruce X indica que los protones H$_a$ y H$_b$ están acoplados y el pico de cruce Y indica que los protones H$_b$ y H$_c$ están acoplados. Observe que los dos triángulos de la figura tienen un vértice común porque los protones H$_b$ están acoplados con los protones H$_a$ y también con los H$_c$.

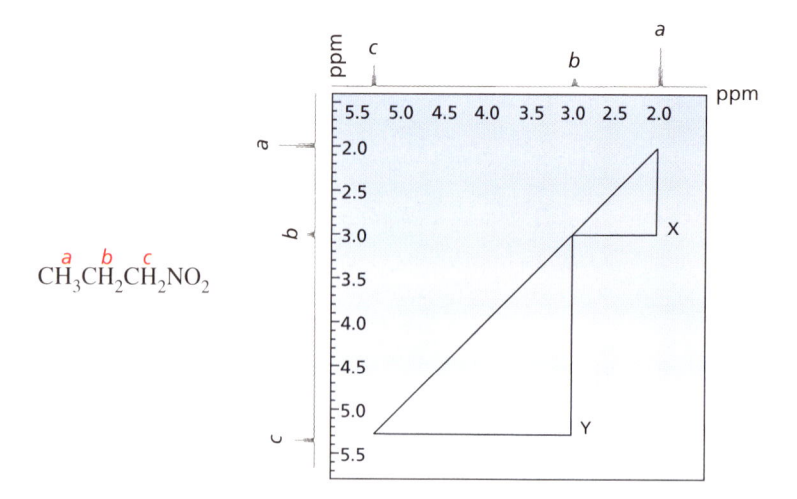

618 CAPÍTULO 13 Espectroscopia de RMN

$$\underset{a}{CH_3}\underset{b}{CH_2}\underset{c}{CH_2}NO_2$$

Figura 13.40
Espectro COSY del 1-nitropropano.

PROBLEMA 42

Identifique los pares de protones acoplados en la 2-metil-3-pentanona usando el espectro COSY de la figura 13.41.

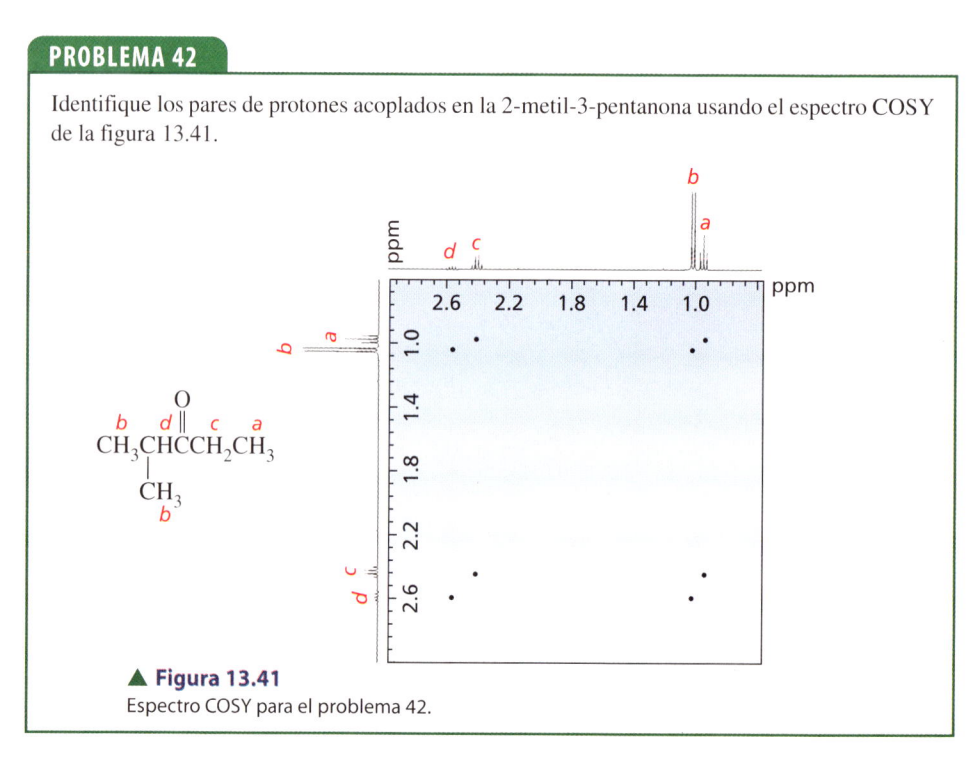

$$\underset{b}{CH_3}\underset{\underset{\underset{b}{CH_3}}{|}}{\underset{d}{CH}}\overset{O}{\underset{\|}{C}}\underset{c}{CH_2}\underset{a}{CH_3}$$

Figura 13.41
Espectro COSY para el problema 42.

Los **espectros HETCOR** (de *het*eronuclear *cor*relation, correlación heteronuclear) son espectros de RMN en 2-D que muestran correlaciones de desplazamientos entre ^{13}C y ^{1}H y revelan así el acoplamiento entre protones y el carbono al que están unidos.

En un espectro HETCOR se muestra el espectro de RMN-^{13}C de un compuesto en el eje *y*. El espectro HETCOR de la 2-metil-3-pentanona se ve en la figura 13-42. Los picos de cruce identifican cuáles hidrógenos están unidos a cuáles carbonos. Por ejemplo, en el espectro HETCOR de la 2-metil-3-pentanona (figura 13.42), el pico de cruce X indica que los hidrógenos que producen una señal a ~0.9 ppm en el espectro de RMN-^{1}H están unidos al carbono que produce una señal a ~6 ppm en el espectro de RMN-^{13}C. El pico de cruce Z indica que los hidrógenos que producen una señal a ~2.5 ppm están unidos al carbono que produce una señal a ~34 ppm.

Es claro que no son necesarias técnicas de RMN en 2-D para interpretar los espectros de RMN de compuestos simples como la 2-metil-3-pentanona. Sin embargo, en el caso de muchas moléculas complicadas, no se pueden asignar señales sin ayuda de la RMN 2-D. Esas técnicas comprenden el uso de espectros INADEQUATE de ^{13}C en 2-D que muestran correlaciones de desplazamientos de ^{13}C-^{13}C, por lo que identifican a carbonos unidos directamente; en otra técnica se grafican los desplazamientos químicos en un eje de frecuencia y

---

BIOGRAFÍA

Albert Warner Overhauser *nació en San Diego, en 1925. Fue profesor de física de la Universidad de Cornell de 1953 a 1958. De 1958 a 1973 fue director del Laboratorio de Ciencias Físicas de Ford Motor Company. Desde 1973 ha sido profesor de física en la Universidad de Purdue.*

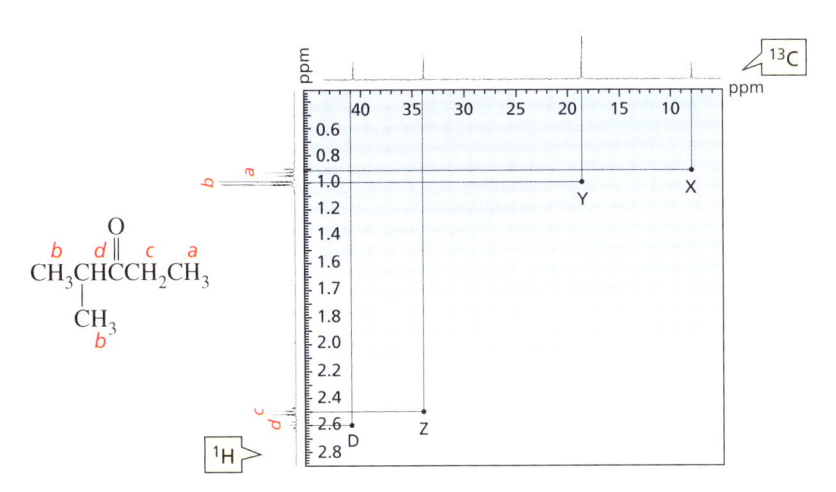

Figura 13.42
Espectro HETCOR de la 2-metil-3-pentanona. Un espectro HETCOR indica el acoplamiento entre protones y los carbonos a los cuales están unidos.

las constantes de acoplamiento en el otro; hay técnicas que usan el efecto nuclear de Overhauser (NOESY, de *nuclear Overhauser spectroscopy*) para moléculas muy grandes, o ROESY* para moléculas de tamaño mediano) para ubicar protones que estén próximos entre sí en el espacio.

13.22 La RMN se usa en medicina para obtener imágenes por resonancia magnética

La RMN se ha convertido en una herramienta importante para el diagnóstico médico porque permite que los médicos examinen órganos y estructuras internas sin recurrir a operaciones o a radiaciones X dañinas. Cuando se introdujo la RMN en la práctica clínica en 1981, la selección del nombre adecuado fue objeto de cierto debate. Como muchas personas sin entrenamiento científico asocian la palabra "nuclear" a la radiación dañina (radiactividad), se omitió la "N" del nombre RMN para aplicaciones médicas y se conoce como **imagen por resonancia magnética (IRM)**. El espectrómetro se llama **escáner de IRM**.

Un escáner de IRM consiste en un imán suficientemente grande como para rodear por completo a una persona, y un aparato para excitar los núcleos, modificar el campo magnético y recibir señales. (En comparación, el espectrómetro de RMN que usan los químicos sólo tiene el tamaño suficiente para admitir un tubo de vidrio de 5 mm.) Los diversos tejidos producen distintas señales, que se separan en componentes por análisis de transformada de Fourier. Cada componente puede atribuirse a un lugar específico de origen y ello permite construir la imagen del organismo de una persona en corte transversal.

La IRM puede generar una imagen que muestre cualquier corte del organismo, independientemente de la posición que asuma la persona dentro de la máquina, y permite una visualización óptima de las propiedades anatómicas de interés. En contraste, el corte transversal que se obtiene con un barrido de tomografía computarizada (TC, o CT de *computed tomography*), donde se usan rayos X, se define por la posición de la persona dentro de la máquina, y suele ser perpendicular al eje longitudinal del organismo. Los barridos de TC en otros planos sólo pueden obtenerse si la persona es un contorsionista consumado.

La mayor parte de las señales en un barrido de IRM se originan en los hidrógenos de las moléculas de agua porque los tejidos contienen mucho más de éstos hidrógenos que de hidrógenos de compuestos orgánicos. La diferencia en la forma en que el agua está unida a distintos tejidos es lo que produce gran parte de la variación de la señal entre distintos órganos, así como la variación entre tejidos saludables y enfermos (figura 13.43). En consecuencia, las exploraciones de IRM pueden proporcionar, a veces, mucho más información que las imágenes obtenidas por otros medios. Por ejemplo, la IRM puede suministrar imágenes detalladas de los vasos sanguíneos. Los líquidos que fluyen, como la sangre, responden en forma distinta a la excitación en un escáner de IRM que los tejidos estacionarios, y

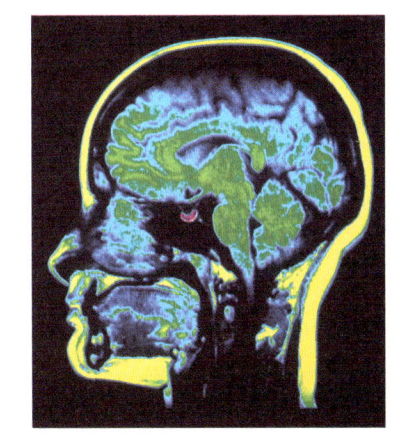

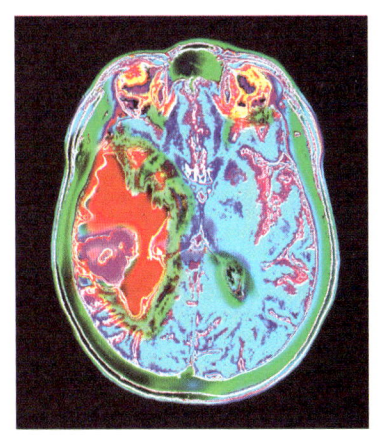

Figura 13.43
a) Una IRM de un cerebro normal. La pituitaria está resaltada (rosa). b) Una IRM de una sección axial a través de un cerebro donde se ve un tumor (púrpura) rodeado por tejidos dañados, llenos de líquido (rojo).

---
* NOESY y ROESY son las siglas para la espectroscopia con efecto nuclear de Overhauser y espectroscopia con efecto Overhauser y marco en rotación, respectivamente.

en el caso normal no producen una señal. Sin embargo, se pueden procesar los datos para eliminar señales de estructuras sin movimiento y sólo mostrar señales de fluidos. A veces se usa esta técnica en lugar de métodos más invasivos para examinar el árbol vascular. Hoy es posible suprimir por completo la señal producida por ciertos tipos de tejidos (en general, grasas). También es posible diferenciar edemas intracelulares y extracelulares, importantes para evaluar pacientes que posiblemente hayan sufrido ataques cardiacos.

La versatilidad de la IRM se ha visto incrementada con el uso de gadolinio como reactivo de contraste. El gadolinio es un metal paramagnético que modifica el campo magnético en su cercanía inmediata y altera la señal de los núcleos cercanos de hidrógeno. La distribución del gadolinio, que se inyecta en las venas del paciente, puede verse afectada por ciertos procesos patológicos, como cáncer e inflamación. Toda pauta anormal se revela en las imágenes obtenidas por IRM.

Otra herramienta prometedora en la investigación y el diagnóstico es la espectroscopia de RMN-^{31}P. Esta técnica todavía no se usa en forma rutinaria en clínica, pero se usa mucho en investigación clínica. Ya que en la mayor parte de los procesos metabólicos intervienen las moléculas fosforadas de ATP y de ADP (secciones 16.22 y 25.2), la RMN-^{13}P permite contar con una técnica para investigar el metabolismo celular.

RESUMEN

La **espectroscopia de RMN** se usa para identificar la estructura formada por carbonos e hidrógenos en un compuesto orgánico. Cuando se coloca una muestra en un campo magnético, los protones que se alinean con el campo se hallan en el estado de espín β, de menor energía, y los que se alinean en dirección contraria a la del campo están en el estado de espín α, de mayor energía. La diferencia de energías entre los estados de espín depende de la intensidad del **campo magnético aplicado**. Cuando se somete a radiación con igual energía a la diferencia de energías entre los estados de espín, los núcleos en el estado de espín β son promovidos al estado de espín α, y emiten señales cuya frecuencia depende de la diferencia de energía entre los estados de espín. Un **espectrómetro de RMN** detecta y muestra esas señales en forma de una gráfica de su frecuencia contra su intensidad.

Cada conjunto de protones químicamente equivalentes origina una señal de tal manera que el número de señales en un espectro de RMN-^{1}H indica la cantidad de distintas clases de protones en un compuesto. El **desplazamiento químico** es una medida de lo alejada que está la señal respecto a la señal de referencia del TMS. El desplazamiento químico (δ) es independiente de la frecuencia de funcionamiento del espectrómetro.

Mientras mayor sea el campo magnético que sienta el protón, su señal tendrá mayor frecuencia. La densidad electrónica del ambiente en que está el protón lo **protege** contra el campo magnético aplicado. En consecuencia, un protón dentro de un ambiente denso en electrones produce una señal a menor frecuencia que uno cercano a grupos atractores de electrones. Las señales de baja frecuencia (campo alto) tienen pequeños valores de δ (ppm). Las señales de alta frecuencia (campo bajo) producen grandes valores de δ. Así, la posición de una señal indica la clase del o los protones responsables de ella y las clases de sustituyentes vecinos. En un ambiente similar, el desplazamiento químico de los protones de metilo está a menor frecuencia que la de los protones de metileno, que a su vez está a menor frecuencia que la de un protón de metino. La **anisotropía diamagnética** produce desplazamientos químicos excepcionales en hidrógenos unidos a carbonos que forman enlaces π. La **integración** indica el número relativo de protones que causan cada señal.

La **multiplicidad** de una señal (el número de picos en ella) indica el número de protones unidos a carbonos adyacentes. La multiplicidad de describe con la **regla de $N + 1$**, donde N es el número de protones equivalentes unidos a carbonos adyacentes. Un **diagrama de desdoblamiento** puede ayudar a comprender el patrón de desdoblamiento que se obtiene cuando una señal es desdoblada por un conjunto de protones. La sustitución por deuterio puede ser una técnica útil para analizar espectros complicados de RMN-^{1}H.

La **constante de acoplamiento** (J) es la distancia entre dos picos adyacentes en una señal desdoblada de RMN. Las constantes de acoplamiento son independientes de la frecuencia de operación del espectrómetro. Los protones acoplados tienen la misma constante de acoplamiento. La constante de acoplamiento para protones *trans* de alqueno es mayor que la de protones *cis* de alqueno. Cuando hay dos conjuntos distintos de protones que desdoblan una señal, la multiplicidad de la señal se determina con la regla de $N + 1$ por separado para cada conjunto de hidrógenos, cuando sus respectivas constantes de acoplamiento son distintas. Cuando las constantes de acoplamiento son similares, se puede aplicar la regla de $N + 1$ en forma simultánea a ambos conjuntos.

El desplazamiento químico de un protón unido a un O o a un N depende del grado con el que el protón está unido por puente de hidrógeno. En presencia de trazas de ácido o base, los protones unidos a oxígeno experimentan **intercambio de protones**. En ese caso, la señal de un protón unido a un O no se desdobla y tampoco desdobla la señal de protones adyacentes.

El número de señales en un espectro de RMN-^{13}C indica cuántas clases de carbonos tiene un compuesto. Los carbonos en ambientes densos en electrones producen señales de baja frecuencia; los carbonos cercanos a grupos atractores de electrones producen señales de alta frecuencia. Los desplazamientos químicos en RMN-^{13}C se extienden aproximadamente 220 ppm en comparación con las 12 ppm aproximadas para la RMN-^{1}H. Las señales de RMN-^{13}C no se desdoblan debido a protones enlazados, a menos que el espectrómetro funcione en modo acoplado a protón.

TÉRMINOS CLAVE

acoplamiento de largo alcance (pág. 589)
acoplamiento espín-espín (pág. 587)
acoplamiento geminal (pág. 592-593)
anisotropía diamagnética (pág. 582)
árbol de desdoblamiento (pág. 600)
campo alto (pág. 574)
campo bajo (pág. 574)
campo magnético aplicado (pág. 570)
campo magnético efectivo (pág. 573)
carbono proquiral (pág. 603)
compuesto de referencia (pág. 577)
constante de acoplamiento (J) (pág. 597)
cuarteto (pág. 586)
desplazamiento químico (pág. 577)
diagrama de desdoblamiento (pág. 600)
doblete (pág. 586)
doblete de dobletes (pág. 592)
escáner de IRM (pág. 619)
espectro COSY (pág. 616)

espectro de RMN (pág. 572)
espectro de RMN con transformada de Fourier (RMN-TF) (pág. 573)
espectro de RMN-^{13}C acoplado a protón (pág. 612)
espectro de RMN-^{13}C DEPT (pág. 616)
espectro HETCOR (pág. 618)
espectrómetro de RMN (pág. 571)
espectroscopia de RMN (pág. 569)
estado de espín α (pág. 570)
estado de espín β (pág. 570)
frecuencia de operación (pág. 571)
hidrógeno pro-R (pág. 603)
hidrógeno pro-S (pág. 603)
hidrógenos diasterotópicos (pág. 603)
hidrógenos enantiotópicos (pág. 603)
Imagen por resonancia magnética (IRM) (pág. 619)
integración (pág. 5184)

intercambio de protones (pág. 606)
multiplete (pág. 592)
multiplicidad (pág. 586)
protección (pág. 573)
protección diamagnética (pág. 573)
protones acoplados (pág. 586)
protones químicamente equivalentes (pág. 574)
radiación de rf (pág. 571)
razón giromagnética (pág. 571)
regla de $N + 1$ (pág. 586)
RMN 2-D (pág. 616)
RMN-^{13}C (pág. 610)
RMN-^{1}H (resonancia magnética nuclear de protón) (pág. 570)
singulete (pág. 586)
triplete (pág. 586)

PROBLEMAS

43. ¿Cuántas señales produce cada uno de los compuestos siguientes en su
  a. espectro de RMN-^{1}H?   **b.** espectro de RMN-^{13}C?

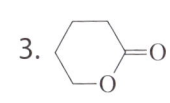

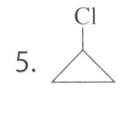

1. 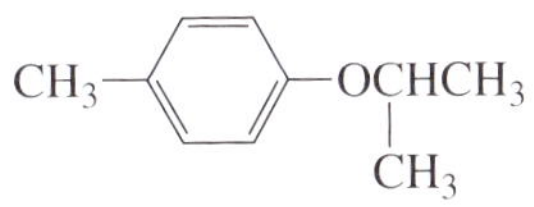 CH$_3$—⟨ ⟩—OCHCH$_3$ con CH$_3$
2. C$_6$H$_5$—C(=O)—OCH$_2$CH$_3$
3. δ-valerolactona (anillo de 6 con O y C=O)
4. oxetano (anillo de 4 con O)
5. ciclopropilo-Cl
6. (CH$_3$)$_2$C=CH—CH=C(CH$_3$) (2,5-dimetil-2,4-hexadieno parcial)

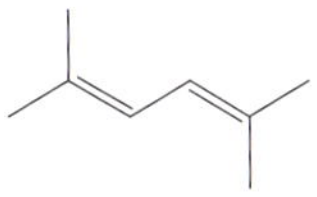

44. Trace un diagrama de desdoblamiento para el protón H$_b$ e indique su multiplicidad, si
  a. $J_{ba} = J_{bc}$ **b.** $J_{ba} = 2J_{bc}$

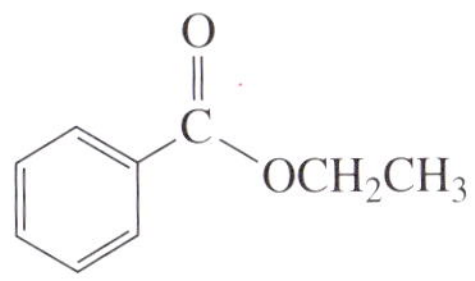

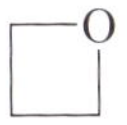

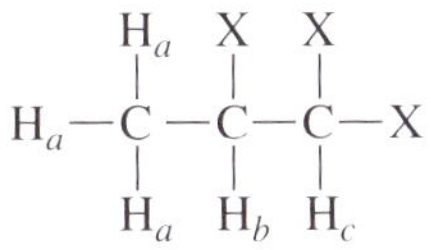

$$H_a\text{—}\underset{H_a}{\overset{H_a}{C}}\text{—}\underset{H_b}{\overset{X}{C}}\text{—}\underset{H_c}{\overset{X}{C}}\text{—}X$$

45. Indique cada conjunto de protones químicamente equivalentes, con a para el que esté en la frecuencia menor (más alejado a campo alto) en el espectro de RMN-^{1}H; b para el siguiente menor, y así sucesivamente. Indique la multiplicidad de cada señal.

  a. 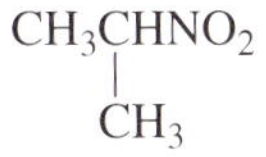 CH$_3$CHNO$_2$ | CH$_3$
  b. CH$_3$CH$_2$CH$_2$OCH$_3$
  c. CH$_3$CH(CH$_3$)—C(=O)—CH$_2$CH$_2$CH$_3$
  d. 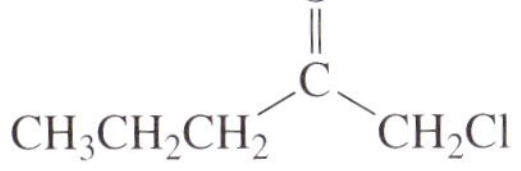 CH$_3$CH$_2$CH$_2$—C(=O)—CH$_2$Cl
  e. ClCH$_2$C(CH$_3$)(CH$_3$)CHCl$_2$
  f. ClCH$_2$CH$_2$CH$_2$CH$_2$CH$_2$Cl

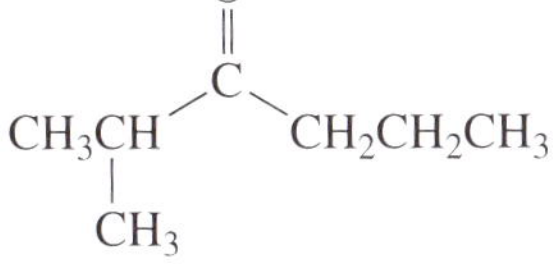

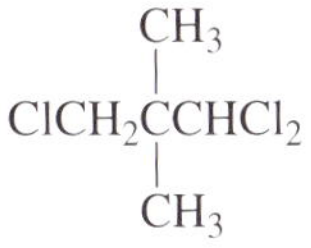

46. Asigne cada uno de los espectros de RMN-^{1}H a cada uno de los compuestos siguientes:

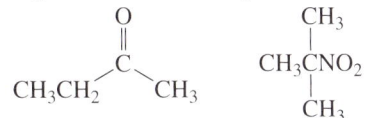

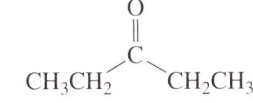

CH$_3$CH$_2$—C(=O)—CH$_3$ CH$_3$C(CH$_3$)(NO$_2$)CH$_3$ CH$_3$CH$_2$—C(=O)—CH$_2$CH$_3$ CH$_3$CH$_2$CH$_2$NO$_2$ CH$_3$CH$_2$NO$_2$ CH$_3$CHBrCH$_3$

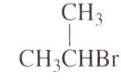

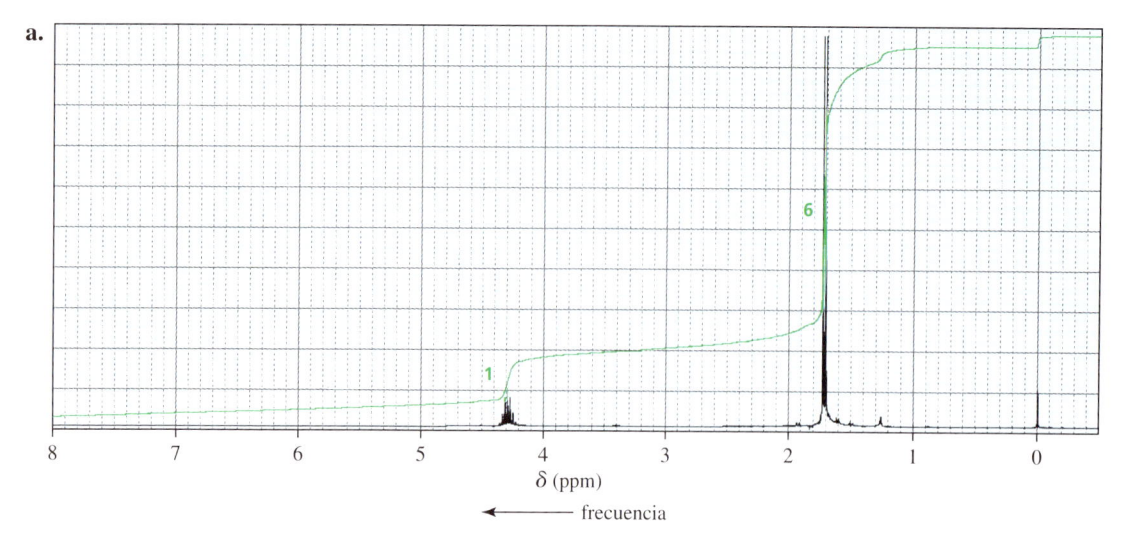

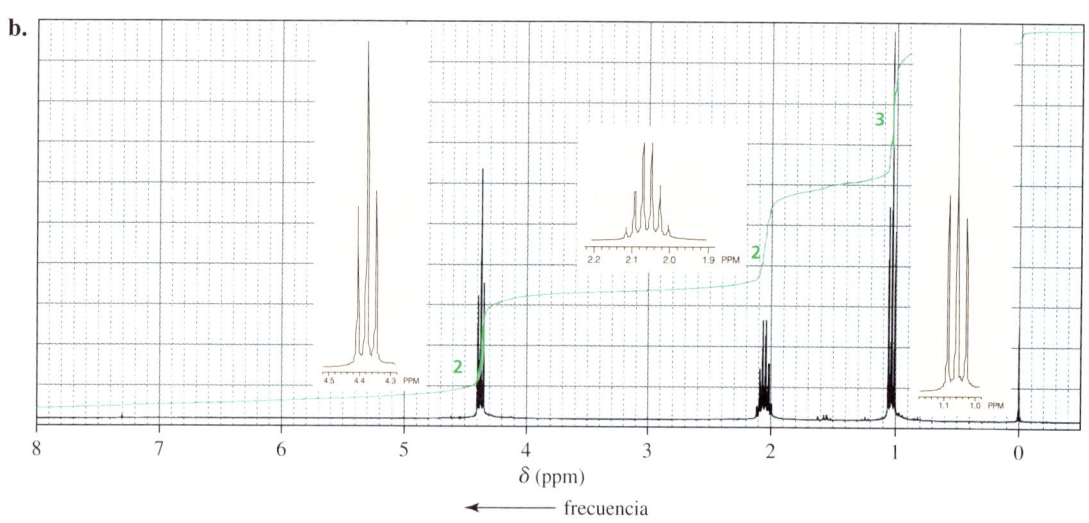

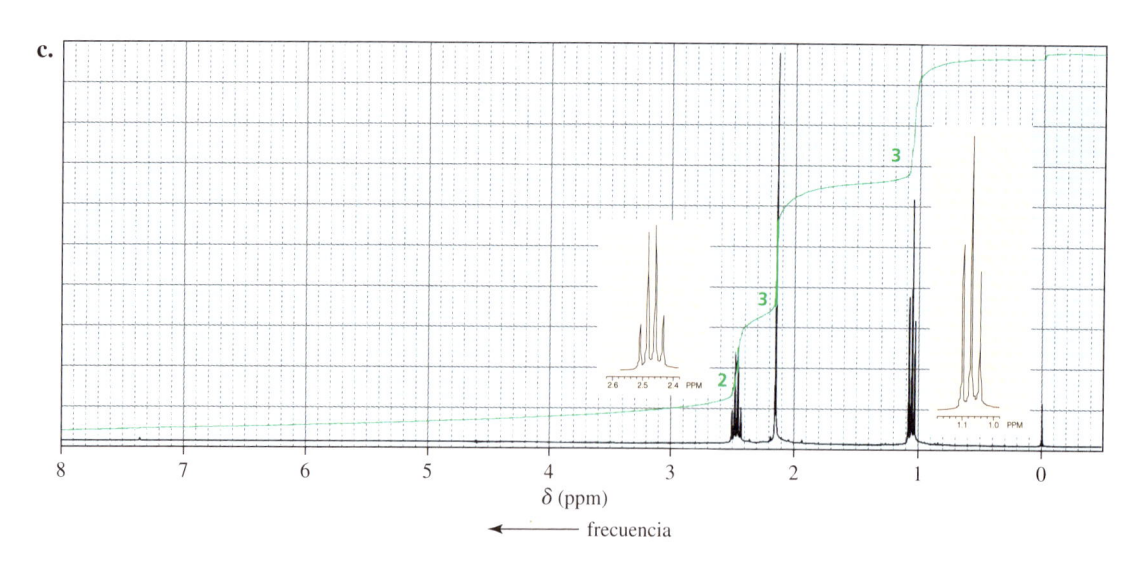

47. Determine las relaciones de los protones no equivalentes químicamente en un compuesto, si los escalones en las curvas de integración miden 40.5, 27, 13 y 118 mm, de izquierda a derecha en el espectro. Indique la estructura de un compuesto cuyo espectro de RMN-^{1}H tenga esas integrales en el orden citado.

48. ¿Cómo se podría diferenciar, con RMN-^{1}H entre los compuestos de cada uno de los siguientes pares?
   a. $CH_3CH_2CH_2OCH_3$ y $CH_3CH_2OCH_2CH_3$
   b. $BrCH_2CH_2CH_2Br$ y $BrCH_2CH_2CH_2NO_2$

c. $CH_3CH-CHCH_3$ y $CH_3CCH_2CH_3$
    | | |
   CH_3 CH_3 CH_3
                           |
                          CH_3

d. $CH_3O\ O$
        \\ ||
   $CH_3-C-C-OCH_3$ y CH_3-C-CH_3
        | |
       CH_3 OCH_3
                          con OCH_3 arriba

e. $CH_3O-\langle\text{anillo}\rangle-CH_2CH_3$ y $CH_3-\langle\text{anillo}\rangle-OCH_2CH_3$

f. (ciclohexa-1,3-dieno)   y   (ciclohexa-1,4-dieno)

g. CH_3CHCl y CH_3CDCl
       | |
      CH_3 CH_3

h. estructuras con Cl, H, D, CH₃ (estereoisómeros)

i. ciclopropanos con H, Cl (estereoisómeros)

j. $CH_3-\langle\text{anillo}\rangle-CCH_3$ con CH_3, CH_3 y $\langle\text{anillo}\rangle-CH_2CCH_3$ con CH_3, CH_3

49. Conteste lo siguiente:
  a. ¿Cuál es la relación entre el desplazamiento químico en ppm y la frecuencia de operación?
  b. ¿Cuál es la relación entre el desplazamiento químico en hertz y la frecuencia de operación?
  c. ¿Cuál es la relación entre la constante de acoplamiento y la frecuencia de operación?
  d. ¿Cómo se compara la frecuencia de operación en espectroscopia de RMN y la frecuencia de operación en espectroscopia IR y UV/Vis?

50. A continuación se presentan los espectros de RMN-^{1}H de tres isómeros con fórmula molecular C_4H_9Br. ¿Cuál isómero produjo cada espectro?

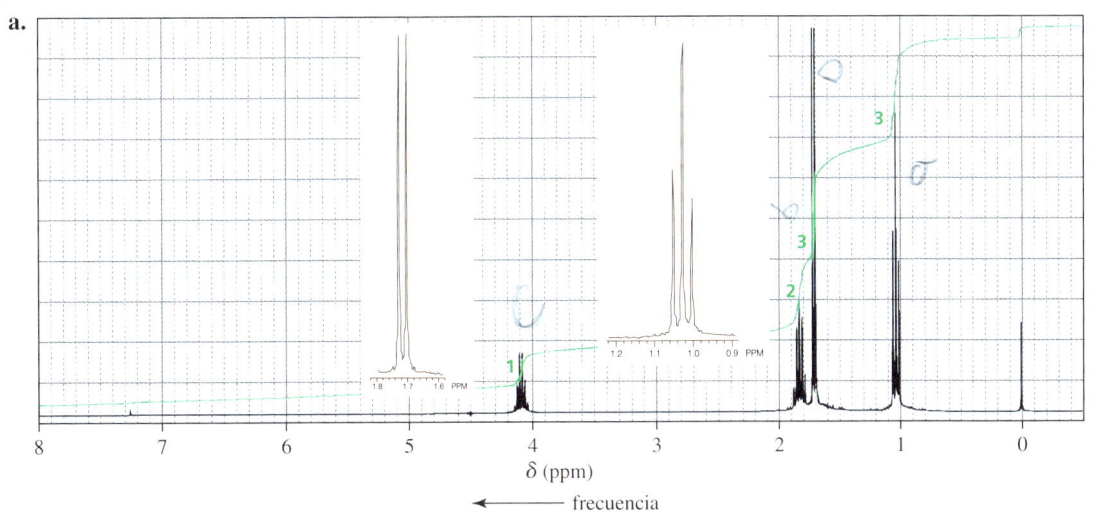

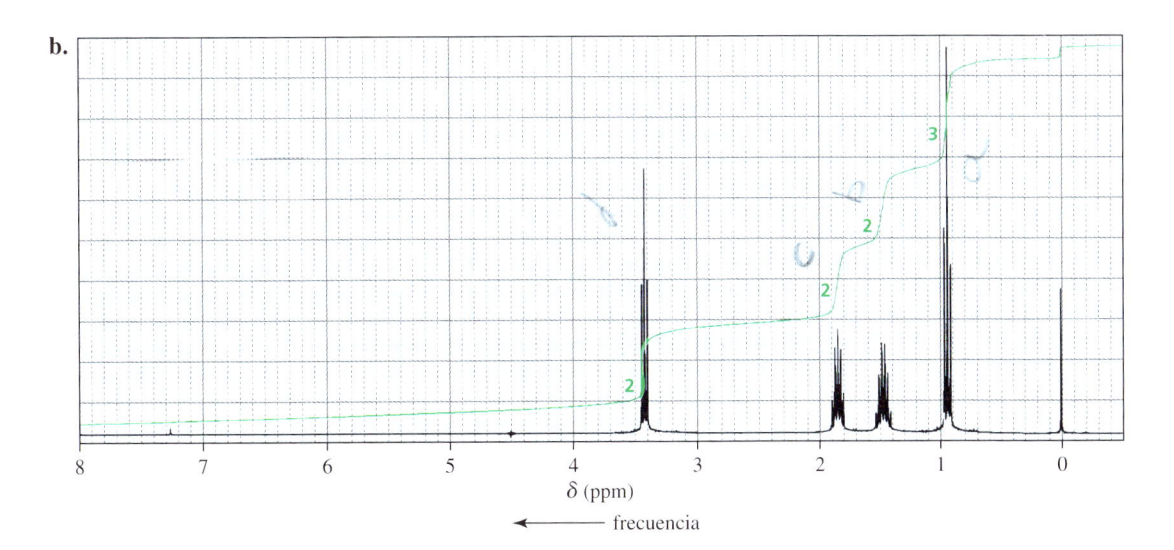

a.

b.

c.

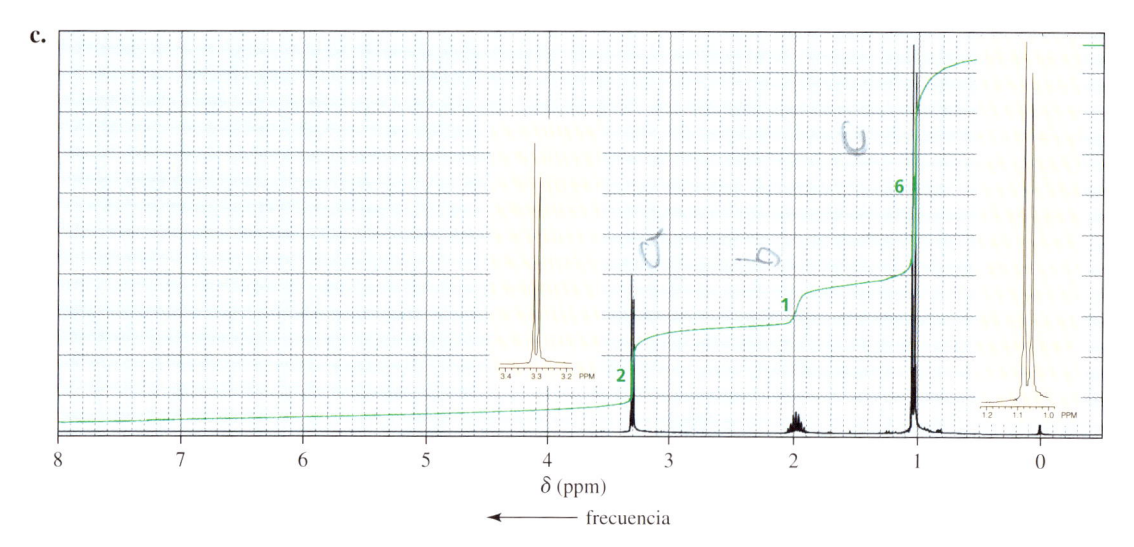

51. Identifique cada uno de los compuestos siguientes de acuerdo con los datos de RMN-^{1}H y la fórmula molecular. Entre paréntesis está el número de hidrógenos responsables de cada señal.

   a. $C_4H_8Br_2$ 1.97 ppm (6) singulete
   3.89 ppm (2) singulete

   b. C_8H_9Br 2.01 ppm (3) doblete
   5.14 ppm (1) cuarteto
   7.35 ppm (5) singulete ancho

   c. $C_5H_{10}O_2$ 1.15 ppm (3) triplete
   1.25 ppm (3) triplete
   2.33 ppm (2) cuarteto
   4.13 ppm (2) cuarteto

52. Identifique el compuesto cuya fórmula molecular es $C_7H_{14}O$ y que produce el espectro de RMN-^{13}C acoplado a protón:

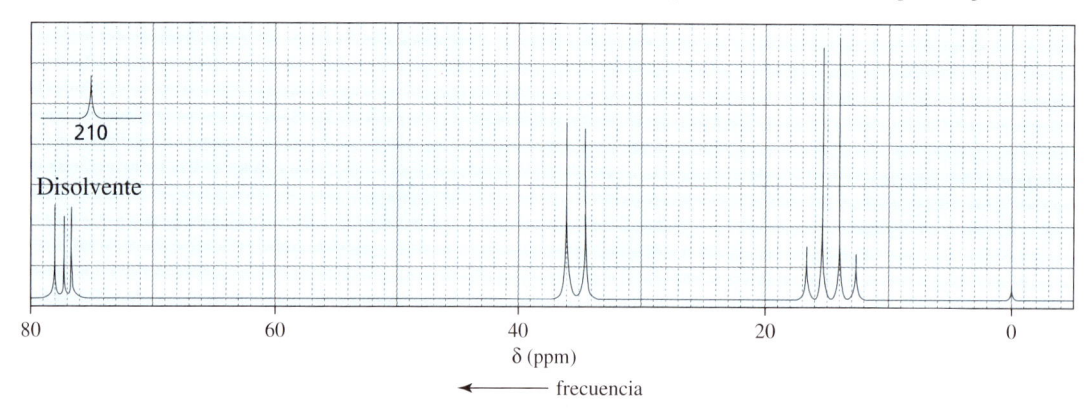

53. El compuesto A, de fórmula molecular C_4H_9Cl, tiene dos señales en su espectro de RMN-^{13}C. El compuesto B es isómero del compuesto A, tiene cuatro señales y, en el modo acoplado a protón, la señal más lejana a campo bajo es un doblete. Identifique los compuestos A y B.

54. A continuación se ven los espectros de RMN-^{1}H de tres isómeros con fórmula molecular $C_7H_{14}O$. ¿Cuál isómero produce cada espectro?

   a.

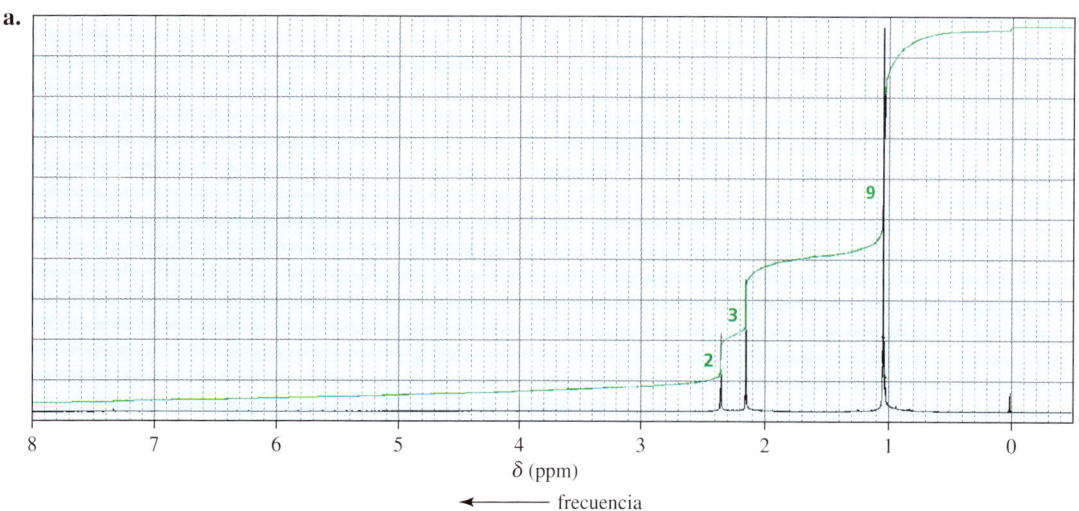

b.

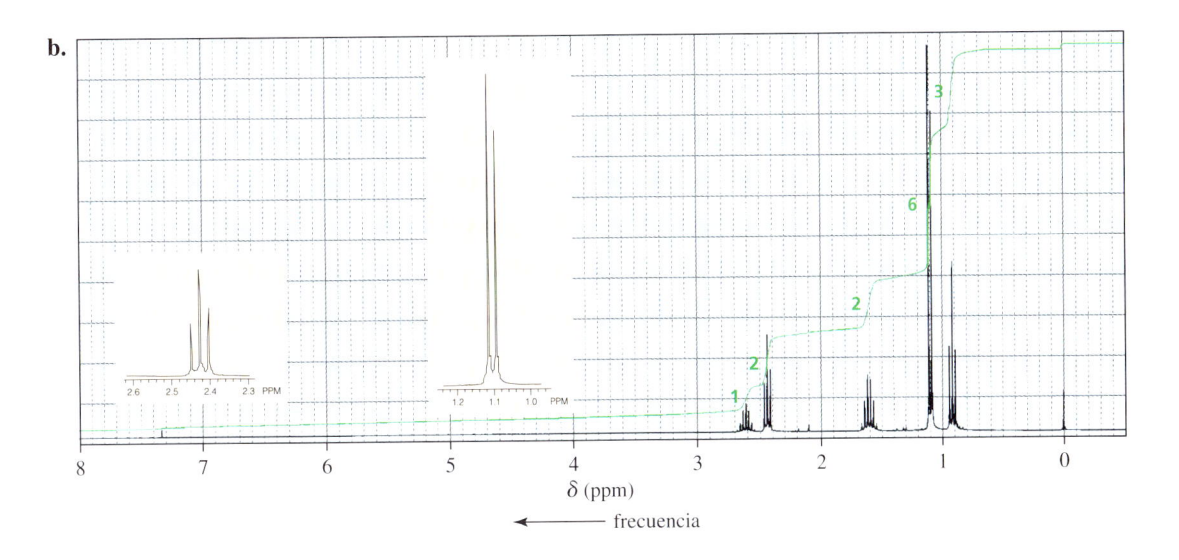

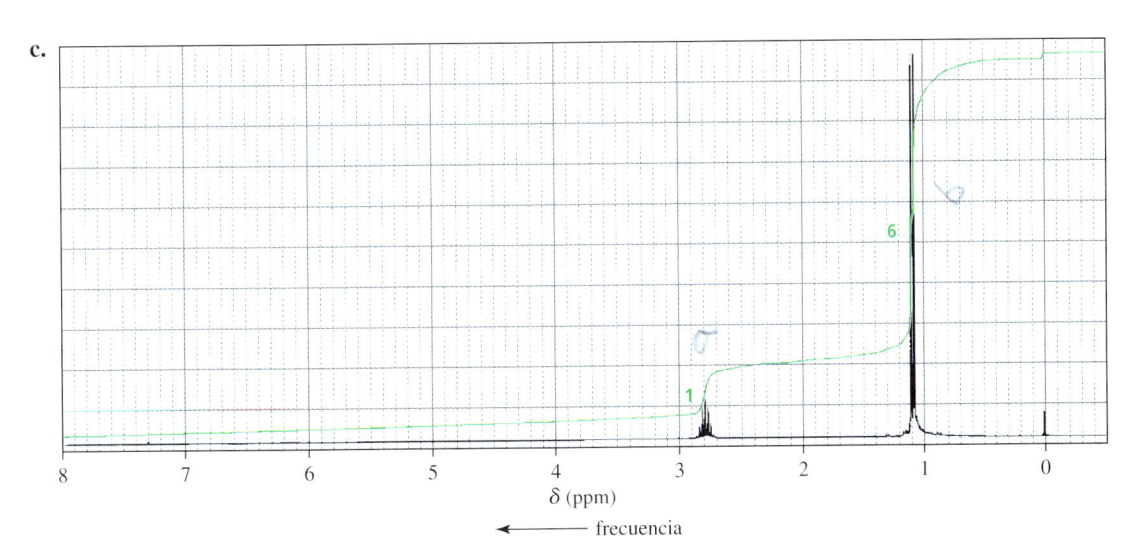

c.

55. ¿Qué sería mejor para distinguir entre 1-buteno, *cis*-2-buteno y 2-metilpropeno, la RMN-^{1}H o la RMN-^{13}? Explique su respuesta.

56. Determine la estructura de cada uno de los cuatro compuestos desconocidos siguientes de acuerdo con su fórmula molecular y sus espectros de IR y de RMN-^{1}H.

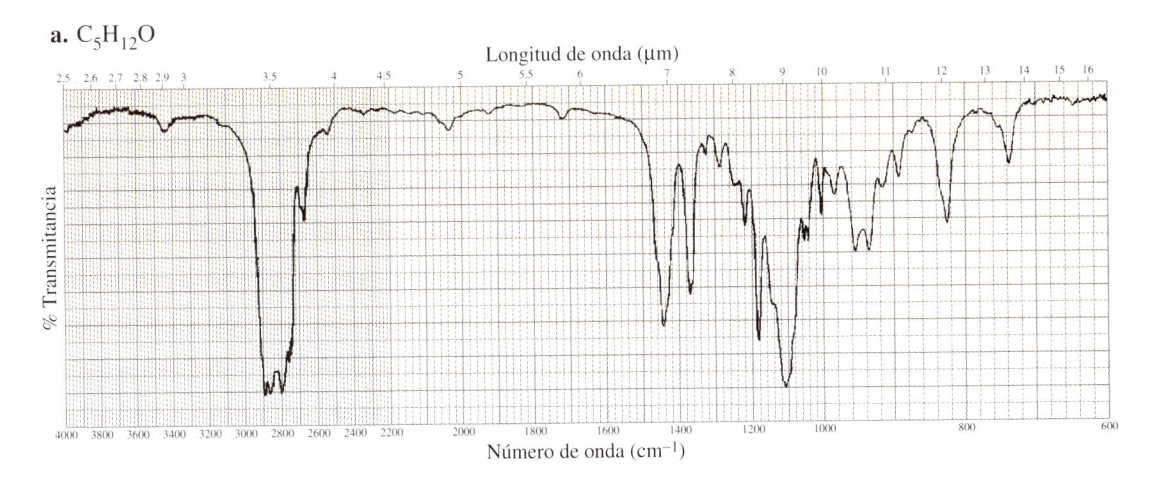

   a. $C_5H_{12}O$

b. $C_6H_{12}O_2$

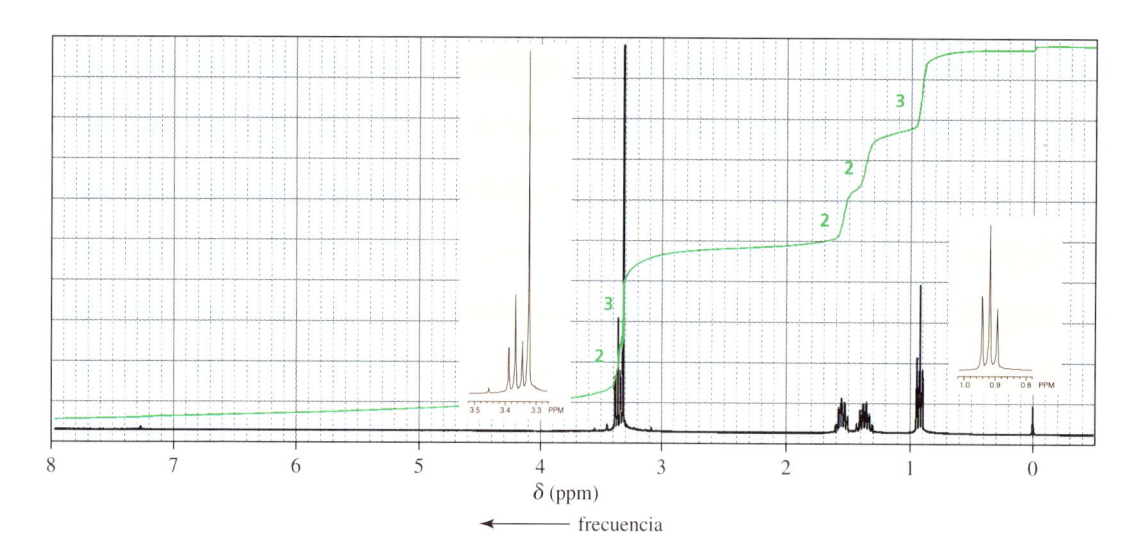

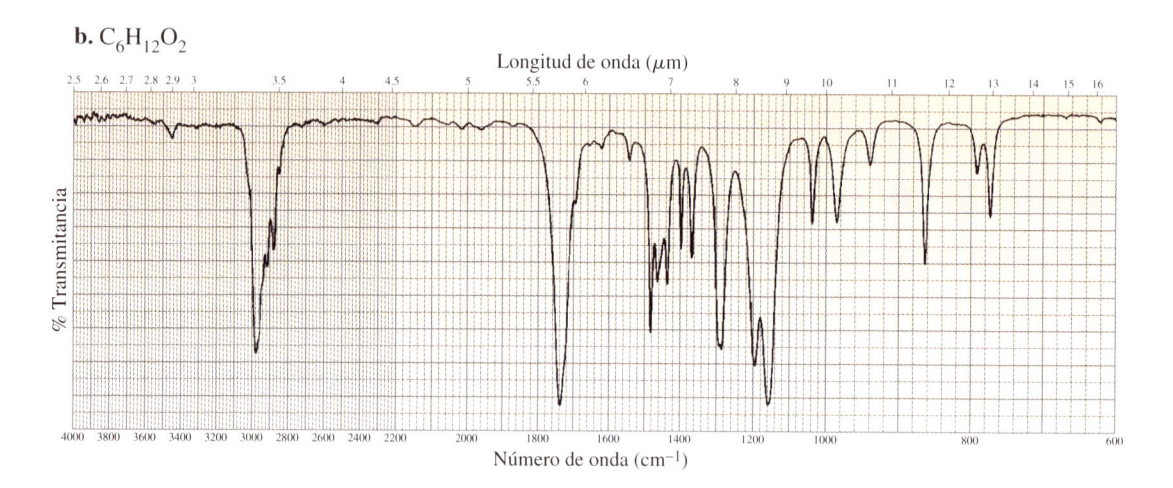

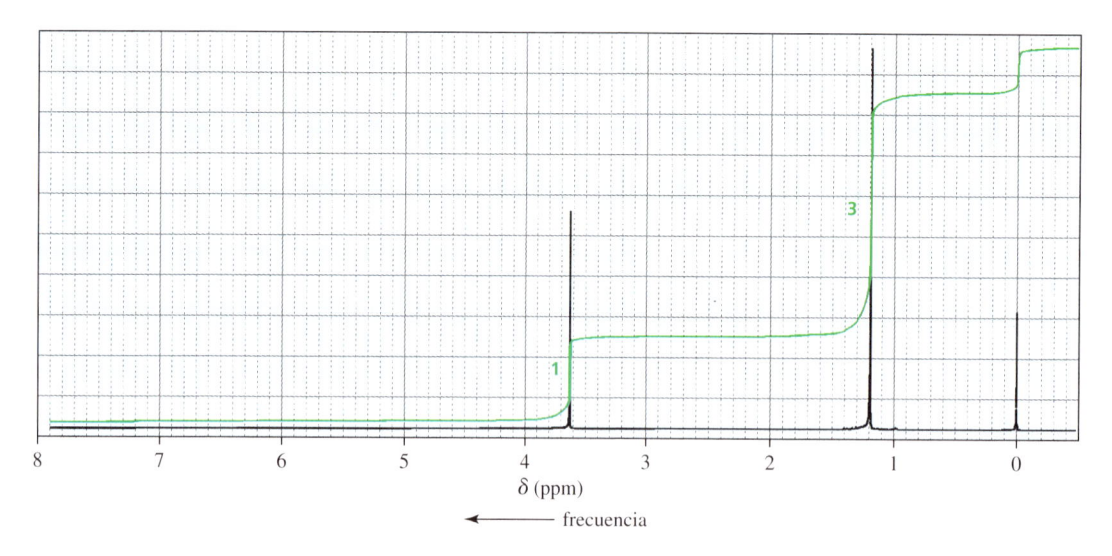

c. $C_4H_7ClO_2$

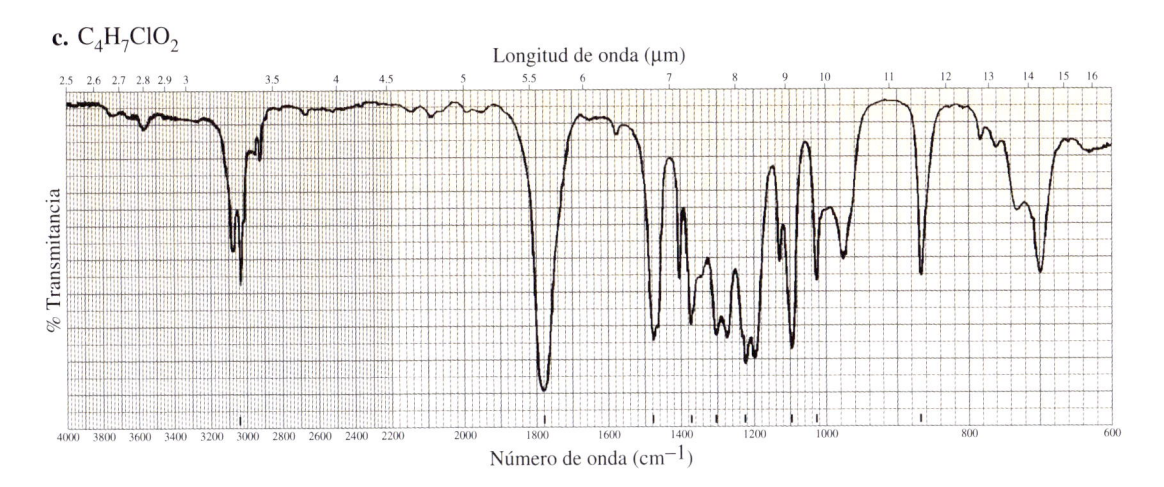

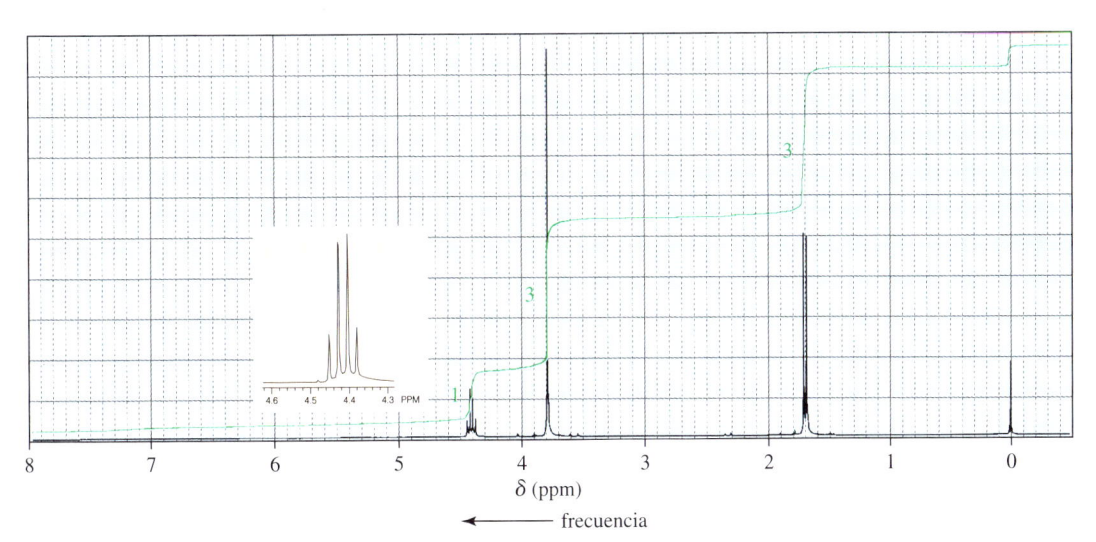

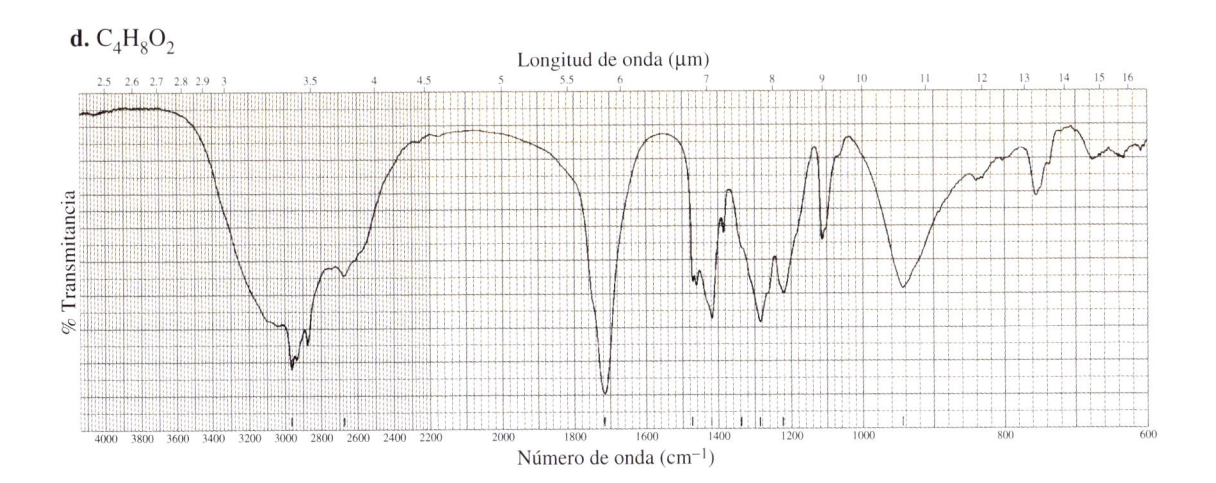

d. $C_4H_8O_2$

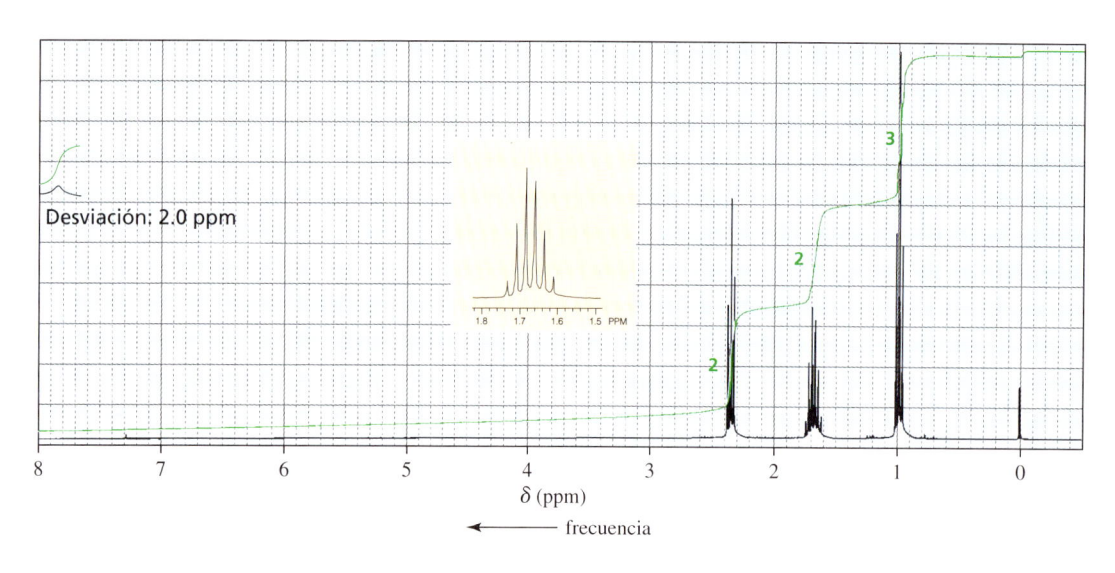

57. Hay cuatro ésteres cuya fórmula molecular es C₄H₈O₂. ¿Cómo se podrían distinguir por medio de RMN-¹H?

58. Un haluro de alquilo reacciona con un ion alcóxido y forma un compuesto cuyo espectro de RMN-¹H se ve a continuación. Identifique al haluro de alquilo y al ion alcóxido. (*Sugerencia:* vea la sección 9.9).

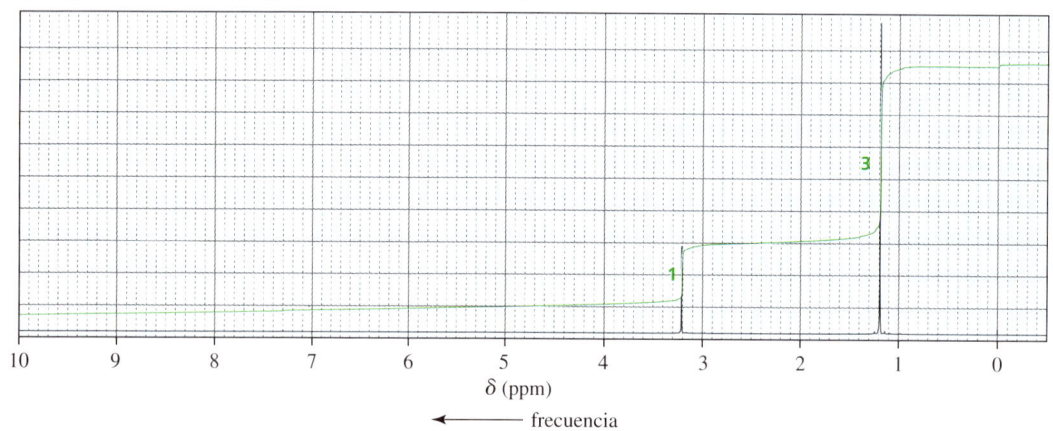

59. Determine la estructura de cada uno de los siguientes compuestos de acuerdo con su fórmula molecular y su espectro de RMN-¹³C:

a. C₄H₁₀O

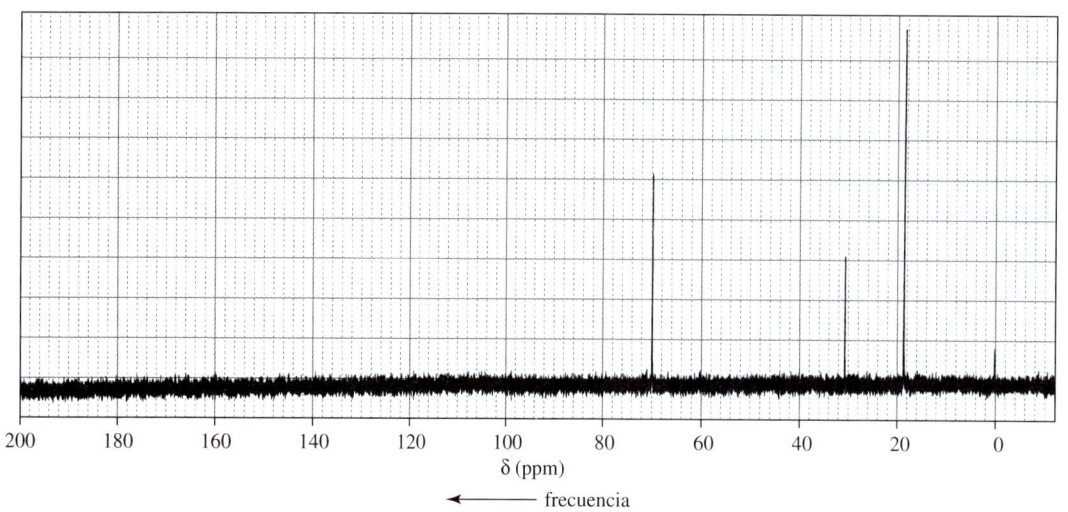

b. $C_6H_{12}O$

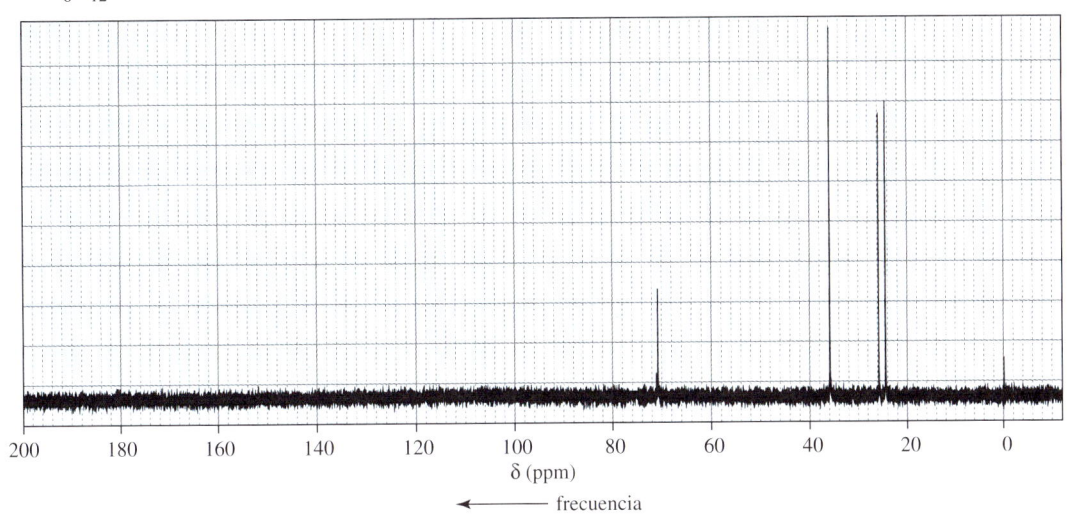

60. A continuación se ve el espectro de RMN-^{1}H del 2-propen-1-ol. Indique los protones de la molécula que producen cada una de las señales en este espectro.

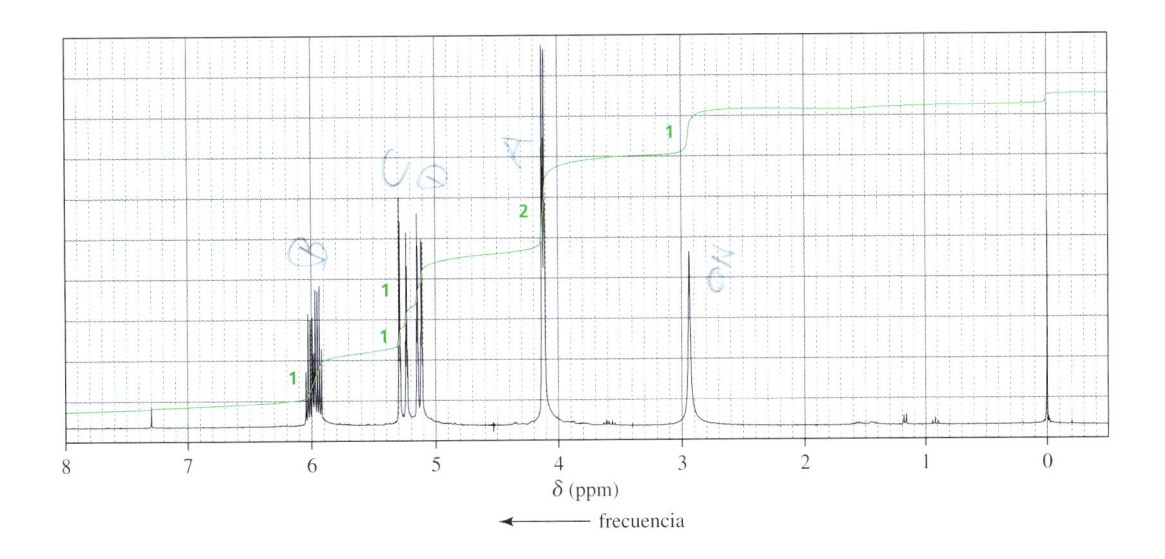

61. ¿Cómo se podrían distinguir los siguientes compuestos por sus señales de RMN-^{1}H en la región de 6.5 a 8.1 ppm?

62. A continuación se presentan los espectros de RMN-^{1}H de dos compuestos, ambos con fórmula molecular $C_{11}H_{16}$. Identifique esos compuestos.

a.

b.

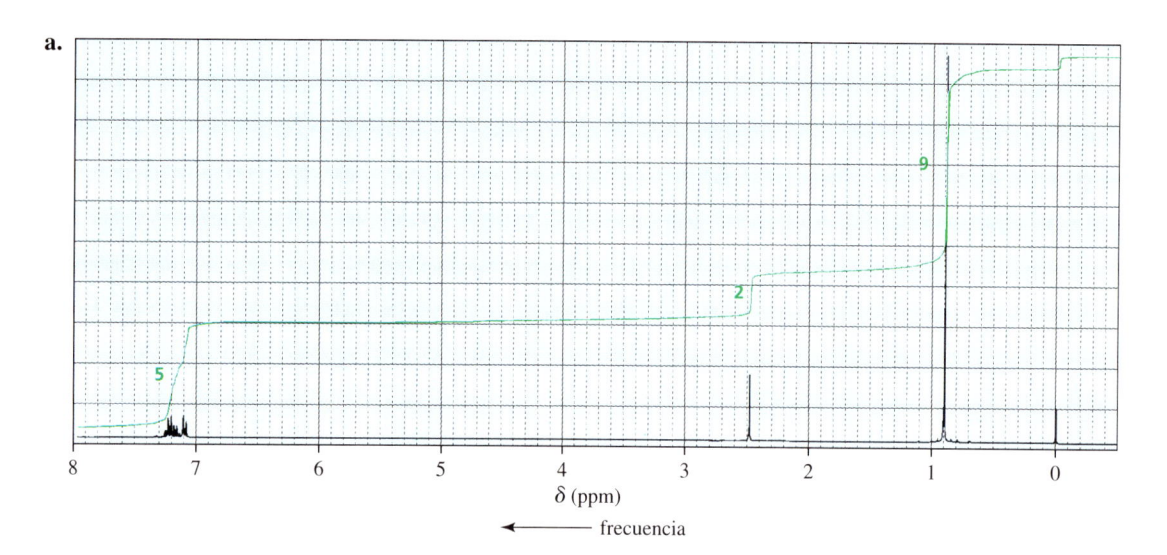

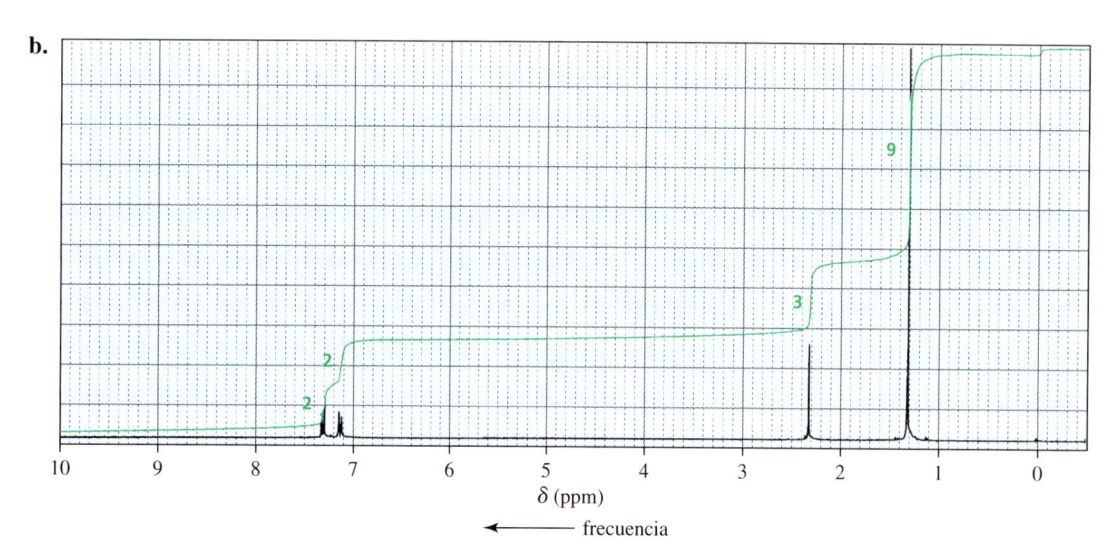

63. Trace un diagrama de desdoblamiento para el protón H_b, si $J_{bc} = 10$ y $J_{ba} = 5$.

64. Haga un diagrama de los siguientes espectros obtenidos para el 2-cloroetanol:
  a. espectro de RMN-^{1}H para una muestra seca del alcohol.
  b. espectro de RMN-^{1}H para una muestra del alcohol que contiene trazas de ácido.
  c. espectro de RMN-^{13}C.
  d. espectro de RMN-^{13}C acoplado a protón.
  e. las cuatro partes de un espectro de RMN-^{13}C DEPT.

65. ¿Cómo se podría usar la RMN-^{1}H para demostrar que la adición de HBr a propeno se apega a la regla que establece que el electrófilo se adiciona al carbono con hibridación sp^2 unido a más hidrógenos?

66. Identifique cada uno de los compuestos siguientes de acuerdo con su fórmula molecular y su espectro de RMN-^{1}H.

a. C_8H_8

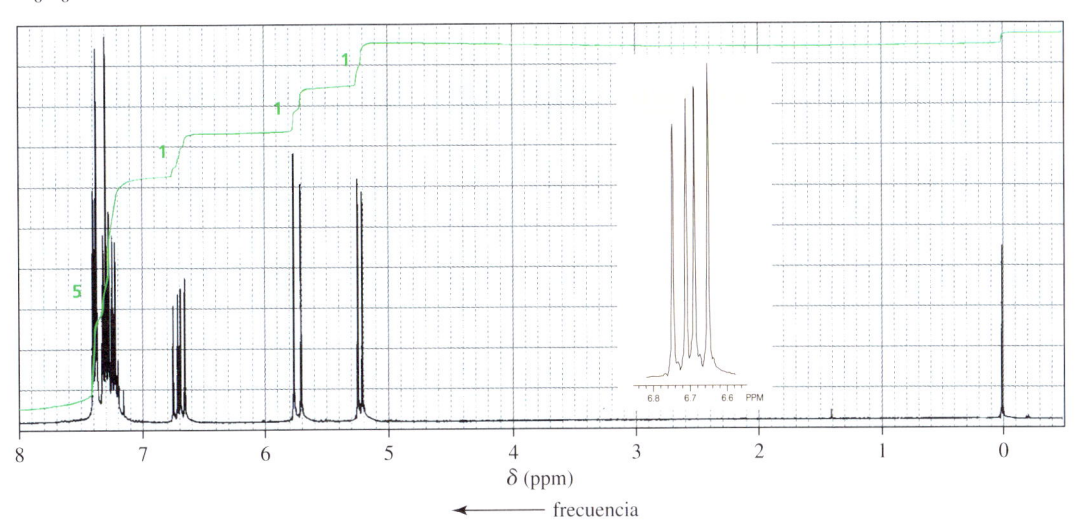

b. $C_6H_{12}O$

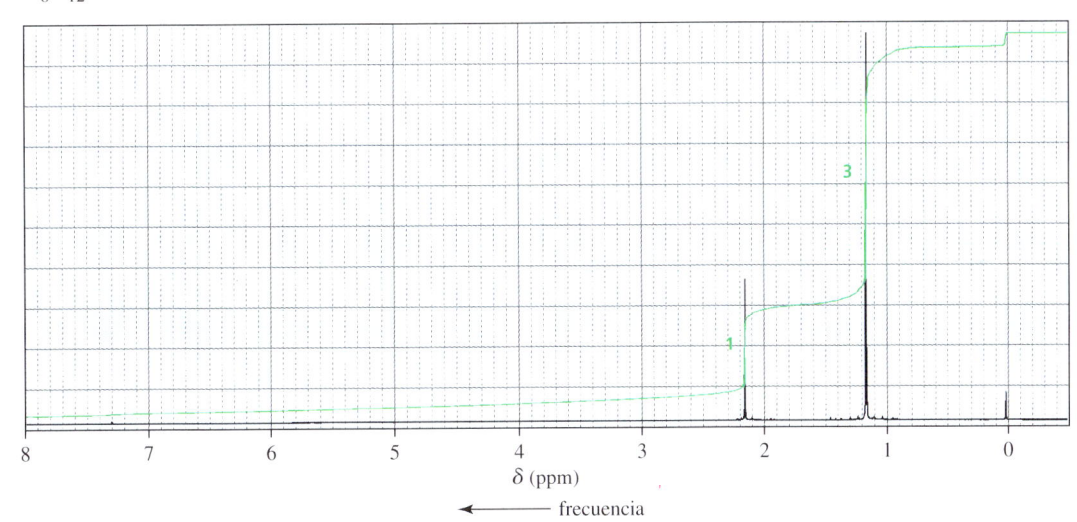

c. $C_9H_{18}O$

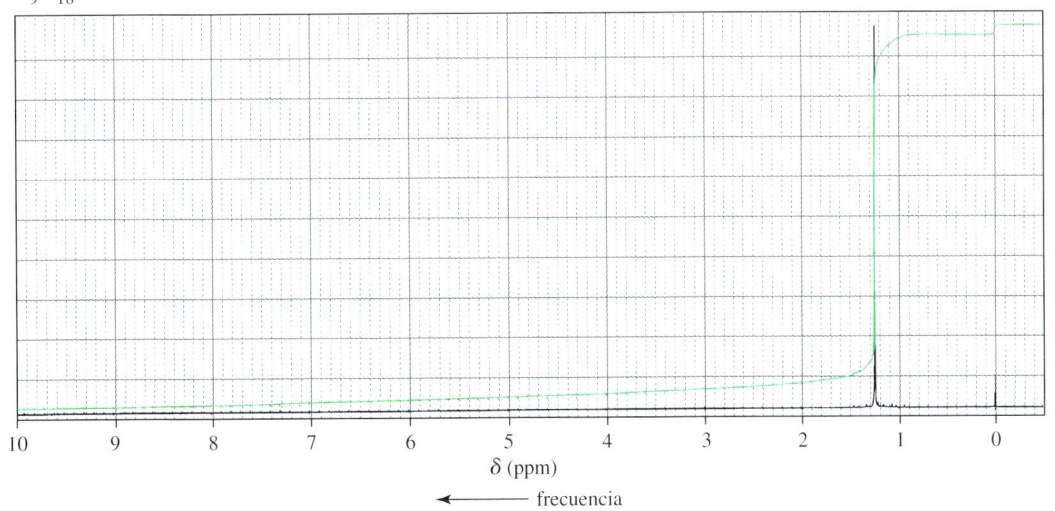

d. C_4H_8O

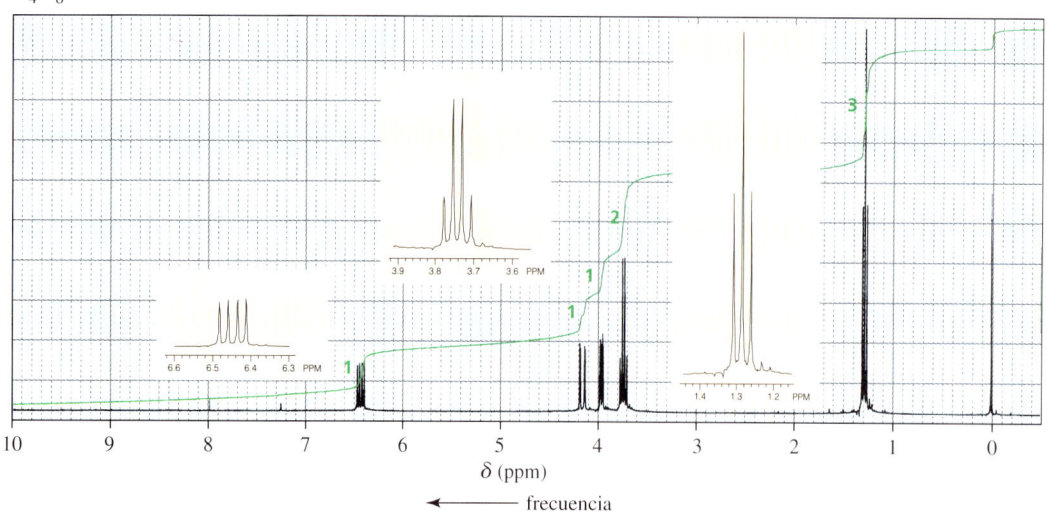

67. Se llamó al Dr. R. M. Ene para ayudar a analizar el espectro de RMN-^{1}H tomado a una mezcla de compuestos que se sabe contienen C, H y Br. La mezcla mostró dos singuletes, uno a 1.8 ppm y el otro a 2.7 ppm, con integrales relativas de 1:6, respectivamente. El Dr. Ene determinó que el espectro era el de una mezcla de bromoetano y 2-bromo-2-metilpropano. ¿Cuál fue la relación de bromoetano con el 2-bromo-2-metilpropano en la mezcla?

68. Calcule la cantidad de energía (en calorías) necesaria para invertir un núcleo de ^{1}H en un espectrómetro de RMN que funciona a 60 MHz.

69. Los siguientes espectros de RMN-^{1}H son de cuatro compuestos, todos con fórmula molecular $C_6H_{12}O_2$. Identifique los compuestos.

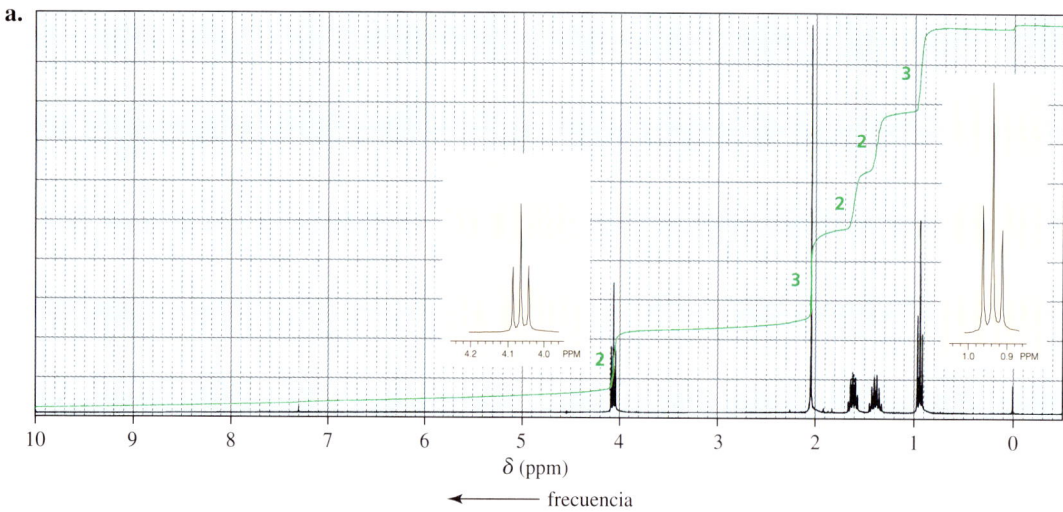

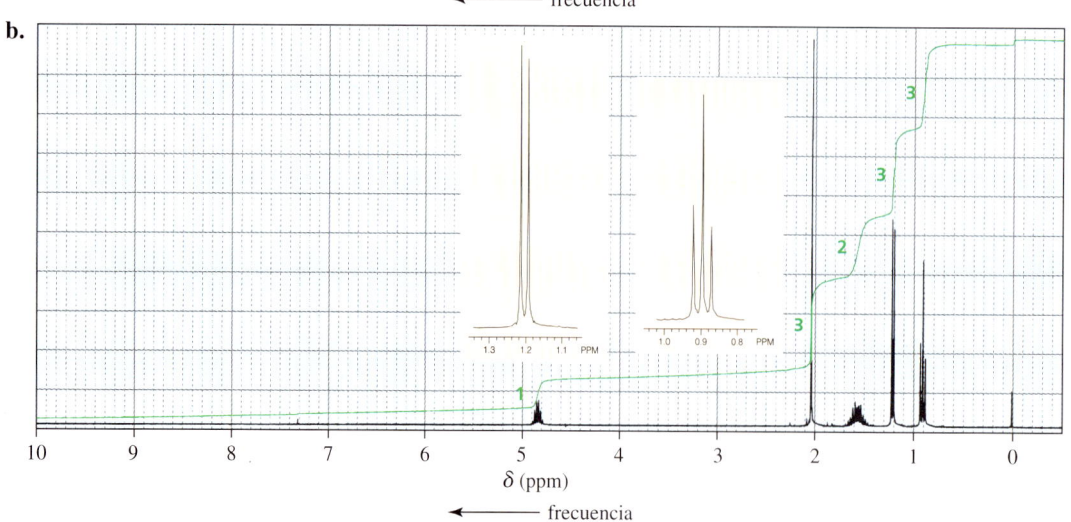

a.

b.

c.

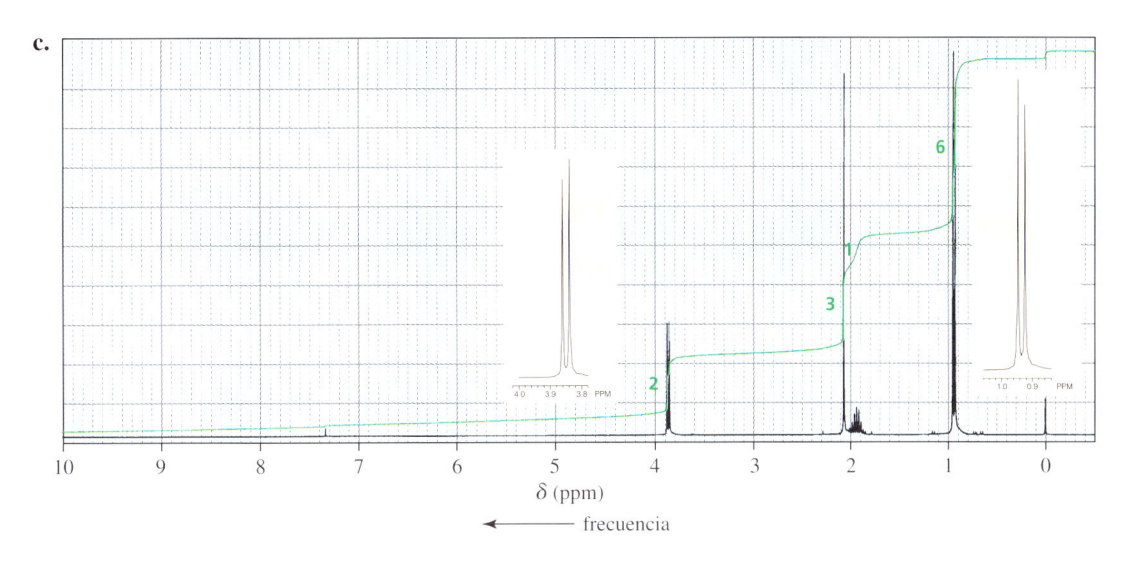

d.

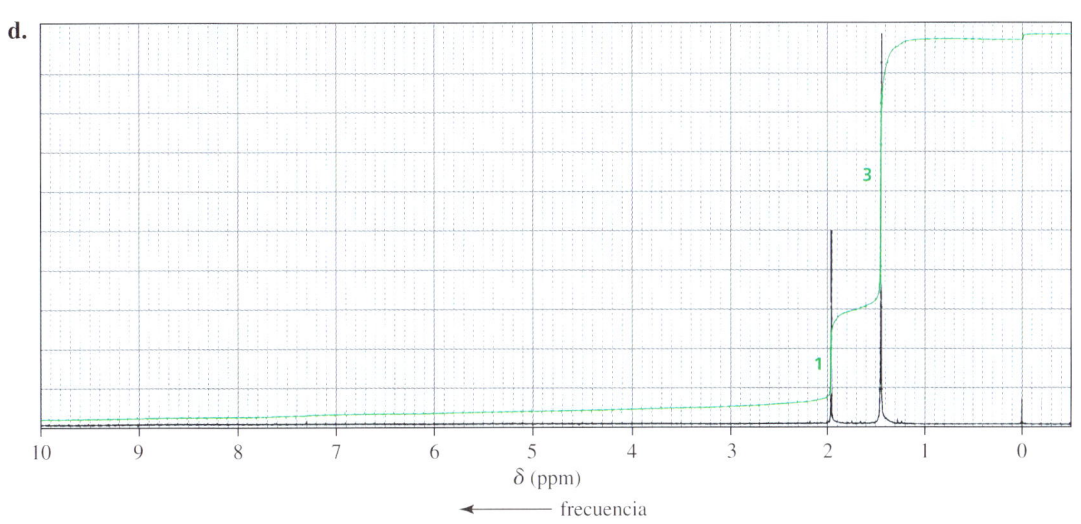

70. Cuando el compuesto A ($C_5H_{12}O$) reacciona con HBr forma el compuesto B ($C_5H_{11}Br$). El espectro de RMN-^{1}H del compuesto A tiene un singulete (1), dos dobletes (3,6) y dos multipletes (ambos 1). (El área relativa de las señales se indican entre paréntesis.) El espectro de RMN-^{1}H del compuesto B tiene un singulete (6), un triplete (3) y un cuarteto (2). Indique cuáles son los compuestos A y B.

71. Determine la estructura de cada uno de los compuestos siguientes basándose en su fórmula molecular y sus espectros de IR y de RMN-^{1}H.

a. $C_6H_{12}O$

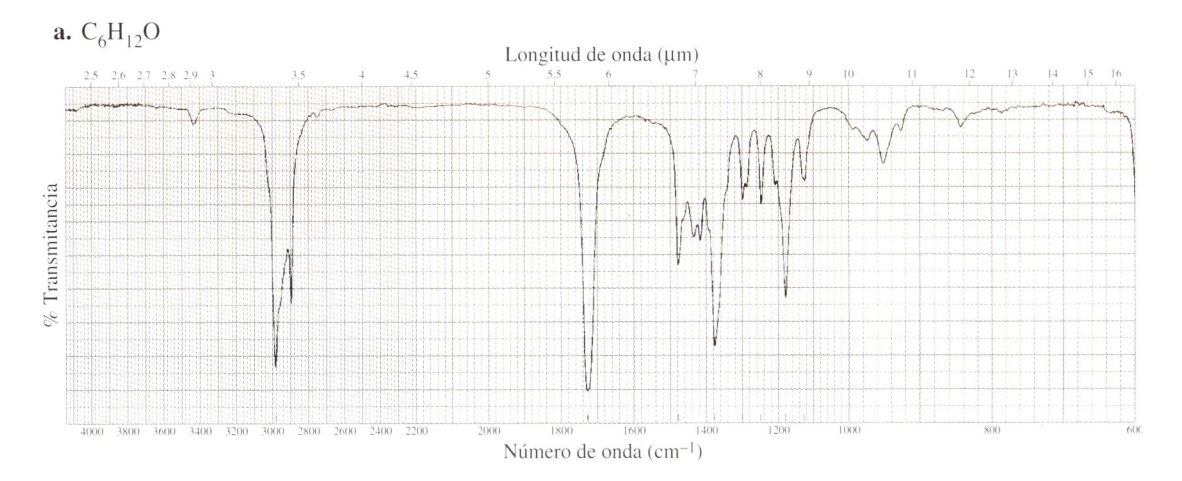

b. $C_6H_{14}O$

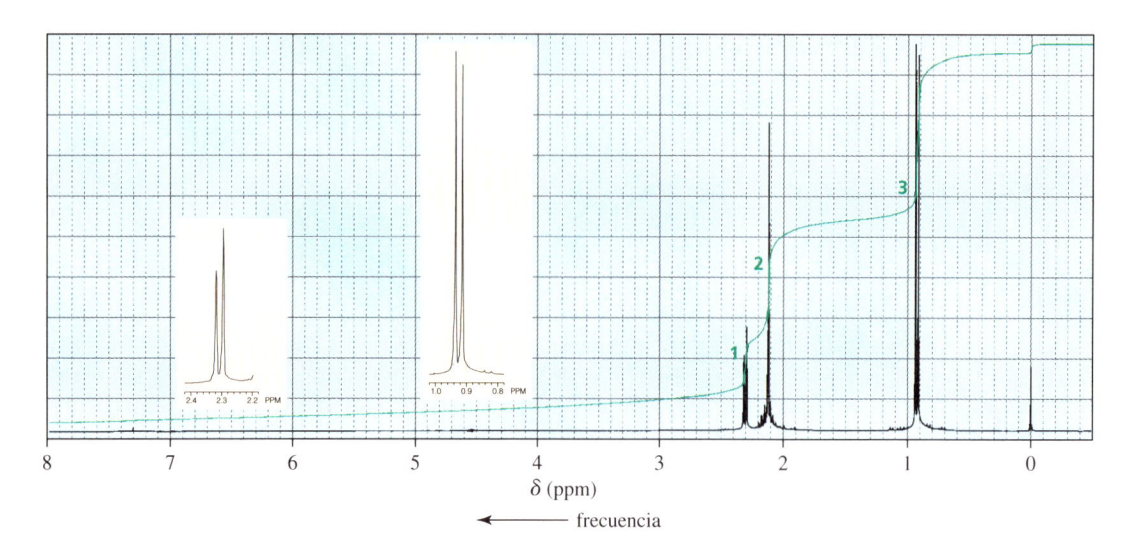

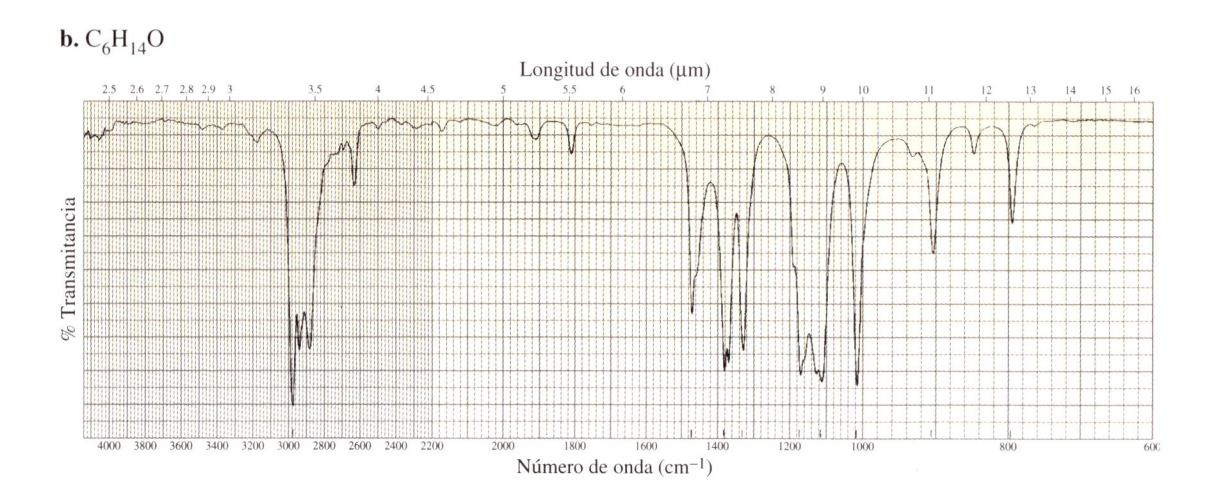

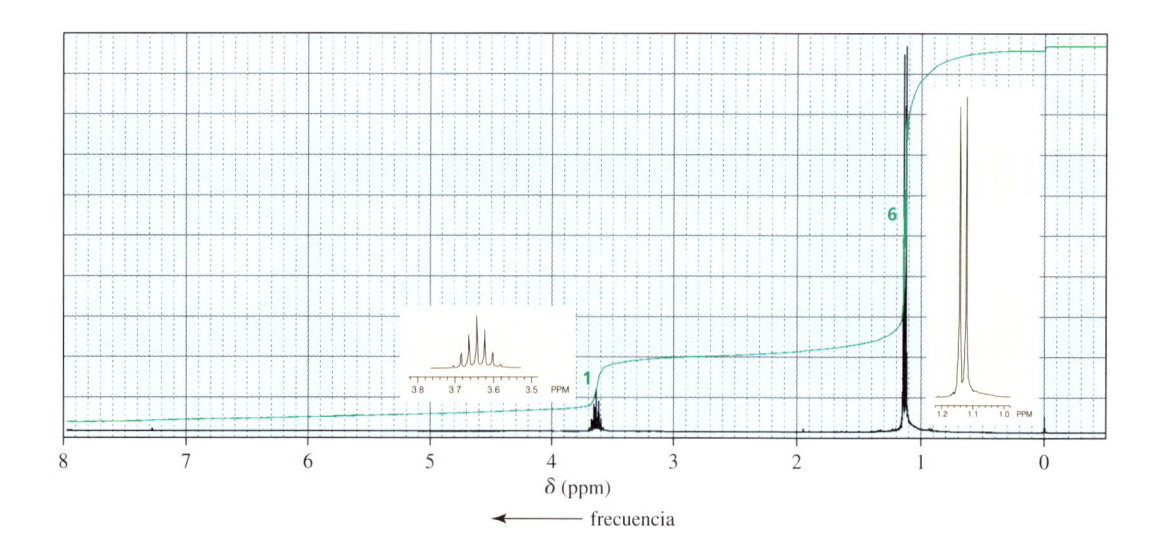

c. $C_{10}H_{13}NO_3$

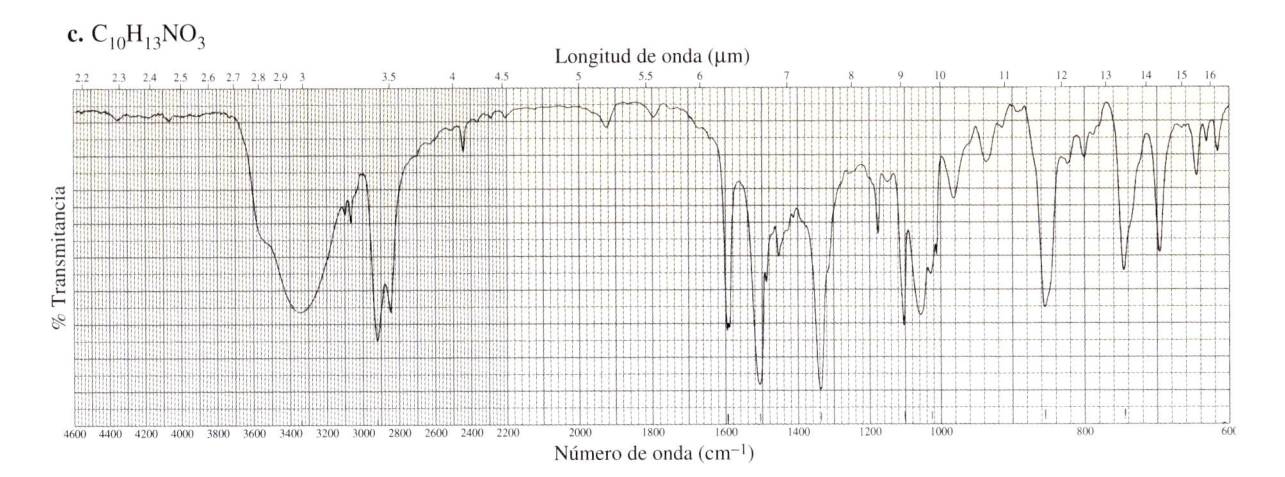

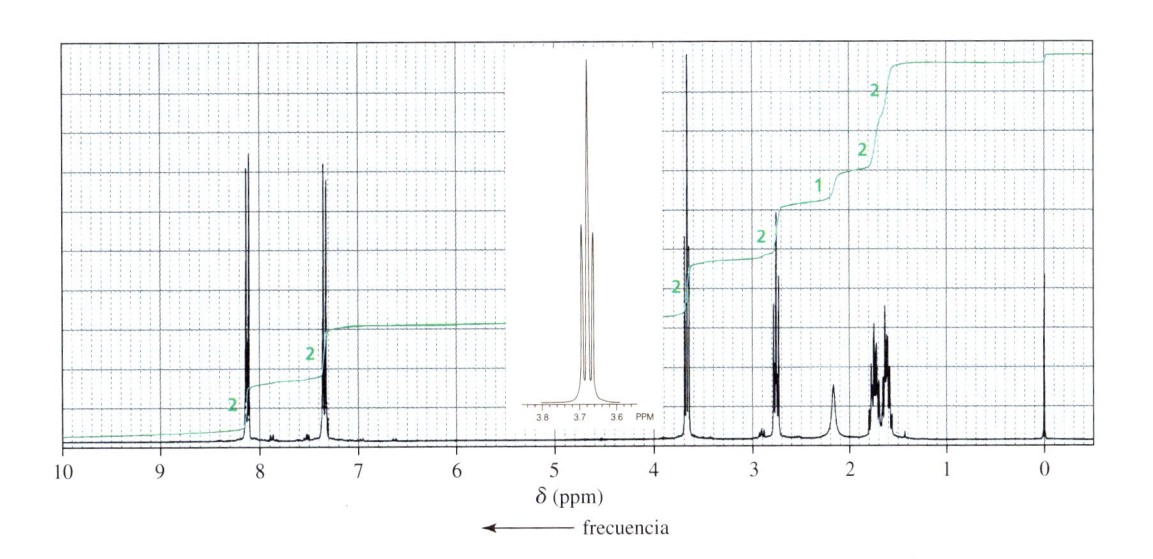

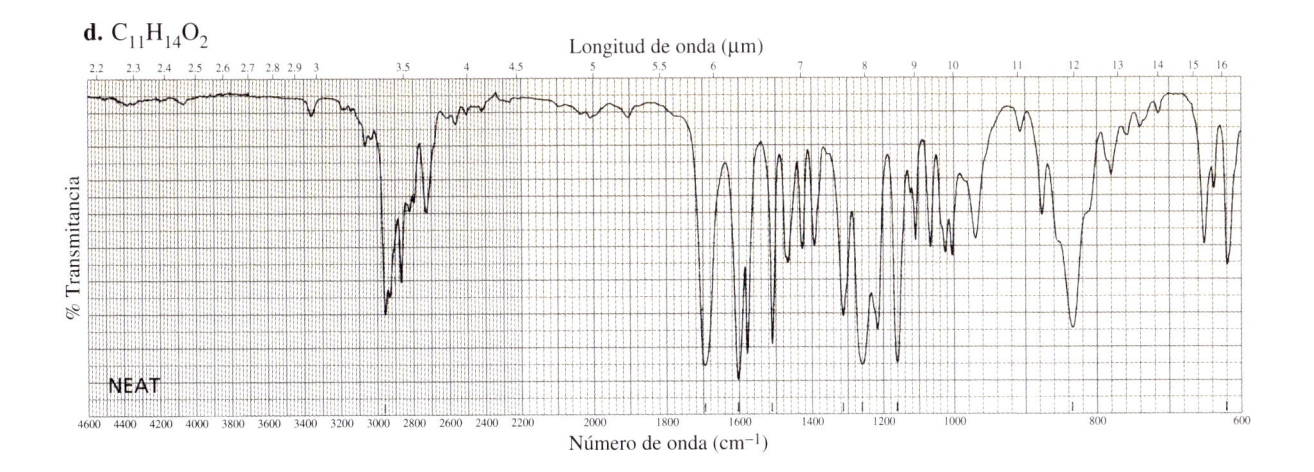

d. $C_{11}H_{14}O_2$

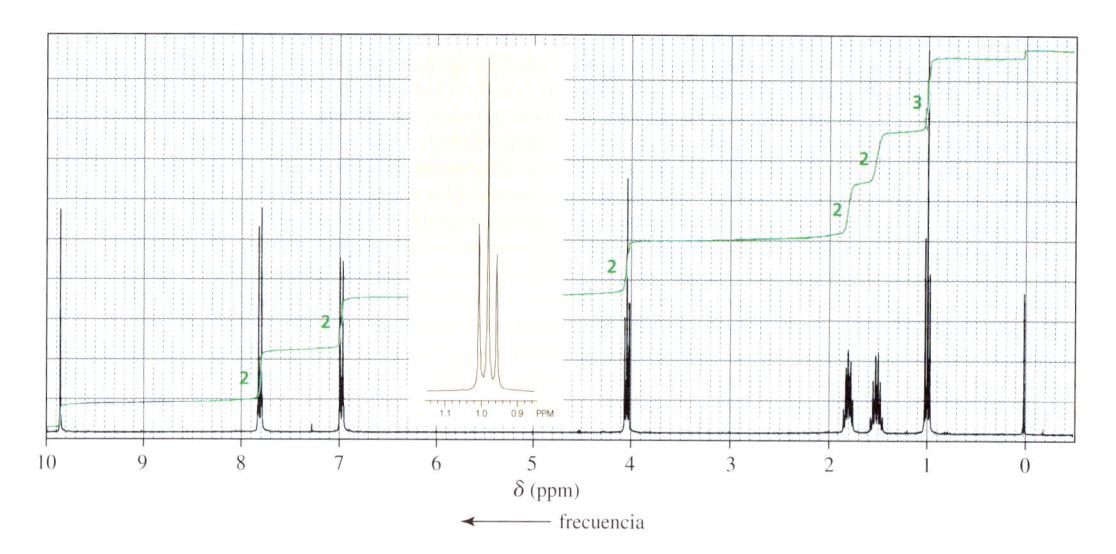

72. Determine la estructura de cada uno de los compuestos que siguen con base en sus espectros de masas, de IR y de RMN-^{1}H.

a.

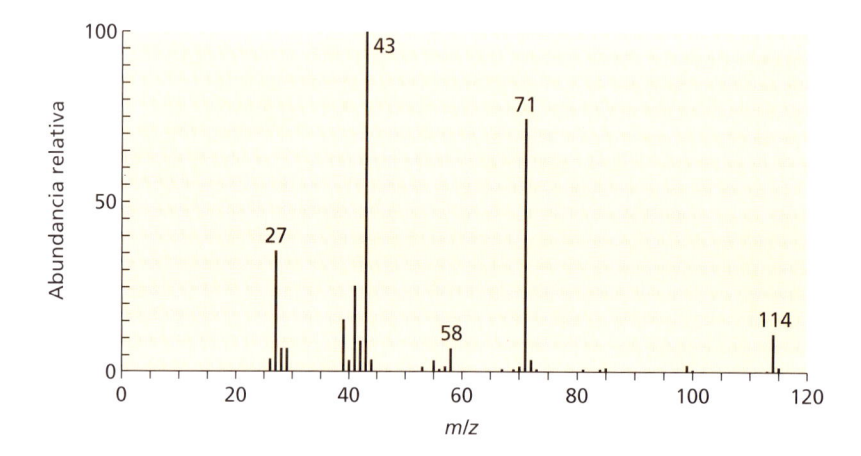

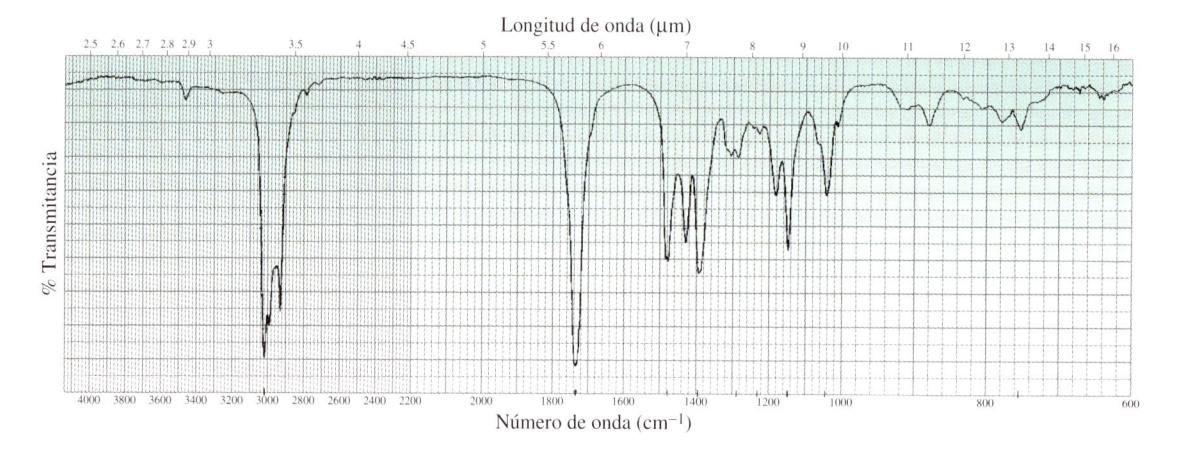

Problemas **637**

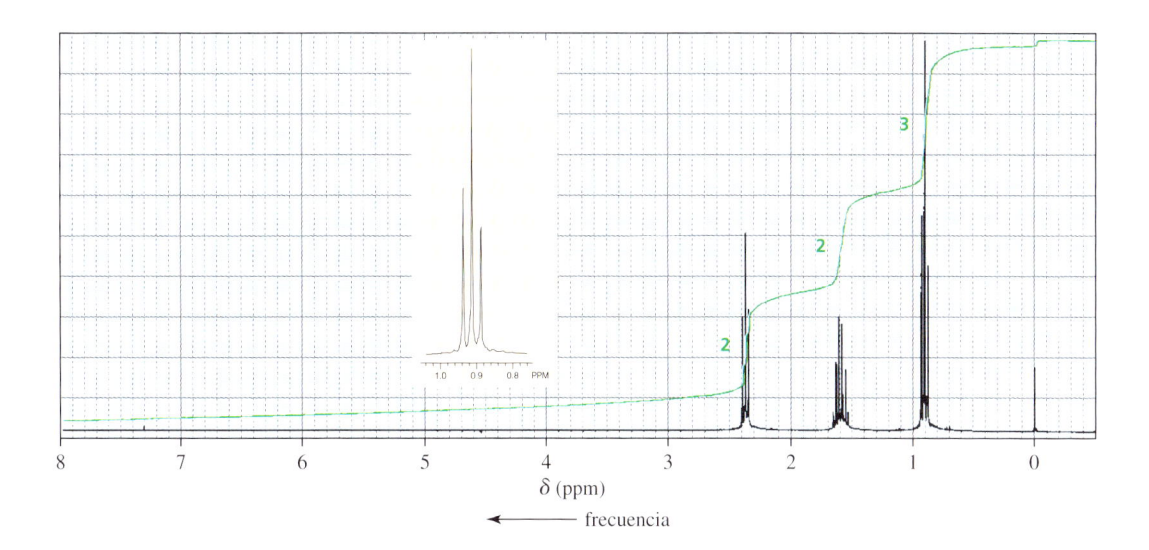

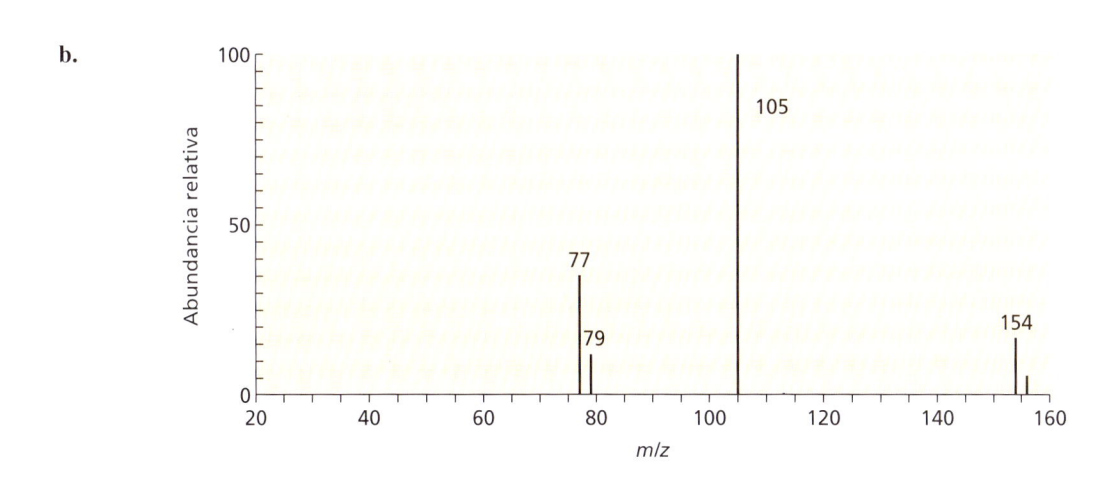

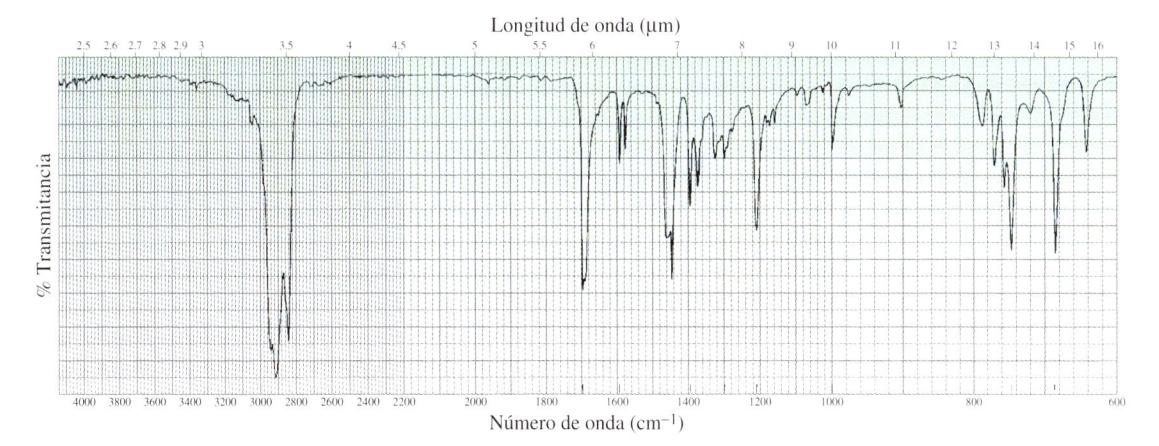

b.

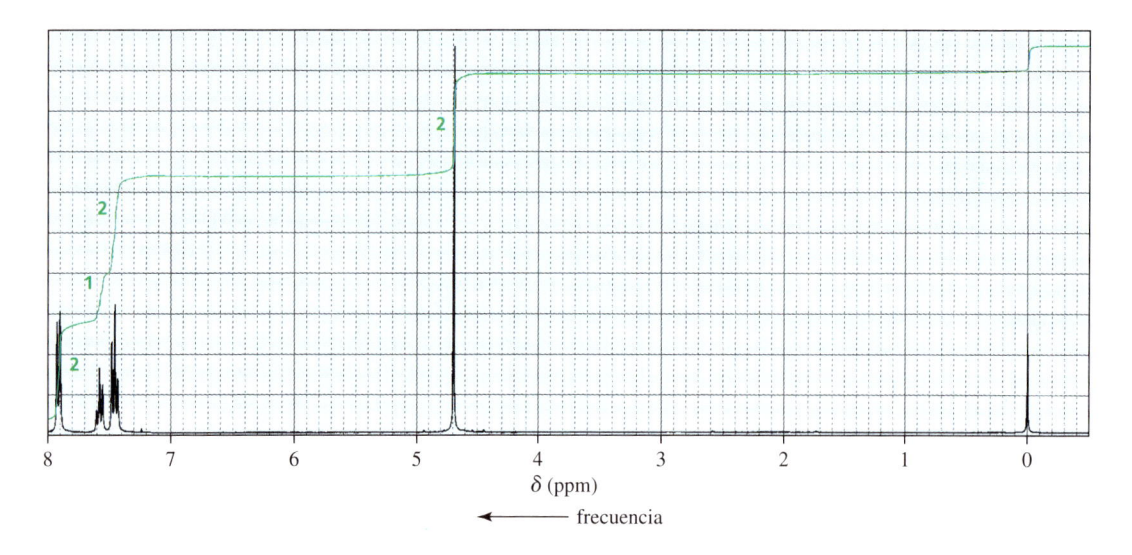

73. Identifique el compuesto cuya fórmula molecular es $C_6H_{10}O$ y que produce el siguiente espectro de RMN-^{13}C DEPT:

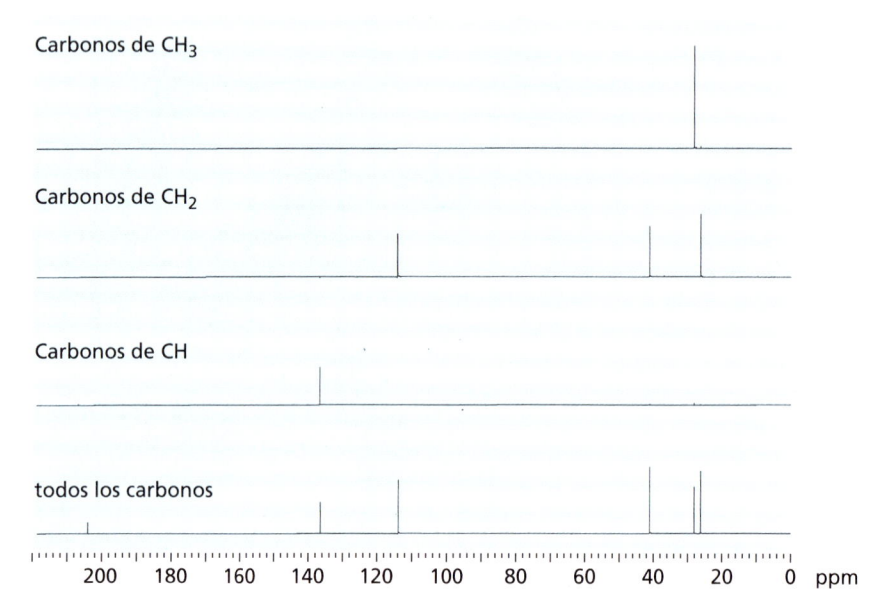

74. Indique cuál es el compuesto cuya fórmula molecular es C_6H_{14}, que produce el espectro siguiente de RMN-^{1}H:

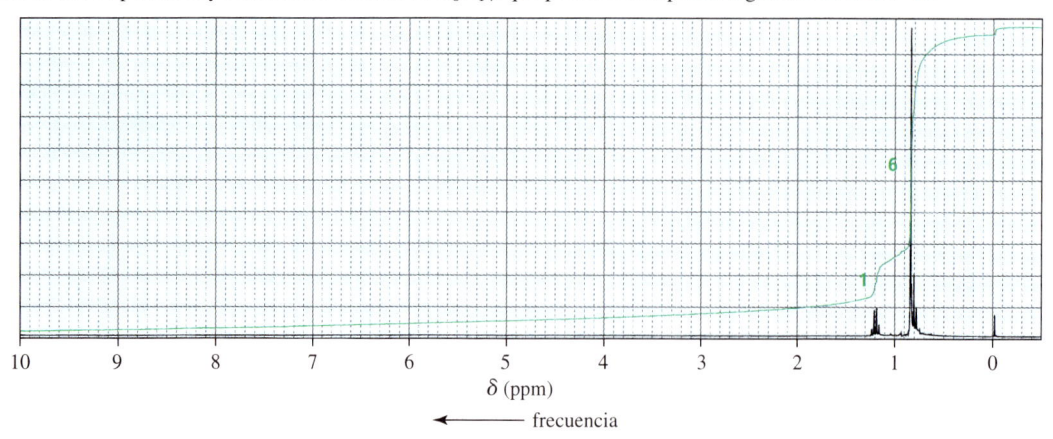

PARTE 5

Compuestos aromáticos

Los dos capítulos de la parte 5 describen la aromaticidad y las reacciones de los compuestos aromáticos. El benceno es el compuesto aromático más común. En el capítulo 7 se estudió la estructura del benceno y se reconoció que cuenta con un anillo de seis miembros, con tres pares de electrones π deslocalizados. Ahora se examinarán los criterios para considerar que un compuesto es aromático, y para hacerlo se explicarán los tipos de reacciones que experimentan los compuestos aromáticos. En el capítulo 20 se describirán las reacciones de los compuestos aromáticos en los que uno de los átomos del anillo no es átomo de carbono.

CAPÍTULO 14
Aromaticidad • Reacciones del benceno

El **capítulo 14** examina las propiedades estructurales que determinan que un compuesto sea aromático, al igual que las propiedades que hacen que un compuesto sea antiaromático. Después se plantean las reacciones del benceno. Habrá ocasión de ver que aunque el benceno, los alquenos y los dienos son todos nucleófilos (porque tienen enlaces π carbono-carbono), la aromaticidad del benceno determina que éste reaccione en formas muy distintas a las reacciones de los alquenos y los dienos. Una vez que el lector aprenda cómo poner un sustituyente en un anillo de benceno, verá algunas reacciones en las que se cambia el sustituyente.

CAPÍTULO 15
Reacciones de los bencenos sustituidos

El **capítulo 15** se concentra en las reacciones de los bencenos sustituidos. El lector verá cómo afecta un sustituyente, tanto la reactividad del anillo de benceno como la posición de un sustituyente que llega. También se describen tres tipos de reacciones con las que se pueden sintetizar bencenos sustituidos, distintas de las reacciones que se describieron en el capítulo 14: reacciones de sales de arendiazonio, reacciones de sustitución nucleofílica aromática y reacciones que implican bencinos como intermediarios. Al final del capítulo el lector tendrá la oportunidad de diseñar síntesis de compuestos que contienen anillos de benceno.

CAPÍTULO 14

Aromaticidad • Reacciones del benceno

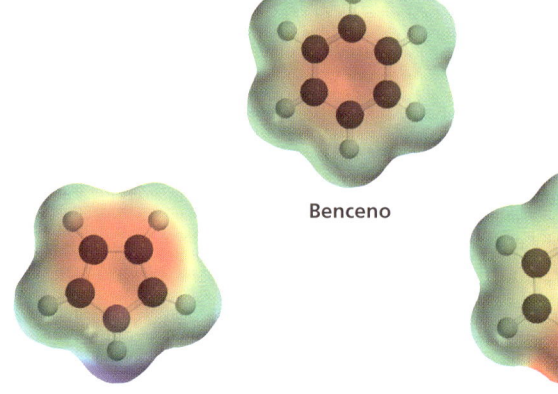

Pirrol

Benceno

Piridina

ANTECEDENTES

SECCIÓN 14.1 Se revisa la estructura del benceno (7.2) para preparar la discusión de su estabilidad y los tipos de reacciones en las que participa.

SECCIÓN 14.1 Ya que los compuestos aromáticos tienen grandes energías de deslocalización (7.6), son compuestos especialmente estables.

SECCIÓN 14.9 Un diagrama de coordenada de reacción (3.7) muestra por qué el benceno desarrolla reacciones de sustitución electrofílica y no reacciones de adición electrofílica (4.1).

SECCIÓN 14.15 Como la alquilación del benceno forma un carbocatión intermediario, hay que comprobar la posibilidad de que haya reordenamiento del carbocatión (4.6) cuando se determina la estructura del producto de la reacción.

SECCIÓN 14.17 Las reacciones de acoplamiento (10.13) son una forma adecuada para sintetizar bencenos sustituidos con grupos alquilo.

BIOGRAFÍA

Michael Faraday (1791-1867) *nació en Inglaterra, hijo de un herrero. A los 14 años fue aprendiz de encuadernador y se educó leyendo los libros que encuadernaba. Llegó a ser asistente de Sir Humphry Davy en la Royal Institution, de Gran Bretaña en 1812, donde aprendió química por sí mismo. En 1825 llegó a ser director de su laboratorio y en 1833, profesor de química. Se le conoce más por sus trabajos en electricidad y magnetismo.*

En 1825 Michael Faraday aisló por primera vez el compuesto que se denomina benceno. Lo extrajo del residuo líquido obtenido después de calentar aceite de ballena a presión para producir el gas que se usaba entonces para iluminar los edificios en Londres.

En 1834, Eilhardt Mitscherlich determinó en forma correcta la fórmula molecular (C_6H_6) del compuesto de Faraday y lo llamó bencina por su relación con el ácido benzoico, una forma sustituida del compuesto ya conocida. Después ese nombre cambió a benceno.

Los compuestos como el benceno, con relativamente pocos hidrógenos en relación con la cantidad de carbonos, se encuentran en forma típica en los aceites producidos por árboles y demás plantas. Los primeros químicos los llamaron **compuestos aromáticos** por sus agradables fragancias. De este modo los distinguieron de los **compuestos alifáticos**, con mayores relaciones de hidrógeno a carbono. Hoy los químicos usan la palabra "aromático" para indicar ciertos tipos de estructuras químicas. Las propiedades que determinan que un compuesto se considere aromático se estudian en la sección 14.2.

14.1 Estabilidad excepcional de los compuestos aromáticos

En el capítulo 7 se pudo ver que el benceno es un compuesto plano y cíclico con una nube de electrones deslocalizados arriba y abajo del plano del anillo (figura 14.1). Debido a que sus electrones π están deslocalizados, todos los enlaces C—C del benceno tienen la mis-

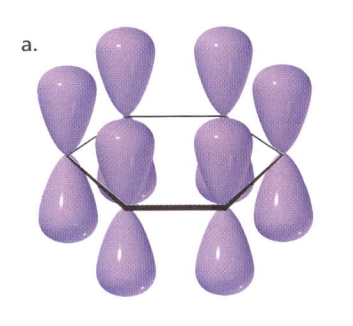

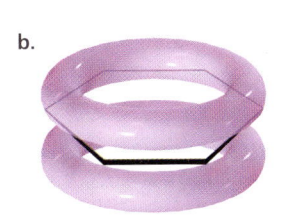

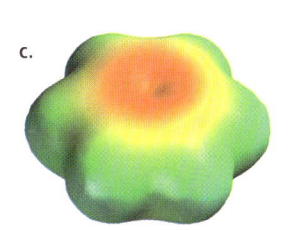

Figura 14.1
a) Cada carbono del benceno tiene un orbital *p*. b) El traslape de los orbitales *p* forma una nube de electrones π arriba y abajo del plano del anillo de benceno. c) El mapa de potencial electrostático del benceno indica que todos los enlaces carbono-carbono tienen la misma densidad electrónica.

ma longitud, son más cortos que un enlace sencillo típico pero más largos que un doble enlace típico.

El benceno es un compuesto particularmente estable porque dispone de una energía muy grande de deslocalización. La mayor parte de los compuestos con electrones deslocalizados encierran energías de deslocalización mucho menores. Recuérdese que la energía de deslocalización (llamada también energía de resonancia) indica cuánto más estable es un compuesto con electrones deslocalizados en comparación con lo que sería si todos sus electrones fueran localizados (sección 7.6). Por consiguiente, es posible determinar la energía de deslocalización del benceno comparando su estabilidad —es un compuesto con tres pares de electrones π deslocalizados— con la estabilidad del "ciclohexatrieno", compuesto desconocido e hipotético que cuenta con tres enlaces π localizados.

La $\Delta H°$ de la hidrogenación del ciclohexeno, compuesto que presenta un enlace doble localizado, se determinó en forma experimental y resultó ser -28.6 kcal/mol. En consecuencia sería de esperar que la $\Delta H°$ de hidrogenación del "ciclohexatrieno", con tres enlaces dobles localizados, fuera el triple, o sea $3 \times (-28.6) = -85.8$ kcal/mol (sección 4.11).

BIOGRAFÍA

Eilhardt Mitscherlich (1794–1863) *nació en Alemania. Estudió idiomas orientales en la Universidad de Heidelberg y en la Sorbona, donde se concentró en el Farsi, esperando ser incluido en una delegación que Napoleón pretendía mandar a Persia. Esa ambición murió con la derrota de Napoleón. Después de regresar a Alemania, para estudiar ciencias, recibió al mismo tiempo un doctorado en Estudios Persas. Mitscherlich llegó a ser profesor de química en la Universidad de Berlín.*

ciclohexeno + H$_2$ $\xrightarrow{Pt/C}$ ciclohexano $\Delta H° = -28.6$ kcal/mol (-120 kJ/mol) **experimental**

"ciclohexatrieno" hipotético + 3 H$_2$ $\xrightarrow{Pt/C}$ ciclohexano $\Delta H° = -85.8$ kcal/mol (-359 kJ/mol) **calculada**

Cuando se determinó experimentalmente la $\Delta H°$ de hidrogenación del benceno resultó ser de -49.8 kcal/mol, mucho menor que la calculada para el "ciclohexatrieno" hipotético.

benceno + 3 H$_2$ $\xrightarrow{Pt/C}$ ciclohexano $\Delta H° = -49.8$ kcal/mol (-208 kJ/mol) **experimental**

Ya que la hidrogenación del "ciclohexatrieno" y la hidrogenación del benceno forman ciclohexano en ambos casos, la diferencia de valores de $\Delta H°$ se puede explicar sólo con una diferencia en las energías del "ciclohexatrieno" y del benceno. La figura 14.2 muestra que el benceno debe ser 36 kcal/mol (o 151 kJ/mol) más estable que el "ciclohexatrieno" porque la $\Delta H°$ de hidrogenación del benceno es 36 kcal/mol menor que la calculada para el "ciclohexatrieno".

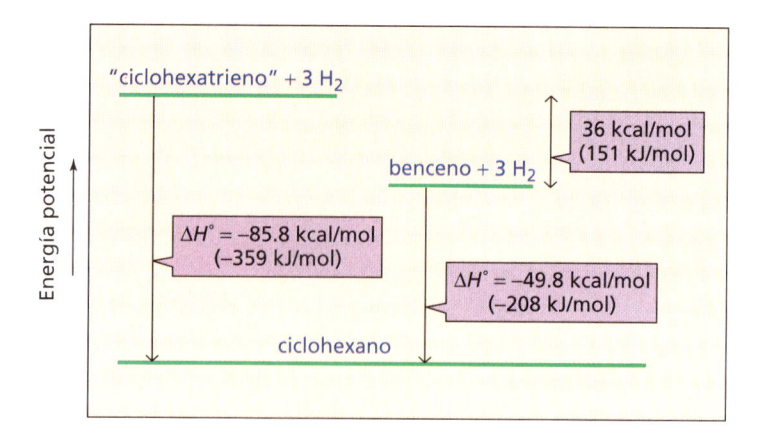

Figura 14.2 ▶
Diferencia de niveles de energía del "ciclohexatrieno" + hidrógeno, comparado con ciclohexano, y diferencia de niveles de energía de benceno + hidrógeno comparada con ciclohexano

Los compuestos aromáticos son particularmente estables.

Por las distintas energías del benceno y del "ciclohexatrieno" se llega a la conclusión de que son dos compuestos diferentes, aunque la única diferencia en sus estructuras sea que el benceno cuenta con seis electrones π deslocalizados y el "ciclohexatrieno" con seis electrones π localizados. La diferencia en sus energías es de 36 kcal/mol, que representa la energía de deslocalización del benceno: la estabilidad adicional que caracteriza a un compuesto como resultado de contar con electrones deslocalizados. En este caso es una energía de deslocalización excepcionalmente grande.

Los compuestos que tienen energías de resonancia excepcionalmente grandes se designan **compuestos aromáticos**. Entonces es posible comprender por qué los químicos del siglo XIX, sin saber de electrones deslocalizados, estaban confundidos por la estabilidad excepcional del benceno (sección 7.1).

14.2 Los dos criterios de aromaticidad

¿Cómo se puede decir si un compuesto es aromático viendo su estructura? En otras palabras ¿qué propiedades estructurales tienen en común los compuestos aromáticos?

Para considerarse aromático, un compuesto debe cumplir los dos criterios siguientes:

**Para que un compuesto sea aromático debe ser cíclico y plano, y tener una nube ininterrumpida de electrones π.
La nube π debe contener una cantidad impar de pares de electrones π.**

1. *Debe tener una nube cíclica ininterrumpida de electrones π* (llamada nube π) *arriba y abajo del plano de la molécula*. Con algo más de detalle lo anterior significa que:

    Para que la nube π sea cíclica, *la molécula debe ser cíclica*.
    Para que la nube π sea ininterrumpida, *todo átomo del anillo debe contar con un orbital p*.
    Para que se forme la nube π, cada orbital p debe traslaparse con los orbitales p colaterales. Por consiguiente, *la molécula debe ser plana*.

2. *La nube π debe contener una cantidad impar de pares de electrones π*.

En consecuencia, el benceno es un compuesto aromático porque es cíclico y plano, cada carbono en el anillo dispone de un orbital p y la nube π contiene *tres* pares de electrones π.

Erich Hückel, físico alemán, fue el primero en reconocer que un compuesto aromático debe tener una cantidad impar de pares de electrones π. En 1931, describió este requisito, en lo que ha dado en llamarse **regla de Hückel**, o **regla de $4n + 2$**. Esa regla indica que para que un compuesto plano y cíclico sea aromático su nube π ininterrumpida debe contener $(4n + 2)$ electrones π, siendo n cualquier número entero. Entonces, de acuerdo con la regla de Hückel, un compuesto aromático debe tener 2 ($n = 0$), 6 ($n = 1$), 10 ($n = 2$), 14 ($n = 3$), 18 ($n = 4$), etc., electrones π. Ya que hay dos electrones en un par, la regla de Hückel indica que un compuesto aromático debe tener 1, 3, 5, 7, 9, etc., pares de electrones π. Así, la regla de Hückel sólo es un método matemático para decir que un compuesto aromático debe tener una cantidad *impar* de pares de electrones π.

BIOGRAFÍA

Erich Hückel (1896-1980) *nació en Berlín. Después de recibir un doctorado en física experimental de la Universidad de Göttingen, pasó al Instituto Tecnológico Federal de Zurich, para trabajar con Peter Debye, donde ellos desarrollaron la teoría de Debye-Hückel para describir el comportamiento de los electrolitos fuertes en disolución. Hückel fue contratado en el Instituto Técnico de Stuttgart, para hacer estudios en Física Química. Después fue profesor de física teórica en la Universidad de Marburg.*

PROBLEMA 1◆

a. ¿Cuál es el valor de *n* en la regla de Hückel cuando un compuesto tiene nueve pares de electrones π?
b. ¿Es aromático ese compuesto?

14.3 Aplicación de los criterios de aromaticidad

Los hidrocarburos monocíclicos con enlaces sencillos y dobles alternados se llaman **anulenos**. Un prefijo entre corchetes indica la cantidad de carbonos en el anillo. Ejemplos de anulenos son el ciclobutadieno, benceno y ciclooctatetraeno.

ciclobutadieno   benceno   ciclooctatetraeno
[4]-anuleno   [6]-anuleno [8]-anuleno

El ciclobutadieno cuenta con dos pares de electrones π, mientras que el ciclooctatetraeno posee cuatro pares de electrones π. A diferencia del benceno, estos compuestos *no* son aromáticos porque tienen una cantidad *par* de pares de electrones π. Hay una razón adicional por la que el ciclooctatetraeno no es aromático: su molécula no es plana sino que tiene la forma de tina. Antes ya se explicó que para que un anillo de ocho miembros sea plano sus ángulos de enlace deben ser de 135° (capítulo 2, problema 34) y se sabe también que los carbonos con hibridación sp^2 presentan ángulos de enlace de 120°. Por lo anterior, si el ciclooctatetraeno fuera plano tendría una considerable tensión angular. Como el ciclobutadieno y el ciclooctatetraeno no son aromáticos, carecen de la estabilidad excepcional de los compuestos aromáticos.

A continuación se revisarán algunos otros compuestos para determinar si son aromáticos. El ciclopentadieno no es aromático porque carece de un anillo ininterrumpido de átomos cada uno con orbitales *p*. Uno de los átomos de su anillo tiene hibridación sp^3 y sólo los carbonos con hibridación sp^2 y sp cuentan con orbitales *p*. En consecuencia, el ciclopentadieno no satisface el primer criterio de aromaticidad.

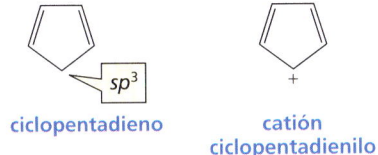

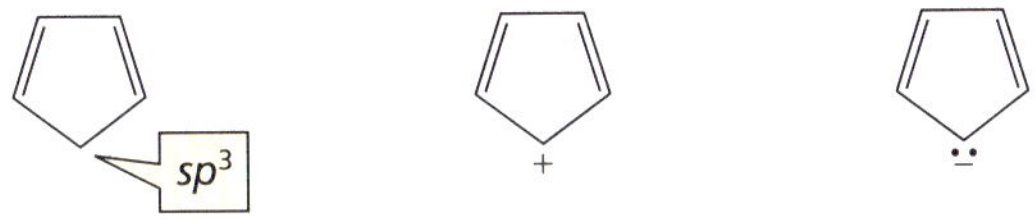

ciclopentadieno   catión   anión
                   ciclopentadienilo   ciclopentadienilo

Tutorial del alumno:
Aromaticidad
(Aromaticity)

Tampoco el catión ciclopentadienilo no es aromático porque aunque tiene un anillo ininterrumpido de átomos con orbitales *p* su nube π tiene *dos* (número par) pares de electrones π. El anión ciclopentadienilo es aromático: tiene un anillo ininterrumpido de átomos con orbitales *p* y la nube π contiene *tres* (número impar) pares de electrones π deslocalizados.

Obsérvese que el carbono con carga negativa en el anión ciclopentadienilo tiene hibridación sp^2, porque si tuviera hibridación sp^3 ese ion no sería aromático. El híbrido de resonancia muestra que todos los carbonos del anión ciclopentadienilo son equivalentes. Cada carbono tiene exactamente la quinta parte de la carga negativa asociada con el anión.

estructuras resonantes del anión ciclopentadienilo

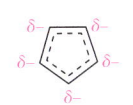

híbrido de resonancia

Los criterios que determinan si un hidrocarburo monocíclico es aromático también se pueden aplicar para determinar si un hidrocarburo policíclico es aromático. El naftaleno (cinco pares de electrones π), el fenantreno (siete pares de electrones π) y el criseno (nueve pares de electrones π) son aromáticos.

naftaleno   **fenantreno**   **criseno**

LAS BOLAS BUCKY Y EL SIDA

El diamante y el grafito (sección 1.8) son dos formas familiares del carbono puro. Fue descubierta, de manera inesperada, una tercera forma en 1985, cuando unos científicos hacían experimentos para comprender cómo se forman moléculas de cadena larga en el espacio exterior. R. E. Smalley, R. F. Curl, Jr. y H. W. Kroto compartieron el Premio Nobel de Química en 1986 por descubrir esta nueva forma de carbono. Bautizaron a la sustancia buckminsterfulereno (que con frecuencia se abrevia como fulereno) porque su estructura les recordó los domos geodésicos popularizados por R. Buckminster Fuller, arquitecto y filósofo estadounidense. Su apodo es "bola bucky."

El fulereno consiste en un conjunto hueco de 60 carbonos, y es la molécula simétrica más grande conocida. Al igual que el grafito, el fulereno sólo tiene carbonos con hibridación sp^2, pero en lugar de estar ordenados en capas, los carbonos forman anillos que encajan entre sí como las costuras de un balón de fútbol soccer. Cada molécula tiene 37 anillos encajados (20 hexágonos y 12 pentágonos). A primera vista, parecería que el fulereno es aromático, por sus anillos bencenoides. Sin embargo, la curvatura de la bola evita que la molécula cumpla con el primer criterio de la aromaticidad: ser plana. Por consiguiente, el fulereno no es aromático.

Las bolas bucky tienen propiedades físicas y químicas extraordinarias. Por ejemplo, son extremadamente robustas, lo que se ve por su capacidad de supervivencia en las temperaturas extremas del espacio exterior. Al ser en esencia jaulas huecas, pueden ser manipuladas para obtener materiales que nunca antes se conocieron. Por ejemplo, cuando se "dopa" una bola bucky insertando potasio o cesio en su cavidad, se vuelve un excelente superconductor orgánico. Esas moléculas se estudian en la actualidad para usarlas en muchas otras aplicaciones, incluyendo el desarrollo de nuevos polímeros, catalizadores y sistemas dosificadores de medicamentos. El descubrimiento de las bolas bucky es un gran recordatorio de los avances tecnológicos que se pueden alcanzar como resultado de la investigación básica.

Los investigadores hasta han recurrido a las bolas bucky para tratar de curar el SIDA. Una enzima que necesita el virus del SIDA para reproducirse tiene una bolsa no polar en su estructura tridimensional. Si se bloquea esa bolsa, cesa la producción de virus. Como las bolas bucky no son polares y tienen aproximadamente el mismo diámetro que la bolsa de la enzima, se están estudiando como posibles bloqueadores. El primer paso para explorar esa posibilidad fue equipar la bola bucky con cadenas laterales polares, para hacerla hidrosoluble para que pueda fluir en el torrente sanguíneo. El segundo paso fue modificar las cadenas laterales para que se unieran con la enzima. A este proyecto todavía le falta mucho para ser una cura del SIDA, pero representa un ejemplo de los muchos y diversos métodos que adoptan los investigadores para llegar a esa cura.

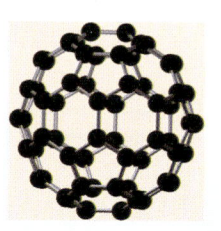

C_{60}
buckminsterfulereno
"bola bucky"

Domo geodésico

Richard E. Smalley (1943–2005) *nació en Akron, Ohio. Recibió una licenciatura de la Universidad de Michigan y un doctorado de la Universidad de Princeton. Fue profesor de química y física en la Universidad Rice.*

Robert F. Curl, Jr. *nació en Texas, en 1933. Recibió licenciatura de la Universidad Rice y un doctorado de la Universidad de California, en Berkeley. Es profesor de química en la Universidad Rice.*

Sir Harold W. Kroto *nació en Inglaterra en 1939, y es profesor de química en la Universidad de Sussex.*

PROBLEMA 2

a. Trace flechas para indicar el movimiento de electrones al pasar de una estructura de resonancia a la siguiente en el anión ciclopentadienilo.

b. ¿Cuántos átomos comparten la carga negativa en el anillo?

Cuando dibuje estructuras resonantes, recuerde que sólo se mueven los electrones; los átomos nunca se mueven.

PROBLEMA 3◆

De cada conjunto ¿cuál compuesto es aromático? Explique su elección.

a.
ciclopropeno    catión ciclopropenilo    anión ciclopropenilo 

b.
cicloheptatrieno    catión cicloheptatrienilo 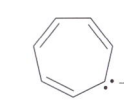   anión cicloheptatrienilo 

PROBLEMA 4◆

¿Cuáles de los siguientes compuestos son aromáticos?

a.

b.

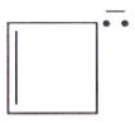

c.

d.

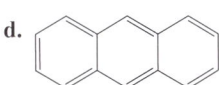

e.

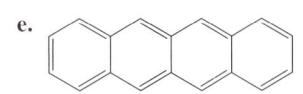

f. $CH_2=CHCH=CHCH=CH_2$

PROBLEMA 5◆   RESUELTO

a. ¿Cuántos monobromonaftalenos existen?

b. ¿Cuántos monobromofenantrenos existen?

Solución de 5a   Hay dos monobromonaftalenos. No puede haber sustitución en cualquiera de los carbonos compartidos por ambos anillos porque dichos carbonos no están unidos a un hidrógeno. El naftaleno es una molécula plana y la sustitución de un hidrógeno en cualquier otro carbono daría como resultado uno de los dos compuestos siguientes:

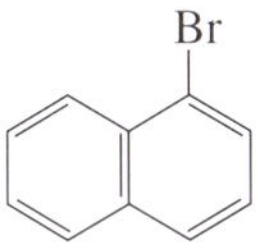

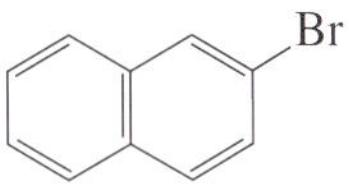

PROBLEMA 6

Se han sintetizado los anulenos [10] y [12] y se ha visto que ninguno de ellos es aromático. Explique por qué.

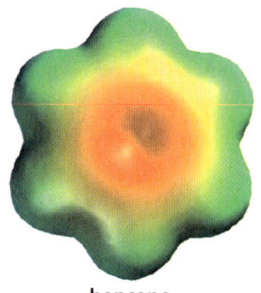

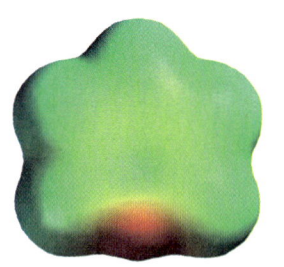

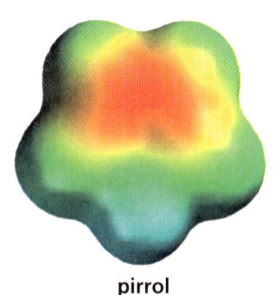

14.4 Compuestos aromáticos heterocíclicos

Un compuesto no tiene que ser hidrocarburo para ser aromático. Muchos *compuestos heterocíclicos* son aromáticos. Un **compuesto heterocíclico** es un compuesto cíclico en el que uno o más átomos del anillo son distintos al carbono. El átomo que no es de carbono se llama **heteroátomo.** El nombre proviene de *heteros*, palabra griega que significa "diferente". Los heteroátomos más comunes son N, O y S.

compuestos heterocíclicos

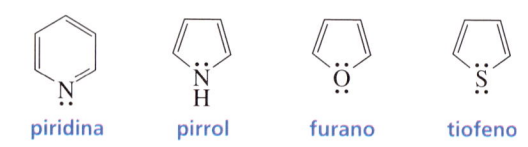

piridina   pirrol   furano   tiofeno

La piridina es un compuesto aromático heterocíclico. Cada uno de los seis átomos del anillo de la piridina tiene hibridación sp^2, lo que significa que cada uno dispone de un orbital p; además, la molécula contiene tres pares de electrones π. (No se confunda el lector con el par de electrones no enlazados en el nitrógeno: no son electrones π). Como el nitrógeno tiene hibridación sp^2, tiene tres orbitales sp^2 y un orbital p. El orbital p se usa para formar el enlace π. Dos de los orbitales sp^2 del nitrógeno se traslapan con los orbitales sp^2 de los carbonos adyacentes y el tercer orbital sp^2 del nitrógeno contiene un par de electrones no enlazado.

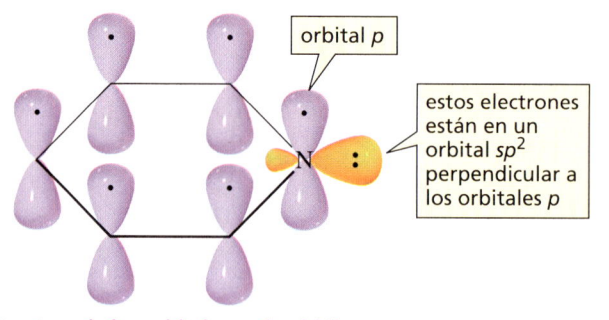

estructura de los orbitales en la piridina

No se ve de inmediato que los electrones, representados como par de electrones no enlazado en el átomo de nitrógeno del pirrol, sean electrones π. Sin embargo, las estructuras de resonancia indican que el átomo de nitrógeno tiene hibridación sp^2 y usa sus tres orbitales sp^2 para unirse a dos carbonos y a un nitrógeno. En consecuencia, el par de electrones no enlazado debe estar en un orbital p que se traslapa con los orbitales p de los carbonos adyacentes formando un enlace π —por tanto son electrones π. Entonces, el pirrol tiene tres pares de electrones π y es aromático.

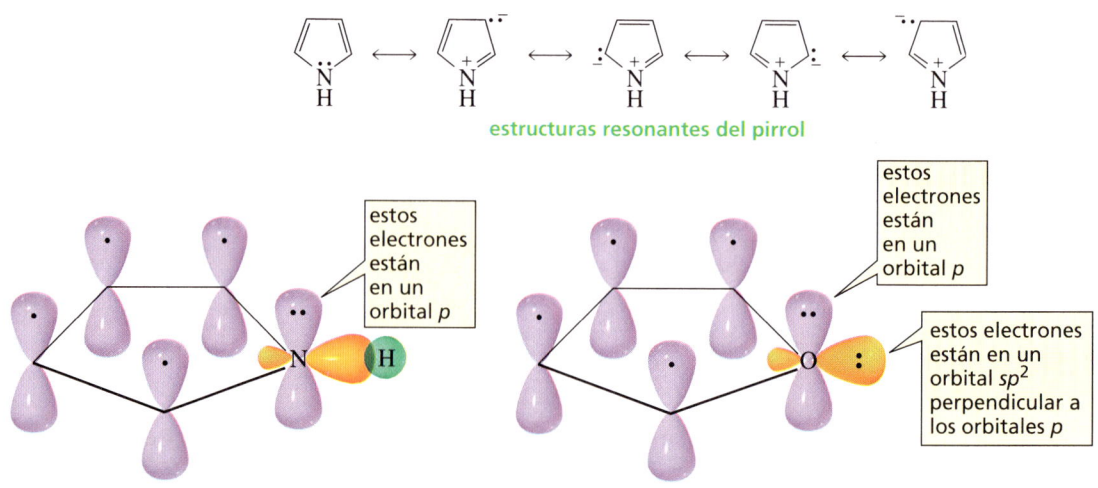

estructuras resonantes del pirrol

estructura de los orbitales en el pirrol   estructura de los orbitales en el furano

14.5 Algunas consecuencias químicas de la aromaticidad

De igual modo, el furano y el tiofeno son compuestos aromáticos estables. Tanto el oxígeno en el primero como el azufre en el último tienen hibridación sp^2 y tienen un par de electrones no enlazado en un orbital sp^2. El segundo par de electrones no enlazado está en un orbital p, que se traslapa con los orbitales p de los carbonos adyacentes y forma un enlace π. Por consiguiente son electrones π.

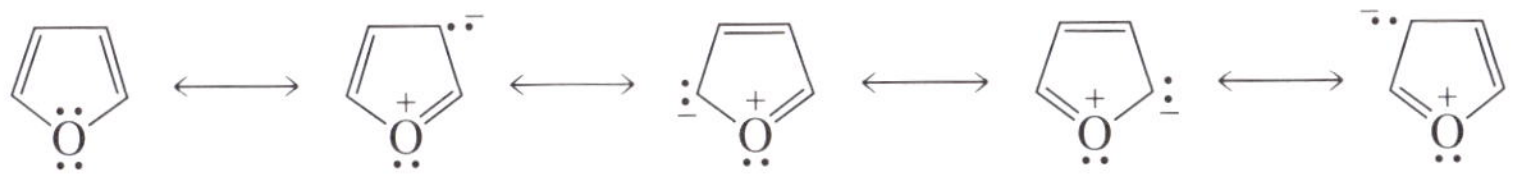

estructuras resonantes del furano

Otros ejemplos de compuestos aromáticos heterocíclicos son la quinolina, el indol, el imidazol, la purina y la pirimidina. Los compuestos heterocíclicos que se describen en esta sección se examinarán con más detalle en el capítulo 20.

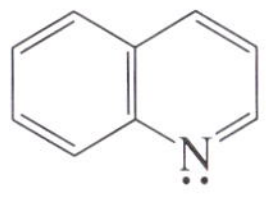

quinolina 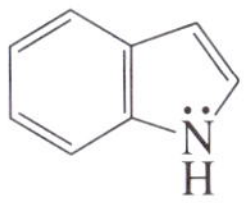   indol    imidazol 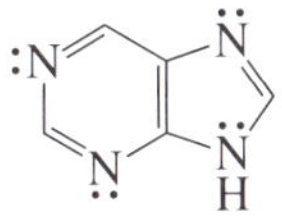   purina 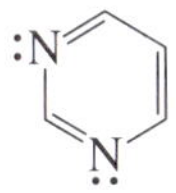   pirimidina

PROBLEMA 7

a. Trace flechas para mostrar el movimiento de los electrones al pasar de una a otra estructura resonante del pirrol.
b. ¿Cuántos átomos del anillo comparten la carga negativa?

PROBLEMA 8♦

¿Qué orbitales contienen los electrones representados como pares de electrones no enlazados en las estructuras de la quinolina, el indol, el imidazol, la purina y la pirimidina?

PROBLEMA 9

Vea los mapas de potencial electrostático de la página 646 para contestar lo siguiente:

a. ¿Por qué es azul la parte inferior del mapa de potencial electrostático del pirrol?
b. ¿Por qué es roja la parte inferior del mapa de potencial electrostático de la piridina?
c. ¿Por qué es más rojo el centro del mapa de potencial electrostático del benceno que el centro del mapa de potencial electrostático de la piridina?

14.5 Algunas consecuencias químicas de la aromaticidad

El pK_a del ciclopentadieno es 15, lo cual es extraordinariamente ácido para un hidrógeno unido a un carbono con hibridación sp^3. Por ejemplo, el pK_a del etano es > 60.

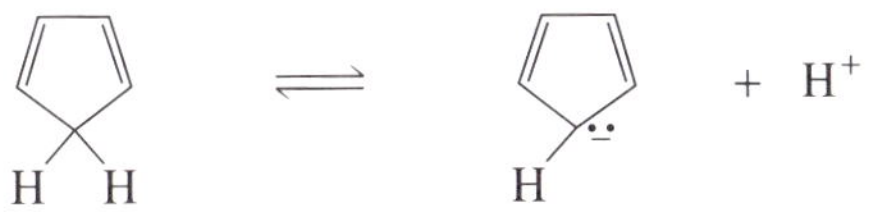

ciclopentadieno ⇌ anión ciclopentadienilo + H⁺
pK_a = 15

CH_3CH_3 ⇌ $CH_3\ddot{C}H_2$ + H⁺
etano   anión etilo
p$K_a > 60$

648 CAPÍTULO 14 Aromaticidad • Reacciones del benceno

Tutorial del alumno:
Aromaticidad y acidez
(Aromaticity and acidity)

¿Por qué el pK_a del ciclopentadieno es mucho menor al del etano? Para contestar lo anterior se deben verificar las estabilidades de los aniones que se forman cuando los compuestos pierden un protón. (Recuérdese que la fuerza de un ácido se determina por la estabilidad de su base conjugada: mientras más estable sea la base conjugada el ácido es más fuerte; véase la sección 1.18). Todos los electrones del anión etilo son localizados. En contraste, el anión que se forma cuando el ciclopentadieno pierde un protón es aromático (sección 14.2). El resultado de esta aromaticidad es que el anión ciclopentadienilo es un carbanión excepcionalmente estable; por eso su ácido conjugado tiene un pK_a extraordinariamente bajo.

Otro ejemplo de la influencia de la aromaticidad sobre la reactividad química es el comportamiento químico excepcional del bromuro de cicloheptatrienilo. Recuérdese, de la sección 2.9, que los haluros de alquilo tienden a ser compuestos covalentes relativamente no polares —son solubles en disolventes no polares y son *insolubles en agua*. Sin embargo, el bromuro de cicloheptatrienilo es un haluro de alquilo que se comporta como un compuesto iónico: es insoluble en disolventes no polares pero resulta que es *fácilmente soluble en agua*.

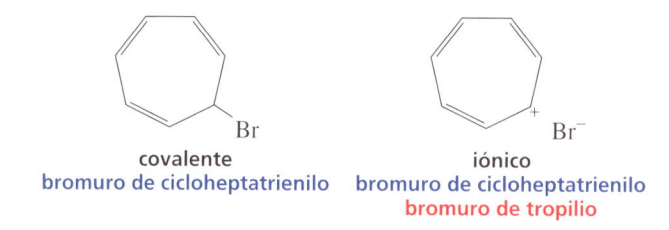

covalente
bromuro de cicloheptatrienilo

iónico
bromuro de cicloheptatrienilo
bromuro de tropilio

El bromuro de cicloheptatrienilo es un compuesto iónico porque su catión es aromático. El haluro de alquilo *no es* aromático en su forma covalente porque dispone de un carbono con hibridación sp^3 y en consecuencia *no* tiene un anillo ininterrumpido de átomos con orbitales *p*. Empero, el catión cicloheptatrienilo (al que también se le llama catión tropilio) *sí es* aromático: es un ion cíclico plano, todos los átomos del anillo tienen hibridación sp^2 (lo que significa que cada átomo de anillo tiene un orbital *p*) y cuenta con tres pares de electrones π deslocalizados. La estabilidad que se relaciona con el catión aromático determina que el haluro de alquilo exista en la forma iónica.

PROBLEMA 10◆

Indique cuáles serán los valores relativos de pK_a del ciclopentadieno y cicloheptatrieno.

PROBLEMA 11 *RESUELTO*

a. Trazar flechas para mostrar el movimiento de electrones al pasar de una a otra estructura resonante en el catión cicloheptatrienilo.
b. ¿Cuántos átomos de anillo comparten la carga positiva?

Solución de 11a

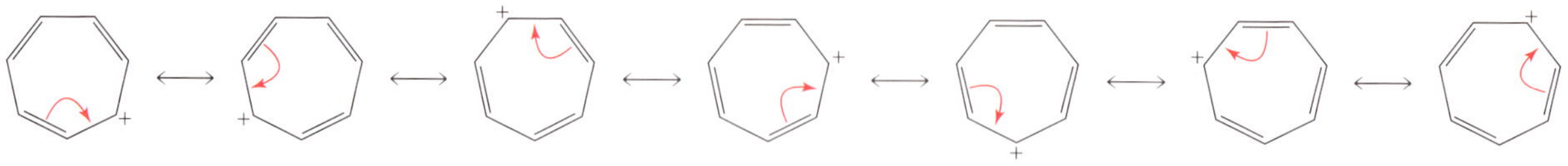

Solución de 11b
Los siete átomos del anillo comparten la carga positiva.

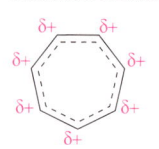

ESTRATEGIA PARA RESOLVER PROBLEMAS

Análisis de la distribución electrónica en compuestos

¿Cuál de los siguientes compuestos tiene un mayor momento dipolar?

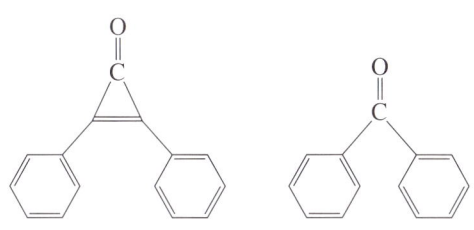

Antes de tratar de contestar este tipo de preguntas, debemos asegurarnos de que conocemos exactamente lo que se pregunta. Sabemos que el momento dipolar de esos compuestos es el resultado de compartir electrones en forma desigual entre los átomos de carbono y oxígeno. Por consiguiente, mientras más desigual sea la forma en que se compartan mayor será el momento dipolar. Entonces la pregunta se transforma en ¿cuál compuesto tiene mayor carga negativa en su átomo de oxígeno? Para averiguarlo tracemos las estructuras con cargas separadas y determinemos su estabilidad relativa. El anillo de tres miembros del compuesto de la izquierda se vuelve aromático cuando se separan las cargas, pero la estructura de la derecha no. Como el ser aromática hace que una especie sea más estable, el compuesto de la izquierda tiene la mayor separación de cargas y, en consecuencia, el mayor momento dipolar.

Ahora continúe en el problema 12.

PROBLEMA 12

a. ¿Qué dirección tiene el momento dipolar del fulveno? Explique por qué.
b. ¿Qué dirección tiene el momento dipolar del caliceno? Explique por qué.

fulveno   caliceno

14.6 Antiaromaticidad

Un compuesto aromático es *más estable* que un compuesto cíclico análogo con electrones localizados. En contraste, un compuesto **antiaromático** es *menos estable* que un compuesto cíclico análogo con electrones localizados. La *aromaticidad se caracteriza por la estabilidad, mientras que la antiaromaticidad se caracteriza por la inestabilidad.*

Los compuestos antiaromáticos son muy inestables.

estabilidad relativa

compuesto aromático > compuesto cíclico con electrones localizados > compuesto antiaromático

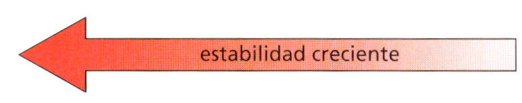

← estabilidad creciente

Un compuesto se considera antiaromático si cumple con el primer criterio de aromaticidad, pero no cumple con el segundo. En otras palabras, debe ser un compuesto plano y cíclico, con un anillo ininterrumpido de átomos con orbitales p, y la nube π debe contener un número *impar* de pares de electrones π. La regla de Hückel establece que la nube π debe contener 4 *n* electrones π, siendo *n* cualquier número entero —una forma matemática de decir que la nube debe contener una cantidad *par* de pares de electrones π.

El ciclobutadieno es una molécula plana y cíclica, con dos pares de electrones π; por consiguiente, cabe esperar que sea antiaromática y muy inestable. De hecho, es demasiado inestable para poder aislarla, aunque se ha aislado a temperaturas muy bajas. El catión ciclopentadienilo también tiene dos pares de electrones π, de modo que es posible llegar a la conclusión de que también es antiaromático e inestable.

ciclobutadieno   catión ciclopentadienilo

PROBLEMA 13◆

a. Indique cuáles serán los valores relativos de pK_a para el ciclopropeno y el ciclopropano.

b. ¿Qué compuesto es más soluble en agua, el 3-bromociclopropeno o el bromociclopropano?

PROBLEMA 14◆

¿Cuál(es) de los compuestos del problema 4 es antiaromático?

14.7 Descripción de aromaticidad y antiaromaticidad con la teoría de los orbitales moleculares

¿Por qué las moléculas planas con nubes ininterrumpidas cíclicas de electrones π son muy estables (aromáticas) si disponen de una cantidad impar de pares de electrones π y muy inestables (antiaromáticas) si poseen una cantidad par de pares de electrones π? Para contestar esta pregunta hay que considerar la teoría de los orbitales moleculares.

La energía relativa de los orbitales moleculares π de una molécula plana con una nube cíclica ininterrumpida de electrones π se podría determinar, sin tener que usar cálculos matemáticos, trazando primero el compuesto cíclico con uno de sus vértices apuntando hacia abajo. La energía relativa de los orbitales moleculares π se pueden concebir como correspondientes al nivel relativo de los vértices (figura 14.3). Los orbitales moleculares que

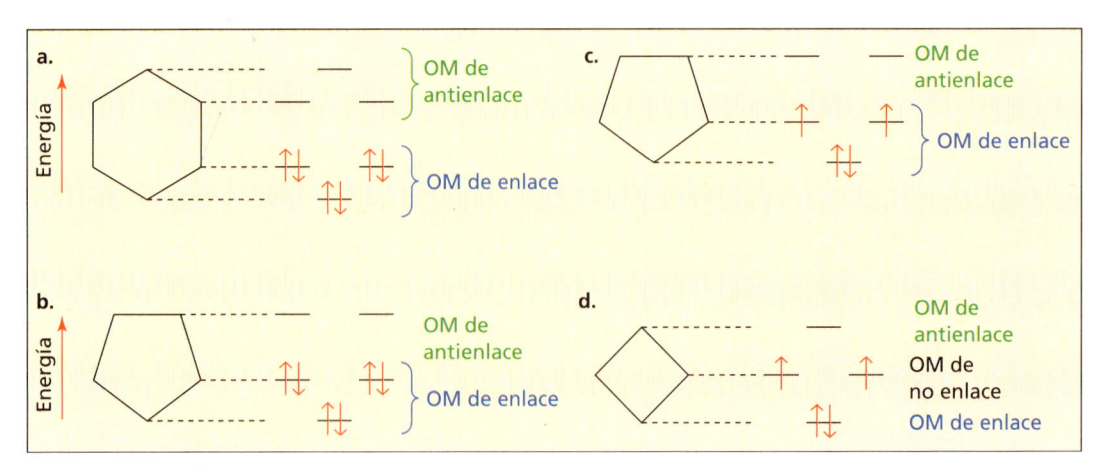

▲ **Figura 14.3**

Distribución de electrones en los orbitales moleculares π de a) benceno, b) anión ciclopentadienilo, c) catión ciclopentadienilo y d) ciclobutadieno. La energía relativa de los orbitales moleculares π en un compuesto cíclico corresponden al nivel relativo de los vértices. Los orbitales moleculares que están abajo del punto medio de la estructura cíclica son de enlace; los que están arriba del punto medio son de antienlace, y los que están en el punto medio son de no enlace.

están abajo del punto medio de la estructura cíclica son orbitales moleculares de enlace; los que están arriba del punto medio son orbitales moleculares de antienlace, y todo lo que haya en el punto medio es orbital molecular de no enlace. Este sencillo esquema se llama, a veces, *artificio Frost* o *círculo de Frost*, en honor de Arthur A. Frost, quien lo inventó. Obsérvese que la cantidad de orbitales moleculares π es igual que la cantidad de átomos en el anillo porque cada átomo del anillo contribuye con un orbital *p*. (Recuérdese que los orbitales se conservan, sección 1.6).

Los seis electrones π del benceno ocupan sus tres orbitales moleculares π y los seis electrones π del anión ciclopentadienilo ocupan sus tres orbitales moleculares π. Téngase en cuenta que siempre hay una cantidad impar de orbitales de enlace porque uno corresponde al vértice más inferior y los demás vienen en pares degenerados. En consecuencia, los compuestos aromáticos, como el benceno y el anión ciclopentadienilo, con su número impar de pares de electrones π, presentan orbitales de enlace totalmente llenos y carecen de electrones en orbitales de no enlace y de antienlace. A ello se debe la estabilidad que denotan las moléculas aromáticas. (En la sección 7.8 se presentó una descripción más detallada de los orbitales moleculares del benceno).

Los compuestos antiaromáticos cuentan con un número impar de pares de electrones π. Por consiguiente, o no pueden llenar sus orbitales de enlace (catión ciclopentadienilo) o tienen un par de electrones π en exceso después de que se llenan los orbitales de enlace (ciclobutadieno). La regla de Hund establece que esos dos electrones pasen a ocupar orbitales degenerados (sección 1.2).

Tutorial del alumno: Descripción de la aromaticidad con orbitales moleculares (Molecular orbital description of aromaticity)

Los compuestos aromáticos son estables porque tienen orbitales moleculares π llenos.

PROBLEMA 15◆

¿Cuántos orbitales moleculares π de enlace, de no enlace y de antienlace tiene el ciclobutadieno? ¿En cuáles orbitales moleculares se hallan los electrones π?

PROBLEMA 16◆

¿Puede ser aromático un radical?

PROBLEMA 17

Siga las instrucciones para dibujar los niveles de energía de los orbitales moleculares π, de los compuestos en la figura 14.3, y dibuje los niveles de energía de los orbitales moleculares π para el catión cicloheptatrienilo, el anión cicloheptatrienilo y el catión ciclopropenilo. En cada compuesto indique la distribución de los electrones π. ¿Cuál o cuáles de los compuestos son aromáticos? ¿Cuál o cuáles son antiaromáticos?

14.8 Nomenclatura de los bencenos monosustituidos

Algunos de los bencenos monosustituidos se nombran sólo con agregar "benceno" después del nombre del sustituyente

- bromobenceno (Br)
- clorobenceno (Cl)
- nitrobenceno (NO_2) — se usa como disolvente en grasas para calzado
- etilbenceno (CH_2CH_3)

Los nombres de algunos bencenos monosustituidos incorporan al sustituyente. Desafortunadamente, esos nombres se deben memorizar.

- tolueno (CH_3)
- fenol (OH)
- anilina (NH_2)
- ácido bencensulfónico (SO_3H)

652 CAPÍTULO 14 Aromaticidad • Reacciones del benceno

anisol estireno benzaldehído ácido benzoico benzonitrilo

Cuando un anillo de benceno es un sustituyente se llama **grupo fenilo**. A un anillo de benceno con un grupo metileno se le llama **grupo bencilo**.

grupo fenilo grupo bencilo

clorometilbenceno
cloruro de bencilo

éter difenílico

éter dibencílico

A excepción del tolueno, los anillos de benceno con un sustituyente alquilo se nombran como bencenos sustituidos con grupos alquilo, o como alcanos sustituidos con grupo fenilo.

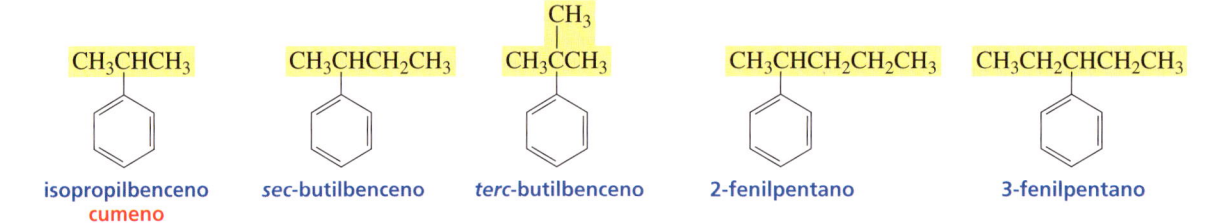

isopropilbenceno
cumeno

sec-butilbenceno

terc-butilbenceno

2-fenilpentano

3-fenilpentano

Grupo arilo (Ar) es el término general para indicar un grupo fenilo o uno fenilo sustituido, al igual que grupo alquilo (R) es el término general para indicar un grupo derivado de un alcano. En otras palabras, se podría usar ArOH para designar cualquiera de los fenoles siguientes:

LA TOXICIDAD DEL BENCENO

El benceno, que se ha usado mucho en síntesis químicas, también se ha usado con frecuencia como disolvente, pero es una sustancia tóxica. Los principales efectos adversos por exposición crónica se ven en el sistema nervioso central y en el tuétano; causa leucemia y anemia aplástica. Por ejemplo, se ha visto que hay leucemia mayor que el promedio en trabajadores industriales que han tenido una larga exposición hasta de 1 ppm de benceno en la atmósfera. El tolueno ha reemplazado al benceno como disolvente porque, aunque también es depresor del sistema nervioso central, no causa leucemia ni anemia aplástica. El "oler cemento," una actividad muy peligrosa, produce efectos narcóticos sobre el sistema nervioso central porque el cemento contiene tolueno.

PROBLEMA 18♦

Trace la estructura de cada uno de los compuestos siguientes:

a. 2-fenilhexano
b. alcohol bencílico
c. 3-bencilpentano
d. bromometilbenceno

14.9 La forma en que reacciona el benceno

Los compuestos aromáticos como el benceno experimentan **reacciones de sustitución electrofílica aromática**: un electrófilo sustituye a uno de los hidrógenos unidos al anillo de benceno.

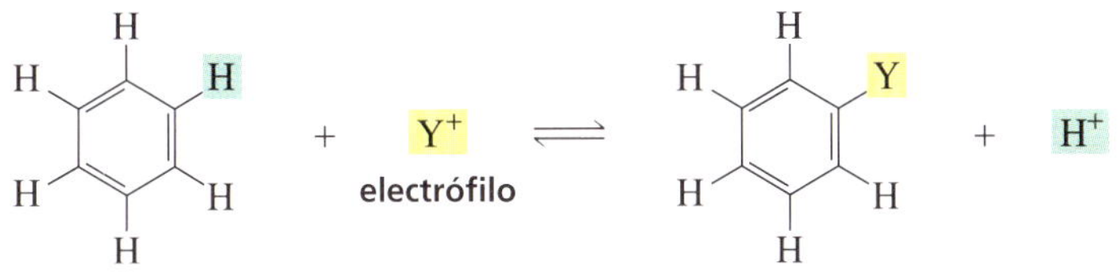

$$C_6H_6 + Y^+ \rightleftharpoons C_6H_5Y + H^+$$

Ahora se examinará por qué sucede esta reacción de sustitución. La nube de electrones π arriba y abajo del plano del anillo determina que el benceno sea un nucleófilo; por consiguiente, reaccionará con un electrófilo (Y^+). Cuando un electrófilo se une a un anillo de benceno se forma un carbocatión intermediario.

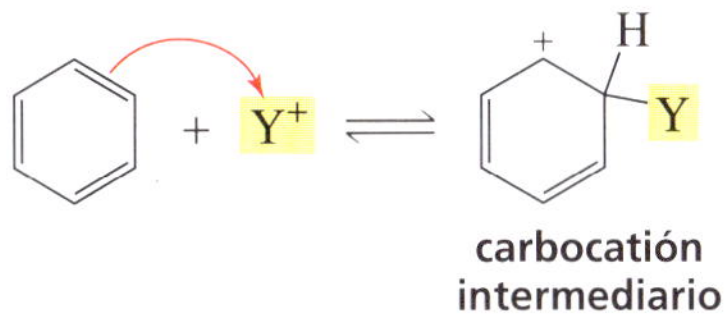

Esta descripción debe recordar al lector el primer paso en una reacción de adición electrofílica de un alqueno: el alqueno nucleófilo reacciona con un electrófilo y forma un carbocatión intermediario (sección 3.6). En el segundo paso de una reacción electrofílica de un alqueno, el carbocatión reacciona con un nucleófilo (Z^-) para formar un producto de adición.

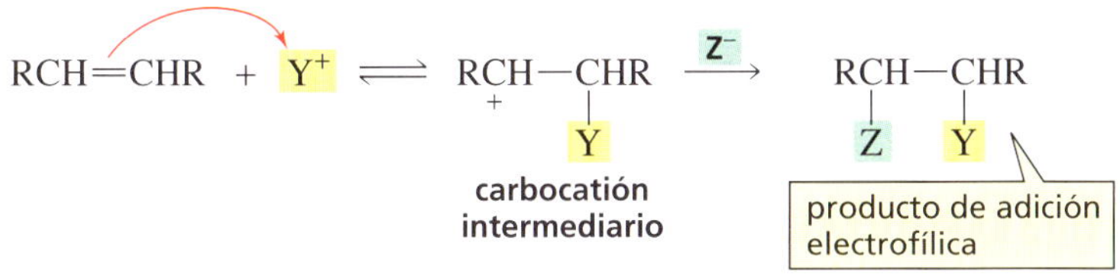

$$RCH=CHR + Y^+ \rightleftharpoons RCH\underset{+}{-}CHR\underset{Y}{|} \xrightarrow{Z^-} RCH\underset{Z}{|}-CHR\underset{Y}{|}$$

producto de adición electrofílica

Si el carbocatión intermediario que se formó en la reacción de benceno con un electrófilo reaccionara en forma parecida con un nucleófilo (representado en la trayectoria *b* de la figura 14.4), el producto de adición no sería aromático. Pero si en su lugar el carbocatión perdiera un protón del sitio del ataque electrofílico (representado como trayectoria *a* en la figura 14.4) se restauraría la aromaticidad del anillo de benceno.

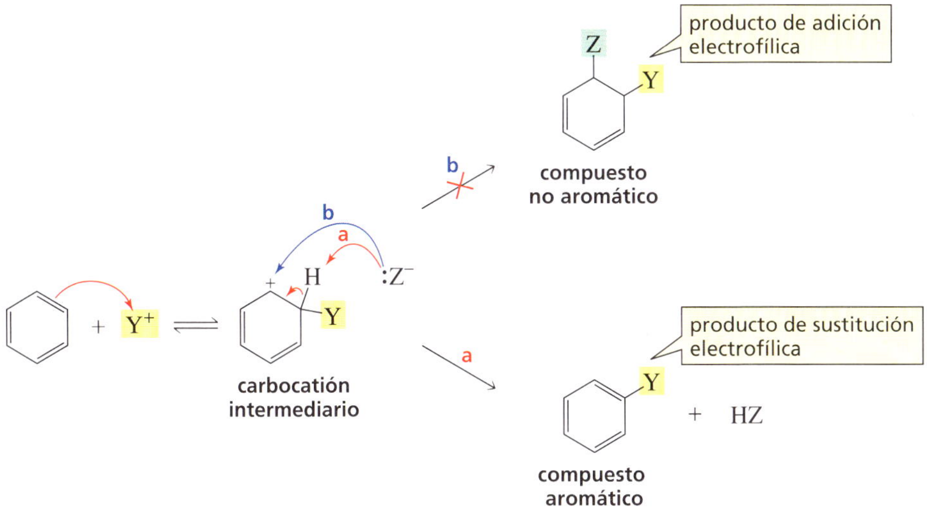

◀ **Figura 14.4**
Reacción del benceno con un electrófilo. Como el producto aromático es más estable, la reacción se lleva a cabo como a) una reacción de sustitución electrofílica, y no como b) una reacción de adición electrofílica.

Tutorial del alumno:
Sustitución electrofílica aromática
(Electrophilic aromatic subsitution)

En vista de que el producto aromático de sustitución es mucho más estable que el producto no aromático de adición (figura 14.5), el benceno presenta *reacciones de sustitución electrofílica* que conservan la aromaticidad y no *reacciones de adición electrofílica*, las reacciones características de los alquenos, que destruirían la aromaticidad. La reacción de sustitución se llama, con más propiedad, **reacción de sustitución electrofílica aromática** ya que el electrófilo sustituye a un hidrógeno de un compuesto aromático.

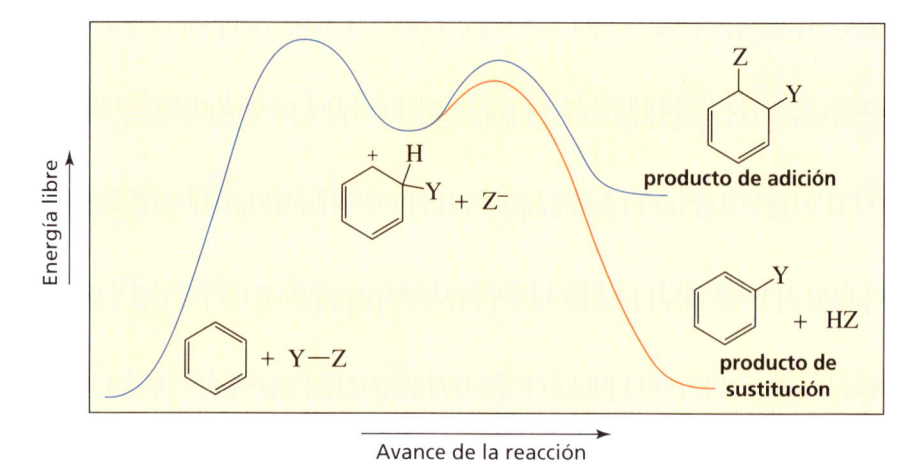

Figura 14.5 ▶
Diagramas de coordenada de reacción para la sustitución electrofílica del benceno y la adición electrofílica del benceno.

PROBLEMA 19

Si la adición electrofílica a benceno es en general una reacción endergónica ¿cómo puede una adición electrofílica a un alqueno ser en general una reacción exergónica?

14.10 Mecanismo general de las reacciones de sustitución electrofílica aromática

En una reacción de sustitución electrofílica aromática, un electrófilo (Y^+) se une a un carbono del anillo, y un H^+ sale del mismo carbono del anillo.

En toda reacción de sustitución electrofílica aromática, un electrófilo se une a un carbono del anillo y un H^+ sale del mismo carbono del anillo.

reacción de sustitución electrofílica aromática

Las siguientes reacciones son las cinco reacciones de sustitución electrofílica aromática más comunes:

1. **Halogenación:** un átomo de bromo (Br), cloro (Cl) o yodo (I) sustituye a un hidrógeno.
2. **Nitración:** un grupo nitro (NO_2) sustituye a un hidrógeno.
3. **Sulfonación:** un grupo ácido sulfónico (SO_3H) sustituye a un hidrógeno.
4. **Acilación de Friedel-Crafts:** un grupo acilo ($RC{=}O$) sustituye a un hidrógeno.
5. **Alquilación de Friedel-Crafts:** un grupo alquilo (R) sustituye a un hidrógeno.

Todas estas reacciones se efectúan con el mismo mecanismo en dos pasos.

Mecanismo general de la sustitución electrofílica aromática

el protón es eliminado del carbono que ha formado el nuevo enlace con el electrófilo

$$\text{C}_6\text{H}_6 + Y^+ \xrightleftharpoons{\text{lento}} \left[\begin{array}{c} \text{carbocatión intermediario} \\ \text{(tres estructuras de resonancia)} \end{array} \right] \xrightarrow{\text{rápido}} \text{C}_6\text{H}_5\text{Y} + HB^+$$

:B base en la mezcla de reacción

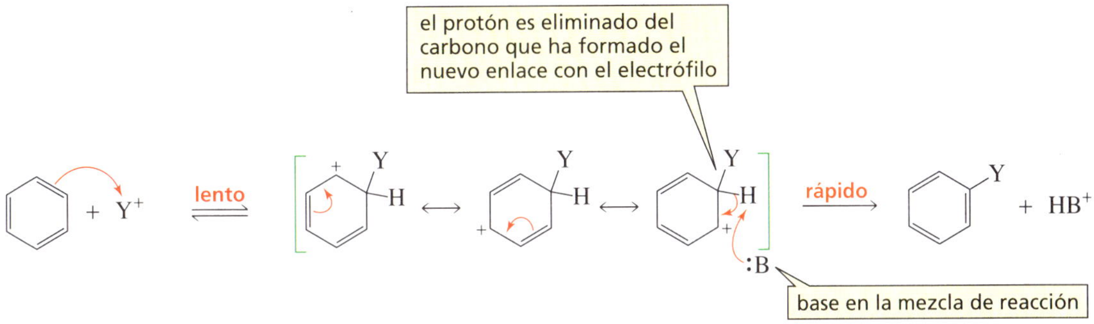

- El benceno reacciona con un electrófilo (Y^+) y forma un carbocatión intermediario. La estructura del carbocatión intermediario se puede representar con tres estructuras de resonancia.
- En la mezcla de reacción, una base (:B) abstrae un protón del carbocatión intermediario y los electrones que formaban el enlace con el protón pasan al anillo para restablecer su aromaticidad. Obsérvese que *el protón siempre sale del carbono que ha formado el nuevo enlace con el electrófilo*.

El primer paso es relativamente lento y endergónico porque un compuesto aromático se está convirtiendo en un intermediario no aromático, mucho menos estable (figura 14.5). El segundo paso es rápido y fuertemente exergónico porque restaura la aromaticidad, la cual aumenta la estabilidad.

Se examinará en forma individual cada una de las cinco reacciones de sustitución electrofílica aromática. Al estudiarlas, obsérvese que sólo difieren en la forma en que se genera el electrófilo (Y^+) necesario para iniciar la reacción. Una vez que se ha formado el electrófilo, las cinco reacciones siguen el mismo mecanismo de dos pasos de una sustitución electrofílica aromática.

14.11 Halogenación del benceno

La bromación o cloración del benceno necesita un catalizador que es un ácido de Lewis como el bromuro férrico o el cloruro férrico. Recuérdese que un *ácido de Lewis* es un compuesto que acepta un par de electrones (sección 1.26).

bromación

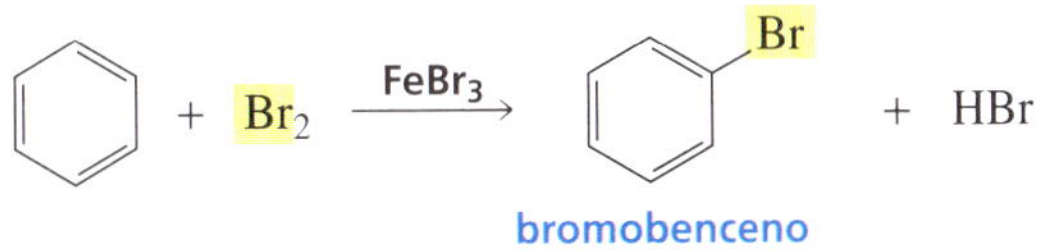

$$\text{C}_6\text{H}_6 + Br_2 \xrightarrow{FeBr_3} \text{C}_6\text{H}_5Br + HBr$$

bromobenceno

cloración

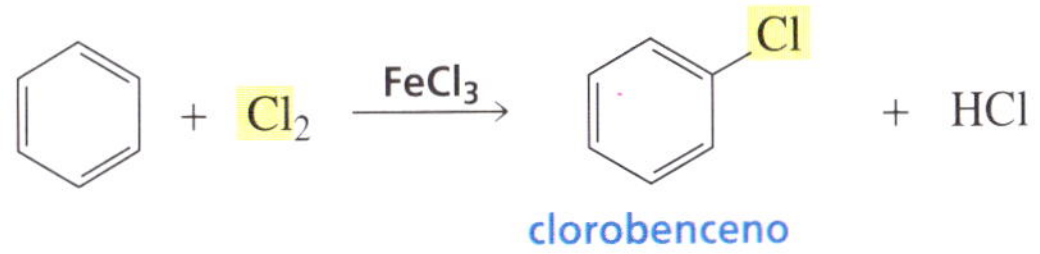

$$\text{C}_6\text{H}_6 + Cl_2 \xrightarrow{FeCl_3} \text{C}_6\text{H}_5Cl + HCl$$

clorobenceno

¿Por qué requiere un catalizador la reacción de benceno con Br_2 o con Cl_2 si la reacción de un alqueno con esos reactivos no lo requiere? La aromaticidad del benceno lo hace mucho más estable y en consecuencia mucho menos reactivo que un alqueno. Así, el benceno requiere un mejor electrófilo. Al donar un par de electrones no enlazado a un ácido de Lewis se debilita el enlace Br—Br (o Cl—Cl) y de ese modo el Br_2 (o el Cl_2) se convierte en un mejor electrófilo.

$$:\!\ddot{B}r\!-\!\ddot{B}r\!: \;+\; FeBr_3 \;\longrightarrow\; :\!\ddot{B}r\!-\!\overset{+}{\ddot{B}r}\!-\!{}^-FeBr_3$$

electrófilo → mejor electrófilo

Por claridad, en este mecanismo de reacción de sustitución electrofílica aromática, sólo se muestra una de las tres estructuras de resonancia del carbocatión intermediario y también en los que le siguen. Sin embargo, téngase en cuenta que cada carbocatión intermediario en realidad presenta las tres estructuras de resonancia que muestra la sección 14.10.

Mecanismo de la bromación

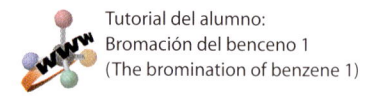

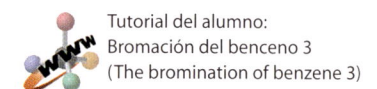

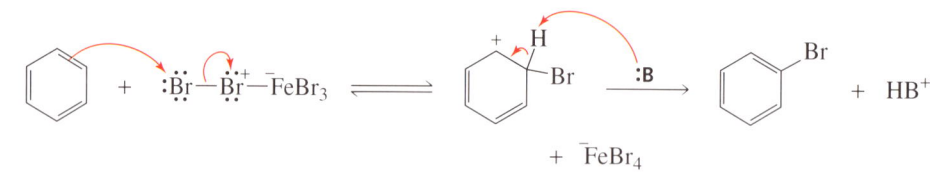

- El electrófilo se une al anillo de benceno.
- Una base (:B) en la mezcla de reacción (como $Br:^-$ o una molécula de disolvente) elimina un protón del carbocatión intermediario.

La ecuación siguiente muestra que el catalizador se regenera:

$$^-FeBr_4 \;+\; HB^+ \;\longrightarrow\; HBr \;+\; FeBr_3 \;+\; :B$$

La cloración del benceno procede con el mismo mecanismo que la bromación.

Mecanismo de la cloración

El bromuro y el cloruro férrico reaccionan con facilidad con la humedad del aire al manejarlos y eso los desactiva como catalizadores. Por consiguiente, no se usan las sales tal cuales, sino bromuro férrico o cloruro férrico generados in situ (en la mezcla de reacción) agregando limaduras de hierro y bromo o cloro a la mezcla. Así, el halógeno en el ácido de Lewis es el mismo reactivo que el halógeno reactivo.

$$2\,Fe \;+\; 3\,Br_2 \;\longrightarrow\; 2\,FeBr_3$$

$$2\,Fe \;+\; 3\,Cl_2 \;\longrightarrow\; 2\,FeCl_3$$

PROBLEMA 20

¿Por qué la hidratación desactiva al $FeBr_3$?

El yodo electrofílico (I⁺) se obtiene tratando yodo (I₂) con un agente oxidante, como ácido nítrico.

yodación

$$I_2 \xrightarrow{\text{agente oxidante}} 2\,I^+$$

$$\text{C}_6\text{H}_6 + I^+ \longrightarrow \text{C}_6\text{H}_5I + H^+$$

yodobenceno

Una vez formado el electrófilo, la yodación del benceno sucede con el mismo mecanismo que la bromación o la cloración.

Mecanismo de la yodación

$$\text{C}_6\text{H}_6 + I^+ \longrightarrow [\text{intermediario}] \xrightarrow{:B} \text{C}_6\text{H}_5I + HB^+$$

TIROXINA

La tiroxina, hormona producida por la glándula tiroides, regula la rapidez metabólica en el organismo, causando un aumento en la rapidez con que se metabolizan las grasas, los carbohidratos y las proteínas. Sin la tiroxina se detiene el desarrollo de los jóvenes. Los humanos obtienen la tiroxina a partir de la tirosina (un aminoácido) y de yodo. La glándula tiroides es la única parte del organismo que usa yodo, que se ingiere principalmente con la sal yodada en la dieta. Una enzima llamada yodoperoxidasa convierte el I⁻ que ingerimos en I⁺, el electrófilo necesario para poner un sustituyente yodo en un anillo de benceno.

tirosina

tiroxina

Las concentraciones bajas crónicas de tiroxina causan un agrandamiento de la glándula tiroides, condición que se conoce como bocio. Se pueden corregir las bajas concentraciones de tiroxina tomándola oralmente. Sinthroid, el medicamento más conocido de tiroxina, es la tercera droga más recetada en Estados Unidos (véase la tabla 30.1, página 1294).

14.12 Nitración del benceno

La nitración del benceno con ácido nítrico requiere ácido sulfúrico como catalizador.

nitración

$$\text{C}_6\text{H}_6 + HNO_3 \xrightarrow{H_2SO_4} \text{C}_6\text{H}_5NO_2 + H_2O$$

nitrobenceno

Para generar el electrófilo necesario, el ácido sulfúrico protona al ácido nítrico, que pierde agua y forma un ion nitronio, el electrófilo necesario para la nitración.

658 CAPÍTULO 14 Aromaticidad • Reacciones del benceno

ácido nítrico

ion nitronio

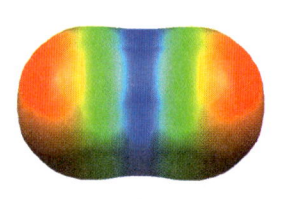

$$H\ddot{O}-NO_2 + H-OSO_3H \rightleftharpoons HO^+_2-NO_2 \rightleftharpoons {}^+NO_2 + H_2\ddot{O}: \quad \mathbf{A}$$
$$+ HSO_4^-$$

ácido nítrico (izq.), ion nitronio (der.)

El mecanismo de la reacción de sustitución electrofílica aromática es igual que los mecanismos de la sección 14.11.

Mecanismo de la nitración

$$\text{C}_6\text{H}_6 + {}^+NO_2 \rightleftharpoons [\text{intermediario}] \longrightarrow \text{C}_6\text{H}_5NO_2 + HB^+ \quad \mathbf{B}$$

- El electrófilo se une al anillo.
- Cualquier base (:B) que haya en la mezcla de reacción (por ejemplo H$_2$O, HSO$_4^-$, disolvente) puede sacar al protón en el segundo paso de la reacción de sustitución aromática.

PROBLEMA 21 RESUELTO

Proponga un mecanismo para la siguiente reacción:

benceno + DCl → benceno-d$_6$

Solución El único electrófilo disponible es D$^+$. Por consiguiente, el D$^+$ se fija a un carbono del anillo y el H$^+$ sale del mismo carbono del anillo. Esta reacción se puede repetir en cada uno de los otros cinco carbonos del anillo.

$$\text{C}_6\text{H}_6 + D^+ \rightleftharpoons [\text{intermediario}] \rightleftharpoons \text{C}_6\text{H}_5D + H^+$$

14.13 Sulfonación del benceno

Para sulfonar anillos aromáticos se usa ácido sulfúrico fumante (disolución de SO$_3$ en ácido sulfúrico) o ácido sulfúrico concentrado.

sulfonación

$$\text{C}_6\text{H}_6 + H_2SO_4 \xrightleftharpoons{\Delta} \text{C}_6\text{H}_5SO_3H + H_2O$$

ácido bencensulfónico

Se destinará sólo un minuto para destacar las similitudes en los mecanismos de formación del electrófilo $^+SO_3H$ para sulfonar y el electrófilo $^+NO_2$ para nitrar. Se genera una cantidad apreciable de trióxido de azufre (SO$_3$), electrófilo, cuando se calienta ácido sulfúrico concentrado, como un resultado de que el electrófilo $^+SO_3H$ pierda un protón:

$$H\ddot{O}-SO_3H + H-OSO_3H \rightleftharpoons HO^+_2-SO_3H \rightleftharpoons {}^+SO_3H + H_2\ddot{O}: \rightleftharpoons SO_3 + H_3O^+$$

ácido sulfúrico (izq.), ion sulfonio

$$+ HSO_4^-$$

Mecanismo de la sulfonación

Un ácido sulfónico es un ácido fuerte por los tres átomos de oxígeno atractores de electrones y la estabilidad de su base conjugada —cuando se pierde un protón el par de electrones del enlace se comparten entre los tres átomos de oxígeno (sección 7.6).

ácido bencensulfónico   ion bencensulfonato

La sulfonación es la única reacción de sustitución electrofílica aromática que es reversible. Si se calienta ácido bencensulfónico en ácido diluido se adiciona un H$^+$ al anillo y el grupo ácido sulfónico se elimina del anillo.

Mecanismo de la desulfonación

A todas las reacciones se aplica el **principio de la reversibilidad microscópica**. Establece que el mecanismo de una reacción en dirección inversa debe volver sobre cada uno de los pasos en el mecanismo para la dirección de avance, en detalle microscópico. Eso quiere decir que las reacciones hacia adelante y las reacciones inversas deben tener los mismos intermediarios, y que el punto más alto en el diagrama de coordenada de reacción representa el paso determinante de la rapidez en ambas direcciones. Por ejemplo, la sulfonación se describe por el diagrama de coordenada de reacción de la figura 14.6, de izquierda a derecha. En consecuencia, la desulfonación se describe con el mismo diagrama de coordenada de reacción, pero de derecha a izquierda. En la sulfonación, el paso determinante de la reacción es el ataque nucleofílico del benceno en el ion $^+$SO$_3$H. En la desulfo-

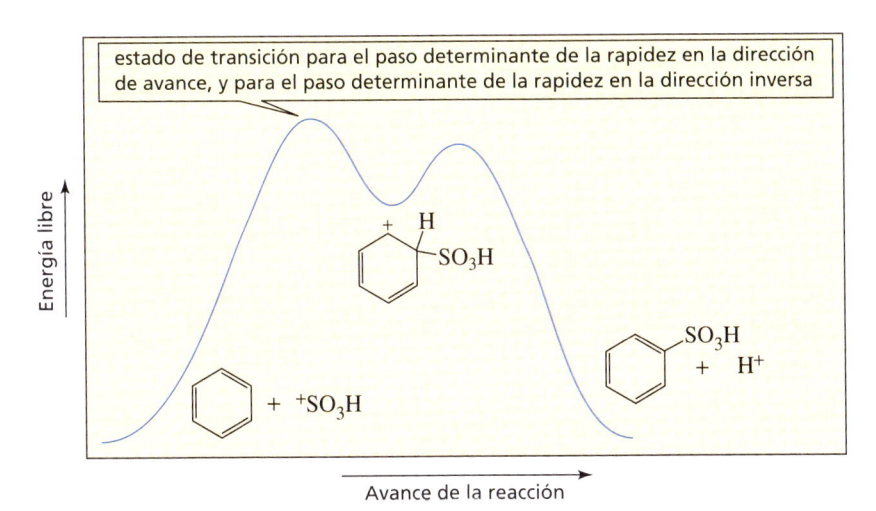

◀ **Figura 14.6**
Diagrama de coordenada de reacción para la sulfonación del benceno (de izquierda a derecha) y la desulfonación del ácido bencensulfónico (derecha a izquierda).

> **BIOGRAFÍA**
>
> **Charles Friedel (1832–1899)**, nació en Estrasburgo, Francia; fue profesor de química y director de investigación en la Sorbona. En cierto momento, su interés en la mineralogía lo llevó a tratar de fabricar diamantes sintéticos. Se encontró con James Crafts al estar ambos investigando en L'Ecole de Médicine, en París. Colaboraron científicamente durante la mayor parte de sus vidas, descubriendo las reacciones de Friedel-Crafts en el laboratorio de Friedel, en 1877.

nación, el paso que determina la rapidez es la pérdida del ion $^+SO_3H$ del carbocatión intermediario. En el capítulo 15, problema 19, se presentará un ejemplo de la utilidad de la desulfonación en síntesis orgánicas.

> **PROBLEMA 22**
>
> El diagrama de coordenada de reacción de la figura 14.6 muestra que el paso determinante de la rapidez de sulfonación es el más lento de los dos pasos que tiene el mecanismo, mientras que el paso determinante de la rapidez de desulfonación es el más rápido de los dos. Explique cómo un paso más rápido puede ser el que determine la rapidez.

14.14 Acilación de Friedel-Crafts del benceno

Hay dos reacciones de sustitución electrofílica, que llevan los nombres de Charles Friedel y James Crafts, químicos ambos. La *acilación de Friedel-Crafts* coloca un grupo acilo en un anillo de benceno, y la *alquilación de Friedel-Crafts* introduce un grupo alquilo en un anillo de benceno. Estas reacciones son útiles en síntesis químicas, porque aumentan la cantidad de carbonos en la materia prima (sección 6.11).

> **BIOGRAFÍA**
>
> **James Mason Crafts (1839–1917)** nació en Boston, hijo de un fabricante de artículos de lana. Se graduó en Harvard en 1858 y fue profesor de química en la Universidad de Cornell, y en el Instituto Tecnológico de Massachusetts. Fue presidente del MIT de 1897 a 1900, cuando se vio obligado a renunciar por su mala salud.

Para la acilación de Friedel-Crafts se pueden usar un cloruro de acilo o un anhídrido de ácido. Un cloruro de acilo tiene un cloro en lugar del grupo OH de un ácido carboxílico.

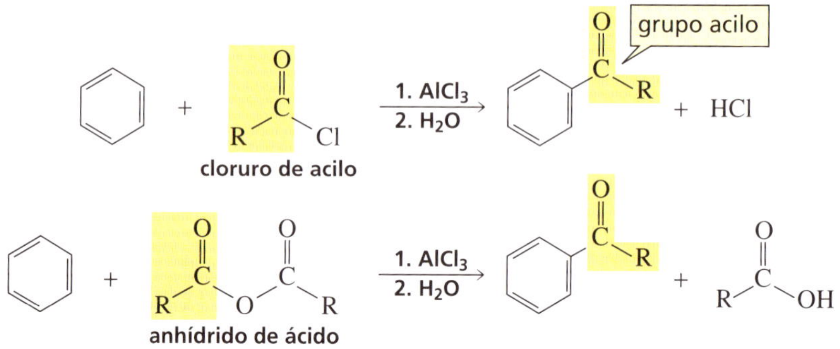

El electrófilo (un ion acilio) que es necesario para la reacción de acilación de Friedel-Crafts se forma con la reacción de un cloruro de acilo o un anhídrido de ácido con $AlCl_3$, el cual es un ácido de Lewis. El oxígeno y el carbono comparten la carga positiva en el ion acilio, y eso lo estabiliza.

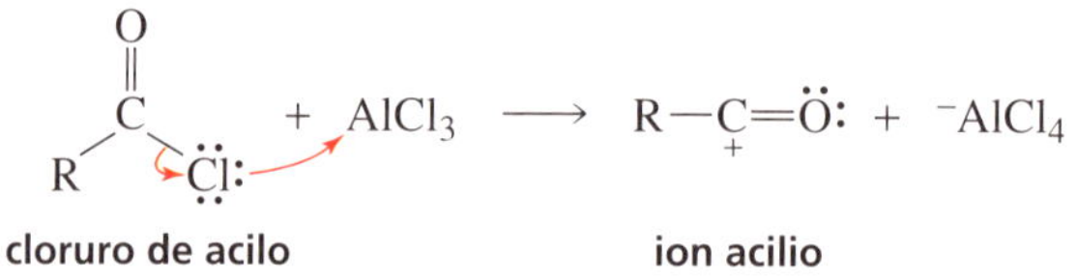

Mecanismo de acilación de Friedel-Crafts

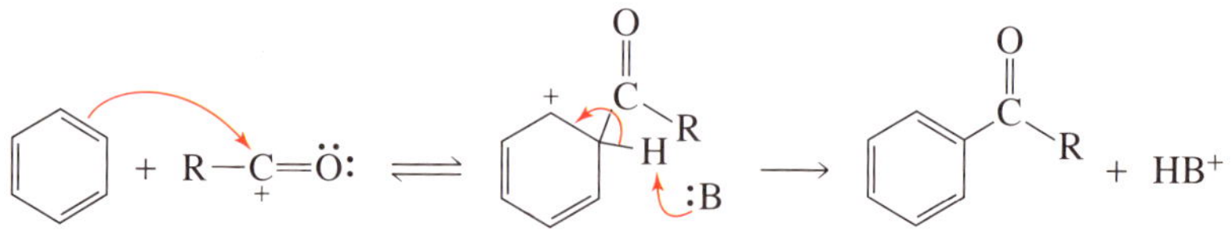

En vista de que el producto de una reacción de acilación de Friedel-Crafts contiene un grupo carbonilo que forma un complejo con el AlCl₃, estas reacciones de acilación deben efectuarse con más de un equivalente de AlCl₃. Cuando termina la reacción se agrega agua a la mezcla, para liberar el producto del complejo.

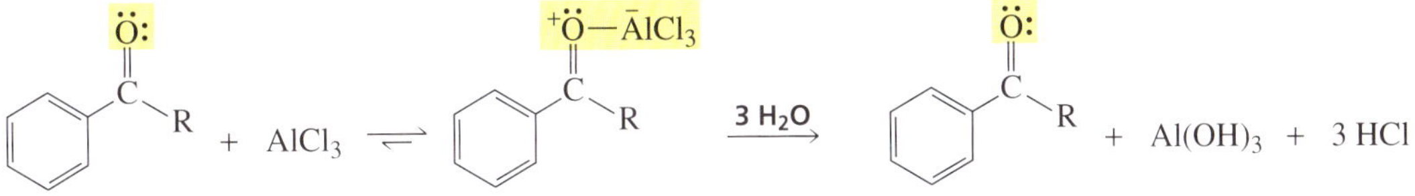

PROBLEMA 23
Indique el mecanismo de la generación del ion acilio si se usa un anhídrido de ácido en lugar de un cloruro de acilo, en una reacción de acilación de Friedel-Crafts.

PROBLEMA 24
Proponga un mecanismo para la reacción siguiente:

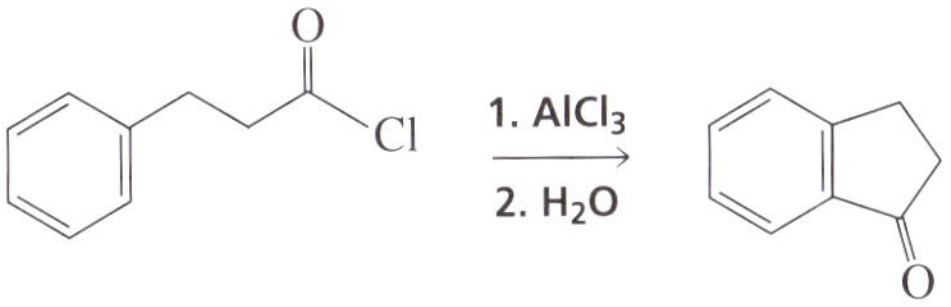

La síntesis del benzaldehído a partir del benceno enfrenta un problema, porque el cloruro de formilo, el haluro de acilo necesario para la reacción, es inestable y no se puede comprar. Sin embargo, se puede preparar cloruro de formilo mediante la **reacción de formilación de Gatterman-Koch**. En esta reacción se usa una mezcla de monóxido de carbono y HCl a alta presión para generar el cloruro de formilo; también se usa un catalizador de cloruro de aluminio y cloruro cuproso en la misma reacción de acilación.

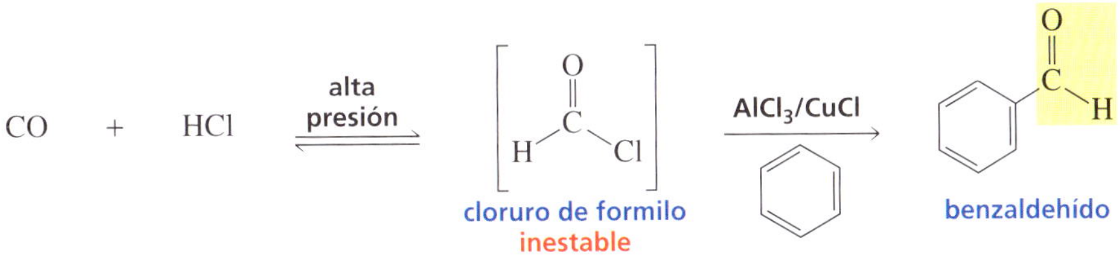

14.15 Alquilación de Friedel-Crafts del benceno

En la alquilación de Friedel-Crafts se sustituye un hidrógeno por un grupo alquilo.

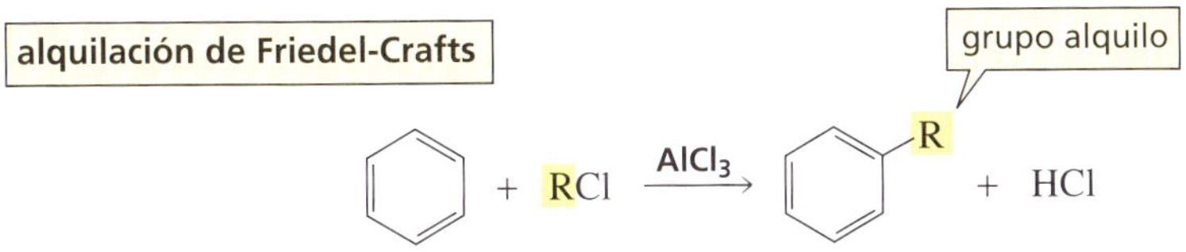

En el primer paso de la reacción, se forma un carbocatión por la reacción de un haluro de alquilo con AlCl₃. Se pueden usar fluoruros, cloruros, bromuros o yoduros de alquilo. No

662 CAPÍTULO 14 Aromaticidad • Reacciones del benceno

se pueden usar los haluros de vinilo y de arilo, porque sus carbocationes son demasiado inestables para formarse (sección 8.8).

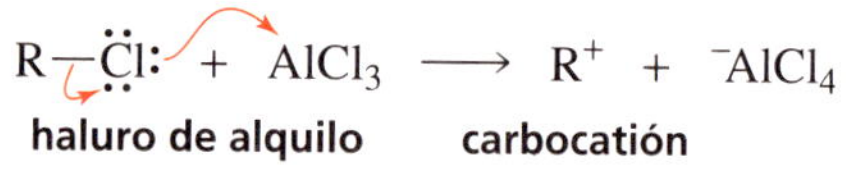

$$R-\ddot{\underline{C}}l: \;+\; AlCl_3 \;\longrightarrow\; R^+ \;+\; {}^-AlCl_4$$

haluro de alquilo   **carbocatión**

Mecanismo de la alquilación de Friedel-Crafts

$$\text{C}_6\text{H}_6 \;+\; R^+ \;\longrightarrow\; [\text{arenio}]^+ \;\xrightarrow{:B}\; \text{C}_6\text{H}_5\text{-}R \;+\; HB^+$$

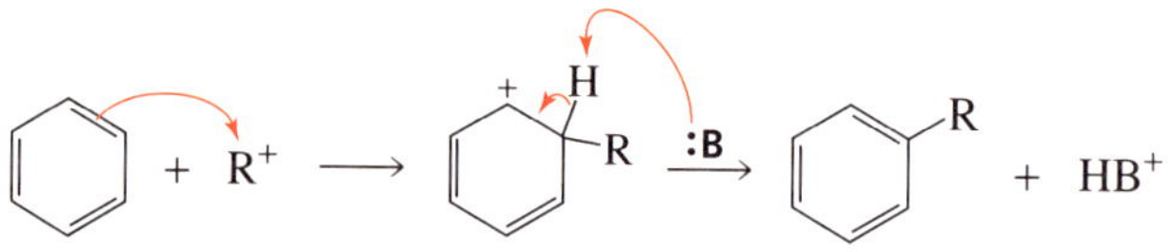

Veremos, en la sección 15.2, que un benceno sustituido con un grupo alquilo es más reactivo que el benceno solo. Por consiguiente, para evitar más alquilación del benceno sustituido con un grupo alquilo, en las reacciones de alquilación de Friedel-Crafts se usa un gran exceso de benceno. Cuando el benceno está en exceso, es más probable que el electrófilo se encuentre con una molécula de benceno que con una de benceno sustituido con un grupo alquilo.

Recuérdese que un carbocatión se rearregla si así se logra transformar en un carbocatión más estable (sección 4.6). Cuando se rearregla el carbocatión formado en una reacción de alquilación de Friedel-Crafts, el producto principal será el que tiene el grupo alquilo rearreglado en el anillo de benceno. Por ejemplo, cuando el benceno reacciona con 1-clorobutano, del 60 al 80% del producto (el porcentaje real depende de las condiciones de reacción) es el que tiene el sustituyente alquilo rearreglado.

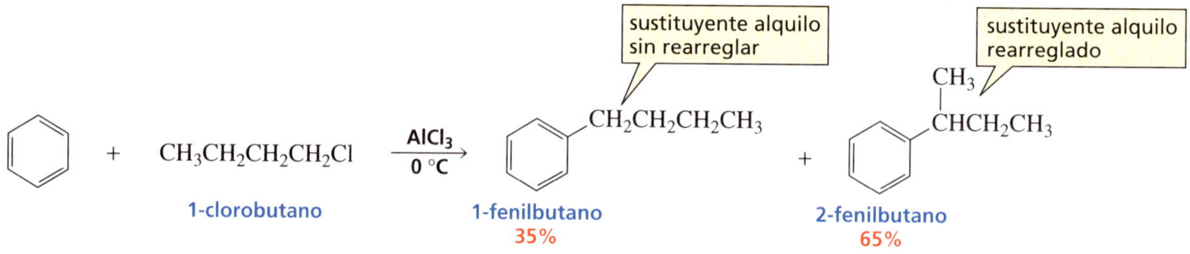

$$\text{C}_6\text{H}_6 \;+\; CH_3CH_2CH_2CH_2Cl \;\xrightarrow[0\,°C]{AlCl_3}\; \text{Ph-}CH_2CH_2CH_2CH_3 \;+\; \text{Ph-}CH(CH_3)CH_2CH_3$$

1-clorobutano   **1-fenilbutano 35%** (sustituyente alquilo sin rearreglar)   **2-fenilbutano 65%** (sustituyente alquilo rearreglado)

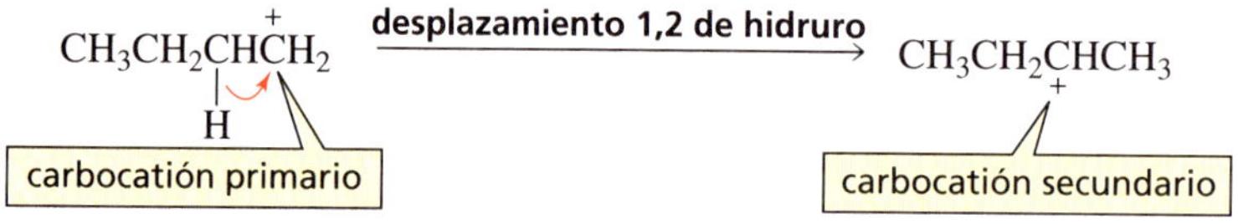

$$CH_3CH_2\overset{+}{C}HCH_2\text{–}H \;\xrightarrow{\text{desplazamiento 1,2 de hidruro}}\; CH_3CH_2\overset{+}{C}HCH_3$$

carbocatión primario → **carbocatión secundario**

Cuando el benceno reacciona con 1-cloro-2,2-dimetilpropano, el 100% del producto (sean las que fueren las condiciones de reacción) tiene el sustituyente alquilo rearreglado. El impedimento estérico dificulta que el benceno reaccione con el carbocatión no rearreglado en el complejo (véase el inserto "Carbocationes primarios incipientes") y entonces no se forma el producto no rearreglado.

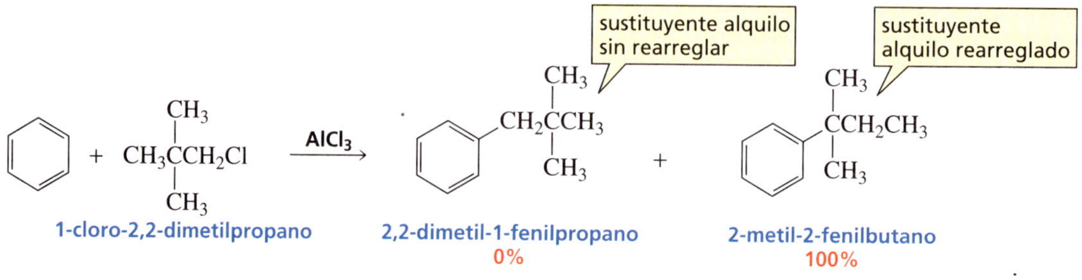

$$\text{C}_6\text{H}_6 \;+\; CH_3C(CH_3)_2CH_2Cl \;\xrightarrow{AlCl_3}\; \text{Ph-}CH_2C(CH_3)_3 \;+\; \text{Ph-}C(CH_3)_2CH_2CH_3$$

1-cloro-2,2-dimetilpropano   **2,2-dimetil-1-fenilpropano 0%** (sustituyente alquilo sin rearreglar)   **2-metil-2-fenilbutano 100%** (sustituyente alquilo rearreglado)

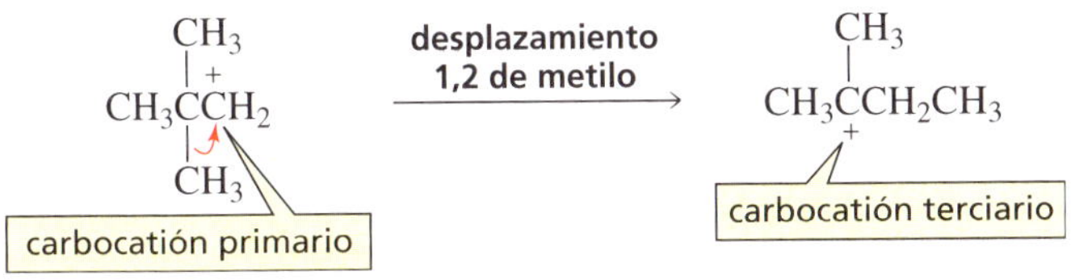

14.15 Alquilación de Friedel-Crafts del benceno

$$CH_3\underset{\underset{CH_3}{|}}{\overset{\overset{CH_3}{|}}{C}}\overset{+}{C}H_2 \xrightarrow{\text{desplazamiento 1,2 de metilo}} CH_3\underset{\underset{+}{}}{\overset{\overset{CH_3}{|}}{C}}CH_2CH_3$$

carbocatión primario → carbocatión terciario

Además de reaccionar con carbocationes generados con haluros de alquilo, el benceno puede reaccionar con carbocationes generados por reacción de un alqueno (sección 4.1) o de un alcohol (sección 10.1) con un ácido.

alquilación del benceno por un alqueno

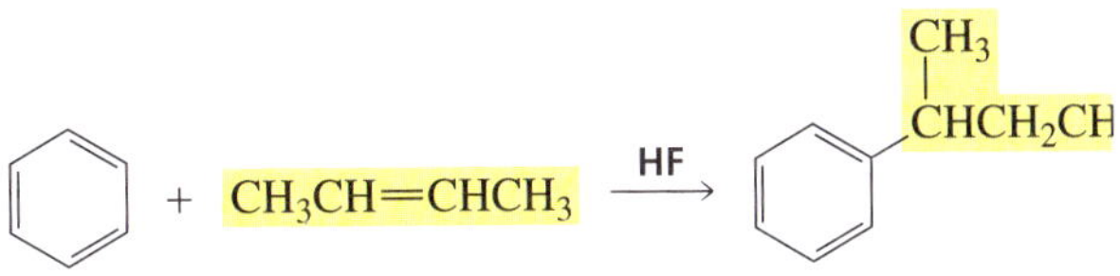

$$C_6H_6 + CH_3CH=CHCH_3 \xrightarrow{HF} \text{sec-butilbenceno}$$

alquilación del benceno por un alcohol

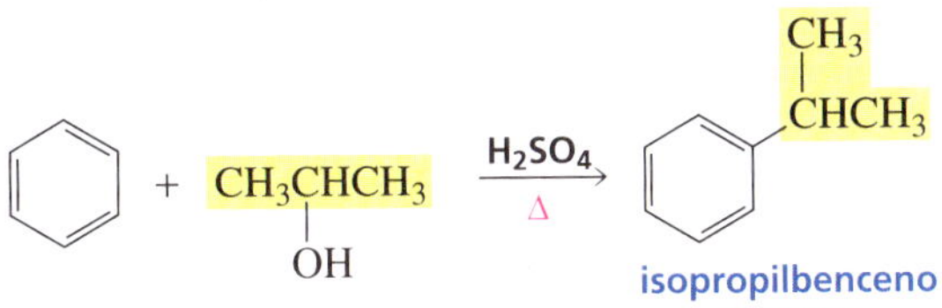

$$C_6H_6 + CH_3CH(OH)CH_3 \xrightarrow[\Delta]{H_2SO_4} \text{isopropilbenceno (cumeno)}$$

CARBOCATIONES PRIMARIOS INCIPIENTES

Para simplificar, las dos reacciones en las páginas 662 y 663 donde intervienen reordenamientos de carbocatión se escribieron mostrando la formación de un carbocatión primario. Sin embargo, como vimos en la sección 8.5, los carbocationes primarios son demasiado inestables para formarse. El hecho es que nunca se forma un verdadero carbocatión primario en una reacción de alquilación de Friedel-Crafts. En lugar de ello, el carbocatión forma un complejo con el ácido de Lewis; se llama carbocatión "incipiente". Se efectúa un reordenamiento de carbocatión porque el carbocatión incipiente tiene el suficiente carácter de carbocatión para permitir el reordenamiento.

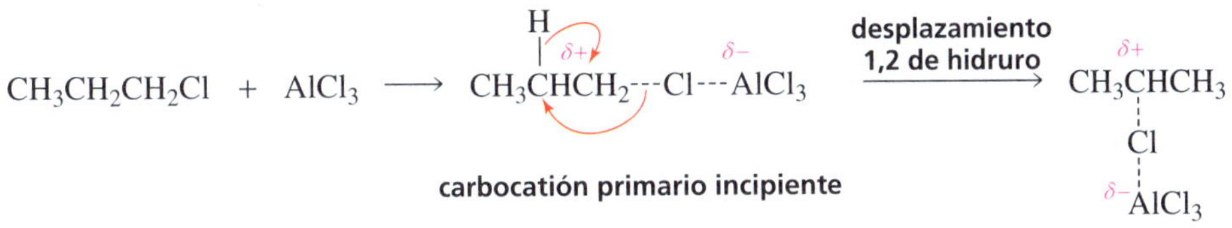

$$CH_3CH_2CH_2Cl + AlCl_3 \longrightarrow CH_3\overset{H}{\underset{|}{C}}H\overset{\delta+}{C}H_2\cdots\overset{\delta-}{C}l\cdots AlCl_3 \xrightarrow{\text{desplazamiento 1,2 de hidruro}} CH_3\overset{\delta+}{C}HCH_3$$
$$|$$
$$Cl$$
$$\overset{\delta-}{}AlCl_3$$

carbocatión primario incipiente

PROBLEMA 25

Describa el mecanismo de alquilación del benceno con 2-buteno + HF.

PROBLEMA 26◆

¿Cuál podría ser el producto principal de la reacción de alquilación de Friedel-Crafts, usando los siguientes cloruros de alquilo?

a. CH_3CH_2Cl
b. $CH_3CH_2CH_2Cl$
c. $CH_3CH_2CH(Cl)CH_3$
d. $(CH_3)_3CCl$
e. $(CH_3)_2CHCH_2Cl$
f. $CH_2=CHCH_2Cl$

14.16 Alquilación del benceno por el método de acilación-reducción

Una reacción de alquilación de Friedel-Crafts no puede tener un buen rendimiento de un alquilbenceno que contenga un grupo alquilo de cadena lineal, porque el carbocatión primario incipiente se rearregla y forma un carbocatión más estable.

$$C_6H_6 + CH_3CH_2CH_2CH_2Cl \xrightarrow{AlCl_3} C_6H_5\text{-}CH(CH_3)CH_2CH_3 + C_6H_5\text{-}CH_2CH_2CH_2CH_3$$

producto principal   producto secundario

Sin embargo, los iones acilio no se rearreglan. En consecuencia, un grupo alquilo de cadena lineal se puede adicionar a un anillo de benceno mediante una reacción de acilación de Friedel-Crafts, seguida por reducción del grupo carbonilo a un grupo metileno. Se llama reacción de reducción, porque los dos enlaces C—O son sustituidos por dos enlaces C—H (sección 4.11). Un grupo carbonilo de cetona que sea adyacente a un anillo de benceno. Sólo se puede reducir a grupo metileno, por hidrogenación catalítica (H_2/Pd).

$$C_6H_6 + CH_3CH_2CH_2COCl \xrightarrow[\text{2. } H_2O]{\text{1. } AlCl_3} C_6H_5\text{-}COCH_2CH_2CH_3 \xrightarrow{H_2 / Pd/C} C_6H_5\text{-}CH_2CH_2CH_2CH_3$$

benceno sustituido con un grupo acilo   benceno sustituido con un grupo alquilo

Además de evitar reordenamientos de carbocatión, otra ventaja al preparar bencenos sustituidos con grupos alquilo por el método de acilación-reducción, y no por una alquilación directa, es que no es necesario usar un gran exceso de benceno (sección 14.15). A diferencia de los bencenos sustituidos con grupos alquilo, que son más reactivos que el benceno mismo (sección 15.2), los bencenos sustituidos con un grupo acilo son menos reactivos que el benceno y entonces no sufrirán reacciones de Friedel-Crafts adicionales.

Hay varios métodos disponibles para reducir un grupo carbonilo de cetona a grupo metileno. Esos métodos reducen todos los grupos carbonilo, y no sólo los que están adyacentes a anillos de benceno. Dos de los más efectivos son la reducción de Clemmensen y la reducción de Wolff-Kishner. La **reducción de Clemmensen** usa una disolución ácida de amalgama de zinc disuelto en mercurio como reductor. La **reducción de Wolff-Kishner** emplea hidrazina (H_2NNH_2) bajo condiciones básicas. El mecanismo de la reducción de Wolff-Kishner se presentará en la sección 17.8.

$$C_6H_5\text{-}COCH_2CH_3 \xrightarrow{\text{Zn(Hg), HCl, }\Delta} C_6H_5\text{-}CH_2CH_2CH_3$$
reducción de Clemmensen

$$C_6H_5\text{-}COCH_2CH_3 \xrightarrow{H_2NNH_2,\ HO^-,\ \Delta} C_6H_5\text{-}CH_2CH_2CH_3$$
reducción de Wolff-Kishner

BIOGRAFÍA

E. C. Clemmensen (1876–1941) *nació en Dinamarca, y recibió un doctorado de la Universidad de Copenhague. Fue científico de Clemmensen Corp. en Newark, New York.*

Ludwig Wolff (1857–1919) *nació en Alemania. Recibió un doctorado de la Universidad de Estrasburgo. Fue profesor en la Universidad de Jena, Alemania.*

N. M. Kishner (1867–1935) *nació en Moscú. Recibió un doctorado de la Universidad de Moscú, bajo la dirección de Vladimir Markovnikov (página 167). Fue profesor de la Universidad de Tomsk y después de la Universidad de Moscú.*

14.17 Uso de las reacciones de acoplamiento para alquilar benceno

Los alquilbencenos con grupos de cadena lineal también se pueden preparar mediante las reacciones de acoplamiento descritas en la sección 10.13. Uno de los grupos alquilo de un reactivo de Gilman puede reemplazar al halógeno de un haluro de arilo.

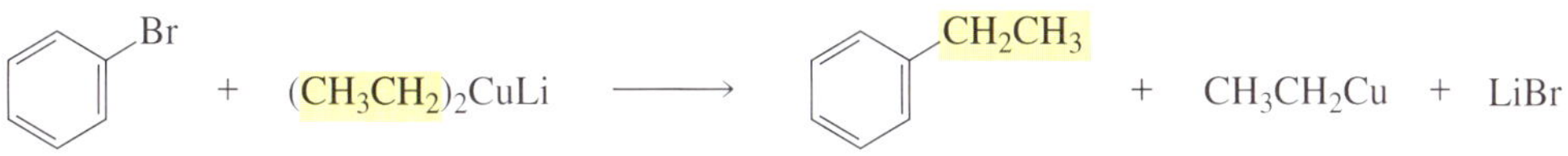

$$C_6H_5Br + (CH_3CH_2)_2CuLi \longrightarrow C_6H_5CH_2CH_3 + CH_3CH_2Cu + LiBr$$

La **reacción de Stille** acopla un haluro de arilo con un estanano.

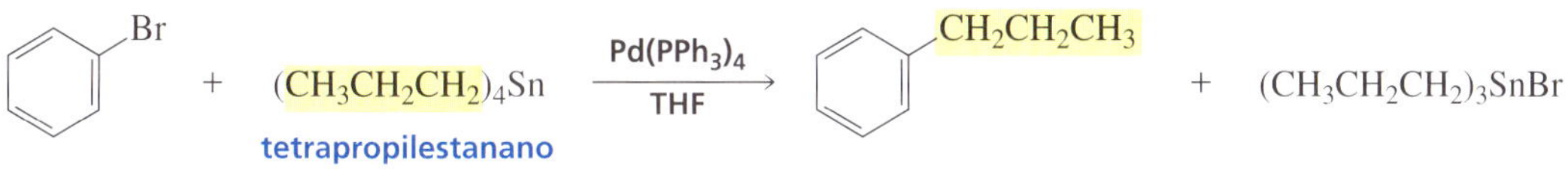

$$C_6H_5Br + (CH_3CH_2CH_2)_4Sn \xrightarrow[\text{THF}]{Pd(PPh_3)_4} C_6H_5CH_2CH_2CH_3 + (CH_3CH_2CH_2)_3SnBr$$

tetrapropilestanano

La **reacción de Suzuki** acopla a un haluro de arilo con un organoborano.

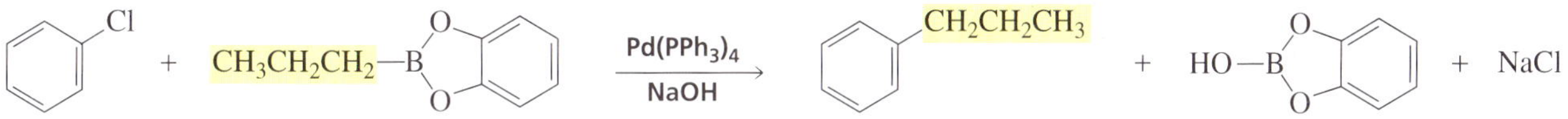

$$C_6H_5Cl + CH_3CH_2CH_2-B(\text{catecol}) \xrightarrow[\text{NaOH}]{Pd(PPh_3)_4} C_6H_5CH_2CH_2CH_3 + HO-B(\text{catecol}) + NaCl$$

organoborano   propilbenceno

El organoborano necesario se obtiene por la reacción de un alqueno con un catecolborano. Como se dispone con facilidad de alquenos, este método puede usarse para preparar una gran variedad de alquilbencenos.

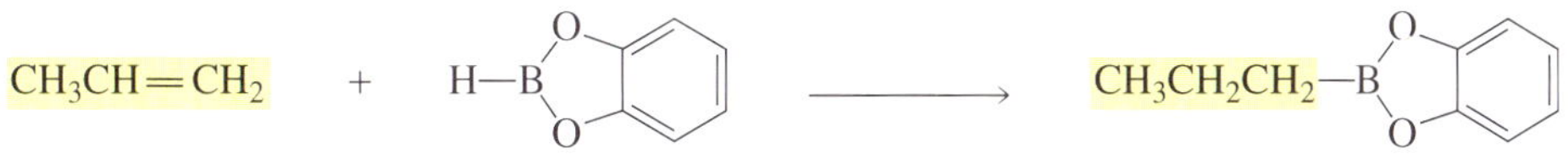

$$CH_3CH=CH_2 + H-B(\text{catecol}) \longrightarrow CH_3CH_2CH_2-B(\text{catecol})$$

catecolborano

PROBLEMA 27

Describa cómo se podrían preparar los compuestos siguientes a partir de benceno:

a. 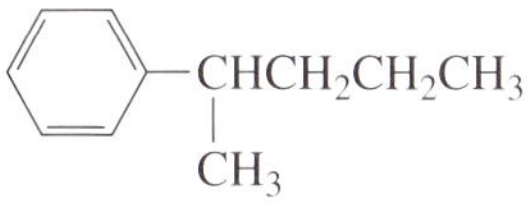 C₆H₅—CH(CH₃)CH₂CH₃

b. 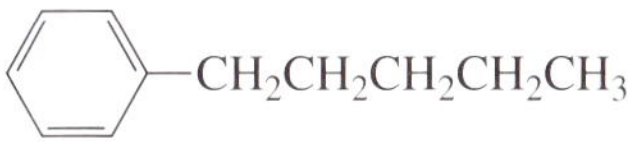 C₆H₅—CH₂CH₂CH₂CH₂CH₃

14.18 La importancia de contar con más de un método para efectuar una reacción

Puede ser que en este momento el lector se pregunte por qué es necesario tener más de una forma de llevar a cabo la misma reacción. Los métodos alternos son útiles cuando hay otro grupo funcional presente en la molécula, que pueda reaccionar con las sustancias que se estén usando para efectuar la reacción deseada. Por ejemplo, al calentar el compuesto siguiente con HCl (necesario en la reducción de Clemmensen) el alcohol sufriría una sustitución (sección 10.1). Sin embargo, bajo las condiciones básicas de la reducción de Wolff-Kishner, el grupo alcohol quedaría sin cambio.

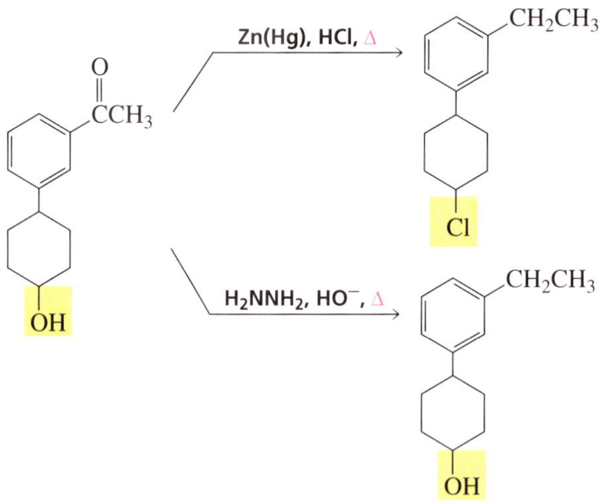

Un compuesto podría tener un grupo que necesitara no usar tanto ácidos fuertes como bases fuertes. En ese caso, más que agregar un sustituyente alquilo a un anillo de benceno por el método de alquilación-reducción, se podría usar una de las reacciones de acoplamiento.

14.19 Forma de cambiar químicamente algunos sustituyentes en un anillo de benceno

Se pueden preparar anillos de benceno con sustituyentes distintos a los mencionados en la sección 14.10, sintetizando primero uno de esos bencenos sustituidos, y después se puede cambiar el sustituyente. Algunas de esas reacciones ya deben ser conocidas.

Reacciones de los sustituyentes alquilo

Hemos visto que un hidrógeno bencílico se puede sustituir en forma selectiva por un bromo, en una reacción de sustitución por radicales libres.

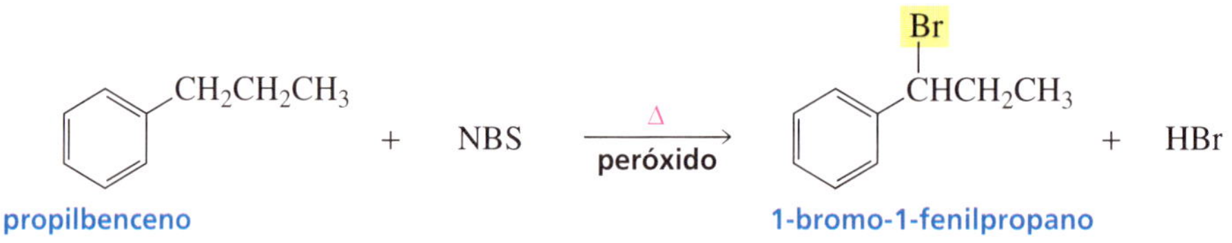

propilbenceno + NBS →(Δ, peróxido) 1-bromo-1-fenilpropano + HBr

(NBS quiere decir *N*-bromosuccinimida, sección 11.8).

Una vez que se ha colocado un halógeno en una posición bencílica, se puede sustituir por un nucleófilo mediante una reacción S_N2 o S_N1 (secciones 8.3 y 8.6). De esta forma se puede preparar una gran variedad de bencenos sustituidos.

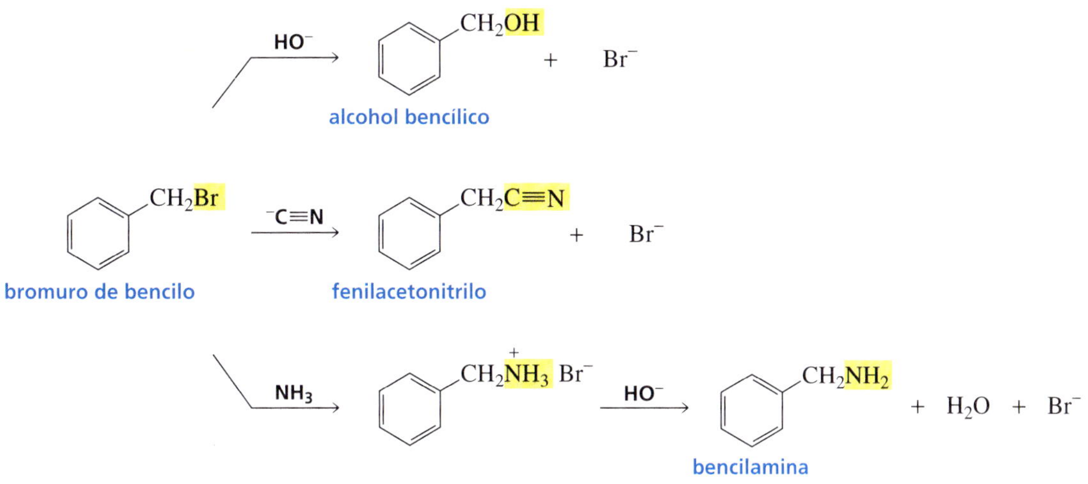

14.19 Forma de cambiar químicamente algunos sustituyentes en un anillo de benceno

[Reacciones del bromuro de bencilo:]

- Con HO⁻ → alcohol bencílico (PhCH₂OH) + Br⁻
- Con ⁻C≡N → fenilacetonitrilo (PhCH₂C≡N) + Br⁻
- Con NH₃ → PhCH₂NH₃⁺ Br⁻, luego con HO⁻ → bencilamina (PhCH₂NH₂) + H₂O + Br⁻

Recuerde que también los grupos alquilo sustituidos con halógeno pueden tener reacciones E2 y E1 (sección 9.8). Observe que se usa una base voluminosa (*terc*-BuO:⁻) para activar la eliminación sobre la sustitución.

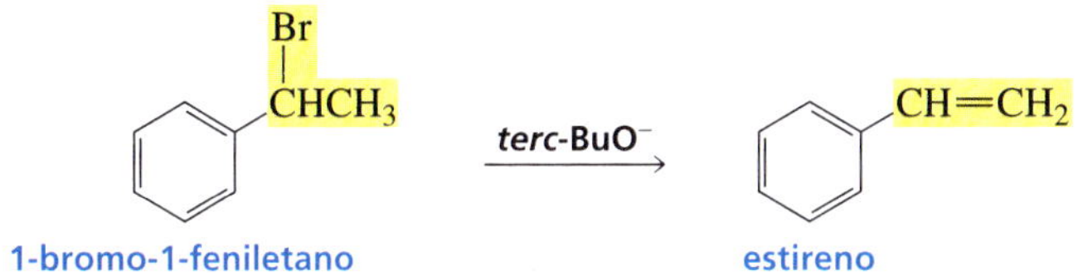

1-bromo-1-feniletano (PhCHBrCH₃) —*terc*-BuO⁻→ estireno (PhCH=CH₂)

Los sustituyentes con enlaces dobles o triples pueden tener hidrogenación catalítica (secciones 4.11 y 6.9). Recuerde que la adición de hidrógeno a un enlace doble o triple es un ejemplo de una reacción de reducción, donde aumenta la cantidad de enlaces C—H o disminuye la cantidad de enlaces C—O, C—N o C—X en un compuesto (X representa un halógeno).

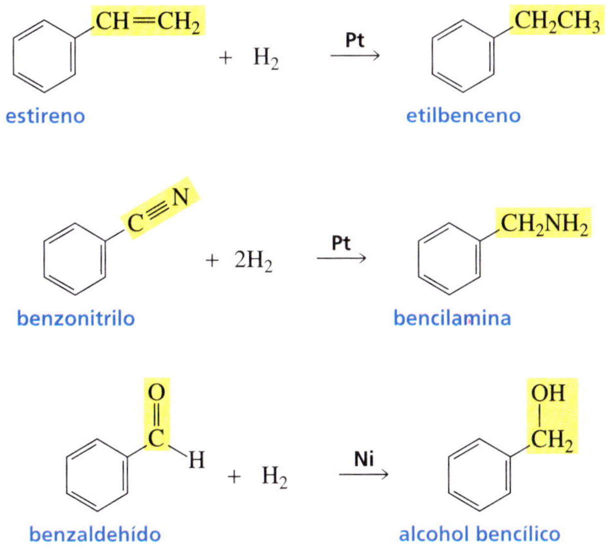

- estireno (PhCH=CH₂) + H₂ —Pt→ etilbenceno (PhCH₂CH₃)
- benzonitrilo (PhC≡N) + 2H₂ —Pt→ bencilamina (PhCH₂NH₂)
- benzaldehído (PhCHO) + H₂ —Ni→ alcohol bencílico (PhCH₂OH)

En vista de que el benceno es un compuesto excepcionalmente estable (sección 14.1) sólo se puede reducir a altas temperaturas y presiones.

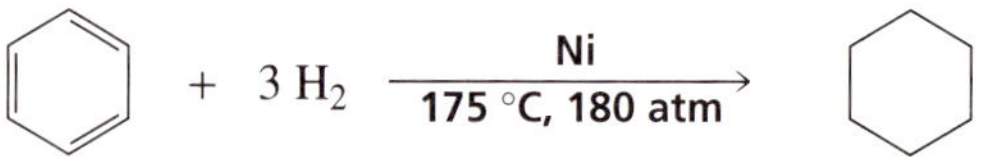

benceno + 3 H$_2$ $\xrightarrow[\text{175 °C, 180 atm}]{\text{Ni}}$ **ciclohexano**

Un grupo alquilo unido a un anillo de benceno se puede oxidar y formar un grupo carboxilo. Recuerde que cuando se *oxida* un compuesto orgánico, aumenta la cantidad de enlaces C—O, C—N o C—X (X representa un halógeno), o bien disminuye la cantidad de enlaces C—H (sección 4.9). Los agentes oxidantes de uso más común son el permanganato de potasio (KMnO$_4$) o bien, una disolución ácida de dicromato de sodio (H$^+$, Na$_2$Cr$_2$O$_7$). Debido a que el anillo de benceno es tan estable, no se oxida; sólo se oxida el grupo alquilo.

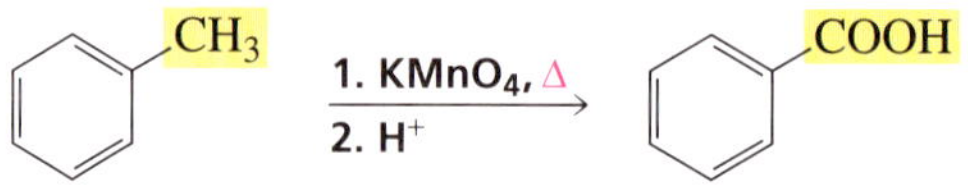

tolueno $\xrightarrow[\text{2. H}^+]{\text{1. KMnO}_4, \Delta}$ **ácido benzoico**

Independientemente de la longitud del sustituyente alquilo, se oxida y forma un grupo COOH, siempre que haya un hidrógeno unido al carbono bencílico.

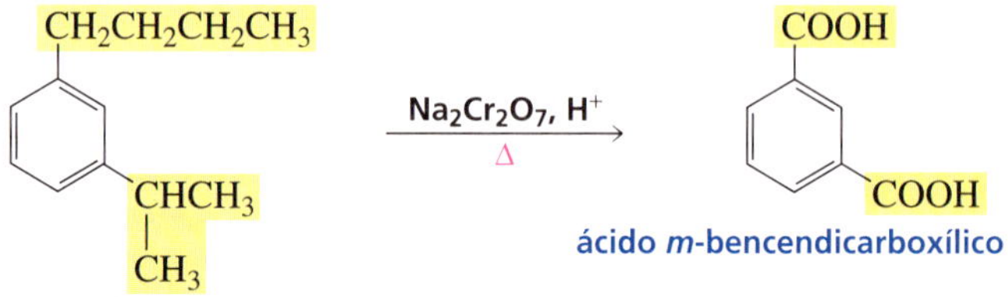

m-butilisopropilbenceno $\xrightarrow[\Delta]{\text{Na}_2\text{Cr}_2\text{O}_7, \text{H}^+}$ **ácido m-bencendicarboxílico**

Si el grupo alquilo no tiene hidrógeno bencílico, no habrá reacción de oxidación, porque el primer paso de la reacción de oxidación es la eliminación de un hidrógeno del carbono bencílico.

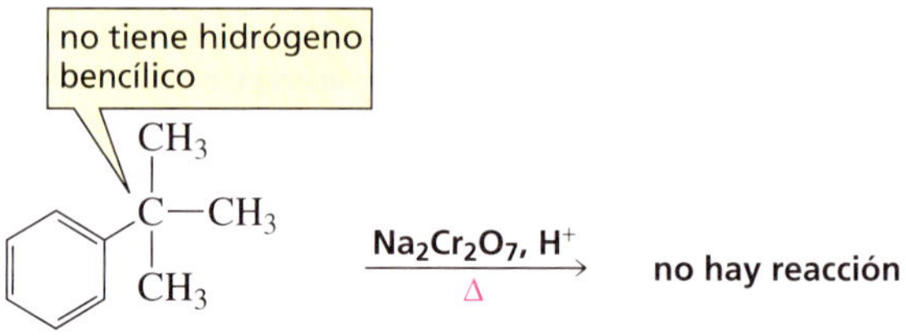

terc-butilbenceno (no tiene hidrógeno bencílico) $\xrightarrow[\Delta]{\text{Na}_2\text{Cr}_2\text{O}_7, \text{H}^+}$ **no hay reacción**

Los mismos reactivos que oxidan a los sustituyentes alquilo oxidan a los alcoholes bencílicos y forman ácido benzoico.

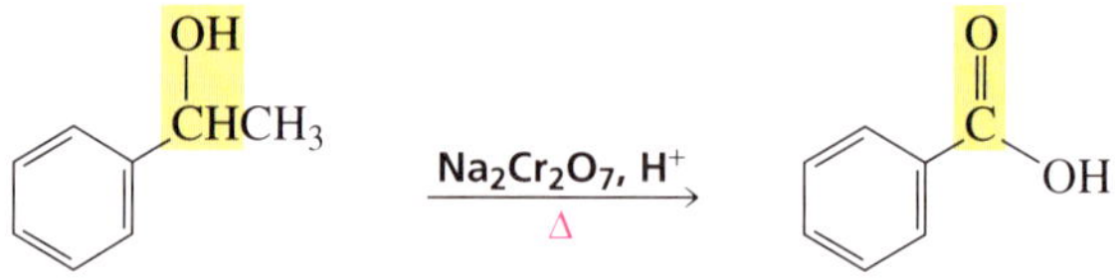

1-feniletanol $\xrightarrow[\Delta]{\text{Na}_2\text{Cr}_2\text{O}_7, \text{H}^+}$ **ácido benzoico**

Sin embargo, si se usa un agente oxidante moderado como el MnO$_2$, los alcoholes bencílicos se oxidan a aldehídos o a cetonas.

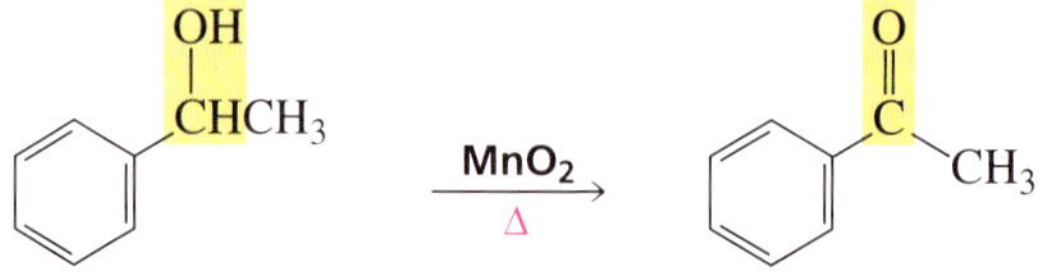

1-feniletanol $\xrightarrow[\Delta]{\text{MnO}_2}$ **acetofenona**

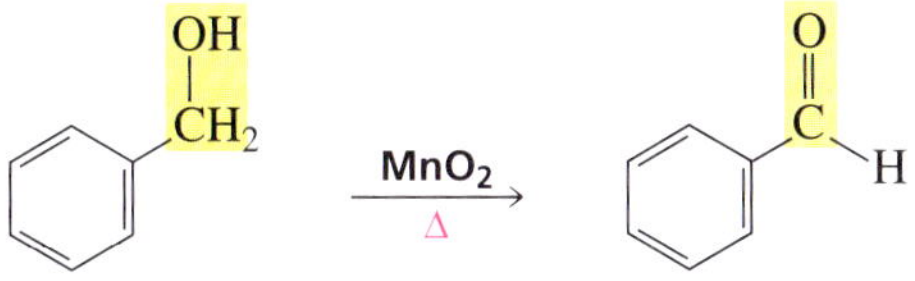

14.19 Forma de cambiar químicamente algunos sustituyentes en un anillo de benceno **669**

fenilmetanol / alcohol bencílico →(MnO₂, Δ)→ benzaldehído

Reducción de un sustituyente nitro

Se puede reducir un sustituyente nitro para formar un sustituyente amino. Se usan un metal (estaño, hierro o zinc) y un ácido (HCl), o bien la hidrogenación catalítica. Recuérdese, de la sección 1.24, que si se usan condiciones ácidas, el producto estará en su forma ácida (ion anilinio). Cuando termina la reacción se puede agregar una base para convertir al producto en su forma básica (anilina).

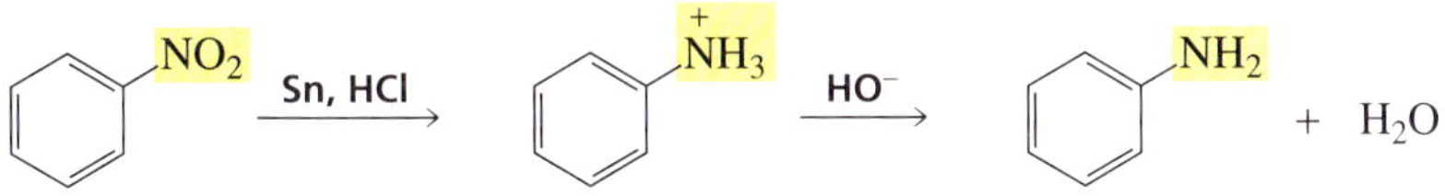

nitrobenceno →(Sn, HCl)→ anilina protonada (ion anilinio) →(HO⁻)→ anilina + H_2O

nitrobenceno + H_2 →(Pd/C)→ anilina

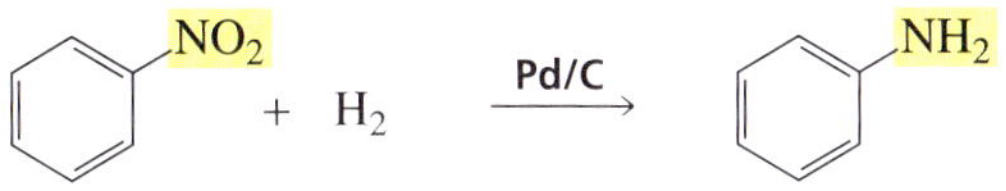

Es posible reducir sólo uno de los dos grupos nitro, en forma selectiva.

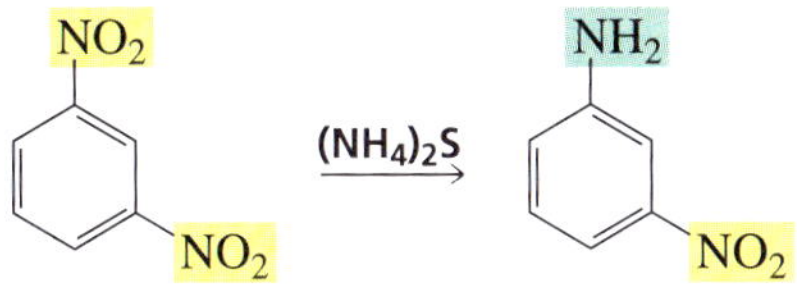

1,3-dinitrobenceno →$(NH_4)_2S$→ 3-nitroanilina

PROBLEMA 28◆

Indique cuál es el producto de cada una de las reacciones siguientes:

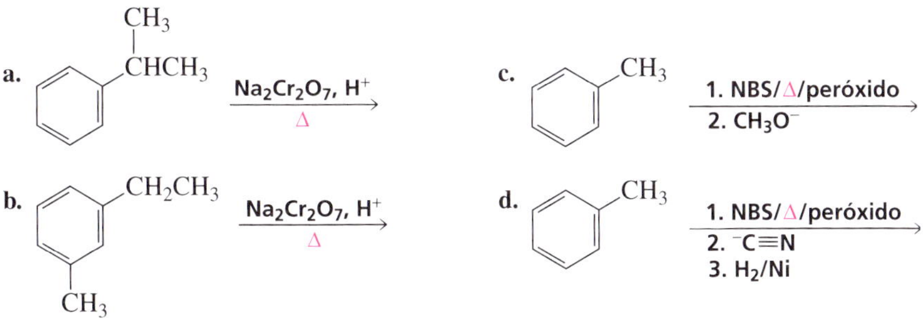

a. C₆H₅–CH(CH₃)CH₃ →($Na_2Cr_2O_7$, H^+, Δ)→

b. 3-metil-(CH₂CH₃)-benceno →($Na_2Cr_2O_7$, H^+, Δ)→

c. C₆H₅–CH₃ →(1. NBS/Δ/peróxido; 2. CH_3O^-)→

d. C₆H₅–CH₃ →(1. NBS/Δ/peróxido; 2. ⁻C≡N; 3. H_2/Ni)→

PROBLEMA 29 RESUELTO

Indique cómo se podrían preparar los compuestos siguientes a partir del benceno:

a. benzaldehído
b. estireno
c. 1-bromo-2-feniletano
d. 2-fenil-1-etanol
e. anilina
f. ácido benzoico

Solución de 29a El benzaldehído no puede prepararse con una acilación de Friedel-Crafts, porque el cloruro de formilo, que es el haluro de ácido que se requiere, es inestable.

H—C(=O)—Cl
cloruro de formilo
inestable

Se puede preparar benzaldehído con la reacción de Gatterman-Koch (página 661), o con la siguiente secuencia de reacciones:

$$\text{C}_6\text{H}_6 \xrightarrow{\text{CH}_3\text{Cl}, \text{AlCl}_3} \text{Ph-CH}_3 \xrightarrow[\text{peróxido}]{\text{NBS}, \Delta} \text{Ph-CH}_2\text{Br} \xrightarrow{\text{HO}^-} \text{Ph-CH}_2\text{OH} \xrightarrow[\Delta]{\text{MnO}_2} \text{Ph-CHO}$$

RESUMEN

Para considerarse como **aromático**, un compuesto debe tener una nube ininterrumpida de electrones π que contenga una *cantidad impar de pares de* electrones π. Un **compuesto antiaromático** tiene una nube cíclica de electrones π, pero tiene una *cantidad par de pares de* electrones π. De acuerdo con la teoría de los orbitales moleculares, los compuestos aromáticos son estables porque sus orbitales de enlace están totalmente llenos, sin electrones en orbitales de no enlace ni en orbitales de antienlace; en contraste, los compuestos antiaromáticos son inestables porque son incapaces de llenar sus orbitales de enlace, o bien tienen un par sobrante de electrones π después de haber llenado los orbitales de enlace. Como resultado de su aromaticidad, el anión ciclopentadienilo y el catión cicloheptatrienilo son excepcionalmente estables.

Un **anuleno** es un hidrocarburo monocíclico con enlaces sencillos y dobles alternados. Un **compuesto heterocíclico** es un compuesto cíclico en el que uno o más de los átomos del anillo es un **heteroátomo**, un átomo distinto del carbono. La piridina, el pirrol, el furano y el tiofeno son compuestos heterocíclicos aromáticos.

La aromaticidad del benceno hace que presente **reacciones de sustitución electrofílica aromática**. Las reacciones de adición electrofílica características de los alquenos y los dienos formarían productos de adición no aromáticos, mucho menos estables. Las reacciones más comunes de sustitución electrofílica aromática son la halogenación, la nitración, la sulfonación, la alquilación y la acilación de Friedel-Crafts. Una vez generado el electrófilo, todas las reacciones de sustitución electrofílica aromática se efectúan con el mismo mecanismo de dos pasos: 1) el compuesto aromático reacciona con un electrófilo y forma un carbocatión intermediario, y 2) una base saca a un protón del carbono que formaba el enlace con el electrófilo. El primer paso es relativamente lento y endergónico, porque se convierte un compuesto aromático en un intermediario no aromático mucho menos estable; el segundo paso es rápido y fuertemente exergónico, porque se restaura la aromaticidad que incrementa la estabilidad.

Los nombres de algunos bencenos monosustituidos son de bencenos sustituidos (por ejemplo, bromobenceno, nitrobenceno); otros tienen nombres que ya incorporan al sustituyente (por ejemplo, tolueno, fenol, anilina y anisol). La bromación o la cloración necesitan de un ácido de Lewis como catalizador; la yodación requiere un agente oxidante. La **nitración** con ácido nítrico necesita de ácido sulfúrico como catalizador. Se pueden usar un haluro de acilo o un anhídrido de ácido en la **acilación de Friedel-Crafts**, reacción que pone un grupo acilo en un anillo de benceno. Si se puede rearreglar el carbocatión que se forma a partir del haluro de alquilo que se usa en una reacción de **alquilación de Friedel-Crafts**, el producto principal será el que tenga el grupo alquilo rearreglado. Se puede poner un grupo alquilo de cadena lineal en un anillo de benceno a través de una reacción de acilación de Friedel-Crafts, seguida por reducción del grupo carbonilo, por hidrogenación catalítica, o por una **reducción de Clemmensen** o una **reducción de Wolff-Kishner**. También se pueden preparar alquilbencenos con un grupo alquilo de cadena lineal mediante reacciones de acoplamiento.

Un anillo de benceno puede sulfonarse con ácido sulfúrico fumante o concentrado. La **sulfonación** es una reacción reversible; al calentar ácido bencensulfónico en ácido diluido se elimina el grupo ácido sulfónico. El **principio de la reversibilidad microscópica** establece que el mecanismo de una reacción en dirección inversa debe pasar por cada paso del mecanismo en la dirección de avance, con detalle microscópico.

Los anillos de benceno con sustituyentes distintos a halo, nitro, ácido sulfónico, alquilo o acilo, se pueden preparar sintetizando uno de esos bencenos sustituidos, para después cambiar químicamente el sustituyente.

RESUMEN DE REACCIONES

1. Reacciones de sustitución electrofílica aromática:
   a. Halogenación (sección 14.11)

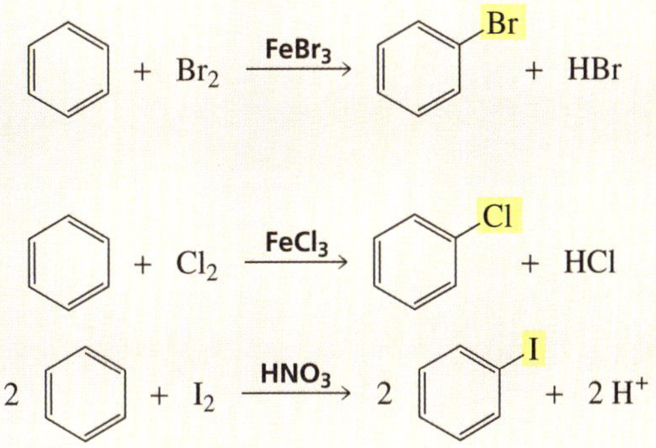

   $$C_6H_6 + Br_2 \xrightarrow{FeBr_3} C_6H_5Br + HBr$$

   $$C_6H_6 + Cl_2 \xrightarrow{FeCl_3} C_6H_5Cl + HCl$$

   $$2\,C_6H_6 + I_2 \xrightarrow{HNO_3} 2\,C_6H_5I + 2\,H^+$$

   b. Nitración, sulfonación y desulfonación (secciones 14.12 y 14.13)

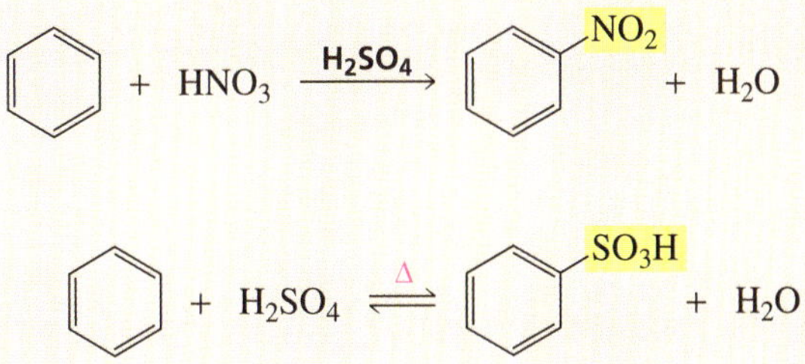

   $$C_6H_6 + HNO_3 \xrightarrow{H_2SO_4} C_6H_5NO_2 + H_2O$$

   $$C_6H_6 + H_2SO_4 \underset{}{\overset{\Delta}{\rightleftharpoons}} C_6H_5SO_3H + H_2O$$

   c. Acilación y alquilación de Friedel-Crafts (secciones 14.14 y 14.15)

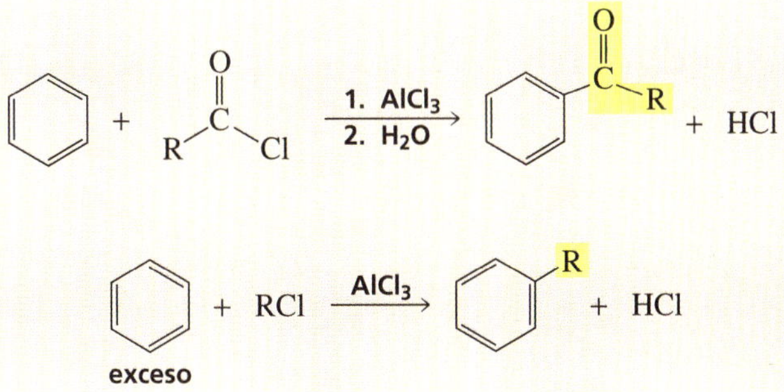

   $$C_6H_6 + R\text{--CO--Cl} \xrightarrow[\text{2. H}_2\text{O}]{\text{1. AlCl}_3} C_6H_5\text{--CO--R} + HCl$$

   $$C_6H_6\ (\text{exceso}) + RCl \xrightarrow{AlCl_3} C_6H_5R + HCl$$

   d. Formación de benzaldehído, por medio de una reacción de Gatterman-Koch (sección 14.14)

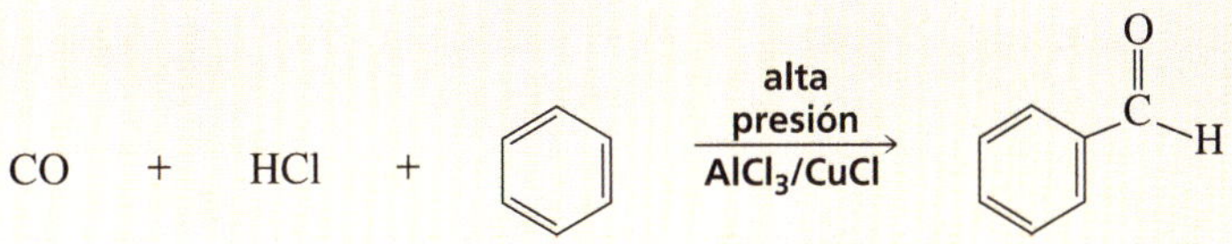

   $$CO + HCl + C_6H_6 \xrightarrow[AlCl_3/CuCl]{\text{alta presión}} C_6H_5\text{CHO}$$

672 CAPÍTULO 14 Aromaticidad • Reacciones del benceno

e. Alquilación, con un reactivo de Gilman (sección 14.17)

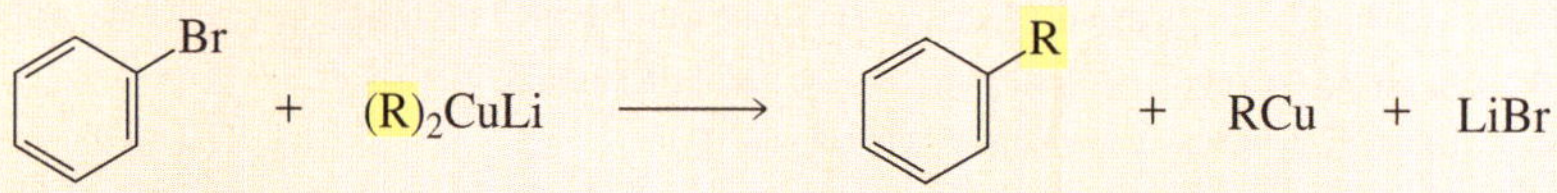

$$\text{C}_6\text{H}_5\text{Br} + (\text{R})_2\text{CuLi} \longrightarrow \text{C}_6\text{H}_5\text{R} + \text{RCu} + \text{LiBr}$$

f. Alquilación, con una reacción de Stille (sección 14.17)

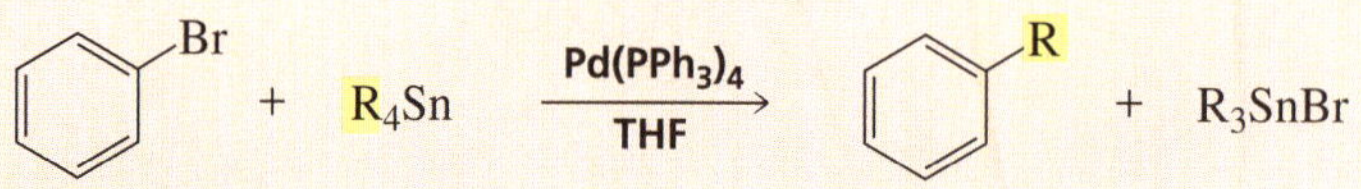

$$\text{C}_6\text{H}_5\text{Br} + \text{R}_4\text{Sn} \xrightarrow[\text{THF}]{\text{Pd(PPh}_3)_4} \text{C}_6\text{H}_5\text{R} + \text{R}_3\text{SnBr}$$

g. Alquilación, con una reacción de Suzuki (sección 14.17)

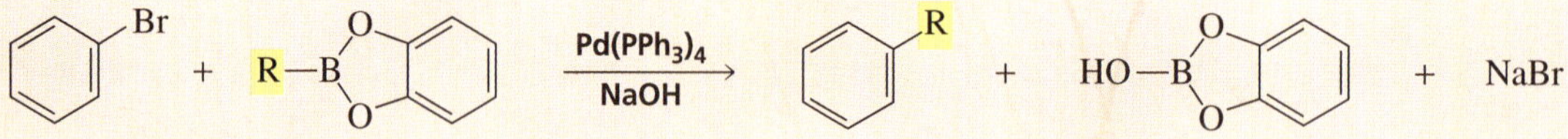

$$\text{C}_6\text{H}_5\text{Br} + \text{R–B(catecol)} \xrightarrow[\text{NaOH}]{\text{Pd(PPh}_3)_4} \text{C}_6\text{H}_5\text{R} + \text{HO–B(catecol)} + \text{NaBr}$$

2. Reducción de Clemmensen y reducción de Wolff-Kishner (sección 14.16)

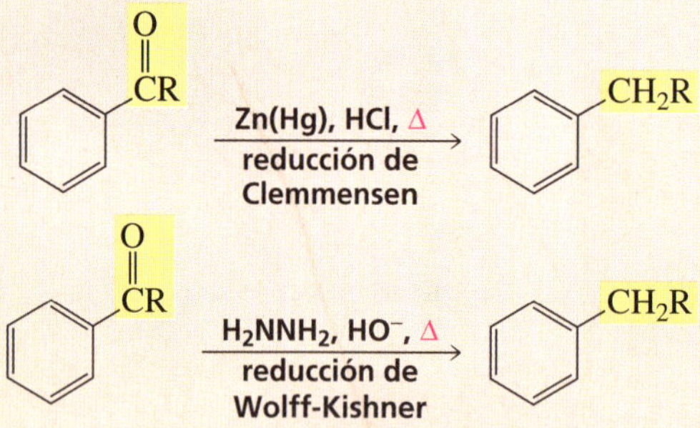

$$\text{C}_6\text{H}_5\text{COR} \xrightarrow[\text{reducción de Clemmensen}]{\text{Zn(Hg), HCl, }\Delta} \text{C}_6\text{H}_5\text{CH}_2\text{R}$$

$$\text{C}_6\text{H}_5\text{COR} \xrightarrow[\text{reducción de Wolff-Kishner}]{\text{H}_2\text{NNH}_2,\ \text{HO}^-,\ \Delta} \text{C}_6\text{H}_5\text{CH}_2\text{R}$$

3. Reacciones de los sustituyentes en un anillo de benceno (sección 14.19)

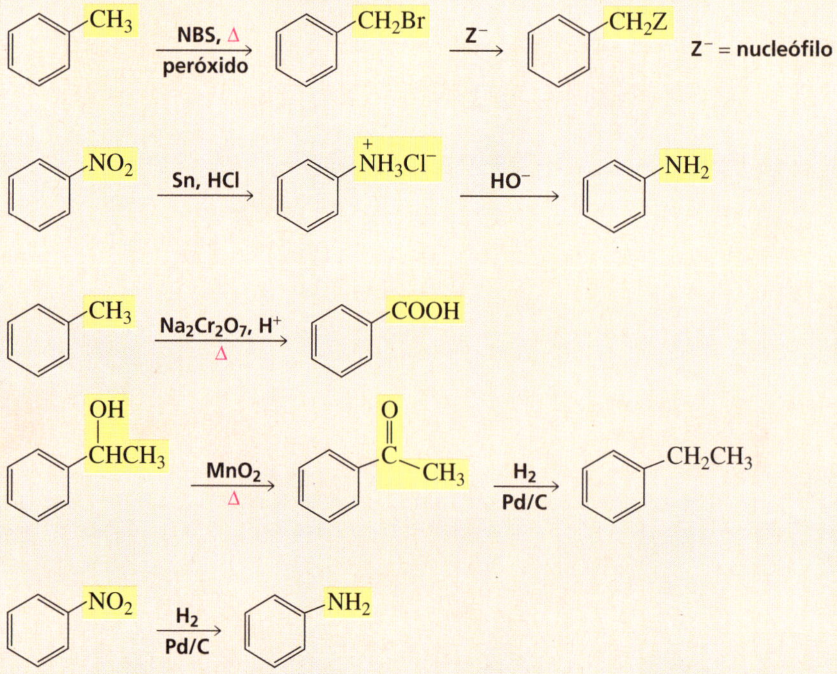

$$\text{C}_6\text{H}_5\text{CH}_3 \xrightarrow[\text{peróxido}]{\text{NBS, }\Delta} \text{C}_6\text{H}_5\text{CH}_2\text{Br} \xrightarrow{\text{Z}^-} \text{C}_6\text{H}_5\text{CH}_2\text{Z} \qquad \text{Z}^- = \text{nucleófilo}$$

$$\text{C}_6\text{H}_5\text{NO}_2 \xrightarrow{\text{Sn, HCl}} \text{C}_6\text{H}_5\overset{+}{\text{NH}}_3\text{Cl}^- \xrightarrow{\text{HO}^-} \text{C}_6\text{H}_5\text{NH}_2$$

$$\text{C}_6\text{H}_5\text{CH}_3 \xrightarrow[\Delta]{\text{Na}_2\text{Cr}_2\text{O}_7,\ \text{H}^+} \text{C}_6\text{H}_5\text{COOH}$$

$$\text{C}_6\text{H}_5\text{CH(OH)CH}_3 \xrightarrow[\Delta]{\text{MnO}_2} \text{C}_6\text{H}_5\text{COCH}_3 \xrightarrow{\text{H}_2 / \text{Pd/C}} \text{C}_6\text{H}_5\text{CH}_2\text{CH}_3$$

$$\text{C}_6\text{H}_5\text{NO}_2 \xrightarrow{\text{H}_2 / \text{Pd/C}} \text{C}_6\text{H}_5\text{NH}_2$$

TÉRMINOS CLAVE

acilación de Friedel-Crafts (pág. 654)
alquilación de Friedel-Crafts (pág. 654)
anuleno (pág. 643)
compuesto antiaromático (pág. 649)
compuesto heterocíclico (pág. 646)
compuestos alifáticos (pág. 640)
compuestos aromáticos (pág. 642)
grupo bencilo (pág. 652)

grupo fenilo (pág. 652)
halogenación (pág. 654)
heteroátomo (pág. 646)
nitración (pág. 654)
principio de la reversibilidad microscópica (pág. 659)
reacción de formilación de Gatterman-Koch (pág. 661)

reacción de Stille (pág. 665)
reacción de sustitución aromática electrofílica (pág. 653)
reacción de Suzuki (pág. 665)
reducción de Clemmensen (pág. 664)
reducción de Wolff-Kishner (pág. 664)
regla de Hückel, o regla de 4n + 2 (pág. 642)
sulfonación (pág. 654)

PROBLEMAS

30. Trace la estructura de cada uno de los compuestos siguientes:
- **a.** fenol
- **b.** éter bencil fenílico
- **c.** benzonitrilo
- **d.** benzaldehído
- **e.** anisol
- **f.** estireno
- **g.** tolueno
- **h.** *terc*-butilbenceno
- **i.** cloruro de bencilo

31. Clasifique cada uno de los compuestos siguientes, en aromático, no aromático o antiaromático (*Sugerencia:* Si es posible, un anillo será no plano, para evitar ser antiaromático):

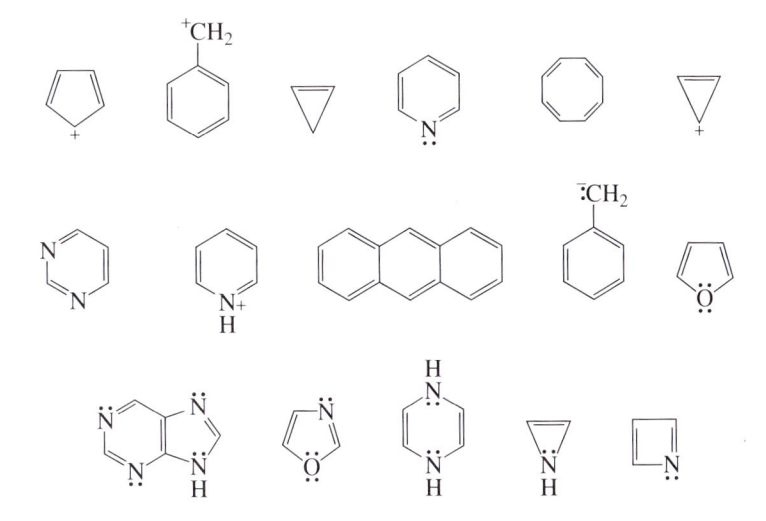

32. Indique el producto de la reacción de benceno en exceso con cada uno de los reactivos siguientes:
- **a.** cloruro de isobutilo + AlCl$_3$
- **b.** propeno + HF
- **c.** 1-cloro-2,2-dimetilpropano + AlCl$_3$
- **d.** diclorometano + AlCl$_3$

33. ¿Cuál ion de cada uno de los pares siguientes es el más estable, y por qué?

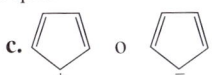

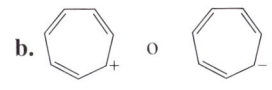

34. ¿Qué puede perder un protón con más facilidad, un grupo metilo unido a ciclohexano, o un grupo metilo unido a benceno?

674 CAPÍTULO 14 Aromaticidad • Reacciones del benceno

35. ¿Cómo podría usted preparar los compuestos siguientes usando benceno como una de las materias primas?

a.

b.

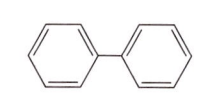

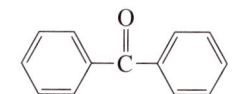

36. Se llevó a cabo una acilación de Friedel-Craft con benceno, seguida de una reducción de Clemmensen. El producto dio el siguiente espectro de RMN-^{1}H. ¿Qué cloruro de acilo se usó en la reacción de acilación de Friedel-Crafts?

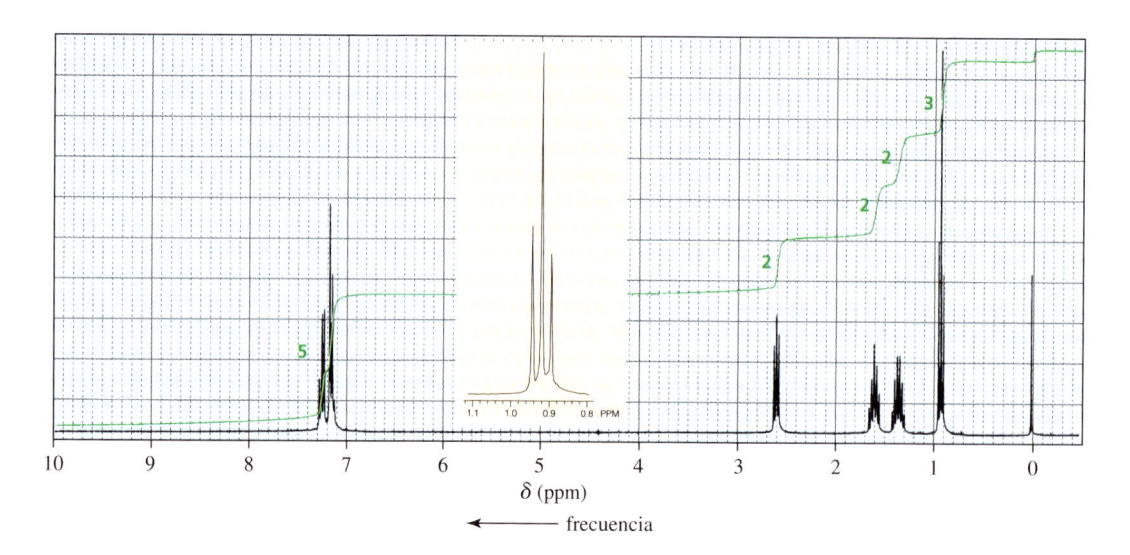

37. Indique cuáles son los productos de las reacciones siguientes:

a.

$$\xrightarrow{\text{1. AlCl}_3}{\text{2. H}_2\text{O}}$$

b.

$$\xrightarrow{\text{1. AlCl}_3}{\text{2. H}_2\text{O}}$$

38. ¿Cuál de estos dos compuestos es una base más fuerte? ¿Por qué?

39. ¿Cuál de estos compuestos participa con más facilidad en una reacción S_N1?

40. La purina es un compuesto heterocíclico con cuatro átomos de nitrógeno.
  a. ¿Cuál nitrógeno es el más apto para protonarse?
  b. ¿Cuál nitrógeno es el menos apto para protonarse?

purina

41. El profesor Orbie Tal aisló un compuesto aromático de fórmula molecular C₆H₄Br₂. Lo trató con ácido nítrico y ácido sulfúrico (en condiciones que sustituyen un H por un grupo NO₂) y aisló tres isómeros distintos, todos con fórmula molecular C₆H₃Br₂NO₂. ¿Cuál fue la estructura del compuesto original?

42. Proponga un mecanismo para cada una de las reacciones siguientes:

    a. 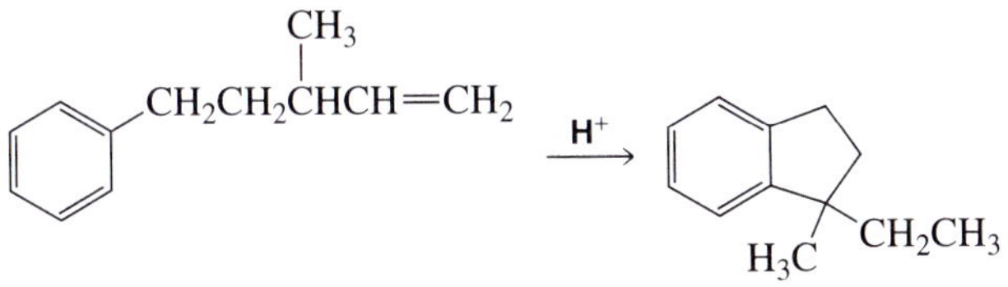

    b.

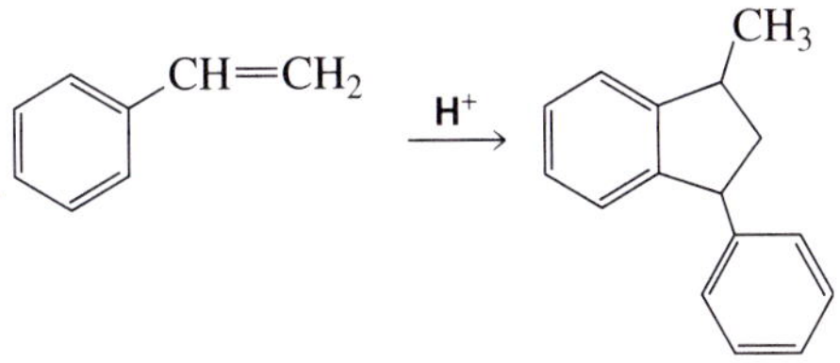

43. Indique cuál es el producto de cada una de las reacciones siguientes:

    a. 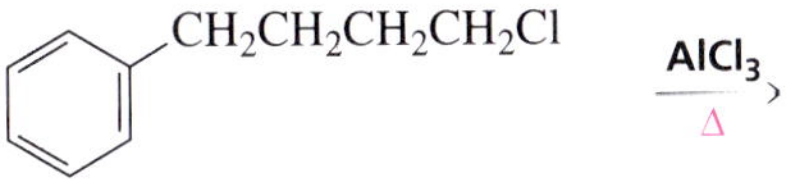

    b.

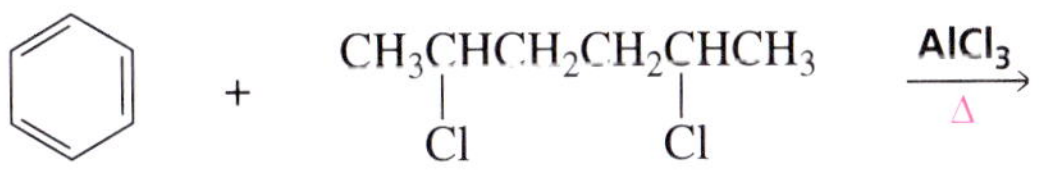

44. ¿Cual de los compuestos siguientes es el ácido más fuerte?

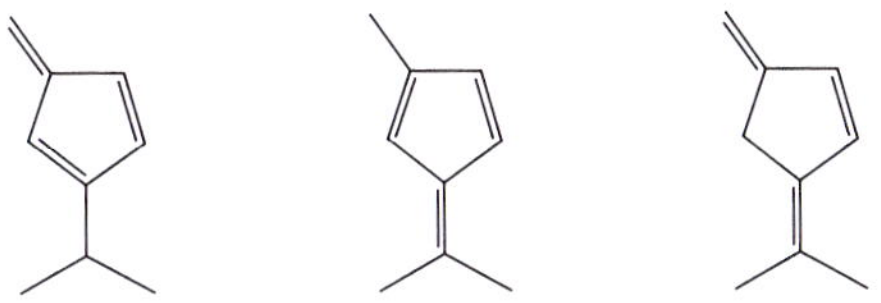

45. Indique dos maneras para sintetizar el compuesto siguiente:

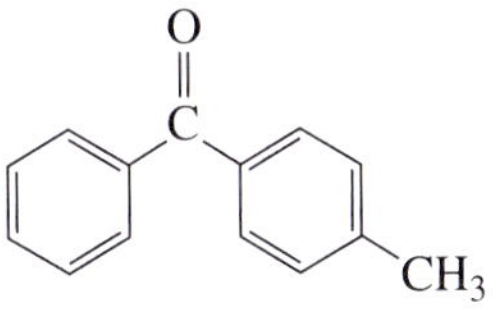

46. a. Proponga un mecanismo para la reacción siguiente:

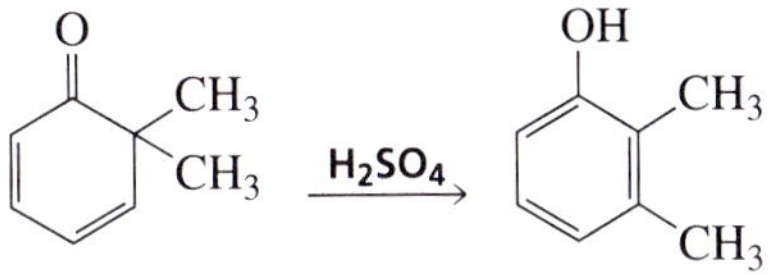

    b. Indique cuál es el producto de la reacción siguiente:

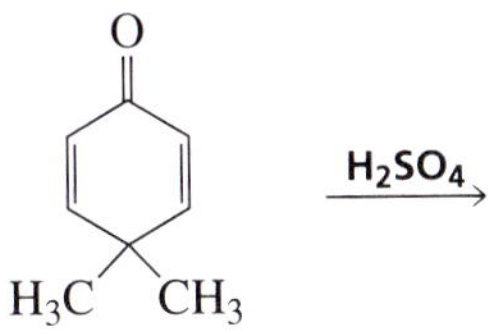

47. Hay una reacción, llamada reducción de Birch, donde el benceno se puede reducir parcialmente a 1,4-ciclohexadieno, usando un metal alcalino (Na, Li o K) en amoníaco líquido y un alcohol de bajo peso molecular. Proponga un mecanismo para esta reacción. (*Sugerencia:* Vea la sección 6.9).

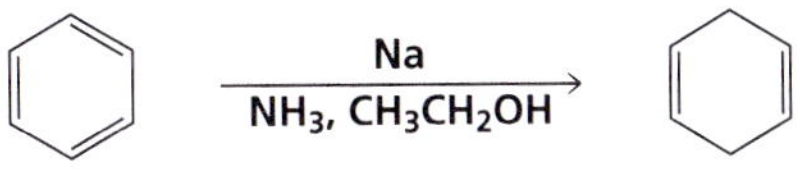

    1,4-ciclohexadieno

48. Dibuje las estructuras resonantes del dianión ciclooctatrienilo.
    a. ¿Cuál de las estructuras resonantes es menos estable?
    b. ¿Cuál de las estructuras resonantes aporta menos al híbrido de resonancia?

49. Se ha demostrado con investigaciones que la molécula de ciclobutadieno es rectangular, en realidad, y no cuadrada. Además, se ha establecido que hay dos 1,2-dideuterio-1,3-ciclobutadienos. Explique la razón de estas observaciones inesperadas.

ciclobutadieno

50. El *principio del movimiento mínimo* establece que la reacción que implica el cambio menor de posiciones atómicas o de configuración electrónica (en igualdad de las demás condiciones), y se ha sugerido para explicar por qué la reducción de Birch sólo forma 1,4-hexadieno. ¿Cómo explica lo anterior la observación de que no se obtiene 1,3-ciclohexadieno en una reacción de Birch?

CAPÍTULO 15

Reacciones de los bencenos sustituidos

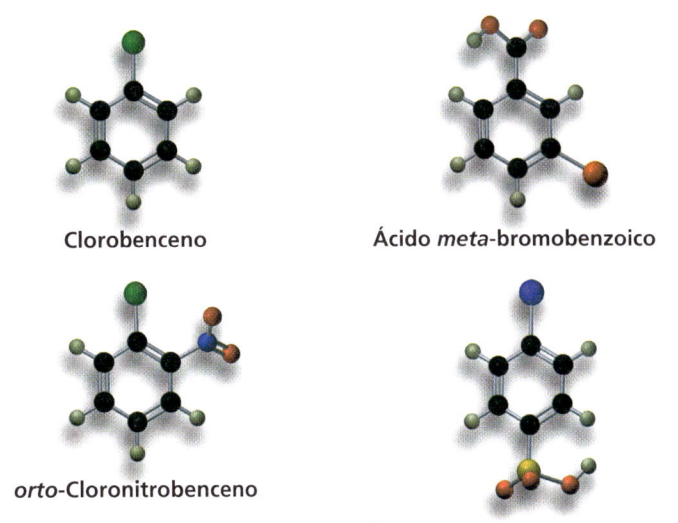

Clorobenceno

Ácido *meta*-bromobenzoico

***orto*-Cloronitrobenceno**

Ácido *para*-yodobencensulfónico

ANTECEDENTES

SECCIÓN 15.2 La atracción inductiva de electrones(1.21) y la donación de electrones por hiperconjugación (4.2) son dos factores que ayudan a explicar la reactividad de los bencenos sustituidos.

SECCIÓN 15.2 También, la atracción y la donación de electrones por resonancia (7.9) son factores que explican la reactividad de los bencenos sustituidos.

SECCIÓN 15.3 Al disponer de un octeto completo, una especie se estabiliza (1.3, 7.5).

SECCIÓN 15.4 Los sustituyentes afectan los valores de pK_a de los compuestos (1.21, 7.9).

Muchos son los bencenos sustituidos que se encuentran en la naturaleza; algunos que tienen actividad fisiológica son los siguientes:

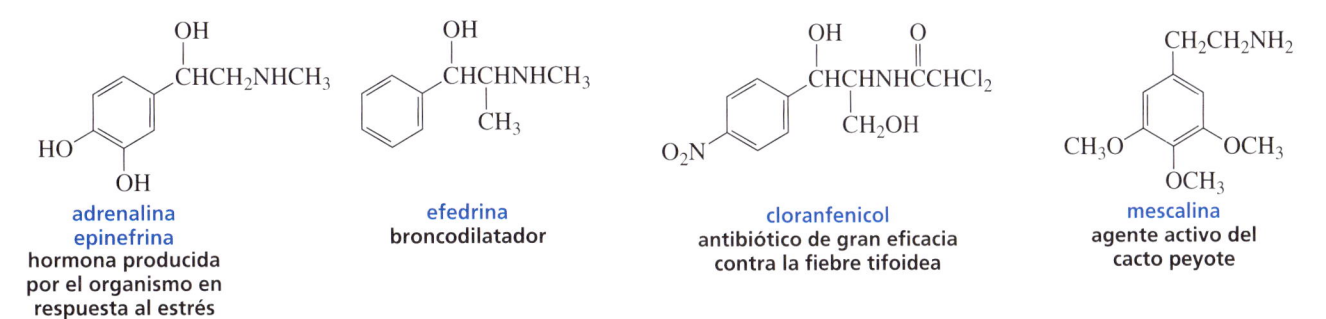

adrenalina
epinefrina
hormona producida por el organismo en respuesta al estrés

efedrina
broncodilatador

cloranfenicol
antibiótico de gran eficacia contra la fiebre tifoidea

mescalina
agente activo del cacto peyote

Hay muchos otros bencenos sustituidos con actividad fisiológica que no se encuentran en la naturaleza porque han sido sintetizados. El medicamento dietético "fen-phen", hoy prohibido, es una mezcla de los dos bencenos sustituidos sintéticos fenfluramina y fentermina. Hay otros dos bencenos sustituidos, BHA y BHT, que son conservadores (sección 11.10), en una gran variedad de alimentos empacados.

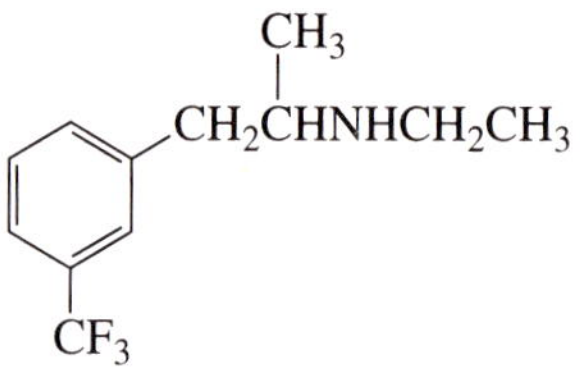

fenfluramina

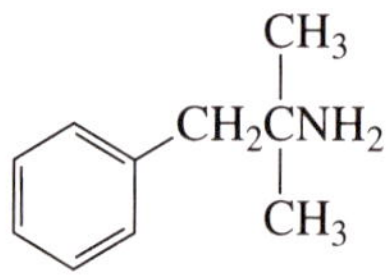

fentermina

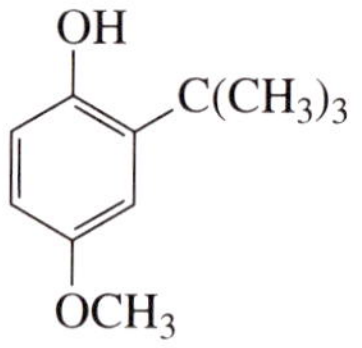

hidroxianizol butilado
BHA
antioxidante en alimentos

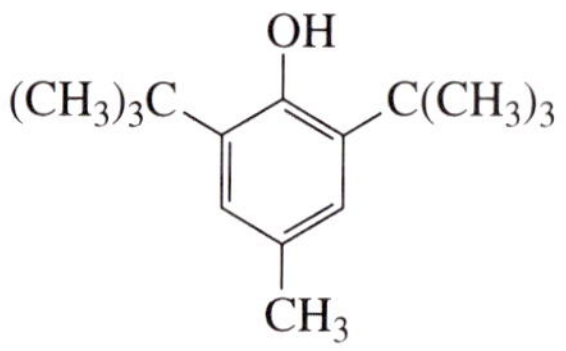

hidroxitolueno butilado
BHT
antioxidante en alimentos

Cuando se comprueba que los compuestos naturales desempeñan actividades fisiológicas convenientes, se intenta sintetizar compuestos con estructura similar para desarrollarlos como fármacos. Por ejemplo, se han sintetizado compuestos con estructuras parecidas a la de la adrenalina, como la anfetamina, un estimulante del sistema nervioso central, y la metanfetamina (una anfetamina metilada). La anfetamina y la metanfetamina se usan en medicina como supresores de apetito. La metanfetamina, llamada "tacha", también se fabrica y vende en forma ilegal por sus efectos fisiológicos, rápidos e intensos. Esos compuestos representan sólo unos cuantos de muchos bencenos sustituidos que se han sintetizado para su aplicación comercial en las industrias química y farmacéutica. En el apéndice I se encuentran las propiedades físicas de algunos bencenos sustituidos.

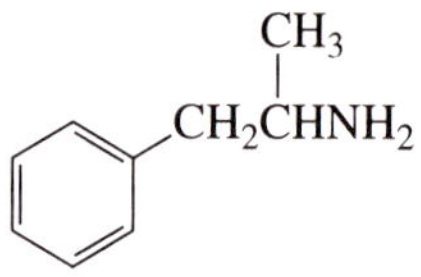

anfetamina
supresor
del apetito

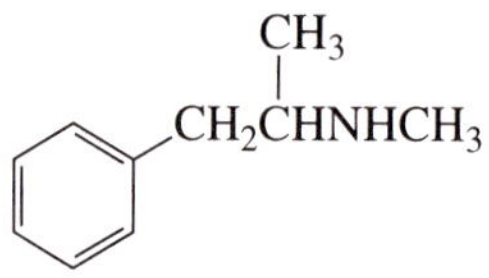

metanfetamina

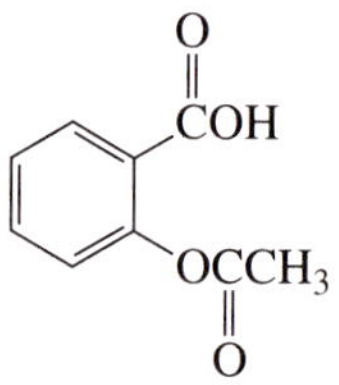

ácido acetilsalicílico
aspirina

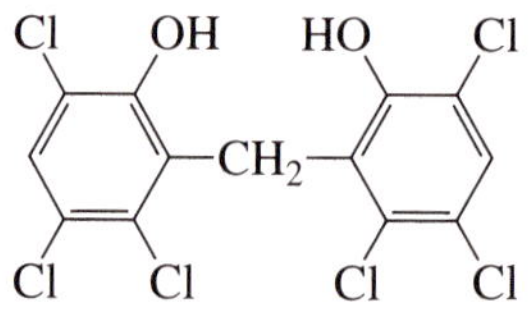

hexaclorofeno
desinfectante

y

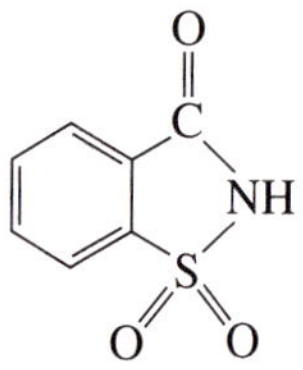

sacarina
edulcorante
artificial

p-diclorobenceno
en bolas de naftalina
y refrescantes del aire

15.1 Nomenclatura de los bencenos disustituidos y polisustituidos

En la sección 14.8 se describe cómo se nombran los bencenos monosustituidos. Ahora se explica cómo se nombran los anillos de benceno que cuentan con más de un sustituyente.

Nomenclatura de bencenos disustituidos

La posición relativa de dos sustituyentes en un anillo de benceno se puede especificar con números, o con los prefijos *orto, meta* y *para*. Los sustituyentes adyacentes se llaman *orto*; los que están separados por un carbono se llaman *meta*, y los que están en vértices opuestos se llaman *para*. Con frecuencia se usan las abreviaturas de ellos (*o, m, p*) en nombres de compuestos.

15.1 Nomenclatura de los bencenos disustituidos y polisustituidos

MEDICIÓN DE LA TOXICIDAD

El Agente Naranja, desfoliador que se usó mucho en la Guerra de Vietnam, es una mezcla de dos bencenos sustituidos: 2,4-D y 2,4,5-T. La dioxina (TCDD), contaminante que se forma durante la fabricación del Agente Naranja, se ha implicado como el causante de varios síntomas que sufren quienes estuvieron expuestos al Agente Naranja durante esa guerra.

ácido 2,4-diclorofenoxiacético
2,4-D

ácido 2,4,5-triclorofenoxiacético
2,4,5-T

2,3,7,8-tetraclorodibenzo[b,e][1,4]dioxina
TCDD

La toxicidad de un compuesto se describe con su valor LD_{50}, la dosis que produce la muerte del 50% de los animales de prueba expuestos al compuesto. La dioxina, con un valor de LD_{50} (de lethal dose, 50%) = 0.0006 mg/kg para los cuyos, es un compuesto de extrema toxicidad. Compárese este valor con los de LD_{50} para varios de los venenos conocidos, pero mucho menos tóxicos: 0.96 mg/kg para estricnina y 15 mg/kg para trióxido de arsénico y cianuro de sodio. Uno de los agentes más tóxicos que se conocen es la botulina, con un valor de $LD_{50} = 1 \times 10^{-8}$ mg/kg, aproximadamente.

1,2-dibromobenceno
orto-dibromobenceno
o-dibromobenceno

1,3-dibromobenceno
meta-dibromobenceno
m-dibromobenceno

1,4-dibromobenzene
para-dibromobenceno
p-dibromobenceno

Si los dos sustituyentes son distintos, se citan en orden alfabético. Al sustituyente que se menciona primero se le asigna la posición 1, y el anillo se numera en la dirección que adjudique el menor número posible al segundo sustituyente.

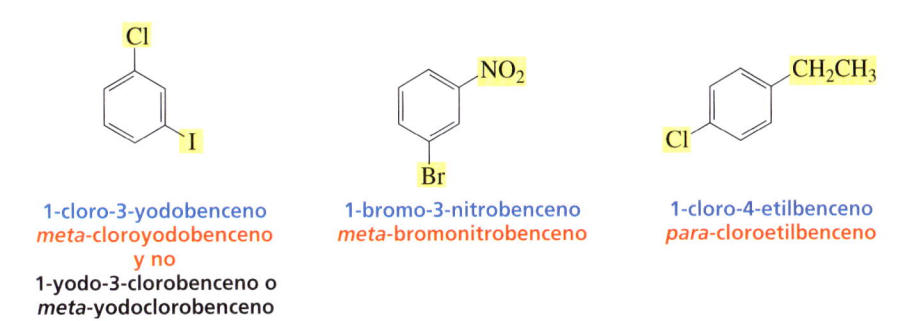

1-cloro-3-yodobenceno
meta-cloroyodobenceno
y no
1-yodo-3-clorobenceno o
meta-yodoclorobenceno

1-bromo-3-nitrobenceno
meta-bromonitrobenceno

1-cloro-4-etilbenceno
para-cloroetilbenceno

Si uno de los sustituyentes puede incorporarse en un nombre (sección 14.8), ese nombre se usa y al sustituyente incorporado se le da la posición 1.

2-clorotolueno
orto-clorotolueno
y no
orto-clorometilbenceno

4-nitroanilina
para-nitroanilina
y no
para-aminonitrobenceno

2-etilfenol
orto-etilfenol
y no
orto-etilhidroxibenceno

680 CAPÍTULO 15 Reacciones de los bencenos sustituidos

Existen algunos bencenos disustituidos cuyos nombres incorporan a ambos sustituyentes.

orto-toluidina

meta-xileno

para-cresol
preservativo de madera,
hasta que fue prohibido por
razones ambientales

PROBLEMA 1♦

Indique el nombre de los compuestos siguientes:

a., b., c., d.

PROBLEMA 2♦

Dibuje las estructuras de los compuestos siguientes:

a. *para*-toluidina
b. *meta*-cresol
c. *para*-xileno
d. ácido *orto*-clorobencensulfónico

Nomenclatura de bencenos polisustituidos

Si el anillo de benceno presenta más de dos sustituyentes, éstos se numeran en la dirección que produzca los números menores posibles. Los sustituyentes se mencionan en orden alfabético, cada uno precedido por su número asignado.

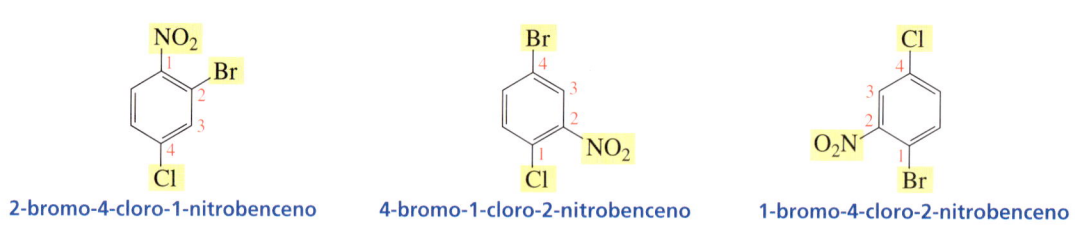

2-bromo-4-cloro-1-nitrobenceno

4-bromo-1-cloro-2-nitrobenceno

1-bromo-4-cloro-2-nitrobenceno

Como en los bencenos disustituidos, si uno de los sustituyentes se puede incorporar en un nombre, ese nombre es el que se usa y al sustituyente incorporado se le da la posición 1. Entonces, el anillo se numera en la dirección que produzca los números más pequeños posibles.

5-bromo-2-nitrotolueno

3-bromo-4-clorofenol

2-etil-4-yodoanilina

PROBLEMA 3♦

Trace la estructura de cada uno de los compuestos siguientes:

a. *m*-clorotolueno
b. *p*-bromofenol
c. *o*-nitroanilina
d. *m*-clorobenzonitrilo
e. 2-bromo-4-yodofenol
f. *m*-diclorobenceno
g. 2,5-dinitrobenzaldehído
h. 4-bromo-3-cloroanilina

PROBLEMA 4♦

Los nombres siguientes son incorrectos, corríjalos:

a. 2,4,6-tribromobenceno
b. 3-hidroxinitrobenceno
c. *para*-metilbromobenceno
d. 1,6-diclorobenceno

15.2 Algunos sustituyentes aumentan la reactividad del anillo de benceno y otros la disminuyen

Al igual que el benceno, los bencenos sustituidos participan en las cinco reacciones de sustitución aromática electrofílica que se describieron en el capítulo 14:

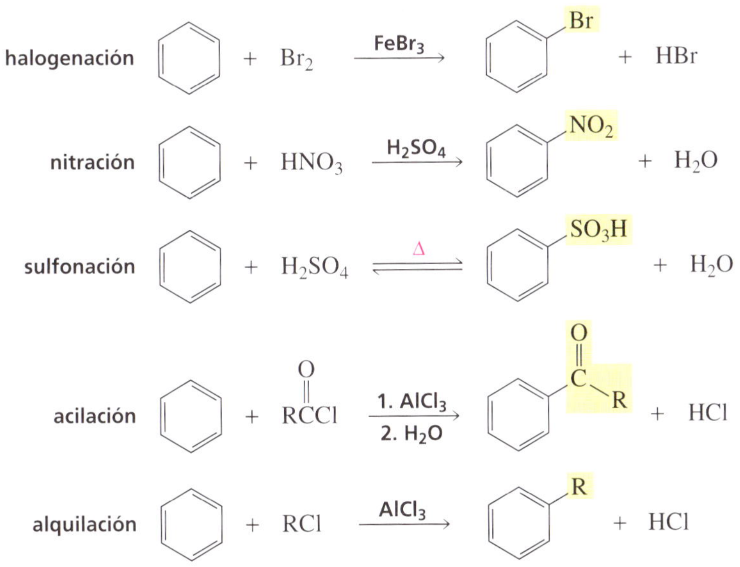

halogenación: benceno + Br$_2$ →(FeBr$_3$) bromobenceno + HBr

nitración: benceno + HNO$_3$ →(H$_2$SO$_4$) nitrobenceno + H$_2$O

sulfonación: benceno + H$_2$SO$_4$ ⇌(Δ) ácido bencenosulfónico + H$_2$O

acilación: benceno + RCOCl →(1. AlCl$_3$, 2. H$_2$O) fenil cetona + HCl

alquilación: benceno + RCl →(AlCl$_3$) alquilbenceno + HCl

Ahora se desea determinar si un benceno sustituido es más o menos reactivo que el benceno mismo. La respuesta depende del sustituyente. Algunos sustituyentes hacen que el anillo resulte más reactivo en la sustitución electrofílica aromática que el benceno mientras que otros lo hacen menos reactivo.

El paso lento de una reacción de sustitución electrofílica aromática es la adición del electrófilo al anillo aromático nucleofílico para formar un carbocatión intermediario (sección 14.10). Los sustituyentes que donan electrones al anillo de benceno estabilizan tanto al carbocatión intermediario (ion arenio) como al estado de transición que lleva a su formación (sección 4.3) y con ello aumentan la rapidez de la sustitución electrofílica aromática; a éstos se les llama **sustituyentes activadores**. En contraste, los sustituyentes que retiran electrones del anillo de benceno desestabilizan al carbocatión intermediario (ion arenio) y al estado de transición que lleva a su formación y así disminuyen la rapidez de sustitución electrofílica aromática; a ellos se les llama **sustituyentes desactivadores**. Antes de ver cómo la donación de electrones estabiliza al carbocatión intermediario y la atracción de electrones lo desestabiliza, conviene repasar las maneras en que un sustituyente puede donar o atraer electrones.

rapidez relativa de sustitución electrofílica aromática

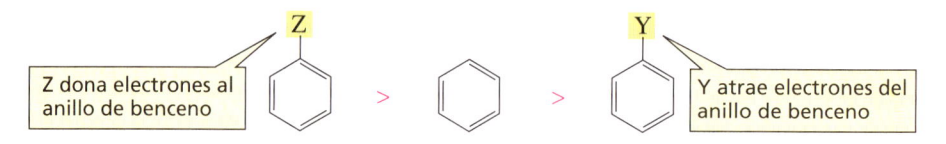

[Z-benceno] (Z dona electrones al anillo de benceno) > [benceno] > [Y-benceno] (Y atrae electrones del anillo de benceno)

Atracción inductiva de electrones

Si un sustituyente que está unido a un anillo de benceno es *más ávido de electrones que un hidrógeno*, atraerá los electrones σ del anillo de benceno con más fuerza que un hidrógeno. La atracción de electrones a través de un enlace σ se llama **atracción inductiva de electrones** (sección 1.21). El grupo $^+NH_3$ es un ejemplo de sustituyente que atrae electrones en forma inductiva por ser más electronegativo que un hidrógeno.

[benceno-NH_3^+] el sustituyente atrae electrones por efecto inductivo (en comparación con el hidrógeno)

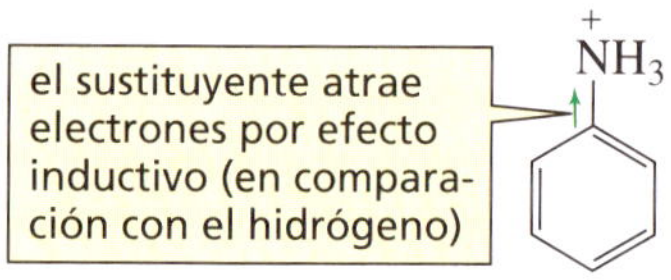

Donación de electrones por hiperconjugación

Ya se explicó que los sustituyentes alquilo (como CH_3) son más donadores de electrones que un hidrógeno a causa de la hiperconjugación (sección 4.2). Obsérvese que se comparó la capacidad donadora de electrones de un grupo alquilo, y no tan sólo de un carbono, con la capacidad donadora de electrones de un hidrógeno. En realidad, el carbono es un poco más ávido de electrones que el hidrógeno (porque el C es más electronegativo que el H, véase la tabla 1.3 y la sección 13.6), pero la hiperconjugación compensa este efecto inductivo.

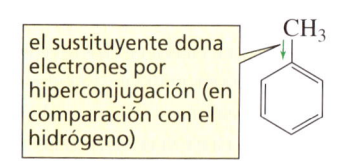

[benceno-CH_3] el sustituyente dona electrones por hiperconjugación (en comparación con el hidrógeno)

Donación y atracción de electrones por resonancia

Tutorial del alumno:
Donación de electrones a un anillo de benceno
(Donation of electrons into a benzene ring)

Si un sustituyente presenta un par de electrones no enlazado en el átomo que se une directamente al anillo de benceno, ese par de electrones se puede deslocalizar en el anillo. Se dice que tales sustituyentes **donan electrones por resonancia** (sección 7.9). Los sustituyentes como NH_2, OH, OR y Cl donan electrones por resonancia. También, dichos sustituyentes retiran electrones en forma inductiva porque el átomo unido al anillo de benceno es más electronegativo que un hidrógeno.

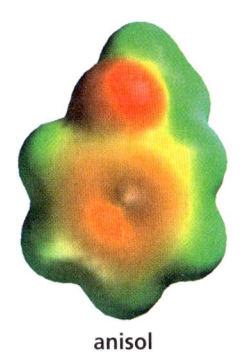

15.2 Algunos sustituyentes aumentan la reactividad del anillo de benceno y otros la disminuyen

donación de electrones a un anillo de benceno por resonancia

anisol

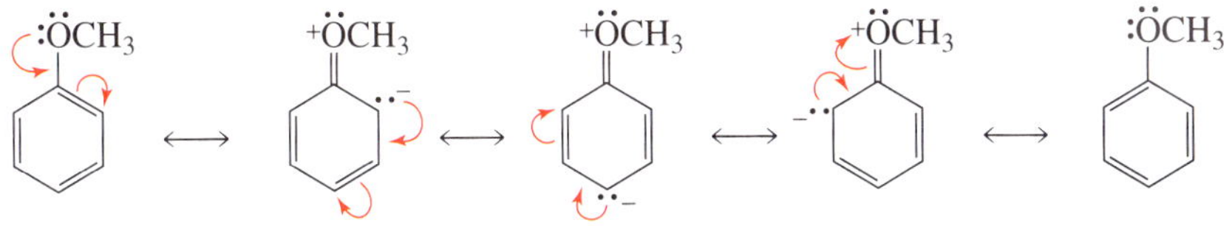

Si un sustituyente se encuentra unido al anillo de benceno por un átomo que tiene enlace doble o triple con un átomo más electronegativo, los electrones π del anillo se pueden deslocalizar sobre el sustituyente; se dice que esos sustituyentes **atraen electrones por resonancia**. Los sustituyentes como $C=O$, $C\equiv N$, SO_3H y NO_2 retiran electrones por resonancia. Tales sustituyentes también atraen electrones en forma inductiva porque el átomo unido al anillo de benceno dispone de una carga positiva total o parcial y en consecuencia es más electronegativo que un hidrógeno.

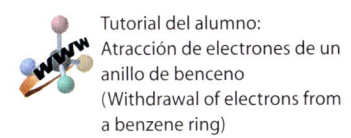

> Tutorial del alumno:
> Atracción de electrones de un anillo de benceno
> (Withdrawal of electrons from a benzene ring)

atracción de electrones de un anillo de benceno por resonancia

nitrobenceno

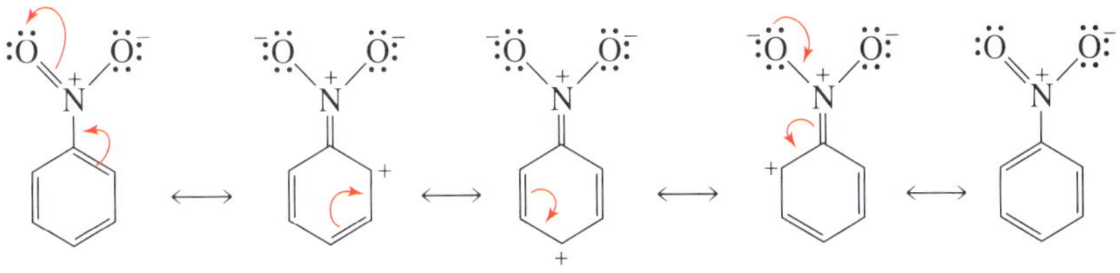

PROBLEMA 5◆

Para cada uno de los sustituyentes que siguen, indique si atrae electrones inductivamente, dona electrones por hiperconjugación, atrae electrones por resonancia o dona electrones por resonancia. (Se deben comparar los efectos con el de un hidrógeno: recuerde que muchos sustituyentes pueden caracterizarse de acuerdo con más de una manera).

a. Br   b. CH_2CH_3 c. $\overset{O}{\underset{\|}{C}}CH_3$ d. $NHCH_3$ e. OCH_3 f. $\overset{+}{N}(CH_3)_3$

Reactividad relativa de los bencenos sustituidos

Los sustituyentes que se muestran en la tabla 15.1 se anotan de acuerdo con la forma en que afectan la reactividad del anillo de benceno en la sustitución electrofílica aromática en comparación con el benceno —en el que el sustituyente es un hidrógeno. *Los sustituyentes activadores determinan que el anillo de benceno sea más reactivo en la sustitución electrofílica aromática; los sustituyentes desactivadores inducen menor reactividad del anillo de benceno*. Recuérdese que los sustituyentes activadores donan electrones al anillo y que los sustituyentes desactivadores retiran electrones del anillo.

Los sustituyentes donadores de electrones aumentan la reactividad del anillo de benceno frente a la sustitución electrofílica aromática.

Los sustituyentes atractores de electrones disminuyen la reactividad del anillo de benceno frente a la sustitución electrofílica aromática.

Tabla 15.1 Efectos de los sustituyentes sobre la reactividad de un anillo de benceno en la sustitución electrofílica

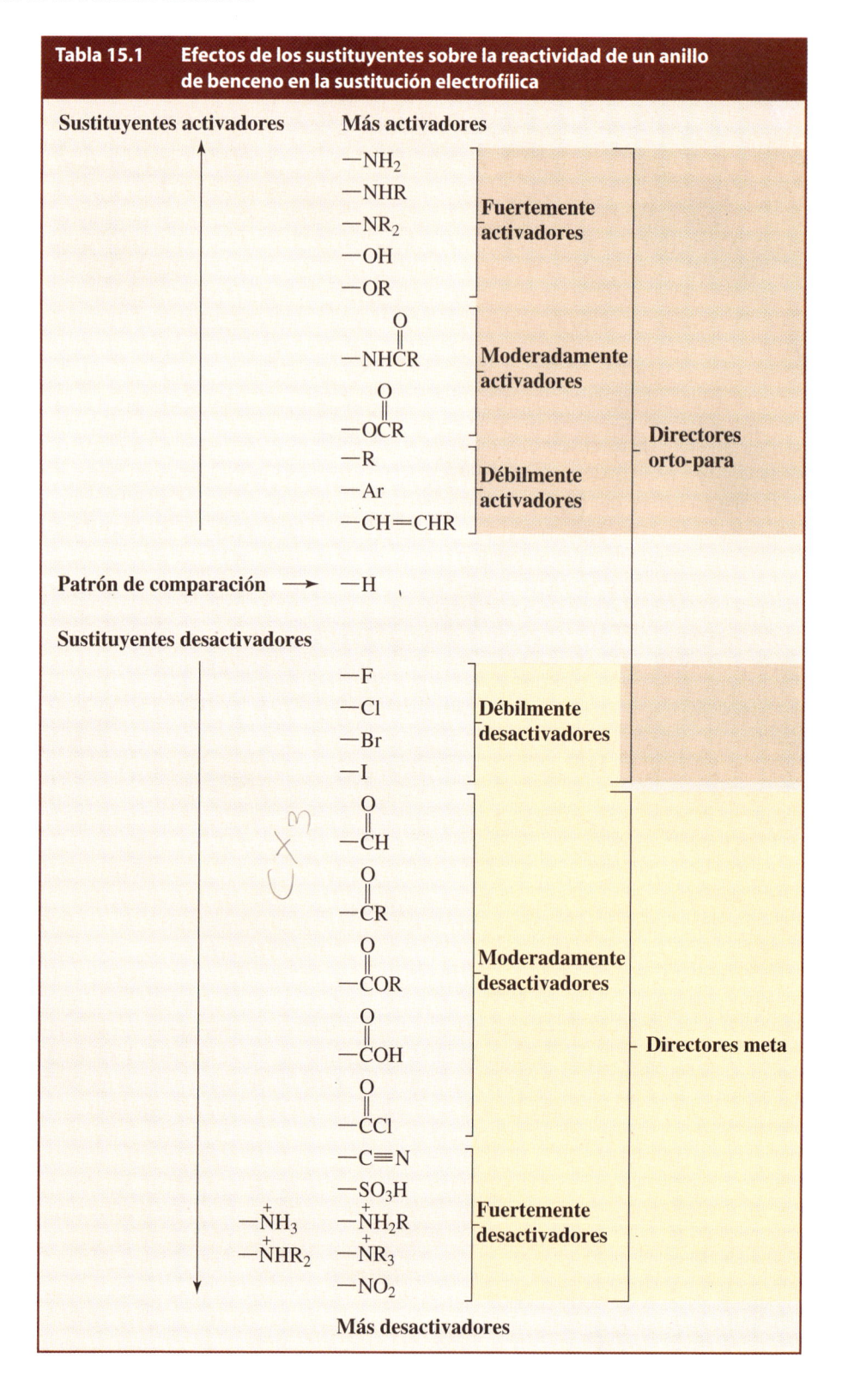

Sustituyentes activadores — Más activadores

- $-NH_2$
- $-NHR$
- $-NR_2$
- $-OH$
- $-OR$

Fuertemente activadores

- $-NHCR$ (con $\overset{O}{\underset{\|}{}}$)
- $-OCR$ (con $\overset{O}{\underset{\|}{}}$)

Moderadamente activadores

- $-R$
- $-Ar$
- $-CH=CHR$

Débilmente activadores

Directores orto-para

Patrón de comparación → $-H$

Sustituyentes desactivadores

- $-F$
- $-Cl$
- $-Br$
- $-I$

Débilmente desactivadores

- $-CH$ (con $\overset{O}{\underset{\|}{}}$)
- $-CR$ (con $\overset{O}{\underset{\|}{}}$)
- $-COR$ (con $\overset{O}{\underset{\|}{}}$)
- $-COH$ (con $\overset{O}{\underset{\|}{}}$)
- $-CCl$ (con $\overset{O}{\underset{\|}{}}$)

Moderadamente desactivadores

- $-C\equiv N$
- $-SO_3H$
- $-\overset{+}{N}H_3$ $-\overset{+}{N}H_2R$
- $-\overset{+}{N}HR_2$ $-\overset{+}{N}R_3$
- $-NO_2$

Fuertemente desactivadores

Directores meta

Más desactivadores

Todos los *sustituyentes fuertemente activadores* donan electrones al anillo por resonancia, pero retiran electrones del anillo en forma inductiva. El hecho experimental de que dichos sustituyentes determinen que el anillo de benceno sea más reactivo indica que su donación de electrones al anillo por resonancia es más importante que su atracción inductiva de electrones del anillo.

15.2 Algunos sustituyentes aumentan la reactividad del anillo de benceno y otros la disminuyen **685**

sustituyentes fuertemente activadores

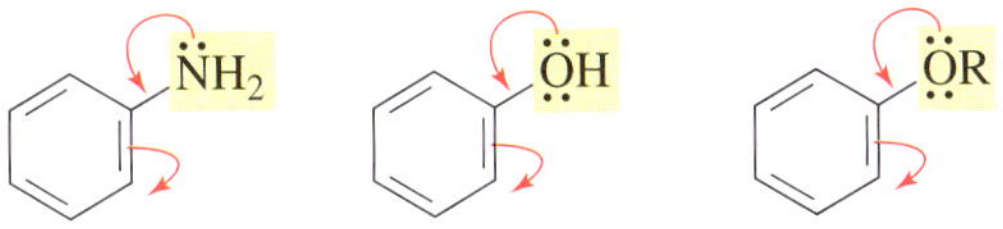

Los *sustituyentes moderadamente activadores* también donan electrones al anillo por resonancia y al mismo tiempo retiran electrones del anillo por efecto inductivo. Como sólo son activadores moderados, se comprueba que donan electrones al anillo por resonancia con menos eficacia que los sustituyentes fuertemente activadores.

sustituyentes moderadamente activadores

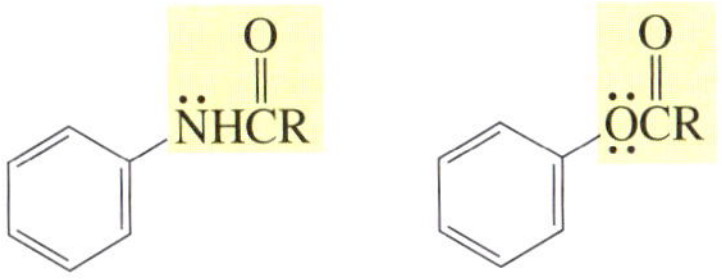

Estos sustituyentes presentan un comportamiento menos efectivo para donar electrones al anillo por resonancia porque, a diferencia de los sustituyentes fuertemente activadores que sólo donan electrones *al* anillo por resonancia, los activadores moderados pueden donar electrones por resonancia en dos direcciones competitivas: *al* anillo y *hacia fuera* del anillo. El hecho de que tales sustituyentes aumentan la reactividad del anillo de benceno indica que, a pesar de su menor donación electrónica por resonancia al anillo, en total donan electrones por resonancia con más fuerza que con la que retiran electrones por efecto inductivo.

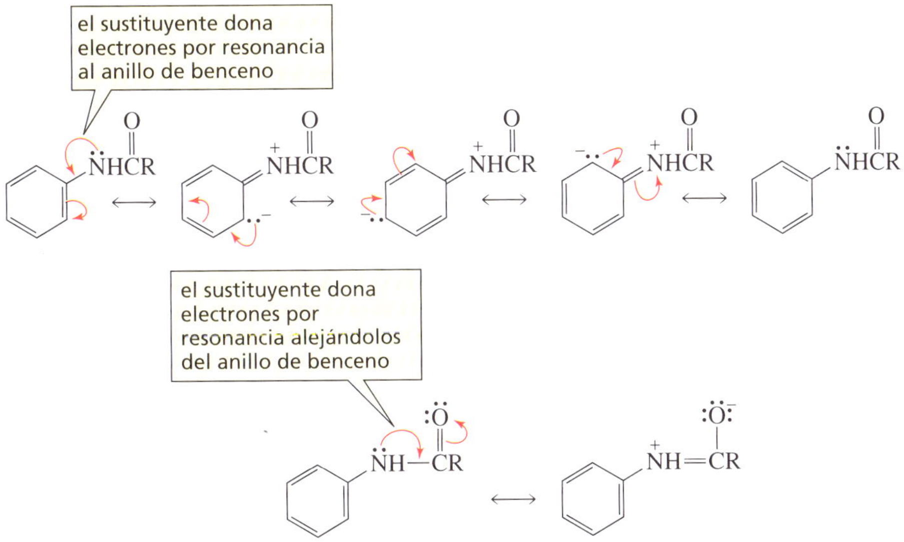

el sustituyente dona electrones por resonancia al anillo de benceno

el sustituyente dona electrones por resonancia alejándolos del anillo de benceno

Los grupos alquilo, arilo y CH=CHR son *sustituyentes activadores débiles*. Ya se vio que un sustituyente alquilo, en comparación con un hidrógeno, es donador de electrones. Los grupos arilo y CH=CHR pueden donar electrones al anillo por resonancia y también pueden retirar electrones del anillo por el mismo mecanismo. El que sean activadores débiles indica que son un poco más donadores que atractores de electrones.

sustituyentes débilmente activadores

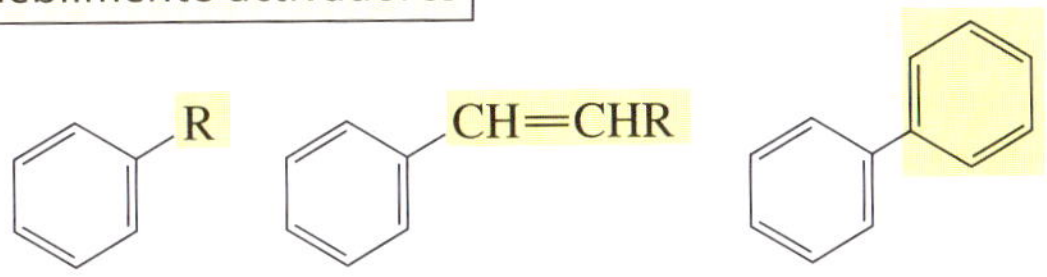

Los halógenos son *sustituyentes desactivadores débiles*. Al igual que los sustituyentes activadores fuertes y moderados, también los halógenos donan electrones al anillo por resonancia y al mismo tiempo los retiran del anillo por efecto inductivo. Como se ha comprobado por medios experimentales que los halógenos determinan que el anillo de benceno resulte menos reactivo, es posible concluir que es más fuerte la atracción de electrones por efecto inductivo que la donación de electrones por resonancia.

sustituyentes débilmente desactivadores

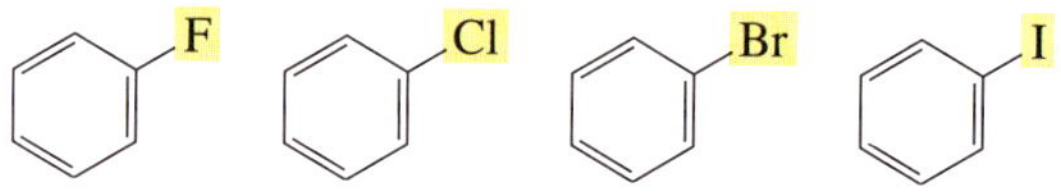

Se debe investigar qué es lo que explica lo anterior. Las electronegatividades del cloro y el oxígeno son similares, por lo que cuentan con capacidades similares de atracción de electrones. Sin embargo, el cloro no dona electrones por resonancia tan bien como el oxígeno porque utiliza un orbital $3p$ para traslaparse con el orbital $2p$ de un carbono. Un traslape de orbitales $3p$-$2p$ es mucho menos efectivo que el traslape de orbitales $2p$-$2p$ que ocurre entre el oxígeno y el carbono. El flúor, que usa un orbital $2p$, dona electrones por resonancia mejor que el cloro, pero se observa el efecto contrario debido a la mayor electronegatividad del flúor, que lo hace atraer electrones por inducción con mucha fuerza. El bromo y el yodo son menos efectivos que el cloro para atraer electrones en forma inductiva, pero también son menos efectivos para donar electrones por resonancia porque utilizan orbitales $4p$ y $5p$, respectivamente. Así, todos los halógenos son capaces de atraer electrones por efecto inductivo con más fuerza que con la que donan electrones por resonancia.

Los *sustituyentes moderadamente desactivadores* tienen un grupo carbonilo unido en forma directa al anillo de benceno. Un grupo carbonilo atrae electrones de un anillo de benceno, tanto por efecto inductivo como por resonancia.

sustituyentes moderadamente desactivadores

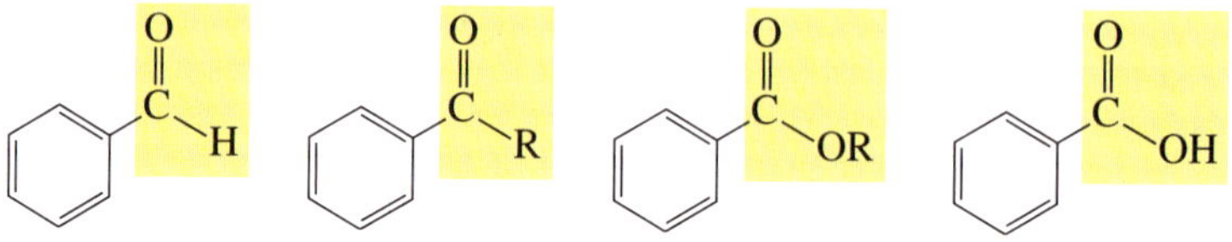

Los *sustituyentes desactivadores fuertes* son potentes atractores de electrones. A excepción de los iones amonio ($^+NH_3$, $^+NH_2R$, $^+NHR_2$ y $^+NR_3$), atraen electrones tanto en forma inductiva como por resonancia. Los iones amonio carecen de efecto resonante, pero la carga positiva en el átomo de nitrógeno determina que retiren electrones con fuerza a través del enlace σ (en forma inductiva).

sustituyentes fuertemente desactivadores

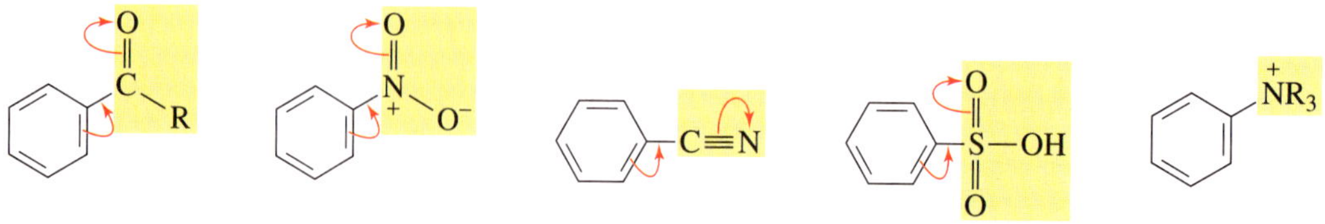

Tómese el lector un minuto para comparar los mapas de potencial electrostático del anisol, benceno y nitrobenceno. Obsérvese que un sustituyente donador de electrones (OCH_3) hace que el anillo sea más rojo (más negativo), mientras que un sustituyente atractor de electrones (NO_2) determina que el anillo sea menos rojo (menos negativo).

anisol   benceno   nitrobenceno

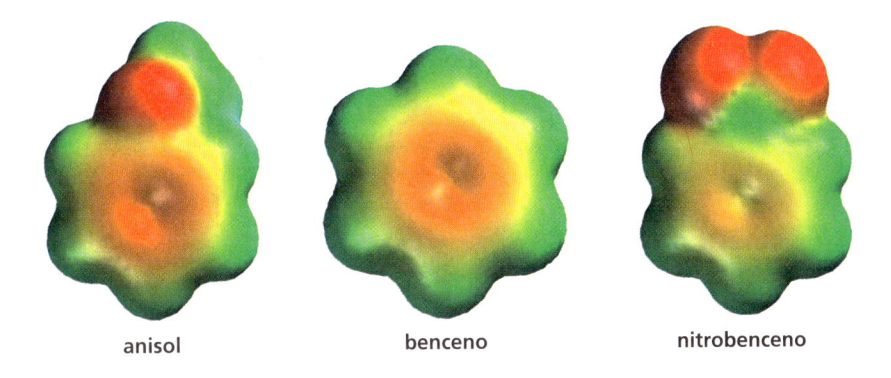

PROBLEMA 6◆

Elabore una lista de los compuestos de cada conjunto por reactividad decreciente en la sustitución electrofílica aromática:

a. benceno, fenol, tolueno, nitrobenceno, bromobenceno
b. diclorometilbenceno, difluorometilbenceno, tolueno, clorometilbenceno

PROBLEMA 7 RESUELTO

Explique por qué los bencenos halosustituidos tienen la reactividad relativa que aparece en la tabla 15.1.

Solución La tabla 15.1 muestra que el flúor es el menos desactivador de los sustituyentes halógenos y que el yodo es el más desactivador. Sabemos que el flúor es el más electronegativo de los halógenos, lo que significa que es muy bueno para atraer electrones por efecto inductivo. También el flúor es bueno para donar electrones por resonancia, por su orbital $2p$ —en comparación con el orbital $3p$ del cloro, el orbital $4p$ del bromo o el orbital $5p$ del yodo- y se puede traslapar mejor con el orbital $2p$ del carbono. Así, el sustituyente flúor es el mejor tanto para donar electrones por resonancia como para atraer electrones por efecto inductivo. Ya que la tabla 15.1 muestra que el flúor es el desactivador más débil entre los halógenos, podemos llegar a la conclusión de que la donación de electrones por resonancia es el factor más importante en la determinación de la reactividad relativa de los bencenos halosustituidos.

15.3 Efecto de los sustituyentes sobre la orientación

Cuando un benceno sustituido participa en una reacción de sustitución electrofílica aromática ¿dónde se fija el nuevo sustituyente? El producto de la reacción ¿es el isómero *orto*, el *meta* o el *para*?

isómero orto   isómero meta   isómero para

El sustituyente que ya está unido al anillo de benceno determina el lugar del nuevo sustituyente. El sustituyente ya unido ejerce uno de dos efectos: dirige al sustituyente que llega a las posiciones *orto* y *para* o lo dirige hacia la posición *meta*. Todos los sustituyentes activadores y los halógenos débilmente desactivadores son **directores orto-para**, y todos los

688 CAPÍTULO 15 Reacciones de los bencenos sustituidos

sustituyentes que son más desactivadores que los halógenos son **directores meta**. Así, los sustituyentes pueden dividirse en tres grupos:

Todos los sustituyentes activadores son directores ortho–para.

1. Todos los *sustituyentes activadores* dirigen a un electrófilo que llega a las posiciones *orto* y *para*.

tolueno + Br₂ →(FeBr₃) o-bromotolueno + p-bromotolueno

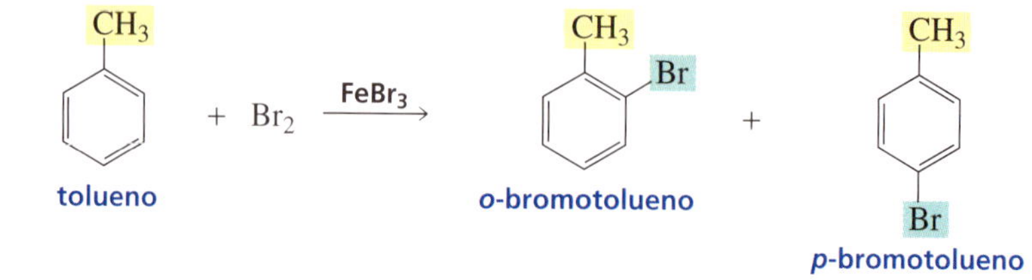

Los halógenos, débilmente activadores, son directores orto-para.

2. Los halógenos, que son *desactivadores débiles*, también dirigen a un electrófilo que llega hacia las posiciones *orto* y *para*.

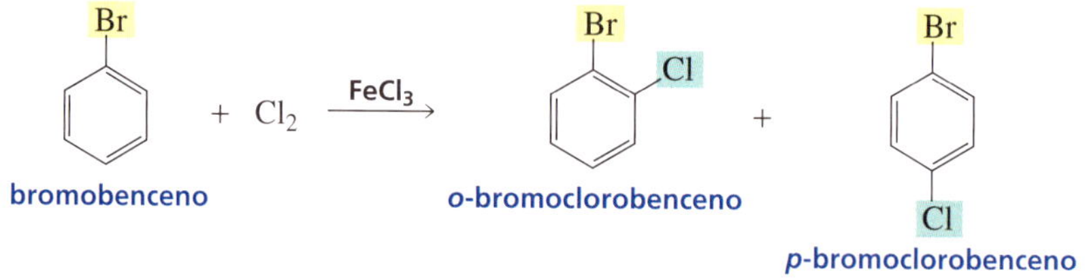

bromobenceno + Cl₂ →(FeCl₃) o-bromoclorobenceno + p-bromoclorobenceno

Todos los sustituyentes desactivadores (excepto los halógenos) son directores meta.

3. Todos los sustituyentes *desactivadores moderados y fuertes* dirigen a un electrófilo que llega hacia la posición *meta*.

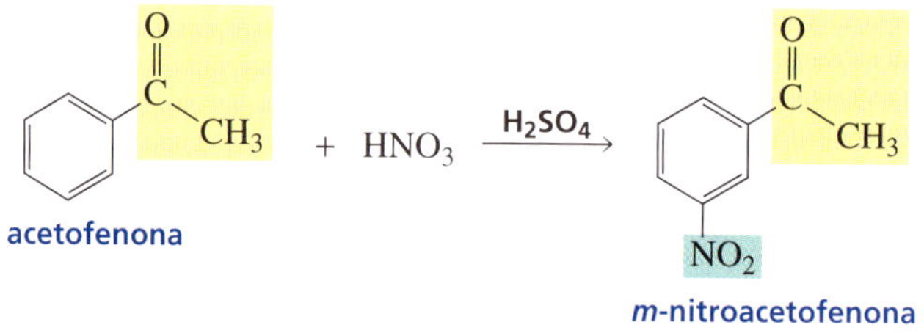

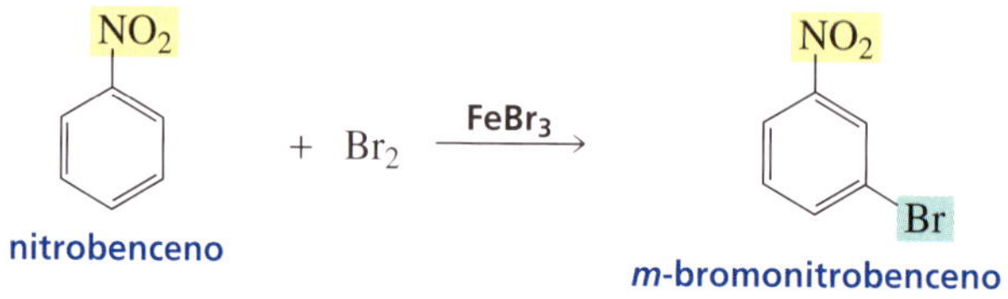

acetofenona + HNO₃ →(H₂SO₄) m-nitroacetofenona

nitrobenceno + Br₂ →(FeBr₃) m-bromonitrobenceno

Para comprender por qué un sustituyente dirige a un electrófilo que llega hacia una posición en particular debe revisarse la estabilidad del carbocatión intermediario (ion arenio), porque como muestra la figura 14.5 en la página 654 la formación del carbocatión es el paso que determina la rapidez de la reacción. Cuando un benceno sustituido participa en una reacción de sustitución electrofílica aromática, se pueden formar tres carbocationes intermediarios diferentes: un carbocatión sustituido *orto*-sustituido, un carbocatión *meta*-sustituido, y un carbocatión *para*-sustituido (figura 15.1). La estabilidad relativa de los tres carbocationes permite determinar la ruta preferida de la reacción porque mientras más estable sea el carbocatión, el estado de transición para su formación será más estable y se formará con mayor rapidez (sección 4.3).

Cuando el sustituyente es tal que puede donar electrones por *resonancia*, los carbocationes formados al situarse el electrófilo que llega en las posiciones *orto* y *para* tendrán una cuarta forma resonante (figura 15.1). Se trata de una forma resonante de estabilidad especial porque es la única cuyos átomos (a excepción del hidrógeno) disponen todos de octetos completos; ello sólo se obtiene si el sustituyente que llega se dirige a las posiciones *orto* y *para*. Por consiguiente, *todos los sustituyentes que donan electrones por resonancia son directores orto-para*.

15.3 Efecto de los sustituyentes sobre la orientación 689

▲ **Figura 15.1**
Estructuras de los carbocationes intermediarios que se forman en la reacción de un electrófilo con anisol en las posiciones orto, meta, y para.

Cuando el sustituyente es un grupo alquilo, las formas de resonancia que se destacan con amarillo en la figura 15.2 son las más estables. En dichas formas de resonancia, el grupo alquilo se une en forma directa con el carbono que cuenta con carga positiva y puede estabilizarlo por hiperconjugación. Una forma de resonancia relativamente estable sólo se obtiene cuando el grupo que llega se dirige hacia una posición *orto* o *para*. Por consiguiente, los carbocationes más estables son los que se obtienen al dirigir el grupo que llega a las posiciones *orto* y *para*. En resumen, *los sustituyentes alquilo son directores orto-para porque donan electrones por hiperconjugación*.

Tutorial del alumno:
Intermediarios en la sustitución electrofílica aromática
(Intermediates in electrophilic aromatic substitution)

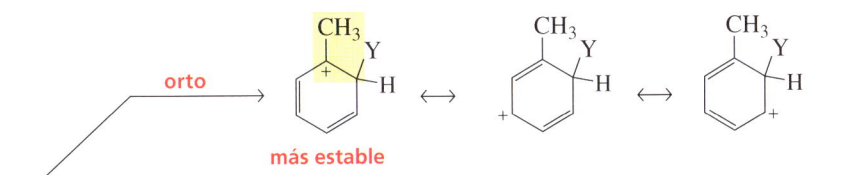

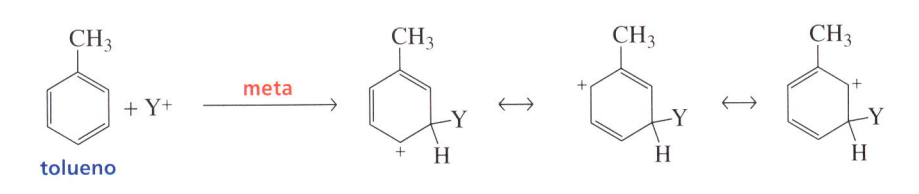

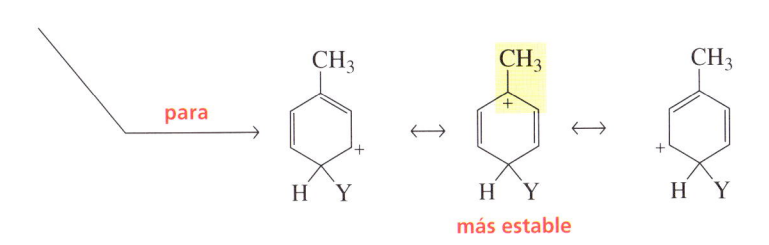

Tutorial del alumno:
Nitración del anisol 1
(Nitration of anisole 1)

Tutorial del alumno:
Nitración del anisol 2
(Nitration of anisole 2)

◀ **Figura 15.2**
Estructuras de los carbocationes intermediarios que se forman en la reacción de un electrófilo con tolueno en las posiciones orto, meta y para.

Los sustituyentes con una carga positiva o una carga positiva parcial en el átomo unido al anillo de benceno atraen electrones de ese anillo por efecto inductivo y la mayor parte también atrae electrones por resonancia. Para todos esos sustituyentes, las formas resonantes indicadas en amarillo en la figura 15.3 son las menos estables porque cuentan con una carga positiva en cada uno de los dos átomos adyacentes, de manera que el carbocatión más estable se forma cuando el electrófilo que entra es dirigido hacia la posición *meta*. Entonces, *todos los sustituyentes que atraen electrones (a excepción de los halógenos, que son directores orto-para porque donan electrones por resonancia) son directores meta*.

▲ Figura 15.3
Estructuras de los carbocationes intermediarios que se forman en la reacción de un electrófilo con anilina protonada en las posiciones orto, meta y para.

Obsérvese que los tres carbocationes intermediarios posibles en las figuras 15.2 y 15.3 son los mismos, a excepción del sustituyente. La naturaleza del sustituyente determina si las formas de resonancia que lo mantienen directamente unido al carbono con carga positiva son las más estables (como con sustituyentes donadores de electrones) o los menos estables (como con sustituyentes atractores de electrones).

Los únicos sustituyentes desactivadores que son directores *orto-para* son los halógenos, que son los desactivadores más débiles. Ya hubo ocasión de estudiar que son desactivadores porque atraen electrones del anillo por efecto inductivo, con más fuerza que con la que donan electrones por resonancia. Sin embargo, los halógenos son directores *orto-para* debido a su capacidad para donar electrones por resonancia; pueden estabilizar los estados de transición que conducen a la reacción en las posiciones *orto* y *para* por donación de electrones por resonancia, como el sustituyente CH_3O en la figura 15.1.

En resumen, como se indica en la tabla 15.1, todos los sustituyentes activadores y los halógenos débilmente desactivadores son directores *orto-para*. Todos los sustituyentes más desactivadores que los halógenos son directores *meta*. En otras palabras, todos los sustituyentes que donan electrones sea por resonancia o por hiperconjugación son directores *orto-para*; todos los sustituyentes que no pueden donar electrones son directores *meta*.

El lector no necesita memorizar para poder identificar si un sustituyente es director *orto-para* o director *meta*. Es fácil diferenciarlos: todos los directores *orto-para*, excepto los grupos alquilo, arilo y $CH=CHR$, tienen al menos un par de electrones no enlazado en el átomo unido directamente al anillo; todos los directores *meta* cuentan con una carga positiva o una carga positiva parcial en el átomo unido al anillo. Tómese unos minutos para examinar los sustituyentes que se ven en la tabla 15.1 para constatar estas afirmaciones.

Todos los sustituyentes que donan electrones, sea por resonancia o por hiperconjugación, son directores orto-para.

Todos los sustituyentes que no pueden donar electrones son directores meta.

PROBLEMA 8

a. Dibuje las estructuras resonantes del nitrobenceno.
b. Dibuje las estructuras resonantes del clorobenceno.

PROBLEMA 9◆

¿Qué producto(s) resultarán de la nitración de cada una de las siguientes sustancias?

a. propilbenceno
b. bromobenceno
c. benzaldehído
d. benzonitrilo
e. ácido bencensulfónico
f. ciclohexilbenceno

PROBLEMA 10◆

Los siguientes sustituyentes ¿son directores *orto-para* o *meta*?

a. CH=CHC≡N
b. NO_2
c. CH_2OH
d. COOH
e. CF_3
f. N=O

PROBLEMA 11 RESUELTO

Indique qué producto(s) se obtiene(n) por reacción de cada una de las siguientes sustancias con un equivalente de Br_2 si se emplea $FeBr_3$ como catalizador.

a. 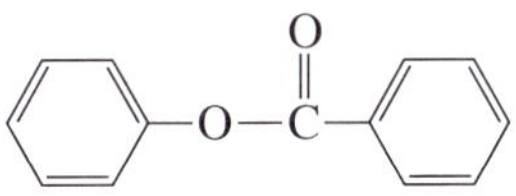 C₆H₅—O—C(=O)—C₆H₅

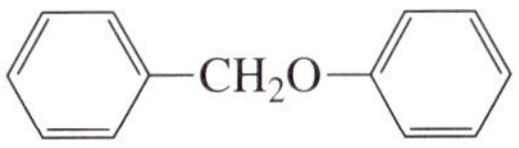

b. 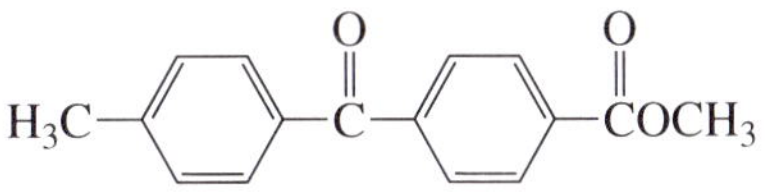 H_3C—C₆H₄—C(=O)—C₆H₄—$COCH_3$

c. C₆H₅—CH_2O—C₆H₅

d. 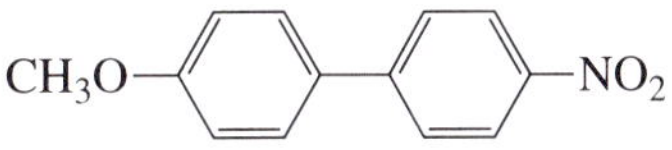 CH_3O—C₆H₄—C₆H₄—NO_2

Solución a 11a El anillo del lado izquierdo está unido a un sustituyente que activa al anillo al donarle electrones por resonancia. En contraste, el anillo de la derecha está unido a un sustituyente que desactiva ese anillo al atraerle electrones por resonancia.

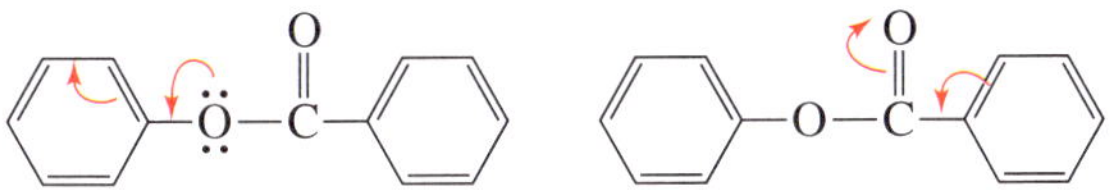

Así, el anillo de la izquierda es más reactivo frente a la sustitución electrofílica aromática. El sustituyente activador dirigirá al bromo hacia las posiciones *orto* y *para* respecto a él.

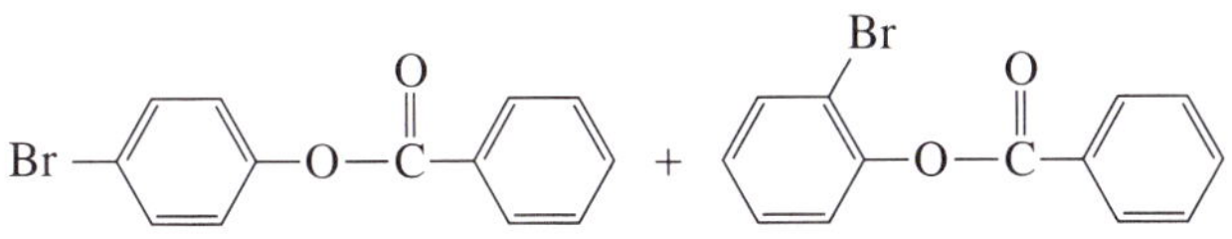

Br—C₆H₄—O—C(=O)—C₆H₅ + (2-Br)C₆H₄—O—C(=O)—C₆H₅

15.4 Efecto de los sustituyentes sobre pK_a

Cuando un sustituyente atrae electrones de un anillo de benceno o se los dona los valores de pK_a de los fenoles, ácidos benzoicos y anilinas protonadas sustituidos reflejan el efecto de atracción o donación de electrones.

Los grupos atractores de electrones estabilizan a una base y, en consecuencia, aumentan la fuerza de su ácido conjugado. Los grupos donadores de electrones desestabilizan a una base y, en consecuencia, disminuyen la fuerza de su ácido conjugado (sección 1.21). (Recuérdese que mientras más fuerte es un ácido más estable resulta su base conjugada).

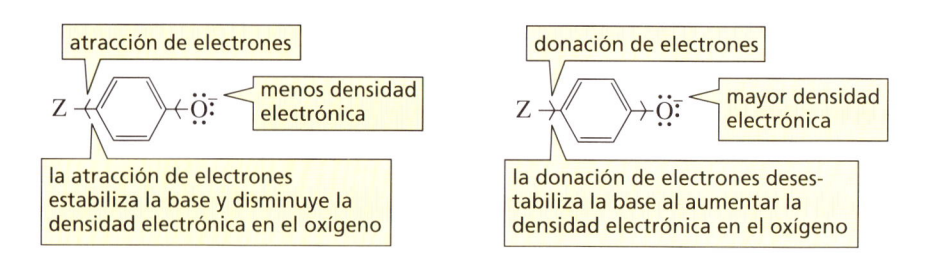

Por ejemplo, el pK_a del fenol en H_2O a 25°C es 9.95. El pK_a del *para*-nitrofenol es menor (7.14) porque el sustituyente nitro atrae electrones del anillo, mientras que el pK_a del *para*-metilfenol es mayor (10.19) porque el sustituyente metilo dona electrones al anillo.

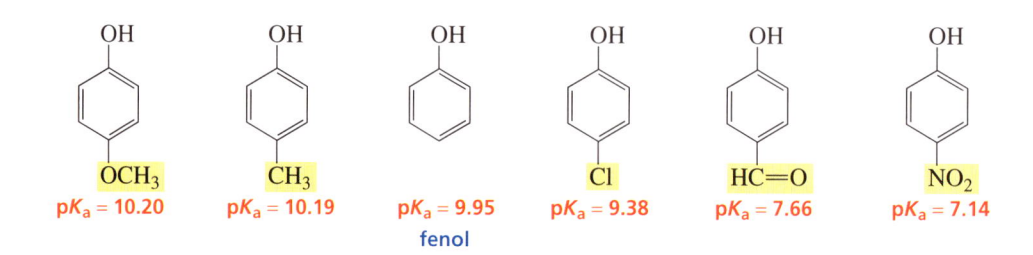

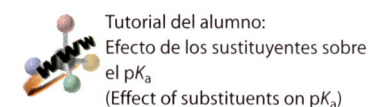

OH-OCH_3	OH-CH_3	OH (fenol)	OH-Cl	OH-HC=O	OH-NO_2
pK_a = 10.20	pK_a = 10.19	pK_a = 9.95	pK_a = 9.38	pK_a = 7.66	pK_a = 7.14

Tómese un minuto para comparar el efecto que ejerce un sustituyente sobre la reactividad de un anillo de benceno en la sustitución electrofílica aromática con el efecto que induce sobre el pK_a del fenol. Obsérvese que mientras más desactivador sea el sustituyente menor ha de resultar el pK_a del fenol, y mientras más activador sea el sustituyente el pK_a del fenol ha de resultar mayor. En otras palabras, *la atracción de electrones disminuye la reactividad en la sustitución electrofílica y aumenta la acidez, mientras que la donación de electrones aumenta la reactividad en la sustitución electrofílica y disminuye la acidez.*

Se observa un efecto parecido sobre el pK_a en los ácidos benzoicos sustituidos y en las anilinas protonadas sustituidas; los sustituyentes atractores de electrones aumentan la acidez y los sustituyentes donadores de electrones disminuyen la acidez.

Mientras más desactivador (atractor de electrones) sea un sustituyente, más aumenta la acidez de un grupo COOH, OH, o $^+NH_3$ unido a un anillo de benceno.

COOH-OCH_3	COOH-CH_3	COOH	COOH-Br	COOH-$CH_3C=O$	COOH-NO_2
pK_a = 4.47	pK_a = 4.34	pK_a = 4.20	pK_a = 4.00	pK_a = 3.70	pK_a = 3.44

Mientras más activador (donador de electrones) sea el sustituyente, más disminuye la acidez de un grupo COOH, OH, o $^+NH_3$ unido a un anillo de benceno.

$^+NH_3$-OCH_3	$^+NH_3$-CH_3	$^+NH_3$	$^+NH_3$-Br	$^+NH_3$-HC=O	$^+NH_3$-NO_2
pK_a = 5.29	pK_a = 5.07	pK_a = 4.58	pK_a = 3.91	pK_a = 1.76	pK_a = 0.98

PROBLEMA 12◆

¿Cuál de los compuestos en cada uno de los pares siguientes es más ácido?

a. $CH_3\overset{O}{\overset{\|}{C}}OH$ o $ClCH_2\overset{O}{\overset{\|}{C}}OH$

b. $O_2NCH_2\overset{O}{\overset{\|}{C}}OH$ o $O_2NCH_2CH_2\overset{O}{\overset{\|}{C}}OH$

c. $CH_3CH_2\overset{O}{\overset{\|}{C}}OH$ o $\overset{+}{H_3}NCH_2\overset{O}{\overset{\|}{C}}OH$

d.

e. $HO\overset{O}{\overset{\|}{C}}CH_2\overset{O}{\overset{\|}{C}}OH$ o $^-O\overset{O}{\overset{\|}{C}}CH_2\overset{O}{\overset{\|}{C}}OH$

f. $H\overset{O}{\overset{\|}{C}}OH$ o $CH_3\overset{O}{\overset{\|}{C}}OH$

g. $FCH_2\overset{O}{\overset{\|}{C}}OH$ o $ClCH_2\overset{O}{\overset{\|}{C}}OH$

h.

ESTRATEGIA PARA RESOLVER PROBLEMAS

Explicación del efecto de los sustituyentes sobre pK_a

El ion *para*-nitroanilinio es 3.60 unidades de pK_a más ácido que el ion anilinio (pK_a = 0.98 en comparación con 4.58), pero el ácido *para*-nitrobenzoico sólo es 0.76 unidades de pK_a más ácido que el ácido benzoico (pK_a = 3.44 comparado con 4.20). Explique por qué el sustituyente nitro produce un gran cambio de pK_a en un caso y un cambio pequeño de pK_a en el otro.

No debemos esperar poder resolver esta clase de problemas sólo con leerlos. Primero, el lector debe recordar que la acidez de un compuesto depende de la estabilidad de su base conjugada (secciones 1.18 y 7.9). A continuación, se dibujan las estructuras de las bases conjugadas en cuestión para comparar sus estabilidades.

Cuando se pierde un protón del ion *para*-nitroanilinio, cinco átomos comparten los electrones que deja atrás. (Trace estructuras de resonancia si desea ver cuáles átomos son los que comparten los electrones). En contraste, cuando se pierde un protón del ácido *para*-nitrobenzoico, dos átomos comparten los electrones que deja atrás. En otras palabras, la pérdida de un protón conduce a mayor deslocalización electrónica en un caso que en el otro. La deslocalización electrónica estabiliza un compuesto y la diferencia en la misma explica por qué la adición de un sustituyente nitro causa mayor efecto sobre la acidez de un ion anilinio que sobre el ácido benzoico.

Ahora siga en el problema 13.

PROBLEMA 13

Explique por qué el pK_a del *p*-nitrofenol es 7.14 mientras que el pK_a del *m*-nitrofenol es 8.39.

15.5 La relación *orto-para*

Cuando un anillo de benceno con un sustituyente director *orto-para* participa en una reacción de sustitución electrofílica aromática ¿qué porcentaje del producto es el isómero *orto* y qué porcentaje es el isómero *para*? Sólo con base en las probabilidades cabría esperar más producto *orto* que *para* porque existen dos posiciones *orto* disponibles para el electrófilo que llega y sólo una posición *para*. No obstante, la posición *orto* presenta impedimento estérico, mientras que la posición *para* no. En consecuencia, el isómero *para* se formará preferentemente si el sustituyente del anillo, o el electrófilo que llega, son grandes. Las siguientes reacciones de nitración ilustran la disminución de la relación *orto-para* cuando aumenta el tamaño del sustituyente alquilo:

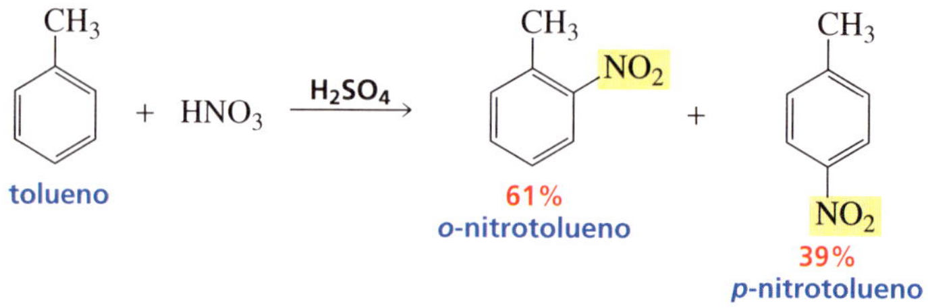

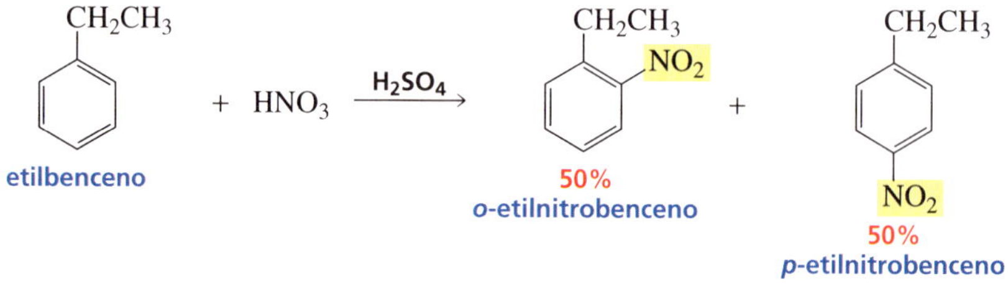

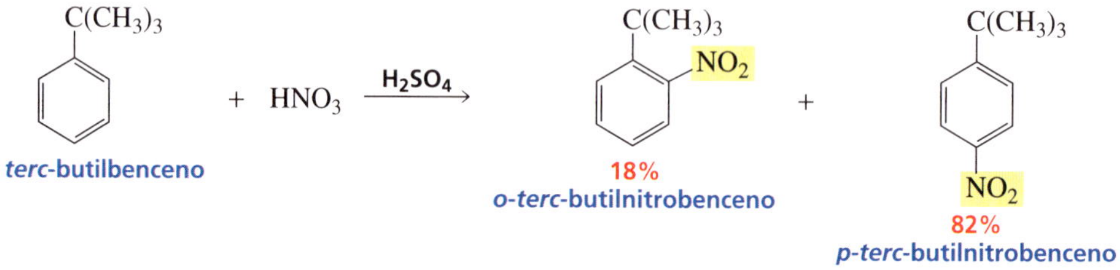

tolueno + HNO₃ → (H₂SO₄) → *o*-nitrotolueno (61%) + *p*-nitrotolueno (39%)

etilbenceno + HNO₃ → (H₂SO₄) → *o*-etilnitrobenceno (50%) + *p*-etilnitrobenceno (50%)

terc-butilbenceno + HNO₃ → (H₂SO₄) → *o*-*terc*-butilnitrobenceno (18%) + *p*-*terc*-butilnitrobenceno (82%)

Por fortuna, la diferencia en propiedades físicas de los isómeros sustituidos en *orto* y en *para* es suficiente para permitir separarlos con facilidad. En consecuencia, las reacciones de sustitución electrofílica aromática que conducen a los isómeros *orto* y *para* son útiles en las síntesis porque el producto que se desea se puede separar con facilidad de la mezcla de reacción.

15.6 Consideraciones adicionales respecto a los efectos de los sustituyentes

Es importante conocer si un sustituyente es activador o desactivador para determinar las condiciones necesarias para efectuar una reacción. Por ejemplo, los sustituyentes metoxi e hidroxi son activadores tan fuertes que la halogenación tiene lugar sin el catalizador de ácido de Lewis (FeBr₃ o FCl₃).

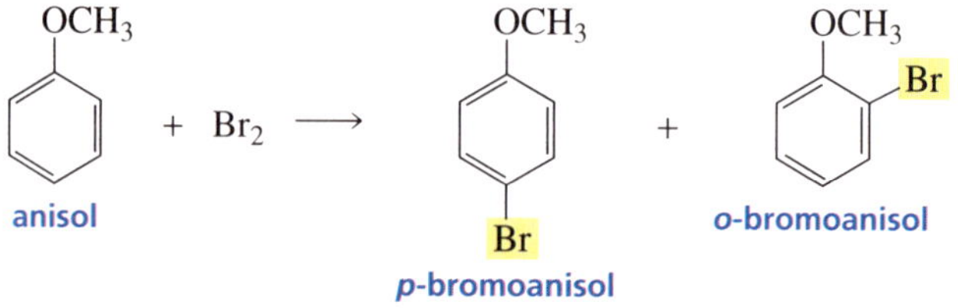

anisol + Br₂ → *p*-bromoanisol + *o*-bromoanisol

Si se usan catalizador de ácido de Lewis y exceso de bromo, se obtiene el tribromuro.

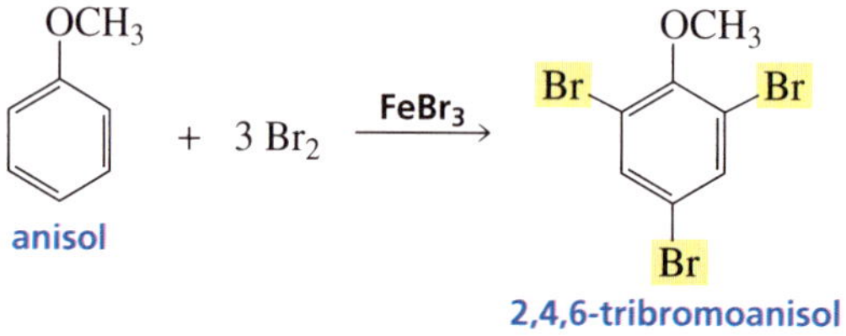

anisol + 3 Br₂ → (FeBr₃) → 2,4,6-tribromoanisol

15.6 Consideraciones adicionales respecto a los efectos de los sustituyentes **695**

Las reacciones de Friedel-Crafts son las más lentas entre las de sustitución electrofílica aromática. Por consiguiente, si un anillo de benceno se ha desactivado en forma moderada o fuerte (téngase en cuenta que todos los directores *meta* son desactivadores moderados o fuertes) será demasiado inerte para tener una acilación de Friedel-Crafts o una alquilación de Friedel-Crafts. De hecho, el nitrobenceno es tan inerte que con frecuencia se usa como disolvente en las reacciones de Friedel-Crafts.

Un anillo de benceno con un director meta no puede tener una reacción de Friedel-Crafts.

ácido bencensulfónico + CH₃CH₂Cl —AlCl₃→ no reaccionan

nitrobenceno + CH₃CCl —AlCl₃→ no reaccionan

La anilina y las anilinas *N*-sustituidas tampoco tienen reacciones de Friedel-Crafts. El par de electrones no enlazado del grupo amino forma un complejo con el catalizador de ácido de Lewis (AlCl₃) necesario para efectuar la reacción y convierte el sustituyente NH₂ en un desactivador y director *meta*. Como se acaba de ver, las reacciones de Friedel-Crafts no se efectúan con anillos aromáticos desactivados por sustituyentes directores *meta*.

Nitración del benceno 2

anilina —AlCl₃→ H₂N⁺—AlCl₃⁻ (director meta)

El fenol y el anisol sí participan en reacciones de Friedel-Crafts —en las posiciones *orto* y *para*— porque el oxígeno, por ser una base más débil que el nitrógeno, no forma un complejo con el ácido de Lewis.

Nitración del benceno 3

Tampoco se puede nitrar la anilina porque el ácido nítrico es un agente oxidante y las aminas primarias se oxidan con facilidad. (Ácido nítrico y anilina puede ser una combinación explosiva).

PROBLEMA 14

Indique cómo se podrían sintetizar los compuestos siguientes a partir del benceno:

a. O₂N—C₆H₄—C(=O)CH₃   b. C₆H₃(SO₃H)—C(=O)CH₂CH₃   c. C₆H₄(NO₂)—COOH

PROBLEMA 15

Indique cuáles son los productos, si es que los hay, de cada una de las reacciones siguientes:

a. benzonitrilo + cloruro de metilo + AlCl₃
b. anilina + 3 Br₂
c. ácido benzoico + CH₃CH₂Cl + AlCl₃
d. benceno + 2 CH₃Cl + AlCl₃

15.7 Diseño de una síntesis IV: Síntesis de bencenos monosustituidos y disustituidos

A medida que aumenta la cantidad de reacciones con las que el lector se va familiarizando, aumentan las posibilidades de escoger al diseñar una síntesis. Por ejemplo, ahora es posible diseñar dos rutas muy distintas para la síntesis del 2-feniletanol a partir del benceno.

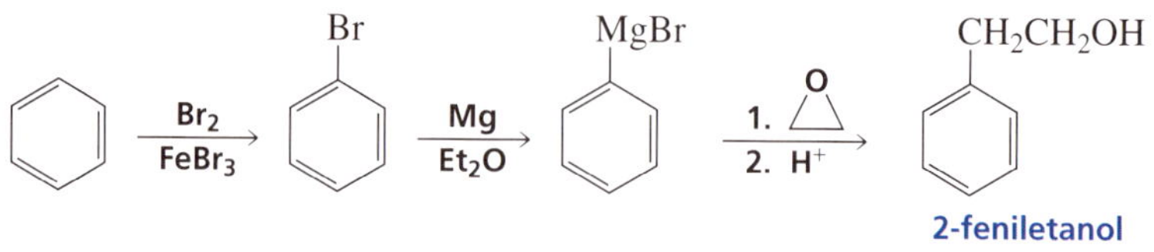

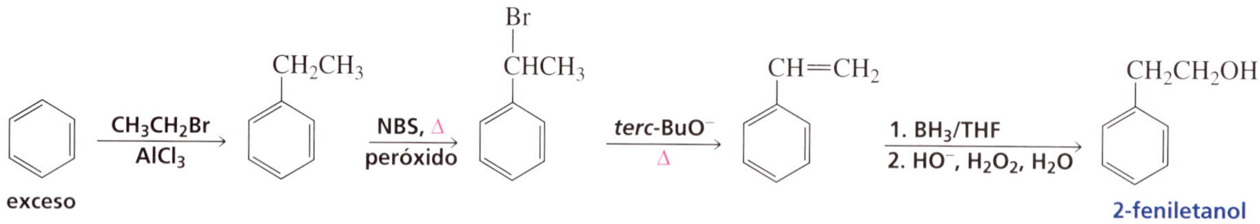

La ruta que se escoja depende de factores como comodidad, costo y rendimiento esperado de la molécula objetivo (el producto deseado). Por ejemplo, la primera ruta de la síntesis del 2-feniletanol que aparece arriba es la mejor. La segunda ruta tiene más pasos, requiere un exceso de benceno para evitar la polialquilación y utiliza una reacción con radicales que puede producir sustancias no deseadas. Además, el rendimiento de la reacción de eliminación no es alto (porque también se forma algo de producto de sustitución) y la hidroboración-oxidación no es una reacción fácil de efectuar.

Para diseñar la síntesis de un benceno disustituido se requiere una consideración cuidadosa del orden en que se deben poner los sustituyentes en el anillo. Por ejemplo, si el lector desea sintetizar ácido *meta*-bromobencensulfónico, primero debe colocar el grupo ácido en el anillo porque dicho grupo dirigirá al sustituyente bromo hacia la posición *meta*, que es la que se desea.

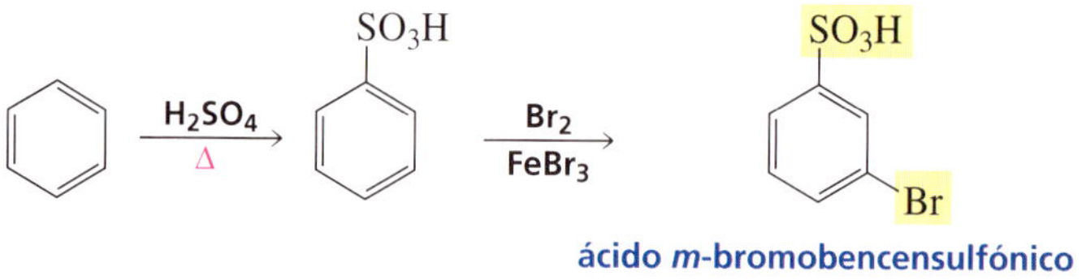

Sin embargo, si el producto deseado es ácido *para*-bromobencensulfónico, se debe invertir el orden de las dos reacciones porque sólo el sustituyente bromo es director *para*.

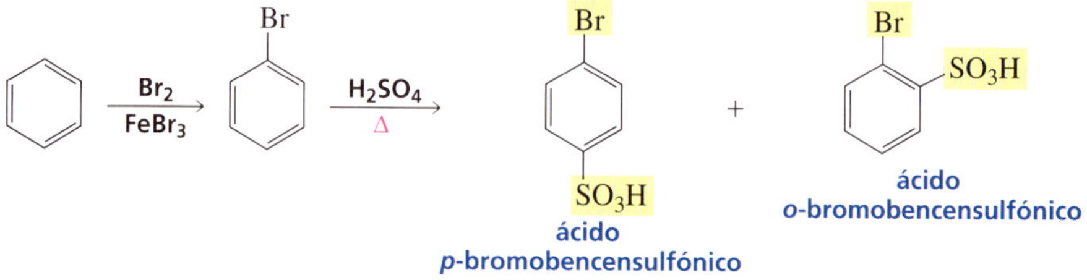

Ambos sustituyentes de la *meta*-nitroacetofenona son directores *meta*. Empero, la reacción de acilación de Friedel-Crafts debe realizarse primero porque el anillo de benceno en el nitrobenceno se halla demasiado desactivado para participar en una reacción de Friedel-Crafts (sección 15.6).

15.7 Diseño de una síntesis IV: Síntesis de bencenos monosustituidos y disustituidos

Friedel-Crafts 1

benceno + CH₃CCl (con O) → (1. AlCl₃, 2. H₂O) → acetofenona → (HNO₃, H₂SO₄) → *m*-nitroacetofenona

Otro asunto a tener en cuenta es ¿en cuál punto en una secuencia de reacción debe modificarse la naturaleza química de un sustituyente? En la síntesis del ácido *para*-clorobenzoico a partir del tolueno, el grupo metilo se oxida después que dirige al sustituyente cloro hacia la posición *para*. (También se forma ácido *orto*-clorobenzoico en esta reacción).

tolueno → (Cl₂, FeCl₃) → *p*-clorotolueno → (Na₂Cr₂O₇, H⁺, Δ) → **ácido *para*-clorobenzoico**

En la síntesis del ácido *meta*-clorobenzoico, el grupo metilo se oxida antes de la cloración porque se necesita un director *meta* para obtener el producto que se persigue.

Friedel-Crafts 2

tolueno → (Na₂Cr₂O₇, H⁺, Δ) → ácido benzoico → (Cl₂, FeCl₃) → **ácido *meta*-clorobenzoico**

En la siguiente síntesis del ácido *para*-propilbencensulfónico, se debe tener en cuenta el tipo de reacción empleada, el orden en que se colocan los sustituyentes en el anillo de benceno y el punto en el que un sustituyente se modifica químicamente. Debe colocarse el sustituyente propilo, que es de cadena lineal, sobre el anillo mediante una acilación de Friedel-Crafts y no con una reacción de alquilación para evitar el reordenamiento de carbocatión que sucedería con la reacción de alquilación. La acilación de Friedel-Crafts debe llevarse a cabo antes de la sulfonación porque no se puede acilar un anillo con un sustituyente ácido sulfónico fuertemente desactivador y también porque el grupo ácido sulfónico es un director *meta*. Por último, se debe colocar el grupo ácido sulfónico en el anillo después de reducir al grupo carbonilo y formar un grupo metileno, para que el grupo alquilo dirija al grupo ácido sulfónico a la posición *para* de manera preponderante.

benceno → (1. CH₃CH₂CCl, AlCl₃, 2. H₂O) → propiofenona → (Zn(Hg), HCl, Δ) → propilbenceno → (H₂SO₄, Δ) → **ácido *para*-propilbencensulfónico**

PROBLEMA 16

Indique cómo puede sintetizarse cada uno de los compuestos siguientes a partir del benceno:

a. *p*-cloroanilina
b. *m*-cloroanilina
c. ácido *p*-nitrobenzoico
d. ácido *m*-nitrobenzoico
e. *m*-bromopropilbenceno
f. *o*-bromopropilbenceno
g. 1-fenil-2-propanol
h. 2-fenilpropeno

Tutorial del alumno:
Síntesis de bencenos disustituidos en varias etapas
(Multistep synthesis of disubstituted benzenes)

Tutorial del alumno:
Síntesis de derivados del benceno
(Synthesis of benzene derivatives)

15.8 Síntesis de bencenos trisustituidos

Cuando un benceno disustituido participa en una reacción de sustitución electrofílica aromática se deben tener en cuenta los efectos directores de ambos sustituyentes. Si ambos sustituyentes dirigen al sustituyente que entra a la misma posición, se prevé la formación fácil del producto.

los sustituyentes metilo y nitro dirigen al sustituyente que llega a estas posiciones

p-nitrotolueno + HNO$_3$ →(H$_2$SO$_4$) 2,4-dinitrotolueno

Obsérvese que en la siguiente reacción se activan tres posiciones, pero el sustituyente nuevo termina sólo en dos de las tres. El impedimento estérico determina que la posición entre los sustituyentes sea menos accesible.

los sustituyentes metilo y cloro dirigen al sustituyente que llega hacia las posiciones indicadas

m-clorotolueno + HNO$_3$ →(H$_2$SO$_4$) 5-cloro-2-nitrotolueno + 3-cloro-4-nitrotolueno

Friedel-Crafts 3

Si los dos sustituyentes dirigen al nuevo sustituyente a distintas posiciones, ha de predominar el sustituyente activador fuerte frente al activador débil o a un sustituyente desactivador.

el OH dirige hacia aquí
el CH$_3$ dirige hacia aquí

p-metilfenol + Br$_2$ ⟶ 2-bromo-4-metilfenol
producto principal

Friedel-Crafts 4

Si los dos sustituyentes tienen propiedades activadoras semejantes, ninguno dominará y se obtendrá una mezcla de productos.

el CH$_3$ dirige hacia aquí
el CH$_3$CH$_2$ dirige hacia aquí

p-etiltolueno + HNO$_3$ →(H$_2$SO$_4$) 4-etil-2-nitrotolueno + 4-etil-3-nitrotolueno

PROBLEMA 17◆

Indique el o los productos principales de cada una de las reacciones siguientes:

a. bromación del ácido *p*-metilbenzoico
b. cloración del ácido *o*-bencendicarboxílico
c. bromación del ácido *p*-clorobenzoico
d. nitración del *p*-fluoroanisol
e. nitración del *p*-metoxibenzaldehído
f. nitración del *p-terc*-butiltolueno

PROBLEMA 18◆

¿Cuántos productos se obtienen por cloración de:

a. *o*-xileno? b. *p*-xileno? c. *m*-xileno?

PROBLEMA 19 RESUELTO

Cuando se trata fenol con Br_2, se obtiene una mezcla de monobromo, dibromo y tribromofenoles. Diseñe una síntesis que convierta al fenol principalmente en *orto*-bromofenol.

Solución En la síntesis que se muestra abajo, el grupo ácido sulfónico, voluminoso, se anexará sobre todo en la posición *para*. Tanto el grupo OH como el SO_3H dirigirán al bromo a la posición *orto* respecto al grupo OH. Un calentamiento en ácido diluido elimina al grupo ácido sulfónico (sección 14.13).

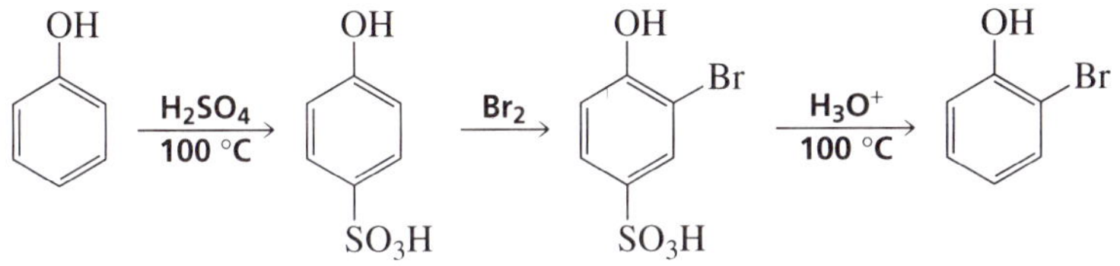

El uso de un grupo ácido sulfónico para bloquear la posición *para* es una estrategia frecuente en la síntesis de compuestos *orto*-sustituidos con altos rendimientos.

15.9 Síntesis de bencenos sustituidos usando sales de arenodiazonio

Hasta ahora se aprendió a introducir de la manera más conveniente una cantidad limitada de diversos sustituyentes en un anillo de benceno —los sustituyentes de la sección 15.2 y los que se pueden obtener de ellos por conversión química (sección 14.19). Sin embargo, la lista de sustituyentes que pueden colocarse en un anillo de benceno se puede ampliar mucho si se usan **sales de arenodiazonio**.

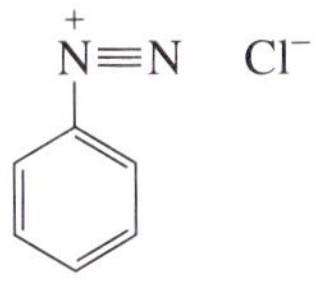

sal de arenodiazonio

El desplazamiento del grupo saliente de un ion diazonio por una gran variedad de nucleófilos ocurre con facilidad porque da como resultado la formación de una molécula de nitrógeno gaseoso, que es estable y se elimina fácilmente del medio de reacción. El mecanismo por el que el nucleófilo desplaza al grupo diazonio depende del nucleófilo particular: algunos desplazamientos implican cationes arenio, mientras que otros implican radicales.

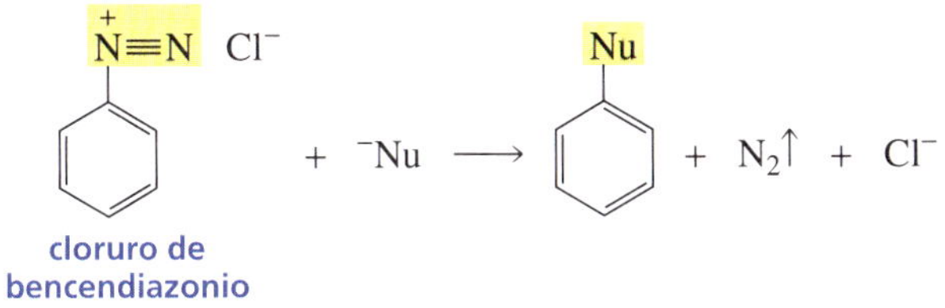

cloruro de bencendiazonio

Se puede convertir anilina en sal de arenodiazonio tratándola con ácido nitroso (HNO_2). Ya que el ácido nitroso es inestable, se debe forma *in situ*, con una disolución acuosa de nitrito de sodio y HCl o HBr; en realidad, el N_2 es un grupo saliente tan bueno que la sal de diazonio se sintetiza a 0°C y se usa de inmediato sin aislarla. [El mecanismo de la conversión de un grupo amino primario (NH_2) en un grupo diazonio ($^+N \equiv N$) se muestra en la sección 15.11].

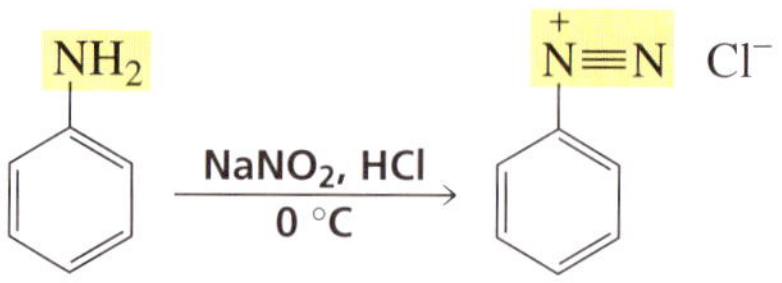

$$C_6H_5NH_2 \xrightarrow[0\,°C]{NaNO_2,\ HCl} C_6H_5\overset{+}{N}\equiv N\ Cl^-$$

BIOGRAFÍA

Traugott Sandmeyer (1854–1922) nació en Suiza y recibió un doctorado de la Universidad de Heidelberg. Descubrió la reacción que lleva su nombre, en 1884. Fue investigador de Geigy Co., en Basilea, Suiza.

Los nucleófilos $^-{:}C\equiv N$, Cl^- y Br^- reemplazan al grupo diazonio si se agrega la sal adecuada de cobre(I) a la disolución que contiene la sal de arenodiazonio. La reacción de una sal de arenodiazonio con una sal de cobre(I) se llama **reacción de Sandmeyer**.

Reacciones de Sandmeyer

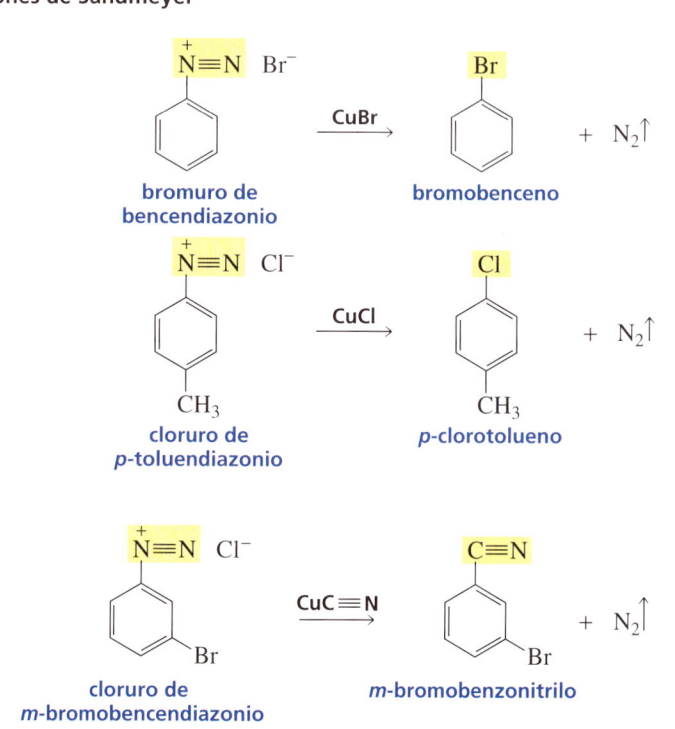

bromuro de bencendiazonio $\xrightarrow{CuBr}$ bromobenceno + $N_2\uparrow$

cloruro de *p*-toluendiazonio $\xrightarrow{CuCl}$ *p*-clorotolueno + $N_2\uparrow$

cloruro de *m*-bromobencendiazonio $\xrightarrow{CuC\equiv N}$ *m*-bromobenzonitrilo + $N_2\uparrow$

Tutorial del alumno:
La reacción de Sandmeyer
(The Sandmeyer reaction)

No se puede usar KCl ni KBr en lugar de CuCl y CuBr en las reacciones de Sandmeyer; se requieren las sales cuprosas. Eso indica que el ion cobre(I) es necesario para la reacción. Aunque no se conoce el mecanismo preciso, se cree que el ion cobre(I) dona un electrón a la sal de diazonio formando un radical arilo y nitrógeno gaseoso.

Aunque los sustituyentes cloro y bromo se pueden introducir directamente a un anillo de benceno por halogenación, la reacción de Sandmeyer puede ser una alternativa útil. Por ejemplo, si el lector deseara preparar *para*-cloroetilbenceno, la cloración del etilbenceno formaría una los isómeros *orto* y *para*.

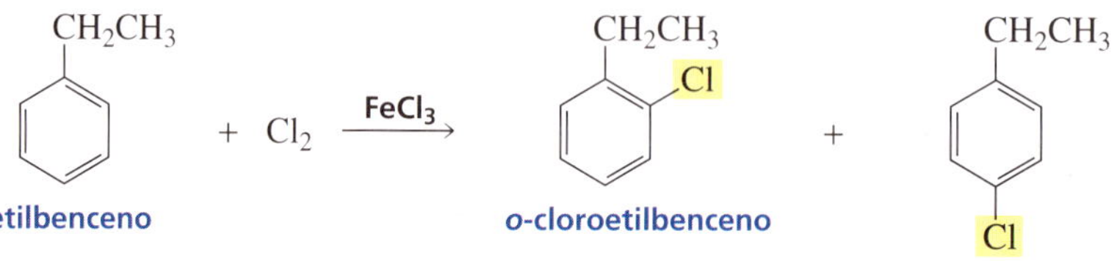

etilbenceno + Cl_2 $\xrightarrow{FeCl_3}$ *o*-cloroetilbenceno + *p*-cloroetilbenceno

Pese a ello, si se partiera de *para*-etilanilina y se usara una reacción de Sandmeyer para clorar, sólo se formaría el producto *para*, el deseado.

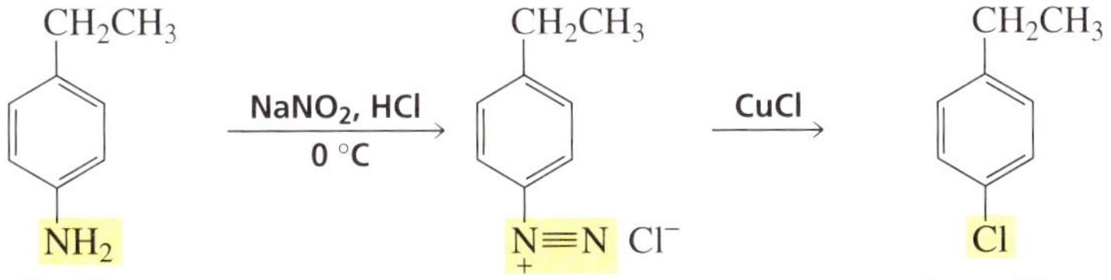

p-etilanilina → (NaNO₂, HCl, 0 °C) → sal de diazonio → (CuCl) → *p*-cloroetilbenceno

PROBLEMA 20

Explique por qué no puede usarse un grupo diazonio en un anillo de benceno para dirigir un sustituyente que llegue a la posición *meta*.

PROBLEMA 21

Explique por qué debe usarse HBr para generar la sal de bencendiazonio si el producto que se desea de la reacción de Sandmeyer es bromobenceno, mientras que se debe usar HCl si lo que se desea es clorobenceno.

Un sustituyente yodo reemplazará al grupo diazonio si se agrega yoduro de potasio a la disolución que contenga el ion diazonio.

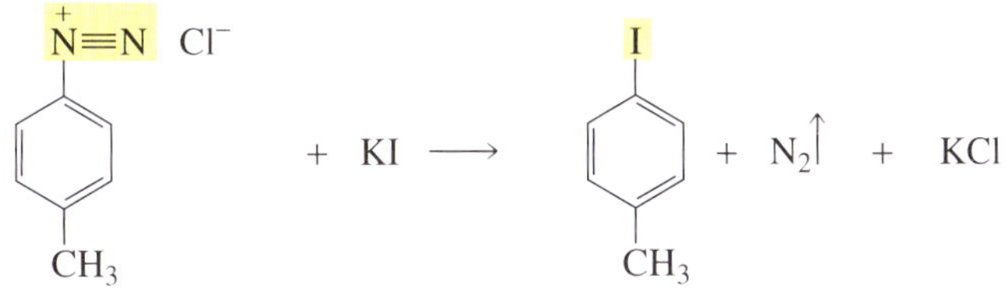

cloruro de *p*-toluendiazonio + KI ⟶ *p*-yodotolueno + N₂↑ + KCl

La sustitución con fluoro se efectúa si la sal de arenodiazonio se calienta con ácido tetrafluorobórico (HBF₄). A esto se le llama **reacción de Schiemann**.

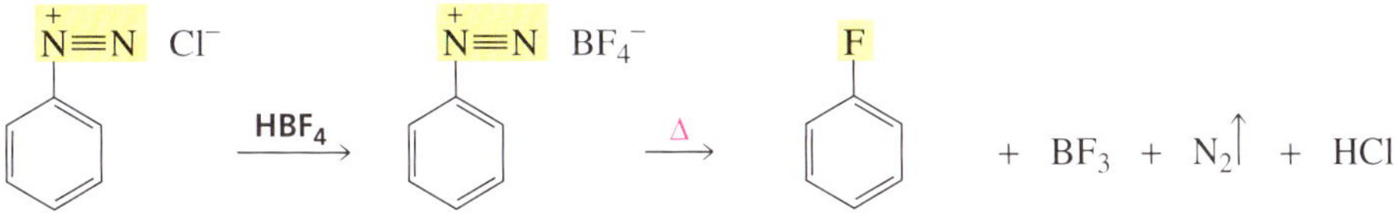

Reacción de Schiemann

C₆H₅N₂⁺Cl⁻ →(HBF₄)→ C₆H₅N₂⁺BF₄⁻ →(Δ)→ fluorobenceno + BF₃ + N₂↑ + HCl

BIOGRAFÍA

Günther Schiemann (1899–1969) *nació en Alemania. Fue profesor de química en la Escuela Tecnológica Superior de Hannover, Alemania.*

Si la disolución acuosa se acidula y calienta donde se ha sintetizado la sal de diazonio, un grupo OH reemplazará al grupo diazonio (el H₂O es el nucleófilo).

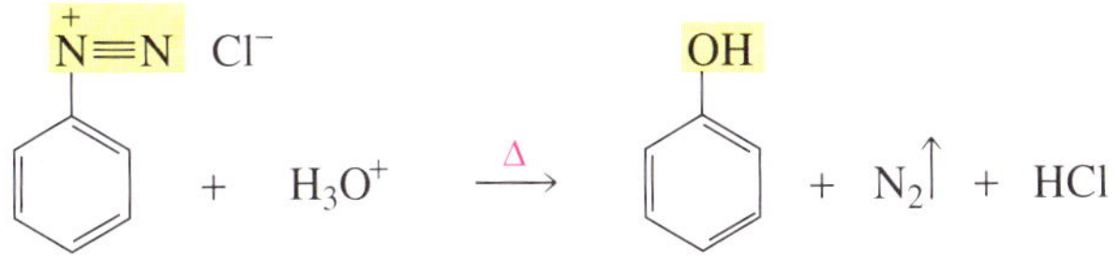

C₆H₅N₂⁺Cl⁻ + H₃O⁺ →(Δ)→ fenol + N₂↑ + HCl

Una forma más rápida de obtener un fenol es agregar óxido de cobre(I) y nitrato de cobre(II) acuoso y como la reacción se efectúa a temperatura ambiente hay menos competencia con otros nucleófilos en la disolución (como Cl:⁻, por ejemplo) que puedan reemplazar al grupo diazonio.

702 CAPÍTULO 15 Reacciones de los bencenos sustituidos

Tutorial del alumno:
Términos para las reacciones de bencenos sustituidos
(Terms for the reactions of substituted benzenes)

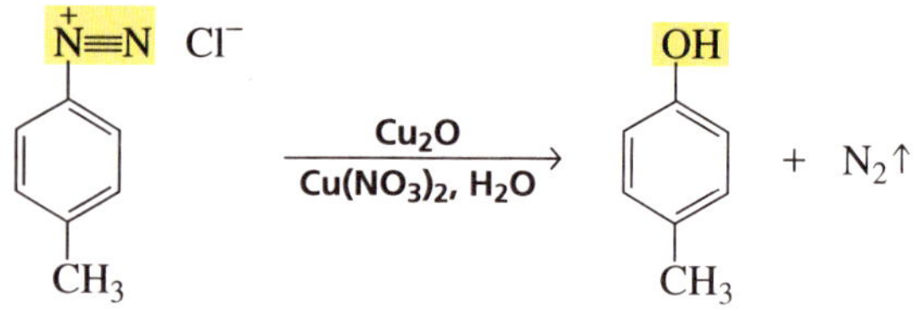

Un hidrógeno reemplaza a un grupo diazonio si la sal de arenodiazonio se trata con ácido hipofosforoso (H_3PO_2). Se trata de una reacción útil cuando se necesita un grupo amino o uno nitro como directores, que después deban eliminarse. Es difícil imaginar cómo se podría sintetizar 1,3,5-tribromobenceno sin esta reacción.

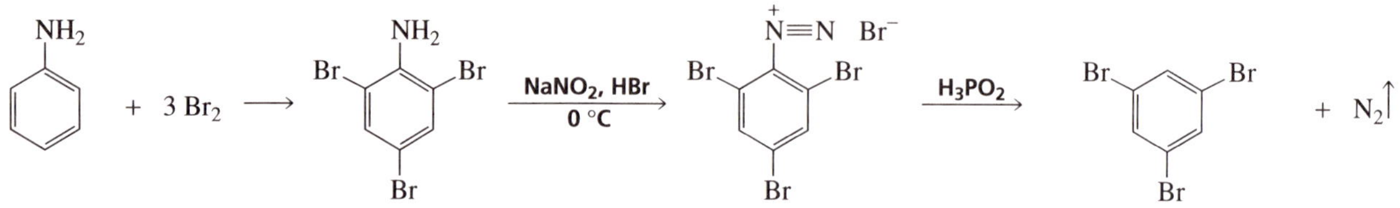

PROBLEMA 22◆

¿Por qué no se usa $FeBr_3$ como catalizador en la reacción anterior?

PROBLEMA 23

Escriba la sucesión de pasos necesarios para convertir benceno en cloruro de bencendiazonio.

PROBLEMA 24   RESUELTO

Demostrar cómo se pueden sintetizar los compuestos siguientes a partir de benceno:

a. *m*-dibromobenceno
b. *m*-bromofenol
c. *o*-clorofenol
d. *m*-nitrotolueno
e. *p*-metilbenzonitrilo
f. *m*-clorobenzaldehído

Solución de 24a Un sustituyente bromo es director *orto-para*, por lo que no puede usarse la halogenación para introducir ambos sustituyentes bromo del *m*-dibromobenceno. Si se sabe que un sustituyente bromo puede introducirse en un anillo de benceno con una reacción de Sandmeyer y que el sustituyente bromo en una reacción de Sandmeyer reemplaza al que de manera original era un sustituyente nitro, director *meta*, ya tendremos una ruta para la síntesis del compuesto que se desea.

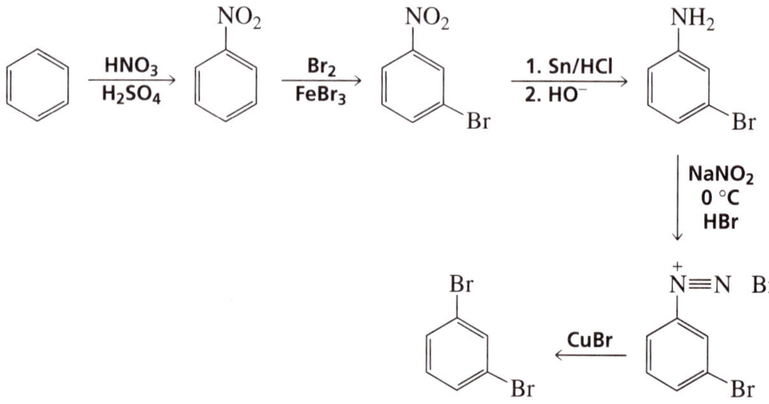

15.10 Ion arenodiazonio como electrófilo

Además de usarse para sintetizar bencenos sustituidos, los iones arenodiazonio también pueden servir como electrófilos en reacciones de sustitución electrofílica aromática. Como un ion de arenodiazonio es inestable a temperatura ambiente, se puede usar como electrófilo sólo cuando las reacciones se puedan efectuar bien a temperaturas menores que la ambiente. En otras palabras, sólo los anillos de benceno muy activados (fenoles, anilinas y *N*-alquilanilinas) pueden experimentar reacciones de sustitución electrofílica aromática con electrófilos de ion arenodiazonio. El producto de la reacción es un *compuesto azo*. Al enlace N=N se le llama **enlace azo**. Debido a que el electrófilo es tan grande, la sustitución ocurre de preferencia en la posición *para*, la que presenta menos impedimento estérico.

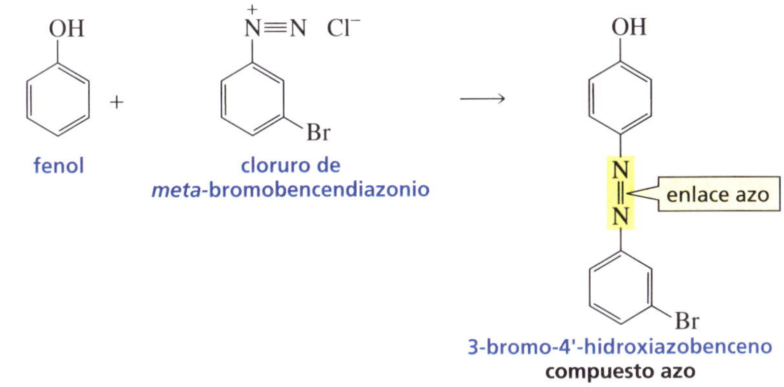

fenol + cloruro de *meta*-bromobencendiazonio ⟶ 3-bromo-4'-hidroxiazobenceno (compuesto azo, enlace azo)

Sin embargo, si se bloquea la posición *para*, la sustitución se ha de llevar a cabo en una posición *orto*.

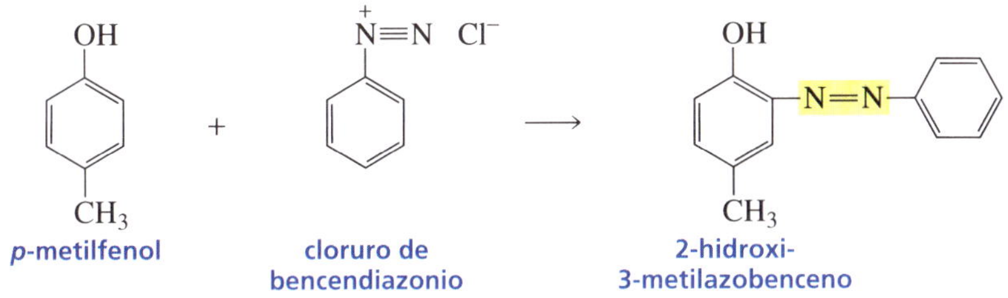

p-metilfenol + cloruro de bencendiazonio ⟶ 2-hidroxi-3-metilazobenceno

El mecanismo de la sustitución electrofílica aromática con electrófilo de ion arenodiazonio es igual que el de la sustitución electrofílica aromática con cualquier otro electrófilo.

Mecanismo de sustitución electrofílica aromática usando como electrófilo el ion arenodiazonio

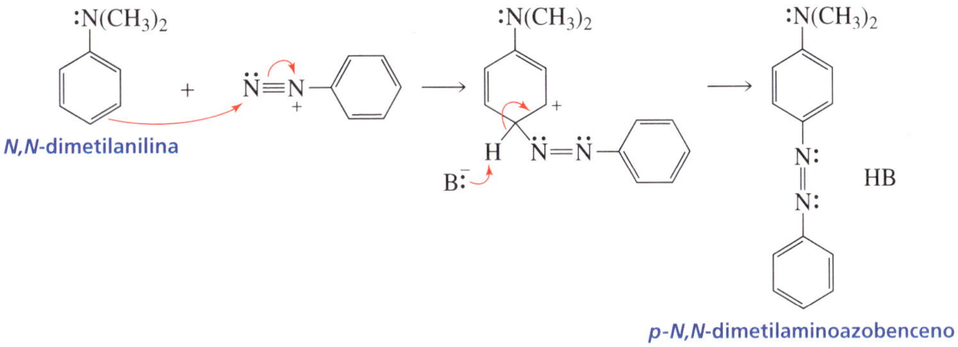

N,N-dimetilanilina + ⟶ ⟶ *p-N,N*-dimetilaminoazobenceno

Los compuestos azo, al igual que los alquenos, pueden existir en formas *cis* y *trans*. El isómero *trans* es bastante más estable que el *cis* porque carece de tensión estérica (sección 4.11).

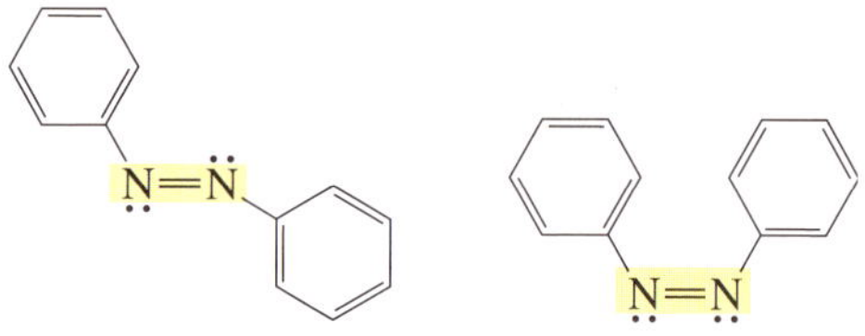

trans-azobenceno   *cis*-azobenceno

Ya hubo oportunidad de estudiar que los azobencenos son compuestos coloridos por su conjugación extendida (sección 12.19). Se usan como colorantes en la industria.

PROBLEMA 25

En el mecanismo de sustitución electrofílica aromática con un ion diazonio como electrófilo ¿por qué el ataque nucleofílico es sobre el átomo de nitrógeno terminal del ion diazonio y no sobre el átomo de nitrógeno unido al anillo de benceno?

PROBLEMA 26

Indique la estructura del anillo de benceno activado y del ion diazonio que se use en la síntesis de los compuestos siguientes:

a. amarillo mantequilla   **b.** anaranjado de metilo

(Las estructuras de estos compuestos pueden verse en la sección 12.19).

15.11 Mecanismo de la reacción de aminas con ácido nitroso

Ya se estudió que la reacción de una anilina con ácido nitroso forma una sal de arenodiazonio. Tanto las aminas de arilo primarias como las de alquilo primarias pueden formar sales de diazonio y ambas lo hacen con el mismo mecanismo.

$$\text{aril}-NH_2 \xrightarrow[0\,°C]{NaNO_2,\ HCl} \text{aril}-\overset{+}{N}\equiv N \quad Cl^-$$

$$\text{alquil}-NH_2 \xrightarrow[0\,°C]{NaNO_2,\ HCl} \text{alquil}-\overset{+}{N}\equiv N \quad Cl^-$$

Para convertir un grupo amino *primario* en un grupo diazonio se requiere un ion nitrosonio. Un ion nitrosonio se forma cuando se elimina agua de ácido nitroso protonado.

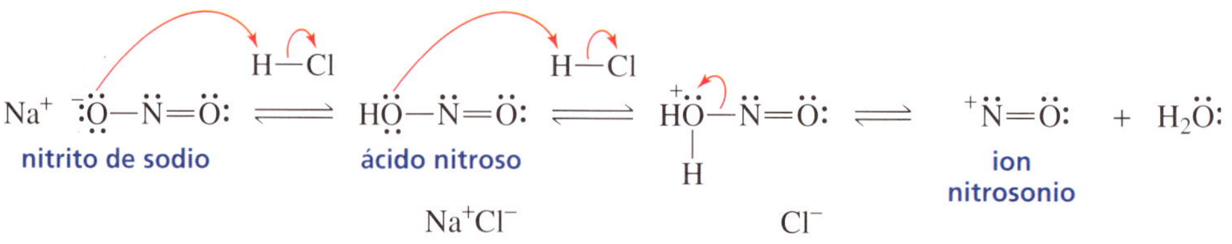

Na⁺ :Ö—N=Ö: + H—Cl ⇌ HÖ—N=Ö: + H—Cl ⇌ HÖ—Ṅ=Ö: ⇌ ⁺N=Ö: + H₂Ö:
    nitrito de sodio   **ácido nitroso**   **ion nitrosonio**

                                            Na⁺Cl⁻   Cl⁻

15.11 Mecanismo de la reacción de aminas con ácido nitroso

A continuación se presenta el mecanismo de la formación de un ion diazonio.

Mecanismo de formación de un ion diazonio a partir de la anilina

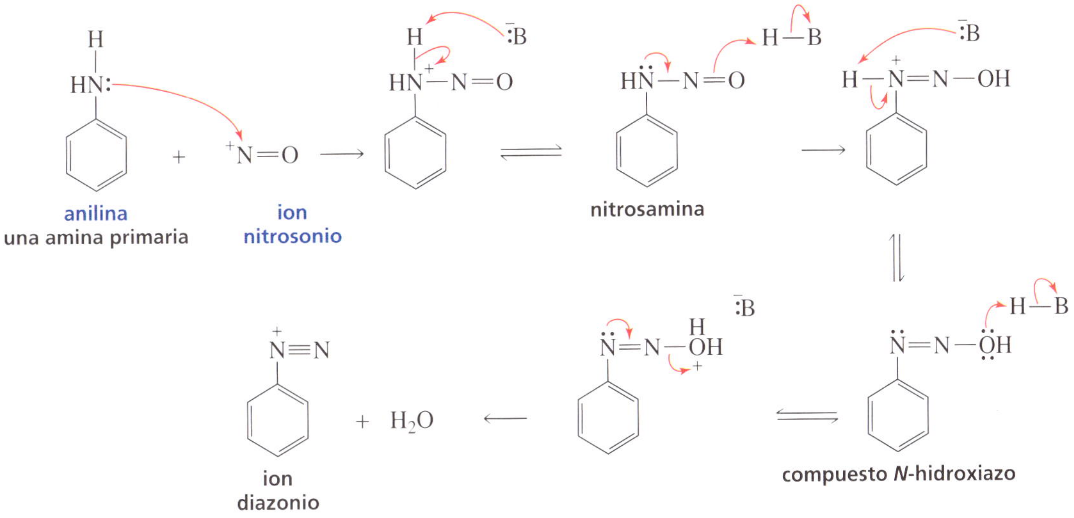

[Esquema mecanístico: anilina (una amina primaria) + ion nitrosonio ($^+N=O$) → nitrosamina ⇌ → compuesto N-hidroxiazo ⇌ → intermedio protonado → ion diazonio + H_2O]

- En el primer paso del mecanismo, la anilina comparte un par de electrones con el ion nitrosonio.
- La pérdida de un protón del nitrógeno forma una **nitrosamina** (que también se llama **compuesto *N*-nitroso** porque un sustituyente nitroso está unido a un nitrógeno).
- La deslocalización del par de electrones no enlazado del nitrógeno y la protonación del oxígeno forman un compuesto *N*-hidroxiazo protonado.
- El *N*-hidroxiazocompuesto protonado está en equilibrio con su forma no protonada.
- El *N*-hidroxiazocompuesto puede reprotonarse en el nitrógeno (reacción inversa) o protonarse en el oxígeno (reacción directa).
- La eliminación de agua forma el ion diazonio.

Recuérdese que las reacciones donde intervienen iones arenodiazonio deben suceder a 0°C porque tales iones son inestables a mayores temperaturas. Los iones de alcanodiazonio son todavía menos estables. Pierden N_2 molecular, aun a 0°C, a medida que se forman y reaccionan con los nucleófilos que haya en la mezcla de reacción por mecanismos S_N1/E1 y S_N2/E2. Debido a la mezcla de productos que se obtienen, los iones de alcanodiazonio tienen poco uso en síntesis.

PROBLEMA 27◆

¿Qué productos se formarían en la reacción de isopropilamina con nitrito de sodio y HCl acuoso?

PROBLEMA 28

Se puede usar diazometano para convertir un ácido carboxílico en un éster metílico. Proponga un mecanismo para esta reacción.

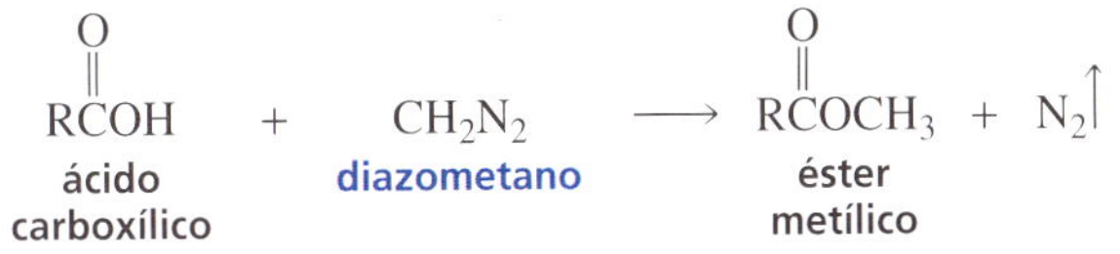

$$RCOOH + CH_2N_2 \longrightarrow RCOOCH_3 + N_2\uparrow$$

ácido carboxílico + diazometano → éster metílico

Las arilaminas y las alquilaminas *secundarias* reaccionan con iones nitrosonio para formar nitrosaminas y no iones diazonio. El mecanismo de la reacción es parecido al de la reacción de una amina primaria con un ion nitrosonio, excepto que la reacción se detiene en la etapa de nitrosamina. Se detiene porque una amina secundaria, a diferencia de una amina primaria, no tiene el segundo protón que debe perderse para generar al ion diazonio.

N-metilanilina
una amina secundaria

N-metil-*N*-nitrosoanilina
una nitrosamina

El producto que se forma cuando el nitrógeno de una amina *terciaria* comparte su par de electrones no enlazado con un ion nitrosonio no se puede estabilizar por pérdida de un protón. Por consiguiente, una arilamina terciaria puede participar en una reacción de sustitución electrofílica aromática con un ion nitrosonio. El producto de la reacción es de manera predominante el isómero *para* porque el grupo voluminoso dialquilamino bloquea el acercamiento del ion nitrosonio a la posición *orto*.

N,N-dimetilanilina
una amina terciaria

para-nitroso-*N,N*-dimetilanilina
85%

LAS NITROSAMINAS Y EL CÁNCER

En 1962, en Noruega, se determinó que un brote de intoxicación de ovejas se debió a su ingestión de potaje de pescado tratado con nitritos. De inmediato el incidente provocó preocupación acerca de los alimentos tratados con nitritos para los humanos porque el nitrito de sodio es un preservador de alimentos de uso frecuente y puede reaccionar con las aminas secundarias naturales en el alimento y producir nitrosaminas, que se sabe son cancerígenas. El pescado ahumado, las carnes curadas y la cerveza contienen nitrosaminas. Las nitrosaminas también se encuentran en algunos quesos que se conservan con nitrito y son ricos en aminas secundarias. Cuando en Estados Unidos, unos grupos de consumidores pidieron a la Administración de Alimentos y Medicinas que prohibiera el uso de nitrito de sodio como preservador, tal petición fue vigorosamente rechazada por la industria empacadora de carne. A pesar de extensas investigaciones todavía no se ha determinado si las pequeñas cantidades de nitrosaminas presentes en los alimentos son un riesgo para la salud. Hasta que se conteste esta duda será difícil eliminar al nitrito de sodio en la dieta. Mientras tanto, es preocupante notar que Japón exhibe una de las mayores tasas de cáncer gástrico y la máxima ingestión promedio de nitrito de sodio. Sin embargo, hay algunas buenas noticias porque se ha reducido en forma considerable la concentración de nitrosaminas presentes en el tocino, en años recientes, por la adición de ácido ascórbico —inhibidor de nitrosaminas— en la mezcla de curado. También, las mejoras en el proceso de malteado redujeron la concentración de nitrosaminas en la cerveza. El nitrito de sodio en la dieta tiene una propiedad que lo redime: hay ciertas pruebas de que protege contra el botulismo, una grave intoxicación alimenticia.

15.12 Sustitución nucleofílica aromática: mecanismo de adición-eliminación

Ya fue visto que, bajo condiciones normales, los haluros de arilo no reaccionan con nucleófilos porque la nube de electrones π repele el acercamiento de un nucleófilo (sección 8.8).

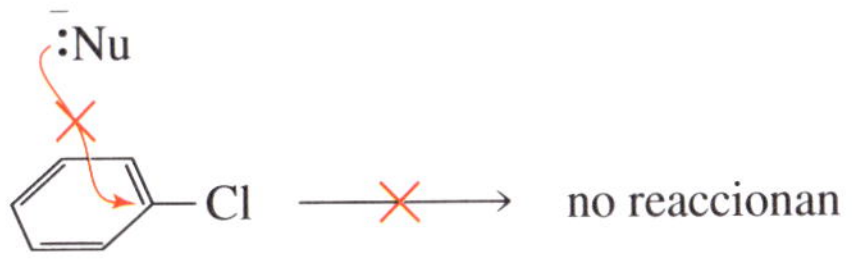

Sin embargo, si el haluro de arilo cuenta con uno o más sustituyentes que atraen con fuerza electrones del anillo por resonancia pueden efectuarse reacciones de **sustitución nucleofílica aromática** sin recurrir a condiciones extremas. Los grupos que atraen electrones deben estar en posiciones *orto* o *para* respecto al halógeno. Mientras mayor sea el número de sustituyentes atractores de electrones, la reacción de sustitución nucleofílica aromática se efectuará con mayor facilidad. Téngase en cuenta las condiciones diferentes bajo las que suceden las siguientes reacciones:

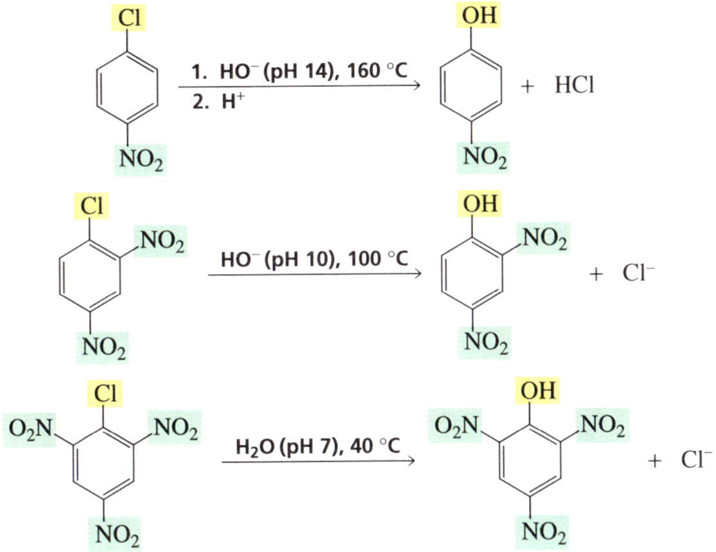

> Los sustituyentes atractores de electrones aumentan la reactividad del anillo de benceno en la sustitución nucleofílica y disminuyen la reactividad del anillo de benceno en la sustitución electrofílica.

> Un sustituyente que desactiva un anillo frente a la sustitución electrofílica aromática activa un anillo frente a la sustitución nucleofílica aromática.

También obsérvese que los sustituyentes atractores de electrones que *activan* al anillo de benceno frente a las reacciones de *sustitución nucleofílica aromática* son los mismos sustituyentes que *desactivan* al anillo frente a la *sustitución electrofílica aromática*. En otras palabras, al hacer que el anillo sea menos rico en electrones se vuelve más reactivo frente a un nucleófilo pero menos reactivo frente a un electrófilo. Así, todo sustituyente que desactive al anillo de benceno frente a la sustitución electrofílica lo activa frente a la sustitución nucleofílica, y viceversa.

La sustitución nucleofílica aromática se efectúa con un mecanismo de dos pasos. Esta reacción se llama **reacción S_NAr** (sustitución nucleofílica aromática).

Mecanismo general de la sustitución nucleofílica aromática

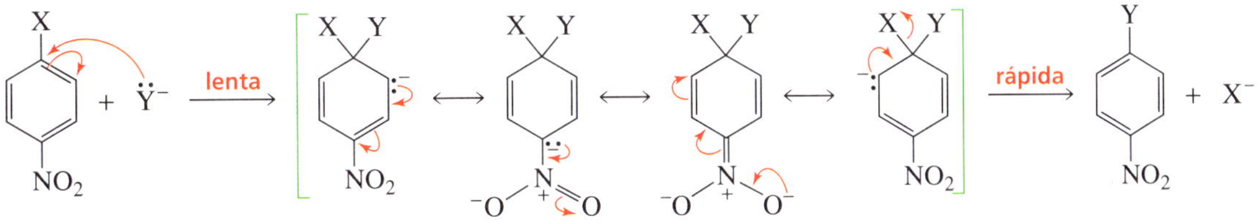

- El nucleófilo ataca al carbono que tiene el grupo saliente desde una trayectoria que es casi perpendicular al anillo aromático. (Recuérdese, de la sección 8.8, que no pueden desplazarse grupos de átomos de carbono con hibridación sp^2 por ataque por detrás). El ataque nucleofílico forma un carbanión intermediario estabilizado por resonancia llamado *complejo de Meisenheimer*, por Jakob Meisenheimer (1876-1934).
- El grupo saliente se aleja y la aromaticidad del anillo se restablece.

En una reacción de sustitución nucleofílica aromática, el nucleófilo que entra debe ser una base más fuerte que el sustituyente que reemplaza porque la base más débil de las dos será la que se elimine del compuesto intermediario.

El sustituyente atractor de electrones debe ubicarse en posiciones *orto* o *para* respecto al sitio del ataque nucleofílico porque los electrones del nucleófilo atacante pueden deslocalizarse en el sustituyente sólo si éste se encuentra en una de dichas posiciones.

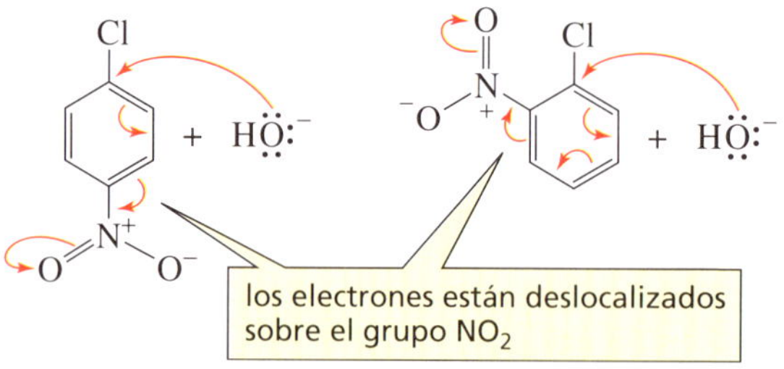

Se pueden introducir diversos sustituyentes en un anillo de benceno mediante reacciones de sustitución nucleofílica aromática. El único requisito es que el grupo que entra sea una base más fuerte que el grupo que se sustituye.

p-fluoronitrobenceno — *p*-nitroanisol

1-bromo-2,4-dinitrobenceno — *N*-etil-2,4-dinitroanilina

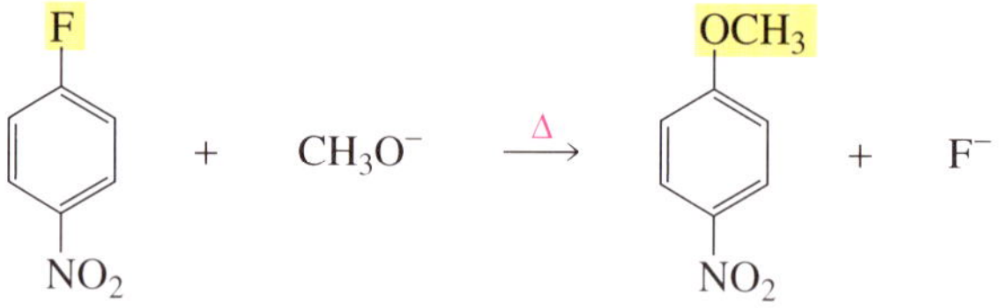

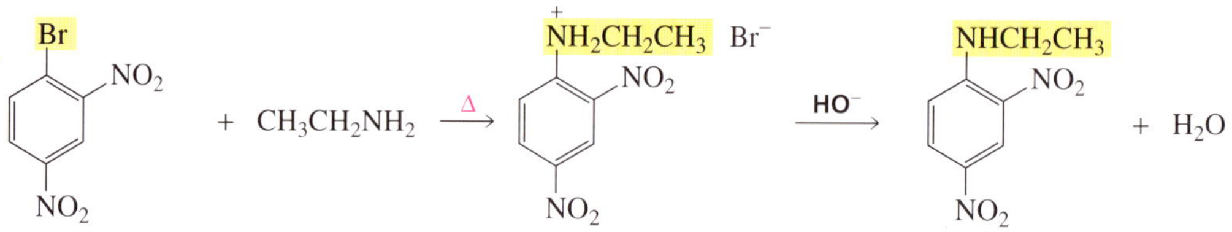

PROBLEMA 29

Dibuje las formas resonantes del carbanión que se formaría si reaccionara el *meta*-cloronitrobenceno con el ion hidróxido. ¿Por qué no reacciona?

PROBLEMA 30◆

a. Ordene los compuestos siguientes por tendencia decreciente a experimentar sustitución nucleofílica aromática.

clorobenceno   1-cloro-2,4-dinitrobenceno   *p*-cloronitrobenceno

b. Ordene los mismos compuestos por tendencia decreciente a experimentar sustitución electrofílica aromática.

PROBLEMA 31

Indique cómo se podría sintetizar cada uno de los compuestos siguientes a partir del benceno.

a. *o*-nitrofenol **b.** *p*-nitroanilina **c.** *p*-bromoanisol **d.** anisol

15.13 Sustitución nucleofílica aromática: mecanismo de eliminación-adición que forma un bencino intermediario

Un haluro de arilo como el clorobenceno puede experimentar una reacción de sustitución nucleofílica en presencia de una base muy fuerte como el ⁻:NH_2. Hay dos aspectos sorprendentes en esta reacción: el haluro de arilo no tiene que contener un grupo atractor de electrones y el reactivo que llega no siempre sustituye al grupo saliente. Por ejemplo, cuando el clorobenceno con el carbono al que está unido el cloro se marca con el isótopo ^{14}C se trata con ion amida en amoniaco líquido se obtiene anilina como producto. La mitad del producto tiene el grupo amino unido al carbono marcado isotópicamente (indicado con el asterisco), como era de esperarse; pero la otra mitad tiene al grupo amino unido al carbono adyacente al carbono marcado.

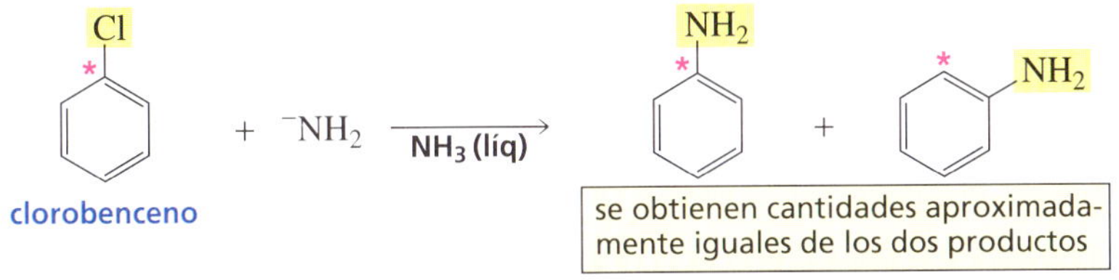

Éstos son los únicos productos que se forman; no se forman las anilinas con el grupo amino a dos o tres carbonos de distancia del carbono marcado.

El hecho que se formen los dos productos en cantidades casi iguales indica que la reacción se efectúa con un mecanismo en el que los dos carbonos son equivalentes al que se une el grupo amino en el producto. El mecanismo que explica las observaciones experimentales consiste en la formación de un **bencino intermediario**. El bencino tiene un triple enlace entre dos átomos de carbono adyacentes en el benceno.

- En el primer paso del mecanismo, la base fuerte (⁻:NH_2) extrae un protón de la posición *orto* respecto al halógeno.
- El anión que resulta expulsa el ion haluro y forma así al bencino.

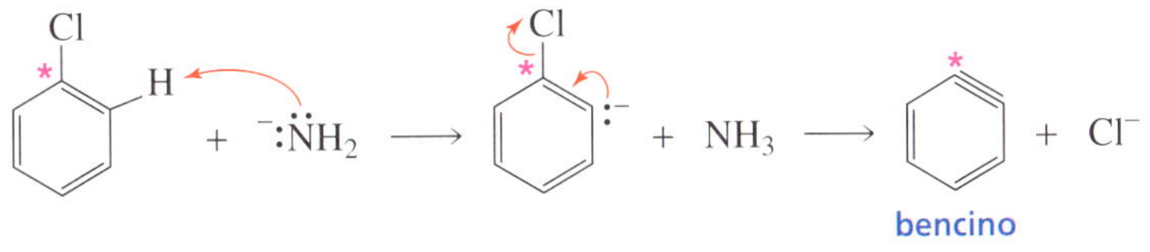

- El nucleófilo que entra puede atacar cualquiera de los carbonos del "triple enlace" del bencino.
- Por protonación del anión resultante se forma el producto de sustitución.

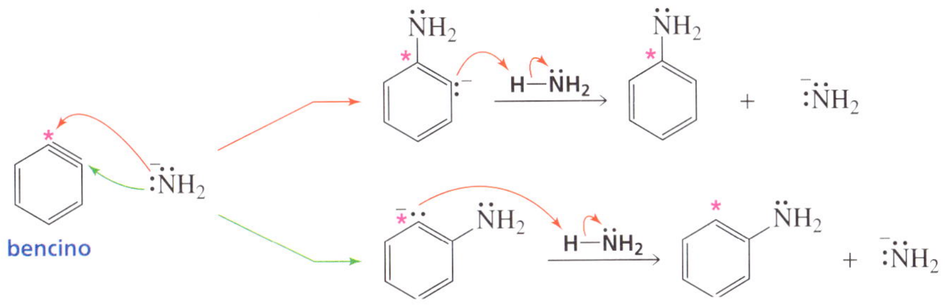

> **BIOGRAFÍA**
>
> **Martin D. Kamen (1913–2002)**, nacido en Toronto, fue el primero en aislar el ^{14}C, que de inmediato se volvió el más útil de todos los isótopos en investigación química y bioquímica. Kamen recibió una licenciatura y un doctorado de la Universidad de Chicago y se naturalizó estadounidense en 1938. Fue profesor en la Universidad de California, Berkeley; en la Universidad de Washington, St. Louis, y en la Universidad Brandeis. También fue uno de los profesores fundadores de la Universidad de California, San Diego. En años posteriores fue miembro de facultad en la Universidad del Sur de California. Recibió la medalla Fermi en 1996.

> **BIOGRAFÍA**
>
> **John D. Roberts**, *nacido en Los Ángeles, en 1918, llevó a cabo el experimento de marcado isotópico. Recibió su licenciatura y doctorado de la UCLA. Roberts llegó al Instituto Tecnológico de California en 1952 como becario Guggenheim y desde 1953 ha sido profesor allí.*

La reacción general es de eliminación-adición: se forma bencino en una reacción de eliminación y de inmediato tiene lugar una reacción de adición.

A la sustitución en el carbono que estaba unido con el grupo saliente se le llama **sustitución directa**. A la sustitución en el carbono adyacente se le llama **sustitución cine** (de *kinesis*, "movimiento" en griego). En la siguiente reacción la *o*-toluidina es el producto de sustitución directa; la *m*-toluidina es el producto de sustitución cine.

o-bromotolueno + NaNH$_2$ $\xrightarrow{\text{NH}_3(\text{liq})}$ *o*-toluidina (producto de sustitución directa) + *m*-toluidina (producto de sustitución cine)

El bencino es una especie de gran reactividad. En la sección 6.4 se vio que en una molécula con enlace triple los dos carbonos con hibridación *sp* y los átomos unidos a tales carbonos (C—C≡C—C) son lineales porque los ángulos de enlace son de 180°. Cuatro átomos lineales no pueden estar en un anillo de seis miembros y entonces el sistema C—C≡C—C en el bencino está distorsionado: el enlace π original no cambia, pero los orbitales sp^2 que forman el nuevo enlace π no son paralelos entre sí (figura 15.4). Por consiguiente, no pueden traslaparse tan bien como los orbitales *p* que forman un enlace π normal y resulta un enlace mucho más débil y mucho más reactivo.

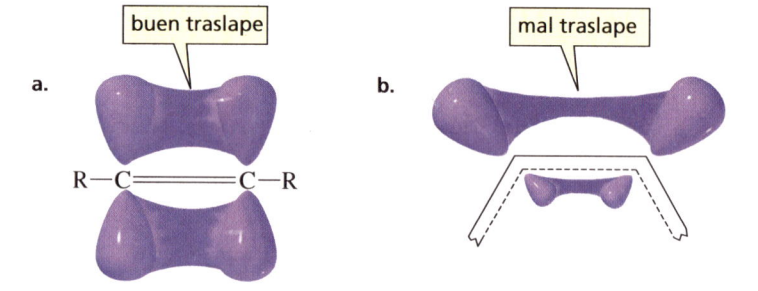

Figura 15.4 ▶
Imágenes de los orbitales del enlace formado por a) traslape de orbitales *p* en un enlace triple normal, y b) traslape de orbitales sp^2 en el "enlace triple" distorsionado del bencino.

a. buen traslape R—C≡C—R
b. mal traslape

Aunque el bencino es demasiado inestable para poder aislarlo, se pueden obtener pruebas de que se forma con un experimento de captura. Cuando se agrega furano a una reacción que forme un bencino intermediario, el furano atrapa al bencino intermediario reaccionando con él en una reacción de Diels-Alder (sección 7.12). El producto de la reacción de Diels-Alder sí se puede aislar.

$\xrightarrow[\text{NH}_3(\text{liq})]{^-\text{NH}_2}$ bencino (un dienófilo) + furano (un dieno) → producto de la reacción de Diels-Alder

Una buena forma para preparar éteres arílicos *meta*-amino sustituidos es una síntesis donde se emplee un bencino intermediario (véase el problema 66). El ion amida ataca de preferencia a la posición *meta* porque existe mucho menor impedimento estérico en esta posición y la carga negativa que resulta se puede estabilizar por el oxígeno adyacente, ávido de electrones.

> **PROBLEMA 32**
>
> Proponga un mecanismo que explique que cuando se calienta una disolución básica de *p*-clorotolueno con amida de sodio en amoniaco líquido se forman tanto *p*-cresol como *m*-cresol.

> **PROBLEMA 33**
>
> Indique qué productos se obtendrían en la reacción de los siguientes compuestos con amiduro de sodio en amoniaco líquido.
>
> a. 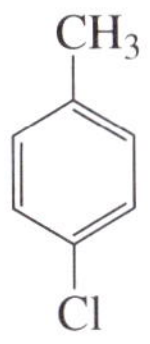 4-clorotolueno   b. 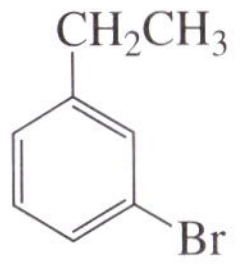 3-bromoetilbenceno   c. 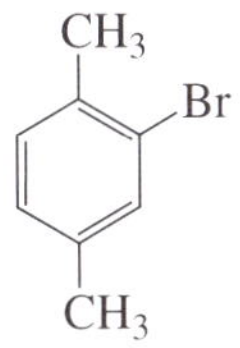 2-bromo-1,4-dimetilbenceno   d.  4-bromotolueno

15.14 Hidrocarburos bencenoides policíclicos

Los hidrocarburos bencenoides policíclicos son compuestos que contienen dos o más anillos de benceno fusionados. Los **anillos fusionados** comparten dos carbonos adyacentes. El naftaleno tiene dos anillos fusionados, el antraceno y el fenantreno tienen tres anillos fundidos, y el tetraceno, el trifenileno, el pireno y el criseno tienen cuatro anillos fusionados. Hay muchos hidrocarburos bencenoides policíclicos con más de cuatro anillos fusionados.

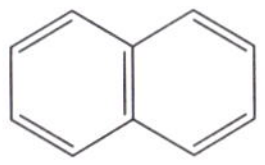

naftaleno 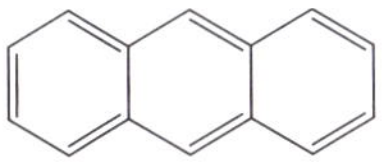   **antraceno** 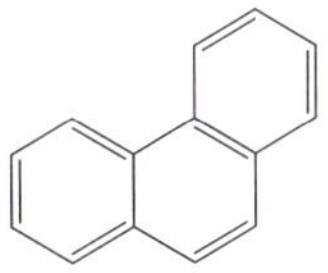   **fenantreno** 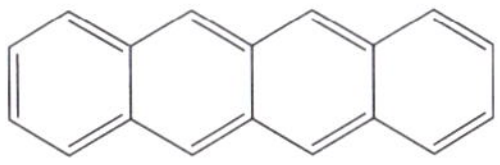   **tetraceno**

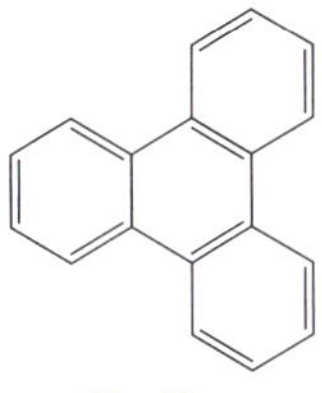

trifenileno 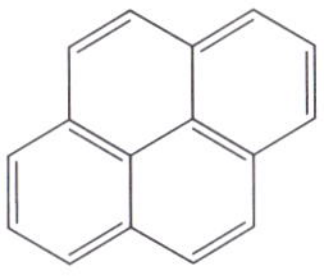   **pireno** 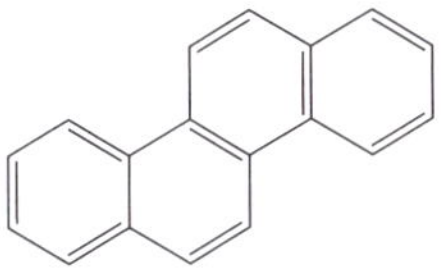   **criseno**

Al igual que el benceno, todos los hidrocarburos bencenoides policíclicos participan en reacciones de sustitución electrofílica aromática. Algunos de tales compuestos son cancerígenos bien conocidos. En la sección 10.9 se describieron las reacciones químicas causantes del cáncer y cómo se puede anticipar cuáles compuestos son cancerígenos.

RESUMEN

Las posiciones relativas de dos sustituyentes en un anillo de benceno se indican en el nombre del compuesto con números o con los prefijos *orto, meta* y *para*. La naturaleza del sustituyente afecta la reactividad del anillo de benceno y también la colocación de un sustituyente que entra: la rapidez de la sustitución electrofílica aromática aumenta con sustituyentes donadores de electrones y disminuye con sustituyentes atractores de electrones. Los sustituyentes pueden donar o atraer electrones por **efecto inductivo** o por **resonancia** y pueden donar electrones por hiperconjugación.

La estabilidad del carbocatión intermediario determina la posición hacia la que un sustituyente dirige a un electrófilo que llega. Todos los sustituyentes activadores y los halógenos débilmente desactivadores son **directores orto-para**; todos los sustituyentes más desactivadores que los halógenos son **directores meta**. Los directores *orto-para*, a excepción de los grupos alquilo, arilo y CH=CHR, tienen un par de electrones no enlazado en el átomo unido al anillo; los directores *meta* tienen una carga positiva, o positiva parcial, en el átomo unido al anillo. Los sustituyentes directores *orto-para* forman de preferencia el isómero *para* si el sustituyente o el electrófilo que llega son grandes.

Al planear la síntesis de bencenos disustituidos, el orden en el que se introducen sustituyentes al anillo, y el punto en una secuencia de reacciones en el que se modifica químicamente un sustituyente, son consideraciones importantes. Cuando un benceno disustituido experimenta una reacción de sustitución electrofílica aromática debe tenerse en cuenta el efecto director de ambos sustituyentes.

Los bencenos sustituidos con RO y HO se halogenan sin el ácido de Lewis. Los anillos de benceno con sustituyentes directores *meta* no pueden participar en reacciones de Friedel-Crafts. Tampoco la anilina ni las anilinas *N*-alquil sustituidas pueden tener reacciones de Friedel y Crafts.

Las clases de sustituyentes que pueden introducirse en anillos de benceno se agrandan mucho con reacciones de sales de arenodiazonio, reacciones de sustitución nucleofílica aromática y reacciones donde interviene un bencino intermediario. La anilina y las anilinas sustituidas reaccionan con ácido nitroso y forman **sales de arenodiazonio**; un grupo diazonio puede ser desplazado por un nucleófilo. Los iones arenodiazonio pueden usarse como electrófilos con anillos de benceno muy activados para formar **compuestos azo** que pueden existir en formas *cis* y *trans*. Las aminas secundarias reaccionan con ácido nitroso para formar **nitrosaminas**.

Un haluro de arilo con uno o más sustituyentes *orto* o *para* respecto al grupo saliente que sean fuertemente atractores de electrones por resonancia participa en una **sustitución nucleofílica** (S_NAr); el nucleófilo forma un carbanión intermediario estabilizado por resonancia y después el grupo saliente se aleja y se vuelve a establecer la aromaticidad del anillo. El nucleófilo entrante debe ser una base más fuerte que el sustituyente al que reemplace. Un sustituyente que desactiva a un anillo de benceno hacia la sustitución electrofílica lo activa hacia la sustitución nucleofílica.

En presencia de una base fuerte, un haluro de arilo participa en una reacción de sustitución nucleofílica a través de un **bencino intermediario**. Después de eliminar el haluro de hidrógeno, el nucleófilo puede atacar cualquiera de los carbonos del "triple enlace" distorsionado en el bencino. La **sustitución directa** es la que se hace en el carbono que estaba unido al grupo saliente; la **sustitución cine** es la que se ocurre en el carbono adyacente.

La capacidad de un sustituyente para atraer electrones del anillo de benceno o donárselos se refleja en los valores de pK_a de los fenoles, ácidos benzoicos y anilinas protonadas sustituidos: la atracción de electrones aumenta la acidez y la donación de electrones la disminuye.

Los hidrocarburos bencenoides policíclicos contienen dos o más anillos de benceno fusionados; los **anillos fusionados** comparten dos carbonos adyacentes. Como el benceno, los hidrocarburos bencenoides policíclicos experimentan reacciones de sustitución electrofílica aromática.

RESUMEN DE REACCIONES

1. Reacciones de aminas con ácido nitroso (sección 15.11)

2. Sustitución de un grupo diazonio (sección 15.9)

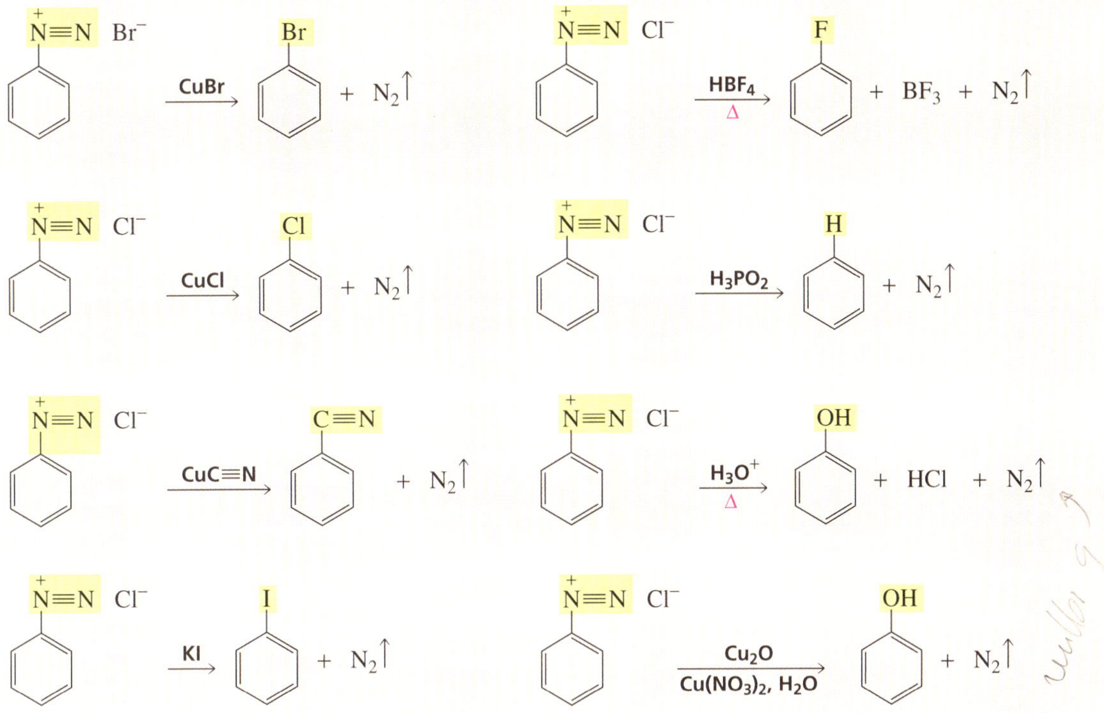

$C_6H_5N_2^+ Br^- \xrightarrow{CuBr} C_6H_5Br + N_2\uparrow$

$C_6H_5N_2^+ Cl^- \xrightarrow[\Delta]{HBF_4} C_6H_5F + BF_3 + N_2\uparrow$

$C_6H_5N_2^+ Cl^- \xrightarrow{CuCl} C_6H_5Cl + N_2\uparrow$

$C_6H_5N_2^+ Cl^- \xrightarrow{H_3PO_2} C_6H_6 + N_2\uparrow$

$C_6H_5N_2^+ Cl^- \xrightarrow{CuC\equiv N} C_6H_5C\equiv N + N_2\uparrow$

$C_6H_5N_2^+ Cl^- \xrightarrow[\Delta]{H_3O^+} C_6H_5OH + HCl + N_2\uparrow$

$C_6H_5N_2^+ Cl^- \xrightarrow{KI} C_6H_5I + N_2\uparrow$

$C_6H_5N_2^+ Cl^- \xrightarrow[Cu(NO_3)_2, H_2O]{Cu_2O} C_6H_5OH + N_2\uparrow$

3. Formación de un compuesto azo (sección 15.10)

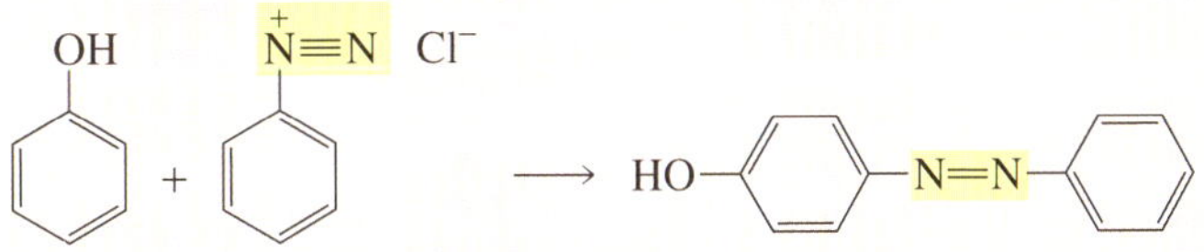

C₆H₅OH + C₆H₅N₂⁺ Cl⁻ ⟶ HO-C₆H₄-N=N-C₆H₅

4. Reacciones de sustitución nucleofílica aromática (sección 15.12)

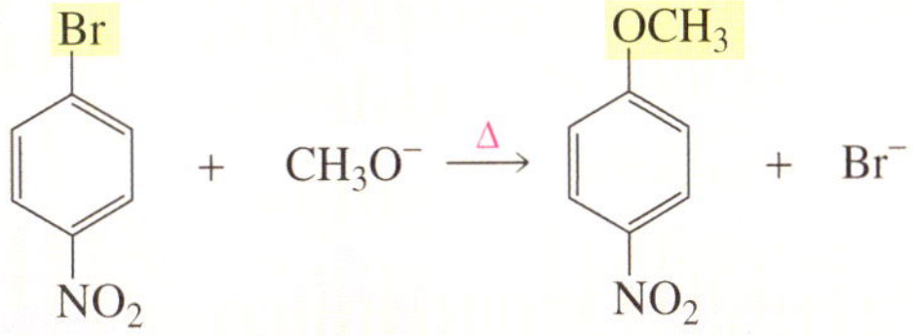

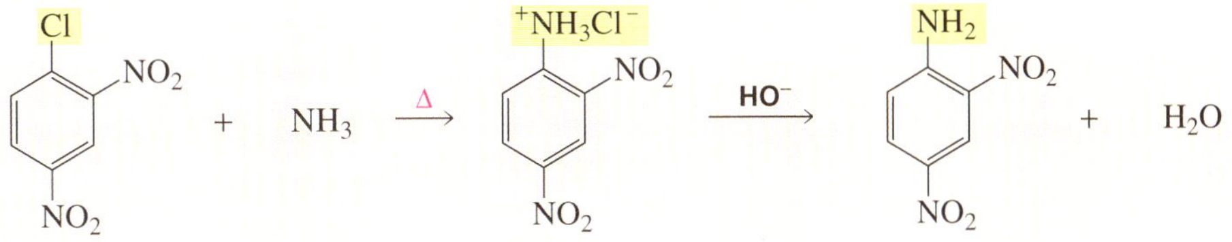

4-BrC₆H₄NO₂ + CH₃O⁻ $\xrightarrow{\Delta}$ 4-CH₃OC₆H₄NO₂ + Br⁻

2,4-(NO₂)₂C₆H₃Cl + NH₃ $\xrightarrow{\Delta}$ 2,4-(NO₂)₂C₆H₃NH₃⁺Cl⁻ $\xrightarrow{HO^-}$ 2,4-(NO₂)₂C₆H₃NH₂ + H₂O

714 CAPÍTULO 15 Reacciones de los bencenos sustituidos

5. Sustitución nucleofílica a través de un bencino intermediario (sección 15.13)

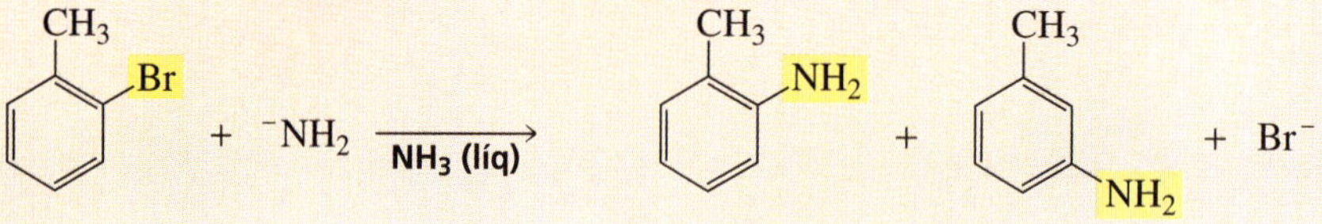

o-bromotolueno + $^-NH_2$ $\xrightarrow{NH_3 \text{ (líq)}}$ o-metilanilina (producto de sustitución directa) + m-metilanilina (producto de sustitución cine) + Br^-

TÉRMINOS CLAVE

anillos fusionados (pág. 711)
atracción de electrón por resonancia (pág. 682)
atracción inductiva de electrones (pág. 682)
bencino intermediario (pág. 709)
compuesto *N*-nitroso (pág. 705)
director *meta* (pág. 688)
director *orto-para* (pág. 687)

donación de electrón por resonancia (pág. 682)
enlace azo (pág. 703)
nitrosamina (pág. 705)
reacción de Sandmeyer (pág. 700)
reacción de Schiemann (pág. 701)
reacción S_NAr (pág. 707)
sal de arenodiazonio (pág. 699)

sustitución cine (pág. 710)
sustitución directa (pág. 710)
sustitución nucleofílica aromática (pág. 707)
sustituyente activador (pág. 681)
sustituyente desactivador (pág. 682)

PROBLEMAS

34. Dibuje la estructura de cada uno de los compuestos siguientes:
    a. *m*-etilfenol
    b. ácido *p*-nitrobencensulfónico
    c. (*E*)-2-fenil-2-penteno
    d. *o*-bromoanilina
    e. 2-cloroantraceno
    f. *m*-cloroestireno
    g. *o*-nitroanisol
    h. 2,4-diclorotolueno

35. Indique el nombre de los siguientes compuestos:

a. 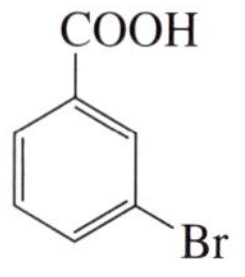 3-bromobenzoic acid structure (COOH, Br meta)
b. 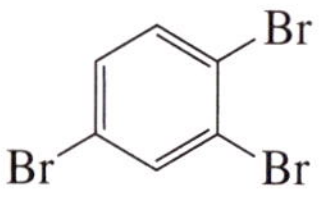 1,2,4-tribromobenzene structure
c. 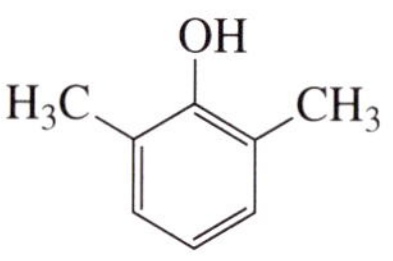 2,6-dimethylphenol structure (OH with H₃C groups ortho)
d. 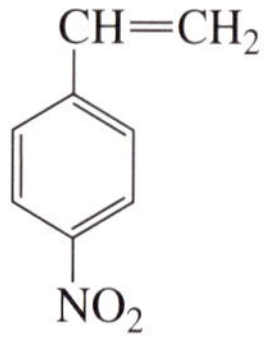 4-nitrostyrene structure (CH=CH₂ and NO₂ para)
e. 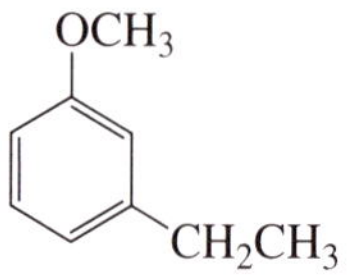 3-ethylanisole structure (OCH₃ and CH₂CH₃ meta)
f. 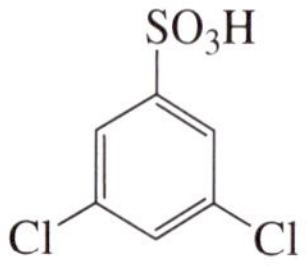 3,5-dichlorobenzenesulfonic acid structure (SO₃H with two Cl)
g. 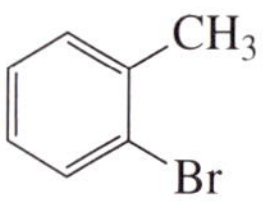 2-bromotoluene structure (CH₃ and Br ortho)
h. 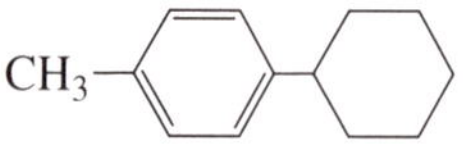 4-cyclohexyltoluene structure
i. 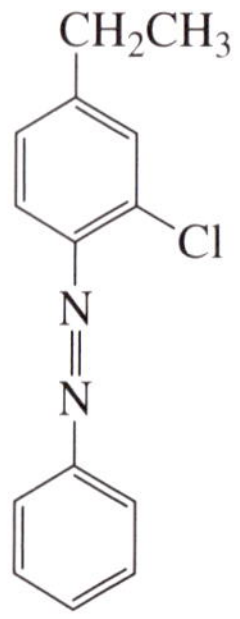 structure with CH₂CH₃, Cl, and N=N-phenyl group

36. Indique los reactivos necesarios para llevar a cabo las transformaciones siguientes:

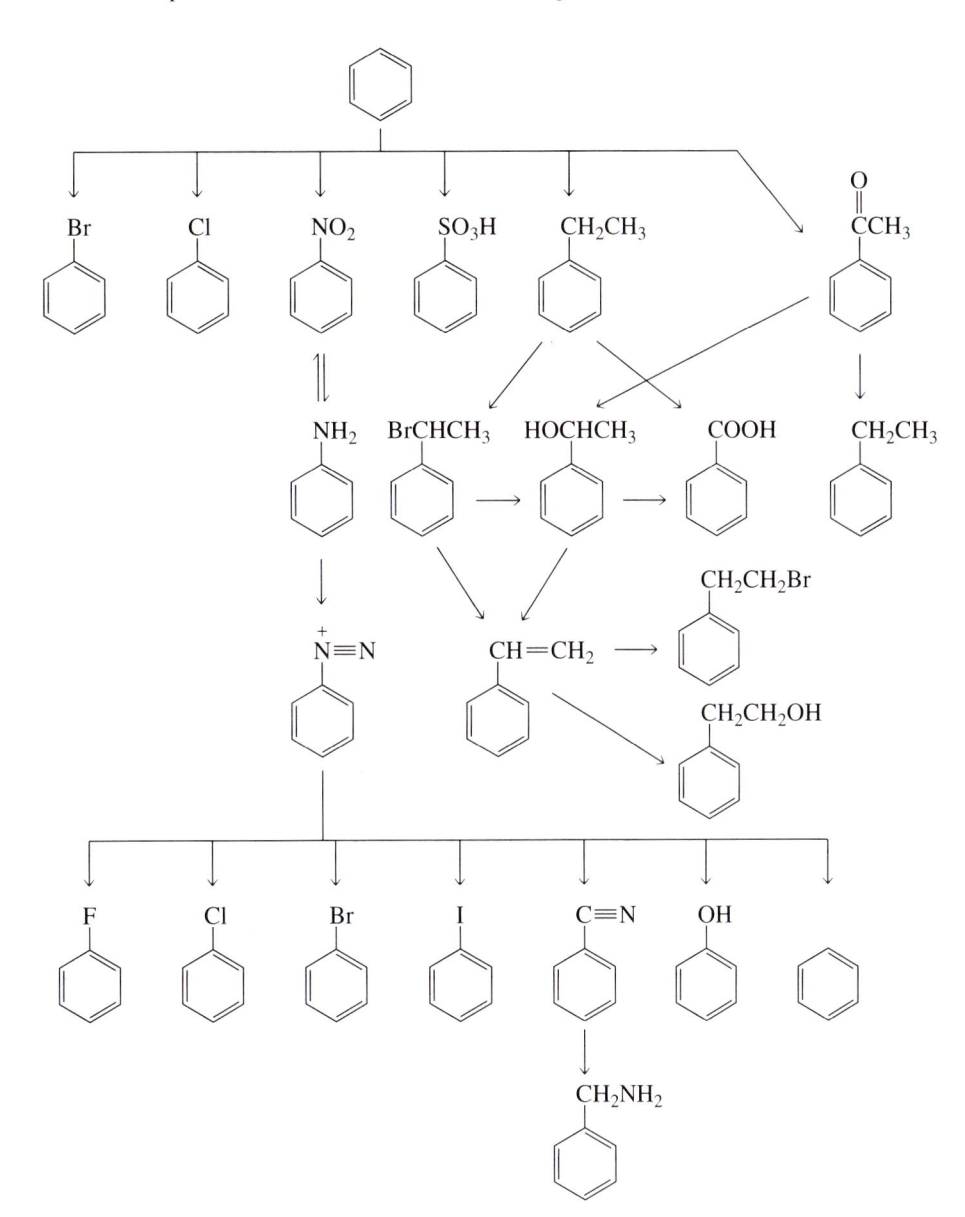

37. Conteste las siguientes preguntas acerca de las cuatro estructuras que aparecen abajo:

ácido benzoico, pK_a = 4.2
o-F-C₆H₄-COOH, pK_a = 3.3
o-Cl-C₆H₄-COOH, pK_a = 2.9
o-Br-C₆H₄-COOH, pK_a = 2.8

  a. ¿Por qué los ácidos benzoicos halosustituidos en *orto* son más fuertes que el ácido benzoico?
  b. ¿Por qué el ácido *o*-fluorobenzoico es el más débil de los ácidos benzoicos halosustituidos en *orto*?
  c. ¿Por qué los ácidos *o*-clorobenzoico y *o*-bromobenzoico tienen valores de pK_a parecidos?

38. Indique cuál es o cuáles son los productos de las siguientes reacciones:
  a. ácido benzoico + HNO$_3$/H$_2$SO$_4$
  b. isopropilbenceno + ciclohexeno + HF
  c. *p*-xileno + cloruro de acetilo + AlCl$_3$ seguido por tratamiento con H$_2$O
  d. *o*-metilanilina + cloruro de bencendiazonio
  e. éter ciclohexilfenílico + Br$_2$
  f. fenol + H$_2$SO$_4$ + Δ
  g. etilbenceno + Br$_2$/FeBr$_3$
  h. *m*-xileno + Na$_2$Cr$_2$O$_7$ + H$^+$ + Δ

716 CAPÍTULO 15 Reacciones de los bencenos sustituidos

39. Ordene las siguientes anilinas sustituidas por basicidad decreciente:

CH₃—⟨benceno⟩—NH₂   CH₃O—⟨benceno⟩—NH₂   CH₃C(=O)—⟨benceno⟩—NH₂   Br—⟨benceno⟩—NH₂

40. Explique por qué el anisol se nitra con más rapidez que el tioanisol, bajo las mismas condiciones.

⟨benceno⟩—OCH₃   ⟨benceno⟩—SCH₃
   anisol   tioanisol

41. Se sabe que el compuesto cuyo espectro de RMN-^{1}H se ve a continuación es muy reactivo en sustitución electrofílica aromática. Identifique cuál es ese compuesto.

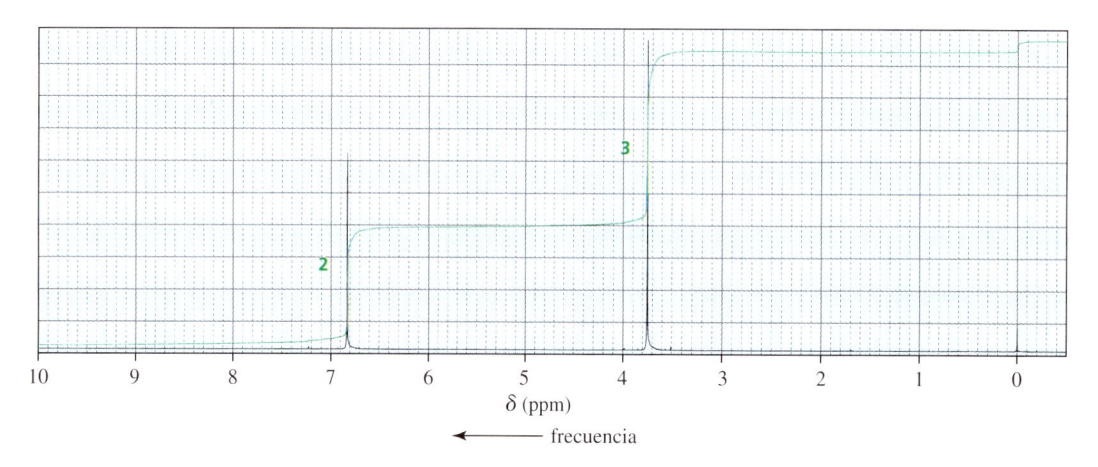

[Espectro RMN con picos: uno de integración 2 a ~6.8 ppm, otro de integración 3 a ~3.8 ppm. Eje δ (ppm) de 0 a 10. Flecha indica frecuencia.]

42. Indique cómo se pueden sintetizar los compuestos siguientes a partir del benceno:
   a. ácido *m*-clorobencensulfónico
   b. *m*-cloroetilbenceno
   c. alcohol bencílico
   d. *m*-bromobenzonitrilo
   e. 1-fenilpentano
   f. ácido *m*-hidroxibenzoico
   g. ácido *m*-bromobenzoico
   h. *p*-cresol

43. Para cada fila de los bencenos sustituidos que se ven abajo, indique:
   a. el que sería el más reactivo en una reacción de sustitución electrofílica aromática.
   b. el que sería menos reactivo en una reacción de sustitución electrofílica aromática.
   c. el que produciría el máximo porcentaje del producto *meta*.

Ph—CH₃   Ph—CHF₂   Ph—CF₃

Ph—$\overset{+}{N}$(CH₃)₃   Ph—CH₂$\overset{+}{N}$(CH₃)₃   Ph—CH₂CH₂$\overset{+}{N}$(CH₃)₃

Ph—OCH₂CH₃   Ph—CH₂OCH₃   Ph—C(=O)OCH₃

44. Ordene los siguientes grupos de compuestos por reactividad decreciente en sustitución electrofílica aromática:
   a. benceno, etilbenceno, clorobenceno, nitrobenceno, anisol
   b. 1-cloro-2,4-dinitrobenceno, 2,4-dinitrofenol, 2,4-dinitrotolueno
   c. tolueno, *p*-cresol, benceno, *p*-xileno
   d. benceno, ácido benzoico, fenol, propilbenceno
   e. *p*-nitrotolueno, 2-cloro-4-nitrotolueno, 2,4-dinitrotolueno, *p*-clorotolueno
   f. bromobenceno, clorobenceno, fluorobenceno, yodobenceno

45. Indique cuáles son los productos de las siguientes reacciones:

a. 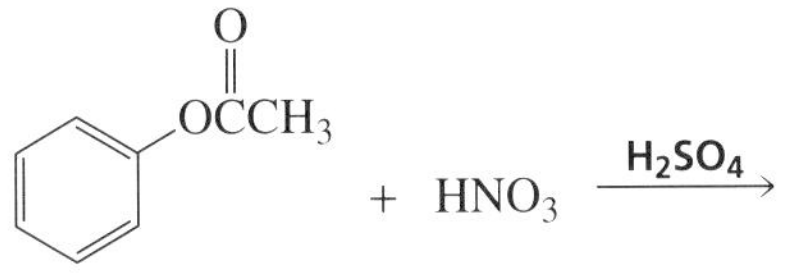 fenil acetato + HNO₃ →(H₂SO₄)

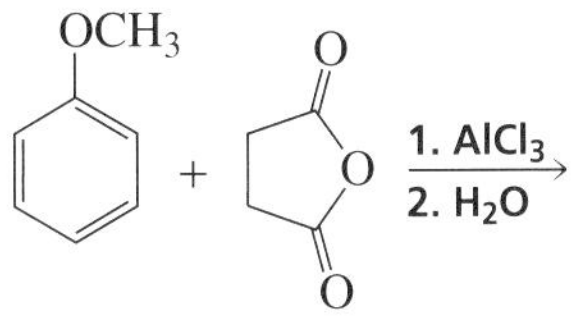

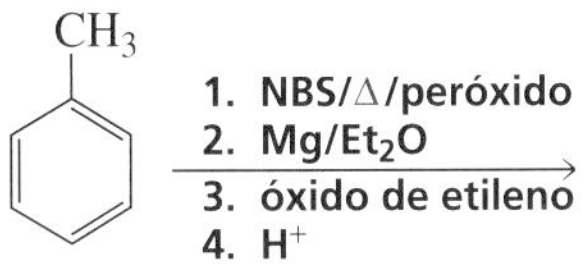

b. 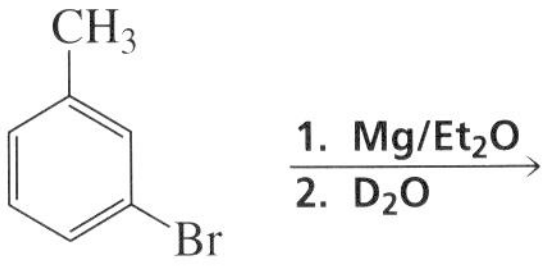 3-bromotolueno 1. Mg/Et₂O 2. D₂O

c. anisol + anhídrido succínico 1. AlCl₃ 2. H₂O

d. 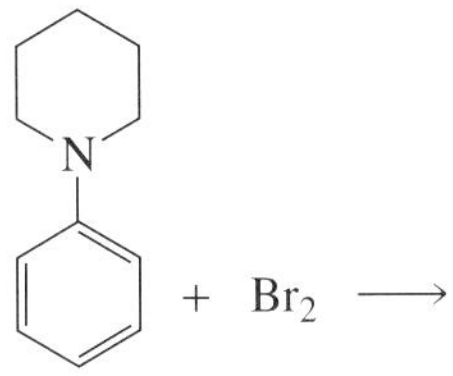 N-fenilpiperidina + Br₂ →

e. tolueno 1. NBS/Δ/peróxido 2. Mg/Et₂O 3. óxido de etileno 4. H⁺

f. 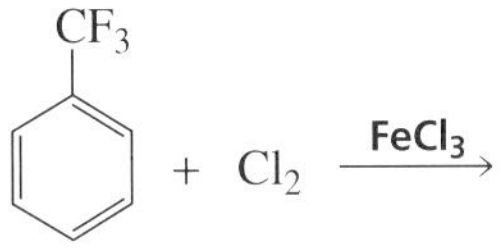 trifluorometilbenceno + Cl₂ →(FeCl₃)

46. Para cada una de las afirmaciones de la columna I, escoja en la columna II un sustituyente que se ajuste a la descripción del compuesto siguiente:

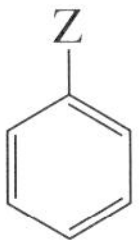

Z–C₆H₅

Columna I	Columna II
a. Z dona electrones por hiperconjugación y no dona ni atrae electrones por resonancia.	OH
b. Z atrae electrones inductivamente y atrae electrones por resonancia.	Br
	⁺NH₃
c. Z desactiva el anillo y dirige hacia orto-para.	CH₂CH₃
d. Z atrae electrones inductivamente, dona electrones por resonancia y activa el anillo.	NO₂
e. Z atrae electrones inductivamente y no dona ni atrae electrones por resonancia.	

47. Describa dos maneras de preparar anisol a partir de benceno.

48. Para cada uno de los compuestos siguientes, indique el carbono que se nitra en el anillo, si el compuesto se trata con HNO₃/H₂SO₄:

a. 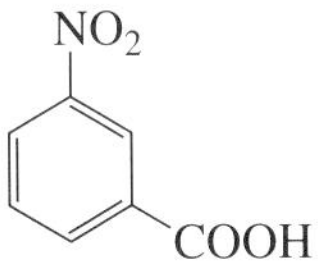 3-nitrobenzoico (m-NO₂-C₆H₄-COOH)

b. 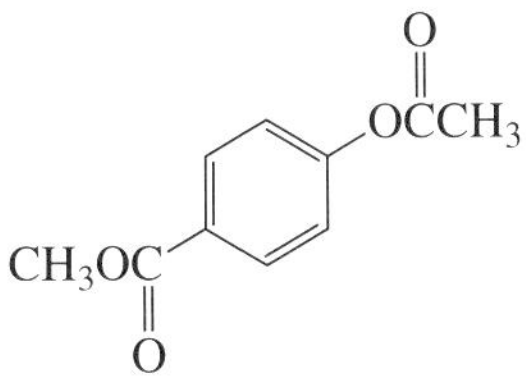 4-(metoxicarbonil)fenil acetato

c. 4-cloroanisol

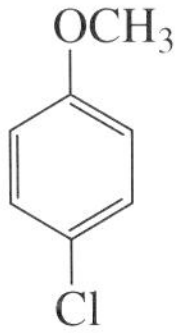

d. 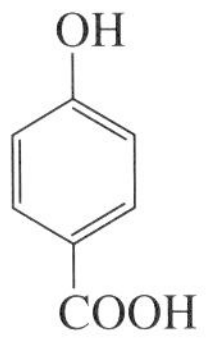 ácido 4-hidroxibenzoico

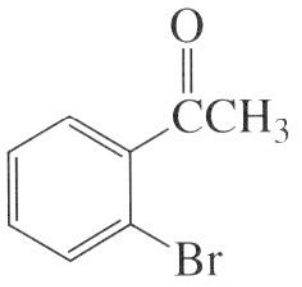

e. 2-bromoacetofenona

f. 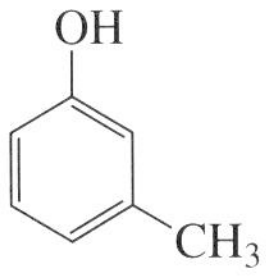 3-metilfenol

g. 4-nitrotolueno

h. 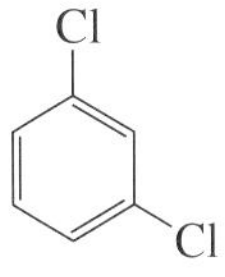 1,3-diclorobenceno

49. Muestre cómo pueden sintetizarse los compuestos siguientes a partir del benceno:
  a. yoduro de *N,N,N*-trimetilanilinio
  b. éter bencilmetílico
  c. *p*-bencilclorobenceno
  d. 2-metil-4-nitrofenol
  e. *p*-nitroanilina
  f. *m*-bromoyodobenceno
  g. *p*-dideuteriobenceno
  h. *p*-nitro-*N*-metilanilina

50. ¿Cuál de los compuestos siguientes reaccionará más rápidamente con HBr?

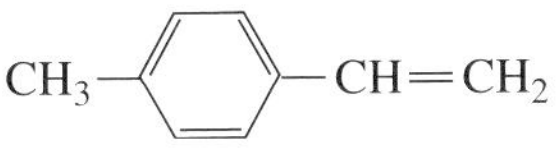

CH₃–C₆H₄–CH=CH₂   o   CH₃O–C₆H₄–CH=CH₂

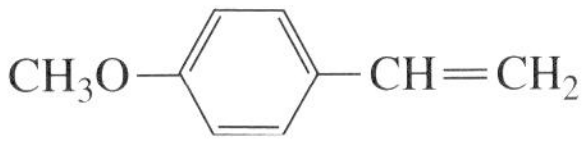

718 CAPÍTULO 15 Reacciones de los bencenos sustituidos

51. ¿Cuál reaccionaría con mayor rapidez con Cl_2 + $FeCl_3$, el *m*-xileno o el *p*-xileno? Explique por qué.

52. ¿Qué productos se obtendrían en la reacción de los compuestos siguientes con $Na_2Cr_2O_7$ + H^+ + Δ?

a. 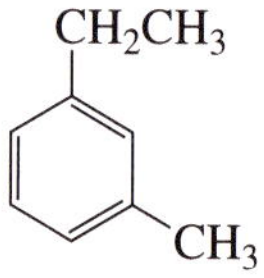 1-etil-3-metilbenceno

b. 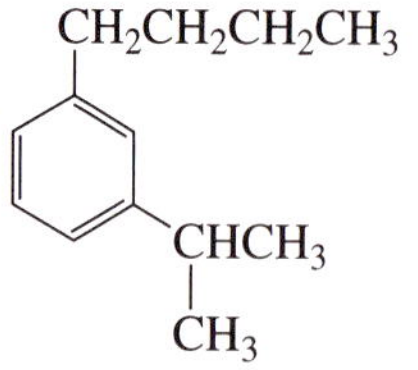 1-butil-3-isopropilbenceno

c. 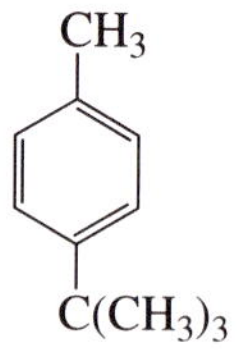 1-metil-4-*terc*-butilbenceno

53. Un alumno había preparado tres benzaldehídos sustituidos con etilo, pero no les puso etiquetas. Otro estudiante dijo que se podrían identificar bromando una muestra de cada uno y determinando cuántos productos bromosustituidos se formaron. ¿Está en lo correcto ese estudiante?

54. Identifique qué compuestos son de A a L.

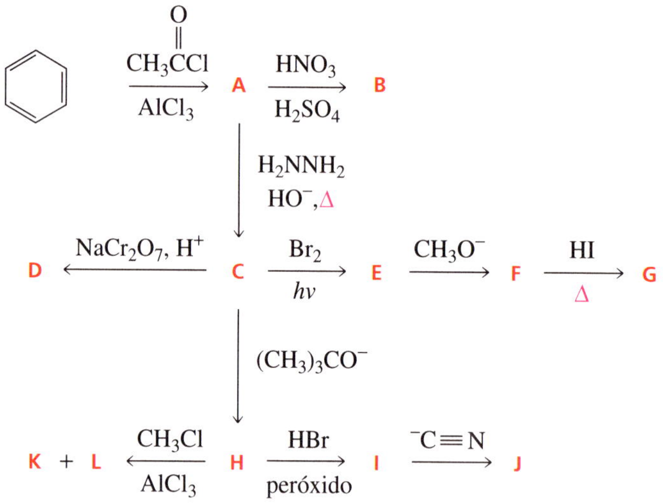

benceno $\xrightarrow[AlCl_3]{CH_3CCl=O}$ A $\xrightarrow[H_2SO_4]{HNO_3}$ B

$\downarrow$ H_2NNH_2, HO^-, Δ

D $\xleftarrow{NaCr_2O_7, H^+}$ C $\xrightarrow[h\nu]{Br_2}$ E $\xrightarrow{CH_3O^-}$ F $\xrightarrow[\Delta]{HI}$ G

$\downarrow$ $(CH_3)_3CO^-$

K + L $\xleftarrow[AlCl_3]{CH_3Cl}$ H $\xrightarrow[\text{peróxido}]{HBr}$ I $\xrightarrow{^-C\equiv N}$ J

55. Explique, usando estructuras resonantes del carbocatión intermediario, por qué un grupo fenilo es director *orto-para*.

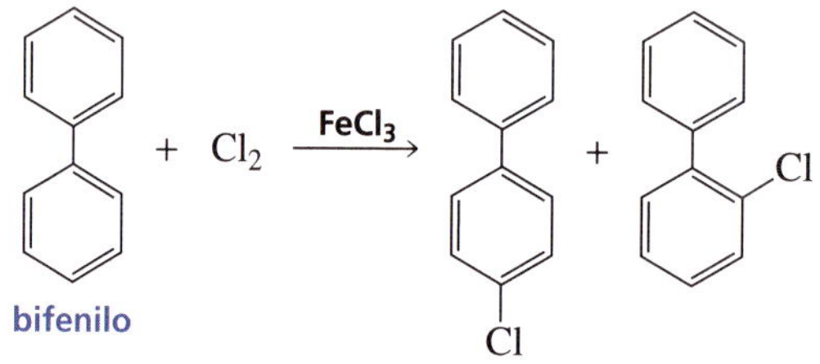

bifenilo + Cl_2 $\xrightarrow{FeCl_3}$ 4-clorobifenilo + 2-clorobifenilo

56. A continuación se ven los valores de pK_a de algunos ácidos benzoicos sustituidos en *orto*, *meta* y *para*:

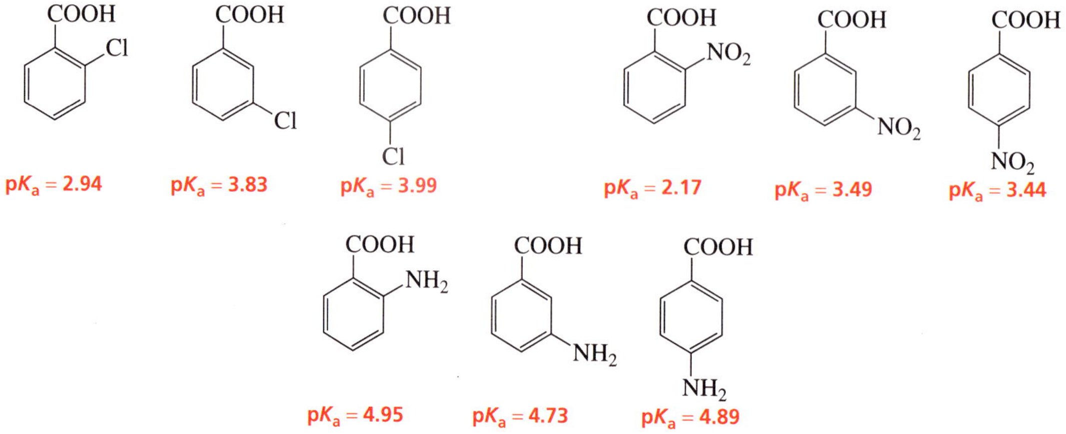

2-Cl-benzoico	3-Cl-benzoico	4-Cl-benzoico	2-NO$_2$-benzoico	3-NO$_2$-benzoico	4-NO$_2$-benzoico
pK_a = 2.94	pK_a = 3.83	pK_a = 3.99	pK_a = 2.17	pK_a = 3.49	pK_a = 3.44

2-NH$_2$-benzoico	3-NH$_2$-benzoico	4-NH$_2$-benzoico
pK_a = 4.95	pK_a = 4.73	pK_a = 4.89

Los valores relativos de pK_a dependen del sustituyente. Para los ácidos benzoicos clorosustituidos, el isómero *orto* es el más ácido y el isómero *para* es el menos ácido; para los ácidos benzoicos nitrosustituidos, el isómero *orto* es el más ácido y el isómero *meta* es el menos ácido y para los ácidos benzoicos sustituidos con amino, el isómero *meta* es el más ácido y el isómero *orto* es el menos ácido. Explique esta acidez relativa.

$$Cl: orto > meta > para \qquad NO_2: orto > para > meta \qquad NH_2: meta > para > orto$$

57. Cuando se calienta el compuesto A con una disolución ácida de dicromato de sodio forma ácido benzoico. Identifique al compuesto A de acuerdo con su espectro de RMN-^{1}H.

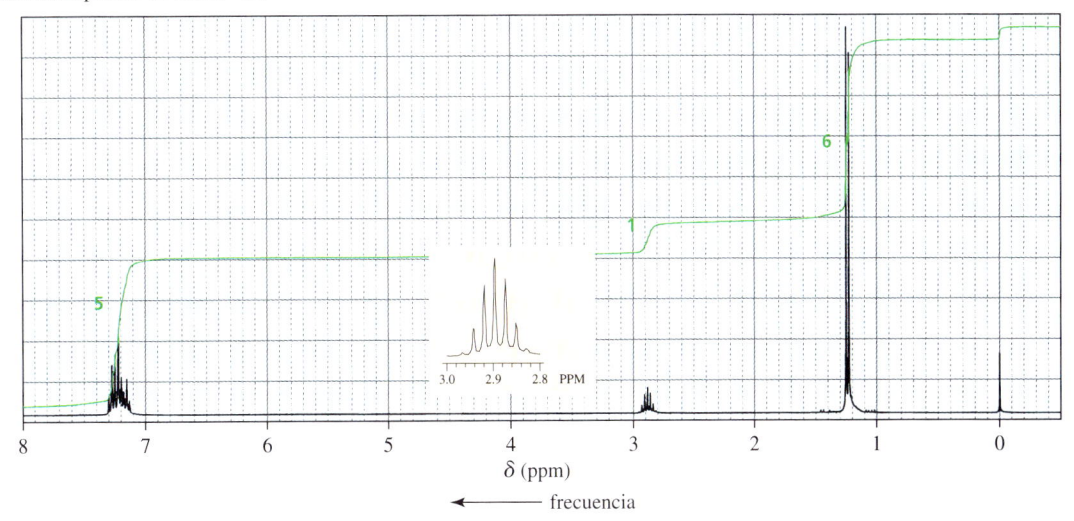

58. Describa dos rutas de síntesis para preparar *p*-metoxianilina con benceno como material de partida.

59. ¿Cuál es el intermediario más estable en cada par de compuestos?

60. Si se deja reposar fenol en D_2O que contenga una pequeña cantidad de D_2SO_4 ¿qué productos se formarán?

61. Indique cómo se podrían preparar los compuestos siguientes a partir del benceno.

62. Un compuesto desconocido reacciona con cloruro de etilo y tricloruro de aluminio para formar un compuesto cuyo espectro de RMN-^{1}H es el siguiente. Indique la estructura del compuesto.

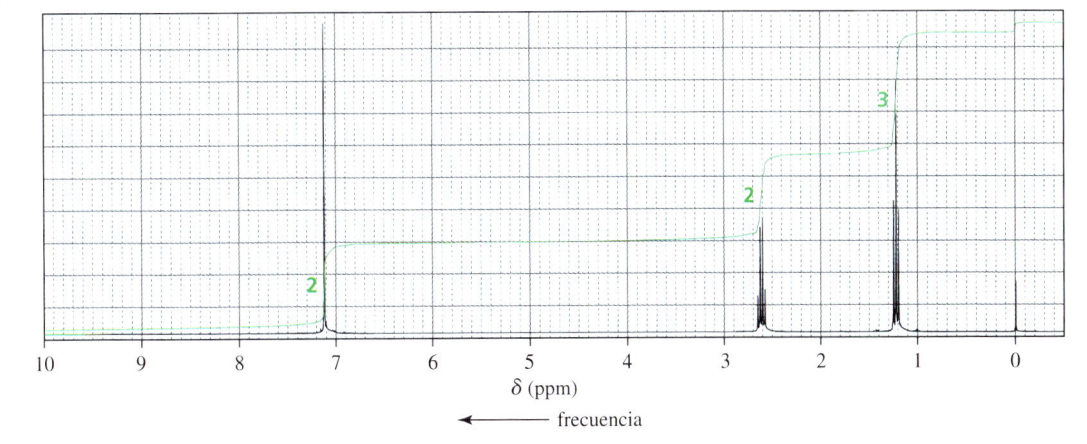

63. ¿Cómo podría usted diferenciar los compuestos siguientes, usando
   a. sus espectros infrarrojos?
   b. sus espectros de RMN-^{1}H?

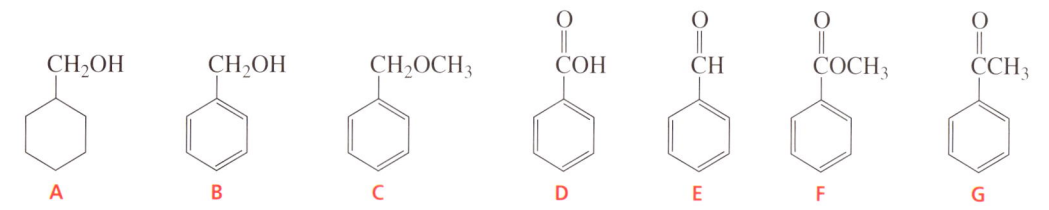

Estructuras A–G:
- **A**: ciclohexilmetanol (CH$_2$OH sobre ciclohexano)
- **B**: CH$_2$OH sobre benceno (alcohol bencílico)
- **C**: CH$_2$OCH$_3$ sobre benceno
- **D**: COOH sobre benceno (ácido benzoico)
- **E**: CHO sobre benceno (benzaldehído)
- **F**: COCH$_3$ sobre benceno (acetofenona) — con grupo éster COCH$_3$
- **G**: CCH$_3$ (=O) sobre benceno

64. Los siguientes bromuros de alquilo terciario participan en una reacción S$_N$1 en acetona acuosa para formar los correspondientes alcoholes terciarios. Ordene los bromuros de alquilo por reactividad decreciente.

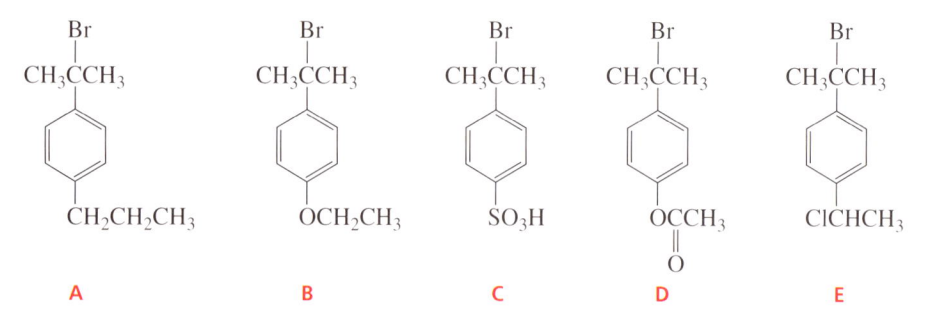

Estructuras A–E: todas son p-sustituidos con C(Br)(CH$_3$)$_2$:
- **A**: —CH$_2$CH$_2$CH$_3$
- **B**: —OCH$_2$CH$_3$
- **C**: —SO$_3$H
- **D**: —OC(=O)CH$_3$
- **E**: —CHClCH$_3$

65. El *p*-fluoronitrobenceno es más reactivo que el *p*-cloronitrobenceno frente al ion hidróxido. ¿Qué indica eso acerca del paso determinante de la rapidez en la sustitución nucleofílica aromática?

66. A partir del benceno, indique cómo se podría preparar *meta*-aminoanisol en una síntesis donde
   a. intervenga un bencino intermediario.
   b. no participe un bencino intermediario.

67. a. Explique por qué la reacción siguiente produce los compuestos indicados:

$$\text{CH}_3\text{CHCH}_2\text{NH}_2 \xrightarrow[\text{HCl}]{\text{NaNO}_2} \text{CH}_3\underset{\text{CH}_3}{\overset{\text{OH}}{\text{CCH}_3}} + \text{CH}_3\underset{\text{CH}_3}{\text{C}}=\text{CH}_2$$
(con CH$_3$ en el reactivo)

b. ¿Qué producto se obtendría con la siguiente reacción?

$$\text{CH}_3-\underset{\text{CH}_3}{\overset{\text{OH}}{\text{C}}}-\underset{\text{CH}_3}{\overset{\text{NH}_2}{\text{C}}}-\text{CH}_3 \xrightarrow[\text{HCl}]{\text{NaNO}_2}$$

68. Describa cómo se podría sintetizar la mescalina a partir del benceno. La estructura de la mescalina está en la página 677.

69. Proponga un mecanismo para la siguiente reacción, que explique por qué se conserva en el producto la configuración del centro asimétrico en el reactivo.

$$^-\text{OCCH}_2\text{CH}_2\overset{\text{COO}^-}{\underset{\text{NH}_2}{\text{C}}}\text{H} \xrightarrow[\text{HCl}]{\text{NaNO}_2} \text{(lactona con H y COO}^-\text{)}$$

70. Explique por qué el ion hidróxido cataliza la reacción de piperidina con 2,4-dinitroanisol, pero no tiene efectos sobre la reacción de piperidina con 1-cloro-2,4-dinitrobenceno.

piperidina

PARTE 6

Compuestos carbonílicos

Los **tres capítulos** de la parte 6 se enfocan en las reacciones de compuestos que contienen un grupo carbonilo. Los compuestos carbonílicos pueden ser de una de dos clases: los que contienen un grupo que puede sustituirse por otro grupo (clase I) y los que contienen un grupo que no puede ser sustituido por otro grupo (clase II).

CAPÍTULO 16
Compuestos carbonílicos I: sustitución nucleofílica en el grupo acilo

Los compuestos carbonílicos de clase I experimentan reacciones de *sustitución nucleofílica en el grupo acilo*. Estas reacciones se describen en el **capítulo 16,** donde verá el lector que todos los compuestos carbonílicos de clase I reaccionan con nucleófilos de la misma manera: forman un intermediario tetraédrico inestable que se colapsa por la eliminación de la base más débil. El resultado es que todo lo que se necesita conocer para determinar el producto de una de tales reacciones —o hasta si sucederá una reacción— es la basicidad relativa de los grupos en el intermediario tetraédrico.

CAPÍTULO 17
Compuestos carbonílicos II: reacciones de aldehídos y cetonas • Más reacciones de derivados de ácidos carboxílicos • Reacciones de compuestos carbonílicos α,β-insaturados

En el **capítulo 17** se comparan los compuestos carbonílicos de clase I y clase II al describir sus reacciones con buenos nucleófilos: nucleófilos carbonados y ion hidruro. A continuación se ven las reacciones de los compuestos carbonílicos de clase II con malos nucleófilos: nucleófilos nitrogenados y oxigenados. Verá el lector que mientras los compuestos carbonílicos de clase I presentan reacciones de *sustitución nucleofílica en el grupo acilo* con todos los nucleófilos, los compuestos carbonílicos de clase II presentan reacciones de *adición nucleofílica de acilo* con buenos nucleófilos y reacciones de *adición-eliminación* con malos nucleófilos (los nucleófilos oxigenados y nitrogenados forman intermediarios tetraédricos inestables que eliminan de preferencia a la base más débil). Así, lo que el lector aprendió acerca de partición de intermediarios tetraédricos formados por compuestos carbonílicos de clase I se repasa en los compuestos carbonílicos de clase II. También se describen las reacciones de compuestos carbonílicos de clase I y clase II α,β-insaturados.

CAPÍTULO 18
Compuestos carbonílicos III: reacciones en el carbono α

Muchos compuestos carbonílicos tienen dos sitios de reactividad: el grupo carbonilo *y también* el carbono α. En los capítulos 16 y 17 se describen las reacciones de los compuestos carbonílicos que se efectúan en el grupo carbonilo. En el **capítulo 18** se examinan reacciones de compuestos carbonílicos que suceden en el carbono α.

CAPÍTULO 16

Compuestos carbonílicos I
Sustitución nucleofílica en el grupo acilo

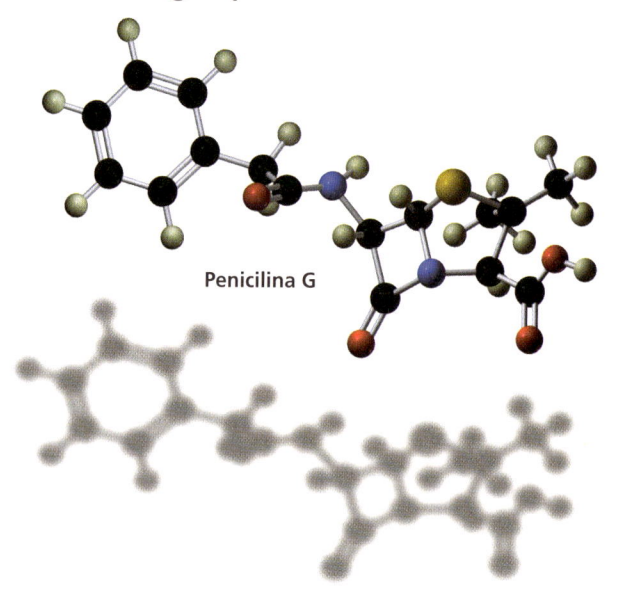

Penicilina G

ANTECEDENTES

SECCIÓN 16.3 Mientras mayor sea la estabilidad pronosticada de una forma resonante, más contribuye al híbrido de resonancia (7.5).

SECCIÓN 16.3 Los puentes de hidrógeno aumentan el punto de ebullición de un compuesto (2.9).

SECCIÓN 16.4 Mientras más electronegativa sea la base, con mayor fuerza atrae electrones por inducción (1.21).

SECCIÓN 16.5 Mientras más fuerte sea el enlace, mayor será el número de onda en el que absorba radiación IR (12.10).

SECCIÓN 16.5 Mientras más débil sea la base, será un mejor grupo saliente (8.3).

SECCIÓN 16.11 Cuando un ácido se agrega a una reacción, lo primero que sucede es que protona al átomo del reactivo que presente la mayor densidad electrónica (10.4).

SECCIÓN 16.11 Un catalizador incrementa la rapidez de una reacción, pero no se consume durante el curso de la misma (4.5).

SECCIÓN 16.11 Un éster con un grupo alquilo terciario presenta una reacción S_N1 con el agua (8.5).

SECCIÓN 16.21 Un reactivo como $SOCl_2$ sustituye con un Cl al grupo OH tanto de ácidos carboxílicos como de alcoholes (10.2).

Es probable que el **grupo carbonilo,** el cual tiene un carbono doblemente unido con un oxígeno, sea el grupo funcional más importante. Los compuestos que contienen grupos carbonilo se llaman **compuestos carbonílicos** y son abundantes en la naturaleza. Muchos tienen papeles importantes en los procesos biológicos. Las hormonas, vitaminas, aminoácidos, proteínas, medicinas y saborizantes son sólo unos cuantos de los compuestos carbonílicos con los que se mantiene contacto a diario.

Un **grupo acilo** consiste en un grupo carbonilo unido a un grupo alquilo (R) o a un grupo arilo (Ar).

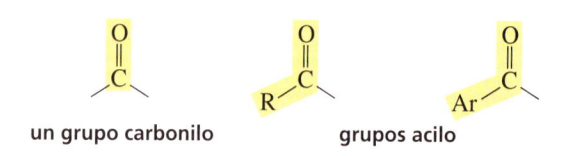

un grupo carbonilo   grupos acilo

El grupo (o átomo) unido al grupo acilo afecta mucho la reactividad del compuesto carbonílico. De hecho, los compuestos carbonílicos se pueden dividir en dos clases, determinadas por ese grupo. Los compuestos carbonílicos de clase I son aquéllos en los que el grupo acilo está unido a un grupo (o átomo) que se *puede* reemplazar por otro grupo. Los ácidos carboxílicos, haluros de acilo, anhídridos de ácido, ésteres y amidas pertenecen a

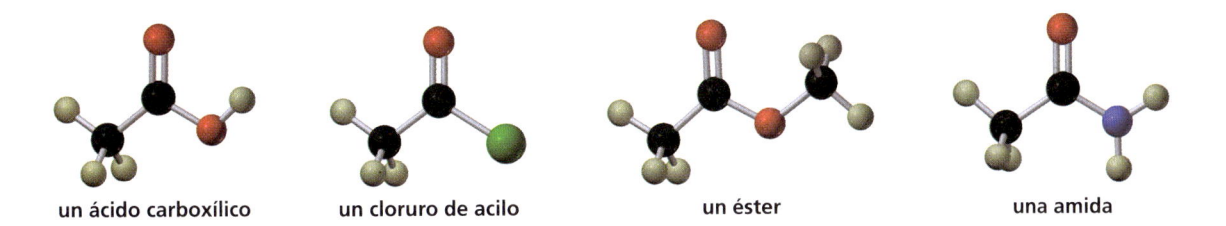

un ácido carboxílico   **un cloruro de acilo**   **un éster**   **una amida**

esta clase. Todos estos compuestos contienen un grupo (OH, Cl, OR, NH_2, NHR, NR_2) que se puede sustituir con un nucleófilo. Los haluros de acilo, anhídridos de ácido, ésteres y amidas se llaman **derivados de ácido carboxílico** porque difieren de un ácido carboxílico sólo en la naturaleza del grupo o átomo que sustituye al grupo OH del ácido carboxílico.

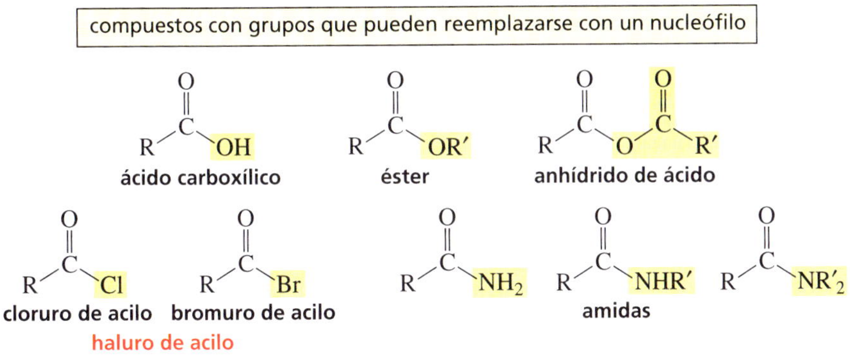

compuestos con grupos que pueden reemplazarse con un nucleófilo

ácido carboxílico   éster   anhídrido de ácido

cloruro de acilo   bromuro de acilo   amidas
haluro de acilo

Los compuestos carbonílicos de clase II son aquéllos en los que el grupo acilo está unido a un grupo que *no puede* sustituirse con facilidad por otro grupo. Los aldehídos y las cetonas pertenecen a esta clase. El H unido al grupo acilo de un aldehído y el grupo R unido al grupo acilo de una cetona no se pueden sustituir con facilidad por un nucleófilo.

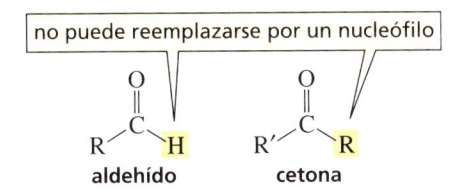

no puede reemplazarse por un nucleófilo

aldehído   cetona

Ya se estudió que las bases débiles son buenos grupos salientes y que las bases fuertes son malos grupos salientes porque las bases débiles no comparten sus electrones tan bien como las bases fuertes (sección 8.3). Los valores de pK_a de los ácidos conjugados de los grupos salientes para diversos compuestos carbonílicos se ven en la tabla 16.1. Obsérvese que los grupos acilo de los compuestos carbonílicos de clase I están unidos a bases más débiles que los grupos acilo en compuestos carbonílicos de clase II. (Recuérdese que mientras menor sea el pK_a, más fuerte es el ácido, y su base conjugada será más débil.) El hidrógeno de un aldehído y el grupo alquilo de una cetona son demasiado básicos para ser reemplazados por otro grupo.

724 CAPÍTULO 16 Compuestos carbonílicos I

Tabla 16.1	Valores de pK_a de los ácidos conjugados de grupos salientes en compuestos carbonílicos			
Compuesto carbonílico		Grupo saliente	Ácido conjugado del grupo saliente	pK_a
Clase I				
R–C(=O)–Br		Br$^-$	HBr	–9
R–C(=O)–Cl		Cl$^-$	HCl	–7
R–C(=O)–O–C(=O)–R		$^-$O–C(=O)–R	R–C(=O)–OH	~3–5
R–C(=O)–OR'		$^-$OR'	R'OH	~15–16
R–C(=O)–OH		$^-$OH	H$_2$O	15.7
R–C(=O)–NH$_2$		$^-$NH$_2$	NH$_3$	36
Clase II				
R–C(=O)–H		H$^-$	H$_2$	~40
R–C(=O)–R		R$^-$	RH	>60

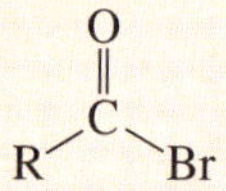

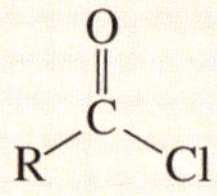

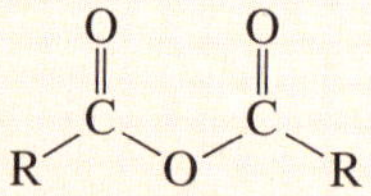

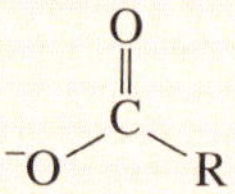

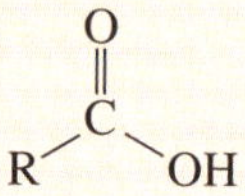

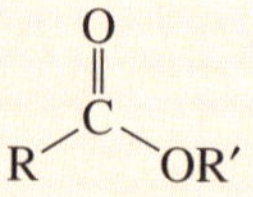

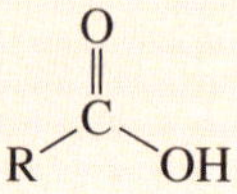

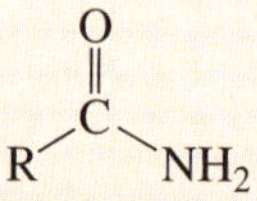

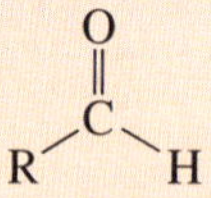

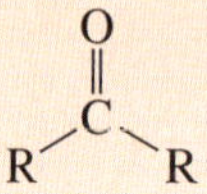

En este capítulo se describen las reacciones de los compuestos carbonílicos de clase I. Habrá ocasión de comprobar que tales compuestos presentan reacciones de sustitución porque disponen de un grupo acilo unido a un grupo que puede ser reemplazado por un nucleófilo. Las reacciones de los compuestos carbonílicos de la clase II, aldehídos y cetonas, se describen en el capítulo 17, donde de habrá de explicar que dichos compuestos *no* presentan reacciones de sustitución porque su grupo acilo está unido a un grupo que *no se puede* sustituir por un nucleófilo.

16.1 Nomenclatura de los ácidos carboxílicos y sus derivados

Primero describiremos los nombres de los ácidos carboxílicos porque forman la base de los nombres de los demás compuestos carbonílicos.

Nomenclatura de los ácidos carboxílicos

En la nomenclatura sistemática (IUPAC), se asigna el nombre a un **ácido carboxílico** anteponiendo la palabra "ácido" al nombre del alcano y cambiando su terminación de "o" a "oico". Por ejemplo, el alcano de un carbono es metano, por lo que el ácido carboxílico de un carbono es *ácido* metan*oico*.

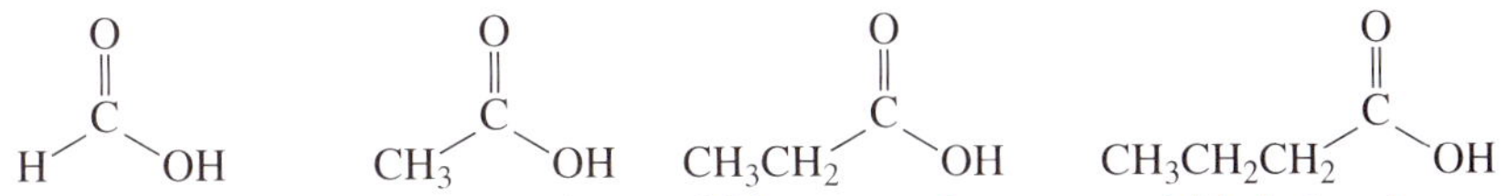

16.1 Nomenclatura de los ácidos carboxílicos y sus derivados

nombre sistemático: ácido metanoico, ácido etanoico, ácido propanoico, ácido butanoico
nombre común: ácido fórmico, ácido acético, ácido propiónico, ácido butírico

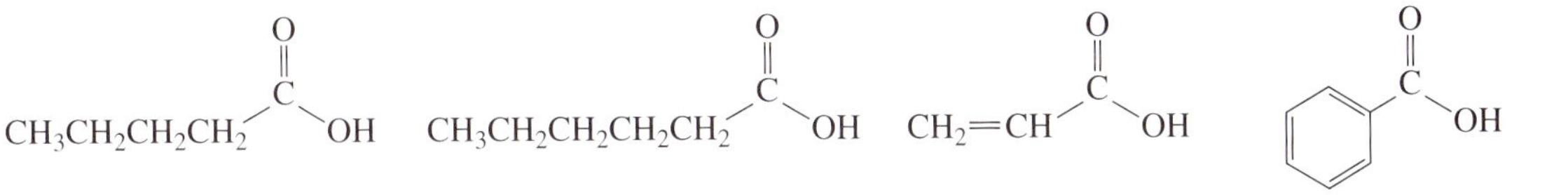

ácido pentanoico / ácido valérico
ácido hexanoico / ácido caproico
ácido propenoico / ácido acrílico
ácido bencenocarboxílico / ácido benzoico

Los ácidos carboxílicos que contienen seis carbonos o menos se conocen con frecuencia por sus nombres comunes. Tales nombres los asignaron los químicos de antaño para describir alguna propiedad del compuesto, casi siempre su origen. Por ejemplo, el ácido fórmico se encuentra en las hormigas, abejas y otros insectos picadores; su nombre proviene de *formica*, "hormiga" en latín. El ácido acético, que se encuentra en el vinagre, adquirió su nombre por *acetum*, "vinagre" en latín. El ácido propiónico es el más pequeño que tiene alguna de las características de los ácidos grasos mayores (sección 26.1); su nombre procede de las palabras griegas *pro* (el primero) y *pion* (grasa). El ácido butírico se encuentra en la mantequilla rancia; la palabra latina para "mantequilla" es *butyrum*. El ácido caproico se encuentra en la leche de cabra; si el lector tiene la ocasión de oler la leche de cabra y el ácido caproico ha de constatar que sus olores se parecen. *Caper* es "cabra" en latín.

En la nomenclatura sistemática, la posición de un sustituyente se indica con un número. El carbono carbonílico siempre es el carbono C-1. En la nomenclatura común, la posición de un sustituyente se indica con una letra griega minúscula y no se da designación al carbono carbonílico. El carbono adyacente al carbono carbonílico es el **carbono α**, el carbono adyacente al carbono α es el carbono β, y así sucesivamente.

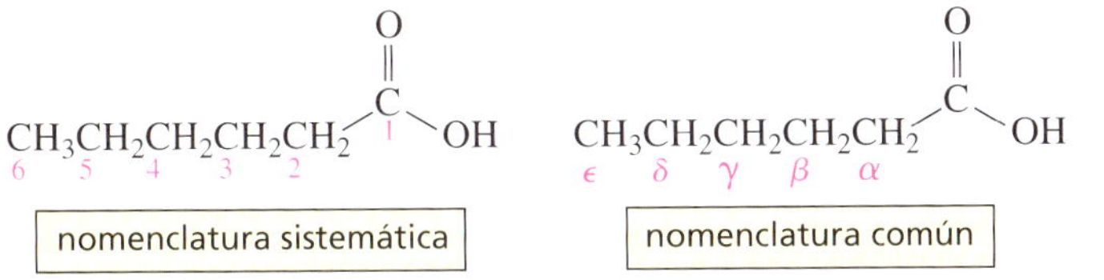

nomenclatura sistemática
nomenclatura común

α = alfa
β = beta
γ = gamma
δ = delta
ε = épsilon

Examine con cuidado los ejemplos siguientes para asegurarse de comprender la diferencia entre la nomenclatura sistemática (IUPAC) y la común:

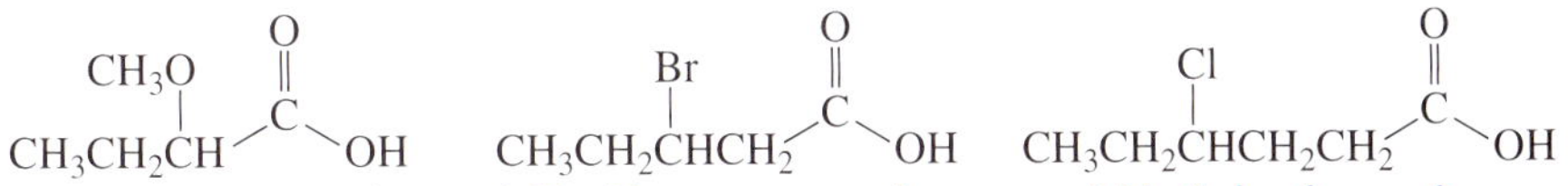

nombre sistemático: ácido 2-metoxibutanoico, ácido 3-bromopentanoico, ácido 4-clorohexanoico
nombre común: ácido α-metoxibutírico, ácido β-bromovalérico, ácido γ-clorocaproico

El grupo funcional de un ácido carboxílico se llama **grupo carboxilo**.

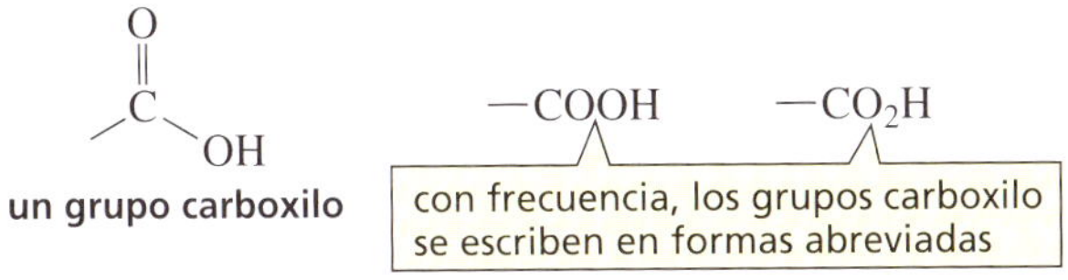

un grupo carboxilo

—COOH   —CO₂H

con frecuencia, los grupos carboxilo se escriben en formas abreviadas

Los nombres de los ácidos carboxílicos, en los que un grupo carboxilo está unido a un anillo, se forman anteponiendo la palabra "ácido" al nombre del compuesto cíclico, al que a veces se le quita la "o" final, como en "ácido bencentricarboxílico".

ácido ciclohexanocarboxílico

ácido trans-3-metilciclopentanocarboxílico

ácido 1,2,4-bencenotricarboxílico

Nomenclatura de haluros de acilo

Los **haluros de acilo** tienen un Cl o un Br en lugar del grupo OH de un ácido carboxílico. Los haluros de acilo más comunes son los cloruros. Sus nombres se forman usando el nombre del ácido, pero sustituyendo la palabra "ácido" por las palabras "haluro de" y cambiando la terminación "oico" por "ilo".

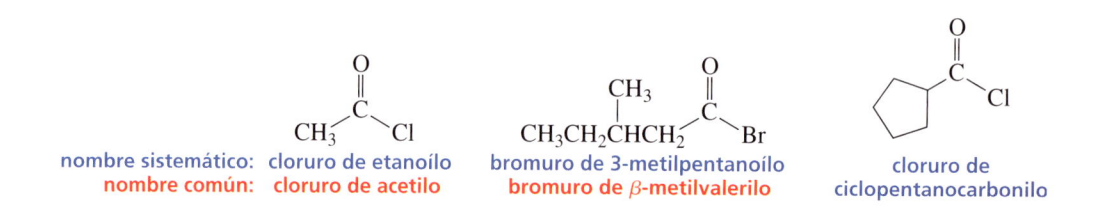

nombre sistemático: cloruro de etanoílo
nombre común: cloruro de acetilo

bromuro de 3-metilpentanoílo
bromuro de β-metilvalerilo

cloruro de ciclopentanocarbonilo

Anhídridos de ácido

La pérdida de agua entre dos moléculas de un ácido carboxílico da como resultado un **anhídrido de ácido**. "Anhídrido" quiere decir "sin agua".

un anhídrido de ácido

Si las dos moléculas de ácido carboxílico que forman el anhídrido de ácido son iguales se dice que se trata de un **anhídrido simétrico**; si son diferentes, se trata de un **anhídrido mixto**. Los nombres de los anhídridos simétricos se forman tomando el nombre del ácido y cambiando la palabra "ácido" por la palabra "anhídrido". Para los anhídridos mixtos, los nombres se hacen comenzando con la palabra "anhídrido" seguida por los nombres de los dos ácidos en orden alfabético.

nombre sistemático: anhídrido etanoico
nombre común: anhídrido acético
un anhídrido simétrico

anhídrido etanoico metanoico
anhídrido acético fórmico
un anhídrido mixto

Nomenclatura de los ésteres

Un **éster** tiene un grupo OR′ en lugar del grupo OH de un ácido carboxílico. Para darle nombre, se omite la palabra "ácido", se menciona el nombre que queda, pero sustituyendo la terminación "ico" por "ato de". La palabra formada es el nombre del anión. Después se cita el nombre del grupo alquilo (R′) unido al **oxígeno carboxílico**.

16.1 Nomenclatura de los ácidos carboxílicos y sus derivados 727

oxígeno de un grupo carbonilo

$$\underset{R}{\overset{O}{\underset{\|}{C}}}\underset{OR'}{}$$

oxígeno de un grupo carboxilo

CH₃—C(=O)—OCH₂CH₃	CH₃CH₂—C(=O)—O—C₆H₅	CH₃CHBrCH₂—C(=O)—OCH₃	C₆H₁₁—C(=O)—OCH₂CH₃

nombre sistemático: etanoato de etilo   propanoato de fenilo   3-bromobutanoato de metilo   ciclohexanocarboxilato de etilo
nombre común: acetato de etilo   propionato de fenilo   β-bromobutirato de metilo

Las sales de los ácidos carboxílicos se nombran de igual manera. Se nombra primero el anión y después el catión.

H—C(=O)—O⁻ Na⁺   CH₃—C(=O)—O⁻ K⁺   C₆H₅—C(=O)—O⁻ Na⁺

nombre sistemático: metanoato de sodio   etanoato de potasio   bencenocarboxilato de sodio
nombre común: formiato de sodio   acetato de potasio   benzoato de sodio

A los ésteres cíclicos se les llama **lactonas**. En la nomenclatura sistemática, sus nombres se forman como "2-oxacicloalcanonas". Sus nombres comunes se derivan del nombre común del ácido carboxílico que designa la longitud de la cadena de carbonos y una letra griega que indique el carbono al que está unido el oxígeno carbonílico. Así, las lactonas con anillo de cuatro miembros son β-lactonas (el oxígeno carbonílico está en el carbono β), las que tienen anillo de cinco miembros son γ-lactonas y las de anillo de seis miembros son δ-lactonas.

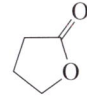

2-oxaciclopentanona   2-oxaciclohexanona   3-metil-2-oxaciclohexanona   3-etil-2-oxaciclopentanona
γ-butirolactona   δ-valerolactona   δ-caprolactona   γ-caprolactona

> **PROBLEMA 1**
>
> La palabra "lactona" tiene su origen en el ácido láctico, un ácido carboxílico con tres carbonos y un grupo OH en el carbono α. Es irónico que el ácido láctico no pueda formar una lactona. ¿Por qué no?

Nomenclatura de las amidas

Una **amida** tiene un grupo NH₂, NHR o NR₂ en lugar del grupo OH de un ácido carboxílico. Para formar los nombres de las amidas se toma el nombre del ácido carboxílico quitando la palabra "ácido" y cambiando su terminación "oico", "ilico" o "ico" por "amida".

CH₃—C(=O)—NH₂   ClCH₂CH₂CH₂—C(=O)—NH₂   C₆H₅—C(=O)—NH₂   cis-ciclohexano-C(=O)—NH₂ with CH₂CH₃

nombre sistemático: etanamida   4-clorobutanamida   bencenocarboxamida   cis-2-etilciclohexanocarboxamida
nombre común: acetamida   γ-clorobutiramida   benzamida

Si hay un sustituyente unido al nitrógeno, primero se indica su nombre (si hay más de un sustituyente unido al nitrógeno, los sustituyentes se mencionan en orden alfabético) y después el nombre de la amida. Una *N* mayúscula antecede al nombre de cada sustituyente para indicar que está unido a un nitrógeno.

N-ciclohexilpropanamida   *N*-etil-*N*-metilpentanamida   *N*,*N*-dietilbutanamida

Las amidas cíclicas se llaman **lactamas**. Su nomenclatura se parece a la de las lactonas. En la nomenclatura sistemática su nombre es "2-azacicloalcanonas" ("aza" se usa para designar al átomo de nitrógeno). Para formar sus nombres comunes, se introduce una letra griega que especifica el carbono al que está unido al nitrógeno, después se indica el nombre común de la longitud de su cadena de carbonos y se agrega la terminación "lactama".

2-azaciclohexanona   2-azaciclopentanona   2-azaciclobutanona
δ-valerolactama   γ-butirolactama   β-propiolactama

Nomenclatura de los nitrilos

Los **nitrilos** son compuestos que contienen un grupo funcional C≡N, que se llama grupo ciano. Se consideran derivados de ácidos carboxílicos porque, al igual que todos los compuestos carbonílicos de clase I, reaccionan con agua para formar ácidos carboxílicos (sección 16.19). En la nomenclatura sistemática, se nombran agregando "nitrilo" al nombre del alcano precursor. Observe que el carbono unido con enlace triple en el grupo nitrilo se cuenta en la cantidad de carbonos que haya en la cadena continua más larga. En la nomenclatura común, los nombres de los nitrilos se forman omitiendo la palabra "ácido" del nombre común del ácido correspondiente y cambiando la terminación "ico" por "nitrilo". También se pueden nombrar como cianuros de alquilo usando el nombre del grupo alquilo que esté unido al grupo C≡N.

CH₃C≡N	C₆H₅C≡N	CH₃CHCH₂CH₂CH₂C≡N (con CH₃)	CH₂=CHC≡N
nombre sistemático: etanonitrilo	bencenocarbonitrilo	5-metilhexanonitrilo	propenonitrilo
nombre común: acetonitrilo	benzonitrilo	δ-metilcapronitrilo	acrilonitrilo
cianuro de metilo	cianuro de fenilo	cianuro de isohexilo	

PROBLEMA 2♦

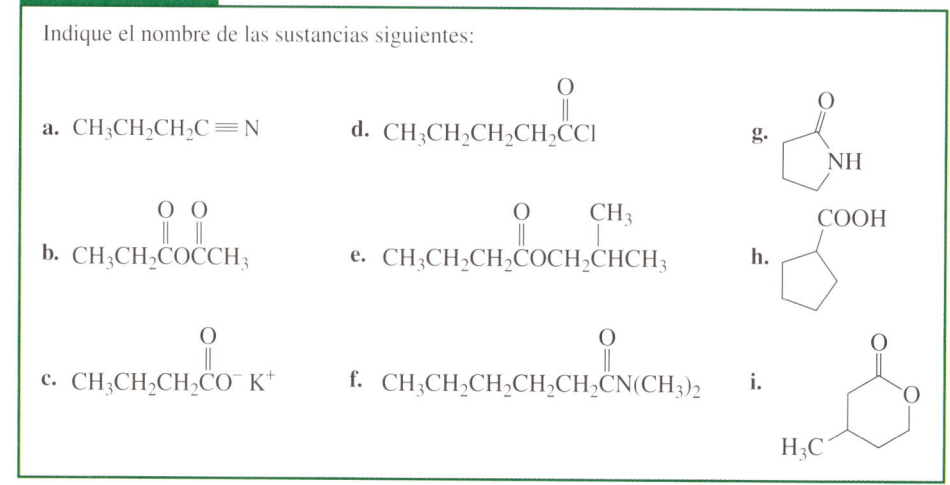

Indique el nombre de las sustancias siguientes:

a. CH₃CH₂CH₂C≡N

b. CH₃CH₂COCCH₃ (dos grupos C=O)

c. CH₃CH₂CH₂CO⁻ K⁺

d. CH₃CH₂CH₂CH₂CCl (con C=O)

e. CH₃CH₂CH₂COCH₂CHCH₃ (con C=O y CH₃)

f. CH₃CH₂CH₂CH₂CH₂CN(CH₃)₂ (con C=O)

g. (pirrolidinona con NH)

h. ciclopentilo-COOH

i. (δ-lactona con H₃C sustituyente)

PROBLEMA 3

Escriba la estructura de cada una de las sustancias siguientes:

a. acetato de fenilo
b. γ-caprolactama
c. butanonitrilo
d. N-benciletanamida
e. ácido γ-metilcaproico
f. 2-cloropentanoato de etilo
g. β-bromobutiramida
h. anhídrido propanoico
i. cloruro de ciclohexanocarbonilo

16.2 Estructuras de los ácidos carboxílicos y sus derivados

En los ácidos carboxílicos y sus derivados el **carbono del grupo carbonilo** presenta hibridación sp^2. Usa sus tres orbitales sp^2 para formar enlaces σ con el oxígeno del grupo carbonilo, el carbono α y con un sustituyente (Y). Los tres átomos unidos al carbono del grupo carbonilo se localizan en el mismo plano y cada ángulo de enlace es de alrededor de 120°.

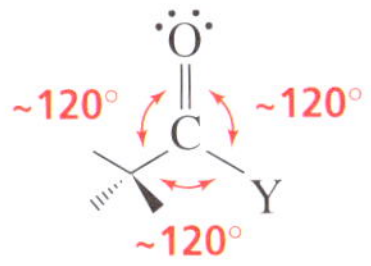

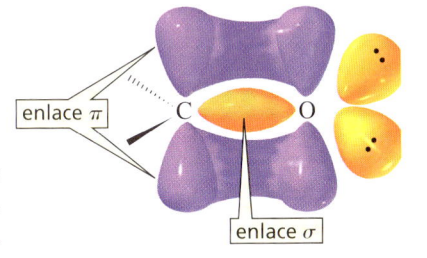

El **oxígeno del grupo carbonilo** también presenta hibridado sp^2. Uno de sus orbitales sp^2 forma un enlace σ con el carbono del mismo grupo y cada uno de los otros dos orbitales sp^2 contiene un par de electrones no enlazado. El orbital p restante del oxígeno del grupo carbonilo se traslapa con el orbital p restante del carbono del grupo carbonilo para formar un enlace π (figura 16.1).

Los ésteres, los ácidos carboxílicos y las amidas presentan dos formas principales de resonancia. La forma de resonancia de la derecha, en la figura de abajo, es mucho menos importante en los cloruros de acilo y los anhídridos de ácido, por lo que aquí no se muestran dichas formas resonantes.

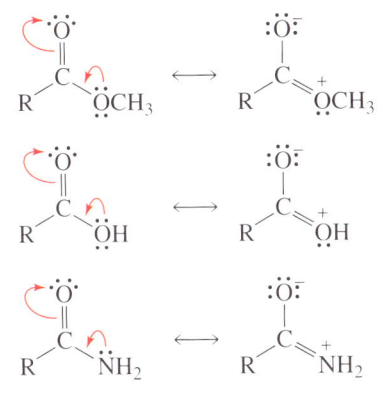

▲ **Figura 16.1**
Enlaces en un grupo carbonilo. El enlace π se forma por traslape lado a lado de un orbital p del carbono con un orbital p del oxígeno.

La forma resonante de la derecha contribuye más al híbrido en la amida que en el éster porque el átomo de nitrógeno es menos electronegativo y puede soportar mejor a una carga positiva.

PROBLEMA 4

¿Qué es más largo, el enlace sencillo carbono-oxígeno en un ácido carboxílico o el enlace carbono-oxígeno en un alcohol? ¿Por qué?

PROBLEMA 5 ◆

En el acetato de metilo hay tres enlaces carbono-oxígeno.

a. ¿Cuál es su longitud relativa?
b. ¿Cuál es la frecuencia relativa de estiramiento de tales enlaces en la radiación infrarroja (IR)?

> **PROBLEMA 6◆**
>
> Indique la correspondencia del compuesto con la banda de absorción del carbonilo en el IR:
>
> | | |
> |---|---|
> | cloruro de acilo | ~ 1800 y 1750 cm^{-1} |
> | anhídrido de ácido | ~ 1640 cm^{-1} |
> | éster | ~ 1730 cm^{-1} |
> | amida | ~ 1800 cm^{-1} |

16.3 Propiedades físicas de los compuestos carbonílicos

Las propiedades ácidas de los ácidos carboxílicos se describieron en las secciones 1.22 y 7.9. Recuérdese que los ácidos carboxílicos tienen valores aproximados de pK_a entre 3 y 5 (apéndice II). Las propiedades ácidas de los ácidos dicarboxílicos se describen en la sección 16.23. Los puntos de ebullición y otras propiedades de los compuestos carbonílicos aparecen en el apéndice I. Los compuestos carbonílicos presentan los siguientes puntos de ebullición relativos:

puntos de ebullición relativos

amida > ácido carboxílico > nitrilo >> éster ~ cloruro de acilo ~ aldehído ~ cetona

Los puntos de ebullición de un éster, cloruro de acilo, aldehído y cetona se parecen y son menores que el punto de ebullición del alcohol con masa molecular comparable porque sólo las moléculas de alcohol pueden formar puentes de hidrógeno entre sí. Los puntos de ebullición de estos cuatro compuestos carbonílicos son mayores que el punto de ebullición del éter del mismo tamaño debido a que el grupo carbonilo es polar.

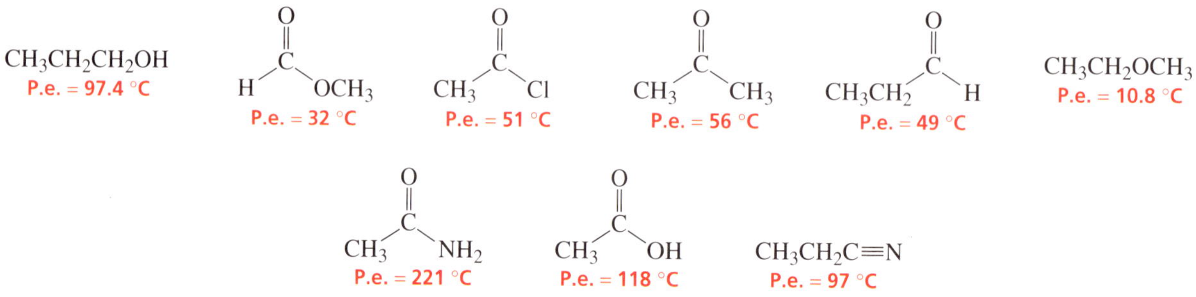

CH$_3$CH$_2$CH$_2$OH
P.e. = 97.4 °C

H–C(=O)–OCH$_3$
P.e. = 32 °C

CH$_3$–C(=O)–Cl
P.e. = 51 °C

CH$_3$–C(=O)–CH$_3$
P.e. = 56 °C

CH$_3$CH$_2$–C(=O)–H
P.e. = 49 °C

CH$_3$CH$_2$OCH$_3$
P.e. = 10.8 °C

CH$_3$–C(=O)–NH$_2$
P.e. = 221 °C

CH$_3$–C(=O)–OH
P.e. = 118 °C

CH$_3$CH$_2$C≡N
P.e. = 97 °C

Los ácidos carboxílicos presentan puntos de ebullición relativamente altos porque forman puentes de hidrógeno intermoleculares que dan lugar a masas moleculares efectivas mayores.

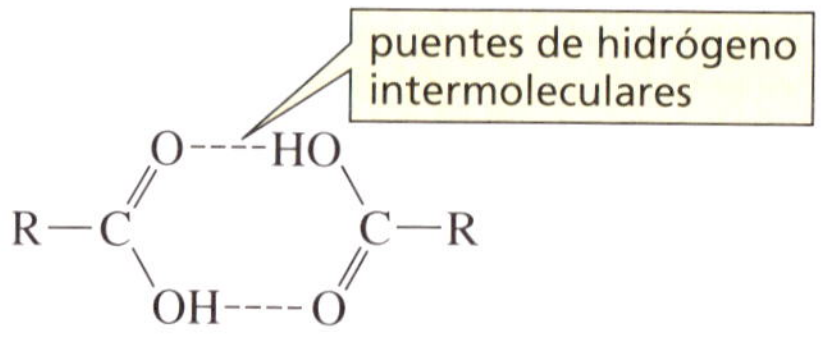

$$R-C\underset{OH----O}{\overset{O----HO}{\diagup\diagdown}}C-R$$

puentes de hidrógeno intermoleculares

Las amidas tienen los puntos de ebullición más altos porque presentan fuertes interacciones entre dipolos, ya que la forma resonante que tiene cargas separadas contribuye en forma apreciable a la estructura general del compuesto (sección 16.2). Además, si el nitrógeno de una amida está unido a un hidrógeno, se han de formar puentes de hidrógeno entre las moléculas. Las fuertes interacciones dipolo-dipolo de un nitrilo le producen un punto de ebullición parecido al de un alcohol (sección 2.9).

Los derivados de ácidos carboxílicos son solubles en disolventes como éteres, cloroalcanos e hidrocarburos aromáticos. Al igual que los alcoholes y los éteres, los compuestos carbonílicos con menos de cuatro carbonos son solubles en agua.

Los ésteres, las amidas *N,N*-disustituidas y los nitrilos se usan con frecuencia como disolventes porque son polares pero no tienen el grupo reactivo OH o NH_2. Ya hemos visto (sección 8.3) que la dimetilformamida (DMF) es un disolvente polar aprótico común.

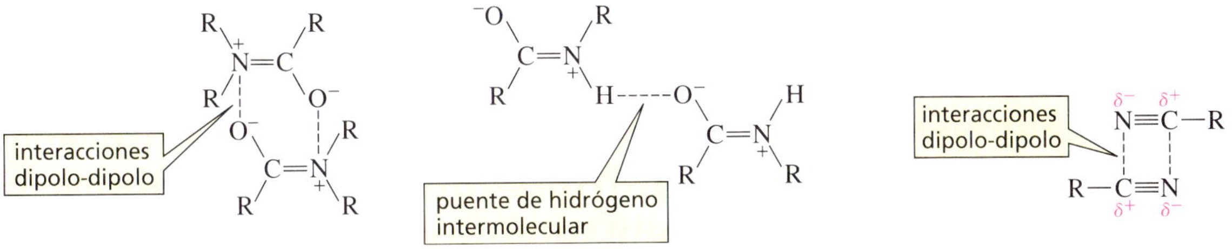

16.4 Ácidos carboxílicos naturales y derivados de ácidos carboxílicos

Los haluros de acilo y los anhídridos de ácido son mucho más reactivos que los ácidos carboxílicos y los ésteres, los cuales a su vez son más reactivos que las amidas. En la sección 16.5 se explica la razón de tales diferencias de reactividad.

Debido a su gran reactividad, los haluros de acilo y los anhídridos de ácido no se encuentran en la naturaleza. Por otra parte, los ácidos carboxílicos son menos reactivos y *sí se encuentran* abundantemente en la naturaleza. Por ejemplo, la glucosa se metaboliza a ácido pirúvico (sección 25.7). El ácido (*S*)-(+)-láctico es el compuesto que causa la sensación de quemarse en los músculos durante el ejercicio anaeróbico y también se encuentra en la leche agria. Las espinacas y otras verduras de hojas verdes son ricas en ácido oxálico. El ácido succínico y el ácido cítrico son compuestos intermediarios importantes en el ciclo del ácido cítrico, que es una serie de reacciones en los sistemas biológicos donde se oxidan los compuestos formados en el metabolismo de los ácidos grasos, carbohidratos y aminoácidos para formar CO_2 (sección 25.10). Los cítricos son ricos en ácido cítrico; su concentración es máxima en los limones, menor en las toronjas y todavía menor en las naranjas.

ácido pirúvico — ácido (*S*)-(+)-láctico — ácido oxálico — ácido succínico — ácido cítrico

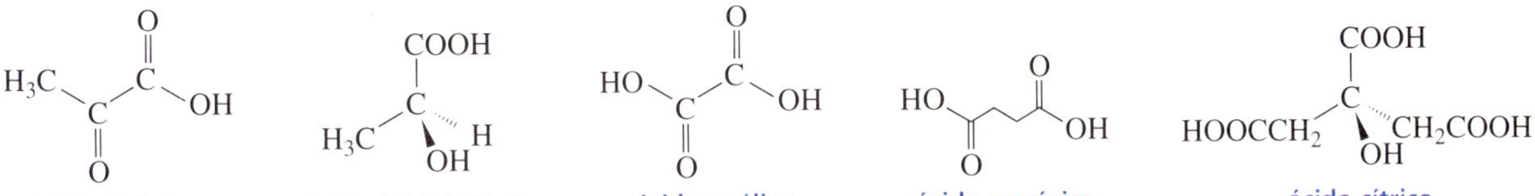

El ácido (*S*)-(−)-málico es el que causa el agudo sabor de las manzanas y las peras verdes. Al madurar esas frutas, la cantidad de ácido málico desciende y aumenta la cantidad de azúcar. La relación inversa entre las concentraciones de ácido málico y azúcar es importante en el crecimiento de la planta: el ácido málico evita que los animales coman la fruta hasta que madure, que es el momento en que las semillas ya alcanzaron la madurez necesaria para germinar cuando se dispersen. Las prostaglandinas son hormonas de acción local que desempeñan varias funciones fisiológicas diferentes (secciones 16.10 y 26.5), como estimular la inflamación, aumentar la presión sanguínea y producir dolor e hinchazón.

ácido (*S*)-(−)-málico — prostaglandina A_2 — prostaglandina $F_{2\alpha}$

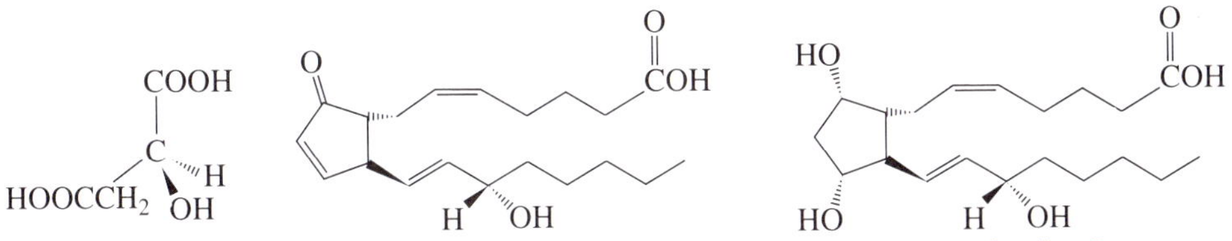

También es común encontrar ésteres en la naturaleza. Los aromas de numerosas flores y frutas se deben a los ésteres. (Véase problemas 30 y 54).

732 CAPÍTULO 16 Compuestos carbonílicos I

acetato de bencilo
esencia de jazmín

acetato de isopentilo
esencia de plátano

butirato de metilo
esencia de manzana

Los ácidos carboxílicos con un grupo amino en el carbono α con frecuencia se llaman **aminoácidos**. Los aminoácidos se unen entre sí mediante enlaces de amida y forman péptidos y proteínas (sección 22.8).

un aminoácido

estructura general de un péptido o una proteína

La cafeína, otra amida natural, se encuentra en el cacao y en las semillas de café, y la piperina es el componente principal de la pimienta negra. La penicilina G, compuesto antibacteriano con dos enlaces de amida (uno de los cuales está en un anillo de β-lactama) fue aislada por primera vez de un moho por Sir Alexander Fleming, en 1928.

cafeína   **piperina**   **penicilina G**

EL DESCUBRIMIENTO DE LA PENICILINA

Sir Alexander Fleming fue profesor de bacteriología en la Universidad de Londres. Se dice que un día Fleming estaba a punto de tirar un cultivo de estafilococos que se había contaminado con una cepa rara del hongo *Penicillium notatum*. Observó que las bacterias habían desaparecido en los lugares donde había una partícula del hongo. Eso le sugirió que el hongo debió haber producido una sustancia antibacteriana. Diez años después Howard Florey y Ernest Chain aislaron la sustancia activa: la penicilina G (sección 16.17), pero la demora permitió que las sulfas fueran los primeros antibióticos (sección 30.4). Después de determinar que la penicilina G curaba infecciones bacterianas en los ratones, se usó con éxito, en 1941, en nueve casos de infecciones bacterianas humanas. Para 1943 los militares la producían y fue usada por primera vez con bajas de guerra en Sicilia y Túnez. El medicamento llegó a la población civil en 1944. La presión de la guerra hizo que fuera una prioridad determinar la estructura de la penicilina G porque una vez determinada sería posible sintetizar grandes cantidades de la misma.

Fleming, Florey y Chain compartieron el Premio Nobel de Fisiología o Medicina 1945. Chain también descubrió la penicilinasa, la enzima que destruye a la penicilina (sección 16.17). Aunque en general se le acredita a Fleming el descubrimiento de la penicilina, hay pruebas claras de que Lord Joseph Lister (1827-1912), médico inglés famoso por introducir la cirugía aséptica, descubrió, en el siglo XIX, la actividad germicida del hongo.

Sir Alexander Fleming (1881–1955) *nació en Escocia, séptimo de ocho hijos de un campesino. En 1902 recibió una herencia de un tío que, junto con una beca, le permitió estudiar medicina en la Universidad de Londres. Posteriormente fue profesor allí, en 1928, y fue nombrado caballero en 1944.*

Sir Howard W. Florey (1898–1968) *nació en Australia y recibió el título de médico de la Universidad de Adelaida. Llegó a Inglaterra como Becario Rhodes, y estudió en las universidades de Oxford y de Cambridge. Fue profesor de patología en la Universidad de Sheffield, en 1931, y después en Oxford, en 1935. Fue nombrado caballero en 1944 y se le otorgó el título de nobleza de Barón Florey de Adelaida.*

Ernest B. Chain (1906–1979) *nació en Alemania y recibió un doctorado de la Universidad Friedrich-Wilhelm de Berlín. En 1933 salió de Alemania y llegó a Inglaterra cuando Hitler se hizo del poder. Estudió en Cambridge y en 1935 Florey lo invitó a Oxford. En 1948 fue director de un instituto en Roma, pero en 1961 regresó a Inglaterra como profesor de la Universidad de Londres.*

LOS DÁLMATAS: EL ALTO COSTO DE LAS MANCHAS NEGRAS

Cuando se metabolizan los aminoácidos, el exceso de nitrógeno se concentra en el ácido úrico, compuesto que tiene cinco enlaces de amida. Una serie de reacciones catalizadas por enzimas degrada el ácido úrico por completo hasta llegar a ion amonio. El grado hasta el cual se degrada el ácido úrico depende de la especie. Las aves, los reptiles y los insectos excretan su exceso de nitrógeno como ácido úrico; los mamíferos lo excretan como alantoína. El exceso de nitrógeno en los animales acuáticos se excreta como ácido alantoico, urea o como sales de amonio.

ácido úrico → **alantoína** → **ácido alantoico** → **urea** → $^+NH_4 X^-$

- ácido úrico: lo excretan aves, reptiles, insectos
- alantoína: mamíferos
- ácido alantoico: vertebrados marinos
- urea: peces cartilaginosos, anfibios
- sal de amonio: invertebrados marinos

Los dálmatas, a diferencia de otros animales, excretan grandes concentraciones de ácido úrico. Se debe a que los criadores de los dálmatas seleccionaron perros que no tienen pelos blancos en sus manchas negras, y a que el gen que produce pelos blancos está vinculado con el que determina que el ácido úrico se convierta en alantoína. En consecuencia, los dálmatas son susceptibles a la gota, dolorosa acumulación de ácido úrico en las articulaciones.

16.5 Reacciones de los compuestos carbonílicos de clase I

La reactividad de los compuestos carbonílicos se debe a la polaridad del grupo, la cual resulta de que el oxígeno es más electronegativo que el carbono. En consecuencia, el carbono del grupo carbonilo tiene una deficiencia de electrones (es un electrófilo) y se puede indicar con seguridad que será atacado por los nucleófilos.

Cuando un nucleófilo ataca al carbono carbonílico de un derivado de ácido carboxílico se rompe el enlace más débil de la molécula, el enlace π carbono-oxígeno, y se forma un compuesto intermediario. El compuesto intermediario se llama **intermediario tetraédrico** porque el carbono con hibridación sp^2 del sustrato se transforma en un carbono con hibridación sp^3 en el compuesto intermediario. En general, *un compuesto que tiene un carbono con hibridación sp^3 unido a un átomo de oxígeno será inestable si el carbono con hibridación sp^3 está unido a otro átomo electronegativo.* Por consiguiente, el intermediario tetraédrico es inestable porque Y y Z son átomos electronegativos. Un par de electrones no enlazado en el oxígeno reacomoda al enlace π, y se expulsa ya sea Y:$^-$ (k_2) o Z:$^-$ (k_{-1}) con los electrones de enlace.

En general, un compuesto que tiene un carbono con hibridación sp^3 unido a un átomo de oxígeno será inestable si el mismo carbono se encuentra unido a otro átomo electronegativo.

734 CAPÍTULO 16 Compuestos carbonílicos I

Conviene comparar esta reacción de dos pasos con una reacción S_N2. Cuando un nucleófilo ataca a un haluro de alquilo, el enlace molecular más débil es el de carbono-halógeno (sección 8.2), de manera que el grupo entrante puede desplazar al grupo saliente en un paso.

$$CH_3CH_2-Y + Z:^- \longrightarrow CH_3CH_2-Z + Y:^-$$
una reacción S_N2

Mientras más débil es la base, mejor es como grupo saliente.

El que $Y:^-$ o $Z:^-$ se expulsen del intermediario tetraédrico depende de su basicidad relativa. La base más débil es la que se expulsa de preferencia y éste es otro ejemplo del principio que se vio por primera vez en la sección 8.3: *mientras más débil es la base, mejor es como grupo saliente*. Como una base débil no comparte sus electrones tan bien como una base fuerte, la base más débil forma un enlace más débil, el cual es el más fácil de romper. Si $Z:^-$ es una base mucho más débil que $Y:^-$, entonces $Z:^-$ será la que resulte expulsada. En ese caso, $k_{-1} \gg k_2$, y la reacción puede escribirse como sigue:

En este caso no se forma un producto nuevo. El nucleófilo ataca al carbono del grupo carbonilo, pero el intermediario tetraédrico expulsa al nucleófilo atacante y vuelve a formar los reactivos.

Por otra parte, si $Y:^-$ es una base mucho más débil que $Z:^-$, Y^- será expulsado y se formará un producto nuevo. En este caso, $k_2 \gg k_{-1}$ y la reacción puede escribirse como sigue:

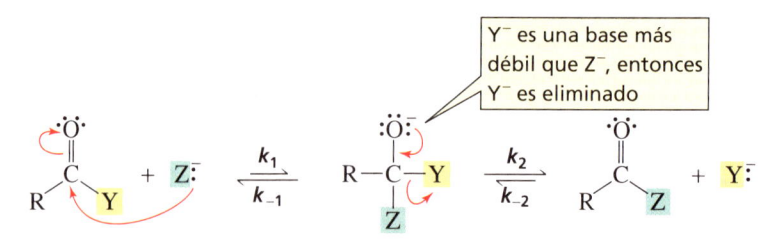

Esta reacción se llama **reacción de sustitución nucleofílica en el grupo acilo** porque un nucleófilo ($Z:^-$) ha sustituido al sustituyente ($Y:^-$) que estaba unido al grupo acilo del reactivo. También se llama **reacción de transferencia en el acilo** porque se ha transferido un grupo acilo de un grupo ($Y:^-$) a otro ($Z:^-$).

Si las basicidades de $Y:^-$ y $Z:^-$ son similares, los valores de k_{-1} y K_2 serán similares. En ese caso, algunas moléculas del intermediario tetraédrico expulsarán a $Y:^-$ y otras expulsarán a $Z:^-$. Cuando la reacción concluya habrá tanto reactivos como productos presentes. La cantidad relativa de cada uno depende de la basicidad relativa de $Y:^-$ y $Z:^-$ (esto es, del valor relativo de k_2 y k_{-1}), y también de la nucleofilicidad relativa de $Y:^-$ y $Z:^-$ (esto es, del valor relativo de k_1 y k_{-2}).

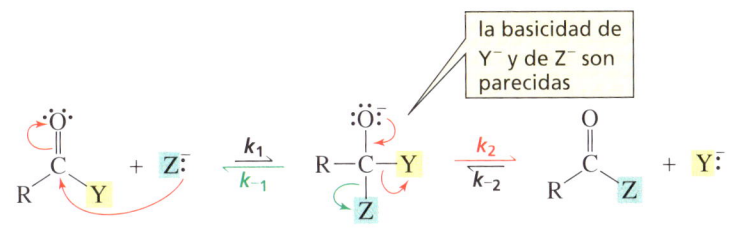

16.5 Reacciones de los compuestos carbonílicos de clase I

$$\underset{R}{\overset{\overset{\displaystyle :\ddot{O}:}{\|}}{C}}-Y + Z:^{-} \underset{k_{-1}}{\overset{k_{1}}{\rightleftharpoons}} \underset{R}{\overset{\overset{\displaystyle :\ddot{O}:^{-}}{|}}{C}}-Y \underset{k_{-2}}{\overset{k_{2}}{\rightleftharpoons}} \underset{R}{\overset{\overset{\displaystyle O}{\|}}{C}}-Z + Y:^{-}$$

la basicidad de Y^- y de Z^- son parecidas

Estos tres casos se ilustran con los diagramas de coordenada de reacción que se ven en la figura 16.2.

1. Si el nuevo grupo en el intermediario tetraédrico es una base más débil que el grupo que estaba unido al grupo acilo en el reactivo, la ruta más fácil, que es la menor barrera de energía, es cuando el intermediario tetraédrico (TI, de *tetrahedral intermediate*) expulsa al grupo recién adicionado y vuelve a formar los reactivos; entonces no hay reacción (figura 16.2a).

2. Si el nuevo grupo en el intermediario tetraédrico es una base más fuerte que el grupo que estaba unido al grupo acilo en el reactivo, la ruta más fácil es cuando el intermediario tetraédrico expulsa al grupo que estaba unido al grupo acilo en el reactivo y forma un producto de sustitución (figura 16.2b).

3. Si ambos grupos en el intermediario tetraédrico tienen basicidad parecida, el intermediario tetraédrico puede expulsar a cada grupo con facilidad similar. Resultará una mezcla del reactivo y del producto de sustitución (figura 16.2c).

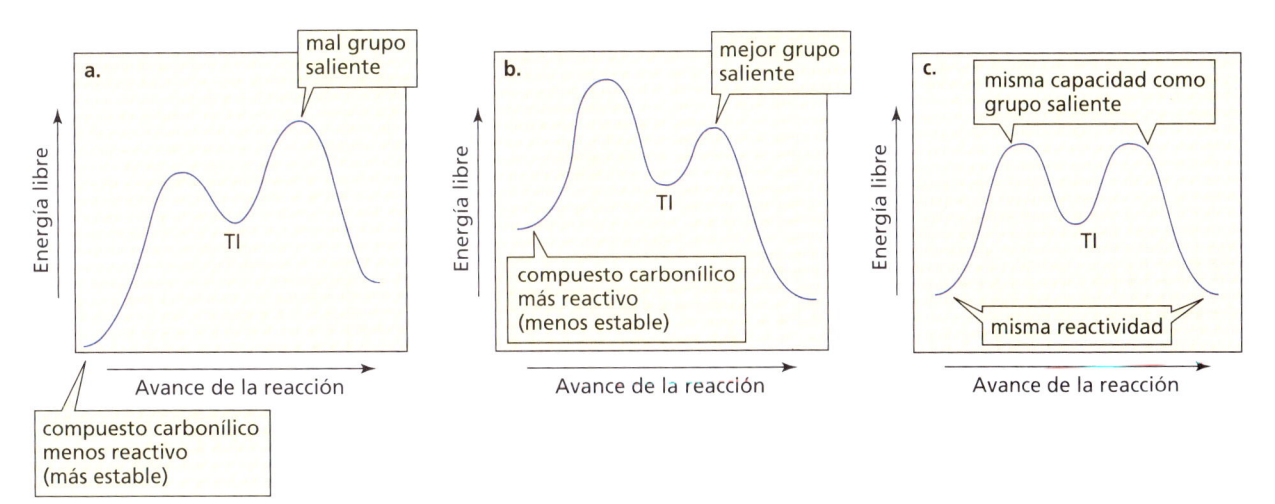

▲ **Figura 16.2**
Diagramas de coordenada de reacción para reacciones de sustitución nucleofílica en el grupo acilo, donde a) el nucleófilo es una base más débil que el grupo unido al grupo acilo del reactivo, b) el nucleófilo es una base más fuerte que el grupo unido al grupo acilo en el reactivo, y c) la basicidad del nucleófilo y del grupo unido al grupo acilo del reactivo son parecidas. IT es el intermediario tetraédrico.

Por lo anterior, se puede establecer la siguiente afirmación general acerca de las reacciones de los derivados de ácidos carboxílicos: *un derivado de ácido carboxílico presentará una reacción de sustitución nucleofílica en el grupo acilo siempre y cuando el grupo recién adicionado en el intermediario tetraédrico sea una base tan o más fuerte que el grupo que estaba unido al grupo acilo en el reactivo.*

A continuación se hace la descripción, con orbitales moleculares, de la forma en que reaccionan los compuestos carbonílicos. En la sección 1.6, donde se presenta por primera vez al lector la teoría de los orbitales moleculares, se explicó que, como el oxígeno es más electronegativo que el carbono, el orbital $2p$ del oxígeno contribuye más al orbital molecular de enlace π (está más cercano a él en energía) y el orbital $2p$ del carbono contribuye más al orbital molecular de antienlace π^* (véase la figura 1.8). Entonces, el orbital de antienlace π^* es mayor en el átomo de carbono, por lo que es donde se traslapa el orbital molecular de antienlace del nucleófilo donde reside el par de electrones no enlazado. Esto

Tutorial del alumno:
Diagramas de energía libre para reacciones de sustitución nucleofílica en el grupo acilo (Free-energy diagrams for nucleophilic acyl substitution reactions)

Un derivado de ácido carboxílico tendrá una reacción de sustitución nucleofílica en el grupo acilo siempre y cuando el grupo recién adicionado en el intermediario tetraédrico sea una base tan o más fuerte que el grupo que estaba unido al grupo acilo en el reactivo.

permite que haya el mayor traslape de orbitales, y mayor traslape equivale a mayor estabilidad. Cuando se traslapan un orbital lleno y un orbital vacío, el resultado es un orbital molecular; en este caso es un orbital molecular σ, que es más estable que cualquiera de los orbitales que se traslapan (figura 16.3).

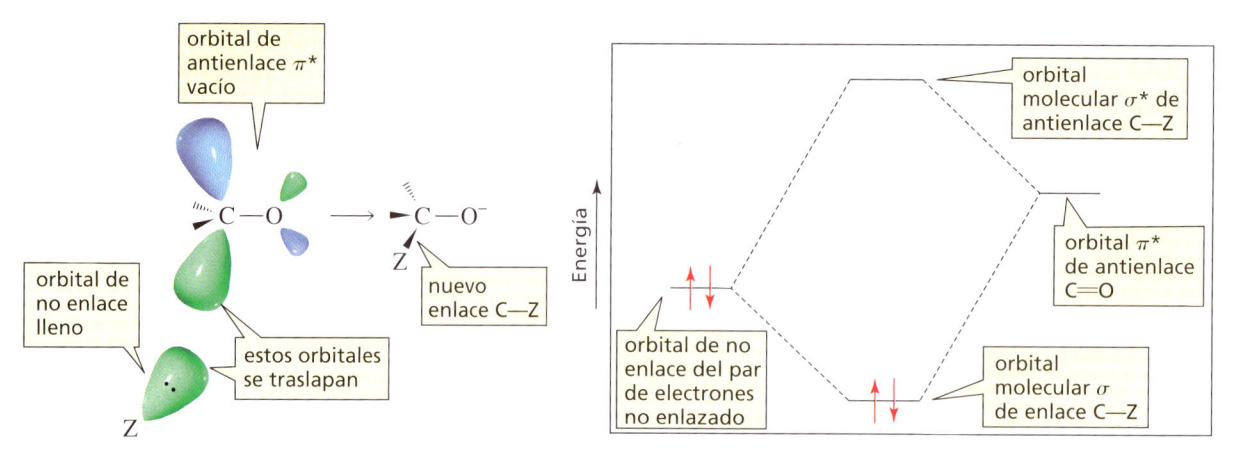

▲ **Figura 16.3**
El orbital de no enlace lleno que contiene el par de electrones no enlazado del nucleófilo que se traslapa con el orbital de antienlace π^* vacío del grupo carbonilo y forma el nuevo enlace σ del intermediario tetraédrico.

ESTRATEGIA PARA RESOLVER PROBLEMAS

Uso de la basicidad para pronosticar el resultado de una reacción de sustitución nucleofílica en el grupo acilo

El pK_a del HCl es -7; el pK_a del CH$_3$OH es 15.5. ¿Cuál es el producto de la reacción entre cloruro de acetilo y CH$_3$O:$^-$?

Para determinar cuál será el producto de la reacción necesitamos comparar la basicidad de los dos grupos que estarán en el intermediario tetraédrico para ver cuál será eliminado. Como el HCl es un ácido más fuerte que el CH$_3$OH, el Cl:$^-$ es una base más débil que el CH$_3$O:$^-$. Por consiguiente, se eliminará Cl:$^-$ del intermediario tetraédrico y el producto de la reacción será acetato de metilo.

cloruro de acetilo   **acetato de metilo**

Ahora continúe con el problema 7

PROBLEMA 7◆

a. El pK_a del HCl es -7; el pK_a del H$_2$O es 15.7. ¿Cuál es el producto de la reacción del cloruro de acetilo con HO:$^-$?

b. El pK_a del NH$_3$ es 36; el pK_a del H$_2$O es 15.7. ¿Cuál es el producto de la reacción de acetamida con HO:$^-$?

PROBLEMA 8◆

La siguiente afirmación, ¿es cierta o falsa?

Si el grupo recién adicionado al intermediario tetraédrico es una base más fuerte que el grupo unido al grupo acilo en el reactivo, el paso limitante de la rapidez es la formación del intermediario tetraédrico en la reacción de sustitución nucleofílica en el grupo acilo.

16.6 Reactividad relativa de los ácidos carboxílicos y sus derivados

Se acaba de ver que hay dos pasos en una reacción de sustitución nucleofílica en el grupo acilo: la formación de un intermediario tetraédrico y la desaparición del mismo. Mientras más débil sea la base unida al grupo acilo, más fácil es que se efectúen *ambos pasos* de la reacción. En otras palabras, la reactividad de un derivado de ácido carboxílico depende de la basicidad del sustituyente unido al grupo acilo: mientras menos básico sea el sustituyente, el derivado de ácido carboxílico será más reactivo.

basicidad relativa de los grupos salientes

$$\text{base más débil} \quad Cl^- < {}^-OCR(=O) < {}^-OR \sim {}^-OH < {}^-NH_2 \quad \text{base más fuerte}$$

reactividad relativa de derivados de ácidos carboxílicos

$$\underset{\text{más reactivo}}{} \quad \underset{\text{cloruro de acilo}}{R-C(=O)-Cl} > \underset{\text{anhídrido de ácido}}{R-C(=O)-O-C(=O)-R} > \underset{\text{éster}}{R-C(=O)-OR'} \sim \underset{\text{ácido carboxílico}}{R-C(=O)-OH} > \underset{\text{amida}}{R-C(=O)-NH_2} \quad \underset{\text{menos reactivo}}{}$$

¿Cómo es que una base débil unida al grupo acilo facilita el *primer* paso de la reacción de sustitución nucleofílica en el grupo acilo? En primer lugar, una base más débil es una base más electronegativa; esto es, puede acomodar mejor una carga negativa (sección 1.18). Así, las bases más débiles son mejores para atraer electrones por efecto inductivo del carbono del grupo carbonilo (sección 1.21), y la atracción de electrones aumenta la susceptibilidad del carbono del grupo carbonilo frente a un ataque nucleofílico.

> **Reactividad relativa:** cloruro de acilo > anhídrido > éster ~ ácido carboxílico > amida

$$\underset{R \;\; \delta^+ \;\; Y}{\overset{\delta^- \ddot{O}:}{C}}$$

la atracción por efecto inductivo de electrones por Y aumenta la electrofilia del carbono del grupo carbonilo

En segundo lugar, mientras que las bases débiles pueden acomodar mejor una carga negativa, acomodan con más dificultad una carga positiva. Por consiguiente, mientras más débil sea la basicidad de Y, menor será la contribución a Y de la forma resonante con una carga positiva (sección 16.2), y mientras menos estabilizado se halle el derivado de ácido carboxílico por deslocalización electrónica será más reactivo.

$$\underset{R \quad \ddot{Y}}{\overset{\ddot{O}}{C}} \longleftrightarrow \underset{R \quad Y^+}{\overset{:\ddot{O}:^-}{C}}$$

estructuras resonantes de un ácido carboxílico o de un derivado de ácido carboxílico

Una base débil unida al grupo acilo también facilita el *segundo* paso de la reacción de sustitución nucleofílica en el grupo acilo porque las bases débiles, que forman enlaces débiles, son más fáciles de expulsar cuando se colapsa el intermediario tetraédrico.

$$\underset{Z}{\overset{:\ddot{O}:^-}{R-C-Y}}$$

las bases más débiles son más fáciles de eliminar

En la sección 16.4 se planteó que en una reacción de sustitución nucleofílica en el grupo acilo, el nucleófilo que forma el intermediario tetraédrico debe ser una base más fuerte que la base que ya esté allí. Esto significa que *un derivado de ácido carboxílico se puede convertir en un derivado de ácido carboxílico menos reactivo, pero no en uno que sea más reactivo*. Por ejemplo, un cloruro de acilo se puede convertir en un éster porque un ion alcóxido como el ion metóxido es una base más fuerte que un ion cloruro.

$$\underset{R}{\overset{O}{\underset{\|}{C}}}\text{—Cl} + CH_3O^- \longrightarrow \underset{R}{\overset{O}{\underset{\|}{C}}}\text{—OCH}_3 + Cl^-$$

Sin embargo, un éster no se puede convertir en un cloruro de acilo porque un ion cloruro es una base más débil que un ion alcóxido.

$$\underset{R}{\overset{O}{\underset{\|}{C}}}\text{—OCH}_3 + Cl^- \longrightarrow \text{no hay reacción}$$

PROBLEMA 9◆

Use los valores de pK_a de la tabla 16.1 para determinar cuáles son los productos de las reacciones siguientes:

a. $CH_3\text{—CO—OCH}_3$ + NaCl ⟶

b. $CH_3\text{—CO—Cl}$ + NaOH ⟶

c. $CH_3\text{—CO—Cl}$ + $CH_3\text{—CO—O}^-Na^+$ ⟶

d. $CH_3\text{—CO—O—CO—CH}_3$ + NaCl ⟶

16.7 Mecanismo general de las reacciones de sustitución nucleofílica en el grupo acilo

Todos los derivados de los ácidos carboxílicos reaccionan por el mismo mecanismo.

Todos los derivados de ácido carboxílico participan en reacciones de sustitución nucleofílica en el grupo acilo con el mismo mecanismo. Si el nucleófilo cuenta con una carga negativa, se sigue el mecanismo que se describió en la sección 16.5:

Tutorial del alumno:
Una reacción de sustitución nucleofílica en el grupo acilo
(A nucleophilic acyl substitution reaction)

Mecanismo de una reacción de sustitución nucleofílica en el grupo acilo con un nucleófilo con carga negativa

$$\underset{R}{\overset{\overset{\cdot\cdot}{\overset{\cdot\cdot}{O}}}{\underset{\|}{C}}}\text{—Y} + H\overset{\cdot\cdot}{\underset{\cdot\cdot}{O}}{}^- \rightleftharpoons R-\overset{\overset{:\overset{\cdot\cdot}{O}:^-}{|}}{\underset{\underset{:OH}{|}}{C}}-Y \rightleftharpoons \underset{R}{\overset{\overset{\cdot\cdot}{\overset{\cdot\cdot}{O}}}{\underset{\|}{C}}}\text{—}\overset{\cdot\cdot}{\underset{\cdot\cdot}{O}}H + Y^{\overset{\cdot\cdot}{\overline{}}}$$

el nucleófilo con carga negativa ataca al carbono del grupo carbonilo

eliminación de la base más débil del intermediario tetraédrico

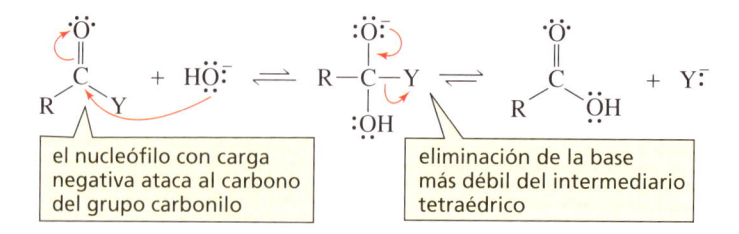

- El nucleófilo ataca al carbono del grupo carbonilo y forma un intermediario tetraédrico.
- El intermediario tetraédrico se colapsa y elimina a la base más débil.

Si el nucleófilo es neutro, el mecanismo tiene un paso adicional.

Mecanismo de una reacción de sustitución nucleofílica en el grupo acilo con un nucleófilo neutro

$$\underset{R}{\overset{\overset{\ddot{O}}{\|}}{C}}{-}Y + H_2\ddot{O}: \rightleftharpoons R-\underset{\underset{H}{\overset{+}{:}OH}}{\overset{\overset{:\ddot{O}:^-}{|}}{C}}-Y \rightleftharpoons R-\underset{:\ddot{O}H}{\overset{\overset{:\ddot{O}:^-}{|}}{C}}-Y \rightleftharpoons \underset{R}{\overset{\overset{\ddot{O}}{\|}}{C}}{-}\ddot{O}H + Y:^-$$

- el nucleófilo neutro ataca al carbono del grupo carbonilo
- eliminación de un protón del intermediario tetraédrico
- eliminación de la base más débil del intermediario tetraédrico

donde: B representa cualquier especie en la disolución que sea capaz de eliminar un protón; HB⁺ representa cualquier especie en la disolución que sea capaz de donar un protón.

- El nucleófilo ataca al carbono del grupo carbonilo y forma un intermediario tetraédrico.
- El intermediario tetraédrico pierde un protón y forma un intermediario tetraédrico equivalente al que forma un nucleófilo con carga negativa.
- Este intermediario tetraédrico expulsa a la base más débil de las dos: ya sea el grupo recién adicionado después de haber perdido un protón o el grupo que estaba unido al grupo acilo en el reactivo.

El intermediario tetraédrico elimina la base más débil.

Las secciones que restan de este capítulo muestran ejemplos específicos de estos principios generales. Téngase en cuenta que *todas las reacciones siguen el mismo mecanismo*. Por consiguiente, el lector siempre puede determinar el resultado de las reacciones de los ácidos carboxílicos y sus derivados que se presentan en este capítulo si examina el intermediario tetraédrico y recuerda que de preferencia se elimina la base más débil (sección 16.5).

PROBLEMA 10◆

¿Cuál será el producto de una reacción de sustitución nucleofílica en el grupo acilo: un nuevo derivado de ácido carboxílico, una mezcla de dos derivados de ácido carboxílico o no hay reacción? El nuevo grupo en el intermediario tetraédrico es el siguiente:

a. una base más fuerte que el grupo que ya estaba presente
b. una base más débil que el grupo que ya estaba presente
c. de basicidad parecida a la del grupo que ya estaba presente

16.8 Reacciones de los haluros de acilo

Los haluros de acilo reaccionan con iones carboxilato para formar anhídridos, con alcoholes para formar ésteres, con el agua para formar ácidos carboxílicos y con las aminas para formar amidas, porque en cada caso el nucleófilo entrante es una base más fuerte que el ion haluro saliente (tabla 16.1). Nótese que para preparar ésteres se pueden usar tanto alcoholes como fenoles.

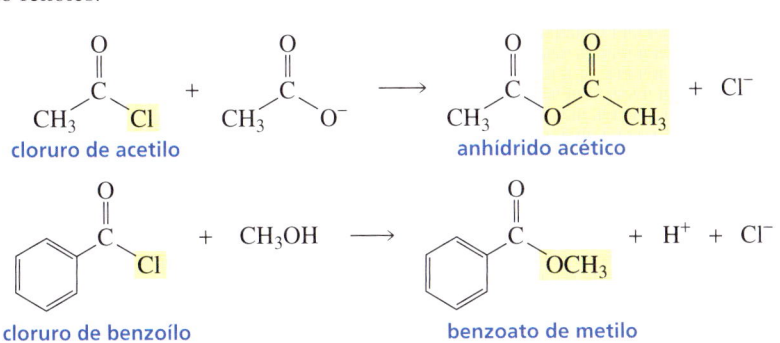

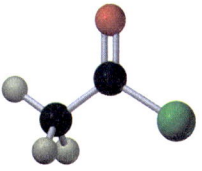

cloruro de acetilo

$$\underset{CH_3}{\overset{\overset{O}{\|}}{C}}{-}Cl + \underset{CH_3}{\overset{\overset{O}{\|}}{C}}{-}O^- \longrightarrow \underset{CH_3}{\overset{\overset{O}{\|}}{C}}{-}O{-}\underset{CH_3}{\overset{\overset{O}{\|}}{C}} + Cl^-$$

cloruro de acetilo → anhídrido acético

$$\underset{Ph}{\overset{\overset{O}{\|}}{C}}{-}Cl + CH_3OH \longrightarrow \underset{Ph}{\overset{\overset{O}{\|}}{C}}{-}OCH_3 + H^+ + Cl^-$$

cloruro de benzoílo → benzoato de metilo

740 CAPÍTULO 16 Compuestos carbonílicos I

Formación de éteres

$$\text{CH}_3\text{CH}_2\text{COCl} \;+\; \text{C}_6\text{H}_5\text{—OH} \longrightarrow \text{CH}_3\text{CH}_2\text{COOC}_6\text{H}_5 \;+\; \text{H}^+ \;+\; \text{Cl}^-$$

cloruro de propionilo → propionato de fenilo

$$\text{CH}_3\text{CH}_2\text{CH}_2\text{COCl} \;+\; \text{H}_2\text{O} \longrightarrow \text{CH}_3\text{CH}_2\text{CH}_2\text{COOH} \;+\; \text{H}^+ \;+\; \text{Cl}^-$$

cloruro de butirilo → ácido butírico

$$\text{C}_6\text{H}_{11}\text{COCl} \;+\; 2\,\text{CH}_3\text{NH}_2 \longrightarrow \text{C}_6\text{H}_{11}\text{CONHCH}_3 \;+\; \text{CH}_3\overset{+}{\text{N}}\text{H}_3\,\text{Cl}^-$$

cloruro de ciclohexanocarbonilo → *N*-metilciclohexanocarboxamida

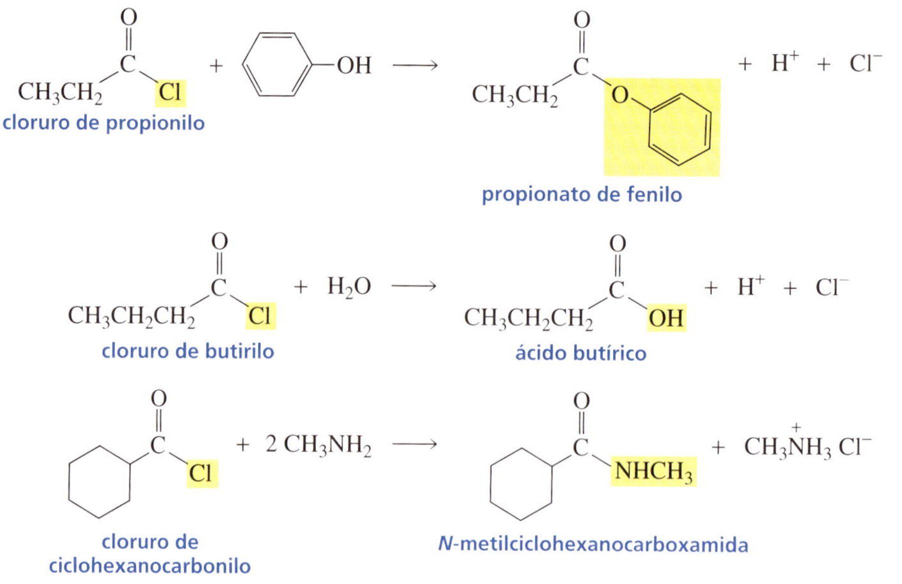

Todas las reacciones siguen el mecanismo general descrito en la sección 16.7.

Mecanismo de la conversión de un cloruro de acilo en un anhídrido de ácido

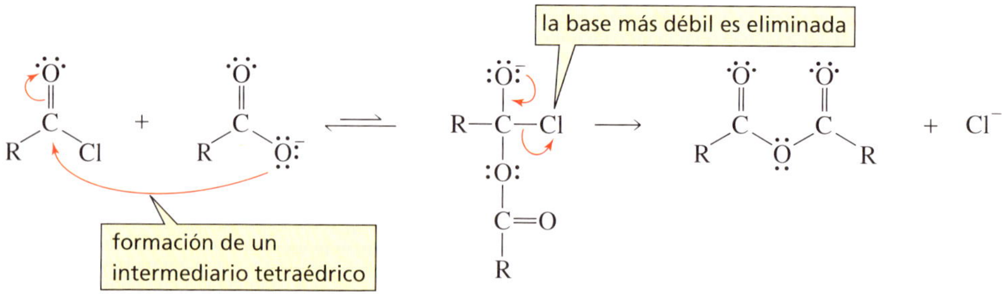

[formación de un intermediario tetraédrico] — [la base más débil es eliminada]

- El ion carboxilato, nucleófilo, ataca al carbono del grupo carbonilo del cloruro de acilo y forma un intermediario tetraédrico.
- El intermediario tetraédrico expulsa al ion cloruro porque es una base más débil que el ion carboxilato. El producto final es un anhídrido.

El mecanismo que sigue tiene un paso más que el anterior porque como el nucleófilo es neutro y carece de carga negativa debe eliminarse un protón del intermediario tetraédrico para que el intermediario elimine al grupo saliente.

Mecanismo de la conversión de un cloruro de acilo en un éster

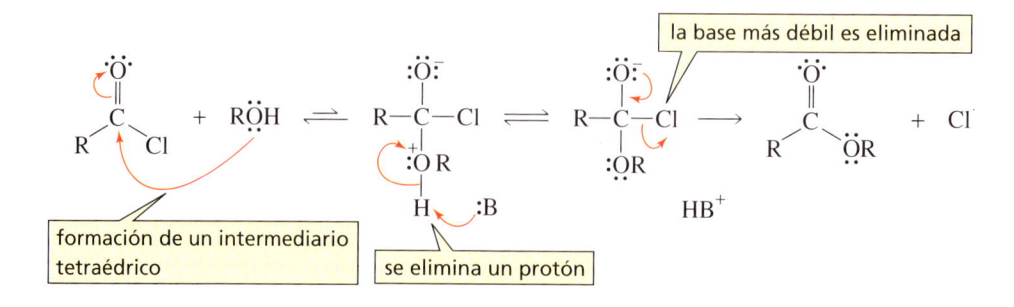

[formación de un intermediario tetraédrico] — [se elimina un protón] — [la base más débil es eliminada]

16.8 Reacciones de los haluros de acilo

- El alcohol, nucleófilo, ataca al carbono del grupo carbonilo del cloruro de acilo y forma un intermediario tetraédrico.
- Como el grupo éter protonado es un ácido fuerte (sección 1.18), el intermediario tetraédrico pierde un protón.
- El intermediario tetraédrico desprotonado expulsa un ion cloruro porque este ion es una base más débil que el ion alcóxido.

La reacción de un cloruro de acilo con amoniaco o con una amina primaria o secundaria forma una amida y HCl. El ácido generado en la reacción protona el amoniaco que no reaccionó o la amina que no reaccionó y como una amina protonada no es nucleófilo le resulta imposible reaccionar con el cloruro de acilo. Por consiguiente, se debe efectuar la reacción con la doble cantidad de amoniaco o amina que de cloruro de acilo para que se disponga de la suficiente amina no protonada para reaccionar con todo el haluro de acilo.

Formación de amidas

$$CH_3COCl + NH_3 \longrightarrow CH_3CONH_2 + HCl \xrightarrow{NH_3} \overset{+}{NH_4} Cl^-$$

$$CH_3CH_2COCl + CH_3NH_2 \longrightarrow CH_3CH_2CONHCH_3 + HCl \xrightarrow{CH_3NH_2} CH_3\overset{+}{NH_3} Cl^-$$

$$C_6H_5COCl + 2\,CH_3NHCH_3 \longrightarrow C_6H_5CON(CH_3)_2 + CH_3\overset{+}{NH_2}CH_3\, Cl^-$$

Ya que las aminas terciarias no pueden formar amidas, en lugar de exceso de amina se puede usar un equivalente de una amina terciaria como la trietilamina.

$$CH_3COCl + CH_3NH_2 \xrightarrow{(CH_3CH_2)_3N} CH_3CONHCH_3 + (CH_3CH_2)_3\overset{+}{N}H\, Cl^-$$

PROBLEMA 11 RESUELTO

a. Se obtienen dos amidas con la reacción de cloruro de acetilo y una mezcla de etilamina y propilamina. Identifique las amidas.

b. ¿Por qué sólo se obtiene una amida con la reacción de cloruro de acetilo y una mezcla de etilamina y trietilamina?

Solución de 11a Cualquiera de las aminas puede reaccionar con cloruro de acetilo, por lo que se formarán *N*-etilacetamida y *N*-propilacetamida.

$$CH_3COCl + CH_3CH_2NH_2 + CH_3CH_2CH_2NH_2 \longrightarrow CH_3CONHCH_2CH_3 + CH_3CONHCH_2CH_2CH_3$$

N-etilacetamida   *N*-propilacetamida

$$+ \ CH_3CH_2\overset{+}{N}H_3\,Cl^- + CH_3CH_2CH_2\overset{+}{N}H_3\,Cl^-$$

Solución de 11b Al principio se forman dos amidas; sin embargo, la amida que forma la trietilamina es muy reactiva porque dispone de un nitrógeno con carga positiva que la hace un excelente grupo saliente. En consecuencia, reaccionará de inmediato con la etilamina que no reaccionó y determinará que en esta reacción sólo se forme *N*-etilacetamida.

$$\underset{CH_3}{\overset{O}{\underset{\|}{C}}}\!\!-\!Cl \;+\; CH_3CH_2NH_2 \;+\; (CH_3CH_2)_3N \;\longrightarrow\; \underset{CH_3}{\overset{O}{\underset{\|}{C}}}\!\!-\!NHCH_2CH_3$$

N-etilacetamida

$$+\; \underset{CH_3}{\overset{O}{\underset{\|}{C}}}\!\!-\!\overset{+}{N}(CH_2CH_3)_3 \;\xrightarrow{CH_3CH_2NH_2}\; \underset{CH_3}{\overset{O}{\underset{\|}{C}}}\!\!-\!NHCH_2CH_3$$

N-etilacetamida

PROBLEMA 12

Ya se vio que es necesario usar un exceso de amina en la reacción con un cloruro de acilo. Explique por qué no es necesario usar un exceso de alcohol en la reacción de un cloruro de acilo con un alcohol.

PROBLEMA 13

Escriba el mecanismo de cada una de las reacciones siguientes:

a. la reacción de cloruro de acetilo con agua para formar ácido acético.
b. la reacción de bromuro de acetilo con metilamina en exceso para formar N-metilacetamida.

PROBLEMA 14◆

Si usted tuviera que partir de cloruro de acetilo ¿qué nucleófilo usaría para obtener cada uno de los compuestos siguientes?

a. $CH_3\overset{O}{\underset{\|}{C}}OCH_2CH_2CH_3$ **c.** $CH_3\overset{O}{\underset{\|}{C}}N(CH_3)_2$ **e.** $CH_3\overset{O}{\underset{\|}{C}}O\overset{O}{\underset{\|}{C}}CH_3$

b. $CH_3\overset{O}{\underset{\|}{C}}NHCH_2CH_3$ **d.** $CH_3\overset{O}{\underset{\|}{C}}OH$ **f.** $CH_3\overset{O}{\underset{\|}{C}}O\!-\!\!\bigcirc\!\!-\!NO_2$

16.9 Reacciones de los anhídridos de ácido

Los anhídridos de ácido no reaccionan con cloruro (o bromuro) de sodio porque el ion haluro entrante es una base más débil que el ion carboxilato saliente (tabla 16.1).

$$CH_3\overset{O}{\underset{\|}{C}}\!-\!O\!-\!\overset{O}{\underset{\|}{C}}CH_3 \;+\; Cl^- \;\longrightarrow\; \text{no hay reacción}$$

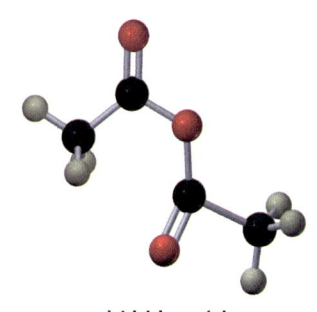

anhídrido acético

Como el ion haluro entrante es la base más débil será el sustituyente expulsado del intermediario tetraédrico. (Recuérdese que un derivado de ácido carboxílico no puede convertirse en un derivado más reactivo de ácido carboxílico, sólo en uno que sea menos reactivo, sección 16.6).

$$CH_3\overset{\ddot{O}}{\underset{\|}{C}}\!-\!O\!-\!\overset{\ddot{O}}{\underset{\|}{C}}CH_3 \;+\; :\!\ddot{Cl}\!:^- \;\rightleftharpoons\; CH_3\overset{:\ddot{O}:^-}{\underset{\underset{Cl}{|}}{C}}\!-\!O\!-\!\overset{O}{\underset{\|}{C}}CH_3$$

Un anhídrido de ácido reacciona con un alcohol para formar un éster y un ácido carboxílico; reacciona con agua para formar dos equivalentes de ácido carboxílico y con una amina para formar una amida y un ion carboxilato. En cada caso, el nucleófilo entrante, después de perder un protón, es una base más fuerte que el ion carboxilato saliente. En la reacción de una amina con un anhídrido deben usarse dos equivalentes de la amina o un equivalente de la amina más un equivalente de una amina terciaria para que haya amina suficiente para reaccionar tanto con el compuesto carbonílico como con el protón que se produce en la reacción.

$$CH_3-\underset{O}{\overset{O}{C}}-O-\underset{O}{\overset{O}{C}}-CH_3 + CH_3CH_2OH \longrightarrow CH_3-\underset{O}{\overset{O}{C}}-OCH_2CH_3 + CH_3-\underset{O}{\overset{O}{C}}-OH$$
anhídrido acético — acetato de etilo — ácido acético

$$Ph-\underset{O}{\overset{O}{C}}-O-\underset{O}{\overset{O}{C}}-Ph + H_2O \longrightarrow 2\ Ph-\underset{O}{\overset{O}{C}}-OH$$
anhídrido benzoico — ácido benzoico

$$CH_3CH_2-\underset{O}{\overset{O}{C}}-O-\underset{O}{\overset{O}{C}}-CH_2CH_3 + 2\ CH_3NH_2 \longrightarrow CH_3CH_2-\underset{O}{\overset{O}{C}}-NHCH_3 + CH_3CH_2-\underset{O}{\overset{O}{C}}-O^- \ \overset{+}{H_3NCH_3}$$
anhídrido propiónico — N-metilpropionamida

Todas estas reacciones se apegan al mecanismo general descrito en la sección 16.7. Por ejemplo, compárese el siguiente mecanismo de conversión de un anhídrido de ácido en un éster con el mecanismo de conversión de un cloruro de acilo en un éster que se presenta en la página 740.

Mecanismo de la conversión de un anhídrido de ácido en un éster (y un ácido carboxílico)

$$R-\underset{O}{\overset{\ddot{O}}{C}}-\ddot{O}-\underset{}{\overset{\ddot{O}}{C}}-R + R\ddot{O}H \rightleftharpoons R-\underset{\overset{+}{\underset{H}{\ddot{O}R}}}{\overset{:\ddot{O}:^-}{\underset{|}{C}}}-\ddot{O}-\underset{}{\overset{\ddot{O}}{C}}-R \rightleftharpoons R-\underset{:\ddot{O}R}{\overset{:\ddot{O}:^-}{\underset{|}{C}}}-\ddot{O}-\underset{}{\overset{\ddot{O}}{C}}-R \longrightarrow R-\underset{\ddot{O}R}{\overset{\ddot{O}}{C}} + :\ddot{O}-\underset{}{\overset{\ddot{O}}{C}}-R$$
:B ⟶ HB⁺

PROBLEMA 15

a. Proponga un mecanismo para la reacción de anhídrido acético y agua.
b. ¿En qué difiere este mecanismo con el de la reacción de anhídrido acético con un alcohol?

PROBLEMA 16

Ya se estudió que los anhídridos de ácido reaccionan con alcoholes, agua y aminas. ¿En cuál de estas tres reacciones el intermediario tetraédrico no tiene que perder un protón para eliminar al ion carboxilato? Explique por qué.

16.10 Reacciones de los ésteres

Los ésteres no reaccionan con los iones haluro ni carboxilato porque dichos nucleófilos son bases mucho más débiles que el grupo saliente RO:⁻ del éster y en consecuencia serían expulsadas del intermediario tetraédrico (tabla 16.1).

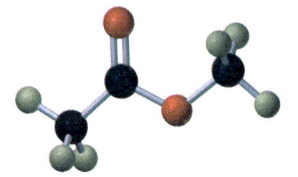

acetato de metilo

Un éster reacciona con agua para formar un ácido carboxílico y un alcohol. Se trata de un ejemplo de reacción de hidrólisis. Una **reacción de hidrólisis** es aquella reacción con agua donde un compuesto se convierte en dos compuestos (*lysis* es "descomposición" en griego).

una reacción de hidrólisis

$$CH_3-\underset{\text{acetato de metilo}}{C(=O)-OCH_3} + H_2O \underset{}{\overset{HCl}{\rightleftharpoons}} CH_3-\underset{\text{ácido acético}}{C(=O)-OH} + CH_3OH$$

Un éster reacciona con un alcohol y se forma un nuevo éster y un nuevo alcohol. Es un ejemplo de **reacción de alcohólisis**, una reacción con un alcohol que convierte a un compuesto en dos compuestos. En particular, esta reacción de alcohólisis también se denomina **reacción de transesterificación** porque un éster se convierte en otro éster.

una reacción de transesterificación

$$Ph-\underset{\text{benzoato de metilo}}{C(=O)-OCH_3} + CH_3CH_2OH \overset{HCl}{\rightleftharpoons} Ph-\underset{\text{benzoato de etilo}}{C(=O)-OCH_2CH_3} + CH_3OH$$

Tanto la hidrólisis como la alcohólisis de un éster son reacciones muy lentas porque el agua y los alcoholes son malos nucleófilos y los ésteres cuentan con grupos salientes básicos. Por consiguiente, estas reacciones siempre se catalizan cuando se practican en el laboratorio. Tanto la hidrólisis como la alcohólisis de un éster pueden catalizarse con ácidos (sección 16.11). La rapidez de la hidrólisis también se puede aumentar con el ion hidróxido (sección 16.12), y la rapidez de la alcohólisis se puede aumentar con la base conjugada (RO:⁻) del alcohol reaccionante.

Los ésteres reaccionan también con las aminas para formar amidas. Una reacción con una amina, donde un compuesto se convierte en dos compuestos, se llama **aminólisis**. Obsérvese que en la aminólisis de un éster sólo se requiere un equivalente de la amina, a diferencia de la aminólisis de un haluro de acilo o de un anhídrido de ácido donde se requieren dos equivalentes (secciones 16.8 y 16.9). Esto se debe a que el grupo saliente de un éster (RO:⁻) es más básico que la amina y entonces el ion alcóxido es el que toma el protón generado en la reacción y no la amina que no reaccionó.

reacción de aminólisis

$$CH_3CH_2-\underset{\text{propionato de etilo}}{C(=O)-OCH_2CH_3} + CH_3NH_2 \longrightarrow CH_3CH_2-\underset{\textit{N}\text{-metilpropionamida}}{C(=O)-NHCH_3} + CH_3CH_2OH$$

La reacción de un éster con una amina no es tan lenta como la de un éster con agua o con un alcohol porque una amina es un mejor nucleófilo. Esto es afortunado porque la reacción de un éster con una amina no puede catalizarse con un ácido. El ácido protonaría a la amina y una amina protonada no es nucleófila (sección 10.6). Tampoco puede catalizarse la reacción con HO:⁻ o RO:⁻ porque son mejores nucleófilos que la amina.

En la sección 7.9 se pudo ver que los fenoles son ácidos más fuertes que los alcoholes. En consecuencia, los iones fenolato (ArO:⁻) son bases más débiles que los iones alcóxido (RO:⁻) y eso quiere decir que los ésteres de fenilo son más reactivos que los ésteres de alquilo.

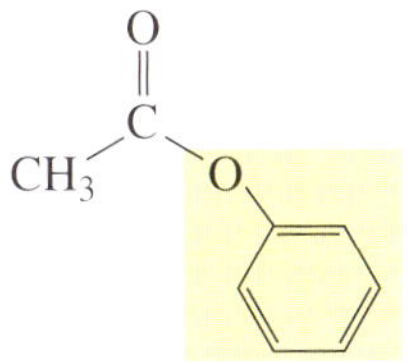

16.10 Reacciones de los ésteres

acetato de fenilo **es más reactivo que** acetato de metilo

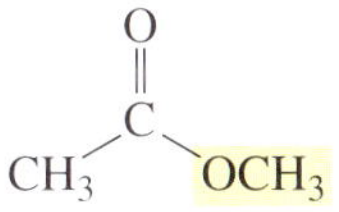

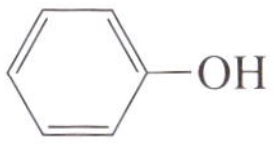

PhOH pK_a = 10.0

CH$_3$OH pK_a = 15.5

ASPIRINA

La aspirina, que se encuentra en la corteza del sauce y en las hojas de mirto, es uno de las drogas más antiguas y de uso más común. Ya en el siglo V A.C., Hipócrates describió los poderes curativos de la corteza de sauce. Aun así, no se descubrió el modo de acción de la aspirina sino hasta 1971, cuando John Vane encontró que la actividad antiinflamatoria y antifebril de la aspirina y unos compuestos relacionados llamados NSAID (de *non-steroidal anti-inflammatory agents*, agentes antiinflamatorios no esteroideos) se debían a una reacción de transesterificación que bloquea la síntesis de prostaglandinas. Las prostaglandinas desempeñan varias funciones biológicas diferentes, de las cuales una es estimular la inflamación y otra reducir la fiebre. La enzima sintasa de prostaglandina cataliza la conversión del ácido araquidónico en PGH$_2$, un precursor de las prostaglandinas, y los tromboxanos relacionados (sección 26.5).

ácido araquidónico →(sintasa de prostaglandina)→ PGH$_2$ → prostaglandinas / tromboxanos

La sintasa de prostaglandina está formada por dos enzimas. Una de ellas es la ciclooxigenasa, que tiene un grupo CH$_2$OH (llamado grupo hidroxilo de la serina por ser parte del aminoácido serina; véase la tabla 22.1, página 1019), necesario para la actividad enzimática.

El grupo CH$_2$OH reacciona con la aspirina (ácido acetilsalicílico) en una reacción de transesterificación que inactiva la enzima. Cuando la enzima se inactiva, las prostaglandinas no se pueden sintetizar y se suprime la inflamación.

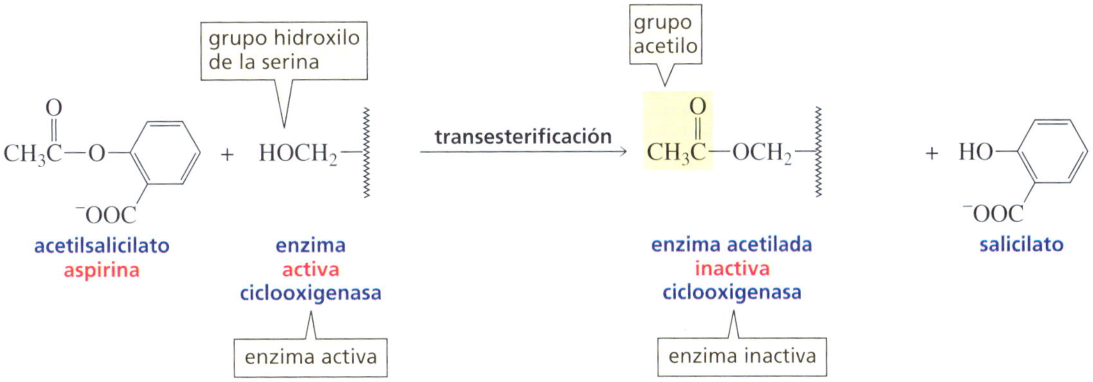

acetilsalicilato **aspirina** + HOCH$_2$– (grupo hidroxilo de la serina) **enzima activa ciclooxigenasa** —transesterificación→ CH$_3$C(O)–OCH$_2$– (grupo acetilo) **enzima acetilada inactiva ciclooxigenasa** + HO– **salicilato**

Los tromboxanos estimulan el agregamiento de las plaquetas. Debido a que la aspirina inhibe la formación de PGH$_2$, inhibe la producción de tromboxano y en consecuencia la agregación de plaquetas. Es posible que esa sea la razón por la que se ha informado que bajos niveles de aspirina reducen la incidencia de ataques cardiacos causados por la formación de coágulos sanguíneos. La actividad anticoagulante de la aspirina es la causa por la que los médicos indican no tomar aspirina durante varios días antes de una intervención quirúrgica.

PROBLEMA 17

Escriba un mecanismo para las siguientes reacciones:

a. la hidrólisis no catalizada del propionato de metilo.
b. la aminólisis de formiato de fenilo, usando metilamina.

746 CAPÍTULO 16 Compuestos carbonílicos I

> **PROBLEMA 18◆**
>
> **a.** Indique tres factores que contribuyan a que la hidrólisis no catalizada de un éster sea una reacción lenta.
>
> **b.** ¿Cuál es más rápida, la hidrólisis de un éster o la aminólisis del mismo éster?

> **PROBLEMA 19** **RESUELTO**
>
> Ordene los ésteres siguientes por reactividad decreciente en hidrólisis:
>
> $$CH_3\overset{O}{\underset{\|}{C}}-O-\phenyl \qquad CH_3\overset{O}{\underset{\|}{C}}-O-\phenyl-NO_2 \qquad CH_3\overset{O}{\underset{\|}{C}}-O-\phenyl-OCH_3$$
>
> **Solución** Tanto la formación del intermediario tetraédrico como su colapso serán más rápidas cuando el éster tenga el sustituyente nitro, atractor de electrones, y más lentas con el éster con el sustituyente metoxi, que es donador de electrones. *Formación del intermediario tetraédrico:* un sustituyente atractor de electrones aumenta la susceptibilidad del éster frente al ataque nucleofílico, y un sustituyente donador de electrones hace disminuir esta susceptibilidad. *Colapso del intermediario tetraédrico:* la atracción de electrones aumenta la acidez y la donación de electrones disminuye la acidez. Por consiguiente, el *para*-nitrofenol, con su fuerte grupo atractor de electrones es un ácido más fuerte que el fenol, y éste es un ácido más fuerte que el *para*-metoxifenol, que dispone de un fuerte grupo donador de electrones. Por lo anterior, el ion *para*-nitrofenolato es la base más débil y el mejor grupo saliente de los tres, mientras que el ion *para*-metoxifenolato es la base más fuerte y el peor grupo saliente. Entonces,
>
> $$CH_3\overset{O}{\underset{\|}{C}}-O-\phenyl-NO_2 \;>\; CH_3\overset{O}{\underset{\|}{C}}-O-\phenyl \;>\; CH_3\overset{O}{\underset{\|}{C}}-O-\phenyl-OCH_3$$

16.11 Hidrólisis de ésteres y transesterificación catalizadas por ácido

Ya se explicó que los ésteres se hidrolizan con lentitud porque el agua es un mal nucleófilo y los ésteres cuentan con grupos salientes muy básicos. No obstante, la rapidez de la hidrólisis se puede incrementar sea con ácido o con $HO:^-$. Cuando el lector examine los mecanismos de tales reacciones debe centrar su atención en las dos propiedades siguientes, válidas para todas las reacciones orgánicas:

1. En una reacción catalizada por ácido, todos los compuestos y productos orgánicos intermediarios tienen carga positiva o son neutros; *en disoluciones ácidas no se forman compuestos intermediarios ni productos orgánicos con carga negativa.*

2. En una reacción en la que se usa $HO:^-$ para aumentar la rapidez de la reacción, todos los compuestos y productos orgánicos intermediarios presentan carga negativa o son neutros; *en disoluciones básicas no se forman compuestos intermediarios ni productos orgánicos con carga positiva.*

Hidrólisis de ésteres con grupos alquilo primarios o secundarios

Ya se planteó que cuando se agrega un ácido a una reacción lo primero que sucede es que el ácido protona al átomo de reactivo que tenga la mayor densidad electrónica. Por consiguiente, el ácido protona al oxígeno del grupo carbonilo.

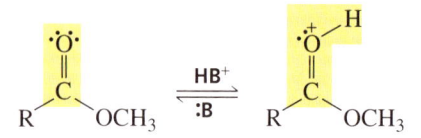

$$R-\overset{\overset{\displaystyle :\ddot{O}:}{\|}}{C}-OCH_3 \quad\underset{:B}{\overset{HB^+}{\rightleftharpoons}}\quad R-\overset{\overset{\displaystyle :\overset{+}{O}-H}{\|}}{C}-OCH_3$$

HB⁺ representa a las especies en la disolución que son capaces de donar un protón y **:B** representa a las especies en la disolución que son capaces de abstraer un protón.

Las formas resonantes del éster muestran por qué el oxígeno del grupo carbonilo es el átomo que cuenta con la máxima densidad electrónica.

estructuras resonantes de un éster

este átomo tiene la mayor densidad electrónica

A continuación se presenta el mecanismo de la hidrólisis de un éster catalizada por ácido.

Mecanismo de la hidrólisis de un éster, catalizada por ácido

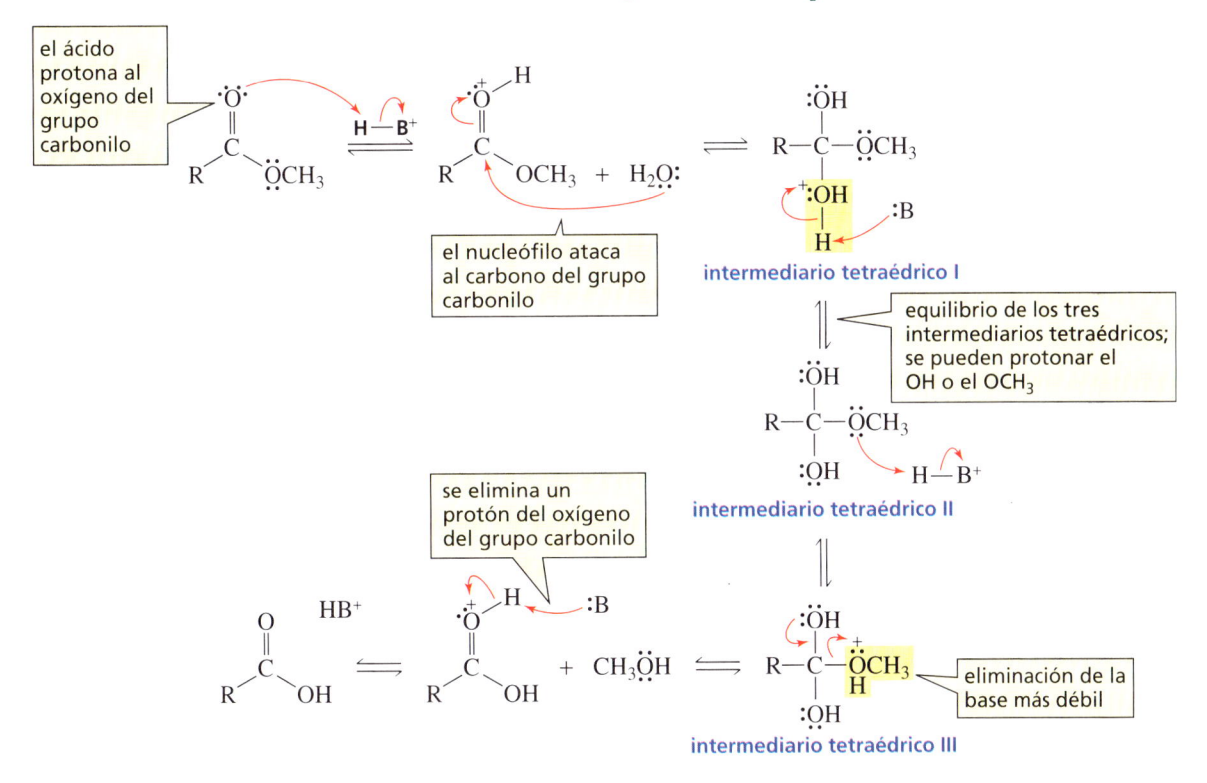

- el ácido protona al oxígeno del grupo carbonilo
- el nucleófilo ataca al carbono del grupo carbonilo
- intermediario tetraédrico I
- equilibrio de los tres intermediarios tetraédricos; se pueden protonar el OH o el OCH$_3$
- intermediario tetraédrico II
- se elimina un protón del oxígeno del grupo carbonilo
- intermediario tetraédrico III
- eliminación de la base más débil

- El ácido protona al oxígeno del grupo carbonilo.
- El nucleófilo (H$_2$O) ataca al carbono del grupo carbonilo del grupo carbonilo protonado y forma un intermediario tetraédrico protonado.
- El intermediario tetraédrico protonado (intermediario tetraédrico I) está en equilibrio con su forma no protonada (intermediario tetraédrico II).
- Una vez que se forma el intermediario tetraédrico no protonado, el grupo OH o el grupo OR de este intermediario (en este caso OR es OCH$_3$) puede protonarse; en un caso se vuelve a formar el intermediario tetraédrico I (se protona el OH), y en el otro caso se forma el intermediario tetraédrico III (se protona el OR). (Ya se sabe, por la sección 1.24, que la cantidad relativa de los tres intermediarios tetraédricos dependen de los valores de pH de la disolución y del pK_a de los intermediarios protonados).
- Cuando se colapsa el intermediario tetraédrico I, expulsa H$_2$O en preferencia al CH$_3$O:⁻ (porque el H$_2$O es una base más débil) y vuelve a formar el éster. Cuando el intermediario tetraédrico III se colapsa, expulsa CH$_3$OH y no HO:⁻ (porque el CH$_3$OH es una base más débil) para formar el ácido carboxílico. Ya que el H$_2$O y el CH$_3$OH tienen la misma basicidad aproximada, habrá tanta probabilidad de que se colapse el compuesto

VCL Hidrólisis de ésteres

intermediario I y vuelva a formar el éster, que el intermediario tetraédrico III se colapse y forme el ácido carboxílico. (Hay mucha menor probabilidad de que el intermediario tetraédrico II se colapse porque tanto HO:$^-$ como CH$_3$O:$^-$ son bases fuertes).

- La eliminación de un protón del ácido carboxílico protonado o del éster protonado forma los compuestos carbonílicos neutros. Ya que los intermediarios tetraédricos I y III tienen igual probabilidad de colapsarse, cuando la reacción alcance el equilibrio habrá tanto éster como ácido carboxílico, aproximadamente en cantidades iguales.

$$R-\underset{OCH_3}{\overset{O}{\underset{\|}{C}}} + H_2O \underset{}{\overset{HCl}{\rightleftharpoons}} R-\underset{OH}{\overset{O}{\underset{\|}{C}}} + CH_3OH$$

cuando la reacción ha alcanzado el equilibrio, estarán presentes tanto el éster como el ácido carboxílico aproximadamente en cantidades iguales

Tutorial del alumno:
Manipulación del equilibrio
(Manipulating the equilibrium)

Se puede usar un exceso de agua para desplazar al equilibrio hacia la derecha (principio de Le Châtelier, sección 3.7), o bien, si el punto de ebullición del alcohol es bastante menor que los de los demás componentes de la reacción, ésta puede desplazarse hacia la derecha, destilando el alcohol producido a medida que se forme.

$$R-\underset{OCH_3}{\overset{O}{\underset{\|}{C}}} + \underset{\text{exceso}}{H_2O} \underset{}{\overset{HCl}{\rightleftharpoons}} R-\underset{OH}{\overset{O}{\underset{\|}{C}}} + CH_3OH$$

El mecanismo de la reacción catalizada por ácido de un alcohol con un ácido carboxílico para formar un éster y agua es el inverso exacto del mecanismo de la reacción catalizada por ácido de la hidrólisis de un éster para formar un ácido carboxílico y un alcohol. Si el producto que se desea es el éster, la reacción debe hacerse bajo condiciones que desplacen el equilibrio hacia la izquierda, por ejemplo usando un exceso de alcohol o eliminando agua a medida que se forme (sección 16.14).

$$R-\underset{OCH_3}{\overset{O}{\underset{\|}{C}}} + H_2O \underset{}{\overset{HCl}{\rightleftharpoons}} R-\underset{OH}{\overset{O}{\underset{\|}{C}}} + \underset{\text{exceso}}{CH_3OH}$$

PROBLEMA 20◆

¿Qué productos se formarán en la hidrólisis de los siguientes ésteres catalizada por ácido?

a. C$_6$H$_5$—CO—OCH$_2$CH$_3$ b. CH$_3$CH$_2$CH$_2$—CO—OCH$_3$ c. δ-valerolactona

PROBLEMA 21

A partir del mecanismo de la hidrólisis de un éster catalizada por ácido, escriba el mecanismo de la reacción de ácido acético y metanol para formar acetato de metilo; muestre todas las flechas curvas. Use HB$^+$ y :B para representar especies donadoras y abstractoras de protón, respectivamente.

Ahora se pasará a estudiar cómo es que el ácido aumenta la rapidez de la hidrólisis de los ésteres. El ácido es un catalizador. Recuérdese que un **catalizador** es una sustancia que aumenta la rapidez de una reacción sin consumirse ni modificarse en la reacción general (sección 4.5). Para que un catalizador aumente la rapidez de una reacción debe aumentar la rapidez de su paso lento, porque si cambia la rapidez de un paso rápido no se afectará la rapidez de la reacción total. Cuatro de los seis pasos del mecanismo de hidrólisis de un éster catalizada por ácido son pasos de transferencia de protón. La transferencia de protón hacia o desde un átomo electronegativo, como el de oxígeno o nitrógeno, siempre es un paso rápido. Los otros dos pasos del mecanismo, formación del intermediario tetraédrico y su colapso, son relativamente lentos. El ácido aumenta la rapidez de ambos pasos.

El ácido aumenta *la rapidez de formación del intermediario tetraédrico* porque protona al oxígeno del grupo carbonilo. Los grupos carbonilo protonados son más susceptibles frente al ataque nucleofílico que los no protonados porque un oxígeno con carga positiva es más atractor de electrones que un oxígeno neutro. La mayor avidez del oxígeno por electrones determina que el carbono del grupo carbonilo resulte más deficiente en electrones, lo cual aumenta su atracción hacia los nucleófilos.

la protonación del oxígeno del grupo carbonilo aumenta la susceptibilidad del carbono del grupo carbonilo frente al ataque nucleofílico

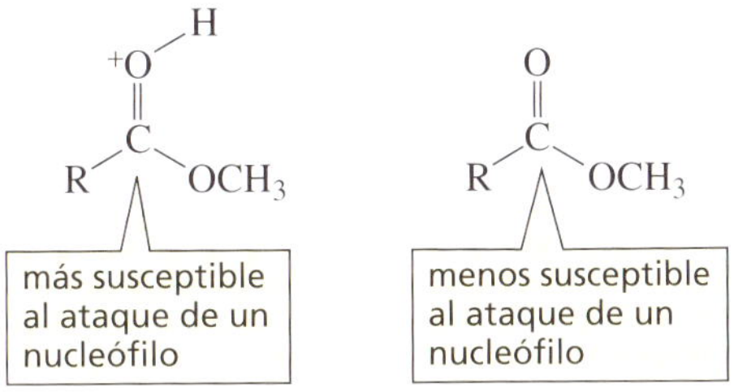

más susceptible al ataque de un nucleófilo

menos susceptible al ataque de un nucleófilo

El ácido aumenta *la rapidez de colapso del intermediario tetraédrico* al disminuir la basicidad del grupo saliente, por lo que el grupo se elimina con más facilidad. En la hidrólisis de un éster catalizada por ácido, el grupo saliente es ROH (en este caso CH_3OH), una base más débil que el grupo saliente (RO:$^-$; en este caso CH_3O:$^-$) en la reacción no catalizada.

intermediario tetraédrico en la hidrólisis de un éster catalizada por ácido

intermediario tetraédrico en la hidrólisis de un éster sin catalizador

Un catalizador ácido incrementa la reactividad del grupo carbonilo.

Un catalizador ácido puede convertir un grupo en un mejor grupo saliente.

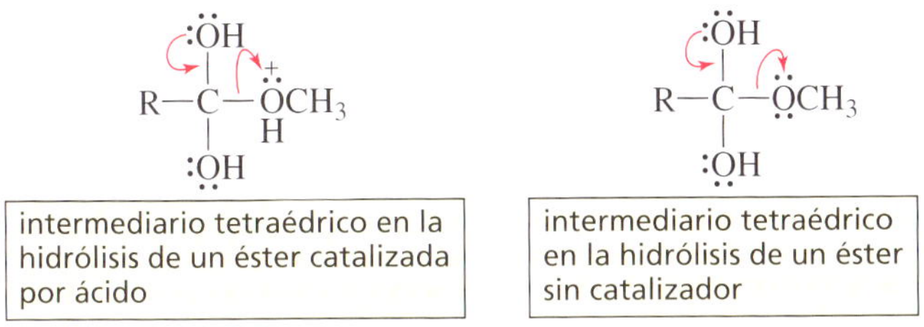

PROBLEMA 22◆

En el mecanismo de hidrólisis de un éster catalizada por ácido:

a. ¿qué especies se podrían representar por HB^+?
b. ¿qué especies podrían representarse por :B?
c. ¿cuál especie será HB^+ con más probabilidad en una reacción de hidrólisis?
d. ¿cuál especie será HB^+ con más probabilidad en la reacción inversa?

Hidrólisis de ésteres con grupos alquilo terciarios

Los ésteres que tienen grupos alquilo terciarios participan en la hidrólisis catalizada por ácido con mucha mayor rapidez que otros ésteres porque se hidrolizan por medio de un mecanismo totalmente diferente donde no intervienen la formación de un intermediario tetraédrico. La hidrólisis de un éster con un grupo alquilo terciario es una reacción S_N1 porque cuando el ácido carboxílico se elimina deja atrás un carbocatión terciario relativamente estable.

Mecanismo de hidrólisis de un éster con grupo alquilo terciario

- Un ácido protona al oxígeno del grupo carbonilo.
- El grupo saliente se aleja y se forma un carbocatión terciario.
- Un nucleófilo reacciona con el carbocatión.
- Una base abstrae un protón del alcohol protonado, fuertemente ácido.

PROBLEMA 23 RESUELTO

¿Cómo se podrá preparar butanona a partir de butano?

$$CH_3CH_2CH_2CH_3 \xrightarrow{?} CH_3CCH_2CH_3$$
butano → butanona

Solución Sabemos que la primera reacción debe ser una halogenación por radicales libres porque es la única en la que participa un alcano. La bromación tendrá mayor rendimiento del compuesto 2-halosustituido que se desea con respecto a la cloración porque el radical bromo es más selectivo que el cloro. Para incrementar el rendimiento del producto de la sustitución (sección 9.8), el bromuro de alquilo se trata con el ion acetato (una base débil) y el éster se hidroliza al alcohol que forma el compuesto deseado cuando se oxida.

$$CH_3CH_2CH_2CH_3 \xrightarrow[h\nu]{Br_2} CH_3CHBrCH_2CH_3 \xrightarrow{CH_3COO^-} CH_3CH(OCCH_3)CH_2CH_3 \xrightarrow{} CH_3CHOHCH_2CH_3 \xrightarrow[H_2O]{HCl} \xrightarrow[H_2SO_4]{Na_2Cr_2O_7} CH_3CCH_2CH_3$$

Transesterificación

La transesterificación es la reacción de un éster con un alcohol y también es catalizada por ácidos. El mecanismo de transesterificación catalizada por un ácido es idéntico al de la hidrólisis de un éster catalizada por un ácido (para ésteres con grupos alquilo primarios o secundarios), excepto que el nucleófilo es ROH y no H₂O. Como en la hidrólisis de un éster, los grupos salientes en el intermediario tetraédrico formado en la transesterificación tienen la misma basicidad aproximada. En consecuencia, se debe usar un exceso del alcohol que se usa como reactivo para obtener más producto deseado.

$$CH_3COOCH_3 + CH_3CH_2CH_2OH \xrightleftharpoons{HCl} CH_3COOCH_2CH_2CH_3 + CH_3OH$$
acetato de metilo + alcohol propílico (exceso) ⇌ acetato de propilo + alcohol metílico

PROBLEMA 24

Escriba el mecanismo de la reacción de transesterificación del acetato de metilo con metanol catalizada con ácido.

16.12 Hidrólisis de ésteres activada por el ion hidróxido

La rapidez de hidrólisis de un éster puede aumentarse si la reacción se efectúa en una disolución básica. Al igual que un catalizador ácido, el ion hidróxido aumenta la rapidez de los dos pasos lentos de la reacción, la formación del intermediario tetraédrico y el colapso del mismo.

Mecanismo de la hidrólisis de un éster activada por el ion hidróxido

mientras más básica es la disolución, su concentración es menor

El ion hidróxido aumenta la rapidez de formación del intermediario tetraédrico porque el $HO:^-$ es mejor nucleófilo que el H_2O. El ion hidróxido aumenta la rapidez de colapso del intermediario tetraédrico porque una fracción menor de este intermediario con carga negativa se protona en una disolución básica; un oxígeno con carga negativa puede expulsar con más facilidad al grupo saliente ($RO:^-$), muy básico, porque el oxígeno no desarrolla una carga positiva parcial en el estado de transición. (La cantidad relativa de los intermediarios tetraédricos neutros y con carga negativa dependen del pH de la disolución y del valor de pK_a del intermediario tetraédrico neutro; véase la sección 1.24).

Obsérvese que cuando se elimina el $CH_3O:^-$, los productos finales no son el ácido carboxílico ni el ion metóxido porque si sólo se protona una especie será la más básica. Los productos finales son el ion carboxilato y metanol, porque el $CH_3O:^-$ es más básico que el $CH_3COO:^-$. Como los iones carboxilato tienen carga negativa, no son atacados por los nucleófilos.

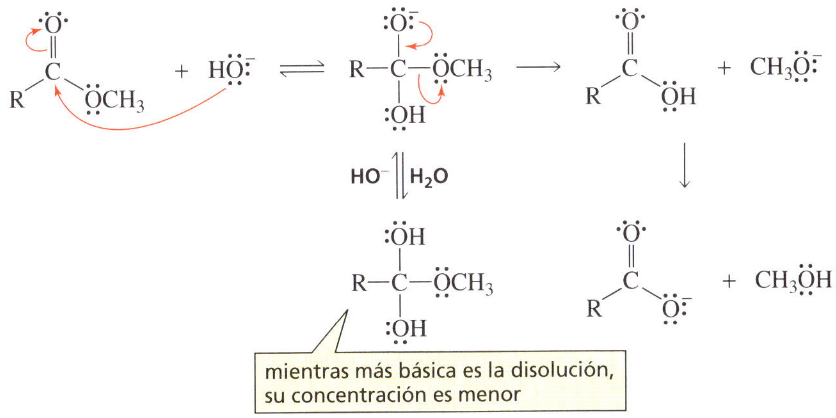

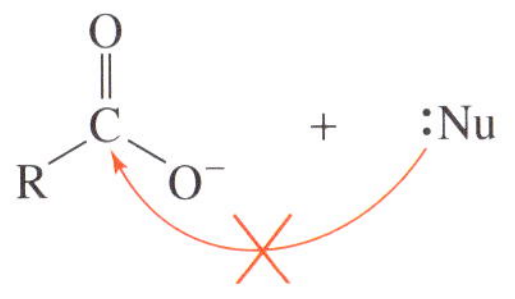

El ion hidróxido es mejor nucleófilo que el agua.

Por lo anterior, la hidrólisis de un éster activada por el ion hidróxido, a diferencia de la hidrólisis de un éster catalizada por ácido, *no es* una reacción reversible.

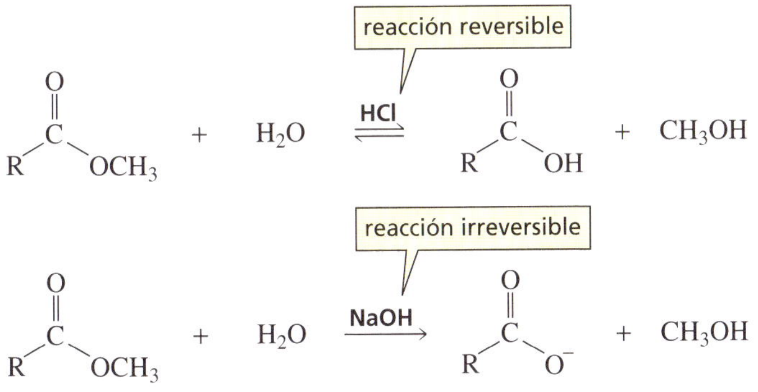

Esta reacción se llama *reacción activada por el ion hidróxido*, y no reacción catalizada por base, porque el ion hidróxido aumenta la rapidez del primer paso de la reacción al ser mejor nucleófilo que el agua y no por ser una base más fuerte que el agua; también porque en la reacción general se consume el ion hidróxido. Para ser un catalizador, una especie no debe modificarse ni consumirse en la reacción (sección 16.11). Entonces, en realidad el ion hidróxido es un reactivo y no un catalizador, por lo que resulta más correcto llamar a la reacción *activada* por el ion hidróxido que *catalizada* por el ion hidróxido.

El ion hidróxido sólo promueve reacciones de hidrólisis; no activa reacciones de transesterificación ni de aminólisis. El ion hidróxido no puede activar reacciones de derivados de ácidos grasos con alcoholes o con aminas porque una función del ion hidróxido es suministrar un nucleófilo fuerte para el primer paso de la reacción. Cuando se supone que el nucleófilo es un alcohol o una amina, un ataque nucleofílico por el ion hidróxido formaría un producto diferente al que se formaría con el alcohol o con la amina. Se puede usar el hidróxido para activar una reacción de hidrólisis porque se forma el mismo producto, aunque el nucleófilo atacante sea H_2O o $HO:^-$.

Las reacciones en las que el nucleófilo es un alcohol pueden activarse con la base conjugada del alcohol. La función del ion alcóxido es tener un nucleófilo fuerte en la reacción, así que sólo pueden activarse reacciones en las que el nucleófilo sea un alcohol con la base conjugada de ese alcohol.

$$PhC(=O)OCH_3 + CH_3CH_2OH \;(\text{exceso}) \xrightarrow{CH_3CH_2O^-} PhC(=O)OCH_2CH_3 + CH_3OH$$

PROBLEMA 25

a. ¿Qué especie que no sea un ácido se puede usar para aumentar la rapidez de una reacción de transesterificación para convertir acetato de metilo en acetato de propilo?

b. Explique por qué la rapidez de aminólisis de un éster no puede aumentarse con H^+, $HO:^-$ o $RO:^-$.

16.13 Confirmación del mecanismo de las reacciones de sustitución nucleofílica en el grupo acilo

BIOGRAFÍA

Myron L. Bender (1924–1988) *nació en St. Louis, E.U.A. Fue profesor de química en el Illinois Institute of Technology y en la Northwestern University.*

El lector ha visto que las reacciones de sustitución nucleofílica en el grupo acilo siguen un mecanismo en el que se forma un intermediario tetraédrico, que después desaparece. Sin embargo, el intermediario tetraédrico es demasiado inestable para poderlo aislar. Entonces, ¿cómo se conoce su existencia? ¿Cómo se sabe que la reacción no se efectúa mediante un mecanismo de desplazamiento directo (parecida al mecanismo de una reacción S_N2) en el que el nucleófilo que llega ataca al carbono del grupo carbonilo y desplaza al grupo saliente, mecanismo donde no se rompe el enlace π y entonces no forma un intermediario tetraédrico?

$$\overset{\delta-}{HO}\cdots\underset{R}{\overset{\overset{\displaystyle O}{\|}}{C}}\cdots\overset{\delta-}{OR}$$

estado de transición en un mecanismo hipotético de desplazamiento directo en un paso

Para contestar lo anterior, Myron Bender investigó la hidrólisis del benzoato de etilo, activada por el ion hidróxido, después de haber marcado al oxígeno carbonílico del benzoato de etilo con ^{18}O. Cuando aisló al benzoato de etilo de la mezcla de reacción, encontró que algo del éster ya no estaba marcado. Si la reacción se hubiera efectuado por un mecanismo de desplazamiento directo en un paso, todo el éster aislado habría quedado marcado

16.13 Confirmación del mecanismo de las reacciones de sustitución nucleofílica en el grupo acilo

porque el grupo carbonilo no habría participado en la reacción. Por otro lado, si el mecanismo implicara a un intermediario tetraédrico, algo del éster aislado ya no estaría marcado porque la marca isotópica se habría transferido al ion hidróxido. Con este experimento, Bender obtuvo la prueba de la formación reversible de un intermediario tetraédrico.

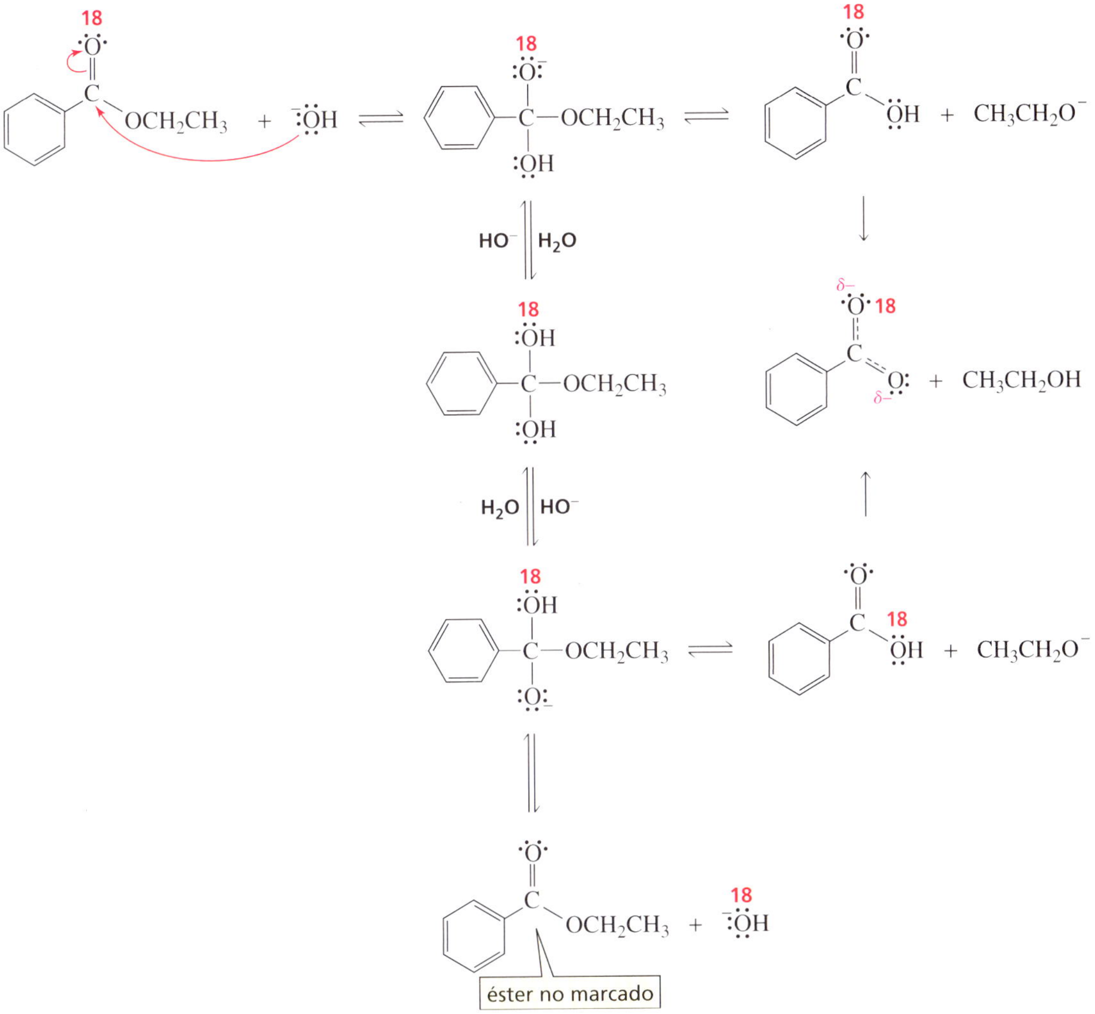

PROBLEMA 26◆

Si se dejan reaccionar ácido butanoico y metanol marcado con ^{18}O bajo condiciones ácidas ¿qué compuestos estarán marcados cuando la reacción haya llegado al equilibrio?

PROBLEMA 27◆

D. N. Kursanov, químico ruso, demostró que el enlace que se rompe en la hidrólisis de un éster activada por el ion hidróxido es el enlace C—O de acilo y no el C—O de alquilo, al estudiar la reacción del éster siguiente con HO:⁻/H₂O:

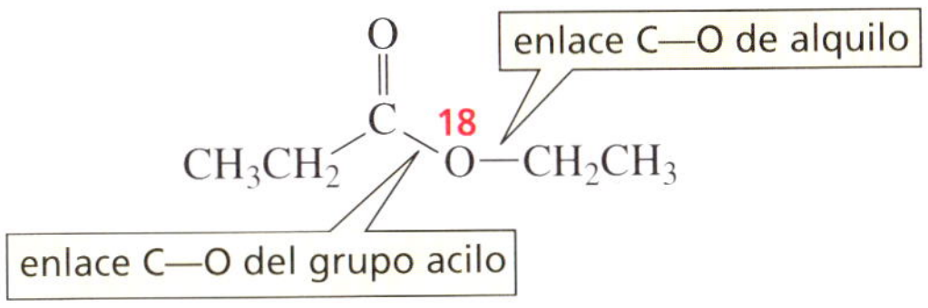

a. ¿Cuál de los productos retuvo la marca de ^{18}O?
b. ¿Cuál producto habría contenido a la marca de ^{18}O si se hubiera roto el enlace C—O de alquilo?

754 CAPÍTULO 16 Compuestos carbonílicos I

PROBLEMA 28 RESUELTO

Antes, se consideraban varios mecanismos posibles para la hidrólisis de un éster activada por el ion hidróxido:

1. Una reacción de sustitución nucleofílica en el grupo acilo

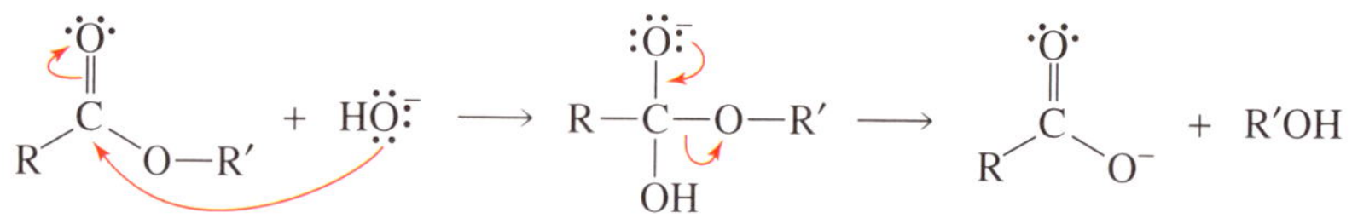

$$R-\underset{\underset{O-R'}{\|}}{C}=O \;+\; HO^- \longrightarrow R-\underset{\underset{OH}{|}}{\overset{O^-}{\underset{|}{C}}}-O-R' \longrightarrow R-\underset{\underset{O^-}{\|}}{C}=O \;+\; R'OH$$

2. Una reacción S_N2

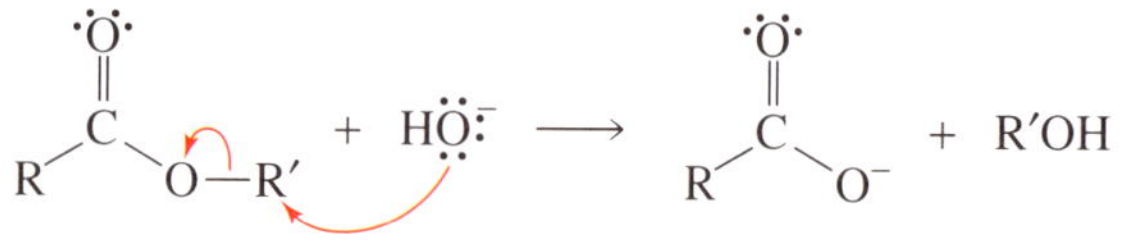

$$R-\underset{\underset{O-R'}{\|}}{C}=O \;+\; HO^- \longrightarrow R-\underset{\underset{O^-}{\|}}{C}=O \;+\; R'OH$$

3. Una reacción S_N1

$$R-\underset{\underset{O-R'}{\|}}{C}=O \longrightarrow R-\underset{\underset{O^-}{\|}}{C}=O \;+\; R'^+ \xrightarrow{HO^-} R'OH$$

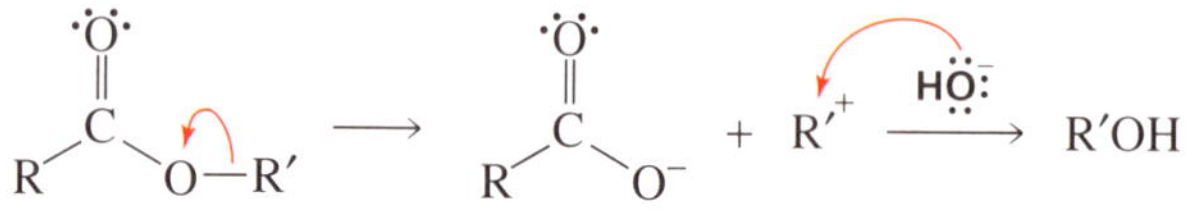

Describa un experimento que demuestre cuál es el mecanismo real.

Solución Comenzaremos con un solo estereoisómero de un alcohol cuyo grupo OH esté unido a un centro estereogénico, determinando la rotación específica del alcohol. A continuación convertiremos el alcohol en un éster, un método que no rompa enlaces con el centro asimétrico. Después hidrolizaremos el éster, aislaremos al alcohol obtenido de la hidrólisis y determinaremos su rotación específica.

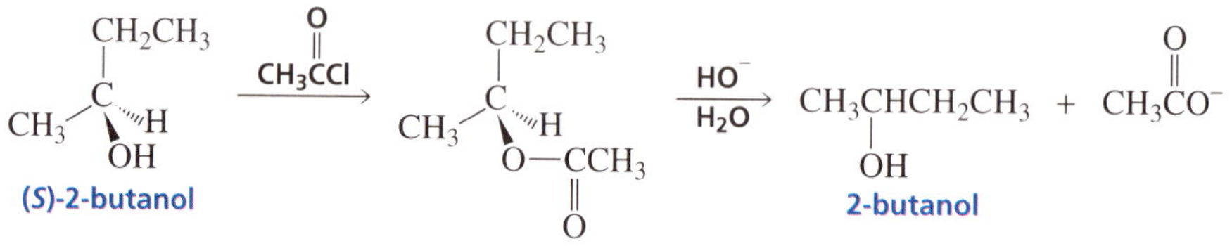

$$\underset{\text{(S)-2-butanol}}{\overset{CH_2CH_3}{\underset{OH}{\underset{|}{CH_3-\overset{|}{C}-H}}}} \xrightarrow{CH_3CCl\;(O)} \underset{\text{acetato de (S)-2-butilo}}{\overset{CH_2CH_3}{\underset{O-CCH_3\;(O)}{\underset{|}{CH_3-\overset{|}{C}-H}}}} \xrightarrow[H_2O]{HO^-} \underset{\text{2-butanol}}{CH_3CHCH_2CH_3\;(OH)} \;+\; CH_3CO^-\;(O)$$

Si la reacción es de sustitución nucleofílica en el grupo acilo, el alcohol producido tendrá la misma rotación específica que el alcohol reactivo porque no se rompieron enlaces con el centro estereogéncio (sección 5.14).

Si la reacción es S_N2, el alcohol producto y el alcohol reactivo tendrán rotaciones específicas opuestas porque en el mecanismo se requiere el ataque del centro estereogénico por detrás (sección 8.2).

Si la reacción es S_N1, el producto alcohol tendrá una rotación específica pequeña (o de cero) porque el mecanismo requiere la formación de carbocatión, que conduce a la racemización del alcohol (sección 8.7).

16.14 Jabones, detergentes y micelas

Las **grasas** y los **aceites** son triésteres de la glicerina. La glicerina (o "*glicerol*") contiene tres grupos alcohol y por consiguiente puede formar tres grupos éster. Cuando los grupos éster de una grasa o un aceite se hidrolizan en una disolución básica se forman glicerina y iones carboxilato. Los ácidos carboxílicos que en las grasas y los aceites están unidos a la

16.14 Jabones, detergentes y micelas

glicerina tienen grupos R largos y lineales (no ramificados). Como se obtienen a partir de las grasas, a los ácidos carboxílicos lineales de cadena larga se les llama **ácidos grasos**. En la sección 26.1 se explica que la diferencia entre una grasa y un aceite reside en la estructura de los ácidos grasos.

$$\begin{array}{c} CH_2O-\overset{O}{\overset{\|}{C}}-R^1 \\ | \\ CHO-\overset{O}{\overset{\|}{C}}-R^2 \\ | \\ CH_2O-\overset{O}{\overset{\|}{C}}-R^3 \end{array} + H_2O \xrightarrow{NaOH} \begin{array}{c} CH_2OH \\ | \\ CHOH \\ | \\ CH_2OH \end{array} + \begin{array}{c} R^1-\overset{O}{\overset{\|}{C}}-O^- Na^+ \\ R^2-\overset{O}{\overset{\|}{C}}-O^- Na^+ \\ R^3-\overset{O}{\overset{\|}{C}}-O^- Na^+ \end{array}$$

una grasa o un aceite   glicerol   sales de sodio de ácidos grasos
                                                    jabón

Los **jabones** son sales sódicas o potásicas de los ácidos grasos. Así, los jabones se obtienen cuando las grasas o los aceites se hidrolizan bajo condiciones básicas. La hidrólisis de un éster en una disolución básica se llama **saponificación**, de *sapo*, "jabón" en latín. Tres de los jabones más comunes son:

$$CH_3(CH_2)_{16}\overset{O}{\overset{\|}{C}}O^- Na^+ \qquad CH_3(CH_2)_7CH=CH(CH_2)_7\overset{O}{\overset{\|}{C}}O^- Na^+$$
estearato de sodio   oleato de sodio

$$CH_3(CH_2)_4CH=CHCH_2CH=CH(CH_2)_7\overset{O}{\overset{\|}{C}}O^- Na^+$$
linoleato de sodio

PROBLEMA 29 RESUELTO

El aceite obtenido del coco es excepcional, porque los tres ácidos grasos componentes son idénticos. La fórmula molecular del aceite es $C_{45}H_{86}O_6$. ¿Cuál es la fórmula molecular del ion carboxilato obtenido al saponificar el aceite?

Solución Cuando se saponifica el aceite forma glicerina y tres equivalentes del ion carboxilato. Al perder glicerol, la grasa pierde tres carbonos y cinco hidrógenos. Así, los tres equivalentes del ion carboxilato tienen una fórmula molecular combinada $C_{42}H_{81}O_6$. Al dividir entre tres, se obtiene la fórmula molecular $C_{14}H_{27}O_2$ para el ion carboxilato.

Los iones carboxilato de cadena larga no existen como iones individuales en disolución acuosa. En lugar de ello se ordenan en grupos esféricos llamados **micelas**, como se aprecia en la figura 16.4. Cada micela contiene de 50 a 100 iones carboxilato y se parece a una pelota grande. Las cabezas polares de los iones carboxilato, acompañada cada una por un contraion, están en el exterior de la pelota, por su atracción hacia el agua, mientras que las colas no polares están sepultadas en el interior de la pelota para minimizar su contacto con el agua. Las fuerzas de atracción entre las cadenas de hidrocarburos en agua (como las que "perciben" las colas de iones carboxilato) se llaman **interacciones hidrofóbicas** (sección 22.15). El jabón tiene acción limpiadora porque las moléculas no polares de aceite, que arrastran la mugre, se disuelven en el interior apolar de la micela y se eliminan con ésta durante el enjuagado.

estearato

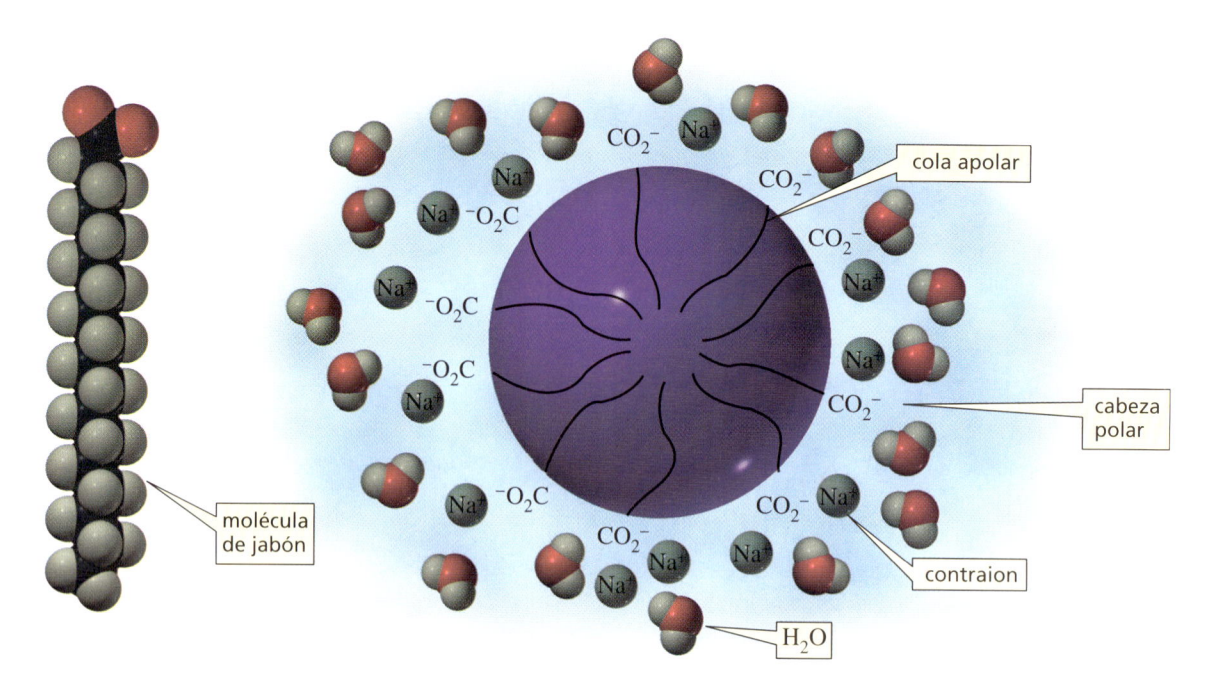

▲ **Figura 16.4**
En disolución acuosa, el jabón forma micelas. Las cabezas polares (grupos carboxilato) de las moléculas de jabón forman la superficie externa de la micela; las colas apolares (grupos R del ácido graso) se prolongan hacia el interior de la micela.

Como la superficie de la micela tiene carga negativa, con frecuencia las micelas individuales se repelen entre sí y no se agrupan formando agregados mayores. Sin embargo, en el agua "dura", agua que contiene grandes concentraciones de iones de calcio y magnesio (por haberlos lixiviado de las rocas y los suelos), las micelas sí forman agregados. En el agua dura, por consiguiente, los jabones forman un precipitado, al que se denomina "marca de la tina" o "nata de jabón".

FABRICACIÓN DE JABÓN

Durante miles de años se preparó jabón calentando grasa animal con cenizas de madera. Las cenizas contienen carbonato de potasio y su disolución acuosa es básica. En el método industrial moderno para fabricar jabón, las grasas o los aceites se hierven en hidróxido de sodio acuoso. A continuación se agrega cloruro de sodio para precipitar el jabón, que se seca y prensa en forma de panes. Se puede agregar perfume, en los jabones con olor, se agregan colorantes para los jabones coloreados, se añade arena para los jabones abrasivos y se sopla aire en el jabón para que flote en el agua.

La formación de nata de jabón en el agua dura llevó a buscar materiales sintéticos que tuvieran las propiedades limpiadoras del jabón, pero que no formaran nata al encontrar iones de calcio y magnesio. Los "jabones" sintéticos que se desarrollaron, llamados **detergentes** (de *detergere*, que en latín significa "enjugar"), son sales de ácidos bencensulfónicos. Las sales de sulfonato de calcio y magnesio no forman agregados. Después de la introducción inicial de los detergentes en el mercado, se descubrió que los grupos alquilo de cadena lineal son biodegradables, mientras que los de cadena ramificada no lo son. Para evitar que los detergentes contaminaran ríos y lagos, sólo se fabrican con grupos alquilo de cadena lineal.

16.15 Reacciones de los ácidos carboxílicos

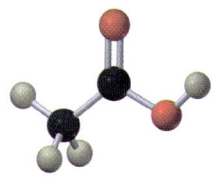

Los ácidos carboxílicos pueden presentar reacciones de sustitución nucleofílica en el grupo acilo cuando están como ácidos. Cuando se encuentran en su forma básica no pueden presentar reacciones de sustitución nucleofílica en el grupo acilo porque el ion carboxilato tienen una carga negativa y es resistente al ataque nucleofílico. Así, los iones carboxilato son todavía menos reactivos que las amidas en las reacciones de sustitución nucleofílica en el grupo acilo.

reactividad relativa en la sustitución nucleofílica en el grupo acilo

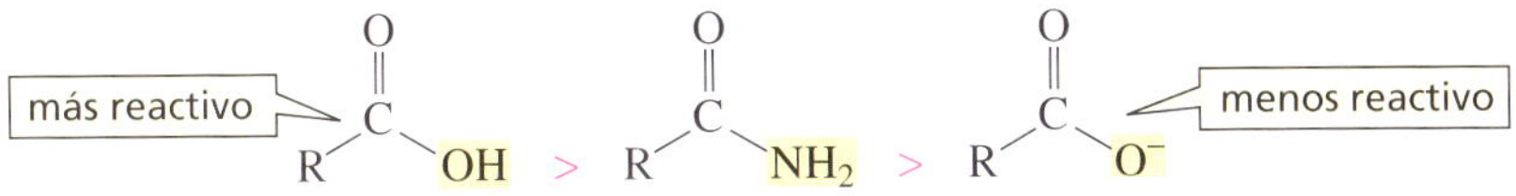

$$\underset{\text{más reactivo}}{R-\overset{O}{\underset{\|}{C}}-OH} > R-\overset{O}{\underset{\|}{C}}-NH_2 > \underset{\text{menos reactivo}}{R-\overset{O}{\underset{\|}{C}}-O^-}$$

Los ácidos carboxílicos muestran aproximadamente la misma reactividad que los ésteres porque el grupo saliente HO:⁻ de un ácido carboxílico presenta más o menos la misma basicidad que el grupo saliente RO:⁻ de un éster. Entonces, como los ésteres, los ácidos carboxílicos no reaccionan con los iones haluro ni con los iones carboxilato.

Los ácidos carboxílicos reaccionan con los alcoholes para formar ésteres. La reacción debe tener lugar en una disolución ácida, no sólo para catalizarla sino también para mantener al ácido carboxílico en su forma ácida, lo que lo habilita para reaccionar con el nucleófilo. Ya que el intermediario tetraédrico que se forma en esta reacción dispone de dos grupos salientes potenciales con la misma basicidad aproximada, la reacción debe llevarse a cabo con un exceso de alcohol para desplazarla hacia los productos. Emil Fischer (sección 5.6) fue quien descubrió que un éster se puede preparar tratando un ácido carboxílico con alcohol en exceso, en presencia de un catalizador ácido, por lo que la reacción se llama **esterificación de Fischer**. Su mecanismo es el inverso exacto del mecanismo de hidrólisis de un éster catalizada por ácido, descrita en la sección 16.11. Véase también el problema 21.

$$CH_3-\overset{O}{\underset{\|}{C}}-OH + CH_3OH \underset{}{\overset{HCl}{\rightleftharpoons}} CH_3-\overset{O}{\underset{\|}{C}}-OCH_3 + H_2O$$

ácido acético   alcohol metílico   acetato de metilo
                    exceso

Los ácidos carboxílicos no presentan reacciones de sustitución nucleofílica en el grupo acilo con las aminas. Como un ácido carboxílico es ácido y una amina es una base, el ácido carboxílico dona de inmediato un protón a la amina cuando se mezclan los dos compuestos. El carboxilato de amonio que resulta es el producto final de la reacción; el ion carboxilato es inerte, y la amina protonada no es nucleofílica.

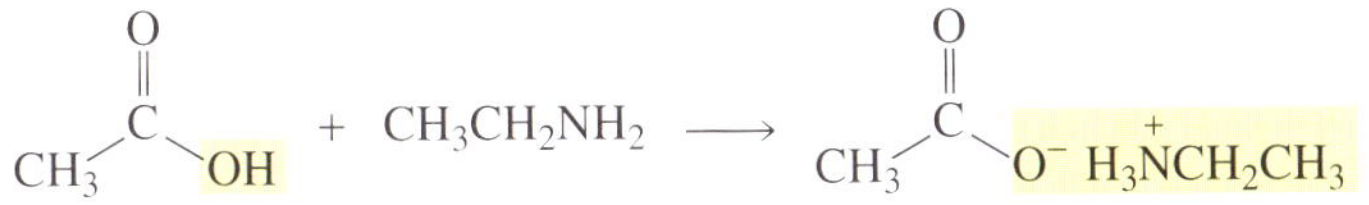

$$CH_3-\overset{O}{\underset{\|}{C}}-OH + CH_3CH_2NH_2 \longrightarrow CH_3-\overset{O}{\underset{\|}{C}}-O^- \; ^+H_3NCH_2CH_3$$

una sal de carboxilato de amonio

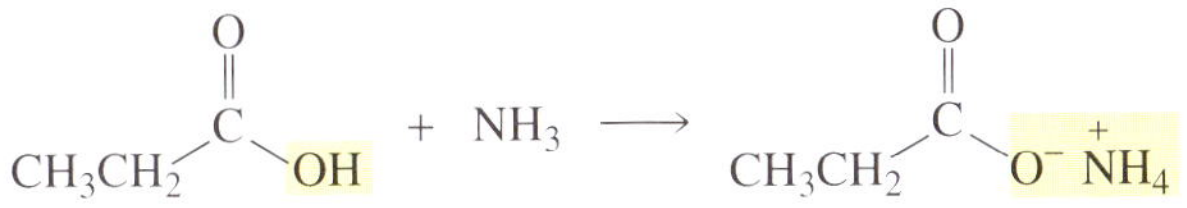

$$CH_3CH_2-\overset{O}{\underset{\|}{C}}-OH + NH_3 \longrightarrow CH_3CH_2-\overset{O}{\underset{\|}{C}}-O^- \; ^+NH_4$$

PROBLEMA 30◆

Indique cómo se puede preparar cada uno de los ésteres siguientes usando un ácido carboxílico como una de las materias de partida:

a. butirato de metilo (olor a manzanas)
b. acetato de octilo (olor a naranjas)

ácido acético

Mecanismo:
Esterificación de Fischer
(Fischer esterification)

758 CAPÍTULO 16 Compuestos carbonílicos I

> **ESTRATEGIA PARA RESOLVER PROBLEMAS**
>
> **Propuesta de un mecanismo de reacción**
>
> Proponga un mecanismo para la siguiente reacción:
>
> Cuando se le pida proponer un mecanismo, examine con cuidado los reactivos para determinar el primer paso del mecanismo. Uno de los reactivos tiene dos grupos funcionales: un grupo carboxilo y un enlace doble carbono-carbono. El otro reactivo, Br_2, no reacciona con los ácidos carboxílicos, pero sí con los alquenos (sección 4.7). El acercamiento a un lado del enlace doble presenta impedimento estérico del grupo carboxilo. Por consiguiente, el Br_2 se adicionará al otro lado del doble enlace y formará un ion bromonio. Se sabe que en el segundo paso de esta reacción de adición un nucleófilo ataca al ion bromonio. De los dos nucleófilos presentes, el oxígeno del grupo carbonilo es el que tiene la posición apropiada para atacar por detrás al ion bromonio, produciendo un compuesto que tiene la configuración observada. La pérdida de un protón lleva al producto final de la reacción.
>
> Ahora continúe en el problema 31.

> **PROBLEMA 31**
>
> Proponga un mecanismo para la siguiente reacción. (*Sugerencia:* numere los carbonos para ayudarse a ver dónde terminan en el producto).
>
> $$CH_2=CHCH_2CH_2CH=CCH_3 \;+\; CH_3COH \xrightarrow{H_2SO_4}$$
> (con un CH_3 sobre el último carbono a la izquierda)

16.16 Reacciones de las amidas

Las amidas son compuestos muy inertes, lo cual da tranquilidad ya que las proteínas están formadas por aminoácidos unidos entre sí por puentes de amida (secciones 16.4 y 22.7). Las amidas no reaccionan con iones haluro, iones carboxilato, alcoholes ni agua porque en cada caso el nucleófilo entrante es una base más débil que el grupo saliente de la amida (tabla 16.1).

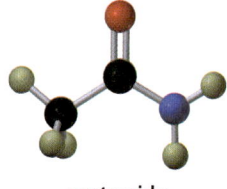

acetamida

$CH_3-C(=O)-NHCH_2CH_2CH_3 \;+\; Cl^- \longrightarrow$ no reaccionan
N-propilacetamida

$CH_3CH_2-C(=O)-N(CH_3)_2 \;+\; CH_3-C(=O)-O^- \longrightarrow$ no reaccionan
N,N-dimetilpropionamida

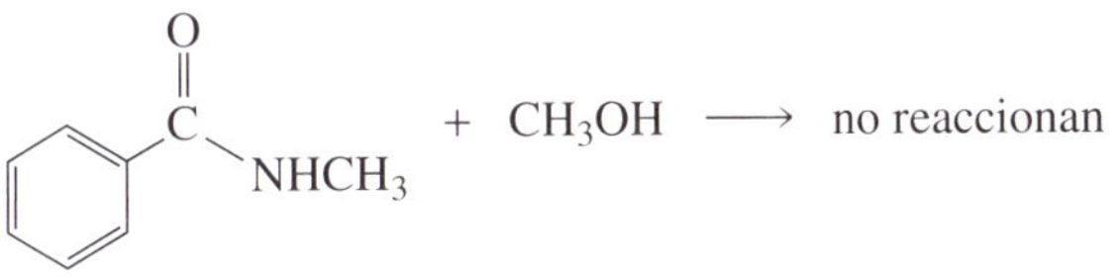

16.16 Reacciones de las amidas

C₆H₅—C(=O)—NHCH₃ + CH₃OH ⟶ no reaccionan
N-metilbenzamida

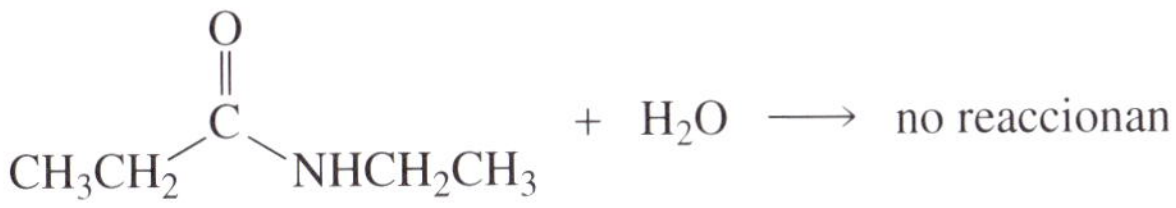

CH₃CH₂—C(=O)—NHCH₂CH₃ + H₂O ⟶ no reaccionan
N-etilpropanamida

Sin embargo, las amidas sí reaccionan con agua y con alcoholes si la mezcla de reacción se calienta en presencia de un ácido. La razón de esto se explica en la sección 16.17.

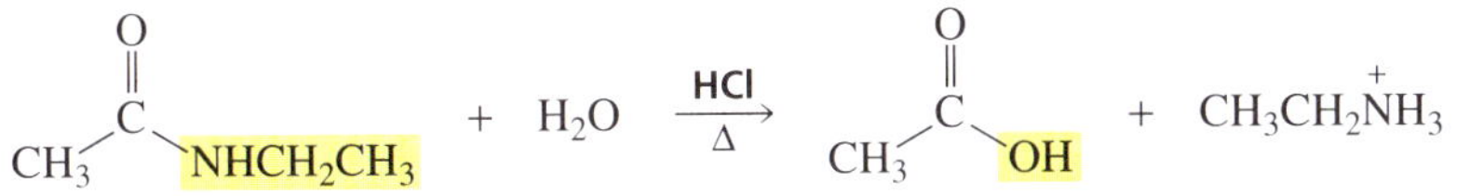

CH₃—C(=O)—NHCH₂CH₃ + H₂O $\xrightarrow{\text{HCl}, \Delta}$ CH₃—C(=O)—OH + CH₃CH₂$\overset{+}{\text{N}}$H₃
N-etilacetamida

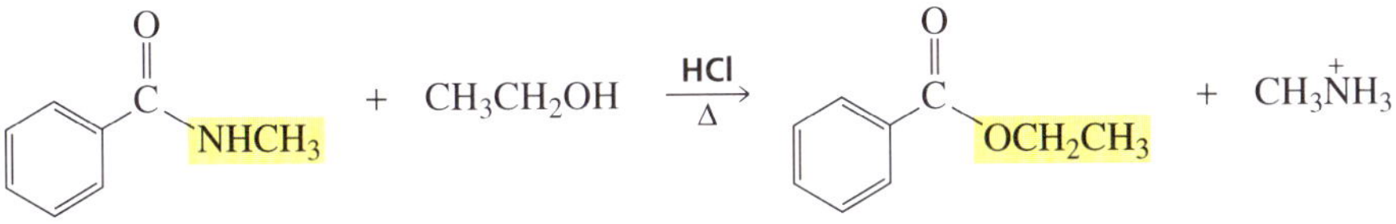

C₆H₅—C(=O)—NHCH₃ + CH₃CH₂OH $\xrightarrow{\text{HCl}, \Delta}$ C₆H₅—C(=O)—OCH₂CH₃ + CH₃$\overset{+}{\text{N}}$H₃
N-metilbenzamida

La teoría de los orbitales moleculares puede explicar por qué las amidas son inertes. En la sección 16.2 se explicó que las amidas tienen una estructura resonante importante, donde el nitrógeno comparte su par de electrones no enlazado con el carbono del grupo carbonilo; el orbital que contiene a ese par de electrones se traslapa sobre el orbital de antienlace π^* vacío del grupo carbonilo (figura 16.3). Este traslape reduce la energía del par de electrones no enlazado, de tal modo que ni es básico ni es nucleófilo, y aumenta la energía del orbital π^* de antienlace del grupo carbonilo haciéndolo menos reactivo frente a los nucleófilos (figura 16.5).

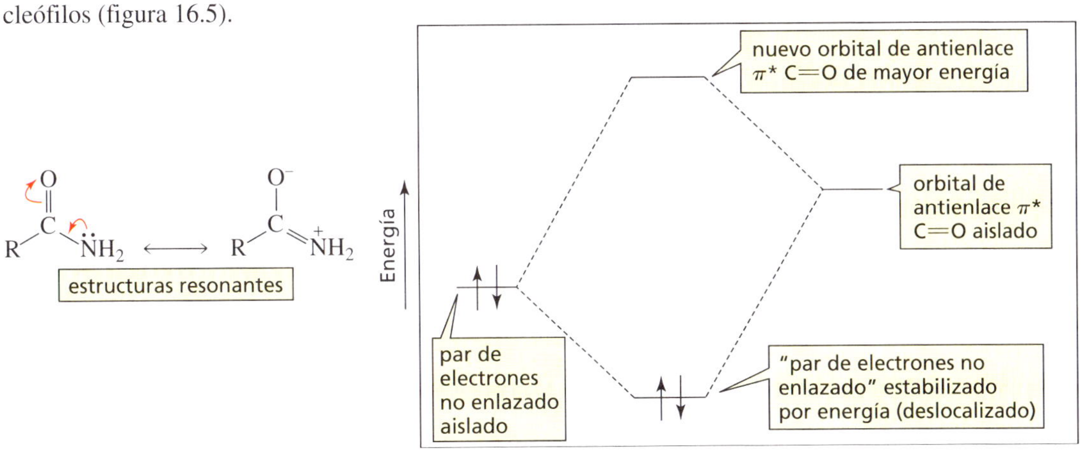

R—C(=O)—NH₂ ⟷ R—C(—O⁻)=$\overset{+}{\text{N}}$H₂
estructuras resonantes

▲ **Figura 16.5**
El orbital de no enlace lleno que contiene al par de electrones no enlazado del nitrógeno se traslapa con el orbital molecular de antienlace π^* vacío del grupo carbonilo. Esto estabiliza al par de electrones no enlazado, lo hace menos reactivo y eleva la energía del orbital π^* del grupo carbonilo; lo hace así menos activo para reaccionar con nucleófilos.

Una amida con un grupo NH₂ puede deshidratarse y formar un nitrilo. Los reactivos deshidratantes que se suelen emplear con este objeto son P₂O₅, POCl₃ y SOCl₂.

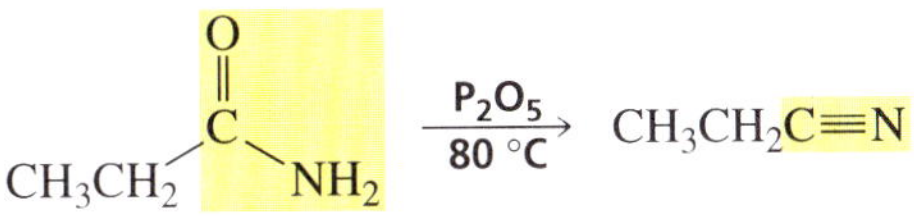

CH₃CH₂—C(=O)—NH₂ $\xrightarrow[80\,°C]{P_2O_5}$ CH₃CH₂C≡N

EL SOMNÍFERO DE LA NATURALEZA

La melatonina, una amida natural, es una hormona que sintetiza la glándula pineal a partir del aminoácido triptófano. La melatonina regula el reloj oscuridad-luz en el cerebro, que a su vez controla actividades como el ciclo de sueño-vigilia, la temperatura corporal y la producción de hormonas.

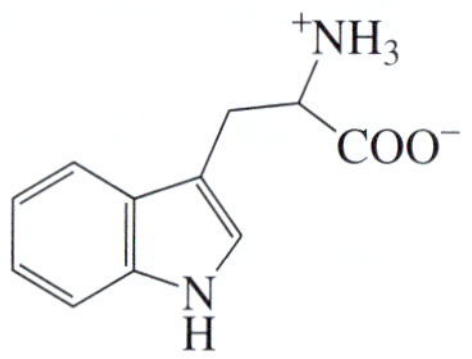

Las concentraciones de melatonina aumentan desde el atardecer hasta la noche, y después disminuyen cuando se acerca la mañana. Las personas que tienen altas concentraciones de melatonina duermen más y con mayor profundidad que las de bajas concentraciones. La concentración de la hormona en el organismo varía con la edad —a los seis años hay más de cinco veces la concentración que a los 80— y ésta es una de las razones por las que los jóvenes tienen menos problemas para dormir que las personas mayores. Para tratar insomnios, cambios de horario y alteración afectiva estacional se usan suplementos con melatonina.

triptófano
un aminoácido

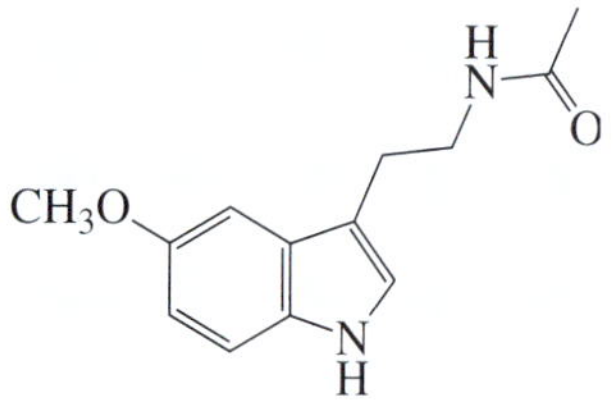

melatonina

PROBLEMA 32

¿Qué cloruro de acilo y qué amina se necesitarían para sintetizar las siguientes amidas?

a. N-etilbutanamida

b. N,N-dimetilbenzamida

PROBLEMA 33

a. ¿Cuáles de las siguientes reacciones permiten formar una amida?

1. R−C(=O)−OH + CH$_3$NH$_2$ ⟶

2. R−C(=O)−OCH$_3$ + CH$_3$NH$_2$ ⟶

3. R−C(=O)−OCH$_3$ + CH$_3$NH$_2$ $\xrightarrow{\text{CH}_3\text{O}^-}$

4. R−C(=O)−O$^-$ + CH$_3$NH$_2$ ⟶

5. R−C(=O)−Cl + 2 CH$_3$NH$_2$ ⟶

6. R−C(=O)−OCH$_3$ + CH$_3$NH$_2$ $\xrightarrow{\text{HO}^-}$

b. Para las reacciones donde se forman amidas ¿qué podría hacerse para mejorar la rapidez de formación o el rendimiento de la amida producida?

PROBLEMA 34

Proponga un mecanismo para la reacción de una amida con cloruro de tionilo para formar un nitrilo. (*Sugerencia:* en el primer paso de la reacción, la amida es el nucleófilo y el cloruro de tionilo es el electrófilo).

16.17 Hidrólisis de amidas catalizada por ácidos

El mecanismo de hidrólisis de una amida catalizada por ácido es similar al de hidrólisis de un éster catalizada por un ácido (sección 16.11).

Mecanismo de la hidrólisis de una amida catalizada por ácido

[el ácido protona al oxígeno del grupo carbonilo]

[el nucleófilo ataca al carbono del grupo carbonilo]

intermediario tetraédrico I

[se pueden protonar ya sea el NH_2 o el OH]

Intermediario tetraédrico II

[la base más débil es eliminada]

intermediario tetraédrico III

Mecanismo:
Hidrólisis básica de una amida
(Basic hydrolysis of an amide)

- El ácido protona al oxígeno del grupo carbonilo, con lo que aumenta la susceptibilidad del carbono del grupo carbonilo frente al ataque nucleofílico.
- El ataque nucleofílico por el agua sobre el carbono del grupo carbonilo lleva al intermediario tetraédrico I, que está en equilibrio con su forma protonada, el intermediario tetraédrico II.
- Puede presentarse la reprotonación ya sea en el oxígeno, para volver a formar el intermediario tetraédrico I, o en el nitrógeno, para formar el intermediario tetraédrico III. La protonación en el nitrógeno se favorece porque el grupo NH_2 es una base más fuerte que el grupo OH.
- De los dos grupos salientes posibles en el intermediario tetraédrico III (HO:⁻ y NH_3), el NH_3 es la base más débil, por lo que se elimina y se forma el ácido carboxílico como producto final.
- Ya que la reacción se efectúa en un medio ácido, el NH_3 se protonará después de ser eliminado del intermediario tetraédrico. Esto evita que suceda la reacción inversa, porque el ⁺NH_4 no es un nucleófilo.

Conviene invertir un minuto para tratar de comprender por qué no puede hidrolizarse una amida sin que haya un catalizador. En una reacción no catalizada, la amida no se protonaría. Por consiguiente el agua, que es un mal nucleófilo, tendría que atacar a una amida neutra, que es mucho menos susceptible a un ataque nucleofílico que una amida protonada. Además, el grupo NH_2 del intermediario tetraédrico no se protonaría en la reacción no catalizada. Entonces, el HO:⁻ es el grupo que sería eliminado del intermediario tetraédrico porque el HO:⁻ es una base más débil que el ⁻:NH_2. Con ello se volvería a formar la amida.

[intermediario tetraédrico en la hidrólisis de amida catalizada por ácido]

[intermediario tetraédrico en la hidrólisis de amida sin catalizador]

Tutorial del alumno:
Conversiones entre derivados de ácidos carboxílicos
(Conversions between carboxylic acid derivatives)

Una amida reacciona con un alcohol en presencia de ácido, por la misma razón que reacciona con agua en presencia de ácido.

PENICILINA Y RESISTENCIA A LOS ANTIBIÓTICOS

La penicilina contiene una amida en un anillo tensionado de β-lactama. La tensión de este anillo de cuatro miembros aumenta la reactividad de la amida. Se cree que la actividad antibiótica de la penicilina se debe a su capacidad para acilar (introducir un grupo acilo) a un grupo CH_2OH de una enzima que interviene en la síntesis de las paredes de células bacterianas. La acilación inactiva a la enzima, y las bacterias en activo crecimiento mueren porque no pueden sintetizar paredes celulares que funcionen. La penicilina no tiene efecto sobre las células de mamíferos porque éstas no están rodeadas por paredes celulares. Las penicilinas se almacenan a bajas temperaturas para minimizar la hidrólisis del anillo de β-lactama.

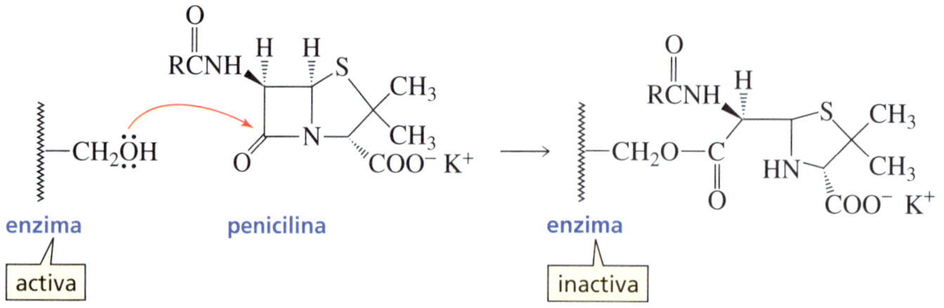

Las bacterias resistentes a la penicilina secretan penicilinasa, una enzima que cataliza la hidrólisis del anillo de β-lactama de la penicilina. El producto con el anillo abierto carece de actividad antibacteriana.

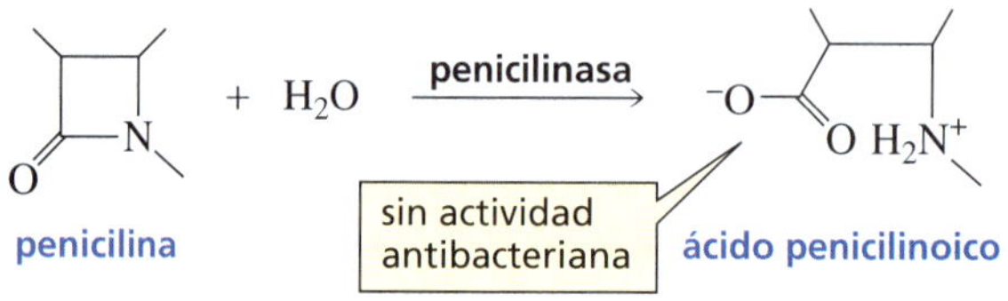

USOS CLÍNICOS DE LAS PENICILINAS

En la actualidad hay más de 10 penicilinas que se usan en medicina. Sólo difieren en el grupo (R) unido al grupo carbonilo. Algunas de estas penicilinas se ven abajo. Además de sus diferencias estructurales, difieren en los microorganismos contra los que son más efectivas. También difieren en su susceptibilidad a la penicilinasa. Por ejemplo, la meticilina, una penicilina sintética, es clínicamente efectiva contra bacterias resistentes a la penicilina G, una penicilina natural. Casi 19% de los humanos es alérgico a la penicilina G.

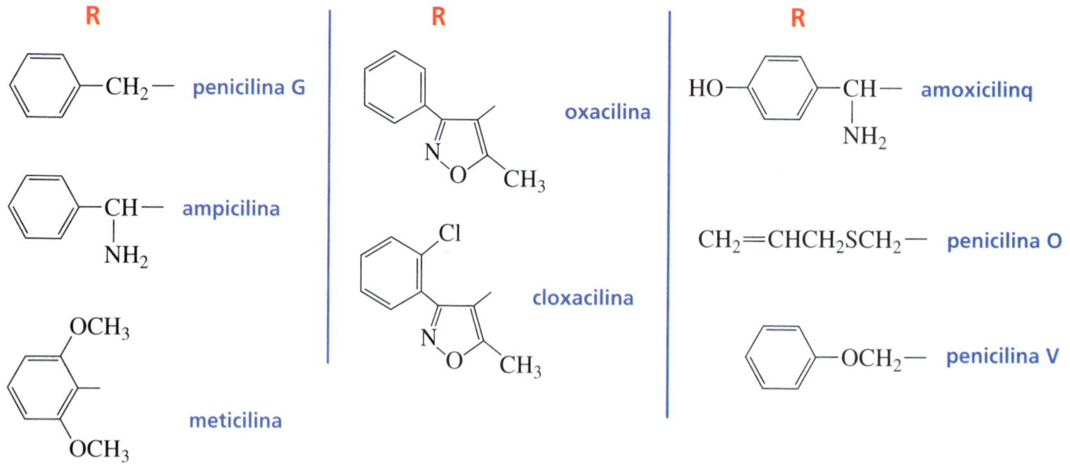

La penicilina V es una penicilina semisintética que de uso clínico. No es una penicilina natural y tampoco es una penicilina realmente sintética porque no se sintetiza. El hongo *Penicillium* la sintetiza después de alimentarlo con 2-fenoxietanol, compuesto necesario para la cadena lateral.

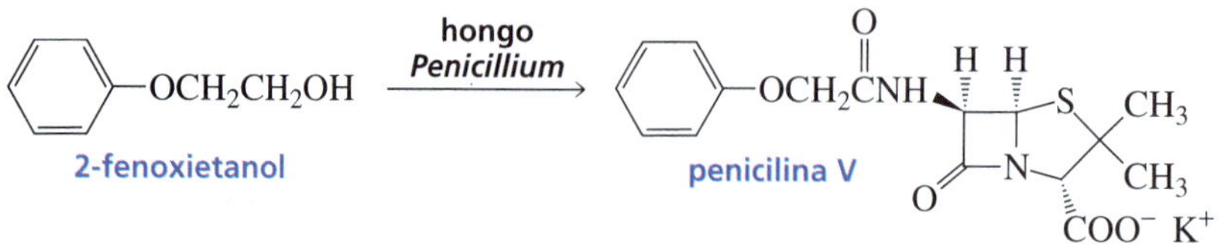

PROBLEMA 35

Explique por qué la meticilina es eficaz en el tratamiento de pacientes infectados con bacterias resistentes a la penicilina G.

PROBLEMA 36◆

Ordene las amidas siguientes por reactividad decreciente en la hidrólisis catalizada por ácido:

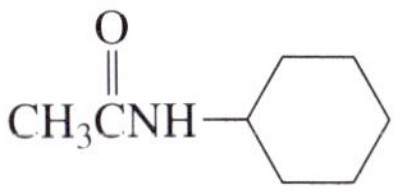

A: CH₃C(O)NH–ciclohexilo
B: CH₃C(O)NH–C₆H₄–NO₂ (meta)
C: CH₃C(O)NH–C₆H₄–NO₂ (para)
D: CH₃C(O)NH–C₆H₅

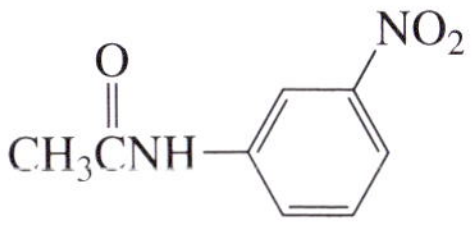

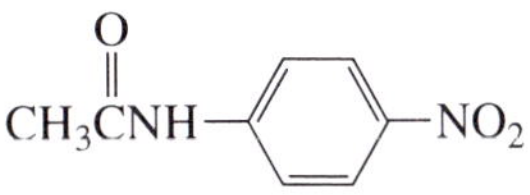

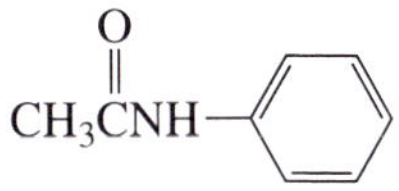

16.18 Hidrólisis de las imidas; método para sintetizar aminas primarias

Una **imida** es un compuesto con dos grupos acilo unidos a un nitrógeno. La **síntesis de Gabriel**, que convierte haluros de alquilo en aminas primarias, implica la hidrólisis de una imida.

$$RCH_2Br \xrightarrow{\text{síntesis de Gabriel}} RCH_2NH_2$$

haluro de alquilo → amina primaria

A continuación se muestran los pasos de esta síntesis.

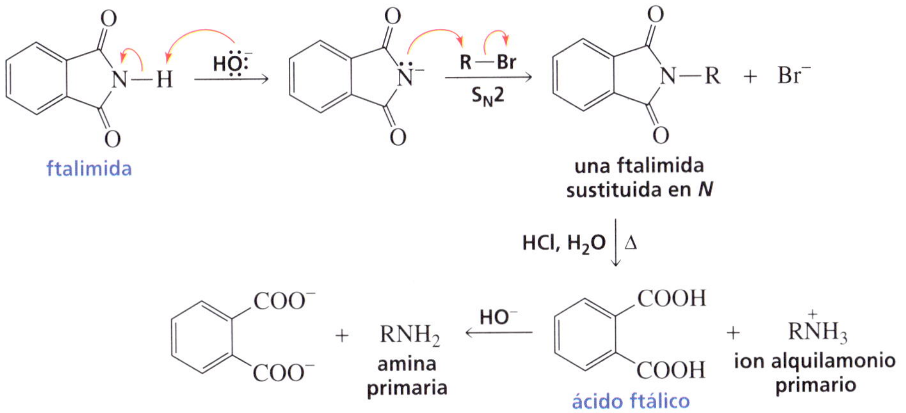

ftalimida + HO⁻ → ftalimida aniónica + R–Br (S_N2) → una ftalimida sustituida en *N* + Br⁻

↓ HCl, H₂O, Δ

ácido ftálico (COOH, COOH) + RNH₃⁺ (ion alquilamonio primario)

↕ HO⁻

ftalato (COO⁻, COO⁻) + RNH₂ (amina primaria)

- Una base abstrae un protón del nitrógeno en la ftalimida.
- El nucleófilo que resulta reacciona con un haluro de alquilo. Ya que ésta es una reacción S_N2, funciona mejor con haluros de alquilo primarios (sección 8.2).
- La hidrólisis de la ftalimida *N*-sustituida es catalizada por ácido. Como la disolución es ácida, los productos finales son un ion de alquilamonio primario y ácido ftálico.
- La neutralización del ion amonio con una base forma la amina primaria.

Obsérvese que el grupo alquilo de la amina primaria es idéntico al grupo alquilo del haluro de alquilo.

Sólo se puede introducir un grupo alquilo en el nitrógeno porque sólo hay un hidrógeno unido con el nitrógeno de la ftalimida. Ello implica que se puede emplear la síntesis de Gabriel sólo para preparar aminas primarias.

PROBLEMA 37◆

¿Qué bromuro de alquilo usaría usted en una síntesis de Gabriel para preparar cada una de las aminas siguientes?

a. pentilamina   **b.** isohexilamina   **c.** bencilamina   **d.** ciclohexilamina

PROBLEMA 38

También se pueden preparar aminas primarias con la reacción de un haluro de alquilo con ion azida, seguida por una hidrogenación catalítica. ¿Qué ventajas tendrían este método y la síntesis de Gabriel frente a la síntesis de una amina primaria a partir de un haluro de alquilo y amoniaco?

$$CH_3CH_2CH_2Br \xrightarrow{^-N_3} CH_3CH_2CH_2N{=}\overset{+}{N}{=}\bar{N} \xrightarrow{H_2/Pt} CH_3CH_2CH_2NH_2 + N_2$$

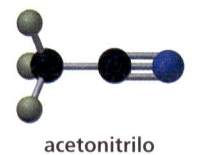

acetonitrilo

16.19 Hidrólisis de los nitrilos

Los nitrilos son todavía más difíciles de hidrolizar que las amidas, pero se hidrolizan lentamente formando ácidos carboxílicos cuando se calientan con agua y un ácido.

$$CH_3CH_2Br \xrightarrow[DMF]{^-C{\equiv}N} CH_3CH_2C{\equiv}N \xrightarrow[\Delta]{HCl, H_2O} CH_3CH_2{-}\underset{O}{\overset{O}{\underset{\|}{C}}}{-}OH$$

(una reacción S_N2)

A continuación veremos el mecanismo de la hidrólisis de un nitrilo catalizada por ácido:

Mecanismo de la hidrólisis de un nitrilo catalizada por ácido

- El ácido protona al nitrógeno del grupo ciano (C≡N), con lo cual se facilita el ataque del agua sobre el carbono del grupo ciano en el paso siguiente.
- El ataque nucleofílico del agua sobre el grupo ciano protonado es análogo al ataque nucleofílico del agua sobre un grupo carbonilo protonado.
- Como el nitrógeno es una base más fuerte que el oxígeno, el oxígeno pierde un protón y el nitrógeno gana un protón; el resultado es una amina protonada (cuyas dos formas resonantes se muestran).
- De inmediato, la amida es hidrolizada para dar un ácido carboxílico porque es más fácil hidrolizar una amida que un nitrilo por medio del mecanismo que se ve en la sección 16.17 catalizado por ácido.

Los nitrilos pueden prepararse por medio de una reacción S_N2 de un haluro de alquilo con el ion cianuro. Como un nitrilo puede hidrolizarse y formar ácido carboxílico, ahora ya

Tutorial del alumno:
Términos comunes referentes a los ácidos carboxílicos y sus derivados
(Common terms pertaining to carboxylic acids and their derivatives)

sabe el lector cómo convertir un haluro de alquilo en un ácido carboxílico. Obsérvese que el ácido carboxílico tiene un carbono más que el haluro de alquilo.

$$CH_3CH_2Br \xrightarrow[DMF]{^-C\equiv N} CH_3CH_2C\equiv N \xrightarrow[\Delta]{HCl, H_2O} CH_3CH_2COOH$$

una reacción S_N2

Se puede reducir un nitrilo a una amina primaria con el mismo reactivo que reduce un alquino a un alcano (sección 6.9).

$$CH_3CH_2CH_2CH_2C\equiv N \xrightarrow{H_2 \atop Pt/C} CH_3CH_2CH_2CH_2CH_2NH_2$$

pentanonitrilo   pentilamina

PROBLEMA 39◆

¿Qué haluros de alquilo forman los ácidos carboxílicos mencionados abajo después de la reacción con cianuro de sodio seguida por calentamiento del producto en una disolución acuosa ácida?

a. ácido butírico   **b.** ácido isovalérico   **c.** ácido ciclohexanocarboxílico

16.20 Diseño de una síntesis V: síntesis de compuestos cíclicos

La mayor parte de las reacciones que hemos estado estudiando son intermoleculares: los dos grupos reaccionantes están en distintas moléculas. Los *compuestos cíclicos se forman en reacciones intramoleculares*: los dos grupos reaccionantes están en la misma molécula. Ya fue estudiado que las reacciones intramoleculares se favorecen en especial si la reacción forma un anillo con cinco o seis miembros (sección 8.11).

Al diseñar la síntesis de un compuesto cíclico debe examinarse la molécula que se desea para determinar qué clases de grupos reactivos son necesarias para que la síntesis tenga éxito. Por ejemplo, sabemos que se forma un éster con la reacción de un ácido carboxílico y un alcohol catalizada por ácido. Por consiguiente, un éster cíclico (una lactona) se puede preparar partiendo de un reactivo que tenga un grupo ácido carboxílico y un grupo alcohol en la misma molécula. El tamaño del anillo de la lactona estará determinado por el número de átomos de carbono entre el grupo ácido carboxílico y el grupo alcohol.

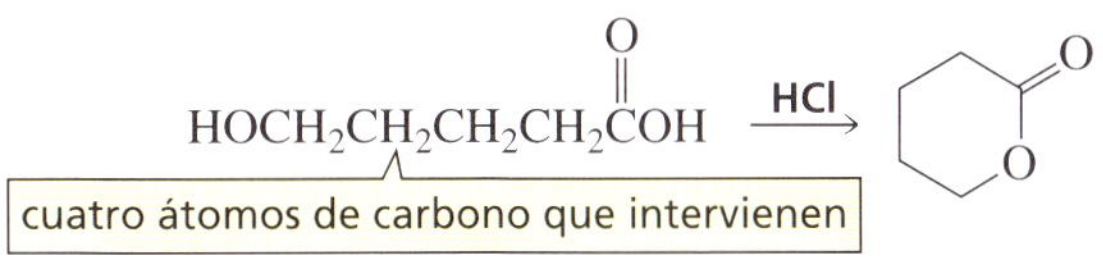

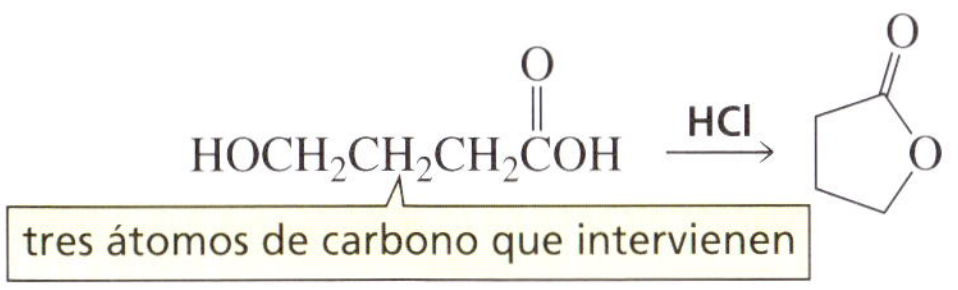

$$HOCH_2CH_2CH_2CH_2COOH \xrightarrow{HCl}$$ (lactona de 6 miembros)

cuatro átomos de carbono que intervienen

$$HOCH_2CH_2CH_2COOH \xrightarrow{HCl}$$ (lactona de 5 miembros)

tres átomos de carbono que intervienen

Un compuesto con un grupo cetona unido a un anillo de benceno se puede preparar con una reacción de acilación de Friedel-Crafts (sección 14.14). Por consiguiente, el resultado será una cetona cíclica si se agrega un ácido de Lewis ($AlCl_3$) a un compuesto que contenga tanto un anillo de benceno como un grupo cloruro de acilo separados por la cantidad apropiada de átomos de carbono.

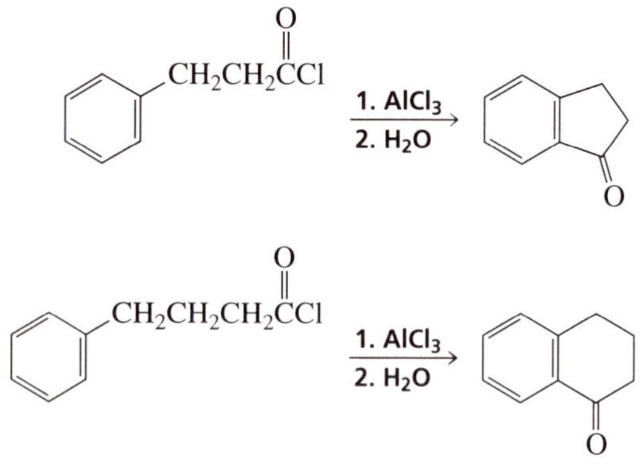

766 CAPÍTULO 16 Compuestos carbonílicos I

$$\text{C}_6\text{H}_5\text{CH}_2\text{CH}_2\text{C(O)Cl} \xrightarrow[\text{2. H}_2\text{O}]{\text{1. AlCl}_3} \text{indan-1-ona}$$

$$\text{C}_6\text{H}_5\text{CH}_2\text{CH}_2\text{CH}_2\text{C(O)Cl} \xrightarrow[\text{2. H}_2\text{O}]{\text{1. AlCl}_3} \text{α-tetralona}$$

Se puede preparar un éter cíclico con una síntesis de Williamson intramolecular (sección 9.9).

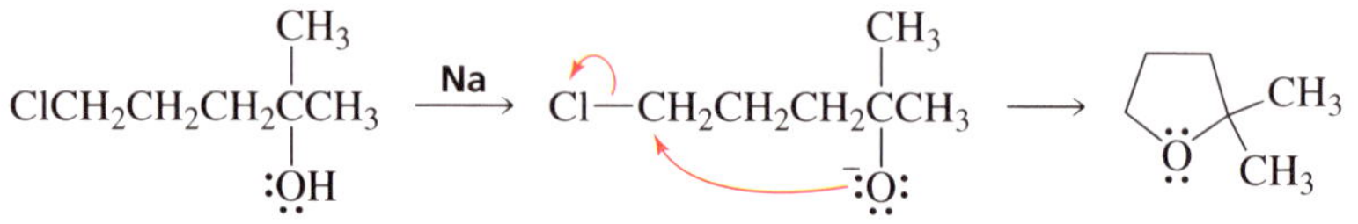

$$\text{ClCH}_2\text{CH}_2\text{CH}_2\text{C(CH}_3)_2\text{OH} \xrightarrow{\text{Na}} \text{Cl}-\text{CH}_2\text{CH}_2\text{CH}_2\text{C(CH}_3)_2\text{O}^- \longrightarrow \text{2,2-dimetiltetrahidrofurano}$$

También se puede preparar un éter cíclico con una reacción intramolecular de adición electrofílica.

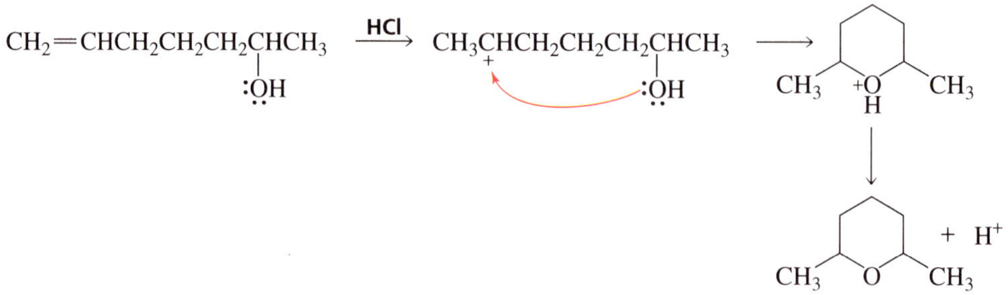

$$\text{CH}_2=\text{CHCH}_2\text{CH}_2\text{CH}_2\text{CH(OH)CH}_3 \xrightarrow{\text{HCl}} \text{CH}_3\overset{+}{\text{CH}}\text{CH}_2\text{CH}_2\text{CH}_2\text{CH(OH)CH}_3 \longrightarrow$$

$$\longrightarrow \text{2,6-dimetiltetrahidropirano} + \text{H}^+$$

El producto de una reacción intramolecular puede tener más reacciones y permitir la síntesis de muchos otros compuestos diferentes. Por ejemplo, el bromuro de alquilo que se forma en la reacción siguiente podría tener una reacción de eliminación o podría tener una sustitución con una gran variedad de nucleófilos, o bien se podría convertir en un reactivo de Grignard que pueda reaccionar con muchos electrófilos diferentes (sección 10.12).

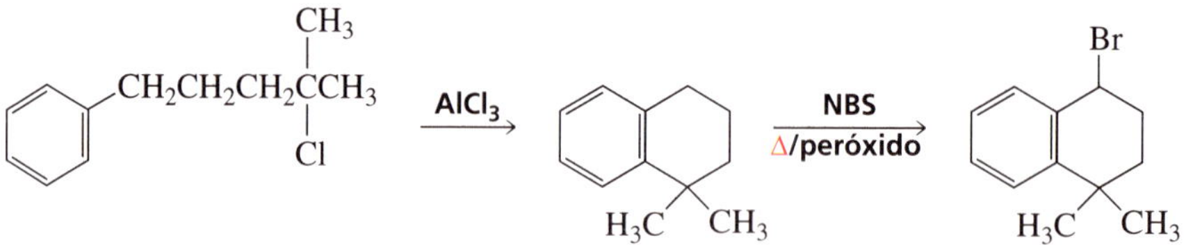

$$\text{C}_6\text{H}_5\text{CH}_2\text{CH}_2\text{C(CH}_3)_2\text{Cl} \xrightarrow{\text{AlCl}_3} \text{4,4-dimetiltetralina} \xrightarrow[\Delta/\text{peróxido}]{\text{NBS}} \text{1-bromo-4,4-dimetiltetralina}$$

PROBLEMA 40

Diseñe una síntesis para cada uno de los compuestos siguientes, usando una reacción intramolecular.

a. 2-etiltetrahidrofurano

b. 1-metil-1,2,3,4-tetrahidronaftaleno

c. 1,2-dihidronaftaleno

d. ácido 1,2,3,4-tetrahidronaftalen-1-carboxílico

e. 2-(alil)tetrahidrofurano

f. 2-(3-hidroxipropil)tetrahidrofurano

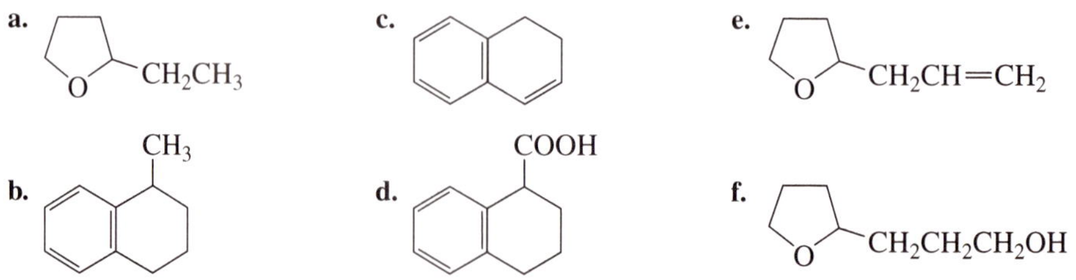

16.21 Cómo se activan los ácidos carboxílicos en el laboratorio

De las varias clases de compuestos carbonílicos descritos en este capítulo, haluros de acilo, anhídridos de ácido, ésteres, ácidos carboxílicos y amidas, los ácidos carboxílicos son los que se encuentran con más frecuencia en el laboratorio y en los sistemas biológicos. Eso quiere decir que los ácidos carboxílicos son los reactivos que con mayor frecuencia estarán disponibles cuando un químico o una célula de un tejido necesiten sintetizar un derivado de ácido carboxílico. Sin embargo, pudo verse que los ácidos carboxílicos son relativamente inertes frente a las reacciones de sustitución nucleofílica en el acilo porque el grupo OH de un ácido carboxílico es una base fuerte y en consecuencia un mal grupo saliente. En las disoluciones neutras (pH fisiológico = 7.3), un ácido carboxílico es todavía más resistente a las reacciones de sustitución nucleofílica en el grupo acilo porque existe predominantemente como su forma básica, con carga negativa, que es inerte (secciones 1.24 y 16.15). Por consiguiente, tanto los químicos como las células de un tejido necesitan una forma de activar los ácidos carboxílicos para que puedan presentar con facilidad reacciones de sustitución nucleofílica en el grupo acilo. Primero se describe cómo se activan los ácidos carboxílicos en el laboratorio, y después, en la sección 16.22, cómo lo hacen las células de un tejido.

Ya que los haluros de acilo son los más reactivos de los derivados de ácidos carboxílicos, la forma más fácil de sintetizar cualquier otro derivado de ácido carboxílico es agregar el nucleófilo adecuado a un haluro de acilo. En consecuencia, en el laboratorio se activan los ácidos carboxílicos convirtiéndolos en haluros de acilo.

Un ácido carboxílico puede convertirse en un cloruro de acilo calentándolo ya sea con cloruro de tionilo ($SOCl_2$) o con tricloruro de fósforo (PCl_3). Los bromuros de acilo pueden sintetizarse usando tribromuro de fósforo (PBr_3).

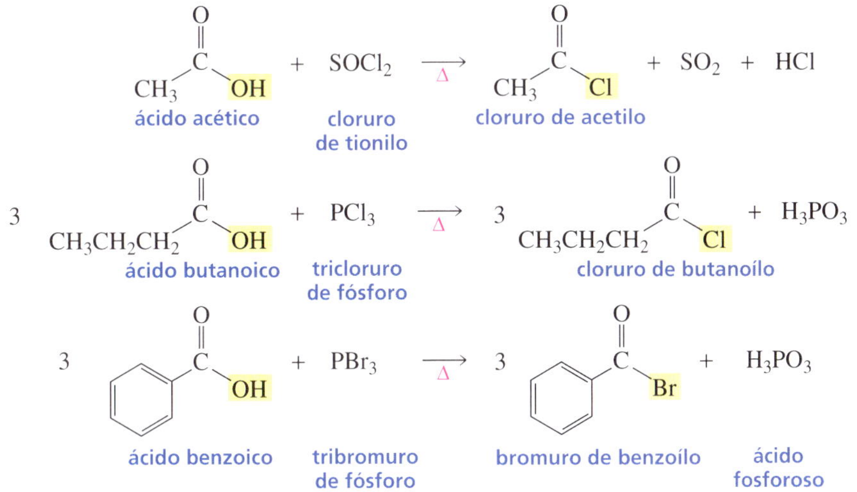

Todos estos reactivos convierten al grupo OH de un ácido carboxílico en un mejor grupo saliente en comparación con el ion haluro.

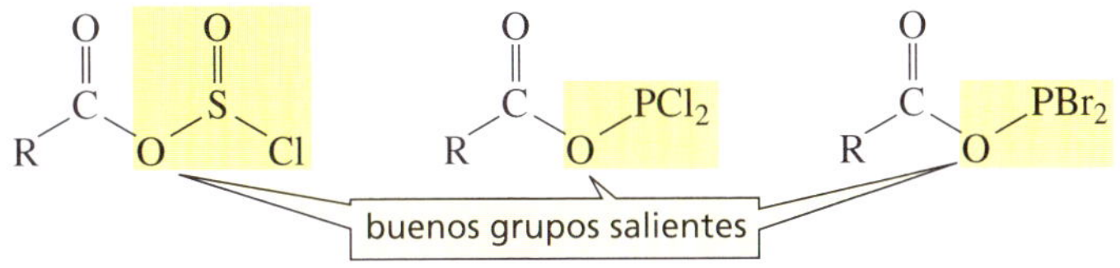

El resultado es que cuando después el ion haluro ataca al carbono del grupo carbonilo y forma un intermediario tetraédrico, el ion haluro *no es* el grupo que se elimina.

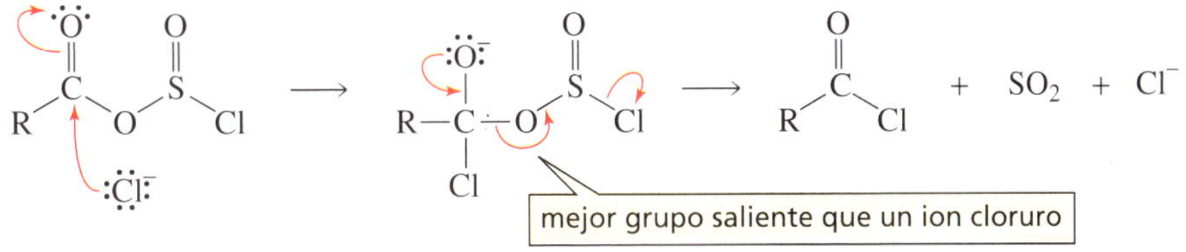

Obsérvese que los reactivos que determinan que el grupo OH de un ácido carboxílico sea reemplazado por un halógeno son los mismos reactivos que hacen que el grupo OH de un alcohol sea sustituido por un halógeno (sección 10.2).

Una vez preparado el haluro de acilo, puede sintetizarse una gran variedad de derivados de ácido carboxílico agregando el nucleófilo adecuado (sección 16.8).

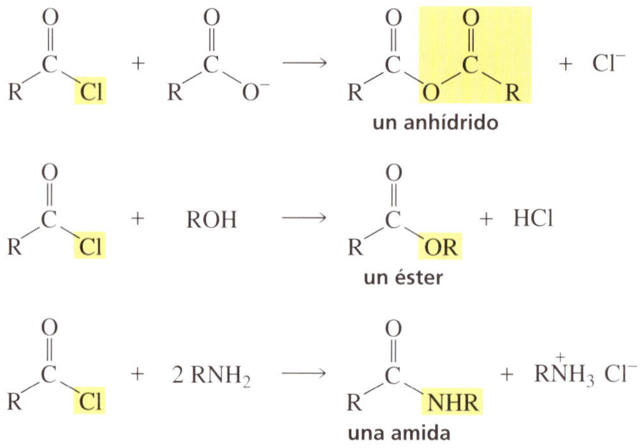

$$\underset{R}{\overset{O}{\|}}\text{C}-\text{Cl} + \underset{R}{\overset{O}{\|}}\text{C}-\text{O}^- \longrightarrow \underset{R}{\overset{O}{\|}}\text{C}-\text{O}-\underset{R}{\overset{O}{\|}}\text{C} + \text{Cl}^-$$
un anhídrido

$$\underset{R}{\overset{O}{\|}}\text{C}-\text{Cl} + \text{ROH} \longrightarrow \underset{R}{\overset{O}{\|}}\text{C}-\text{OR} + \text{HCl}$$
un éster

$$\underset{R}{\overset{O}{\|}}\text{C}-\text{Cl} + 2\,\text{RNH}_2 \longrightarrow \underset{R}{\overset{O}{\|}}\text{C}-\text{NHR} + \text{R}\overset{+}{\text{N}}\text{H}_3\,\text{Cl}^-$$
una amida

También los ácidos carboxílicos se pueden activar para las reacciones de sustitución nucleofílica en el grupo acilo, convirtiéndolos en anhídridos. Si un ácido carboxílico se trata con un agente deshidratante enérgico como el P_2O_5 se obtiene un anhídrido.

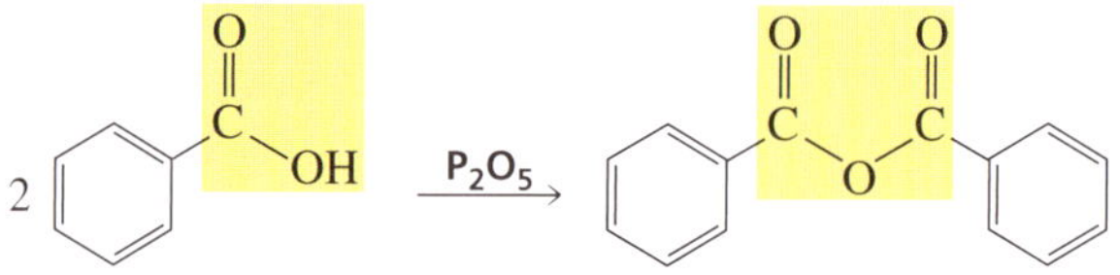

$$2\;\text{C}_6\text{H}_5\text{COOH} \xrightarrow{P_2O_5} \text{C}_6\text{H}_5\text{C}(\text{O})\text{O}\text{C}(\text{O})\text{C}_6\text{H}_5$$

También se pueden preparar ácidos carboxílicos y sus derivados con métodos que no sean reacciones de sustitución nucleofílica en el grupo acilo. En el apéndice IV se presenta un resumen de los métodos usados para sintetizar estos compuestos.

PROBLEMA 41◆

¿Cómo sintetizaría usted los compuestos siguientes a partir de un ácido carboxílico?

a. 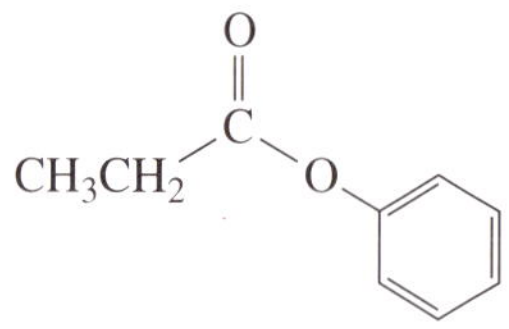 $\text{CH}_3\text{CH}_2\text{C}(\text{O})\text{O}-\text{C}_6\text{H}_5$

b. 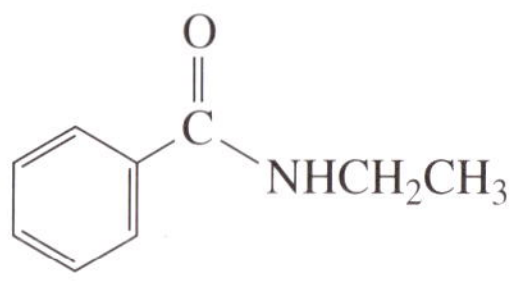 $\text{C}_6\text{H}_5\text{C}(\text{O})\text{NHCH}_2\text{CH}_3$

16.22 Activación celular de los ácidos carboxílicos

Se llama **biosíntesis** a la síntesis de compuestos por organismos biológicos. Los haluros de acilo y los anhídridos de ácido son demasiado reactivos para ser usados en los sistemas biológicos. Las células viven en un ambiente predominantemente acuoso y los haluros de acilo y los anhídridos de ácido se hidrolizan con rapidez en el agua. Entonces, los organismos biológicos deben activar en otras formas a los ácidos carboxílicos.

16.22 Activación celular de los ácidos carboxílicos

Una forma en que los organismos vivientes activan a los ácidos carboxílicos es convirtiéndolos en fosfatos de acilo, pirofosfatos de acilo y adenilatos de acilo.

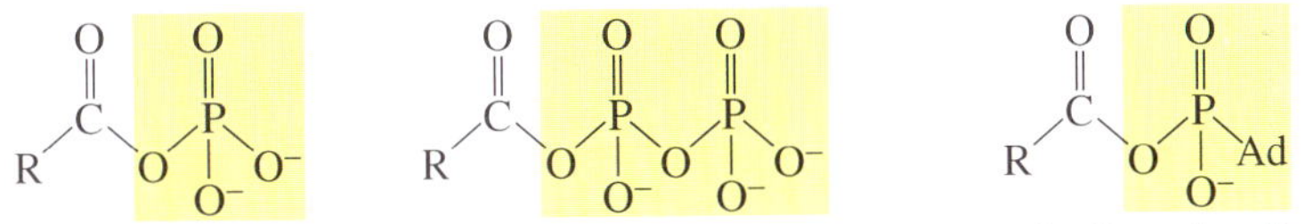

fosfato de acilo   **pirofosfato de acilo**   **adenilato de acilo**

Un **fosfato de acilo** es un anhídrido mixto de un ácido carboxílico y ácido fosfórico, y un **pirofosfato de acilo** es un anhídrido mixto de un ácido carboxílico y ácido pirofosfórico.

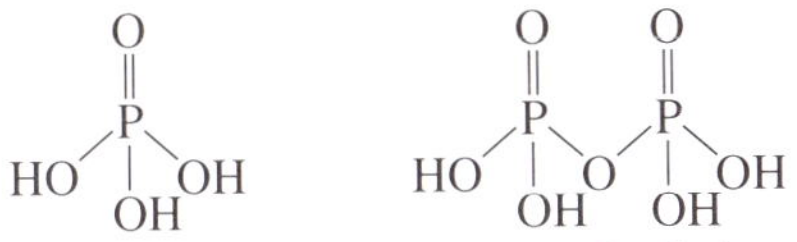

ácido fosfórico   ácido pirofosfórico

Un **adenilato de acilo** es un anhídrido mixto de un ácido carboxílico y monofosfato de adenosina (AMP, de *adenosine monophosphate*). Abajo se muestra la estructura del trifosfato de adenosina (ATP, de *adenosine triphosphate*), en su totalidad con "Ad" en lugar del grupo adenosilo; el monofosfato de adenosina tiene dos grupos fosfato menos que el ATP.

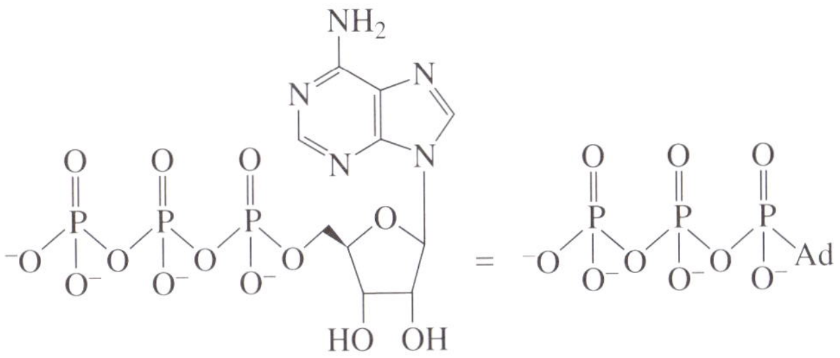

trifosfato de adenosina
ATP

Los fosfatos de acilo se forman en el ataque nucleofílico de un ion carboxilato sobre el fósforo γ (el fósforo terminal) del ATP. El ataque de un nucleófilo al grupo P=O rompe un **enlace fosfoanhídrido** (y no el enlace π), por lo que no se forma un compuesto intermediario. En esencia, es una reacción S_N2, con un grupo saliente de pirofosfato de adenosina. Esta reacción y las que le siguen se describirán con mayor detalle en las secciones 25.2 y 25.3.

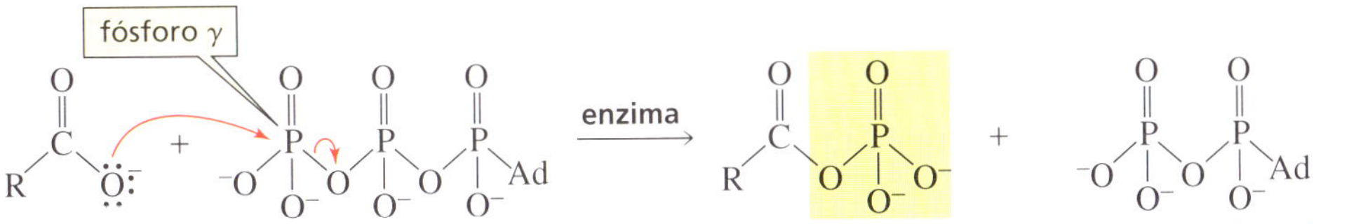

fósforo γ

trifosfato de adenosina   un fosfato de acilo   difosfato de adenosina
ATP   ADP

Los pirofosfatos de acilo se forman en el ataque nucleofílico de un ion carboxilato sobre el fósforo β del ATP.

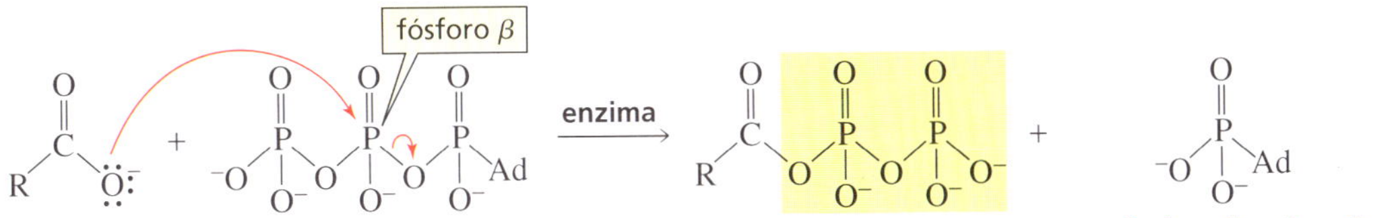

fósforo β

trifosfato de adenosina   un pirofosfato de acilo   monofosfato de adenosina
ATP   AMP

Se forman adenilatos de acilo en el ataque nucleofílico de un ion carboxilato sobre el fósforo α del ATP.

$$R-\underset{O}{\underset{\|}{C}}-O^- + {}^-O-\underset{O^-}{\underset{\|}{P}}-O-\underset{O^-}{\underset{\|}{P}}-O-\underset{O^-}{\underset{\|}{P}}-Ad \xrightarrow{\text{enzima}} R-\underset{O}{\underset{\|}{C}}-O-\underset{O^-}{\underset{\|}{P}}-Ad + {}^-O-\underset{O^-}{\underset{\|}{P}}-O-\underset{O^-}{\underset{\|}{P}}-O^-$$

trifosfato de adenosina ATP   un adenilato de acilo   pirofosfato

(fósforo α)

A cuál átomo de fósforo ataque el nucleófilo dependerá de la enzima que catalice la reacción.

Ya que estos anhídridos mixtos tienen carga negativa, los nucleófilos no se les acercan con facilidad. Entonces, sólo se usan en reacciones catalizadas por enzimas. Una de las funciones de las enzimas que catalizan las reacciones biológicas de sustitución nucleofílica en el grupo acilo es neutralizar las cargas negativas del anhídrido mixto (sección 25.5). Otra de sus funciones es excluir el agua del sitio donde se efectúe la reacción. De no ser así, la hidrólisis del anhídrido mixto competiría con la reacción deseada, de sustitución nucleofílica en el grupo acilo.

Un **tioéster** es un éster con un átomo de azufre en lugar del átomo de oxígeno entre los grupos acilo y alquilo.

$$R-\underset{\underset{SR'}{}}{\underset{\|}{\overset{O}{C}}}$$

tioéster

Los tioésteres son las formas más comunes de ácidos carboxílicos activados que hay en una célula. Aunque los tioésteres se hidrolizan más o menos con la misma rapidez que los ésteres oxigenados, son mucho más reactivos que éstos frente al ataque por parte de nucleófilos de nitrógeno y de carbono. Esto permite que un tioéster sobreviva en el ambiente acuoso de la célula sin hidrolizarse mientras espera para ser usado como sustrato en una reacción de sustitución nucleofílica en el grupo acilo.

El carbono del grupo carbonilo de un tioéster es más susceptible al ataque nucleofílico que el carbono del grupo carbonilo de un éster oxigenado porque la deslocalización electrónica en el oxígeno del grupo carbonilo es más débil cuando Y es S que cuando Y es O. La deslocalización electrónica es más débil porque hay menos traslape entre el orbital 3p del azufre y el orbital 2p del carbono en comparación con la cantidad de traslape entre los orbitales 2p del oxígeno y el 2p del carbono (sección 16.2). Además, un ion tiolato es una base más débil y por consiguiente es un mejor grupo saliente que un ion alcóxido.

$$R-\underset{\underset{YR}{}}{\underset{\|}{\overset{\ddot{O}:}{C}}} \longleftrightarrow R-\underset{\underset{\overset{+}{Y}R}{}}{\overset{:\ddot{O}:^-}{C}} \qquad CH_3CH_2SH \qquad CH_3CH_2OH$$

pKa = 10.5   pKa = 15.9

El tiol que se usa en los sistemas biológicos para la formación de tioésteres es la coenzima A. El compuesto se representa por "CoASH" para subrayar que el grupo tiol es la parte activa de la molécula.

> **BIOGRAFÍA**
>
> **Fritz A. Lipmann (1899–1986)** descubrió la coenzima A. También fue quien primero reconoció su importancia en el metabolismo intermediario. Lipmann nació en Alemania. Para escapar de los nazis se fue a Dinamarca en 1932 y a Estados Unidos en 1939. Se nacionalizó estadounidense en 1944. Por su trabajo sobre la coenzima A recibió el Premio Nobel de Fisiología o Medicina en 1953, que compartió con Hans Krebs.

$$HS-CH_2CH_2NHCCH_2CH_2NHCCH-CCH_2O-\overset{O}{\underset{O^-}{\|P}}-O-\overset{O}{\underset{O^-}{\|P}}-O-CH_2\cdots$$

coenzima A
CoASH

El primer paso mediante el cual un organismo convierte un ácido carboxílico en un tioéster es convertir el ácido en un adenilato de acilo. Entonces, el adenilato de acilo reacciona con la CoASH para formar el tioéster. El tioéster más común en las células es la acetil-CoA.

16.22 Activación celular de los ácidos carboxílicos

$$CH_3-\underset{O}{\overset{O}{C}}-O^- + {}^-O-\underset{O^-}{\overset{O}{P}}-O-\underset{O^-}{\overset{O}{P}}-O-\underset{O^-}{\overset{O}{P}}-O-Ad \xrightarrow{\text{enzima}} CH_3-\underset{O}{\overset{O}{C}}-O-\underset{O^-}{\overset{O}{P}}-O-Ad \xrightarrow{\text{CoASH}} CH_3-\underset{O}{\overset{O}{C}}-SCoA + AMP$$

ATP   + pirofosfato   acetil-CoA

La acetilcolina es un éster, ejemplo de un derivado de ácido carboxílico que sintetizan las células a partir de acetil-CoA. La acetilcolina es un *neurotransmisor*, compuesto que transmite impulsos nerviosos a través de las sinapsis (uniones) entre las células nerviosas.

$$CH_3-\underset{O}{\overset{O}{C}}-SCoA + HOCH_2CH_2\overset{+}{N}(CH_3)_3 \xrightarrow{\text{enzima}} CH_3-\underset{O}{\overset{O}{C}}-OCH_2CH_2\overset{+}{N}(CH_3)_3 + CoASH$$

acetil-CoA   colina   acetilcolina

Se cree que una forma en que los genes se activan es por la formación de una amida entre la acetil-CoA y un residuo de lisina (una amina) de una proteína unida al ADN.

$$CH_3-\underset{O}{\overset{O}{C}}-SCoA + \underset{CH_2CH_2CH_2CH_2NH_2}{-CH-\underset{O}{\overset{O}{C}}-NH-} \xrightarrow{\text{enzima}} \underset{CH_2CH_2CH_2CH_2NH-\underset{O}{\overset{\Vert}{C}}-CH_3}{-CH-\underset{O}{\overset{O}{C}}-NH-} + CoASH$$

un residuo de lisina   una amida

IMPULSOS NERVIOSOS, PARÁLISIS E INSECTICIDAS

Después de transmitirse un impulso entre dos neuronas, la acetilcolina debe hidrolizarse de inmediato para permitir que la célula receptora reciba otro impulso.

$$CH_3-\underset{O}{\overset{O}{C}}-OCH_2CH_2\overset{+}{N}(CH_3)_3 + H_2O \xrightarrow{\text{acetilcolinesterasa}} CH_3-\underset{O}{\overset{O}{C}}-O^- + HOCH_2CH_2\overset{+}{N}(CH_3)_3$$

La acetilcolinesterasa es la enzima que cataliza esta hidrólisis; tiene un grupo CH$_2$OH que es necesario en su actividad catalítica. El fluorofosfato de diisopropilo (DFP, de *diisopropyl fluorophosphate*) es un gas que afecta a los nervios y que se usó durante la Segunda Guerra Mundial. Inhibe la acetilcolinesterasa en forma irreversible al reaccionar con el grupo CH$_2$OH. Cuando la enzima se inhibe, los impulsos nerviosos no pueden transmitirse bien y sobreviene la parálisis. El DFP es tóxico en extremo. Su dosis letal, para el 50% de los animales de prueba (LD$_{50}$, de *lethal dose* 50%), sólo es 0.5 mg/kg del peso corporal.

$$\text{enzima}-CH_2OH + F-\underset{OCH(CH_3)_2}{\overset{OCH(CH_3)_2}{P}}=O \longrightarrow \text{enzima}-CH_2O-\underset{OCH(CH_3)_2}{\overset{OCH(CH_3)_2}{P}}=O + HF$$

activa   DFP   inactiva

El malatión y el paratión, insecticidas muy usados, son compuestos relacionados con el DFP. La LD$_{50}$ del malatión es de 2800 mg/kg. El paratión es más tóxico y su LD$_{50}$ es de 2 mg/kg.

$$\underset{CH_3CH_2O\overset{O}{\overset{\Vert}{C}}CH_2}{CH_3CH_2O\overset{O}{\overset{\Vert}{C}}-CHS-\underset{OCH_3}{\overset{OCH_3}{P}}=S}$$

malatión

$$O_2N-\underset{}{\overset{}{\bigcirc}}-O-\underset{OCH_2CH_3}{\overset{OCH_2CH_3}{P}}=S$$

paratión

16.23 Ácidos dicarboxílicos y sus derivados

Las estructuras de algunos ácidos dicarboxílicos comunes y los valores de sus pK_a se muestran en la tabla 16.2.

Tabla 16.2 Estructuras, nombres y valores de pK_a de algunos ácidos dicarboxílicos simples

Ácido dicarboxílico	Nombre común	pK_{a1}	pK_{a2}
HOCOH (O)	Ácido carbónico	6.37	10.25
HOC—COH (O, O)	Ácido oxálico	1.27	4.27
HOCCH$_2$COH (O, O)	Ácido malónico	2.86	5.70
HOCCH$_2$CH$_2$COH (O, O)	Ácido succínico	4.21	5.64
HOCCH$_2$CH$_2$CH$_2$COH (O, O)	Ácido glutárico	4.34	5.27
HOCCH$_2$CH$_2$CH$_2$CH$_2$COH (O, O)	Ácido adípico	4.41	5.28
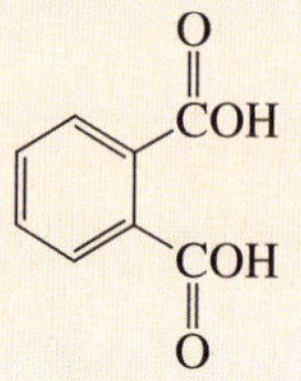 o-C$_6$H$_4$(COOH)$_2$	Ácido ftálico	2.95	5.41

Aunque los dos grupos carboxilo de un ácido dicarboxílico son idénticos, los dos valores de pK_a son diferentes porque los protones se pierden uno por uno y en consecuencia salen desde especies diferentes. El primer protón se pierde de una molécula neutra, mientras que el segundo protón se pierde de un ion con carga negativa.

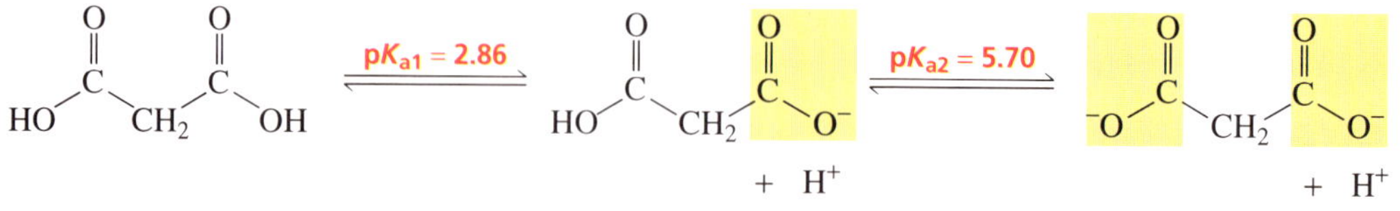

Un grupo COOH abstrae electrones (con más fuerza que un H) y en consecuencia aumenta la estabilidad de la base conjugada que se forma cuando el primer grupo COOH pierde un protón; por eso aumenta su acidez. Los valores de pK_a de los ácidos dicarboxílicos indican que el efecto inductivo activante del grupo COOH disminuye a medida que aumenta la separación de los dos grupos carboxilo.

16.23 Ácidos dicarboxílicos y sus derivados

Los ácidos dicarboxílicos pierden agua con facilidad cuando se calientan si pueden formar un anhídrido cíclico con un anillo de cinco o seis miembros.

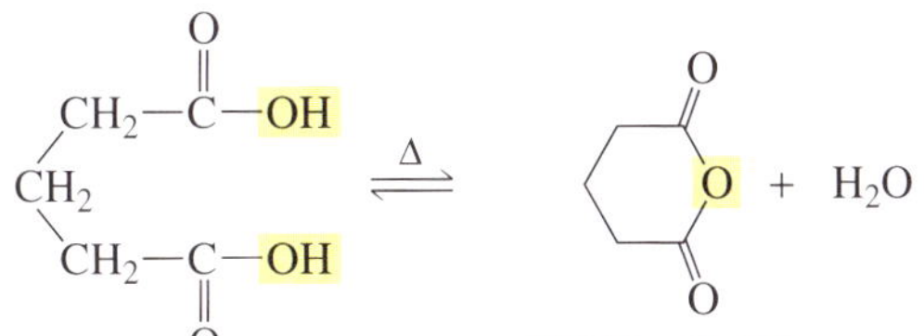

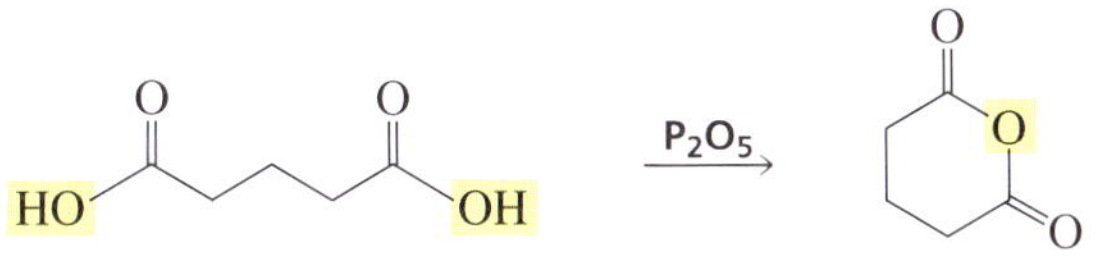

ácido glutárico ⇌ anhídrido glutárico + H₂O

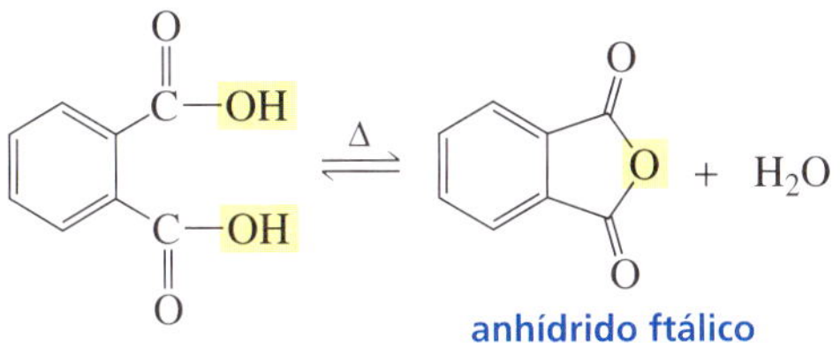

ácido ftálico ⇌ anhídrido ftálico + H₂O

Sin embargo, los anhídridos cíclicos se preparan con más facilidad si el ácido dicarboxílico se calienta en presencia de cloruro de acetilo o anhídrido acético, o si se trata con un agente deshidratante enérgico como el P_2O_5.

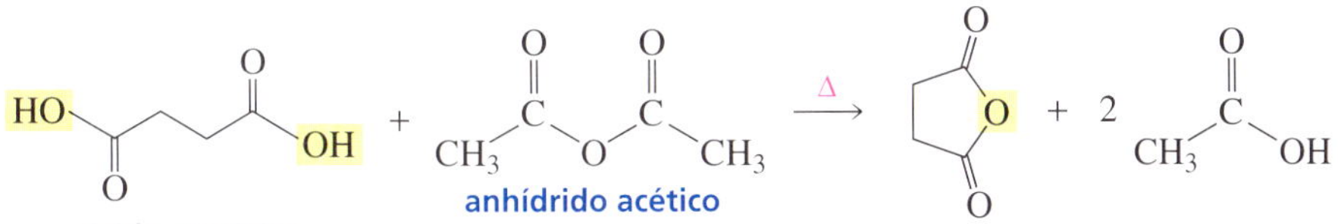

ácido succínico + anhídrido acético ⟶ anhídrido succínico + 2 CH₃COOH

ácido glutárico →[P_2O_5] anhídrido glutárico

PROBLEMA 42

a. Proponga un mecanismo para la formación de anhídrido succínico en presencia de anhídrido acético.
b. ¿Cómo ayuda el anhídrido acético a la formación del anhídrido succínico?

El ácido carbónico, compuesto con dos grupos OH unidos al carbono del grupo carbonílico, es inestable y se descompone con facilidad en CO_2 y H_2O. La reacción es reversible, por lo que se forma ácido carbónico cuando se burbujea CO_2 en agua (sección 1.17).

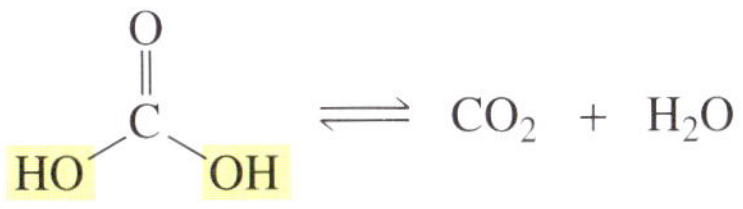

ácido carbónico ⇌ CO_2 + H_2O

Hemos visto que el grupo OH de un ácido carboxílico puede sustituirse para formar diversos derivados de ácido carboxílico. De igual modo, el grupo OH del ácido carbónico se puede sustituir por otros grupos.

$$\underset{\text{fosgeno}}{Cl-\underset{\underset{O}{\|}}{C}-Cl} \qquad \underset{\text{carbonato de dimetilo}}{CH_3O-\underset{\underset{O}{\|}}{C}-OCH_3} \qquad \underset{\text{urea}}{H_2N-\underset{\underset{O}{\|}}{C}-NH_2} \qquad \underset{\text{ácido carbámico}}{H_2N-\underset{\underset{O}{\|}}{C}-OH} \qquad \underset{\text{carbamato de metilo}}{H_2N-\underset{\underset{O}{\|}}{C}-OCH_3}$$

POLÍMEROS SINTÉTICOS

Los polímeros sintéticos desempeñan papeles importantes en la vida cotidiana de la gente actual. Son compuestos obtenidos uniendo muchas moléculas pequeñas, llamadas monómeros. En muchos polímeros sintéticos, los monómeros se fijan con enlaces de éster y de amida. Por ejemplo, el Dacron es un poliéster y el nylon una poliamida.

Dacron®   y   **nylon 6**

Los polímeros sintéticos han sustituido a metales, telas, vidrio, madera y papel, y volvieron permisible disponer de mayor variedad y cantidades de materiales que las que podría abastecer la naturaleza. De manera continua se diseñan nuevos polímeros para satisfacer necesidades humanas. Por ejemplo, el kevlar tiene mayor resistencia a la tensión que el acero. Se usa para esquíes de alto rendimiento y en chalecos antibalas. El lexán es un polímero transparente y fuerte que se usa para objetos como la cubierta transparente de la luz de los semáforos y de los discos compactos.

Kevlar®

Lexan®

Éstos y otros polímeros sintéticos se describen con detalle en el capítulo 28.

SUTURAS SOLUBLES

Las suturas solubles, como las de dexon y poli(dioxanona) (PDS) son de polímeros sintéticos que se usan hoy en forma rutinaria en cirugía. Los numerosos grupos éster que contienen se hidrolizan con lentitud formando moléculas pequeñas que a continuación se metabolizan en compuestos que el organismo excreta con facilidad. Los pacientes ya no tienen que pasar por el segundo procedimiento médico que se necesitaba para quitar las suturas, cuando se usaban materiales tradicionales en los puntos.

Dexon   **PDS**

Dependiendo de sus estructuras, tales suturas sintéticas pierden 50% de su resistencia a las dos o tres semanas, y se absorben por completo en menos de tres a seis meses.

PROBLEMA 43 ◆

Uno de los dos polímeros, en las suturas solubles que aparecen en el inserto de la página 774, pierde 50% de su resistencia en dos semanas mientras el otro la pierde en tres. ¿Cuál es el material de sutura que dura más?

PROBLEMA 44

¿Qué productos espera obtener en las siguientes reacciones?

a. fosgeno + exceso de dietilamina
b. ácido malónico + 2 cloruro de acetilo
c. carbamato de metilo + metilamina
d. urea + agua
e. urea + agua + H^+
f. ácido β-etilglutárico + cloruro de acetilo + Δ

RESUMEN

Un **grupo carbonilo** es un carbono con enlace doble a un oxígeno; un **grupo acilo** es un grupo carbonilo unido a un grupo alquilo o arilo. Los **haluros de acilo, anhídridos de ácido, ésteres** y **amidas** se llaman **derivados de ácido carboxílico** porque difieren de un ácido carboxílico sólo en la naturaleza del grupo que ha sustituido al grupo OH del ácido carboxílico. Los ésteres cíclicos se llaman **lactonas**; las amidas cíclicas se llaman **lactamas**. Hay **anhídridos simétricos** y **anhídridos mixtos**.

Los **compuestos carbonílicos** se pueden agrupar en una de dos clases. Los compuestos carbonílicos de clase I contienen un grupo que puede sustituirse por otro grupo; a esta clase pertenecen los ácidos carboxílicos y sus derivados. Los compuestos carbonílicos de clase II no contienen un grupo que pueda sustituirse por otro grupo; a esta clase pertenecen los aldehídos y las cetonas.

La reactividad de los compuestos carbonílicos reside en la polaridad del grupo carbonilo; el carbono del grupo carbonilo tiene una carga positiva parcial que es de atracción hacia los nucleófilos. Los compuestos carbonílicos de clase I tienen **reacciones de sustitución nucleofílica en el grupo acilo**, donde un nucleófilo sustituye al grupo que estaba unido al grupo acilo en el reactivo. Todos los compuestos carbonílicos de clase I reaccionan con nucleófilos en la misma forma: el nucleófilo ataca al carbono del grupo carbonilo y forma un **intermediario tetraédrico** inestable, que vuelve a formar al compuesto carbonílico al eliminar la base más débil. (En general, un compuesto con un carbono con hibridación sp^3 unido a un oxígeno es inestable si el carbono con hibridación sp^3 está unido a otro átomo electronegativo).

Un derivado de ácido carboxílico participará en una reacción de sustitución nucleofílica en el grupo acilo siempre que el grupo recién adicionado al intermediario tetraédrico no sea una base mucho más débil que el grupo que estaba unido al grupo acilo en el reactivo. Mientras más débil sea la base unida al grupo acilo, ambos pasos de la reacción de sustitución nucleofílica en el grupo acilo pueden facilitarse más. La reactividad relativa en la sustitución nucleofílica del grupo acilo son haluros de acilo > anhídridos de ácido > ésteres y ácidos carboxílicos > amidas > iones carboxilato.

La **hidrólisis, alcohólisis y aminólisis** son reacciones en las que el agua, los alcoholes y las aminas, respectivamente, convierten un compuesto en dos. Una **reacción de transesterificación** convierte un éster en otro éster. Si un ácido carboxílico se trata con exceso de alcohol y un catalizador ácido, la reacción se llama **esterificación de Fischer**. Un éster con un grupo alquilo terciario se hidroliza mediante una reacción S_N1.

La rapidez de la hidrólisis puede aumentarse ya sea con ácido o con $HO:^-$; la rapidez de la alcohólisis se puede aumentar ya sea con ácido o con $RO:^-$. Un ácido aumenta la rapidez de formación del intermediario tetraédrico al protonar el oxígeno del grupo carbonilo, lo cual aumenta la electrofilia del carbono del grupo carbonilo, y disminuir la basicidad del grupo saliente, lo que facilita su eliminación. El ion hidróxido (o alcóxido) aumenta la rapidez de formación del intermediario tetraédrico; es un mejor nucleófilo que el agua (o que un alcohol) y aumenta la rapidez de colapso del intermediario tetra- édrico. El ion hidróxido sólo activa reacciones de hidrólisis; el ion alcóxido sólo activa reacciones de alcohólisis. En una reacción catalizada por ácido, todos los reactivos, intermediarios y productos orgánicos tienen carga positiva o neutra; en las reacciones activadas por ion hidróxido o ion alcóxido, todos los reactivos, intermediarios y productos orgánicos tienen carga negativa o son neutros.

Las **grasas** y los **aceites** son triésteres de la glicerina. Al hidrolizar los grupos éster en una disolución básica se forma glicerina y sales de ácidos grasos (jabones). En el agua, los iones carboxilato de cadena larga se ordenan en grupos esféricos llamados **micelas**. Las fuerzas de atracción mutua de las cadenas de hidrocarburo en agua se llaman **interacciones hidrofóbicas**.

Las amidas son compuestos inertes, pero reaccionan con agua y alcoholes si la mezcla de reacción se calienta en presencia de un ácido. Los nitrilos son más difíciles de hidrolizar que las amidas. La **síntesis de Gabriel**, donde un haluro de alquilo se convierte en una amina primaria, implica la hidrólisis de una **imida**.

En el laboratorio, los ácidos carboxílicos se activan convirtiéndolos en haluros de acilo o en anhídridos de ácido. En las células de los tejidos, los ácidos carboxílicos se activan al convertirse en **fosfatos de acilo, pirofosfatos de acilo, adenilatos de acilo** y **tioésteres**.

RESUMEN DE REACCIONES

1. Reacciones de los haluros de acilo (sección 16.8)

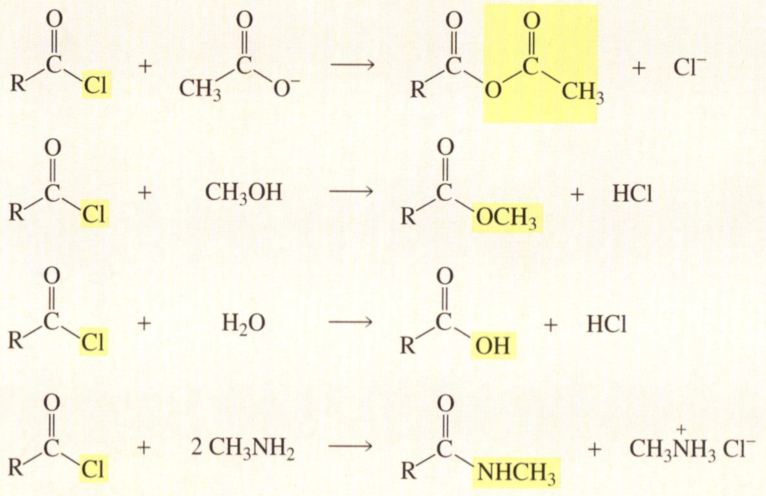

$$\underset{R}{\overset{O}{\|}}\!\!-\!\!Cl + CH_3\overset{O}{\|}\!\!-\!\!O^- \longrightarrow R\overset{O}{\|}\!\!-\!\!O\!\!-\!\!\overset{O}{\|}\!\!-\!\!CH_3 + Cl^-$$

$$\underset{R}{\overset{O}{\|}}\!\!-\!\!Cl + CH_3OH \longrightarrow R\overset{O}{\|}\!\!-\!\!OCH_3 + HCl$$

$$\underset{R}{\overset{O}{\|}}\!\!-\!\!Cl + H_2O \longrightarrow R\overset{O}{\|}\!\!-\!\!OH + HCl$$

$$\underset{R}{\overset{O}{\|}}\!\!-\!\!Cl + 2\ CH_3NH_2 \longrightarrow R\overset{O}{\|}\!\!-\!\!NHCH_3 + CH_3\overset{+}{N}H_3\ Cl^-$$

2. Reacciones de los anhídridos de ácido (sección 16.9)

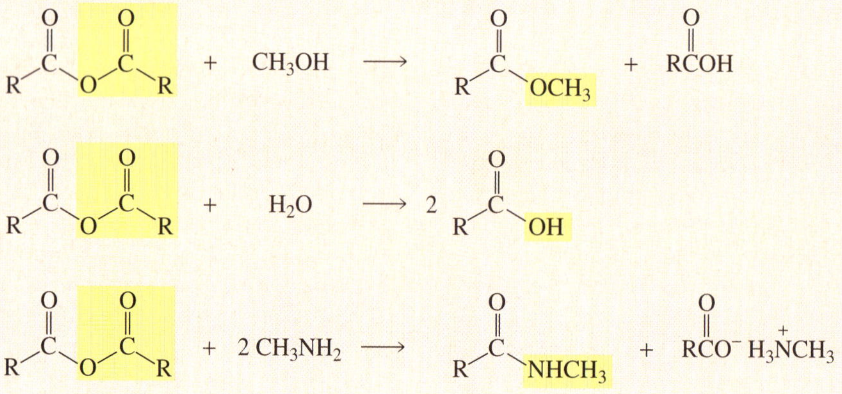

$$R\overset{O}{\|}\!\!-\!\!O\!\!-\!\!\overset{O}{\|}\!\!-\!\!R + CH_3OH \longrightarrow R\overset{O}{\|}\!\!-\!\!OCH_3 + R\overset{O}{\|}\!\!-\!\!OH$$

$$R\overset{O}{\|}\!\!-\!\!O\!\!-\!\!\overset{O}{\|}\!\!-\!\!R + H_2O \longrightarrow 2\ R\overset{O}{\|}\!\!-\!\!OH$$

$$R\overset{O}{\|}\!\!-\!\!O\!\!-\!\!\overset{O}{\|}\!\!-\!\!R + 2\ CH_3NH_2 \longrightarrow R\overset{O}{\|}\!\!-\!\!NHCH_3 + RCO^-\ H_3\overset{+}{N}CH_3$$

3. Reacciones de los ésteres (secciones 16.10-16.13)

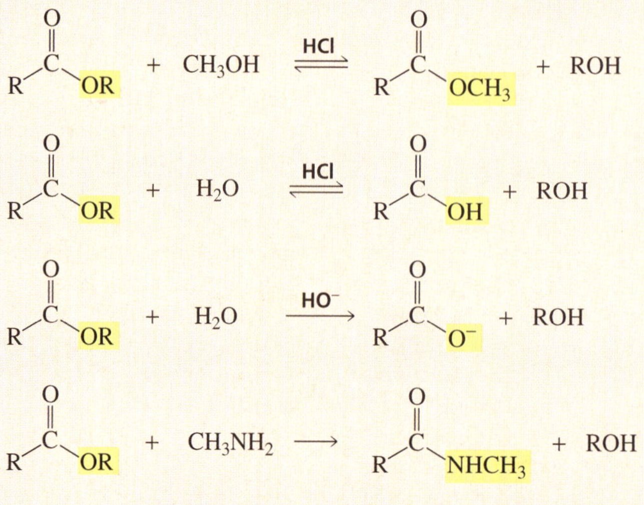

$$R\overset{O}{\|}\!\!-\!\!OR + CH_3OH \underset{}{\overset{HCl}{\rightleftharpoons}} R\overset{O}{\|}\!\!-\!\!OCH_3 + ROH$$

$$R\overset{O}{\|}\!\!-\!\!OR + H_2O \underset{}{\overset{HCl}{\rightleftharpoons}} R\overset{O}{\|}\!\!-\!\!OH + ROH$$

$$R\overset{O}{\|}\!\!-\!\!OR + H_2O \overset{HO^-}{\longrightarrow} R\overset{O}{\|}\!\!-\!\!O^- + ROH$$

$$R\overset{O}{\|}\!\!-\!\!OR + CH_3NH_2 \longrightarrow R\overset{O}{\|}\!\!-\!\!NHCH_3 + ROH$$

4. Reacciones de los ácidos carboxílicos (sección 16.15)

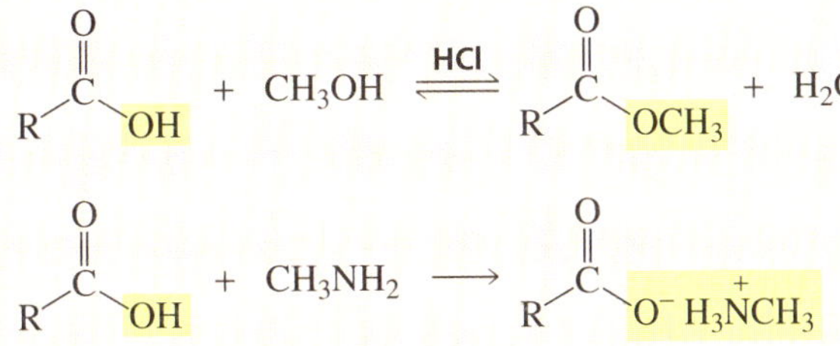

$$\underset{R}{\text{R}}\underset{OH}{\overset{O}{\|}}\text{C} + CH_3OH \xrightleftharpoons{HCl} \underset{R}{\text{R}}\underset{OCH_3}{\overset{O}{\|}}\text{C} + H_2O$$

$$\underset{R}{\text{R}}\underset{OH}{\overset{O}{\|}}\text{C} + CH_3NH_2 \longrightarrow \underset{R}{\text{R}}\underset{O^-}{\overset{O}{\|}}\text{C}\ \ \overset{+}{H_3}NCH_3$$

5. Reacciones de las amidas (secciones 16.16 y 16.17)

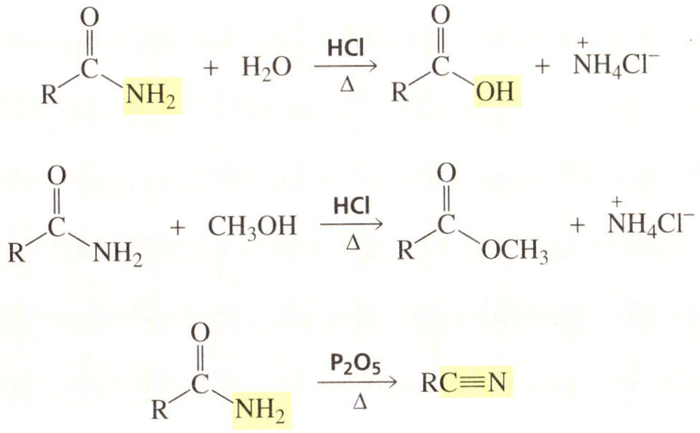

$$\underset{R}{\text{R}}\underset{NH_2}{\overset{O}{\|}}\text{C} + H_2O \xrightarrow[\Delta]{HCl} \underset{R}{\text{R}}\underset{OH}{\overset{O}{\|}}\text{C} + \overset{+}{N}H_4Cl^-$$

$$\underset{R}{\text{R}}\underset{NH_2}{\overset{O}{\|}}\text{C} + CH_3OH \xrightarrow[\Delta]{HCl} \underset{R}{\text{R}}\underset{OCH_3}{\overset{O}{\|}}\text{C} + \overset{+}{N}H_4Cl^-$$

$$\underset{R}{\text{R}}\underset{NH_2}{\overset{O}{\|}}\text{C} \xrightarrow[\Delta]{P_2O_5} RC\equiv N$$

6. Síntesis de Gabriel, de aminas primarias (sección 16.18)

$$\text{ftalimida} \xrightarrow[\substack{\text{1. HO}^- \\ \text{2. RCH}_2\text{Br} \\ \text{3. HCl, H}_2\text{O, }\Delta \\ \text{4. HO}^-}]{} RCH_2NH_2$$

7. Hidrólisis de los nitrilos (sección 16.19)

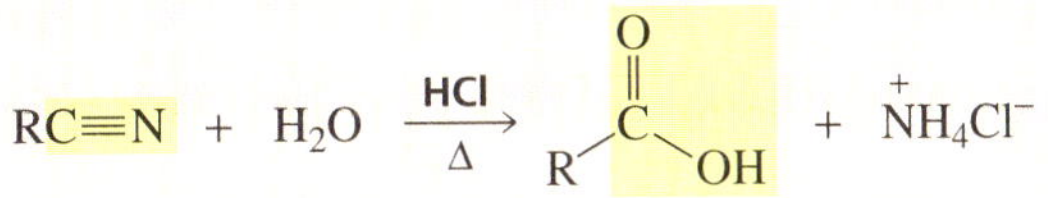

$$RC\equiv N + H_2O \xrightarrow[\Delta]{HCl} \underset{R}{\text{R}}\underset{OH}{\overset{O}{\|}}\text{C} + \overset{+}{N}H_4Cl^-$$

8. Activación de ácidos carboxílicos en el laboratorio (sección 16.21)

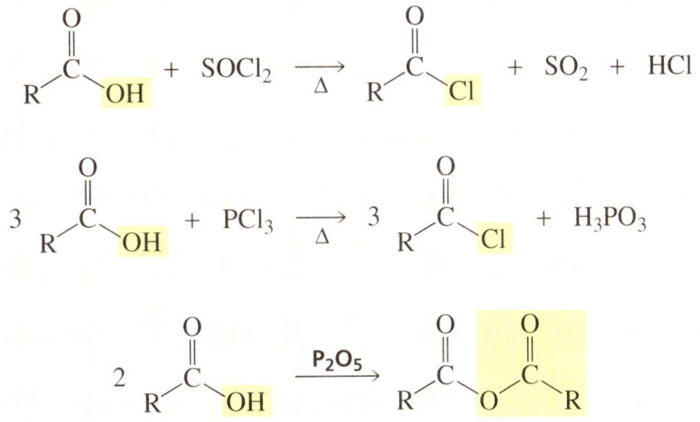

$$\underset{R}{\text{R}}\underset{OH}{\overset{O}{\|}}\text{C} + SOCl_2 \xrightarrow{\Delta} \underset{R}{\text{R}}\underset{Cl}{\overset{O}{\|}}\text{C} + SO_2 + HCl$$

$$3\ \underset{R}{\text{R}}\underset{OH}{\overset{O}{\|}}\text{C} + PCl_3 \xrightarrow{\Delta} 3\ \underset{R}{\text{R}}\underset{Cl}{\overset{O}{\|}}\text{C} + H_3PO_3$$

$$2\ \underset{R}{\text{R}}\underset{OH}{\overset{O}{\|}}\text{C} \xrightarrow{P_2O_5} \underset{R}{\text{R}}\underset{O}{\overset{O}{\|}}\text{C}-\underset{R}{\overset{O}{\|}}\text{C}$$

9. Activación de ácidos carboxílicos en las células (sección 16.22)

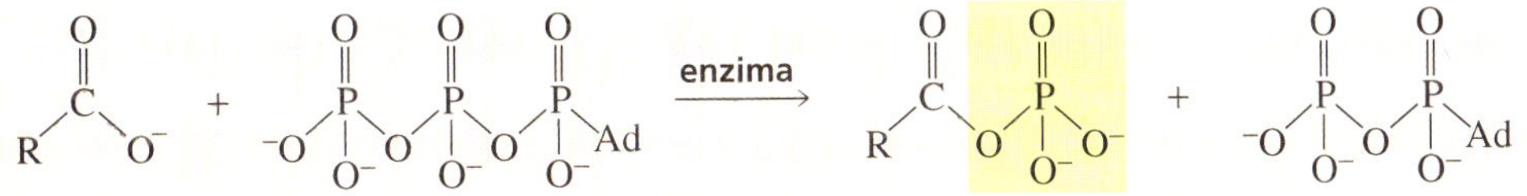

$$\underset{R}{\text{R}}\underset{O^-}{\overset{O}{\|}}\text{C} + \ ^-O-\overset{O}{\underset{O^-}{\|}}P-O-\overset{O}{\underset{O^-}{\|}}P-O-\overset{O}{\underset{O^-}{\|}}P-Ad \xrightarrow{\text{enzima}} \underset{R}{\text{R}}\underset{O}{\overset{O}{\|}}\text{C}-\overset{O}{\underset{O^-}{\|}}P-O^- + \ ^-O-\overset{O}{\underset{O^-}{\|}}P-O-\overset{O}{\underset{O^-}{\|}}P-Ad$$

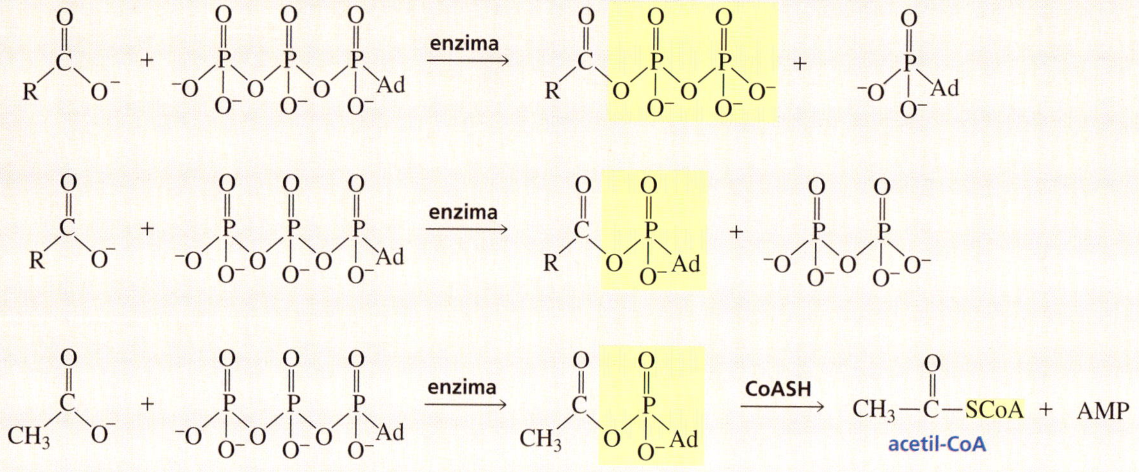

10. Deshidratación de ácidos dicarboxílicos (sección 16.23)

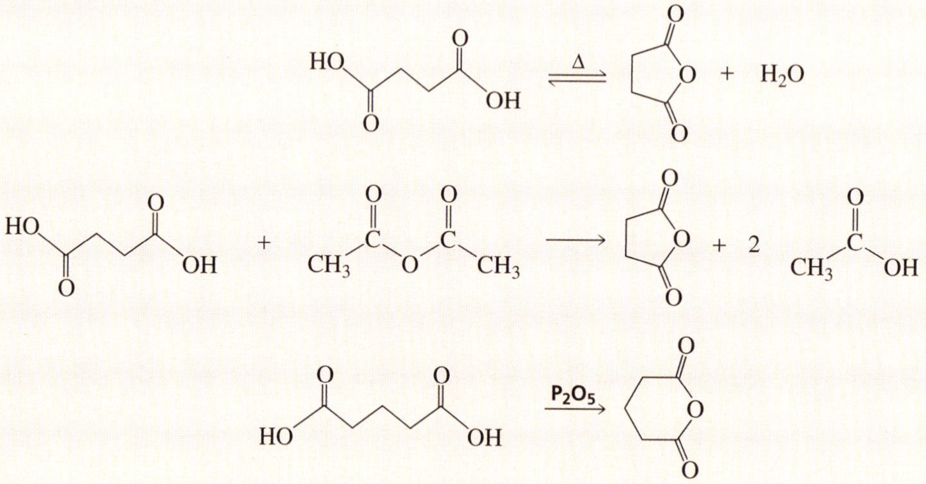

TÉRMINOS CLAVE

aceite (pág. 754)
ácido carboxílico (pág. 724)
ácido graso (pág. 755)
adenilato de acilo (pág. 769)
amida (pág. 727)
aminoácido (pág. 732)
aminólisis (pág. 744)
anhídrido de ácido (pág. 726)
anhídrido mixto (pág. 726)
anhídrido simétrico (pág. 726)
biosíntesis (pág. 768)
carbono α (pág. 725)
carbono del grupo carbonilo (pág. 729)
catalizador (pág. 748)
compuesto carbonílico (pág. 722)
derivado de ácido carboxílico (pág. 723)

detergente (pág. 756)
enlace fosfoanhídrido (pág. 769)
éster (pág. 726)
esterificación de Fischer (pág. 757)
fosfato de acilo (pág. 769)
grasa (pág. 754)
grupo acilo (pág. 722)
grupo carbonilo (pág. 722)
grupo carboxilo (pág. 725)
haluro de acilo (pág. 726)
imida (pág. 763)
interacciones hidrofóbicas (pág. 755)
intermediario tetraédrico (pág. 733)
jabón (pág. 755)
lactama (pág. 728)
lactona (pág. 727)

micela (pág. 755)
nitrilo (pág. 728)
oxígeno carboxílico (pág. 726)
oxígeno del grupo carbonilo (pág. 729)
pirofosfato de acilo (pág. 769)
reacción de alcohólisis (pág. 744)
reacción de hidrólisis (pág. 744)
reacción de sustitución nucleofílica en el grupo acilo (pág. 734)
reacción de transesterificación (pág. 744)
reacción de transferencia en el acilo (pág. 734)
saponificación (pág. 755)
síntesis de Gabriel (pág. 763)
tioéster (pág. 770)

PROBLEMAS

45. Escriba una estructura para cada uno de los siguientes compuestos:
   a. N,N-dimetilhexanamida
   b. 3,3-dimetilhexanamida
   c. cloruro de ciclohexanocarbonilo
   d. propanonitrilo
   e. bromuro de propionilo
   f. acetato de sodio
   g. anhídrido benzoico
   h. β-valerolactona
   i. 3-metilbutanonitrilo
   j. ácido cicloheptanocarboxílico

46. Indique el nombre de los compuestos siguientes:

   a. $CH_3CH_2\overset{\underset{\mid}{CH_2CH_3}}{CH}CH_2CH_2\overset{O}{\overset{\|}{C}}OH$

   b. $CH_3CH_2\overset{O}{\overset{\|}{C}}OCH_2CH_3$

   c. estructura con CH_2CH_3, H, CH_3, CH_2COOH en carbono quiral

   d. $CH_3CH_2CH_2\overset{O}{\overset{\|}{C}}N(CH_3)_2$

   e. $CH_3CH_2CH_2CH_2\overset{O}{\overset{\|}{C}}Cl$

   f. Ph–$\overset{O}{\overset{\|}{C}}O\overset{O}{\overset{\|}{C}}CH_3$

   g. $CH_2=CHCH_2\overset{O}{\overset{\|}{C}}NHCH_3$

   h. $CH_3CH_2\overset{O}{\overset{\|}{C}}O\overset{O}{\overset{\|}{C}}CH_2CH_3$

   i. estructura con $CH_2C\equiv N$, H, CH_3, $CH_2CH_2CH_3$ en carbono quiral

47. ¿Qué productos se formarían en la reacción de cloruro de benzoílo con los reactivos siguientes?
   a. acetato de sodio
   b. agua
   c. dimetilamina en exceso
   d. HCl acuoso
   e. NaOH acuoso
   f. ciclohexanol
   g. bencilamina en exceso
   h. 4-clorofenol
   i. alcohol isopropílico
   j. anilina en exceso

48. a. Ordene los ésteres siguientes por reactividad decreciente en el primer paso (lento) de una reacción de sustitución nucleofílica en el grupo acilo (formación del intermediario tetraédrico):

   A CH_3CO–fenilo **B** CH_3CO–ciclohexilo **C** CH_3CO–C$_6$H$_4$–CH$_3$ **D** CH_3CO–C$_6$H$_4$–Cl

   b. Ordene los mismos ésteres por reactividad decreciente en el segundo paso (lento) de una reacción de sustitución nucleofílica en el grupo acilo (colapso del intermediario tetraédrico).

49. Ya que el bromociclohexano es un haluro de alquilo secundario, se forman ciclohexanol y ciclohexeno cuando el haluro de alquilo reacciona con ion hidróxido. Sugiera un método para sintetizar ciclohexanol a partir de bromociclohexano que forme poco o nada de ciclohexeno.

50. a. ¿Cuál compuesto cree usted que tenga mayor momento dipolar, acetato de metilo o butanona?

   $CH_3\overset{O}{\overset{\|}{C}}OCH_3$ (acetato de metilo) $CH_3\overset{O}{\overset{\|}{C}}CH_2CH_3$ (butanona)

   b. ¿Cuál compuesto cree usted que tenga punto de ebullición más elevado?

51. ¿Cómo se podría usar la espectroscopia de RMN-^{1}H para diferenciar entre los ésteres siguientes?

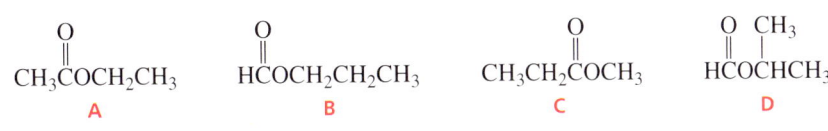

   A $CH_3\overset{O}{\overset{\|}{C}}OCH_2CH_3$ **B** $H\overset{O}{\overset{\|}{C}}OCH_2CH_2CH_3$ **C** $CH_3CH_2\overset{O}{\overset{\|}{C}}OCH_3$ **D** $H\overset{O}{\overset{\|}{C}}OCH(CH_3)CH_3$

52. Si se agrega cloruro de propionilo a un equivalente de metilamina, sólo se obtiene un 50% de rendimiento de N-metilpropanamida. Sin embargo, si se agrega el cloruro de acilo a dos equivalentes de metilamina, el rendimiento de N-metilpropanamida es casi de 100%. Explique estas observaciones.

53. a. Cuando un ácido carboxílico se disuelve en agua marcada isotópicamente (H_2O^{18}), el marcador se incorpora a ambos oxígenos del grupo ácido. Proponga un mecanismo que explique esto.

$$CH_3\overset{O}{\overset{\|}{C}}OH + H_2O^{18} \rightleftharpoons CH_3\overset{O^{18}}{\overset{\|}{C}}O^{18}H + H_2O$$

b. Si se disuelve un ácido carboxílico en metanol marcado isotópicamente ($CH_3^{18}OH$) y se agrega catalizador, ¿dónde estará el marcador en el producto?

c. Si se disuelve un éster en agua marcada isotópicamente (H_2O^{18}) y se agrega un catalizador ácido ¿dónde estará el marcador isotópico en el producto?

54. Indique dos métodos de obtener cada uno de los ésteres siguientes, uno usando un alcohol y el otro usando un haluro de alquilo:
   a. acetato de propilo (olor a peras)
   b. acetato de isopentilo (olor a bananas)
   c. butirato de etilo (olor a piña)
   d. feniletanoato de metilo (olor a miel)

55. ¿Qué reactivos usaría usted para convertir propionato (o propanoato) de metilo en los compuestos siguientes?
   a. propanoato de isopropilo
   b. propanoato de sodio
   c. N-etilpropanamida
   d. ácido propanoico

56. Un compuesto tiene fórmula molecular $C_5H_{10}O_2$ y produce el siguiente espectro de IR:

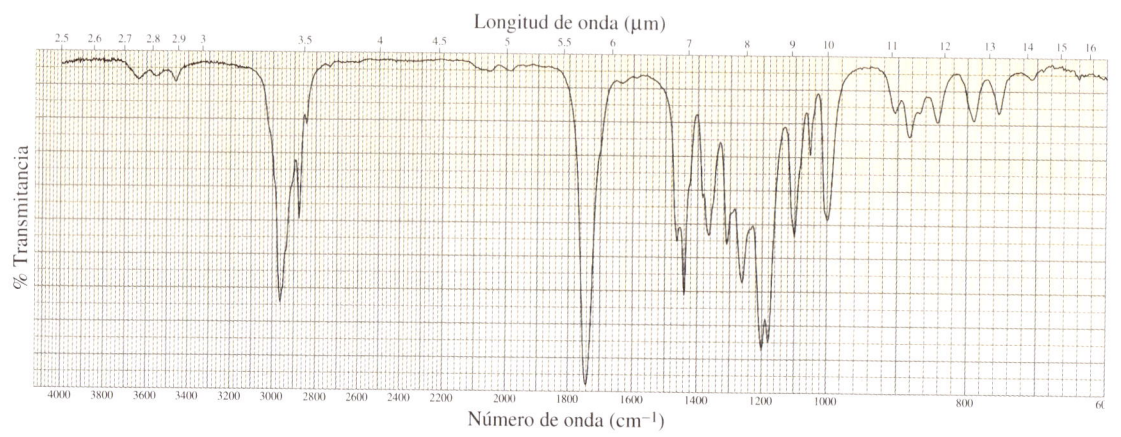

Cuando sufre hidrólisis catalizada por ácido, se forma el compuesto que tiene el siguiente espectro de RMN-^{1}H. Identifique los compuestos.

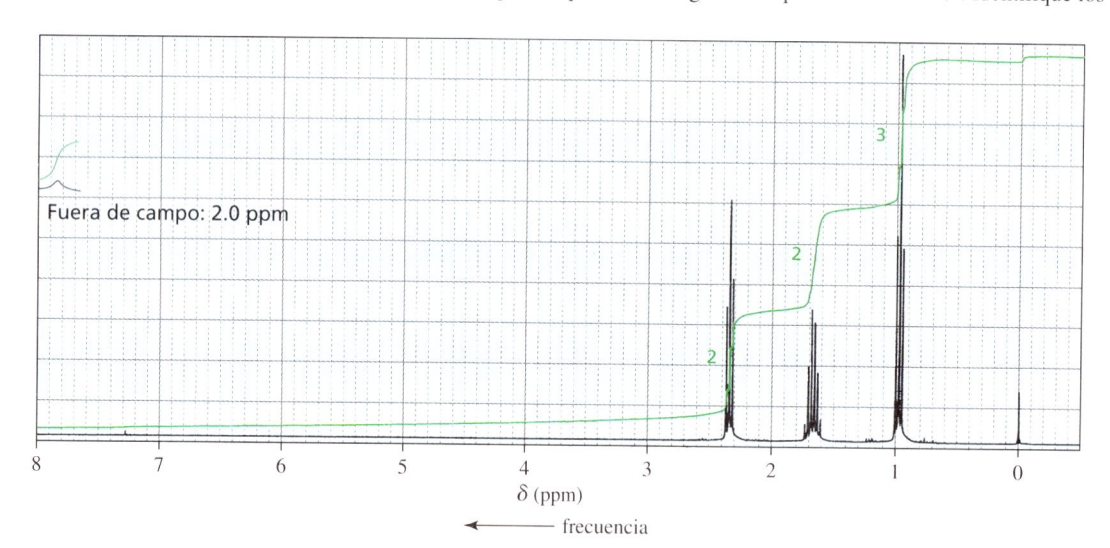

57. Aspartame, el edulcorante que se usa en los productos comerciales NutraSweet y Equal, es 160 veces más dulce que la sacarosa. ¿Qué productos se obtendrían si se hidrolizara el aspartame por completo en una disolución acuosa de HCl?

aspartame

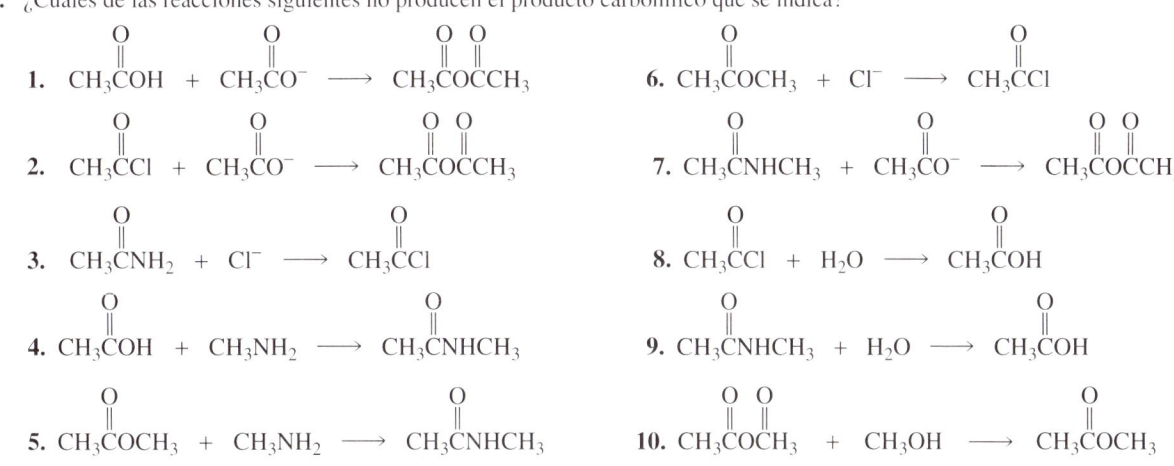

58. a. ¿Cuáles de las reacciones siguientes no producen el producto carbonílico que se indica?

1. $CH_3COH + CH_3CO^- \longrightarrow CH_3COCCH_3$ (con O en cada C=O)

2. $CH_3CCl + CH_3CO^- \longrightarrow CH_3COCCH_3$

3. $CH_3CNH_2 + Cl^- \longrightarrow CH_3CCl$

4. $CH_3COH + CH_3NH_2 \longrightarrow CH_3CNHCH_3$

5. $CH_3COCH_3 + CH_3NH_2 \longrightarrow CH_3CNHCH_3$

6. $CH_3COCH_3 + Cl^- \longrightarrow CH_3CCl$

7. $CH_3CNHCH_3 + CH_3CO^- \longrightarrow CH_3COCCH_3$

8. $CH_3CCl + H_2O \longrightarrow CH_3COH$

9. $CH_3CNHCH_3 + H_2O \longrightarrow CH_3COH$

10. $CH_3COCH_3 + CH_3OH \longrightarrow CH_3COCH_3$

b. ¿Cuáles de las reacciones que no suceden pueden forzarse para que se efectúen si se agrega un catalizador ácido a la mezcla de reacción?

59. El 1,4-diazabiciclo[2,2,2]octano (se abrevia DABCO) es una amina terciaria que cataliza reacciones de transesterificación. Proponga un mecanismo que muestre cómo sucede esto.

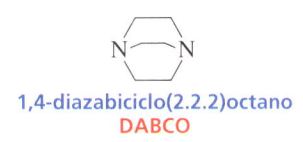

1,4-diazabiciclo(2.2.2)octano
DABCO

60. Se obtienen dos productos, A y B, en la reacción de 1-bromobutano con NH_3. El compuesto A reacciona con cloruro de acetilo para formar C, y B reacciona con cloruro de acetilo para formar D. A continuación se muestran los espectros de infrarrojo de C y D. Identifique a A, B, C y D.

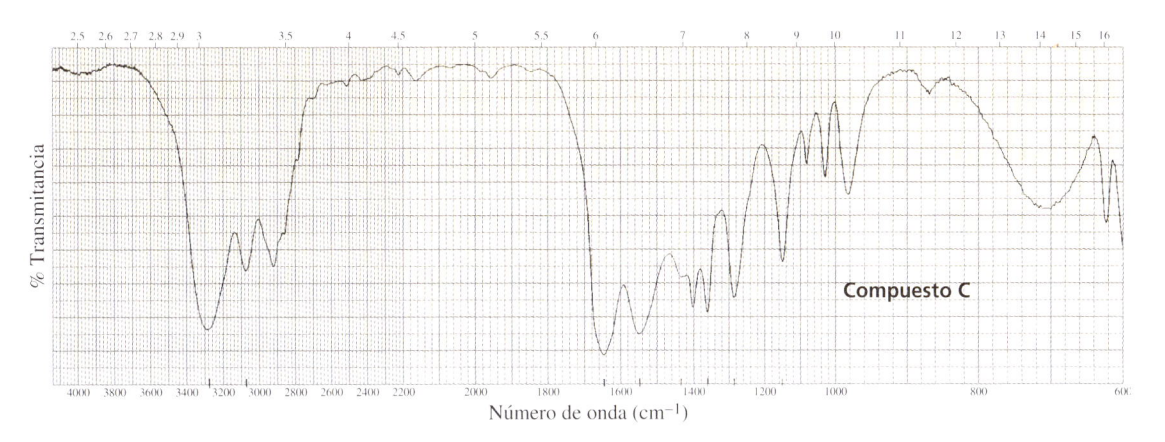

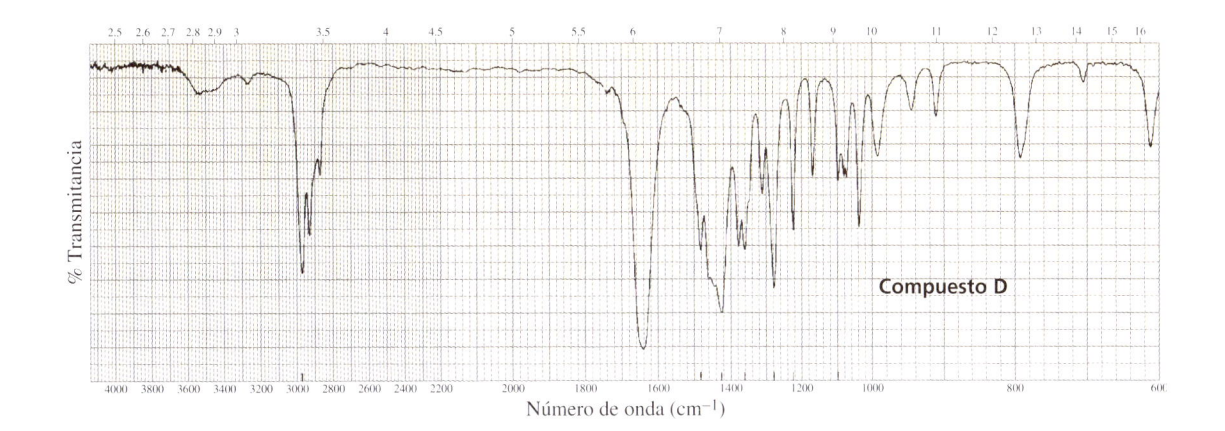

61. El fosgeno (COCl$_2$) se usó como gas venenoso en la Primera Guerra Mundial. Indique el producto que se formaría en la reacción del fosgeno con cada una de las sustancias siguientes:
1. un equivalente de metanol
2. metanol en exceso
3. propilamina en exceso
4. un equivalente de metanol y después un equivalente de metilamina

62. ¿Qué reactivo debe usarse para efectuar la siguiente reacción?

63. Cuando la química Éster trató ácido butanodioico con cloruro de tionilo, se sorprendió al encontrar que el producto que obtuvo era un anhídrido y no un cloruro de ácido. Proponga un mecanismo que explique por qué obtuvo un anhídrido.

64. Indique cuáles son los productos de las reacciones siguientes:

a. CH$_3$CCl + KF ⟶

b. (pirrolidinona) + H$_2$O →(HCl, Δ)

c. C$_6$H$_5$COOH →(1. SOCl$_2$; 2. 2 CH$_3$NH$_2$)

d. (anhídrido succínico) + H$_2$O ⟶

e. ClCCl + catecol ⟶

f. (γ-butirolactona) + H$_2$O (exceso) →(HCl)

g. CH$_3$CCH$_2$OCCH$_3$ + CH$_3$OH (exceso) →(CH$_3$O$^-$)

h. ácido 2-(carboximetil)benzoico + (CH$_3$C)$_2$O →(Δ)

i. anhídrido ftálico + NH$_3$ (exceso) ⟶

j. isocromanona + CH$_3$OH (exceso) →(HCl)

65. Cuando se trata con un equivalente de metanol, el compuesto A, cuya fórmula molecular es C$_4$H$_6$Cl$_2$O, forma el compuesto cuyo espectro de RMN-^{1}H se ve a continuación. Identifique el compuesto A.

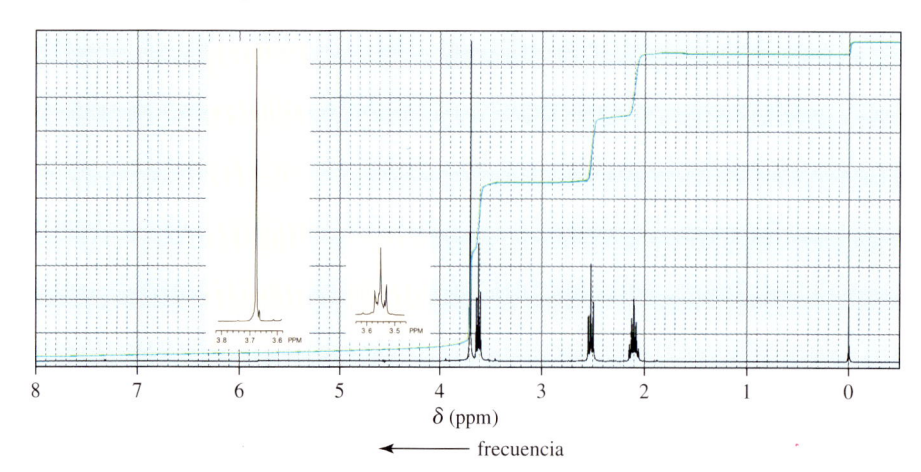

66. a. Identifique los dos productos que se obtienen en la reacción siguiente:

$$CH_3\overset{O}{\overset{\|}{C}}O\overset{O}{\overset{\|}{C}}CH_3 \text{ (exceso)} + CH_3\overset{NH_2}{\overset{|}{C}H}CH_2CH_2OH \longrightarrow$$

b. Benjamín A. llevó a cabo esta reacción, pero la detuvo antes de que llegara a la mitad y aisló el producto principal. Se llevó una sorpresa al encontrar que el producto que aisló no era alguno de los que se obtienen cuando se deja terminar la reacción. ¿Qué producto aisló?

67. Una disolución acuosa de una amina primaria o secundaria reacciona con un cloruro de acilo para formar una amida como producto principal. Sin embargo, si la amina es terciaria, no se forma una amida. ¿Qué producto se forma? Explique por qué.

68. Identifique los productos principal y secundarios de la siguiente reacción:

(estructura: piperidina 3-sustituida con CHOH-CH$_3$ y CH$_2$CH$_3$) + $CH_3\overset{O}{\overset{\|}{C}}Cl \longrightarrow$

69. a. Ana Mida no obtuvo éster alguno cuando agregó el ácido 2,4,6-trimetilbenzoico a una disolución ácida de metanol. ¿Por qué? (*Sugerencia*: haga modelos).

b. ¿Habría encontrado Ana Mida el mismo problema si hubiera tratado de sintetizar el éster metílico del ácido *p*-metilbenzoico de la misma forma?

c. ¿Cómo podría preparar el éster metílico del ácido 2,4,6-trimetilbenzoico? (*Sugerencia*: vea la sección 15.11).

70. Cuando un compuesto cuya fórmula molecular es $C_{11}H_{14}O_2$ sufre hidrólisis catalizada por ácido, uno de los productos obtenidos produce el siguiente espectro de RMN-^{1}H. Identifique el compuesto.

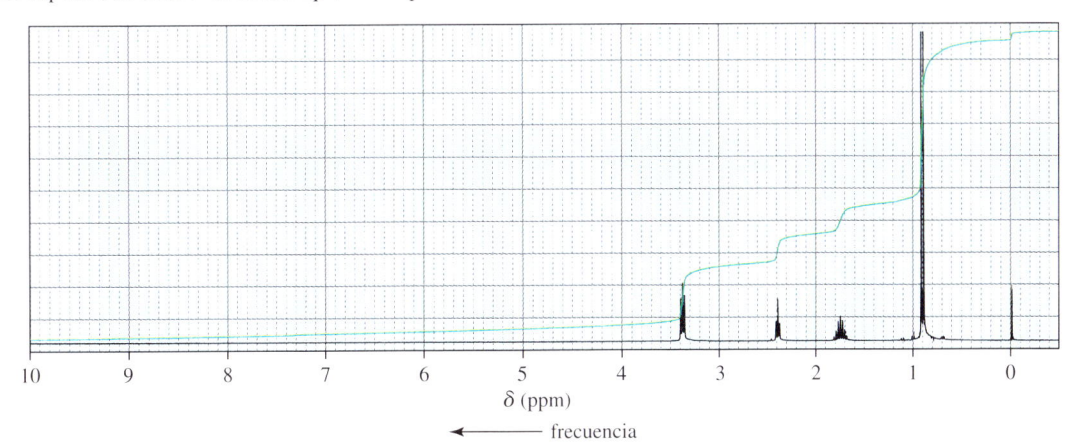

71. Ordene los compuestos siguientes por frecuencia decreciente de estiramiento del doble enlace carbono-oxígeno:

$$CH_3\overset{O}{\overset{\|}{C}}OCH_3 \quad CH_3\overset{O}{\overset{\|}{C}}Cl \quad CH_3\overset{O}{\overset{\|}{C}}H \quad CH_3\overset{O}{\overset{\|}{C}}NH_2$$

72. Cardura es un medicamento para tratar la hipertensión; se sintetiza de la siguiente manera:

(catecol) + $BrCH_2\overset{|}{\overset{Br}{C}H}\overset{O}{\overset{\|}{C}}OCH_3$ $\xrightarrow{K_2CO_3}$ **A** $\xrightarrow{KOH}$ **B** $\xrightarrow[H_2O]{HCl}$ **Cardura** + CH_3OH

a. Identifique el compuesto intermediario (A) e indique el mecanismo de su formación.

b. Indique el mecanismo de la conversión de A en B. ¿Cuál de estos pasos cree usted que sucederá con más rapidez?

73. a. Si la constante de equilibrio de la reacción entre ácido acético y etanol para formar acetato de etilo es 4.02 ¿cuál será la concentración de acetato de etilo en equilibrio si la reacción se efectúa con cantidades iguales de ácido acético y etanol?

b. ¿Cuál será la concentración de acetato de etilo en equilibrio si la reacción se hace con 10 veces más etanol que ácido acético? *Sugerencia*: recuerde la ecuación cuadrática: $ax^2 + bx + c = 0$,

$$x = \frac{-b \pm (b^2 - 4ac)^{1/2}}{2a}$$

c. ¿Cuál será la concentración de acetato de etilo en el equilibrio si la reacción se efectúa con 100 veces más etanol que ácido acético?

74. A continuación se ven los espectros de RMN-^{1}H para dos ésteres de fórmula molecular $C_8H_8O_2$. Si cada uno de los ésteres se agrega a una disolución acuosa de pH 10 ¿cuál de ellos se hidroliza más cuando las reacciones de hidrólisis hayan llegado al equilibrio?

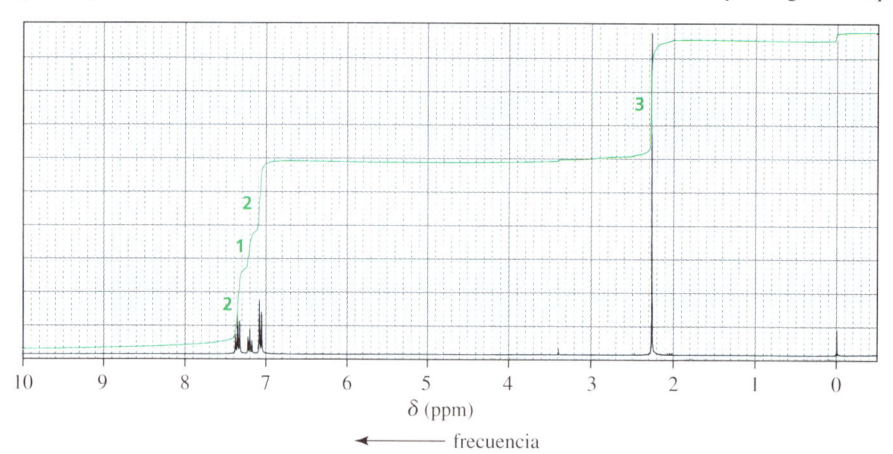

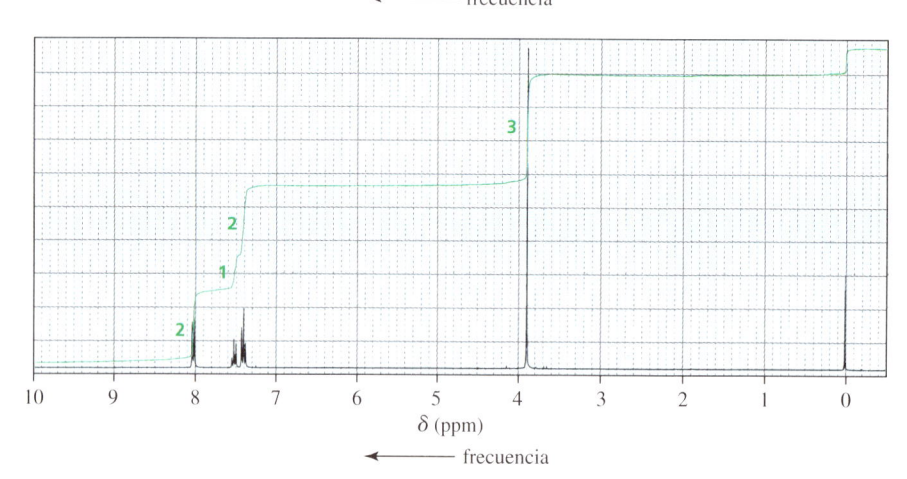

75. Indique cómo se podrían preparar los compuestos siguientes a partir de los materiales de partida indicados. Puede usar cualquier reactivo orgánico o inorgánico que sea necesario.

a. $CH_3CH_2\overset{\overset{O}{\|}}{C}NH_2 \longrightarrow CH_3CH_2\overset{\overset{O}{\|}}{C}Cl$

b. $CH_3CH_2CH_2CH_2OH \longrightarrow CH_3CH_2CH_2CH_2\overset{\overset{O}{\|}}{C}OH$

c. $CH_3(CH_2)_{10}\overset{\overset{O}{\|}}{C}OH \longrightarrow CH_3(CH_2)_{11}\text{—}\underset{\textbf{un detergente}}{\text{C}_6\text{H}_4}\text{—}SO_3^- \ Na^+$

d. PhCH$_3$ $\longrightarrow$ Ph$\overset{\overset{O}{\|}}{C}$NHCH$_3$

e. PhNH$_2$ $\longrightarrow$ 4-(CH$_3$CO)C$_6$H$_4$NH$_2$

f. PhCH$_3$ $\longrightarrow$ PhCH$_2$COOH

76. La hidrólisis de acetamida, catalizada por ácido ¿es una reacción reversible o irreversible? Explique por qué.

77. ¿Qué producto espera obtener en cada una de las reacciones siguientes?

a.  CH₃CH₂CH(OH)CH₂CH₂CH₂COOH →^{HCl}

b. 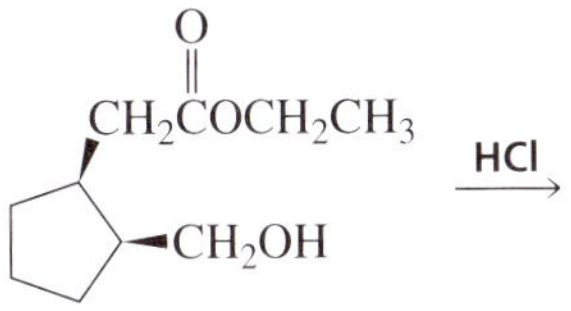 (ciclopentano con CH₂COCH₂CH₃ y CH₂OH) →^{HCl}

c. 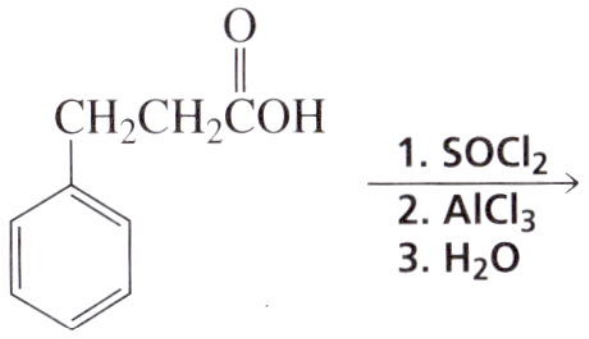 C₆H₅CH₂CH₂COOH → 1. SOCl₂ 2. AlCl₃ 3. H₂O

78. Las sulfonamidas fueron los primeros antibióticos y su uso clínico se inició en 1934 (secciones 24.8 y 30.4). Indique cómo se puede preparar una sulfonamida a partir del benceno.

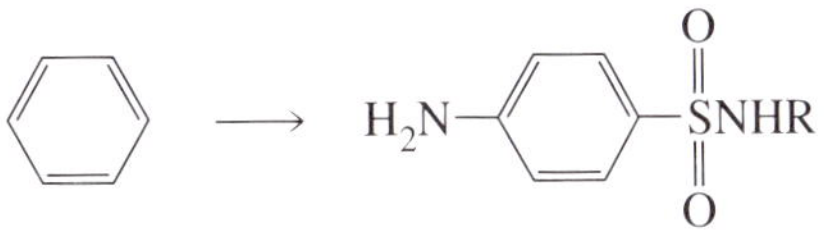

benceno → H₂N—C₆H₄—S(=O)(=O)NHR

una sulfonamida

79. La reacción de un nitrilo con un alcohol en presencia de un ácido fuerte forma una amida secundaria. Esta reacción se llama *reacción de Ritter* y no funciona con alcoholes primarios.

RC≡N + R'OH →^{H⁺} RCONHR'

reacción de Ritter

a. Proponga un mecanismo para la reacción de Ritter.
b. ¿Por qué la reacción de Ritter no funciona con los alcoholes primarios?
c. ¿En qué difiere la reacción de Ritter de la hidrólisis de un nitrilo catalizada por ácido para formar una amida primaria?

80. El compuesto intermediario que aquí se ve, se forma durante la hidrólisis del grupo éster activada por ion hidróxido. Proponga un mecanismo para la reacción.

[Esquema de reacción: C₆H₅—CH=C(NHCOCH₃)—COOCH₂CF₃ →^{HO⁻/H₂O} oxazolina intermedia + CF₃CH₂OH → C₆H₅—CH=C(NHCOCH₃)—COO⁻]

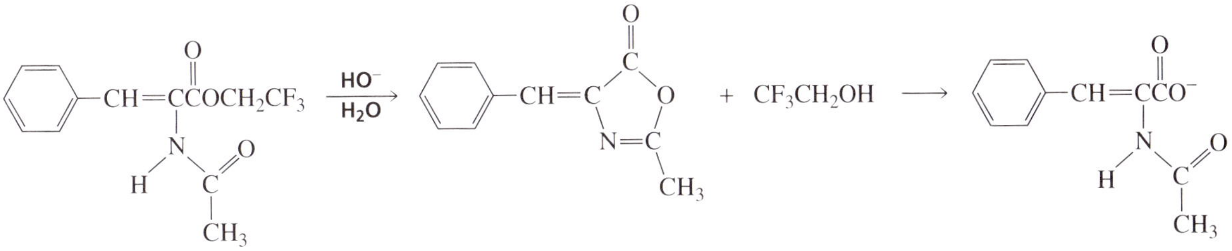

81. a. ¿Cómo se podría sintetizar la aspirina a partir del benceno?
b. El ibuprofeno es el ingrediente activo en analgésicos como Advil, Mortin y Nuprin. ¿Cómo se podría sintetizar ibuprofeno a partir del benceno?
c. El acetaminofeno es el ingrediente activo del Tylenol. ¿Cómo se podría sintetizar el acetaminofeno a partir del benceno?

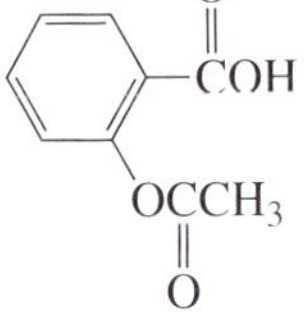

aspirina: o-(CH₃COO)C₆H₄COOH

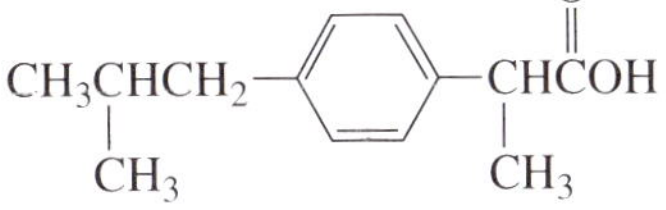

ibuprofeno: (CH₃)₂CHCH₂—C₆H₄—CH(CH₃)COOH

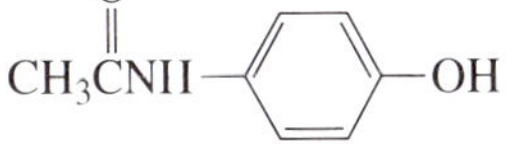

acetaminofeno: CH₃CONH—C₆H₄—OH

82. Se ha visto que el compuesto siguiente es inhibidor de la penicilinasa. Se puede volver a activar la enzima con hidroxilamina (NH₂OH). Proponga mecanismos que expliquen la inhibición y la reactivación.

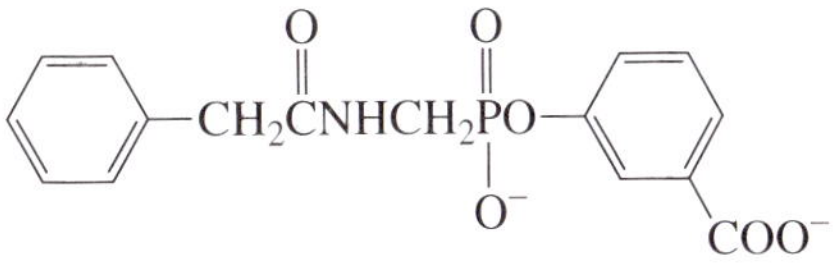

C₆H₅—CH₂CONHCH₂P(=O)(O⁻)O—C₆H₄—COO⁻

83. Para cada una de las reacciones que siguen, proponga un mecanismo que explique la formación del producto.

a. [estructura: ciclopentenilo con grupo C(OH)(CH₃)₂ y cadena NHCO₂CH₃] →HCl→ [producto espirocíclico con pirrolidina N-CO₂CH₃ e isopropilideno]

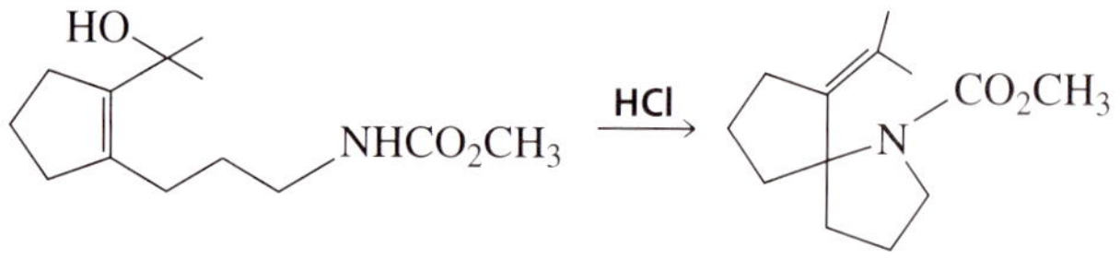

b. [2-hidroxi-5-metilfenil 2,4-dinitrofenil sulfona] →CH₃O⁻ Na⁺→ [sulfinato sódico y éter difenílico con grupos NO₂]

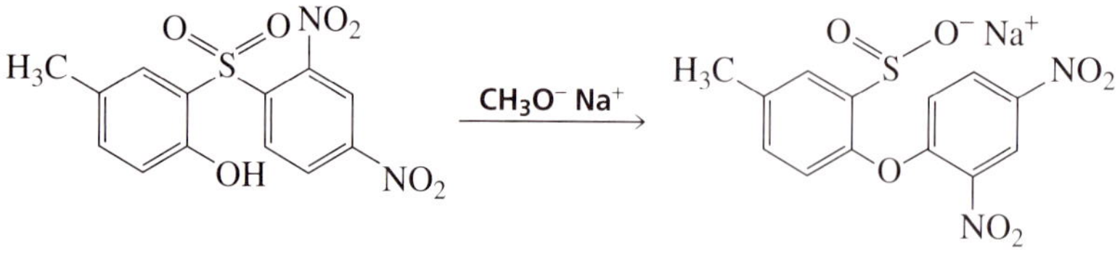

84. Indique cómo se puede preparar novocaína, anestésico que usan los dentistas con frecuencia (sección 30.3), a partir del benceno.

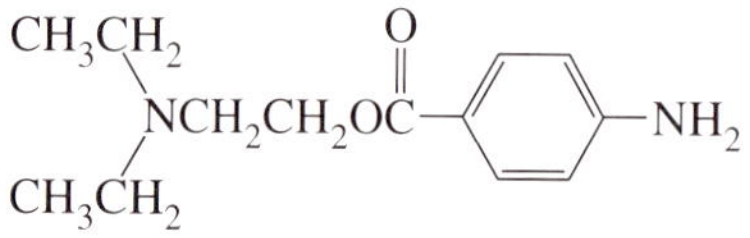

(CH₃CH₂)₂NCH₂CH₂OC(O)–C₆H₄–NH₂

Novocaína®

85. Los anticuerpos catalíticos catalizan una reacción forzando la conformación del sustrato en dirección del estado de transición. La síntesis del anticuerpo se hace en presencia de un análogo del estado de transición que es una molécula estable parecida en su estructura al estado de transición. Esto determina que se genere un anticuerpo que reconozca y se una al estado de transición y lo estabilice. Por ejemplo, el siguiente análogo de estado de transición se ha usado para generar un anticuerpo catalítico, que cataliza la hidrólisis del éster con estructura similar:

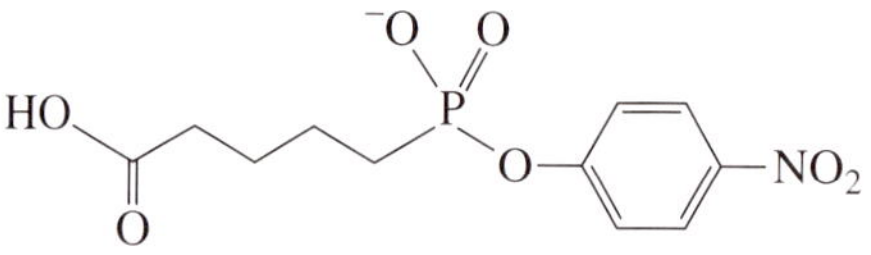

[estructura del análogo fosfonato con grupo HOOC–(CH₂)₃–P(=O)(O⁻)–O–C₆H₄–NO₂]

análogo del estado de transición

HOOC–(CH₂)₄–C(=O)–O–C₆H₄–NO₂ →H₂O→ HOOC–(CH₂)₄–COOH + HO–C₆H₄–NO₂

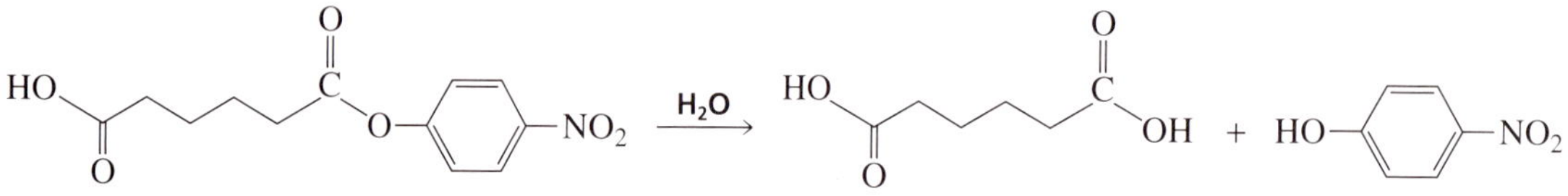

a. Dibuje el estado de transición para la reacción de hidrólisis.

b. El siguiente análogo de estado de transición se usa para generar un anticuerpo catalítico para catalizar hidrólisis de ésteres. Indique la estructura de un éster cuya rapidez de hidrólisis aumentaría debido a este anticuerpo catalítico.

(CH₃)₃N⁺–CH₂CH₂–P(=O)(O⁻)–O–C₆H₄–NO₂

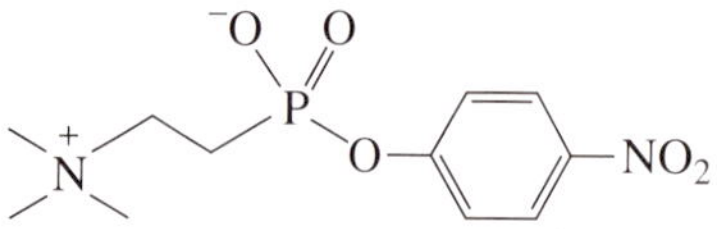

c. Diseñe un análogo de estado de transición que catalice la hidrólisis del grupo amida indicado.

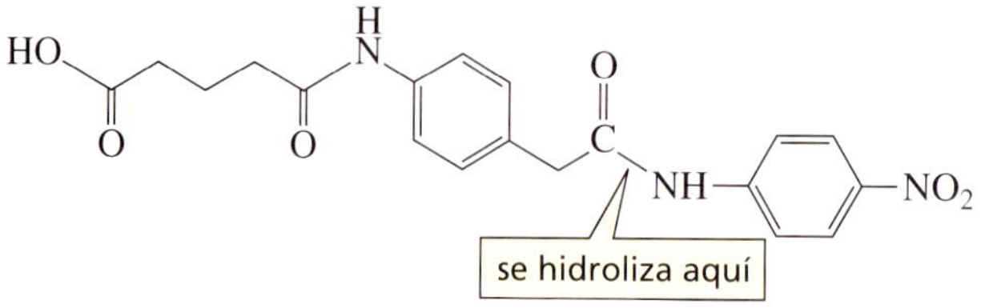

[estructura: HOOC–(CH₂)₃–C(=O)–NH–C₆H₄–CH₂–C(=O)–NH–C₆H₄–NO₂]

se hidroliza aquí

86. Indique cómo se puede preparar la lidocaína, uno de los anestésicos inyectables más usados (sección 30.3), a partir del benceno y compuestos que no contengan más de cuatro carbonos.

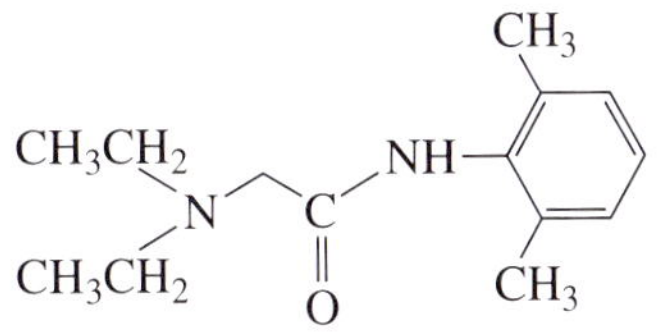

87. La sacarina, edulcorante artificial, es unas 300 veces más dulce que la sacarosa. Describa cómo se podría preparar la sacarina usando benceno como material de partida.

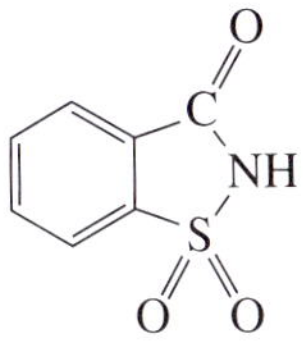

sacarina

88. Se puede obtener información acerca del mecanismo de una reacción donde se usa una serie de bencenos sustituidos si se grafica el logaritmo de la constante de rapidez observada a determinado pH contra la constante del sustituyente de Hammett (σ) para ese sustituyente. El valor de σ para el hidrógeno es 0. Los sustituyentes donadores de electrones tienen valores negativos de σ; los sustituyentes atractores de electrones tienen valores positivos de σ. Mientras el sustituyente done electrones con más fuerza, su valor de σ será más negativo; mientras el sustituyente atraiga electrones con más fuerza, su valor de σ será más positivo. La pendiente de una gráfica del logaritmo de la constante de rapidez en función de σ se llama valor ρ (rho). El valor ρ para la hidrólisis activada por el ion hidróxido de una serie de benzoatos de etilo, sustituidos en *meta* y *para*, es +2.46; el valor ρ para la formación de amida en la reacción de una serie de anilinas sustituidas en *meta* y *para*, a partir de cloruro de benzoílo, es -2.78.
   a. ¿Por qué una serie de experimentos produce un valor positivo de ρ mientras que la otra serie da lugar a un valor negativo de ρ?
   b. ¿Por qué no se incluyeron los compuestos *orto*-sustituidos en el experimento?
   c. ¿Cuál espera usted que sea el signo del valor ρ para la ionización de una serie de ácidos benzoicos sustituidos en *meta* y *para*?

CAPÍTULO 17

Compuestos carbonílicos II

Reacciones de aldehídos y cetonas · Más reacciones de derivados de ácidos carboxílicos · Reacciones de compuestos carbonílicos α, β-insaturados

formaldehído

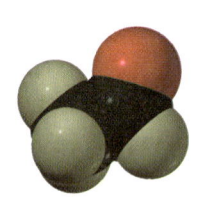

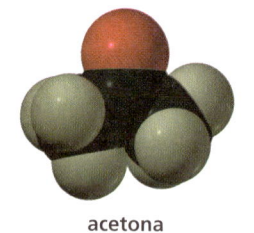

acetaldehído

acetona

ANTECEDENTES

SECCIÓN 17.7 Mientras más débil sea la base, mejor será como grupo saliente (8.3).

SECCIÓN 17.1 Un reactivo de Grignard se comporta como un carbanión (10.12).

SECCIÓN 17.2 Los grupos alquilo estabilizan a los carbocationes (4.2), a los alquenos (4.11), a los alquinos (6.4) y a los radicales (11.3). Ahora se veremos que también estabilizan a los compuestos carbonílicos.

SECCIÓN 17.3 Los compuestos tetraédricos son inestables si tienen un grupo que sea una base suficientemente débil para ser eliminada (16.5).

SECCIONES 17.7 Y 17.8 La hidrogenación catalítica reduce enlaces carbono-carbono dobles y triples (4.11 y 6.9). También se verá que reduce enlaces carbono-nitrógeno dobles y triples.

SECCIÓN 17.9 Cuando se agrega ácido a una reacción, lo primero que sucede es que el ácido protona al átomo del reactivo que tenga la mayor densidad electrónica (10.4).

SECCIÓN 17.9 Un catalizador aumenta la rapidez de una reacción, pero no se consume durante la misma (4.5).

SECCIÓN 17.9 La estabilidad relativa de reactivos y productos determinan la constante de equilibrio de una reacción (3.7).

SECCIÓN 17.14 Si en una reacción se forma un producto con un centro asimétrico, a partir de un reactivo que carece de un centro asimétrico, el producto será una mezcla racémica (5.19).

SECCIÓN 17.17 Se estudiará otra reacción que puede efectuarse bajo control cinético (el producto principal es el que se forma con mayor rapidez), o bajo control termodinámico (el producto principal es el más estable) (7.11).

Al principio del capítulo 16 se explicó que los compuestos carbonílicos, compuestos que poseen un grupo carbonilo (C=O), se pueden dividir en dos clases: compuestos carbonílicos de clase I, que tienen un grupo que puede ser sustituido por un nucleófilo, y compuestos carbonílicos de clase II, que no presentan un grupo que pueda ser sustituido por un nucleófilo. Los compuestos carbonílicos de clase II comprenden los aldehídos y las cetonas.

El carbono del grupo carbonilo del formaldehído, que es el aldehído más simple, está unido a dos hidrógenos. En todos los demás **aldehídos**, el carbono del grupo carbonilo está unido a un hidrógeno y a un grupo alquilo (o arilo). En una **cetona** el carbono del grupo carbonilo está unido a dos grupos alquilo (o arilo). Los aldehídos y las cetonas *no tienen* un grupo que pueda sustituirse por otro grupo porque los iones hidruro (H:⁻) y los carbaniones (R:⁻) son demasiado básicos para poder ser desplazados por nucleófilos bajo condiciones normales.

formaldehído   **un aldehído**   **un cetona**

formaldehído

acetaldehído

acetona

Las propiedades físicas de los aldehídos y las cetonas se describieron en la sección 16.3 (véase también el apéndice I), y los métodos para preparar aldehídos y cetonas se resumen en el apéndice IV.

Muchos de los compuestos que se encuentran en la naturaleza tienen grupos funcionales aldehído o cetona. Los aldehídos tienen olores repugnantes, mientras que las cetonas tienen un olor dulce. La vainillina y el cinamaldehído son ejemplos de aldehídos naturales. Cuando se prueba un poco del extracto de vainilla se puede apreciar el olor repugnante de la vainilla. Las cetonas carvona y alcanfor causan los característicos olores dulces de las hojas de menta, semillas de alcaravea y las hojas del árbol de alcanfor.

vainillina
sabor a vainilla

cinamaldehído
sabor a canela

alcanfor

(R)-(−)-carvona
aceite de menta

(S)-(+)-carvona
aceite de semilla de alcaravea

En la cetosis, estado patológico que se puede presentar en las personas con diabetes, el organismo produce más acetoacetato del que se puede metabolizar. El exceso de acetoacetato se descompone y forma acetona (una cetona) y CO_2. La cetosis se puede reconocer por el olor a acetona que tiene la respiración de una persona.

acetoacetato ⟶ **acetona** + CO_2

Dos cetonas que tienen importancia biológica ilustran la forma en que una pequeña diferencia de estructura puede causar una gran diferencia en la actividad biológica: la progesterona es una hormona sexual femenina que sintetizan principalmente los ovarios, mientras que la testosterona es una hormona sexual masculina que se sintetiza principalmente en los testículos.

progesterona
hormona sexual femenina

testosterona
hormona sexual masculina

790 CAPÍTULO 17 Compuestos carbonílicos II

17.1 Nomenclatura de aldehídos y cetonas

Tanto los aldehídos como las cetonas se nombran usando un sufijo de grupo funcional.

Nomenclatura de los aldehídos

El nombre sistemático (IUPAC) de un aldehído se obtiene sustituyendo la "o" final del hidrocarburo precursor por "al". Por ejemplo, el aldehído de un carbono es el meta*nal*; el aldehído de dos carbonos es el eta*nal*. La posición del carbono del grupo carbonilo no se tiene que indicar porque siempre se localiza al final del hidrocarburo precursor, por lo que su posición 1 es invariable.

El nombre común de un aldehído es igual al del ácido carboxílico correspondiente (sección 16.1), excepto que se elimina la palabra "ácido" y se sustituye la terminación "ico" (u "oico") por "aldehído". Cuando se usan nombres comunes, la posición de un sustituyente se indica con una letra griega minúscula. Al carbono del grupo carbonilo no se le asigna una letra; el carbono adyacente al grupo carbonílico es el carbono α.

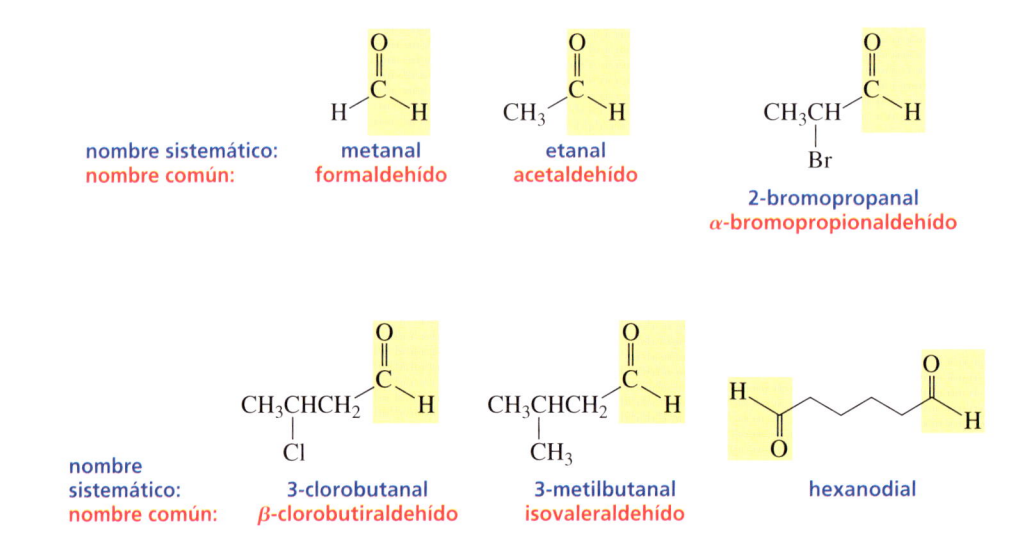

nombre sistemático: metanal / etanal / 2-bromopropanal
nombre común: formaldehído / acetaldehído / α-bromopropionaldehído

nombre sistemático: 3-clorobutanal / 3-metilbutanal / hexanodial
nombre común: β-clorobutiraldehído / isovaleraldehído

Obsérvese que la "o" terminal no se elimina en el hexanodial; sólo se elimina para evitar que haya dos vocales sucesivas.

Si el grupo aldehído está unido a un anillo, el nombre del aldehído se forma agregando "carbaldehído" al nombre del compuesto cíclico.

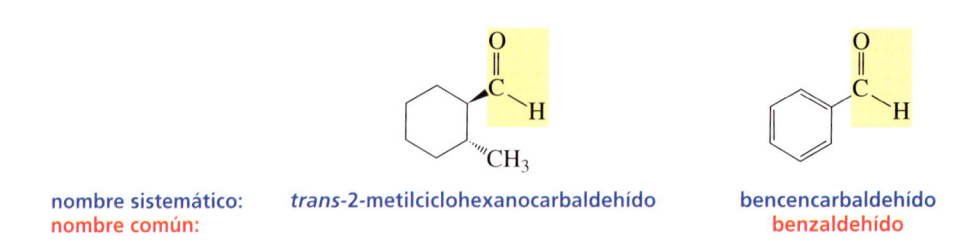

nombre sistemático: *trans*-2-metilciclohexanocarbaldehído / bencencarbaldehído
nombre común: benzaldehído

En la sección 6.2 se estudió que un grupo carbonilo tiene mayor prioridad en la nomenclatura que un grupo alcohol o uno amina; sin embargo, no todos los compuestos carbonílicos tienen la misma prioridad. En la tabla 17.1 se muestran las prioridades en la nomenclatura de los diversos grupos funcionales, incluyendo los grupos carbonilo.

Si un compuesto contiene dos grupos funcionales, el de menor prioridad se indica con un prefijo y el de mayor prioridad con un sufijo. Nótese que el prefijo de un oxígeno de al-

17.1 Nomenclatura de aldehídos y cetonas 791

Tabla 17.1 Resumen de nomenclatura de grupos funcionales

Clase	Sufijo del nombre	Prefijo del nombre
Ácido carboxílico	-Ácido -oico	Carboxi
Éster	-ato	Alcoxicarbonil
Amida	-amida	Amido
Nitrilo	-nitrilo	Ciano
Aldehído	-al	Oxo (=O)
Aldehído	-al	Formil (CH=O)
Cetona	-ona	Oxo (=O)
Alcohol	-ol	Hidroxi
Amina	-amina	Amino
Alqueno	-eno	Alquenil
Alquino	-ino	Alquinil
Alcano	-ano	Alquil
Éter	—	Alcoxi
Haluro de alquilo	—	Halo

aumento de la prioridad ↑

dehído que es parte del hidrocarburo precursor es "oxo" y el prefijo de un grupo aldehído que no es parte del hidrocarburo precursor es "formilo".

$$CH_3CHCH_2\overset{O}{\underset{}{C}}H \qquad H\overset{O}{\underset{}{C}}CH_2CH_2CH_2\overset{O}{\underset{}{C}}OCH_3 \qquad CH_3CH_2\overset{HC=O}{\underset{}{CH}}CH_2CH_2\overset{O}{\underset{}{C}}OCH_2CH_3$$
$\quad\;\;\;$ |
$\quad\;\;$ OH

3-hidroxibutanal **5-oxopentanoato de metilo** **4-formilhexanoato de etilo**

Si el compuesto tiene grupos funcionales tanto alqueno como aldehído, primero se cita el grupo funcional alqueno, pero se omite la terminación "o" para evitar dos vocales sucesivas (sección 6.2).

$$CH_3CH=CHCH_2\overset{O}{\underset{}{C}}H$$

3-pentenal

Nomenclatura de las cetonas

El nombre sistemático de una cetona se obtiene cambiando la "o" final del nombre del hidrocarburo precursor por "ona". La cadena se numera en la dirección que obtenga el número menor para el carbono del grupo carbonilo. Sin embargo, en el caso de las cetonas cíclicas no es necesario un número porque se supone que el carbono del grupo carbonilo está en la posición 1. Con frecuencia se usan nombres derivados para las cetonas: los sustituyentes unidos al grupo carbonilo se ordenan alfabéticamente seguidos por la palabra "cetona".

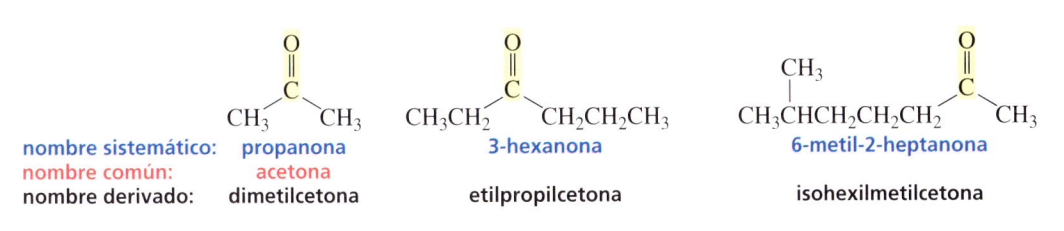

$$CH_3\overset{O}{\underset{}{C}}CH_3 \qquad CH_3CH_2\overset{O}{\underset{}{C}}CH_2CH_2CH_3 \qquad CH_3\overset{CH_3}{\underset{}{CH}}CH_2CH_2CH_2\overset{O}{\underset{}{C}}CH_3$$

nombre sistemático: **propanona**   **3-hexanona**   **6-metil-2-heptanona**
nombre común: acetona
nombre derivado: dimetilcetona   etilpropilcetona   isohexilmetilcetona

792 CAPÍTULO 17 Compuestos carbonílicos II

nombre sistemático: Nombre común:	ciclohexanona	butanodiona	2,4-pentanodiona acetilacetona	4-hexen-2-ona

Sólo algunas cetonas tienen nombres comunes. La cetona más pequeña es la propanona y suele nombrarse con su nombre común, acetona. La acetona es un disolvente muy usado en el laboratorio. También se utilizan nombres comunes de algunas cetonas fenil-sustituidas; la cantidad de carbonos (sin contar los que haya en el grupo fenilo) se indica con el nombre común del ácido carboxílico eliminado la palabra "ácido y sustituyendo la terminación "ico" por "ofenona".

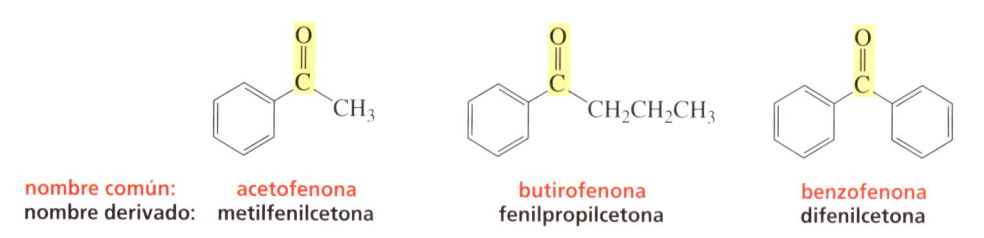

nombre común: nombre derivado:	acetofenona metilfenilcetona	butirofenona fenilpropilcetona	benzofenona difenilcetona

Tutorial del alumno:
Nomenclatura de aldehídos y cetonas
(Nomenclature of aldehydes and ketones)

Si la cetona presenta un segundo grupo funcional con mayor prioridad de nomenclatura, el oxígeno de la cetona se indica con el prefijo "oxo".

nombre sistemático:	4-oxopentanal	3-oxobutanoato de metilo	2-(3-oxopentil)-ciclohexanona

PROBLEMA 1◆

¿Por qué no se usan números para indicar las posiciones de los grupos funcionales en la propanona y la butanodiona?

BUTANODIONA: UN PRODUCTO DESAGRADABLE

El sudor fresco es inodoro. Los olores que se relacionan con el sudor se deben a una cadena de eventos iniciada por las bacterias, que siempre existen sobre la piel. Dichas bacterias producen ácido láctico, que acidifica el ambiente y permite que otras bacterias descompongan la materia del sudor y produzcan compuestos con los desagradables olores que caracterizan al sudor de las axilas y los pies. Uno de tales compuestos es la butanodiona.

butanodiona

PROBLEMA 2◆

Indique los nombres de cada uno de los compuestos siguientes:

a. CH₃CH₂CHCH₂CH=O
         |
         CH₃

b. CH₃CH₂CH₂COCH₂CH₂CH₃

c. CH₃CHCH₂COCH₂CH₂CH₃
     |
     CH₃

d. C₆H₅—CH₂CH₂CH₂CH=O

e. CH₃CH₂CHCH₂CH₂CH=O
         |
         CH₂CH₃

f. CH₂=CHCOCH₂CH₂CH₂CH₃

PROBLEMA 3◆

Indique los nombres de los compuestos siguientes:

a. CH₃CHCH₂CH₂COCH₂CH₃
     |
     OH

b. cyclohexanone with C≡N substituent

c. CH₃CH₂CHCH₂CONH₂
         |
         HC=O

17.2 Reactividad relativa de los compuestos carbonílicos

Ya hemos visto que el grupo carbonilo es polar porque el oxígeno, al ser más electronegativo que el carbono, retiene la mayor parte de los electrones del enlace doble (sección 16.5). La carga positiva parcial en el carbono del grupo carbonilo condiciona que los nucleófilos lo ataquen. La deficiencia electrónica del carbono del grupo carbonilo se indica por las regiones azules en los mapas de potencial electrostático.

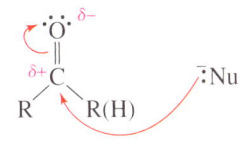

Un aldehído tiene mayor carga positiva parcial en el carbono del grupo carbonilo que una cetona porque el hidrógeno necesita más electrones que un grupo alquilo (sección 4.2). Por consiguiente, un aldehído es más reactivo que una cetona frente al ataque nucleofílico. Ya se vio que los grupos alquilo estabilizan a los grupos carbonilo, alqueno, alquino, a los carbocationes y a los radicales.

reactividad relativa

más reactivo H₂C=O > RCH=O > RC(=O)R' menos reactivo
              formaldehído   un aldehído   una cetona

formaldehído

acetaldehído

acetona

También los factores estéricos contribuyen a la mayor reactividad de un aldehído. El carbono del grupo carbonilo de un aldehído es más accesible al ataque nucleofílico que el de una cetona porque el hidrógeno unido al carbono del grupo carbonilo de un aldehído es menor que el segundo grupo alquilo unido al carbono del grupo carbonilo de una cetona. Los factores estéricos también llegan a ser importantes en el estado tetraédrico de transición porque

Los aldehídos son más reactivos que las cetonas.

los ángulos de enlace son de 109.5° y acercan entre sí a los grupos alquilo con respecto a como están en el compuesto carbonílico, donde los ángulos de enlace son de 120°.

Ya que las cetonas tienen mayor agrupamiento estérico en sus estados de transición, dichos estados son menos estables que los de los aldehídos. En resumen, los grupos alquilo estabilizan al reactivo y desestabilizan al estado de transición, y determinan que las cetonas sean menos reactivas que los aldehídos.

También el impedimento estérico condiciona que las cetonas que disponen de grupos alquilo grandes unidos al carbono del grupo carbonilo sean menos reactivas que las que tienen grupos alquilo pequeños.

reactividad relativa

más reactivo: $CH_3-CO-CH_3$ > $CH_3-CO-CH(CH_3)_2$ > $(CH_3)_2CH-CO-CH(CH_3)_2$: menos reactivo

PROBLEMA 4◆

¿Cuál cetona de cada par es más reactiva?

a. 2-heptanona o 4-heptanona   **b.** *p*-nitroacetofenona o *p*-metoxiacetofenona

Los aldehídos y las cetonas son menos reactivos que los cloruros de acilo y los anhídridos de ácido, pero más reactivos que los ésteres, los ácidos carboxílicos y las amidas.

¿Cómo se compara la reactividad de un aldehído o una cetona hacia los nucleófilos con la reactividad de los compuestos carbonílicos, cuyas reacciones se examinaron en el capítulo 16? Los aldehídos y las cetonas están exactamente a la mitad; son menos reactivos que los haluros de acilo y los anhídridos de ácido, pero son más reactivos que los ésteres, los ácidos carboxílicos y las amidas.

reactividad relativa de los compuestos carbonílicos

más reactivo: haluro de acilo > anhídrido de ácido > aldehído > cetona > éster ~ ácido carboxílico > amida > ion carboxilato : menos reactivo

Los compuestos carbonílicos que se describieron en el capítulo 16 cuentan con un par de electrones no enlazados en un átomo unido al grupo carbonilo que puede compartirse con el carbono del grupo carbonilo por donación de electrones por resonancia; esto determina que el carbono del grupo carbonilo presente menos deficiencia en electrones. También se estudió que la reactividad de tales compuestos carbonílicos se relaciona con la basicidad de Y:⁻ (sección 16.5). Mientras más débil sea la basicidad de Y:⁻, el grupo carbonilo es más reactivo porque las bases débiles pueden compartir menos su par de electrones no enlazado con el carbono del grupo carbonilo y pueden atraer mejor los electrones por inducción del carbono del grupo carbonilo (sección 16.6).

En consecuencia, los aldehídos y las cetonas no son tan reactivos como los compuestos carbonílicos en los que Y:⁻ es una base muy débil (haluros de acilo y anhídridos de ácido), pero son más reactivos que los compuestos carbonílicos donde Y:⁻ es una base relativamente fuerte (ácidos carboxílicos, ésteres y amidas). En la sección 16.16 se presentó una explicación de por qué la donación de electrones por resonancia disminuye la reactividad del grupo carbonilo por medio de orbitales moleculares.

17.4 Reacciones de los compuestos carbonílicos con los reactivos de Grignard

Cuando un reactivo de Grignard reacciona con una cetona, el producto de adición es un alcohol terciario.

$$CH_3-\overset{\overset{\cdot\cdot}{O}\cdot\cdot}{\underset{}{C}}-CH_2CH_2CH_3 + CH_3CH_2-MgBr \longrightarrow CH_3-\overset{:\overset{-}{O}:\;\overset{+}{MgBr}}{\underset{CH_2CH_3}{C}}-CH_2CH_2CH_3 \xrightarrow{H_3O^+} CH_3-\overset{:\overset{\cdot\cdot}{O}H}{\underset{CH_2CH_3}{C}}-CH_2CH_2CH_3$$

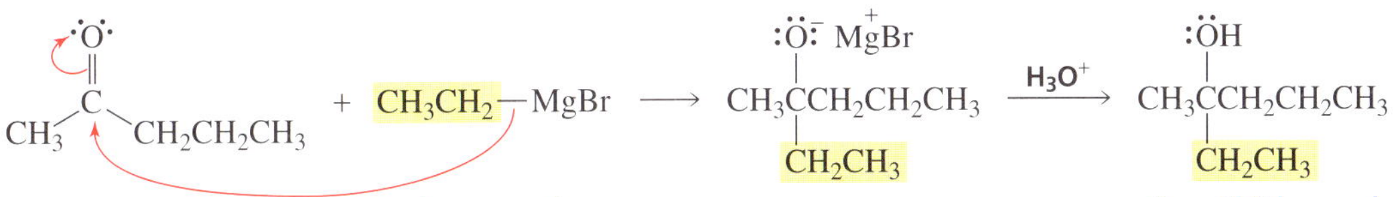

2-pentanona   **bromuro de etilmagnesio**   **3-metil-3-hexanol** un alcohol terciario

Adición de Grignard 1

En las reacciones que siguen, los reactivos se numeran de acuerdo con su uso, e indican que el ácido no se agrega sino hasta después de que el reactivo de Grignard haya reaccionado con el compuesto carbonílico.

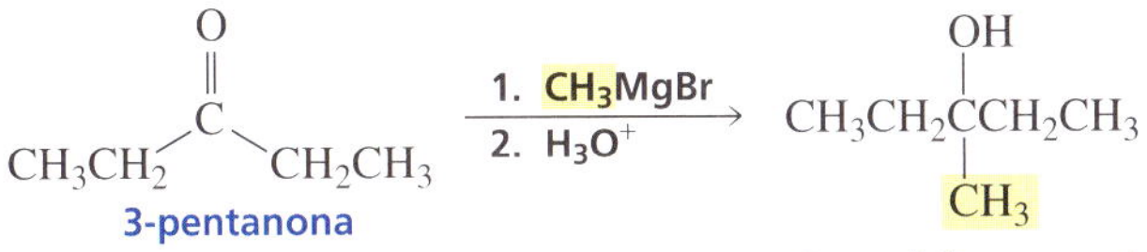

$$CH_3CH_2-\overset{O}{\underset{}{C}}-CH_2CH_3 \xrightarrow[2.\;H_3O^+]{1.\;CH_3MgBr} CH_3CH_2-\overset{OH}{\underset{CH_3}{C}}-CH_2CH_3$$

3-pentanona   **3-metil-3-pentanol**

Tutorial del alumno:
Adición de un reactivo de Grignard a una cetona
(Addition of a Grignard reagent to a ketone)

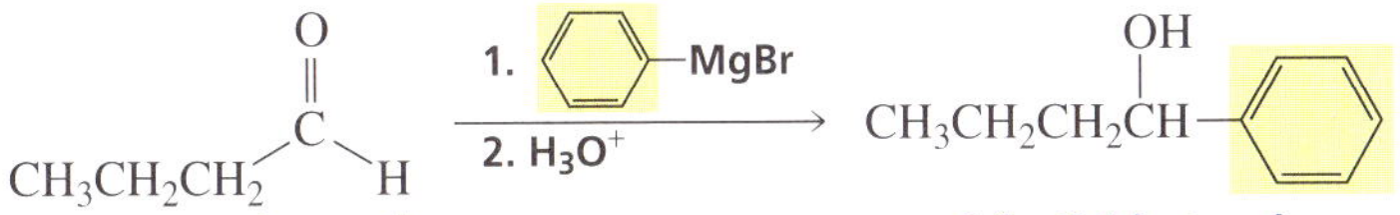

$$CH_3CH_2CH_2-\overset{O}{\underset{}{C}}-H \xrightarrow[2.\;H_3O^+]{1.\;C_6H_5-MgBr} CH_3CH_2CH_2-\overset{OH}{\underset{}{CH}}-C_6H_5$$

butanol   **1-fenil-1-butanol**

Adición de Grignard 2

También un reactivo de Grignard puede reaccionar con dióxido de carbono. El producto de la reacción es un ácido carboxílico con un átomo más de carbono que los que tenía el reactivo de Grignard.

$$O=C=O + CH_3CH_2CH_2-MgBr \longrightarrow CH_3CH_2CH_2-\overset{O}{\underset{}{C}}-O^-\;\overset{+}{MgBr} \xrightarrow{H_3O^+} CH_3CH_2CH_2-\overset{O}{\underset{}{C}}-OH$$

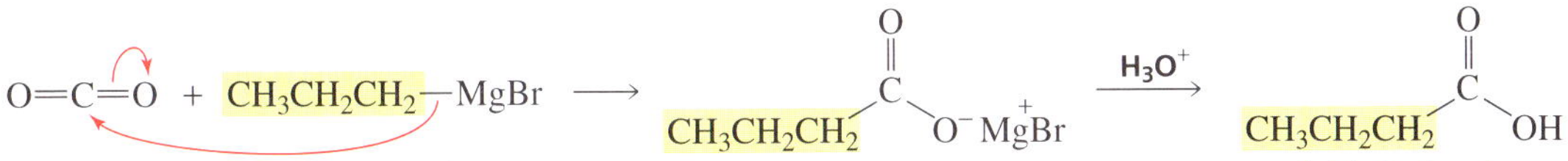

dióxido de carbono   **bromuro de propilmagnesio**   **ácido butanoico**

PROBLEMA 5◆

¿Qué productos se formarán cuando los siguientes compuestos reaccionan con CH_3MgBr, seguido por la adición de un ácido? No tenga en cuenta los posibles estereoisómeros.

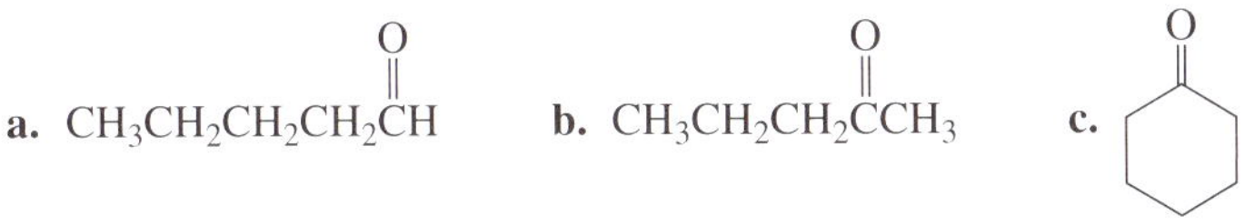

a. $CH_3CH_2CH_2CH_2\overset{O}{\underset{}{C}}H$ b. $CH_3CH_2CH_2\overset{O}{\underset{}{C}}CH_3$ c. ciclohexanona

PROBLEMA 6◆

Vimos que se puede sintetizar el 3-metil-3-hexanol con la reacción de la 2-pentanona con el bromuro de etilmagnesio. ¿Qué otras combinaciones de cetona y de reactivo de Grignard se podrían usar para preparar el mismo alcohol terciario?

PROBLEMA 7◆

a. ¿Cuántos isómeros se obtienen en la reacción de la 2-pentanona con el bromuro de etilmagnesio seguida por tratamiento con ácido acuoso?

b. ¿Cuántos isómeros se obtienen en la reacción de la 2-pentanona con el bromuro de metilmagnesio seguida por tratamiento de ácido acuoso?

Adición de Grignard 3

Además de reaccionar con aldehídos y cetonas (compuestos carbonílicos de clase II), los reactivos de Grignard reaccionan con los compuestos carbonílicos de clase I (los que presentan un grupo que puede sustituirse por otro grupo).

Los compuestos carbonílicos de la clase I experimentan dos reacciones sucesivas con el reactivo de Grignard. Por ejemplo, cuando un éster reacciona con un reactivo de Grignard, la primera es una *reacción de sustitución nucleofílica en el grupo acilo* porque un éster, a diferencia de un aldehído o una cetona, dispone de un grupo al que el reactivo de Grignard puede sustituir; la segunda es una *reacción de adición nucleofílica*. El mecanismo de la reacción general se describe a continuación.

Mecanismo de la reacción de un éster con un reactivo de Grignard

[Esquema del mecanismo: un éster R-C(=O)-OCH₃ + CH₃-MgBr → intermediario tetraédrico R-C(O⁻MgBr⁺)(OCH₃)(CH₃) → (es eliminado un grupo del intermediario tetraédrico) → una cetona R-C(=O)-CH₃ + CH₃O⁻ (producto de la sustitución nucleofílica en el grupo acilo); la cetona + CH₃-MgBr → R-C(O⁻MgBr⁺)(CH₃)(CH₃) → (H₃O⁺) → CH₃OH + RC(OH)(CH₃)CH₃, un alcohol terciario (producto de la adición nucleofílica).]

Tutorial del alumno:
Adición del primer equivalente de un reactivo de Grignard a un éster
(Addition of the first equivalent of a Grignard reagent to an ester)

- El ataque nucleofílico del reactivo de Grignard forma un intermediario tetraédrico que es inestable, porque tiene un grupo que puede ser eliminado.
- El intermediario tetraédrico elimina al ion metóxido y forma una cetona. La reacción no se detiene en la etapa de cetona porque las cetonas son más reactivas que los ésteres frente al ataque nucleofílico (sección 17.2).
- La reacción de la cetona con una segunda molécula de reactivo de Grignard, seguida por la protonación del ion alcóxido, forma un alcohol terciario.

Como se forma el alcohol terciario a consecuencia de dos reacciones sucesivas con un reactivo de Grignard, dicho alcohol tiene dos grupos alquilo idénticos unidos al carbono terciario.

Tutorial del alumno:
Adición de un equivalente de un reactivo de Grignard a un cloruro de acilo
(Addition of the one equivalent of a Grignard reagent to an acyl chloride)

También se forman alcoholes terciarios en la reacción de dos equivalentes de un reactivo de Grignard con uno de cloruro de acilo. El primer equivalente sustituye al Cl en una reacción de sustitución nucleofílica en el grupo acilo; el segundo equivalente reacciona a través de una reacción de adición nucleofílica.

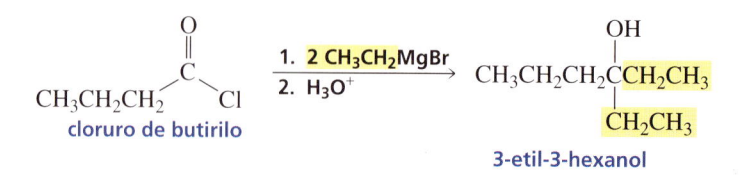

$$CH_3CH_2CH_2-\underset{\underset{Cl}{\|}}{C}=O \xrightarrow[\text{2. } H_3O^+]{\text{1. 2 } CH_3CH_2MgBr} CH_3CH_2CH_2\underset{\underset{CH_2CH_3}{|}}{\overset{\overset{OH}{|}}{C}}CH_2CH_3$$

cloruro de butirilo → 3-etil-3-hexanol

En teoría esta reacción se podría detener en la etapa de cetona porque una cetona es menos reactiva que un haluro de acilo. Sin embargo, el reactivo de Grignard es tan activo que sólo se puede evitar que reaccione con la cetona bajo condiciones controladas muy cuidadosas. Hay mejores maneras de sintetizar cetonas (apéndice IV).

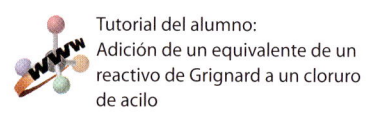

PROBLEMA 8 RESUELTO

a. ¿Cuáles de los alcoholes terciarios siguientes no pueden prepararse a través de una reacción de un éster con exceso de reactivo de Grignard?

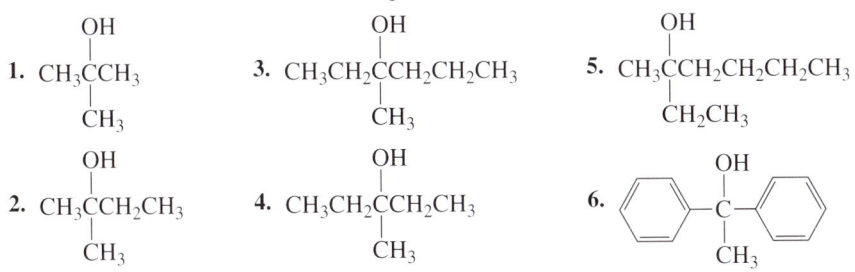

1. $CH_3\underset{\underset{CH_3}{|}}{\overset{\overset{OH}{|}}{C}}CH_3$

2. $CH_3\underset{\underset{CH_3}{|}}{\overset{\overset{OH}{|}}{C}}CH_2CH_3$

3. $CH_3CH_2\underset{\underset{CH_3}{|}}{\overset{\overset{OH}{|}}{C}}CH_2CH_3$

4. $CH_3CH_2\underset{\underset{CH_3}{|}}{\overset{\overset{OH}{|}}{C}}CH_2CH_3$

5. $CH_3\underset{\underset{CH_2CH_3}{|}}{\overset{\overset{OH}{|}}{C}}CH_2CH_2CH_3$

6. $Ph\underset{\underset{CH_3}{|}}{\overset{\overset{OH}{|}}{C}}Ph$

b. Para los alcoholes que sí se pueden preparar por la reacción de un éster con exceso de reactivo de Grignard ¿qué éster y qué reactivo de Grignard se deben usar?

Solución de 8a Un alcohol terciario se obtiene con la reacción de un éster con dos equivalentes de un reactivo de Grignard. Por consiguiente, los alcoholes terciarios así preparados deben tener dos sustituyentes idénticos en el carbono al que esté unido el OH porque dos sustituyentes provienen del reactivo de Grignard. Los alcoholes 3 y 5 no tienen dos sustituyentes idénticos, así que no se pueden preparar de esta manera.

Solución de 8b (1) Propanoato de metilo y un exceso de bromuro de metilmagnesio.

PROBLEMA 9◆

¿Cuáles de los siguientes alcoholes secundarios pueden prepararse con la reacción del formiato de metilo con un exceso de reactivo de Grignard?

A. $CH_3CH_2\underset{\underset{OH}{|}}{C}HCH_3$

B. $CH_3\underset{\underset{OH}{|}}{C}HCH_3$

C. $CH_3\underset{\underset{OH}{|}}{C}HCH_2CH_2CH_3$

D. $CH_3CH_2\underset{\underset{OH}{|}}{C}HCH_2CH_3$

ESTRATEGIA PARA RESOLVER PROBLEMAS

Predicción de reacciones con reactivos de Grignard

¿Por qué un reactivo de Grignard no se adiciona al carbono del grupo carbonilo de un ácido carboxílico?

Ya se sabe que los reactivos de Grignard se adicionan a carbonos de grupos carbonilos, por lo que si se observa que un reactivo de Grignard no se adiciona al carbono del grupo carbonilo de un ácido carboxílico se puede decir que debe reaccionar con más rapidez con otra parte de la molécula. Un ácido carboxílico tiene un protón ácido, que reacciona rápidamente con el reactivo de Grignard y lo convierte en un alcano.

$$R-\underset{}{\overset{O}{\overset{\|}{C}}}-O-H \; + \; CH_3CH_2-MgBr \longrightarrow R-\underset{}{\overset{O}{\overset{\|}{C}}}-O^- \; {}^+MgBr \; + \; CH_3CH_3$$

Ahora siga en el problema 10.

PROBLEMA 10◆

¿Cuál de los compuestos siguientes no tendrá una reacción de adición nucleofílica con un reactivo de Grignard?

A. $CH_3CH_2\overset{O}{\overset{\|}{C}}NHCH_3$

B. $CH_3CH_2\overset{O}{\overset{\|}{C}}OCH_3$

C. $HOCH_2CH_2\overset{O}{\overset{\|}{C}}OCH_3$

Tutorial del alumno:
Reactivos de Grignard en síntesis
(Grignard reagents in synthesis)

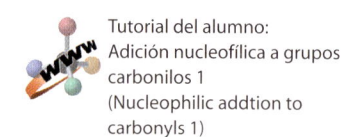

17.5 Reacciones de compuestos carbonílicos con iones acetiluro

Ya se estudió que un alquino terminal se puede convertir en un ion acetiluro mediante una base fuerte (sección 6.10).

$$CH_3C\equiv CH \xrightarrow[NH_3]{NaNH_2} CH_3C\equiv C:^-$$

Un ion acetiluro es otro ejemplo de un nucleófilo fuertemente básico que reacciona con un compuesto carbonílico para formar un producto de adición nucleofílica. Ya que es una reacción donde se forma un nuevo enlace C—C, ésta es importante en síntesis químicas. Cuando la reacción termina se agrega un ácido débil (uno que no reaccione con el enlace triple, como por ejemplo un ion piridinio) a la mezcla de reacción para protonar al ion alcóxido.

$$\underset{CH_3CH_2}{\overset{\overset{\displaystyle :\ddot{O}:}{\|}}{C}}{-H} + CH_3C\equiv C:^- \longrightarrow CH_3CH_2\overset{:\ddot{O}:^-}{\underset{|}{C}}HC\equiv CCH_3 \xrightarrow{\text{piridinio}} CH_3CH_2\overset{:\ddot{O}H}{\underset{|}{C}}HC\equiv CCH_3$$

PROBLEMA 11

Indique cómo se podrían preparar los compuestos siguientes a partir de etino como uno de los materiales de partida. Explique por qué el etino debe alquilarse antes de la adición nucleofílica y no después.

a. 1-pentin-3-ol **b.** 1-fenil-2-butin-1-ol **c.** 2-metil-3-hexin-2-ol

PROBLEMA 12 ◆

¿Cuál es el producto de la reacción de un éster con un exceso de ion acetiluro seguida por la adición de ion piridinio?

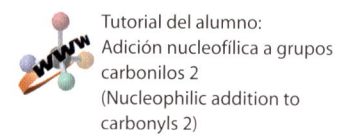

17.6 Reacciones de los compuestos carbonílicos con el ion hidruro

Un ion hidruro es otro nucleófilo fuertemente básico (tabla 16.1, página 724) que reacciona con aldehídos y cetonas para formar productos de adición nucleofílica.

Mecanismo de la reacción de un aldehído o una cetona con el ion hidruro

$$\underset{R}{\overset{\overset{\displaystyle O}{\|}}{C}}{-R'} + :H^- \longrightarrow R-\underset{H}{\overset{O^-}{\underset{|}{C}}}-R' \underset{:B}{\overset{HB^+}{\rightleftharpoons}} R-\underset{H}{\overset{OH}{\underset{|}{C}}}-R' \quad \text{producto de la adición nucleofílica}$$

- La adición de un ion hidruro a un aldehído o una cetona forma un ion alcóxido.
- La posterior protonación con un ácido produce un alcohol. La reacción total es la adición de H_2 al grupo carbonilo.

Recuérdese que la adición de hidrógeno a un compuesto es una **reacción de reducción** (sección 4.11). En general, los aldehídos y las cetonas se reducen usando borohidruro de sodio ($NaBH_4$) como fuente del ion hidruro. Los aldehídos se reducen a alcoholes primarios y las cetonas se reducen a alcoholes secundarios. Nótese que no se agrega el ácido a la mezcla de reacción sino hasta después de que el ion hidruro reacciona con el compuesto carbonílico.

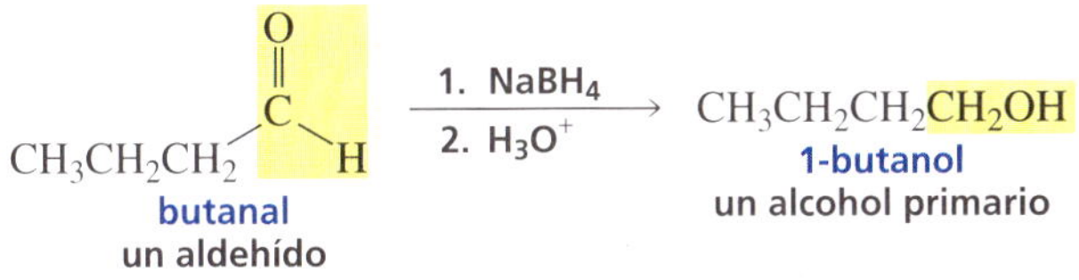

$$\text{CH}_3\text{CH}_2\text{CH}_2\text{CHO} \xrightarrow[\text{2. H}_3\text{O}^+]{\text{1. NaBH}_4} \text{CH}_3\text{CH}_2\text{CH}_2\text{CH}_2\text{OH}$$

butanal → 1-butanol
un aldehído   un alcohol primario

$$\text{CH}_3\text{CH}_2\text{CH}_2\text{COCH}_3 \xrightarrow[\text{2. H}_3\text{O}^+]{\text{1. NaBH}_4} \text{CH}_3\text{CH}_2\text{CH}_2\text{CH(OH)CH}_3$$

2-pentanona → 2-pentanol
una cetona   un alcohol secundario

Reducción de un carbonilo

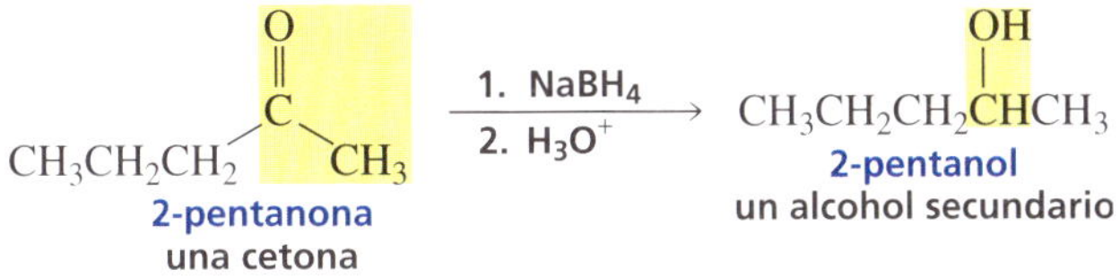

PROBLEMA 13♦

¿Qué alcoholes se obtienen en la reducción de los compuestos siguientes con borohidruro de sodio?

a. 2-metilpropanal **b.** ciclohexanona **c.** benzaldehído **d.** acetofenona

Debido a que los compuestos carbonílicos de clase I tienen un grupo que se puede sustituir con otro grupo, sufren dos reacciones sucesivas con el ion hidruro, igual que tienen dos reacciones sucesivas con reactivos de Grignard (sección 17.4). Por esta razón, la reacción de un cloruro de acilo con borohidruro de sodio forma un alcohol.

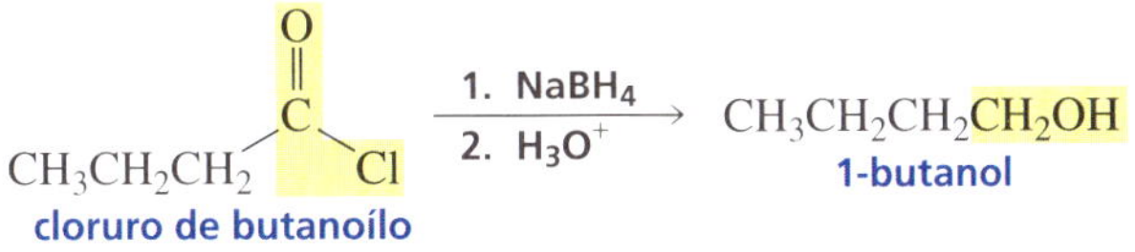

$$\text{CH}_3\text{CH}_2\text{CH}_2\text{COCl} \xrightarrow[\text{2. H}_3\text{O}^+]{\text{1. NaBH}_4} \text{CH}_3\text{CH}_2\text{CH}_2\text{CH}_2\text{OH}$$

cloruro de butanoílo → 1-butanol

A continuación se muestra el mecanismo de la reacción.

Mecanismo de la reacción de un cloruro de acilo con el ion hidruro

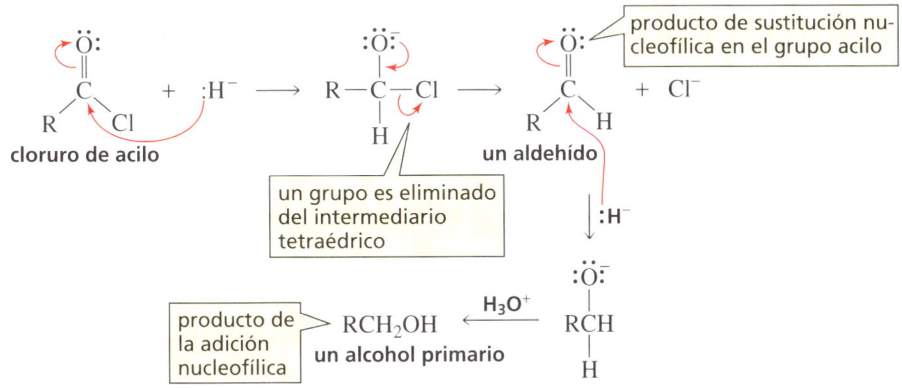

[Mecanismo mostrando: cloruro de acilo + :H⁻ → intermediario tetraédrico R—C(Cl)(H)—O⁻ → un aldehído (producto de sustitución nucleofílica en el grupo acilo) + Cl⁻; un grupo es eliminado del intermediario tetraédrico; luego el aldehído + :H⁻ → RCH(H)—O⁻ → RCH₂OH un alcohol primario (producto de la adición nucleofílica), mediante H₃O⁺]

- El cloruro de acilo tiene una reacción de sustitución nucleofílica en el grupo acilo porque tiene un grupo (Cl:⁻) que se puede sustituir con el ion hidruro. El producto de esta reacción es un aldehído.
- Entonces el aldehído tiene una reacción de adición nucleofílica con un segundo equivalente del ion hidruro y forma un ion alcóxido, que cuando se protona forma el alcohol primario.

802 CAPÍTULO 17 Compuestos carbonílicos II

El borohidruro de sodio (NaBH$_4$) no es un donador de hidruro lo suficientemente fuerte para reaccionar con compuestos carbonílicos que sean menos reactivos que los aldehídos y las cetonas. En consecuencia, los ésteres, los ácidos carboxílicos y las amidas deben reducirse con hidruro doble de litio y aluminio (LiAlH$_4$), el donador de hidruro más reactivo. Como el hidruro doble de litio y aluminio es más reactivo que el borohidruro de sodio, no es fácil ni seguro de usar. Reacciona con violencia con disolventes próticos, así que debe usarse en un disolvente aprótico seco.

La reacción de un éster con LiAlH$_4$ produce dos alcoholes, uno que corresponde a la parte acilada del éster y el que corresponde a la porción de alquilo.

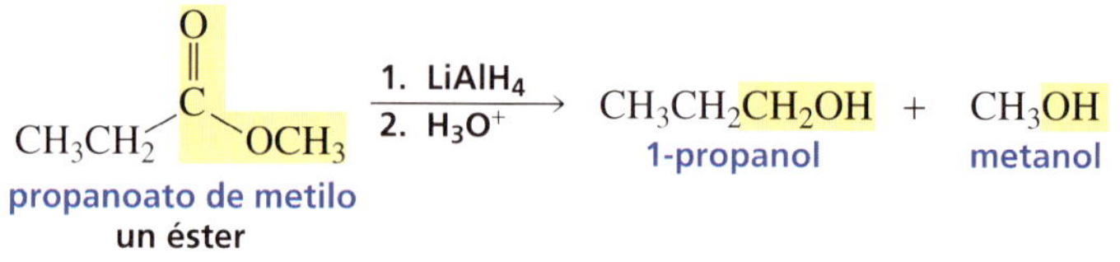

$$\text{CH}_3\text{CH}_2-\overset{\overset{\displaystyle O}{\|}}{C}-\text{OCH}_3 \xrightarrow[\text{2. H}_3\text{O}^+]{\text{1. LiAlH}_4} \text{CH}_3\text{CH}_2\text{CH}_2\text{OH} + \text{CH}_3\text{OH}$$

propanoato de metilo
un éster
1-propanol   metanol

A continuación se muestra el mecanismo de la reacción.

Mecanismo de la reacción de un éster con el ion hidruro

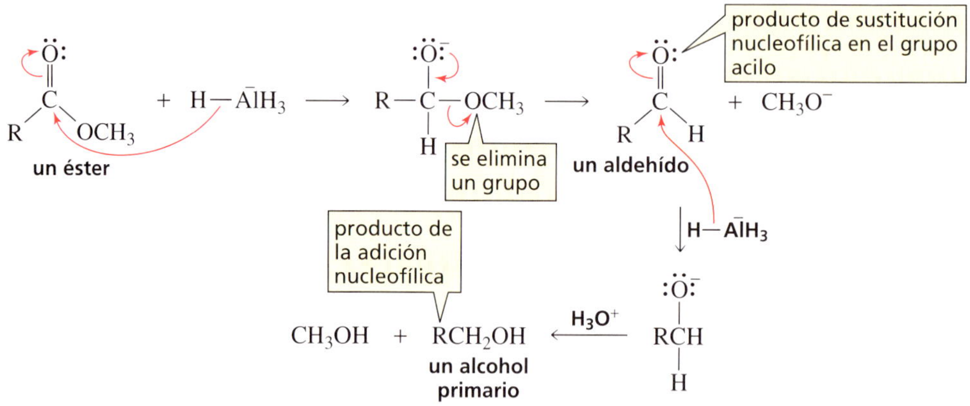

- El éster presenta una reacción de sustitución nucleofílica en el grupo acilo porque tiene un grupo (CH$_3$O:$^-$) al que un ion hidruro puede sustituir. El producto de esta reacción es un aldehído.
- Entonces, el aldehído tiene una reacción de adición nucleofílica con un segundo equivalente de ion hidruro para formar un ion alcóxido que, cuando se protona, produce un alcohol primario. La reacción no puede detenerse en la etapa de aldehído porque un aldehído es más reactivo que un éster frente al ataque nucleofílico (sección 17.2).

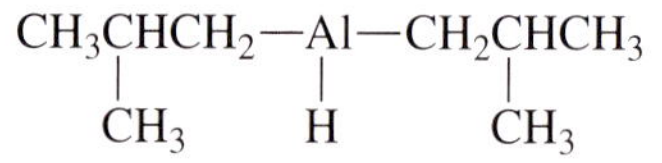

Los ésteres y los cloruros de acilo tienen dos reacciones sucesivas con iones hidruro y con reactivos de Grignard.

Se ha visto que si se usa el hidruro de diisobutilaluminio (DIBALH, de *diisobutylaluminum hydride*) como donador de hidruro a baja temperatura, la reacción se puede detener después de adicionar un equivalente de ion hidruro. Entonces, con este reactivo es posible convertir ésteres en aldehídos, lo cual al principio es sorprendente porque los aldehídos son más reactivos que los ésteres frente al ion hidruro.

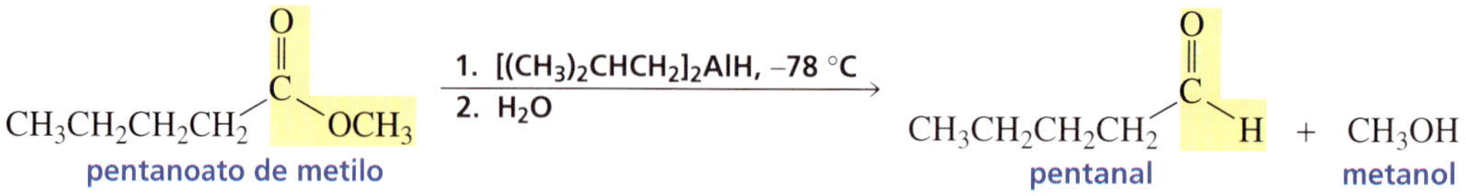

CH$_3$CHCH$_2$—Al—CH$_2$CHCH$_3$
   | | |
  CH$_3$ H   CH$_3$

hidruro de
diisobutilaluminio
DIBALH

$$\text{CH}_3\text{CH}_2\text{CH}_2\text{CH}_2-\overset{\overset{\displaystyle O}{\|}}{C}-\text{OCH}_3 \xrightarrow[\text{2. H}_2\text{O}]{\text{1. [(CH}_3)_2\text{CHCH}_2]_2\text{AlH, }-78\,°\text{C}} \text{CH}_3\text{CH}_2\text{CH}_2\text{CH}_2-\overset{\overset{\displaystyle O}{\|}}{C}-\text{H} + \text{CH}_3\text{OH}$$

pentanoato de metilo   pentanal   metanol

La reacción se lleva a cabo a −78°C, la temperatura de un baño de hielo seco-acetona. A esta temperatura tan fría, el intermediario tetraédrico que se forma al principio es estable, por lo que no elimina al ion alcóxido. Si se elimina todo el donador de hidruro que no reaccionó antes de que se caliente la disolución, no habrá reductor disponible que reaccione con el aldehído que se forme cuando el intermediario tetraédrico elimine al ion alcóxido.

La reacción de un ácido carboxílico con LiAlH$_4$ forma sólo un alcohol primario.

$$CH_3COOH \xrightarrow[\text{2. } H_3O^+]{\text{1. } LiAlH_4} CH_3CH_2OH$$
ácido acético → etanol

$$C_6H_5COOH \xrightarrow[\text{2. } H_3O^+]{\text{1. } LiAlH_4} C_6H_5CH_2OH$$
ácido benzoico → alcohol bencílico

A continuación se muestra el mecanismo de la reacción.

Mecanismo de la reacción de un ácido carboxílico con el ion hidruro

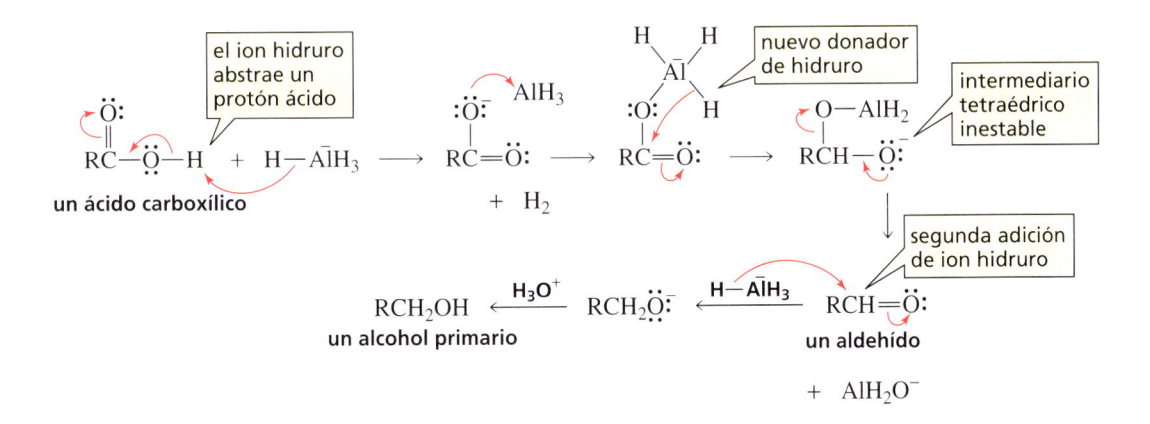

un ácido carboxílico: $RC(=O)-O-H + H-\bar{A}lH_3 \longrightarrow RC(=O)-\ddot{O}:^- \; AlH_3 + H_2$ (el ion hidruro abstrae un protón ácido)

$\longrightarrow RC=\ddot{O}:$ (nuevo donador de hidruro: $H_2\bar{A}l-H$)

$\longrightarrow RCH-\ddot{O}:^-$ con $O-AlH_2$ (intermediario tetraédrico inestable)

↓ segunda adición de ion hidruro

$RCH=\ddot{O}:$ un aldehído $+ AlH_2O^-$

$\xrightarrow{H-\bar{A}lH_3} RCH_2\ddot{O}:^- \xrightarrow{H_3O^+} RCH_2OH$ un alcohol primario

- En el primer paso, un ion hidruro reacciona con el hidrógeno ácido del ácido carboxílico y forma H$_2$ y un ion carboxilato.

- Ya fue visto que los nucleófilos no reaccionan con iones carboxilato por su carga negativa. Sin embargo, en este caso está presente un electrófilo (AlH$_3$) que acepta un par de electrones del ion carboxilato y forma un nuevo donador de hidruro.

- Entonces, en forma análoga a la reducción de un éster con LiAlH$_4$, se efectúan dos adiciones sucesivas del ion hidruro, y se forma un aldehído como producto intermediario en la ruta hacia el alcohol primario.

También las amidas tienen dos adiciones sucesivas del ion hidruro cuando reaccionan con LiAlH$_4$. En general, la reacción convierte un grupo carbonilo en un grupo metileno (CH$_2$). El producto de la reacción es una amina. Se pueden formar aminas primarias, secundarias o terciarias, de acuerdo con el número de sustituyentes unidos al nitrógeno de la

804 CAPÍTULO 17 Compuestos carbonílicos II

amida. (Nótese que se usa H_2O y no H_3O^+ en el segundo paso de la reacción. Si se usara H_3O^+, el producto sería un ion amonio y no una amina).

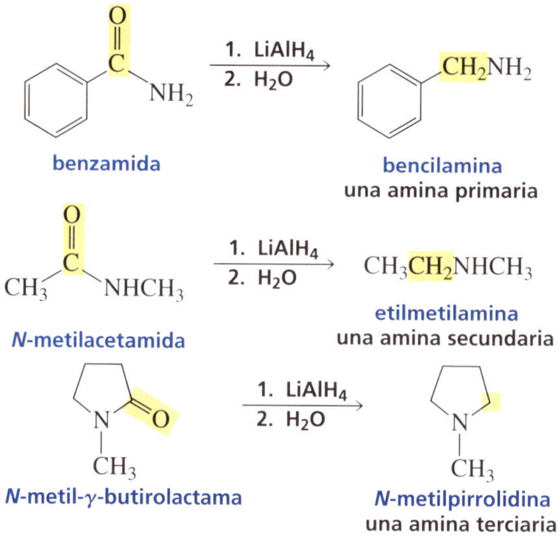

benzamida $\xrightarrow{\text{1. LiAlH}_4}_{\text{2. H}_2\text{O}}$ bencilamina
una amina primaria

N-metilacetamida $\xrightarrow{\text{1. LiAlH}_4}_{\text{2. H}_2\text{O}}$ $CH_3CH_2NHCH_3$
etilmetilamina
una amina secundaria

N-metil-γ-butirolactama $\xrightarrow{\text{1. LiAlH}_4}_{\text{2. H}_2\text{O}}$ *N*-metilpirrolidina
una amina terciaria

El mecanismo de la reacción muestra por qué el producto es una amina. Tómese el lector un minuto para notar las semejanzas entre este mecanismo de reacción del ion hidruro con una amida *N*-sustituida, y el de la reacción del ion hidruro con un ácido carboxílico.

Mecanismo de la reacción de una amida *N*-sustituida con el ion hidruro

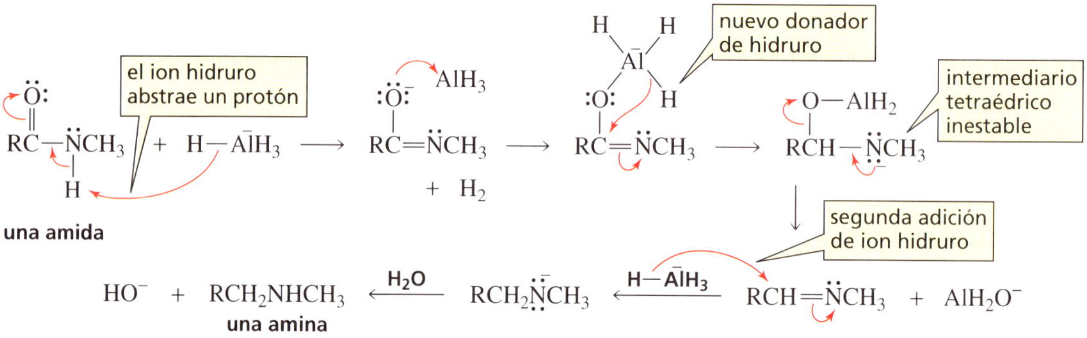

[mechanism scheme]

Los mecanismos de la reacción de $LiAlH_4$ con amidas no sustituidas y con amidas *N,N*-di-sustituidas son algo diferentes, pero tienen el mismo resultado: la conversión de un grupo carbonilo en grupo metileno.

PROBLEMA 14◆

¿Qué amidas trataría usted con $LiAlH_4$ para preparar las aminas siguientes?

a. bencilmetilamina **b.** etilamina **c.** dietilamina **d.** trietilamina

PROBLEMA 15

A partir de *N*-bencilbenzamida ¿cómo prepararía usted los compuestos siguientes?

a. dibencilamina **b.** ácido benzoico **c.** alcohol bencílico

17.7 Reacciones de aldehídos y cetonas con cianuro de hidrógeno

El cianuro de hidrógeno se adiciona a aldehídos y cetonas para formar **cianohidrinas**.

Mecanismo de la reacción de aldehídos o cetonas con el ion cianuro

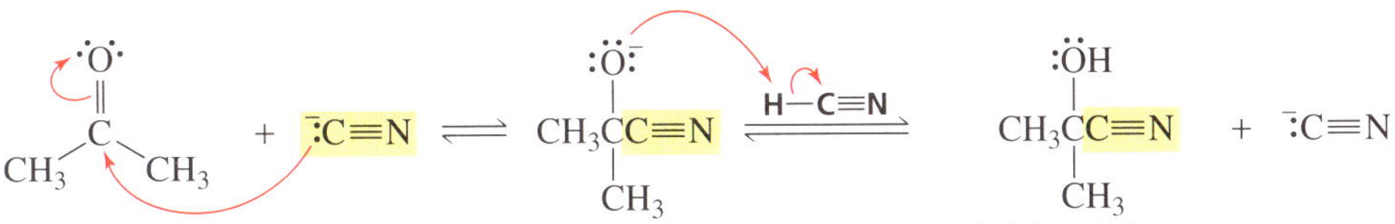

- En el primer paso, el ion cianuro ataca al carbono del grupo carbonilo.
- El ion alcóxido acepta un protón de una molécula no disociada de cianuro de hidrógeno.

Como el cianuro de hidrógeno es un gas tóxico, la mejor manera de efectuar la reacción es generar el cianuro de hidrógeno durante la reacción agregando HCl a una mezcla del aldehído o la cetona con un exceso de cianuro de sodio. Se usa exceso de cianuro de sodio para asegurarse que haya algo de ion cianuro que actúe como nucleófilo.

En comparación con los reactivos de Grignard y con el ion hidruro, el ion cianuro es una base relativamente débil (pK_a de HC≡N = 9.14; pK_a de HC≡CH = 25; pK_a de CH_3CH_3 es > 60), lo que significa que el grupo ciano puede eliminarse del producto de adición. Sin embargo, las cianohidrinas son estables: el grupo OH no elimina al grupo ciano porque el estado de transición para esa reacción de eliminación sería relativamente inestable ya que el átomo de oxígeno tendría una carga positiva parcial. Sin embargo, si el grupo OH pierde su protón, el grupo ciano se eliminará porque entonces el átomo de oxígeno tendría una carga negativa parcial en lugar de una carga positiva parcial en el estado de transición. Por lo anterior, en disoluciones básicas, una cianohidrina se convierte reversiblemente en el compuesto carbonílico.

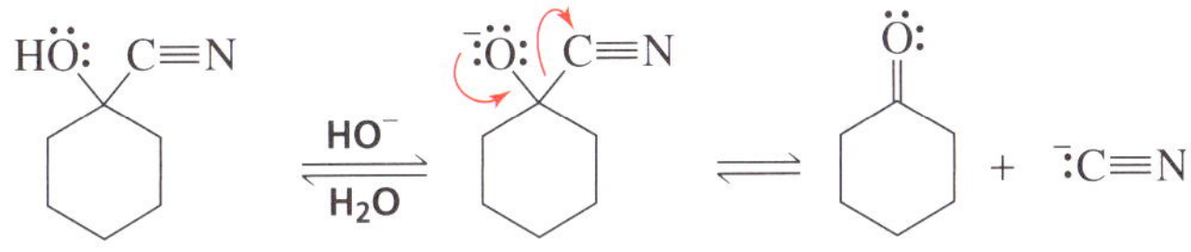

El ion cianuro no reacciona con los ésteres porque es una base más débil que un ion alcóxido y sería eliminado del intermediario tetraédrico.

La adición de cianuro de hidrógeno a aldehídos y cetonas es útil en síntesis por las reacciones siguientes que pueden desarrollarse con la cianohidrina. Por ejemplo, la hidrólisis de la cianohidrina, catalizada por ácido, forma un ácido α-hidroxicarboxílico (sección 16.19).

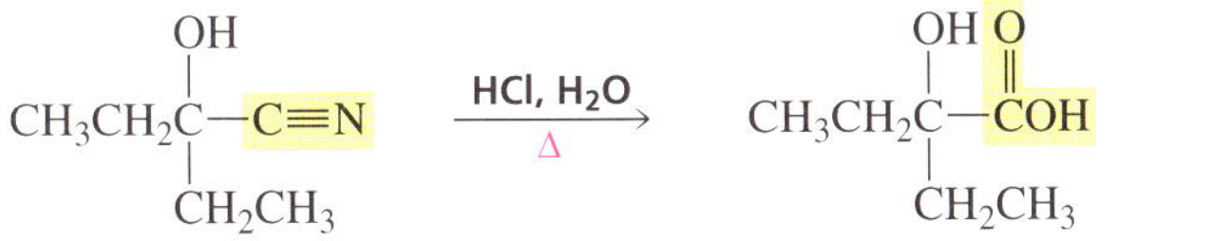

La adición catalítica al enlace triple de una cianohidrina produce una amina primaria con un grupo OH en el carbono β.

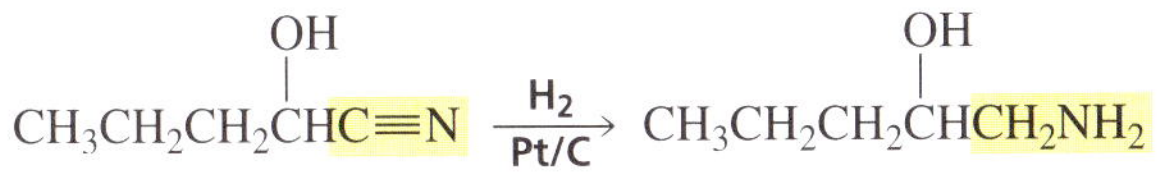

PROBLEMA 16◆

¿Se puede preparar una cianohidrina tratando una cetona con cianuro de sodio?

PROBLEMA 17◆

Explique por qué los aldehídos y las cetonas reaccionan con un ácido débil como el cianuro de hidrógeno en presencia de ⁻:C≡N, pero no reaccionan con ácidos fuertes como HCl o H_2SO_4 en presencia de Cl:⁻ o de HSO_4:⁻.

PROBLEMA 18 RESUELTO

¿Cómo pueden prepararse los compuestos siguientes si se parte de un compuesto carbonílico que cuente con un átomo menos de carbono que el compuesto que se desea?

a. $HOCH_2CH_2NH_2$

b. 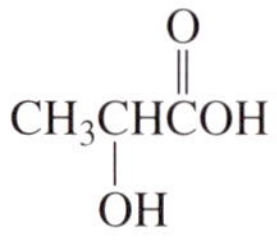 CH_3CHCOH (con grupo OH y C=O)

Solución a 18a El material inicial para la síntesis de este compuesto con dos carbonos debe ser formaldehído. Por adición de cianuro de hidrógeno seguida por adición de H_2 al enlace triple de la cianohidrina se forma el compuesto que se desea.

$$HCH(=O) \xrightarrow{NaC\equiv N,\ HCl} HOCH_2C\equiv N \xrightarrow{H_2,\ Pt/C} HOCH_2CH_2NH_2$$

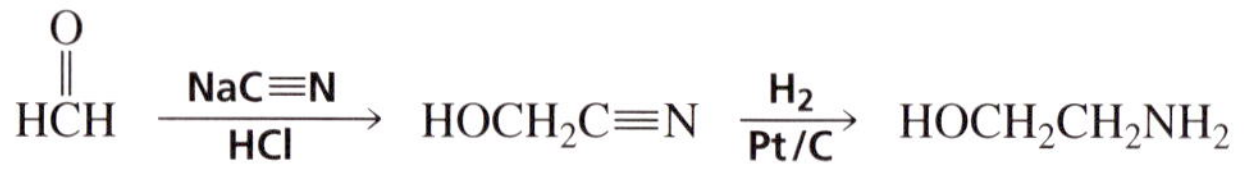

Solución a 18b La adición de cianuro agrega un carbono al reactivo, por lo que el material de partida para la síntesis de este ácido α-hidroxicarboxílico de tres carbonos debe ser etanal. Por adición de cianuro de hidrógeno seguida por la hidrólisis de la cianohidrina, se forma el compuesto deseado.

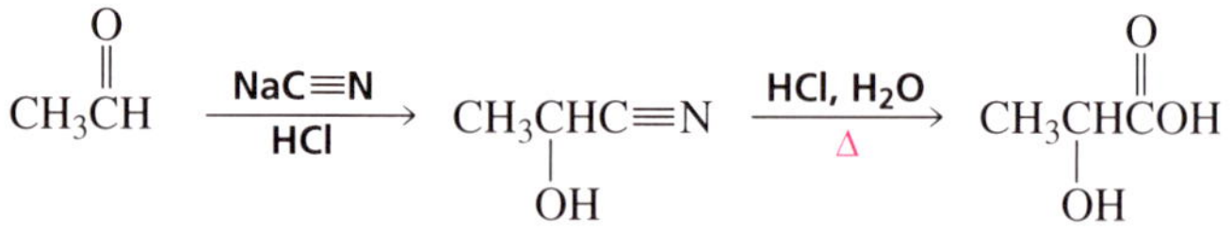

$$CH_3CH(=O) \xrightarrow{NaC\equiv N,\ HCl} CH_3CHC\equiv N\ (OH) \xrightarrow{HCl,\ H_2O,\ \Delta} CH_3CHCOH\ (OH)(=O)$$

17.8 Reacciones de los aldehídos y las cetonas con aminas y sus derivados

Un aldehído o una cetona reaccionan con una amina *primaria* para formar una imina. Una **imina** es un compuesto con un doble enlace carbono-nitrógeno. La imina que se obtiene a través de la reacción de un compuesto carbonílico con una amina primaria se llama con frecuencia **base de Schiff**.

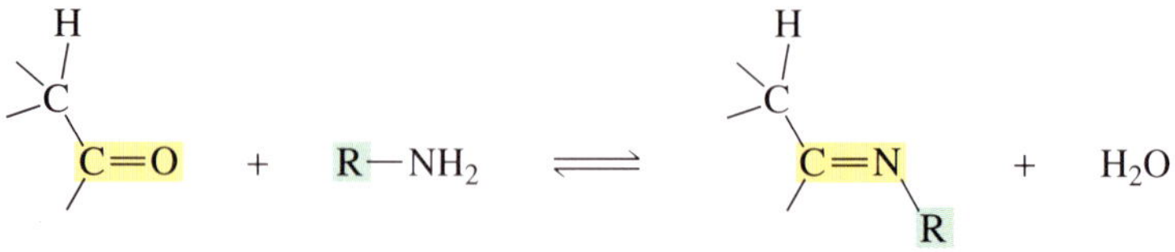

$$\underset{\text{un aldehído}}{\overset{H}{\underset{}{C}}{=}O} + \underset{\text{una amina primaria}}{R-NH_2} \rightleftharpoons \underset{\substack{\text{una imina}\\ \text{una base de Schiff}}}{\overset{H}{\underset{R}{C}}{=}N} + H_2O$$

Un grupo C=N (figura 17.1) se parece a un grupo C=O (figura 16.1, página 729). El nitrógeno de la imina tiene hibridación sp^2. Uno de sus orbitales sp^2 forma un enlace σ con el carbono de imina, uno forma un enlace σ con un sustituyente y el tercero contiene un par de electrones no enlazado. El orbital p del nitrógeno y el orbital p del carbono se traslapan para formar un enlace π.

Figura 17.1
Uniones en una imina

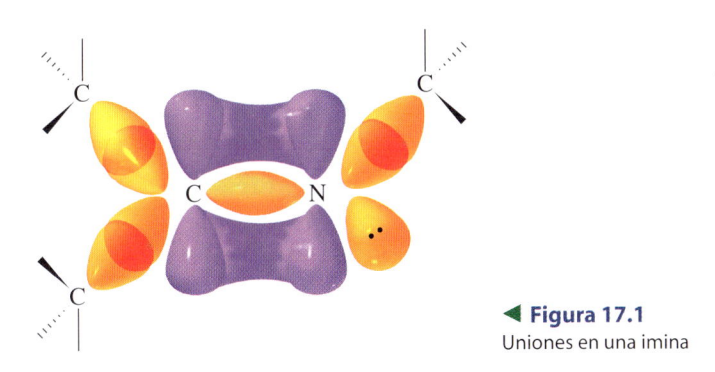

Un aldehído o una cetona reaccionan con una *amina secundaria* para formar una enamina. Una **enamina** es una amina terciaria α,β-insaturada; es una amina terciaria con un enlace doble en la posición α,β en relación con el átomo de nitrógeno. Nótese que el doble enlace se encuentra en la parte de la molécula que proviene del aldehído o la cetona, y no en la parte que aporta la amina secundaria. El nombre enamina proviene de "eno" + "amina" donde se omite la "o" para evitar dos vocales sucesivas.

$$\underset{\text{un aldehído o una cetona}}{\overset{H}{\underset{}{\text{C}}}\!\!=\!\!O} \;+\; \underset{\text{una amina secundaria}}{\overset{R}{\underset{R}{\text{NH}}}} \;\rightleftharpoons\; \underset{\text{una enamina}}{\overset{\text{posición }\alpha,\beta}{\text{C}\!=\!\text{C}\!-\!\text{N}\!\!\underset{R}{\overset{R}{}}}} \;+\; H_2O$$

Cuando el lector observa por primera vez los productos de formación de iminas y enaminas estos parecen ser muy diferentes. Sin embargo, cuando examine los mecanismos de las reacciones comprobará que son exactamente iguales, excepto por el sitio de donde se pierde un protón en el último paso.

Las aminas primarias forman iminas

Los aldehídos y las cetonas reaccionan con aminas primarias para formar iminas.

$$\underset{\substack{\text{benzaldehído}\\\text{un aldehído}}}{\text{PhCH}\!=\!O} \;+\; \underset{\substack{\text{etilamina}\\\text{una amina primaria}}}{CH_3CH_2NH_2} \;\underset{H^+}{\overset{\text{trazas}}{\rightleftharpoons}}\; \underset{\text{una imina}}{\text{PhCH}\!=\!NCH_2CH_3} \;+\; H_2O$$

$$\underset{\substack{\text{3-pentanona}\\\text{una cetona}}}{(CH_3CH_2)_2C\!=\!O} \;+\; \underset{\substack{\text{bencilamina}\\\text{una amina primaria}}}{H_2NCH_2Ph} \;\underset{H^+}{\overset{\text{trazas}}{\rightleftharpoons}}\; \underset{\text{una imina}}{(CH_3CH_2)_2C\!=\!NCH_2Ph} \;+\; H_2O$$

Los aldehídos y las cetonas reaccionan con aminas primarias para formar iminas.

Tutorial del alumno:
Síntesis y reacciones de iminas y oximas,
(Imine and oxime reactions—synthesis)

En la reacción se requiere de catálisis ácida; además se debe controlar con cuidado el pH de la mezcla de reacción. En comparación con un reactivo de Grignard o un ion hidruro, una amina es una base relativamente débil y, ya que dispone de un par de electrones no enlazado en el átomo atacante, se elimina agua del intermediario tetraédrico.

Mecanismo de formación de iminas

- el nucleófilo ataca al carbono del grupo carbonilo
- carbinolamina protonada en el N
- intermediario tetraédrico neutro — una carbinolamina
- carbinolamina protonada en el O
- eliminación de agua
- eliminación de un protón
- una imina protonada
- una imina

HB$^+$ representa a cualquier especie en la disolución que sea capaz de donar un protón, y :B representa a cualquier especie en la disolución que sea capaz de eliminar un protón.

- La amina ataca al carbono del grupo carbonilo.
- La ganancia de un protón por el ion alcóxido y la pérdida de un protón por el ion amonio forman un intermediario tetraédrico neutro.
- El intermediario tetraédrico neutro, llamado *carbinolamina*, está en equilibrio con dos formas protonadas porque se puede protonar el oxígeno o el nitrógeno.
- La eliminación de agua del intermediario protonado en el oxígeno forma una imina protonada que pierde un protón para que se forme la imina.

La formación de imina es reversible porque existen dos grupos que pueden ser expulsados del intermediario tetraédrico. El equilibrio favorece al intermediario tetraédrico protonado en el nitrógeno porque el nitrógeno es más básico que el oxígeno. No obstante, se puede forzar el equilibrio hacia la imina eliminando agua a medida que se forme o por precipitación de la imina.

En total, la adición de una amina a un aldehído o una cetona es una *reacción de adición nucleofílica-eliminación*: adición nucleofílica de una amina para formar un intermediario tetraédrico inestable seguida por la eliminación de agua. El intermediario tetraédrico es inestable porque contiene grupos que se pueden protonar y así volverse bases suficientemente débiles para ser eliminadas con facilidad.

El pH al que se lleva a cabo la formación de imina debe controlarse con cuidado. Debe haber ácido suficiente para protonar al intermediario tetraédrico para que el grupo saliente sea H$_2$O y no el HO:$^-$ mucho más básico; sin embargo, si hay demasiado ácido presente protonará toda la amina reaccionante. Las aminas protonadas no son nucleófilos y no pueden reaccionar con grupos carbonilo. Entonces, a diferencia de las reacciones catalizadas con ácido que hemos visto antes (secciones 16.11 y 16.17), no hay ácido suficiente presente para protonar al grupo carbonilo en el primer paso de la reacción (véase el problema 20).

En la figura 17.2 se presenta una gráfica de la constante de rapidez observada para la reacción de acetona con hidroxilamina en función del pH de la mezcla de reacción. A este tipo de gráfica se le llama **perfil de pH-rapidez**. En este caso es una curva en forma de campana y la rapidez máxima se alcanza en un pH aproximado de 4.5, 1.5 unidades de pH abajo del pK_a de la hidroxilamina protonada (pK_a = 6.0). Al aumentar la acidez respecto al pH 4.5, disminuye la rapidez de la reacción porque se protona más y más de la amina. El resultado es que en la forma nucleofílica no protonada hay cada vez menos amina presente. Al descender la acidez respecto al pH 4.5, la rapidez aumenta porque hay cada vez menos intermediario tetraédrico en la forma protonada reactiva.

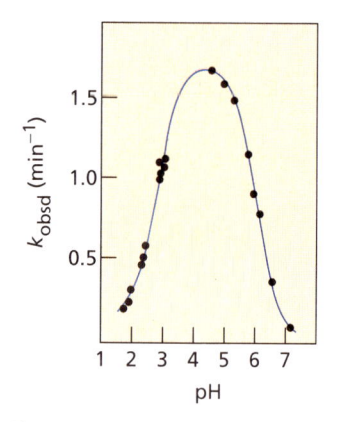

▲ **Figura 17.2**
Curva de pH-rapidez de la reacción de acetona con hidroxilamina. Muestra la dependencia entre la rapidez de reacción y el pH de la mezcla de reacción.

La formación de imina es reversible: en disolución acuosa ácida, una imina se hidroliza y regresa al compuesto carbonílico y a la amina.

Una imina sufre hidrólisis catalizada por ácido y forma un compuesto carbonílico y una amina primaria.

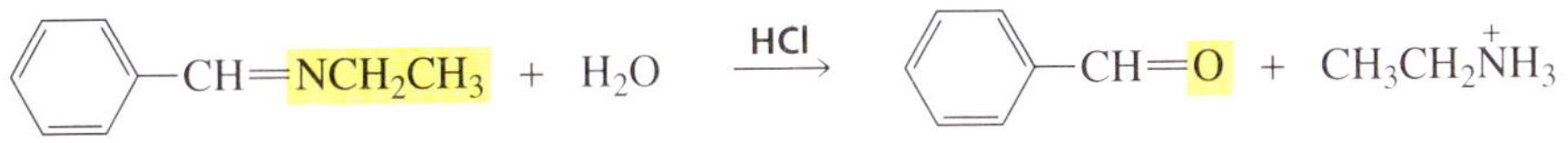

$$\text{PhCH=NCH}_2\text{CH}_3 + \text{H}_2\text{O} \xrightarrow{\text{HCl}} \text{PhCH=O} + \text{CH}_3\text{CH}_2\overset{+}{\text{NH}}_3$$

En disolución ácida, la amina está protonada y por consiguiente no puede reaccionar con el compuesto carbonílico para volver a formar la imina.

La formación de imina y la hidrólisis son reacciones importantes en los sistemas biológicos (secciones 18.22, 23.9 y 24.6). Por ejemplo, se estudiará que la hidrólisis de iminas es la razón por la que el ADN contiene nucleótidos A, G, C y T, mientras que el ARN contiene nucleótidos A, G, C y U (sección 27.9).

PROBLEMA 19◆

¿A qué pH debe efectuarse la formación de imina, si la forma protonada de la amina tiene un valor de pK_a = 10.0?

PROBLEMA 20◆

El pK_a de la acetona protonada es -7.5, aproximadamente, y el pK_a de la hidroxilamina protonada es 6.0.

a. En una reacción con hidroxilamina al pH = 4.5 (figura 17.2), ¿qué fracción de acetona estará presente en su forma ácida, protonada? (*Sugerencia*: revise la sección 1.24).

b. En una reacción con hidroxilamina a pH = 1.5, ¿qué fracción de acetona estará presente en su forma ácida, protonada?

c. En una reacción con acetona a pH = 1.5 (figura 17.2), ¿qué fracción de hidroxilamina estará presente en su forma básica reactiva?

PROBLEMA 21

Se puede preparar una cetona a través de la reacción de un nitrilo con un reactivo de Grignard. Describa el producto intermediario que se forma en esta reacción y explique cómo se puede convertir en cetona.

Las aminas secundarias forman enaminas

Los aldehídos y las cetonas reaccionan con aminas secundarias para formar enaminas. Al igual que la formación de las iminas, la reacción requiere la presencia de trazas de un catalizador.

Los aldehídos y las cetonas reaccionan con aminas secundarias para formar enaminas.

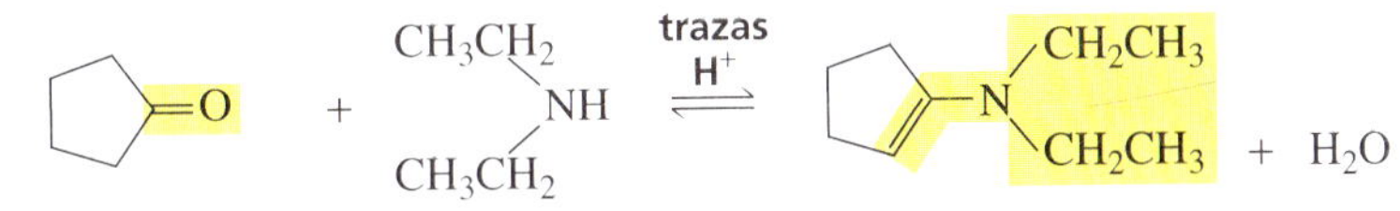

ciclopentanona + dietilamina (una amina secundaria) ⇌ una enamina + H_2O (trazas H^+)

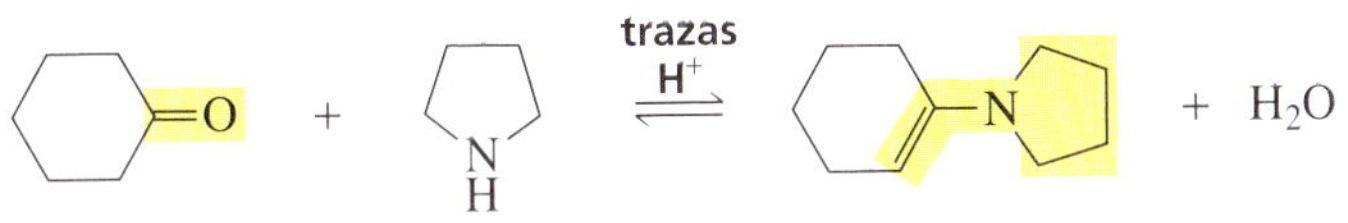

ciclohexanona + pirrolidina (una amina secundaria) ⇌ una enamina + H_2O (trazas H^+)

Observe que el mecanismo de la formación de las enaminas es exactamente igual al de la formación de las iminas, excepto en el último paso.

Mecanismo de la formación de las enaminas

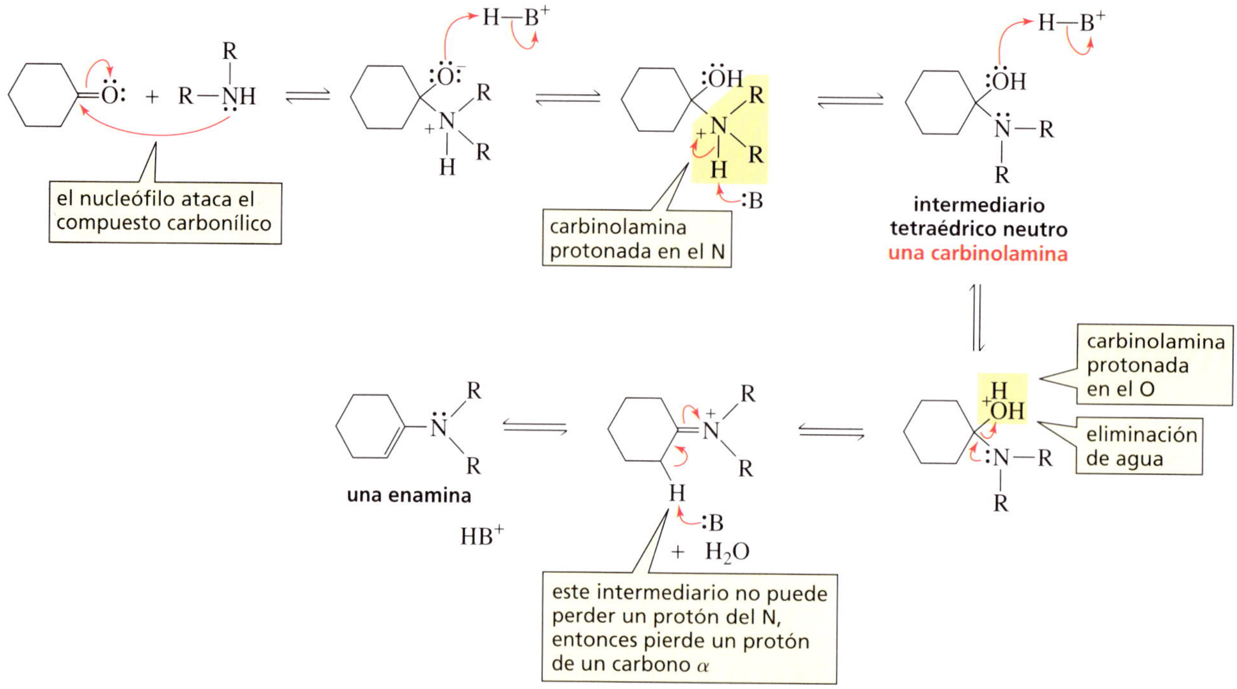

[Esquema del mecanismo mostrando: ataque del nucleófilo al compuesto carbonílico → carbinolamina protonada en el N → intermediario tetraédrico neutro (una carbinolamina) → carbinolamina protonada en el O → eliminación de agua → ion iminio → una enamina + HB⁺ + H₂O. El intermediario iminio no puede perder un protón del N, entonces pierde un protón de un carbono α.]

- La amina ataca al carbono del grupo carbonilo.
- A través de un equilibrio ácido-base el ion alcóxido gana un protón y el ion amonio pierde un protón para formar un intermediario tetraédrico neutro.
- El intermediario tetraédrico neutro está en equilibrio con dos formas protonadas porque se pueden protonar el oxígeno o el nitrógeno.
- Cuando una amina primaria reacciona con un aldehído o una cetona, la imina protonada pierde un protón del nitrógeno en el último paso del mecanismo y forma una imina neutra. Sin embargo, cuando la amina es secundaria, el nitrógeno con carga positiva no está unido a un hidrógeno. En este caso se obtiene una molécula neutra estable por pérdida de un protón del carbono α del compuesto derivado del compuesto carbonílico. El resultado es una enamina.

Una enamina se somete a una hidrólisis catalizada por ácido para formar un compuesto carbonílico y una amina secundaria.

En una disolución acuosa ácida, una enamina se hidroliza y regresa al compuesto carbonílico y a la amina secundaria, la cual es una reacción parecida a la hidrólisis de una imina catalizada por ácido para regresar al compuesto carbonílico y a la amina primaria.

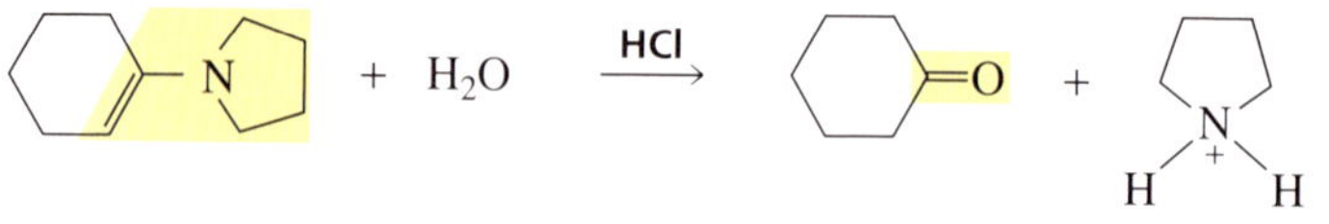

[Reacción: ciclohexenil-pirrolidina + H₂O —HCl→ ciclohexanona + pirrolidinio]

PROBLEMA 22

a. Escriba el mecanismo de las siguientes reacciones:
  1. la hidrólisis de una imina catalizada por ácido para formar un compuesto carbonílico y una amina primaria.
  2. la hidrólisis de una enamina catalizada por ácido para formar un compuesto carbonílico y una amina secundaria.

b. ¿En qué difieren estos mecanismos?

17.8 Reacciones de los aldehídos y las cetonas con aminas y sus derivados 811

PROBLEMA 23◆

Indique cuáles son los productos de las reacciones siguientes. En todos los casos hay presente trazas de ácido.

a. ciclopentanona + etilamina
b. ciclopentanona + dietilamina
c. acetofenona + hexilamina
d. acetofenona + ciclohexilamina

Formación de derivados de imina

Los compuestos como la hidroxilamina, la fenilhidracina, la 2,4-dinitrofenilhidracina y la semicarbacida (se muestran abajo) se parecen a las aminas primarias porque todos tienen un grupo NH_2. Así, como las aminas primarias, reaccionan con aldehídos y cetonas para formar iminas, que con frecuencia se llaman *derivados de imina* porque el sustituyente unido al nitrógeno de imina no es un grupo R. La imina obtenida en la reacción con la hidroxilamina se llama **oxima**; la imina obtenida en la reacción con la hidracina se llama **hidrazona** y la obtenida en la reacción con la semicarbacida se llama **semicarbazona**.

$$C_6H_5-CH=O + H_2NOH \overset{trazas\ H^+}{\rightleftharpoons} C_6H_5-CH=NOH + H_2O$$

hidroxilamina — una oxima

$$\text{ciclohexanona} + H_2NNHCNH_2 \overset{trazas\ H^+}{\rightleftharpoons} \text{ciclohexil}=NNHCNH_2 + H_2O$$

semicarbacida — semicarbazona

$$CH_3CH_2CH=O + H_2NNH-C_6H_3(NO_2)_2 \overset{trazas\ H^+}{\rightleftharpoons} CH_3CH_2CH=NNH-C_6H_3(NO_2)_2 + H_2O$$

2,4-dinitrofenilhidracina — a 2,4-dinitrofenilhidrazona

IDENTIFICACIÓN DE ALDEHÍDOS Y CETONAS SIN USAR ESPECTROSCOPIA

Antes de disponer de técnicas espectrofotométricas para el análisis de compuestos, se identificaban los aldehídos y cetonas desconocidos preparando sus derivados de imina. Por ejemplo, suponga que se tiene una cetona desconocida cuyo punto de ebullición se determinó en 140°C. Esta información permite reducir las posibilidades a las cinco cetonas (A a E) de la siguiente tabla. (No se pueden excluir las cetonas que tienen puntos de ebullición a 139°C y 141°C, a menos que el termómetro esté perfectamente calibrado y que la técnica de laboratorio sea sensacional).

Cetona	2,4-Dinitrofenilhidrazona		Oxima	Semicarbazona
	bp (°C)	mp (°C)	pf (°C)	pf (°C)
A	140	94	57	98
B	140	102	68	123
C	139	121	79	121
D	140	101	69	112
E	141	90	61	101

Si se agrega 2,4-dinitrofenilhidracina a una muestra de la cetona desconocida se producen cristales de una 2,4-dinitrofenilhidrazona, que tiene un punto de fusión de 102°C. La elección se puede centrar a dos cetonas: B y D. La preparación de la oxima de la cetona desconocida no hará una distinción entre B y D porque tales oximas tienen puntos de fusión parecidos; pero si se prepara la semicarbazona se podrá identificar la cetona. Si se ve que la semicarbazona de la cetona desconocida tiene un punto de fusión de 112°C, se determinará que la cetona desconocida es la D.

PROBLEMA 24

Las iminas pueden existir como estereoisómeros. Los nombres de los isómeros se forman con el sistema *E*,*Z* de nomenclatura (el par de electrones no enlazado tiene la menor prioridad).

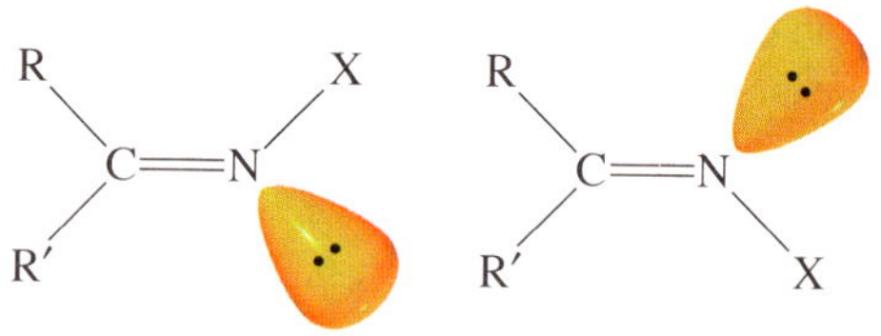

Trace la estructura de cada uno de los compuestos siguientes:

a. Semicarbazona del (*E*)-benzaldehído
b. Oxima de la (*Z*)-propiofenona
c. 2,4-Dinitrofenilhidrazona de la ciclohexanona

PROBLEMA 25

La semicarbacida tiene dos grupos NH_2. Explique por qué sólo uno de ellos forma una imina.

Aminación reductiva

La imina que se forma en la reacción de un aldehído o una cetona con amoniaco es relativamente inestable porque no tiene más sustituyente que un hidrógeno unido al nitrógeno; sin embargo, tal imina es un intermediario útil. Por ejemplo, si la reacción con amoniaco se realiza en presencia de H_2 y un catalizador metálico adecuado, se adicionará H_2 al enlace C=N a medida que se forma y el resultado será una amina primaria. La reacción de un aldehído o una cetona con amoniaco en exceso y en presencia de un agente reductor se llama **aminación reductiva**.

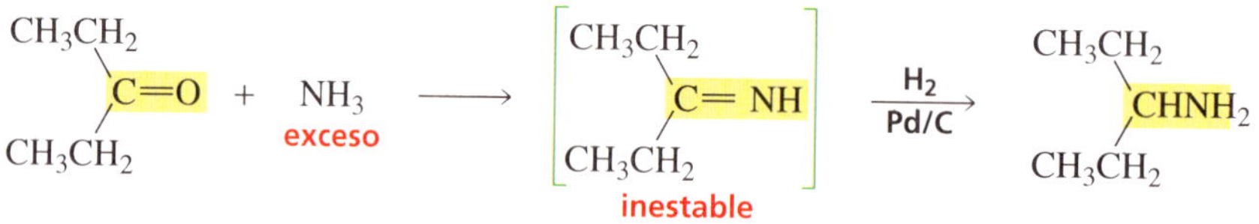

También se puede formar una amina primaria reduciendo la oxima que se forma en la reacción de un aldehído o una cetona con hidroxilamina.

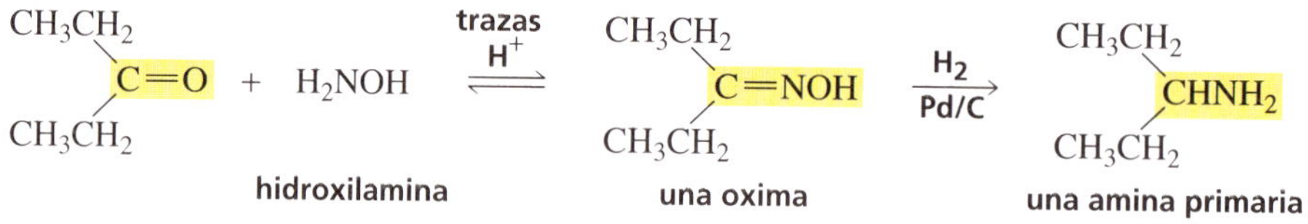

Se pueden preparar las aminas secundarias y terciarias a partir de iminas y enaminas por reducción. Se suele usar triacetoxiborohidruro de sodio como agente reductor en esta reacción.

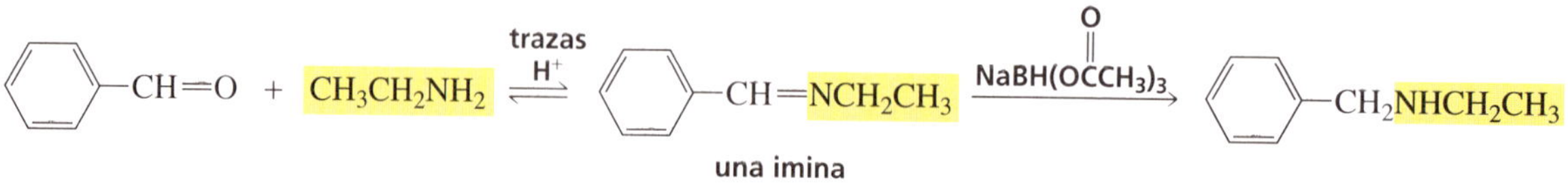

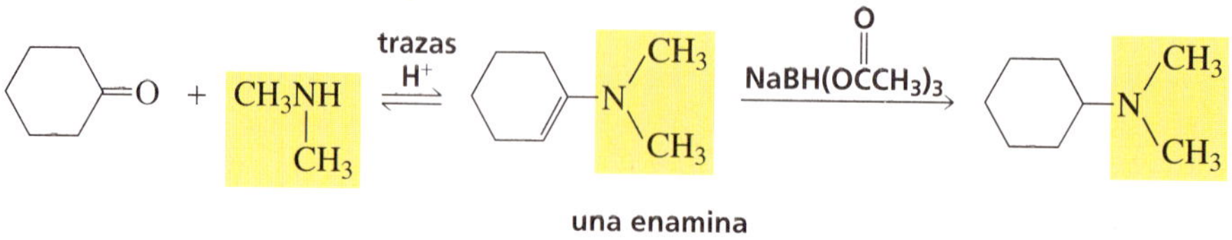

PROBLEMA 26◆

Se debe usar un exceso de amoniaco cuando se sintetiza una amina primaria por aminación reductiva. ¿Qué producto se obtendrá si la reacción se efectúa con un exceso del compuesto carbonílico?

PROBLEMA 27

Los compuestos que se suelen llamar "aminoácidos" en realidad son ácidos α-aminocarboxílicos (sección 22.0). ¿Qué compuestos carbonílicos se deben usar para sintetizar los aminoácidos siguientes?

a. CH_3CHCO^- con grupo NH_2 y $C=O$

b. $(CH_3)_2CHCHCO^-$ con grupo NH_2 y $C=O$

Reducción de Wolff-Kishner

En la sección 14.16 vimos que cuando se calienta una cetona o un aldehído en disolución básica de hidracina, el grupo carbonilo se convierte en grupo metileno. A este proceso se le llama **desoxigenación** porque se elimina oxígeno del reactivo. La reacción se llama *reducción de Wolff-Kishner*.

$$Ph-C(=O)-CH_3 \xrightarrow[HO^-, \Delta]{NH_2NH_2} Ph-CH_2CH_3$$

El ion hidróxido y la aplicación de calor diferencian la reducción de Wolff-Kishner de la formación ordinaria de una hidrazona.

Mecanismo de la reducción de Wolff-Kishner

- Al principio, la cetona reacciona con la hidracina para formar una hidrazona.
- El ion hidróxido elimina a un protón del grupo NH_2. La reacción necesita calor porque este protón no se elimina con facilidad.
- La carga negativa se puede deslocalizar sobre el carbono, que sustrae un protón del agua. Los dos últimos pasos se repiten para formar el producto desoxigenado y nitrógeno gaseoso.

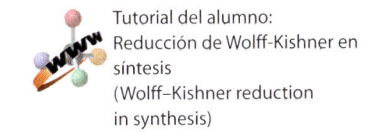

Tutorial del alumno:
Reducción de Wolff-Kishner en síntesis
(Wolff–Kishner reduction in synthesis)

La mayor parte de los hidratos son demasiado inestables para poder aislarlos.

17.9 Reacciones de los aldehídos y las cetonas con agua

La adición de agua a un aldehído o una cetona forma un *hidrato*. Un **hidrato** es una molécula con dos grupos OH en el mismo átomo de carbono. Los hidratos se llaman también ***gem*-dioles** ("diol gemelo"). En general, los hidratos de aldehídos o cetonas son demasiado inestables para poderlos aislar.

$$\underset{\substack{\text{un aldehído} \\ \text{o una cetona}}}{\text{R}-\underset{\text{R (H)}}{\overset{\overset{\text{O}}{\|}}{\text{C}}}} + \text{H}_2\text{O} \rightleftharpoons \underset{\substack{\textit{gem}\text{-diol} \\ \text{un hidrato}}}{\text{R}-\underset{\underset{\text{OH}}{|}}{\overset{\overset{\text{OH}}{|}}{\text{C}}}-\text{R (H)}}$$

El agua es un mal nucleófilo y por consiguiente se adiciona con relativa lentitud a un grupo carbonilo. La rapidez de la reacción puede incrementarse con un catalizador ácido (figura 17.3). Téngase en cuenta que un catalizador no tiene efecto sobre la posición del equilibrio. Un catalizador afecta la *rapidez* a la que se alcanza el equilibrio. En otras palabras, el catalizador afecta la rapidez con la que un aldehído o una cetona se convierten en un hidrato; no tiene efecto alguno sobre la *cantidad* de aldehído o cetona que se convierten en un hidrato (sección 23.0).

Mecanismo de la formación de un hidrato catalizado por un ácido

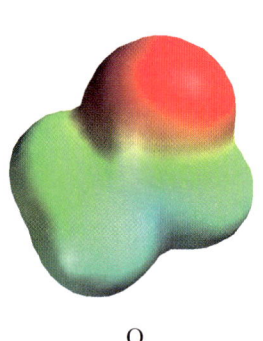

[Mecanismo con flechas curvas mostrando: (1) el ácido protona al oxígeno del grupo carbonilo (42%); (2) el nucleófilo ataca al carbono del grupo carbonilo; (3) desprotonación para dar el hidrato (58%) + H_3O^+]

> **PROBLEMA 28**
>
> También el ion hidróxido puede catalizar la hidratación de un aldehído. Proponga un mecanismo para la hidratación catalizada por el ion hidróxido.

El grado hasta el que se hidrata un aldehído o una cetona en una disolución acuosa depende de los sustituyentes que haya unidos al grupo carbonilo. Por ejemplo, en el equilibrio sólo se hidrata el 0.2% de la acetona, pero se hidrata el 99.9% del formaldehído. ¿Por qué hay tanta diferencia?

			K_{eq}
$\text{CH}_3-\overset{\overset{\text{O}}{\|}}{\text{C}}-\text{CH}_3$ acetona 99.8%	$+ \text{H}_2\text{O} \rightleftharpoons$	$\text{CH}_3-\underset{\underset{\text{OH}}{\|}}{\overset{\overset{\text{OH}}{\|}}{\text{C}}}-\text{CH}_3$ 0.2%	2×10^{-3}
$\text{CH}_3-\overset{\overset{\text{O}}{\|}}{\text{C}}-\text{H}$ acetaldehído 42%	$+ \text{H}_2\text{O} \rightleftharpoons$	$\text{CH}_3-\underset{\underset{\text{OH}}{\|}}{\overset{\overset{\text{OH}}{\|}}{\text{C}}}-\text{H}$ 58%	1.4
$\text{H}-\overset{\overset{\text{O}}{\|}}{\text{C}}-\text{H}$ formaldehído 0.1%	$+ \text{H}_2\text{O} \rightleftharpoons$	$\text{H}-\underset{\underset{\text{OH}}{\|}}{\overset{\overset{\text{OH}}{\|}}{\text{C}}}-\text{H}$ 99.9%	2.3×10^3

▲ **Figura 17.3**
Los mapas de potencial electrostático muestran que el carbono del grupo carbonilo del aldehído protonado es más electrofílico (el color azul es más intenso) que el carbono del grupo carbonilo del aldehído no protonado.

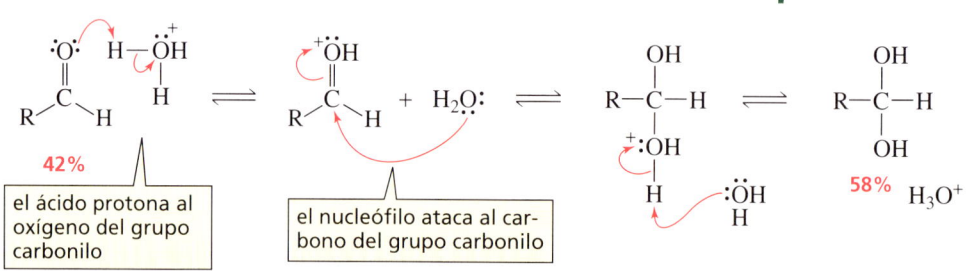

17.9 Reacciones de los aldehídos y las cetonas con agua **815**

La constante de equilibrio para una reacción depende de las estabilidades relativas de reactivos y productos (sección 3.7). La constante de equilibrio para la formación de hidrato depende, entonces, de la estabilidad relativa del compuesto carbonílico y del hidrato. Ya vimos que los grupos alquilo, donadores de electrones, hacen que un compuesto carbonílico sea *más estable* (menos reactivo) (sección 17.2).

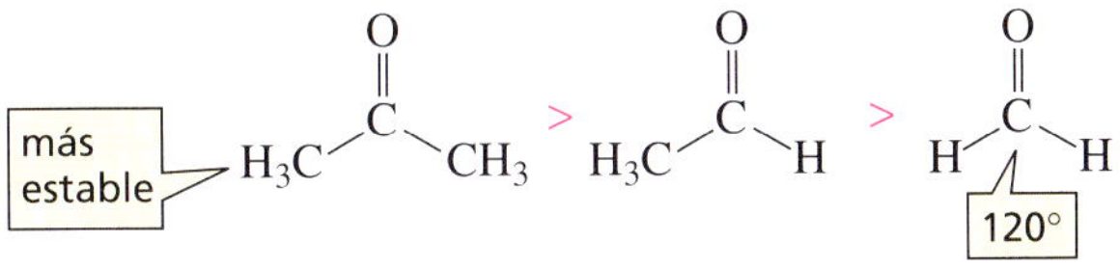

En contraste, los grupos alquilo hacen que el hidrato sea *menos estable* por interacciones estéricas entre los grupos alquilo cuando el ángulo de enlace cambia de 120° a 109.5° (sección 17.2).

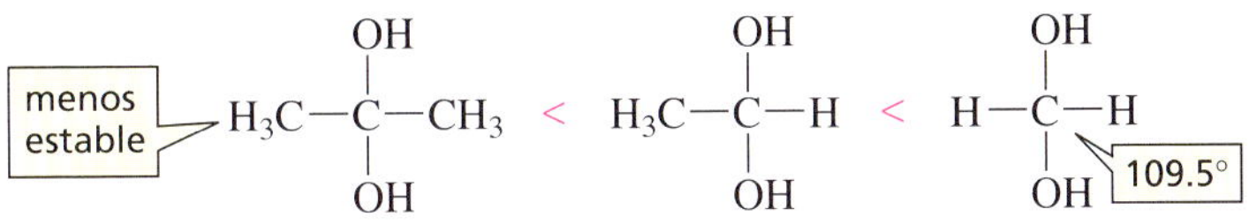

Por lo anterior, los grupos alquilo desplazan al equilibrio hacia la izquierda, hacia los reactivos, porque estabilizan al compuesto carbonílico y desestabilizan al hidrato. El resultado es que en el equilibrio se hidrata menos acetona que formaldehído.

En resumen, el porcentaje de hidrato presente en una disolución en equilibrio depende de efectos tanto electrónicos como estéricos. Los sustituyentes donadores de electrones y los sustituyentes voluminosos (como los grupos metilo de la acetona) *disminuyen* el porcentaje de hidrato presente en el equilibrio, mientras que los sustituyentes atractores de electrones y los sustituyentes pequeños (los hidrógenos del formaldehído) lo *aumentan*.

PRESERVACIÓN DE ESPECÍMENES BIOLÓGICOS

Antes se usaba una disolución de formaldehído en agua al 37% llamada *formalin*, para conservar especímenes biológicos. Sin embargo, el formaldehído es irritante para ojos y piel, por lo que la formalina se ha reemplazado en la mayor parte de los laboratorios de biología por otros preservativos. Una preparación que se usa con frecuencia es una disolución de fenol en etanol del 2 al 5%, a la que se agregan algunos agentes antimicrobianos.

Si la cantidad de hidrato formada en la reacción del agua con una cetona es demasiado pequeña para ser detectada ¿cómo sabemos que ha sucedido esa reacción? Podemos demostrar que se efectúa agregando la cetona a agua marcada con ^{18}O y aislando la cetona después de haber establecido el equilibrio. Si se encuentra que la marca isotópica se ha incorporado a la cetona quiere decir que ha habido una hidratación.

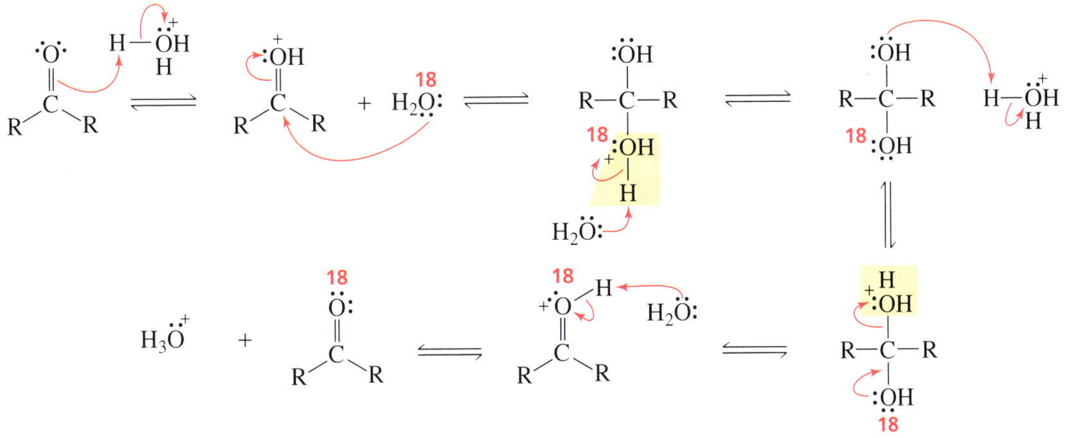

816 CAPÍTULO 17 Compuestos carbonílicos II

PROBLEMA 29

Cuando el tricloroacetaldehído se disuelve en agua, casi todo se convierte en hidrato. El hidrato de cloral es el producto de la reacción; es un sedante que puede ser letal. Un coctel que lo contiene se llama, al menos en las novelas de detectives, *"Mickey Finn"*. Explique por qué una disolución acuosa de tricloroacetaldehído es hidrato casi en su totalidad.

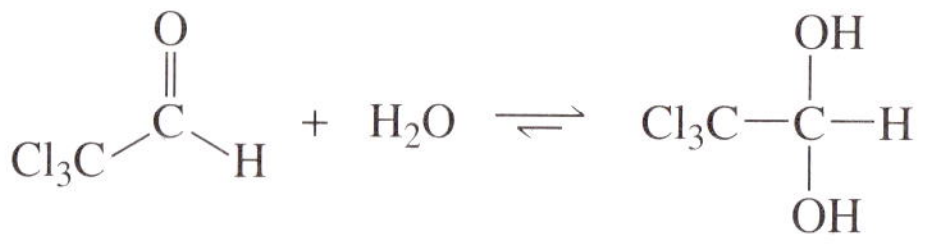

$$Cl_3C-\underset{H}{\overset{O}{\overset{\|}{C}}}-H + H_2O \rightleftharpoons Cl_3C-\underset{OH}{\overset{OH}{\overset{|}{C}}}-H$$

tricloroacetaldehído   hidrato de cloral

PROBLEMA 30 ◆

¿Cuál de las cetonas siguientes forma más hidrato en disolución acuosa?

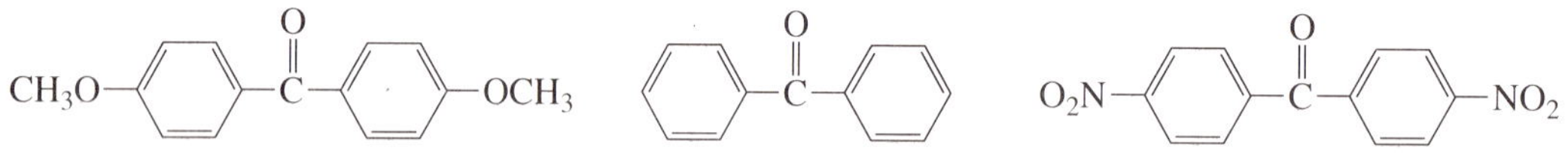

$$CH_3O-\text{C}_6\text{H}_4-\underset{}{\overset{O}{\overset{\|}{C}}}-\text{C}_6\text{H}_4-OCH_3 \quad\quad \text{C}_6\text{H}_5-\underset{}{\overset{O}{\overset{\|}{C}}}-\text{C}_6\text{H}_5 \quad\quad O_2N-\text{C}_6\text{H}_4-\underset{}{\overset{O}{\overset{\|}{C}}}-\text{C}_6\text{H}_4-NO_2$$

17.10 Reacciones de aldehídos y cetonas con alcoholes

El producto que se forma cuando se adiciona un equivalente de un alcohol a un *aldehído* se llama **hemiacetal**. El producto que se forma cuando se adiciona un segundo equivalente de alcohol se llama **acetal**. Al igual que el agua, un alcohol es un mal nucleófilo, por lo que se requiere un catalizador ácido para que la reacción se efectúe a una rapidez razonable.

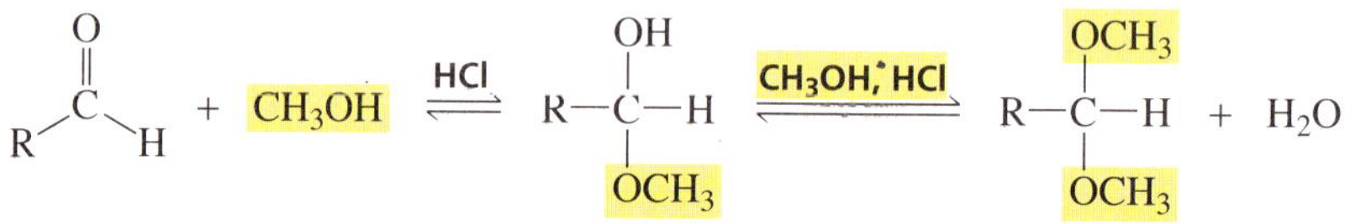

$$R-\underset{H}{\overset{O}{\overset{\|}{C}}}-H + CH_3OH \xrightleftharpoons{HCl} R-\underset{OCH_3}{\overset{OH}{\overset{|}{C}}}-H \xrightleftharpoons{CH_3OH, HCl} R-\underset{OCH_3}{\overset{OCH_3}{\overset{|}{C}}}-H + H_2O$$

     un aldehído   un hemiacetal   un acetal

Cuando el compuesto carbonílico es una *cetona* en lugar de un aldehído, los productos de adición se llaman **hemicetal** y **cetal**, respectivamente.

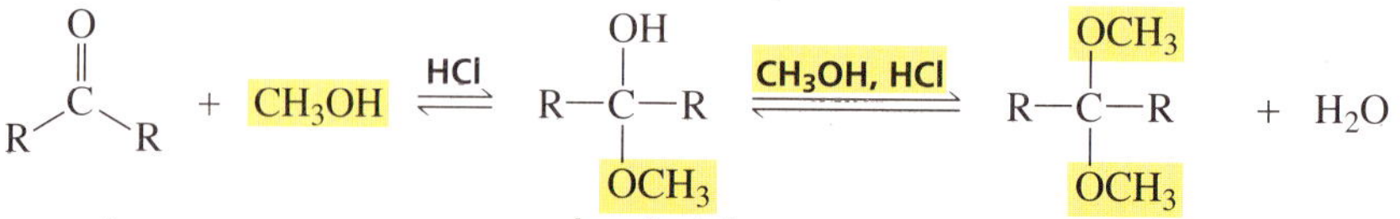

$$R-\underset{R}{\overset{O}{\overset{\|}{C}}}-R + CH_3OH \xrightleftharpoons{HCl} R-\underset{OCH_3}{\overset{OH}{\overset{|}{C}}}-R \xrightleftharpoons{CH_3OH, HCl} R-\underset{OCH_3}{\overset{OCH_3}{\overset{|}{C}}}-R + H_2O$$

     una cetona   un hemicetal   un cetal

Hemi es la palabra griega que significa "mitad". Cuando se adiciona un equivalente de un alcohol a un aldehído o a una cetona, el compuesto está a medio camino hacia el acetal o el cetal finales, que contienen grupos procedentes de dos equivalentes de alcohol.

A continuación se muestra el mecanismo de la formación de cetales (o acetales).

Mecanismo de formación de un acetal o un cetal catalizada por ácido

[Esquema del mecanismo: el ácido protona el oxígeno del grupo carbonilo; el nucleófilo ataca el carbono del grupo carbonilo; se forma un hemicetal; se pueden protonar el OH o el OCH₃; se elimina agua; intermediario alquilado en el O; formación del cetal.]

- El ácido protona al oxígeno del grupo carbonilo y condiciona que el carbono del grupo carbonilo sea más susceptible al ataque nucleofílico (figura 17.9).
- La pérdida de un protón del intermediario tetraédrico protonado produce el hemicetal (o hemiacetal).
- Ya que la reacción se efectúa en disolución ácida, el hemiacetal (o hemicetal) está en equilibrio con su forma protonada. Los dos átomos de oxígeno del hemicetal (o hemiacetal) son igualmente básicos, por lo que cualquiera de ellos se puede protonar.
- La pérdida de agua del intermediario tetraédrico con un grupo OH protonado forma un intermediario alquilado en O, que es muy reactivo por su oxígeno con carga positiva. Un ataque nucleofílico sobre este intermediario por una segunda molécula de alcohol seguido por la pérdida de un protón forma el cetal (o el acetal).

El cetal o el acetal se pueden aislar si se elimina el agua que sale del hemicetal (o hemiacetal) de la mezcla de reacción. Esto se debe a que si el agua no está disponible, el único compuesto que pueden formar el cetal o el acetal es la especie alquilada en O, que es menos estable que el cetal o el acetal.

El cetal o el acetal se pueden hidrolizar y regresar a la cetona o al aldehído en disolución acuosa ácida.

$$CH_3CH_2-\underset{\underset{OCH_2CH_3}{|}}{\overset{\overset{OCH_2CH_3}{|}}{C}}-CH_3 + H_2O \text{ (exceso)} \xrightarrow{HCl} CH_3CH_2-\underset{}{\overset{O}{\overset{\|}{C}}}-CH_3 + 2\,CH_3CH_2OH$$

Obsérvese que los mecanismos de formación de iminas, enaminas, hidratos y acetales (o cetales) se parecen; todos ellos son reacciones con un nucleófilo que tiene un par de electrones no enlazado en un átomo atacante. Después que el nucleófilo (una amina primaria en el caso de formación de una imina, una amina secundaria en el caso de formación de una enamina, el agua en el caso de formación de un hidrato, y un alcohol en el caso de formación de un acetal o un cetal) se adiciona al grupo carbonilo, se elimina agua del intermediario tetraédrico protonado y se forma un intermediario con carga positiva. En la formación de iminas e hidratos, se obtiene un producto neutro por pérdida de un protón de un nitrógeno o de un oxígeno, respectivamente. En la formación de enaminas, se obtiene un producto neutro por la pérdida de un protón de un carbono α. En la formación de acetales, se obtiene un producto neutro por la adición de un segundo equivalente de alcohol. También téngase en cuenta que, como el nucleófilo es el agua, en la formación de hidratos, la eliminación de agua hace regresar al aldehído o la cetona originales.

PROBLEMA 31◆

¿Cuáles de los siguientes compuestos son

a. hemiacetales? **b.** acetales? **c.** hemicetales? **d.** cetales? **e.** hidratos?

1. $CH_3-C(OH)(OCH_3)-CH_3$

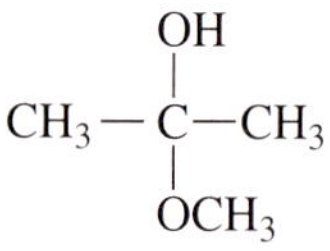

2. $CH_3-C(OCH_2CH_3)(OCH_2CH_3)-H$

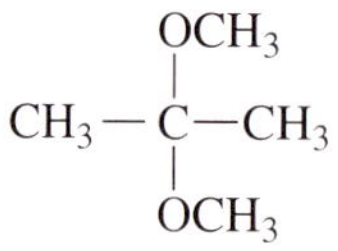

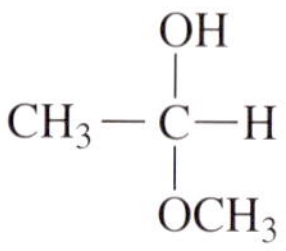

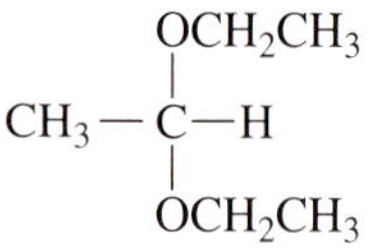

3. $CH_3-C(OCH_3)(OCH_3)-H$

4. $CH_3-C(OH)(OH)-CH_3$

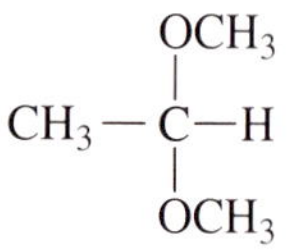

5. $CH_3-C(OCH_3)(OCH_3)-CH_3$

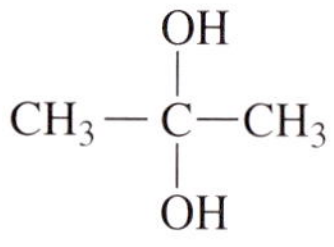

6. $CH_3-C(OH)(OH)-H$

7. $CH_3-C(OH)(OCH_3)-H$

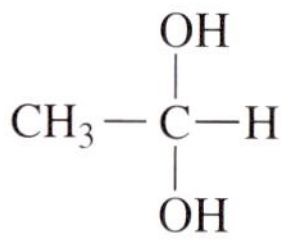

8. $CH_3-C(OH)(OCH_3)-CH_2CH_3$

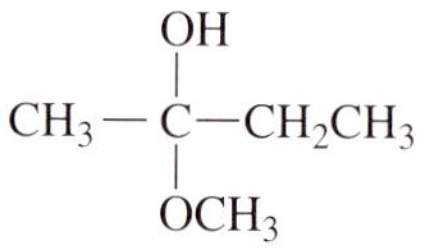

ESTRATEGIA PARA RESOLVER PROBLEMAS

Análisis del comportamiento de los acetales y los cetales

Explique por qué los acetales y los cetales se hidrolizan y regresan al aldehído o la cetona en disoluciones acuosas ácidas, pero son estables en disoluciones acuosas básicas.

La mejor forma de responder a esta clase de preguntas es escribir las estructuras y el mecanismo que describan la situación a la que se refiere la pregunta. Cuando se escribe el mecanismo, la respuesta puede hacerse aparente. En una disolución ácida, el ácido protona al oxígeno del acetal; ello crea una base débil (CH_3OH) que puede ser eliminada por el otro grupo CH_3O. Cuando el grupo es eliminado, el agua puede atacar al intermediario reactivo y entonces ya se está en dirección hacia la cetona (o el aldehído).

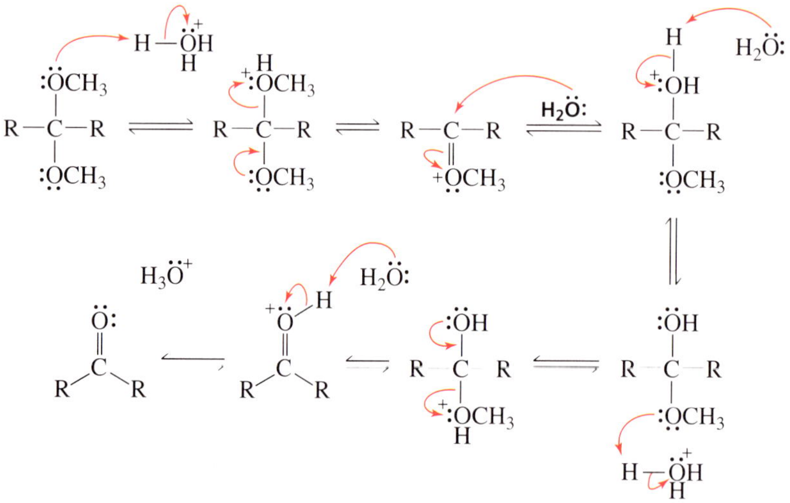

En una disolución básica, el grupo CH_3O no se puede protonar. Por consiguiente, el grupo que se debería eliminar para volver a formar la cetona (o el aldehído) sería un grupo $CH_3O:^-$, muy básico. Sin embargo, ese grupo $CH_3O:^-$ sería demasiado básico para ser eliminado por el otro grupo CH_3O, que no tiene la suficiente capacidad para dirigir hacia allá la reacción por la carga positiva que se formaría en su átomo de oxígeno si ocurriera la reacción de eliminación.

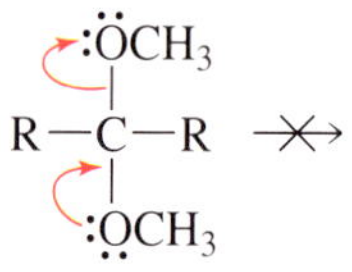

Ahora, continúe en el problema 32.

PROBLEMA 32

a. ¿Cree usted que los hemiacetales sean estables en disoluciones básicas? Explique su respuesta.
b. La formación de un acetal debe ser catalizada por un ácido. Explique por qué no se puede catalizar por $CH_3O:^-$.
c. ¿Puede aumentarse la rapidez de formación de hidrato con ion hidróxido igual de bien que con un ácido? Explique por qué.

PROBLEMA 33

Explique por qué se pueden aislar los acetales o los cetales, pero no se puede aislar la mayor parte de los hidratos.

17.11 Grupos protectores

Las cetonas (o los aldehídos) reaccionan con los 1,2-dioles y forman cetales (o acetales) que forman un anillo de cinco miembros, y con 1,3-dioles para formar cetales (o acetales) que forman un anillo de seis miembros. Recuérdese que los anillos de cinco o seis miembros se forman con relativa facilidad (sección 8.11). El mecanismo es igual al que se muestra en la sección 17.10 para la formación de acetales, excepto que en lugar de reaccionar con dos moléculas de alcohol por separado el compuesto carbonílico reacciona con los dos grupos alcohol de una sola molécula del diol.

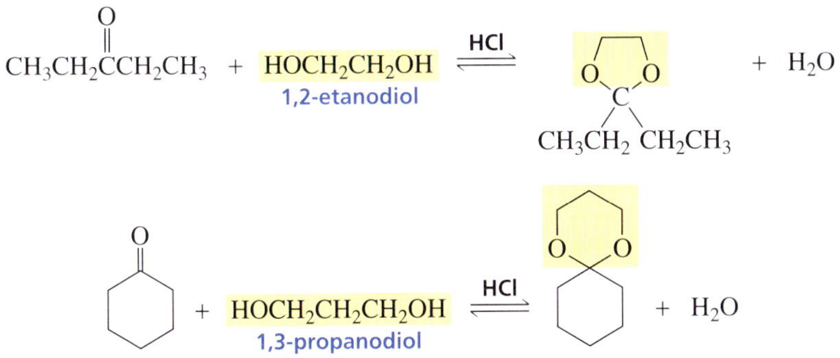

$$CH_3CH_2\overset{O}{\underset{\|}{C}}CH_2CH_3 + HOCH_2CH_2OH \underset{}{\overset{HCl}{\rightleftharpoons}} \text{cetal} + H_2O$$

1,2-etanodiol

$$\text{ciclohexanona} + HOCH_2CH_2CH_2OH \overset{HCl}{\rightleftharpoons} \text{cetal} + H_2O$$

1,3-propanodiol

Si un compuesto tiene dos grupos funcionales que reaccionan con un determinado reactivo y sólo se desea que reaccione uno de ellos, es necesario proteger al otro grupo funcional del reactivo. Un grupo que protege a un grupo funcional en una sola operación de síntesis que de otro modo lo alteraría se llama **grupo protector**.

Si el lector ha pintado alguna vez un recinto con una pistola de aire habrá aplicado cinta adhesiva sobre las partes que no deseaba pintar, como los rodapiés y los marcos de ventana. De manera parecida, se usan los 1,2 y 1,3-dioles para proteger ("encintar") el grupo carbonilo de los aldehídos y las cetonas. Por ejemplo, supóngase que se desea sintetizar la siguiente hidroxicetona a partir del cetoéster. Ambos grupos funcionales del cetoéster se reducirán con $LiAlH_4$, y el que no se desea que reaccione, el grupo ceto, es el más reactivo de los dos.

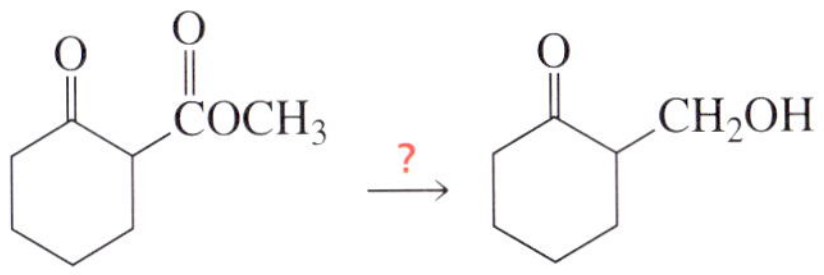

Sin embargo, si el grupo ceto primero se convierte en cetal, sólo el grupo éster reaccionará con $LiAlH_4$. El grupo protector se puede eliminar mediante una hidrólisis catalizada por ácido, después de haber reducido el éster. Es crítico que se usen condiciones tales en la eliminación de un grupo protector que no afecten a los demás grupos de la molécula. Los acetales y los cetales son buenos grupos protectores porque, al ser éteres, no reaccionan con las bases, con agentes reductores o con agentes oxidantes.

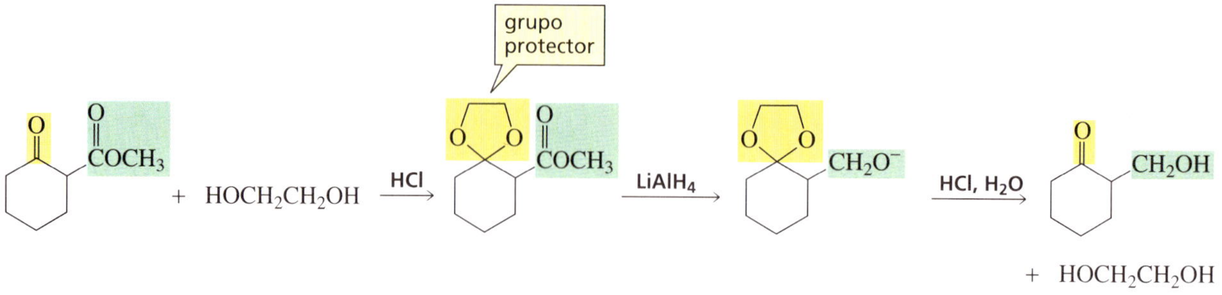

PROBLEMA 34◆

a. ¿Cuál hubiera sido el producto de la reacción anterior con LiAlH₄ si no se hubiera protegido el grupo ceto?

b. ¿Qué reactivo podría usar para reducir sólo el grupo ceto?

PROBLEMA 35

¿Por qué los acetales no reaccionan con los nucleófilos?

En la reacción siguiente, el aldehído reacciona con el diol porque los aldehídos son más reactivos que las cetonas. Entonces, el reactivo de Grignard sólo reaccionará con el grupo ceto. El grupo protector se puede eliminar mediante una hidrólisis catalizada por ácido.

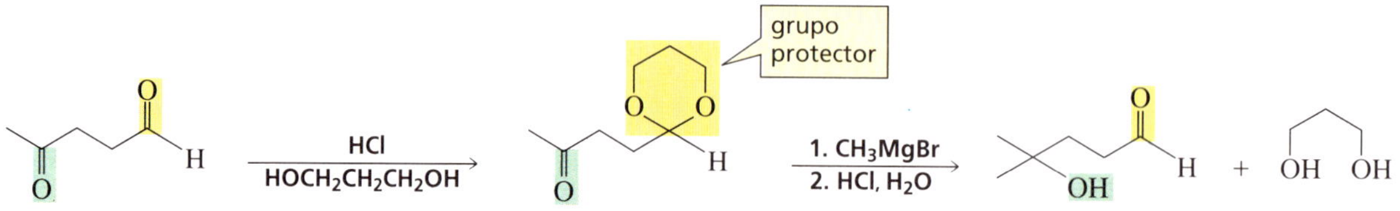

Uno de los mejores métodos para proteger un grupo OH de un alcohol es convertirlo en un éter de trimetilsililo (TMS) tratando el alcohol con clorotrimetilsilano y una amina terciaria. El éter se forma con una reacción S$_N$2. Aunque un haluro de alquilo terciario no tiene reacciones S$_N$2, el compuesto de sililo terciario sí porque los enlaces Si—C son más largos que los enlaces C—C y reducen el impedimento estérico en el sitio del ataque nucleofílico. La amina evita que la disolución se vuelva ácida al reaccionar con el HCl generado en la reacción. El éter de TMS, que es estable en disoluciones neutras y básicas, puede eliminar su grupo protector con ácido acuoso bajo condiciones suaves.

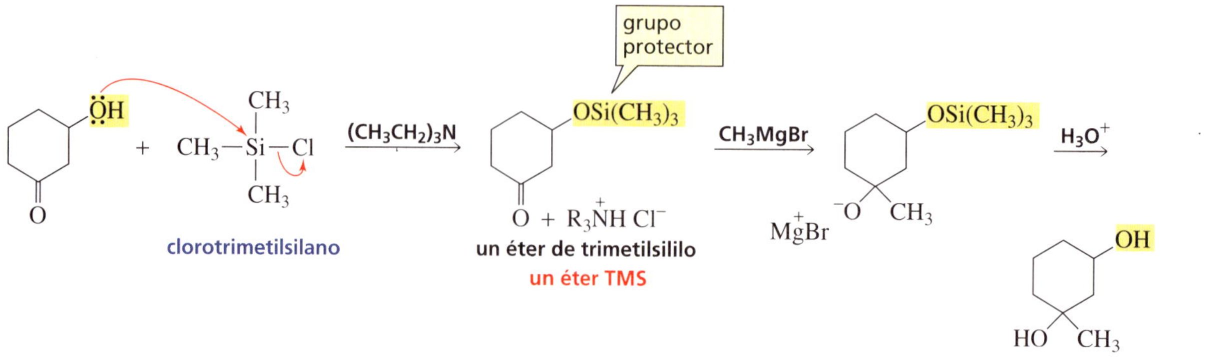

17.11 Grupos protectores

Se puede proteger al grupo OH en un ácido carboxílico si el ácido carboxílico se convierte en un éster.

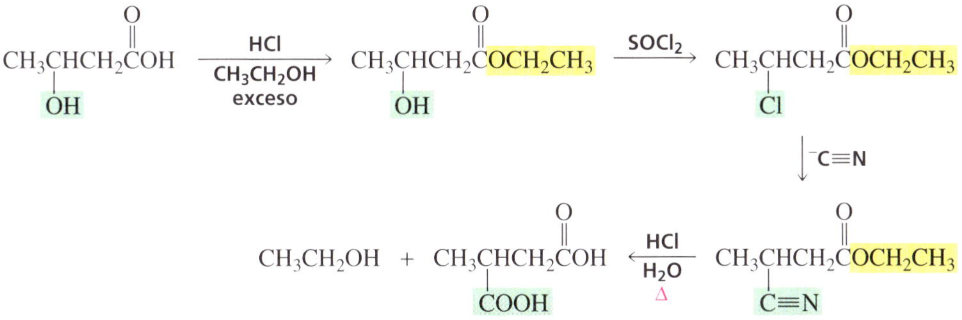

$$CH_3CHCH_2COH \xrightarrow[\text{exceso}]{\text{HCl}, CH_3CH_2OH} CH_3CHCH_2COCH_2CH_3 \xrightarrow{SOCl_2} CH_3CHCH_2COCH_2CH_3$$
(OH) → (OH) → (Cl)

$$\xrightarrow{^-C\equiv N}$$

$$CH_3CH_2OH + CH_3CHCH_2COH \xleftarrow[\Delta]{HCl, H_2O} CH_3CHCH_2COCH_2CH_3$$
(COOH) ← (C≡N)

Un grupo amino puede protegerse convirtiéndolo en una amida (sección 16.8). A continuación el grupo acetilo puede ser eliminado mediante una hidrólisis catalizada por ácido (sección 16.17).

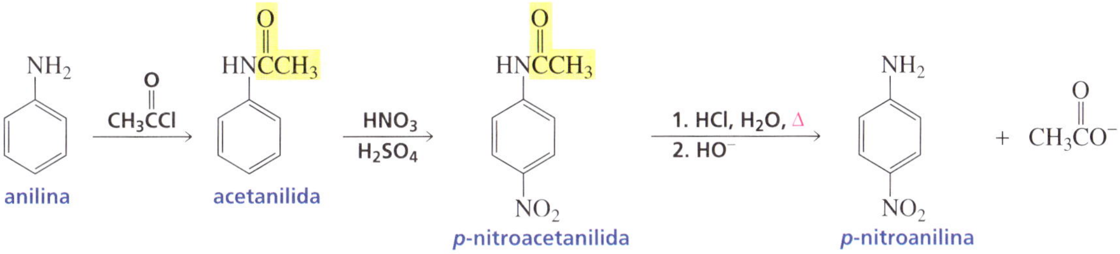

anilina → (CH₃CCl) → acetanilida → (HNO₃, H₂SO₄) → p-nitroacetanilida → (1. HCl, H₂O, Δ; 2. HO⁻) → p-nitroanilina + CH₃CO⁻

Sólo se deben usar grupos protectores cuando sea absolutamente necesario, porque al unirlos y eliminarlos se agregan dos pasos a la síntesis, lo cual hace disminuir el rendimiento general del compuesto deseado.

PROBLEMA 36

¿Qué producto se formaría en la reacción anterior si el grupo amino de la anilina no se protegiera?

PROBLEMA 37 ◆

a. En una síntesis de seis pasos ¿cuál es el rendimiento del compuesto deseado si cada una de las reacciones tiene 80% de rendimiento? (Un 80% de rendimiento es relativamente alto en el laboratorio).

b. ¿Qué rendimiento habría si se agregaran dos pasos más a la síntesis?

PROBLEMA 38

Indique cómo se puede preparar cada uno de los compuestos siguientes a partir del material de partida indicado. En cada caso necesitará usar un grupo protector.

a. $HOCH_2CH_2CH_2Br \longrightarrow HOCH_2CH_2CH_2CHCH_3$
                                                          |
                                                         OH

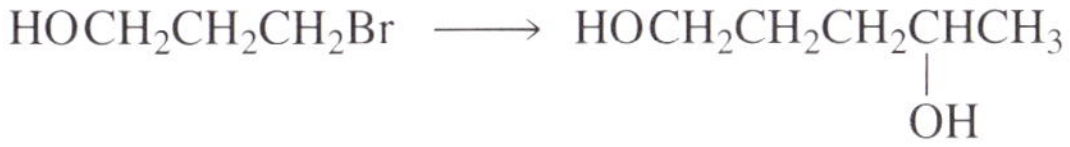

b. m-bromobenzaldehído ⟶ m-carboxibenzaldehído

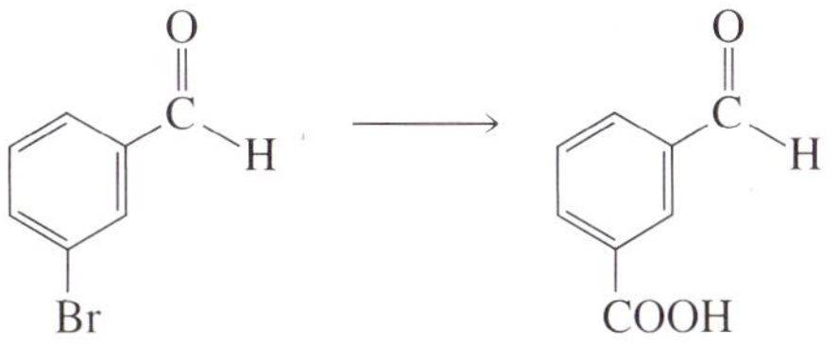

17.12 Adición de nucleófilos de azufre

Los aldehídos y las cetonas reaccionan con los tioles y forman tioacetales y tiocetales. El mecanismo de adición de un tiol es igual al de la adición de un alcohol. Recuérdese que los tioles son los análogos con azufre de los alcoholes (sección 10.11).

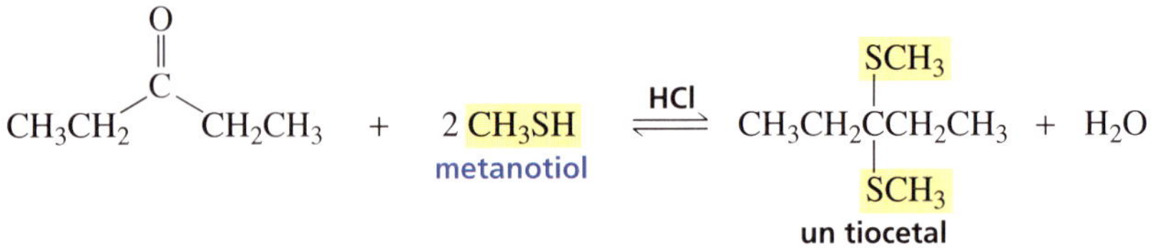

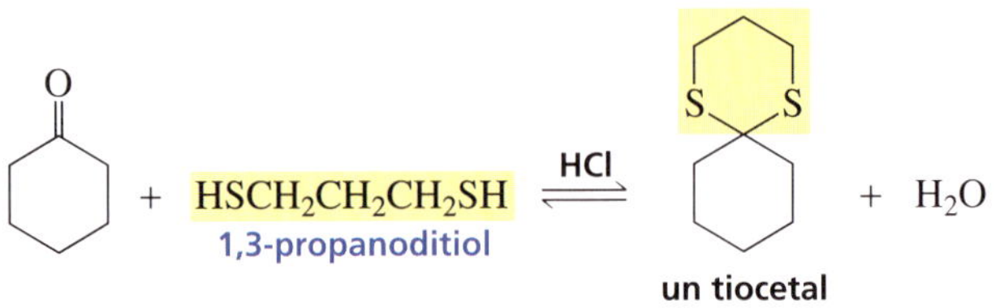

$$CH_3CH_2-\underset{O}{\underset{\|}{C}}-CH_2CH_3 + 2\ CH_3SH \underset{}{\overset{HCl}{\rightleftharpoons}} CH_3CH_2\underset{SCH_3}{\overset{SCH_3}{\underset{|}{\overset{|}{C}}}}CH_2CH_3 + H_2O$$

metanotiol — un tiocetal

ciclohexanona + $HSCH_2CH_2CH_2SH$ (1,3-propanoditiol) $\overset{HCl}{\rightleftharpoons}$ un tiocetal (espiro con anillo de 1,3-ditiano) + H_2O

Es útil la formación de tioacetal (o de tiocetal) en síntesis orgánicas porque un tioacetal (o tiocetal) se desulfura cuando reacciona con H_2 y níquel Raney. La desulfuración sustituye a los enlaces C—S por enlaces C—H.

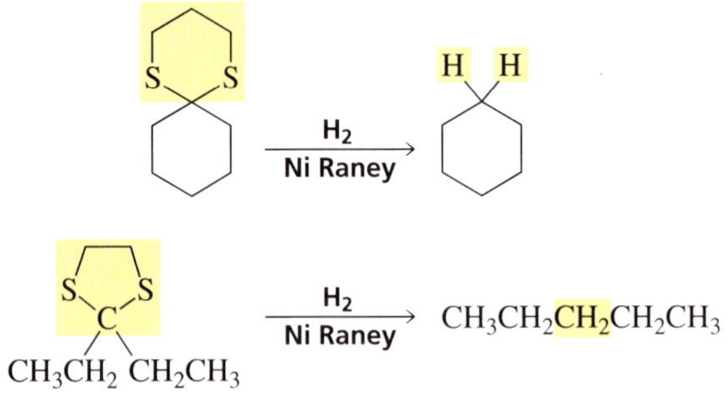

tiocetal de ciclohexano $\xrightarrow{H_2 / \text{Ni Raney}}$ ciclohexano

ditiolano de 3-pentanona $\xrightarrow{H_2 / \text{Ni Raney}}$ $CH_3CH_2CH_2CH_2CH_3$

La formación de tiocetal seguida por una desulfuración es un tercer método que podemos usar para convertir el grupo carbonilo de una cetona en un grupo metileno. Los otros dos métodos que ya fueron vistos son la reducción de Clemmensen y la reducción de Wolff-Kishner (sección 14.16 y página 813).

BIOGRAFÍA

Georg Friedrich Karl Wittig (1897–1987) *nació en Alemania y recibió un doctorado de la Universidad de Marburgo en 1926. Fue profesor de química en las universidades de Braunschweig, Freiberg, Tübingen y Heidelberg, donde estudió compuestos orgánicos del fósforo. Recibió el Premio Nobel de Química 1979, que compartió con Herbert C. Brown (sección 4.10).*

17.13 Formación de alquenos en la reacción de Wittig

Un aldehído o una cetona reaccionan con un iluro de fosfonio para formar un alqueno; a esta reacción se le llama **reacción de Wittig**. En total, equivale a intercambiar el oxígeno del doble enlace del compuesto carbonílico con el grupo del iluro de fosfonio que tiene un carbono con un doble enlace.

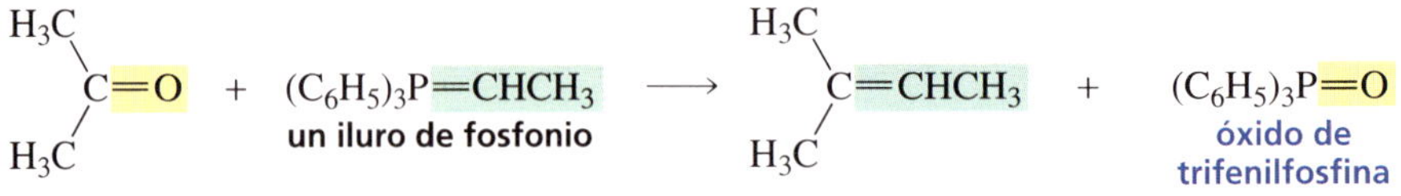

$$\underset{H_3C}{\overset{H_3C}{>}}C=O + (C_6H_5)_3P=CHCH_3 \longrightarrow \underset{H_3C}{\overset{H_3C}{>}}C=CHCH_3 + (C_6H_5)_3P=O$$

un iluro de fosfonio — óxido de trifenilfosfina

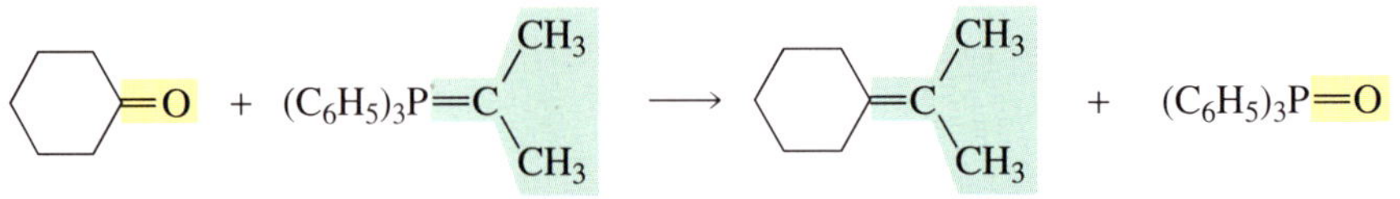

ciclohexanona =O + $(C_6H_5)_3P=C(CH_3)_2 \longrightarrow$ ciclohexilideno=$C(CH_3)_2$ + $(C_6H_5)_3P=O$

17.13 Formación de alquenos en la reacción de Wittig

Un **iluro** es un compuesto que tiene cargas opuestas en átomos de carbono adyacentes unidos por enlace covalente y que tienen octetos completos. El iluro también se puede escribir en la forma que tienen un doble enlace porque el fósforo puede tener más de ocho electrones de valencia.

$$(C_6H_5)_3\overset{+}{P}-\overset{..}{\underset{-}{C}}H_2 \longleftrightarrow (C_6H_5)_3P=CH_2$$

un iluro de fosfonio

Se han acumulado evidencias de que la reacción de Wittig es de cicloadición [2 + 2]. (Las reacciones de cicloadición se presentaron en la sección 7.12). Se llama reacción de cicloadición [2 + 2] porque, de los cuatro electrones π que intervienen en el estado cíclico de transición, dos provienen del grupo carbonilo y dos del iluro.

Mecanismo de la reacción de Wittig

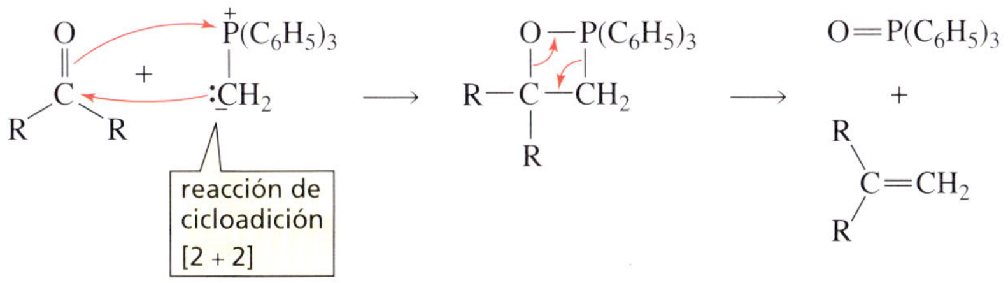

- El carbono nucleofílico del iluro ataca al carbono del grupo carbonilo, mientras el oxígeno del grupo carbonilo ataca al fósforo, que es electrofílico.
- La eliminación del óxido de trimetilfosfina forma el alqueno.

El iluro de fosfonio necesario para una determinada síntesis se obtiene a través de una reacción S_N2 entre la trifenilfosfina y un haluro de alquilo que cuente con la cantidad adecuada de átomos de carbono. Un protón del carbono adyacente al átomo de fósforo con carga positiva es lo suficientemente ácido ($pK_a = 35$) para ser abstraido por una base fuerte como el butil-litio (sección 10.12).

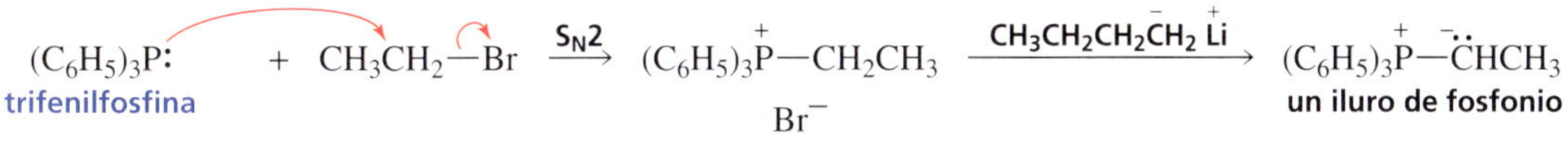

Si se dispone de dos conjuntos de reactivos para sintetizar un alqueno, la mejor opción es la que requiera el haluro con menos impedimento estérico para la síntesis del iluro. (Recuérdese que mientras más impedimento estérico tenga el haluro de alquilo menos reactivo será en una reacción S_N2; sección 8.2). Por ejemplo, es mejor usar el haluro de alquilo con tres carbonos y el compuesto carbonílico con cinco carbonos que el haluro de alquilo con cinco carbonos y el compuesto carbonílico con tres carbonos para sintetizar el 3-etil-3-hexeno porque es más fácil formar un iluro a partir del 1-bromopropano que a partir del 3-bromopentano.

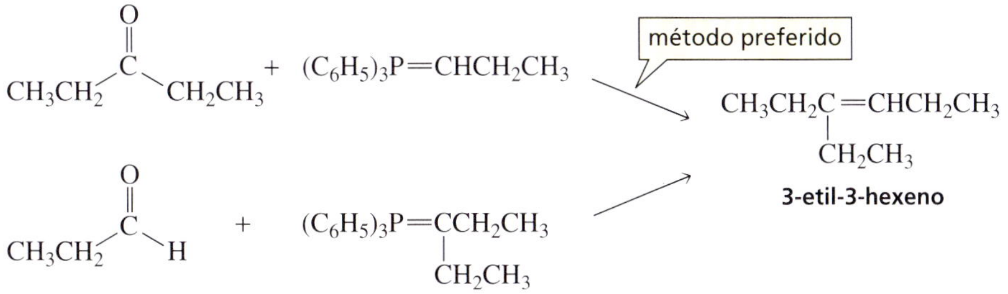

La reacción de Wittig es un método poderoso para obtener alquenos porque es totalmente regioselectiva: el doble enlace sólo se localizará en un lugar.

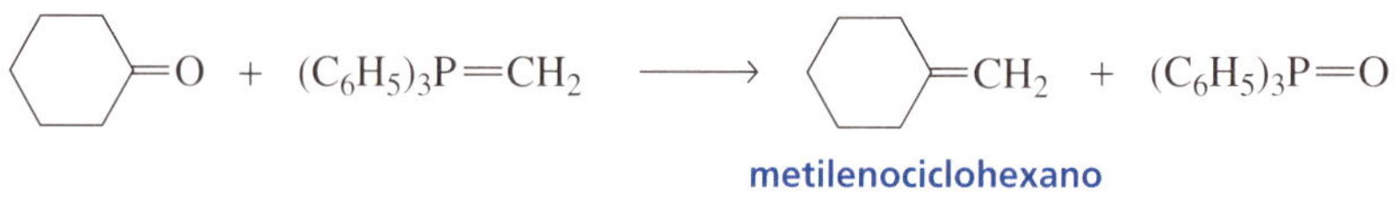

$$\text{C}_6\text{H}_{10}\text{=O} + (\text{C}_6\text{H}_5)_3\text{P=CH}_2 \longrightarrow \text{C}_6\text{H}_{10}\text{=CH}_2 + (\text{C}_6\text{H}_5)_3\text{P=O}$$

metilenociclohexano

Tutorial del alumno: Síntesis y reacción de Wittig (Wittig reaction–synthesis)

También, la reacción de Wittig es el mejor método para preparar un alqueno terminal como el que se muestra arriba porque con otros métodos sólo se formaría un alqueno terminal como producto secundario, si es que éste se llega a formar.

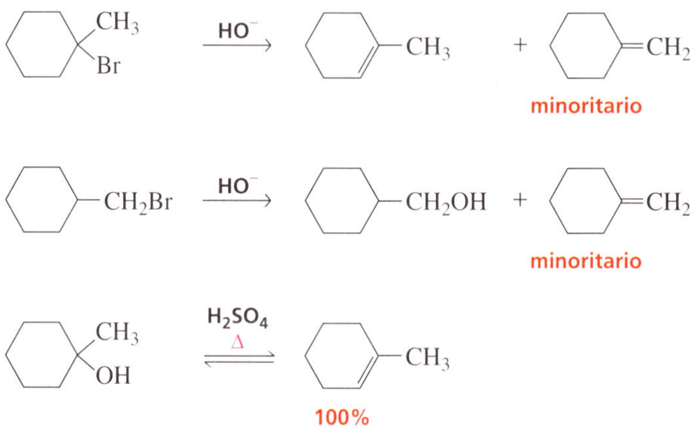

[Esquema: ciclohexano con CH₃ y Br → HO⁻ → ciclohexeno-CH₃ + metilenociclohexano (minoritario)]

[Esquema: ciclohexil-CH₂Br → HO⁻ → ciclohexil-CH₂OH + metilenociclohexano (minoritario)]

[Esquema: ciclohexanol con CH₃ y OH → H₂SO₄, Δ → metilciclohexeno (100%)]

La estereoselectividad de la reacción de Wittig depende de la estructura del iluro. Los iluros pueden dividirse en dos tipos: *iluros estabilizados*, que tienen un grupo, como el grupo carbonilo, que puede compartir la carga negativa del carbono; los *iluros no estabilizados* no tienen ese grupo.

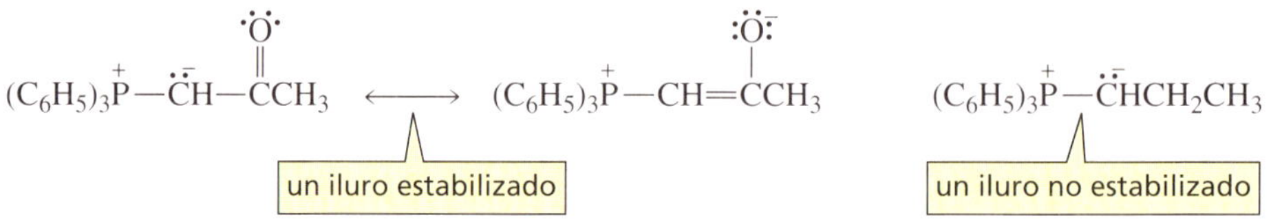

$$(\text{C}_6\text{H}_5)_3\overset{+}{\text{P}}-\overset{-}{\ddot{\text{C}}}\text{H}-\overset{\ddot{\text{O}}\cdot}{\overset{\|}{\text{C}}}\text{CH}_3 \longleftrightarrow (\text{C}_6\text{H}_5)_3\overset{+}{\text{P}}-\text{CH}=\overset{:\ddot{\text{O}}:^-}{\underset{|}{\text{C}}}\text{CH}_3 \qquad (\text{C}_6\text{H}_5)_3\overset{+}{\text{P}}-\overset{-}{\ddot{\text{C}}}\text{HCH}_2\text{CH}_3$$

un iluro estabilizado   **un iluro no estabilizado**

Los iluros estabilizados forman principalmente isómeros *E* y los no estabilizados forman principalmente isómeros *Z*.

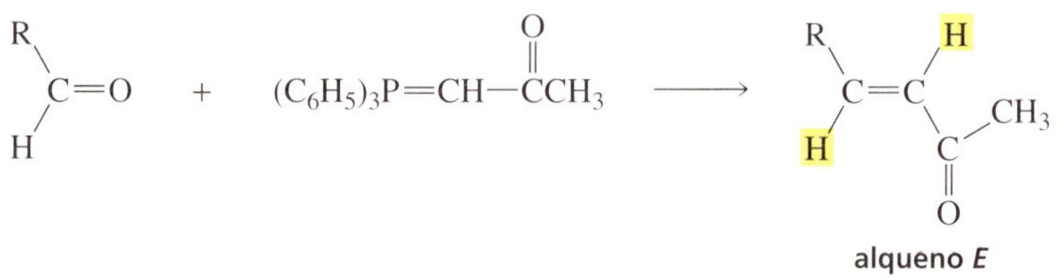

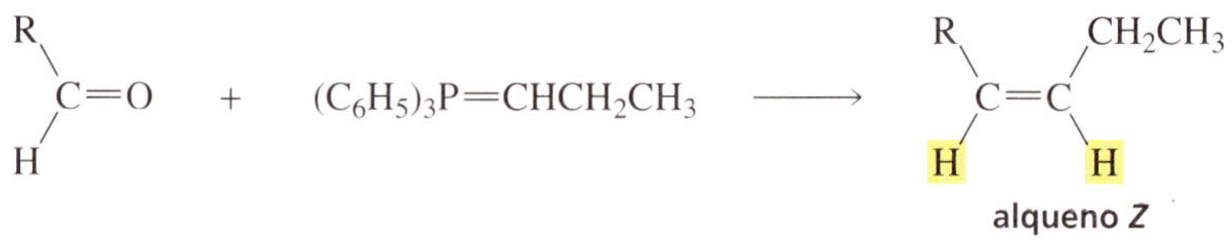

$$\underset{\text{H}}{\overset{\text{R}}{>}}\text{C=O} + (\text{C}_6\text{H}_5)_3\text{P=CH}-\overset{\text{O}}{\overset{\|}{\text{C}}}\text{CH}_3 \longrightarrow \underset{\text{H}}{\overset{\text{R}}{>}}\text{C=C}\underset{\overset{\|}{\underset{\text{O}}{\text{C}}}\text{CH}_3}{\overset{\text{H}}{<}}$$

alqueno *E*

$$\underset{\text{H}}{\overset{\text{R}}{>}}\text{C=O} + (\text{C}_6\text{H}_5)_3\text{P=CHCH}_2\text{CH}_3 \longrightarrow \underset{\text{H}}{\overset{\text{R}}{>}}\text{C=C}\underset{\text{H}}{\overset{\text{CH}_2\text{CH}_3}{<}}$$

alqueno *Z*

β-CAROTENO

El β-caroteno se encuentra en los frutos y también verduras anaranjadas y amarillo-naranjas como papayas, mangos, zanahorias y camotes. La síntesis del β-caroteno a partir de la vitamina A para su aplicación en alimentos es un importante ejemplo del uso de la reacción de Wittig en la industria. Obsérvese que el iluro está estabilizado y entonces el producto tiene la configuración E en el sitio de reacción.

El β-Caroteno se usa en la industria alimenticia para dar color a la margarina. Muchas personas toman β-caroteno como suplemento dietético porque hay alguna evidencia que relaciona a grandes concentraciones de β-caroteno con una baja incidencia de cáncer. Sin embargo, pruebas más recientes parecen indicar que el β-caroteno tomado en píldoras no tiene los efectos preventivos de cáncer que tiene el β-caroteno obtenido de las verduras.

vitamina A aldehído

β-caroteno

PROBLEMA 39 RESUELTO

a. ¿Qué compuesto carbonílico y qué iluro de fosfonio se requieren en las síntesis de los siguientes alquenos?

1. $CH_3CH_2CH_2CH=CCH_3$
   $\quad\quad\quad\quad\quad\quad\quad\quad|$
   $\quad\quad\quad\quad\quad\quad\quad\quad CH_3$

2. ⬡=CHCH$_2$CH$_3$

3. $(C_6H_5)_2C=CHCH_3$

4. ⬡—CH=CH$_2$

b. ¿Qué haluro de alquilo se requiere para preparar cada uno de los iluros de fosfonio de la parte **a.**?

Solución a 39a (1) Los átomos a cada lado del enlace doble pueden provenir del compuesto carbonílico, de tal modo que hay dos pares de compuestos que se pueden usar.

$$CH_3\overset{O}{\overset{\|}{C}}CH_3 + (C_6H_5)_3P=CHCH_2CH_2CH_3 \quad o \quad CH_3CH_2CH_2\overset{O}{\overset{\|}{C}}H + (C_6H_5)_3P=CCH_3$$
$$\quad\quad\quad\quad\quad\quad\quad\quad\quad\quad\quad\quad\quad\quad\quad\quad\quad\quad\quad\quad\quad\quad\quad\quad\quad\quad\quad\quad\quad\quad\quad\quad\quad\quad\quad\quad\quad\quad\quad\quad\quad\quad\quad\quad\quad\quad\quad\quad\quad\quad\quad\quad\quad\quad\quad\quad\quad\quad\quad\quad\quad\quad\quad\quad\quad|$$
$$\quad\quad\quad\quad\quad\quad\quad\quad\quad\quad\quad\quad\quad\quad\quad\quad\quad\quad\quad\quad\quad\quad\quad\quad\quad\quad\quad\quad\quad\quad\quad\quad\quad\quad\quad\quad\quad\quad\quad\quad\quad\quad\quad\quad\quad\quad\quad\quad\quad\quad\quad\quad\quad\quad\quad\quad\quad\quad\quad\quad\quad\quad\quad\quad\quad CH_3$$

Solución a 39b (1) El haluro de alquilo que se requiere depende de qué iluro de fosfonio se usa; sería 1-bromobutano o 2-bromopropano.

$$CH_3CH_2CH_2CH_2Br \quad o \quad CH_3\underset{Br}{\overset{}{C}}HCH_3$$

El haluro de alquilo primario sería más reactivo en la reacción S_N2 que se requiere para preparar el iluro; entonces, el mejor método sería usar acetona y el iluro obtenido del 1-bromobutano.

17.14 Estereoquímica de las reacciones de adición nucleofílica: caras *Re* y *Si*

El carbono del grupo carbonilo unido a dos sustituyentes diferentes es un **carbono proquiral** porque se transformará en un centro asimétrico si adquiere un grupo adicional distinto a cualquiera de los grupos que ya estén unidos a él. Como en la reacción se forma un centro asimétrico en un reactivo que no tiene centro asimétrico, el producto de adición será una mezcla racémica (sección 5.19).

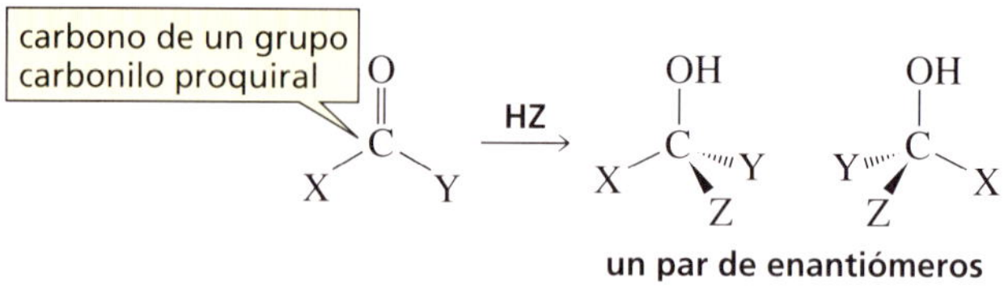

un par de enantiómeros

El carbono del grupo carbonilo y los tres átomos unidos a él definen un plano. En una reacción de adición nucleofílica, el nucleófilo puede acercarse de cualquier lado del plano. Un lado del compuesto carbonílico se llama cara *Re* y el otro se llama ca*S*i; *Re* proviene de *rectus* y *Si* proviene de *sinister*, en forma parecida a *R* y *S*. Para distinguir entre las **caras *Re* y *Si*,** se asignan prioridades a los tres grupos unidos al carbono del grupo carbonilo con el sistema de nomenclatura *E,Z* y *R,S* de Cahn-Ingold-Prelog (secciones 3.5 y 5.7, respectivamente). La cara *Re* es la que está más cerca del observador cuando las prioridades disminuyen (1 > 2 > 3) en dirección de las manecillas del reloj, y la cara *Si* es la cara opuesta, la más cercana al observador cuando las prioridades disminuyen en dirección contraria a la de las manecillas del reloj.

El ataque por un nucleófilo sobre la cara *Re* forma un enantiómero, mientras que el ataque sobre la cara *Si* forma el otro enantiómero. Por ejemplo, el ataque de la cara *Re* de la butanona con el ion hidruro forma (*S*)-2-butanol y el ataque sobre la cara *Si* forma (*R*)-2-butanol.

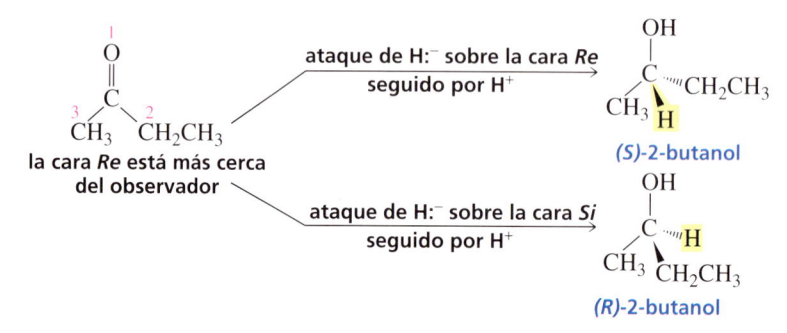

El que sea atacada la cara *Re* y se forme el enantiómero *R* o *S* depende de la prioridad del nucleófilo atacante en relación con las prioridades de los grupos unidos al carbono del grupo carbonilo. Por ejemplo, aunque el ataque de la cara *Re* de la butanona por el ion hidruro forma (*S*)-2-butanol (arriba), el ataque por un reactivo de Grignard metilado sobre la cara *Re* del propanal forma (*R*)-2-butanol (abajo).

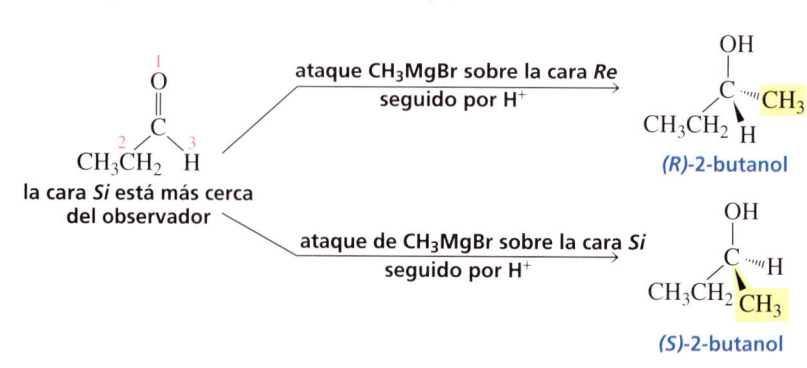

Ya que el carbono del grupo carbonilo y los tres átomos unidos a él definen un plano, las caras *Re* y *Si* tienen igual probabilidad de ser atacadas. En consecuencia, una reacción de adición forma cantidades iguales de los dos enantiómeros.

ADICIONES AL GRUPO CARBONILO CATALIZADAS POR ENZIMAS

En una adición a un compuesto carbonílico catalizada por una enzima sólo se forma uno de los enantiómeros. La enzima puede bloquear una cara del compuesto carbonílico para que no sea atacada, o bien puede colocar al nucleófilo de tal modo que pueda atacar al grupo carbonilo sólo desde un lado.

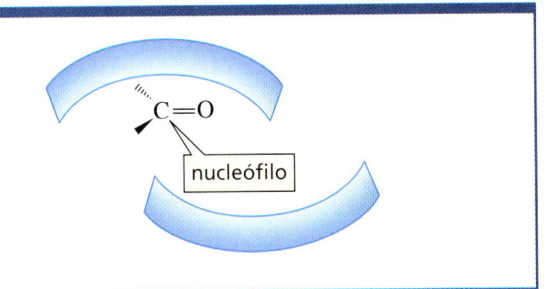

PROBLEMA 40◆

¿Cuál enantiómero se forma cuando un reactivo de Grignard metilado ataca la cara *Re* de cada uno de los siguientes compuestos carbonílicos?

a. propiofenona **b.** benzaldehído **c.** 2-pentanona **d.** 3-hexanona

17.15 Diseño de una síntesis VI: Desconexiones, sintones y equivalentes sintéticos

No siempre es obvia la ruta en la síntesis de una molécula complicada a partir de materiales simples. Hemos visto que con frecuencia es más fácil retroceder desde el producto deseado, proceso llamado *análisis retrosintético* (sección 6.12). En un análisis retrosintético se rompe una molécula en piezas cada vez menores para llegar a materiales de partida que sean de fácil acceso.

análisis retrosintético

molécula objetivo ⟹ Y ⟹ X ⟹ W ⟹ materiales de partida

Un paso útil de un análisis retrosintético es una **desconexión**: romper un enlace para producir dos fragmentos. En el caso típico un fragmento tiene carga positiva y el otro carga negativa. Los fragmentos de una desconexión se llaman **sintones**. Con frecuencia, los sintones no son compuestos reales. Por ejemplo, si se observa el análisis retrosintético del ciclohexanol, una desconexión produce dos sintones: un α-hidroxicarbocatión y un ion hidruro.

análisis retrosintético

la flecha abierta representa una operación retrosintética

Un **equivalente sintético** es el reactivo que realmente se usa como fuente de un sintón. En la síntesis del ciclohexanol, la ciclohexanona es el equivalente sintético del α-hidroxicarbocatión y el borohidruro de sodio es el equivalente sintético del ion hidruro. Así, el ciclohexanol, que es la molécula deseada, se puede preparar tratando ciclohexanona con borohidruro de sodio.

síntesis

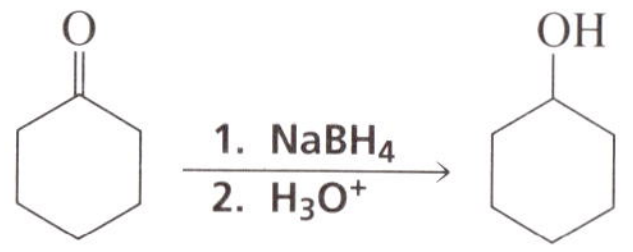

$$\underset{\text{ciclohexanona}}{\bigcirc\!\!=\!\!O} \xrightarrow[\text{2. H}_3\text{O}^+]{\text{1. NaBH}_4} \underset{\text{ciclohexanol}}{\bigcirc\!\!-\!\!OH}$$

Cuando se hace una desconexión se debe decidir, después de romper el enlace, cuál fragmento queda con carga positiva y cuál con carga negativa. En el análisis retrosintético del ciclohexanol se podría haber dado la carga positiva al hidrógeno y se podrían haber usado muchos ácidos (HCl, HBr, etc.) como equivalentes sintéticos del H$^+$. Sin embargo, no hubiera sido posible encontrar un equivalente sintético de un α-hidroxicarbanión. Por lo anterior, cuando se realizara la desconexión, debemos asignar la carga positiva al carbono y la negativa al hidrógeno.

También se puede desconectar el ciclohexanol rompiendo el enlace C—O y no el enlace C—H formando un carbocatión y un ion hidróxido.

análisis retrosintético

$$\text{ciclohexanol-OH} \Longrightarrow \text{ciclohexilo}^+ + \text{HO}^-$$

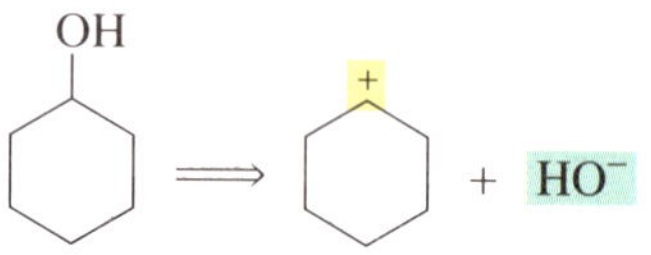

Entonces el problema está en escoger un equivalente sintético para el carbocatión. Un equivalente sintético para un sintón con carga positiva necesita un grupo atractor de electrones que se encuentre en el lugar exacto. El bromuro de ciclohexilo, con un bromo atractor de electrones, es un equivalente sintético del carbocatión ciclohexilo. Entonces, el ciclohexanol se puede preparar tratando bromuro de ciclohexilo con ion hidróxido. No obstante, este método no es tan satisfactorio como la primera síntesis que se propuso, reducir la ciclohexanona, porque algo del haluro de alquilo se convierte en alqueno y entonces el rendimiento general del compuesto deseado disminuye.

síntesis

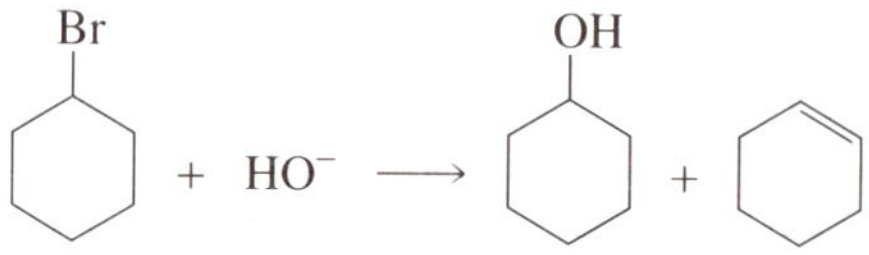

$$\text{ciclohexil-Br} + \text{HO}^- \longrightarrow \text{ciclohexanol-OH} + \text{ciclohexeno}$$

El análisis retrosintético indica que se puede formar 1-metilciclohexanol en la reacción de la ciclohexanona, el equivalente sintético del α-hidroxicarbocatión, y bromuro de metilmagnesio, el equivalente sintético del anión metilo.

análisis retrosintético

$$\underset{\text{1-metilciclohexanol}}{\bigcirc\!\!-\!\!\text{HO, CH}_3} \Longrightarrow \bigcirc^+\!\!-\!\!OH + {}^-\text{CH}_3$$

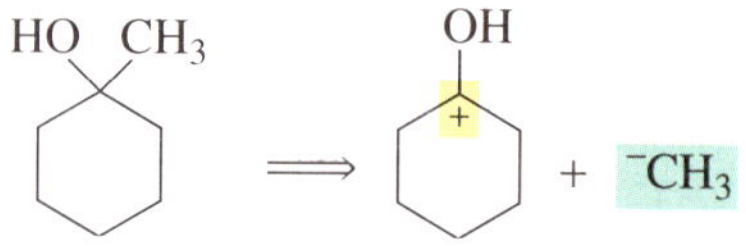

síntesis

$$\underset{\text{ciclohexanona}}{\bigcirc\!\!=\!\!O} \xrightarrow[\text{2. H}_3\text{O}^+]{\text{1. CH}_3\text{MgBr}} \underset{\text{1-metilciclohexanol}}{\bigcirc\!\!-\!\!\text{HO, CH}_3}$$

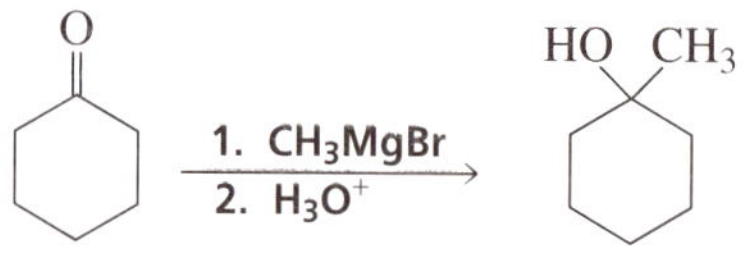

17.15 Diseño de una síntesis VI: Desconexiones, sintones y equivalentes sintéticos **829**

Son posibles otras desconexiones del 1-metilciclohexanol porque cualquier enlace con un carbono puede servir como sitio de la desconexión. Por ejemplo, uno de los enlaces C—C del anillo se podrían romper. Sin embargo, tales desconexiones no son útiles porque no se preparan con facilidad los equivalentes sintéticos de los sintones que se producen. Un paso retrosintético debe llevar a materiales de partida que sean fáciles de obtener.

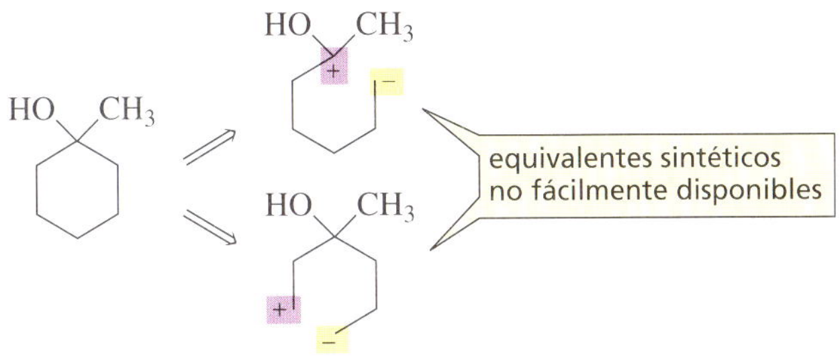

equivalentes sintéticos no fácilmente disponibles

PROBLEMA 41

Usando bromociclohexano como material de partida ¿cómo sintetizaría usted los compuestos siguientes?

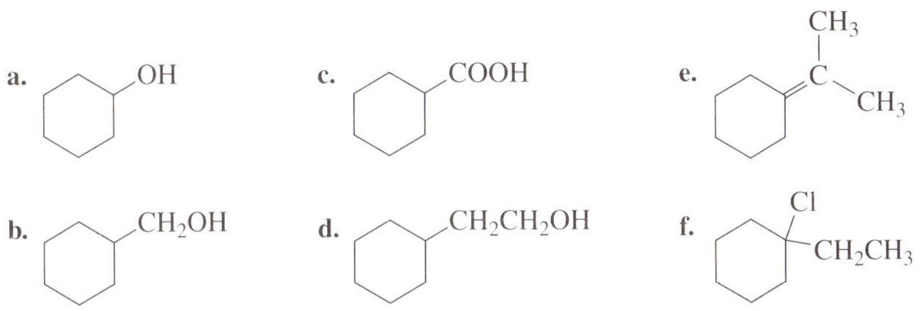

a. ciclohexil—OH   c. ciclohexil—COOH   e. ciclohexil=C(CH$_3$)$_2$

b. ciclohexil—CH$_2$OH   d. ciclohexil—CH$_2$CH$_2$OH   f. ciclohexil con Cl y CH$_2$CH$_3$

SÍNTESIS DE COMPUESTOS ORGÁNICOS

Se sintetizan compuestos orgánicos por muchas razones: para estudiar sus propiedades, para contestar diversas dudas químicas, o porque tienen propiedades útiles. Una razón por la que se sintetizan los productos naturales es para permitir que haya un mayor suministro que el que puede producir la naturaleza. Por ejemplo, el taxol, compuesto que ha tenido éxito en el tratamiento del cáncer de ovario, de mamas y de ciertas formas de cáncer pulmonar, se extrae de la corteza del *Taxus*, árbol del tejo, que se da en el Noroeste de E.U.A., en la costa del Pacífico. La disponibilidad del taxol natural está limitada porque los árboles de tejo son raros, crecen con mucha lentitud, y al pelar la corteza se mueren. Además, la corteza de un árbol de 12 metros, que puede haber tardado 200 años en crecer, sólo proporciona 0.5 g de la medicina. Además, los bosques de *Taxus* son hábitat de la lechuza moteada, especie amenazada, y si se cosecharan los árboles se aceleraría la desaparición de dicha lechuza. Una vez que se pudo determinar la estructura del taxol, se trató de sintetizarlo para que fuera más asequible como medicamento anticanceroso. Son varias las síntesis que han tenido éxito.

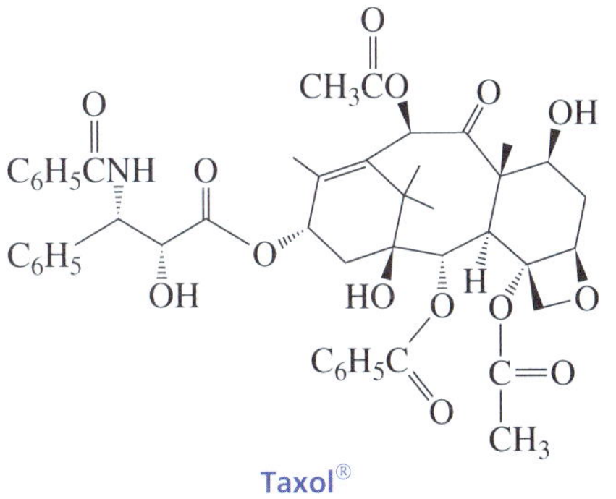

Taxol®

Una vez sintetizado un compuesto, se pueden estudiar sus propiedades para ver cómo trabaja: se pueden diseñar y sintetizar análogos más seguros o más potentes. Por ejemplo, se ha visto que la actividad anticancerosa del taxol se reduce en forma apreciable si se hidrolizan sus cuatro grupos éster. Esto da una pequeña pista acerca del funcionamiento de la molécula.

MEDICAMENTOS SEMISINTÉTICOS

Es difícil sintetizar el taxol por su complicada estructura. Se ha facilitado mucho la síntesis al permitir que el arbusto de tejo inglés, planta muy común, haga la primera parte de la síntesis. De las agujas del arbusto se extrae un precursor del medicamento que se convierte en taxol, en un procedimiento de cuatro etapas, en el laboratorio. De este modo, el precursor se obtiene de un recurso renovable, mientras que el medicamento mismo sólo se podía obtener matando un árbol de crecimiento lento. Éste es un ejemplo de cómo se ha aprendido a sintetizar compuestos en conjunto con la naturaleza.

17.16 Adición nucleofílica a aldehídos y cetonas α,β-insaturados

Las formas de resonancia de un compuesto carbonílico α,β-insaturado indican que la molécula tiene dos sitios electrofílicos: el carbono del grupo carbonilo y el carbono β.

Ello significa que si un aldehído o una cetona tienen un doble enlace en la posición α,β, un nucleófilo se puede adicionar al carbono del grupo carbonilo o bien al carbono β.

A la adición nucleofílica en el carbono del grupo carbonilo se le denomina **adición directa** o adición 1,2.

A la adición nucleofílica en el carbono β se le llama **adición conjugada**, o adición 1,4, porque se efectúa en las posiciones 1 y 4, esto es, a través del sistema conjugado. Después de haberse hecho la adición 1,4, el producto, un enol, se tautomeriza y forma una cetona (o un aldehído, sección 6.7), por lo que la reacción total equivale a la adición al enlace doble carbono-carbono, donde el nucleófilo se adiciona al carbono β y un protón de la mezcla de reacción se adiciona al carbono α. Compárense estas reacciones con las de adición en 1,2 y 1,4 que se estudiaron en la sección 7.10. En la adición directa y conjugada, como se explicó en la sección 7.11, el producto que se forma con mayor rapidez (el producto cinético) no necesariamente es el más estable (el producto termodinámico).

17.16 Adición nucleofílica a aldehídos y cetonas α,β-insaturados

El que el producto obtenido en la adición nucleofílica a un aldehído o cetona α,β-insaturados sea el producto de adición directa o el producto de adición conjugada depende de la naturaleza del nucleófilo, de la estructura del compuesto carbonílico y de las condiciones bajo las que se efectúa la reacción.

Si el nucleófilo es una base fuerte, como por ejemplo un reactivo de Grignard o un ion hidruro, la adición directa es irreversible. Ya se vio que si las dos reacciones en competencia son irreversibles, la reacción estará bajo control cinético (sección 7.11). Así, como la adición conjugada siempre es irreversible, predomina el producto cinético. Habrá ocasión de ver que el producto cinético puede ser tanto el de adición directa o el de adición conjugada.

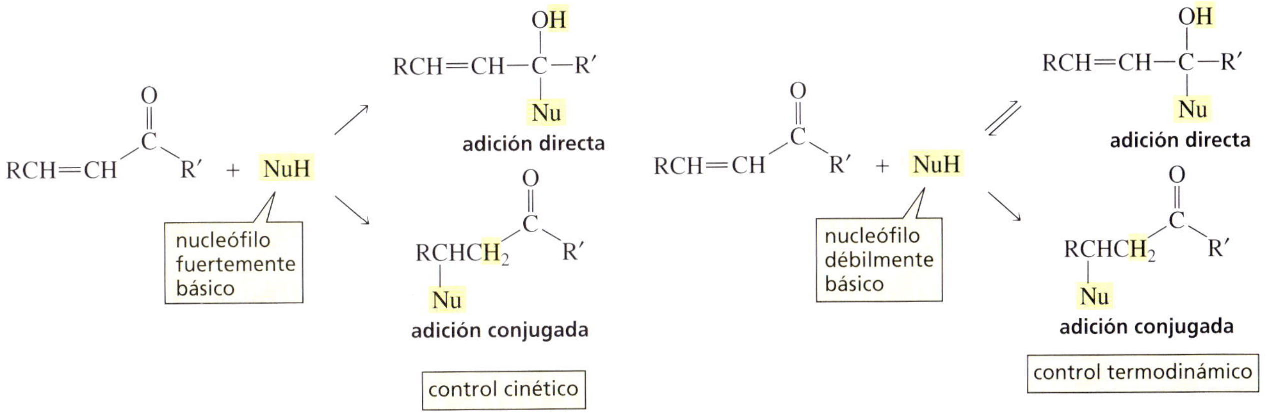

Si el nucleófilo es una base débil, como por ejemplo un ion haluro, ion cianuro, tiol, alcohol o amina, la adición directa es reversible. Ya vimos que si una de las reacciones en competencia es reversible, la reacción estará bajo control termodinámico. El producto de adición conjugada siempre es el producto termodinámico; es el producto más estable porque conserva al grupo carbonilo, que es muy estable.

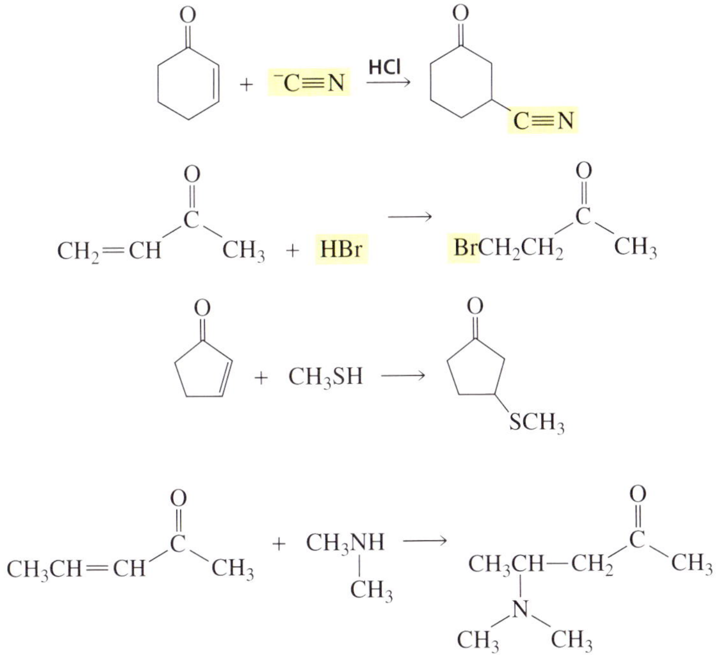

Las bases débiles forman productos de adición conjugada.

La reacción que predomina cuando está bajo control cinético es la más rápida, y entonces el producto que se forme depende de la reactividad del grupo carbonilo. Los compuestos que tienen grupos carbonilo reactivos forman principalmente productos de adición directa, porque para ellos es más rápida la adición directa; mientras que los compuestos con grupos carbonilo menos reactivos pueden formar productos de adición conjugada porque para *esos* compuestos la adición conjugada es más rápida. Por ejemplo, los aldehídos tienen grupos carbonilo más reactivos que las cetonas y entonces el borohidruro de sodio forma principalmente productos de adición con los aldehídos. En comparación con los aldehídos, las cetonas forman menos producto de adición directa y más producto de adición conjugada. El etanol (EtOH) se usa para protonar al ion alcóxido que se forma en la primera reacción.

Las bases fuertes forman productos de adición directa con grupos carbonilo reactivos, y productos de adición conjugada con grupos carbonilo menos reactivos.

Obsérvese que un alcohol saturado es un producto final de la adición conjugada en la reacción anterior porque el grupo carbonilo de la cetona reaccionará con un segundo equivalente de ion hidruro.

Si la adición directa es el resultado que se desea en una adición de hidruro, se puede obtener haciendo la reacción en presencia de cloruro de cerio, un ácido de Lewis que activa al grupo carbonilo frente al ataque nucleofílico porque se forma un acomplejo con el oxígeno del grupo carbonilo.

Al igual que los iones hidruro, los reactivos de Grignard se adicionan a los grupos carbonilo en forma irreversible. Así, los reactivos de Grignard reaccionan con aldehídos α,β-insaturados y con cetonas α,β-insaturadas y sin impedimentos estéricos para formar productos de adición directa.

A pesar de ello, si la rapidez de la adición directa disminuye por impedimentos estéricos, un reactivo de Grignard formará un producto de adición conjugada porque dicha adición se vuelve entonces la más rápida.

Tutorial del alumno:
Adición 1,2 y adición 1,4 a compuestos carbonílicos α,β-insaturados
(1,2- Addition vs. 1,4-addition to α,β-unsaturated carbonyl compounds)

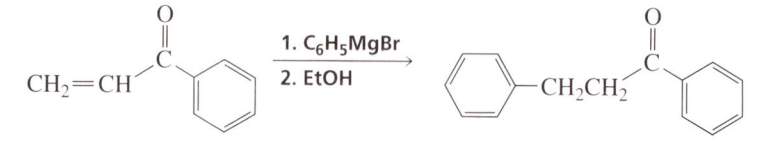

Sólo hay adición conjugada cuando los reactivos de Gilman (dialquilcupratos de litio, sección 10.13) reaccionan con aldehídos y cetonas α,β-insaturados. Por lo mismo, se deben usar reactivos de Grignard cuando se quiere adicionar un grupo alquilo al carbono del grupo carbonilo, mientras que se deben usar reactivos de Gilman cuando se desea adicionar un grupo alquilo al carbono β.

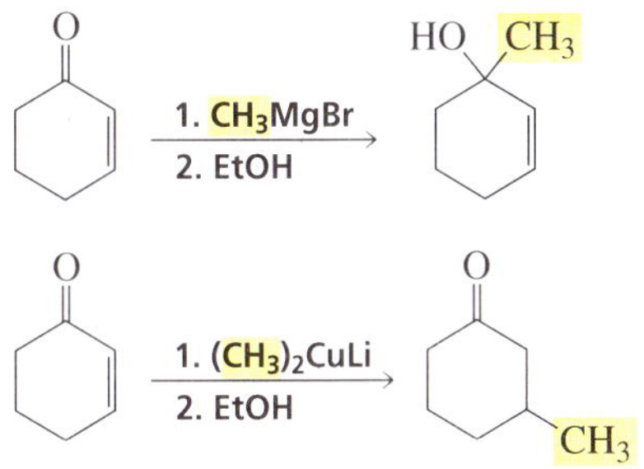

17.16 Adición nucleofílica a aldehídos y cetonas α,β-insaturados   833

Se pueden clasificar a los electrófilos y los nucleófilos en *duros* o *suaves*. Los electrófilos y nucleófilos duros son más polarizados que los suaves. Los nucleófilos duros prefieren reaccionar con electrófilos duros y los nucleófilos suaves prefieren reaccionar con electrófilos suaves. Por lo anterior, un reactivo de Grignard con un enlace C—Mg muy polarizado prefiere reaccionar con el enlace C=O, que es más duro, mientras que un reactivo de Gilman, con un enlace C—Cu mucho menos polarizado, prefiere reaccionar con el enlace C=C, que es más suave.

QUIMIOTERAPIA CONTRA EL CÁNCER

Hay dos compuestos, vernolepina y helenalina, que deben su eficacia como medicamentos contra el cáncer a reacciones de adición conjugada.

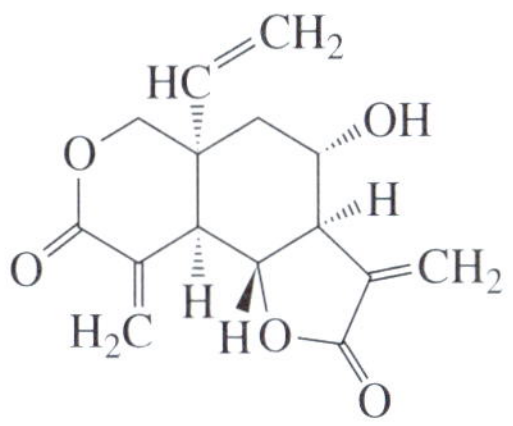

Las células cancerosas han perdido la capacidad de controlar su crecimiento; por consiguiente, proliferan con rapidez. La ADN polimerasa es una enzima que las células necesitan para sintetizar una nueva copia de su ADN que se destina a una célula nueva. La ADN polimerasa tiene un grupo SH en su sitio activo (sección 22.8), y cada uno de esos medicamentos cuenta con dos grupos carbonilo α,β-insaturados. Cuando un grupo SH de la ADN polimerasa reacciona con uno de los grupos carbonilo α,β-insaturados de la vernolepina o la helenalina, la enzima se inactiva.

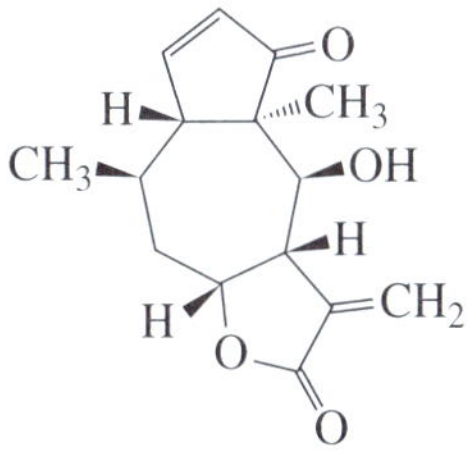

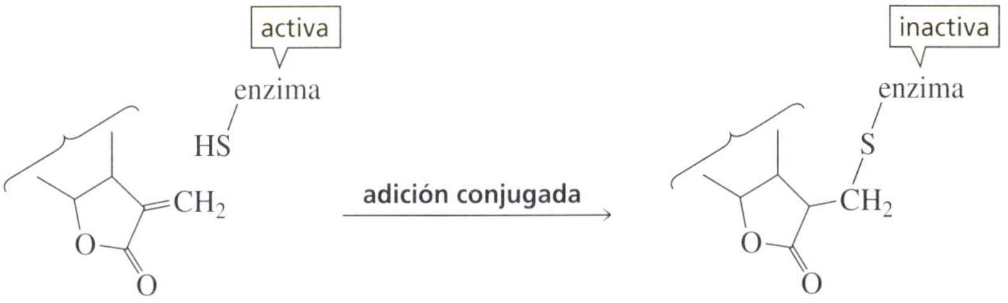

PROBLEMA 42

Indique cuál es el producto principal en cada una de las reacciones siguientes:

a. 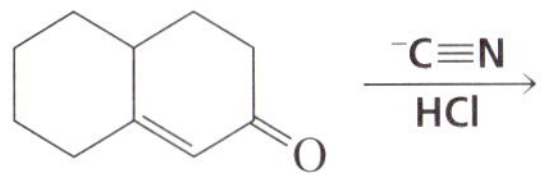 [octahydronaphthalenone] + ⁻C≡N / HCl →

b. [octahydronaphthalenone] + 1. NaBH₄ / 2. EtOH →

c. (CH₃)₂C=CH—C(=O)—CH₃ + 1. CH₃MgBr / 2. EtOH →

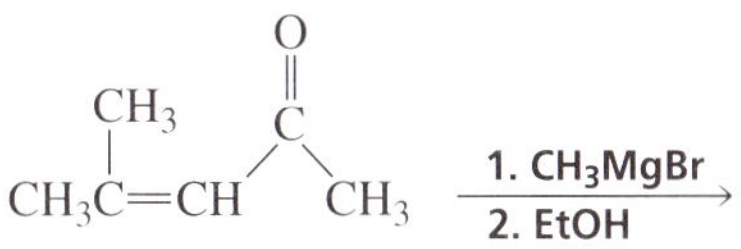

d. 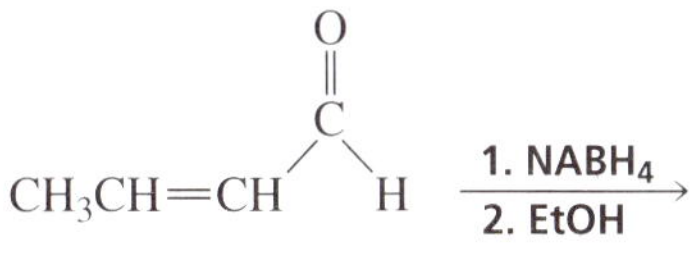 CH₃CH=CH—C(=O)H + 1. NaBH₄ / 2. EtOH →

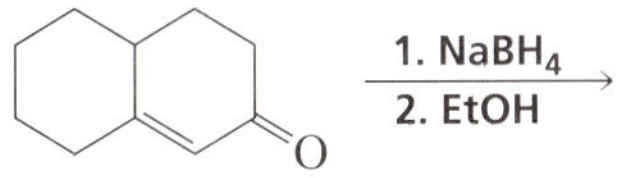

PROBLEMA 43◆

¿Qué daría mejor rendimiento de un alcohol insaturado, el tratamiento de borohidruro de sodio con una cetona con impedimento estérico o con una cetona sin impedimento estérico?

17.17 Adición nucleofílica a derivados de ácido carboxílico α,β-insaturado

Los derivados de ácidos carboxílicos α,β-insaturados, como los aldehídos y las cetonas α,β-insaturados, disponen de dos sitios electrofílicos para un ataque nucleofílico: pueden tener *adición conjugada* o *sustitución nucleofílica en el grupo acilo*. Nótese que experimentan *sustitución nucleofílica en el grupo acilo* y no *adición directa* porque el compuesto carbonílico α,β-insaturado tenía un grupo que puede ser sustituido por un nucleófilo. En otras palabras, como con los compuestos carbonílicos no conjugados, la adición nucleofílica en el grupo acilo se transforma en una sustitución nucleofílica en el grupo acilo si el grupo carbonilo está unido a un grupo que puede sustituirse con un nucleófilo (sección 17.3).

Los nucleófilos reaccionan con derivados de ácidos carboxílicos α,β-insaturados que tengan grupos carbonilo reactivos, como por ejemplo los cloruros de acilo, y forman productos de sustitución nucleofílica en el grupo acilo. Los productos de adición conjugada se forman de la reacción de los nucleófilos con los grupos carbonilo menos reactivos, como los ésteres y las amidas.

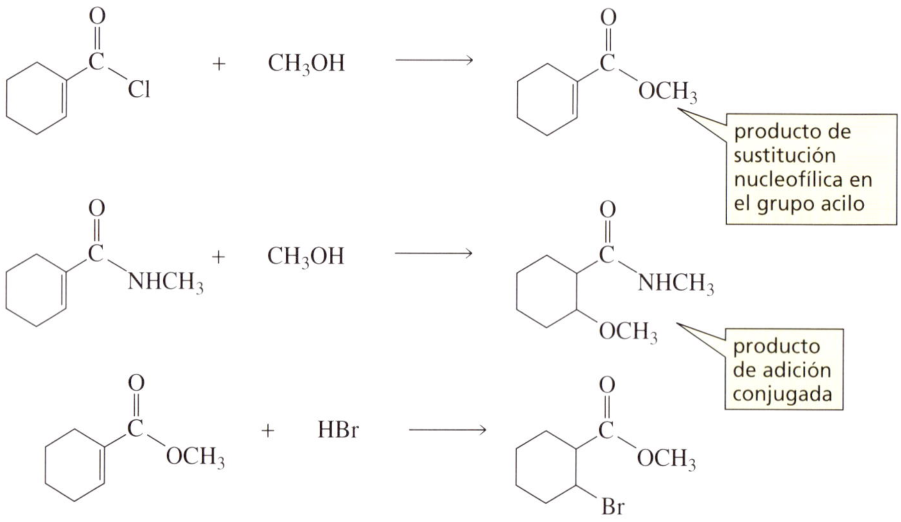

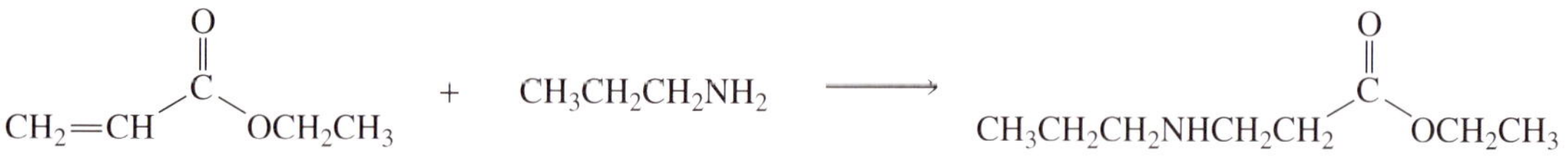

PROBLEMA 44◆

Indique cuál es el producto principal de cada una de las reacciones siguientes:

a. 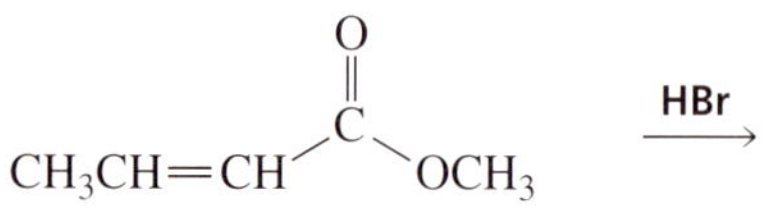

c. 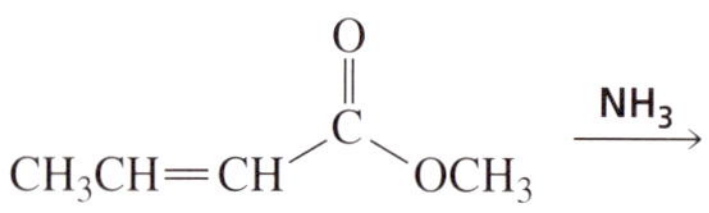

b. 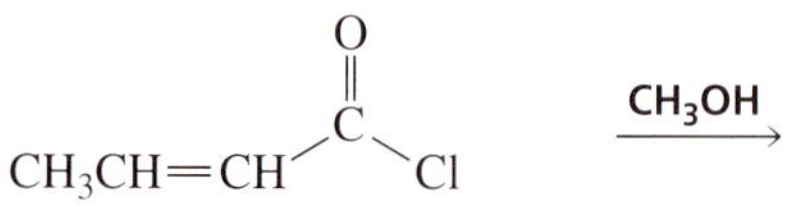

d. 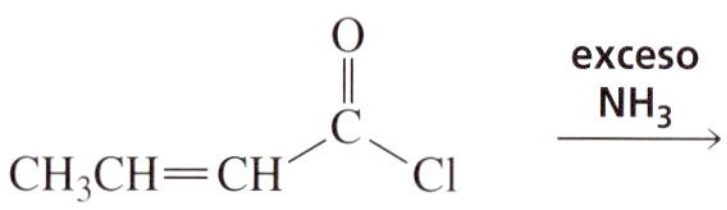

17.18 Adiciones a compuestos carbonílicos α,β-insaturados catalizadas por enzimas

En los sistemas biológicos hay varias reacciones que implican adiciones a compuestos carbonílicos α,β-insaturados. Los que siguen son ejemplos de reacciones biológicas de adición conjugada. Nótese que los grupos carbonilo son inertes (como el COO:⁻) o bien tienen poca reactividad (como el éster CoA) frente al nucleófilo, así que en cada caso hay una adición conjugada. La última reacción es un paso importante en la biosíntesis de los ácidos grasos (sección 18.22).

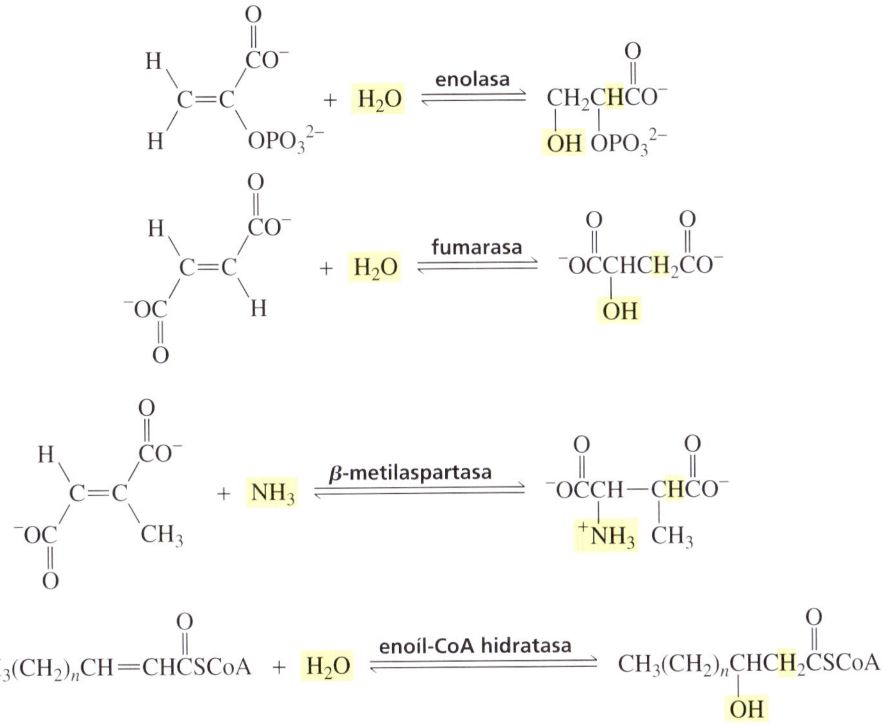

$$\underset{\substack{H\\ \\ H}}{\overset{\substack{H\\ \\ OPO_3^{2-}}}{C=C}}\overset{O}{\underset{}{\overset{\|}{CO^-}}} + H_2O \xrightleftharpoons{\text{enolasa}} CH_2CHCO^- \quad \substack{|\quad|\\ OH\ OPO_3^{2-}}$$

$$\underset{\substack{^-OOC\\ \\ H}}{\overset{\substack{H\\ \\ H}}{C=C}}\overset{O}{\underset{}{\overset{\|}{CO^-}}} + H_2O \xrightleftharpoons{\text{fumarasa}} {}^-OOCCHCH_2CO^- \quad \substack{|\\ OH}$$

$$\underset{\substack{^-OOC\\ \\ CH_3}}{\overset{\substack{H\\ \\ }}{C=C}}\overset{O}{\underset{}{\overset{\|}{CO^-}}} + NH_3 \xrightleftharpoons{\beta\text{-metilaspartasa}} {}^-OOCCH-CHCO^- \quad \substack{|\quad\ |\\ {}^+NH_3\ CH_3}$$

$$CH_3(CH_2)_nCH=CHCSCoA + H_2O \xrightleftharpoons{\text{enoíl-CoA hidratasa}} CH_3(CH_2)_nCHCH_2CSCoA \quad \substack{|\\ OH}$$

INTERCONVERSIÓN CIS-TRANS CATALIZADA POR UNA ENZIMA

Las enzimas que catalizan la interconversión de isómeros cis y trans se llaman isomerasas cis-trans. Se sabe que todas esas isomerasas contienen grupos tiol (SH). Los tioles son bases débiles y en consecuencia se adicionan al carbono-β de un compuesto carbonílico α,β-insaturado (adición conjugada), donde forma un enlace sencillo carbono-carbono para que el enol pueda tautomerizarse en la cetona. Cuando sucede la tautomería, el tiol se elimina y deja el compuesto tal como era originalmente, excepto por la configuración en torno al doble enlace.

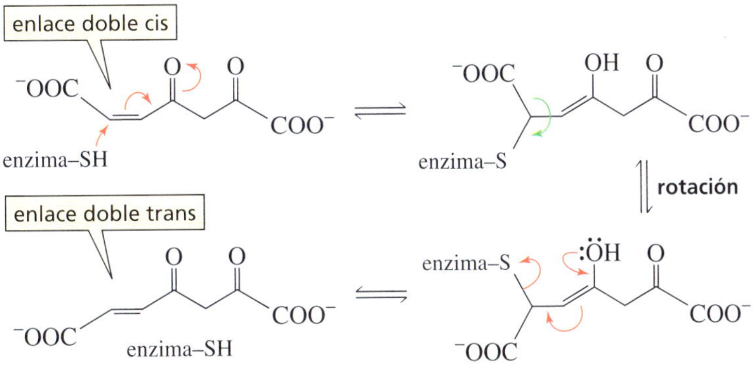

RESUMEN

Los **aldehídos** y las **cetonas** son compuestos carbonílicos de clase II porque tienen un grupo acilo unido a un grupo (H, R o Ar) que no se puede sustituir con facilidad por otro grupo. Los aldehídos y las cetonas tienen **reacciones de adición nucleofílica** con nucleófilos fuertemente básicos y **reacciones de adición nucleofílica-eliminación** con nucleófilos menos básicos que tengan un par de electrones no enlazado en el átomo atacante. A excepción de las amidas, un derivado de ácido carboxílico (compuesto carbonílico de clase I) tiene una reacción de **sustitución nucleofílica en el grupo acilo** con nucleófilos fuertemente básicos y forma un compuesto carbonílico de clase II, que después experimenta una reacción de **adición nucleofílica** con un segundo equivalente del nucleófilo.

Los factores electrónicos y estéricos hacen que un aldehído sea más reactivo que una cetona en el ataque nucleofílico. Los aldehídos y las cetonas son menos reactivos que los haluros de acilo y que los anhídridos de ácido; son más reactivos que los ésteres, ácidos carboxílicos y amidas.

Los reactivos de Grignard reaccionan con los aldehídos para formar alcoholes secundarios; con las cetonas, los ésteres y los haluros de acilo para formar alcoholes terciarios, y con el dióxido de carbono para formar ácidos carboxílicos. Los aldehídos, los cloruros de acilo y los ácidos carboxílicos se reducen con el ion hidruro y forman alcoholes primarios, las cetonas forman alcoholes secundarios y las amidas forman aminas.

Los aldehídos y las cetonas reaccionan con aminas primarias para formar **iminas** y con aminas secundarias para formar **enaminas**. Los mecanismos son iguales, excepto por el sitio de donde se pierde un protón en el último paso de la reacción. La formación de iminas y enaminas es reversible; las iminas y las enaminas se hidrolizan bajo condiciones ácidas y regresan al compuesto carbonílico y la amina. Un **perfil de pH-rapidez** es una gráfica de la constante de rapidez observada en función del pH de la mezcla de reacción. La reducción de Wolff-Kishner y la formación ordinaria de **hidrazona** se diferencian porque en la primera se requiere ion hidróxido y calor.

Los aldehídos y las cetonas sufren adición de agua catalizada por ácido para formar hidratos. Los sustituyentes donadores de electrones y los sustituyentes voluminosos reducen el porcentaje de hidrato que hay en el equilibrio. La mayor parte de los hidratos son demasiado inestables para poderlos aislar. La adición de un alcohol a un aldehído catalizada por ácido forma **hemiacetales** y **acetales**, y con una cetona se forman **hemicetales** y **cetales**. La formación de acetales y cetales es reversible. Los acetales y cetales cíclicos sirven como **grupos protectores** de grupos funcionales aldehído y cetona. Los aldehídos y cetonas reaccionan con los tioles y forman tioacetales y tiocetales; por desulfuración, los enlaces C—S se sustituyen por enlaces C—H.

Un aldehído o una cetona reaccionan con un iluro de fosfonio en una **reacción de Wittig** para formar un alqueno. Una reacción de Wittig es una reacción concertada de cicloadición [2 + 2]; es totalmente regioselectiva. Los iluros estabilizados forman principalmente isómeros *E*; los iluros no estabilizados forman principalmente isómeros *Z*.

Un **carbono de un grupo carbonilo proquiral** es aquel que está unido a dos sustituyentes diferentes. La cara *Re* es la que está más cerca del observador cuando las prioridades decrecen en dirección de las manecillas del reloj; la cara *Si* es la cara contraria. El ataque por un nucleófilo sobre la cara *Re* y la cara *Si* forma una mezcla racémica.

Una estrategia útil en el análisis retrosintético es la **desconexión**, la cual consiste en una ruptura de un enlace para producir dos fragmentos. Los **sintones** son fragmentos obtenidos en una desconexión. Un **equivalente sintético** es el reactivo usado como fuente de un sintón.

La adición nucleofílica al carbono del grupo carbonilo de un compuesto carbonílico α,β-insaturado de clase II se llama **adición directa**; la adición al carbono β se llama **adición conjugada**. El que haya adición directa o conjugada depende de la naturaleza del nucleófilo, la estructura del compuesto carbonílico y las condiciones de reacción. Los nucleófilos que forman productos inestables de adición directa, como iones haluro, ion cianuro, tioles, alcoholes y aminas, forman productos de adición conjugada. Los nucleófilos que forman productos de adición estables, como el ion hidruro y los carbaniones, forman productos de adición directa con los grupos carbonilo reactivos y productos de adición conjugada con grupos carbonilo menos reactivos. Un reactivo de Grignard con un enlace C—Mg muy polarizado reacciona con el enlace C=O, que es más duro; un reactivo de Gilman con un enlace C—Cu menos polarizado reacciona con el enlace C=C más suave.

Los nucleófilos forman productos de sustitución nucleofílica en el grupo acilo con compuestos carbonílicos α,β-insaturados de clase I que tengan grupos carbonilo reactivos, y productos de adición conjugada con compuestos que tengan grupos carbonilo menos reactivos.

RESUMEN DE REACCIONES

1. Reacciones de *compuestos carbonílicos* con reactivos de Grignard (sección 17.4).

    a. Reacción del *formaldehído* con un reactivo de Grignard; se forma un alcohol primario.

$$\underset{H}{\overset{O}{\underset{\|}{C}}}\underset{H}{}\quad\xrightarrow[\text{2. }H_3O^+]{\text{1. }CH_3MgBr}\quad CH_3CH_2OH$$

b. Reacción de un *aldehído* (diferente del formaldehído) con un reactivo de Grignard; se forma un alcohol secundario.

$$\underset{R}{\overset{O}{\underset{\|}{C}}}\!-\!H \xrightarrow[\text{2. }H_3O^+]{\text{1. }CH_3MgBr} R\!-\!\underset{CH_3}{\overset{OH}{\underset{|}{C}}}\!-\!H$$

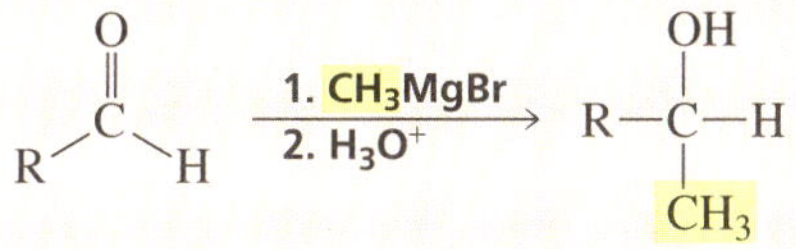

c. Reacción de una *cetona* con un reactivo de Grignard; se forma un alcohol terciario.

$$\underset{R}{\overset{O}{\underset{\|}{C}}}\!-\!R' \xrightarrow[\text{2. }H_3O^+]{\text{1. }CH_3MgBr} R\!-\!\underset{CH_3}{\overset{OH}{\underset{|}{C}}}\!-\!R'$$

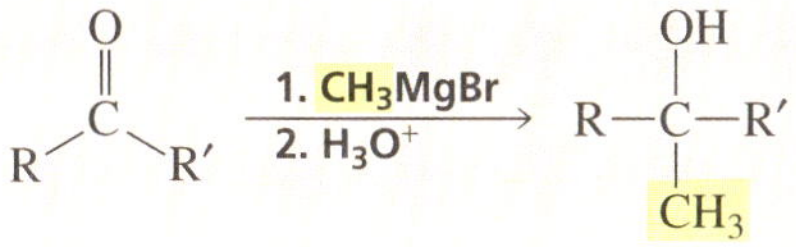

d. Reacción de un *éster* con un reactivo de Grignard; se forma un alcohol terciario con dos sustituyentes idénticos.

$$\underset{R}{\overset{O}{\underset{\|}{C}}}\!-\!OR' \xrightarrow[\text{2. }H_3O^+]{\text{1. 2 }CH_3MgBr} R\!-\!\underset{CH_3}{\overset{OH}{\underset{|}{C}}}\!-\!CH_3$$

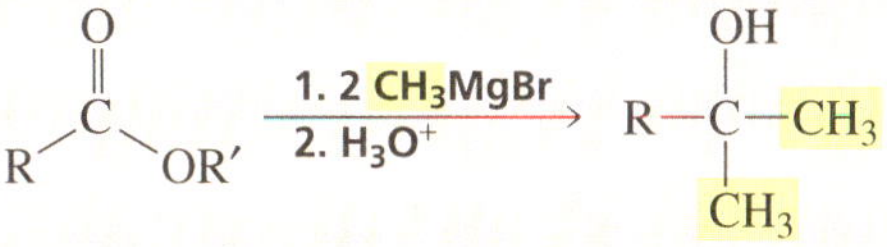

e. Reacción de un *cloruro de acilo* con un reactivo de Grignard; se forma un alcohol terciario con dos sustituyentes idénticos.

$$\underset{R}{\overset{O}{\underset{\|}{C}}}\!-\!Cl \xrightarrow[\text{2. }H_3O^+]{\text{1. 2 }CH_3MgBr} R\!-\!\underset{CH_3}{\overset{OH}{\underset{|}{C}}}\!-\!CH_3$$

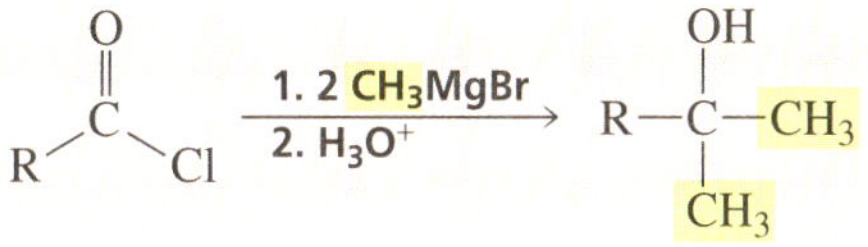

f. Reacción de CO_2 con un reactivo de Grignard; se forma un ácido carboxílico.

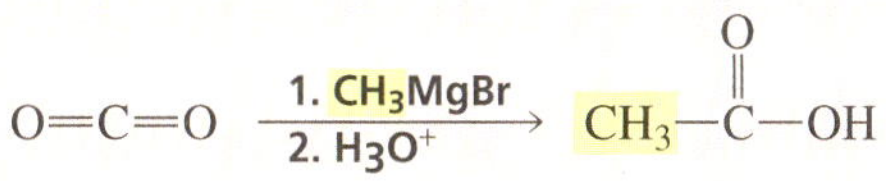

$$O\!=\!C\!=\!O \xrightarrow[\text{2. }H_3O^+]{\text{1. }CH_3MgBr} CH_3\!-\!\overset{O}{\underset{\|}{C}}\!-\!OH$$

2. Reacción de *compuestos carbonílicos* con iones acetiluro (sección 17.5)

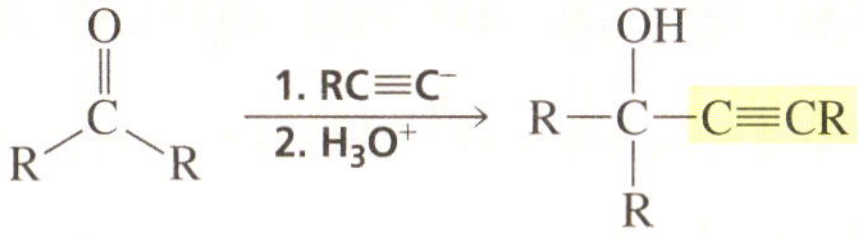

$$\underset{R}{\overset{O}{\underset{\|}{C}}}\!-\!R \xrightarrow[\text{2. }H_3O^+]{\text{1. }RC\equiv C^-} R\!-\!\underset{R}{\overset{OH}{\underset{|}{C}}}\!-\!C\equiv CR$$

3. Reacciones de *compuestos carbonílicos* con donadores de ion hidruro (sección 17.6).

a. Reacción de un *aldehído* con borohidruro de sodio; se forma un alcohol primario.

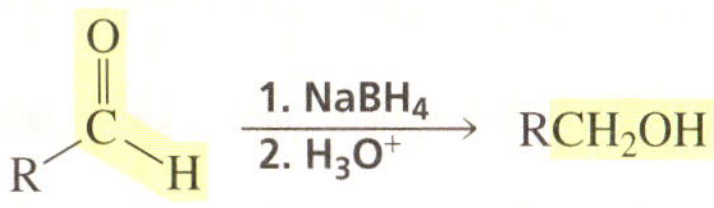

$$\underset{R}{\overset{O}{\underset{\|}{C}}}\!-\!H \xrightarrow[\text{2. }H_3O^+]{\text{1. }NaBH_4} RCH_2OH$$

b. Reacción de una *cetona* con borohidruro de sodio; se forma un alcohol secundario.

$$\underset{R}{\overset{O}{\underset{\|}{C}}}\!-\!R \xrightarrow[\text{2. }H_3O^+]{\text{1. }NaBH_4} R\!-\!\overset{OH}{\underset{|}{CH}}\!-\!R$$

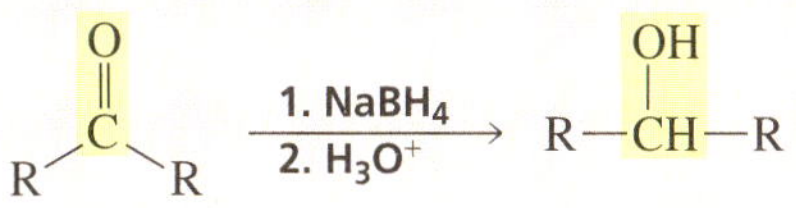

c. Reacción de un *éster* con hidruro de litio y aluminio; se forman dos alcoholes.

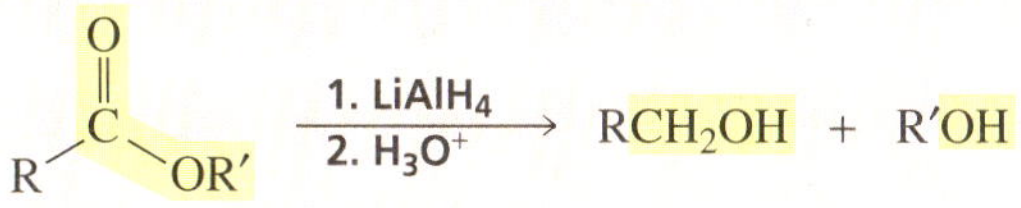

$$\underset{R}{\overset{O}{\underset{\|}{C}}}\!-\!OR' \xrightarrow[\text{2. }H_3O^+]{\text{1. }LiAlH_4} RCH_2OH \;+\; R'OH$$

d. Reacción de un *éster* con hidruro de diisobutilaluminio; se forma un aldehído.

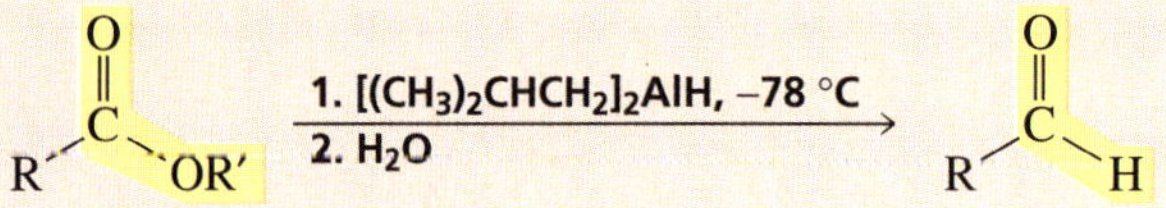

$$\underset{R}{\overset{O}{\underset{\|}{C}}}\text{--}OR' \xrightarrow[\text{2. H}_2\text{O}]{\text{1. [(CH}_3)_2\text{CHCH}_2]_2\text{AlH, } -78\,°\text{C}} \underset{R}{\overset{O}{\underset{\|}{C}}}\text{--}H$$

e. Reacción de un *ácido carboxílico* con hidruro de litio y aluminio; se forma un alcohol primario.

$$\underset{R}{\overset{O}{\underset{\|}{C}}}\text{--}OH \xrightarrow[\text{2. H}_3\text{O}^+]{\text{1. LiAlH}_4} R\text{--}CH_2\text{--}OH$$

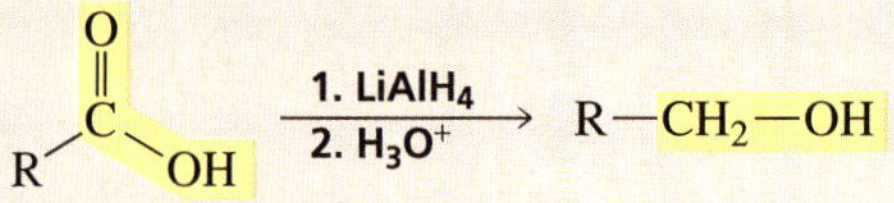

f. Reacción de un *cloruro de acilo* con borohidruro de sodio; se forma un alcohol primario.

$$\underset{R}{\overset{O}{\underset{\|}{C}}}\text{--}Cl \xrightarrow[\text{2. H}_3\text{O}^+]{\text{1. NaBH}_4} R\text{--}CH_2\text{--}OH$$

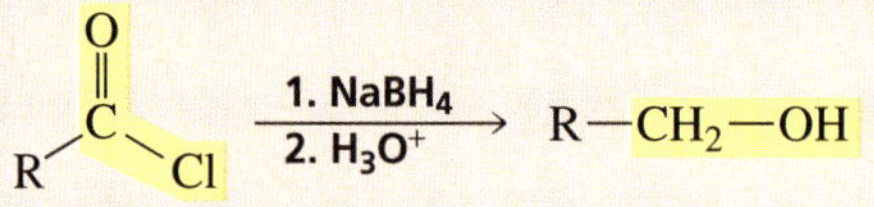

g. Reacción de una *amida* con hidruro de litio y aluminio; se forma una amina.

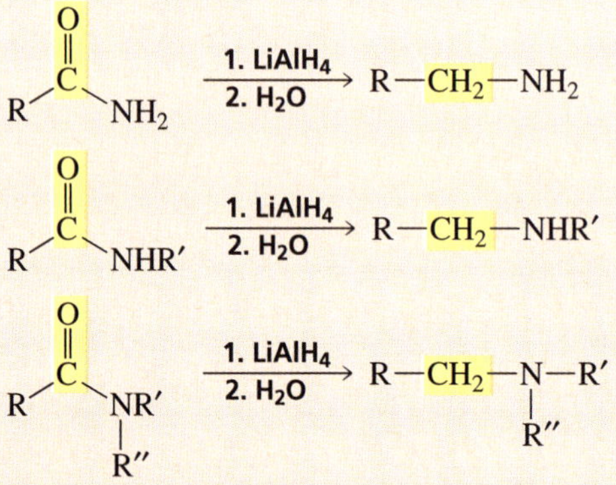

$$\underset{R}{\overset{O}{\underset{\|}{C}}}\text{--}NH_2 \xrightarrow[\text{2. H}_2\text{O}]{\text{1. LiAlH}_4} R\text{--}CH_2\text{--}NH_2$$

$$\underset{R}{\overset{O}{\underset{\|}{C}}}\text{--}NHR' \xrightarrow[\text{2. H}_2\text{O}]{\text{1. LiAlH}_4} R\text{--}CH_2\text{--}NHR'$$

$$\underset{R}{\overset{O}{\underset{\|}{C}}}\text{--}\underset{R''}{NR'} \xrightarrow[\text{2. H}_2\text{O}]{\text{1. LiAlH}_4} R\text{--}CH_2\text{--}\underset{R''}{N\text{--}R'}$$

4. Reacciones de *aldehídos* y *cetonas* con ion cianuro (sección 17.7)

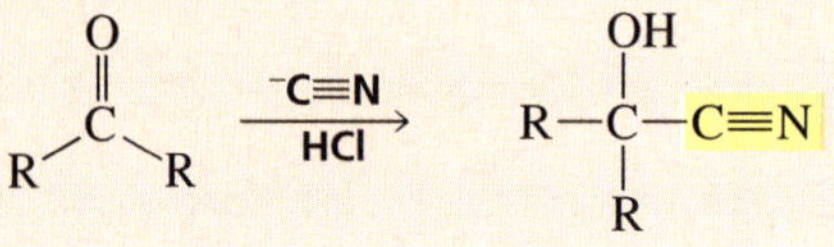

$$\underset{R}{\overset{O}{\underset{\|}{C}}}\text{--}R \xrightarrow[\text{HCl}]{^-C\equiv N} R\text{--}\underset{R}{\overset{OH}{\underset{|}{C}}}\text{--}C\equiv N$$

5. Reacciones de *aldehídos* y *cetonas* con aminas y derivados de amina (sección 17.8)

a. Reacción con una *amina primaria*; se forma una imina.

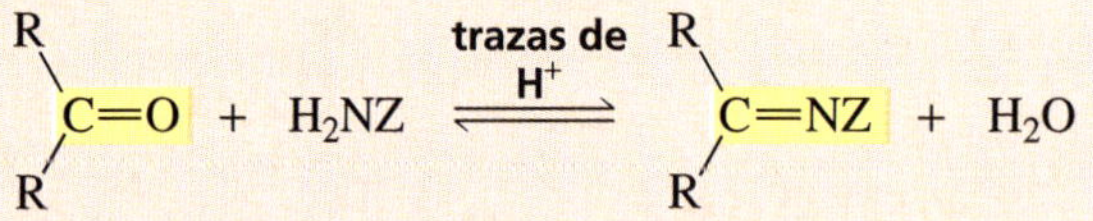

$$\underset{R}{\overset{R}{C}}=O + H_2NZ \underset{}{\overset{\text{trazas de H}^+}{\rightleftharpoons}} \underset{R}{\overset{R}{C}}=NZ + H_2O$$

Cuando Z = R, el producto es una base de Schiff; Z también puede ser OH, NH_2, NHC_6H_5, $NHC_6H_3(NO_2)_2$ o $NHCONH_2$.

b. Reacción con una *amina secundaria*; se forma una enamina.

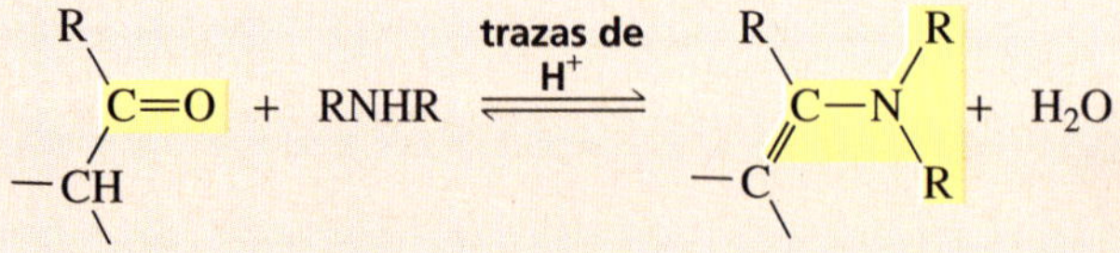

$$\underset{\text{--CH}}{\overset{R}{C}}=O + RNHR \overset{\text{trazas de H}^+}{\rightleftharpoons} \underset{\text{--C}}{\overset{R}{C}}\text{--}\underset{R}{\overset{R}{N}} + H_2O$$

c. La reducción de Wolff-Kishner convierte un grupo carbonilo en un grupo metileno.

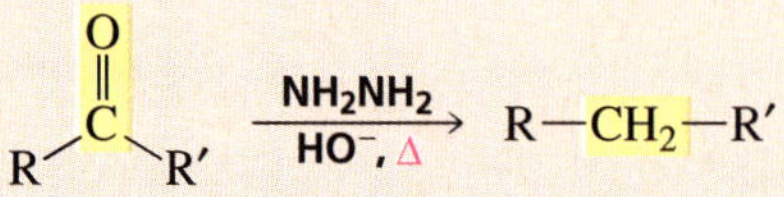

$$\underset{R}{\overset{O}{\underset{\|}{C}}}\text{--}R' \xrightarrow[\text{HO}^-,\,\Delta]{\text{NH}_2\text{NH}_2} R\text{--}CH_2\text{--}R'$$

6. La reacción de un *aldehído* o una *cetona* con agua forma un hidrato (sección 17.9).

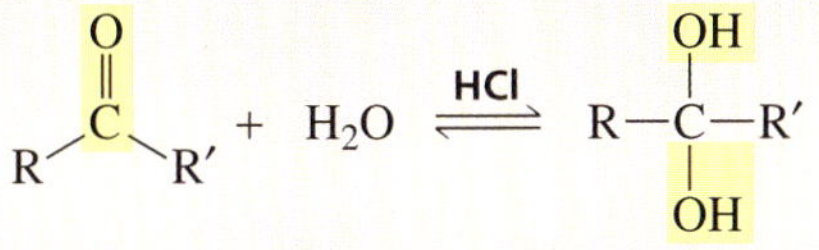

$$\underset{R}{\overset{O}{\underset{\|}{C}}}\text{—R'} + H_2O \xrightleftharpoons{HCl} R\text{—}\underset{OH}{\overset{OH}{\underset{|}{C}}}\text{—R'}$$

7. La reacción de un *aldehído* o una *cetona* con exceso de alcohol forma un acetal o un cetal (sección 17.10).

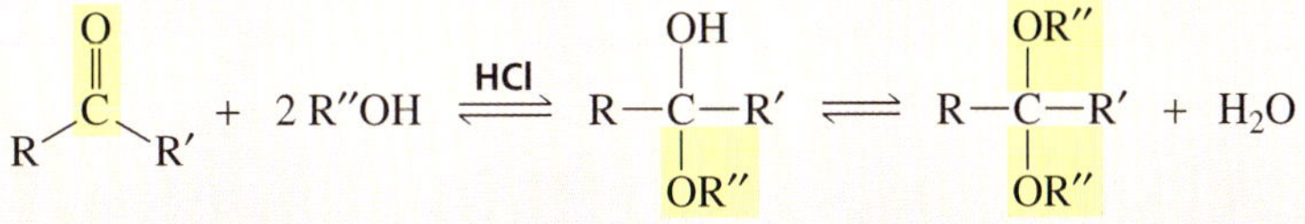

$$\underset{R}{\overset{O}{\underset{\|}{C}}}\text{—R'} + 2\,R''OH \xrightleftharpoons{HCl} R\text{—}\underset{OR''}{\overset{OH}{\underset{|}{C}}}\text{—R'} \rightleftharpoons R\text{—}\underset{OR''}{\overset{OR''}{\underset{|}{C}}}\text{—R'} + H_2O$$

8. Grupos protectores (sección 17.11).

a. Se pueden proteger a los *aldehídos* o a las *cetonas* convirtiéndolos en los respectivos acetales o cetales.

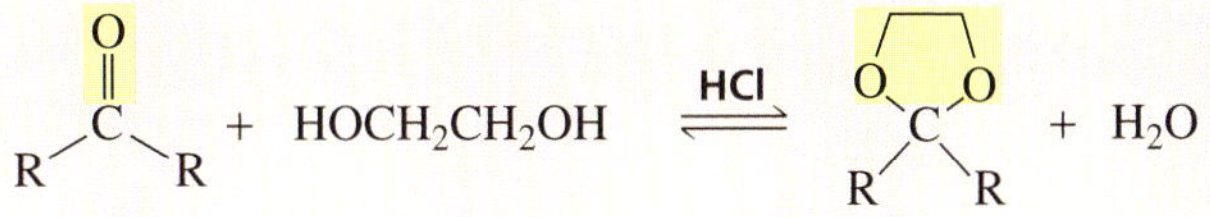

$$\underset{R}{\overset{O}{\underset{\|}{C}}}\text{R} + HOCH_2CH_2OH \xrightleftharpoons{HCl} \underset{R\;\;\;R}{\overset{O\diagup\diagdown O}{C}} + H_2O$$

b. El grupo OH de un *alcohol* puede protegerse al convertirlo en éter de TMS.

$$R\text{—}OH + (CH_3)_3SiCl \xrightarrow{(CH_3CH_2)_3N} R\text{—}OSi(CH_3)_3$$

c. El grupo OH de un *ácido carboxílico* se puede proteger convirtiéndolo en un éster.

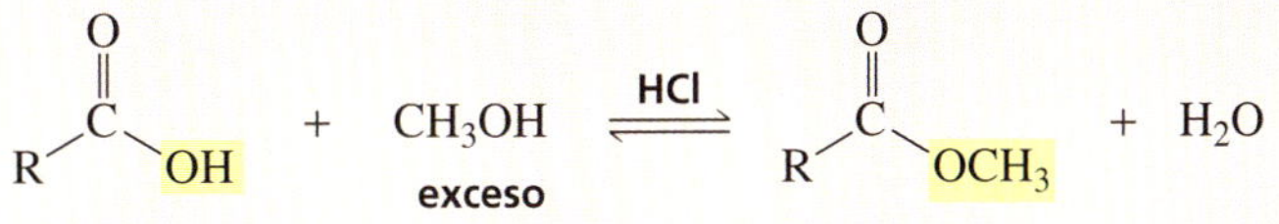

$$\underset{R}{\overset{O}{\underset{\|}{C}}}\text{—OH} + \underset{\text{exceso}}{CH_3OH} \xrightleftharpoons{HCl} \underset{R}{\overset{O}{\underset{\|}{C}}}\text{—OCH}_3 + H_2O$$

d. Se puede proteger un *grupo amino* convirtiéndolo en una amida.

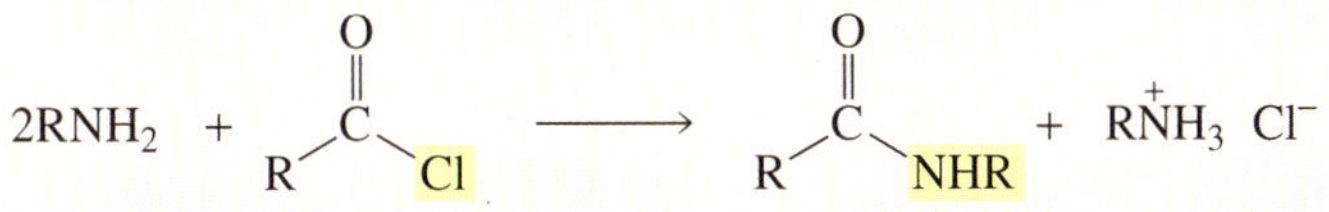

$$2RNH_2 + \underset{R}{\overset{O}{\underset{\|}{C}}}\text{—Cl} \longrightarrow \underset{R}{\overset{O}{\underset{\|}{C}}}\text{—NHR} + R\overset{+}{N}H_3\;Cl^-$$

9. La reacción de un *aldehído* o una *cetona* con un tiol forma un tioacetal o un tiocetal (sección 17.12).

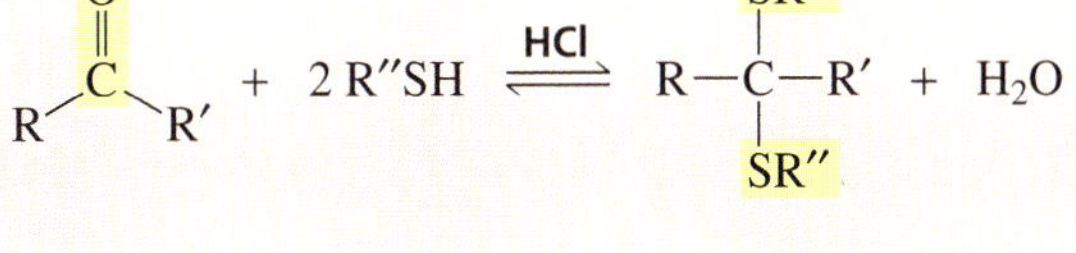

$$\underset{R}{\overset{O}{\underset{\|}{C}}}\text{—R'} + 2\,R''SH \xrightleftharpoons{HCl} R\text{—}\underset{SR''}{\overset{SR''}{\underset{|}{C}}}\text{—R'} + H_2O$$

10. La desulfuración de un *tioacetal* o un *tiocetal* forma un alcano (sección 17.12).

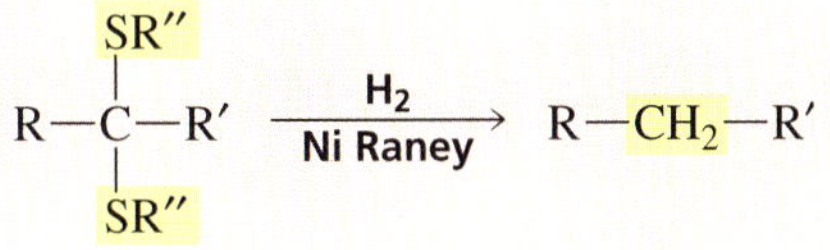

$$R\text{—}\underset{SR''}{\overset{SR''}{\underset{|}{C}}}\text{—R'} \xrightarrow[\text{Ni Raney}]{H_2} R\text{—}CH_2\text{—R'}$$

11. Reacción de un *aldehído* o una *cetona* con un iluro de fosfonio (una reacción de Wittig); se forma un alqueno (sección 17.13).

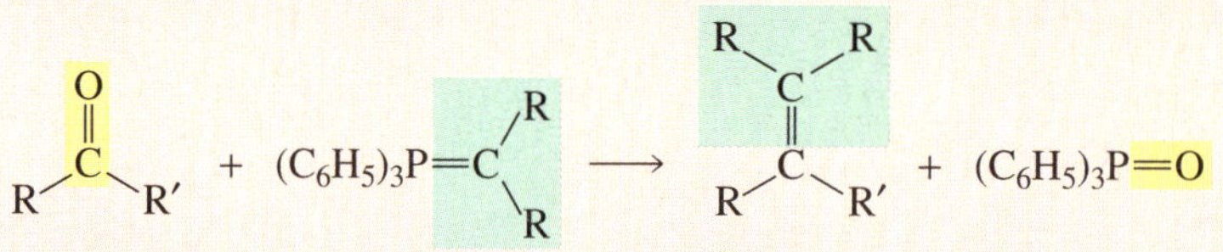

$$\underset{R}{\overset{O}{\underset{\|}{C}}}\underset{R'}{} + (C_6H_5)_3P=C\underset{R}{\overset{R}{}} \longrightarrow \underset{R}{\overset{R}{\underset{C}{\|}}}\underset{R'}{\overset{R}{C}} + (C_6H_5)_3P=O$$

12. Reacción de un *aldehído* o una *cetona* α,β-insaturados con un nucleófilo (sección 17.16).

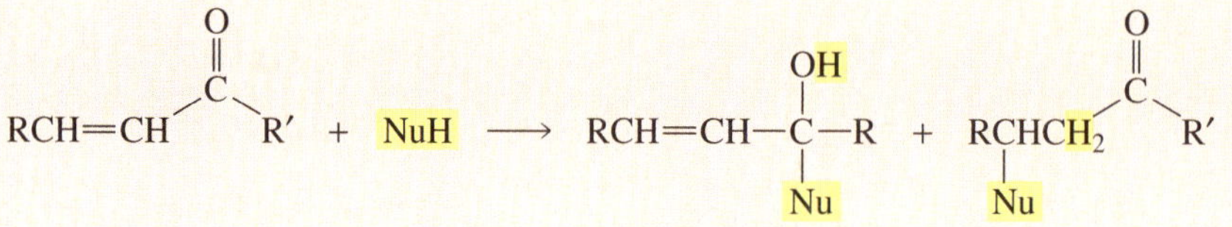

$$RCH=CH\overset{O}{\underset{\|}{C}}R' + NuH \longrightarrow RCH=CH\underset{Nu}{\overset{OH}{\underset{|}{C}}}R + RCHCH_2\overset{O}{\underset{\|}{C}}R'$$
$$\text{adición directa} \qquad \text{adición conjugada}$$

Los nucleófilos que son bases débiles (⁻:CN, RSH, RNH₂, Br:⁻) forman productos de adición conjugada. Los nucleófilos que son bases fuertes (RLi, RMgBr, H:⁻) forman productos de adición directa con los grupos carbonilo reactivos, y productos de adición conjugada con grupos carbonilo menos reactivos. Los reactivos de Gilman (R₂CuLi) forman productos de adición conjugada.

13. Reacción de un *derivado de ácido carboxílico* α,β-insaturado con un nucleófilo (sección 17.17).

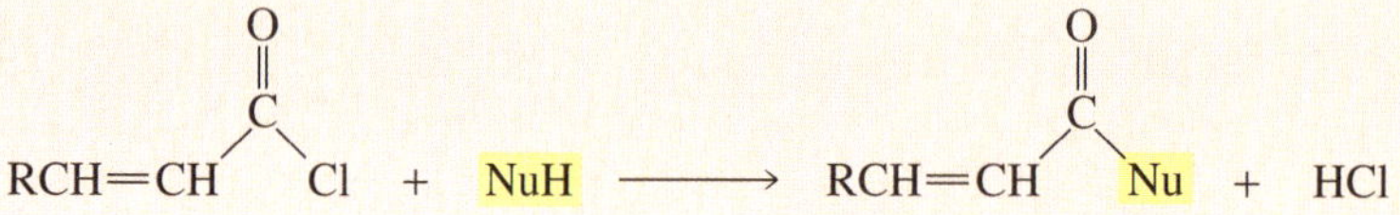

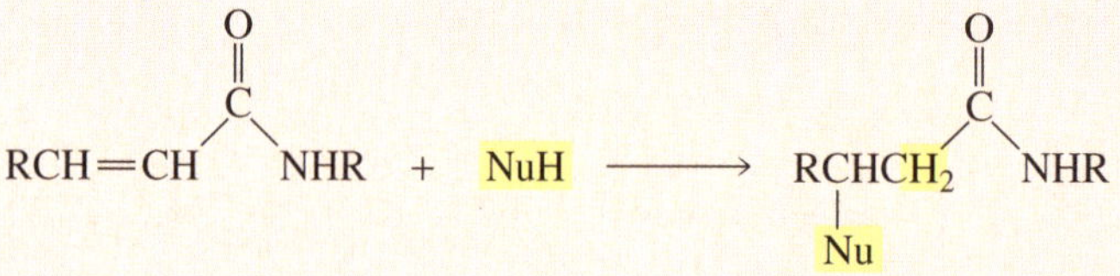

$$RCH=CH\overset{O}{\underset{\|}{C}}Cl + NuH \longrightarrow RCH=CH\overset{O}{\underset{\|}{C}}Nu + HCl$$
$$\text{sustitución nucleofílica en el grupo acilo}$$

$$RCH=CH\overset{O}{\underset{\|}{C}}NHR + NuH \longrightarrow RCHCH_2\overset{O}{\underset{\|}{C}}NHR$$
$$\underset{Nu}{|}$$
$$\text{adición conjugada}$$

Los nucleófilos forman productos de sustitución nucleofílica en el grupo acilo, con grupos carbonilo reactivos, y productos de adición conjugada con grupos carbonilo menos reactivos.

TÉRMINOS CLAVE

acetal (pág. 816)
adición conjugada (pág. 830)
adición directa (pág. 830)
aldehído (pág. 788)
aminación reductiva (pág. 812)
base de Schiff (pág. 806)
caras *Re* y *Si* (pág. 826)
carbono proquiral (pág. 826)
cetal (pág. 816)
cetona (pág. 788)
cianohidrina (pág. 805)
desconexión (pág. 827)

desoxigenación (pág. 813)
enamina (pág. 807)
equivalente sintético (pág. 827)
gem-diol (pág. 814)
grupo protector (pág. 819)
hemiacetal (pág. 816)
hemicetal (pág. 816)
hidrato (pág. 814)
hidrazona (pág. 811)
iluro (pág. 823)
imina (pág. 806)
oxima (pág. 811)

perfil pH-rapidez (pág. 808)
reacción de adición nucleofílica (pág. 795)
reacción de adición nucleofílica-eliminación (pág. 795)
reacción de reducción (pág. 800)
reacción de sustitución nucleofílica en el grupo acilo (pág. 795)
reacción de Wittig (pág. 822)
semicarbazona (pág. 811)
sintón (pág. 827)

PROBLEMAS

45. Dibuje la estructura de cada uno de los compuestos siguientes:
  a. isobutiraldehído
  b. 4-hexenal
  c. diisopentilcetona
  d. 3-metilciclohexanona
  e. 2,4-pentanodiona
  f. 4-bromo-3-heptanona
  g. γ-bromocaproaldehído
  h. 2-etilciclopentanocarbaldehído
  i. 4-metil-5-oxohexanal
  j. benceno-1,3-dicarbaldehído

46. Indique cuáles son los productos en cada una de las reacciones siguientes:

a. $CH_3CH_2CH(=O) + CH_3CH_2OH \xrightarrow{HCl}$ (exceso)

b. $C_6H_5-C(=O)CH_2CH_3 + NH_2NH_2 \xrightarrow{\text{trazas de } H^+}$

c. $C_6H_5-C(=O)CH_2CH_3 + NH_2NH_2 \xrightarrow[\Delta]{HO^-}$

d. $CH_3CH_2CCH_3(=O) \xrightarrow{\text{1. NaBH}_4}{\text{2. H}_3O^+}$

e. $CH_3CH_2C(=O)CH_2CH_3 + NaC\equiv N \xrightarrow{HCl}$ (exceso)

f. $CH_3CH_2CH_2C(=O)OCH_2CH_3 \xrightarrow{\text{1. LiAlH}_4}{\text{2. H}_3O^+}$

g. $CH_3CH_2CH_2C(=O)CH_3 + HOCH_2CH_2OH \xrightarrow{HCl}$

h. 2-metil-2-ciclohexenona + $NaC\equiv N \xrightarrow{HCl}$ (exceso)

47. Ordene los compuestos que siguen por reactividad decreciente frente al ataque nucleofílico:

$CH_3CH_2CH(CH_3)CCH_2CH_3(=O)$, $CH_3CH_2CH(=O)$, $CH_3CH_2CH(CH_3)C(OCH_3)CH_2CH_3(CH_3)$

$CH_3CH_2CCH_2CH_3(=O)$, $CH_3CH_2CHC(CH_3)(CH_3)CHCH_2CH_3$ con =O, $CH_3CHCH_2(CH_3)CCH_2CH_3(=O)$

48. a. Indique qué reactivos se necesitan para formar el alcohol primario.

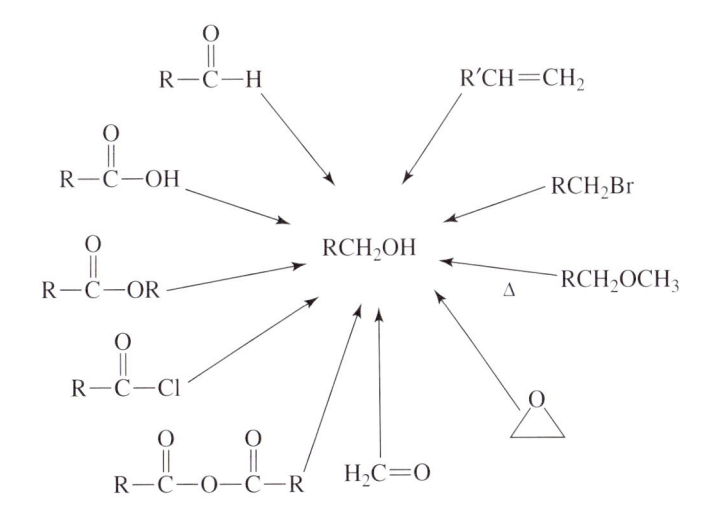

(Diagrama central: RCH$_2$OH con flechas desde: R—CHO, R'CH=CH$_2$, R—COOH, RCH$_2$Br, R—COOR, RCH$_2$OCH$_3$ (Δ), R—COCl, anhídrido R—CO—O—CO—R, H$_2$C=O, epóxido)

b. ¿Cuáles de las reacciones no se pueden usar para sintetizar alcohol isobutílico?
c. ¿Cuáles de las reacciones cambian el esqueleto de carbono del material de partida?

49. Use ciclohexanona como material de partida y describa cómo se podría sintetizar cada uno de los compuestos siguientes:

a. 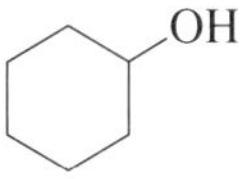 ciclohexanol (OH)
b. 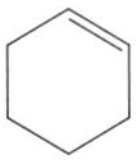 ciclohexeno
c. bromociclohexano (Br)
d. ciclohexilamina (NH₂)
e. 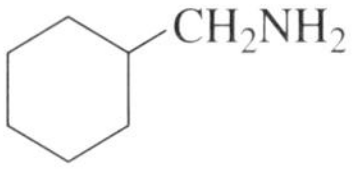 (aminometil)ciclohexano (CH₂NH₂)
f. N,N-dimetilciclohexilamina (N(CH₃)₂)
g. vinilciclohexano (CH=CH₂)
h. 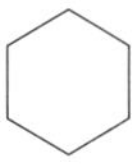 ciclohexano (indique dos métodos)
i. 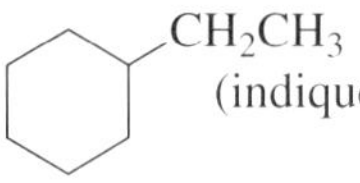 etilciclohexano (CH₂CH₃) (indique dos métodos)

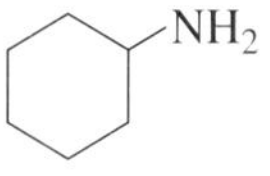

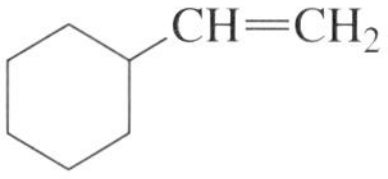

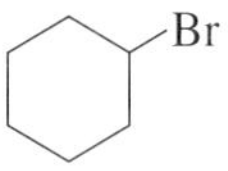

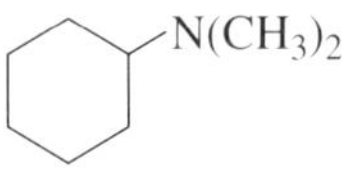

50. Proponga un mecanismo para la siguiente reacción:

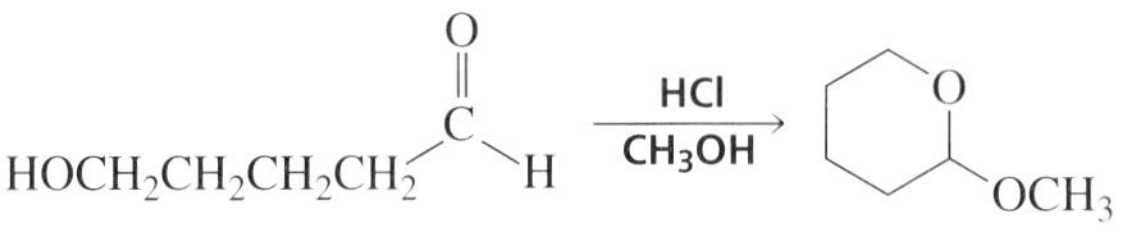

$$HOCH_2CH_2CH_2CH_2-C(=O)-H \xrightarrow[CH_3OH]{HCl} \text{tetrahidropirano-2-il metil éter (OCH}_3\text{)}$$

51. Ordene los compuestos siguientes por K_{eq} decreciente en la formación de hidrato.

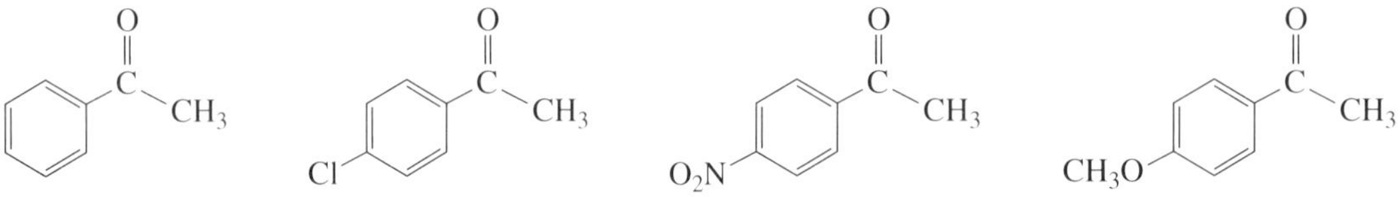

- acetofenona (C₆H₅COCH₃)
- 4-cloroacetofenona (4-Cl-C₆H₄COCH₃)
- 4-nitroacetofenona (4-O₂N-C₆H₄COCH₃)
- 4-metoxiacetofenona (4-CH₃O-C₆H₄COCH₃)

52. Llene los cuadros con los reactivos necesarios:

a. $CH_3OH \xrightarrow{\square} CH_3Br \xrightarrow[\square]{\square} \square \xrightarrow[2.\square]{1.\square} CH_3CH_2OH$

b. $CH_4 \xrightarrow{\square} CH_3Br \xrightarrow[\square]{\square} \square \xrightarrow[2.\square]{1.\square} CH_3CH_2CH_2OH$

53. Indique qué productos se forman en las siguientes reacciones:

a. 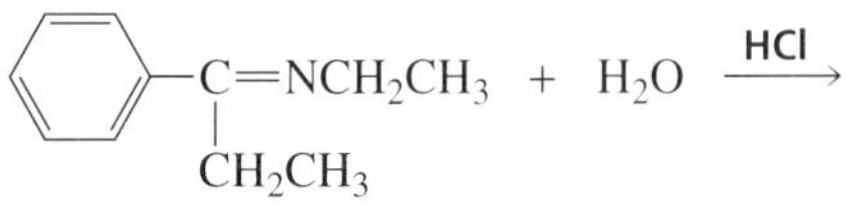 $C_6H_5-C(=NCH_2CH_3)(CH_2CH_3) + H_2O \xrightarrow{HCl}$

b. $CH_3CH_2\overset{O}{\overset{\|}{C}}CH_3 \xrightarrow[2.\ H_3O^+]{1.\ CH_3CH_2MgBr}$

c. ciclopentanona $+ (C_6H_5)_3P=CHCH_3 \longrightarrow$

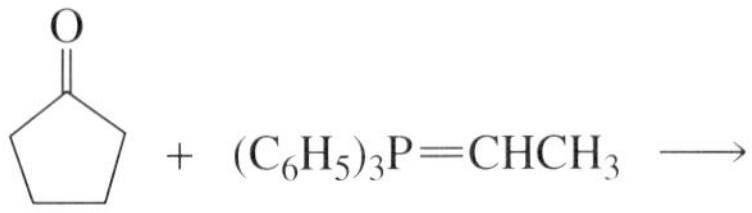

d. 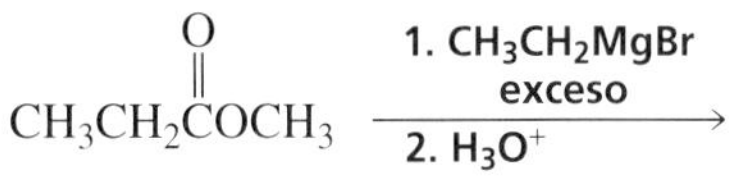 $CH_3CH_2\overset{O}{\overset{\|}{C}}OCH_3 \xrightarrow[2.\ H_3O^+]{1.\ CH_3CH_2MgBr \text{ exceso}}$

e. 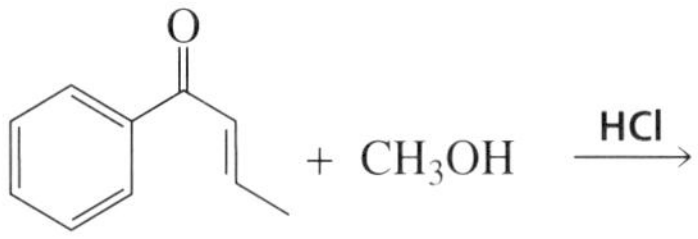 $C_6H_5-CO-CH=CH-CH_3 + CH_3OH \xrightarrow{HCl}$

f. 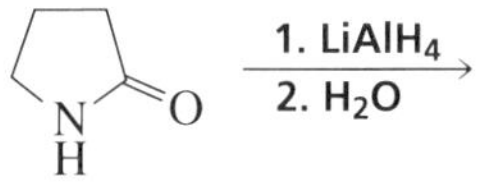 2-pirrolidinona $\xrightarrow[2.\ H_2O]{1.\ LiAlH_4}$

g. 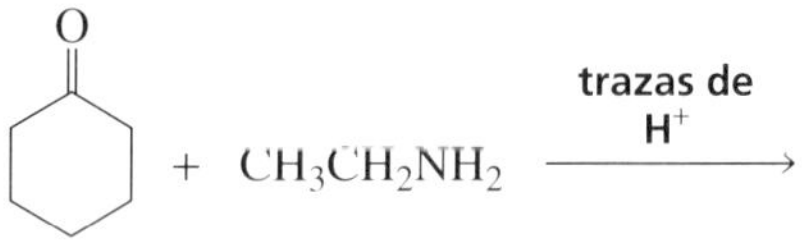 ciclohexanona $+ CH_3CH_2NH_2 \xrightarrow{\text{trazas de } H^+}$

h. ciclohexanona $+ (CH_3CH_2)_2NH \xrightarrow{\text{trazas de } H^+}$

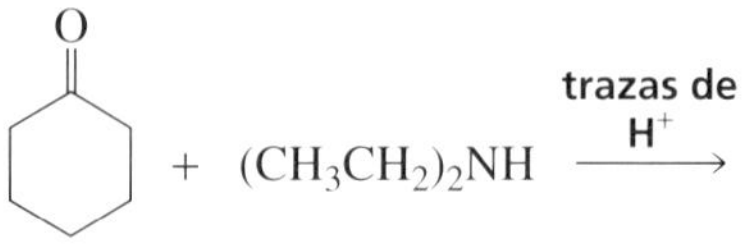

i. 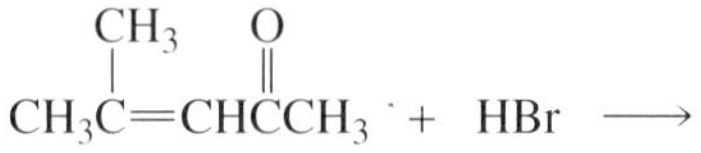 $CH_3\overset{CH_3}{\overset{|}{C}}=CH\overset{O}{\overset{\|}{C}}CH_3 + HBr \longrightarrow$

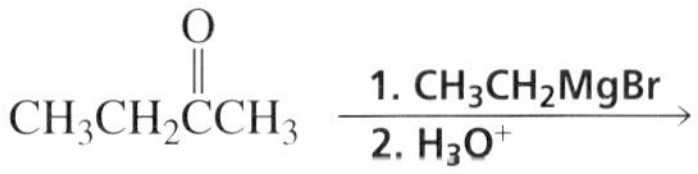

j. 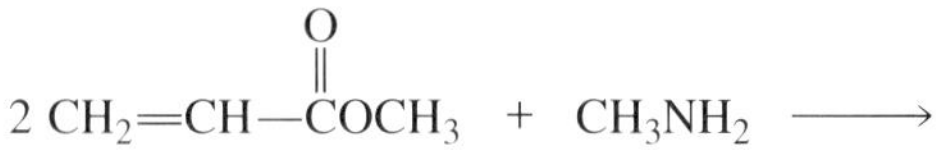 $2\ CH_2=CH-\overset{O}{\overset{\|}{C}}OCH_3 + CH_3NH_2 \longrightarrow$

54. Se pueden preparar tioles con la reacción de tiourea con un haluro de alquilo, seguida por la hidrólisis activada por ion hidróxido.

$$\underset{\text{tiourea}}{H_2N-\underset{\underset{S}{\|}}{C}-NH_2} \xrightarrow[\text{2. HO}^-,\ H_2O]{\text{1. CH}_3\text{CH}_2\text{Br}} \underset{\text{urea}}{H_2N-\underset{\underset{O}{\|}}{C}-NH_2} + \underset{\text{etanotiol}}{CH_3CH_2SH}$$

    a. Proponga un mecanismo para la reacción.
    b. ¿Qué tiol se formaría si el haluro de alquilo que se empleara fuera bromuro de pentilo?

55. El único compuesto orgánico que se obtiene cuando el compuesto Z tiene la siguiente serie de reacciones produce el espectro de RMN-^{1}H que se muestra abajo. Indique qué compuesto es Z.

$$\text{Compuesto Z} \xrightarrow[\text{2. H}_3\text{O}^+]{\text{1. bromuro de fenilmagnesio}} \xrightarrow[\Delta]{\text{MnO}_2}$$

Fuerza de campo: 0.2 ppm.

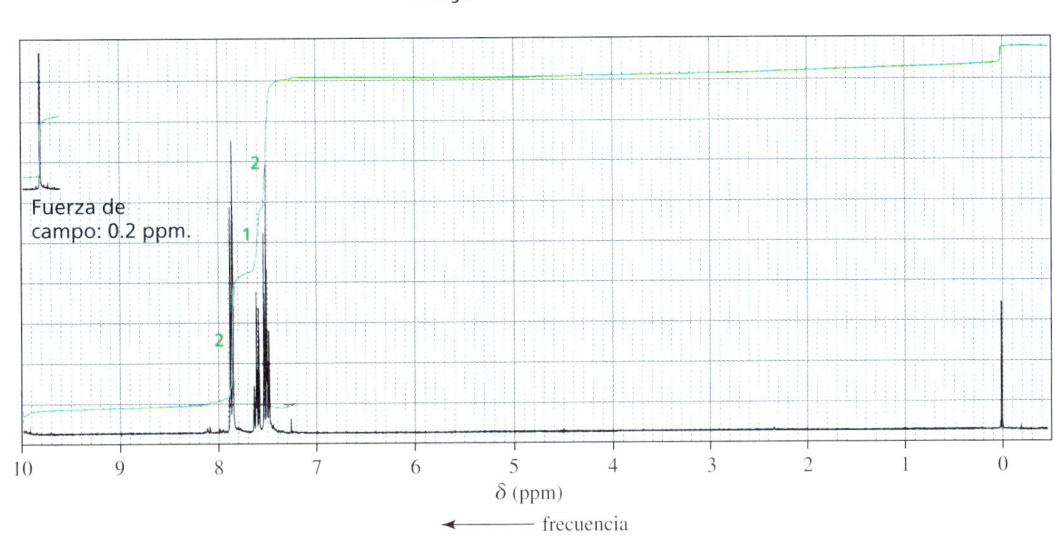

δ (ppm) ← frecuencia

56. Proponga un mecanismo para cada una de las reacciones siguientes:

    a. [octahidroquinolina] $\xrightarrow[\text{H}_2\text{O}]{\text{HCl}}$ 2-(3-aminopropil)ciclohexanona

    c. dihidropirano + CH$_3$CH$_2$OH $\xrightarrow{\text{HCl}}$ 2-etoxitetrahidropirano

    b. 1-metoxiciclohexeno $\xrightarrow[\text{H}_2\text{O}]{\text{HCl}}$ ciclohexanona

57. ¿Cuántas señales tendría el producto de la reacción siguiente en los espectros siguientes?
    a. su espectro de RMN-^{1}H
    b. su espectro de RMN-^{13}C

$$CH_3\overset{O}{\overset{\|}{C}}CH_2CH_2\overset{O}{\overset{\|}{C}}OCH_3 \xrightarrow[\text{2. H}_3\text{O}^+]{\text{1. exceso CH}_3\text{MgBr}}$$

58. Llene los cuadros con los reactivos necesarios:

$$CH_3CH_2\overset{O}{\overset{\|}{C}}H \xrightarrow[\text{2. } \square]{\text{1. } \square} CH_3CH_2\underset{\underset{OH}{|}}{C}HCH_3 \xrightarrow{\square} CH_3CH_2\overset{O}{\overset{\|}{C}}CH_3 \xrightarrow{\square} CH_3CH_2\underset{\underset{OCH_3}{|}}{\overset{\overset{OCH_3}{|}}{C}}CH_3$$

59. ¿Cómo podría usted convertir N-metilbenzamida en los compuestos siguientes?
    a. N-metilbencilamina
    b. ácido benzoico
    c. benzoato de metilo
    d. alcohol bencílico

844 CAPÍTULO 17 Compuestos carbonílicos II

60. Indique cuáles son los productos de las reacciones siguientes. Muestre todos los estereoisómeros que se formen.

a. 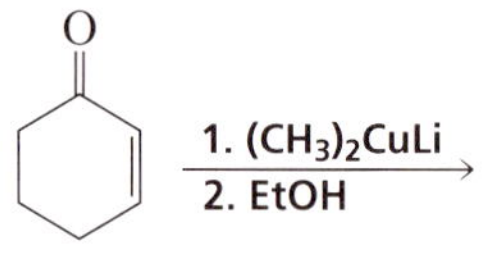 2-ciclohexenona $\xrightarrow{\text{1. (CH}_3)_2\text{CuLi}}{\text{2. EtOH}}$

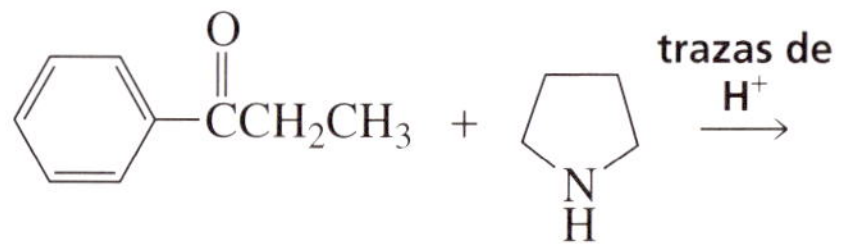

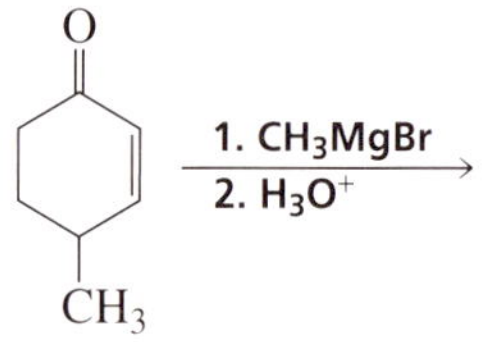

b. 4-metil-2-ciclohexenona $\xrightarrow{\text{1. CH}_3\text{MgBr}}{\text{2. H}_3\text{O}^+}$

c. C$_6$H$_5$COCH$_2$CH$_3$ + pirrolidina $\xrightarrow{\text{trazas de H}^+}$

d. CH$_3$CH$_2$CCH$_2$CH$_2$CH$_2$CH$_3$ $\xrightarrow{\text{1. NaBH}_4}{\text{2. H}_3\text{O}^+}$

61. Indique tres conjuntos distintos de reactivos (cada conjunto formado por un compuesto carbonílico y un reactivo de Grignard) que se puedan usar para preparar los siguientes alcoholes terciarios:

a. 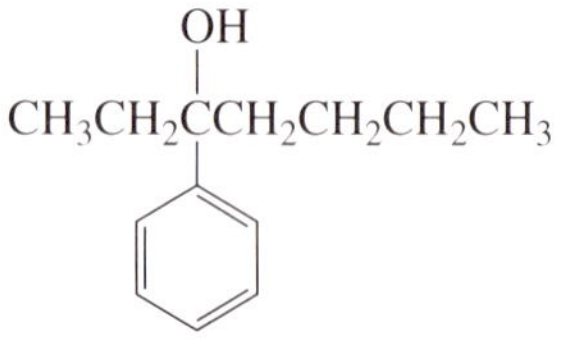 CH$_3$CH$_2$C(OH)(C$_6$H$_5$)CH$_2$CH$_2$CH$_3$

b. CH$_3$CH$_2$C(OH)(CH$_2$CH$_3$)CH$_2$CH$_2$CH$_3$

62. Indique qué producto se forma en la reacción de 3-metil-2-ciclohexenona con cada uno de los reactivos siguientes:
  a. CH$_3$MgBr seguido por H$_3$O$^+$
  b. exceso de NaCN, HCl
  c. H$_2$, Pd/C
  d. HBr
  e. (CH$_3$CH$_2$)$_2$CuLi seguido por H$_3$O$^+$
  f. CH$_3$CH$_2$SH

63. Norlutina y Enovid son cetonas que suprimen la ovulación. En consecuencia se han usado clínicamente como anticonceptivos. ¿Para cuál de estos compuestos espera usted que la absorción en el infrarrojo del grupo carbonilo (banda C=O) esté a mayor frecuencia? Explique por qué.

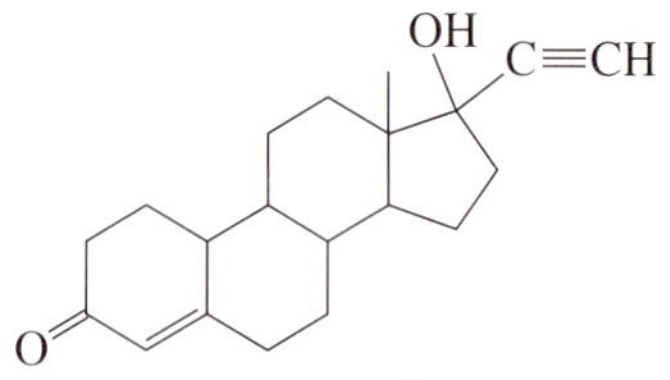

Norlutin® 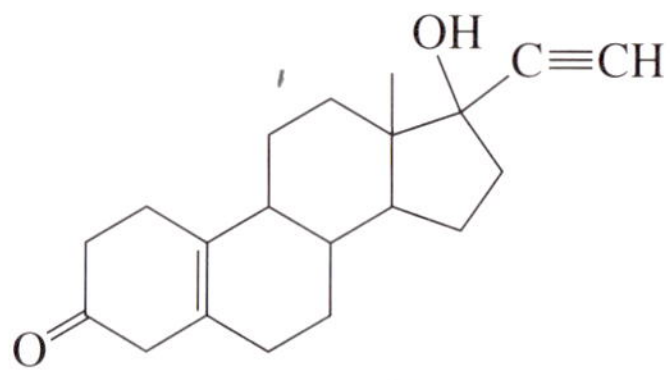 Enovid®

64. Indique qué producto se forma en cada una de las reacciones siguientes:

a. 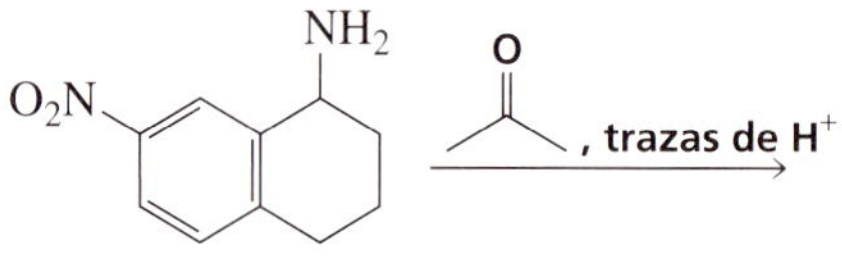 7-nitro-1-amino-tetralina + CH$_3$COCH$_3$, trazas de H$^+$

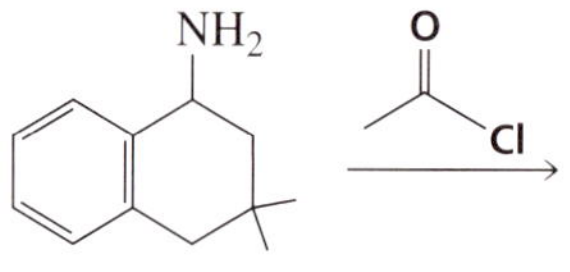

b. 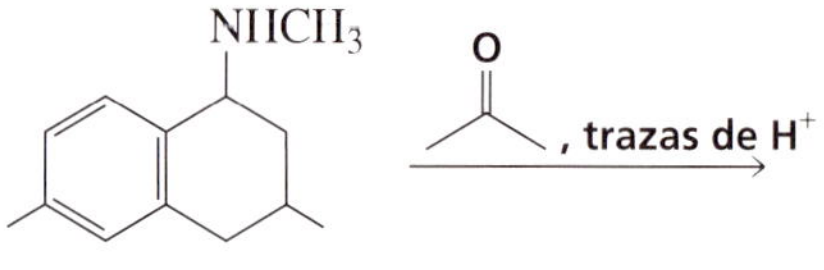 6-metil-1-(N-metilamino)-tetralina + CH$_3$COCH$_3$, trazas de H$^+$

c. 1-amino-tetralina (dimetil) + CH$_3$COCl

d. 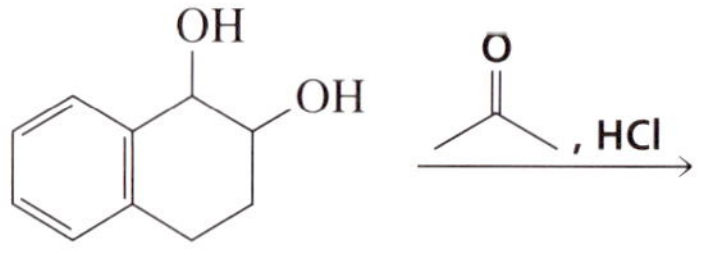 1,2-dihidroxi-tetralina + CH$_3$COCH$_3$, HCl

65. Proponga un mecanismo razonable para cada una de las reacciones siguientes:

a. 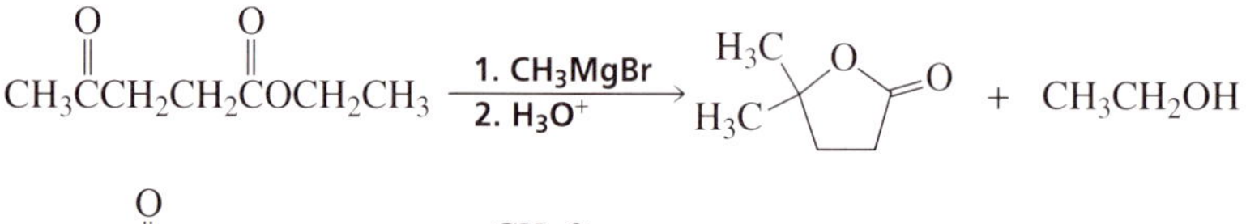 CH$_3$CCH$_2$CH$_2$COCH$_2$CH$_3$ (diona-éster) $\xrightarrow{\text{1. CH}_3\text{MgBr}}{\text{2. H}_3\text{O}^+}$ γ-lactona dimetílica + CH$_3$CH$_2$OH

b. 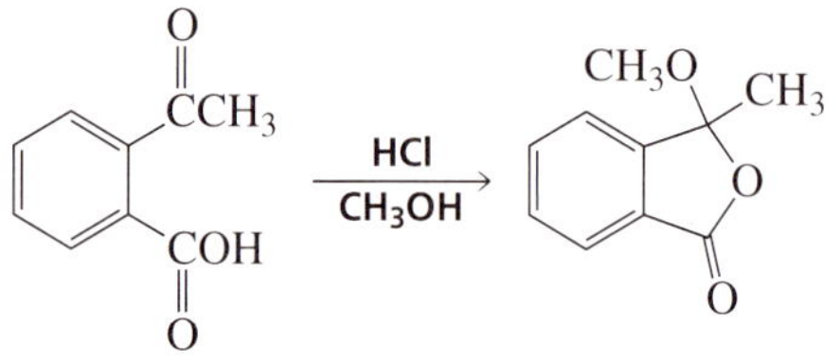 ácido 2-acetilbenzoico $\xrightarrow{\text{HCl}}{\text{CH}_3\text{OH}}$ 3-metoxi-3-metilftálida

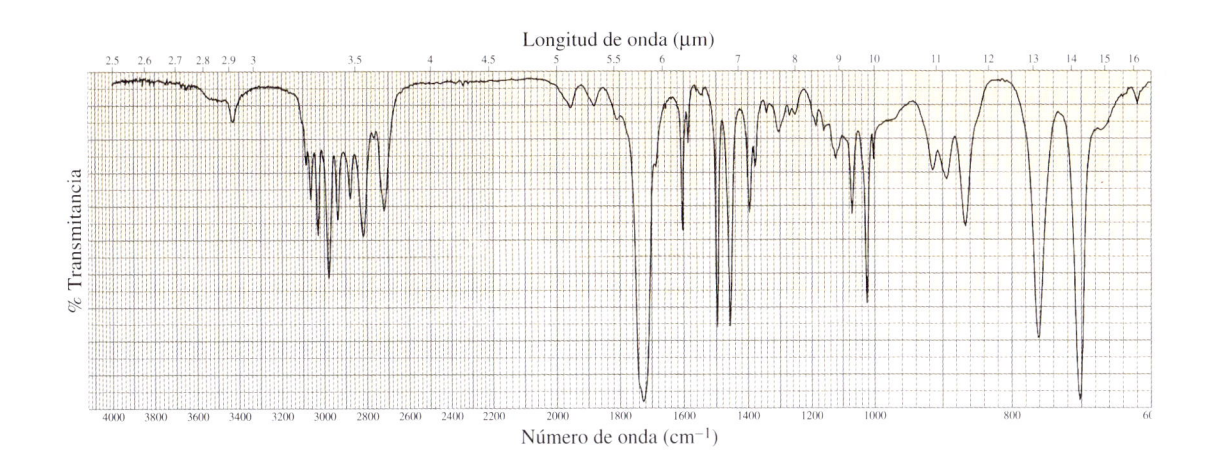

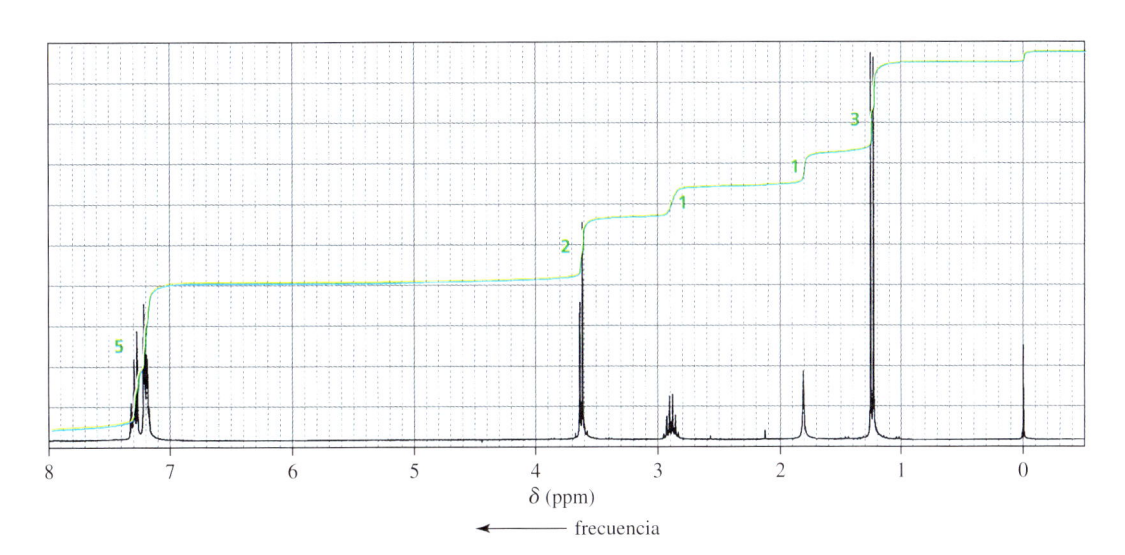

66. Un compuesto produce el siguiente espectro de IR. Al hacerlo reaccionar con borohidruro de sodio, y después de la acidulación, forma el producto cuyo espectro de RMN-^{1}H se ve abajo. Identifique estos compuestos.

67. a. Proponga un mecanismo para la siguiente reacción:

$$CH_2=CHCHC\equiv N \xrightarrow[H_2O]{HO^-} N\equiv CCH_2CH_2CH$$
(con OH en el carbono central del reactivo y O= en el producto)

b. ¿Cuál es el producto de la siguiente reacción?

$$CH_3\underset{C\equiv N}{\overset{OH}{C}}CH=CH_2 \xrightarrow[H_2O]{HO^-}$$

68. A diferencia de un iluro de fosfonio, que reacciona con un aldehído o una cetona para formar un alqueno, un iluro de sulfonio reacciona con un aldehído o una cetona y forma un epóxido. Explique por qué un iluro forma un alqueno mientras que el otro forma un epóxido.

$$CH_3CH_2CH\overset{O}{\|} + (CH_3)_2S=CH_2 \longrightarrow CH_3CH_2CH\overset{O}{\triangle}CH_2 + CH_3SCH_3$$

846 CAPÍTULO 17 Compuestos carbonílicos II

69. Indique cómo se podrían preparar los compuestos siguientes a partir de los materiales de partida indicados:

a. Ph–CO–OCH₃ ⟶ Ph–C(OH)(CH₃)CH₃

b. Ph–CO–OCH₃ ⟶ Ph–CHO

c. CH₃CH₂CH₂CH₂Br ⟶ CH₃CH₂CH₂CH₂COOH

d. δ-valerolactama (2-metil) ⟶ 2-metilpiperidina

e. ciclohexanol ⟶ N-metilciclohexilamina

70. Proponga un mecanismo razonable para cada una de las siguientes reacciones:

a. 6,6-dimetilciclohexa-2,4-dienona + HCl ⟶ 2,3-dimetilfenol

b. 4,4-dimetilciclohexa-2,5-dienona + HCl ⟶ 3,4-dimetilfenol

71. a. En disolución acuosa, la D-glucosa existe en equilibrio con dos compuestos cíclicos de seis miembros. Dibuje las estructuras de tales compuestos.

```
       HC=O
    H──┼──OH
   HO──┼──H
    H──┼──OH
    H──┼──OH
       CH₂OH
    D-glucosa
```

b. ¿Cuál de los compuestos con anillo de seis miembros estará presente en mayor cantidad?

72. Abajo se muestra el espectro de RMN-¹H del bromuro de alquilo que se usó para preparar el iluro y formar un compuesto de fórmula molecular $C_{11}H_{14}$. ¿Qué producto se obtiene con la reacción de Wittig?

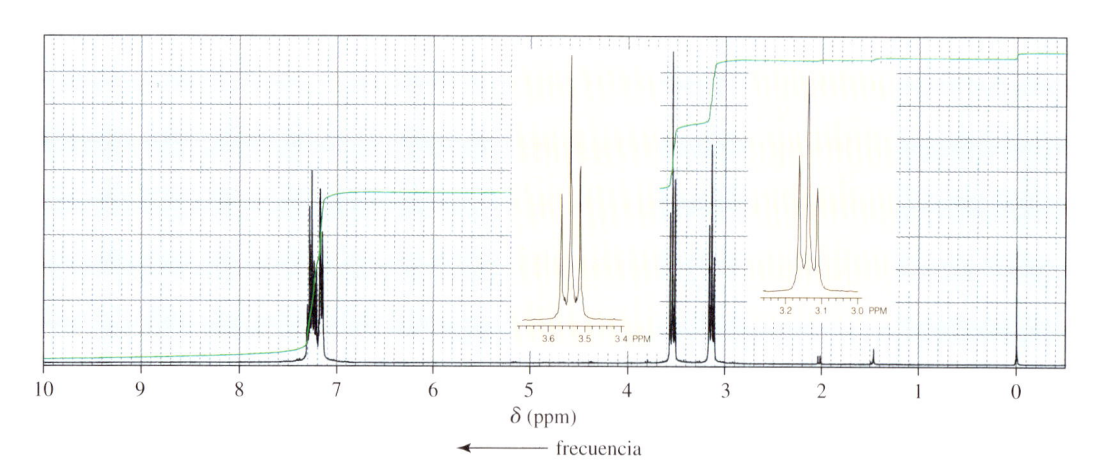

73. En presencia de un catalizador ácido, el acetaldehído forma un trímero llamado paraldehído. Como induce el sueño cuando se administra en grandes dosis a los animales, el paraldehído se usa como sedante o hipnótico. Proponga un mecanismo para la formación de paraldehído.

CH₃CHO ⇌(HCl) paraldehído (2,4,6-trimetil-1,3,5-trioxano)

74. La adición de cianuro de hidrógeno a benzaldehído forma un compuesto llamado mandelonitrilo. El (R)-mandelonitrilo se forma por hidrólisis de la amigdalina, compuesto que se encuentra en las semillas de ciruelas y chabacanos. La amigdalina es el principal componente del laetrilo, compuesto que alguna vez fue famoso en el tratamiento del cáncer. Después se comprobó que el medicamento carecía de efectividad. ¿Se forma (R)-mandelonitrilo por el ataque del ion cianuro sobre la cara *Re* o la cara *Si* del benzaldehído?

75. ¿Qué compuesto carbonílico y qué iluro de fosfonio se necesitan para sintetizar los siguientes compuestos?

a. C₆H₅—CH=CHCH₂CH₂CH₃   b. ciclopentilideno=CHCH₂CH₃   c. C₆H₅—CH=CH—C₆H₅   d) ciclohexilideno=CH₂

76. Identifique los compuestos A y B.

$$A \xrightarrow[\text{2. H}_3\text{O}^+]{\text{1. (CH}_2=\text{CH)}_2\text{CuLi}} B \xrightarrow[\text{2. H}_3\text{O}^+]{\text{1. CH}_3\text{Li}} CH_2=CHC(CH_3)_2CH_2CH(OH)CH_3$$

77. Proponga un mecanismo razonable para cada una de las reacciones siguientes:

a.

b.

78. Un compuesto reacciona con bromuro de metilmagnesio; si se realiza una acidulación posterior para formar el producto, éste tiene el espectro de RMN-¹H siguiente. Indique cuál es tal compuesto.

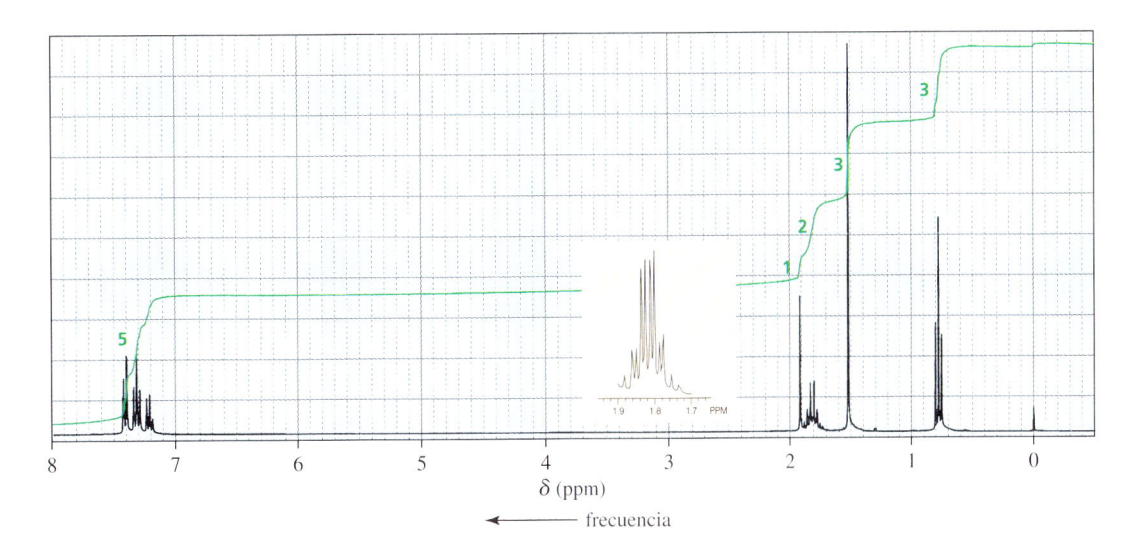

848 CAPÍTULO 17 Compuestos carbonílicos II

79. Indique cómo se puede preparar cada uno de los compuestos siguientes a partir del material inicial indicado. En cada caso necesitará usar un grupo protector.

a. CH$_3$CHCH$_2$COCH$_3$ $\longrightarrow$ CH$_3$CHCH$_2$CCH$_3$
   | OH | OH | OH
                                            CH$_3$

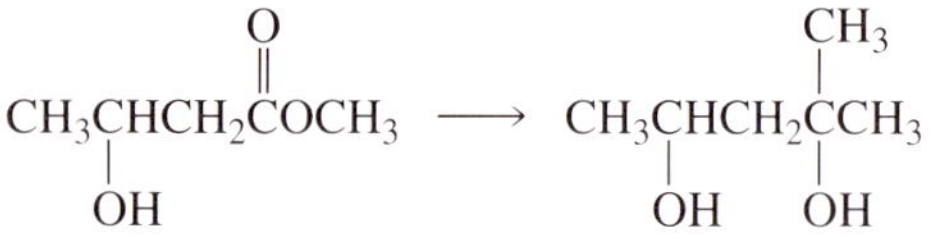

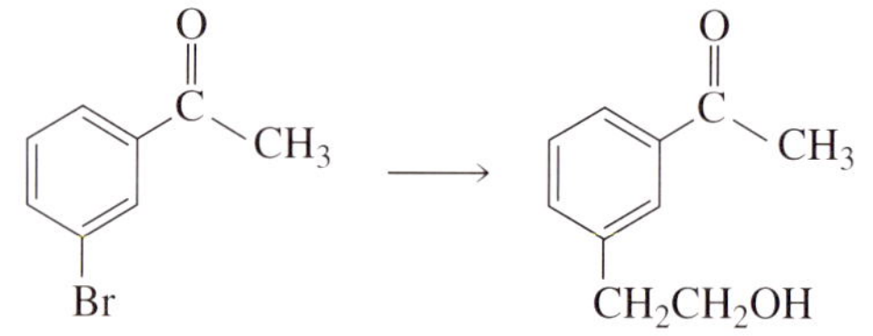

b. [ciclohexano con Cl y OH] $\longrightarrow$ [ciclohexano con COOH y OH]

c. [m-bromoacetofenona] $\longrightarrow$ [m-(2-hidroxietil)acetofenona]

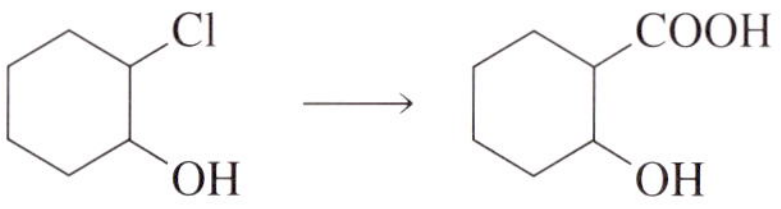

80. Cuando una cetona cíclica reacciona con diazometano, se forma la siguiente cetona cíclica más grande. A esto se le llama una reacción de expansión de anillo. Indique un mecanismo para esta reacción.

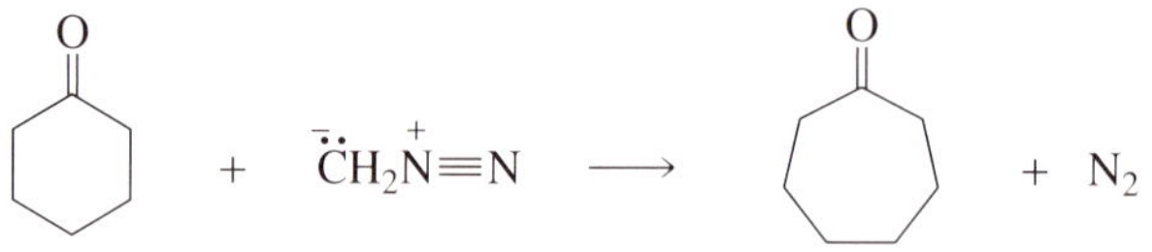

ciclohexanona + $\overset{-}{\text{C}}$H$_2\overset{+}{\text{N}}\equiv$N $\longrightarrow$ cicloheptanona + N$_2$

ciclohexanona **diazometano** **cicloheptanona**

81. Los valores de pK_a del ácido oxalacético son 2.22 y 3.98.

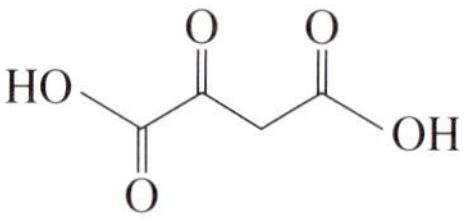

ácido oxalacético

a. ¿Cuál grupo carbonilo es más ácido?
b. La cantidad de hidrato presente en una disolución acuosa de ácido oxalacético depende del pH de la disolución: 95% a pH = 0, 81% a pH = 1.3, 35% a pH = 3.1, 13% a pH = 4.7, 6% a pH = 6.7 y 6% a pH = 12.7. Explique esta dependencia del pH.

82. La *modificación de Horner-Emmons* es una variación de una reacción de Wittig en la que se usa un carbanión estabilizado por un fosfonato en lugar de un iluro de fosfonio.

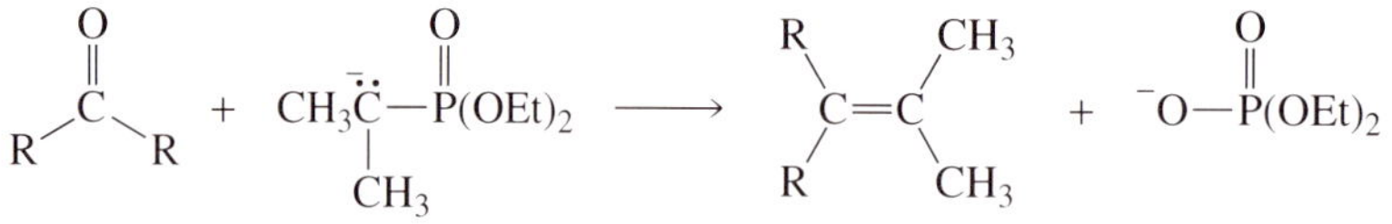

$$\underset{R}{\overset{O}{\underset{\|}{R-C-R}}} + \text{CH}_3\overset{-}{\text{C}}-\text{P(OEt)}_2 \longrightarrow \underset{R}{\overset{CH_3}{C}}=\underset{CH_3}{\overset{R}{C}} + {}^-\text{O}-\text{P(OEt)}_2$$
                        | ‖
                      CH$_3$ O

Et = CH$_3$CH$_2$

El carbanión estabilizado por un fosfonato se prepara a partir de un haluro de alquilo adecuado. A esto se lo conoce como *reacción de Arbuzov*.

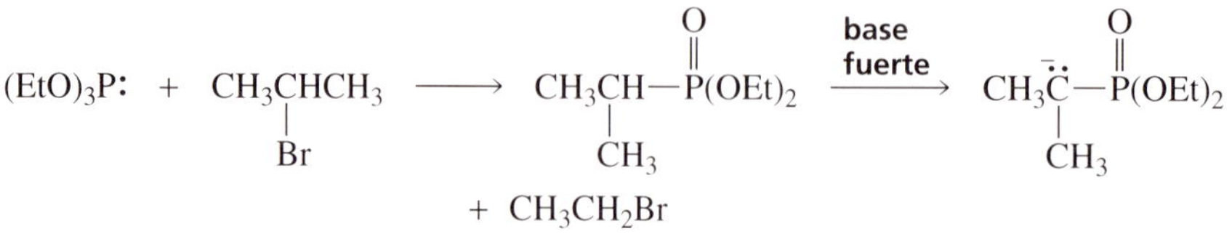

(EtO)$_3$P: + CH$_3$CHCH$_3$ $\longrightarrow$ CH$_3$CH—P(OEt)$_2$ $\xrightarrow{\text{base fuerte}}$ CH$_3$$\overset{-}{\text{C}}$—P(OEt)$_2$
                | | ‖ | ‖
                Br   CH$_3$ O   CH$_3$ O
                                    + CH$_3$CH$_2$Br

Como la reacción de Arbuzov puede efectuarse con una α-bromocetona o un α-bromoéster (en cuyo caso se llama *reacción de Perkov*), permite contar con una forma de sintetizar cetonas y ésteres α,β-insaturados.

$$(EtO)_3P: \; + \; Br-CH_2\overset{\overset{O}{\|}}{C}R \; \longrightarrow \; (EtO)_2\overset{\overset{O}{\|}}{P}-CH_2\overset{\overset{O}{\|}}{C}R \; \xrightarrow{\text{base fuerte}} \; (EtO)_2\overset{\overset{O}{\|}}{P}-\overset{..}{\overset{-}{C}}H\overset{\overset{O}{\|}}{C}R$$
$$+ \; CH_3CH_2Br$$

a. Proponga un mecanismo para la reacción de Arbuzov.
b. Proponga un mecanismo para la modificación de Horner-Emmons.
c. Indique cómo se pueden preparar los compuestos siguientes a partir de los materiales indicados.

1. $CH_3CH_2\overset{\overset{O}{\|}}{C}H \; \longrightarrow \; CH_3CH_2CH=CH\overset{\overset{O}{\|}}{C}CH_3$

2. (cetona ciclohexilo metilo) ⟶ (éster α,β-insaturado con anillo ciclohexilo, OCH₃)

83. Para resolver este problema debe usted leer la descripción del tratamiento σ,ρ de Hammett, indicado en el capítulo 16, problema 88. Cuando se determinan las constantes de rapidez de la hidrólisis para varias morfolina enaminas de propiofenonas *para*-sustituidas, a un pH = 4.7, el valor ρ es positivo; sin embargo, cuando se determina la rapidez de la hidrólisis a pH = 10.4, el valor de ρ es negativo.
   a. ¿Cuál es el paso determinante de la rapidez de la reacción de hidrólisis cuando se hace en una disolución básica?
   b. ¿Cuál es el paso determinante de la rapidez de reacción cuando se hace en una disolución ácida?

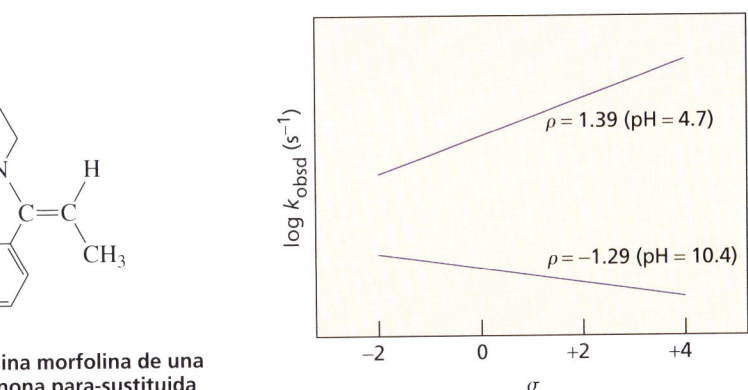

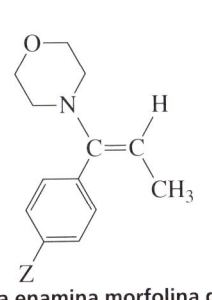

una enamina morfolina de una propiofenona para-sustituida

$\rho = 1.39$ (pH = 4.7)
$\rho = -1.29$ (pH = 10.4)

84. Proponga un mecanismo para cada una de las reacciones siguientes:

a. PhC(Br)(OCH₃)(CH₃) $\xrightarrow{\text{HCl}, H_2O}$ PhC(O)CH₃

b. (biciclo dioxano) $\xrightarrow{\text{HCl}, H_2O}$ $(HOCH_2CH_2CH_2)_2CH\overset{\overset{O}{\|}}{C}H$

c. (1,4-naftoquinona) + CH_3CH_2SH ⟶ (2-etiltio-1,4-dihidroxinaftaleno)

d. $CH_3CH=CH\overset{\overset{O}{\|}}{C}CH_3$ + (pirrolidina-ciclohexeno enamina) ⟶ (intermedio iminio) $\xrightarrow{\text{HCl}, H_2O}$ (2-alquilciclohexanona) + (pirrolidinio)

CAPÍTULO 18

Compuestos carbonílicos III
Reacciones en el carbono α

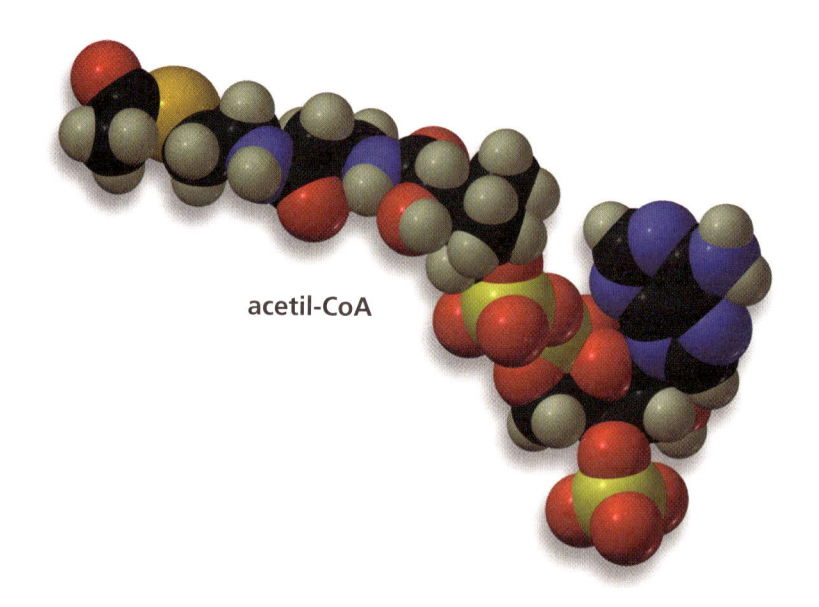

acetil-CoA

ANTECEDENTES

SECCIÓN 18.1 La deslocalización electrónica aumenta la estabilidad de un compuesto (7.6).	con mayor rapidez); las condiciones más vigorosas favorecen al producto que se forma bajo control termodinámico (el producto más estable) (7.11).
SECCIÓN 18.2 Cuando se agrega un ácido a una reacción, lo primero que sucede es que el ácido protona al átomo del reactivo que tenga la máxima densidad electrónica (10.4).	**SECCIÓN 18.12** Los dobles enlaces conjugados son más estables que los dobles enlaces aislados (7.7).
SECCIÓN 18.8 Las condiciones moderadas favorecen al producto que se forma bajo control cinético (el que se forma	**SECCIÓN 18.14** Los compuestos tetraédricos son inestables si contienen un grupo que sea una base lo bastante débil como para ser eliminada (16.5).

Cuando se describieron las reacciones de los compuestos carbonílicos en los capítulos 16 y 17, se hizo evidente que su sitio de reactividad es el carbono del grupo carbonilo con una carga positiva parcial, al cual atacan los nucleófilos.

Los aldehídos, las cetonas, los ésteres y las amidas *N,N*-disustituidas presentan un segundo sitio de reactividad. Un hidrógeno unido a *un carbono adyacente a un carbono de un grupo carbonilo* dispone de la suficiente acidez como para ser eliminado por una base fuerte. El carbono adyacente a un carbono de un grupo carbonilo se llama **carbono α**. Un hidrógeno unido a un carbono α se llama, entonces, **hidrógeno α**.

En la sección 18.1, el lector explorará la causa de que un hidrógeno unido a un carbono adyacente a un carbono de un grupo carbonilo sea más ácido que los que están unidos a otros carbonos con hibridación sp^3, y conocerá algunas reacciones debidas a dicha acidez. Más adelante, en este capítulo, se verá que un protón no es el único sustituyente que se puede eliminar de un carbono α: un grupo carboxilo unido a un carbono α se puede eliminar como CO_2. Al final del capítulo se presentan algunos esquemas de síntesis que se basan en la capacidad de eliminar protones y grupos carboxilo de los carbonos α.

18.1 La acidez de un hidrógeno α

El hidrógeno y el carbono tienen electronegatividades similares, y ello implica que los dos átomos comparten casi por igual los electrones que los unen. En consecuencia, un hidrógeno unido a un carbono no suele ser ácido. Este concepto encierra validez especial para hidrógenos unidos a carbonos con hibridación sp^3 porque son éstos los que se parecen más al hidrógeno en electronegatividad (sección 6.10). El alto pK_a del etano es una prueba de la poca acidez de un hidrógeno unido a un carbono con hibridación sp^3.

$$CH_3CH_3 \quad pK_a > 60$$

Sin embargo, un hidrógeno unido a un carbono con hibridación sp^3 adyacente a un carbono de un grupo carbonilo es mucho más ácido que los que están unidos a otros carbonos con hibridación sp^3. Por ejemplo, el valor de pK_a para la disociación de un protón del carbono α de un aldehído o una cetona va de 16 a 20, y el de la disociación de un protón del carbono α a un éster es 25, aproximadamente (tabla 18.1). Obsérvese que, aunque un hi-

Tabla 18.1 Valores de pK_a de algunos carbonos ácidos

Compuesto	pK_a	Compuesto	pK_a
$CH_2(H)C(O)N(CH_3)_2$	30	$N\equiv CCH(H)C\equiv N$	11.8
$CH_2(H)C(O)OCH_2CH_3$	25	$CH_3C(O)CH(H)C(O)OCH_2CH_3$	10.7
$CH_2(H)C\equiv N$	25	$C_6H_5C(O)CH(H)C(O)CH_3$	9.4
$CH_2(H)C(O)CH_3$	20	$CH_3C(O)CH(H)C(O)CH_3$	8.9
		$CH_3CH(H)NO_2$	8.6
$CH_2(H)C(O)H$	17	$CH_3C(O)CH(H)C(O)H$	5.9
$CH_3CH_2OC(O)CH(H)C(O)OCH_2CH_3$	13.3	$O_2NCH(H)NO_2$	3.6

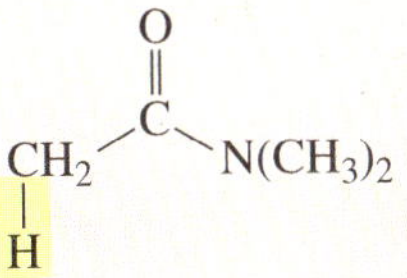

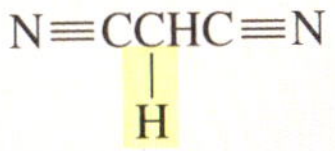

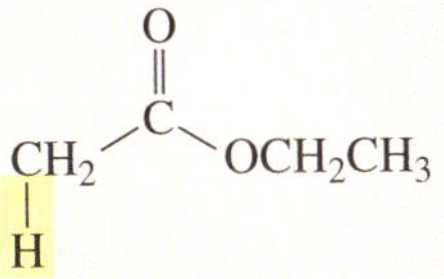

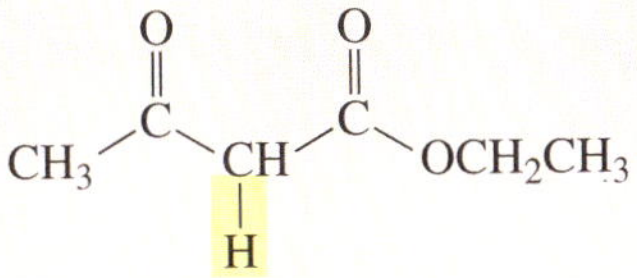

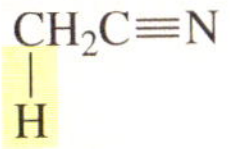

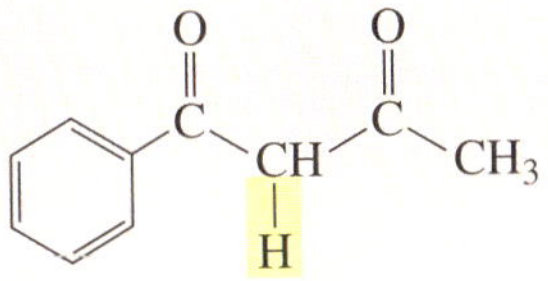

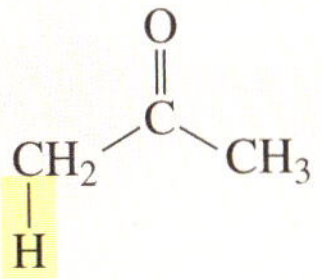

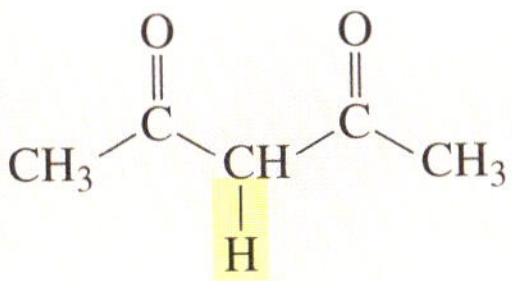

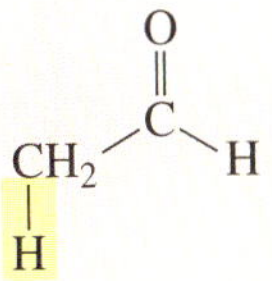

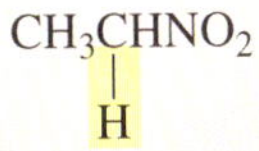

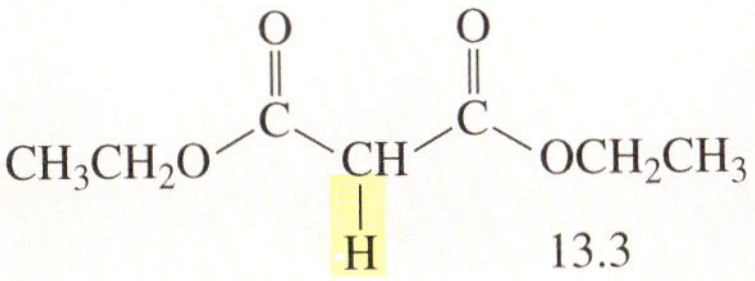

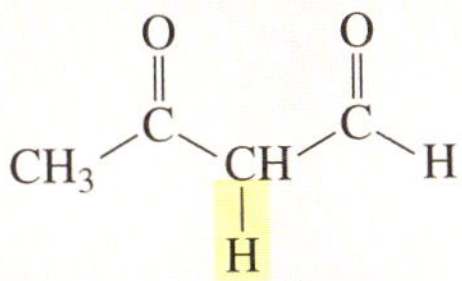

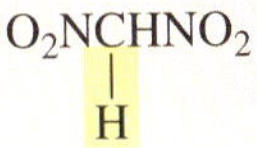

drógeno α es más ácido que la mayor parte de demás hidrógenos unidos a carbono, y es menos ácido que un hidrógeno del agua (pK_a = 15.7). Un compuesto que contiene un hidrógeno relativamente ácido unido a un carbono con hibridación sp^3 es un **ácido de carbono**.

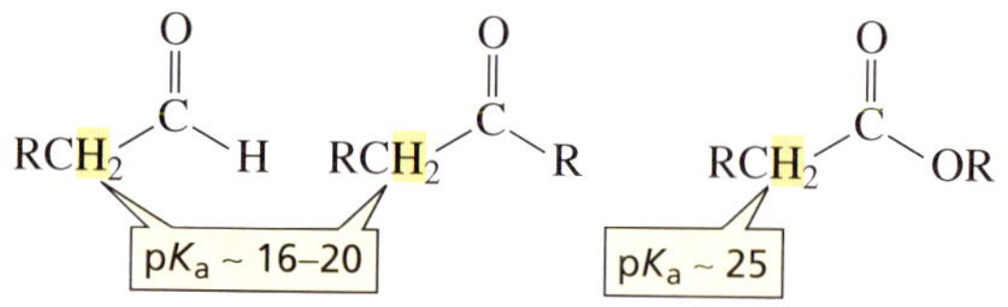

$$RCH_2-\overset{\overset{O}{\|}}{C}-H \qquad RCH_2-\overset{\overset{O}{\|}}{C}-R \qquad RCH_2-\overset{\overset{O}{\|}}{C}-OR$$

pK_a ~ 16–20   pK_a ~ 25

¿Por qué un hidrógeno unido a un carbono con hibridación sp^3 adyacente a un carbono de un grupo carbonilo es mucho más ácido que los unidos a otros carbonos con hibridación sp^3? Es más ácido porque la base que se forma al eliminar un protón de un carbono α es más estable que la que se forma cuando se elimina un protón de otros carbonos con hibridación sp^3. Como ya vimos, mientras más estable sea la base, su ácido conjugado es más fuerte (sección 1.18).

¿Por qué es más estable la base que resulta de la eliminación de un hidrógeno α? Cuando se elimina un protón del etano, los electrones que permanecen sólo se encuentran en un átomo de carbono. Como el carbono no es muy electronegativo, un carbanión es inestable. El resultado es que el pK_a de su ácido conjugado es muy alto.

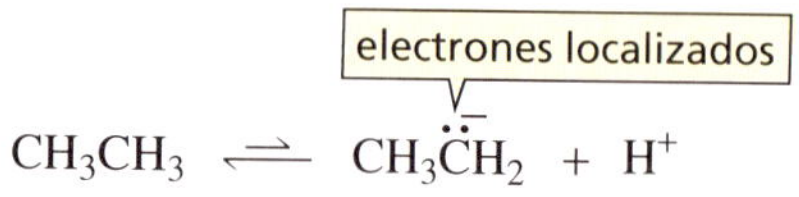

$$CH_3CH_3 \rightleftharpoons CH_3\overset{..}{C}H_2 + H^+$$

electrones localizados

En contraste, cuando se elimina un protón de un carbono adyacente a un carbono de un grupo carbonilo, se combinan dos factores para aumentar la estabilidad de la base que se forma. Primero, los electrones que permanecen después de eliminar el protón están deslocalizados y la deslocalización electrónica aumenta la estabilidad (sección 7.6). Pero lo más importante radica en que los electrones se deslocalizan sobre un átomo de oxígeno, un átomo que puede darles mejor cabida porque es más electronegativo que el carbono.

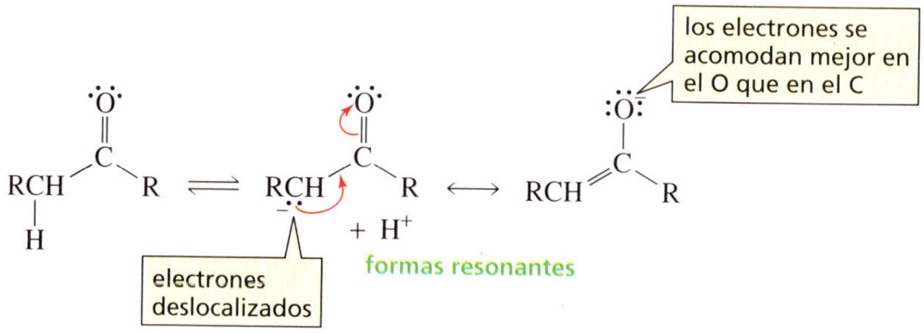

los electrones se acomodan mejor en el O que en el C

electrones deslocalizados   formas resonantes

PROBLEMA 1◆

El pK_a de un hidrógeno unido al carbono con hibridación sp^3 del propeno es 42, más grande que el de cualquiera de los carbonos ácidos de la tabla 18.1, pero menor que el pK_a de un alcano. Explique por qué.

Ya se puede comprender por qué los aldehídos y las cetonas (pK_a = 16 a 20) son más ácidos que los ésteres (pK_a = 25). Los electrones que quedan cuando se elimina un protón del carbono α de un éster no están tan deslocalizados sobre el oxígeno del grupo carbonilo como lo estarían en un aldehído o una cetona. Esto se debe a que el oxígeno del grupo OR en el éster también tiene un par de electrones no enlazado que se puede deslocalizar sobre el oxígeno carbonílico. Así, dos pares de electrones no compartidos compiten para su deslocalización sobre el mismo oxígeno.

$$R\ddot{C}H-\overset{:\ddot{O}:^-}{\underset{}{C}}=\overset{+}{\ddot{O}}R \longleftrightarrow \text{[deslocalización de un par de electrones no enlazado sobre el oxígeno]} \longleftrightarrow RCH-\overset{:\ddot{O}:}{\underset{}{C}}-\ddot{O}R \longleftrightarrow \text{[deslocalización de la carga negativa en el carbono } \alpha\text{]} \longleftrightarrow RCH=\overset{:\ddot{O}:}{\underset{}{C}}-\ddot{O}R$$

formas resonantes

Los nitroalcanos, los nitrilos y las amidas *N,N*-disustituidas también tienen un hidrógeno α relativamente ácido (tabla 18.1) porque en cada caso los electrones que permanecen al eliminar el protón se pueden deslocalizar sobre un átomo que sea más electronegativo que el carbono.

> El hidrógeno α de una cetona o de un aldehído es más ácido que el hidrógeno α de un éster.

$CH_3CH_2NO_2$
nitroetano
pK_a = 8.6

$CH_3CH_2C\equiv N$
propanonitrilo
pK_a = 26

$CH_3\overset{O}{\underset{\parallel}{C}}N(CH_3)_2$
N,N-dimetilacetamida
pK_a = 30

Si el carbono α se halla *entre* dos grupos carbonilo, aumenta todavía más la acidez de un hidrógeno α (tabla 18.1). Por ejemplo, el valor de pK_a para la disociación de un protón del carbono α de la 2,4-pentanodiona, compuesto que presenta un carbono α entre dos grupos carbonilos de cetona, es de 8.9, y el valor de pK_a de la disociación de un protón del 3-oxobutirato de etilo, compuesto que tiene un carbono α entre un grupo carbonilo de cetona y un grupo carbonilo de éster, es de 10.7. El 3-oxobutirato de etilo se clasifica como **β-cetoéster** porque el éster exhibe un grupo carbonilo en la posición β; la 2,4-pentanodiona es una **β-dicetona**.

pK_a = 8.9

$CH_3-\overset{O}{\underset{\parallel}{C}}-CH_2-\overset{O}{\underset{\parallel}{C}}-CH_3$

2,4-pentanodiona
acetilacetona
β-dicetona

pK_a = 10.7

$CH_3-\overset{O}{\underset{\parallel}{C}}-CH_2-\overset{O}{\underset{\parallel}{C}}-OCH_2CH_3$

3-oxobutirato de etilo
acetoacetato de etilo
β-cetoéster

La acidez de los hidrógenos α unidos a carbonos unidos a dos grupos carbonilo aumenta porque los electrones que permanecen al eliminar el protón se pueden deslocalizar sobre *dos* átomos de oxígeno. Las β-dicetonas tienen menores valores de pK_a que los β-cetoésteres porque, como ya fue visto, los electrones se deslocalizan con más facilidad sobre grupos carbonilo de cetona que sobre grupos carbonilo de ésteres.

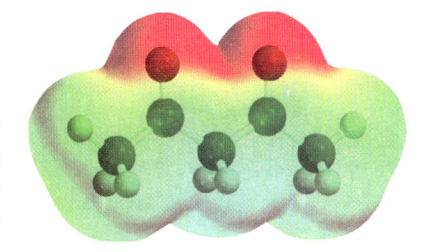

2,4-pentanodiona

$$CH_3-\overset{:\ddot{O}:}{\underset{\parallel}{C}}=CH-\overset{:\ddot{O}:^-}{\underset{}{C}}-CH_3 \longleftrightarrow CH_3-\overset{:\ddot{O}:}{\underset{\parallel}{C}}-\overset{..}{\underset{}{CH}}-\overset{:\ddot{O}:}{\underset{\parallel}{C}}-CH_3 \longleftrightarrow CH_3-\overset{:\ddot{O}:^-}{\underset{}{C}}=CH-\overset{:\ddot{O}:}{\underset{\parallel}{C}}-CH_3$$

formas resonantes del anión 2,4-pentanodiona

PROBLEMA 2◆

Indique un ejemplo de

a. un β-cetonitrilo **b.** un β-diéster

ESTRATEGIA PARA RESOLVER PROBLEMAS

Comportamiento ácido-base de un compuesto carbonílico

Explique por qué un HO:⁻ no puede eliminar un protón del carbono α en un ácido carboxílico.

El hecho de que el HO:⁻ no pueda eliminar un protón del carbono α de un ácido carboxílico indica que el HO:⁻ reacciona con más rapidez con otra parte de la molécula. Como el protón del grupo carboxilo es más ácido que el protón del carbono α, se puede concluir que el HO:⁻ elimina un protón del grupo carboxilo y no del carbono α.

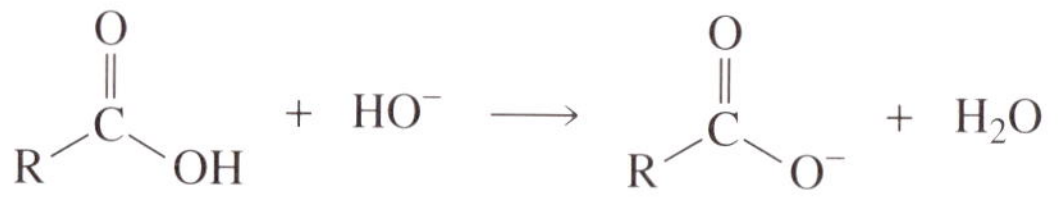

$$\underset{R}{\overset{O}{\|}}{C}-OH + HO^- \longrightarrow \underset{R}{\overset{O}{\|}}{C}-O^- + H_2O$$

Continúe ahora en el problema 3.

PROBLEMA 3◆

Explique por qué se puede eliminar un protón del carbono α de la *N,N*-dimetiletanamida, pero no del carbono α de la *N*-metiletanamida ni de la etanamida.

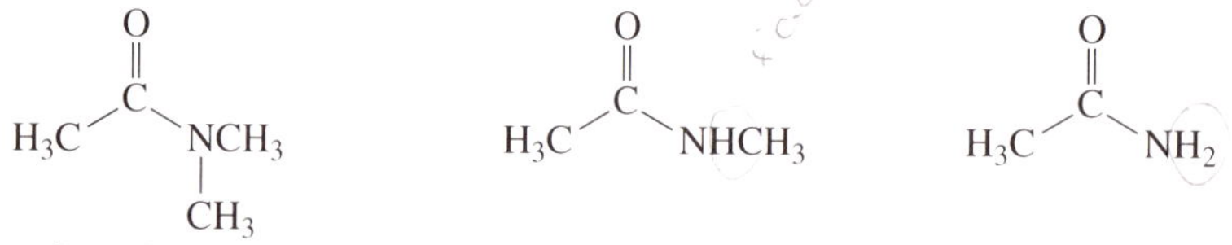

N,N-dimetiletanamida   *N*-metiletanamida   etanamida

PROBLEMA 4◆

Explique por qué una amida *N,N*-disustituida es menos ácida que un éster.

PROBLEMA 5◆

Ordene los compuestos, en cada uno de los grupos, de acuerdo a su acidez decreciente.

a.  $CH_2=CH_2$ CH_3CH_3 $CH_3\overset{O}{\overset{\|}{C}}H$ $HC\equiv CH$

b. $CH_3\overset{O}{\overset{\|}{C}}CH_2\overset{O}{\overset{\|}{C}}CH_3$ $CH_3O\overset{O}{\overset{\|}{C}}CH_2\overset{O}{\overset{\|}{C}}OCH_3$ $CH_3\overset{O}{\overset{\|}{C}}CH_2\overset{O}{\overset{\|}{C}}OCH_3$ $CH_3\overset{O}{\overset{\|}{C}}CH_3$

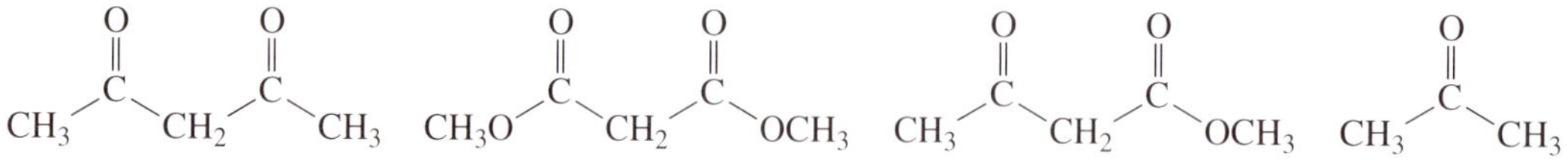

c.

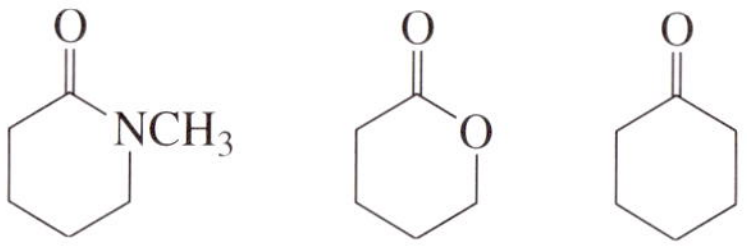

18.2 Tautómeros ceto-enol

Una cetona existe en equilibrio con un enol tautómero. Recuérdese que los **tautómeros** son isómeros que están en rápido equilibrio entre sí (sección 6.7). Los tautómeros ceto-enol difieren en el lugar de un enlace doble y un hidrógeno.

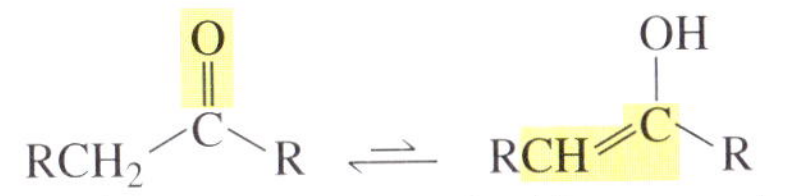

$$RCH_2-\overset{O}{\underset{\parallel}{C}}-R \rightleftharpoons RCH=\overset{OH}{\underset{|}{C}}-R$$

tautómero ceto   tautómero enol

En la mayor parte de las cetonas, el **tautómero enol** es mucho menos estable que el **tautómero ceto.** Por ejemplo, una disolución acuosa de acetona existe como una mezcla en equilibrio de más de 99.9% del tautómero ceto y menos del 0.1% del tautómero enol.

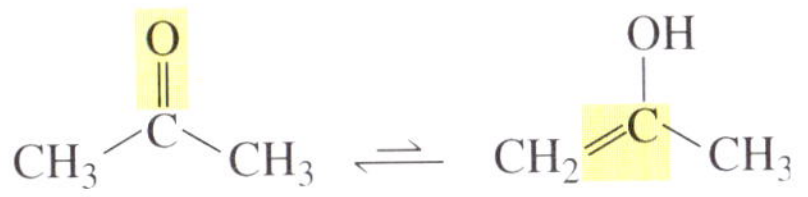

$$CH_3-\overset{O}{\underset{\parallel}{C}}-CH_3 \rightleftharpoons CH_2=\overset{OH}{\underset{|}{C}}-CH_3$$

>99.9%   <0.1%
tautómero ceto   tautómero enol

La fracción del tautómero enol en una disolución acuosa es bastante mayor en una β-dicetona porque dicho tautómero enol está estabilizado por puentes de hidrógeno intramoleculares y por conjugación del enlace doble carbono-carbono con el segundo grupo carbonilo.

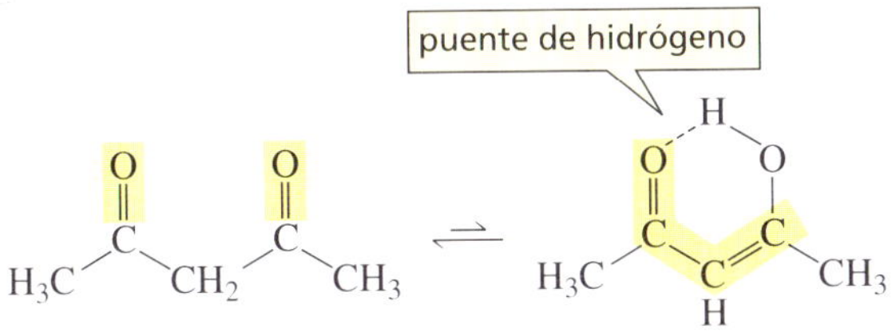

85%   15%
tautómero ceto   tautómero enol

El fenol es excepcional porque su tautómero enol es *más* estable que su tautómero ceto, porque el tautómero enol es aromático, pero no lo es el tautómero ceto.

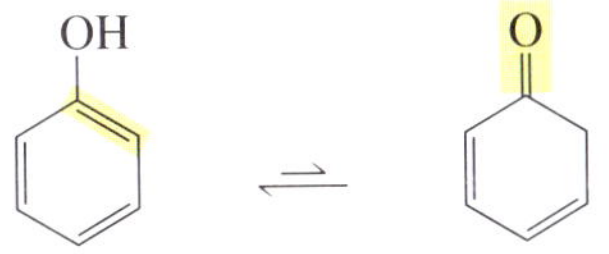

tautómero enol   tautómero ceto
aromático   no aromático

PROBLEMA 6

Sólo 15% de la 2,4-pentanodiona está en forma de tautómero enol en agua, pero 92% está como tautómero enol en el hexano. Explique por qué es así.

18.3 Enolización

Ahora que sabemos que un hidrógeno unido a un carbono adyacente a un carbono de un grupo carbonilo es algo ácido es posible comprender por qué los tautómeros ceto y enol se interconvierten, como vimos ya en el capítulo 6. La interconversión de los tautómeros ceto y enol se llama **tautomería ceto-enólica,** o **interconversión ceto-enólica** o **enolización**. Esta interconversión se puede catalizar con una base o un ácido. A continuación se muestra el mecanismo de la interconversión ceto-enólica catalizada por una base.

Mecanismo de interconversión ceto-enólica catalizada por una base

- El ion hidróxido abstrae un protón del carbono α del tautómero ceto y forma un anión llamado anión enolato. El ion enolato tiene dos estructuras resonantes.
- La protonación en el oxígeno forma el tautómero enol si la protonación en el carbono α modifica al tautómero ceto.

A continuación se presenta el mecanismo de interconversión ceto-enólica catalizado por ácido.

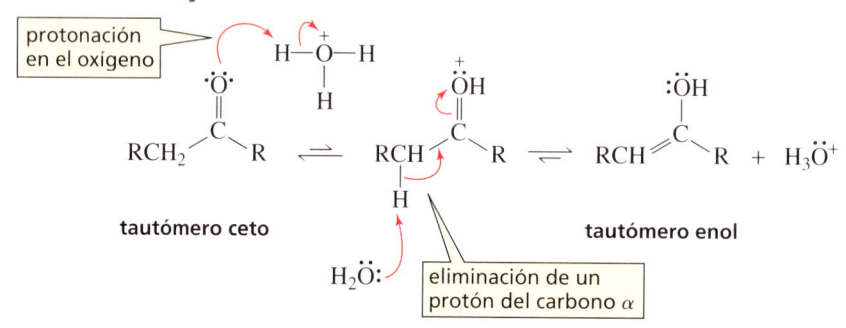

Mecanismo de interconversión ceto-enólica catalizado por ácido

- El oxígeno del grupo carbonilo del tautómero ceto es protonado.
- El agua abstrae un protón del carbono α y forma el tautómero enol.

Obsérvese que se invierten los pasos en las reacciones catalizadas por base y ácido. En la reacción catalizada por base, la base abstrae un protón de un carbono α en el primer paso y el oxígeno se protona en el segundo paso. En la reacción catalizada por ácido, el oxígeno se protona en el primer paso y el protón es eliminado del carbono α en el segundo paso. También, note que el catalizador se regenera en las reacciones catalizadas tanto por ácido como por base.

PROBLEMA 7◆

Indique las concentración relativa de un enol y un ion enolato en una disolución de pH = 8 si el valor de pK_a del enol es

a. 20
b. 16
c. 10

PROBLEMA 8◆

Dibuje los tautómeros enol de cada uno de los compuestos siguientes. Para compuestos que tienen más de un tautómero enol, indique cuál es más estable.

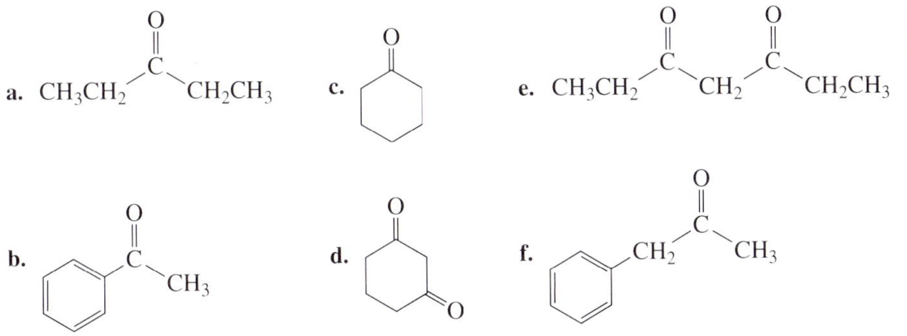

a. CH₃CH₂—C(=O)—CH₂CH₃   c. ciclohexanona   e. CH₃CH₂—C(=O)—CH₂—C(=O)—CH₂CH₃

b. C₆H₅—C(=O)—CH₃   d. 1,3-ciclohexanodiona   f. C₆H₅—CH₂—C(=O)—CH₃

18.4 Reacciones de los enoles y los iones enolato

El enlace doble carbono-carbono de un enol parece indicar que es un nucleófilo, como un alqueno. De hecho, un enol es más rico en electrones que un alqueno porque el átomo de oxígeno dona electrones por resonancia. Por consiguiente, un enol es mejor nucleófilo que un alqueno.

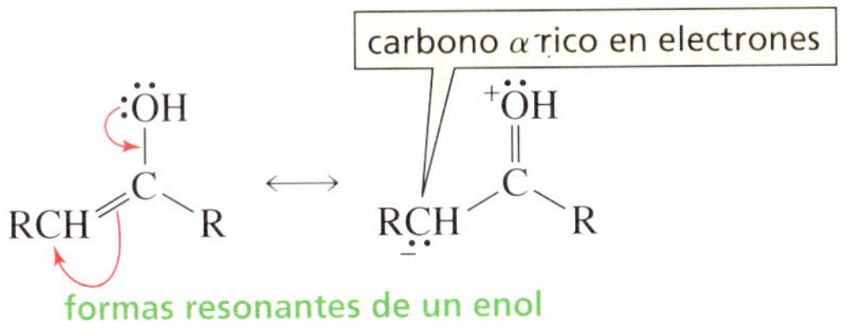

formas resonantes de un enol — carbono α rico en electrones

Un compuesto carbonílico que tenga un hidrógeno α puede tener reacciones de sustitución en el carbono α. Tales reacciones se pueden catalizar con una base o con un ácido. A continuación se presenta el mecanismo de la sustitución en α catalizada por una base.

Mecanismo de la sustitución en α catalizada por una base

ion enolato → producto α-sustituido

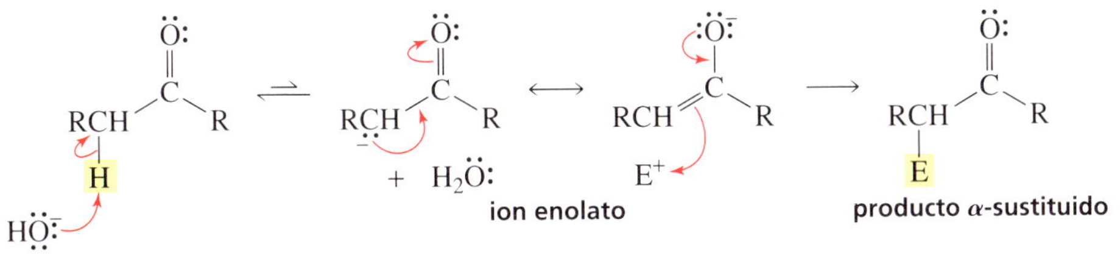

- Una base abstrae un protón del carbono α y forma un ion enolato.
- Entonces, el ion enolato reacciona con un electrófilo. Como tienen carga negativa, los iones enolato son mejores nucleófilos que los enoles.

La reacción general es una **reacción de sustitución en α**; un electrófilo (E^+) es sustituido por otro (H^+) en el carbono α.

El mecanismo de la sustitución en α catalizada por ácido es el siguiente:

Mecanismo de la sustitución en α catalizada por un ácido

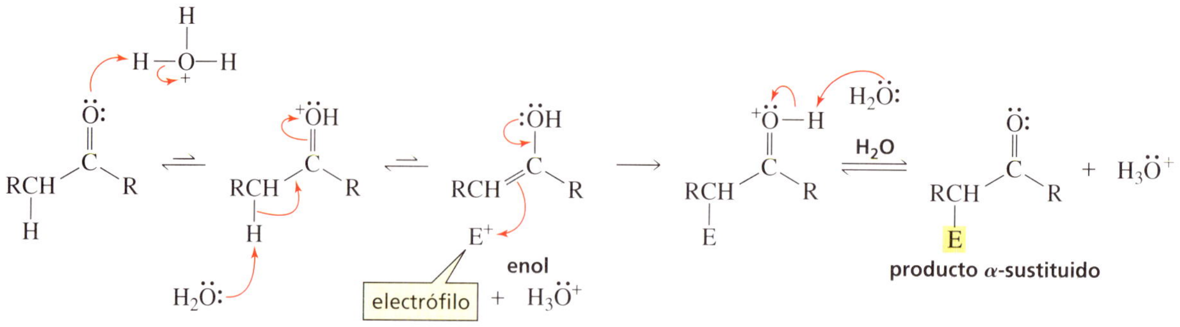

- El ácido protona al átomo con mayor densidad electrónica en el compuesto.
- El agua elimina un protón del carbono α.
- Entonces, el enol reacciona con un electrófilo.

Las formas resonantes del ion enolato muestran que presenta dos sitios ricos en electrones: el carbono α y el oxígeno. La forma resonante con el oxígeno con carga negativa contribuye más al híbrido de resonancia. El ion enolato es un ejemplo de un *nucleófilo ambidentado* (*ambi* es "ambos" en latín; *dent* es "dientes" en latín). Un **nucleófilo ambidentado** es uno que cuenta con dos sitios nucleofílicos ("dos dientes").

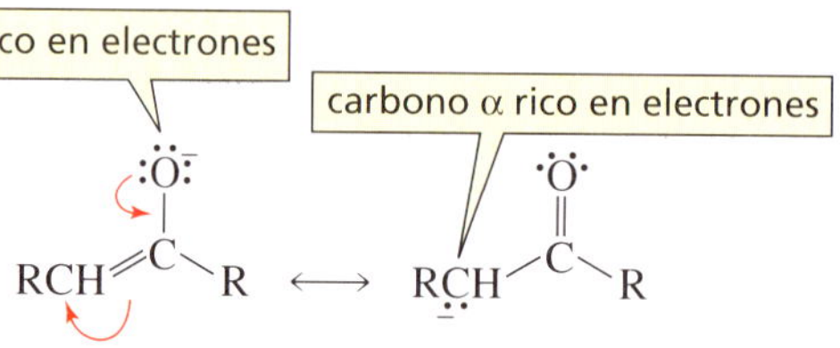

formas resonantes de un ion enolato

El sitio nucleofílico (C u O) que reacciona con un electrófilo depende del electrófilo y de las condiciones de la reacción. La protonación se hace de preferencia en el oxígeno, formándose así el producto cinético por la mayor concentración de la carga negativa en el átomo de oxígeno más electronegativo; sin embargo, la reacción es reversible, por lo que la cetona, el producto termodinámico, predomina en el equilibrio. Cuando el electrófilo no es un protón, es más probable que el nucleófilo sea el carbono porque es mejor nucleófilo que el oxígeno.

Obsérvese la similitud entre la interconversión ceto-enólica y la sustitución en α. En realidad, la interconversión ceto-enólica es una reacción de sustitución en α donde el hidrógeno es tanto el electrófilo que es eliminado del carbono α como el electrófilo que se adiciona al carbono α cuando el enol o el ion enolato se vuelve a convertir en el tautómero ceto.

A medida que se describan diversas reacciones de sustitución en α en este capítulo, obsérvese que todas ellas siguen el mismo mecanismo en forma básica: una base abstrae un protón de un carbono α y el enol o el ion enolato que resultan reaccionan con un electrófilo. Las reacciones sólo difieren en la naturaleza de la base y del electrófilo y en si se efectúan bajo condiciones ácidas o básicas.

PROBLEMA 9

Cuando se agita una disolución diluida de acetaldehído con NaOD en D_2O, los hidrógenos del metilo se intercambian con deuterio, pero el hidrógeno de aldehído (el que está unido al carbono del grupo carbonilo) no se intercambia. Explique por qué.

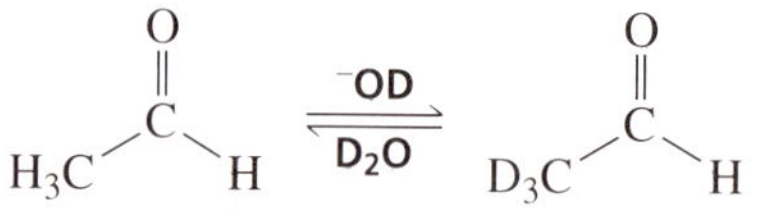

18.5 Halogenación del carbono α de aldehídos y cetonas

Cuando se agregan Br_2, Cl_2 o I_2 a una disolución de un aldehído o una cetona, un halógeno sustituye a *uno o más* de los hidrógenos α del compuesto carbonílico.

Halogenación catalizada por ácido

En la reacción catalizada por ácido, el halógeno sustituye a *uno* de los hidrógenos α.

Bajo condiciones ácidas, un halógeno sustituye a un hidrógeno α.

α-Halogenación 1

$$\text{ciclohexanona} + Cl_2 \xrightarrow{H_3O^+} \text{2-clorociclohexanona} + HCl$$

$$C_6H_5COCH_2CH_3 + I_2 \xrightarrow{H_3O^+} C_6H_5COCHICH_3 + HI$$

A continuación se analiza el mecanismo de la reacción.

Mecanismo de la halogenación catalizada por ácido

α-Halogenación 2

[Mecanismo: protonación del oxígeno carbonílico por H_3O^+, formación del enol con pérdida de un protón α por H_2O, ataque del enol al Br_2, y desprotonación final del intermedio protonado por H_2O para dar la α-bromocetona y H_3O^+.]

- Se protona el oxígeno del grupo carbonilo.
- El agua elimina un protón del carbono α y forma un enol.
- El enol reacciona con un halógeno electrofílico.

Halogenación activada por base

Cuando se adiciona un exceso de Br_2, Cl_2 o I_2 a una disolución *básica* de un aldehído o una cetona, el halógeno sustituye a *todos* los hidrógenos α.

Bajo condiciones básicas, los halógenos sustituyen a todos los hidrógenos α.

$$R-CH_2-CO-R + Br_2 \text{ (exceso)} \xrightarrow{HO^-} R-CBr_2-CO-R + 2\,Br^-$$

Mecanismo de la halogenación activada por base

A continuación se resume el mecanismo de la reacción.

α-Halogenación 3

- El ion hidróxido elimina un protón del carbono α.
- El ion enolato reacciona con el bromo, que es un electrófilo.

Estos dos pasos se repiten hasta que todos los hidrógenos α quedan sustituidos por el halógeno. Cada halogenación sucesiva es *más rápida* que la anterior porque el halógeno atractor de electrones, en este caso el bromo, aumenta la acidez de los hidrógenos α restantes. Esta es la razón de por qué *todos* los hidrógenos α se sustituyen por bromo.

Por otra parte, bajo condiciones ácidas, cada halogenación sucesiva es *más lenta* que la anterior porque el bromo, atractor de electrones, hace disminuir la basicidad del oxígeno del grupo carbonilo y con ello vuelve menos favorable la protonación del oxígeno del grupo carbonilo.

La reacción del haloformo

En presencia de una base en exceso y de halógeno en exceso, una metilcetona se convierte en un ion carboxilato.

Mecanismo de la reacción del haloformo

- Primero, todos los hidrógenos del grupo metilo son sustituidos por halógenos y se forma una cetona sustituida con tres halógenos.
- El ion hidróxido ataca al carbono del grupo carbonilo de la cetona trihalosustituida.
- Como el ion trihalometilo es una base más débil que el ion hidróxido (el pK_a del CHI_3 es 14; el pK_a del H_2O es 15.7), el ion trihalometilo es el grupo que se elimina con más facilidad del intermediario tetraédrico y se forma un ácido carboxílico.
- Por un equilibrio ácido-base se forma un ion carboxilato y el haloformo correspondiente.

La conversión de una metilcetona en un ion carboxilato se llama **reacción del haloformo** porque uno de los productos es un haloformo: sea $CHCl_3$ (cloroformo), $CHBr_3$ (bromoformo) o CHI_3 (yodoformo). Antes de que la espectroscopia fuera un método analítico rutinario, la reacción del haloformo servía como prueba de las metilcetonas: la formación de yodoformo, que es un compuesto amarillo brillante, indicaba que había presente una metilcetona.

PROBLEMA 10◆

¿Por qué sólo las metilcetonas presentan la reacción del haloformo?

PROBLEMA 11♦

Con una cetona, se practica una bromación catalizada por ácido, una cloración catalizada con ácido y un intercambio de deuterio en el carbono α catalizado por ácido; todas las reacciones se realizan con la misma rapidez, más o menos. ¿Qué indica tal hecho acerca del mecanismo de estas reacciones?

18.6 Halogenación del carbono α de los ácidos carboxílicos: la reacción de Hell-Volhard-Zelinski

Los ácidos carboxílicos no pueden tener reacciones de sustitución en el carbono α porque una base abstraerá a un protón del grupo OH y no del carbono α ya que el grupo OH es más ácido. Sin embargo, si un ácido carboxílico se trata con PBr_3 y Br_2, se puede bromar el carbono α. (Se puede usar fósforo rojo en lugar de PBr_3 ya que el P y un exceso de Br_2 reaccionan y forman PBr_3). Esta reacción de halogenación se llama **reacción de Hell-Volhard-Zelinski** o, de modo más sencillo, **reacción de HVZ**.

la reacción de HVZ

$$RCH_2COOH \xrightarrow[\text{2. } H_2O]{\text{1. } PBr_3 \text{ (o P), } Br_2} RCHBrCOOH$$

Cuando examine su mecanismo, el lector tendrá oportunidad de comprobar que hay sustitución en α porque es un bromuro de acilo, y no un ácido carboxílico, el compuesto que presenta la sustitución en α.

Mecanismo de la reacción de Hell-Volhard-Zelinski

$$RCH_2-C(=O)-OH \xrightarrow{PBr_3} RCH_2-C(=O)-Br \rightleftharpoons RCH=C(OH)-Br \text{ (enol)}$$

un ácido carboxílico → un bromuro de acilo → enol (con $Br-Br$)

$$RCHBr-C(=O)-OH \xleftarrow{H_2O} RCHBr-C(=O)-Br + HBr \rightleftharpoons RCHBr-C(^+OH)-Br + Br^-$$

un ácido carboxílico α-bromado ← un bromuro de acilo α-bromado

- El PBr_3 convierte al ácido carboxílico en un bromuro de acilo por un mecanismo similar al que se sigue cuando el PBr_3 convierte un alcohol en un bromuro de alquilo (sección 10.2). Obsérvese que en ambas reacciones el PBr_3 sustituye un OH con un Br.
- El bromuro de acilo está en equilibrio con su enol.
- La bromación del enol forma el bromuro de acilo bromado en α, que se hidroliza y forma el ácido carboxílico bromado en α.

BIOGRAFÍA

Carl Magnus von Hell (1849–1926) *nació en Alemania. Estudió con Hermann von Fehling en la Universidad de Stuttgart y con Richard Erlenmeyer (1825-1909) en la Universidad de Munich. Von Hell describió la reacción de HVZ en 1881, que fue confirmada en forma independiente por Volhard y Zelinski en 1887.*

BIOGRAFÍA

Jacob Volhard (1834–1910) *nació también en Alemania. Brillante, pero sin dirección, sus padres lo mandaron a Inglaterra para estar con August von Hofmann (sección 20.4), un amigo de la familia. Después de trabajar con Hofmann, Vollhard fue profesor de química, primero en la universidad de Munich, después en la Universidad de Erlangen y más tarde en la Universidad de Halle. Fue quien primero sintetizó la sarcosina y la creatina.*

BIOGRAFÍA

Nikolai Dimitrievich Zelinski (1861–1953) *nació en Moldavia. Fue profesor de química en la Universidad de Moscú. En 1911 dejó la universidad para protestar por el despido de toda la administración, por parte del Ministerio de Educación. Fue a San Petersburgo, donde dirigió el laboratorio del Ministerio de Finanzas. En 1917, después de la Revolución Rusa, regresó a la Universidad de Moscú.*

862 CAPÍTULO 18 Compuestos carbonílicos III

18.7 Empleo de compuestos carbonílicos α-halogenados en síntesis orgánicas

Al eliminar un protón de un carbono α este carbono se convierte en un nucleófilo.

El lector habrá visto que cuando una base abstrae un protón de un carbono α en un aldehído o una cetona (sección 18.2), el carbono α se vuelve un *nucleófilo*: reacciona con los electrófilos.

el carbono α reacciona con electrófilos

Al sustituir un hidrógeno unido a un carbono α por un bromo, este carbono se convierte en un electrófilo.

Sin embargo, cuando la posición α está halogenada, el carbono α se vuelve un *electrófilo*: reacciona con los nucleófilos. Por consiguiente, pueden colocarse en el carbono α tanto electrófilos como nucleófilos.

el carbono α reacciona con nucleófilos

Los compuestos carbonílicos α-bromados también son útiles en síntesis orgánicas porque una vez que se introduce un bromo en la posición α de un compuesto carbonílico se puede preparar un compuesto carbonílico α,α-insaturado a través de una reacción de eliminación E2, con el recurso de una base fuerte y voluminosa para activar la eliminación frente a la sustitución (sección 9.2).

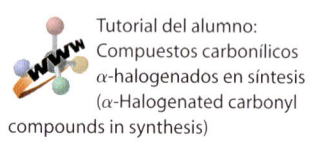

Tutorial del alumno:
Compuestos carbonílicos α-halogenados en síntesis (α-Halogenated carbonyl compounds in synthesis)

compuesto carbonílico α,β-insaturado

PROBLEMA 12

¿Cómo prepararía usted los compuestos siguientes a partir de los materiales indicados?

a. CH_3CH_2—C(=O)—H → CH_3CH—C(=O)—H con $N(CH_3)_2$

b. CH_3CH_2—C(=O)—H → CH_3CH—C(=O)—H con OH

c. ciclohexanona → 2-metoxiciclohexanona (OCH_3)

d. ciclopentanona → 2-fenoxiciclopentanona

PROBLEMA 13

¿Cómo se podrían preparar los compuestos siguientes a partir de un compuesto carbonílico sin enlaces dobles carbono-carbono?

a. 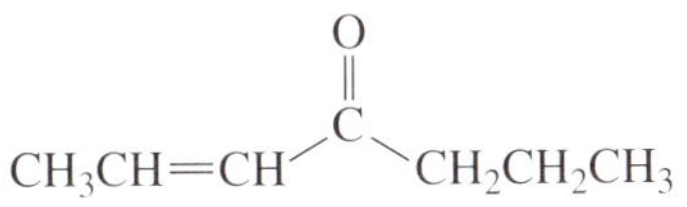 $CH_3CH=CH-C(=O)-CH_2CH_2CH_3$

b. 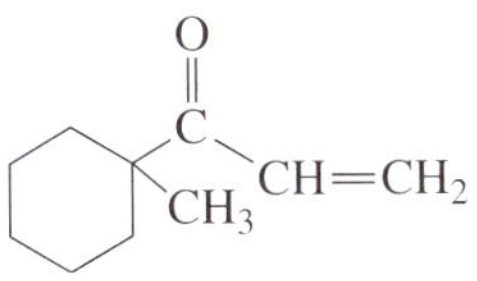 ciclohexano con sustituyente $-C(=O)-CH=CH_2$ y $-CH_3$ en el mismo carbono

PROBLEMA 14

¿Cómo se podrían preparar los compuestos siguientes a partir de ciclohexanona?

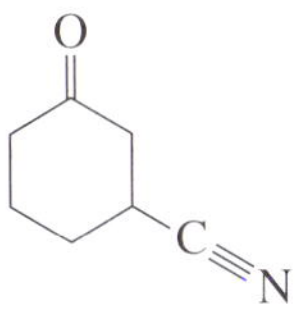

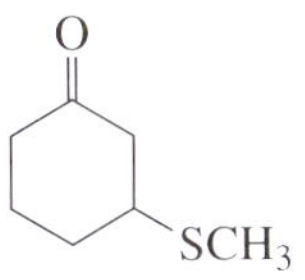

a. 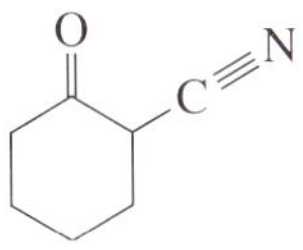 2-ciano-ciclohexanona ($C\equiv N$ en posición α)
b. 3-ciano-ciclohexanona ($C\equiv N$ en posición β)
c. 3-(metiltio)ciclohexanona (SCH_3 en posición β)
d. 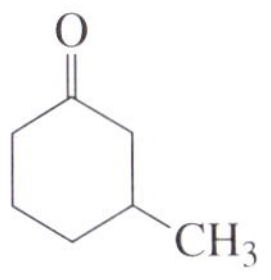 3-metilciclohexanona (CH_3 en posición β)

18.8 Uso de diisopropilamiduro de litio para formar un ion enolato

La cantidad de compuesto carbonílico convertido en ion enolato depende del pK_a del compuesto carbonílico y en particular de la base que se utilice para eliminar el hidrógeno α. Por ejemplo, cuando el ion hidróxido (el pK_a de su ácido conjugado es 15.7) se usa para eliminar el hidrógeno en α de la ciclohaxanona (pK_a = 17), sólo se convierte una pequeña cantidad del compuesto carbonílico en el ion enolato porque el ion hidróxido es una base más débil que la que se está formando. (Recuérdese que el equilibrio de una reacción ácido-base favorece la reacción del ácido fuerte y la formación del ácido débil, sección 1.19).

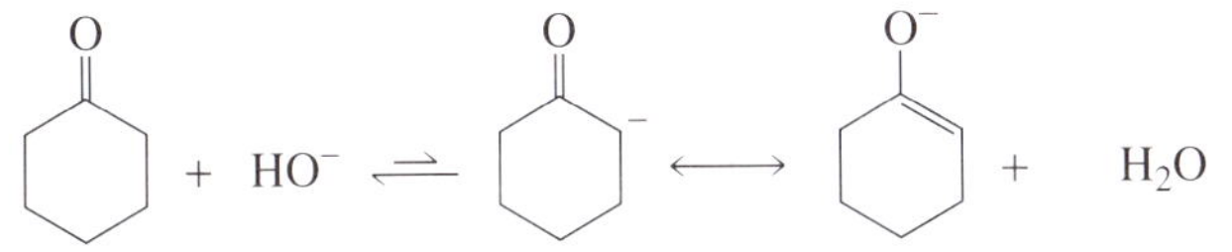

ciclohexanona + HO^- ⇌ enolato ↔ forma enol (O^-) + H_2O

pK_a = 17   < 0.1%   pK_a = 15.7

En contraste, cuando se usa el diisopropilamiduro de litio (LDA, por su siglas en inglés, *lithium diisopropylamide*) para abstraer al hidrógeno α (el pK_a del ácido conjugado de la LDA es ~35), en esencia todo el compuesto carbonílico se convierte en ion enolato porque el LDA es una base mucho más fuerte que la base que se está formando. Por consiguiente, el LDA es la base que se elige para las reacciones donde se requiere que el compuesto carbonílico se convierta por completo en un ion enolato para que reaccione con un electrófilo.

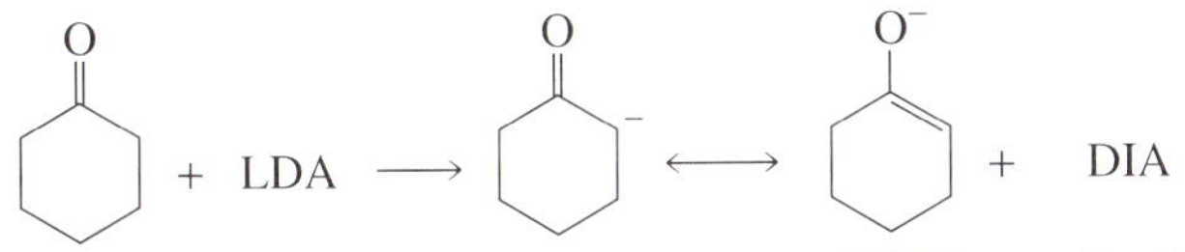

ciclohexanona + LDA → enolato ↔ forma enol (O^-) + DIA

pK_a = 17   ~100%   pK_a = 35

Puede haber problemas al usar una base nitrogenada y formar un ion enolato porque una base nitrogenada también puede reaccionar como nucleófilo y atacar al carbono del grupo carbonilo (sección 17.8). No obstante, los dos sustituyentes voluminosos alquilo unidos al nitrógeno del LDA dificultan que el nitrógeno se acerque lo suficiente al carbono del grupo carbonilo para reaccionar con él. En consecuencia, el LDA es una base fuerte pero es un

864 CAPÍTULO 18 Compuestos carbonílicos III

mal nucleófilo: abstrae un hidrógeno en α con mucho mayor rapidez que con la que ataca a un compuesto carbonílico. El LDA se prepara con facilidad agregando butil-litio a la diisopropilamina (DIA) en THF, a −78°C.

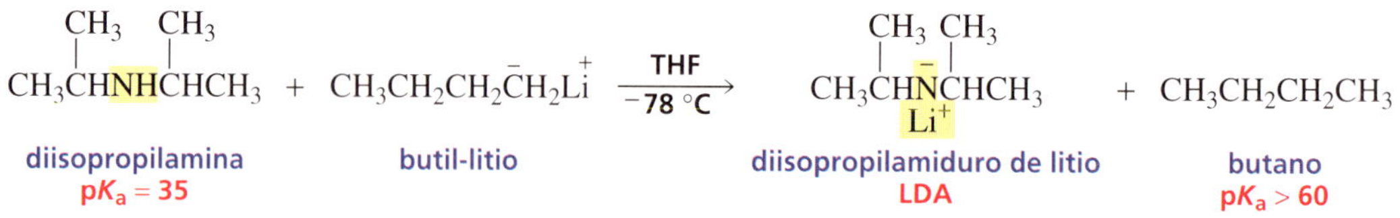

$$\underset{\substack{\text{diisopropilamina}\\pK_a = 35}}{(CH_3)_2CHNHCH(CH_3)_2} + \underset{\text{butil-litio}}{CH_3CH_2CH_2\overset{-}{C}H_2Li^+} \xrightarrow[-78\,°C]{THF} \underset{\substack{\text{diisopropilamiduro de litio}\\\text{LDA}}}{(CH_3)_2CH\overset{-}{N}CH(CH_3)_2\;Li^+} + \underset{\substack{\text{butano}\\pK_a > 60}}{CH_3CH_2CH_2CH_3}$$

18.9 Alquilación del carbono α en compuestos carbonílicos

Los iones enolato pueden alquilarse en el carbono α.

La alquilación del carbono α en un compuesto carbonílico es una reacción importante porque permite contar con otro método para formar un enlace carbono-carbono. La alquilación se hace eliminando primero un protón del carbono α con una base fuerte, como el LDA, y a continuación agregando el haluro de alquilo apropiado. Como la alquilación es una reacción S_N2, funciona mejor con haluros de metilo y haluros de alquilo primario (sección 8.2).

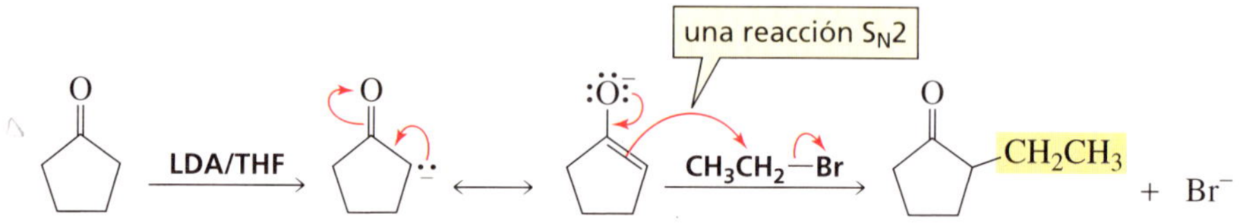

[Esquema: ciclopentanona → (LDA/THF) → enolato ↔ forma enol con O⁻ → (CH₃CH₂—Br, reacción S_N2) → 2-etilciclopentanona + Br⁻]

Con este método se pueden alquilar cetonas, ésteres y nitrilos en el carbono α. Sin embargo, los aldehídos dan malos rendimientos de productos α-alquilados (sección 18.11).

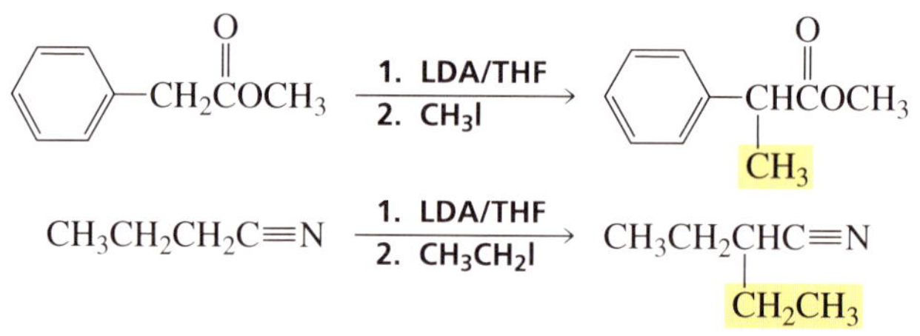

$$PhCH_2COCH_3 \xrightarrow[\text{2. CH}_3\text{I}]{\text{1. LDA/THF}} PhCH(CH_3)COCH_3$$

$$CH_3CH_2CH_2C\equiv N \xrightarrow[\text{2. CH}_3\text{CH}_2\text{I}]{\text{1. LDA/THF}} CH_3CH_2CH(CH_2CH_3)C\equiv N$$

Se pueden formar dos productos distintos cuando la cetona no es simétrica porque se puede alquilar cualquiera de los carbonos α. Por ejemplo, la metilación de la 2-metilciclohexanona con un equivalente de yoduro de metilo forma 2,6-dimetilciclohexanona y 2,2-dimetilciclohexanona. La cantidad relativa de los dos productos depende de las condiciones de reacción.

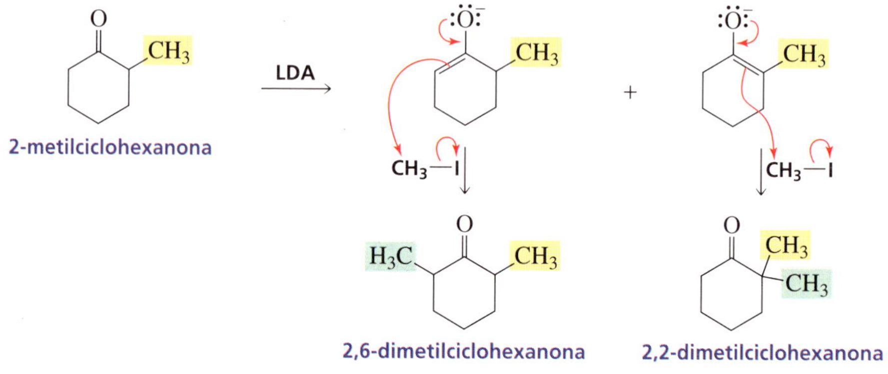

[Esquema: 2-metilciclohexanona → LDA → dos enolatos posibles → (CH₃—I) → 2,6-dimetilciclohexanona y 2,2-dimetilciclohexanona]

18.9 Alquilación del carbono α en compuestos carbonílicos **865**

El ion enolato que lleva a la 2,6-dimetilciclohexanona es el ion *cinético* porque el hidrógeno α que se elimina para formar este ion enolato es más accesible a la base (en especial si se usa una base con impedimento estérico como el LDA) y también un poco más ácido. Por consiguiente, se forma la 2,6-dimetilciclohexanona con mayor rapidez y es el producto principal si la reacción se efectúa bajo condiciones ($-78°C$) que la hagan irreversible (sección 7.11).

El enolato que lleva a la 2,2-dimetilciclohexanona es el ion *termodinámico* porque representa el ion más estable dado que tiene el enlace doble más sustituido. (La sustitución con alquilo aumenta la estabilidad del ion enolato por la misma razón que aumenta la estabilidad de los alquenos, sección 4.11). Por consiguiente, la 2,2-dimetilciclohexanona es el producto principal si la reacción se efectúa bajo condiciones determinantes de que la formación del ion enolato sea reversible, y si se usa una base con menos impedimento estérico (KH) para que las diferencias estéricas no sean determinantes en la formación del ion enolato.

Se puede alquilar el carbono α menos sustituido sin tener que controlar las condiciones para asegurarse de que la reacción no se vuelva reversible si primero se sintetiza la *N,N*-dimetilhidrazona de la cetona.

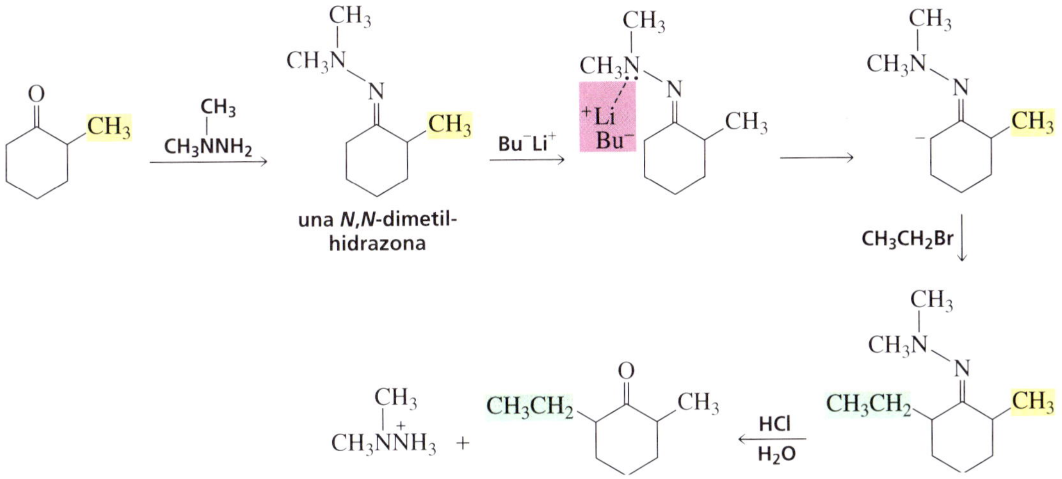

La *N,N*-dimetilhidrazona se forma con el grupo dimetilamino, el cual se orienta de tal manera que se encuentra lo más alejado posible del carbono α más sustituido. El nitrógeno del grupo dimetilamino dirige a la base hacia el carbono menos sustituido al coordinarse con el ion litio del butil-litio ($Bu:^-Li^+$), la cual es la base que se suele emplear en esta reacción. La hidrólisis de la hidrazona vuelve a formar la cetona (sección 17.8).

LA SÍNTESIS DE LA ASPIRINA

El primer paso en la síntesis industrial de la aspirina se llama **reacción de carboxilación de Kolbe–Schmitt**. En él, el ion fenolato reacciona con dióxido de carbono a presión para formar ácido *o*-hidroxibenzoico, llamado también ácido salicílico. La acetilación del ácido salicílico con anhídrido acético forma el ácido acetilsalicílico (la aspirina).

Durante la Primera Guerra Mundial, la compañía Bayer compró todo el fenol que pudo en el mercado internacional, sabiendo que al final podría usarlo para fabricar la aspirina. Eso provocó una aguda escasez de fenol en el mundo y limitó su compra por otros países, que lo necesitaban para sintetizar 2,4,6-trinitrofenol, un explosivo común.

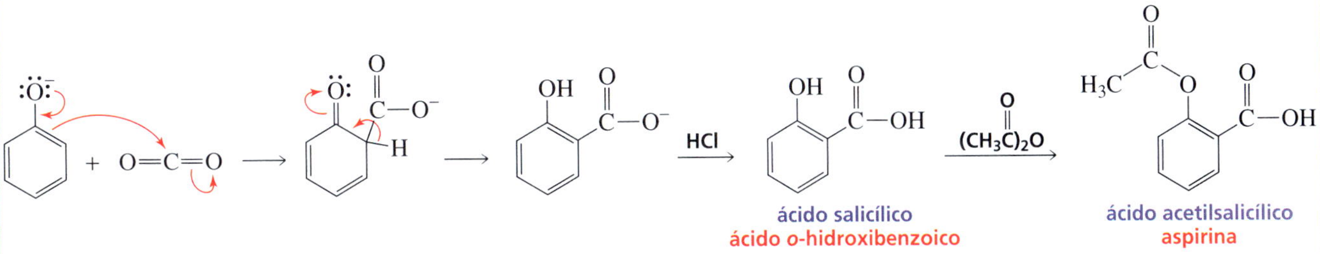

ácido salicílico
ácido *o*-hidroxibenzoico

ácido acetilsalicílico
aspirina

BIOGRAFÍA

Hermann Kolbe (1818–1884) y **Rudolph Schmitt (1830–1898)** nacieron en Alemania. Kolbe fue profesor en la Universidad de Marburg y la Universidad de Leipzig. Schmitt recibió un doctorado de la Universidad de Marburg y fue profesor de la Universidad de Dresden. Kolbe descubrió cómo preparar la aspirina en 1859. Schmitt modificó la síntesis en 1885, haciendo asequible la aspirina en grandes cantidades y a bajos precios.

PROBLEMA 15◆

¿Qué compuesto se forma cuando se agita una disolución diluida de ciclohexanona con NaOD en D_2O durante varias horas?

PROBLEMA 16

Explique por qué funciona mejor la alquilación de un carbono α si el haluro de alquilo que se usa es un haluro de alquilo primario; también, por qué la alquilación no funciona si se usa un haluro de alquilo terciario.

ESTRATEGIA PARA RESOLVER PROBLEMAS

Alquilación de un compuesto carbonílico

¿Cómo se podría preparar la 4-metil-3-hexanona a partir de una cetona que no contenga más de seis átomos de carbono?

$$\underset{\underset{\displaystyle CH_3}{|}}{CH_3CH_2\overset{\displaystyle O}{\overset{\|}{C}}CHCH_2CH_3}$$

4-metil-3-hexanona

Se puede usar cualquiera de dos conjuntos de cetonas y haluros de alquilo en la síntesis: uno es la 3-hexanona y un haluro de metilo; el otro es la 3-pentanona y un haluro de etilo.

$$CH_3CH_2\overset{\displaystyle O}{\overset{\|}{C}}CH_2CH_2CH_3 + CH_3Br \quad \text{o} \quad CH_3CH_2\overset{\displaystyle O}{\overset{\|}{C}}CH_2CH_3 + CH_3CH_2Br$$

3-hexanona   **3-pentanona**

Se prefieren la 3-pentanona y un haluro de etilo como las sustancias de partida. Como la 3-pentanona es simétrica, sólo se formará una cetona sustituida en α. En contraste, la 3-hexanona puede formar dos iones enolato diferentes, por lo que se pueden formar dos cetonas α-sustituidas.

$$CH_3CH_2\overset{O}{\overset{\|}{C}}CH_2CH_3 \xrightarrow{\text{LDA}} CH_3CH_2\overset{O}{\overset{\|}{C}}\bar{C}HCH_3 \xrightarrow{CH_3CH_2Br} \underset{\underset{\displaystyle CH_2CH_3}{|}}{CH_3CH_2\overset{O}{\overset{\|}{C}}CHCH_3}$$

3-pentanona   **4-metil-3-hexanona**

$$CH_3CH_2\overset{O}{\overset{\|}{C}}CH_2CH_2CH_3 \xrightarrow{\text{LDA}} CH_3CH_2\overset{O}{\overset{\|}{C}}\bar{C}HCH_2CH_3 \;+\; CH_3\bar{C}H\overset{O}{\overset{\|}{C}}CH_2CH_2CH_3$$

3-hexanona

$$\downarrow CH_3Br \qquad\qquad\qquad\qquad \downarrow CH_3Br$$

$$\underset{\underset{\displaystyle CH_3}{|}}{CH_3CH_2\overset{O}{\overset{\|}{C}}CHCH_2CH_3} \;+\; \underset{\underset{\displaystyle CH_3}{|}}{CH_3CHCCH_2CH_2CH_3 \text{ con } \overset{O}{\overset{\|}{C}}}$$

4-metil-3-hexanona   **2-metil-3-hexanona**

Pase ahora al problema 17.

PROBLEMA 17

¿Cómo se podría preparar cada uno de los compuestos siguientes a partir de una cetona y un haluro de alquilo?

a. 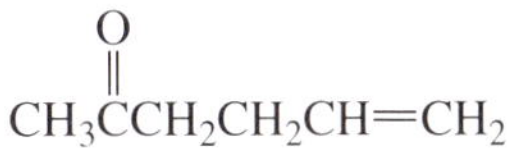 $CH_3\overset{O}{\overset{\|}{C}}CH_2CH_2CH=CH_2$

b. 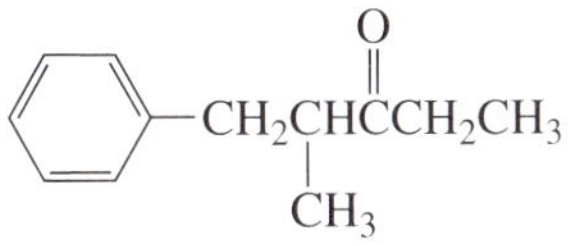 $Ph-CH_2\overset{O}{\overset{\|}{C}H}\overset{\|}{C}CH_2CH_3$
     $\quad\quad\quad\quad\;\; |$
     $\quad\quad\quad\quad\; CH_3$

18.10 Alquilación y acilación del carbono α por medio de una enamina como un intermediario

Ya se estudió que se forma una enamina cuando un aldehído o una cetona reaccionan con una amina secundaria (sección 17.8).

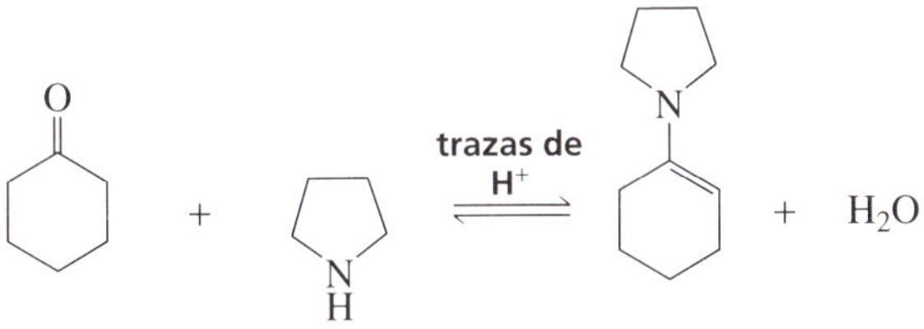

Las enaminas reaccionan con los electrófilos de la misma manera que los iones enolato.

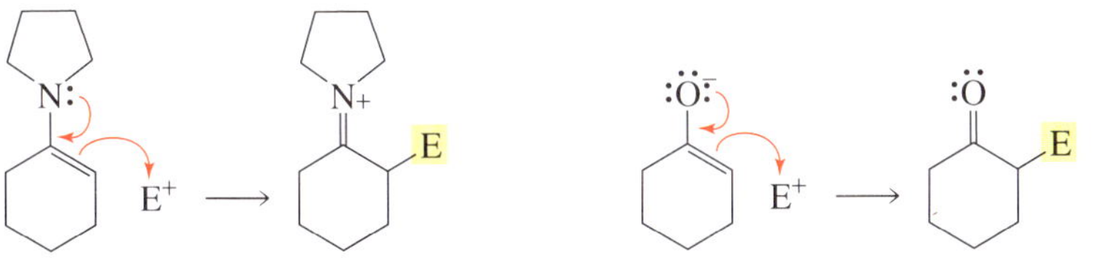

Ello significa que se pueden adicionar electrófilos al carbono α de un aldehído o una cetona, si

- primero se convierte el compuesto carbonílico en una enamina (tratándolo con una amina secundaria);
- a continuación se agrega el electrófilo;
- por último, se hidroliza la imina y se forma la cetona.

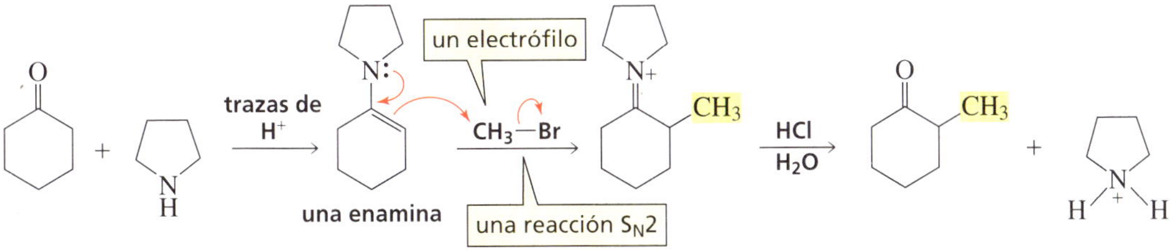

Ya que el paso de alquilación es una reacción S_N2, sólo deben usarse haluros de alquilo primario o haluros de metilo (sección 8.2).

Una ventaja sobre el uso de una enamina como un intermediario para alquilar un aldehído o una cetona es que sólo se forma el producto monoalquilado.

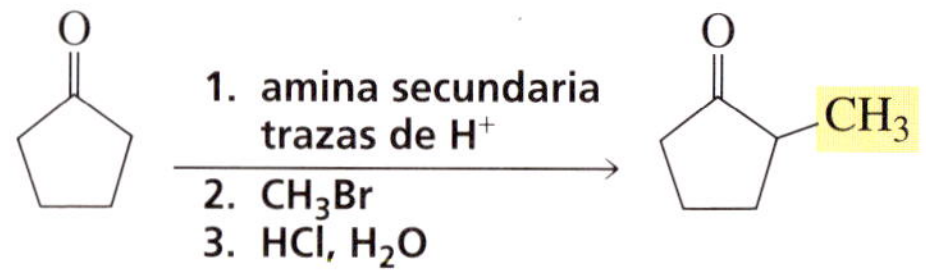

En contraste, cuando se alquila directamente un compuesto carbonílico, también pueden formarse los productos dialquilados y O-alquilados.

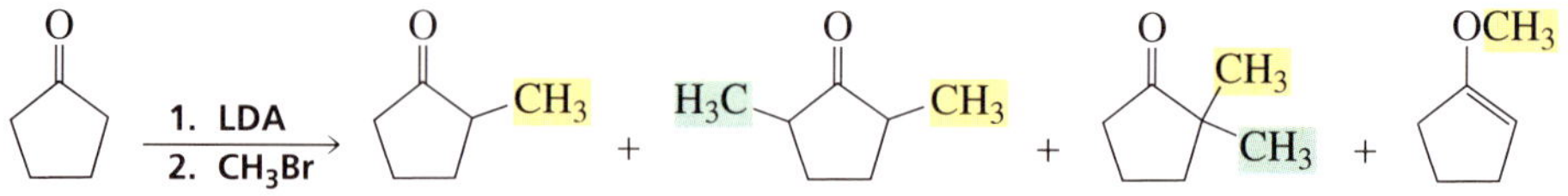

Además de usar enaminas como intermediarias para *alquilar* aldehídos y cetonas, también se pueden usar para *acilar* aldehídos y cetonas.

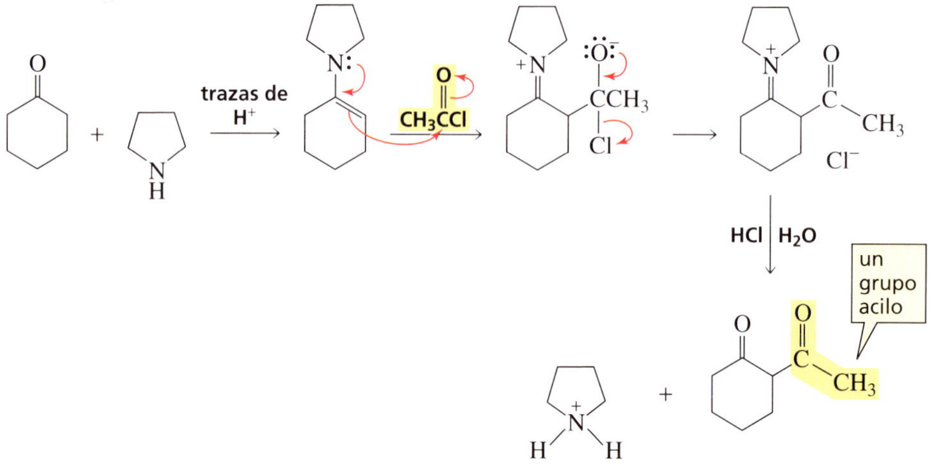

En resumen, el carbono α de un aldehído o una cetona puede hacerse reaccionar con un *electrófilo*, ya sea que primero se trate el compuesto carbonílico con LDA o bien convirtiéndolo en una enamina.

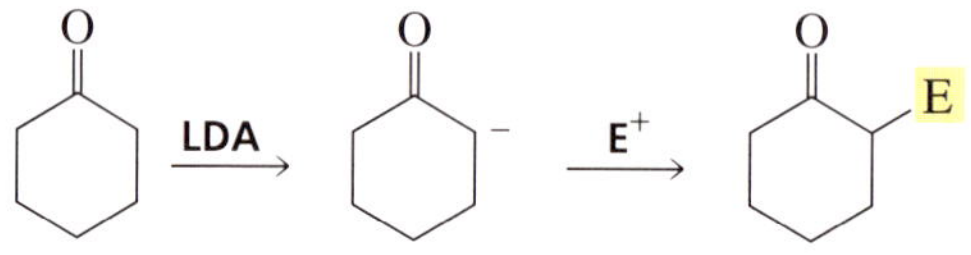

En forma alternativa, se puede hacer reaccionar el carbono α de un aldehído o una cetona con un *nucleófilo* si primero se broma la posición α del compuesto carbonílico.

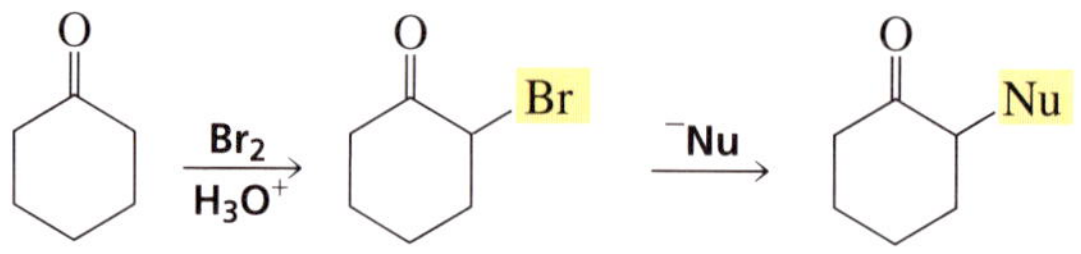

PROBLEMA 18

Describe cómo se podrían preparar los compuestos siguientes a través de una enamina como intermediario:

a. (ciclohexanona con CH₂CH₂CH₃ en posición α)

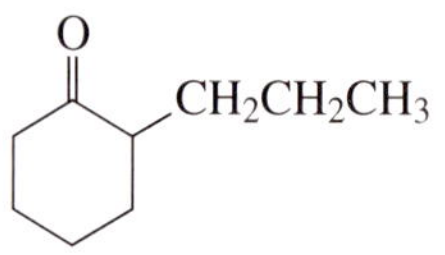

b. (ciclohexanona con C(O)CH₂CH₃ en posición α)

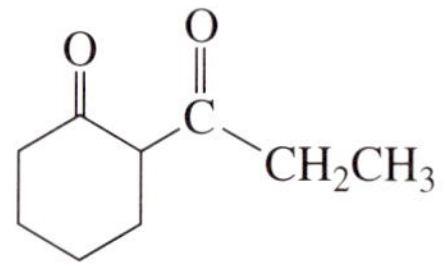

18.11 Alquilación del carbono β: reacción de Michael

En la sección 17.16 vio el lector que los nucleófilos reaccionan con aldehídos α,β-insaturados y que se forman productos de adición directa, o productos de adición conjugada; en la sección 17.17 vimos que los nucleófilos reaccionan con derivados de ácidos carboxílicos α,β-insaturados y que se forman productos de sustitución nucleofílica en el grupo acilo o productos de adición conjugada.

Cuando en esta reacción el nucleófilo es un ion enolato, la reacción de adición tiene un nombre especial: se llama **reacción de Michael**. Los iones enolato que se desempeñan mejor en las reacciones de Michael son los que están unidos a dos grupos atractores de electrones: iones enolato de β-dicetonas, β-diésteres, β-cetoésteres y β-cetonitrilos. Ya que los iones enolato son bases relativamente débiles, la adición tiene lugar en el carbono β de los aldehídos y cetonas α,β-insaturados. También los iones enolato se adicionan al carbono β de los ésteres y amidas α,β-insaturados, por la baja reactividad del grupo carbonilo. Observe que las reacciones de Michael forman compuestos 1,5-dicarbonílicos: si al carbono del grupo carbonilo del ion enolato se le asigna la posición 1, el carbono del grupo carbonilo del otro reactivo se encuentra en la posición 5.

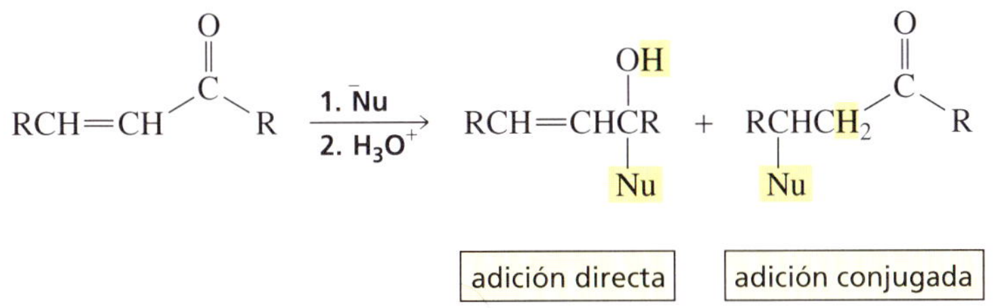

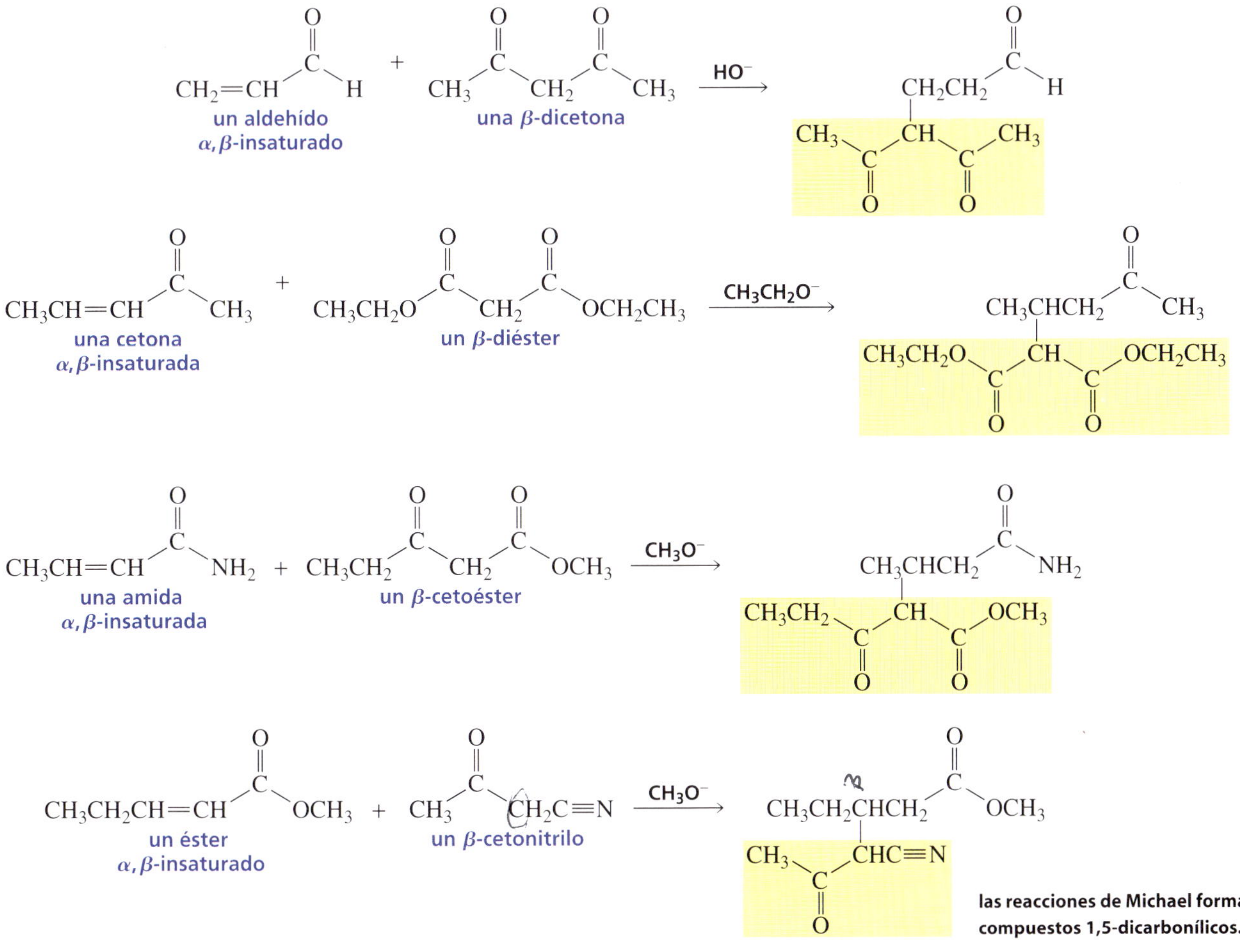

> **BIOGRAFÍA**
>
> **Arthur Michael (1853–1942)** nació en Buffalo, Nueva York. Estudió en la Universidad de Heidelberg, la Universidad de Berlín y en L´École de Médicine, en París. Fue profesor de química en las Universidades Tufts y de Harvard; de ésta se retiró a los 83 años.

las reacciones de Michael forman compuestos 1,5-dicarbonílicos.

Mecanismo de la reacción de Michael

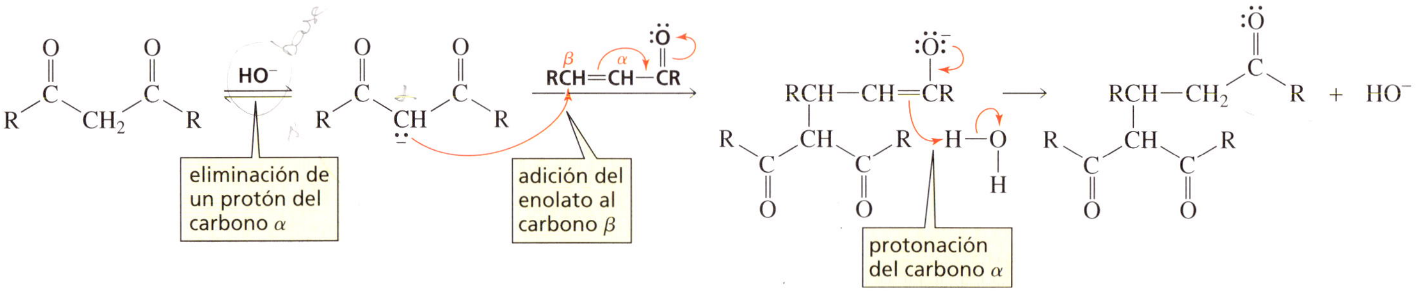

Todas estas reacciones se llevan a través del mismo mecanismo:

- eliminación de un protón del carbono α
- adición del enolato al carbono β
- protonación del carbono α

BIOGRAFÍA

Gilbert Stork *nació en Bélgica, en 1921. Se graduó en la Universidad de Florida y recibió un doctorado de la Universidad de Wisconsin. Fue profesor de química en la Universidad de Harvard y ha sido profesor en la Universidad de Columbia desde 1953. A Stork se le acredita el desarrollo de muchos procedimientos nuevos de síntesis, además del que lleva su nombre.*

- Una base abstrae un protón del carbono α del carbono ácido.
- El ion enolato se adiciona al carbono β de un compuesto carbonílico α,β-insaturado.
- El carbono α obtiene un protón del disolvente.

Obsérvese que si alguno de los reactivos en una reacción de Michael tiene un grupo éster, la base que se use para eliminar el protón en α es la misma que el grupo saliente del éster. Eso se hace porque la base, además de poder abstraer un protón α, puede reaccionar como nucleófilo y atacar al grupo carbonilo del éster; pero si el nucleófilo es idéntico al grupo OR del éster, el ataque nucleofílico en el grupo carbonilo no cambiará al reactivo.

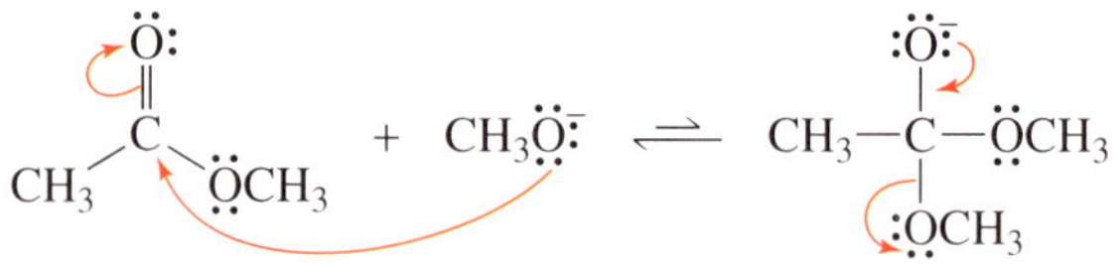

En lugar de iones enolato se pueden usar enaminas en las reacciones de Michael. Cuando en una reacción de Michael se usa una enamina como nucleófilo, la reacción se llama **reacción de una enamina de Stork**.

Mecanismo de la reacción de una enamina de Stork

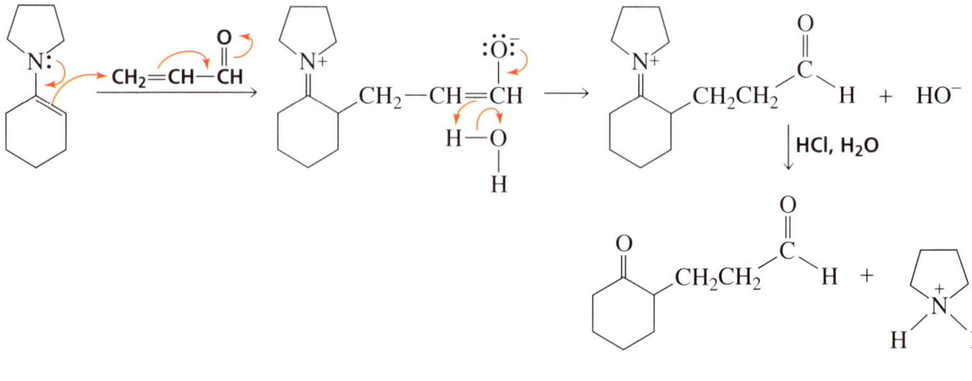

PROBLEMA 19◆

¿Qué reactivos usaría usted para preparar los compuestos siguientes?

a. [estructura: ciclohexanona con sustituyente CH(COCH₃)(COCH₃) en posición 3]

b. [estructura: CH₃—CO—CH₂CH₂—CH(COOCH₂CH₃)(COOCH₂CH₃)]

18.12 Formación de β-hidroxialdehídos o β-hidroxicetonas por adición aldólica

En el capítulo 17 se indicó que el carbono del grupo carbonilo de los aldehídos y las cetonas es un electrófilo. Acabamos de ver que se puede eliminar un protón del carbono α de un aldehído o una cetona si ese carbono α se convierte en nucleófilo. Una **adición aldólica**, es una reacción en la que se observan *estas dos* actividades: una molécula de un compuesto carbonílico, después de haber eliminado un protón de un carbono α, reacciona como *nucleófilo* y ataca al carbono del grupo carbonilo, que es un *electrófilo*, en una segunda molécula del compuesto carbonílico.

[Esquema: RCH₂—C(=O)—R (un electrófilo) y RCH⁻—C(=O)—R (un nucleófilo)]

Así, una adición aldólica es una reacción entre dos moléculas de un *aldehído* o dos moléculas de una *cetona*. Cuando el reactivo es un aldehído, el producto es un α-hidroxialdehído y es la causa de que la reacción se llame adición aldólica ("ald" de aldehído y "ol" de alcohol). Cuando el reactivo es una cetona, el producto es una β-hidroxicetona. Como la reacción de condensación es reversible, sólo se obtienen buenos rendimientos del producto de condensación si dicho producto se elimina de la disolución a medida que se forma.

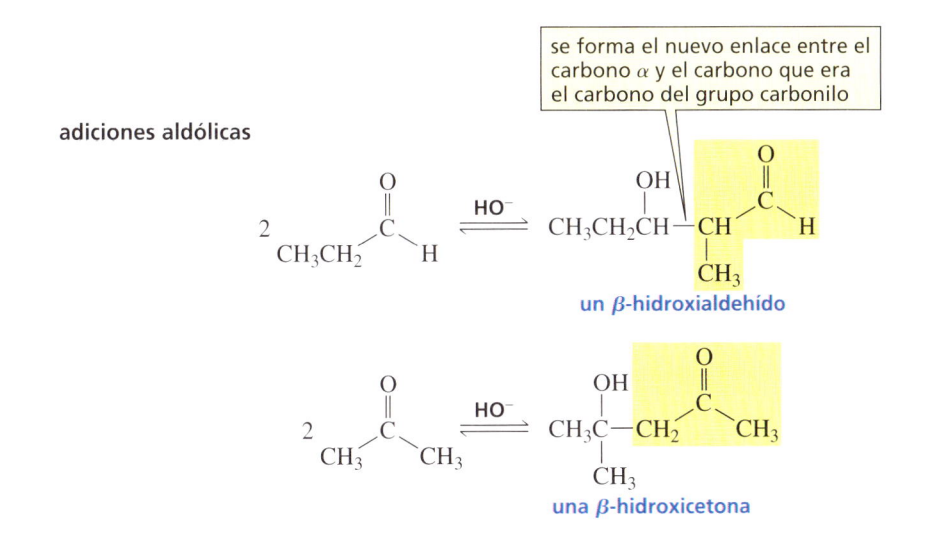

adiciones aldólicas

$$2 \text{ CH}_3\text{CH}_2\text{CHO} \xrightleftharpoons{\text{HO}^-} \text{CH}_3\text{CH}_2\text{CH(OH)CH(CH}_3\text{)CHO}$$

un β-hidroxialdehído

$$2 \text{ CH}_3\text{COCH}_3 \xrightleftharpoons{\text{HO}^-} \text{CH}_3\text{C(OH)(CH}_3\text{)CH}_2\text{COCH}_3$$

una β-hidroxicetona

Aldol 1

El nuevo enlace C—C formado en una adición de aldol une al carbono α de una molécula con el carbono que era del grupo carbonilo de la otra molécula.

Mecanismo de la adición aldólica

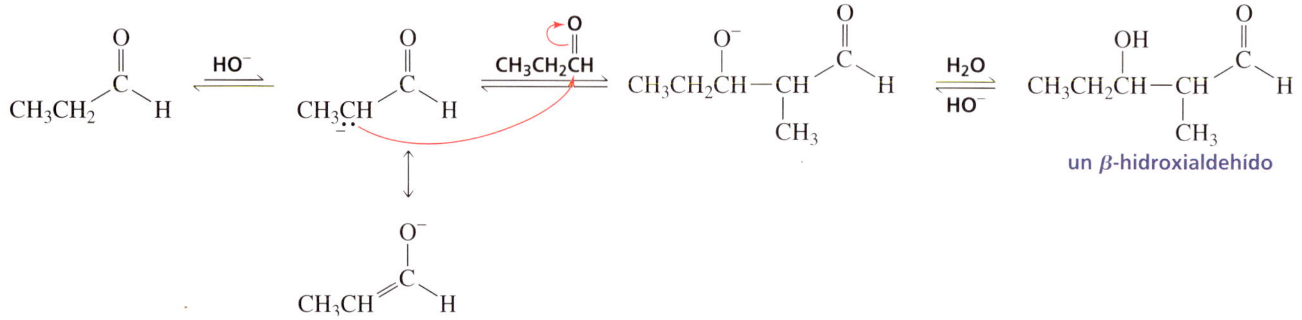

El mecanismo de la reacción es el siguiente:

$$CH_3CH_2\underset{H}{\overset{O}{\overset{\|}{C}}} \xrightleftharpoons{HO^-} CH_3\ddot{C}H\underset{H}{\overset{O}{\overset{\|}{C}}} \xrightleftharpoons{CH_3CH_2CH=O} CH_3CH_2\underset{CH_3}{\overset{}{C}H}-\underset{}{CH}-\underset{H}{\overset{O}{\overset{\|}{C}}} \xrightleftharpoons[HO^-]{H_2O} CH_3CH_2\underset{CH_3}{\overset{OH}{\overset{}{C}H}}-\underset{}{CH}-\underset{H}{\overset{O}{\overset{\|}{C}}}$$

un β-hidroxialdehído

$$CH_3CH=\overset{O^-}{\underset{H}{C}}$$

- Una base abstrae un protón del carbono α y crea un ion enolato.
- El ion enolato se adiciona al carbono del grupo carbonilo de una segunda molécula del compuesto carbonílico.
- El disolvente protona al oxígeno con carga negativa.

Ya que la reacción de adición aldólica se efectúa entre dos moléculas del mismo compuesto carbonílico, el producto tiene el doble de carbonos que el aldehído o cetona inicial.

Las cetonas son menos susceptibles que los aldehídos frente al ataque por nucleófilos (sección 17.2), y así las adiciones aldólicas se efectúan más lentamente que con las cetonas.

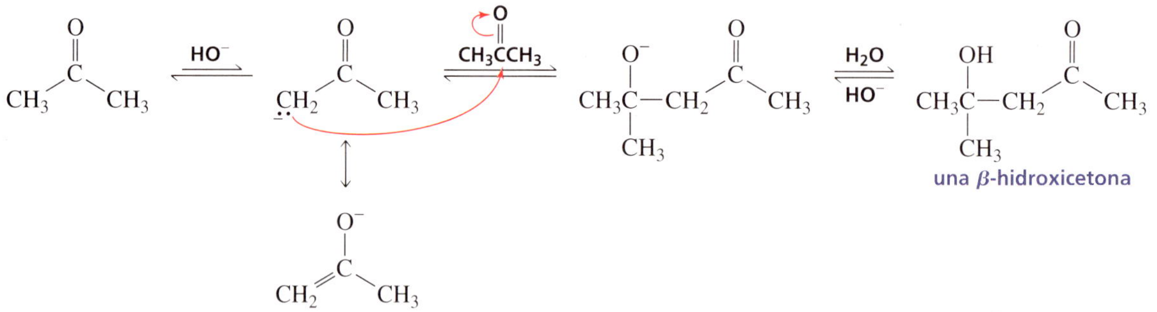

$$CH_3\overset{O}{\overset{\|}{C}}CH_3 \xrightleftharpoons{HO^-} \ddot{C}H_2\overset{O}{\overset{\|}{C}}CH_3 \xrightleftharpoons{CH_3CCH_3} CH_3\underset{CH_3}{\overset{O^-}{\overset{}{C}}}-CH_2-\overset{O}{\overset{\|}{C}}CH_3 \xrightleftharpoons[HO^-]{H_2O} CH_3\underset{CH_3}{\overset{OH}{\overset{}{C}}}-CH_2-\overset{O}{\overset{\|}{C}}CH_3$$

una β-hidroxicetona

$$CH_2=\underset{CH_3}{\overset{O^-}{\overset{}{C}}}$$

La reactividad relativamente alta de los aldehídos en reacciones aldólicas competitivas es lo que los hace producir bajos rendimientos de productos α-alquilados (sección 18.9).

PROBLEMA 20

Indique qué producto de adición aldólica se formaría a partir de cada uno de los compuestos siguientes:

a. $CH_3CH_2CH_2CH_2\overset{O}{\overset{\|}{C}}H$ c. $CH_3CH_2\overset{O}{\overset{\|}{C}}CH_2CH_3$

b. $CH_3\underset{CH_3}{\overset{}{C}H}CH_2\overset{O}{\overset{\|}{C}}H$ d. ciclohexanona

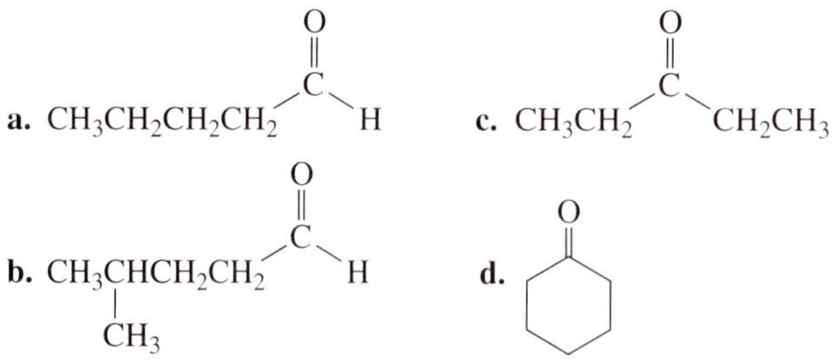

PROBLEMA 21◆

Indique, para cada uno de los compuestos siguientes, cual es la estructura del aldehído o la cetona de donde se parte, usando una adición aldólica:

a. 2-etil-3-hidroxihexanal   c. 2,4-diciclohexil-3-hidroxibutanal
b. 4-hidroxi-4-metil-2-pentanona d. 5-etil-5-hidroxi-4-metil-3-heptanona

PROBLEMA 22

Una adición aldólica puede catalizarse con ácidos y también con bases. Proponga un mecanismo para la adición aldólica de propanal catalizada por ácido.

18.13 Formación de aldehídos y cetonas α,β-insaturados por deshidratación de los productos de adición aldólica

Hemos visto que los alcoholes sufren deshidratación cuando se calientan con ácido (sección 10.4). Los productos β-hidroxialdehído y β-hidroxicetona de las reacciones de adición aldólica son más fáciles de deshidratar que muchos otros alcoholes porque el enlace doble que se forma como resultado de la deshidratación está conjugado con un grupo carbonilo. La conjugación aumenta la estabilidad del producto (sección 7.7) y en consecuencia facilita su formación. Si el producto de una adición aldólica sufre deshidratación, a la reacción total se le llama **condensación aldólica**. Una **reacción de condensación** es aquélla donde se combinan dos moléculas para formar un nuevo enlace C—C y al mismo tiempo se elimina una molécula pequeña (en general de agua o de un alcohol). Observe que una condensación aldólica forma un aldehído o una cetona α,α-insaturados.

Un producto de una adición aldólica pierde agua y forma un producto de condensación aldólica.

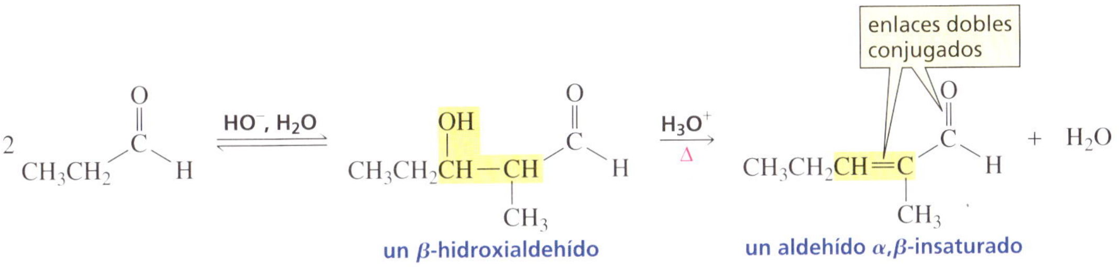

También, los β-hidroxialdehídos y las β-hidroxicetonas pueden deshidratarse bajo condiciones básicas. Así, si el producto de adición aldólica se calienta en ácido o en base se efectúa la deshidratación. El producto de ésta se llama enona: "eno" por el enlace doble y "ona" por el grupo carbonilo.

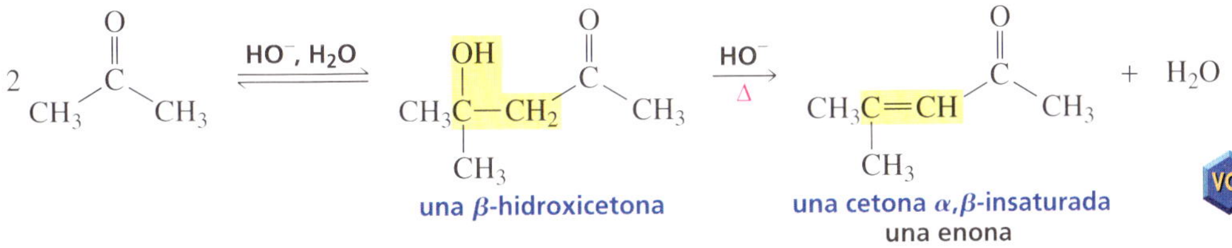

A veces, la deshidratación sucede bajo las condiciones en las que se lleva a cabo la adición aldólica y no se requiere más calor. En tales casos, el compuesto β-hidroxicarbonilo es un intermediario y la enona es el producto final de la reacción. Por ejemplo, la β-hidroxicetona formada por adición aldólica de acetofenona pierde agua tan pronto se forma porque el nuevo enlace doble está conjugado no sólo con el grupo carbonilo sino también con el anillo de benceno. La conjugación estabiliza el producto deshidratado y por consiguiente determina que su formación sea relativamente fácil.

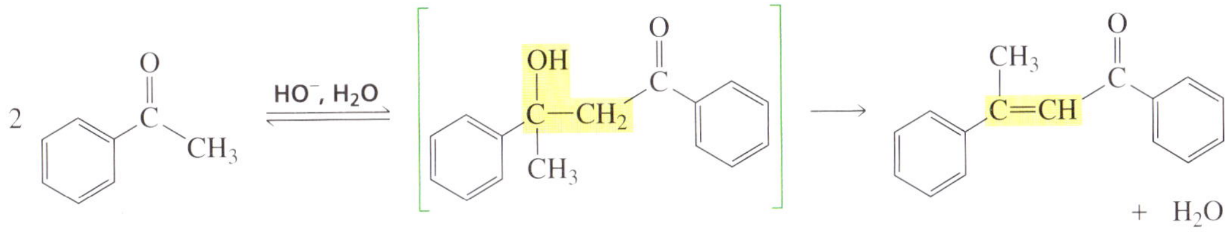

874 CAPÍTULO 18 Compuestos carbonílicos III

PROBLEMA 23◆

¿Qué producto se obtiene en la condensación aldólica de la ciclohexanona?

PROBLEMA 24 RESUELTO

¿Cómo podría usted preparar los compuestos siguientes con una materia prima que no contenga más que tres carbonos?

a. 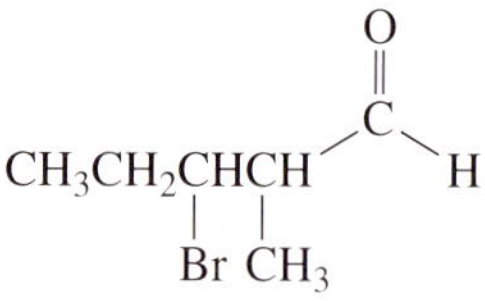 $CH_3CH_2CHCH(Br)(CH_3)CHO$ (2-bromo-2-metilpentanal, con el grupo CHO)

b. 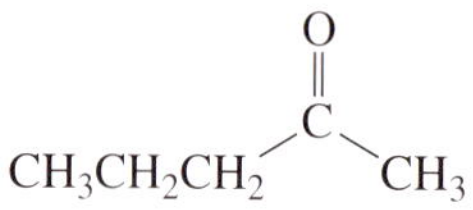 $CH_3CH_2CH_2COCH_3$

c. 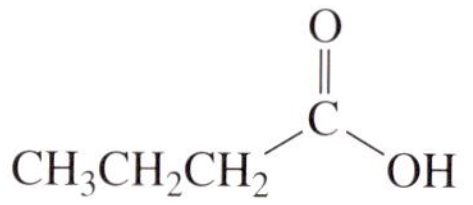 $CH_3CH_2CH_2COOH$

Solución de 24a Se puede obtener un compuesto con el esqueleto carbonado correcto de seis carbonos si un aldehído de tres carbonos sufre una adición aldólica. La deshidratación del producto forma el aldehído α,β-insaturado. La adición conjugada de HBr (sección 17.16) forma el compuesto deseado.

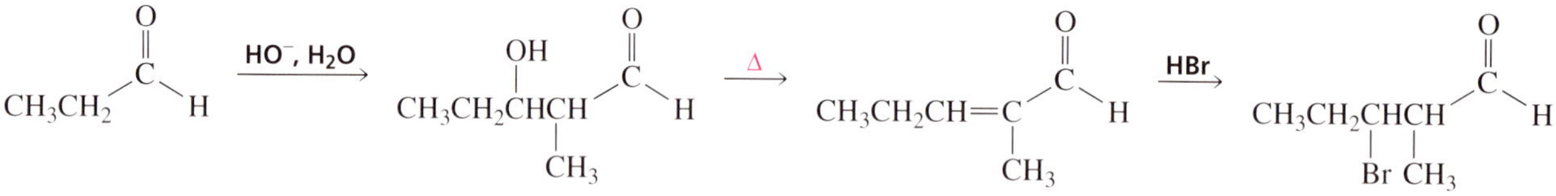

$$CH_3CH_2CHO \xrightarrow{HO^-,\ H_2O} CH_3CH_2CH(OH)CH(CH_3)CHO \xrightarrow{\Delta} CH_3CH_2CH{=}C(CH_3)CHO \xrightarrow{HBr} CH_3CH_2CH(Br)C(CH_3)(H)CHO$$

18.14 Adición aldólica cruzada

Si dos compuestos carbonílicos diferentes se usan en una adición aldólica, se pueden formar cuatro productos porque cada ion enolato puede reaccionar con cualquiera de los dos compuestos carbonílicos. En el ejemplo que sigue, tanto el compuesto carbonílico A como el compuesto carbonílico B pueden perder un protón de un carbono α y se forma el ion enolato A:⁻ o B:⁻; el A:⁻ puede reaccionar con A o con B, y lo mismo el B:⁻ puede reaccionar con A o con B.

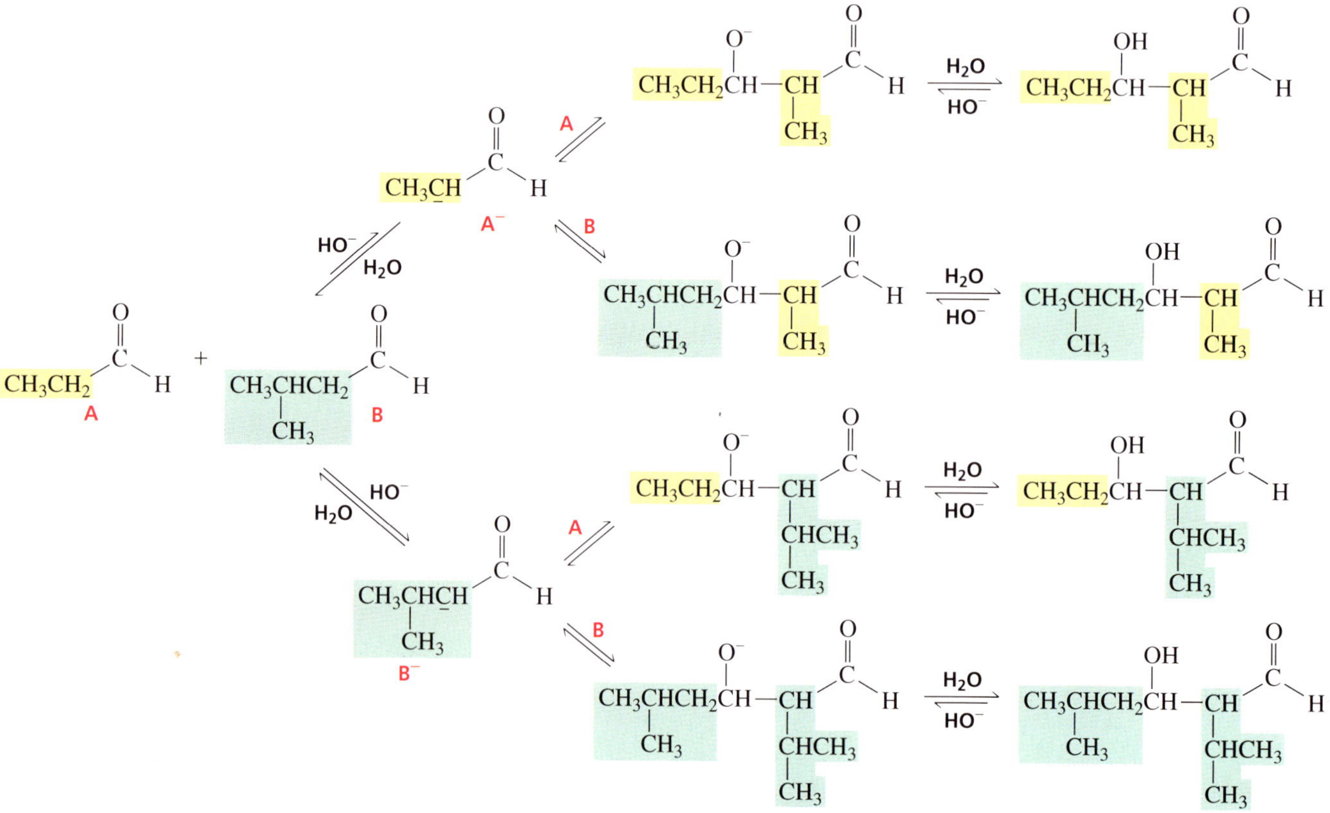

18.14 Adición aldólica cruzada

A la reacción anterior se le llama **adición aldólica cruzada**. Los cuatro productos tienen propiedades físicas parecidas que los hacen difíciles de separar. En consecuencia, una adición aldólica cruzada que forma cuatro productos no tiene muchas aplicaciones en síntesis.

Bajo ciertas condiciones, una adición aldólica cruzada puede formar un producto principal. Si uno de los compuestos carbonílicos no tiene hidrógenos α, no puede formar un ion enolato. Ello reduce los productos posibles de cuatro a dos. Se formará una mayor cantidad de uno de los dos productos si el compuesto *sin* hidrógenos α está siempre presente en gran exceso porque entonces será más probable que el ion enolato reaccione con él y no con otra molécula del compuesto precursor del mismo ion enolato. Entonces, el compuesto que tiene hidrógenos α debe agregarse con lentitud a una disolución básica del compuesto que no tiene hidrógenos α.

Si los dos compuestos carbonílicos tienen hidrógenos en α, se puede obtener principalmente un producto aldol, si se usa LDA (diisobutilamiduro de litio) para eliminar el hidrógeno α que forma el ion enolato. Como la LDA es una base fuerte (sección 18.8), todo el compuesto carbonílico se convertirá en ion enolato y entonces no habrá nada de ese compuesto carbonílico excedente para que el ion enolato reaccione con él en una adición aldólica. No se podrá efectuar una adición aldólica sino hasta que se agregue el segundo compuesto carbonílico a la mezcla de reacción. Si el segundo compuesto carbonílico se agrega lentamente, la probabilidad de que forme un ion enolato que después reaccione con una molécula de su compuesto carbonílico precursor se reducirá al mínimo.

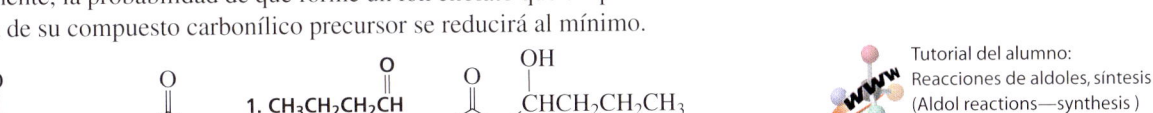

PROBLEMA 25

Indique qué productos se obtienen en las adiciones aldólicas cruzadas con los siguientes compuestos:

PROBLEMA 26

Describa cómo se podrían preparar los compuestos siguientes si en el primer paso de la síntesis se hace uso de una adición aldólica:

876 CAPÍTULO 18 Compuestos carbonílicos III

> **PROBLEMA 27**
>
> Proponga un mecanismo para la siguiente reacción:
>
> C₆H₅—CH₂—CO—CH₂—C₆H₅ + C₆H₅—CO—CO—C₆H₅ $\xrightarrow[\text{EtOH}]{\text{HO}^-}$ tetrafenilciclopentadienona (C₆H₅ en posiciones 2,3,4,5 del ciclopentadienona)

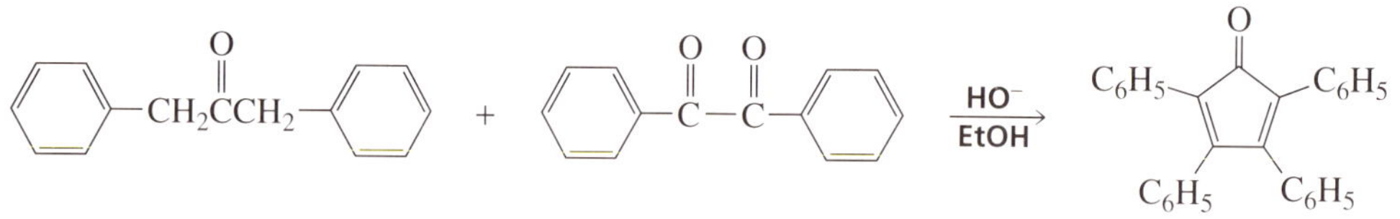

BIOGRAFÍA

Ludwig Claisen (1851–1930) nació en Alemania y recibió un doctorado de la Universidad de Bonn, en donde fue discípulo de Kekulé (sección 7.1). Fue profesor de la Universidad de Bonn, del Owens College (Manchester, Inglaterra), la Universidad de Munich, la Universidad de Aachen, la Universidad de Kiel y la Universidad de Berlín.

18.15 Formación de un β-cetoéster con una condensación de Claisen

Cuando dos moléculas de un *éster* experimentan una reacción de condensación, dicha reacción constituye una **condensación de Claisen**. El producto de una condensación de Claisen es un β-cetoéster.

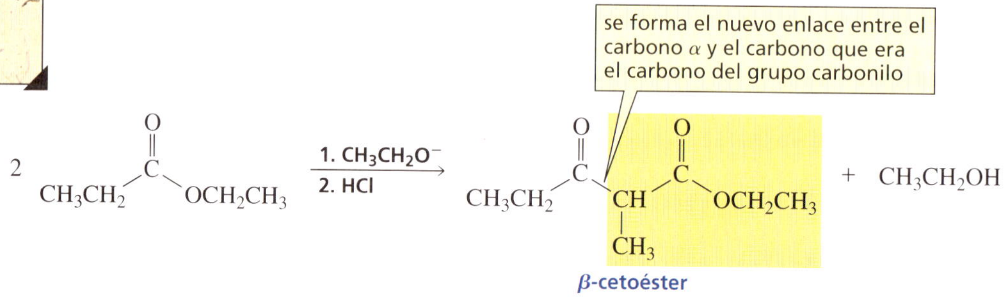

$$2\ CH_3CH_2COOCH_2CH_3 \xrightarrow[\text{2. HCl}]{\text{1. }CH_3CH_2O^-} CH_3CH_2CO-CH(CH_3)-COOCH_2CH_3 + CH_3CH_2OH$$

se forma el nuevo enlace entre el carbono α y el carbono que era el carbono del grupo carbonilo

β-cetoéster

En una condensación de Claisen, como en una adición aldólica, una molécula del compuesto carbonílico se convierte en un ion enolato cuando una base fuerte abstrae un protón de un carbono α. El ion enolato ataca al carbono del grupo carbonilo de una segunda molécula del éster. La base que se emplee corresponde al grupo saliente del éster para que el reactivo no cambie si la base actuara como nucleófilo y atacara al grupo carbonilo (sección 18.11).

Mecanismo de la condensación de Claisen

$$CH_3CH_2COOCH_3 \xrightarrow{CH_3\ddot{O}:^-} CH_3\ddot{C}HCOOCH_3 + CH_3OH \xrightarrow{CH_3CH_2COCH_3} CH_3CH_2C(O^-)(OCH_3)-CH(CH_3)-COOCH_3$$

$$\rightleftharpoons CH_3CH_2CO-CH(CH_3)-COOCH_3 + CH_3O^-$$

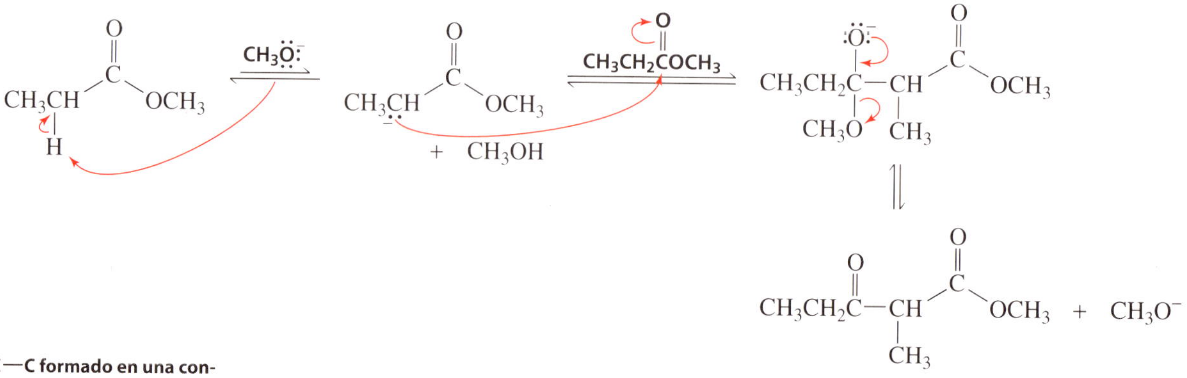

El nuevo enlace C—C formado en una condensación de Claisen une al carbono α de una molécula con el carbono que era del grupo carbonilo de la otra molécula.

Después del ataque nucleofílico, la condensación de Claisen y la adición aldólica son diferentes. En la condensación de Claisen, el oxígeno con carga negativa vuelve a formar

18.15 Formación de un β-cetoéster con una condensación de Claisen **877**

el enlace π carbono-oxígeno y elimina al grupo RO:⁻. En la adición aldólica, el oxígeno con carga negativa obtiene un protón del disolvente.

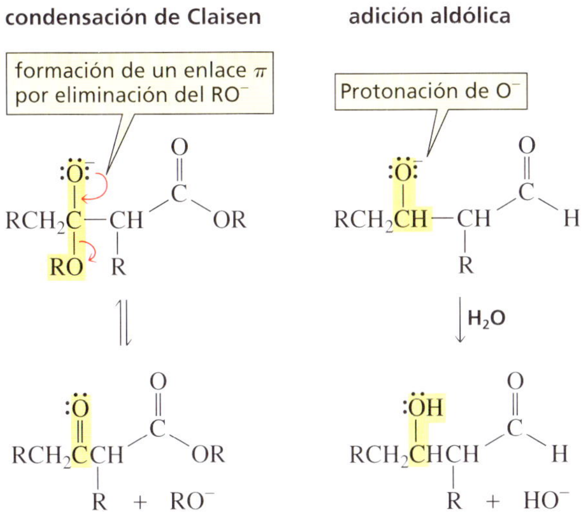

condensación de Claisen   **adición aldólica**

[Esquema mostrando los dos mecanismos: en la condensación de Claisen, formación de un enlace π por eliminación del RO⁻, produciendo RCH₂C(=O)CH(R)C(=O)OR + RO⁻; en la adición aldólica, protonación de O⁻ con H₂O, produciendo RCH₂CH(OH)CH(R)CHO + HO⁻.]

Condensación de Claisen 1

La diferencia entre el último paso en la condensación de Claisen y el último paso en la adición aldólica se debe a la diferencia entre ésteres y aldehídos o cetonas. Con los ésteres (compuestos carbonílicos de clase I), el carbono unido al oxígeno con carga negativa también está unido a un grupo que se puede eliminar. Con los aldehídos o cetonas (compuestos carbonílicos clase II), el carbono unido al oxígeno con carga negativa no está unido a un grupo que pueda ser eliminado. Así, la condensación de Claisen es una reacción de sustitución nucleofílica en el grupo acilo, mientras que la adición aldólica es una reacción de adición nucleofílica.

La eliminación del ion alcóxido es reversible porque dicho ion puede formar de nuevo, y con facilidad, el intermediario tetraédrico si reacciona con el β-cetoéster. Sin embargo, se puede impulsar la reacción de condensación hasta su terminación si se elimina un protón del β-cetoéster. Al abstraer un protón se evita que suceda la reacción inversa porque el ion alcóxido, con carga negativa, no reaccionará con el anión del α-cetoéster, cuya carga es negativa. Un protón se elimina con facilidad del β-cetoéster porque el carbono α central está unido a dos grupos carbonilo, los cuales hacen que su hidrógeno α sea mucho más ácido que los hidrógenos α del éster, que era el material de partida.

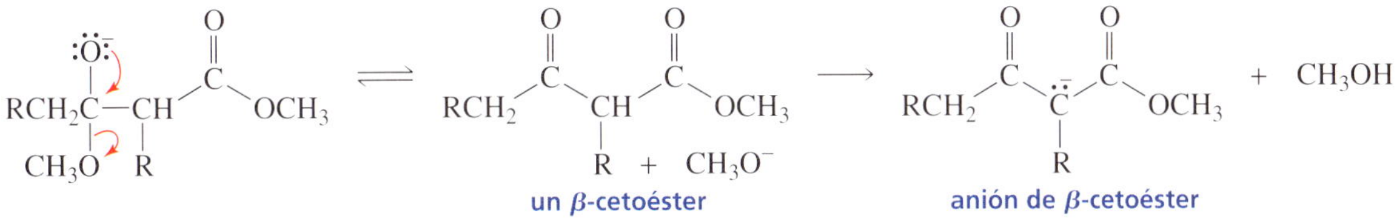

[Esquema de reacción: intermediario tetraédrico ⇌ un β-cetoéster + CH₃O⁻ → anión de β-cetoéster + CH₃OH]

En consecuencia, una segunda condensación de Claisen requiere un éster con dos hidrógenos α y una cantidad equivalente de base, más que una cantidad catalítica de una base. Cuando termina la reacción, la adición de ácido a la mezcla de reacción vuelve a protonar el anión β-cetoéster. Todo ion alcóxido remanente que pudiera causar la inversión de la reacción también queda protonado.

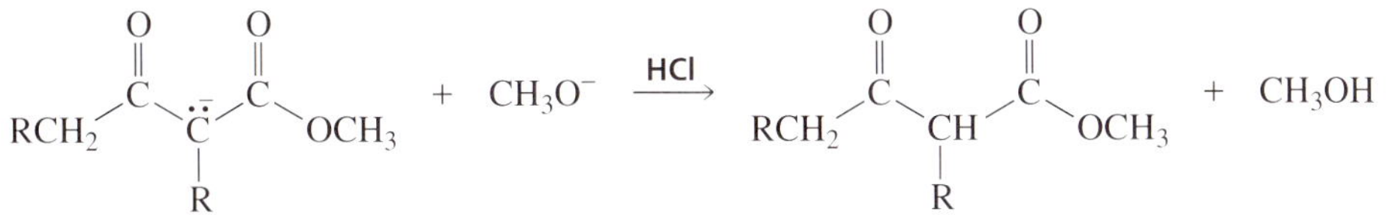

[Esquema de reacción: anión de β-cetoéster + CH₃O⁻ →(HCl) β-cetoéster + CH₃OH]

878 CAPÍTULO 18 Compuestos carbonílicos III

PROBLEMA 28◆

Indique cuáles son los productos de las siguientes reacciones:

a. CH$_3$CH$_2$CH$_2$COCH$_3$ $\xrightarrow{\text{1. CH}_3\text{O}^-\;\;\text{2. HCl}}$

b. CH$_3$CHCH$_2$COCH$_2$CH$_3$ $\xrightarrow{\text{1. CH}_3\text{CH}_2\text{O}^-\;\;\text{2. HCl}}$
          |
         CH$_3$

PROBLEMA 29◆

¿Cuál de los ésteres siguientes no puede tener una condensación de Claisen?

A CH$_3$CH=CHCOCH$_3$ **B** HCOCH$_3$ **C** CH$_3$COCH$_3$ **D** C$_6$H$_5$COCH$_3$

18.16 Condensación de Claisen cruzada

Una **condensación de Claisen cruzada** es una reacción de condensación entre dos ésteres diferentes. Al igual que una adición aldólica cruzada, una condensación de Claisen cruzada es una reacción útil sólo si se efectúa bajo condiciones que impulsen la formación de un producto principal; de otro modo, en la reacción se formará una mezcla de productos difíciles de separar. Sobre todo tiene lugar la formación de un producto si uno de los ésteres carece de hidrógenos α (y en consecuencia se encuentra impedido de formar un ion enolato) y el otro éster se agrega poco a poco para que siempre esté en exceso el éster que no tenga hidrógenos en α.

condensación de Claisen cruzada

CH$_3$CH$_2$CH$_2$—C(=O)—OCH$_2$CH$_3$ (agregar lentamente) + C$_6$H$_5$—C(=O)—OCH$_2$CH$_3$ (exceso) $\xrightarrow{\text{1. CH}_3\text{CH}_2\text{O}^-\;\;\text{2. HCl}}$ C$_6$H$_5$—C(=O)—CH(CH$_2$CH$_3$)—C(=O)—OCH$_2$CH$_3$ + CH$_3$CH$_2$OH

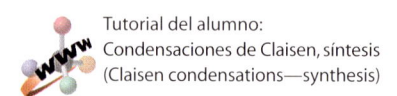

Tutorial del alumno:
Condensaciones de Claisen, síntesis
(Claisen condensations—synthesis)

Una reacción parecida a una condensación de Claisen cruzada es la condensación de una cetona y un éster. Como los hidrógenos α de una cetona son más ácidos que los de un éster, prevalece la formación de un producto si la cetona y la base se agregan de manera lenta, ambas, al éster. El producto es una β-dicetona. Debido a la diferencia de acidez de los hidrógenos α, se obtiene en forma preponderante un solo producto de condensación aun cuando ambos reactivos tengan hidrógenos en α.

condensación de una cetona y un éster

ciclohexanona (agregar lentamente) + CH$_3$—C(=O)—OCH$_2$CH$_3$ (acetato de etilo, exceso) $\xrightarrow{\text{1. CH}_3\text{CH}_2\text{O}^-\;\;\text{2. HCl}}$ 2-acetilciclohexanona (una β-dicetona) + CH$_3$CH$_2$OH

Se forma un β-cetoaldehído cuando una cetona se condensa con un éster de formato.

ciclohexanona (agregar lentamente) + H—C(=O)—OCH$_2$CH$_3$ (formato de etilo, exceso) $\xrightarrow{\text{1. CH}_3\text{CH}_2\text{O}^-\;\;\text{2. HCl}}$ 2-formilciclohexanona (un β-cetoaldehído) + CH$_3$CH$_2$OH

18.16 Condensación de Claisen cruzada

Cuando una cetona se condensa con carbonato de dietilo, se forma un β-cetoéster.

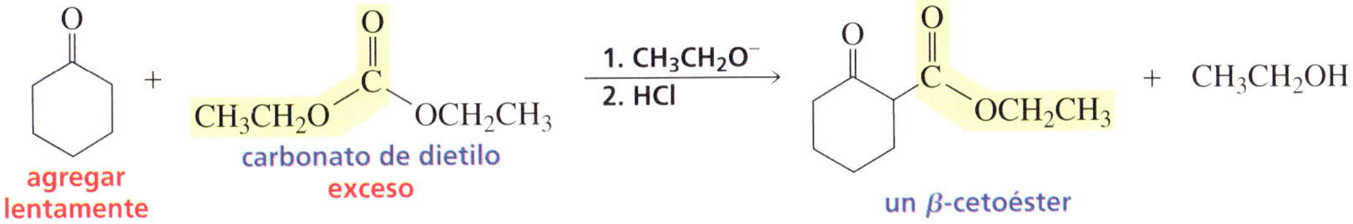

ciclohexanona + CH₃CH₂O–C(=O)–OCH₂CH₃ (carbonato de dietilo, exceso) →[1. CH₃CH₂O⁻][2. HCl] 2-(etoxicarbonil)ciclohexanona (un β-cetoéster) + CH₃CH₂OH

agregar lentamente

PROBLEMA 30

Indique el producto de cada una de las reacciones siguientes:

a. CH₃CH₂C(=O)OCH₃ + CH₃C(=O)OCH₃ →[1. CH₃O⁻][2. HCl]

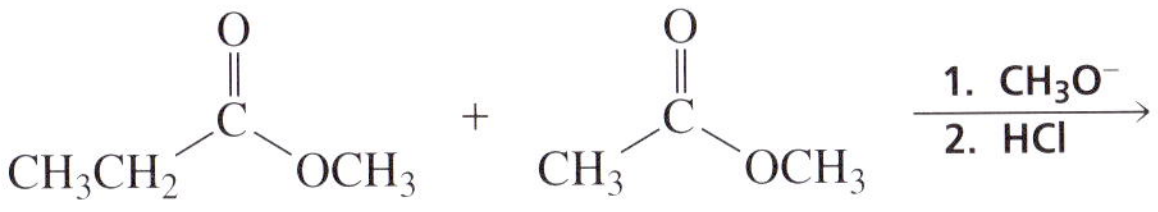

b. C₆H₅C(=O)CH₃ + C₆H₅C(=O)OCH₂CH₃ (exceso) →[1. CH₃CH₂O⁻][2. HCl]

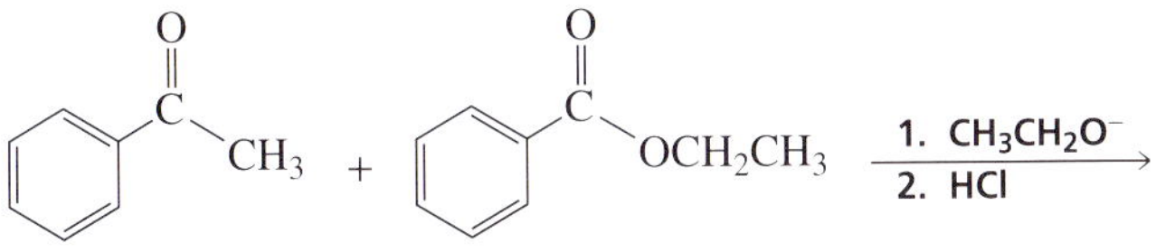

c. HC(=O)OCH₃ (exceso) + CH₃CH₂CH₂C(=O)OCH₃ →[1. CH₃O⁻][2. HCl]

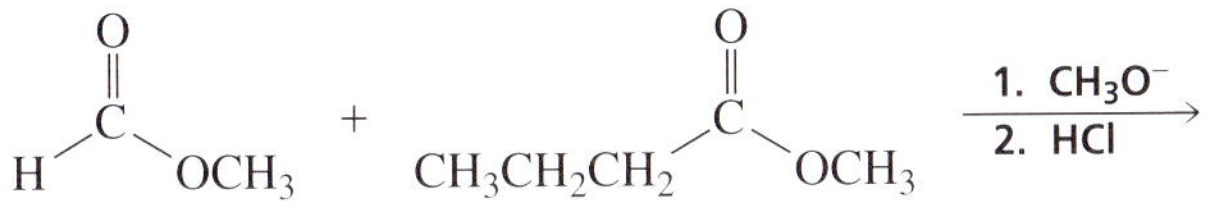

d. CH₃CH₂O–C(=O)–OCH₂CH₃ (exceso) + CH₃CH₂C(=O)OCH₂CH₃ →[1. CH₃CH₂O⁻][2. HCl]

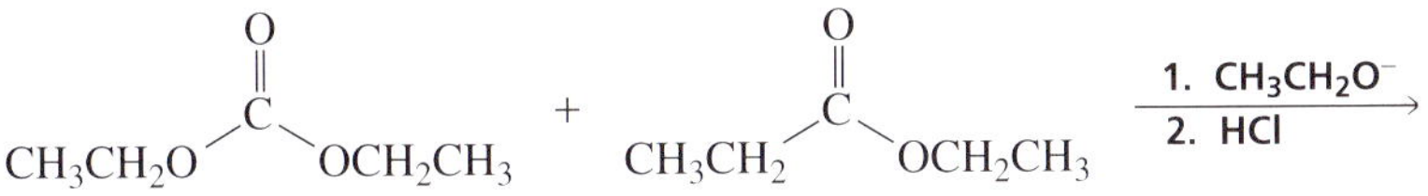

Condensación de Claisen 2

Condensación de Claisen 3

PROBLEMA 31 RESUELTO

Indique cómo se podrían preparar los compuestos siguientes a partir de la 3-tiometilciclohexanona:

a. 2-propanoil-3-(metiltio)ciclohexanona

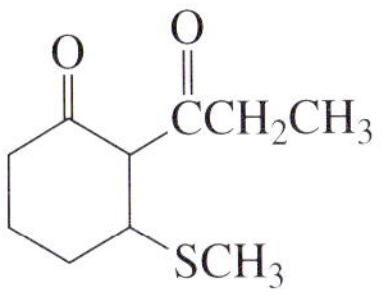

b. 2-(3-oxobutil)-3-(metiltio)ciclohexanona

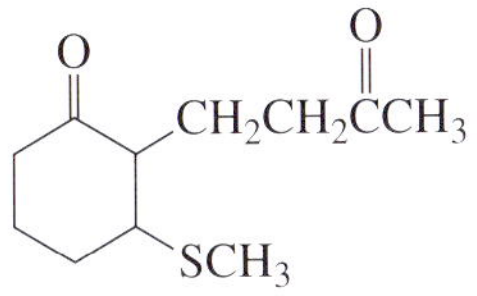

Solución de 31a Ya que el compuesto deseado es un compuesto 1,3-dicarbonílico, se puede preparar tratando un ion enolato con un éster.

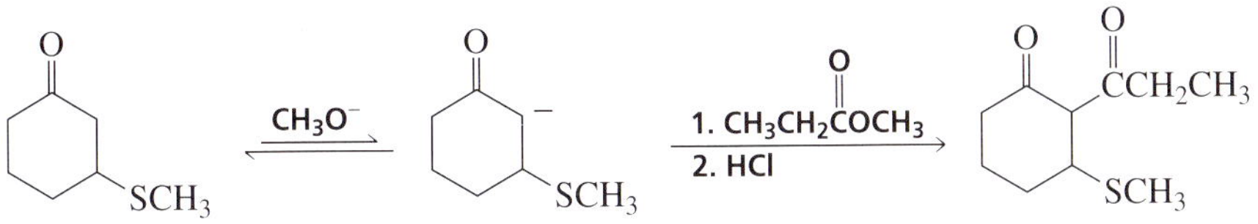

3-(metiltio)ciclohexanona →[CH₃O⁻] enolato →[1. CH₃CH₂C(=O)OCH₃][2. HCl] producto a

Solución de 31b Como el compuesto deseado es un compuesto 1,5-dicarbonílico, se puede preparar tratando un ion enolato con un compuesto carbonílico α,α-insaturado (reacción de Michael).

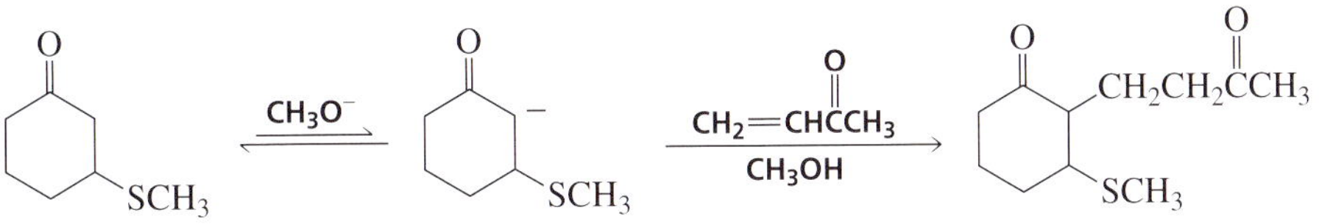

3-(metiltio)ciclohexanona →[CH₃O⁻] enolato →[CH₂=CHCCH₃][CH₃OH] producto b

18.17 Reacciones de condensación y adición intramolecular

Hemos visto que si un compuesto tiene dos grupos funcionales que pueden reaccionar entre sí, se efectúa con facilidad una reacción intramolecular si causa la formación de anillos de cinco o seis miembros (sección 8.11). En consecuencia, si se agrega una base a un compuesto que contenga dos grupos carbonilo, se efectúa una reacción intramolecular si es posible formar un producto con anillo de cinco o seis miembros. Así, un compuesto con dos grupos éster tendría una condensación de Claisen intramolecular y un compuesto con dos grupos aldehído o cetona tendría una adición aldólica intramolecular.

Condensaciones de Claisen intramoleculares

La adición de una base a un 1,6-diéster determina que el diéster tenga una condensación de Claisen intramolecular y forme así un β-cetoéster anular de cinco miembros. A las condensaciones de Claisen intramoleculares se les llama **condensación de Dieckmann**.

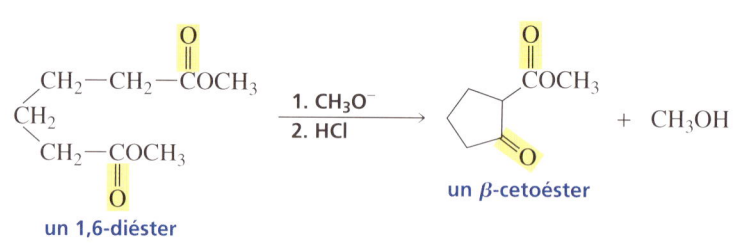

BIOGRAFÍA

Walter Dieckmann (1869–1925) nació en Alemania. Recibió un doctorado de la Universidad de Munich, de donde después fue profesor.

Reacción de Dieckmann

Se forma un β-cetoéster anular de seis miembros con una condensación de Dieckmann de un 1,7-diéster.

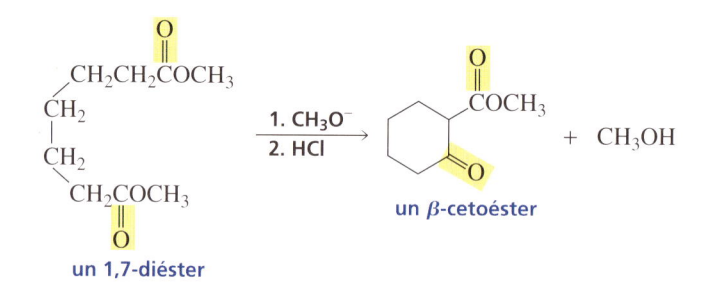

El mecanismo de la condensación de Dieckmann es igual al de la condensación de Claisen. La única diferencia entre las dos reacciones es que el ion enolato que ataca y el grupo carbonilo que sufre el ataque nucleofílico están en distintas moléculas en la condensación de Claisen, pero están en la misma molécula en la condensación de Dieckmann.

Mecanismo de la condensación de Dieckmann

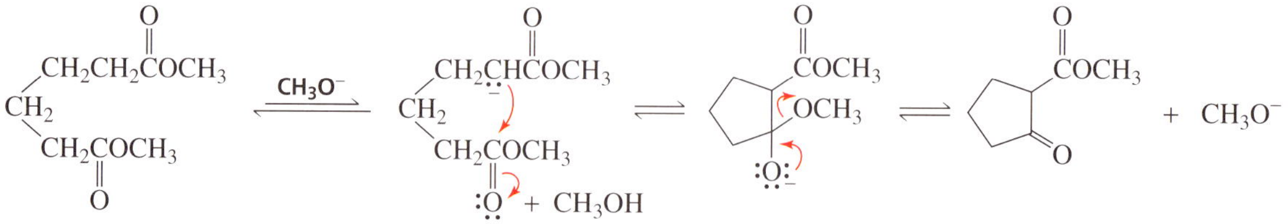

Al igual que en la condensación de Claisen, la condensación de Dieckmann se puede dirigir hasta su terminación efectuando la reacción con la base suficiente para que se elimine un protón del carbono α del β-cetoéster producido. Cuando la reacción termina, se agrega ácido para volver a protonar el producto de la condensación.

PROBLEMA 32

Escriba el mecanismo de la formación de un β-cetoéster catalizada por base a partir de un 1,7-diéster.

Adiciones aldólicas intramoleculares

Como una 1,4-dicetona tiene dos conjuntos diferentes de hidrógenos α, en potencia se pueden formar dos productos diferentes de adición intramolecular, uno con un anillo de cinco miembros y otro con un anillo de tres miembros. La mayor estabilidad de los anillos con cinco o seis miembros permite su formación preferencial (sección 2.11). De hecho, el producto con un anillo de cinco miembros es el único que se forma en la adición aldólica intramolecular de una 1,4-dicetona.

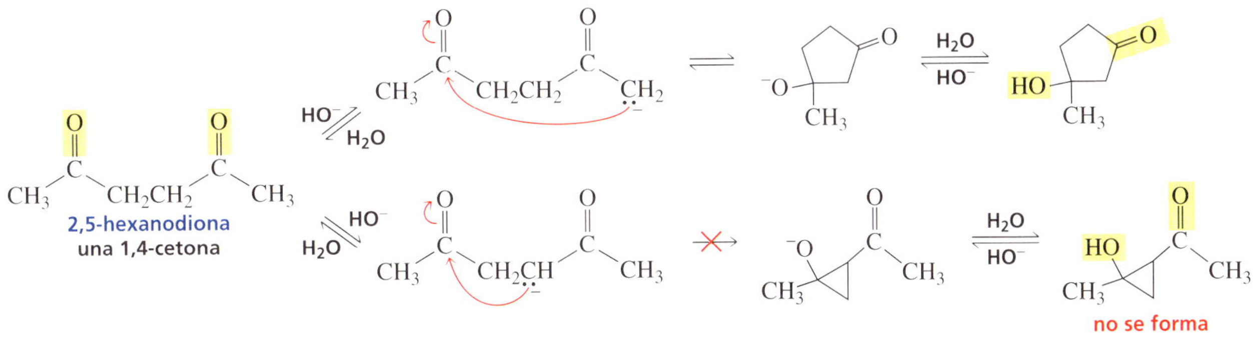

La adición aldólica intramolecular de una 1,6-dicetona puede llevar, en potencia, a un producto con un anillo de siete o de cinco miembros. De nuevo, el producto más estable, el que tiene el anillo de cinco miembros, es el único que se forma en la reacción.

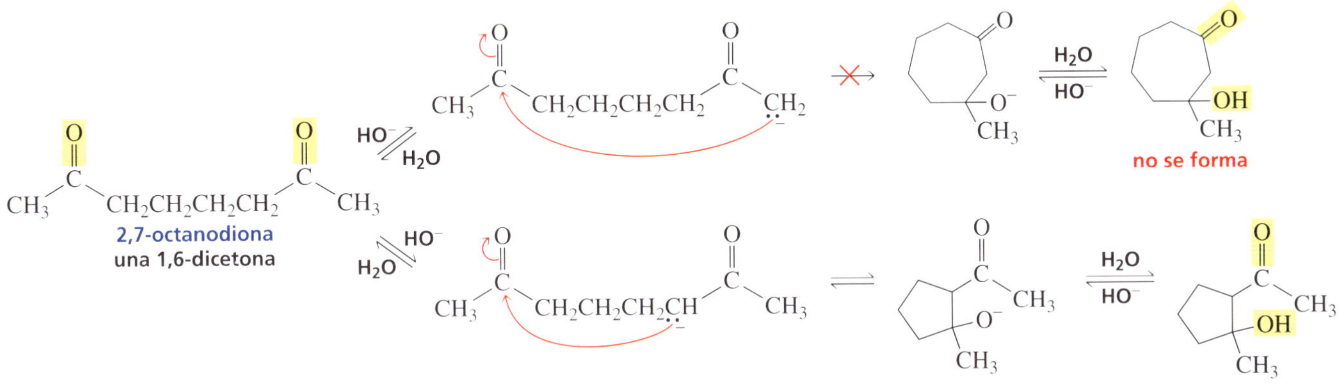

Las 1,5-dicetonas y las 1,7-dicetonas tienen adiciones aldólicas intramoleculares para formar productos que tienen anillos de seis miembros.

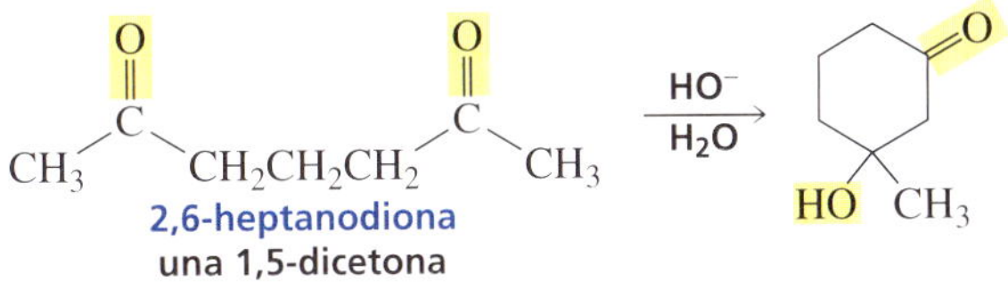

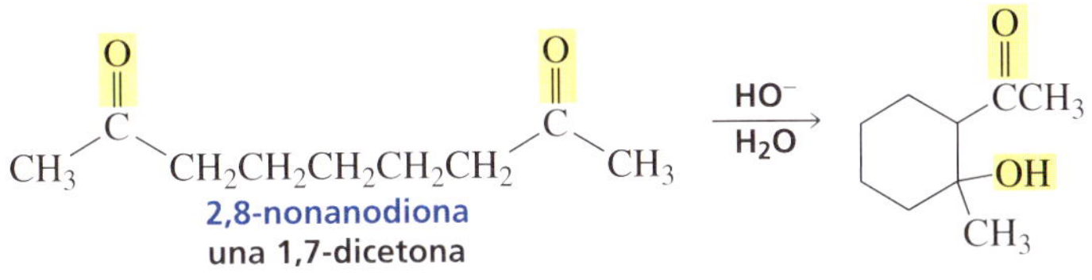

PROBLEMA 33◆

Si no fuera tan grande la preferencia hacia la formación de un anillo de seis miembros ¿qué otro producto cíclico se formaría con la adición aldólica intramolecular de

a. 2,6-heptanodiona? **b.** 2,8-nonanodiona?

PROBLEMA 34

¿Puede haber condensación aldólica intramolecular en la 2,4-pentanodiona? En caso afirmativo, ¿por qué? En caso negativo, ¿por qué?

PROBLEMA 35 RESUELTO

¿Qué productos se pueden obtener si el cetoaldehído siguiente se trata con una base? ¿Cuál espera usted que sea el producto principal?

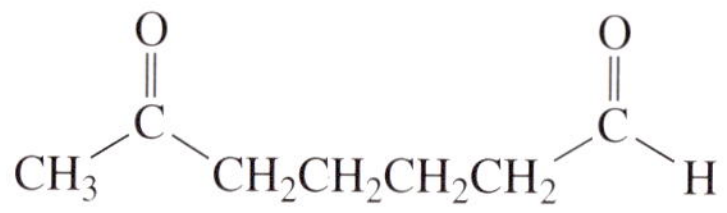

$$CH_3-CO-CH_2CH_2CH_2-CHO$$

Solución Son posibles tres productos porque hay tres conjuntos diferentes de hidrógenos α. Se forman más de B y de C que de A porque se forma un anillo con cinco miembros de preferencia a uno de siete miembros. El producto principal depende de las condiciones de la reacción. B es el producto termodinámico porque se forma a partir del enolato más estable. C es el producto cinético porque el hidrógeno α del aldehído es más ácido que el hidrógeno α de la cetona (tabla 18.1).

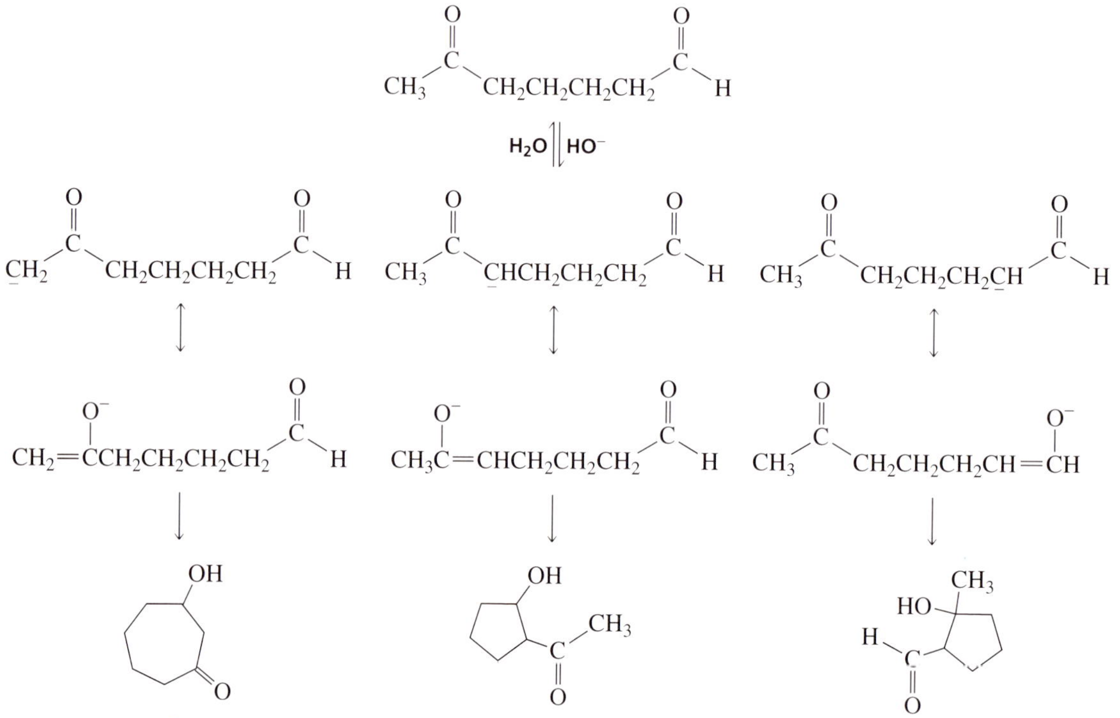

PROBLEMA 36◆

Indique cuál es el producto de la reacción de cada uno de los compuestos siguientes con una base:

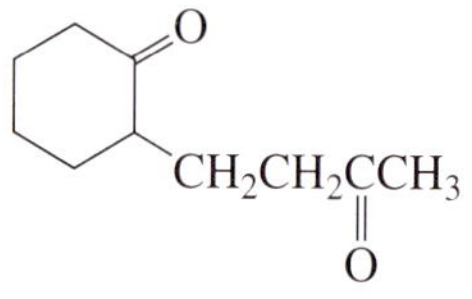

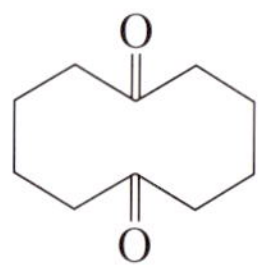

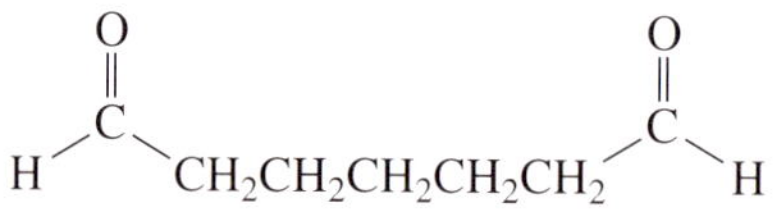

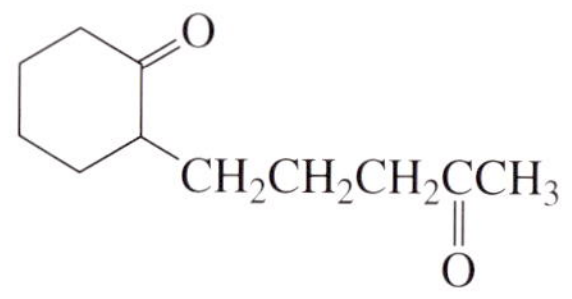

18.17 Reacciones de condensación y adición intramolecular

Anillación de Robinson

Las reacciones que forman enlaces carbono-carbono tienen importancia para los químicos que se dedican a la síntesis química. Sin tales reacciones, no podrían preparar moléculas orgánicas grandes a partir de otras más pequeñas. Se ha visto que las reacciones de Michael y las adiciones aldólicas forman enlaces carbono-carbono. La **anillación de Robinson** es una reacción que une estas dos reacciones en las que se forman enlaces carbono-carbono y permite contar con una ruta para sintetizar muchas moléculas orgánicas complicadas. "Anillación" proviene de *annulus*, "anillo" en latín. Entonces, una **reacción de anillación** es una reacción en la que se forma un anillo.

Tutorial del alumno:
Anillación de Robinson, síntesis
(Robinson annulation—synthesis)

anillación de Robinson

$$CH_2=CH-\underset{O}{\overset{}{C}}-CH_3 \;+\; \text{ciclohexanona} \xrightarrow[\text{de Michael}]{HO^-} \text{1,5-dicetona} \xrightarrow[\text{intramolecular}]{HO^-} \text{β-hidroxicetona} \xrightarrow[\Delta]{HO^-} \text{2-cicloxenona biciclica} \;+\; H_2O$$

- El primer paso de una anillación de Robinson es una reacción de Michael que forma una 1,5-dicetona.
- El segundo paso es una adición aldólica intramolecular.
- Al calentar la disolución básica se deshidrata el alcohol.

Obsérvese que la anillación de Robinson da un producto que tiene un anillo de 2-ciclohexenona.

> **BIOGRAFÍA**
>
> **Sir Robert Robinson (1886–1975)** nació en Inglaterra, y fue hijo de un industrial. Después de recibir un doctorado de la Universidad de Manchester, se unió al cuerpo docente de la Universidad de Sydney, en Australia. Tres años después regresó a Inglaterra y fue profesor de química en Oxford, en 1929. Robinson fue además un destacado alpinista. Fue nombrado caballero en 1939 y recibió el Premio Nobel de Química en 1947 por sus trabajos sobre alcaloides.

ESTRATEGIA PARA RESOLVER PROBLEMAS

Análisis de una anillación de Robinson

Proponer una síntesis de cada uno de los compuestos siguientes usando la anillación de Robinson.

a. 4-metil-2-ciclohexenona

b. 3-metil-2-ciclohexenona

Un examen cuidadoso de una anillación de Robinson indica cuál parte de la molécula proviene de qué reactivo. Entonces, ese conocimiento nos permite escoger reactivos apropiados para cualquier otra anillación de Robinson. El análisis indica que el grupo ceto de la ciclohexenona proviene del compuesto carbonílico α,β-insaturado, y que el enlace doble es el resultado del ataque del ion enolato en el compuesto carbonílico α,α-insaturado sobre el grupo carbonilo del otro reactivo. Entonces podemos llegar a los reactivos adecuados cortando el enlace doble del compuesto deseado y cortando entre los carbonos β y γ en el otro lado del grupo carbonilo.

$$\text{(corte en β,γ y enlace doble)} \Longrightarrow \text{metil vinil cetona (compuesto carbonílico α,β-insaturado)} + \text{propanal}$$

Por consiguiente, los reactivos necesarios para la parte a son:

$$CH_2=CHCCH_3 \;+\; CH_3CH_2CH \xrightarrow[\Delta]{HO^-} \text{4-metil-2-ciclohexenona}$$
$$\overset{O}{\|} \qquad\qquad\qquad \overset{O}{\|}$$

884 CAPÍTULO 18 Compuestos carbonílicos III

Si se corta el compuesto de la parte **b.** podremos determinar los reactivos necesarios para sintetizarlo:

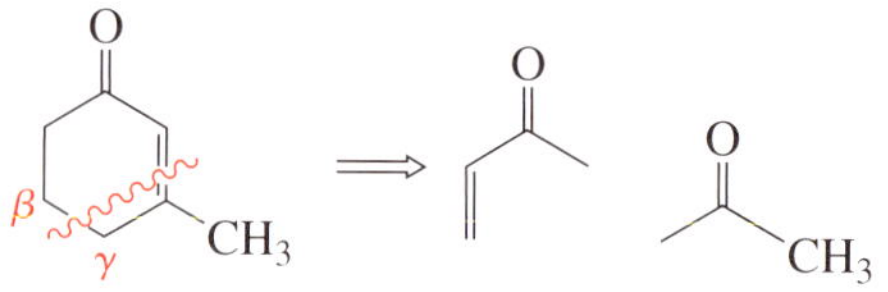

$$\underset{\beta \quad \gamma}{\text{(ciclohexenona con CH}_3\text{)}} \Longrightarrow \text{CH}_2=\text{CHCOCH}_3 + \text{CH}_3\text{COCH}_3$$

Por lo tanto, los reactivos necesarios en la parte **b.** son:

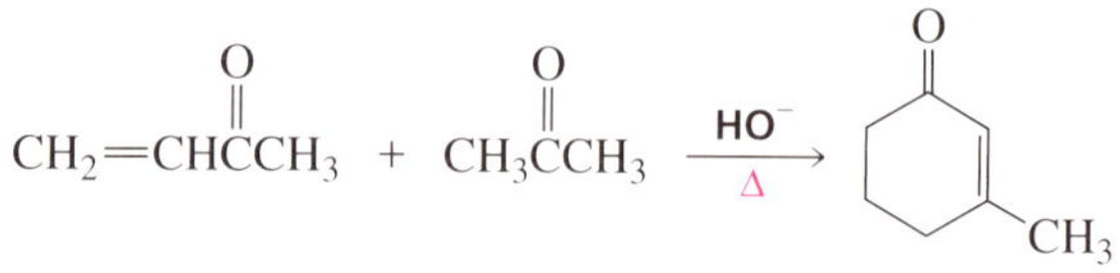

$$\text{CH}_2=\text{CHCCH}_3 \;+\; \text{CH}_3\text{CCH}_3 \;\xrightarrow[\Delta]{\text{HO}^-}\; \text{(3-metil-2-ciclohexenona)}$$

Pase ahora al problema 37.

PROBLEMA 37

Proponga una síntesis para cada uno de los compuestos siguientes, usando una anillación de Robinson.

a. 4-etil-2-ciclohexenona

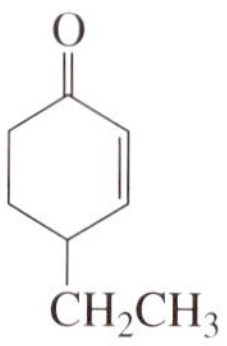

b. 2-metil-2-ciclohexenona (o 6-metil-2-ciclohexenona)

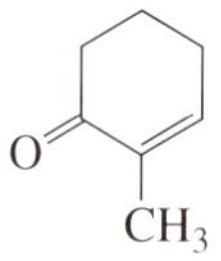

c. 4,5-dimetil-3-fenil-2-ciclohexenona

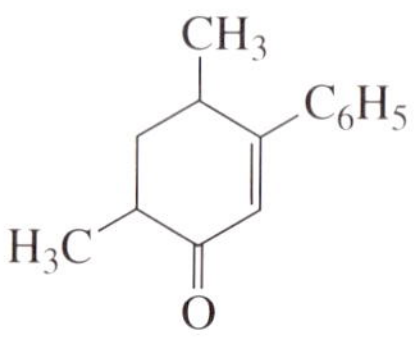

d. decalindiona con metilo

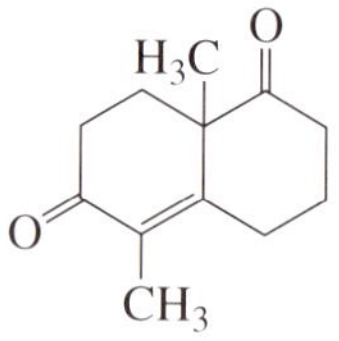

18.18 Descarboxilación de los ácidos 3-oxocarboxílicos

Los iones carboxilato no pierden CO_2 por la misma razón que los alcanos, como el etano, no pierden un protón: porque el grupo saliente sería un carbanión. Los carbaniones son bases muy fuertes y por consiguiente son grupos salientes muy malos.

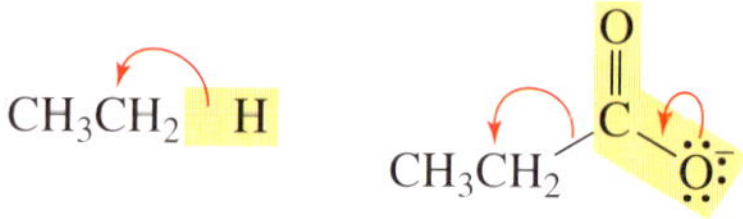

$$\text{CH}_3\text{CH}_2-\text{H} \qquad \text{CH}_3\text{CH}_2-\text{C}(=O)-\text{O}^-$$

Los ácidos 3-oxocarboxílicos se descarboxilan cuando se calientan.

Sin embargo, si el grupo CO_2 está unido a un carbono adyacente a un carbono de un grupo carbonilo, el grupo CO_2 puede ser eliminado porque los electrones que quedan atrás se pueden deslocalizar sobre el oxígeno del grupo carbonilo. En consecuencia, los iones 3-oxocarboxilato (iones carboxilato con un grupo carbonilo en la posición 3) pierden CO_2 cuando se calientan. La pérdida de CO_2 en una molécula se llama **descarboxilación**.

eliminación de CO_2 de un carbono α

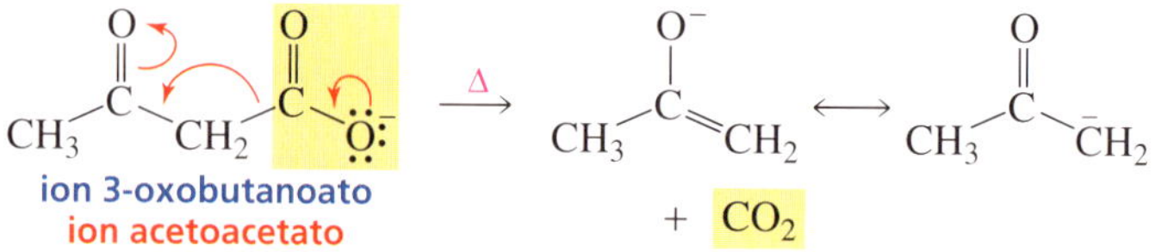

$$\underset{\substack{\text{ion 3-oxobutanoato}\\ \text{ion acetoacetato}}}{\text{CH}_3\text{COCH}_2\text{COO}^-} \xrightarrow{\Delta} \text{CH}_3\text{C}(\text{O}^-)=\text{CH}_2 \longleftrightarrow \text{CH}_3\text{CO}-\bar{\text{CH}}_2 \;+\; CO_2$$

18.18 Descarboxilación de los ácidos 3-oxocarboxílicos 885

Nótese la semejanza entre la eliminación de CO_2 de un ion 3-oxocarboxilato y la eliminación de un protón de un carbono α. En ambas reacciones se elimina un sustituyente (CO_2 en un caso, H^+ en el otro) de un carbono α, y sus electrones de enlace se deslocalizan sobre un oxígeno.

eliminación de un protón de un carbono α

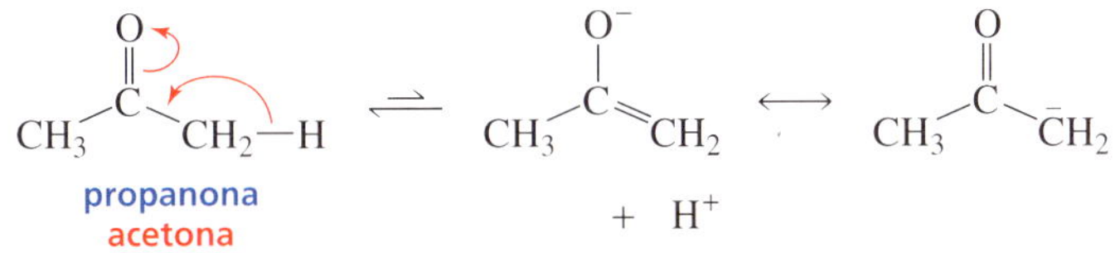

propanona
acetona

$+ \; H^+$

La descarboxilación es todavía más fácil si la reacción se efectúa bajo condiciones ácidas porque la reacción es catalizada por una transferencia intramolecular de un protón del grupo carboxilo al oxígeno del grupo carbonilo. El enol que se forma se tautomeriza de inmediato en una cetona.

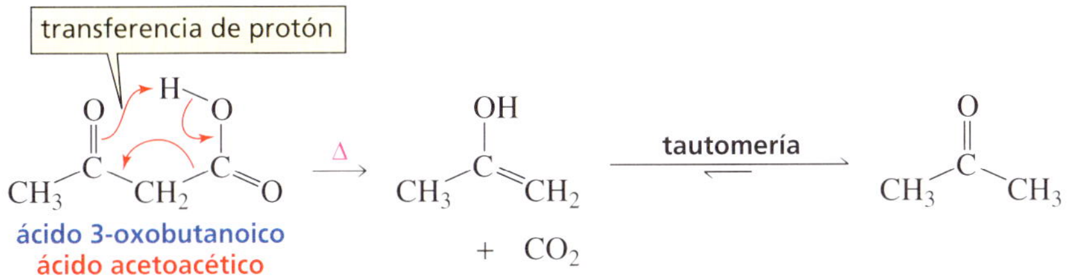

transferencia de protón

ácido 3-oxobutanoico
ácido acetoacético
un β-cetoácido

$+ \; CO_2$

En la sección 18.1 vimos que es más difícil abstraer un protón de un carbono α si los electrones están deslocalizados sobre el grupo carbonilo de un éster que sobre el grupo carbonilo de una cetona. Por la misma razón se requiere mayor temperatura para descarboxilar un ácido β-dicarboxílico, como el ácido malónico, que descarboxilar un β-cetoácido.

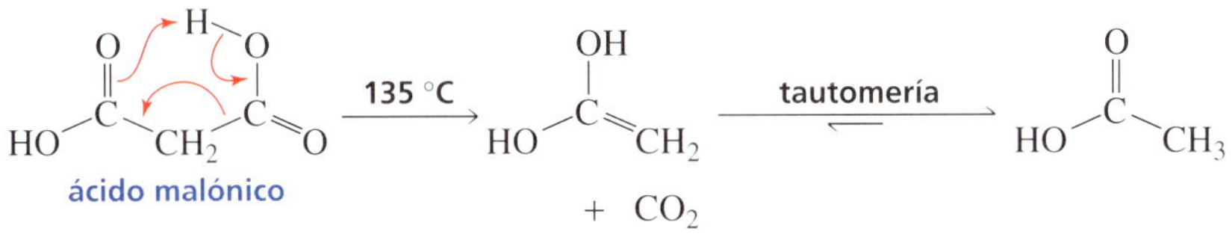

ácido malónico

$+ \; CO_2$

En resumen, los ácidos carboxílicos con un grupo carbonilo en la posición 3 (tanto los ácidos β-cetocarboxílicos como los ácidos β-dicarboxílicos) pierden CO_2 cuando se calientan.

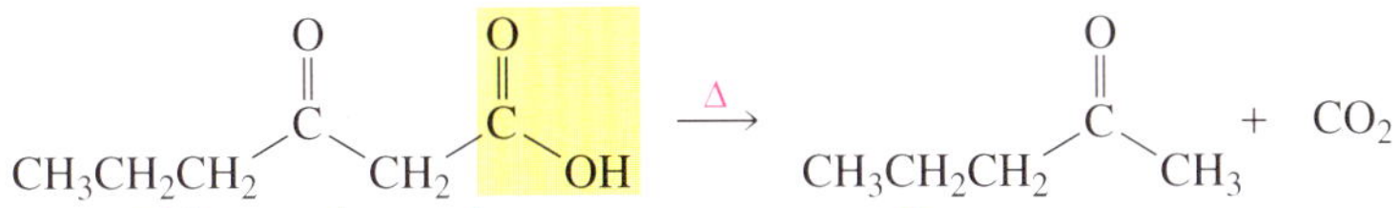

ácido 3-oxohexanoico → 2-pentanona $+ \; CO_2$

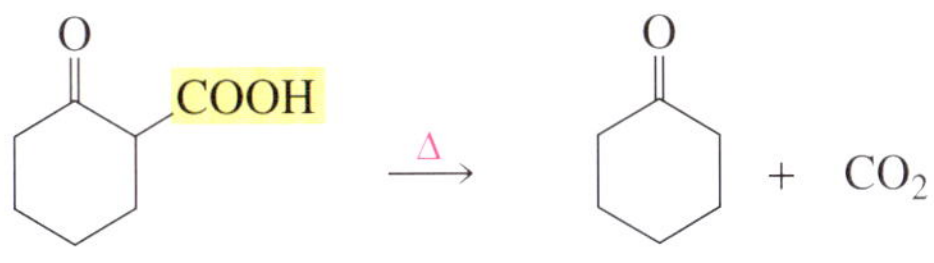

ácido 2-oxociclohexano-carboxílico → ciclohexanona $+ \; CO_2$

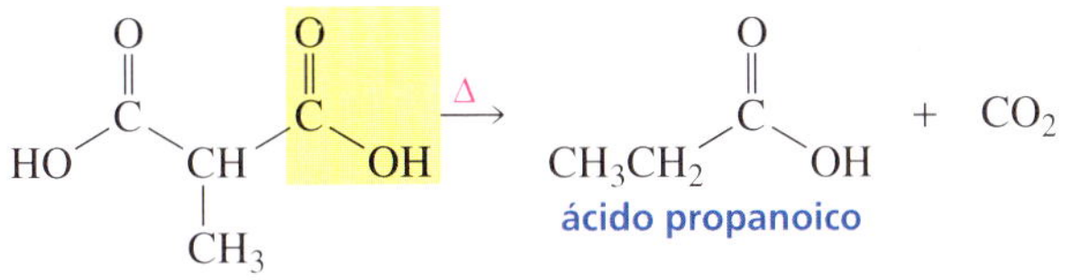

ácido α-metilmalónico → ácido propanoico $+ \; CO_2$

PROBLEMA 38◆

¿Cuáles de los compuestos siguientes podrían descarboxilarse cuando se calientan?

A: CH₃-CO-CH₂-COOH

B: CH₃-CO-CH₂-CO-CH₃

C: HOOC-CH₂-CH₂-COOH

D: HOOC-CH₂-CO-CH₂CH₃

18.19 La síntesis malónica: método para sintetizar un ácido carboxílico

Para preparar ácidos carboxílicos de cualquier longitud que se desee se puede usar una combinación de dos de las reacciones que se describen en este capítulo: la alquilación de un carbono α y la descarboxilación de un ácido β-dicarboxílico. A este procedimiento se le llama **síntesis malónica**, o **síntesis con éster malónico**, porque el material de partida para la síntesis es el diéster del ácido malónico. Los dos primeros carbonos del ácido carboxílico que se sintetiza provienen del éster malónico y el resto del haluro de alquilo que se usa en el segundo paso de la reacción.

Una síntesis del éster malónico forma un ácido carboxílico con dos átomos de carbono más que en el haluro de alquilo.

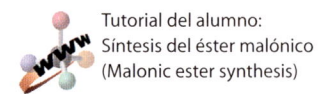

Tutorial del alumno:
Síntesis del éster malónico
(Malonic ester synthesis)

síntesis del éster malónico

$$C_2H_5O-CO-CH_2-CO-OC_2H_5 \xrightarrow[\text{3. HCl, H}_2\text{O, }\Delta]{\text{1. CH}_3\text{CH}_2\text{O}^-,\ \text{2. RBr}} R-CH_2-COOH$$

malonato de dietilo
éster malónico

(del haluro de alquilo) — (del éster malónico)

A continuación se analiza el mecanismo de la síntesis malónica.

Mecanismo de la síntesis malónica

$$C_2H_5O-CO-CH_2-CO-OC_2H_5 \xrightarrow{CH_3CH_2O^-} C_2H_5O-CO-\overset{..}{C}H-CO-OC_2H_5 \xrightarrow{R-Br} C_2H_5O-CO-CHR-CO-OC_2H_5 + Br^-$$

eliminación de un protón del carbono α — alquilación del carbono α — un éster malónico α-sustituido

↓ HCl, H₂O, Δ (hidrólisis)

$$R-CH_2-COOH + CO_2 \xleftarrow{\Delta} HO-CO-CHR-CO-OH + 2\ CH_3CH_2OH$$

descarboxilación — un ácido malónico α-sustituido

- Un protón se elimina con facilidad del carbono α porque está unido a dos grupos éster (pK_a = 13).
- El carbanión que resulta reacciona con un haluro de alquilo formando un éster malónico sustituido en α. Como la alquilación es una reacción S_N2, funciona mejor con haluros de alquilo primarios y haluros de metilo (sección 8.2).
- Al calentar el éster malónico α-sustituido en una disolución acuosa ácida, los dos grupos éster se hidrolizan y forman dos grupos de ácido carboxílico, y se obtiene un ácido malónico α-sustituido.
- Cuando se continua el calentamiento se descarboxila el ácido 3-oxocarboxílico.

Los ácidos carboxílicos con dos sustituyentes unidos al carbono α se pueden preparar haciendo dos alquilaciones sucesivas en el carbono α.

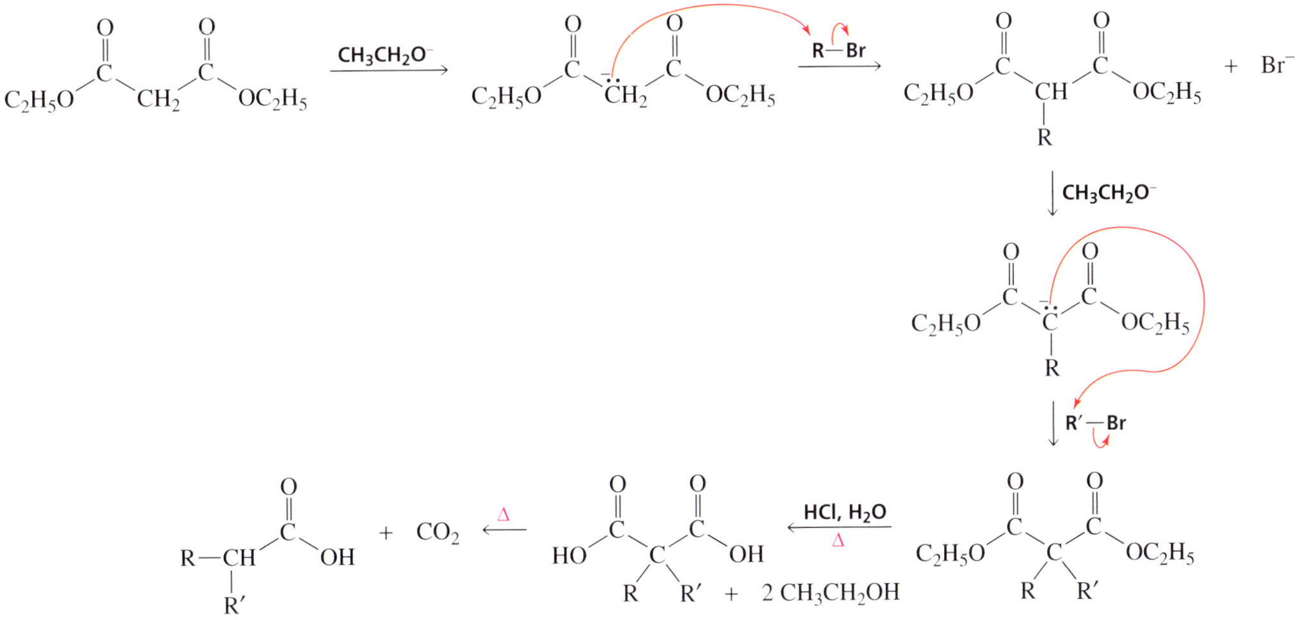

PROBLEMA 39◆

¿Qué bromuro(s) de alquilo se deben usar en la síntesis malónica de cada uno de los siguientes ácidos carboxílicos?

a. ácido propanoico
b. ácido 2-metilpropanoico
c. ácido 3-fenilpropanoico
d. ácido 4-metilpentanoico

PROBLEMA 40

Explique por qué no pueden prepararse los siguientes ácidos carboxílicos con la síntesis malónica.

a. 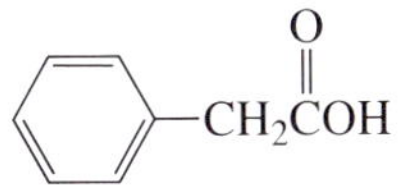 C_6H_5-CH_2COOH
b. $CH_2=CHCH_2COOH$
c. $(CH_3)_3CCH_2COOH$

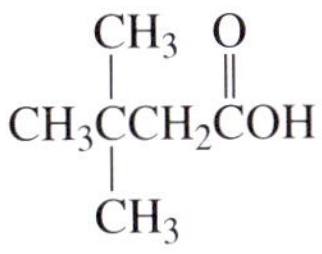

888 CAPÍTULO 18 Compuestos carbonílicos III

18.20 La síntesis acetoacética: método para sintetizar una metilcetona

La única diferencia entre la síntesis acetoacética y la síntesis malónica radica en el uso del éster acetoacético en lugar del éster malónico como materia inicial. La diferencia en las materias primas hace que el producto de la **síntesis acetoacética** sea una *metilcetona* y no un *ácido carboxílico*. El grupo carbonilo de la metilcetona y los átomos de carbono a cada lado del mismo provienen del éster acetoacético; el resto de la cetona proviene del haluro de alquilo usado en el segundo paso de la reacción.

Una síntesis del éster acetoacético forma una metilcetona con dos átomos de carbono más que en el haluro de alquilo.

síntesis del éster acetoacético

$$CH_3-\overset{O}{\underset{}{C}}-CH_2-\overset{O}{\underset{}{C}}-OC_2H_5 \xrightarrow[\text{2. RBr}]{\text{1. } CH_3CH_2O^-}_{\text{3. HCl, } H_2O, \Delta} R-CH_2-\overset{O}{\underset{}{C}}-CH_3$$

3-oxobutanoato de etilo
acetoacetato de etilo
"éster acetoacético"

del éster acetoacético
del haluro de alquilo

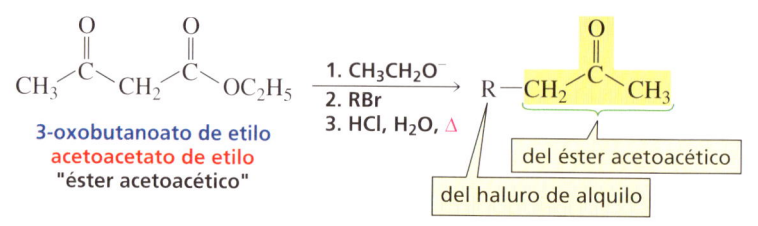

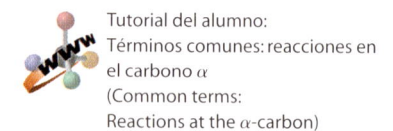

Los mecanismos de la síntesis acetoacética y de la síntesis malónica son parecidos. El último paso en la síntesis acetoacética es la descarboxilación de un ácido acetoacético sustituido y no de un ácido malónico sustituido.

Mecanismo de la síntesis acetoacética

$$CH_3-\overset{O}{\underset{}{C}}-CH_2-\overset{O}{\underset{}{C}}-OC_2H_5 \xrightarrow{CH_3CH_2O^-} CH_3-\overset{O}{\underset{}{C}}-\overset{-}{\underset{}{CH}}-\overset{O}{\underset{}{C}}-OC_2H_5 \xrightarrow{R-Br} CH_3-\overset{O}{\underset{}{C}}-\underset{R}{\underset{|}{CH}}-\overset{O}{\underset{}{C}}-OC_2H_5 + Br^-$$

eliminación de un protón del carbono α

alquilación del carbono α

$$\downarrow HCl, H_2O, \Delta \text{ hidrólisis}$$

$$CH_3-\overset{O}{\underset{}{C}}-CH_2-R + CO_2 \xleftarrow{\Delta} CH_3-\overset{O}{\underset{}{C}}-\underset{R}{\underset{|}{CH}}-\overset{O}{\underset{}{C}}-OH + CH_3CH_2OH$$

descarboxilación

PROBLEMA 41 RESUELTO

A partir del propanoato de metilo ¿cómo prepararía usted 4-metil-3-heptanona?

$$CH_3CH_2-\overset{O}{\underset{}{C}}-OCH_3 \xrightarrow{?} CH_3CH_2-\overset{O}{\underset{}{C}}-\underset{CH_3}{\underset{|}{CH}}CH_2CH_2CH_3$$

propanoato de metilo

4-metil-3-heptanona

Ya que el material de partida es un éster, y la molécula que se desea tiene más carbonos que la de la materia prima, parece que una condensación de Claisen es una buena forma de iniciar esta síntesis. La condensación de Claisen forma un β-cetoéster que se puede alquilar con facilidad en el carbono que se desee porque está unido a dos grupos carbonilo. Una hidrólisis catalizada por ácido formará un ácido 3-oxo-carboxílico, que se descarboxilará al calentarse.

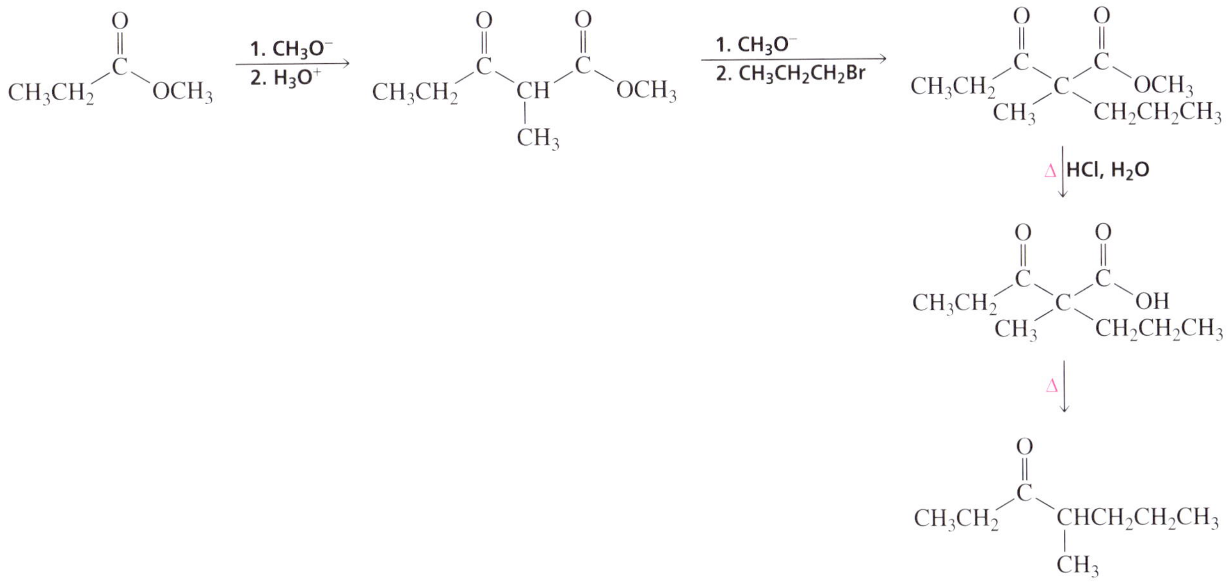

PROBLEMA 42◆

¿Qué bromuro de alquilo debe usarse en la síntesis acetoacética de cada una de las metilcetonas siguientes?

a. 2-pentanona **b.** 2-octanona **c.** 4-fenil-2-butanona

18.21 Diseño de una síntesis VII: formación de nuevos enlaces carbono-carbono

Cuando se planea la síntesis de un compuesto que requiere la formación de un nuevo enlace carbono-carbono, primero se localiza el nuevo enlace que debe formarse. Por ejemplo, en la síntesis de la siguiente β-dicetona, el nuevo enlace es el que forma el segundo anillo de cinco miembros:

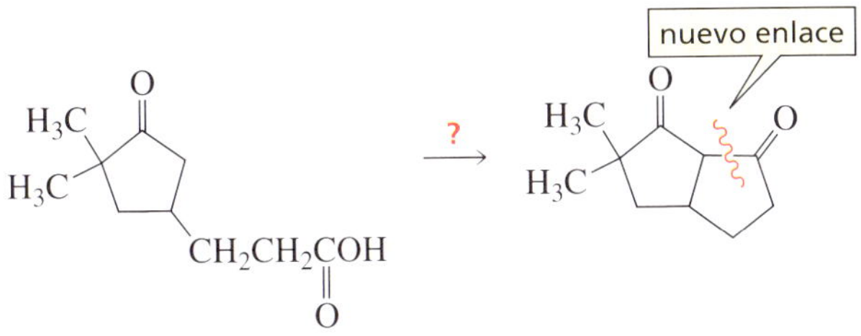

A continuación se determina cuál de los átomos que forman el enlace debe ser el nucleófilo y cuál debe ser el electrófilo. En este caso es fácil elegir entre las dos posibilidades porque se conoce que un carbono de un grupo carbonilo es un electrófilo.

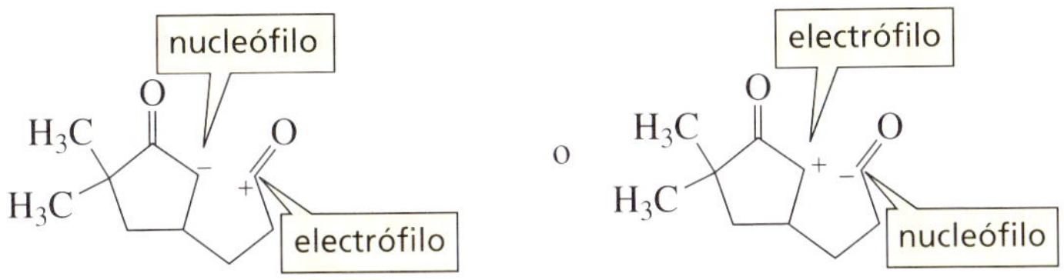

890 CAPÍTULO 18 Compuestos carbonílicos III

Ahora se debe determinar qué compuesto se puede usar que nos proporcione los sitios electrofílico y nucleofílico deseados. Si se le dice a uno cuál es la materia prima, eso se toma como una pista para llegar al compuesto deseado. Por ejemplo, un grupo carbonilo de éster sería un buen electrófilo para esta síntesis porque tiene un grupo que se eliminaría. Es más, los hidrógenos α de la cetona son más ácidos que los hidrógenos α del éster, y el nucleófilo que se desea sería más fácil de obtener. El éster se puede preparar fácilmente a partir del ácido carboxílico como materia prima.

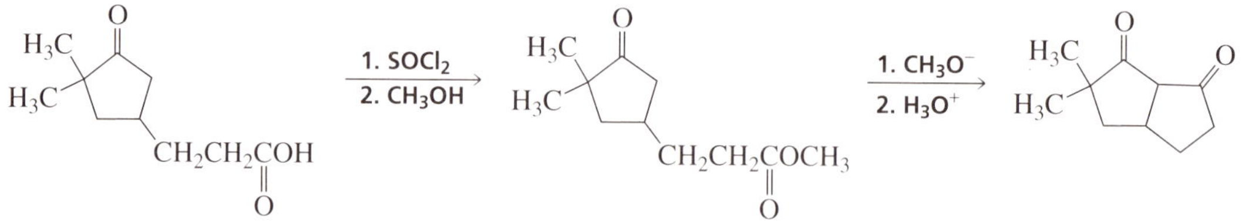

En la siguiente síntesis se deben formar dos nuevos enlaces carbono-carbono.

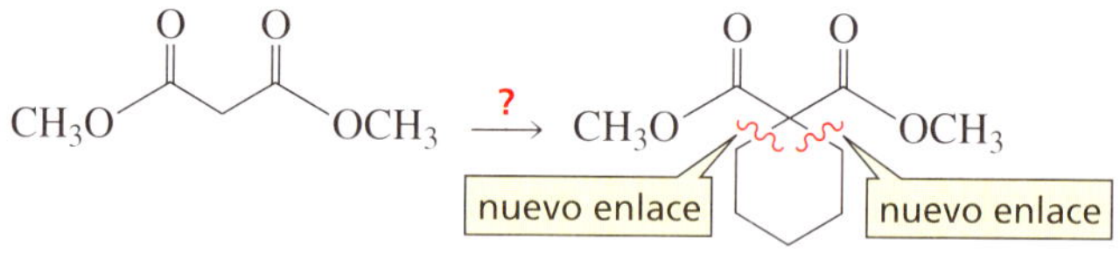

Después de identificar los sitios electrofílico y nucleofílico, se puede ver que dos alquilaciones sucesivas de un diéster de ácido malónico, usando 1,5-dibromopentano como haluro de alquilo, producirán el compuesto que se desea.

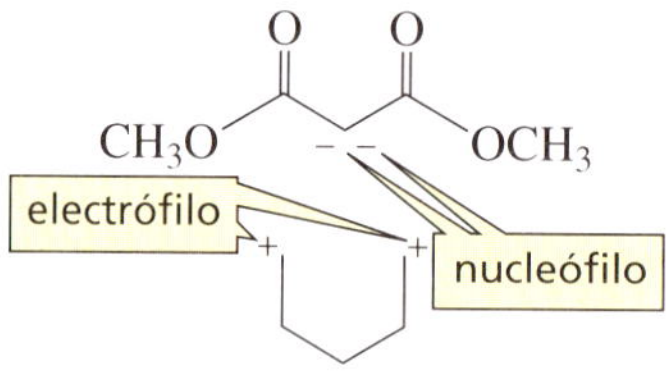

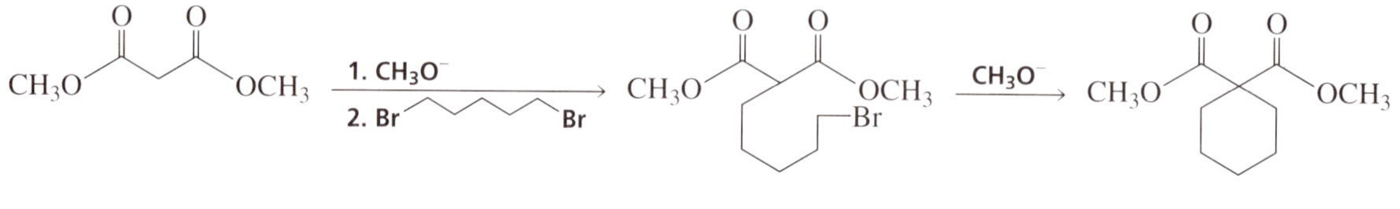

Al planear la siguiente síntesis, el diéster que se indicó como materia prima parece indicar que se debe usar una condensación de Dieckmann para obtener el compuesto cíclico:

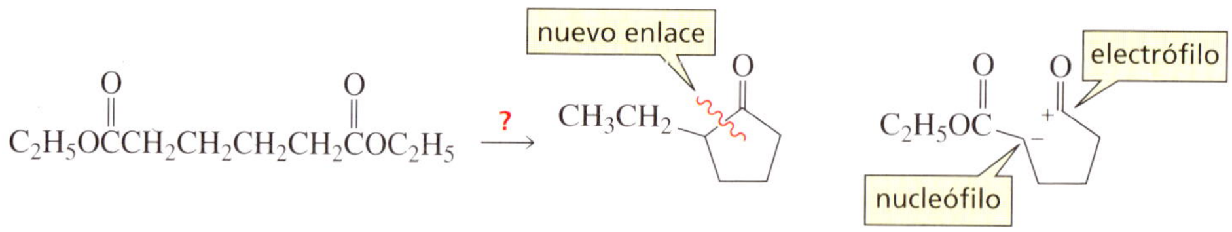

Después de formar el anillo de ciclopentanona con una condensación de Dieckmann de la materia prima, la alquilación del carbono α seguida por la hidrólisis del β-cetoéster y la descarboxilación forma el producto deseado.

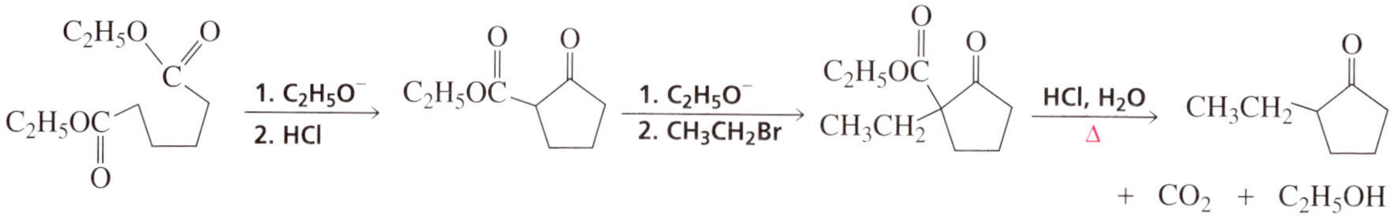

PROBLEMA 43

Diseñe una síntesis para cada uno de los compuestos siguientes, a partir de la materia prima indicada:

a. PhCOCH$_3$ ⟶ PhCOCH$_2$CH$_2$CH$_3$

b. CH$_3$OC(CH$_2$)$_5$COCH$_3$ ⟶ 2-etilciclohexanona

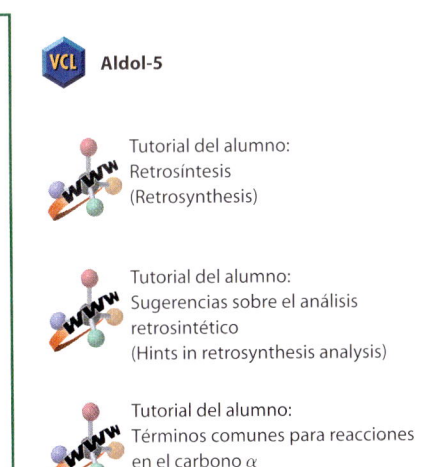

c. PhCHO ⟶ PhCH=CHCOOH

d. CH$_3$OCCH$_2$COCH$_3$ ⟶ ciclopentanocarboxílico

18.22 Reacciones en el carbono α en los sistemas biológicos

En los sistemas biológicos se efectúan muchas reacciones en el carbono α —las clases de reacciones que hemos estudiado en este capítulo. Ahora veremos algunos ejemplos.

Una adición aldólica biológica

La glucosa es el azúcar natural más abundante y se sintetiza en los sistemas biológicos a partir de dos moléculas de piruvato. La serie de reacciones donde dos moléculas de piruvato se convierten en glucosa se llama **gluconeogénesis**. El proceso inverso, la descomposición de la glucosa en dos moléculas de piruvato, se llama **glucólisis** (sección 25.7).

$$2\ CH_3\overset{O}{C}-\overset{O}{C}O^- \underset{\text{glicólisis}}{\overset{\text{gluconeogénesis}}{\rightleftharpoons}} \text{varios pasos} \rightleftharpoons \rightleftharpoons \rightleftharpoons \text{glucosa}$$

piruvato ⇌ glucosa (HC=O, H–OH, HO–H, H–OH, H–OH, CH$_2$OH)

Ya que la glucosa tiene el doble de átomos de carbono que el piruvato, no debe sorprender enterarse que uno de los pasos en la biosíntesis de la glucosa es una adición aldólica. Una enzima llamada aldolasa cataliza una adición aldólica entre el fosfato de dihidroxiacetona y el 3-fosfato de gliceraldehído. El producto es 1,6-difosfato de fructosa, que a continuación se convierte en glucosa. El mecanismo de esta reacción se describirá en la sección 23.9.

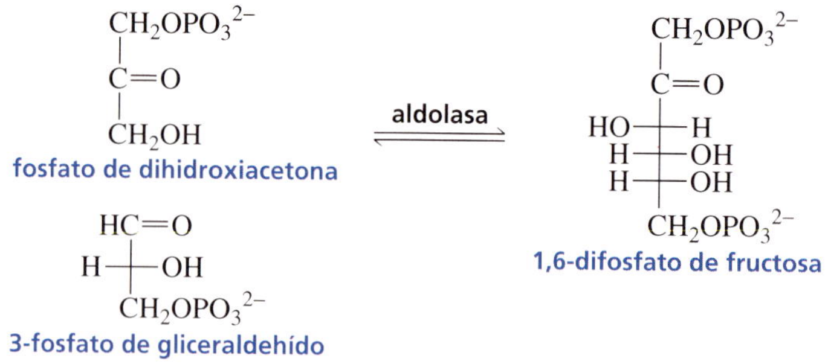

892 CAPÍTULO 18 Compuestos carbonílicos III

$$\text{fosfato de dihidroxiacetona} \begin{array}{c} CH_2OPO_3^{2-} \\ | \\ C=O \\ | \\ CH_2OH \end{array} \quad + \quad \text{3-fosfato de gliceraldehído} \begin{array}{c} HC=O \\ H-\!\!\!\!-OH \\ | \\ CH_2OPO_3^{2-} \end{array} \quad \underset{\longleftarrow}{\overset{\text{aldolasa}}{\rightleftharpoons}} \quad \text{1,6-difosfato de fructosa} \begin{array}{c} CH_2OPO_3^{2-} \\ | \\ C=O \\ HO-\!\!\!\!-H \\ H-\!\!\!\!-OH \\ H-\!\!\!\!-OH \\ | \\ CH_2OPO_3^{2-} \end{array}$$

PROBLEMA 44

Proponga un mecanismo para la formación del 1,6-difosfato de la fructosa a partir del fosfato de la dihidroxiacetona y el 3-fosfato del gliceraldehído, usando $HO{:}^-$ como catalizador.

Una condensación aldólica biológica

En los mamíferos, la proteína más abundante es el colágena, que forma alrededor de la cuarta parte de las proteínas totales. Es el componente fibroso principal de los huesos, dientes, piel, cartílago y tendones. Las moléculas individuales de colágena, llamadas tropocolágena, sólo se pueden aislar en tejidos de animales jóvenes. Al envejecer los animales, las moléculas individuales forman enlaces cruzados, que es la causa por la que la carne de animales de más edad sea más difícil de masticar que la que procede de los más jóvenes. El entrecruzamiento de la colágena es un ejemplo de una condensación aldólica.

Antes de que las moléculas de colágena puedan formar enlaces cruzados, los grupos amino primarios de los residuos de lisina en la colágena deben convertirse en grupos aldehído. La enzima que cataliza esta reacción se llama lisil oxidasa. Una condensación aldólica entre dos residuos de aldehído forma una proteína con enlaces cruzados.

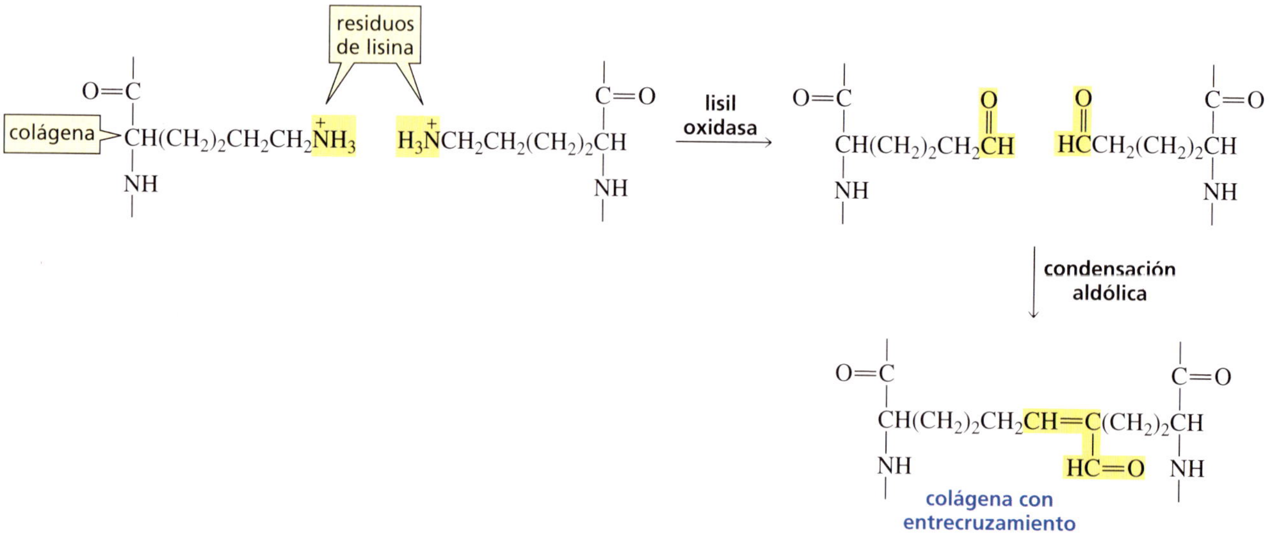

Una condensación de Claisen biológica

Los ácidos grasos son ácidos carboxílicos de cadena larga no ramificada (secciones 16.14 y 26.1). La mayor parte de los ácidos grasos naturales contiene una cantidad par de carbonos porque se sintetizan a partir de acetato, cuyo número de carbonos es dos.

18.22 Reacciones en el carbono α-en los sistemas biológicos

En la sección 16.22 vimos que los ácidos carboxílicos se pueden activar en los sistemas biológicos cuando se convierten en tioésteres de la coenzima A.

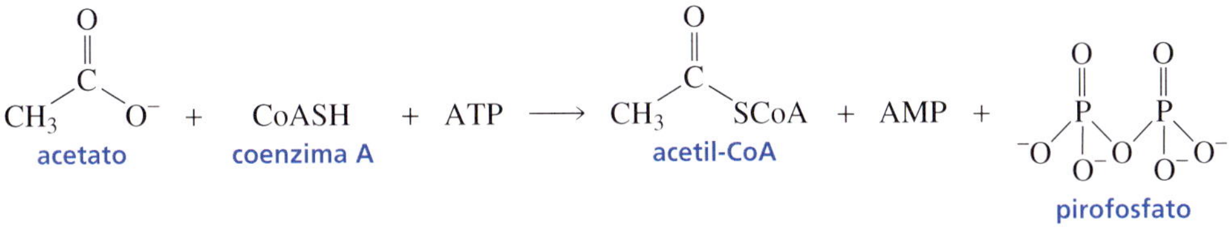

$$CH_3COO^- + CoASH + ATP \longrightarrow CH_3COSCoA + AMP + \text{pirofosfato}$$

acetato + coenzima A → acetil-CoA + AMP + pirofosfato

Uno de los reactivos necesarios para la síntesis de ácidos grasos es la malonil-CoA, obtenida por carboxilación de la acetil-CoA. El mecanismo de esta reacción se describirá en la sección 24.5.

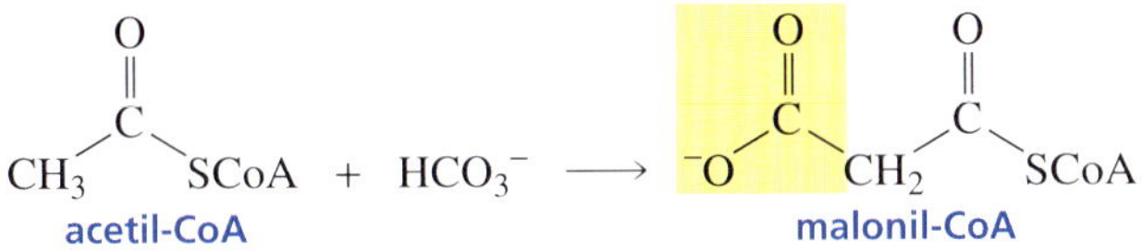

$$CH_3COSCoA + HCO_3^- \longrightarrow {}^-OOC-CH_2-COSCoA$$

acetil-CoA → malonil-CoA

Antes de poder efectuarse la síntesis del ácido graso, los grupos acilo de la acetil-CoA y la malonil-CoA se transfieren a otros tioles mediante una reacción de transesterificación.

reacciones de transesterificación

$$CH_3COSCoA + RSH \longrightarrow CH_3COSR + CoASH$$

$$^-OOC-CH_2-COSCoA + RSH \longrightarrow {}^-OOC-CH_2-COSR + CoASH$$

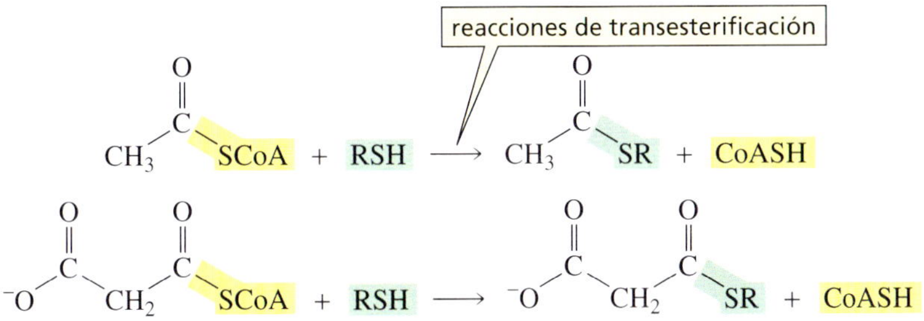

Una molécula del acetil-tioéster y una molécula del malonil-tioéster son los reactivos para la primera ronda en la biosíntesis de un ácido graso.

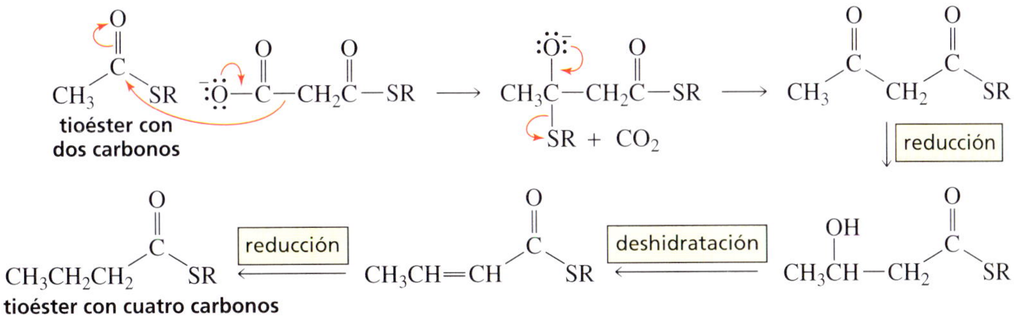

$$CH_3C(O)SR + {}^-O-C(O)-CH_2C(O)-SR \longrightarrow CH_3C(O)-CH_2C(O)-SR + CO_2 \xrightarrow{\text{reducción}}$$

tioéster con dos carbonos

$$CH_3CH(OH)-CH_2C(O)SR \xrightarrow{\text{deshidratación}} CH_3CH=CH-C(O)SR \xrightarrow{\text{reducción}} CH_3CH_2CH_2C(O)SR$$

tioéster con cuatro carbonos

- El primer paso es una condensación de Claisen. Hemos visto que el nucleófilo necesario para una condensación de Claisen se obtiene usando una base fuerte para eliminar el hidrógeno α. Sin embargo, las bases fuertes no existen en las células vivas porque las reacciones biológicas se efectúan a pH neutro. Así, el nucleófilo necesario se genera eliminando CO_2, y no un protón, del carbono α del malonil-tioéster. (Recuérdese que los ácidos 3-oxocarboxílicos se descarboxilan con facilidad, sección 18.17.) La pérdida de CO_2 también sirve para favorecer la reacción de condensación hasta su terminación.

- El producto de la reacción de condensación tiene reacciones de reducción, deshidratación y una segunda reducción para formar un tioéster de cuatro carbonos.

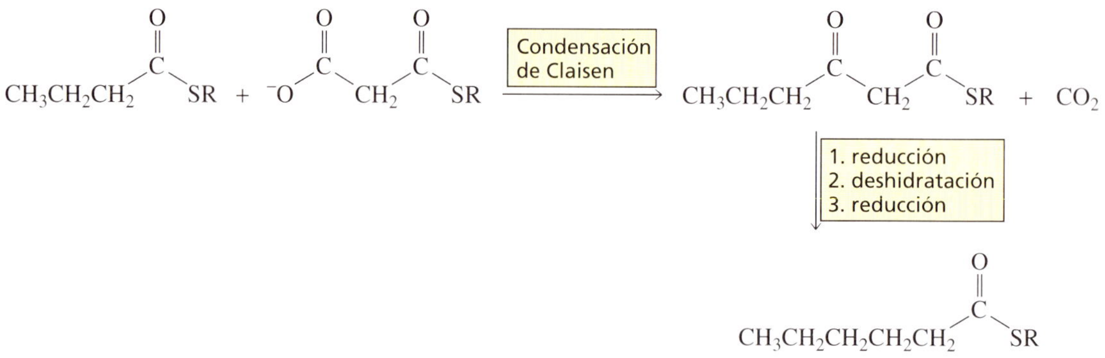

$$CH_3CH_2CH_2\overset{O}{\underset{}{C}}-SR + {}^-O\overset{O}{\underset{}{C}}-CH_2-\overset{O}{\underset{}{C}}-SR \xrightarrow{\text{Condensación de Claisen}} CH_3CH_2CH_2\overset{O}{\underset{}{C}}-CH_2-\overset{O}{\underset{}{C}}-SR + CO_2$$

1. reducción
2. deshidratación
3. reducción

$$CH_3CH_2CH_2CH_2CH_2\overset{O}{\underset{}{C}}-SR$$

- El tioéster de cuatro carbonos y una molécula de malonil-tioéster son los reactivos para la segunda ronda. De nuevo, el producto de la reacción de condensación tiene una reducción, una deshidratación y una segunda reducción, esta vez para formar un tioéster con seis carbonos.
- Se repite la secuencia de reacciones y cada vez se agregan dos carbonos más a la cadena.

Este mecanismo explica por qué los ácidos grasos naturales no son ramificados y por lo general contienen una cantidad par de carbonos. Una vez obtenido un tioéster con la cantidad adecuada de carbonos, sufre una reacción de transesterificación con glicerol para formar grasas, aceites y fosfolípidos (secciones 26.3 y 26.4).

> **PROBLEMA 45◆**
>
> El ácido palmítico es un ácido graso saturado de cadena recta con 16 carbonos. ¿Cuántas moles de malonil-CoA se requieren en la síntesis de un mol de ácido palmítico?

> **PROBLEMA 46◆**
>
> **a.** Si se hiciera la biosíntesis del ácido palmítico con CD_3COSR y malonil-tioéster no deuterado ¿cuántos átomos de deuterio se incorporarían al ácido palmítico?
>
> **b.** Si la biosíntesis del ácido palmítico se efectuara con $^-:OOCCD_2COSR$ y acetil-tioéster no deuterado ¿cuántos átomos de deuterio se incorporarían al ácido palmítico?

Una descarboxilación biológica

Un ejemplo de una descarboxilación que se efectúa en sistemas biológicos es la del acetoacetato.

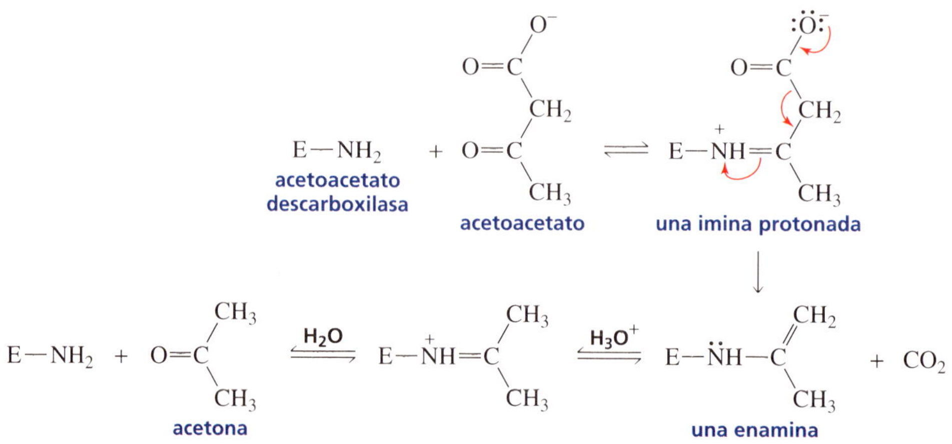

$$E-NH_2 + \text{acetoacetato} \rightleftharpoons \text{una imina protonada}$$

acetoacetato descarboxilasa

$$E-NH_2 + \text{acetona} \xrightleftharpoons{H_2O} E-\overset{+}{N}H=C(CH_3)_2 \xrightleftharpoons{H_3O^+} E-\ddot{N}H-C(=CH_2)CH_3 + CO_2$$

una enamina

- La acetoacetato descarboxilasa es la enzima que cataliza la reacción y forma una imina con el acetoacetato.
- Bajo condiciones fisiológicas, la imina se protona y entonces acepta con facilidad el par de electrones que quedaron cuando el sustrato pierde CO_2.
- Por descarboxilación se forma una enamina.
- La hidrólisis de la enamina produce el compuesto descarboxilado (acetona) y regenera la enzima (sección 17.8).

PROBLEMA 47

Cuando se efectúa la descarboxilación enzimática del acetoacetato en $H_2{}^{18}O$, la acetona que se forma contiene ^{18}O. ¿Qué indica tal hecho acerca del mecanismo de la reacción?

RESUMEN

Un hidrógeno unido a un carbono α de un aldehído, cetona, éster o amida *N-N*-disustituida tiene la acidez suficiente para ser abstraído por una base fuerte, porque la base que se forma cuando el protón se elimina se estabiliza por deslocalización de su carga negativa sobre un oxígeno. Un **carbono ácido** es un compuesto con un hidrógeno relativamente ácido unido a un carbono con hibridación sp^3. Los aldehídos y las cetonas ($pK_a \sim 16$ a 20) son más ácidos que los ésteres ($pK_a \sim 25$). Las ***β*- dicetonas** ($pK_a \sim 9$) y los *β*-cetoésteres ($pK_a = 11$) son más ácidos todavía.

Los ácidos o las bases pueden catalizar la **interconversión ceto-enol**. En general, el **tautómero ceto** es más estable. Cuando se efectúa una **reacción de sustitución en α** bajo condiciones ácidas, un enol reacciona con un electrófilo; cuando la reacción se efectúa bajo condiciones básicas, un ion enolato reacciona con un electrófilo. El que sea el C o el O el que reaccione con el electrófilo depende del electrófilo y de las condiciones de la reacción.

Los aldehídos y las cetonas reaccionan con Br_2, Cl_2 o I_2: bajo condiciones ácidas un halógeno sustituye a uno de los hidrógenos α del compuesto carbonílico; bajo condiciones básicas, los halógenos sustituyen a todos los hidrógenos α. La **reacción de HVZ** introduce bromo en el carbono α de un ácido carboxílico. Cuando la posición α se halógena, el carbono α reacciona con los nucleófilos.

Se usa el diisopropilamiduro de litio (LDA, por sus siglas en inglés, de *lithim diisopropyl amide*) para formar un ion enolato en reacciones que requieren que el compuesto carbonílico se convierta por completo en el ion enolato para que reaccione con un electrófilo. Si el electrófilo es un haluro de alquilo, el ion enolato se alquila. El carbono α menos sustituido es el que se alquila cuando la reacción está bajo control cinético; el carbono α más sustituido es el que se alquila cuando la reacción está bajo control termodinámico. Los aldehídos y las cetonas se pueden alquilar o acilar a través de una enamina como intermediario. Los iones enolato de las *β*-dicetonas, *β*-diésteres, *β*-cetoésteres y *β*-cetonitrilos participan en **reacciones de Michael** con compuestos carbonílicos α,β-insaturados. En las reacciones de Michael se forman compuestos 1,5-dicarbonílicos.

En una **adición aldólica**, el ion enolato de un aldehído o una cetona reacciona con el carbono del grupo carbonilo de una segunda molécula de aldehído o cetona con el que forma un *β*-hidroxialdehído o una *β*-hidroxicetona. El nuevo enlace C—C se forma entre el carbono α de una molécula y el carbono que era el del grupo carbonilo de la otra molécula. El producto de una adición aldólica se puede deshidratar para obtener un producto de **condensación aldólica**. En una **condensación de Claisen** el ion enolato de un éster reacciona con una segunda molécula del éster y elimina a un grupo $RO:^-$ para formar un *β*-cetoéster. Una **condensación de Dieckmann** es una condensación de Claisen intramolecular. Una **anillación de Robinson** es una reacción en la que se forma un anillo donde se efectúan en forma sucesiva una reacción de Michael y una adición aldólica intramolecular.

Los ácidos carboxílicos con un grupo carbonilo en la posición 3 se **descarboxilan** cuando se calientan. Se pueden preparar ácidos carboxílicos mediante una **síntesis malónica**: el carbono α del diéster se alquila y el éster malónico α-sustituido tiene una hidrólisis y descarboxilación catalizada por ácido; el ácido carboxílico que resulta incluye dos carbonos más que el haluro de alquilo. De igual modo, se pueden preparar metilcetonas con una **síntesis acetoacética**: el grupo carbonilo y el carbono a cada lado del mismo provienen del éster acetoacético, y el resto de la metilcetona proviene del haluro de alquilo.

Al planear la síntesis de un compuesto que requiera la formación de un nuevo enlace carbono-carbono, primero se localiza el nuevo enlace que debe formarse y después se determina cuál de los átomos que forman el enlace debe ser el nucleófilo y cuál debe ser el electrófilo.

RESUMEN DE REACCIONES

1. Interconversión ceto-enol (sección 18.3).

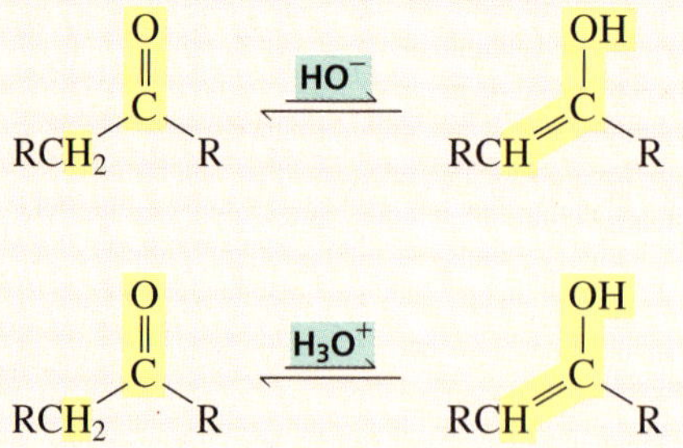

$$RCH_2-\underset{O}{\overset{\|}{C}}-R \underset{}{\overset{HO^-}{\rightleftharpoons}} RCH=\underset{OH}{\overset{}{C}}-R$$

$$RCH_2-\underset{O}{\overset{\|}{C}}-R \underset{}{\overset{H_3O^+}{\rightleftharpoons}} RCH=\underset{OH}{\overset{}{C}}-R$$

2. Halogenación del carbono α de aldehídos y cetonas (sección 18.5).

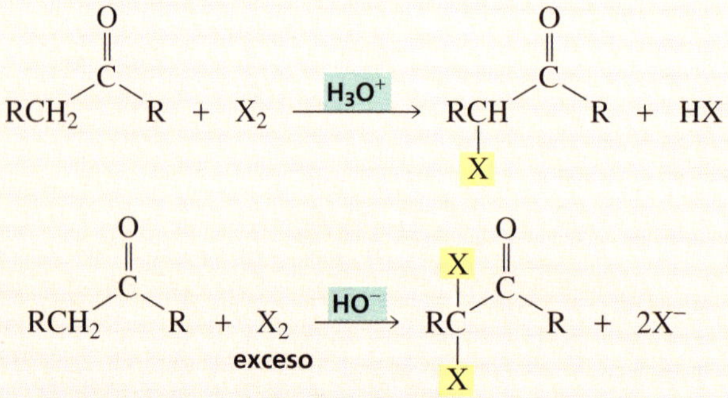

$$RCH_2-\underset{O}{\overset{\|}{C}}-R + X_2 \xrightarrow{H_3O^+} R\underset{X}{\overset{}{C}H}-\underset{O}{\overset{\|}{C}}-R + HX$$

$$RCH_2-\underset{O}{\overset{\|}{C}}-R + X_2 \xrightarrow[\text{exceso}]{HO^-} R\underset{X}{\overset{X}{\underset{|}{C}}}-\underset{O}{\overset{\|}{C}}-R + 2X^-$$

$$X_2 = Cl_2, Br_2, o\ I_2$$

3. Halogenación del carbono α de ácidos carboxílicos: la reacción de Hell-Volhard-Zelinski (sección 18.6).

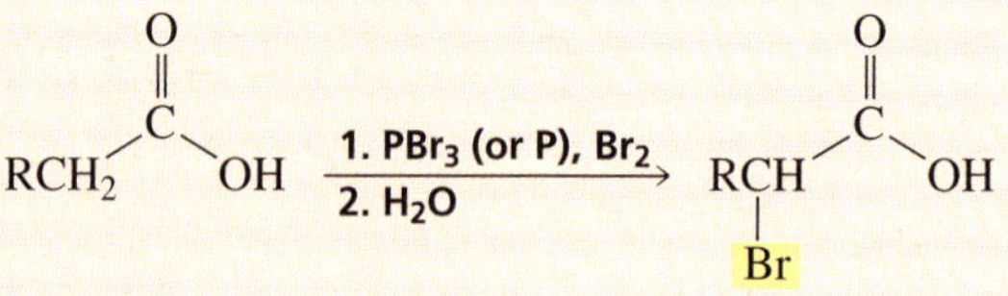

$$RCH_2-\underset{O}{\overset{\|}{C}}-OH \xrightarrow[\text{2. }H_2O]{1.\ PBr_3\ (or\ P),\ Br_2} RCH-\underset{O}{\overset{\|}{C}}-OH$$
$$\phantom{RCH_2-C-OH \xrightarrow{1.} R}\underset{Br}{}$$

4. Cuando se elimina un hidrógeno α, el carbono α es un nucleófilo y reacciona con un electrófilo (sección 18.7).

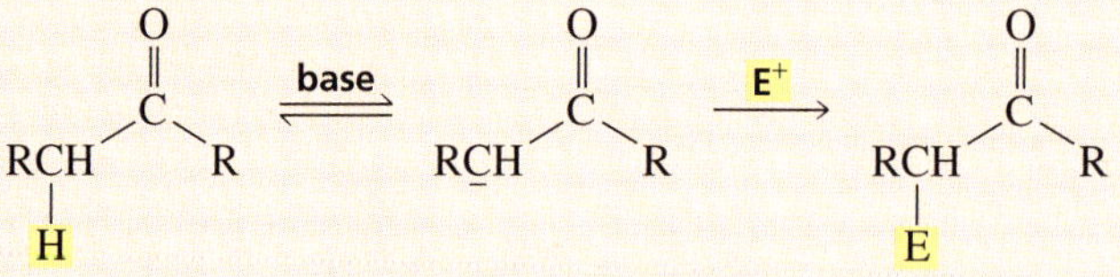

$$R\underset{H}{\overset{}{C}H}-\underset{O}{\overset{\|}{C}}-R \overset{base}{\rightleftharpoons} R\underset{}{\overset{}{C}H}-\underset{O}{\overset{\|}{C}}-R \xrightarrow{E^+} R\underset{E}{\overset{}{C}H}-\underset{O}{\overset{\|}{C}}-R$$

5. Cuando se halogena el carbono α, ese carbono es un electrófilo y reacciona con un nucleófilo (sección 18.7).

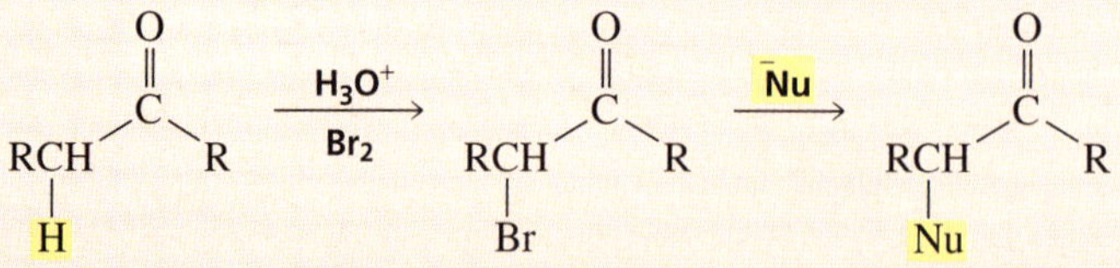

$$R\underset{H}{\overset{}{C}H}-\underset{O}{\overset{\|}{C}}-R \xrightarrow[Br_2]{H_3O^+} R\underset{Br}{\overset{}{C}H}-\underset{O}{\overset{\|}{C}}-R \xrightarrow{\bar{Nu}} R\underset{Nu}{\overset{}{C}H}-\underset{O}{\overset{\|}{C}}-R$$

6. Los compuestos con carbonos α-halogenados forman compuestos carbonílicos α,β-insaturados (sección 18.7).

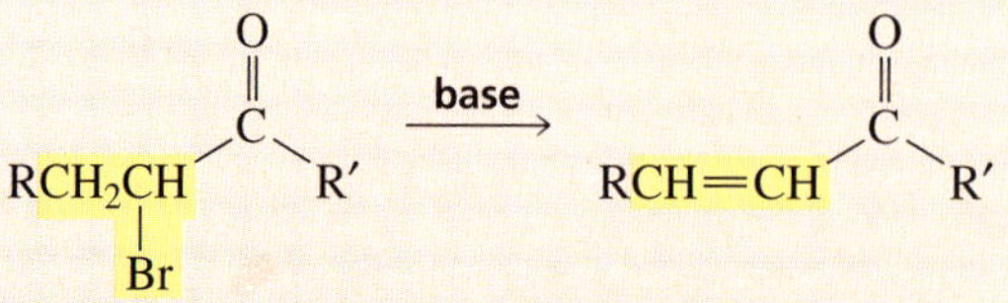

$$RCH_2\underset{Br}{\overset{}{C}H}-\underset{O}{\overset{\|}{C}}-R' \xrightarrow{base} RCH=CH-\underset{O}{\overset{\|}{C}}-R'$$

7. Alquilación del carbono α de compuestos carbonílicos (sección 18.9).

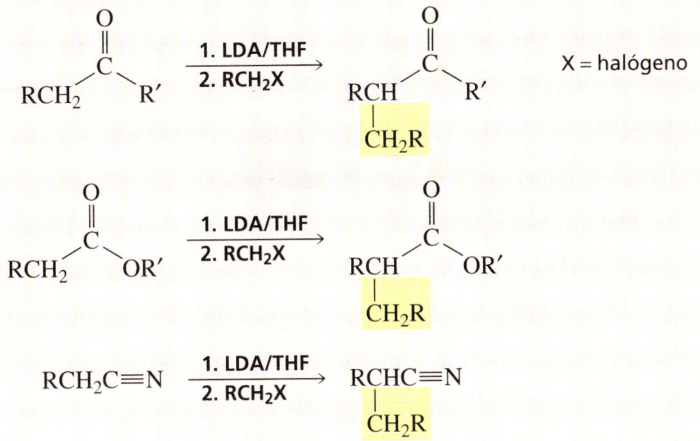

$$RCH_2-\underset{\underset{O}{\|}}{C}-R' \xrightarrow[\text{2. RCH}_2X]{\text{1. LDA/THF}} RCH(CH_2R)-\underset{\underset{O}{\|}}{C}-R' \qquad X = \text{halógeno}$$

$$RCH_2-\underset{\underset{O}{\|}}{C}-OR' \xrightarrow[\text{2. RCH}_2X]{\text{1. LDA/THF}} RCH(CH_2R)-\underset{\underset{O}{\|}}{C}-OR'$$

$$RCH_2C\equiv N \xrightarrow[\text{2. RCH}_2X]{\text{1. LDA/THF}} RCH(CH_2R)C\equiv N$$

8. Alquilación y acilación del carbono α de aldehídos y cetonas mediante una enamina como intermediario (secciones 18.10 y 18.11).

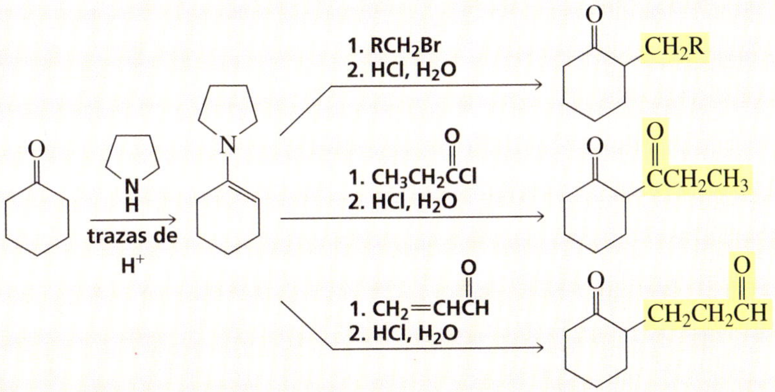

Ciclohexanona + pirrolidina (trazas de H⁺) → enamina

1. RCH₂Br; 2. HCl, H₂O → 2-(CH₂R)ciclohexanona

1. CH₃CH₂CCl (=O); 2. HCl, H₂O → 2-(CCH₂CH₃, =O)ciclohexanona

1. CH₂=CHCH=O; 2. HCl, H₂O → 2-(CH₂CH₂CH=O)ciclohexanona

9. Reacción de Michael: ataque de un enolato en un compuesto carbonílico α,β-insaturado (sección 18.10).

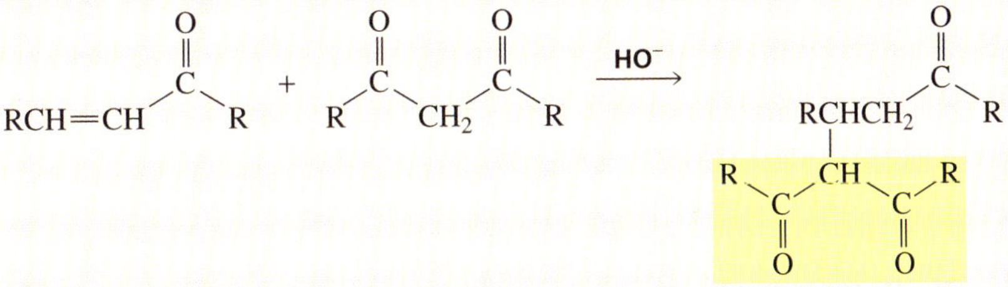

$$RCH=CH-\underset{\underset{O}{\|}}{C}-R + R-\underset{\underset{O}{\|}}{C}-CH_2-\underset{\underset{O}{\|}}{C}-R \xrightarrow{HO^-} RCH(C(=O)R)(C(=O)R)-CH_2-C(=O)R$$

10. Adición aldólica de dos aldehídos, dos cetonas o un aldehído y una cetona (sección 18.12).

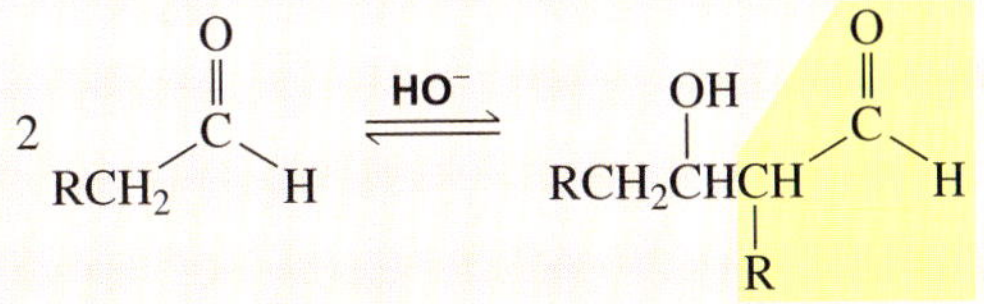

$$2\ RCH_2-\underset{\underset{O}{\|}}{C}-H \xrightleftharpoons{HO^-} RCH_2CH(OH)CH(R)-\underset{\underset{O}{\|}}{C}-H$$

11. Condensación aldólica: deshidratación del producto de una adición aldólica (sección 18.13).

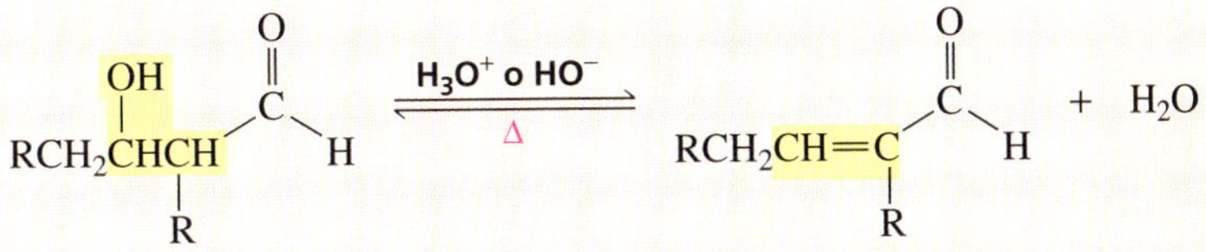

$$RCH_2CH(OH)CH(R)-\underset{\underset{O}{\|}}{C}-H \xrightleftharpoons[\Delta]{H_3O^+ \text{ o } HO^-} RCH_2CH=C(R)-\underset{\underset{O}{\|}}{C}-H + H_2O$$

12. Condensación de Claisen de dos ésteres (secciones 18.15 y 18.16).

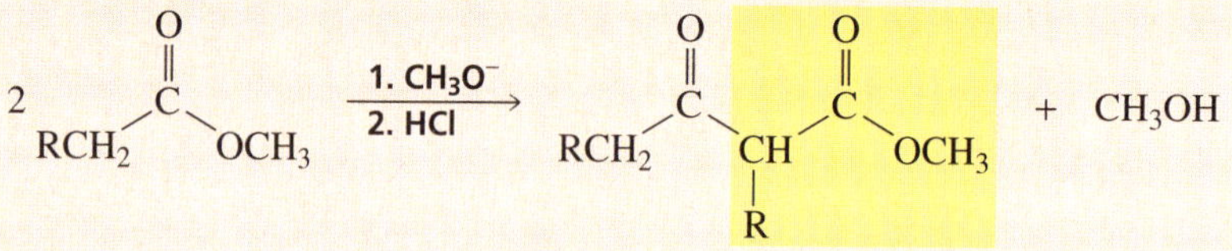

$$2\ \underset{}{RCH_2-\overset{O}{\underset{}{C}}-OCH_3} \xrightarrow[\text{2. HCl}]{\text{1. CH}_3\text{O}^-} RCH_2-\overset{O}{\underset{}{C}}-\underset{R}{\underset{|}{CH}}-\overset{O}{\underset{}{C}}-OCH_3 + CH_3OH$$

13. Condensación de una cetona y un éster (sección 18.16).

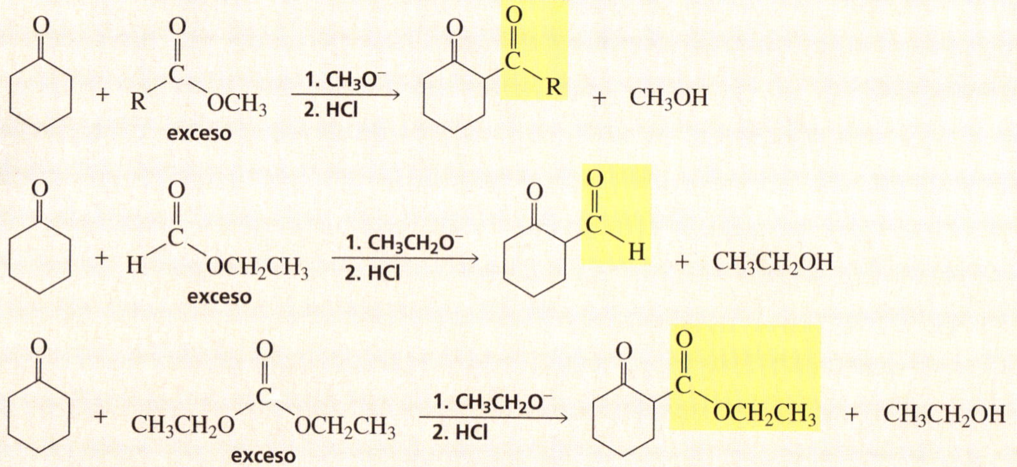

[cyclohexanone] + R–C(=O)–OCH₃ (exceso) →[1. CH₃O⁻ / 2. HCl]→ [2-acylcyclohexanone with C(=O)R] + CH₃OH

[cyclohexanone] + H–C(=O)–OCH₂CH₃ (exceso) →[1. CH₃CH₂O⁻ / 2. HCl]→ [2-formylcyclohexanone with C(=O)H] + CH₃CH₂OH

[cyclohexanone] + CH₃CH₂O–C(=O)–OCH₂CH₃ (exceso) →[1. CH₃CH₂O⁻ / 2. HCl]→ [2-(ethoxycarbonyl)cyclohexanone with C(=O)OCH₂CH₃] + CH₃CH₂OH

14. Anillación de Robinson (sección 18.17).

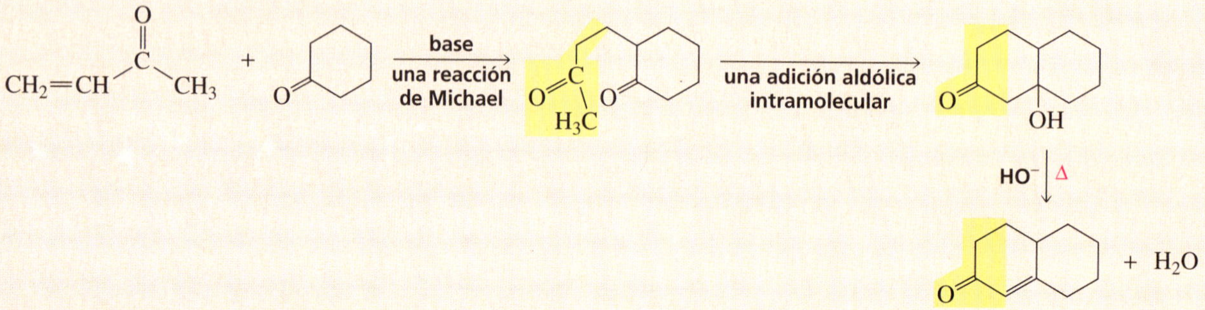

$$CH_2=CH-\overset{O}{\underset{}{C}}-CH_3\ +\ \text{[ciclohexanona]} \xrightarrow[\text{una reacción de Michael}]{\text{base}} \text{[aducto de Michael]} \xrightarrow{\text{una adición aldólica intramolecular}} \text{[β-hidroxi decalona]}$$

$$\xrightarrow[\Delta]{HO^-} \text{[octalenona]} + H_2O$$

15. Descarboxilación de ácidos 3-oxocarboxílicos (sección 18.18).

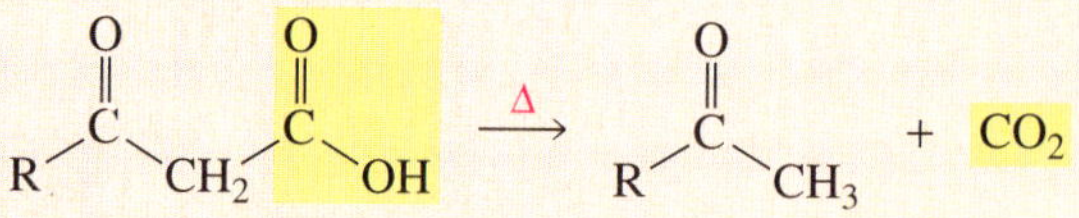

$$R-\overset{O}{\underset{}{C}}-CH_2-\overset{O}{\underset{}{C}}-OH \xrightarrow{\Delta} R-\overset{O}{\underset{}{C}}-CH_3 + CO_2$$

16. Síntesis del éster malónico: preparación de ácidos carboxílicos (sección 18.19).

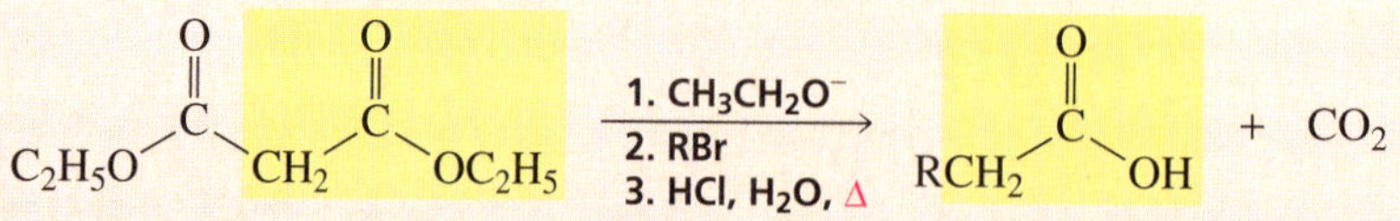

$$C_2H_5O-\overset{O}{\underset{}{C}}-CH_2-\overset{O}{\underset{}{C}}-OC_2H_5 \xrightarrow[\text{3. HCl, H}_2\text{O, }\Delta]{\text{1. CH}_3\text{CH}_2\text{O}^-\ \text{2. RBr}} RCH_2-\overset{O}{\underset{}{C}}-OH + CO_2$$

17. Síntesis del éster acetoacético: preparación de metilcetonas (sección 18.20).

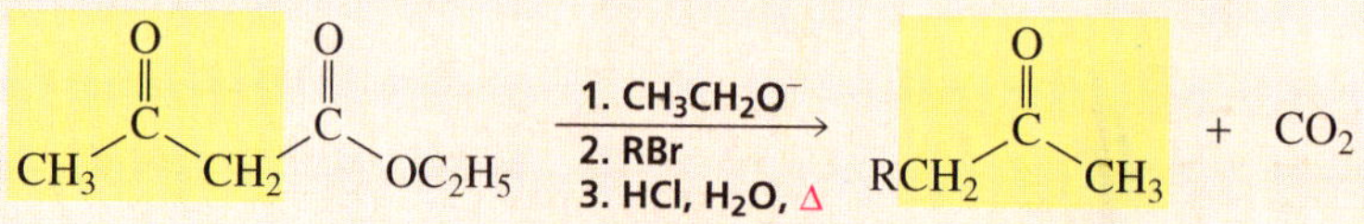

$$CH_3-\overset{O}{\underset{}{C}}-CH_2-\overset{O}{\underset{}{C}}-OC_2H_5 \xrightarrow[\text{3. HCl, H}_2\text{O, }\Delta]{\text{1. CH}_3\text{CH}_2\text{O}^-\ \text{2. RBr}} RCH_2-\overset{O}{\underset{}{C}}-CH_3 + CO_2$$

TÉRMINOS CLAVE

adición aldólica (pág. 871)
adición aldólica cruzada (pág. 875)
ácido de carbono (pág. 852)
anillación de Robinson (pág. 883)
carbono α (pág. 850)
condensación aldólica (pág. 873)
condensación de Claisen (pág. 876)
condensación de Claisen cruzada (pág. 878)
condensación de Dieckmann (pág. 880)
descarboxilación (pág. 884)
enolización (pág. 856)
glucólisis (pág. 891)

gluconeogénesis (pág. 891)
hidrógeno α (pág. 850)
interconversión ceto-enol (pág. 856)
nucleófilo ambidentado (pág. 858)
reacción de anillación (pág. 883)
reacción de carboxilación de Kolbe-Schmitt (pág. 865)
reacción de condensación (pág. 873)
reacción de enamina de Stork (pág. 870)
reacción de Hell-Volhard-Zelinski (HVZ) (pág. 861)
reacción de Michael (pág. 869)

reacción de sustitución en α (pág. 857)
reacción del haloformo (pág. 860)
síntesis acetoacética (pág. 888)
síntesis malónica (pág. 886)
tautomeria ceto-enol (pág. 856)
tautómero ceto (pág. 855)
tautómero enol (pág. 855)
tautómeros (pág. 855)
β-cetoéster (pág. 853)
β-dicetona (pág. 853)

PROBLEMAS

48. Escriba una estructura para cada uno de los compuestos siguientes:
   a. acetoacetato de etilo
   b. ácido α-metilmalónico
   c. un β-cetoéster
   d. el tautómero enol de la ciclopentanona
   e. el ácido carboxílico que se obtiene con la síntesis malónica cuando el haluro de alquilo es bromuro de propilo

49. Indique cuáles son los productos de las reacciones siguientes:
   a. heptanodioato de dietilo: 1) etóxido de sodio; 2) HCl
   b. ácido pentanoico + PBr_3 + Br_2, seguido de una hidrólisis
   c. acetona + acetato de etilo: 1) etóxido de sodio; 2) HCl
   d. 2-etilhexanodioato de dietilo: 1) etóxido de sodio; 2) HCl
   e. malonato de dietilo: 1) etóxido de sodio, 2) bromuro de isobutilo, 3) HCl, H_2O + Δ
   f. acetofenona + carbonato de dietilo: 1) etóxido de sodio, 2) HCl
   g. 1,3-ciclohexanodiona + bromuro de alilo + hidróxido de sodio
   h. dibencilcetona + metilvinilcetona + exceso de hidróxido de sodio
   i. ciclopentanona: 1) pirrolidina + H^+ catalizador; 2) bromuro de etilo, 3) HCl, H_2O
   j. γ-butirolactona + LDA en THF, seguida por yoduro de metilo
   k. 2,7-octanodiona + hidróxido de sodio
   l. 1,2-bencendicarboxilato de dietilo + acetato de etilo: 1) etóxido de sodio en exceso, 2) HCl

50. ¿Cuál compuesto se descarboxila a la temperatura más baja?

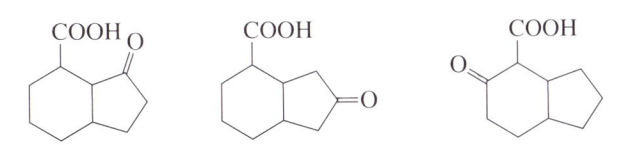

51. Los desplazamientos químicos de nitrometano, dinitrometano y trinitrometano están en δ 6.10, δ 4.33 y δ 7.52. Determine la correspondencia de cada desplazamiento con su compuesto. Explique cómo se correlaciona el desplazamiento químico con el pK_a.

52. a. Explique por qué se forma una mezcla racémica de la 2-metil-1-fenil-1-butanona cuando se disuelve la (R)-2-metil-1-fenil-1-butanona en una disolución acuosa ácida o básica.
   b. Describa un ejemplo de otra cetona que tenga racemización catalizada por ácido o por base.

53. ¿Cuál es el producto de la siguiente reacción?

54. Identifique de A a L. (*Sugerencia*: A tiene tres singuletes en su espectro de RMN-^{1}H, con relaciones enteras 3:2:3, y da una prueba del yodoformo positiva; vea la sección 18.4).

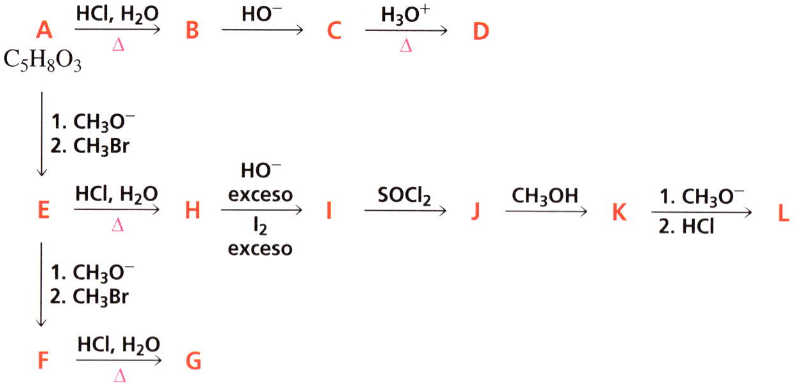

$$A \xrightarrow[\Delta]{HCl, H_2O} B \xrightarrow{HO^-} C \xrightarrow[\Delta]{H_3O^+} D$$
$$C_5H_8O_3$$

$$\downarrow \begin{array}{l} 1.\ CH_3O^- \\ 2.\ CH_3Br \end{array}$$

$$E \xrightarrow[\Delta]{HCl, H_2O} H \xrightarrow[I_2\ exceso]{HO^-\ exceso} I \xrightarrow{SOCl_2} J \xrightarrow{CH_3OH} K \xrightarrow[2.\ HCl]{1.\ CH_3O^-} L$$

$$\downarrow \begin{array}{l} 1.\ CH_3O^- \\ 2.\ CH_3Br \end{array}$$

$$F \xrightarrow[\Delta]{HCl, H_2O} G$$

55. Indique cómo se podrían preparar los compuestos siguientes a partir de la ciclohexanona:

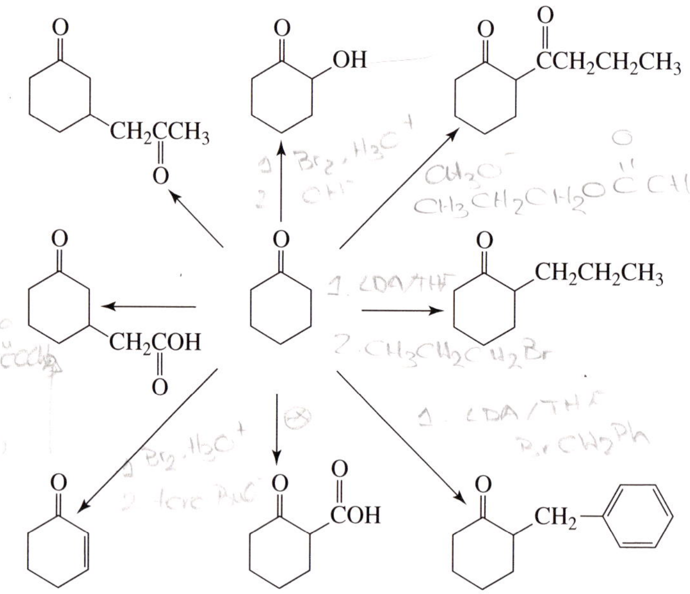

56. Un compuesto carbonílico β,γ-insaturado se reordena para formar un compuesto α,β-insaturado, conjugado y más estable en presencia de un ácido o una base.
  a. Proponga un mecanismo para el reordenamiento catalizado por una base.
  b. Proponga un mecanismo para el reordenamiento catalizado por un ácido.

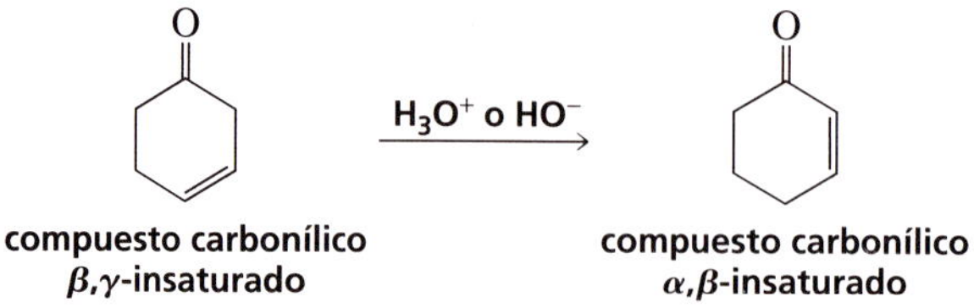

compuesto carbonílico β,γ-insaturado $\xrightarrow{H_3O^+\ o\ HO^-}$ compuesto carbonílico α,β-insaturado

57. Hay otras reacciones de condensación similares a las condensaciones aldólica y de Claisen:
  a. La *condensación de Perkin* es de un aldehído aromático con anhídrido acético. Indique qué producto se obtiene en la siguiente condensación de Perkin:

$$C_6H_5CHO + CH_3COCOCH_3 \xrightarrow{CH_3CO^-}$$

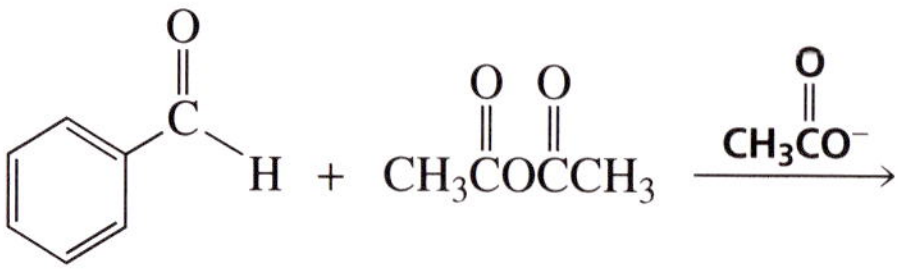

b. ¿Qué compuesto resultaría si se agregara agua al producto de una condensación de Perkin?

c. La *condensación de Knoevenagel* es la condensación de un aldehído o una cetona que no tenga hidrógenos en α con un compuesto como el malonato de dietilo, que tenga un carbono α unido a dos grupos atractores de electrones. Indique el producto que se obtiene en la siguiente condensación de Knoevenagel.

$$\text{C}_6\text{H}_5\text{CHO} + \text{C}_2\text{H}_5\text{OCCH}_2\text{COC}_2\text{H}_5 \xrightarrow{\text{CH}_3\text{CH}_2\text{O}^-}$$

d. ¿Qué producto se obtendría si el producto de una condensación de Knoevenagel se calentara en una disolución acuosa ácida?

58. La *reacción de Reformatsky* es una reacción de adición en la que se usa un reactivo de organozinc en lugar de uno de Grignard para atacar al grupo carbonilo de un aldehído o una cetona. Como el reactivo de organozinc es menos reactivo que uno de Grignard, no sucede una adición nucleofílica al grupo éster. El reactivo de organozinc se prepara tratando un *a*-bromoéster con zinc.

$$\text{CH}_3\text{CH}_2\text{CHO} + \text{CH}_3\text{CHCOCH}_3 \longrightarrow \text{CH}_3\text{CH}_2\text{CHCHCOCH}_3 \xrightarrow{\text{H}_2\text{O}} \text{CH}_3\text{CH}_2\text{CHCHCOCH}_3$$

un reactivo de organozinc   un β-hidroxiéster

Describa cómo se podría preparar cada uno de los compuestos siguientes usando una reacción de Reformatsky.

a. CH₃CH₂CH₂CH(OH)CH₂COCH₃

b. CH₃CH₂CH(OH)CH(CH₂CH₃)COH

c. CH₃CH₂CH=C(CH₃)COOH

d. CH₃CH₂C(OH)(CH₂CH₃)CH₂COCH₃

59. La cetona cuyo espectro de RMN-¹H se ve a continuación, se obtuvo como producto de una síntesis acetoacética. ¿Qué haluro de alquilo se usó en esa síntesis?

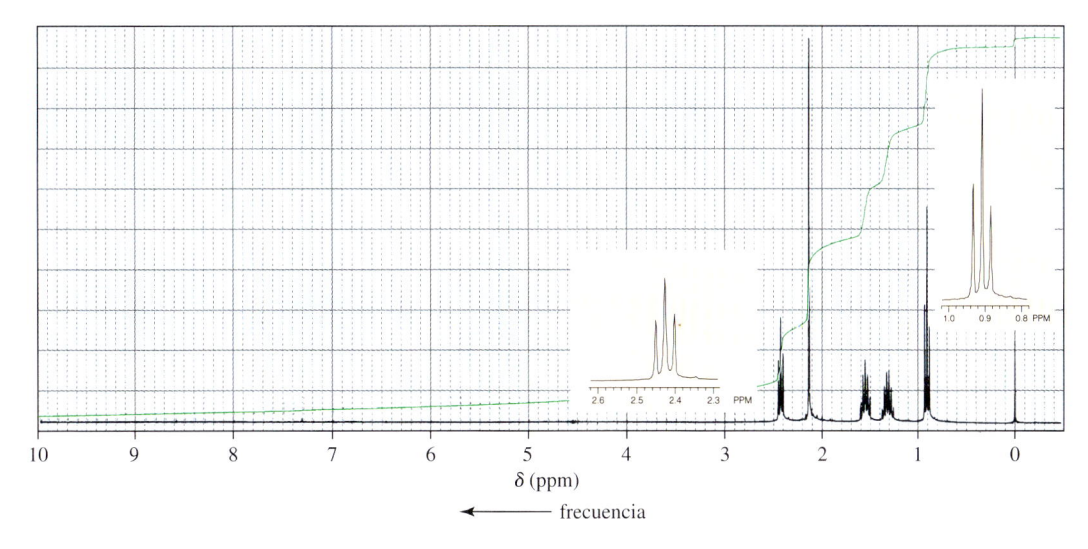

60. Indique cómo se podrían sintetizar los compuestos siguientes a partir de ciclohexanona y cualquier reactivo que sea necesario.

a. 2-butilciclohexanona

b. 2-(butanoil)ciclohexanona (dos maneras)

c. 1-(2-ciclohexanon-1-il)-butan-3-ona

902 CAPÍTULO 18 Compuestos carbonílicos III

d. 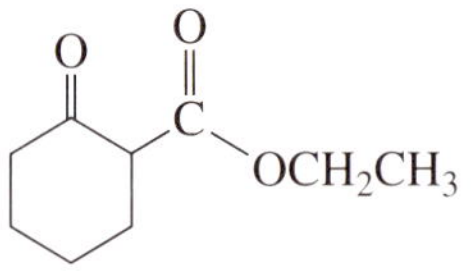 [estructura: 2-(etoxicarbonil)ciclohexanona]

e. 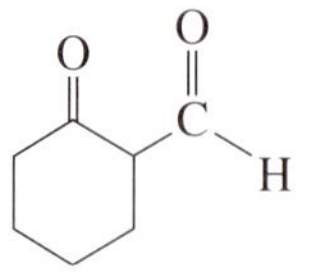 [estructura: 2-formilciclohexanona]

f. 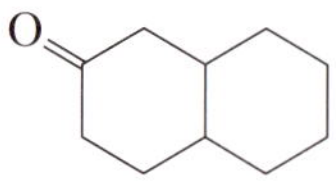 [estructura: decalin-1-ona]

61. El compuesto A, con fórmula molecular C_6H_{10}, presenta dos picos en su espectro de RMN-^{1}H y ambos son singuletes (con relación 9:1). Este compuesto A reacciona con una disolución acuosa ácida con sulfato de mercurio y forma el compuesto B, que da positivo en la prueba del yodoformo (sección 18.4), y cuyo espectro de RMN-^{1}H presenta dos singuletes (con relación de 3:1). Identifique a A y B.

62. Indique cómo se podría sintetizar cada uno de los compuestos siguientes a partir del material de partida indicado y todos los reactivos que sean necesarios.

a. $CH_3CCH_3 \longrightarrow CH_3CCH_2CH$ (con grupos C=O)

b. $CH_3CCH_2COCH_2CH_3 \longrightarrow CH_3CCH_2-$ciclopentilo

c. fenil-$CCH_2CH_3 \longrightarrow$ fenil-$CCH_2CH_2CH_2COH$

d. $CH_3C(CH_2)_3COCH_3 \longrightarrow$ [2,2-dimetilciclohexano-1,3-diona]

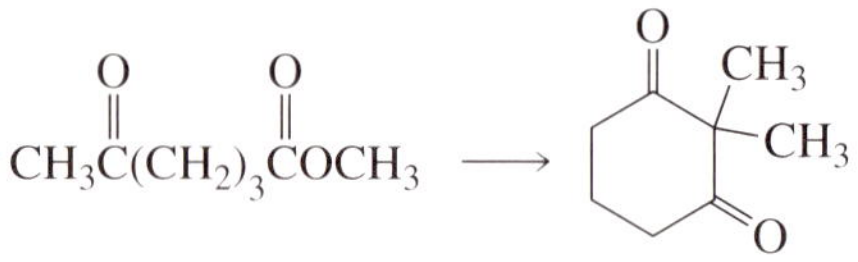

e. 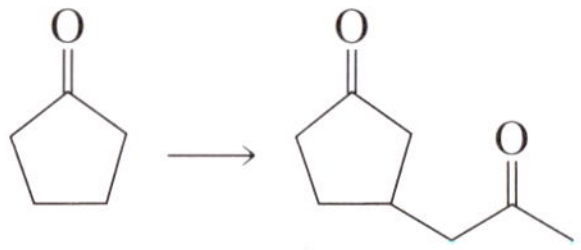 ciclopentanona $\longrightarrow$ 3-(2-oxopropil)ciclopentanona

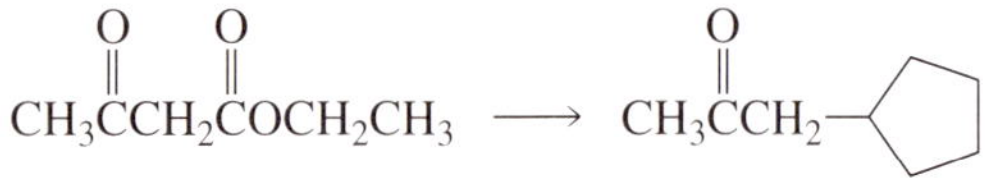

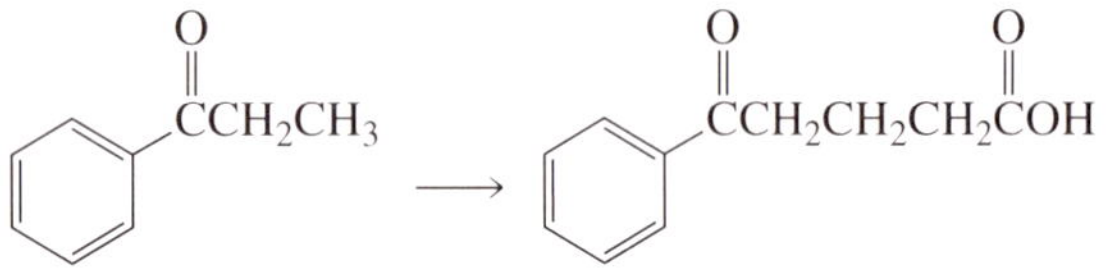

f. 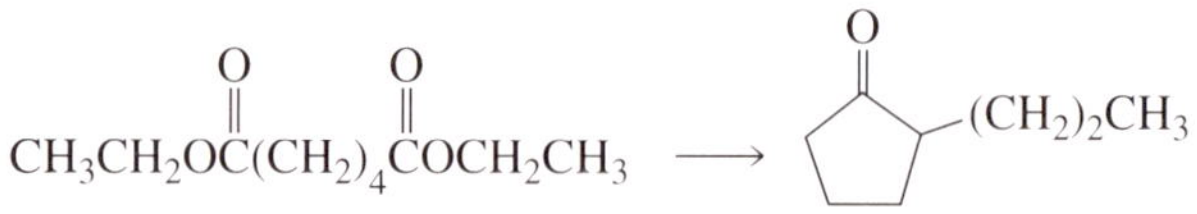 $CH_3CH_2OC(CH_2)_4COCH_2CH_3 \longrightarrow$ 2-propilciclopentanona

63. El clorhidrato de bupropiona es un antidepresivo que se vende con la marca comercial Wellbutrin. Proponga una síntesis de clorhidrato de bupropiona a partir del benceno

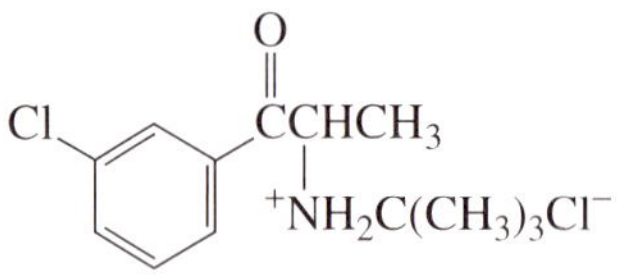

[estructura del clorhidrato de bupropiona: 3-cloro-fenil-$CCHCH_3$ con $^+NH_2C(CH_3)_3 Cl^-$]

clorhidrato de bupropiona

64. ¿Qué reactivos se necesitarían para efectuar las transformaciones siguientes?

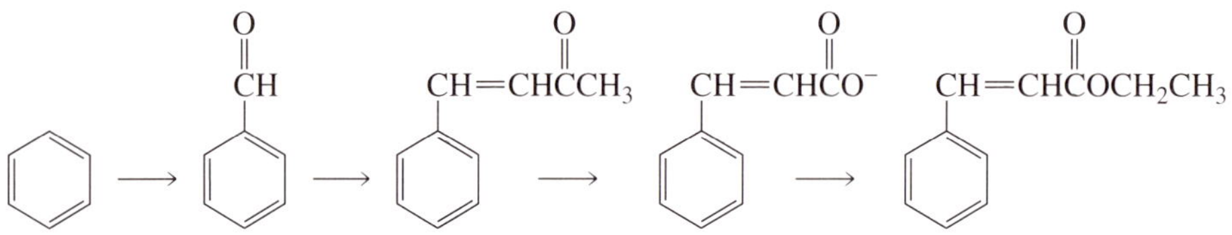

benceno $\longrightarrow$ PhCH=O $\longrightarrow$ PhCH=CHCCH$_3$ $\longrightarrow$ PhCH=CHCO$^-$ $\longrightarrow$ PhCH=CHCOCH$_2$CH$_3$

65. Indique cuáles son los productos de las siguientes reacciones:

a. 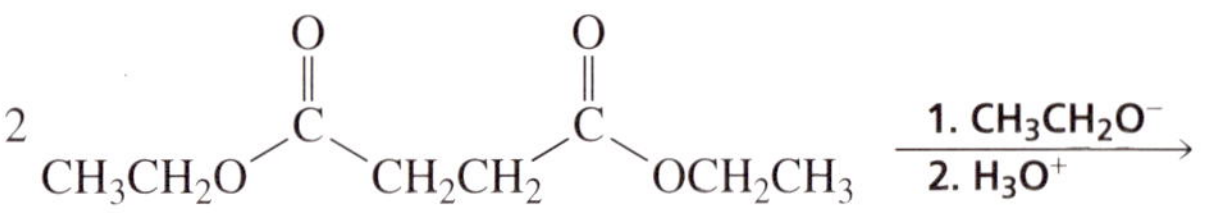 $2\ CH_3CH_2O-C(=O)-CH_2CH_2-C(=O)-OCH_2CH_3 \xrightarrow{\text{1. }CH_3CH_2O^-}_{\text{2. }H_3O^+}$

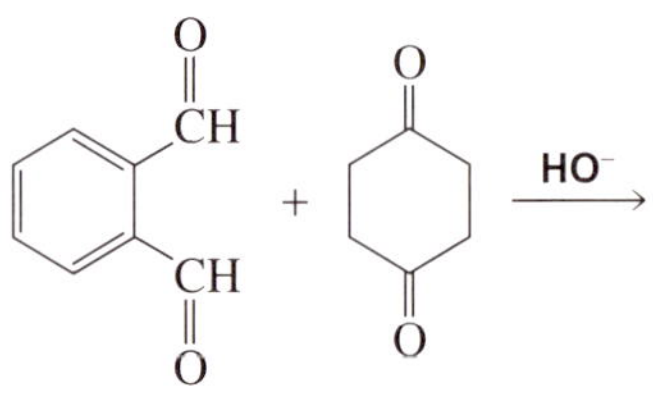

b. ftalaldehído + ciclohexano-1,4-diona $\xrightarrow{HO^-}$

c. [2-bromociclodecano-1,6-diona con Br y H en estereoquímica indicada] $\xrightarrow{HO^-}$

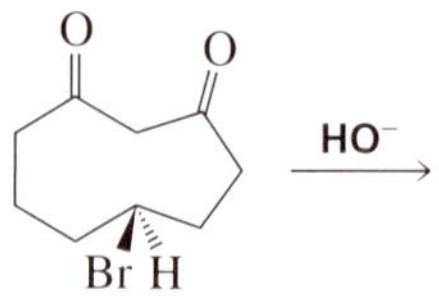

66. a. Indique cómo se puede sintetizar el aminoácido alanina a partir del ácido propanoico.
b. Indique cómo se puede sintetizar el aminoácido glicina a partir de la ftalimida y de 2-bromomalonato de dietilo.

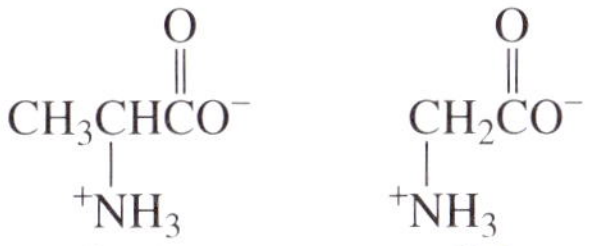

$$\underset{\text{alanina}}{\underset{|}{\underset{^+NH_3}{CH_3CHCO^-}}\overset{\overset{O}{\|}}{}}$$ $$\underset{\text{glicina}}{\underset{|}{\underset{^+NH_3}{CH_2CO^-}}\overset{\overset{O}{\|}}{}}$$

67. Cintia Sintón trató de preparar los compuestos siguientes usando condensaciones aldólicas. ¿Cuáles de esos compuestos pudo sintetizar? Explique por qué las demás síntesis no tuvieron éxito.

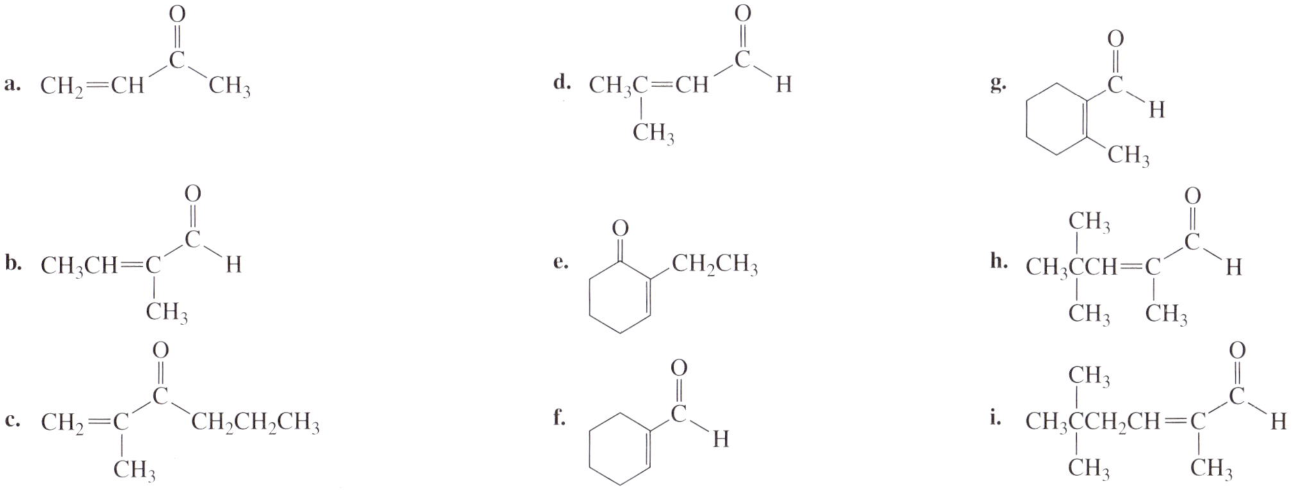

a. $CH_2=CH-\overset{\overset{O}{\|}}{C}-CH_3$

b. $CH_3CH=\underset{\underset{CH_3}{|}}{C}-\overset{\overset{O}{\|}}{C}-H$

c. $CH_2=\underset{\underset{CH_3}{|}}{C}-\overset{\overset{O}{\|}}{C}-CH_2CH_2CH_3$

d. $CH_3\underset{\underset{CH_3}{|}}{C}=CH-\overset{\overset{O}{\|}}{C}-H$

e. (ciclohexenona con CH₂CH₃)

f. (ciclohexenil-CHO)

g. (1-metilciclohexenil-CHO)

h. $CH_3\underset{\underset{CH_3}{|}}{\overset{\overset{CH_3}{|}}{C}}CH=\underset{\underset{CH_3}{|}}{C}-\overset{\overset{O}{\|}}{C}-H$

i. $CH_3\underset{\underset{CH_3}{|}}{\overset{\overset{CH_3}{|}}{C}}CH_2CH=\underset{\underset{CH_3}{|}}{C}-\overset{\overset{O}{\|}}{C}-H$

68. Indique cómo se podrían sintetizar los compuestos siguientes. Los únicos compuestos con carbono disponibles para cada síntesis son los que se indican.

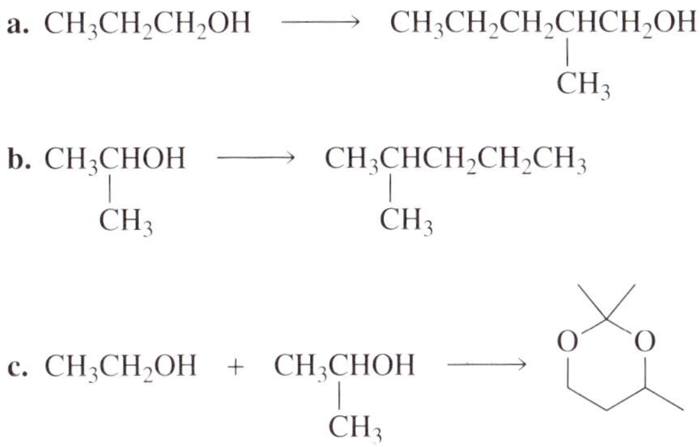

a. $CH_3CH_2CH_2OH \longrightarrow CH_3CH_2CH_2\underset{\underset{CH_3}{|}}{CH}CH_2OH$

b. $\underset{\underset{CH_3}{|}}{CH_3CHOH} \longrightarrow \underset{\underset{CH_3}{|}}{CH_3CH}CH_2CH_2CH_3$

c. $CH_3CH_2OH + \underset{\underset{CH_3}{|}}{CH_3CHOH} \longrightarrow$ (1,3-dioxano con 2,2-dimetil y 4-metil)

69. Explique por qué la siguiente bromocetona forma distintos compuestos bicíclicos bajo diferentes condiciones de reacción:

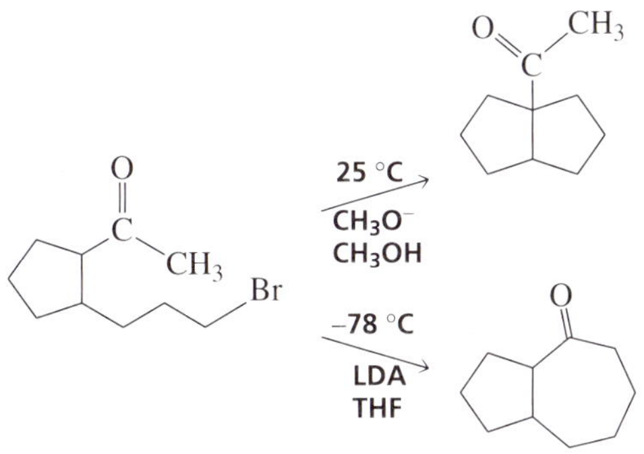

(ciclopentano con grupo C(=O)CH₃ y cadena con Br)
→ 25 °C, CH₃O⁻, CH₃OH → (biciclo[3.3.0] con acetilo)
→ −78 °C, LDA, THF → (biciclo[5.3.0] cetona)

904 CAPÍTULO 18 Compuestos carbonílicos III

70. Una *reacción de Mannich* introduce un grupo $\diagdown$NCH$_2$— en un carbono α de un carbono ácido. Proponga un mecanismo para esta reacción.

$$\text{HCH} + \text{HN(CH}_3\text{)}_2 + \text{ciclohexanona} \xrightarrow{\text{trazas de H}^+} \text{2-((dimetilamino)metil)ciclohexanona}$$

71. ¿Qué compuestos carbonílicos se requieren para preparar un compuesto cuya fórmula molecular sea C$_{10}$H$_{10}$O y cuyo espectro de -RMN-^{1}H sea el siguiente?

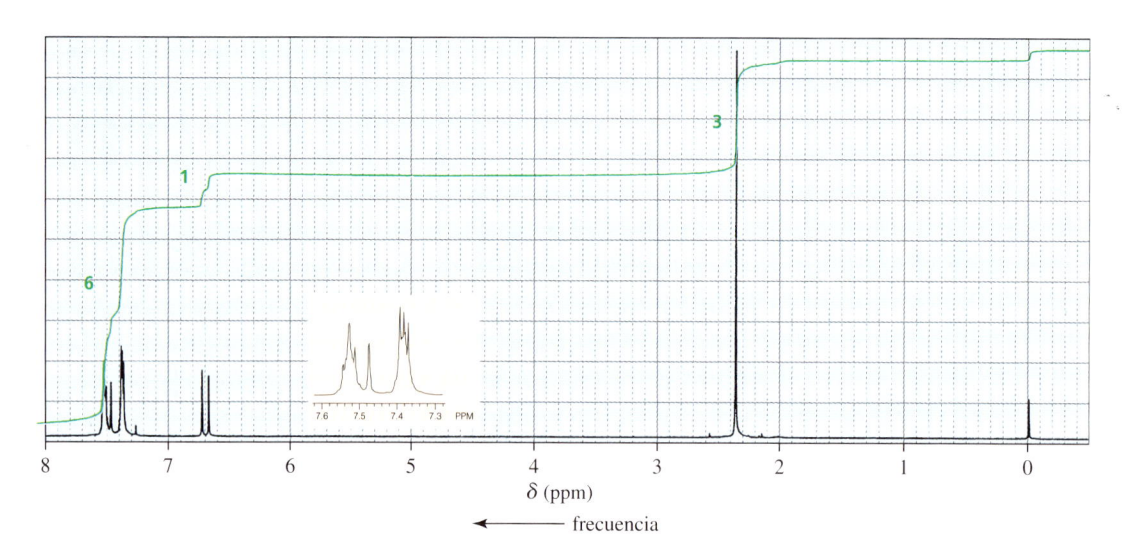

[Espectro RMN con integraciones: 1, 3, 6; señales a ~7.3–7.6 ppm, ~6.7 ppm, ~2.3 ppm]

δ (ppm) ← frecuencia

72. La ninhidrina reacciona con un aminoácido para formar un compuesto púrpura. Proponga un mecanismo que explique la formación del compuesto coloreado.

$$2 \text{ ninhidrina} + \text{H}_2\text{NCHCO}^-\text{R (aminoácido)} \xrightarrow{\text{trazas de H}^+} \text{compuesto púrpura} + \text{CO}_2 + \text{RCH=O} + 3\text{H}_2\text{O}$$

73. Se forma un ácido carboxílico cuando una α-halocetona reacciona con ion hidróxido. Ésta se llama *reacción de Favorskii*. Proponga un mecanismo para la siguiente reacción de Favorskii. (*Sugerencia:* en el primer paso, el HO:$^-$ abstrae un protón del carbono α que no está unido al Br; se forma un anillo de tres miembros en el segundo paso, y en el tercer paso el HO:$^-$ es un nucleófilo).

$$\text{CH}_3\text{CHBrC(O)CH}_2\text{CH}_3 \xrightarrow[\text{H}_2\text{O}]{\text{HO}^-} \text{CH}_3\text{CH}_2\text{CH(CH}_3\text{)C(O)O}^-$$

74. Un compuesto carbonílico α,β-insaturado se puede preparar con una reacción llamada de selenenilación-oxidación. Se forma un selenóxido como producto intermediario. Proponga un mecanismo para la reacción.

$$\text{ciclohexanona} \xrightarrow{\begin{array}{c}1.\text{ LDA/THF}\\2.\text{ C}_6\text{H}_5\text{SeBr}\\3.\text{ H}_2\text{O}_2\end{array}} \text{ciclohexenona} \quad \text{un selenóxido}$$

75. a. ¿Qué ácido carboxílico se formaría si se hiciera la síntesis malónica con un equivalente de éster malónico, un equivalente de 1,5-dibromopentano y dos equivalentes de una base?
 b. ¿Qué ácido carboxílico se formaría si la síntesis malónica se hiciera con dos equivalentes de éster malónico, un equivalente de 1,5-dibromopentano y dos equivalentes de una base?

76. Una *reacción de Cannizaro* es entre un aldehído que tiene dos hidrógenos α en presencia de hidróxido de sodio acuoso concentrado. En esta reacción, la mitad del aldehído se convierte en ácido carboxílico y la otra mitad se convierte en alcohol. Proponga un mecanismo razonable para la siguiente reacción de Cannizaro:

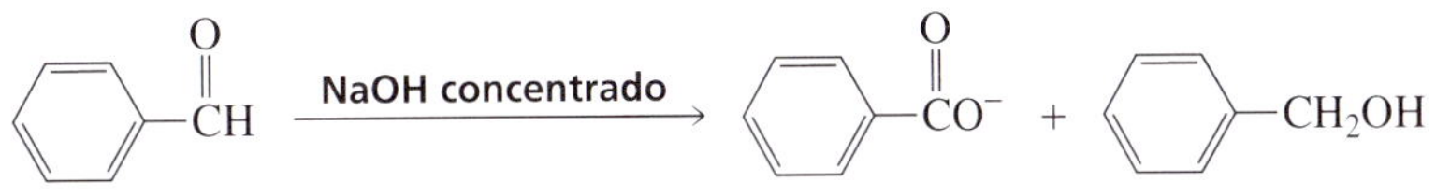

77. Proponga un mecanismo razonable para cada una de las reacciones siguientes:

 a.

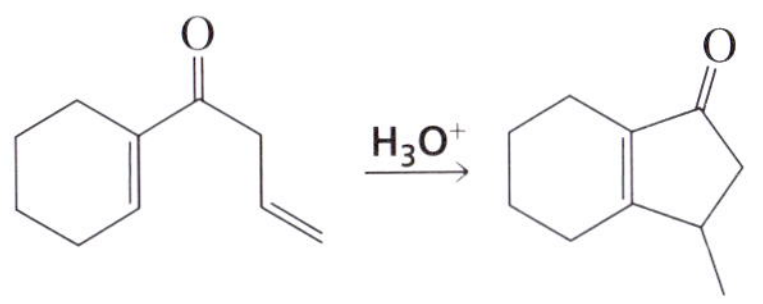

 b.

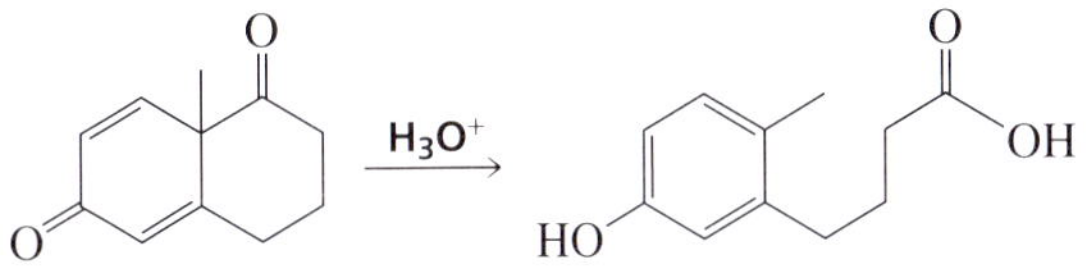

78. La siguiente reacción se llama *condensación benzoínica*. La reacción no sucede si se usa hidróxido de sodio en lugar de cianuro de sodio. Proponga un mecanismo para la reacción.

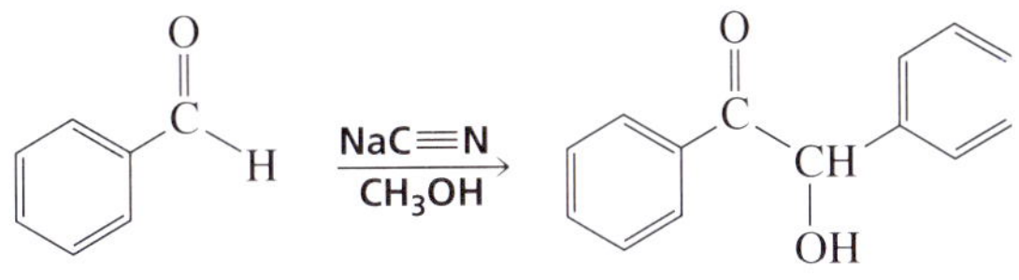

benzoína

79. El ácido orselínico es un componente común en los líquenes y se sintetiza con la condensación de tioéster de acetilo y tioéster de malonilo. Si un liquen creciera en un medio que contuviera acetato marcado radiactivamente con ^{14}C en el carbono del grupo carbonilo ¿qué carbonos se marcarían en el ácido orselínico?

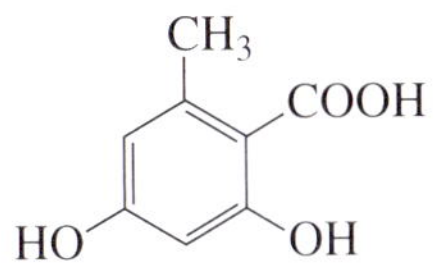

ácido orselínico

80. Proponga un mecanismo para la reacción siguiente. (*Sugerencia:* el intermediario tiene un enlace doble acumulado).

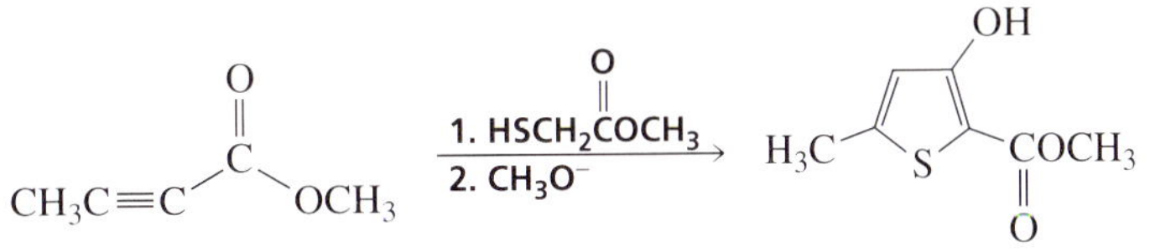

81. Se puede preparar un compuesto, llamado *éster de Hageman*, tratando una mezcla de formaldehído y acetoacetato de etilo, primero con base y luego con ácido y calor. Escriba la estructura del producto de cada uno de los pasos.
 a. El primer paso es una condensación semejante a la aldólica.
 b. El segundo paso es una adición de Michael.
 c. El tercer paso es una condensación aldólica intramolecular.
 d. El cuarto paso es una hidrólisis seguida de una descarboxilación.

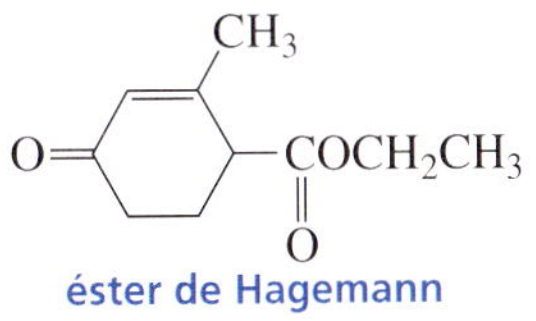

éster de Hagemann

82. El amobarbital es un sedante que se vende con el nombre comercial de Amytal. Proponga una síntesis de amobarbital usando malonato de dietilo y urea (página 733) como dos de los materiales de partida.

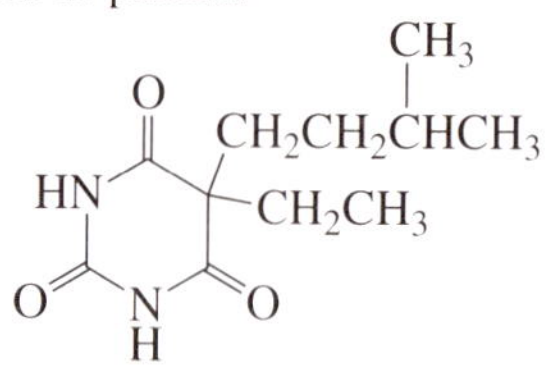

Amytal®

83. Proponga un mecanismo razonable para cada una de las reacciones siguientes:

a.

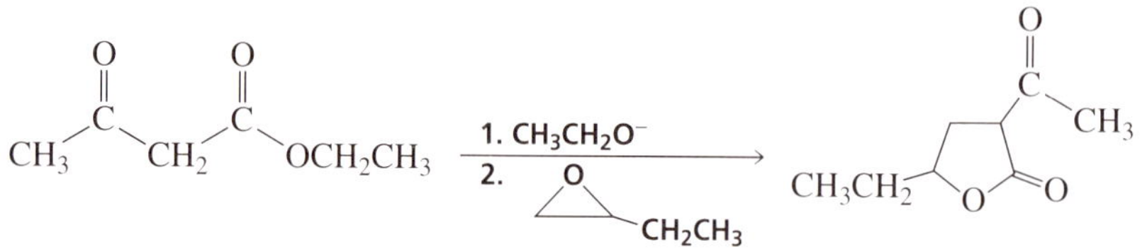

b.

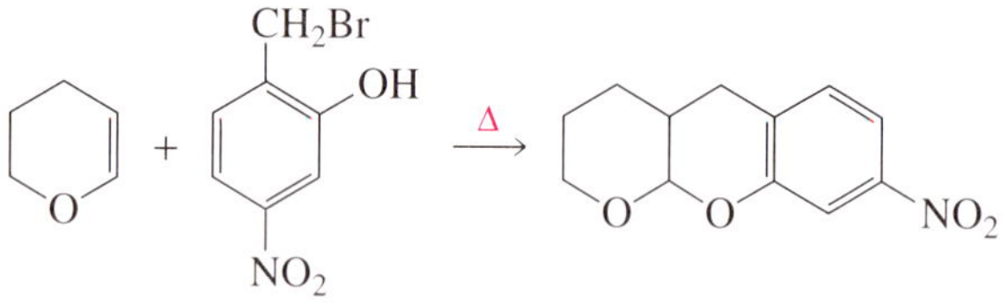

84. La tiramina es un alcaloide que se encuentra en el muérdago, queso maduro y en tejido animal putrefacto. La dopamina es un neurotransmisor que interviene en la regulación del sistema nervioso central.

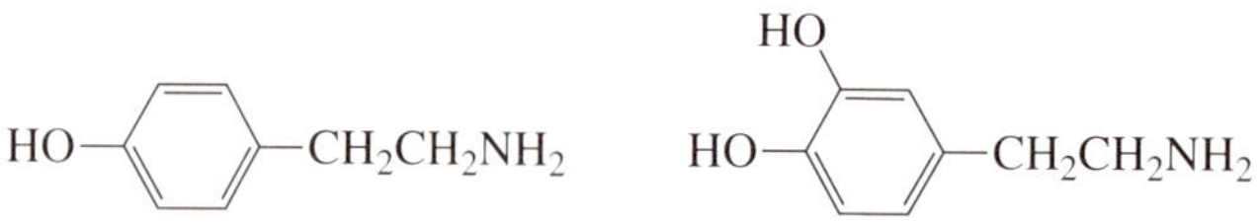

tiramina   dopamina

  a. Indique dos maneras de preparar β-feniletilamina a partir del cloruro de β-feniletilo.
  b. ¿Cómo se puede preparar β-feniletilamina a partir de cloruro de bencilo?
  c. ¿Cómo se puede preparar β-feniletilamina a partir de benzaldehído?
  d. ¿Cómo se puede preparar tiramina a partir de β-feniletilamina?
  e. ¿Cómo se puede preparar dopamina a partir de tiramina?

85. a. El cetoprofeno, como el ibuprofeno, es un analgésico antiinflamatorio. ¿Cómo se puede sintetizar cetoprofeno a partir del material de partida indicado?

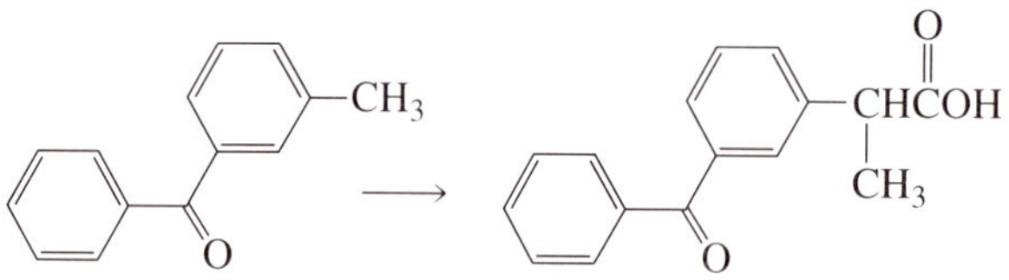

cetoprofeno

  b. El cetoprofeno y el ibuprofeno tienen un ácido propanoico sustituido (véase el problema 80, capítulo 16). Explique por qué se sintetizan subunidades idénticas en formas diferentes.

PARTE 7

Más acerca de las reacciones de oxidación-reducción y de aminas

Los dos capítulos de la parte 7 describen con más detalle dos temas que se presentaron en los capítulos anteriores: reacciones de oxidación-reducción y aminas.

CAPÍTULO 19
Más acerca de las reacciones de oxidación-reducción

El lector encontró por primera vez las reacciones de oxidación-reducción en el capítulo 4. Aprendió que si la reacción aumenta la cantidad de enlaces C—H o disminuye la cantidad de enlaces C—O, C—N o C—X (donde X representa un halógeno), el compuesto se reduce. Por otra parte, si la reacción disminuye la cantidad de enlaces C—H o aumenta la cantidad de enlaces C—O, C—N o C—X, el compuesto se oxida. En el **capítulo 19** se repasan algunas de las reacciones redox que el lector ya conoce y se presentan muchas más.

CAPÍTULO 20
Más acerca de aminas · Compuestos heterocíclicos

El **capítulo 20** amplía la descripción de las aminas y describe la química de los compuestos heterocíclicos. Las aminas no experimentan reacciones de adición, de sustitución o de eliminación. Su importancia estriba en la forma en que reaccionan con otros compuestos orgánicos. Esta reactividad es demasiado importante para esperarla hasta la segunda mitad del libro. El lector se encontró con las aminas en el capítulo 1 y casi en cada capítulo posterior también.

CAPÍTULO 19

Más acerca de las reacciones de oxidación-reducción

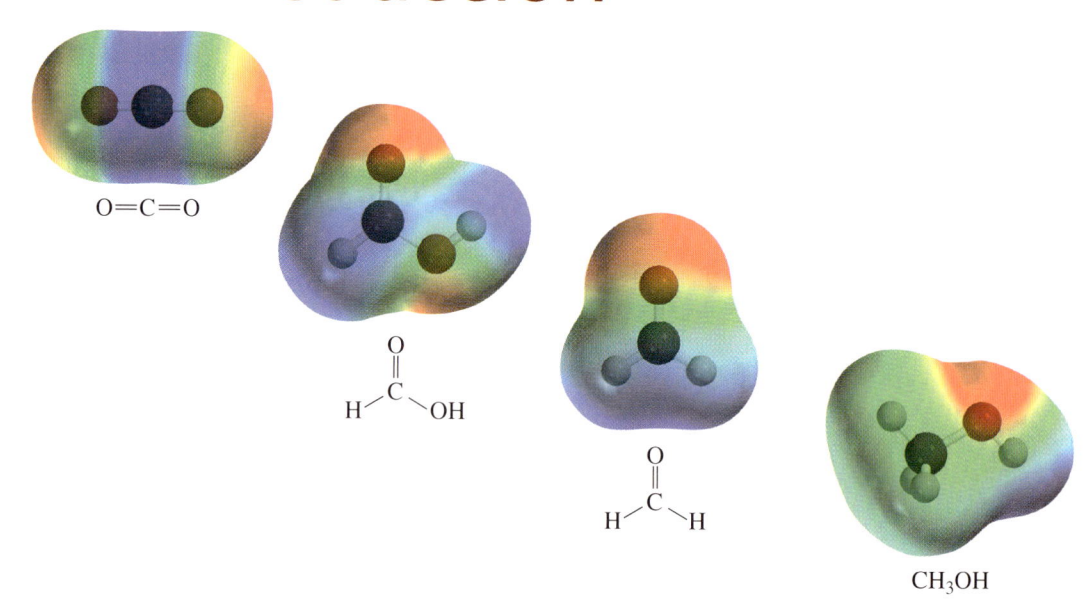

O=C=O

H-C(=O)-OH

H-C(=O)-H

CH₃OH

ANTECEDENTES

SECCIÓN 19.0 Si la reacción aumenta la cantidad de enlaces C—H o disminuye la cantidad de enlaces C—O, C—N o C—X (donde X representa un halógeno), el compuesto se reduce (4.8).

SECCIÓN 19.0 Si la reacción disminuye la cantidad de enlaces C—H o aumenta la cantidad de enlaces C—O, C—N o C—X, el compuesto se oxida (4.9).

SECCIÓN 19.1 Los alquenos se pueden reducir a alcanos (4.11) y los alquinos se pueden reducir a alquenos o a alcanos (6.9).

SECCIÓN 19.1 Los aldehídos, las cetonas, los ácidos carboxílicos y los ésteres se reducen y forman alcoholes (17.6).

SECCIÓN 19.1 Los nitrilos, amidas e iminas se reducen y forman aminas (16.19, 17.6 y 17.8).

SECCIÓN 19.2 Los alcoholes secundarios se oxidan y forman cetonas y los alcoholes primarios se oxidan a aldehídos y a ácidos carboxílicos (10.5).

SECCIÓN 19.4 Los alquenos se pueden oxidar y formar epóxidos (4.9).

Un grupo importante de reacciones orgánicas es el que implica la transferencia de electrones de una molécula a otra. En química orgánica se usan esas reacciones, llamadas **reacciones de oxidación-reducción** o **reacciones redox**, para sintetizar una gran variedad de compuestos. También, las reacciones redox son importantes en los sistemas biológicos porque en muchas de ellas se produce energía. Estas últimas reacciones se describen en los capítulos 24 y 25. El lector ya vio numerosas reacciones de oxidación y reducción en otros capítulos, pero al describirlas como un grupo se tiene la oportunidad de compararlas.

En una reacción de oxidación-reducción, una especie pierde electrones mientras otra los gana. La especie que pierde electrones se oxida y la que los gana se reduce. Una forma de recordar la diferencia entre oxidación y reducción es con la frase "LEO el león sin pelo dice GER": **P**érdida de **E**lectrones es **O**xidación, **G**anancia de **E**lectrones es **R**educción.

El que sigue es un ejemplo de una reacción de oxidación entre reactivos inorgánicos:

$$Cu^+ + Fe^{3+} \longrightarrow Cu^{2+} + Fe^{2+}$$

En esta reacción, el Cu^+ pierde un electrón; entonces, el Cu^+ se oxida. El Fe^{3+} gana un electrón y en consecuencia se reduce. En esta reacción se demuestran dos propiedades importantes de las reacciones de oxidación-reducción. La primera es que *la oxidación siempre va acoplada a la reducción*. En otras palabras, una especie no puede ganar electrones (ser reducida) a menos que otra especie, en la misma reacción, pierda electrones (sea oxidada) al mismo tiempo. En segundo lugar, la especie que se oxida (Cu^+) se llama **agente reductor** porque pierde los electrones que se usan para reducir a la otra especie (Fe^{3+}). De igual modo, la especie que se reduce (Fe^{3+}) se llama **agente oxidante** porque gana los electrones cedidos por la otra especie (Cu^+) al oxidarse.

Es fácil saber si un compuesto orgánico se ha oxidado o reducido con sólo ver el cambio de la estructura del compuesto. Sobre todo, se pondrá énfasis en reacciones donde la **oxidación** o la **reducción** se verifiquen en el carbono: si la reacción aumenta la cantidad de enlaces C—H o disminuye la cantidad de enlaces C—O, C—N o C—X (donde X representa un halógeno), el compuesto se reduce. Si la reacción disminuye la cantidad de enlaces C—H o aumenta la cantidad de enlaces C—O, C—N o C—X, el compuesto se oxida. Obsérvese que el grado de oxidación de un átomo de carbono es igual a la cantidad total de sus enlaces C—O, C—N y C—X.

La reducción en el carbono aumenta la cantidad de enlaces C—H o disminuye la cantidad de enlaces C—O, C—N o C—X.

La oxidación en el carbono disminuye la cantidad de enlaces C—H o aumenta la cantidad de enlaces C—O, C—N o C—X.

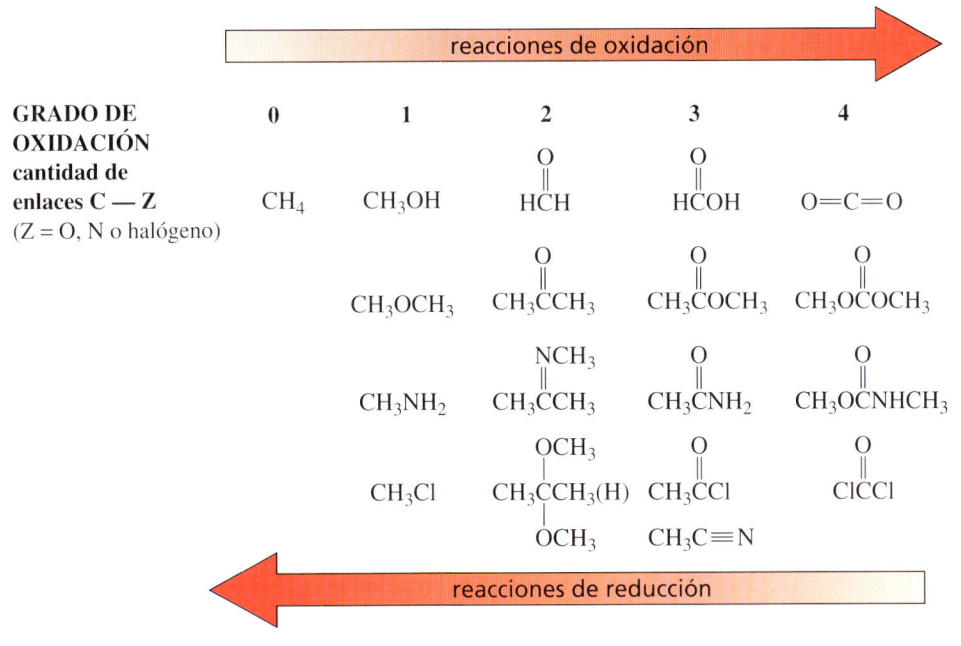

⟶ reacciones de oxidación

GRADO DE OXIDACIÓN cantidad de enlaces C — Z (Z = O, N o halógeno)	0	1	2	3	4
	CH_4	CH_3OH	$HCHO$	$HCOOH$	$O{=}C{=}O$
		CH_3OCH_3	CH_3COCH_3	CH_3COOCH_3	CH_3OCOCH_3
		CH_3NH_2	$CH_3C(=NCH_3)CH_3$	CH_3CONH_2	$CH_3OCONHCH_3$
		CH_3Cl	$CH_3C(OCH_3)_2H$	CH_3CCl, $CH_3C{\equiv}N$	$ClCOCl$

⟵ reacciones de reducción

Ahora conviene revisar algunos ejemplos de reacciones de oxidación-reducción que implican al carbono. Nótese que en cada una de las reacciones que siguen el producto cuenta con más enlaces C—H que el reactivo; por consiguiente, el alqueno, la cetona y el aldehído se redujeron. Los agentes reductores son hidrógeno, hidracina y borohidruro de sodio. El lector ya conoce estas reacciones de los capítulos anteriores (secciones 4.11, 14.16 y 17.6).

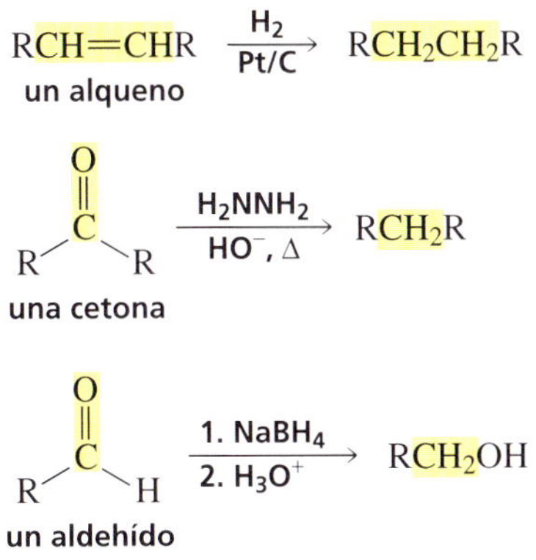

$$RCH{=}CHR \xrightarrow{H_2/Pt/C} RCH_2CH_2R$$
un alqueno

$$R\underset{\text{una cetona}}{C(=O)}R \xrightarrow[HO^-, \Delta]{H_2NNH_2} RCH_2R$$

$$R\underset{\text{un aldehído}}{C(=O)}H \xrightarrow[2.\ H_3O^+]{1.\ NaBH_4} RCH_2OH$$

En la primera reacción del grupo que sigue, aumenta la cantidad de enlaces C—Br. En la segunda y tercera reacciones disminuye la cantidad de enlaces C—H y aumenta la cantidad de enlaces C—O. Por consiguiente, el alqueno, el aldehído y el alcohol se están oxidando. El bromo y el ácido crómico (H_2CrO_4) son los agentes oxidantes. Nótese que el aumento en la cantidad de enlaces C—O en la tercera reacción se debe a que un enlace sencillo carbono-oxígeno se transformó en un enlace doble carbono-oxígeno. También el lector, ya vio estas reacciones en los capítulos previos (secciones 4.7 y 10.5).

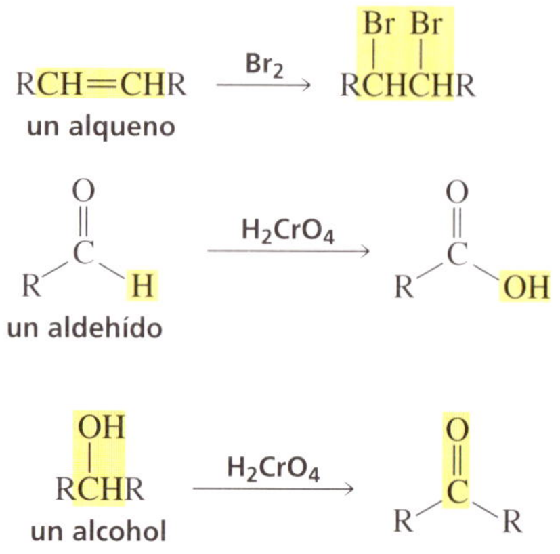

$$RCH=CHR \xrightarrow{Br_2} RCHCHR\ (Br,Br)$$
un alqueno

$$RCHO \xrightarrow{H_2CrO_4} RCOOH$$
un aldehído

$$RCHR(OH) \xrightarrow{H_2CrO_4} RCOR$$
un alcohol

Cuando se agrega agua a un alqueno, el producto exhibe un enlace C—H más que el reactivo, pero también cuenta con un nuevo enlace C—O. En esta reacción un carbono se reduce y otro se oxida. Los dos procesos se anulan entre sí en lo que concierne a la molécula total, por lo que la reacción general no es de oxidación ni de reducción.

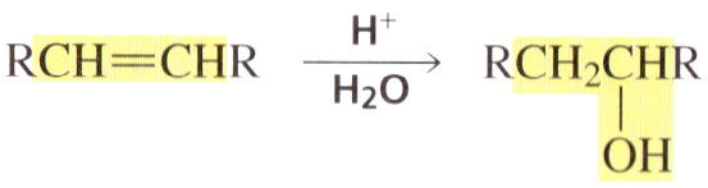

$$RCH=CHR \xrightarrow[H_2O]{H^+} RCH_2CHR(OH)$$

Las reacciones de oxidación-reducción donde intervienen nitrógeno o azufre producen cambios estructurales parecidos. La cantidad de enlaces N—H o S—H aumenta en las reacciones de reducción y la cantidad de enlaces N—O o S—O aumenta en las reacciones de oxidación. En las reacciones siguientes, el nitrobenceno y el disulfuro se reducen (secciones 14.19 y 22.7), y el tiol se oxida para formar un ácido sulfónico:

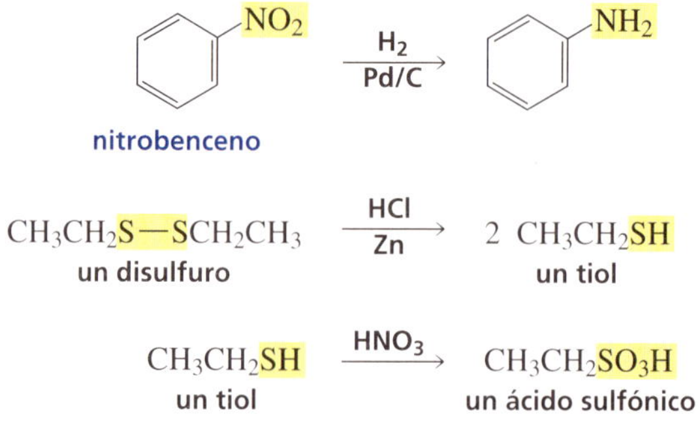

$$C_6H_5NO_2 \xrightarrow[Pd/C]{H_2} C_6H_5NH_2$$
nitrobenceno

$$CH_3CH_2S-SCH_2CH_3 \xrightarrow[Zn]{HCl} 2\ CH_3CH_2SH$$
un disulfuro $\quad$ un tiol

$$CH_3CH_2SH \xrightarrow{HNO_3} CH_3CH_2SO_3H$$
un tiol $\quad$ un ácido sulfónico

Existen muchos reactivos oxidantes y reductores en química orgánica. En este capítulo sólo se destaca una pequeña fracción de los reactivos disponibles. Los que se seleccionaron son algunos de los más comunes, que ilustran tipos particulares de transformaciones causadas por oxidaciones o reducciones.

PROBLEMA 1 ◆

Identifique cada una de las reacciones siguientes como de oxidación, de reducción o de ninguno de los dos tipos.

a. $H_3C-\underset{\underset{O}{\parallel}}{C}-Cl \xrightarrow[\text{parcialmente desactivado}]{H_2 \ \text{Pd}} H_3C-\underset{\underset{O}{\parallel}}{C}-H$

b. $RCH=CHR \xrightarrow{HBr} RCH_2CHBrR$

c. cyclohexane $\xrightarrow[h\nu]{Br_2}$ bromocyclohexane

d. $CH_3CH_2OH \xrightarrow{H_2CrO_4} H_3C-\underset{\underset{O}{\parallel}}{C}-OH$

e. $CH_3C\equiv N \xrightarrow{H_2 \ \text{Pt/C}} CH_3CH_2NH_2$

f. $CH_3CH_2CH_2Br \xrightarrow{HO^-} CH_3CH_2CH_2OH$

19.1 Reacciones de reducción

Un compuesto orgánico se reduce cuando se le adiciona hidrógeno (H_2). Se puede imaginar que una molécula de H_2 está formada por 1) dos átomos de hidrógeno, 2) dos electrones y dos protones, o bien 3) un ion hidruro y un protón. En las secciones que siguen el lector tendrá ocasión de ver que esas tres formas de describir al H_2 corresponden a los tres mecanismos con los que el H_2 se incorpora a un compuesto orgánico.

componentes del H:H

H· ·H	·⁻ H⁺ ·⁻ H⁺	H:⁻ H⁺
dos átomos de hidrógeno	dos electrones y dos protones	un ion hidruro y un protón

Reducción por adición de dos átomos de hidrógeno

Ya se estudió que el hidrógeno puede adicionarse a enlaces carbono-carbono dobles y triples en presencia de un catalizador metálico (secciones 4.11 y 6.9). Tales reacciones, llamadas **hidrogenaciones catalíticas**, son reacciones de reducción porque en los productos hay más enlaces C—H que en los reactivos. Los alquenos y los alquinos se reducen para formar alcanos.

Tutorial del alumno:
Hidrogenación catalítica del etileno
(Catalytic hydrogenation of ethylene)

$$CH_3CH_2CH=CH_2 + H_2 \xrightarrow{Pt, Pd \ o \ Ni} CH_3CH_2CH_2CH_3$$
1-buteno → butano

$$CH_3CH_2CH_2C\equiv CH + 2H_2 \xrightarrow{Pt, Pd \ o \ Ni} CH_3CH_2CH_2CH_2CH_3$$
1-pentino → pentano

En una hidrogenación catalítica el enlace H—H se rompe en forma homolítica (sección 4.11). Ello significa que la reducción se efectúa por adición de dos átomos de hidrógeno a la molécula orgánica.

También ya fue estudiado que la hidrogenación catalítica de un alquino se puede detener en un alqueno *cis* si se usa un catalizador parcialmente desactivado (sección 6.9).

$$CH_3C{\equiv}CCH_3 + H_2 \xrightarrow{\text{Catálisis de Lindlar}} \underset{cis\text{-2-buteno}}{\underset{HH}{\overset{H_3CCH_3}{C{=}C}}}$$

2-butino

El sustituyente alqueno sólo se reduce en la siguiente reacción. El anillo de benceno es muy estable y para lograr su reducción se requieren condiciones especiales.

$$\text{Ph-}CH{=}CH_2 \xrightarrow{\underset{Pd/C}{H_2}} \text{Ph-}CH_2CH_3$$

También se puede usar la hidrogenación catalítica para reducir enlaces dobles y triples carbono-nitrógeno. Los productos de reacción son aminas (secciones 17.8 y 16.19).

$$CH_3CH_2CH{=}NCH_3 + H_2 \xrightarrow{Pd/C} \underset{\text{metilpropilamina}}{CH_3CH_2CH_2NHCH_3}$$

$$CH_3CH_2CH_2C{\equiv}N + 2H_2 \xrightarrow{Pd/C} \underset{\text{butilamina}}{CH_3CH_2CH_2CH_2NH_2}$$

BIOGRAFÍA

Murray Raney (1885–1966) *nació en Kentucky. Recibió una licenciatura de la Universidad de Kentucky en 1909, y en 1951 la universidad le otorgó un doctorado honorario en ciencias. Trabajó en Gilman Paint and Varnish Co., de Chattanooga, Tennessee, donde patentó varios procesos químicos y metalúrgicos. La compañía fue vendida en 1963 y cambió su nombre a W. R. Grace & Co., División Catalizador Raney.*

Se puede reducir el grupo carbonilo de cetonas y aldehídos mediante hidrogenación catalítica con níquel Raney como catalizador metálico (el níquel Raney es níquel finamente dispersado con hidrógeno adsorbido, por lo que no se necesita una fuente externa de H_2). Los aldehídos se reducen a alcoholes primarios y las cetonas se reducen a alcoholes secundarios.

$$\underset{\text{un aldehído}}{CH_3CH_2CH_2\overset{O}{\underset{\|}{C}}H} \xrightarrow{\underset{\text{Ni Raney}}{H_2}} \underset{\text{un alcohol primario}}{CH_3CH_2CH_2CH_2OH}$$

$$\underset{\text{una cetona}}{CH_3CH_2\overset{O}{\underset{\|}{C}}CH_3} \xrightarrow{\underset{\text{Ni Raney}}{H_2}} \underset{\text{un alcohol secundario}}{CH_3CH_2\overset{OH}{\underset{|}{C}H}CH_3}$$

BIOGRAFÍA

Karl W. Rosenmund (1884–1964) *nació en Berlín. Fue profesor de química en la Universidad de Kiel.*

La reducción de un cloruro de acilo se puede detener en un aldehído si se usa un catalizador parcialmente desactivado. A esta reacción se le llama **reducción de Rosenmund**. El catalizador para la reducción de Rosenmund se parece al catalizador de paladio parcialmente desactivado que se utiliza para detener la reducción de un alquino en la fase de alqueno *cis* (sección 6.9).

$$\underset{\substack{\text{un cloruro}\\\text{de acilo}}}{CH_3CH_2\overset{O}{\underset{\|}{C}}Cl} \xrightarrow[\substack{\text{parcialmente}\\\text{desactivado}}]{\underset{Pd}{H_2}} \underset{\text{un aldehído}}{CH_3CH_2\overset{O}{\underset{\|}{C}}H}$$

Los grupos carbonilo de los ácidos carboxílicos, ésteres y amidas son menos reactivos que los de aldehídos y cetonas y por consiguiente son más difíciles de reducir (sección 17.6). No pueden reducirse por hidrogenación catalítica (excepto bajo condiciones extremas). Sin embargo, se pueden reducir con un método que se describe más adelante en esta sección.

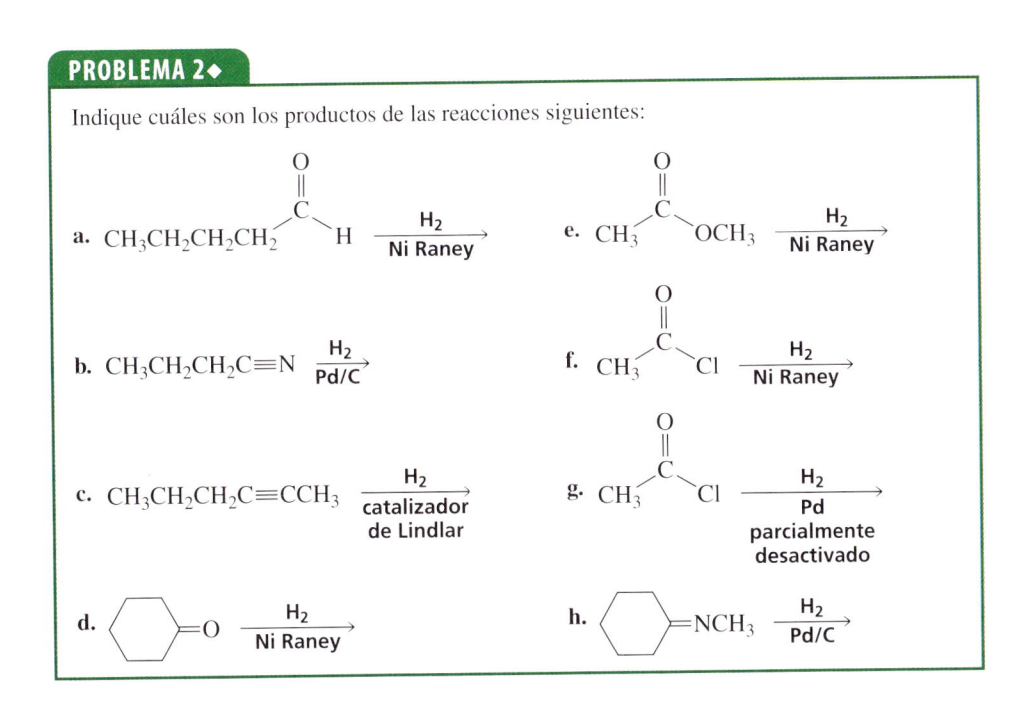

$$CH_3CH_2-\overset{\overset{O}{\|}}{C}-OH \xrightarrow{H_2}_{Ni\ Raney} \text{no reacciona}$$
un ácido carboxílico

$$CH_3CH_2-\overset{\overset{O}{\|}}{C}-OCH_3 \xrightarrow{H_2}_{Ni\ Raney} \text{no reacciona}$$
un éster

$$CH_3CH_2-\overset{\overset{O}{\|}}{C}-NHCH_3 \xrightarrow{H_2}_{Ni\ Raney} \text{no reacciona}$$
una amida

PROBLEMA 2◆

Indique cuáles son los productos de las reacciones siguientes:

a. $CH_3CH_2CH_2CH_2-\overset{\overset{O}{\|}}{C}-H \xrightarrow{H_2}_{Ni\ Raney}$

b. $CH_3CH_2CH_2C\equiv N \xrightarrow{H_2}_{Pd/C}$

c. $CH_3CH_2CH_2C\equiv CCH_3 \xrightarrow{H_2}_{\text{catalizador de Lindlar}}$

d. $\bigcirc=O \xrightarrow{H_2}_{Ni\ Raney}$

e. $CH_3-\overset{\overset{O}{\|}}{C}-OCH_3 \xrightarrow{H_2}_{Ni\ Raney}$

f. $CH_3-\overset{\overset{O}{\|}}{C}-Cl \xrightarrow{H_2}_{Ni\ Raney}$

g. $CH_3-\overset{\overset{O}{\|}}{C}-Cl \xrightarrow{H_2}_{\text{Pd parcialmente desactivado}}$

h. $\bigcirc=NCH_3 \xrightarrow{H_2}_{Pd/C}$

Reducción por adición de un electrón, un protón, un electrón y un protón

Cuando un compuesto se reduce utilizando sodio en amoniaco líquido, el sodio dona un electrón al compuesto y el amoniaco cede un protón. Esta secuencia se repite y en la reacción total se agregan dos electrones y dos protones al compuesto. A dicha reacción se le denomina **reducción con un metal en disolución**.

En la sección 6.9 se describió el mecanismo para la reducción con un metal en disolución, donde un alquino se convierte en un alqueno *trans*.

$$CH_3C\equiv CCH_3 \xrightarrow{Na\ o\ Li}_{NH_3\ (líq)} \underset{H}{\overset{H_3C}{>}}C=C\underset{CH_3}{\overset{H}{<}}$$

2-butino → *trans*-2-buteno

914 CAPÍTULO 19 Más acerca de las reacciones de oxidación-reducción

El sodio (o el litio) en amoniaco líquido no puede reducir un enlace doble carbono-carbono. En consecuencia este reactivo es útil para reducir un enlace triple en un compuesto que también contiene un doble enlace.

$$CH_3C=CHCH_2C\equiv CCH_3 \xrightarrow[NH_3\ (líq)]{Na\ o\ Li} CH_3\underset{CH_3}{C}=CHCH_2\underset{H}{\overset{H}{C}}=\underset{H}{\overset{CH_3}{C}}$$

Reducción por adición de un ion hidruro y un protón

Los grupos carbonilo se reducen con facilidad con hidruros metálicos, como borohidruro de sodio ($NaBH_4$) o hidruro de litio y aluminio ($LiAlH_4$). El agente reductor real en las **reducciones con hidruro metálico** es el ion hidruro ($H:^-$). El ion hidruro se integra al carbono del grupo carbonilo y forma un ion alcóxido que, a continuación, es protonado. En otras palabras, el grupo carbonilo se reduce por la adición de un $H:^-$ seguida por la adición de un H^+. Los mecanismos de la reducción con estos reactivos se describieron en la sección 17.6.

$$H:^- \quad \overset{O}{\underset{|}{C}} \longrightarrow \overset{O^-}{\underset{|}{-C-}} \xrightarrow{H_3O^+} \overset{OH}{\underset{|}{-C-}}$$

Los números frente a los reactivos que se indican arriba o abajo de una flecha de reacción indican que el segundo reactivo no se agrega sino hasta que se haya completado la reacción con el primer reactivo.

Los aldehídos, las cetonas y los haluros de acilo se pueden reducir y formar alcoholes con borohidruro de sodio.

$$CH_3CH_2CH_2\overset{O}{\underset{}{C}}H \xrightarrow[2.\ H_3O^+]{1.\ NaBH_4} CH_3CH_2CH_2CH_2OH$$
un aldehído → un alcohol primario

$$CH_3CH_2CH_2\overset{O}{\underset{}{C}}CH_3 \xrightarrow[2.\ H_3O^+]{1.\ NaBH_4} CH_3CH_2CH_2\overset{OH}{\underset{}{CH}}CH_3$$
una cetona → un alcohol secundario

$$CH_3CH_2CH_2\overset{O}{\underset{}{C}}Cl \xrightarrow[2.\ H_3O^+]{1.\ NaBH_4} CH_3CH_2CH_2CH_2OH$$
un cloruro de acilo → un alcohol primario

Los enlaces metal-hidrógeno en el hidruro de litio y aluminio son más polares (esto es, es mayor la diferencia de electronegatividades entre el aluminio y el hidrógeno) que los del borohidruro de sodio, por lo que el $LiAlH_4$ es un reductor más enérgico. En consecuencia, tanto el $LiAlH_4$ como el $NaBH_4$ reducen a los aldehídos, cetonas y haluros de acilo, pero en general el $LiAlH_4$ no se usa para este fin ya que el $NaBH_4$ es más seguro y fácil de usar. En general, el $LiAlH_4$ se usa para reducir sólo a compuestos como los ácidos carboxílicos, ésteres y amidas, que no se puedan reducir con un reactivo moderado.

$$CH_3CH_2CH_2\overset{O}{\underset{}{C}}OH \xrightarrow[2.\ H_3O^+]{1.\ LiAlH_4} CH_3CH_2CH_2CH_2OH + H_2O$$
un ácido carboxílico → un alcohol primario

$$CH_3CH_2\overset{O}{\underset{}{C}}OCH_3 \xrightarrow[2.\ H_3O^+]{1.\ LiAlH_4} CH_3CH_2CH_2OH + CH_3OH$$
un éster → un alcohol primario

Si se usa hidruro de diisobutilaluminio (DIBALH) como donador de hidruro a baja temperatura, se puede detener la reducción del éster después de añadir un equivalente de ion hidruro. Así, los productos finales de la reacción son un aldehído y un alcohol (sección 17.6).

$$\text{CH}_3\text{CH}_2\text{CH}_2-\underset{\text{un éster}}{\text{C}(=\text{O})-\text{OCH}_3} \xrightarrow[\text{2. H}_2\text{O}]{\text{1. [(CH}_3)_2\text{CHCH}_2]_2\text{AlH, }-78\,°\text{C}} \underset{\text{un aldehído}}{\text{CH}_3\text{CH}_2\text{CH}_2-\text{C}(=\text{O})-\text{H}} + \text{CH}_3\text{OH}$$

Al sustituir algunos de los hidrógenos del LiAlH$_4$ con grupos alcoxi (OR), disminuye la reactividad del hidruro metálico. Por ejemplo, el hidruro de tri-*terc*-butoxialuminio y litio reduce un cloruro de acilo y forma un aldehído, mientras que el LiAlH$_4$ reduce por completo al cloruro de acilo hasta un alcohol.

$$\underset{\text{un cloruro de acilo}}{\text{CH}_3\text{CH}_2\text{CH}_2\text{CH}_2-\text{C}(=\text{O})-\text{Cl}} \xrightarrow[\text{2. H}_2\text{O}]{\text{1. LiAl[OC(CH}_3)_3]_3\text{H, }-78\,°\text{C}} \underset{\text{un aldehído}}{\text{CH}_3\text{CH}_2\text{CH}_2\text{CH}_2-\text{C}(=\text{O})-\text{H}}$$

El grupo carbonilo de una amida se reduce a grupo metileno (CH$_2$) con hidruro de litio y aluminio (sección 17.6). Se forman aminas primarias, secundarias y terciarias, que dependen de la cantidad de sustituyentes unidos al nitrógeno de la amida. Para obtener la amida en su forma básica neutra, no se usa ácido en el segundo paso de la reacción.

$$\text{CH}_3\text{CH}_2\text{CH}_2-\text{C}(=\text{O})-\text{NH}_2 \xrightarrow[\text{2. H}_2\text{O}]{\text{1. LiAlH}_4} \underset{\text{una amina primaria}}{\text{CH}_3\text{CH}_2\text{CH}_2\text{CH}_2\text{NH}_2}$$

$$\text{CH}_3\text{CH}_2\text{CH}_2-\text{C}(=\text{O})-\text{NHCH}_3 \xrightarrow[\text{2. H}_2\text{O}]{\text{1. LiAlH}_4} \underset{\text{una amina secundaria}}{\text{CH}_3\text{CH}_2\text{CH}_2\text{CH}_2\text{NHCH}_3}$$

$$\text{CH}_3\text{CH}_2\text{CH}_2-\text{C}(=\text{O})-\text{N(CH}_3)_2 \xrightarrow[\text{2. H}_2\text{O}]{\text{1. LiAlH}_4} \underset{\text{una amina terciaria}}{\text{CH}_3\text{CH}_2\text{CH}_2\text{CH}_2\text{N(CH}_3)_2}$$

Ya que el borohidruro de sodio es incapaz de reducir los ésteres, amidas o ácidos carboxílicos, se puede usar para reducir en forma selectiva a un grupo aldehído o cetona en un compuesto que también contenga un grupo menos reactivo. No se usa ácido en el segundo paso de la reacción que aquí se muestra para evitar hidrolizar al éster.

$$\text{CH}_3-\text{C}(=\text{O})-\text{CH}_2\text{CH}_2\text{CH}_2-\text{C}(=\text{O})-\text{OCH}_3 \xrightarrow[\text{2. H}_2\text{O}]{\text{1. NaBH}_4} \text{CH}_3-\text{CH}(\text{OH})-\text{CH}_2\text{CH}_2\text{CH}_2-\text{C}(=\text{O})-\text{OCH}_3$$

Los átomos de carbono con enlaces múltiples en alquenos y alquinos no poseen carga positiva parcial y por consiguiente no reaccionan con los reactivos que reducen a los compuestos donando un ion hidruro.

$$\text{CH}_3\text{CH}_2\text{CH}=\text{CH}_2 \xrightarrow{\text{NaBH}_4} \text{no hay reacción de reducción}$$

$$\text{CH}_3\text{CH}_2\text{C}\equiv\text{CH} \xrightarrow{\text{NaBH}_4} \text{no hay reacción de reducción}$$

Ya que el borohidruro de sodio no puede reducir enlaces dobles carbono-carbono, un grupo carbonilo en un compuesto que tenga también un grupo funcional alqueno se puede reducir en forma selectiva siempre que los enlaces dobles no estén conjugados (sección 17.16). No se usan ácidos en el segundo paso de la reacción para evitar la adición del ácido al doble enlace.

$$CH_3CH=CHCH_2\overset{O}{\underset{}{\overset{\|}{C}}}CH_3 \xrightarrow{\text{1. NaBH}_4}_{\text{2. H}_2\text{O}} CH_3CH=CHCH_2\overset{OH}{\underset{}{\overset{|}{C}H}}CH_3$$

Una **reacción quimioselectiva** es aquélla en la que un reactivo reacciona con un grupo funcional de preferencia a otro. Por ejemplo, el NaBH$_4$ en alcohol isopropílico reduce a los aldehídos con más rapidez que a las cetonas.

En contraste, el NaBH$_4$ en etanol acuoso a $-15°C$, en presencia de tricloruro de cerio, reduce a las cetonas con mayor rapidez que a los aldehídos.

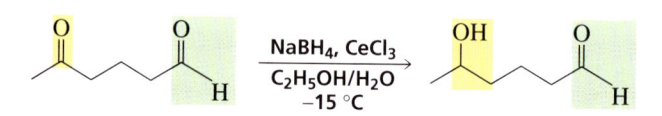

Como ya se mencionó, los agentes reductores que se ven en esta sección sólo son una fracción de los que hay disponibles en la química sintética.

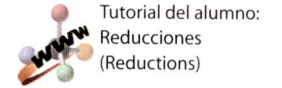

Tutorial del alumno:
Reducciones
(Reductions)

PROBLEMA 3◆

Explique por qué los alquinos terminales no se pueden reducir con Na en NH$_3$ líquido.

PROBLEMA 4◆

Indique los productos de las reacciones siguientes:

a. C$_6$H$_5$—C(=O)—NH$_2$ $\xrightarrow{\text{1. LiAlH}_4}_{\text{2. H}_2\text{O}}$

b. C$_6$H$_5$—C(=O)—OH $\xrightarrow{\text{1. LiAlH}_4}_{\text{2. H}_3\text{O}^+}$

c. CH$_3$CH$_2$—C(=O)—CH$_2$CH$_3$ $\xrightarrow{\text{1. NaBH}_4}_{\text{2. H}_3\text{O}^+}$

d. C$_6$H$_{11}$—C(=O)—OCH$_2$CH$_3$ $\xrightarrow{\text{1. LiAlH}_4}_{\text{2. H}_3\text{O}^+}$

e. CH$_3$CH$_2$—C(=O)—NHCH$_2$CH$_3$ $\xrightarrow{\text{1. LiAlH}_4}_{\text{2. H}_2\text{O}}$

f. CH$_3$CH$_2$CH$_2$—C(=O)—OH $\xrightarrow{\text{1. LiAlH}_4}_{\text{2. H}_3\text{O}^+}$

PROBLEMA 5◆

¿Se pueden reducir los enlaces carbono-nitrógeno dobles y triples con hidruro de litio y aluminio? Explique su respuesta.

PROBLEMA 6

Indique cuáles son los productos de las reacciones siguientes (suponga que se usa exceso de reductor en la parte **d**):

a. ciclohexenil-C(=O)-CH₃ → 1. NaBH₄ 2. H₂O

c. 2-(2-oxopropil)ciclohexanona (CH₂COCH₃) → 1. NaBH₄ 2. H₂O

b. ciclohexenil-C(=O)-OCH₃ → H₂ / Pt

d. 2-(2-oxopropil)ciclohexanona (CH₂COCH₃) → 1. LiAlH₄ 2. H₂O

PROBLEMA 7   RESUELTO

¿Cómo se podrían sintetizar los compuestos siguientes a partir de sustancias que no contengan más de cuatro carbonos?

a. ciclohexil-CH₂OH

b. etilciclohexano

Solución de 7a El anillo de seis miembros indica que el compuesto se puede sintetizar con una reacción de Diels-Alder (sección 7.12).

butadieno + CH₂=CH−CHO →(Δ) ciclohexenilcarbaldehído →(H₂ / Ni Raney) ciclohexil-CH₂OH

19.2 Oxidación de alcoholes

La oxidación es la inversa de la reducción. Por ejemplo, una cetona se *reduce* a un alcohol secundario, y la reacción inversa es la *oxidación* de un alcohol secundario para formar una cetona.

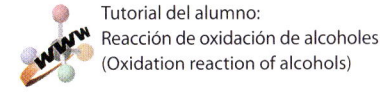

$$\text{cetona} \underset{\text{oxidación}}{\overset{\text{reducción}}{\rightleftarrows}} \text{alcohol secundario}$$

Ya se explicó que el ácido crómico (H_2CrO_4) es un reactivo que se usa con frecuencia para oxidar alcoholes secundarios a cetonas (sección 10.5).

$$CH_3CH_2CH(OH)CH_3 \xrightarrow{H_2CrO_4} CH_3CH_2C(=O)CH_3$$

alcohol secundario → cetona

Al inicio los alcoholes primarios se oxidan a aldehídos con el ácido crómico y otros reactivos que contengan cromo; no obstante, la reacción no se detiene en el aldehído. Más bien el aldehído se sigue oxidando y forma un ácido carboxílico (sección 10.5).

$$CH_3CH_2CH_2CH_2OH \xrightarrow{H_2CrO_4} [CH_3CH_2CH_2CHO] \xrightarrow{\text{más oxidación}} CH_3CH_2CH_2COOH$$

un alcohol primario → un aldehído → un ácido carboxílico

Tutorial del alumno:
Reacción de oxidación de alcoholes
(Oxidation reaction of alcohols)

VCL Oxidación de alcoholes 1

EL PAPEL DE LOS HIDRATOS EN LA OXIDACIÓN DE LOS ALCOHOLES PRIMARIOS

Cuando un alcohol primario se oxida a ácido carboxílico, primero se oxida y forma un aldehído que está en equilibrio con su hidrato (sección 17.9). El hidrato es el que se oxida a continuación para formar un ácido carboxílico.

Si la reacción se efectúa con clorocromato de piridinio (PCC, de *pyridinium chlorochromate*), la oxidación se puede detener en el aldehído (sección 10.5), porque el PCC se usa en un disolvente anhidro. Si no hay agua, no se puede formar el hidrato

$$CH_3CH_2OH \xrightarrow{H_2CrO_4} CH_3-\underset{H}{\underset{\|}{C}}=O \underset{H_2O}{\overset{H^+}{\rightleftharpoons}} CH_3-\underset{OH}{\underset{|}{C}}H-OH \xrightarrow{H_2CrO_4} CH_3-\underset{OH}{\underset{\|}{C}}=O$$

Debido a la toxicidad de los reactivos a base de cromo, se han encontrado otros métodos para oxidar a los alcoholes. Uno de los que más se usa es la llamada **oxidación de Swern**, en la que participan el sulfóxido de dimetilo [(CH$_3$)$_2$SO], cloruro de oxialilo [(COCl)$_2$] y trietilamina. Como la reacción *no* se efectúa en disolución acuosa, la oxidación de un alcohol primario se detiene en el aldehído (como en la oxidación con PCC, clorocromato de piridinio). Los alcoholes secundarios se oxidan a cetonas.

VCL Oxidación de alcoholes 2

$$CH_3CH_2CH_2OH \xrightarrow[\text{2. trietilamina}]{\text{1. } CH_3SCH_3,\ Cl-C(=O)-C(=O)-Cl,\ -60\ °C} CH_3CH_2-\underset{H}{\underset{\|}{C}}=O$$
un alcohol primario → un aldehído

$$CH_3CH_2CH(OH)CH_3 \xrightarrow[\text{2. trietilamina}]{\text{1. } CH_3SCH_3,\ Cl-C(=O)-C(=O)-Cl,\ -60\ °C} CH_3CH_2-\underset{CH_3}{\underset{\|}{C}}=O$$
un alcohol secundario → una cetona

El agente oxidante real en la oxidación de Swern es el ion dimetilclorosulfonio, que se forma en una reacción S$_N$2 entre sulfóxido de dimetilo y cloruro de oxialilo.

Mecanismo de la oxidación de Swern

$$\underset{\text{alcohol}}{R-\underset{H}{\underset{|}{C}}(R(H))-\ddot{O}H} + \underset{\substack{\text{ion} \\ \text{dimetilclorosulfonio}}}{\overset{CH_3}{\underset{CH_3}{S}}-Cl} \xrightarrow{\text{reacción S}_N2} R-\underset{H}{\underset{|}{C}}(R(H))-\overset{+}{\underset{CH_3}{\underset{|}{O}}}\overset{CH_3}{\underset{|}{S^+}} + Cl^- \rightleftharpoons R-\underset{H}{\underset{|}{C}}(R(H))-\ddot{O}-\overset{CH_3}{\underset{CH_3}{S^+}} + HCl \xrightarrow{\text{reacción E2}} R-\underset{}{C}(R(H))=O + CH_3SCH_3$$

(CH$_3$CH$_2$)$_3$N̈
trietilamina

aldehído o cetona

- El alcohol desplaza al ion cloruro del ion dimetilclorosulfonio en una reacción S$_N$2.
- Como la oxidación con ácido crómico, la de Swern emplea una reacción E2 para formar el aldehído o la cetona.

Para comprender por qué el sulfóxido de dimetilo y el cloruro de oxalilo reaccionan y forman el ion dimetilclorosulfonio, véase el problema 60.

TRATAMIENTO DEL ALCOHOLISMO CON ANTABUSE

El disulfiram, que se conoce más como Antabuse, uno de sus nombres comerciales, se usa para tratar el alcoholismo. Después de tomar el medicamento, provoca violentos y desagradables efectos si se consume etanol dentro de los dos días siguientes.

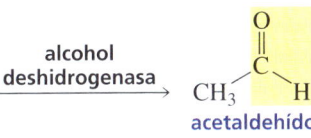

$$(CH_3CH_2)_2N-C(=S)-S-S-C(=S)-N(CH_2CH_3)_2$$
Antabuse®

El Antabuse inhibe la aldehído deshidrogenasa, enzima responsable de oxidar el acetaldehído (un producto del metabolismo del etanol) para formar ácido acético, y causa acumulación de acetaldehído. Es el acetaldehído el que causa los desagradables efectos fisiológicos de intoxicación, enrojecimiento intenso, náuseas, mareos, sudoración, agudos dolores de cabeza, tensión arterial baja y en último término choque. En consecuencia, debe administrarse el Antabuse sólo bajo estricta supervisión médica. En algunas personas, la aldehído deshidrogenasa no funciona en forma correcta, ni siquiera bajo circunstancias normales. Sus síntomas como respuesta a la ingestión de alcohol son casi iguales a los de los individuos a quienes se les administra Antabuse.

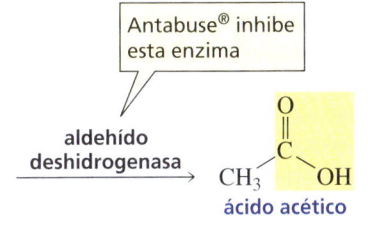

$$CH_3CH_2OH \xrightarrow{\text{alcohol deshidrogenasa}} CH_3CHO \xrightarrow{\text{aldehído deshidrogenasa}} CH_3COOH$$
etanol → acetaldehído → ácido acético

Antabuse® inhibe esta enzima

SÍNDROME DE ALCOHOLISMO FETAL

El daño a un feto humano cuando la madre toma alcohol durante su embarazo se llama *síndrome de alcoholismo fetal*. Sus efectos perjudiciales son retardo de crecimiento, menor funcionamiento mental y anormalidades faciales y en extremidades; se atribuyen al acetaldehído, que se forma por la oxidación del etanol, al cruzar la placenta y acumularse en el hígado del feto.

PROBLEMA 8

Indique qué producto se forma en la reacción de cada uno de los alcoholes siguientes con:

a. una disolución ácida de dicromato de sodio.
b. los reactivos necesarios para una oxidación de Swern.

1. 3-pentanol
2. 1-pentanol
3. 2-metil-2-pentanol
4. 2,4-hexanodiol
5. ciclohexanol
6. 1,4-butanodiol

Oxidación de alcoholes 3

PROBLEMA 9

Proponga un mecanismo para la oxidación de 1-propanol con ácido crómico para formar propanal.

19.3 Oxidación de aldehídos y cetonas

Oxidación de aldehídos

Los aldehídos se oxidan a ácidos carboxílicos. Ya que en general los aldehídos son más fáciles de oxidar que los alcoholes primarios, todos los reactivos que se describieron en la sección anterior, o en la sección 10.5, para oxidar alcoholes primarios a ácidos carboxílicos se pueden usar para oxidar aldehídos a ácidos carboxílicos.

920 CAPÍTULO 19 Más acerca de las reacciones de oxidación-reducción

$$CH_3CH_2-CHO \xrightarrow{Na_2Cr_2O_7, H_2SO_4} CH_3CH_2-COOH$$

$$\text{ciclohexil-CHO} \xrightarrow{H_2CrO_4} \text{ciclohexil-COOH}$$

aldehídos → ácidos carboxílicos

BIOGRAFÍA
Bernhard Tollens (1841–1918) *nació en Alemania. Fue profesor de química en la Universidad de Göttingen, misma universidad que le otorgó el doctorado.*

El óxido de plata es un oxidante benigno. El *reactivo de Tollens* es una disolución diluida de óxido de plata en amoniaco acuoso que oxida a los aldehídos, pero es demasiado débil para oxidar cualquier otro grupo funcional. Una ventaja de usar el reactivo de Tollens para oxidar a un aldehído es que la reacción se efectúa bajo condiciones básicas. Por consiguiente no hay que preocuparse por afectar otros grupos funcionales en la molécula que pudieran experimentar una reacción en una disolución ácida.

BIOGRAFÍA
Johann Friedrich Wilhelm Adolf von Baeyer (1835–1917) *inició su estudio de la química bajo la enseñanza de Bunsen y Kekulé (sección 7.2) en la universidad de Heidelberg, y recibió un doctorado de la Universidad de Berlín, donde estudió bajo la dirección de Hofmann (sección 20.4). (Véase también la sección 2.11).*

$$CH_3CH_2-CHO \xrightarrow[\text{2. } H_3O^+]{\text{1. } Ag_2O, NH_3} CH_3CH_2-COOH + Ag \text{ (plata metálica)}$$

El oxidante específico en el reactivo de Tollens es Ag^+, que se reduce a plata metálica. Esta reacción es la base de la **prueba de Tollens**; si se agrega reactivo de Tollens a una pequeña cantidad de aldehído en un tubo de ensayo, el interior del tubo se recubre con un espejo brillante de plata metálica. En consecuencia, si no se forma un espejo cuando se agrega reactivo de Tollens a un compuesto, se puede llegar a la conclusión de que el compuesto no contiene un grupo funcional aldehído.

Las cetonas no reaccionan con la mayor parte de los reactivos con los que se oxidan los aldehídos; pese a ello, tanto aldehídos *como* cetonas se pueden oxidar con un peroxiácido. Los aldehídos se oxidan a ácidos carboxílicos y las cetonas se oxidan a ésteres. Un **peroxiácido** (que también se llama ácido percarboxílico o hidroperóxido de acilo) contiene un oxígeno más que un ácido carboxílico que se inserta entre el carbono carbonílico y el H de un aldehído o el R de una cetona. La reacción se llama **oxidación de Baeyer-Villiger**. Un reactivo especialmente bueno para esta reacción es el ácido peroxitrifluoroacético.

BIOGRAFÍA
Victor Villiger (1868–1934) *fue alumno de Baeyer. Los dos publicaron el primer trabajo sobre la oxidación de Baeyer-Villiger en Chemische Berichte, en 1899.*

Oxidaciones de Baeyer-Villiger

$$CH_3CH_2CH_2-CHO + R-COOOH \longrightarrow CH_3CH_2CH_2-COOH + R-COOH$$
un aldehído   un peroxiácido   un ácido carboxílico

$$CH_3CH_2-CO-CH_2CH_3 + R-COOOH \longrightarrow CH_3CH_2-CO-OCH_2CH_3 + R-COOH$$
una cetona   un peroxiácido   un éster

Si los dos sustituyentes alquilo unidos al grupo carbonilo de la cetona no son iguales ¿en qué lado del carbono del grupo carbonilo se inserta el oxígeno? Por ejemplo, la oxidación de la ciclohexil-metilcetona ¿forma ciclohexanocarboxilato de metilo o acetato de ciclohexilo?

19.3 Oxidación de aldehídos y cetonas **921**

ciclohexilmetilcetona →[RCOOH] ciclohexanocarboxilato de metilo o acetato de ciclohexilo

Para contestar esto debe examinarse el mecanismo de la reacción.

Mecanismo de la oxidación de Baeyer-Villiger

$$R-C(=O)-R' + CF_3COO^- \rightleftharpoons \underset{\text{intermediario inestable}}{R-\underset{O-OCCF_3}{\overset{:O:^-}{C}}-R'} \longrightarrow R'-C(=O)-OR + CF_3CO^-$$

enlace O—O débil

- La cetona y el peroxiácido reaccionan y forman un intermediario tetraédrico inestable con un enlace O—O débil.
- Al romperse el enlace O—O en forma heterolítica, uno de los grupos alquilo migra hacia un oxígeno. Este reordenamiento es parecido a los desplazamientos 1,2 que se suscitan cuando los carbocationes se reordenan (sección 4.6).

Con estudios de las tendencias a la migración por parte de distintos grupos se ha establecido el orden siguiente:

tendencias a migración relativa

más probable que migre ⟩ H > alquilo *terciario* > alquilo *secundario* = fenilo > alquilo primario > metilo ⟨ menos probable que migre

Por consiguiente, el producto de la oxidación de Baeyer-Villiger de la ciclohexilmetilcetona será acetato de ciclohexilo porque es más probable que un grupo alquilo secundario (el grupo ciclohexilo) migre que el grupo metilo. Los aldehídos siempre se oxidan a ácidos carboxílicos ya que el H tiene la máxima tendencia a migrar.

VCL Oxidación de Baeyer-Villiger

PROBLEMA 10

Indique los productos de las reacciones siguientes:

a. C₆H₅—CO—CH₂CH₃ →[RCOOH]

b. C₆H₅—CO—H →[RCOOH]

c. (2-metilciclopentanona) →[RCOOH]

d. CH₃CH(CH₃)—CO—C(CH₃)₂CH₃ →[RCOOH]

e. CH₃CH₂CH₂—CO—H →[1. Ag₂O, NH₃; 2. H₃O⁺]

f. CH₃CH₂CH₂—CO—CH₃ →[1. Ag₂O, NH₃; 2. H₃O⁺]

19.4 Diseño de una síntesis VIII: Control de la estereoquímica

La molécula deseada en una síntesis puede ser uno de varios estereoisómeros y en tal caso se deben tener en cuenta los resultados estereoquímicos de cada paso y el uso de reactivos muy estereoselectivos para llegar a la configuración deseada. Si no se controla la estereoquímica de las reacciones, la mezcla resultante de estereoisómeros podría ser difícil o hasta imposible de separar.

La cantidad de estereoisómeros posibles que complica a una síntesis depende de la cantidad de enlaces dobles y de centros asimétricos en la molécula objetivo porque cada enlace doble puede tener una configuración *E* o *Z* (sección 3.5), y cada centro asimétrico puede tener una configuración *R* o *S* (sección 5.7). Además, si la molécula deseada dispone de anillos con un enlace común, los mismos pueden estar fusionados *trans* o *cis* (sección 26.10). Al diseñar la síntesis se debe tener cuidado para asegurar que cada enlace doble, cada centro asimétrico y cada fusión de anillo presente la configuración adecuada.

Algunas reacciones estereoselectivas también son *enantioselectivas*; una **reacción enantioselectiva** forma más de un enantiómero que de otro. Ya fue visto que se puede obtener un compuesto enantioméricamente puro si se usa una enzima para catalizar la reacción que forma al compuesto. Las reacciones catalizadas por enzimas dan como resultado la formación exclusiva de un enantiómero ya que las enzimas son quirales (sección 5.20). Por ejemplo, las cetonas sufren reducción enzimática a alcoholes mediante enzimas llamadas alcohol deshidrogenasas. El que se forme el enantiómero *R* o el *S* depende de la alcohol deshidrogenasa que se use en particular; la alcohol deshidrogenasa de la bacteria *Lactobacillus kefir* forma alcoholes *R*, mientras que la de levadura, hígado de caballo y de la bacteria *Thermoanaerobium brocki* forma alcoholes *S*. Las alcohol deshidrogenasas utilizan NADPH, un agente reductor biológico, para efectuar la reducción (sección 24.2).

(*R*)-2,2,2-trifluoro-1-fenil-1-etanol

(*S*)-2,2,2-trifluoro-1-fenil-1-etanol

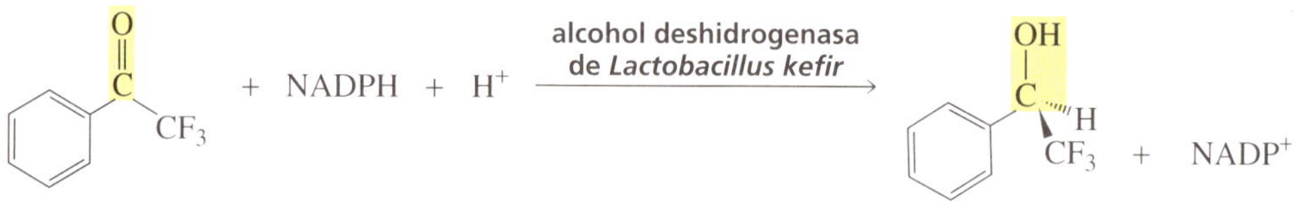

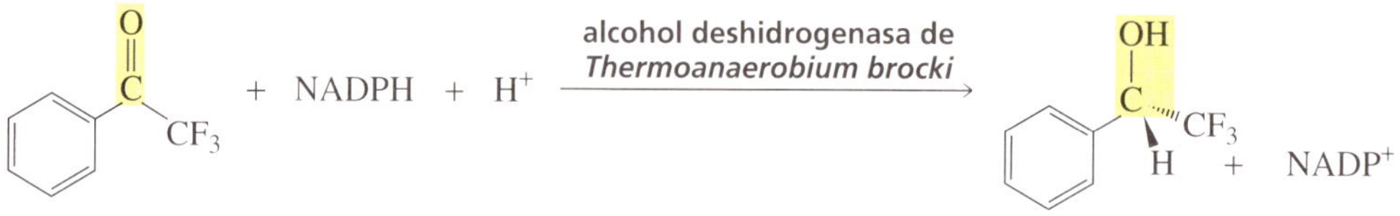

Desafortunadamente, este método para controlar la configuración de un objetivo no se aplica de manera universal porque las enzimas requieren sustratos de tamaño y forma muy específicos (sección 23.8).

También, un catalizador enantioméricamente puro que no sea una enzima puede usarse para obtener un compuesto enantioméricamente puro. Ya se estudió que un alqueno se puede oxidar y formar un epóxido mediante un peroxiácido (sección 4.9).

un alqueno **un peroxiácido** **un epóxido** **un ácido carboxílico**

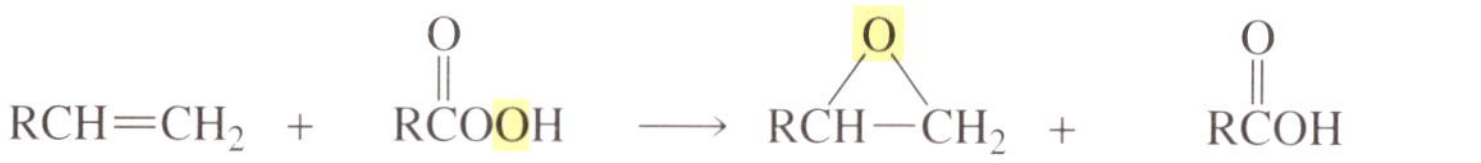

Un epóxido enantioméricamente puro de un alcohol alílico se prepara tratando al alcohol con hidroperóxido de *terc*-butilo, isopropóxido de titanio y tartrato de dietilo (DET, de *diethyl tartrate*) enantioméricamente puro. La estructura del epóxido depende de cuál enantiómero del tartrato de dietilo se use.

Este método, inventado en 1980 por Barry Sharpless, ha demostrado ser útil para sintetizar una gran variedad de compuestos enantioméricamente puros porque un epóxido, al ser muy susceptible al ataque por nucleófilos, se puede convertir con facilidad en un compuesto con dos centros asimétricos adyacentes. En el ejemplo siguiente, un alcohol alílico se convierte en un epóxido enantioméricamente puro, que a continuación se usa para formar un diol enantioméricamente puro.

> **BIOGRAFÍA**
>
> *El Premio Nobel de Química 2001 fue otorgado a* **Karl Barry Sharpless, William S. Knowles** *y a* **Royji Noyroi,** *por sus trabajos en el campo de catálisis asimétrica.* **K. Barry Sharpless** *nació en Philadelphia en 1941, recibió una licenciatura de Dartmouth en 1963, y un doctorado en química, de Stanford, en 1968. Fue profesor del MIT y de Stanford. En la actualidad está en el Scripps Research Institute de La Jolla, California. Recibió el Premio Nobel de Química 2001 por su trabajo sobre reacciones de oxidación catalizadas quiralmente. (Véase también la sección 24.24.)* **William Knowles** *nació en 1917. Recibió un doctorado de la Universidad de Columbia en 1942, y es científico de la compañía Monsanto, en St. Louis, Missouri.* **Royji Noyroi** *nació en Kobe, Japón, en 1938. Recibió un doctorado de la Universidad de Kyoto, y es profesor de ciencia de materiales en la Universidad de Nagoya, Japón. Knowles y Noyroi fueron citados por su trabajo sobre hidrogenación catalizada quiralmente.*

PROBLEMA 11

¿Cuál es el producto de la reacción de bromuro de metilmagnesio con alguno de los epóxidos enantioméricamente puros que pueden prepararse a partir del (*E*)-3-metil-2-penten-1-ol con el método que se describió anteriormente? Asigne configuraciones *R* o *S* a los centros asimétricos de cada producto.

PROBLEMA 12◆

¿Qué estereoisómeros se forman en la reacción del óxido de ciclohexeno con ion metóxido en metanol?

PROBLEMA 13◆

La adición de Br_2 a un alqueno como el *trans*-2-penteno ¿es una reacción estereoselectiva? ¿Es una reacción estereoespecífica? ¿Es una reacción enantioselectiva?

19.5 Hidroxilación de alquenos

Un alqueno puede oxidarse y formar un 1,2-diol con permanganato de potasio ($KMnO_4$) en disolución básica fría o con tetróxido de osmio (OsO_4). La disolución de permanganato de potasio debe ser básica y la oxidación debe efectuarse a temperatura ambiente o más baja. Si se calienta la disolución, o si es ácida, el diol se seguirá oxidando (sección 19.7). Los dioles también se llaman **glicoles**. Los grupos OH se encuentran en carbonos adyacentes en los dioles 1,2, por lo que a tales dioles también se les llama **dioles vecinales** o **glicoles vecinales**. (Recuérdese que vecinal quiere decir que los dos grupos OH están en carbonos adyacentes; sección 4.7).

$$CH_3CH=CHCH_3 \xrightarrow[\text{en frío}]{KMnO_4,\ HO^-,\ H_2O} CH_3CH-CHCH_3$$
$$\text{un diol vecinal}$$
(OH, OH)

924 CAPÍTULO 19 Más acerca de las reacciones de oxidación-reducción

Tutorial del alumno:
Reacciones de hidroxilación, síntesis
(Hydroxylation reactions—synthesis)

$$CH_3CH_2CH=CH_2 \xrightarrow[\text{2. }H_2O_2]{\text{1. }OsO_4} CH_3CH_2\overset{OH}{\underset{}{C}}HCH_2OH$$
un diol vecinal

Tanto el KMnO$_4$ como el OsO$_4$ forman un intermediario cíclico cuando reaccionan con un alqueno. Las reacciones se efectúan porque el manganeso y el osmio se hallan en un estado de oxidación muy positivo y en consecuencia atraen electrones. (El manganeso y el osmio tienen estados de oxidación de $+7$ y $+8$, respectivamente).

Mecanismos de la formación de *cis* glicol

ciclopenteno → un intermediario manganato cíclico → (H$_2$O) → *cis*-1,2-ciclopentanodiol + MnO$_2$

ciclohexeno → un intermediario osmiato cíclico → (H$_2$O$_2$) → *cis*-1,2-ciclohexanodiol + OsO$_4$

Dihidroxilación de alquenos

- La formación del intermediario cíclico es una reacción syn porque los dos oxígenos se adicionan por el mismo lado del doble enlace. Por consiguiente, la reacción de oxidación es estereoespecífica; un cicloalqueno *cis* sólo forma un diol *cis*.
- Cuando se hidroliza, el manganato intermediario cíclico se abre y forma un diol *cis*. El osmiato cíclico intermediario se hidroliza con peróxido de hidrógeno, que vuelve a oxidar al reactivo de osmio hasta tetróxido de osmio. (Como el tetróxido de osmio se recicla, sólo se necesita una cantidad catalítica de este oxidante el cual es costoso y tóxico).

Se obtienen mayores rendimientos del diol con tetróxido de osmio que con permanganato de potasio porque es menos probable que el osmiato cíclico intermediario produzca reacciones laterales.

PROBLEMA 14◆

Indique qué productos se formarían en la reacción de cada uno de los alquenos siguientes con OsO$_4$ seguido por H$_2$O$_2$ acuoso:

a. CH$_3$C(CH$_3$)=CHCH$_2$CH$_3$

b. ciclohexilideno=CH$_2$

PROBLEMA 15

¿Qué estereoisómeros se formarían en la reacción de cada uno de los alquenos siguientes con OsO$_4$ seguido por H$_2$O$_2$?

a. *trans*-2-buteno **b.** *cis*-2-buteno **c.** *cis*-2-penteno **d.** *trans*-2-penteno

19.6 Ruptura oxidativa de dioles 1,2

Los dioles 1,2 se oxidan a cetonas o aldehídos, o a ambos, con ácido peryódico (HIO_4). La reacción se efectúa porque el yodo está en un estado de oxidación muy positivo (+7) que acepta electrones con facilidad. El ácido peryódico reacciona con el diol para formar un intermediario cíclico. Cuando el intermediario se descompone, se rompe el enlace entre los dos carbonos unidos al oxígeno. Si un carbono que estaba unido a un grupo OH también está unido a dos grupos R, el producto será una cetona; si el carbono está unido a un grupo R y a un H, el producto será un aldehído. Ya que esta reacción de oxidación corta al reactivo en dos piezas, se llama **ruptura oxidativa**.

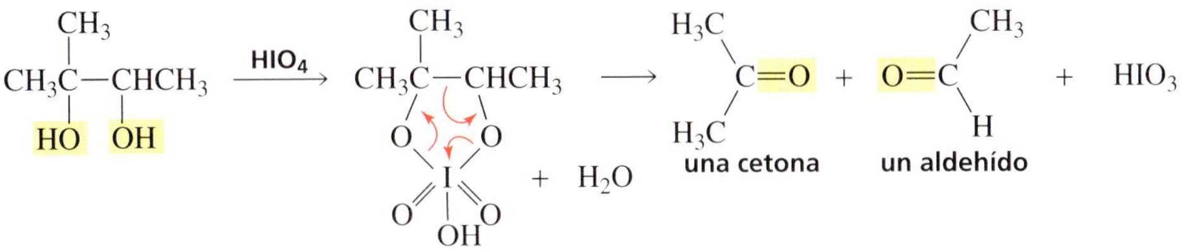

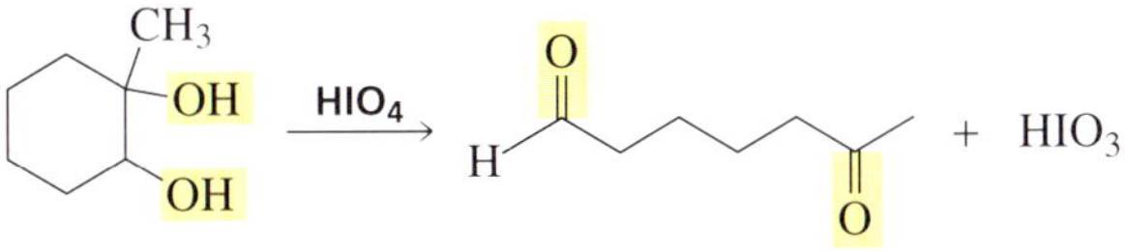

PROBLEMA 16◆

Se trata un alqueno con OsO_4 y después con H_2O_2. Cuando el diol que resulta se trata con HIO_4, el producto obtenido es una cetona cíclica no sustituida, de fórmula molecular $C_6H_{10}O$. ¿Cuál es la estructura del alqueno?

ESTRATEGIA PARA RESOLVER PROBLEMAS

Predicción de la ruptura oxidativa de los 1,2-dioles

De los cinco compuestos que siguen, explique por qué el ácido peryódico no puede romper al compuesto D.

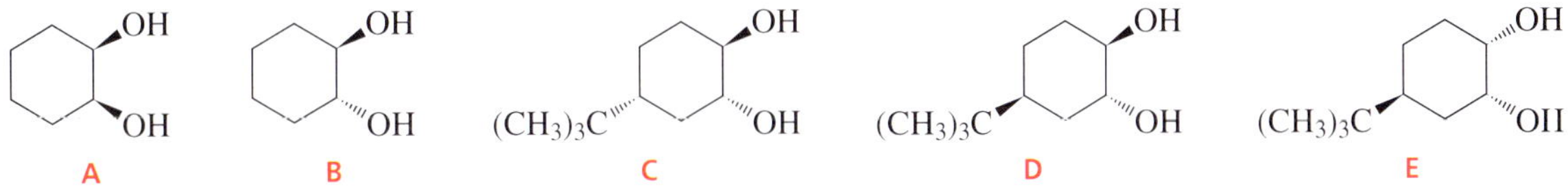

Para imaginar por qué en una serie de compuestos similares uno de ellos es inerte primero se debe tener en cuenta qué clases de compuestos participan en la reacción y si ésta presenta requisitos estereoquímicos. Se sabe que el ácido peryódico rompe a los dioles 1,2. Como la reacción forma un compuesto intermediario cíclico, los dos grupos OH del diol deben encontrarse en posiciones tales que puedan formar el intermediario.

Los dos grupos OH de un 1,2-ciclohexanodiol pueden ser ambos ecuatoriales, ambos axiales o uno ecuatorial y el otro axial.

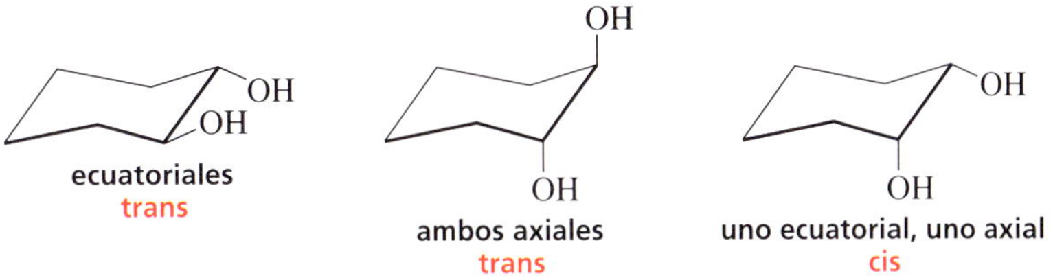

En un *cis*-1,2-ciclohexanodiol, un OH es ecuatorial y el otro es axial. Ya que ambos *cis*-1,2-dioles (A y E) se rompen, se sabe que el intermediario cíclico puede formarse cuando los grupos OH están en dichas posiciones. En un *trans*-1,2-diol, ambos grupos OH son ecuatoriales *o bien* ambos son axiales (sección 2.14). Dos de los *trans*-1,2-dioles se pueden romper (B y C) y uno no (D). Es posible concluir que el que no se puede romper debe tener ambos grupos OH en posiciones axiales porque estarían muy lejos entre sí para formar un intermediario cíclico. Ahora es necesario dibujar los confórmeros más estables de B, C y D para comprender por qué sólo el compuesto D tiene ambos grupos en posiciones axiales.

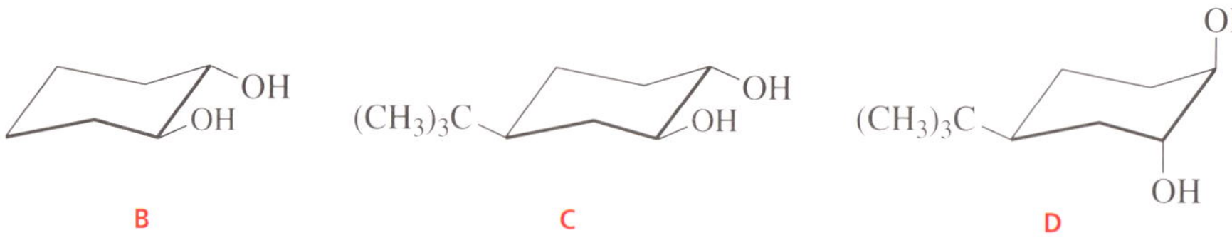

B C D

El confórmero más estable del compuesto B es el que presenta ambos grupos en posiciones ecuatoriales. Los requerimientos estéricos del grupo voluminoso *terc*-butilo lo hacen tomar una posición ecuatorial, donde hay más espacio para un sustituyente tan grande como ése. Lo anterior determina que ambos grupos OH en el compuesto C se encuentren en posiciones ecuatoriales y ambos grupos OH del compuesto D se encuentren en posiciones axiales. Por consiguiente, el compuesto C puede romperse con ácido peryódico pero no el compuesto D.

Pase ahora al problema 17.

PROBLEMA 17◆

¿Cuál diol de cada par se rompe con mayor rapidez con ácido peryódico?

a.   o   b.   o

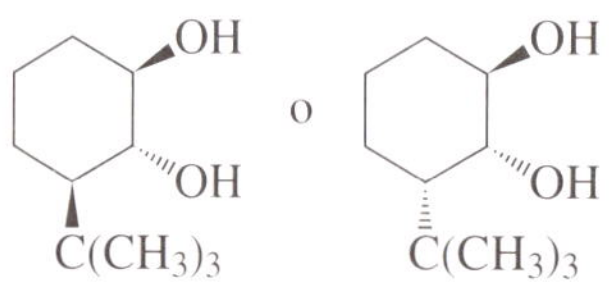

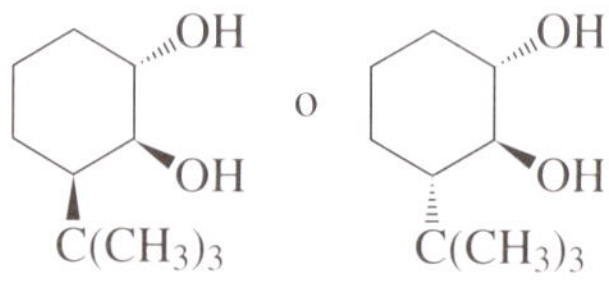

19.7 Ruptura oxidativa de los alquenos

Ya fue visto que los alquenos se pueden oxidar a 1,2-dioles y que estos 1,2-dioles se pueden seguir oxidando a aldehídos y cetonas (secciones 19.5 y 19.6, respectivamente). También, los alquenos se pueden oxidar directamente a compuestos carbonílicos con ozono (O_3) o con permanganato de potasio.

Ozonólisis

Cuando un alqueno se trata con ozono a bajas temperaturas, el enlace doble entre los carbonos se rompe y estos carbonos quedan unidos con enlaces dobles a oxígenos. A esta reacción de oxidación se le llama **ozonólisis**.

$$\diagup C=C \diagdown \xrightarrow[\text{2. tratamiento final de reacción}]{1.\ O_3,\ -78\ °C} \diagup C=O\ +\ O=C \diagdown$$

Se puede obtener ozono haciendo pasar oxígeno gaseoso por una descarga eléctrica. La estructura del ozono se representa mediante las siguientes formas de resonancia:

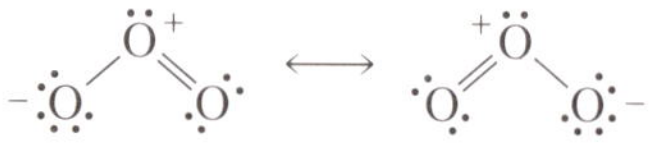

formas resonantes del ozono

El ozono y el alqueno participan en una reacción concertada de cicloadición: los átomos de oxígeno se adicionan a los dos carbonos con hibridación sp^2 en un solo paso. La adición del ozono al alqueno debe recordar al lector las reacciones de adición electrofílica de los alquenos que se describieron en el capítulo 4.

Mecanismo de formación de un ozónido

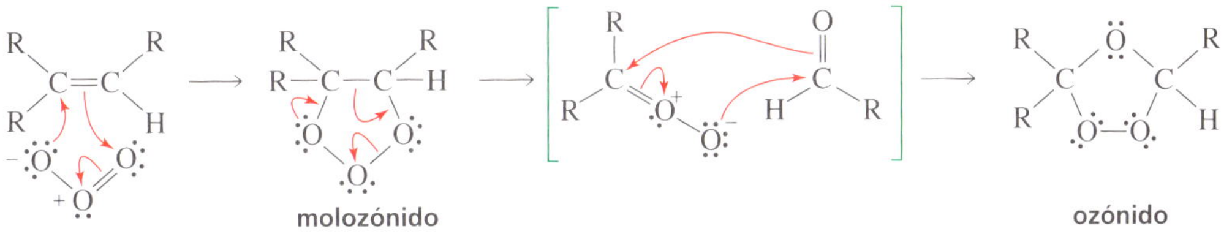

molozónido   ozónido

- El electrófilo se adiciona a uno de los carbonos con hibridación sp^2 y el nucleófilo se adiciona al otro. El electrófilo es el oxígeno en un extremo de la molécula de ozono y el nucleófilo es el oxígeno en el otro extremo. El producto de la adición de ozono a un alqueno es un **molozónido**. (El nombre "molozónido" indica que se adiciona un mol de ozono al alqueno).
- El molozónido es inestable porque tiene dos enlaces O—O; de inmediato se reordena y forma un **ozónido** más estable.

Casi nunca se aíslan los ozónidos porque son explosivos. En disolución se rompen con facilidad y forman compuestos carbonílicos. Cuando se rompe un ozónido en presencia de un agente reductor como zinc o sulfuro de dimetilo, los productos serán cetonas, aldehídos o ambas cosas. (El producto será una cetona si el carbono con hibridación sp^2 del alqueno está unido a dos sustituyentes carbonados; el producto será un aldehído si al menos uno de los sustituyentes unidos al carbono con hibridación sp^2 es hidrógeno). El agente reductor evita que los aldehídos se oxiden a ácidos carboxílicos. A la ruptura del ozónido en presencia de zinc o de sulfuro de dimetilo se le llama "trabajar el ozónido bajo condiciones reductoras".

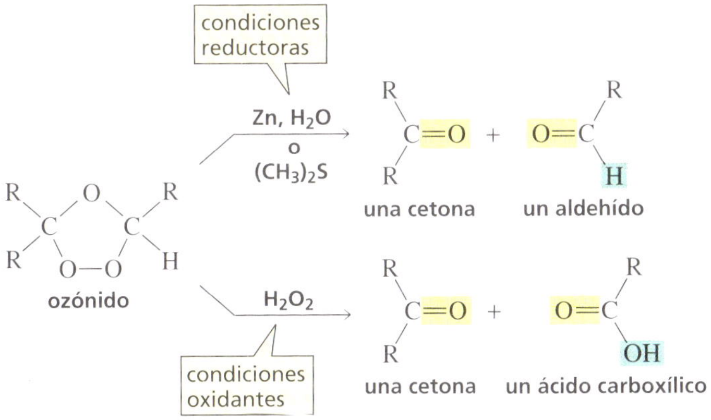

Si el ozónido se rompe en presencia de un agente oxidante como peróxido de hidrógeno (H_2O_2), los productos serán cetonas, ácidos carboxílicos o ambas cosas. Se forman ácidos carboxílicos en lugar de aldehídos porque todo aldehído que se forme al principio se oxidará de inmediato a un ácido carboxílico por el peróxido de hidrógeno. La ruptura en presencia de H_2O_2 se llama "trabajar el ozónido bajo condiciones oxidantes".

Las reacciones siguientes son ejemplos de la ruptura oxidativa de alquenos por ozonólisis:

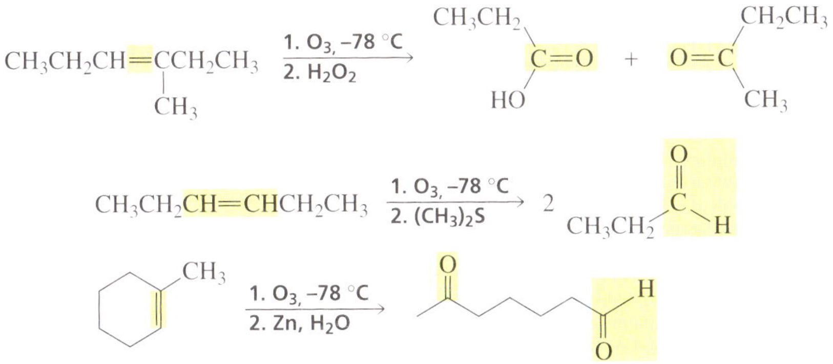

Para determinar cuál es el producto de la ozonólisis, se sustituye C=C por C=O O=C. Si se hace el tratamiento bajo condiciones oxidantes, cualquier aldehído producido se convierte en ácido carboxílico.

928 CAPÍTULO 19 Más acerca de las reacciones de oxidación-reducción

El fragmento de un carbono que se obtiene en la reacción de un alqueno terminal con ozono se oxidará a formaldehído si el ozónido se trabaja bajo condiciones reductoras, y a ácido fórmico si se trabaja bajo condiciones oxidantes.

$$CH_3CH_2CH_2CH=CH_2 \xrightarrow[\text{2. Zn, H}_2\text{O}]{\text{1. O}_3, -78\,°C} \underset{H}{\overset{CH_3CH_2CH_2}{}}C=O \;+\; O=\underset{H}{\overset{H}{}}C$$

$$CH_3CH_2CH_2CH=CH_2 \xrightarrow[\text{2. H}_2\text{O}_2]{\text{1. O}_3, -78\,°C} \underset{HO}{\overset{CH_3CH_2CH_2}{}}C=O \;+\; O=\underset{OH}{\overset{H}{}}C$$

Sólo el enlace doble de la cadena lateral se oxidará en la siguiente reacción, porque el anillo de benceno, que es estable, sólo se oxida por una exposición prolongada al ozono.

$$\text{C}_6\text{H}_5\text{—CH=CHCH}_2\text{CH}_3 \xrightarrow[\text{2. H}_2\text{O}_2]{\text{1. O}_3, -78\,°C} \text{C}_6\text{H}_5\text{—COH} \;+\; CH_3CH_2\text{COH}$$

PROBLEMA 18◆

Describa un ejemplo de un alqueno que forme los mismos productos de ozonólisis independientemente de que el ozónido se trabaja bajo condiciones reductoras (Zn, H$_2$O) o condiciones oxidantes (H$_2$O$_2$).

PROBLEMA 19

Indique qué productos espera obtener al tratar los compuestos siguientes con ozono, seguido por tratamiento con:

a. Zn, H$_2$O: **b.** H$_2$O$_2$:

1. $CH_3CH_2CH_2\underset{\underset{\text{CH}_3}{|}}{C}=CHCH_3$

2. $CH_2=CHCH_2CH_2CH_2CH_3$

3. (ciclopentenil)—CH$_3$

4. (ciclopentilideno)=CH$_2$

5. $CH_3CH_2CH_2CH=CHCH_2CH_2CH_3$

6. (toluen-metil dieno con CH$_3$)

Por medio de la reacción de ozonólisis se puede determinar la estructura de un alqueno desconocido. Si se sabe qué compuestos carbonílicos se forman en la ozonólisis, se puede hacer el análisis retrosintético y deducir la estructura del alqueno. Por ejemplo, si en la ozonólisis de un alqueno seguida por tratamiento bajo condiciones reductoras se forman acetona y butanal, se podrá llegar a la conclusión de que el alqueno era el 2-metil-2-hexeno.

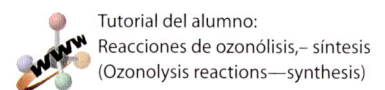

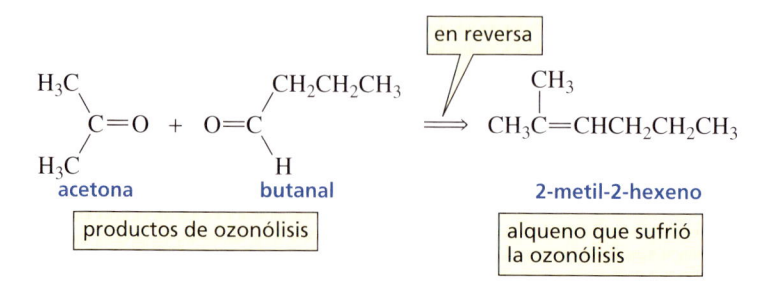

Tutorial del alumno:
Reacciones de ozonólisis,– síntesis
(Ozonolysis reactions—synthesis)

$$\underset{H_3C}{\overset{H_3C}{}}C=O \;+\; O=\underset{H}{\overset{CH_2CH_2CH_3}{}}C \quad\underset{\text{en reversa}}{\Longrightarrow}\quad CH_3\underset{\underset{\text{CH}_3}{|}}{C}=CHCH_2CH_2CH_3$$

acetona   butanal   2-metil-2-hexeno

productos de ozonólisis   **alqueno que sufrió la ozonólisis**

PROBLEMA 20◆

a. ¿Qué alqueno sólo produciría acetona en la ozonólisis?
b. ¿Qué alquenos sólo producirían butanal en la ozonólisis?

PROBLEMA 21 RESUELTO

Los productos siguientes se obtuvieron por ozonólisis de un dieno seguida por tratamiento bajo condiciones reductoras. Indique la estructura del dieno.

$$\underset{\text{O}}{\overset{\text{O}}{\|}}{HCCH_2CH_2CH_2CH} \ + \ \underset{\text{O}}{\overset{\text{O}}{\|}}{HCH} \ + \ \underset{\text{O}}{\overset{\text{O}}{\|}}{CH_3CH_2CH}$$

Solución El compuesto dicarbonílico de cinco carbonos determina que el dieno deba contener cinco carbonos flanqueados por dos enlaces dobles.

$$\overset{\text{O}}{\|}{HCCH_2CH_2CH_2}\overset{\text{O}}{\|}{CH} \implies =CHCH_2CH_2CH_2CH=$$

Uno de los otros dos compuestos carbonílicos obtenidos en la ozonólisis tiene un átomo de carbono y el otro tiene tres átomos de carbono. Por consiguiente, un carbono debe agregarse a un lado del dieno y tres carbonos deben hacerlo en el otro extremo.

$$CH_2=CHCH_2CH_2CH_2CH=CHCH_2CH_3$$

PROBLEMA 22◆

¿Qué aspecto de la estructura del alqueno no se muestra con la ozonólisis?

Escisión con permanganato

Téngase presente que los alquenos se oxidan para formar 1,2-dioles con una disolución básica de permanganato de potasio a temperatura ambiente o menor y que los 1,2-dioles pueden romperse, a continuación, con ácido peryódico y formar aldehídos, cetonas, o ambos (secciones 19.5 y 19.6). Sin embargo, si la disolución básica de permanganato de potasio se calienta o si la disolución es ácida, la reacción no se detendrá en el diol. En lugar de ello, se romperá el alqueno y los productos de la reacción serán cetonas y ácidos carboxílicos. Si la reacción se efectúa bajo condiciones básicas, todo ácido carboxílico en el producto estará en su forma básica (RCOO:$^-$); si la reacción se realiza en condiciones ácidas, el producto se encontrará en su forma ácida (RCOOH) (sección 1.24). Los alquenos terminales forman CO_2 como producto.

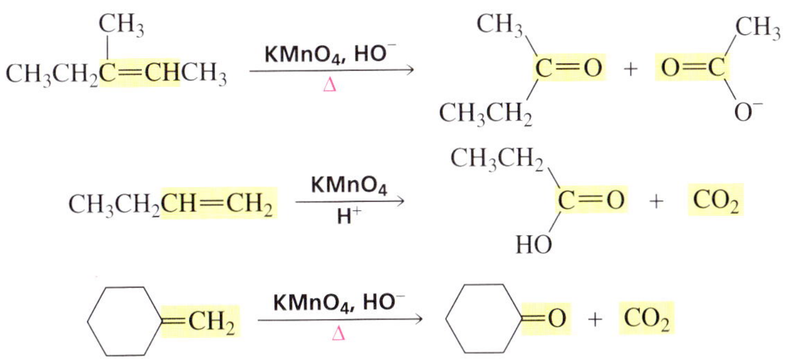

$$CH_3CH_2\underset{CH_3}{\overset{CH_3}{C}}=CHCH_3 \xrightarrow[\Delta]{KMnO_4,\ HO^-} \underset{CH_3CH_2}{\overset{CH_3}{C}}=O \ + \ O=\underset{O^-}{\overset{CH_3}{C}}$$

$$CH_3CH_2CH=CH_2 \xrightarrow{\underset{H^+}{KMnO_4}} \underset{HO}{\overset{CH_3CH_2}{C}}=O \ + \ CO_2$$

$$\bigcirc=CH_2 \xrightarrow[\Delta]{KMnO_4,\ HO^-} \bigcirc=O \ + \ CO_2$$

El OsO_4, un peroxiácido, o el $KMnO_4$ básico en frío sólo rompen el enlace π del alqueno. El ozono y el $KMnO_4$ ácido (o básico en caliente) rompen tanto el enlace π como el enlace σ.

930 CAPÍTULO 19 Más acerca de las reacciones de oxidación-reducción

Los diversos métodos para oxidar a los alquenos se resumen en la tabla 19.1.

Tabla 19.1 Resumen de los métodos para oxidar alquenos

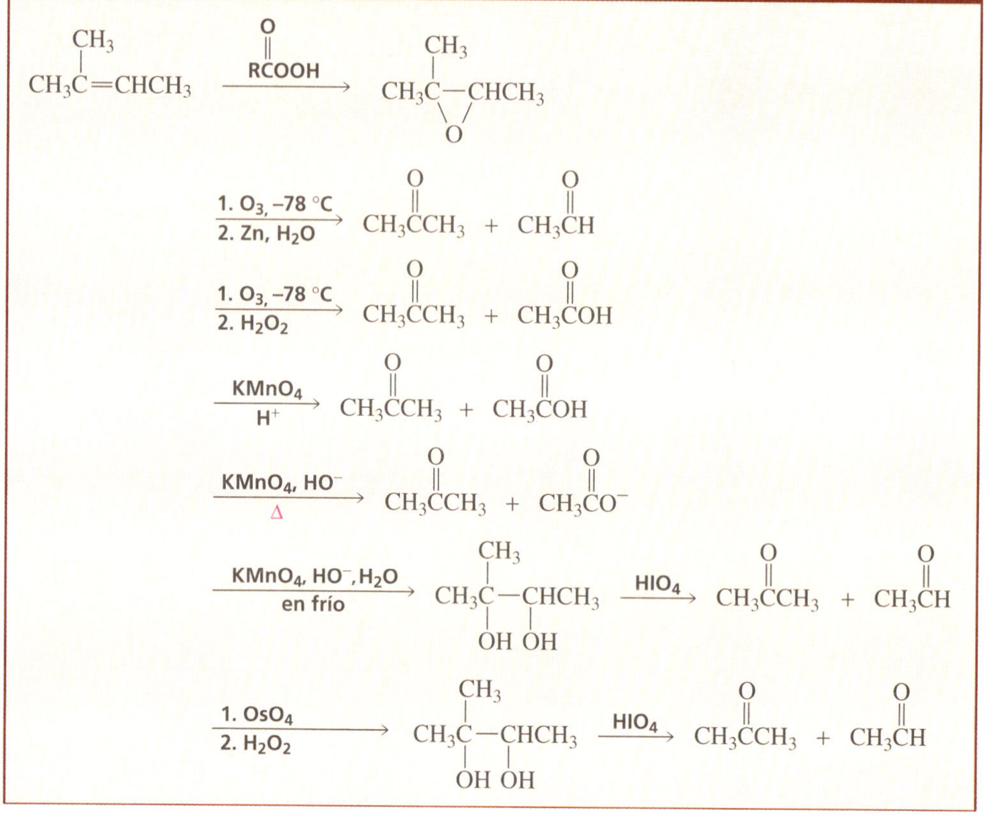

$$CH_3C(CH_3)=CHCH_3 \xrightarrow{RCOOH} CH_3C(CH_3)(\text{-O-})CHCH_3$$ (epóxido)

$$\xrightarrow[\text{2. Zn, H}_2\text{O}]{1.\ O_3,\ -78\ °C} CH_3CCH_3 + CH_3CH \quad (\text{ambos con C=O})$$

$$\xrightarrow[\text{2. H}_2\text{O}_2]{1.\ O_3,\ -78\ °C} CH_3CCH_3 + CH_3COH$$

$$\xrightarrow[\text{H}^+]{KMnO_4} CH_3CCH_3 + CH_3COH$$

$$\xrightarrow[\Delta]{KMnO_4,\ HO^-} CH_3CCH_3 + CH_3CO^-$$

$$\xrightarrow[\text{en frío}]{KMnO_4,\ HO^-,\ H_2O} CH_3C(CH_3)(OH)-CH(OH)CH_3 \xrightarrow{HIO_4} CH_3CCH_3 + CH_3CH$$

$$\xrightarrow[\text{2. H}_2\text{O}_2]{1.\ OsO_4} CH_3C(CH_3)(OH)-CH(OH)CH_3 \xrightarrow{HIO_4} CH_3CCH_3 + CH_3CH$$

PROBLEMA 23 RESUELTO

Describa cómo se puede preparar el compuesto siguiente, a partir de las materias primas indicadas. (Haga un análisis retrosintético para ayudarse a obtener la respuesta).

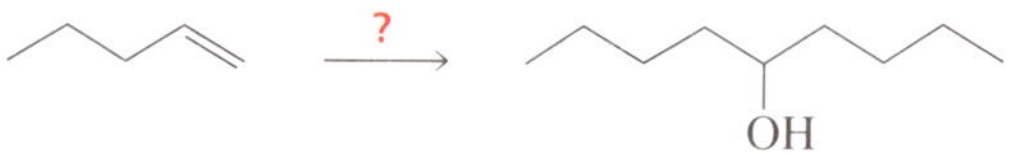

$$\text{CH}_3\text{CH}_2\text{CH}_2\text{CH=CHCH}_3 \xrightarrow{?} \text{nonan-5-ol}$$

Solución En un análisis retrosintético se puede desconectar la molécula objetivo para dar un fragmento de cinco carbonos con carga positiva y un fragmento de cuatro carbonos con carga negativa (sección 17.15). El pentanal y un bromuro de butilmagnesio son los equivalentes sintéticos de esos dos fragmentos. La materia prima de partida, de cinco carbonos, se puede convertir en el compuesto de cuatro carbonos que se requiere para la ozonólisis.

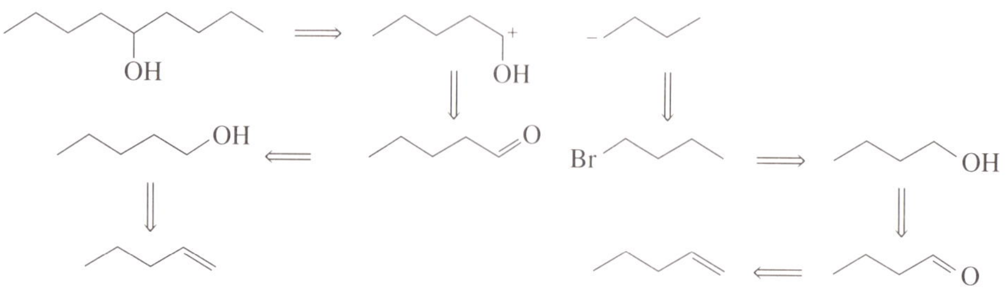

Ya se pueden escribir las síntesis del pentanal y del bromuro de butilmagnesio a partir del material indicado, en dirección directa, junto con los reactivos necesarios.

$$\text{alqueno} \xrightarrow[\text{2. HO}^-,\ \text{H}_2\text{O}_2]{\text{1. BH}_3/\text{THF}} \text{R-OH} \xrightarrow{\text{PCC}} \text{R-CHO}$$

$$\text{alqueno} \xrightarrow[\text{2. Zn, H}_2\text{O}]{\text{1. O}_3,\ -78\ °\text{C}} \text{R-CHO} \xrightarrow{\text{H}_2 \atop \text{Ni Raney}} \text{R-OH} \xrightarrow[\Delta]{\text{HBr}} \text{R-Br} \xrightarrow{\text{Mg} \atop \text{Et}_2\text{O}} \text{R-MgBr}$$

La reacción de pentanal con bromuro de butilmagnesio forma el compuesto que se desea.

$$\text{pentanal} + \text{BuMgBr} \longrightarrow \text{alcóxido} \xrightarrow{\text{H}_3\text{O}^+} \text{alcohol}$$

PROBLEMA 24

a. ¿Cómo sintetizaría usted el compuesto siguiente a partir de materiales que no contengan más de cuatro carbonos? (*Sugerencia*: una 1,6-dicetona se puede sintetizar por ruptura oxidativa de un ciclohexeno 1,2-disustituido).

b. ¿Cómo sintetizaría usted el mismo compuesto, en dos pasos, a partir de materias primas que no contengan más de seis carbonos?

19.8 Ruptura oxidativa de alquinos

Los mismos reactivos que oxidan a los alquenos también oxidan a los alquinos. Los alquinos se oxidan a dicetonas con una disolución básica de KMnO$_4$ a temperatura ambiente y se rompen por ozonólisis para formar ácidos carboxílicos. La ozonólisis de los alquinos no requiere tratamiento oxidante ni reductor; sólo condiciones de hidrólisis. Se obtiene dióxido de carbono con el grupo CH de un alquino terminal.

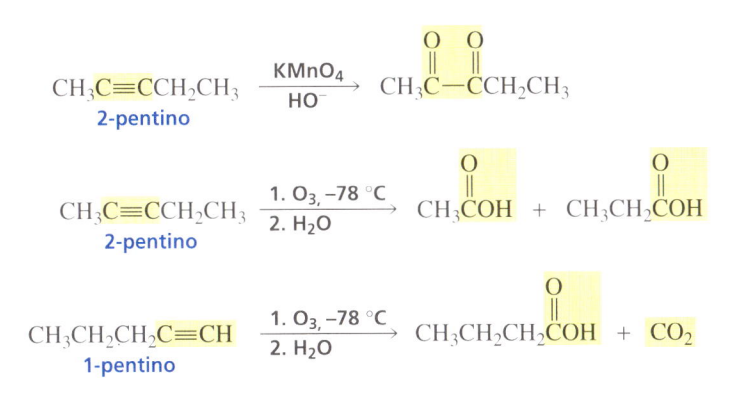

$$\text{CH}_3\text{C}{\equiv}\text{CCH}_2\text{CH}_3 \xrightarrow[\text{HO}^-]{\text{KMnO}_4} \text{CH}_3\overset{O}{\overset{\|}{\text{C}}}-\overset{O}{\overset{\|}{\text{C}}}\text{CH}_2\text{CH}_3$$
2-pentino

$$\text{CH}_3\text{C}{\equiv}\text{CCH}_2\text{CH}_3 \xrightarrow[\text{2. H}_2\text{O}]{\text{1. O}_3,\ -78\ °\text{C}} \text{CH}_3\text{COOH} + \text{CH}_3\text{CH}_2\text{COOH}$$
2-pentino

$$\text{CH}_3\text{CH}_2\text{CH}_2\text{C}{\equiv}\text{CH} \xrightarrow[\text{2. H}_2\text{O}]{\text{1. O}_3,\ -78\ °\text{C}} \text{CH}_3\text{CH}_2\text{CH}_2\text{COOH} + \text{CO}_2$$
1-pentino

Tutorial del alumno:
Términos comunes en reacciones de oxidación–reducción
(Common terms in oxidation–reduction reactions)

PROBLEMA 25 ◆

¿Cuál es la estructura del alquino que forma los siguientes conjuntos de productos por ozonólisis y después hidrólisis?

a. ciclohexil-COOH + CO$_2$

b. HOOC–(CH$_2$)$_3$–COOH + 2 CH$_3$CH$_2$COOH

19.9 Diseño de una síntesis IX: Interconversión de grupo funcional

A la conversión de un grupo funcional en otro se le llama **interconversión de grupo funcional**. Los conocimientos hasta aquí adquiridos de las reacciones de oxidación-reducción permiten aumentar notablemente la capacidad de efectuar interconversiones de grupo funcional. Por ejemplo, un aldehído se puede convertir en un alcohol primario, un alqueno, un alcohol secundario, una cetona, un ácido carboxílico, un cloruro de acilo, un éster, una amida o una amina.

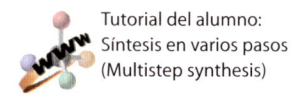

Una cetona puede ser convertida en un éster o en un alcohol.

A medida que sean más numerosas las reacciones con las que esté familiarizado el lector, también aumentará la cantidad de interconversiones de grupo funcional que pueda llevar a cabo. El resultado es que el lector verá que tiene a su disposición más de una ruta, al diseñar una síntesis. La ruta que en realidad decida usar dependerá de la disponibilidad y el costo de los materiales de partida y de la facilidad con que las reacciones de la ruta de síntesis se puedan efectuar.

PROBLEMA 26

Escriba los reactivos necesarios sobre las flechas de reacción.

PROBLEMA 27

a. Describa dos maneras de convertir un haluro de alquilo en un alcohol que tenga un átomo de carbono más.
b. Indique cómo se puede convertir un haluro de alquilo primario en una amina que contenga un átomo de carbono adicional.
c. Indique cómo se puede convertir un haluro de alquilo primario en una amina que contenga un átomo de carbono menos.

PROBLEMA 28

Indique cómo se pueden sintetizar los compuestos siguientes a partir de los materiales de partida indicados.

a. ciclohexil-CH₂Br → ciclohexil-CH₂COOH
b. ciclohexil-CH₂Br → ciclohexil-CH₂COCH₃
c. ciclohexil-CH₂Br → ciclohexanona
d. ciclohexil-CH₂Br → ácido ciclohexanocarboxílico

PROBLEMA 29

¿Cuántos grupos funcionales diferentes pueden usarse para sintetizar un alcohol primario?

RESUMEN

La oxidación está acoplada con la reducción: se oxida un **agente reductor** y se reduce un **agente oxidante**. Si en la reacción aumenta la cantidad de enlaces C—H o disminuye la cantidad de enlaces C—O, C—N o C—X (donde X representa un halógeno), el compuesto se reduce; si en la reacción disminuye la cantidad de enlaces C—H o aumenta la cantidad de enlaces C—O, C—N o C—X, el compuesto se oxida. De igual forma, la reducción determina que la cantidad de enlaces N—H o S—H aumente, en tanto que la oxidación aumenta la cantidad de enlaces N—O o S—O.

La reducción por adición de H_2 a un compuesto orgánico se efectúa mediante uno de tres mecanismos: en las **hidrogenaciones catalíticas** se adicionan dos átomos de hidrógeno; en las **reducciones con un metal en disolución** se adicionan dos electrones y dos protones, y en las **reducciones con un hidruro metálico** se adiciona un ion hidruro seguido por un protón. Los enlaces múltiples carbono-carbono, carbono-nitrógeno y algunos carbono-oxígeno se pueden reducir mediante hidrogenación catalítica. Un alquino se reduce con sodio y amoniaco líquido y forma un alqueno *trans*. Se usa $NaBH_4$ para reducir aldehídos, cetonas y haluros de acilo; el $LiAlH_4$ es un reductor más enérgico y se usa para reducir ácidos carboxílicos, ésteres y amidas. Al sustituir algunos de los hidrógenos del $LiAlH_4$ con grupos OR, disminuye la reactividad del hidruro metálico. Los átomos de carbono con enlaces múltiples no pueden reducirse con hidruros metálicos.

Los alcoholes primarios se oxidan a ácidos carboxílicos mediante reactivos con cromo y a aldehídos con PCC (clorocromato de piridinio), o bien con una **oxidación de Swern**. Los alcoholes secundarios se oxidan formando cetonas. El reactivo de Tollens sólo oxida a los aldehídos. Un **peroxiácido** oxida a los aldehídos y forma ácidos carboxílicos, a las cetonas para formar ésteres (en una **oxidación de Baeyer-Villiger**) y a los alquenos a epóxidos. Los alquenos se oxidan a 1,2-dioles con permanganato de potasio ($KMnO_4$) en disolución básica fría o con tetróxido de osmio (OsO_4).

Los 1,2-dioles se **rompen oxidativamente** y forman cetonas y/o aldehídos con ácido peryódico (HIO_4). La ozonólisis rompe oxidativamente los aldehídos y forma cetonas, aldehídos o ambas cosas cuando se trata bajo condiciones reductoras, y a cetonas, ácidos carboxílicos o ambas cosas cuando se trata bajo condiciones oxidantes. Las disoluciones ácidas y las disoluciones básicas calientes de permanganato de potasio también rompen oxidativamente los alquenos para formar cetonas, ácidos carboxílicos o ambas cosas.

Una **reacción quimioselectiva** es aquélla en la que un reactivo reacciona con un grupo funcional de preferencia a otro. Una **reacción enantioselectiva** forma más de un enantiómero que de otro. A la conversión de un grupo funcional en otro se le llama **interconversión de grupo funcional**.

RESUMEN DE REACCIONES

1. Hidrogenación catalítica de enlaces dobles y triples (sección 19.1)

    a. $RCH=CHR + H_2 \xrightarrow{\text{Pt, Pd o Ni}} RCH_2CH_2R$

    $RC\equiv CR + 2H_2 \xrightarrow{\text{Pt, Pd o Ni}} RCH_2CH_2R$

    $RCH=NR + H_2 \xrightarrow{\text{Pt, Pd o Ni}} RCH_2NHR$

    $RC\equiv N + 2H_2 \xrightarrow{\text{Pt, Pd o Ni}} RCH_2NH_2$

    b. $RCHO + H_2 \xrightarrow{\text{Ni Raney}} RCH_2OH$

    $RCOR + H_2 \xrightarrow{\text{Ni Raney}} RCH(OH)R$

    c. $RCOCl + H_2 \xrightarrow{\text{Pd parcialmente desactivado}} RCHO$

2. Reducción de alquinos a alquenos (sección 19.1)

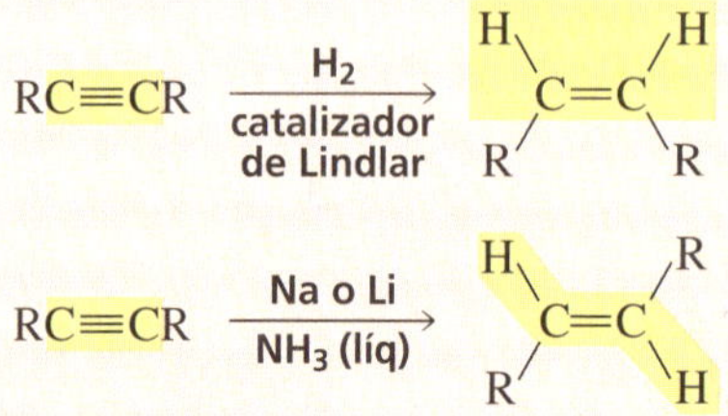

    $RC\equiv CR \xrightarrow[\text{catalizador de Lindlar}]{H_2}$ cis-alqueno (H, H del mismo lado; R, R del mismo lado)

    $RC\equiv CR \xrightarrow[\text{NH}_3\text{ (líq)}]{\text{Na o Li}}$ trans-alqueno

3. Reducción de compuestos carbonílicos con reactivos que donan ion hidruro (sección 19.1)

    a. $RCHO \xrightarrow[\text{2. H}_3\text{O}^+]{\text{1. NaBH}_4} RCH_2OH$

    b. $RCOR \xrightarrow[\text{2. H}_3\text{O}^+]{\text{1. NaBH}_4} RCH(OH)R$

    c. $RCOCl \xrightarrow[\text{2. H}_3\text{O}^+]{\text{1. NaBH}_4} RCH_2OH$

    d. $RCOOH \xrightarrow[\text{2. H}_3\text{O}^+]{\text{1. LiAlH}_4} RCH_2OH$

    e. $RCOOR' \xrightarrow[\text{2. H}_3\text{O}^+]{\text{1. LiAlH}_4} RCH_2OH + R'OH$

    f. $RCONHR' \xrightarrow[\text{2. H}_2\text{O}]{\text{1. LiAlH}_4} RCH_2NHR'$

    g. $RCOOR' \xrightarrow[\text{2. H}_2\text{O}]{\text{1. [(CH}_3\text{)}_2\text{CHCH}_2\text{]}_2\text{AlH, }-78°C} RCHO + R'OH$

    h. $RCOCl \xrightarrow[\text{2. H}_2\text{O}]{\text{1. LiAl[OC(CH}_3\text{)}_3\text{]}_3\text{H, }-78°C} RCHO$

4. Oxidación de alcoholes (sección 19.2)

    alcoholes primarios $RCH_2OH \xrightarrow{H_2CrO_4} [RCHO] \xrightarrow{\text{más oxidación}} RCOOH$

    $RCH_2OH \xrightarrow[\text{CH}_2\text{Cl}_2]{\text{PCC}} RCHO$

    $RCH_2OH \xrightarrow[\text{2. trietilamina}]{\text{1. CH}_3\text{SCH}_3\text{, ClC(O)—C(O)Cl, }-60°C} RCHO$

    alcoholes secundarios $RCH(OH)R \xrightarrow{H_2CrO_4} RCOR$

    $RCH(OH)R \xrightarrow[\text{2. trietilamina}]{\text{1. CH}_3\text{SCH}_3\text{, ClC(O)—C(O)Cl, }-60°C} RCOR$

Resumen de reacciones

5. Oxidación de aldehídos y cetonas (sección 19.3)

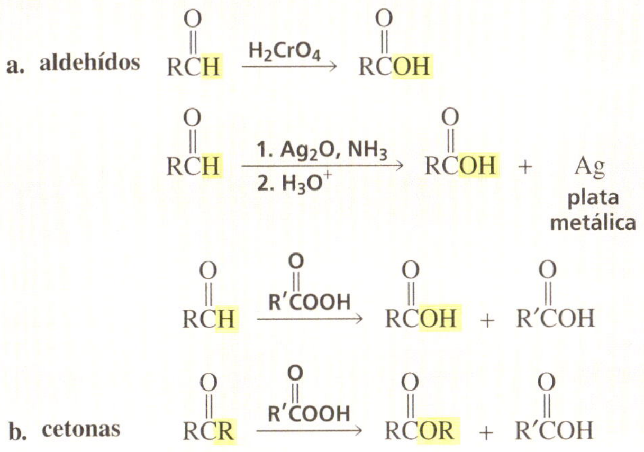

a. aldehídos $\quad \text{RCH=O} \xrightarrow{\text{H}_2\text{CrO}_4} \text{RCOH=O}$

$\text{RCH=O} \xrightarrow[\text{2. H}_3\text{O}^+]{\text{1. Ag}_2\text{O, NH}_3} \text{RCOH=O} + \text{Ag}$ (plata metálica)

$\text{RCH=O} \xrightarrow{\text{R'COOH}} \text{RCOH=O} + \text{R'COH=O}$

b. cetonas $\quad \text{RCR=O} \xrightarrow{\text{R'COOH}} \text{RCOR=O} + \text{R'COH=O}$

6. Oxidación de alquenos (secciones 19.4, 19.5 y 19.7)

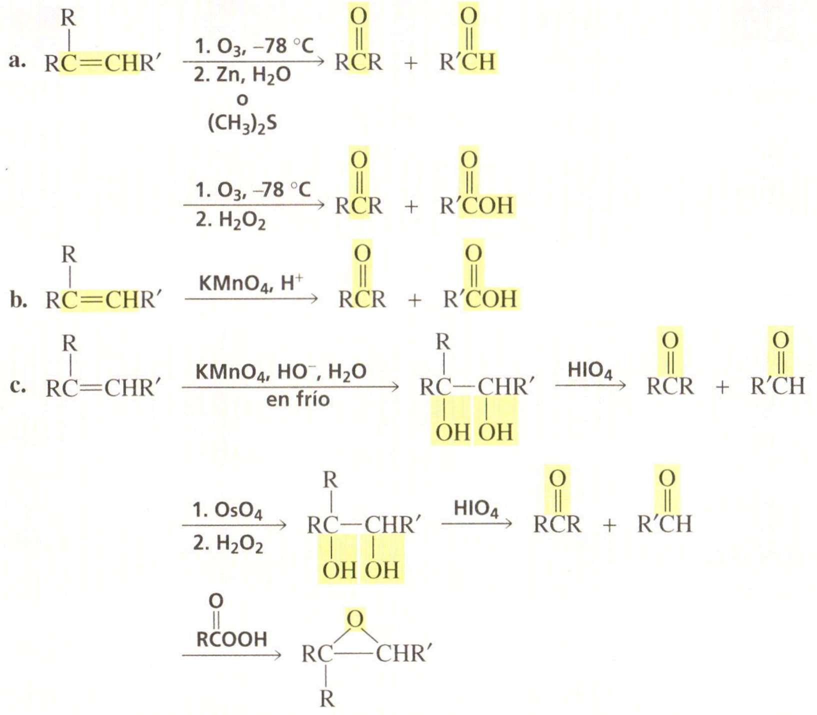

a. $\text{RC(R)=CHR'} \xrightarrow[\substack{\text{2. Zn, H}_2\text{O} \\ \text{o} \\ (\text{CH}_3)_2\text{S}}]{\text{1. O}_3,\ -78\ ^\circ\text{C}} \text{RCR=O} + \text{R'CH=O}$

$\text{RC(R)=CHR'} \xrightarrow[\text{2. H}_2\text{O}_2]{\text{1. O}_3,\ -78\ ^\circ\text{C}} \text{RCR=O} + \text{R'COH=O}$

b. $\text{RC(R)=CHR'} \xrightarrow{\text{KMnO}_4,\ \text{H}^+} \text{RCR=O} + \text{R'COH=O}$

c. $\text{RC(R)=CHR'} \xrightarrow[\text{en frío}]{\text{KMnO}_4,\ \text{HO}^-,\ \text{H}_2\text{O}} \text{RC(R)(OH)-CHR'(OH)} \xrightarrow{\text{HIO}_4} \text{RCR=O} + \text{R'CH=O}$

$\xrightarrow[\text{2. H}_2\text{O}_2]{\text{1. OsO}_4} \text{RC(R)(OH)-CHR'(OH)} \xrightarrow{\text{HIO}_4} \text{RCR=O} + \text{R'CH=O}$

$\xrightarrow{\text{RCOOH=O}} \text{RC(R)—CHR' (epóxido)}$

7. Oxidación de 1,2-dioles (sección 19.6)

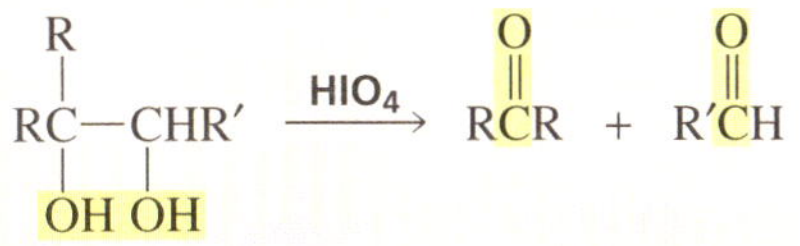

$\text{RC(R)(OH)-CHR'(OH)} \xrightarrow{\text{HIO}_4} \text{RCR=O} + \text{R'CH=O}$

8. Oxidación de alquinos (sección 19.8)

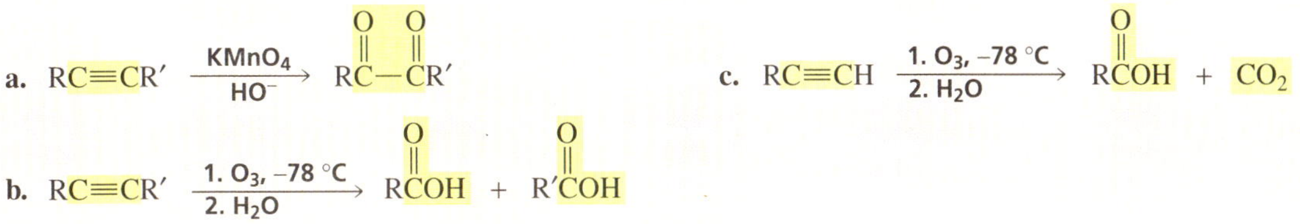

a. $\text{RC}\equiv\text{CR'} \xrightarrow[\text{HO}^-]{\text{KMnO}_4} \text{RC(=O)-CR'(=O)}$

c. $\text{RC}\equiv\text{CH} \xrightarrow[\text{2. H}_2\text{O}]{\text{1. O}_3,\ -78\ ^\circ\text{C}} \text{RCOH=O} + \text{CO}_2$

b. $\text{RC}\equiv\text{CR'} \xrightarrow[\text{2. H}_2\text{O}]{\text{1. O}_3,\ -78\ ^\circ\text{C}} \text{RCOH=O} + \text{R'COH=O}$

TÉRMINOS CLAVE

agente oxidante (pág. 909)
agente reductor (pág. 909)
diol vecinal (pág. 923)
glicol (pág. 923)
glicol vecinal (pág. 923)
hidrogenación catalítica (pág. 911)
interconversión de grupo funcional (pág. 932)
molozónido (pág. 927)

oxidación (pág. 909)
oxidación de Baeyer-Villiger (pág. 920)
oxidación de Swern (pág. 918)
ozónido (pág. 927)
ozonólisis (pág. 926)
peroxiácido (pág. 920)
prueba de Tollens (pág. 920)
reacción enantioselectiva (pág. 922)
reacción de oxidación-reducción (pág. 908)

reacción quimioselectiva (pág. 916)
reacción redox (pág. 908)
reducción (pág. 909)
reducción con hidruro metálico (pág. 914)
reducción con un metal en disolución (pág. 913)
ruptura oxidativa (pág. 925)
reducción de Rosenmund (pág. 912)

PROBLEMAS

30. Llene los espacios de las siguientes frases con la palabra "oxidan" o "reducen" según sea el caso:
  a. Los alcoholes secundarios se _____ a cetonas.
  b. Los haluros de acilo se _____ a aldehídos.
  c. Los aldehídos se _____ a alcoholes primarios.
  d. Los alquenos se _____ a aldehídos y/o a cetonas.
  e. Los aldehídos se _____ a ácidos carboxílicos.
  f. Los alquenos se _____ a 1,2-dioles.
  g. Los alquenos se _____ a alcanos.

31. Indique los productos de las reacciones siguientes y aclare si la reacción es de oxidación o de reducción:

  a. $CH_3CH_2CH_2CH_2CH_2OH \xrightarrow{Na_2Cr_2O_7 / H_2SO_4}$

  b. $C_6H_5-CH=CH_2 \xrightarrow{KMnO_4 / HO^-, \Delta}$

  c. $CH_3CH_2CH_2\overset{O}{\underset{\|}{C}}Cl \xrightarrow{H_2 / Pd\ parcialmente\ desactivado}$

  d. $CH_3CH_2C\equiv CH \xrightarrow{\text{1. disiamilborano} \atop \text{2. } H_2O_2, HO^-, H_2O \atop \text{3. } NaBH_4 \atop \text{4. } H_3O^+}$

  e. $CH_3CH_2CH=CHCH_2CH_3 \xrightarrow{\text{1. } O_3, -78\ °C \atop \text{2. } Zn, H_2O}$

  f. $CH_3CH_2CH_2\overset{O}{\underset{\|}{C}}NHCH_3 \xrightarrow{\text{1. } LiAlH_4 \atop \text{2. } H_2O}$

  g. $C_6H_5-\overset{O}{\underset{\|}{C}}H \xrightarrow{RCOOH}$ (donde RCOOH tiene grupo $-\overset{O}{\underset{\|}{C}}-OH$)

  h. $C_6H_5-\overset{O}{\underset{\|}{C}}OCH(CH_3)CH_3 \xrightarrow{\text{1. } LiAlH_4 \atop \text{2. } H_3O^+}$

  i. $\underset{H}{\overset{H_3C}{>}}C=C\underset{CH_3}{\overset{H}{<}} \xrightarrow{RCOOH}$

  j. $C_6H_5-\overset{O}{\underset{\|}{C}}H \xrightarrow{H_2 / Ni\ Raney}$

  k. $CH_3CH_2CH_2C\equiv CCH_3 \xrightarrow{Na / NH_3\ (líq)}$

  l. $CH_3CH_2CH_2C\equiv CCH_3 \xrightarrow{\text{1. } O_3, -78\ °C \atop \text{2. } H_2O}$

  m. $C_6H_5-CH=CHCH_3 \xrightarrow{H_2 / Pt/C}$

  n. cyclopentylidene=$CH_2 \xrightarrow{\text{1. } O_3, -78\ °C \atop \text{2. } (CH_3)_2S}$

  o. ciclohexeno $\xrightarrow{\text{1. } RCOOH \atop \text{2. } CH_3MgBr \atop \text{3. } H_3O^+}$

  p. ciclohexeno $\xrightarrow{KMnO_4 / HO^-, \text{en frío}}$

  q. ciclohexeno $\xrightarrow{KMnO_4 / HO^-, \Delta}$

  r. 1,3-ciclohexadieno $\xrightarrow{\text{1. } O_3, -78\ °C \atop \text{2. } H_2O_2}$

32. ¿Cómo se podría convertir cada uno de los compuestos siguientes en $CH_3CH_2CH_2\overset{O}{\overset{\|}{C}}OH$?

a. $CH_3CH_2CH_2\overset{O}{\overset{\|}{C}}H$

b. $CH_3CH_2CH_2CH_2OH$

c. $CH_3CH_2CH_2CH_2Br$

d. $CH_3CH_2CH=CH_2$

33. Identifique las estructuras de A a G:

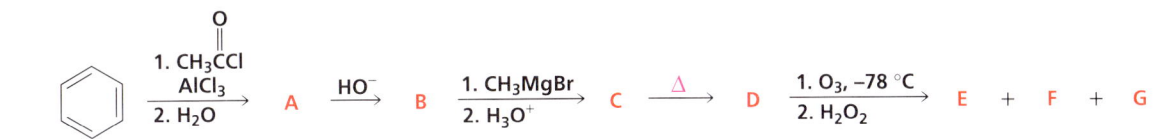

$$\text{benceno} \xrightarrow[\text{2. H}_2\text{O}]{\substack{\text{1. CH}_3\overset{O}{\overset{\|}{C}}Cl \\ \text{AlCl}_3}} A \xrightarrow{HO^-} B \xrightarrow[\text{2. H}_3O^+]{\text{1. CH}_3\text{MgBr}} C \xrightarrow{\Delta} D \xrightarrow[\text{2. H}_2O_2]{\text{1. O}_3, -78\,°C} E + F + G$$

34. Identifique al alqueno que formaría cada uno de los compuestos siguientes por ozonólisis seguida por tratamiento con peróxido de hidrógeno:

a. $CH_3CH_2CH_2\overset{O}{\overset{\|}{C}}OH \;+\; CH_3\overset{O}{\overset{\|}{C}}CH_3$

b. $CH_3\overset{O}{\overset{\|}{C}}CH_2CH_2CH_2CH_2\overset{O}{\overset{\|}{C}}CH_2CH_3$

c. $HO\overset{O}{\overset{\|}{C}}\underset{\underset{O}{\|}}{C}CH_3 \;+\; \overset{O}{\overset{\|}{C}}CH_2CH_2CH_2\overset{O}{\overset{\|}{C}}OH$

d. ciclohexanona $+\; CH_3CH_2\overset{O}{\overset{\|}{C}}OH$

e. $C_6H_5\overset{O}{\overset{\|}{C}}CH_3 \;+\; H\overset{O}{\overset{\|}{C}}OH$

f. ciclohexano-1,2-dicarboxílico (cis) $+\; HO\overset{O}{\overset{\|}{C}}\overset{O}{\overset{\|}{C}}OH$

35. Llene cada cuadro con el reactivo correcto:

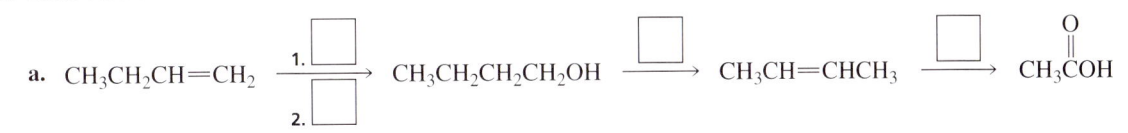

a. $CH_3CH_2CH=CH_2 \xrightarrow[\text{2.}\,\square]{\text{1.}\,\square} CH_3CH_2CH_2CH_2OH \xrightarrow{\square} CH_3CH=CHCH_3 \xrightarrow{\square} CH_3\overset{O}{\overset{\|}{C}}OH$

b. $CH_3CH_2Br \xrightarrow{\square} \square \xrightarrow[\text{2.}\,\square]{\text{1.}\,\square} CH_3CH_2CH_2CH_2OH \xrightarrow{\square} CH_3CH_2CH_2\overset{O}{\overset{\|}{C}}H$

c. ciclohexano $\xrightarrow{\square}$ bromociclohexano $\xrightarrow{\square}$ ciclohexanol $+$ ciclohexeno $\xrightarrow{\square}$ ciclohexanona $+\; HO\overset{O}{\overset{\|}{C}}CH_2CH_2CH_2CH_2\overset{O}{\overset{\|}{C}}OH$

36. a. Indique los productos que se obtienen en la ozonólisis de cada uno de los compuestos siguientes, seguida por tratamiento bajo condiciones oxidantes:

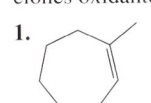

1. 1-metilciclohepteno **2.** 4-metilciclohepteno **3.** 4-metilenciclohepteno **4.** 4-metilenciclohepta-1,6-dieno **5.** 4-metilenciclohepta-2,6-dieno

b. ¿Qué compuesto formaría los productos que siguen en su reacción con ozono seguida por tratamiento bajo condiciones reductoras?

$H\overset{O}{\overset{\|}{C}}CH_2CH_2\overset{O}{\overset{\|}{C}}-\overset{O}{\overset{\|}{C}}H \;+\; H-\overset{O}{\overset{\|}{C}}-\overset{O}{\overset{\|}{C}}-H \;+\; H\overset{O}{\overset{\|}{C}}H$

CAPÍTULO 19 Más acerca de las reacciones de oxidación-reducción

37. Indique cómo se puede preparar cada uno de los compuestos siguientes a partir de ciclohexeno:

a. ciclohexeno → ε-caprolactona

b. ciclohexeno → HO(CH₂)₆OH

c. ciclohexeno → HOOC-CH₂-CH₂-COOH

38. Se obtiene el siguiente espectro de RMN-¹H cuando un alqueno desconocido reacciona con ozono y el producto de la ozonólisis se trata bajo condiciones oxidantes. Identifique al alqueno.

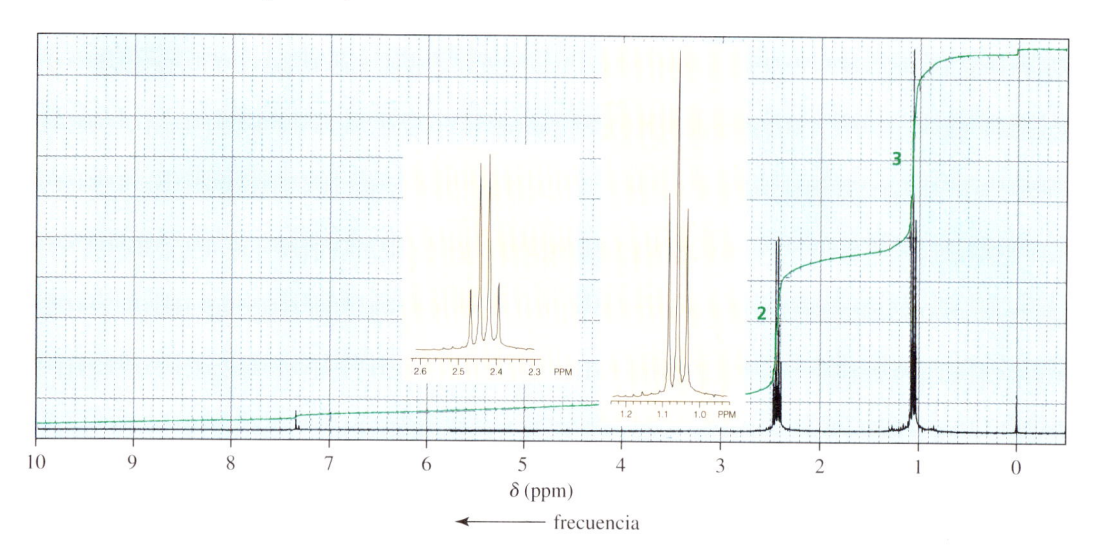

39. Identifique las estructuras de A a N:

benceno $\xrightarrow[\text{2. H}_2\text{O}]{\text{1. CH}_3\text{CCl, AlCl}_3}$ **A** $\xrightarrow{\text{RCOOH}}$ **B** $\xrightarrow[\text{H}_2\text{O}]{\text{HCl}}$ **C + D** $\xrightarrow{\text{Br}_2}$ **E + F**

B $\xrightarrow{\text{SOCl}_2}$ **G** $\xrightarrow{\text{NH}_3}$ **H** $\xrightarrow[\text{2. H}_2\text{O}]{\text{1. LiAlH}_4}$ **I** $\xrightarrow[\text{K}_2\text{CO}_3]{\text{CH}_3\text{I en exceso}}$ **J** $\xrightarrow{\text{Ag}_2\text{O}}$ **K** $\xrightarrow{\Delta}$ **L + M** $\xrightarrow[\text{2. H}_2\text{O}_2]{\text{1. O}_3, -78\,°\text{C}}$ **N**

40. El ácido crómico oxida al 2-propanol seis veces más rápido que al 2-deuterio-2-propanol. Explique por qué. (*Sugerencia:* vea las secciones 9.7 y 10.9).

41. Llene cada cuadro con el reactivo correcto:

CH₃C=CHCH₂CH₂CCH₃ (con CH₃) → CH₃CHCHCH₂CH₂CCH₃ (con OH y CH₃)

→ 3-metil-2-ciclopentenona con OH y CH₃ ← 3-metil-2-ciclopentenona ← CH₃CHCH₂CH₂CCH₃ (con CH₃)

42. Indique cómo se podría preparar cada uno de los compuestos siguientes a partir de la materia prima indicada.

a. $CH_3CH_2\overset{O}{\overset{\|}{C}}H \longrightarrow CH_3CH_2\overset{O}{\overset{\|}{C}}OCH_2CH_2CH_3$

b. $CH_3CH_2CH_2CH_2OH \longrightarrow CH_3CH_2CH_2\overset{O}{\overset{\|}{C}}CH_2CH_3$

c. cyclohexyl-OH $\longrightarrow$ cyclohexyl-NHCH$_3$

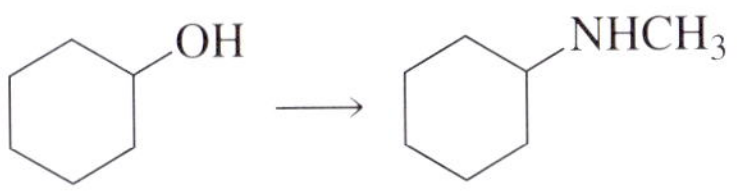

d. cyclohexanone $\longrightarrow HO\overset{O}{\overset{\|}{C}}CH_2CH_2CH_2CH_2\overset{O}{\overset{\|}{C}}OH$

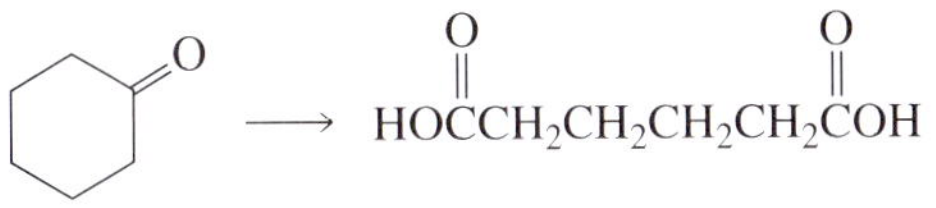

e. cyclohexanone $\longrightarrow HO\overset{O}{\overset{\|}{C}}CH_2CH_2CH_2CH_2\overset{O}{\overset{\|}{C}}CH_3$

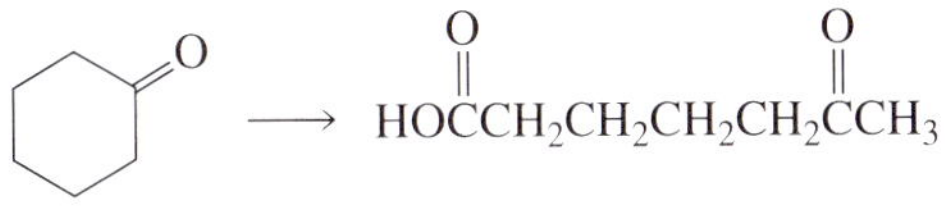

43. Con la reacción de un alqueno con ozono, seguido por tratamiento con peróxido de hidrógeno, se obtiene ácido fórmico y un compuesto que produce tres señales en su espectro de RMN-^{1}H: un singulete, un triplete y un cuarteto. Indique cuál es el alqueno.

44. ¿Cuál de los siguientes compuestos se romperá con mayor rapidez al tratarlo con HIO$_4$?

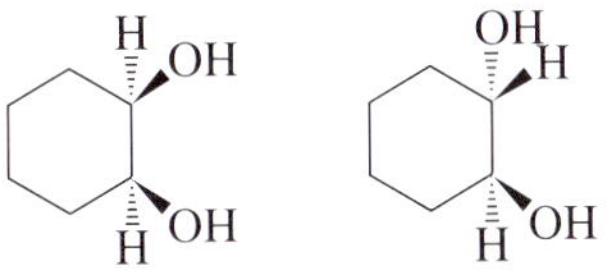

A   **B**

45. Indique qué reactivos se necesitan para efectuar las siguientes interconversiones de grupo funcional:

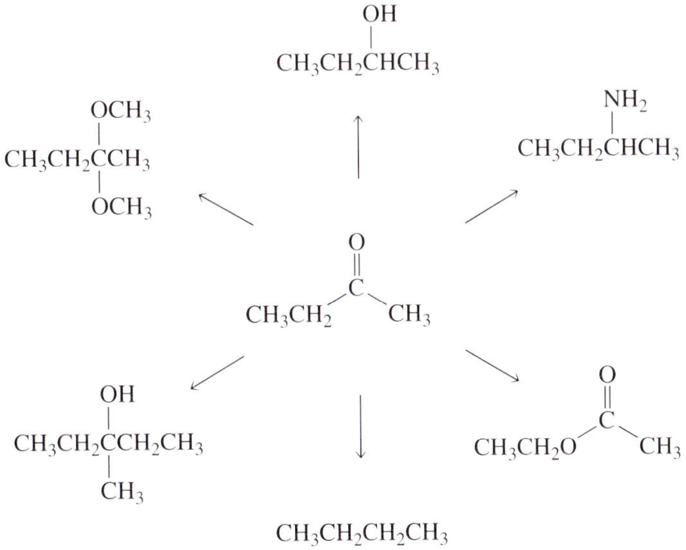

46. Indique cómo se puede convertir ciclohexilacetileno en cada uno de los compuestos siguientes:

a. cyclohexyl-COOH

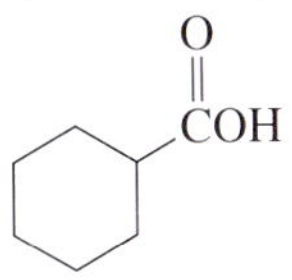

b. cyclohexyl-CH$_2$COOH

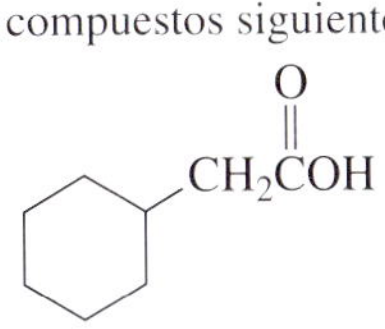

47. Indique cómo se podrían sintetizar los compuestos siguientes. Los únicos reactivos carbonados disponibles para cada reacción son los indicados.

a. $CH_3CH_2CH_2OH \longrightarrow CH_3CH_2CH_2\underset{CH_3}{CH}CH_2OH$

b. $CH_3\underset{CH_3}{CH}OH \longrightarrow CH_3\underset{CH_3}{CH}CH_2CH_2CH_3$

c. $CH_3CH_2OH + CH_3CHOH \longrightarrow$ (1,3-dioxane derivative)
        $\quad\quad\quad\quad\quad\quad\quad\;\; |$
        $\quad\quad\quad\quad\quad\quad\quad CH_3$

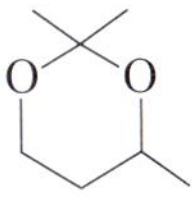

940 CAPÍTULO 19 Más acerca de las reacciones de oxidación-reducción

48. En la hidrogenación catalítica de 0.5 g de un hidrocarburo, a 25 °C, se consumieron 200 mL de H_2 a 1 atm de presión. La reacción del hidrocarburo con ozono, seguida por tratamiento con peróxido de hidrógeno, formó un producto, que se vio era un ácido carboxílico de cuatro carbonos. Identifique al hidrocarburo.

49. Se le pidió a Tomás que preparara los compuestos indicados abajo a partir de los materiales indicados. Se muestran los reactivos que escogió para efectuar cada síntesis.
   a. ¿Cuáles de sus síntesis tuvieron éxito?
   b. ¿Qué productos obtuvo en las otras síntesis?
   c. En las síntesis equivocadas ¿qué reactivos debería haber usado para llegar al producto deseado?

1. $CH_3CH_2C(CH_3)=CHCH_3 \xrightarrow{KMnO_4, H_2SO_4} CH_3CH_2C(CH_3)(OH)-CH(OH)CH_3$

2. $CH_3CH_2COCH_3 \xrightarrow{\text{1. NaBH}_4 \text{ 2. H}_3O^+} CH_3CH_2CH_2OH + CH_3OH$

3. 1,2-dimetilciclohexeno $\xrightarrow{\text{1. RCOOH 2. HO}^-}$ 1,2-dimetilciclohexano-1,2-diol

4. 1,2-dimetilciclopenteno $\xrightarrow{\text{1. O}_3, -78°C \text{ 2. H}_2O_2}$ hexano-2,5-diona

50. La hidrogenación catalítica del compuesto A formó el compuesto B. El espectro de IR del compuesto A y el espectro de RMN-^{1}H del compuesto B se ven a continuación. Identifique tales compuestos.

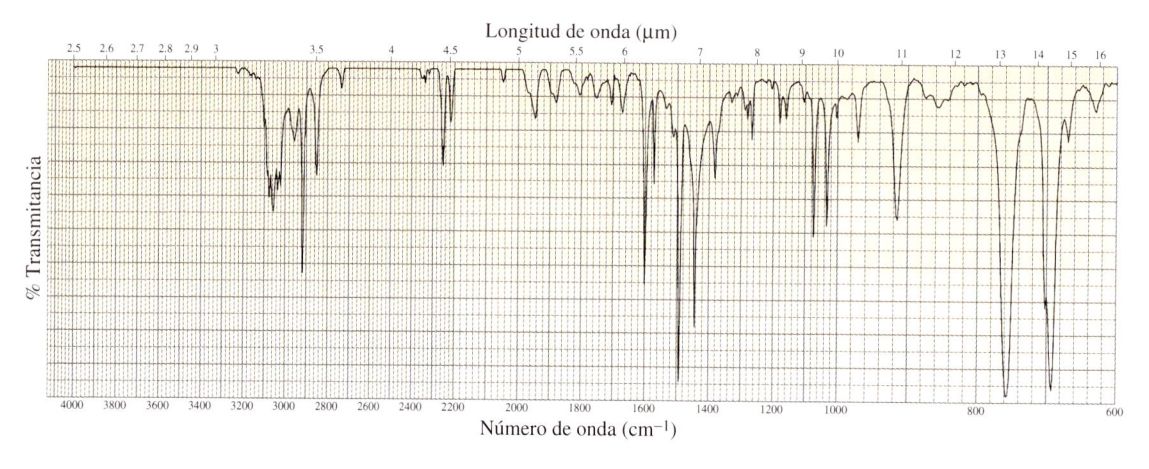

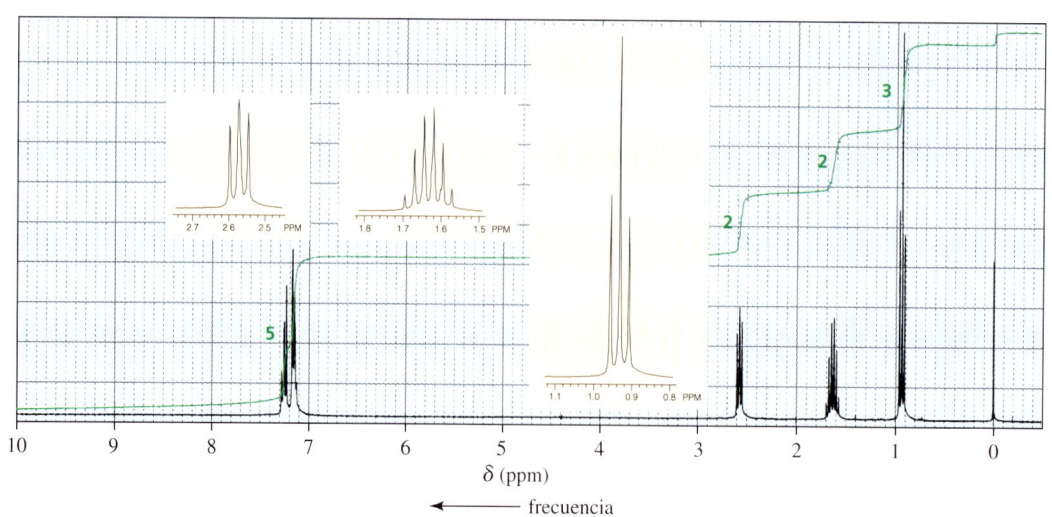

51. Juan Onasis se ocupó durante varios días en la preparación de los compuestos siguientes:

$$
\begin{array}{c}
\text{CH}_3 \\
\text{H} \!-\!\!\!-\!\!\!\text{OH} \\
\text{CH}_2 \\
\text{H} \!-\!\!\!-\!\!\!\text{OH} \\
\text{CH}_3
\end{array}
\quad
\begin{array}{c}
\text{CH}_3 \\
\text{H} \!-\!\!\!-\!\!\!\text{OH} \\
\text{H} \!-\!\!\!-\!\!\!\text{OH} \\
\text{CH}_3
\end{array}
\quad
\begin{array}{c}
\text{CH}_3 \\
\text{H} \!-\!\!\!-\!\!\!\text{OH} \\
\text{HO} \!-\!\!\!-\!\!\!\text{H} \\
\text{CH}_3
\end{array}
\quad
\begin{array}{c}
\text{CH}_3 \\
\text{H} \!-\!\!\!-\!\!\!\text{OH} \\
\text{HO} \!-\!\!\!-\!\!\!\text{H} \\
\text{CH}_2\text{CH}_3
\end{array}
\quad
\begin{array}{c}
\text{CH}_3 \\
\text{H} \!-\!\!\!-\!\!\!\text{OH} \\
\text{CH}_2 \\
\text{HO} \!-\!\!\!-\!\!\!\text{H} \\
\text{CH}_3
\end{array}
\quad
\begin{array}{c}
\text{CH}_2\text{CH}_3 \\
\text{H} \!-\!\!\!-\!\!\!\text{OH} \\
\text{H} \!-\!\!\!-\!\!\!\text{OH} \\
\text{CH}_2\text{CH}_3
\end{array}
$$

Los etiquetó con cuidado y se fue a almorzar. Al regresar se horrorizó al encontrar que las etiquetas se habían despegado de los frascos y estaban en el piso. Juan Olvera, su vecino de gaveta, le dijo que los dioles se podrían diferenciar con facilidad con dos experimentos. Todo lo que debía hacer Juan Onasis era determinar cuáles eran ópticamente activos y cuántos productos se obtendrían al tratar a cada uno con ácido peryódico. Juan Onasis hizo lo que le sugirió Juan Olvera y vio que:

1. Los compuestos A, E y F eran ópticamente activos y que los compuestos B, C y D resultaron ópticamente inactivos.
2. Se obtuvo un producto en la reacción de los compuestos A, B y D con ácido peryódico.
3. Se obtuvieron dos productos en la reacción del compuesto F con ácido peryódico.
4. Los compuesto C y E no reaccionaron con ácido peryódico.

¿Podrá diferenciar Juan Onasis entre los seis dioles y etiquetarlos de A a F sólo con esta información? Indique un nombre sistemático para cada estructura.

52. Indique cómo se podría preparar propionato de propilo usando alcohol alílico como la única fuente de carbono.

53. El compuesto A tiene fórmula molecular $C_5H_{12}O$ y se oxida en disolución ácida de dicromato de sodio para formar el compuesto B, cuya fórmula molecular es $C_5H_{10}O$. Cuando el compuesto A se calienta con H_2SO_4, se obtienen los compuestos C y D. Se obtiene mucho más del compuesto D que del compuesto C. La reacción del compuesto C con O_3 seguida por tratamiento con H_2O_2 forma dos productos: ácido fórmico y el compuesto E, cuya fórmula molecular es C_4H_8O. La reacción del compuesto D con O_3 seguida por tratamiento con H_2O_2 forma el compuesto F, cuya fórmula molecular es C_3H_6O, y el compuesto G, de fórmula molecular $C_2H_4O_2$. ¿Cuáles son las estructuras de los compuestos A a G?

54. Un compuesto forma *cis*-1,2-dimetilciclopropano cuando se reduce con H_2 y Pd/C. El espectro de RMN-^{1}H del compuesto sólo presenta dos singuletes. ¿Cuál es la estructura del compuesto?

55. Indique cómo se podría convertir
   a. ácido maleico en ácido (2R,3S)-tartárico.
   b. ácido fumárico en ácido (2R,3S)-tartárico.
   c. ácido maleico en ácido (2R,3R)- y (2S,3S)-tartárico.
   d. ácido fumárico en ácido (2R,3R)- y (2S,3S)-tartárico

$$
\begin{array}{c}
\text{HOOC} \quad\quad \text{COOH} \\
\diagdown\;\;/ \\
\text{C}=\text{C} \\
/\;\;\diagdown \\
\text{H} \quad\quad\quad \text{H}
\end{array}
\quad\quad
\begin{array}{c}
\text{HOOC} \quad\quad \text{H} \\
\diagdown\;\;/ \\
\text{C}=\text{C} \\
/\;\;\diagdown \\
\text{H} \quad\quad\quad \text{COOH}
\end{array}
\quad\quad
\begin{array}{c}
\text{COOH} \\
| \\
\text{CHOH} \\
| \\
\text{CHOH} \\
| \\
\text{COOH}
\end{array}
$$

ácido maleico   ácido fumárico   ácido tartárico

56. Identifique las estructuras de A a O:

942 CAPÍTULO 19 Más acerca de las reacciones de oxidación-reducción

57. Indique cómo se podría preparar cada uno de los compuestos siguientes usando sólo el material de partida indicado como fuente de carbono:

a. $CH_3\overset{O}{\underset{\|}{C}}CH_3$ a partir de $CH_3\overset{CH_3}{\underset{|}{C}H}CH_3$

b. $CH_3CH=\overset{CH_3}{\underset{|}{C}}CH_3$ usando propano como única fuente de carbono

c. $CH_3\overset{O}{\underset{\|}{C}}-\overset{CH_3}{\underset{|}{C}H}CH_3$ a partir de propano y cualquier molécula que tenga dos átomos de carbono

d. $CH_3CH_2\overset{O}{\underset{\|}{C}}H$ a partir de dos moléculas de etano

58. Un alcohol primario se puede oxidar sólo hasta la etapa de aldehído si el alcohol se trata primero con cloruro de tosilo (TsCl) y el tosilato que resulta se deja reaccionar con sulfóxido de dimetilo (DMSO). Proponga un mecanismo para esta reacción. (*Sugerencia:* vea la sección 19.2).

$$CH_3CH_2CH_2CH_2OH \xrightarrow[\text{piridina}]{\text{TsCl}} CH_3CH_2CH_2CH_2OTs \xrightarrow{\text{DMSO}} CH_3CH_2CH_2\overset{O}{\underset{\|}{C}}H$$

59. Identifique al alqueno que forma cada uno de los siguientes productos por ozonólisis seguida por tratamiento con sulfuro de dimetilo:

a. 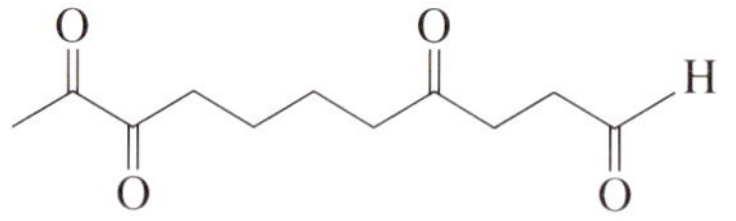 [estructura con grupos C=O]   b. 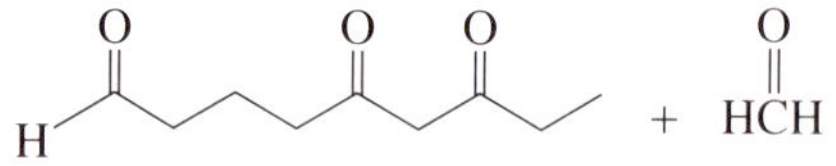 [estructura con grupos C=O] + HCHO

60. Proponga un mecanismo que explique cómo reaccionan el sulfóxido de dimetilo con el cloruro de oxalilo para formar el ion dimetilcloro-sulfonio que se usa como agente oxidante en la oxidación de Swern.

$$CH_3\overset{O}{\underset{\|}{S}}CH_3 + Cl-\overset{O}{\underset{\|}{C}}-\overset{O}{\underset{\|}{C}}-Cl \longrightarrow CH_3-\overset{Cl}{\underset{|}{\overset{+}{S}}}-CH_3 + CO_2 + CO + Cl^-$$

sulfóxido de dimetilo   cloruro de oxalilo   ion dimetilcloro-sulfonio

61. Indique cómo se podrían preparar los siguientes compuestos usando la materia prima indicada como fuente de carbono.

a. 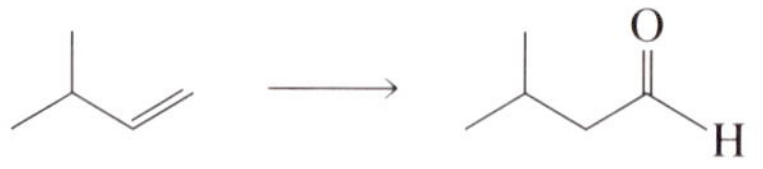 isobutileno → 3-metilbutanal

b. 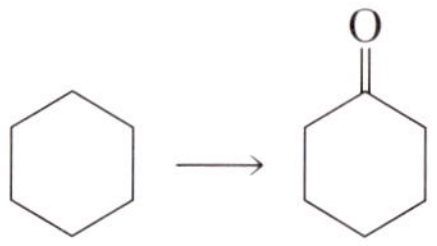 ciclohexano → ciclohexanona

c. 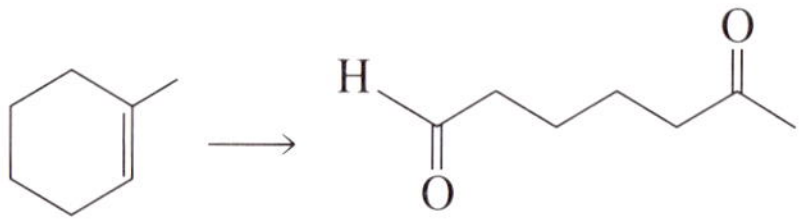 1-metilciclohexeno → compuesto dicarbonílico (aldehído-cetona)

d. 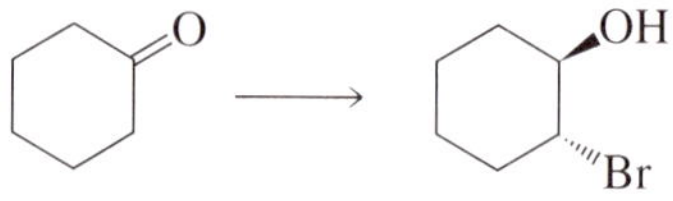 ciclohexanona → trans-2-bromociclohexanol

e. 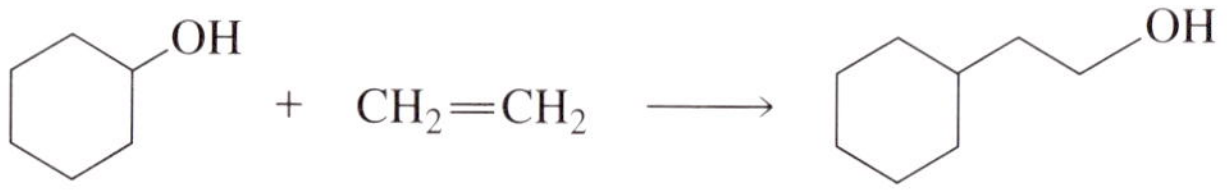 ciclohexanol + $CH_2=CH_2$ → 2-ciclohexiletanol

f. 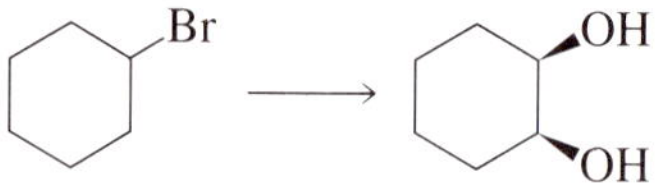 bromociclohexano → trans-1,2-ciclohexanodiol

CAPÍTULO 20

Más acerca de aminas • Compuestos heterocíclicos

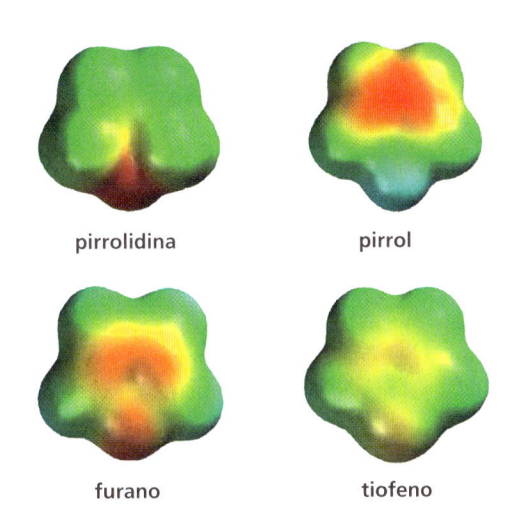

pirrolidina   pirrol

furano   tiofeno

ANTECEDENTES

SECCIONES 20.4 Y 20.6 Las reacciones de eliminación de Hofmann y de Cope no siguen la regla de Zaitsev, como lo hacen las reacciones de eliminación de fluoruros de alquilo por la misma razón (9.2).

SECCIÓN 20.4 Los carbaniones primarios son más estables que los carbaniones secundarios, que a su vez son más estables que los terciarios (9.2).

SECCIÓN 20.5 Las sales cuaternarias de amonio se pueden usar como catalizadores de transferencia de fase, igual que los éteres corona (10.10).

SECCIÓN 20.8 Un compuesto aromático es cíclico y plano; cada átomo en el anillo tiene un orbital π y la nube π contiene una cantidad impar de pares de electrones π (14.2).

SECCIÓN 20.8 El pirrol, el furano y el tiofeno son compuestos aromáticos que experimentan reacciones de sustitución electrofílica aromática, como el benceno (14.10).

SECCIÓN 20.8 Mientras más estables y más equivalentes sean las formas resonantes, la energía de deslocalización (resonancia) es mayor (7.6).

SECCIONES 20.8 Y 20.9 Un átomo con hibridación sp es más electronegativo que el mismo átomo con hibridación sp^2, que a su vez es más electronegativo que el mismo átomo con hibridación sp^3 (1.20).

SECCIÓN 20.9 La piridina es un compuesto aromático que experimenta reacciones de sustitución electrofílica aromática más lentas que el benceno (15.2) y reacciones de sustitución nucleofílica aromática más rápidas que el benceno (15.12).

Las **aminas**, son compuestos en los que un grupo alquilo sustituye a uno o más hidrógenos del amoniaco, están entre los compuestos más abundantes en el mundo biológico. Su importancia biológica se apreciará a medida que se investiguen las estructuras y propiedades de aminoácidos y proteínas en el capítulo 22, se estudien los mecanismos mediante los cuales las enzimas catalizan reacciones químicas en el capítulo 23, se investiguen las formas en que las coenzimas, que son compuestos derivados de las vitaminas, ayudan a las enzimas a catalizar reacciones químicas en el capítulo 24, se aprenda sobre los ácidos nucleicos (ADN y ARN) en el capítulo 27, y se examine cómo se descubren y diseñan los medicamentos en el capítulo 30.

También, las aminas tienen una gran importancia en química orgánica, demasiada importancia para dejarlas hasta el final de un curso de química orgánica. Por consiguiente, ya se estudiaron muchos aspectos de las aminas y su química. Por ejemplo, se estudió que el nitrógeno en las aminas tiene una hibridación sp^3 con el par de electrones no enlazado que reside en un orbital híbrido sp^3 (sección 2.8) y se sabe que las aminas se invierten con rapidez a temperatura ambiente a través de un estado de transición en el que el nitrógeno con hibridación sp^3 se transforma en nitrógeno con hibridación sp^2 (sección 5.17). También se examinaron ya las propiedades físicas de las aminas: sus propiedades de puentes de hidrógeno, puntos de ebullición y solubilidades (sección 2.9); se aprendió cómo se asignan nombres a las aminas (sección 2.7). Lo más importante es que ya se vio que el par de electrones no enlazado del átomo de nitrógeno determinan que las aminas reaccionen como bases y compartan el par de electrones no enlazado con un protón, y como nucleófilos compartiendo el par de electrones no enlazado con un átomo distinto de un protón.

una amina es una base:

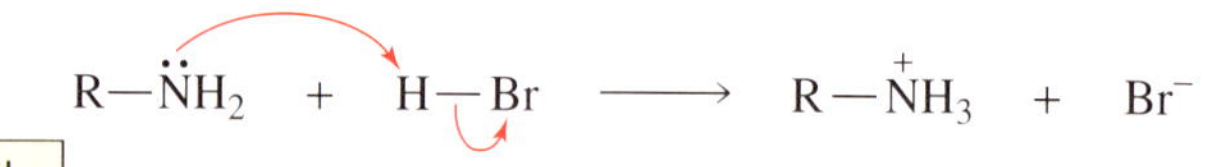

$$R-\ddot{N}H_2 + H-Br \longrightarrow R-\overset{+}{N}H_3 + Br^-$$

una amina es un nucleófilo:

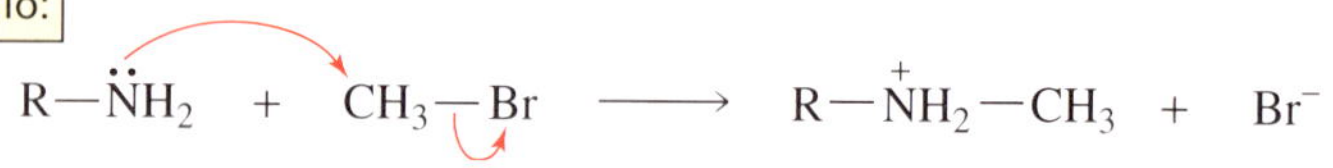

$$R-\ddot{N}H_2 + CH_3-Br \longrightarrow R-\overset{+}{N}H_2-CH_3 + Br^-$$

En este capítulo se retoman algunos de esos temas y se examinan otros aspectos de las aminas y de su química, que todavía no se habían considerado.

Algunas aminas son **compuestos heterocíclicos** (o **heterociclos**): compuestos cíclicos en los que uno o más átomos en el anillo son **heteroátomos** (sección 14.4). Diversos átomos, como N, O, S, Se, P, Si, B y As, se pueden incorporar a las estructuras de un anillo.

Los heterociclos son una clase de compuestos de extrema importancia y forman más de la mitad de los compuestos orgánicos conocidos. Casi todos los compuestos que se conocen como medicamentos (capítulo 30), la mayor parte de las vitaminas (capítulo 24) y muchos otros productos naturales son heterociclos. En este capítulo se examinan los compuestos heterocíclicos más frecuentes: los que exhiben el heteroátomo N, O o S.

20.1 Más acerca de la nomenclatura de las aminas

En la sección 2.7 se aprendió que las aminas se clasifican en primarias, secundarias o terciarias, según si son uno, dos o tres los hidrógenos del amoniaco a los que un grupo alquilo sustituye. También se estudió que las aminas cuentan con nombres comunes y sistemáticos. Los nombres comunes se estructuran con los nombres de los sustituyentes alquilo (en orden alfabético) que han sustituido a los hidrógenos del amoniaco. En los nombres sistemáticos se emplea "amina" como sufijo de grupo funcional.

$CH_3CH_2CH_2CH_2CH_2NH_2$ $CH_3CH_2CH_2CH_2NHCH_2CH_3$ $CH_3CH_2CH_2\overset{\overset{\displaystyle CH_3}{|}}{N}CH_2CH_3$

una amina primaria   una amina secundaria   una amina terciaria

nombre sistemático: 1-pentanamina   *N*-etil-1-butanamina   *N*-etil-*N*-metil-1-propanamina
nombre común: pentilamina   butiletilamina   etilmetilpropilamina

El nombre de una amina cíclica saturada, es decir, una amina cíclica sin enlaces dobles, se puede formar como un cicloalcano, pero usando el prefijo "aza" para indicar el átomo de nitrógeno. Sin embargo, hay otros nombres aceptables. Algunos de los que se usan con más frecuencia se ven a continuación. Obsérvese que los anillos heterocíclicos se numeran de tal modo que al heteroátomo se le asigna el menor número posible.

azaciclopropano   azaciclobutano   3-metilazaciclopentano   2-metilazaciclohexano   *N*-etilazaciclopentano
aziridina   azetidina   3-metilpirrolidina   2-metilpiperidina   *N*-etilpirrolidina

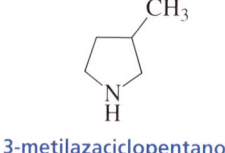

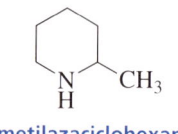

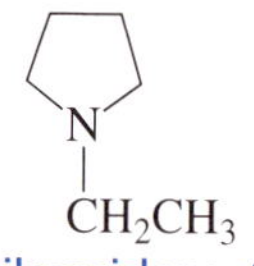

Los heterociclos con heteroátomos como el oxígeno y el azufre reciben su nombre en forma similar. El prefijo para el oxígeno es "oxa" y el del azufre es "tia".

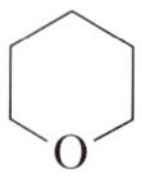

oxaciclopropano   tiaciclopropano   oxaciclobutano   oxaciclopentano   oxaciclohexano   1,4-dioxaciclohexano
oxirano   tiirano   oxetano   tetrahidrofurano   tetrahidropirano   1,4-dioxano
óxido de etileno

PROBLEMA 1

Indique el nombre de cada uno de los compuestos siguientes:

a. 2,2-dimetilaziridina (N-H, con dos CH₃ en C2)
b. 4-etilpiperidina
c. 3-metilazetidina
d. 2-metiltiirano
e. 2,3-dimetiltetrahidrofurano
f. 2-etiloxetano

20.2 Más acerca de las propiedades ácido-base de las aminas

Las aminas son las bases orgánicas más comunes. Ya se estudió que los iones amonio tienen valores aproximados de pK_a de 11 (secciones 1.18 y 10.6), y que los iones anilinio tienen valores aproximados de pK_a de 5 (secciones 7.9 y 15.4). La mayor acidez de los iones anilinio en comparación con los iones amonio se debe a la mayor estabilidad de las bases conjugadas de los iones anilinio, resultado de la deslocalización electrónica. Las aminas tienen valores muy altos de pK_a; por ejemplo, el pK_a de la metilamina es 40.

$CH_3CH_2CH_2\overset{+}{N}H_3$ $C_6H_5-\overset{+}{N}H_3$ CH_3NH_2

un ion amonio   un ion anilinio   una amina
pK_a = 10.8   pK_a = 4.58   pK_a = 40

Las aminas heterocíclicas saturadas que contienen cinco o más átomos poseen las propiedades físicas y químicas típicas de las aminas acíclicas. Por ejemplo, la pirrolidina, la piperidina y la morfolina son aminas secundarias típicas, y la *N*-metilpirrolidina y la quinuclidina son aminas terciarias típicas. Los ácidos conjugados de estas aminas tienen los valores de pK_a esperados para los iones amonio. Hubo ocasión de analizar que la basicidad de las aminas permite separarlas con facilidad de otros compuestos orgánicos (capítulo 1, problemas 95 y 96).

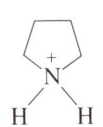

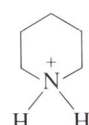

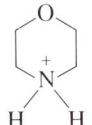

los iones amonio de:

pirrolidina	piperidina	morfolina	*N*-metilpirrolidina	quinuclidina
pK_a = 11.27	pK_a = 11.12	pK_a = 9.28	pK_a = 10.32	pK_a = 11.38

PROBLEMA 2

¿Por qué el pK_a del ácido conjugado de la morfolina es bastante menor que el pK_a del ácido conjugado de la piperidina?

PROBLEMA 3

a. Dibuje la estructura de la 3-quinuclidinona.
b. ¿Cuál es el valor aproximado del pK_a de su ácido conjugado?
c. ¿Cuál tiene menor pK_a: el ácido conjugado de la 3-bromoquinuclidina o el ácido conjugado de la 3-cloroquinuclidina?

20.3 Reacciones de las aminas como bases y como nucleófilos

Ya fue visto que el grupo saliente de una amina ($^-$:NH$_2$) es una base tan fuerte que las aminas no pueden experimentar las reacciones de sustitución y de eliminación que presentan los haluros de alquilo, alcoholes y éteres (sección 10.6). La reactividad relativa de tales compuestos, cada uno con un grupo atractor de electrones unido a un carbono con hibridación sp^3, se puede apreciar si se comparan los valores de pK_a de los ácidos conjugados de sus grupos salientes, teniendo en cuenta que mientras más débil es el ácido su base conjugada es más fuerte, y la base es más mala como grupo saliente.

reactividad relativa

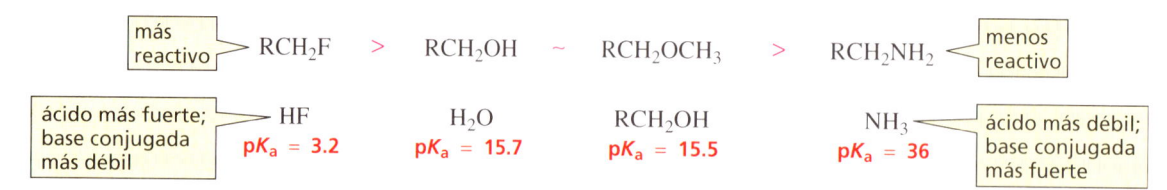

más reactivo →	RCH$_2$F	>	RCH$_2$OH	~	RCH$_2$OCH$_3$	>	RCH$_2$NH$_2$	← menos reactivo
ácido más fuerte; base conjugada más débil →	HF pK_a = 3.2		H$_2$O pK_a = 15.7		RCH$_2$OH pK_a = 15.5		NH$_3$ pK_a = 36	← ácido más débil; base conjugada más fuerte

El par de electrones no enlazado en el nitrógeno de una amina la hace ser nucleofílica y al mismo tiempo básica. Se explicó que las aminas reaccionan como bases en reacciones de transferencia de protón y en reacciones de eliminación (secciones 1.18, 9.10 y 10.2). También se sabe ya que reaccionan como nucleófilos en varias reacciones diferentes: en reacciones de sustitución nucleofílica, que *alquilan* la amina (sección 8.4), como por ejemplo

$$CH_3CH_2Br \;+\; CH_3NH_2 \;\longrightarrow\; CH_3CH_2\overset{+}{N}H_2CH_3 \;\rightleftharpoons\; CH_3CH_2NHCH_3 \;+\; HBr$$
$$\text{metilamina} \hspace{3cm} Br^- \hspace{2cm} \text{etilmetilamina}$$

y en reacciones de sustitución nucleofílica en el grupo acilo, donde se *acila* la amina (secciones 16.8, 16.9 y 16.10), como

$$CH_3CH_2\overset{O}{\underset{\|}{C}}Cl \;+\; 2\;CH_3NH_2 \;\longrightarrow\; CH_3CH_2\overset{O}{\underset{\|}{C}}NHCH_3 \;+\; CH_3\overset{+}{N}H_3Cl^-$$
$$\hspace{3cm} \text{metilamina} \hspace{3cm} \text{una amida}$$

y también en reacciones de adición nucleofílica-eliminación, las reacciones de aldehídos y cetonas con aminas primarias, para formar iminas, y con aminas secundarias para formar enaminas (sección 17.8), como

(ciclopentanona) =O + H$_2$NCH$_2$—C$_6$H$_5$ ⇌ (trazas de H$^+$) (ciclopentilideno)=NCH$_2$—C$_6$H$_5$ + H$_2$O
 amina primaria   una imina
 bencilamina

(ciclohexanona) =O + HN(pirrolidina) ⇌ (trazas de H$^+$) (ciclohexenil)—N(pirrolidinilo) + H$_2$O
 amina secundaria   una enamina
 pirrolidina

y en reacciones de adición conjugada (sección 17.16), como

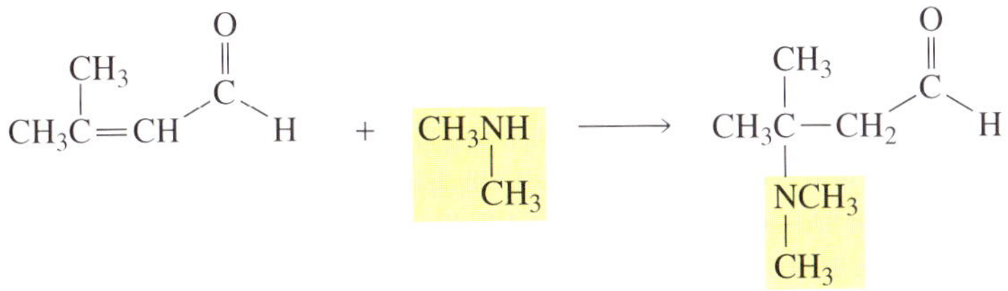

$$CH_3C(CH_3)=CHCHO + CH_3NHCH_3 \longrightarrow CH_3C(CH_3)(N(CH_3)_2)CH_2CHO$$

Ya se estableció que las arilaminas primarias reaccionan con ácido nitroso para formar sales estables de arildiazonio (sección 15.11). Las sales de arildiazonio tienen aplicación en síntesis porque una gran variedad de nucleófilos puede sustituir el grupo diazonio. Esta reacción permite preparar una variedad mayor de bencenos sustituidos, en comparación con los que se pueden preparar sólo con reacciones de sustitución electrofílica aromática.

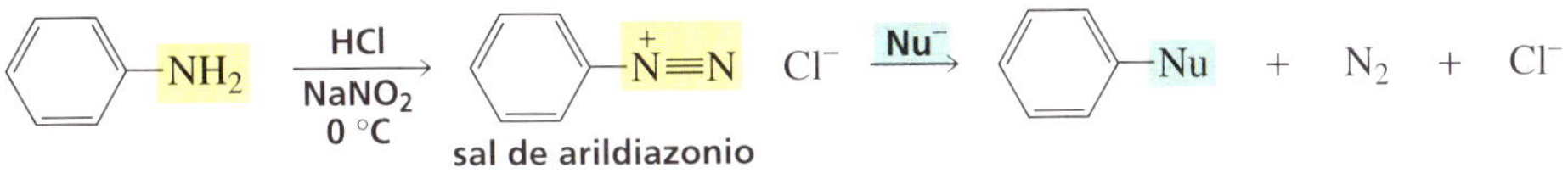

$$Ph-NH_2 \xrightarrow[\text{0 °C}]{\text{HCl, NaNO}_2} Ph-\overset{+}{N}\equiv N \; Cl^- \xrightarrow{Nu^-} Ph-Nu + N_2 + Cl^-$$

sal de arildiazonio

PROBLEMA 4

Indique cuál es el producto de cada una de las reacciones siguientes:

a. 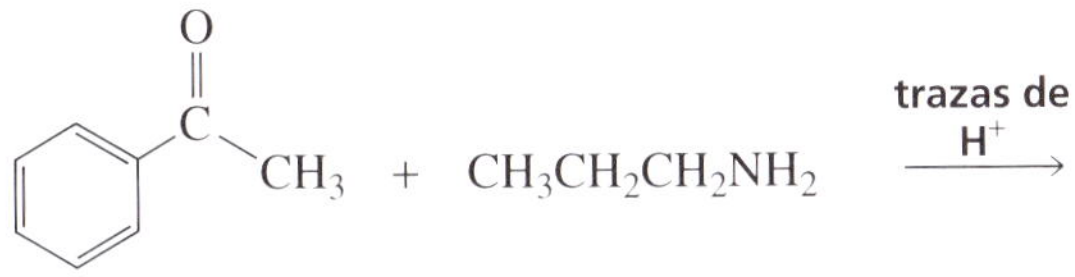 $C_6H_5COCH_3 + CH_3CH_2CH_2NH_2 \xrightarrow{\text{trazas de } H^+}$

b. 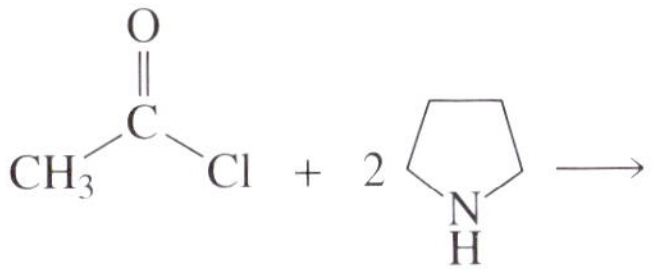 $CH_3COCl + 2 \text{ pirrolidina} \longrightarrow$

c. $C_6H_5-NH_2 \xrightarrow[\text{2. H}_2\text{O, Cu}_2\text{O, Cu(NO}_3)_2]{\text{1. HCl, NaNO}_2, \text{ 0 °C}}$

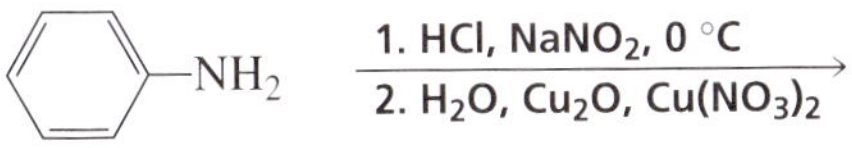

d. 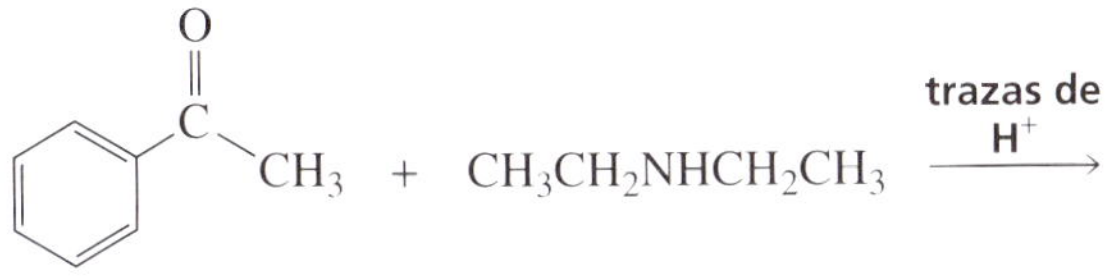 $C_6H_5COCH_3 + CH_3CH_2NHCH_2CH_3 \xrightarrow{\text{trazas de } H^+}$

20.4 Reacciones de eliminación en hidróxidos de amonio cuaternario

El **ion amonio cuaternario** como grupo saliente tiene más o menos la misma tendencia que un grupo amino protonado, pero no dispone del hidrógeno ácido que protonaría a un reactivo básico. Por consiguiente, un ion amonio cuaternario puede reaccionar con una base fuerte. La reacción de un ion amonio cuaternario con el ion hidróxido se llama **reacción de eliminación de Hofmann**. El grupo saliente en una reacción de eliminación de Hofmann es una amina terciaria. Como una amina terciaria es un grupo saliente relativamente malo, se requiere calor para dicha reacción.

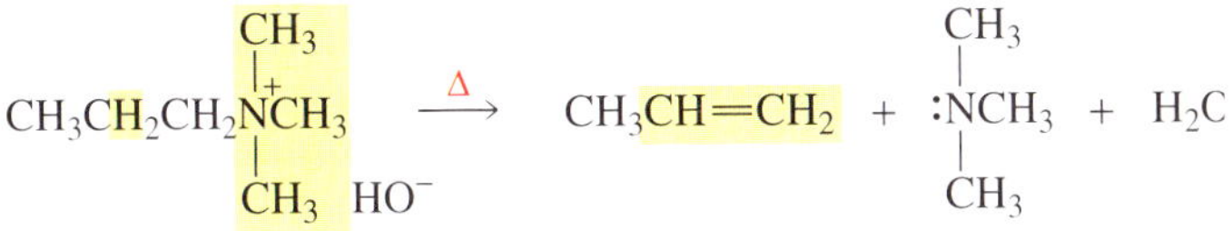

$$CH_3CH_2CH_2\overset{+}{N}(CH_3)_2 \; HO^- \xrightarrow{\Delta} CH_3CH=CH_2 + :N(CH_3)_2 + H_2O$$

> **BIOGRAFÍA**
>
> **August Wilhelm von Hofmann (1818–1892)** nació en Alemania. Comenzó a estudiar leyes, pero se cambió a la carrera de química. Fundó la Sociedad Química Alemana. Fue profesor durante 20 años en el Royal College of Chemistry, en Londres, y después regresó a Alemania para enseñar en la Universidad de Berlín. Fue uno de los fundadores de la industria alemana de colorantes. Se casó cuatro veces (y quedó viudo tres veces); tuvo 11 hijos.

Una reacción de eliminación de Hofmann es de tipo E2, que, como recordará el lector, es una reacción concertada y en un paso: el protón y la amina terciaria se eliminan en el mismo paso (sección 9.1). Se forma muy poco producto de sustitución.

Mecanismo de la eliminación de Hofmann

$$CH_3CH(H)-CH_2-\overset{+}{N}(CH_3)_3 + HO^- \longrightarrow CH_3CH=CH_2 + :N(CH_3)_3 + H_2O$$

Tutorial del alumno:
Reacción de eliminación de Hofmann
(Hofmann elimination reaction)

PROBLEMA 5◆

¿Cuál es la diferencia entre la reacción que se efectúa cuando se calienta hidróxido de isopropiltrimetilamonio y la reacción que sucede cuando se calienta 2-bromopropano con ion hidróxido?

El carbono al que está unida la amina terciaria se denomina carbono α, por lo que el carbono adyacente, de donde se elimina el protón, es el carbono β. (Recuérdese que las reacciones E2 también se llaman reacciones de β-eliminación porque la eliminación se inicia abstrayendo un protón de un carbono β, sección 9.1). Si el ion amonio cuaternario cuenta con más de un carbono β, el alqueno que más se produce es el que se obtiene eliminando un protón del carbono β unido a más hidrógenos. En la siguiente reacción, el alqueno que más se produce se obtiene eliminando un protón del carbono β unido a tres hidrógenos, y el alqueno que menos se produce resulta de eliminar un protón del carbono β unido a dos hidrógenos.

$$\underset{\underset{CH_3}{|}}{CH_3CHCH_2CH_2CH_3} \xrightarrow{\Delta} CH_2=CHCH_2CH_2CH_3 + CH_3CH=CHCH_2CH_3 + CH_3NCH_3 + H_2O$$

carbono β — carbono β

1-penteno — producto principal
2-penteno — producto secundario
trimetilamina

En una reacción de eliminación de Hofmann, el protón es eliminado del carbono β unido a más hidrógenos.

El principal alqueno producido en la siguiente reacción resulta de eliminar un protón del carbono β unido a dos hidrógenos, porque el otro carbono β sólo dispone de un hidrógeno.

$$CH_3CHCH_2\overset{+}{N}CH_2CH_3 \xrightarrow{\Delta} CH_3CHCH_2N(CH_3)_2 + CH_2=CHCH_3 + H_2O$$

carbono β — carbono β

isobutildimetilamina — propeno

PROBLEMA 6◆

¿Cuáles son los productos secundarios en la reacción de eliminación de Hofmann anterior?

Ya fue establecido que en una reacción E2 de un cloruro de alquilo, bromuro de alquilo o yoduro de alquilo, el protón se elimina del carbono β unido con *menos* hidrógenos (*Regla de Zaitsev*, sección 9.2). No obstante, ahora se comprueba que en una reacción E2 de un ion amonio cuaternario, el protón es eliminado del carbono β unido a *más* hidrógenos (*eliminación anti-Zaitsev*).

¿Por qué los haluros de alquilo siguen la regla de Zaitsev, mientras que las aminas cuaternarias no? Las aminas cuaternarias no siguen la regla por la misma razón que no la siguen los fluoruros de alquilo (sección 9.2). Los haluros de alquilo que no sean fluoruros de alquilo disponen de grupos salientes relativamente buenos. Por consiguiente, cuando el ion hidróxido comienza a abstraer un protón en una reacción E2, el ion haluro comienza a alejarse de inmediato y forma un estado de transición con una estructura *parecida al alqueno*. El protón es eliminado del carbono β unido con la menor cantidad de hidrógenos para alcanzar el estado de transición semejante al alqueno más estable.

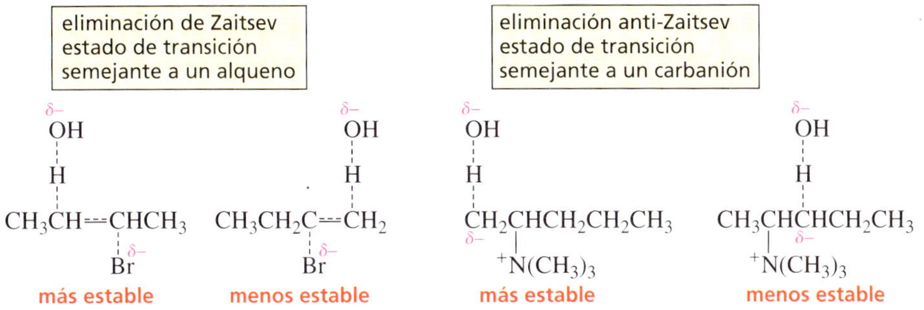

eliminación de Zaitsev estado de transición semejante a un alqueno		eliminación anti-Zaitsev estado de transición semejante a un carbanión	
$\overset{\delta-}{OH}$	$\overset{\delta-}{OH}$	$\overset{\delta-}{OH}$	$\overset{\delta-}{OH}$
H	H	H	H
$CH_3\overset{\vdots}{CH}=CHCH_3$	$CH_3CH_2\overset{\vdots}{C}=CH_2$	$\overset{\vdots}{CH_2}CHCH_2CH_2CH_3$	$CH_3\overset{\vdots}{CH}CHCH_2CH_3$
$\overset{\vdots}{Br}{}^{\delta-}$	$\overset{\vdots}{Br}{}^{\delta-}$	$\overset{\vdots}{{}^+N(CH_3)_3}$	$\overset{\vdots}{{}^+N(CH_3)_3}$
más estable	menos estable	más estable	menos estable

Los iones de amonio cuaternario, al igual que los fluoruros de alquilo, cuentan con grupos salientes más básicos (más malos). El resultado es que cuando el ion hidróxido comienza a abstraer un protón en una reacción E2, el grupo saliente no comienza a alejarse y se acumula una carga negativa parcial en el átomo de carbono de donde se está eliminando el protón. Ello suministra al estado de transición una estructura *semejante a carbanión* y no una estructura semejante a alqueno. Al abstraer un protón del carbono β unido a más hidrógenos se alcanza el estado de transición semejante a carbanión, que es más estable. (Recuérdese, de la sección 9.2, que los carbaniones primarios son más estables que los secundarios, y que éstos son más estables que los carbaniones terciarios.) Los factores estéricos en la reacción de Hofmann también favorecen la eliminación anti-Zaitsev. Como la reacción de eliminación de Hofmann sucede en forma anti-Zaitsev, a la *eliminación anti-Zaitsev* también se le llama *eliminación de Hofmann*.

PROBLEMA 7◆

Indique cuáles son los productos principales de cada una de las reacciones siguientes:

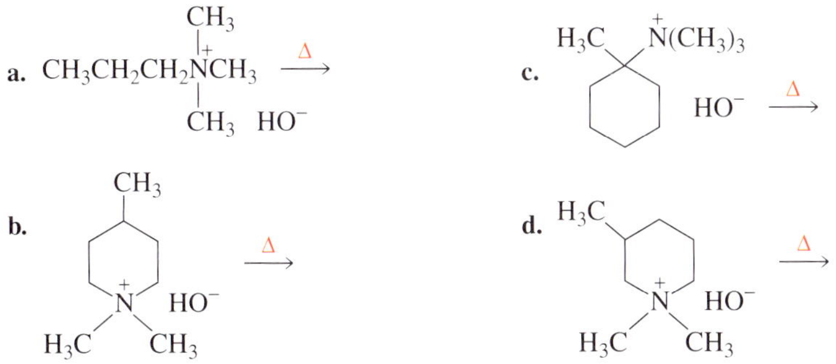

a. $CH_3CH_2CH_2\overset{\overset{CH_3}{|}}{\underset{\underset{CH_3}{|}}{\overset{+}{N}}CH_3} \xrightarrow{\Delta}{HO^-}$

b. 4-metil-1,1-dimetilpiperidinio $\xrightarrow{\Delta}{HO^-}$

c. 1-metil-1-(trimetilamonio)ciclohexano $\xrightarrow{\Delta}{HO^-}$

d. 3-metil-1,1-dimetilpiperidinio $\xrightarrow{\Delta}{HO^-}$

Para que un ion de amonio cuaternario experimente una reacción de eliminación, el ion contrario debe ser ion hidróxido porque se necesita una base fuerte para abstraer al protón del carbono β. Los iones haluro, en contraste, son bases débiles, y los *haluros* de amonio cuaternario no pueden tener una reacción de eliminación de Hofmann. Empero, un *haluro* de amonio cuaternario se puede convertir en un *hidróxido* de amonio cuaternario si se le trata con óxido de plata y agua. El haluro de plata precipita y el ion haluro es sustituido por ion hidróxido. Ahora el compuesto ya puede experimentar una reacción de eliminación:

$$2\ R-\overset{\overset{R}{|}}{\underset{\underset{R}{|}}{\overset{+}{N}}}-R\ \ \ I^- + Ag_2O + H_2O \longrightarrow 2\ R-\overset{\overset{R}{|}}{\underset{\underset{R}{|}}{\overset{+}{N}}}-R\ \ \ HO^- + 2\ AgI \downarrow$$

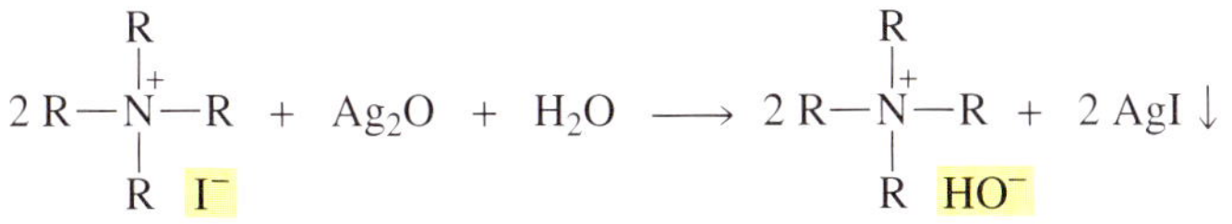

Formación de aminas

La reacción de una amina con suficiente yoduro de metilo, para convertir la amina en un yoduro de amonio cuaternario, se llama **metilación exhaustiva** (véase el capítulo 8, problema 12). La reacción se efectúa en una disolución básica de carbonato de potasio, para que las aminas formadas como compuestos intermediarios estén predominantemente en sus formas básicas.

metilación exhaustiva

$$CH_3CH_2CH_2NH_2 + CH_3I \text{ (exceso)} \xrightarrow{K_2CO_3} CH_3CH_2CH_2\overset{+}{N}(CH_3)_3 \; I^-$$

La reacción de eliminación de Hofmann se usó en los primeros tiempos de la química orgánica como último paso de un proceso llamado degradación de Hofmann; era un método para identificar aminas. En una *degradación de Hofmann*, una amina se metila exhaustivamente con yoduro de metilo, se trata con óxido de plata para convertir el yoduro de amonio cuaternario en un hidróxido de amonio cuaternario, y después se calienta para permitirle tener una eliminación de Hofmann. Una vez identificado el alqueno, al ir a la inversa se obtiene la estructura de la amina.

COMPUESTO ÚTIL, PERO CON MAL SABOR

El Bitrex, una sal cuaternaria de amonio, se le han encontrado algunos usos prácticos porque es una de las sustancias con sabor más amargo que se conoce y no es tóxico. El Bitrex se usa, por ejemplo, para tratar de que los venados vayan a buscar alimento a otra parte; se pone en los lomos de los animales para evitar que se muerdan entre sí; se aplica en los dedos de los niños para tratar de que cesen de chuparse sus pulgares, o que se coman sus uñas, y se añade a sustancias tóxicas para evitar que sean ingeridas por accidente.

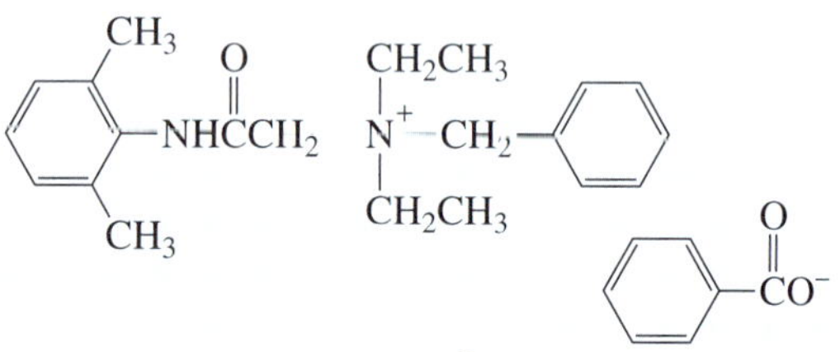

Bitrex®

PROBLEMA 8◆

Identifique la amina en cada caso:

a. En la degradación de Hofmann de una amina primaria se obtiene 4-metil-2-penteno.
b. Se obtiene 2-metil-1,3-butadieno en dos degradaciones sucesivas de Hofmann de una amina secundaria.

PROBLEMA 9 RESUELTO

Describir una síntesis para cada uno de los compuestos siguientes usando la materia prima indicada y todos los reactivos necesarios:

a. $CH_3CH_2CH_2CH_2NH_2 \longrightarrow CH_3CH_2CH=CH_2$

b. $CH_3CH_2CH_2CHCH_3 \longrightarrow CH_3CH_2CH_2CH=CH_2$
         $\;\;\;\;\;\;\;\;\;\;\;\;\;\;\;|$
         $\;\;\;\;\;\;\;\;\;\;\;\;\;Br$

c.  pirrolidina $\longrightarrow CH_2=CH-CH=CH_2$

Solución de 9a Aunque una amina no puede llevar a cabo una reacción de eliminación, un hidróxido de amonio cuaternario sí puede hacerlo. Por consiguiente, la amina debe convertirse primero en un yoduro de amonio cuaternario, y para ello se la debe hacer reaccionar con yoduro de metilo en exceso. Por tratamiento con óxido de plata acuoso se forma el hidróxido de amonio cuaternario. Se requiere calor para la reacción de eliminación.

$$CH_3CH_2CH_2CH_2NH_2 \xrightarrow[K_2CO_3]{CH_3I \text{ exceso}} CH_3CH_2CH_2CH_2\overset{+}{N}(CH_3)_3 \; I^- \xrightarrow{Ag_2O / H_2O} CH_3CH_2CH_2CH_2\overset{+}{N}(CH_3)_3 \; HO^- \xrightarrow{\Delta} CH_3CH_2CH=CH_2 + H_2O$$

20.5 Catálisis de transferencia de fase

Un problema que se presenta con frecuencia en el laboratorio es encontrar un disolvente que disuelva todos los reactivos que se necesitan en una reacción determinada. Por ejemplo, si se desea que el ion cianuro reaccione con 1-bromohexano, debe encontrarse una forma de mezclar cianuro de sodio, compuesto iónico que sólo es soluble en agua, con el haluro de alquilo, que es insoluble en agua. Si se mezcla una disolución acuosa de cianuro de sodio con una disolución de 1-bromohexano en un disolvente no polar, se formarán dos fases distintas: una fase acuosa y una orgánica, porque las dos disoluciones son inmiscibles. Entonces ¿cómo se puede efectuar una reacción entre el cianuro de sodio y el haluro de alquilo?

$$CH_3CH_2CH_2CH_2CH_2CH_2Br + {}^-C\equiv N \xrightarrow{?} CH_3CH_2CH_2CH_2CH_2CH_2C\equiv N + Br^-$$
1-bromohexano

Los dos compuestos pueden reaccionar entre sí si a la mezcla de reacción se le agrega una cantidad catalítica de un **catalizador de transferencia de fase**.

$$CH_3CH_2CH_2CH_2CH_2CH_2Br + {}^-C\equiv N \xrightarrow{R_4\overset{+}{N}\,HSO_4^-\ \text{(catalizador de transferencia de fase)}} CH_3CH_2CH_2CH_2CH_2CH_2C\equiv N + Br^-$$

Las sales cuaternarias de amonio son los catalizadores de transferencia de fase más comunes. Sin embargo, en la sección 10.10 se planteó que los éteres corona también se pueden utilizar como catalizadores de transferencia de fase.

catalizador de transferencia de fase

sulfato de tetrabutilamonio e hidrógeno

sulfato de hexadeciltrimetilamonio e hidrógeno

sulfato de benciltrietilamonio e hidrógeno

¿Cómo al añadir un catalizador de transferencia de fase se puede llevar a cabo la reacción del ion cianuro con 1-bromohexano? La respuesta es que, debido a sus grupos alquilo no polares, la sal cuaternaria de amonio es soluble en disolventes no polares, y debido a su carga también es soluble en agua. En consecuencia puede funcionar como un intermediariario entre las dos fases inmiscibles. Cuando un catalizador de transferencia de fase como el sulfato de tetrabutilamonio e hidrógeno pasa a la fase orgánica no polar, debe llevar con él un ion contrario para balancear su carga positiva. El ion contrario puede ser su ion contrario original (sulfato de hidrógeno) u otro ion presente en la disolución (en el ejemplo que se describe, podría se el ion cianuro o Br:$^-$). Como hay más ion cianuro que sulfato de hidrógeno o Br:$^-$ en la fase acuosa, el ion acompañante va a ser el ion cianuro con más frecuencia. Una vez que un ion cianuro ha sido transportado a la fase orgánica, puede reaccionar con el haluro de alquilo. (Cuando el sulfato de hidrógeno es transportado a la fase orgánica es inerte porque es una base débil y al mismo tiempo un mal nucleófilo.) El ion de amonio cuaternario pasará entonces de regreso a la fase acuosa llevando con él un ion sulfato de hidrógeno o bromuro como ion contrario. La reacción continúa con el cataliza-

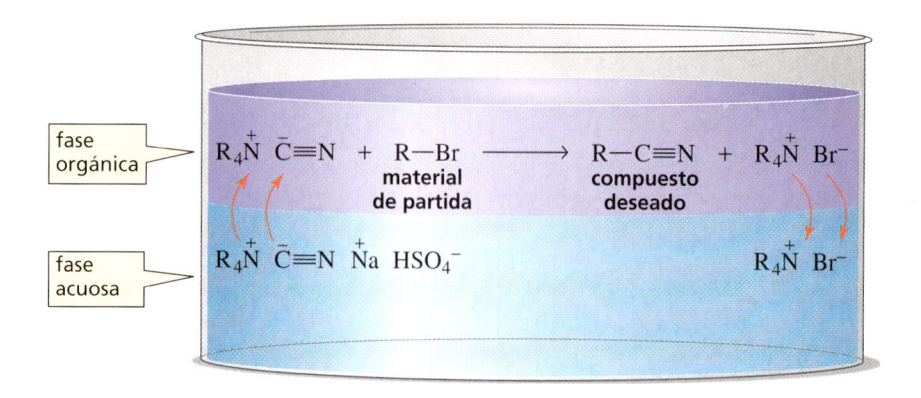

20.6 Oxidación de aminas • La reacción de eliminación de Cope

BIOGRAFÍA

Arthur Clay Cope (1909–1966) *nació en Indiana. Recibió un doctorado de la Universidad de Wisconsin y fue profesor de química en el Bryn Mawr College, en la Universidad de Columbia y en el MIT.*

Las aminas se oxidan con facilidad, a veces sólo con exponerlas al aire. Entonces, se guardan en forma de sales (por ejemplo, como clorhidratos de amina), y es la razón por la que los medicamentos que contienen grupos amino se venden con frecuencia en forma de sales; las sales también son más solubles en el torrente sanguíneo.

Las aminas primarias se oxidan a hidroxilaminas, que a su vez se oxidan a compuestos nitrosos, que se siguen oxidando hasta compuestos nitro. Para oxidar a las aminas se agregan peróxido de hidrógeno, peroxiácidos y otros agentes oxidantes comunes. Las reacciones de oxidación parecen implicar radicales, pero no se comprenden bien todavía.

$$R-NH_2 \xrightarrow{\text{oxidación}} R-NH-OH \xrightarrow{\text{oxidación}} R-N=O \xrightarrow{\text{oxidación}} R-NO_2$$

una amina primaria — una hidroxilamina — un compuesto nitroso — un compuesto nitro

Las aminas secundarias se oxidan a hidroxilaminas secundarias y las aminas terciarias se oxidan a óxidos de amina terciaria.

una amina secundaria → una hidroxilamina secundaria

una amina terciaria → un óxido de amina terciaria

Los óxidos de amina terciaria sufren una reacción parecida a la reacción de eliminación de Hofmann, llamada **reacción de eliminación de Cope**. En ella, un óxido de amina terciaria, y no un ion amonio cuaternario, sufre la eliminación.

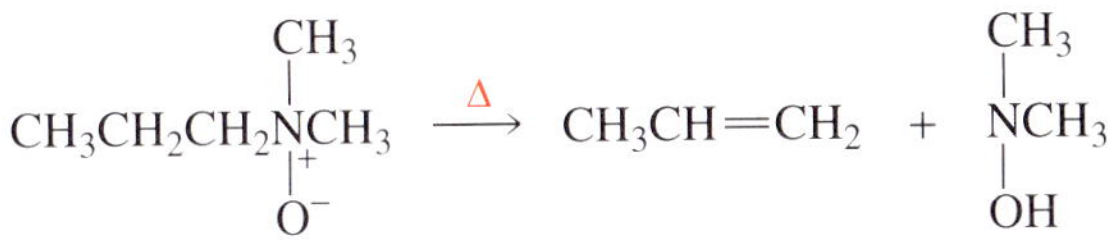

$$CH_3CH_2CH_2\overset{CH_3}{\underset{\underset{O^-}{|+}}{N}}CH_3 \xrightarrow{\Delta} CH_3CH=CH_2 + \overset{CH_3}{\underset{\underset{OH}{|}}{N}}CH_3$$

un óxido de amina terciaria   una hidroxilamina

No se necesita una base fuerte en una eliminación de Cope porque el óxido de amina funciona como su propia base. Así, una reacción de eliminación de Cope se efectúa bajo condiciones más moderadas que una reacción de eliminación de Hofmann. La eliminación de Cope es una reacción E2 intramolecular donde interviene una eliminación sin.

Mecanismo de la reacción de eliminación de Cope

$$CH_3CH\overset{CH_2-\overset{+}{N}\diagdown CH_3}{\underset{H}{|}}\diagup :\overset{..}{\underset{..}{O}}: \xrightarrow{\Delta} CH_3CH=CH_2 + \underset{:\overset{..}{\underset{..}{O}}H}{\overset{CH_3}{\underset{|}{N}}}-CH_3$$

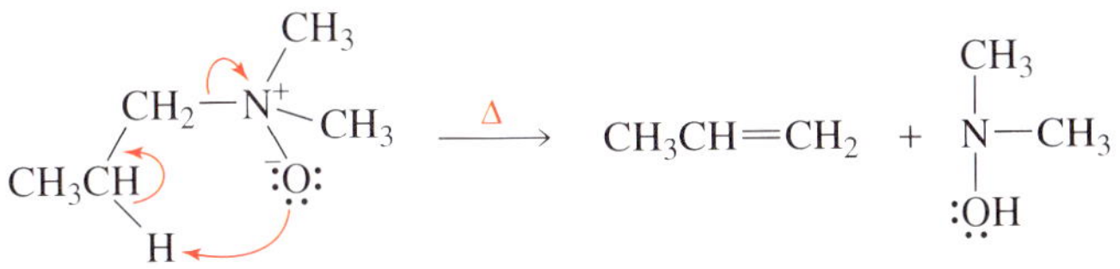

El producto principal de la eliminación de Cope, como el de la eliminación de Hofmann, es el que se obtiene eliminando un protón del carbono β que tenga más hidrógenos.

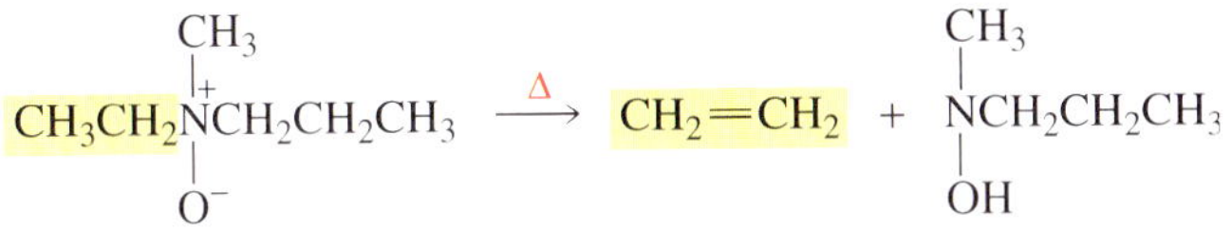

$$CH_3CH_2\overset{CH_3}{\underset{\underset{O^-}{|+}}{N}}CH_2CH_2CH_3 \xrightarrow{\Delta} CH_2=CH_2 + \overset{CH_3}{\underset{\underset{OH}{|}}{N}}CH_2CH_2CH_3$$

En una eliminación de Cope, el protón se elimina del carbono β unido a más hidrógenos.

PROBLEMA 10◆

La eliminación de Cope ¿tiene un estado de transición semejante a alqueno o uno semejante a carbanión?

PROBLEMA 11◆

Indique los productos que se obtendrían si se tratan las siguientes aminas terciarias con peróxido de hidrógeno y después con calor:

a.  $CH_3\overset{CH_3}{\underset{|}{N}}CH_2CH_2CH_3$

c. 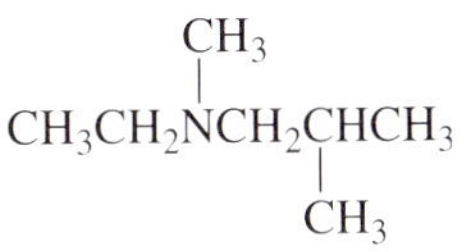 $CH_3CH_2\overset{CH_3}{\underset{|}{N}}CH_2\overset{}{\underset{\underset{CH_3}{|}}{CH}}CH_3$

b. 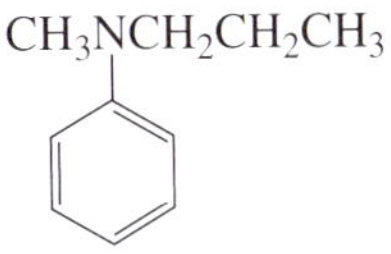 $C_6H_5NCH_2CH_2CH_3$ con CH$_3$ en N (N-metil-N-propilanilina)

d. 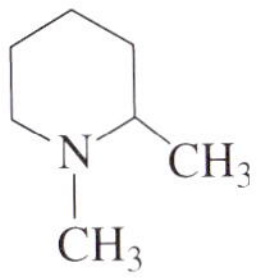 (N,N-dimetil-2-metilpiperidina)

20.7 Síntesis de aminas

Como el amoniaco y las aminas son buenos nucleófilos, experimentan reacciones S_N2 con haluros de alquilo (aquí X representa un halógeno) con facilidad.

954 CAPÍTULO 20 Más acerca de aminas • Compuestos heterocíclicos

$$\ddot{N}H_3 \xrightarrow{RCH_2-X} RCH_2-\overset{+}{N}H_3 \rightleftharpoons \underset{\text{una amina primaria}}{RCH_2-\ddot{N}H_2} \xrightarrow{RCH_2-X} RCH_2-\overset{+}{N}H_2 \rightleftharpoons \underset{\text{una amina secundaria}}{\underset{RCH_2}{\overset{}{RCH_2-\ddot{N}H}}} + HX$$
$$+ HX$$

$$\underset{\text{una sal cuaternaria de amonio}}{\underset{RCH_2}{\overset{RCH_2}{RCH_2-\overset{+}{N}-CH_2R}}\;X^-} \xleftarrow{RCH_2-X} \underset{\text{una amina terciaria}}{\underset{RCH_2}{\overset{RCH_2}{RCH_2-N:}}} \rightleftharpoons \underset{RCH_2}{\overset{RCH_2}{RCH_2-\overset{+}{N}H}}$$
$$\uparrow RCH_2-X \qquad + HX$$

Aunque se pueden usar estas reacciones S_N2 para sintetizar aminas, los rendimientos son malos porque es difícil detener la reacción cuando se coloca la cantidad deseada de sustituyentes alquilo en el nitrógeno, ya que el amoniaco y las aminas primarias, secundarias y terciarias presentan reactividades parecidas.

Un método mucho mejor para preparar una amina primaria es mediante una síntesis de Gabriel (sección 16.18). Esta reacción consiste en alquilar ftalimida para después hidrolizar la ftalimida N-sustituida.

Síntesis de Gabriel

ftalimida $\xrightarrow[\text{2. CH}_3\text{CH}_2\text{Br}]{\text{1. HO}^-}$ N—CH$_2$CH$_3$ + Br$^-$ $\xrightarrow[\Delta]{H_3O^+}$ COOH + CH$_3$CH$_2$\overset{+}{N}H$_3$
                                                                                              COOH   una amina primaria protonada

También se pueden preparar aminas primarias con buenos rendimientos si se emplea el ion azida ($^-$:N$_3$) como nucleófilo en una reacción S_N2. El producto de la reacción es una alquil- azida, que se puede reducir a una amina primaria (véase el capítulo 8, problema 13).

$$\underset{\text{bromuro de butilo}}{CH_3CH_2CH_2CH_2Br} \xrightarrow{^-N_3} \underset{\text{azida de butilo}}{CH_3CH_2CH_2CH_2N=\overset{+}{N}=N^-} \xrightarrow{H_2 \atop Pd/C} \underset{\text{butilamina}}{CH_3CH_2CH_2CH_2NH_2}$$

La reducción catalítica de un nitrilo representa otra manera más para preparar una amina primaria (sección 16.19). (Recuérdese que un nitrilo se puede obtener con la reacción de ion cianuro con haluro de alquilo).

$$\underset{\text{bromuro de butilo}}{CH_3CH_2CH_2CH_2Br} \xrightarrow[HCl]{NaC\equiv N} \underset{\text{pentanonitrilo}}{CH_3CH_2CH_2CH_2C\equiv N} \xrightarrow{H_2 \atop Pd/C} \underset{\text{pentilamina}}{CH_3CH_2CH_2CH_2CH_2NH_2}$$

Una amina primaria se obtiene por reducción de un nitroalcano y con la reducción de nitrobenceno se obtiene una arilamina.

$$\underset{\text{nitroetano}}{CH_3CH_2NO_2} + H_2 \xrightarrow{Pd/C} \underset{\text{etilamina}}{CH_3CH_2NH_2}$$

$$\underset{\text{nitrobenceno}}{\text{C}_6\text{H}_5-NO_2} + H_2 \xrightarrow{Pd/C} \underset{\text{anilina}}{\text{C}_6\text{H}_5-NH_2}$$

Se pueden formar aminas primarias, secundarias y terciarias por reducción de una amida con LiAlH$_4$ (secciones 17.6 y 19.1). La clase de amina que se obtenga depende de la cantidad de sustituyentes en el átomo de nitrógeno de la amida.

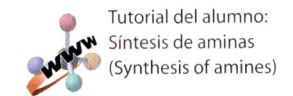

$$R-\overset{O}{\underset{}{C}}-NH_2 \xrightarrow[\text{2. H}_2\text{O}]{\text{1. LiAlH}_4} RCH_2NH_2$$
una amina primaria

$$R-\overset{O}{\underset{}{C}}-NHCH_3 \xrightarrow[\text{2. H}_2\text{O}]{\text{1. LiAlH}_4} RCH_2NHCH_3$$
una amina secundaria

$$R-\overset{O}{\underset{}{C}}-\underset{\underset{CH_3}{|}}{N}CH_3 \xrightarrow[\text{2. H}_2\text{O}]{\text{1. LiAlH}_4} RCH_2\underset{\underset{CH_3}{|}}{N}CH_3$$
una amina terciaria

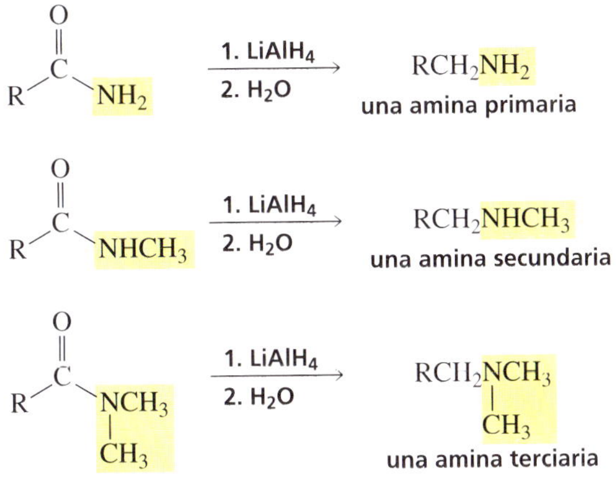

También se pueden preparar aminas primarias, secundarias y terciarias a través de una minación reductiva (sección 17.8).

20.8 Heterociclos aromáticos con un anillo de cinco miembros

Ahora se revisarán los heterociclos que presentan un anillo aromático de cinco miembros.

Pirrol, furano y tiofeno

El **pirrol**, el **furano** y el **tiofeno** son heterociclos con anillo de cinco miembros. Cada uno dispone de tres pares de electrones π deslocalizados, dos de los cuales se indican como enlaces π y uno como un par de electrones no enlazado en el heteroátomo. El furano y el tiofeno cuentan con un segundo par de electrones no enlazado que no es parte de la nube π. Estos electrones se encuentran en un orbital híbrido sp^2 perpendicular a los orbitales p. El pirrol, el furano y el tiofeno son aromáticos porque son cíclicos, planos, cada carbono en el anillo presenta un orbital p y la nube π contiene *tres* pares de electrones π (secciones 14.1 y 14.4).

pirrol   furano   tiofeno

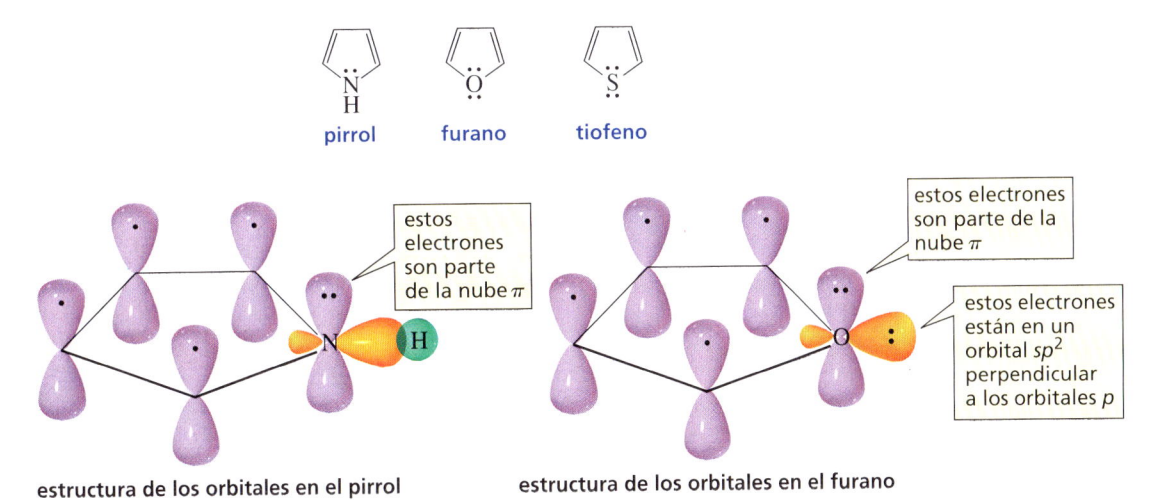

estructura de los orbitales en el pirrol — estos electrones son parte de la nube π

estructura de los orbitales en el furano — estos electrones son parte de la nube π; estos electrones están en un orbital sp^2 perpendicular a los orbitales p

El pirrol es una base extremadamente débil porque los electrones que se muestran como el par no enlazado son parte de la nube π. Por consiguiente, cuando el pirrol se protona, su aromaticidad se destruye. Entonces, el ácido conjugado del pirrol es un ácido muy fuerte (p$K_a = -3.8$); esto es, tiene una gran tendencia a perder un protón.

Las formas resonantes del pirrol muestran que el nitrógeno cede los electrones que se indican como el par no enlazado al anillo de cinco miembros.

estructuras resonantes del pirrol

híbridos de resonancia

> **PROBLEMA 12**
>
> Dibuje flechas que indiquen el movimiento de los electrones al pasar de una forma resonante a la siguiente, en el pirrol.

El pirrol, amina no saturada, heterocíclica con anillo de cinco miembros tiene un momento dipolar de 1.80 D (sección 1.15). La pirrolidina es una amina saturada heterocíclica con anillo de cinco miembros y presenta un momento dipolar un poco menor, de 1.57 D, pero, como se puede apreciar en los mapas de potencial electrostático, los dos momentos dipolares tienen direcciones opuestas. (Las áreas rojas están en lados opuestos de las dos moléculas.) El momento dipolar en la pirrolidina se debe a la atracción de electrones por efecto inductivo ejercida por el átomo de nitrógeno. En apariencia, la capacidad del nitrógeno pirrólico de donar electrones al anillo por resonancia compensa la eliminación atracción de electrones por efecto inductivo (sección 15.2).

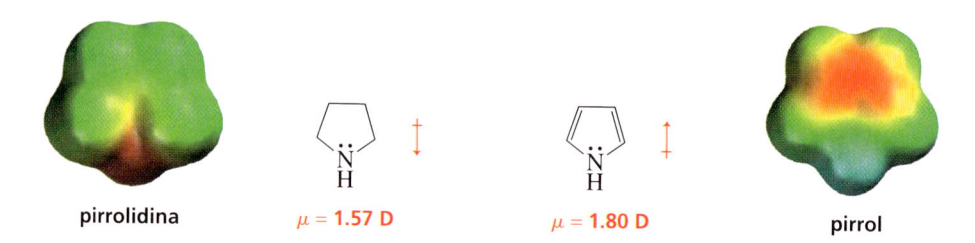

pirrolidina $\mu = 1.57\ D$ $\mu = 1.80\ D$ pirrol

En la sección 7.6 se estudió que mientras más estables y equivalentes sean las formas resonantes mayor será la energía de resonancia del compuesto. Las energías de resonancia del pirrol, furano y tiofeno no son tan grandes como las energías de resonancia del benceno y el anión ciclopentadienilo ya que en cada uno de tales compuestos todas las estructuras de resonancia son equivalentes. El tiofeno, con el heteroátomo menos electronegativo, presenta la mayor energía de resonancia de los tres heterociclos de cinco miembros, y el furano, con el heteroátomo más electronegativo, exhibe la mínima energía de resonancia porque las formas resonantes con una carga positiva en el heteroátomo son las menos estables para el compuesto que tiene el heteroátomo más electronegativo.

energía relativa de resonancia de algunos compuestos aromáticos

En vista de que el pirrol, el furano y el tiofeno son aromáticos, experimentan reacciones de sustitución electrofílica aromática.

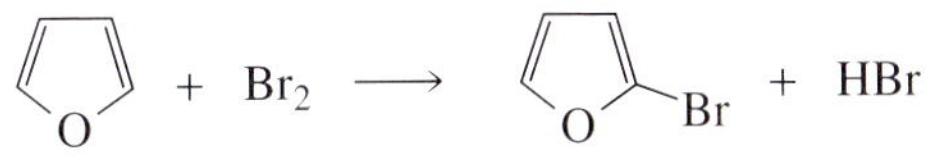

$$\text{furano} + Br_2 \longrightarrow \text{2-bromofurano} + HBr$$

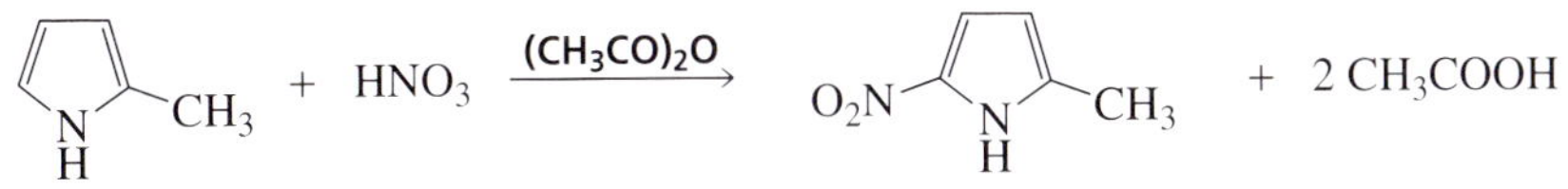

$$\text{2-metilpirrol} + HNO_3 \xrightarrow{(CH_3CO)_2O} \text{2-metil-5-nitropirrol} + 2\,CH_3COOH$$

Mecanismo de sustitución electrofílica aromática

$$\text{pirrol} + Y^+ \xrightarrow{\text{lenta}} \text{intermediario} \xrightarrow{\text{:B, rápida}} \text{producto} + HB^+$$

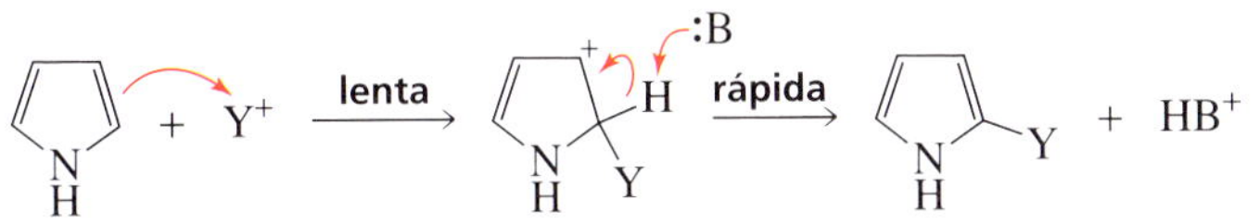

Donde :B es cualquier base que haya en la disolución.

La sustitución se hace de preferencia en el C-2 porque el compuesto intermediario que se obtiene al unir un sustituyente en esta posición es más estable que el que se obtiene uniendo un sustituyente al C-3 (figura 20.1). Ambos compuestos intermediarios muestran una forma resonante relativamente estable en la que todos los átomos (excepto de H) cuentan con octetos completos. El compuesto intermediario que resulta de la sustitución en el C-2 del pirrol tiene *dos* formas resonantes adicionales, cada una con una carga positiva en un carbono *alílico secundario*. Sin embargo, el compuesto intermediario que resulta de la sustitución en C-3 sólo tiene *una* estructura resonante adicional, con una carga positiva en un carbono *secundario*. Esta forma resonante se desestabiliza más porque está junto a un átomo de nitrógeno atractor de electrones.

El pirrol, el furano y el tiofeno tienen sustitución electrofílica aromática, preferentemente en el C-2.

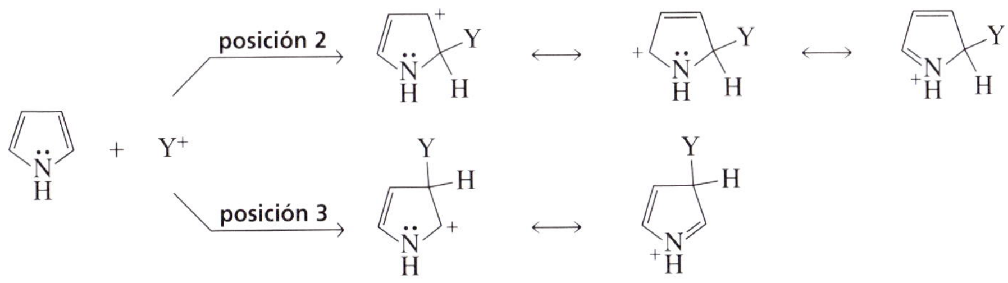

◀ **Figura 20.1**
Estructuras de los compuestos intermediarios que se pueden formar en la reacción de un electrófilo con pirrol en el C-2 y en el C-3.

Si las dos posiciones adyacentes al heteroátomo están ocupadas, la sustitución electrofílica se hará en el C-3.

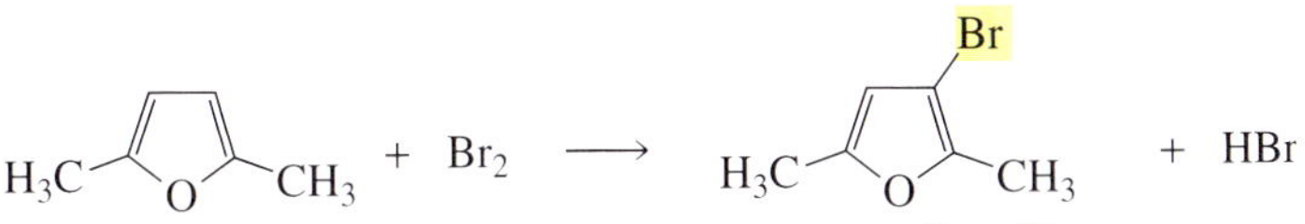

$$\text{2,5-dimetilfurano} + Br_2 \longrightarrow \text{3-bromo-2,5-dimetilfurano} + HBr$$

El pirrol, el furano y el tiofeno son más reactivos que el benceno frente a la sustitución electrofílica aromática porque pueden estabilizar mejor la carga positiva en el carbocatión intermediario, lo que obedece a que el par de electrones no enlazado en el heteroátomo pueda ser donado al anillo por resonancia (figura 20.1).

reactividad relativa en la sustitución electrofílica aromática

pirrol > furano > tiofeno > benceno

El pirrol, el furano y el tiofeno son más reactivos que el benceno frente a la sustitución electrofílica aromática.

El furano no es tan reactivo como el pirrol en las reacciones de sustitución electrofílica aromática. El oxígeno del furano es más electronegativo que el nitrógeno del pirrol, por lo que no es tan efectivo como el nitrógeno para estabilizar el carbocatión. El tiofeno es menos reactivo que el furano porque los electrones π del azufre están en un orbital $3p$, que se traslapa con menos eficacia que el orbital $2p$ del nitrógeno o el oxígeno con el orbital $2p$ del carbono. Los mapas de potencial electrostático ilustran las diferentes densidades electrónicas de los tres anillos.

La reactividad relativa de los heterociclos de cinco miembros se refleja en el ácido de Lewis, que se requiere para catalizar una acilación de Friedel-Crafts (sección 14.14). El benceno requiere $AlCl_3$, un ácido de Lewis relativamente fuerte. El tiofeno es más reactivo que el benceno y puede sufrir una reacción de Friedel-Crafts usando $SnCl_4$, un ácido de Lewis más débil. Cuando el reactivo es furano, se puede usar un ácido de Lewis todavía más débil, como el BF_3. El pirrol es tan reactivo que se usa un anhídrido en lugar de un cloruro de acilo más reactivo y no es necesario un catalizador.

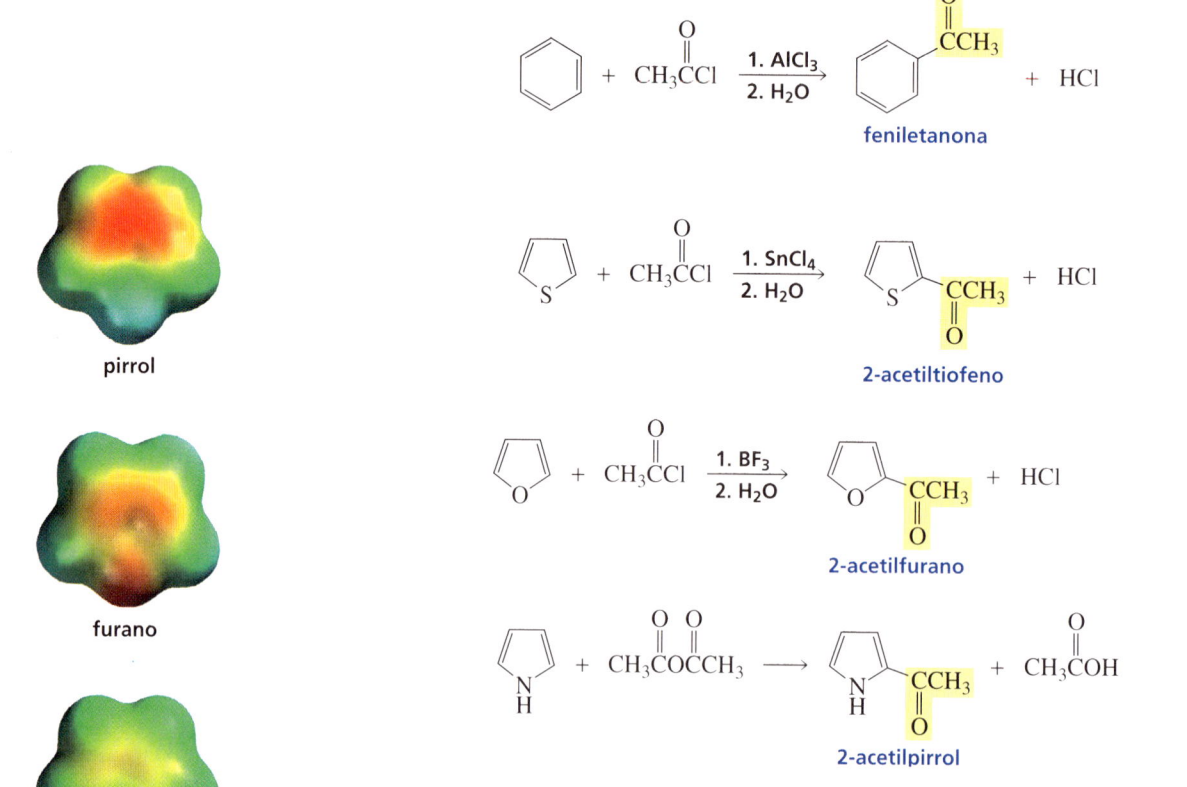

benceno + CH_3CCl (O) $\xrightarrow{\text{1. } AlCl_3 \\ \text{2. } H_2O}$ feniletanona + HCl

tiofeno + CH_3CCl (O) $\xrightarrow{\text{1. } SnCl_4 \\ \text{2. } H_2O}$ 2-acetiltiofeno + HCl

furano + CH_3CCl (O) $\xrightarrow{\text{1. } BF_3 \\ \text{2. } H_2O}$ 2-acetilfurano + HCl

pirrol + CH_3COCCH_3 (O O) $\longrightarrow$ 2-acetilpirrol + CH_3COH

pirrol

furano

tiofeno

El híbrido de resonancia del pirrol indica que hay una carga parcial positiva en el nitrógeno. Por consiguiente, el pirrol se protona en el C-2 y no en el nitrógeno. Recuérdese que un protón es un electrófilo y, como otros electrófilos, se enlaza a la posición C-2 del pirrol.

20.8 Heterociclos aromáticos con un anillo de cinco miembros

$$\text{pirrol} + H^+ \rightleftharpoons \text{pirrol protonado}$$
$$pK_a = -3.8$$

El pirrol es inestable en disoluciones demasiado ácidas porque, una vez protonado, se puede polimerizar con facilidad.

pirrol + pirrol protonado → dímero → → → polímero

El nitrógeno en el pirrol tiene una hibridación sp^2 y en consecuencia es más electronegativo que el nitrógeno con hibridación sp^3 de una amina saturada (sección 1.20). El resultado es que el pirrol ($pK_a = \sim 17$) es más ácido (tabla 20.1) que la amina saturada análoga ($pK_a \sim 36$). La carga parcial positiva en el átomo de nitrógeno (que es aparente en el híbrido de resonancia) también contribuye a la mayor acidez del pirrol.

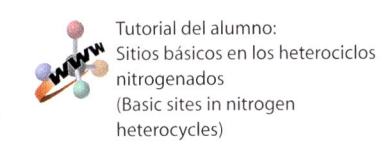

$pK_a = \sim 17$ $\qquad$ $pK_a = \sim 36$

Tutorial del alumno:
Sitios básicos en los heterociclos nitrogenados
(Basic sites in nitrogen heterocycles)

Tabla 20.1 Los valores de pK_a de varios heterociclos que contienen nitrógeno

Compuesto	pK_a
pirrol protonado	$pK_a = -3.8$
indol protonado	$pK_a = -2.4$
pirimidina protonada	$pK_a = 1.0$
purina protonada	$pK_a = 2.5$
quinolina protonada	$pK_a = 4.85$
piridina protonada	$pK_a = 5.16$
imidazol protonado	$pK_a = 6.8$
aziridina protonada	$pK_a = 8.0$
piperidina protonada	$pK_a = 11.1$
imidazol	$pK_a = 14.4$
pirrol	$pK_a = \sim 17$
pirrolidina	$pK_a = \sim 36$

PROBLEMA 13

Cuando se agrega pirrol a una disolución diluida de D_2SO_4 en D_2O, se forma 2-deuteropirrol. Proponga un mecanismo que explique la formación de este compuesto.

PROBLEMA 14

Use estructuras resonantes para explicar por qué el pirrol se protona en el C-2 y no en el nitrógeno.

PROBLEMA 15 ◆

Explique por qué el pirrol ($pK_a \sim 17$) es menos ácido que el ciclopentadieno ($pK_a = 15$), aun cuando el nitrógeno es bastante más electronegativo que el carbono.

Indol, benzofurano y benzotiofeno

El indol, el benzofurano y el benzotiofeno contienen un anillo aromático de cinco miembros fusionado a un anillo de benceno. Los átomos en los anillos se numeran de tal modo que el heteroátomo tenga el número menor posible. Estos tres compuestos son aromáticos porque son cíclicos, planos, cada carbono en el anillo tiene un orbital p y la nube π de cada compuesto contiene *cinco* pares de electrones π (sección 14.2). Nótese que los electrones que se muestran como el par no enlazado en el nitrógeno del indol son parte de la nube π; entonces, el ácido conjugado del indol, al igual que el ácido conjugado del pirrol, es un ácido fuerte (pK_a = −2.4). En otras palabras, el indol es una base extremadamente débil.

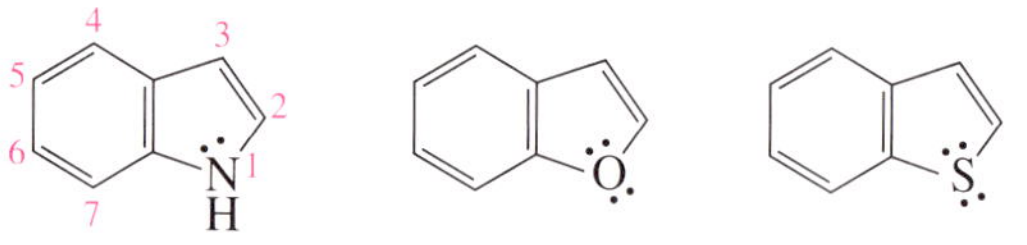

indol   benzofurano   benzotiofeno

20.9 Heterociclos aromáticos con un anillo de seis miembros

A continuación se describen heterociclos que presentan un anillo aromático de seis miembros.

Piridina

Cuando uno de los carbonos de un anillo de benceno se sustituye por un nitrógeno el compuesto que resulta es una **piridina**.

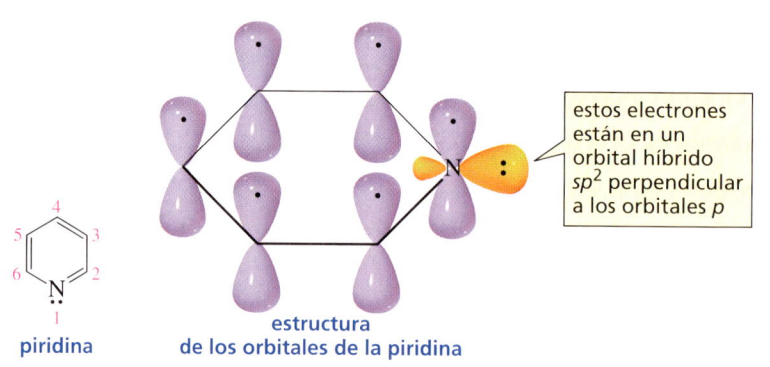

piridina

estos electrones están en un orbital híbrido sp^2 perpendicular a los orbitales p

estructura de los orbitales de la piridina

El ion piridinio es un ácido más fuerte que un ion amonio típico porque el hidrógeno ácido de un ion piridinio está unido a un nitrógeno con hibridación sp^2, que es más electronegativo que un nitrógeno con hibridación sp^3 (sección 1.20).

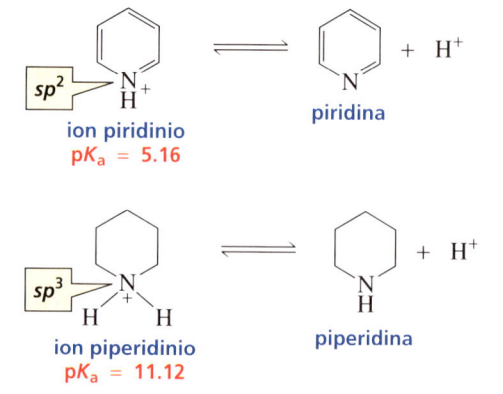

ion piridinio
pK_a = 5.16

piridina

ion piperidinio
pK_a = 11.12

piperidina

La piridina experimenta reacciones características de las aminas terciarias. Por ejemplo, la piridina presenta reacciones S_N2 con haluros de alquilo (sección 8.4) y reacciona con peróxido de hidrógeno para formar un *N*-óxido (sección 20.6).

Tutorial del alumno:
Par de electrones no enlazado en heterociclos nitrogenados
(Lone-pair electrons on nitrogen heterocycles)

20.9 Heterociclos aromáticos con un anillo de seis miembros

[Reacción de piridina + CH₃—I → Yoduro de *N*-metilpiridinio]

[Reacción de piridina + HO—OH → intermediario (pK_a = 0.79) + HO⁻ → *N*-óxido de piridina + H₂O]

PROBLEMA 16 RESUELTO

¿Se formará una amida a partir de la reacción de un cloruro de acilo con una disolución acuosa de piridina? Explique por qué.

Solución *No* se formará una amida porque el nitrógeno, con carga positiva, condiciona que la piridina sea un excelente grupo saliente. Como resultado, el producto final de la reacción será un ácido carboxílico. (Si el pH final de la disolución es mayor que el pK_a del ácido carboxílico, éste se hallará casi todo en su forma básica).

[RCCl + piridina → RC(O)—N⁺(piridina) —H₂O→ RCO⁻ + piridina]

La piridina es aromática. Al igual que el benceno, cuenta con dos formas resonantes sin carga. A causa del nitrógeno, atractor de electrones, la piridina muestra tres formas resonantes con carga de las que carece el benceno.

[estructuras resonantes de la piridina]

El momento dipolar de la piridina es 1.57 D. Como se ve por las formas resonantes, y en el mapa de potencial electrostático, el nitrógeno, atractor de electrones, es el extremo negativo del dipolo.

μ = **1.57 D**

Al ser aromática, la piridina (al igual que el benceno) participa en reacciones de sustitución electrofílica aromática.

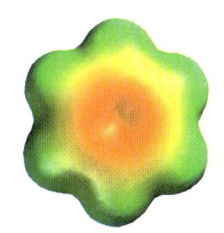

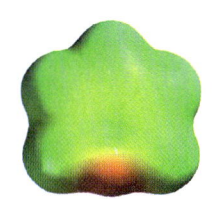

Mecanismo de la sustitución electrofílica aromática

[piridina + Y⁺ —lenta→ intermediario —rápida→ 3-Y-piridina + HB⁺]

donde :B es cualquier base que haya en la disolución.

La sustitución electrofílica aromática de la piridina se hace en el C-3 porque se obtiene el compuesto intermediario más estable si en tal posición se coloca un sustituyente electrofílico (figura 20.2). Cuando el sustituyente se coloca en el C-2 o en el C-4, una de las for-

La piridina tiene sustitución electrofílica aromática en el C-3.

mas resonantes que resultan es especialmente inestable porque el átomo de nitrógeno exhibe un octeto incompleto *y también* una carga positiva.

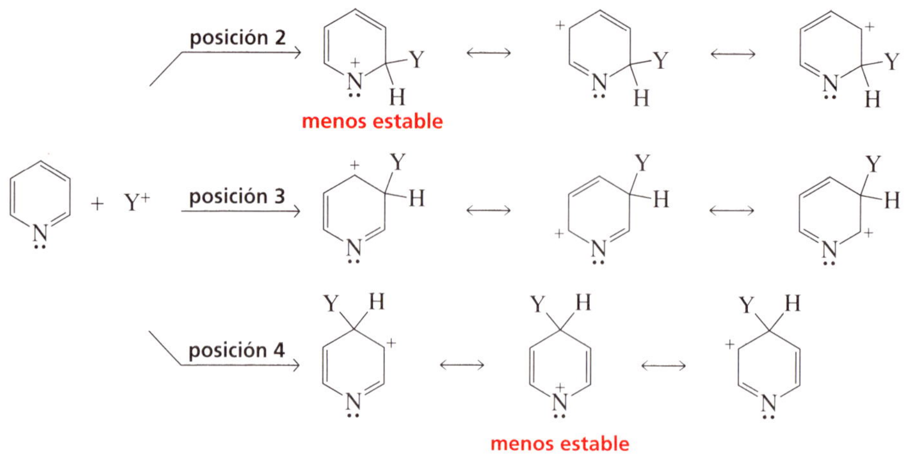

Figura 20.2
Estructuras de los compuestos intermediarios que se pueden formar en la reacción de un electrófilo con piridina.

El átomo de nitrógeno, atractor de electrones, determina que el compuesto intermediario obtenido en la sustitución electrofílica aromática de la piridina sea menos estable que el carbocatión intermediario que se obtiene en la sustitución electrofílica aromática del benceno. En consecuencia, la piridina es menos reactiva que el benceno. En realidad es todavía menos reactiva que el nitrobenceno. (Recuérdese, de la sección 15.2, que un grupo nitro, atractor de electrones, desactiva mucho a un anillo de benceno frente a la sustitución electrofílica aromática).

reactividad relativa en la sustitución electrofílica aromática

benceno > nitrobenceno > piridina > 1,3-dinitrobenceno

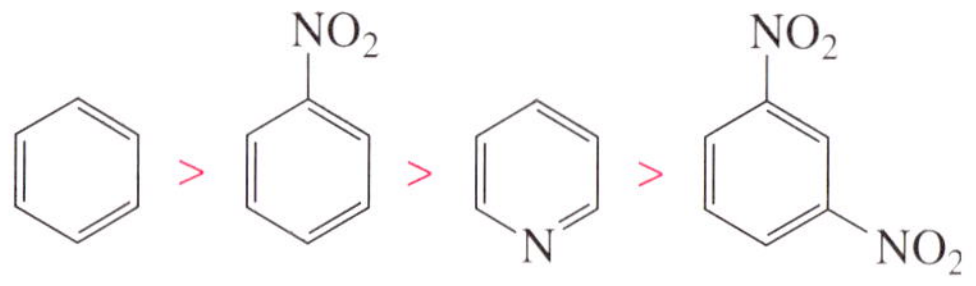

Por consiguiente, la piridina experimenta reacciones de sustitución electrofílica aromática sólo bajo condiciones vigorosas y los rendimientos de dichas reacciones son casi siempre mucho más bajos. Si en las condiciones de la reacción el nitrógeno resulta protonado, la reactividad disminuye más porque un nitrógeno con carga positiva haría al carbocatión intermediario más inestable todavía.

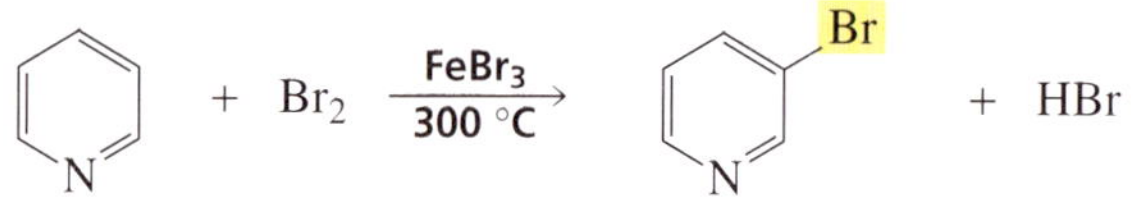

piridina + Br$_2$ $\xrightarrow{\text{FeBr}_3, 300\,°C}$ 3-bromopiridina + HBr
30%

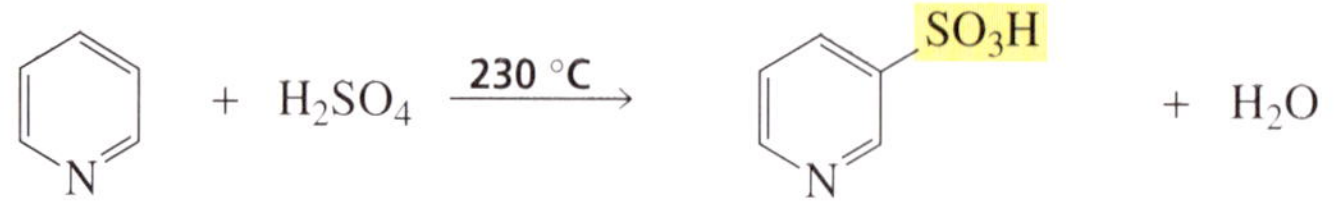

piridina + H$_2$SO$_4$ $\xrightarrow{230\,°C}$ ácido piridin-3-sulfónico + H$_2$O
71%

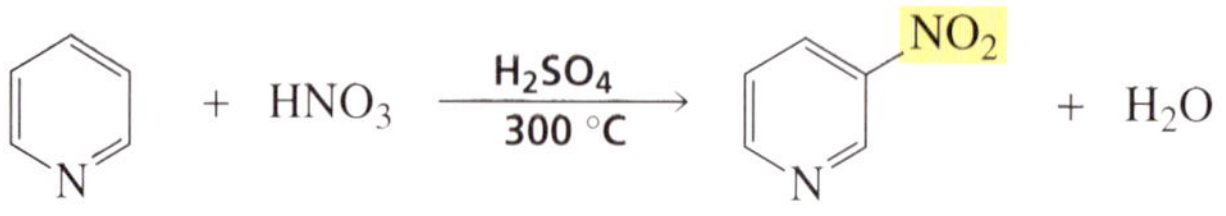

piridina + HNO$_3$ $\xrightarrow{\text{H}_2\text{SO}_4, 300\,°C}$ 3-nitropiridina + H$_2$O
22%

Ya se aprendió que los anillos de benceno muy desactivados no experimentan alquilación o acilación de Friedel-Crafts. Entonces, la piridina, cuya reactividad es parecida a la de un benceno muy desactivado, tampoco presenta dichas reacciones.

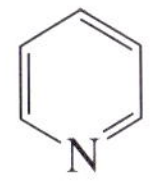

piridina + CH₃CH₂Cl —AlCl₃→ no hay reacción de sustitución electrofílica aromática

PROBLEMA 17◆

Indique cuál es el producto de la siguiente reacción:

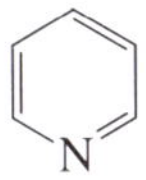

piridina + CH₃CH₂Cl —CH₃OH→

Como en reacciones de sustitución *electrofílica* aromática la piridina es *menos* reactiva que el benceno, no es de sorprender que sea *más* reactiva en reacciones de sustitución *nucleofílica* aromática. El átomo de nitrógeno, atractor de electrones, que desestabiliza al compuesto intermediario en la sustitución electrofílica aromática, lo estabiliza en la sustitución nucleofílica aromática.

La piridina es *menos* reactiva que el benceno frente a la sustitución electrofílica aromática y *más* reactiva que el benceno frente a la sustitución nucleofílica aromática.

Mecanismo de la sustitución nucleofílica aromática

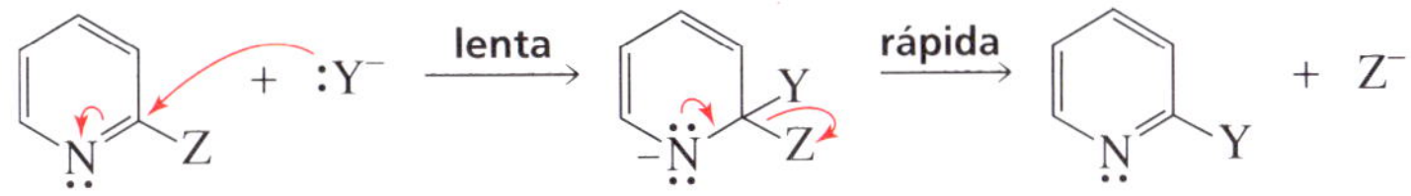

piridina-Z + :Y⁻ —lenta→ intermediario —rápida→ piridina-Y + Z⁻

La sustitución nucleofílica aromática en la piridina se hace en el C-2 y el C-4 porque el ataque a tales posiciones se forma el compuesto intermediario más estable. Sólo cuando hay ataque nucleofílico en dichas posiciones se obtiene una forma resonante que muestra la máxima densidad electrónica en el nitrógeno, el más electronegativo de los átomos del anillo (figura 20.3).

La piridina tiene sustitución nucleofílica aromática en el C-2 y en el C-4.

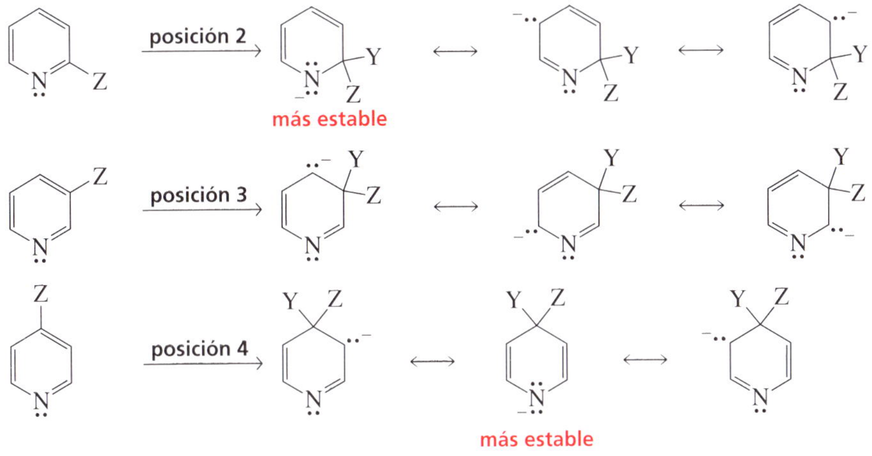

posición 2 → más estable

posición 3

posición 4 → más estable

◀ **Figura 20.3**
Estructuras de los compuestos intermediarios que se pueden formar en la reacción de un nucleófilo con piridina.

Si los grupos salientes en C-2 y C-4 son distintos, el nucleófilo que llega sustituirá de preferencia a la base más débil (el mejor grupo saliente).

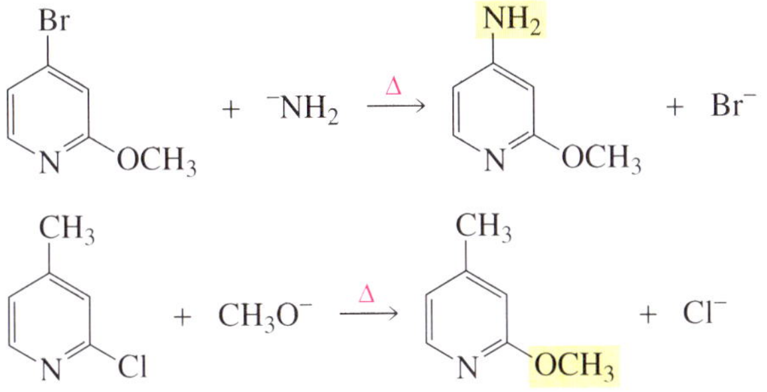

4-Br-2-OCH₃-piridina + ⁻NH₂ —Δ→ 4-NH₂-2-OCH₃-piridina + Br⁻

4-CH₃-2-Cl-piridina + CH₃O⁻ —Δ→ 4-CH₃-2-OCH₃-piridina + Cl⁻

964 CAPÍTULO 20 Más acerca de aminas • Compuestos heterocíclicos

PROBLEMA 18

Compare los mecanismos de las reacciones siguientes:

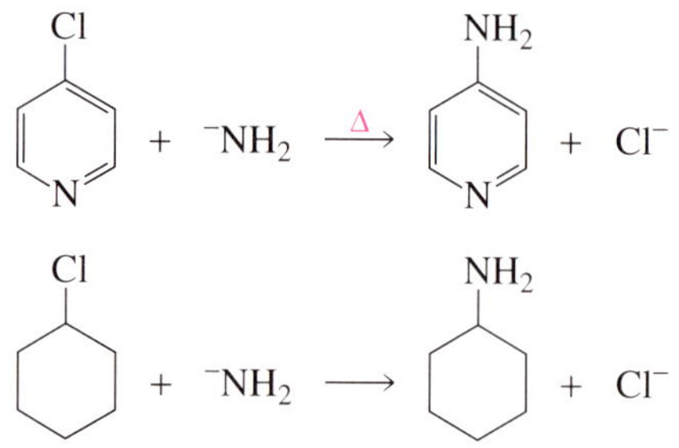

[4-cloropiridina] + ⁻NH$_2$ →(Δ) [4-aminopiridina] + Cl⁻

[clorociclohexano] + ⁻NH$_2$ → [aminociclohexano] + Cl⁻

PROBLEMA 19

a. Proponga un mecanismo para la siguiente reacción:

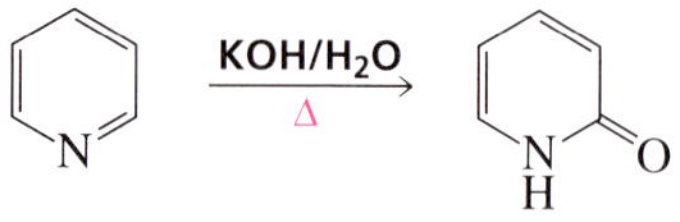

piridina →(KOH/H$_2$O, Δ) 2-piridona

b. ¿Qué otro producto se forma?

Las piridinas sustituidas participan en muchas de las reacciones de la cadena lateral de las que tiene el benceno. Por ejemplo, las piridinas sustituidas con alquilo se pueden bromar y oxidar.

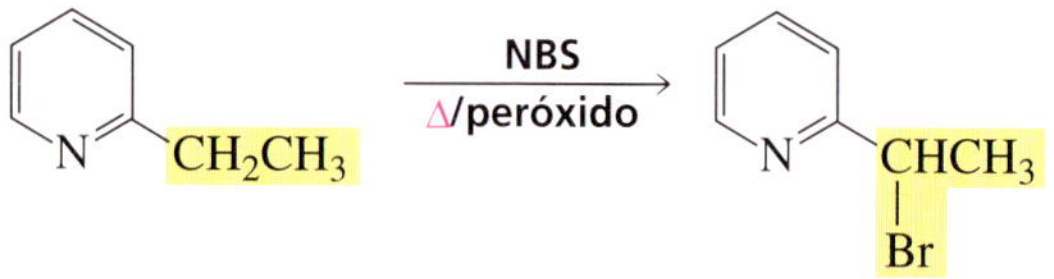

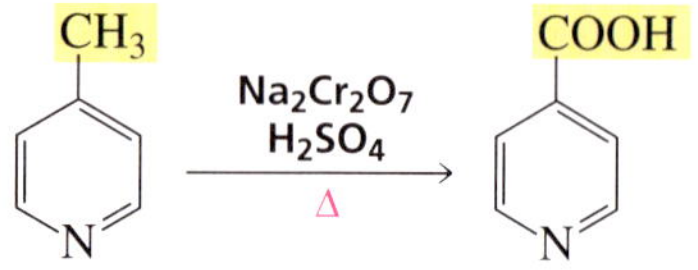

2-etilpiridina →(NBS, Δ/peróxido) 2-(1-bromoetil)piridina

4-metilpiridina →(Na$_2$Cr$_2$O$_7$, H$_2$SO$_4$, Δ) ácido isonicotínico

Cuando se diazosa la 2- o 4-aminopiridina, se forma α-piridona o γ-piridona. Parece que la sal de diazonio reacciona de inmediato con agua para formar una hidroxipiridina (sección 15.9). El producto de la reacción es una piridona porque la forma ceto de la hidroxipiridina es más estable que la forma enol. (El mecanismo de la conversión de un grupo amino primario en un grupo diazonio se vio en la sección 15.11).

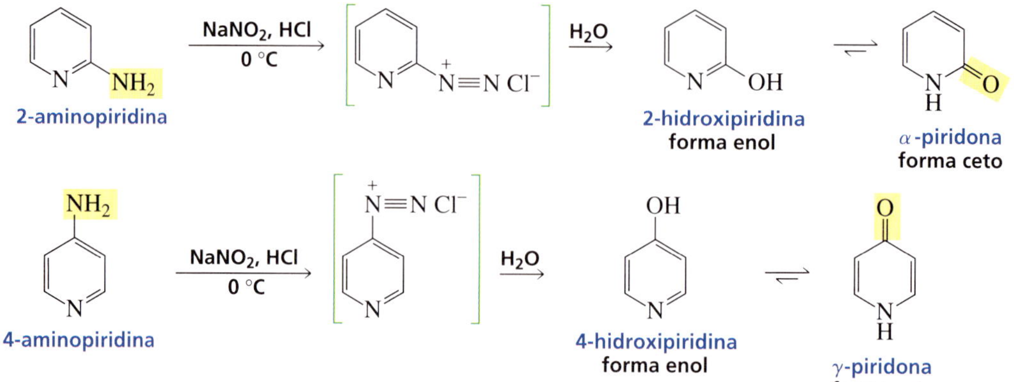

2-aminopiridina →(NaNO$_2$, HCl, 0 °C) [sal de diazonio] →(H$_2$O) **2-hidroxipiridina** forma enol ⇌ **α-piridona** forma ceto

4-aminopiridina →(NaNO$_2$, HCl, 0 °C) [sal de diazonio] →(H$_2$O) **4-hidroxipiridina** forma enol ⇌ **γ-piridona** forma ceto

El nitrógeno, atractor de electrones, determina que los hidrógenos α de los grupos alquilo unidos a las posiciones 2 y 4 del anillo de piridina tengan más o menos la misma acidez que los hidrógenos α de las cetonas (sección 18.1).

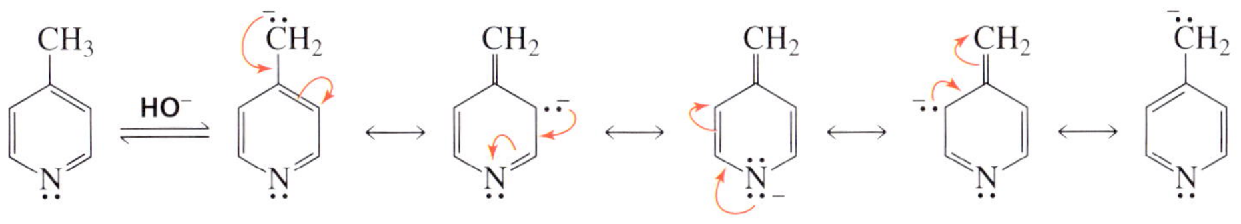

En consecuencia, los hidrógenos α de los sustituyentes alquilo se pueden eliminar con una base y los carbaniones que resultan pueden reaccionar como nucleófilos.

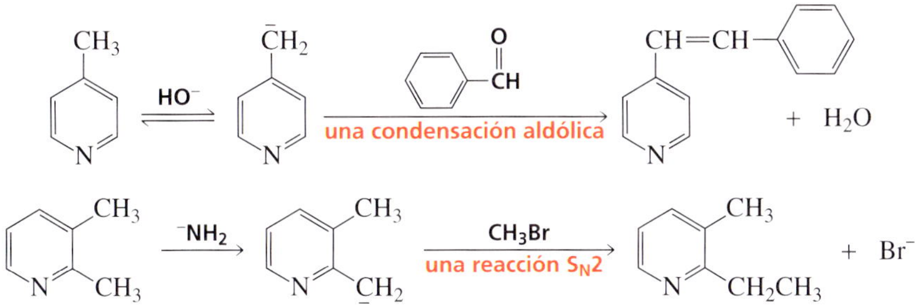

PROBLEMA 20◆

Ordene los compuestos siguientes por facilidad decreciente para eliminar un protón de un grupo metilo:

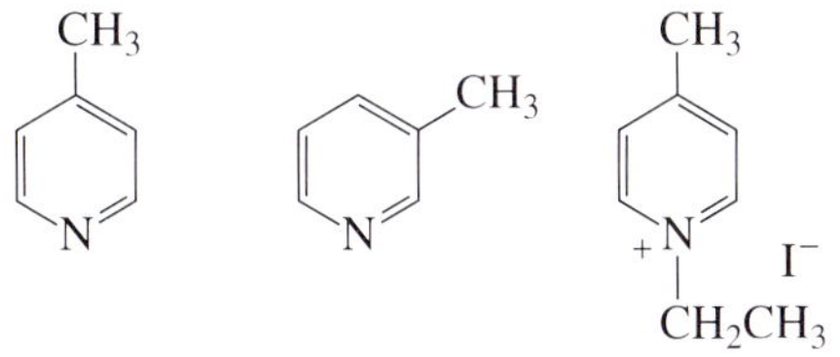

Quinolina e isoquinolina

Se considera que la quinolina y la isoquinolina son *benzopiridinas* porque presentan un anillo de benceno y también un anillo de piridina. Como el benceno y la piridina, son compuestos aromáticos. Los valores de pK_a de sus ácidos conjugados se parecen al valor de pK_a del ácido conjugado de la piridina.

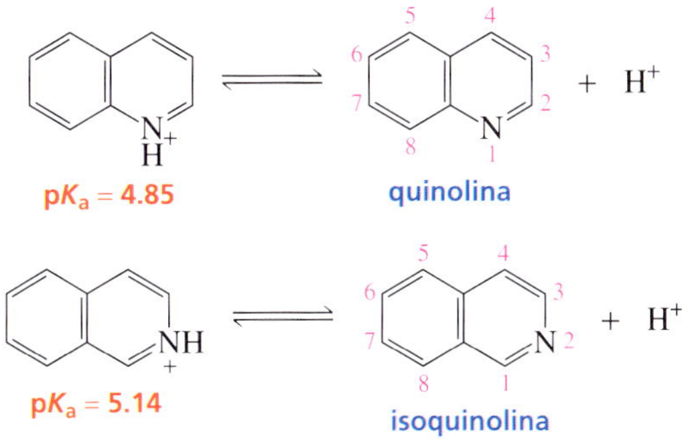

pK_a = 4.85   quinolina

pK_a = 5.14   isoquinolina

Nótese que para que los carbonos en la quinolina y la isoquinolina tengan los mismos números, al nitrógeno de la isoquinolina se le asigna la posición 2 y no el número mínimo posible.

20.10 Papeles de los heterociclos de amina en la naturaleza

Las proteínas son polímeros naturales de α-aminoácidos (capítulo 22). Tres de los 20 aminoácidos naturales más comunes contienen anillos heterocíclicos: la prolina contiene un anillo de pirrolidina, el triptófano contiene un anillo de indol, y la histidina contiene un anillo de imidazol.

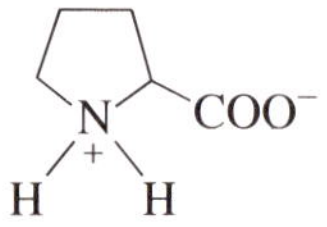

prolina 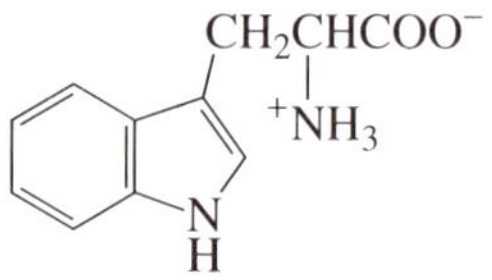   triptófano 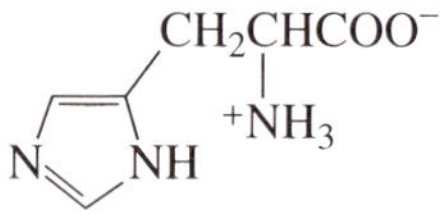   histidina

Imidazol

El **imidazol** es el anillo heterocíclico de la histidina y es el primer compuesto heterocíclico con dos heteroátomos que será revisado. Es un compuesto aromático porque es cíclico, plano, cada carbono en el anillo dispone de un orbital p y la nube π tiene *tres* pares de electrones π (sección 14.2). Los electrones que se representan como el par de electrones no enlazado en el N-1 (véase abajo) son parte de la nube π porque están en un orbital p, mientras que el par de electrones no enlazado en el N-3 no son parte de la nube π por estar en un orbital híbrido sp^2, perpendicular a los orbitales p.

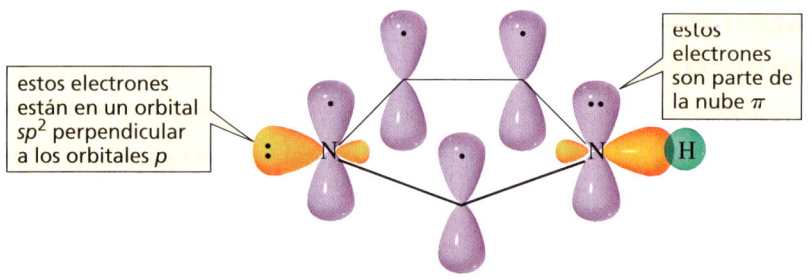

estructura de los orbitales del imidazol

La energía de resonancia del imidazol es de 14 kcal/mol (59 kJ/mol), bastante menor que la energía de resonancia del benceno (36 kcal/mol o 151 kJ/mol).

estructuras resonantes del imidazol

A diferencia del pirrol, el imidazol se protona en disoluciones ácidas porque el par de electrones no enlazado en el orbital hibrido sp^2 no son parte de la nube π. Ya que el ácido conjugado del imidazol tiene un pK_a de 6.8, el imidazol existe en sus formas protonada y no protonada en el pH fisiológico (7.3). Es una de las razones por la que la histidina, el aminoácido con un imidazol, es un componente catalítico importante de muchas enzimas (sección 23.9).

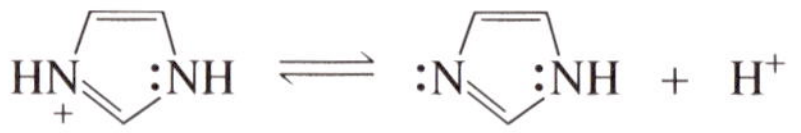

pK_a = 6.8

El imidazol neutro es un ácido más fuerte (pK_a = 14.4) que el pirrol neutro (pK_a ∼17) porque el segundo nitrógeno en el anillo funciona como atractor de electrones.

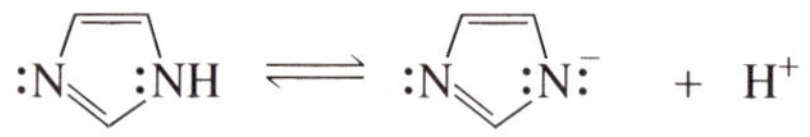

pK_a = 14.4

> Tutorial del alumno:
> Reconocimiento de anillos heterocíclicos comunes en moléculas complejas
> (Recognizing common heterocyclic rings in complex molecules)

Nótese que el imidazol protonado y el anión imidazol tienen dos estructuras resonantes equivalentes. En consecuencia, los dos nitrógenos se vuelven equivalentes cuando el imidazol se protona o se desprotona.

imidazol protonado   **anión imidazol**

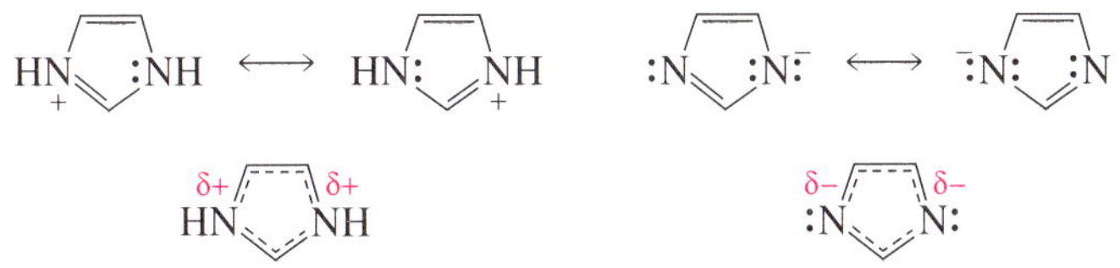

híbrido de resonancia   híbrido de resonancia

PROBLEMA 21◆

Indique cuál es el producto principal de la reacción siguiente:

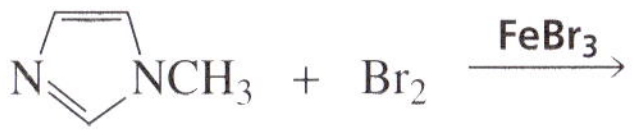

$$\text{N}\diagdown\text{NCH}_3 + \text{Br}_2 \xrightarrow{\text{FeBr}_3}$$

PROBLEMA 22◆

Ordene al imidazol, al pirrol y al benceno por reactividad decreciente en la sustitución electrofílica aromática.

PROBLEMA 23◆

El imidazol ebulle a 257°C, mientras que el *N*-metilimidazol ebulle a 199°C. Explique esta diferencia en los puntos de ebullición.

PROBLEMA 24◆

¿Qué porcentaje del imidazol se protona a pH fisiológico de 7.3?

Purina y pirimidina

Los ácidos nucleicos (ADN y ARN) contienen **purinas** sustituidas y **pirimidinas** sustituidas (sección 27.1); el ADN contiene adenina, guanina, citosina y timina (se abrevian A, G, C y T), y el ARN contiene adenina, guanina, citosina y uracilo (A, G, C y U). La causa de que el ADN contenga T y no U se explicará en la sección 27.12. La purina y la pirimidina no sustituidas no se encuentran en la naturaleza. Nótese que las hidroxipurinas e hidroxipirimidinas son más estables en la forma ceto (véase página 964). Más adelante se podrá comprobar que la preferencia hacia la forma ceto es fundamental para que se produzca un apareamiento adecuado de bases en el ADN (sección 27.3).

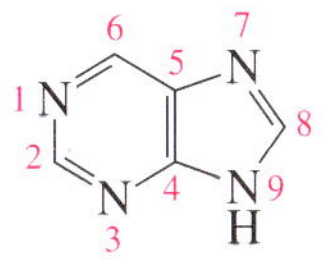

purina 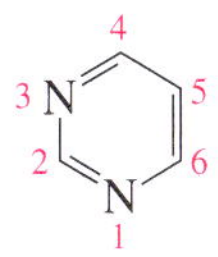   pirimidina

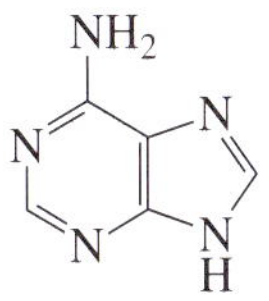

adenina 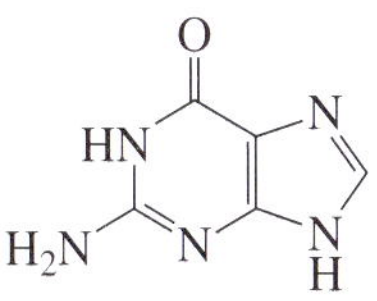   guanina 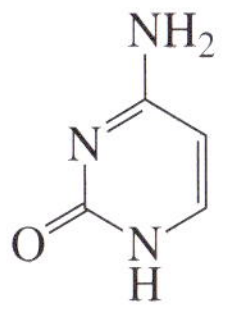   citosina 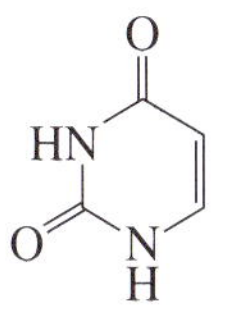   uracilo 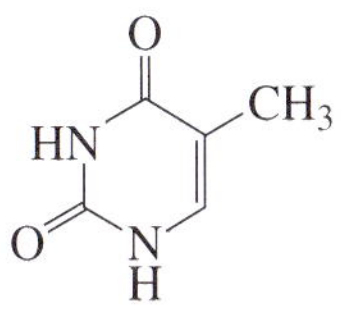   timina

Porfirina

Las *porfirinas* sustituidas son otro grupo de compuestos heterocíclicos naturales. Un **sistema de anillo de porfirina** consiste en cuatro anillos de pirrol unidos por puentes de un carbono. El hemo, que se encuentra en la hemoglobina y la mioglobina, contiene un ion de hierro (Fe^{2+}) coordinado por los cuatro nitrógenos de un sistema de anillo de porfirina. La **coordinación** es compartir electrones no enlazados con un ion metálico. El sistema de anillo de porfirina del hemo se llama **protoporfirina IX**, el sistema de anillo más el átomo de hierro se llama *ferroprotoporfirina IX*.

un sistema de anillo de porfirina

**ferroprotoporfirina IX
hemo**

La hemoglobina es responsable de transportar oxígeno a las células y de retirar dióxido de carbono de las mismas; la mioglobina es la encargada de almacenar oxígeno en las células. La hemoglobina tiene cuatro cadenas de polipéptido y cuatro grupos hemo, y la mioglobina tiene una cadena de polipéptido y un grupo hemo. Los átomos de hierro en la hemoglobina y la mioglobina, además de estar ligados a los cuatro nitrógenos del anillo de porfirina, también están ligados a una histidina del componente de proteína (globina) y el sexto ligando es oxígeno o dióxido de carbono. El monóxido de carbono tiene más o menos el mismo tamaño y forma que el O_2, pero el CO se une con más firmeza al Fe^{2+} que el O_2. Por consiguiente, respirar monóxido de carbono puede ser fatal porque se une a la hemoglobina con más fuerza que el oxígeno e interfiere con el transporte de oxígeno por el torrente sanguíneo.

El extenso sistema conjugado de la porfirina comunica a la sangre su color rojo característico. Su alta absortividad molar (unos 160,000 $M^{-1}\,cm^{-1}$) permite detectar concentraciones tan bajas como 1×10^{-8} M con la espectroscopia de UV (sección 12.17).

El sistema anular en la clorofila *a*, sustancia que determina el color verde de las plantas (sección 12.19), se parece a la porfirina, pero contiene un anillo de ciclopentanona y uno de sus anillos de pirrol se halla parcialmente reducido. El ion metálico en la clorofila *a* es magnesio (II), (Mg^{2+}).

La vitamina B_{12} también cuenta con un sistema de anillos parecido a la porfirina, pero en este caso el ion metálico es cobalto (Co^{3+}). En la sección 24.7 se describen otros aspectos de la estructura y la química de la vitamina B_{12}.

PROBLEMA 25◆

¿Es aromática la porfirina?

PORFIRINA, BILIRRUBINA E ICTERICIA

El organismo humano promedio descompone unos 6 g de hemoglobina cada día. La parte de proteína (globina) y el hierro se vuelven a utilizar, pero el anillo de porfirina se descompone, reduciéndose primero a biliverdina, un compuesto verde, y después a bilirrubina, un compuesto amarillo. Si se forma más bilirrubina que la que puede excretarse por el hígado, se acumula en la sangre. Cuando su concentración en ésta alcanza cierto nivel, se difunde hacia los tejidos y les transfiere su color amarillo. A esta alteración se le denomina ictericia.

RESUMEN

Las aminas se clasifican en primarias, secundarias o terciarias, según que uno, dos o tres hidrógenos del amoniaco se hayan sustituido por grupos alquilo. Algunas aminas son **compuestos heterocíclicos**, compuestos cíclicos en los que uno o más de los átomos del anillo no es carbono. Los anillos heterocíclicos se numeran de tal modo que el **heteroátomo** tenga el número menor posible.

El par de electrones no enlazado en el nitrógeno hace que las aminas sean bases y nucleófilos a la vez. Las aminas reaccionan como nucleófilos en reacciones de sustitución nucleofílica, en reacciones de sustitución nucleofílica en el grupo acilo, en reacciones de adición nucleofílica-eliminación y en reacciones de adición conjugada. Las aminas reaccionan como bases en reacciones ácido-base y en reacciones de eliminación.

Las aminas no pueden tener las reacciones de sustitución y de eliminación que experimentan los haluros de alquilo, porque las aminas como grupos salientes son demasiado básicas. Las aminas se pueden oxidar con facilidad. Los hidróxidos de amonio cuaternarios y los óxidos de amina tienen reacciones de eliminación E2 llamadas reacciones de eliminación de Hofmann y reacciones de eliminación de Cope, respectivamente. En ambas reacciones, se elimina el protón del carbono β que tenga la mayor cantidad de hidrógenos. Las sales cuaternarias de amonio son los **catalizadores de transferencia de fase** más comunes.

Se pueden sintetizar aminas mediante una síntesis de Gabriel, por reducción de una amida, una alquilazida, un nitrilo o un compuesto sustituido con nitro, o bien por aminación reductiva.

Los heterociclos saturados que contienen cinco o más átomos presentan propiedades físicas y químicas típicas de los compuestos acíclicos que contienen el mismo heteroátomo. El **pirrol**, el **furano** y el **tiofeno** son compuestos aromáticos heterocíclicos que experimentan reacciones de sustitución electrofílica aromática, de preferencia en el C-2. Son más reactivos que el benceno en la sustitución electrofílica aromática. Cuando se protona el pirrol, se destruye su aromaticidad. El pirrol se polimeriza en disoluciones fuertemente ácidas. El indol, el benzofurano y el benzotiofeno son compuestos aromáticos heterocíclicos que contienen un anillo aromático de cinco miembros, fusionado a un anillo de benceno.

Al sustituir uno de los carbonos del benceno por un nitrógeno se forma la **piridina**, compuesto heterocíclico aromático que tiene reacciones de sustitución electrofílica aromática en el C-3 y reacciones de sustitución nucleofílica aromática en el C-2 y en el C-4. La piridina es menos reactiva que el benceno en reacciones de sustitución electrofílica aromática y más reactiva en reacciones de sustitución nucleofílica aromática. La quinolina y la isoquinolina son compuestos aromáticos heterocíclicos que tienen un anillo de benceno y también un anillo de piridina.

El **imidazol** es un anillo heterocíclico que se encuentra en el aminoácido histidina. El ácido conjugado del imidazol presenta un pK_a = 6.8, que le permite existir tanto en las formas protonada como no protonada al pH fisiológico de 7.3. Los ácidos nucleicos (ADN y ARN) contienen **purinas** sustituidas y **pirimidinas** sustituidas. Las hidroxipurinas e hidroxipirimidinas son más estables en la forma ceto. Un **sistema de anillo de porfirina** consiste en cuatro anillos de pirrol unidos por puentes de un carbono; en la hemoglobina y la mioglobina, los cuatro átomos de nitrógeno están ligados al Fe^{2+}. El ion metálico en la clorofila a es Mg^{2+} y en la vitamina B_{12} es Co^{2+}.

RESUMEN DE REACCIONES

1. Reacciones de aminas como nucleófilos (sección 20.3)
   a. En reacciones de alquilación:

$$R'-\ddot{N}H_2 \xrightarrow{RBr} R'-\overset{+}{N}H_2\ Br^- \rightleftharpoons R'-\underset{R}{\ddot{N}H} \xrightarrow{RBr} R-\overset{\overset{R}{|}}{\underset{R}{\overset{+}{N}H}}\ Br^- \rightleftharpoons R'-\underset{R}{\overset{R}{\underset{|}{N:}}} \xrightarrow{RBr} R'-\overset{\overset{R}{|}}{\underset{R}{\overset{+}{N}-R}}\ Br^-$$

$$+\ HBr \qquad\qquad +\ HBr$$

   b. En reacciones de acilación:

$$\underset{R}{\overset{O}{\|}}{\underset{}{C}}-Cl\ +\ 2\ R'NH_2 \longrightarrow \underset{R}{\overset{O}{\|}}{\underset{}{C}}-NHR'\ +\ R'NH_3^+\ Cl^-$$

c. En reacciones de adición nucleofílica-eliminación:
  i. Reacción de una amina primaria con un aldehído o una cetona para formar una imina:

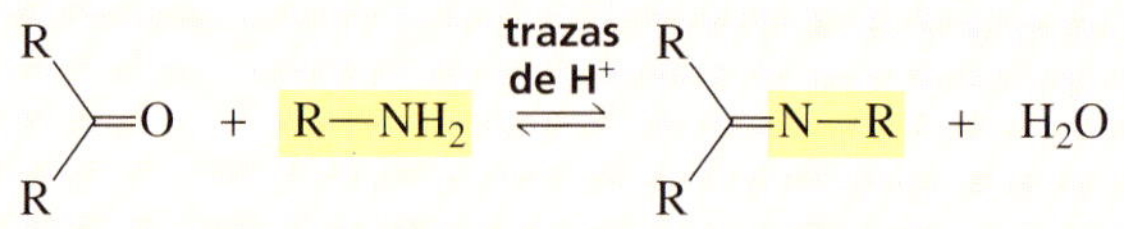

$$R_2C=O + R-NH_2 \xrightleftharpoons[]{\text{trazas de } H^+} R_2C=N-R + H_2O$$

  ii. Reacción de una amina secundaria con un aldehído o una cetona para formar una enamina:

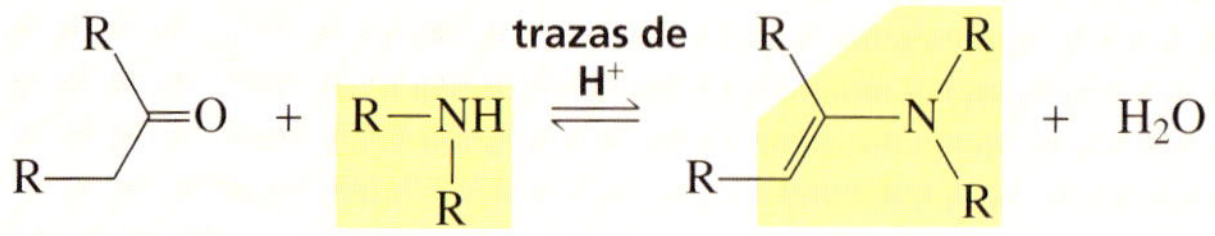

$$R_2CHC(R)=O + R_2NH \xrightleftharpoons[]{\text{trazas de } H^+} RCH=C(R)NR_2 + H_2O$$

d. En reacciones de adición conjugada:

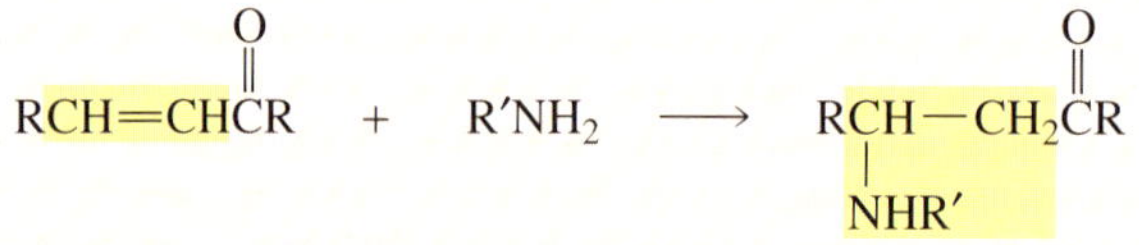

$$RCH=CHCR(=O) + R'NH_2 \longrightarrow RCH(NHR')-CH_2CR(=O)$$

2. Las arilaminas primarias reaccionan con ácido nitroso para formar sales estables de arildiazonio (sección 20.3).

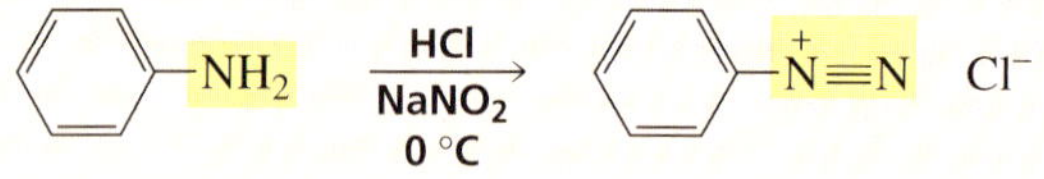

$$C_6H_5-NH_2 \xrightarrow[0\ °C]{\text{HCl, NaNO}_2} C_6H_5-\overset{+}{N}\equiv N\ \ Cl^-$$

3. Oxidación de aminas: las aminas primarias se oxidan a compuestos nitro, las aminas secundarias a hidroxilaminas y las aminas terciarias a óxidos de amina (sección 20.6).

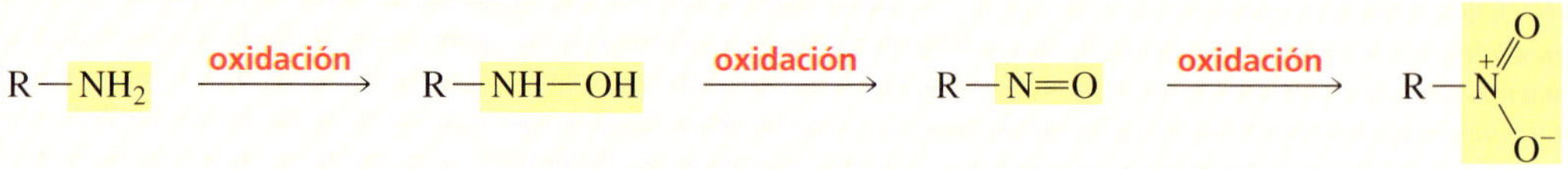

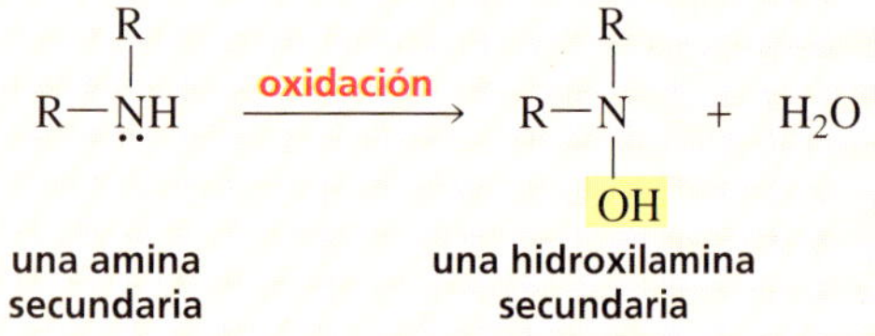

$$R-NH_2 \xrightarrow{\text{oxidación}} R-NH-OH \xrightarrow{\text{oxidación}} R-N=O \xrightarrow{\text{oxidación}} R-\overset{+}{N}(=O)O^-$$

$$R_2NH \xrightarrow{\text{oxidación}} R_2N-OH + H_2O$$
una amina secundaria → una hidroxilamina secundaria

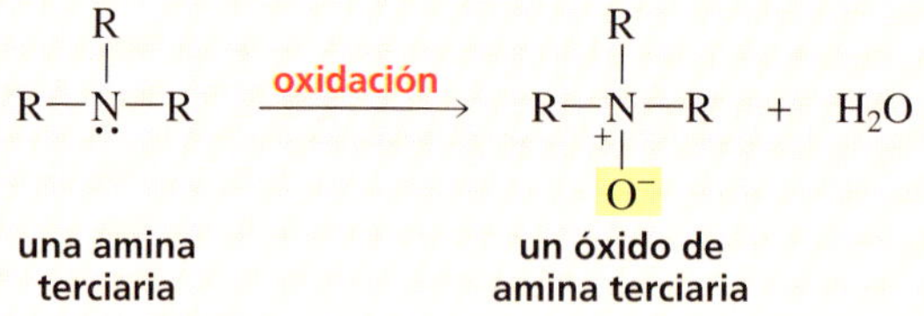

$$R_3N \xrightarrow{\text{oxidación}} R_3N^+-O^- + H_2O$$
una amina terciaria → un óxido de amina terciaria

4. Reacciones de eliminación de *hidróxidos de amonio cuaternario* o de *óxidos de amina terciaria* (secciones 20.4 y 20.6).

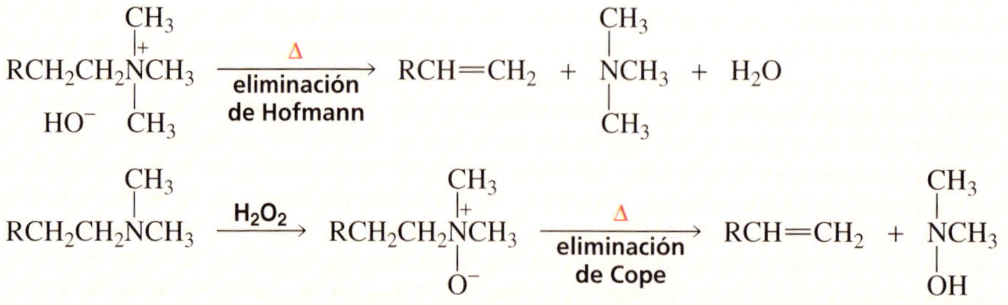

$$RCH_2CH_2\overset{+}{N}(CH_3)_3\ HO^- \xrightarrow[\text{eliminación de Hofmann}]{\Delta} RCH=CH_2 + N(CH_3)_3 + H_2O$$

$$RCH_2CH_2N(CH_3)_2 \xrightarrow{H_2O_2} RCH_2CH_2\overset{+}{N}(CH_3)_2 O^- \xrightarrow[\text{eliminación de Cope}]{\Delta} RCH=CH_2 + (CH_3)_2N-OH$$

en ambas eliminaciones, el protón se elimina del carbono β unido a más hidrógenos

5. Síntesis de aminas (sección 20.7)

   a. Síntesis de Gabriel, para aminas primarias:

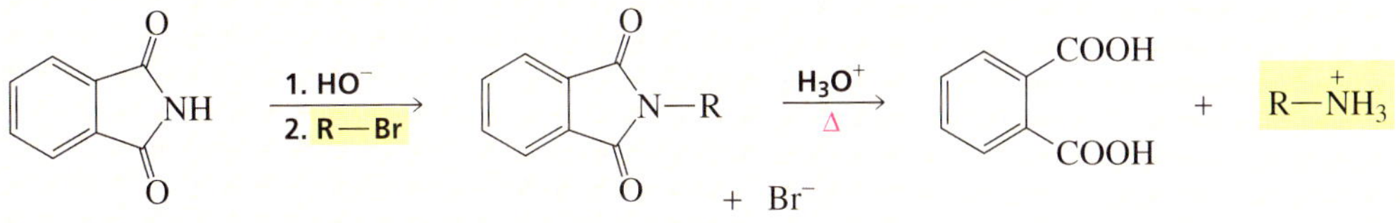

   $$\text{ftalimida} \xrightarrow[\text{2. R—Br}]{\text{1. HO}^-} \text{N-R-ftalimida} \xrightarrow[\Delta]{\text{H}_3\text{O}^+} \text{o-C}_6\text{H}_4(\text{COOH})_2 + \text{R—NH}_3^+$$

   (+ Br⁻)

   b. Reducción de una alquilazida o un nitrilo:

   $$\text{R—Br} \xrightarrow{^-\text{N}_3} \text{R—N=}\overset{+}{\text{N}}\text{=N}^- \xrightarrow{\text{H}_2 / \text{Pd/C}} \text{R—NH}_2$$

   $$\text{R—C} \equiv \text{N} \xrightarrow{\text{H}_2 / \text{Pd/C}} \text{R—CH}_2\text{NH}_2$$

   c. Reducción de un nitroalcano o nitrobenceno:

   $$\text{CH}_3\text{CH}_2\text{CH}_2\text{NO}_2 + \text{H}_2 \xrightarrow{\text{Pd/C}} \text{CH}_3\text{CH}_2\text{CH}_2\text{NH}_2$$

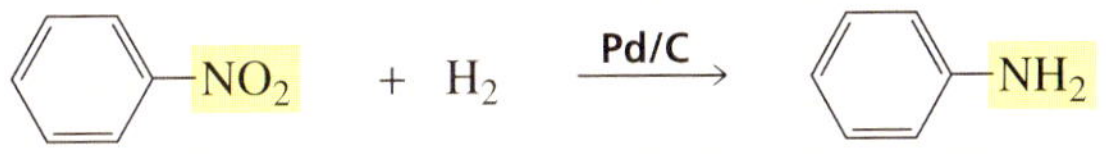

   $$\text{C}_6\text{H}_5\text{—NO}_2 + \text{H}_2 \xrightarrow{\text{Pd/C}} \text{C}_6\text{H}_5\text{—NH}_2$$

6. Reacciones de sustitución electrofílica aromática

   a. Pirrol, furano y tiofeno (sección 20.8):

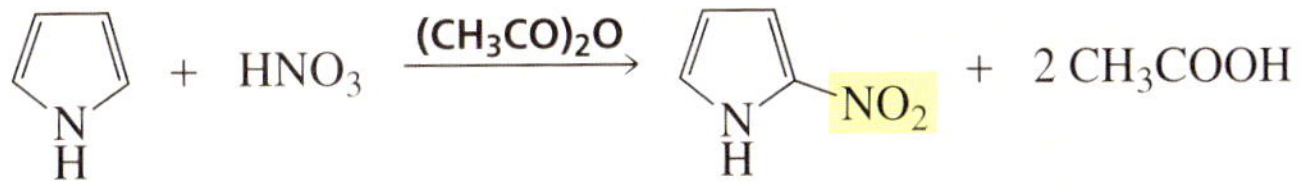

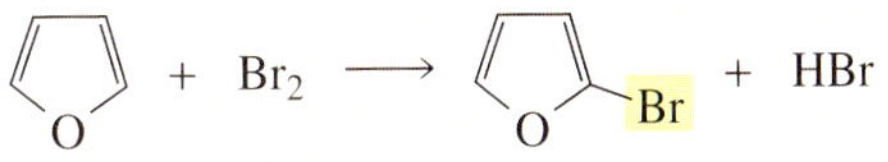

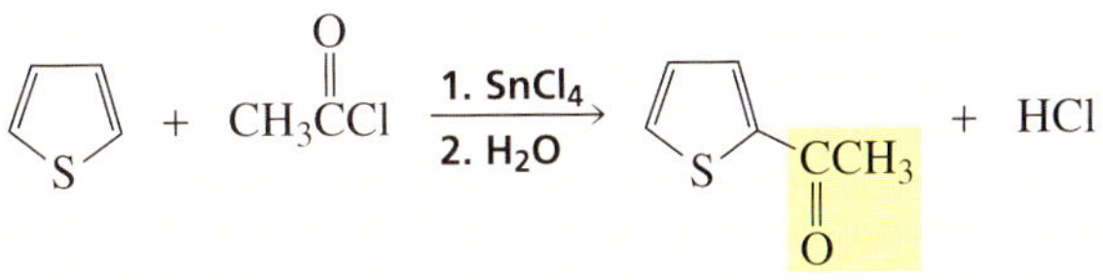

   $$\text{pirrol} + \text{HNO}_3 \xrightarrow{(\text{CH}_3\text{CO})_2\text{O}} \text{2-nitropirrol} + 2\,\text{CH}_3\text{COOH}$$

   $$\text{furano} + \text{Br}_2 \longrightarrow \text{2-bromofurano} + \text{HBr}$$

   $$\text{tiofeno} + \text{CH}_3\text{CCl} \xrightarrow[\text{2. H}_2\text{O}]{\text{1. SnCl}_4} \text{2-acetiltiofeno} + \text{HCl}$$

   b. Piridina (sección 20.9):

   $$\text{piridina} + \text{Br}_2 \xrightarrow[300\,°\text{C}]{\text{FeBr}_3} \text{3-bromopiridina} + \text{HBr}$$

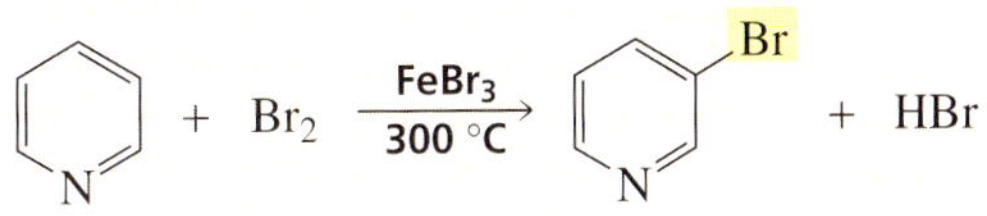

CAPÍTULO 20 Más acerca de aminas • Compuestos heterocíclicos

7. Reacciones de sustitución nucleofílica aromática de la piridina (sección 20.9)

2-cloropiridina + $^-NH_2$ $\xrightarrow{\Delta}$ 2-aminopiridina + Cl^-

4-bromopiridina + $^-NH_2$ $\xrightarrow{\Delta}$ 4-aminopiridina + Br^-

TÉRMINOS CLAVE

aminas (pág. 943)
catálisis de transferencia de fase (pág. 952)
catalizador de transferencia de fase (pág. 951)
compuesto heterocíclico (pág. 944)
coordinación (pág. 968)
furano (pág. 955)

heteroátomo (pág. 944)
heterociclo (pág. 944)
imidazol (pág. 966)
ion amonio cuaternario (pág. 947)
metilación exhaustiva (pág. 950)
piridina (pág. 960)
pirimidina (pág. 967)

pirrol (pág. 955)
purina (pág. 967)
reacción de eliminación de Cope (pág. 952)
reacción de eliminación de Hofmann (pág. 947)
sistema de anillo de porfirina (pág. 968)
tiofeno (pág. 955)

PROBLEMAS

26. Asigne nombre a los siguientes compuestos:

a. 2-metilazetidina   b. 2,3-dimetilpiperidina   c. 3-cloropirrol   d. 2-etil-5-metilpiperidina

27. Indique el producto de cada una de las reacciones siguientes:

a. pirrolidina + C_6H_5COCl →

b. 2-bromopiridina + HO^- →

c. $CH_3CH_2CH_2CH_2Br$ $\xrightarrow{\text{1. } ^-C\equiv N}_{\text{2. } H_2, Pd/C}$

d. 2-metilfurano + CH_3CCl(=O) →

e. 2-cloropiridina $\xrightarrow{C_6H_5Li}$

f. ciclohexilamina + $CH_3CH_2CH_2Br$ →

g. pirrol + $C_6H_5\overset{+}{N}\equiv N$ →

h. 2-metilpiridina $\xrightarrow{\text{1. } ^-NH_2}_{\text{2. } CH_3CH_2CH_2Br}$

i. 2-bromotiofeno $\xrightarrow[\text{2. } CO_2]{\text{1. } Mg/Et_2O}$ 3. H^+

28. Ordene los compuestos siguientes por acidez decreciente:

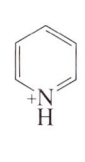

piridinio, pirrolio, piperidina, imidazolio, imidazol, pirrol, piperidinio

29. ¿Cuál de los siguientes compuestos es más fácil de descarboxilar?

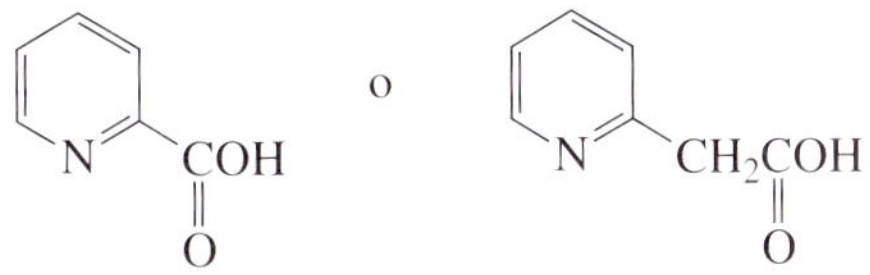

30. Ordene los siguientes compuestos por reactividad decreciente en reacciones de sustitución electrofílica aromática:

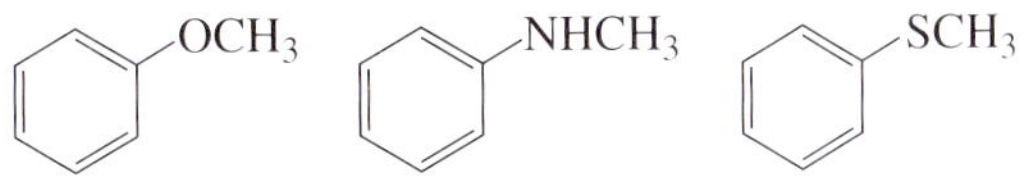

31. Uno de los compuestos siguientes tiene sustitución electrofílica aromática principalmente en el C-3 y uno la tiene preferentemente en el C-4. ¿Cuál es cuál?

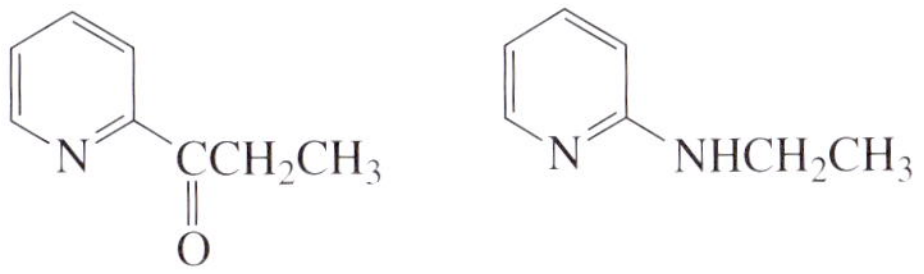

32. El benceno tiene reacciones de sustitución electrofílica aromática con las aziridinas en presencia de un ácido de Lewis como $AlCl_3$.
    a. ¿Cuáles son los productos principal y secundario de la siguiente reacción?

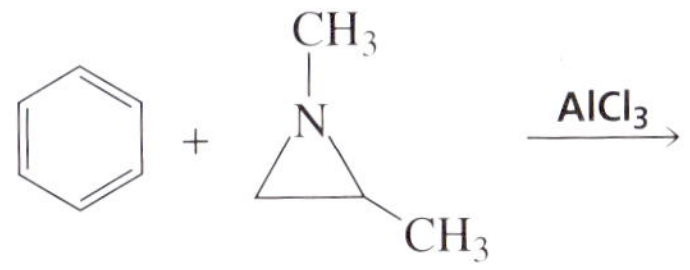

    b. ¿Cree usted que los epóxidos tengan reacciones parecidas?

33. Una degradación de Hofmann de una amina primaria forma un alqueno que a su vez forma butanal y 2-metoxipropanal, por ozonólisis y su posterior tratamiento bajo condiciones reductoras. Identifique la amina.

34. Los momentos dipolares del furano y tetrahidrofurano tienen la misma dirección. Un compuesto tiene 0.70 D de momento dipolar, y el otro de 1.73 D. ¿Cuál es cuál?

35. Indique cómo se puede sintetizar la niacina, una vitamina, a partir de la nicotina.

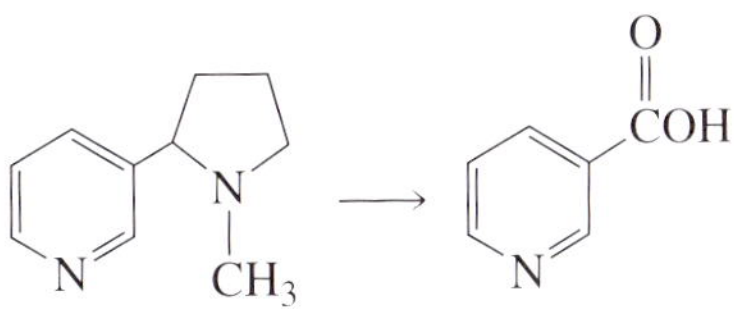

    nicotina → niacina

36. Los desplazamientos químicos del hidrógeno en C-2 en los espectros del pirrol, de la piridina y de la pirrolidina son δ 2.82, δ 6.42 y δ 8.50 (no están en orden). Indique a qué sustancia corresponde cuál desplazamiento.

37. Explique por qué la protonación de la anilina tiene un efecto notable sobre su espectro UV, mientras que la protonación de la piridina sólo tiene un efecto pequeño en su espectro UV.

CAPÍTULO 20 Más acerca de aminas • Compuestos heterocíclicos

38. Explique por qué el pirrol (pK_a ~ 17) es un ácido mucho más fuerte que el amoniaco (pK_a = 36).

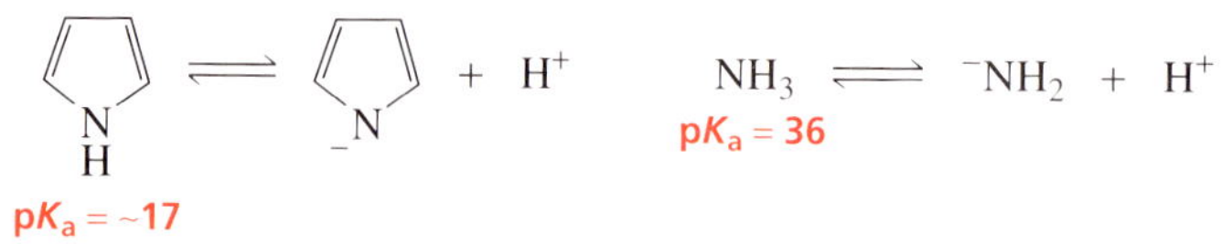

$$\text{pirrol-H} \rightleftharpoons \text{pirrol}^- + H^+ \qquad NH_3 \rightleftharpoons {}^-NH_2 + H^+$$
pK_a = ~17 , pK_a = 36

39. Proponga un mecanismo para la siguiente reacción:

$$2 \text{ pirrol} + H_2C=O \xrightarrow{\text{trazas de } H^+} \text{dipirrolmetano}$$

40. Las quinolinas se suelen sintetizar con un método llamado síntesis de Skraup, donde la anilina reacciona con glicerina bajo condiciones ácidas. Se agrega nitrobenceno a la mezcla de reacción, como agente oxidante. El primer paso en la síntesis es la deshidratación de la glicerina para formar propenal.

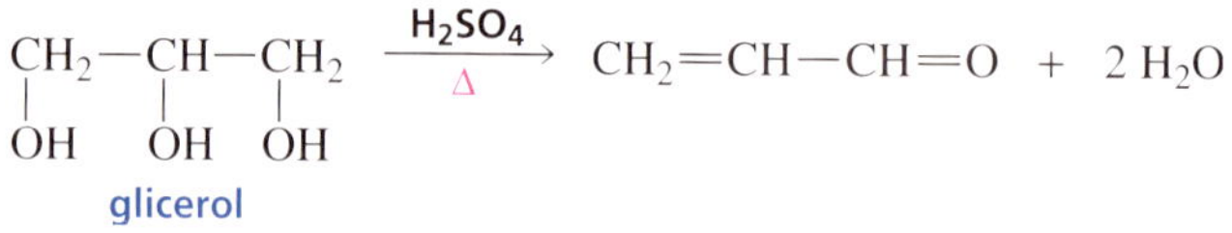

$$\underset{\text{glicerol}}{CH_2(OH)-CH(OH)-CH_2(OH)} \xrightarrow[\Delta]{H_2SO_4} CH_2=CH-CH=O + 2\,H_2O$$

  a. ¿Qué producto se obtendría si se usara *para*-etilanilina en lugar de anilina?
  b. ¿Qué producto se obtendría si se usara 3-hexen-2-ona en lugar de glicerina?
  c. ¿Qué materiales de partida se necesitan para sintetizar 2,7-dietil-3-metilquinolina?

41. Proponga un mecanismo para cada una de las reacciones siguientes:

  a. 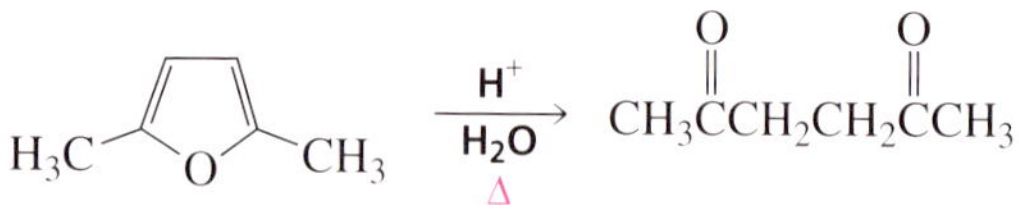 2,5-dimetilfurano $\xrightarrow[\Delta]{H^+, H_2O}$ $CH_3COCH_2CH_2COCH_3$

  b. 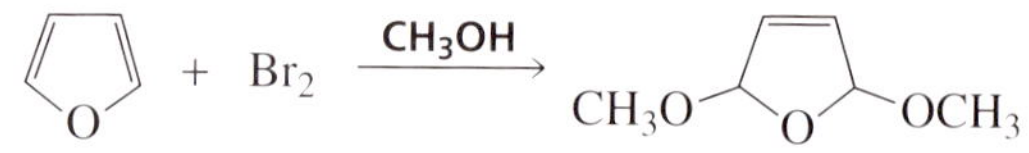 furano + Br_2 $\xrightarrow{CH_3OH}$ 2,5-dimetoxi-2,5-dihidrofurano

42. Indique cuál es el producto principal de cada una de las reacciones siguientes:

  a. 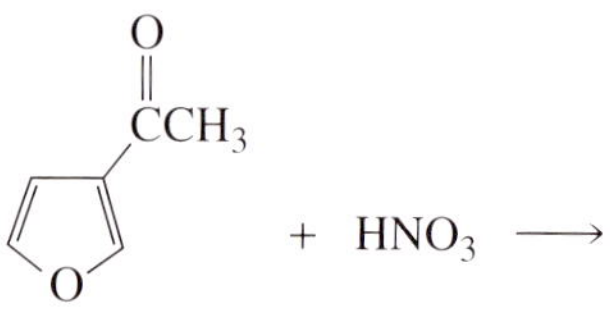 3-acetilfurano + HNO_3 →

  b. 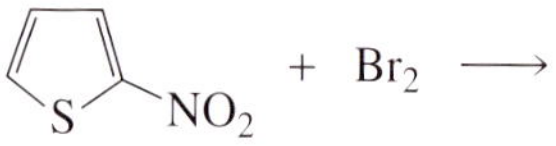 2-nitrotiofeno + Br_2 →

  c. 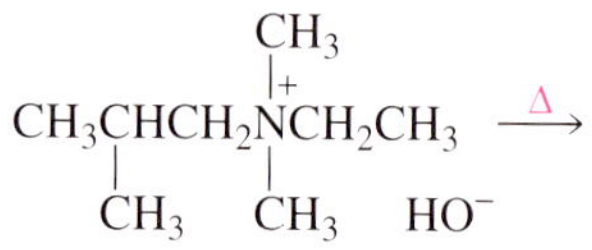 $CH_3CH(CH_3)CH_2\overset{+}{N}(CH_3)(CH_3)CH_2CH_3 \;\; HO^- \xrightarrow{\Delta}$

  d. 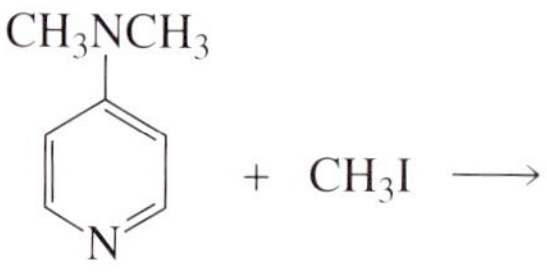 4-(dimetilamino)piridina + CH_3I →

  e. 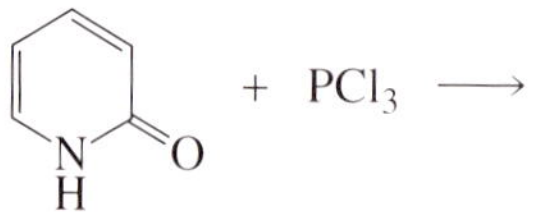 2-piridona + PCl_3 →

  f. 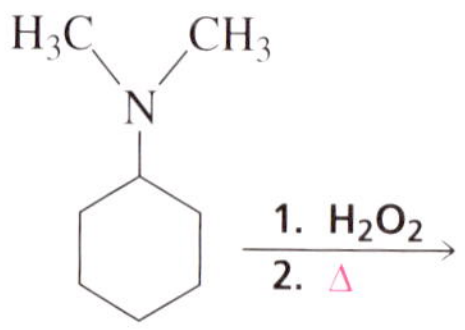 N,N-dimetilciclohexilamina $\xrightarrow{1.\,H_2O_2,\;2.\,\Delta}$

  g. 1,4-dimetilpiridinio $\xrightarrow{1.\,HO^-,\;2.\,H_2C=O,\;3.\,H^+}$

  h. pirrol + CH_3CH_2MgBr →

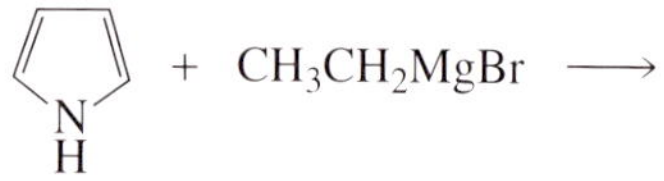

  i. 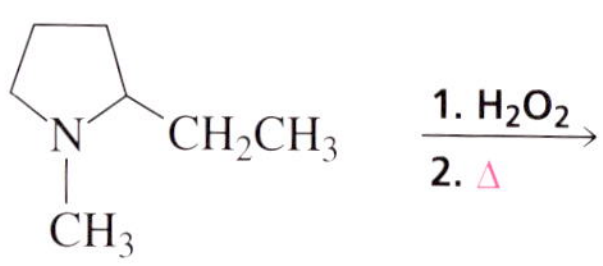 1-metil-2-etilpirrolidina $\xrightarrow{1.\,H_2O_2,\;2.\,\Delta}$

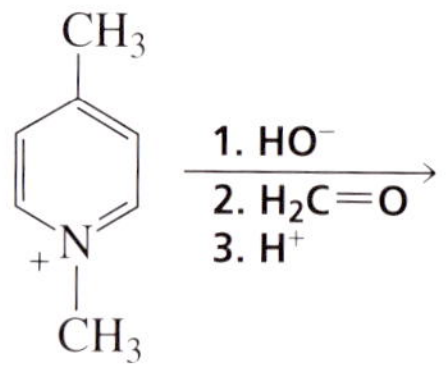

43. Cuando la piperidina pasa por la serie de reacciones que se indican abajo, se obtiene 1,4-pentadieno como producto. Cuando las cuatro diferentes piperidinas sustituidas con metilo pasan por la misma serie de reacciones, cada una forma un dieno: 1,5-hexadieno, 1,4-pentadieno, 2-metil-1,4-pentadieno y 3-metil-1,4-pentadieno. ¿Cuál piperidina sustituida con metilo produce cuál dieno?

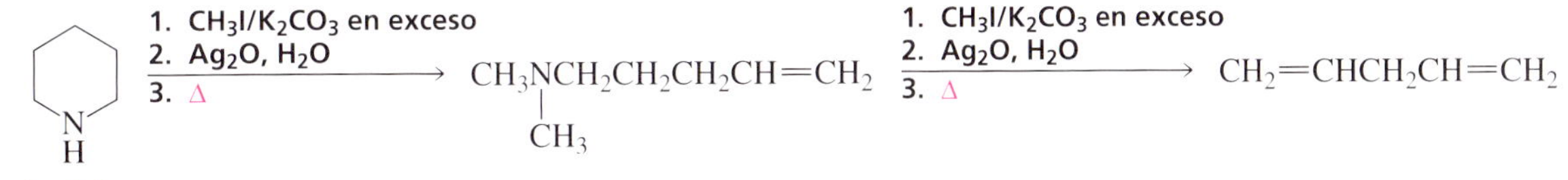

piperidina → (1. CH₃I/K₂CO₃ en exceso, 2. Ag₂O, H₂O, 3. Δ) → CH₃NCH₂CH₂CH₂CH=CH₂ (con CH₃ en N) → (1. CH₃I/K₂CO₃ en exceso, 2. Ag₂O, H₂O, 3. Δ) → CH₂=CHCH₂CH=CH₂

44. a. Trace las formas resonantes que indiquen por qué el *N*-óxido de piridina es más reactivo que la piridina frente a la sustitución electrofílica aromática.
  b. ¿En qué posiciones tiene el *N*-óxido de piridina la sustitución electrofílica aromática?

45. Proponga un mecanismo para la siguiente reacción:

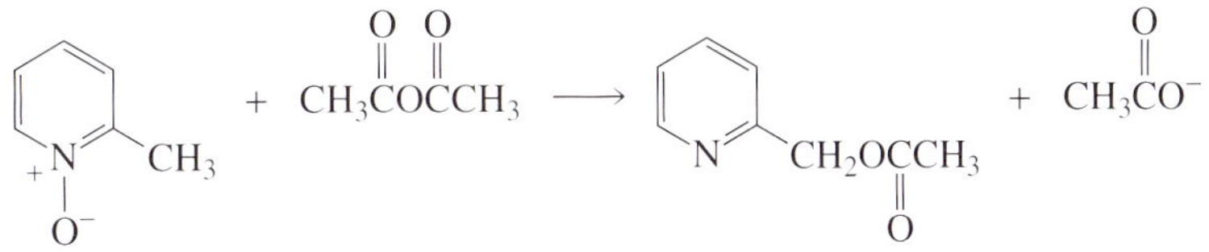

2-metil-*N*-óxido de piridina + CH₃COOCCH₃ (anhídrido acético) ⟶ 2-(acetoximetil)piridina + CH₃CO⁻

46. Explique por qué el ion aziridinio tiene un pK_a bastante más bajo (8.0) que el de un ion amonio secundario (~11). (*Sugerencia:* recuerde que mientras más grande sea el ángulo de enlace, será mayor el carácter *s*, y cuanto mayor sea el carácter *s* el átomo es más electronegativo).

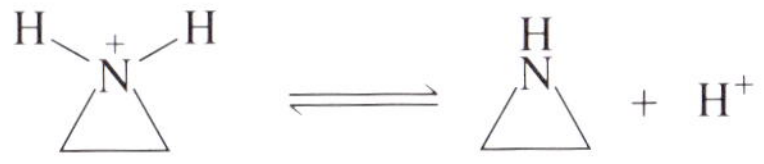

ion aziridinio pK_a = 8.04 ⇌ aziridina + H⁺

47. El pirrol reacciona con un exceso de *para*-(*N,N*-dimetilamino)benzaldehído para formar un compuesto muy colorido. Dibuje la estructura del compuesto colorido.

48. Se prepara 2-fenilindol con la reacción de acetofenona y fenilhidrazina, método llamado síntesis de indol de Fischer. Proponga un mecanismo para esta reacción. (*Sugerencia:* la especie reactiva es la enamina tautómera de la fenilhidrazona).

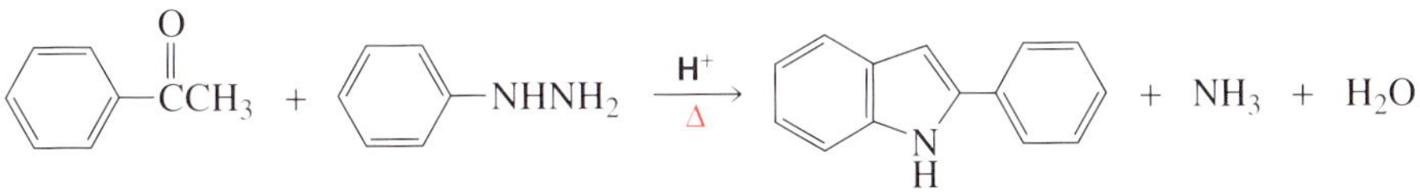

C₆H₅COCH₃ + C₆H₅NHNH₂ →(H⁺, Δ) 2-fenilindol + NH₃ + H₂O

49. ¿Qué materiales iniciales se requieren para sintetizar los compuestos siguientes usando la síntesis de índoles de Fischer? (*Sugerencia:* vea el problema 48).

  a. 2-etilindol   **b.** 3-etilindol   **c.** 1,2,3,4-tetrahidrocarbazol

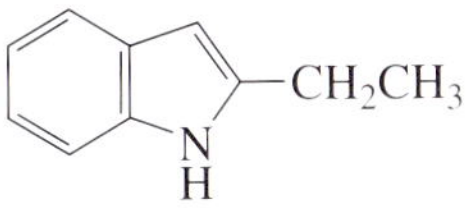

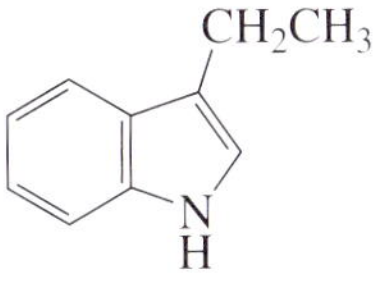

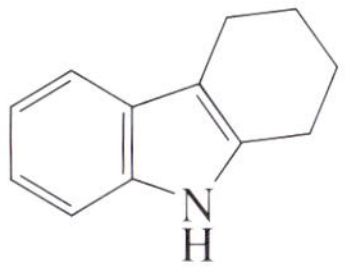

50. En química orgánica se trabaja con tetrafenilporfirinas más que con porfirinas porque las tetrafenilporfirinas son mucho más resistentes a la oxidación por el aire. Se puede preparar tetrafenilpofirina con la reacción de condensación del benzaldehído con pirrol. Proponga un mecanismo para la formación del sistema de anillos que se muestra a continuación:

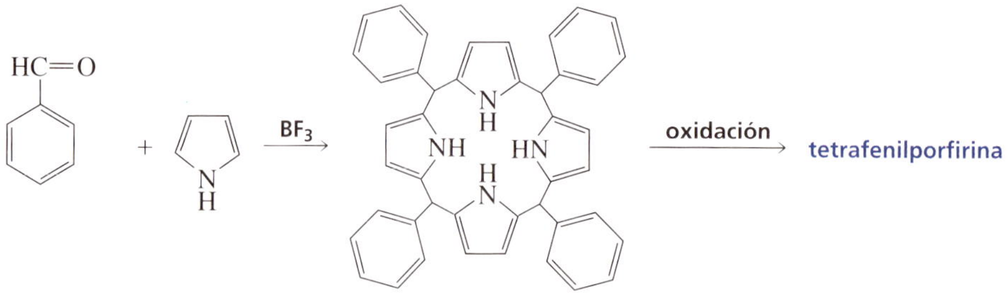

PARTE 8

Compuestos bioorgánicos

En los **capítulos 21 a 27** se describe la química de los compuestos orgánicos que existen en los sistemas biológicos. Muchos de tales compuestos son más grandes que los que se revisaron hasta ahora y pueden tener más de un grupo funcional, pero los principios que gobiernan su estructura y reactividad son, en esencia, los mismos que gobiernan la estructura y reactividad de los compuestos que hasta aquí se han estudiado. Por consiguiente, estos capítulos darán al lector la oportunidad de repasar gran parte de la química orgánica que aprendió y aplicarla en compuestos que se encuentran en el mundo biológico.

CAPÍTULO 21
Carbohidratos

El **capítulo 21** presenta la química de los carbohidratos, la clase más abundante de compuestos en el mundo biológico. Primero se estudian las estructuras y reacciones de los monosacáridos. A continuación se revisa la forma en que se unen para formar disacáridos y polisacáridos. En la naturaleza hay muchos ejemplos de carbohidratos que se describirán.

CAPÍTULO 22
Aminoácidos, péptidos y proteínas

El **capítulo 22** comienza describiendo las propiedades físicas de los aminoácidos. A continuación se explica cómo se unen los aminoácidos para formar péptidos y proteínas. También se realiza el estudio de cómo se obtienen las proteínas en el laboratorio. Después, al leer el capítulo 27, será posible comparar lo anterior con la forma en que se sintetizan en la naturaleza. Lo que aprenderá de la estructura de las proteínas en este capítulo lo preparará para comprender la forma en que las enzimas catalizan las reacciones químicas, que se describen en el capítulo 23.

CAPÍTULO 23
Catálisis

El **capítulo 23** comienza describiendo las diversas formas en que pueden catalizarse las reacciones orgánicas, para después indicar cómo emplean las enzimas estos mismos métodos para catalizar reacciones en los sistemas biológicos.

CAPÍTULO 24
Mecanismos orgánicos de las coenzimas

El **capítulo 24** describe la química de las coenzimas, compuestos orgánicos que algunas enzimas necesitan para catalizar reacciones biológicas. Las coenzimas desempeñan diversos papeles químicos: algunas funcionan como agentes oxidantes y reductores; otras permiten que se deslocalicen los electrones, y unas más activan grupos para que reaccionen, al tiempo que otras proporcionan buenos nucleófilos o bases fuertes que se necesitan en las reacciones. Como las coenzimas se derivan de las vitaminas, el lector comprenderá por qué son necesarias las vitaminas en muchas de las reacciones orgánicas que tienen lugar en los sistemas biológicos.

CAPÍTULO 25
La química del metabolismo

El **capítulo 25** examina las reacciones que efectúan los organismos vivos para obtener la energía que necesitan y para sintetizar los compuestos que requieren.

CAPÍTULO 26
Lípidos

El **capítulo 26** describe la química de los lípidos. Los lípidos son compuestos insolubles en agua presentes en animales y plantas. Primero se estudia la estructura y funciones de distintas clases de lípidos. A continuación el lector podrá comprender asuntos como lo relacionado a la forma en que la aspirina evita la inflamación, qué determina que la mantequilla se vuelva rancia y cómo se sintetizan el colesterol y otros terpenos en la naturaleza.

CAPÍTULO 27
Nucleósidos, nucleótidos y ácidos nucleicos

En el **capítulo 27** se expone la química y estructuras de los nucleósidos, nucleótidos y ácidos nucleicos (ARN y ADN). Verá el lector, desde un punto de vista mecanístico, por qué el ATP es el portador universal de energía química, la forma en que se unen los nucleótidos para formar ácidos nucleicos, y por qué el ADN contiene timina y no uracilo; también la forma en que los mensajes codificados en el ADN se transcriben en ARNm y después se traducen en proteínas. Asimismo, se explica cómo se determina la secuencia de bases en el ADN y cómo se puede sintetizar ADN con secuencias específicas de bases.

CAPÍTULO 21
Carbohidratos

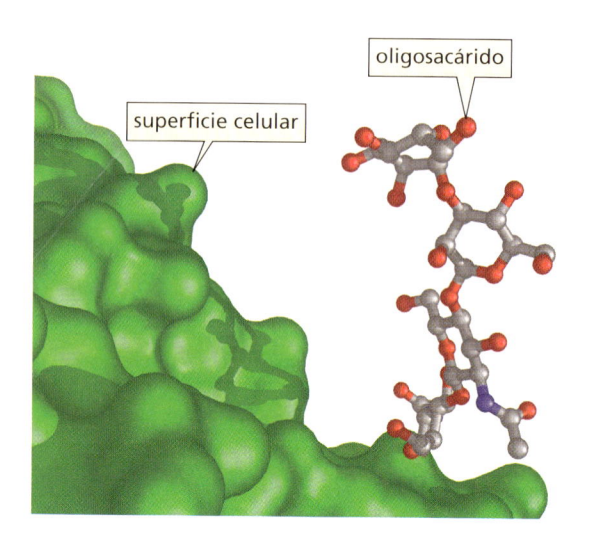

ANTECEDENTES

SECCIÓN 21.5 Una base puede abstraer el protón del carbono α de un aldehído o una cetona para formar un ion enolato (18.3).

SECCIÓN 21.6 Los aldehídos se reducen a alcoholes primarios y las cetonas se reducen a alcoholes secundarios (19.1).

SECCIÓN 21.6 Los aldehídos y los alcoholes primarios se oxidan y forman ácidos carboxílicos (10.5).

SECCIÓN 21.7 Un aldehído (o una cetona) reacciona con un derivado del amoniaco y forma un compuesto con un enlace tipo imina (17.8).

SECCIÓN 21.8 Una imina se hidroliza bajo condiciones ácidas y forma un aldehído (o una cetona) y amoniaco (o una amina) (17.8).

SECCIÓN 21.9 Los nitrilos son inestables en disoluciones básicas (17.7).

SECCIONES 21.11 Y 21.14 Los aldehídos y las cetonas reaccionan con los alcoholes para formar hemiacetales y hemicetales, los que a su vez reaccionan con alcoholes para formar acetales y cetales (17.10). Estas reacciones son fundamentales para la estructura y el comportamiento de los carbohidratos.

Los **compuestos bioorgánicos** son compuestos orgánicos presentes en sistemas biológicos. Sus estructuras pueden ser bastante complejas, pero su reactividad está gobernada por los mismos principios que las moléculas orgánicas comparativamente más simples que se han descrito hasta ahora. Las reacciones orgánicas que se efectúan en el laboratorio son, en muchos aspectos, iguales que las que realiza la naturaleza dentro de una célula viva. En otras palabras, uno puede imaginar que las reacciones bioorgánicas son reacciones orgánicas que se efectúan en matraces diminutos llamados células.

La mayor parte de los compuestos bioorgánicos tiene estructuras más complicadas que las de los compuestos orgánicos que el lector está acostumbrado a ver, pero no debe permitir que tales estructuras lo engañen y le conviene considerar que la química aprendida tiene la misma complejidad. Una razón de que las estructuras de los compuestos bioorgánicos sean más complicadas es que dichos compuestos deben poder reconocerse entre sí. Gran parte de su estructura justifica esa finalidad, función que se llama **reconocimiento molecular**.

El primer grupo de compuestos bioorgánicos que se estudiará son los *carbohidratos*, la clase más abundante de compuestos en el mundo biológico, que forma más de 50% de la masa seca de la biomasa en la Tierra. Los carbohidratos son componentes importantes de todos los organismos vivos y desempeñan diversas funciones. Algunos son componentes estructurales de las células; otros funcionan como sitios de reconocimiento en las superficies celulares. Por ejemplo, el primer evento en la vida de cada ser es el de un espermatozoide reconociendo un carbohidrato en la superficie externa de un óvulo. Hay otros carbohidratos que sirven como fuente principal de energía metabólica. Por ejemplo, las hojas, las frutas, las semillas, los tallos y las raíces de las plantas contienen carbohidratos que utilizan para satisfacer sus propias necesidades metabólicas, pero también pueden satisfacer las necesidades metabólicas de los animales que comen dichas plantas.

En un principio, los químicos notaron que los carbohidratos tenían fórmulas moleculares que los hacían parecer hidratos de carbono, $C_n(H_2O)_n$, y de ahí deriva su nombre. Sin embargo, estudios estructurales posteriores indicaron que tales compuestos *no* son hidratos porque no contienen moléculas intactas de agua; no obstante, el término "carbohidrato" persiste.

Los **carbohidratos** son polihidroxialdehídos, como la D-glucosa, polihidroxicetonas, como la D-fructosa, y compuestos, como la sacarosa, formada por la unión entre polihidroxialdehídos o polihidroxicetonas (sección 21.17). Las estructuras químicas de los carbohidratos se representan con frecuencia con notación de cuñas y líneas o con proyecciones de Fischer. Observe que tanto la D-glucosa como la D-fructosa denotan la fórmula molecular $C_6H_{12}O_6$, consistente con la fórmula general $C_6(H_2O)_6$, que hizo creer a los primeros químicos que tales compuestos eran hidratos de carbono.

Recuérdese, de la sección 5.7, que los enlaces horizontales se dirigen hacia el espectador y los verticales se alejan de él, en las proyecciones de Fischer.

estructura de cuñas y líneas | proyección de Fischer
D-glucosa
un polihidroxialdehído

estructura de cuñas y líneas | proyección de Fischer
D-fructosa
una polihidroxicetona

El carbohidrato más abundante en la naturaleza es la glucosa. Las células vivas oxidan a la glucosa en el primero de una serie de procesos con los que se abastecen de energía. Cuando los animales tienen más glucosa que la que necesitan para satisfacer su requerimiento de energía, convierten el exceso en un polímero llamado glucógeno (sección 21.18). Después, cuando el animal necesita energía, el glucógeno se rompe y forma moléculas individuales de glucosa. Las plantas convierten el exceso de glucosa en un polímero llamado almidón. La celulosa, el principal componente estructural de las plantas, es otro polímero de la glucosa. La quitina, un carbohidrato similar a la celulosa, forma el exoesqueleto de los crustáceos, los insectos y de otros artrópodos, y también es el material estructural de los hongos.

Los animales obtienen glucosa del alimento que contiene glucosa, como son las plantas. Las plantas producen glucosa mediante la *fotosíntesis*. Durante la fotosíntesis, las plantas toman agua por sus raíces y el dióxido de carbono del aire para sintetizar glucosa y producir oxígeno. Como la fotosíntesis es el proceso inverso con el que los organismos obtienen energía, en especial la oxidación de glucosa a dióxido de carbono y agua, las plantas requieren energía para efectuar la fotosíntesis. Obtienen la que necesitan de la luz solar, que capturan las moléculas de clorofila en las plantas verdes. La fotosíntesis recupera el CO_2 que exhalan los animales como desecho y genera el O_2 que inhalan los animales para sostener su vida. Casi todo el oxígeno en la atmósfera procede de procesos fotosintéticos.

$$C_6H_{12}O_6 + 6\,O_2 \underset{\text{fotosíntesis}}{\overset{\text{oxidación}}{\rightleftharpoons}} 6\,CO_2 + 6\,H_2O$$
glucosa

21.1 Clasificación de los carbohidratos

Se usarán en forma equivalente los términos "carbohidrato", "sacárido" y "azúcar". "Sacárido" proviene de "azúcar" en varios idiomas primitivos (*sarkara* en sánscrito, *sakcharon* en griego y *saccharum* en latín).

Hay dos clases de carbohidratos: los simples y los complejos. Los **carbohidratos simples** son **monosacáridos** (azúcares sencillos), mientras que los **carbohidratos complejos** contienen dos o más monosacáridos unidos entre sí. Los **disacáridos** cuentan con dos monosacáridos unidos entre sí; los **oligosacáridos** tienen de tres a 10 (*oligo* es "poco" en griego), y los **polisacáridos** más de 10. Los disacáridos, oligosacáridos y polisacáridos se pueden desintegrar hasta monosacáridos por hidrólisis.

—M—M—M—M—M—M—M—M—M— $\xrightarrow{\text{hidrólisis}}$ x M

una unidad de monosacárido / polisacárido / monosacárido

Un *monosacárido* puede ser un polihidroxialdehído como la D-glucosa o una polihidroxicetona como la D-fructosa. A los polihidroxialdehídos se les llama **aldosas** ("ald" es por aldehído; "osa" es el sufijo para los azúcares), mientras que a las polihidroxicetonas se les llama **cetosas**. Los monosacáridos también se clasifican de acuerdo con el número de carbonos que contienen: los que tienen tres carbonos son **triosas**, los que tienen cuatro carbonos son **tetrosas**, los que disponen de cinco carbonos son **pentosas** y los que presentan seis y siete carbonos son **hexosas** y **heptosas**, respectivamente. Por consiguiente, un polihidroxialdehído con seis carbonos, como la D-glucosa, es una aldohexosa, mientras que una polihidroxiacetona con seis carbonos, como la D-fructosa, es una cetohexosa.

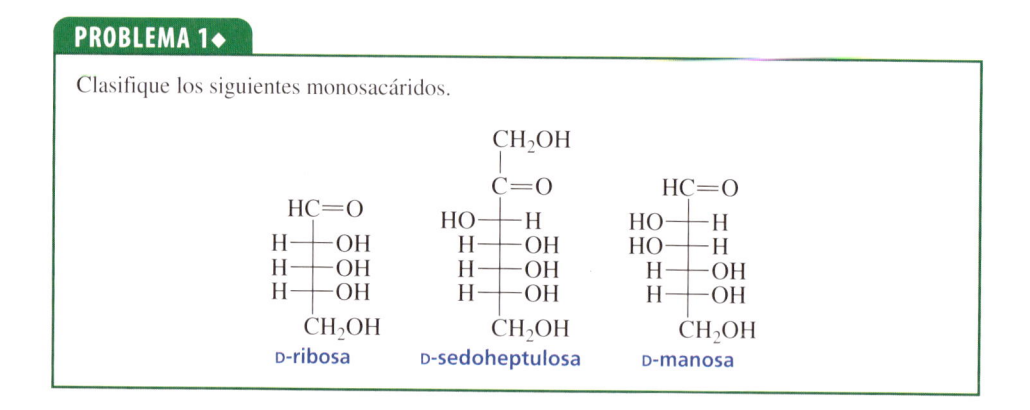

PROBLEMA 1◆

Clasifique los siguientes monosacáridos.

D-ribosa, D-sedoheptulosa, D-manosa

21.2 La notación D y L

La aldosa más pequeña, y la única cuyo nombre no termina en "osa", es el gliceraldehído, que es una aldotriosa.

Un carbono al que están unidos cuatro grupos diferentes es un centro asimétrico.

gliceraldehído (centro asimétrico)

En vista de que el gliceraldehído presenta un centro asimétrico, puede existir como un par de enantiómeros. Los isómeros *R* y *S* (sección 5.7) son

(*R*)-(+)-gliceraldehído   (*S*)-(−)-gliceraldehído   (*R*)-(+)-gliceraldehído   (*S*)-(−)-gliceraldehído

en el sentido de las manecillas del reloj es *R*

Como el H está en una línea horizontal; aun en sentido contrario a las manecillas del reloj es *R*

fórmulas en perspectiva   proyecciones de Fischer

Para describir las configuraciones de los carbohidratos y los aminoácidos se usan las notaciones D y L (sección 22.2). En la proyección de Fischer de un monosacárido, el grupo carbonilo siempre se coloca arriba (en el caso de las aldosas) o tan cerca de la parte superior como sea posible (en el caso de las cetosas). Al examinar la proyección de Fischer de la galactosa que se ve abajo se habrá de notar que el compuesto cuenta con cuatro centros asimétricos (C-2, C-3, C-4 y C-5). *Si el grupo OH unido al centro asimétrico que está más abajo (el segundo carbono de abajo hacia arriba) está a la derecha, el compuesto es un D-azúcar. Si ese grupo OH se encuentra hacia la izquierda, el compuesto es un L-azúcar (o azúcar L).* Casi todos los azúcares naturales son D-azúcares. Obsérvese que la imagen especular de un D-azúcar es un L-azúcar.

$$\begin{array}{cc}
\text{HC=O} & \text{HC=O} \\
\text{H}-\text{OH} & \text{HO}-\text{H} \\
\text{CH}_2\text{OH} & \text{CH}_2\text{OH} \\
\text{D-glicerealdehído} & \text{L-gliceraldehído}
\end{array}$$

el grupo OH está a la derecha

$$\begin{array}{cc}
\text{HC=O} & \text{HC=O} \\
\text{H}-\text{OH} & \text{HO}-\text{H} \\
\text{HO}-\text{H} & \text{H}-\text{OH} \\
\text{HO}-\text{H} & \text{H}-\text{OH} \\
\text{H}-\text{OH} & \text{HO}-\text{H} \\
\text{CH}_2\text{OH} & \text{CH}_2\text{OH} \\
\text{D-galactosa} & \text{L-galactosa}
\end{array}$$

el grupo OH está a la derecha

imagen especular de la D-galactosa

Emil Fischer y sus colegas estudiaron los carbohidratos en el siglo XIX, cuando no había técnicas para determinar las configuraciones absolutas de los compuestos. En forma arbitraria, Fischer asignó la configuración *R* al isómero dextrorrotatorio del gliceraldehído que se designa como D-gliceraldehído. Después se constató que la designación era correcta: el D-gliceraldehído es (*R*)-(+)-gliceraldehído, y el L-gliceraldehído es (*S*)-(−)gliceraldehído (sección 5.15).

Al igual que *R* y *S*, los símbolos D y L indican la configuración de un centro asimétrico, pero no indican si el compuesto hace girar la luz polarizada a la derecha (+) o a la izquierda (−) (sección 5.7). Por ejemplo, el gliceraldehído D es dextrorrotatorio, mientras que el ácido láctico D es levorrotatorio. En otras palabras, la rotación óptica, como los puntos de fusión o de ebullición, es una propiedad física de un compuesto, mientras que "*R*, *S*, D y L" son convenciones que usa el hombre para indicar la configuración en torno de un centro asimétrico.

Tutorial del alumno:
Notación D y L
(D and L Notation)

$$\begin{array}{cc}
\text{HC=O} & \text{COOH} \\
\text{H}-\text{OH} & \text{H}-\text{OH} \\
\text{CH}_2\text{OH} & \text{CH}_3 \\
\text{D-(+)-gliceraldehído} & \text{ácido D-(−)-láctico}
\end{array}$$

El nombre común del monosacárido, junto con la designación D o L, define por completo la estructura porque las configuraciones de todos los centros asimétricos están implícitas en dicho nombre.

PROBLEMA 2

Trace las proyecciones de Fischer de la L-glucosa y de la L-fructosa.

PROBLEMA 3◆

Indique si cada uno de los compuestos siguientes es D-gliceraldehído o L-gliceraldehído, suponiendo que los enlaces horizontales apuntan hacia usted y que los verticales apuntan alejándose de usted (sección 5.6).

a.
$$\begin{array}{c} HC=O \\ HOCH_2 \!-\!\!\!-\!\!\!- OH \\ H \end{array}$$

b.
$$\begin{array}{c} H \\ HO \!-\!\!\!-\!\!\!- CH_2OH \\ HC=O \end{array}$$

c.
$$\begin{array}{c} CH_2OH \\ HO \!-\!\!\!-\!\!\!- H \\ HC=O \end{array}$$

21.3 Configuraciones de las aldosas

Las aldotetrosas tienen dos centros asimétricos y en consecuencia presentan cuatro estereoisómeros. Dos de los estereoisómeros son azúcares D y dos son azúcares L. Los nombres de las aldotetrosas, eritrosa y treosa, se usaron para indicar los pares eritro y treo de los enantiómeros que se describieron en la sección 5.11.

D-eritrosa, L-eritrosa, D-treosa, L-treosa (proyecciones de Fischer)

Las aldopentosas tienen tres centros asimétricos y en consecuencia presentan ocho estereoisómeros (cuatro pares de enantiómeros); las aldohexosas poseen cuatro centros asimétricos y 16 estereoisómeros (ocho pares de enantiómeros). En la tabla 21.1 se ven las cuatro D-aldopentosas y las ocho D-aldohexosas.

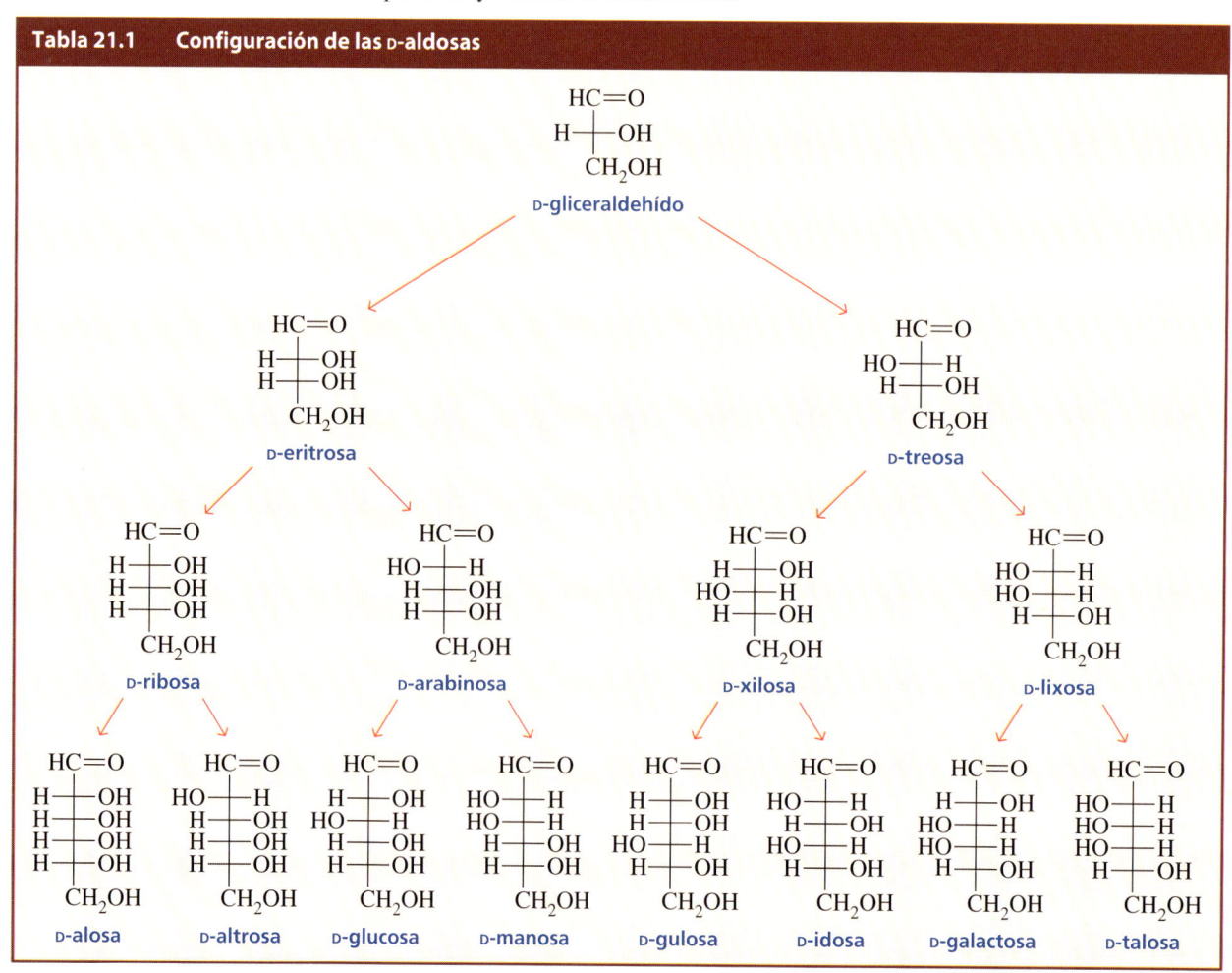

Tutorial del alumno:
Configuraciones de las D-aldosas
(Configurations of the D-aldoses)

Tabla 21.1 Configuración de las D-aldosas

D-gliceraldehído → D-eritrosa, D-treosa
D-eritrosa → D-ribosa, D-arabinosa
D-treosa → D-xilosa, D-lixosa
D-ribosa → D-alosa, D-altrosa
D-arabinosa → D-glucosa, D-manosa
D-xilosa → D-gulosa, D-idosa
D-lixosa → D-galactosa, D-talosa

A los diasterómeros que difieren en la configuración en un solo centro asimétrico se les llama **epímeros**. Por ejemplo, la D-ribosa y la D-arabinosa son epímeros en C-2 porque difieren en su configuración sólo en C-2; la D-idosa y la D-talosa son epímeros en C-3.

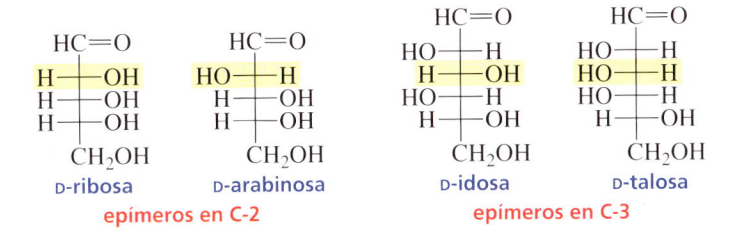

```
      HC=O            HC=O            HC=O           HC=O
   H──OH           HO──H           HO──H          HO──H
   H──OH            H──OH            H──OH          HO──H
   H──OH            H──OH           HO──H          H──OH
     CH₂OH           CH₂OH           CH₂OH          CH₂OH
    D-ribosa        D-arabinosa      D-idosa        D-talosa
       epímeros en C-2                 epímeros en C-3
```

La D-glucosa, la D-manosa y la D-galactosa son las aldohexosas más comunes en los sistemas biológicos. Una forma fácil de aprender sus estructuras es memorizar la de la D-glucosa y después recordar que la D-manosa es el epímero en C-2 de la D-glucosa, mientras que la D-galactosa es el epímero en C-4 de la D-glucosa. Los azúcares como la D-glucosa y la D-galactosa también son diasterómeros porque son estereoisómeros que no son enantiómeros (sección 5.11). Un epímero es una clase especial de diasterómero.

La D-manosa es el epímero en C-2 de la D-glucosa.

La D-galactosa es el epímero en C-4 de la D-glucosa.

Los diasterómeros son estereoisómeros que no son enantiómeros.

PROBLEMA 4◆

a. La D-eritrosa y la L-eritrosa ¿son enantiómeros o diasterómeros?
b. La L-eritrosa y la L-treosa ¿son enantiómeros o diasterómeros?

PROBLEMA 5◆

a. ¿Qué azúcar es el epímero en C-3 de la D-xilosa?
b. ¿Qué azúcar es el epímero en C-5 de la D-alosa?
c. ¿Qué azúcar es el epímero en C-4 de la L-gulosa?

PROBLEMA 6◆

Indique los nombres sistemáticos de los compuestos siguientes. Indique la configuración (R o S) de cada centro asimétrico:

a. D-glucosa   b. D-manosa   c. D-galactosa   d. L-glucosa

21.4 Configuraciones de las cetosas

Las cetosas naturales tienen el grupo ceto en la posición 2. Las configuraciones de las D-2-cetosas se ven en la tabla 21.2. Una cetosa tiene un centro asimétrico menos que una aldosa con el mismo número de átomos de carbono. En consecuencia, una cetosa sólo presenta la mitad de estereoisómeros que una aldosa con el mismo número de átomos de carbono.

PROBLEMA 7◆

¿Cuál azúcar es el epímero en C-3 de la D-fructosa?

PROBLEMA 8◆

¿Cuántos estereoisómeros son posibles para

a. una 2-cetoheptosa?   b. una aldoheptosa?   c. una cetotriosa?

Tabla 21.2   Configuración de las D-cetosas

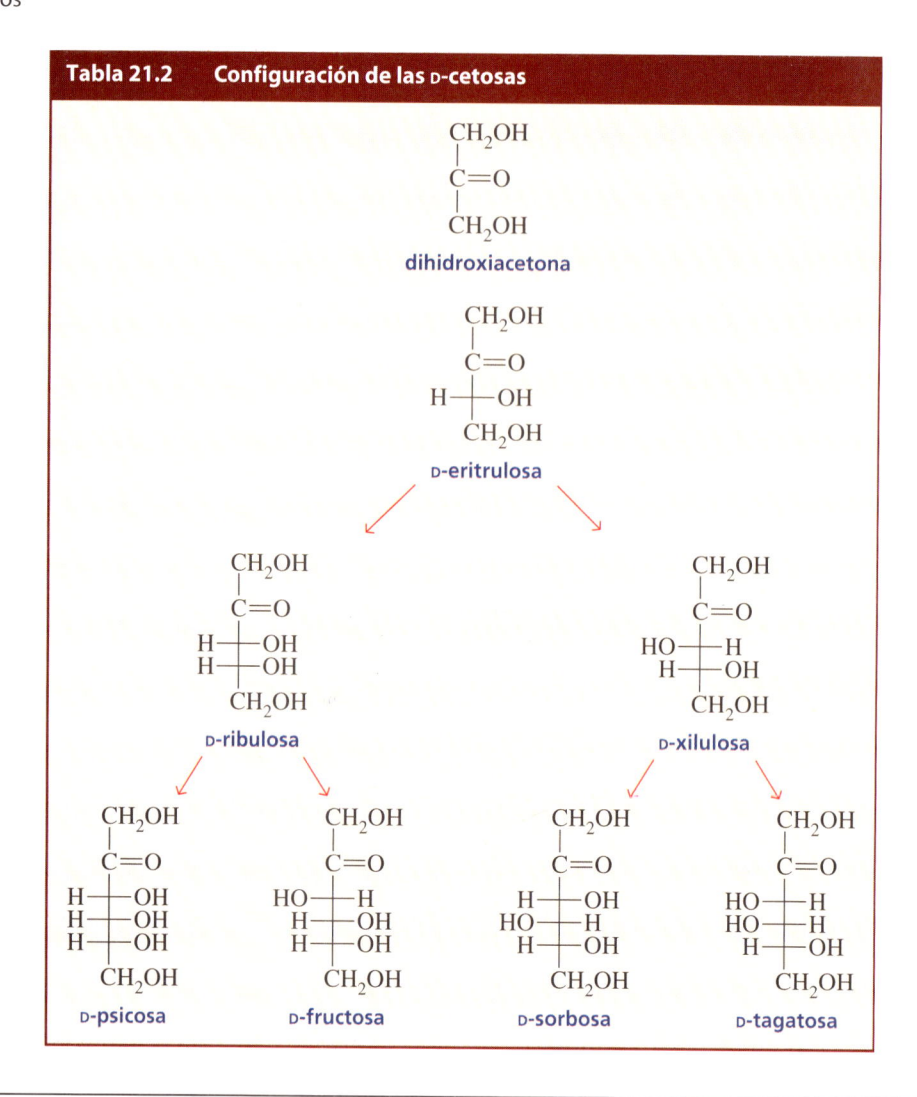

```
                    CH₂OH
                     |
                     C=O
                     |
                    CH₂OH
                 dihidroxiacetona

                    CH₂OH
                     |
                     C=O
                 H──┼──OH
                    CH₂OH
                  D-eritrulosa
```

```
        CH₂OH                              CH₂OH
         |                                  |
         C=O                                C=O
     H──┼──OH                         HO──┼──H
     H──┼──OH                          H──┼──OH
        CH₂OH                             CH₂OH
      D-ribulosa                        D-xilulosa
```

```
    CH₂OH         CH₂OH         CH₂OH         CH₂OH
     |             |             |             |
     C=O           C=O           C=O           C=O
  H──┼──OH      HO──┼──H      H──┼──OH      HO──┼──H
  H──┼──OH      H──┼──OH      HO──┼──H      HO──┼──H
  H──┼──OH      H──┼──OH      H──┼──OH      H──┼──OH
    CH₂OH         CH₂OH         CH₂OH         CH₂OH
   D-psicosa     D-fructosa    D-sorbosa     D-tagatosa
```

21.5 Reacciones de monosacáridos en disoluciones básicas

Los monosacáridos no pueden experimentar reacciones con reactivos básicos porque en una disolución básica un monosacárido se convierte en una mezcla compleja de polihidroxialdehídos y polihidroxicetonas. Primero se analizará qué le sucede a la D-glucosa en una disolución básica y para ello se comenzará con la conversión en su epímero en C-2.

Mecanismo de la epimerización de un monosacárido catalizada por una base

```
                                    HC──Ö:⁻
   HÖ:⁻   HC=O              HO─H    ‖                  HC=O
         H──┼──OH    ⇌             C──OH       ⇌    HO──┼──H
        HO──┼──H           HO──┼──H                 HO──┼──H      + HO⁻
         H──┼──OH           H──┼──OH                 H──┼──OH
         H──┼──OH           H──┼──OH                 H──┼──OH
            CH₂OH              CH₂OH                    CH₂OH
          D-glucosa          un ion enolato           D-manosa
```

- La base abstrae un protón de un carbono α y forma un ion enolato (sección 18.3).
- En el ion enolato, el C-2 ya no es un centro asimétrico.
- Cuando el C-2 se vuelve a protonar, el protón puede llegar por la parte superior o por la inferior del carbono con hibridación sp^2 plano y formar tanto D-glucosa como D-manosa.

En vista de que en la reacción se forma un par de epímeros en C-2, se llama epimerización. La **epimerización** cambia la configuración de un carbono al eliminar un protón de él y después volverlo a introducir.

En una disolución básica, además de formar su epímero en C-2, la D-glucosa también puede tener una reacción que se denomina reordenamiento enodiol, que da como resultado la formación de D-fructosa y otras cetohexosas.

En una disolución básica, una aldosa forma un epímero en C-2 y una o más cetosas.

Mecanismo del reordenamiento enodiol de un monosacárido catalizado con una base

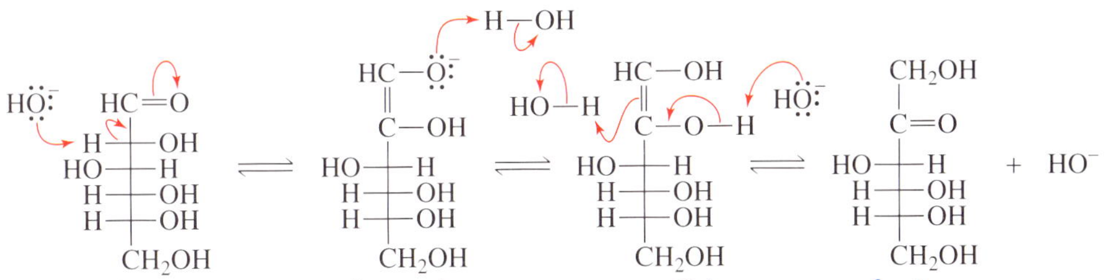

$$\text{D-glucosa} \rightleftharpoons \text{un ion enolato} \rightleftharpoons \text{un enodiol} \rightleftharpoons \text{D-fructosa} + HO^-$$

- La base abstrae un protón de un carbono α y forma un ion enolato (sección 18.3).
- El ion enolato se puede protonar y formar un enodiol.
- El enodiol tiene dos grupos OH que se pueden cetonizar (formar un grupo carbonilo). Al cetonizarse el OH en el C-1 se vuelve a formar la D-glucosa; al cetonizarse el grupo OH en el C-2 se forma la D-fructosa.

Otro reordenamiento enodiol, iniciado por una base que abstrae un protón del C-3 de la D-fructosa, forma una cetosa con el grupo carbonilo en el C-3. Así, el grupo carbonilo puede subir y bajar por la cadena.

PROBLEMA 9
Indique cómo un reordenamiento enodiol puede mover el carbono del grupo carbonilo de la fructosa del C-2 al C-3.

PROBLEMA 10
Escriba el mecanismo de la conversión de D-fructosa en D-glucosa y D-manosa catalizada por una base.

PROBLEMA 11◆
Cuando se agrega D-tagatosa a una disolución acuosa básica, se obtiene una mezcla en equilibrio de tres monosacáridos. ¿Cuáles son tales monosacáridos?

21.6 Reacciones redox de los monosacáridos

Como contienen grupos funcionales *alcohol*, *aldehído* o *cetona*, las reacciones de los monosacáridos son una extensión de lo que ya se aprendió sobre las reacciones de los alcoholes, aldehídos y cetonas. Por ejemplo, un grupo aldehído en un monosacárido puede oxidarse o reducirse, y puede reaccionar con nucleófilos para formar iminas, hemiacetales y acetales. Cuando se lea esta sección y las siguientes, que describen las reacciones de los monosacáridos, se encontrarán referencias a descripciones anteriores de compuestos orgánicos más simples que experimentan las mismas reacciones. Retroceda y examine dichas descripciones, cuando se mencionen; facilitarán mucho el aprendizaje en los carbohidratos.

Reducción

El grupo carbonilo en las aldosas y cetosas puede reducirse mediante los reductores normales de grupo carbonilo (como NaBH$_4$, sección 19.1). El producto de la reducción es un polialcohol llamado **alditol**. La reducción de una aldosa forma un alditol; la reducción de una cetosa forma dos alditoles porque en la reacción se crea un nuevo centro asimétrico en el producto. El D-manitol, un alditol formado por reducción de la D-manosa, se encuentra en los hongos, las aceitunas y las cebollas. La reducción de la D-fructosa forma D-manitol y D-glucitol, el epímero en C-2 del D-manitol. El D-glucitol, llamado también sorbitol, tiene un poder endulzante de 60%, aproximadamente, respecto al de la glucosa. Se encuentra en las ciruelas, las peras, las cerezas y las fresas y se usa como sustituto del azúcar en la fabricación de dulces.

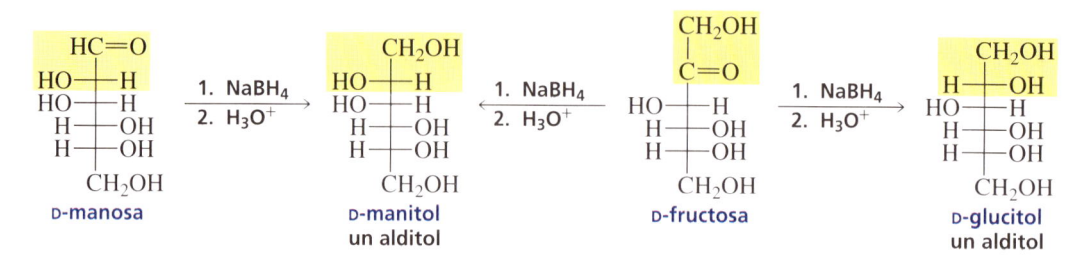

$$\text{D-manosa} \xrightarrow[\text{2. H}_3\text{O}^+]{\text{1. NaBH}_4} \text{D-manitol (un alditol)} \xleftarrow[\text{2. H}_3\text{O}^+]{\text{1. NaBH}_4} \text{D-fructosa} \xrightarrow[\text{2. H}_3\text{O}^+]{\text{1. NaBH}_4} \text{D-glucitol (un alditol)}$$

El D-glucitol también se obtiene por reducción de la D-glucosa o la L-gulosa.

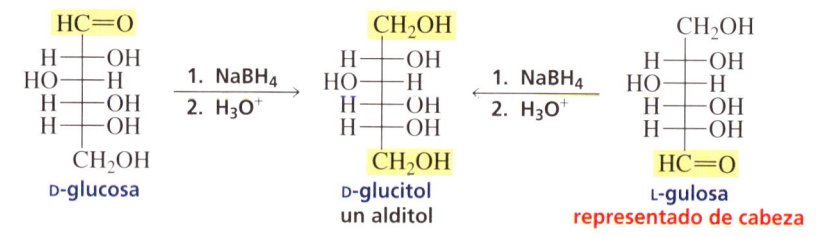

$$\text{D-glucosa} \xrightarrow[\text{2. H}_3\text{O}^+]{\text{1. NaBH}_4} \text{D-glucitol (un alditol)} \xleftarrow[\text{2. H}_3\text{O}^+]{\text{1. NaBH}_4} \text{L-gulosa (representado de cabeza)}$$

El D-xilitol, obtenido por reducción de la D-xilosa, se usa como edulcorante en cereales y en gomas de mascar "sin azúcar".

PROBLEMA 12♦

¿Qué productos se obtienen por reducción de

a. D-idosa?   **b.** D-sorbosa?

PROBLEMA 13♦

a. ¿Qué otro monosacárido se reduce sólo al alditol que se obtiene por reducción de
   1. D-talosa?
   2. D-galactosa?

b. ¿Qué monosacárido se reduce a dos alditoles, uno de los cuales es el que se obtiene por reducción de
   1. D-talosa?
   2. D-alosa?

Oxidación

Se pueden diferenciar aldosas y cetosas de sólo observar qué sucede con el color de una disolución acuosa de Br$_2$ cuando se agrega al azúcar. El Br$_2$ es un oxidante moderado que oxida con facilidad al grupo aldehído, pero no puede oxidar a cetonas ni alcoholes. En consecuencia, si se agrega una cantidad pequeña de una disolución acuosa de Br$_2$ a un monosacárido desconocido, desaparecerá el color marrón del Br$_2$ si el monosacárido es una aldosa porque el Br$_2$ se reducirá a Br:$^-$, que es incoloro. Si el color marrón persiste, lo que indica que no hay reacción con Br$_2$, el monosacárido es una cetosa, que no reacciona con el Br$_2$. El producto de la reacción de oxidación es un **ácido aldónico**.

$$
\begin{array}{c}
\text{HC=O} \\
\text{H}\!-\!\text{OH} \\
\text{HO}\!-\!\text{H} \\
\text{H}\!-\!\text{OH} \\
\text{H}\!-\!\text{OH} \\
\text{CH}_2\text{OH}
\end{array}
+ \text{Br}_2 \xrightarrow{\text{H}_2\text{O}}
\begin{array}{c}
\text{COOH} \\
\text{H}\!-\!\text{OH} \\
\text{HO}\!-\!\text{H} \\
\text{H}\!-\!\text{OH} \\
\text{H}\!-\!\text{OH} \\
\text{CH}_2\text{OH}
\end{array}
+ 2\,\text{Br}^-
$$

D-glucosa   (rojo)   ácido D-glucónico (un ácido aldónico)   (incoloro)

Tanto las aldosas como las cetosas se oxidan y forman ácidos aldónicos con el reactivo de Tollens (Ag$^+$, NH$_3$, HO:$^-$), que por consiguiente no puede usarse para diferenciarlas. Sin embargo, en la sección 19.3 se estudió que el reactivo de Tollens oxida a los aldehídos pero no a las cetonas. Entonces ¿por qué se oxidan las cetosas con el reactivo de Tollens y las cetonas no? Las cetosas se oxidan porque la reacción de oxidación se efectúa en condiciones básicas y en una disolución básica una cetosa se puede convertir en aldosa mediante un reordenamiento enodiol (sección 21.5).

$$
\begin{array}{c}
\text{CH}_2\text{OH} \\
\text{C=O} \\
\text{HO}\!-\!\text{H} \\
\text{R}
\end{array}
\xrightleftharpoons{\text{HO}^-}
\begin{array}{c}
\text{HC=O} \\
\text{H}\!-\!\text{OH} \\
\text{HO}\!-\!\text{H} \\
\text{R}
\end{array}
\xrightarrow[\text{HO}^-]{\text{Ag}^+,\,\text{NH}_3}
\begin{array}{c}
\text{COO}^- \\
\text{H}\!-\!\text{OH} \\
\text{HO}\!-\!\text{H} \\
\text{R}
\end{array}
$$

una cetosa   una aldosa   un ion carboxilato

En presencia de un agente oxidante más enérgico que los que se citan arriba (como HNO$_3$), se puede oxidar uno o más de los grupos alcohol, además del grupo aldehído. Un alcohol primario es el que se oxida con más facilidad. El producto que se obtiene cuando se oxidan los grupos aldehído y alcohol primario de una aldosa se llama **ácido aldárico**. (En un ácido ald*ón*ico sólo un carbono terminal está oxidado. En un ácido aldárico los dos carbonos terminales están oxidados).

$$
\begin{array}{c}
\text{HC=O} \\
\text{H}\!-\!\text{OH} \\
\text{HO}\!-\!\text{H} \\
\text{H}\!-\!\text{OH} \\
\text{H}\!-\!\text{OH} \\
\text{CH}_2\text{OH}
\end{array}
\xrightarrow[\Delta]{\text{HNO}_3}
\begin{array}{c}
\text{COOH} \\
\text{H}\!-\!\text{OH} \\
\text{HO}\!-\!\text{H} \\
\text{H}\!-\!\text{OH} \\
\text{H}\!-\!\text{OH} \\
\text{COOH}
\end{array}
$$

D-glucosa   ácido D-glucárico (un ácido aldárico)

> **PROBLEMA 14◆**
>
> **a.** Indique el nombre de una aldohexosa que no sea D-glucosa y que se oxide a ácido D-glucárico con el ácido nítrico.
> **b.** ¿Cuál es otro nombre del ácido D-glucárico?
> **c.** Indique los nombres de otro par de aldohexosas que se oxiden y formen ácidos aldáricos idénticos.

21.7 Monosacáridos a partir de osazonas cristalinas

La tendencia de los monosacáridos a formar jarabes o melazas que no cristalizan dificulta su purificación y aislamiento. Sin embargo, Emil Fischer encontró que cuando se agrega fenilhidrazina a una aldosa o a una cetosa se forma un sólido cristalino amarillo insoluble en agua. A este derivado lo llamó **osazona** ("osa" por azúcar, y "azona" por hidrazona). Las osazonas se aíslan y purifican con facilidad y alguna vez se usaron mucho para identificar a los monosacáridos.

988 CAPÍTULO 21 Carbohidratos

$$\begin{array}{c}\text{HC=O}\\\text{H—OH}\\\text{HO—H}\\\text{H—OH}\\\text{H—OH}\\\text{CH}_2\text{OH}\end{array} + 3\ \text{NH}_2\text{NHC}_6\text{H}_5 \xrightarrow{\text{trazas de H}^+} \begin{array}{c}\text{HC=NNHC}_6\text{H}_5\\\text{C=NNHC}_6\text{H}_5\\\text{HO—H}\\\text{H—OH}\\\text{H—OH}\\\text{CH}_2\text{OH}\end{array} + \text{C}_6\text{H}_5\text{NH}_2 + \text{NH}_3 + 2\ \text{H}_2\text{O}$$

D-glucosa → osazona de la D-glucosa

Los aldehídos y las cetonas reaccionan con un equivalente de fenilhidrazina y forman fenilhidrazonas (sección 17.8). En contraste, las aldosas y las cetosas reaccionan con tres equivalentes de fenilhidrazina y forman osazonas. Con las aldosas y cetosas, un equivalente actúa como agente oxidante y se reduce a anilina y amoniaco. Dos equivalentes forman iminas con grupos carbonilo. La reacción se detiene en este punto, independientemente de cuánta fenilhidrazina haya presente.

Los epímeros en C-2 forman osazonas idénticas.

Como la configuración del carbono número 2 se pierde durante la formación de la osazona, los epímeros en C-2 forman osazonas idénticas. Por ejemplo, la D-idosa y la D-gulosa, que son epímeros en C-2, forman la misma osazona.

D-idosa → (3 NH$_2$NHC$_6$H$_5$, trazas de H$^+$) → osazona de D-idosa y de D-gulosa ← (3 NH$_2$NHC$_6$H$_5$, trazas de H$^+$) ← D-gulosa

Los carbonos número 1 y 2 de las cetosas reaccionan también con la fenilhidrazina. En consecuencia, la D-fructosa, la D-glucosa y la D-manosa forman la misma osazona.

D-glucosa → (3 H$_2$NNHC$_6$H$_5$, trazas de H$^+$) → osazona de D-glucosa, D-manosa y D-fructosa ← (3 H$_2$NNHC$_6$H$_5$, trazas de H$^+$) ← D-fructosa

---

MEDICIÓN DE CONCENTRACIONES DE GLUCOSA SANGUÍNEA EN LA DIABETES

La glucosa en el torrente sanguíneo reacciona con un grupo NH$_2$ de la hemoglobina y forma una imina (sección 17.8), que a continuación tiene un reordenamiento irreversible y forma una α-aminocetona llamada hemoglobina-A$_{1c}$.

D-glucosa → (NH$_2$–hemoglobina, trazas de H$^+$) → [imina con HC=N–hemoglobina] → (reordenamiento) → hemoglobina-A$_{1c}$ (CH$_2$NH–hemoglobina, C=O, HO—H, H—OH, H—OH, CH$_2$OH)

La insulina es la hormona que regula la concentración de glucosa y con ella la cantidad de hemoglobina-A1c en la sangre. La diabetes es una afección en la que el organismo no produce la insulina suficiente, o la insulina que produce no funciona como debe ser. Como las personas con diabetes sin tratar tienen mayores concentraciones de glucosa en la sangre, también presentan mayor concentración de hemoglobina-A1c que las que no tienen diabetes. Entonces, al medir la concentración de hemoglobina-A1c se puede determinar si la concentración de glucosa en la sangre de un paciente diabético está controlada.

Las cataratas, complicación común de la diabetes, se deben a la reacción de la glucosa con el grupo NH$_2$ de proteínas que se localizan en el cristalino del ojo. Hay quienes creen que la habitual rigidez arterial de la edad avanzada puede atribuirse a una reacción parecida de la glucosa con el grupo NH$_2$ de las proteínas.

> **PROBLEMA 15◆**
>
> Indique el nombre de una cetosa, y de otra aldosa, que formen la misma osazona que la
>
> a. D-ribosa
> b. D-altrosa
> c. L-idosa
> d. D-galactosa

> **PROBLEMA 16◆**
>
> ¿Qué monosacáridos forman la misma osazona que la D-sorbosa?

21.8 Alargamiento de la cadena: síntesis de Kiliani-Fischer

Puede aumentarse un carbono a la cadena de carbonos de una aldosa con la **síntesis de Kiliani-Fischer**. En otras palabras, las tetrosas se pueden convertir en pentosas y las pentosas se pueden convertir en hexosas.

BIOGRAFÍA

Heinrich Kiliani (1855–1945) nació en Alemania. Recibió un doctorado de la Universidad de Munich, estudiando con el profesor Emil Erlenmeyer. Kiliani fue profesor de química en la Universidad de Freiburg.

síntesis de Kiliani-Fischer modificada

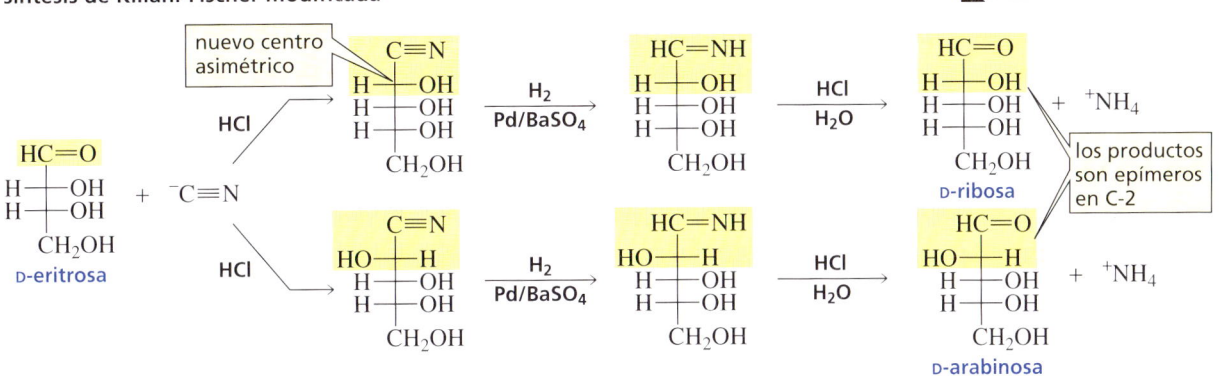

- En el primer paso de la síntesis, el ion cianuro se adiciona al grupo carbonilo. En esta reacción el carbono del grupo carbonilo del material de partida se convierte en un centro asimétrico. (El OH unido al C-2 en el producto de este primer paso puede estar, por lo tanto, a la derecha o a la izquierda en la proyección de Fischer). Por consiguiente, se forman dos productos que sólo difieren en la configuración del C-2. Las configuraciones de los demás centros asimétricos no cambian porque ningún otro enlace se rompe durante la reacción.
- El enlace C≡N se reduce a imina usando un catalizador de paladio parcialmente desactivado para que la imina no se siga reduciendo hasta amina (sección 6.9).
- Las dos iminas se hidrolizan a aldosas (sección 17.8).

Note que la síntesis conduce a un par de epímeros en C-2 porque el primer paso de la reacción convierte el carbono del grupo carbonilo del material de partida en un centro asimétrico. No obstante, los dos epímeros no se obtienen en cantidades iguales porque en el primer paso de la reacción se produce un par de diastereómeros y por lo general los diastereómeros se forman en cantidades desiguales (sección 5.19).

La síntesis de Kiliani-Fischer conduce a un par de epímeros en C-2.

> **PROBLEMA 17◆**
>
> ¿Qué monosacáridos se formarían en la síntesis de Kiliani-Fischer a partir de cada uno de los compuestos siguientes?
>
> a. D-xilosa
> b. L-treosa

21.9 Acortamiento de la cadena: degradación de Wohl

La **degradación de Wohl** es lo contrario de la síntesis de Kiliani-Fischer, y acorta en un carbono la cadena de una aldosa: las hexosas se convierten en pentosas y las pentosas se convierten en tetrosas.

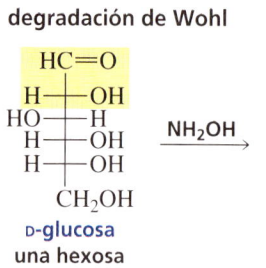

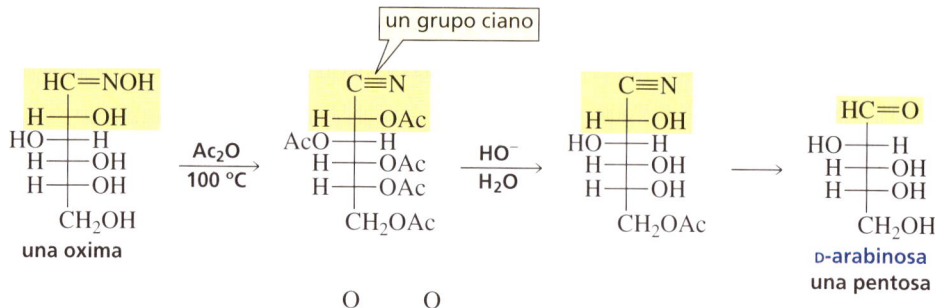

degradación de Wohl

D-glucosa (una hexosa) → (NH₂OH) → una oxima → (Ac₂O, 100 °C) → nitrilo pentaacetilado (un grupo ciano) → (HO⁻/H₂O) → → D-arabinosa (una pentosa)

$$Ac_2O = H_3C-\underset{O}{\overset{O}{C}}-O-\underset{O}{\overset{O}{C}}-CH_3$$

- En el primer paso, el aldehído reacciona con hidroxilamina y forma una oxima (sección 17.8).
- Al calentar con anhídrido acético la oxima se deshidrata y forma un nitrilo; todos los grupos OH se convierten en ésteres.
- Por tratamiento con base se hidrolizan los grupos éster (sección 16.12) y se elimina el grupo ciano (sección 17.7).

BIOGRAFÍA

Alfred Wohl (1863–1933) *nació en Prusia Oriental, hoy parte de Polonia. Recibió un doctorado de la Universidad de Berlín, donde trabajó con August von Hofmann (sección 20.4). Fue profesor de química en la Universidad Técnica de Danzig.*

PROBLEMA 18 ◆

¿Cuáles son dos monosacáridos que se pueden degradar a

a. D-ribosa   **b.** D-arabinosa?   **c.** L-ribosa?

21.10 Estereoquímica de la glucosa: la demostración de Fischer

En 1891, Emil Fischer (sección 5.4) determinó la estereoquímica de la glucosa con uno de los ejemplos más brillantes de razonamiento en la historia de la química. Escogió la (+)-glucosa para su estudio por ser el monosacárido natural más común.

Fischer sabía que la (+)-glucosa es una aldohexosa, pero a una aldohexosa se le pueden asignar 16 estructuras diferentes. ¿Cuál de ellas representa la estructura de la (+)-glucosa? En realidad, los 16 estereoisómeros de una aldohexosa son ocho pares de enantiómeros, por lo que si se conocen las estructuras de un conjunto de ocho, automáticamente se conocen las estructuras del otro conjunto. Así, Fischer sólo necesitaba examinar un conjunto de ocho. Consideró los ocho estereoisómeros que tenían su grupo OH del C-5 a la derecha en la proyección de Fischer (los estereoisómeros que se ven abajo, a los que ahora se llama D-azúcares).

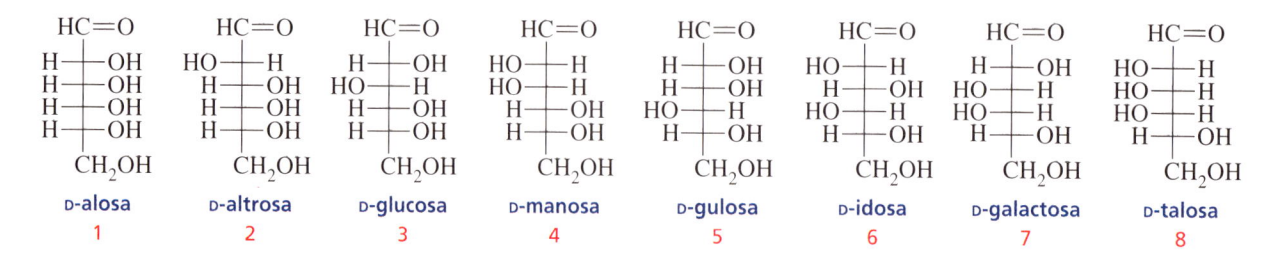

D-alosa (1)   D-altrosa (2)   D-glucosa (3)   D-manosa (4)   D-gulosa (5)   D-idosa (6)   D-galactosa (7)   D-talosa (8)

Uno de ellos es (+)-glucosa y su imagen especular es (−)-glucosa. No fue posible determinar si la (+)-glucosa era D-glucosa o L-glucosa, sino hasta 1951. Fischer usó la siguiente información para determinar la estereoquímica de la glucosa, esto es, para determinar la configuración de cada uno de sus centros asimétricos.

> **BIOGRAFÍA**
>
> **Emil Fischer (1852–1919)** *nació en un pueblo cercano a Colonia, Alemania. Estudió química contra los deseos de su padre, comerciante próspero que deseaba incluirlo en el negocio de la familia. Fischer fué profesor de química en las universidades de Erlangen, Würzburg y Berlín, y recibió el Premio Nobel de Química 1902 por sus trabajos sobre los azúcares. Durante la Primera Guerra Mundial organizó la producción química alemana. Dos de sus tres hijos murieron en esa guerra.*

1. Cuando se hace la síntesis de Kiliani-Fischer con el azúcar llamado (−)-arabinosa, se obtienen los dos azúcares llamados (+)-glucosa y (+)-manosa. Ello quiere decir que la (+)-glucosa y la (+)-manosa son epímeros en C-2. En otras palabras, tienen la misma configuración en C-3, C-4 y C-5. En consecuencia, la (+)-glucosa y la (+)-manosa deben ser uno de los pares siguientes: azúcares 1 y 2, 3 y 4, 5 y 6, o bien 7 y 8.
2. La (+)-glucosa y la (+)-manosa se oxidan con ácido nítrico y forman ácidos aldáricos con actividad óptica. Los ácidos aldáricos de los azúcares 1 y 7 no serían ópticamente activos porque cada uno tiene un plano de simetría. (Un compuesto que tiene un plano de simetría es aquiral, lo que quiere decir que presenta una imagen especular sobreponible, sección 5.12). Al excluir los azúcares 1 y 7 se ve que la (+)-glucosa y la (+)-manosa deben ser los azúcares 3 y 4 o 5 y 6.
3. Ya que la (+)-glucosa y la (−)-manosa son los productos obtenidos cuando se efectúa la síntesis de Kiliani-Fischer en la (−)-arabinosa, Fischer supo que si la (−)-arabinosa tiene la estructura que se ve abajo a la izquierda, la (+)-glucosa y la (+)-manosa son los azúcares 3 y 4. Por otra parte, si la (−)-arabinosa presenta la estructura de la derecha, la (+)-glucosa y la (+)-manosa son los azúcares 5 y 6.

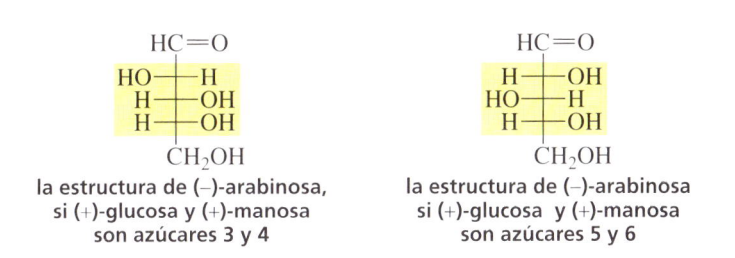

la estructura de (−)-arabinosa,
si (+)-glucosa y (+)-manosa
son azúcares 3 y 4

la estructura de (−)-arabinosa
si (+)-glucosa y (+)-manosa
son azúcares 5 y 6

Cuando la (−)-arabinosa se oxida con ácido nítrico, el ácido aldárico que resulta muestra actividad óptica. Lo anterior significa que el ácido aldárico *no* tiene un plano de simetría. Por consiguiente, la (−)-arabinosa debe tener la estructura de la izquierda porque el ácido aldárico del azúcar de la derecha tiene un plano de simetría. Así, la (+)-glucosa y la (+)-manosa se representan como los azúcares 3 y 4.

4. Ahora la única duda que quedaba era si la (+)-glucosa era el azúcar 3 o el azúcar 4. Para resolverla, Fischer tuvo que inventar un método químico para intercambiar los grupos aldehído e hidroximetilo de una aldohexosa. Cuando los intercambió químicamente en el azúcar llamado (+)-glucosa obtuvo una aldohexosa diferente de la (+)-glucosa. Cuando intercambió químicamente los grupos aldehído e hidroximetilo de la (+)-manosa seguía teniendo (+)-manosa. Entonces llegó a la conclusión de que la (+)-glucosa es el azúcar 3 porque al intercambiar los grupos del azúcar 3 se obtiene un azúcar diferente (L-gulosa).

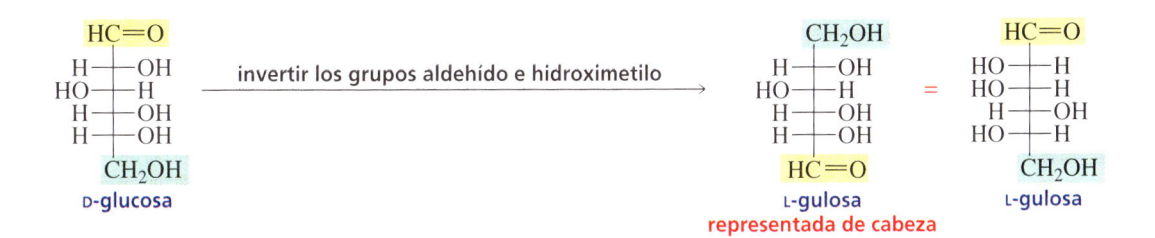

D-glucosa → invertir los grupos aldehído e hidroximetilo → L-gulosa representada de cabeza = L-gulosa

Si la (+)-glucosa es el azúcar 3, la (+)-manosa debe ser el azúcar 4. Como se esperaba, cuando se intercambian los grupos aldehído e hidroximetilo del azúcar 4 se obtiene el mismo azúcar.

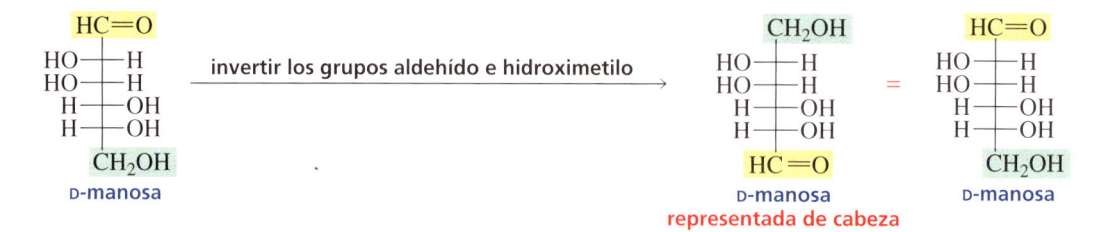

```
   HC=O                                              CH₂OH           HC=O
HO─┼─H                                            HO─┼─H          HO─┼─H
HO─┼─H    invertir los grupos aldehído           HO─┼─H          HO─┼─H
 H─┼─OH   ─────────────────────────────→          H─┼─OH    =     H─┼─OH
 H─┼─OH      e hidroximetilo                       H─┼─OH          H─┼─OH
   CH₂OH                                            HC=O           CH₂OH
 D-manosa                                         D-manosa        D-manosa
                                            representada de cabeza
```

Con razonamientos parecidos, Fischer avanzó en la determinación de la estereoquímica de 14 de las 16 aldohexosas. Por ese logro recibió el Premio Nobel de Química en 1902. Después se demostró que su propuesta original de que la (+)-glucosa es un azúcar D era correcta y entonces todas sus estructuras fueron correctas (sección 5.15). Si se hubiera equivocado y la (+)-glucosa hubiera sido un azúcar L, su contribución a la estereoquímica de las aldosas seguiría teniendo la misma importancia pero se hubieran tenido que invertir todas sus asignaciones estereoquímicas.

GLUCOSA/DEXTROSA

André Dumas usó por primera vez el término "glucosa" en 1838 para referirse al compuesto dulce que proviene de la miel y las uvas. Después, Kekulé (sección 7.1) decidió que debería llamarse dextrosa porque era dextrorrotatorio. Cuando Fischer estudió el azúcar, lo llamó glucosa, y desde entonces se le ha llamado glucosa, aunque con frecuencia se ve "dextrosa" en las etiquetas de los alimentos.

BIOGRAFÍA

Jean-Baptiste-André Dumas (1800–1884), *nació en Francia, fue aprendiz de boticario pero abandonó ese puesto para estudiar química en Suiza. Fue profesor de química en la Universidad de París y en el Collège de France, y fue el primer químico francés en enseñar cursos de laboratorio. En 1848 Dumas dejó la ciencia e hizo carrera en política. Llegó a senador, maestro de la Casa de Moneda francesa y alcalde de París.*

PROBLEMA 19 RESUELTO

Las aldohexosas A y B forman la misma osazona. El compuesto A se oxida con ácido nítrico y forma un ácido aldárico ópticamente activo, y el compuesto B se oxida y forma un ácido aldárico ópticamente inactivo. Con la degradación de Wohl de A o de B se forma la aldopentosa C, que se oxida con ácido nítrico y forma un ácido aldárico ópticamente inactivo. La degradación de C forma D, que se oxida con ácido nítrico y forma un ácido aldárico ópticamente inactivo. La degradación de Wohl de D forma (+)-gliceraldehído. Identifique A, B, C y D.

Solución El problema anterior pertenece a la clase de los que se deben resolver de atrás hacia adelante. El centro asimétrico más inferior en D debe tener el grupo OH a la derecha porque D se degrada a (+)-gliceraldehído. En vista de que D se oxida y forma un ácido aldárico ópticamente inactivo, D debe ser la D-treosa. Los dos centros asimétricos inferiores en C y D tienen la misma configuración porque C se degrada a D. Ya que C se oxida a un ácido aldárico ópticamente activo, C debe ser D-lixosa. Los compuestos A y B, en consecuencia, deben ser D-galactosa y D-talosa. Como A se oxida y forma un ácido aldárico ópticamente activo debe ser D-talosa, y B debe ser D-galactosa.

PROBLEMA 20◆

Identifique A, B, C y D en el problema anterior, si D se oxida y forma un ácido aldárico ópticamente inactivo, A, B y C se oxidan a ácidos aldáricos ópticamente activos, y si al intercambiar los grupos aldehído y alcohol de A se obtiene un azúcar diferente.

21.11 Formación de hemiacetales cíclicos en los monosacáridos

La D-glucosa existe en tres formas diferentes: su forma de cadena abierta, como se ha estado describiendo, y dos formas cíclicas: α-D-glucosa y β-D-glucosa. Se sabe que las dos formas cíclicas son diferentes porque tienen distintas propiedades físicas. Por ejemplo, la α-D-glucosa se funde a 146°C, mientras que la β-D-glucosa lo hace a 150 °C, y la α-D-glucosa presenta una rotación específica de +112.2, mientras que la de la β-D-glucosa es de 18.7.

¿Cómo puede ser que la D-glucosa exista en forma cíclica? En la sección 17.10 se explicó que un aldehído reacciona con un equivalente de alcohol y forma un hemiacetal. Un monosacárido como la D-glucosa cuenta con un grupo aldehído y varios grupos alcohol. El grupo alcohol unido al C-5 de la D-glucosa reacciona con el grupo aldehído. La reacción forma dos hemiacetales cíclicos (anillos de seis miembros). En el equilibrio, debe haber casi el doble de β-D-glucosa (64%) que de α-D-glucosa (36%).

Para ver que el C-5 está en la posición adecuada para atacar al grupo aldehído, se necesita convertir la proyección de Fischer de la D-glucosa en una estructura de anillo plano. Para hacerlo, se dibuja el grupo hidroximetilo *hacia arriba* desde el vértice izquierdo. Los grupos *a la derecha* en una proyección de Fischer están *hacia abajo* en la estructura cíclica, mientras que los grupos *a la izquierda* en una proyección de Fischer están *hacia arriba* en la estructura cíclica.

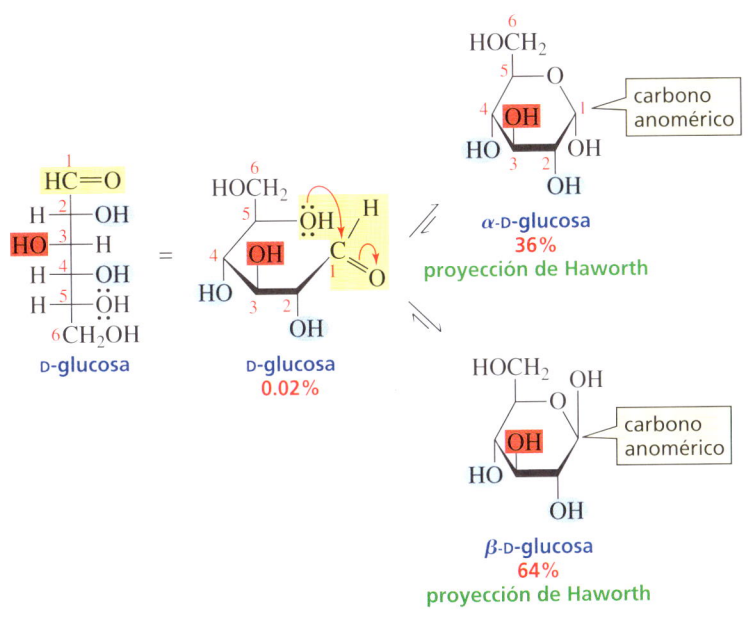

Tutorial del alumno:
Ciclación de un monosacárido
(Cyclization of a monosaccharide)

Los hemiacetales formados por un anillo de seis miembros que se ven aquí se trazan en forma de proyecciones de Haworth. En una **proyección de Haworth**, el anillo de seis miembros se representa como plano, en vista lateral superior. El oxígeno del anillo siempre se ubica en el vértice derecho trasero del anillo, el carbono anomérico (el C-1) en el lado derecho, y el grupo hidroximetilo se dibuja *hacia arriba* desde el vértice trasero izquierdo (C-5).

Se forman dos hemiacetales diferentes porque el grupo carbonilo del aldehído de cadena abierta se transforma en un nuevo centro asimétrico en el hemiacetal cíclico. Si el grupo OH unido al nuevo centro asimétrico está hacia abajo (*trans*, respecto al grupo hidroximetilo en el C-5), el hemiacetal es α-D-glucosa; si el grupo OH está hacia arriba (*cis* respecto al grupo hidroximetilo en el C-5), el hemiacetal es β-D-glucosa. El mecanismo de formación del hemiacetal cíclico es igual que el de formación del hemiacetal entre moléculas individuales de un aldehído y un alcohol (sección 17.10).

La α-D-glucosa y la β-D-glucosa son anómeros. Los **anómeros** son dos azúcares cuya configuración sólo difiere en el carbono que era carbono del grupo carbonilo en la forma de cadena abierta. A ese carbono se le llama **carbono anomérico**. (*Ano* es "arriba" en griego; entonces, los anómeros difieren en su configuración en el centro asimétrico, que sería el de más arriba en una proyección de Fischer). Los prefijos α y β representan la configuración en torno al carbono anomérico. Ya que los anómeros, como los epímeros, sólo difieren en su configuración en un átomo de carbono, también son una clase particular de diastereómeros. Obsérvese que el carbono anomérico es el único de la molécula que está unido a dos oxígenos.

En una disolución acuosa, la forma de cadena abierta de la D-glucosa está en equilibrio con los dos hemiacetales cíclicos. Sin embargo, como la formación de los hemiacetales cí-

Los grupos a la *derecha* en una proyección de Fischer están *hacia abajo* en una proyección de Haworth.

Los grupos a la *izquierda* de una proyección de Fischer están *hacia arriba* en una proyección de Haworth.

BIOGRAFÍA

Sir Walter Norman Haworth (1883–1950) nació en Inglaterra, recibió un doctorado en Alemania, de la Universidad de Göttingen, y después fue profesor de química en las universidades de Durham y Birmingham, en Gran Bretaña. Fue el primero en sintetizar la vitamina C, a la que llamó ácido ascórbico. Durante la Segunda Guerra Mundial trabajó en el proyecto de la bomba atómica. En 1937 recibió el Premio Nobel de Química y fue nombrado caballero en 1947.

cíclicos prosigue casi hasta su terminación (a diferencia de la formación de los hemiacetales acíclicos), queda muy poca glucosa en forma de cadena abierta (aproximadamente 0.02%). Aun así, el azúcar sigue teniendo las reacciones descritas en las secciones anteriores (oxidación, reducción y formación de osazona) porque los reactivos actúan sobre la pequeña cantidad de aldehído de cadena abierta que haya presente. A medida que el aldehído reacciona, el equilibrio se desplaza y se produce más aldehído de cadena abierta, que entonces puede participar en la reacción. Al final, todas las moléculas de glucosa reaccionan a través del aldehído de cadena abierta.

Cuando se disuelven cristales de α-D-glucosa pura en agua, la rotación específica cambia en forma gradual de +112.2 a +52.7. Cuando se disuelven cristales de β-D-glucosa pura en agua, la rotación específica cambia en forma gradual de +18.7 a +52.7. Este cambio de rotación se debe a que en agua el hemiacetal se abre y forma el aldehído, y cuando el aldehído vuelve a formar ciclo se forman tanto α-D-glucosa como β-D-glucosa. Al final las tres formas de la glucosa llegan a las concentraciones de equilibrio. La rotación específica de la mezcla en equilibrio es +52.7 y es la causa de que se obtiene la misma rotación específica, sea que los cristales que se disolvieron en agua son todos de α-D-glucosa o todos de β-D-glucosa, o cualquier mezcla de los dos. Un cambio lento de rotación óptica para llegar a un valor de equilibrio es lo que se llama **mutarrotación**.

Si una aldosa puede formar un anillo de cinco o seis miembros, existirá sobre todo como hemiacetal cíclico en disolución. El que se forme el anillo de cinco o de seis miembros depende de su estabilidad relativa. La D-ribosa es un ejemplo de una aldosa que forma hemiacetales con un anillo de cinco miembros: α-D-ribosa y β-D-ribosa. La proyección de Haworth para un azúcar con anillo de cinco miembros se ve desde arriba en forma oblicua, con el oxígeno del anillo alejándose del espectador. El carbono anomérico también está a la derecha de la molécula, y el grupo hidroximetilo se dibuja hacia arriba de la esquina izquierda trasera.

A los azúcares con un anillo de seis miembros se les llama **piranosas**, y a los de anillo de cinco miembros se les llama **furanosas**. Esos términos provienen de *pirano* y *furano*, nombres de los éteres cíclicos de cinco y seis miembros que aparecen al margen. En consecuencia, la α-D-glucosa también se llama α-D-glucopiranosa. El prefijo α indica la configuración en torno al carbono anomérico, y "piranosa" indica que el azúcar existe como hemiacetal cíclico formando un anillo de seis miembros.

Las cetosas también existen en formas predominantemente cíclicas en disolución. Por ejemplo, la D-fructosa forma un hemicetal con un anillo de cinco miembros como resultado de que su grupo OH en el C-5 reacciona con su grupo carbonilo de cetona. Si el nuevo centro asimétrico presenta su grupo OH *trans* respecto al grupo hidroximetilo, el compuesto es α-D-fructosa; si su grupo OH es *cis* respecto al grupo hidroximetilo, el compuesto es β-D-fructosa. Estos azúcares también se llaman α-D-fructofuranosa y β-D-fructofuranosa. Observe que el carbono anomérico de la fructosa es el C-2 y no el C-1, como en las aldosas. La D-fructosa también puede formar un anillo de seis miembros a través del grupo OH en C-6. La forma piranosa predomina en el monosacárido, mientras que la forma furanosa predomina cuando el azúcar es parte de un disacárido. (Véase la estructura de la sacarosa en la sección 21.17).

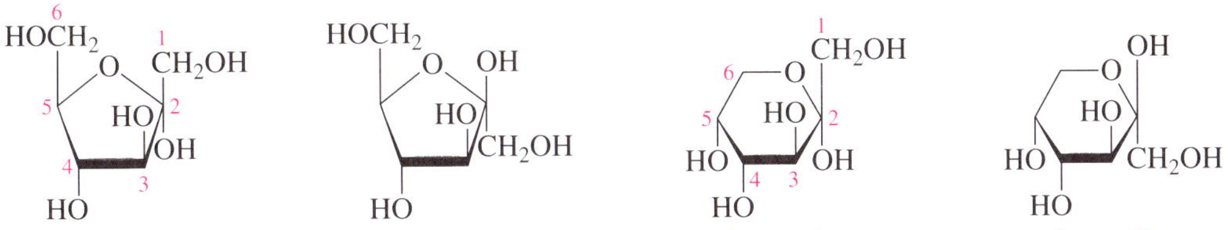

α-D-fructofuranosa   β-D-fructofuranosa   α-D-fructopiranosa   β-D-fructopiranosa

Las proyecciones de Haworth son útiles porque muestran con claridad si los grupos OH en el anillo son *cis* o *trans* entre sí. Los anillos de cinco miembros son casi planos, de modo que las furanosas se representan bastante bien con las proyecciones de Haworth; sin embargo, tales proyecciones engañan estructuralmente con las piranosas porque un anillo de seis miembros no es plano, sino que está de preferencia en una conformación de silla (sección 2.12).

PROBLEMA 21 RESUELTO

Los 4-hidroxi- y 5-hidroximetilaldehídos existen en forma predominante como hemiacetales cíclicos. Dibuje la estructura del hemiacetal cíclico formado por cada uno de los siguientes compuestos:

a. 4-hidroxibutanal
b. 5-hidroxipentanal
c. 4-hidroxipentanal
d. 4-hidroxiheptanal

Solución de 21a Se dibuja el sustrato con sus grupos alcohol y carbonilo del mismo lado de la molécula. Después se ve de qué tamaño se formará el anillo. Se obtienen dos productos cíclicos porque el carbono del grupo carbonilo del sustrato se ha convertido en un nuevo centro asimétrico en el producto.

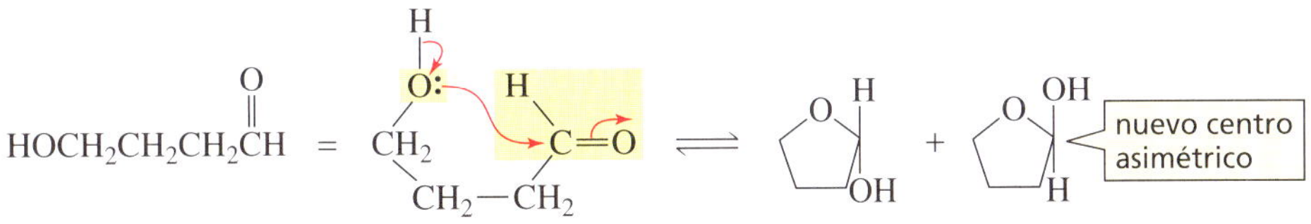

PROBLEMA 22

Dibuje los siguientes azúcares, usando proyecciones de Haworth:

a. β-D-galactopiranosa
b. α-D-tagatopiranosa
c. α-L-glucopiranosa

PROBLEMA 23

La D-glucosa existe casi siempre como piranosa, pero también puede existir como furanosa. Trace la proyección de Haworth de la α-D-glucofuranosa.

21.12 La glucosa es la aldohexosa más estable

Al dibujar a la glucosa en su conformación de silla se ve por qué es la aldohexosa más común en la naturaleza. Para convertir la proyección de Haworth de la D-glucosa a una conformación de silla se comienza el trazo de ésta de tal manera que el respaldo de la silla esté hacia la izquierda y las patas de la silla estén a la derecha. A continuación el oxígeno del anillo se coloca en la esquina trasera derecha, y al grupo alcohol primario en posición ecuatorial. (Se aconseja construir un modelo molecular). El grupo alcohol primario es el más grande de todos los sustituyentes y los sustituyentes grandes son más estables en la posición ecuatorial porque hay menor impedimento estérico en esa posición (sección 2.13). Ya que el grupo OH unido al C-4 es *trans* respecto al grupo alcohol primario (esto se ve con facilidad en la proyección de Haworth), el grupo OH del C-4 también está en la posición ecuatorial. (Recuerde, de la sección 2.14, que los sustituyentes diecuatoriales 1,2 también son *trans* entre sí). El grupo OH del C-3 es *trans* respecto al grupo OH en C-4, así que también el grupo OH del C-3 está en la posición ecuatorial. Al recorrer el anillo se verá que todos los sustituyentes OH en la β-D-glucosa se hallan en posiciones ecuatoriales. Todas las posiciones axiales están ocupadas por hidrógenos, que requieren poco espacio y en consecuencia muestran poca tensión estérica. No existe otra aldohexosa que presente esa conformación libre de tensiones. Lo anterior implica que la β-D-glucosa es la más estable de todas las aldohexosas, y no debe sorprender que sea la aldohexosa más frecuente en la naturaleza.

La posición α es hacia abajo en una proyección de Haworth y es axial en una conformación de silla.

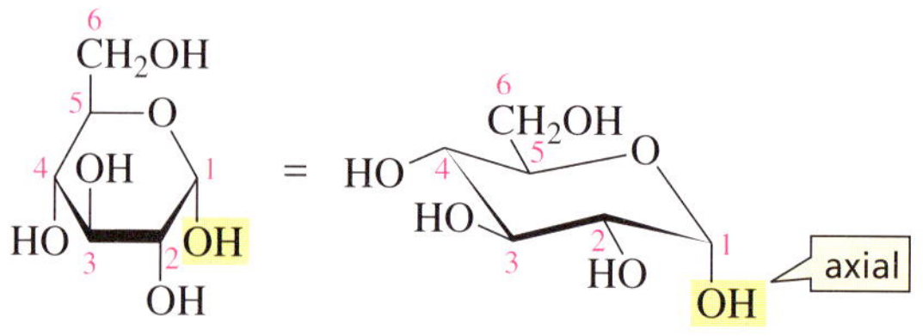

La posición β es hacia arriba en una proyección de Haworth y es ecuatorial en una conformación de silla.

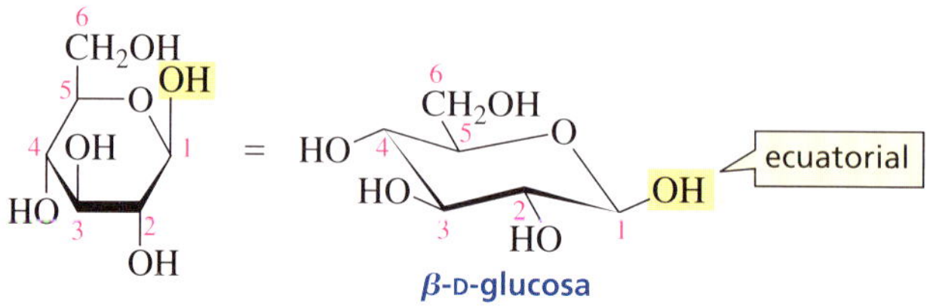

Las conformaciones de silla muestran por qué hay más β-D-glucosa que α-D-glucosa en una disolución acuosa en equilibrio. El grupo OH unido al carbono anomérico está en posición ecuatorial en la β-D-glucosa, mientras que se encuentran en posición axial en la α-D-glucosa. Por consiguiente, la β-D-glucosa es más estable que la α-D-glucosa, y la β-D-glucosa predomina en el equilibrio en una disolución acuosa.

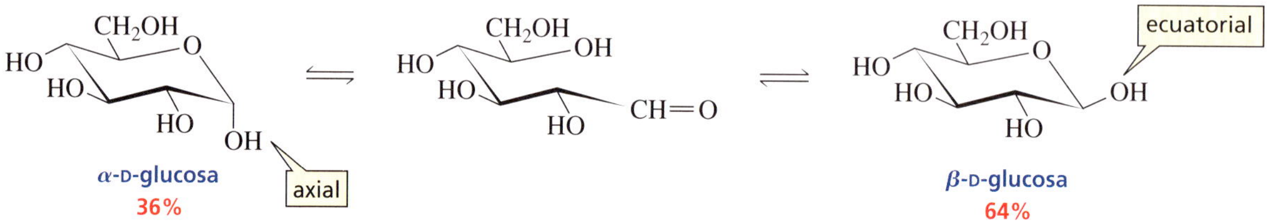

α-D-glucosa
36%

β-D-glucosa
64%

Si el lector recuerda que todos los grupos OH en la β-D-glucosa se encuentran en posiciones ecuatoriales, se le facilitará dibujar la conformación de silla de cualquier otra piranosa. Por ejemplo, si desea dibujar la α-D-galactosa pondrá todos los grupos OH en posiciones ecuatoriales, excepto los grupos OH en el C-4 (porque la galactosa es un epímero en C-4 de la glucosa), y en C-1 (porque es el anómero α). Esos dos grupos OH se colocan en posiciones axiales.

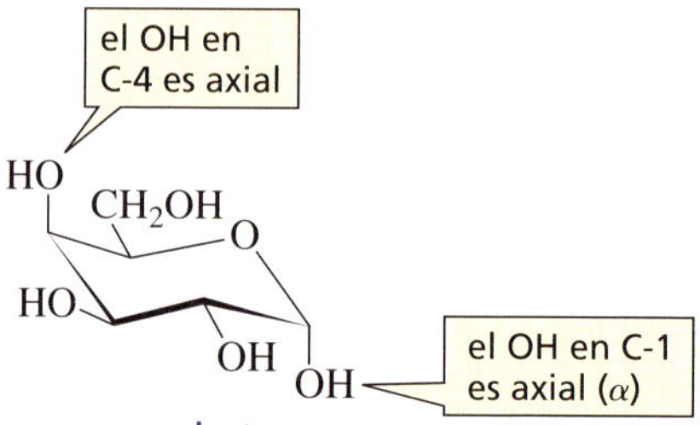

α-D-galactosa

Para trazar una L-piranosa, primero se dibuja la D-piranosa y después se traza su imagen especular. Por ejemplo, para dibujar la β-L-gulosa, primero se dibuja la β-D-gulosa. (La gulosa difiere en el C-3 y el C-4 respecto a la glucosa, por lo que los grupos OH en estas posiciones se hallan en posiciones axiales en la gulosa). A continuación se traza la imagen especular de la β-D-gulosa para obtener la β-L-gulosa.

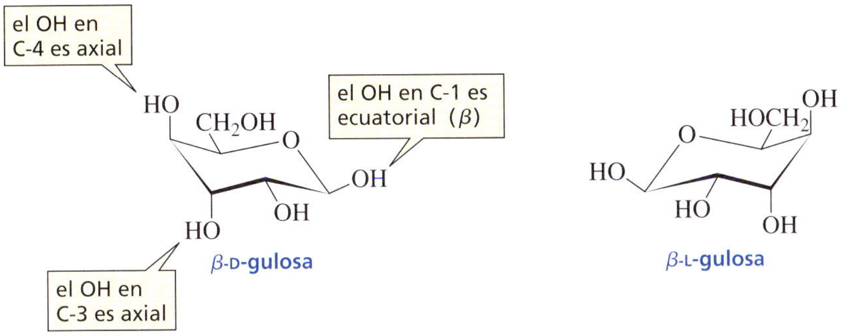

PROBLEMA 24♦ RESUELTO

¿Cuáles grupos OH se encuentran en posiciones axiales en

a. β-D-manopiranosa?   **b.** β-D-idopiranosa?   **c.** α-D-alopiranosa?

Solución de 24a Todos los grupos OH en la β-D-glucosa están en posiciones ecuatoriales. Como la β-D-manosa es el epímero en C-2 de la β-D-glucosa, sólo el grupo OH del C-2 en la β-D-manosa estará en posición axial.

21.13 Formación de glicósidos

Del mismo modo que un hemiacetal (o un hemicetal) reacciona con un alcohol y forma un acetal (o cetal) (sección 17.10), el hemiacetal (o hemicetal) cíclico formado por un monosacárido puede reaccionar con un alcohol y formar un acetal (o un cetal). Al acetal o al cetal de un azúcar se le llama **glicósido** y al enlace entre el carbono anomérico y el oxígeno del grupo alcoxi se le llama **enlace glicosídico**. Los glicósidos reciben su nombre sustituyendo la terminación "a" del nombre del azúcar por "ido". Así, el glicósido de la glucosa es un glucósido; el glicósido de la galactosa es un galactósido, y de manera similar con los restantes. Si se usa el nombre de piranosa o furanosa, el acetal (o el cetal) se llama **piranósido** o **furanósido**.

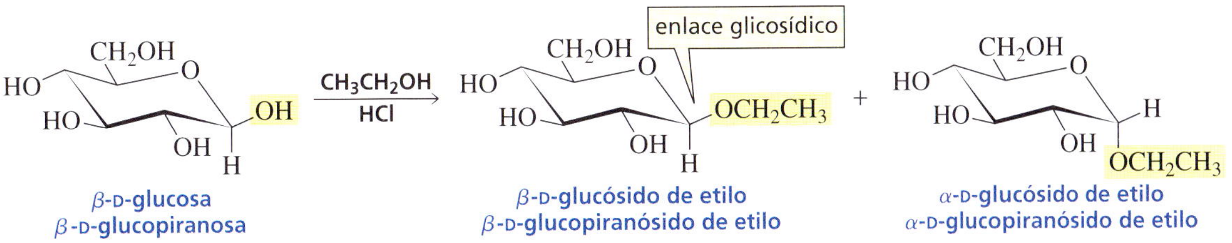

Note que la reacción de un sólo anómero con un alcohol lleva a la formación de los α- y β-glicósidos. El mecanismo de la reacción muestra por qué se forman ambos glicósidos.

Mecanismo de formación de glicósidos

- El grupo OH unido al carbono anomérico se protona en la disolución ácida.
- Un par de electrones no enlazado del oxígeno del anillo ayuda a expulsar una molécula de agua. El carbono anomérico en el ion oxocarbenio que resulta tiene hibridación sp^2, de manera que dicha parte de la molécula es plana. (Un **ion oxocarbenio** tiene una carga positiva compartida por un carbono y un oxígeno).
- Cuando el alcohol se acerca desde arriba del plano, se forma el β-glicósido; cuando llega desde abajo del plano, se forma el α-glicósido.

Observe que el mecanismo es el mismo que el que se indicó para la formación de acetal en la sección 17.10. En forma sorprendente, la D-glucosa forma más α-glicósido que β-glicósido. En la próxima sección se explica la razón de ello.

Parecida a la reacción de un monosacárido con un alcohol es la de un monosacárido con una amina en presencia de trazas de ácido. El producto de la reacción es un *N*-glicósido. Un ***N*-glicósido** tiene un nitrógeno en lugar de oxígeno en el enlace glicosídico. Las subunidades de ADN y ARN son β-*N*-glicósidos (sección 27.1).

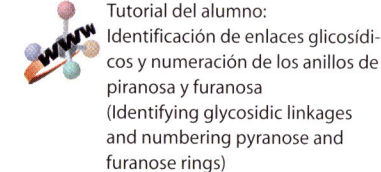

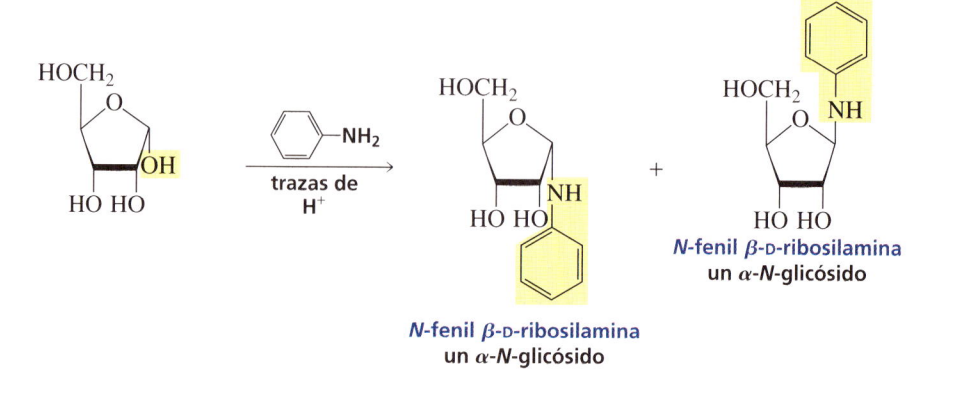

PROBLEMA 25 ◆

¿Por qué se usan sólo trazas de ácido en la formación de un *N*-glicósido?

21.14 El efecto anomérico

Ya se explicó que la β-D-glucosa es más estable que la α-D-glucosa porque cuenta con más espacio para un sustituyente en la posición ecuatorial. Sin embargo, las cantidades relativas de β-D-glucosa y α-D-glucosa sólo son 2:1 (sección 21.10), de modo que la preferencia del grupo OH para la posición ecuatorial no es tan grande como cabría esperar. Compárese esto, por ejemplo, con la preferencia del grupo OH por la posición ecuatorial en el ciclohexanol, donde la relación es 5.4:1 (tabla 2.10, página 112).

Cuando la glucosa reacciona con un alcohol para formar un glicósido, el producto principal es el α-glicósido. Como la formación del acetal es reversible, el α-glicósido debe ser más estable que el β-glicósido. A la preferencia de ciertos sustituyentes unidos al carbono anomérico por la posición axial se le llama **efecto anomérico**.

¿Qué es lo que causa el efecto anomérico? El enlace C—Z tiene un orbital de antienlace σ*. Si uno de los pares de electrones no enlazados del oxígeno en el anillo se localiza en un orbital paralelo al orbital de antienlace σ*, la molécula puede estabilizarse con algo de la densidad electrónica que pase desde el oxígeno al orbital de antienlace σ*. El orbital que contiene el par de electrones no enlazado del oxígeno en el anillo puede traslaparse con el orbital de antienlace σ* sólo si el sustituyente es axial. Si el sustituyente es ecuatorial, ninguno de los orbitales que contienen un par de electrones no enlazado está alineado en forma correcta para el traslape. Como resultado del traslape entre el par de electrones no enlazado y el orbital de antienlace σ*, el enlace C—Z es más largo y débil que lo normal, y el enlace C—O dentro del anillo es más corto y más fuerte que lo normal.

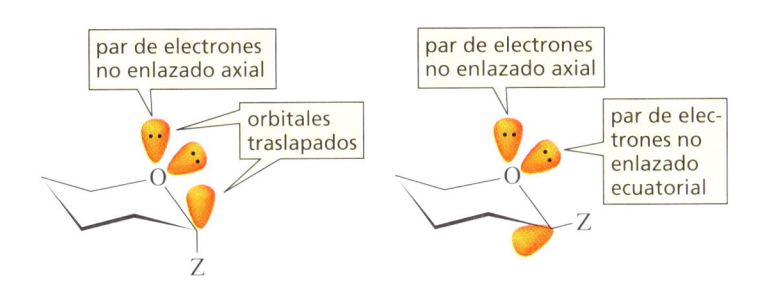

21.15 Azúcares reductores y no reductores

Como los glicósidos son acetales (o cetales) no están en equilibrio con el aldehído (o la cetona) de cadena abierta en disoluciones acuosas neutras o básicas. Al no estar en equilibrio con un compuesto que tenga un grupo carbonilo, no se pueden oxidar con reactivos como Ag^+ o Br_2. Por consiguiente, los glicósidos son azúcares no reductores: no pueden reducir Ag^+ ni Br_2.

En contraste, los hemiacetales (o los hemicetales) están en equilibrio con los azúcares de cadena abierta en disolución acuosa y pueden reducir Ag^+ o Br_2. En resumen, mientras un azúcar tenga un grupo aldehído, cetona, hemiacetal o hemicetal puede reducir a un agente oxidante y por consiguiente se le considera **azúcar reductor**. Si carece de tales grupos es le considera como un **azúcar no reductor**.

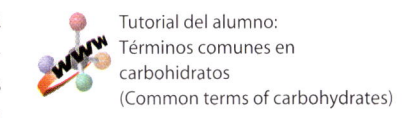

Tutorial del alumno:
Términos comunes en carbohidratos
(Common terms of carbohydrates)

Un azúcar con un grupo aldehído, cetona, hemiacetal o hemicetal es reductor. Un azúcar sin uno de esos grupos es azúcar no reductor.

1000 CAPÍTULO 21 Carbohidratos

> **PROBLEMA 26◆ RESUELTO**
>
> Indicar el nombre de los compuestos siguientes y decir si cada uno es azúcar reductor o no reductor.
>
> a. [estructura química]   c. [estructura química]
>
> b. [estructura química]   d. [estructura química]
>
> **Solución de 26a** El único grupo OH en posición axial en la estructura del inciso **a** es el que está en el C-3. Por consiguiente, este azúcar es el epímero en C-3 de la D-glucosa, que es D-alosa. El sustituyente en el carbono anomérico se encuentra en la posición β. Entonces, el nombre del azúcar es β-D-alósido de propilo, o β-D-alopiranósido de propilo. Como el azúcar es un acetal, es no reductor.

21.16 Disacáridos

Si el grupo hemiacetal de un monosacárido forma un acetal al reaccionar con un grupo alcohol de otro monosacárido, el glicósido que se forma es un disacárido. Los **disacáridos** son compuestos formados por dos subunidades de monosacárido unidas por un enlace acetal; por ejemplo, la maltosa es un disacárido que se obtiene de la hidrólisis del almidón. Contiene dos subunidades de D-glucosa unidas por un enlace tipo acetal. A este enlace acetal en particular se le llama **enlace α-1,4′-glicosídico** porque se localiza entre el C-1 de una subunidad del azúcar y el C-4 de la otra, y el oxígeno unido al carbono anomérico del enlace glicosídico está en la posición α. El índice "prima" indica que el C-4 no está en el mismo anillo que el C-1. *Recuérdese que la posición α es axial, y la posición β es ecuatorial, para un azúcar se representado en conformación de silla.*

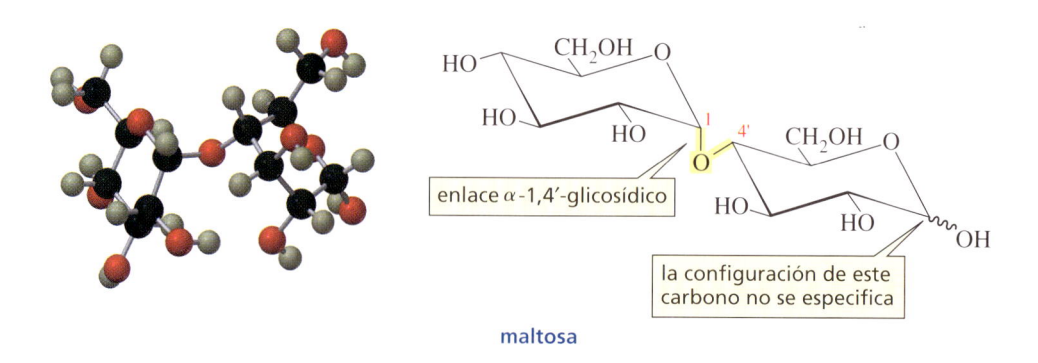

[estructura de la maltosa: enlace α-1,4′-glicosídico; la configuración de este carbono no se especifica]

maltosa

Note que la estructura de la maltosa no especifica la configuración del carbono anomérico que no es un acetal (el carbono anomérico de la subunidad de la derecha, indicado con una línea ondulada) porque la maltosa puede estar en las formas α y β. En la α-maltosa, el grupo OH unido con este carbono anomérico está en posición axial. En la β-maltosa, el grupo OH está en la posición ecuatorial. Como la maltosa puede estar en las formas α y β, hay mutarrotación cuando los cristales de una de las formas se disuelven. La maltosa es un azúcar reductor porque la subunidad de la derecha es un hemiacetal y por consiguiente está en equilibrio con el aldehído de cadena abierta, que se oxida con facilidad.

La celobiosa, disacárido obtenido por hidrólisis de la celulosa, también contiene dos subunidades de D-glucosa. La celobiosa difiere de la maltosa en la forma en que las dos subunidades de glucosa están unidas entre sí por un **enlace β-1,4′-glicosídico**. Entonces, la única diferencia entre las estructuras de la maltosa y la celobiosa radica en la configuración del enlace glicosídico. Al igual que la maltosa, la celobiosa existe en las formas α y β porque el grupo OH unido al carbono anomérico que no interviene en la formación del acetal puede estar en la posición axial (en la α-celobiosa) o en la posición ecuatorial (en la β-celobiosa). La celobiosa es un azúcar reductor porque la subunidad de la derecha es un hemiacetal.

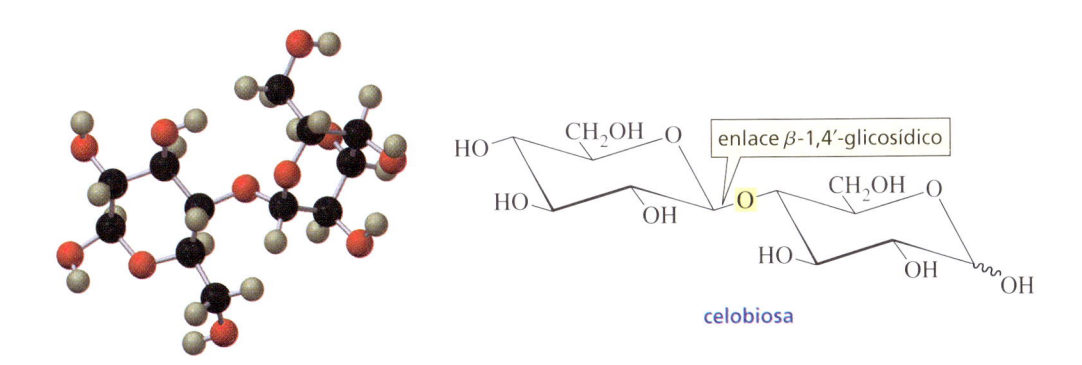

celobiosa

La lactosa es un disacárido que se encuentra en la leche. Forma el 4.5% de la leche de vaca, en masa, y el 6.5% de la leche humana. Una de las subunidades de la lactosa es la D-galactosa y la otra es D-glucosa. La subunidad de D-galactosa es un acetal y la subunidad de D-glucosa es un hemiacetal. Las subunidades están unidas por un enlace β-1,4′-glicosídico. Como una de las subunidades es hemiacetal, la lactosa es azúcar reductor y presenta mutarrotación.

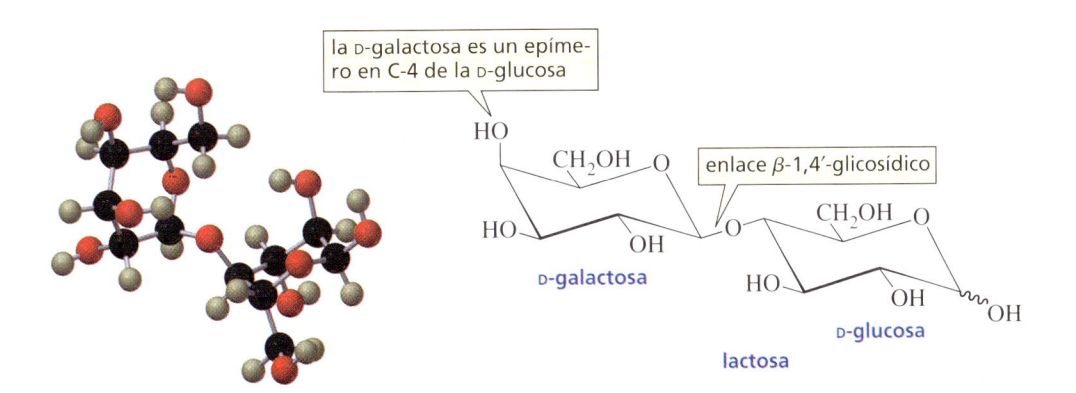

la D-galactosa es un epímero en C-4 de la D-glucosa

enlace β-1,4′-glicosídico

D-galactosa   D-glucosa
lactosa

Con un experimento sencillo se puede demostrar que el enlace de hemiacetal en la lactosa pertenece al residuo de glucosa y no al residuo de galactosa. Se trata al disacárido con un exceso de yoduro de metilo en presencia de Ag_2O, reacción que metila todos los grupos OH. El óxido de plata es para aumentar la tendencia saliente del ion yoduro en la reacción S_N2 porque el grupo OH es un nucleófilo relativamente malo. A continuación el producto se hidroliza bajo condiciones ácidas. Este tratamiento determina que los dos enlaces de acetal se hidrolicen, pero todos los enlaces éter formados por la metilación de los grupos OH permanecen sin alterarse. Al identificar los productos se comprueba que el residuo que contenía el enlace acetal en el disacárido era el de galactosa porque el OH de ésta en el C-4 pudo reaccionar con el yoduro de metilo. Por otra parte, el OH en el C-4 de la glucosa no pudo reaccionar con yoduro de metilo porque participó en la formación del acetal con la galactosa.

2,3,4,6-tetra-O-metilgalactosa   **2,3,6-tri-O-metilglucosa**

INTOLERANCIA A LA LACTOSA

La lactasa es una enzima que rompe en forma específica el enlace β-1,4′-glicosídico de la lactosa. Los gatos y los perros pierden su lactasa intestinal cuando se vuelven adultos y en adelante ya no pueden digerir la lactosa. En consecuencia, cuando se les alimenta con leche o con productos lácteos, la lactosa no degradada les causa problemas digestivos, como gases, dolor abdominal y diarrea. Dichos problemas se deben a que sólo los monosacáridos pueden pasar al torrente sanguíneo, por lo que la lactosa no se digiere y llega en ese estado al intestino grueso.

Cuando los humanos tienen diarrea u otras alteraciones intestinales, en forma temporal pueden perder su lactasa y volverse intolerantes a la lactosa. Algunas personas pierden su lactasa en forma permanente al madurar. Alrededor del 10% de la población caucásica adulta en Estados Unidos ha perdido su lactasa. La intolerancia a la lactosa es mucho más común en personas cuyos ancestros proceden de países que no producen artículos lácteos. Por ejemplo, sólo el 3% de los daneses son intolerantes a la lactosa, en comparación con el 90% de los chinos y japoneses y el 97% de los tailandeses. En ello estriba que no es probable encontrar artículos lácteos en los menúes chinos.

GALACTOSEMIA

Después que la lactosa se degrada a glucosa y galactosa, la galactosa se debe convertir en glucosa para poder ser usada en las células. Las personas que carecen de la enzima que convierte galactosa en glucosa padecen una enfermedad genética llamada galactosemia. Sin esta enzima, la galactosa se acumula en el torrente sanguíneo. Esta alteración puede causar retardo mental y hasta la muerte en los bebés. La galactosemia se trata excluyendo la galactosa en la dieta.

La sacarosa, el disacárido más común, que de manera habitual se denomina azúcar o azúcar de mesa. Se obtiene de la caña de azúcar y de la remolacha azucarera; consiste en una subunidad de D-glucosa y una de D-fructosa unidas por un enlace glicosídico entre el C-1 de la glucosa (en la posición α) y el C-2 de la fructosa (en la posición β). Se producen unos 90 millones de toneladas de sacarosa comercial cada año en todo el mundo.

A diferencia de los demás disacáridos descritos, la sacarosa no es azúcar reductor y no presenta mutarrotación porque su enlace glicosídico se establece entre el carbono anomérico de la glucosa y el carbono anomérico de la fructosa. Por consiguiente, la sacarosa no tiene grupo hemiacetal ni hemicetal, por lo que no está en equilibrio con la forma de aldehído o de cetona de cadena abierta, que se oxida con facilidad en disolución acuosa.

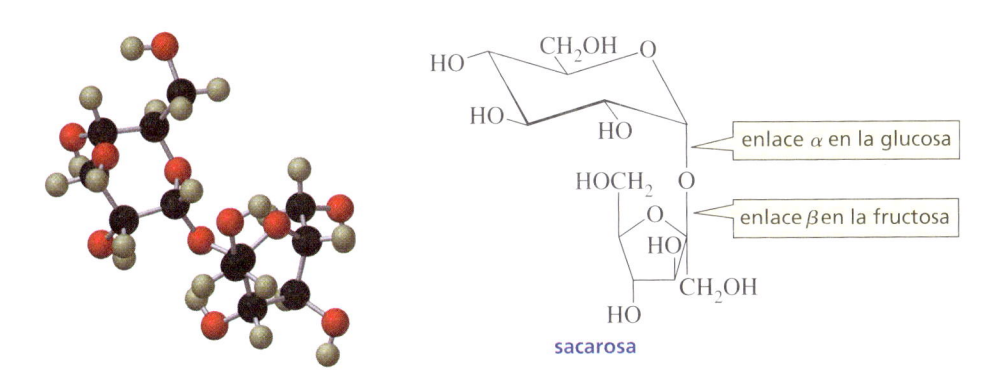

sacarosa

La rotación específica de la sacarosa es +66.5. Cuando se hidroliza, la mezcla resultante de fructosa y glucosa en proporción de 1:1 tiene una rotación específica de −22.0. Como el signo de la rotación cambia cuando la sacarosa se hidroliza, a la mezcla de glucosa y fructosa 1:1 se le llama *azúcar invertido*. La enzima que cataliza la hidrólisis de la sacarosa se llama *invertasa*. Las abejas tienen invertasa, por lo que la miel que producen es una mezcla de sacarosa, glucosa y fructosa. Como la fructosa es más dulce que la sacarosa, el azúcar invertido es más dulce que la sacarosa. El anuncio de algunos alimentos es que contienen fructosa, y no sacarosa, y la diferencia significa que tienen el mismo grado de dulzor pero con un menor contenido de azúcar (menos calorías).

21.17 Polisacáridos

Los polisacáridos contienen desde 10 hasta varios miles de unidades de monosacárido unidos con enlaces glicosídicos. La masa molecular de las cadenas individuales de polisacárido es variable. Los polisacáridos más comunes son el almidón y la celulosa.

El almidón es el componente principal de la harina, las papas, el arroz, las habas (judías), el maíz y los chícharos (guisantes, arvejas). Es una mezcla de dos polisacáridos diferentes: amilosa (un 20%) y amilopectina (un 80%). La amilosa está formada por cadenas no ramificadas de unidades de D-glucosa unidas por enlaces α-1,4′-glicosídicos.

tres subunidades de amilosa

La amilopectina es un polisacárido ramificado. Al igual que la amilosa, está formado por cadenas de unidades de D-glucosa unidas por enlaces α-1,4′-glicosídicos. Sin embargo, a diferencia de la amilosa, amilopectina también contiene **enlaces α-1,6′-glicosídicos**. Estos enlaces inician las ramificaciones en el polisacárido (figura 21.1). La amilopectina puede contener hasta 10^6 unidades de glucosa y es una de las moléculas más grandes que se encuentran en la naturaleza.

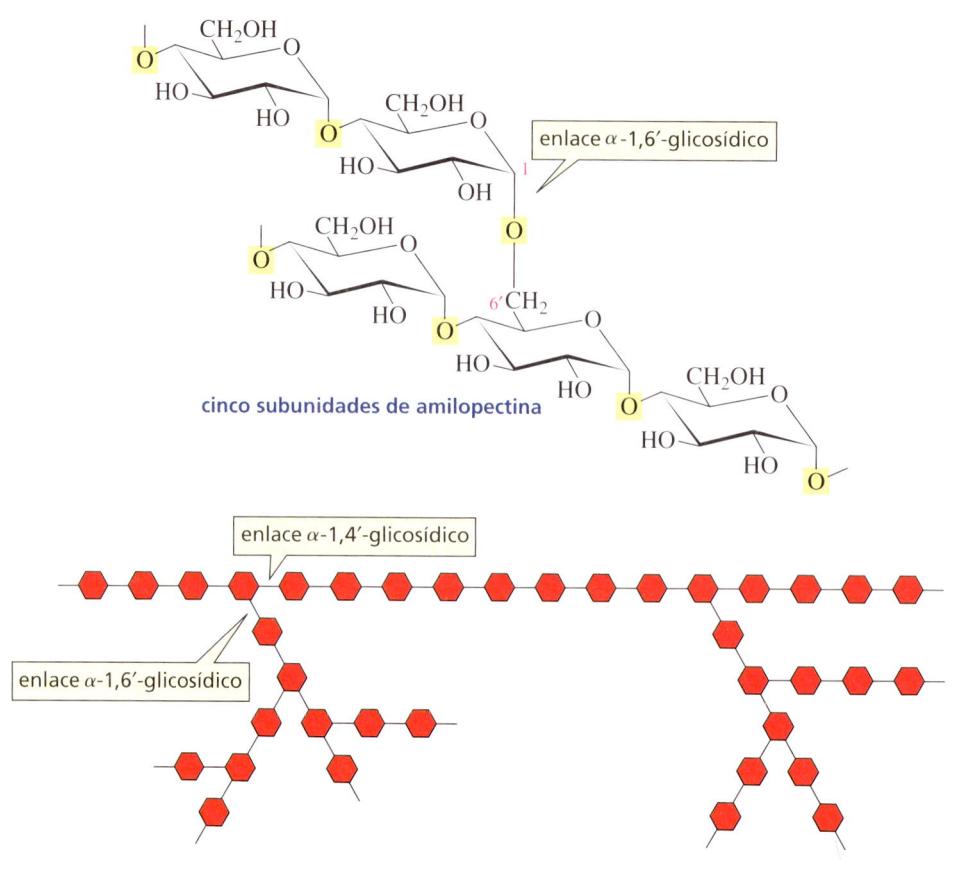

Figura 21.1 ▶
Ramificación en la amilopectina. Los hexágonos representan las unidades de glucosa. Están unidas por enlaces α-1,4' y α-1,6'-glicosídicos.

Las células vivas oxidan a la D-glucosa en el primero de una serie de procesos que les proporcionan energía (sección 25.7). Cuando los animales tienen más D-glucosa que la que necesitan para producir su energía, convierten el exceso en un polímero llamado glucógeno. El glucógeno presenta una estructura parecida a la de la amilopectina, pero el glucógeno es más ramificado (figura 21.2). Los puntos de ramificación en el glucógeno están a más o menos 10 residuos de distancia, mientras que los de la amilopectina surgen cada 25 residuos, aproximadamente. El alto grado de ramificación en el glucógeno tiene consecuencias fisiológicas importantes. Cuando un animal requiere energía, pueden eliminarse al mismo tiempo muchas unidades de glucosa de los extremos de muchas ramificaciones. Las plantas convierten el exceso de D-glucosa en almidón.

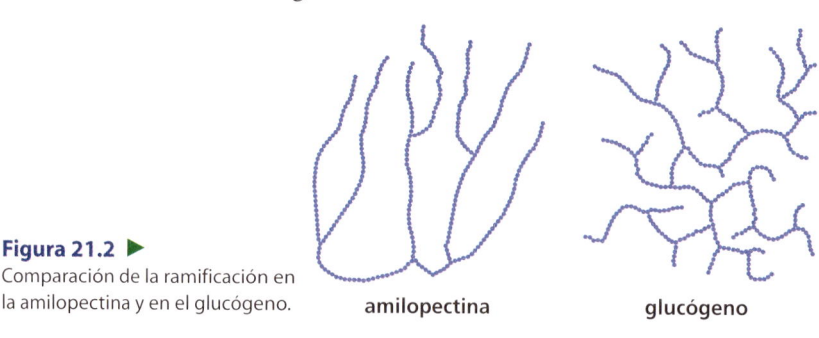

Figura 21.2 ▶
Comparación de la ramificación en la amilopectina y en el glucógeno.

EL DENTISTA TIENE RAZÓN

Las bacterias bucales tienen una enzima que convierte la sacarosa en un polisacárido llamado dextrán. El dextrán está formado por unidades de glucosa unidas principalmente por enlaces α-1,3'- y α-1,6'-glicosídicos. Un 10% de la placa dental es dextrán. Éste es el fundamento químico por lo que su dentista le aconseja no comer dulces.

21.17 Polisacáridos

La celulosa es el material estructural de las plantas superiores. Por ejemplo, el algodón es aproximadamente 90% de celulosa y la madera es 50% de celulosa. Al igual que la amilosa, la celulosa está formada por cadenas no ramificadas de unidades de D-glucosa. No obstante, a diferencia de la amilosa, las unidades de glucosa están unidas por enlaces β-1,4′-glicosídicos y no por enlaces α-1,4′-glicosídicos.

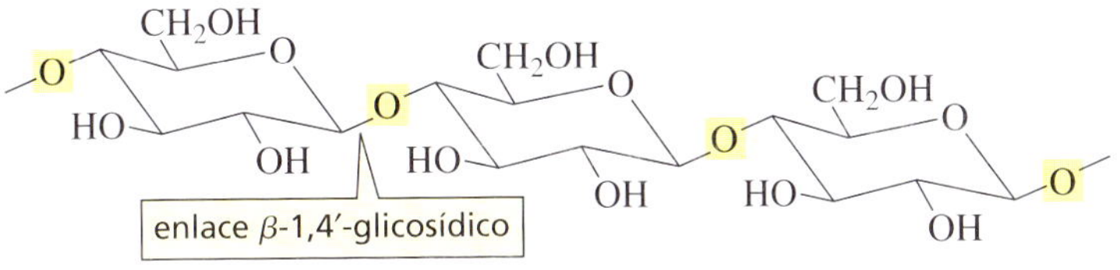

tres subunidades de la celulosa (enlace β-1,4′-glicosídico)

Los enlaces α-1,4′-glicosídicos se hidrolizan con más facilidad que los β-1,4′-glicosídicos porque el efecto anomérico debilita el enlace en el carbono anomérico (sección 21.14). Todos los mamíferos tienen la enzima (α-glucosidasa) que hidroliza los enlaces α-1,4′ que unen las unidades de glucosa en la amilosa, en la amilopectina y en el glucógeno, pero no tienen la enzima (β-glucosidasa) que hidroliza los enlaces β-1,4′-glicosídicos. (También es la causa de que se necesite lactasa para metabolizar la lactosa). El resultado es que los mamíferos *no pueden* obtener la glucosa que necesitan si comen celulosa. Pese a ello, las bacterias que sí tienen β-glucosidasa habitan en los tractos digestivos de los animales rumiantes y entonces las vacas pueden comer pasto y los caballos pueden comer pastura para satisfacer sus necesidades nutritivas de glucosa. También las termitas albergan bacterias que descomponen la celulosa de la madera que comen.

Los diversos enlaces glicosídicos en el almidón y la celulosa les proporciona propiedades físicas muy diferentes. Los enlaces α en el almidón condicionan que la amilosa forme una hélice que favorece la formación de puentes de hidrógeno entre sus grupos OH y moléculas de agua (figura 21.3). El resultado es que el almidón resulta soluble en agua.

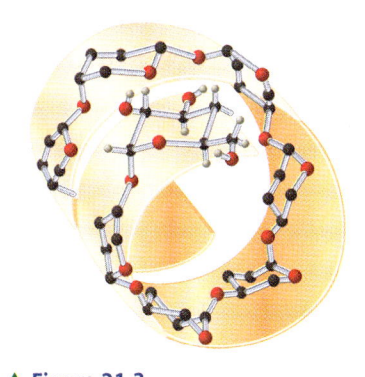

Por otra parte, los enlaces β de la celulosa favorecen la formación de puentes de hidrógeno intramoleculares. En consecuencia, tales moléculas se ordenan en conjuntos lineales (figura 21.4), que se mantienen unidos por puentes de hidrógeno intermoleculares entre cadenas adyacentes. Estos grandes agregados determinan que la celulosa sea insoluble en agua. La fuerza de tales haces de cadenas poliméricas hace que la celulosa sea un material estructural efectivo. También, la celulosa procesada se utiliza en la producción de papel y de celofán.

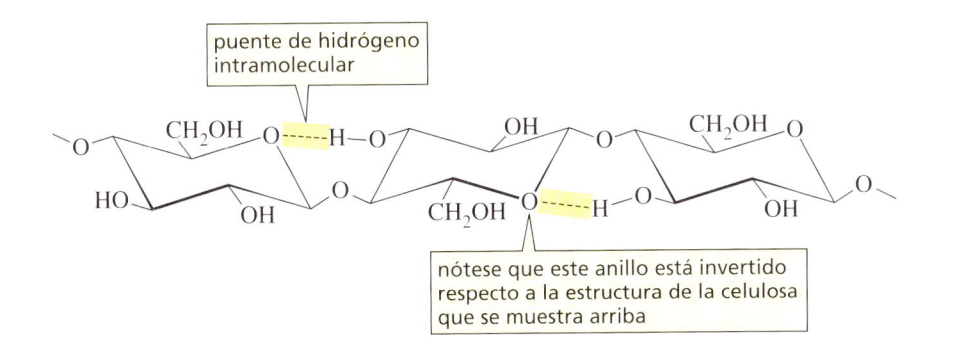

▲ **Figura 21.3**
Los enlaces α-1,4′-glicosídicos en la amilosa hacen que forme una hélice izquierda. Muchos de sus grupos OH forman puentes de hidrógeno con las moléculas de agua.

◂ **Figura 21.4**
Los enlaces β-1,4′-glicosídicos en la celulosa forman puentes de hidrógeno intramoleculares, que hacen que las moléculas se ensamblen en disposición lineal.

(puente de hidrógeno intramolecular; nótese que este anillo está invertido respecto a la estructura de la celulosa que se muestra arriba)

La quitina es un polisacárido de estructura parecida a la celulosa. Es el componente principal del caparazón de los crustáceos (como langostas, cangrejos y camarones) y del exoesqueleto de los insectos y otros artrópodos. Al igual que la celulosa, la quitina presenta enlaces β-1,4′-glicosídicos. Se diferencia de la celulosa por tener un grupo *N*-acetilamino en lugar de un grupo OH en la posición C-2. Los enlaces β-1,4′-glicosídicos otorgan a la quitina su rigidez estructural.

1006 CAPÍTULO 21 Carbohidratos

La concha de este resplandeciente cangrejo anaranjado australiano está formada en especial por quitina.

tres subunidades de quitina

grupo *N*-acetilamino

CONTROL DE PULGAS

Se han desarrollado varias sustancias para que los dueños de perros controlen las pulgas. Una de ellas es el lufenurón, el ingrediente activo de varios productos comerciales. El lufenurón inhibe la producción de quitina por parte de las pulgas. Las consecuencias son fatales para los insectos porque su exoesqueleto está formado principalmente por quitina.

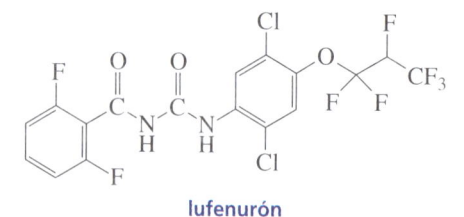

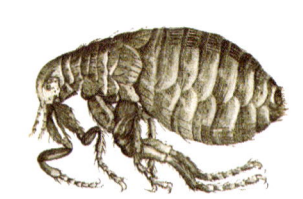

lufenurón

PROBLEMA 27

¿Cuál es la principal diferencia estructural entre

a. amilosa y celulosa?
b. amilosa y amilopectina?
c. amilopectina y glucógeno?
d. celulosa y quitina?

21.18 Algunos productos naturales derivados de carbohidratos

Los **desoxiazúcares** son azúcares en los que uno de los grupos OH está sustituido por un hidrógeno (*desoxi* quiere decir "sin oxígeno"). La 2-desoxirribosa es un ejemplo importante de un desoxiazúcar y le falta el oxígeno en la posición C-2. La D-ribosa es el componente de azúcar en el ácido ribonucleico (ARN), mientras que la 2-desoxirribosa es el componente de azúcar del ácido desoxirribonucleico (ADN) (véase la sección 27.1).

β-D-ribosa   β-D-2-desoxirribosa

En los **aminoazúcares**, uno de los grupos OH está sustituido por un grupo amino. La *N*-acetilglucosamina, la subunidad de la quitina y una de las subunidades de ciertas paredes celulares bacterianas, es un ejemplo de un aminoazúcar (secciones 21.17 y 23.9). Algunos antibióticos importantes contienen aminoazúcares. Por ejemplo, las tres subunidades del antibiótico gentamicina son desoxiaminoazúcares. Nótese que a la subunidad intermedia le falta el oxígeno del anillo, por lo que en realidad no es un azúcar.

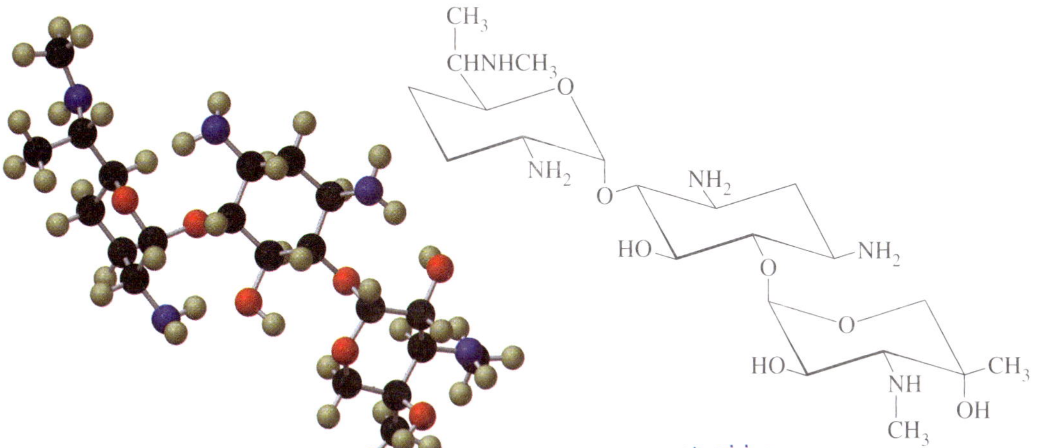

gentamicina
un antibiótico

HEPARINA

La heparina es un anticoagulante natural que se libera cuando se produce una lesión para evitar la formación excesiva de coágulos de sangre. Este polisacárido está formado por subunidades de glucosamina, ácido glucurónico y ácido idurónico. Los grupos OH en los C-6 de las subunidades de glucosamina y los grupos OH en los C-2 de las subunidades de ácido idurónico están sulfonados. Algunos de los grupos amino están sulfonados también y otros están acetilados. El resultado es que la heparina es una molécula con una gran densidad de carga negativa. Se encuentra sobre todo en células que recubren las paredes arteriales. La heparina se usa mucho clínicamente como anticoagulante.

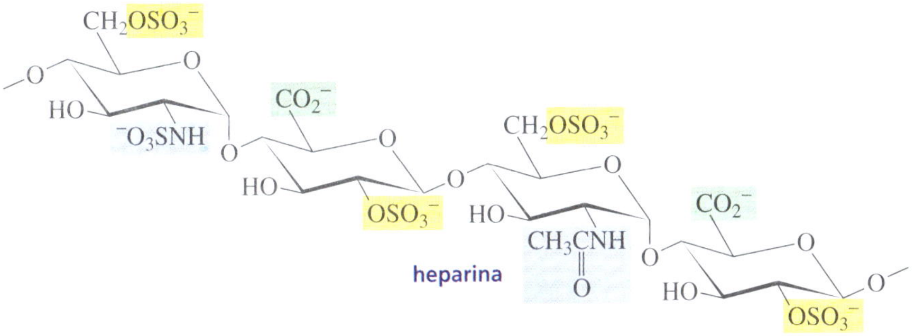

heparina

El ácido L-ascórbico (vitamina C) se sintetiza a partir de D-glucosa en las plantas y en el hígado de la mayoría de los vertebrados. Los humanos, monos y cobayos no cuentan con las enzimas necesarias para la biosíntesis de la vitamina C, por lo que la deben obtener en sus dietas. La biosíntesis de la vitamina C implica la conversión enzimática de la D-glucosa en ácido L-gulónico, que recuerda el último paso de la demostración de Fischer. El ácido L-gulónico se convierte en una γ-lactona mediante la enzima lactonasa, y después una enzima llamada oxidasa oxida la lactona y forma ácido L-ascórbico. La designación L del ácido ascórbico indica la configuración en el C-5, que era el C-2 en la D-glucosa.

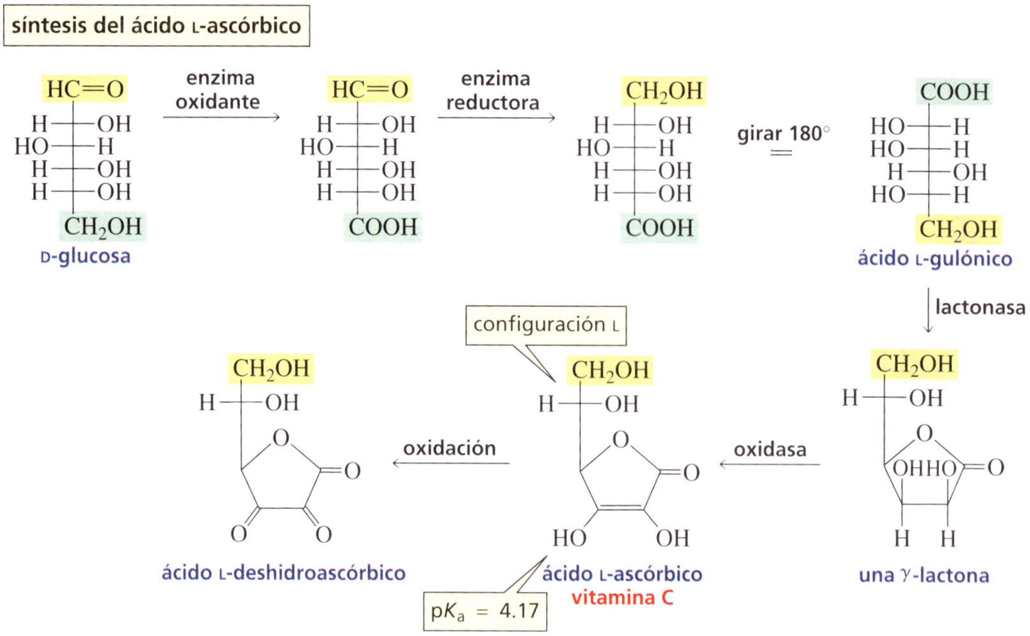

síntesis del ácido L-ascórbico

[Esquema de reacciones: D-glucosa → (enzima oxidante) → intermediario → (enzima reductora) → intermediario → (girar 180°) = ácido L-gulónico → (lactonasa) → una γ-lactona → (oxidasa) → ácido L-ascórbico (vitamina C, pK_a = 4.17, configuración L) → (oxidación) → ácido L-deshidroascórbico]

Aunque el ácido L-ascórbico no tiene un grupo ácido carboxílico, es un compuesto ácido porque el pK_a del grupo OH en el C-3 es 4.17. El ácido L-ascórbico se oxida con facilidad a ácido L-dehidroascórbico, que también tiene actividad fisiológica. Si el anillo de lactona se abre por hidrólisis, se pierde toda la actividad de la vitamina C. Por consiguiente, en los alimentos que se han cocinado bien no es mucha la vitamina C que permanece intacta. Lo peor es que si el alimento se cocina en agua, y después se deja escurrir ¡las vitaminas hidrosolubles se desechan con el agua!

VITAMINA C

La vitamina C captura radicales formados en ambientes acuosos (sección 11.10) y al hacerlo evita reacciones de oxidación perjudiciales que podrían causar estos. No se conocen todas las funciones fisiológicas de la vitamina C; sin embargo, sí se sabe que se requiere en la síntesis de colágeno, que es la proteína estructural en piel, tendones, tejidos conectivos y huesos. La vitamina C abunda en los cítricos y tomates, pero cuando la dieta carece de la misma aparecen lesiones en la piel, hay sangrado intenso en las encías, en las articulaciones, bajo la piel y las heridas cicatrizan con lentitud. Este estado, llamado *escorbuto*, fue la primera enfermedad en tratarse ajustando la dieta. Los marinos ingleses que salían a altamar a finales de 1700 tenían que comer limas para evitarlo (es la causa de que en inglés se llame "limeys" a los marinos). *Scorbutus* es "escorbuto" en latín; por consiguiente, *ascórbico*, significa "sin escorbuto".

PROBLEMA 28

Explique por qué el grupo OH en el C-3 de la vitamina C es más ácido que el grupo OH en el C-2.

21.19 Carbohidratos en las superficies celulares

Muchas células tienen cadenas cortas de oligosacáridos en su superficie que permiten a las células reconocer e interactuar con otras células y con virus y bacterias invasores. Dichos oligosacáridos permanecen unidos a la superficie celular por la reacción de un grupo OH o NH_2 de una proteína en la membrana celular con el carbono anomérico de un azúcar cíclico. Las proteínas unidas a oligosacáridos se llaman **glicoproteínas**. El porcentaje de carbohidratos en las glicoproteínas es variable; algunas glicoproteínas contienen 1% de carbohidratos, en masa, mientras que otras contienen hasta el 80%.

21.19 Carbohidratos en las superficies celulares

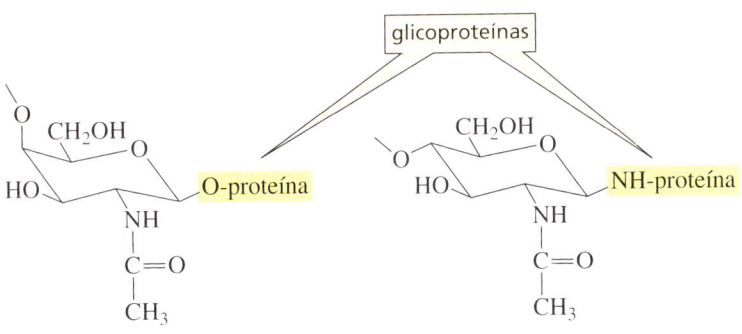

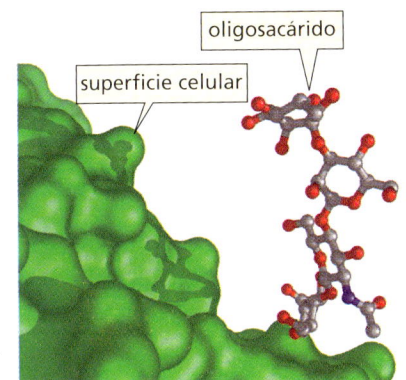

Hay muchos tipos diferentes de glicoproteínas, entre las que se incluyen las proteínas estructurales como el colágeno, las proteínas que se encuentran en las secreciones mucosas, las inmunoglobulinas, las hormonas estimulantes del folículo y la hormona estimulante de la tiroides, así como el interferón (una proteína antiviral) y las proteínas plasmáticas de la sangre. Una de las funciones de las cadenas del oligosacárido en las glicoproteínas es funcionar como sitios receptores en la superficie celular, desde donde transmiten señales de las hormonas y otras moléculas hacia el interior de la célula. Los carbohidratos en las superficies celulares también actúan como puntos de unión para otras células, virus y toxinas.

Los carbohidratos en las superficies celulares forman una vía para que las células se reconozcan entre sí. Se ha comprobado que tales interacciones entre carbohidratos superficiales desempeñan un papel en actividades tan diversas como infecciones, prevención de infecciones, fertilización, enfermedades inflamatorias como artritis reumatoide y choque séptico, así como en la coagulación de la sangre. De tal modo, el objeto de los medicamentos inhibidores de la VIH proteasa, por ejemplo, es evitar que el VIH reconozca las células por sus oligosacáridos superficiales y penetre en ellas. El hecho de que varios de los antibióticos conocidos contengan aminoazúcares (sección 21.18) parece indicar que funcionan reconociendo a células objetivo. También intervienen las interacciones entre carbohidratos en la regulación del crecimiento celular, por lo que se cree que algunos cambios en las glicoproteínas de membrana están correlacionados con las transformaciones malignas.

Las diferencias entre tipos de sangre (A, B u O) son en realidad diferencias en los azúcares unidos a las superficies de los glóbulos rojos. Cada tipo de sangre se relaciona con una estructura de carbohidrato diferente (figura 21.5). La sangre tipo AB es una mezcla de carbohidratos tipo A y tipo B.

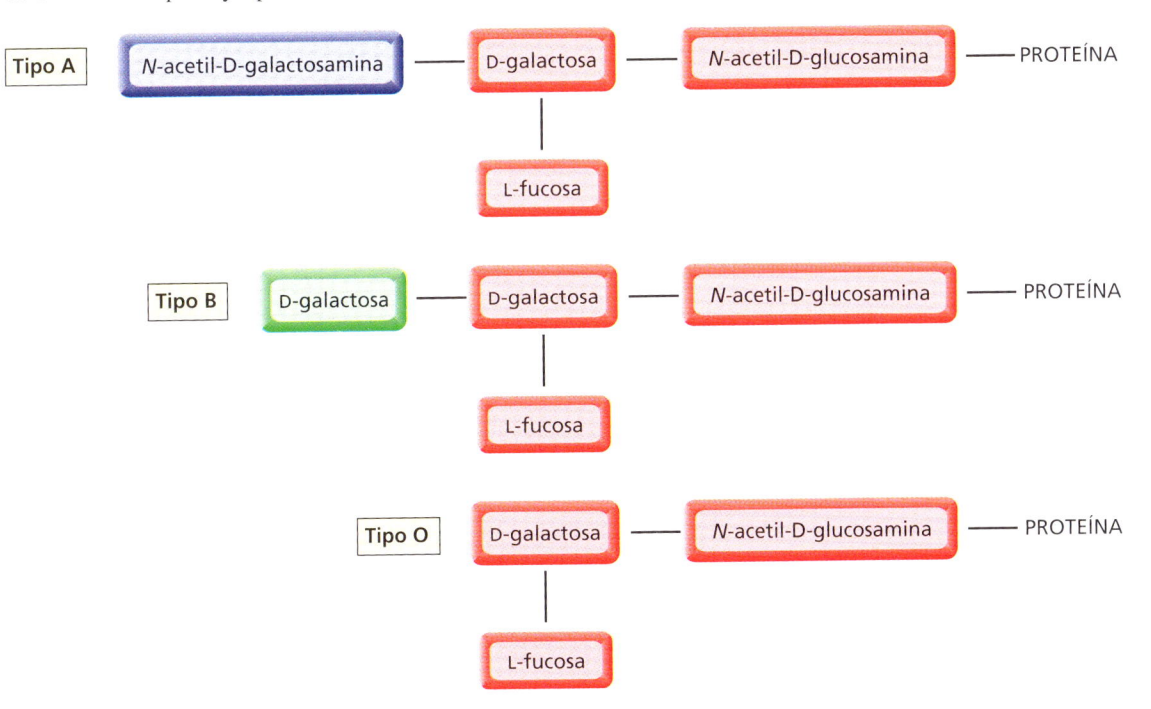

▲ **Figura 21.5**
Determinación del tipo de sangre por la naturaleza del azúcar sobre la superficie de los glóbulos rojos. La fucosa es 6-desoxigalactosa

Los *anticuerpos* son proteínas que se sintetizan en el organismo como respuesta a sustancias extrañas llamadas *antígenos*. La interacción con el anticuerpo determina que el antígeno precipite, o que quede marcado para su destrucción por las células del sistema inmunitario. Es la causa de que, por ejemplo, no pueda usarse la sangre de una persona en otra, a menos que los tipos de sangre de donador y paciente sean compatibles. Si no fuera así, la sangre donada sería considerada sustancia extraña y provocaría una respuesta inmunitaria.

Si se examina la figura 21.5 se puede entender por qué el sistema inmunitario de las personas con tipo A reconoce a la sangre tipo B como extraña y viceversa. Sin embargo, el sistema inmunitario de las personas con tipos A, B o AB no considera a la sangre tipo O como extraña porque el carbohidrato de la sangre tipo O también es un componente de los tipos A, B y AB. Así, todos pueden aceptar sangre tipo O y las personas con sangre tipo O se llaman donadores universales. Las personas con sangre tipo AB pueden aceptar tipos AB, A, B y O, por lo que se consideran receptores universales.

PROBLEMA 29◆

Refiérase a la figura 21.5 para contestar lo siguiente:

a. Las personas con sangre tipo O pueden donar sangre a todos, pero no pueden recibir sangre de todos. ¿De quiénes *no* pueden recibir sangre?

b. Las personas con sangre tipo AB pueden recibir sangre de todos, pero no pueden donar sangre a todos. ¿A quiénes *no* pueden donar sangre?

BIOGRAFÍA

Ira Remsen (1846–1927) *nació en New York. Después de recibir la licenciatura en medicina de la Universidad de Columbia decidió hacerse químico. Obtuvo un doctorado en Alemania y después regresó a Estados Unidos, en 1872, donde aceptó un puesto docente en el Williams College. En 1876 fue profesor de química en la recién fundada Universidad Johns Hopkins, donde inició el primer centro de investigación química en Estados Unidos. Después fue el segundo presidente de Johns Hopkins.*

21.20 Edulcorantes sintéticos

Para que una molécula tenga sabor dulce debe unirse a un receptor en una célula gustativa de la lengua. El enlace de esta molécula causa el paso de un impulso nervioso de la papila hasta el cerebro, donde se interpreta que la molécula es dulce. Los azúcares difieren en su grado de "dulzura". Comparada con el dulzor de la glucosa, a la que se le asigna un valor relativo de 1.00, la dulzura de la sacarosa es 1.45 y la de la fructosa, el más dulce de los azúcares, es 1.65.

Los inventores de edulcorantes sintéticos deben evaluar a los productos potenciales en función de varios factores, como toxicidad, estabilidad y costo, además de su sabor. La sacarina, el primer edulcorante sintético, fue descubierta de manera accidental por Ira Remsen y su alumno Constantine Fahlberg en la Universidad Johns Hopkins en 1878. Fahlberg estudiaba la oxidación de los toluenos *orto*-sustituidos en el laboratorio de Remsen cuando encontró que uno de sus compuestos recién sintetizados tenía un sabor extremadamente dulce. (Por extraño que parezca hoy día, antes era común que los químicos probaran los compuestos, para caracterizarlos). Llamó sacarina a este compuesto y finalmente se constató que es unas 300 veces más dulce que la glucosa. Note que, a pesar de su nombre, la sacarina *no es* un sacárido.

sacarina

dulcina

acesulfame de potasio

aspartame

ciclamato de sodio

sucralosa

Como tiene poco valor calórico, la sacarina se volvió un sustituto importante de la sacarosa después de haberse comercializado en 1885. El principal problema en las dietas de occidente era, y lo sigue siendo, el consumo excesivo de azúcar y sus consecuencias: obesidad, enfermedades del corazón y caries. La sacarina también es una bendición para personas con diabetes, que deben limitar su consumo de sacarosa y glucosa. Aunque la toxicidad de la sacarina no se había estudiado con cuidado cuando se vendió por primera vez (la preocupación por la toxicidad es una cosa bastante reciente), los extensos estudios llevados a cabo desde entonces demostraron que la sacarina es inocua. En 1912 se prohibió en forma temporal en Estados Unidos, no debido a alguna relación con su toxicidad sino porque preocupó que las personas carecieran de las ventajas nutritivas del azúcar.

LA MARAVILLA DEL DESCUBRIMIENTO

Ira Remsen escribió lo siguiente acerca de por qué se volvió químico.* Trabajaba como médico y llegó a leer "El ácido nítrico actúa sobre el cobre" en un libro de química. Decidió averiguar qué significaba "actúa sobre" y para ello vertió ácido nítrico sobre una moneda que yacía sobre una mesa. "Pero ¿qué fue esta belleza que atestigüé? El centavo ya había cambiado y no fue un cambio pequeño. Un líquido azul verdoso liberaba espuma y humo sobre el centavo y sobre la mesa. El aire en la cercanía del acto se volvió rojo oscuro. Se produjo una gran nube de color. Era desagradable y sofocante. ¿Cómo podría detener esto? Traté de desechar el desagradable enredo tomándolo y arrojándolo por la ventana, que ya había yo abierto. Supe entonces otra cosa: el ácido nítrico no sólo actuaba sobre el cobre sino también sobre mis dedos. El dolor causó que hiciera otro experimento no premeditado. Froté mis dedos sobre mis pantalones y descubrí otra cosa: el ácido nítrico también actuó sobre los pantalones. Tomando todo en consideración, fue un experimento muy impresionante y tal vez el experimento más costoso que llegué a hacer. Lo cuento hasta hoy con interés. Fue una revelación para mí. Resultó en un deseo, por mi parte, de aprender todavía más acerca de esa notable clase de fenómenos. Era claro que la única forma de aprenderlo era observando sus resultados, experimentando, trabajando en el laboratorio".

* L. R. Summerlin, C. L. Bordford, y J. B. Ealy, *Chemical Demonstrations*, 2a. ed. (Washington, DC: American Chemical Society, 1988).

La dulcina fue el segundo edulcorante sintético y se le descubrió en 1884. Aun cuando estaba libre del gusto amargo y metálico asociado con la sacarina, nunca adquirió popularidad. La dulcina se retiró del mercado en 1951 como respuesta a la preocupación por su toxicidad.

El ciclamato de sodio devino en un edulcorante sin capacidad nutritiva cuyo uso se expandió en los años 1950, pero que fue prohibido en Estados Unidos unos veinte años más tarde a raíz de dos estudios en los que parecía mostrar que su consumo en grandes cantidades causaba cáncer de hígado en ratones.

El aspartame, unas 200 veces más dulce que la sacarosa, fue aprobado por la Administración de Alimentos y Medicinas (FDA) en Estados Unidos en 1981. Como el aspartame contiene una subunidad de fenilalanina, no lo deben usar personas que padezcan la enfermedad genética llamada fenilcetonuria (PKU) (sección 25.9).

El acesulfame de potasio fue aprobado en 1988. También se le llama acesulfame-K y es unas 200 veces más dulce que la glucosa. Tiene menos sabor residual que la sacarina y es más estable que el aspartame a altas temperaturas.

La sucralosa, 600 veces más dulce que la glucosa, es el edulcorante sintético aprobado en fecha más reciente (1991). Mantiene su dulzor en alimentos almacenados durante largo tiempo y a las temperaturas que se usan en repostería. La sucralosa se prepara a partir de la sacarosa reemplazando en forma selectiva tres de los grupos OH de la sacarosa por cloros. Durante la cloración se invierte la posición 4 del anillo de la glucosa por lo cual la sucralosa es un galactopiranósido, no un glucopiranósido. El organismo no reconoce a la sucralosa como carbohidrato, así que en lugar de metabolizarlo lo elimina inalterado.

El hecho de que los endulzantes sintéticos presenten estructuras tan distintas demuestra que la sensación de dulzor no es inducida por una sola forma molecular.

INGESTA DIARIA ADMISIBLE

La Administración de Alimentos y Medicinas (FDA) en Estados Unidos ha establecido un valor de ingesta diaria admisible (IDA) para muchos de los ingredientes alimenticios. La IDA es la cantidad de sustancia que puede consumir una persona cada día de su vida. Por ejemplo, la IDA del acesulfame-K es 15 mg/kg/día. Eso quiere decir que una persona de 60 kg puede consumir 900 mg de acesulfame-K cada día y esa cantidad es la que tendrían unos 8 litros de una bebida endulzada artificialmente. La IDA para la sucralosa también es 15 mg/kg/día.

RESUMEN

Los **compuestos bioorgánicos**, compuestos que se encuentran en los sistemas biológicos, se apegan a los mismos principios químicos que las moléculas orgánicas más pequeñas. Gran parte de la estructura de los compuestos bioorgánicos tiene como objetivo el **reconocimiento molecular**.

Los **carbohidratos** son la clase más abundante de compuestos en el mundo biológico. Son polihidroxialdehídos (**aldosas**) y polihidroxicetonas (**cetosas**), o compuestos que se forman de la unión de aldosas y cetosas. Las notaciones D y L describen la configuración del centro asimétrico más inferior en un **monosacárido**, respecto a la proyección de Fischer; las configuraciones de los demás carbonos están implícitas en el nombre común. La mayor parte de los azúcares naturales son D-azúcares. Las cetosas naturales tienen el grupo cetona en la posición 2. Los **epímeros** difieren en su configuración sólo en un centro asimétrico: la D-manosa es el epímero en C-2 de la D-glucosa y la D-galactosa es el epímero en C-4 de la D-glucosa.

En una disolución básica, un monosacárido se convierte en una mezcla compleja de polihidroxialdehídos y polihidroxicetonas. La reducción de una aldosa forma un **alditol**; la reducción de una cetosa forma dos alditoles. El Br_2 oxida a las aldosas, pero no a las cetosas; el reactivo de Tollens oxida a ambas. Las aldosas se oxidan y forman **ácidos aldónicos** o **ácidos aldáricos**. Las aldosas y las cetosas reaccionan con tres equivalentes de fenilhidrazina y forman **osazonas**. Los epímeros en C-2 forman osazonas idénticas. La **síntesis de Kiliani-Fischer** aumenta un carbono a la cadena de una aldosa; forma epímeros en C-2. La **degradación de Wohl** acorta en un carbono la cadena. Los grupos OH de los monosacáridos reaccionan con yoduro de metilo/óxido de plata para formar éteres.

El grupo aldehído o ceto de un **monosacárido** reacciona con uno de sus grupos OH para formar hemiacetales cíclicos o hemicetales: la glucosa forma α-D-glucosa y β-D-glucosa. La posición α es axial cuando se representa un azúcar en conformación de silla, y hacia abajo cuando se representa con una proyección de Haworth; la posición β es ecuatorial cuando el azúcar se representa como conformación de silla, y hacia arriba cuando se representa en proyección de Haworth. En el equilibrio hay más β-D-glucosa que α-D-glucosa. La α-D-glucosa y la β-D-glucosa son **anómeros** porque difieren en su configuración sólo en el **carbono anomérico**, que es el carbono que originalmente era el carbono del grupo carbonilo en la forma de cadena abierta. Los anómeros tienen distintas propiedades físicas. Los azúcares con un anillo de seis miembros son **piranosas**; los azúcares con un anillo de cinco miembros son **furanosas**. El monosacárido natural más abundante es la glucosa. En la β-D-glucosa, todos los grupos OH se encuentran en posiciones ecuatoriales. A un cambio lento de rotación óptica hasta llegar a un valor de equilibrio se le llama **mutarrotación**.

El hemiacetal (o hemicetal) cíclico puede reaccionar con un alcohol y formar un acetal (o cetal) llamado **glicósido**. Si se usa el nombre "piranosa" o "furanosa", el acetal se llama **piranósido** o **furanósido**. El enlace entre el carbono anomérico y el oxígeno de un alcoxi se llama **enlace glicosídico**. La preferencia de ciertos sustituyentes unidos al carbono anomérico por la posición axial se llama **efecto anomérico**. Si un azúcar tiene un grupo aldehído, cetona, hemiacetal o hemicetal es un azúcar reductor.

Los **disacáridos** están formados por dos monosacáridos unidos por un enlace de acetal. La maltosa tiene un **enlace α-1,4′-glicosídico**; la celobiosa tiene un **enlace β-1,4-glicosídico**. El disacárido más común es la sacarosa; tiene una subunidad de D-glucosa y una de D-fructosa unidas por sus carbonos anoméricos.

Los **polisacáridos** contienen desde 10 hasta varios miles de monosacáridos unidos por enlaces glicosídicos. El almidón está formado por amilosa y amilopectina. La amilosa presenta cadenas no ramificadas de unidades de D-glucosa unidas por enlaces α-1,4′-glicosídicos que forman ramas. Asimismo, la amilopectina también presenta cadenas de D-glucosa unidas por enlaces α-1,4′-glicosídicos, pero además se forman enlaces α-1,6′-glicosídicos desde los cuales se originan las ramificaciones. El glucógeno se parece a la amilopectina, pero cuenta con muchas más ramificaciones. La celulosa dispone de cadenas no ramificadas de unidades de D-glucosa unidas por enlaces β-1,4′-glicosídicos. Los enlaces α condicionan que la amilosa forme una hélice; los enlaces β determinan que las moléculas de la celulosa formen puentes de hidrógeno intramoleculares.

Las superficies de muchas células tienen cadenas cortas de oligosacárido que les permiten interactuar. Tales oligosacáridos se mantienen unidos a la superficie celular mediante grupos funcionales propios de las proteínas. Las proteínas unidas a oligosacáridos se llaman **glicoproteínas**.

RESUMEN DE REACCIONES

1. Epimerización (sección 21.5)

$$\begin{array}{c} HC=O \\ H-OH \\ (CHOH)_n \\ CH_2OH \end{array} \underset{H_2O}{\overset{HO^-}{\rightleftharpoons}} \begin{array}{c} HC=O \\ HO-H \\ (CHOH)_n \\ CH_2OH \end{array}$$

2. Reordenamiento enodiol (sección 21.5)

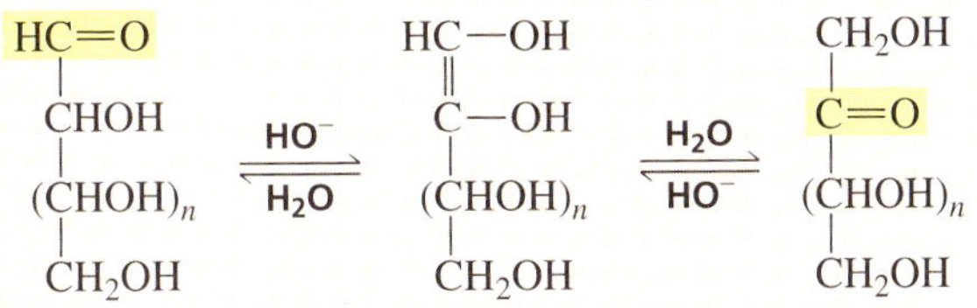

$$\begin{array}{c} HC=O \\ CHOH \\ (CHOH)_n \\ CH_2OH \end{array} \underset{H_2O}{\overset{HO^-}{\rightleftharpoons}} \begin{array}{c} HC-OH \\ \parallel \\ C-OH \\ (CHOH)_n \\ CH_2OH \end{array} \underset{HO^-}{\overset{H_2O}{\rightleftharpoons}} \begin{array}{c} CH_2OH \\ C=O \\ (CHOH)_n \\ CH_2OH \end{array}$$

3. Reducción (sección 21.6)

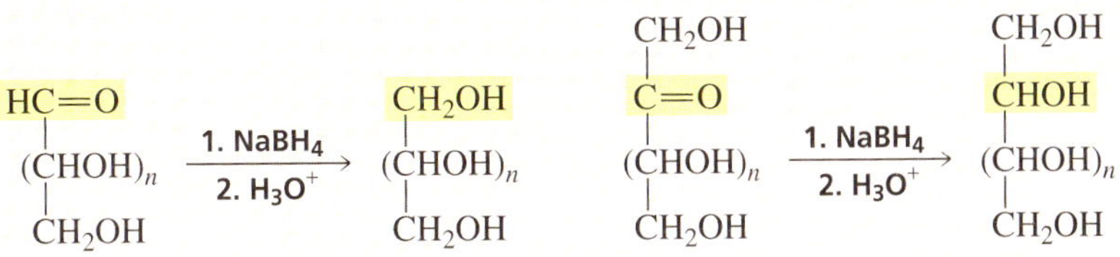

$$\begin{array}{c} HC=O \\ (CHOH)_n \\ CH_2OH \end{array} \xrightarrow[2.\ H_3O^+]{1.\ NaBH_4} \begin{array}{c} CH_2OH \\ (CHOH)_n \\ CH_2OH \end{array} \qquad \begin{array}{c} CH_2OH \\ C=O \\ (CHOH)_n \\ CH_2OH \end{array} \xrightarrow[2.\ H_3O^+]{1.\ NaBH_4} \begin{array}{c} CH_2OH \\ CHOH \\ (CHOH)_n \\ CH_2OH \end{array}$$

4. Oxidación (sección 21.6)

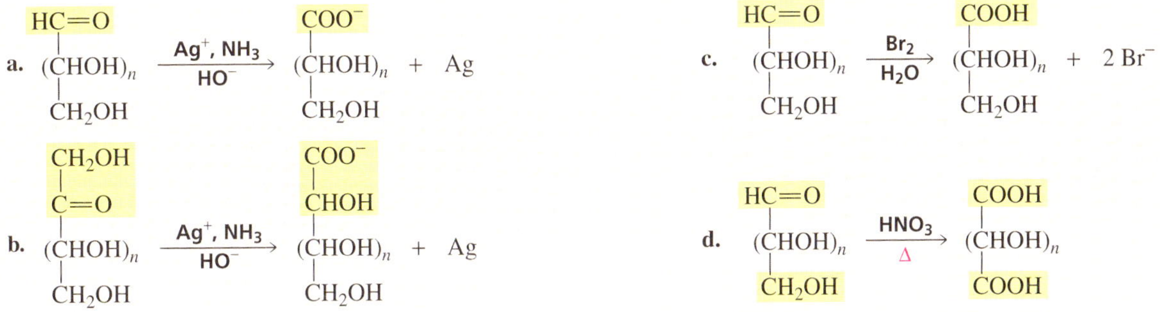

a. $\begin{array}{c} HC=O \\ (CHOH)_n \\ CH_2OH \end{array} \xrightarrow[HO^-]{Ag^+,\ NH_3} \begin{array}{c} COO^- \\ (CHOH)_n \\ CH_2OH \end{array} + Ag$

c. $\begin{array}{c} HC=O \\ (CHOH)_n \\ CH_2OH \end{array} \xrightarrow[H_2O]{Br_2} \begin{array}{c} COOH \\ (CHOH)_n \\ CH_2OH \end{array} + 2\ Br^-$

b. $\begin{array}{c} CH_2OH \\ C=O \\ (CHOH)_n \\ CH_2OH \end{array} \xrightarrow[HO^-]{Ag^+,\ NH_3} \begin{array}{c} COO^- \\ CHOH \\ (CHOH)_n \\ CH_2OH \end{array} + Ag$

d. $\begin{array}{c} HC=O \\ (CHOH)_n \\ CH_2OH \end{array} \xrightarrow[\Delta]{HNO_3} \begin{array}{c} COOH \\ (CHOH)_n \\ COOH \end{array}$

5. Formación de osazona (sección 21.7)

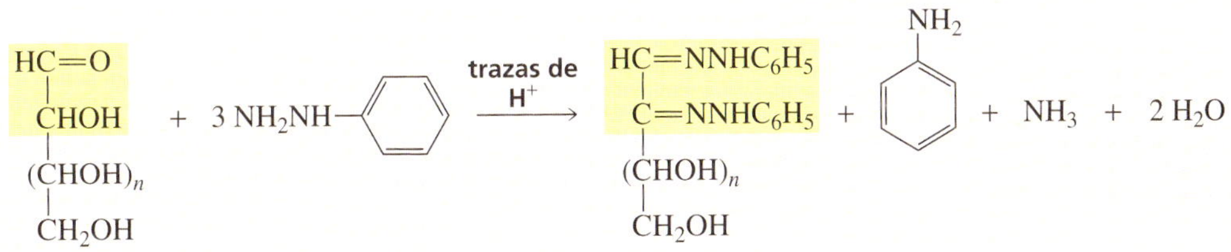

$$\begin{array}{c} HC=O \\ CHOH \\ (CHOH)_n \\ CH_2OH \end{array} + 3\ NH_2NH\text{–}C_6H_5 \xrightarrow{\text{trazas de}\ H^+} \begin{array}{c} HC=NNHC_6H_5 \\ C=NNHC_6H_5 \\ (CHOH)_n \\ CH_2OH \end{array} + C_6H_5NH_2 + NH_3 + 2\ H_2O$$

6. Alargamiento de cadena: síntesis de Kiliani-Fischer (sección 21.8)

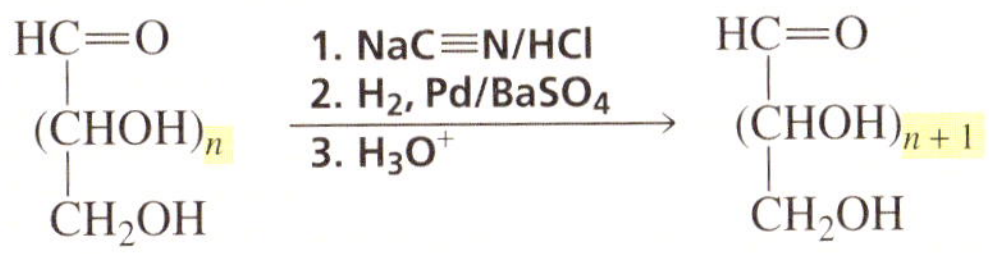

$$\begin{array}{c} HC=O \\ (CHOH)_n \\ CH_2OH \end{array} \xrightarrow[\substack{2.\ H_2,\ Pd/BaSO_4 \\ 3.\ H_3O^+}]{1.\ NaC\equiv N/HCl} \begin{array}{c} HC=O \\ (CHOH)_{n+1} \\ CH_2OH \end{array}$$

7. Acortamiento de cadena: degradación de Wohl (sección 21.9)

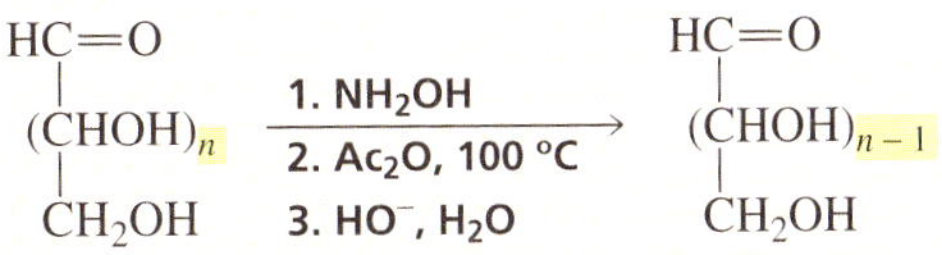

$$\begin{array}{c} HC=O \\ (CHOH)_n \\ CH_2OH \end{array} \xrightarrow[\substack{2.\ Ac_2O,\ 100\ °C \\ 3.\ HO^-,\ H_2O}]{1.\ NH_2OH} \begin{array}{c} HC=O \\ (CHOH)_{n-1} \\ CH_2OH \end{array}$$

8. Formación de acetal (y de cetal) (sección 21.13)

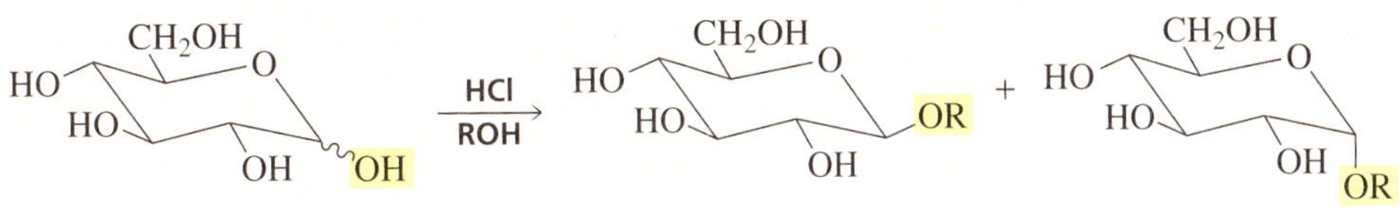

Piranosa (anómero) $\xrightarrow[ROH]{HCl}$ glicósido α-OR + glicósido β-OR

TÉRMINOS CLAVE

ácido aldárico (pág. 987)
ácido aldónico (pág. 987)
alditol (pág. 986)
aldosa (pág. 980)
aminoazúcar (pág. 1006)
anómeros (pág. 993)
azúcar no reductor (pág. 999)
azúcar reductor (pág. 999)
carbohidrato (pág. 979)
carbohidrato complejo (pág. 980)
carbohidrato simple (pág. 980)
carbono anomérico (pág. 9939)
cetosa (pág. 980)
compuesto bioorgánico (pág. 978)
degradación de Wohl (pág. 990)

desoxiazúcar (pág. 1006)
disacárido (pág. 980)
efecto anomérico (pág. 999)
enlace glicosídico (pág. 997)
enlace α-1,4'-glicosídico (pág. 1000)
enlace β-1,4'-glicosídico (pág. 1001)
enlace α-1,6'-glicosídico (pág. 1004)
epimerización (pág. 985)
epímeros (pág. 983)
furanosa (pág. 994)
furanósido (pág. 997)
glicoproteína (pág. 1008)
glicósido (pág. 997)
N-glicósido (pág. 998)
heptosa (pág. 980)

hexosa (pág. 980)
ion oxocarbenio (pág. 998)
monosacárido (pág. 980)
mutarrotación (pág. 994)
oligosacárido (pág. 980)
osazona (pág. 987)
pentosa (pág. 980)
piranosa (pág. 994)
piranósido (pág. 997)
polisacárido (pág. 980)
proyección de Haworth (pág. 993)
reconocimiento molecular (pág. 978)
síntesis de Kiliani-Fischer (pág. 989)
tetrosa (pág. 980)
triosa (pág. 980)

PROBLEMAS

30. Indique cuál o cuáles son los productos que se obtienen cuando la D-galactosa reacciona con cada una de las sustancias siguientes:
   a. ácido nítrico
   b. reactivo de Tollens
   c. $NaBH_4$ seguido por H_3O^+
   d. tres equivalentes de fenilhidrazina + trazas de ácido
   e. Br_2 en agua
   f. etanol + HCl
   g. 1. hidroxilamina, 2. ácido acético 3. HO^-

31. Identifique el azúcar en cada una de las descripciones siguientes:
   a. Una aldopentosa que no es D-arabinosa forma D-arabinitol cuando se reduce con $NaBH_4$.
   b. Un azúcar forma la misma osazona que la D-galactosa con fenilhidrazina, pero no es oxidado con una disolución acuosa de Br_2.
   c. Un azúcar que no es D-altrosa, que forma ácido D-altrárico cuando reacciona con ácido nítrico.
   d. Una cetosa que, cuando se reduce con $NaBH_4$, forma D-altritol y D-alitol.

32. La D-xilosa y la D-lixosa se forman cuando la D-treosa participa en una síntesis de Kiliani-Fischer. La D-xilosa se oxida y forma un ácido aldárico ópticamente inactivo, mientras que la D-lixosa forma un ácido aldárico ópticamente activo. ¿Cuáles son las estructuras de la D-xilosa y la D-lixosa?

33. Conteste lo siguiente acerca de las ocho aldopentosas:
   a. ¿Cuáles son enantiómeras?
   b. ¿Cuáles son osazonas idénticas?
   c. ¿Cuáles forman un compuesto ópticamente activo cuando se oxidan con ácido nítrico?

34. La reacción de D-ribosa con un equivalente de metanol y HCl forma cuatro productos. Indique las estructuras de los productos.

35. Los compuestos A, B y C son tres D-aldohexosas diferentes. Los compuestos A y B se reducen y forman el mismo alditol ópticamente activo, pero forman osazonas diferentes cuando se tratan con fenilhidrazina. Los compuestos B y C forman la misma osazona, pero se reducen y forman distintos alditoles. Indique las estructuras de A, B y C.

36. Determine la estructura de la D-galactosa usando argumentos similares a los que usó Fischer para demostrar la estructura de la D-glucosa.

37. La Dra. Dulce Arellano aisló un monosacárido y determinó que su masa molecular es de 150. Pero, para su sorpresa, encontró que el compuesto no era ópticamente activo. ¿Cuál es la estructura del monosacárido?

38. El espectro de RMN-^{1}H de la D-glucosa en D_2O tiene dos dobletes en frecuencia alta (campo bajo). ¿Qué es lo que causa dichos dobletes?

39. El tratamiento con borohidruro de sodio convierte a la aldosa A en un alditol ópticamente inactivo. La degradación de Wohl de A forma B, cuyo alditol es ópticamente inactivo. La degradación de Wohl de B forma D-gliceraldehído. Identifique a A y B.

40. Se obtuvo una hexosa cuando al (+)-gliceraldehído se le realizaron tres síntesis sucesivas de Kiliani-Fischer. Identifique la hexosa con la siguiente información experimental:
   a. La oxidación con ácido nítrico forma un ácido aldárico ópticamente activo.
   b. Una degradación de Wohl, seguida por oxidación con ácido nítrico, forma un ácido aldárico ópticamente inactivo.
   c. Una segunda degradación de Wohl forma eritrosa.

41. El ácido D-glucurónico es abundante en plantas y animales. Una de sus funciones es eliminar compuestos tóxicos que contengan grupos OH, al reaccionar con ellos en el hígado para formar glucurónidos. Los glucurónidos son solubles en agua y en consecuencia se excretan con facilidad. Después de ingerir un veneno, como aguarrás, morfina o fenol, los glucurónidos de tales compuestos se encuentran en la orina. Indique la estructura del glucurónido formado por la reacción del ácido β-D-glucurónico y fenol.

ácido β-D-glucurónico

42. Una D-aldopentosa se oxida con ácido nítrico y forma un ácido aldárico ópticamente activo. Una degradación de la aldopentosa forma un monosacárido que se oxida con ácido nítrico y forma un ácido aldárico ópticamente inactivo. Identifique la D-aldopentosa.

43. El ácido hialurónico, componente del tejido conectivo, es el fluido que lubrica las articulaciones. Es un polímero de subunidades alternantes de N-acetil-D-glucosamina y ácido D-glucurónico unidos por enlaces β-1,3'-glicosídicos. Dibuje un segmento corto de ácido hialurónico.

44. Para sintetizar D-galactosa, la profesora Amy Lozza fue a la bodega y sacó algo de D-lixosa para usarla como material de partida. Vio que se habían caído las etiquetas de los frascos que contenían D-lixosa y D-xilosa. ¿Cómo pudo determinar cuál era el frasco que contenía la D-lixosa?

45. Se obtuvo una hexosa cuando el residuo de un arbusto de *Sterculia setigeria* (de la familia del tragacanto) se sometió a hidrólisis ácida. Identifique la hexosa con la siguiente información experimental:
    a. Sufre mutarrotación.
    b. No reacciona con Br_2.
    c. Por acción del reactivo de Tollens, forma ácido D-galactónico y ácido D-talónico.

46. Cuando se disuelve D-fructosa en D_2O y la disolución se hace básica, la D-fructosa recuperada de la disolución tiene en promedio 1.7 átomos de deuterio unidos al carbono C-1 por molécula. Indique el mecanismo que explique la incorporación de dichos átomos de deuterio en la D-fructosa.

47. ¿Cuántos ácidos aldáricos se obtienen de las 16 aldohexosas?

48. Calcule los porcentajes de α-D-glucosa y β-D-glucosa presentes en el equilibrio, a partir de las rotaciones específicas de α-D-glucosa, β-D-glucosa y la mezcla en equilibrio. Compare sus valores con los que se mencionan en la sección 21.11. (*Sugerencia:* la rotación específica de una muestra es igual a la rotación específica de la α-D-glucosa multiplicada por la fracción de glucosa presente en forma α, más la rotación específica de la β-D-glucosa multiplicada por la fracción de glucosa presente en la forma β).

49. Un disacárido desconocido da positivo en la prueba de Tollens. Con una β-1,6'-glicosidasa se hidroliza y forma D-galactosa y D-manosa. Cuando se trata el disacárido con yoduro de metilo y Ag_2O (sección 21.16) y después se hidroliza con HCl diluido, los productos son 2,3,4,6-tetra-O-metilgalactosa y 2,3,4-tri-O-metilmanosa. Proponga una estructura para el disacárido.

50. Indique si la D-altrosa existe de preferencia como piranosa o como furanosa. (*Sugerencia:* en la disposición más estable para un anillo de cinco miembros, todos los sustituyentes adyacentes son *trans*).

51. La trehalosa, $C_2H_{22}O_{11}$, es un azúcar no reductor que sólo tiene el 45% del dulzor del azúcar, pero no atrae la humedad, por lo que permanece suelto y seco. Cuando se hidroliza con un ácido acuoso o con la enzima maltasa, sólo forma D-glucosa. Cuando se trata con yoduro de metilo en exceso en presencia de Ag_2O y a continuación se hidroliza con agua en condiciones ácidas sólo se forma la 2,3,4,6-tetra-O-metil-D-glucosa.
    a. Dibuje la estructura de la trehalosa.
    b. ¿Cuál es la función del Ag_2O?

52. Proponga un mecanismo para el reordenamiento que convierta una α-hidroxiimina en una α-aminocetona en presencia de trazas de ácido (sección 21.7).

53. Un disacárido forma un espejo de plata con el reactivo de Tollens y es hidrolizado por una β-glicosidasa. Cuando el disacárido se trata con yoduro de metilo en exceso en presencia de Ag$_2$O y después se hidroliza con agua en condiciones ácidas se forman 2,3,4-tri-*O*-metilmanosa y 2,3,4,6-tetra-*O*-metilgalactosa. Dibuje la estructura del disacárido.

54. Todas las unidades de glucosa en el dextrán tienen anillos de seis miembros. Cuando se trata una muestra de dextrán con yoduro de metilo y Ag$_2$O y el producto se hidroliza bajo condiciones ácidas, los productos finales son 2,3,4,6-tetra-*O*-metil-D-glucosa, 2,4,6-tri-*O*-metil-D-glucosa, 2,3,4-tri-*O*-metil-D-glucosa y 2,4-di-*O*-metil-D-glucosa. Dibuje un segmento corto del dextrán.

55. Cuando una piranosa está en la conformación de silla, donde el grupo CH$_2$OH y el grupo OH en C-1 están en posiciones axiales, los dos grupos pueden reaccionar y formar un acetal. A esto se le llama la forma anhidra del azúcar (ha "perdido agua"). La forma anhidra de la D-idosa se ve abajo. En disolución acuosa a 100°C, un 80% de la D-idosa está en forma anhidra. Bajo las mismas condiciones, sólo aproximadamente el 0.1% de la D-glucosa está en la forma anhidra. Explique por qué.

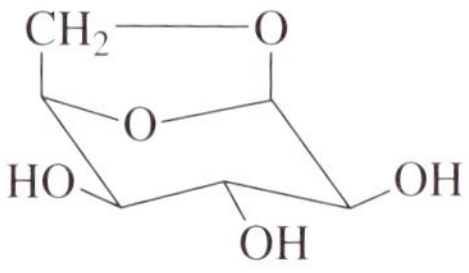

forma anhidra de la D-idosa

56. Indique un método para convertir D-glucosa en D-alosa.

CAPÍTULO 22

Aminoácidos, péptidos y proteínas

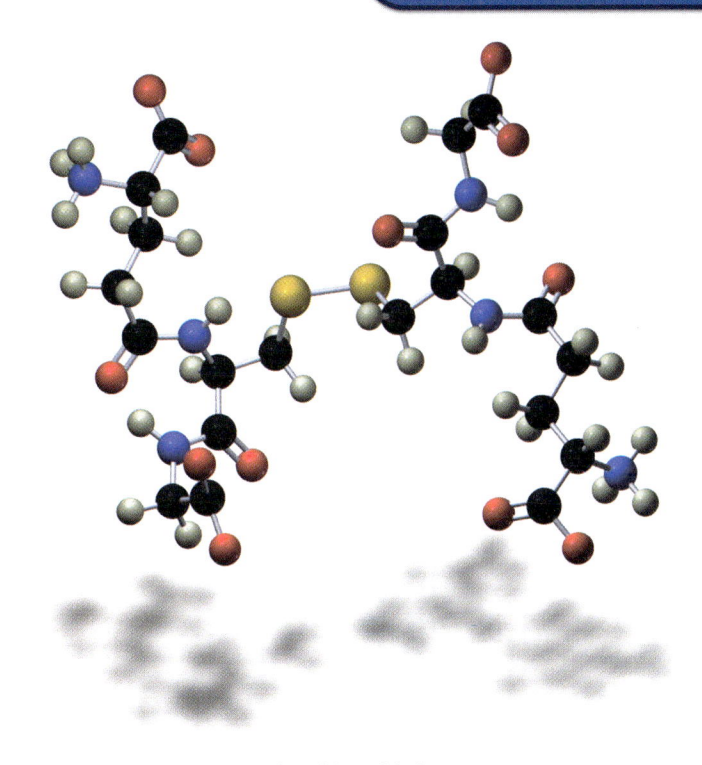

glutatión oxidado

ANTECEDENTES

SECCIÓN 22.3 La forma ácida de un compuesto predomina si el pH de la disolución es menor que el valor de pK_a de ese ácido, y predomina la forma básica si el pH de la disolución es mayor que el valor de pK_a del compuesto (1.24).

SECCIÓN 22.3 Cuando pH = pK_a, la mitad del grupo ionizable estará en su forma ácida y la mitad en su forma básica (1.24).

SECCIÓN 22.5 Los hidratos se deshidratan y forman cetonas (o aldehídos) (17.9).

SECCIÓN 22.5 Una cetona reacciona con una amina primaria y forma una imina (17.8).

SECCIÓN 22.6 Se describe otra forma de separar enantiómeros (5.16).

SECCIÓN 22.7 En la oxidación se disminuye el número de enlaces C—H, S—H o N—H, y en la reducción se incrementa el número de enlaces C—H, S—H o N—H (19.10).

SECCIÓN 22.12 Un tiol es buen nucleófilo (10.11); el Br:⁻ es buen grupo saliente (8.3).

SECCIÓN 22.12 Las amidas se hidrolizan en disolución ácida (16.17).

Los tres tipos de polímeros que abundan en la naturaleza son los polisacáridos, las proteínas y los ácidos nucleicos. Ya se explicaron los polisacáridos, que son polímeros naturales de subunidades de monosacárido (sección 21.17), y en el capítulo 27 se revisan los ácidos nucleicos. Ahora se describirán a las proteínas y a los péptidos, los cuales son similares a las proteínas en su estructura pero son más cortos.

Los **péptidos** y las **proteínas** son los polímeros de los aminoácidos. Los aminoácidos están unidos entre sí por enlaces de tipo amida. Un **aminoácido** es un ácido carboxílico que tiene un grupo amonio en el carbono α. A las unidades repetitivas se les llama **residuos de aminoácido**.

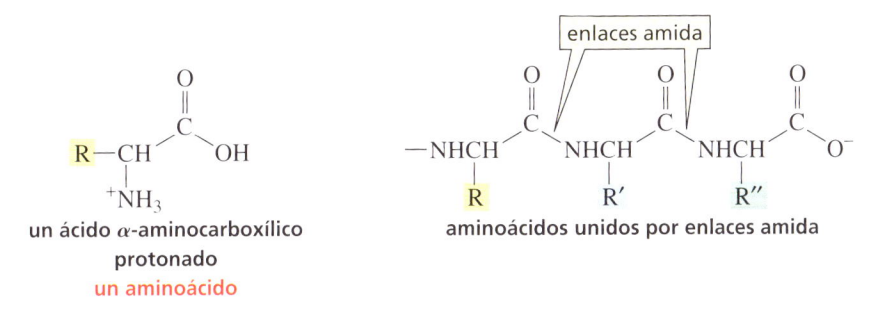

un ácido α-aminocarboxílico protonado
un aminoácido

aminoácidos unidos por enlaces amida

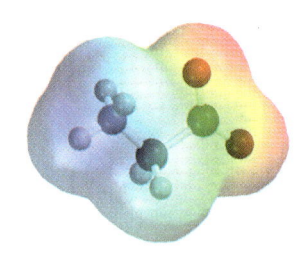

glicina

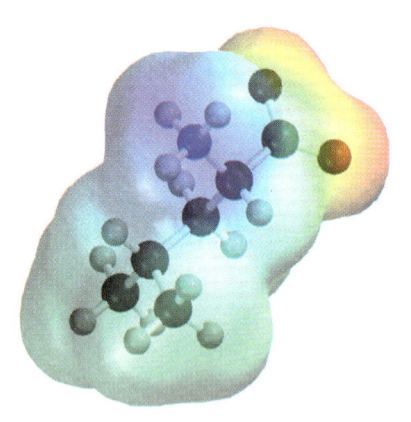

leucina

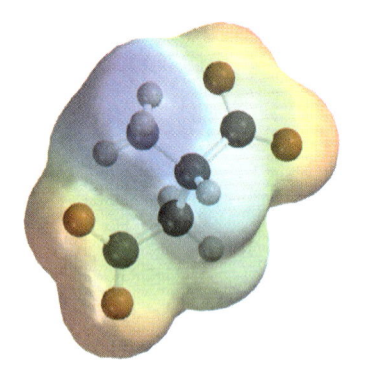

aspartato

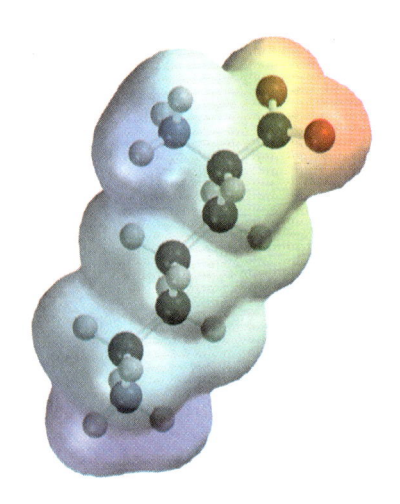

lisina

Los polímeros de los aminoácidos pueden estar formados por cualquier cantidad de residuos de aminoácido. Un **dipéptido** contiene dos residuos de aminoácido, un **tripéptido** contiene tres, un **oligopéptido** contiene de 3 a 10 y un **polipéptido** contiene muchos. Las proteínas son polipéptidos naturales formadas por entre 40 y 4000 residuos de aminoácido. Las proteínas y los péptidos desempeñan muchas funciones en los sistemas biológicos (tabla 22.1).

Tabla 22.1 Ejemplos de las múltiples funciones de las proteínas en los sistemas biológicos	
Proteínas estructurales	Estas proteínas imparten resistencia a las estructuras biológicas, o protegen a los organismos contra su ambiente. Por ejemplo, el colágeno es el principal componente de los huesos, músculos y tendones; la queratina es el componente principal del cabello, pezuñas, plumas, cuero y la capa externa de la piel.
Proteínas protectoras	Las toxinas de veneno en víboras y plantas las protegen contra depredadores. Las proteínas coagulantes de la sangre protegen al sistema vascular cuando se lesiona. Los anticuerpos y los antibióticos peptídicos protegen al hombre contra las enfermedades.
Enzimas	Las enzimas son proteínas que catalizan las reacciones que se efectúan en los sistemas vivos.
Hormonas	Algunas de las hormonas, como la insulina, que regulan las reacciones que se efectúan en los sistemas vivos, son proteínas.
Proteínas con funciones fisiológicas	Estas proteínas efectúan funciones fisiológicas, como transporte y almacenamiento de oxígeno en el organismo, almacenamiento de oxígeno en los músculos, y contracción de los músculos.

De una manera general, las proteínas se pueden dividir en dos clases. Las **proteínas fibrosas** contienen largas cadenas de polipéptidos dispuestas en un haz de fibras; estas proteínas son insolubles en agua. Todas las proteínas estructurales son proteínas fibrosas. Las **proteínas globulares** tienden a presentar formas aproximadamente esféricas y son solubles en agua. En esencia, todas las enzimas son proteínas globulares.

22.1 Clasificación y nomenclatura de los aminoácidos

En la tabla 22.2 se presentan las estructuras de los 20 aminoácidos naturales más comunes, así como la frecuencia con la que cada uno existe en las proteínas. En la naturaleza existen otros aminoácidos, pero sólo con poca frecuencia. Nótese que los aminoácidos sólo difieren en el sustituyente R unido al carbono α. La gran variación de esos sustituyentes (llamados cadenas laterales) es lo que da su gran diversidad estructural a las proteínas y, en consecuencia, su gran diversidad funcional. Nótese también que todos los aminoácidos, excepto la prolina, contienen un grupo amino primario. La prolina contiene un grupo amino secundario incorporado en un anillo de cinco miembros.

Casi siempre los aminoácidos se conocen por sus nombres comunes. Con frecuencia, el nombre indica algo acerca del aminoácido. Por ejemplo, la glicina tiene su nombre como resultado de su sabor dulce (*glykos*, "dulce" en griego), y la valina, como el ácido valérico, tiene cinco átomos de carbono. La asparagina se encontró por primera vez en los espárragos (*asparagus* en inglés) y la tirosina se obtuvo del queso (*tyros*, "queso" en griego).

Al dividir a los aminoácidos en las clases que se ven en la tabla 22.2 se facilita su estudio. Entre los aminoácidos de cadena lateral alifática están la glicina, aminoácido en el que R = H, y cuatro aminoácidos con cadenas laterales de alquilo. La alanina es el aminoácido con una cadena lateral de metilo, mientras que la cadena lateral de la valina es isopropilo. Nótese que, a pesar de su nombre, la isoleucina no tiene sustituyente isobutilo; tiene un sustituyente *sec*-butilo. La leucina es el aminoácido que tiene el sustituyente isobutilo. Cada uno de los aminoácidos se designa con una abreviatura de tres letras (en la mayor parte de los casos, las tres primeras letras de sus nombres) y con una de una sola letra.

Tabla 22.2 Los aminoácidos naturales más comunes. *Se representan en la forma que predomina en el pH fisiológico (7.3).*

	Fórmula	Nombre	Abreviaturas		Abundancia relativa promedio en las proteínas
Aminoácidos con cadena lateral alifática	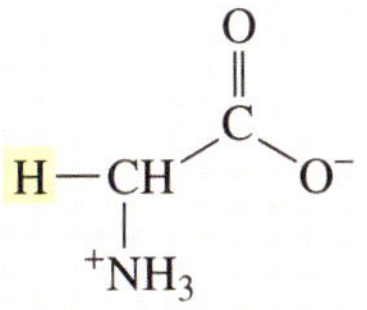 H—CH(+NH₃)—COO⁻	Glicina	Gli	G	7.5%
	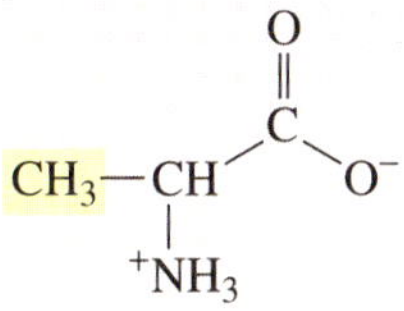 CH₃—CH(+NH₃)—COO⁻	Alanina	Ala	A	9.0%
	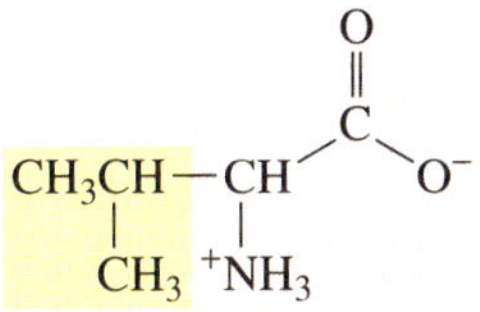 (CH₃)₂CH—CH(+NH₃)—COO⁻	Valina*	Val	V	6.9%
	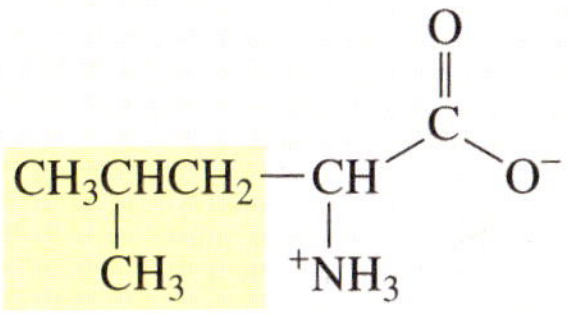 (CH₃)₂CHCH₂—CH(+NH₃)—COO⁻	Leucina*	Leu	L	7.5%
	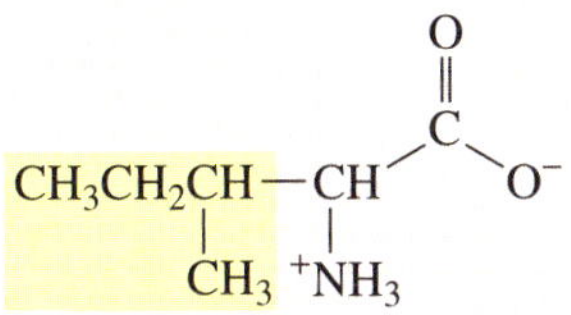 CH₃CH₂CH(CH₃)—CH(+NH₃)—COO⁻	Isoleucina*	Ile	I	4.6%
Aminoácidos hidroxilados	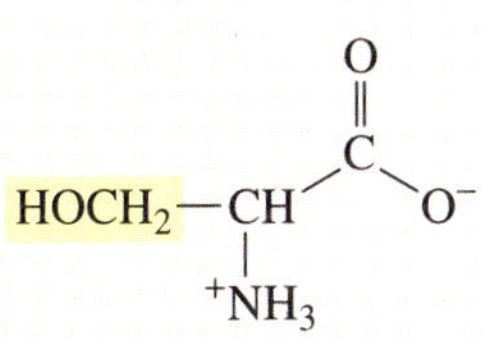 HOCH₂—CH(+NH₃)—COO⁻	Serina	Ser	S	7.1%
	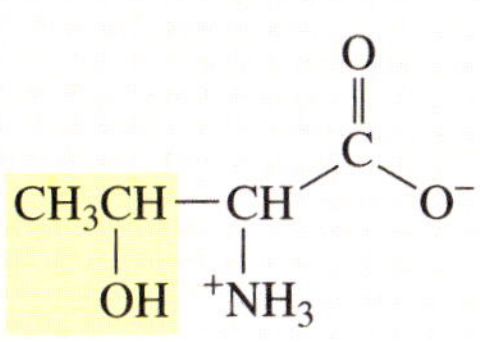 CH₃CH(OH)—CH(+NH₃)—COO⁻	Treonina*	Tre	T	6.0%

(Continúa)

Tabla 22.2 Continúa

	Fórmula	Nombre	Abreviaturas		Abundancia relativa promedio en las proteínas
Aminoácidos sulfurados	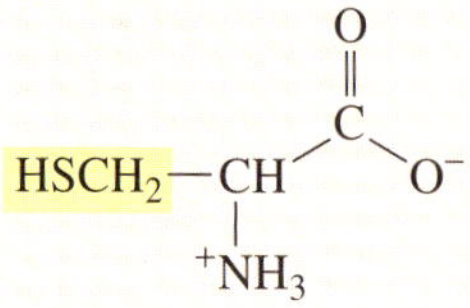 HSCH$_2$—CH(⁺NH$_3$)—COO⁻	Cisteína	Cis	C	2.8%
	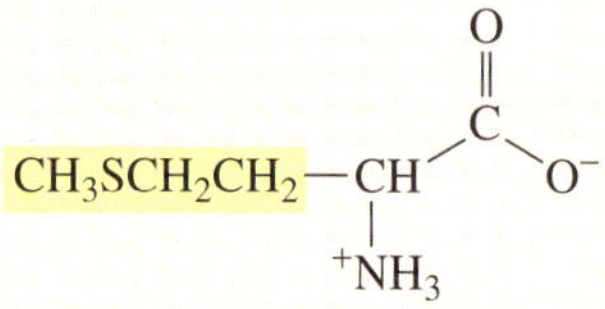 CH$_3$SCH$_2$CH$_2$—CH(⁺NH$_3$)—COO⁻	Metionina*	Met	M	1.7%
Aminoácidos ácidos	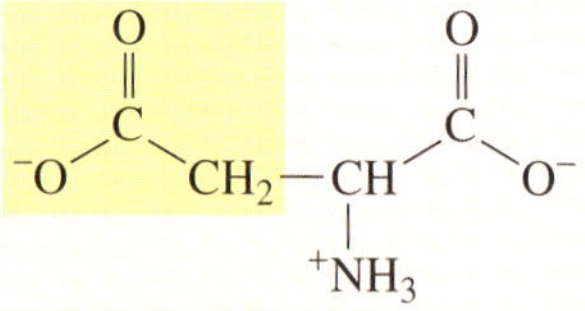 ⁻OOC—CH$_2$—CH(⁺NH$_3$)—COO⁻	Aspartato (ácido aspartático)	Asp	D	5.5%
	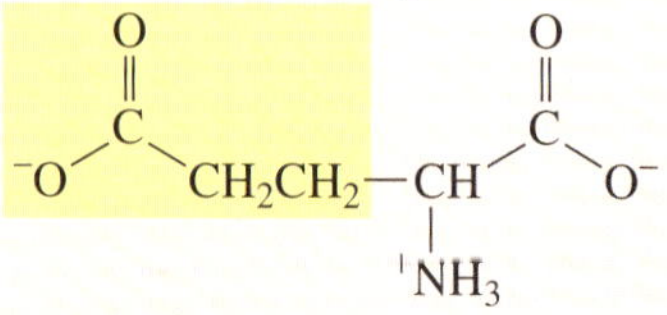 ⁻OOC—CH$_2$CH$_2$—CH(⁺NH$_3$)—COO⁻	Glutamato (ácido glutámico)	Glu	E	6.2%
Amidas de aminoácidos ácidos	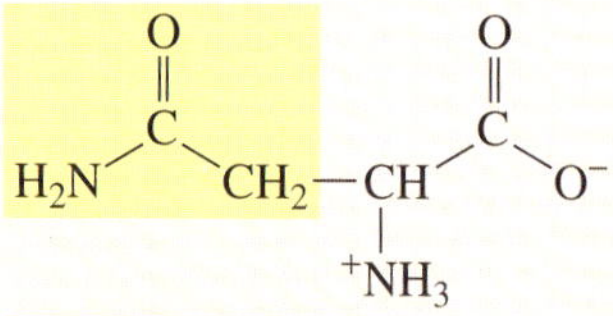 H$_2$NCO—CH$_2$—CH(⁺NH$_3$)—COO⁻	Asparagina	Asn	N	4.4%
	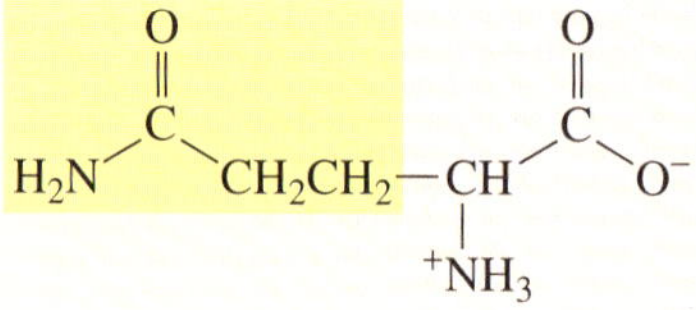 H$_2$NCO—CH$_2$CH$_2$—CH(⁺NH$_3$)—COO⁻	Glutamina	Gln	Q	3.9%
Aminoácidos básicos	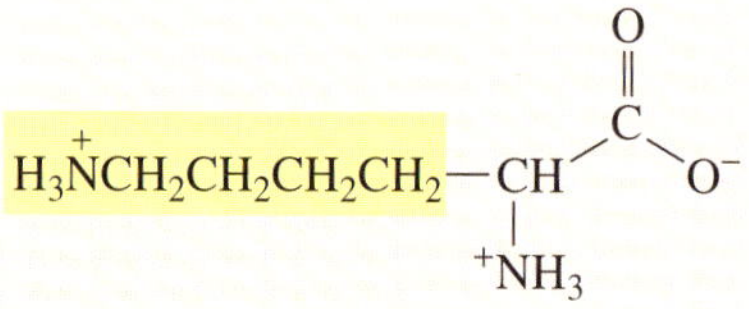 H$_3$⁺NCH$_2$CH$_2$CH$_2$CH$_2$—CH(⁺NH$_3$)—COO⁻	Lisina*	Lis	K	7.0%
	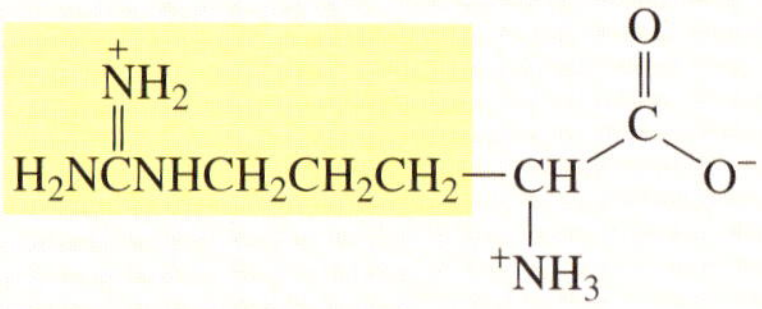 H$_2$NC(⁺NH$_2$)NHCH$_2$CH$_2$CH$_2$—CH(⁺NH$_3$)—COO⁻	Arginina*	Arg	R	4.7%
Aminoácidos con benzeno	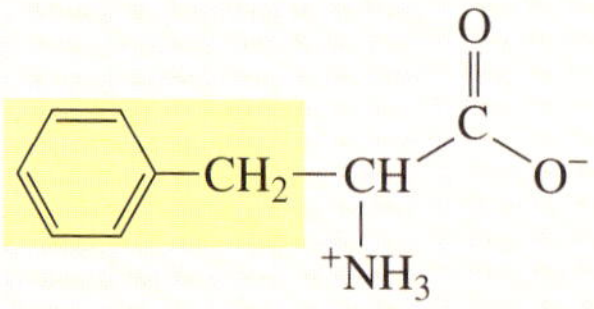 C$_6$H$_5$—CH$_2$—CH(⁺NH$_3$)—COO⁻	Fenilalanina*	Fen	F	3.5%
	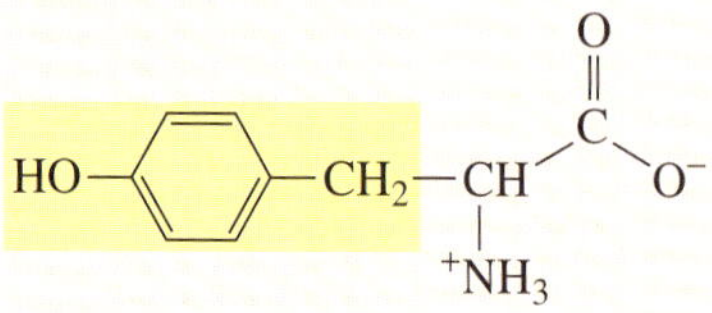 HO—C$_6$H$_4$—CH$_2$—CH(⁺NH$_3$)—COO⁻	Tirosina	Tir	Y	3.5%

Tabla 22.2 Continúa

	Fórmula	Nombre	Abreviaturas		Abundancia relativa promedio en las proteínas
Aminoácidos heterocíclicos	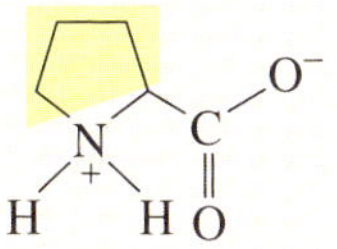 (estructura de prolina)	Prolina	Pro	P	4.6%
	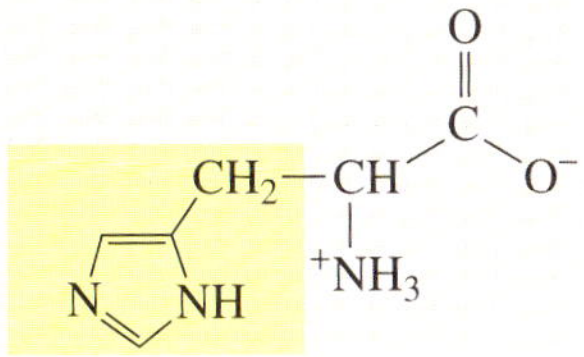 (estructura de histidina)	Histidina*	His	H	2.1%
	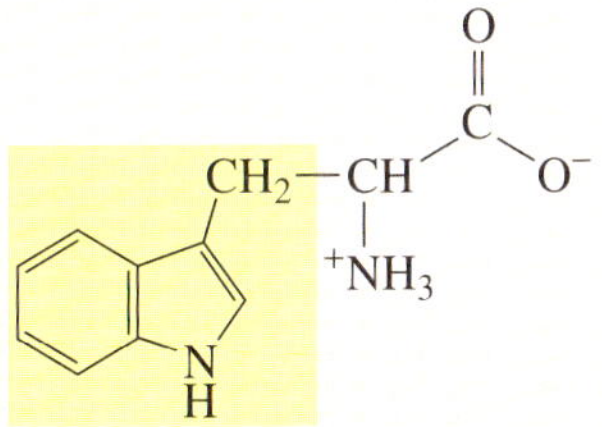 (estructura de triptófano)	Triptófano*	Trp	W	1.1%

*Aminoácidos esenciales

Las dos cadenas laterales de los aminoácidos, serina y treonina, contienen grupos alcohol. La serina es una alanina sustituida con un grupo OH y la treonina tiene un sustituyente etanol ramificado. También hay dos aminoácidos sulfurados: la cisteína es una alanina sustituida con HS, y la metionina tiene un sustituyente 2-(metiltio) etilo.

Hay dos aminoácidos ácidos (con dos grupos de ácido carboxílico): aspartato y glutamato. El aspartato es una alanina sustituida con un grupo carboxilo, mientras que el glutamato tiene un grupo metileno más que el aspartato. (Si se protonan sus grupos carboxilo, se llaman ácido aspártico y ácido glutámico, respectivamente). Dos aminoácidos, asparagina y glutamina, son amidas de los aminoácidos ácidos; la asparagina es la amida del aspartato y la glutamina es la amida del glutamato. Observe que con estos cuatro aminoácidos no se pueden usar las abreviaturas obvias de una letra porque A y G se usan para alanina y glicina. El aspartato y glutamato se abrevian D y E. La asparagina y la glutamina se abrevian N y Q.

Hay dos aminoácidos básicos (que contienen dos grupos básicos nitrogenados): lisina y arginina. La lisina tiene un grupo ϵ-amino y la arginina tiene un grupo δ-guanidino. Al pH fisiológico, esos grupos están protonados. La ϵ y la δ recuerdan cuántos grupos metileno tiene cada aminoácido.

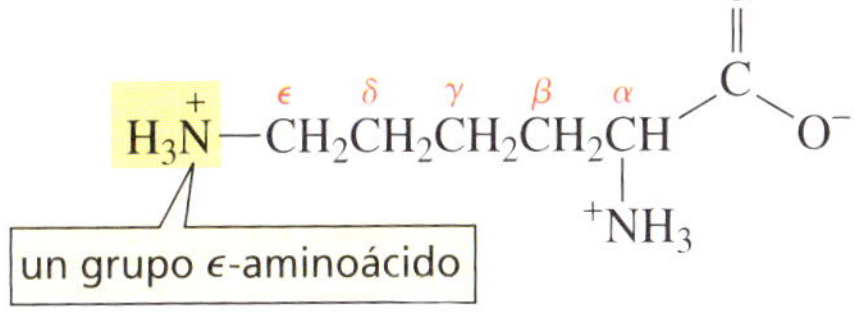

lisina — un grupo ϵ-aminoácido

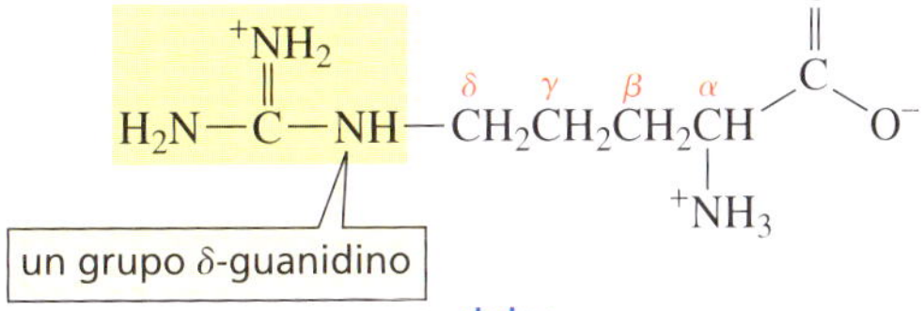

arginina — un grupo δ-guanidino

Dos aminoácidos, fenilalanina y tirosina, contienen anillos de benceno. Como indica su nombre, la fenilalanina es alanina sustituida con fenilo. La tirosina es fenilalanina con un sustituyente *para*-hidroxilo.

1022 CAPÍTULO 22 Aminoácidos, péptidos y proteínas

La prolina, la histidina y el triptófano son aminoácidos heterocíclicos. Se ha visto ya que la prolina, con su nitrógeno incorporado en un anillo con cinco miembros, es el único aminoácido que contiene un grupo amino secundario. La histidina es una alanina sustituida con el imidazol. El imidazol es un compuesto aromático porque es cíclico y plano y tiene tres pares de electrones π deslocalizados (sección 22.10). El pK_a del anillo protonado de imidazol es 6.0, por lo que se protona en disoluciones ácidas y no lo está en disoluciones básicas (véase página 1026).

$$\text{imidazol protonado} \rightleftharpoons \text{imidazol} + H^+$$

El triptófano es una alanina sustituida con un indol (sección 20.8). Como el imidazol, el indol es un compuesto aromático. Como el par de electrones no enlazado en el átomo de nitrógeno del indol se necesita para que el compuesto sea aromático, el indol es una base muy débil; el pK_a del indol protonado es -2.4. Por consiguiente, en el triptófano, el nitrógeno del anillo nunca se protona bajo las condiciones fisiológicas.

Diez aminoácidos son **aminoácidos esenciales**, y se indican con asteriscos (*) en la tabla 22.2. Los humanos debemos obtener esos 10 aminoácidos esenciales en nuestra dieta porque no los podemos sintetizar, o al menos no en las cantidades adecuadas. Por ejemplo, se debe contar con una fuente de fenilalanina en nuestras dietas porque los humanos no podemos sintetizar anillos de benceno. Sin embargo, no necesitamos tirosina en nuestras dietas porque podemos sintetizar las cantidades necesarias a partir de la fenilalanina. Aunque los humanos podemos sintetizar arginina, para nuestro crecimiento se necesitan mayores cantidades de las que se pueden sintetizar. Por ello se considera que la arginina es un aminoácido esencial para los niños, pero no lo es para los adultos.

indol

PROTEÍNAS Y NUTRICIÓN

Las proteínas son componentes importantes de nuestras dietas. La proteína en la dieta es hidrolizada en el organismo hasta aminoácidos individuales. Algunos de ellos se usan para sintetizar las proteínas que necesita el organismo y algunos se usan como materias primas en la síntesis de compuestos no proteínicos que necesita el organismo, como la tiroxina (sección 14.11), la adrenalina y la melanina (sección 25.9).

No todas las proteínas contienen los mismos aminoácidos. La mayor parte de las proteínas en los productos cárnicos y lácteos contienen todos los aminoácidos necesarios que necesita el organismo. Sin embargo, la mayor parte de las proteínas procedentes de vegetales son proteínas *incompletas* ya que contienen muy pocas cantidades de uno o más aminoácidos esenciales. En consecuencia, una dieta balanceada debe contener proteínas de diversas fuentes.

PROBLEMA 1

a. Explique por qué, cuando se protona el anillo de imidazol de la histidina, el nitrógeno con enlace doble es el que acepta el protón.

b. Explique por qué cuando se protona el grupo guanidinio de la arginina, el nitrógeno con enlace doble es el que acepta el protón.

Tutorial del alumno:
Nitrógenos básicos en la histidina y la arginina
(Basic nitrogens in histidine and arginine)

22.2 Configuración de los aminoácidos

El carbono α de todos los aminoácidos naturales, excepto la glicina, es un centro asimétrico. En consecuencia, 19 de los 20 aminoácidos de la tabla 22.2 pueden existir como enantiómeros. La notación D y L que se usa con los monosacáridos (sección 21.2) también se usa para los aminoácidos. Un aminoácido representado en la proyección de Fischer, con el grupo carbonilo arriba y el grupo R abajo en el eje vertical es un **D-aminoácido**, si el grupo amino está a la derecha, y es un **L-aminoácido** si el grupo amino está a la izquierda. A diferencia de los monosacáridos, donde el isómero D es el que se encuentra en la naturaleza, la mayor parte de los aminoácidos naturales tienen la configuración L. Hasta hoy sólo se han encontrado residuos de D-aminoácidos en unos pocos antibióticos peptídicos y en algunos péptidos pequeños unidos a las paredes celulares de las bacterias.

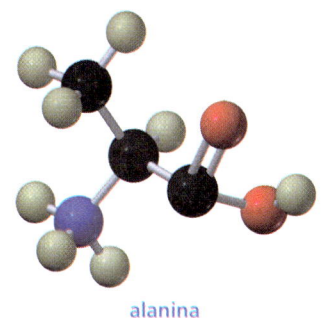

alanina
un aminoácido

D-gliceraldehído   L-gliceraldehído

Los monosacáridos naturales tienen configuración D.

D-aminoácido   L-aminoácido

Los aminoácidos naturales tienen configuración L.

¿Por qué hay D-azúcares y L-aminoácidos? Si bien no importa cuál isómero "seleccionó" la naturaleza para sintetizar, sí importa que el mismo isómero sea sintetizado por todos los organismos. Por ejemplo, como los mamíferos terminaron por tener L-aminoácidos, los isómeros sintetizados por los organismos de los que dependen los mamíferos para alimentarse también deben ser L-aminoácidos.

AMINOÁCIDOS Y ENFERMEDADES

Las personas que viven en Chamorro de Guam tienen una incidencia alta de un síndrome que se parece a la esclerosis lateral amiotrófica (ALS por sus siglas en inglés, *amyotrophic lateral sclerosis*, o enfermedad de Lou Gehrig), con elementos de enfermedad de Parkinson y de demencia. Este síndrome se desarrolló durante la Segunda Guerra Mundial cuando, como resultado de escasez de alimentos, la tribu ingirió grandes cantidades de semillas de *Cycas circinalis*. Estas semillas contienen β-metilamino-L-alanina, un aminoácido que se une a receptores de glutamato. Cuando se administra β-metilamino-L-alanina a monos, estos desarrollan algunas de las características del síndrome. Se espera que al estudiar el mecanismo de acción de la β-metilamino-L-alanina se pueda comprender cómo se producen las enfermedades de ALS y de Parkinson.

L-alanina   β-metilamino-L-alanina

PROBLEMA 2◆

a. ¿Cuál isómero, (R)-alanina o (S)-alanina, es la D-alanina?
b. ¿Cuál isómero, (R)-aspartato o (S)-aspartato, es el D-aspartato?
c. ¿Puede hacerse alguna afirmación general que relacione R y S con D y L?

UN ANTIBIÓTICO PEPTÍDICO

La gramicidina S, es un antibiótico producido por ciertas bacterias, es un decapéptido cíclico. Note que uno de sus residuos es ornitina, un aminoácido que no está en la tabla 22.2 porque sólo se presenta rara vez en la naturaleza. La ornitina se parece a la lisina, pero tiene un grupo metileno menos en su cadena lateral. También obsérvese que el antibiótico contiene dos D-aminoácidos.

```
         L-Val
   L-Pro       L-Orn
 L-Phe           L-Leu
 L-Leu           D-Phe
   D-Orn       L-Pro
         L-Val
      gramicidina S
```

$$H_3\overset{+}{N}CH_2CH_2CH_2CH\underset{\overset{|}{^+NH_3}}{}\overset{O}{\underset{\|}{C}}O^-$$

ornitina

PROBLEMA 3 RESUELTO

La treonina tiene dos centros asimétricos y en consecuencia presenta cuatro estereoisómeros.

```
    COO⁻              COO⁻              COO⁻              COO⁻
H──┼──⁺NH₃      H₃⁺N──┼──H         H──┼──⁺NH₃      H₃⁺N──┼──H
H──┼──OH        HO──┼──H           HO──┼──H          H──┼──OH
    CH₃               CH₃               CH₃               CH₃
     1                 2                 3                 4
```

La L-treonina natural es (2S,3R)-treonina. ¿Cuál de los estereoisómeros es la L-treonina?

Solución El estereoisómero número 1 tiene la configuración R tanto en C-2 como en C-3 porque en ambos casos la flecha que se traza del sustituyente de la máxima a la mínima prioridad tiene dirección contraria al giro de las manecillas del reloj. En ambos casos, contrario al giro de las manecillas del reloj, significa R porque el sustituyente de menor prioridad (H) se encuentra en un enlace horizontal. Por consiguiente, la configuración de la (2S,3R)-treonina es contraria a la del estereoisómero número 1 en C-2 y es igual que en el estereoisómero número 1 en C-3. Así, la L-treonina es el estereoisómero número 4. Observe que el grupo $^+NH_3$ está a la izquierda, que es lo que se espera de una proyección de Fischer para un L-aminoácido.

PROBLEMA 4◆

¿Hay algunos otros aminoácidos, de los de la tabla 22.2, que tengan más de un centro asimétrico?

22.3 Propiedades ácido-base de los aminoácidos

Todo aminoácido tiene un grupo carboxilo y un grupo amino, y cada grupo puede existir en forma ácida o en forma básica, dependiendo del pH de la disolución en que esté disuelto.

Se ha visto que es más común que los compuestos existan principalmente en sus formas ácidas (esto es, con sus protones unidos a ellos) en disoluciones que son más ácidas que sus valores de pK_a, y sobre todo en sus formas básicas (esto es, sin sus protones) en disoluciones que son más básicas que sus valores de pK_a (sección 1.24). Los grupos carboxilo de los aminoácidos tienen valores aproximados de pK_a de 2, y los grupos amino protonados tienen sus valores pK_a cercanos a 9 (tabla 22.3). Por consiguiente, ambos grupos están en

Tabla 22.3   Valores de pK_a de los aminoácidos

Aminoácidos	pK_a α-COOH	pK_a α-NH$_3^+$	pK_a cadena lateral
Ácido aspártico	2.09	9.82	3.86
Ácido glutámico	2.19	9.67	4.25
Alanina	2.34	9.69	—
Arginina	2.17	9.04	12.48
Asparagina	2.02	8.84	—
Cisteína	1.92	10.46	8.35
Fenilalanina	2.16	9.18	—
Glicina	2.34	9.60	—
Glutamina	2.17	9.13	—
Histidina	1.82	9.17	6.04
Isoleucina	2.36	9.68	—
Leucina	2.36	9.60	—
Lisina	2.18	8.95	10.79
Metionina	2.28	9.21	—
Prolina	1.99	10.60	—
Serina	2.21	9.15	—
Tirosina	2.20	9.11	10.07
Treonina	2.63	9.10	—
Triptófano	2.38	9.39	—
Valina	2.32	9.62	—

sus formas ácidas en una disolución muy ácida (pH ~ 0). Si el pH de la disolución es 7, es mayor que el pk_a del grupo carboxilo, pero menor que el pK_a del grupo amino protonado. Por consiguiente, el grupo carboxilo estará en su forma básica y el grupo amino estará en su forma ácida. En una disolución fuertemente básica (pH ~ 11), ambos grupos estarán en sus formas básicas.

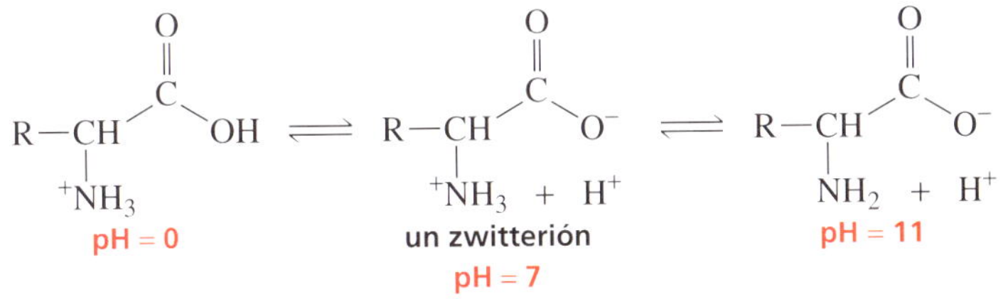

$$R-\underset{^+NH_3}{CH}-C(=O)OH \rightleftharpoons R-\underset{^+NH_3}{CH}-C(=O)O^- + H^+ \rightleftharpoons R-\underset{NH_2}{CH}-C(=O)O^- + H^+$$

pH = 0   un zwitterión pH = 7   pH = 11

Recuerde que, según la ecuación de Henderson-Hasselbalch, la forma ácida predomina si el pH de la disolución es menor que el pK_a del grupo ionizable y que predomina la forma básica si el pH de la disolución es mayor que el pK_a del grupo ionizable.

Observe que un aminoácido nunca puede existir como un compuesto sin carga, independientemente del pH de la disolución. Para carecer de carga debería perder un protón de un grupo $^+NH_3$ con un pK_a aproximado de 9, antes de perder un protón de un grupo COOH con un pK_a aproximado de 2. Es claro que eso es imposible: un ácido débil (pK_a = 9) no puede ser más ácido que un ácido fuerte (pK_a = 2). Por lo anterior, al pH fisiológico (7.3), un aminoácido como la alanina existe en forma de ion dipolar, llamado también zwitterión. Un **zwitterión** o ion dipolar es un compuesto que tiene una carga negativa en un átomo y una carga positiva en un átomo no adyacente. (El nombre proviene de *zwitter*, "hermafrodita" o "híbrido" en alemán).

Hay pocos aminoácidos que cuentan con cadenas laterales que disponen de hidrógenos ionizables (tabla 22.3). Por ejemplo, la cadena lateral con imidazol protonado en la histidina tiene un pK_a de 6.04. Por consiguiente, la histidina puede existir en cuatro formas diferentes, y la que predomine dependerá del pH de la disolución.

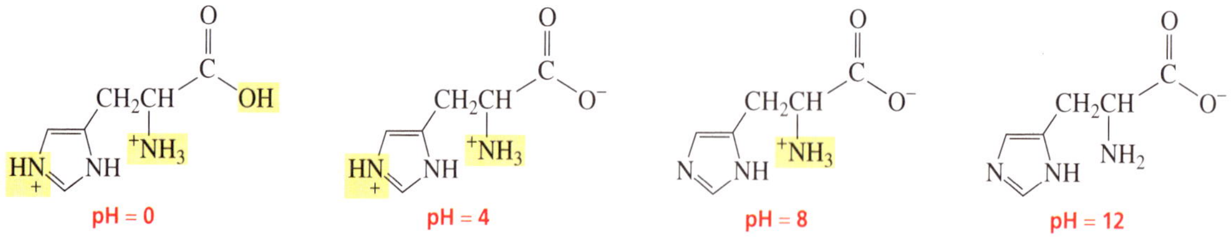

pH = 0   pH = 4   pH = 8   pH = 12

histidina

PROBLEMA 5◆

¿Por qué los grupos de ácido carboxílico de los aminoácidos son mucho más ácidos (p$K_a \sim 2$) que los de un ácido carboxílico, como el ácido acético (p$K_a = 4.76$)?

PROBLEMA 6   RESUELTO

Dibuje la forma predominante de cada uno de los aminoácidos siguientes en el pH fisiológico (7.3):

a. aspartato   c. glutamina   e. arginina
b. histidina   d. lisina   f. tirosina

Solución de 6a Los dos grupos carboxilo están en sus formas básicas porque el pH de la disolución es mayor que sus valores de pK_a. El grupo amino protonado está en su forma ácida porque el pH de la disolución es menor que su valor de pK_a.

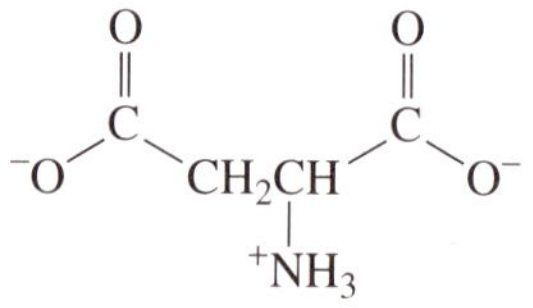

PROBLEMA 7◆

Dibuje la forma predominante para glutamato en una disolución con el pH siguiente:

a. 0   b. 3   c. 6   d. 11

PROBLEMA 8

a. ¿Por qué el pK_a de la cadena lateral del glutamato es mayor que el de la cadena lateral del aspartato?
b. ¿Por qué el pK_a de la cadena lateral de la arginina es mayor que el de la cadena lateral de la lisina?

22.4 El punto isoeléctrico

El **punto isoeléctrico** (pI) de un aminoácido es el pH al cual no tiene carga neta. En otras palabras, es el pH al cual la cantidad de carga positiva en un aminoácido es exactamente igual a la cantidad de carga negativa.

$$pI = pH \text{ al que no hay carga neta}$$

El pI de un aminoácido que *no tiene* una cadena lateral ionizable, como la alanina, es un término medio entre sus dos valores de pK_a. Esto se debe a que al pH = 2.34, la mitad de las moléculas tiene un grupo carboxilo cargado y la mitad tiene un grupo carboxilo sin carga, y al pH = 9.69, la mitad de las moléculas tiene un grupo amino con carga positiva y la mitad tiene un grupo amino sin carga. A medida que el pH aumenta de 2.34, el grupo carboxilo de cada vez más moléculas adquiere carga negativa; a medida que el pH baja de 9.69, el grupo amino de cada vez más moléculas adquiere carga positiva. Por consiguiente, en el promedio de los dos valores de pK_a, el número de grupos con carga negativa es igual al número de grupos con carga positiva.

> Recuerde que, de acuerdo con la ecuación de Henderson-Hasselbalch, cuando pH = pK_a, la mitad del grupo está en su forma ácida y la mitad está en su forma básica.
>
> Un aminoácido tiene carga positiva si el pH de la disolución es menor que el pI del aminoácido, y tendrá carga negativa si el pH de la disolución es mayor que el pI del aminoácido.

alanina (pK_a = 2.34, pK_a = 9.69)

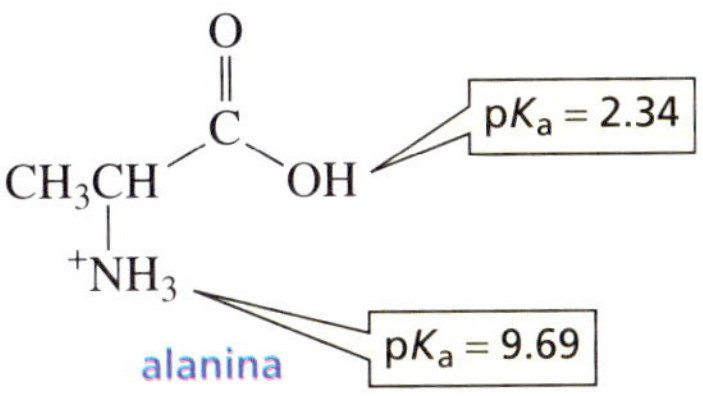

$$pI = \frac{2.34 + 9.69}{2} = \frac{12.03}{2} = 6.02$$

El pI de la mayor parte de los aminoácidos que *sí tienen* cadena lateral ionizable (véase el problema 12) es el promedio de los valores de pK_a de los grupos que se ionizan en forma similar (ya sea grupos con carga positiva que se ionizan a grupos sin carga, o grupos sin carga que se ionizan a grupos con carga negativa). Por ejemplo, el pI de la lisina es el promedio de los valores de pK_a de los dos grupos que tienen carga positiva en su forma ácida, y que no tienen carga en su forma básica. Por otra parte, el pI del ácido glutámico es el promedio de los valores de pK_a de los dos grupos que no tienen carga en su forma ácida y que tienen carga negativa en su forma básica.

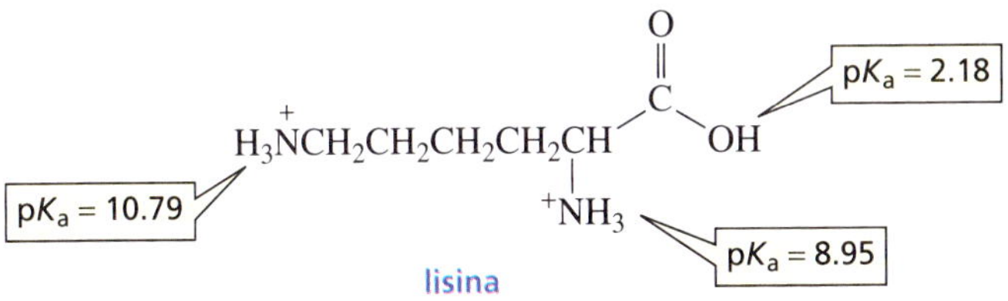

lisina (pK_a = 10.79, pK_a = 2.18, pK_a = 8.95)

$$pI = \frac{8.95 + 10.79}{2} = \frac{19.74}{2} = 9.87$$

ácido glutámico (pK_a = 4.25, pK_a = 2.19, pK_a = 9.67)

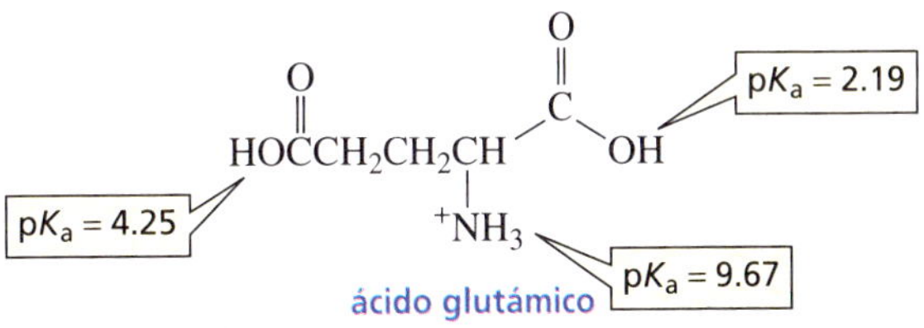

$$pI = \frac{2.19 + 4.25}{2} = \frac{6.44}{2} = 3.22$$

PROBLEMA 9

Explique por qué el pI de la lisina es el promedio de los valores de pK_a de sus dos grupos amino protonados.

PROBLEMA 10◆

Calcule el pI de cada uno de los siguientes aminoácidos:

a. asparagina   b. arginina   c. serina   d. aspartato

PROBLEMA 11◆

a. ¿Cuál aminoácido tiene el menor valor de pI?
b. ¿Cuál aminoácido tiene el mayor valor de pI?
c. ¿Cuál aminoácido tiene la mayor cantidad de carga negativa a pH = 6.20?
d. ¿Cuál aminoácido tiene mayor carga negativa a pH = 6.20, la glicina o la metionina?

PROBLEMA 12

Explique por qué los valores de pI de la tirosina y de la cisteína no se pueden determinar por el método que se acaba de describir.

22.5 Separación de aminoácidos

Hay varias técnicas para separar una mezcla de aminoácidos.

Electroforesis

La **electroforesis** separa a los aminoácidos con base en sus valores de pI. Se aplican algunas gotas de una disolución de una mezcla de aminoácidos a la mitad de una pieza de papel filtro o a un gel. Cuando el papel o el gel se colocan en una disolución amortiguadora de pH, entre dos electrodos, y se aplica un campo eléctrico (figura 22.1), un aminoácido con pI mayor que el pH de la disolución tendrá una carga total positiva y migrará hacia el cátodo (el electrodo negativo). Mientras más lejos esté el pI del aminoácido del pH del amortiguador, el aminoácido será más positivo y migrará más lejos hacia el cátodo en un determinado tiempo. Un aminoácido con un pI menor que el pH de la disolución tendrá una carga total negativa y migrará hacia el ánodo (el electrodo positivo). Si dos moléculas tienen la misma carga, la más grande se moverá con más lentitud durante la electroforesis porque la misma carga debe mover una masa mayor.

Teniendo en cuenta que los aminoácidos son incoloros ¿cómo se les puede detectar después de haberlos separado? Después de que los aminoácidos se han separado por electroforesis, el papel filtro se rocía con ninhidrina y se seca en una estufa. La mayor parte de los aminoácidos forma un producto de color púrpura cuando se calienta con ninhidrina. El número de distintas clases de aminoácidos en la mezcla se determina por el número de manchas con color que hay en el papel filtro (figura 22.1). Los aminoácidos individuales se identifican por su posición en el papel, comparada con un estándar.

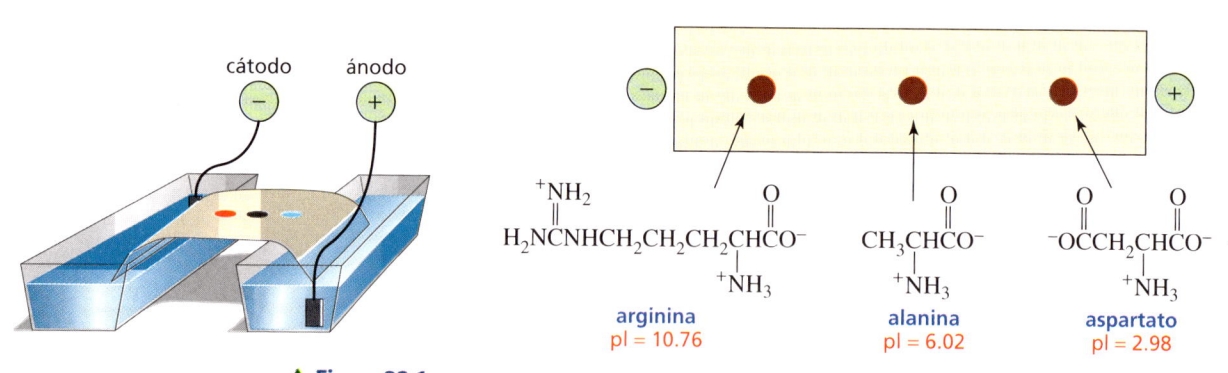

▲ Figura 22.1
Separación de la arginina, la alanina y el aspartato por electroforesis a pH = 5.

A continuación se muestra el mecanismo de formación del producto con color, omitiendo los mecanismos de los pasos que implican la deshidratación, la formación de imina y la hidrólisis de imina. (Dichos mecanismos se explicaron en las secciones 17.8 y 17.9).

Mecanismo de la reacción de un aminoácido con ninhidrina para formar un producto colorido

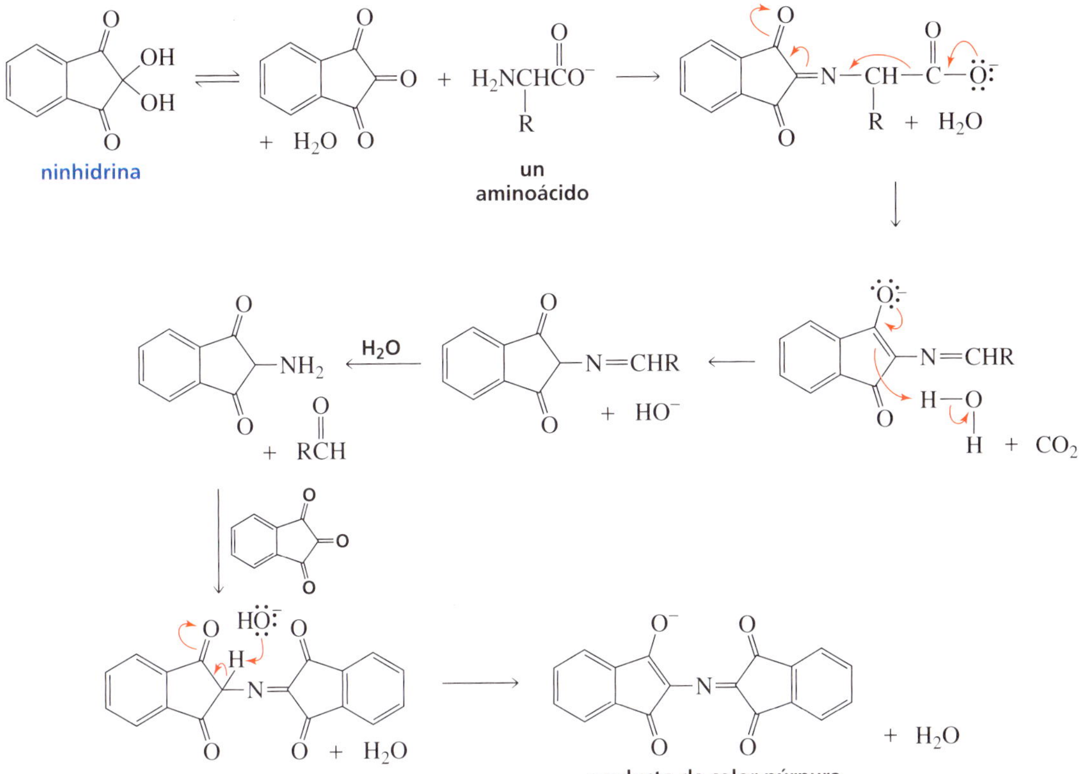

Cromatografía en papel y cromatografía en capa fina

La **cromatografía en papel** desempeñó alguna vez un papel importante en análisis bioquímicos porque era un método para separar aminoácidos usando equipos muy sencillos. Aunque en general se emplean hoy técnicas más modernas, se describirán los principios de la cromatografía en papel porque muchos de los mismos se emplean en las técnicas modernas de separación.

La cromatografía en papel separa a los aminoácidos con base en su polaridad. Unas cuantas gotas de una disolución de una mezcla de aminoácidos se aplica en la parte inferior de una tira de papel filtro. A continuación, la orilla del papel filtro se coloca en un disolvente (es usual utilizar una mezcla de agua, ácido acético y butanol). El disolvente asciende por el papel, por acción de la capilaridad, y arrastra con él a los aminoácidos. Dependiendo de sus polaridades, los aminoácidos tienen diferentes afinidades hacia las fases móvil (disolvente) y estacionaria (papel) y en consecuencia ascienden por el papel con distinta rapidez. Mientras más polar sea el aminoácido, se adsorbe con más fuerza al papel, que es relativamente polar. Los aminoácidos menos polares ascienden por el papel con una mayor rapidez porque presentan más afinidad por la fase móvil. Por lo anterior, cuando se revela el papel con ninhidrina, la mancha de color más cercana al origen corresponde al aminoácido más polar, y la mancha más alejada del origen corresponde al aminoácido menos polar (figura 22.2).

Los aminoácidos más polares son los que tienen cadenas laterales con carga; los siguientes en polaridad son los que tienen cadenas laterales que pueden formar puentes de hidrógeno, y los menos polares son aquéllos con cadenas laterales de hidrocarburo. Para aminoácidos con cadena lateral de hidrocarburo, mientras mayor sea el grupo alquilo, el aminoácido es menos polar. En otras palabras, la leucina es menos polar que la valina.

Los aminoácidos menos polares ascienden con mayor rapidez por el papel.

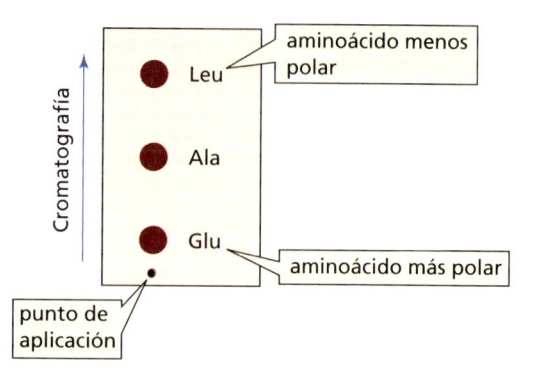

Figura 22.2 ▶
Separación del glutamato, la alanina y la leucina por cromatografía en papel.

La **cromatografía en capa fina (CCF)** ha sustituido en gran medida a la cromatografía en papel; la diferencia entre ellas es que en la CCF se usa una placa con un recubrimiento de material sólido y no un papel filtro. La propiedad física en la que se basa la separación depende del material sólido y del disolvente que se escoja como fase móvil.

PROBLEMA 13◆

¿Qué aldehído se forma cuando se trata valina con ninhidrina?

PROBLEMA 14◆

Se separa una mezcla de siete aminoácidos, glicina, glutamato, leucina, lisina, alanina, isoleucina y aspartato, por una cromatografía en capa fina. Explique por qué sólo se ven seis manchas cuando se rocía la placa cromatográfica con ninhidrina y se calienta.

Cromatografía de intercambio iónico

La electroforesis y la cromatografía en capa fina son separaciones analíticas: se separan pequeñas cantidades de aminoácidos para su análisis. Se puede lograr una separación preparativa, en donde se separen mayores cantidades de aminoácidos para su empleo en procesos posteriores usando la **cromatografía de intercambio iónico**. En esta técnica se emplea una columna empacada con una resina insoluble. En la parte superior de la columna se carga una disolución de una mezcla de aminoácidos y a continuación se hace pasar por la columna una serie de disoluciones amortiguadoras de pH creciente. Los aminoácidos se separan porque atraviesan la columna con distinta rapidez, como se explicará adelante.

La resina es un material químicamente inerte, con cadenas laterales con carga. La estructura de una resina de uso frecuente se ve en la figura 22.3. Si se cargara una mezcla de

Figura 22.3 ▶
Una sección de una resina de intercambio catiónico. Esta resina en particular se llama Dowex 50.

lisina y glutamato en una disolución de pH 6 en la columna, el glutamato bajaría con rapidez por la columna, porque su cadena lateral con carga negativa sería repelida por los grupos sulfónicos con carga negativa de la resina. Por otra parte, la cadena lateral de la lisina, con carga positiva, haría que el aminoácido fuera retenido en la columna. A esta clase de resina se le llama **resina de intercambio de cationes**, o **resina catiónica**, porque intercambia los contraiones Na$^+$ de los grupos SO$_3$:$^+$ por las especies con carga positiva que pasan por la columna. Además, la naturaleza relativamente no polar de la columna hace que retenga más a los aminoácidos no polares que a los aminoácidos polares.

Los cationes se unen con más fuerza a las resinas intercambiadoras de cationes.

A las resinas que tienen grupos con carga positiva se les llama **resinas de intercambio de aniones**, o **resinas aniónicas**, porque impiden el flujo de aniones al intercambiar sus contraiones con carga negativa por especies con carga negativa que vayan por la columna. Una resina común de intercambio aniónico, la Dowex I, tiene grupos CH$_2$N$^+$(CH$_3$)$_3$Cl:$^-$ en lugar de los grupos SO$_3$:$^-$NA:$^+$ de la figura 22.3.

Los aniones se unen con más fuerza a las resinas intercambiadoras de aniones.

Un **analizador de aminoácidos** es un instrumento que automatiza la cromatografía de intercambio iónico. Cuando una disolución de una mezcla de aminoácidos pasa por la columna de un analizador de aminoácidos que contiene una resina intercambiadora de cationes, los aminoácidos pasan por la columna con rapidez distinta, que depende de su carga total. La disolución que sale de la columna (el eluyente) se junta en fracciones con la frecuencia adecuada para que en cada fracción haya un aminoácido distinto (figura 22.4).

Tutorial del alumno: Cromatografía en columna (Column chromatography)

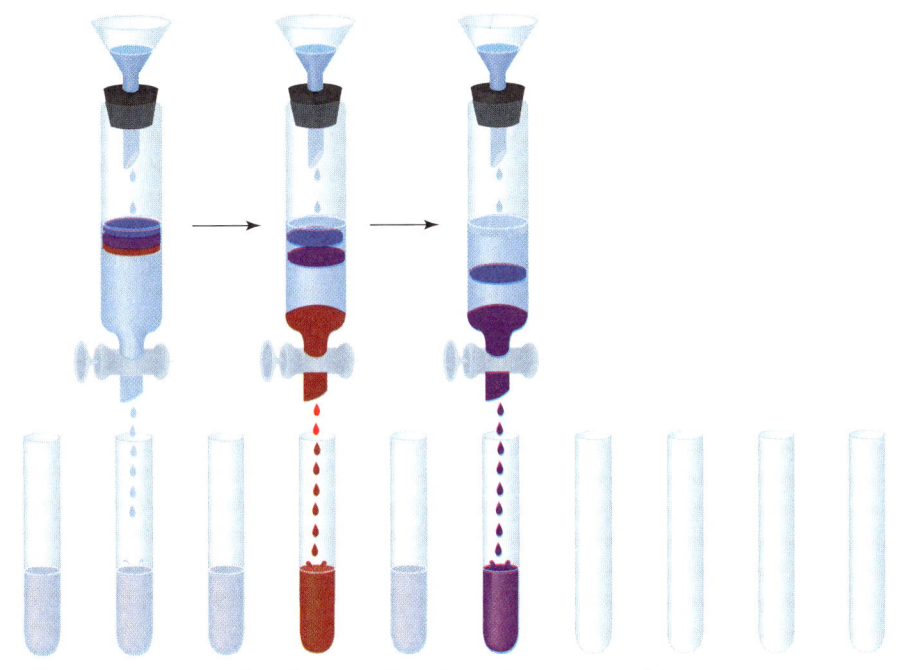

Fracciones recolectadas en forma secuencial

◀ **Figura 22.4**
Separación de aminoácidos por cromatografía de intercambio iónico.

Si a cada una de las fracciones se le agrega ninhidrina, se puede determinar la concentración de un aminoácido en ella, por absorbancia a 570 nm, porque el compuesto colorido que se forma en la reacción de un aminoácido con ninhidrina tiene una $\lambda_{máx}$ de 570 nm, (sección 12.17). Esta información, combinada con la rapidez de paso de cada fracción por la columna, permite determinar la identidad y la cantidad relativa de cada aminoácido (figura 22.5).

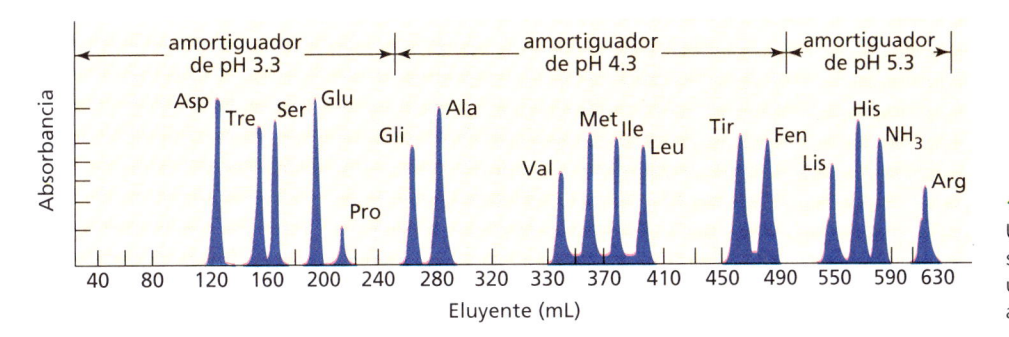

◀ **Figura 22.5**
Un cromatograma típico obtenido por la separación de una mezcla de aminoácidos, usando un analizador automatizado de aminoácidos.

> **SUAVIZADORES DE AGUA: EJEMPLOS DE CROMATOGRAFÍA POR INTERCAMBIO DE CATIONES**
>
> Los sistemas para suavizar el agua por el llamado "ciclo sódico" contienen una columna empacada con una resina intercambiadora de cationes que se ha lavado con una disolución de cloruro de sodio concentrado. Cuando el "agua dura" (agua con altas concentraciones de iones de calcio y magnesio, sección 16.14) pasa por la columna, la resina se une a los iones de calcio y magnesio con más fuerza que a los iones sodio. Entonces, elimina así del agua los iones de calcio y magnesio y los sustituye con iones sodio. Se debe regenerar la resina con regularidad lavándola con una disolución de cloruro de sodio concentrado para sustituir los iones de magnesio y calcio por iones sodio.

PROBLEMA 15

¿Por qué se usan disoluciones amortiguadoras de pH creciente para eluir la columna que genera el cromatograma de la figura 22.5? (*Eluir* significa sacar el producto, lavándolo de la columna con un disolvente).

PROBLEMA 16

Explique el orden de elución (con un amortiguador de pH 4) de cada uno de los pares siguientes de aminoácidos de una columna empacada con Dowex 50 (figura 22.3):

a. aspartato antes que serina
b. glicina antes que alanina
c. valina antes que leucina
d. tirosina antes que fenilalanina

PROBLEMA 17 ◆

Indique el orden en que eluirían los siguientes aminoácidos mezclados con un amortiguador de pH 4 de una columna que contiene una resina intercambiadora de aniones (Dowex 1): histidina, serina, aspartato y valina.

22.6 Síntesis de aminoácidos

No se necesita recurrir a la naturaleza para producir aminoácidos; se pueden sintetizar en el laboratorio con diversos métodos. Uno de los más antiguos sustituye un hidrógeno α de un ácido carboxílico por un bromo, en una reacción de Hell-Volhard-Zelinski (sección 18.6). El ácido α-bromocarboxílico que se forma se hace reaccionar con amoniaco por medio de una reacción S_N2 para formar el aminoácido (sección 8.4).

$$RCH_2-C(=O)-OH \xrightarrow{\text{1. } Br_2, PBr_3}_{\text{2. } H_2O} RCH(Br)-C(=O)-OH \xrightarrow{NH_3 \text{ en exceso}} RCH(^+NH_3)-C(=O)-O^- + \overset{+}{N}H_4Br^-$$

un ácido carboxílico → un aminoácido

PROBLEMA 18 ◆

¿Por qué en la reacción anterior se usó amoniaco en exceso?

Los aminoácidos también se pueden sintetizar por medio de una aminación reductiva de α-cetoácidos (sección 17.8):

$$RC(=O)-C(=O)-OH \xrightarrow[\text{NaBH(OCCH}_3)_3]{\text{amoniaco en exceso}} RCH(^+NH_3)-C(=O)-O^-$$

PROBLEMA 19◆

Los organismos biológicos pueden convertir también α-cetoácidos en aminoácidos, pero como los reactivos que se usan en el laboratorio en esta reacción no existen en las células vivas, en éstas la reacción se efectúa mediante un mecanismo diferente (sección 24.6).

a. ¿Cuál aminoácido se obtiene por medio de la aminación reductiva de cada uno de los siguientes intermediarios metabólicos en la célula?

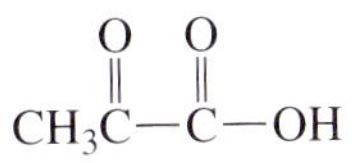

$$CH_3\overset{O}{\underset{\|}{C}}-\overset{O}{\underset{\|}{C}}-OH \qquad HOCCH_2-\overset{O}{\underset{\|}{C}}-COH \qquad HOCCH_2CH_2-\overset{O}{\underset{\|}{C}}-COH$$

ácido pirúvico 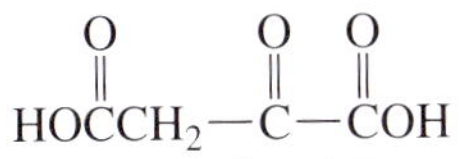 ácido oxaloacético 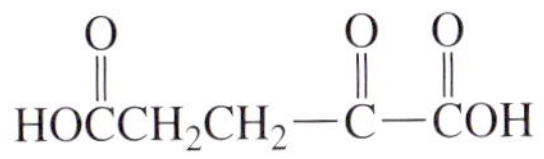 ácido α-cetoglutárico

b. ¿Cuáles aminoácidos se obtienen a partir de los mismos intermediarios metabólicos cuando se sintetizan los aminoácidos en el laboratorio?

Los aminoácidos se pueden sintetizar con rendimientos mucho mejores que los obtenidos en las dos reacciones anteriores por la síntesis del éster *N*-ftalimidomalónico, un método donde se combinan la síntesis del éster malónico (sección 18.19) y la síntesis de Gabriel (sección 16.18). El mecanismo de esta reacción se ve a continuación.

Mecanismo de la síntesis del éster *N*-ftalimidomalónico

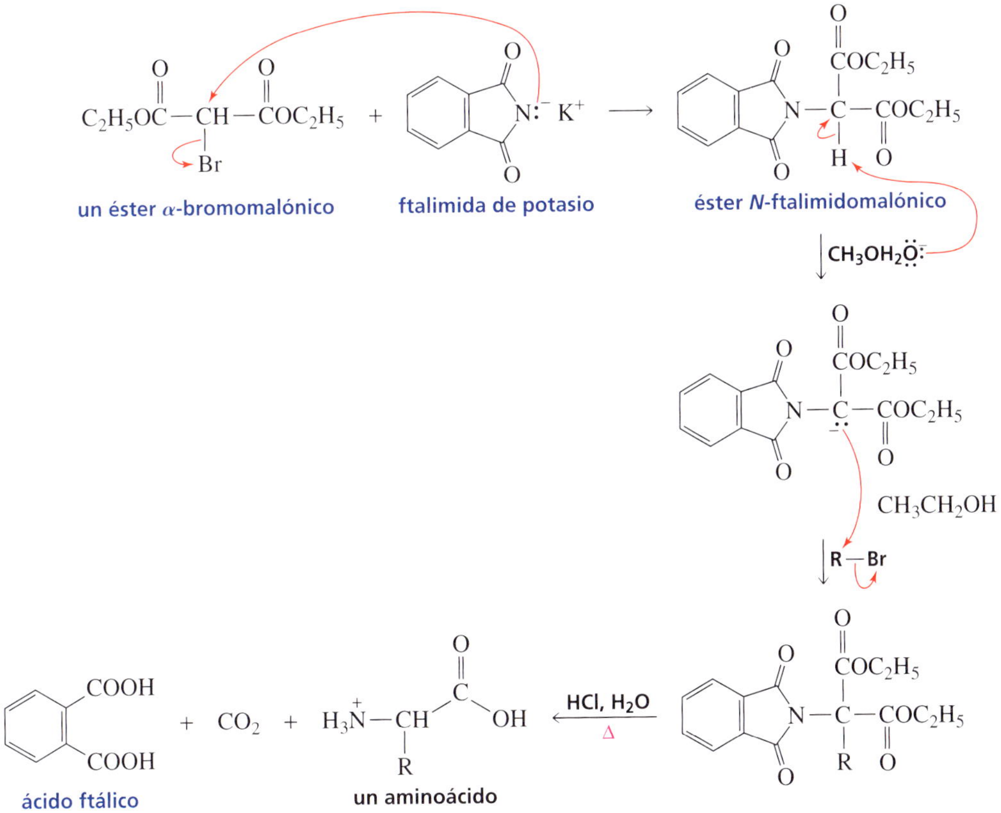

- El éster α-bromomalónico y la ftalimida de potasio reaccionan a través de una reacción S_N2.
- Un protón se elimina con facilidad del carbono α del éster *N*-ftalimidomalónico porque está unido a dos grupos éster.

- El carbanión que resulta reacciona con un haluro de alquilo a través de una reacción S_N2.
- Al calentar en disolución acuosa ácida se hidrolizan los dos grupos éster y los dos grupos amida, y se descarboxila el ácido 3-oxocarboxílico.

En una variación de la síntesis del éster *N*-ftalimidomalónico se usa el éster acetamidomalónico en lugar del éster *N*-ftalimidomalónico.

éster acetamidomalónico

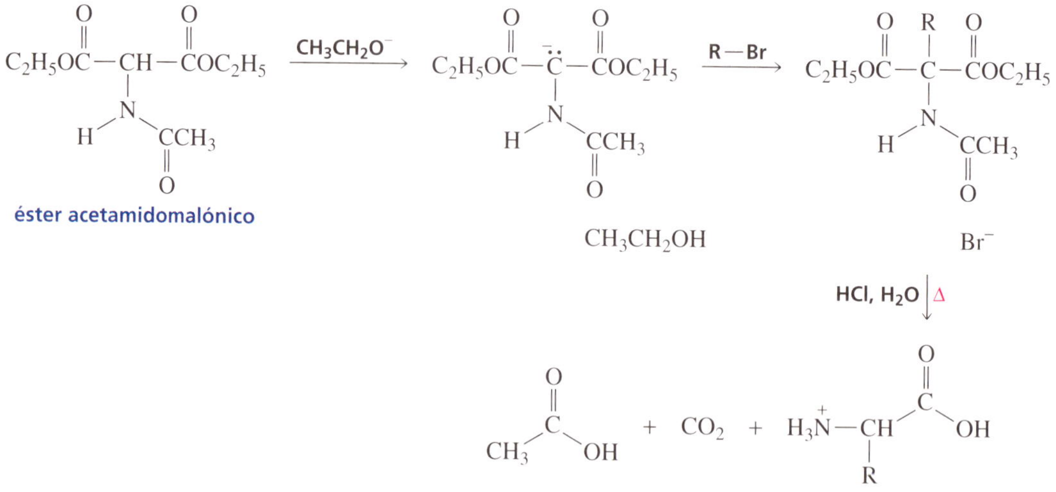

Los aminoácidos pueden prepararse con un método llamado síntesis de Strecker. En esta síntesis, un aldehído reacciona con amoniaco para formar una imina. En una reacción de adición con el ion cianuro se forma un compuesto intermediario, el cual cuando se hidroliza forma el aminoácido (sección 16.19). Compárese esta reacción con la síntesis de Kiliani-Fischer de aldosas, en la sección 21.8.

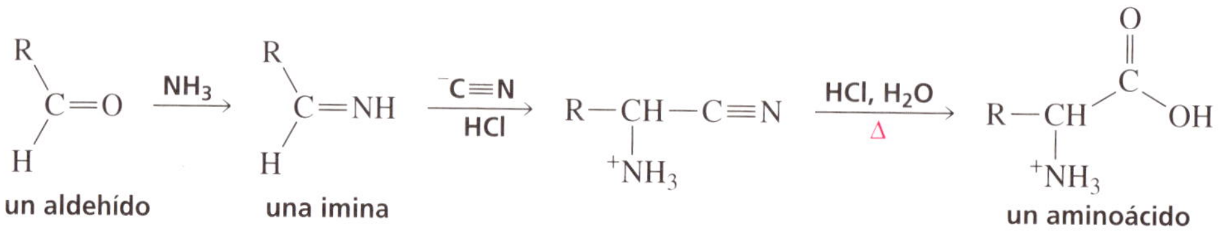

un aldehído → **una imina** → → **un aminoácido**

PROBLEMA 20◆

¿Qué aminoácido se formaría usando la síntesis del éster *N*-ftalimidomalónico cuando se usan los compuestos siguientes en el tercer paso?

a. CH_3CHCH_2Br
     |
     CH_3

b. $CH_3SCH_2CH_2Br$

PROBLEMA 21◆

¿Qué haluro de alquilo usaría usted en la síntesis del éster acetamidomalónico para preparar

a. lisina?
b. fenilalanina?

> **PROBLEMA 22**
>
> ¿Qué aminoácido se formaría cuando el aldehído usado en la síntesis de Strecker fuera
>
> **a.** acetaldehído?   **b.** 2-metilbutanal?   **c.** 3-metilbutanal?

22.7 Resolución de mezclas racémicas de aminoácidos

Cuando los aminoácidos se sintetizan en la naturaleza sólo se forman los enantiómeros L (sección 5.20). Sin embargo, cuando se sintetizan en el laboratorio, el producto suele ser una mezcla racémica de enantiómeros D y L. Si sólo se desea obtener un isómero, los enantiómeros deben separarse, lo que se puede hacer mediante una reacción catalizada por una enzima. Como las enzimas son quirales, reaccionan con una rapidez distinta con cada uno de los enantiómeros (sección 5.21). Por ejemplo, la aminoacilasa de riñón de cerdo es una enzima que cataliza la hidrólisis de los *N*-acetil-L-aminoácidos, pero no de los *N*-acetil-D-aminoácidos; la mezcla *N*-acetilada se hidroliza con aminoacilasa de riñón de cerdo y los productos serán el aminoácido L y el *N*-acetil-D-aminoácido, que se separan con facilidad. Como la resolución (separación) de los enantiómeros depende de la diferencia en la rapidez de la reacción de la enzima con los compuestos *N*-acetilados, esta técnica se llama **resolución cinética**.

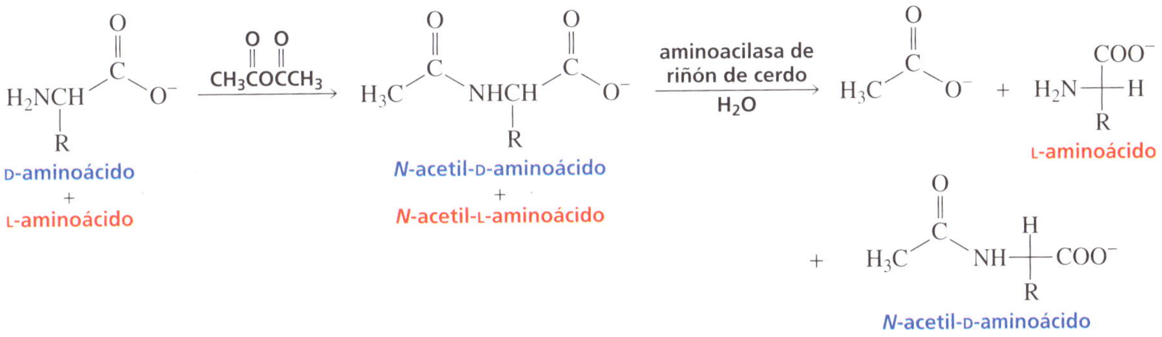

> **PROBLEMA 23**
>
> La esterasa de hígado de cerdo es una enzima que cataliza la hidrólisis de ésteres. Hidroliza con más rapidez a los ésteres de aminoácidos L que de aminoácidos D. ¿Cómo se puede usar esta enzima para separar una mezcla racémica de aminoácidos?

22.8 Enlaces peptídicos y puentes disulfuro

Los enlaces peptídicos y los puentes disulfuro son los únicos enlaces covalentes que unen a residuos de aminoácido en un péptido o una proteína.

Enlaces peptídicos

Los enlaces amida que unen a los residuos de aminoácido se llaman **enlaces peptídicos**. Por convención, los péptidos y las proteínas se representan con el grupo aminoácido libre (del **aminoácido N-terminal**) a la izquierda y el grupo carboxilo libre (del **aminoácido C-terminal**) a la derecha.

1036 CAPÍTULO 22 Aminoácidos, péptidos y proteínas

[estructura química de tres aminoácidos reaccionando para formar un tripéptido + 2 H₂O, con etiquetas: el aminoácido N-terminal, enlaces peptídicos, el aminoácido C-terminal, **un tripéptido**]

Cuando se conocen los aminoácidos presentes en un péptido, pero no se conoce su secuencia, los aminoácidos se escriben separados por comas. Cuando sí se conoce la secuencia de los aminoácidos, éstos se escriben unidos por guiones. En el pentapéptido representado abajo, el aminoácido N-terminal es valina y el aminoácido C-terminal es histidina. Los aminoácidos se numeran comenzando en el extremo N-terminal. En consecuencia, el residuo de glutamato se indica como Glu 4 porque es el cuarto aminoácido a partir del extremo N-terminal. Al dar nombre al péptido se usan adjetivos (que terminan en "il") para todos los aminoácidos, excepto para el aminoácido C-terminal. Así, el nombre de ese pentapéptido es valilcisteilalanilglutamilhistidina. Se supone que la configuración de cada aminoácido es L, a menos que se indique otra cosa.

Glu, Cis, His, Val, Ala

el pentapéptido contiene los aminoácidos indicados, pero no se conoce su secuencia

Val-Cis-Ala-Glu-His

los aminoácidos en el pentapéptido tienen la secuencia indicada

Un enlace peptídico tiene aproximadamente 40% de carácter de enlace doble por la deslocalización electrónica (sección 16.2). El impedimento estérico en la configuración *cis* hace que la configuración *trans* sea más estable con respecto al enlace de amida y entonces los carbonos α de los aminoácidos adyacentes son *trans* entre sí (sección 4.11).

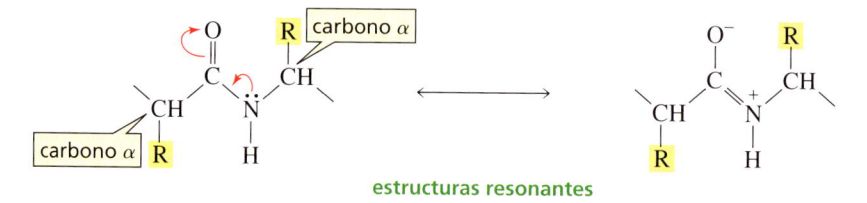

[estructuras resonantes del enlace peptídico, mostrando los carbonos α]

estructuras resonantes

El carácter parcial de enlace doble evita la rotación libre en torno al enlace peptídico y de esa manera los átomos de carbono y nitrógeno del enlace peptídico y los dos átomos a los que está unido cada uno se mantienen rígidamente en un plano (figura 22.6). Esta región plana afecta la forma en que se dobla una cadena de aminoácidos, por lo que la deslo-

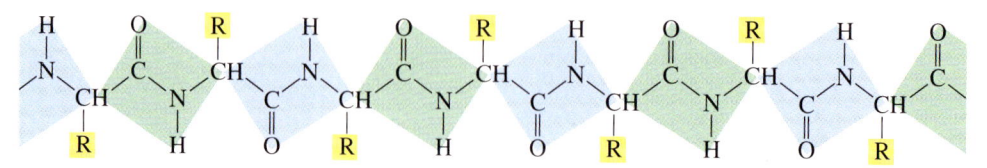

[diagrama de un segmento de cadena de polipéptido con planos coloreados]

▲ **Figura 22.6**
Un segmento de una cadena de polipéptido. Los cuadros en color indican el plano definido por cada enlace peptídico. Observe que los grupos R unidos a los carbonos α están en lados alternados del esqueleto del polipéptido.

calización electrónica tiene implicaciones importantes para las formas tridimensionales de los péptidos y las proteínas (sección 22.13).

> **PROBLEMA 24**
> Dibuje el tetrapéptido Ala-Tre-Asp-Asn e indique los enlaces peptídicos.
>
> **PROBLEMA 25♦**
> Use abreviaturas con tres letras para escribir los seis tripéptidos formados por Ala, Gli y Met.
>
> **PROBLEMA 26**
> Dibuje un enlace peptídico en la configuración *cis*.
>
> **PROBLEMA 27♦**
> ¿Cuáles enlaces en el esqueleto de un péptido pueden girar libremente?

Puentes de disulfuro

Cuando se oxidan los tioles bajo condiciones suaves forman disulfuros. Un **disulfuro** es un compuesto que contiene un enlace S—S. (Recuerde que el número de enlaces S—H disminuye en una reacción de oxidación y aumenta en una reacción de reducción).

$$2\ R-SH \xrightarrow{\text{oxidación moderada}} RS-SR$$
$$\text{un tiol} \qquad\qquad\qquad\qquad \text{un disulfuro}$$

Un agente oxidante que se usa con frecuencia para esta reacción es Br_2 (o I_2) en disolución básica.

Mecanismo de la oxidación de un tiol a un disulfuro

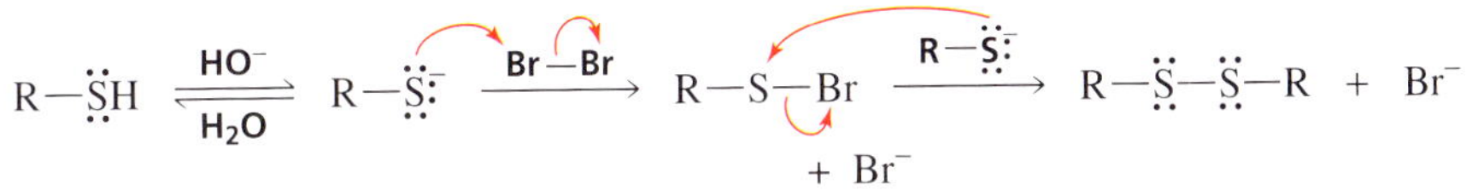

$$R-\ddot{S}H \underset{H_2O}{\overset{HO^-}{\rightleftharpoons}} R-\ddot{\underset{..}{S}}:^- \xrightarrow{Br-Br} R-S-Br \xrightarrow{R-\ddot{S}:^-} R-\ddot{\underset{..}{S}}-\ddot{\underset{..}{S}}-R + Br^-$$
$$+ Br^-$$

Como los tioles se pueden oxidar a disulfuros, los disulfuros se pueden reducir a tioles.

$$RS-SR \xrightarrow{\text{reducción}} 2\ R-SH$$
$$\text{un disulfuro} \qquad\qquad \text{un tiol}$$

La cisteína es un aminoácido que contiene un grupo tiol. En consecuencia dos moléculas de cisteína se pueden oxidar y formar un disulfuro. Este disulfuro se llama cistina.

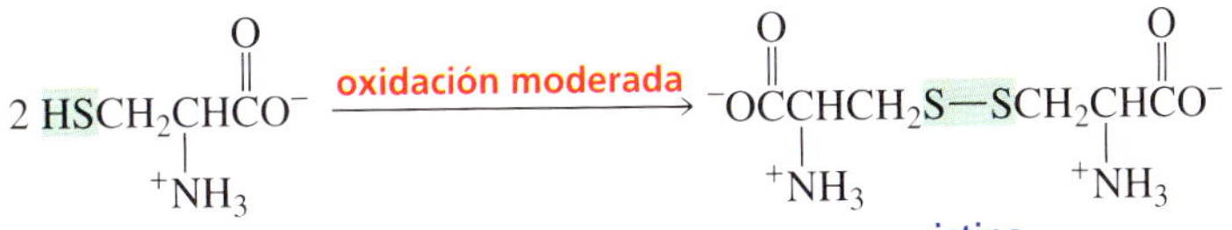

$$2\ \underset{\underset{\text{cisteína}}{^+NH_3}}{HSCH_2\overset{\overset{O}{\parallel}}{\underset{|}{C}H}CO^-} \xrightarrow{\text{oxidación moderada}} \underset{\underset{\text{cistina}}{^+NH_3 \qquad\qquad ^+NH_3}}{^-O\overset{O}{\overset{\parallel}{C}}\overset{}{\underset{|}{CH}}CH_2S-SCH_2\overset{}{\underset{|}{CH}}\overset{O}{\overset{\parallel}{C}}O^-}$$

Dos residuos de cisteína en una proteína se pueden oxidar y formar un disulfuro, creando un enlace que se llama **puente disulfuro**. Los puentes disulfuro son los únicos enlaces covalentes que hay entre aminoácidos no adyacentes en péptidos y proteínas. Contribuyen a la forma general de una proteína uniendo residuos de cisteína que haya en distintas partes del esqueleto del péptido, como se ve en la figura 22.7.

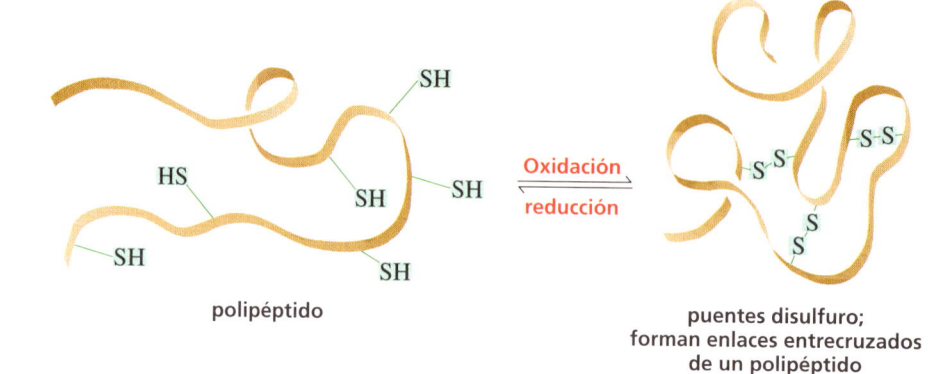

Figura 22.7
Puentes disulfuro que forman enlaces entrecruzados en diferentes partes de un péptido.

La hormona insulina, secretada por el páncreas, controla la concentración de glucosa en la sangre regulando el metabolismo de la glucosa. La insulina es un polipéptido con dos cadenas peptídicas. La cadena corta (cadena A) contiene 21 aminoácidos y la cadena larga (cadena B) contiene 30 aminoácidos. Las cadenas A y B están unidas entre sí por dos puentes disulfuro. Son **puentes disulfuro entre cadenas** (entre las cadenas A y B). La insulina también presenta un **puente disulfuro dentro de la misma cadena** (dentro de la cadena A).

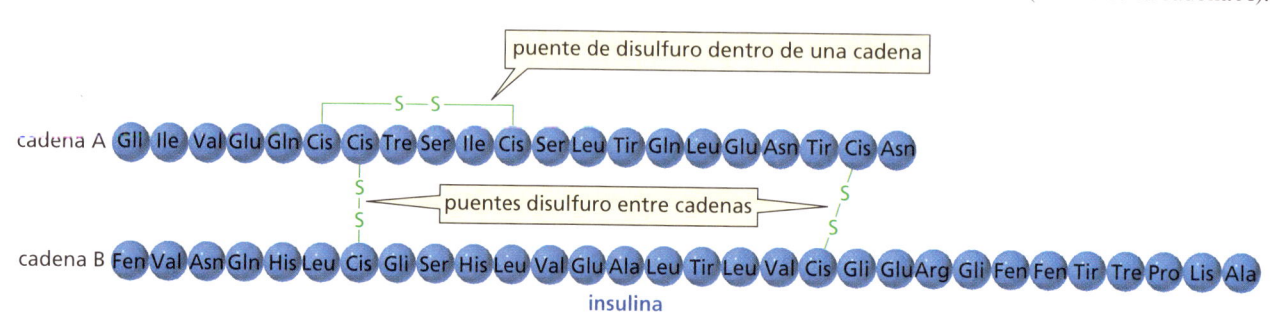

cadena A: Gli-Ile-Val-Glu-Gln-Cis-Cis-Tre-Ser-Ile-Cis-Ser-Leu-Tir-Gln-Leu-Glu-Asn-Tir-Cis-Asn

cadena B: Fen-Val-Asn-Gln-His-Leu-Cis-Gli-Ser-His-Leu-Val-Glu-Ala-Leu-Tir-Leu-Val-Cis-Gli-Glu-Arg-Gli-Fen-Fen-Tir-Tre-Pro-Lis-Ala

insulina

CABELLO: ¿LACIO O RIZADO?

El cabello está formado por una proteína llamada queratina, que contiene una cantidad extraordinaria de residuos de cisteína (8% de los aminoácidos en comparación con el promedio de 2.8% en otras proteínas). Estos residuos de cisteína forman puentes disulfuro en la queratina los cuales permiten conservar su estructura tridimensional. Las personas pueden alterar la estructura de su cabello (si creen que es demasiado lacio o muy rizado) cambiando el lugar de esos puentes disulfuro. Esto se hace aplicando primero un agente reductor al cabello para reducir todos los puentes disulfuro en las cadenas de proteína. Después, cuando se ha reordenado el cabello y se obtiene la forma deseada (usando rizadores para rizarlo o peinándolo para quitar lo rizado) se aplica un oxidante para formar nuevos puentes de disulfuro. Estos puentes nuevos mantienen al cabello en su forma nueva. Cuando se aplica este tratamiento al cabello lacio se llama "permanente". Cuando se aplica a cabello rizado se llama "alaciado".

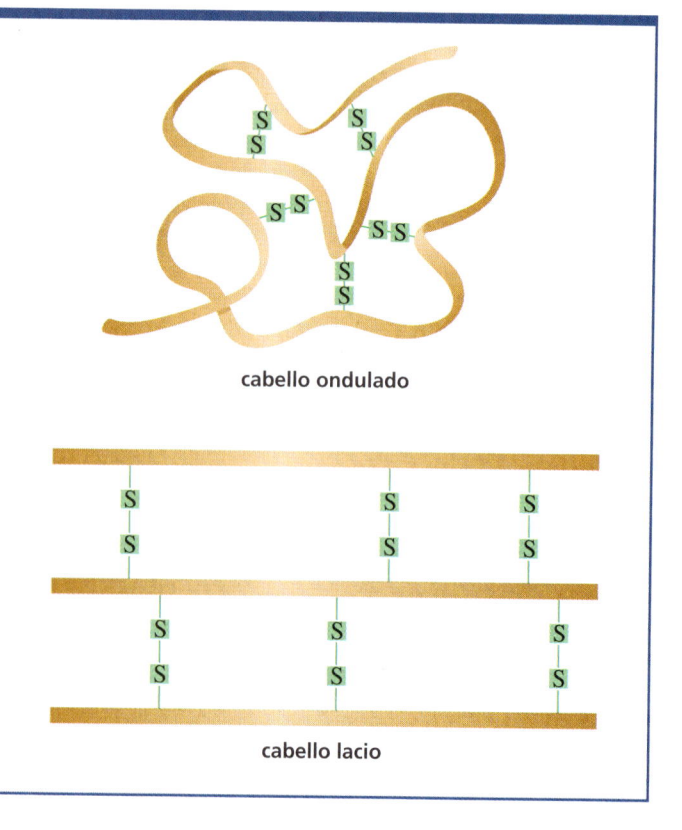

cabello ondulado

cabello lacio

22.9 Algunos péptidos interesantes

Las *encefalinas* son pentapéptidos sintetizados por el organismo para controlar el dolor. Hacen disminuir la sensibilidad hacia el dolor uniéndose a receptores de ciertas células cerebrales. Parte de las estructuras tridimensionales de las encefalinas deben ser parecidas a las de la morfina y analgésicos relacionados, como el Demerol, porque se unen con los mismos receptores (secciones 30.3 y 30.6).

Tir-Gli-Gli-Fen-Leu Tir-Gli-Gli-Fen-Met
leucina encefalina **metionina encefalina**

La bradicinina, la vasopresina y la oxitocina son hormonas peptídicas. Todas son nonapéptidos. La bradicinina inhibe la inflamación de los tejidos. La vasopresina controla la presión sanguínea regulando la contracción de los músculos lisos; también es antidiurética. La oxitocina induce el parto en mujeres embarazadas estimulando la contracción del músculo uterino y también estimula la producción de leche en madres lactantes. La vasopresina y la oxitocina tienen un puente disulfuro dentro de la misma cadena y sus aminoácidos C-terminales contienen grupos amida y no carboxilo. Note que el grupo amida C-terminal se representa escribiendo "NH$_2$" después del nombre del aminoácido C-terminal. La vasopresina y la oxitocina también actúan en el cerebro. La vasopresina es una hormona de "pelear o huir", mientras que la oxitocina ejerce el efecto opuesto: calma al organismo y activa las relaciones sociales. No obstante sus efectos fisiológicos tan diferentes, la vasopresina y la oxitocina sólo difieren en dos aminoácidos.

> **BIOGRAFÍA**
>
> *El primer péptido en ser sintetizado fue la oxitocina* **Vincent du Vigneaud (1901–1978)**, *lo hizo por primera vez y en 1953, después sintetizó la vasopresina. Du Vigneaud nació en Chicago y fue profesor en la Escuela Médica de la Universidad George Washington y después en la Escuela Médica de la Universidad Cornell. Por sintetizar esos nonapéptidos recibió el Premio Nobel de Química en 1955.*

bradicinina   Arg-Pro-Pro-Gli-Fen-Ser-Pro-Fen-Arg

vasopresina   Cis-Tir-Fen-Gln-Asn-Cis-Pro-Arg-Gli-NH$_2$
                   | |
                   S————————————————————S

oxitocina   Cis-Tir-Ile-Gln-Asn-Cis-Pro-Leu-Gli-NH$_2$
                 | |
                 S————————————————————S

El aspartame o NutraSweet, un edulcorante sintético (sección 21.20), es el éster metílico de un dipéptido del L-aspartato y L-fenilalanina. El aspartame es unas 200 veces más dulce que la sacarosa. El éster etílico del mismo dipéptido no es dulce. Si cualquiera de los L-aminoácidos del aspartame se sustituye por un D-aminoácido, el dipéptido que resulta es amargo y no dulce.

$$\overset{+}{H_3N}CHC-NHCHCOCH_3$$

con cadenas laterales CH_2COO^- y CH_2-fenilo

aspartame
NutraSweet®

El glutatión es un tripéptido formado por glutamato, cisteína y glicina. Su función es destruir agentes oxidantes perjudiciales para el organismo. Se cree que los oxidantes causan algunos de los efectos del envejecimiento y están asociados con la generación del cáncer. El glutatión elimina a los oxidantes reduciéndolos y como resultado se oxida y forma un puente disulfuro entre dos moléculas de glutatión (véanse las páginas 1017 y 1040). Después, una enzima reduce al puente disulfuro y regresa al glutatión a su estado original para que siga reaccionando con más oxidantes.

1040 CAPÍTULO 22 Aminoácidos, péptidos y proteínas

$$2 \; \overset{+}{H_3N}CHCH_2CH_2\overset{O}{\overset{\|}{C}}-NHCH\overset{O}{\overset{\|}{C}}-NHCH_2\overset{O}{\overset{\|}{C}}O^- $$
$$\underset{COO^-}{|} \qquad \qquad \underset{\underset{SH}{|}}{CH_2}$$

glutatión

agente reductor ⇅ agente oxidante

glutatión oxidado

PROBLEMA 28

¿Qué tiene de raro la estructura del glutatión? (Si al lector se le dificulta contestar, dibuje la estructura que esperaría para Glu-Cis-Gli y compárela con la del glutatión).

22.10 Estrategia de síntesis del enlace peptídico: protección del N y activación del C

Una dificultad en la síntesis de un polipéptido, una vez que se conoce su estructura, es que los aminoácidos tienen dos grupos funcionales que les permiten combinarse en diversas formas. Por ejemplo, suponga que se desea preparar el dipéptido Gli-Ala. Ese dipéptido sólo es uno de cuatro posibles que se podrían formar en una mezcla de alanina y glicina.

Gli-Ala   Ala-Ala   Gli-Gli   Ala-Gli

Si se protege el grupo amino del aminoácido que debe quedar en el extremo N-terminal (en este caso Gli) (sección 17.11), no estará disponible para formar un enlace peptídico. Si el grupo carboxilo de ese mismo aminoácido se activa antes de agregar el segundo aminoácido, el grupo amino del aminoácido agregado (en este caso Ala) reaccionará con el grupo carboxilo activado de la glicina, de preferencia al grupo carboxilo no activado de otra molécula de alanina.

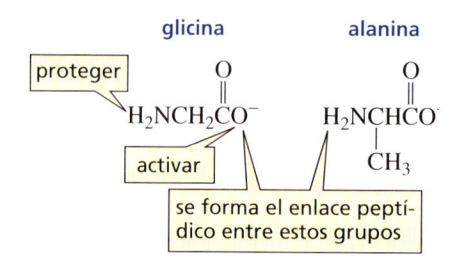

glicina   alanina

proteger
activar
se forma el enlace peptídico entre estos grupos

22.10 Estrategia de síntesis del enlace peptídico: protección del N y activación del C

El reactivo que se usa con más frecuencia para proteger al grupo amino de un aminoácido es el carbonato de di-*terc*-butilo. El grupo protector se conoce por el acrónimo *t*-BOC. La popularidad de este reactivo se debe a la facilidad con que puede eliminarse cuando ya no se necesita la protección.

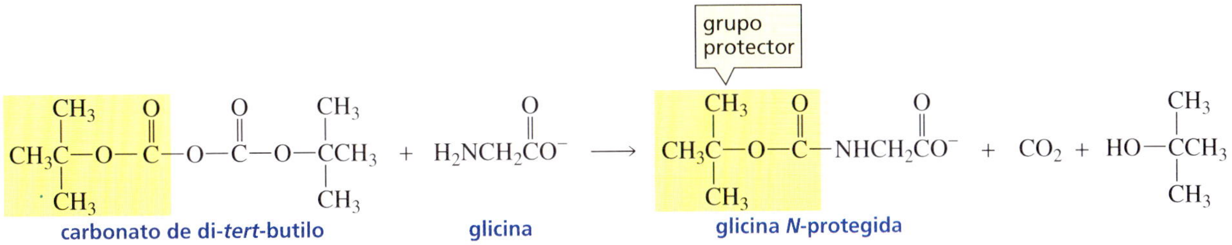

$$\underset{\text{carbonato de di-}tert\text{-butilo}}{(CH_3)_3C-O-\overset{O}{\underset{\|}{C}}-O-\overset{O}{\underset{\|}{C}}-O-C(CH_3)_3} + \underset{\text{glicina}}{H_2NCH_2CO^-} \longrightarrow \underset{\text{glicina }N\text{-protegida}}{(CH_3)_3C-O-\overset{O}{\underset{\|}{C}}-NHCH_2CO^-} + CO_2 + HO-C(CH_3)_3$$

En general, los ácidos carboxílicos se activan convirtiéndolos en cloruros de acilo (sección 16.21). Sin embargo, los cloruros de acilo son tan reactivos que pueden reaccionar con facilidad con las cadenas laterales de algunos de los aminoácidos durante la síntesis del péptido y formar productos no deseados. El método preferido para activar al grupo carboxilo de un aminoácido N-terminal es convertirlo en un imidato usando diciclohexilcarbodiimida (DCC). (Ya habrá notado el lector que a los bioquímicos les gustan los acrónimos más todavía que a los químicos orgánicos). La DCC activa un grupo carboxilo introduciendo un buen grupo saliente en el carbono del grupo carbonilo.

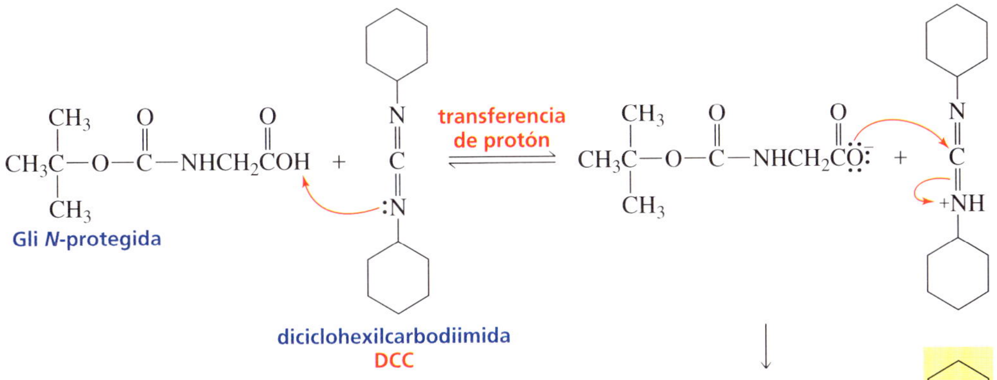

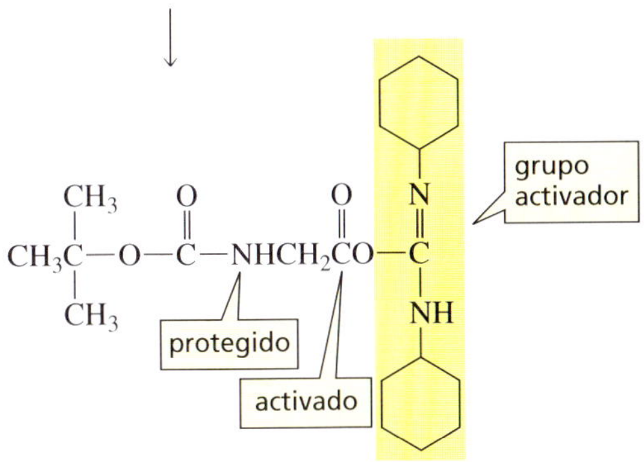

Después de proteger el grupo N-terminal del aminoácido, y de activar su grupo C-terminal, se adiciona el segundo aminoácido. El grupo amino desprotegido del segundo aminoácido ataca al grupo carboxilo activado y forma un intermediario tetraédrico. El enlace C—O del intermediario tetraédrico se rompe con facilidad porque los electrones del enlace están deslocalizados; la ruptura de este enlace forma una diamida estable, la diciclohexilurea. Recuerde que mientras más débil (más estable) sea la base, el grupo saliente será mejor; véase la sección 16.6.

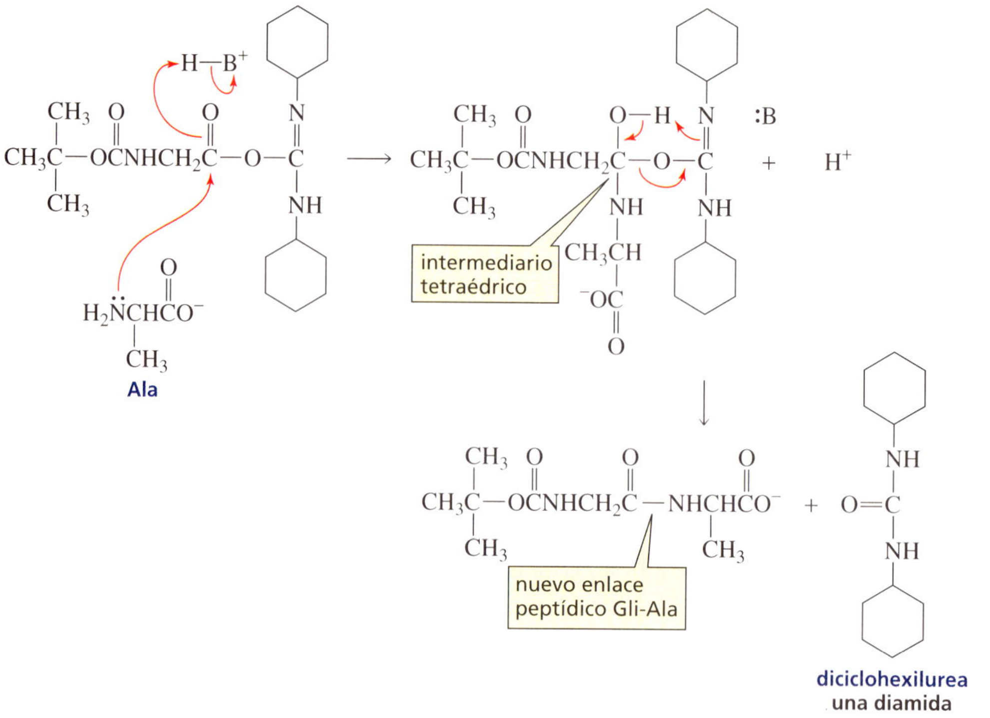

1042 CAPÍTULO 22 Aminoácidos, péptidos y proteínas

[Esquema de reacción mostrando el ataque nucleofílico de la alanina sobre el intermediario activado con DCC, formando el intermediario tetraédrico, y el producto final con el nuevo enlace peptídico Gli-Ala y diciclohexilurea (una diamida)]

Se pueden agregar aminoácidos al extremo C-terminal creciente repitiendo los mismos dos pasos: activar el grupo carboxilo del aminoácido C-terminal del péptido, tratándolo con DCC, y después agregar un nuevo aminoácido.

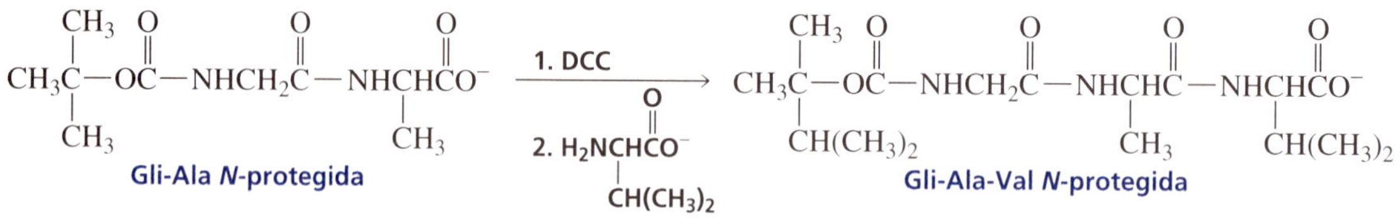

[Esquema: Gli-Ala N-protegida + 1. DCC, 2. H_2NCHCO^- con $CH(CH_3)_2$ → Gli-Ala-Val N-protegida]

Cuando se ha agregado la cantidad deseada de aminoácidos a la cadena, se elimina el grupo protector del aminoácido N-terminal. Como se dijo antes, el *t*-BOC es un grupo protector ideal porque se puede eliminar lavando la cadena con ácido trifluoroacético y cloruro de metileno, reactivos que no rompen ninguno de los demás enlaces covalentes. El grupo protector se elimina con una reacción de eliminación, que forma isobutileno y dióxido de carbono. Como estos productos son gases, se eliminan y desplazan la reacción hacia su terminación.

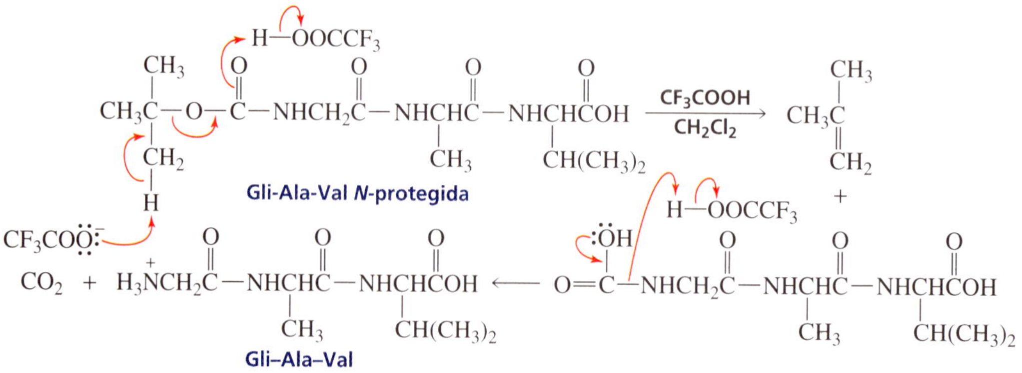

[Esquema de desprotección de Gli-Ala-Val N-protegida con CF_3COOH / CH_2Cl_2, formando isobutileno, CO_2 y Gli-Ala-Val]

Desde el punto de vista teórico, se debería poder obtener un péptido tan largo como se desee con esta técnica; sin embargo, las reacciones nunca alcanzan un rendimiento del 100% y los rendimientos disminuyen más durante el proceso de purificación. (Además, después de cada paso de la síntesis, debe purificarse el péptido para evitar reacciones posteriores no deseadas con los reactivos que quedan). Suponiendo que se puede agregar cada aminoácido al extremo creciente de la cadena de polipéptido con 80% de rendimiento (un rendimiento relativamente alto de acuerdo con la experiencia de los químicos en el laboratorio), el rendimiento total de la síntesis de un nonapéptido como la bradicinina sólo sería de 17%. Es claro que nunca se pueden sintetizar con eficiencia polipéptidos grandes con este método.

	Número de aminoácidos							
	2	3	4	5	6	7	8	9
Rendimiento global	80%	64%	51%	41%	33%	26%	21%	17%

PROBLEMA 29◆

¿Qué dipéptidos se formarían calentando una mezcla de valina y leucina N-protegida?

PROBLEMA 30

Suponga que usted trata de sintetizar el dipéptido Val-Ser. Compare el producto que obtendría si se usara cloruro de tionilo para activar el grupo carboxilo de la valina N-protegida con el que se obtendría si el grupo carboxilo se activara con DCC.

PROBLEMA 31

Indique los pasos de la síntesis del tetrapáptido Leu-Fen-Lis-Val.

PROBLEMA 32◆

a. Calcule el rendimiento total con el que se obtendría la bradicinina, cuando el rendimiento de cada adición de aminoácido a la cadena es del 70%.

b. ¿Cuál sería el rendimiento total de un péptido con 15 residuos de aminoácidos si el rendimiento de la incorporación de cada uno es del 80%?

22.11 Síntesis automatizada de péptidos

Además de producir bajos rendimientos totales, el método de síntesis de péptidos descrito en la sección 22.10 es extremadamente tardado porque se debe purificar el producto en cada paso de la síntesis. Bruce Merrifield describió, en 1969, un método que revolucionó la síntesis de péptidos porque permitió contar con una forma mucho más rápida para producir péptidos con rendimientos mucho mayores. Además, como es automatizada, la síntesis requiere menos tiempo de atención directa. Con esta técnica se sintetizó la bradicinina en 27 horas, con un rendimiento del 85%. Hoy se cuenta con técnicas perfeccionadas que permiten obtener un rendimiento razonable para sintetizar un péptido con 100 aminoácidos en cuatro días.

En el método de Merrifield, el aminoácido C-terminal se agrega en forma covalente a un soporte sólido en una columna. Cada aminoácido N-terminal protegido se agrega entonces, uno por uno, junto con otros reactivos necesarios, para que la proteína se sintetice desde el extremo C-terminal hasta el N-terminal. Note que es la forma contraria a como se sintetizan las proteínas en la naturaleza (desde el extremo N-terminal hacia el extremo C-terminal, sección 27.8). Como en este proceso se usa un soporte sólido y está automatizado, el método de Merrifield para la síntesis de proteínas se llama **síntesis automatizada de péptidos en fase sólida**.

> **BIOGRAFÍA**
>
> **Robert Bruce Merrifield** *nació en 1921 y recibió una licenciatura y un doctorado en la Universidad de California, en Los Ángeles. Es profesor de química en la Universidad Rockefeller. Merrifield recibió el Premio Nobel de Química 1984 por desarrollar la síntesis automatizada de péptidos en fase sólida.*

1044 CAPÍTULO 22 Aminoácidos, péptidos y proteínas

Tutorial del alumno:
Síntesis de Merrifield automatizada de péptidos en fase sólida
(Merrifield automated solid-phase peptide synthesis)

Síntesis de Merrifield, automatizada y en fase sólida de un tripéptido

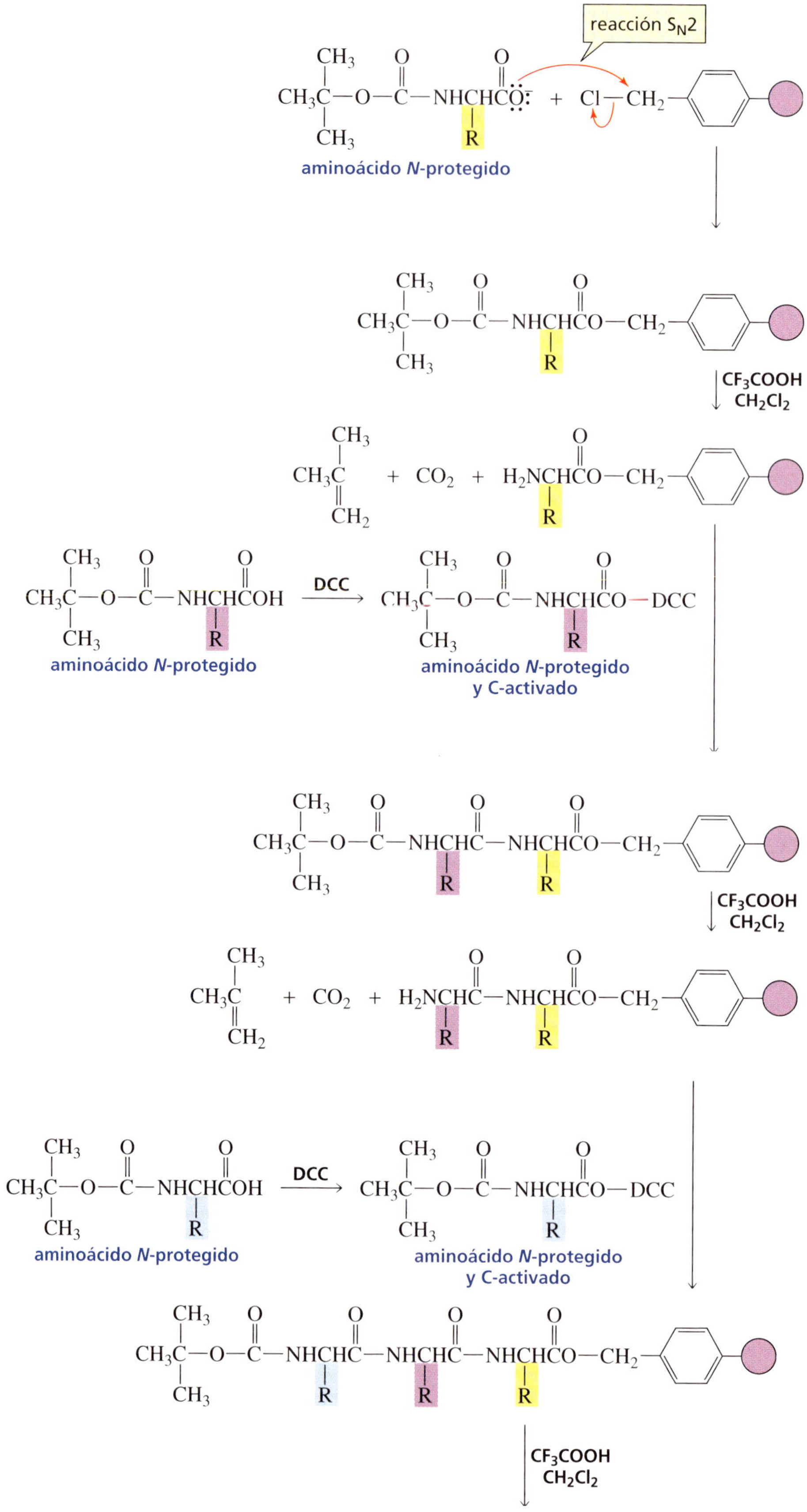

$$\begin{array}{c}CH_3\\CH_3C\\\|\\CH_2\end{array} + CO_2 + H_2NCHC\overset{O}{\|}-NHCHC\overset{O}{\|}-NHCHCO\overset{O}{\|}-CH_2-\!\!\bigcirc\!\!-\bullet$$
$$\underset{R}{}\quad\underset{R}{}\quad\underset{R}{}$$

$$\downarrow HF$$

$$\overset{+}{H_3}NCHC\overset{O}{\|}-NHCHC\overset{O}{\|}-NHCHCOH\overset{O}{\|} + HOCH_2-\!\!\bigcirc\!\!-\bullet$$

El soporte sólido al que se fija el aminoácido C-terminal es una resina parecida a la que se usa en cromatografía de intercambio iónico (sección 22.5), pero en ésta los anillos de benceno tienen sustituyentes clorometilo en lugar de los sustituyentes de ácido sulfónico. Antes de fijar el aminoácido C-terminal a la resina, se protege su grupo amino con *t*-BOC para prevenir que el grupo amino reaccione con la resina. El aminoácido C-terminal se fija a la resina mediante una reacción S_N2: su grupo carboxilo ataca a un carbono bencílico de la resina y desplaza a un ion cloruro (sección 8.4).

Después de fijar el aminoácido C-terminal a la resina, se elimina el grupo protector *t*-BOC (sección 22.9). El siguiente aminoácido, con su grupo amino protegido con *t*-BOC y su grupo carboxilo activado con DCC se agrega a la columna.

Una ventaja inmensa del método de Merrifield para la síntesis de péptidos es que se puede purificar el péptido en crecimiento a través del lavado de la columna con un disolvente adecuado después de cada paso del procedimiento. Las impurezas se eliminan de la columna porque no están unidas a la base sólida. Como el péptido está unido en forma covalente a la resina, nada de él se pierde en el paso de purificación y se obtienen altos rendimientos del producto purificado.

Después de haber adicionado uno por uno los aminoácidos requeridos, se puede aislar el péptido de la resina por tratamiento con HF bajo condiciones suaves, que no rompan los enlaces peptídicos.

La técnica de Merrifield se mejora en forma constante, de tal modo que los péptidos puedan obtenerse con mayor rapidez y mayor eficiencia; pese a ello, todavía no puede comenzar a compararse con la naturaleza. Una célula bacteriana puede sintetizar una proteína que contenga miles de aminoácidos en cuestión de segundos y puede sintetizar al mismo tiempo miles de proteínas diferentes sin cometer errores.

Desde principios de la década de 1980 ha sido posible sintetizar proteínas con técnicas de ingeniería genética. Las cadenas de ADN, introducidas en células bacterianas, hacen que tales células produzcan grandes cantidades de la proteína que se desee (sección 27.12). Hasta que se contó con las técnicas de ingeniería genética, las reses y los cerdos fueron las fuentes de insulina para personas con diabetes. La insulina era efectiva, pero había preocupación acerca de si se podría obtener la suficiente, a largo plazo, para la población creciente de personas diabéticas. Además, esta insulina no tenía exactamente la misma estructura primaria de la insulina humana, por lo que se temían reacciones alérgicas. Sin embargo, hoy se producen cantidades masivas de insulina sintética, químicamente idéntica a la insulina humana, a partir de *E. coli* genéticamente modificada. También las técnicas de ingeniería genética han tenido aplicación en síntesis de proteínas que difieren en uno o unos pocos aminoácidos con respecto a una proteína natural. Esas proteínas sintéticas se han usado, por ejemplo, para aprender cómo afecta un cambio de un solo aminoácido a las propiedades de una proteína (sección 23.9).

PROBLEMA 33

Describa los pasos en la síntesis del tetrapéptido en el problema 31 usando el método de Merrifield.

22.12 Una introducción a la estructura de las proteínas

Las proteínas se describen con cuatro niveles en su estructura. La **estructura primaria** de una proteína es la secuencia de aminoácidos en la cadena, y la posición de todos los puentes disulfuro. Las **estructuras secundarias** son conformaciones regulares asumidas por los segmentos del esqueleto proteínico cuando éste se dobla. La **estructura terciaria** es la forma tridimensional de todo el polipéptido. Si una proteína tiene más de una cadena de polipéptido, también tiene estructura cuaternaria. La **estructura cuaternaria** es la forma en que se ordenan entre sí las cadenas individuales de polipéptido, una con respecto a la otra.

ESTRUCTURA PRIMARIA Y EVOLUCIÓN

Cuando los científicos examinan las estructuras primarias de las proteínas que llevan a cabo la misma función en distintos organismos pueden correlacionar el número de diferencias en los aminoácidos en las proteínas con la cercanía de la relación taxonómica entre las especies. Por ejemplo, el citocromo c, es una proteína que transfiere electrones en oxidaciones biológicas y tiene aproximadamente 100 residuos de aminoácido. El citocromo c de las levaduras difiere en 48 aminoácidos del citocromo c equino, mientras que el citocromo c de los patos sólo difiere en dos aminoácidos del citocromo c de los pollos. Patos y pollos tienen una relación taxonómica mucho más cercana que los caballos y las levaduras. De igual manera, el citocromo c en pollos y pavos tiene estructura primaria idéntica. Los humanos y los chimpancés también tienen citocromos c idénticos y sólo difieren en un aminoácido del citocromo c del mono rhesus.

BIOGRAFÍA

La primera proteína a la que se determinó su secuencia fue la insulina. **Frederick Sanger** *la determinó en 1953 y se le otorgó el Premio Nobel de Química 1958 por su trabajo. Sanger nació en Inglaterra, en 1918, y recibió un doctorado de la Universidad de Cambridge, donde trabajó toda su carrera. También compartió el Premio Nobel de Química 1980 (sección 27.10) por haber secuenciado por primera vez una molécula de ADN, con 5375 pares de nucleótidos.*

22.13 Determinación de la estructura primaria de un péptido o una proteína

El primer paso en la determinación de la secuencia de aminoácidos en un péptido o una proteína es reducir todos los puentes disulfuro que estén presentes. Un agente reductor que se suele usar es el 2-mercaptoetanol, que se oxida a disulfuro en esta reacción. La reacción de los grupos tiol en la proteína con el ácido yodoacético evita que se vuelvan a formar los puentes disulfuro, como resultado de la oxidación por O_2.

ruptura de puentes disulfuro

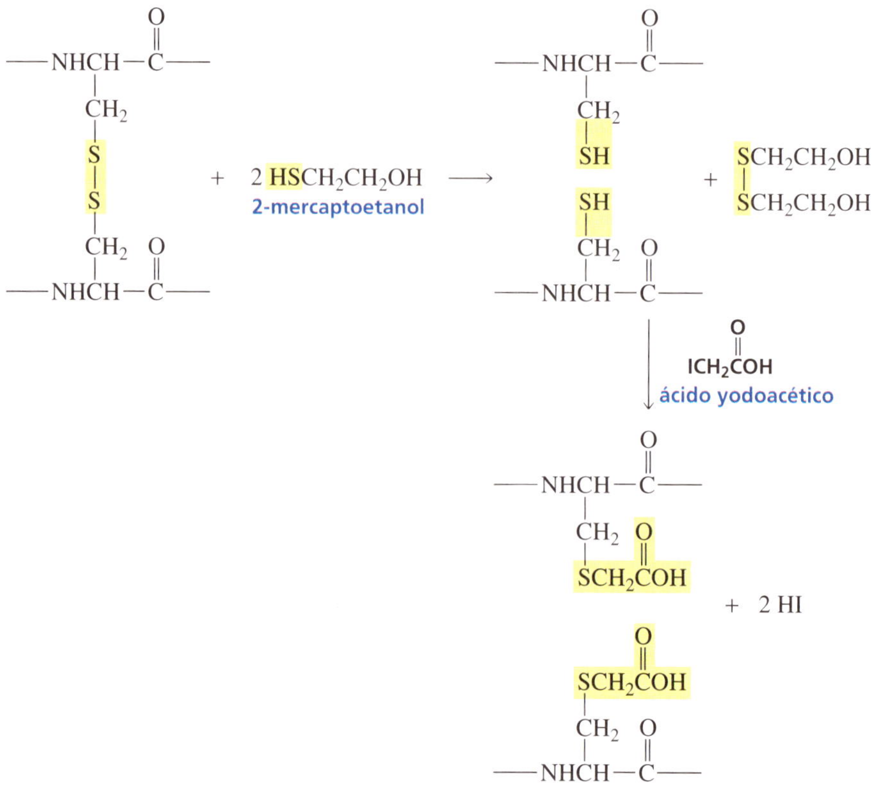

PROBLEMA 34

Escriba el mecanismo de la reacción de un residuo de cisteína con ácido yodoacético.

El segundo paso es determinar el número y tipo de los aminoácidos presentes en el péptido o proteína. Para ello se disuelve una muestra del péptido en HCl 6 M y se calienta a 100°C durante 24 horas. Con este tratamiento se hidrolizan todos los enlaces amida de la proteína, incluyendo los que haya en las cadenas laterales de la asparagina y la glutamina.

$$\text{proteína} \xrightarrow[\substack{100\,°C \\ 24\,h}]{6\,M\,HCl} \text{aminácidos}$$

A continuación se hace pasar la mezcla de aminoácidos por un analizador de aminoácidos para determinar el número y tipos de cada aminoácido presente en el péptido o la proteína (sección 22.5).

Como se han hidrolizado todos los residuos de asparagina y glutamina para formar residuos de aspartato y glutamato, el número de residuos de aspartato o glutamato en la mezcla de aminoácidos indica el número de residuos de aspartato más asparagina, o glutamato más glutamina en la proteína original. Se debe hacer un análisis aparte para diferenciar entre aspartato y asparagina o entre glutamato y glutamina en la proteína original.

Las condiciones fuertemente ácidas que se usan para la hidrólisis destruyen todos los residuos de triptófano porque el anillo de indol es inestable en medios ácidos (sección 20.8). Sin embargo, el contenido de triptófano puede determinarse mediante la hidrólisis de la proteína provocada por el ion hidróxido. Este método no es general para la hidrólisis del enlace peptídico porque las condiciones fuertemente básicas destruyen varios otros residuos de aminoácido.

Uno de los métodos más usados para identificar el aminoácido N-terminal de un péptido o una proteína es tratarlos con isotiocianato de fenilo (PITC por sus siglas en inglés, *phenyl isothiocyanate*), que se conoce con más frecuencia con el nombre de **reactivo de Edman**. Esta sustancia reacciona con el grupo amino N-terminal y el derivado de la tiazolinona que resulta se separa de la proteína bajo condiciones moderadamente ácidas, dejando un péptido con un aminoácido menos. El derivado de tiazolinona se extrae con un disolvente orgánico y en presencia de un ácido se reordena y forma una feniltiohidantoína (PTH por sus siglas en inglés, *phenylthiohidantoin*).

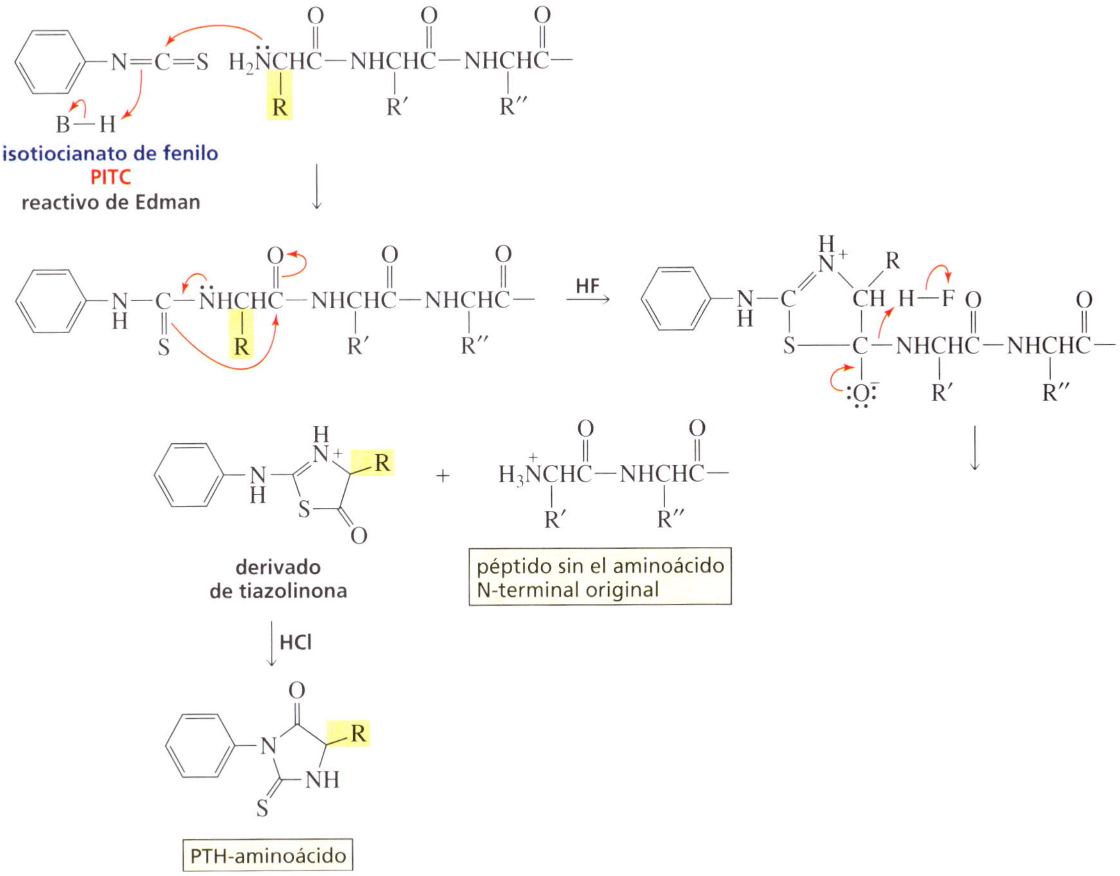

Ya que cada aminoácido tiene un sustituyente (R) distinto, cada aminoácido forma un PTH-aminoácido distinto. Se puede identificar un PTH-aminoácido en particular por cromatografía usando estándares conocidos. A una proteína se le pueden hacer varias degradaciones sucesivas de Edman. Un instrumento automatizado, llamado *secuenciador*, permite hacer unas 50 degradaciones sucesivas de Edman. Pese a ello, no se puede determinar toda la secuencia de esta manera porque se acumulan productos secundarios que interfieren con los resultados.

El aminoácido C-terminal del péptido o la proteína se pueden identificar tratando la proteína con una peptidasa llamada carboxipeptidasa A. Una **peptidasa** es una enzima que cataliza la hidrólisis de un enlace peptídico. Esta enzima cataliza la hidrólisis del enlace peptídico C-terminal con separación del aminoácido C-terminal siempre que *no sea* arginina o lisina (sección 23.9). Por otro lado, la carboxipeptidasa B separa el aminoácido C-terminal *sólo* cuando éste sea arginina o lisina. Las carboxipeptidasas A y B se llaman exopeptidasas, en forma más específica. Una **exopeptidasa** es una enzima que cataliza la hidrólisis de un enlace peptídico en el extremo de una cadena de péptido.

$$\begin{array}{c} \text{sitio donde rompe la carboxipeptidasa} \\ \\ \underset{R}{\overset{O}{\underset{\|}{-NHCHC}}} - \underset{R'}{\overset{O}{\underset{\|}{-NHCHC}}} - \underset{R''}{\overset{O}{\underset{\|}{-NHCHCO^-}}} \end{array}$$

Una vez que se han identificado a los aminoácidos C-terminal y N-terminal, se hidroliza una muestra de la proteína con ácido diluido. Este tratamiento se llama **hidrólisis parcial** e hidroliza sólo algunos de los enlaces peptídicos. Los fragmentos que resultan se separan y se determina la composición de aminoácidos de cada uno, con electroforesis o con analizador de aminoácidos. Entonces se puede deducir la secuencia en la proteína original alineando los péptidos y viendo si hay regiones de traslape. (También se pueden determinar los aminoácidos N-terminal y C-terminal de cada fragmento, si es necesario).

ESTRATEGIA PARA RESOLVER PROBLEMAS

Secuenciación de un oligopéptido

Un nonapéptido se somete a una hidrólisis parcial y forma péptidos cuyas composiciones de aminoácidos se ven abajo. Por reacción del nonapéptido intacto con el reactivo de Edman se libera PTH-Leu. ¿Cuál es la secuencia del nonapéptido?

1. Pro, Ser
2. Gli, Glu
3. Met, Ala, Leu
4. Gli, Ala
5. Glu, Ser, Val, Pro
6. Glu, Pro, Gli
7. Met, Leu
8. His, Val

- Como se sabe que el aminoácido N-terminal es Leu, se debe buscar un fragmento que contenga Leu. El fragmento (7) indica que Met está junto a Leu y el fragmento (3) indica que Ala está junto a Met.
- Ahora se debe buscar un fragmento que contenga Ala. El fragmento (4) contiene Ala e indica que Gli está junto a Ala.
- De acuerdo con el fragmento (2), lo que viene a continuación es Glu: Glu está en los fragmentos (5) y (6).
- El fragmento (5) tiene tres aminoácidos y todavía se debe colocar en el polipéptido en crecimiento (Ser, Val, Pro), pero el fragmento (6) sólo tiene uno, por lo que de acuerdo con el fragmento (6) se ve que el siguiente aminoácido es Pro.
- El fragmento (1) indica que el siguiente aminoácido es Ser; ahora se puede usar el fragmento (5). Ese fragmento (5) indica que el siguiente aminoácido es Val, y el fragmento (8) indica que His es el último aminoácido (el C-terminal).
- Así, la secuencia de aminoácidos en el nonapéptido es

Leu-Met-Ala-Gli-Glu-Pro-Ser-Val-His

Ahora continúe en el problema 35.

PROBLEMA 35

Un decapéptido se somete a una hidrólisis parcial y se forman los péptidos cuyas composiciones en aminoácidos se ven abajo. Por reacción del decapéptido intacto con el reactivo de Edman se produce PTH-Gli. ¿Cuál es la secuencia del decapéptido?

1. Ala, Trp
2. Val, Pro, Asp
3. Pro, Val
4. Ala, Glu
5. Trp, Ala, Arg
6. Arg, Gli
7. Glu, Ala, Leu
8. Met, Pro, Leu, Glu

El péptido o la proteína también se pueden hidrolizar usando endopeptidasas. Una **endopeptidasa** es una enzima que cataliza la hidrólisis de un enlace peptídico que no esté al final de una cadena de péptido. La tripsina, la quimotripsina y la elastasa son endopeptidasas que catalizan solamente la hidrólisis de los enlaces peptídicos que se muestran en la tabla 22.4. Por ejemplo, la tripsina cataliza la hidrólisis del enlace peptídico en el lado C sólo de los residuos de arginina o lisina.

Tabla 22.4 Especificidad de la ruptura de un péptido o de una proteína

Reactivo	Especificidad
Reactivos químicos	
Reactivo de Edman	elimina al aminoácido N-terminal
Bromuro de cianógeno	hidroliza en el lado C de Met
Exopeptidasas*	
Carboxipeptidasa A	elimina al aminoácido C-terminal (no Arg ni Lis)
Carboxipeptidasa B	elimina al aminoácido C-terminal (sólo Arg o Lis)
Endopeptidasas*	
Tripsina	hidroliza en el lado C de Arg y Lis
Quimotripsina	hidroliza en el lado C de aminoácidos que contienen anillos aromáticos de seis miembros (Fen, Tir, Trp)
Elastasa	hidroliza en el lado C de aminoácidos pequeños (Gli y Ala)

*No hay ruptura si Pro está a un lado del enlace que se va a hidrolizar.

Así, la tripsina catalizará la hidrólisis de tres enlaces peptídicos en el péptido siguiente y formará un hexapéptido, un dipéptido y dos tripéptidos.

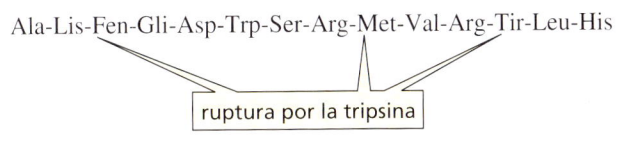

Ala-Lis-Fen-Gli-Asp-Trp-Ser-Arg-Met-Val-Arg-Tir-Leu-His

ruptura por la tripsina

1050 CAPÍTULO 22 Aminoácidos, péptidos y proteínas

La quimotripsina cataliza la hidrólisis del enlace peptídico del lado C de aminoácidos que contengan anillos aromáticos de seis miembros (Fen, Tir, Trp).

Ala-Lis-Fen-Gli-Asp-Trp-Ser-Arg-Met-Val-Arg-Tir-Leu-His

ruptura por la quimotripsina

La elastasa cataliza la hidrólisis de enlaces peptídicos en el lado C de los dos aminoácidos más pequeños (Gli, Ala). La quimotripsina y la elastasa son mucho menos específicas que la tripsina. (En la sección 23.9 se dará una explicación de la especificidad de esas enzimas).

Ala-Lis-Fen-Gli-Asp-Trp-Ser-Arg-Met-Val-Arg-Tir-Leu-His

ruptura por la elastasa

Ninguna de las exopeptidasas o las endopeptidasas que hemos mencionado cataliza la hidrólisis de un enlace de amida si hay prolina en el sitio de la hidrólisis. Estas enzimas reconocen el sitio apropiado de hidrólisis por su forma y su carga, y la estructura cíclica de la prolina determina que el sitio de hidrólisis tenga una forma tridimensional no reconocible.

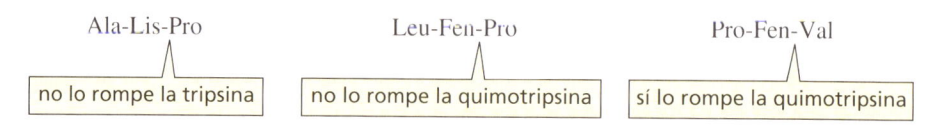

Ala-Lis-Pro   Leu-Fen-Pro   Pro-Fen-Val

no lo rompe la tripsina   no lo rompe la quimotripsina   sí lo rompe la quimotripsina

El bromuro de cianógeno (BrC≡N) causa la hidrólisis del enlace peptídico en el lado C de un residuo de metionina. El bromuro de cianógeno es más específico que las endopeptidasas con respecto a los enlaces peptídicos que rompe, por lo que da información más confiable acerca de la estructura primaria (la secuencia de aminoácidos). El bromuro de cianógeno no es una proteína, y en consecuencia no reconoce al sustrato por su forma, pero rompe el enlace peptídico si hay prolina en el sitio de la ruptura.

Ala-Lis-Fen-Gli-Met-Pro-Ser-Arg-Met-Val-Arg-Tir-Leu-His

ruptura por el bromuro de cianógeno

A continuación se muestra el mecanismo de ruptura de un enlace peptídico por el bromuro de cianógeno.

Mecanismo de la ruptura de un enlace peptídico por el bromuro de cianógeno

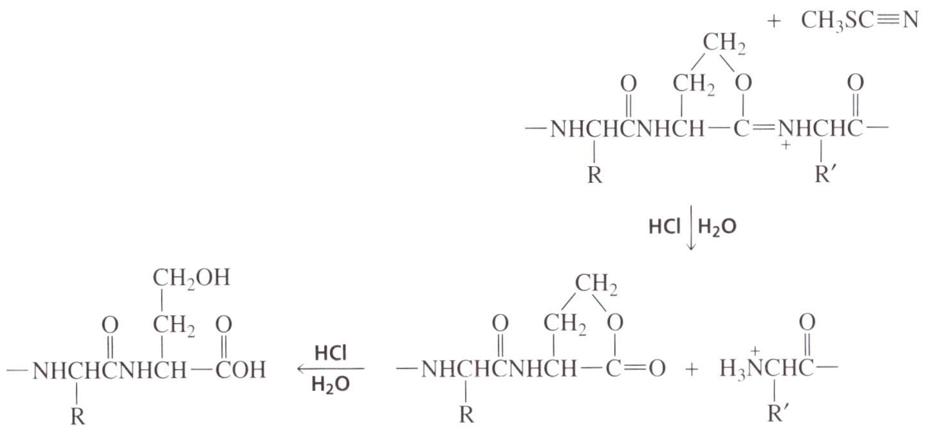

- El azufre de la metionina, muy nucleofílico, ataca al carbono del bromuro de cianógeno.
- El ataque nucleofílico del oxígeno en el grupo metileno causa la salida del grupo saliente, débilmente básico, y forma un anillo con cinco miembros.
- La hidrólisis de la imina, catalizada por ácido, rompe la proteína (sección 17.8).
- La hidrólisis posterior hace que la lactona (un éster cíclico) se abra y forme un grupo carboxilo y un grupo alcohol (sección 16.11).

El último paso en la determinación de la estructura primaria de una proteína es precisar el lugar de los puentes disulfuro que haya. Esto se hace al hidrolizar la muestra de la proteína que tenga intactos sus puentes disulfuro. A partir de una determinación de los aminoácidos en los fragmentos con cisteína, se pueden establecer las posiciones de los puentes disulfuro en la proteína (problema 52).

PROBLEMA 36◆

Indique los péptidos que resultarían por la ruptura con el reactivo indicado:

a. His-Lis-Leu-Val-Glu-Pro-Arg-Ala-Gli-Ala con tripsina
b. Leu-Gli-Ser-Met-Fen-Pro-Tir-Gli-Val con quimotripsina

PROBLEMA 37

¿Por qué el bromuro de cianógeno no rompe todos los residuos de cisteína?

PROBLEMA 38 RESUELTO

Determine la secuencia de aminoácidos en un polipéptido a partir de los siguientes datos:

Con hidrólisis ácida se obtienen Ala, Arg, His, 2 Lis, Leu, 2 Met, Pro, 2 Ser, Tre, Val.

La carboxipeptidasa A libera Val.

El reactivo de Edman produce PTH-Leu.

La ruptura con bromuro de cianógeno produce tres péptidos con las composiciones siguientes en aminoácidos:

1. His, Lis, Met, Pro, Ser   3. Ala, Arg, Leu, Lis, Met, Ser
2. Tre, Val

En la hidrólisis catalizada por tripsina se obtienen tres péptidos y un solo aminoácido:

1. Arg, Leu, Ser   3. Lis
2. Met, Pro, Ser, Tre, Val   4. Ala, His, Lis, Met

Solución La hidrólisis ácida indica que el polipéptido tiene 13 aminoácidos. El aminoácido N-terminal es Leu (con el reactivo de Edman) y el aminoácido C-terminal es Val (por la carboxipeptidasa A).

Leu __ __ __ __ __ __ __ __ __ __ __ Val

- Como el bromuro de cianógeno rompe el lado C de Met, todo péptido que contenga Met debe tener Met como aminoácido C-terminal, y el que no contenga Met debe ser el péptido C-terminal. Sabemos que el péptido 3 es el N-terminal porque contiene Leu. Ya que es un hexapéptido, sabemos que el sexto aminoácido en el polipéptido de 13 aminoácidos es Met. También sabemos que el onceavo aminoácido es Met porque el bromuro de cianógeno produjo el dipéptido Tre, Val. También, los datos con bromuro de cianógeno indican que Tre es el doceavo aminoácido.

　　　　　Ala, Arg, Lis, Ser　　　　His, Lis, Pro, Ser
Leu __ __ __ __ Met __ __ __ __ Met Tre Val

- Ya que la tripsina rompe en el lado C de Arg y Lis, todo péptido que contenga Arg o Lis debe tener dicho aminoácido como aminoácido C-terminal. En consecuencia, Arg es el aminoácido C-terminal del péptido 1, lo que indica que los primeros tres aminoácidos son Leu-Ser-Arg. También se ve que los dos siguientes son Lis-Ala porque si fueran Ala-Lis la ruptura con tripsina produciría un dipéptido Ala, Lis. También, los datos con tripsina identifican las posiciones de His y Lis.

　　　　　　　　　　　　　　　Pro, Ser
Leu Ser Arg Lis Ala Met His Lis __ __ Met Tre Val

- Por último, como la tripsina rompe con éxito el lado C de Lis, Pro no puede estar adyacente a Lis. Así, la secuencia de aminoácidos en el polipéptido es

Leu Ser Arg Lis Ala Met His Lis Ser Pro Met Tre Val

PROBLEMA 39◆

Determine la estructura primaria de un octapéptido con los siguientes datos:

En la hidrólisis ácida se forman 2 Arg, Leu, Lis, Met, Fen, Ser, Tir.

La carboxipeptidasa A produce Ser.

El reactivo de Edman produce Leu.

El bromuro de cianógeno forma dos péptidos con la siguiente composición en aminoácidos:
　　1. Arg, Fen, Ser　　　2. Arg, Leu, Lis, Met, Tir

La tripsina forma los dos aminoácidos siguientes y dos péptidos:
　　1. Arg　　　3. Arg, Met, Fen
　　2. Ser　　　4. Leu, Lis, Tir

PROBLEMA 40◆

En la determinación de la estructura primaria de la insulina ¿qué haría para poder llegar a la conclusión de que la insulina tiene más de una cadena de polipéptido?

22.14 Estructura secundaria de las proteínas

La *estructura secundaria* describe las conformaciones repetitivas que asumen los segmentos del esqueleto proteínico de un polipéptido o una proteína. En otras palabras, la estructura secundaria describe la forma en que se doblan o pliegan los segmentos del esqueleto (estructura primaria). Tres son los factores que determinan la estructura secundaria de un tramo de proteína:

- la región plana respecto a cada enlace peptídico (como resultado del carácter parcial de enlace doble en el enlace de la amida), que limita las conformaciones posibles de la cadena de un péptido (sección 22.7).
- la maximización del número de grupos peptídicos que participan en los puentes de hidrógeno, minimizando la energía (esto es, puentes de hidrógeno entre los oxígenos de los grupos carbonilos de un residuo de aminoácido y el hidrógeno de amida en otro).
- la necesidad de tener una separación adecuada entre los grupos R vecinos para evitar tensiones estéricas y repulsiones de cargas iguales.

Hélice α

Un tipo de estructura secundaria es la **hélice α**. En una hélice α, la cadena de polipéptidos se enrolla en torno al eje longitudinal de la molécula de proteína. Los sustituyentes en los carbonos α de los aminoácidos sobresalen hacia afuera de la hélice y con ello se minimiza la tensión estérica (figura 22.8a). La hélice se estabiliza con puentes de hidrógeno (figura 22.8b): cada hidrógeno unido a un nitrógeno de una amida tiene un puente de hidrógeno con un oxígeno de un grupo carbonilo en un aminoácido a cuatro aminoácidos de distancia. Como los aminoácidos tienen la configuración L, la hélice α es una hélice derecha, esto es, gira en dirección de las manecillas del reloj al ir en espiral hacia abajo (figura 22.8c). Cada giro de la hélice contiene 3.6 residuos de aminoácidos y la distancia que se repite en la hélice es de 5.4 Å.

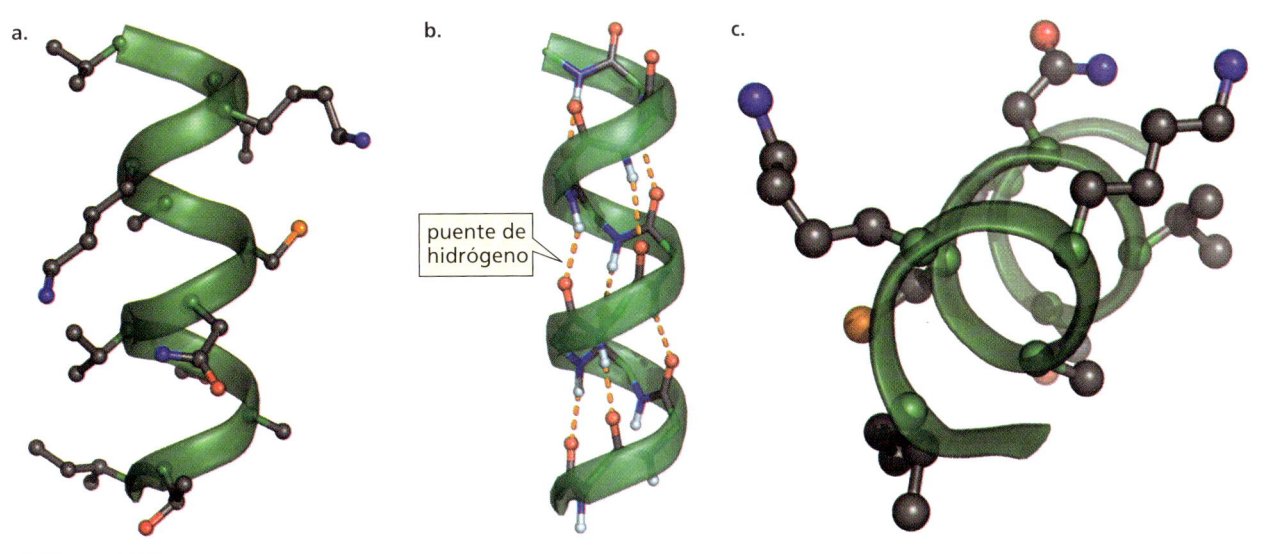

▲ **Figura 22.8**
a) Un segmento de una proteína en una hélice α. b) La hélice está estabilizada por puentes de hidrógeno entre grupos peptídicos. c) Perspectiva desde el eje longitudinal de una hélice α.

No todos los aminoácidos pueden caber en la hélice α. Por ejemplo, un residuo de prolina causa una distorsión en una hélice porque la unión entre el nitrógeno de la prolina y el carbono α no puede girar y dejar que la prolina encaje bien en una hélice. De igual modo, dos aminoácidos adyacentes que tengan más de un sustituyente en un carbono α (valina, isoleucina o treonina) no pueden caber en una hélice por la aglomeración estérica entre los grupos R. Por último, dos aminoácidos adyacentes con sustituyentes de tengan igual carga no pueden caber en una hélice por la repulsión electrostática entre los grupos R. El porcentaje de residuos de aminoácidos codificados en una hélice α varía de una proteína a otra, pero en promedio más de 25% de los residuos en las proteínas globulares se encuentran en hélices α.

Lámina β-plegada

El segundo tipo de estructura secundaria es la **lámina β-plegada**. En una lámina β-plegada, el esqueleto del polipéptido se extiende en una estructura de zigzag, que parece una serie de laminas plegadas. Una lámina β-plegada está casi totalmente extendida; la distancia promedio de repetición de dos residuos es 7.0 Å. En una lámina β-plegada, los puentes de hidrógeno se forman entre cadenas vecinas de péptido y esas cadenas pueden correr en la misma dirección o en direcciones opuestas. En una **lámina β-plegada paralela**, las cadenas adyacentes van en la misma dirección. En una **lámina β-plegada antiparalela**, las cadenas adyacentes corren en direcciones opuestas (figura 22.9).

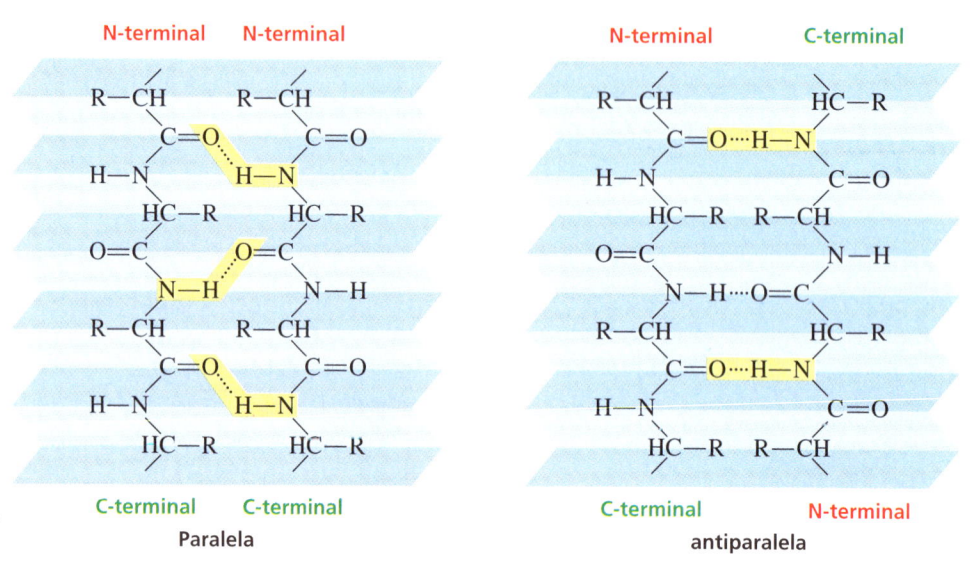

Figura 22.9
Segmentos de laminas β-plegadas dibujadas para ilustrar su carácter plegado. Note que la primera es paralela y la segunda es antiparalela.

Como los sustituyentes (R) en los carbonos α de los aminoácidos en cadenas adyacentes están cercanos entre sí, deben ser pequeños para que las cadenas se encuentren lo bastante cerca entre sí para maximizar las interacciones de los puentes de hidrógeno. Por ejemplo, la seda contiene una gran proporción de aminoácidos relativamente pequeños (glicina y alanina), por lo que tiene grandes segmentos de láminas β-plegadas. La cantidad de cadenas lado a lado en una lámina β-plegada va de 2 a 15 en una proteína globular. La cadena promedio en una sección β-plegada en una proteína globular contiene seis residuos de aminoácidos.

La lana y la proteína fibrosa de los músculos son ejemplos de proteínas con estructuras secundarias que son casi totalmente hélices α; en consecuencia, tales proteínas se pueden estirar. En contraste, las proteínas con estructuras secundarias formadas principalmente por láminas β-plegadas, como la seda y las telas de araña, no se pueden estirar porque una lámina β-plegada ya está casi totalmente extendida.

Conformación en espiral

En general, menos de la mitad del esqueleto de una proteína globular forma una estructura secundaria definida, ya sea una hélice α o una lámina β-plegada (figura 22.10); la mayor parte del resto de la proteína, aunque está muy ordenada, es difícil de describir. Se dice que muchos de esos fragmentos de polipéptido tienen **conformaciones de espiral** o **asa**.

PROBLEMA 41◆

¿Cuál es la longitud de una hélice α que contiene 74 aminoácidos? Compare la longitud de esta hélice α con la de una cadena totalmente extendida de péptido que contenga la misma cantidad de aminoácidos. (La distancia entre aminoácidos consecutivos en una cadena totalmente extendida es 3.5 Å).

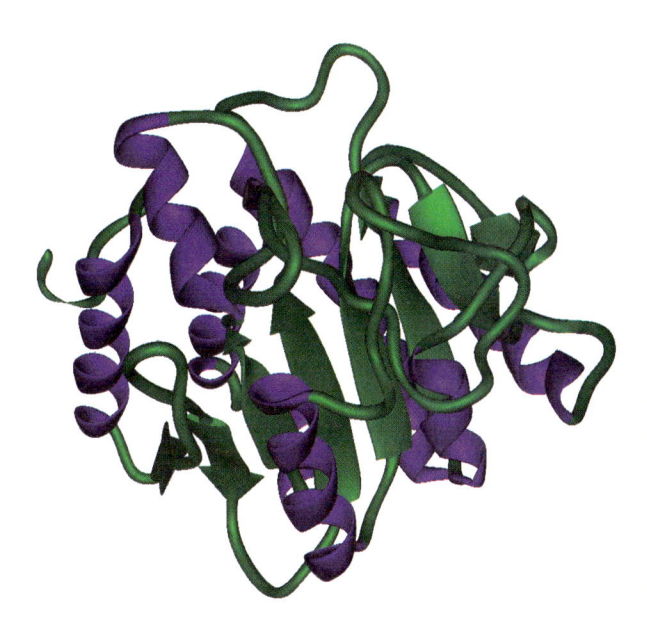

◀ Figura 22.10
Estructura del esqueleto de la carboxipeptidasa A: los segmentos con una conformación de hélice α están en púrpura y las láminas β-plegadas se indican con flechas verdes planas que apuntan en dirección de N → C.

β-PÉPTIDOS: INTENTO PARA MEJORAR LA NATURALEZA

En la actualidad se estudian los β-péptidos, polímeros de β-aminoácidos. Esos péptidos tienen estructuras con un carbono más que los que sintetiza la naturaleza a partir de α-aminoácidos. En consecuencia, cada residuo de β-aminoácido tiene dos carbonos en los que se pueden agregar cadenas laterales.

Al igual que los α-polipéptidos, los β-polipéptidos se pliegan y forman conformaciones helicoidales y plegadas relativamente estables y los investigadores se preguntan si esos péptidos podrían tener alguna actividad biológica. En fecha reciente se sintetizó un β-péptido con actividad biológica que se asemeja a la hormona somatostatina. Se tiene la esperanza de que los β-polipéptidos permitirán elaborar nuevos medicamentos y catalizadores. En forma sorprendente, los enlaces peptídicos en los β-polipéptidos resisten a las enzimas que catalizan la hidrólisis de enlaces peptídicos en los α-polipéptidos. Esa resistencia a la hidrólisis quiere decir que la acción de un medicamento de β-polipéptido va a perdurar más en el torrente sanguíneo.

22.15 Estructura terciaria de las proteínas

La *estructura terciaria* de una proteína se refiere al ordenamiento tridimensional de todos los átomos presentes en ella. Las proteínas se doblan en forma espontánea, en disolución, para maximizar su estabilidad. Siempre que hay una interacción estabilizante entre dos átomos se libera energía libre. Mientras más energía libre se libere (más negativa sea $\Delta G°$), la proteína es más estable. En consecuencia, una proteína se tiende a doblar en una forma tal que se maximice la cantidad de interacciones estabilizantes (figura 22.11).

Entre las interacciones estabilizantes de una proteína están los puentes disulfuro, puentes de hidrógeno, atracciones electrostáticas (entre cargas opuestas) e interacciones hidrofóbicas (de van der Waals) (figura 22.12). Puede haber interacciones estabilizantes entre grupos peptídicos (átomos en el esqueleto de la proteína), entre grupos de cadena lateral (α sustituyentes) y entre grupos peptídicos y de la cadena lateral. Como los grupos de la cadena lateral contribuyen a determinar cómo se dobla una proteína, la estructura terciaria de una proteína está determinada por su estructura primaria.

Los puentes disulfuro son los únicos enlaces covalentes que se pueden formar cuando una proteína se dobla. Las demás interacciones de enlace que hay en el pliegue son mucho más débiles, pero como hay tantas de ellas que éstas llegan a ser interacciones importantes para determinar cómo se dobla una proteína.

BIOGRAFÍA

Max Ferdinand Perutz y **John Cowdery Kendrew** *determinaron por primera vez la estructura terciaria de una proteína. Usaron el patrón de difracción de rayos X para determinar la estructura terciaria de la mioglobina (1957) y la hemoglobina (1959). Por esos trabajos compartieron el Premio Nobel de Química 1962.*

1056 CAPÍTULO 22 Aminoácidos, péptidos y proteínas

> **BIOGRAFÍA**
>
> **John Kendrew (1917–1997)**
> nació en Inglaterra y se educó en la Universidad de Cambridge, donde Max Perutz investigaba la estructura de la hemoglobina (que terminó en 1959). Perutz asignó a Kendrew a trabajar sobre la mioglobina, una proteína más pequeña que la hemoglobina, y la terminó en 1957.

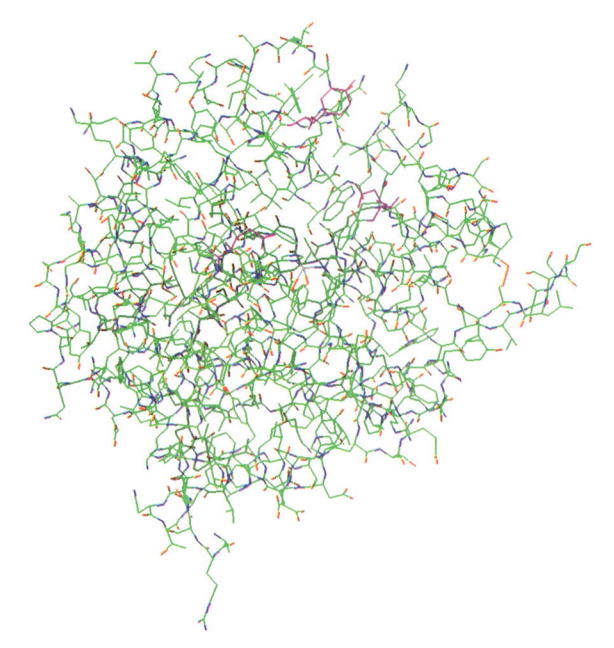

▲ **Figura 22.11**
Estructura tridimensional de la carboxipeptidasa A.

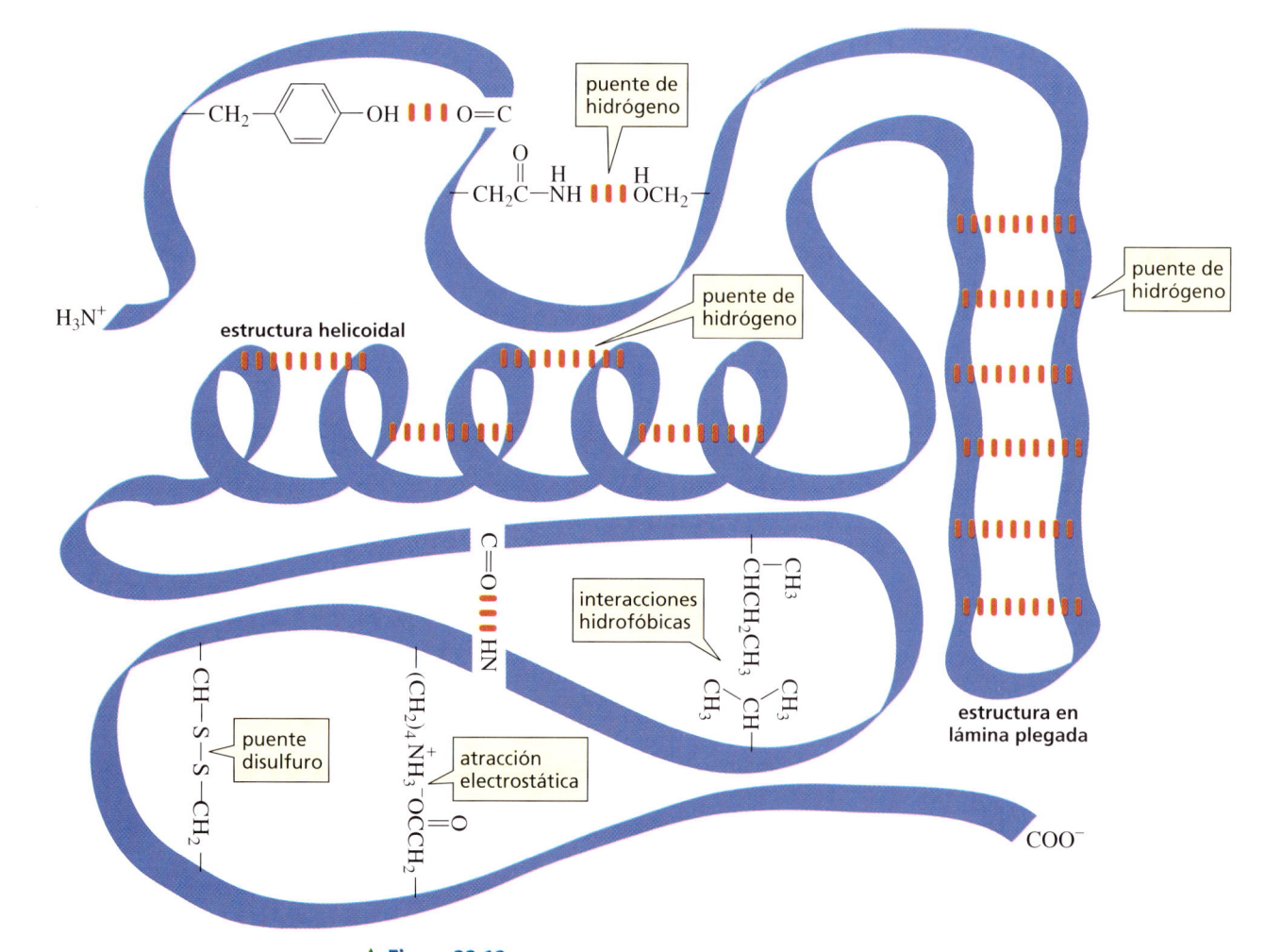

▲ **Figura 22.12**
Interacciones de estabilización que son las responsbles de la estructura terciaria de una proteína.

La mayor parte de las proteínas existe en ambientes acuosos. Por consiguiente, tienden a plegarse en tal forma que deja expuesta la cantidad máxima de grupos polares a las moléculas de agua que las rodean, y que no deje expuestos a los grupos no polares en el interior de la proteína, alejados del agua.

Las **interacciones hidrofóbicas** entre los grupos no polares de la proteína aumentan la estabilidad al incrementar la entropía de las moléculas de agua. Las moléculas de agua que rodean a grupos no polares están muy estructuradas. Cuando dos grupos no polares se acercan, la superficie en contacto con el agua disminuye así como la cantidad de agua estructurada. Al disminuir la estructura aumenta la entropía, que a su vez hace bajar la energía libre, lo cual aumenta la estabilidad de la proteína. (Recuérdese que $\Delta G° = \Delta H^* - T\Delta S°$).

> **BIOGRAFÍA**
>
> **Max Ferdinand Perutz** *nació en Austria, en 1914. En 1936, al surgir el nazismo, se mudó a Inglaterra, donde recibió un doctorado de la Universidad de Cambridge, donde llegó a ser profesor. Él y John Kendrew compartieron el Premio Nobel de Química 1962. Habían usado difracción de rayos X para determinar, por primera vez, la estructura terciaria de una proteína.*

> **PROBLEMA 42◆**
>
> ¿Cómo se doblaría una proteína que se encuentra en el interior de una membrana en comparación con la proteína hidrosoluble que acabamos de describir? (*Sugerencia:* véase la sección 26.4).

22.16 Estructura cuaternaria de las proteínas

Las proteínas que tienen más de una cadena de péptido se llaman **oligómeros**. A las cadenas individuales se les llama **subunidades**. Una proteína que tenga una sola subunidad se llama *monómero*, una con dos subunidades es un *dímero*, una con tres subunidades es un *trímero* y una con cuatro subunidades es un *tetrámero*. La estructura cuaternaria de una proteína describe la forma en que están ordenadas las subunidades en el espacio. Por ejemplo, algunos de los arreglos posibles de las seis subunidades de un hexámero son

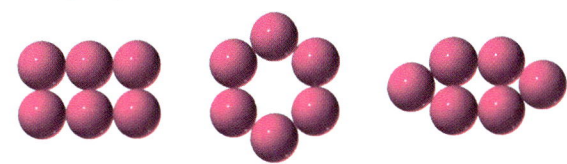

estructuras cuaternarias posibles para un hexámero

Las subunidades se mantienen unidas por las mismas clases de interacciones que mantienen unidas a las cadenas individuales de la proteína en una conformación tridimensional determinada: interacciones hidrofóbicas, puentes de hidrógeno y atracciones electrostáticas. La hemoglobina es un ejemplo de un tetrámero. Tiene dos clases diferentes de subunidades y dos subunidades de cada clase. La estructura cuaternaria de la hemoglobina se ve en la figura 22.13.

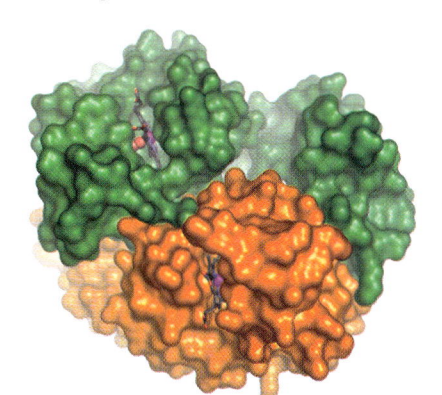

◀ **Figura 22.13**
Representación de la estructura cuaternaria de la hemoglobina generada en computadora. El verde y el naranja representan las cadenas de polipéptido. Hay dos subunidades anaranjadas idénticas y dos subunidades verdes idénticas. Se ven dos de los anillos de porfirina (bolas grises, sección 20.10), ligados a hierro (color de rosa) y unidos a oxígeno (rojo).

> **PROBLEMA 43◆**
>
> **a.** ¿Cuál proteína o subunidad hidrosoluble tendría el mayor porcentaje de aminoácidos polares, una proteína esférica, una en forma de puro o una subunidad de un hexámero?
>
> **b.** ¿Cuál tendría el menor porcentaje de aminoácidos polares?

22.17 Desnaturalización de las proteínas

La destrucción de la estructura terciaria de una proteína altamente organizada se llama **desnaturalización**. Todo lo que rompa los enlaces que mantienen la forma tridimensional de la proteína hará que se desnaturalice (se desdoble). Como esos enlaces son débiles, las proteínas se desnaturalizan con facilidad. La conformación totalmente aleatoria de una proteína desnaturalizada se llama **espiral aleatoria**. A continuación se describen algunas de las formas en que se puede desnaturalizar a las proteínas:

- Un cambio de pH desnaturaliza a las proteínas porque cambia las cargas de muchas de sus cadenas laterales. Con eso se interrumpen las atracciones electrostáticas y los puentes de hidrógeno.
- Ciertos reactivos, como la urea y el clorhidrato de guanidina, desnaturalizan a las proteínas al formar puentes de hidrógeno con los grupos de la proteína, y que los puentes sean más fuertes que los que se forman entre los grupos.
- Los detergentes, como el docecilsulfato, desnaturalizan a las proteínas al asociarse con sus grupos no polares e interferir así con las interacciones hidrofóbicas normales.
- Los disolventes orgánicos desnaturalizan a las proteínas al romper las interacciones hidrofóbicas.
- También se pueden desnaturalizar las proteínas con calor o con agitación. Las dos cosas aumentan el movimiento molecular, que puede alterar las fuerzas de atracción. Un ejemplo bien conocido es el cambio que se produce en la clara de huevo cuando se calienta o se bate.

RESUMEN

Los **péptidos** y las **proteínas** son polímeros de **aminoácidos** unidos entre sí por enlaces **peptídicos** (de amida). Un **dipéptido** contiene dos residuos de aminoácidos, un **tripéptido** contiene tres, un **oligopéptido** contiene de 3 a 10 y un **polipéptido** contiene muchos residuos de aminoácidos. Las proteínas tienen de 40 a 4000 residuos de aminoácidos. Los **aminoácidos** sólo difieren en el sustituyente unido al carbono α. Casi todos los aminoácidos que se encuentran en la naturaleza tienen la configuración L.

Los grupos carboxilo de los aminoácidos tienen valores de pK_a de ~2, y los grupos amino protonados tienen valores de pK_a de ~9. Al pH fisiológico, una cadena de aminoácidos existe como **zwitterión**. Unos pocos aminoácidos tienen cadenas laterales con hidrógenos ionizables. El **punto isoeléctrico** (pI) de un aminoácido es el pH en el cual no tiene carga neta. Una mezcla de aminoácidos se puede separar de acuerdo con sus pI por **electroforesis**, o de acuerdo con sus polaridades por **cromatografía en papel** o **cromatografía en capa fina**. Se puede lograr la separación preparativa usando una **cromatografía de intercambio iónico**, donde se usa una **resina de intercambio aniónico** o **catiónico**. Un **analizador de aminoácidos** es un instrumento que automatiza la cromatografía de intercambio iónico. Una mezcla racémica de aminoácidos se puede separar con una **resolución cinética** usando una reacción catalizada por una enzima.

Un enlace peptídico tiene restringida su rotación porque tiene aproximadamente 40% de carácter de un enlace doble. Dos residuos de cisteína se pueden oxidar y formar un **puente disulfuro**, pero la única clase de enlace covalente que se forma se encuentra entre aminoácidos no adyacentes. Por convención, los péptidos y las proteínas se representan con el grupo amino libre (el **aminoácido N-terminal**) a la izquierda y el grupo carboxilo libre (el **aminoácido C-terminal**) a la derecha.

Para sintetizar un enlace peptídico, el grupo amino del aminoácido N-terminal debe protegerse (por ejemplo, con t-BOC, carbonato de di-terc-butilo), y su grupo carboxilo debe activarse (con DCC, diciclohexilcarbodiimida). El segundo aminoácido se adiciona para formar un dipéptido. Se pueden adicionar aminoácidos al extremo C-terminal en crecimiento repitiendo los mismos dos pasos: activación del grupo carboxilo del aminoácido C-terminal con DCC y adición de un nuevo aminoácido. La **síntesis automatizada de péptidos en fase sólida** permite obtener péptidos con mayor rapidez y con mejores rendimientos.

La **estructura primaria** de una proteína es la secuencia de sus aminoácidos y la ubicación de todos sus puentes disulfuro. El aminoácido N-terminal de un péptido o una proteína se pueden determinar con el **reactivo de Edman**. El aminoácido C-terminal se puede identificar con una carboxipeptidasa. Una **exopeptidasa** cataliza la hidrólisis de un enlace peptídico del extremo de una cadena de péptido. Una **endopeptidasa** cataliza la hidrólisis de un enlace peptídico que no esté en el extremo de una cadena de péptido. En la **hidrólisis parcial** se hidrolizan sólo algunos de los enlaces peptídicos.

La **estructura secundaria** de una proteína describe la forma en que se doblan o pliegan los segmentos locales del esqueleto de la proteína. Una proteína se dobla de tal modo que se maximice la cantidad de interacciones estabilizantes: puentes disulfuro, puentes de hidrógeno, atracciones electrostáticas (atracciones entre cargas opuestas) e **interacciones hidrofóbicas** (entre grupos no polares). La **conformación en hélice** α, en **lámina** β**-plegada** y en **espiral** o **asa** son tipos de estructura secundaria. La **estructura terciaria** de una proteína es el arreglo tridimensional que asumen todos sus átomos. Las proteínas que tienen más de una cadena de péptido se llaman **oligómeros**; sus cadenas individuales son **subunidades**. La **estructura cuaternaria** de una proteína describe la forma en que se arreglan las **subunidades** entre sí en el espacio.

TÉRMINOS CLAVE

aminoácido (pág. 1017)
aminoácido C-terminal (pág. 1035)
aminoácido esencial (pág. 1022)
aminoácido N-terminal (pág. 1035)
D-aminoácido (pág. 1023)
L-aminoácido (pág. 1023)
analizador de aminoácidos (pág. 1031)
espiral aleatoria (pág. 1058)
conformación en asa (pág. 1054)
conformación en espiral (pág. 1054)
cromatografía de intercambio iónico (pág. 1030)
cromatografía en capa fina (pág. 1030)
cromatografía en papel (pág. 1029)
desnaturalización (pág. 1058)
dipéptido (pág. 1018)
disulfuro (pág. 1037)
electroforesis (pág. 1028)
endopeptidasa (pág. 1049)

enlace peptídico (pág. 1035)
estructura cuaternaria (pág. 10465)
estructura primaria (pág. 1045)
estructura secundaria (pág. 1045)
estructura terciaria (pág. 1046)
exopeptidasa (pág. 1048)
hélice α (pág. 1053)
hidrólisis parcial (pág. 1048)
interacciones hidrofóbicas (pág. 1057)
lámina β-plegada (pág. 1054)
lámina β-plegada antiparalela (pág. 1054)
lámina β-plegada en paralelo (pág. 1054)
oligómero (pág. 1057)
oligopéptido (pág. 1018)
peptidasa (pág. 1048)
péptido (pág. 1017)
polipéptido (pág. 1018)
proteína (pág. 1017)
proteína fibrosa (pág. 1018)

proteína globular (pág. 1018)
puente disulfuro (pág. 1037)
puente disulfuro entre cadenas (pág. 1038)
puente disulfuro dentro de la misma cadena (pág. 1038)
punto isoeléctrico (pág. 1026)
reactivo de Edman (pág. 1047)
residuo de aminoácido (pág. 1017)
resina de intercambio de aniones (pág. 1031)
resina de intercambio de cationes (pág. 1031)
resolución cinética (pág. 1035)
síntesis automatizada de péptidos en fase sólida (pág. 1043)
subunidad (pág. 1057)
tripéptido (pág. 1018)
zwitterión (pág. 1025)

PROBLEMAS

44. Explique por qué, a diferencia de la mayoría de las aminas y los ácidos carboxílicos, los aminoácidos son insolubles en éter dietílico.

45. Indique los péptidos que resultarían por la ruptura con el reactivo indicado:
   a. Val-Arg-Gli-Met-Arg-Ala-Ser, con carboxipeptidasa A
   b. Ser-Fen-Lis-Met-Pro-Ser-Ala-Asp con bromuro de cianógeno
   c. Arg-Ser-Pro-Lis-Lis-Ser-Glu-Gli con tripsina

46. El pI del aspartame es 5.9. Dibuje su forma principal en el pH fisiológico.

47. Dibuje la forma de ácido aspártico que predomina cuando
   a. pH = 1.0   **b.** pH = 2.6   **c.** pH = 6.0   **d.** pH = 11.0

48. El Dr. Kim S. Tree preparaba un manuscrito para publicar, donde informaba que el pI del tripéptido Lis-Lis-Lis es 10.6. Uno de sus alumnos le indicó que debía haber un error en sus cálculos, porque el pK_a del grupo ε-amino de la lisina es 10.8, y el pI del tripéptido debe ser mayor que cualquiera de sus valores individuales de pK_a. ¿Tenía razón el alumno?

49. Una mezcla de aminoácidos que no se separan bien cuando se usa una sola técnica se puede separar con frecuencia por una cromatografía en dos dimensiones. En esta técnica, la mezcla de aminoácidos se aplica a una pieza de papel filtro y se separa con técnicas cromatográficas. A continuación se gira 90° el papel y los aminoácidos se separan otra vez por electroforesis, y el cromatograma que se obtiene se llama *huella dactilar*. Identifique las manchas en la huella dactilar obtenida con una mezcla de Ser, Glu, Leu, His, Met y Tre.

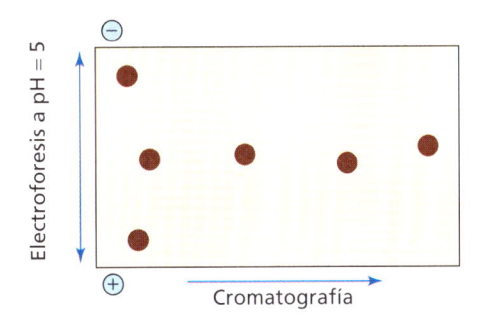

50. Explique la diferencia de valores de pK_a para los grupos carboxilo de la alanina, la serina y la cisteína.

51. ¿Cuál sería un amortiguador más efectivo a un pH fisiológico, una disolución de glicilglicilglicilglicina 0.1 M o una disolución de glicina 0.2 M?

52. Identifique la posición y el tipo de carga del hexapéptido Lis-Ser-Asp-Cis-His-Tir a:
   a. pH = 7.   **b.** pH = 5.   **c.** pH = 9.

53. Indique el producto que se obtiene cuando reacciona un residuo de lisina en un polipéptido con anhídrido maleico.

$$\text{—NHCHC—} \underset{\substack{|\\(CH_2)_4\\|\\NH_2}}{\overset{\overset{O}{\|}}{}} + \text{ (anhídrido maleico)}$$

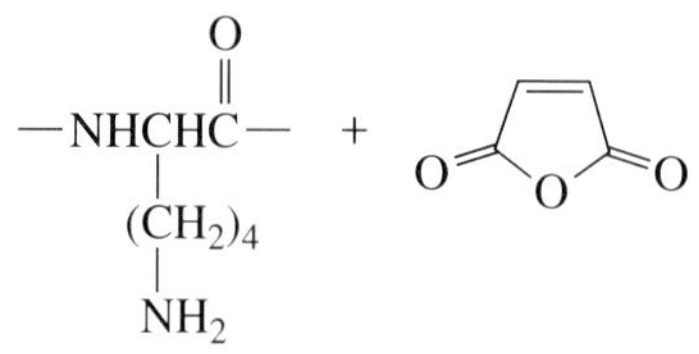

54. El siguiente polipéptido fue tratado con 2-mercaptoetanol y después con ácido yodoacético. Después de reaccionar con anhídrido maleico, el péptido se hidrolizó con tripsina. (Cuando se trata un péptido con anhídrido maleico, después la tripsina lo romperá sólo en los residuos de arginina).

Gli-Ser-Asp-Ala-Leu-Pro-Gli-Ile-Tre-Ser-Arg-Asp-Val-Ser-Lis-Val-Glu-Tir-Fen-
Glu-Ala-Gli-Arg-Ser-Glu-Fen-Lis-Glu-Pro-Arg-Leu-Tir-Met-Lis-Val-Glu-Gli-
Arg-Pro-Val-Ser-Ala-Gli-Leu-Trp

   a. Después de que un péptido se trata con anhídrido maleico, ¿por qué la tripsina ya no lo rompe en los residuos de lisina?
   b. ¿Cuántos fragmentos se obtienen del péptido?
   c. ¿En qué orden se eluirían los fragmentos de una columna de intercambio iónico usando un amortiguador de pH = 5?

55. Cuando se trata un polipéptido con 2-mercaptoetanol forma dos polipéptidos con las secuencias primarias siguientes:

Val-Met-Tir-Ala-Cis-Ser-Fen-Ala-Glu-Ser

Ser-Cis-Fen-Lis-Cis-Trp-Lis-Tir-Cis-Fen-Arg-Cis-Ser

Cuando se trata el polipéptido original intacto con quimotripsina produce los siguientes péptidos:

   1. Ala, Glu, Ser   **3.** Tir, Val, Met   **5.** Ser, Fen, 2 Cis, Lis, Ala, Trp
   2. 2 Fen, 2 Cis, Ser **4.** Arg, Ser, Cis   **6.** Tir, Lis

Determine la posición de los puentes disulfuro en el péptido original.

56. Describa cómo se puede sintetizar aspartame a partir del DCC.

57. Indique cómo puede prepararse valina por:
   a. una reacción de Hell-Volhard-Zelinski.
   b. una síntesis de Strecker.
   c. una aminación reductiva.
   d. una síntesis de éster *N*-ftalimidomalónico.
   e. una síntesis de éster acetamidomalónico.

58. La reacción de un polipéptido con carboxipeptidasa A libera Met. El polipéptido sufre una hidrólisis parcial y forma los siguientes péptidos. ¿Cuál es la secuencia del polipéptido?

   1. Ser, Lis, Trp   **5.** Met, Ala, Gli   **9.** Lis, Ser
   2. Gli, His, Ala   **6.** Ser, Lis, Val   **10.** Glu, His, Val
   3. Glu, Val, Ser   **7.** Glu, His   **11.** Trp, Leu, Glu
   4. Leu, Glu, Ser   **8.** Leu, Lis, Trp   **12.** Ala, Met

59. a. ¿Cuántos octapéptidos diferentes pueden formarse con los 20 aminoácidos naturales?
   b. ¿Cuántas proteínas diferentes con 100 aminoácidos cada una se pueden formar con los 20 aminoácidos naturales?

60. Los valores de pK_a para la glicina son 2.3 y 9.6. ¿Espera usted que los valores de pK_a de la glicilglicina sean mayores o menores?

61. Una mezcla de 15 aminoácidos produjo la siguiente huella dactilar (véase también el problema 49). Identifique a qué corresponden las manchas. (*Sugerencia 1:* Pro reacciona con ninhidrina y da color amarillo; Fen y Tir producen un color amarillo verdoso. *Sugerencia 2:* cuente el número de manchas antes de comenzar).

Mezcla inicial:

Ala	Ile	Ser
Arg	Leu	Tre
Asp	Met	Trp
Glu	Fen	Tir
Gli	Pro	Val

Electroforesis a pH = 5

Punto de aplicación

Cromatografía →

62. El ditiotreitol reacciona con los puentes disulfuro de la misma manera como lo hace el 2-mercaptoetanol. Sin embargo, con ditiotreitol el equilibrio está desplazado mucho más hacia la derecha. Explique por qué.

ditiotreitol + RSSR ⇌ (producto cíclico) + 2 RSH

63. Los α-aminoácidos pueden prepararse tratando un aldehído con amoniaco y cianuro de hidrógeno seguido por una hidrólisis catalizada por ácido.
  a. Indique las estructuras de los dos compuestos intermediarios que se forman en esta reacción.
  b. ¿Qué aminoácido se forma cuando el aldehído que se usa es el 3-metilbutanal?
  c. ¿Qué aldehído se necesitaría para preparar la valina?

64. A continuación se ven los espectros del triptófano, la tirosina y la fenilalanina. Cada espectro corresponde a una disolución $1 \times 10^+$ M del aminoácido amortiguada a pH = 6.0. Calcule la absortividad molar aproximada de cada uno de los tres aminoácidos a 280 nm.

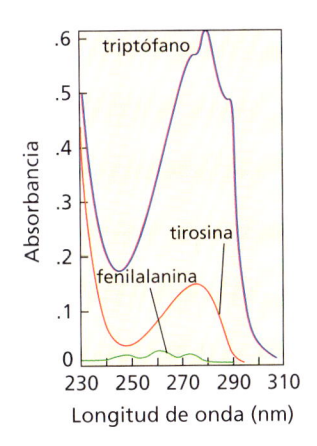

65. Se hidrolizaron un polipéptido normal y uno mutante con una endopeptidasa bajo las mismas condiciones. Los polipéptidos normal y mutante difieren en un residuo de aminoácido. A continuación se ven las huellas dactilares de los péptidos obtenidos de los dos polipéptidos.

¿Qué clase de sustitución de aminoácido hubo como resultado de la mutación? Esto es, el aminoácido sustituido, ¿es más o menos polar que el aminoácido original? Su pI, ¿es menor o mayor?

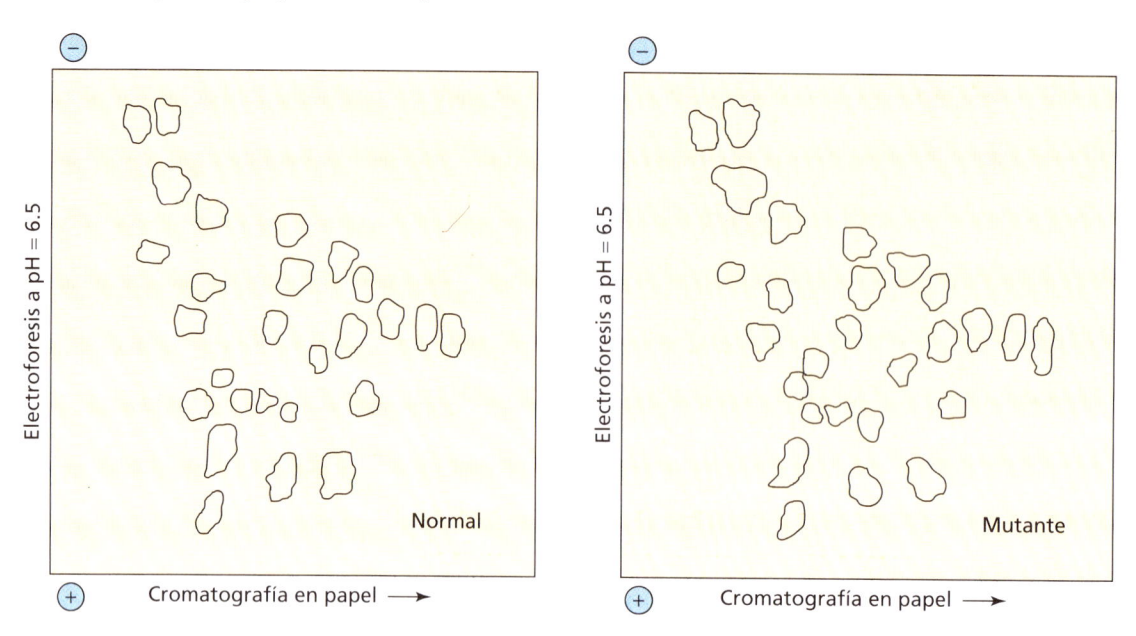

66. Determine la secuencia de aminoácidos en un polipéptido con los datos siguientes:

La hidrólisis completa del péptido produjo los siguientes aminoácidos: Ala, Arg, Gli, 2 Lis, Met, Fen, Pro, 2 Ser, Tir, Val.

El tratamiento con el reactivo de Edman produce PTH-Val.

La carboxipeptidasa A libera Ala.

El tratamiento con bromuro de cianógeno forma los dos péptidos siguientes:
  1. Ala, 2 Lis, Fen, Pro, Ser, Tir
  2. Arg, Gli, Met, Ser, Val

El tratamiento con tripsina forma los tres péptidos siguientes:
  1. Gli, Lis, Met, Tir
  2. Ala, Lis, Fen, Pro, Ser
  3. Arg, Ser, Val

El tratamiento con quimotripsina forma los tres péptidos siguientes:
  1. 2 Lis, Fen, Pro
  2. Arg, Gli, Met, Ser, Tir, Val
  3. Ala, Ser

67. La profesora María Oropeza deseaba probar la hipótesis de que los puentes disulfuro que se forman en muchas proteínas lo hacen después de haber alcanzado la energía mínima de conformación de la proteína. Trató una muestra de lisozima, una enzima que contiene cuatro puentes disulfuro, con 2-mercaptoetanol, y a continuación agregó urea para desnaturalizar la enzima. Lentamente eliminó esos reactivos para que la enzima pudiera volver a formar los puentes disulfuro. La lisozima que recuperó tuvo 80% de su actividad original. ¿Cuál hubiera sido el porcentaje de actividad en la enzima recuperada si la formación de puentes disulfuro fuera totalmente aleatoria y no determinada por la estructura terciaria? ¿Respalda este experimento la hipótesis de la profesora Oropeza?

CAPÍTULO 23

Catálisis

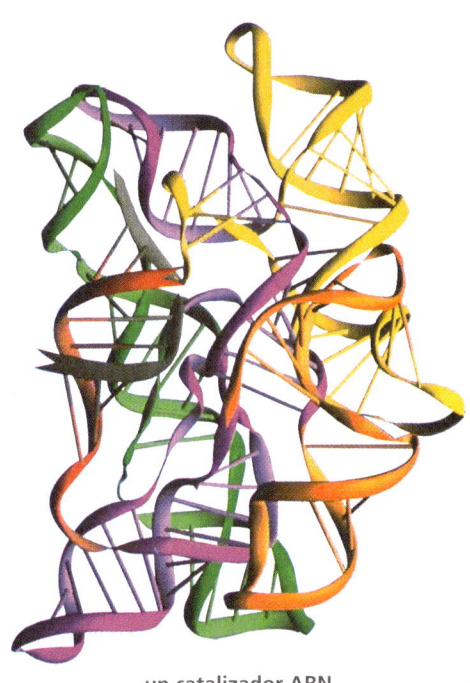

un catalizador ARN

ANTECEDENTES

SECCIÓN 23.0 Un catalizador aumenta o disminuye la rapidez de una reacción química sin ser consumido ni modificado en la reacción (4.5).

SECCIÓN 23.2 Un catalizador ácido dona un protón a un reactivo (4.5).

SECCIÓN 23.3 Un catalizador básico abstrae un protón de un reactivo (18.3).

SECCIÓN 23.4 Un catalizador nucleofílico forma un compuesto intermediario por la formación de un enlace covalente con un reactivo (16.12).

SECCIÓN 23.6 Una reacción intramolecular que forma un anillo de cinco o seis miembros se efectúa con más facilidad que la reacción intermolecular análoga (8.11).

SECCIÓN 23.9 Una enzima es específica del reactivo cuya reacción cataliza (5.20).

Un **catalizador** es una sustancia que *aumenta (o disminuye) la rapidez de una reacción química sin consumirse ni modificarse en la reacción* (sección 4.5). Ya se estudió que la rapidez de una reacción química depende de la barrera de energía que debe salvarse en el proceso de convertir reactivos en productos (sección 3.7). La altura de la "barrera de energía" se aprecia por la energía libre de activación ($\Delta G^{\ddagger}$). Un catalizador aumenta la rapidez de una reacción química al proporcionar una ruta con menor $\Delta G^{\ddagger}$.

Un catalizador puede disminuir la $\Delta G^{\ddagger}$ en tres formas:

1. Las reacción catalizada y no catalizada pueden tener mecanismos diferentes, pero similares, y el catalizador proporciona una forma de convertir el reactivo en una *especie menos estable* (figura 23.1a).
2. Las reacciones catalizada y no catalizada pueden tener mecanismos diferentes, pero similares, y el catalizador proporciona una forma de hacer *más estable el estado de transición* (figura 23.1b).
3. El catalizador puede *cambiar por completo el mecanismo* de la reacción y proporcionar una ruta alterna, con menor $\Delta G^{\ddagger}$ que la de la reacción no catalizada (figura 23.2).

Cuando se afirma que un catalizador no se consume ni cambia en una reacción no se está diciendo que no participe en la reacción. Un catalizador *debe* participar en la reacción para hacerla más rápida. Lo que se quiere decir es que un catalizador exhibe la misma forma después de la reacción que la que tenía antes de la misma. Como el catalizador no se consume durante la reacción, sólo se necesita una pequeña cantidad del mismo. (Si un ca-

Figura 23.1 ▶
Diagramas de coordenada de una reacción no catalizada y de una reacción catalizada. a) El catalizador convierte el reactivo en una especie menos estable. b) El catalizador estabiliza al estado de transición.

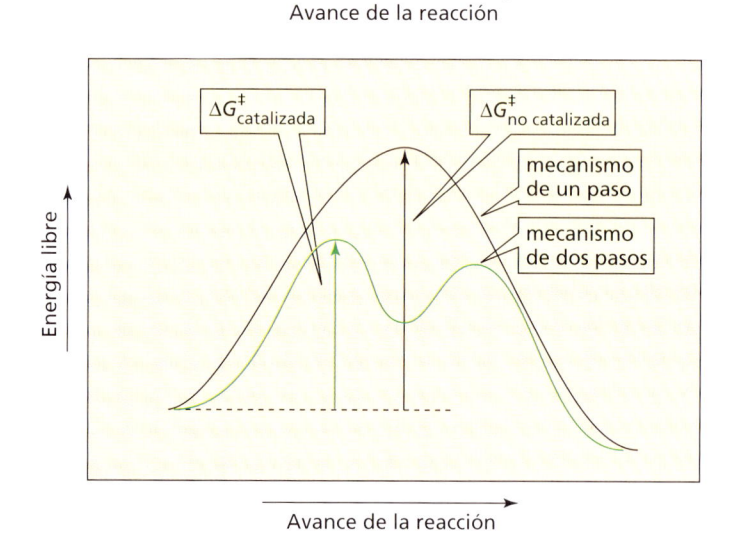

Figura 23.2 ▶
Diagramas de coordenada para una reacción no catalizada y una catalizada. La reacción catalizada se efectúa por una ruta alternativa y energéticamente más favorable.

talizador se consume en un paso de la reacción, debe regenerarse en un paso posterior). Así, un catalizador se agrega a una mezcla de reacción en cantidades *catalíticas* pequeñas, mucho menores que la cantidad de sustancia del reactivo (en forma típica, de 1 a 10% de la cantidad de moles de reactivo).

Nótese que la estabilidad de los reactivos originales y los productos finales es igual tanto en las reacciones catalizadas como en las correspondientes no catalizadas. En otras palabras, el catalizador no cambia la constante de equilibrio de la reacción. (Obsérvese de $\Delta G°$ es igual para las reacciones catalizadas y no catalizadas en las figuras 23.1a, 23.1b y 23.2). Como el catalizador no modifica la constante de equilibrio, no altera la *cantidad* de producto que se forma cuando la reacción alcanza el equilibrio; sólo cambia la *rapidez* con la que se forma el producto.

PROBLEMA 1◆

¿Cuáles de los siguientes parámetros serían diferentes para una reacción efectuada en presencia de un catalizador comparados con la misma reacción efectuada en ausencia de un catalizador? (*Sugerencia:* véase la sección 3.7).

$$\Delta G°, \Delta H^{\ddagger}, E_a, \Delta S^{\ddagger}, \Delta H°, K_{eq}, \Delta G^{\ddagger}, \Delta S°, k_{\text{rapidez}}$$

23.1 Catálisis en las reacciones orgánicas

Hay varias formas en las que un catalizador puede suministrar una ruta más favorable para una reacción orgánica:

- Puede aumentar la susceptibilidad de un electrófilo frente a un ataque nucleofílico.
- Puede aumentar la reactividad de un nucleófilo.
- Puede aumentar la propiedad saliente de un grupo y convertirlo en una base más débil.
- Puede aumentar la estabilidad de un estado de transición.

En este capítulo se examinarán algunos de los catalizadores más comunes: catalizadores ácidos, catalizadores básicos, catalizadores nucleofílicos y catalizadores de ion metálico, y las formas en que proporcionan una ruta más favorable desde el punto de vista energético para una reacción orgánica. A continuación se explicará cómo se usan los mismos modos de catálisis en reacciones catalizadas por enzimas.

EL PREMIO NOBEL

En este libro se han mostrado esquemas biográficos con algo de información sobre hombres y mujeres que crearon la ciencia que usted está estudiando. Se ve que muchas de esas personas son ganadores del Premio Nobel. Muchos consideran que el Premio Nobel es la recompensa más codiciada que puede recibir un científico. **Alfred Bernhard Nobel (1833–1896)** estableció estos premios, que se otorgaron por primera vez en 1901.

Nobel nació en Estocolmo, Suecia. A los 9 años se mudó con sus padres a San Petersburgo, donde su padre fabricaba torpedos y minas submarinas de su invención para el gobierno ruso. De joven, Alfred investigó acerca de los explosivos en una fábrica propiedad de su padre, cerca de Estocolmo. En 1864, una explosión en esa fábrica mató a su hermano más joven y determinó que Alfred buscara formas de facilitar el manejo y el transporte de explosivos. El gobierno sueco no permitió reconstruir la fábrica por los numerosos accidentes que habían sucedido allí. En consecuencia, Nobel estableció una fábrica de explosivos en Alemania, donde descubrió, en 1867, que si se mezcla nitroglicerina con tierra de diatomeas se puede moldear esa pasta formando barras que no se pueden detonar sin un detonador. Así inventó Nobel la dinamita. También inventó gelatina explosiva y pólvora sin humo. Aunque fue el inventor de los explosivos que usan los militares, fue un enérgico partidario de los movimientos pacíficos.

Las 355 patentes otorgadas a Nobel hicieron de él un hombre próspero. Nunca se casó y cuando murió su testamento estipuló que la mayor parte de sus propiedades ($9,200,000 dólares) se usara para establecer premios que se otorgaran a quienes "hayan conferido los mayores beneficios a la humanidad". Ordenó que el dinero se invirtiera y que los intereses generados cada año se dividieran en cinco partes iguales "para otorgarlas a las personas que hayan hecho las contribuciones más importantes en los campos de química, física, fisiología o medicina, literatura, y a quien haya desarrollado el mayor o mejor trabajo para impulsar la fraternidad entre las naciones, la abolición de los ejércitos regulares y llevar a cabo y promover congresos de paz". También estipuló que, al otorgar los premios, no se tomara en cuenta la nacionalidad del candidato, que cada premio se compartiera por tres personas como máximo y que no se otorgara premio en forma póstuma.

Nobel estableció instrucciones para que los premios de química y física fueran otorgados por la Real Academia Sueca de Ciencias, el de fisiología o medicina por el Instituto Karolinska de Estocolmo, el de literatura por la Academia Sueca y el de la paz por un comité de cinco personas nombrado por el parlamento noruego. Las deliberaciones son secretas y las decisiones son inapelables. En 1969, el Banco Central de Suecia estableció un premio de economía en honor de Nobel. El ganador de este premio lo selecciona la Real Academia Sueca de Ciencias. El 10 de diciembre, aniversario de la muerte de Nobel, se entregan los premios en Estocolmo, excepto el premio de la paz, que se entrega en Oslo.

1066 CAPÍTULO 23 Catálisis

23.2 Catálisis ácida

Un protón es cedido al reactivo en una reacción catalizada por ácido.

Un **catalizador ácido** aumenta la rapidez de una reacción al ceder un protón a un reactivo. En los capítulos anteriores se presentaron muchos ejemplos de catalizadores ácidos; por ejemplo, cuando se estudió que un ácido suministra el protón electrofílico necesario para la adición de un alcohol a un alqueno (sección 4.5). También se vio que un alcohol no puede participar en reacciones de sustitución y eliminación a menos que haya presente un ácido para protonar al grupo OH y hacer que el grupo saliente sea una base más débil y en consecuencia un grupo saliente mejor (sección 10.1).

Para repasar algunas de las formas importantes en que un ácido puede catalizar una reacción, se examinará el mecanismo de la hidrólisis de un éster catalizada por ácido (sección 16.11). La reacción se produce en dos pasos lentos: formación del intermediario tetraédrico y colapso del intermediario tetraédrico. La donación de un protón a un átomo electronegativo, como el oxígeno, y la eliminación de un protón de ese mismo átomo son pasos rápidos.

Mecanismo para la hidrólisis de un éster catalizada por ácido

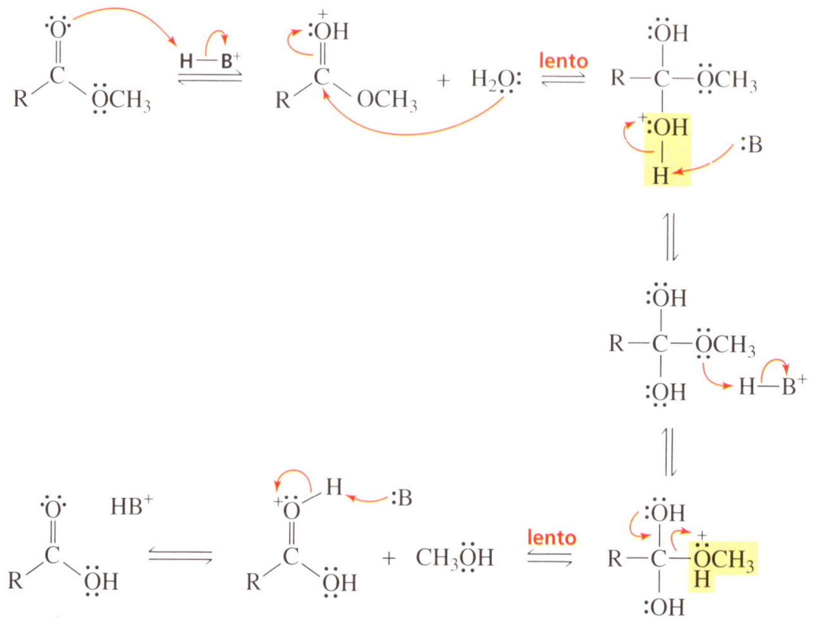

Un catalizador debe aumentar la rapidez del paso lento, porque si aumenta la de un paso rápido no aumentará la rapidez de la reacción total. El ácido aumenta la rapidez de los dos pasos lentos en esta reacción. Aumenta la rapidez de formación del intermediario tetraédrico al protonar el oxígeno del grupo carbonilo y hace así más susceptible al grupo carbonilo frente a un ataque nucleofílico que lo que sería un grupo carbonilo no protonado. El aumento de la reactividad del grupo carbonilo al protonarlo es un ejemplo de una forma para convertir el reactivo en una especie menos estable (más reactiva) (figura 23.1a).

Un catalizador debe aumentar la rapidez de un paso lento. Si se aumenta la rapidez de un paso rápido no aumentará la rapidez de la reacción total.

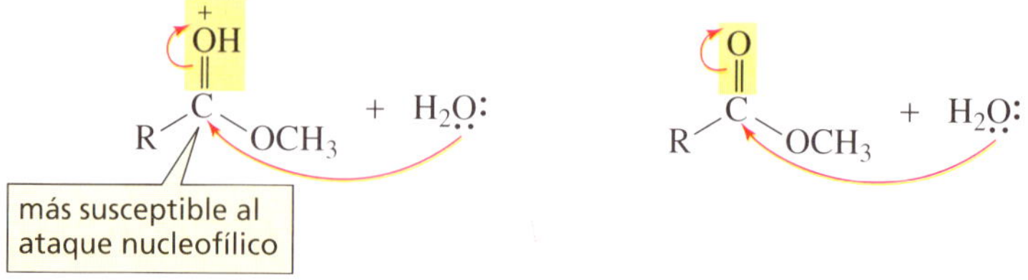

El ácido aumenta la rapidez del segundo paso que también es lento al cambiar la basicidad del grupo que se elimina cuando se colapsa el intermediario tetraédrico. En presencia de un ácido, se elimina metanol (pK_a del $CH_3\overset{+}{O}H_2$ = −2.5); en ausencia de un ácido, se elimina el ion metóxido (pK_a del CH_3OH) = 15.7). El metanol es una base más débil que el ion metóxido y por tanto se elimina con mayor facilidad.

segundo paso lento catalizado por ácido

$$R-\underset{OH}{\underset{|}{C}}-\overset{:\ddot{O}H}{\underset{|}{\overset{|}{C}}}-\overset{+}{\underset{H}{O}}CH_3$$

CH_3OH es el grupo saliente

segundo paso lento no catalizado

$$R-\underset{OH}{\underset{|}{C}}-\overset{:\ddot{O}H}{\underset{|}{\overset{|}{C}}}-OCH_3$$

CH_3O^- es el grupo saliente

El mecanismo de la hidrólisis de un éster catalizada por ácido muestra que la reacción se puede dividir en dos partes distintas: formación de un intermediario tetraédrico y colapso de un intermediario tetraédrico. En cada parte hay tres pasos. Nótese que, en cada parte, el primer paso es uno rápido de protonación, el segundo es uno lento catalizado, que consiste en romper un enlace π o bien formar un enlace π, y el último paso es una desprotonación rápida (para regenerar el catalizador).

> **PROBLEMA 2**
>
> Compare cada uno de los mecanismos que se mencionan abajo con el de cada parte de la hidrólisis de un éster catalizada por ácido e indique
>
> **a.** semejanzas. **b.** diferencias.
>
> 1. Formación de un hidrato catalizada por ácido (sección 17.9).
> 2. Conversión de un aldehído en hemiacetal catalizada por ácido (sección 17.10).
> 3. Conversión de hemiacetal en acetal catalizada por ácido (sección 17.10).
> 4. Hidrólisis de una amida catalizada por ácido (sección 16.17).

Hay dos tipos de catálisis ácida: catálisis ácida específica y catálisis ácida general. En la **catálisis ácida específica**, el protón se transfiere por completo al reactivo *antes* que comience el paso lento de la reacción (figura 23.3a). En la **catálisis ácida general**, el protón se transfiere al reactivo *durante* el paso lento de la reacción (figura 23.3b). Las catálisis

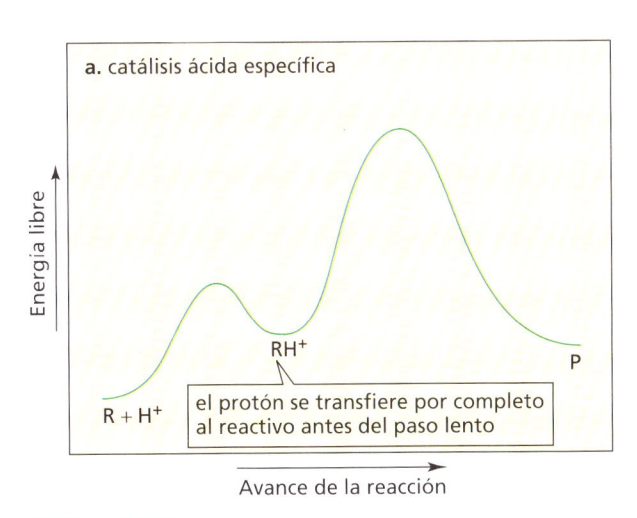

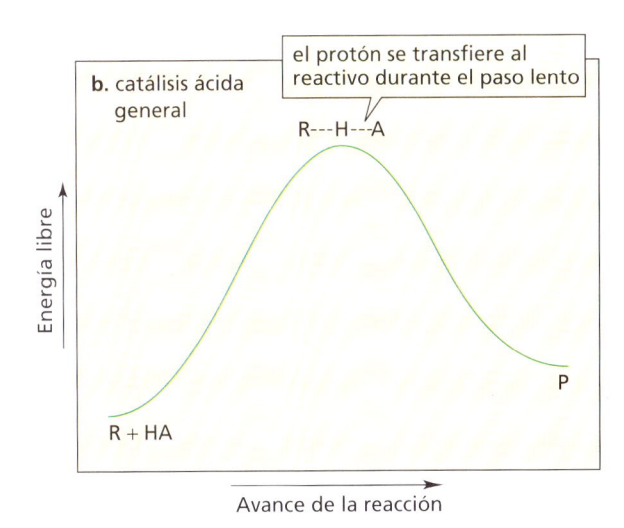

▲ **Figura 23.3**

a) Diagrama de coordenada para una reacción específica catalizada por ácido. El protón se transfiere por completo al reactivo antes de comenzar el paso lento de la reacción. b) Diagrama de coordenada para una reacción general catalizada por ácido. El protón se transfiere parcialmente al reactivo en el estado de transición del paso lento de la reacción.

ácida específica y ácida general aumentan la rapidez de una reacción en la misma forma, donando un protón para facilitar, ya sea la formación o la ruptura de enlaces. Los dos tipos de catálisis ácida sólo difieren en el grado con el que se transfiere el protón en el estado de transición del paso lento de la reacción.

En los ejemplos que siguen, nótese la diferencia en el grado con el que se transfiere el protón cuando el nucleófilo ataca al reactivo.

- En el ataque catalizado por ácido específico (catálisis ácida específica), de agua a un grupo carbonilo, el nucleófilo ataca a un grupo carbonilo completamente protonado. En el ataque catalizado por ácido general (catálisis ácida general), de agua a un grupo carbonilo, el grupo carbonilo se protona cuando lo ataca el nucleófilo.

ataque del agua por catálisis ácida específica

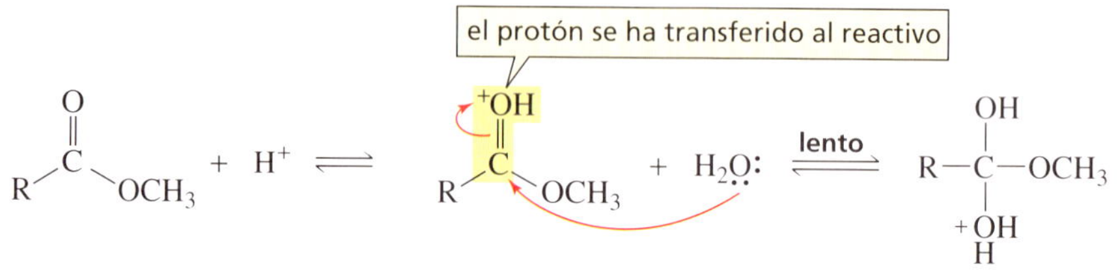

ataque del agua por catálisis ácida general

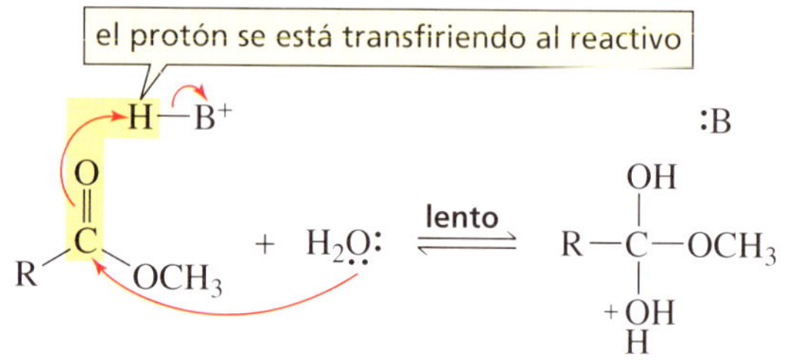

- En el colapso catalizado por ácido específico (catálisis ácida específica) de un intermediario tetraédrico, se elimina un grupo saliente totalmente protonado, mientras que el colapso catalizado por ácido general (catálisis ácida general) de un intermediario tetraédrico, el grupo saliente abstrae un protón cuando se elimina.

eliminación del grupo saliente por catálisis ácida específica

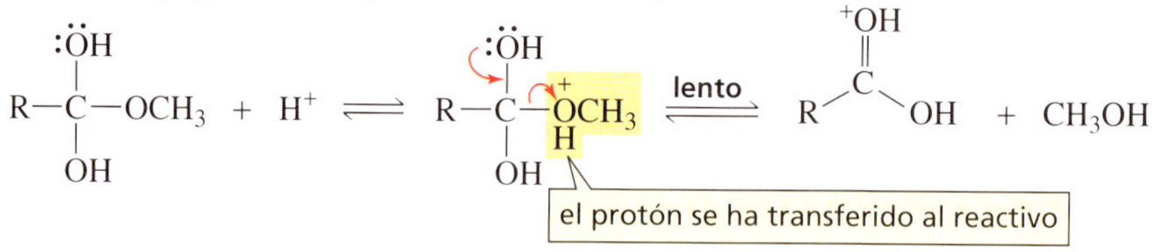

eliminación del grupo saliente por catálisis ácida general

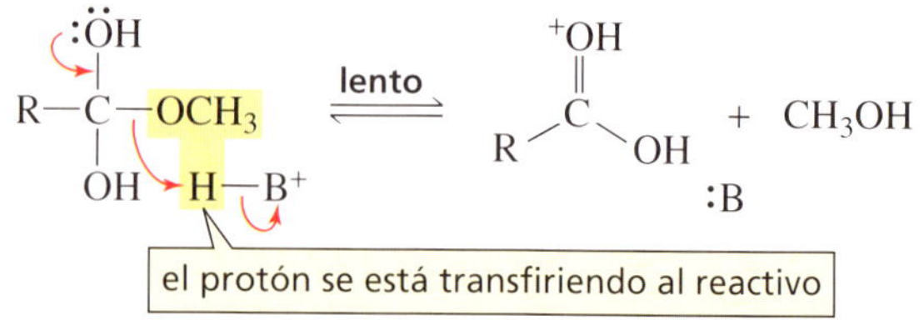

El protón es cedido al reactivo *antes* del paso lento en una reacción con catálisis ácida específica, y *durante* el paso lento en una reacción con catálisis ácida general.

Un catalizador ácido específico debe ser un ácido suficientemente fuerte como para protonar totalmente al reactivo antes que comience el paso lento. Un catalizador ácido general puede ser un ácido más débil porque sólo transfiere en forma parcial un protón en el estado de transición del paso lento. En el apéndice II se presenta una lista de ácidos con sus valores de pK_a.

PROBLEMA 3◆

Los pasos lentos de la hidrólisis de un éster catalizada por ácido, en la página 1066, ¿son catalizados por ácido específico o por ácido general?

PROBLEMA 4

La siguiente reacción se efectúa con un mecanismo catalizado por ácido general:

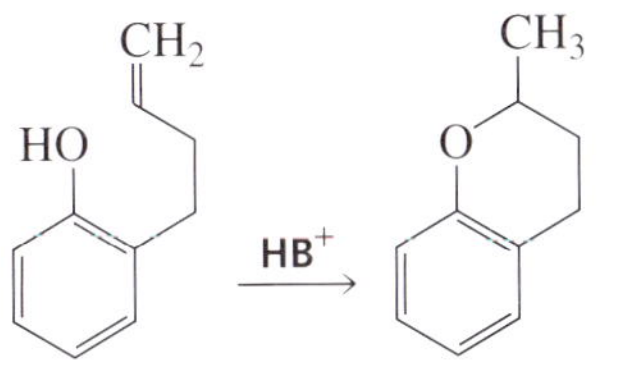

[Estructura: 2-(but-3-en-1-il)fenol con grupo HO y CH₂=CH-CH₂ unido al anillo aromático] $\xrightarrow{HB^+}$ [Estructura: 2-metilcromano, anillo aromático fusionado con anillo de oxígeno con CH₃]

Proponga un mecanismo para esta reacción.

PROBLEMA 5   RESUELTO

Un alcohol no reacciona con aziridina, a menos que haya presente un ácido. ¿Por qué es necesario el ácido?

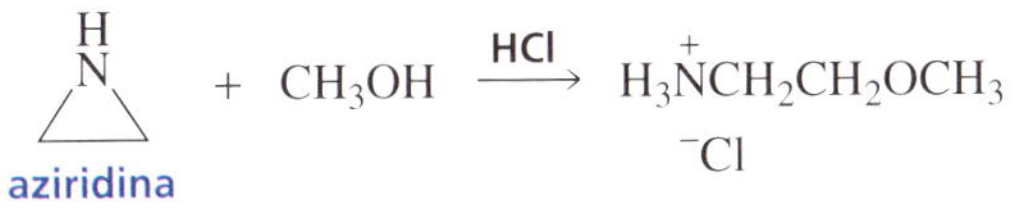

[Estructura: aziridina (anillo de tres miembros con NH)] + CH_3OH $\xrightarrow{HCl}$ $H_3\overset{+}{N}CH_2CH_2OCH_3$ ^-Cl

aziridina

Solución Aunque la liberación de la tensión estérica del anillo es suficiente para que un epóxido experimente una reacción de apertura de anillo (sección 10.8), no es suficiente para hacer que una aziridina participe en una reacción de apertura de anillo. Un nitrógeno con carga negativa es una base más fuerte y en consecuencia un peor grupo saliente que un oxígeno con carga negativa. Por consiguiente, se necesita un ácido para protonar el nitrógeno del anillo y convertirlo en mejor grupo saliente.

23.3 Catálisis básica

También se han descrito varias reacciones catalizadas por base, como el reordenamiento enodiol (sección 21.5) y la interconversión de tautómeros ceto-enol (sección 18.3). Un **catalizador básico** aumenta la rapidez de una reacción al abstraer un protón del reactivo. Por ejemplo, la deshidratación de un hidrato en presencia de ion hidróxido es una reacción catalizada por base (catálisis básica). El ion hidróxido (la base) aumenta la rapidez de la reacción al abstraer un protón del hidrato neutro.

deshidratación por catálisis básica específica

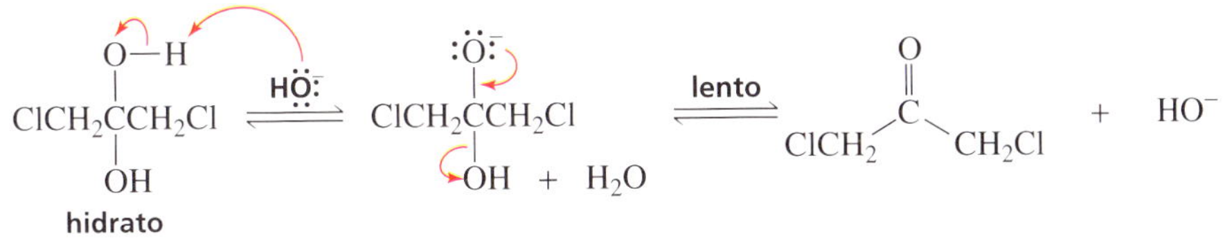

$ClCH_2\underset{OH}{\overset{O-H}{C}}CH_2Cl$ + $HO:^-$ $\rightleftharpoons$ $ClCH_2\underset{\overset{-}{O}H}{\overset{:\overset{..}{O}:^-}{C}}CH_2Cl$ + H_2O $\xrightarrow{lento}$ $ClCH_2\overset{O}{\overset{\|}{C}}CH_2Cl$ + HO^-

hidrato

Al abstraer un protón del hidrato aumenta la rapidez de deshidratación al formarse una ruta con un estado de transición más estable. El estado de transición para la eliminación de HO:⁻ de un intermediario tetraédrico con carga negativa es más estable porque no se produ-

Un protón es abstraído del reactivo en una reacción catalizada por base.

ce una carga positiva en el átomo electronegativo de oxígeno como sucede en el estado de transición para la eliminación de HO:⁻ de un compuesto intermediario tetraédrico neutro.

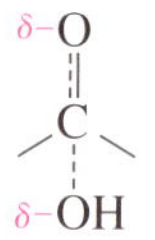

$$\underset{\delta-OH}{\overset{\delta-O}{C}}\qquad\underset{\delta-OH}{\overset{\delta+OH}{C}}$$

| estado de transición para la eliminación de HO⁻ de un intermediario tetraédrico con carga negativa | estado de transición para la eliminación de HO⁻ de un intermediario tetraédrico neutro |

La deshidratación anterior de un hidrato catalizada por base es un ejemplo de catálisis básica específica. En una **catálisis básica específica**, el protón se abstrae por completo del reactivo *antes* que comience el paso lento de la reacción. En la **catálisis básica general**, por otro lado, el protón es abstraido del reactivo *durante* el paso lento de la reacción. Compárense los grados de transferencia del protón en el paso lento de la deshidratación anterior, catalizada por base específica, con el grado de transferencia del protón en el paso lento de la siguiente deshidratación catalizada por base general:

deshidratación por catálisis básica general

$$\underset{\text{hidrato}}{ClCH_2\underset{OH}{\overset{O-H \cdots :B}{C}}CH_2Cl} \xrightarrow{\text{lento}} ClCH_2\overset{O}{\underset{}{C}}CH_2Cl + HO^- + HB$$

> El protón es abstraído del reactivo antes del paso lento en una reacción con catálisis básica específica y durante el paso lento en una reacción con catálisis básica general.

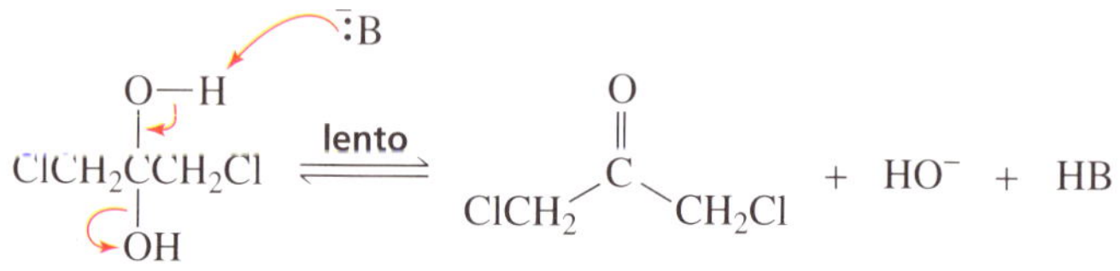

En la catálisis básica específica, la base debe ser suficientemente fuerte como para abstraer por completo un protón del reactivo antes que comience el paso lento. En la catálisis básica general, la base puede ser más débil porque el protón sólo se transfiere parcialmente a la base en el estado de transición del paso lento. Más adelante se verá que las enzimas catalizan las reacciones con grupos catalíticos ácidos generales y básicos generales porque al pH fisiológico (7.3) se dispone de una concentración demasiado pequeña ($\sim 1 \times 10^{-7}$ M) de H^+ para catálisis ácida específica o de HO:⁻ para catálisis básica específica.

PROBLEMA 6

La siguiente reacción se efectúa por un mecanismo donde interviene la catálisis básica general:

$$\underset{CH_2OH}{\overset{\overset{O}{\|}}{C_6H_4-C-OCH_2CH_3}} \xrightarrow{:B} \text{(isobenzofuranona)} + CH_3CH_2OH$$

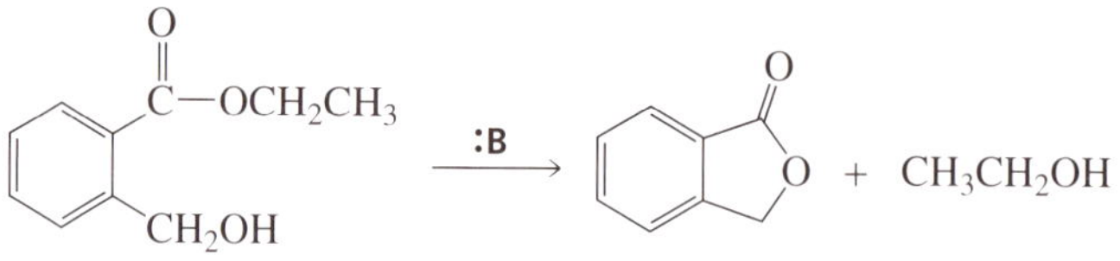

Proponga un mecanismo para esta reacción.

23.4 Catálisis nucleofílica

Un **catalizador nucleofílico** aumenta la rapidez de una reacción al actuar como nucleófilo; produce un compuesto intermediario al formar un enlace covalente con el reactivo. Por consiguiente, la **catálisis nucleofílica** se llama también **catálisis covalente**. Un catalizador nucleofílico aumenta la rapidez de reacción al cambiar por completo el mecanismo de la misma.

En la reacción que sigue, el ion yoduro aumenta la rapidez de conversión de cloruro de etilo en alcohol etílico al actuar como catalizador nucleofílico.

$$CH_3CH_2Cl + HO^- \xrightarrow[H_2O]{I^-} CH_3CH_2OH + Cl^-$$

(catalizador nucleofílico)

Para comprender la forma en que el ion yoduro cataliza esta reacción se debe examinar su mecanismo, con y sin catalizador. En ausencia de ion yoduro, el cloruro de etilo se convierte en alcohol etílico en una reacción S_N2 en un solo paso.

Mecanismo de la reacción no catalizada

$$HO^- + CH_3CH_2-Cl \longrightarrow CH_3CH_2OH + Cl^-$$

Si hay presente yoduro en la mezcla de reacción, ésta se efectúa en dos reacciones S_N2 sucesivas.

Mecanismo de la reacción catalizada por ion yoduro

$$I^- + CH_3CH_2-Cl \longrightarrow CH_3CH_2I + Cl^-$$
$$HO^- + CH_3CH_2-I \longrightarrow CH_3CH_2OH + I^-$$

Un catalizador nucleofílico forma un enlace covalente con el reactivo.

La primera reacción S_N2 en la reacción catalizada es más rápida que la reacción no catalizada, porque en un disolvente prótico el ion yoduro es mejor nucleófilo que el ion hidróxido (sección 8.3), que a su vez es el nucleófilo de la reacción no catalizada. La segunda reacción S_N2 en la reacción catalizada también es más rápida que la reacción no catalizada porque el ion yoduro es una base más débil y en consecuencia un mejor grupo saliente que el ion cloruro, que es el grupo saliente en la reacción no catalizada. Entonces, el ion yoduro aumenta la rapidez de formación de etanol porque cambia una reacción de un paso relativamente lento en una reacción de dos pasos relativamente rápidos (figura 23.2).

El ion yoduro es un catalizador nucleofílico porque reacciona como nucleófilo y forma un enlace covalente con el reactivo. El ion yoduro que se consume en la primera reacción se regenera en la segunda, por lo que sale íntegro de la reacción.

Otra reacción donde un catalizador nucleofílico suministra una ruta más favorable al cambiar su mecanismo es la hidrólisis de un éster catalizada por imidazol.

$$CH_3CO-C_6H_5 + H_2O \xrightarrow{\text{imidazol}} CH_3COH + HO-C_6H_5$$

acetato de fenilo → ácido acético + fenol

(catalizador nucleofílico: imidazol)

El imidazol es mejor nucleófilo que el agua y por ello reacciona con mayor rapidez que el agua con el éster. El acilimidazol que se forma es particularmente reactivo porque el nitrógeno con carga positiva determina que el imidazol sea un grupo saliente muy bueno. Entonces, se hidroliza con mucha mayor rapidez que el éster. Como la formación del

Tutorial del alumno:
Clasificación de rutas catalíticas
(Categorizing catalytic pathways)

acilimidazol y su posterior hidrólisis son más rápidas que la hidrólisis del éster, el imidazol aumenta la rapidez de hidrólisis del éster.

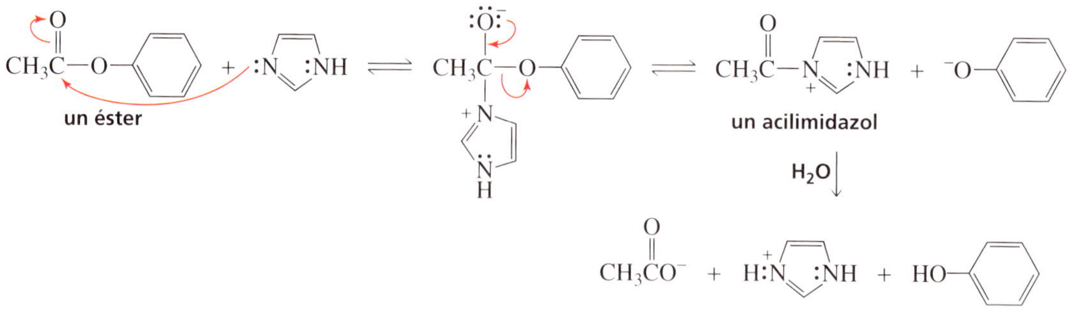

23.5 Catálisis con ion metálico

Los iones metálicos ejercen su efecto catalítico porque se coordinan (forman complejos) con átomos que cuentan con pares de electrones no enlazados. En otras palabras, los iones metálicos son ácidos de Lewis (sección 1.26). Un *ion metálico* puede hacer aumentar la rapidez de una reacción de varias maneras.

- Puede hacer que un centro de reacción sea más susceptible para recibir electrones, como en A, en el siguiente diagrama:

Los átomos metálicos son ácidos de Lewis.

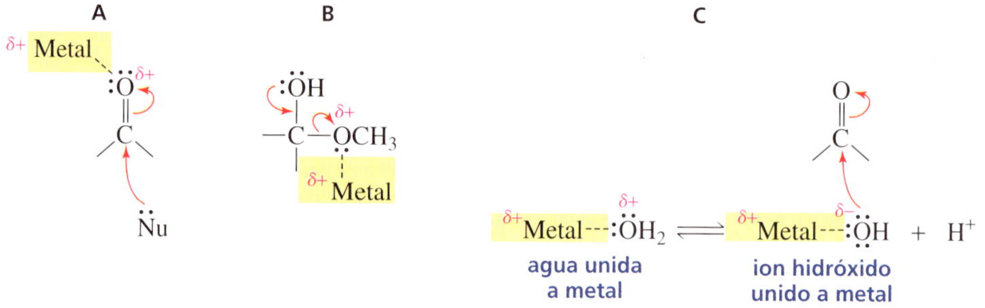

- Puede hacer que un grupo saliente sea una base más débil y por consiguiente sea un mejor grupo saliente, como en B.
- Puede aumentar la rapidez de una reacción de hidrólisis aumentando la nucleofilia del agua, como en C.

En los casos A y B, el ion metálico ejerce la misma clase de efecto catalítico que un protón. En una reacción en la que el ion metálico causa el mismo efecto que un protón (aumento de la electrofilia de un centro de reacción o disminución de la basicidad de un grupo saliente), al ion metálico se le llama con frecuencia **catalizador electrofílico**.

En el caso C, la formación de complejos del ion metálico aumenta la nucleofilia del agua convirtiéndola en ion hidróxido unido al metal. El pK_a del agua es 15.7. Cuando un ion metálico forma complejo con el agua, aumenta su tendencia a perder un protón: el pK_a del agua unida al metal depende del átomo de metal (tabla 23.1). Cuando el agua unida a un metal pierde un protón se forma un ion hidróxido unido al metal. Este ion, si bien no es tan buen nucleófilo como el ion hidróxido, es mejor nucleófilo que el agua. La catálisis por ion metálico es importante en los sistemas biológicos porque el mismo ion hidróxido no estaría disponible al pH fisiológico (7.3).

23.5 Catálisis con ion metálico

Tabla 23.1 pK_a de agua unida a metal

M^{2+}	pK_a	M^{2+}	pK_a
Ca^{2+}	12.7	Co^{2+}	8.9
Mg^{2+}	11.8	Zn^{2+}	8.7
Cd^{2+}	11.6	Fe^{2+}	7.2
Mn^{2+}	10.6	Cu^{2+}	6.8
Ni^{2+}	9.4	Be^{2+}	5.7

Ahora se examinarán algunos ejemplos de reacciones catalizadas por iones metálicos. La descarboxilación de dimetiloxalacetato se puede catalizar ya sea con Cu^{2+} o con Al^{3+}.

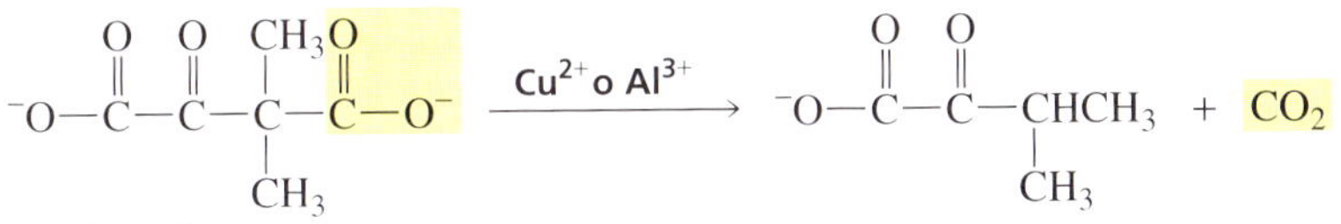

dimetiloxalacetato $\xrightarrow{Cu^{2+} \text{ o } Al^{3+}}$ producto + CO_2

En esta reacción el ion metálico forma complejo con dos átomos de oxígeno del reactivo. La formación de complejos aumenta la rapidez de descarboxilación y hace que el grupo carbonilo sea más susceptible a recibir los electrones que quedaron al eliminarse el CO_2.

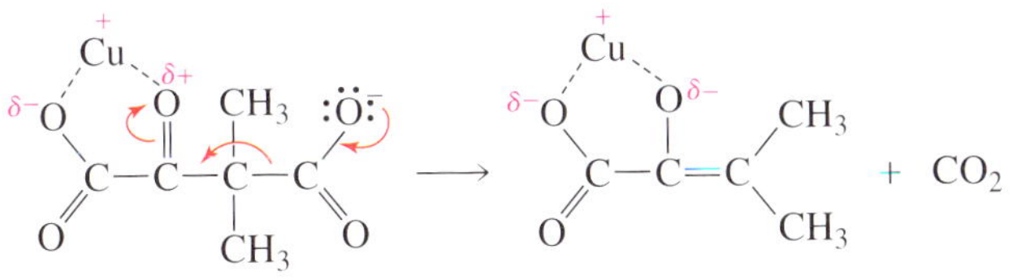

La hidrólisis de trifluoroacetato de metilo incluye dos pasos lentos. El Zn^{2+} aumenta la rapidez del primer paso lento al proporcionar un ion hidróxido unido a metal, que es mejor nucleófilo que el agua. El Zn^{2+} aumenta la rapidez del segundo paso lento al reducir la basicidad del grupo que se elimina del intermediario tetraédrico.

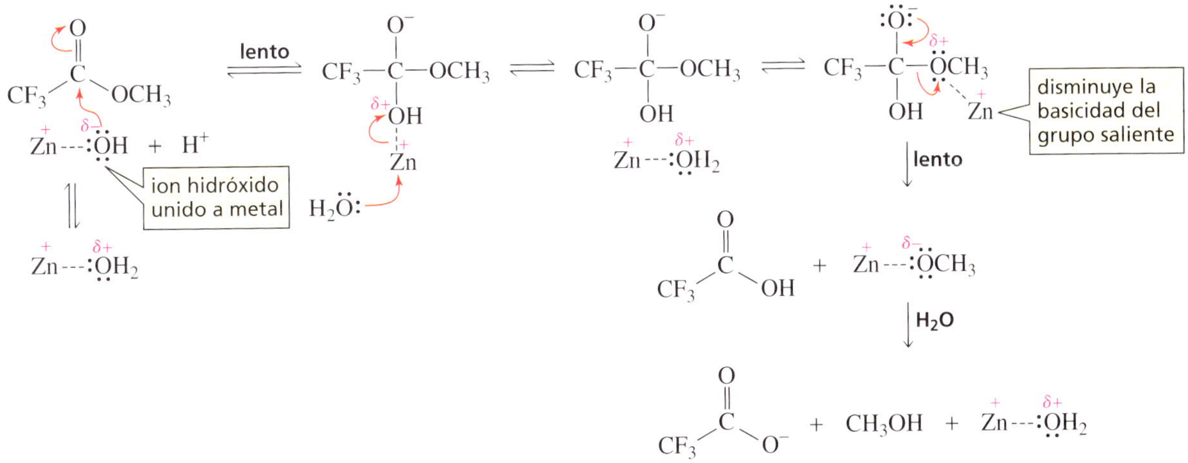

PROBLEMA 7 ◆

Aunque los iones metálicos aumentan la rapidez de descarboxilación del dimetiloxalacetato, no tienen efecto sobre la rapidez de descarboxilación del éster monoetílico del dimetiloxalacetato o del acetoacetato. Explique por qué.

$$\text{}^-\text{O}-\overset{\overset{\text{O}}{\|}}{\text{C}}-\overset{\overset{\text{O}}{\|}}{\text{C}}-\overset{\overset{\text{CH}_3\text{O}}{|}}{\underset{\underset{\text{CH}_3}{|}}{\text{C}}}-\overset{\overset{\text{O}}{\|}}{\text{C}}-\text{O}^-$$

dimetiloxalacetato

$$\text{CH}_3\text{CH}_2\text{O}-\overset{\overset{\text{O}}{\|}}{\text{C}}-\overset{\overset{\text{O}}{\|}}{\text{C}}-\overset{\overset{\text{CH}_3\text{O}}{|}}{\underset{\underset{\text{CH}_3}{|}}{\text{C}}}-\overset{\overset{\text{O}}{\|}}{\text{C}}-\text{O}^-$$

éster monoetílico del dimetiloxalacetato

$$\text{CH}_3-\overset{\overset{\text{O}}{\|}}{\text{C}}-\text{CH}_2-\overset{\overset{\text{O}}{\|}}{\text{C}}-\text{O}^-$$

acetoacetato

PROBLEMA 8

La hidrólisis de la glicinamida es catalizada por Co^{2+}. Proponga un mecanismo para esta reacción.

$$\text{H}_2\text{NCH}_2\overset{\overset{\text{O}}{\|}}{\text{C}}\text{NH}_2 + \text{H}_2\text{O} \xrightarrow{Co^{2+}} \text{H}_2\text{NCH}_2\overset{\overset{\text{O}}{\|}}{\text{C}}\text{O}^- + {}^+\text{NH}_4$$

23.6 Reacciones intramoleculares

La rapidez de una reacción química está determinada por la cantidad de choques moleculares con la energía suficiente *y también* con la orientación adecuada en determinado tiempo (sección 3.7):

$$\text{velocidad de reacción} = \frac{\text{cantidad de colisiones}}{\text{unidad de tiempo}} \times \frac{\text{fracción con}}{\text{energía suficiente}} \times \frac{\text{fracción con}}{\text{orientación adecuada}}$$

Como un catalizador hace descender la barrera de energía de una reacción, aumenta la fracción de colisiones que se suscitan con la energía suficiente para superar la barrera.

También puede aumentarse la rapidez de una reacción aumentando la frecuencia de las colisiones. Si se aumenta la concentración de los reactivos aumenta la frecuencia de las colisiones. Además, ya se indicó que una **reacción intramolecular** que forma un anillo de cinco o seis miembros se efectúa con mayor facilidad que la **reacción intermolecular** análoga. Esto se debe a que una reacción intramolecular tiene la ventaja de que los grupos reaccionantes están unidos en la misma molécula, lo que les proporciona una mejor probabilidad de encontrarse que si estuvieran en dos moléculas diferentes en una disolución de la misma concentración (sección 8.11). El resultado es que aumenta la frecuencia de las colisiones.

Si, además de estar en la misma molécula, los grupos reaccionantes están ordenados en una forma que aumente la probabilidad de que choquen entre sí, con la orientación correcta, la rapidez de la reacción aumenta más. La rapidez relativa de la tabla 23.2 demuestra el enorme aumento que se presenta en la rapidez de una reacción cuando los grupos reaccionantes presentan la orientación correcta.

Las constantes de rapidez de una serie de reacciones se comparan, en general, en función de la rapidez relativa, porque ésta permite ver de inmediato cuánto más rápida es una reacción que otra. La **rapidez relativa** se obtiene dividiendo la constante de rapidez de cada una de las reacciones entre la constante de rapidez de la reacción más lenta de la serie.

23.6 Reacciones intramoleculares

Tabla 23.2 Rapidez relativa de una reacción intermolecular y cinco reacciones intramoleculares

Reacción	Rapidez relativa
A: $CH_3\overset{O}{C}-O-C_6H_4-Br + CH_3\overset{O}{C}-O^- \longrightarrow CH_3\overset{O}{C}-O-\overset{O}{C}CH_3 + {}^-O-C_6H_4-Br$	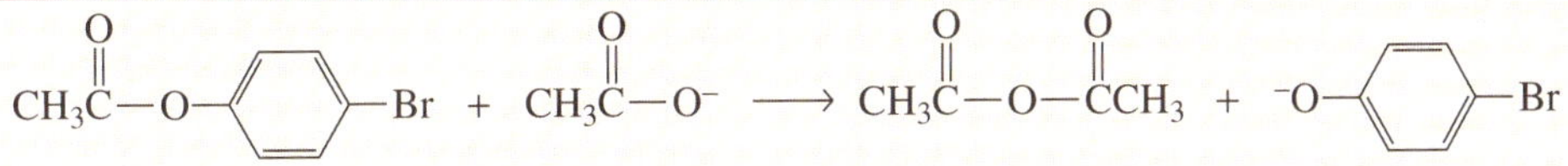 1.0
B: (glutarato de arilo) $\longrightarrow$ anhídrido glutárico + ${}^-O-C_6H_4-Br$	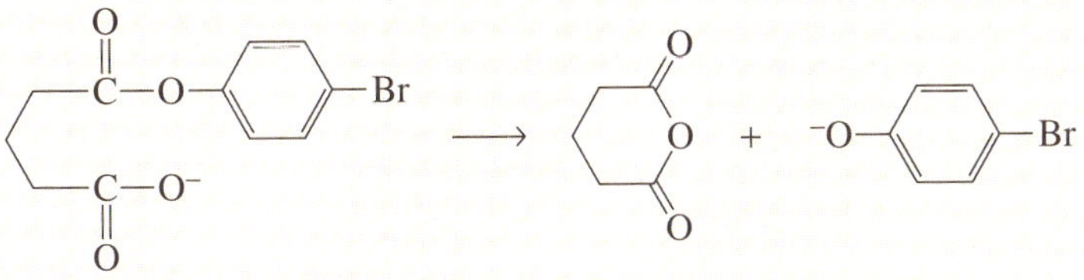 1×10^3 M
C: (dialquilglutarato de arilo) $\longrightarrow$ anhídrido + ${}^-O-C_6H_4-Br$	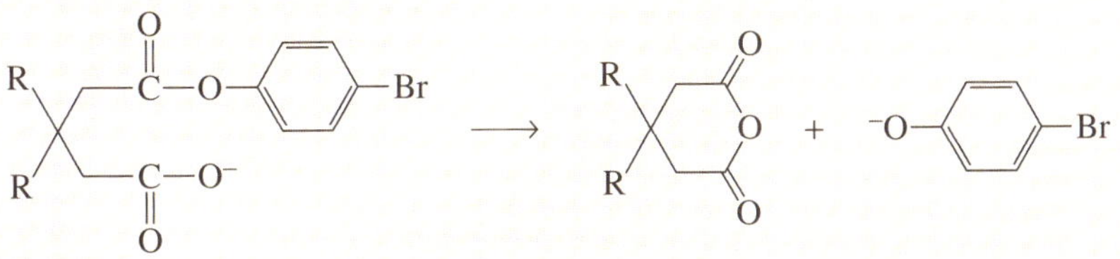 R = CH_3 2.3×10^4 M R = $(CH_3)_2CH$ 1.3×10^6 M
D: (succinato de arilo) $\longrightarrow$ anhídrido succínico + ${}^-O-C_6H_4-Br$	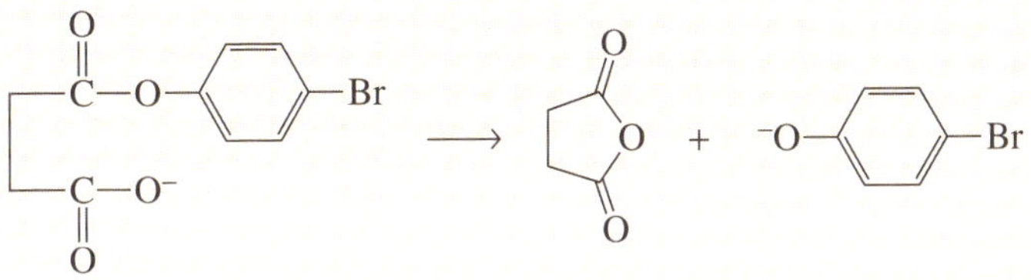 2.2×10^5 M
E: (maleato de arilo) $\longrightarrow$ anhídrido maleico + ${}^-O-C_6H_4-Br$	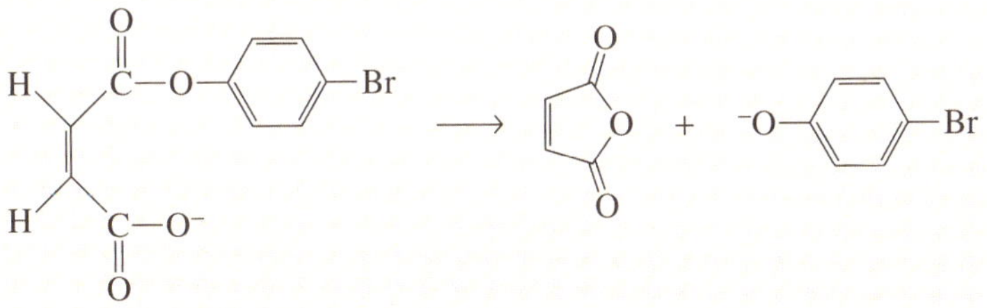 1×10^7 M
F: (biciclo) $\longrightarrow$ anhídrido bicíclico + ${}^-O-C_6H_4-Br$	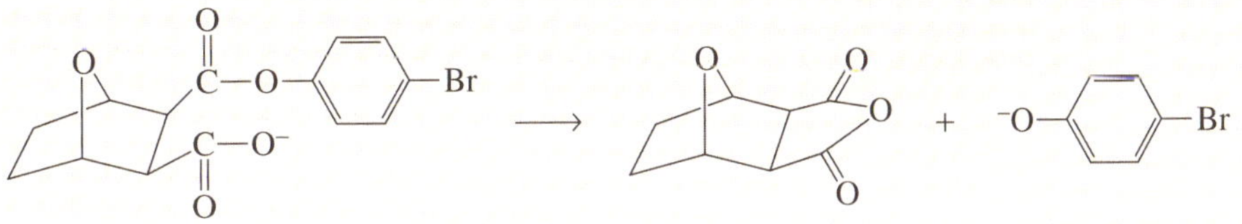 5×10^7 M

La reacción más lenta de la tabla 23.2 es intermolecular; las demás son intramoleculares. Ya que una reacción intramolecular es de primer orden (sus unidades son de tiempo^{-1}) y una reacción intermolecular es de segundo orden (tiene unidades de tiempo^{-1} M^{-1}), la rapidez relativa de la tabla 23.2 tiene unidades de molaridad (M) (sección 3.7).

$$\text{velocidad relativa} = \frac{\text{constante de velocidad de primer orden}}{\text{constante de velocidad de segundo orden}} = \frac{\text{tiempo}^{-1}}{\text{tiempo}^{-1}\text{M}^{-1}} = \text{M}$$

La rapidez relativa de la tabla 23.2 también se llama *molaridad efectiva*. La **molaridad efectiva** es la concentración del reactivo que se necesitaría en una reacción *intermolecular* para que adquiriese la misma rapidez de la reacción *intramolecular*. En otras palabras, la molaridad efectiva es la ventaja que encierra una reacción al disponer de los grupos reaccionantes en la misma molécula. En algunos casos, al yuxtaponer los grupos reaccionantes se produce un aumento tan enorme de la rapidez que la molaridad efectiva ¡es mayor que la concentración del reactivo en su estado sólido!

La primera reacción en la tabla 23.2, la reacción A, es una reacción intermolecular entre un éster y un ion carboxilato. La segunda reacción, B, tiene los mismos dos grupos reaccionantes en una sola molécula. La rapidez de la reacción intramolecular es 1000 veces mayor que la de la reacción intermolecular.

La reacción en B tiene cuatro enlaces C—C que pueden girar libremente, mientras que el reactivo en D sólo tiene tres de tales enlaces. Los confórmeros en los que giran grupos grandes alejándose uno de otro son más estables. Sin embargo, cuando dichos grupos se dirigen alejándose entre sí se hallan en una conformación desfavorable para la reacción. Como el reactivo en D tiene menos enlaces libres para girar, los grupos son menos aptos para estar en una conformación desfavorable para una reacción. En consecuencia, la reacción D es más rápida que la reacción B. Las constantes relativas de rapidez de las reacciones en la tabla 23.2 se relacionan en forma cuantitativa con la probabilidad calculada de que los grupos reaccionantes estén en la conformación que tenga al ion carboxilato en posición adecuada para atacar al grupo carbonilo.

cuatro enlaces carbono-carbono pueden girar

tres enlaces carbono-carbono pueden girar

La reacción C es más rápida que la B porque los sustituyentes alquilo del reactivo en C disminuyen el espacio disponible para que los grupos reactivos giren y se alejen uno de otro. Entonces hay mayor probabilidad de que la molécula esté en una conformación que tenga los grupos reaccionante en posición para cerrar el anillo. A lo anterior se le denomina *efecto de gem-dialquilo* porque los dos sustituyentes alquilo están unidos con el mismo carbono (geminal). Si se compara la rapidez cuando los sustituyentes son grupos metilo con la rapidez con grupos isopropilo, se ve que la rapidez aumenta más cuando el tamaño de los grupos alquilo se incrementa.

La mayor rapidez de la reacción en E se debe al enlace doble, que evita que los grupos reaccionantes giren y se alejen entre sí. El compuesto bicíclico de F reacciona todavía con mayor rapidez porque los grupos reaccionantes están asegurados en la orientación correcta para la reacción.

PROBLEMA 9◆

La rapidez relativa de reacción del alqueno *cis* (*E*) se aprecia en la tabla 23.2. ¿Cuál se espera que sea la rapidez relativa de reacción del isómero *trans*?

23.7 Catálisis intramolecular

Así como contar con dos grupos reaccionantes en la misma molécula aumenta la rapidez de una reacción, comparado con disponer de los dos grupos pero en moléculas separadas, tener un *grupo reaccionante* y un *catalizador* en la misma molécula aumenta la rapidez de una reacción, en comparación a si están en moléculas separadas. Cuando un catalizador es parte de la molécula reaccionante, a la catálisis se le llama **catálisis intramolecular**. Se pueden tener catálisis nucleofílica intramolecular, catálisis intramolecular ácida general o básica general, y catálisis intramolecular con ion metálico. La catálisis intramolecular también se conoce como *asistencia anquimérica* (*anquimérica* quiere decir "partes adyacentes" en griego). A continuación se presentan algunos ejemplos de catálisis intramolecular.

23.7 Catálisis intramolecular

Cuando reaccionan clorociclohexano y una disolución acuosa de etanol se forman un alcohol y un éter. Se forman dos productos porque hay dos nucleófilos (H_2O y CH_3CH_2OH) en la disolución.

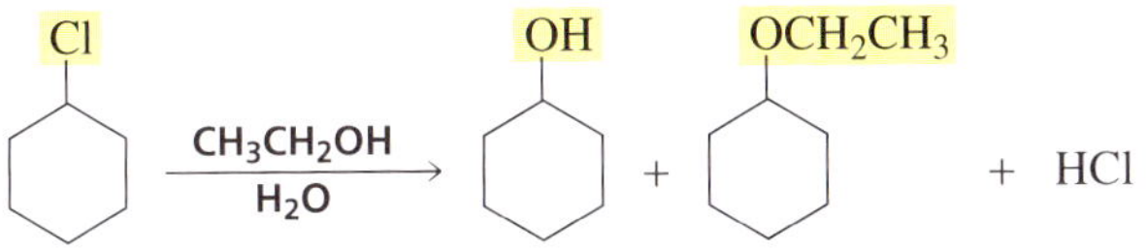

Un clorociclohexano 2-tio-sustituido tiene la misma reacción. Sin embargo, la rapidez de la reacción depende de si el sustituyente tio está *cis* o *trans* respecto al sustituyente cloro. Si es *trans*, el compuesto 2-tio-sustituido reacciona unas 70,000 veces más rápido que el compuesto no sustituido; pero si es *cis*, el compuesto 2-tio-sustituido reacciona un poco más lentamente que el compuesto no sustituido.

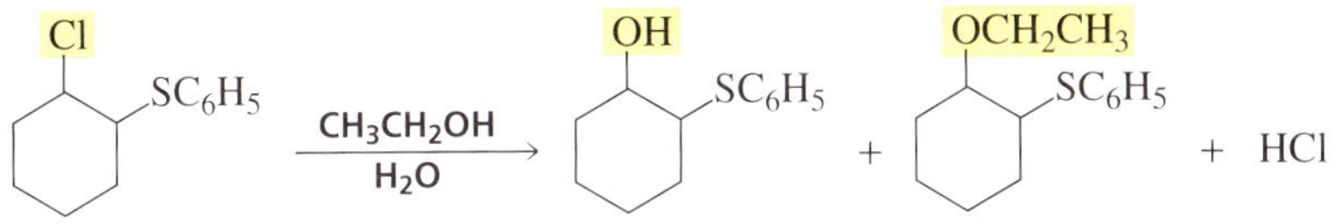

¿Qué determina que la reacción del compuesto *trans*-sustituido sea mucho más rápida? En esta reacción el sustituyente tio es un catalizador nucleofílico intramolecular; desplaza al sustituyente cloro atacando el lado de atrás del carbono al que está unido dicho sustituyente. El ataque por atrás requiere que ambos sustituyentes se localicen en posiciones axiales y sólo el isómero *trans* puede presentar sus dos sustituyentes en tales posiciones (sección 2.14). El ataque siguiente por agua o etanol sobre el ion sulfonio es rápido porque el azufre con carga positiva es un excelente grupo saliente y porque al romper el anillo de tres miembros se libera la tensión.

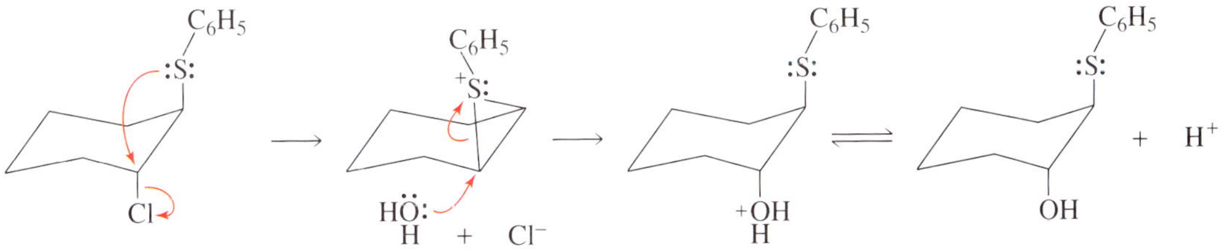

PROBLEMA 10◆

Indique todos los productos, con sus configuraciones, que se obtendrían por solvólisis del compuesto *trans*-sustituido que se ilustra en el diagrama anterior.

La rapidez de hidrólisis del acetato de fenilo aumenta unas 150 veces en pH neutro, con la presencia de un ion carboxilato en la posición *orto*. El éster con sustituyente carboxilo en *orto* se llama aspirina (sección 18.9). En las siguientes reacciones, cada reactivo y producto se muestran en la forma que predomina a pH fisiológico (7.3).

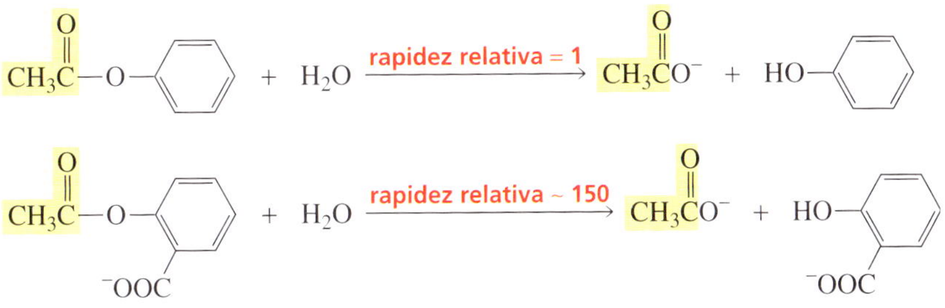

El grupo carboxilato en *orto* es un catalizador intramolecular básico general que aumenta la nucleofilia del agua y de ese modo acelera la rapidez de formación del intermediario tetraédrico.

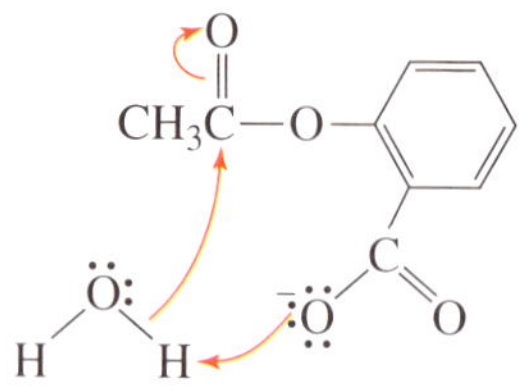

Si se introducen grupos nitro en el anillo de benceno, el sustituyente *orto*-carboxilo actúa como *catalizador nucleofílico* intramolecular y no como *catalizador básico general* intramolecular. Aumenta la rapidez de la reacción de hidrólisis al convertir al éster en un anhídrido, que se hidroliza con más rapidez que un éster (sección 16.6).

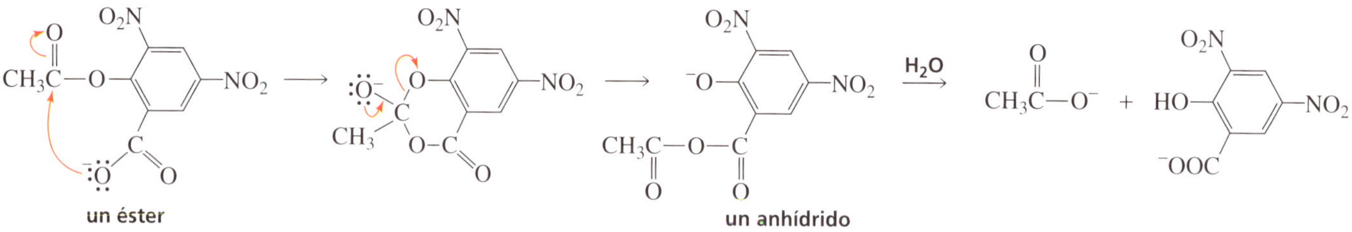

PROBLEMA 11 RESUELTO

¿Qué determina que cambie el modo de catálisis de básica general a nucleofílica en la hidrólisis de un acetato de fenilo sustituido con carboxilo en *orto*?

Solución El sustituyente *orto*-carboxilo está en posición de formar un intermediario tetraédrico. Si el grupo carboxilo en el intermediario tetraédrico es mejor grupo saliente que el grupo fenoxi, preferentemente se eliminará el grupo carboxilo del compuesto intermediario. Con esto se volverá a formar el material de partida, que será hidrolizado por un mecanismo de catálisis básica general (camino A). Sin embargo, si el grupo fenoxi es mejor grupo saliente que el grupo carboxilo, el grupo fenoxi se eliminará y formará un anhídrido y la reacción se habrá efectuado por un mecanismo donde interviene la catálisis nucleofílica (camino B).

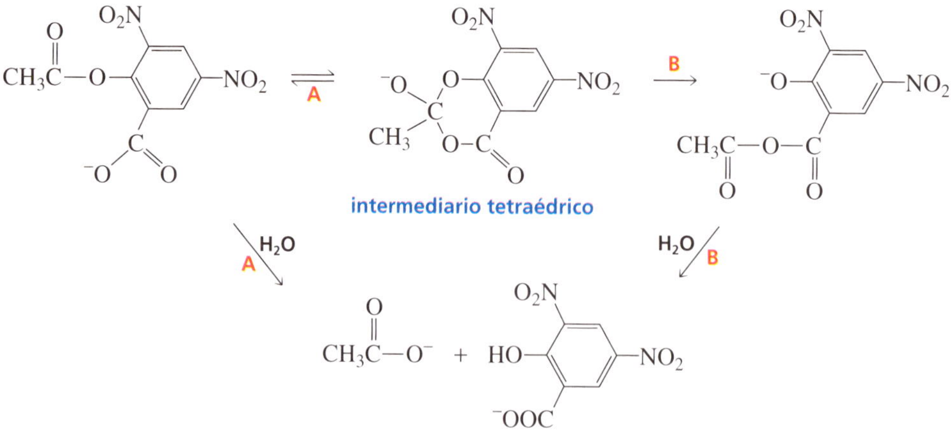

PROBLEMA 12◆

¿Por qué los grupos nitro hacen cambiar la tendencia saliente relativa de los grupos carboxilo y fenilo en el intermediario tetraédrico del problema 11?

PROBLEMA 13

Que el sustituyente *orto*-carboxilo actúe como catalizador básico general intramolecular o como catalizador nucleofílico intramolecular se puede determinar con la hidrólisis de la aspirina con agua marcada con ^{18}O y determinando si el ^{18}O se incorpora al fenol sustituido con carboxilo en *orto*. Explique los resultados que se obtendrían con los dos tipos de catálisis.

La siguiente reacción, donde el Ni^{2+} cataliza la hidrólisis del éster es un ejemplo de catálisis intramolecular con ion metálico:

Epoxidación 3

El ion metálico forma complejo con un oxígeno y un nitrógeno del reactivo y también con una molécula de agua. El ion metálico aumenta la rapidez de la reacción porque posiciona a la molécula de agua y la convierte en hidróxido unido a metal, con lo cual incrementa su nucleofilia.

23.8 Catálisis en reacciones biológicas

En esencia, todas las reacciones orgánicas que se efectúan en los sistemas biológicos requieren catalizador. La mayor parte de los catalizadores biológicos son **enzimas,** que son proteínas globulares (sección 22.1), aunque se conocen algunos catalizadores de ARN (página 1063). Cada reacción biológica está catalizada por una enzima diferente. Las enzimas son catalizadores de extraordinaria eficiencia; pueden aumentar la rapidez de una reacción intermolecular hasta en 10^{16}. En contraste, rara vez se logran aumentos con catalizadores no biológicos en reacciones intermoleculares que sean mayores de 10,000 veces.

El reactivo de una reacción catalizada por enzima se llama **sustrato**. La enzima tiene una bolsa o cavidad llamada **sitio activo**. En forma específica, el sustrato entra en el sitio activo y se une a él (figura 23.4, página 1080).

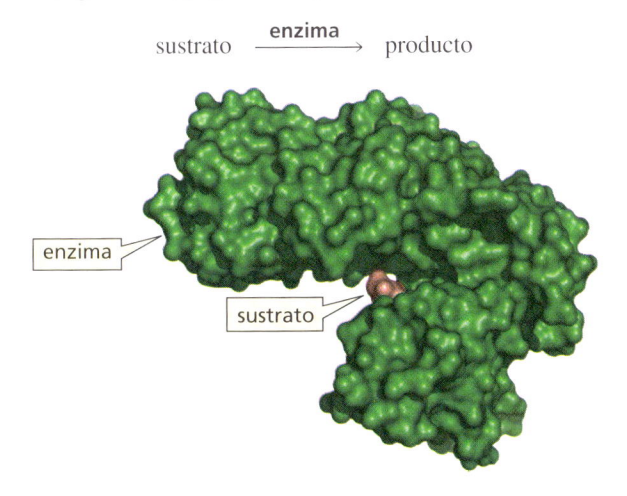

$$\text{sustrato} \xrightarrow{\text{enzima}} \text{producto}$$

Todos los pasos de formación y ruptura de enlaces de la reacción se efectúan mientras el sustrato se halla unido al sitio activo. Las enzimas difieren de los catalizadores no biológicos porque son específicas del sustrato cuya reacción catalizan (sección 5.21). Sin embargo, todas las enzimas no presentan el mismo grado de especificidad. Algunas son específicas para un solo compuesto y no toleran ni siquiera la mínima variación en su estructura, mientras que otras catalizan la reacción de una familia de compuestos con estructuras relacionadas. La especificidad de una enzima hacia su sustrato es un ejemplo del fenómeno llamado **reconocimiento molecular**, la capacidad de una molécula para reconocer a otra (sección 21.0).

La especificidad de una enzima se debe a su conformación y a las cadenas laterales del aminoácido particular (sustituyentes en α) que se encuentren en el sitio activo (sección 22.1). Por ejemplo, un aminoácido con una cadena lateral con carga negativa puede asociarse con un grupo en el sustrato con carga positiva; una cadena lateral de aminoácido con donador de puente de hidrógeno se puede asociar con un aceptor de puente de hidrógeno en el sustrato, y una cadena lateral hidrofóbica de aminoácido puede asociarse con grupos hidrofóbicos en el sustrato.

Emil Fischer propuso, en 1894, el **modelo de cerradura y llave** para explicar la especificidad de una enzima hacia su sustrato; en el modelo se relacionaba la especificidad de una enzima hacia su sustrato con la especificidad de una cerradura hacia una llave con la forma correcta.

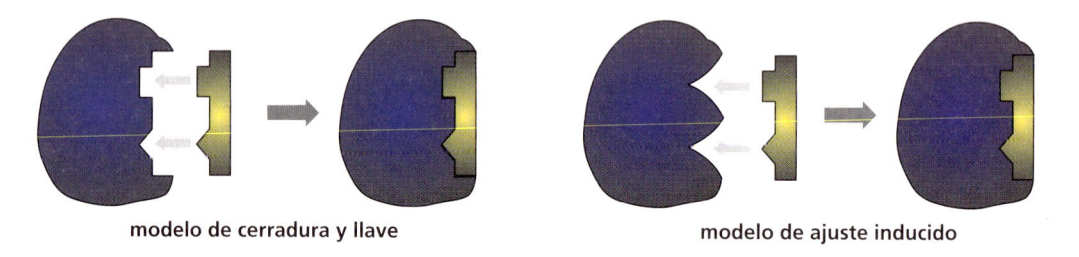

modelo de cerradura y llave   modelo de ajuste inducido

La energía liberada como resultado de unir el sustrato a la enzima se puede usar para inducir un cambio en la conformación de la enzima que cause una unión más precisa entre el sustrato y el sitio activo. Este cambio de conformación de la enzima se llama ajuste inducido. En el **modelo de ajuste inducido**, la forma del sitio activo no se vuelve totalmente complementaria de la forma del sustrato sino hasta que la enzima se enlaza con el sustrato. En la figura 23.4 se muestra un ejemplo de ajuste inducido. La estructura tridimensional de la enzima hexocinasa se ve antes y después de unirse a la glucosa, que es su sustrato; nótese el cambio de conformación que se suscita al unirse al sustrato.

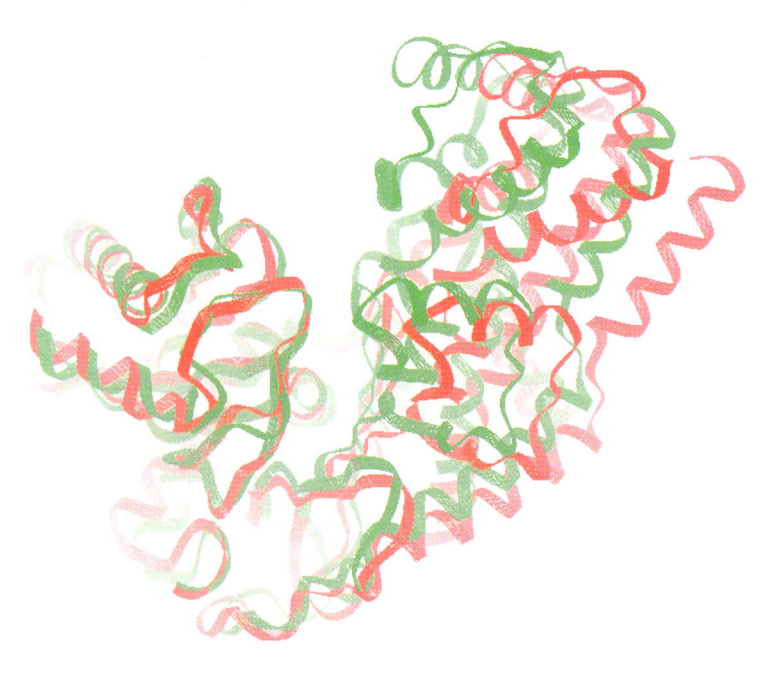

Figura 23.4 ▶
Estructura de la hexocinasa antes de unirse a su sustrato; se muestra en rojo. Dicha estructura, después de unirse a su sustrato, se muestra en verde.

Hay varios factores que contribuyen a la notable capacidad catalítica de las enzimas. Algunos de los más importantes son:

- En el sitio activo, los grupos reaccionantes se aproximan con la orientación correcta para reaccionar. Lo anterior es análogo a la forma en que la posición correcta de los grupos reaccionantes aumenta la rapidez de las reacciones intramoleculares (sección 23.6).
- Algunas de las cadenas laterales de aminoácidos sirven como catalizador y muchas enzimas también cuentan con iones metálicos en su sitio activo que funcionan como catalizadores. Estas especies se colocan en la posición relativa al sustrato, exactamente donde se necesitan para la catálisis. Este factor es análogo a la forma en que la catálisis intramolecular por ácidos, bases y iones metálicos puede aumentar la rapidez de reacción (sección 23.7).
- Las cadenas laterales de aminoácidos pueden estabilizar los estados de transición e intermediarios mediante interacciones de van der Waals, interacciones electrostáticas y puentes de hidrógeno, lo cual hace más fácil su formación (figura 23.1b).

Al examinar algunos ejemplos de reacciones catalizadas por enzimas se debe notar que los grupos funcionales en las cadenas laterales de la enzima son los mismos que se acostumbra ver en los compuestos orgánicos simples y los modos de catálisis que emplean las enzimas son iguales que los que se utilizan en las reacciones orgánicas. La notable capacidad catalítica de las enzimas se debe, en parte, a su capacidad de usar varios modos de catálisis en la misma reacción. Hay otros factores, además de los que se mencionaron arriba, que pueden contribuir a la mayor rapidez de las reacciones catalizadas por enzimas, pero no todos son empleados por cada enzima. Se examinarán algunos de tales factores de aumento de la rapidez cuando se describan las enzimas individuales.

23.9 Reacciones catalizadas por enzimas

Ahora se examinarán los mecanismos de cinco reacciones catalizadas por enzima para comprender la forma en que las cadenas laterales de los aminoácidos en el sitio activo funcionan como grupos catalíticos. Al examinar estas reacciones, obsérvese su parecido con el de las reacciones que se estudiaron con los compuestos orgánicos. Si el lector regresa a las secciones mencionadas en este capítulo, comprobará que gran parte de la química orgánica que aprendió se aplica a las reacciones de compuestos del mundo biológico.

Mecanismo de la carboxipeptidasa A

Los nombres de la mayoría de las enzimas terminan en "asa" y el resto del nombre indica la reacción que catalizan. Por ejemplo, la carboxipeptidasa A cataliza la hidrólisis del péptido C-terminal (carboxi-terminal) en péptidos y proteínas, de las cuales libera el aminoácido C-terminal (sección 22.13).

La carboxipeptidasa A es una *metaloenzima*, es decir, una enzima que contiene un ion metálico firmemente unido. El ion metálico de la carboxipeptidasa A es Zn^{2+}. La carboxipeptidasa A es una de varios cientos de enzimas conocidas por contener zinc. En la carboxipeptidasa A del páncreas de bovino, el Zn^{2+} está unido a la enzima en su sitio activo, donde forma un complejo con Glu 72, His 196 e His 69, y también con una molécula de agua (figura 23.5). (La fuente de la enzima se especifica porque, aunque las carboxipeptidasas A de distintas fuentes siguen el mismo mecanismo, presentan estructuras primarias ligeramente distintas).

1082 CAPÍTULO 23 Catálisis

Reacción general

▲ **Figura 23.5**
Mecanismo propuesto para la hidrólisis de un enlace peptídico catalizada por carboxipeptidasa A.

Tutorial del alumno:
Mecanismo: carboxipeptidasa A
(Mechanism: Carboxypeptidase A)

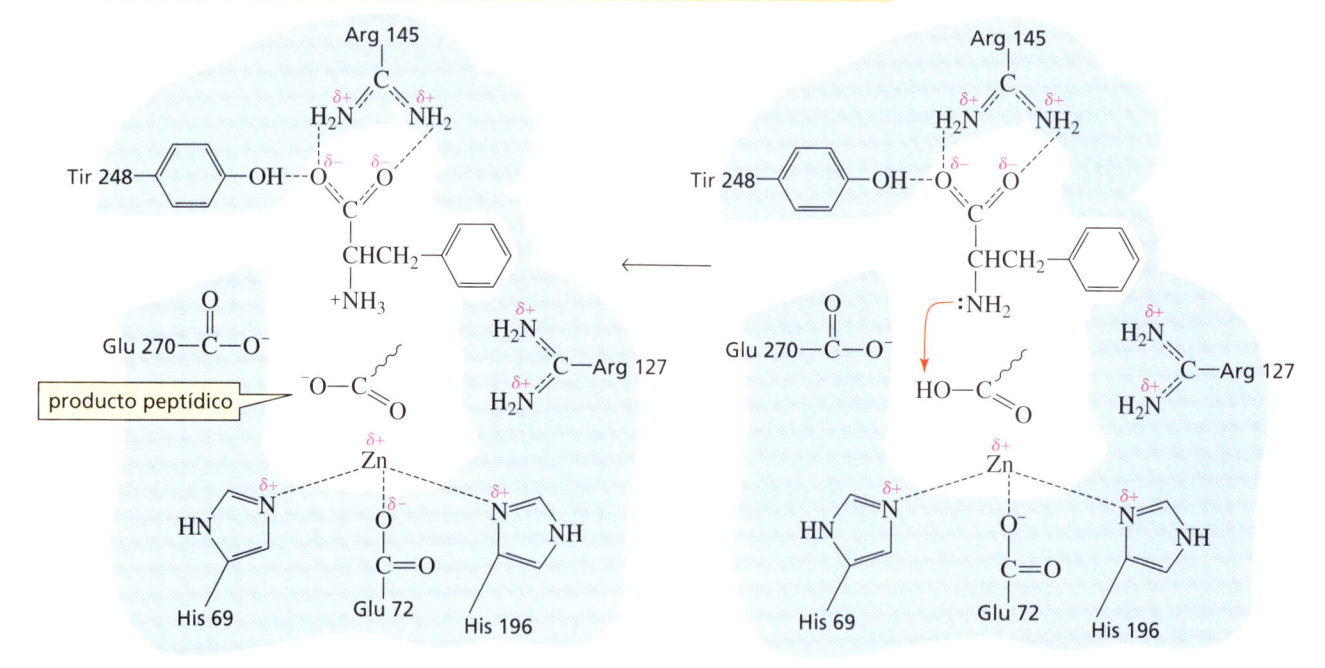

Varios grupos en el sitio activo de la carboxipeptidasa A participan en la unión con el sustrato en la posición óptima para la reacción (figura 23.5). Arg 145 forma dos puentes de hidrógeno y Tir 248 forma un puente de hidrógeno con el grupo carboxilo C-terminal del sustrato. (En este ejemplo, el aminoácido C-terminal es fenilalanina). La cadena lateral del aminoácido C-terminal queda en posición dentro de una bolsa hidrofóbica y es la causa de que la carboxipeptidasa A resulte inactiva si el aminoácido C-terminal es arginina o lisina. Según parece, las cadenas laterales largas y con carga positiva de tales residuos de aminoácidos (tabla 22.2) no pueden caber en la bolsa apolar. La reacción se efectúa como sigue:

- Cuando el sustrato se enlaza con el sitio activo, el Zn^{2+} forma parcialmente un complejo con el oxígeno del grupo carbonilo de la amida que será hidrolizado (figura 23.5). El Zn^{2+} polariza el enlace doble carbono-oxígeno y hace que el carbono del grupo carbonilo sea más susceptible al ataque nucleofílico y estabilice la carga negativa que aparece en el átomo de oxígeno en el estado de transición que lleva al intermediario tetraédrico. También, la Arg 127 aumenta la electrofilia del grupo carbonilo y estabiliza la carga negativa que se forma en el átomo de oxígeno en el estado de transición. Asimismo el Zn^{2+} forma complejo con el agua y al hacerlo la vuelve mejor nucleófilo. El Glu 270 funciona como catalizador básico y aumenta más la nucleofilia del agua.
- En el segundo paso de la reacción, el Glu 270 funciona como catalizador ácido y aumenta la tendencia saliente del grupo amino. Cuando la reacción concluye, el residuo de aminoácido (en este ejemplo, fenilalanina) y el péptido que presenta un residuo de aminoácido menos se disocian de la enzima y otra molécula del sustrato se une al sitio activo. Se ha sugerido que la interacción electrostática desfavorable entre el grupo carboxilo, con carga negativa, del péptido producto y el residuo Glu 270, con carga negativa, facilita la liberación del producto de la enzima.

Nótese que en estas reacciones catalizadas por enzima, la catálisis ácida y básica que sucede es catálisis ácida general y catálisis básica general (secciones 23.2 y 23.3). Los protones se eliminan y ceden durante (y no antes) los demás procesos de formación y ruptura de enlaces. Al pH fisiológico (7.3) hay disponible una concentración demasiado pequeña ($\sim 1 \times 10^{-7}$ M) de H^+ para que haya catálisis ácida específica, o de $HO:^-$ para que haya catálisis básica específica.

PROBLEMA 14   RESUELTO

¿Cuáles de las siguientes cadenas laterales de aminoácidos pueden ayudar a eliminar un grupo saliente protonándolo?

$-CH_2CH_2SCH_3$ $-CH(CH_3)_2$ $-CH_2-\text{(imidazol-NH}^+\text{)}$ $-CH_2COH$ (con =O)

1   2   3   4

Solución Las cadenas laterales **1** y **2** carecen de un protón ácido, por lo que no pueden ayudar a la eliminación de un grupo saliente. Las cadenas laterales **3** y **4** tienen un protón ácido cada una y pueden contribuir a la eliminación de un grupo saliente.

PROBLEMA 15◆

¿Cuáles de las siguientes cadenas laterales de aminoácidos pueden ayudar a eliminar un protón del carbono α en un aldehído?

$-CH_2CNH_2$ (con =O) $-\text{(fenil)}-O^-$ $-CH_2-\text{(imidazol)}$ $-CH_2CO^-$ (con =O)

1   2   3   4

PROBLEMA 16◆

¿Cuál de los siguientes enlaces peptídicos C-terminales se rompería con más facilidad con la carboxipeptidasa A?

Ser-Ala-Fen   o   Ser-Ala-Asp

Explique su elección.

PROBLEMA 17

La carboxipeptidasa A presenta actividad de esterasa y también de peptidasa. En otras palabras, el compuesto puede hidrolizar enlaces éster y también enlaces peptídicos. Cuando la carboxipeptidasa A hidroliza los enlaces de los ésteres, el Glu 270 actúa como catalizador nucleofílico y no como catalizador básico general. Proponga un mecanismo para la hidrólisis de un enlace éster catalizada por carboxipeptidasa A.

Mecanismo de las serina proteasas

La tripsina, quimotripsina y elastasa son miembros de un gran grupo de *endopeptidasas*, que se llaman serina proteasas en forma colectiva. Recuérdese que una endopeptidasa rompe un enlace peptídico que no esté al final de una cadena de péptido (sección 22.13). Se llaman *proteasas* porque catalizan la hidrólisis de enlaces peptídicos en las proteínas. Se llaman *serina proteasas* porque todas ellas presentan un residuo de serina en el sitio activo que participa en la catálisis.

Las diversas serina proteasas tienen estructuras primarias parecidas, lo que parece indicar que guardan relación evolutiva. Todas tienen tres residuos catalíticos idénticos en el sitio activo: un aspartato, una histidina y una serina, pero se diferencian en una característica importante: la composición de la cavidad en el sitio activo que se une a la cadena lateral del residuo de aminoácido que sufre la hidrólisis (figura 23.6). Esta cavidad es la que proporciona a las serina proteasas sus distintas especificidades (sección 22.13).

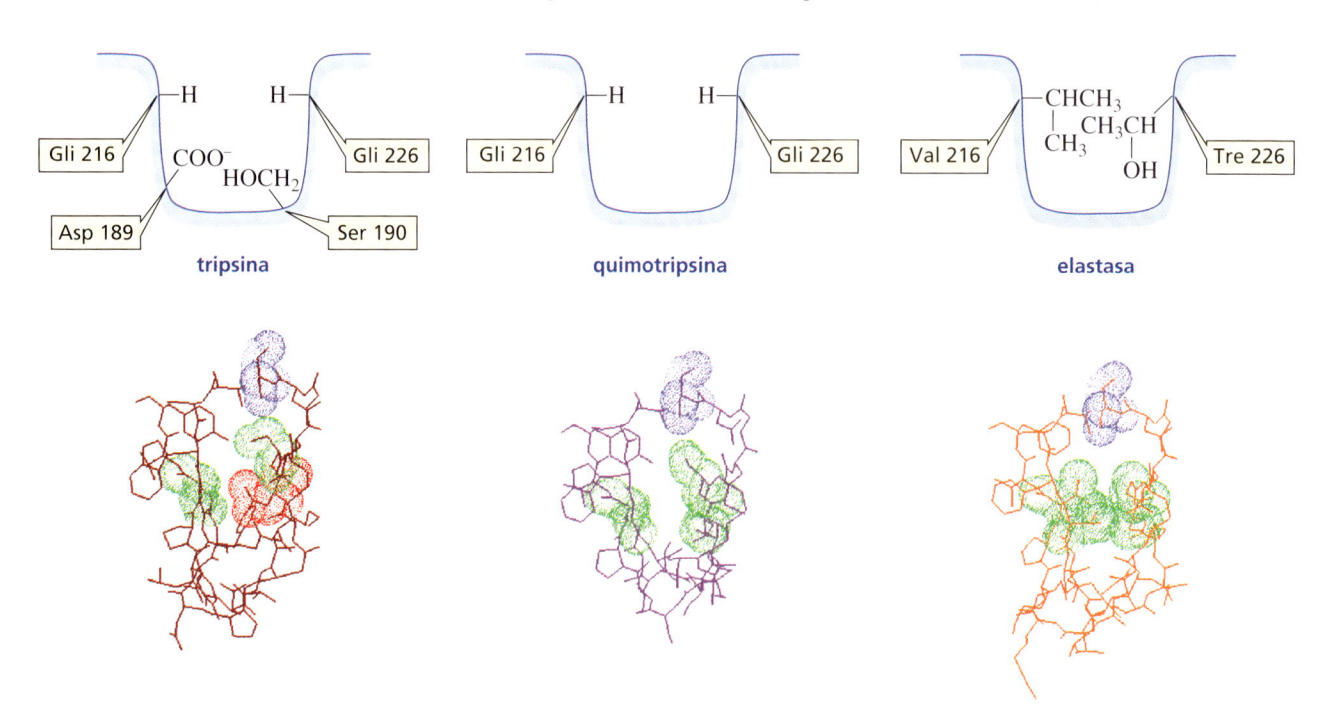

▲ **Figura 23.6**
Cavidad de enlace en tripsina, quimotripsina y elastasa. El aspartato, con carga negativa, se representa en rojo y los aminoácidos relativamente apolares se representan en verde. Las estructuras de las cavidades de enlace explican por qué la tripsina se une con aminoácidos largos y de carga positiva, la quimotripsina se une a aminoácidos planos y apolares, y la elastasa sólo se une a aminoácidos pequeños.

La cavidad en la tripsina es angosta y presenta un grupo serina y un carboxilo de aspartato con carga negativa en su fondo. La forma y la carga de la cavidad de unión determinan que se enlace con cadenas laterales de aminoácidos largos con carga positiva (Lis y Arg) y es la causa de que la tripsina hidrolice enlaces peptídicos en el lado C de residuos de arginina y lisina. La cavidad de la quimotripsina es angosta, y está recubierta con aminoácidos apolares, por lo que esta enzima rompe aminoácidos que tengan cadenas laterales planas y apolares (Fen, Tir, Trp) en su lado C. En la elastasa, dos glicinas en los lados de la cavidad de la tripsina y quimotripsina se sustituyen por residuos de valina y treonina, relativamente voluminosos. En consecuencia, sólo los aminoácidos pequeños pueden tener entrada en la cavidad. Así, la elastasa hidroliza enlaces peptídicos en el lado C de aminoácidos pequeños (Gli y Ala).

El mecanismo de la hidrólisis de un enlace peptídico catalizada por quimotripsina bovina se muestra en la figura 23.7. Las demás serina proteasas siguen el mismo mecanismo. La reacción procede como sigue:

- Como consecuencia de unirse con la cadena lateral plana y apolar en la cavidad, el enlace de amida que se va a hidrolizar se coloca muy próximo a la Ser 195. La His 57 funciona como catalizador básico aumentando la nucleofilia de la serina, que ataca al grupo carbonilo. Este proceso es auxiliado por Asp 102, que usa su carga negativa para estabilizar la carga positiva que resulta en la His 57 y para posicionar el anillo de cinco miembros de tal manera que su átomo básico de nitrógeno quede cerca del OH de la serina. La estabilización de una carga por una carga opuesta se llama **catálisis electrostática**. La formación de un intermediario tetraédrico causa un pequeño cambio en la conformación de la proteína, que permite que el oxígeno con carga negativa se deslice en un área previamente desocupada del sitio activo llamada *cavidad de oxianión*. Una vez en la cavidad de oxianión, el oxígeno con carga negativa puede formar puente de hidrógeno con dos grupos peptídicos (Gli 193 y Ser 195), con lo que el intermediario tetraédrico se estabiliza.

- En el siguiente paso, el intermediario tetraédrico se colapsa y expulsa al grupo amino. Es un grupo fuertemente básico que no se puede expulsar sin la participación de His 57, la cual actúa como catalizador ácido. El producto del segundo paso es un **intermediario acilo-enzima** porque el grupo serina de la enzima se aciló. (Se le agregó un grupo acilo).

- El tercer paso es igual que el primero, excepto que el nucleófilo es agua y no serina. El agua ataca al grupo acilo del intermediario acilo-enzima con His 57 como catalizador básico para aumentar la nucleofilia del agua y Asp 102 que estabiliza el residuo de histidina, con carga positiva.

- En el paso final de la reacción el intermediario tetraédrico se colapsa y expulsa serina. En este paso, la His 57 funciona como catalizador ácido y aumenta la capacidad saliente de la serina.

El mecanismo para la hidrólisis catalizada por quimotripsina demuestra la importancia de la histidina como grupo catalítico. Como el pK_a del anillo de imidazol de la histidina (pK_a = 6.0) se acerca a la neutralidad, la histidina puede funcionar como catalizador ácido o como catalizador básico al pH fisiológico.

Gran parte de la información sobre la relación entre la estructura de una proteína y su función se ha determinado mediante **mutagénesis específica del sitio**, técnica que sustituye un aminoácido por otro en una proteína. Por ejemplo, cuando se reemplaza Asp 102 de la quimotripsina por Asn 102, no cambia la capacidad de la enzima para unirse con el sustrato, pero su capacidad de catalizar la reacción disminuye a menos de 0.05% del valor de la enzima nativa. Es claro que en el proceso catalítico debe intervenir el Asp 102. Se acaba de describir que su papel es posicionar la histidina y usar su carga negativa para estabilizar la carga positiva de la histidina.

Tutorial del alumno:
Mecanismo de la serina proteasa
(Serine protease mechanism)

```
    —CH—                    —CH—
      |                        |
     CH₂                      CH₂
      |                        |
     C=O                      C=O
      |                        |
     O⁻                       NH₂
```

cadena lateral de un residuo de aspartato　　　cadena lateral de un residuo de asparagina
(Asp)　　　　　　　　　　　　　　　　　　　　　　　　　　(Asn)

1086 CAPÍTULO 23 Catálisis

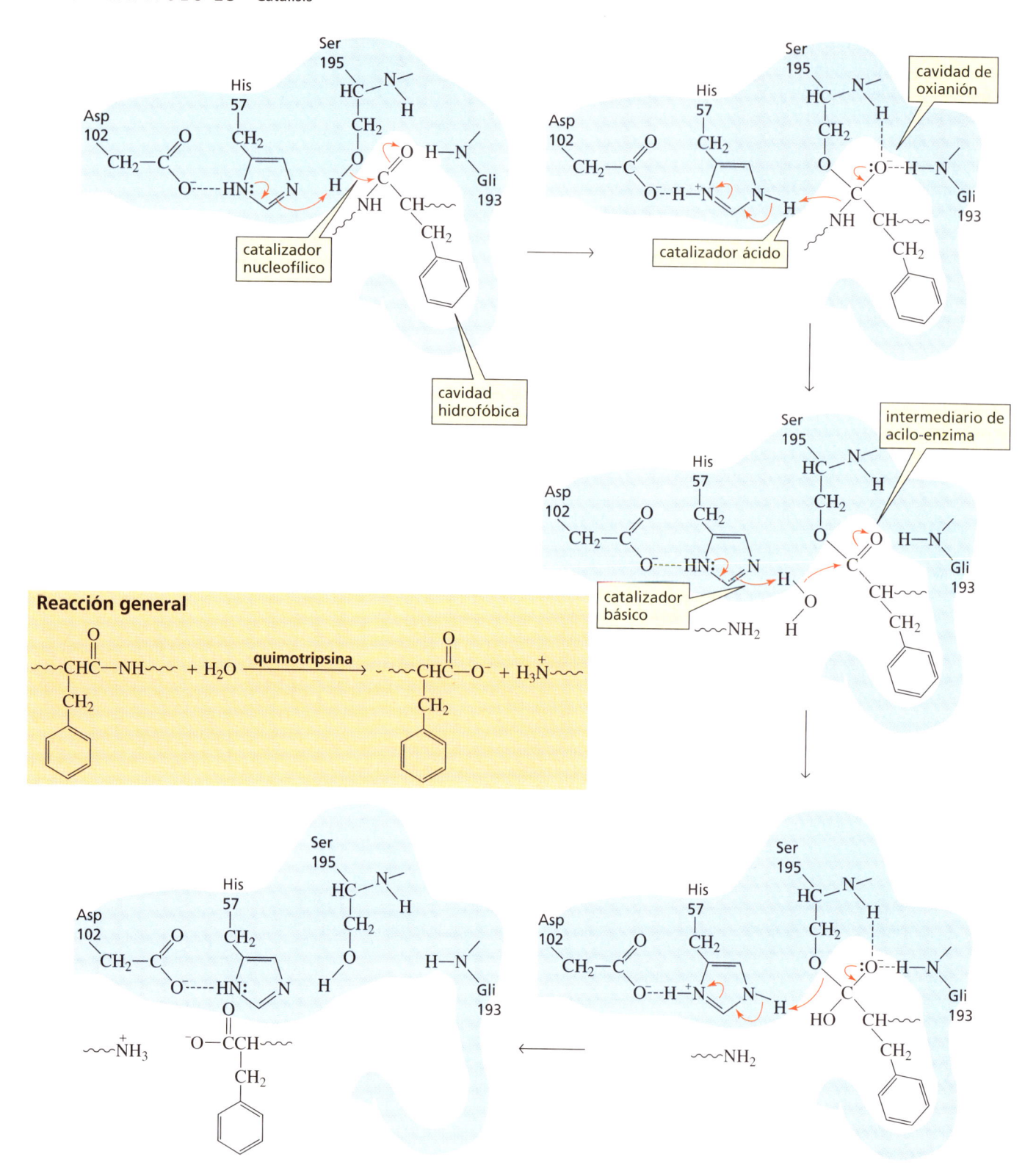

Reacción general

$$\sim\!\!\text{CHC}-\text{NH}\!\!\sim + H_2O \xrightarrow{\text{quimotripsina}} \sim\!\!\text{CHC}-O^- + H_3\overset{+}{N}\!\!\sim$$
(con grupos CH₂–fenilo)

▲ **Figura 23.7**
Mecanismo propuesto para la hidrólisis de un enlace peptídico catalizada por quimotripsina.

PROBLEMA 18◆

Las cadenas laterales de arginina y lisina caben en la cavidad de unión de la tripsina. Una de esas cadenas laterales forma un puente de hidrógeno directo con la serina y uno indirecto (mediado por una molécula de agua) con aspartato. La otra cadena lateral forma puentes de hidrógeno directos con serina y aspartato. ¿Cuál cadena es cuál?

PROBLEMA 19

Las serina proteasas no catalizan la hidrólisis si el aminoácido en el sitio de hidrólisis es D. Por ejemplo, la tripsina rompe en el lado C de la L-Arg y la L-Lis, pero no en el lado C de la D-Arg y la D-Lis. Explique por qué.

Mecanismo de la lisozima

La lisozima es una enzima que destruye las paredes celulares bacterianas. Estas paredes celulares están formadas por unidades alternadas de ácido *N*-acetilmurámico (NAM) y *N*-acetilglucosamina (NAG) unidas por enlaces β-1,4′-glicosídicos (sección 21.17). La lisozima destruye la pared celular catalizando la hidrólisis del enlace NAM-NAG.

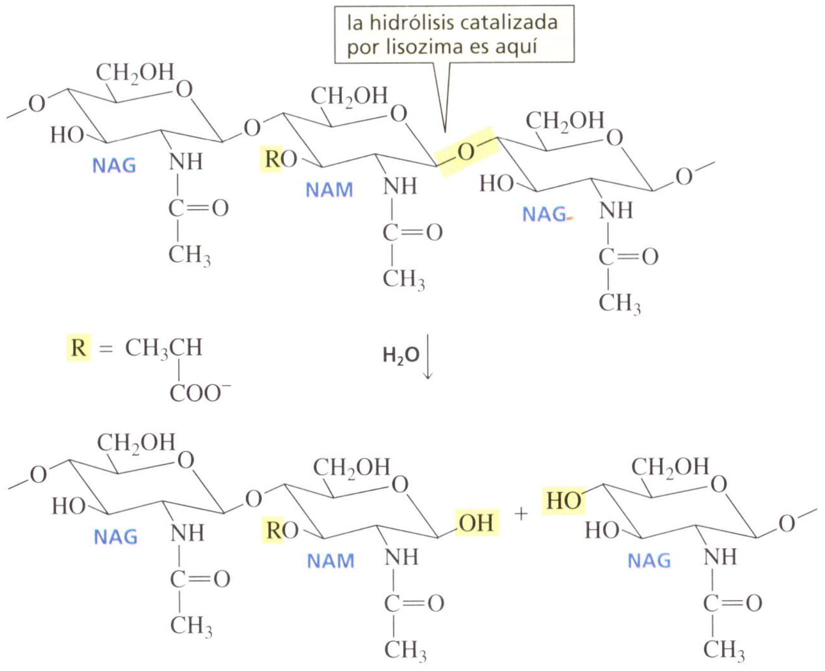

El sitio activo de la lisozima de clara de huevo de gallina se une a seis residuos de azúcar del sustrato. Los numerosos residuos de aminoácidos que intervienen en la unión con el sustrato en posición correcta en el sitio activo se ilustran en la figura 23.8. Los seis residuos de azúcar se identifican con A, B, C, D, E y F. El sustituyente ácido carboxílico en el grupo RO del NAM no cabe en el sitio de unión para C o E. Ello implica que las unidades de NAM se deben unir en los sitios para B, D y F. La hidrólisis se lleva a cabo entre D y E.

La lisozima dispone de dos grupos catalíticos en el sitio activo: Glu 35 y Asp 52 (figura 23.9). El descubrimiento de que la reacción catalizada por enzima se efectúa reteniendo la configuración en el carbono anomérico llevó a la conclusión de que no puede ser una reacción S_N2 en un paso; debe consistir en dos reacciones S_N2 consecutivas, o en una reacción S_N1 con la enzima bloqueando una cara del ion oxocarbenio intermediario contra el ataque nucleofílico. Aunque la lisozima fue la primera enzima en la que se estudió su mecanismo

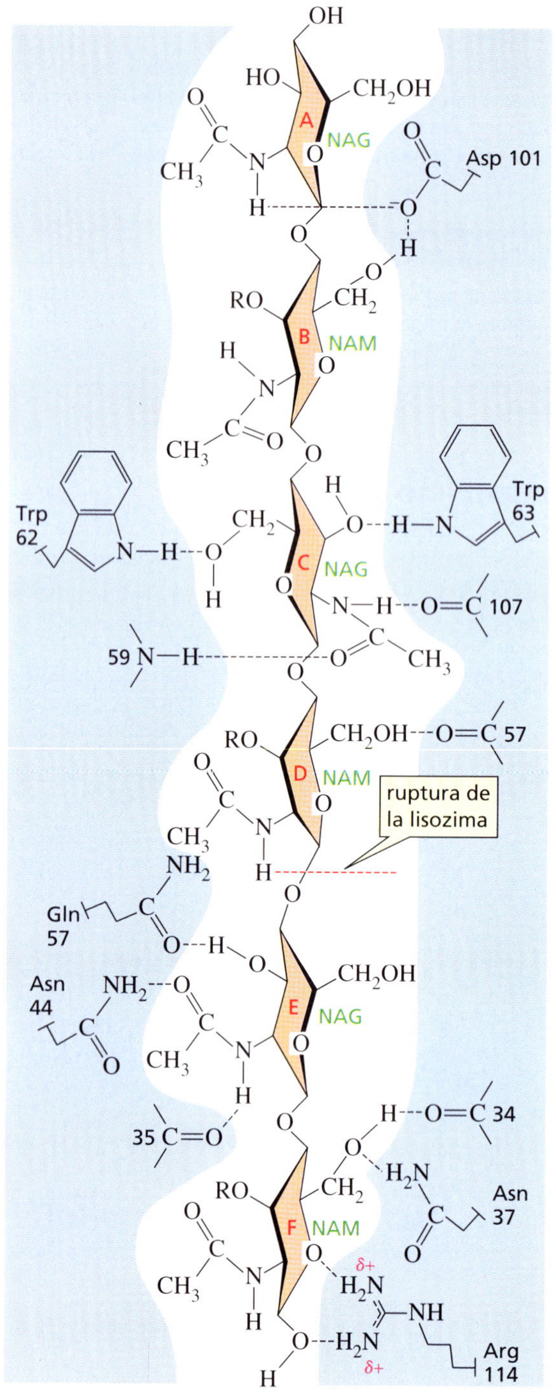

Figura 23.8 ▶
Aminoácidos en el sitio activo de la lisozima que intervienen para unirse al sustrato.

(se ha estudiado en extenso durante casi 40 años), sólo hasta fecha reciente se obtuvieron datos que respaldan el mecanismo, que consiste en dos reacciones S_N2 consecutivas, que se ve en la figura 23.9:

- En el primer paso de la reacción, el Asp 52 actúa como catalizador nucleofílico y ataca al carbono anomérico (C-1) del residuo de NAM desplazando al grupo saliente. Glu 35 actúa como catalizador ácido, protonando al grupo saliente y con ello haciéndolo una base más débil y un mejor grupo saliente. Los estudios de mutagénesis específica del sitio demuestran que, cuando se sustituye Glu 35 por Asp, la enzima sólo tiene actividad débil. Parece que el Asp no está a la distancia y formando el ángulo óptimos con el áto-

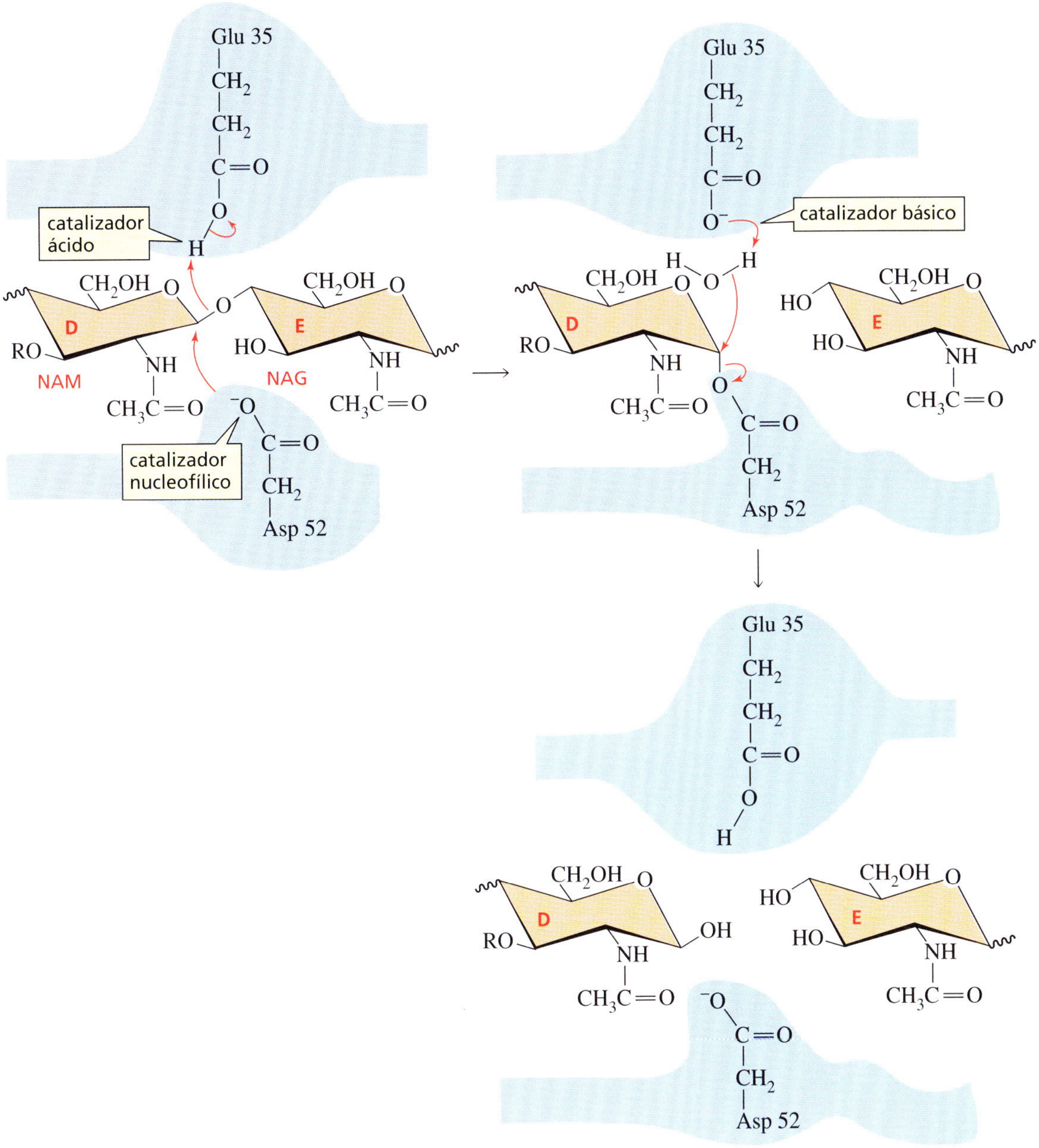

23.9 Reacciones catalizadas por enzimas

▲ **Figura 23.9**
Mecanismo propuesto para la hidrólisis de una pared celular catalizada por lisozima.

mo de oxígeno para protonarlo. Cuando se sustituye Glu 35 por Ala, aminoácido que no puede actuar como catalizador ácido, la actividad de la enzima se pierde por completo.
- En el segundo paso de la reacción, Glu 35 actúa como catalizador básico para aumentar la nucleofilia del agua.

PROBLEMA 20◆

Si se usara $H_2^{18}O$ para hidrolizar la lisozima ¿cuál anillo contendría la marca, NAM o NAG?

Una gráfica de la actividad de una enzima en función del pH de la mezcla de reacción se llama **perfil de pH-actividad**, o **perfil de pH-rapidez** (sección 17.8). El perfil de pH-actividad para la lisozima se presenta en la figura 23.10. Es una curva acampanada con la rapidez máxima más o menos al pH de 5.3. El pH al que la enzima tiene 50% de actividad es

3.8 en la rama ascendente de la curva y 6.7 en la descendente. Dichos valores de pH corresponden a los valores de pK_a de los grupos catalíticos de la enzima. (Esto es válido para todos los perfiles de pH-rapidez en forma de campana, siempre que los valores de pK_a estén al menos dos unidades aparte. Si la diferencia entre ellos es menor que dos unidades de pK_a, los valores precisos de pK_a de los grupos catalíticos se deben determinar con otros métodos).

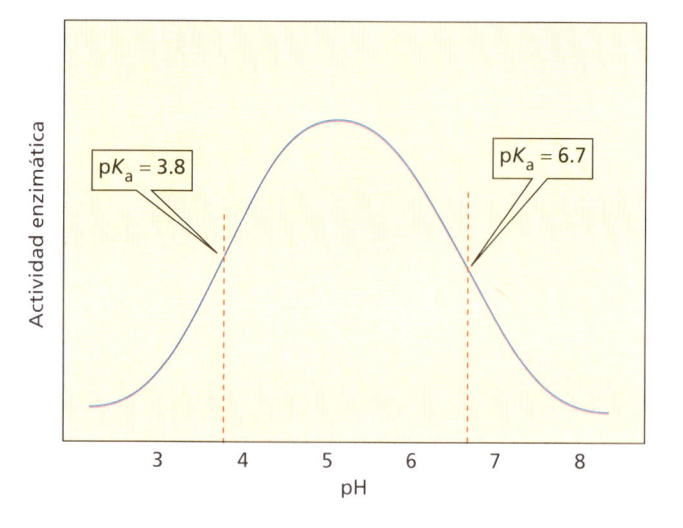

Figura 23.10 ▶
Dependencia entre la actividad de la lisozima y el pH de la mezcla de reacción.

El pK_a definido por la rama ascendente es el pK_a del grupo catalíticamente activo en su forma básica. Cuando tal grupo se halla totalmente protonado la enzima es inactiva. Al aumentar el pH de la mezcla de reacción, hay presente una fracción mayor del grupo en su forma básica y, como resultado, la enzima muestra mayor actividad. De igual modo, el pK_a definido por la rama descendente es el pK_a del grupo catalíticamente activo en su forma ácida. La actividad catalítica máxima se da cuando el grupo está totalmente protonado; la actividad disminuye al aumentar el pH porque hay una fracción mayor del grupo que carece de un protón.

De acuerdo con el mecanismo de la lisozima en la figura 23.9, se puede llegar a la conclusión de que Asp 52 es el grupo con pK_a de 3.8 y Glu 35 es el grupo con pK_a de 6.7. El perfil de pH-actividad indica que la lisozima desarrolla actividad máxima cuando Asp 52 se encuentra en su forma básica y Glu 35 se halla en su forma ácida.

La tabla 23.2, en la página 1075, muestra el pK_a del ácido aspártico, que es 3.86, y el pK_a del ácido glutámico, que es 4.25. El pK_a del Asp 52 concuerda con el pK_a del ácido aspártico, pero el pK_a de Glu 35 es mucho mayor que el pK_a del ácido glutámico. ¿Por qué el pK_a del residuo de ácido glutámico en el sitio activo de la enzima se encuentra tan por encima del pK_a que aparece en dicha tabla para el ácido glutámico? Los valores de pK_a de la tabla se determinaron en agua. En la enzima, el Asp 52 está rodeado por grupos polares, lo que significa que su pK_a debe acercarse al pK_a determinado en agua, que es un disolvente polar. Sin embargo, Glu 35 está en un microambiente predominantemente apolar, por lo que su pK_a debe ser mayor que el pK_a determinado en agua. Ya se estudió que el pK_a de un ácido carboxílico es mayor en un disolvente apolar porque hay menos tendencia a formar especies cargadas en disolventes no polares (sección 8.10).

Parte de la eficiencia catalítica de la lisozima se debe a su capacidad de proporcionar distintos ambientes de disolvente en el sitio activo. Ello permite que un grupo catalítico exista en su forma ácida en el mismo pH que rodea a un segundo grupo catalítico que existe en su forma básica. Esta propiedad es exclusiva de las enzimas; en el laboratorio no se pueden proporcionar distintos ambientes de disolvente a distintas partes de sistemas no enzimáticos.

PROBLEMA 21◆

Cuando se exponen manzanas cortadas al oxígeno, una reacción catalizada por una enzima las tornar cafés. Si se cubren con jugo de limón (pH ~ 3.5) inmediatamente después de cortarlas, se evita que cambien de color. Explique por qué sucede esto.

Mecanismo de la 6-fosfato de glucosa isomerasa

Glucólisis es el nombre asignado a la serie de reacciones catalizada por enzimas que convierten la glucosa en dos moléculas de piruvato (secciones 18.22 y 25.7). La segunda reacción en la glucólisis es de isomerización, y por medio de la misma la 6-fosfato de glucosa se convierte en 6-fosfato de fructosa. Recuérdese que la forma de cadena abierta de la glucosa es una aldohexosa, mientras que la de la fructosa es una cetohexosa. En consecuencia, la enzima que cataliza esta reacción, que es la 6-fosfato de glucosa isomerasa, convierte una aldosa en una cetosa (sección 21.5). En disolución, los azúcares predominan en sus formas cíclicas y entonces la enzima debe abrir el azúcar con anillo de seis miembros y convertirlo en uno de cinco miembros. Se sabe que la 6-fosfato de glucosa isomerasa tiene al menos tres grupos catalíticos en su sitio activo, uno que trabaja como catalizador ácido y dos que funcionan como catalizadores básicos (figura 23.11). La reacción se efectúa como sigue:

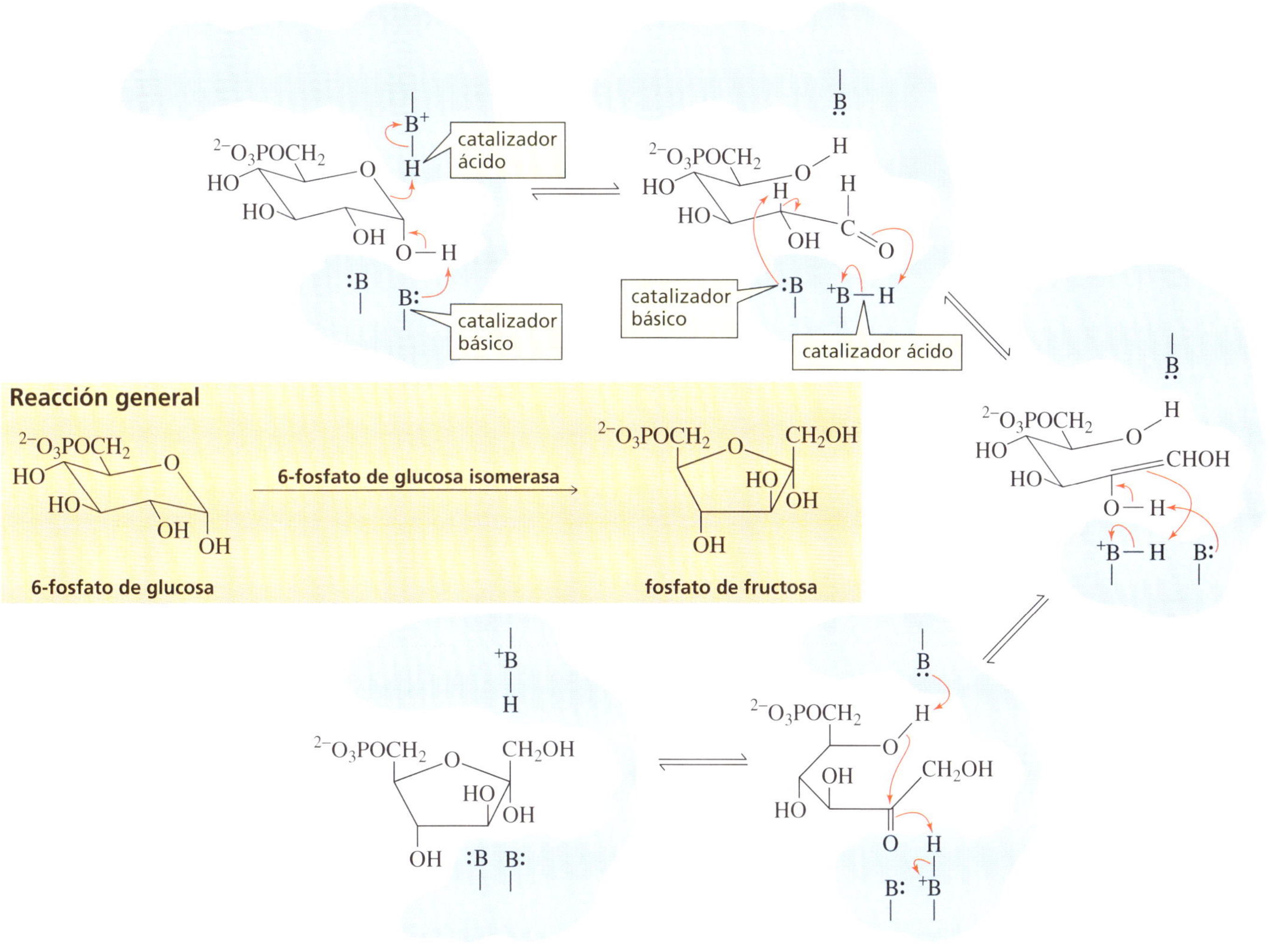

▲ **Figura 23.11**
Mecanismo propuesto para la isomerización de la 6-fosfato de glucosa a 6-fosfato de fructosa.

- El primer paso es una reacción que abre el anillo. Un catalizador básico (posiblemente una cadena lateral de histidina) elimina un protón del grupo OH y un catalizador ácido (una cadena lateral de lisina protonada) ayuda a alejarse al grupo saliente protonándolo y haciéndolo una base más débil y en consecuencia un mejor grupo saliente (sección 17.10).

- En el segundo paso de la reacción, un catalizador básico (cadena lateral de glutamato) abstrae un protón del carbono α del aldehído. Recuérdese que los hidrógenos α son relativamente ácidos (sección 18.1).

- En el siguiente paso, el enol se convierte en cetona (sección 21.5).
- En el paso final de la reacción, la base conjugada del catalizador ácido que se usó en el primer paso y el ácido conjugado del catalizador básico que se usó en el primer paso catalizan el cierre del anillo.

> **PROBLEMA 22**
>
> Cuando la glucosa sufre isomerización catalizada por base en ausencia de la enzima, resultan tres productos: glucosa, fructosa y manosa (sección 21.5). ¿Por qué no se forma manosa en la reacción catalizada por enzima?

> **PROBLEMA 23 ♦**
>
> La rama descendente del perfil de pH-rapidez para la 6-fosfato de glucosa isomerasa indica que una de las cadenas laterales de aminoácido en el sitio activo de la enzima tiene un valor de pK_a de 9.3. Indique qué cadena lateral de aminoácido es.

Mecanismo de la aldolasa

El sustrato para la primera reacción catalizada por enzima, en la serie de reacciones llamada glucólisis, es un compuesto con seis carbonos (D-glucosa). El producto final de la glucólisis son dos moléculas de un compuesto con tres carbonos (piruvato). Entonces, en algún punto de la serie de reacciones catalizadas por enzima debe romperse un compuesto de seis carbonos y formar dos compuestos con tres carbonos. La enzima *aldolasa* cataliza esta ruptura (figura 23.12). La aldolasa convierte a la 1,6-difosfato de fructosa en 3-fosfato de gliceraldehído y dihidroxiacetona fosfato. La enzima se llama aldolasa porque la reacción inversa es una de adición aldólica (secciones 18.12 y 18.22). La reacción se efectúa como sigue:

- En el primer paso de la reacción catalizada por aldolasa, la 1,6-difosfato de fructosa forma una imina con un residuo de lisina en el sitio activo de la enzima (sección 17.8).
- Un residuo de tirosina funciona como catalizador básico en el paso que rompe el enlace entre el C-3 y el C-4. En este paso se forma una molécula de 3-fosfato de gliceraldehído, que se disocia de la enzima.
- La enamina intermedia se reordena y forma una imina y el residuo de tirosina funciona entonces como catalizador ácido.
- La hidrólisis de la imina libera dihidroxiacetona fosfato, el otro producto de tres carbonos.

> **PROBLEMA 24 ♦**
>
> ¿Cuáles de las siguientes cadenas laterales de aminoácidos pueden formar una imina con el sustrato?
>
> $$\underset{1}{-CH_2\overset{O}{\overset{\|}{C}}NH_2} \quad \underset{2}{-(CH_2)_4NH_2} \quad \underset{3}{-(CH_2)_3NH\overset{NH}{\overset{\|}{C}}NH_2} \quad \underset{4}{-CH_2OH}$$

> **PROBLEMA 25 ♦**
>
> Proponga un mecanismo para la ruptura de 1,6-difosfato de fructosa catalizada por aldolasa si no formara una imina con el sustrato. ¿Cuál es la ventaja que se gana con la formación de la imina?

> **PROBLEMA 26**
>
> En la glucólisis ¿por qué debe isomerizarse la 6-fosfato de glucosa a 6-fosfato de fructosa para que tenga lugar la reacción de ruptura con la aldolasa? (Véase la página 1150).

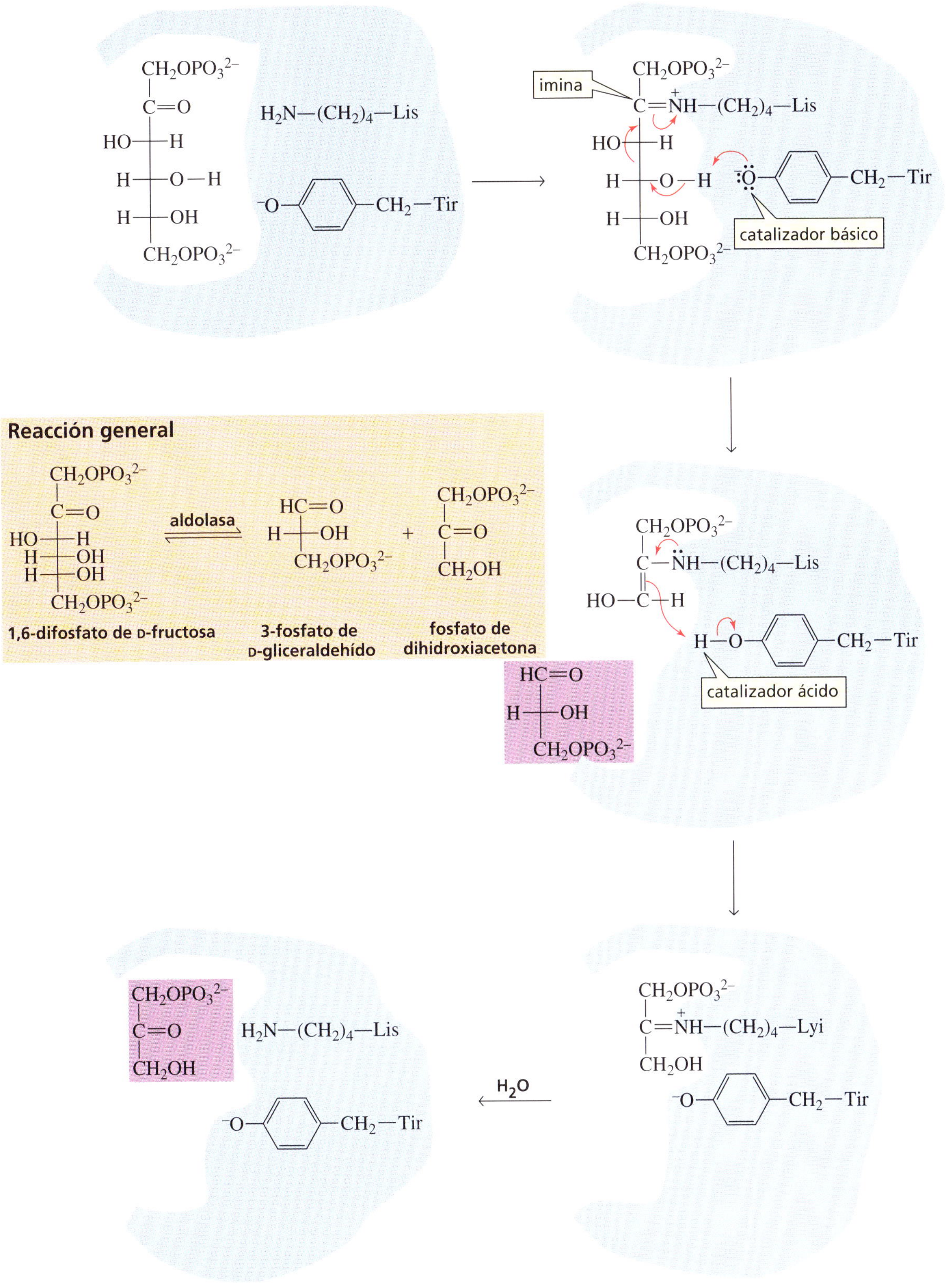

▲ Figura 23.12
Mecanismo propuesto para la ruptura de la 1,6-difosfato de fructosa catalizada por aldolasa para formar 3-fosfato de gliceraldehído y dihidroxiacetona fosfato.

PROBLEMA 27◆

La aldolasa no presenta actividad si se incuba con ácido yodoacético antes de agregar 1,6-difosfato de fructosa a la mezcla de reacción. Sugiera qué podría causar la pérdida de actividad.

RESUMEN

Un **catalizador** aumenta la rapidez de una reacción química, pero no se consume ni se modifica en la reacción; cambia la rapidez a la que se forma un producto, pero no altera la cantidad de producto que se forma en el equilibrio. Un catalizador debe aumentar la rapidez de un paso lento. Lo hace suministrando una ruta con menor $\Delta G^{\ddagger}$, sea convirtiendo el reactivo en una especie menos estable o haciendo más estable el estado de transición o cambiando por completo el mecanismo de la reacción. Los catalizadores proporcionan rutas más favorables de reacción en diversas formas, como aumentar la susceptibilidad de un electrófilo al ataque nucleofílico, aumentar la reactividad de un nucleófilo y aumentar la capacidad saliente de un grupo.

Un **catalizador nucleofílico** aumenta la rapidez de una reacción al actuar como nucleófilo: forma un compuesto intermediario por formación de un enlace covalente con un reactivo. A la estabilización de una carga por una carga opuesta se le llama **catálisis electrostática**. Un catalizador ácido aumenta la rapidez de una reacción por donar un protón a un reactivo. Hay dos tipos de catálisis ácida: en la **catálisis ácida específica**, el protón se transfiere antes del paso lento de la reacción; en la **catálisis ácida general**, el protón se transfiere durante el paso lento. Un **catalizador básico** aumenta la rapidez de una reacción al abstraer un protón del reactivo. Hay dos tipos de catálisis básica: en la **catálisis básica específica** el protón se abstrae por completo del reactivo antes del paso lento de la reacción; en la **catálisis básica general**, el protón se abstrae durante el paso lento.

Un **ion metálico** puede aumentar la rapidez de una reacción haciendo que un centro de reacción sea más receptivo a los electrones o al determinar que un grupo saliente sea una base más débil o aumentando la nucleofilia del agua. Un **catalizador electrofílico** es un ion metálico con el mismo efecto catalítico que el de un protón.

La rapidez de una reacción química está determinada por la cantidad de colisiones entre dos moléculas o entre dos constituyentes intramoleculares que tengan la energía suficiente y la orientación adecuada en determinado periodo de tiempo. Una **reacción intramolecular** que forme un anillo con cinco o seis miembros se efectúa con más facilidad que la reacción intermolecular análoga porque aumenta la probabilidad tanto de la frecuencia de los choques como de que haya choques con la orientación correcta. La **molaridad efectiva** es la concentración de reactivo que se necesitaría para que la reacción intermolecular correspondiente tuviera la misma rapidez que la reacción intramolecular. Cuando un catalizador es parte de la molécula reaccionante, se dice que se trata de una **catálisis intramolecular**; son posibles la catálisis nucleofílica intramolecular, catálisis ácida general o básica general intramolecular y la catálisis intramolecular con ion metálico.

En esencia, todas las reacciones orgánicas que suceden en los sistemas biológicos requieren un catalizador. La mayor parte de los catalizadores biológicos son **enzimas**. El reactivo de una reacción catalizada por enzima se llama **sustrato**. El sustrato se une en forma específica al **sitio activo** de la enzima y todos los pasos de la reacción, de formación y ruptura de enlaces, suceden mientras se encuentra en el sitio. La especificidad de una enzima hacia su sustrato es un ejemplo de **reconocimiento molecular**. El cambio de conformación de la enzima cuando se une al sustrato se llama **ajuste inducido**.

Hay dos factores importantes que contribuyen a la notable capacidad catalítica de las enzimas, que son que acercan a los grupos reaccionantes en el sitio activo, con la orientación correcta para la reacción, y que las cadenas laterales y un ion metálico en el caso de algunas enzimas están en la posición correcta en relación con el sustrato, precisamente donde se necesitan para la catálisis. Se ha obtenido información acerca de la relación entre la estructura de una proteína y su función por **mutagénesis específica del sitio**. Un **perfil de pH-rapidez** es una gráfica de la actividad de una enzima en función del pH de la mezcla de reacción.

TÉRMINOS CLAVE

catálisis ácida específica (pág. 1067)
catálisis ácida general (pág. 1067)
catálisis básica específica (pág. 1070)
catálisis básica general (pág. 1070)
catálisis covalente (pág. 1070)
catálisis electrostática (pág. 1085)
catálisis intramolecular (pág. 1076)
catálisis con ion metálico (pág. 1072)
catálisis nucleofílica (pág. 1070)

catalizador (pág. 1063)
catalizador ácido (pág. 1066)
catalizador básico (pág. 1069)
catalizador electrofílico (pág. 1072)
catalizador nucleofílico (pág. 1070)
enzima (pág. 1079)
intermediario acilo-enzima (pág. 1085)
modelo de ajuste inducido (pág. 1080)
modelo de cerradura y llave (pág. 1080)

molaridad efectiva (pág. 1075)
mutagénesis específica del sitio (pág. 1085)
perfil de pH-actividad (pág. 1089)
perfil de pH-rapidez (pág. 1089)
rapidez relativa (pág. 1074)
reconocimiento molecular (pág. 1080)
sitio activo (pág. 1079)
sustrato (pág. 1079)

PROBLEMAS

28. ¿Cuál de los dos compuestos siguientes eliminaría HBr con mayor rapidez en disoluciones básicas?

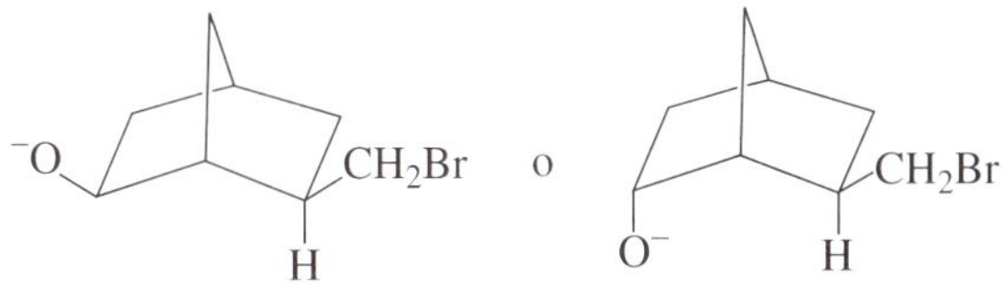

29. ¿Cuál compuesto formará una lactona con mayor rapidez?

a.

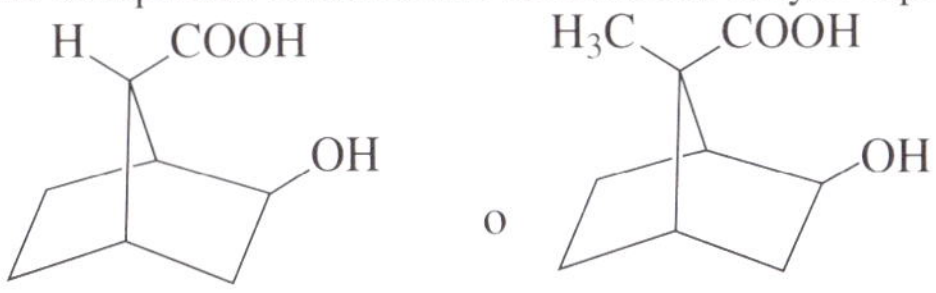

b.

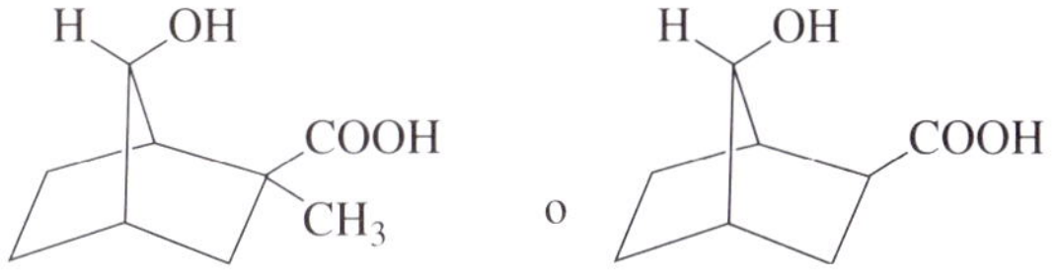

30. ¿Cuál compuesto formará un anhídrido con mayor rapidez?

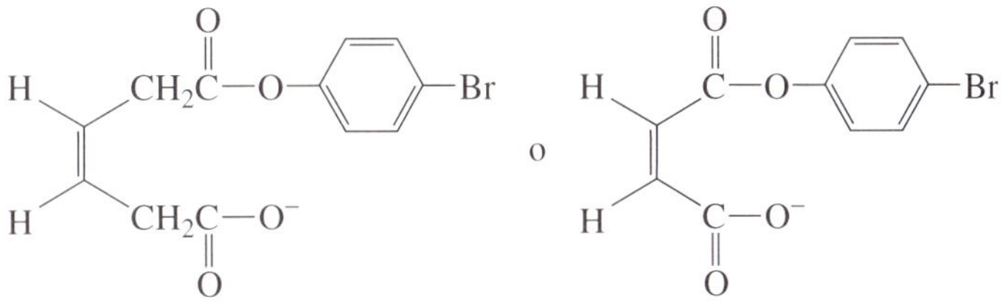

31. ¿Cuál compuesto tiene la mayor rapidez de hidrólisis: benzamida, o-carboxibenzamida, o-formilbenzamida u o-hidroxibenzamida?

32. Indique qué tipo de catálisis sucede en el paso lento de cada una de las siguientes secuencias de reacción:

a. $CH_3CH_2SCH_2CH_2Cl \xrightarrow{\text{lento}}$ [sulfonio cíclico] $+ Cl^- \xrightarrow{HO^-} CH_3CH_2SCH_2CH_2OH$

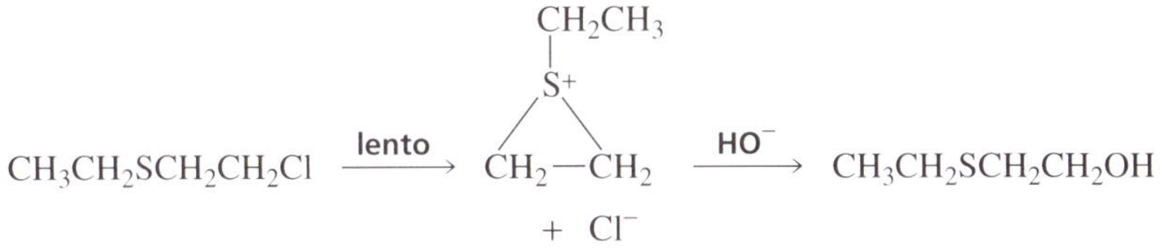

b.

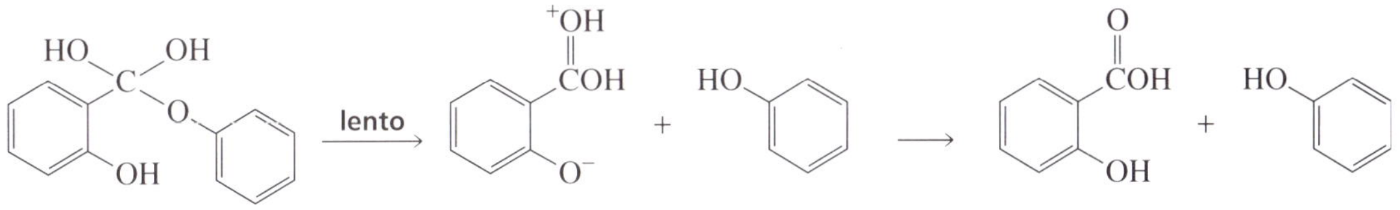

33. El efecto isotópico cinético del deuterio (k_{H2O}/k_{D2O}) para la hidrólisis de la aspirina es 2.2. ¿Qué indica eso acerca de la clase de catálisis que ejerce el sustituyente carboxilo en *orto*? (*Sugerencia:* es más fácil romper un enlace O—H que uno O—D).

34. La constante de rapidez para la reacción no catalizada de dos moléculas de éster etílico de glicina para formar éster etílico de glicilglicina es $0.6 \text{ s}^{-1} \text{ M}^{-1}$. En presencia de Co^{2+}, la constante de rapidez es $1.5 \times 10^6 \text{ s}^{-1} \text{ M}^{-1}$. ¿Qué aumento de rapidez causa el catalizador?

35. Trace el perfil de pH-actividad para una enzima que tenga un grupo catalítico en el sitio activo. El grupo catalítico es un catalizador ácido con $pK_a = 5.6$.

36. Un complejo de Co^{2+} cataliza la hidrólisis de la lactama, que se ve a continuación:

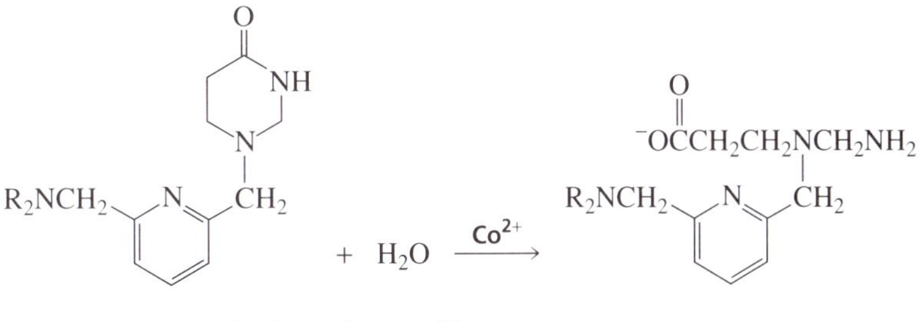

Proponga un mecanismo para la reacción catalizada con ion metálico.

37. Hay dos clases de aldolasas. Las de la clase I se encuentran en animales y plantas; las aldolasas de clase II se encuentran en hongos, algas y bacterias. Sólo las aldolasas clase I forman una imina. Las aldolasas de clase II tienen un ion metálico (Zn^{2+}) en el sitio activo. El mecanismo de catálisis por aldolasas de clase I se presentó en la sección 23.9. Proponga un mecanismo para la catálisis por aldolasas clase II.

38. Proponga un mecanismo para la siguiente reacción. (*Sugerencia*: la rapidez de la reacción es mucho menor si se sustituye el átomo de nitrógeno por CH).

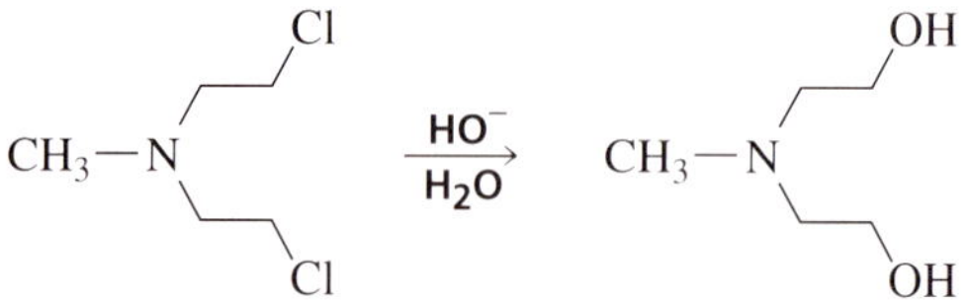

39. La hidrólisis del éster que se ve a continuación está catalizada por morfolina, que es una amina secundaria. Proponga un mecanismo para esta reacción. (*Sugerencia:* el pK_a del ácido conjugado de la morfolina es 9.3, así que la morfolina es una base demasiado débil para funcionar como catalizador básico en esta reacción).

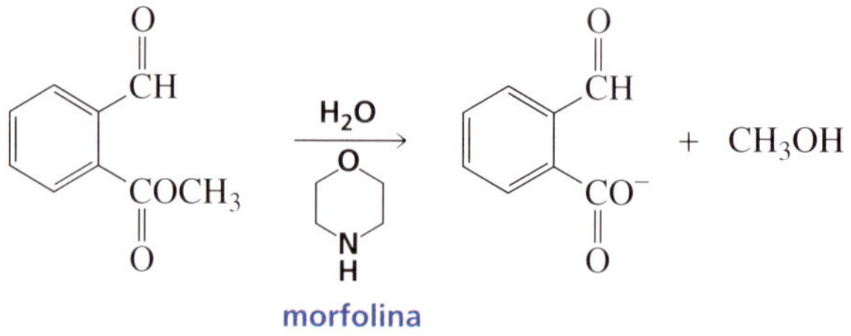

40. La enzima anhidrasa carbónica cataliza la conversión de dióxido de carbono en ion bicarbonato (sección 1.17). Es una metaloenzima, con Zn^{2+} coordinado en el sitio activo mediante tres residuos de histidina. Proponga un mecanismo para esta reacción.

$$CO_2 + H_2O \xrightarrow{\text{anhidrasa carbónica}} HCO_3^- + H^+$$

41. A pH = 12, la rapidez de hidrólisis del éster A es mayor que la del éster B. A pH = 8, la rapidez relativa se invierte (el éster B se hidroliza con más rapidez que el éster A). Explique estas observaciones.

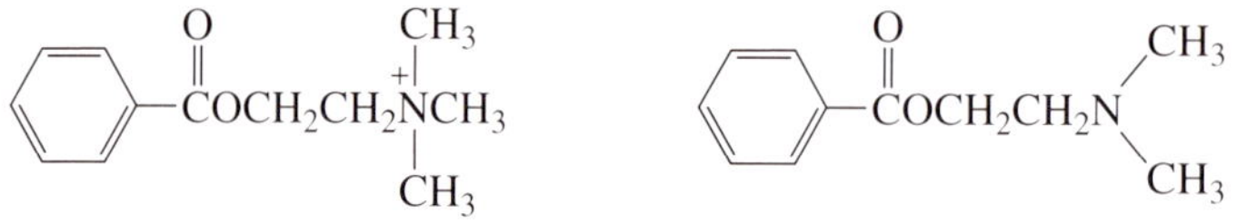

42. El tosilato de 2-acetoxiciclohexilo reacciona con ion acetato para formar diacetato de 1,2-ciclohexanodiol. La reacción es estereoespecífica: los estereoisómeros que se forman como productos dependen del estereoisómero que se haya usado como reactivo. Explique las siguientes observaciones:

a. Los dos reactivos *cis* forman un producto *trans* ópticamente activo, pero cada reactivo *cis* forma un producto *trans* diferente.
b. Los dos reactivos *trans* forman la misma mezcla racémica.
c. Un reactivo *trans* es más reactivo que uno *cis*.

tosilato de 2-acetoxiciclohexilo — diacetato de 1,2-ciclohexanodiol

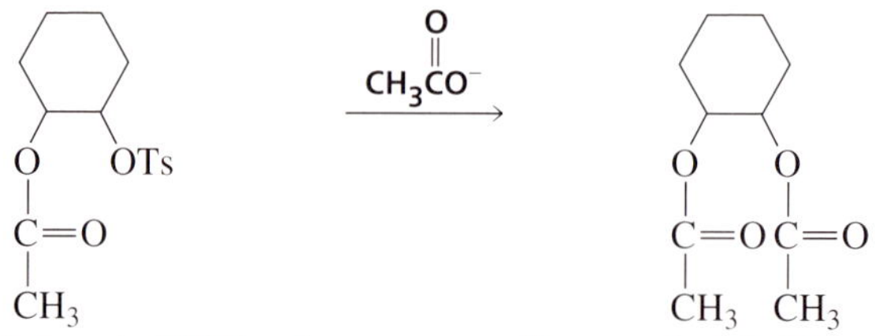

43. La demostración de que se forma una imina entre aldolasa y su sustrato se obtuvo usando como sustrato 1,6-difosfato de D-fructosa marcada con ^{14}C en la posición de C-2. Se agregó $NaBH_4$ a la mezcla de reacción. Se aisló un producto radiactivo de la mezcla y se hidrolizó en disolución ácida. Dibuje la estructura del producto radiactivo que se obtuvo de la disolución ácida. (*Sugerencia:* el $NaBH_4$ reduce un enlace de imina).

44. El 3-amino-2-oxindol cataliza la descarboxilación de α-cetoácidos.
  a. Proponga un mecanismo para la reacción catalizada.
  b. ¿Tendría la misma eficacia el 3-aminoindol como catalizador?

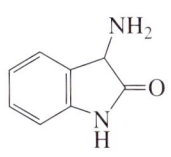

3-amino-2-oxindol

45. a. Explique por qué el haluro de alquilo que se ve aquí reacciona con mucha mayor rapidez con residuos de guanina que los haluros de alquilo primarios como cloruro de butilo y cloruro de pentilo.

  b. El haluro de alquilo puede reaccionar con dos residuos de guanina en dos cadenas distintas y formar así enlaces cruzados entre las cadenas. Proponga un mecanismo para la reacción de enlazamiento cruzado.

46. La triosafosfato isomerasa cataliza la conversión de dihidroxiacetona fosfato en 3-fosfato de gliceraldehído. Los grupos catalíticos de la enzima son Glu 165 e His 95. En el primer paso de la reacción, tales grupos catalíticos actúan como catalizador básico y catalizador ácido, respectivamente. Proponga un mecanismo para la reacción.

fosfato de dihidroxiacetona → (triosafosfato isomerasa) → **3-fosfato de gliceraldehído**

CAPÍTULO 24

Mecanismos orgánicos de las coenzimas

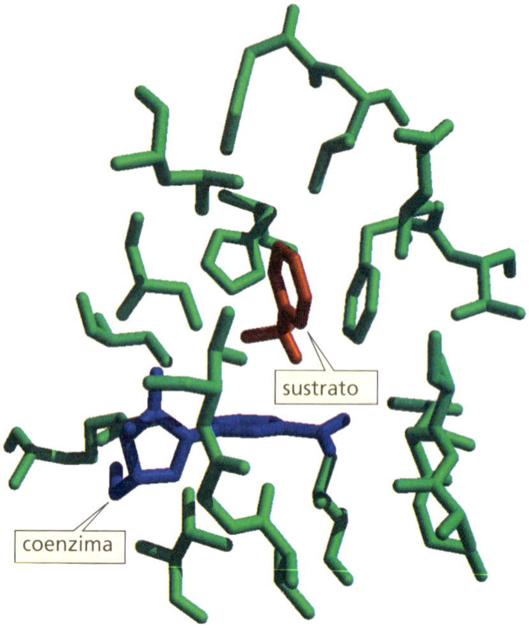

ANTECEDENTES

SECCIÓN 24.2 Muchos agentes reductores reducen sus sustratos al adicionarles un ion hidruro (18.6).

SECCIÓN 24.4 Puede haber una reacción de descarboxilación si se pueden deslocalizar los electrones que permanecen después de eliminar CO_2 (18.8).

SECCIÓN 24.5 Los iones enolato son buenos nucleófilos (18.4).

SECCIÓN 24.6 La reacción de un aldehído con una amina primaria forma una imina (17.8).

SECCIÓN 24.6 Si se elimina un protón de un centro asimétrico, al volver a protonar se formarán los isómeros *R* y *S* (21.5).

SECCIÓN 24.9 Los disulfuros se reducen a tioles; bajo condiciones moderadas, los tioles se oxidan a disulfuros (22.8).

Muchas enzimas no pueden catalizar una reacción sin ayuda de un cofactor. Los **cofactores** son sustancias que coadyuvan para que las enzimas catalicen ciertas reacciones, que las cadenas laterales de aminoácidos en la proteína no pueden catalizar por sí solas. Algunos cofactores son *iones metálicos*, mientras que otros son *moléculas orgánicas*.

Un cofactor de ion metálico funciona como ácido de Lewis de diversas formas para coadyuvar a que una enzima catalice una reacción. Se puede coordinar con grupos intraenzimáticos y entonces orientarlos en una disposición que facilite la reacción; puede facilitar la unión del sustrato al sitio activo de la enzima; puede formar un complejo de coordinación con el sustrato para aumentar su reactividad o puede aumentar la nucleofilia del agua en el sitio activo (sección 24.5). Una enzima que contiene un ion metálico unido fuertemente se llama **metaloenzima**. Ya se ha visto cuán importante es el Zn^{2+} en el mecanismo de la reacción catalizada por la carboxipeptidasa A, que es una metaloenzima (véase la página 1082).

PROBLEMA 1◆

¿Cómo aumenta la actividad catalítica de la enzima el ion metálico de la carboxipeptidasa A (sección 23.9)?

Los cofactores que son moléculas orgánicas se llaman **coenzimas**. Las coenzimas se derivan de unos compuestos orgánicos cuyo nombre común es *vitaminas*. Una **vitamina** es una sustancia necesaria en pequeñas cantidades para la función normal del organismo, que éste no puede sintetizar. En la tabla 24.1 se muestra una lista de las vitaminas y las formas bioquímicamente activas de sus coenzimas.

Tabla 24.1 Vitaminas, coenzimas de las que son precursoras y funciones químicas de las coenzimas

Vitamina	Coenzima	Reacción catalizada	Enfermedad por deficiencia en humanos
Vitaminas solubles en agua			
Niacina (niacinamida)	NAD^+, $NADP^+$ NADH, NADPH	Oxidación Reducción	Pelagra
Riboflavina (vitamina B_2)	FAD, FMN $FADH_2$, $FMNH_2$	Oxidación Reducción	Inflamación cutánea
Tiamina (vitamina B_1)	Pirofosfato de tiamina (TPP)	Transferencia de dos carbonos	Beriberi
Ácido lipoico (lipoato)	Lipoato Dihidrolipoato	Oxidación Reducción	—
Ácido pantoténico	Coenzima A (CoASH)	Transferencia de un grupo acilo	—
Biotina (vitamina H)	Biotina	Carboxilación	—
Piridoxina (vitamina B_6)	Fosfato de piridoxal (PLP)	Descarboxilación Transaminación Recemización Ruptura del enlace C_α—C_β α,β-Eliminación β-Sustitución	Anemia
Vitamina B_{12}	Coenzima B_{12}	Isomerización	Anemia perniciosa
Ácido fólico (folato)	Tetrahidrofolato (THF)	Transferencia de un carbono	Anemia megaloblástica
Ácido ascórbico (vitamina C)	—	—	Escorbuto
Vitaminas insolubles en agua (liposolubles)			
Vitamina A	—	—	—
Vitamina D	—	—	Raquitismo
Vitamina E	—	—	—
Vitamina K	Vitamina KH_2	Carboxilación	—

Ya se ha visto que las enzimas catalizan reacciones de acuerdo con los principios de la química orgánica (sección 23.9). Las coenzimas aprovechan esos mismos principios. Se verá que las coenzimas juegan una diversidad de papeles químicos que no pueden desempeñar las cadenas laterales de aminoácido en las enzimas. Algunas coenzimas funcionan como agentes oxidantes y reductores, algunas permiten la deslocalización de electrones, otras activan grupos para que sigan reaccionando, y otras más suministran buenos nucleófilos o bases fuertes necesarios en una reacción. Ya que sería muy ineficiente que el organismo usara un compuesto sólo una vez para desecharlo después, las coenzimas se reciclan. Así, se tendrá oportunidad de estudiar que toda coenzima que sufre un cambio durante el curso de una reacción después se vuelve a convertir en su forma original.

Una enzima más el cofactor que requiere para catalizar una reacción se llama **holoenzima**. Una enzima de la que se eliminó su cofactor se llama **apoenzima**. Las holoenzimas son catalíticamente activas, mientras que las apoenzimas son catalíticamente inactivas porque perdieron sus cofactores.

Los primeros estudios de nutrición dividieron a las vitaminas en dos clases: solubles e insolubles en agua (tabla 24.1). Las vitaminas A, D, E y K son insolubles en agua. La vitamina K es la única vitamina insoluble en agua que se sabe es precursora de una coenzima. La vitamina A se requiere para la visión correcta, la vitamina D regula el metabolismo del calcio y del fosfato, y la vitamina E es un antioxidante. Como no funcionan como coenzimas, en este capítulo no se describirán las vitaminas A, D y E. Las vitaminas A y E se describen en las secciones 11.10 y 26.7 y la vitamina D se describe en la sección 29.6.

Todas las vitaminas solubles en agua, excepto la vitamina C, son precursores de coenzimas. A pesar de su nombre, en realidad la vitamina C no es una vitamina porque se necesita en cantidades bastante grandes y la mayoría de los mamíferos la puede sintetizar (sección 21.18). Sin embargo, los humanos y los cuyos no la pueden sintetizar, por lo que debe existir en sus dietas. Ya se vio que la vitamina C y la vitamina E son inhibidores de radicales, por lo que son antioxidantes. La vitamina C atrapa radicales que se forman en ambientes acuosos, mientras que la vitamina E captura radicales en ambientes no polares (sección 11.10).

Es difícil exponerse a una sobredosis de vitaminas solubles en agua porque en general el organismo puede eliminar cualquier exceso de las mismas. En cambio, sí pueden presentarse sobredosis de vitaminas insolubles en agua porque el organismo *no* las elimina con facilidad y se pueden acumular en las membranas celulares y en otros sitios apolares en el organismo. Por ejemplo, el exceso de vitamina D causa la calcificación de los tejidos blandos. Los riñones son especialmente susceptibles a la calcificación, lo cual termina por causar insuficiencia renal. La vitamina D se forma en la piel como resultado de una reacción fotoquímica causada por los rayos solares ultravioleta (sección 29.6).

VITAMINA B$_1$

Christiaan Eijkman (1858–1930) era miembro de un equipo médico que viajó a las Indias Orientales para estudiar el beriberi, en 1886. En esa época se creía que todas las enfermedades eran causadas por microorganismos. Cuando no se lograron encontrar microorganismos que causaran beriberi, el equipo abandonó las Indias Orientales, pero Eijkman permaneció en el lugar y se convirtió en el director de un nuevo laboratorio de bacteriología. Por casualidad, en 1896 descubrió la causa del beriberi al notar que los pollos que se usaban en el laboratorio habían desarrollado los síntomas característicos de la enfermedad. Encontró que los síntomas se presentaron cuando un cocinero comenzó a alimentarlos con arroz destinado a pacientes de hospital. Los síntomas desaparecieron cuando un nuevo cocinero comenzó a dar a los animales alimento para pollos. Después se determinó que hay tiamina (vitamina B$_1$) en la cáscara del arroz, pero no en el arroz descascarillado. Por tales progresos Eijkman compartió el Premio Nobel de Fisiología o Medicina 1929 con Frederick Hopkins.

"VITAMINA"—UNA AMINA NECESARIA PARA LA VIDA

Sir Frederick Hopkins fue quien primero sugirió que enfermedades como el raquitismo y el escorbuto podrían deberse a la ausencia en la dieta de sustancias necesarias sólo en pequeñas cantidades. El primero de tales compuestos que se determinó como esencial en la dieta fue una amina y Casimir Funk llegó a la conclusión incorrecta de que todos esos compuestos eran aminas. En consecuencia los llamó vitaminas ("aminas necesarias para la vida").

Sir Frederick Gowland Hopkins (1861–1947) *nació en Inglaterra. Su descubrimiento de que una muestra de una proteína sostenía la vida y otra no lo llevó a concluir que la primera contenía trazas de una sustancia esencial para la vida. Más tarde, su hipótesis se conoció como el "concepto vitamina", por el cual compartió el Premio Nobel de Fisiología o Medicina en 1929. También es autor del concepto de aminoácidos esenciales*

Casimir Funk (1884–1967) *nació en Polonia, recibió su título de médico en la Universidad de Berna y en 1920 se naturalizó estadounidense. En 1923 regresó a Polonia para dirigir el Instituto Estatal de Higiene. Regresó en forma definitiva a Estados Unidos al comenzar la Segunda Guerra Mundial.*

24.1 Introducción al metabolismo

Las reacciones que efectúan los organismos vivos para obtener la energía que necesitan para sintetizar los compuestos que requieren tienen el nombre colectivo de **metabolismo**. El metabolismo se puede dividir en dos partes: *catabolismo* y *anabolismo*.

- Las **reacciones catabólicas** descomponen las moléculas complejas de los nutrientes para suministrar energía y obtener moléculas precursoras simples para las síntesis.
- Las **reacciones anabólicas** requieren energía y causan la síntesis de biomoléculas complejas a partir de moléculas precursoras simples.

En el capítulo 25 se examina con más detalle el metabolismo. Se verá entonces cuántas de las reacciones en este capítulo entran en el esquema metabólico general.

24.2 La Vitamina B$_3$, necesaria en muchas reacciones redox

Una enzima que cataliza una reacción de oxidación o una de reducción requiere una coenzima porque ninguna de las cadenas laterales de aminoácidos son agentes oxidantes o reductores. La coenzima funciona como el agente oxidante o reductor. El papel de la enzima es unir entre sí al sustrato y la coenzima para que se pueda efectuar la reacción de oxidación o reducción (véase el modelo en la página 1098).

Las coenzimas de nucleótidos de piridina

Las coenzimas más usadas por las enzimas para catalizar reacciones de oxidación son el **dinucleótido de nicotinamida adenina (NAD$^+$)** y el **fosfato del dinucleótido de nicotinamida adenina (NADP$^+$)**.

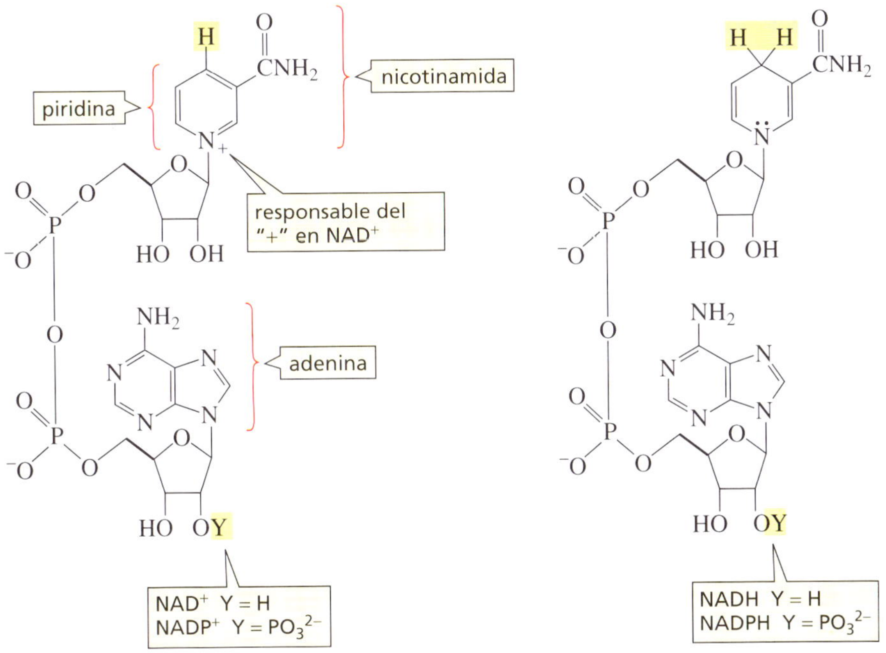

El NAD$^+$ y el NADP$^+$ son agentes oxidantes.

El NADH y el NADPH son agentes reductores.

NAD$^+$ Y = H
NADP$^+$ Y = PO$_3^{2-}$

NADH Y = H
NADPH Y = PO$_3^{2-}$

Cuando el NAD$^+$ (o el NADP$^+$) oxida un sustrato, la coenzima se reduce a NADH (o a NADPH). El NADH y el NADPH son agentes reductores; las enzimas que catalizan reacciones de reducción usan ambas sustancias como coenzimas. Las enzimas que catalizan reacciones de oxidación se unen con NAD$^+$ (o NADP$^+$) con más fuerza que con la que se unen a NADH (o NADPH). Cuando la reacción de oxidación concluye, el NADH (o el NADPH) débilmente unido se disocia de la enzima. De igual modo, las enzimas que catalizan reacciones de reducción se unen con **NADH** (o **NADPH**) con más fuerza que con

NAD⁺ (o NADP⁺). Cuando la reacción de reducción concluye, el NAD⁺ (o el NADP⁺) débilmente unido se disocia de la enzima.

$$\text{sustrato}_{\text{reducido}} + \boxed{\text{NAD}^+} \underset{}{\overset{\text{enzima}}{\rightleftharpoons}} \text{sustrato}_{\text{oxidado}} + \boxed{\text{NADH}} + \text{H}^+$$

$$\text{sustrato}_{\text{reducido}} + \boxed{\text{NADP}^+} \underset{}{\overset{\text{enzima}}{\rightleftharpoons}} \text{sustrato}_{\text{oxidado}} + \boxed{\text{NADPH}} + \text{H}^+$$

El NAD⁺ está formado por dos nucleótidos unidos por sus grupos fosfato. Un **nucleótido** consiste en un compuesto heterocíclico unido en configuración β con el C-1 de una ribosa fosforilada (sección 27.1). En un **compuesto heterocíclico**, uno o más átomos en el anillo no son de carbono (secciones 14.4, 20.8 y 20.9).

un nucleótido   adenina   niacinamida nicotinamida   niacina ácido nicotínico

El componente heterocíclico de uno de los nucleótidos del NAD⁺ es nicotinamida y el del otro es adenina. A ello se debe el nombre (**d**inucleótido de **n**icotinamida **a**denina, del inglés NAD) de la coenzima. La carga positiva después de la abreviatura NAD⁺ indica al nitrógeno con carga positiva en el anillo de piridina sustituido.

La única forma en que difieren estructuralmente el NADP⁺ y el NAD⁺ es en el grupo fosfato unido al grupo 2'-OH de la ribosa, en el nucleótido de adenina; ello explica la adición de "P" al nombre. El NAD⁺ y el NADH en general participan como coenzimas en reacciones catabólicas. El NADP⁺ y el NADPH en general intervienen como coenzimas en reacciones anabólicas.

El nucleótido de adenina para las coenzimas lo suministra el ATP. La niacina (vitamina B₃) es la parte de la coenzima que no puede sintetizar el organismo y la debe adquirir en su dieta. (En realidad, los humanos sí pueden sintetizar una pequeña cantidad de niacina a partir del aminoácido triptófano, pero no en cantidad suficiente para satisfacer las necesidades metabólicas del organismo).

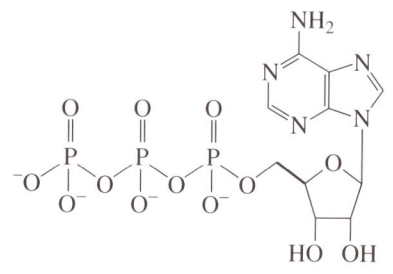

trifosfato de adenosina
ATP

DEFICIENCIA DE NIACINA

La deficiencia de niacina causa la pelagra, enfermedad que comienza con dermatitis y termina con demencia y muerte. En Estados Unidos hubo más de 120,000 casos de pelagra, en 1927, sobre todo entre gente pobre con dietas sin variedad. Se sabía que un factor presente en preparaciones de vitamina B evitaba la pelagra, pero no fue sino hasta 1937 que se identificó que el factor es el ácido nicotínico. Las deficiencias benignas desaceleran el metabolismo, lo cual es un factor que potencialmente contribuye a la obesidad.

Cuando las empresas panaderas comenzaron a agregar ácido nicotínico a sus productos, insistieron en cambiar su nombre a niacina porque ácido nicotínico sonaba muy parecido a nicotina y no querían que su pan, enriquecido con la vitamina, se asociara con una sustancia perjudicial. La niacinamida es una forma nutricionalmente equivalente a la niacina.

La malato deshidrogenasa es la enzima que cataliza la oxidación del *grupo alcohol secundario* del malato para formar un *grupo cetona*. (Se verá que es una de las reacciones en la ruta catabólica llamada ciclo del ácido cítrico, sección 25.10). En esta reacción, el agente oxidante es NAD$^+$. Muchas enzimas que catalizan reacciones de oxidación se llaman **deshidrogenasas**. Recuérdese que la cantidad de enlaces C—H disminuye en una reacción de oxidación (sección 10.5). En otras palabras, las deshidrogenasas eliminan hidrógeno.

$$^-OOC-CH_2-\underset{malato}{\overset{OH}{\underset{|}{CH}}}-COO^- + NAD^+ \xrightleftharpoons[]{malato\ deshidrogenasa} \,^-OOC-CH_2-\underset{oxalacetato}{\overset{O}{\underset{\|}{C}}}-COO^- + NADH + H^+$$

El β-aspartato-semialdehído se reduce a homoserina en una ruta anabólica que tiene a NADPH como agente reductor.

$$\underset{\beta\text{-aspartato-semialdehído}}{\overset{O}{\underset{\|}{HC}}-CH_2\underset{\underset{^+NH_3}{|}}{CH}-COO^-} + NADPH + H^+ \xrightarrow{homoserina\ deshidrogenasa} \underset{homoserina}{HOCH_2-CH_2\underset{\underset{^+NH_3}{|}}{CH}-COO^-} + NADP^+$$

La diferenciación entre las coenzimas que participan en el catabolismo y las que intervienen en el anabolismo se debe a la fuerte especificidad de cada una de las enzimas que catalizan las reacciones de oxidación-reducción frente a determinada coenzima. Por ejemplo, una enzima que cataliza una reacción de oxidación puede diferenciar con facilidad entre NAD$^+$ y NADP$^+$; si la enzima se halla en una ruta catabólica se unirá con NAD$^+$, pero no con NADP$^+$. La concentración relativa de las coenzimas en una célula también impulsa el enlace de la coenzima adecuada. Por ejemplo, como el NAD$^+$ y el NADH son coenzimas catabólicas y las reacciones catabólicas casi siempre son de oxidación, la concentración de NAD$^+$ en una célula es mucho mayor que la de NADH. (La célula mantiene su relación [NAD$^+$]/[NADH] cercana a 1000). Como el NADP$^+$ y el NADPH son coenzimas anabólicas y las rutas anabólicas son predominantemente reductivas, la concentración de NADPH en la célula es mayor que la de NADP$^+$. (La relación [NADP$^+$]/[NADH] se mantiene aproximadamente en 0.01).

Mecanismos de las coenzimas nucleótido de piridina

¿Cómo pueden efectuarse tales reacciones de oxidación-reducción? Toda la química de las coenzimas de nucleótidos de piridina (NAD$^+$, NADP$^+$, NADH y NADPH) se efectúa en la posición 4 del anillo de piridina; el resto de la molécula debe unir la coenzima al sitio correcto de la enzima. Un sustrato que se esté *oxidando* dona un ion hidruro (H:$^-$) a la posición 4 del anillo de piridina. Por ejemplo, en la siguiente reacción, el alcohol primario se oxida a aldehído. Una cadena lateral básica de aminoácido en la enzima puede coadyuvar con la reacción al eliminar un protón del átomo de oxígeno del sustrato.

La 3-fosfato de gliceraldehído deshidrogenasa es otro ejemplo de una enzima que utiliza NAD⁺ como coenzima oxidante. La enzima cataliza la oxidación del grupo aldehído del 3-fosfato de gliceraldehído para formar un anhídrido de ácido carboxílico y ácido fosfórico. Se verá que ésta es una reacción que sucede en la glucólisis (sección 25.7).

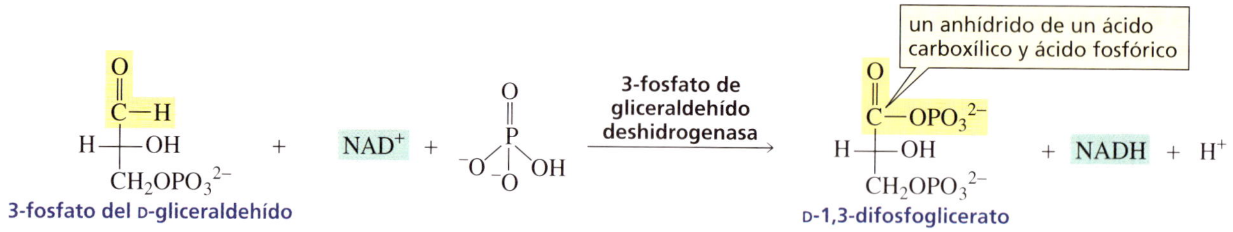

A continuación se muestra el mecanismo de esta reacción:

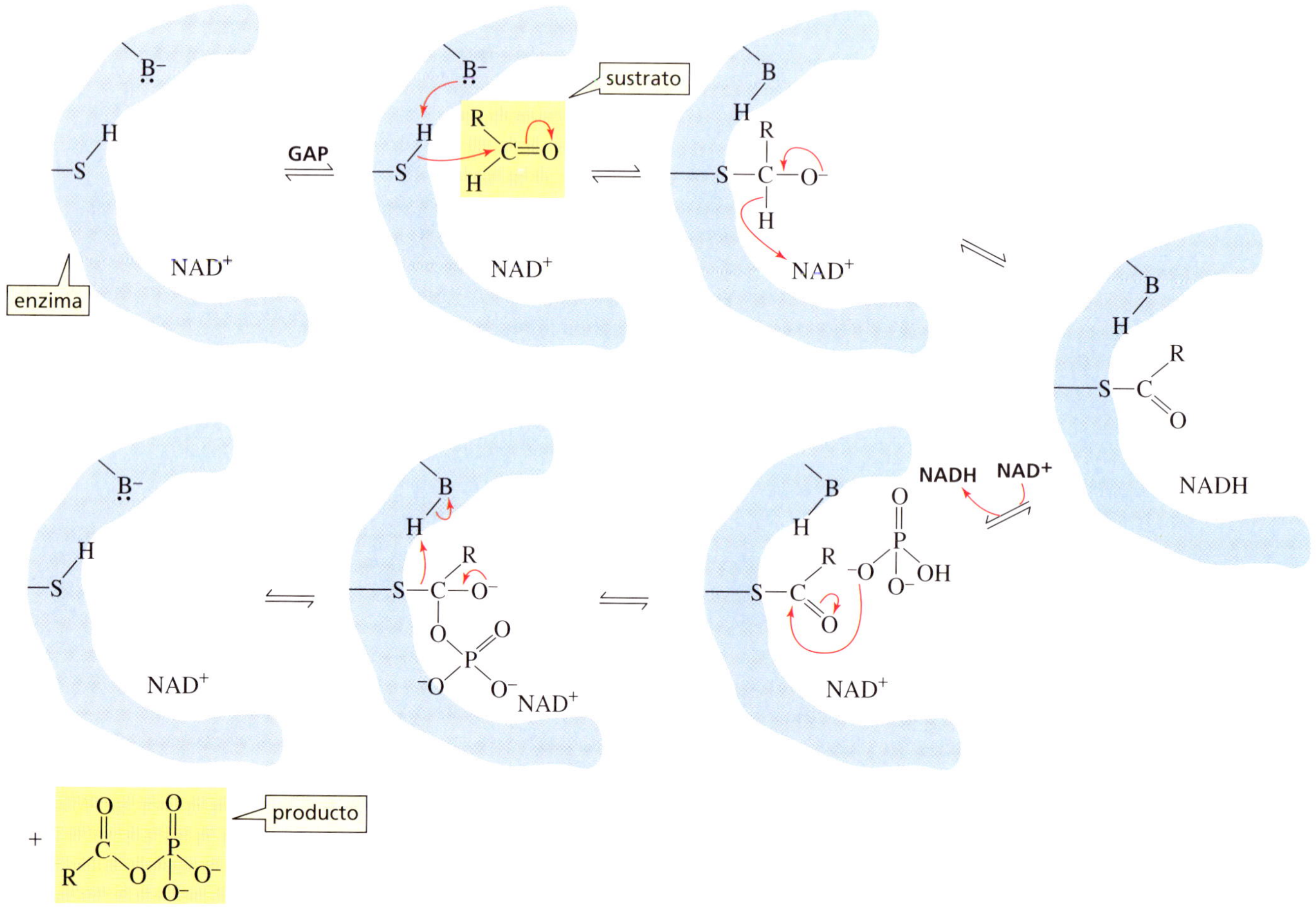

- La enzima se une al sustrato en su sitio activo.
- Un grupo SH de una cadena lateral de cisteína, en el sitio activo de la enzima, reacciona con el 3-fosfato de gliceraldehído para formar un intermediario tetraédrico. Una cadena lateral de la enzima aumenta la nucleofilia de la cisteína, funcionando como un catalizador básico (sección 23.3).
- El intermediario tetraédrico expulsa un ion hidruro y lo transfiere a la posición 4 del anillo de piridina en un NAD⁺ que esté unido con la enzima, en un sitio adyacente.
- La NADH se disocia de la enzima y la enzima se enlaza con un nuevo NAD⁺.
- El fosfato reacciona con el tioéster y forma el producto anhídrido con liberación de cisteína. (El ácido fosfórico tiene valores de pK_a de 1.9, 6.7 y 12.4; por consiguiente, dos de los grupos se encontrarán sobre todo en sus formas básicas al pH fisiológico).

Obsérvese que al final de la reacción la holoenzima está exactamente igual a como estaba al principio, por lo que el ciclo catalítico se puede repetir.

> **PROBLEMA 2◆**
>
> ¿Cuál es el producto de la siguiente reacción?
>
> $$^-OOC-\underset{\text{isocitrato}}{CH(OH)CH(COO^-)CH_2}-COO^- + NAD^+ \xrightarrow{\text{isocitrato deshidrogenasa}}$$

El mecanismo para la reducción mediante NADH (o mediante NADPH) es la inversa del de oxidación por NAD^+ (o por $NADP^+$). Si un sustrato está siendo *reducido*, el anillo de dihidropiridina de la NADH (o del NADPH) dona al sustrato un ion hidruro de su posición 4. Una cadena lateral ácida de aminoácido en la enzima ayuda a la reacción al donar un protón al sustrato.

Ya que la NADH y el NADPH reducen los compuestos donando un ion hidruro, se pueden considerar como los equivalentes biológicos del $NaBH_4$ o el $LiAlH_4$, los donadores de hidruro que se han usado como agentes reductores en reacciones no biológicas (secciones 17.6 y 19.1).

¿Por qué las estructuras de los reactivos redox (reductores y oxidantes) son tan complicadas en comparación con las de los reactivos redox con los que se desarrollan las mismas reacciones en el laboratorio? Desde luego, la NADH es mucho más complicada que el $LiAlH_4$, aunque ambos reactivos reducen los compuestos donando un ion hidruro. Gran parte de la complejidad estructural de una coenzima obedece a la necesidad de que permita el reconocimiento molecular; que le permita ser reconocida por la enzima. El **reconocimiento molecular** hace posible que la enzima se una al sustrato y a la coenzima en la orientación correcta para la reacción.

Otra causa de la diferencia de complejidades es que un reactivo redox en un sistema biológico debe ser muy selectivo, y en consecuencia menos reactivo, que un reactivo redox de laboratorio. Por ejemplo, un reductor biológico no puede reducir a todos los compuestos con los que entre en contacto. Las reacciones biológicas deben estar controladas con mucho más cuidado como para que ello no vaya a suceder. Como las coenzimas son relativamente inertes en comparación con los reactivos redox no biológicos, la reacción entre el sustrato y la coenzima no se efectúa o bien se efectúa con mucha lentitud sin la enzima. Por ejemplo, el NADH no reduce a un aldehído o una cetona, a menos que esté presente una enzima. El $NaBH_4$ y el $LiAlH_4$ son donadores de hidruro más reactivos; de hecho son tan reactivos para siquiera existir en el ambiente acuoso de la célula. De igual modo, el NAD^+ es un agente oxidante mucho más selectivo que los oxidantes típicos del laboratorio; por ejemplo, el NAD^+ sólo oxida a un alcohol en presencia de una enzima.

En vista de que un agente reductor biológico debe reciclarse (en lugar de desecharse en su forma oxidada, como el destino de un reductor en el laboratorio), la constante de equilibrio para sus formas oxidada y reducida es cercana a la unidad, en el caso general. En consecuencia, las reacciones redox biológicas no son muy exergónicas; más bien son reacciones en equilibrio, impulsadas en la dirección adecuada por eliminación de los productos de reacción como resultado de su participación en reacciones posteriores.

Al estudiar las coenzimas en este capítulo, no se debe dejar de intimidar por la complejidad de sus estructuras. Obsérvese que sólo interviene, en realidad, una parte muy pequeña de la coenzima en la reacción química. También nótese que las coenzimas se apegan a las mismas reglas de la química orgánica que las moléculas orgánicas simples con las que ya se está familiarizado.

Una enzima oxidante puede distinguir entre los dos hidrógenos en el carbono desde el que cataliza la eliminación de un ion hidruro, lo cual no puede hacer un reactivo de laboratorio. Por ejemplo, la alcohol deshidrogenasa sólo elimina el hidrógeno pro-R (H_a) del etanol. (Se llama hidrógeno pro-R porque si se sustituyera por deuterio el centro asimétrico tendría la configuración R; H_b es el hidrógeno pro-S).

$$CH_3-\underset{H_b}{\overset{H_a}{C}}-OH + NAD^+ \xrightarrow{\text{alcohol deshidrogenasa}} CH_3\underset{H_b}{C}=O + NADH_a + H^+$$

etanol → acetaldehído

De igual modo, una enzima reductora puede diferenciar entre los dos hidrógenos en la posición 4 del anillo de nicotinamida en la NADH. Una enzima dispone de un sitio específico de unión para la coenzima y cuando se une a la misma bloquea uno de sus lados. Si la enzima bloquea el sitio B de NADH, el sustrato se unirá al sitio A y el ion hidruro H_a será transferido al sustrato. Si la enzima bloquea el lado A de la coenzima, el sustrato deberá unirse al lado B, y el ion hidruro de H_b será el transferido. En la actualidad se conocen 156 deshidrogenasas que transfieren H_a y 121 que transfieren H_b.

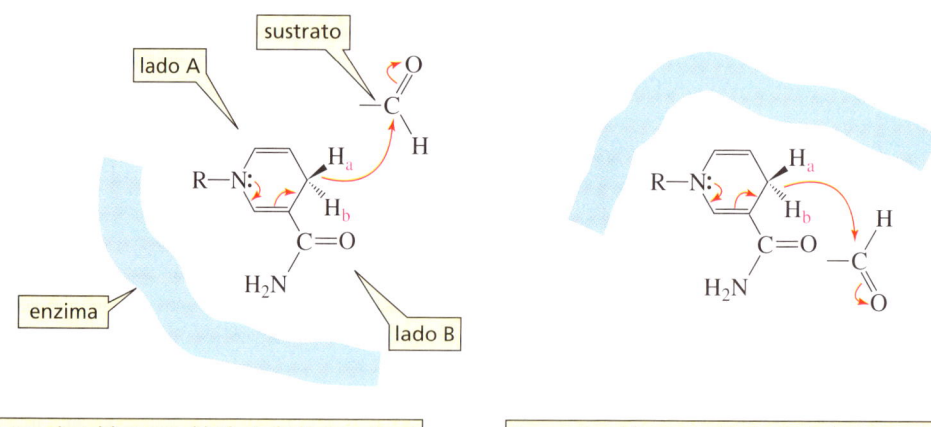

La enzima bloquea el lado B de la coenzima para que el sustrato se una al lado A.

La enzima bloquea al lado A de la coenzima para que el sustrato se una al lado B.

PROBLEMA 3◆

¿Cuál es el producto de la siguiente reacción?

$$CH_3\overset{O}{\underset{\|}{C}}-\overset{O}{\underset{\|}{C}}O^- \xrightarrow[NADH + H^+]{\text{enzima}}$$

24.3 Dinucleótido de flavina adenina y mononucleótido de flavina: vitamina B₂

El **dinucleótido de flavina adenina** (**FAD**, por sus siglas en inglés) y el **mononucleótido de flavina** (**FMN**) son coenzimas, como el NAD^+ y el $NADP^+$, que oxidan sustratos.

Las coenzimas de nucleótidos de flavina

Como su nombre indica, el FAD es un dinucleótido en el que uno de los componentes heterocíclicos es flavina y el otro es adenina. El FMN contiene flavina, pero no adenina, por lo que es un mononucleótido. Obsérvese que en lugar de ribosa, el flavina nucleótido tiene una ribosa reducida (un grupo ribitol). Flavina más ribitol forman la vitamina llamada *riboflavina*, o vitamina B₂. (La flavina es un compuesto amarillo brillante; *flavus* es "amarillo" en latín). Una deficiencia de vitamina B₂ causa inflamación de la piel.

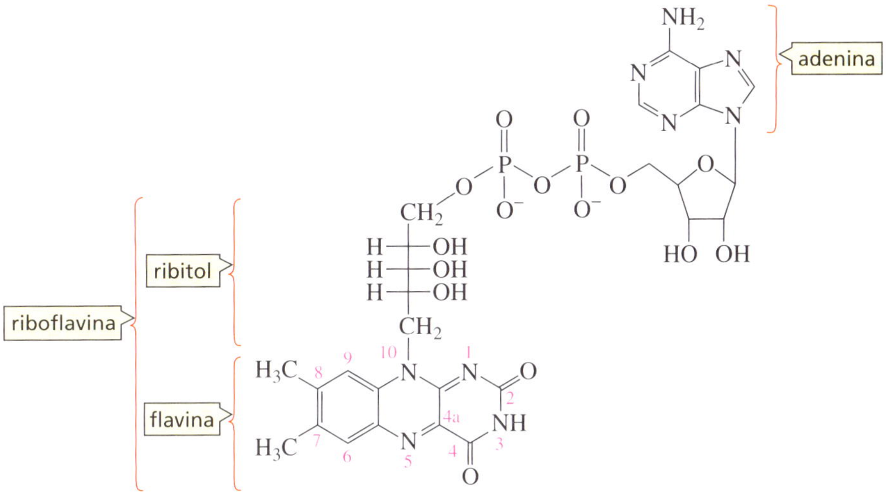

Una *flavoproteína* es una enzima que contiene FAD o FMN. En la mayoría de las flavoproteínas, el FAD (o el FMN) está unido fuertemente. La fuerte unión permite que la enzima controle el potencial de oxidación de la coenzima. (Mientras más positivo sea el potencial de oxidación, el agente oxidante debe ser más enérgico). En consecuencia, algunas flavoproteínas son oxidantes más enérgicos que otras.

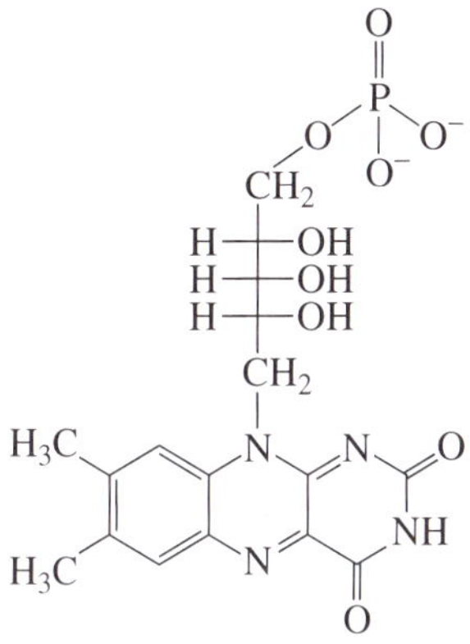

PROBLEMA 4◆

El FAD se obtiene en una reacción catalizada por enzima en que intervienen el FMN y el ATP como sustratos. ¿Cuál es el otro producto de esta reacción?

¿Cómo se puede decir cuáles enzimas usan FAD (o FMN) y cuáles usan NAD^+ (o $NADP^+$) como coenzima oxidante? Una guía general es que el NAD^+ y el $NADP^+$ son las coenzimas que se usan en reacciones de oxidación catalizadas por enzima donde intervienen compuestos carbonílicos (alcoholes que se van a oxidar a cetonas, aldehídos o ácidos carboxílicos), mientras que el FAD y el FMN son las coenzimas que se participan en otros tipos de oxidaciones. Por ejemplo, en las reacciones que siguen el FAD oxida a un ditiol para formar disulfuro, una amina a una imina y un grupo alquilo saturado a alqueno insaturado, y el FMN oxida NADH a NAD^+. (Sin embargo, ésta es sólo una guía aproximada, porque en algunas oxidaciones donde intervienen compuestos carbonílicos se usa FAD, y se usan NAD^+ y $NADP^+$ en algunas oxidaciones donde no intervienen compuestos carbonílicos).

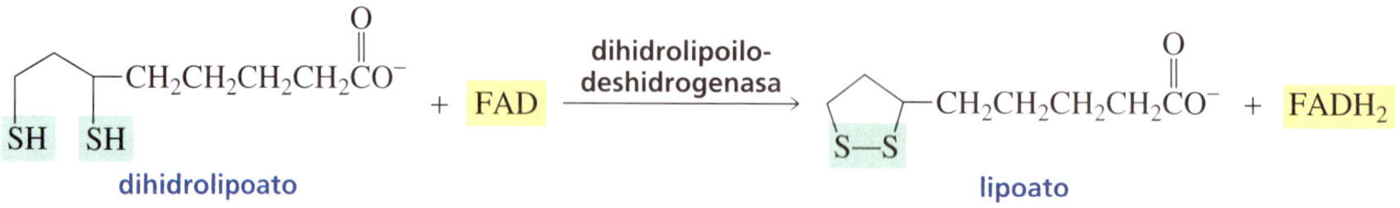

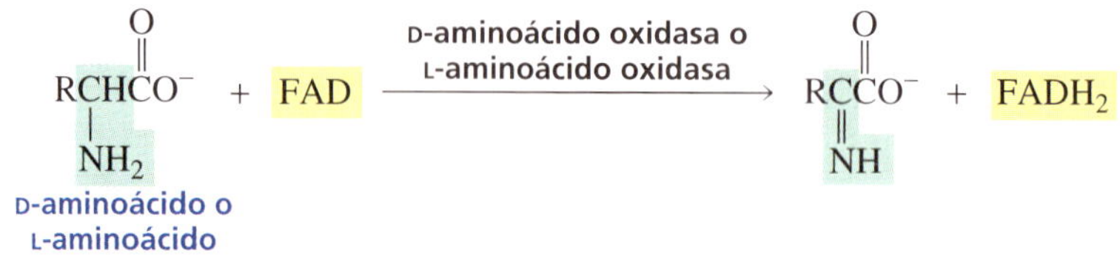

1108 CAPÍTULO 24 Mecanismos orgánicos de las coenzimas

dihidrolipoato + FAD →(dihidrolipoilo-deshidrogenasa) lipoato + FADH$_2$

D-aminoácido o L-aminoácido + FAD →(D-aminoácido oxidasa o L-aminoácido oxidasa) imino-ácido + FADH$_2$

succinato + FAD →(succinato deshidrogenasa) fumarato + FADH$_2$

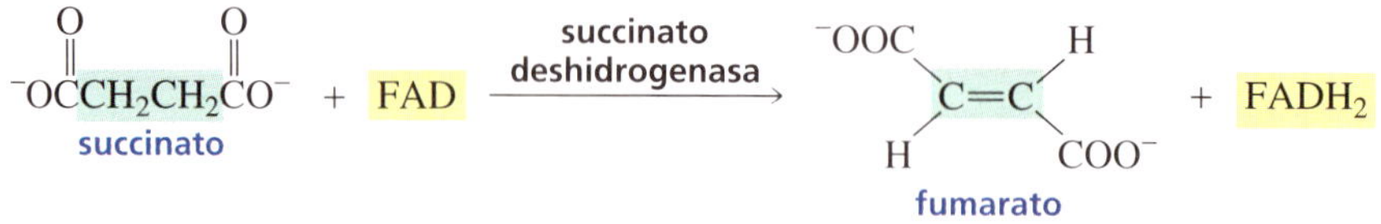

NADH + H$^+$ + FMN →(NADH deshidrogenasa) NAD$^+$ + FMNH$_2$

Mecanismos de las coenzimas de nucleótidos de flavina

Cuando el FAD (o el FMN) oxida a un sustrato (S), la coenzima se reduce a FADH$_2$ (o a FMNH$_2$). El FADH$_2$ y el FMNH$_2$, como el NADH y el NADPH, son agentes reductores. Toda la química de oxidación-reducción se efectúa en el anillo de flavina. La reducción del anillo de flavina altera al sistema conjugado y las coenzimas reducidas tienen menos color que sus formas oxidadas.

El FAD y el FMN son agentes oxidantes.

El FADH$_2$ y el FMNH$_2$ son agentes reductores.

FAD / FMN + S$_{red}$ → FADH$_2$ / FMNH$_2$ + S$_{ox}$

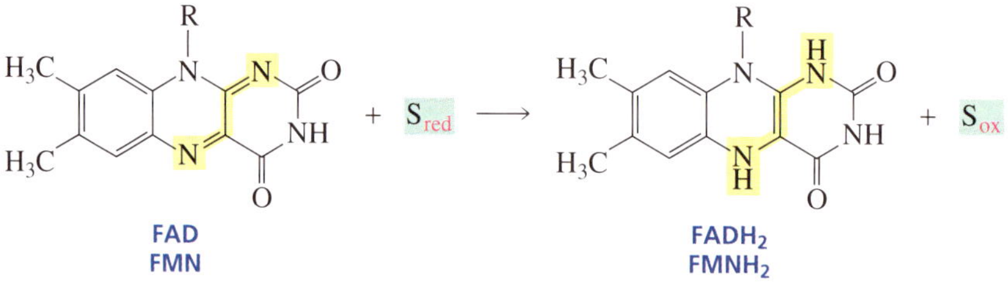

PROBLEMA 5◆

¿Cuántos enlaces dobles hay en el

a. FAD?   b. FADH$_2$?

El mecanismo de la oxidación de dihidrolipoato a lipoato, catalizada por FAD, se ve a continuación.

Mecanismo de la dihidrolipoílo deshidrogenasa

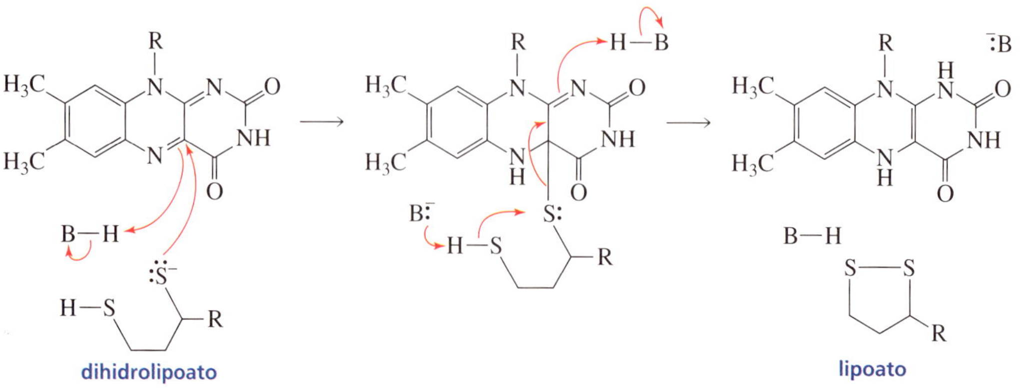

dihidrolipoato → → lipoato

- El ion tiolato ataca la posición C-4a en el anillo de flavina. Es una reacción catalizada por ácido: cuando el ion tiolato ataca al anillo, un protón es cedido al nitrógeno N-5 (sección 23.2).
- Un segundo ataque nucleofílico por un ion tiolato, esta vez sobre el azufre unido en forma covalente a la coenzima, genera el producto oxidado y $FADH_2$.

El mecanismo de oxidación de un aminoácido a iminoácido, catalizada por FAD, es muy diferente a la reacción anterior, catalizada por FAD.

Mecanismo de la D- o L-aminoácido oxidasa

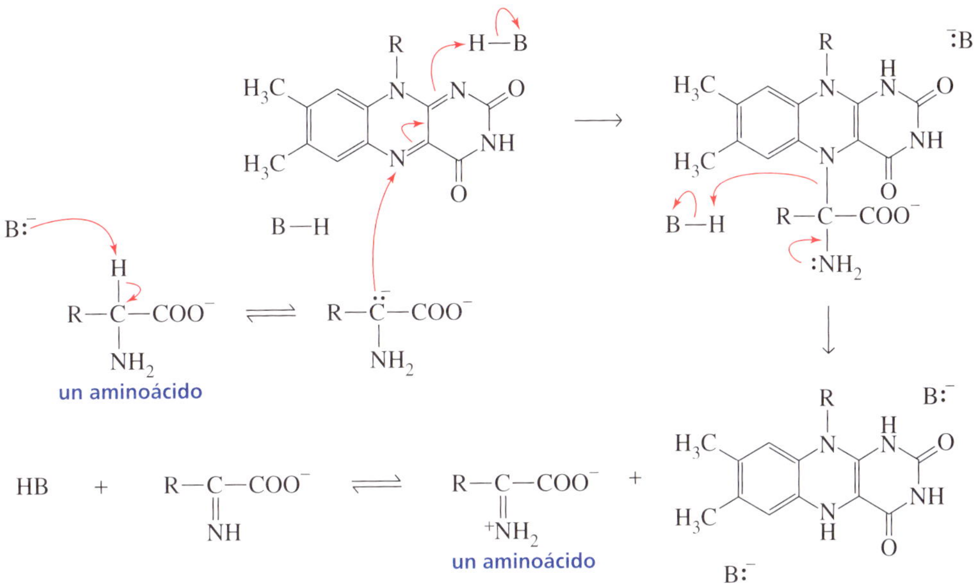

- Una cadena lateral de aminoácido básico en el sitio activo de la enzima abstrae un protón del carbono α en el aminoácido y forma un carbanión.
- El carbanión ataca la posición N-5 en el anillo de flavina.
- El colapso del intermediario tetraédrico que resulta produce el aminoácido oxidado (un iminoácido) y la coenzima reducida ($FADH_2$).

Estos dos mecanismos demuestran que el FAD es una coenzima más versátil que el NAD^+. A diferencia del NAD^+, que siempre actúa mediante el mismo mecanismo, las coenzimas de flavinas pueden utilizar mecanismos diferentes para efectuar reacciones de oxidación. Por ejemplo, se acaba de ver que cuando el FAD oxida al dihidrolipoato, hay ataque nucleofílico en la posición C-4a del anillo de flavina, pero cuando oxida un aminoácido el ataque nucleofílico se lleva a cabo en la posición N-5.

Las células contienen concentraciones muy bajas de FAD y concentraciones mucho mayores de NAD^+. Esta diferencia de concentraciones es la que causa una diferencia apreciable en las enzimas (**E**) que usan NAD^+ como agente oxidante y las que usan FAD. En general, el FAD se une en forma covalente con su enzima y permanece unido después de haber sido reducido a $FADH_2$. A diferencia del NADH, el $FADH_2$ no se disocia de la enzima. Por consiguiente, debe volver a oxidarse a FAD para que la enzima pueda iniciar otra ronda de catálisis. El oxidante que produce esta reacción es NAD^+ u O_2. Por consiguiente, una enzima que use una coenzima oxidante que no sea NAD^+ podrá seguir necesitando NAD^+ para volver a oxidar a la coenzima reducida. Por esta razón se llama al NAD^+ la "moneda común" de las reacciones biológicas de oxidación-reducción.

PROBLEMA 6

Proponga un mecanismo para la reducción de lipoato por FADH$_2$.

PROBLEMA 7 RESUELTO

Una manera frecuente en la que el FAD se enlace en forma covalente con su enzima es hacer que se elimine un protón del grupo metilo en el C-8 y se done un protón al N-1. Entonces, una cisteína u otra cadena lateral nucleofílica de aminoácido en la enzima ataca al carbono metilénico en el C-8 cuando se dona un protón al N-5. Describa estos eventos en forma mecanística.

Solución

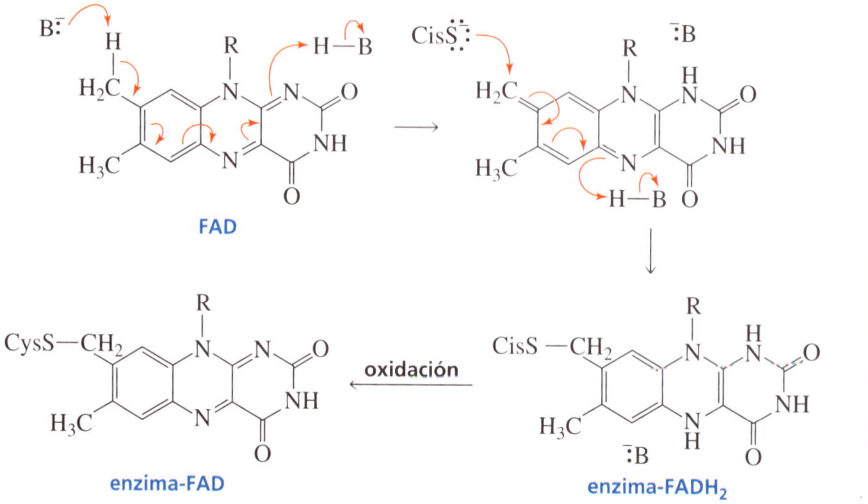

Obsérvese que durante el proceso de fijación a la enzima, el FAD se reduce a FADH$_2$. Después se vuelve a oxidar para regresar a FAD. Una vez que la coenzima se une con la enzima ya no la abandona.

PROBLEMA 8

Explique por qué los hidrógenos del grupo metilo unidos a la flavina del C-8 son más ácidos que los del grupo metilo unido al C-7.

24.4 Pirofosfato de tiamina: vitamina B$_1$

La tiamina fue la primera de las vitaminas B que se identificó, por lo que después se le llamó vitamina B$_1$. La ausencia de tiamina en la dieta causa una enfermedad llamada beriberi, que daña al corazón, perjudica los reflejos nerviosos y, en casos extremos, causa parálisis. Una de las fuentes principales de vitamina B$_1$ es la cáscara de semillas de arroz (página 1100). En consecuencia, es más probable que se presente una deficiencia cuando uno de los principales componentes de la dieta es arroz descascarillado. También se observa deficiencia en los alcohólicos muy desnutridos.

La vitamina B$_1$ se usa para formar la coenzima **pirofosfato de tiamina** (**TPP**, de *thiamine pyrophosphate*). El TPP es la coenzima que requieren las enzimas que catalizan la transferencia de un fragmento de dos carbonos de una especie a otra.

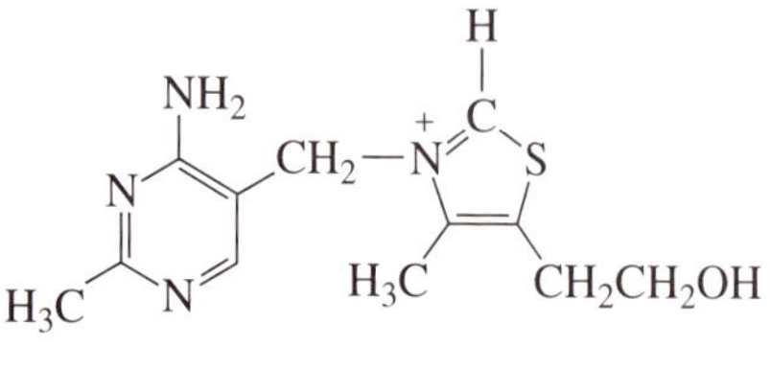

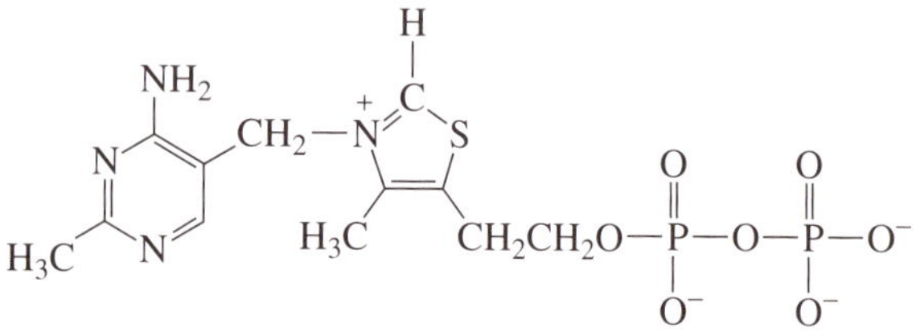

24.4 Pirofosfato de tiamina: vitamina B₁

La piruvato descarboxilasa es un ejemplo de enzima que requiere pirofosfato de tiamina. Esta enzima cataliza la descarboxilación de piruvato y transfiere el fragmento de dos carbonos que resta a un protón, lo que da como resultado la formación de acetaldehído.

$$\underset{\text{piruvato}\atop\text{un }\alpha\text{-cetoácido}}{CH_3-\underset{O}{\overset{O}{\|}}{C}-\underset{O}{\overset{O}{\|}}{C}-O^-} + H^+ \xrightarrow[\text{TPP}]{\text{piruvato descarboxilasa}} \underset{\text{acetaldehído}}{CH_3-\underset{O}{\overset{O}{\|}}{C}-H} + CO_2$$

El lector pensará por qué un α-cetoácido, como el piruvato, se puede descarboxilar, porque los electrones que quedan cuando se elimina CO_2 no se pueden deslocalizar al oxígeno carbonílico. Más adelante se verá que el anillo de tiazolio de la coenzima proporciona un sitio para la deslocalización de los electrones. Un sitio donde se pueden deslocalizar electrones se llama **pozo de electrones**.

Mecanismo de la piruvato descarboxilasa

El hidrógeno unido al carbono de imina en el TPP es relativamente ácido ($pK_a = 12.7$) porque el carbanión iluro que se forma cuando se elimina el protón está estabilizado por el nitrógeno adyacente, con carga positiva. El carbanión iluro es un buen nucleófilo (sección 17.13).

Una descarboxilasa es una enzima que cataliza la eliminación de CO_2 del sustrato. El mecanismo de la reacción catalizada por piruvato descarboxilasa se ve a continuación.

El pirofosfato de tiamina (TPP) es necesario para las enzimas que catalizan la transferencia de un fragmento de dos carbonos de una especie a otra.

- El carbanión iluro, que es nucleofílico, ataca al grupo cetona, electrofílico, del α-cetoácido.
- El compuesto intermediario que así se forma puede descarboxilarse con facilidad porque los electrones que permanecieron cuando se eliminó el CO_2 se pueden deslocalizar al nitrógeno con carga positiva. En el TPP el nitrógeno con carga positiva es un pozo de electrones más efectivo que el grupo β-ceto de un β-cetoácido, que es una clase de compuestos que se descarboxilan con bastante facilidad (sección 18.18).

Tutorial del alumno:
Mecanismo de la piruvato descarboxilasa
(Mechanism for pyruvate decarboxylase)

1112 CAPÍTULO 24 Mecanismos orgánicos de las coenzimas

- El producto descarboxilado se estabiliza por deslocalización electrónica. Una de las formas de resonancia es neutra y la otra tiene cargas separadas. (Se le llamará *carbanión estabilizado por resonancia* al producto descarboxilado).
- La protonación del carbanión estabilizado por resonancia y una posterior reacción de eliminación forman acetaldehído y regeneran la coenzima.

PROBLEMA 9

Trace estructuras que muestren la semejanza entre la descarboxilación del compuesto intermediario piruvato-TPP y la descarboxilación de un β-cetoácido.

PROBLEMA 10

La acetolactato sintasa es otra enzima que requiere TPP. También cataliza la descarboxilación del piruvato, pero transfiere el fragmento de dos carbonos que resulta a otra molécula de piruvato y forma acetolactato. Es el primer paso en la biosíntesis de los aminoácidos valina y leucina. Proponga un mecanismo para la acetolactato sintasa.

$$2\ CH_3-\overset{O}{\underset{}{C}}-\overset{O}{\underset{}{C}}-O^- \xrightarrow[\text{TPP}]{\text{acetolactato sintasa}} CH_3-\overset{O}{\underset{}{C}}-\underset{CH_3}{\overset{OH}{\underset{|}{C}}}-\overset{O}{\underset{}{C}}-O^- + CO_2$$

piruvato → acetolactato

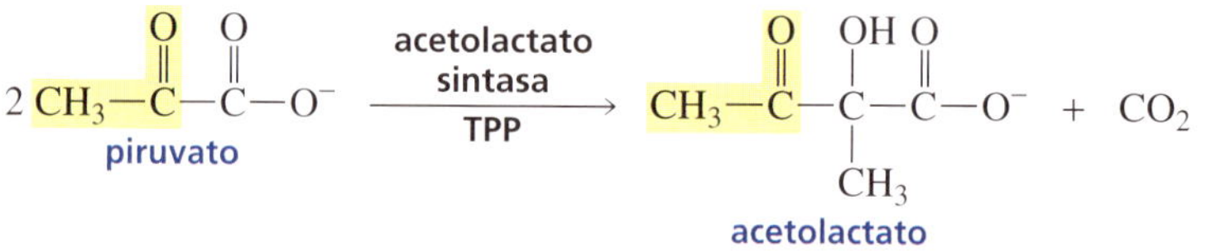

PROBLEMA 11

La acetolactato sintasa también puede transferir el fragmento de dos carbonos del piruvato al α-cetobutirato formando α-aceto-α-hidroxibutirato. Es el primer paso en la formación de isoleucina. Proponga un mecanismo para esta reacción.

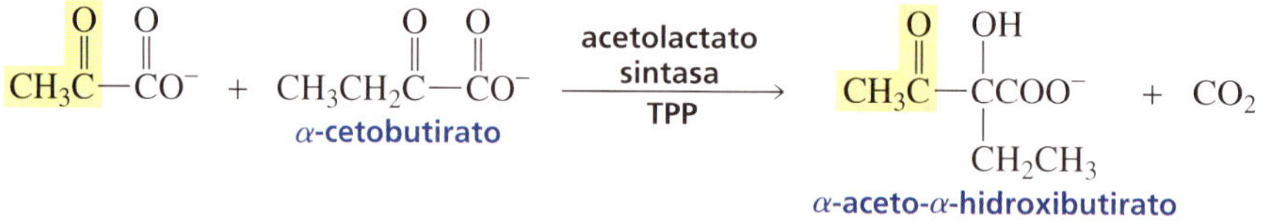

$$CH_3\overset{O}{\underset{}{C}}-\overset{O}{\underset{}{C}}O^- + CH_3CH_2\overset{O}{\underset{}{C}}-\overset{O}{\underset{}{C}}O^- \xrightarrow[\text{TPP}]{\text{acetolactato sintasa}} CH_3\overset{O}{\underset{}{C}}-\underset{CH_2CH_3}{\overset{OH}{\underset{|}{C}}}COO^- + CO_2$$

α-cetobutirato → α-aceto-α-hidroxibutirato

En el capítulo 25 se verá que el producto final del metabolismo de carbohidratos es piruvato. Para que se siga oxidando, el piruvato debe convertirse en acetil-CoA. El *sistema piruvato deshidrogenasa* es un grupo de tres enzimas responsable de la conversión de piruvato en acetil-CoA.

$$CH_3-\overset{O}{\underset{}{C}}-\overset{O}{\underset{}{C}}-O^- + CoASH \xrightarrow{\text{sistema de piruvato deshidrogenasa}} CH_3-\overset{O}{\underset{}{C}}-SCoA + CO_2$$

piruvato → acetil-CoA

El mecanismo del sistema piruvato deshidrogenasa requiere TPP y otras cuatro coenzimas: lipoato, coenzima A, FAD y NAD$^+$.

Mecanismo del sistema de la piruvato deshidrogenasa

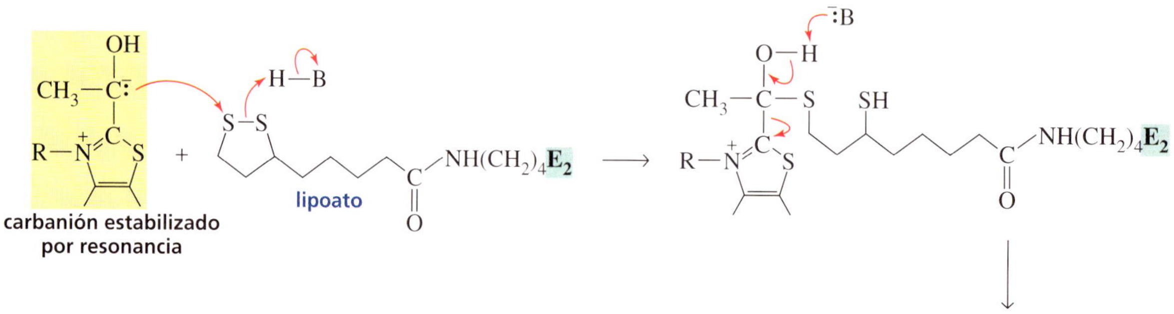

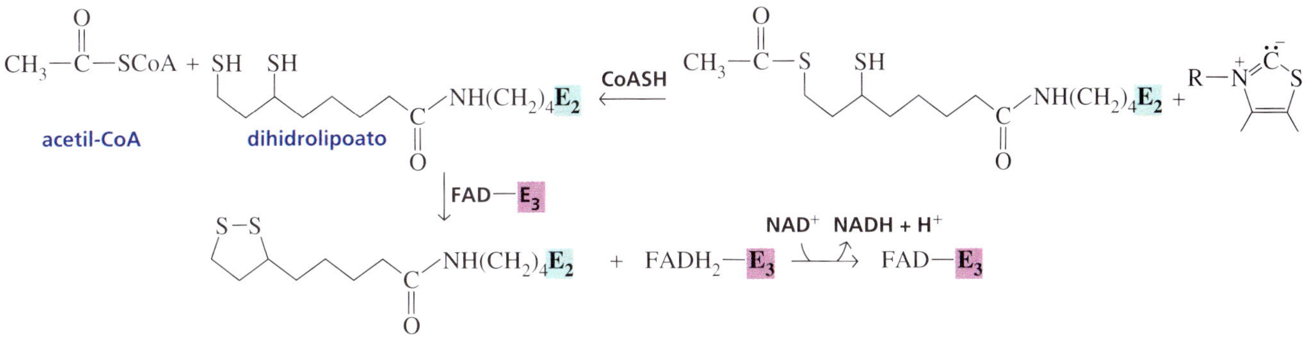

$$CH_3-\overset{\overset{O}{\|}}{C}-SCoA + SH\ SH\underset{\underset{C}{|}}{}\ NH(CH_2)_4\mathbf{E_2} \xleftarrow{CoASH} CH_3-\overset{\overset{O}{\|}}{C}-S\ SH\underset{\underset{C}{|}}{}\ NH(CH_2)_4\mathbf{E_2} + R-\overset{+}{N}\overset{S}{\underset{}{\diagdown}}\ddot{C}^-$$

$$\Big\downarrow FAD-\mathbf{E_3}$$

$$S-S\underset{\underset{C}{|}}{}NH(CH_2)_4\mathbf{E_2}\ +\ FADH_2-\mathbf{E_3} \xrightleftharpoons[]{NAD^+\ \ NADH + H^+} FAD-\mathbf{E_3}$$

- La primera enzima en el sistema cataliza la reacción de TPP con piruvato para formar el mismo carbanión estabilizado por resonancia que el que se forma por piruvato descarboxilasa y la enzima en los problemas 10 y 11.
- La segunda enzima del sistema (E_2) se une a la coenzima **lipoato** debido a que requiere el grupo amino de una cadena lateral de lisina para formar una amida con la coenzima. El puente de disulfuro del lipoato se rompe cuando sufre ataque nucleofílico por el carbanión estabilizado por resonancia.
- El carbanión iluro TPP se elimina del intermediario tetraédrico.
- La **coenzima A** (**CoASH**) reacciona con el tioéster en una reacción de transtioesterificación (un tioéster se convierte en otro) sustituyendo la coenzima A con dihidrolipoato. En este momento se ha formado el producto final de la reacción, acetil-CoA.
- Sin embargo, antes de que pueda hacerse otro ciclo, el dihidrolipoato debe oxidarse para volver a formar lipoato. Esto se hace con la tercera enzima (E_3), una enzima que requiere FAD (sección 24.3). La oxidación de dihidrolipoato por FAD forma $FADH_2$ unido a una enzima.
- Entonces, el NAD^+ oxida al $FADH_2$ y lo convierte de nuevo en FAD.

La vitamina necesaria para formar la **coenzima A** es pantotenato. Ya se vio que la CoASH interviene en los sistemas biológicos para activar los ácidos carboxílicos porque los convierte en tioésteres, que son mucho más reactivos frente a reacciones de sustitución nucleofílica en el grupo acilo que los ácidos carboxílicos (sección 16.22). En el pH fisiológico (7.3), un ácido carboxílico existiría en su forma básica con carga negativa y un nucleófilo no podría acercarse a ella.

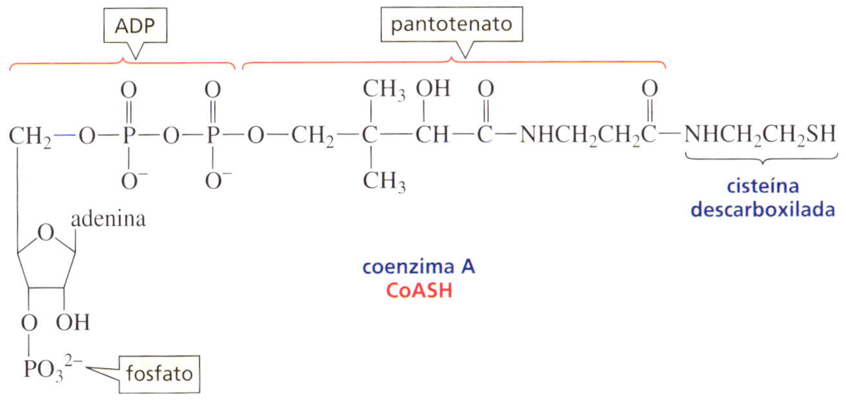

coenzima A
CoASH

PROBLEMA 12 RESUELTO

El TPP es una coenzima para la transcetolasa, enzima que cataliza la conversión de una cetopentosa (5-fosfato de xilulosa) y una aldopentosa (5-fosfato de ribosa) en una aldotriosa (3-fosfato de gliceraldehído) y una cetopentosa (7-fosfato de sedoheptulosa). Obsérvese que no cambia la cantidad total de átomos de carbono en los reactivos y productos (5 + 5 = 3 + 7). Proponga un mecanismo para esta reacción.

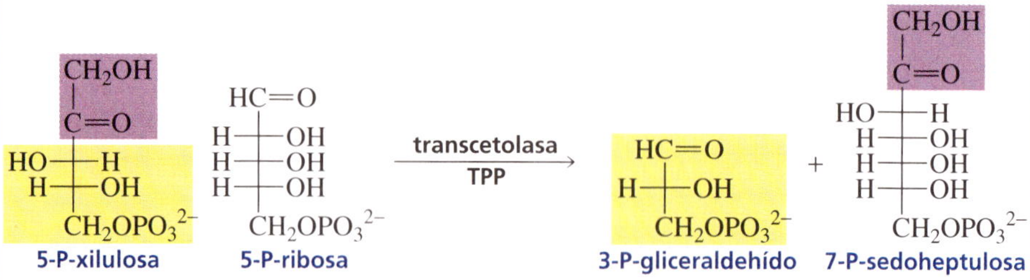

Solución La reacción indica que se transfiere un fragmento de dos carbonos de la 5-fosfato de xilulosa a la 5-fosfato de ribosa. Como el TPP transfiere fragmentos de dos carbonos, se sabe que el TPP debe abstraer el fragmento de dos carbonos que se debe transferir de la 5-fosfato de xilulosa. Entonces, la reacción debe comenzar cuando el TPP ataca al grupo carbonilo de la 5-fosfato de xilulosa. Se puede agregar un grupo ácido y uno básico para ayudar a la eliminación del fragmento de dos carbonos. Este fragmento de dos carbonos, que se une al TPP, es un carbanión estabilizado por resonancia que se adiciona al grupo carbonilo de la 5-fosfato de ribosa. De nuevo, un grupo ácido acepta electrones del grupo carbonilo y un grupo básico contribuye a la eliminación de TPP.

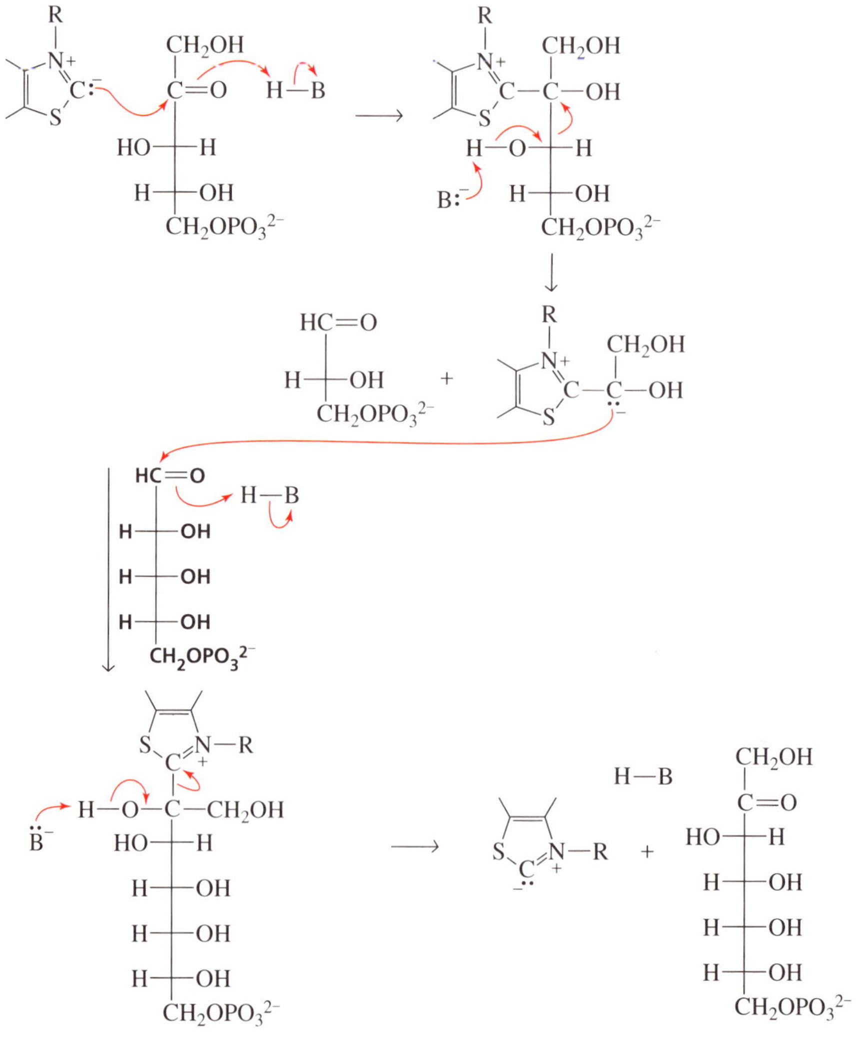

Nótese la función similar del TPP en todas las enzimas que requieren TPP. En cada reacción, la coenzima nucleofílica ataca a un grupo carbonilo del sustrato y permite la ruptura de un enlace con dicho grupo carbonilo porque los electrones que permanecen se pueden deslocalizar en el anillo de tiazolio. El fragmento de dos carbonos que resulta entonces se transfiere: a un protón en el caso de la piruvato descarboxilasa, a la coenzima A (a través de lipoato) en el sistema piruvato deshidrogenasa y a un grupo carbonilo en los problemas 10, 11 y 12.

PROBLEMA 13

Uno de los efectos desafortunados de beber mucho alcohol se llama cruda o resaca y se puede atribuir al acetaldehído que se forma al oxidarse el etanol. Hay ciertas evidencias de que la vitamina B_1 puede curar una cruda. ¿Cómo lo podría hacer?

24.5 Biotina: vitamina H

La **biotina** (vitamina H) es una vitamina excepcional que sintetizan las bacterias que viven en el intestino. En consecuencia, no se tiene que incluir biotina en la dieta y su deficiencia es excepcional; sin embargo, pueden presentarse deficiencias de biotina en personas cuya dieta es abundante en huevos crudos. Las claras de huevo contienen una proteína (avidina) que se une fuertemente a la biotina y con ello evita su funcionamiento como coenzima. Cuando los huevos se cocinan la avidina se desnaturaliza y la proteína desnaturalizada no se combina con la biotina. La biotina está unida con su enzima (**E**) formando una amida con el grupo amino de una cadena lateral de lisina.

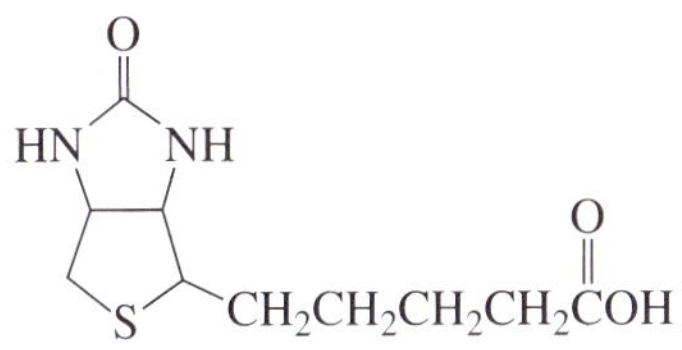

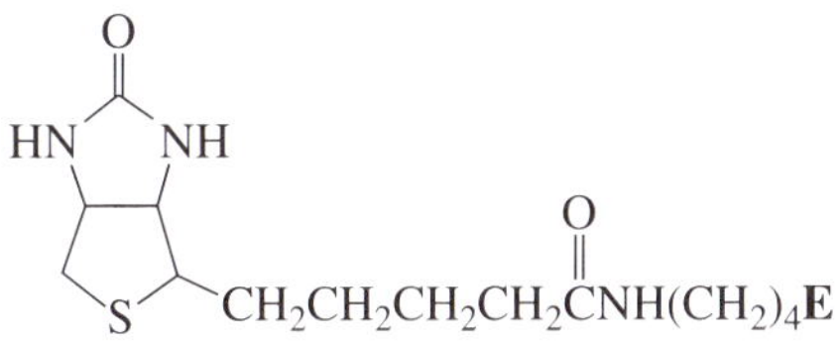

La biotina es la coenzima que requieren las enzimas que catalizan la carboxilación de carbonos α (que son adyacentes a grupos carbonilo). Por consiguiente, las enzimas que necesitan biotina como coenzima se llaman carboxilasas. Por ejemplo, la piruvato carboxilasa convierte el piruvato en oxalacetato. La acetil-CoA carboxilasa convierte la acetil-CoA en malonil-CoA. Las enzimas que requieren biotina usan bicarbonato (HCO_3^-) como fuente del grupo carboxilo que se une al sustrato.

Las enzimas que catalizan la carboxilación de un carbono adyacente a un grupo carbonilo necesitan biotina.

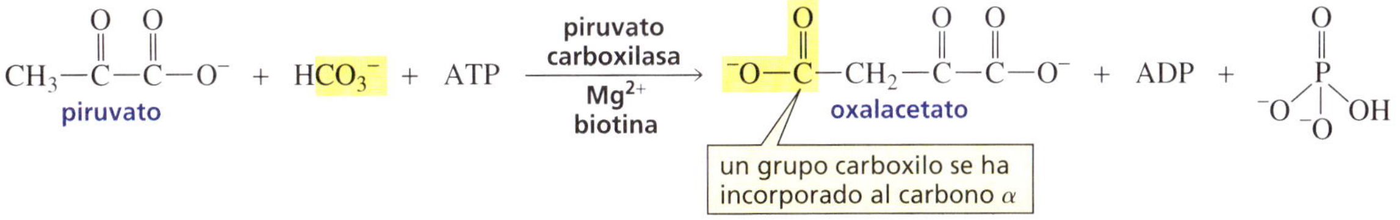

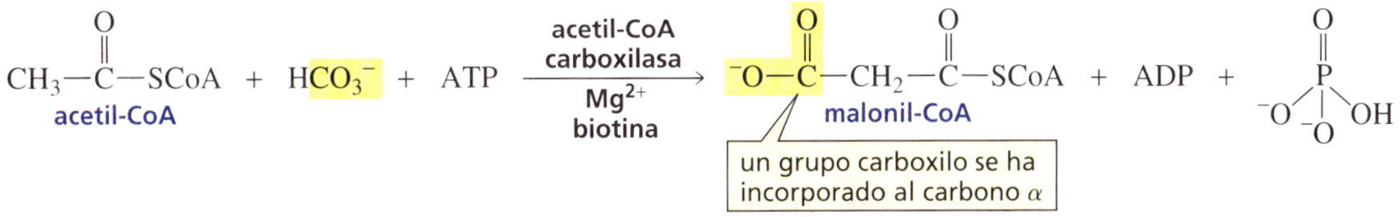

Además de necesitar bicarbonato, las enzimas que requieren biotina también necesitan Mg^{2+} y ATP. La función del Mg^{2+} es disminuir la carga negativa total en el ATP al formar un complejo con dos de sus oxígenos con carga negativa. A menos que se reduzca su carga negativa, un nucleófilo no puede acercarse al ATP (sección 25.5). La función del ATP es aumentar la reactividad del bicarbonato convirtiéndolo en "bicarbonato activado", compuesto que tiene un buen grupo saliente (sección 25.3). Nótese que el "bicarbonato activado" es un anhídrido mixto de ácido carbónico y ácido fosfórico (sección 16.1).

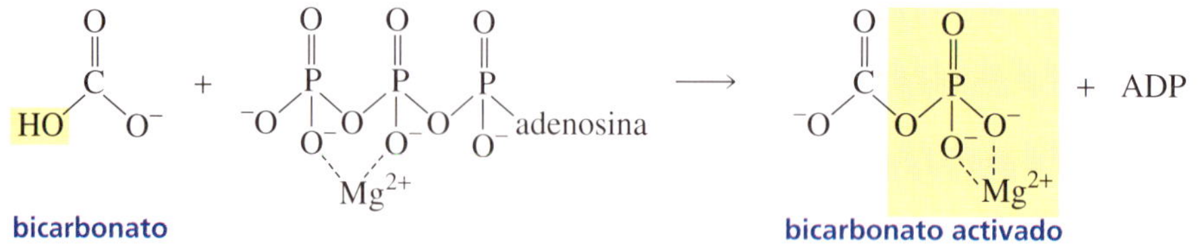

bicarbonato + ATP ⟶ bicarbonato activado + ADP

Una vez activado, el bicarbonato puede comenzar la reacción catalítica. El mecanismo de la carboxilación de la acetil CoA por la acetil-CoA carboxilasa se ve a continuación.

Mecanismo de la carboxilación de acetil-CoA por acetil-CoA carboxilasa

estructura de biotina unida a enzima "semejante a un enolato"

carboxibiotina

enolato de acetil-CoA

acetil-CoA

malonil-CoA

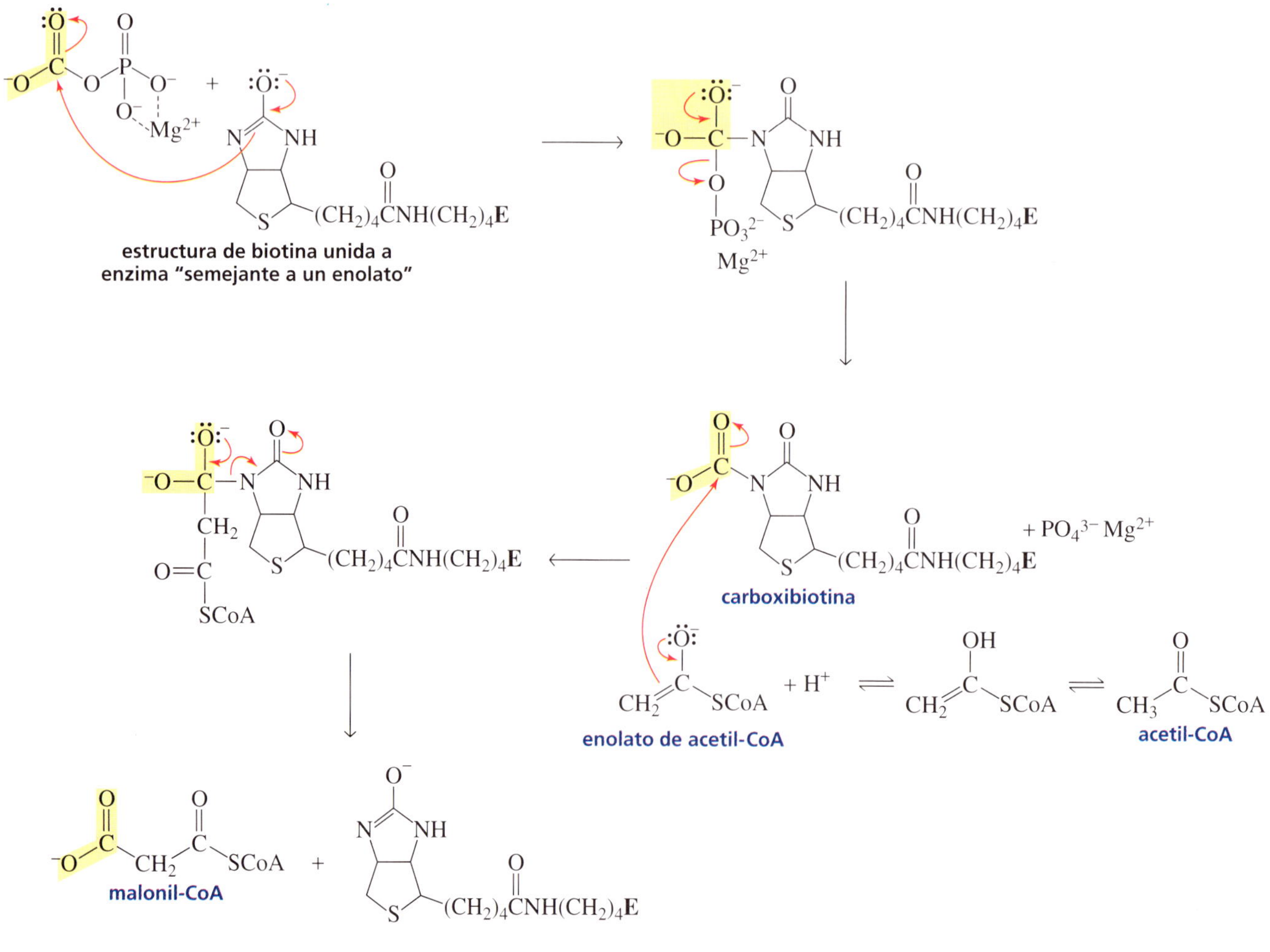

- El ataque nucleofílico de la biotina sobre el bicarbonato activado forma carboxibiotina. Ya que el nitrógeno de una amida no es nucleofílico, es probable que la forma activa de la biotina tenga una estructura parecida a enolato.
- El ataque nucleofílico del sustrato (en este caso, el enolato de acetil-CoA) sobre la carboxibiotina transfiere el grupo carboxilo de la biotina al sustrato.

Todas las enzimas que requieren biotina pasan por los mismos tres pasos: activación de bicarbonato por ATP, reacción del bicarbonato activado con biotina para formar carboxibiotina y transferencia del grupo carboxilo de la carboxibiotina al sustrato.

24.6 Fosfato de piridoxal: vitamina B_6

La coenzima **fosfato de piridoxal** (**PLP**, por sus siglas en inglés) se deriva de la vitamina llamada piridoxina o vitamina B_6. (El sufijo "al" del piridoxal indica que la coenzima es un aldehído). Una deficiencia de vitamina B_6 causa anemia; las deficiencias graves causan convulsiones y la muerte.

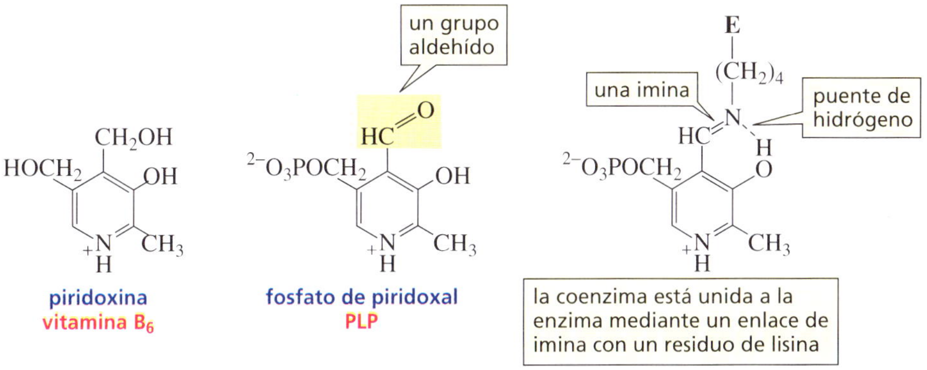

Las enzimas que catalizan ciertas transformaciones de aminoácidos requieren PLP. Las transformaciones más comunes son descarboxilación, transaminación, racemización (interconversión de aminoácidos D y L), ruptura de enlace $C_\alpha—C_\beta$ y α,β-eliminación.

descarboxilación

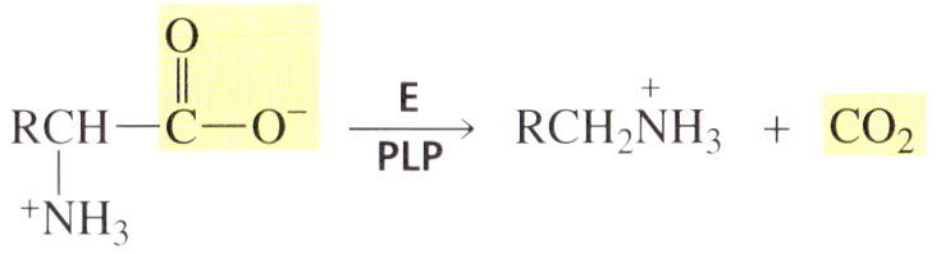

transaminación

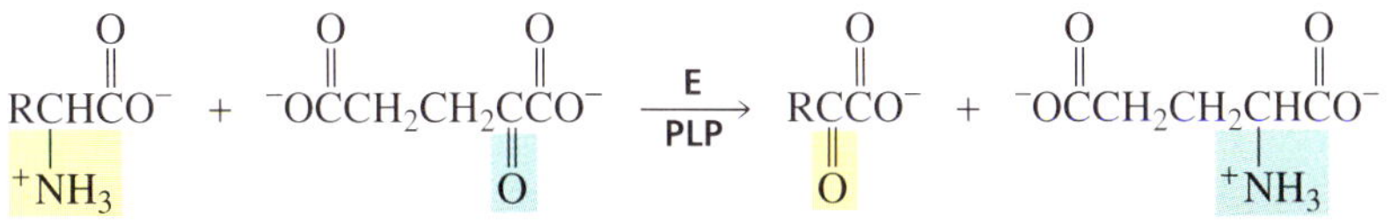

α-cetoglutarato **glutamato**

El fosfato de piridoxal (PLP) es necesario para las enzimas que catalizan ciertas transformaciones de aminoácidos.

racemización

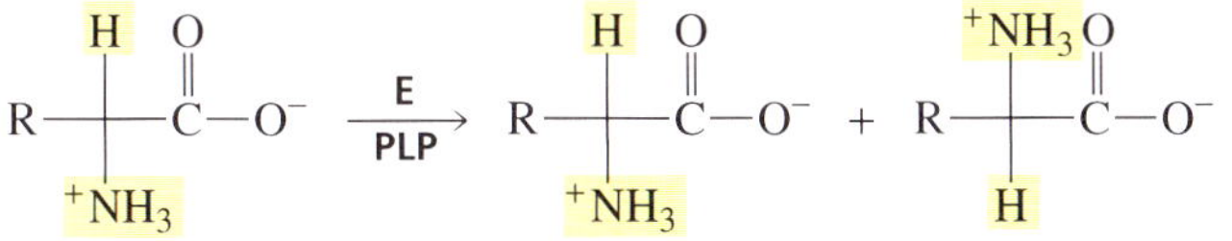

L-aminoácido **L-aminoácido** **D-aminoácido**

1118 CAPÍTULO 24 Mecanismos orgánicos de las coenzimas

ruptura del enlace $C_\alpha\text{—}C_\beta$

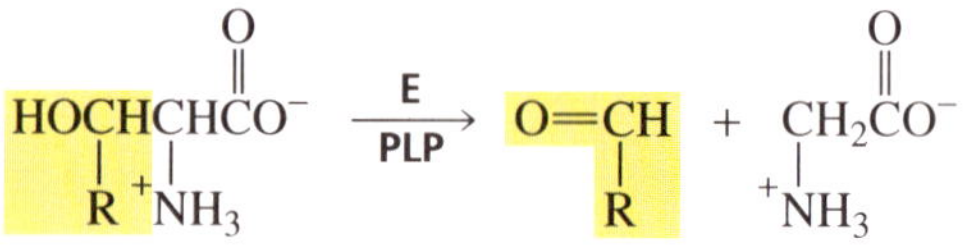

$$\text{HOCHCHCO}^- \xrightarrow[\text{PLP}]{\text{E}} \text{O=CH} + \text{CH}_2\text{CO}^-$$
(con grupos R, $^+\text{NH}_3$ en el reactivo; R en el aldehído; $^+\text{NH}_3$ en el segundo producto)

α,β-eliminación

$$\text{XCH}_2\text{CHCO}^- \xrightarrow[\text{PLP}]{\text{E}} \text{CH}_3\overset{\text{O}}{\underset{\text{O}}{\text{C}}}\text{CO}^- + \text{X}^- + \overset{+}{\text{NH}}_4$$
(con $^+\text{NH}_3$ en el reactivo)

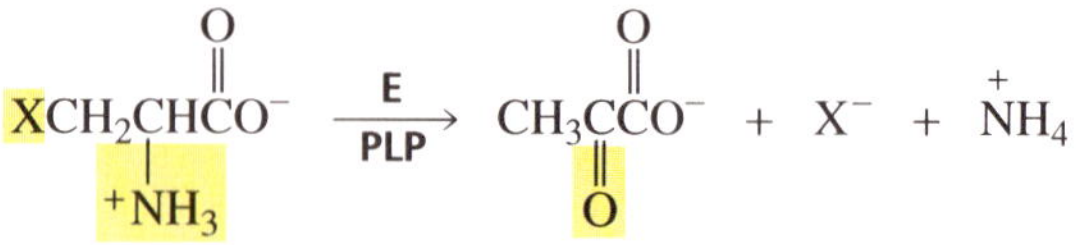

En cada una de estas transformaciones se rompe uno de los enlaces del carbono α en el aminoácido sustrato, en el primer paso de la reacción. La descarboxilación rompe el enlace que une al grupo carboxilo con el carbono α; la transaminación, racemización y α,β-eliminación rompen el enlace que une al hidrógeno con el carbono α, y la ruptura del enlace $C_\alpha\text{—}C_\beta$ es la del enlace que une al grupo R con el carbono α.

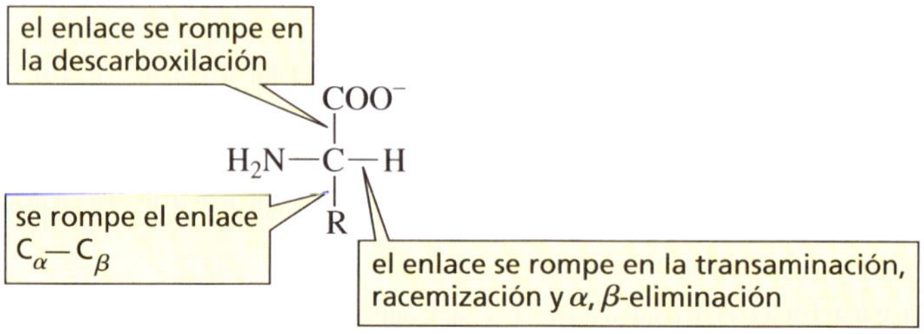

- el enlace se rompe en la descarboxilación → COO⁻
- $\text{H}_2\text{N}-\text{C}-\text{H}$
- se rompe el enlace $C_\alpha - C_\beta$ → R
- el enlace se rompe en la transaminación, racemización y α,β-eliminación

El PLP se une a su enzima formando una imina con el grupo amino de una cadena lateral de lisina. El primer paso para todas las enzimas que requieren PLP es una reacción de transiminación. En una reacción de **transiminación**, una imina se convierte en otra imina.

Mecanismo de la transiminación

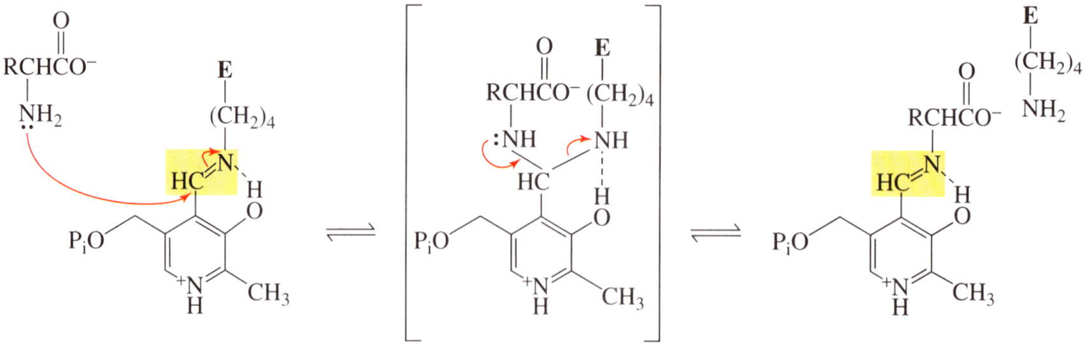

PLP unido a la enzima ⇌ [intermedio] ⇌ PLP unido al aminoácido

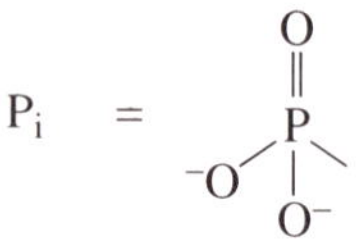

$$\text{P}_i = \begin{array}{c} \text{O} \\ \| \\ {}^-\text{O}-\text{P}-\\ | \\ \text{O}^- \end{array}$$

- En la reacción de transiminación, el aminoácido sustrato reacciona con la imina formada por *PLP y la enzima* y se forma un intermediario tetraédrico.
- El grupo lisina de la enzima es expulsado y se forma una nueva imina entre *PLP y el aminoácido*.

Una vez que el aminoácido formó una imina con PLP, se puede romper un enlace con el carbono α porque los electrones que quedan cuando se rompe el enlace se pueden deslocalizar sobre el nitrógeno protonado con carga positiva en el anillo de piridina. En otras palabras, el nitrógeno protonado del anillo de piridina es un pozo de electrones. Si se elimina el grupo OH del anillo de piridina, el cofactor pierde gran parte de su actividad. Parece que el puente de hidrógeno que forma el grupo OH ayuda a debilitar el enlace con el carbono α.

Descarboxilación

Si la reacción catalizada por PLP es de descarboxilación, el primer paso es la eliminación del grupo carboxilo del carbono α en el aminoácido.

Mecanismo de la descarboxilación de un aminoácido catalizada por PLP

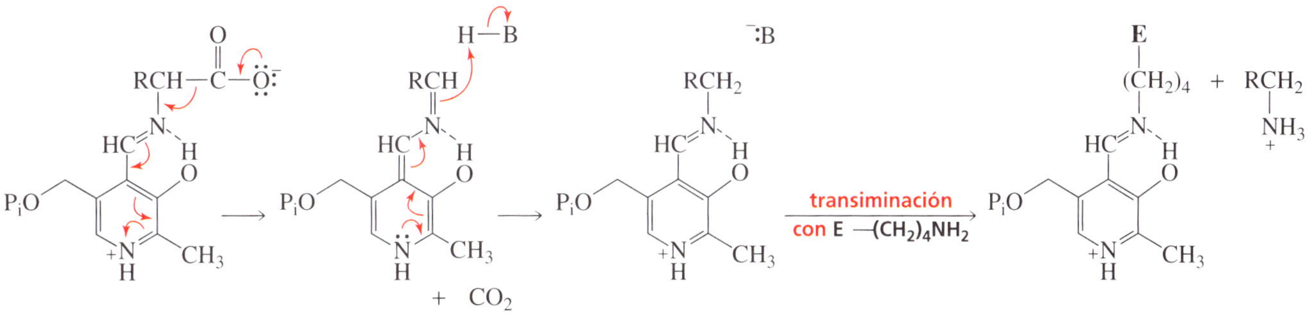

- Después que se elimina el grupo carboxilo, por reordenamiento de electrones y protonación del carbono α en el compuesto intermediario descarboxilado por un grupo amino protonado de una cadena lateral de lisina o por algún otro grupo ácido, se vuelve a establecer la aromaticidad del anillo de piridina.
- El último paso para todas las enzimas que requieren PLP es una reacción de transiminación con una cadena lateral de lisina para liberar el producto de la reacción catalizada por enzima y regenerar el PLP unido a la enzima.

Transaminación

La primera reacción en el catabolismo de la mayor parte de los aminoácidos es la sustitución del grupo amino del aminoácido por un grupo cetona. A esto se le llama reacción de **transaminación** porque el grupo amino que se elimina del aminoácido no se pierde sino que se *transfiere* al grupo cetona del α-cetoglutarato para formar así un glutamato. Las enzimas que catalizan reacciones de transaminación se llaman *aminotransferasas*. La transaminación permite reunir los grupos amino de los diversos aminoácidos en un solo aminoácido (glutamato) para poder excretar con facilidad el exceso de nitrógeno. (No confundir la *transaminación* con la *transiminación*, que se describió antes).

Mecanismo de transaminación de un aminoácido catalizada por PLP

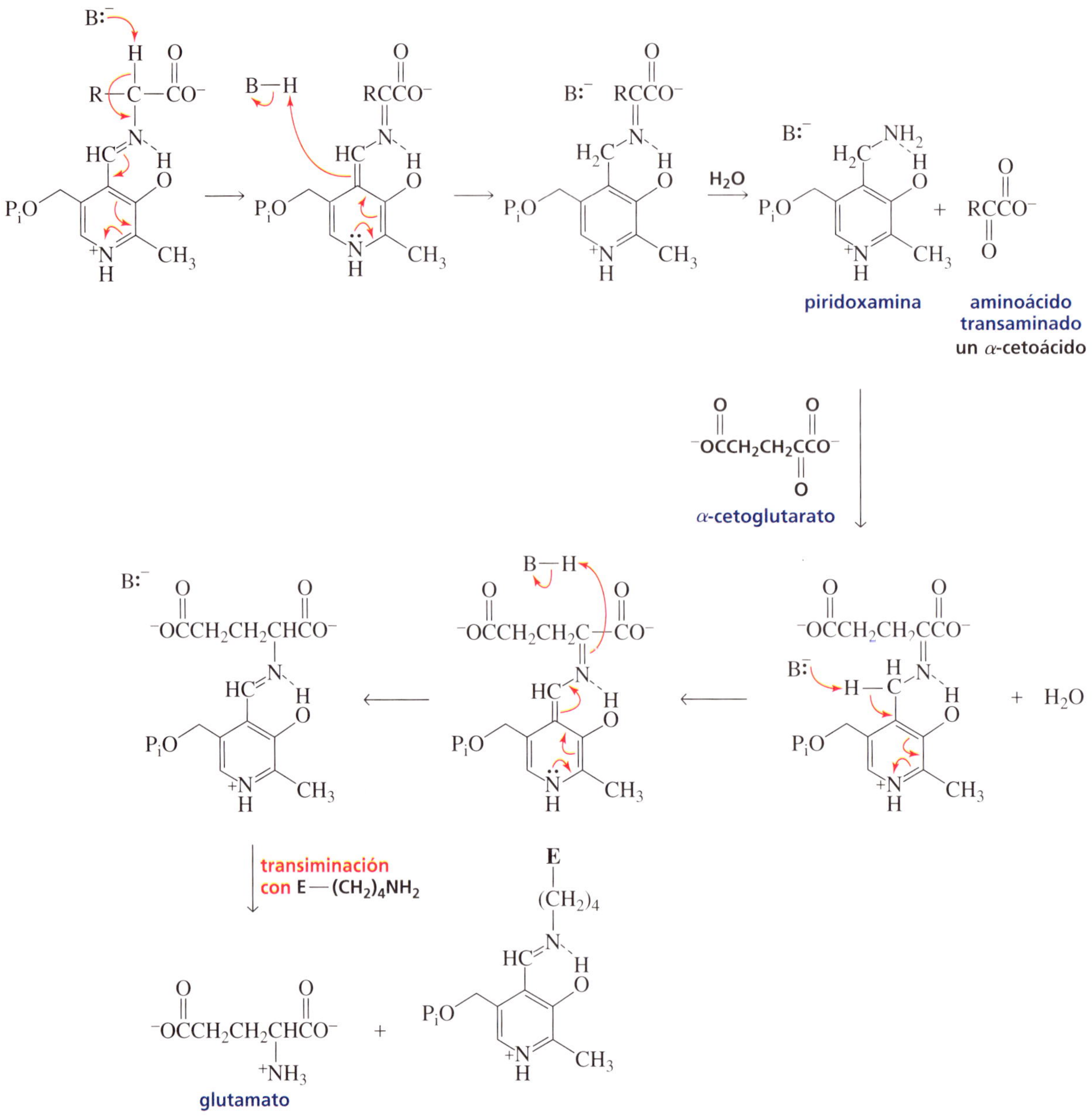

- En el primer paso de la transaminación, se elimina un protón del carbono α del aminoácido.
- Por reordenamiento de los electrones y protonación del carbono unido al anillo de piridina, se forma una imina.
- La hidrólisis de la imina forma el α-cetoácido y piridoxamina.

En este punto se ha eliminado el grupo amino del aminoácido, pero la piridoxamina debe reconvertirse en PLP unido a la enzima para que pueda ocurrir otra ronda de catálisis.

- La piridoxamina forma una imina con el α-cetoglutarato, el segundo sustrato de la reacción.
- Por eliminación de un protón del carbono unido al anillo de piridina, seguida del reordenamiento de los electrones y donación de un protón al carbono α del glutamato del sustrato, se forma una imina que, cuando se transimina con una cadena lateral de lisina, libera glutamato y vuelve a formar PLP unido a la enzima.

Nótese que los pasos de transferencia del protón se invierten en las dos fases de la reacción. La transferencia del grupo amino del aminoácido al piridoxal requiere la eliminación del protón del carbono α en el grupo amino y la donación de un protón al carbono unido al anillo de piridina. La transferencia del grupo amino de la piridoxamina al α-cetoglutarato requiere la eliminación del protón del carbono unido al anillo de pirimidina y la donación de un protón al carbono α del α-cetoglutarato.

EVALUACIÓN DE DAÑOS DESPUÉS DE UN ATAQUE CARDIACO

Después de un ataque al corazón, las aminotransferasas y otras enzimas se liberan desde las células dañadas del corazón y pasan al torrente sanguíneo. La gravedad de los daños causados al corazón puede determinarse con las concentraciones de alanina aminotransferasa y aspartato aminotransferasa en la sangre.

PROBLEMA 14◆

Los α-cetoácidos distintos al α-cetoglutarato pueden aceptar al grupo amino de la piridoxamina en transaminaciones catalizadas por enzima. ¿Qué aminoácidos se forman a partir de los α-cetoácidos siguientes?

a. $CH_3\overset{O}{\underset{\|}{C}}-\overset{O}{\underset{\|}{C}}O^-$
   piruvato

b. $^-O\overset{O}{\underset{\|}{C}}CH_2\overset{O}{\underset{\|}{C}}-\overset{O}{\underset{\|}{C}}O^-$
   oxalacetato

Racemización

A continuación se muestra el mecanismo de la racemización de un aminoácido L catalizada por PLP.

Mecanismo de la racemización de un L-aminoácido catalizada por PLP

- El primer paso es igual al primer paso en la transaminación de un aminoácido catalizada por PLP: eliminación de un protón del carbono α en el aminoácido unido al PLP.

- A diferencia de la transaminación, donde sucede una reprotonación en el carbono unido al anillo de piridina, en la racemización la reprotonación sucede en el carbono α del aminoácido.

El protón se puede ceder al carbono α con hibridación sp^2 en cualquiera de los lados del plano definido por el enlace doble. En consecuencia, se forman aminoácidos D y L. En otras palabras, el L-aminoácido se racemiza.

Compárese el segundo paso en una transaminación catalizada por PLP con el segundo paso en una racemización catalizada por PLP. En una enzima que cataliza transaminación, un grupo ácido en el sitio activo de la enzima queda en posición de donar un protón al carbono unido al anillo de piridina. La enzima que cataliza la racemización no tiene este grupo ácido y entonces el sustrato se vuelve a protonar en el carbono α. En otras palabras, la *coenzima* efectúa la reacción química, pero la *enzima* determina el curso de esa reacción.

Ruptura de enlace C_α—C_β

En el primer paso del mecanismo para la ruptura del enlace C_α—C_β catalizada por PLP, un grupo básico en el sitio activo de la enzima abstrae un protón de un grupo OH unido al carbono β del aminoácido.

Mecanismo para la ruptura del enlace C_α—C_β catalizada por PLP

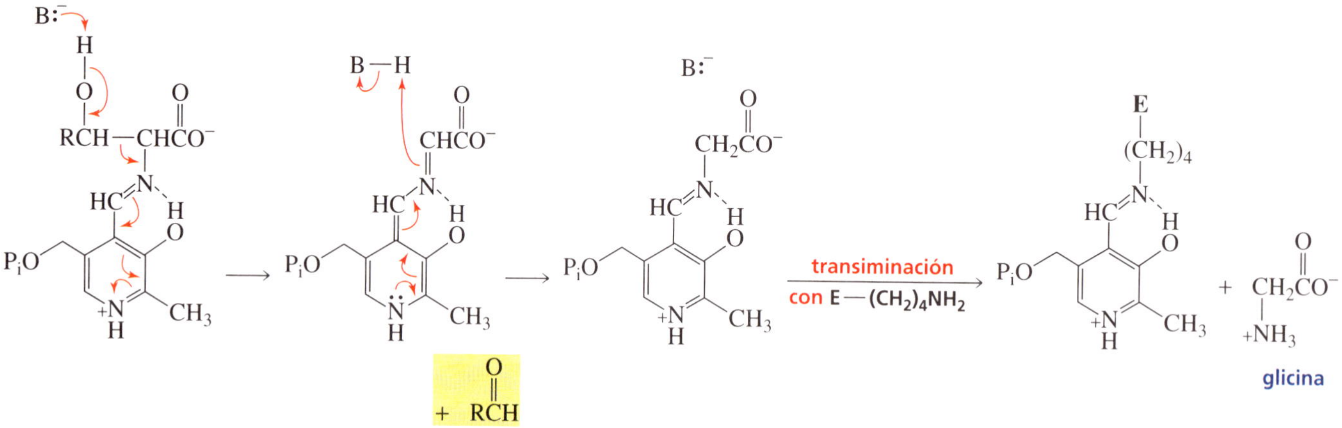

- La eliminación del protón del grupo OH determina que el enlace C_α—C_β se rompa. La serina y la treonina son los dos únicos aminoácidos que pueden ser sustratos para la reacción porque son los únicos que tienen un grupo OH unido a su carbono β. Cuando el sustrato es serina, el paso de ruptura libera formaldehído (R = H); cuando el sustrato es treonina, el paso de ruptura libera acetaldehído (R = CH_3).
- Por reordenamiento de electrones y protonación del carbono α del aminoácido seguida por transiminación con una cadena lateral de lisina, se libera glicina.

El formaldehído que se forma cuando la serina sufre una ruptura de enlace C_α—C_β nunca sale del sitio activo de la enzima; de inmediato se transfiere a tetrahidrofolato (sección 24.8).

PROBLEMA 15

Proponga un mecanismo para una α,β-eliminación catalizada por PLP.

Elección del enlace a romper

Si todas las enzimas que requieren PLP inician con el mismo sustrato, un aminoácido unido a fosfato de piridoxal por un enlace imina ¿cómo se pueden romper tres enlaces distintos en el primer paso de la reacción? El enlace que se rompe en el primer paso depende de la conformación del aminoácido que se une a la enzima. Hay rotación libre en torno al enlace C_α—N del aminoácido y una enzima puede unirse a cualquiera de las conformaciones posibles en torno a ese enlace. La enzima se unirá a la conformación en la que los orbitales traslapados del enlace a romper en el primer paso de la reacción estén paralelos a los orbitales *p* del sistema conjugado. El resultado es que el orbital que contiene a los electrones que permanecen cuando se rompe el enlace se puede traslapar con los orbitales del sistema conjugado. Si dicho traslape no fuera factible, los electrones no se podrían deslocalizar en el sistema conjugado y no se podría estabilizar el carbanión intermediario.

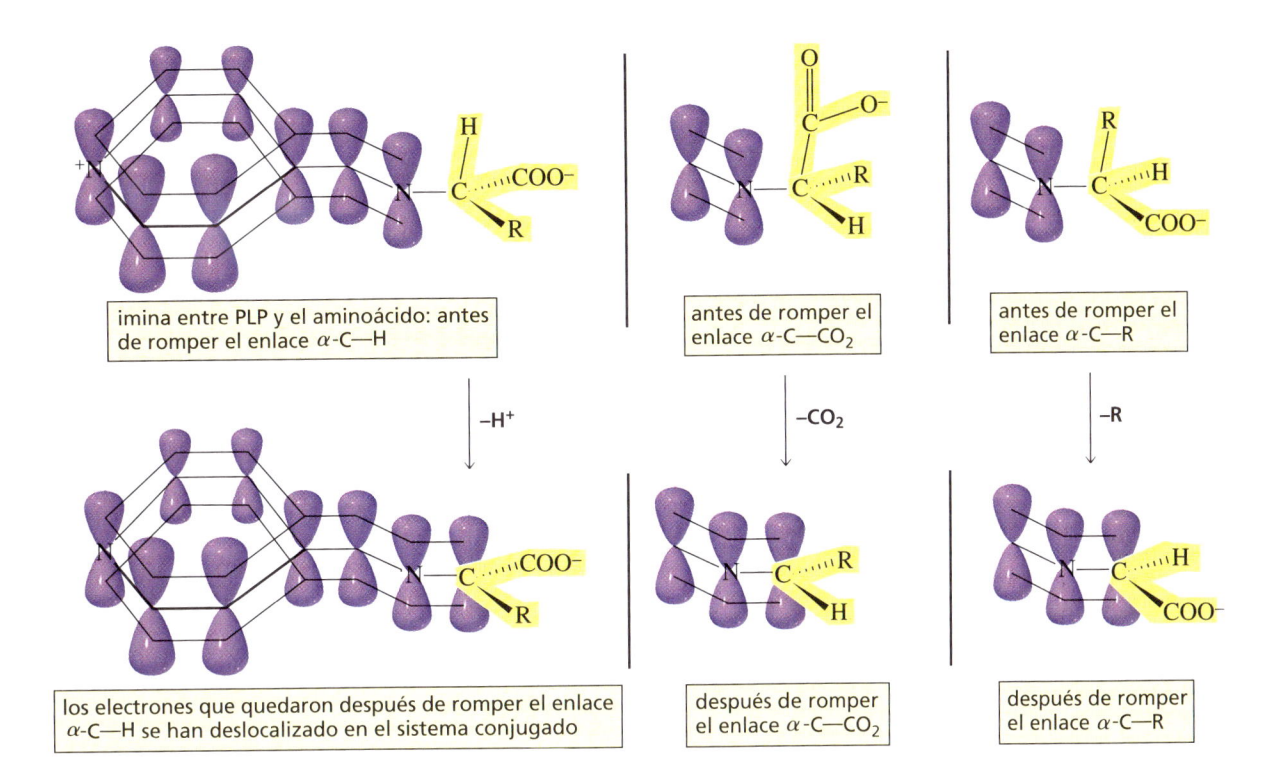

Tutorial del alumno:
Mecanismos de reacciones dependientes de PLP
(Mechanism of PLP-dependent reactions)

imina entre PLP y el aminoácido: antes de romper el enlace α-C—H

antes de romper el enlace α-C—CO₂

antes de romper el enlace α-C—R

−H⁺

−CO₂

−R

los electrones que quedaron después de romper el enlace α-C—H se han deslocalizado en el sistema conjugado

después de romper el enlace α-C—CO₂

después de romper el enlace α-C—R

PROBLEMA 16◆

¿Cuál de los siguientes compuestos se descarboxila con más facilidad?

PROBLEMA 17

Explique por qué se reduce mucho la capacidad del PLP para catalizar una transformación de un aminoácido si una reacción enzimática que requiere PLP se efectúa a un pH al cual el nitrógeno de la piridina no está protonado.

PROBLEMA 18

Explique por qué se reduce mucho la capacidad del PLP para catalizar una transformación de aminoácido si el sustituyente OH del fosfato de piridoxal se reemplaza por un OCH₃.

1124 CAPÍTULO 24 Mecanismos orgánicos de las coenzimas

> **BIOGRAFÍA**
>
> **Dorothy Crowfoot Hodgkin (1910–1994)** *nació en Egipto, de padres ingleses. Recibió una licenciatura del Somerville College de la Universidad de Oxford y obtuvo un doctorado en la Universidad de Cambridge. Realizó los primeros cálculos tridimensionales de cristalografía y fue la primera en usar computadoras para determinar las estructuras de compuestos; tuvo éxito en la determinación de las estructuras de penicilina, insulina y vitamina B_{12}. Por su trabajo sobre la vitamina B_{12} recibió el Premio Nobel de Química 1964. Hodkin fue profesora de química en Somerville, donde uno de sus alumnos graduados fue la Primera Ministra de Inglaterra Margaret Thatcher. También fue miembro fundador de Pugwash, organización con el fin de intensificar la comunicación entre científicos de ambos lados de la Cortina de Hierro.*

24.7 Coenzima B_{12}: Vitamina B_{12}

Las enzimas que catalizan ciertas reacciones de reordenamiento requieren de la **coenzima B_{12}**, una coenzima derivada de la vitamina B_{12}. La estructura de la vitamina B_{12} fue determinada por Dorothy Crowfoot Hodgkin usando cristalografía de rayos X. La vitamina cuenta con un grupo ciano (o $HO:^-$ o H_2O) coordinado con cobalto (sección 20.10). En la coenzima B_{12}, este grupo está sustituido por un grupo 5′-desoxiadenosilo.

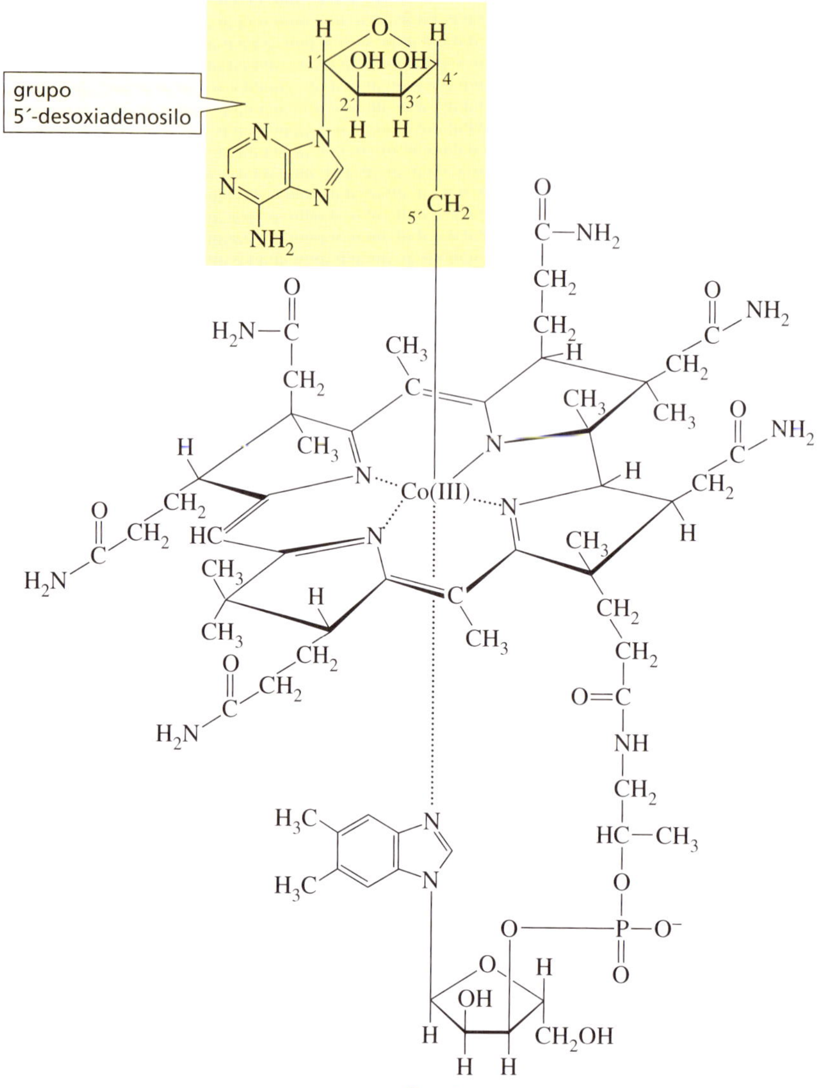

coenzima B_{12}

Los animales y las plantas no pueden sintetizar vitamina B_{12}. De hecho, sólo pocos microorganismos pueden hacerlo. Los humanos deben obtener toda su vitamina B_{12} de su dieta, en especial de la carne. Una deficiencia de la vitamina causa anemia perniciosa. Como la vitamina B_{12} sólo se necesita en cantidades muy pequeñas, son raras las deficiencias causadas por consumo de cantidades insuficientes de la vitamina, pero se han encontrado en vegetarianos que no consumen productos animales. La mayor parte de las deficiencias se deben a una incapacidad de absorber la vitamina en el intestino.

Los siguientes son ejemplos de reacciones catalizadas por enzima que requieren coenzima B_{12}:

$$CH_3CHCHCOO^- \underset{\text{coenzima } B_{12}}{\overset{\text{glutamato mutasa}}{\rightleftharpoons}} CH_2CH_2CHCOO^-$$
$$\underset{^+NH_3}{|} \quad\quad\quad \underset{^+NH_3}{|}$$
$$\text{β-metilaspartato} \quad\quad \text{glutamato}$$

$$\underset{\underset{COO^-}{|}}{CH_3CHCSCoA} \underset{\text{coenzima } B_{12}}{\overset{\text{metilmalonil-CoA mutasa}}{\rightleftharpoons}} \underset{\underset{COO^-}{|}}{CH_2CH_2CSCoA}$$
$$\text{metilmalonil-CoA} \quad\quad \text{succinil-CoA}$$

Las enzimas que catalizan el intercambio de un hidrógeno unido a un carbono por un carbono con un grupo unido a un carbono adyacente necesitan coenzima B_{12}.

$$\underset{\underset{OH}{|}}{CH_3CHCH_2OH} \underset{\text{coenzima } B_{12}}{\overset{\text{dioldeshidrasa}}{\longrightarrow}} \left[\underset{\underset{OH}{|}}{CH_3CH_2CHOH} \right] \longrightarrow CH_3CH_2\overset{O}{\overset{\|}{C}}H + H_2O$$
$$\text{1,2-propanodiol} \quad\quad \text{un hidrato} \quad\quad \text{propanal}$$

En cada una de estas reacciones que requieren coenzima B_{12}, un grupo (Y) unido a un carbono cambia de lugar con un hidrógeno unido a un carbono adyacente.

$$-\underset{\underset{H}{|}}{C}-\underset{\underset{Y}{|}}{C}- \overset{\text{enzima que requiere coenzima } B_{12}-}{\rightleftharpoons} -\underset{\underset{Y}{|}}{C}-\underset{\underset{H}{|}}{C}-$$

Por ejemplo, la glutamato mutasa y la metilmalonil-CoA mutasa catalizan ambas a una reacción en la que el grupo $COO:^-$ unido a un carbono cambia de lugar con un hidrógeno de un grupo metilo adyacente. En la siguiente reacción, catalizada por dioldeshidrasa, un grupo OH cambia de lugar con un hidrógeno de metileno. El producto que resulta es un hidrato que pierde agua para formar propanal.

La química de la coenzima B_{12} se efectúa en el enlace que une al cobalto con el grupo 5'-desoxiadenosilo. El mecanismo aceptado en la actualidad para la dioldeshidrasa es el siguiente.

Mecanismo de una reacción catalizada por enzima, que requiere coenzima B_{12}

enlace débil

$$\underset{\underset{Co(III)}{|}}{Ad-CH_2}$$
5'-desoxiadenosil-cobalamina

$$\rightleftharpoons \quad Ad-CH_2 \quad + \quad \underset{\underset{OH}{|}}{\overset{\underset{|}{CH_3}}{\underset{|}{HO-C-H}}{H-C-H}} \rightleftharpoons \quad Ad-CH_2 \quad \underset{\underset{OH}{|}}{\overset{\underset{|}{CH_3}}{\underset{|}{HO-C-H}}{H-\overset{\cdot}{C}-H}} \quad Co(II) \rightleftharpoons \quad Ad-CH_3 \quad \underset{\underset{OH}{|}}{\overset{\underset{|}{CH_3}}{\underset{|}{HO-C-H}}{\cdot C-H}} \quad Co(II)$$

$$\Updownarrow$$

$$\underset{\underset{Co(III)}{|}}{Ad-CH_2} \quad \underset{\underset{O \; + \; H_2O}{\|}}{\overset{\underset{|}{CH_3}}{\underset{|}{H-C-H}}{C-H}} \rightleftharpoons \quad Ad-\overset{\cdot}{C}H_2 \quad \underset{\underset{OH}{|}}{\overset{\underset{|}{CH_3}}{\underset{|}{H-C-H}}{HO-C-H}} \quad Co(II) \rightleftharpoons \quad Ad-CH_2 \quad \underset{\underset{OH}{|}}{\overset{\underset{H}{|}}{\overset{\underset{|}{CH_3}}{\underset{|}{\cdot C-H}}{HO-C-H}}} \quad Co(II)$$
$$\text{propanal} \quad\quad \text{un hidrato}$$

1126 CAPÍTULO 24 Mecanismos orgánicos de las coenzimas

- El enlace Co-C, excepcionalmente débil (26 kcal/mol o 109 kJ/mol, en comparación con 99 kcal/mol o 414 kJ/mol de un enlace C—H) se rompe homolíticamente y forma un radical 5′-desoxiadenosilo, mientras el Co(III) se reduce a Co(II).
- El radical 5′-desoxiadenosilo elimina un átomo de hidrógeno del carbono C-1 del sustrato y con ello se transforma en 5′-desoxiadenosina.
- Un radical hidroxilo (·OH) migra del C-2 al C-1 y crea así un radical en el C-2.
- El radical en el C-2 abstrae un átomo de hidrógeno de la 5′-desoxiadenosina y forma el producto reordenado y regenera al radical 5′-desoxiadenosilo, que se vuelve a combinar con Co(II) para regenerar a la coenzima. Entonces, el complejo enzima-coenzima queda listo para otro ciclo catalítico.
- El producto inicial es un hidrato que pierde agua para formar propanal, el producto final de la reacción.

Es probable que todas las enzimas que requieren coenzima B_{12} catalicen reacciones mediante el mismo mecanismo general. El papel de la coenzima es proporcionar un medio para eliminar un átomo de hidrógeno del sustrato. Una vez eliminado el átomo de hidrógeno, un grupo adyacente puede migrar para tomar su lugar. Entonces, la coenzima regresa al átomo de hidrógeno y lo entrega al carbono que perdió el grupo migrante.

PROBLEMA 19

La etanolamina amoniaco liasa, una enzima que requiere coenzima B_{12}, cataliza la siguiente reacción:

$$HOCH_2CH_2NH_2 \xrightarrow{\text{etanolamina amoniaco liasa}} CH_3CHO + NH_3$$

Proponga un mecanismo para esta reacción.

PROBLEMA 20◆

Un ácido graso con un número par de átomos de carbono se metaboliza a acetil-CoA, que puede entrar al ciclo del ácido cítrico. Un ácido graso con un número impar de átomos de carbono se metaboliza a acetil-CoA y un equivalente de propionil-CoA. Se necesitan dos enzimas que requieran coenzima para convertir la propionil-CoA en succinil-CoA, compuesto intermediario en el ciclo del ácido cítrico. Escriba las dos reacciones catalizadas por enzimas y los nombres de las coenzimas necesarias.

24.8 Tetrahidrofolato: ácido fólico

El **tetrahidrofolato (THF)** (**Nota del revisor: no confundir con el tetrahidrofurano que también se abrevia THF**) es la coenzima que utilizan las enzimas que catalizan reacciones de transferencia de un grupo que contiene un solo carbono a sus sustratos. El grupo con un carbono puede ser metilo (CH_3), metileno (CH_2) o formilo (HC≡O). El tetrahidrofolato se genera por reducción de dos enlaces dobles en el ácido fólico (folato), su vitamina precursora. Las bacterias sintetizan el folato, pero los mamíferos no pueden hacerlo.

ácido fólico (folato) — 2-amino-4-oxo-6-metilpteridina — glutamato

tetrahidrofolato THF — se han reducido los enlaces dobles

En realidad hay seis distintas coenzimas de THF. El N^5-metil-THF transfiere un grupo metilo (CH_3), el N^5,N^{10}-metilen-THF transfiere un grupo metileno (CH_2), y las demás transfieren un grupo formilo (HC=O).

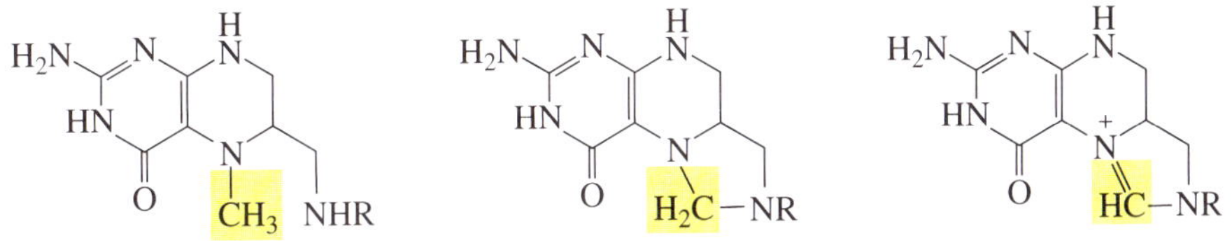

Estructuras de las seis coenzimas de THF:
- N^5-metil-THF
- N^5,N^{10}-metilen-THF
- N^5,N^{10}-metenil-THF
- N^5-formil-THF 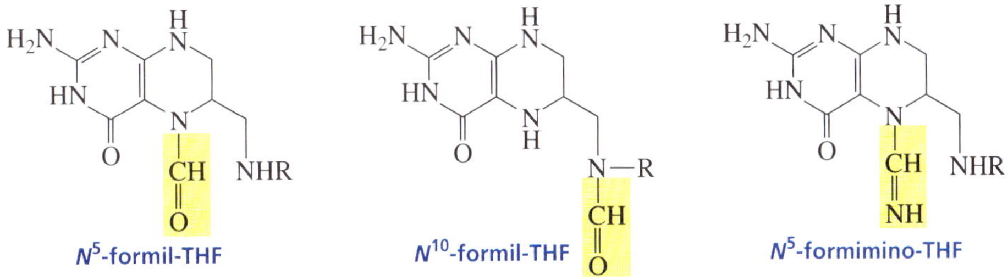
- N^{10}-formil-THF
- N^5-formimino-THF

La ribonucleótido de glicinamida (GAR) transformilasa es un ejemplo de una enzima que requiere una coenzima de THF. El grupo formilo cedido al sustrato termina siendo el carbono C-8 de los nucleótidos de purina (sección 27.1).

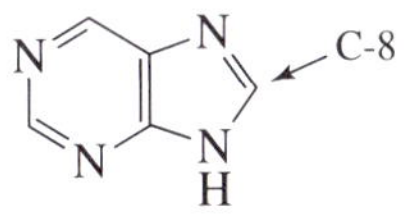

5-fosfato de ribosa + N^{10}-formil-THF $\xrightarrow{\text{GAR transformilasa}}$ 5-fosfato de ribosa + THF

purina ← C-8

La homocisteína metiltransferasa, enzima necesaria para la síntesis de la metionina, también requiere una coenzima de THF.

homocisteína + N^5-metil-THF $\xrightarrow{\text{homocisteína metiltransferasa}}$ metionina + THF

El tetrahidrofolato (THF) es la coenzima que requieren las enzimas que catalizan la transferencia a sus sustratos de un grupo que contiene un carbono.

Timidilato sintasa: enzima que convierte las U en T

Las bases heterocíclicas en el ARN son adenina, guanina, citosina y uracilo (A, G, C y U); las bases heterocíclicas en el ADN son adenina, guanina, citosina y timina (A, G, C y T; estas bases se describirán en la sección 27.1). En otras palabras, las bases heterocíclicas en el ARN y el ADN son iguales, con la excepción de que el ARN contiene U mientras que el ADN contiene T. En la sección 27.9 se explica por qué el ADN contiene T en lugar de U.

Las T que se usan para la biosíntesis del ADN se sintetizan a partir del U por la timidilato sintasa, enzima que requiere N^5,N^{10}-metilen-THF como coenzima. Aun cuando la única diferencia estructural entre una T y un U es un grupo *metilo*, primero se sintetiza una T y luego se transfiere un grupo *metileno* a un U. A continuación, el grupo metileno se reduce a grupo metilo.

1128 CAPÍTULO 24 Mecanismos orgánicos de las coenzimas

5′-monofosfato de 2′-desoxiuridina
dUMP

R = 5-fosfato de 2′-desoxirribosa

N^5, N^{10}-metilen-THF

timidilato sintasa →

5′-monofosfato 2′-desoxitimidina
dTMP

dihidrofolato
DHF

A continuación se presenta el mecanismo catalizado por la timidilato sintasa.

Mecanismo de catálisis por timidilato sintasa

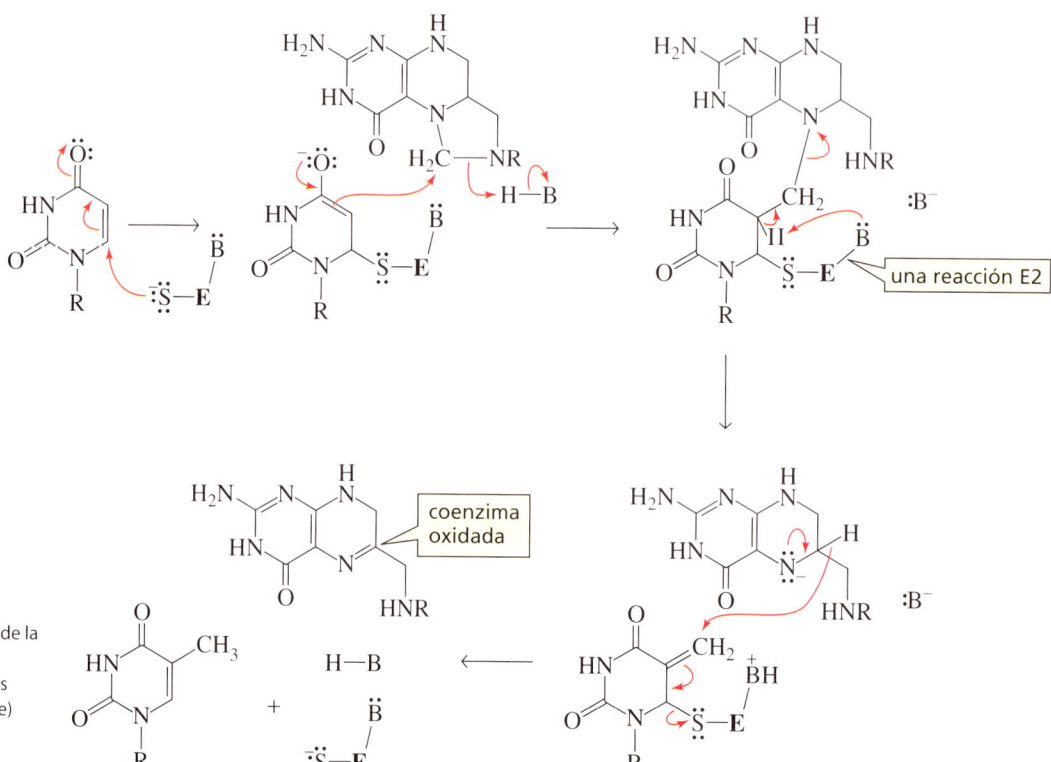

una reacción E2

coenzima oxidada

Tutorial del alumno:
Mecanismo de catálisis de la timidilato sintasa
(Mechanism for catalysis by thymidylate synthase)

- Un grupo nucleofílico de cisteína en el sitio activo de la enzima ataca al carbono β de la uridina. (Es un ejemplo de adición conjugada; véase la sección 17.17).
- El ataque nucleofílico por el carbono α de la uridina en el grupo metileno del N^5,N^{10}-metilén-THF forma un enlace covalente entre uridina y la coenzima.
- Un protón en el carbono α de la uridina es eliminado con ayuda de un grupo básico de una cadena lateral de aminoácido en el sitio activo de la enzima y se elimina la coenzima.
- Por transferencia de un grupo hidruro de la coenzima al grupo metileno, seguida por la eliminación de la enzima, se forman timidina y dihidrofolato (DHF).

Nótese que la coenzima que transfiere el grupo metileno al sustrato también es el agente reductor que después va a reducir al grupo metileno para formar un grupo metilo. Como la coenzima es el agente reductor, se oxida en forma simultánea. La coenzima oxidada es dihidrofolato.

Cuando la reacción termina, el dihidrofolato debe volverse a convertir en N^5,N^{10}-metilen-THF, para que la coenzima pueda participar en otro ciclo catalítico. Primero el dihidrofolato se reduce a tetrahidrofolato. A continuación, la serina hidroximetil transferasa, enzima que requiere PLP y que rompe el enlace C_α—C_β de la serina para formar glicina y formaldehído, transfiere formaldehído a la coenzima (sección 24.6). En otras palabras, el formaldehído que se rompe y separa de la serina se transfiere de inmediato al THF para formar N^5,N^{10}-metilen-THF, lo cual es afortunado porque el formaldehído es citotóxico (mata las células).

$$\text{dihidrofolato} + \text{NADPH} + \text{H}^+ \xrightarrow{\text{dihidrofolato reductasa}} \text{tetrahidrofolato} + \text{NADP}^+$$

$$\text{tetrahidrofolato} + \text{HOCH}_2\text{CHCOO}^-\ (^+\text{NH}_3) \xrightarrow[\text{PLP}]{\text{serina hidroximetil transferasa}} N^5,N^{10}\text{-metilen-THF} + \text{CH}_2\text{COO}^-\ (^+\text{NH}_3)$$

serina → glicina

Quimioterapia del cáncer

El cáncer es el crecimiento y proliferación anormal (descontrolado) de las células. Como las células no se pueden multiplicar si no son capaces de sintetizar ADN, algunos de los agentes quimioterapéuticos contra el cáncer que se han desarrollado están diseñados para inhibir a la timidilato sintasa y la dihidrofolato reductasa. Si una célula no puede sintetizar timidina, tampoco podrá sintetizar ADN. También, si se inhibe la dihidrofolato reductasa, se evita la síntesis de timidina porque las células cuentan con una cantidad limitada de tetrahidrofolato. Si no pueden reconvertir el dihidrofolato en tetrahidrofolato, no podrán continuar sintetizando timidina.

Un medicamento anticanceroso común que inhibe la timidilato sintasa es el 5-fluorouracilo. El 5-fluorouracilo y el uracilo reaccionan con timidilato sintasa de la misma manera. Empero, el flúor del 5-fluorouracilo no puede ser eliminado por la base en el tercer paso de la reacción porque el flúor es demasiado electronegativo para liberarse en forma de F^+. La consecuencia es que la reacción se detiene y la enzima se conserva unida al sustrato en forma permanente. El sitio activo de la enzima queda bloqueado con 5-fluorouracilo y no puede unirse con dUMP. Por consiguiente, ya no se puede sintetizar dTMP y sin dTMP es imposible sintetizar ADN. Desafortunadamente, la mayor parte de los medicamentos anticancerosos no puede diferenciar entre células enfermas y células normales, por lo que la quimioterapia del cáncer se acompaña de efectos colaterales debilitantes. Pese a ello, como las células cancerosas con su división celular descontrolada se dividen con más rapidez que las células normales, son más afectadas por los agentes quimioterapéuticos contra el cáncer que las células normales.

5-fluorouracilo
5-FU

la enzima se ha unido irreversiblemente al sustrato

El fluorouracilo es un **inhibidor basado en el mecanismo**: inactiva la enzima tomando parte en el mecanismo catalítico normal. También se llama **inhibidor suicida**, porque la enzima de hecho "se suicida" al reaccionar con el fluorouracilo. El uso terapéutico del

5-fluorouracilo ilustra la importancia de conocer el mecanismo de las reacciones catalizadas por enzimas. Si se conoce el mecanismo de una reacción, se puede diseñar un inhibidor que suspenda la reacción en un determinado paso.

La aminopterina y el metotrexato son medicamentos contra el cáncer y actúan como inhibidores de la dihidrofolato reductasa. Como sus estructuras se parecen a la del dihidrofolato, compiten con éste para unirse al sitio activo de la enzima. Como se unen con 1000 veces más fuerza a la enzima que el dihidrofolato, inhiben la actividad de la enzima. Estos dos compuestos son ejemplos de **inhibidores competitivos**.

aminopterina R = H
metotrexato R = CH_3

trimetoprima

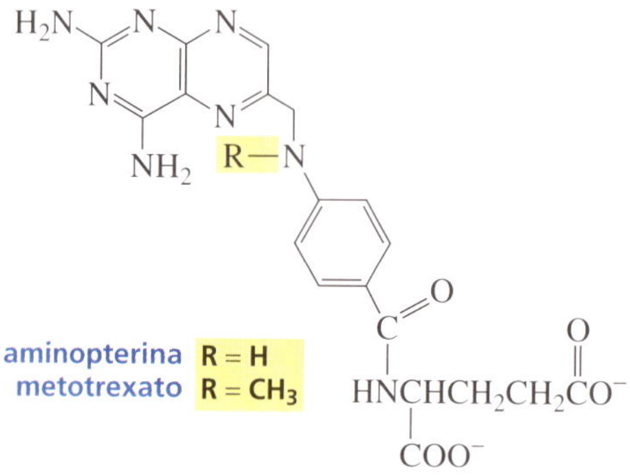

Como la aminopterina y el metotrexato inhiben la síntesis del tetrahidrofolato (THF), interfieren con la síntesis de cualquier compuesto que requiera una coenzima de THF en uno de los pasos de su síntesis. Así, no sólo evitan la síntesis de la timidina sino que también inhiben la síntesis de la adenina y la guanina, otros compuestos heterocíclicos necesarios en la síntesis del ADN porque la síntesis de la adenina y la guanina también requiere una coenzima de THF. Una técnica clínica que se usa en la quimioterapia para combatir el cáncer consiste en administrar al paciente una dosis letal de metotrexato y entonces, después que las células cancerosas han muerto, "salvarlo" administrándole N^5-formil-THF.

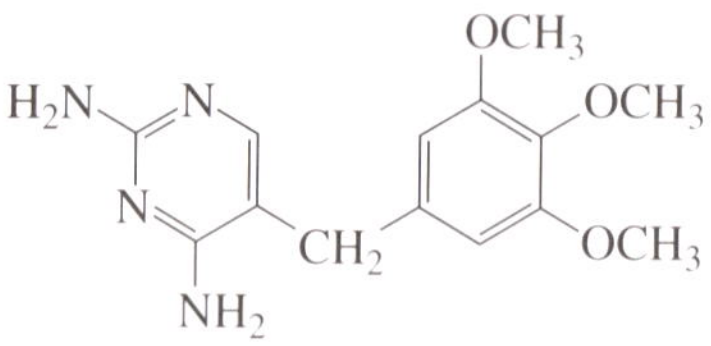

La trimetoprima es un antibiótico porque se une a la dihidrofolato reductasa bacteriana con mucha más fuerza que a la dihidrofolato reductasa de mamíferos.

PROBLEMA 21◆

¿Cuál es el origen del grupo metilo en la timidina?

LOS PRIMEROS ANTIBIÓTICOS

Las sulfonamidas, cuyo nombre común es sulfas, se introdujeron clínicamente en 1934 como los primeros antibióticos eficaces (sección 30.4). Donald Woods, bacteriólogo inglés, notó que la sulfanilamida, que fue la sulfonamida más usada al principio, tenía una estructura semejante a la del ácido *p*-aminobenzoico, compuesto necesario para el crecimiento de las bacterias. Propuso que las propiedades antibacterianas de la sulfonamida se debían a que puede bloquear la utilización normal del ácido *p*-aminobenzoico.

una sulfonamida

sulfanilamida

ácido *p*-aminobenzoico

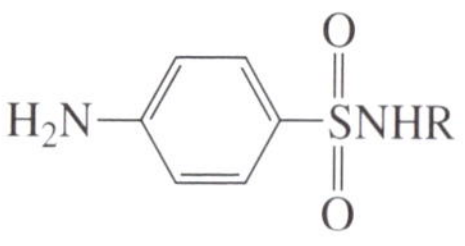

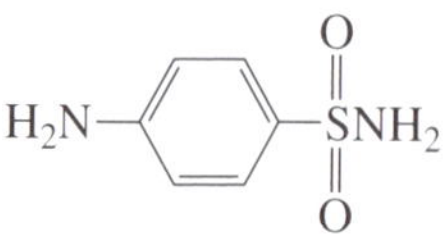

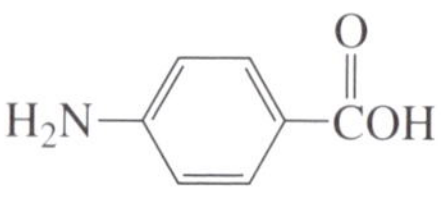

Woods y Paul Flores sugirieron que la acción de la sulfanilamida es por inhibición de la enzima que incorpora el ácido *p*-aminobenzoico al ácido fólico. Como la enzima no puede detectar la diferencia entre sulfanilamida y ácido *p*-aminobenzoico, ambos compuestos compiten para llegar al sitio activo de la enzima. Los humanos no padecen afecciones adversas por causa de este medicamento porque no sintetizan folato; en su lugar, obtienen todo su folato en sus dietas.

Donald D. Woods (1912–1964) *nació en Ipswich, Inglaterra, y recibió una licenciatura y un doctorado de la Universidad de Cambridge. Trabajó en el laboratorio de Paul Flores, en el London Hospital Medical College.*

Paul B. Flores (1882–1971) *nació en Londres. Mudó su laboratorio a la Middlesex Hospital Medical School cuando allí se estableció una unidad de química bacteriana. Fue nombrado caballero en 1946.*

24.9 Vitamina KH$_2$: vitamina K

La vitamina K se requiere para que la coagulación de la sangre sea buena. La letra K proviene de *koagulation*, "coagulación" en alemán. Una serie de reacciones en las que intervienen seis proteínas hacen que la sangre coagule. El proceso necesita que dichas proteínas se unan con Ca^{2+}. La vitamina K se requiere para una buena unión con Ca^{2+}. Esta vitamina se encuentra en las hojas de las plantas verdes. Las deficiencias de vitamina K son raras porque las bacterias intestinales también sintetizan la vitamina. La **vitamina KH$_2$**, la hidroquinona de la vitamina K, es la forma de la coenzima de la vitamina.

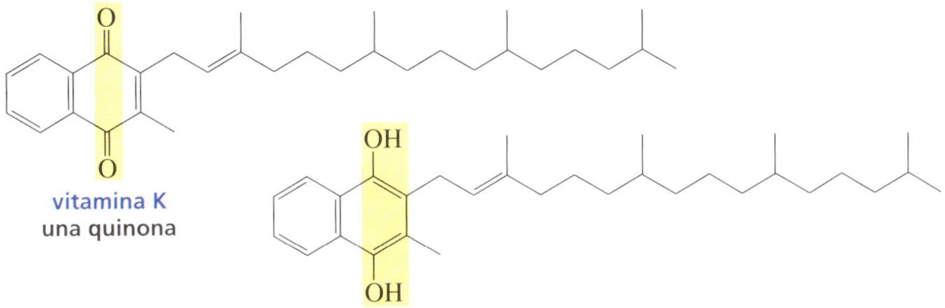

vitamina K
una quinona

vitamina KH$_2$
una hidroquinona

La vitamina KH$_2$ es la coenzima de la enzima que cataliza la carboxilación del carbono γ de las cadenas laterales de glutamato en las proteínas formando γ-carboxiglutamatos. Los γ-carboxiglutamatos forman un complejo con Ca^{2+} con mucha más eficacia que los glutamatos. La enzima emplea CO_2 para el grupo carboxilo que introduce en las cadenas laterales de glutamato. Todas las proteínas responsables de la coagulación de la sangre presentan varios glutamatos cerca de sus extremos *N*-terminales. Por ejemplo, la protrombina es una proteína hemocoagulante y tiene glutamatos en las posiciones 7, 8, 15, 17, 20, 21, 26, 27, 30 y 33.

Requiere vitamina KH$_2$ la enzima que cataliza la carboxilación del carbono γ de una cadena lateral de glutamato en una proteína.

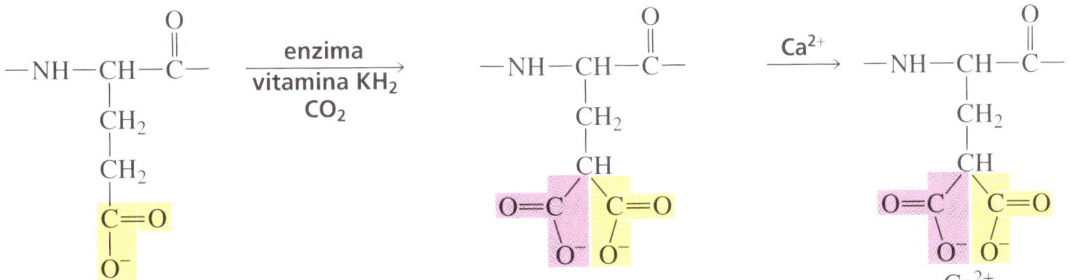

cadena lateral de glutamato   cadena lateral del γ-carboxiglutamato   complejo con calcio

El mecanismo de la carboxilación de glutamato catalizada por KH$_2$ había confundido a los investigadores porque el protón γ del glutamato no es tan ácido y éste debe eliminarse para que el glutamato pueda atacar el CO_2. En consecuencia, el mecanismo debe incluir la creación de una base fuerte. El mecanismo que se ve a continuación fue propuesto por Paul Dowd.

Mecanismo de la carboxilación de glutamato dependiente de la vitamina KH_2

γ-carboxiglutamato

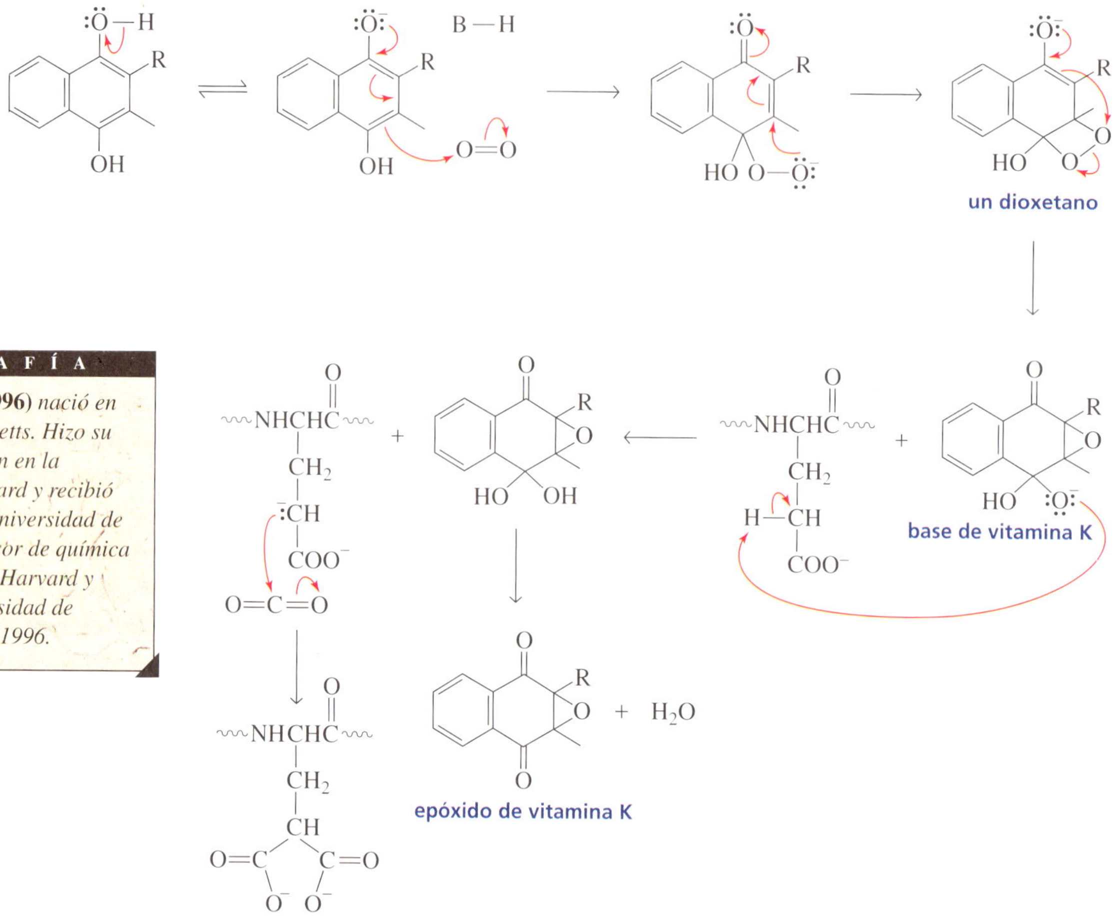

> **BIOGRAFÍA**
>
> **Paul Dowd (1936–1996)** *nació en Brockton, Massachusetts. Hizo su trabajo de graduación en la Universidad de Harvard y recibió un doctorado de la Universidad de Columbia. Fue profesor de química en la Universidad de Harvard y también en la Universidad de Pittsburgh de 1970 a 1996.*

- La vitamina pierde un protón de un grupo OH fenólico.
- La base que así se forma ataca el oxígeno molecular.
- Se forma un dioxetano, que se colapsa para formar una base de vitamina K.
- La base de vitamina K es suficientemente fuerte para abstraer un protón del carbono γ del glutamato.
- El carbanión glutamato ataca al CO_2 para formar γ-carboxiglutamato, y la base de vitamina K protonada (un hidrato) pierde agua y forma el epóxido de vitamina K.

El epóxido de vitamina K se reduce y reconvierte en vitamina KH_2 por una enzima que utiliza a la coenzima dihidrolipoato como agente reductor. Primero se reduce el epóxido a vitamina K, que se continúa reduciendo a vitamina KH_2.

epóxido de vitamina K — vitamina K — vitamina KH_2

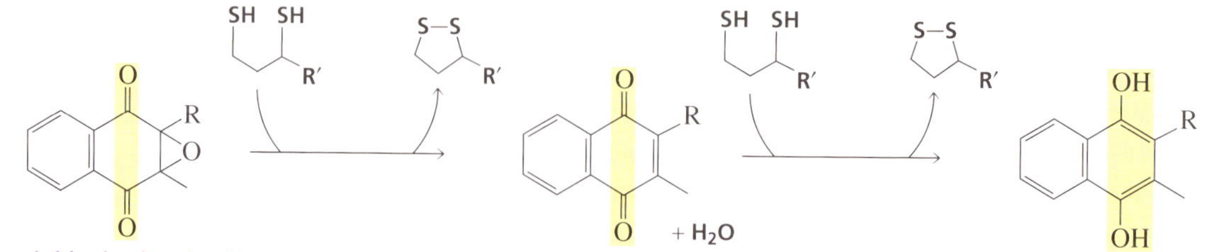

La warfarina y el dicumarol se usan clínicamente como anticoagulantes. Evitan la coagulación al inhibir la enzima que sintetiza la vitamina KH$_2$ a partir del epóxido de vitamina K al unirse al sitio activo de la enzima. La enzima no puede detectar la diferencia entre estos dos compuestos y el epóxido de vitamina K, de manera que esos compuestos son *inhibidores competitivos*. También la warfarina es un veneno frecuente para ratas porque les causa la muerte por hemorragias internas.

warfarina   **dicumarol**

También se ha visto en fecha reciente que la vitamina E es un anticoagulante. Inhibe, en forma directa, la enzima que carboxila los residuos de glutamato.

DEMASIADO BRÓCOLI

En un artículo donde se describía a dos mujeres con enfermedades caracterizadas por coagulación anormal de la sangre se informaba que no mejoraron al administrárseles warfarina. Cuando se les interrogó acerca de sus dietas, una dijo comer cuando menos medio kilo de brócoli cada día y la otra, por su lado, tomaba sopa de brócoli y comía una ensalada del mismo alimento todos los días. Cuando se eliminó el brócoli de sus dietas, la warfarina recuperó su eficacia para prevenir la coagulación anormal de su sangre. Como el brócoli tiene un alto contenido de vitamina K, estas pacientes habían estado ingiriendo suficiente vitamina K en su dieta para competir con el anticoagulante por el sitio activo de la enzima y al hacerlo el medicamento se volvió ineficaz.

PROBLEMA 22

Los tioles, como el etanotiol y el propanotiol, pueden usarse para reducir el epóxido de vitamina K y formar vitamina KH$_2$, pero reaccionan con mucha más lentitud que el dihidrolipoato. Explique por qué.

RESUMEN

Los **cofactores** coadyuvan a que las enzimas catalicen diversas reacciones que no pueden ser catalizadas sólo por las cadenas laterales de tales enzimas. Los cofactores pueden ser iones metálicos o moléculas orgánicas. Una enzima con un ion metálico fuertemente unido se llama **metaloenzima**. Los cofactores que son moléculas orgánicas se llaman **coenzimas**; las coenzimas se derivan de las **vitaminas**, que son sustancias necesarias en pequeñas cantidades para las funciones normales del organismo, que éste no puede sintetizar. Todas las vitaminas son solubles en agua, excepto la vitamina C, son precursores de coenzimas. La vitamina K es la única vitamina insoluble en agua que es precursora de una coenzima.

Las coenzimas juegan diversos papeles químicos que no es posible que desempeñen las cadenas laterales de aminoácidos en las enzimas. Algunas funcionan como agentes oxidantes y reductores, otras permiten que se deslocalicen los electrones, algunas activan grupos para reacciones posteriores y otras más proporcionan buenos nucleófilos o bases fuertes, que se necesiten para una reacción. El **reconocimiento molecular** permite que la enzima se una al sustrato y a la coenzima con la orientación correcta para la reacción. Las coenzimas se reciclan. Una enzima con su cofactor se llama **holoenzima**. Una enzima a la que se separa de su cofactor se llama **apoenzima**.

El metabolismo es el conjunto de reacciones que efectúan los organismos vivos para obtener energía y para sintetizar los compuestos que necesitan; se puede dividir en catabolismo y anabolismo. Las **reacciones catabólicas** descomponen a las moléculas complejas para proporcionar energía y moléculas simples. Las **reacciones anabólicas** necesitan energía y llevan a la síntesis de biomoléculas complejas.

El **NAD$^+$**, el **NADP$^+$**, el **FAD** y el **FMN** son coenzimas que catalizan reacciones de oxidación; las que catalizan reacciones de reducción son el **NADH**, el **NADPH**, el **FADH₂** y el **FMNH₂**. A muchas enzimas que catalizan reacciones de oxidación se les llama **deshidrogenasas**. Toda la química de oxidación-reducción de las **coenzimas de nucleótidos de piridina** se efectúa en la posición 4 del anillo de piridina. Toda la química redox de las **coenzimas de flavina** tiene lugar en el anillo de flavina.

El **pirofosfato de tiamina (TPP)** es la coenzima que requieren las enzimas que catalizan la transferencia de fragmentos con dos carbonos. La **biotina** es la coenzima que requieren las enzimas que catalizan la carboxilación de un carbono adyacente a un grupo carbonilo. El **fosfato de piridoxal (PLP)** es la coenzima que requieren las enzimas que catalizan ciertas transformaciones de aminoácidos: descarboxilación, transaminación, racemización, ruptura de enlace C_α—C_α y α,β-eliminación. En una **reacción de transiminación**, una imina se convierte en otra imina; en una **reacción de transaminación**, se elimina el grupo amino de un sustrato, que pasa a otra molécula, y deja en su lugar un grupo ceto.

En una reacción que requiere **coenzima B_{12}**, un grupo unido a un carbono cambia de lugar con un hidrógeno unido a un carbono adyacente. El **tetrahidrofolato (THF)** es la coenzima que utilizan las enzimas para catalizar reacciones que transfieren a sus sustratos un grupo con un solo carbono, como metilo, metileno o formilo. La **vitamina KH_2** es la coenzima de la enzima que cataliza la carboxilación del carbono γ en cadenas laterales de glutamato, reacción necesaria para la coagulación de la sangre. Un **inhibidor suicida** inactiva una enzima al tomar parte en el mecanismo catalítico normal. Los **inhibidores competitivos** compiten con el sustrato para unirse al sitio activo de la enzima.

TÉRMINOS CLAVE

apoenzima (pág. 1099)
biotina (pág. 1115)
coenzima (pág. 1098)
coenzima A (CoASH) (pág. 1113)
coenzima B_{12} (pág. 1124)
cofactor (pág. 1098)
compuesto heterocíclico (pág. 1102)
deshidrogenasa (pág. 1103)
dinucleótido de flavina adenina (FAD) (pág. 1107)
dinucleótido de nicotinamida adenina (NAD^+) (pág. 1101)

fosfato del dinucleótido de nicotinamida adenina ($NADP^+$) (pág. 1101)
fosfato de piridoxal (PLP) (pág. 1117)
holoenzima (pág. 1099)
inhibidor basado en el mecanismo (pág. 1129)
inhibidor competitivo (pág. 1130)
inhibidor suicida (pág. 1129)
lipoato (pág. 1113)
metabolismo (pág. 1101)
metaloenzima (pág. 1098)

mononucleótido de flavina (FMN) (pág. 1107)
nucleótido (1102)
pirofosfato de tiamina (TPP) (pág. 1110)
reacción anabólica (pág. 1101)
reacción catabólica (pág. 1101)
pozo de electrones (pág. 1111)
tetrahidrofolato (THF) (pág. 1126)
transaminación (pág. 1119)
transiminación (pág. 1118)
vitamina (pág. 1098)
vitamina KH_2 (pág. 1131)

PROBLEMAS

23. Conteste las siguientes preguntas:
    a. ¿Cuáles son seis cofactores que actúan como agentes oxidantes?
    b. ¿Cuáles son los cofactores que donan grupos de un carbono?
    c. ¿Cuáles son tres grupos de un carbono que donan varios tetrahidrofolatos a los sustratos?
    d. ¿Cuál es la función de FAD en el complejo de piruvato deshidrogenasa?
    e. ¿Cuál es la función de NAD^+ en el complejo de piruvato deshidrogenasa?
    f. ¿Qué reacción necesaria para la buena coagulación de la sangre es catalizada por la vitamina KH_2?
    g. ¿Qué coenzimas se usan en las reacciones de descarboxilación?
    h. ¿Sobre qué clases de sustratos actúan las coenzimas descarboxilantes?
    i. ¿Qué coenzimas se usan en reacciones de carboxilación?
    j. ¿Sobre qué clases de sustratos actúan las coenzimas carboxilantes?

24. Indique el nombre de las coenzimas que
    a. permiten deslocalizar electrones.
    b. activan grupos para reacciones posteriores.
    c. proporcionan un buen nucleófilo.
    d. proporcionan una base fuerte.

25. Para cada una de las reacciones siguientes, indique el nombre de la enzima que cataliza la reacción y el de la coenzima que se requiere.

    a. $CH_3\overset{O}{\overset{\|}{C}}SCoA \xrightarrow[\text{ATP, Mg}^{2+}, \text{HCO}_3^-]{\text{enzima}} {}^-OCCH_2\overset{O}{\overset{\|}{C}}SCoA$

    b. (estructura con $(CH_2)_4CO^-$ y dos grupos SH) $\xrightarrow{\text{enzima}}$ (estructura con $(CH_2)_4CO^-$ y puente S—S)

c. 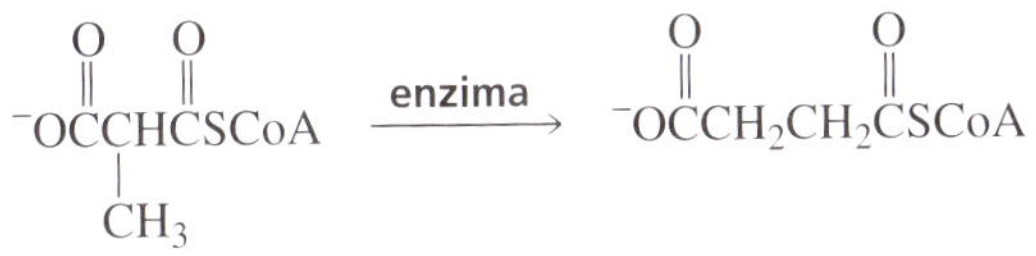 $^-OCCH(CH_3)CSCoA \xrightarrow{enzima} {}^-OCCH_2CH_2CSCoA$ (with carbonyls)

d.  $CH_3\underset{O}{\overset{O}{C}}-CO^- \xrightarrow[\text{(reacción catabólica)}]{\text{enzima}} CH_3\underset{OH}{\overset{}{CH}}-CO^-$ (with carbonyl on right)

e. 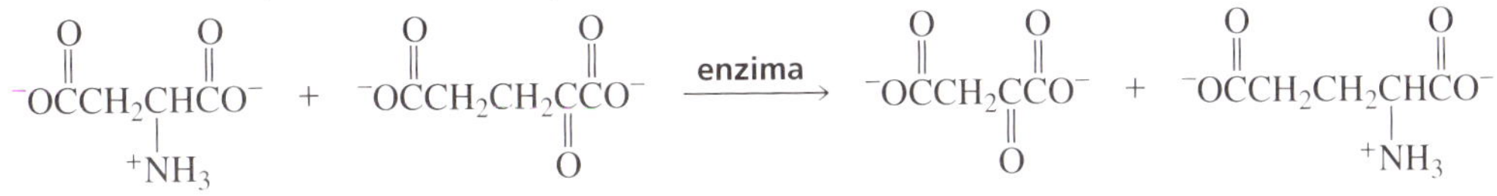 $^-OCCH_2CH(^+NH_3)CO^- + {}^-OCCH_2CH_2C(O)CO^- \xrightarrow{enzima} {}^-OCCH_2C(O)CO^- + {}^-OCCH_2CH_2CH(^+NH_3)CO^-$

f. 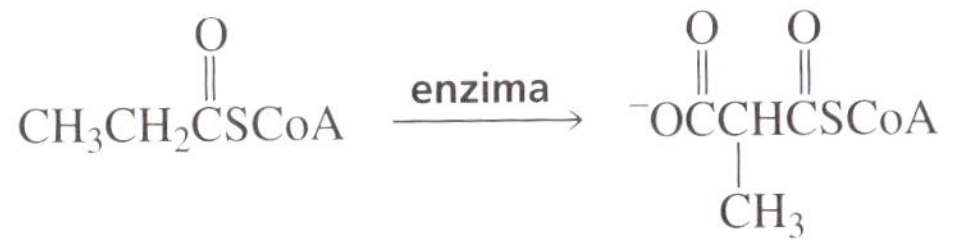 $CH_3CH_2CSCoA \xrightarrow{enzima} {}^-OCCH(CH_3)CSCoA$

26. La *S*-adenosilmetionina (SAM) se forma en la reacción entre ATP (sección 8.12) y metionina. El otro producto de la reacción es trifosfato. Proponga un mecanismo para esta reacción.

27. Se requieren cinco coenzimas para la α-cetoglutarato deshidrogenasa, enzima en el ciclo del ácido cítrico que convierte el α-cetoglutarato en succinil-CoA.
    a. Indique cuáles son las coenzimas.
    b. Proponga un mecanismo para la reacción siguiente:

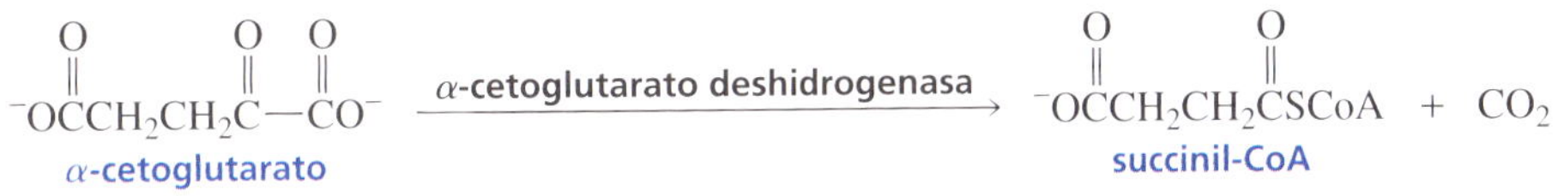

$$^-OCCH_2CH_2C(O)-CO^- \xrightarrow{\alpha\text{-cetoglutarato deshidrogenasa}} {}^-OCCH_2CH_2CSCoA + CO_2$$

α-cetoglutarato → succinil-CoA

28. Indique cuáles son los productos de la siguiente reacción; T es tritio.

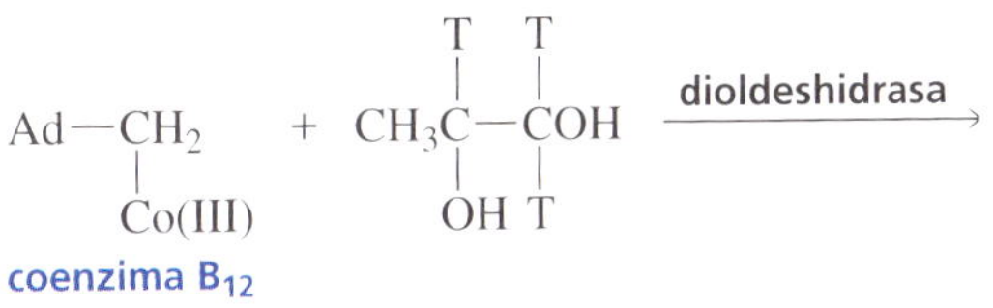

$$Ad-CH_2-Co(III) + CH_3\underset{OH}{\overset{T}{C}}-\underset{T}{\overset{T}{C}}OH \xrightarrow{dioldeshidrasa}$$

coenzima B$_{12}$

(*Sugerencia*: el tritio es un isótopo de hidrógeno con dos neutrones. Aunque un enlace C—T se rompe con cuatro veces menor rapidez que un enlace C—H, sigue siendo el primer enlace del sustrato que se rompe).

29. Proponga un mecanismo para la metilmalonil-CoA mutasa, enzima que convierte metilmalonil-CoA en succinil-CoA.

30. Cuando se transaminan, los tres aminoácidos de cadena ramificada (valina, leucina e isoleucina) forman compuestos que tienen el olor característico del jarabe de maple (arce, liquidámbar u ocozol). Una enzima, llamada α-cetoácido de cadena ramificada deshidrogenasa, convierte dichos compuestos en ésteres de CoA. Las personas que carecen de esta enzima padecen la enfermedad genética llamada orina de jarabe de maple, nombre debido a que su orina huele a jarabe de maple.
    a. Indique las estructuras de los compuestos que huelen a jarabe de maple.
    b. Indique las estructuras de los ésteres de CoA.
    c. La α-cetoácido de cadena ramificada deshidrogenasa tiene cinco coenzimas. Identifíquelas.
    d. Sugiera una forma de tratamiento de la enfermedad orina de jarabe de maple.

31. Cuando se disuelve UMP en T$_2$O (T = tritio, véase el problema 28), el intercambio de T y H sucede en la posición 5. Proponga un mecanismo para este intercambio.

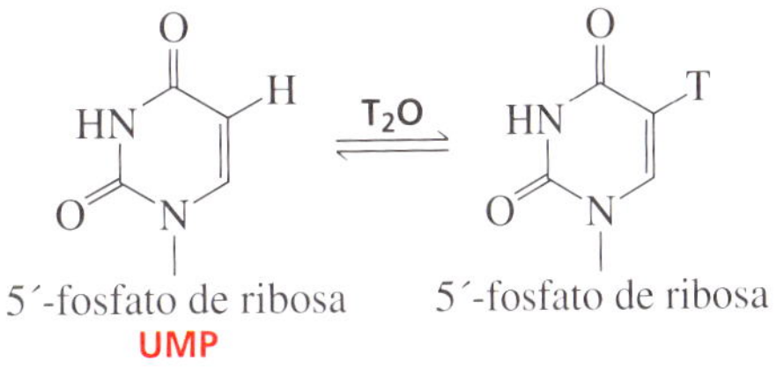

UMP (5′-fosfato de ribosa) + T$_2$O ⇌ 5-T-UMP (5′-fosfato de ribosa)

32. La deshidratasa es una enzima que requiere piridoxal y cataliza reacciones de α,β-eliminación. Proponga un mecanismo para la siguiente reacción:

$$\text{HOCH}_2\text{CH}(^+\text{NH}_3)\text{CO}_2^- \xrightarrow{\text{deshidratasa} \atop \text{PLP}} \text{CH}_3\text{C}(\text{O})\text{CO}_2^- + {}^+\text{NH}_4$$

33. Además de las reacciones mencionadas en la sección 24.6, el PLP puede catalizar reacciones de β-sustitución. Proponga un mecanismo para la siguiente reacción de β-sustitución, catalizada por PLP:

$$\text{XCH}_2\text{CH}(^+\text{NH}_3)\text{CO}_2^- + \text{Y}^- \xrightarrow{\text{enzima} \atop \text{PLP}} \text{YCH}_2\text{CH}(^+\text{NH}_3)\text{CO}_2^- + \text{X}^-$$

34. El PLP puede catalizar tanto reacciones de α,β-eliminación, como de β,γ-eliminación. Proponga un mecanismo para la β,γ-eliminación siguiente, catalizada por PLP:

$$\text{XCH}_2\text{CH}_2\text{CH}(^+\text{NH}_3)\text{CO}_2^- \xrightarrow{\text{enzima} \atop \text{PLP}} \text{CH}_3\text{CH}_2\text{C}(\text{O})\text{CO}_2^- + \text{X}^- + {}^+\text{NH}_4$$

35. El sistema de ruptura de glicina es un grupo de cuatro enzimas que, juntas, catalizan la siguiente reacción:

$$\text{glicina} + \text{THF} \xrightarrow{\text{sistema de ruptura de glicina}} N^5,N^{10}\text{-metilen-THF} + \text{CO}_2$$

Use la siguiente información para determinar la secuencia de reacciones que efectúa el sistema de ruptura de glicina:
a. La primera enzima es una descarboxilasa que requiere PLP.
b. La segunda enzima es aminometiltransferasa. Esta enzima tiene un lipoato de coenzima.
c. La tercera enzima es una que sintetiza N^5,N^{10}-metilen-THF; cataliza una reacción que forma $^+\text{NH}_4$ como uno de los productos.
d. La cuarta enzima es una que requiere FAD.
e. El sistema de ruptura también requiere NAD^+.

36. El FAD que no está unido a ninguna enzima es un oxidante más enérgico que el NAD^+. Entonces ¿cómo puede el NAD^+ oxidar la flavoenzima reducida en el sistema de piruvato deshidrogenasa?

37. El FADH_2 reduce tioésteres α,β-insaturados y forma tioésteres saturados. Se cree que la reacción se efectúa por un mecanismo donde intervienen radicales. Proponga un mecanismo para la siguiente reacción:

$$\text{RCH}=\text{CHC}(\text{O})\text{SR} + \text{FADH}_2 \longrightarrow \text{RCH}_2\text{CH}_2\text{C}(\text{O})\text{SR} + \text{FAD}$$

CAPÍTULO 25

La química del metabolismo

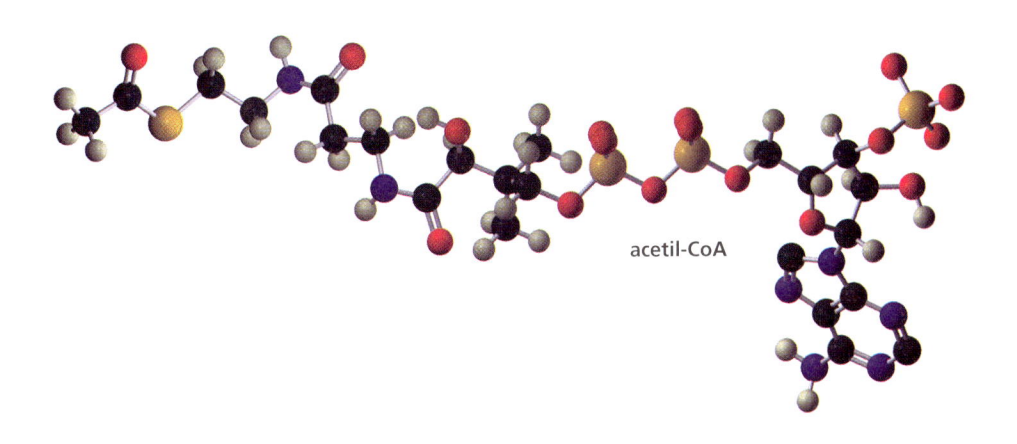

acetil-CoA

ANTECEDENTES

SECCIÓN 25.2	Las bases fuertes son malos grupos salientes (10.1). Se verá que el ATP proporciona rutas para ciertas reacciones bioquímicas que de otra manera no tendrían lugar a causa de malos grupos salientes.	**SECCIÓN 25.10**	Un hidrógeno unido a un carbono adyacente a un carbono de un grupo carbonilo es más ácido que los hidrógenos unidos a otros carbonos con hibridación sp^3 (18.1).
SECCIÓN 25.3	En los sistemas biológicos los ácidos carboxílicos se activan al convertirse en fosfatos de acilo, pirofosfatos de acilo y adenilatos de acilo (16.22).	**SECCIÓN 25.10**	Si un grupo carboxilo está unido a un carbono adyacente a un carbono de un grupo carbonilo, el grupo carboxilo se puede eliminar como CO_2 (18.18).
SECCIÓN 25.4	Las especies con carga se estabilizan por solvatación, en disoluciones acuosas (2.9).	**SECCIÓN 25.10**	Los compuestos carbonílicos α,β-insaturados pueden participar en reacciones de adición conjugada con nucleófilos (17.17).
SECCIÓN 25.4	Las moléculas se estabilizan por deslocalización electrónica (7.6).		
SECCIÓN 25.7	El reordenamiento enodiol interconvierte aldosas y cetosas (21.5).		

Las reacciones que efectúan los organismos vivos para obtener la energía que necesitan y para sintetizar los compuestos que requieren tienen el nombre colectivo de **metabolismo**. El metabolismo se puede dividir en dos partes: catabolismo y anabolismo. Las *reacciones catabólicas* descomponen moléculas complejas de nutriente para producir energía y moléculas simples que se puedan usar en síntesis. Las *reacciones anabólicas* sintetizan biomoléculas complejas a partir de moléculas precursoras simples; estas reacciones requieren energía.

catabolismo: moléculas complejas ⟶ moléculas simples + energía
anabolismo: moléculas simples + energía ⟶ moléculas complejas

Es importante recordar que casi cada reacción que sucede en un sistema vivo es catalizada por una enzima. La enzima mantiene los reactivos y las coenzimas necesarias en su lugar y orienta los grupos funcionales que reaccionan y el amino ácido catalizador de las cadenas laterales de tal forma que la reacción catalizada por la enzima pueda efectuarse (sección 23.8).

La mayor parte de las reacciones que se describirán en este capítulo ya se estudiaron en los capítulos anteriores. Si el lector hace una pausa y regresa a las secciones mencionadas y repasa tales reacciones comprobará que varias de las reacciones orgánicas que efectúan las células son iguales a las que se efectúan en el laboratorio.

DIFERENCIAS EN EL METABOLISMO

Los humanos no necesariamente metabolizan compuestos en la misma forma que lo hacen otras especies. Esto se convierte en un problema importante cuando se ensayan los medicamentos en animales (sección 30.4). Por ejemplo, el chocolate se metaboliza formando distintos compuestos en los humanos y en los perros; los metabolitos que se producen en humanos no son tóxicos, mientras que los que se producen en los perros pueden ser muy tóxicos. Se han encontrado diferencias en el metabolismo aun dentro de la misma especie. Por ejemplo, la isoniazida, medicamento antituberculoso, es metabolizada por los esquimales con mucha mayor rapidez que los egipcios. Las investigaciones están demostrando que hombres y mujeres metabolizan en forma distinta ciertos medicamentos. Por ejemplo, los opioides kappa, una clase de analgésicos, tienen aproximadamente el doble de eficacia en las mujeres que en los hombres.

25.1 Las cuatro etapas del catabolismo

Los reactivos que se requieren para todos los procesos vitales provienen de la dieta, en último término. En ese sentido, "somos realmente lo que comemos". El catabolismo se puede dividir en cuatro etapas (figura 25.1). La *primera etapa del catabolismo* se llama digestión. En ella, las grasas, carbohidratos y proteínas se hidrolizan y forman ácidos grasos, monosacáridos y aminoácidos, respectivamente. Estas reacciones suceden en la boca, el estómago y en el intestino delgado.

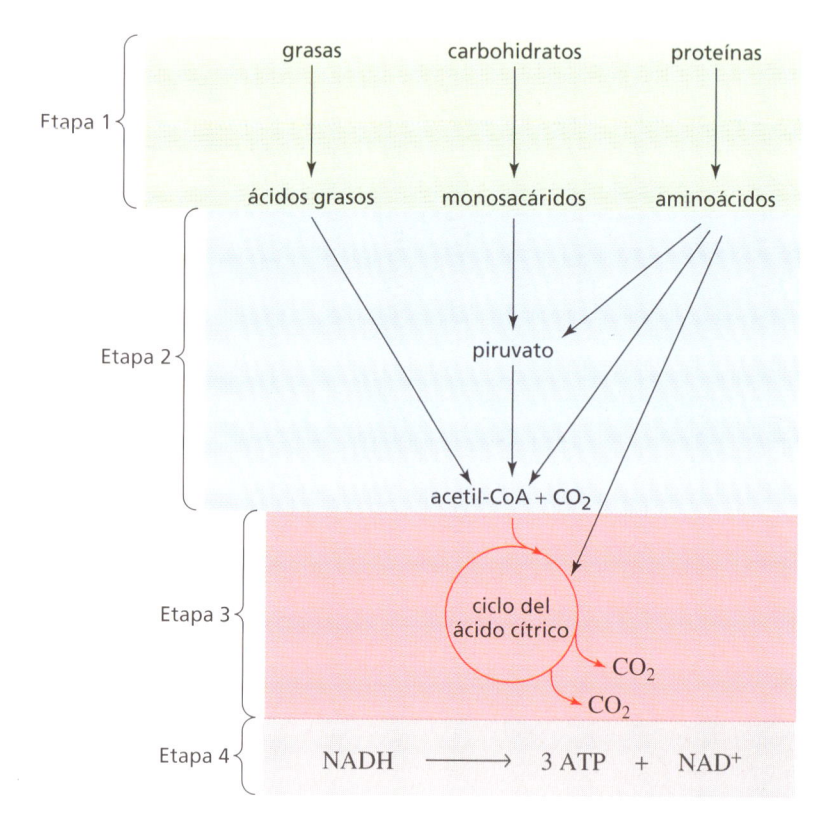

En la primera etapa del catabolismo, las grasas, los carbohidratos y las proteínas se hidrolizan y forman ácidos grasos, monosacáridos y aminoácidos.

Uno es lo que come.

Figura 25.1 ▶
Las cuatro etapas del catabolismo: 1, digestión; 2, conversión de ácidos grasos, monosacáridos y aminoácidos en compuestos que puedan entrar en el ciclo del ácido cítrico; 3, el ciclo del ácido cítrico; 4, fosforilación oxidativa

Los compuestos que pueden entrar al ciclo del ácido cítrico son intermediarios de dicho ciclo, acetil-CoA y piruvato.

En la *segunda etapa del catabolismo*, los productos obtenidos en la primera etapa, ácidos grasos, monosacáridos y aminoácidos, se convierten en compuestos que pueden entrar al ciclo del ácido cítrico. Para poderlo hacer, un compuesto debe ser alguno de los del ciclo mismo; se llaman compuestos intermediarios del ciclo del ácido cítrico o bien necesitan ser acetil-CoA o piruvato.

La acetil-CoA es el único compuesto no intermediario del ciclo del ácido cítrico que puede entrar a este ciclo; lo hace al convertirse en citrato, un compuesto intermediario en el ciclo del ácido cítrico. El piruvato entra a ese ciclo al convertirse en acetil-CoA; ésta es la reacción catalizada por el sistema piruvato deshidrogenasa descrito en la sección 24.4.

La *tercera etapa del catabolismo* es el ciclo del ácido cítrico. En ese ciclo, el grupo acetilo de cada molécula de acetil-CoA se convierte en dos moléculas de CO_2.

$$CH_3-\overset{\overset{O}{\|}}{C}-SCoA \longrightarrow 2\ CO_2\ +\ CoASH$$
acetil-CoA

> El ciclo del ácido cítrico es la tercera etapa del catabolismo.

La energía metabólica se mide en términos del 5′-trifosfato de adenosina (ATP, por sus siglas en inglés, adenosine 5′-triphophate). Las células obtienen la energía que necesitan usando moléculas de nutrientes para obtener ATP. Sólo se forma una pequeña cantidad de ATP en las primeras tres etapas del catabolismo. La mayor parte del ATP se forma en la cuarta etapa.

> La energía metabólica se mide en función de trifosfato de adenosina (ATP).

Se verá que muchas reacciones catabólicas son de oxidación. En la *cuarta etapa del catabolismo*, cada molécula de NADH formada en una de las etapas anteriores del catabolismo (a partir de NAD^+ que se usa para una reacción de oxidación) se convierte en tres moléculas de ATP en un proceso llamado *fosforilación oxidativa*. La fosforilación oxidativa convierte también cada molécula de $FADH_2$ que se formó antes (como resultado de cuando el FAD efectúa una reacción de oxidación) en dos moléculas de ATP. Así, la mayor parte de la energía (ATP) proporcionada por grasas, carbohidratos y proteínas se obtiene en la cuarta etapa del catabolismo.

> La fosforilación oxidativa es la cuarta etapa del catabolismo.

25.2 ATP: portador de la energía química

Todas las células requieren energía para vivir y reproducirse. Obtienen la energía que requieren a partir de nutrientes que convierten en una forma químicamente útil. La forma más importante de energía química es el **5′-trifosfato de adenosina** (**ATP**). La importancia del ATP para las reacciones biológicas se refleja en su tasa de renovación en los humanos: cada día una persona utiliza una cantidad de ATP igual a su masa corporal.

Cuando el ácido fosfórico se calienta con P_2O_5 pierde agua y forma un fosfoanhídrido llamado ácido pirofosfórico. Su nombre proviene de *pyr*, "fuego" en griego, porque el ácido pirofosfórico se prepara con "fuego", esto es, por calentamiento. También se forman ácido trifosfórico y ácidos polifosfóricos superiores. El ATP es un monoéster del ácido trifosfórico.

$$5\ HO-\underset{\underset{OH}{|}}{\overset{\overset{O}{\|}}{P}}-OH \xrightarrow[P_2O_5]{\Delta} HO-\underset{\underset{OH}{|}}{\overset{\overset{O}{\|}}{P}}-O-\underset{\underset{OH}{|}}{\overset{\overset{O}{\|}}{P}}-OH\ +\ HO-\underset{\underset{OH}{|}}{\overset{\overset{O}{\|}}{P}}-O-\underset{\underset{OH}{|}}{\overset{\overset{O}{\|}}{P}}-O-\underset{\underset{OH}{|}}{\overset{\overset{O}{\|}}{P}}-OH$$
ácido fosfórico   **ácido pirofosfórico**   **ácido trifosfórico**
                        un fosfoanhídrido

trifosfato de adenosina
ATP

El ATP es el portador universal de la energía química porque, como se suele decir, "la energía producida por hidrólisis del ATP convierte a las reacciones endergónicas en exergónicas". En otras palabras, la capacidad del ATP para permitir que sucedan reacciones que de otro modo serían desfavorables se atribuye a la gran cantidad de energía liberada cuando se hidroliza su molécula, energía que puede usarse para impulsar reacciones endergónicas. Por ejemplo, la reacción de glucosa con fosfato de hidrógeno para formar el 6-fosfato de glucosa es endergónica ($\Delta G°' = +3.3$ kcal/mol o $+13.8$ kJ/mol)[*]. Por otra parte, la hidrólisis del ATP es muy exergónica ($\Delta G°' = -7.3$ kcal/mol o -30.5 kJ/mol). Cuando se suman las dos reacciones (las especies que se encuentran en ambos lados de la flecha de reacción se anulan), la reacción neta es exergónica ($\Delta G°' = -4.0$ kcal/mol o

---

[*] La prima en $\Delta G°'$ indica que se añadieron dos parámetros adicionales a la $\Delta G°$ definida en la sección 3.7: la reacción se efectúa en una disolución acuosa a pH = 7, en la cual se asume que la concentración de agua es constante.

−16.7 kJ/mol). Así, la energía liberada de la hidrólisis de ATP es más que suficiente para impulsar la fosforilación de la glucosa. Dos reacciones en las que la energía de una se usa para impulsar la otra se llaman *reacciones acopladas*.

		ΔG°′
glucosa + fosfato de hidrógeno ⟶ 6-fosfato de glucosa + H₂O	+ 3.3 kcal/mol o	+ 13.8 kJ/mol
ATP + H₂O ⟶ ADP + fosfato de hidrógeno	− 7.3 kcal/mol o	− 30.5 kJ/mol
glucosa + ATP ⟶ 6-fosfato de glucosa + ADP	− 4.0 kcal/mol o	− 16.7 kJ/mol

Esta descripción no mecanística del poder del ATP hace que el ATP parezca como una bala de energía que se puede disparar hacia una reacción endotérmica. Se analizará el mecanismo de la reacción para ver qué sucede en realidad. La reacción es una sustitución nucleofílica sencilla y de un paso. El grupo 6-OH de la glucosa ataca al fosfato terminal del ATP y rompe un **enlace fosfoanhídrido** sin formar un compuesto intermediario. En esencia es una reacción de sustitución con el 5′-difosfato de adenosina (ADP por sus siglas en inglés, adenosin 5′-diphosphate) como grupo saliente.

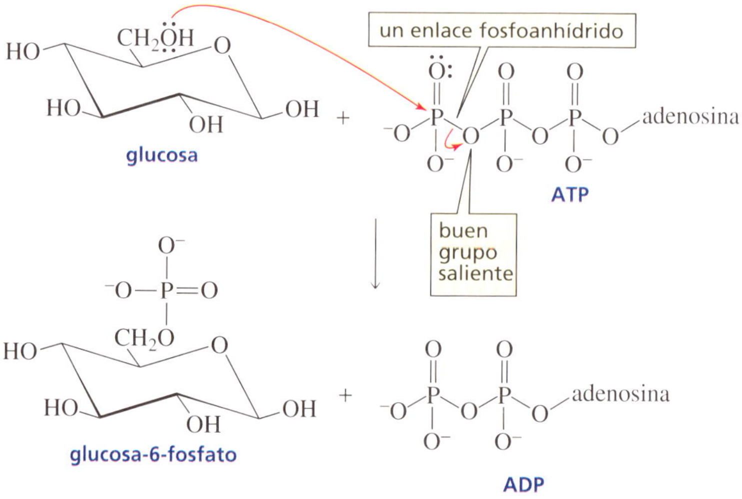

Ahora se cuenta con una perspectiva química de por qué la fosforilación de la glucosa requiere ATP. Sin ATP, el grupo 6-OH de la glucosa debería desplazar un grupo HO:⁻ muy básico del fosfato de hidrógeno. Con ATP, el grupo 6-OH de la glucosa desplaza al ADP débilmente básico.

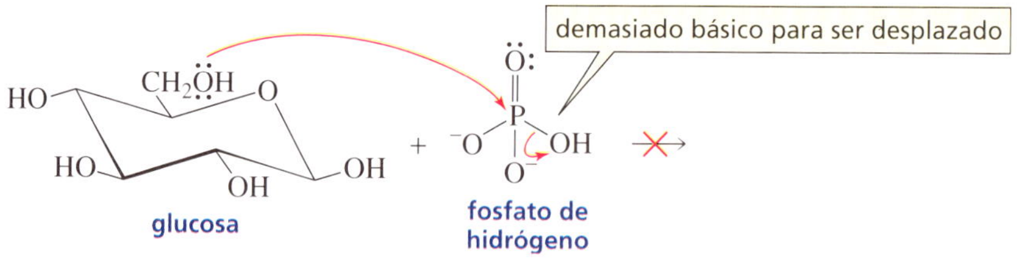

Aunque la reacción de la glucosa con fosfato de hidrógeno se describió arriba como impulsada por la "hidrólisis" de ATP, se puede ver, del mecanismo, que la glucosa no reacciona con fosfato de hidrógeno y que el ATP no se hidroliza porque no reacciona con agua. En otras palabras, en realidad no se efectúa ninguna de las reacciones acopladas. En su lugar, el grupo fosforilo del ATP se transfiere en forma directa a la glucosa.

La transferencia de un grupo fosforilo del ATP a la glucosa es un ejemplo de una **reacción de transferencia de fosforilo**. En los sistemas biológicos hay muchos ejemplos de transferencia de fosforilo. En todas estas reacciones se transfiere un grupo fosforilo, electrofílico, a un nucleófilo como resultado de la ruptura de un enlace fosfoanhídrido. El ejemplo anterior de una reacción de transferencia de fosforilo demuestra la función química real del ATP: *proporciona una ruta de reacciones donde interviene un buen grupo saliente para una reacción que no se puede efectuar (o que se efectuaría con mucha lentitud) debido a un mal grupo saliente.*

El ATP tiene una ruta de reacción que proporciona un buen grupo saliente a una reacción que no pueda efectuarse debido a un mal grupo saliente.

PROBLEMA 1 RESUELTO

La hidrólisis del fosfoenolpiruvato es tan exergónica ($\Delta G^{\circ\prime} = -14.8$ kcal/mol o -61.9 kJ/mol) que se puede usar para "impulsar la formación" de ATP a partir de ADP y fosfato de hidrógeno ($\Delta G^{\circ\prime} = +7.3$ kkal/mol o $+30.5$ kJ/mol). Proponga un mecanismo para esta reacción.

Solución Como se vio en el ejemplo de fosforilación de la glucosa con ATP, en realidad no se efectúa ninguna de las reacciones acopladas: el fosfoenolpiruvato no reacciona con agua y el ADP no reacciona con fosfato de hidrógeno. Así como el ATP "impulsa la formación" de 6-fosfato de glucosa suministrando glucosa (un nucleófilo) con un compuesto que tiene un grupo fosforilo unido a un buen grupo saliente (ADP), el fosfoenolpiruvato "impulsa la formación" de ATP suministrando ADP (un nucleófilo) con un compuesto que tiene un grupo fosforilo unido a un buen grupo saliente (piruvato).

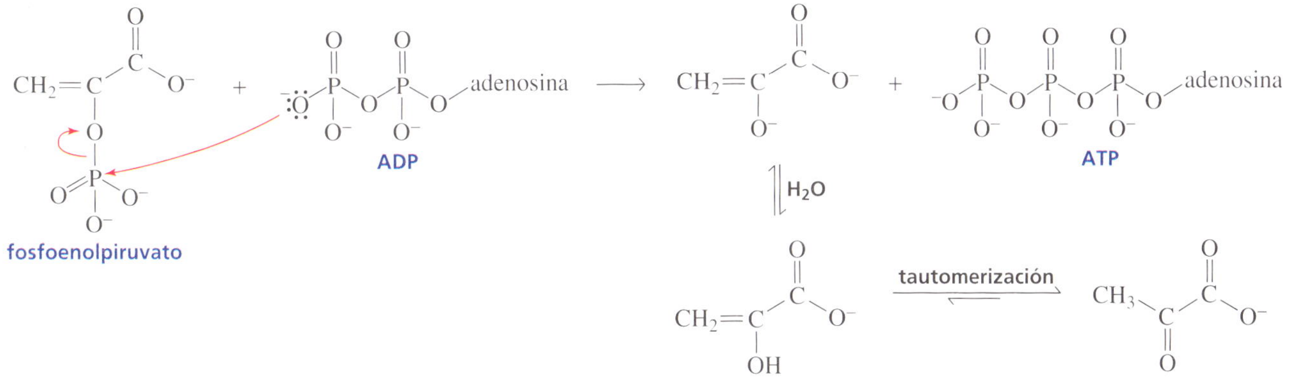

PROBLEMA 2◆

¿Por qué el piruvato es un buen grupo saliente?

PROBLEMA 3◆

A continuación se presentan varias biomoléculas importantes con los valores de $\Delta G^{\circ\prime}$ de su hidrólisis. ¿Cuál de ellas "se hidroliza" con energía suficiente para "impulsar la formación" de ATP?

1-fosfato de glicerol:
-2.2 kcal/mol (-9.2 kJ/mol)

fosfocreatina:
-11.8 kcal/mol (-49.4 kJ/mol)

6-fosfato de fructosa:
-3.8 kcal/mol (-15.9 kJ/mol)

6-fosfato de glucosa:
-3.3 kcal/mol (13.8 kJ/mol)

25.3 Tres mecanismos para reacciones de transferencia de fosforilo

Hay tres mecanismos posibles para una reacción de transferencia de fosforilo. Se ilustrarán usando la siguiente reacción de sustitución nucleofílica en el acilo:

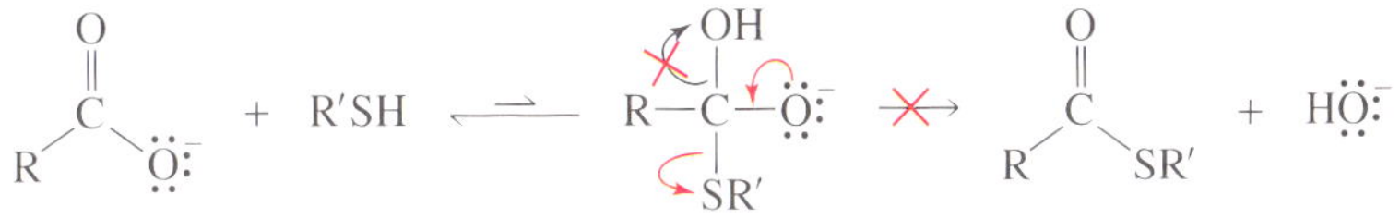

Esta reacción no se efectúa sin ATP porque el ion carboxilato, con carga negativa, se resiste al ataque nucleofílico y aun cuando se pudiera formar el intermediario tetraédrico, el nucleófilo entrante es una base más débil que la que se debería expulsar del intermediario tetraédrico para formar el tioéster. Es decir, el tiol sería expulsado del intermediario tetraédrico y se reformaría el ion carboxilato (sección 16.5).

Si se agrega ATP a la mezcla de reacción, la reacción se efectúa. El ion carboxilato ataca uno de los átomos de fósforo del ATP y rompe un enlace de fosfoanhídrido. Con ello, se introduce un grupo saliente en el grupo carboxilo que puede ser desplazado por el tiol. Hay

1142 CAPÍTULO 25 La química del metabolismo

tres mecanismos posibles para la reacción de un nucleófilo con ATP porque cada uno de los tres átomos de fósforo del ATP puede sufrir ataque nucleofílico y cada mecanismo coloca un grupo saliente fosforilo diferente en el nucleófilo.

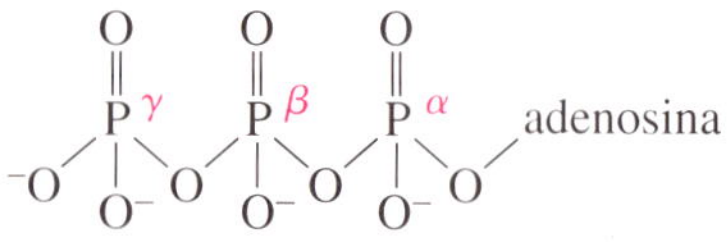

Si el ion carboxilato ataca al fósforo γ del ATP, se forma un **fosfato de acilo**. El fosfato de acilo reacciona entonces con el tiol en una reacción de sustitución nucleofílica en el grupo acilo (sección 16.7) para formar el tioéster.

ataque nucleofílico sobre el fósforo γ

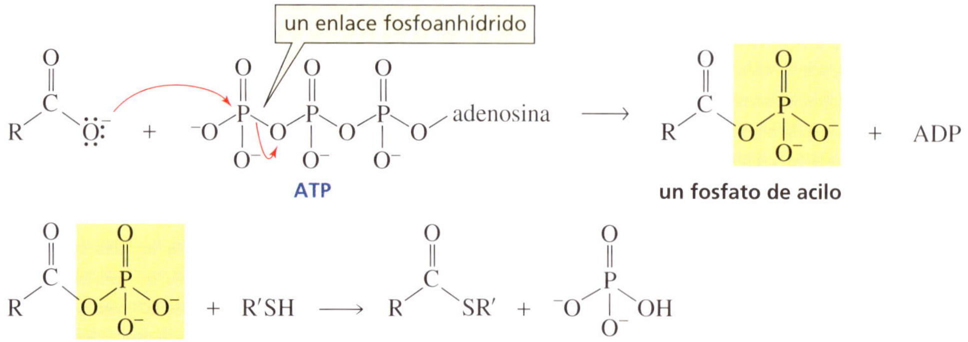

reacción general

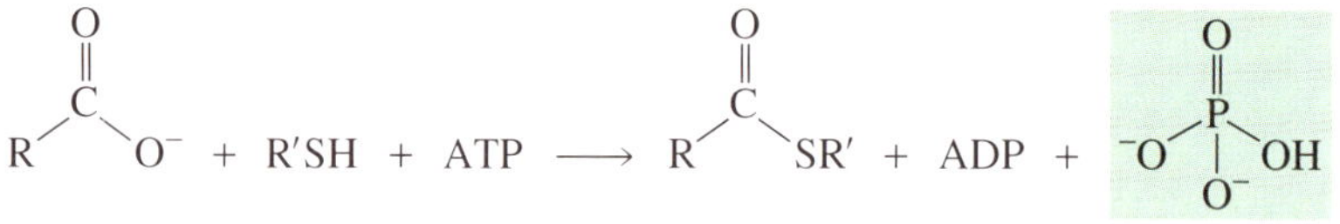

Si el ion carboxilato ataca al fósforo β del ATP, se forma un **pirofosfato de acilo** (véase el problema 4). El pirofosfato de acilo reacciona entonces con el tiol en una reacción de sustitución nucleofílica en el grupo acilo para formar el tioéster.

ataque nucleofílico sobre el fósforo β

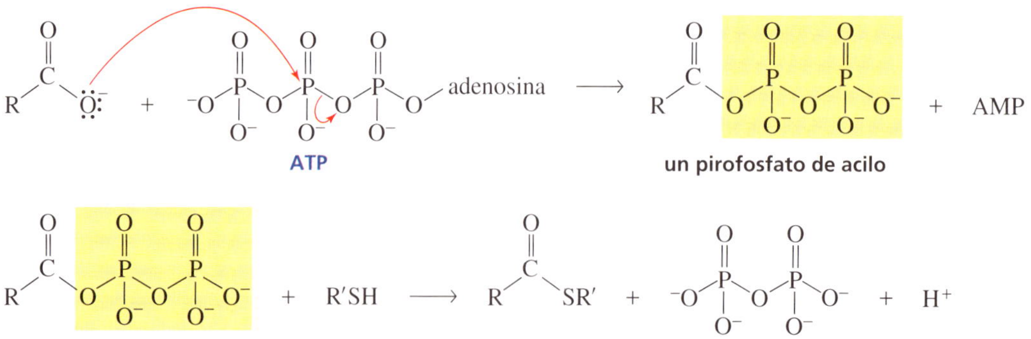

reacción general

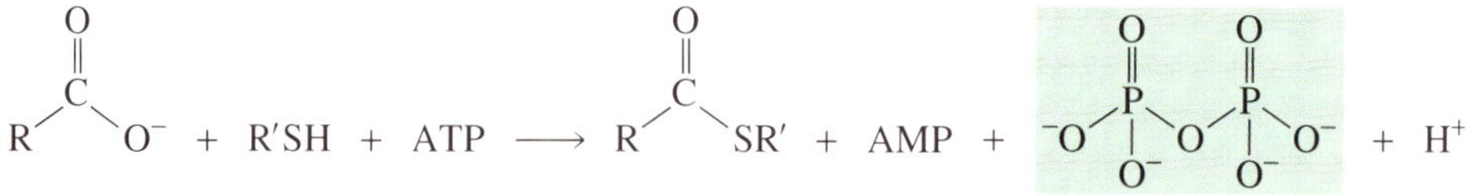

25.3 Tres mecanismos para reacciones de transferencia de fosforilo

En el tercer mecanismo posible, el ion carboxilato ataca al fósforo α del ATP y se forma un **adenilato de acilo**. Entonces, el adenilato de acilo reacciona con el tiol en una reacción de sustitución nucleofílica en el grupo acilo para formar el tioéster.

ataque nucleofílico sobre el fósforo α

[Esquema: R–C(=O)–O⁻ + ATP → un adenilato de acilo (R–C(=O)–O–P(=O)(O⁻)–adenosina) + pirofosfato]

[Esquema: adenilato de acilo + R'SH → R–C(=O)–SR' + AMP + H⁺]

reacción general

$$R{-}COO^- + R'SH + ATP \longrightarrow R{-}C(=O){-}SR' + AMP + \text{pirofosfato} + H^+$$

Nótese que cada uno de los tres mecanismos coloca un grupo saliente en el ion carboxilato que puede ser desplazado con facilidad por un nucleófilo. Las únicas diferencias entre los tres mecanismos son el átomo particular de fósforo que es atacado por el nucleófilo (el ion carboxilato) y la naturaleza del compuesto intermediario que se forma.

Hay muchos nucleófilos diferentes que reaccionan con ATP en los sistemas biológicos. Que el ataque nucleofílico sea al fósforo α, β o γ en determinada reacción depende de la enzima que cataliza dicha reacción. Los mecanismos consistentes en ataque nucleofílico al fósforo γ forman ADP y fosfato como productos secundarios, mientras que los que implican ataque nucleofílico al fósforo α o β forman 5'-monofosfato de adenosina (AMP) y pirofosfato, como productos secundarios.

Cuando uno de los productos secundarios es pirofosfato, después se hidroliza a dos equivalentes de fosfato. La hidrólisis impulsa la reacción hacia la derecha, y asegura que sea irreversible.

$$\text{pirofosfato} + H_2O \longrightarrow 2\ \text{fosfato}$$

Por consiguiente, las reacciones catalizadas por enzimas, donde es importante la irreversibilidad, se efectúan mediante uno de los mecanismos que forman pirofosfato como producto (ataque al fósforo α o β del ATP). Por ejemplo, tanto la reacción que une a las subunidades del nucleótido para formar ácidos nucleicos (sección 27.3) como la que une a un aminoácido con un ARNt (el primer paso de la traducción de ARN en una proteína, sección 27.8) implican ataque nucleofílico en el fósforo α del ATP.

Tutorial del alumno:
Reacciones de transferencia de fosforilo
(Phosphoryl transfer reactions)

PROBLEMA 4

El fósforo β del ATP tiene dos enlaces fosfoanhídrido, pero en general sólo se rompe el que une al fósforo β con el fósforo α en las reacciones de transferencia de fosforilo. Explique por qué casi nunca se rompe el que une al fósforo β con el fósforo γ.

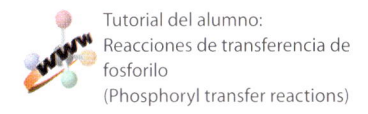

25.4 Carácter de "alta energía" de los enlaces fosfoanhídrido

Como la hidrólisis de un enlace fosfoanhídrido es una reacción muy exergónica, se dice que los enlaces fosfoanhídrido son **enlaces de alta energía**. En este contexto, el término "alta energía" implica que se libera mucha energía cuando se rompe el enlace. No confundir con "energía de enlace", término que describe lo difícil que es romper un enlace. Un enlace con *alta energía de enlace* es difícil de romper, mientras que un *enlace de alta energía* se rompe con facilidad (sección 3.7).

¿Por qué la hidrólisis de un enlace fosfoanhídrido es tan exergónica? En otras palabras ¿por qué el valor de $\Delta G^{\circ\prime}$ de su hidrólisis es grande y negativo? Una $\Delta G^{\circ\prime}$ grande y negativa equivale a que los productos de la reacción son mucho más estables que los reactivos. Se examinará el ATP y sus productos de hidrólisis, fosfato y ADP, para responder a la pregunta.

Hay tres factores que contribuyen a la mayor estabilidad del ADP y el fosfato en comparación con el ATP.

1. **Mayor repulsión electrostática en el ATP**. Al pH fisiológico (pH = 7.3), el ATP tiene 3.3 de carga negativa (véase el problema 5a). El ADP tiene 2.8 de carga negativa y el fosfato tiene 1.8 de carga negativa (sección 1.24). Debido a la mayor carga negativa del ATP, hay más repulsiones electrostáticas en el ATP que en el ADP o en el fosfato. Las repulsiones electrostáticas desestabilizan a las moléculas.

2. **Mayor estabilización de los productos por solvatación**. Los iones con carga negativa se estabilizan en disoluciones acuosas por solvatación (sección 2.9). Ya que el reactivo tiene 3.3 de carga negativa, mientras que la suma de las cargas negativas de los productos es 4.6 (2.8 + 1.8), hay mayor estabilización por solvatación en los productos que en el reactivo.

3. **Mayor deslocalización electrónica en los productos**. Un par de electrones no enlazado en el oxígeno que une los dos átomos de fósforo no se deslocaliza con eficacia porque la deslocalización pondría una carga positiva en un oxígeno que está junto a un átomo de fósforo con carga parcial positiva. Cuando el enlace de fosfoanhídrido se rompe, un par de electrones no enlazado adicional se puede deslocalizar con eficacia. La deslocalización electrónica estabiliza a una molécula (sección 7.6).

Con factores parecidos se explica la $\Delta G^{\circ\prime}$ grande y negativa, cuando se hidroliza ATP a AMP y pirofosfato, y cuando se hidroliza pirofosfato para formar dos equivalentes de fosfato.

PROBLEMA 5 RESUELTO

Los valores de pK_a para el ATP son 0.9, 1.5, 2.3 y 7.7. Los pK_a del ADP son 0.9, 2.8 y 6.8, y el ácido fosfórico tiene valores de pK_a de 1.9, 6.7 y 12.4.

Haga los cálculos que demuestren que al pH = 7.3,

a. la carga en el ATP es -3.3.

b. la carga en el ADP es -2.8.

c. la carga en el fosfato es -1.1.

Solución a 5a Como el pH 7.3 es mucho más básico que los valores de pK_a de las tres primeras ionizaciones del ATP, se sabe que los tres grupos estarán totalmente en sus formas básicas a ese pH y que el ATP presentará tres cargas negativas. Se necesita determinar qué fracción del grupo con pK_a = 7.7 estará en su forma básica al pH 7.3.

$$\frac{\text{concentración de la forma básica}}{\text{total de concentración}} = \frac{[A^-]}{[A^-] + [HA]}$$

$[A^-]$ = concentración de la forma no disociada

$[HA]$ = concentración de la forma no disociada

Como esta ecuación tiene dos incógnitas, se debe expresar una de ellas en función de la otra. Usando la definición de la constante de disociación del ácido (K_a) se puede definir [HA] en función de [A:$^-$], K_a y [H$^+$].

$$K_a = \frac{[A^-][H^+]}{[HA]}$$

$$[HA] = \frac{[A^-][H^+]}{K_a}$$

$$\frac{[A^-]}{[A^-] + [HA]} = \frac{[A^-]}{[A^-] + \frac{[A^-][H^+]}{K_a}} = \frac{K_a}{K_a + [H^+]}$$

Ahora se podrá calcular la fracción del grupo con pK_a = 7.7 que está en la forma básica. (Nótese que K_a se calcula a partir del pK_a y que [H$^+$] se calcula a partir del pH).

$$\frac{K_a}{K_a + [H^+]} = \frac{2.0 \times 10^{-8}}{2.0 \times 10^{-8} + 5.0 \times 10^{-8}} = 0.3$$

Entonces, la carga negativa total del ATP es 3.0 + 0.3 = 3.3.

25.5 Estabilidad cinética del ATP en una célula

Aunque el ATP participa con facilidad en reacciones catalizadas por enzimas, reacciona con mucha lentitud en ausencia de una enzima. Por ejemplo, un anhídrido de ácido carboxílico se hidroliza en cuestión de minutos, pero el ATP (anhídrido del ácido fosfórico) tarda varias semanas en hidrolizarse. La baja rapidez de hidrólisis del ATP es importante porque permite que el ATP exista en la célula hasta que se necesite en una reacción catalizada por enzima.

Las cargas negativas en el ATP son lo que lo hacen relativamente inerte. Tales cargas negativas repelen el acercamiento de nucleófilos. Cuando se une el ATP a un sitio activo de una enzima, forma un complejo con el ion magnesio (Mg^{2+}), con lo que disminuye la carga negativa general del ATP. (Es la causa por la que las enzimas que requieren ATP también requieren Mg^{2+}, sección 24.5). Las otras dos cargas negativas se pueden estabilizar con grupos con carga positiva, como cadenas laterales de arginina o lisina en el sitio activo, como se ve en la figura 25.2. De esta forma los nucleófilos se pueden acercar con facilidad al ATP, por lo que éste reacciona con rapidez en una reacción catalizada por enzima, pero sólo muy lentamente en ausencia de la enzima.

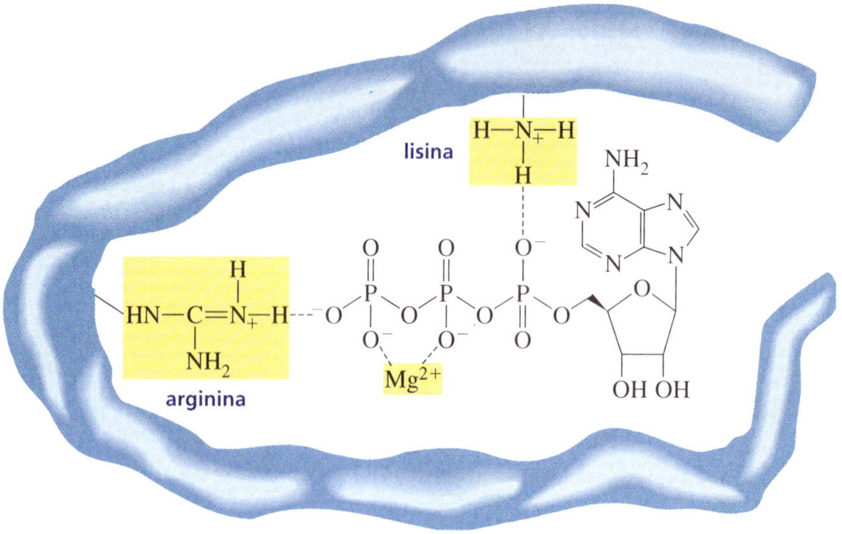

Figura 25.2 ▶
Interacciones entre ATP, Mg^{2+}, y residuos de arginina y lisina en el sitio activo de una enzima.

25.6 Catabolismo de las grasas

Se explicó que en las dos primeras etapas del catabolismo, las grasas, los carbohidratos y las proteínas se convierten en compuestos que pueden entrar al ciclo del ácido cítrico (sección 25.1). Ahora se examinarán las reacciones que permiten que las grasas entren a dicho ciclo.

En la primera etapa del catabolismo de las grasas, los tres grupos éster inherentes se hidrolizan mediante enzimas, para formar glicerina y tres moléculas de ácidos grasos.

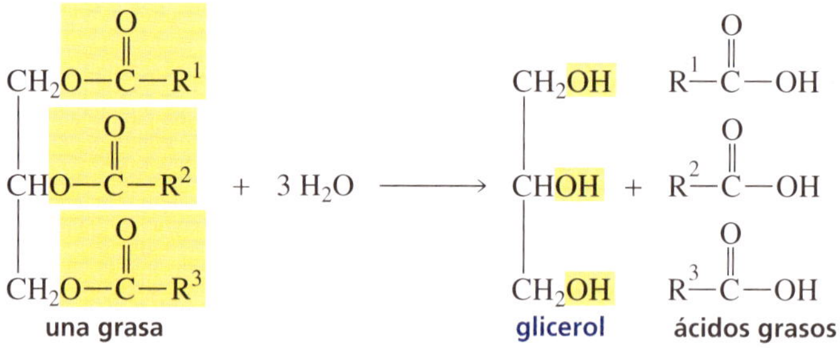

La glicerina reacciona con ATP para formar el 3-fosfato de glicerol, del mismo modo que la glucosa reacciona con ATP para formar el 6-fosfato de glucosa (sección 25.2). La enzima que cataliza esta reacción se llama glicerol cinasa. Una **cinasa** es una enzima que introduce un grupo fosforilo en su sustrato; entonces, la glicerol cinasa incorpora un grupo fosforilo en el glicerol. Nótese que esta enzima que requiere de ATP también requiere de Mg^{2+} (sección 25.5).

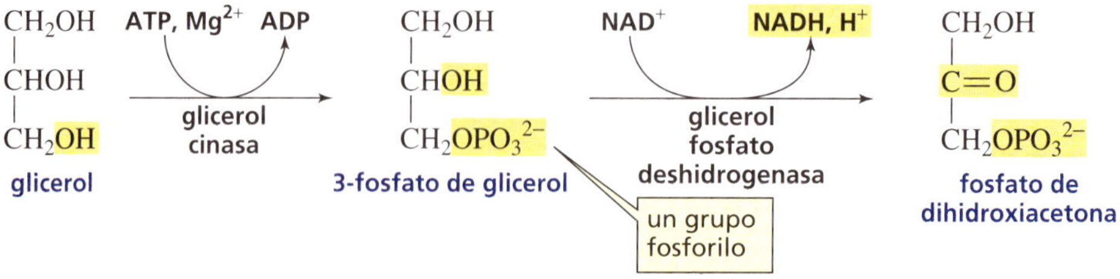

El grupo alcohol secundario del 3-fosfato de glicerol se oxida entonces mediante NAD^+ a una cetona. La enzima que cataliza esta reacción se llama glicerol fosfato deshidrogenasa. Recuérdese que una **deshidrogenasa** es una enzima que oxida a su sustrato (sección 24.2). Ya se indicó que cuando un sustrato se oxida por NAD^+, dona un ion hidruro a la posición 4 del anillo de piridina en el NAD^+ (sección 24.2). El ion Zn^{2+} es un cofactor para la reacción; aumenta la acidez del protón coordinándose con el oxígeno (sección 23.5).

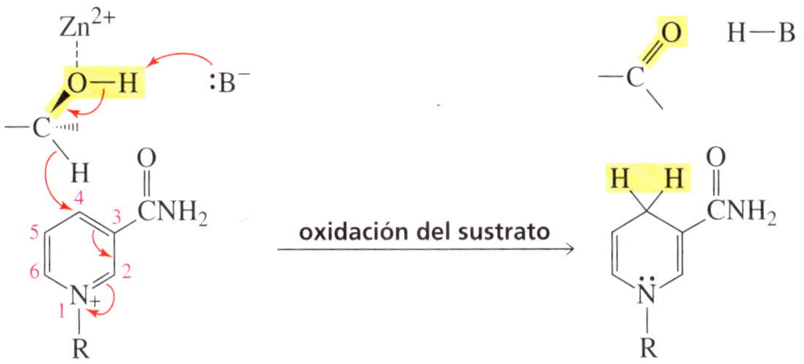

El producto de la reacción, fosfato de dihidroxiacetona, es uno de los compuestos en la ruta glicolítica, por lo que puede participar en ella y seguir descomponiéndose (sección 25.7).

Nótese que cuando se escriben las reacciones bioquímicas, las únicas estructuras que se muestran son las del reactivo primario y el producto primario. Los nombres de los demás reactivos y productos se abrevian y se ponen en una flecha curva que interseca a la flecha de reacción.

PROBLEMA 6

Indique el mecanismo de la reacción de glicerina con ATP para formar el 3-fosfato de glicerol.

PROBLEMA 7

El centro asimétrico del 3-fosfato de glicerol tiene la configuración R. Trace la estructura del (R)-3-fosfato de glicerol.

Para que se pueda metabolizar un ácido graso se debe activar. Ya se vio una forma en la que se activa un ácido carboxílico en los sistemas biológicos: convirtiéndose en un tioéster (sección 16.22). Aquí, el *ácido graso* se activa al convertirse en una *acilo graso Co-A*.

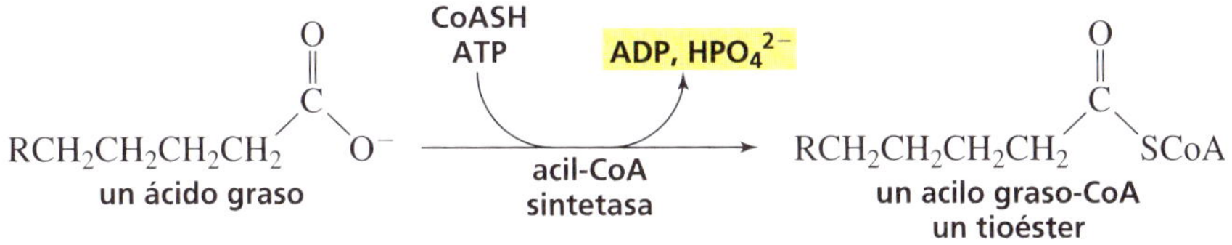

La acilo graso-CoA se convierte en acetil-CoA en una ruta repetitiva llamada **β-oxidación**; es una serie de cuatro reacciones. Cada paso de las cuatro reacciones elimina a dos carbonos de la acilo graso-CoA y la convierte en acetil-CoA (figura 25.3). Cada una de las cuatro reacciones es catalizada por una enzima diferente.

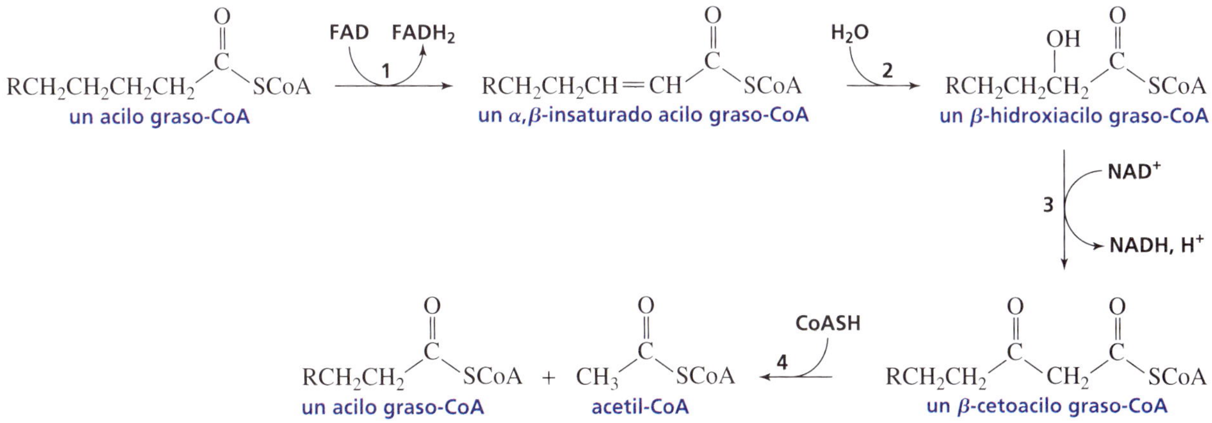

▲ **Figura 25.3**
En la **β-oxidación** se repite una serie de cuatro reacciones catalizadas por enzimas hasta que todas las moléculas de acilo graso-CoA se hayan convertido en moléculas de acetil-CoA. Las enzimas que catalizan las reacciones son:
1. acil-CoA deshidrogenasa
2. enoil-CoA hidratasa
3. 3-L-hidroxiacil-CoA deshidrogenasa
4. β-cetoacil-CoA tiolasa

1148 CAPÍTULO 25 La química del metabolismo

1. La primera reacción es de oxidación, que consiste en abstraer el hidrógeno de los carbonos α y β y formar una acilo graso-CoA. El oxidante es el FAD, que interviene en oxidaciones que no incluyen al grupo carbonilo (sección 24.2). Se ha comprobado que en los bebés que tuvieron síndrome de muerte repentina había 10% de deficiencia de la enzima que cataliza esta reacción.

2. La segunda reacción es la adición conjugada de agua al acilo graso-CoA α,β-insaturado (sección 17.17). Una cadena lateral de glutamato (Glu 144) actúa como un catalizador básico y el ion enolato es protonado por una cadena lateral de ácido glutámico (Glu 141).

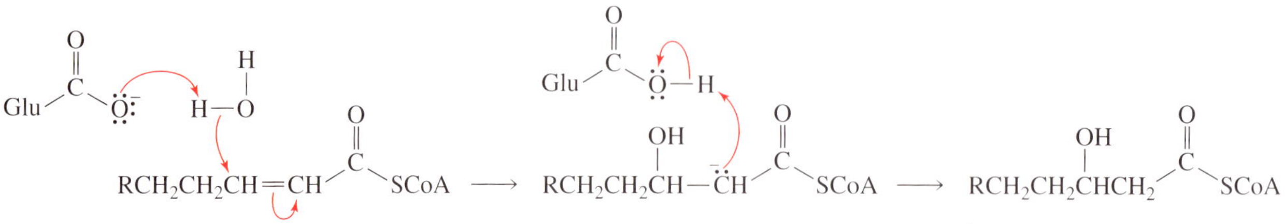

3. La tercera reacción también es de oxidación: el NAD$^+$ oxida al alcohol secundario para formar una cetona.

4. La cuarta reacción es la inversa de una condensación de Claisen (sección 18.15), seguida por la conversión del tautómero enol en el tautómero ceto (sección 18.3). El producto final es acetil-CoA y un acilo graso-CoA con dos carbonos menos que el acilo graso-CoA inicial. El mecanismo de esta reacción se muestra a continuación.

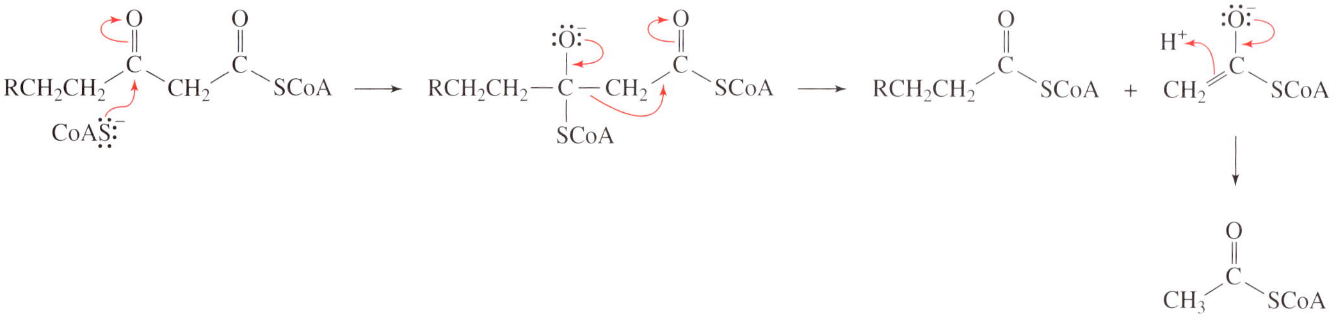

Los ácidos grasos se convierten en moléculas de acetil-CoA.

Las cuatro reacciones se repiten y se forma otra molécula de acetil-CoA y una de acilo graso-CoA que ahora es cuatro carbonos más corta que lo que era originalmente. Cada vez que se repite la serie de cuatro reacciones, se eliminan dos carbonos más (como acetil-CoA) del acilo graso-CoA. La serie de reacciones se repite hasta que todo el ácido graso se ha convertido en moléculas de acetil-CoA.

Se verá que la acetil-CoA entra al ciclo del ácido cítrico reaccionando con oxalacetato (un compuesto intermediario en el ciclo del ácido cítrico) para formar citrato, otro compuesto intermediario en ese ciclo (sección 25.6).

PROBLEMA 8◆

¿Por qué el grupo OH se adiciona al carbono β en vez de al carbono α en la segunda reacción del catabolismo de las grasas? (*Sugerencia:* véase la sección 17.17).

PROBLEMA 9◆

El ácido palmítico es un ácido graso saturado con 16 carbonos. ¿Cuántos moles de acetil-CoA se forman a partir de 1 mol de ácido palmítico?

PROBLEMA 10◆

¿Cuántos moles de NADH se forman en la β-oxidación de 1 mol de ácido palmítico?

25.7 Catabolismo de los carbohidratos

En la primera etapa del catabolismo de carbohidratos, se hidrolizan los grupos acetal que mantienen unidas a las subunidades de glucosa y se forman moléculas individuales de glucosa (sección 21.17).

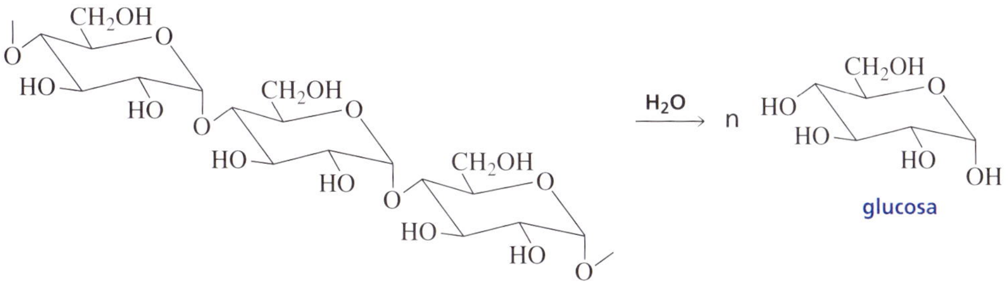

Cada molécula de glucosa se convierte en dos moléculas de piruvato en una serie de 10 reacciones llamada **glicólisis** o *ruta glicolítica* (figura 25.4).

La glucosa se convierte en dos moléculas de piruvato.

1. En la primera reacción, la glucosa se convierte en 6-fosfato de glucosa, reacción que se acaba de describir en la sección 25.2.
2. A continuación, el 6-fosfato de glucosa se isomeriza a 6-fosfato de fructosa, reacción cuyo mecanismo se examina en la sección 23.9.
3. En la tercera reacción, el ATP introduce un segundo grupo fosforilo al 6-fosfato de fructosa. El producto de la reacción es el 1,6-difosfato de fructosa.
4. La cuarta reacción es la reacción inversa de una adición aldólica. El mecanismo de esta reacción se describió en la sección 23.9.
5. El fosfato de dihidroxiacetona, producido en la cuarta reacción, se convierte en el 3-fosfato de gliceraldehído a través de la formación de un enodiol que después se convierte en 3-fosfato de gliceraldehído (si se cetoniza el grupo OH en el C-1), o vuelve a formar el fosfato de dihidroxiacetona (si se cetoniza el grupo OH en el C-2).

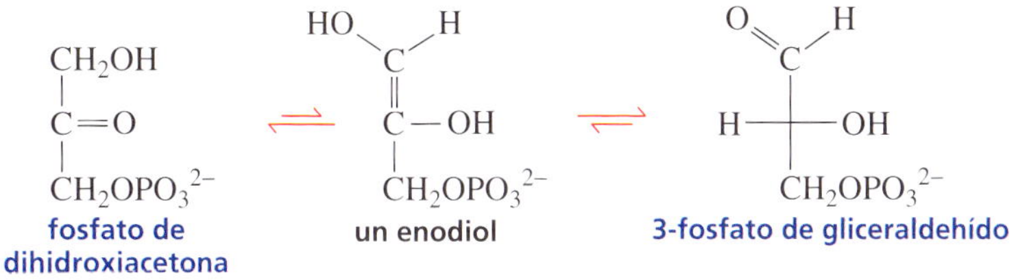

Una cadena lateral de glutamato es la base que abstrae un protón del carbono α y una histidina protonada dona un protón al oxígeno del grupo carbonilo. En el segundo paso, la histidina abstrae un protón del grupo OH en el C-1 y un ácido glutámico protona el carbono. Compárese este mecanismo con el reordenamiento de enodiol que se mostró en la sección 21.5.

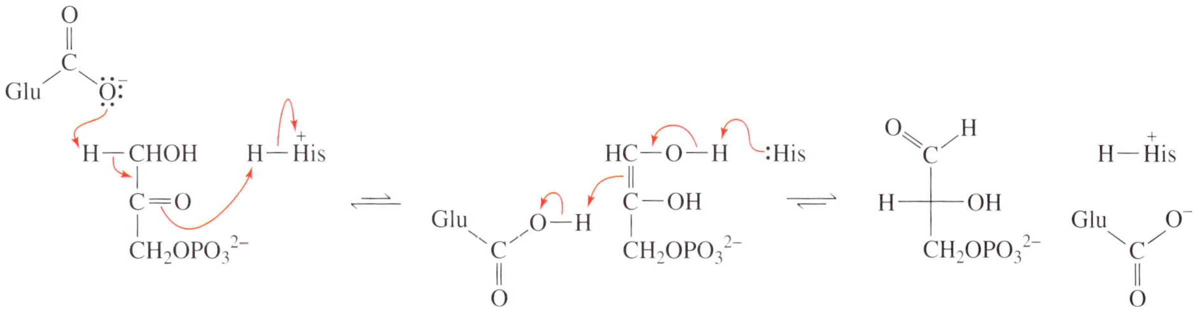

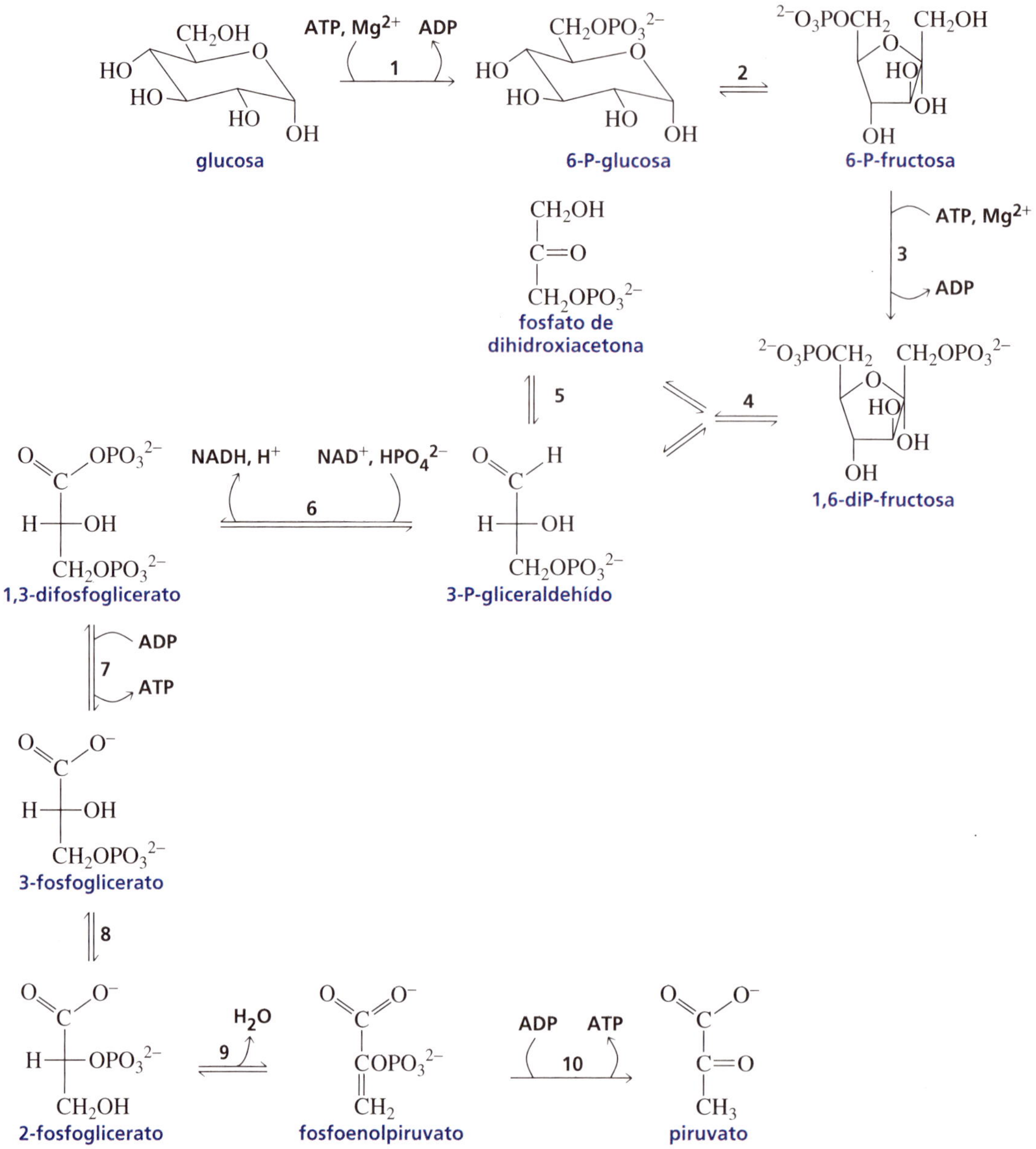

▲ Figura 25.4
Glucólisis, la serie de reacciones catalizadas por enzimas donde se convierte 1 mol de glucosa en 2 moles de piruvato. Las enzimas que catalizan las reacciones son:

1. hexocinasa
2. fosfoglucosa isomerasa
3. fosfofructocinasa
4. aldolasa
5. triosafosfato isomerasa
6. 3-fosfato de gliceraldehído deshidrogenasa
7. fosfoglicerato cinasa
8. fosfoglicerato mutasa
9. enolasa
10. piruvato cinasa

Así, en general, cada molécula de glucosa se convierte en dos moléculas de 3-fosfato de gliceraldehído.

6. El grupo aldehído del 3-fosfato de gliceraldehído se oxida con NAD^+ y forma 1,3-difosfoglicerato. En esta reacción, el aldehído se oxida al ácido carboxílico, el cual forma entonces un éster con ácido fosfórico. Ya se vio el mecanismo de esta reacción en la sección 24.2.

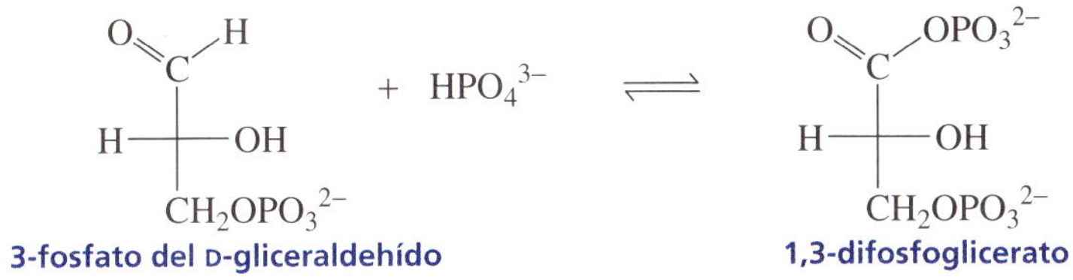

25.7 Catabolismo de los carbohidratos

$$\text{3-fosfato del D-gliceraldehído} + HPO_4^{3-} \rightleftharpoons \text{1,3-difosfoglicerato}$$

7. En la séptima reacción, el 1,3-difosfoglicerato transfiere un grupo fosforilo al ADP y forma así ATP y 3-fosfoglicerato.

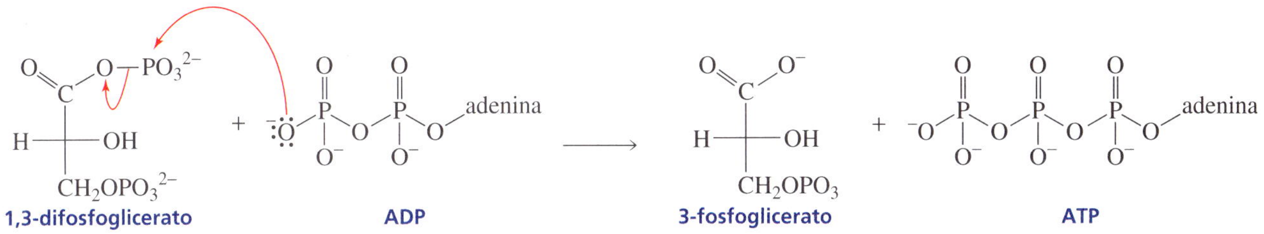

$$\text{1,3-difosfoglicerato} + \text{ADP} \longrightarrow \text{3-fosfoglicerato} + \text{ATP}$$

8. La octava reacción es una isomerización: el 3-fosfoglicerato se convierte en 2-fosfoglicerato. La enzima que cataliza esta reacción tiene un grupo fosforilo en una de sus cadenas laterales de aminoácido que lo transfiere a la posición 2 del 3-fosfoglicerato para formar un compuesto intermediario con dos grupos fosforilo. El compuesto intermediario transfiere el grupo fosforilo de su posición 3 de regreso a la enzima.

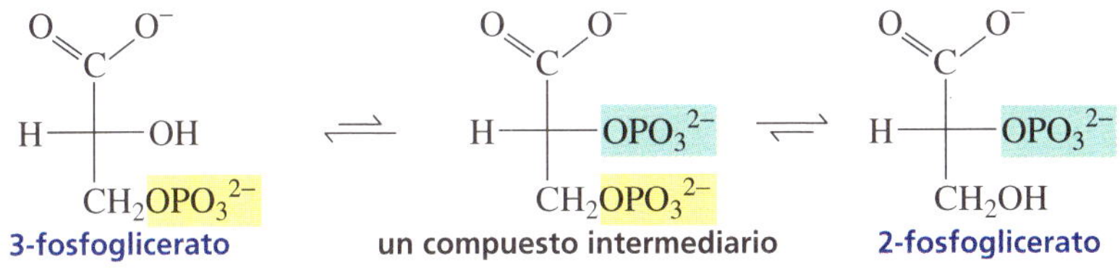

$$\text{3-fosfoglicerato} \rightleftharpoons \text{un compuesto intermediario} \rightleftharpoons \text{2-fosfoglicerato}$$

9. La novena reacción es una reacción de deshidratación (una reacción de eliminación E2) que forma fosfoenolpiruvato. Una cadena lateral de la lisina en el sitio activo de la enzima es la base que abstrae un protón del carbono α (sección 18.1). Una cadena lateral de ácido glutámico protona al grupo HO^-, con lo que se vuelve mejor grupo saliente (sección 10.1).

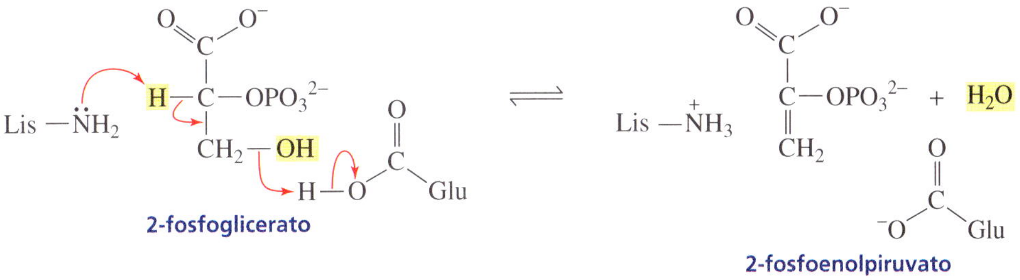

$$\text{2-fosfoglicerato} \rightleftharpoons \text{2-fosfoenolpiruvato} + H_2O$$

10. En la última reacción de la ruta glicolítica, el fosfoenolpiruvato transfiere su grupo fosforilo al ADP, con lo que se forman ATP y piruvato (véase el problema 1, página 1141).

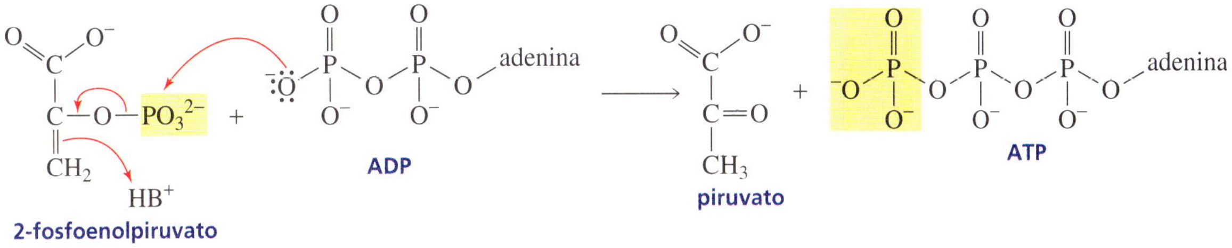

$$\text{2-fosfoenolpiruvato} + \text{ADP} \longrightarrow \text{piruvato} + \text{ATP}$$

> **PROBLEMA 11**
>
> Proponga un mecanismo para la tercera reacción de la glicólisis: la formación del 1,6-difosfato de fructosa a partir de la reacción del 6-fosfato de fructosa con el ATP.

> **PROBLEMA 12**◆
>
> **a.** ¿Cuáles pasos de la glicólisis requieren ATP?
>
> **b.** ¿Cuáles pasos de la glicólisis producen ATP?

> **ESTRATEGIA PARA RESOLVER PROBLEMAS**
>
> ### Cálculo de la producción de ATP
>
> ¿Cuántas moléculas de ATP se obtienen de cada molécula de glucosa que se metaboliza a piruvato?
>
> Para resolver esta clase de problemas se necesita contar primero la cantidad de ATP que se usa (en este caso, para convertir glucosa en piruvato). Se ve que se consumen dos: uno para formar el 1-fosfato de glucosa y el otro para formar el 1,6-difosfato de fructosa. A continuación se debe conocer cuánto ATP se forma. Cada 3-fosfato de gliceraldehído que se metaboliza a piruvato forma dos moléculas de ATP. Como cada molécula de glucosa forma dos moléculas de 3-fosfato de gliceraldehído, se forman 4 moléculas de ATP de cada molécula de glucosa. Restando las moléculas que se usaron, se ve que cada molécula de glucosa metabolizada a piruvato forma dos moléculas de ATP.
>
> Ahora continúe con el problema 13.

> **PROBLEMA 13**◆
>
> ¿Cuántos moles de NAD^+ se requieren para convertir 1 mol de glucosa en piruvato?

25.8 Destinos del piruvato

Se acaba de explicar que se usa NAD^+ como agente oxidante en la glicólisis. Si ha de continuar la glicólisis, el NADH producido como resultado de esa oxidación se debe volver a oxidar a NAD^+ para que éste continúe disponible como agente oxidante.

Si hay oxígeno presente, es el agente oxidante con el que el NADH se oxida y regresa a NAD^+; esto sucede en la *cuarta etapa del catabolismo*. Si no está presente el oxígeno, como sucede, por ejemplo, en las células musculares cuando una intensa actividad causa que todo el oxígeno se agote, el piruvato (el producto de la glicólisis) se usa para oxidar al NADH y reconvertirlo en NAD^+. En el proceso, el piruvato se reduce a lactato (ácido láctico). Las condiciones ácidas causadas por una acumulación de ácido láctico en los músculos son las que causan la sensación quemante que se siente después del ejercicio.

$$CH_3-\underset{O}{\underset{\|}{C}}-\underset{O}{\underset{\|}{C}}-O^- \quad \xrightarrow[\text{lactato deshidrogenasa}]{NADH, H^+ \quad NAD^+} \quad CH_3-\underset{OH}{\underset{|}{CH}}-\underset{O}{\underset{\|}{C}}-O^-$$

piruvato　　　　　　　　　　　　　　　　　lactato

Bajo condiciones normales (aeróbicas), cuando se usa oxígeno y no piruvato para oxidar el NADH a NAD^+, el piruvato se convierte en acetil-CoA, que entra entonces al ciclo del ácido cítrico. Esta reacción es catalizada por el sistema piruvato deshidrogenasa, que es una serie de reacciones que requieren tres enzimas y cinco coenzimas. Ya se explicó que una de las coenzimas es el pirofosfato de tiamina, la coenzima que requieren las enzimas que catalizan la transferencia de un fragmento de dos carbonos de una a otra especie; en esta reacción, los dos carbonos del grupo acetilo del piruvato se transfieren a la coenzima A. El mecanismo de esta reacción se explicó en la sección 24.4.

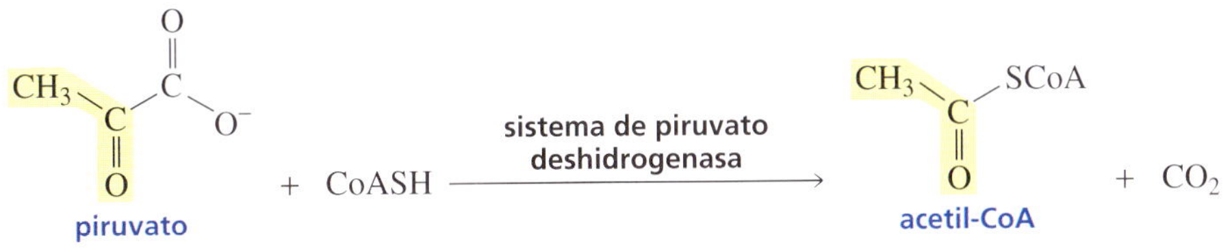

$$\text{piruvato} + \text{CoASH} \xrightarrow{\text{sistema de piruvato deshidrogenasa}} \text{acetil-CoA} + CO_2$$

Se acaba de explicar que bajo condiciones anaeróbicas (sin oxígeno), el piruvato se reduce a lactato. Sin embargo, bajo esas mismas condiciones en las levaduras, el piruvato tiene un destino diferente: se descarboxila a acetaldehído por la piruvato descarboxilasa, enzima dependiente de TPP (recuérdese que TPP = pirofosfato de tiamina, sección 24.4) (esto es, una enzima que requiere pirofosfato de tiamina) cuyo mecanismo se describió en la sección 24.4. En este caso, el acetaldehído es el compuesto que oxida al NADH y lo reconvierte en NAD^+ y en el proceso se reduce a etanol, reacción que ha usado la humanidad durante miles de años para producir vino, cerveza y otras bebidas alcohólicas.

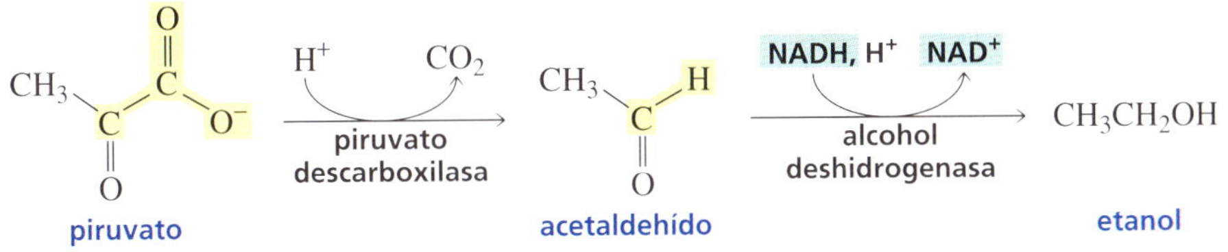

$$\text{piruvato} \xrightarrow[\text{descarboxilasa}]{\text{piruvato}} \text{acetaldehído} \xrightarrow[\text{deshidrogenasa}]{\text{alcohol}} CH_3CH_2OH \ \text{etanol}$$

PROBLEMA 14◆
¿Qué grupo funcional del piruvato se reduce cuando el piruvato se convierte en lactato?

PROBLEMA 15◆
¿Qué coenzima se requiere para convertir piruvato en acetaldehído?

PROBLEMA 16◆
¿Qué grupo funcional del acetaldehído se reduce cuando el acetaldehído se convierte en etanol?

PROBLEMA 17
Proponga un mecanismo para la reducción del acetaldehído a etanol por NADH. (*Sugerencia:* véase la sección 24.2).

25.9 Catabolismo de las proteínas

En la primera etapa del catabolismo de proteínas, éstas se hidrolizan y forman aminoácidos.

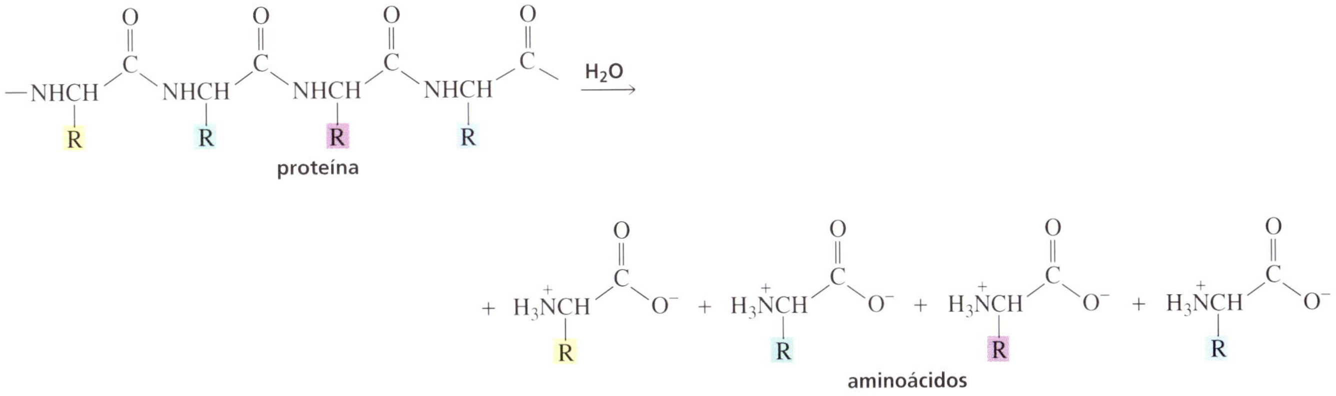

proteína $\xrightarrow{H_2O}$ aminoácidos

Los aminoácidos son convertidos en acetil-CoA, piruvato o en intermediarios del ciclo del ácido cítrico.

En la segunda etapa del catabolismo, los aminoácidos se convierten en acetil-CoA, piruvato o en compuestos intermediarios del ciclo del ácido cítrico, de acuerdo con la estructura del aminoácido. Estos productos de la segunda etapa del catabolismo entran al ciclo del ácido cítrico, que es la tercera etapa del catabolismo, donde se siguen metabolizando.

Se describirá el catabolismo de la fenilalanina como ejemplo de la forma en que se metaboliza un aminoácido (figura 25.5). La fenilalanina es uno de los aminoácidos esenciales y en consecuencia debe incluirse en la dieta humana (sección 22.1). La enzima fenilalanina hidroxilasa convierte a la fenilalanina en tirosina. Así, técnicamente la tirosina no es un aminoácido esencial para los humanos, pero si la dieta no contiene fenilalanina también habrá deficiencia en tirosina.

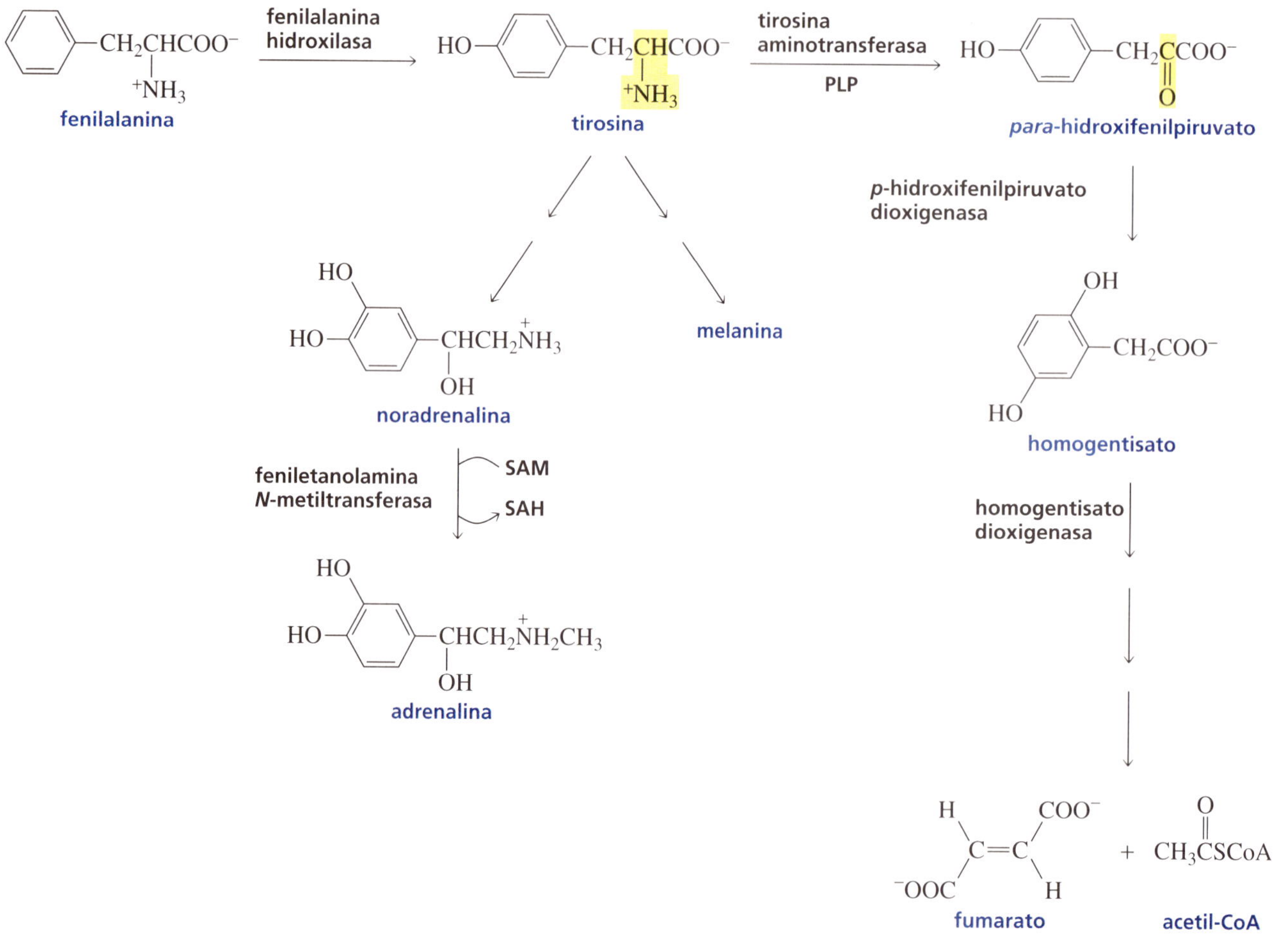

▲ **Figura 25.5**
Catabolismo de la fenilalanina.

La primera reacción en el catabolismo de la mayor parte de los aminoácidos es la transaminación, reacción dependiente de PLP (recuérdese que PLP = pirofosfato de piridoxal, sección 24.6) que sustituye al grupo amino del aminoácido por un grupo cetona. El producto de la transaminación de la tirosina es el *para*-hidroxifenilpiruvato y se convierte en una serie de reacciones en fumarato y acetil-CoA. El fumarato es un compuesto intermediario en el ciclo del ácido cítrico, por lo que puede entrar en forma directa a ese ciclo, y la acetil-CoA entra al ciclo reaccionando con oxalacetato para formar citrato (sección 25.10). Cada una de las reacciones en esta ruta catabólica está catalizada por una enzima diferente.

Además de usarse para producir energía, los aminoácidos que se ingieren se utilizan también para sintetizar proteínas y otros compuestos que el organismo necesita. Por ejemplo, la tirosina se usa para sintetizar neurotransmisores (dopamina y adrenalina) y melanina, el compuesto responsable de la pigmentación de la piel. Recuérdese que la SAM (*S*-adenosilmetionina) es el agente metilante biológico que convierte la noradrenalina en adrenalina (sección 8.12).

FENILCETONURIA: ERROR CONGÉNITO DEL METABOLISMO

Más o menos uno de cada 20,000 bebés nace sin fenilalanina hidrolasa, la enzima que convierte a la fenilalanina en tirosina. La enfermedad genérica se llama fenilcetonuria (PKU, de *phenylketonuria*). Sin fenilalanina hidroxilasa, la fenilalanina se acumula y cuando llega a una concentración alta se transamina y forma fenilpiruvato. A la alta concentración de fenilpiruvato que hay en la orina se le debe el nombre de esta enfermedad.

$$\text{fenilalanina} \xrightarrow{\text{transaminación}} \text{fenilpiruvato}$$

Dentro de las 24 horas después de nacer, a todos los bebés en Estados Unidos y en algunos hospitales en México se les analizan concentraciones de fenilalanina en suero y si son altas indican una acumulación de fenilalanina causada por ausencia de fenilalanina hidroxilasa. Los bebés con altas concentraciones se someten de inmediato a una dieta baja en fenilalanina y alta en tirosina. Mientras la concentración de fenilalanina se mantenga bajo un control cuidadoso durante los 5 a 10 años de vida, el niño no sufrirá efectos adversos. El lector habrá notado la advertencia en los envases de alimentos que contienen Nutrasweet, en los que se anuncia que contiene fenilalanina. (Recuérdese que este edulcorante es un éster metílico del dipéptido de L-aspartato y L-fenilalanina, sección 22.9).

Sin embargo, si no se controla la dieta, el bebé padecerá un retardo mental grave para cuando alcance unos cuantos meses de edad. Los niños no tratados tienen piel más pálida y cabello más claro que otros miembros de su familia porque sin tirosina no pueden sintetizar melanina, el pigmento oscuro de la piel. La mitad de quienes padecen fenilcetonuria sin tratamiento muere a la edad de 20. Cuando una mujer con PKU se embaraza, debe retornar a la dieta baja en fenilalanina que seguía cuando era niña porque una concentración alta de fenilalanina puede causar desarrollo anormal del feto.

ALCAPTONURIA

Otra enfermedad genética causada por deficiencia de una enzima en la ruta de degradación de fenilalanina es la alcaptonuria, debida a una falta de homogentisato dioxigenasa. El único efecto perjudicial de esta deficiencia enzimática es la orina negra. La razón por la que la orina de los afectados por alcaptonuria sea negra es que el homogentisato que excretan se oxida de inmediato en el aire para formar un compuesto negro.

PROBLEMA 18 ◆

¿Qué coenzima se requiere para la transaminación?

PROBLEMA 19 ◆

Cuando el aminoácido alanina llava a cabo la transaminación ¿qué compuesto se forma?

25.10 El ciclo del ácido cítrico

El **ciclo del ácido cítrico** es la tercera etapa del catabolismo. En esta serie de ocho reacciones, el grupo acetilo de cada molécula de acetil-CoA, formado por el catabolismo de grasas, carbohidratos y aminoácidos, se convierte en dos moléculas de CO_2 (figura 25.6).

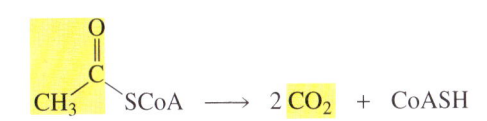

$$CH_3-C(=O)-SCoA \longrightarrow 2\,CO_2 + CoASH$$

El grupo acetilo de cada molécula de acetil-CoA que entra al ciclo del ácido cítrico se convierte en dos moléculas de CO_2.

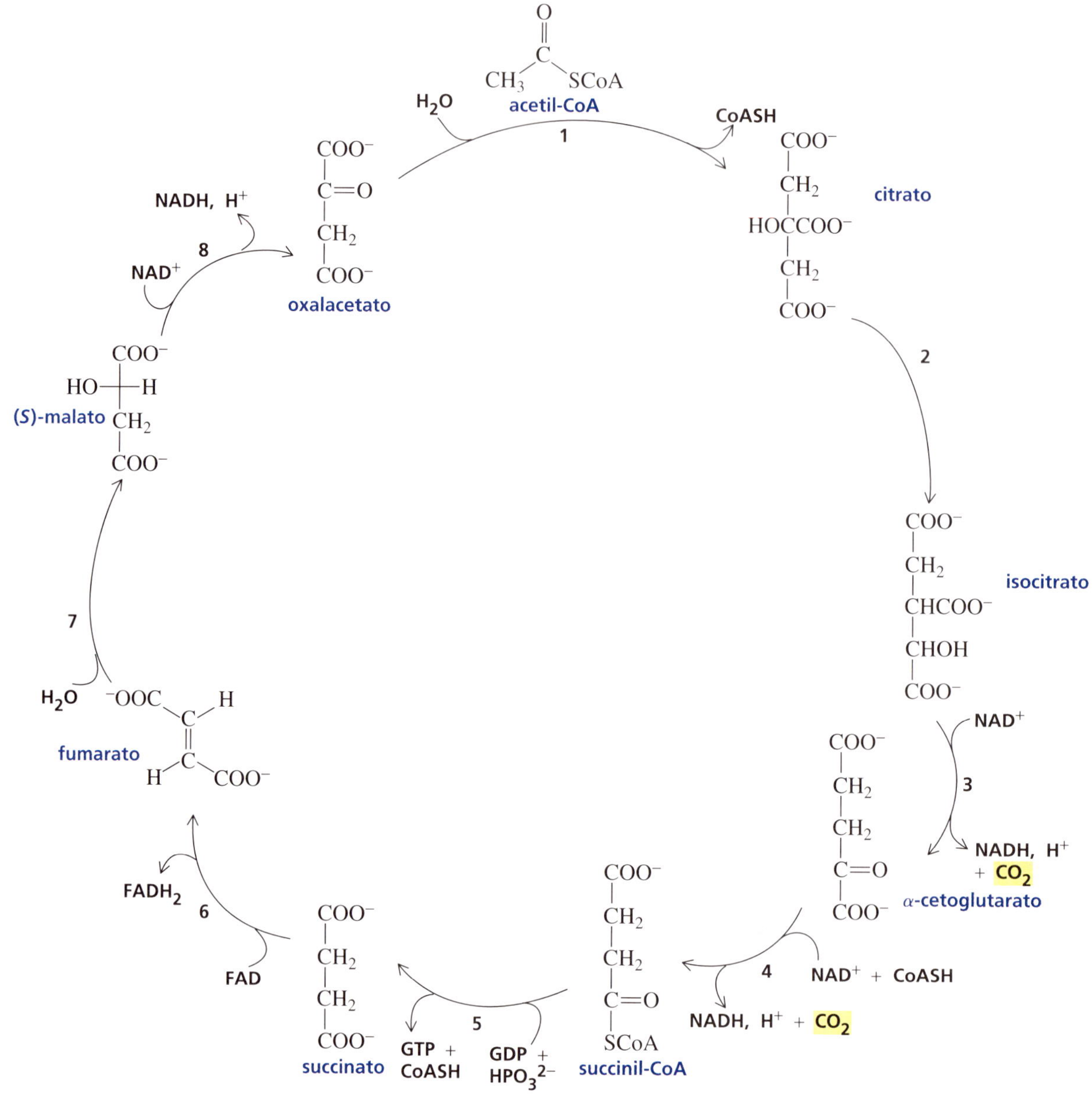

▲ **Figura 25.6**
Ciclo del ácido cítrico, la serie de reacciones catalizada por enzimas responsables de la oxidación del grupo acetilo en la acetil-CoA para formar dos moléculas de CO_2. Las enzimas que catalizan las reacciones son:

1. citrato sintasa
2. aconitasa
3. isocitrato deshidrogenasa
4. α-cetoglutarato deshidrogenasa
5. succinil-CoA sintetasa
6. succinato deshidrogenasa
7. fumarasa
8. malato deshidrogenasa

La serie de reacciones se llama *ciclo* porque se realizan en un orden determinado en el que el producto de la octava reacción (oxalacetato) es el reactivo de la primera reacción.

1. En la primera reacción, la acetil-CoA reacciona con oxalacetato para formar citrato. El mecanismo de la reacción demuestra que una cadena lateral de aspartato en la enzima abstrae un protón del carbono α de la acetil-CoA y crea un nucleófilo que ataca al carbono ceto del grupo carbonilo del oxalacetato. El oxígeno del grupo carbonilo toma un protón de una cadena lateral de histidina. El producto intermediario que resulta se hidroliza a citrato en una reacción de sustitución nucleofílica en el grupo acilo (sección 16.7).

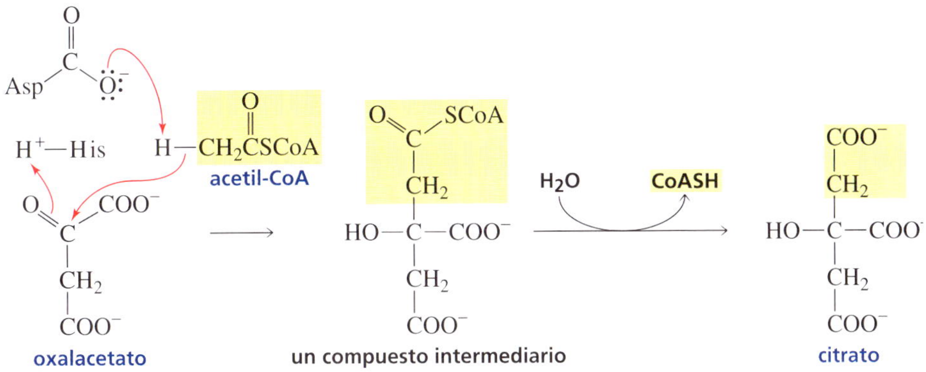

[Esquema: oxalacetato + acetil-CoA → un compuesto intermediario → (H₂O, CoASH) → citrato]

2. En la segunda reacción, el citrato se convierte en isocitrato, su isómero. La reacción se efectúa en dos pasos. El primero es una deshidratación (sección 10.4); una cadena lateral de serina en la enzima abstrae un protón y el grupo saliente OH se protona por una cadena lateral de histidina, lo cual lo convierte en una base más débil (H_2O) y en consecuencia un mejor grupo saliente. En el segundo paso, la adición conjugada de agua al producto intermediario forma isocitrato (sección 17.17).

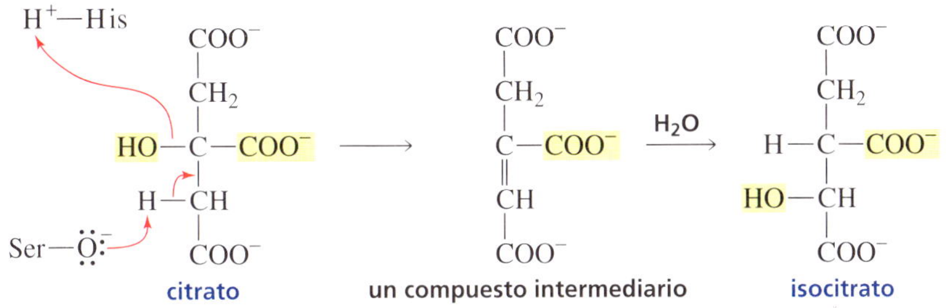

[Esquema: citrato → un compuesto intermediario → (H_2O) → isocitrato]

3. La tercera reacción también sucede en dos pasos. En el primero, el grupo alcohol secundario del isocitrato es oxidado a la cetona por el NAD^+. En el segundo paso, la cetona pierde CO_2. Ya se explicó que un grupo $COO:^-$ unido a un carbono adyacente a un carbono de un grupo carbonilo se puede eliminar porque los electrones que permanecen se pueden deslocalizar en el oxígeno del grupo carbonilo (sección 18.18).

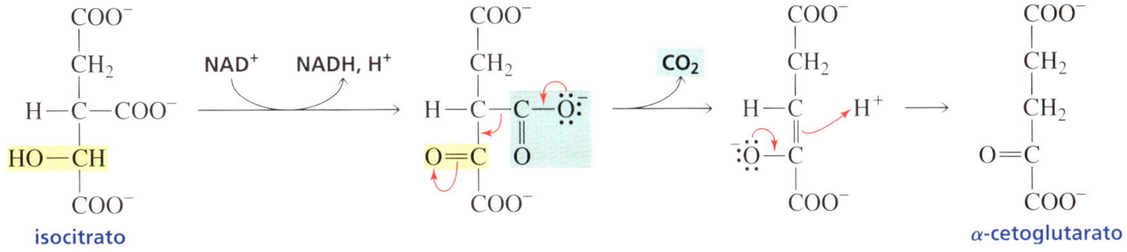

[Esquema: isocitrato → (NAD^+, $NADH$, H^+) → intermediario → (CO_2) → α-cetoglutarato]

4. En la cuarta reacción, de nuevo el NAD^+ es el agente oxidante. Esta es la reacción que libera la segunda molécula de CO_2. Requiere un grupo de enzimas y las mismas cinco coenzimas necesarias en el sistema de la piruvato deshidrogenasa que forma acetil-CoA (sección 24.4). El producto de la reacción es succinil-CoA.

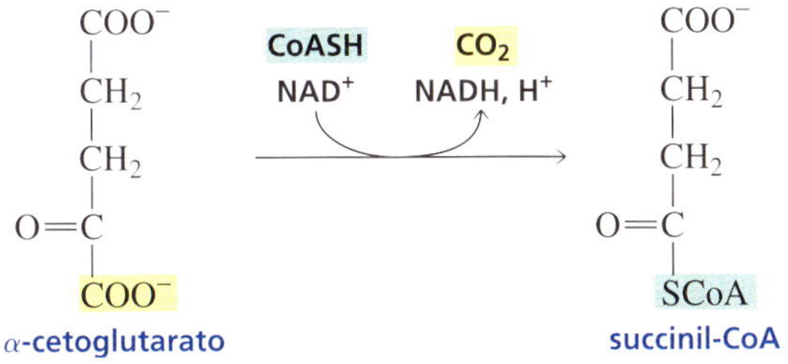

[Esquema: α-cetoglutarato → (CoASH, NAD^+, CO_2, $NADH$, H^+) → succinil-CoA]

5. La quinta reacción se efectúa en dos pasos. El fosfato de hidrógeno reacciona con succinil-CoA en una reacción de sustitución nucleofílica en el grupo acilo para formar fosfato de succinilo. El fosfato de succinilo transfiere su grupo fosforilo a la enzima, que entonces lo transfiere a GDP para formar GTP.

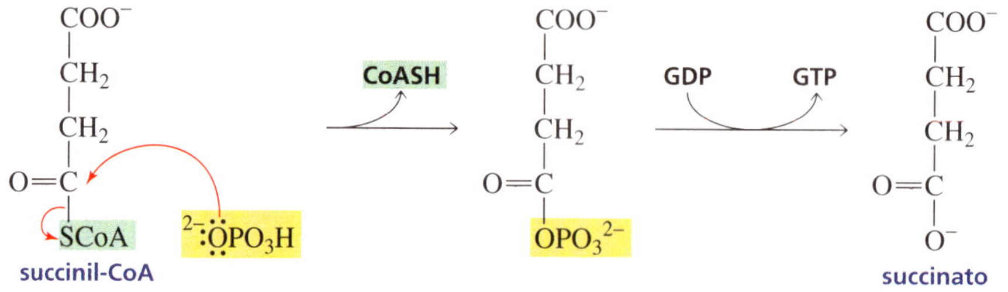

El GTP transfiere un grupo fosforilo al ADP para formar ATP.

$$GTP + ADP \rightleftharpoons GDP + ATP$$

6. En la sexta reacción, el FAD oxida el succinato a fumarato. El mecanismo de esta reacción se explicó en la sección 24.3.
7. La adición conjugada de agua al enlace doble del fumarato forma (S)-malato. Ya se vio, en la sección 5.20, por qué sólo se forma un enantiómero.
8. Por la oxidación del grupo alcohol secundario del (S)-malato por el NAD^+ se forma oxalacetato, que representa el punto de partida del ciclo. Ahora, el oxalacetato comienza de nuevo el ciclo al reaccionar con otra molécula de acetil-CoA para iniciar la conversión del grupo acetilo de la acetil-CoA y formar otras dos moléculas de CO_2.

Nótese que las reacciones 6, 7 y 8 del ciclo del ácido cítrico son parecidas a las reacciones 1, 2 y 3 en la β-oxidación de los ácidos grasos (sección 25.6).

PROBLEMA 20◆

¿Qué grupo funcional del isocitrato se oxida en la tercera reacción del ciclo del ácido cítrico?

PROBLEMA 21◆

El ciclo del ácido cítrico se le conoce también como el ciclo del ácido tricarboxílico. ¿Cuáles de los compuestos intermediarios en el ciclo del ácido cítrico son ácidos tricarboxílicos?

25.11 Fosforilación oxidativa

En cada ronda del ciclo del ácido cítrico se forman 3 moléculas de NADH, 1 molécula de $FADH_2$ y 1 molécula de ATP. Las moléculas de NADH y $FADH_2$ llevan a cabo una **fosforilación oxidativa**, la cuarta etapa del catabolismo, donde se oxidan y regresan a formar NAD^+ y FAD. Por cada NADH que realiza la fosforilación oxidativa se forman 3 moléculas de ATP y por cada $FADH_2$ que realiza la fosforilación oxidativa se forman 2 moléculas de ATP.

$$NADH \longrightarrow NAD^+ + 3\ ATP$$
$$FADH_2 \longrightarrow FAD + 2\ ATP$$

En la fosforilación oxidativa, cada molécula de NADH se convierte en tres moléculas de ATP y cada molécula de $FADH_2$ se convierte en dos moléculas de ATP.

Por consiguiente, por cada molécula de acetil-CoA que entra al ciclo del ácido cítrico se forman 11 moléculas de ATP a partir de NADH y $FADH_2$ y una molécula de ATP.

$$3\ NADH + FADH_2 + ATP \longrightarrow 3\ NAD^+ + FAD + 12\ ATP$$

PROBLEMA 22◆

¿Cuántas moléculas de ATP se obtienen cuando el NADH y FADH$_2$ formados durante el metabolismo de una molécula de acetil-CoA para llegar a CO$_2$ lleva a cabo la fosforilación oxidativa?

25.12 Anabolismo

Se puede concebir que el *anabolismo* es lo inverso del catabolismo. En el anabolismo, los materiales de partida para la síntesis de ácidos grasos, monosacáridos y aminoácidos son acetil-CoA, piruvato y los compuestos intermediarios del ciclo del ácido cítrico. Estos compuestos se utilizan para formar grasas, carbohidratos y proteínas. Los mecanismos que utilizan los sistemas biológicos para sintetizar grasas y proteínas se describen en las secciones 18.22 y 27.8.

TASA DE METABOLISMO BASAL

La tasa de metabolismo basal (TMB) es la cantidad de calorías que una persona quemaría si permaneciera todo el día en cama. La TMB de una persona es función de su género, edad y genética: es mayor para hombres que para mujeres, mayor para jóvenes que para ancianos y algunas personas nacen una tasa metabólica mayor que otras. También, el porcentaje de grasa corporal afecta a la TMB; mientras mayor sea este porcentaje, la TMB será menor. Para los humanos, la TMB promedio es de 1600 kcal/día, aproximadamente.

Además de consumir las calorías suficientes para sostener el metabolismo basal, una persona también debe obtener energía para poder realizar actividades físicas. Mientras más activos sea la persona, más calorías debe consumir para mantener su peso. Las personas que consumen más calorías de las que se requieren para su TMB y para sus actividades físicas ganarán peso; si consumen menos calorías, perderán peso.

RESUMEN

El **metabolismo** es el conjunto de reacciones que efectúan los organismos vivos para obtener energía y para sintetizar los compuestos que requieren. El metabolismo se puede dividir en **catabolismo** y **anabolismo**. Las reacciones catabólicas descomponen las moléculas complejas para suministrar energía y moléculas simples. Las reacciones anabólicas requieren energía y llevan a la síntesis de biomoléculas complejas a partir de moléculas simples.

El ATP es la fuente más importante de energía química para las células; el ATP define una ruta de reacción donde involucra a un buen grupo saliente para una reacción que no se efectuaría a causa de un grupo saliente malo. Ello sucede por medio de una **reacción de transferencia de fosforilo**, donde un grupo fosforilo del ATP se transfiere a un nucleófilo como resultado de la ruptura de un **enlace fosfoanhídrido**. En la reacción interviene uno de tres compuestos intermediarios: un **fosfato de acilo**, un **pirofosfato de acilo** o un **adenilato de acilo**. La ruptura de un enlace de fosfoanhídrido es muy exergónica a causa de repulsiones electrostáticas, solvatación y deslocalización electrónica.

El catabolismo se puede dividir en cuatro etapas. En la *primera etapa* se hidrolizan grasas, carbohidratos y proteínas para formar ácidos grasos, monosacáridos y aminoácidos, respectivamente. En la *segunda etapa*, los productos obtenidos en la primera etapa se convierten en compuestos que pueden entrar al ciclo del ácido cítrico (la tercera etapa del catabolismo). Para poder entrar a dicho ciclo, el compuesto debe ser un compuesto intermediario en el mismo o bien acetil-CoA o piruvato.

En la segunda etapa del catabolismo, una acilo graso-CoA se convierte en acetil-CoA en una ruta llamada **β-oxidación**. La serie de cuatro reacciones se repite hasta que todo el ácido graso se convierte en moléculas de acetil-CoA. La glucosa, en la segunda etapa del catabolismo, se convierte en dos moléculas de piruvato en una serie de 10 reacciones llamada **glicólisis**. Bajo condiciones normales (aeróbicas), el piruvato se convierte en acetil-CoA, que entra entonces al ciclo del ácido cítrico. En la segunda etapa de su catabolismo, los aminoácidos se metabolizan y forman acetil-CoA, piruvato o compuestos intermediarios del ciclo del ácido cítrico, de según sea el aminoácido. Los aminoácidos que se ingieren se usan para producir energía y para sintetizar proteínas y otros compuestos que necesita el organismo.

El **ciclo del ácido cítrico** es la *tercera etapa* del catabolismo y consiste en una serie de ocho reacciones donde el grupo acetilo de cada molécula de acetil-CoA que entra al ciclo se convierte en dos moléculas de CO$_2$.

La energía metabólica se mide en función del ATP. En la *cuarta etapa* del catabolismo, llamada **fosforilación oxidativa**, cada molécula de NADH y FADH$_2$ que se forma en las reacciones de oxidación de las etapas segunda y tercera del catabolismo se convierte en tres moléculas de ATP y dos moléculas de ATP, respectivamente.

TÉRMINOS CLAVE

5′-trifosfato de adenosina (ATP) (pág. 1139)
adenilato de acilo (pág. 1143)
anabolismo (pág. 1137)
catabolismo (pág. 1137)
ciclo del ácido cítrico (pág. 1155)

cinasa (pág. 1146)
deshidrogenasa (pág. 1146)
enlace de alta energía (pág. 1144)
enlace fosfoanhídrido (pág. 1140)
fosfato de acilo (pág. 1142)
fosforilación oxidativa (pág. 1139)

glicólisis (pág. 1149)
metabolismo (pág. 1137)
β-oxidación (pág. 1147)
pirofosfato de acilo (pág. 1142)
reacción de transferencia de fosforilo (pág. 1140)

PROBLEMAS

23. Indique si la ruta que hace lo siguiente es anabólica o catabólica:
    a. producir energía en forma de ATP
    b. consiste principalmente en reacciones de oxidación.

24. La galactosa puede entrar al ciclo glicolítico, pero primero debe reaccionar con ATP para formar el 1-fosfato de galactosa. Proponga un mecanismo para esta reacción.

25. El piruvato es el grupo saliente en la décima reacción de la glicólisis. ¿Por qué es un buen grupo saliente?

26. Cuando el NADH reduce al piruvato a lactato, ¿cuál hidrógeno del piruvato proviene del NADH?

27. ¿Cuáles reacciones en el ciclo del ácido cítrico forman un producto con un nuevo centro asimétrico?

28. Si el átomo de fósforo en el 3-fosfoglicerato se marca radiactivamente, ¿dónde estará la marca radiactiva cuando se termina la reacción que forma el 2-fosfoglicerato?

29. ¿Cuáles átomos de carbono de la glucosa terminan en grupo carboxilo del piruvato?

30. ¿Cuáles átomos de carbono de la glucosa terminan en etanol bajo condiciones anaeróbicas en las levaduras?

31. ¿Cuántas moléculas de acetil-CoA se obtienen en la β-oxidación de una molécula con 16 carbonos de un acilo graso-CoA saturado?

32. ¿Cuántas moléculas de CO_2 se obtienen en el metabolismo completo de una molécula con 16 carbonos de un acilo graso-CoA saturado?

33. ¿Cuántas moléculas de ATP se obtienen de la β-oxidación de una molécula con 16 carbonos de un acilo graso-CoA saturado?

34. ¿Cuántas moléculas de NADH y $FADH_2$ se obtienen de la β-oxidación de una molécula con 16 carbonos de un acilo graso-CoA saturado?

35. ¿Cuántas moléculas de ATP se obtienen a partir de NADH y $FADH_2$ formados de la β-oxidación de una molécula con 16 carbonos de un acilo graso-CoA saturado?

36. ¿Cuántas moléculas de ATP se obtienen en el metabolismo completo (incluyendo la cuarta etapa del catabolismo) de una molécula con 16 carbonos de un acilo graso-CoA saturado?

37. ¿Cuántas moléculas de ATP se obtienen en el metabolismo completo (incluyendo la cuarta etapa del catabolismo) de una molécula de glucosa?

38. La adición conjugada, como la adición directa, se puede efectuar en la cara *Re* del compuesto o en su cara *Si* (sección 17.14). El ataque del agua ¿sucede en la cara *Re* o en la *Si* del fumarato?

39. La mayor parte de los ácidos grasos tiene una cantidad par de átomos de carbono y en consecuencia se metabolizan por completo hasta llegar a acetil-CoA. Un ácido graso que tenga una cantidad impar de átomos de carbono se metaboliza hasta acetil-CoA y un equivalente de propionil-CoA. Las dos reacciones siguientes convierten la propionil-CoA en succinil-CoA, que es compuesto intermediario en el ciclo del ácido cítrico para que se pueda seguir metabolizando. Cada una de las reacciones requiere una coenzima. Indique cuál es la coenzima en cada paso. ¿De qué vitaminas se derivan esas coenzimas? (*Sugerencia:* véase el capítulo 24).

propionil-CoA → **metilmalonil-CoA** → **succinil-CoA**

40. Si se marca glucosa con ^{14}C en las posiciones indicadas ¿Dónde estará la marca en el piruvato?
    a. glucosa-1-^{14}C
    b. glucosa-2-^{14}C
    c. glucosa-3-^{14}C
    d. glucosa-4-^{14}C
    e. glucosa-5-^{14}C
    f. glucosa-6-^{14}C

41. Bajo condiciones de inanición, la acetil-CoA, en lugar de degradarse en el ciclo del ácido cítrico, se convierte en acetona y 3-hidroxibutirato, compuestos que se denominan cuerpos cetónicos y que el cerebro puede usar como combustible provisorio. Proponga un mecanismo para su formación.

acetona   **3-hidroxibutirato**

42. La acilo-CoA sintasa es la enzima que activa a un ácido graso convirtiéndolo en un acilo graso-CoA (sección 25.2) en una serie de dos reacciones. En la primera, el ácido graso reacciona con ATP y uno de los productos formados es ADP. El otro producto reacciona en la segunda reacción con CoASH para formar un acilo graso-CoA. Proponga un mecanismo para cada una de las reacciones.

43. a. La UDP-galactosa-4-epimerasa convierte la UDP-galactosa en UDP-glucosa. En la reacción se requiere NAD$^+$ como coenzima. Proponga un mecanismo para la reacción.
    b. ¿Por qué se llama epimerasa a la enzima?

44. La profesora Anna Bol trata de determinar el mecanismo de una reacción en la que el ATP activa un ion carboxilato. Que el ion carboxilato ataque al fósforo β o al fósforo α del ATP no se puede determinar con los productos de la reacción porque en ambas reacciones los productos son AMP y pirofosfato. Sin embargo, los mecanismos se pueden diferenciar con un experimento de marcación donde se incuben la enzima, el ion carboxilato, el ATP y el pirofosfato marcado radiactivamente y se aísle el ATP. Si el ATP aislado es radiactivo, el ataque fue al fósforo α; si no es radiactivo, el ataque fue sobre el fósforo β. Explique tales conclusiones.

45. ¿Cuáles serían los resultados del experimento en el problema 44 si se agregara AMP radiactivo a la mezcla en incubación en lugar de pirofosfato radiactivo?

CAPÍTULO 26

Lípidos

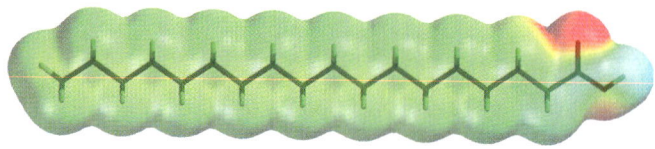

ácido esteárico

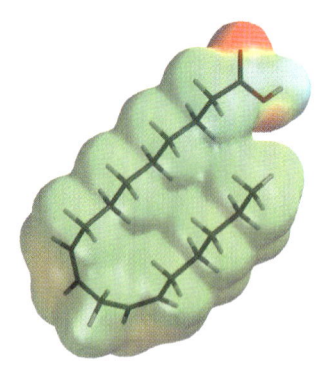

ácido linoleico

ANTECEDENTES

SECCIÓN 26.3 La deslocalización electrónica aumenta la estabilidad de un compuesto (7.6).

SECCIÓN 26.3 Los enlaces dobles se reducen por hidrogenación catalítica (4.11).

SECCIÓN 26.4 Un alcohol reacciona con un ácido carboxílico para formar un éster; un alcohol reacciona con ácido fosfórico para formar un fosfato de alquilo (16.15).

SECCIÓN 26.8 Las bases débiles son buenos grupos salientes (8.3).

SECCIÓN 26.8 Se verá una biosíntesis que implica una condensación de Claisen (18.15), una adición aldólica (18.12), una hidrólisis de tioéster (16.22) y una descarboxilación (18.18).

SECCIÓN 26.8 Un tioéster, como un éster oxigenado, se reduce a alcohol con dos equivalentes de ion hidruro (17.6).

SECCIÓN 26.9 Los anillos fusionados trans tienen ambos sustituyentes en posiciones ecuatoriales, por lo que son más estables que los anillos fusionados *cis* (2.14).

Los **lípidos** son compuestos orgánicos que sólo se encuentran en organismos vivos y que son solubles en disolventes no polares. Ya que los compuestos se clasifican como lípidos con base en sus propiedades físicas, como la solubilidad, en lugar de sus estructuras, los lípidos tienen una diversidad de estructuras y funciones, como ilustran los ejemplos que siguen:

PGE_1
un vasodilatador

cortisona
una hormona

vitamina A
una vitamina

limoneno
en aceites de naranja y limón

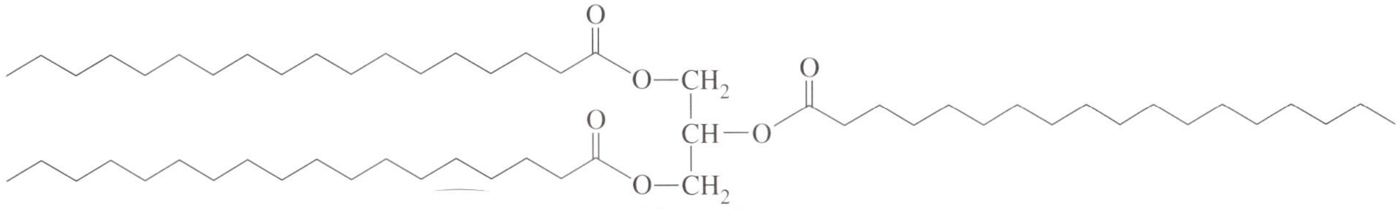

triestearina
una grasa

La propiedad de los lípidos de disolverse en disolventes orgánicos se debe a su importante componente hidrocarbonado, la parte de la molécula que es responsable de su tacto aceitoso o grasoso. La palabra *lípido* viene de *lipos*, que significa "grasa" en griego.

26.1 Los ácidos grasos son ácidos carboxílicos de cadena larga

Los **ácidos grasos**, uno de los principales grupos de lípidos, son ácidos carboxílicos con cadenas largas de hidrocarburo. Los ácidos grasos naturales más frecuentes se muestran en la tabla 26.1. La mayor parte de los ácidos grasos naturales contiene un número par de áto-

Tabla 26.1 Ácidos grasos naturales comun

Número de carbonos	Nombre común	Nombre sistemático	Estructura	Punto de fusión °C
Saturados				
12	ácido láurico	ácido dodecanoico	 COOH	44
14	ácido mirístico	ácido tetradecanoico	 COOH	58
16	ácido palmítico	ácido hexadecanoico	 COOH	63
18	ácido esteárico	ácido octadecanoico	 COOH	69
20	ácido araquídico	ácido eicosanoico	 COOH	77
Insaturados				
16	ácido palmitoleico	ácido (9Z)-hexadecenoico	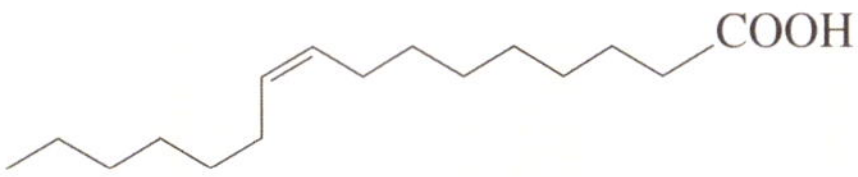 COOH	0
18	ácido oleico	ácido (9Z)-octadecenoico	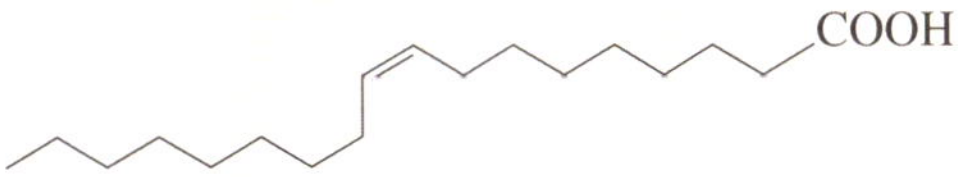 COOH	13
18	ácido linoleico	ácido (9Z,12Z)-octadecadienoico	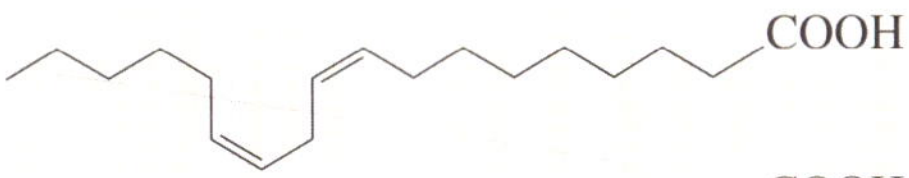 COOH	−5
18	ácido linolénico	ácido (9Z,12Z,15Z)-octadecatrienoico	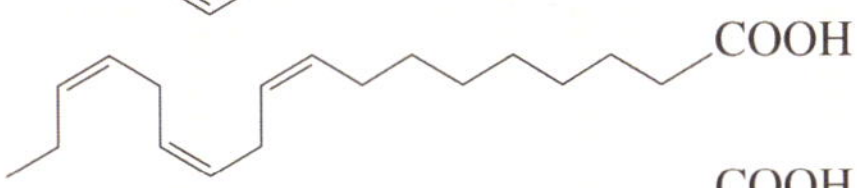 COOH	−11
20	ácido araquidónico	ácido (5Z,8Z,11Z,14Z)-eicosatetraenoico	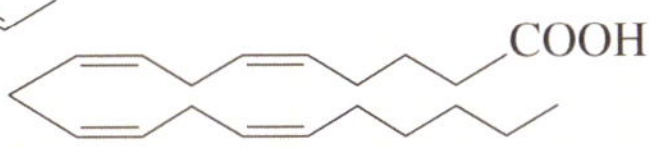 COOH	−50
20	EPA	ácido (5Z,8Z,11Z,14Z,17Z)-eicosapentaenoico	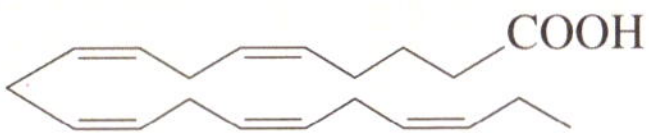 COOH	−50

mos de carbono y no son ramificados porque se sintetizan a partir de acetato, compuesto de dos átomos de carbono. En la sección 18.22 se describe su mecanismo de biosíntesis.

Los ácidos grasos pueden ser saturados con hidrógeno (y en consecuencia carecer de enlaces dobles carbono-carbono) o ser insaturados (y tener enlaces dobles carbono-carbono). Los ácidos grasos con más de un enlace doble se llaman **ácidos grasos poliinsaturados**.

Los puntos de fusión de los ácidos grasos saturados aumentan con el incremento de la masa molecular porque hay más interacciones de van der Waals entre las moléculas (sección 2.9). Los puntos de fusión de los ácidos grasos insaturados aumentan también al incrementarse sus masas moleculares, pero en grado menor al de los ácidos grasos saturados con masa molecular similar (tabla 26.1).

Los enlaces dobles en los ácidos grasos naturales tienen la configuración *cis* y siempre están separados por un grupo metileno (CH_2). El enlace doble *cis* produce una flexión en la molécula, lo que evita que se empaquen tanto como los ácidos grasos saturados. El resultado es que los ácidos grasos insaturados tienen menos interacciones intermoleculares y en consecuencia menores puntos de fusión que los ácidos grasos saturados de masa molecular comparable (tabla 26.1). Los puntos de fusión de los ácidos grasos insaturados disminuyen al aumentar la cantidad de enlaces dobles. Por ejemplo, un ácido graso con 18 carbonos funde a 69°C si es saturado, a 13°C si tiene un doble enlace, a −5 °C si tiene dos enlaces dobles y a −11°C si cuenta con tres enlaces dobles.

Los ácidos grasos insaturados tienen puntos de fusión menores que los ácidos grasos saturados.

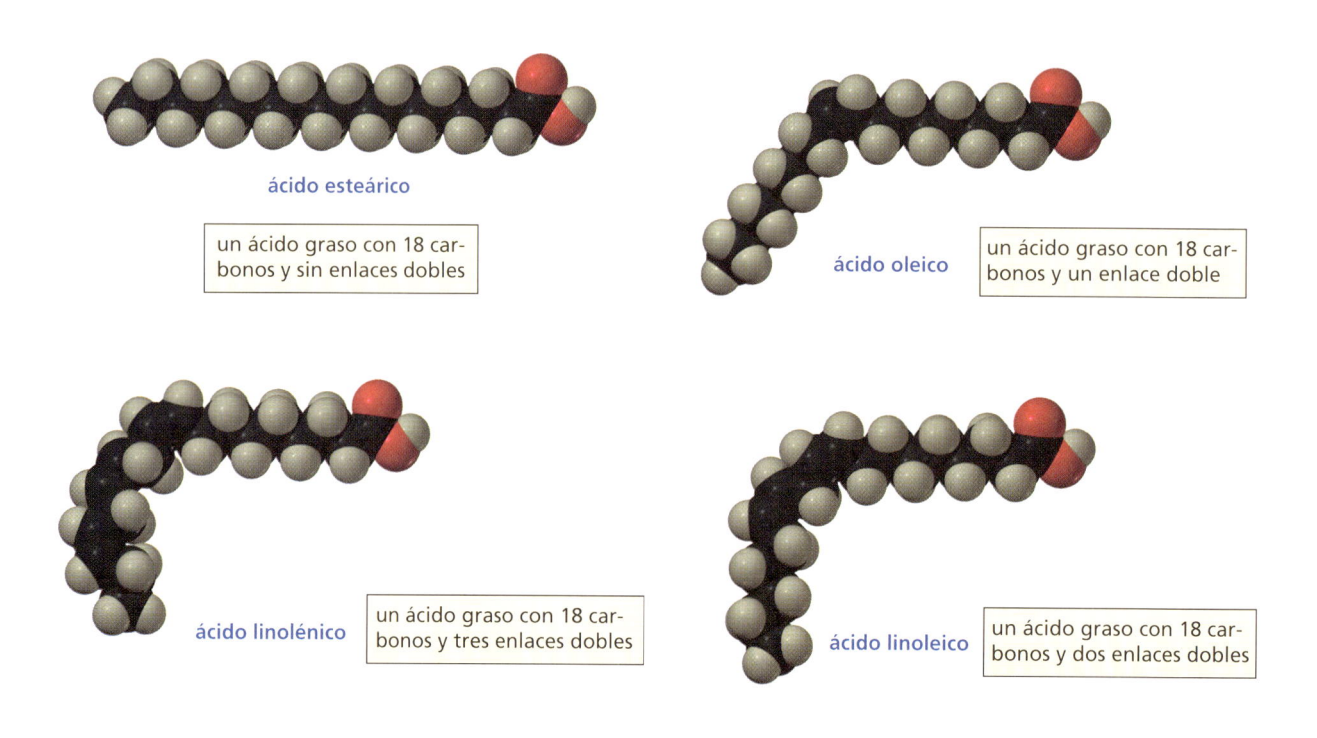

ácido esteárico
un ácido graso con 18 carbonos y sin enlaces dobles

ácido oleico
un ácido graso con 18 carbonos y un enlace doble

ácido linolénico
un ácido graso con 18 carbonos y tres enlaces dobles

ácido linoleico
un ácido graso con 18 carbonos y dos enlaces dobles

PROBLEMA 1

Explique la diferencia en los puntos de ebullición de los siguientes ácidos grasos:

a. ácido palmítico y ácido esteárico
b. ácido palmítico y ácido palmitoleico
c. ácido oleico y ácido linoleico

PROBLEMA 2◆

¿Qué productos se forman cuando el ácido araquidónico reacciona con un exceso de ozono seguido por un tratamiento con H_2O_2? (*Sugerencia:* véase la sección 19.7).

ÁCIDOS GRASOS OMEGA

Omega es un término que se usa para indicar la posición del primer enlace doble a partir del extremo metilo en un ácido graso insaturado. Por ejemplo, el ácido linoleico es un ácido graso omega 6 porque el primer enlace doble se localiza después del sexto carbono y el ácido linoleico es un ácido graso omega 3 porque el primer enlace doble se localiza después del tercer carbono. Los mamíferos carecen de la enzima que introduce un enlace doble más allá del C-9 (el carbono del grupo carboxilo es el C-1). Los ácidos linoleico y linolénico, por consiguiente, son ácidos grasos esenciales para los mamíferos; no los pueden sintetizar, pero los requieren en las funciones normales del organismo, por lo que deben incluirse en sus dietas.

Los ácidos linoleico y linolénico son ácidos grasos esenciales para los mamíferos.

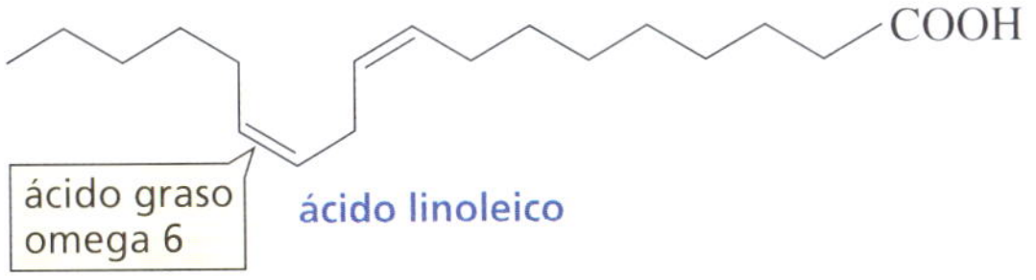

ácido graso omega 6 — ácido linoleico

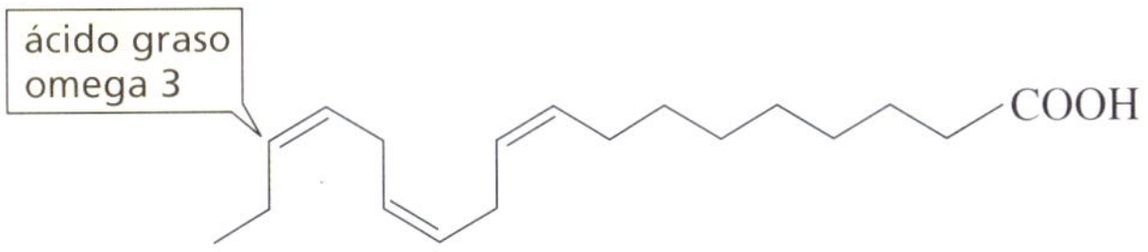

ácido graso omega 3 — ácido linolénico

26.2 Ceras: ésteres de alta masa molecular

Las **ceras** son ésteres formados con ácidos carboxílicos de cadena larga y alcoholes de cadena larga. Por ejemplo, la cera de abeja, que es el material estructural de los panales, tiene un componente carboxílico de 26 carbonos y un componente alcohol de 30 carbonos. En inglés, la palabra *cera* (wax) proviene del inglés antiguo (*weax*) y significa "material del panal". La cera de carnauba tiene una dureza especial por su masa molecular relativamente alta; la constituyen un ácido carboxílico de 32 carbonos y un alcohol de 34 carbonos. Se usa mucho como cera para coches y para pulir pisos.

Celdillas en una colmena.

$$CH_3(CH_2)_{24}CO(CH_2)_{29}CH_3$$
componente principal de la cera de abejas
material estructural de las colmenas

$$CH_3(CH_2)_{30}CO(CH_2)_{33}CH_3$$
componente principal de la cera de carnauba
recubre a las hojas de una palmera brasileña

$$CH_3(CH_2)_{14}CO(CH_2)_{15}CH_3$$
componente principal de la cera de esperma de ballena de la cabeza de los espermatozoides de ballena

Las ceras son comunes en los organismos vivos. Las plumas de las aves están cubiertas de cera para hacerlas repelentes al agua. Algunos vertebrados secretan cera para mantener lubricada su piel y repeler el agua. Los insectos secretan una capa de cera impermeable en el exterior de sus exoesqueletos. También hay cera en las superficies de ciertas hojas y frutas, donde sirve como protector contra parásitos y minimiza la evaporación del agua.

Gotas de lluvia sobre una pluma.

26.3 Grasas y aceites

Los **triacilgliceroles**, llamados también triglicéridos, son compuestos en los que cada uno de los tres grupos OH de la glicerina forma un éster con un ácido graso. Si los componentes de los tres ácidos grasos de un triacilglicerol son iguales, el compuesto es un **triacilglicerol simple**. Los **triacilgliceroles mixtos** contienen dos o más componentes de ácidos grasos diferentes y son más comunes que los triacilgliceroles simples. No todas las moléculas de triacilglicerol procedentes de una misma fuente son idénticas por necesidad; por ejemplo, sustancias como la manteca y el aceite de oliva son mezclas de varios triacilgliceroles (tabla 26.2).

$$\begin{array}{ccc} CH_2-OH & R^1-\overset{O}{\underset{\|}{C}}-OH & CH_2-O-\overset{O}{\underset{\|}{C}}-R^1 \\ CH-OH & R^2-\overset{O}{\underset{\|}{C}}-OH & CH-O-\overset{O}{\underset{\|}{C}}-R^2 \\ CH_2-OH & R^3-\overset{O}{\underset{\|}{C}}-OH & CH_2-O-\overset{O}{\underset{\|}{C}}-R^3 \end{array}$$

glicerol   ácidos grasos   un triacilglicerol
una grasa o un aceite

Tabla 26.2 Porcentaje aproximado de ácidos grasos en algunas grasas y aceites comunes

	pf (°C)	Ácidos grasos saturados				Ácidos grasos insaturados		
		láurico C_{12}	mirístico C_{14}	palmítico C_{16}	esteárico C_{18}	oleico C_{18}	linoleico C_{18}	linolénico C_{18}
Grasas animales								
Mantequilla	32	2	11	29	9	27	4	—
Manteca	30	—	1	28	12	48	6	—
Grasa humana	15	1	3	25	8	46	10	—
Grasa de ballena	24	—	8	12	3	35	10	—
Aceites vegetales								
Maíz	20	—	1	10	3	50	34	—
Algodón	−1	—	1	23	1	23	48	—
Linasa	−24	—	—	6	3	19	24	47
Oliva	−6	—	—	7	2	84	5	—
Cacahuate	3	—	—	8	3	56	26	—
Cártamo	−15	—	—	3	3	19	70	3
Ajonjolí	−6	—	—	10	4	45	40	—
Soya	−16	—	—	10	2	29	51	7

Los porcentajes de ácidos grasos no suman 100 porque las grasas y los aceites contienen también ácidos grasos que no están en la tabla.

Los triacilgliceroles que son sólidos o semisólidos a temperatura ambiente se llaman **grasas**. La mayor parte de las grasas se obtiene de animales y está formada sobre todo por triacilgliceroles largos con componentes de ácidos grasos que son saturados o que sólo cuentan con un enlace doble. Las colas de los ácidos grasos saturados se empacan bien entre sí y por ello sus triacilgliceroles tienen altos puntos de fusión, que los hace ser sólidos a la temperatura ambiente.

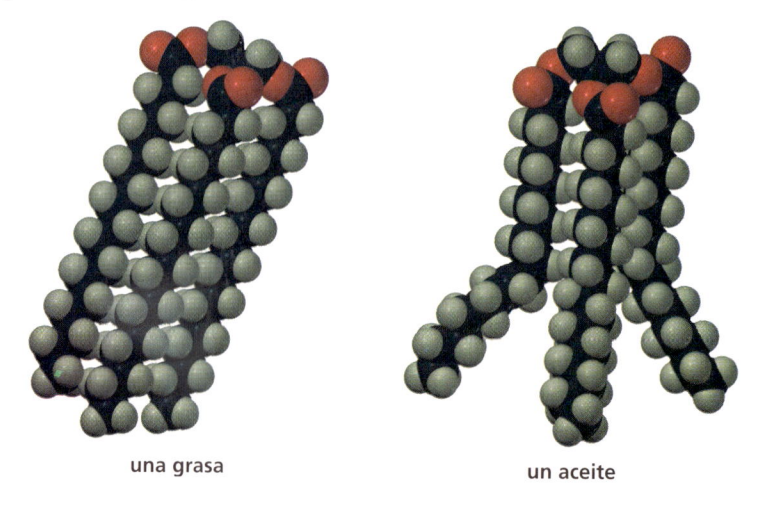

una grasa   un aceite

Los triacilgliceroles líquidos se llaman **aceites**. En el caso típico, provienen de productos vegetales como maíz, soya, aceitunas y cacahuate. Se componen principalmente con triacilgliceroles con componentes de ácidos grasos insaturados, lo que les resta capacidad de empacamiento estrecho. Por ello presentan puntos de fusión relativamente bajos y son líquidos a temperatura ambiente. Compárense las composiciones aproximadas en ácidos grasos de las grasas y aceites comunes que se ven en la tabla 26.2.

Algunos o todos los enlaces dobles de los aceites poliinsaturados se pueden reducir por hidrogenación catalítica (sección 4.11). La margarina y la manteca se preparan hidrogenando aceites vegetales, como los de soya o de cártamo, hasta que se obtiene la consistencia deseada. Sin embargo, se debe controlar con cuidado la reacción de hidrogenación porque si se reducen todos los enlaces dobles carbono-carbono se produce una grasa dura con la consistencia del sebo de res.

$$RCH=CHCH_2CH=CHCH_2CH=CH- \xrightarrow{\text{H}_2}_{\text{Pt}} RCH_2CH_2CH_2CH=CHCH_2CH_2CH_2-$$

Los aceites vegetales se han popularizado para preparar alimentos porque algunos estudios han vinculado el consumo de grasas saturadas con enfermedades cardiacas. Con estudios recientes se ha demostrado que las grasas *in*saturadas también pueden estar implícitas en las enfermedades cardiacas. Sin embargo, se cree que un ácido graso insaturado de 20 carbonos con cinco dobles enlaces, llamado EPA, y que existe en alta concentración en aceites de pescado reduce la probabilidad de desarrollar ciertas formas de enfermedades cardiacas. Una vez consumida, la grasa dietética se hidroliza en el intestino y produce glicerol y ácidos grasos (sección 16.11). Ya se estudió que la hidrólisis de grasas en condiciones básicas forma glicerol y sales de ácidos grasos que reciben el nombre común de *jabón* (sección 16.14).

La dieta de este frailecillo es alta en aceite de pescado.

> **PROBLEMA 3◆**
> ¿Cuál tiene mayor punto de fusión, el tripalmitoleato de glicerilo o el tripalmitato de glicerilo?

> **PROBLEMA 4**
> Dibuje la estructura de una grasa ópticamente inactiva que, cuando se hidrolice, produzca glicerol, un equivalente de ácido láurico y dos equivalentes de ácido esteárico.

> **PROBLEMA 5**
> Dibuje la estructura de una grasa ópticamente activa que, cuando se hidrolice, forme los mismos productos que la grasa del problema 4.

Los animales disponen de una capa subcutánea de células de grasa que es a la vez una fuente de energía y un aislante. El contenido de grasa en el hombre promedio es de 21%, aproximadamente, y el de una mujer promedio es de 25%. Una grasa suministra más o menos seis veces más energía metabólica que una masa igual de glucógeno hidratado porque las grasas están menos oxidadas que los carbohidratos y porque son no polares, es decir que no se combinan con el agua. En contraste, dos tercios de la masa del glucógeno almacenado es agua (sección 21.17).

Los humanos pueden almacenar la grasa suficiente para suministrar las necesidades metabólicas del organismo durante dos o tres meses, pero sólo pueden almacenar los carbohidratos suficientes para llenar sus necesidades metabólicas durante menos de 24 horas. Por consiguiente, los carbohidratos se usan principalmente como fuente de energía rápida y a corto plazo.

Las grasas y aceites poliinsaturados se oxidan con facilidad con O_2 por medio de una reacción radicalaria en cadena. En el paso inicial, un radical abstrae un hidrógeno de un grupo metileno unido a dos carbonos con enlaces dobles. Este hidrógeno es el que se separa con más facilidad porque tres carbonos comparten el electrón no apareado. Este radical reacciona con O_2 y forma un radical peroxi con enlaces dobles conjugados. El radical peroxi abstrae un hidrógeno de un grupo metileno de otra molécula de ácido graso y forma un hidroperóxido de alquilo. Los dos pasos de propagación se repiten una y otra vez.

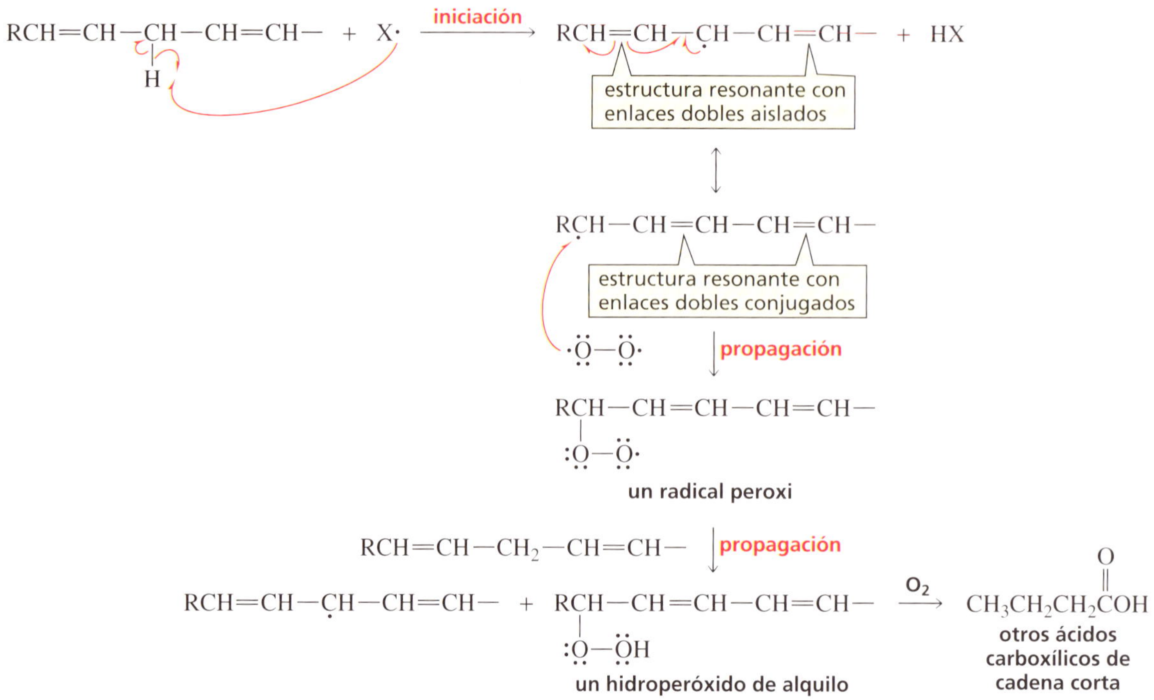

$$RCH=CH-\underset{\underset{H}{|}}{CH}-CH=CH- \;+\; X\cdot \xrightarrow{\text{iniciación}} RCH=CH-\overset{\cdot}{CH}-CH=CH- \;+\; HX$$

estructura resonante con enlaces dobles aislados

$$\updownarrow$$

$$R\overset{\cdot}{C}H-CH=CH-CH=CH-$$

estructura resonante con enlaces dobles conjugados

$$\cdot\ddot{O}-\ddot{O}\cdot \;\;\downarrow \text{propagación}$$

$$RCH-CH=CH-CH=CH-$$
$$\;\;\;\;\;\;|$$
$$\;\;:\ddot{O}-\ddot{O}\cdot$$

un radical peroxi

$$RCH=CH-CH_2-CH=CH- \;\;\downarrow \text{propagación}$$

$$RCH=CH-\overset{\cdot}{C}H-CH=CH- \;+\; RCH-CH=CH-CH=CH- \xrightarrow{O_2} CH_3CH_2CH_2\overset{\overset{O}{\|}}{C}OH$$
$$\;|$$
$$\;:\ddot{O}-\ddot{O}H$$

un hidroperóxido de alquilo   **otros ácidos carboxílicos de cadena corta**

La reacción de los ácidos grasos con O_2 hace que se vuelvan rancios. El sabor y el olor desagradable que se relaciona con lo rancio son el resultado de oxidación posterior del hidroperóxido de alquilo para formar ácidos carboxílicos de cadena corta, como el ácido butírico, que tiene un olor fuerte. El mismo proceso causa parte del olor de la leche agria.

PROBLEMA 6   RESUELTO

Un aceite obtenido de coco es notable porque los tres componentes de ácidos grasos son idénticos. La fórmula molecular del aceite es $C_{45}H_{86}O_6$. ¿Cuál es la fórmula molecular del ion carboxilato obtenido cuando se saponifica el aceite?

Solución   Cuando se saponifica el aceite forma glicerol y tres equivalentes de ion carboxilato. Al perder glicerol, el aceite pierde tres carbonos y cinco hidrógenos. Entonces, los tres equivalentes de ion carboxilato tienen una fórmula molecular combinada de $C_{42}H_{81}O_6$. Al dividir entre tres se llega a una fórmula molecular $C_{14}H_{27}O_2$ del ion carboxilato.

PROBLEMA 7

Trace las estructuras resonantes del radical formado cuando se elimina un átomo de hitrógeno del C-10 en el ácido araquidónico.

OLESTRA: NO ES GRASA, PERO TIENE SABOR

Se han buscado maneras de reducir el contenido calórico de los alimentos sin perjudicar su sabor. Muchas personas creen que "sin grasa" es sinónimo de "sin sabor" y estiman que buscar el sabor es una empresa redituable. Procter and Gamble tardó 30 años y gastó más de $2,000 millones para desarrollar un sustituto de grasas que llamó Olestra. Después de revisar los resultados de más de 150 estudios, la Administración Federal de Medicinas y Alimentos (sección 30.3) aprobó el uso restringido de Olestra en alimentos de antojitos.

Olestra es un compuesto semisintético. Esto es, Olestra no existe como tal en la naturaleza, pero sus componentes sí. El desarrollo de un compuesto que puede prepararse a partir de unidades que son parte normal de la dieta disminuye la probabilidad de que el nuevo compuesto sea tóxico. Olestra se fabrica esterificando todos los grupos OH de la sacarosa con ácidos grasos procedentes del aceite de algodón y aceite de soya. En consecuencia, sus componentes son el azúcar de mesa y el aceite vegetal. Como los enlaces éster están muy impedidos estéricamente para poderse hidrolizar por enzimas digestivas, Olestra sabe como a grasa, pero no se puede digerir y entonces carece de valor calórico.

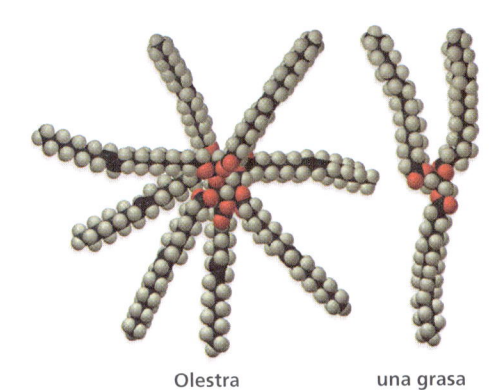

Olestra   una grasa
Cortesía de Procter & Gamble Company

Olestra

BALLENAS Y ECOLOCALIZACIÓN

Las ballenas tienen cabezas enormes, que forman 33% de su peso total. Además, cuentan con grandes depósitos de grasa en sus cabezas y mandíbulas inferiores. Esta grasa es muy distinta a la normal en el cuerpo del animal y es grasa dietética. Ya que fueron necesarias grandes modificaciones anatómicas para dar cabida a esta grasa, debe tener alguna función importante para el animal. Hoy se cree que esta grasa se usa para ecolocalización, la emisión de sonidos en pulsos con objeto de adquirir información analizando los ecos que regresan. La grasa cefálica de la ballena enfoca las ondas sonoras emitidas en un haz direccional y el órgano de grasa en la mandíbula inferior recibe los ecos. Este órgano transmite el sonido al cerebro para su procesamiento e interpretación, que informa a la ballena acerca de la profundidad del agua, cambios en el lecho marino y la localización de la costa. Los depósitos de grasa en la cabeza de la ballena y en la quijada proporcionan entonces al animal un sistema sensorial acústico único y le permiten competir con éxito con el tiburón para su supervivencia; el tiburón también dispone de un sentido bien desarrollado de dirección sónica.

Ballena jorobada en Alaska.

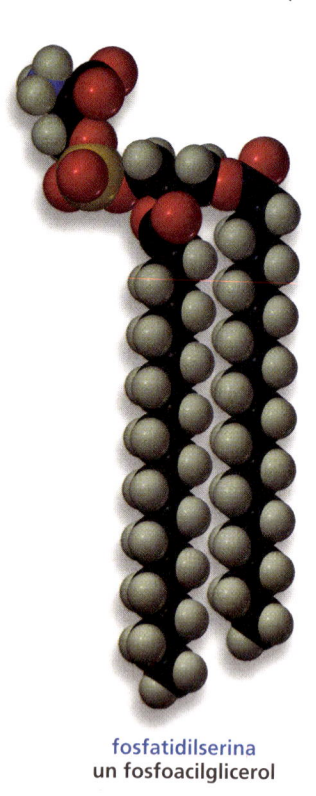

26.4 Fosfolípidos y esfingolípidos: componentes de las membranas

Para que los organismos funcionen bien, algunas de sus partes deben estar separadas de otras. Por ejemplo, en el contexto celular, el exterior de la célula debe estar separado del interior. Las **membranas** lipídicas "grasas" sirven como barrera. Además de aislar el contenido celular, las membranas permiten el transporte selectivo de iones y de moléculas orgánicas hacia fuera y dentro de la célula.

Los **fosfoacilgliceroles** (que también se denominan **fosfoglicéridos**), principales componentes de las membranas celulares, pertenecen a una clase de compuestos llamados **fosfolípidos**, que son lípidos que contienen un grupo fosfato. Los fosfoacilgliceroles se parecen a los triacilgliceroles, pero un grupo OH terminal del glicerol está esterificado con ácido fosfórico y no con un ácido graso; forma un **ácido fosfatídico**. En los fosfoacilgliceroles el carbono C-2 del glicerol tiene la configuración *R*.

fosfatidilserina
un fosfoacilglicerol

configuración *R*
un éster de ácido fosfórico
ácido fosfatídico
ácido fosfórico

Los ácidos fosfatídicos son los fosfoacilgliceroles más simples y sólo existen en pequeñas cantidades en las membranas. Los fosfoacilgliceroles más comunes en las membranas tienen un segundo enlace de éster de fosfato; son fosfodiésteres.

fosfoacilglicéridos

enlaces de éster de fosfato

una fosfatidiletanolamina
una cefalina

una fosfatidilcolina
una lecitina

una fosfatidilserina

Los fosfoacilgliceroles más comunes son los fosfodiésteres.

Los alcoholes con los que se forma el segundo grupo éster con más frecuencia son etanolamina, colina y serina. Las fosfatidiletanolaminas también se llaman *cefalinas* y las fosfatidilcolinas se llaman *lecitinas*. Las lecitinas se agregan a alimentos como la mayonesa para evitar que los componentes acuoso y graso se separen.

PROBLEMA 8◆

¿Las identidades de R^1 y R^2 en el ácido fosfatídico cambian la configuración del centro asimétrico?

Los fosfoacilgliceroles forman **membranas** ordenándose en una **bicapa lipídica**. Las cabezas polares de los fosfoacilgliceroles están en las dos superficies de la bicapa y las cadenas de ácido graso forman el interior de la bicapa. El colesterol, lípido de membrana que se describió en la sección 26.9, también se encuentra en el interior de la bicapa (figura 26.1). Una bicapa típica tiene unos 50 Å de espesor (compare la estructura de la bicapa con la de las micelas que forma el jabón en disoluciones acuosas que se describió en la sección 16.14).

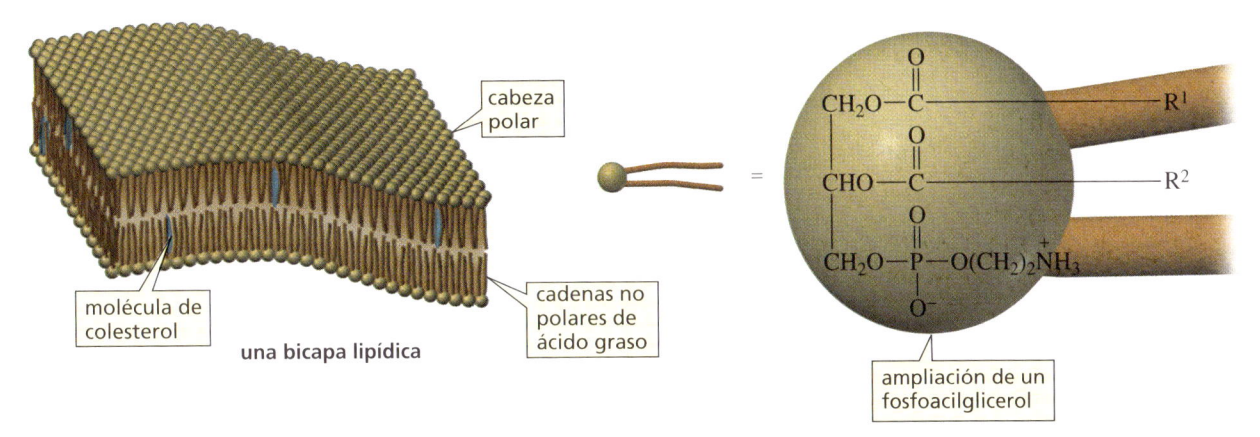

▲ **Figura 26.1**
Anatomía de una bicapa lipídica.

La fluidez de la membrana se refiere a la facilidad con la que sus componentes pueden cambiar de posición dentro de ella y está controlada por los componentes de ácido graso de los fosfoacilgliceroles. Los ácidos grasos saturados reducen la fluidez de la membrana porque las cadenas de hidrocarburos se empacan estrechamente. Los ácidos grasos insaturados aumentan la fluidez porque se empacan en forma menos estrecha. El colesterol también disminuye la fluidez (sección 26.9). Sólo las membranas animales contienen colesterol, por lo que son más rígidas que las membranas vegetales.

Las cadenas de ácido graso insaturado en los fosfoacilgliceroles son susceptibles de reaccionar con O_2, igual que la reacción de la página 1168 para grasas y aceites. Esta reacción de oxidación causa la degradación de las membranas. La vitamina E es un antioxidante importante que protege a las cadenas de ácido graso contra la degradación por oxidación. La vitamina E, que también se llama α-tocoferol, se considera un lípido porque es soluble en disolventes no polares. En consecuencia, puede ingresar en las membranas biológicas; una vez en éstas, reacciona con más rapidez con el oxígeno que los triacilgliceroles en la bicapa y así evita que éstos reaccionen con el oxígeno (sección 11.10). Hay quienes consideran que la vitamina E desacelera el proceso de envejecimiento. La capacidad de la vitamina E para reaccionar con oxígeno con más rapidez que las grasas es la razón por la que se agrega como preservativo a muchos alimentos grasos.

α-tocoferol
vitamina E

VENENO DE VÍBORA

El veneno de algunas víboras contiene fosfolipasa, una enzima que hidroliza a un grupo de éster en un fosfoglicérido. Por ejemplo, tanto el crótalo diamantino como la cobra de la India contienen una fosfolipasa que hidroliza un enlace éster de las cefalinas, lo cual determina que se rompan las membranas de los glóbulos rojos.

$$\begin{array}{l} CH_2O-C(=O)-R \\ CHO-C(=O)-R \\ CH_2O-P(=O)(O^-)-OCH_2CH_2\overset{+}{N}H_3 \end{array}$$

enlace hidrolizado por la fosfolipasa en los venenos de cobra de la India y del crótalo diamantino

Crótalo diamantino (víbora de cascabel con manchas en forma de diamante).

EL CHOCOLATE ¿ES UN ALIMENTO SALUDABLE?

Desde hace mucho tiempo se ha recomendado que las dietas deben incluir grandes cantidades de frutas y verduras porque son buenos proveedores de antioxidantes. Los antioxidantes protegen contra enfermedades cardiovasculares, cáncer y cataratas, y se cree que desaceleran los efectos del envejecimiento. Estudios recientes demuestran que también el chocolate contiene altas concentraciones de antioxidantes. Con base en su masa, la concentración de antioxidantes en el chocolate es mayor que la concentración en el vino tinto o en el té verde y es 20 veces mayor que la concentración en los jitomates. Otra buena noticia para quienes gustan del chocolate es que no parece que el ácido esteárico, principal ácido graso del chocolate, aumente la concentración de colesterol en la sangre en la forma que lo hacen otros ácidos grasos saturados. El chocolate oscuro contiene más del doble de la concentración de antioxidantes que el chocolate de leche. Desafortunadamente, el chocolate blanco no contiene antioxidantes.

PROBLEMA 9♦

Las membranas contienen proteínas. Las proteínas integrales de las membranas se extienden en forma parcial o completa a través de la membrana, mientras que las proteínas periféricas de la membrana se encuentran en la superficie interna o externa de la membrana. ¿Cuál es la probable diferencia en composición de aminoácidos entre las proteínas integrales y las periféricas?

PROBLEMA 10♦

Una colonia de bacterias, habituada a un ambiente con una temperatura de 25°C, se cambió de lugar a un ambiente idéntico, pero cuya temperatura es de 35°C. El aumento de temperatura aumentó la fluidez de las membranas bacterianas. ¿Qué podrían hacer las bacterias para recuperar la fluidez original en sus membranas?

Los **esfingolípidos** son otra clase de lípidos que se encuentran en las membranas. Son los principales componentes lípidos en las vainas de mielina de las fibras nerviosas. Los esfingolípidos contienen un aminoalcohol llamado esfingosina en lugar de glicerol. En los esfingolípidos, el grupo amino de la esfingosina está unido al grupo acilo de un ácido graso. Los dos centros asimétricos en la esfingosina presentan la configuración S.

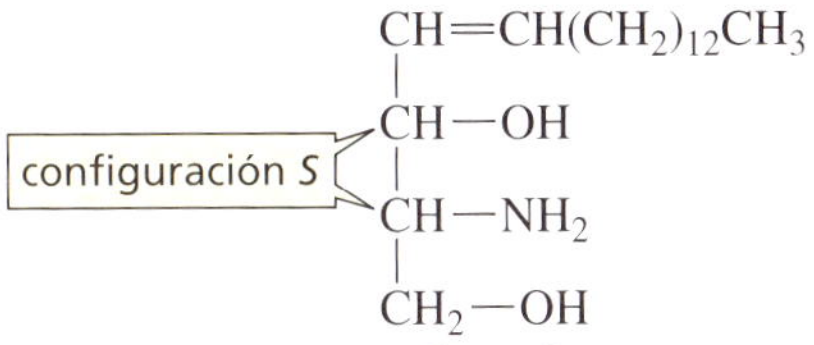

Dos de las clases más comunes de esfingolípidos son las *esfingomielinas* y los *cerebrósidos*. En las esfingomielinas, el grupo OH primario de la esfingosina está unido a fosfocolina o fosfoetanolamina en forma parecida al enlace que hay en las lecitinas y las cefalinas. En los cerebrósidos, el grupo OH primario de la esfingosina está unido a un residuo de azúcar mediante un enlace β-glicosídico (sección 21.13). Las esfingomielinas son fosfolípidos porque contienen un grupo fosfato; por otra parte, los cerebrósidos no son fosfolípidos.

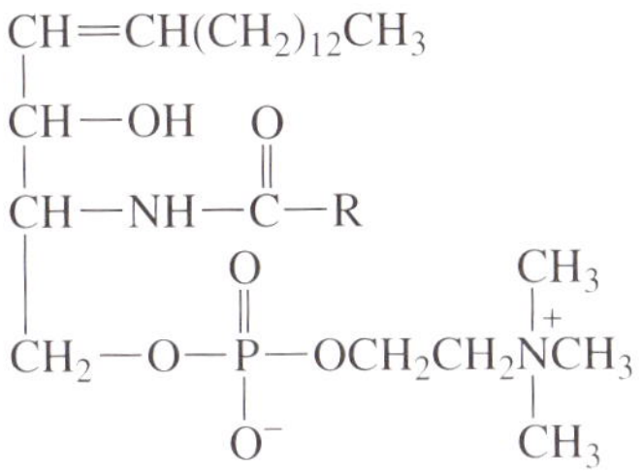

una esfingomielina

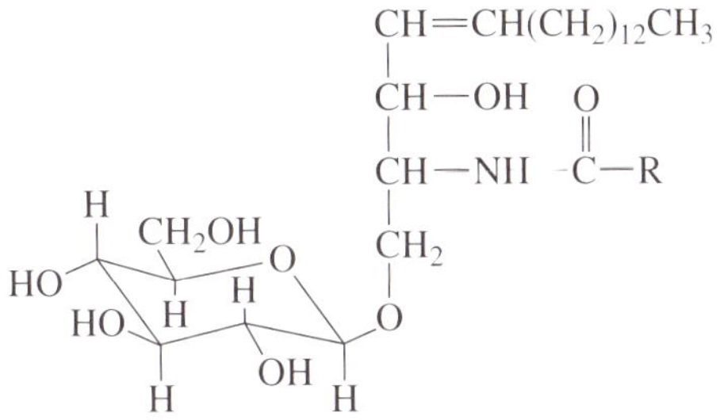

un glucocerebrósido

ESCLEROSIS MÚLTIPLE Y LA CAPA DE MIELINA

La vaina de mielina es una cubierta rica en lípidos que envuelve a los axones de las células nerviosas. Sus principales constituyentes son esfingomielinas y cerebrósidos y aumenta la rapidez de los impulsos nerviosos. La esclerosis múltiple es una enfermedad caracterizada por pérdida de la vaina de mielina, la consiguiente desaceleración de los impulsos nerviosos y finalmente la parálisis.

PROBLEMA 11

a. Trace las estructuras de tres esfingomielinas diferentes.
b. Trace la estructura de un galactocerebrósido.

PROBLEMA 12

Los fosfolípidos de membrana en el venado y en el alce tienen mayor grado de insaturación en células cercanas a las pezuñas que en células cercanas al cuerpo. Explique por qué esta propiedad puede ser importante para la supervivencia.

26.5 Las prostaglandinas regulan las respuestas fisiológicas

Las **prostaglandinas** se encuentran en todos los tejidos del organismo y son las que regulan una diversidad de respuestas fisiológicas, como inflamación, presión sanguínea, coagulación sanguínea, fiebre, dolor, la inducción del parto y el ciclo de sueño y vigilia. Todas las prostaglandinas tienen un anillo de cinco miembros con un sustituyente de ácido carboxí-

BIOGRAFÍA

Ulf Svante von Euler (1905–1983) *identificó por primera vez las prostaglandinas en el semen, a principios de la década de 1930. Las bautizó por su origen, la glándula prostática. Cuando se supo que todas las células, excepto los glóbulos rojos, sintetizan prostaglandinas, el nombre ya se había impuesto. Von Euler nació en Estocolmo y recibió una maestría del Karolinska Institute, donde permaneció como miembro directivo. También descubrió la noradrenalina e identificó su función como intermediario químico. Por ese trabajo compartió el Premio Nobel de fisiología o medicina 1970 con Julius Axelrod y Sir Bernard Katz.*

lico de siete carbonos y un sustituyente de hidrocarburo con ocho carbonos. Los dos sustituyentes son *trans* entre sí.

esqueleto de la prostaglandina

Las prostaglandinas se clasifican usando la fórmula PGX, donde X indica los grupos funcionales del anillo de cinco miembros en el compuesto. Las PGA, PGB y PGC contienen un grupo carbonilo y un enlace doble en el anillo de cinco miembros. El lugar del enlace doble determina si una prostaglandina es PGA, PGB o PGC. Las PGD y PGE son β-hidroxicetonas y las PGF son 1,3-dioles. Un subíndice indica la cantidad total de enlaces dobles en las cadenas laterales y "α" y "β" especifican la configuración de los dos grupos OH en una PGF: "α" indica un diol *cis* y "β" indica un diol *trans*.

PGAs   **PGBs**   **PGCs**   **PGDs**

PGE$_1$ **PGE$_2$**

PGF$_{2\alpha}$

BIOGRAFÍA

Por sus trabajos sobre prostaglandinas, **Sune Bergström**, **Bengt Ingemar Samuelsson**, *y* **John Robert Vane** *compartieron el Premio Nobel de fisiología o medicina 1982. Bergström y Samuelsson nacieron en Suecia, Bergström en 1916 y Samuelsson en 1934. Los dos están en el Karolinska Institute. Vane nació en Inglaterra y está en la Wellcome Foundation en Beckenham, Inglaterra.*

Las prostaglandinas se sintetizan a partir del ácido araquidónico, ácido graso con 20 carbonos y cuatro enlaces dobles *cis*. En la célula, el ácido araquidónico está esterificado con la posición 2 del glicerol en muchos fosfolípidos. El ácido araquidónico se sintetiza a partir del ácido linoleico. Como los mamíferos no pueden sintetizar el ácido linoleico, lo deben adquirir en su dieta.

Una enzima llamada prostaglandina endoperóxido sintasa cataliza la conversión de ácido araquidónico en PGH$_2$, el precursor de todas las prostaglandinas. Hay dos formas de esta enzima; una efectúa la producción fisiológica normal de prostaglandina y la otra sintetiza más prostaglandina como respuesta a la inflamación. La enzima tiene dos actividades: *actividad de ciclooxigenasa* y *actividad de hidroperoxidasa*. Usa la actividad de ciclooxigenasa para formar el anillo de cinco miembros.

26.5 Las prostaglandinas regulan las respuestas fisiológicas

biosíntesis de prostaglandinas, tromboxanos y prostaciclinas

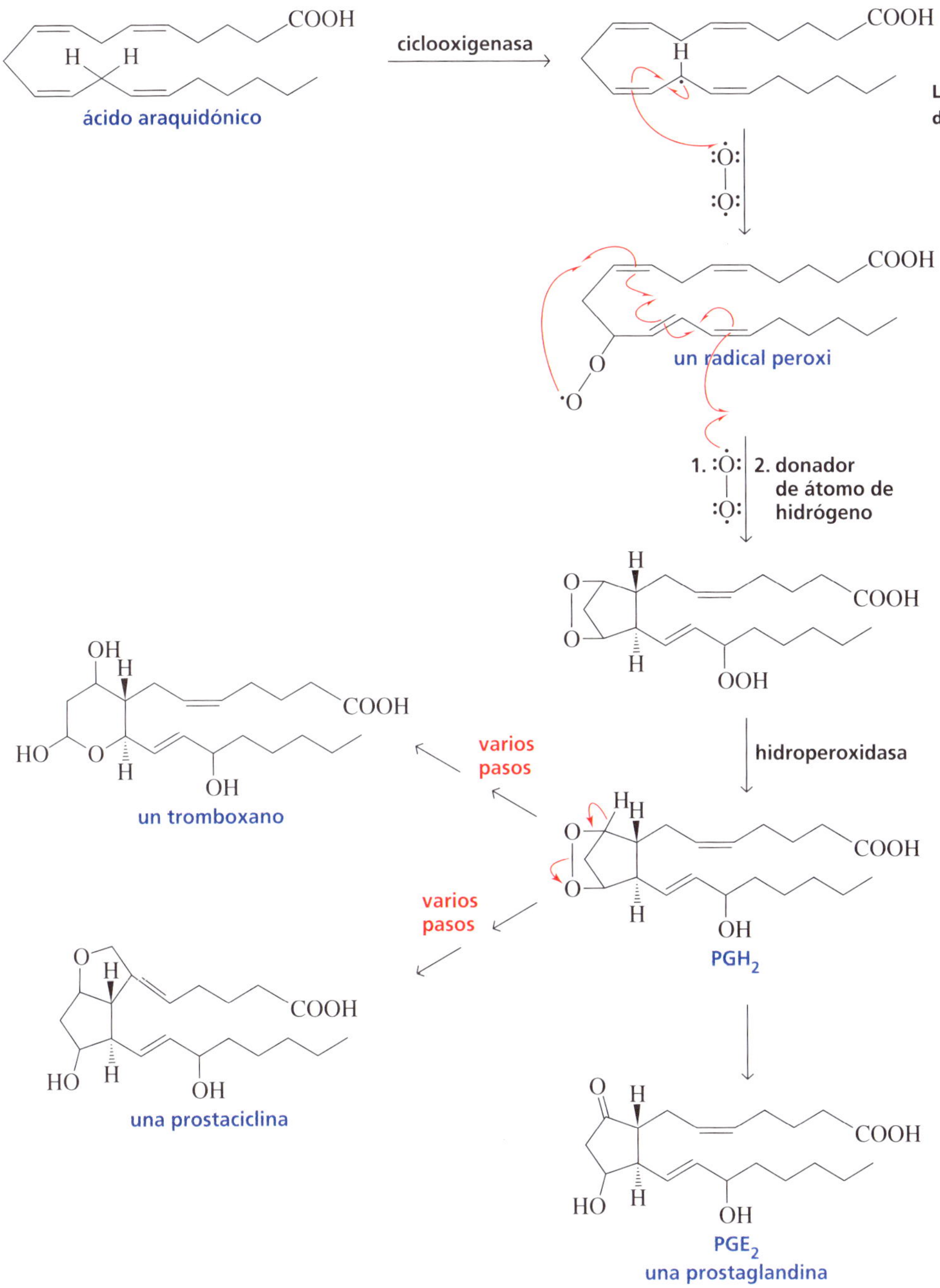

Las prostaglandinas se sintetizan a partir del ácido araquidónico.

- En el primer paso se elimina un átomo de hidrógeno de un carbono unido a dos carbonos con dobles enlaces. Este hidrógeno se libera con relativa facilidad porque el radical que resulta está estabilizado por deslocalización electrónica.
- El radical reacciona con oxígeno para formar un radical peroxi. Obsérvese que estos dos pasos son iguales a los dos primeros pasos en la reacción con que las grasas se vuelven rancias (sección 26.3).
- El radical peroxi se reordena y reacciona con una segunda molécula de oxígeno.
- La enzima desarrolla entonces su actividad de hidroperoxidasa para convertir el grupo OOH en grupo OH, con lo que se forma una PGH_2, la que se reordena para formar PGE_2, una prostaglandina.

Además de servir como precursor en la síntesis de prostaglandinas, la PGH_2 es precursora para la síntesis de *tromboxanos* y *prostaciclinas*. Los vasos sanguíneos y estimulan el agregamiento de plaquetas, primer paso en la coagulación sanguínea. Las prostaciclinas tienen el efecto contrario, dilatan los vasos sanguíneos e inhiben el agregamiento de las plaquetas. Las concentraciones de esos dos compuestos deben controlarse con cuidado para mantener el equilibrio adecuado en la sangre.

La aspirina (ácido acetilsalicílico) inhibe la actividad de ciclooxigenasa de la prostaglandina endoperóxido sintasa. Lo hace transfiriendo un grupo acetilo a un grupo hidroxilo de serina en la enzima (sección 16.10). Por consiguiente, la aspirina inhibe la síntesis de prostaglandinas y por esa vía disminuye la inflamación que dichos compuestos producen. También la aspirina inhibe la síntesis de tromboxanos y prostaciclinas. En total, causa una ligera disminución de la rapidez de la coagulación sanguínea y es por ello que algunos médicos recomiendan tomar una tableta de aspirina en días alternos para reducir la probabilidad de un ataque cardiaco causado por coagulación intravascular.

Otros productos antiinflamatorios, como ibuprofeno (ingrediente activo en Advil, Motrin y Nuprin) y naproxeno (ingrediente activo en Aleve), inhiben también la síntesis de prostaglandinas. Compiten con el ácido araquidónico o con el radical peroxi para llegar al sitio de unión de la enzima.

Tanto la aspirina como estos otros productos antiinflamatorios no esteroidales inhiben la síntesis de todas las prostaglandinas, las producidas bajo condiciones fisiológicas normales y las que se producen como respuesta a la inflamación. Una prostaglandina regula la producción de ácido gástrico, por lo que cuando la síntesis de prostaglandinas se detiene, la actividad estomacal puede aumentar por arriba de lo normal. Celebrex, un medicamento relativamente nuevo, sólo inhibe la enzima que produce prostaglandina como respuesta a la inflamación. Así, las condiciones inflamatorias pueden tratarse hoy sin algunos de los efectos secundarios perjudiciales.

El ácido araquidónico también se puede convertir en un *leucotrieno*. Los leucotrienos, al inducir la contracción del músculo que recubre las vías respiratorias, intervienen en las reacciones alérgicas, reacciones inflamatorias y en los ataques cardiacos. También causan los síntomas del asma y contribuyen al inicio del choque anafiláctico, reacción alérgica potencialmente fatal. Varios agentes antileucotrienos están a disposición para el tratamiento del asma.

> **PROBLEMA 13**
>
> Al tratar PGA$_2$ con una base fuerte, como *terc*-butóxido de sodio, seguida por la adición de ácido, se convierte en PGC$_2$. Proponga un mecanismo para esta reacción.

26.6 Terpenos: átomos de carbono en múltiplos de cinco

Los **terpenos** son una clase variada de lípidos. Se conocen más de 20,000 terpenos, muchos de ellos en los aceites extraídos de plantas aromáticas. Pueden ser hidrocarburos o pueden contener oxígeno y ser alcoholes, cetonas o aldehídos. Los terpenos oxigenados a veces se llaman **terpenoides**. Ciertos terpenos y terpenoides se han usado como especias, perfumes y medicamentos, desde hace miles de años.

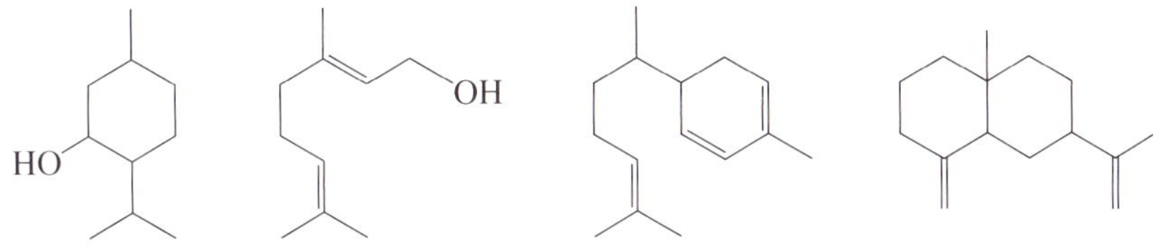

mentol
aceite de menta

geraniol
aceite de geranio

zingibereno
aceite de jengibre

β-selineno
aceite de apio

> **BIOGRAFÍA**
>
> **Leopold Stephen Ružička (1887–1976)** *fue quien primero reconoció que muchos compuestos orgánicos contienen múltiplos de cinco carbonos. Ružička croata de nacimiento, asistió a la escuela en Suiza y se naturalizó Suizo en 1917. Fue profesor de química en la Universidad de Utrecht en los Países Bajos (Holanda) y después en el Instituto Federal de Tecnología, en Zürich. Por sus trabajos sobre terpenos, compartió el Premio Nobel de Química 1939 con Adolph Butenandt (página 1188).*

Después de analizar grandes cantidades de terpenos, se encontró que contienen átomos de carbono en múltiplos de 5. Estos compuestos naturales contienen 10, 15, 20, 25, 30, 35 y 40 átomos de carbono, lo que parece indicar que hay un compuesto con cinco átomos de carbono que es su bloque de construcción. Con otras investigaciones se demostró que sus estructuras coinciden con las sintetizadas por la unión de unidades de isopreno, en general cabeza con cola. (El extremo ramificado del isopreno es la cabeza y el extremo lineal es la cola). Isopreno es el nombre común del 2-metil-1,3-butadieno, compuesto con cinco átomos de carbono.

Las unidades de isopreno están agrupadas en forma de cabeza con cola para formar terpenos, y a eso se llama **regla del isopreno**.

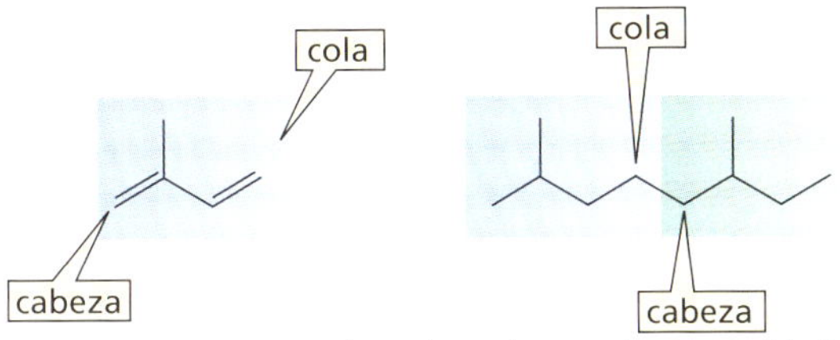

esqueleto de carbonos de dos unidades de isopreno con
un enlace entre la cola de una y la cabeza de otra

En el caso de compuestos cíclicos, al enlace de la cabeza de una unidad de isopreno con la cola de otra sigue un enlace adicional que forma el anillo. El segundo enlace no es necesariamente de cabeza con cola, sino el enlace que sea necesario para formar un anillo estable, de cinco o seis miembros.

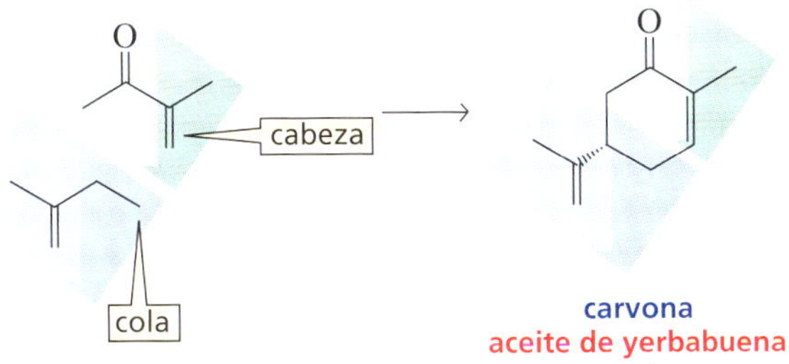

carvona
aceite de yerbabuena
un monoterpeno

1178 CAPÍTULO 26 Lípidos

Se verá, en la sección 26.8, que el compuesto que en realidad se utiliza en la biosíntesis de los terpenos no es el isopreno sino pirofosfato de isopentenilo, compuesto con el mismo esqueleto de carbonos que el isopreno. También se explicará el mecanismo por el cual se unen las unidades de pirofosfato de isopentenilo en la forma de cabeza con cola.

Los terpenos se clasifican según la cantidad de carbonos que contienen (tabla 26.3). Los **monoterpenos** están formados por dos unidades de isopreno, por lo que están formados por 10 átomos de carbono. Los **sesquiterpenos,** con 15 carbonos, están formados por tres unidades de isopreno. Muchos aromas y saborizantes vegetales son monoterpenos y sesquiterpenos. A estos compuestos se les denomina *aceites esenciales*.

Un monoterpeno tiene diez átomos de carbono

Tabla 26.3 Clasificación de los terpenos	
Átomos de carbono	Clasificación
10	monoterpenos
15	sesquiterpenos
20	diterpenos
25	sesterpenos
30	triterpenos
40	tetraterpenos

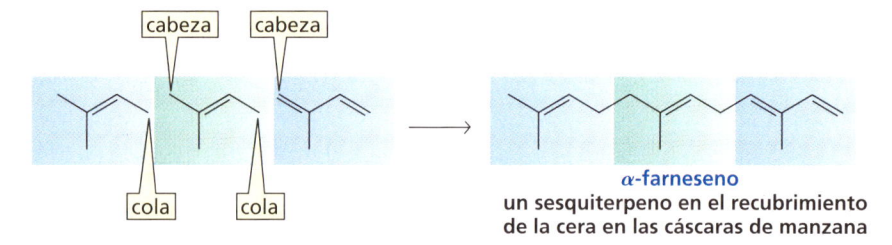

α-farneseno
un sesquiterpeno en el recubrimiento de la cera en las cáscaras de manzana

Los **triterpenos** (seis unidades de isopreno) y los **tetraterpenos** (ocho unidades de isopreno) desempeñan papeles biológicos importantes. Por ejemplo, el **escualeno** es un triterpeno y es precursor del colesterol, que a su vez es precursor de todas las demás moléculas esteroidales (sección 26.9).

Tutorial del alumno:
Unidades de isopreno en los terpenos
(Isoprene units in terpenes)

escualeno

Los **carotenoides** son tetraterpenos. El licopeno, compuesto responsable del color rojo de los jitomates y la sandía, y el β-caroteno, compuesto que produce el color anaranjado de zanahorias y chabacanos, son ejemplos de carotenoides. En la sección 12.19 se describieron algunas de las propiedades de los carotenoides.

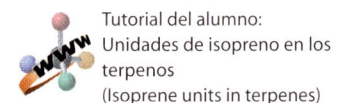

licopeno

β-caroteno

PROBLEMA 14◆

El limoneno tiene un centro asimétrico, por lo cual cuenta con dos estereoisómeros diferentes. El isómero *R* se encuentra en las naranjas y el isómero *S* se encuentra en los limones. ¿Cuál de las siguientes estructuras se encuentra en las naranjas?

(+)-limoneno   (−)-limoneno

PROBLEMA 15 RESUELTO

Indique las unidades de isopreno en el mentol, zingibereno, β-selineno y escualeno.

Solución   En el zingibereno se encuentran

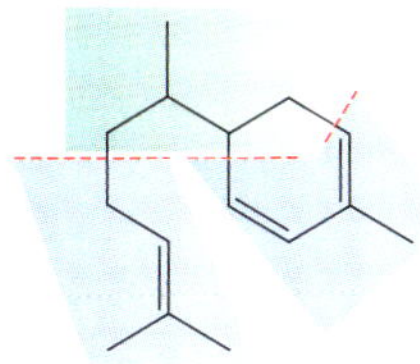

PROBLEMA 16◆

Uno de los enlaces en el escualeno es cola con cola, no cabeza con cola. ¿Qué indica ese detalle acerca de la forma en que se sintetiza el escualeno en la naturaleza? (*Sugerencia:* localice la posición del enlace cola con cola).

PROBLEMA 17

Marque las unidades de isopreno en el licopeno y en el β-caroteno (vea la página 1178). ¿Puede detectar una semejanza en la forma en que se biosintetizan el escualeno, licopeno y β-caroteno?

26.7 La vitamina A es un diterpeno

De las vitaminas que son lípidos, las vitaminas A, D, E y K (secciones 11.10, 24.9 y 29.6), la vitamina A es un diterpeno y es la única que no ha sido descrita. La ruptura del β-caroteno, la principal fuente de esta vitamina en la dieta, forma dos moléculas de vitamina A. La vitamina A se llama también retinol y juega un papel importante en la visión.

La retina del ojo contiene células en forma de cono y de bastón. Los conos se encargan de la visión en colores y de la visión en luz brillante. Los bastones se encargan de la visión caundo hay poca luz. En los bastones, la vitamina A se oxida formando un aldehído y el enlace doble *trans* en el C-11 se isomeriza en un enlace doble *cis*. El mecanismo para la interconversión de enlaces *cis* en *trans*, catalizada por enzima, se describió en la sección 17.18. La proteína *opsina* emplea una cadena lateral de lisina (Lis 216) para formar una imina con (11Z)-retinal y dar lugar a un complejo llamado *rodopsina*. Cuando la rodopsina absorbe luz visible, el enlace doble *cis* se isomeriza al isómero *trans*. Este cambio de geometría molecular determina que se descargue una señal eléctrica hacia el cerebro, donde se percibe como imagen visual. El isómero *trans* de la rodopsina es inestable y se hidroliza a (11E)-retinal y opsina en una reacción conocida como blanqueo del pigmento visual. Entonces, el (11E)-retinal se reconvierte en (11Z)-retinal para completar el ciclo de visión.

la química de la visión

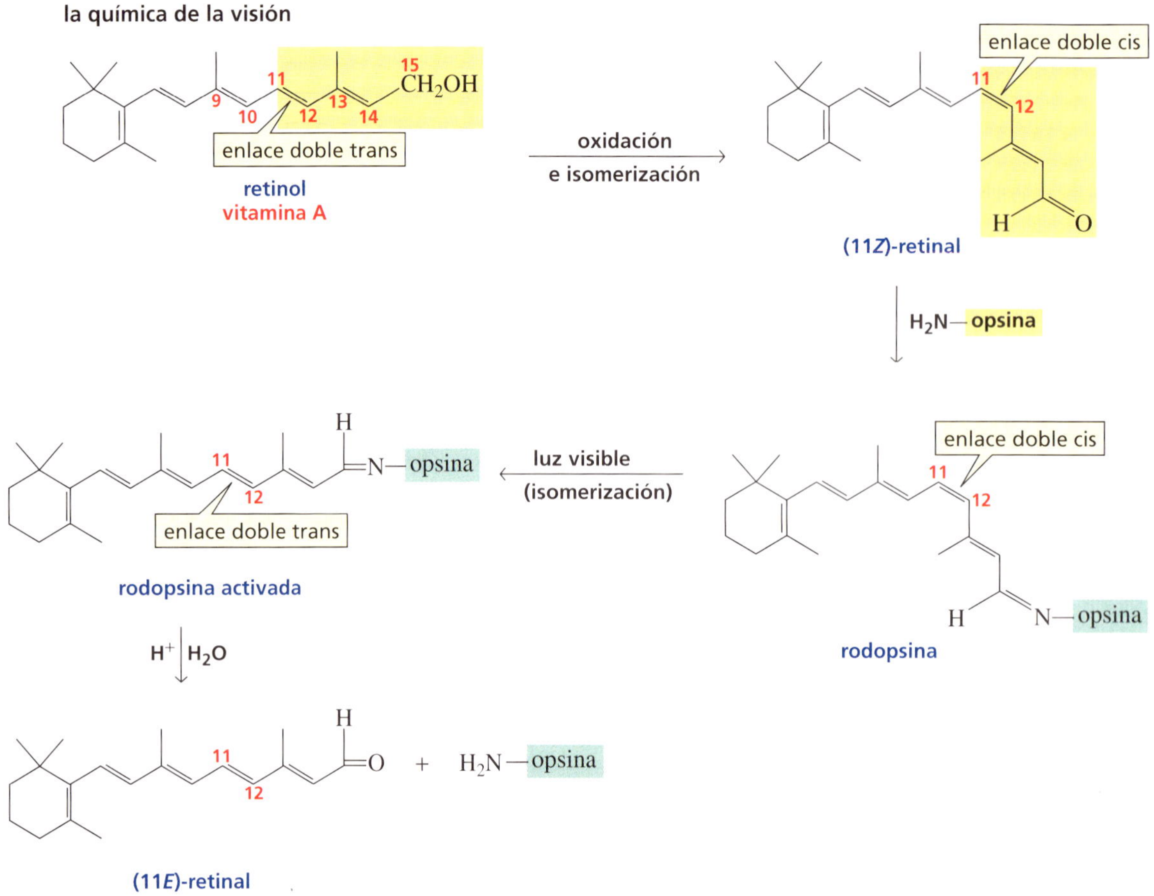

[Estructura del retinol (vitamina A) con carbonos numerados 9, 10, 11, 12, 13, 14, 15; enlace doble trans entre C11-C12; CH₂OH terminal]

→ oxidación e isomerización →

[Estructura del (11Z)-retinal con enlace doble cis entre C11-C12 y grupo CHO]

↓ H₂N—opsina

[Estructura de la rodopsina: (11Z)-retinal unido a opsina por enlace imina, con enlace doble cis entre C11-C12]

← luz visible (isomerización) ←

[Estructura de la rodopsina activada con enlace doble trans entre C11-C12, unido a opsina por imina]

↓ H⁺ | H₂O

[Estructura del (11E)-retinal] + H₂N—opsina

No se comprenden con claridad los detalles de la forma en que esta secuencia de reacciones forma una imagen visual. Sin embargo, es notable el hecho de que un simple cambio de configuración sea el que cause el inicio de un proceso tan complicado como la visión.

26.8 Biosíntesis de los terpenos

El compuesto de cinco carbonos con el que se biosintetizan los terpenos es el pirofosfato de 3-metil-3-butenilo, al que los bioquímicos asignan el vago nombre de pirofosfato de isopentenilo.

Biosíntesis del pirofosfato de isopentenilo

Una enzima diferente cataliza cada paso de la biosíntesis del pirofosfato de isopentenilo.

acetil-CoA + malonil-CoA —condensación de Claisen→ acetoacetil-CoA + CO_2 + CoASH

↓ 1. ⁻OOC-CH₂-CO-SCoA
↓ 2. H_2O

hidroximetilglutaril-CoA + CoASH + CO_2

← 2 NADPH / 2 NADP⁺ ←

ácido mevalónico

← ATP / ADP ←

fosfato de mevalonilo

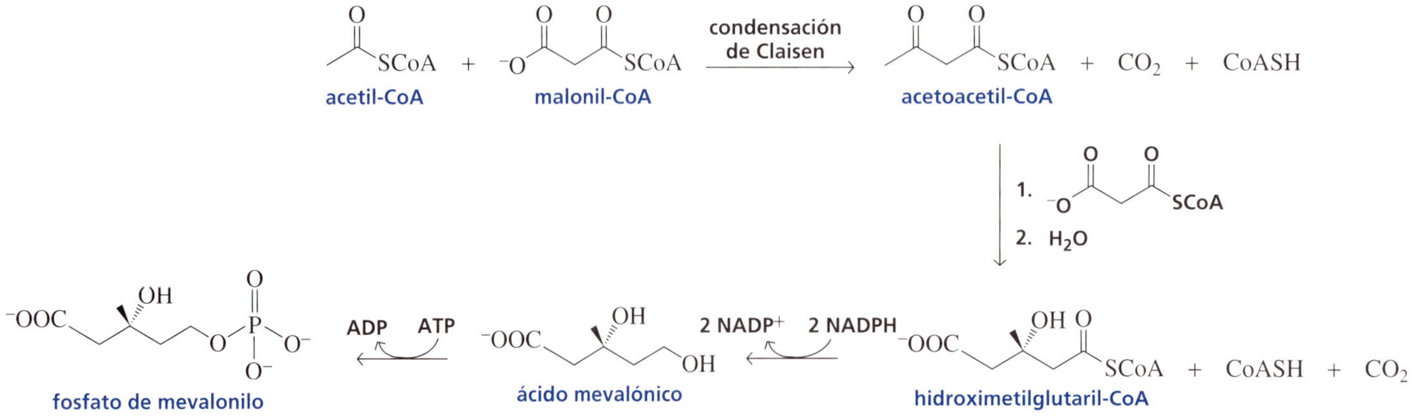

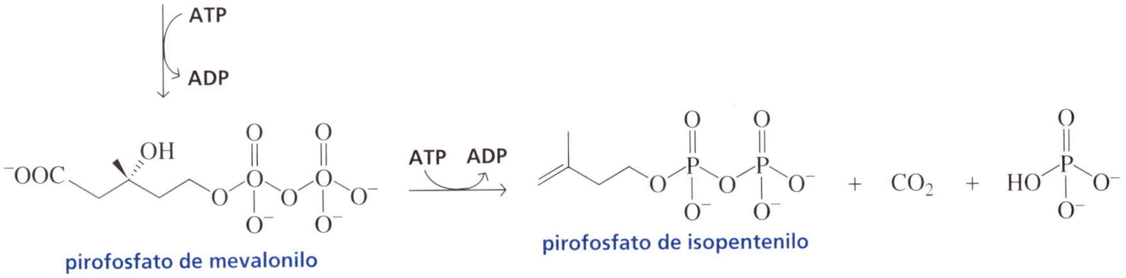

26.8 Biosíntesis de los terpenos

- El primer paso es la misma condensación de Claisen que sucede en el primer paso de la biosíntesis de ácidos grasos, pero los grupos acetilo y malonilo permanecen unidos a la coenzima A en vez de ser transferidos a otros tioles (sección 18.22).
- A la condensación de Claisen sigue una adición aldólica, con una segunda molécula de malonil-CoA, y después la hidrólisis de uno de los grupos tioéster y la descarboxilación (secciones 18.12 y 18.18).
- El tioéster se reduce con dos equivalentes de NADPH para formar ácido mevalónico (secciones 17.6 y 24.2).
- Se adiciona un grupo pirofosfato mediante dos fosforilaciones sucesivas con ATP (sección 25.2).
- Se fosforila el grupo OH; la descarboxilación y pérdida del grupo fosfato dan como resultado el pirofosfato de isopentenilo (véase el problema 18).

El mecanismo de conversión de ácido mevalónico en fosfato de mevalonilo es, en esencia, una reacción S_N2 entre el grupo alcohol y el ATP; el difosfato de adenosilo (ADP) es el grupo saliente (sección 25.2). Una segunda reacción S_N2 convierte el fosfato de mevalonilo en pirofosfato de mevalonilo. El ATP es un excelente reactivo de fosforilación para nucleófilos porque sus enlaces fosfoanhídridos se rompen con facilidad. La razón por la que estos enlaces fosfoanhídridos se rompen con tanta facilidad se explicó en la sección 25.4.

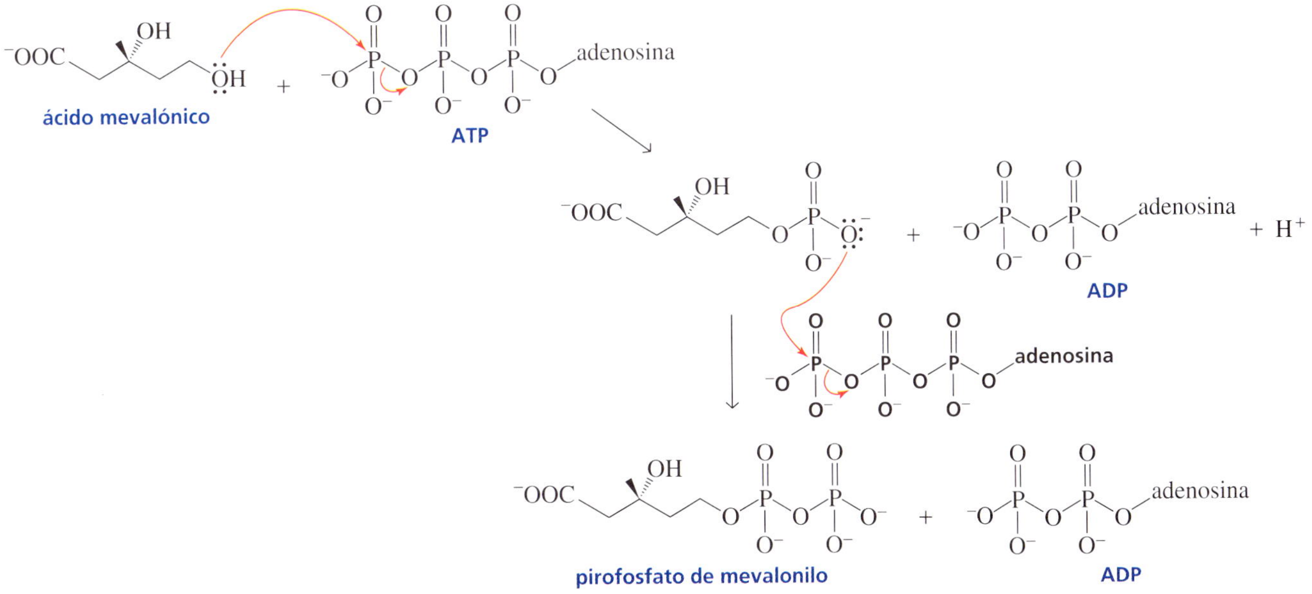

1182 CAPÍTULO 26 Lípidos

PROBLEMA 18 RESUELTO

Indicar los mecanismos para el último paso en la biosíntesis del pirofosfato de isopentenilo, especificando el motivo por el cual se requiere ATP.

Solución En el último paso de la biosíntesis del pirofosfato de isopentenilo, la eliminación de CO_2 se acompaña de la eliminación de un grupo $HO:^-$, que es una base fuerte y en consecuencia un mal grupo saliente. Se usa ATP para convertir al grupo OH en un grupo fosfato, que se elimina con facilidad por tratarse de una base débil.

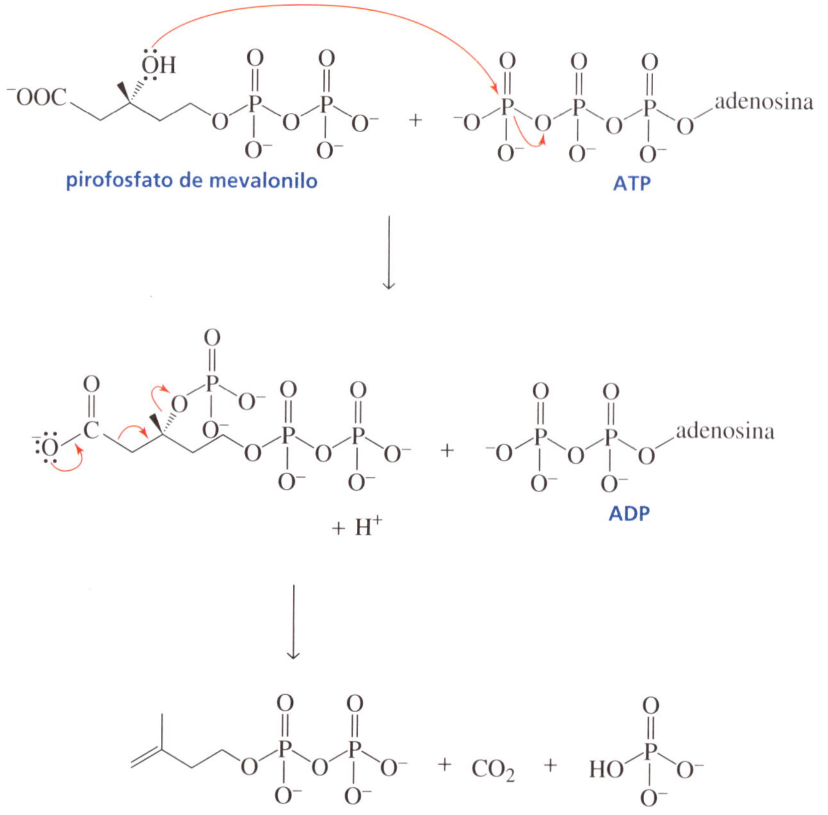

PROBLEMA 19

Indique el mecanismo de la condensación de Claisen y la adición aldólica que suceden en los dos primeros pasos de la biosíntesis del pirofosfato de isopentenilo.

Biosíntesis del pirofosfato de dimetilalilo

Tanto el **pirofosfato de isopentenilo** como el **pirofosfato de dimetilalilo** son necesarios para la biosíntesis de los terpenos. Por consiguiente, algo del pirofosfato de isopentenilo se convierte en pirofosfato de dimetilalilo mediante una reacción de isomerización catalizada por enzima. La isomerización consiste en la adición de un protón al carbono con hibridación sp^2 del pirofosfato de isopentenilo que esté unido con más hidrógenos (sección 4.4) y la eliminación de un protón del carbocatión intermediario, de acuerdo con la regla de Zaitsev (sección 9.2).

La adición y la pérdida de un protón convierten al pirofosfato de isopentenilo en pirofosfato de dimetilalilo.

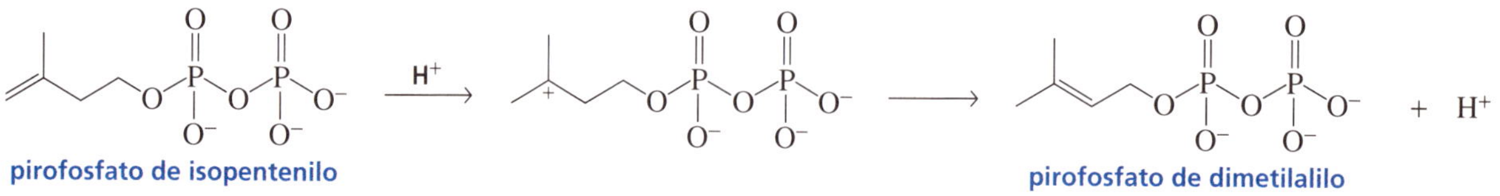

Pirofosfato de dimetilalilo y pirofosfato de isopentenilo: matérias primas para la biosíntesis de los terpenos

La reacción de pirofosfato de dimetilalilo con pirofosfato de isopentenilo forma pirofosfato de geranilo, compuesto con 10 carbonos. En el primer paso de la reacción, el pirofosfato de isopentenilo funciona como nucleófilo y desplaza un grupo pirofosfato del pirofosfato de dimetilalilo. El pirofosfato es un excelente grupo saliente: sus cuatro grupos OH tienen valores de pK_a de 0.9, 2.0, 6.6 y 9.4. Por consiguiente, tres de los cuatro grupos estarán principalmente en sus formas básicas al pH fisiológico (pH = 7.3). En el siguiente paso se elimina un protón y se forma pirofosfato de geranilo.

Los terpenos son biosintetizados a partir del pirofosfato de isopentenilo y pirofosfato de dimetilalilo.

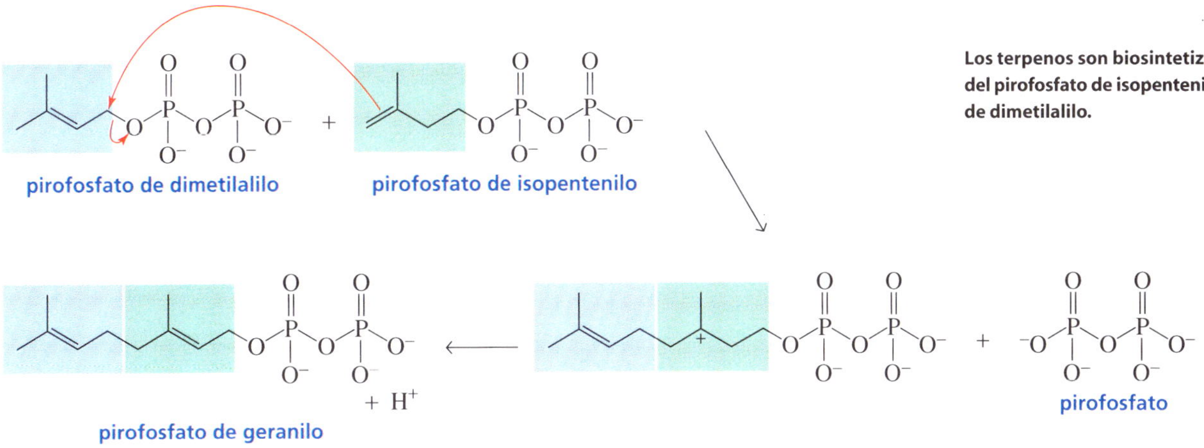

El esquema que sigue indica cómo podrían sintetizarse algunos de los muchos monoterpenos a partir del pirofosfato de geranilo:

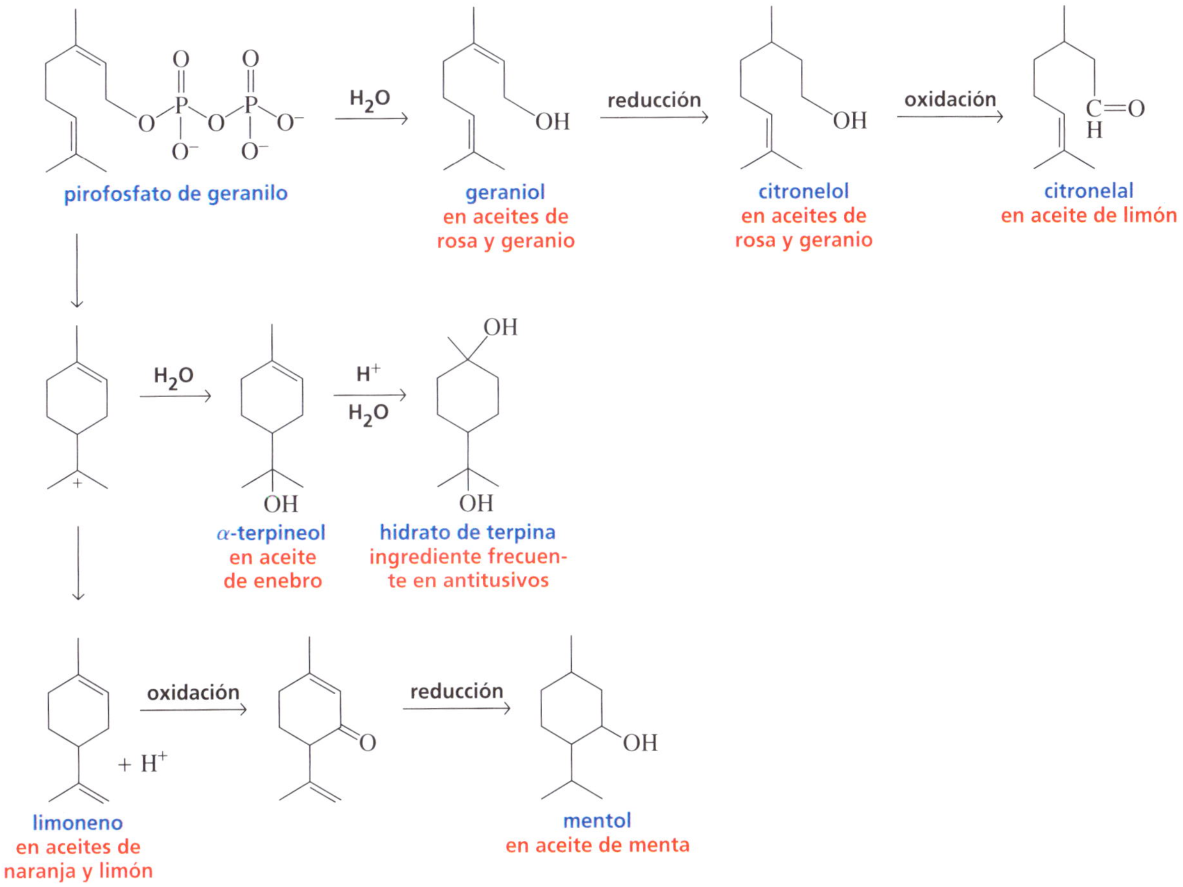

PROBLEMA 20

Proponga un mecanismo para la conversión del isómero *E* del pirofosfato de geranilo en el isómero *Z*.

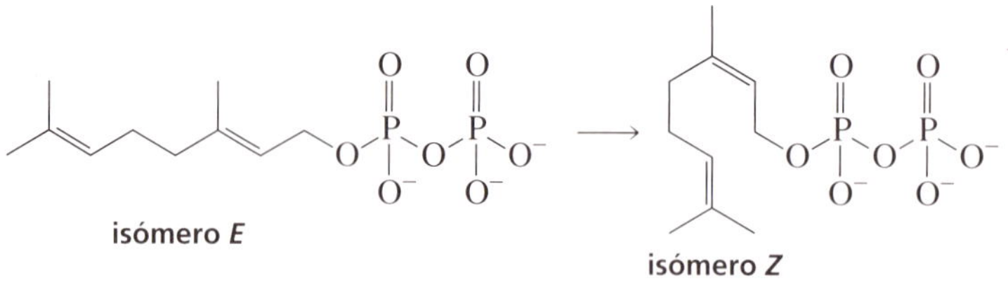

isómero *E* → isómero *Z*

PROBLEMA 21

Proponga mecanismos para la formación de α-terpineol y limoneno a partir de pirofosfato de geranilo.

El pirofosfato de geranilo puede reaccionar con otra molécula de pirofosfato de isopentenilo para formar pirofosfato de farnesilo, compuesto con 15 carbonos.

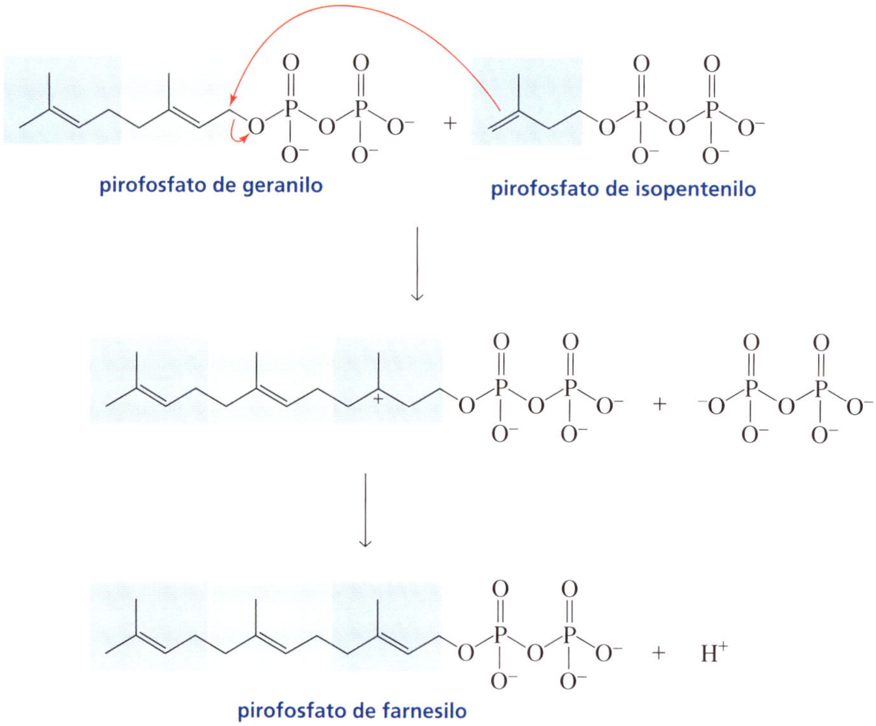

pirofosfato de geranilo + pirofosfato de isopentenilo

↓

pirofosfato de farnesilo + H$^+$

Dos moléculas de pirofosfato de farnesilo forman escualeno, un compuesto con 30 carbonos. La reacción es catalizada por la enzima escualeno sintasa, que une a las dos moléculas con un enlace de cola con cola. Como se mencionó anteriormente, el escualeno es el precursor del colesterol, y el colesterol es el precursor de todos los demás esteroides.

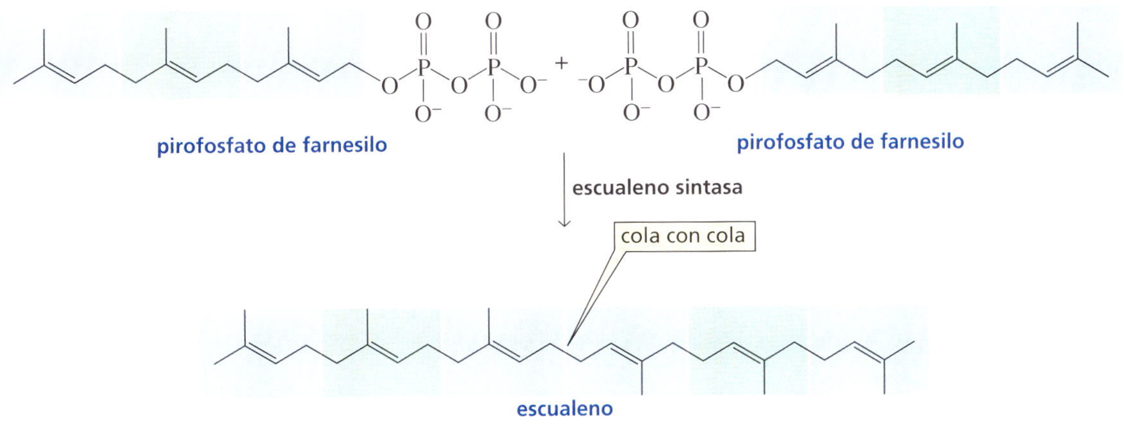

26.8 Biosíntesis de los terpenos 1185

pirofosfato de farnesilo + pirofosfato de farnesilo

escualeno sintasa

cola con cola

escualeno

El pirofosfato de farnesilo puede reaccionar con otra molécula de pirofosfato de isopentenilo para formar pirofosfato de geranilgeranilo, compuesto de 20 carbonos. Dos pirofosfatos de geranilgeranilo se unen para formar fitoeno, un compuesto con 40 carbonos. El fitoeno es precursor de los pigmentos carotenoides (tetraterpénicos) en las plantas.

PROBLEMA 22

En disolución acuosa ácida, el pirofosfato de farnesilo forma el siguiente sesquiterpeno:

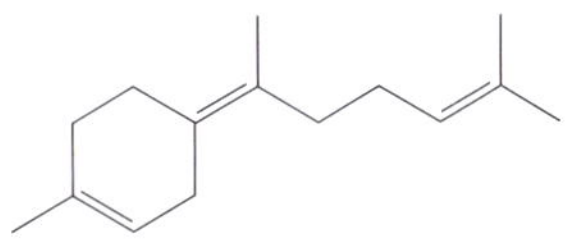

Proponga un mecanismo para esta reacción.

PROBLEMA 23 RESUELTO

Si se sintetizara el escualeno en un medio con acetato cuyo carbono del grupo carbonilo se marcara con ^{14}C radiactivo ¿Qué carbonos quedarían marcados en el escualeno?

Solución El acetato reacciona con ATP para formar adenilato de acetilo, que entonces reacciona con CoASH para formar acetil-CoA (sección 16.22). Como se prepara malonil-CoA a partir de acetil-CoA, el carbono del grupo carbonilo del tioéster en la malonil-CoA también quedará marcado. Al examinar cada paso del mecanismo para la biosíntesis del pirofosfato de isopentenilo a partir de acetil-CoA y malonil-CoA se pueden determinar los lugares de los carbonos marcados radiactivamente en el pirofosfato de isopentenilo. En forma parecida, se pueden determinar los lugares de los carbonos marcados en el pirofosfato de geranilo a partir del mecanismo para su biosíntesis a partir de pirofosfato de isopentenilo. Y los lugares de los carbonos marcados en el pirofosfato de farnesilo se pueden determinar con el mecanismo para su biosíntesis a partir del pirofosfato de geranilo. El conocimiento de que el escualeno se obtiene por unión de dos pirofosfatos de farnesilo cola con cola indica cuáles carbonos del escualeno quedarán marcados.

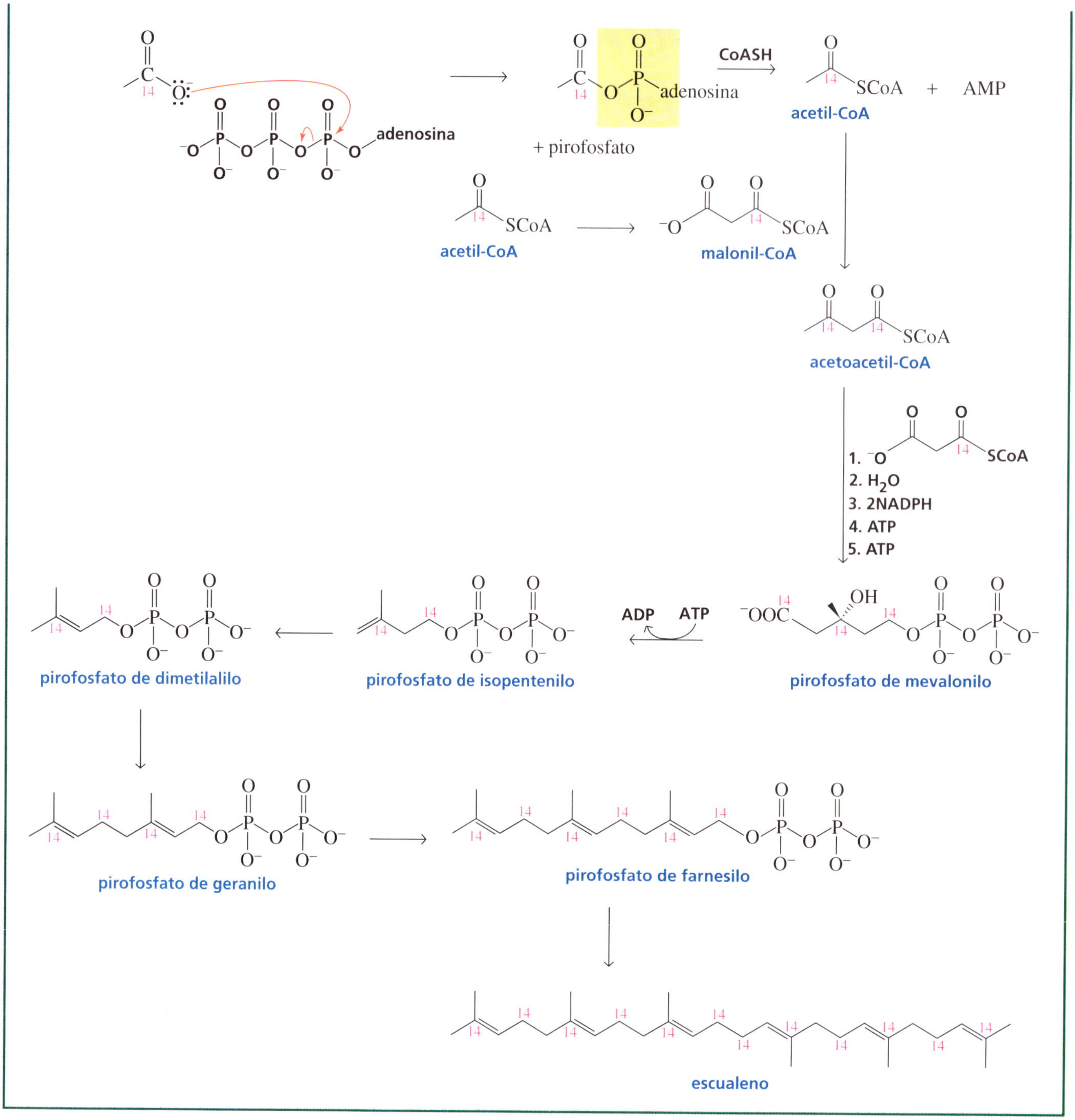

26.9 Esteroides: mensajeros químicos

Las **hormonas** son mensajeros químicos, compuestos orgánicos sintetizados en glándulas y llevados por el torrente sanguíneo a tejidos objetivo para estimular o inhibir algún proceso. Muchas hormonas son **esteroides**. Como los esteroides son compuestos no polares también son lípidos. Su carácter no polar les permite atravesar las membranas celulares y así pueden salir de las células donde se sintetizan y entrar a sus células objetivo.

Todos los esteroides contienen un sistema tetracíclico de anillos. Los cuatro anillos se designan con las letras A, B, C y D. Los anillos A, B y C son de seis miembros y el anillo D es de cinco miembros. Los carbonos en el sistema de anillos de los esteroides se numeran como se indica al margen. Tales anillos pueden estar **fusionados *trans*** o **fusionados *cis***; los anillos fusionados *trans* son más estables.

el sistema de anillos de los esteroides

todos los anillos son fusionados *trans*

anillos fusionado *trans* — más estable

anillos fusionados *cis* — menos estable

En los esteroides, los anillos B, C y D están fusionados *trans*. En la mayor parte de los esteroides naturales, también los anillos A y B están fusionados *trans*.

los anillos A y B están fusionados *trans*

los anillos A y B están fusionados *cis*

Muchos esteroides tienen grupos metilo en las posiciones 10 y 13; se llaman **grupos metilo angulares**. Cuando se representan los esteroides, los dos grupos metilo angulares se indican por arriba del plano del sistema esteroidal de anillos. A los sustituyentes que están en el mismo lado del sistema esteroidal de anillos que los grupos metilo se les llama sustituyentes β; se indican con una cuña entera). Los que están en la cara opuesta del plano del sistema de anillos son sustituyentes α (y se representan con una cuña entrecortada).

BIOGRAFÍA

Fueron dos químicos alemanes, **Heinrich Otto Wieland (1877–1957)** *y* **Adolf Windaus (1876–1959)**, *quienes recibieron un Premio Nobel (Wieland en 1927 y Windaus en 1928) por sus trabajos que llevaron a la determinación de la estructura del colesterol.* **Heinrich Wieland**, *hijo de químico, fue profesor en la Universidad de Munich, donde demostró que las sales biliares son esteroides y determinó sus estructuras individuales. Durante la Segunda Guerra Mundial permaneció en Alemania, pero fue abiertamente antinazi.* **Adolf Windaus** *pretendió primero ser médico, pero la experiencia al trabajar durante un año con Emil Fischer cambió sus intenciones. Descubrió que la vitamina D es un esteroide, y fue el primero en reconocer que la vitamina B_1 contiene azufre.*

PROBLEMA 24◆

Un hidrógeno β en el C-5 significa que los anillos A y B están fusionados _____ un hidrógeno α en el C-5 implica que están fusionados _____ .

En los animales, el miembro más abundante de la familia de los esteroides es el **colesterol**, precursor de todos los demás esteroides. El colesterol se biosintetiza a partir del escualeno, que es un triterpeno (sección 26.6), y es un componente importante de las membranas celulares (figura 26.1). Su estructura de anillos lo hace más rígido que otros lípidos de membrana. Como el colesterol tiene ocho centros asimétricos, puede tener 256 estereoisómeros, pero sólo existe uno en la naturaleza (capítulo 5, problema 24).

1188 CAPÍTULO 26 Lípidos

El colesterol es el precursor de todos los demás esteroides.

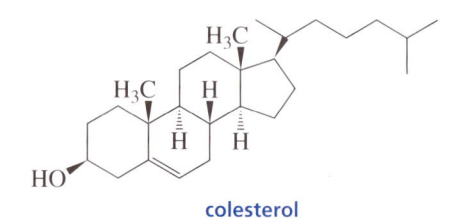

Tutorial del alumno:
Esteroides
(Steroids)

colesterol

Las hormonas esteroidales se pueden dividir en cinco clases: glucocorticoides, mineralocorticoides, andrógenos, estrógenos y progestinas. Los glucocorticoides y los mineralocorticoides se sintetizan en la corteza adrenal y reciben el nombre colectivo de *esteroides corticoidales adrenales*. Todos los esteroides corticoidales adrenales tienen un oxígeno en el C-11.

Los glucocorticoides, como indica su nombre, intervienen en el metabolismo de la glucosa; también participan en el metabolismo de las proteínas y los ácidos grasos. Un ejemplo de glucocorticoide es la cortisona. Por su efecto antiinflamatorio, se usa en medicina para el tratamiento de la artritis y otros estados inflamatorios.

cortisona   **aldosterona**

Los mineralocorticoides causan mayor reabsorción de Na^+, $Cl:^-$ y $HCO_3:^-$ en los riñones, lo cual provoca mayor presión sanguínea. La aldosterona es un ejemplo de mineralocorticoide.

PROBLEMA 25◆

El sustituyente OH del anillo A en el colesterol ¿es un sustituyente α o un sustituyente β?

PROBLEMA 26

La aldosterona está en equilibrio con su hemiacetal cíclico. Trace la forma hemiacetal de la aldosterona.

Las hormonas sexuales, llamadas *andrógenos*, son secretadas en principalmente por los testículos. Son las que causan el desarrollo de las características sexuales secundarias masculinas durante la pubertad, que incluye el crecimiento muscular. La testosterona y la 5α-dihidrotestosterona son andrógenos.

5α-dihidrotestosterona

testosterona

BIOGRAFÍA

Adolf Friedrich Johann Butenandt (1903–1995) *nació en Alemania y compartió el Premio Nobel de Química con Ružička (véase página 1177) por aislar y determinar las estructuras de la estrona, androsterona y progesterona. Fue forzado a renunciar al premio por el gobierno nazi y lo aceptó después de la Segunda Guerra Mundial. Butenandt fue director del Kaiser Wilhelm Institute en Berlín y después fue profesor en las universidades de Tübingen y Munich.*

El estradiol y la estrona son principalmente hormonas sexuales y se llaman *estrógenos*. Son secretadas en los ovarios y causan el desarrollo de las características sexuales secundarias femeninas; también regulan el ciclo menstrual. El miembro más importante de un grupo de hormonas llamadas *progestagenos* es la progesterona; es la hormona que prepara el recubrimiento del útero para la implantación de un huevo y es esencial para el mantenimiento del embarazo. También evita la ovulación durante el embarazo.

estradiol   **estrona**   **progesterona**

BIOGRAFÍA

Michael Stuart Brown y **Joseph Leonard Goldstein** *compartieron el Premio Nobel de fisiología o medicina por su trabajo sobre la regulación del metabolismo del colesterol y el tratamiento de enfermedades causadas por concentraciones elevadas de colesterol en la sangre. Brown nació en New York en 1941; Goldstein, en Carolina del Sur en 1940. Los dos son profesores de medicina en el Centro Médico Sudoccidental de la Universidad de Texas.*

Aunque las diversas hormonas esteroidales tienen efectos fisiológicos notables y diferentes, sus estructuras son bastante parecidas. Por ejemplo, la única diferencia entre la testosterona y la progesterona es el sustituyente en el C-17, y la única diferencia entre la 5α-dihidrotestosterona y el estradiol es un grupo metilo y tres hidrógenos, pero estos compuestos causan la diferencia entre ser hombre o mujer. Estos ejemplos ilustran la especificidad extrema de las reacciones bioquímicas.

Además de ser el precursor de todas las hormonas esteroidales, el colesterol es el precursor de los *ácidos biliares*. De hecho, la palabra *colesterol* se deriva de las palabras griegas *chole*, que quiere decir "bilis", y *stereos*, que significa "sólido". Los ácidos biliares (ácido cólico y ácido quenodesoxicólico) se sintetizan en el hígado, se almacenan en la vesícula biliar y se secretan en el intestino delgado, donde funcionan como emulsificantes para poder digerir las grasas y los aceites mediante enzimas digestivas solubles en agua. También el colesterol es precursor de la vitamina D (sección 29.6).

ácido cólico   **ácido quenodesoxicólico**

COLESTEROL Y ENFERMEDADES CARDIACAS

Es probable que el colesterol sea el lípido mejor conocido, a causa de la muy difundida correlación entre sus concentraciones en la sangre y las enfermedades cardiacas. El colesterol se sintetiza en el hígado y está distribuido en casi todos los tejidos del organismo. También lo contienen muchos alimentos, pero no se requiere en la dieta humana porque el organismo puede sintetizar todo el que necesita. Una dieta alta en colesterol puede causar altas concentraciones de colesterol en el torrente sanguíneo y el exceso se puede acumular en las paredes de las arterias restringiendo el flujo de la sangre. A esta enfermedad del sistema circulatorio se le llama *ateroesclerosis* y es una de las principales causas de enfermedades cardiacas. El colesterol circula por el torrente sanguíneo formando parte de partículas que también contienen ésteres de colesterol, fosfolípidos y proteínas. Las partículas se clasifican de acuerdo con su densidad. Las partículas de lipoproteína de baja densidad (LDL por sus siglas en inglés, *low-density lipoprotein*) transportan colesterol del hígado a otros tejidos. Los receptores superficiales pueden unirse con partículas de LDL y así permitirles entrar en la célula para que ésta disponga de colesterol. La lipoproteína de alta densidad (HDL por sus siglás en inglés, *high-density lipoprotein*) es un secuestrador de colesterol y se encarga de eliminar el colesterol de las superficies de las membranas para regresarlo al hígado, donde se convierte en ácidos biliares. El LDL es el llamado colesterol malo, mientras que el HDL es el colesterol "bueno". Mientras más colesterol se ingiere, el organismo sintetiza menos, pero ello no implica que la presencia de colesterol en la dieta no ejerza efecto sobre la cantidad total de colesterol en la sangre porque el colesterol dietético inhibe también la síntesis de los receptores de LDL. Entonces, mientras más colesterol se ingiera, el organismo sintetiza menos, pero también el organismo puede deshacerse de este último llevándolo a ciertas células.

TRATAMIENTO CLÍNICO PARA EL COLESTEROL ALTO

La clase más nueva de medicamentos reductores de colesterol es la de las estatinas. Reducen las concentraciones de colesterol en el suero inhibiendo la enzima que cataliza la reducción de hidroximetilglutaril-CoA a ácido mevalónico (sección 26.8). Al disminuir la concentración de ácido mevalónico también lo hace la concentración de pirofosfato de isopentenilo, por lo que se reduce la biosíntesis de todos los terpenos, incluido el colesterol. Una consecuencia de disminuir la síntesis de colesterol en el hígado consiste en que éste forma más receptores de LDL, los que coadyuvan a eliminar LDL del torrente sanguíneo. Algunos estudios demuestran que por cada 10% de reducción del colesterol, las muertes por enfermedades cardiacas coronarias disminuyen 15% y el riesgo total de muerte se reduce en 11 por ciento.

La sinvastatina y la lovastatina son estatinas naturales que se usan clínicamente con los nombres comerciales de Zocor y Mevacor. La atorvastatina (Lipitor®) es una estatina sintética y ahora es la más popular. El lipitor tiene mayor potencia y mayor vida media que las de las estatinas naturales porque sus metabolitos son tan activos como la medicina precursora para reducir las concentraciones de colesterol. En consecuencia se pueden administrar dosis menores del medicamento. La dosis necesaria se reduce todavía más porque el Lipitor® se vende como un solo enantiómero. Además, es más lipofílico que la compactina y la lovastatina, por lo que tiene mayor tendencia a permanecer en el retículo endoplásmico de las células hepáticas, que es donde se necesita. El Lipitor® fue el segundo medicamento más recetado en Estados Unidos durante el 2004 (sección 30.0).

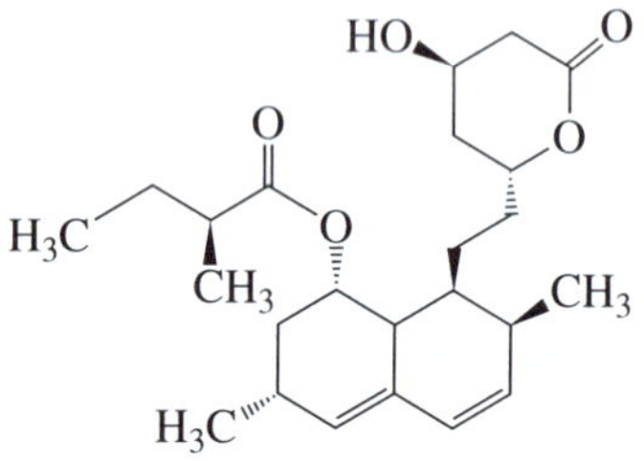

lovastatina Mevacor®

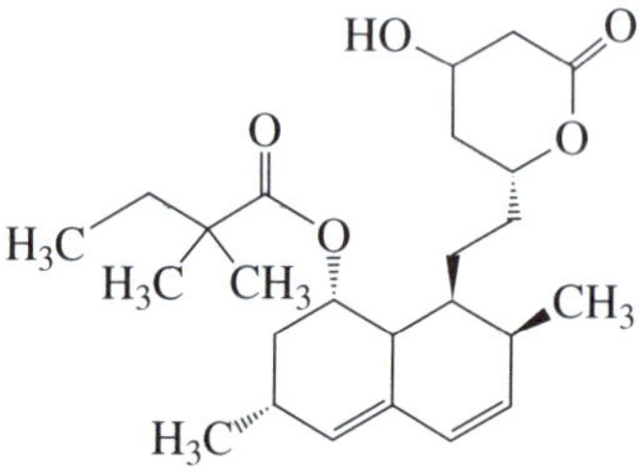

sinvastatina Zocor®

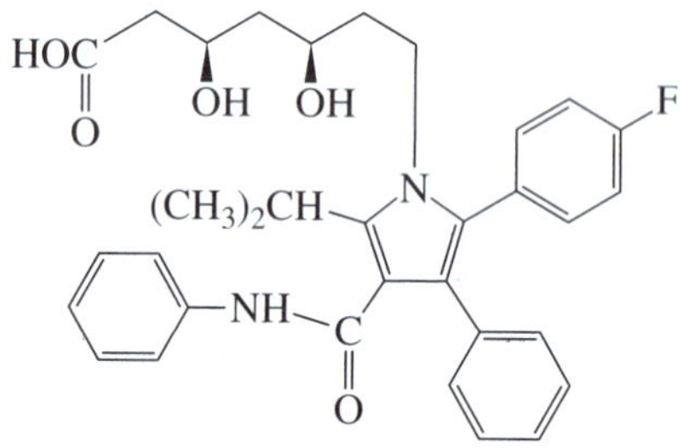

atorvastatina Lipitor®

PROBLEMA 27

La parte ácida de un éster de colesterol es un ácido graso, como el ácido linoleico. Dibuje la estructura de un éster de colesterol.

PROBLEMA 28 ◆

Los tres grupos OH del ácido cólico ¿son axiales o ecuatoriales?

26.10 Síntesis del colesterol en la naturaleza

¿Cómo se biosintetiza el colesterol, precursor de todas las hormonas esteroidales? El material de partida para esta biosíntesis es el escualeno, un triterpeno que primero debe convertirse en lanosterol. El lanosterol se convierte en colesterol en una serie de 19 pasos.

26.10 Síntesis del colesterol en la naturaleza

biosíntesis de lanosterol y colesterol

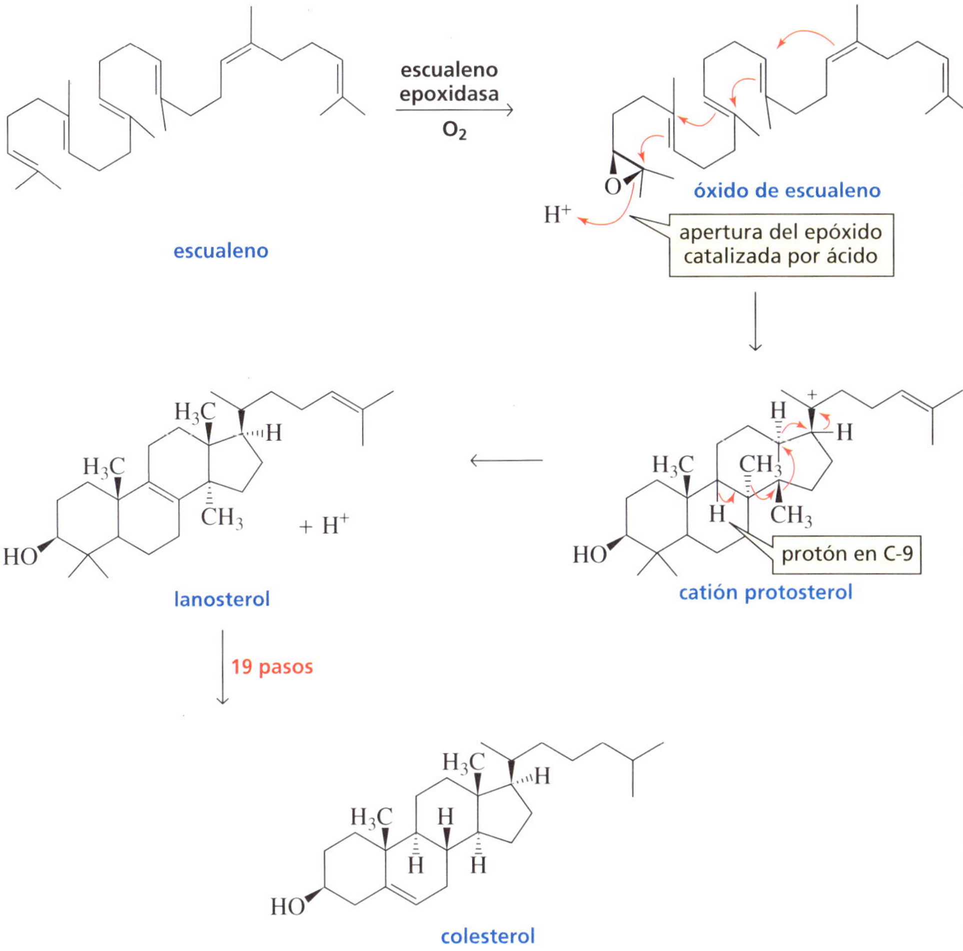

escualeno —escualeno epoxidasa, O_2→ óxido de escualeno —apertura del epóxido catalizada por ácido, H^+→ catión protosterol (protón en C-9) → lanosterol + H^+ —19 pasos→ colesterol

El colesterol se sintetiza a partir del escualeno.

- El primer paso es la epoxidación del enlace doble 2,3 del escualeno.
- La abertura del epóxido, catalizada por ácido, inicia una serie de ciclaciones que terminan en el catión protosterol.
- La eliminación de un protón en el C-9 del catión inicia una serie de desplazamientos 1,2 de hidruro y de metilo que concluye en la formación del lanosterol.

La conversión de lanosterol en colesterol requiere eliminar tres grupos metilo del lanosterol, además de reducir dos enlaces dobles y crear un nuevo enlace doble. No es fácil eliminar los grupos metilo de átomos de carbono, y se requieren muchas y diversas enzimas para efectuar los 19 pasos. Entonces ¿por qué se molesta tanto la naturaleza? ¿Por qué no usar lanosterol en vez de colesterol? Konrad Bloch contestó la pregunta al encontrar que las membranas con lanosterol en vez de colesterol son mucho más permeables. Las moléculas pequeñas pueden pasar con facilidad a través de membranas con lanosterol. A medida que se elimina cada grupo metilo del lanosterol, la membrana se vuelve cada vez menos permeable.

PROBLEMA 29

Trace los desplazamientos 1,2 individuales de hidruro y de metilo responsables de la conversión del catión protosterol en lanosterol. ¿Cuántos desplazamientos de hidruro hay? ¿Cuántos desplazamientos de metilo hay?

BIOGRAFÍA

Konrad Bloch y **Feodor Lynen** compartieron el Premio Nobel de fisiología o medicina 1964.
Konrad Emil Bloch (1912–2000) nació en Alta Silesia, entonces parte de Alemania, salió de la Alemania nazi y llegó a Suiza en 1934, y a Estados Unidos en 1936, donde se naturalizó en 1944. Recibió un doctorado de la Universidad de Columbia en 1938, fue profesor de la Universidad de Chicago y de bioquímica en Harvard, en 1954. Bloch demostró cómo se biosintetizan los ácidos grasos y el colesterol a partir de acetato, por lo que compartió el Premio Nobel de fisiología o medicina 1964 con Feodor Lynen.

BIOGRAFÍA

Feodor Lynen (1911–1979) nació en Alemania, recibió un doctorado dirigido por Heinrich Wieland y se casó con la hija de éste. Fue director del Instituto de Química Celular de la Universidad de Munich. Por demostrar que la unidad acetato, de dos carbonos, en realidad es acetil-CoA, y también por determinar la estructura de la coenzima A, Lynen compartió el Premio Nobel de fisiología o medicina 1964 con Konrad Bloch.

26.11 Esteroides sintéticos

Los potentes efectos fisiológicos de los esteroides determinaron que los investigadores, en su búsqueda de nuevas medicamentos, sintetizaran esteroides que no existen en la naturaleza e investigaran sus efectos fisiológicos. Dos medicamentos desarrollados de esta manera son el estanozolol y el Dianabol, que producen el mismo efecto de formación de musculatura que la testosterona. Los esteroides que coadyuvan al desarrollo de los músculos se llaman *esteroides anabólicos*. Tales medicamentos están disponibles con receta y se usan para tratar a personas que sufren de traumatismos acompañados por deterioro muscular. Los mismos medicamentos se han administrado a atletas y a caballos de carrera para aumentar su masa muscular. El estanozolol fue el fármaco detectado en varios atletas en los Juegos Olímpicos de 1988. Se ha encontrado que los esteroides anabólicos, cuando se administran en dosis relativamente grandes, causan tumores en el hígado, alteraciones de la personalidad y atrofia testicular.

estanozolol   Dianabol®

Se han desarrollado numerosos esteroides sintéticos que son varias veces más potentes que los naturales. Por ejemplo, la noretindrona es mejor que la progesterona para suspender la ovulación. Otro esteroide sintético, el RU 486, administrado junto con prostaglandinas, hace concluir el embarazo dentro de las nueve primeras semanas de la gestación. Su nombre proviene de Roussel-Uclaf, empresa farmacéutica francesa donde se sintetizó en 1980, y un número de serie arbitrario. Obsérvese que estos compuestos orales exhiben estructuras parecidas a la de la progesterona.

noretindrona   RU 486

RESUMEN

Los **lípidos** son compuestos bioorgánicos solubles en disolventes no polares. Una clase de lípidos, los **ácidos grasos**, son ácidos carboxílicos con largas cadenas de hidrocarburo lineales. En los ácidos grasos, los enlaces dobles tienen configuración *cis*. Los ácidos grasos con más de un enlace doble se llaman **ácidos grasos poliinsaturados**. Los enlaces dobles en los ácidos grasos insaturados naturales están separados por un grupo metileno. Las **ceras** son ésteres formados por ácidos carboxílicos de cadena larga y alcoholes de cadena larga. Las **prostaglandinas** se sintetizan a partir del ácido araquidónico, y son las que regulan diversas respuestas fisiológicas.

Los **triacilgliceroles** (triglicéridos) son compuestos donde los grupos OH del glicerol están esterificados con ácidos grasos. Los triacilgliceroles que son sólidos o semisólidos a temperatura ambiente se llaman **grasas**; los triacilgliceroles líquidos se llaman **aceites**. Algunos o todos los enlaces dobles de los aceites poliinsaturados pueden reducirse por hidrogenación catalítica. Los **fosfoacilgliceroles** difieren de los triacilgliceroles en que el grupo OH terminal del glicerol está esterificado con ácido fosfórico y no con un ácido graso. Los fosfoacilgliceroles forman membranas porque se ordenan en una **bicapa lipídica**. Los **fosfolípidos** son lípidos que contienen un grupo fosfato. Los **esfingolípidos**, que también se encuentran en las membranas, contienen esfingosina (un amino alcohol) en lugar de glicerol.

Los **terpenos** contienen átomos de carbono en múltiplos de 5. Se forman uniendo grupos de cinco carbonos, por lo general cabeza con cola; a eso se le llama **regla del isopreno**. Los **monoterpenos**, terpenos con dos unidades de isopreno, tienen 10 carbonos; los **sesquiterpenos** tienen 15. El escualeno es un **triterpeno** (terpeno con seis unidades de isopreno) precursor de las moléculas esteroidales. El licopeno y el β-caroteno son **tetraterpenos** llamados **carotenoides**. El β-caroteno se divide para formar dos moléculas de vitamina A.

El compuesto de cinco carbonos que se usa para la síntesis de los terpenos es el pirofosfato de isopentenilo. La reacción del **pirofosfato de dimetilalilo** (que se forma a partir del pirofosfato de isopentenilo) con **pirofosfato de isopentenilo** forma pirofosfato de geranilo, compuesto con 10 carbonos. El pirofosfato de geranilo puede reaccionar con otra molécula de pirofosfato de isopentenilo para formar pirofosfato de farnesilo, compuesto con 15 carbonos. Dos moléculas de pirofosfato de farnesilo forman el **escualeno**, compuesto con 30 carbonos. El escualeno es el precursor del **colesterol**. El pirofosfato de farnesilo puede reaccionar con otra molécula de pirofosfato de isopentenilo y formar el pirofosfato de geranilgeranilo, compuesto por 20 carbonos. Dos pirofosfatos de geranilgeranilo se unen para formar el fitoeno, un compuesto con 40 carbonos. El fitoeno es precursor de los **carotenoides**.

Las **hormonas** son mensajeros químicos. Muchas hormonas son **esteroides**. Todos los esteroides contienen un sistema tetracíclico de anillos. Los anillos B, C y D están **fusionados** *trans*. En la mayor parte de los esteroides naturales también están fusionados *trans* los anillos A y B. A los grupos metilo en el C-10 y el C-13 se les llama **grupos metilo angulares**. Los sustituyentes β están del mismo lado del sistema anular esteroidal que los grupos metilo angulares; los sustituyentes α se lo calizan en la cara contraria. Los esteroides sintéticos son esteroides que no se encuentran en la naturaleza.

El miembro más abundante de la familia de esteroides en los animales es el **colesterol**, que es el precursor de todos los demás esteroides. El colesterol es componente importante de las membranas celulares; su estructura anular determina que sea más rígido que otros lípidos de membrana. En la biosíntesis del colesterol, el escualeno se convierte en lanosterol, que después se convierte en colesterol.

TÉRMINOS CLAVE

aceite (pág. 1167)
ácido fosfatídico (pág. 1170)
ácido graso (pág. 1163)
ácido graso poliinsaturado (pág. 1164)
bicapa lipídica (pág. 1171)
carotenoide (pág. 1178)
cera (pág. 1165)
colesterol (pág. 1187)
escualeno (pág. 1178)
esfingolípido (pág. 1172)
esteroide (pág. 1186)
fosfoacilglicerol (pág. 1170)

fosfoglicéridos (pág. 1170)
fosfolípido (pág. 1170
fusionado *cis* (pág. 1187)
fusionado *trans* (pág. 1187)
grasa (pág. 1166)
grupo metilo angular (pág. 1187)
hormona (pág. 1186)
lípido (pág. 1162)
membrana (pág. 1171)
monoterpeno (pág. 1178)
pirofosfato de dimetilalilo (pág. 1182)
pirofosfato de isopentenilo (pág. 1182)

prostaglandina (pág. 1173)
regla del isopreno (pág. 1177)
sesquiterpeno (pág. 1178)
terpeno (pág. 1177)
terpenoide (pág. 1177)
tetraterpeno (pág. 1178)
triacilglicerol (pág. 1165)
triacilglicerol mixto (pág. 1165)
triacilglicerol simple (pág. 1165)
triterpeno (pág. 1178)

PROBLEMAS

30. Una grasa ópticamente activa, cuando fue hidrolizada, produjo el doble de ácido esteárico que de ácido palmítico. Dibuje la estructura de la grasa.

31. Todos los triacilgliceroles ¿tienen la misma cantidad de centros asimétricos?

32. **a.** ¿Cuántos triacilgliceroles diferentes hay donde uno de los ácidos grasos es ácido láurico y dos son ácido mirístico?
    b. ¿Cuántos triacilgliceroles distintos hay donde uno de los ácidos grasos es ácido láurico, uno es ácido mirístico y uno es ácido palmítico?

33. Las cardiolipinas se encuentran en el músculo cardiaco. Indique los productos que se forman cuando una cardiolipina sufre una hidrólisis total catalizada por ácido.

$$\begin{array}{ccc}
& O & & & O \\
& \parallel & & & \parallel \\
CH_2O-CR^1 & & & R^3C-OCH_2 \\
| & O & & O & | \\
& \parallel & & \parallel & \\
CHO-CR^2 & & & R^4C-OCH \\
| & O & & O & | \\
& \parallel & & \parallel & \\
CH_2O-P-OCH_2CHCH_2O-P-OCH_2 \\
| & | & | \\
O^- & OH & O^-
\end{array}$$

una cardiolipina

1194 CAPÍTULO 26 Lípidos

34. La nuez moscada contiene un triacilglicerol simple y totalmente saturado con una masa molecular de 722. Dibuje su estructura.

35. Indique el producto que se obtendría en la reacción de colesterol con cada una de las sustancias siguientes: (*Sugerencia*: debido al impedimento estérico por los grupos metilo angulares, la cara α es más susceptible al ataque de reactivos que la cara β).
   a. H_2O, H^+
   b. BH_3 en THF seguido por H_2O_2 + HO^-
   c. H_2, Pd/C
   d. Br_2 + H_2O
   e. ácido peroxiacético
   f. el producto de la parte e + CH_3O^-

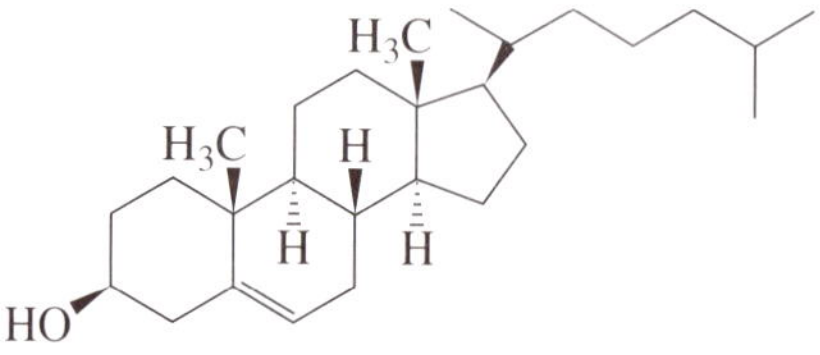

colesterol

36. En un laboratorio se sintetizaron las muestras siguientes de ácido mevalónico y con ellas se alimentó a un grupo de limoneros (árboles):

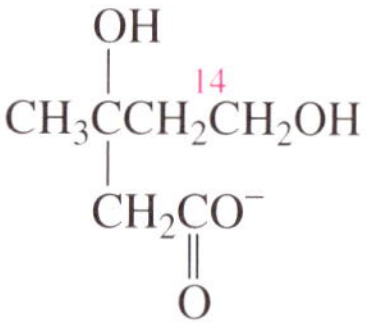

muestra A 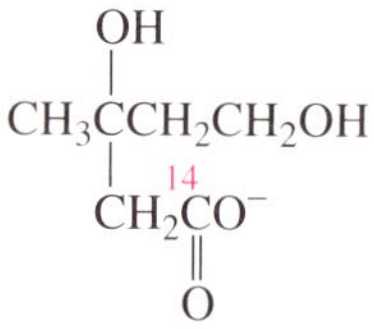   muestra B 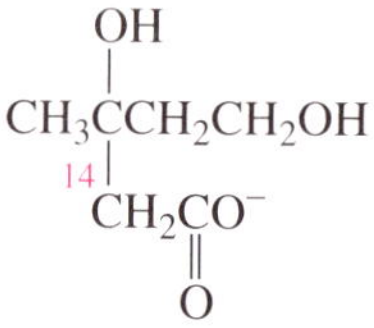   muestra C

¿Cuáles carbonos en el citronelal (pág. 1183), que se encuentra en el aceite de limón, estarán marcados en árboles alimentados con lo siguiente?
   a. muestra A
   b. muestra B
   c. muestra C

37. Un monoterpeno ópticamente activo (compuesto A) con fórmula molecular $C_{10}H_{18}O$ sufre hidrogenación catalítica y forma un compuesto ópticamente inactivo de fórmula molecular $C_{10}H_{20}O$ (compuesto B). Cuando se calienta el compuesto B con ácido y después se le hace reaccionar con O_3 y se trata bajo condiciones reductoras (Zn, H_2O), uno de los productos obtenidos es 4-metilciclohexanona. Indique las estructuras posibles del compuesto A.

38. El eudesmol es un sesquiterpeno que se encuentra en el eucalipto. Proponga el mecanismo de su biosíntesis a partir de pirofosfato de isopentenilo.

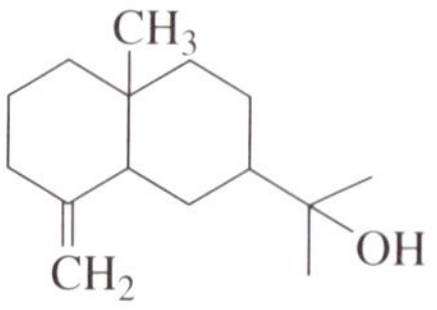

eudesmol

39. Si se dejaran crecer los juníperos (o enebros) en un medio con acetato donde el carbono metílico estuviera marcado con ^{14}C ¿cuáles carbonos del α-terpineol estarían marcados?

40. a. Proponga un mecanismo para la siguiente reacción:

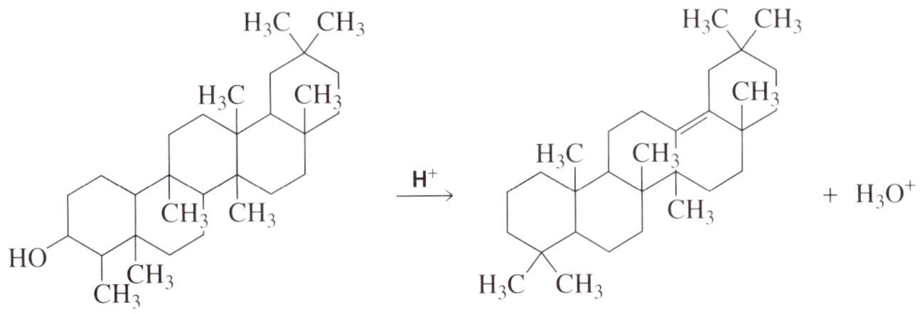

b. ¿A qué clase de terpenos pertenece el compuesto inicial? Indique las unidades de isopreno en el material de partida.

41. La 5-androsteno-3,17-diona se isomeriza a 4-androsteno-3,17-diona mediante ion hidróxido. Proponga un mecanismo para esta reacción.

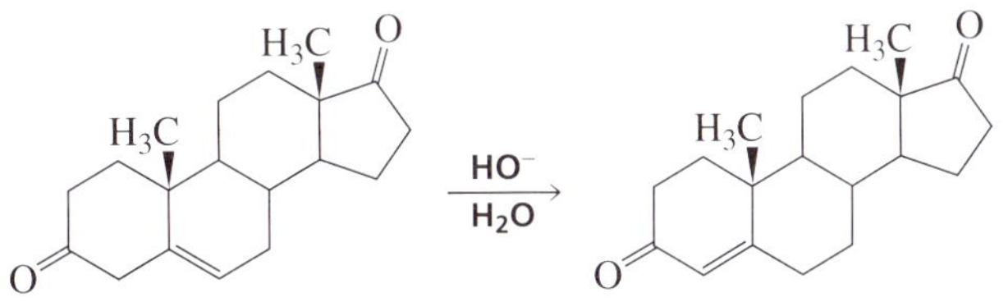

5-androsten-3,17-diona   4-androsten-3,17-diona

42. Los dos grupos OH de uno de los dioles esteroidales siguientes reaccionan con cloroformato de etilo en exceso, pero sólo un grupo OH del otro diol esteroidal reacciona bajo las mismas condiciones:

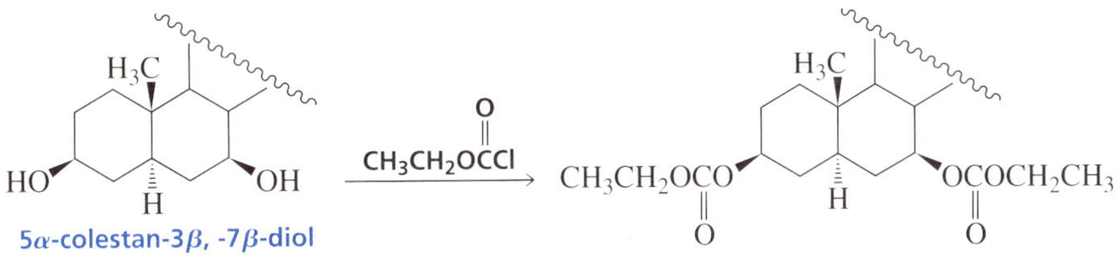

5α-colestan-3β, -7β-diol

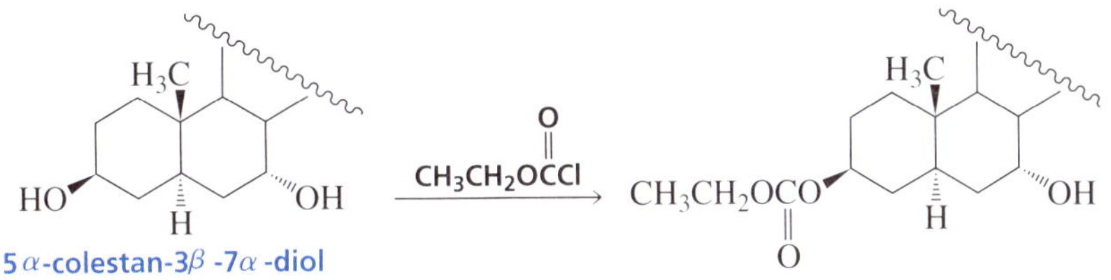

5α-colestan-3β -7α -diol

Explique las diferencias de reactividad.

43. La deshidratación de un alcohol catalizada por ácido para formar un alqueno reordenado se llama reordenamiento de Wagner-Meerwein. Proponga un mecanismo para el siguiente reordenamiento de Wagner-Meerwein:

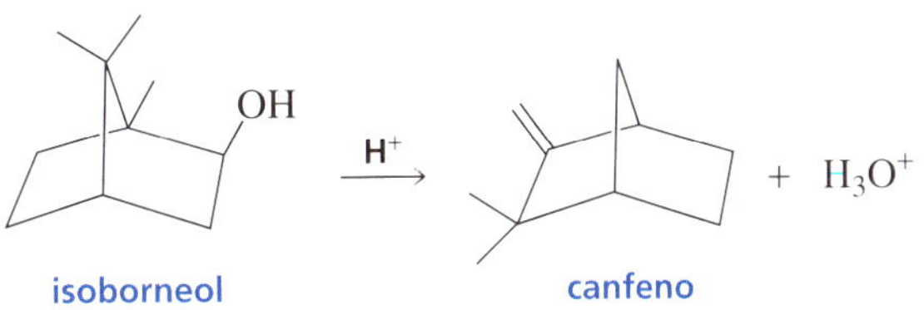

isoborneol   canfeno

44. A las mujeres embarazadas se le administraba dietilestilbestrol (DES) para evitar un aborto, hasta que se vio que la sustancia causaba cáncer en las madres y también en sus hijas. El DES tiene actividad de estradiol aun cuando no es un esteroide. Dibuje al DES de forma que se vea que se parece estructuralmente al estradiol.

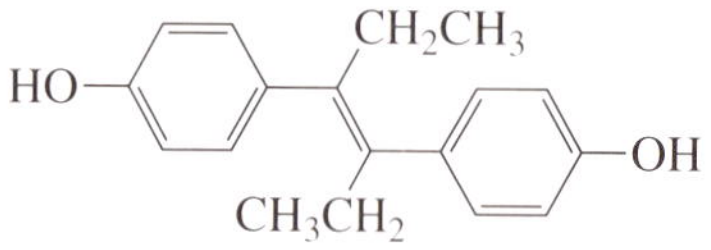

dietilestilbestrol
DES

45. El cedrol y el alcohol de pachulí son terpenos aislados de aceites esenciales.
  a. ¿Qué clase de terpenos son?
  b. Marque las unidades de isopreno en cada uno.

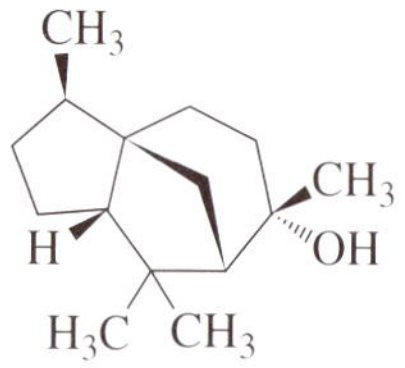

cedrol 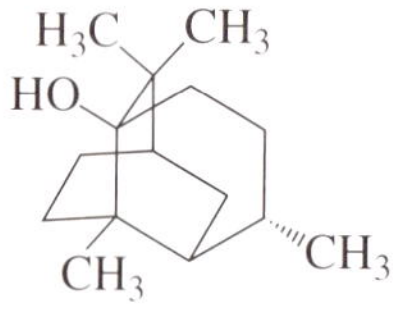   **alcohol de pachulí**

CAPÍTULO 27

Nucleósidos, nucleótidos y ácidos nucleicos

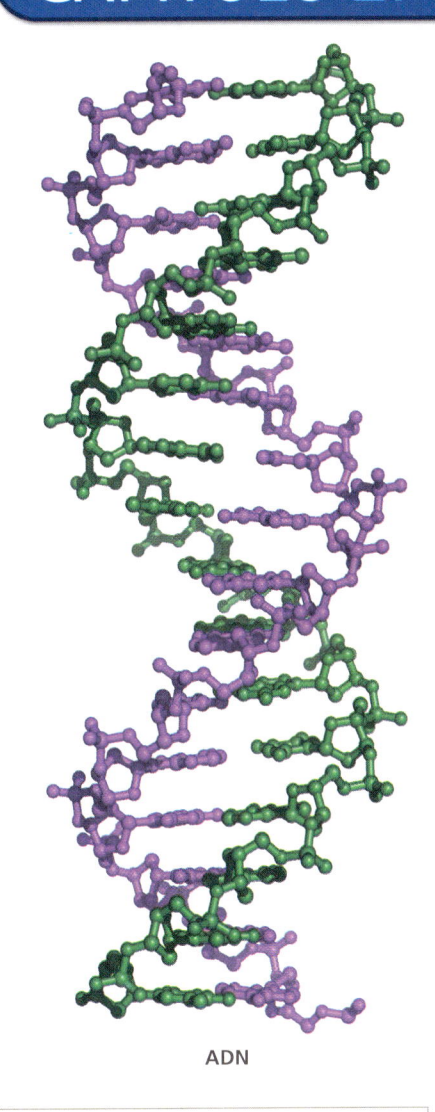

ADN

ANTECEDENTES

SECCIÓN 27.3 Un hidrógeno unido con un O, N o F forma un puente de hidrógeno con un O, N o F de otra molécula (2.9).

SECCIÓN 27.7 Una reacción de sustitución nucleofílica en el grupo acilo introduce un aminoácido en un ARNt (16.7).

SECCIÓN 27.8 La hidrólisis de una imina forma un compuesto carbonílico y también amoniaco o una amina primaria (17.8).

SECCIÓN 27.12 Un hidrógeno unido a un carbono adyacente a un grupo ciano es relativamente ácido (18.1).

En los capítulos anteriores se estudiaron dos de las tres clases principales de biopolímeros: polisacáridos y proteínas. Ahora se examinará la tercera, la de los ácidos nucleicos. Hay dos tipos de ácidos nucleicos: el **ácido desoxirribonucleico (ADN)** y el **ácido ribonucleico (ARN)**. El ADN codifica toda la información hereditaria de un organismo y controla el crecimiento y la división en las células. En todos los organismos (excepto en ciertos virus), la información genética guardada en el ADN se transcribe al ARN. Esta información puede traducirse entonces para la síntesis de todas las proteínas necesarias para la estructura y las funciones celulares.

El ADN se aisló por primera vez en 1869, de los núcleos de glóbulos blancos. Como se encontró en núcleos y era ácido, se llamó *ácido nucleico*. Después los investigadores comprobaron que los núcleos de todas las células contienen ADN, pero no fue sino hasta que se publicaron los resultados experimentales, en 1944, en los que se informó que el ADN se transfería de una especie a otra, junto con las propiedades hereditarias, que se cayó en la cuenta que los ácidos nucleicos son los portadores de la información genética. James Watson y Francis Crick describieron, en 1953, la estructura tridimensional del ADN, la famosa doble hélice.

BIOGRAFÍA

Los estudios con los que se determinaron las estructuras de los ácidos nucleicos y que prepararon el camino para el descubrimiento de la doble hélice del ADN fueron hechos por **Sir Alexander Todd***.*

Phoebus Aaron Theodor Levene (1869–1940) *nació en Rusia. Cuando emigró a Estados Unidos con su familia, en 1891, cambió su nombre ruso, Fishel, a Phoebus. Su educación de escuela médica se interrumpió, por lo que regresó a Rusia para concluir sus estudios. Cuando regresó a Estados Unidos tomó cursos de química en la Universidad de Columbia. Decidió cambiar la medicina por la química y se fue a Alemania para estudiar con Emil Fischer. Fue profesor en el Instituto Rockefeller (hoy Universidad Rockefeller).*

BIOGRAFÍA

Alexander Robertus Todd (1907–1997) *nació en Escocia. Recibió dos doctorados, uno de la Universidad Johann Wolfgang von Goethe, en Frankfurt (1931), y otro de la Universidad de Oxford (1933). Fue profesor de química en la Universidad de Edimburgo, después en la Universidad de Manchester y, de 1944 a 1971, en la Universidad de Cambridge. Fue nombrado caballero en 1954 y nombrado barón en 1962 (Barón Todd de Trumpington). Por sus trabajos sobre nucleótidos se le otorgó el Premio Nobel de Química 1957.*

27.1 Nucleósidos y nucleótidos

Los **ácidos nucleicos** son cadenas de azúcares cíclicos de cinco miembros unidos por grupos fosfato (figura 27.1). El carbono anomérico de cada azúcar está unido al nitrógeno de un compuesto heterocíclico en un enlace β-glicosídico. (Recuerde, de la sección 21.11, que un enlace β es aquel en el que los sustituyentes en el C-1 y el C-4 están en el mismo lado del anillo de furanosa). Como los compuestos heterocíclicos son aminas, se les suele llamar **bases**. En el ARN, el azúcar con anillo de cinco miembros es la D-ribosa. En el ADN, es la 2'-desoxi-D-ribosa (es D-ribosa sin un grupo OH en la posición 2').

El ácido fosfórico, el precursor de los grupos fosfato en el ARN y el ADN, une a los azúcares en los ácidos nucleicos. Cada uno de los grupos OH del ácido fosfórico puede reaccionar con un alcohol y formar un *fosfomonoéster*, un *fosfodiéster* o un *fosfotriéster*, según la cantidad de grupos OH que forman los enlaces éster. En los ácidos nucleicos, el grupo fosfato es un **fosfodiéster**.

ácido fosfórico   fosfomonoéster   fosfodiéster   fosfotriéster

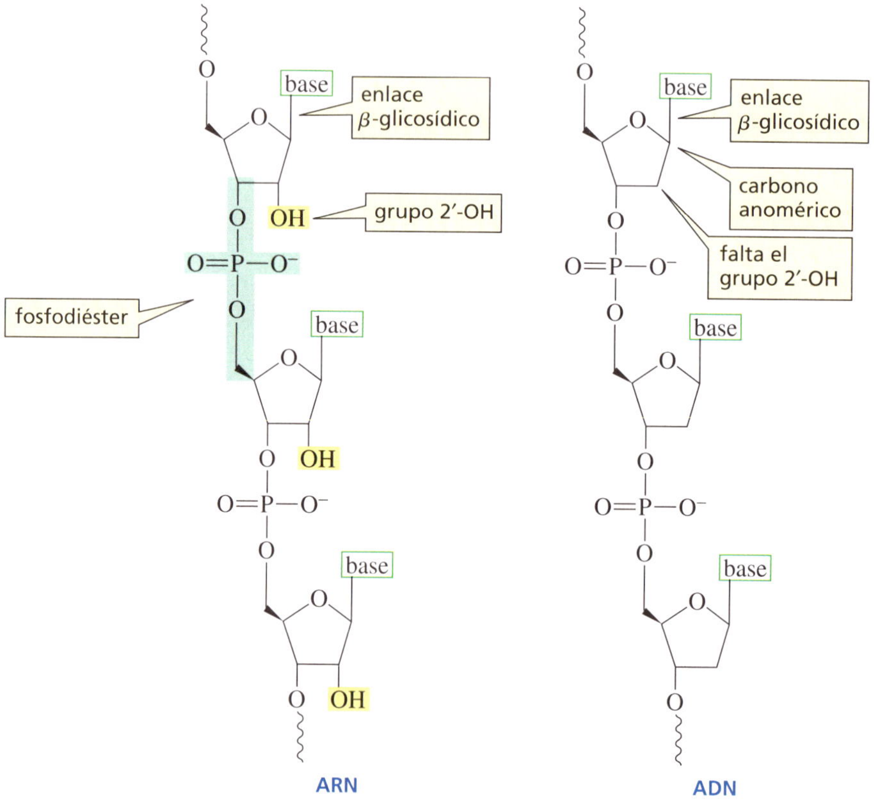

ARN   ADN

▲ **Figura 27.1**
Los ácidos nucleicos están formados por una cadena de azúcar de cinco miembros unida a grupos fosfato. Cada azúcar (D-ribosa en el ARN, 2'-desoxi-D-ribosa en el ADN) está unido a una amina heterocíclica (una base) por un enlace β-glicosídico.

Las enormes diferencias en la herencia de distintas especies y entre distintos miembros de la misma especie están determinadas por la secuencia de las bases en el ADN. En forma

LA ESTRUCTURA DEL ADN: WATSON, CRICK, FRANKLIN Y WILKINS

James Dewey Watson nació en Chicago, en 1928. Egresó de la Universidad de Chicago a los 19 años y tres años después recibió un doctorado de la Universidad de Indiana. En 1951, como becario graduado en la Universidad de Cambridge, trabajó en la determinación de la estructura tridimensional del ADN.

Francis Harry Compton Crick (1916-2004) nació en Northampton, Inglaterra. Originalmente estudió física e hizo investigaciones sobre el radar durante la Segunda Guerra Mundial. Después de la guerra decidió que el problema más interesante en la ciencia es tratar de comprender la base física de la vida e ingresó a la Universidad de Cambridge para estudiar la estructura de las moléculas biológicas por análisis con rayos X. Era estudiante de posgrado cuando realizó parte del trabajo que condujo al proyecto de la estructura de doble hélice del ADN. En 1953 recibió un doctorado en química.

Rosalind Franklin (1920-1958) nació en Londres. Se graduó en la Universidad de Cambridge y en 1942 aceptó un puesto de investigador en la Asociación Británica de Investigación sobre Utilización del Carbón. Después de la guerra estudió técnicas de difracción de rayos X en París. En 1951 regresó a Inglaterra y aceptó un puesto para desarrollar una unidad de difracción de rayos X en el departamento de biofísica del King's College. Sus estudios con rayos X demostraron que el ADN es una hélice con los grupos fosfato en el exterior de la molécula. Murió sin conocer el papel que tuvieron sus trabajos en la determinación de la estructura del ADN y sin que se le reconociera su contribución.

Watson y Crick compartieron el Premio Nobel de medicina o fisiología con Maurice Wilkins, por determinar la estructura de doble hélice del ADN. Wilkins (1916-2004), quien aportó estudios con rayos X que confirmaron la estructura de doble hélice, nació en Nueva Zelanda y se mudó a Inglaterra con sus padres, a los seis años. Durante la Segunda Guerra Mundial se unió a otros científicos británicos que trabajaban con científicos estadounidenses en el desarrollo de la bomba atómica.

sorprendente, sólo hay cuatro bases en el ADN: dos son purinas sustituidas (adenina y guanina) y dos son pirimidinas sustituidas (citosina y timina).

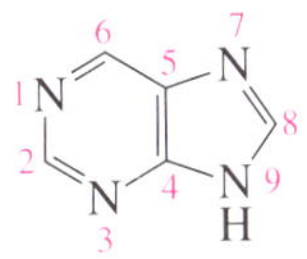

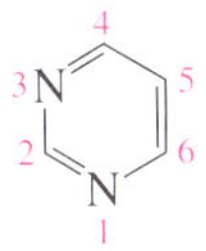

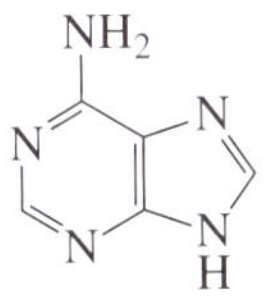

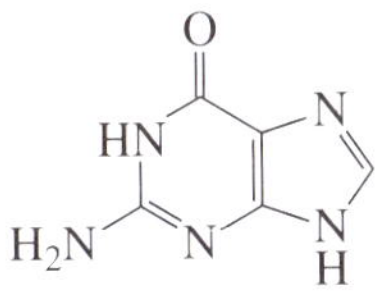

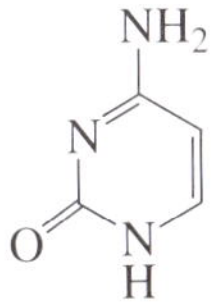

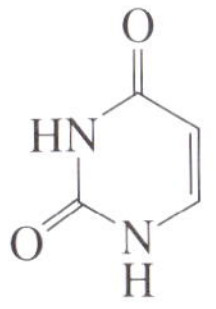

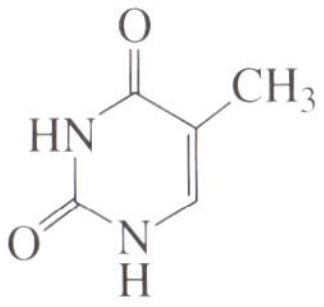

También el ARN sólo contiene cuatro bases. Tres de ellas (adenina, guanina y citosina) son las mismas que las del ADN, pero la cuarta base en el ARN es uracilo en lugar de timina. Note que la timina y el uracilo sólo difieren en un grupo metilo. (La timina es 5-metiluracilo). La razón porque el ADN contiene timina en lugar de uracilo se explicará en la sección 27.9.

Las purinas y las pirimidinas están unidas al carbono anomérico del anillo de la furanosa: las purinas en el N-9 y las pirimidinas en el N-1, con un enlace β-glicosídico. Un compuesto que contiene una base unida a D-ribosa o a 2'-desoxi-D-ribosa se llama **nucleósido**. Las posiciones en el anillo del componente azúcar en un nucleósido se indican mediante números con una prima ('), para diferenciarlas de las posiciones en el anillo de la base. Es la causa por la que al componente azúcar del ADN se le llama 2'-desoxi-D-ribosa.

Nótese la diferencia en los nombres de las bases y los de sus nucleósidos correspondientes, en la tabla 27.1. Por ejemplo, la adenina es la base, mientras que la adenosina es el nucleósido. De igual modo la citosina es la base, mientras que la citidina es el nucleósido, y así sucesivamente. Como el uracilo sólo se encuentra en el ARN, se muestra unido a la D-ribosa, pero no a la 2'-desoxi-D-ribosa; como la timina sólo se encuentra en el ADN, se muestra unida a la 2'-desoxi-D-ribosa, pero no a la D-ribosa.

Tabla 27.1	Nombres de bases, nucleósidos y nucleótidos			
Base	**Ribonucleósido**	**Desoxirribonucleósido**	**Ribonucleótido**	**Desoxirribonucleótido**
Adenina	Adenosina	2'-Desoxiadenosina	5'-Fosfato de adenosina	5'-Fosfato de 2'-desoxiadenosina
Guanina	Guanosina	2'-Desoxiguanosina	5'-Fosfato de guanosina	5'-Fosfato de 2'-desoxiguanosina
Citosina	Citidina	2'-Desoxicitidina	5'-Fosfato de citidina	5'-Fosfato de 2'-desoxicitidina
Timina	—	Timidina	—	5'-Fosfato de timidina
Uracilo	Uridina	—	5'-Fosfato de uridina	

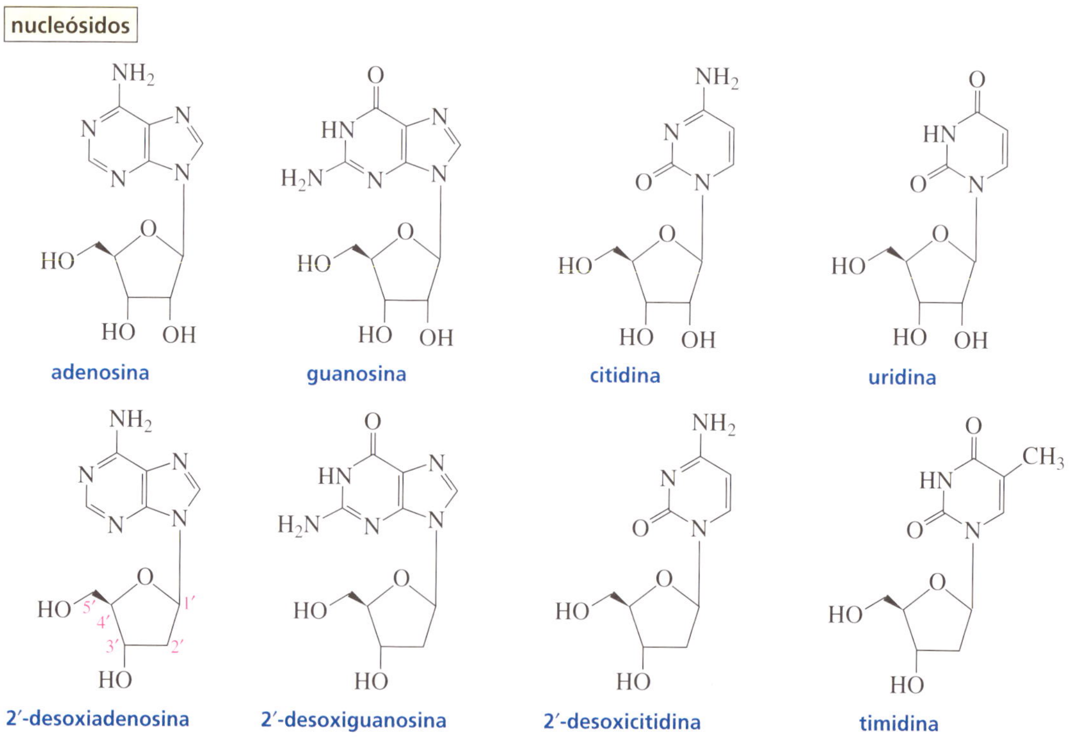

PROBLEMA 1

En disoluciones ácidas, los nucleósidos se hidrolizan para formar un azúcar y una base heterocíclica. Proponga un mecanismo para esta reacción.

Un **nucleótido** es un nucleósido con el grupo OH en 5′ o en 3′ unido al ácido fosfórico con enlace éster. Los nucleótidos del ARN, donde el azúcar es D-ribosa, se llaman **ribonucleótidos**, con más precisión, mientras que los nucleótidos del ADN, donde el azúcar es 2′-desoxi-D-ribosa, se llaman **desoxirribonucleótidos**.

nucleósido = base + azúcar

nucleótido = base + azúcar + fosfato

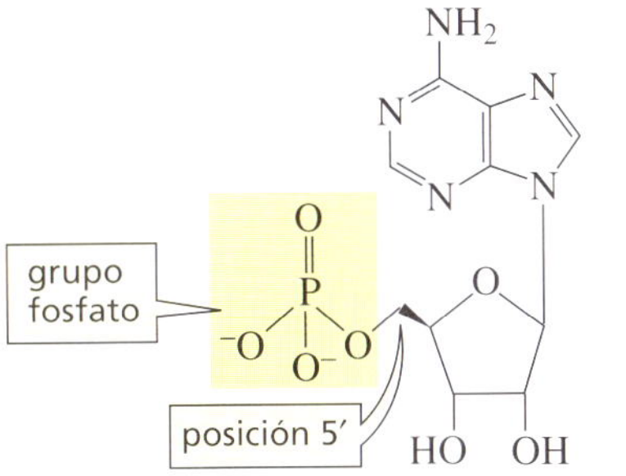

5′-monofosfato de adenosina
un ribonucleótido

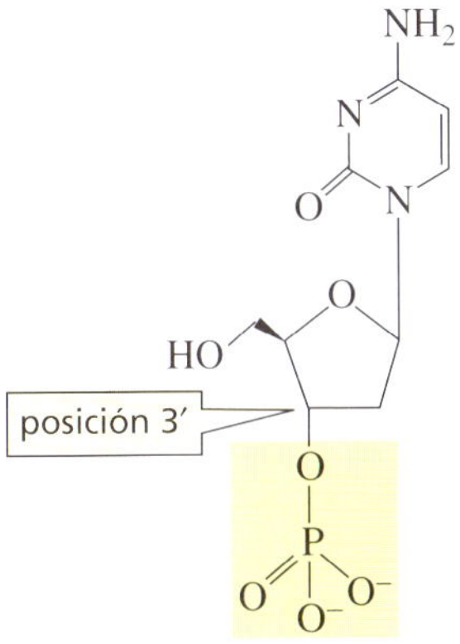

3′-monofosfato de 2′-desoxicitidina
un desoxirribonucleótido

En vista de que el ácido fosfórico puede formar un anhídrido (sección 25.2), los nucleótidos pueden existir como monofosfatos, difosfatos y trifosfatos. Su nombre se forma agregando *monofosfato*, *difosfato* o *trifosfato* al nombre del nucleósido*.

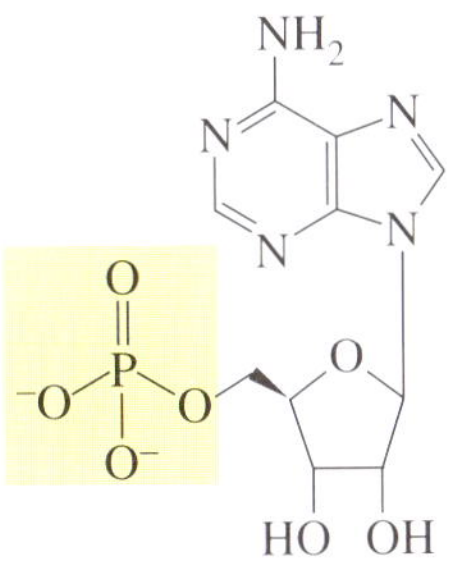

5′-monofosfato
de adenosina
AMP

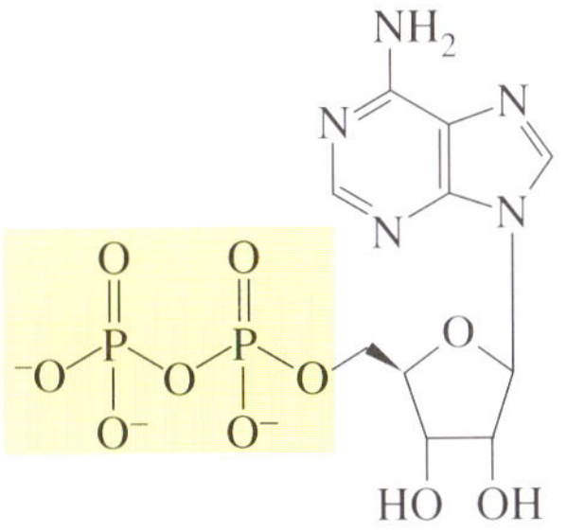

5′-difosfato
de adenosina
ADP

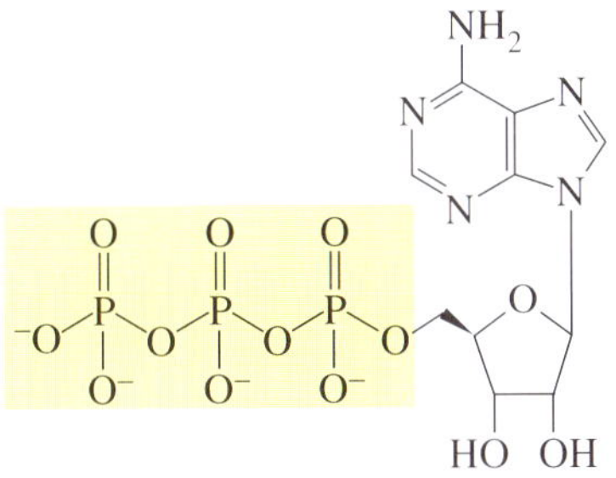

5′-trifosfato
de adenosina
ATP

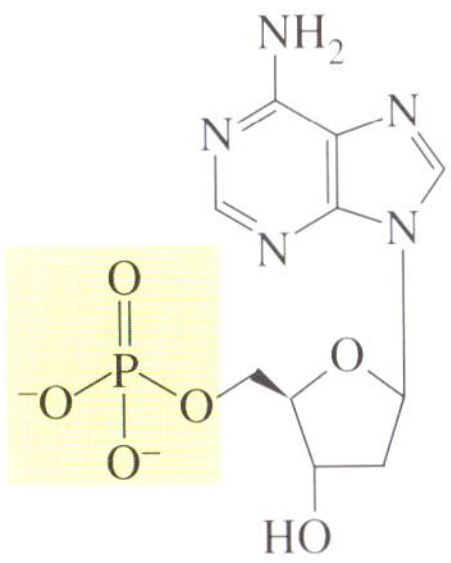

5′-monofosfato de
2′-desoxiadenosina
dAMP

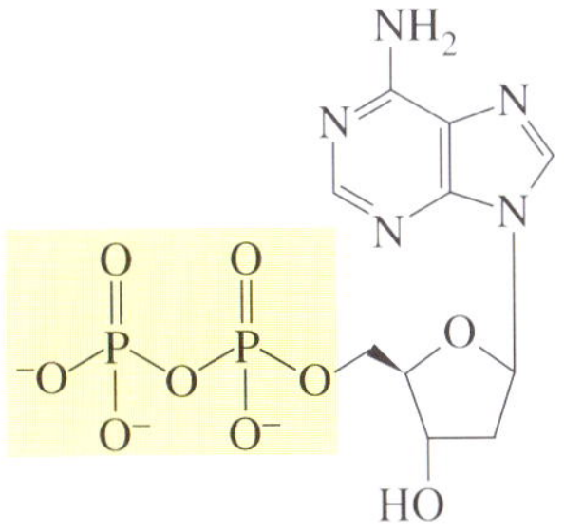

5′-difosfato de
2′-desoxiadenosina
dADP

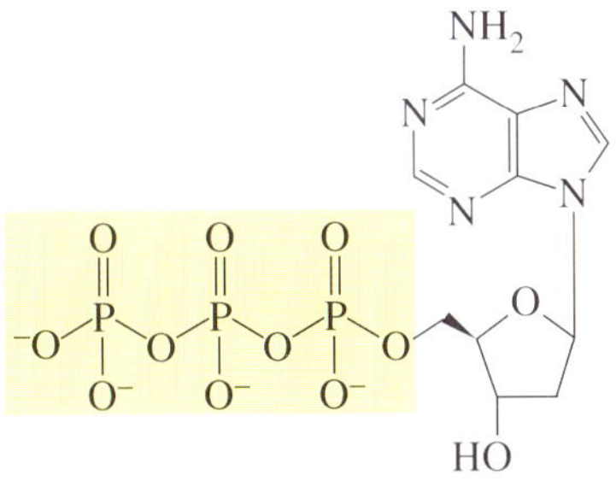

5′-trifosfato de
2′-desoxiadenosina
dATP

Nótese que los nombres de los nucleótidos se abrevian (A, G, C, T, U, seguidos por MP, DP o TP, dependiendo si es monofosfato, difosfato o trifosfato, y con una d al principio si contiene una 2′-desoxi-D-ribosa).

---

* N. del T. y R. T.: En química se suele escribir "monofosfato", … etc., antes de la base, como "monofosfato de adenosina", "5′-difosfato de adenosina", etc. Pero en bioquímica, donde se usan más estos nombres, "monofosfato", … etc., se escribe al final, como en "adenosina monofosfato", "adenosina 5′-difosfato", etc. El motivo principal de los bioquímicos para nombrarlos en español de esta forma es para coincidir con las abreviaturas, que vienen del inglés, con que se representan esos compuestos, como "ADP" para "adenosina difosfato". En este libro se emplearán los nombres como se deben escribir en español y las abreviaturas que son de uso científico quedan igual que en el inglés excepto para ADN y ARN, que si suelen usarse en el español de esta forma.

PROBLEMA 2

Dibuje la estructura de cada uno de los siguientes compuestos:
- **a.** dCDP
- **b.** dTTP
- **c.** dUMP
- **d.** UDP
- **e.** 5′-trifosfato de guanosina
- **f.** 3′-monofosfato de adenosina

27.2 Otros nucleótidos importantes

Ya se explicó que el ATP es el portador de la energía química (sección 25.2). Sin embargo, el ATP no es el único nucleótido de importancia biológica. El 5′-trifosfato de guanosina (o guanosina 5′-trifosfato, GTP) interviene en sustitución del ATP en algunas reacciones de transferencia de fosforilo. También se vio en las secciones 24.2 y 24.3 que los dinucleótidos participan como agentes oxidantes (NAD$^+$, NADP$^+$, FAD, FMN) y agentes reductores (NADH, NADPH, FADH$_2$ y FMNH$_2$).

Otro nucleótido importante es la 3′,5′-monofosfato de adenosina, llamado con frecuencia AMP cíclico. Se dice que el AMP cíclico es un "segundo mensajero" porque sirve como enlace entre varias hormonas (que son los primeros mensajeros) y ciertas enzimas que regulan las funciones celulares. La secreción de ciertas hormonas, como adrenalina, activa la adenilato ciclasa, enzima responsable de la síntesis de AMP cíclico a partir de ATP. El AMP cíclico activa entonces una enzima, en general fosforilándola. Los nucleótidos cíclicos son tan importantes para regular las reacciones celulares que toda una revista científica está dedicada a tales procesos.

PROBLEMA 3

¿Qué productos se obtendrían por hidrólisis del AMP cíclico?

27.3 Los ácidos nucleicos están formados por subunidades de nucleótidos

Se explicó que los **ácidos nucleicos** están formados por largas cadenas de subunidades de nucleótidos unidas por enlaces fosfodiéster que unen al grupo 3′-OH de un nucleótido con el grupo 5′-OH del siguiente nucleótido (figura 27.1). Un **dinucleótido** contiene dos subunidades de nucleótidos, un **oligonucleótido** contiene de tres a diez subunidades y un **polinucleótido** contiene numerosas subunidades. El ADN y el ARN son polinucleótidos.

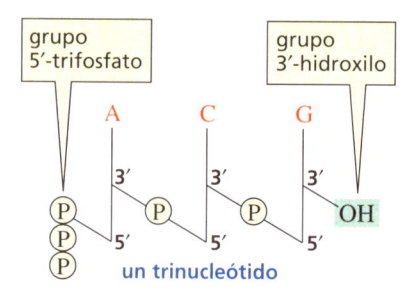

Los trifosfatos de nucleótido son las materias iniciales en la biosíntesis de los ácidos nucleicos. Las enzimas llamadas *ADN polimerasas* sintetizan al ADN; las enzimas *ARN polimerasas* sintetizan al ARN. Los nucleótidos se enlazan como resultado del ataque nucleofílico de un grupo 3′-OH de un trifosfato de nucleótido a un fósforo α de otro trifosfato de nucleótido, con lo cual se rompe un enlace fosfoanhídrido y se elimina pirofosfato (figura 27.2). Lo anterior significa que el polímero creciente se sintetiza en la dirección 5′ ⟶ 3′; en otras palabras, los nuevos nucleótidos se anexan al extremo 3′. Después el pirofosfato se hidroliza, con lo cual la reacción es irreversible (sección 25.3). Las hebras de ARN se biosintetizan de la misma forma, pero con ribonucleótidos en lugar de 2′-desoxirribonucleótidos.

El ADN se sintetiza en la dirección 5′ ⟶ 3′.

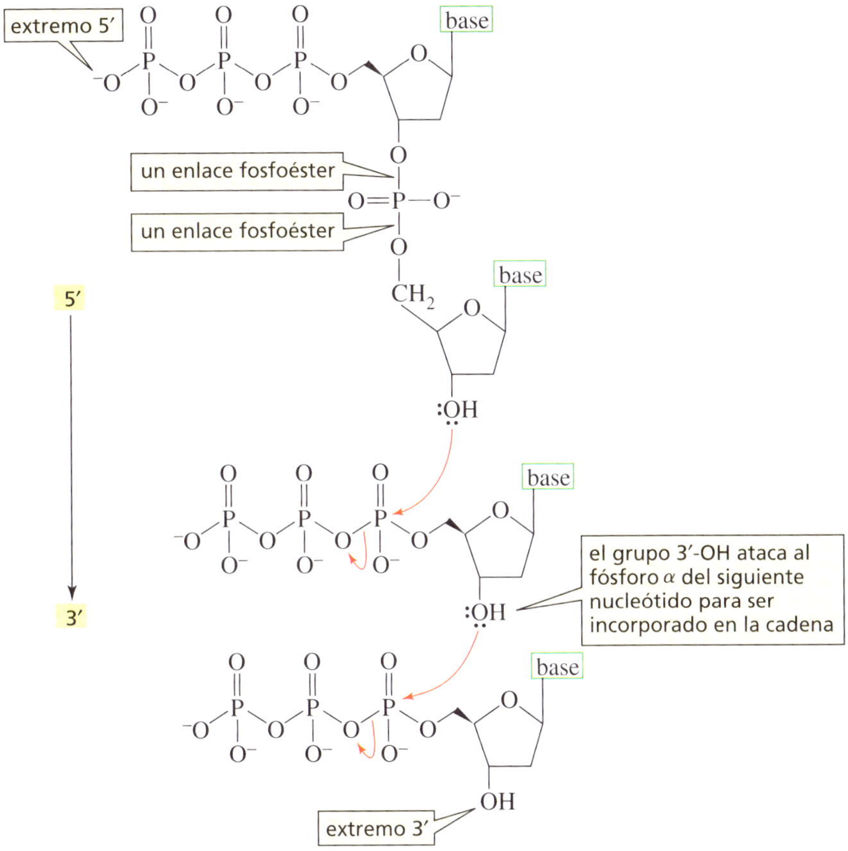

◄ **Figura 27.2**
Adición de nucleótidos a una hebra de ADN en crecimiento. La biosíntesis se efectúa en dirección 5′ ⟶ 3′.

La **estructura primaria** de un ácido nucleico es la secuencia de bases en la hebra. Por convención, la secuencia de bases en un polinucleótido se escribe en dirección 5′ ⟶ 3′ (el extremo 5′ está a la izquierda). Recuérdese que el polinucleótido que está en el extremo 5′ dispone de un grupo 5′-trifosfato libre y que el nucleótido que está en el extremo 3′ cuenta con un grupo 3′-hidroxilo libre.

ATGAGCCATGTAGCCTAATCGGC

extremo 5′   extremo 3′

Watson y Crick llegaron a la conclusión que el ADN consiste en dos hebras (o cadenas) de ácidos nucleicos con el esqueleto de azúcar-fosfato en el exterior y las bases en el interior. Las hebras son antiparalelas (corren en direcciones opuestas) y se mantienen unidas por puentes de hidrógeno entre las bases de una hebra y las de la otra (figuras 27.3 y 27.4). El ancho de la molécula de las dos hebras es relativamente constante, por lo que una purina debe aparearse con una pirimidina. Si se aparearan las purinas, que son mayores, las hebras presentarían salientes; si se aparearan las pirimidinas, que son más pequeñas, las hebras deberían tensionarse para acercar a las dos pirimidinas lo suficiente para formar puentes de hidrógeno.

1204 CAPÍTULO 27 Nucleósidos, nucleótidos y ácidos nucleicos

Los experimentos efectuados por Erwin Chargaff fueron fundamentales para la propuesta de Watson y Crick sobre la estructura secundaria del ADN. Dichos experimentos demostraron que el número de adeninas en el ADN es igual al de timinas y que el número

> **BIOGRAFÍA**
>
> **Erwin Chargaff (1905–2002)** *nació en Austria y recibió un doctorado de la Universidad de Viena. Para escapar de Hitler se fue a Estados Unidos en 1935 y fue profesor en el Colegio de Médicos y Cirujanos de la Universidad de Columbia. Modificó la cromatografía en papel, técnica para identificar aminoácidos (sección 22.5), para poderla usar en la cuantificación de las distintas bases en una muestra de ADN.*

Figura 27.3 ▶
Apareamiento de bases complementarias en el ADN. La adenina (una purina) siempre se aparea con timina (una pirimidina); la guanina (una purina) siempre se aparea con citosina (una pirimidina). Por consiguiente
[A] = [T]
[G] = [C]

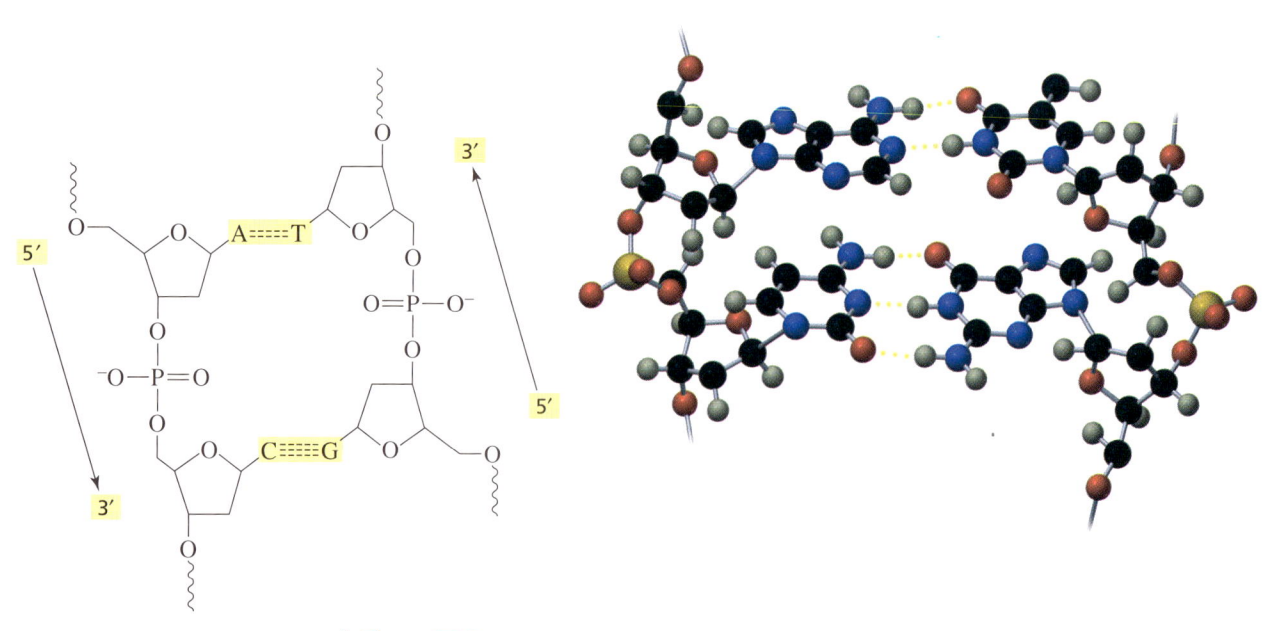

▲ Figura 27.4
El esqueleto de azúcar-fosfato del ADN está en el exterior y las bases en el interior; las A se aparean con T y las G se aparean con C. Las dos hebras son antiparalelas porque corren en direcciones opuestas.

de guaninas es igual al de citosinas. También Chargaff notó que el número de adeninas y timinas, en relación con la de guaninas y citosinas, es característica de determinada especie, pero que varía de una a otra especie. Por ejemplo, en el ADN humano, el 60.4% de las bases son adeninas y timinas, mientras que el 74.2% de ellas son adeninas y timinas en el ADN de la bacteria *Sarcina lutea*.

Los datos de Chargaff muestran que [adenina] = [timina] y [guanina] = [citosina] sólo se podrían explicar si la adenina (A) se apareara siempre con la timina (T) y la guanina (G) siempre se apareara con citosina (C). Ello lleva implícito que las dos hebras son *complementarias*: donde hay A en una hebra hay una T en la hebra opuesta, y donde hay una G en una hebra hay una C en la otra (figura 27.3). Así, si se conoce la secuencia de bases en una hebra se puede deducir la secuencia de bases en la otra hebra.

¿Qué hace que la adenina se apare con timina y no con citosina (la otra pirimidina)? El apareamiento de las bases se determina por la formación de puentes de hidrógeno. A partir del hecho conocido de que las bases existen en la forma ceto (sección 18.2), Watson pudo explicar el apareamiento.* La adenina forma dos puentes de hidrógeno con la timina, pero sólo formaría uno con la citosina. La guanina forma tres puentes de hidrógeno con la citosina, pero sólo formaría uno con la timina (figura 27.5). Los enlaces N—H----N y N—H----O que mantienen unidas las bases tienen todos aproximadamente la misma longitud (2.9 ± 0.1 Å).

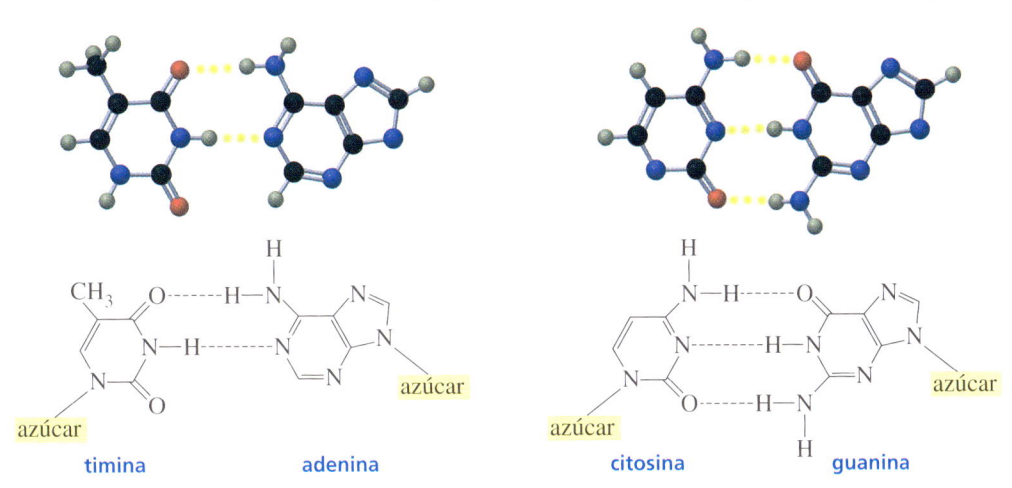

▲ **Figura 27.5**
Apareamiento de bases en el ADN: entre adenina y timina se forman dos puentes de hidrógeno; la citosina y la guanina forman tres puentes de hidrógeno.

Las hebras de ADN no son lineales sino que están formando una hélice en torno a un eje común (véase la figura 27.6a). Los pares de bases son planos y paralelos entre sí en el interior de la hélice (figuras 27.6b y c). Por lo anterior, a la estructura secundaria se le llama **doble hélice**. La doble hélice se parece a una escalera (los pares de bases son los peldaños) enroscada en torno a un eje que pasa por los peldaños (figura 27.6c). El esqueleto de azúcar-fosfato envuelve a las bases. El grupo OH del fosfato tiene un pK_a aproximado de 2, por lo que está en su forma básica (con carga negativa) al pH fisiológico. El esqueleto tiene carga negativa y repele a los nucleófilos, con lo que impide la ruptura de los enlaces fosfodiéster.

Los puentes de hidrógeno entre pares de bases sólo forman una de las fuerzas que mantienen unidas a las dos hebras del ADN. Las bases son moléculas aromáticas planas que se apilan una sobre otra, y cada par está ligeramente girado con respecto al siguiente, como una mano de cartas parcialmente abanicada. En este acomodo hay interacciones favorables de van der Waals entre los dipolos mutuamente inducidos de pares adyacentes de bases. Esas interacciones se llaman **interacciones de apilamiento** y son fuerzas débiles de atracción, pero que cuando se suman contribuyen en forma importante a la estabilidad de la do-

---

*A Watson se le dificultaba entender el apareamiento de las bases en el ADN porque suponía que éstas se encontraban en su forma enólica (véase el problema 8). Cuando Jerry Donohue, un cristalógrafo estadounidense, le informó que era bastante más probable que las bases existieran en su forma ceto, los datos de Chargaff pudieron explicarse con mayor facilidad por la formación de puentes de hidrógeno entre adenina y timina y entre guanina y citosina.

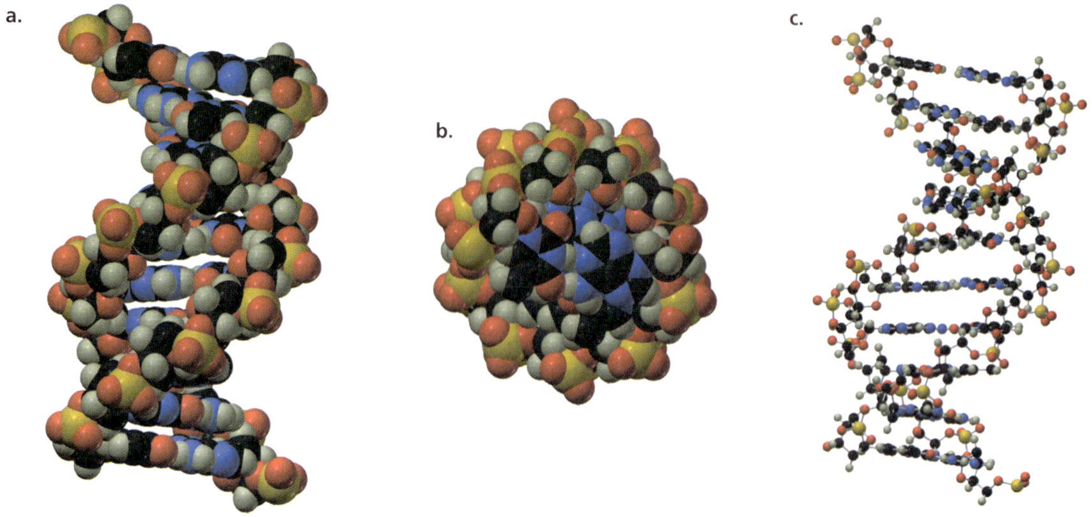

▲ Figura 27.6
a) La doble hélice del ADN. b) Vista a lo largo del eje de la hélice. c) Las bases son planas y paralelas en el interior de la hélice.

ble hélice. Las interacciones de apilamiento son más fuertes entre dos purinas y más débiles entre dos pirimidinas. El confinamiento de las bases en el interior de la hélice ejerce un efecto estabilizador adicional, reduce el área de exposición al agua de los residuos relativamente no polares. Con ello aumenta la entropía de las moléculas de agua que se sitúan en la periferia (sección 22.15).

Hay dos surcos alternados distintos en la hélice de ADN, un **surco mayor** y un **surco menor**, relativamente más angosto. En los cortes transversales de la doble hélice se ve que un lado de cada par de bases ve hacia el surco mayor y el otro ve hacia el surco menor. Las proteínas y otras moléculas se pueden unir en los surcos. Las propiedades de formación de puentes de hidrógeno por parte de los grupos funcionales que ven hacia cada surco determinan qué clase de moléculas se unen en el surco. Por ejemplo, la netropsina es un antibiótico que funciona al unirse al surco menor del ADN (sección 30.10).

PROBLEMA 4

Indique si cada uno de los grupos funcionales en las cinco bases heterocíclicas de los ácidos nucleicos puede ser aceptor (A) de puente de hidrógeno, donador (D) de puente de hidrógeno o ambas cosas (D/A).

PROBLEMA 5

Use las designaciones D, A y D/A del problema 4 para indicar cómo se afectaría el apareamiento de bases si las bases existieran en su forma enólica.

PROBLEMA 6

El fosfodiéster 2′,3′-cíclico que se forma al hidrolizarse el ARN (figura 27.7) reacciona con agua y forma una mezcla de 2′- y 3′-fosfatos de nucleótido. Proponga un mecanismo para esta reacción.

PROBLEMA 7♦

Si una de las hebras del ADN tiene la siguiente secuencia de bases, en dirección 5′ ⟶ 3′

$$5'-G-G-A-C-A-A-T-C-T-G-C-3'$$

a. ¿Cuál es la secuencia de bases en la hebra complementaria?
b. ¿Qué base está más cercana al extremo 5′ en la hebra complementaria?

> **PROBLEMA 8**
>
> El 5-bromouracilo es un compuesto mutagénico (esto es, que causa cambios en el ADN) y se usa en la quimioterapia del cáncer. Cuando se administra a un paciente, se convierte en el trifosfato y se incorpora en el ADN en lugar de la timina, con la que guarda un gran parecido estérico. ¿Por qué causa mutaciones? (*Sugerencia:* el sustituyente bromo aumenta la estabilidad del tautómero enol).
>
> 5-bromouracilo   timina

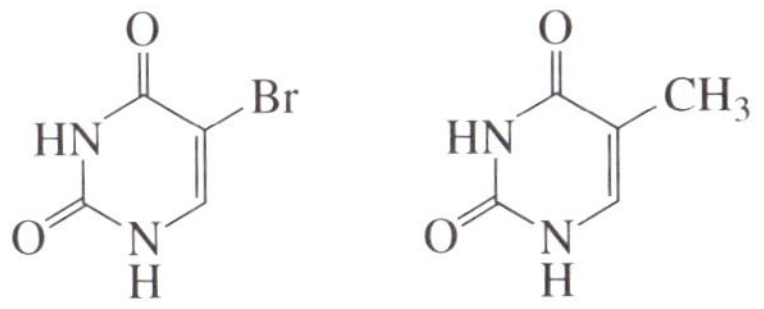

27.4 El ADN es estable pero el ARN se rompe con facilidad

A diferencia del ADN, el ARN se rompe con facilidad porque el grupo 2′-OH de la ribosa puede ser el nucleófilo que rompe la hebra (figura 27.7). Eso explica por qué falta el grupo 2′-OH en el ADN. El ADN debe permanecer intacto durante toda la vida de una célula para conservar la información genética. Una ruptura fácil del ADN tendría consecuencias desastrosas para la célula y para la vida misma. En contraste, el ARN se sintetiza cuando se necesita y se degrada una vez cumplida su misión.

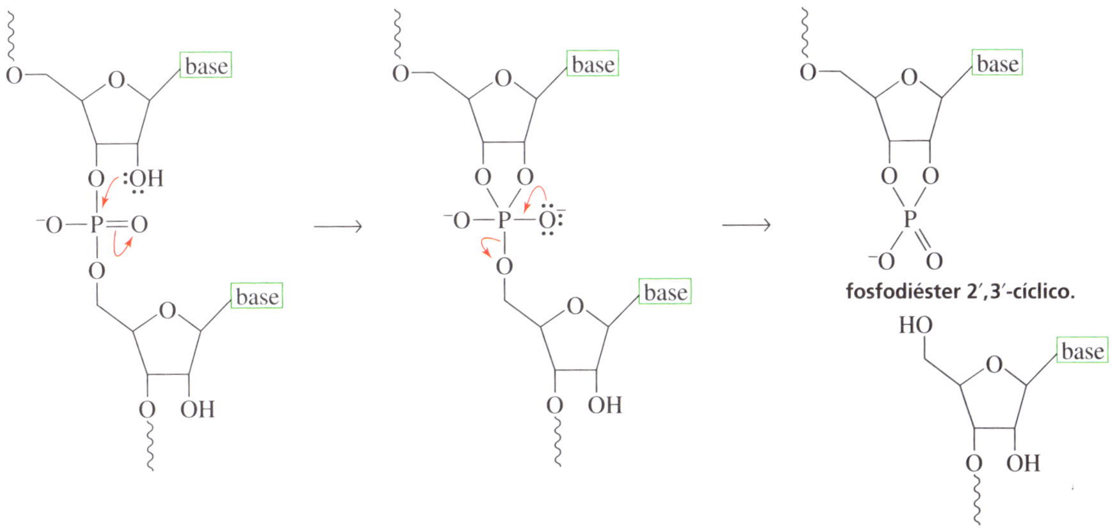

▲ **Figura 27.7**
Ruptura del ARN; el grupo 2′-OH es un catalizador nucleofílico intramolecular. Se cree que el ARN se divide 3,000 millones de veces más rápido que el ADN.

27.5 Biosíntesis de ADN: replicación

La información genética de una célula humana está contenida en 23 pares de cromosomas. Cada cromosoma está formado por varios miles de **genes** (segmentos de ADN). El ADN total de una célula humana, el **genoma humano**, contiene 3,100 millones de pares de bases.

Parte de la revolución originada por la estructura propuesta del ADN por Watson y Crick se debe a que tal estructura pareció indicar de inmediato cómo puede el ADN pasar la información genética a generaciones sucesivas. Como las dos hebras son complementarias, ambas encierran la misma información genética. Ambas sirven como plantillas o mol-

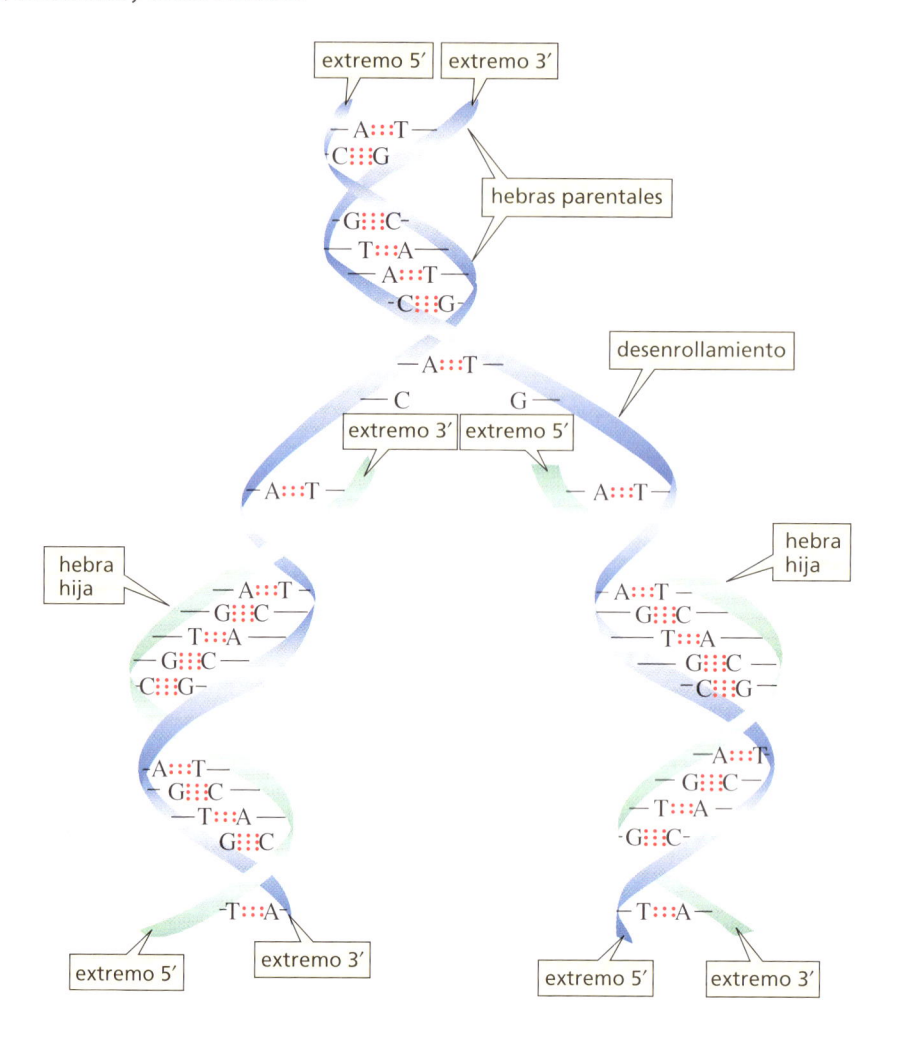

Figura 27.8 ▶
Replicación del ADN. La hebra hija, a la izquierda, se sintetiza en forma continua en la dirección 5' ⟶ 3'; la hebra hija de la derecha se sintetiza en forma discontinua, en dirección 5' ⟶ 3'.

des para la síntesis de nuevas hebras complementarias (figura 27.8). Las nuevas moléculas (hijas) de ADN son idénticas a la molécula original (precursora o parental); contienen toda la información genética original. A la síntesis de copias idénticas de ADN se le llama **replicación**.

Todas las reacciones de la síntesis de ácidos nucleicos son catalizadas por enzimas. La síntesis del ADN se efectúa en una región de la molécula donde las hebras han comenzado a separarse, región que se denomina **horquilla de replicación**. Como un ácido nucleico sólo puede sintetizarse en la dirección 5' ⟶ 3', sólo la hebra hija en la izquierda de la figura 27.8 se sintetiza en forma continua, en una sola pieza (porque se sintetiza en dirección 5' ⟶ 3'). La otra hebra hija debe crecer en dirección 3' ⟶ 5', y entonces se sintetiza en forma discontinua, en tramos pequeños. Cada tramo se sintetiza en la dirección 5' ⟶ 3' y una enzima llamada ADN ligasa une los fragmentos entre sí. Cada una de las dos moléculas hijas de ADN replicado que resultan contiene una de las hebras parentales originales (hebra azul, en la figura 27.8), más una hebra recién sintetizada (hebra verde). Este proceso se conoce como **replicación semiconservativa**.

PROBLEMA 9

Use una línea oscura para representar al ADN parental original y una línea ondulada para ADN sintetizado a partir del ADN parental y represente cómo se vería la población de moléculas de ADN en la cuarta generación de moléculas replicadas.

27.6 La transcripción es la biosíntesis de ARN

Si el ADN contiene información hereditaria, debe haber un método para decodificar esa información. Esa decodificación se efectúa en dos pasos.

1. La secuencia de bases en el ADN proporciona un mapa para la síntesis del ARN; la síntesis de ARN a partir del mapa de ADN se llama **transcripción** y se efectúa en el núcleo de la célula. Entonces, el ARN recién sintetizado sale del núcleo y lleva la información genética al citoplasma (el material celular en el exterior del núcleo).
2. La secuencia de bases en el ARN determina la secuencia de aminoácidos en una proteína; la síntesis de una proteína a partir de un mapa de ARN se denomina **traducción** (sección 27.8).

Primero se describirá la transcripción. El ADN contiene ciertas secuencias de bases llamadas **sitios promotores**, que marcan el principio de los genes. Una enzima reconoce a un sitio promotor y se une a él, con lo que da inicio la síntesis de ARN. El ADN en el sitio promotor se desenrolla y forma dos hebras sencillas, con sus bases expuestas. Una de las hebras se llama **cadena de codificación** o **cadena de sentido** y la hebra complementaria se llama **cadena de plantilla** o **cadena antisentido**. Para sintetizar el ARN, se lee la cadena de plantilla en dirección $3' \longrightarrow 5'$ para que el ARN se pueda sintetizar en la dirección $5' \longrightarrow 3'$ (figura 27.9). Las bases en la hebra de plantilla especifican las bases que deben incorporarse a ARN, siguiendo el mismo principio de apareamiento de bases que permite la replicación del ADN. Por ejemplo, cada guanina en la cadena de plantilla especifica la incorporación de una citosina al ARN, y cada adenina en la hebra de plantilla especifica la incorporación de un uracilo al ARN. (Recuerde que en el ARN se incorpora uracilo en lugar de timina). Como tanto el ARN como la hebra codificadora son complementarias a la hebra de plantilla, el ARN y la hebra codificadora del ADN tienen la misma secuencia de bases, con la excepción de que el ARN tiene uracilo donde la hebra codificadora tiene timina. Así como hay sitios promotores que indican los lugares de inicio de la síntesis de ARN, en el ADN hay sitios que indican que ya no se deben añadir bases a la cadena creciente de ARN y en ese punto se detiene la síntesis.

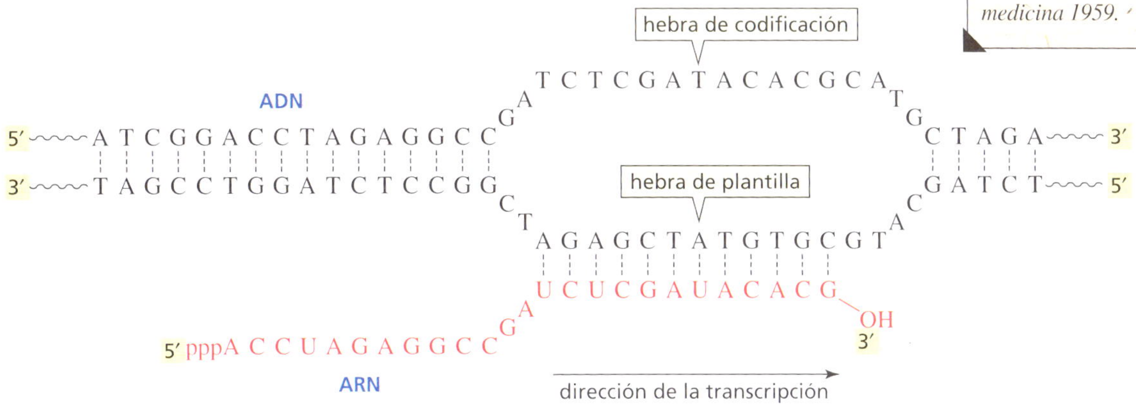

> **BIOGRAFÍA**
>
> **Severo Ochoa (1905–1993)** *nació en España. Se graduó en la Universidad de Málaga en 1921, y recibió una maestría de la Universidad de Madrid. Pasó los cinco años siguientes estudiando en Alemania e Inglaterra y después se unió al cuerpo docente del Colegio de Medicina de la Universidad de Nueva York. Se naturalizó estadounidense en 1956.* **Ochoa** *fue quien primero preparó hebras sintéticas de ARN incubando nucleótidos en presencia de enzimas que catalizan la biosíntesis de ARN.*

> **BIOGRAFÍA**
>
> **Arthur Kornberg** *nació en Nueva York en 1918. Se graduó en el Colegio de la Ciudad de Nueva York y recibió una maestría de la Universidad de Rochester. Es profesor de bioquímica en la Universidad de Stanford.* **Kornberg** *preparó hebras sintéticas de ADN en forma parecida a la de Ochoa. Por sus trabajos, los dos compartieron el Premio Nobel de fisiología o medicina 1959.*

▲ **Figura 27.9**
Transcripción: se usa ADN como plano para la síntesis de ARN.

Transcripción: ADN $\longrightarrow$ ARN

Traducción: ARNm $\longrightarrow$ proteína

El ARN se sintetiza en la dirección $5' \longrightarrow 3'$.

En forma sorprendente, un gen no necesariamente es una secuencia continua de bases. Con frecuencia, las bases de un gen están interrumpidas por bases que parecen no tener contenido informativo. Un tramo de bases que representa una parte de un gen se llama **exón**, mientras que un tramo de bases que no contiene información genética se llama **intrón**. El ARN que se sintetiza es complementario de toda la secuencia de bases de ADN, exones e intrones, entre el sitio promotor y la señal de paro. Entonces, después que se sintetiza el ARN, pero antes de que salga del núcleo, las llamadas bases superfluas (codificadas por los intrones) se cortan y separan, y los fragmentos informativos se empalman, con lo que resulta una molécula de ARN mucho más corta. Este paso de procesamiento de ARN se llama **corte y empalme de ARN**. Se ha visto que sólo 2% del ADN contiene información genética, mientras que 98% está formado por intrones.

Se ha sugerido que el objetivo de los intrones es hacer más versátil al ARN. La cadena larga, sintetizada de manera original, de ARN se puede cortar en formas diferentes para crear una diversidad de ARN más cortos.

BIOGRAFÍA

Sidney Altman y **Thomas Robert Cech** *recibieron el Premio Nobel de Química 1989 por su descubrimiento de las propiedades catalíticas del ARN.* **Sidney Altman** *nació en Montreal, en 1939. Recibió una licenciatura del MIT y un doctorado de la Universidad de Colorado, en Boulder. Fue becario postdoctoral en el laboratorio de Francis Crick, en la Universidad de Cambridge. Ahora es profesor de biología en la Universidad de Yale.*

BIOGRAFÍA

Thomas Cech *nació en Chicago en 1947. Recibió una licenciatura del Grinnell College y un doctorado de la Universidad de California, en Berkeley. Fue becario postdoctoral en el MIT y ahora es profesor de la Universidad de Colorado, en Boulder. También es presidente del Instituto Médico Howard Hughes.*

PROBLEMA 10

¿Por qué tanto la timina como el uracilo especifican la incorporación de adenina?

27.7 Hay tres clases de ARN

Las moléculas de ARN son mucho más cortas que las de ADN y en general son de una hebra. Aunque las moléculas de ADN pueden tener miles de millones de pares de bases, las de ARN rara vez tienen más de 10,000 nucleótidos. Hay tres clases de ARN:

- **ARN mensajero (ARNm)**, cuya secuencia de bases determina la secuencia de aminoácidos en una proteína
- **ARN ribosomal (ARNr)**, es un componente estructural de los ribosomas, que son las partículas en las que se efectúa la biosíntesis de las proteínas
- **ARN de transferencia (ARNt)**, el portador de aminoácidos para la síntesis de proteínas.

Las moléculas de ARNt son mucho menores que las de ARNm o de ARNr; una molécula de ARNt sólo contiene de 70 a 90 nucleótidos. La hebra única del ARNt se dobla y forma una estructura característica en forma de trébol, con tres vueltas y un saliente pequeño junto a la asa derecha (figura 27.10a). Hay al menos cuatro regiones con apareamiento de bases complementarias. Todos los ARNt tienen una secuencia CCA en el extremo 3'. Las tres bases en la parte inferior del asa, directamente opuestas en los extremos 5' y 3', se llaman **anticodón** (figuras 27.10a y b).

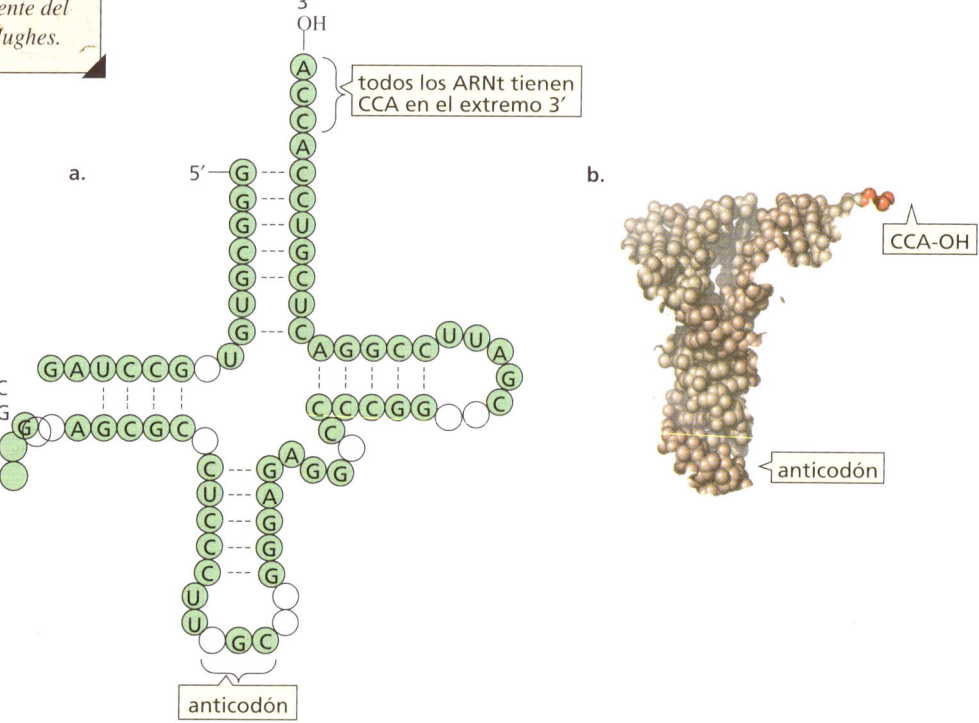

▲ **Figura 27.10**

a) ARNt^{Ala}, un ARN de transferencia que transporta alanina. En comparación con otros ARN, el ARNt contiene un alto porcentaje de bases poco comunes (que se indican con círculos vacíos). Dichas bases se forman por modificación enzimática de las cuatro bases normales. b) ARNt^{Phe}: el anticodón es verde; la secuencia CCA en el extremo 3' es roja.

Cada ARNt puede llevar un aminoácido unido como éster en su grupo 3'-OH terminal. El aminoácido se insertará en una proteína durante la biosíntesis de la misma. Cada ARNt sólo puede transportar un aminoácido en particular. Un ARNt que transporta alanina se representa con ARNt^{Ala}.

27.7 Hay tres clases de ARN **1211**

Una enzima llamada aminoacil-ARNt sintetasa cataliza la fijación de un aminoácido a un ARNt. El mecanismo de la reacción se ve en la figura 27.11.

▲ Figura 27.11
Mecanismo propuesto para la aminoacil-ARNt sintetasa, la enzima que cataliza la unión de un aminoácido a un ARNt.

- El grupo carboxilato del aminoácido se activa atacando el fósforo β del ATP y forma un adenilato de acilo.
- El pirofosfato que es expulsado se hidroliza después y asegura la irreversibilidad de la reacción de transferencia de fosforilo (sección 25.3).
- Se efectúa una reacción de sustitución nucleofílica en el grupo acilo, donde el grupo 3'-OH del ARNt ataca al carbono del grupo carbonilo del adenilato de acilo y se forma un intermediario tetraédrico.
- Se forma el aminoacilo ARNt cuando se expulsa AMP del intermediario tetraédrico.

Todos los pasos se efectúan en el sitio activo de la enzima. Cada aminoácido tiene su propia aminoacil-ARNt sintetasa. Cada sintetasa tiene dos sitios específicos de unión, uno para el aminoácido y uno para el ARNt que transporta ese aminoácido (figura 27.12).

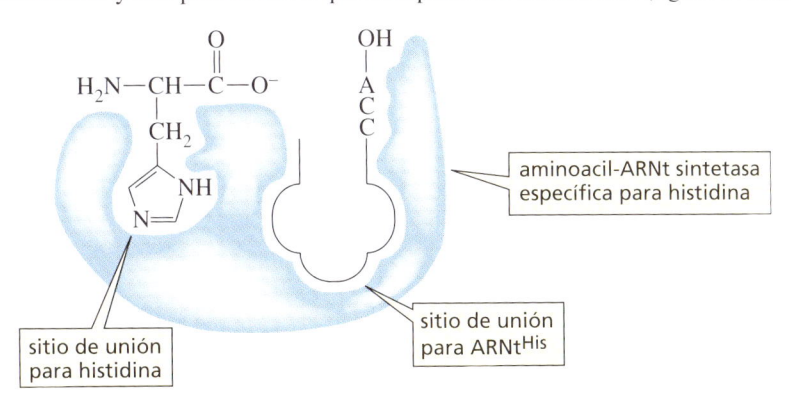

BIOGRAFÍA

Elizabeth Keller (1918–1997) *reconoció por primera vez que el ARNt tiene una estructura en forma de trébol. Recibió una licenciatura de la Universidad de Chicago en 1940 y un doctorado del Colegio Médico de la Universidad Cornell en 1948. Trabajó en el Huntington Memorial Laboratory del Hospital General de Massachusetts y en el Servicio de Salud Pública en Estados Unidos. Después fue profesora en el MIT y más tarde en la Universidad Cornell.*

▲ Figura 27.12
Una aminoacil-ARNt sintetasa tiene un sitio de unión para ARNt y otro sitio de unión para el aminoácido en particular que se va a fijar a ese ARNt. En este ejemplo, la histidina es el aminoácido y ARNt^His es la molécula de ARNt.

> **BIOGRAFÍA**
>
> *El código genético fue desarrollado en forma independiente por* **Marshall Nirenberg** *y* **Har Gobind Khorana**, *por lo cual compartieron el Premio Nobel de fisiología o medicina 1968.* **Robert Holley,** *trabajando en la estructura de las moléculas de ARNt, también compartió el premio de ese año.*

> **BIOGRAFÍA**
>
> **Marshall Nirenberg** *nació en Nueva York en 1927. Recibió una licenciatura de la Universidad de Florida y un doctorado de la Universidad de Michigan. Es científico de los Institutos Nacionales de Salud, en EUA.*

> **BIOGRAFÍA**
>
> **Har Gobind Khorana** *nació en India, en 1922. Recibió una licenciatura y una maestría de la Universidad de Punjab, y un doctorado de la Universidad de Liverpool. En 1960 se unió al cuerpo docente de la Universidad de Wisconsin y después fue profesor en el MIT.*

Es fundamental que el aminoácido correcto se una al ARNt; si no fuera así, la proteína no se sintetizaría en forma correcta. Por fortuna, las sintetasas corrigen sus propios errores. Por ejemplo, la valina y la treonina son de un tamaño aproximadamente igual, pero la treonina cuenta con un grupo OH en lugar del grupo CH_3 de la valina. Por consiguiente, ambos aminoácidos pueden entrar al sitio de unión del aminoácido para valina, en la aminoacil-ARNt sintetasa, y los dos se pueden activar después reaccionando con ATP para formar un adenilato de acilo. La aminoacil-ARNt sintetasa para valina tiene dos sitios catalíticos adyacentes, uno para fijar el adenilato de acilo al ARNt y otro para hidrolizar al adenilato de acilo.

El sitio de acilación es hidrofóbico y entonces se prefiere valina frente a treonina para la reacción de acilación de ARNt. El sitio hidrolítico es polar y entonces se prefiere treonina frente a valina para la reacción de hidrólisis. En consecuencia, si la aminoacil-ARNt sintetasa para valina activa a la treonina se hidrolizará y no se transferirá al ARNt.

$$CH_3CH-CH(CH_3)(^+NH_3)-COO^- \quad \text{valina}$$

$$CH_3CH-CH(OH)(^+NH_3)-COO^- \quad \text{treonina}$$

27.8 Biosíntesis de proteínas: traducción

Una proteína se sintetiza desde su extremo N-terminal hasta su extremo C-terminal mediante un proceso que lee las bases a lo largo de la hebra de ARNm en dirección 5′ ⟶ 3′. Cada aminoácido que va a incorporarse a una proteína está especificado por una o más secuencias de tres bases llamadas **codones**. Las bases se leen en forma consecutiva y nunca se omiten. Las secuencias de tres bases y el aminoácido para el que cada secuencia codifica se llaman **código genético** (tabla 27.2). Un codón se escribe con el 5′-nucleótido a la izquierda. Por ejemplo, el codón UCA en el ARNm codifica para el aminoácido serina, mientras que CAG codifica para la glutamina.

Tabla 27.2 El código genético					
Posición 5′		**Posición intermedia**			**Posición 3′**
	U	C	A	G	
U	Fen	Ser	Tir	Cis	U
	Fen	Ser	Tir	Cis	C
	Leu	Ser	Paro	Paro	A
	Leu	Ser	Paro	Trp	G
C	Leu	Pro	His	Arg	U
	Leu	Pro	His	Arg	C
	Leu	Pro	Gln	Arg	A
	Leu	Pro	Gln	Arg	G
A	Ile	Tre	Asn	Ser	U
	Ile	Tre	Asn	Ser	C
	Ile	Tre	Lis	Arg	A
	Met	Tre	Lis	Arg	G
G	Val	Ala	Asp	Gli	U
	Val	Ala	Asp	Gli	C
	Val	Ala	Glu	Gli	A
	Val	Ala	Glu	Gli	G

Como hay cuatro bases y los codones son tripletes, son posibles $4^3 = 64$ codones diferentes. Es mucho más que los que se necesitan para especificar los 20 aminoácidos diferentes, y entonces todos los aminoácidos, excepto metionina y triptófano, codifican para más de un codón. Por tanto, no es de sorprender que la metionina y el triptófano sean los aminoácidos menos abundantes en las proteínas. En realidad, 61 de los codones especifican aminoácidos y tres son codones de paro. Los **codones de paro** indican a la célula que "interrumpa aquí la síntesis de la proteína".

La **traducción** es el proceso mediante el cual se decodifica el mensaje del ADN que ha pasado al ARNm y se usa para sintetizar proteínas. Cada una de las más o menos 100,000 proteínas que hay en el cuerpo humano se sintetiza a partir de un ARNm diferente. No se deben confundir la transcripción con la traducción: esas palabras se usan tal como en el inglés. Transcripción (ADN a ARN) es copiar *en el mismo idioma*, en este caso el idioma son nucleótidos. La traducción (ARN a proteína) es *cambiar de idioma*, el idioma de los aminoácidos.

En la figura 27.13 se muestra la manera en que la información en el ARNm se traduce en un polipéptido. En esa figura, serina fue el último aminoácido incorporado a la cadena creciente del polipéptido. El codón AGC en el ARNm especificó serina porque el anticodón del ARNt que transporta serina es GCU (3'-UCG-5'). (Recuerde que una secuencia de bases se lee en dirección 5' $\longrightarrow$ 3', por lo que la secuencia de bases en el anticodón debe leerse de derecha a izquierda).

- El siguiente codón, CUU, pide un ARNt con un anticodón de AAG (3'-GAA-5'). Ese ARNt en particular lleva leucina. El grupo amino de la leucina lleva a cabo en una reacción de sustitución nucleofílica en el grupo acilo catalizada por enzima (sección 16.7) sobre el éster de la serina adyacente al ARNt, desplazando a dicho ARNt.

- El siguiente codón (GCC) especifica a un ARNt que transporte alanina. El grupo amino de la alanina desplaza al ARNt que llevaba consigo a la leucina.

Los aminoácidos siguientes se incorporan uno por uno de la misma manera, con el codón en el ARNm que especifica el aminoácido a incorporarse por apareamiento de la base complementaria, del anticodón del ARNt que transporta dicho aminoácido.

La síntesis de proteínas se efectúa en los ribosomas (figura 27.14). La menor de las dos subunidades en el ribosoma tiene tres sitios de unión para moléculas de ARN. Se une con el ARNm cuya secuencia de bases se va a leer, con el ARNt que lleva la cadena creciente de polipéptido y con el ARNt que transporta el siguiente aminoácido a incorporar en la proteína. La subunidad mayor del ribosoma cataliza la formación del enlace peptídico.

> **BIOGRAFÍA**
>
> **Robert William Holley (1922–1993)** *nació en Illinois y recibió una licenciatura de la Universidad de Illinois, y un doctorado de la Universidad Cornell. Durante la Segunda Guerra Mundial trabajó sobre la síntesis de la penicilina en la Escuela Médica de Cornell. Fue profesor en Cornell y después en la Universidad de California, en San Diego. También fue un escultor de renombre.*

Tutorial del alumno:
Traducción
(Translation)

Una proteína se sintetiza en la dirección N-terminal $\longrightarrow$ C-terminal.

PROBLEMA 11◆

Si la metionina es el primer aminoácido incorporado a un polipéptido ¿qué polipéptido codifica el siguiente tramo de ARNm?

5'—G—C—A—U—G—G—A—C—C—C—G—U—U—A—U—U—A—A—A—C—A—C—3'

PROBLEMA 12◆

En el problema 11 ahora hay cuatro C seguidas en el segmento de ARNm. ¿Qué polipéptido se formaría a partir del ARNm si una de las cuatro C se extrajera de la hebra?

PROBLEMA 13

UAA es el codón de paro. ¿Por qué la secuencia UAA en el ARNm del problema 11 no pudo causar la suspensión de la síntesis de proteína?

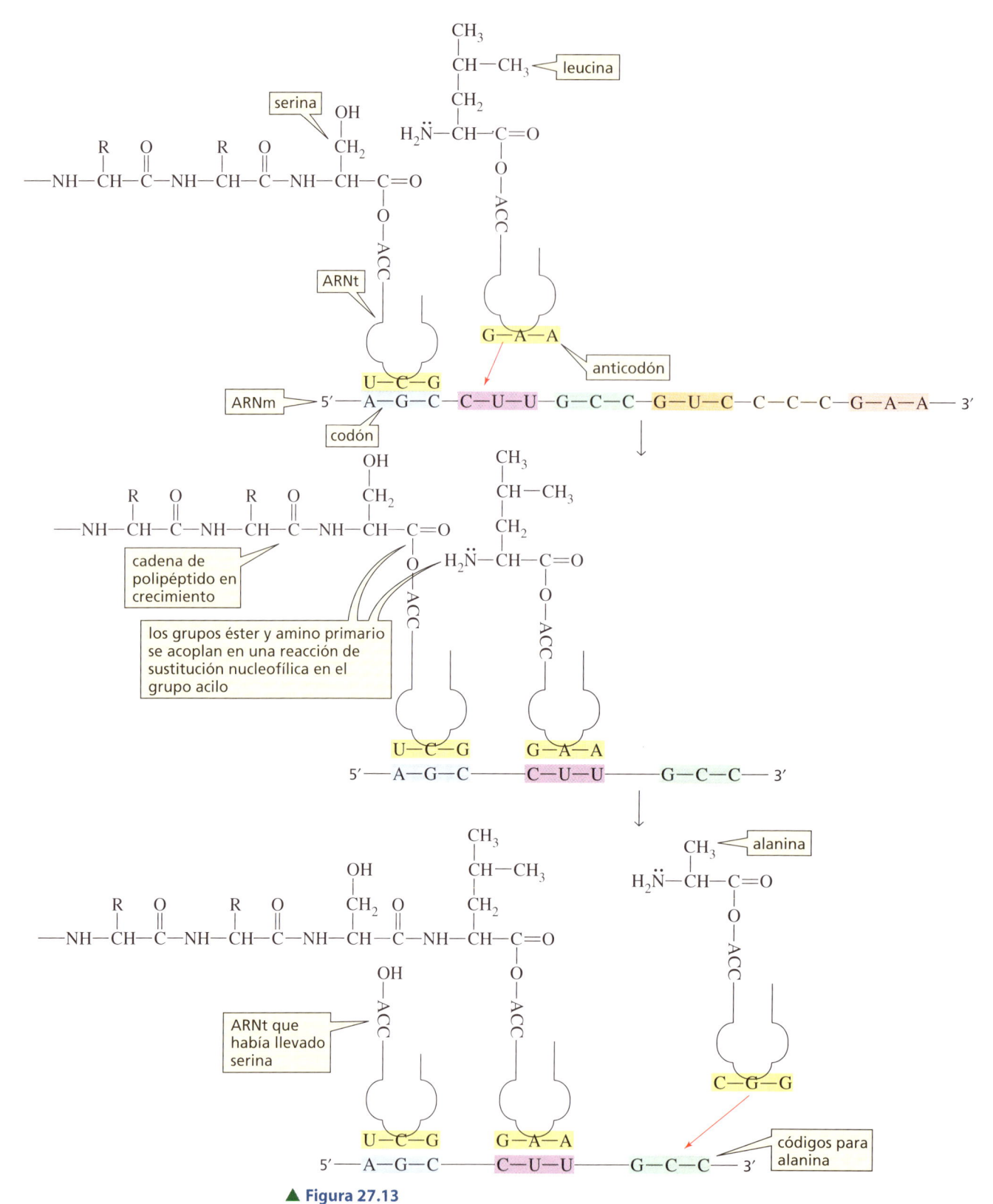

▲ Figura 27.13
Traducción. La secuencia de bases en el ARNm determina la secuencia de aminoácidos en una proteína.

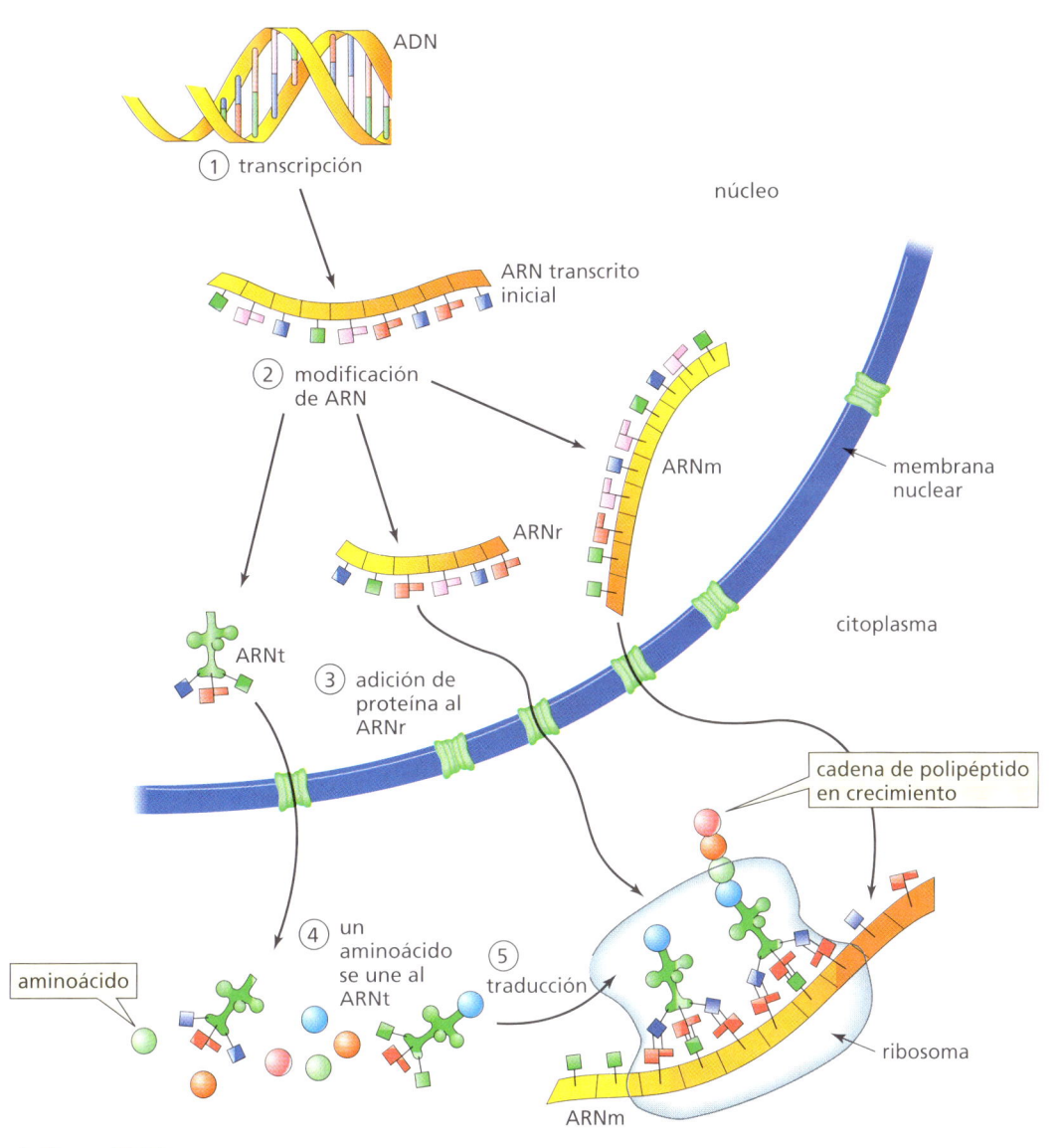

▲ Figura 27.14

Transcripción y traducción. 1. La transcripción del ADN se efectúa en el núcleo de la célula. El ARN transcrito inicial es el precursor de todo el ARN: ARNt, ARNr y ARNm. 2. El ARN que se forma al principio se debe modificar químicamente con frecuencia antes de que adquiera su actividad biológica. La modificación puede consistir en eliminar segmentos de nucleótido, adicionar nucleótidos a los extremos 5' o 3' o alterar químicamente ciertos nucleótidos. 3. Las proteínas se adicionan al ARNr para formar subunidades ribosómicas. El ARNt, ARNm y las subunidades ribosómicas abandonan el núcleo. 4. Cada ARNt se une con el aminoácido adecuado. 5. El ARNt, ARNm y un ribosoma traducen en conjunto la información del ARNm y forman una proteína.

PROBLEMA 14◆

Escriba las secuencias de bases en la hebra de codificación en el ADN que formó el ARNm del problema 11.

PROBLEMA 15

Escribe los codones posibles en el ARNm que especifican cada aminoácido en el problema 11 y el anticodón en el ARNt que transporta ese aminoácido.

ANEMIA DE CÉLULAS FALCIFORMES

La anemia falciforme es un ejemplo del daño que puede causar el cambio de una sola base del ADN (problema 65, capítulo 22). Es una enfermedad hereditaria causada cuando un triplete GAG se transforma en triplete GTG en la hebra de codificación de una sección de ADN, que codifica la subunidad β de la hemoglobina. Como consecuencia, el codón RNAm se transforma en GUG, que da la señal para la incorporación de valina, y no en el codón GAG, que indicaría la incorporación de glutamato. El cambio de un glutamato polar por valina no polar basta para cambiar la forma de la molécula de desoxihemoglobina, que induce el agregamiento y la siguiente precipitación de desoxihemoglobina en los glóbulos rojos. Ello hace rígidos a los glóbulos y les resulta difícil juntarse para pasar por un capilar sanguíneo. Los capilares obstruidos causan intensos dolores y pueden ser fatales.

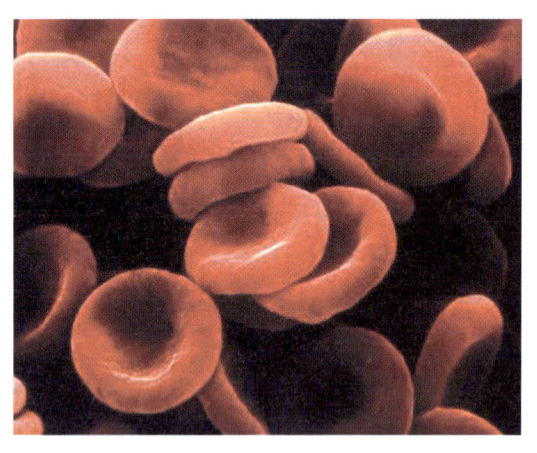

Glóbulos rojos normales

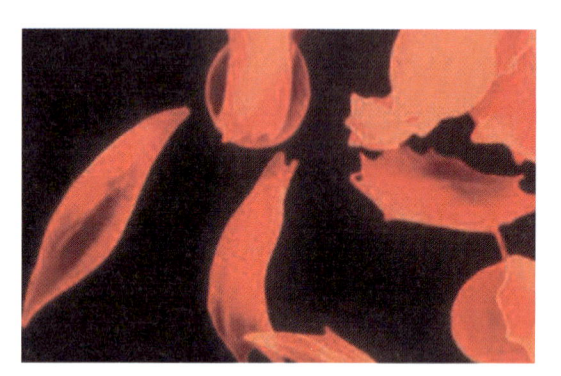

Glóbulos rojos falciformes

ANTIBIÓTICOS QUE INHIBEN LA TRADUCCIÓN

La puromicina es un antibiótico natural, uno de varios cuya acción se debe a que inhiben la traducción. Lo hace remedando la parte de 3′-CCA-aminoacilo de un ARNt, engañando a la enzima para transferir la cadena creciente de péptido al grupo amino de la puromicina y no al grupo amino del ARNt 3′-CCA-aminoacilo. El resultado es que se detiene la síntesis de proteína. Como la puromicina bloquea la síntesis de proteínas en los eucariotas y también en los procariotas, es perjudicial para los humanos y en consecuencia no es un antibiótico de uso clínico. Para poder usarse en medicina, un antibiótico debe afectar la síntesis de proteínas sólo en las células procarióticas.

puromicina

Antibióticos que se usan en medicina	Acción
Tetraciclina	Evita que el aminoacil-ARNt se una al ribosoma
Eritromicina	Evita la incorporación de nuevos aminoácidos a la proteína
Estreptomicina	Inhibe la iniciación de la síntesis de proteína
Cloramfenicol	Evita que se forme el nuevo enlace peptídico

27.9 Por qué el ADN contiene timina y no uracilo

En la sección 24.8 se dijo que se forma TMPd cuando se metila UMPd y que la coenzima N^5,N^{10}-metilentetrahidrofolato suministra el grupo metilo. Ya que la incorporación del grupo metilo en el uracilo oxida al tetrahidrofolato a dihidrofolato, este último debe reducirse para reconvertirse en tetrahidrofolato y preparar a la coenzima para otro ciclo de catálisis.

El agente reductor es NADPH. Cada NADPH que se forma en un organismo puede impulsar la formación de tres ATP (sección 25.11), y entonces si se usa un NADPH para reducir dihidrofolato es a expensas de ATP. Ello significa que la síntesis de la timina es costosa energéticamente, por lo que debe haber una buena razón para que el ADN contenga timina y no uracilo.

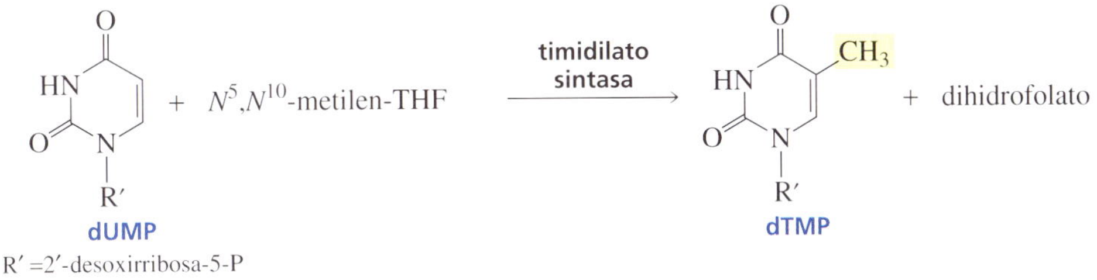

$$\text{dUMP} + N^5,N^{10}\text{-metilen-THF} \xrightarrow{\text{timidilato sintasa}} \text{dTMP} + \text{dihidrofolato}$$

R' = 2'-desoxirribosa-5-P

$$\text{dihidrofolato} + \text{NADPH} + \text{H}^+ \xrightarrow{\text{dihidrofolato reductasa}} \text{tetrahidrofolato} + \text{NADP}^+$$

La presencia de timina en lugar de uracilo en el ADN evita mutaciones potencialmente letales. La citosina puede tautomerizarse y formar una imina, que a su vez se puede hidrolizar a uracilo (sección 17.8). La reacción general se llama **desaminación** porque se elimina un grupo amino.

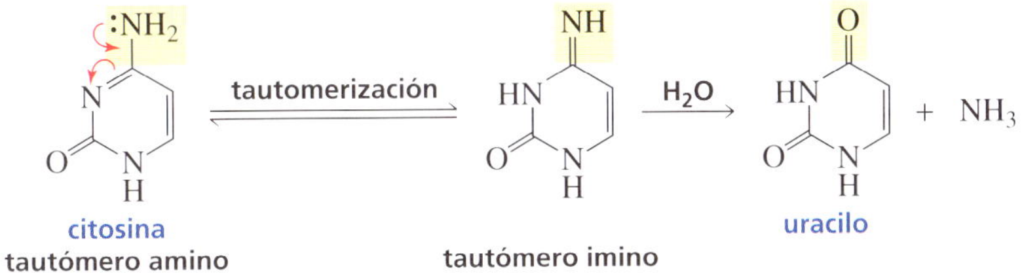

$$\text{citosina (tautómero amino)} \xrightleftharpoons{\text{tautomerización}} \text{tautómero imino} \xrightarrow{\text{H}_2\text{O}} \text{uracilo} + \text{NH}_3$$

Si una citosina en el ADN se desamina y forma uracilo, éste especificará la incorporación de una adenina a la hebra hija durante la replicación y no la guanina que especificaría la citosina. Por fortuna, una U en el ADN se reconoce como "error" por una enzima antes de poder insertar una base incorrecta en la hebra hija. La enzima corta y elimina el U y lo reemplaza con una C. Si en el ADN se encontrara U de manera normal, la enzima no podría distinguir entre un U normal y un U formado por desaminación de citosina. Al tener T en lugar de U en el ADN, los U que se encuentren en el ADN se pueden reconocer como errores.

A diferencia del ADN que se replica a sí mismo, todo error en el ARN no sobrevive mucho tiempo, porque el ARN se degrada y se vuelve a sintetizar a partir de la plantilla de ADN en forma continua. Por lo anterior, no vale la pena gastar la energía adicional para incorporar T en el ARN.

PROBLEMA 16◆

La adenina puede desaminarse a hipoxantina y la guanina se puede desaminar a xantina. Dibuje las estructuras de hipoxantina y de xantina.

PROBLEMA 17

Explique por qué no se puede desaminar la timina.

27.10 Determinación de la secuencia de bases en el ADN

En junio de 2000, dos grupos de científicos (uno de una empresa privada de biotecnología y el otro del Proyecto Genoma Humano, financiado con fondos públicos) anunciaron que habían terminado el primer borrador de la secuencia de los 3,100 millones de pares de bases del ADN humano. Representó un logro enorme. Imagínese, por ejemplo, que si la se-

1218 CAPÍTULO 27 Nucleósidos, nucleótidos y ácidos nucleicos

> **BIOGRAFÍA**
>
> **Frederick Sanger** (sección 22.13) y **Walter Gilbert** compartieron la mitad del Premio Nobel de Química 1980 por sus trabajos sobre secuenciación de ADN. La otra mitad fue para **Paul Berg**, quien había inventado un método para cortar ácidos nucleicos en sitios específicos y recombinar los fragmentos en nuevas formas; a esto se le llama tecnología de ADN recombinante.

cuencia de 1 millón de pares de bases se determinara cada día, se necesitarían más de 10 años para concluir la secuencia del genoma humano.

Las moléculas de ADN son demasiado grandes para secuenciarlas como unidad, por lo que primero se divide el ADN en secuencias específicas de bases, y los fragmentos de ADN se secuencian en forma individual. Las enzimas que dividen al ADN en secuencias específicas de bases se llaman **endonucleasas de restricción** y los fragmentos de ADN que producen se denominan **fragmentos de restricción**. Hoy se conocen varios cientos de endonucleasas de restricción; a continuación se ven algunos ejemplos, la secuencia que reconoce cada una y el punto de ruptura en esa secuencia de bases.

enzima de restricción	secuencia de reconocimiento
*Alu*I	AGCT TCGA
*Fnu*DI	GGCC CCGG
*Pst*I	CTGCAG GACGTC

> **BIOGRAFÍA**
>
> **Walter Gilbert** nació en Boston en 1932. Recibió una maestría en física, de Harvard, y un doctorado en matemáticas de la Universidad de Cambridge. En 1958 se unió al cuerpo docente de Harvard, donde se interesó en la biología molecular.

Las secuencias de bases que reconocen la mayor parte de las endonucleasas de restricción son los *palíndromos*. Un palíndromo es una palabra o grupo de palabras que se lee igual hacia adelante que hacia atrás, como "Ana" y "Anita lava la tina". Una endonucleasa de restricción reconoce un tramo de ADN en el que *la hebra de plantilla es un palíndromo de la hebra codificadora*. En otras palabras, la secuencia de bases en la hebra de plantilla (leyendo de derecha a izquierda) es idéntica a la secuencia de bases en la hebra de codificación (leyendo de izquierda a derecha).

> **BIOGRAFÍA**
>
> **Paul Berg** nació en Nueva York, en 1926. Recibió un doctorado de la Western Reserve University (hoy Case Eastern Reserve University). Se unió al cuerpo docente de la Universidad Washington en St Louis, en 1955, y fue profesor de bioquímica en Stanford, en 1959.

PROBLEMA 18♦

¿Cuáles de las siguientes secuencia de bases será reconocida con más probabilidad por una endonucleasa de restricción?

a. ACGCGT   c. ACGGCA   e. ACATCGT
b. ACGGGT   d. ACACGT   f. CCAACC

Los fragmentos de restricción se pueden secuenciar con un procedimiento inventado por Frederick Sanger, llamado método didesoxi. Este método consiste en generar fragmentos cuya longitud dependa de la última base adicionada al fragmento. Por su simplicidad ha sustituido a métodos alternativos.

En el método didesoxi, un tramo pequeño de ADN llamado cebador y marcado con ^{32}P en el extremo 5′ se anexa al fragmento de restricción cuya secuencia se está determinando. A continuación, se agregan los trifosfatos de 2′-desoxirribonucleósido y después también ADN polimerasa, la enzima que adiciona nucleótidos a una hebra de ADN. Además, se agrega a la mezcla de reacción una cantidad pequeña de trifosfato de 2′,3′-didesoxinucleósido de una de las bases. Un trifosfato de 2′,3′-didesoxinucleósido no tiene grupo OH en la posición 2′ o en la 3′.

27.10 Determinación de la secuencia de bases en el ADN

$$\text{-O-}\overset{\text{O}}{\underset{\text{O}^-}{\text{P}}}\text{-O-}\overset{\text{O}}{\underset{\text{O}^-}{\text{P}}}\text{-O-}\overset{\text{O}}{\underset{\text{O}^-}{\text{P}}}\text{-O-CH}_2\text{—base}$$

sin grupos OH

Los nucleótidos se agregan al cebador por apareamiento con las bases del fragmento de restricción. La síntesis se detendrá si el análogo 2′,3′-didesoxi de ATPd se adiciona en lugar de ATPd, porque el análogo 2′,3′-didesoxi carece del grupo 3′-OH al cual se puedan anexar otros nucleótidos. En consecuencia, se obtendrán tres fragmentos de cadena terminada diferentes a partir del fragmento de restricción de ADN que se ve a continuación.

```
                ADN a secuenciar
    3'—AGGCTCCAGTGATCCG—5'      ADN polimerasa       32P—TCCGA
                                 dATP, dGTP,
    32P—TC                       dCTP, dTTP,          32P—TCCGAGGTCA
                                 2',3'-dATP
        cebador                                       32P—TCCGAGGTCACTA
                                                              la A interna    la última A
                                                              es desoxi       es didesoxi
```

El procedimiento se repite tres veces más usando un análogo 2′,3′-didesoxi de GTPd, después un análogo 2′,3′-didesoxi de CTPd, y después uno 2′,3′-didesoxi de TTPd.

PROBLEMA 19

¿Qué fragmentos marcados se obtendrían del segmento de ADN que se ve arriba si se hubiera añadido un análogo 2′,3′-didesoxi de GTPd en lugar de un análogo 2′,3′-didesoxi de ATPd?

Los fragmentos de cadena terminada obtenidos con cada uno de los cuatro experimentos se cargan en bandas separadas de un gel de poliacrilamida con pH regulado: los que se obtienen usando un análogo 2′,3′-didesoxi de ATPd se cargan en una banda, los obtenidos usando un análogo 2′,3′-didesoxi de GTPd en otra banda, y así sucesivamente (véase figura 27.15, página 1220). Se aplica un campo eléctrico a través de los lados del gel haciendo que los fragmentos con carga negativa se trasladen hacia el electrodo con carga positiva (el ánodo). Los fragmentos menores migran más rápido por los espacios del gel, mientras que los fragmentos mayores atraviesan el gel con mayor lentitud.

Después de haber separado los fragmentos, el gel se pone en contacto con una placa fotográfica. La radiación del ^{32}P causa la formación de una mancha negra en la placa que está junto al lugar que ocupa cada fragmento marcado en el gel. A esta técnica se le llama autorradiografía, y la placa fotográfica expuesta se designa también como **autorradiografía** (figura 27.15).

La secuencia de bases en el fragmento de restricción original se puede leer en forma directa en la autorradiografía. La identidad de cada base se determina viendo la columna donde aparece cada mancha negra sucesiva (un tramo mayor del fragmento marcado), comenzando en la parte inferior del gel para identificar la base que hay en el extremo 5′. La secuencia del fragmento de ADN que causó la autorradiografía en la figura 27.15a se ve en el lado izquierdo de la figura.

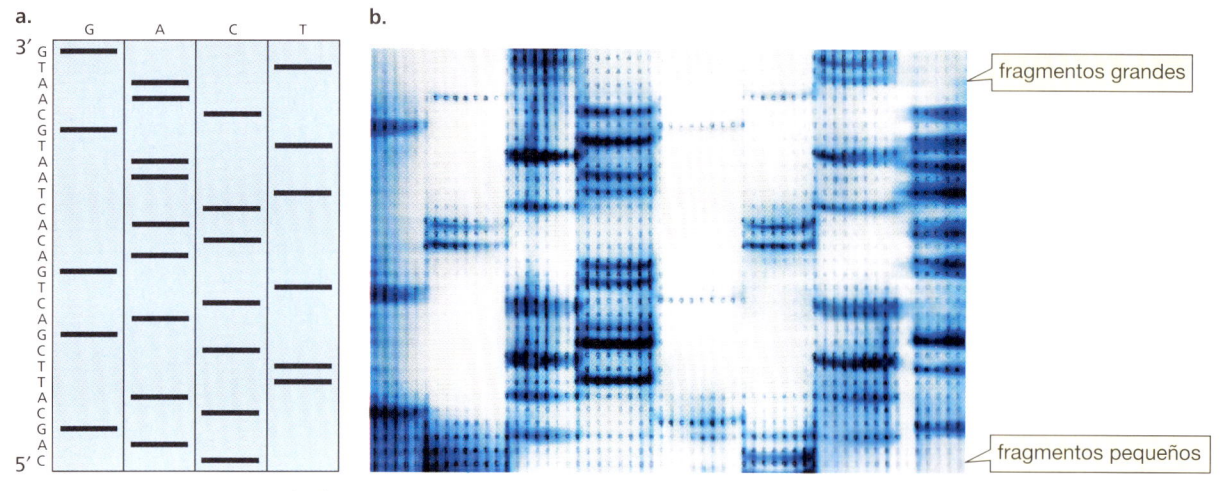

▲ **Figura 27.15**
a) Diagrama de una autorradiografía. b) Autorradiografía real.

Una vez determinada la secuencia de bases en un fragmento de restricción, se pueden comprobar los resultados con el mismo proceso para obtener la secuencia de bases en la hebra complementaria del fragmento. La secuencia de bases en el tramo original de ADN se determina repitiendo todo el procedimiento con una endonucleasa de restricción diferente y teniendo en cuenta el traslape de los fragmentos.

> **BIOGRAFÍA**
>
> **Kary Banks Mullis** *recibió el Premio Nobel de Química 1993 por inventar la PCR. Nació en Carolina del Norte en 1944 y recibió una licenciatura de la Universidad de California, en Berkeley. Después de desempeñar varios cargos postdoctorales, se unió a Cetus Corporation, en Emeryville, California. Concibió la idea de la PCR cuando manejaba de Berkeley a Mendocino. En la actualidad es consultor y expositor de temas de biotecnología.*

27.11 Reacción en cadena de la polimerasa (PCR)

La **reacción en cadena de la polimerasa** (**PCR**, por sus siglas en inglés, *polymerase chain reaction*), desarrollada en 1983, es una técnica que permite amplificar el ADN, hacer millones de copias de un segmento de ADN en un tiempo muy corto. Con la PCR, se puede obtener ADN suficiente para un análisis, a partir de un solo cabello o un espermatozoide.

La PCR se hace agregando lo siguiente a una disolución que contiene el segmento de ADN que se va a amplificar (el ADN objetivo):

- un gran exceso de cebadores (tramos cortos de ADN) que apareen sus bases con el ADN que haya a los lados del ADN objetivo
- los cuatro trifosfatos de desoxirribonucleótidos (ATPd, GTPd, CTPd, TTPd)
- una ADN polimerasa termoestable

A continuación se efectúan los tres pasos siguientes (figura 27.16):

- **Separación de hebras**. La disolución se calienta a 95°C, lo que determina que el ADN de doble hebra se separe y forme dos hebras sencillas.
- **Apareamiento con las bases de los cebadores**. La disolución se enfría a 54°C para permitir que los cebadores se apareen con las bases del ADN que flanquean al extremo 3′ del ADN objetivo.
- **Síntesis de ADN**. La disolución se calienta a 72°C, temperatura a la cual la ADN polimerasa cataliza la adición de nucleótidos al cebador. Note que como los cebadores se adicionan al extremo 3′ del ADN objetivo, las copias del mismo se sintetizan en la dirección requerida 5′ ⟶ 3′.

A continuación la disolución se calienta a 95°C para iniciar un segundo ciclo; el segundo ciclo produce cuatro copias de ADN de doble hebra. El tercer ciclo, entonces, comienza con ocho hebras sencillas de ADN y produce 16 hebras sencillas. Se ocupa aproximadamente una hora para realizar 30 ciclos y en ese momento el ADN se ha amplificado mil millones de veces.

Figura 27.16
Dos ciclos de la reacción en cadena de polimerasa

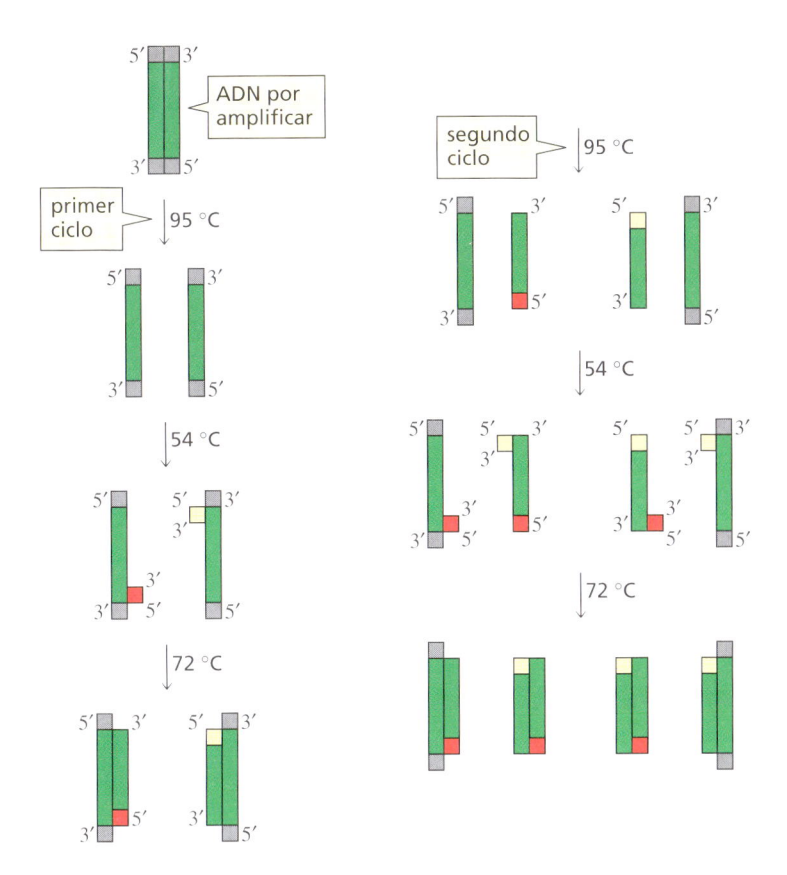

El ADN de una hoja conservada en ámbar durante cuarenta millones de años fue amplificado por PCR y después fue secuenciado

La PCR tiene una gran variedad de usos clínicos. Con ella se pueden detectar mutaciones que causen cáncer, diagnosticar enfermedades genéticas, revelar la presencia de HIV que no se podría detectar en una prueba con anticuerpos, vigilar la quimioterapia del cáncer e identificar con rapidez una enfermedad infecciosa.

DACTILOSCOPIA DE ADN

La reacción en cadena de la polimerasa se utiliza en química forense para comparar muestras de ADN recabadas en la escena de un crimen con el ADN del sospechoso. Las secuencias de bases de segmentos de ADN no codificantes varían de un individuo a otro. Los laboratorios forenses han identificado 13 de tales segmentos, que son los más precisos para fines de identificación. Si la secuencia de bases de dos muestras de ADN son iguales, hay 80 mil millones de probabilidades contra una de que sean del mismo individuo. También la dactiloscopia del ADN se usa para establecer la paternidad y para ello se elaboran unos 100,000 perfiles de ADN cada año.

27.12 Ingeniería genética

Las moléculas de **ADN recombinante** son moléculas de ADN (natural o sintético) que se han incorporado al ADN de una célula anfitriona compatible. La tecnología de ADN recombinante se llama también **ingeniería genética** y tiene muchas aplicaciones. Por ejemplo, se puede insertar el ADN para determinada proteína en un vector (un microorganismo capaz de replicar ADN) para producir millones de copias, que permitan preparar grandes cantidades de la proteína. La insulina humana se produce en esta forma.

La agricultura está aprovechando la ingeniería genética porque se están introduciendo cultivos producidos con nuevos genes, que aumentan la resistencia a la sequía y a los in-

RESISTENCIA A HERBICIDAS

El glifosato, herbicida con la marca Roundup, mata a las malas hierbas inhibiendo una enzima que necesitan las plantas para sintetizar fenilalanina y triptófano, aminoácidos necesarios para su crecimiento. Se hacen estudios con maíz y algodón que se han modificado genéticamente para tolerar al herbicida. Al maíz y al arroz se les ha incorporado un gen que codifica para una enzima que inactiva al glifosato porque lo acetila con acetil-CoA. Cuando se rocían campos de esas plantas con glifosato, las malas hierbas mueren, pero no los cultivos.

Maíz modificado genéticamente para resistir al herbicida glifosato porque lo acetila.

glifosato
un herbicida

N-acetilglifosato
inocuo para las plantas

sectos. Por ejemplo, los cultivos de algodón modificados genéticamente son resistentes a la oruga del algodón y el maíz modificado genéticamente resiste al gusano de la raíz. Con cultivos como éstos, los agricultores ya no requieren herbicidas, que amenazan las reservas de agua freática. Los organismos con modificaciones genéticas son responsables de una reducción aproximada de 50% de sustancias químicas agrícolas en Estados Unidos. Sin embargo, a mucha gente le preocupa las consecuencias potenciales de cambiar los genes en cualquier especie.

27.13 Síntesis de hebras de ADN en el laboratorio

Hay muchas razones por las que se está tratando de desarrollar métodos prácticos para sintetizar oligonucleótidos con secuencias específicas de bases. Una es que se podría sintetizar un gen que pudiera insertarse en el ADN de microorganismos y hacer que éstos sinteticen determinada proteína. También se podría insertar un gen sintético en el ADN de un organismo que carezca de un determinado gen y así corregir el defecto; a esta estrategia de tratamiento se le conoce como **terapia génica**.

La síntesis de un oligonucleótido con determinada secuencia de bases es una tarea todavía más desafiante que sintetizar un polipéptido con determinada secuencia de aminoácidos porque cada nucleótido cuenta con varios grupos que deben protegerse primero y después desprotegerse, en los momentos adecuados. La síntesis de oligonucleótidos se hace con un método automático parecido a la síntesis automática de péptidos (sección 22.11); el nucleótido en crecimiento se fija a un soporte sólido para poder realizar la purificación lavando el recipiente de reacción con un disolvente adecuado. Con esta técnica ningún producto sintetizado se pierde durante la purificación.

Monómeros de fosforamidita

Uno de los métodos actuales para sintetizar oligonucleótidos utiliza monómeros de fosforamidita. El grupo 5′-OH de cada monómero de fosforamidita se une al grupo protector *para*-dimetoxitritilo (DMTr). El grupo particular (Pr) para proteger a la base depende de cuál sea ésta.

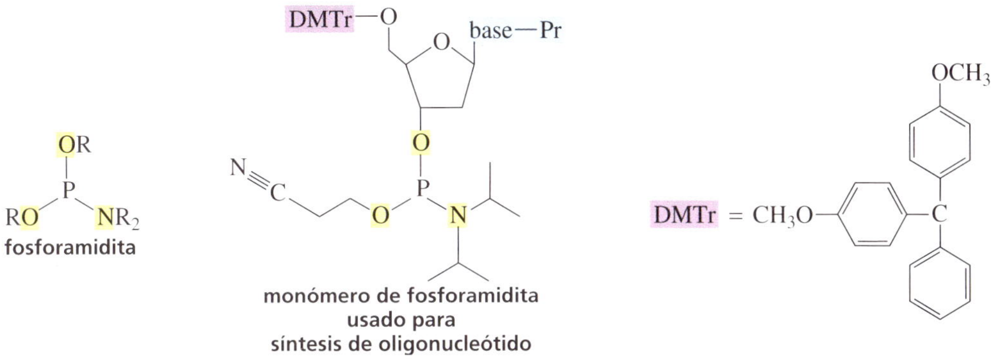

El 3′-nucleósido del oligonucleótido que se va a sintetizar se fija a un soporte sólido de vidrio de poro controlado y el oligonucleótido se sintetiza a partir del extremo 3′. Cuando al nucleósido fijo al soporte sólido se le adiciona un monómero, el único nucleófilo en la mezcla de reacción es el grupo 5′-OH del azúcar unido al soporte sólido. Este nucleófilo ataca al fósforo de la fosforamidita y desplaza a la amida para formar un fosfito. La amina es una base demasiado fuerte para ser expulsada sin protonarse. El ácido que se usa para la protonación es tetrazol protonado porque es lo bastante fuerte para protonar al grupo saliente diisopropilamina, pero no tan fuerte como para eliminar al grupo protector DMTr. El fosfito se oxida a fosfato usando I_2 o hidroperóxido de *terc*-butilo. El grupo protector DMTr en el extremo 5′ del dinucleótido se elimina con ácido diluido. El ciclo de 1) adición de monómero, 2) oxidación y 3) desprotección con ácido se repite una y otra vez hasta obtener un polímero con la longitud deseada. Note que el ADN polímero se sintetiza en la dirección 3′ ⟶ 5′, contraria a la dirección (5′ ⟶ 3′) en que se sintetiza el ADN en la naturaleza.

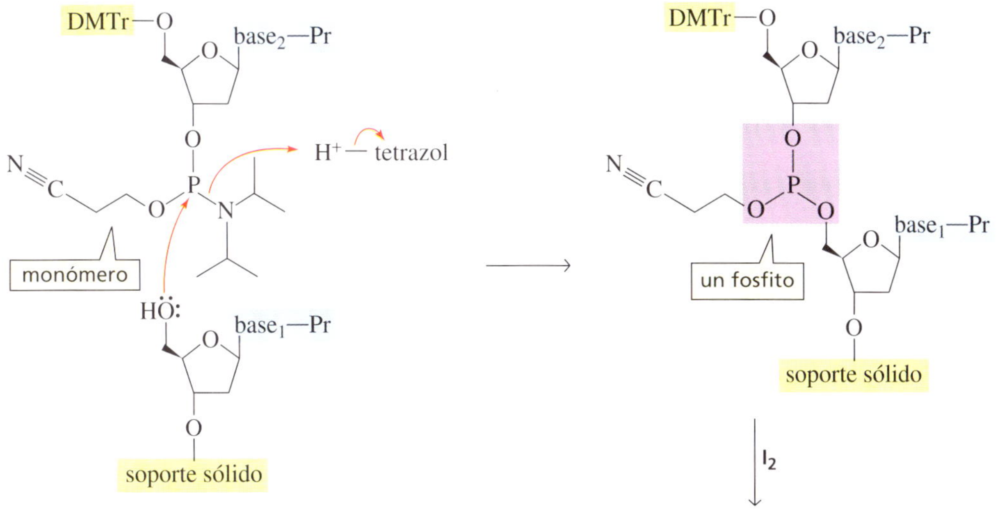

Los grupos NH₂ en citosina, adenina y guanina son nucleófilos, por lo que deben protegerse para evitar que reaccionen con un monómero recién incorporados; se protegen como las amidas. La timina no contiene grupos nucleofílicos, por lo que no se necesita proteger.

bases sin protección   **bases protegidas**

citosina + PhCOCl → N-benzoil citosina + HCl

adenina + PhCOCl → N-benzoil adenina + HCl

guanina + (CH₃)₂CHCCl(=O) → N-isobutirilguanina + HCl

Después de haber sintetizado el oligonucleótido deben eliminarse los grupos protectores en los fosfatos y los de las bases, y debe desprenderse el oligonucleótido del soporte sólido. Todo ello se efectúa en un solo paso mediante amoniaco acuoso. Como un hidrógeno unido a un carbono adyacente a un grupo ciano es relativamente ácido (sección 18.1), se puede usar amoniaco como base en la reacción de eliminación del grupo protector del fosfato.

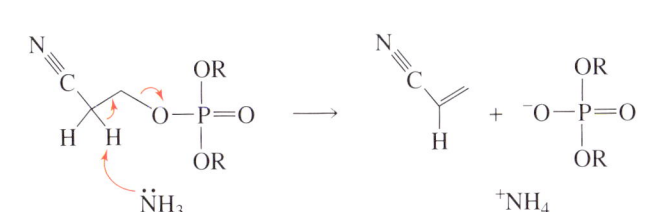

Tutorial del alumno:
Síntesis de oligonucleótidos con fosforamiditas
(Oligonucleotide synthesis with phosphoramidites)

En la actualidad los sintetizadores automáticos de ADN pueden obtener ácidos nucleicos con hasta 130 nucleótidos con rendimientos aceptables, adicionando un nucleótido cada 2 a 3 minutos. (Imagínese el lector haciendo ~390 reacciones, 130 acoplamientos, 130 oxidaciones y 130 eliminaciones de DMT, más las desprotecciones finales, y ¡tener que aislar el producto después de cada paso!) Se pueden preparar ácidos nucleicos más largos uniendo dos o más cadenas preparadas en forma individual. Para asegurar un buen rendimiento total del oligonucleótido, la adición de cada monómero debe tener un alto rendimiento (>98%). Ello se puede lograr con un gran exceso de monómeros. No obstante, ello hace que la síntesis de oligonucleótido sea muy costosa porque se desperdician los monómeros que no reaccionaron.

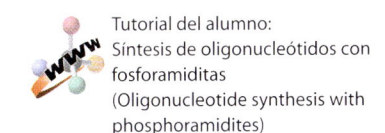

Monómeros de H-fosfonato

Un segundo método, donde se usan monómeros de H-fosfonato para sintetizar oligonucleótidos con secuencias específicas de bases, mejora al método de fosforamidita porque los monómeros son más fáciles de manejar y no se necesitan grupos protectores fosfato; empero, los rendimientos no son tan buenos. Los monómeros de H-fosfonato se activan por reacción con un cloruro de acilo, que los convierte en anhídridos del ácido fosfórico. El grupo 5'-OH del nucleósido unido al soporte sólido reacciona con el fosoanhídrido y forma un dímero. El grupo protector DMTr se elimina con ácido bajo condiciones moderadas y se adiciona un segundo monómero activado. Los monómeros se incorporan uno por uno de esta forma hasta que la hebra se completa. La oxidación con I_2 (o hidroperóxido de *terc*-butilo) convierte a los grupos H-fosfonato en grupos fosfato. Los grupos protectores en la base se eliminan con amoniaco acuoso, como en el método de la fosforamidita.

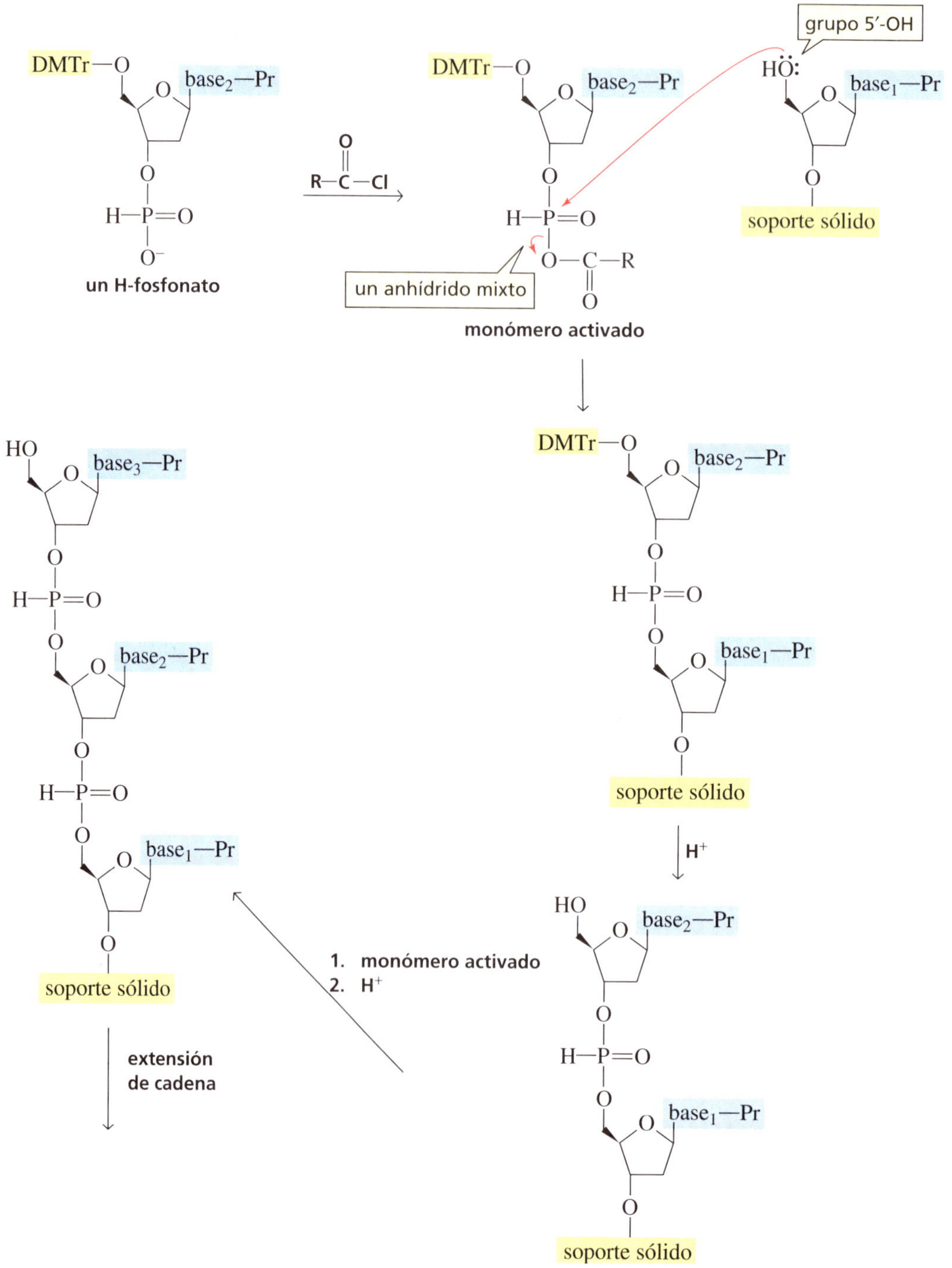

Note que en el método de la fosforamidita se efectúa una oxidación cada vez que se adiciona un monómero, mientras que en el método del H-fosfonato sólo se realiza una oxidación después de sintetizar toda la hebra.

PROBLEMA 20

Proponga un mecanismo para la eliminación del grupo protector DMTr por tratamiento con ácido.

RESUMEN

Hay dos tipos de ácidos nucleicos: **ácido desoxirribonucleico (ADN)** y **ácido ribonucleico (ARN)**. El ADN codifica la información hereditaria de un organismo y controla el crecimiento y la división de las células. En la mayoría de los organismos, la información genética almacenada en el ADN se **transcribe** al ARN. La información así contenida en la hebra de ARN se puede **traducir** para la síntesis de todas las proteínas necesarias para las estructuras y funciones celulares.

Un **nucleósido** contiene una base unida a D-ribosa o a 2-desoxi-D-ribosa. Un **nucleótido** es un nucleósido con el extremo OH en 5′ o en 3′ unido con ácido fosfórico mediante un enlace éster. Los **ácidos nucleicos** están formados por largas cadenas de subunidades de nucleótido unidas por enlaces fosfodiéster. Dichos enlaces unen al grupo 3′-OH de un nucleótido con el grupo 5′-OH del siguiente nucleótido. Un **dinucleótido** contiene dos subunidades de nucleótido, un **oligonucleótido** contiene de tres a 10 subunidades y un **polinucleótido** contiene numerosas subunidades. El ADN contiene 2′-desoxi-D-ribosa. La diferencia entre los azúcares determina que el ADN sea estable y que el ARN se rompa con facilidad.

La **estructura primaria** de un ácido nucleico es la secuencia de las bases en su hebra. El ADN contiene **A**, **G**, **C** y **T**; el ARN contiene **A**, **G**, **C** y **U**. La presencia de timina en lugar de uracilo en el ADN evita las mutaciones causadas por hidrólisis de la imina de C para formar U. El ADN está formado por una doble hebra. Las hebras corren en direcciones opuestas y se enroscan formando una hélice, donde el ADN exhibe un surco mayor y un surco menor. Las bases están confinadas al interior de la hélice y los grupos azúcar y fosfato se localizan en el exterior. Las hebras se mantienen unidas por puentes de hidrógeno entre las bases de las hebras opuestas y también por **interacciones de apilamiento**, que son atracciones de van der Waals entre bases adyacentes de la misma hebra. Las dos hebras (una se llama **hebra de codificación** y la otra **hebra de plantilla**) son complementarias: **A** se aparea con **T**, y **G** se aparea con **C**. El ADN se sintetiza en la dirección 5′ ⟶ 3′ en un proceso llamado **replicación semiconservativa**.

La secuencia de las bases en el ADN es una guía para la síntesis (**transcripción**) de ARN. El ARN se sintetiza en dirección 5′ ⟶ 3′ por lectura de las bases a través de la cadena de plantilla del ADN en dirección 3′ ⟶ 5′. Hay tres clases de ARN: ARN mensajero, ARN ribosomal y ARN de transferencia. La síntesis de proteínas (**traducción**) se efectúa desde el extremo N-terminal hacia el extremo C-terminal, donde las bases a lo largo de la hebra de ARNm se leen en dirección 5′ ⟶ 3′. Cada secuencia de tres bases, un **codón**, especifica el aminoácido en particular que se va a incorporar a la proteína. Un ARNt transporta al aminoácido unido como éster en su posición 3′-terminal. Los codones y los aminoácidos para los que codifican se llaman **código genético**.

Las **endonucleasas de restricción** rompen al ADN en palíndromos específicos que forman **fragmentos de restricción**. El **método didesoxi** es el preferido para determinar la secuencia de bases en los fragmentos de restricción. La **reacción en cadena de la polimerasa (PCR)** amplifica los segmentos de ADN y produce miles de millones en un tiempo muy corto. Los oligonucleótidos con secuencias específicas de bases se pueden sintetizar con monómeros de fosforamidita o con monómeros de H-fosfonato.

TÉRMINOS CLAVE

acido desoxirribonucleico (ADN) (pág. 1197)
ácido nucleico (pág. 1198)
ácido ribonucleico (ARN) (pág. 1197)
ADN recombinante (pág. 1221)
anticodón (pág. 1210)
ARN de transferencia (ARNt) (pág. 1210)
ARN mensajero (ARNm) (pág. 1210)
ARN ribosomal (ARNr) (pág. 1210)
autorradiografía (pág. 1219)
base (pág. 1198)
código genético (pág. 1212)
codón (pág. 1212)
codón de paro (pág. 1213)
desaminación (pág. 1217)
desoxirribonucleótido (pág. 1201)
dinucleótido (pág. 1201)
doble hélice (pág. 1205)
empalme de ARN (pág. 1209)
endonucleasa de restricción (pág. 1218)
estructura primaria de ADN (pág. 1203)
exón (pág. 1209)
fosfodiéster (pág. 1198)
fragmento de restricción (pág. 1218)
gen (pág. 1207)
genoma humano (pág. 1207)
hebra de codificación (pág. 1209)
hebra de plantilla (pág. 1209)
horquilla de replicación (pág. 1208)
ingeniería genética (pág. 1221)
interacciones de apilamiento (pág. 1205)
intrón (pág. 1209)
método didesoxi (pág. 1218)
nucleósido (pág. 1200)
nucleótido (pág. 1201)
oligonucleótido (pág. 1202)
polinucleótido (pág. 1202)
reacción en cadena de la polimerasa (PCR) (pág. 1220)
replicación (pág. 1208)
replicación semiconservativa (pág. 1208)
ribonucleótido (pág. 1201)
sitio promotor (pág. 1209)
surco mayor (pág. 1206)
surco menor (pág. 1206)
terapia génica (pág. 1222)
traducción (pág. 1209)
transcripción (pág. 1209)

PROBLEMAS

21. Indique el nombre de los compuestos siguientes:

a.

b.

c.

d.

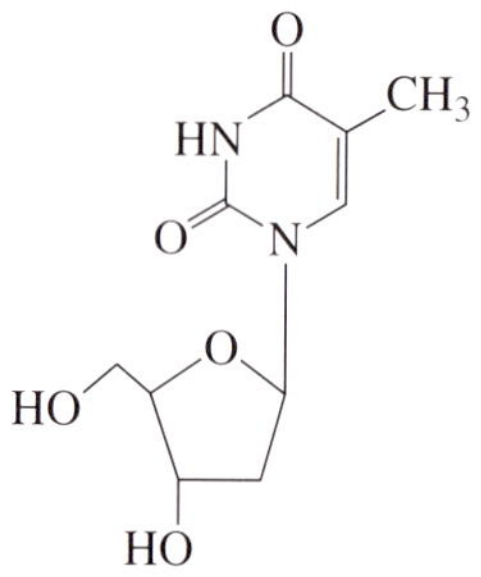

22. ¿Qué nonapéptido se codifica con el siguiente segmento de ARNm?

5′— AAA — GUU — GGC — UAC — CCC — GGA — AUG — GUG — GUC — 3′

23. ¿Cuál es la secuencia de bases en la hebra plantilla del ADN que codifica para el ARNm del problema 22?

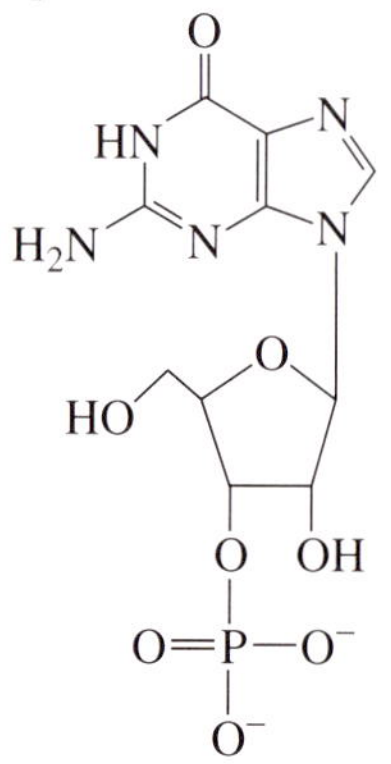

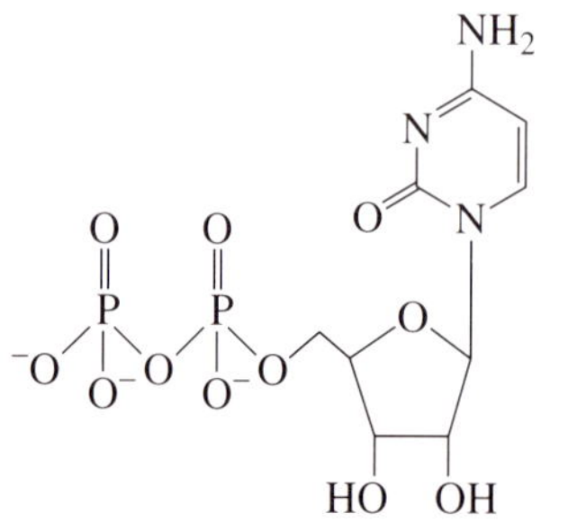

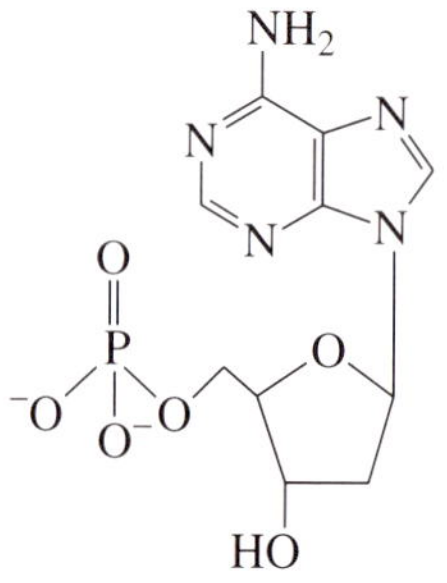

24. ¿Cuál es la secuencia de bases en la hebra de codificación del ADN que codifica para el ARNm del problema 22?

25. ¿Cuál sería el aminoácido C-terminal si el anticodón en el extremo 3′ del ARNm, del problema 22, sufriera la siguiente mutación:

a. si la primera base se cambiara a A?
b. si la segunda base se cambiara a A?
c. si la tercera base se cambiara a A?
d. si la tercera base se cambiara a G?

26. ¿Cuál sería la secuencia de bases del segmento de ADN responsable de la biosíntesis del siguiente hexapéptido?

Gli-Ser-Arg-Val-His-Glu

27. Proponga un mecanismo para la siguiente reacción:

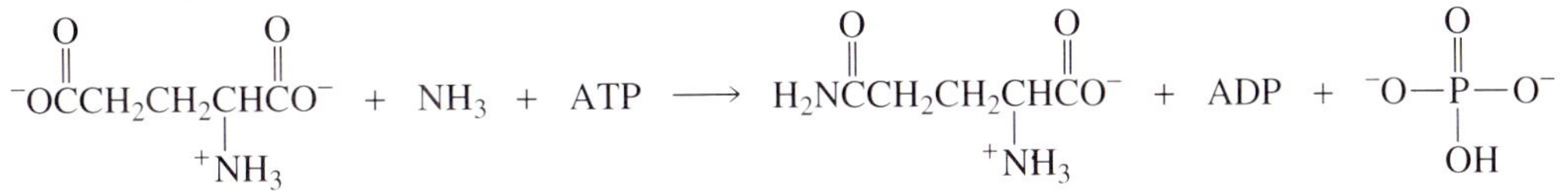

$$^-OCCH_2CH_2CHCO^- + NH_3 + ATP \longrightarrow H_2NCCH_2CH_2CHCO^- + ADP + {}^-O-\overset{O}{\underset{OH}{P}}-O^-$$
$$\quad\quad\quad\quad \overset{|}{{}^+NH_3} \quad\quad\quad\quad\quad\quad\quad\quad\quad \overset{|}{{}^+NH_3}$$

28. Indique la correspondencia entre codón y su respectivo anticodón:

Codón	Anticodón
AAA	ACC
GCA	CCU
CUU	UUU
AGG	AGG
CCU	UGA
GGU	AAG
UCA	GUC
GAC	UGC

29. Use las abreviaturas de una letra para aminoácidos de la tabla 22.1 y escriba la secuencia de aminoácidos en un tetrapéptido representado por las cuatro primeras letras del nombre suyo. No use dos veces la misma letra. (Como no todas las letras se asignan a aminoácidos, podría tener que usar una o dos letras de su apellido). Escriba una de las secuencias de bases en el ARNm que se formaría para la síntesis de ese polipéptido. Escriba la secuencia de bases en la hebra de sentido del ADN que causaría la formación de dicho fragmento de ARNm.

30. ¿Cuáles de los siguientes pares de dinucleótidos están presentes en cantidades iguales en el ADN?
  a. CC y GG
  b. CG y GT
  c. CA y TG
  d. CG y AT
  e. GT y CA
  f. TA y AT

31. El virus de inmunodeficiencia humana (VIH) es el retrovirus que causa el SIDA. El medicamento mejor conocido para interferir la síntesis del ADN retroviral es la AZT. Cuando la AZT entra a las células, éstas lo convierten en AZT-trifosfato. Explique cómo interfiere la AZT en la síntesis de ADN.

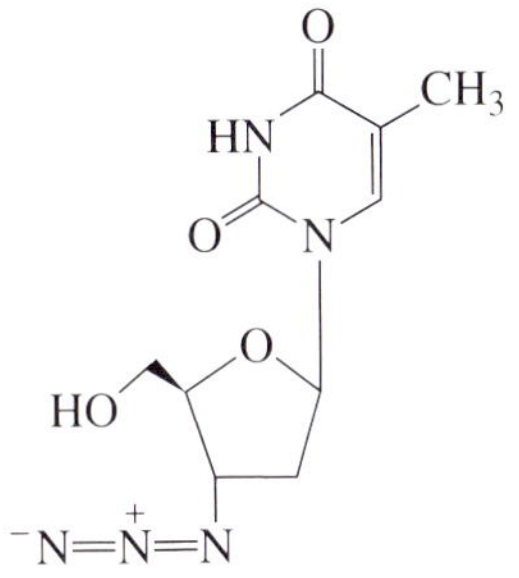

3'-azido-2'desoxitimidina
AZT

32. ¿Por qué el codón es un triplete y no un doblete o un cuarteto?

33. La ARN-asa, enzima que cataliza la hidrólisis del ARN, tiene dos residuos de histidina catalíticamente activos en su sitio activo. Uno de los residuos de histidina es catalíticamente activo en su forma ácida y el otro lo es en su forma básica. Proponga un mecanismo para la ARN-asa.

34. Las secuencias de aminoácidos en los fragmentos peptídicos obtenidos de una proteína normal se compararon con los obtenidos de la misma proteína sintetizada por un gen defectuoso. Se vio que diferían sólo en un fragmento peptídico. Las secuencias primarias de los fragmentos diferentes son:

Normal: Gln-Tir-Gli-Tre-Arg-Tir-Val
Mutante: Gln-Ser-Glu-Pro-Gli-Tre

  a. ¿Cuál es el defecto en el ADN?
  b. Después se determinó que el fragmento peptídico normal es un octapéptido con un C-terminal de Val-Leu. ¿Cuál es el aminoácido C-terminal del péptido mutante?

35. ¿Cuál citosina en la siguiente hebra de codificación del ADN podría causar el mayor daño al organismo si se desaminara?

$$5'—A—T—G—T—C—G—C—T—A—A—T—C—3'$$

36. El nitrito de sodio, un conservador de alimentos común (pág. 706), puede causar mutaciones en un ambiente ácido por conversión de citosinas en uracilos. Explique el mecanismo de la misma.

37. La *Staphylococcus* nucleasa es una enzima que cataliza la hidrólisis del ADN. La reacción total de hidrólisis se ve a continuación:

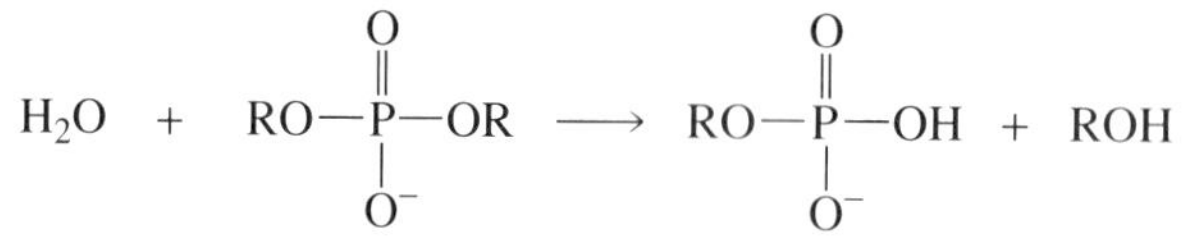

$$H_2O \;+\; RO-\underset{O^-}{\underset{|}{\overset{O}{\overset{\|}{P}}}}-OR \;\longrightarrow\; RO-\underset{O^-}{\underset{|}{\overset{O}{\overset{\|}{P}}}}-OH \;+\; ROH$$

La reacción es catalizada por Ca^{2+}, Glu 43 y Arg 87. Proponga un mecanismo para esta reacción. Recuerde que en el ADN los nucleótidos tienen enlaces fosfodiéster.

38. En los procariotas, el primer aminoácido incorporado en una cadena de polipéptido durante su biosíntesis es *N*-formilmetionina. Explique el objeto del grupo formilo. (*Sugerencia:* el ribosoma tiene un sitio de unión para la cadena de péptido en crecimiento y un sitio de unión para el aminoácido que entra).

39. ¿Por qué el ADN no se extiende por completo antes de que se inicie la replicación?

PARTE 9

Temas especiales de química orgánica

CAPÍTULO 28
Polímeros sintéticos

En los capítulos anteriores se describieron los polímeros que sintetizan los sistemas biológicos: las proteínas, los carbohidratos y los ácidos nucleicos. El **capítulo 28** describe polímeros que sintetizan los químicos. Estos polímeros sintéticos tienen propiedades físicas que los hacen componentes adecuados de telas, botellas, envoltura de alimentos, partes de automóviles, discos compactos y miles de otros objetos y materiales que forman parte de la vida moderna.

CAPÍTULO 29
Reacciones pericíclicas

El **capítulo 29** describe las reacciones pericíclicas; Las cuales son reacciones en las que ocurre un reordenamiento cíclico de electrones. En este capítulo el lector aprenderá cómo explica la teoría de conservación de la simetría orbital las relaciones entre los reactivos, los productos y las condiciones de una reacción pericíclica.

CAPÍTULO 30
Química orgánica de los medicamentos: descubrimiento y diseño

El **capítulo 30** es una introducción a la química medicinal. Se verá cómo fueron descubiertos muchos de los medicamentos de uso común y se explicarán algunas de las técnicas para desarrollar otros nuevos.

CAPÍTULO 28
Polímeros sintéticos

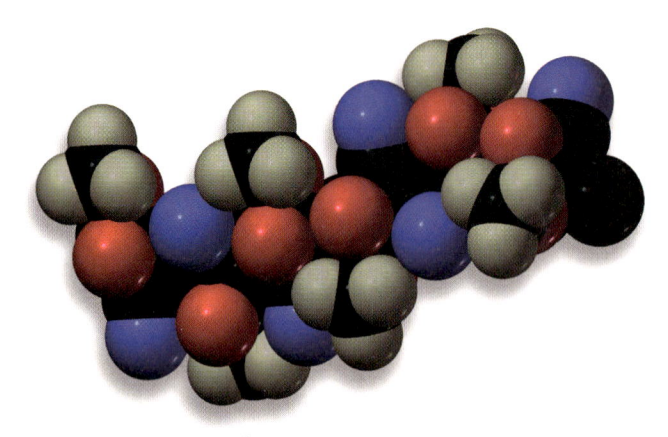

Superpegamento

ANTECEDENTES

SECCIÓN 28.2 Algunos polímeros se producen a través de reacciones en cadena, que en las descripciones anteriores se describieron como procesos que implican tres reacciones elementales: iniciación, propagación y terminación (11.6).

SECCIÓN 28.2 Un carbocatión se reordena si la nueva estructura lleva a un carbocatión más estable (4.6).

SECCIÓN 28.2 Un iniciador de radicales tiene un enlace débil que sufre una ruptura homolítica con facilidad (11.6).

SECCIÓN 28.2 En una reacción de adición electrofílica, el electrófilo se adiciona al carbono con hibridación sp^2 unido a más hidrógenos (4.4).

SECCIÓN 28.2 En condiciones básicas, un nucleófilo ataca el carbono con menos impedimento estérico de un epóxido; bajo condiciones ácidas, ataca al carbono más sustituido de un epóxido (10.8).

Es probable que no haya algún otro grupo de compuestos sintéticos más importante en la vida moderna que los polímeros sintéticos. Un **polímero** es una molécula grande la cual se forma uniendo elementos repetitivos entre sí de pequeñas moléculas llamadas **monómeros**. El proceso de unirlas se llama **polimerización**.

$$n\text{M} \xrightarrow{\text{polimerización}} -\text{M}-\text{M}-\text{M}-\text{M}-\text{M}-\text{M}-\text{M}-\text{M}-\text{M}-$$

monómero → polímero

A diferencia de las moléculas orgánicas pequeñas, las cuales son interesantes por sus propiedades *químicas*, estas moléculas gigantes, cuyos masas moleculares van de miles a millones, son interesantes principalmente por sus propiedades *físicas*, que las hacen útiles en la vida cotidiana. Algunos polímeros sintéticos se asemejan a sustancias naturales, pero la mayor parte son muy diferentes de los materiales naturales. Estos productos son tan variados, como película fotográfica, discos compactos, tapetes, articulaciones artificiales, superpegamentos como la cola loca, juguetes, botellas de plástico, cubiertas contra intemperie, partes de carrocería de automóviles y suelas de zapatos, se fabrican con polímeros sintéticos.

Los polímeros sintéticos se pueden dividir en dos grandes grupos: **polímeros sintéticos** y **biopolímeros** (polímeros naturales). Los polímeros sintéticos son preparados en laboratorios y fábricas, mientras que los biopolímeros son sintetizados por organismos. Entre los ejemplos de biopolímeros están el ADN, la molécula que almacena la información genética, el ARN y las proteínas, las moléculas que inducen transformaciones bioquímicas, y los polisacáridos, que almacenan energía y también funcionan como materiales estructurales. Las estructuras y las propiedades de estos biopolímeros se presentan en otros capítulos. En este capítulo se exploran los polímeros sintéticos.

El hombre se basó primero en *biopolímeros* para vestirse, y así se envolvió en pieles y cueros animales. Después aprendió a hilar fibras naturales formando hebras y a tejer los hilos para fabricar prendas de vestir. Hoy, mucha de la ropa disponible es de *polímeros sintéticos* (como nylon, poliéster y poliacrilonitrilo). Muchas personas prefieren prendas hechas de polímeros naturales (como algodón, lana y seda), pero se ha estimado que si no se consiguieran polímeros sintéticos, toda la tierra cultivable en los Estados Unidos se tendría que usar para producir algodón y lana con qué fabricar la ropa de uso doméstico.

Un **plástico** es un polímero que se puede moldear. El primer plástico comercial fue el celuloide, inventado en 1856 por Alexander Parke; era una mezcla de nitrocelulosa y alcanfor. Se usó el celuloide para fabricar bolas de billar y teclas de piano sustituyendo al escaso marfil, y dando con ello un respiro a muchos elefantes. También se usó el celuloide para película cinematográfica hasta que fue reemplazado por el acetato de celulosa, un polímero más estable.

La primera fibra sintética fue de rayón. En 1865, la industria francesa de la seda fue amenazada por una epidemia que mató muchos gusanos de seda, llamando la atención hacia la necesidad de una seda artificial sustituta. Louis Chardonnet descubrió por accidente la materia prima de una fibra sintética cuando, mientras lavaba algo de nitrocelulosa esparcida en una mesa, notó que largas hebras sedosas se adherían tanto al trapo como a la mesa. La "seda Chardonnet" fue presentada en la Exposición de París, en 1891. Se le llamó *rayón* porque era tan lustrosa que parecía emitir rayos de luz. El "rayón" que se usa hoy no contiene grupos nitro.

El primer hule sintético fue sintetizado por químicos en Alemania, en 1917. Sus esfuerzos fueron la respuesta a una grave escasez de materias primas, resultado del bloqueo durante la Primera Guerra Mundial.

Hermann Staudinger fue el primero en reconocer que los diversos polímeros que se producían no eran conglomerados desordenados de monómeros, si no que estaban formados por cadenas de monómeros unidos entre sí. Hoy, la síntesis de polímeros ha aumentado, desde un proceso efectuado con poca noción química hasta llegar a ser una ciencia complicada donde las moléculas se diseñan a especificaciones predeterminadas para producir materiales nuevos adecuados a las necesidades humanas. Como ejemplos están la Lycra, tela con propiedades elásticas, y la Dyneema, la tela más resistente que se consigue en el comercio.

Hoy, la **química de polímeros** es parte de la más amplia disciplina de la **ciencia de los materiales**, que implica la creación de nuevos materiales que sustituyen a metales, vidrio, telas, madera, cartón y papel. La química de polímeros ha evolucionado y es una industria multimillonaria. En Estados Unidos se producen más de 2.5×10^{13} kilogramos de polímeros sintéticos cada año, y en la actualidad están vigentes unas 30,000 patentes de polímeros. Cabe esperar que se desarrollarán muchos materiales nuevos más en los años venideros.

> **BIOGRAFÍA**
>
> **Alexander Parke (1813–1890)** *nació en Birmingham, Inglaterra. Llamó "piroxilina" al polímero que inventó, pero no pudo comercializarlo.*

> **BIOGRAFÍA**
>
> *El inventor* **John Wesley Hyatt (1837–1920)** *nació en Nueva York. Cuando una empresa neoyorquina ofreció un premio de $10,000 dólares a quien inventara un sustituto de las bolas de billar hechas de marfil, Hyatt mejoró la síntesis de la piroxilina, cambió su nombre a "celuloide" y patentó un método para usarlo y fabricar bolas de billar. Sin embargo, no ganó el premio.*

> **BIOGRAFÍA**
>
> **Louis-Marie–Hilaire Bernigaud, Conde de Chardonnet (1839–1924)** *nació en Francia. En las primeras etapas de su carrera fue ayudante de Louis Pasteur. Como el rayón que produjo al principio se fabricaba con nitrocelulosa, era peligrosamente inflamable. Al final se aprendió a eliminar algunos de los grupos nitro después de que era formada la fibra, lo que la hizo mucho menos inflamable, pero no tan fuerte.*

> **BIOGRAFÍA**
>
> **Hermann Staudinger (1881–1965)**, *hijo de un profesor, nació en Alemania. Fue profesor en el Instituto Técnico de Karlsruhe y de la Universidad de Freiburg. Recibió el Premio Nobel de Química 1953 por sus contribuciones a la química de los polímeros.*

28.1 Las dos clases principales de polímeros sintéticos

Los polímeros sintéticos pueden dividirse en dos clases principales, que dependen del método de su preparación. Los **polímeros de crecimiento en cadena**, llamados también **polímeros de adición**, se fabrican con **reacciones en cadena**, la adición de monómeros al extremo de una cadena en crecimiento. El extremo de la cadena es reactivo porque es un radical, un catión o un anión. El poliestireno, que se usa en recipientes desechables para alimentos, aislamientos y mangos de cepillos de dientes, entre otras cosas, es un ejemplo

Los polímeros de crecimiento de cadena se llaman también polímeros de adición.

Los polímeros de crecimiento de cadena se preparan por reacciones en cadena.

de un polímero de adición. El poliestireno se bombea con mucho aire para producir el material que se usa para aislamientos en la construcción de viviendas.

$$CH_2=CH(C_6H_5) + CH_2=CH(C_6H_5) + CH_2=CH(C_6H_5) \longrightarrow -CH_2-CH(C_6H_5)-[CH_2-CH(C_6H_5)]_n-CH_2-CH(C_6H_5)-$$

estireno → poliestireno (un polímero de adición) — unidad repetitiva

Los polímeros de crecimiento en etapas se llaman también polímeros de condensación.

Los **polímeros de crecimiento en etapas**, llamados también **polímeros de condensación**, se fabrican combinando dos moléculas mientras que, en la mayor parte de los casos, se elimina una molécula pequeña, que suele ser agua o un alcohol. Las moléculas reaccionantes tienen grupos funcionales reactivos en cada extremo. A diferencia de la polimerización por adición, donde se necesita que las moléculas individuales se adicionen al extremo de una cadena en crecimiento, la polimerización de condensación permite combinar dos moléculas reactivas cualesquiera. El dacrón es un ejemplo de un polímero de condensación.

$$CH_3O-\overset{O}{\underset{\|}{C}}-C_6H_4-\overset{O}{\underset{\|}{C}}-OCH_3 + HOCH_2CH_2OH \xrightarrow{\Delta} -[OCH_2CH_2O-\overset{O}{\underset{\|}{C}}-C_6H_4-\overset{O}{\underset{\|}{C}}]_n-OCH_2CH_2O- + 2n\,CH_3OH$$

tereftalato de dimetilo + 1,2-etanodiol → poli(tereftalato de etileno) Dacron® un polímero de condensación — unidad repetitiva

El dacrón es el polímero más común del grupo de los **poliésteres**, que son polímeros que contienen muchos grupos éster. Los poliésteres se usan en la industria del vestido y son los que originan el comportamiento antiarrugas de muchas telas. También se usa el poliéster para fabricar la película plástica llamada Mylar, que se emplea en la fabricación de cintas magnéticas para grabación. Esta película es resistente al desgarramiento y, cuando se procesa, muestra una resistencia a la tensión casi como la del acero. Se usó Mylar aluminizado para fabricar el satélite *Echo* puesto en órbita alrededor de la Tierra como reflector gigante. El polímero de las botellas de refresco también es un poliéster.

28.2 Polímeros de adición

Los monómeros que se usan con más frecuencia en la polimerización por adición son etileno (eteno) y etilenos sustituidos. En la industria química, los etilenos monosustituidos se llaman *alfa olefinas*. Los polímeros formados con etileno o con etilenos sustituidos se llaman **polímeros vinílicos**. Algunos de varios polímeros vinílicos sintetizados por polimerización por adición se ven en la tabla 28.1.

La polimerización por adición se efectúa por uno de tres mecanismos: **polimerización por radical, polimerización catiónica** o **polimerización aniónica**. Cada mecanismo tiene tres fases distintas: un *paso de iniciación* que da comienzo a la polimerización; *pasos de propagación*, que hacen crecer la cadena, y *pasos de terminación*, que detienen el crecimiento de la cadena. Se verá que el mecanismo para una determinada reacción de crecimiento de cadena depende de la estructura del monómero *y también* del iniciador que se use para activar al monómero.

Polimerización por radical

Para que suceda la polimerización por adición mediante un mecanismo de radicales, debe agregarse un iniciador de radicales al monómero para convertir en radicales algunas de las moléculas del mismo.

Tabla 28.1 Algunos polímeros de adición (por crecimiento de la cadena) importantes y sus aplicaciones

Monómero	Unidad repetitiva	Nombre del polímero	Usos
$CH_2{=}CH_2$	$-CH_2-CH_2-$	polietileno	película, juguetes, botellas, bolsas de plástico
$CH_2{=}CH$ $\quad\ \ \ \|$ $\quad\ \ \ Cl$	$-CH_2-CH-$ $\qquad\quad\ \|$ $\qquad\quad Cl$	poli(cloruro de vinilo)	botellas "de exprimir", tubos, revestimientos, pisos
$CH_2{=}CH-CH_3$	$-CH_2-CH-$ $\qquad\quad\ \|$ $\qquad\quad CH_3$	polipropileno	tapas moldeadas, cubetas de margarina, alfombras interiores/exteriores, tapizados
$CH_2{=}CH$ $\quad\ \ \ \|$ $\quad\ \ \ C_6H_5$	$-CH_2-CH-$ $\qquad\quad\ \|$ $\qquad\quad C_6H_5$	poliestireno	empaques, juguetes, copas transparentes, cartones de huevo, vasos para bebidas calientes
$CF_2{=}CF_2$	$-CF_2-CF_2-$	poli(tetrafluoroetileno) Teflón	superficies no adhesivas, forros, aislamiento de cables
$CH_2{=}CH$ $\quad\ \ \ \|$ $\quad\ \ \ C{\equiv}N$	$-CH_2-CH-$ $\qquad\quad\ \|$ $\qquad\quad C{\equiv}N$	poli(acrilonitrilo) Orlón Acrilán	tapetes, cobertores, fibras, ropa. imitación de piel
$CH_2{=}C-CH_3$ $\quad\ \ \ \|$ $\quad\ \ \ COCH_3$ $\quad\ \ \ \|\|$ $\quad\ \ \ O$	$-CH_2-C-$ $\qquad\ \ \ \|$ $\quad\ CH_3$ $\qquad\quad\ \|$ $\qquad\quad COCH_3$ $\qquad\quad\ \|\|$ $\qquad\quad O$	poli(metacrilato de metilo) Plexiglás, Lucita	luminarias, letreros, paneles solares, tragaluces
$CH_2{=}CH$ $\quad\ \ \ \|$ $\quad\ \ \ OCCH_3$ $\quad\ \ \ \|\|$ $\quad\ \ \ O$	$-CH_2-CH-$ $\qquad\quad\ \|$ $\qquad\quad OCCH_3$ $\qquad\quad\ \|\|$ $\qquad\quad O$	poli(acetato de vinilo)	pinturas de látex, adhesivos

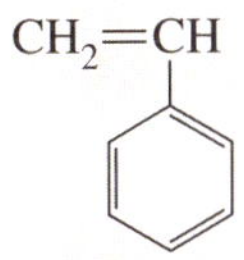

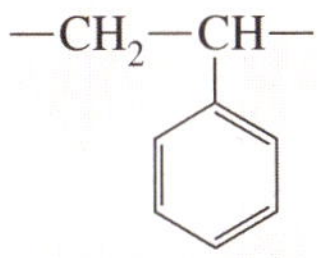

pasos iniciales de la cadena en la polimerización de radicales

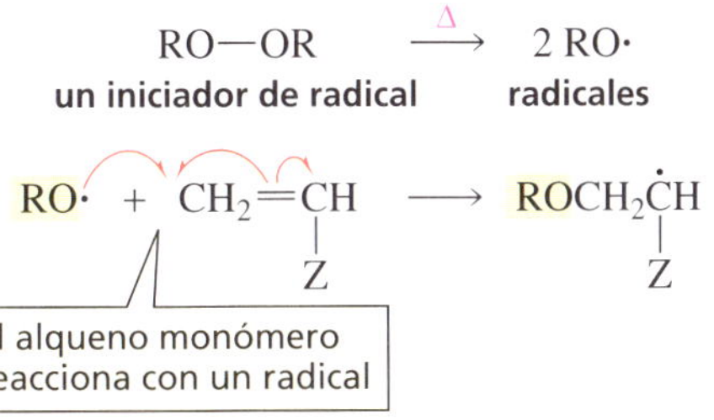

$$RO-OR \xrightarrow{\Delta} 2\ RO\cdot$$
un iniciador de radical → radicales

$$RO\cdot + CH_2{=}CH(Z) \longrightarrow ROCH_2\dot{C}H(Z)$$

el alqueno monómero reacciona con un radical

pasos de propagación de cadena

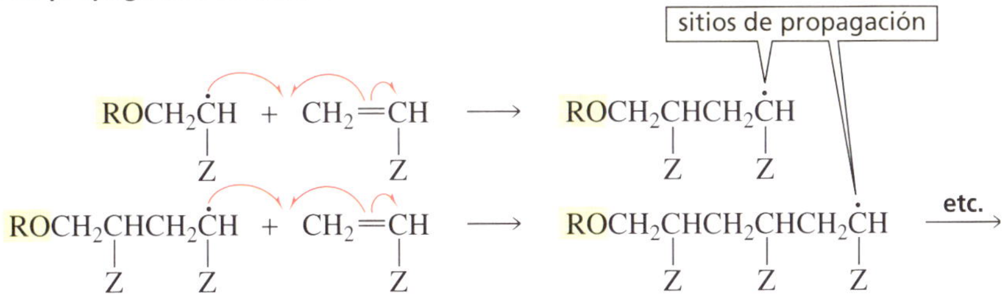

$$ROCH_2\dot{C}H(Z) + CH_2{=}CH(Z) \longrightarrow ROCH_2CHCH_2\dot{C}H(Z)(Z)$$

$$ROCH_2CHCH_2\dot{C}H(Z)(Z) + CH_2{=}CH(Z) \longrightarrow ROCH_2CHCH_2CHCH_2\dot{C}H(Z)(Z)(Z) \xrightarrow{etc.}$$

sitios de propagación

- El iniciador se rompe homolíticamente y forma radicales; cada radical se adiciona a un alqueno monómero y lo convierte en un radical.
- Este radical reacciona con otro monómero y adiciona una nueva subunidad que propaga la cadena. El sitio del radical está ahora en el extremo de la unidad que se acaba de adicionar al extremo de la cadena. Ese lugar se llama **sitio de propagación**.

Este proceso se repite una y otra vez. Cientos o hasta miles de alquenos monómeros se pueden adicionar uno por uno a la cadena en crecimiento. Al final, la reacción en cadena se detiene porque se destruyen los sitios de propagación. Se pueden destruir cuando

- dos cadenas se combinan en sus sitios de propagación;
- dos cadenas sufren *dismutación*, una se oxida y forma un alqueno y la otra se reduce y forma un alcano como resultado de la transferencia de un átomo de hidrógeno;
- una cadena reacciona con una impureza que consume el radical.

tres formas de terminar la cadena

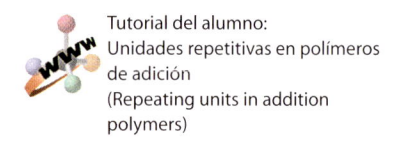

combinación de cadenas

$$2\ RO{-}[CH_2CH]_n{-}CH_2\dot{C}H \longrightarrow RO{-}[CH_2CH]_n{-}CH_2CHCHCH_2{-}[CHCH_2]_n{-}OR$$
(con sustituyentes Z)

dismutación

$$2\ RO{-}[CH_2CH]_n{-}CH_2\dot{C}H \longrightarrow RO{-}[CH_2CH]_n{-}CH{=}CH + RO{-}[CH_2CH]_n{-}CH_2CH_2$$
(con sustituyentes Z)

reacción con una impureza

$$RO{-}[CH_2CH]_n{-}CH_2\dot{C}H + \text{impureza} \longrightarrow RO{-}[CH_2CH]_n{-}CH_2CH{-}\text{impureza}$$
(con sustituyentes Z)

Los tres pasos anteriores se llaman pasos de terminación. Entonces, las *polimerizaciones por radicales* tienen pasos de iniciación de la cadena, propagación de la cadena y terminación de la cadena semejantes a los pasos que se efectúan en las reacciones de radicales descritas en las secciones 11.2 y 11.6.

Cuando el polímero tiene una alta masa molecular, los grupos (RO) en los extremos del polímero tienen poca importancia relativa en la determinación de las propiedades físicas y en general ni siquiera se especifican; es el resto de la molécula el que determina las propiedades del polímero.

La masa molecular del polímero se puede controlar con un proceso llamado **transferencia de cadena**. En él, la cadena creciente reacciona con una molécula XY de tal manera que permite que X termine la cadena y deja a Y para iniciar una nueva cadena. La molécula XY puede ser un disolvente, un iniciador de radicales o cualquier molécula con un enlace que se pueda romper homolíticamente.

$$-CH_2{-}[CH_2CH]_n{-}CH_2\dot{C}H + XY \longrightarrow -CH_2{-}[CH_2CH]_n{-}CH_2CHX + Y\cdot$$

En la polimerización por adición de los etilenos monosustituidos, se aprecia una preferencia marcada hacia la **adición de cabeza con cola**, donde la cabeza de un monómero se une con la cola de otro.

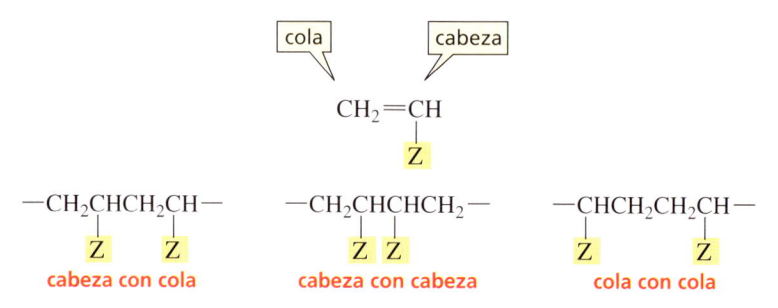

$$CH_2{=}CH{-}Z$$
(cola = CH₂, cabeza = CH)

$$-CH_2CHCH_2CH- \qquad -CH_2CHCHCH_2- \qquad -CHCH_2CH_2CH-$$
(Z, Z) — **cabeza con cola** ; (Z, Z) — **cabeza con cabeza** ; (Z, Z) — **cola con cola**

La adición cabeza con cola de un etileno sustituido da como resultado un polímero en el que cada tercer carbono tiene un sustituyente.

$$\underset{\text{cloruro de vinilo}}{\underset{|}{\text{CH}_2=\text{CH}}}\ \longrightarrow\ \underset{\text{poli(cloruro de vinilo)}}{-\text{CH}_2\underset{|}{\text{CH}}\text{CH}_2\underset{|}{\text{CH}}\text{CH}_2\underset{|}{\text{CH}}\text{CH}_2\underset{|}{\text{CH}}\text{CH}_2\underset{|}{\text{CH}}\text{CH}_2\underset{|}{\text{CH}}-}$$

Los factores estéricos determinan que la adición sea de cabeza con cola. El sitio de propagación tiene menos impedimento estérico en el carbono con hibridación sp^2 no sustituido del alqueno y en consecuencia lo ataca preferentemente. Los grupos que estabilizan a los radicales promueven también la adición de cabeza con cola. Por ejemplo, cuando Z (en la especie de la página 1236) es un sustituyente fenilo, el anillo de benceno estabiliza al radical por deslocalización electrónica, por lo que el sitio de propagación es el carbono que tiene el sustituyente fenilo.

En los casos donde Z es pequeño (y las consideraciones estéricas son menos importantes) y menos capaz para estabilizar el extremo creciente de la cadena por deslocalización electrónica, también ocurre algo de la adición de cabeza con cabeza y algo de cola con cola. Esto se ha observado sobre todo en casos donde Z es flúor. Sin embargo, nunca se ha encontrado que la adición anormal sea más del 10% de la cadena general.

Los monómeros que se polimerizan más fácilmente por adición mediante un mecanismo de radicales son aquéllos en donde el sustituyente Z es un grupo atractor de electrones o un grupo que puede estabilizar el radical libre que se forma durante el crecimiento de la cadena, por deslocalización electrónica. En la tabla 28.2 se ven ejemplos de monómeros que presentan la polimerización por radicales.

Tabla 28.2 Ejemplos de alquenos que tienen polimerización de radicales

estireno	acetato de vinilo	metacrilato de metilo
cloruro de vinilo	acrilonitrilo	1,3-butadieno

Un compuesto que sufre una ruptura homolítica con facilidad para formar radicales con la energía suficiente para convertir un alqueno en un radical puede servir como iniciador en la polimerización por radicales. En la tabla 28.3 se ven algunos iniciadores de radicales.

Una propiedad común que tienen todos los iniciadores de radicales es un enlace relativamente débil que se rompe homolíticamente con facilidad (sección 11.6). En todos los iniciadores de radicales que se muestran en la tabla 28.3, excepto en uno, el enlace débil es uno oxígeno-oxígeno. Dos factores pueden seleccionarse para un iniciador de radicales en una determinada polimerización por adición. El primero es la solubilidad del iniciador, que es deseable. Por ejemplo, el persulfato de potasio se usa con frecuencia si el iniciador debe ser soluble en agua, mientras que se escoge un iniciador con varios carbonos si el iniciador debe ser soluble en un disolvente no polar. El segundo factor es la temperatura a la que se efectúa la reacción de polimerización. Por ejemplo, un radical *terc*-butoxi es relativamente estable, por lo que un iniciador que forma un radical *terc*-butoxi se usa en polimerizaciones que se hagan a temperaturas relativamente altas.

Tabla 28.3 Algunos iniciadores de radicales

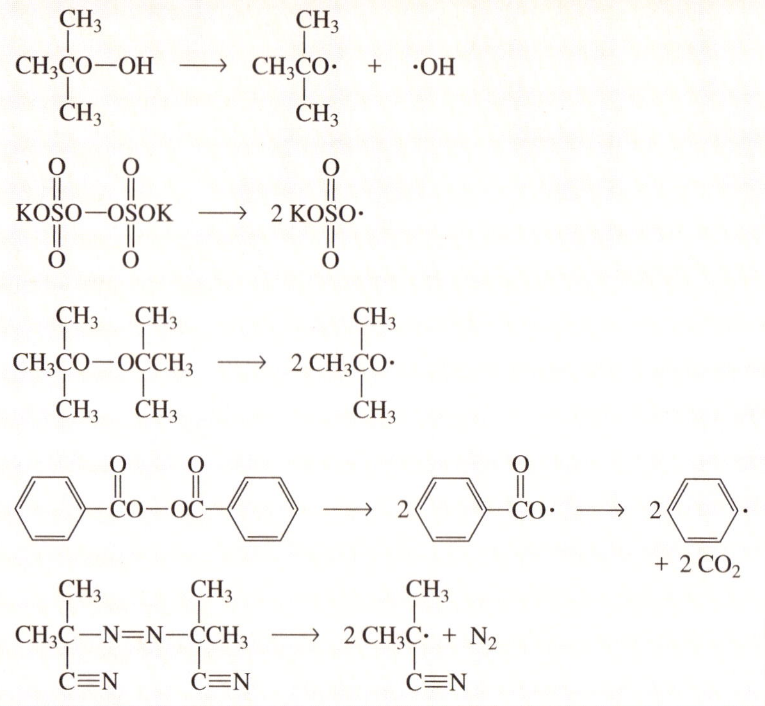

$$(CH_3)_3CO-OH \longrightarrow (CH_3)_3CO\cdot + \cdot OH$$

$$KOSO_2-O-SO_2OK \longrightarrow 2\ KOSO_2\cdot$$

$$(CH_3)_3CO-OC(CH_3)_3 \longrightarrow 2\ (CH_3)_3CO\cdot$$

$$PhCO-O-OCPh \longrightarrow 2\ PhCO_2\cdot \longrightarrow 2\ Ph\cdot + 2\ CO_2$$
(con grupos C=O)

$$\underset{\substack{|\\C\equiv N}}{CH_3\overset{CH_3}{\underset{|}{C}}}-N=N-\underset{\substack{|\\C\equiv N}}{\overset{CH_3}{\underset{|}{C}}CH_3} \longrightarrow 2\ \underset{\substack{|\\C\equiv N}}{CH_3\overset{CH_3}{\underset{|}{C}}\cdot} + N_2$$

PROBLEMA 1◆

¿Qué monómero usaría usted para formar cada uno de los polímeros siguientes?

a. 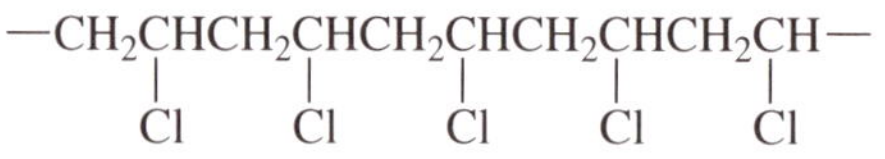 —CH$_2$CHCH$_2$CHCH$_2$CHCH$_2$CHCH$_2$CH—
         | | | | |
         Cl   Cl   Cl   Cl   Cl

b. 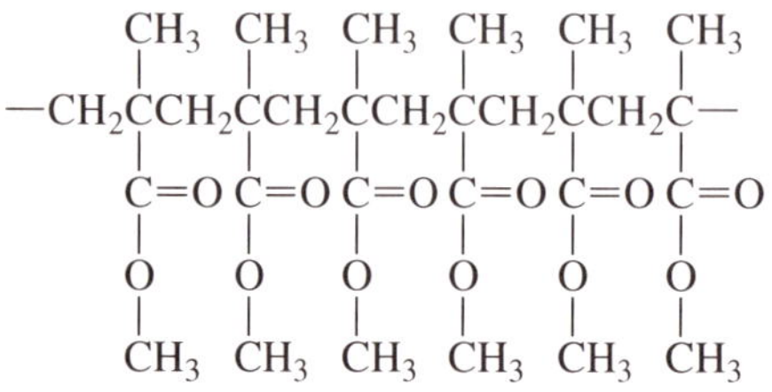
$$\begin{array}{c} \,CH_3\ \ CH_3\ \ CH_3\ \ CH_3\ \ CH_3\ \ CH_3 \\ -CH_2\overset{|}{C}CH_2\overset{|}{C}CH_2\overset{|}{C}CH_2\overset{|}{C}CH_2\overset{|}{C}CH_2\overset{|}{C}- \\ C{=}O\ \ C{=}O\ \ C{=}O\ \ C{=}O\ \ C{=}O\ \ C{=}O \\ \,|\ \ \ \ \ \ |\ \ \ \ \ \ |\ \ \ \ \ \ |\ \ \ \ \ \ |\ \ \ \ \ \ | \\ \,O\ \ \ \ \ O\ \ \ \ \ O\ \ \ \ \ O\ \ \ \ \ O\ \ \ \ \ O \\ \,|\ \ \ \ \ \ |\ \ \ \ \ \ |\ \ \ \ \ \ |\ \ \ \ \ \ |\ \ \ \ \ \ | \\ CH_3\ CH_3\ CH_3\ CH_3\ CH_3\ CH_3 \end{array}$$

c. —CF$_2$CF$_2$CF$_2$CF$_2$CF$_2$CF$_2$CF$_2$CF$_2$CF$_2$CF$_2$—

PROBLEMA 2◆

¿Qué polímero debe ser más apropiado para obtener enlaces anormales de cabeza con cabeza: poli(cloruro de vinilo) o poliestireno?

PROBLEMA 3

Dibuje un segmento de poliestireno que contenga enlaces anormales de cabeza con cabeza y cola con cola.

PROBLEMA 4

Describa el mecanismo de la formación de un segmento de poli(cloruro de vinilo) que contenga tres unidades de cloruro de vinilo, iniciada con peróxido de hidrógeno.

Ramificaciones de la cadena de un polímero

Si el sitio de propagación abstrae un átomo de hidrógeno de una cadena, una ramificación puede crecer desde la cadena en ese punto:

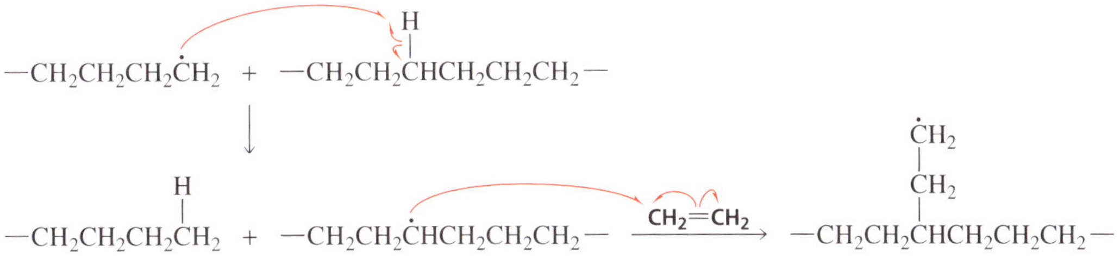

$$-CH_2CH_2CH_2\dot{C}H_2 \; + \; -CH_2CH_2\overset{\overset{H}{|}}{C}HCH_2CH_2CH_2-$$

$$\downarrow$$

$$-CH_2CH_2CH_2\overset{\overset{H}{|}}{C}H \; + \; -CH_2CH_2\dot{C}HCH_2CH_2CH_2- \xrightarrow{CH_2=CH_2} -CH_2CH_2\overset{\overset{\overset{\overset{\dot{C}H_2}{|}}{CH_2}}{|}}{C}HCH_2CH_2CH_2-$$

Al abstraer un átomo de hidrógeno de un carbono cercano al extremo de una cadena se forman ramificaciones cortas, mientras que si el átomo de hidrógeno se elimina cerca de la mitad de una cadena las ramificaciones son largas. Es más probable que se formen ramificaciones cortas que largas porque los extremos de la cadena son más accesibles.

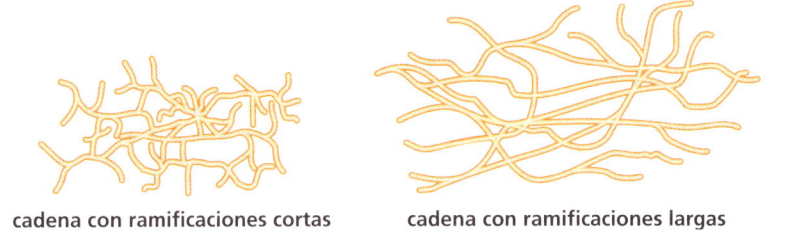

cadena con ramificaciones cortas   cadena con ramificaciones largas

La ramificación afecta mucho las propiedades físicas del polímero. Las cadenas no ramificadas se pueden empacar más que las cadenas ramificadas. En consecuencia, el polietileno lineal (llamado polietileno de alta densidad) es un plástico relativamente duro que se usa para producir objetos como articulaciones artificiales de cadera, mientras que el polietileno ramificado (polietileno de baja densidad) es un polímero mucho más flexible que se usa para producir bolsas de basura y de tintorería.

Los polímeros ramificados son más flexibles.

SÍMBOLOS DE RECICLADO

Cuando se reciclan los plásticos, sus diversos tipos deben separarse unos de otros. Para ayudar en la separación, en muchos lugares se indica a los fabricantes que pongan un símbolo de reciclado en sus productos para indicar el tipo de plástico que es. Es probable que el lector esté familiarizado con esos símbolos, que se troquelan con frecuencia en el fondo de los recipientes de plástico. Los símbolos consisten en tres flechas en torno a uno de siete números; una abreviatura abajo del símbolo indica el tipo de polímero del que está fabricado el recipiente. Mientras menor sea el número en la parte media del símbolo, es mayor la facilidad con la que se puede reciclar el material: 1 (PET) representa poli(tereftalato de etileno); 2 (HDPE) representa polietileno de alta densidad; 3 (V) para poli(cloruro de vinilo); 4 (LDPE) para polietileno de baja densidad; 5 (PP) para polipropileno; 6(PS) para poliestireno y 7 para todos los demás plásticos.

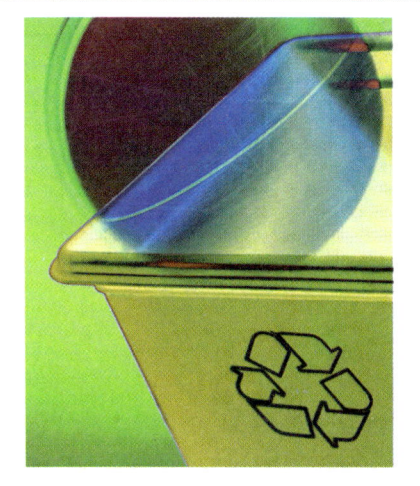

Símbolos de reciclado

PROBLEMA 5◆

El polietileno se puede usar para producir sillones de playa y también para pelotas de playa. ¿Cuál de esos artículos se fabrica con el polietileno más ramificado?

PROBLEMA 6

Dibuje un segmento corto de poliestireno ramificado donde se vean los enlaces en el punto de ramificación.

Polimerización catiónica

En la polimerización catiónica, el iniciador es un electrófilo (por lo general un protón) que se adiciona al alqueno monómero y hace que se transforme en un catión. El iniciador que más se usa en la polimerización catiónica es un ácido de Lewis como el BF_3 junto con una base de Lewis donadora de protones como el agua. Observe que la reacción se apega a la regla que gobierna las reacciones de adición electrofílica: el electrófilo (el iniciador) se adiciona al carbono con hibridación sp^2 unido a más hidrógenos (sección 4.4).

paso de iniciación de la cadena

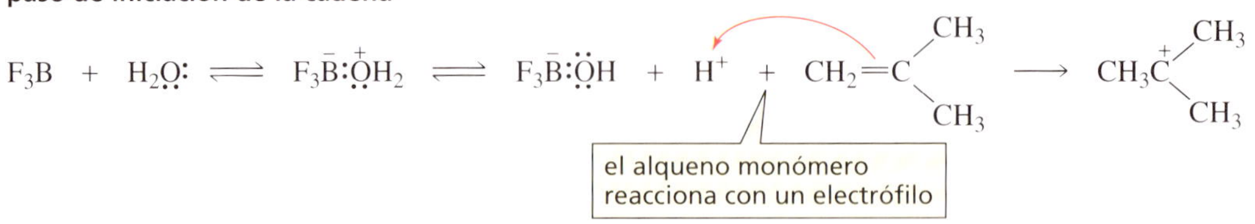

$$F_3B + H_2\ddot{O}: \rightleftharpoons F_3\bar{B}:\overset{+}{O}H_2 \rightleftharpoons F_3\bar{B}:\ddot{O}H + H^+ + CH_2=C(CH_3)_2 \longrightarrow CH_3\overset{+}{C}(CH_3)_2$$

el alqueno monómero reacciona con un electrófilo

pasos de propagación de la cadena en la polimerización catiónica

$$CH_3\overset{+}{C}(CH_3)_2 + CH_2=C(CH_3)_2 \longrightarrow CH_3C(CH_3)_2CH_2\overset{+}{C}(CH_3)_2$$

$$CH_3C(CH_3)_2CH_2\overset{+}{C}(CH_3)_2 + CH_2=C(CH_3)_2 \longrightarrow CH_3C(CH_3)_2CH_2C(CH_3)_2CH_2\overset{+}{C}(CH_3)_2$$

sitios de propagación

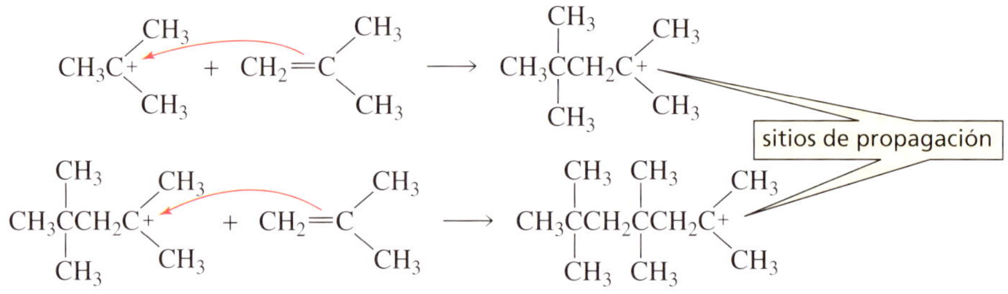

- El catión formado en el paso de iniciación reacciona con un segundo monómero para formar un nuevo catión, que a su vez reacciona con un tercer monómero. Al adicionarse a la cadena cada monómero siguiente, el nuevo sitio de propagación con carga positiva se encuentra en el extremo de la unidad que se acaba de adicionar.

La polimerización catiónica se puede terminar por:

- la pérdida de un protón;
- adición de un nucleófilo al sitio de propagación;
- una reacción de transferencia de cadena con el disolvente (YZ).

tres formas de terminar la cadena

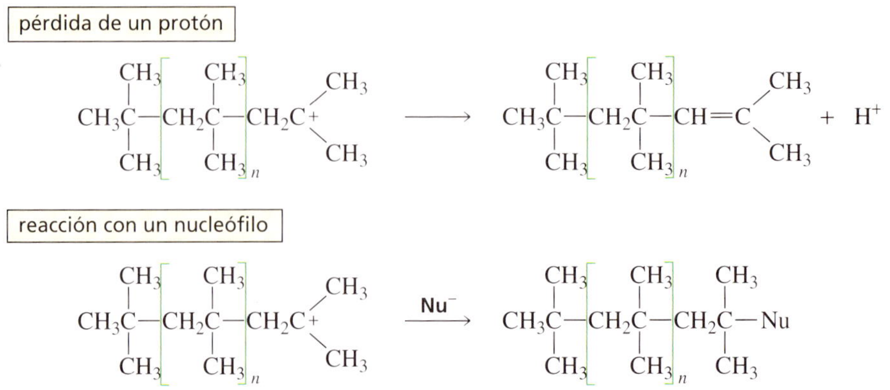

pérdida de un protón

$$CH_3C(CH_3)_2-[CH_2C(CH_3)_2]_n-CH_2\overset{+}{C}(CH_3)_2 \longrightarrow CH_3C(CH_3)_2-[CH_2C(CH_3)_2]_n-CH=C(CH_3)_2 + H^+$$

reacción con un nucleófilo

$$CH_3C(CH_3)_2-[CH_2C(CH_3)_2]_n-CH_2\overset{+}{C}(CH_3)_2 \xrightarrow{Nu^-} CH_3C(CH_3)_2-[CH_2C(CH_3)_2]_n-CH_2C(CH_3)_2-Nu$$

reacción de transferencia de cadena con el disolvente

$$CH_3\underset{CH_3}{\overset{CH_3}{C}}-\left[CH_2\underset{CH_3}{\overset{CH_3}{C}}\right]_n-CH_2\underset{CH_3}{\overset{CH_3}{C}}{}^+ \xrightarrow{YZ} CH_3\underset{CH_3}{\overset{CH_3}{C}}-\left[CH_2\underset{CH_3}{\overset{CH_3}{C}}\right]_n-CH_2\underset{CH_3}{\overset{CH_3}{C}}-Y \ +$$

Los carbocationes intermediarios que se forman durante la polimerización catiónica, como cualquier carbocatión, pueden tener reordenamientos por un desplazamiento 1,2 de hidruro o de metilo, si el reordenamiento lleva a un carbocatión más estable (sección 4.6). Por ejemplo, el polímero que se forma por polimerización catiónica del 3-metil-1-buteno contiene unidades sin reordenar y reordenadas. El sitio de propagación sin reordenar es un carbocatión secundario, mientras que el reordenado, obtenido por un desplazamiento 1,2 de hidruro es un carbocatión terciario más estable. El grado de reordenamiento depende de la temperatura de reacción.

$$CH_2=CHCHCH_3 \longrightarrow -CH_2CH_2\underset{CH_3}{\overset{CH_3}{C}}-CH_2\underset{CHCH_3}{CH}-CH_2\underset{CHCH_3}{CH}-CH_2CH_2\underset{CH_3}{\overset{CH_3}{C}}-$$

3-metil-1-buteno

sitio de propagación no reordenado: $-CH_2-\overset{+}{C}H-CHCH_3-CH_3$

sitio de propagación reordenado: $-CH_2CH_2-\overset{CH_3}{\underset{CH_3}{\overset{|}{C}{}^+}}$

Los monómeros que más se prestan a una polimerización por un mecanismo catiónico son aquéllos con sustituyentes que pueden estabilizar la carga positiva en el sitio de propagación donando electrones por hiperconjugación o por resonancia (sección 15.2). En la tabla 28.4 se ven ejemplos de monómeros que sufren polimerización catiónica.

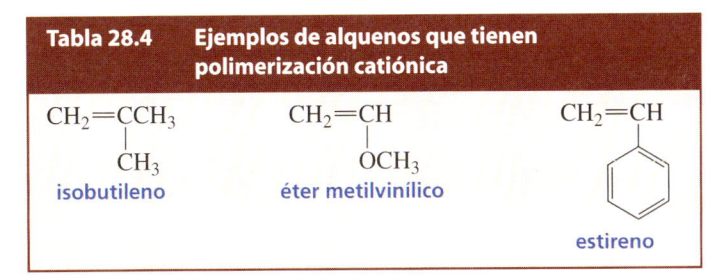

Tabla 28.4	Ejemplos de alquenos que tienen polimerización catiónica	
$CH_2=CCH_3$ | CH_3 **isobutileno**	$CH_2=CH$ | OCH_3 **éter metilvinílico**	$CH_2=CH$ | (fenilo) **estireno**

PROBLEMA 7◆

Ordene los grupos de monómeros siguientes por su capacidad decreciente para sufrir una polimerización catiónica.

a. $CH_2=CH-C_6H_4-NO_2$ $CH_2=CH-C_6H_4-CH_3$ $CH_2=CH-C_6H_4-OCH_3$

b. $CH_2=\underset{CH_3}{\overset{CH_3}{C}}$ $CH_2=CHOCH_3$ $CH_2=CH\overset{O}{\overset{\|}{C}}OCH_3$

c. $CH_2=CH-C_6H_5$ $CH_2=CCH_3-C_6H_5$

Polimerización aniónica

En la polimerización aniónica, el iniciador es un nucleófilo (por lo general una base fuerte) que reacciona con el alqueno para formar un sitio de propagación que es un anión. El ataque nucleofílico a un alqueno no sucede con facilidad porque los alquenos mismos ya son ricos en electrones. Por consiguiente, el iniciador debe ser un nucleófilo muy bueno, como amiduro de sodio o bien *n*-butil-litio, y el alqueno debe contener un sustituyente atractor de electrones para disminuir su densidad electrónica.

paso inicial de la cadena en la polimerización aniónica

$$\text{Bu}^- \text{Li}^+ + \text{CH}_2=\text{CH}-\text{Ph} \longrightarrow \text{Bu}-\text{CH}_2\ddot{\text{C}}\text{H}-\text{Ph}$$

el alqueno monómero reacciona con un nucleófilo

pasos de la propagación de la cadena

$$\text{Bu}-\text{CH}_2\ddot{\text{C}}\text{H}(\text{Ph}) + \text{CH}_2=\text{CH}(\text{Ph}) \longrightarrow \text{Bu}-\text{CH}_2\text{CH}(\text{Ph})-\text{CH}_2\ddot{\text{C}}\text{H}(\text{Ph})$$

$$\text{Bu}-\text{CH}_2\text{CH}(\text{Ph})-\text{CH}_2\ddot{\text{C}}\text{H}(\text{Ph}) + \text{CH}_2=\text{CH}(\text{Ph}) \longrightarrow \text{Bu}-\text{CH}_2\text{CH}(\text{Ph})-\text{CH}_2\text{CH}(\text{Ph})-\text{CH}_2\ddot{\text{C}}\text{H}(\text{Ph})$$

sitios de propagación

La cadena se puede terminar con una reacción de transferencia de cadena con el disolvente o por una reacción con una impureza en la mezcla de reacción. Si el disolvente no puede donar un protón para terminar la cadena y se excluyen en forma rigurosa todas las impurezas que puedan reaccionar con un carbanión, la propagación de la cadena continuará hasta que se haya consumido todo el monómero. En este momento, el sitio de propagación todavía estará activo y la reacción de polimerización continuará si se agrega más monómero al sistema. A esas cadenas no terminadas se les llama **polímeros vivos**, porque las cadenas permanecen activas hasta que se les "mata". Los polímeros vivos se forman con más frecuencia en una polimerización aniónica porque las cadenas no pueden terminarse por pérdida de un protón del polímero, como pueden hacerlo en la polimerización catiónica; tampoco por dismutación o por recombinación de radicales, como en la polimerización por radicales. Algunos alquenos que se polimerizan por un mecanismo aniónico se ven en la tabla 28.5.

Tabla 28.5 Ejemplos de alquenos que tienen polimerización aniónica

$CH_2=CH$ $\vert$ $CH=O$	$CH_2=CH$ $\vert$ CNH_2 $\vert\vert$ O	$CH_2=CCH_3$ $\vert$ $COCH_3$ $\vert\vert$ O	$CH_2=CH$ $\vert$ Ph
acroleína	acrilamida	metacrilato de metilo	estireno

La *Cola Loca* es un superpegamento hecho a base de un polímero de α-cianoacrilato de metilo. Como el monómero tiene dos grupos atractores de electrones, sólo requiere un nucleófilo moderadamente bueno para iniciar la polimerización aniónica, y éste puede ser agua absorbida en la superficie. El lector ya conocerá esta reacción, si alguna vez dejó caer una gota de *Cola Loca* en sus dedos. Un grupo nucleofílico en la superficie de la piel inicia la reacción de polimerización y el resultado es que dos dedos pueden quedar bien pegados.

La capacidad de formar enlaces covalentes con grupos en las superficies de los objetos que se van a pegar es lo que da su sorprendente fuerza a la *Cola Loca*. Unos polímeros similares a la *Cola Loca* (son ésteres de butilo, isobutilo u octilo en lugar de metilo) tienen uso en cirugía para cerrar heridas.

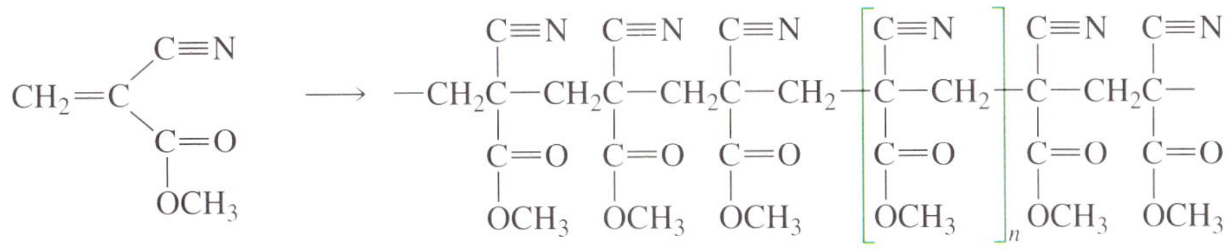

α-cianoacrilato de metilo → Super Glue®

PROBLEMA 8◆

Ordene los grupos siguientes en función de su capacidad decreciente para polimerizarse aniónicamente.

a. $CH_2=CH$–C$_6$H$_4$–NO$_2$ $CH_2=CH$–C$_6$H$_4$–CH$_3$ $CH_2=CH$–C$_6$H$_4$–OCH$_3$

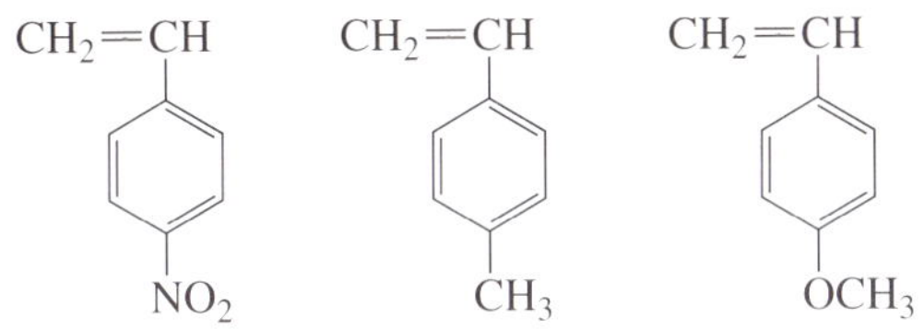

b. $CH_2=CHCH_3$ $CH_2=CHCl$ $CH_2=CHC\equiv N$

¿Qué determina el mecanismo?

Se explicó que el sustituyente en el alqueno determina el mejor mecanismo de polimerización por adición. Los alquenos con sustituyentes que pueden estabilizar radicales tienen una polimerización fácil por radicales, los alquenos con sustituyentes donadores de electrones que puedan estabilizar cationes tienen una polimerización catiónica, y los alquenos con sustituyentes atractores de electrones que puedan estabilizar aniones tienen una polimerización aniónica.

Algunos alquenos se polimerizan siguiendo más de un mecanismo. Por ejemplo, el estireno puede tener una polimerización por mecanismos de radicales, catiónicos y aniónicos porque el grupo fenilo puede estabilizar radicales bencílicos, cationes bencílicos y aniones bencílicos. El mecanismo de su polimerización depende de la naturaleza del iniciador elegido para dar comienzo a la reacción.

Polimerizaciones por apertura de anillo

Aunque el etileno y los etilenos sustituidos son los monómeros que se usan con mayor frecuencia en reacciones de polimerización por adición, también hay otros compuestos que se pueden polimerizar así. Por ejemplo, los epóxidos pueden tener reacciones de polimerización por adición. Si el iniciador es un nucleófilo como HO:⁻ o RO:⁻, la polimerización sucede a través de un mecanismo aniónico. Observe que el nucleófilo ataca al carbono con el menor impedimento estérico del epóxido (sección 10.8).

RO:⁻ + (óxido de propileno) → RO—CH$_2$CHO⁻ | CH$_3$

RO—CH$_2$CHO:⁻ | CH$_3$ + (óxido de propileno) → RO—CH$_2$CHOCH$_2$CHO⁻ | CH$_3$ | CH$_3$

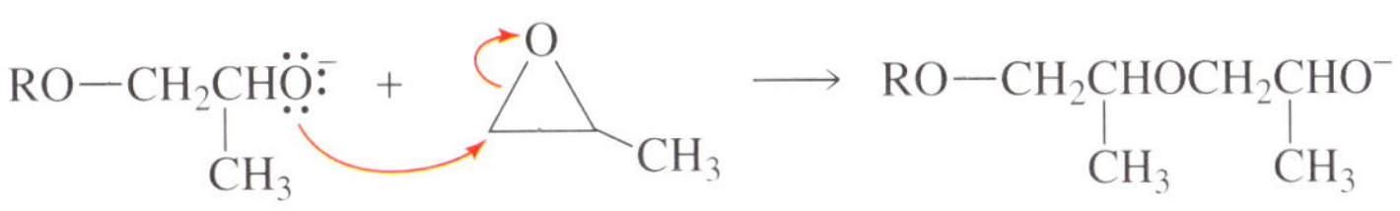

Si el iniciador es un ácido de Lewis o un ácido donador de protones, los epóxidos se polimerizan por medio de un mecanismo catiónico. Las reacciones de polimerización donde intervienen reacciones de apertura de anillo, como la polimerización del óxido de propileno, se llaman **polimerizaciones por apertura de anillo**. Obsérvese que bajo condiciones ácidas, el nucleófilo ataca al carbono más sustituido del epóxido (sección 10.8).

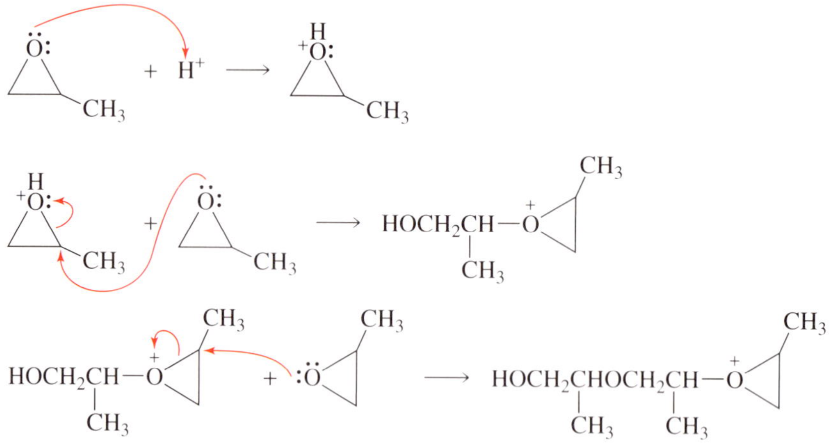

PROBLEMA 9

Explique por qué, cuando el óxido de propileno tiene una polimerización aniónica, el ataque nucleofílico es al carbono menos sustituido del epóxido, pero cuando tiene una polimerización catiónica, el ataque nucleofílico es al carbono más sustituido.

PROBLEMA 10

Describa la polimerización del 2,2-dimetiloxirano por

a. un mecanismo aniónico.
b. un mecanismo catiónico.

PROBLEMA 11 ◆

¿Cuál monómero y qué tipo de iniciador usaría usted para sintetizar cada uno de los polímeros siguientes?

a.
$$-CH_2\underset{\underset{CH_3}{|}}{\overset{\overset{CH_3}{|}}{C}}CH_2\underset{\underset{CH_3}{|}}{\overset{\overset{CH_3}{|}}{C}}CH_2\underset{\underset{CH_3}{|}}{\overset{\overset{CH_3}{|}}{C}}-$$

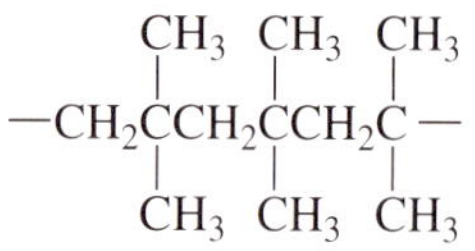

b. $-CH_2CH-CH_2CH-$ con sustituyentes N-pirrolidinona (2-oxo-1-pirrolidinilo)

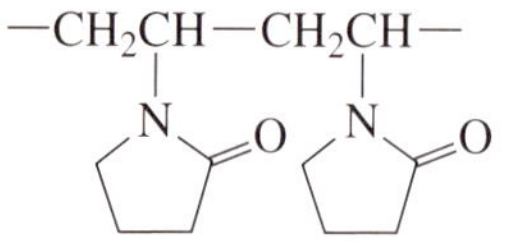

c. $-CH_2CH_2OCH_2CH_2O-$

d. $-CH_2CH-CH_2CH-$
    $\quad\quad\ |\quad\quad\quad\ |$
    $\quad\ COCH_3\ \ COCH_3$
    $\quad\ \overset{\|}{O}\quad\quad\ \overset{\|}{O}$

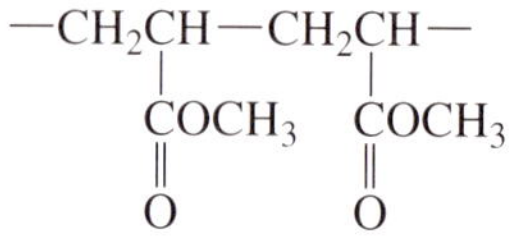

PROBLEMA 12 ◆

Dibuje un segmento corto del polímero que se forma en la polimerización catiónica del 3,3-dimetiloxaciclobutano.

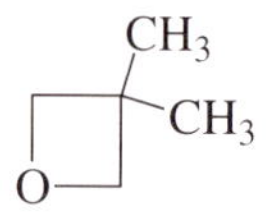

3,3-dimetiloxaciclobutano

28.3 Estereoquímica de la polimerización • Catalizadores de Ziegler-Natta

Los polímeros que se forman a partir de etilenos monosustituidos pueden tener tres configuraciones: isotácticos, sindiotácticos y atácticos. Un **polímero isotáctico** tiene a todos sus sustituyentes en el mismo lado de la cadena de carbonos totalmente extendida. (*Iso* y *taxis* son "el mismo" y "orden" en griego, respectivamente). En un **polímero sindiotáctico** (*syndio* quiere decir "alternado"), los sustituyentes alternan con regularidad en ambos lados de la cadena de carbonos. Los sustituyentes en un **polímero atáctico** tienen un orden aleatorio.

configuración isotáctica (mismo lado)

configuración sindiotáctica (ambos lados)

La configuración de un polímero afecta sus propiedades físicas. Es más probable que los polímeros de configuración isotáctica y sindiotáctica sean sólidos cristalinos porque la posición de los sustituyentes con un orden regular permite un arreglo de empacamiento más regular. Los polímeros con la configuración atáctica son más desordenados y no se pueden empacar tan bien, por lo que estos polímeros son menos rígidos y, en consecuencia, más blandos.

La configuración del polímero depende del mecanismo por el cual sucede la polimerización. En general, la polimerización por radicales forma principalmente polímeros ramificados de configuración atáctica. La polimerización aniónica puede producir polímeros con la máxima estereorregularidad. El porcentaje de cadenas en la configuración isotáctica o sindiotáctica aumenta a medida que diminuye la temperatura de polimerización y disminuye la polaridad del disolvente.

En 1953, Karl Ziegler y Giulio Natta encontraron que se puede controlar la estructura de un polímero si se coordinan el extremo creciente de la cadena y el monómero que entra con un iniciador de aluminio-titanio. Hoy a esos iniciadores se les llama **catalizadores de Ziegler-Natta**. Se pueden preparar polímeros largos no ramificados, con configuración isotáctica o sindiotáctica usando catalizadores de Ziegler-Natta. Si la cadena es isotáctica o sindiotáctica depende del catalizador de Ziegler-Natta usado. Estos catalizadores revolucionaron el campo de la química de polímeros porque permiten la síntesis de materiales más resistentes y rígidos, que tienen una mayor resistencia al agrietamiento y al calor. El polietileno de alta densidad se prepara por medio de un proceso de Ziegler-Natta.

En la figura 28.1 se presenta un mecanismo propuesto para la polimerización de Ziegler-Natta de un etileno sustituido. El monómero forma un complejo π (sección 6.6) con titanio en un sitio de coordinación abierto (sitio disponible para aceptar electrones) y el alqueno coordinado se inserta entre el titanio y el polímero en crecimiento y extendiéndose así la cadena. Como se abre un nuevo sitio de coordinación durante la inserción del monómero, el proceso se puede repetir una y otra vez.

El poliacetileno es otro polímero que se prepara con un proceso de Ziegler-Natta. Se puede convertir en un **polímero conductor**, porque los enlaces dobles conjugados del poliacetileno permiten que la electricidad pase por la cadena después de haber eliminado o adicionado varios electrones (lo que se llama "dopaje").

$$HC\equiv CH \xrightarrow{\text{un catalizador de Ziegler-Natta}} -CH=CH-[CH=CH]_n-CH=CH-$$

acetileno → poliacetileno

> **BIOGRAFÍA**
>
> **Karl Ziegler (1898–1973)**, hijo de un ministro, nació en Alemania. Fue profesor en la Universidad de Frankfurt y después en la Universidad de Heidelberg. Desarrolló el catalizador de Ziegler-Natta y su empleo en la producción de polietileno. Compartió el Permio Nobel de Química 1963 con Giulio Natta, quien reconoció que el catalizador también se podía usar para producir polímeros isotácticos y sindiotácticos a partir de otras olefinas alfa.

> **BIOGRAFÍA**
>
> **Giulio Natta (1903–1979)** fue hijo de un juez italiano. Fue profesor en el Instituto Politécnico de Milán, donde llegó a ser director del Centro de Investigación en Química Industrial. Compartió el Premio Nobel de Química con Karl Ziegler.

▲ **Figura 28.1**
Mecanismo de la polimerización de un etileno sustituido con catálisis de Ziegler-Natta. Un monómero forma un complejo π con un sitio de coordinación abierto del titanio y a continuación se inserta entre el titanio y el polímero en crecimiento.

28.4 Polimerización de dienos • Fabricación del caucho

Cuando se corta la corteza de un árbol de hule, segrega un líquido pegajoso. Ese mismo líquido se encuentra en los tallos del diente de león y del algodoncillo. El material pegajoso es *látex*, una suspensión de partículas de hule en agua. Su función biológica es proteger al árbol después de una herida, cubriéndola con algo parecido a un vendaje.

El hule o caucho natural es un polímero del 2-metil-1,3-butadieno, también llamado isopreno. En promedio, una molécula de hule contiene 5000 unidades de isopreno. Todos los enlaces dobles en el hule natural son *cis*. El hule es un material impermeable porque sus cadenas enredadas de hidrocarburos no tienen afinidad hacia el agua. Charles Macintosh, escocés, fue el primero en usar hule como recubrimiento para impermeables. Como en el caso de otros terpenos naturales, el compuesto con cinco carbonos que se usa en realidad en la biosíntesis es pirofosfato de isopentenilo (sección 26.8).

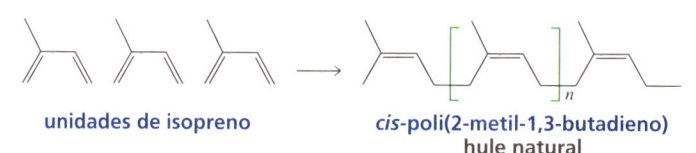

unidades de isopreno → *cis*-poli(2-metil-1,3-butadieno)
hule natural

La gutapercha (de las palabras malayas *getah*, "goma", y *percha*, "árbol") es un isómero natural del hule, en el que todos los enlaces dobles son *trans*. Como el hule, la gutapercha es segregado de ciertos árboles, pero es mucho menos común. También es más dura y más frágil que el hule. La gutapercha es el material de relleno que usan los dentistas en los canales de las raíces. En el pasado se usó para moldear pelotas de golf.

PROBLEMA 13

Dibuje un segmento corto de gutapercha.

Imitando a la naturaleza, se ha aprendido a preparar cauchos sintéticos con propiedades adaptadas a las necesidades humanas. Dichos materiales tienen algunas de las propiedades del hule natural, como ser impermeables y plásticos, pero también tienen algunas propiedades mejoradas; son más resistentes, más flexibles y más durables que el hule natural.

Recolección de látex de un árbol de hule.

Se han fabricado cauchos sintéticos por medio de una polimerización en emulsión de dienos distintos al isopreno. La polimerización en emulsión consiste en polimerizar por radicales de los monómeros en emulsión, lo que facilita controlar la reacción. Un caucho sintético es un polímero formado por la polimerización 1,4 del 1,3-butadieno, donde todos los enlaces dobles son *cis*. Hay dos razones por las que la polimerización 1,4 predomina sobre la polimerización 1,2. La primera es que existe menos impedimento estérico en la posición 4. La segunda es que el producto de la polimerización 1,4 es más estable porque tiene grupos alqueno con dos sustituyentes, mientras que el producto de la polimerización 1,2 tiene grupos alqueno con sólo un sustituyente (sección 4.11).

monómeros de 1,3-butadieno → *cis*-poli(1,3-butadieno)
un caucho sintético

El neopreno es un hule sintético preparado por la polimerización del 2-cloro-1,3-butadieno. Se usa en trajes de buzo, suelas de zapato, mangueras y telas recubiertas.

2-cloro-1,3-butadieno
cloropreno
→ neopreno

BIOGRAFÍA

Charles Goodyear (1800–1860), *hijo de un inventor de implementos agrícolas, nació en Connecticut. Patentó el proceso de vulcanización en 1844. Sin embargo, el proceso era tan simple que se podía copiar con facilidad, por lo que pasó muchos años en disputas por violaciones a su patente. En 1852, con Daniel Webster como su abogado, obtuvo el derecho a la patente.*

Un problema común a los hules naturales y a la mayor parte de los sintéticos es que los polímeros son muy blandos y pegajosos. Se pueden endurecer con un proceso llamado *vulcanización*. Charles Goodyear descubrió este proceso al buscar formas de mejorar las propiedades del hule. Por accidente vertió una mezcla de hule y azufre en una estufa caliente. Para su sorpresa, la mezcla se volvió dura, pero flexible. Llamó vulcanización al calentamiento de hule con azufre, por Vulcano, el dios romano del fuego.

El calentamiento de hule con azufre origina **enlaces cruzados** entre las cadenas separadas del polímero por medio de puentes disulfuro (figura 28.2; véase también la sección 22.8). Así, en lugar de que las cadenas se enreden entre sí, las cadenas vulcanizadas se unen en forma covalente entre sí formando una molécula gigante. Como el polímero tiene enlaces dobles, las cadenas tienen dobleces y arrugas que evitan que se forme un polímero cristalino densamente empacado. Cuando el hule se estira, las cadenas se enderezan en dirección de la tensión. Los entrecruzamientos evitan que el hule se rasgue cuando se estira; además son un marco de referencia para que el material regrese a él cuando cesa la fuerza del estiramiento.

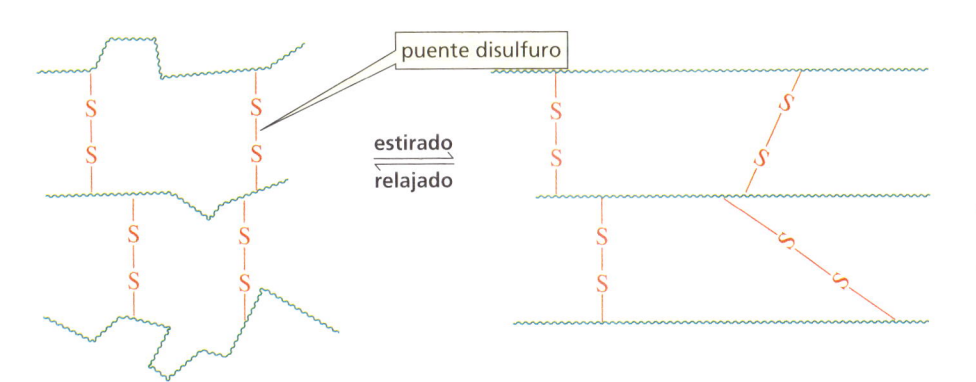

◀ **Figura 28.2**
La rigidez del hule aumenta al formar, con puentes disulfuro, enlaces cruzados entre las cadenas de polímero. Cuando se estira el hule, las cadenas dobladas al azar se enderezan y se orientan a lo largo de la dirección del estiramiento.

Las propiedades físicas del hule se pueden controlar regulando la cantidad de azufre que se usa en el proceso de vulcanización. El hule fabricado con 1 a 3% de azufre es suave y extensible y se usa para fabricar ligas o bandas elásticas. El fabricado con 3 a 10% de

Mientras mayor sea el grado de entrecruzamiento el polímero es más rígido.

azufre es más rígido y se usa en la fabricación de neumáticos. Se puede encontrar el nombre Goodyear en muchos de los neumáticos que se venden hoy. La historia del hule es un ejemplo de un científico que toma un material natural y busca formas de mejorar sus propiedades útiles.

> **PROBLEMA 14**
>
> Dibuje un segmento del polímero que se formaría por la polimerización 1,2 del 1,3-butadieno.

28.5 Copolímeros

Los polímeros que hemos descrito hasta ahora se forman a partir de un solo tipo de monómero y se llaman **homopolímeros**. Con frecuencia se usan dos o más monómeros diferentes para formar un polímero. Al producto que resulta se le llama **copolímero**. Al aumentar el número de monómeros diferentes que se usan para formar el copolímero, aumenta en forma sorprendente el número de copolímeros diferentes que pueden formar tales monómeros. Aun si se usan dos clases de monómeros, se pueden preparar copolímeros con propiedades muy diferentes al variar las cantidades de cada monómero. Tanto los polímeros de adición como los de condensación pueden ser copolímeros. Muchos de los polímeros sintéticos que hoy se usan son copolímeros. La tabla 28.6 muestra algunos copolímeros comunes y los monómeros con los cuales se sintetizan.

Tabla 28.6   Algunos ejemplos de copolímeros y sus usos

Monómero	Nombre del copolímero	Usos
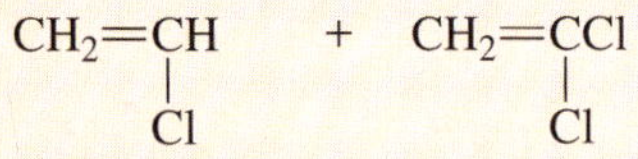 $CH_2{=}CH{-}Cl$ (cloruro de vinilo) + $CH_2{=}CCl_2$ (cloruro de vinilideno)	Sarán	película para envoltura de alimentos
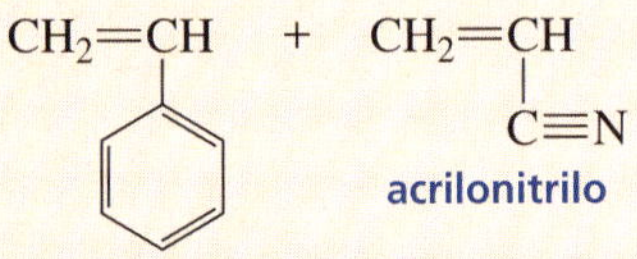 $CH_2{=}CH{-}C_6H_5$ (estireno) + $CH_2{=}CH{-}C{\equiv}N$ (acrilonitrilo)	SAN	objetos para lavavajillas, partes de aspiradoras
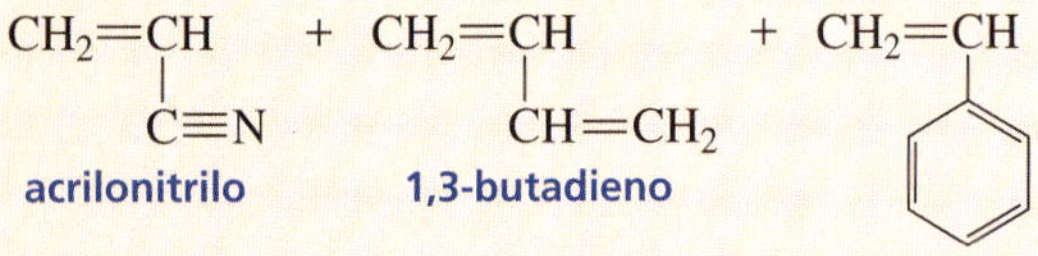 $CH_2{=}CH{-}C{\equiv}N$ (acrilonitrilo) + $CH_2{=}CH{-}CH{=}CH_2$ (1,3-butadieno) + $CH_2{=}CH{-}C_6H_5$ (estireno)	ABS	defensas, cascos de seguridad, teléfonos, equipaje
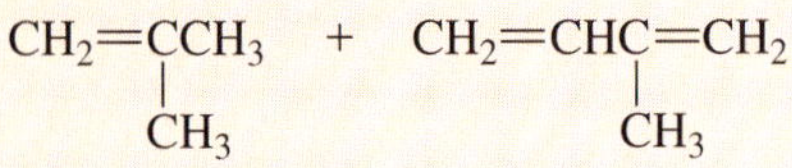 $CH_2{=}C(CH_3)_2$ (isobutileno) + $CH_2{=}CHC(CH_3){=}CH_2$ (isopreno)	hule de butilo	cámaras de neumático, pelotas, artículos deportivos inflables

Hay cuatro tipos de copolímeros. En un **copolímero alternado**, los dos monómeros se alternan. Un **copolímero de bloque** consiste en bloques de cada clase de monómero. En un **copolímero aleatorio** la distribución de los monómeros es aleatoria. Un **copolímero de injerto** contiene ramificaciones derivadas de un monómero injertadas en un esqueleto derivado de otro monómero. Dichas diferencias estructurales amplían los límites de las propiedades físicas disponibles para diseñar los copolímeros.

copolímero alternado	ABABABABABABABABABABABA
copolímero de bloque	AAAAABBBBBAAAAABBBBBAAA
copolímero aleatorio	AABABABBABAABBABABBAAAB
copolímero de injerto	AAAAAAAAAAAAAAAAAAAAAAA
	B　　　　　B　　　　　B
	B　　　　　B　　　　　B
	B　　　　　B　　　　　B
	B　　　　　B　　　　　B
	B　　　　　B　　　　　B
	B　　　　　B　　　　　B

28.6 Polímeros de condensación

Los **polímeros de condensación** se forman por reacción intermolecular de moléculas bifuncionales (moléculas con dos grupos funcionales). Cuando los grupos funcionales reaccionan, en la mayor parte de los casos se pierde una molécula pequeña, como H_2O, un alcohol o HCl. Es la causa del nombre *de condensación* que tienen estos polímeros.

Hay dos tipos de polímeros de condensación. Uno se forma por la reacción de un solo compuesto que posee dos grupos funcionales diferentes, que se llamarán A y B. El grupo funcional A de una molécula del compuesto reacciona con el grupo funcional B de otra molécula para formar el monómero (A—X—B) que sufre la polimerización.

$$A{-}B \quad A{-}B \quad \longrightarrow \quad A{-}X{-}B$$

El otro tipo de polímero de condensación se forma por la reacción de dos compuestos bifuncionales diferentes. Un compuesto contiene dos grupos funcionales A y el otro contiene dos grupos funcionales B. El grupo funcional A de un compuesto reacciona con el grupo funcional B del otro para formar el monómero (A—X—B).

$$A{-}A \quad B{-}B \quad \longrightarrow \quad A{-}X{-}B$$

Los polímeros de crecimiento en etapas (de condensación) se preparan combinando moléculas con grupos reactivos en cada extremo.

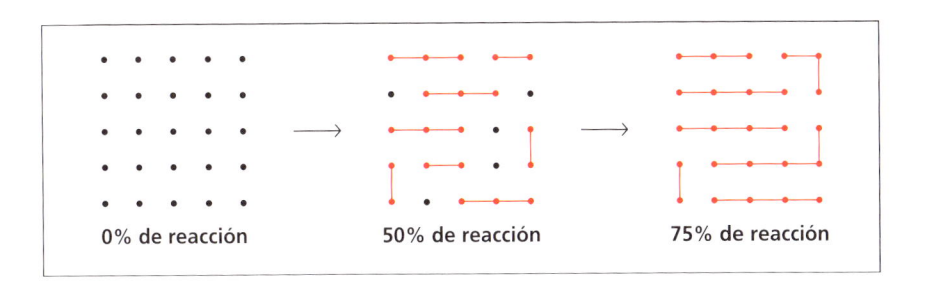

La formación de los polímeros de condensación, a diferencia de la formación de los polímeros de adición, no es por reacciones en cadena. Dos monómeros (o cadenas cortas) cualquiera pueden reaccionar. El avance de una polimerización de condensación típica se ve en el esquema de la figura 28.3. Cuando la reacción se ha llevado en un 50% (se han formado 12 enlaces entre 25 monómeros), los productos de la reacción son dímeros y trímeros principalmente. Aun al 75% completa, no se han formado cadenas largas. Eso quiere decir que si la polimerización por condensación debe formar cadenas largas se deben alcanzar rendimientos muy altos.

◀ **Figura 28.3**
Avance de una polimerización de crecimiento en etapas.

Poliamidas

Nylon es el nombre común de una **poliamida** sintética. Originalmente se llamaba nylon 6 y es un ejemplo de un polímero de condensación formado por un monómero con dos grupos funcionales diferentes. El grupo ácido carboxílico de un monómero reacciona con el grupo amino de otro monómero para formar grupos amida. Desde el punto de vista estructural, la reacción es parecida a la polimerización de los α-aminoácidos para formar proteínas (sección 22.8). Este nylon en particular se llamó nylon 6 porque se forma por la polimerización del ácido 6-aminohexanoico, un compuesto que tiene seis carbonos.

$$H_3N(CH_2)_5CO^- \xrightarrow[-H_2O]{\Delta} -NH(CH_2)_5\overset{O}{\underset{\|}{C}}{\Large[}NH(CH_2)_5\overset{O}{\underset{\|}{C}}{\Large]}_n NH(CH_2)_5\overset{O}{\underset{\|}{C}}-$$

ácido 6-aminohexanoico   nylon 6
una poliamida

BIOGRAFÍA

El nylon fue sintetizado por primera vez en 1931 por **Wallace Carothers (1896–1937)**. *Nació en Iowa, recibió un doctorado de la Universidad de Illinois y dio clases allí y en la Universidad de Harvard antes de que lo contratara DuPont para encabezar su programa de ciencia básica. El nylon fue presentado al público en 1939, pero su uso generalizado se postergó hasta después de la Segunda Guerra Mundial porque todo el que se produjo durante la guerra se usó con fines militares. Carothers murió sin darse cuenta de la era de las fibras sintéticas, que comenzó después de la guerra.*

La materia prima en la síntesis comercial del nylon 6 es la ε-caprolactama. Una base abre a la lactama.

$$\text{ε-caprolactama} \xrightarrow[\Delta]{HO^-} -NH(CH_2)_5\overset{O}{\underset{\|}{C}}{\Large[}NH(CH_2)_5\overset{O}{\underset{\|}{C}}{\Large]}_n NH(CH_2)_5\overset{O}{\underset{\|}{C}}-$$

nylon 6

Una poliamida parecida, el nylon 6,6, es un ejemplo de un polímero de condensación formado por dos monómeros bifuncionales diferentes: el ácido adípico y la 1,6-hexanodiamina. Se llama nylon 6,6 porque se forma con un diácido de seis carbonos y una diamina de seis carbonos.

$$HOC(CH_2)_4COH + H_2N(CH_2)_6NH_2 \xrightarrow[-H_2O]{\Delta} -C(CH_2)_4C{\Large[}NH(CH_2)_6NHC(CH_2)_4C{\Large]}_n NH(CH_2)_6NH-$$

ácido adípico   1,6-hexanodiamina   nylon 66

El nylon tuvo un uso muy amplio en textiles y tapetes. Como es resistente a la tensión, también se usa en aplicaciones como cuerdas para escaladores, cuerdas de neumático y líneas de pesca, y también como sustituto de los metales en cojinetes de rodamiento y engranajes. La utilidad del nylon precipitó la investigación en la búsqueda de nuevas "superfibras" con superresistencia a la tensión y al calor.

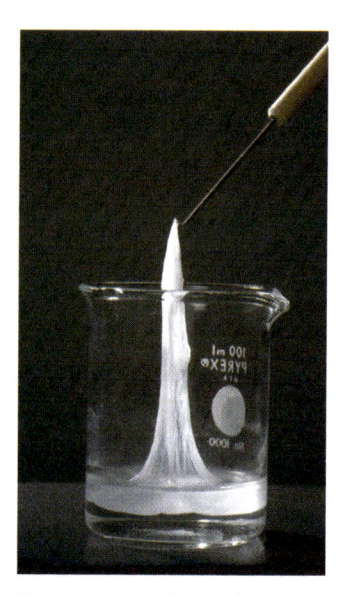

De un vaso con cloruro de adipoílo y 1,6-hexanodiamina se jala el nylon.

PROBLEMA 15◆

a. Dibuje un segmento corto de nylon 4.
b. Dibuje un segmento corto de nylon 44.

PROBLEMA 16

Escriba una ecuación que explique qué sucederá si una científica que trabaja en el laboratorio derrama ácido sulfúrico sobre sus medias de nylon 6,6.

PROBLEMA 17

Proponga un mecanismo de la polimerización de ε-caprolactama catalizada por base.

El Kevlar es una superfibra; es un polímero de ácido 1,4-bencendicarboxílico y 1,4-diaminobenceno. Las poliamidas aromáticas se llaman **aramidas**. Se ha visto que la incorporación de anillos aromáticos a los polímeros da como resultado polímeros con gran resistencia física. El Kevlar es cinco veces más fuerte que el acero, a igual masa. Los cascos del ejército son de Kevlar y también se usa para trajes ligeros antibala, partes de automóvil, esquíes de alto rendimiento, las cuerdas usadas en el *Mars Pathfinder* y en velas de alto rendimiento que se usan en la Copa de las Américas. Como es estable a temperaturas muy altas, se emplea en la elaboración de la ropa de seguridad que usan los bomberos.

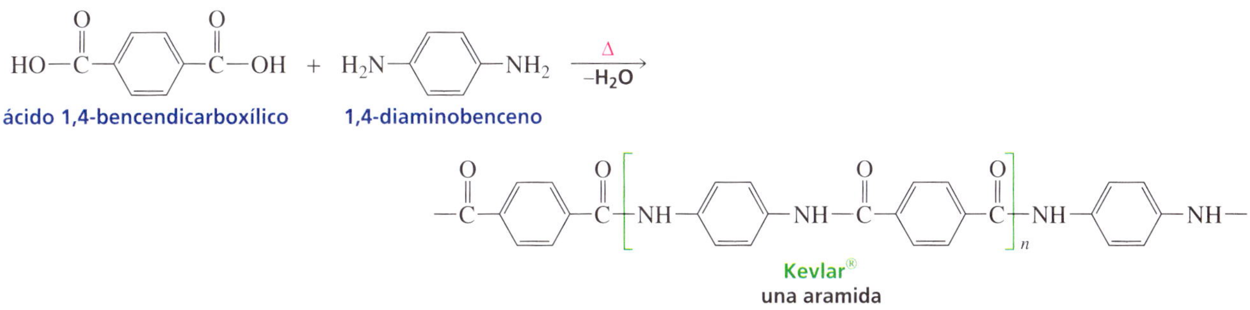

ácido 1,4-bencendicarboxílico   1,4-diaminobenceno

Kevlar®
una aramida

El Kevlar debe su resistencia a la forma en que interactúan las cadenas individuales de polímero. Se unen con puentes de hidrógeno y forman una estructura laminada.

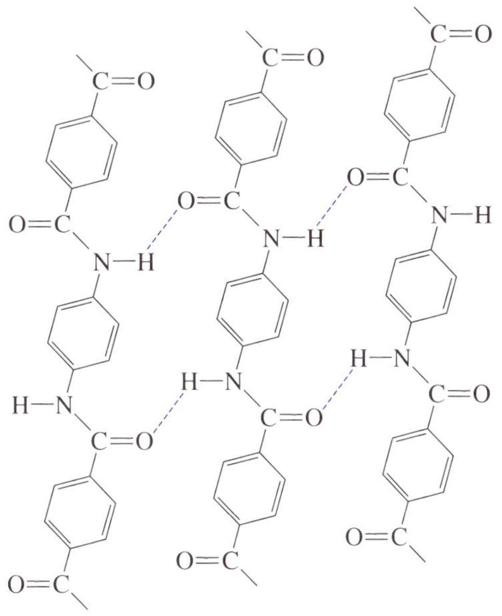

Poliésteres

Los **poliésteres** son polímeros de condensación en los que se unen las unidades monómeras mediante grupos éster. Han encontrado muchos usos comerciales, como fibras, plásticos y pinturas. El poliéster más común se conoce por su marca comercial de Dacrón y se fabrica por una transesterificación (sección 16.10) de tereftalato de dimetilo con etilenglicol. Las propiedades de este polímero que permiten sus características de "lavar y usar" son los altos valores de elasticidad, durabilidad y resistencia a la humedad.

1252 CAPÍTULO 28 Polímeros sintéticos

$$\text{CH}_3\text{O}-\overset{\overset{\displaystyle O}{\|}}{C}-\text{C}_6\text{H}_4-\overset{\overset{\displaystyle O}{\|}}{C}-\text{OCH}_3 + \text{HOCH}_2\text{CH}_2\text{OH} \xrightarrow[-\text{CH}_3\text{OH}]{\Delta} \left[-\text{OCH}_2\text{CH}_2\text{O}-\overset{\overset{\displaystyle O}{\|}}{C}-\text{C}_6\text{H}_4-\overset{\overset{\displaystyle O}{\|}}{C}-\right]_n \text{OCH}_2\text{CH}_2\text{O}-$$

tereftalato de dimetilo   1,2-etanodiol   poli(tereftalato de etileno)
                     etilenglicol   Dacron®
                            un poliéster

El poliéster Kodel se forma por la transesterificación de tereftalato de dimetilo con 1,4-di(hidroximetil)ciclohexano. La cadena rígida del poliéster determina que la fibra tenga un tacto áspero, que se puede suavizar mezclándola con lana o algodón.

tereftalato de dimetilo + 1,4-di(hidroximetil)ciclohexano $\xrightarrow[-\text{CH}_3\text{OH}]{\Delta}$

Kodel®

PROBLEMA 18

¿Qué sucede a los pantalones de poliéster si se salpican con NaOH?

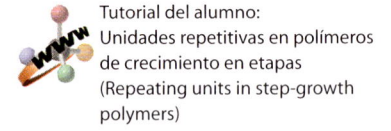

Tutorial del alumno:
Unidades repetitivas en polímeros de crecimiento en etapas
(Repeating units in step-growth polymers)

Los poliésteres con dos grupos éster unidos al mismo carbono se llaman **policarbonatos**. El Lexan, un policarbonato obtenido por la reacción de transesterificación del carbonato de difenilo y del bisfenol A, es un polímero fuerte y transparente usado en las ventanillas antibala y en los lentes de los semáforos. En años recientes, los policarbonatos han adquirido importancia en la industria automotriz, así como en la fabricación de discos compactos.

carbonato de difenilo + bisfenol A $\xrightarrow{\Delta}$

Lexan®
un policarbonato

Resinas epóxicas

Las **resinas epóxicas** son los adhesivos más resistentes que se conocen. Se pueden adherir a casi cualquier tipo de superficie y son resistentes a disolventes y a temperaturas extremas. El cemento epóxico se vende como un juego formado de un *prepolímero* de baja masa molecular (el más común es un polímero de bisfenol A y epiclorhidrina) y un *endurecedor* que reaccionan al mezclarlos y forman un polímero de enlaces cruzados.

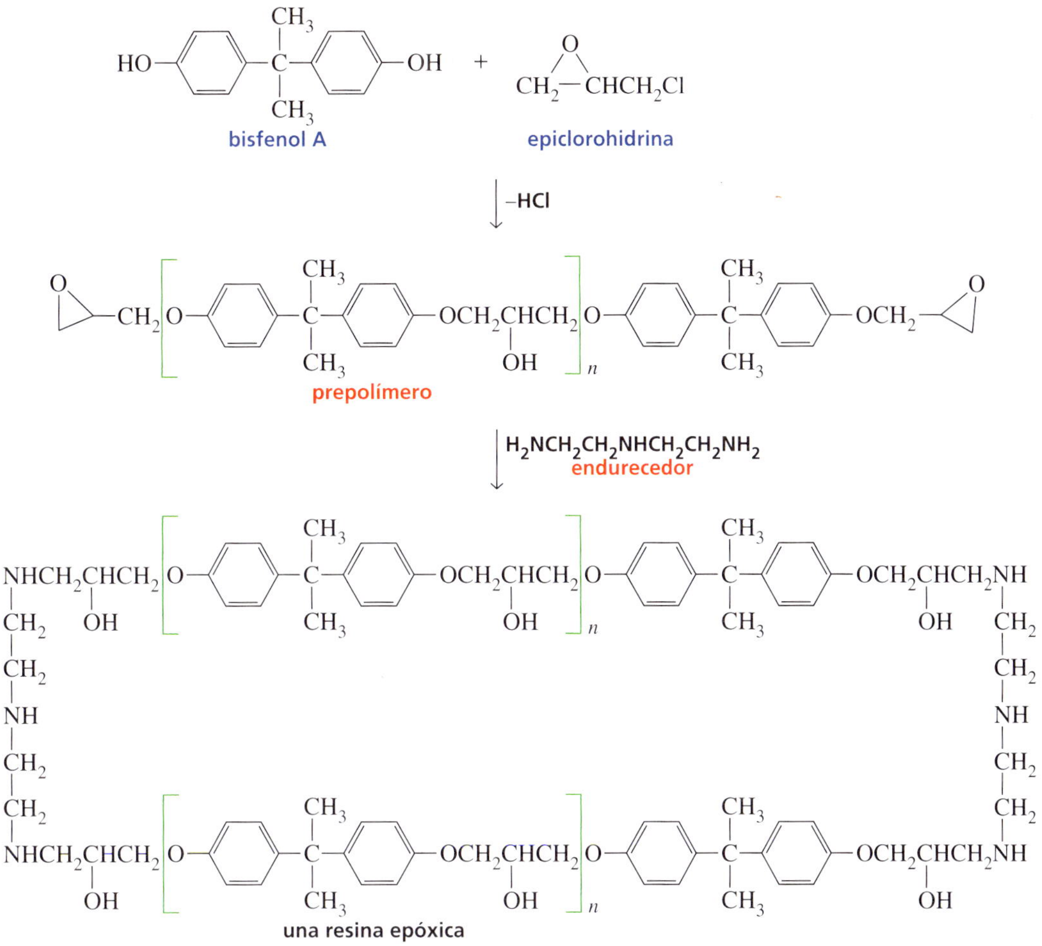

28.6 Polímeros de condensación

[Esquema de síntesis: bisfenol A + epiclorohidrina → (−HCl) prepolímero → (H₂NCH₂CH₂NHCH₂CH₂NH₂, endurecedor) → una resina epóxica]

PROBLEMA 19

a. Proponga un mecanismo para la formación del prepolímero del bisfenol A y la epiclorhidrina.
b. Proponga un mecanismo para la reacción del prepolímero con el endurecedor.

Poliuretanos

Un **uretano**, llamado también carbamato, es un compuesto con un grupo OR y un grupo NHR unidos al mismo carbono de un grupo carbonilo. Los uretanos se pueden preparar tratando un isocianato con un alcohol en presencia de un catalizador como una amina terciaria.

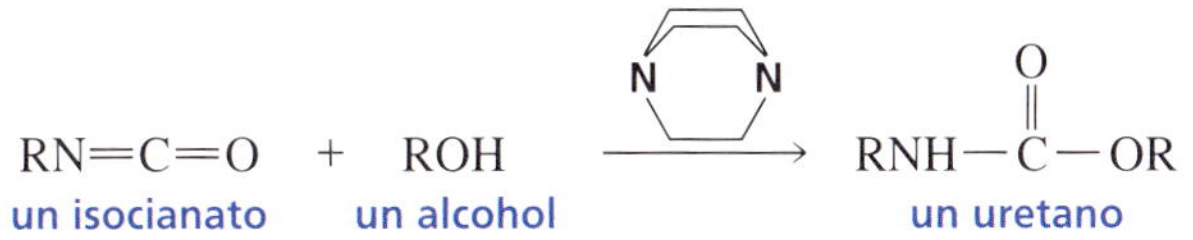

$$RN=C=O + ROH \xrightarrow{\text{(pirazina)}} RNH-\overset{O}{\underset{\|}{C}}-OR$$

un isocianato   un alcohol   un uretano

Los **poliuretanos** son polímeros que contienen grupos uretano. Uno de los poliuretanos más comunes se prepara por la polimerización del 2,6-diisocianato de tolueno y etilenglicol. Si se hace la reacción en presencia de un gas, el producto es una espuma de poliuretano. Los gases utilizados son nitrógeno o dióxido de carbono. Antes se usaban clorofluorocarbonos, que son líquidos de bajo punto de ebullición que se vaporizan al calentarlos, pero han sido prohibidos por razones ambientales (sección 11.11). Las espumas de poliuretano se usan en el acojinado de muebles, refuerzos de alfombras y en aislamientos. Note que los poliuretanos preparados con diisocianatos y dioles son los únicos polímeros de condensación, de los que se han descrito, en los que *no* se pierde una molécula pequeña durante la polimerización.

$$\text{2,6-diisocianato de tolueno} + HOCH_2CH_2OH \text{ (etilenglicol)} \longrightarrow$$

un poliuretano

Uno de los usos más importantes de los poliuretanos es en la fabricación de telas con propiedades elásticas, como el Spandex (nombre comercial de la lycra). Tales materiales son copolímeros de bloque, donde algunos de los segmentos del polímero son poliuretanos, algunos son poliésteres y algunos son poliéteres. Los bloques de poliuretano son rígidos y cortos; los de los poliéster y los poliéteres son flexibles y largos. Cuando se estiran, los bloques suaves, que tienen enlaces cruzados con los bloques duros, se vuelven cristalinos (muy ordenados). Cuando se alivia la tensión, regresan a su estado inicial (sección 28.7).

PROBLEMA 20

Si se agrega una pequeña cantidad de glicerol a la mezcla de reacción de 2,6-diisocianato de tolueno y etilenglicol durante la síntesis de la espuma de poliuretano se obtiene una espuma mucho más rígida. Explique por qué.

$$\begin{array}{ccc} CH_2 - CH - CH_2 \\ | \quad\quad | \quad\quad | \\ OH \quad OH \quad OH \end{array}$$
glicerol

28.7 Propiedades físicas de los polímeros

Las cadenas individuales de un polímero, como el polietileno, se mantienen unidas por fuerzas de van der Waals. Como dichas fuerzas actúan sólo a distancias pequeñas, se maximizan si las cadenas del polímero se pueden alinear y formar un conjunto ordenado y empacado estrechamente. A las regiones de polímero donde las cadenas están muy ordenadas entre sí se les llama **cristalitos** (figura 28.4). Entre los cristalitos hay regiones amorfas no cristalinas donde las cadenas tienen una orientación aleatoria. Mientras más cristalino (más ordenado) sea el polímero, es más denso, duro y más resistente al calor (tabla 28.7). Si las cadenas de polímero tienen sustituyentes (como el poli[metacrilato de metilo], por ejemplo) o tienen ramas que evitan que se empaquen mucho, se reduce la densidad del polímero.

▲ **Figura 28.4**
En las regiones llamadas cristalitos (indicadas con círculos), las cadenas de polímero están muy ordenadas, en forma muy parecida a como están los cristales. Entre los cristalitos hay regiones no cristalinas (amorfas) donde las cadenas de polímero tienen una orientación aleatoria.

Tabla 28.7 Propiedades del polietileno en función de su cristalinidad					
Cristalinidad (%)	55	62	70	77	85
Densidad (g/cm^3)	0.92	0.93	0.94	0.95	0.96
Punto de fusión (°C)	109	116	125	130	133

Polímeros termoplásticos

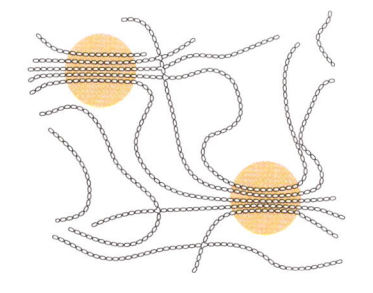

Los plásticos se pueden clasificar en función de las propiedades físicas que adquieren por la forma en que se ordenan sus cadenas individuales. Los **polímeros termoplásticos** tienen regiones cristalinas y regiones amorfas, no cristalinas, a la vez. Esos plásticos son duros a temperatura ambiente, pero tienen la suavidad suficiente para moldearlos al calentarlos, porque las cadenas individuales pueden deslizarse entre sí a temperaturas elevadas. Los polímeros termoplásticos son los plásticos que se ven más en nuestra vida diaria: en peines, juguetes, interruptores de la corriente eléctrica y cajas de teléfonos, entre otros. Son plásticos que se rompen con facilidad.

Polímeros termofijos

Se pueden obtener materiales muy rígidos si las cadenas de polímero presentan enlaces cruzados. Mientras mayor sea el grado de entrecruzamiento, el polímero es más rígido. Dichos polímeros con entrecruzamiento se llaman **polímeros termofijos**. Después de endurecer, no pueden volver a fundirse por calentamiento porque los enlaces cruzados son covalentes y no fuerzas intermoleculares de van der Waals. El entrecruzamiento reduce la movilidad de las cadenas del polímero y hace que el polímero sea relativamente frágil. Como los polímeros termofijos no tienen la gran variedad de propiedades características de los polímeros termoplásticos, se usan con menos frecuencia.

El Melmac, un polímero termofijo con muchos enlaces cruzados de melamina y formaldehído, es un material duro y resistente a la humedad. Por ser incoloro, a los materiales con Melmac se les añaden pigmentos al pastel. Se usa para fabricar superficies de mostrador y platos de poco peso.

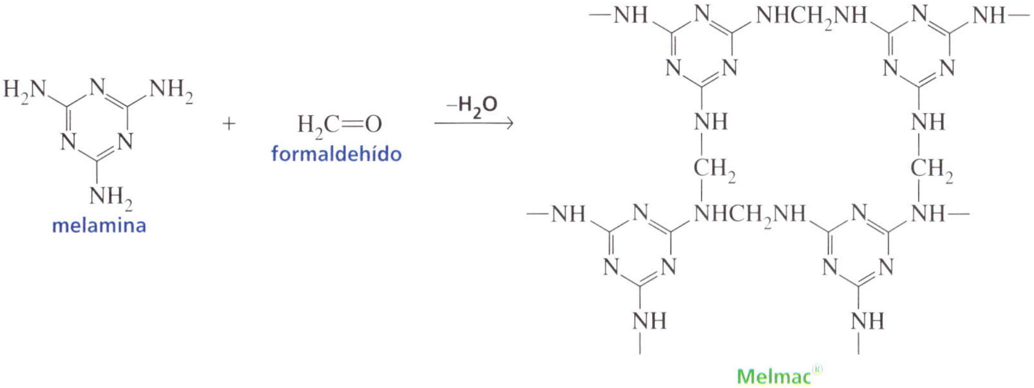

DISEÑO DE UN POLÍMERO

Hoy, los polímeros se diseñan para satisfacer necesidades cada vez más precisas y específicas. Por ejemplo, un polímero para impresiones dentales debe ser al principio lo suficientemente blando como para moldearse en torno a los dientes, pero después se debe endurecer lo suficiente para mantener una forma fija. El polímero de uso común para las impresiones dentales contiene anillos de aciridina de tres miembros, que reaccionan para formar enlaces cruzados entre las cadenas. Como los enlaces de aciridina no son muy reactivos, el entrecruzamiento se forma con relativa lentitud, por lo que la mayor parte del endurecimiento no sucede sino hasta después de sacar el polímero de la boca del paciente.

Un polímero para fabricar lentes de contacto debe ser lo suficientemente hidrofílico como para permitir la lubricación del ojo. Por consiguiente, ese polímero debe contener muchos grupos OH.

polímero usado para hacer impresiones dentales

polímero usado para hacer lentes de contacto

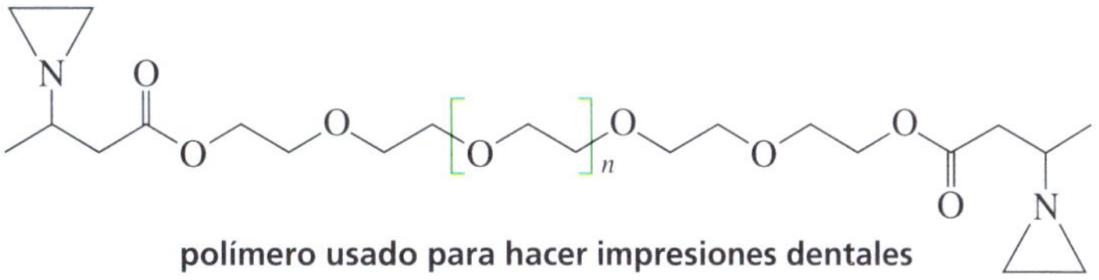

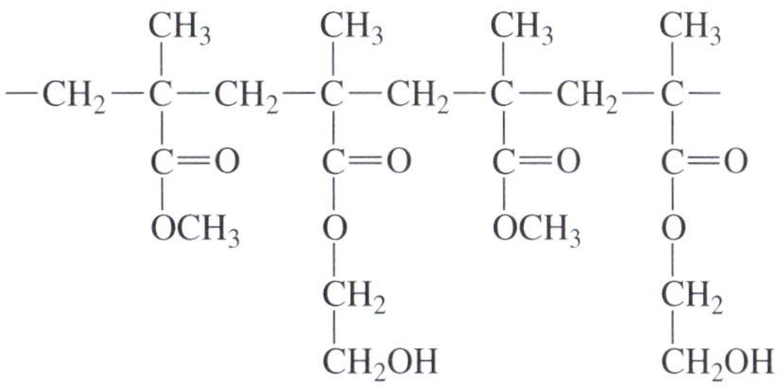

PROBLEMA 21

Proponga un mecanismo para la formación del Melmac.

PROBLEMA 22

La baquelita es un plástico duradero que se usó en las cajas de los primeros radios y televisores, fue el primer polímero termofijo. Tiene muchos enlaces cruzados y se forman en la polimerización de fenol y formaldehído catalizada por ácido. Por ser mucho más oscura que el Melmac, el surtido de colores para la baquelita es limitado. Proponga una estructura para la baquelita.

BIOGRAFÍA

Leo Hendrik Baekeland (1863–1944) *descubrió la baquelita cuando buscaba un sustituto para la goma laca en su laboratorio casero. Baekeland nació en Bélgica y fue profesor de química en la Universidad de Gante. Una beca lo llevó a Estados Unidos en 1889, donde decidió permanecer. Su pasatiempo fue la fotografía: inventó papel fotográfico que se podía revelar bajo la luz artificial. Vendió su patente a Eastman-Kodak.*

Elastómeros

Un **elastómero** es un polímero que se estira y después regresa a su forma original. Es un polímero amorfo, orientado al azar, pero debe incluir algo de entrecruzamiento para que las cadenas no se deslicen entre sí. Cuando se estiran los elastómeros, las cadenas aleatorias se estiran y cristalizan. Las fuerzas de van der Waals no son suficientes para mantener en ese arreglo a las cadenas y entonces, cuando se elimina la fuerza de estiramiento, las cadenas regresan a sus formas aleatorias. El hule es un ejemplo de un elastómero.

Polímeros orientados

Las cadenas de polímeros obtenidas en la polimerización convencional se pueden estirar y después volverse a empacar en una colocación paralela y más ordenada que la que tenían al principio y el resultado son polímeros más resistentes que el acero que conducen la electricidad casi tan bien como el cobre (figura 28.5). A tales polímeros se les llama **polímeros orientados**. La conversión de polímeros convencionales en polímeros orientados se ha comparado con "desenredar" el espagueti. El polímero convencional es análogo al espagueti cocinado y desordenado, mientras que el polímero orientado es como el espagueti crudo ordenado.

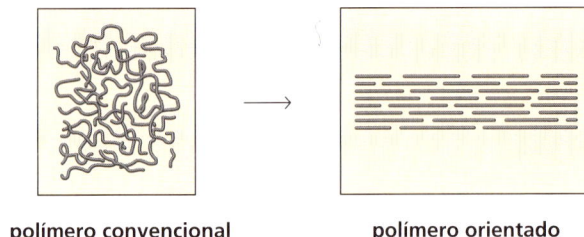

Figura 28.5 ▶
La creación de un polímero orientado.

polímero convencional → polímero orientado

La tela más fuerte disponible en el comercio se llama Dyneema, que es un polietileno orientado con una masa molecular 100 veces mayor que el polietileno de alta densidad. Es más ligera que el Kevlar y cuando menos 40% más resistente. Una cuerda de Dyneema puede levantar casi 54 toneladas, mientras que una cuerda de acero del mismo tamaño ¡se rompe antes de que la masa llegue a 6 toneladas! Es asombroso que una cadena de átomos de carbono se pueda estirar y orientar para producir un material más fuerte que el acero. El Dyneema se usa para fabricar caretas y cascos contra choques, trajes protectores para esgrima y para "colgar" planeadores.

Plastificantes

Un plastificante puede mezclarse con un polímero para hacerlo más flexible. Un **plastificante** es un compuesto orgánico que se disuelve en el polímero y hace bajar las atracciones entre las cadenas de polímero, permitiendo así que se deslicen entre sí. El ftalato de di-2-etilhexilo es el plastificante que se usa más, y se adiciona al poli(cloruro de vinilo), que en el caso normal es un polímero frágil, para obtener productos como impermeables de vinilo, cortinas para regadera y mangueras de jardín.

ftalato de di-2-etilhexilo
un plastificante

Una propiedad importante que se debe tener en cuenta al elegir un plastificante es su permanencia, lo cual se refiere a lo bien que el plastificante se mantiene en el polímero. El "olor a coche nuevo" es el del plastificante que se ha evaporado de la tapicería de vinilo. Cuando se evapora una parte apreciable del plastificante, la tapicería se vuelve frágil y se agrieta.

Polímeros biodegradables

Los **polímeros biodegradables** son aquellos que se pueden descomponer en pequeños segmentos mediante reacciones catalizadas por enzimas. Las enzimas provienen de microorganismos. Los enlaces carbono-carbono de los polímeros de adición son inertes a reacciones catalizadas por enzimas, por lo que los polímeros no son biodegradables a menos que se inserten enlaces que *se puedan* romper con enzimas que se intercalen en ellos. Entonces, cuando el polímero se entierra en un basurero, los microorganismos en el suelo pueden degradarlo. Un método propuesto para hacer que un polímero sea biodegradable es insertar grupos éster hidrolizables dentro de él. Por ejemplo, si el acetal que se ve abajo se adiciona a un alqueno que tenga una polimerización por radicales, los grupos éster se insertarán en el polímero formando uniones débiles susceptibles a la hidrólisis catalizada por las enzimas.

RESUMEN

Un **polímero** es una molécula gigante formada uniendo unidades repetitivas de moléculas pequeñas llamadas **monómeros**. El proceso de unirlas se llama **polimerización**. La **química de los polímeros** es parte de la disciplina de **ciencia de los materiales**, más amplia. Los polímeros pueden dividirse en dos grupos: **polímeros sintéticos**, que se preparan en el laboratorio, y **biopolímeros**, que sintetizan los organismos vivos. Los polímeros sintéticos se pueden dividir en dos clases, dependiendo de su método de preparación: los **polímeros de adición**, también llamados **polímeros de crecimiento de cadena**, y los **polímeros de condensación**, llamados también **polímeros de crecimiento en etapas**.

Los polímeros de condensación se preparan con **reacciones en cadena**, donde se agregan monómeros al extremo de una cadena en crecimiento. Tales reacciones se efectúan por uno de tres mecanismos: **polimerización por radicales**, **polimerización catiónica** y **polimerización aniónica**. Cada mecanismo tiene un paso de iniciación que inicia la polimerización; pasos de propagación que permiten crecer a la cadena en el **sitio de propagación**, y pasos de terminación que detienen el crecimiento de la cadena. La elección del mecanismo depende de la estructura del **monómero** y del iniciador utilizado para activar al monómero. En la polimerización por radicales, el iniciador es un radical; en la polimerización catiónica es un electrófilo, y en la polimerización aniónica es un nucleófilo. Las cadenas de polímero no terminadas se llaman **polímeros vivientes**.

La polimerización de adición tiene preferencia hacia la **adición de cabeza con cola**. La ramificación afecta las propiedades físicas del polímero porque las cadenas lineales no ramificadas se pueden empacar más que las ramificadas. Los sustituyentes se localizan en el mismo lado de la cadena de carbonos en un **polímero**

isotáctico; alternan en ambos lados de la cadena en un **polímero sindiotáctico** y tienen orientación aleatoria en un **polímero atáctico**. La estructura de un polímero se puede controlar con **catalizadores de Ziegler-Natta**. El hule natural es un polímero del 2-metil-1,3-butadieno. Se han fabricado cauchos sintéticos polimerizando dienos distintos al isopreno. Al calentamiento de hule con azufre para formar enlaces cruzados se le llama vulcanización.

Los **homopolímeros** se preparan con una clase de monómero, mientras que los **copolímeros** se obtienen con más de una clase. En un **copolímero alternado** dos monómeros se alternan. En un **copolímero de bloque** hay bloques de cada clase de monómero. En un **copolímero aleatorio**, la distribución de los monómeros es al azar. Un **copolímero de injerto** contiene ramificaciones derivadas de un monómero injertadas en un esqueleto derivado de otro.

Los **polímeros de condensación** se fabrican combinando dos moléculas con grupos funcionales reactivos en cada extremo. Hay dos tipos de polímeros de condensación. Uno se forma usando un solo monómero con dos grupos funcionales diferentes, "A" y "B". El otro se forma usando dos monómeros bifuncionales diferentes, uno que contiene dos grupos funcionales A y el otro que contiene dos grupos funcionales B. La formación de polímeros de condensación no implica reacciones en cadena.

El nylon es una **poliamida**. Las poliamidas aromáticas se llaman **aramidas**. El dacrón es un poliéster. Los **policarbonatos** son poliésteres con dos grupos alcoxi unidos al mismo carbono del grupo carbonilo. Un **uretano** es un compuesto con un éster y un grupo amida unidos al mismo carbono de un grupo carbonilo.

Los **cristalitos** son regiones muy ordenadas en un polímero. Mientras más cristalino sea el polímero, será más denso, duro y resistente al calor. Los **polímeros termoplásticos** tienen regiones cristalinas y no cristalinas. Los **polímeros termofijos** tienen cadenas de polímero con enlaces cruzados. Mientras mayor sea el grado de entrecruzamiento, el polímero es más rígido. Un **elastómero** es un plástico que se estira y después regresa a su forma original. Un **plastificante** es un compuesto orgánico que se disuelve en el polímero y permite que las cadenas se deslicen entre sí. Los **polímeros biodegradables** se pueden descomponer en pequeños segmentos mediante reacciones catalizadas por enzimas.

TÉRMINOS CLAVE

adición de cabeza con cola (pág. 1236)
aramida (pág. 1251)
biopolímero (pág. 1233)
catalizador de Ziegler-Natta (pág. 1245)
ciencia de los materiales (pág. 1233)
copolímero (pág. 1248)
copolímero aleatorio (pág. 1248)
copolímero alternado (pág. 1248)
copolímero de bloque (pág. 1248)
copolímero de injerto (pág. 1248)
cristalitos (pág. 1254)
elastómero (pág. 1256)
enlace cruzado (entrecruzamiento) (pág. 1247)
homopolímero (pág. 1248)
monómero (pág. 1232)
plástico (pág. 1233)
plastificante (pág. 1256)
poliamida (pág. 1250)
policarbonato (pág. 1252)
poliéster (pág. 1251)
polimerización (pág. 1232)
polimerización por apertura de anillo (pág. 1244)
polimerización aniónica (pág. 1234)
polimerización catiónica (pág. 1234)
polimerización por radicales (pág. 1234)
polímero (pág. 1232)
polímero de adición (pág. 1233)
polímero atáctico (pág. 1245)
polímero biodegradable (pág. 1257)
polímero de condensación (pág. 1234)
polímero conductor (pág. 1245)
polímero de crecimiento de cadena (pág. 1233)
polímero de crecimiento en etapas (pág. 1249)
polímero isotáctico (pág. 1245)
polímero orientado (pág. 1256)
polímero sindiotáctico (pág. 1245)
polímero sintético (pág. 1233)
polímero termofijo (pág. 1255)
polímero termoplástico (pág. 1254)
polímero vinílico (pág. 1234)
polímero vivo (pág. 1242)
poliuretano (pág. 1253)
química de los polímeros (pág. 1233)
reacción en cadena (pág. 1233)
resina epóxica (pág. 1252)
sitio de propagación (pág. 1235)
transferencia de cadena (pág. 1236)
uretano (pág. 1253)

PROBLEMAS

23. Dibuje segmentos cortos de los polímeros que se obtienen con los siguientes monómeros:

a. $CH_2 = CHF$

b. $CH_2 = CHCO_2H$

c. $HO(CH_2)_5\overset{O}{\overset{\|}{C}}OH$

d. $Cl\overset{O}{\overset{\|}{C}}(CH_2)_5\overset{O}{\overset{\|}{C}}Cl \;+\; H_2N(CH_2)_5NH_2$

e. 3,5-diisocianato-1-metilbenceno (CH_3, NCO, OCN sobre anillo) $+\; HOCH_2CH_2OH$

En cada caso, indique si la polimerización es de adición o de condensación.

Problemas

24. Dibuje la unidad repetitiva del polímero de condensación que se forma en cada una de las siguientes reacciones:

a. 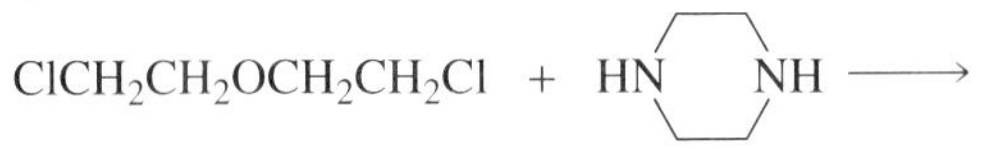 ClCH$_2$CH$_2$OCH$_2$CH$_2$Cl + HN⌬NH ⟶

b. 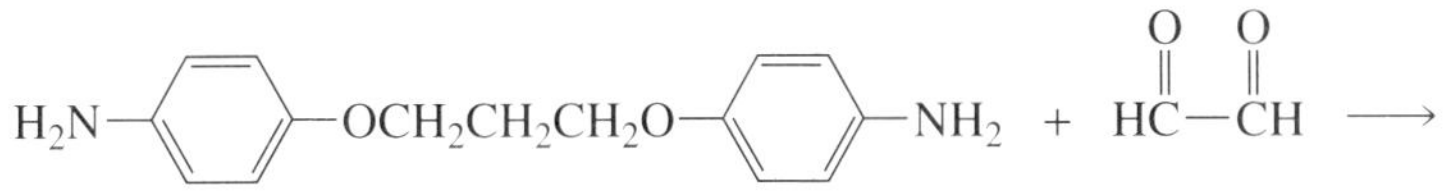 H$_2$N—C$_6$H$_4$—OCH$_2$CH$_2$CH$_2$O—C$_6$H$_4$—NH$_2$ + HC(=O)—CH(=O) ⟶

c. O=⌬=O + (C$_6$H$_5$)$_3$P=CH—C$_6$H$_4$—CH=P(C$_6$H$_5$)$_3$ ⟶

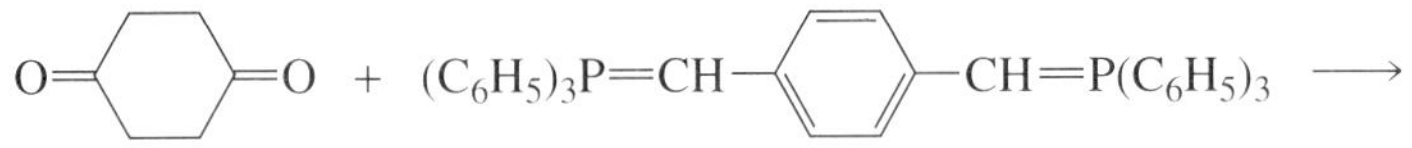

25. Dibuje la estructura del (o los) monómero(s) que se usa(n) para sintetizar los siguientes polímeros:

a. 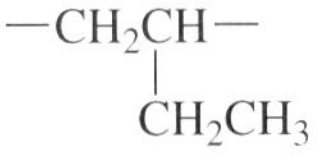 —CH$_2$CH(CH$_2$CH$_3$)—

b. 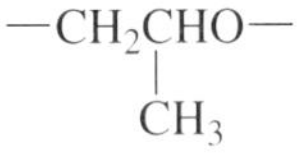 —CH$_2$CHO(CH$_3$)—

c. 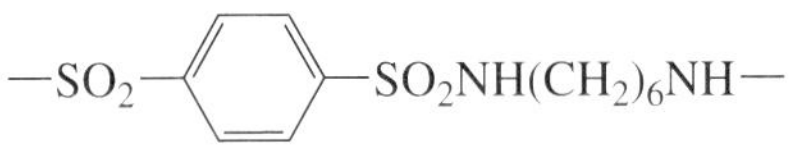 —SO$_2$—C$_6$H$_4$—SO$_2$NH(CH$_2$)$_6$NH—

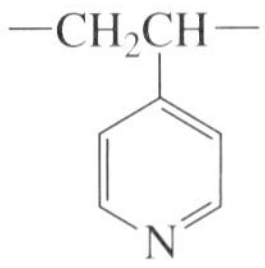

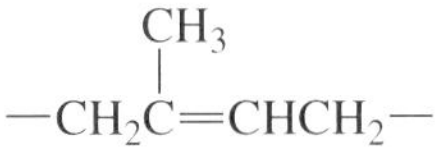

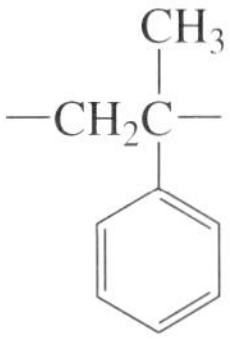

d. —CH$_2$CH(4-piridil)—

e. —CH$_2$C(CH$_3$)=CHCH$_2$—

f. —CH$_2$CH$_2$CH$_2$CH$_2$CH$_2$CO—

        O

g. —CH$_2$C(CH$_3$)(C$_6$H$_5$)—

h. —C(=O)—C$_6$H$_4$—C(=O)OCH$_2$CH$_2$O—

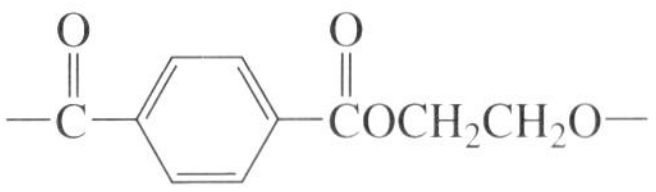

Indique en cada caso si el polímero es de adición o de condensación.

26. Explique por qué la configuración de un polímero de isobutileno no es isotáctica, sindiotáctica ni atáctica.

27. Dibuje segmentos cortos de los polímeros obtenidos a partir de los compuestos siguientes, bajo las condiciones de reacción indicadas:

a.  H$_2$C—CHCH$_3$ (epóxido) $\xrightarrow{CH_3O^-}$

b. CH$_2$=C(CH$_3$)—CH(CH$_3$)(C$_6$H$_5$) $\xrightarrow{peróxido}$

c. CH$_2$=CH—C(=O)NH$_2$ $\xrightarrow{CH_3CH_2CH_2CH_2Li}$

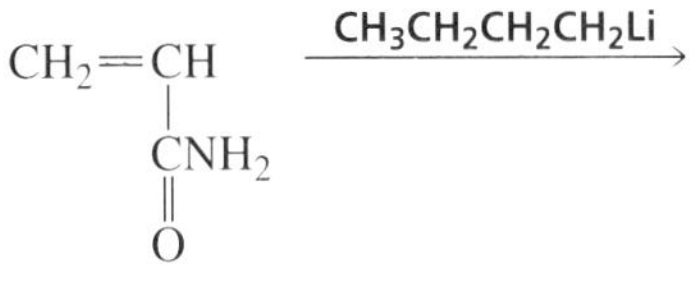

d. 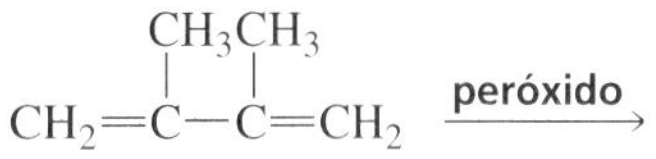 CH$_2$=C(CH$_3$)—C(CH$_3$)=CH$_2$ $\xrightarrow{peróxido}$

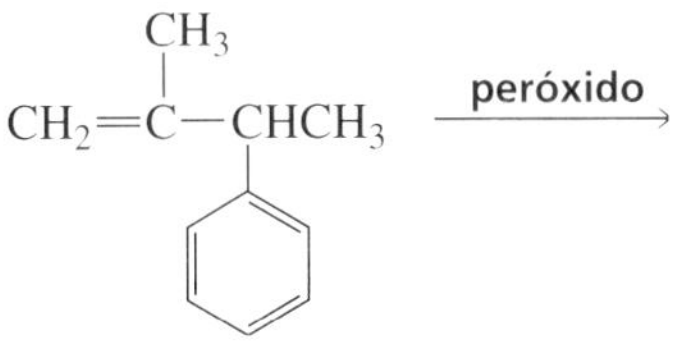

e.  CH$_2$=CHOCH$_3$ $\xrightarrow{BF_3, H_2O}$

28. La Quiana es una tela sintética que se siente casi como la seda.

a. La Quiana ¿es un nylon o un poliéster?

b. ¿Con qué monómeros se sintetiza la Quiana?

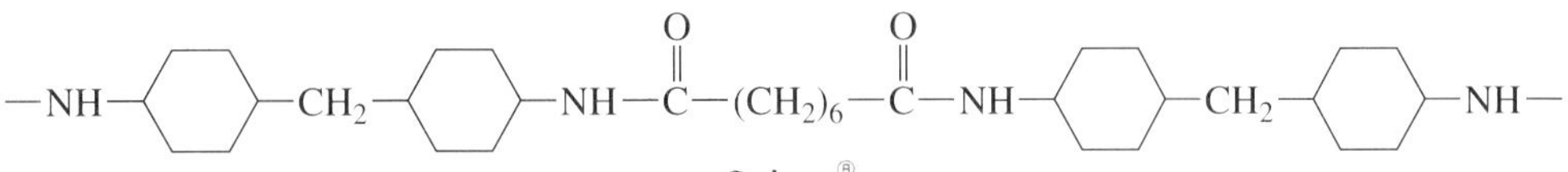

—NH—C$_6$H$_{10}$—CH$_2$—C$_6$H$_{10}$—NH—C(=O)—(CH$_2$)$_6$—C(=O)—NH—C$_6$H$_{10}$—CH$_2$—C$_6$H$_{10}$—NH—

Quiana®

29. Explique por qué se obtiene un copolímero aleatorio cuando el 3,3-dimetil-1-buteno presenta una polimerización catiónica.

$$CH_2=CH-\underset{\underset{CH_3}{|}}{\overset{\overset{CH_3}{|}}{C}}-CH_3 \longrightarrow -CH_2-CH-CH_2-CH-\underset{\underset{CH_3}{|}}{\overset{\overset{CH_3}{|}}{C}}-CH_2-CH-\underset{\underset{CH_3}{|}}{\overset{\overset{CH_3}{|}}{C}}-CH_2-CH-$$

(con sustituyentes CH_3CH_3, CH_3, CH_3, CH_3, CH_3, CH_3CH_3)

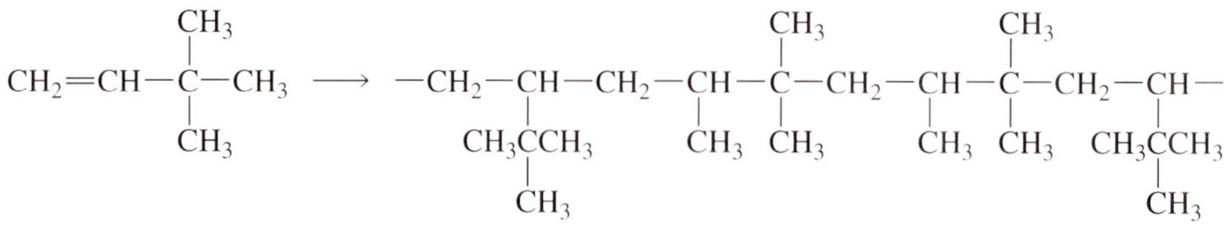

30. Una alumna ha iniciado dos reacciones de polimerización. Un matraz contiene un monómero que se polimeriza por adición, y el otro contiene uno que se polimeriza por un mecanismo de condensación. Cuando las reacciones terminan poco después de iniciado el proceso y se analizan los contenidos de los matraces, un matraz contiene un polímero de alta masa molecular y muy poco material de masa molecular intermedia. El otro matraz contiene sobre todo material de masa molecular intermedia y muy poco material de alta masa molecular. ¿Cuál matraz contiene qué producto? Explique por qué.

31. El poli(alcohol vinílico) es un polímero con el que se fabrican fibras y adhesivos. Se sintetiza por la hidrólisis o la alcohólisis del polímero obtenido a partir de acetato de vinilo (como se indica abajo).
   a. ¿Por qué no se prepara el poli(alcohol vinílico) polimerizando alcohol vinílico?
   b. El poli(acetato de vinilo) ¿es un poliéster?

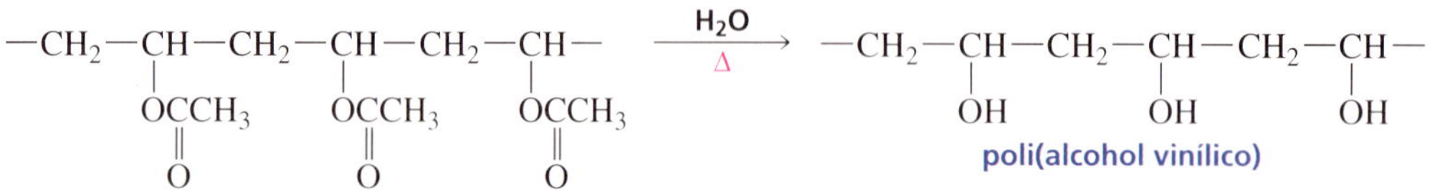

$$-CH_2-CH-CH_2-CH-CH_2-CH- \xrightarrow[\Delta]{H_2O} -CH_2-CH-CH_2-CH-CH_2-CH-$$

poli(acetato de vinilo) → poli(alcohol vinílico)

32. En el polímero obtenido por la polimerización catiónica del 4-metil-1-penteno se encuentran cinco unidades repetitivas. Identifíquelas.

33. Si se agrega un peróxido al estireno, se forma el polímero llamado poliestireno. Si se agrega una pequeña cantidad de 1,4-divinilbenceno a la mezcla de reacción, se forma un polímero más resistente y más rígido. Dibuje un tramo corto de este polímero más rígido.

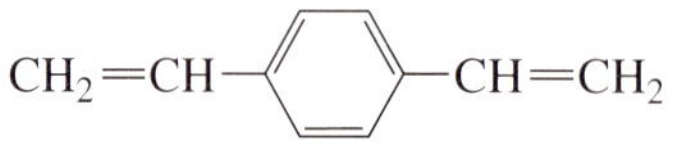

$$CH_2=CH-\text{C}_6\text{H}_4-CH=CH_2$$
1,4-divinilbenceno

34. Un poliéster especialmente resistente y rígido con el que se fabrican partes electrónicas se vende con la marca Glyptal. Es un polímero de ácido tereftálico y glicerol. Dibuje un segmento del polímero y explique por qué es tan fuerte.

35. Los dos compuestos siguientes forman un copolímero alternado 1:1. No se necesita iniciador para la polimerización. Proponga un mecanismo para la formación del copolímero.

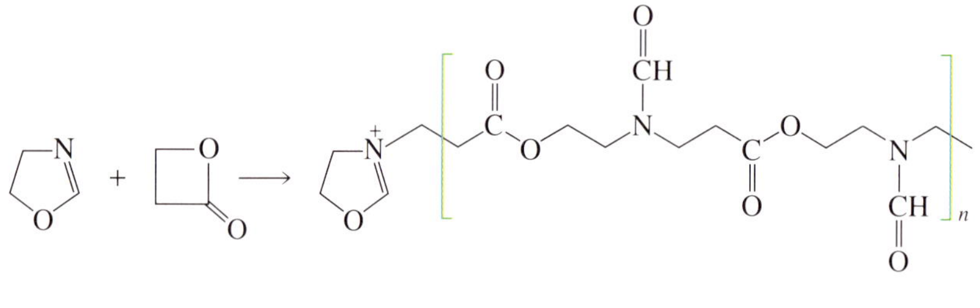

36. ¿Qué monómero daría mayor rendimiento de polímero, el ácido 5-hidroxipentanoico o el ácido 6-hidroxihexanoico? Explique su elección.

37. Cuando las pelotas de hule y otros objetos fabricados con hule natural se exponen al aire durante largo tiempo, se vuelven quebradizos y se agrietan. Lo mismo les sucede pero con más lentitud a los objetos hechos de polietileno. Explique por qué.

38. Cuando la acroleína sufre una polimerización aniónica se obtiene un polímero con dos tipos de unidades repetitivas. Indique las estructuras de las unidades repetitivas.

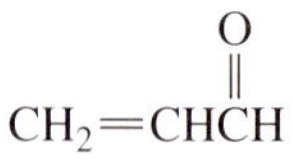

$$CH_2=CHCHO$$
acroleína

39. ¿Por qué los impermeables de vinilo se vuelven quebradizos al hacerse viejos, aun cuando no se expongan al aire ni a los contaminantes?

40. El polímero que se ve abajo se sintetiza por la hidrólisis de un copolímero de metacrilato de *para*-nitrofenilo y acrilato, activada con ion hidróxido.

a. Proponga un mecanismo para la formación del copolímero.

b. Explique por qué la hidrólisis del copolímero para formar el polímero sucede con mucho mayor rapidez que la del acetato de *para*-nitrofenilo.

metacrilato de *para*-nitrofenilo — acrilato — polímero

acetato de *para*-nitrofenilo

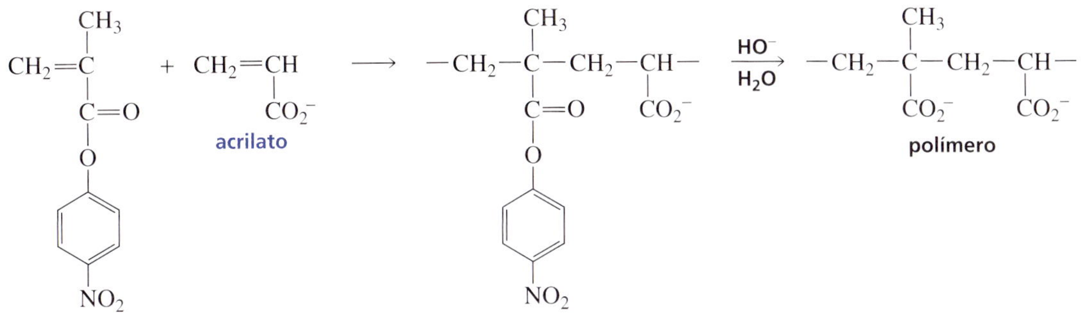

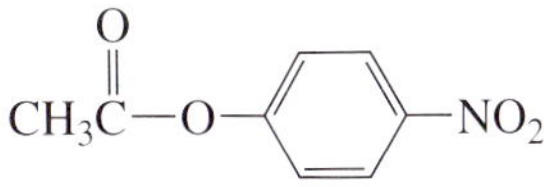

41. Un copolímero alternado de estireno y acetato de vinilo se puede convertir en copolímero de injerto hidrolizándolo y después agregando óxido de etileno. Dibuje la estructura del copolímero de injerto.

42. ¿Cómo podría sintetizarse el poli(bromuro de vinilo) cabeza con cabeza?

poli(bromuro de vinilo) cabeza con cabeza

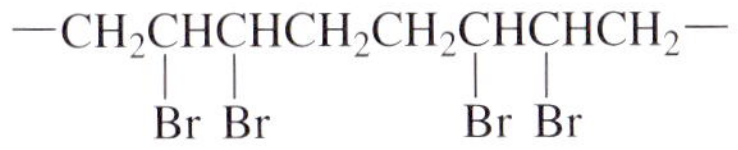

43. Delrin (polioximetileno) es un polímero resistente, autolubricante, que se usa en engranajes. Se obtiene polimerizando formaldehído en presencia de un catalizador ácido.

a. Proponga un mecanismo para la formación de un segmento del polímero.

b. ¿Es el Delrin un polímero de adición o uno de condensación?

CAPÍTULO 29

Reacciones pericíclicas

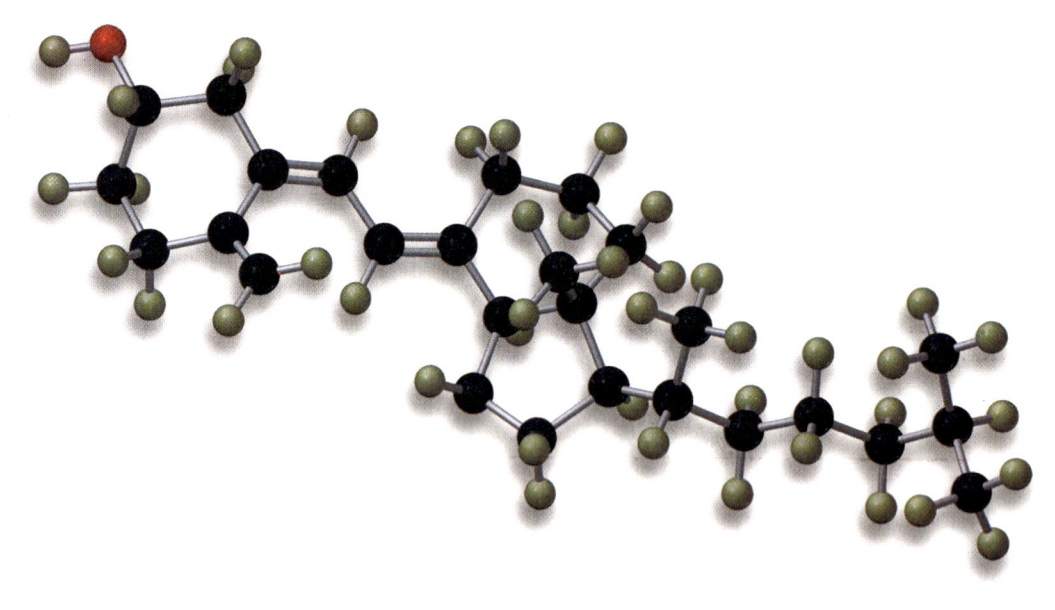

Vitamina D₃

ANTECEDENTES

SECCIÓN 29.2 Un electrón entra al orbital molecular disponible que tenga la energía mínima; sólo dos electrones pueden ocupar determinado orbital molecular (1.6).

SECCIÓN 29.2 Los orbitales moleculares de enlace tienen menor energía y los orbitales moleculares de antienlace tienen mayor energía que los orbitales atómicos p (1.6).

SECCIÓN 29.2 La conjugación aumenta la energía del HOMO y reduce la energía del LUMO (7.8, 12.18).

SECCIÓN 29.2 Al aumentar de energía, los orbitales moleculares se alternan entre simétricos y antisimétricos. Por consiguiente, el HOMO del estado fundamental y el HOMO del estado excitado siempre muestran simetrías opuestas: uno es simétrico y el otro es antisimétrico (7.8).

SECCIÓN 29.3 En una reacción estereoespecífica, cada reactivo estereoisomérico produce un compuesto estereoisomérico diferente de un conjunto diferente de productos estereoisoméricos (5.18).

SECCIÓN 29.4 Los nuevos enlaces σ en el producto de una reacción de cicloadición se forman por donación de densidad electrónica de un reactivo al otro reactivo. Ya que sólo un orbital vacío puede aceptar electrones, los electrones deben pasar del HOMO de una de las moléculas al LUMO de la otra (7.12).

Las reacciones de los compuestos orgánicos se pueden dividir en tres clases: reacciones polares, reacciones de radicales y reacciones pericíclicas. Las más comunes y las más familiares para el lector son las reacciones polares. Una **reacción polar** es aquélla en donde un nucleófilo reacciona con un electrófilo. Los dos electrones en el nuevo enlace proceden del nucleófilo.

una reacción polar

$$H\colon\!\ddot{\underset{\cdot\cdot}{O}}\!:^- + \overset{\delta+}{CH_3}\!\!-\!\!\overset{\delta-}{Br} \longrightarrow CH_3\!-\!OH + Br^-$$

Una **reacción de radicales** es aquélla en que se forma un nuevo enlace usando un electrón de cada uno de los reactivos.

una reacción de radicales

$$CH_3\dot{C}H_2 + Cl\!-\!Cl \longrightarrow CH_3CH_2\!-\!Cl + \cdot Cl$$

Una **reacción pericíclica** sucede cuando los electrones en uno o más reactivos se reorganizan en forma cíclica. Las reacciones pericíclicas son concertadas y muy selectivas. En este capítulo se estudiarán los tres tipos más comunes de reacciones pericíclicas: las reacciones electrocíclicas, las reacciones de cicloadición y los reordenamientos sigmatrópicos.

29.1 Las tres clases de reacciones pericíclicas

Una **reacción electrocíclica** es una reacción intramolecular en la que se forma un nuevo enlace σ (sigma) entre los extremos de un sistema conjugado π (pi). Es fácil reconocer esta reacción: el producto es un compuesto *cíclico* que tiene un anillo más y un enlace π menos que el reactivo.

una reacción electrocíclica

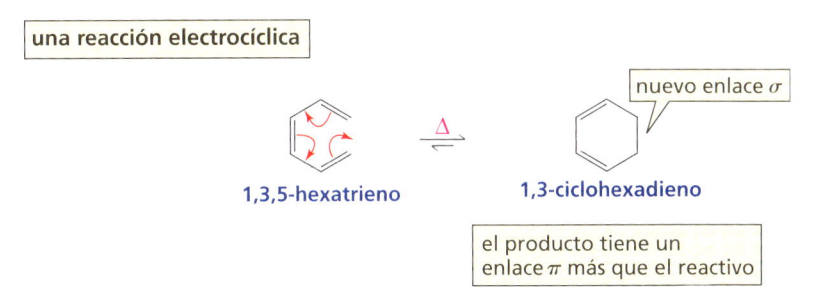

1,3,5-hexatrieno ⇌ 1,3-ciclohexadieno

nuevo enlace σ

el producto tiene un enlace π más que el reactivo

Las reacciones electrocíclicas son reversibles. En la dirección inversa una reacción electrocíclica es aquélla en la que se rompe un enlace σ en un compuesto cíclico y se forma un sistema conjugado π que tiene un enlace π más que el compuesto cíclico.

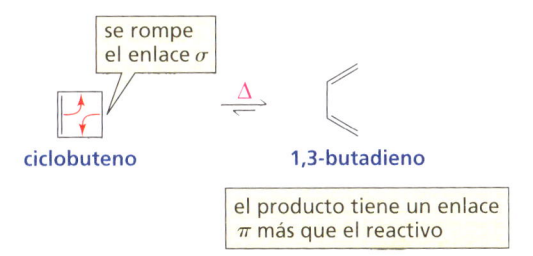

se rompe el enlace σ

ciclobuteno ⇌ 1,3-butadieno

el producto tiene un enlace π más que el reactivo

En una **reacción de cicloadición**, dos moléculas diferentes que contienen enlaces π que reaccionan para formar un compuesto cíclico. Cada uno de los reactivos pierde un enlace π y el producto cíclico que resulta tiene dos nuevos enlaces σ. La reacción de Diels-Alder es un ejemplo conocido de una reacción de cicloadición (sección 7.12).

una reacción de cicloadición

1,3-butadieno + eteno ⟶ ciclohexeno

nuevo enlace σ
nuevo enlace σ
nuevo enlace σ

el producto tiene dos enlaces π menos que la suma de los enlaces π en los reactivos

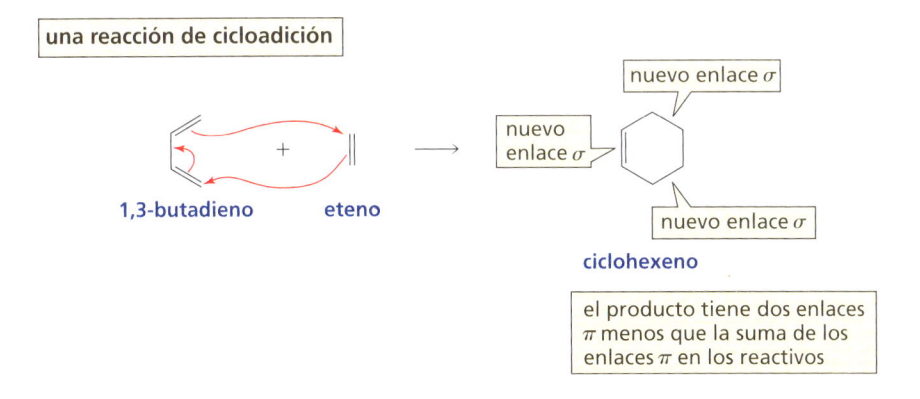

En un **reordenamiento sigmatrópico**, se rompe un enlace σ en el reactivo, se forma un nuevo enlace σ en el producto y los enlaces π se reordenan. El número de enlaces π no cambia (el reactivo y el producto tienen el mismo número de enlaces π). El enlace σ que se rompe puede estar a la mitad del sistema π o en un extremo del sistema π. El sistema π está formado por los carbonos con enlaces dobles y los carbonos adyacentes a ellos.

BIOGRAFÍA

Roald Hoffmann y **Kenichi Fukui** *compartieron el Premio Nobel de Química 1981 por la teoría de la conservación de la simetría orbital y la teoría del orbital frontera.*
R.B Woodward *no recibió parte del premio por haber muerto dos años antes, y el testamento de Alfredo Nobel estipula que el premio no se puede otorgar en forma póstuma. Sin embargo, Woodward había recibido el Premio Nobel de Química 1965 por su trabajo en síntesis orgánicas.*

BIOGRAFÍA

Roald Hoffmann *nació en Polonia en 1937 y llegó a Estados Unidos a los 12 años. Recibió una licenciatura de la Universidad de Columbia y un doctorado de Harvard. Cuando él y Woodward propusieron la teoría de la conservación de la simetría orbital, ambos estaban en el cuerpo docente en Harvard. Hoffmann es en la actualidad profesor de química en Cornell.*

reordenamientos sigmatrópicos

se rompe el enlace σ a la mitad del sistema π

se forma enlace σ

el producto y el reactivo tienen el mismo número de enlaces π, pero sus posiciones cambiaron

se rompe el enlace σ en el extremo del sistema π

se forma enlace σ

Note que las reacciones electrocíclicas y los reordenamientos sigmatrópicos suceden dentro de un solo sistema π; son reacciones *intra*moleculares. En contraste, las reacciones de cicloadición implican la interacción de dos sistemas π diferentes; en general son reacciones *inter*moleculares. Las tres clases de reacciones pericíclicas tienen las siguientes propiedades en común:

- Todas son reacciones concertadas, lo cual significa que toda la reorganización electrónica se efectúa en un solo paso. Por consiguiente, hay un estado cíclico de transición y no hay compuesto intermediario.
- Como las reacciones son concertadas son muy estereoselectivas.
- En general, las reacciones no se ven afectadas por catalizadores ni por cambios en el disolvente.

Se verá que la configuración del producto formado en una reacción pericíclica depende de

- la configuración del reactivo,
- el número de enlaces dobles conjugados o de pares de electrones en el sistema reaccionante,
- de si la reacción es una reacción térmica o una reacción fotoquímica.

Una **reacción fotoquímica** es aquella que se efectúa cuando un reactivo absorbe luz. Una **reacción térmica** se efectúa *sin* la absorción de luz. A pesar de su nombre, en una reacción térmica no necesariamente requiere más calor que el que hay disponible a la temperatura ambiente. Algunas reacciones térmicas sí requieren calor adicional para efectuarse con una rapidez razonable, pero otras se efectúan con facilidad a la temperatura ambiente o hasta a una temperatura menor.

Durante muchos años las reacciones pericíclicas confundieron a los químicos. ¿Por qué algunas reacciones pericíclicas sólo se efectuaban bajo condiciones térmicas, mientras que otras sólo se efectuaban bajo condiciones fotoquímicas y otras se efectuaban bien bajo condiciones tanto térmicas como fotoquímicas? Las configuraciones de los productos también eran enigmáticas. Después de investigar muchas reacciones pericíclicas, se observó que si se podía efectuar una reacción bajo condiciones tanto térmicas como fotoquímicas, la configuración del producto que se obtenía bajo un conjunto de condiciones en las que tenía lugar la reacción era distinta de la configuración obtenida bajo otro conjunto de condiciones. Por ejemplo, si se obtenía el isómero *cis* bajo condiciones térmicas, el isómero *trans* se obtenía bajo condiciones fotoquímicas, y viceversa.

Se necesitaron dos químicos de talento, cada uno aportando su conocimiento al problema, para explicar el comportamiento enigmático de las reacciones pericíclicas. En 1965, R. B. Woodward, un químico experimental, y Roald Hoffmann, un químico teórico, desarrollaron la **teoría de la conservación de la simetría orbital** para explicar las relaciones entre la estructura y la configuración del reactivo, las condiciones (térmicas, fotoquímicas o ambas) bajo las que se efectúa la reacción y la configuración del producto. Ya que el comportamiento de las reacciones pericíclicas es tan preciso, no es de sorprender que su comportamiento se pueda explicar con una sencilla teoría. La parte difícil fue tener la perspicacia que diera lugar a la teoría.

La teoría de la conservación de la simetría orbital establece que *los orbitales en fase se traslapan durante el curso de una reacción pericíclica*. Esta teoría se basó en la **teoría del orbital frontera** propuesta por Kenichi Fukui en 1954. Aunque la teoría de Fukui tenía más de 10 años cuando se desarrolló la teoría de la conservación de la simetría orbital, se había pasado por alto por su complejidad matemática, y porque Fukui no la pudo aplicar a las reacciones estereoselectivas.

De acuerdo con la teoría de la conservación de la simetría orbital, la simetría de un orbital molecular controla tanto las condiciones bajo las que se efectúa una reacción pericíclica como la configuración del producto que se forma. En consecuencia, para comprender las reacciones pericíclicas se debe repasar la teoría de los orbitales moleculares.

> **BIOGRAFÍA**
>
> **Kenichi Fukui (1918–1998)** *nació en Japón. Fue profesor en la Universidad de Kyoto hasta 1982, cuando llegó a ser presidente del Instituto Tecnológico de Kyoto. Fue el primer ciudadano japonés en recibir el Premio Nobel de Química.*

PROBLEMA 1◆

Examine las siguientes reacciones pericíclicas. En cada una indique si es una reacción electrocíclica, una reacción de cicloadición o un reordenamiento sigmatrópico.

a. ciclooctatetraeno →Δ ciclooctatetraeno (isómero)

b. 5-metil-5H-ciclopentadieno (H, CH₃) →Δ 1-metilciclopentadieno (CH₃)

c. o-xililen (=CH₂, =CH₂) + CHOCH₃=CH₂ →Δ 2-metoxi-1,2,3,4-tetrahidronaftaleno (OCH₃)

d. o-(1-etiliden)xililen (CHCH₃, =CH₂) + HC≡CH →Δ 1-metil-1,4-dihidronaftaleno (CH₃)

> **BIOGRAFÍA**
>
> **Robert Burns Woodward (1917–1979)** *nació en Boston y primero se familiarizó con la química en su laboratorio casero. Entró al MIT a los 16 años y recibió un doctorado el mismo año en que los que habían ingresado con él recibieron sus licenciaturas. Fue a Harvard como becario post-doctoral y permaneció ahí durante toda su carrera. Algunas de las moléculas orgánicas que sintetizó Woodward fueron el colesterol, la cortisona, la estricnina, la reserpina (la primera medicina tranquilizante), la clorofila, la tetraciclina y la vitamina B12. Recibió el Premio Nobel de Química en 1965 por la totalidad de su trabajo en el "arte" de la química sintética, determinación de estructura y análisis teórico.*

29.2 Orbitales moleculares y simetría orbital

El traslape de orbitales atómicos p para formar orbitales moleculares π se puede describir matemáticamente recurriendo a la mecánica cuántica. El resultado del desarrollo matemático se puede describir en forma sencilla, en términos no matemáticos, con la **teoría de los orbitales moleculares**. En las secciones 1.6 y 7.8 se expuso la teoría de los orbitales moleculares. Tome el lector algunos minutos para repasar los siguientes puntos clave que contienen esas secciones.

- Los dos lóbulos de un orbital p tienen fases opuestas. Cuando interactúan dos orbitales atómicos en fase, se forma un enlace covalente. Cuando interactúan dos orbitales atómicos fuera de fase, se crea un nodo entre los dos núcleos.
- Los electrones llenan los orbitales moleculares siguiendo las mismas reglas (el principio de aufbau, el principio de exclusión de Pauli y la regla de Hund) que gobiernan la forma en que llenan los orbitales atómicos: un electrón va al orbital molecular que haya disponible con la mínima energía; sólo dos electrones pueden ocupar un determinado orbital molecular y deben tener espines opuestos, y un electrón ocupará un orbital degenerado vacío antes de aparearse (sección 1.2).
- Como las porciones de enlace π de una molécula son perpendiculares a los ejes de los enlaces σ, los enlaces π se pueden manejar en forma independiente. Cada átomo de carbono que forma un enlace π tiene un orbital atómico p, y los orbitales atómicos p de los átomos de carbono se combinan para producir un orbital molecular π. Así, un orbital molecular se puede describir por la **combinación lineal de orbitales atómicos** (**LCAO** por sus siglas en inglés, *linear combination of atomic orbitals*).

En un orbital molecular π, cada electrón que había ocupado antes un orbital atómico p perteneciente a un átomo individual de carbono ocupa ahora toda la parte de la molécula abarcada por los orbitales p interactuantes.

En la figura 29.1 se ve una descripción de los orbitales moleculares del eteno. (Para mostrar las distintas fases de los dos lóbulos de un orbital p, un lóbulo tiene color azul y el otro es verde.* Ya que el eteno tiene un enlace π, tiene dos orbitales atómicos que se combinan para producir dos orbitales moleculares π. La interacción en fase de los dos orbitales atómicos p forma un orbital molecular π de enlace representado por ψ_1 (ψ es la letra griega psi). El orbital molecular de enlace tiene menos energía que los orbitales atómicos p aislados. Los dos orbitales atómicos p del eteno también pueden interactuar fuera de fase. La interacción de orbitales fuera de fase forma un orbital molecular π^* de antienlace, ψ_2, que tiene mayor energía que los orbitales atómicos p. El orbital molecular de enlace se debe a la interacción aditiva de los orbitales atómicos, mientras que el orbital molecular de antienlace es la consecuencia de la interacción sustractiva. En otras palabras, la interacción de los orbitales en fase mantiene unidos a los átomos, mientras que la interacción de orbitales fuera de fase aparta a los átomos. Como los electrones residen en los orbitales moleculares disponibles que tengan la energía mínima, y dos electrones pueden ocupar un orbital molecular, los dos electrones π del eteno residen en el orbital molecular de enlace π. Esta representación de orbitales moleculares describe a todas las moléculas que tienen un enlace doble carbono-carbono.

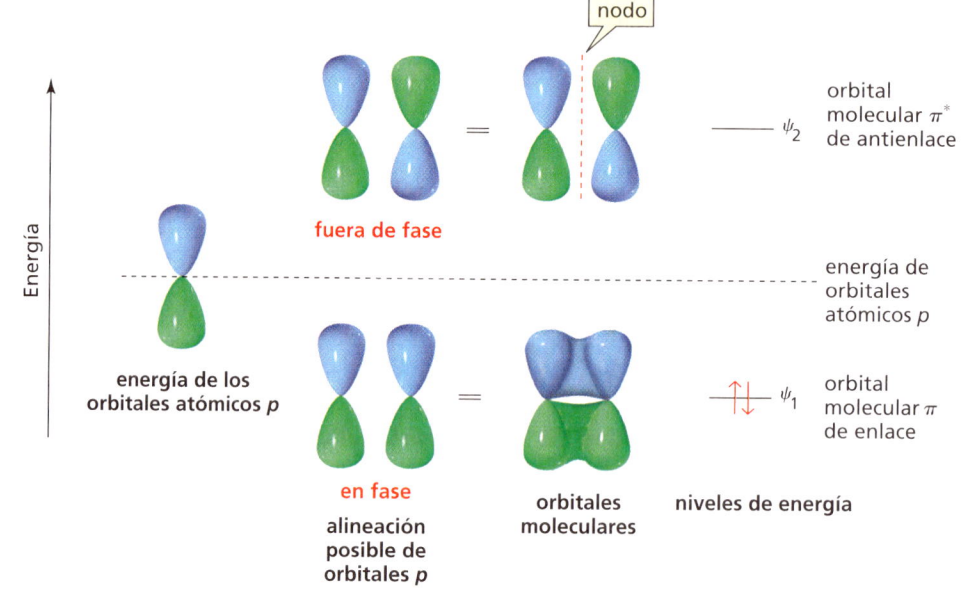

▲ **Figura 29.1**
La interacción de los orbitales p atómicos en fase produce un orbital molecular π de enlace que tiene menor energía que los orbitales atómicos p. La interacción de los orbitales atómicos p fuera de fase produce un orbital molecular π^* de antienlace que tiene mayor energía que los orbitales atómicos p.

El 1,3-butadieno tiene dos enlaces π conjugados, por lo que tiene cuatro orbitales atómicos p (figura 29.2). Cuatro orbitales atómicos se pueden combinar en forma lineal en cuatro formas diferentes. En consecuencia, hay cuatro orbitales moleculares π: ψ_1, ψ_2, ψ_3 y ψ_4. Observe que se conservan los orbitales: cuatro orbitales atómicos se combinan y producen cuatro orbitales moleculares. La mitad son orbitales de enlace (ψ_1 y ψ_2) y la otra mitad son orbitales moleculares de antienlace (ψ_3 y ψ_4). También, observe que los orbitales moleculares de enlace tienen menor energía y los de antienlace tienen mayor energía que los orbitales atómicos p. Ya que los cuatro electrones π estarán en los orbitales moleculares disponibles que tengan la menor energía, dos electrones están en ψ_1 y dos en ψ_2. Re-

---
*Algunos químicos representan las diferentes fases por medio de los signos $(+)$ y $(-)$.

cuerde que aunque los orbitales moleculares tienen energías diferentes, todos ellos coexisten. Esta imagen de orbitales moleculares describe a todas las moléculas con dos enlaces dobles carbono-carbono conjugados.

Si el lector examina los orbitales que interactúan en la figura 29.2 verá que los orbitales en fase interactúan para formar una interacción de enlace y los orbitales fuera de fase interactúan para formar un nodo. Recuérdese que un nodo es un lugar donde la probabilidad de encontrar un electrón es cero (sección 1.5). También verá que al aumentar la energía del orbital molecular disminuye el número de interacciones de enlace y aumenta el número de nodos *entre* los núcleos. Por ejemplo, ψ_1 tiene tres interacciones de enlace y cero nodos entre los núcleos, ψ_2 tiene dos interacciones de enlace y un nodo entre los núcleos, ψ_3 tiene una interacción de enlace y dos nodos entre los núcleos y ψ_4 tiene cero interacciones de enlace y tres nodos entre los núcleos. *Note que un orbital molecular es de enlace si el número de interacciones de enlace es mayor que el número de nodos entre los núcleos, y un orbital molecular es de antienlace si el número de interacciones de enlace es menor que el número de nodos entre los núcleos.*

Los orbitales se conservan: dos orbitales atómicos se combinan para producir dos orbitales moleculares; cuatro orbitales atómicos se combinan para producir cuatro orbitales moleculares; seis orbitales atómicos se combinan para producir seis orbitales moleculares, etcétera.

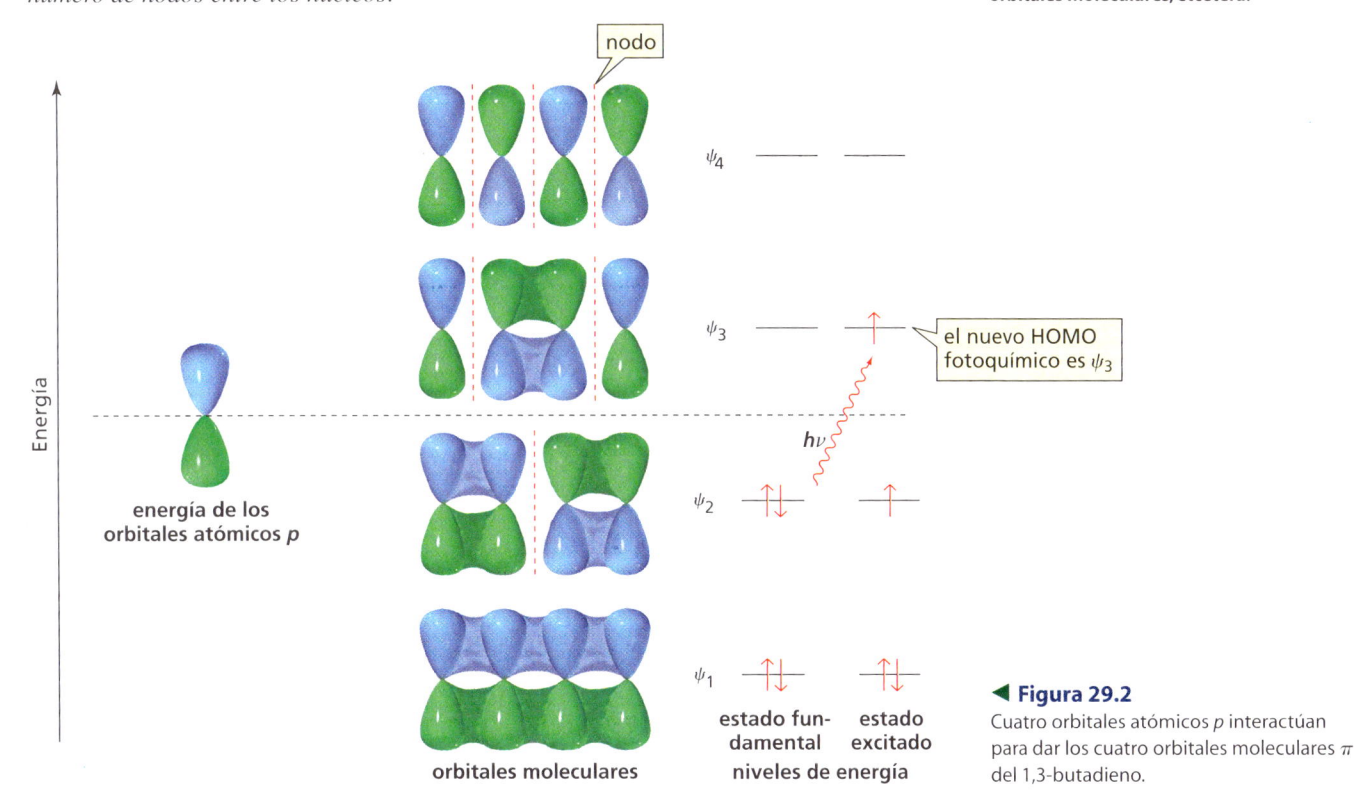

◀ **Figura 29.2**
Cuatro orbitales atómicos *p* interactúan para dar los cuatro orbitales moleculares π del 1,3-butadieno.

La configuración electrónica normal de una molécula se llama **estado fundamental**. En el estado fundamental del 1,3-butadieno, el **orbital molecular de mayor energía ocupado (HOMO)** es ψ_2 y el **orbital molecular de menor energía desocupado (LUMO)** es ψ_3. Si una molécula absorbe luz de una longitud de onda adecuada, la luz subirá a un electrón de su estado fundamental HOMO hasta su LUMO (de ψ_2 a ψ_3). Entonces la molécula estará en un **estado excitado**. En el estado excitado el HOMO es ψ_3 y el LUMO es ψ_4. *En una reacción térmica, el reactivo está en su estado fundamental; en una reacción fotoquímica, el reactivo está en un estado excitado.*

Algunos orbitales moleculares son *simétricos* y algunos son *antisimétricos* (no tienen plano especular, pero tendrían uno si la mitad de los orbitales moleculares se volteara de cabeza); es fácil distinguirlos. Si los orbitales *p* en los extremos del orbital molecular están en fase (ambos tienen lóbulos azules arriba, y lóbulos verdes abajo), el orbital molecular es simétrico. Si los dos orbitales *p* de los extremos están fuera de fase, el orbital molecular es antisimétrico. En la figura 29.2, ψ_1 y ψ_3 son **orbitales moleculares simétricos,** y ψ_2 y ψ_4 son **orbitales moleculares antisimétricos**. Note que, al aumentar de energía, los orbitales moleculares alternan su condición de simétricos y antisimétricos. En consecuencia, *el*

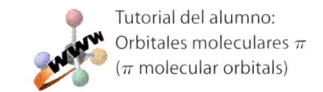

Tutorial del alumno:
Orbitales moleculares π
(π molecular orbitals)

El HOMO del estado fundamental y el HOMO del estado excitado tienen simetrías opuestas.

HOMO de estado fundamental y el HOMO de estado excitado siempre tienen simetrías opuestas: uno es simétrico y el otro es antisimétrico. En la figura 29.3 se ve una descripción de orbitales moleculares en el 1,3,5-hexatrieno, compuesto con tres enlaces dobles conjugados. Para repasar, examínese la figura y note:

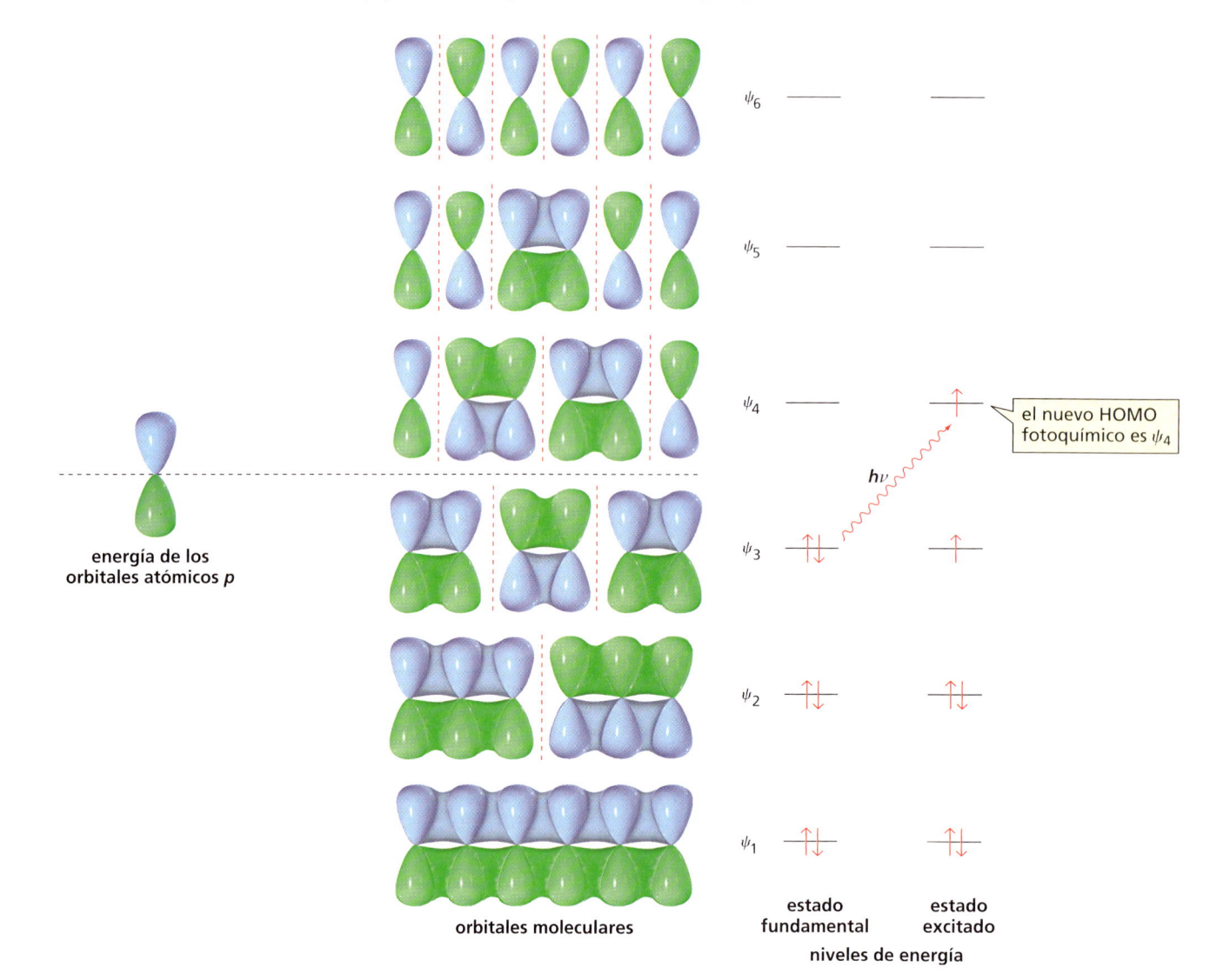

▲ **Figura 29.3**
Seis orbitales atómicos *p* interactúan para dar los seis orbitales moleculares π del 1,3,5-hexatrieno.

- la distribución de los electrones en los estados fundamental y excitado,
- que el número de interacciones de enlace disminuye y el número de nodos aumenta al aumentar la energía de los orbitales moleculares,
- que los orbitales moleculares alternan de simétricos a antisimétricos a medida que aumentan de energía,
- en comparación con el estado fundamental, el estado excitado tiene un HOMO y un LUMO nuevo.

Aunque la química de un compuesto está determinada por todos sus orbitales moleculares, se puede aprender mucho acerca de ella sólo observando el **HOMO** y el **LUMO**. Estos dos orbitales moleculares se conocen como **orbitales frontera**. Ahora se verá que sólo con evaluar *uno* de los orbitales frontera del o los reactivos en una reacción pericíclica se pueden pronosticar las condiciones (térmicas o fotoquímicas) bajo las cuales se efectuará la reacción y los productos que se formarán.

PROBLEMA 2◆

Conteste lo siguiente acerca de los orbitales π del 1,3,5-hexatrieno:

a. ¿Cuáles son los orbitales de enlace y cuáles los orbitales de antienlace?
b. ¿Cuáles orbitales son el HOMO y el LUMO en el estado fundamental?
c. ¿Qué orbitales son el HOMO y el LUMO en el estado excitado?
d. ¿Cuáles orbitales son simétricos y cuáles son antisimétricos?
e. ¿Cuál es la relación entre el HOMO y el LUMO y los orbitales simétricos y antisimétricos?

PROBLEMA 3◆

a. ¿Cuántos orbitales moleculares π tiene el 1,3,5,7-octatetraeno?
b. ¿Cuál es la designación de su HOMO (ψ_1, ψ_2, etc.)?
c. ¿Cuántos nodos tiene su orbital molecular π de más alta energía entre los núcleos?

PROBLEMA 4

De una descripción de orbitales moleculares para cada uno de los compuestos siguientes:

a. 1,3-pentadieno
b. 1,4-pentadieno
c. 1,3,5-heptatrieno
d. 1,3,5,8-nonatetraeno

29.3 Reacciones electrocíclicas

Una *reacción electrocíclica* es una reacción intramolecular en la que el reordenamiento de electrones π forma un producto cíclico que tiene un enlace π menos que el reactivo. Una reacción electrocíclica es totalmente estereoselectiva y forma de preferencia un estereoisómero; una reacción electrocíclica también es estereoespecífica. Por ejemplo, cuando el (2E,4Z,6E)-octatrieno sufre una reacción electrocíclica bajo condiciones térmicas sólo se forma el producto *cis*; note que el isómero *cis* es un compuesto meso (sección 5.12). En contraste, cuando el (2E,4Z,6Z)-octatrieno tiene una reacción electrocíclica bajo condiciones térmicas sólo se forma el producto *trans*; el isómero *trans* es un par de enantiómeros (sección 5.4). Recuerde que E representa a grupos de alta prioridad en lados opuestos del enlace doble y Z representa a los grupos de alta prioridad del mismo lado del enlace doble (sección 3.5).

(2E,4Z,6E)-octatrieno → cis-5,6-dimetil-1,3-ciclohexadieno

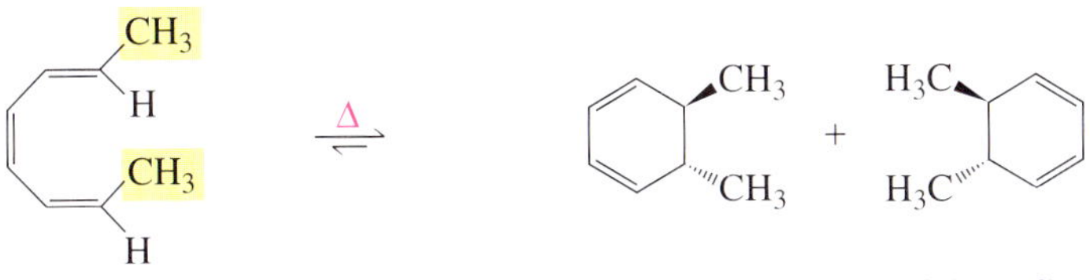

(2E,4Z,6Z)-octatrieno → trans-5,6-dimetil-1,3-ciclohexadieno

Sin embargo, cuando las reacciones se efectúan bajo condiciones fotoquímicas, los productos tienen configuraciones opuestas: el compuesto que forma el isómero *cis* bajo condiciones térmicas forma el isómero *trans* bajo condiciones fotoquímicas, y el compuesto que forma el isómero *trans* bajo condiciones térmicas forma el isómero *cis* bajo condiciones fotoquímicas.

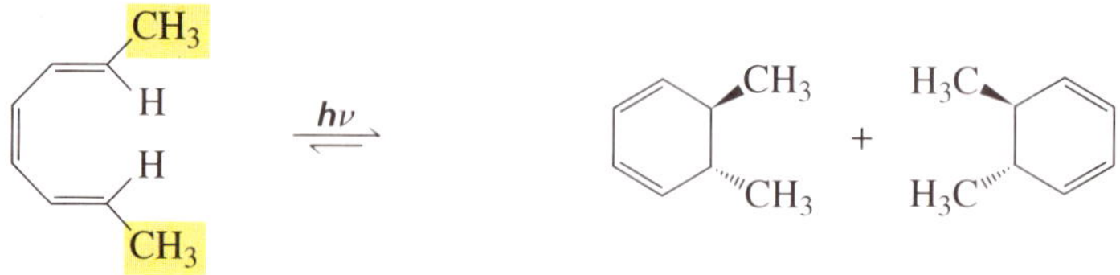

(2E,4Z,6E)-octatrieno ⇌ (hν) **trans-5,6-dimetil-1,3-ciclohexadieno**

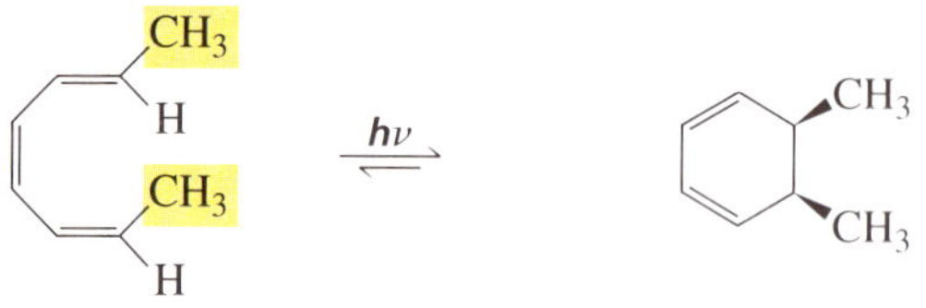

(2E,4Z,6Z)-octatriene ⇌ (hν) **cis-5,6-dimetil-1,3-ciclohexadieno**

Bajo condiciones térmicas, el (2E,4Z)-hexadieno forma el ciclo del *cis*-3,4-dimetilciclobuteno y el (2E,4E)-hexadieno se cicla y forma el *trans*-3,4-dimetilciclobuteno.

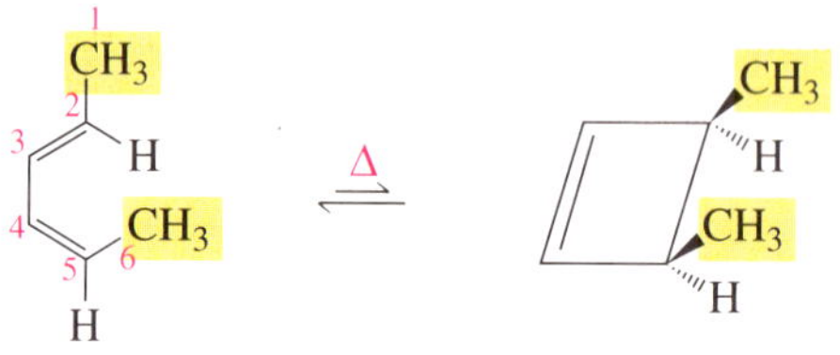

(2E,4Z)-hexadieno ⇌ (Δ) **cis-3,4-dimetilciclobuteno**

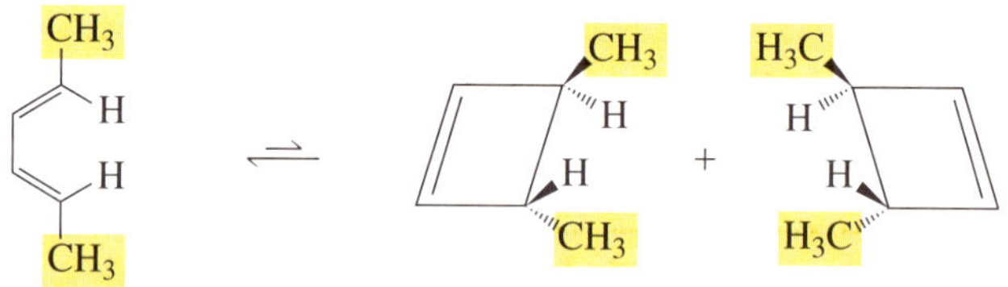

(2E,4E)-hexadieno ⇌ **trans-3,4-dimetilciclobuteno**

Como se vio en los octatrienos, la configuración del producto cambia si las reacciones se efectúan bajo condiciones fotoquímicas: el isómero *trans* se obtiene del (2E,4Z)-hexadieno, y no el isómero *cis*; el isómero *cis* se obtiene del (2E,4E)-hexadieno y no el isómero *trans*.

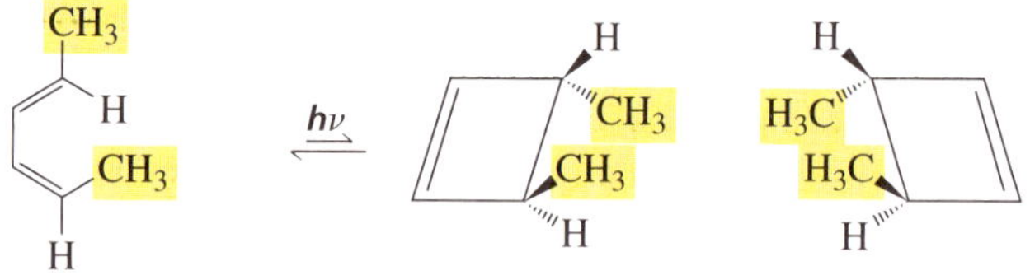

(2E,4Z)-hexadieno ⇌ (hν) **trans-3,4-dimetilciclobuteno**

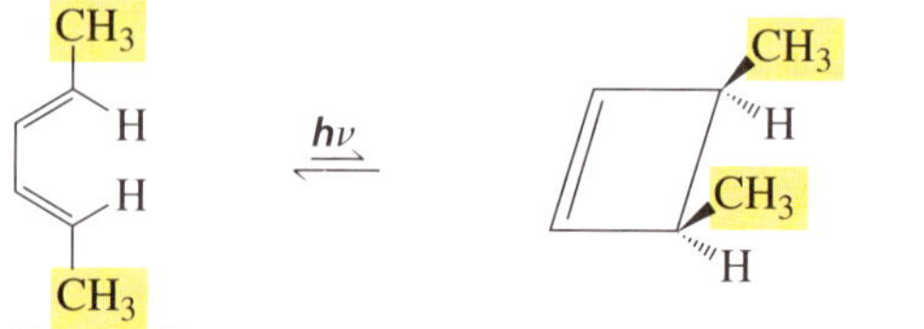

(2E,4E)-hexadieno ⇌ (hν) **cis-3,4-dimetilciclobuteno**

Las reacciones electrocíclicas, como se dijo antes, son reversibles. En las reacciones electrocíclicas que forman anillos de seis miembros se favorece el compuesto cíclico, mientras que se favorece el compuesto de cadena abierta en reacciones electrocíclicas que forman anillos de cuatro miembros por la tensión angular asociada a los anillos de cuatro miembros (sección 2.11).

A continuación se aplicará lo que se ha descrito acerca de los orbitales moleculares para explicar la configuración de los productos de las reacciones anteriores. La configuración del producto de cualquier otra reacción electrocíclica se podrá pronosticar.

El producto de una reacción electrocíclica se debe a la formación de un nuevo enlace σ. Para que se forme este enlace, los orbitales p en los extremos del sistema conjugado deben girar para traslaparse cabeza con cabeza y volver a presentar la hibridación sp^3. La rotación puede ser en dos formas. Si ambos orbitales giran en la misma dirección (ambos en sentido de las manecillas, o ambos en contra de las manecillas del reloj), el cierre del anillo es **conrotatorio**.

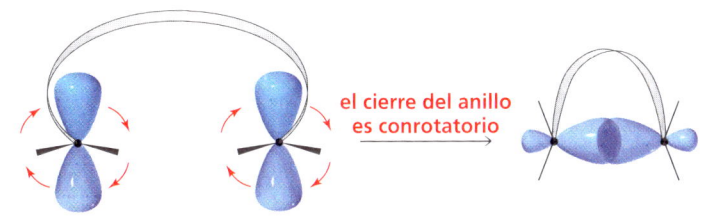

Si los orbitales giran en direcciones opuestas (uno a favor de las manecillas del reloj, el otro contra las manecillas), el cierre del anillo es **disrotatorio**.

El modo de cerrar el anillo depende de la simetría del HOMO del compuesto. Sólo es importante la simetría del HOMO para determinar el curso de la reacción porque aquí es donde están los electrones de máxima energía. Son los electrones que menos están sujetos y en consecuencia los que se mueven con más facilidad durante una reacción.

Para formar el nuevo enlace σ, los orbitales deben girar para que se traslapen los orbitales p en fase porque el traslape en fase es una interacción de enlace. El traslape fuera de fase sería una interacción de antienlace. Si el HOMO es simétrico (los orbitales de los extremos son idénticos), la rotación deberá ser disrotatoria para tener un traslape en fase. En otras palabras, el cierre disrotatorio de anillo está permitido por la simetría, mientras que el cierre del anillo conrotatorio está prohibido por la simetría.

el HOMO es simétrico

Si el HOMO es antisimétrico, la rotación debe ser conrotatoria para tener un traslape en fase. En otras palabras, el cierre conrotatorio de anillo está permitido por la simetría, mientras que el cierre del anillo disrotatorio está prohibido por la simetría.

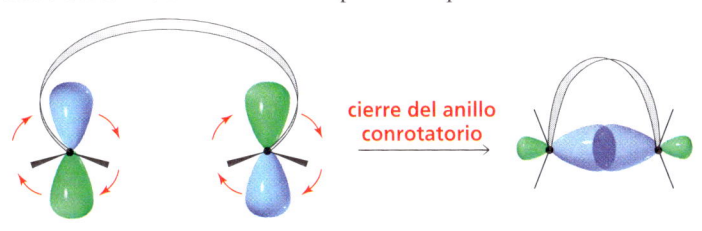

el HOMO es antisimétrico

Una ruta permitida por la simetría requiere un traslape de orbitales en fase.

Note que una **ruta permitida por la simetría** es aquélla en la que se traslapan orbitales en fase; una **ruta prohibida por la simetría** es una en que se traslaparían orbitales fuera de fase. Una reacción permitida por la simetría puede tener lugar bajo condiciones relativamente moderadas. Si una reacción está prohibida por la simetría, no se puede efectuar mediante una ruta concertada. Si se llega a efectuar una reacción prohibida por la simetría, lo debe hacer mediante un mecanismo no concertado.

Ahora ya se puede comprender por qué las reacciones electrocíclicas descritas al principio de esta sección forman los productos indicados y por qué cambia la configuración del producto si la reacción se efectúa bajo condiciones fotoquímicas.

El HOMO del estado fundamental (ψ_3) de un compuesto con tres enlaces π conjugados, como el (2E,4Z,6E)-octatrieno, es simétrico (figura 29.3). Eso quiere decir que el cierre del anillo bajo *condiciones térmicas* es disrotatorio. En el cierre del anillo disrotatorio del (2E,4Z,6E)-octatrieno, ambos grupos metilo están impulsados hacia arriba (o hacia abajo), lo cual resulta en la formación del producto *cis*.

(2E,4Z,6E)-octatrieno → cierre del anillo disrotatorio → *cis*-5,6-dimetil-1,3-ciclohexadieno

En un cierre del anillo disrotatorio del (2E,4Z,6Z)-octatrieno, un grupo metilo es impulsado hacia arriba y el otro es impulsado hacia abajo, lo que trae como consecuencia la formación del producto *trans*. El enantiómero se obtiene invirtiendo los grupos que son impulsados hacia arriba y hacia abajo.

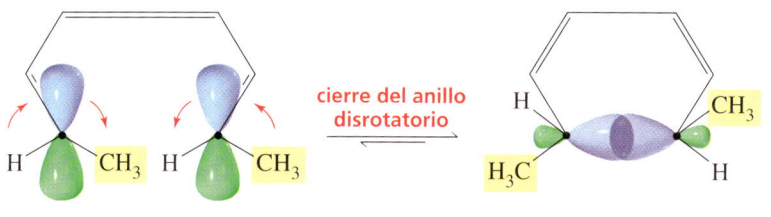

(2E,4Z,6Z)-octatrieno → cierre del anillo disrotatorio → *trans*-5,6-dimetil-1,3-ciclohexadieno

Si la reacción se efectúa bajo *condiciones fotoquímicas*, se debe tener en cuenta al HOMO del estado excitado y no al HOMO del estado fundamental. El HOMO del estado excitado (ψ_4) de un compuesto con tres enlaces π es antisimétrico (figura 29.3). Por consiguiente, bajo condiciones fotoquímicas, el (2E,4Z,6Z)-octatrieno tiene cierre conrotatorio de anillo, por lo que ambos grupos metilo son impulsados hacia abajo (o hacia arriba) y se forma el producto *cis*.

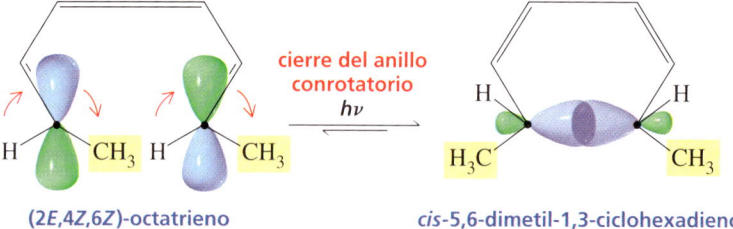

(2E,4Z,6Z)-octatrieno → cierre del anillo conrotatorio $h\nu$ → *cis*-5,6-dimetil-1,3-ciclohexadieno

La simetría del HOMO del compuesto que tendrá cierre del anillo controla el resultado estereoquímico de una reacción electrocíclica.

Se acaba de explicar por qué la configuración del producto que se forma bajo condiciones fotoquímicas es opuesta a la del que se forma bajo condiciones térmicas: el HOMO del estado fundamental es simétrico, por lo que hay cierre disrotatorio de anillo, mientras que el HOMO del estado excitado es antisimétrico, por lo que hay cierre conrotatorio de anillo. Así, el resultado estereoquímico de una reacción electrocíclica depende de la simetría del HOMO del compuesto que tiene un cierre del anillo.

Ahora se explicará por qué el cierre del anillo del (2E,4Z)-hexadieno forma *cis*-3,4-dimetilciclobuteno. El compuesto que sufre el cierre del anillo tiene dos enlaces π conjugados. El HOMO del estado fundamental de un compuesto con dos enlaces π conjugados es antisimétrico (figura 29.2), así que el cierre del anillo es conrotatorio. El cierre conrotatorio del anillo en el (2E,4Z)-hexadieno forma el producto *cis*.

(2E,4Z)-hexadieno ⇌ (cierre del anillo conrotatorio) **cis-3,4-dimetilciclobuteno**

De igual modo, el cierre conrotatorio de anillo del (2E,4E)-hexadieno forma el producto *trans*.

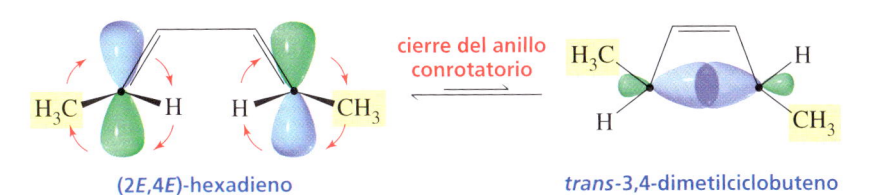

(2E,4E)-hexadieno ⇌ (cierre del anillo conrotatorio) **trans-3,4-dimetilciclobuteno**

Sin embargo, si la reacción se efectúa bajo condiciones fotoquímicas, el HOMO del estado excitado de un compuesto con dos enlaces π conjugados es simétrico. (Recuerde que el HOMO del estado fundamental y el HOMO del estado excitado tienen simetrías opuestas). Entonces, el (2E,4Z)-hexadieno tendrá cierre disrotatorio de anillo y formará el producto *trans*, mientras que el (2E,4E)-hexadieno tendrá un cierre disrotatorio de anillo y formará el producto *cis*.

Se explicó que el HOMO del estado fundamental de un compuesto con dos enlaces conjugados es antisimétrico, mientras que el HOMO del estado fundamental de un compuesto con tres enlaces dobles conjugados es simétrico. Si se examinan los diagramas de orbitales moleculares de compuestos con cuatro, cinco, seis y más enlaces dobles conjugados se llegará a la conclusión que el *HOMO del estado fundamental de un compuesto con un número par de enlaces dobles conjugados es antisimétrico, mientras que el HOMO de un compuesto con un número impar de enlaces dobles conjugados es simétrico*. Por consiguiente, de acuerdo con el número de enlaces dobles de un compuesto, se puede decir de inmediato si el cierre del anillo será conrotatorio (número par de enlaces dobles conjugados) o disrotatorio (número impar de enlaces dobles conjugados) bajo condiciones térmicas. Sin embargo, si la reacción se efectúa bajo condiciones fotoquímicas, se invierte todo porque los HOMO del estado fundamental y del estado excitado tienen simetrías opuestas; si el HOMO del estado fundamental es simétrico, el HOMO del estado excitado es antisimétrico, y viceversa.

Se ha visto que la estereoquímica de una reacción electrocíclica depende del modo como se cierra el anillo y ese modo depende del número de enlaces dobles π conjugados en el reactivo *y también* de si la reacción se efectúa bajo condiciones térmicas o fotoquímicas. Lo que hemos aprendido acerca de las reacciones electrocíclicas se puede resumir con las **reglas de selección** que se ven en la tabla 29.1. Estas reglas también se conocen como **reglas de Woodward-Hoffmann** de reacciones electrocíclicas.

> El HOMO del estado fundamental de un compuesto con un número par de enlaces dobles conjugados es antisimétrico.

> El HOMO del estado fundamental de un compuesto con un número impar de enlaces dobles conjugados es simétrico.

Tabla 29.1 Reglas de Woodward-Hoffmann para reacciones electrocíclicas

Número de enlaces π conjugados	Condiciones de reacción	Modo permitido de cierre del anillo
Número par	Térmicas	Conrotatorio
	Fotoquímicas	Disrotatorio
Número impar	Térmicas	Disrotatorio
	Fotoquímicas	Conrotatorio

1274 CAPÍTULO 29 Reacciones pericíclicas

Las reglas de la tabla 29.1 son para determinar si cierta reacción electrocíclica está "permitida por simetría de orbitales". También hay reglas de selección para determinar si las reacciones de cicloadición (tabla 29.3, página 1278) y los reordenamientos sigmatrópicos (tabla 29.4, página 1281) están "permitidas por simetría de orbitales". Podría ser complicado memorizar esas reglas (y preocupante, si se olvidan durante un examen), pero todas ellas se resumen en forma nemotécnica por "TP-AC". En la sección 29.7 se explica cómo usar "TP-AC".

PROBLEMA 5

a. Para sistemas conjugados con dos, tres, cuatro, cinco, seis y siete enlaces π conjugados, dibuje los orbitales moleculares en forma rapida (sólo dibuje los orbitales p en los extremos del sistema conjugado, como aparecen en las páginas 1272 y 1273) para indicar si el HOMO es simétrico o antisimétrico.

b. Use esos esquemas para convencerse de que son válidas las reglas de Woodward-Hoffmann de la tabla 29.1.

PROBLEMA 6◆

a. Bajo condiciones térmicas, el cierre del anillo del (2E,4Z,6Z,8E)-decatetraeno será ¿conrotatorio o disrotatorio?

b. ¿Tendrá el producto la configuración *cis* o *trans*?

c. Bajo condiciones fotoquímicas el cierre del anillo será ¿conrotatorio o disrotatorio?

d. ¿Tendrá el producto la configuración *cis* o *trans*?

La serie de reacciones en la figura 29.4 ilustra lo fácil que es determinar el modo de cierre del anillo y en consecuencia el producto de una reacción electrocíclica. El reactivo de la primera reacción tiene tres enlaces dobles conjugados y el cierre del anillo es bajo condiciones térmicas. Por consiguiente, el cierre del anillo es disrotatorio (tabla 29.1). El cierre disrotatorio del anillo de este reactivo determina que los hidrógenos sean *cis* en el producto con el anillo cerrado. Para determinar las posiciones relativas de los hidrógenos, se dibujan en el reactivo y después se dibujan flechas que indiquen el cierre disrotatorio del anillo (figura 29.4a).

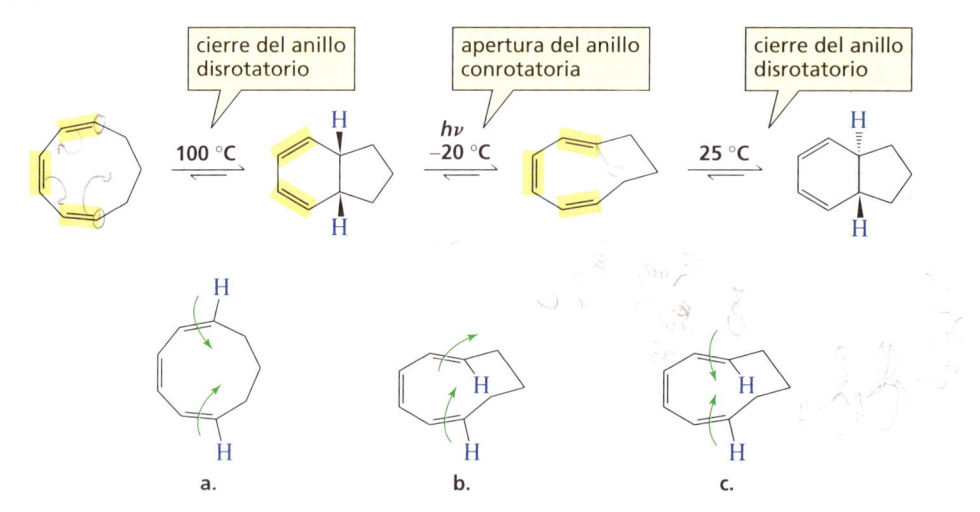

Figura 29.4 ▶
Determinación de la estereoquímica del producto de una reacción electrocíclica.

El segundo paso en la figura 29.4 es una reacción electrocíclica de apertura del anillo bajo condiciones fotoquímicas. De acuerdo con el principio de la reversibilidad microscópica (sección 14.13), las reglas de simetría de orbitales que se usan para una reacción de cierre del anillo se aplican también a la reacción inversa de apertura del anillo. El compuesto que sufre el cierre del anillo tiene tres enlaces dobles conjugados. La reacción se efectúa bajo condiciones fotoquímicas, así que tanto el cierre del anillo como la apertura del anillo inversa son conrotatorios. (Note que el número de enlaces dobles conjugados que se usan para determinar el modo de apertura o cierre del anillo en las reacciones electrocíclicas reversibles es el número en el compuesto que sufriría el cierre del anillo). Si la rotación conrotatoria va a formar un producto con hidrógenos *cis*, los hidrógenos del compuesto que tiene cierre del anillo deben apuntar en la misma dirección (figura 29.4b).

El tercer paso en la figura 29.4 es un cierre del anillo térmico de un compuesto con tres enlaces dobles conjugados, y entonces el cierre del anillo es disrotatorio. Al dibujar los hidrógenos y las flechas (figura 29.4c) se pueden determinar las posiciones relativas de los hidrógenos en el producto con anillo cerrado.

Note que en todas estas reacciones electrocíclicas, si los enlaces a los sustituyentes (en este caso, hidrógenos) en el reactivo apuntan en *direcciones opuestas* (como en la figura 29.4a), los sustituyentes serán *cis* en el producto, si el cierre del anillo es disrotatorio, y *trans* si el cierre del anillo es conrotatorio. Por otra parte, si apuntan en *la misma dirección* (como en la figura 29.4b o 29.4c), serán *trans* en el producto, si el cierre del anillo es disrotatorio, y *cis* si el cierre del anillo es conrotatorio (tabla 29.2).

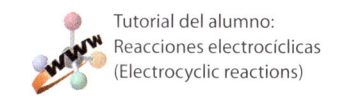

Tutorial del alumno:
Reacciones electrocíclicas
(Electrocyclic reactions)

Tabla 29.2   Configuración del producto de una reacción electrocíclica

Sustituyentes en el reactivo	Modo de cierre del anillo	Configuración del producto
Apuntan en direcciones opuestas	Disrotatorio	cis
	Conrotatorio	trans
Apuntan en la misma dirección	Disrotatorio	trans
	Conrotatorio	cis

PROBLEMA 7◆

¿Qué de lo siguiente está correcto? Corrija las afirmaciones falsas.

a. Un dieno conjugado, con un número par de enlaces dobles, tiene un cierre conrotatorio del anillo bajo condiciones térmicas.

b. Un dieno conjugado con un HOMO antisimétrico tiene cierre conrotatorio del anillo bajo condiciones térmicas.

c. Un dieno conjugado con un número impar de enlaces dobles tiene un HOMO simétrico.

PROBLEMA 8◆

a. Identifique el modo de cierre del anillo en cada una de las reacciones electrocíclicas siguientes.

b. Los hidrógenos indicados ¿son *cis* o *trans*?

29.4 Reacciones de cicloadición

En una *reacción de cicloadición*, reaccionan dos moléculas diferentes que contienen enlaces π y forman una molécula cíclica por reordenamiento de los electrones π y la formación de dos nuevos enlaces σ. La reacción de Diels-Alder es uno de los ejemplos mejor conocidos de una reacción de cicloadición (sección 7.12). Las reacciones de cicloadición se clasifican de acuerdo con el número de electrones π que interactúan para formar el producto. La reacción de Diels-Alder es una reacción de cicloadición [4 + 2], porque un reactivo tiene cuatro electrones π que interactúan, y el otro reactivo tiene dos electrones π que interactúan. Sólo se toman en cuentan los electrones π que participan en el reordenamiento.

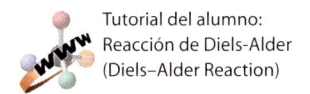

cicloadición [4 + 2] (reacción de Diels-Alder)

cicloadición [2 + 2]

cicloadición [8 + 2]

En una reacción de cicloadición, los orbitales de una molécula deben traslaparse con los de la segunda molécula. En consecuencia, los orbitales frontera de ambos reactivos se deben evaluar para determinar el resultado de la reacción. Ya que los nuevos enlaces σ en el producto se forman por donación de densidad electrónica de uno a otro reactivo, y como sólo un orbital vacío puede aceptar electrones, se deben examinar el HOMO de una de las moléculas y el LUMO de la otra. No importa cuál HOMO de la molécula reaccionante se use, siempre que la donación sea entre el HOMO de una y el LUMO de la otra.

Hay dos modos de traslape de orbitales para la formación simultánea de dos enlaces σ: suprafacial y antarafacial. La formación de enlace es **suprafacial** si ambos enlaces σ se forman en el mismo lado del sistema π. La formación de enlace es **antarafacial** si los dos enlaces σ se forman en lados contrarios del sistema π. La formación suprafacial de enlace se parece a la adición sin, mientras que la formación antarafacial de enlace se parece a la adición anti (sección 5.19).

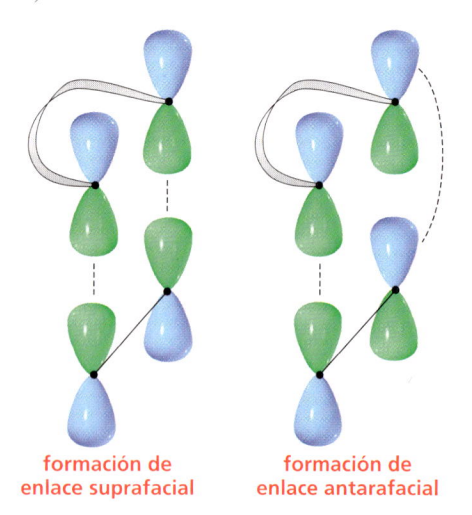

formación de enlace suprafacial

formación de enlace antarafacial

Una reacción de cicloadición que forme un anillo de cuatro, cinco o seis miembros debe ser por la formación suprafacial de un enlace. Las restricciones geométricas de esos anillos pequeños hacen que el método antarafacial sea muy improbable, aun cuando esté permitido por la simetría. (Recuerde que "permitido por la simetría" quiere decir que los orbitales que se traslapan están en fase). La formación antarafacial de un enlace es más probable en reacciones de cicloadición donde se forman anillos más grandes.

El **análisis de orbitales frontera** de una reacción de cicloadición [4 + 2] muestra que el traslape de orbitales en fase para formar los dos nuevos enlaces σ requiere el traslape suprafacial de los orbitales (figura 29.5). Eso es válido aunque se use el LUMO del dienófilo (un sistema con un enlace π, figura 29.1) y el HOMO del dieno (un sistema con dos enlaces π conjugados, figura 29.2) o el HOMO del dienófilo y el LUMO del dieno para explicar la reacción. De esta manera ya se puede comprender por qué las reacciones de Diels-Alder se efectúan con relativa facilidad (sección 7.12).

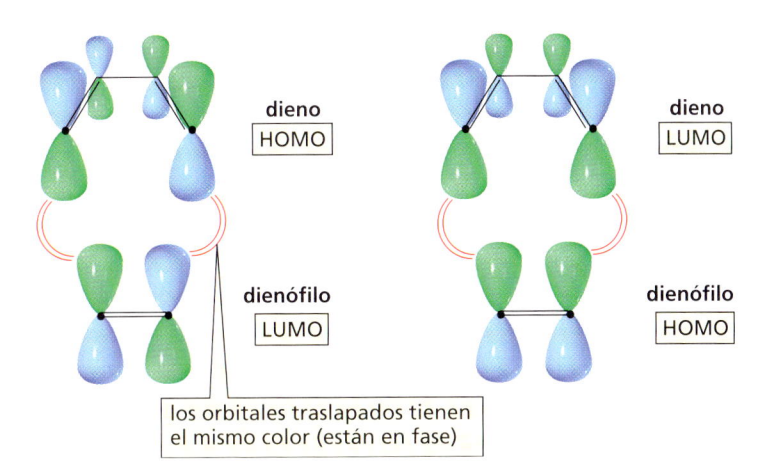

◀ **Figura 29.5**
Análisis de orbitales moleculares frontera de una reacción de cicloadición [4 + 2]. El HOMO de cualquiera de los reactivos se puede usar con el LUMO del otro. Ambas situaciones requieren un traslape suprafacial para que se forme el enlace.

Una reacción de cicloadición [2 + 2] no se efectúa bajo condiciones térmicas, pero sí bajo condiciones fotoquímicas.

Los orbitales moleculares frontera en la figura 29.6 muestran por qué es así. Bajo condiciones térmicas, el traslape suprafacial no está permitido por la simetría (los orbitales que se traslapan están fuera de fase). El traslape antarafacial está permitido por la simetría, pero no es posible por el pequeño tamaño del anillo. Sin embargo, bajo condiciones fotoquímicas, la reacción sí puede efectuarse porque la simetría del HOMO del estado excitado es contraria a la del HOMO del estado fundamental. En consecuencia, el traslape del HOMO

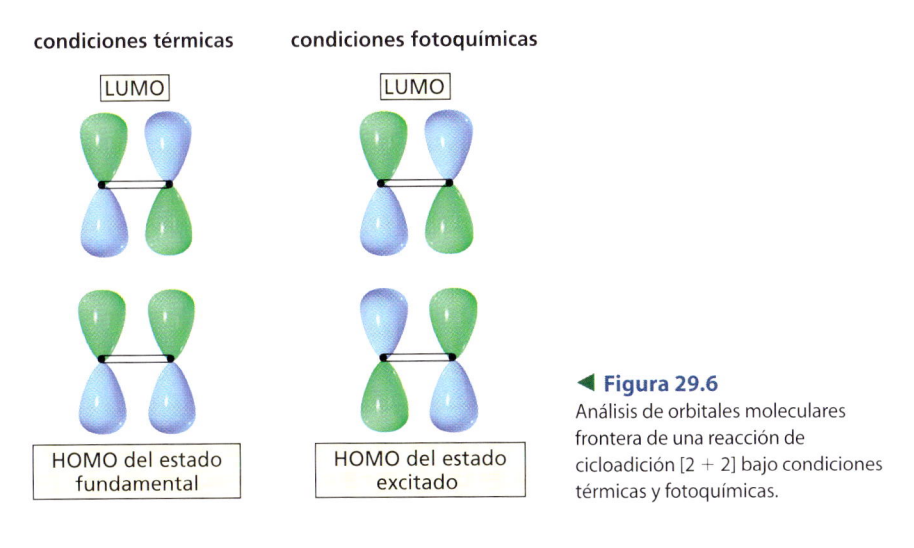

◀ **Figura 29.6**
Análisis de orbitales moleculares frontera de una reacción de cicloadición [2 + 2] bajo condiciones térmicas y fotoquímicas.

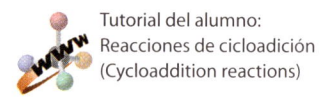

del estado excitado de un alqueno con el LUMO del segundo alqueno implica la formación de un enlace suprafacial permitido por la simetría. Note que en la reacción fotoquímica sólo uno de los reactivos se encuentra en estado excitado. Debido a las duraciones tan cortas de los estados excitados, no es probable que dos reactivos en sus estados excitados se encuentren para interactuar. Las reglas de selección para las reacciones de cicloadición se resumen en la tabla 29.3.

Tutorial del alumno:
Reacciones de cicloadición
(Cycloaddition reactions)

Tabla 29.3 Reglas de Woodward-Hoffmann para reacciones de cicloadición

Suma del número de enlaces π en los sistemas reaccionantes de ambos reactivos	Condiciones de reacción	Modo permitido de cierre del anillo
Número par	Térmicas	Antarafacial[a]
	Fotoquímicas	Suprafacial
Número impar	Térmicas	Suprafacial
	Fotoquímicas	Antarafacial[a]

[a]Aunque el cierre antarafacial del anillo está permitido por la simetría, sólo puede suceder en anillos grandes.

LUMINISCENCIA

Una reacción de cicloadición [2 + 2] inversa es la que causa la luminiscencia (conocida también como luz fría) que emiten las barras luminosas. Una barra luminosa contiene una ampolla de vidrio delgado que contiene una mezcla de hidróxido de sodio y peróxido de hidrógeno. La ampolleta está suspendida en una disolución de oxalato de difenilo y un colorante. Cuando se rompe la ampolleta suceden dos reacciones de sustitución nucleofílica sobre el grupo acilo que forman un compuesto con un anillo inestable de cuatro miembros. Recuérdese que el ion fenolato es un grupo saliente relativamente bueno (sección 16.10).

El traslape suprafacial para formar un anillo de cuatro miembros sólo puede hacerse bajo condiciones fotoquímicas, por lo que uno de los reactivos debe estar en estado excitado. Por consiguiente, una de las dos moléculas de dióxido de carbono formadas cuando se rompe el anillo de cuatro miembros está en estado excitado (que se indica con un asterisco en el mecanismo que sigue). Cuando el electrón en estado excitado regresa a su estado fundamental, se emite un fotón de luz ultravioleta, que no es visible al ojo humano. Sin embargo, al estar presente un colorante, la molécula excitada de dióxido de carbono puede transferir algo de su energía a la molécula de colorante, lo que causa que un electrón en el colorante pase a un estado excitado. Cuando el electrón del colorante regresa a su estado fundamental se emite un fotón de luz visible, que sí es visible para el ojo humano. En la sección 29.6 se verá que una reacción parecida es la responsable de la luz emitida por las luciérnagas.

PROBLEMA 9

Explique por qué el anhídrido maleico reacciona con rapidez con el 1,3-butadieno, pero no reacciona con el etano bajo condiciones térmicas.

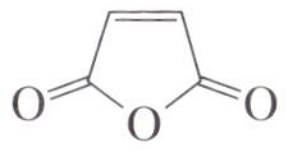

anhídrido maleico

PROBLEMA 10 RESUELTO

Compare la reacción entre la 2,4,6-cicloheptatrienona y el ciclopentadieno con la reacción entre el primero y el eteno. ¿Por qué la 2,4,6-cicloheptatrienona usa dos electrones π en una reacción y cuatro electrones π en la otra?

a.

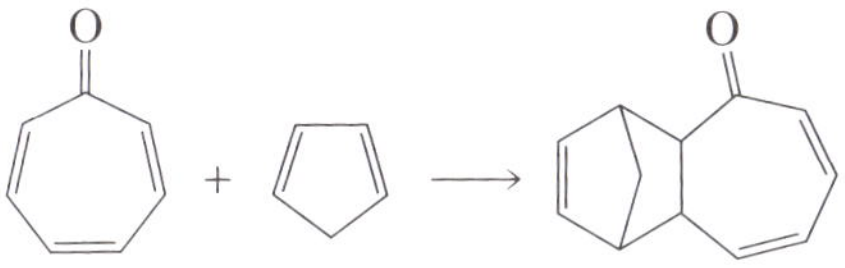

b.

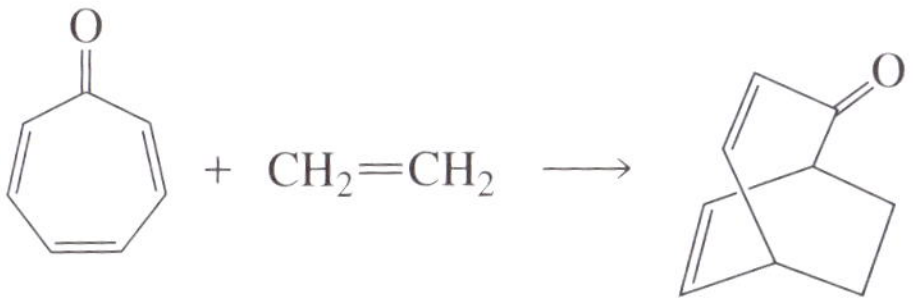

Solución Ambas reacciones son de cicloadición [4 + 2]. Cuando la 2,4,6-cicloheptatrienona reacciona con el ciclopentadieno, necesita dos de sus electrones π porque el ciclopentadieno es el reactivo con cuatro electrones π. Cuando la 2,4,6-cicloheptatrienona reacciona con el eteno, necesita cuatro de sus electrones π porque el eteno es el reactivo de dos electrones π.

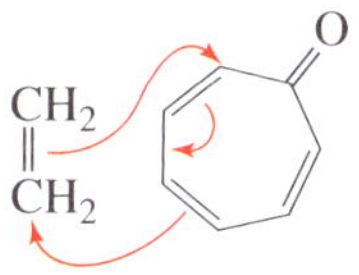

PROBLEMA 11◆

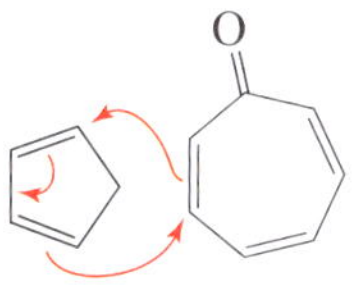

¿Se efectuará una reacción concertada entre el 1,3-butadieno y la 2-ciclohexenona en presencia de luz ultravioleta?

29.5 Reordenamientos sigmatrópicos

La última clase de reacciones pericíclicas que se examinará es el grupo llamado *reordenamientos sigmatrópicos*. En un reordenamiento sigmatrópico se rompe un enlace σ en el reactivo, se forma un nuevo enlace σ y los electrones π se reordenan. El enlace σ que se rompe es el de un carbono alílico. Puede ser un enlace σ entre un carbono y un hidrógeno, entre un carbono y otro carbono, o entre un carbono y un oxígeno, nitrógeno o azufre. "Sigmatrópico" viene de la palabra griega *tropos,* que quiere decir "cambio", así que sigmatrópico quiere decir "cambio sigma".

El sistema de numeración para describir un reordenamiento sigmatrópico difiere de cualquier sistema de numeración que el lector haya visto antes. Primero, se rompe mentalmente el enlace σ en el reactivo y se asigna el indicador número 1 a ambos átomos que estaban unidos por el enlace. Después se examina el nuevo enlace σ del producto. Se cuenta el número de átomos en cada uno de los fragmentos que unen el enlace σ roto y el nuevo enlace σ. Los dos números se ponen entre paréntesis, y primero el número menor. Por consiguiente, es un reordenamiento sigmatrópico [2,3]. Dos átomos (N, N) conectan los enlaces σ anterior y nuevo en un fragmento y tres átomos (C, C, C) conectan los enlaces σ anteriores y nuevos en el otro fragmento.

reordenamiento sigmatrópico [2,3]

se rompe el enlace — R—N⁺=N⁻—CH₂—CH=CH—CH₃ →Δ→ R—N=N—CH₂—CH(CH₃)—CH=CH₂ — nuevo enlace formado

reordenamiento sigmatrópico

CH₃CH—CH=CH—CH=CH₂ (H en posición 1, se rompe el enlace) →Δ→ CH₃CH=CH—CH=CH—CH₂—H (nuevo enlace formado)

reordenamiento sigmatrópico [1,3]

(CH₃)₃C—CH=CH₂ (se rompe el enlace C—CH₃) →Δ→ (CH₃)₂C=CH—CH₂—CH₃ (nuevo enlace formado)

reordenamiento sigmatrópico [3,3]

se rompe el enlace —O—CH=CH—CH₂—CH=CH—CH₂— →Δ→ nuevo enlace formado

PROBLEMA 12

a. Indique el nombre de la clase de reordenamiento sigmatrópico que hay en cada una de las reacciones siguientes.

b. Use flechas para indicar el reordenamiento de electrones que sucede en cada reacción.

1. [estructura con CH₃ y CH₂] →Δ→ [estructura con CH₂ y CH₃]

2. [ciclopentano con =CH₂ y =C(CH₃)] →Δ→ [ciclopenteno con CH₃ y =CH₂]

3. [biciclopentano con dos dienos] →Δ→ [ciclodecatetraeno]

4. [fenil alil éter con CH₃] →Δ→ [o-alilfenol con CH₃]

En el estado de transición de un reordenamiento sigmatrópico, el grupo que migra está unido en forma parcial al origen de la migración y parcialmente al término de la migración. Hay dos modos posibles de reordenamiento, análogos a los que se ven en las reacciones de cicloadición. Si el grupo que migra permanece en la misma cara del sistema π, el reordenamiento es *suprafacial*. Si el grupo que migra pasa a la cara opuesta del sistema π, el reordenamiento es *antarafacial*.

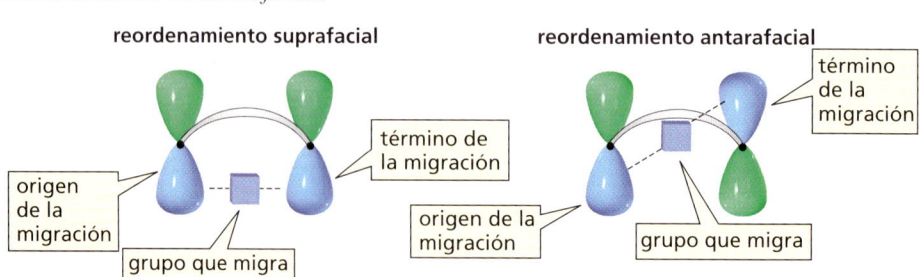

reordenamiento suprafacial / **reordenamiento antarafacial**

(origen de la migración / término de la migración / grupo que migra)

Los reordenamientos sigmatrópicos tienen estados de transición cíclicos. Si el estado de transición tiene seis átomos en el anillo, o menos, el reordenamiento debe ser suprafacial, por las restricciones geométricas en los anillos pequeños.

Se puede describir que un reordenamiento sigmatrópico [1,3] implica un enlace π y un par de electrones σ, o se puede decir que implica dos pares de electrones. Un reordenamiento sigmatrópico [1,5] implica dos enlaces π y un par de electrones σ (tres pares de electrones), y un reordenamiento sigmatrópico [1,7] implica cuatro pares de electrones. Las reglas de simetría para reordenamientos sigmatrópicos son casi iguales a las de las reacciones de cicloadición. La única diferencia es que se cuenta el número de pares de electrones y no el número de enlaces π. (Compare las tablas 29.3 y 29.4). *Recuerde que el HOMO del estado fundamental de un compuesto con un número par de enlaces dobles conjugados es antisimétrico, mientras que el HOMO de un compuesto con un número impar de enlaces dobles conjugados es simétrico.*

Tabla 29.4 Reglas de Woodward-Hoffmann para reordenamientos sigmatrópicos

Número de pares de electrones en el sistema reaccionante	Condiciones de reacción	Modo permitido de reordenamiento
Número par	Térmicas	Antarafacial[a]
	Fotoquímicas	Suprafacial
Número impar	Térmicas	Suprafacial
	Fotoquímicas	Antarafacial[a]

[a]Aunque el cierre antarafacial de anillo está permitido por simetría, sólo puede suceder en anillos grandes.

Un **reordenamiento de Cope*** es un reordenamiento sigmatrópico [3,3] de un 1,5-dieno. Un **reordenamiento de Claisen**† es un reordenamiento sigmatrópico [3,3] de un éter alil vinílico. Ambos reordenamientos forman estados de transición con un anillo de seis miembros. En consecuencia, las reacciones se deben poder efectuar de una manera suprafacial. El que una ruta suprafacial esté o no permitida por la simetría depende del número de pares de electrones que intervienen en el reordenamiento (tabla 29.4). Como los reordenamientos sigmatrópicos [3,3] implican tres pares de electrones, suceden con ruta suprafacial bajo condiciones térmicas. Por consiguiente, los reordenamientos de Cope y de Claisen se efectúan con facilidad bajo condiciones térmicas.

reordenamiento de Cope

reordenamiento de Claisen

El reordenamiento de Ireland-Claisen usa un éster de alilo en lugar del éter de alilo que se usa en el reordenamiento de Claisen. Una base saca un protón del carbono α del éster y el ion enolato queda atrapado como un éter de trimetilsililo (sección 17.11). Con calentamiento moderado se produce una condensación de Claisen.

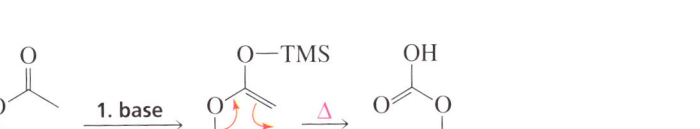

---

*Por Arthur C. Cope, quien también descubrió la eliminación de Cope (página 952).
†Por Ludwing Claisen, quien también descubrió la condensación de Claisen (página 876).

PROBLEMA 13♦

a. Indique cuál es el producto de la siguiente reacción:

$$\text{C}_6\text{H}_5\text{–O–CH}_2\text{–CH=CH}_2 \xrightarrow{\Delta}$$

b. Si el carbono terminal con hibridación sp^2 del sustituyente unido al anillo de benceno se marcara con ^{14}C ¿dónde estará la marca isotópica en el producto?

Migración del hidrógeno

Cuando un hidrógeno migra en un reordenamiento sigmatrópico, su orbital *s* se une en forma parcial al origen y al término de la migración, al mismo tiempo, en el estado de transición. Por lo tanto, una migración sigmatrópica [1,3] del hidrógeno tiene un estado de transición de un anillo con cuatro miembros. Como intervienen dos pares de electrones, el HOMO es antisimétrico. Entonces, las reglas de selección requieren que el reordenamiento de un desplazamiento de hidrógeno 1,3 bajo condiciones térmicas sea antarafacial (tabla 29.4). En consecuencia, los desplazamientos de hidrógeno 1,3 no suceden bajo condiciones térmicas porque el estado de transición con un anillo de cuatro miembros no permite el reordenamiento antarafacial requerido.

migración de hidrógeno

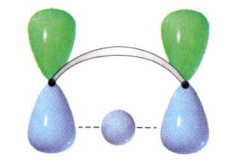

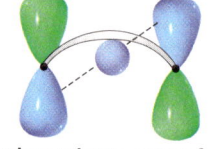

reordenamiento suprafacial   reordenamiento antarafacial

Se pueden hacer desplazamientos de hidrógeno 1,3 si se efectúa la reacción bajo condiciones fotoquímicas porque el HOMO es simétrico bajo esas condiciones y permite que el hidrógeno migre por una ruta suprafacial (tabla 29.4).

desplazamientos de hidrógeno 1,3

Dos productos se obtienen en la reacción anterior porque dos hidrógenos alílicos diferentes pueden tener un desplazamiento de hidrógeno 1,3.

Se conocen bien las migraciones sigmatrópicas de hidrógeno [1,5]. En ellas intervienen tres pares de electrones, por lo que se efectúan por una ruta suprafacial bajo condiciones térmicas.

desplazamientos de hidrógeno 1,5

PROBLEMA 14

¿Por qué se usó un compuesto deuterado en el ejemplo anterior?

PROBLEMA 15

Explique la diferencia de productos que se obtienen bajo condiciones fotoquímicas y térmicas:

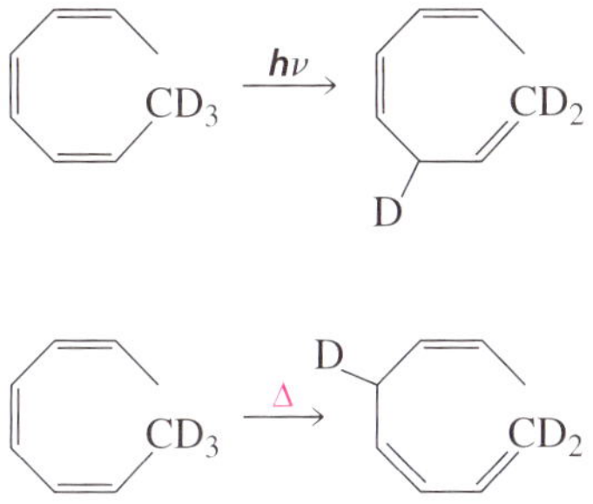

$$\text{ciclooctatrieno-CD}_3 \xrightarrow{h\nu} \text{producto con CD}_2 \text{ y D}$$

$$\text{ciclooctatrieno-CD}_3 \xrightarrow{\Delta} \text{producto con D y CD}_2$$

Las migraciones sigmatrópicas de hidrógeno [1,7] implican cuatro pares de electrones. Se pueden efectuar bajo condiciones térmicas porque el estado de transición de anillo con ocho miembros permite el reordenamiento antarafacial que se requiere.

desplazamiento de hidrógeno 1,7

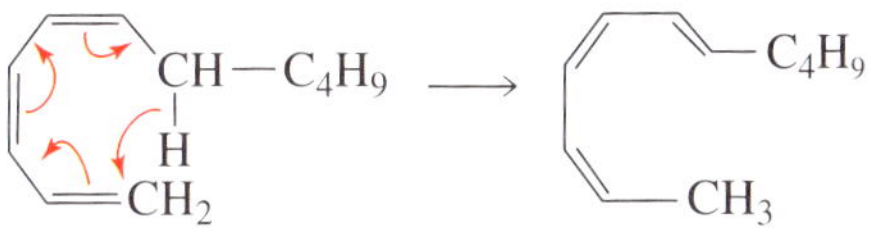

PROBLEMA 16 RESUELTO

El 5-metil-1,3-ciclopentadieno se reordena y forma una mezcla de 5-metil-1,3-ciclopentadieno, 1-metil-1,3-ciclopentadieno y 2-metil-1,3-ciclopentadieno. Indique cómo se forman esos productos.

Solución   Note que ambos equilibrios implican reordenamientos sigmatrópicos [1,5]. Aunque un hidrógeno se mueve de un carbono a un carbono adyacente, no se considera que los reordenamientos sean desplazamientos 1,2 porque esos movimientos no tendrían en cuenta todos los átomos que intervienen en el sistema reordenado de electrones π.

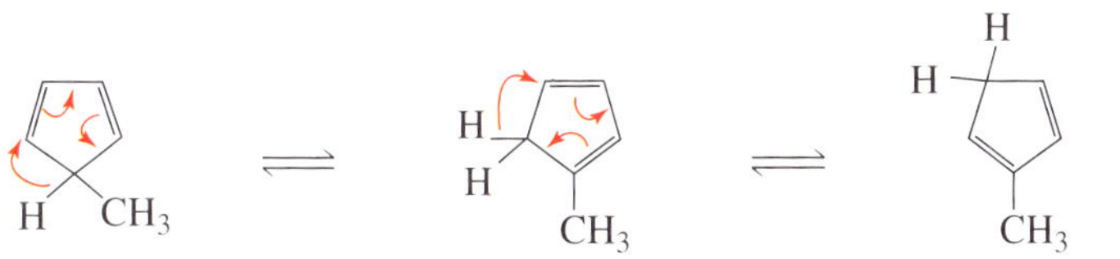

5-metil-1,3-ciclopentadieno ⇌ 1-metil-1,3-ciclopentadieno ⇌ 2-metil-1,3-ciclopentadieno

Migración del carbono

A diferencia del hidrógeno, que sólo puede migrar de una forma porque su orbital s es esférico, el carbono tiene dos maneras de migrar porque tiene un orbital p de dos lóbulos. El carbono puede interactuar al mismo tiempo con el origen de la migración y el término de la migración usando uno de sus lóbulos.

carbono migrando con uno de sus lóbulos interactuando

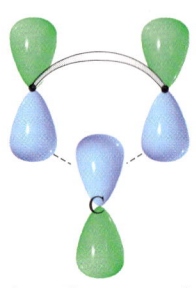

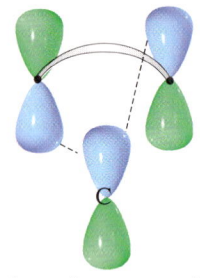

reordenamiento suprafacial **reordenamiento antarafacial**

También el carbono puede interactuar al mismo tiempo con el origen y el término de la migración usando los dos lóbulos de su orbital p.

carbono migrando con sus dos lóbulos interactuando

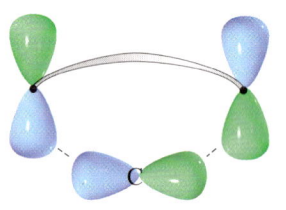

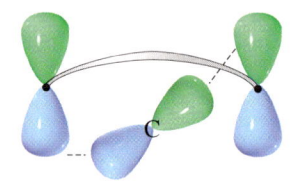

reordenamiento suprafacial **reordenamiento antarafacial**

Si la reacción requiere un reordenamiento suprafacial, el carbono migra usando uno de sus lóbulos si el HOMO es simétrico, y sus dos lóbulos si el HOMO es antisimétrico.

Cuando el carbono migra sólo con uno de sus lóbulos p interactuando con el origen y el término de la migración, el grupo que migra conserva su configuración porque el enlace es siempre al mismo lóbulo. Cuando el carbono migra con sus dos lóbulos p interactuando, los enlaces en el reactivo y en el producto implicarán lóbulos diferentes. Por consiguiente, la migración sucede con inversión de la configuración.

El siguiente reordenamiento sigmatrópico [1,3] tiene un estado de transición con anillo de cuatro miembros que requiere una ruta suprafacial. El sistema reaccionante tiene dos pares de electrones, por lo que su HOMO es antisimétrico. Entonces, el carbono que migra interactúa con el origen y el término de la migración usando sus dos lóbulos y el resultado es que la configuración del carbono se invierte.

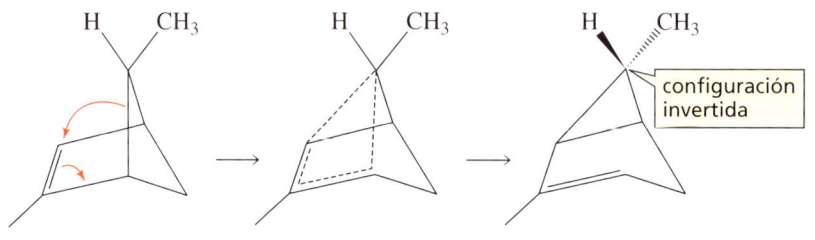

configuración invertida

PROBLEMA 17

Las migraciones sigmatrópicas [1,3] del hidrógeno no se pueden hacer bajo condiciones térmicas, pero las migraciones sigmatrópicas [1,3] del carbono sí se pueden efectuar bajo condiciones térmicas. Explique por qué.

PROBLEMA 18◆

a. ¿Habrá migraciones térmicas 1,3 de carbono con retención o con inversión de la configuración?
b. ¿Habrá inversiones térmicas 1,5 de carbono con retención o con inversión de la configuración?

29.6 Reacciones pericíclicas en sistemas biológicos

Ahora se describirán algunas reacciones pericíclicas que se efectúan en sistemas biológicos.

Reacciones biológicas de cicloadición

La exposición a la luz ultravioleta puede causar cáncer de la piel. Es una de las razones por la que a muchos nos preocupa el adelgazamiento de la capa de ozono. La capa de ozono absorbe la radiación ultravioleta en las capas altas de la atmósfera y protege a los organismos en la superficie terrestre (sección 11.11). Una causa del cáncer de la piel es la formación de *dímeros de timina*. En cualquier punto del ADN donde haya dos residuos de timina adyacentes (sección 27.1) puede efectuarse una reacción de cicloadición [2 + 2] y causar la formación de un dímero de timina. Ya que las reacciones de cicloadición [2 + 2] sólo se efectúan bajo condiciones fotoquímicas, sólo se efectúan en presencia de luz ultravioleta.

dos residuos adyacentes de timina en el ADN → $h\nu$ → **dímero de timina que causan la mutación**

Los dímeros de timina pueden causar cáncer de la piel porque interfieren con la integridad estructural del ADN. Cualquier modificación a la estructura del ADN puede causar mutaciones y quizá cáncer.

Por fortuna, hay enzimas que reparan al ADN dañado. Cuando una enzima de reparación reconoce un dímero de timina, invierte la reacción de cicloadición [2 + 2] para regenerar la secuencia original T-T. Sin embargo, las enzimas de reparación no son perfectas y siempre queda algo de daño sin corregir. Las personas que carecen de la enzima de reparación (llamada ADN fotoliasa) que invierte la formación de dímero de timina, con frecuencia no viven más de 20 años. Por fortuna este defecto genético es raro.

Las luciérnagas son una de varias especies que luminescen (emiten luz fría) como resultado de una reacción de cicloadición [2 + 2] retro (inversa), parecida a la reacción donde se produce luz fría en las barras luminosas (sección 29.4). Las luciérnagas tienen una enzima (luciferasa) que cataliza la reacción entre la luciferina, el ATP y el oxígeno molecular para formar un compuesto con un anillo inestable de cuatro miembros. El objeto del ATP es activar el grupo carboxilato poniendo en el carbono del grupo carbonilo un grupo que pueda eliminarse con facilidad. (Note que el grupo carboxilato ataca al fósforo α del ATP y elimina pirofosfato; véase la sección 25.3). Cuando se rompe el anillo de cuatro miembros, un electrón de la oxiluciferina pasa a un estado excitado porque el traslape suprafacial sólo puede suceder bajo condiciones fotoquímicas. Cuando el electrón excitado pasa al estado fundamental, se emite un fotón de luz. En este ejemplo, la molécula de luciferina es el origen del anillo inestable de cuatro miembros y también la molécula de colorante que había que agregarse a la reacción de la luz fría.

Una luciérnaga con su abdomen brillando.

Una reacción biológica que implica a una reacción electrocíclica y a un reordenamiento sigmatrópico

La vitamina D es un nombre general de las vitaminas D_3 y D_2. Su única diferencia estructural es que la vitamina D_2 tiene un enlace doble que no tiene la vitamina D_3 en la cadena de hidrocarburo unida al anillo de cinco miembros. La vitamina D_3 se forma a partir del 7-deshidrocolesterol (y la vitamina D_2 a partir del ergosterol) mediante dos reacciones pericíclicas. La primera es una reacción electrocíclica que abre uno de los anillos de seis miembros para formar a la provitamina D_3 (o provitamina D_2). Esta reacción se efectúa bajo condiciones fotoquímicas. La provitamina sufre entonces un reordenamiento sigmatrópico [1,7] para formar la vitamina D_3 (o vitamina D_2). El reordenamiento sigmatrópico se lleva a cabo bajo condiciones térmicas y es más lento que la reacción electrocíclica, por lo que se continúan sintetizando las vitaminas durante varios días después de la exposición a la luz solar. La forma activa de la vitamina requiere dos hidroxilaciones sucesivas de las vitaminas D_3 y D_2. La primera se efectúa en el hígado, y la segunda en los riñones.

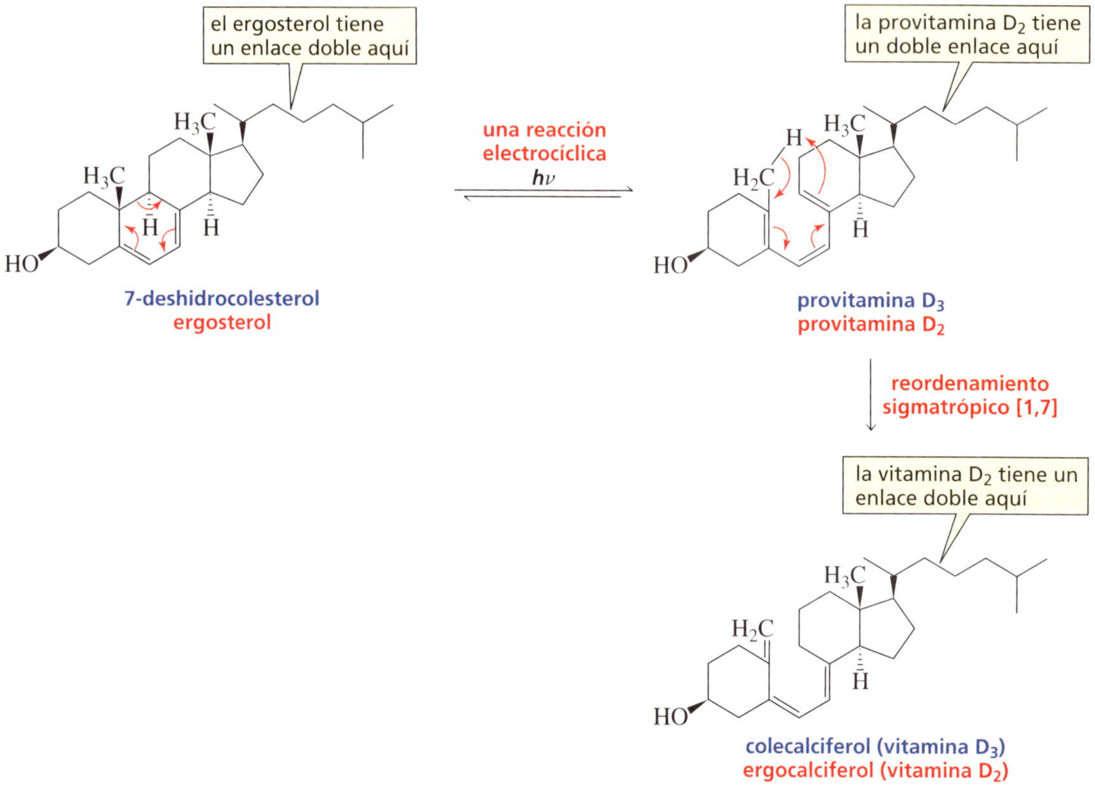

LA VITAMINA DE LA LUZ SOLAR

En los alimentos sólo se encuentran las moléculas precursoras y no las vitaminas mismas. El 7-dehidrocolesterol proviene de productos lácteos y de peces con grasa; el ergosterol proviene de algunas verduras. La luz solar convierte a las moléculas precursoras en las vitaminas D_3 y D_2. Toda la leche que se vende en Estados Unidos está enriquecida con vitamina D porque se irradia con luz ultravioleta para convertir el 7-deshidrocolesterol en vitamina D_3. La vitamina D controla el metabolismo del calcio. En presencia de vitamina D, el 30% del calcio ingerido se absorbe; si no está presente, sólo se absorbe el 10 por ciento.

Se puede evitar una deficiencia de vitamina D asoleándose lo suficiente; la deficiencia causa una enfermedad llamada raquitismo. El raquitismo se caracteriza por huesos deformados y crecimiento retardado. También es perjudicial demasiada vitamina D porque causa la calcificación de tejidos blandos. Se cree que la pigmentación cutánea evolucionó para proteger a la piel contra los rayos ultravioletas solares y evitar la síntesis de demasiada vitamina D_3. Eso concuerda con la observación de que las personas indígenas de países cercanos al ecuador tienen una mayor pigmentación cutánea.

PROBLEMA 19◆

El reordenamiento sigmatrópico [1,7] que convierte a la provitamina D_3 en la vitamina D_3 ¿implica un reordenamiento antarafacial o suprafacial?

PROBLEMA 20◆

Explique por qué el hidrógeno y el sustituyente metilo son *trans* entre sí después del cierre fotoquímico del anillo de la provitamina D_3 para formar el 7-deshidrocolesterol.

PROBLEMA 21

La corismato mutasa es una enzima que activa una reacción pericíclica y fuerza a que el sustrato asuma la conformación necesaria para la reacción. El producto de la reacción pericíclica es prefenato, que a continuación se convierte en los aminoácidos fenilalanina y tirosina. ¿Qué clase de reacción pericíclica cataliza a la corismato mutasa?

29.7 Resumen de las reglas de selección para reacciones pericíclicas

Las reglas de selección que determinan el resultado de las reacciones electrocíclicas, las reacciones de cicloadición y los reordenamientos sigmatrópicos se resumen en las tablas 29.1, 29.3 y 29.4, respectivamente. Es mucho para recordar. Por fortuna, esas reglas de selección para todas las reacciones pericíclicas se pueden resumir en "TP-AC".

- Si TP (térmico/par) describe la reacción, el resultado *se define* por AC (antarafacial o conrotatorio).
- Si *una* de las letras de TP es diferente (la reacción no es térmica/par, pero es térmica/impar, o es fotoquímica/par), el resultado *no se define* por AC (el resultado es suprafacial o disrotatorio).
- Si *las dos letras* de TP son diferentes (fotoquímica/impar), el resultado *se define* por AC (antarafacial o conrotatorio) porque "dos negativos forman un positivo".

PROBLEMA 22

Convénzase a usted mismo de que el método "TP-AC" es un método corto y válido para aprender la información de las tablas 29.1, 29.3 y 29.4.

RESUMEN

Una **reacción pericíclica** es aquélla en la que los electrones de los reactivos se reorganizan en forma cíclica. Las reacciones pericíclicas son concertadas, muy estereoselectivas y en general no se afectan por catalizadores ni por un cambio de disolvente. Los tres tipos más comunes de reacciones pericíclicas son las *reacciones electrocíclicas, las reacciones de cicloadición* y los *reordenamientos sigmatrópicos*. La configuración del producto de una reacción pericíclica depende de la configuración del reactivo, del número de enlaces dobles conjugados o de los pares de electrones en el sistema reaccionante, y de si la reacción es **térmica** o **fotoquímica**. El resultado de las reacciones pericíclicas se define con un conjunto de **reglas de selección** que se pueden resumir con **TP-AC**.

Los dos lóbulos de un orbital *p* tienen fases opuestas. Cuando interactúan dos orbitales atómicos en fase, se forma un enlace covalente; dos orbitales fuera de fase interaccionan para formar un nodo. La teoría de conservación de la simetría orbital establece que los orbitales en fase se traslapan durante el curso de una reacción pericíclica. En otras palabras, una **ruta permitida por la simetría** es aquélla en que se traslapan orbitales en fase. Si los orbitales *p* en los extremos del orbital molecular están en fase, el orbital molecular es **simétrico**. Si los dos orbitales *p* en los extremos están fuera de fase, el orbital molecular es **antisimétrico**.

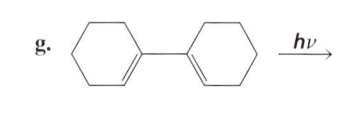

La configuración electrónica normal de una molécula se llama **estado fundamental**. El HOMO del estado fundamental de un compuesto con un número par de enlaces dobles conjugados o con un número par de pares de electrones es antisimétrico; el HOMO del estado fundamental de un compuesto con un número impar de enlaces dobles conjugados o un número impar de pares de electrones es simétrico. Si una molécula absorbe luz de una longitud de onda adecuada, la luz activará un electrón desde su **HOMO** del estado fundamental hasta su **LUMO**. Entonces la molécula estará en un **estado excitado**. En una reacción térmica el reactivo está en su estado fundamental; en una reacción fotoquímica el reactivo está en estado excitado. El estado excitado tendrá un nuevo HOMO comparado con el estado fundamental y el HOMO del estado fundamental y el HOMO del estado excitado tendrán simetrías opuestas.

Una **reacción electrocíclica** es una reacción intramolecular donde se forma un nuevo enlace σ (sigma) entre los extremos de un sistema π (pi) conjugado. Para formar este nuevo enlace σ, los orbitales *p* en los extremos del sistema conjugado giran, para poder acoplarse en un traslape en fase. Si ambos orbitales giran en la misma dirección, el cierre del anillo es **conrotatorio**; si giran en direcciones contrarias, es **disrotatorio**. Si el HOMO es antisimétrico, hay cierre conrotatorio del anillo; si es simétrico, hay cierre disrotatorio del anillo.

En una **reacción de cicloadición** reaccionan dos moléculas diferentes que contienen enlaces π para formar un compuesto cíclico por reordenamiento de los electrones π y formación de dos nuevos enlaces σ. Como dos moléculas intervienen en una reacción de cicloadición, toda explicación de la reacción debe tener en cuenta el HOMO de una molécula y el LUMO de la otra. La formación de enlaces es **suprafacial** si ambos enlaces σ se forman en el mismo lado del sistema π; es **antarafacial** si los dos enlaces σ se forman en lados opuestos del sistema π. La formación de anillos pequeños se hace por un traslape suprafacial.

En un **reordenamiento sigmatrópico** se rompe un enlace σ en el reactivo, se forma un nuevo enlace σ en el producto y se reordenan los enlaces π. Si el grupo migrante permanece en la misma cara del sistema π, el reordenamiento es **suprafacial**; si pasa a la cara opuesta del sistema π, es **antarafacial**.

TÉRMINOS CLAVE

análisis de orbital frontera (pág. 1277)
cierre del anillo conrotatorio (pág. 1271)
cierre del anillo disrotatorio (pág. 1274)
combinación lineal de orbitales atómicos (LCAO) (pág. 1267)
estado excitado (pág. 1267)
estado fundamental (pág. 1267)
formación de enlace antarafacial (pág. 1276)
formación de enlace suprafacial (pág. 1276)
orbital molecular antisimétrico (pág. 1267)
orbital molecular de menor energía desocupado (LUMO) (pág. 1267)
orbital molecular de mayor energía ocupado (HOMO) (pág. 1267)

orbital molecular simétrico (pág. 1267)
orbitales frontera (pág. 1268)
reacción de cicloadición (pág. 1263)
reacción electrocíclica (pág. 1263)
reacción fotoquímica (pág. 1264)
reacción pericíclica (pág. 1263)
reacción polar (pág. 1262)
reacción de radicales (pág. 1262)
reacción térmica (pág. 1264)
reglas de selección (pág. 1273)
reglas de Woodward-Hoffmann (pág. 1273)
reordenamiento antarafacial (pág. 1280)
reordenamiento de Claisen (pág. 1281)

reordenamiento de Cope (pág. 1281)
reordenamiento sigmatrópico (pág. 1263)
reordenamiento suprafacial (pág. 1280)
ruta permitida por la simetría (pág. 1272)
ruta prohibida por la simetría (pág. 1272)
teoría de la conservación de la simetría orbital (pág. 1264)
teoría del orbital frontera (pág. 1265)
teoría de los orbitales moleculares (pág. 1265)

PROBLEMAS

23. Indique cuál es el producto de las siguientes reacciones:

Problemas **1289**

24. Indique cuál es el producto de cada una de las siguientes reacciones:

a. [estructura con CH₂CH₃, CH₂CH₃] $\xrightarrow{\Delta}$

b. [estructura con CH₂CH₃, CH₂CH₃] $\xrightarrow{\Delta}$

c. [estructura con CH₂CH₃, CH₂CH₃] $\xrightarrow{h\nu}$

d. [estructura con CH₂CH₃, CH₂CH₃] $\xrightarrow{h\nu}$

25. Explique la diferencia de los productos que se obtienen en las siguientes reacciones:

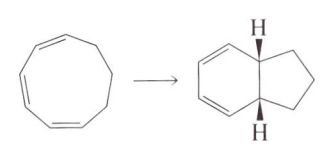

[ciclooctatrieno] → [biciclo con H, H]   [ciclononatrieno] → [biciclo con H, H]

26. Indique cómo se podría preparar norbornano a partir de ciclopentadieno.

norbornano

27. Indique qué producto se forma cuando cada uno de los siguientes compuestos sufre una reacción electrocíclica
   a. bajo condiciones térmicas.
   b. bajo condiciones fotoquímicas.

1. [trieno con CH₃, CH₃, CH₃] →   2. [trieno con CH₃, H₃C] →

28. Indique cuál es el producto en cada una de las reacciones siguientes:

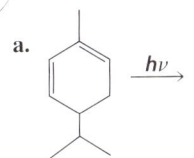

a. [ciclohexadieno con metilo e isopropilo] $\xrightarrow{h\nu}$

b. [biciclo con CH₃, CH₃] $\xrightarrow{\Delta}$

c. [dieno con OH] $\xrightarrow{\Delta}$

d. [estructura con O] $\xrightarrow{\Delta}$

e. [estructura con CH₃, O, ciclopentenilo] $\xrightarrow{\Delta}$

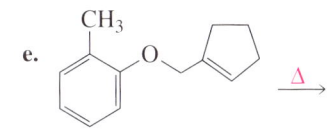

29. ¿Cuál es el producto del siguiente reordenamiento sigmatrópico [1,3]: A o B?

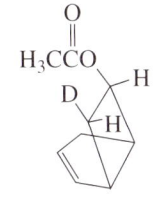

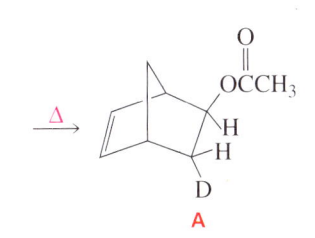

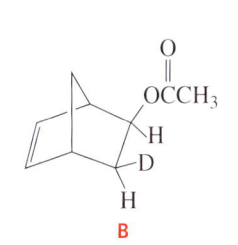

[estructura con H₃CCO, D, H] $\xrightarrow{\Delta}$ [A: norborneno con OCCH₃, H, H, D] [B: norborneno con OCCH₃, H, D, H]

                                          A   **B**

1290 CAPÍTULO 29 Reacciones pericíclicas

30. El benceno de Dewar es un isómero muy tensionado del benceno. A pesar de su inestabilidad termodinámica, es cinéticamente muy estable. Se reordena y forma benceno, pero sólo si se calienta a temperatura muy alta. ¿Por qué es cinéticamente estable?

$$\text{benceno de Dewar} \xrightarrow[\Delta]{\text{muy lenta}} \text{benceno}$$

31. Si se calientan los compuestos siguientes, uno formará el producto de un reordenamiento sigmatrópico [1,3] y el otro formará dos productos por dos reordenamientos sigmatrópicos [1,3] diferentes. Indique los productos de las reacciones.

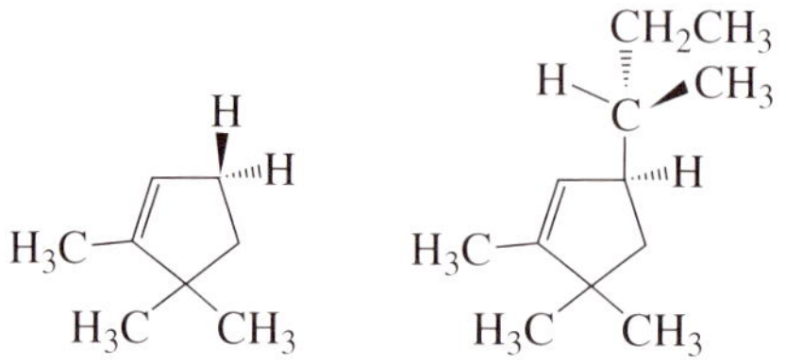

32. Cuando se calienta el compuesto siguiente, se forma un producto que tiene una banda de absorción en el infrarrojo a los 1715 cm^{-1}. Dibuje la estructura del producto.

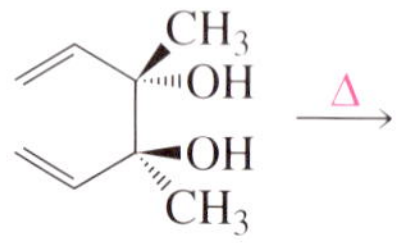

33. En el siguiente reordenamiento sigmatrópico [1,7] se forman dos productos, uno por migración de hidrógeno y el otro por migración de deuterio. Indique la configuración de los productos, sustituyendo A y B con los átomos adecuados (H o D).

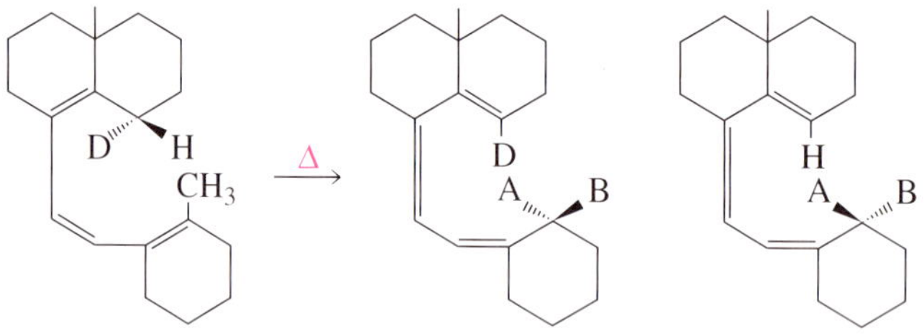

34. **a.** Proponga un mecanismo para la siguiente reacción. (*Sugerencia*: una reacción electrocíclica es seguida por una reacción de Diels-Alder).
    b. ¿Cuál sería el producto de la reacción si se usara *trans*-2-buteno en lugar de eteno?

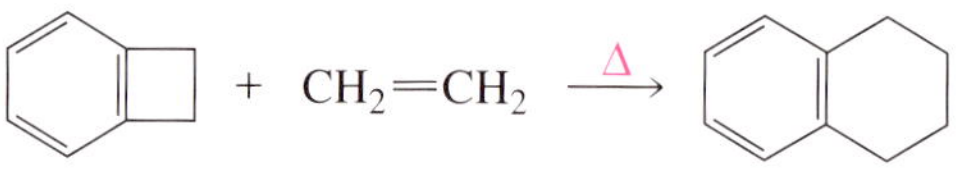

35. Explique por qué se forman dos productos distintos por el cierre disrotatorio del anillo del (2*E*,4*Z*,6*Z*)-octatrieno, pero sólo se forma un producto por el cierre disrotatorio del anillo del (2*E*,4*Z*,6*E*)-octatrieno.

36. Indique qué producto se obtiene en cada uno de los siguientes reordenamientos sigmatrópicos:

    a. 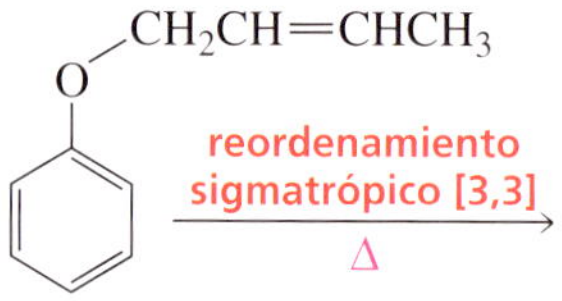 reordenamiento sigmatrópico [3,3] Δ

    b. 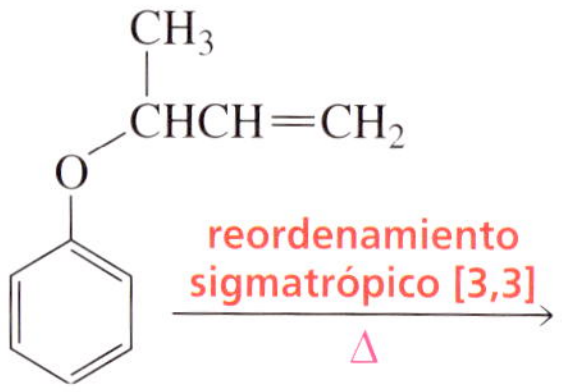 reordenamiento sigmatrópico [3,3] Δ

    c.  reordenamiento sigmatrópico [5,5] Δ

    d. 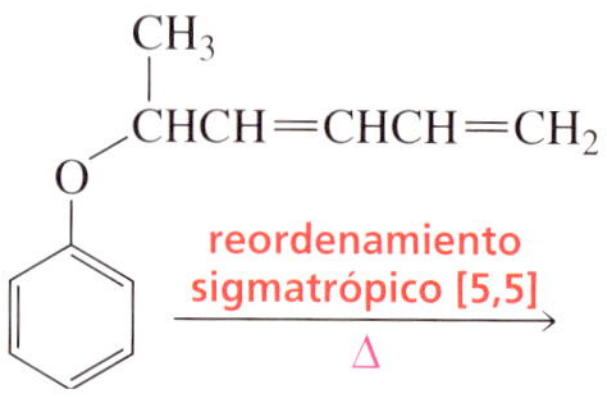 reordenamiento sigmatrópico [5,5] Δ

37. El *cis*-3,4-dimetilciclobuteno sufre una apertura térmica del anillo para formar los dos productos de la figura siguiente. Uno de los productos se forma con 99% de rendimiento y el otro con 1% de rendimiento. ¿Cuál es cuál?

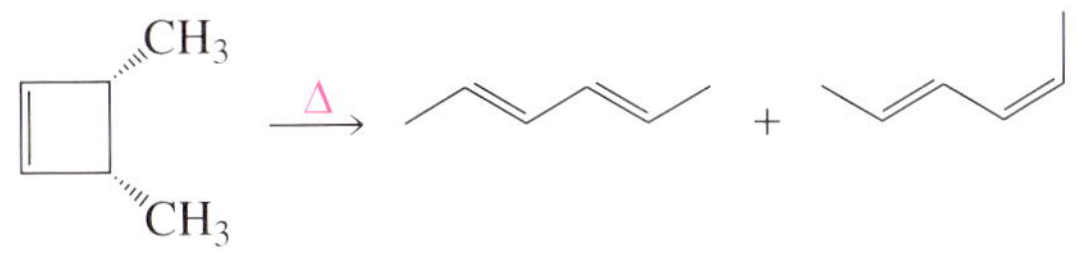

38. Si se calienta el isómero A a unos 100°C se forma una mezcla de los isómeros A y B. Explique por qué no hay trazas del isómero C o D.

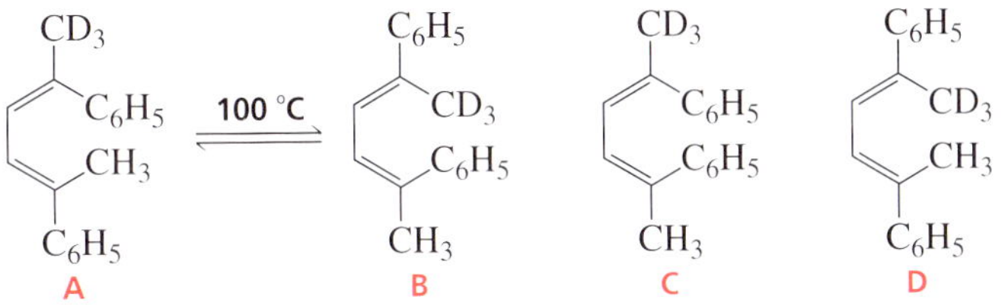

39. Proponga un mecanismo para la siguiente reacción:

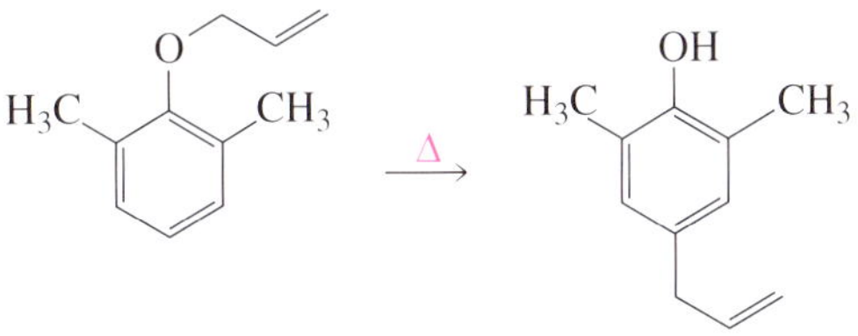

40. El compuesto A no tiene reacción de apertura del anillo bajo condiciones térmicas, pero el compuesto B sí. Explique por qué.

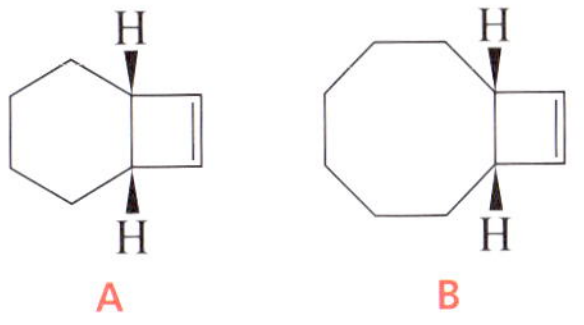

41. El Dr. Perry C. Click encontró que al calentar cualquiera de los siguientes isómeros se producían compuestos en los que el átomo de deuterio se encontraba en cualquiera de las tres posiciones del anillo de cinco miembros. Proponga un mecanismo que explique su observación.

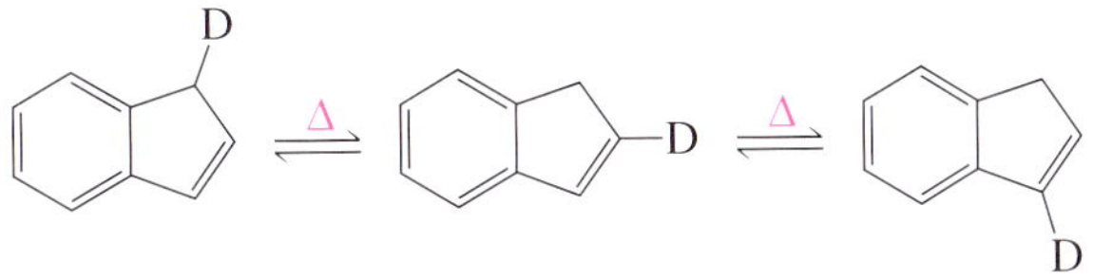

42. ¿Cómo se podría hacer la siguiente transformación usando sólo luz o calor?

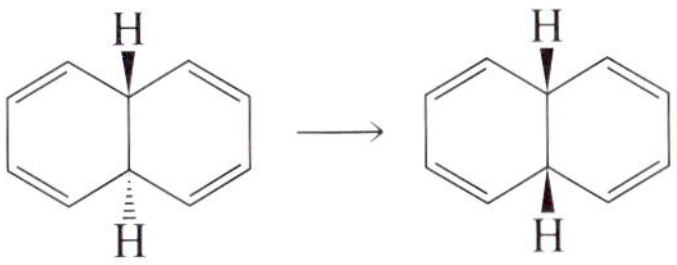

43. Indique los pasos que intervienen en la siguiente reacción:

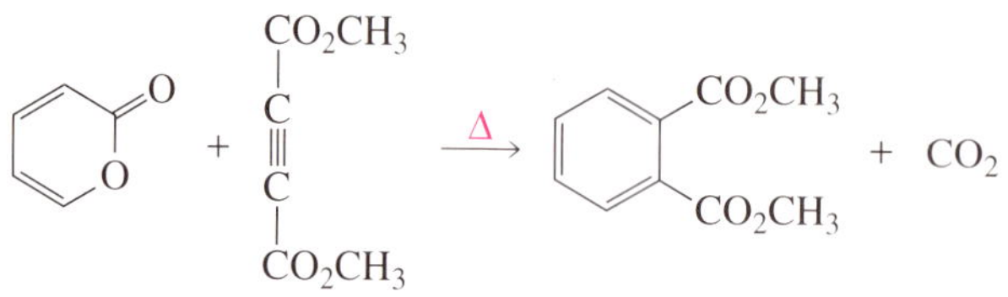

44. Proponga un mecanismo para la siguiente reacción.

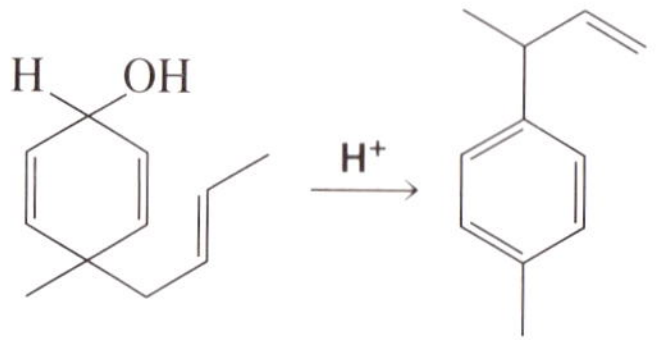

CAPÍTULO 30

Química orgánica de los medicamentos
Descubrimiento y diseño

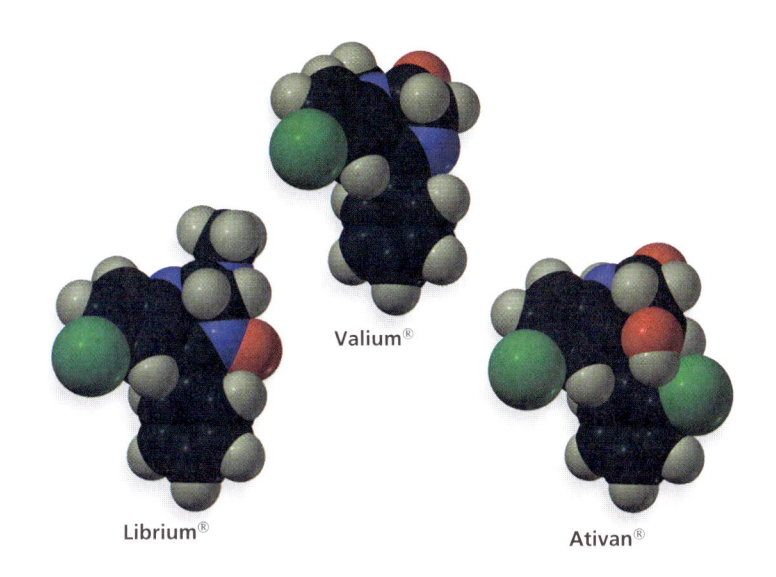

Librium®   Valium®   Ativan®

ANTECEDENTES

SECCIÓN 30.2	Las amidas se hidrolizan con menos facilidad que los ésteres (16.6).	**SECCIÓN 30.6**	En el caso típico, los receptores sólo reconocen a un enantiómero (5.21).
SECCIÓN 30.2	La rapidez de una reacción puede disminuir por impedimento estérico en el sitio de reacción (8.2).	**SECCIÓN 30.7**	En lactamas con anillo de cuatro miembros, la tensión en el anillo determina que dichos compuestos sean más reactivos que otras amidas (16.17).
SECCIÓN 30.6	Las interacciones de medicamentos con sus receptores son iguales a las interacciones que se ven en otros ejemplos de reconocimiento molecular: formación de puentes de hidrógeno, atracciones electrostáticas e interacciones hidrofóbicas (van der Waals) (2.9, 22.15).	**SECCIÓN 30.12**	En la replicación del ADN, el grupo 3'-OH del nucleótido recién incorporado ataca al fósforo α del siguiente nucleótido que se va a incorporar en la cadena (27.3).

Un **fármaco, medicamento** o **sustancia medicinal** es cualquier sustancia que absorbe el organismo y que a continuación cambia o amplifica una función física o psicológica. Un medicamento puede ser gas, líquido o sólido; puede tener una estructura simple o complicada. Los humanos han usado medicamentos durante miles de años para aliviar dolores y enfermedades. Por prueba y error, las personas aprendieron cuáles yerbas, semillas, raíces y cortezas podían usarse para fines medicinales. El conocimiento acerca de la medicina natural pasó de generación en generación sin comprender a ciencia cierta lo que sucedía. Quienes suministraban las medicinas, hombres y mujeres médicos, chamanes y brujos, fueron parte importante de toda civilización; sin embargo, las sustancias de que disponían fueron sólo una fracción pequeña de las medicinas disponibles hoy en día.

Aun al iniciar el siglo XX, no había medicamentos para las docenas de padecimientos funcionales, degenerativos, neurológicos y psiquiátricos que afectan a las personas; no se disponía de terapias hormonales o vitaminas y, lo más importante, no se contaba con medicinas que curaran las enfermedades infecciosas. Apenas se habían descubierto los anestésicos locales y sólo estaban disponibles dos analgésicos para aliviar los principales dolores. Una razón por la que las familias tenían muchos hijos era porque algunos de ellos estaban destinados a sucumbir ante las enfermedades de la infancia. En general, la duración de la vida era corta. Por ejemplo, en 1900, la expectativa promedio de vida en Estados Unidos era de 46 años para los hombres y 48 para las mujeres. En 1920, morían unos 80 de cada 100,000 niños antes de los 15 años, la mayoría como consecuencia de infecciones en su

1294 CAPÍTULO 30 Química orgánica de los medicamentos

primer año de vida. Ahora hay un medicamento para casi cualquier enfermedad y la eficacia de este arsenal médico se refleja en la expectativa de vida actual: 74 años para el hombre y 79 para la mujer. Hoy sólo unos cuatro de cada 100,000 niños mueren antes de los 15 años, de manera preponderante por cáncer, accidentes y enfermedades hereditarias.

Los anaqueles de una farmacia moderna típica contienen casi 2000 preparaciones, la mayor parte de las cuales contienen un solo ingrediente activo, que suele ser un compuesto orgánico. Tales medicinas se pueden ingerir, inyectar, inhalar o absorber por la piel. En

Tabla 30.1 Los medicamentos más recetados en Estados Unidos en 2004, por cantidad decreciente de prescripciones emitidas

Marca	Nombre genérico	Estructura	Uso
Hidrocodona con APAP	hidrocodona con APAP	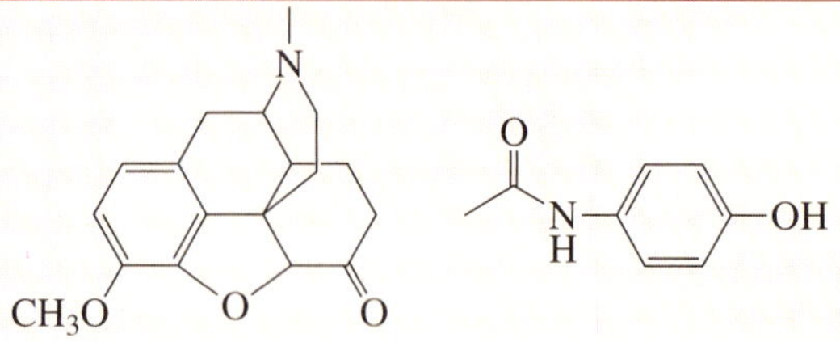	analgésico
Lipitor®	atorvastatina	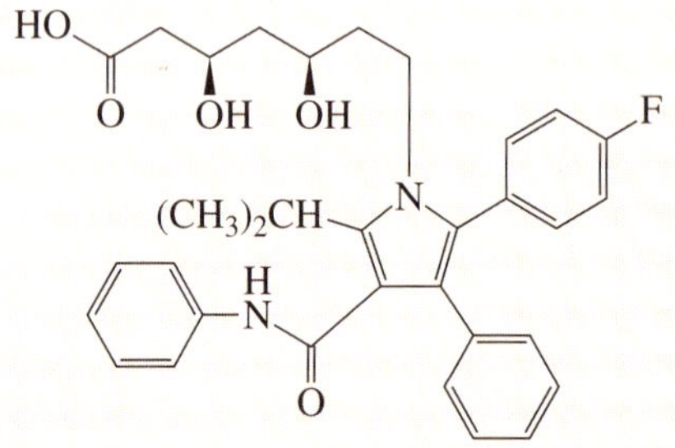	estatina (reductor de colesterol)
Lisinopril®	lisinoprilo	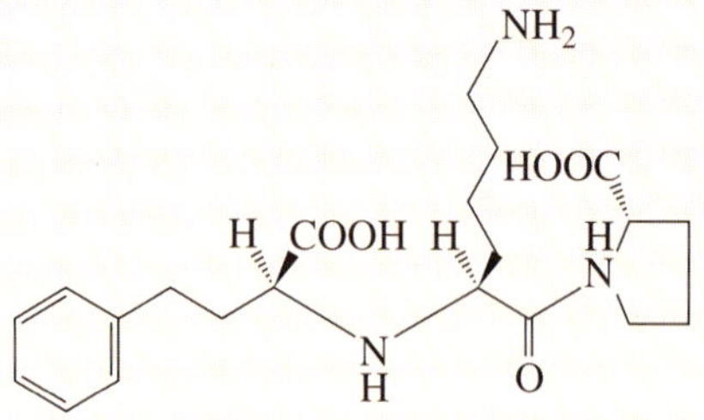	antihipertensivo
Tenormin®	atenolol	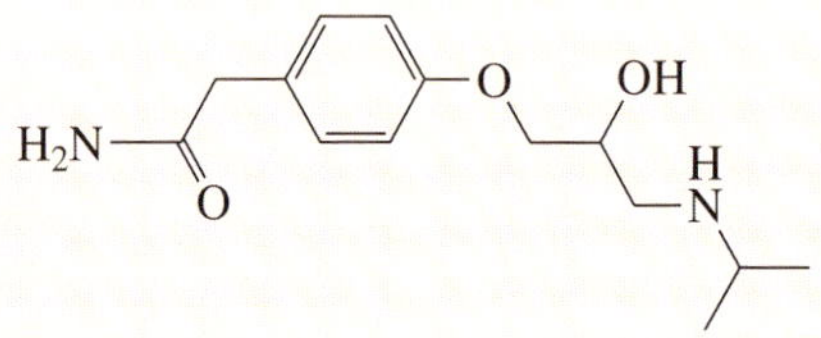	agente bloqueador β-adrenérgico (antiarrítmico, antihipertensivo)
Synthroid®	levotiroxina	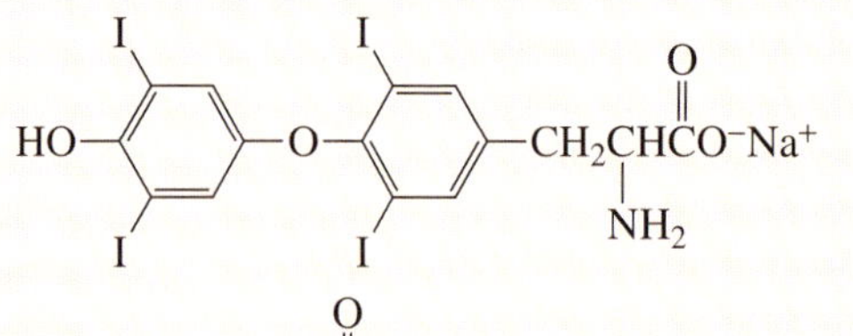	tratamiento del hipotiroidismo
Trimox®	amoxicilina	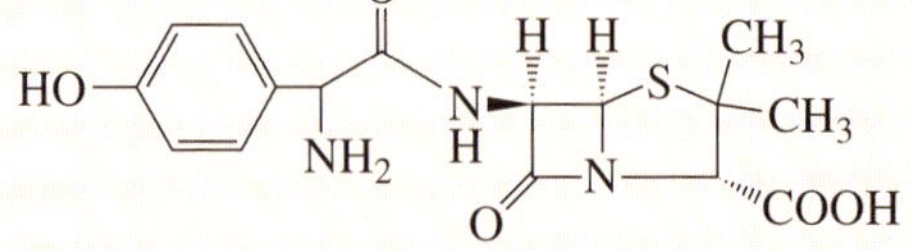	antibiótico
Hydrodiuril®	hidroclorotiazida (HCTZ)	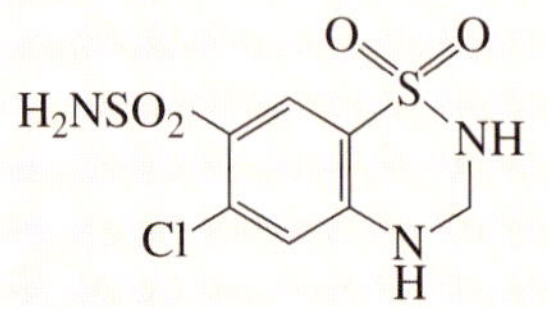	diurético

Tabla 30.1 Continúa

Marca	Nombre genérico	Estructura	Uso
Zithromax®	azitromicina	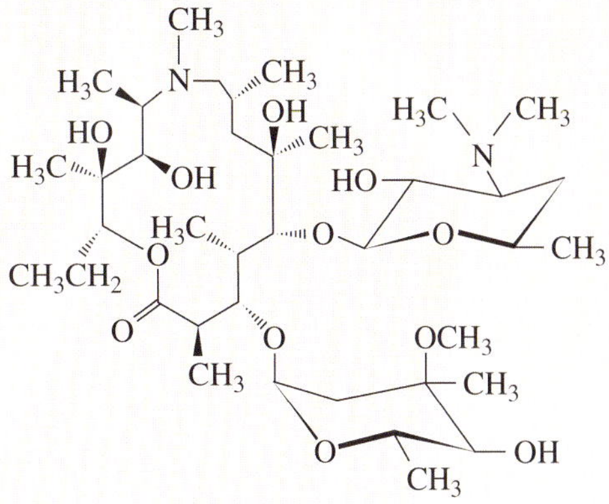	antibiótico
Lasix®	furosemida	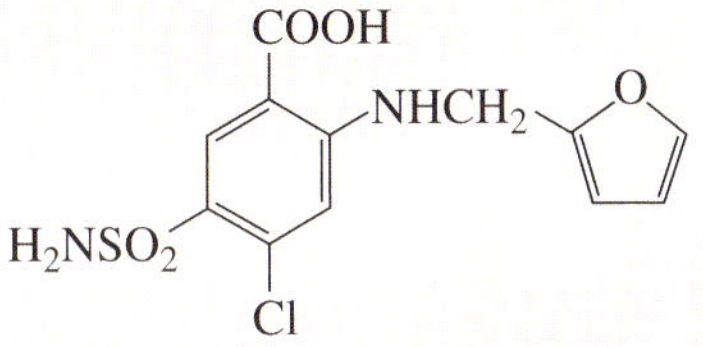	diurético
Norvasc®	amlodipine	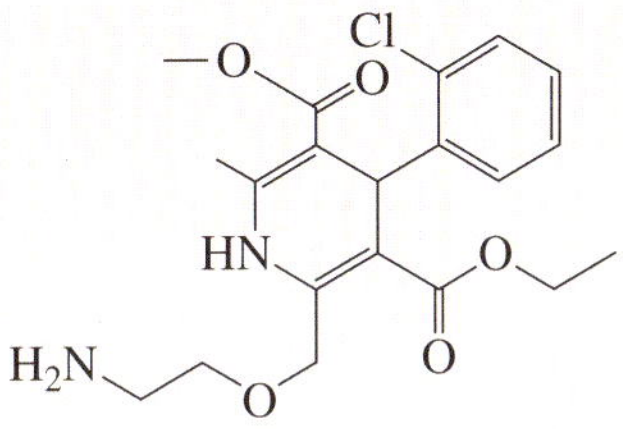	bloqueador de canales de calcio (antihipertensivo)
Toprol-XL®	metopropol	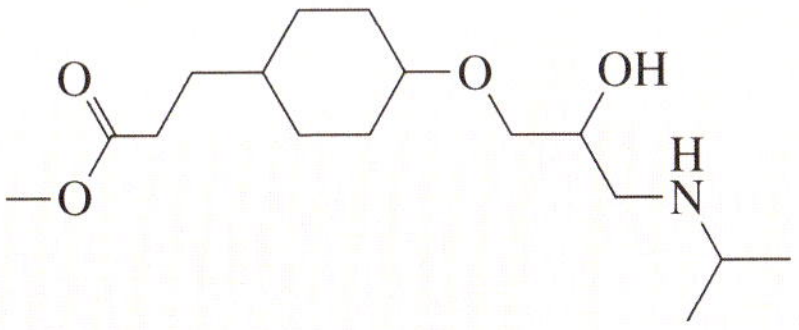	agente bloqueador β-adrenérgico (antiarrítmico, antihipertensivo)
Xanax®	alprazolam	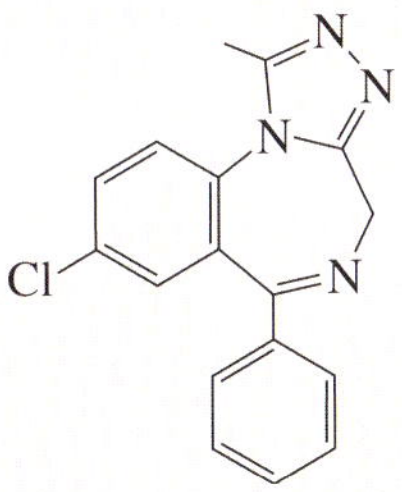	tranquilizante
Albuterol®	albuterol	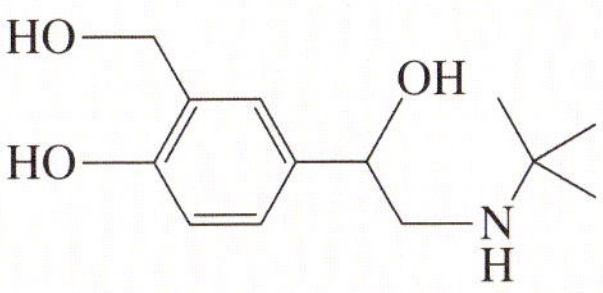	broncodilatador
Zoloft®	sertralina	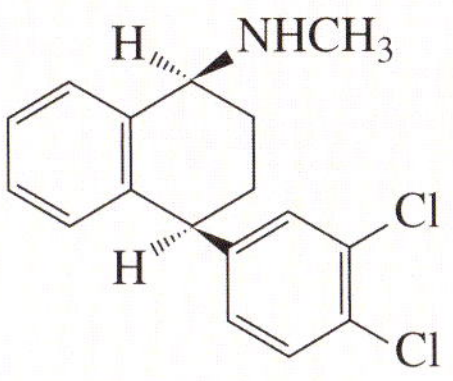	antidepresivo

2004, fueron distribuidos más de 3,100 millones de recetas en Estados Unidos. Las *medicinas más recetadas* en Estados Unidos se muestran en la tabla 30.1, en orden decreciente de prescripciones emitidas. En el contexto mundial, los antibióticos son la clase de medicamentos más recetados. En los países desarrollados, los medicamentos para el corazón son los que más se recetan, en parte porque en general los pacientes las toman durante el resto de su vida. En los últimos años ha descendido el número de recetas de fármacos psicotrópicos a medida que los médicos se percatan más de los problemas asociados con la adicción, y han aumentado las recetas para el asma, lo que refleja una mayor incidencia (o conciencia) de la enfermedad. El mercado estadounidense absorbe 50% de las ventas farmacéuticas en el mundo. Hoy que este mercado está madurando, ya que casi 30% de la población estadounidense tiene más de 50 años, crece la demanda de medicamentos para tratar trastornos como concentraciones altas de colesterol, hipertensión, diabetes, osteoartritis y síntomas de menopausia.

En este libro se han descrito numerosos medicamentos, vitaminas y hormonas, y en muchos casos se ha descrito el mecanismo por el que cada compuesto produce su efecto fisiológico. En la tabla 30.2 se enlistan algunos de esos compuestos, sus usos y en qué lugar del texto se describen. A continuación se dará un vistazo hacia la forma en que se descubrieron algunos medicamentos y en la forma en que se les asigna el nombre, y se examinarán algunas de las técnicas que se emplean en la actualidad en la búsqueda de nuevos medicamentos.

Tabla 30.2 Medicamentos, hormonas y vitaminas descritas en capítulos anteriores

Medicamento, hormona o vitamina	Observación	Sección o capítulo
Sulfas	Los primeros antibióticos	Sección 24.8
Tetraciclina	Antibiótico de amplio espectro	Sección 5.3
Puromicina	Antibiótico de amplio espectro	Sección 27.8
Nonactina	Antibiótico ionóforo	Sección 10.10
Penicilina	Antibiótico	Secciones 16.4 y 16.17
Gentamicina	Antibiótico	Sección 21.18
Gramicidina S	Antibiótico	Sección 22.9
Aspirina	Analgésico, antiinflamatorio	Secciones 18.10 y 26.5
Encefalinas	Analgésicos	Sección 22.9
Éter dietílico	Anestésico	Sección 10.7
Pentotal sódico	Sedante hipnótico	Sección 10.7
5-Fluorouracilo	Anticancerígeno	Sección 24.8
Metotrexato	Anticancerígeno	Sección 24.8
Taxol	Anticancerígeno	Sección 17.15
Talidomida	Sedante con efectos teratogénicos secundarios	Sección 5.21
Ibuprofeno	Antiinflamatorio	Sección 26.5
Naproxeno	Antiinflamatorio	Sección 26.5
Celebrex	Antiinflamatorio	Sección 26.5
AZT*	Anti-SIDA	página 1229
Warfarina	Anticoagulante	Sección 24.9
Epinefrina	Vasoconstrictor, broncodilatador	Sección 8.12
Vitaminas		Capítulo 24, Secciones 11.10, 18.11, 21.8 y 26.7
Hormonas		Secciones 16.16, 22.9 y 26.9–26.11

*3′-Azido-2′-desoxitimidina

30.1 Nombre de los medicamentos

Los nombres más exactos para los medicamentos son los nombres químicos que definen sus estructuras; sin embargo, se trata de nombres demasiado largos y complicados que no son atractivos para el público en general y hasta para sus médicos. En consecuencia, la empresa farmacéutica elige un nombre comercial para cualquier medicamento que desarrolla. Un **nombre comercial** al medicamento como producto comercial lo distingue de otros productos. Sólo la empresa que posee la patente puede usar el nombre comercial para vender el producto. Es para bien de la empresa escoger un nombre que sea fácil de recordar y pronunciar, para que cuando expire la patente el público continúe solicitando el medicamento por ese nombre.

A cada medicamento también se le asigna un **nombre genérico** que pueda usar cualquier empresa farmacéutica para identificar el producto. La empresa farmacéutica que desarrolló el producto puede elegir el nombre genérico de una lista de 10 nombres proporcionada por un grupo independiente. Conviene a la empresa escoger el nombre genérico que sea más difícil de pronunciar y menos probable de recordar para que doctores y consumidores continúen usando el de la marca familiar. Los nombres comerciales siempre deben estar en mayúsculas, mientras que los nombres genéricos son nombres comunes que se deben escribir con minúsculas.

A los fabricantes de fármacos se les permite patentar y conservar derechos de exclusividad sobre los medicamentos que desarrollan. Una patente es válida por 20 años. Una vez expirada la patente, otras empresas farmacéuticas pueden vender el medicamento bajo el nombre genérico o con su propia marca comercial, que se llama nombre genérico comercial y que sólo ellas puedan usar. Por ejemplo, el antibiótico ampicilina se vende como Penbritin por la empresa que tenía la patente original. Hoy que dicha patente ha expirado, otras empresas la venden como Ampicin, Ampilar, Amplital, Binotal, Nuvapen, Pentrex, Ultrabion, Viccilin y otros 30 nombres genéricos comerciales.

Hay medicamentos que se venden sin receta, visibles en los anaqueles de las farmacias. Suelen ser mezclas que contienen uno o más ingredientes activos (medicamentos genéricos o de marca) más edulcorantes y otras sustancias inertes. Por ejemplo, las preparaciones llamadas Advil (Whitehall Laboratorios), Motrin (Upjohn) y Nuprin (Bristol-Myers Squibb) contienen ibuprofeno, un analgésico moderado que es además antiinflamatorio. El ibuprofeno fue patentado en Inglaterra en 1964 por Boots, Inc., y la Administración de Alimentos y Medicinas (FDA, por sus siglas en inglés, *Food and Drug Administration*) en EUA aprobó su empleo como medicamento sin receta en 1984.

30.2 Compuestos líder

La meta de un químico farmacéutico es encontrar compuestos que ejerzan efectos potentes sobre enfermedades específicas y que produzcan efectos secundarios mínimos o inexistentes. En otras palabras, un medicamento debe reaccionar en forma selectiva con su objetivo y originar pocos efectos negativos, si es que los produce. Un medicamento debe ir al lugar adecuado del organismo, en la concentración correcta y en el momento adecuado. Por consiguiente, un medicamento debe poseer la solubilidad adecuada, así como otras propiedades físicas y químicas que le permitan transportarse a las células objetivo. Por ejemplo, si un medicamento se va a tomar por vía oral, debe ser insensible a las condiciones ácidas que imperan en el estómago y resistir la degradación enzimática en el hígado antes de llegar a su objetivo. Por último, al final se debe excretar tal como está o ser degradado a compuestos inocuos excretables.

Las sustancias medicinales que usaron los humanos desde la antigüedad fueron el punto de partida para el desarrollo del arsenal moderno de medicamentos. Los ingredientes activos fueron aislados de las hierbas, semillas, raíces y cortezas que se usaron en la medicina tradicional. Por ejemplo, de la digital purpúrea se obtuvo digitoxina, un estimulante cardiaco. La corteza del árbol de chinchona proporcionó quinina para aliviar la malaria. La corteza del sauce (abridora o mimbrera) contiene salicilatos, que se usan para controlar la fiebre y el dolor. Un fluido lechoso obtenido del botón de opio suministró la morfina para calmar el dolor intenso y la codeína para controlar la tos. Para 1882 se usaban en forma común más de 50 hierbas diferentes para preparar medicinas. Muchas se cultivaron en los jardines de establecimientos religiosos donde se daba tratamiento a los enfermos.

Digital purpúrea

Los científicos buscan todavía hierbas y bayas en el mundo y flora y fauna en los océanos que pudieran producir nuevos compuestos medicinales. El taxol, compuesto aislado de la corteza de un árbol de tejo del Pacífico, es un anticancerígeno recién reconocido (sección 17.15). Casi la mitad de los nuevos medicamentos aprobados en años recientes se originaron de productos naturales o fueran derivados de estos.

Una vez que una sustancia natural se aísla y se determina su estructura, puede servir como prototipo en la búsqueda de otros compuestos con actividad biológica. Al prototipo se le llama **compuesto líder** (es decir, desempeña un papel líder en la búsqueda). Posteriormente se sintetizan y prueban los análogos del compuesto líder para comprobar si son más eficaces que éste o si causan menos efectos secundarios. Un análogo puede tener un sustituyente distinto que el compuesto líder, una cadena ramificada en lugar de una cadena lineal, un grupo funcional diferente o un sistema de anillos distinto.

30.3 Modificación molecular

A la producción de análogos que resultan del cambio de la estructura de un compuesto líder se le llama **modificación molecular**. En un ejemplo clásico de este proceso, fueron desarrollados varios anestésicos locales sintéticos a partir del compuesto líder cocaína. La cocaína se obtiene de las hojas de la *Erythroxylon coca*, un arbusto nativo de las tierras altas de los Andes sudamericanos. La cocaína es un anestésico local muy eficaz, pero ocasiona efectos secundarios indeseables sobre el sistema nervioso central (SNC) que van desde la euforia inicial hasta la depresión grave. Al analizar detalladamente la molécula de cocaína, eliminando el grupo metoxy-carbonilo y rompiendo el sistema de anillo de siete miembros, los científicos identificaron la parte de la misma que produce la actividad anestésica local, pero que no induce los efectos dañinos sobre el sistema nervioso central. Este conocimiento permitió disponer de un mejor compuesto líder, un éster del ácido benzoico con un grupo amino terciario terminal en el componente alcohol del éster.

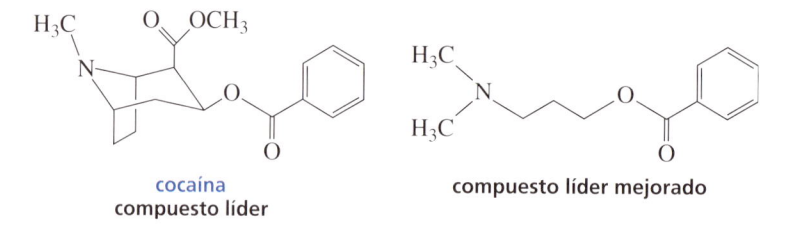

Hojas de coca

cocaína
compuesto líder

compuesto líder mejorado

A continuación se sintetizaron cientos de ésteres relacionados: con sustituyentes en el anillo aromático, con grupos alquilo unidos al nitrógeno y con la longitud de la cadena alquilo conectora modificada. Entre los buenos anestésicos que se obtuvieron con este proceso de modificación molecular estuvieron la benzocaína, un anestésico tópico, y la procaína, que se conoce con el nombre común de su marca, Novocaína.

anestésicos

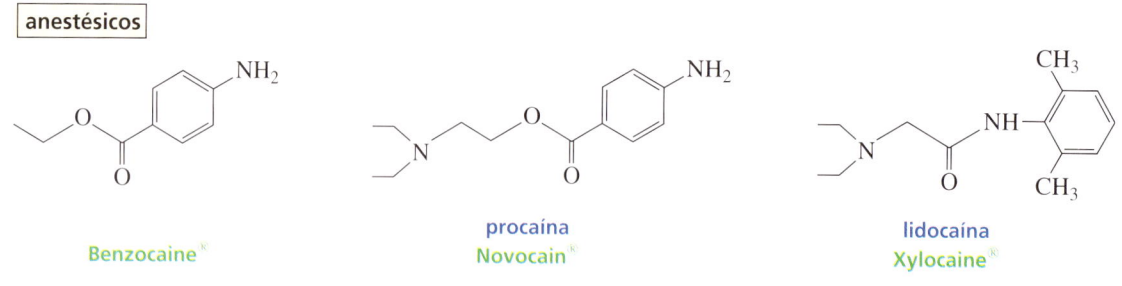

Benzocaine[R]

procaína
Novocain[R]

lidocaína
Xylocaine[R]

Ya que el grupo éster de la procaína se hidroliza con relativa rapidez por las enzimas que catalizan la hidrólisis de ésteres, la procaína tiene una vida media corta. En consecuencia, los investigadores se enfocaron a continuación en sintetizar compuestos con grupos amida que se hidrolizaran con menos facilidad (sección 16.16). De esta manera se descubrió uno de los anestésicos inyectables más usados, la lidocaína. La rapidez con la que se hidroliza la lidocaína disminuye todavía más por sus dos sustituyentes metilo en *orto*, los cuales obstaculizan estéricamente al grupo carbonilo reactivo.

Después, los médicos reconocieron que la acción de un anestésico administrado in vivo (en un organismo vivo) se podría prolongar si se administraba junto con epinefrina. Como la epinefrina es un vasoconstrictor, reduce la circulación de la sangre y permite que el anestésico permanezca en el sitio deseado durante más tiempo.

En la clasificación preliminar de los análogos de cocaína modificada estructuralmente para investigar su actividad biológica, los investigadores se sorprendieron al encontrar que cuando se sustituye el enlace éster de la procaína con un enlace de amida se obtiene un compuesto, clorhidrato de procainamida, que muestra actividad depresora cardiaca y también actividad de anestésico local. El clorhidrato de procainamida se usa en la actualidad como antiarrítmico.

clorhidrato de procainamida

La morfina, el analgésico más usado para dolores intensos, es el patrón con que se miden otros medicamentos analgésicos. Aunque los científicos han aprendido cómo sintetizar la morfina, toda la morfina comercial se obtiene del opio, un fluido lechoso exudado por una especie de amapola (véase página 3). La morfina existe en el opio en concentraciones hasta de 10%. El opio se usó por sus propiedades analgésicas desde el año 4000 A.C. En tiempos de los romanos, estaban difundidos tanto el uso de opio como la adicción al mismo. Al metilar uno de los grupos OH de la morfina se obtiene codeína, que tiene un décimo del poder analgésico de la morfina, pero que inhibe con eficacia el reflejo de la tos. Aunque 3% del opio es codeína, la mayor parte de la codeína comercial se obtiene metilando la morfina. Al introducir un grupo acilo (acetilación) en uno de los grupos OH de la morfina, se produce un compuesto con una potencia reducida similar. Al acetilar ambos grupos OH se forma heroína, una sustancia mucho más potente que la morfina. Es menos polar que la morfina y por consiguiente cruza con mayor rapidez la barrera entre sangre y cerebro, causando más rápido un "viaje". En la mayor parte de los países la heroína está prohibida porque se abusa mucho de ella. Se sintetiza usando anhídrido acético para acetilar la morfina, de lo cual resultan heroína y ácido acético como productos. Las autoridades que vigilan el consumo de drogas alucinógenas usan perros adiestrados que reconocen el olor picante del ácido acético.

analgésicos

morfina   codeína   heroína

La modificación molecular de la codeína llevó al dextrometorfano, el ingrediente activo de la mayor parte de los antitusivos (medicamentos contra la tos). Se sintetizó etorfina cuando los investigadores comprendieron que la potencia analgésica se relacionaba con la capacidad de una sustancia para unirse en forma hidrofóbica al receptor de opiatos (sección 30.6). La etorfina es unas 2000 veces más potente que la morfina, pero su uso por los humanos es inseguro. Se ha usado para tranquilizar elefantes y otros animales grandes. La pentazocina es útil en obstetricia porque aminora el dolor del parto, pero no deprime la respiración del bebé como la morfina.

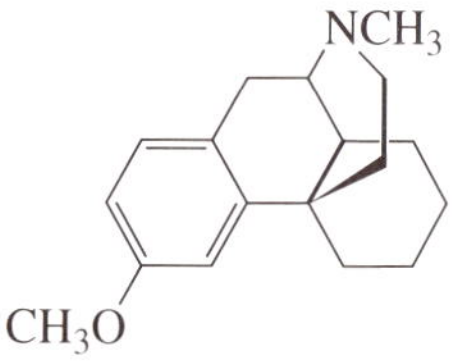

1300 CAPÍTULO 30 Química orgánica de los medicamentos

dextrometorfano 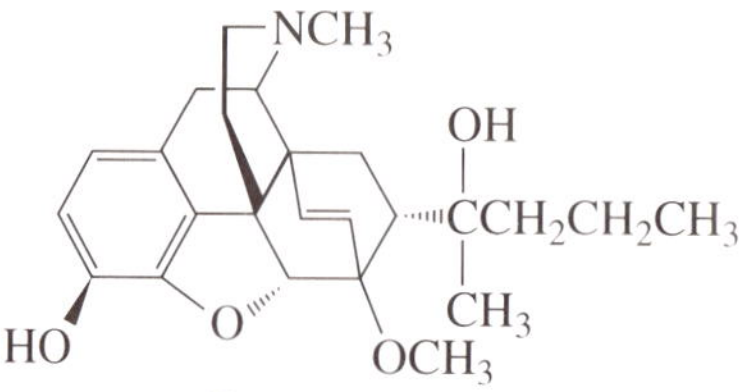 **etorfina** 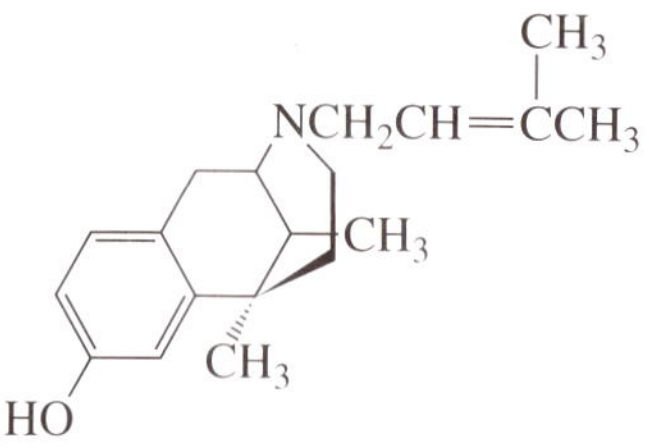 **pentazocina**

Los científicos alemanes sintetizaron la metadona en 1944, mientras buscaban un medicamento para tratar los espasmos musculares. (Su nombre original fue "Adolphile" en honor a Adolfo Hitler). Nadie se dio cuenta, sino hasta 10 años más tarde, después de construir modelos moleculares, que la metadona y la morfina presentan formas semejantes. Sin embargo, a diferencia de la morfina, la metadona puede administrarse por vía oral. También la metadona tiene una vida media bastante mayor (24-26 horas) que la morfina (2-4 horas). Las dosis repetidas de metadona producen efectos acumulativos, por lo que se puede usar en dosis menores y en intervalos mayores. Debido a estas propiedades, la metadona se utiliza en el tratamiento de dolores crónicos y para controlar los síntomas de adicción a la heroína. Al reducir el grupo carbonilo de la metadona y acetilarlo se forma α-acetilmetadol. El isómero levo (−) de este compuesto puede suprimir los síntomas de abstención de la droga durante 72 horas (sección 5.21). Cuando se introdujo Darvon (isometadona), análogo de la metadona, se creyó al principio que se había hallado el tan buscado analgésico no adictivo. Sin embargo, después se encontró que no representa ninguna ventaja terapéutica sobre analgésicos menos tóxicos y más efectivos.

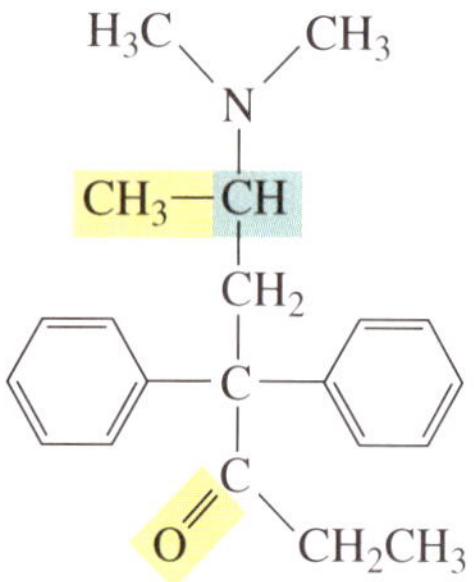

metadona **α-acetilmetadol** 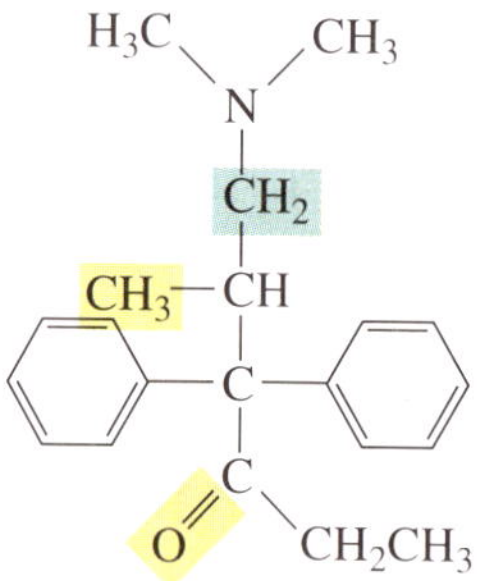 **isometadona Darvon®**

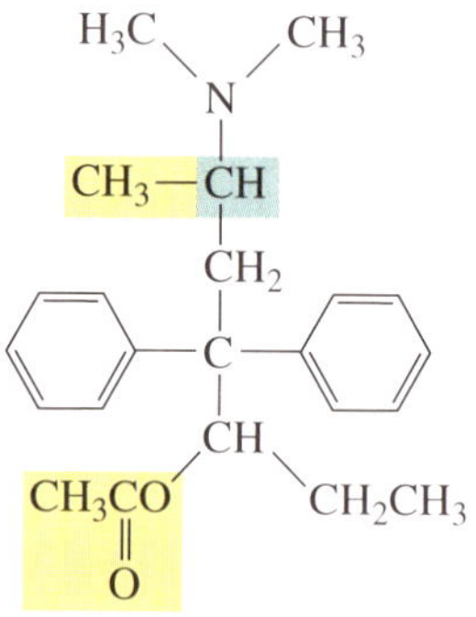

> **BIOGRAFÍA**
>
> **Paul Ehrlich (1854–1915)** bacteriólogo alemán; recibió el título de médico de la Universidad de Leipzig y fue profesor de la Universidad de Berlín. En 1892 desarrolló una antitoxina efectiva contra la difteria. Por sus trabajos sobre la inmunidad recibió el Premio Nobel 1908 de fisiología o medicina, junto con Ilya Ilich Mechnikov.

Nótese que la morfina y todos los compuestos preparados por modificación molecular de la morfina tienen una propiedad estructural en común: un anillo aromático unido a un carbono cuaternario que está unido a su vez con una amina terciaria a dos carbonos de distancia.

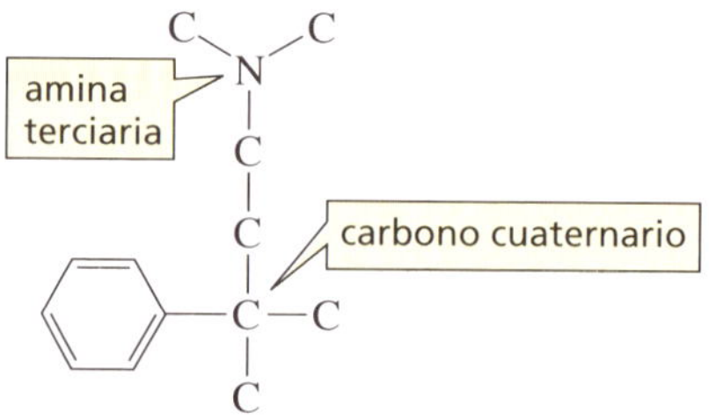

amina terciaria **carbono cuaternario**

30.4 Evaluación aleatoria

La mayor parte de los compuestos líder se encuentran evaluando miles de compuestos al azar. Una **evaluación aleatoria**, que también se denomina **evaluación ciega**, es la búsqueda de un compuesto farmacológicamente activo sin las ventajas de información acerca de qué estructuras químicas pudieran tener actividad. La primera evaluación aleatoria fue realizada por Paul Ehrlich, quien andaba en búsqueda de la "bala mágica" que matara a los tripanosomas, organismos que causan el mal del sueño africano, sin perjudicar a su huésped humano. Después de probar más de 900 compuestos contra tripanosomas, Ehrlich probó algunos de ellos contra otras bacterias. Se encontró que el compuesto 606 (salvarsán) mostraba una notable eficacia contra los microorganismos que causan la sífilis, una enfermedad con frecuencia mortal, e incurable en ese tiempo, que ocupaba un lugar en la salud pública casi como el que el SIDA ocupa hoy. El salvarsán fue la medicina más efectiva contra la sífilis, desde su descubrimiento en 1909, hasta que la penicilina estuvo disponible en la década de 1940.

Una parte importante de las evaluaciones aleatorias es reconocer a un compuesto efectivo. Para ello se requiere el desarrollo de una prueba para la actividad biológica que se desee. Algunas determinaciones se pueden hacer in vitro ("en vidrio", esto es, en un tubo de ensayo o en un matraz); por ejemplo, al buscar un compuesto que inhiba determinada enzima. Otros se hacen in vivo (en un organismo vivo); por ejemplo, cuando se busca un compuesto que salve a un ratón de una dosis mortal de un virus. Un problema que tienen las pruebas in vivo, es que los animales distintos pueden metabolizar las medicinas en forma diferente (sección 11.10). Así, un medicamento eficaz en un ratón puede tener menor eficacia, o hasta ser inútil, en un humano. Otro problema es encontrar las dosis más adecuadas tanto del virus como del medicamento. Si la dosis del virus es demasiado alta, puede matar al ratón a pesar de la presencia de un compuesto con actividad biológica que lo podría salvar. Si la dosis del medicamento potencial es demasiado alta puede matar al ratón, aunque una dosis menor lo hubiera podido salvar.

La observación que los colorantes azo teñían bien a las fibras de lana (proteína animal) originó la idea de que tales colorantes también se podrían unir en forma selectiva a las proteínas bacteriana y en el proceso quizá perjudicaran a las bacterias. Se evaluaron poco más de 10,000 colorantes in vitro en pruebas antibacterianas, pero ninguno mostró actividad antibiótica alguna. En ese momento, algunos investigadores sugirieron evaluar los colorantes in vivo y argumentando que lo que en realidad necesitaban los doctores eran agentes antibacterianos que pudieran curar infecciones en humanos y animales y no en tubos de ensayo.

Por lo tanto, se llevaron a cabo estudios in vivo en ratones que se habían infectado con un cultivo de bacterias. Entonces la suerte de los investigadores mejoró. Sucedió que varios colorantes contrarrestaron las infecciones grampositivas. El menos tóxico de ellos, prontosil (un colorante rojo brillante), llegó a convertirse en el primer medicamento para tratar infecciones bacterianas (sección 24.8).

Prontosil

> **BIOGRAFÍA**
>
> **Ilya Ilich Mechnikov (1845–1916)**, *llamado después Elié Metchnikoff, nació en Ucrania. Fue el primer científico en reconocer que los glóbulos blancos de la sangre son importantes en la resistencia a las infecciones. Metchnikoff sucedió a Pasteur como director del Instituto Pasteur.*

Las bacterias gramnegativas tienen una membrana externa que cubre su pared celular; las bacterias grampositivas carecen de membrana externa, pero tienen la tendencia a que sus paredes celulares sean más gruesas y rígidas. Los dos tipos se pueden diferenciar con un colorante, inventado por Hans Christian Gram, que cuando se aplica en las bacterias gramnegativas hace que se vean color de rosa y en las gram-positivas hace que se vean púrpuras.

El hecho de que el prontosil fuera inactivo *in vitro* pero activo in vivo debería haber sido reconocido como una señal de que el colorante se convertía en un compuesto activo en el organismo de los mamíferos, pero a los bacteriólogos no se les ocurrió pensarlo y se contentaron con haber encontrado un antibiótico útil. Cuando más tarde los científicos del Instituto Pasteur investigaron el prontosil, notaron que los ratones que habían recibido la sustancia no excretaban un compuesto rojo. Los análisis de orina mostraron que los ratones excretaban *para*-acetamidobencensulfonamida, un compuesto incoloro. Se sabía que las anilinas se acetilan in vivo, así que se preparó el compuesto no acetilado sulfanilamida. Cuando se ensayó la sulfanilamida en los ratones infectados con estreptococos, todos sanaron, mientras que los ratones de control, no tratados, murieron. El prontosil es un ejemplo de un **profármaco**, compuesto que sólo se convierte en medicamento efectivo si sufre una reacción en el organismo. La sulfanilamida fue la primera de las sulfas, que a su vez son la primera clase de antibióticos (véase la página 732).

para-acetamidobencensulfonamida

para-aminobencensulfonamida
sulfanilamida

SEGURIDAD EN LOS MEDICAMENTOS

En octubre de 1937, pacientes que habían obtenido sulfanilamida en una empresa de Tennessee sufrieron atroces dolores abdominales antes de caer en comas fatales. La Administración de Alimentos y Medicinas (FDA) en Estados Unidos pidió a Eugene Geiling, farmacólogo de la Universidad de Chicago, y a su alumno graduado Frances Kelsey, que investigaran. Encontraron que la empresa farmacéutica estaba disolviendo sulfanilamida en dietilenglicol, un líquido dulce, para facilitar la ingestión del medicamento. Sin embargo, nunca se había determinado la seguridad del dietilenglicol en los humanos, resultando ser un veneno mortal. Interesantemente, Frances Kesley fue la persona que evitó la comercialización de la talidomida en Estados Unidos (sección 5.21).

En la época en que se investigaba la sulfanilamida, no había leyes que evitaran la venta de medicinas con efectos letales, pero en junio de 1938 se promulgó la Ley Federal de Alimentos, Medicinas y Cosméticos en Estados Unidos. Esta legislación establecía que se determinara meticulosamente la eficacia y seguridad de todas las nuevas medicinas antes de comercializarlas. Las leyes se modifican de vez en cuando para reflejar las circunstancias cambiantes de cada época.

BIOGRAFÍA

Gerhard Domagk (1895–1964) *fue investigador en la I. G. Farbenindustrie, fabricante alemán de colorantes y otras sustancias químicas. Llevó a cabo estudios que demostraron que el Prontosil es un antibacteriano eficaz. Su hija, quien estaba muriendo por una infección estreptocócica resultado de cortarse un dedo, fue la primera paciente en recibir la medicina y curarse (1935). El Prontosil aumentó su fama cuando se usó en 1936 para salvar la vida de Franklin D. Roosevelt, Jr., hijo de 22 años del presidente de EUA. Domagk recibió el Premio Nobel de fisiología o medicina en 1939, pero Hitler no permitió que los alemanes aceptaran premios Nobel porque el de la Paz de 1935 se había otorgado a Carl von Ossietsky, alemán que estaba en un campo de concentración. Al final, Domagk pudo aceptar el premio en 1947, pero por el tiempo que había transcurrido no se le entregó el premio monetario.*

La sulfanilamida actúa inhibiendo la enzima bacteriana que incorpora al ácido *para*-aminobenzoico al ácido fólico (sección 24.8). Así, la sulfanilamida es un **bacteriostático**, sustancia que inhibe el crecimiento de las bacterias, y no un **bactericida**, sustancia que mata a las bacterias. La sulfanilamida inhibe la enzima porque la sulfonamida y los grupos ácido carboxílicos tienen tamaños parecidos. Muchos otros buenos medicamentos se han diseñado y probado con esta estrategia de reemplazos isoestéricos (de tamaño parecido) (secciones 24.8 y 24.9).

30.5 Suerte y tino en el desarrollo de medicamentos

Muchos medicamentos han sido descubiertos por accidente. La nitroglicerina, que se usa para aliviar los efectos de la angina de pecho (dolor en el corazón) se descubrió cuando los trabajadores que manejaban nitroglicerina en la industria de los explosivos sintieron agudos dolores de cabeza. La investigación reveló que los dolores se debían a la capacidad de la nitroglicerina de producir una marcada dilatación de los vasos sanguíneos. El dolor asociado con un ataque de angina se debe a la incapacidad de los vasos sanguíneos para suministrar la sangre adecuada al corazón. La nitroglicerina elimina el malestar al dilatar los vasos sanguíneos cardiacos.

$$\begin{array}{c} CH_2-ONO_2 \\ | \\ CH-ONO_2 \\ | \\ CH_2-ONO_2 \end{array}$$
nitroglicerina

El tranquilizante Librium es otro medicamento que se descubrió en forma imprevista. Leo Sternbach sintetizaba una serie de 3-óxidos de quinazolina, pero ninguno de los mismos mostró actividad farmacológica. Uno de los compuestos no fue sometido a prueba porque no era el 3-óxido de quinazolina que se pretendía sintetizar. Dos años después de abandonar el proyecto, un trabajador del laboratorio se encontró con el compuesto al hacer limpieza y Sternbach decidió que también se ensayaría antes de desecharlo. Se comprobó que el compuesto tenía propiedades tranquilizantes y cuando se investigó su estructura se determinó que era un 4-óxido de benzodiazepina. La metilamina, en lugar de desplazar al sustituyente cloro en una reacción de sustitución y formar 3-óxido de quinazolina, se había adicionado al grupo imina del anillo de seis miembros, abriéndolo y después volviéndolo a cerrar para formar un anillo de siete miembros. Al compuesto se le asignó la marca Librium cuando se puso a disposición de los médicos en 1960.

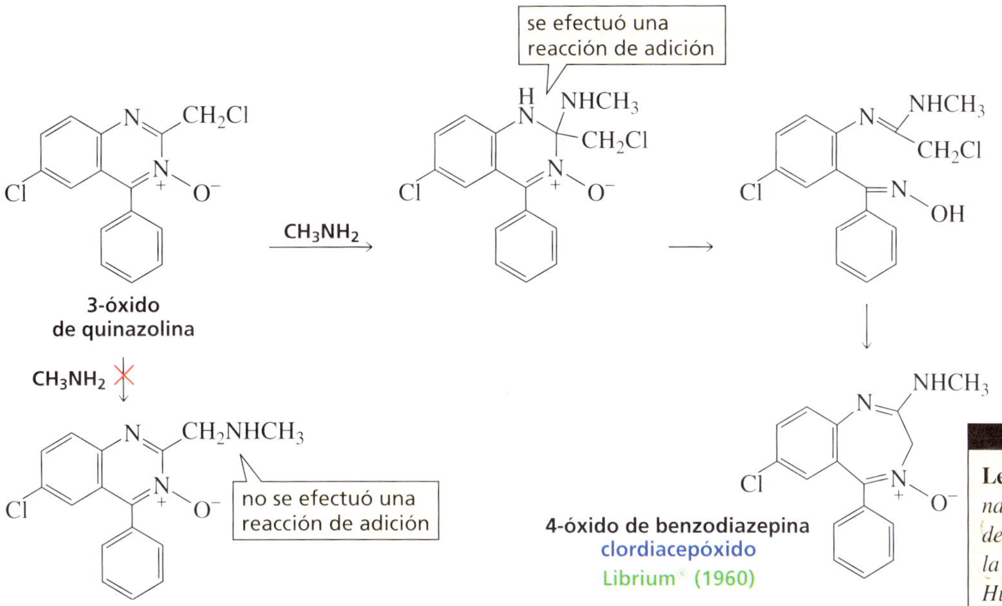

El Librium se modificó estructuralmente para tratar de encontrar otros tranquilizantes. Una modificación que tuvo éxito produjo Valium, tranquilizante unas 10 veces más potente que el Librium. En la actualidad hay ocho benzodiazepinas en uso clínico como tranquilizantes en Estados Unidos y unas 15 en otros países. El Xanax es uno de los medicamentos más recetados de cualquier tipo (tabla 30.1). El Rohypnol es una de las llamadas drogas de la violación.

diazepam
Valium® (1963)

flunitrazepam
Rohypnol® (1963)

alprazolam
Xanax® (1970)

flurazepam
Dalmane® (1970)

clonazepam
Klonopin® (1975)

lorazepam
Ativan® (1977)

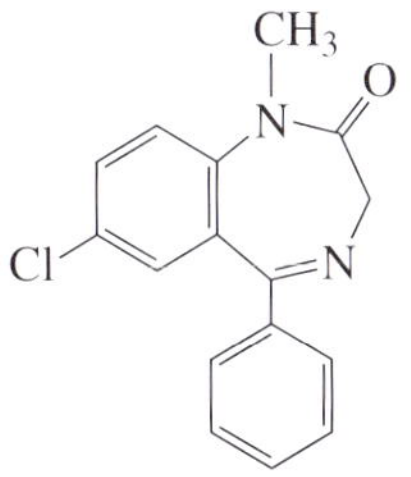

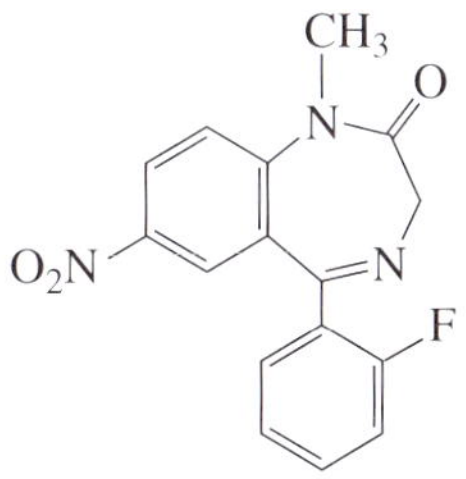

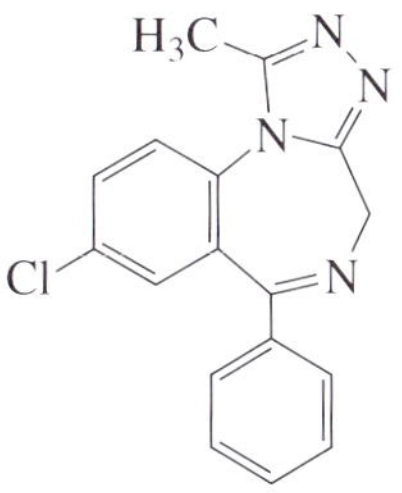

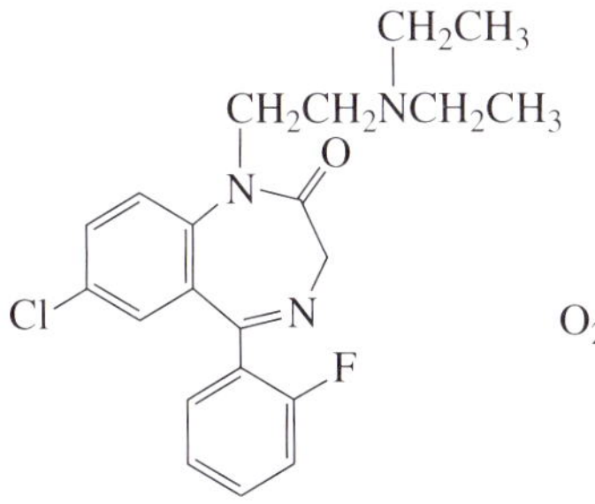

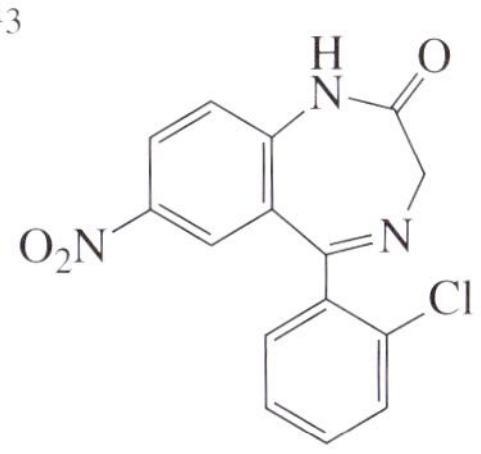

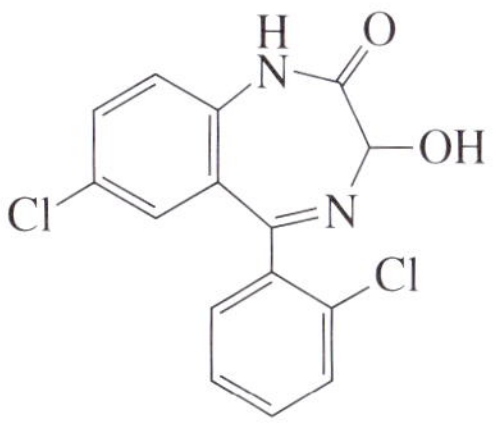

Un ejemplo reciente de un descubrimiento accidental en el desarrollo de medicamentos es el Viagra. El Viagra estaba en pruebas clínicas como medicamento para padecimientos del corazón. Cuando se cancelaron las pruebas clínicas porque se constató que el Viagra era ineficiente como medicamento para el corazón, los voluntarios que habían estado efectuando las pruebas se rehusaron a devolver las tabletas sobrantes. Entonces la empresa farmacéutica se dio cuenta de que la sustancia tenía otros efectos comercializables.

BIOGRAFÍA

Leo Henryk Sternbach (1908–2005) *nació en Austria. En 1918, después de la Primera Guerra Mundial y de la disolución del Imperio Austro-Húngaro, el padre de Sternbach se mudó a Cracovia en Polonia, recién reconstruida, y obtuvo una concesión para abrir una farmacia. Como hijo de farmacéutico, Sternbach fue aceptado en la Escuela de Farmacia de la Universidad Jagiellonia, donde obtuvo un grado de maestro en farmacia y un doctorado en química. Con la creciente discriminación contra los científicos judíos en Europa Oriental, en 1937 Sternbach se mudó a Suiza para trabajar con Ružička (página 1177) en el Instituto Federal Suizo de Tecnología. En 1941, Hoffmann-LaRoche sacó de Europa a Sternbach y a varios otros científicos. Sternbach fue investigador químico en la matriz estadounidense de LaRoche en Nutley, New Jersey, donde llegó a ser director de química medicinal.*

30.6 Receptores

Muchas sustancias ejercen sus efectos fisiológicos al unirse a un sitio celular de enlace específico llamado **receptor**, cuyo papel es desencadenar una respuesta en la célula. Es la causa de que una pequeña cantidad de una sustancia puede producir un efecto fisiológico medible. Como casi todos los receptores son quirales, los diversos enantiómeros de una sustancia pueden producir efectos diferentes (sección 5.21). Los receptores de medicamentos son con frecuencia glucoproteínas o lipoproteínas. Algunos receptores son parte de las membranas celulares, mientras que otros están en el citoplasma, el contenido celular que se localiza alrededor del núcleo. Los ácidos nucleicos, en particular el ADN, también actúan como receptores para ciertas clases de sustancias. Como no todas las células cuentan con los mismos receptores, los medicamentos exhiben bastante especificidad. Por ejemplo, la epinefrina produce efectos intensos sobre el músculo cardiaco, pero casi ninguno en músculos de otras partes del cuerpo.

Un medicamento interactúa con su receptor mediante los mismos tipos de interacciones de enlace: puentes de hidrógeno, atracciones electrostáticas e interacciones hidrofóbicas (fuerzas de van der Waals), que ya se han descrito en otros ejemplos de reconocimiento molecular (secciones 2.9 y 22.15). El factor más importante en la interacción entre un medicamento y un receptor es un ajuste compacto: mientras mayor sea la afinidad de un medicamento hacia su sitio de unión, mayor es la actividad biológica potencial del mismo. Dos sustancias para las que el ADN es receptor son cloroquina (antipalúdico) y 3,6-diaminoacridina (antibacteriano). Estos compuestos cíclicos planos se pueden deslizar en la doble hélice del ADN, entre pares de bases, como una tarjeta que se inserta en una mano de baraja, e interferir con la replicación normal del ADN.

Cuando se conoce algo acerca de la base molecular de la acción del medicamento, como por ejemplo la forma en que una sustancia determinada interactúa con su receptor, se puede diseñar y sintetizar compuestos que desarrollen la actividad biológica deseada. Por ejemplo, cuando el organismo produce un exceso de histamina causa los síntomas asociados al resfriado común y respuestas alérgicas. Se cree que ello es resultado de un anclaje de la molécula de histamina por el grupo etilamino protonado a una parte del receptor de histamina con carga negativa.

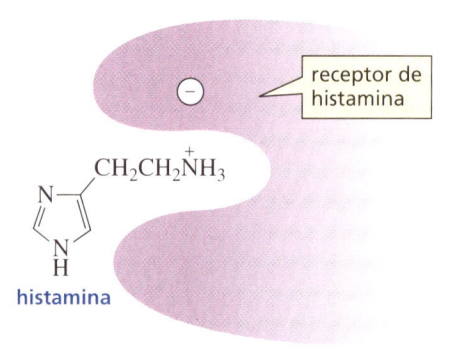

Los medicamentos que interfieren con la acción natural de la histamina, llamados antihistamínicos, se unen al receptor de histamina, pero no desencadenan la misma respuesta que ésta. Como la histamina, estas sustancias cuentan con un grupo amino protonado que se une con el receptor. También incluyen grupos voluminosos que evitan que la molécula de histamina se acerque al receptor.

antihistamínicos

difenidramina
Benadryl®

prometazina
Promine®

promazina
Talofen®

La acetilcolina es un neurotransmisor que aumenta la peristalsis (las contracciones ondulantes y rítmicas de los órganos del tubo digestivo), la falta de sueño y la memoria, y es esencial para la transmisión nerviosa. Una deficiencia de receptores celulares cerebrales que se unen con acetilcolina, los receptores colinérgicos, contribuye a la falta de memoria característica del mal de Alzheimer. Los sitios de enlace en los receptores colinérgicos tienen estructura parecida a los que se unen con la histamina. En consecuencia, los antihistamínicos y los colinérgicos tienen actividades que se traslapan. El resultado es que el antihistamínico difenhidramina se usa para tratar insomnios y para combatir trastornos producto de movimiento.

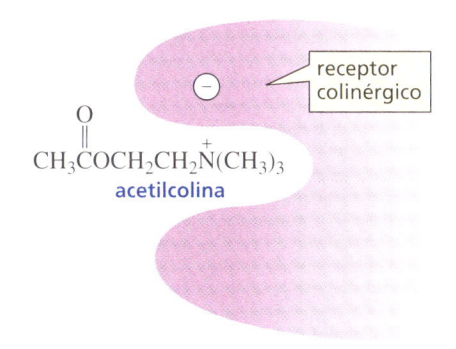

$$CH_3COCH_2CH_2\overset{+}{N}(CH_3)_3$$
acetilcolina

receptor colinérgico

> **BIOGRAFÍA**
>
> **Sir James Whyte Black** *nació en Gran Bretaña en 1924 y es profesor de fisiología en la King's College Hospital Medical School de la Universidad de Londres. Dirigió el proyecto donde se descubrieron los antagonistas del receptor de H_2. Por esto y por el desarrollo de los β-blockers, recibió el Premio Nobel de fisiología o medicina en 1988.*

Un exceso de producción de histamina en el organismo también causa la hipersecreción de ácido gástrico por parte de las células del recubrimiento del estómago conduciendo al desarrollo de úlceras. Los antihistamínicos que bloquean los receptores de histamina y que en consecuencia evitan las respuestas alérgicas asociadas a un exceso de producción de histamina no tienen efecto sobre la producción gástrica de HCl. Este hecho condujo a los científicos a la conclusión de que hay una segunda clase de receptores de histamina, los receptores H_2 de histamina, que desencadenan la secreción de ácido en el estómago.

Como se encontró que la 4-metilhistamina causa inhibición débil de la secreción de HCl, se usó como compuesto líder. Se le hicieron unas 500 modificaciones moleculares, durante 10 años, para encontrar un compuesto con efecto clínico sobre el receptor H_2 de histamina. El primero fue Tagamet, seguido por Zantac. El Tagamet, introducido en 1976, fue el primer medicamento para el tratamiento específico de úlceras pépticas. Antes, el único tratamiento era mucho descanso en cama, dieta blanda y antiácidos. Nótese que el bloqueo estérico del sitio receptor no tiene importancia en estos compuestos. En comparación con los antihistamínicos, las sustancias antiúlcera eficaces tienen más anillos polares y cadenas laterales más largas.

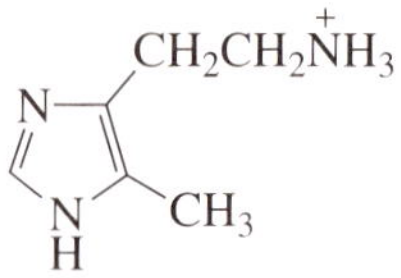

1306 CAPÍTULO 30 Química orgánica de los medicamentos

4-metilhistamina

cimetidina
Tagamet®

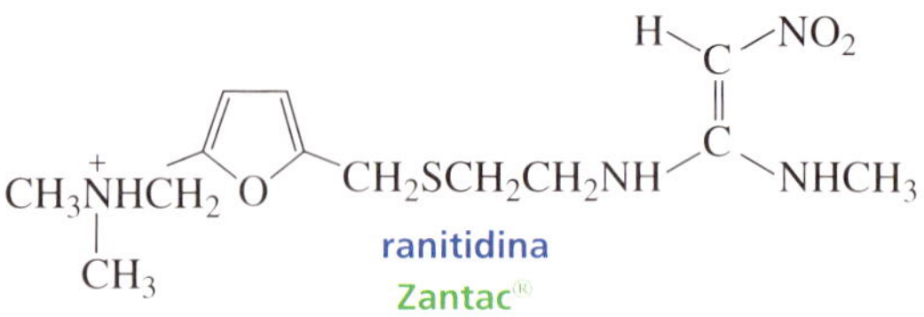

ranitidina
Zantac®

Tutorial del alumno:
Semejanzas estructurales entre clases de medicamentos (Structural similarities in classes of drugs)

El Tagamet presenta el mismo anillo de imidazol que la 4-metilhistidina, pero cuenta con un átomo de azufre y un grupo funcional basado en la guanidina (sección 22.1). El Zantac tiene un anillo heterocíclico diferente, y aunque su cadena lateral se parece a la del Tagamet, no contiene un grupo guanidino.

Las investigaciones que relacionaban a la serotonina (un neurotransmisor como la acetilcolina) en la generación de ataques de migraña condujeron al desarrollo de fármacos que se unen a receptores de serotonina. El sumatriptán, introducido en 1991, no sólo aliviaba el dolor relacionado con las migrañas, sino también muchos de los demás síntomas de las migrañas, como las náuseas y la hipersensibilidad a la luz y a los ruidos.

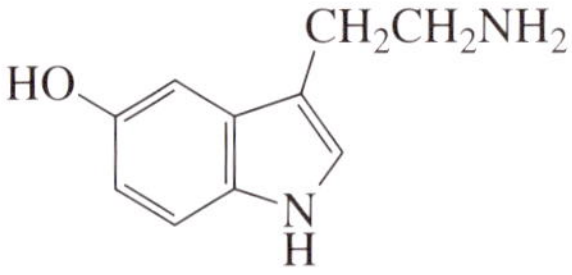

serotonina

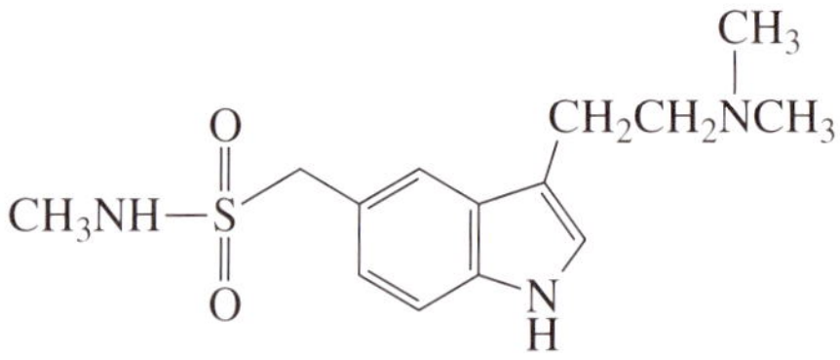

sumatriptán
Imitrex®

El éxito del sumatriptán motivó la busqueda de otras sustancias antimigraña mediante modificaciones moleculares y se introdujeron tres nuevos triptanos en 1997 y 1998. Estos triptanos de segunda generación tuvieron algunas mejoras sobre el sumatriptán, en especial una vida media más larga, menores efectos secundarios cardiacos y mejor hidrofobicidad para la penetración del SNC.

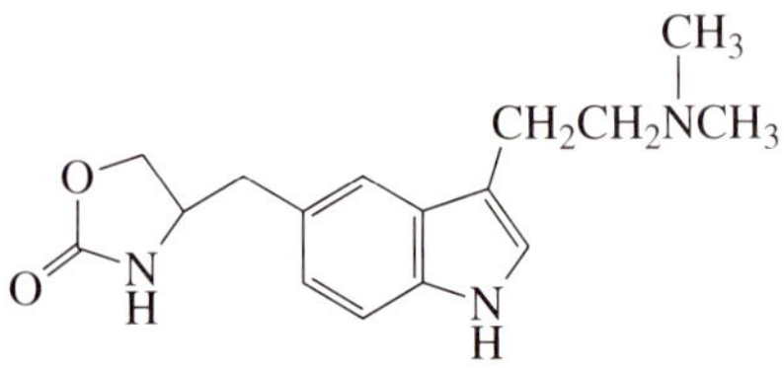

zolmitriptán
Zomig®

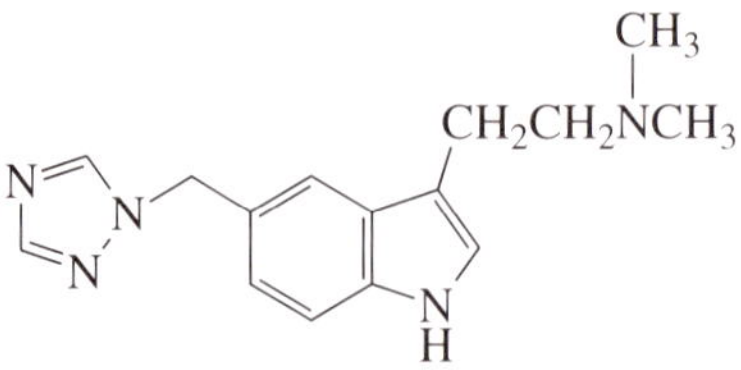

rizatriptán
Maxalt®

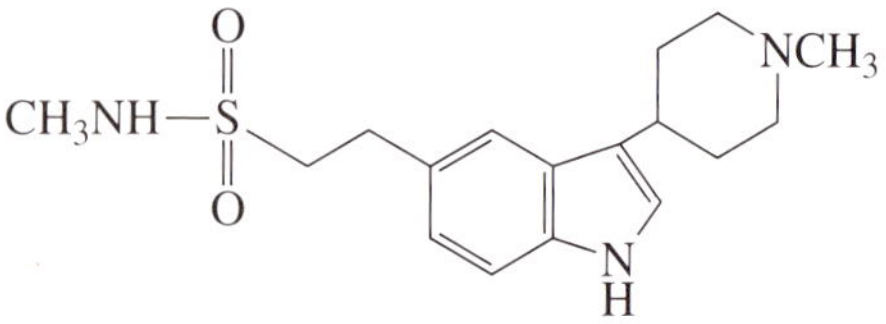

naratriptán
Amerge®

Al evaluar compuestos modificados no es raro encontrar un compuesto con una actividad farmacológica totalmente distinta a la del compuesto líder. Por ejemplo, una modificación molecular de una sulfonamida, que es antibiótico, llevó al descubrimiento de la tolbutamida, una sustancia con actividad hipoglicémica (sección 25.8).

sulfonamida

tolbutamida

La modificación molecular de la prometazina, un antihistamínico, condujo a la clorpromazina, una sustancia que, además de su actividad antihistamínica, bajaba la temperatura corporal. Este medicamento encontró uso clínico en la cirugía de tórax, donde antes los pacientes debían enfriarse envolviéndolos en sábanas mojadas y frías. Como antes se había usado tal recurso de la envoltura para calmar a pacientes psicóticos, un psiquiatra francés probó el medicamento en algunos de sus pacientes. Encontró que la clorpromacina podía suprimir los síntomas psicóticos hasta el punto en que los pacientes asumieron sus características conductuales casi normales. Las alucinaciones y delirios esquizofrénicos disminuyeron temporalmente y permitieron que muchos pacientes hospitalizados se reintegraran a la sociedad. Antes del desarrollo de este primer fármaco antipsicótico, los únicos tratamientos que se ofrecían a pacientes así eran lobotomía, choque eléctrico y terapia de coma de insulina. Sin embargo, el entusiasmo por la clorpromazina tuvo corta duración porque los pacientes con el medicamento desarrollaron movimientos involuntarios incoordinados parecidos a los que se observan en la enfermedad de Parkinson. Las investigaciones revelaron que el medicamento bloquea los receptores de dopamina cerebrales. Después de realizar miles de modificaciones moleculares, se encontró la tioridazina, que producía el efecto tranquilizante adecuado con menos efectos secundarios problemáticos. Hoy se usa como antipsicótico.

clorpromacina
Thorazine®

tioridazina
Mellaril®

fluoxetina
Prozac®

La modificación molecular del antihistamínico Benadryl (página 1305) condujo al desarrollo del Prozac. Originalmente, el Prozac se vendía como antidepresivo, pero hoy se usa en una amplia gama de desordenes psiquiátricos. Se cree que la depresión se debe, al menos en parte, a problemas en la regulación de ciertos neurotransmisores, como serotonina. El Prozac prácticamente sólo bloquea la absorción de serotonina, por lo que carecía de muchos de los efectos secundarios indeseables de sus predecesores.

A veces, se encuentra que un medicamento desarrollado inicialmente con una finalidad, tiene otras propiedades, que lo hacen más adecuado para objetivos diferentes. Originalmente se pretendía que los beta-bloqueadores se usaran para aliviar el dolor asociado con la angina de pecho reduciendo la cantidad del trabajo efectuado por el corazón. Después se encontró que tienen propiedades antihipertensivas, por lo que ahora su principal uso es para tratar la hipertensión, enfermedad prevaleciente en el mundo occidental. Nótense las estructuras similares de los dos β bloqueadores de la tabla 30.1, Tenormin y Tropol XL.

30.7 Medicamentos como inhibidores de enzimas

En capítulos anteriores se describieron varios medicamentos que actúan inhibiendo enzimas (secciones 24.8 y 24.9). Por ejemplo, la penicilina destruye a las bacterias porque inhibe la enzima que sintetiza las paredes celulares bacterianas (sección 16.17).

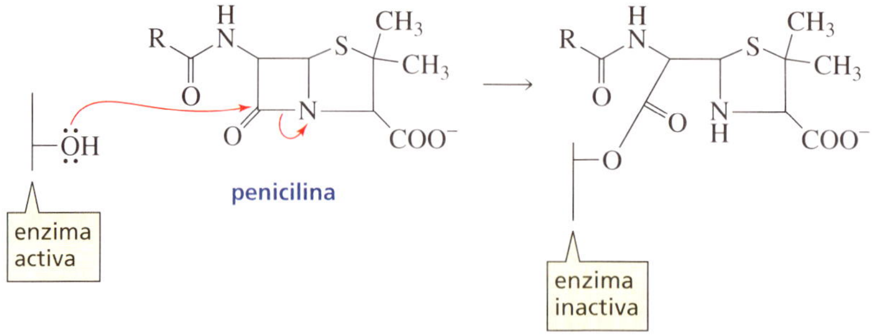

Las bacterias desarrollan resistencia a la penicilina cuando secretan penicilinasa, enzima que destruye a la penicilina hidrolizando su anillo de β-lactama antes de que la sustancia pueda interferir con la síntesis de la pared celular bacteriana. (Cuando se abre el anillo de 4 miembros, el nitrógeno puede obtener un protón de un grupo ácido en el sitio activo de la enzima, y el oxígeno del residuo nucleofílico de serina cederá un protón).

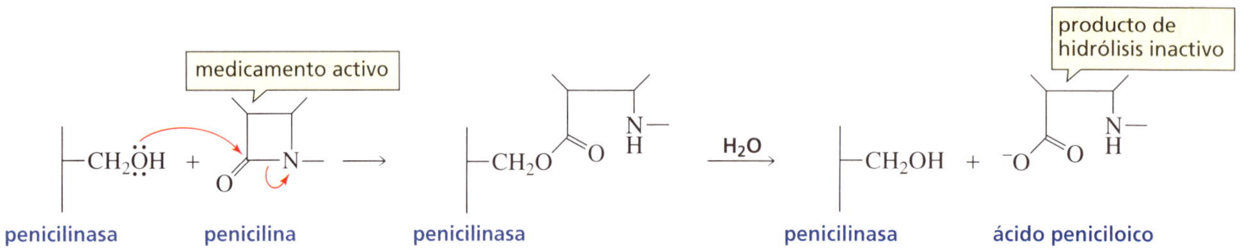

Los químicos han desarrollado sustancias que inhiben a la penicilinasa. Si se administra una de ellas a un paciente junto con penicilina, el antibiótico no se destruye. La sustancia que inhibe a la penicilinasa no tiene efecto terapéutico por sí misma, sino que actúa protegiendo a una sustancia terapéutica.

Un inhibidor de penicilinasa es una sulfona, que se prepara con facilidad a partir de penicilina oxidando el átomo de azufre con un peroxiácido.

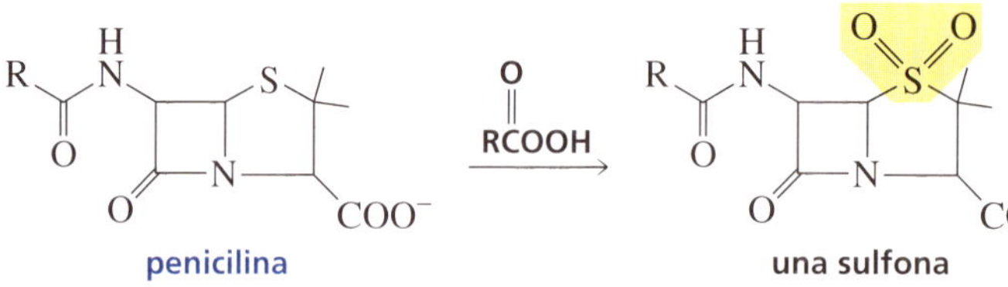

Como la sulfona se parece al antibiótico original, la penicilinasa la acepta como sustrato y forma un éster, como lo hace con la penicilina. Si entonces se hidrolizara el éster, se liberaría penicilinasa que podría reaccionar con la penicilina. Sin embargo, la sulfona, atractora de electrones, proporciona una ruta alterna a la hidrólisis que forma una imina estable. Ya que las iminas son susceptibles al ataque nucleofílico, un grupo amino en el sitio activo de la penicilinasa reacciona con la imina y forma un segundo enlace covalente entre la enzima y el inhibidor. Como resultado de la formación de enlaces covalentes con el inhibidor, la penicilinasa se inactiva y se elimina la resistencia a la penicilina. La sulfona es otro ejemplo de un mecanismo basado en un **inhibidor suicida** (sección 24.8). La eficacia de un inhibidor se mide con su valor IC$_{50}$, la concentración que produce un 50% de inhibición de la enzima.

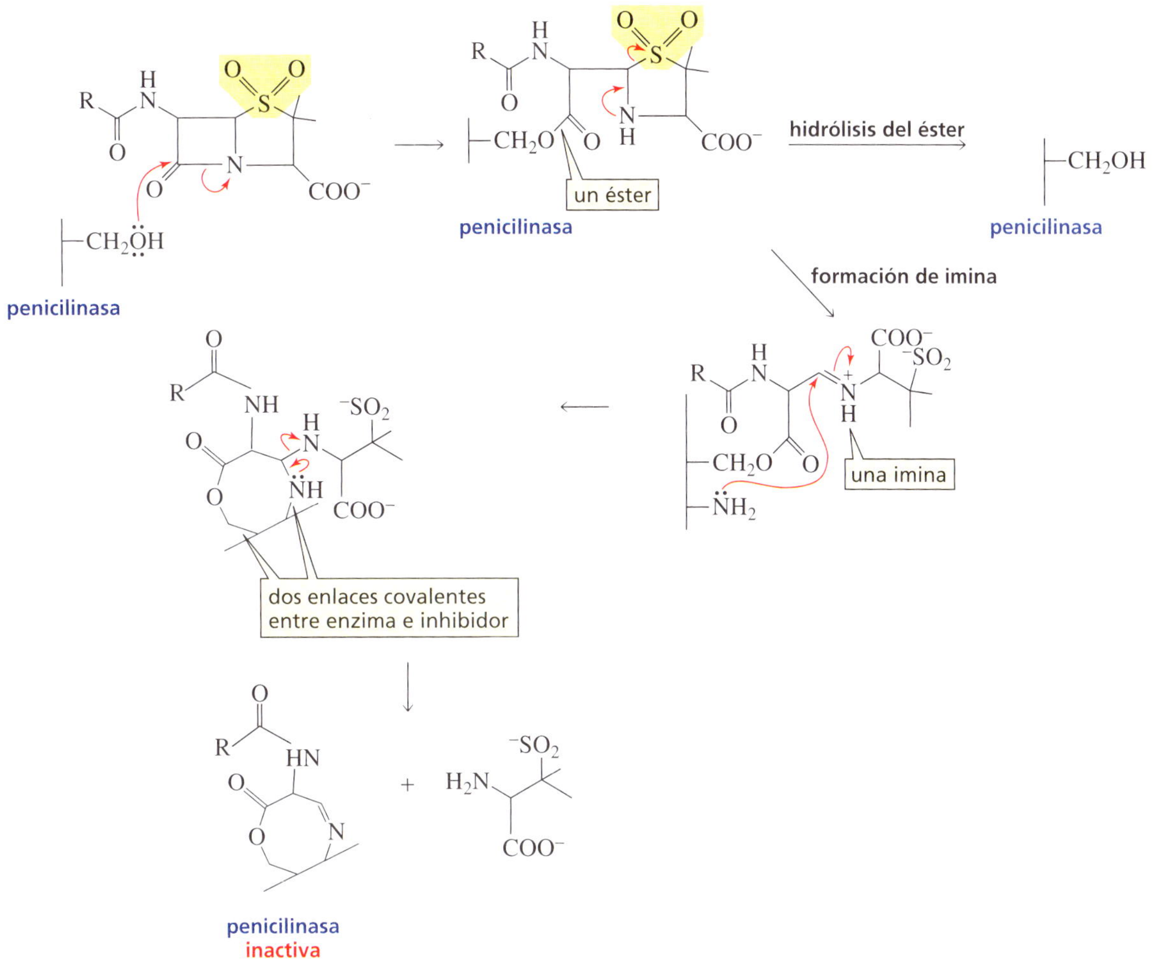

Lo que hace que la sulfona sea un inhibidor tan efectivo es que el grupo imina, reactivo, no aparece sino hasta después que la sulfona se une a la enzima que se va a inactivar. De esta manera, el inhibidor actúa sobre un objetivo específico. En contraste, si una imina se administrara en forma directa al paciente, reaccionaría con todo nucleófilo que encontrara primero y entonces su actividad no sería específica.

Cuando se administran dos medicamentos al mismo tiempo a un paciente, su efecto combinado puede ser aditivo, antagonista o sinérgico. Esto es, el efecto de dos medicamentos que se usen en combinación puede ser igual a, menor que o mayor que la suma de los efectos obtenidos cuando las sustancias se administran en forma individual. La administración de penicilina y sulfona en combinación da como resultado **sinergia de fármacos**: la sulfona inhibe a la penicilinasa, por lo que la penicilina no se destruirá y podrá inhibir la enzima que sintetiza las paredes celulares bacterianas.

A veces se administran dos medicamentos en combinación porque algunas bacterias son resistentes a uno de ellos y el segundo minimiza la probabilidad de que la bacteria resistente prolifere. Por ejemplo, en el tratamiento de la tuberculosis se administran dos antimicrobianos en combinación, isoniazida y rifampina.

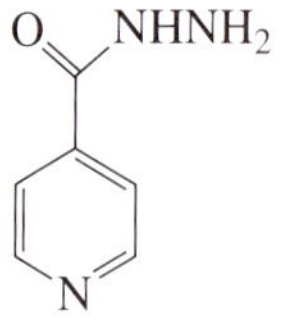

isoniacida
Nydrazid®

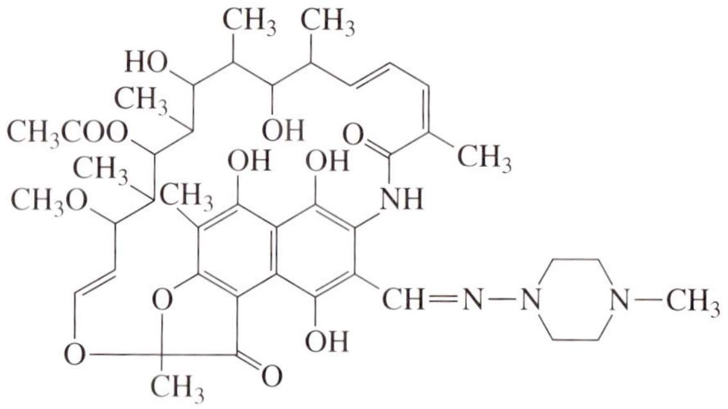

rifampicina
Rifadin®

En el caso típico, una cepa bacteriana tarda de 15 a 20 años en volverse resistente a un antibiótico. Por ejemplo, la disponibilidad de la penicilina fue amplia en 1944. Sin embargo, para 1952, 60% de todas las infecciones por *Staphylococcus aureus* eran resistentes a la penicilina. Las fluoroquinolonas, la última clase de antibióticos descubiertos hasta hace muy poco, se descubrieron hace más de 30 años, así que la **resistencia a los medicamentos** se ha convertido en un problema de importancia creciente en química medicinal. Más y más bacterias se han vuelto resistentes a todos los antibióticos. Hasta fecha reciente se consideraba que la vancomicina era el antibiótico de último recurso. Antes de 1989 no había casos informados de bacterias enterocócicas resistentes a la vancomicina; hoy, aproximadamente el 30% de tales bacterias lo son.

La actividad antibiótica de las fluoroquinolonas se debe a su capacidad de inhibir la ADN girasa, una enzima necesaria para la transcripción (sección 27.6). A los humanos no les perjudica el medicamento porque las formas bacterianas y de los mamíferos de la enzima son lo bastante distintas como para que las fluoroquinolonas sólo inhiban la enzima bacteriana.

Hay muchas fluoroquinolonas diferentes; todas ellas tienen sustituyentes flúor que aumentan la lipofilia de la sustancia y le permiten entrar a tejidos y a células. Si se elimina el grupo carbonilo o el enlace doble del anillo de 4-piridinona, se pierde toda actividad. Si se cambian los sustituyentes en el anillo de piperazina se puede hacer que la sustancia se excrete por los riñones y no por el hígado, lo que es útil en pacientes con función hepática insuficiente. Los sustituyentes en el anillo de piperazina también afectan la vida media (el tiempo que tarda la mitad del medicamento en perder su reactividad) de la sustancia.

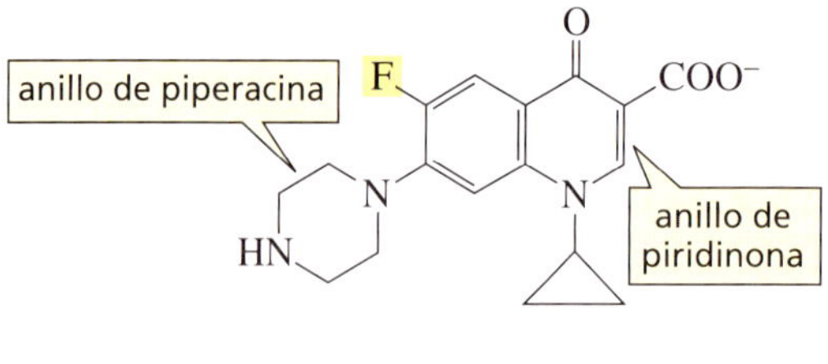

ciprofloxacina
Cipro®
activa contra bacterias gramnegativas

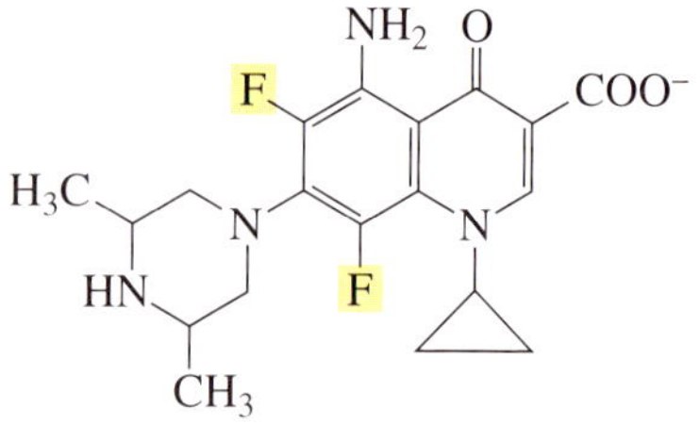

esparfoxacina
Zagam®
activa contra bacterias gramnegativas y grampositivas

La FDA aprobó el Zyvox en abril de 2000, lo que alivió mucho a la comunidad médica. Zyvox es el primero de una nueva familia de antibióticos: las oxazolidinonas. En pruebas clínicas se encontró que Zyvox cura a 75% de los pacientes infectados con bacterias que se volvieron resistentes a todos los demás antibióticos. Otra clase nueva de antibiótico quedó disponible en 2005, cuando la FDA aprobó Cubicin, el primero de los antibióticos lipocilcopéptidos.

linezolida
Zyvox®

Zyvox es un compuesto sintético diseñado por investigadores para inhibir el crecimiento bacteriano en cierto momento distinto de aquél en el que otros antibióticos ejercen su efecto (sección 27.8). Zyvox inhibe el inicio de la síntesis de proteínas evitando la formación del complejo formado por el primer aminoácido de ARNt, el ARNm y el ribosoma 30S (sección 27.8). Debido al nuevo modo de actividad del medicamento, se espera que la resistencia hacia ella sea rara al principio y que, con esperanza, sea lenta en aparecer.

30.8 Diseño de un sustrato suicida

Un fármaco debe administrarse en la cantidad suficiente para llegar a obtener un efecto terapéutico. La ED_{50} (ED = *effective dose*, dosis efectiva) es la dosis que produce el efecto terapéutico máximo en 50% de los animales ensayados. Demasiado de casi cualquier fármaco puede ser letal. El **índice terapéutico** de un medicamento es la relación de la dosis que causa un efecto tóxico entre la dosis terapéutica. Mientras mayor sea el índice terapéutico, el margen de seguridad del medicamento será mayor. Así, la meta de los químicos farmacéuticos es diseñar medicamentos con tan pocos efectos secundarios como sea posible y con un índice terapéutico tan alto como se pueda. Un bajo índice terapéutico se puede tolerar para enfermedades letales como el cáncer, en especial si no se dispone de otro tratamiento.

La penicilina es un antibiótico efectivo que presenta un alto índice terapéutico. Ambas propiedades se pueden atribuir a que el medicamento funciona interfiriendo con la síntesis de la pared celular (las células bacterianas tienen paredes celulares, pero las células humanas no). ¿Qué otra característica relacionada con las paredes celulares podría llevar al diseño de un antibiótico? Se sabe que las enzimas y otras proteínas son polímeros de L-aminoácidos; sin embargo, las paredes celulares contienen tantos L-aminoácidos como D-aminoácidos. Por consiguiente, si se pudiera evitar la racemización de los L-aminoácidos naturales a mezclas de aminoácidos L y D no habría D-aminoácidos disponibles para su incorporación a las paredes celulares y se podría detener la síntesis de las paredes celulares bacterianas.

Ya se explicó que la racemización de aminoácidos es catalizada por una enzima que requiere fosfato de piridoxal como coenzima (sección 24.6); entonces, lo que se necesita es un compuesto que inhiba esta enzima. Como el sustrato para la enzima es un aminoácido, un aminoácido análogo debería ser un buen inhibidor.

El primer paso en la racemización es la eliminación del hidrógeno α del aminoácido. Si el inhibidor dispone de un grupo saliente en el carbono β, los electrones que quedan al eliminar el protón pueden desplazar al grupo saliente en lugar de deslocalizarse al anillo de piridina. (Compárese el mecanismo que se describe aquí con el que se describió para la racemización en la sección 24.6). La transiminación con la enzima forma un aminoácido α,β-insaturado que reacciona en forma irreversible con la imina formada por la enzima y la coenzima. Como ahora la enzima está unida a la coenzima en un enlace de amina y no por un enlace de imina, la enzima ya no puede tener una reacción de transiminación con su sustrato aminoácido y por consiguiente se ha inactivado de manera irreversible. Este es otro ejemplo de un inhibidor que no se vuelve químicamente activo hasta que se encuentra en el sitio activo de la enzima específica.

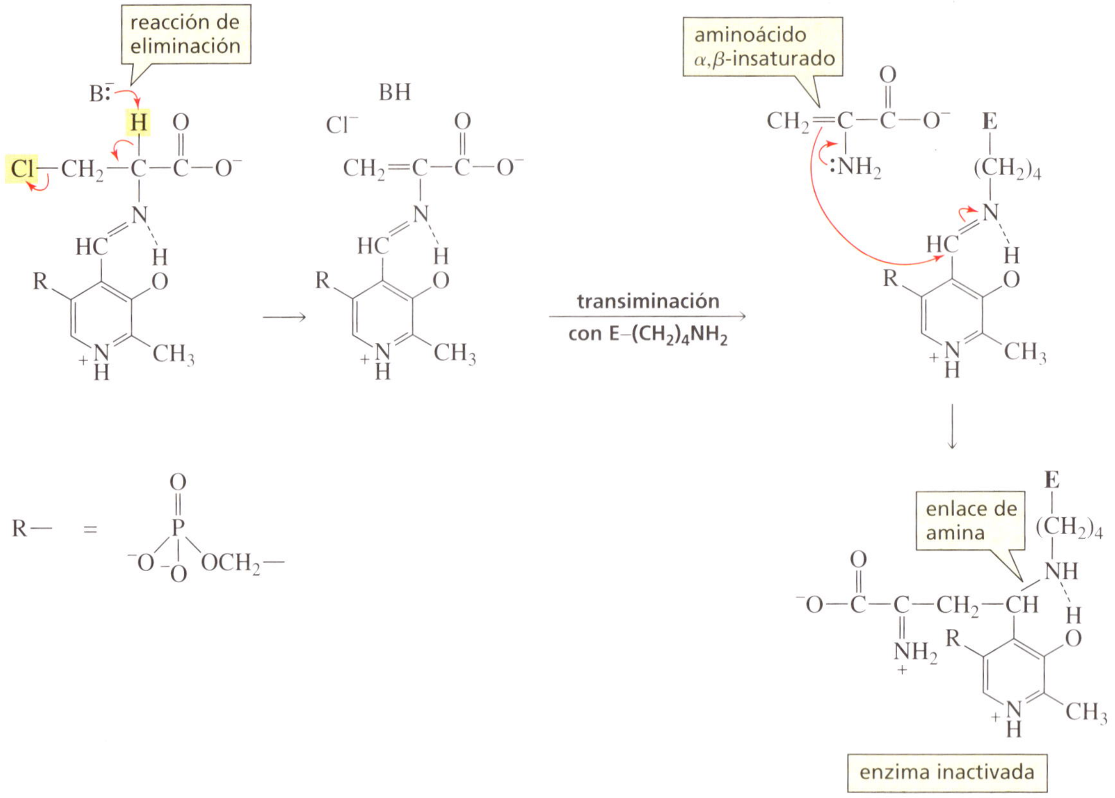

30.9 Relaciones cuantitativas entre estructura y actividad

El costo enorme de sintetizar y probar miles de compuestos modificados para tratar de encontrar una sustancia activa condujo a los científicos al desarrollo de una estrategia más racional, llamado **diseño racional de medicamento**, para crear moléculas con actividad biológica. Ellos se dieron cuenta de que si se puede correlacionar una propiedad física o química de una serie de sustancias con la actividad biológica, se podría saber qué propiedad de la sustancia se relaciona con una actividad en particular y entonces diseñar compuestos que contaran con una buena probabilidad de presentar la actividad deseada. Esta estrategia constituiría un gran avance sobre el método más aleatorio de modificación molecular que se ha empleado en forma tradicional.

La primera pista de que una propiedad física de una sustancia se puede relacionar con la actividad biológica tiene más de 100 años, cuando los científicos reconocieron que el cloroformo ($CHCl_3$), el éter dietílico, el ciclopropano y el óxido nitroso (N_2O) eran anestésicos generales útiles. Era claro que las estructuras químicas de tales compuestos tan distintos no podían explicar sus parecidos efectos farmacológicos. En su lugar, alguna propiedad física debería explicar la semejanza de sus actividades biológicas.

A principios de la década de 1960, Corwin Hansch postuló que la **actividad biológica** de un medicamento depende de dos procesos. El primero es la *distribución*: una sustancia debe poder ir desde el punto donde entra al organismo hasta el receptor donde ejerce su efecto. Por ejemplo, un anestésico debe poder cruzar el medio acuoso (sangre) y penetrar la barrera lípida de las membranas celulares nerviosas. El segundo proceso es *la unión*: cuando una sustancia llega a su receptor, debe interactuar con él en forma adecuada.

Se colocaron cloroformo, éter dietílico, ciclopropano y óxido nitroso de manera separada en una mezcla de 1-octanol y agua. Se eligió 1-octanol como disolvente apolar porque con su larga cadena y su cabeza polar es un buen modelo de membrana biológica. Cuando se midió la cantidad de sustancia disuelta en cada una de las capas, sucedió que todas ellas tenían un **coeficiente de distribución** similar, la relación entre la cantidad que se disuelve

---

BIOGRAFÍA

Corwin H. Hansch *Nació en North Dakota en 1918. Recibió una licenciatura de la Universidad de Illinois y un doctorado de la Universidad de Nueva York. Ha sido profesor de química en el Pomona College desde 1946.*

30.9 Relaciones cuantitativas entre estructura y actividad

en 1-octanol entre la cantidad que se disuelve en agua. En otras palabras, se pudo relacionar el coeficiente de distribución con la actividad biológica. Los compuestos con menores coeficientes de distribución, los compuestos más polares, no pudieron penetrar la membrana celular que es apolar. Los compuestos con mayores coeficientes de distribución, los compuestos más apolares, no pudieron atravesar la fase acuosa. Ello significa que se podía usar el coeficiente de distribución de un compuesto para determinar si se debería probar in vivo. La técnica de relacionar una propiedad de una serie de compuestos con la actividad biológica se llama **relación cuantitativa estructura-actividad** (QSAR, por sus siglas en inglés, *quantitative structure-activity relationship*).

La determinación de la propiedad física de una sustancia no se puede realizar in vivo porque su comportamiento, una vez que llega a un receptor adecuado, no se puede anticipar sólo con el coeficiente de distribución. Sin embargo, el análisis QSAR proporciona una forma de identificar compuestos que tengan la máxima probabilidad de presentar cierta actividad biológica deseada. De esta forma, los químicos pueden evitar desperdicio de recursos en modificaciones moleculares de compuestos que sean inadecuadas para su desarrollo como medicamentos.

En el ejemplo que sigue, la relación cuantitativa entre estructura y actividad fue útil no sólo para determinar la estructura de una medicina potencialmente activa, sino también para determinar algo acerca de la estructura de su sitio receptor. Se investigó una serie de 2,4-diaminopirimidinas sustituidas que se usaban como inhibidores de dihidrofolato reductasa (sección 25.8).

una 2,4-diaminopirimidina

La potencia de los inhibidores podría ser descrita con la ecuación

$$\text{potencia} = 0.80\pi - 7.34\sigma - 8.14$$

donde σ y π son parámetros de los sustituyentes.

El parámetro σ es una medida de la capacidad donadora o atractora de electrones de los sustituyentes R y R'. El coeficiente negativo de σ indica que la potencia aumenta por donación de electrones (capítulo 16, problema 85). El hecho de que al incrementar la basicidad de la sustancia aumenta su potencia parece indicar que la sustancia protonada es más activa que la no protonada.

El parámetro π es una medida de la hidrofobicidad de los sustituyentes. Se encontró que la potencia se relaciona mejor con π cuando se usaba el valor π del más hidrofóbico de los dos sustituyentes y no la suma de los valores π de ambos. Este hallazgo sugiere que el receptor tiene una cavidad hidrofóbica que puede acomodar a uno de los sustituyentes, pero no a los dos.

En otro ejemplo, se encontró que la potencia de un analgésico se describe con la siguiente ecuación, donde *HA* indica si R es un aceptor de puente de hidrógeno y donde *B* es un factor estérico:

potencia = $0.80\pi - 7.34\sigma - 8.14$

En este caso, el análisis indicó que se debía preparar un compuesto con sustituyente vinilo.

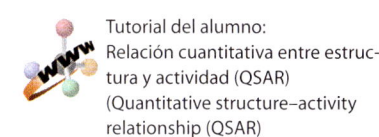

Al buscar una sustancia que pueda usarse para tratar la leucemia, el análisis QSAR demostró que la actividad antileucémica de una serie de triazinas sustituidas está relacionada con la capacidad donadora de electrones del sustituyente. Sin embargo, cuando otro análisis QSAR demostró que también la toxicidad de tales compuestos se relacionaba con la capacidad donadora de electrones del sustituyente, los investigadores decidieron que sería infructuoso continuar sintetizando y probando dicha clase de compuestos.

Además de la solubilidad y parámetros del sustituyente, algunas de las propiedades que se han correlacionado con la actividad biológica son el potencial de oxidación-reducción, el tamaño molecular, la distancia interatómica entre grupos funcionales, el grado de ionización y la configuración molecular.

30.10 Modelado molecular

Como la forma de una molécula determina si será reconocida por un receptor, y en consecuencia si tendrá actividad biológica, los compuestos con actividad biológica parecida tienen con frecuencia estructuras similares. Como en computadora se puede dibujar modelos moleculares de compuestos y verlos en pantalla y girarlos para que asuman conformaciones diferentes, el **modelado molecular** por computadora permite realizar un diseño más racional de medicamentos. Hay programas de cómputo que permiten a los químicos buscar en colecciones existentes de miles de compuestos para encontrar los que tengan las propiedades estructurales y conformacionales adecuadas.

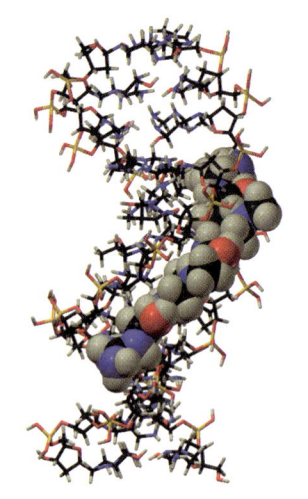

Todo compuesto que prometa se puede dibujar en computadora, junto con la imagen tridimensional de un sitio receptor. Por ejemplo, la unión de netropsina, un antibiótico con un amplio espectro de actividad antimicrobiana, con el surco menor de ADN se ve en la figura 30.1. Retonavir, medicamento para tratar el virus del SIDA, inactiva la HIV proteasa, una enzima esencial para la maduración del virus, al unirse a su sitio activo (figura 30.2).

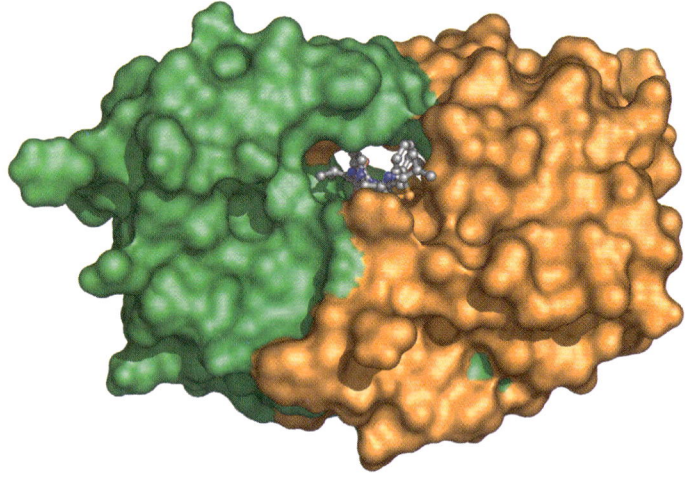

▲ **Figura 30.1**
El antibiótico netropsina unido en el surco menor del ADN.

Figura 30.2 ▶
Ritonavir, medicamento para tratar el virus de SIDA, se une al sitio activo de la HIV proteasa.

La posibilidad de visualizar el ajuste entre el compuesto y el receptor permite sugerir modificaciones para que el compuesto muestre una unión más favorable. De esta manera se puede racionalizar más la selección de los compuestos a sintetizar para evaluarlos por su actividad biológica y llegar al descubrimiento más rápido de compuestos farmacológicamente activos. El modelado molecular será más valioso cuando los investigadores aprendan más acerca de sitios receptores.

30.11 Síntesis orgánica combinatoria

La necesidad de grandes colecciones de compuestos a ser evaluados por su actividad biológica, en la búsqueda constante de nuevos fármacos, ha llevado a los químicos orgánicos hacia una estrategia de síntesis que emplea el concepto de producción en masa. En esta estrategia, llamada **síntesis orgánica combinatoria**, se sintetiza un gran grupo de compuestos relacionados, lo que se llama una biblioteca, uniendo en forma covalente conjuntos de bloques constructivos de diversas estructuras. Por ejemplo, si un compuesto puede ser sintetizado uniendo tres clases diferentes de bloques constructivos de un conjunto que tenga 10 alternativas de cada una de tres clases de bloques, entonces se podrán preparar 1000 (10 × 10 × 10) compuestos diferentes. Es claro que esta estrategia imita a la naturaleza, que usa aminoácidos y ácidos nucleicos como bloques constructivos para sintetizar una cantidad enorme de diversas proteínas y ácidos nucleicos.

El primer requisito en la síntesis combinatoria es un surtido de moléculas pequeñas reactivas que se vayan a usar como bloques constructivos. Debido a la fácil disponibilidad de los aminoácidos, la síntesis combinatoria se estrenó en la creación de bibliotecas de péptidos. Sin embargo, el uso de péptidos como agentes terapéuticos es limitado porque en general no se pueden tomar en forma oral y se metabolizan con rapidez. En la actualidad se crean bibliotecas de moléculas orgánicas pequeñas que se puedan usar para modificar los *compuestos líder* o para ayudar en el *diseño racional de fármacos*.

Un ejemplo de la síntesis combinatoria es su aplicación para crear una biblioteca de benzodiazepinas (sección 30.5). Dichos compuestos se pueden concebir como originados en tres conjuntos distintos de bloques constructivos: una 2-aminobenzofenona sustituida, un aminoácido y un agente alquilante.

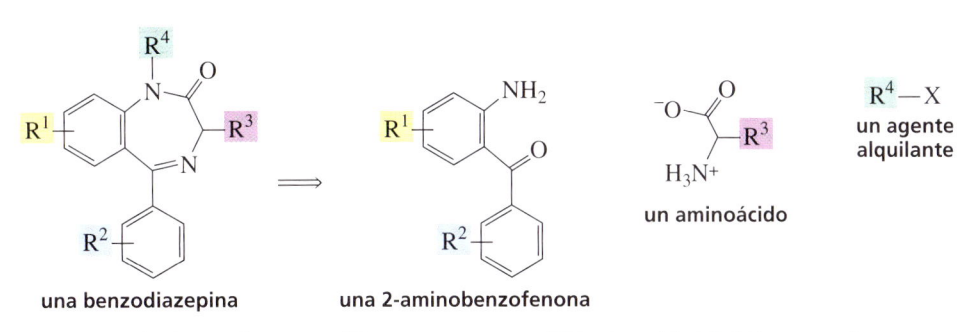

La 2-aminobenzofenona se fija en un soporte sólido (sección 22.11) en una forma que le permita ser eliminada después por hidrólisis ácida (figura 30.3). Se agrega entonces el

▲ **Figura 30.3**
Síntesis orgánica combinatoria de benzodiazepinas.

aminoácido, *N*-protegido y activado al convertirlo en un fluoruro de acilo. Después de formada la amida, se elimina el grupo protector y se crea el anillo de siete miembros por formación de la imina. A continuación, se agrega una base para abstraer el hidrógeno de la amida y formar así un nucleófilo que reaccione con el agente alquilante que se agregó. El producto final es entonces removido del soporte sólido.

Para sintetizar una biblioteca de tales compuestos, el soporte sólido que contiene la 2-aminobenzofenona se puede dividir en varias partes y a cada una agregar un aminoácido diferente. Cada producto con un anillo cerrado también se puede dividir en varias porciones y a cada una de ellas agregar un diferente agente alquilante. De esta manera se pueden preparar muchas benzodiazepinas diferentes al mismo tiempo. La síntesis combinatoria no requiere tener anclado uno de los reactivos a un soporte sólido, pero dicho soporte tiende a mejorar el rendimiento porque evita la pérdida de producto durante el paso de purificación.

30.12 Medicamentos antivirales

Para combatir infecciones virales se han desarrollado relativamente pocos medicamentos útiles en medicina. El lento progreso en este cometido se debe a la naturaleza de los virus y a la forma en que se replican. Los virus son de menor tamaño que las bacterias y están formados de ácido nucleico, sea ADN o ARN, rodeado por una cubierta de proteína. Algunos virus penetran a la célula hospedera y otros sólo inyectan su ácido nucleico en la célula. En ambos casos, el hospedero transcribe el ácido nucleico del virus y se integra en el genoma del huésped.

La mayor parte de los **medicamentos antivirales** son análogos de nucleósidos que interfieren con la síntesis del ADN o el ARN del virus. De esta forma evitan que se replique. Por ejemplo, aciclovir, la sustancia usada contra virus del herpes, tiene una forma tridimensional parecida a la de la guanina. El aciclovir puede entonces "engañar" al virus para que incorpore la sustancia farmacológica y no la guanina en su ADN. Una vez que esto sucede, la hebra de ADN ya no puede crecer porque el aciclovir carece de un grupo de 3′-OH. El ADN terminal se une a la ADN polimerasa y la inactiva en forma irreversible (sección 27.3).

aciclovir
Aclovir®
contra infecciones
de herpes simple

citarabina
Cytosar®
contra leucemia
mielocítica aguda

ribavirina
Viramid®
antiviral de
amplio espectro

idoxuridina
Herplex®
aprobada para uso
tópico oftálmico

La citarabina, empleada contra la leucemia mielocítica aguda, compite con la citosina para incorporarse al ADN vírico. La citarabina contiene una arabinosa y no una ribosa (tabla 21.1). Como el grupo 2′-OH está en la posición β (recuérdese que el grupo 2′-OH de un ribonucleósido está en la posición α), las bases en el ADN no pueden apilarse bien.

La ribavirina es un antviral de amplio espectro que inhibe la síntesis del ARNm viral. Un paso en la ruta metabólica responsable de la síntesis de la guanosina trifosfato (GTP, por sus siglas en inglés, *guanosine triphosphate*) convierte al monofosfato de inosina (IMP) en monofosfato de xantosina (XMP). La ribavirina es un inhibidor competitivo de la enzima que cataliza ese paso. Así, la ribavirina interfiere con la síntesis de GTP y, en consecuencia, con la síntesis de todos los ácidos nucleicos. Se usa para tratar hepatitis C crónica en niños.

La idoxuridina está aprobada en Estados Unidos sólo para el tratamiento tópico de infecciones oculares, aunque se usa para infecciones de herpes en otros países. La idoxuridina tiene un grupo yoduro en lugar del grupo metilo de la tiamina y se incorpora al ADN en lugar de la timina. Puede continuar la elongación de la cadena porque la idoxuridina tiene un grupo OH en 3′, pero el ADN que resulta se rompe con más facilidad y tampoco se transcribe bien. (Véase también AZT en la página 1229).

30.13 Economía de los medicamentos · Reglamentos gubernamentales

El costo promedio para lanzar un nuevo medicamento es de 100 a 500 millones de dólares. El fabricante debe recuperar con rapidez esa inversión porque la fecha de arranque de la patente es la del descubrimiento de la sustancia. Una patente es válida por 20 años a partir de la fecha de su solicitud, pero como se necesita un promedio de 12 años para vender un medicamento después de su descubrimiento inicial, la patente protege al descubridor del producto durante sólo un promedio de 8 años. Sólo durante los 8 años de protección de la patente sus ventas pueden proporcionar un ingreso suficiente para cubrir los costos iniciales y pagar la investigación de nuevos medicamentos. De manera adicional, el promedio de vida comercial de un medicamento es de sólo 15 a 20 años. Después, en general la medicina es sustituida por una nueva y mejorada. Sólo aproximadamente 1 de cada 3 medicamentos rinde utilidades para la empresa.

¿Por qué cuesta tanto desarrollar un nuevo medicamento? Primero, la FDA tiene altos estándares que deben cumplirse para aprobar una sustancia para un uso determinado (sección 30.4). Un factor importante del alto precio de muchos medicamentos es la baja tasa de éxito al ir del concepto inicial hasta llegar a un producto aprobado: sólo 1 o 2 de cada 100 compuestos probados son compuestos líder; de cada 100 modificaciones estructurales de un compuesto líder, sólo 1 merece más estudio. Por cada 10,000 compuestos evaluados en estudios con animales, sólo 10 pasarán a las pruebas clínicas. Las pruebas clínicas consisten en tres fases: en la fase I se evalúa la eficacia, la seguridad, los efectos secundarios y la dosis en hasta 100 voluntarios saludables; en la fase II se investigan la eficacia, la seguridad y los efectos secundarios en 100 a 500 voluntarios que tienen lo que debe curar la medicina, y en la fase III se establece la eficacia y la dosis adecuada del medicamento y se vigilan las reacciones adversas en varios miles de pacientes voluntarios. Por cada 10 compuestos que entran a las pruebas clínicas, sólo uno satisface los requisitos cada vez mayores para llegar a ser un producto comercializable.

FÁRMACOS HUÉRFANOS

Por el alto costo que implica desarrollar un medicamento, las empresas farmacéuticas se resisten a emprender investigaciones sobre fármacos para enfermedades raras. Aun cuando una empresa encontrara un medicamento eficaz para una enfermedad, no habría forma de recuperar los gastos por la demanda limitada. Por fortuna para las personas que padecen dichas enfermedades, el Congreso estadounidense promulgó, en 1983, la Ley de los Fármacos Huérfanos. Esta ley crea subsidios públicos para financiar investigaciones y dar créditos impositivos al desarrollo y comercialización de medicamentos, llamados **fármacos huérfanos,** para enfermedades o condiciones que afecten a menos de 200,000 personas. Además, la ley estipula que si la sustancia no es patentable la empresa que la desarrolle tiene cuatro años de derechos exclusivos de venta. En los 10 años anteriores a la promulgación de esta ley se habían desarrollado menos de 10 fármacos huérfanos. Hoy se dispone de más de 100 y otras 600 se encuentran en desarrollo.

Entre los medicamentos desarrollados originalmente como fármacos huérfanos están el AZT (para el tratamiento de SIDA), el taxol (para el tratamiento del cáncer de ovarios), el exosurf neonatal (para el síndrome de dificultad respiratoria en niños) y el opticrom (para inflamación de córnea).

RESUMEN

Un **medicamento, sustancia medicinal** o **fármaco** es un compuesto que interactúa con una molécula biológica y desencadena una respuesta fisiológica. Cada medicamento tiene una **marca** que puede usar sólo el poseedor de la patente, válida durante 20 años. Una vez expirada la patente, otras empresas farmacéuticas pueden vender la sustancia con un **nombre genérico** que pueda usar cualquier compañía. Las medicinas que nadie desea desarrollar porque se usarían para enfermedades o estados que afectan a menos de 200,000 personas se llaman **medicamentos huérfanos**. La FDA establece altos estándares que deben cumplirse para que una medicina resulte aprobada para un determinado uso. El costo promedio para lanzar un nuevo medicamento es de unos 230 millones de dólares.

El prototipo para una nueva medicina se llama **compuesto líder**. Al cambio de la estructura de un compuesto líder se le llama

modificación molecular. Una **evaluación aleatoria**, o **evaluación ciega**, es una búsqueda de un compuesto líder farmacológicamente activo sin la ventaja de tener información alguna acerca de qué estructuras podrían tener actividad. La técnica de relacionar una propiedad de una serie de compuestos con la actividad biológica se llama **relación cuantitativa estructura-actividad** (QSAR, por sus siglas en inglés, *quantitative structure-activity*).

Muchas sustancias ejercen sus efectos fisiológicos uniéndose a un sitio específico de unión llamado **receptor**. Algunas medicinas actúan inhibiendo enzimas o uniéndose a ácidos nucleicos. La mayor parte de los **medicamentos antivirales** son análogos de nucleósidos que interfieren con la síntesis de ADN o de ARN, evitando así que los virus se repliquen.

Un **fármaco bacteriostático** inhibe el crecimiento de bacterias; un **fármaco bactericida** mata a las bacterias. En años recientes, muchas bacterias se han vuelto resistentes a los antibióticos, por lo que la **resistencia al medicamento** es un problema de importancia creciente en química medicinal.

El **índice terapéutico** de una sustancia es la relación de la dosis letal entre la dosis terapéutica. Mientras mayor sea el índice terapéutico, el margen de seguridad de la sustancia será mayor. En la **sinergia de medicinas**, el efecto de dos compuestos que se usan en combinación es mayor que la suma de sus efectos individuales.

Las grandes colecciones de compuestos que puedan ser evaluados para determinar su actividad biológica se preparan por **síntesis orgánica combinatoria**, que es la síntesis de un grupo de compuestos relacionados por conjuntos de bloques constructivos unidos en forma covalente.

TÉRMINOS CLAVE

actividad biológica (pág. 1312)
antiviral (pág. 1316)
bactericida (pág. 1302)
bacteriostático (pág. 1302)
coeficiente de distribución (pág. 1312)
compuesto líder (pág. 1298)
evaluación aleatoria (pág. 1300)
evaluación ciega (pág. 1300)

diseño racional de medicamentos (pág. 1312)
fármaco (pág. 1293)
medicamento huérfano (pág. 1317)
índice terapéutico (pág. 1311)
inhibidor suicida (pág. 1309)
marca (pág. 1297)
modelado molecular (pág. 1314)
modificación molecular (pág. 1298)

nombre genérico (pág. 1297)
profármaco (pág. 1301)
receptor (pág. 1304)
relación cuantitativa entre estructura
  y actividad (QSAR) (pág. 1313)
resistencia al medicamento (pág. 1310)
sinergia de medicamentos (pág. 1309)
síntesis orgánica combinatoria (pág. 1314)

PROBLEMAS

1. ¿Cuál es el nombre químico de cada una de las siguientes sustancias?
   a. benzocaína   **b.** procaína   **c.** idoxuridina

2. Con base en el compuesto líder para el desarrollo de procaína y lidocaína, proponga estructuras de otros compuestos que le gustaría probar para usarlos como anestésicos.

3. ¿Cuál de los siguientes compuestos tiene actividad tranquilizante, con mayor probabilidad?

4. ¿Cuál compuesto es un anestésico general, con más probabilidad?

$$CH_3CH_2CH_2OH \quad o \quad CH_3OCH_2CH_3$$

5. ¿Qué explica la facilidad de formación de imina entre la penicilinasa y la sulfona antibiótica que contrarresta la resistencia a la penicilina?

Problemas

6. En cada uno de los siguientes pares de compuestos, indique al que usted considera como el inhibidor más potente de dihidrofolato reductasa:

   a. [estructura: 2,4-diamino-5-cloro-6-isobutilpirimidina] o [estructura: 2,4-diamino-5-nitro-6-isobutilpirimidina]

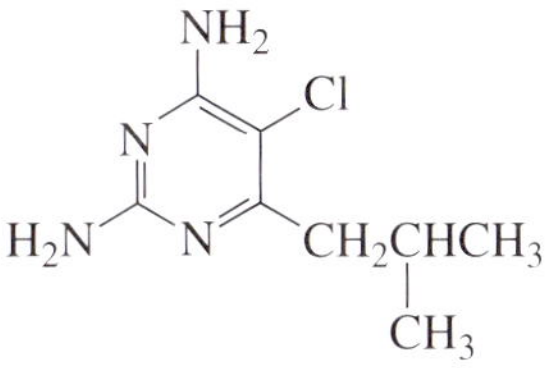

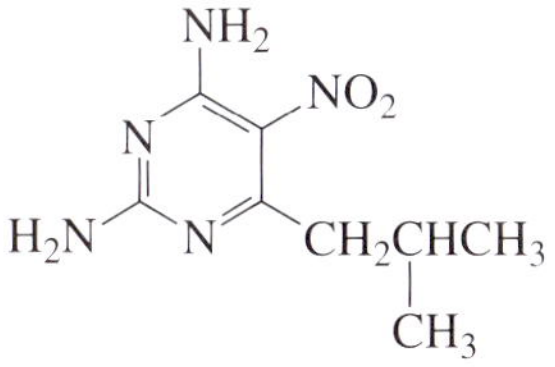

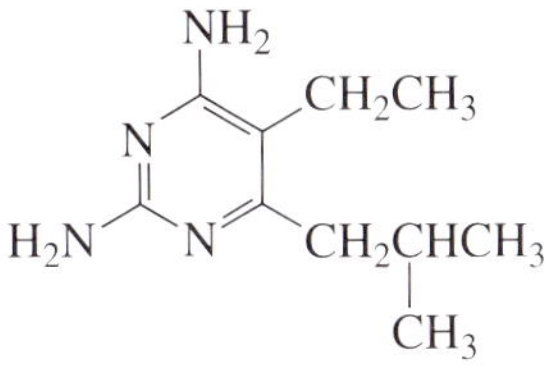

   b. [estructura: 4-amino-5-etil-6-isobutil-2-aminopirimidina] o [estructura: 4-amino-5-metil-6-(2-metilbutil)-2-aminopirimidina]

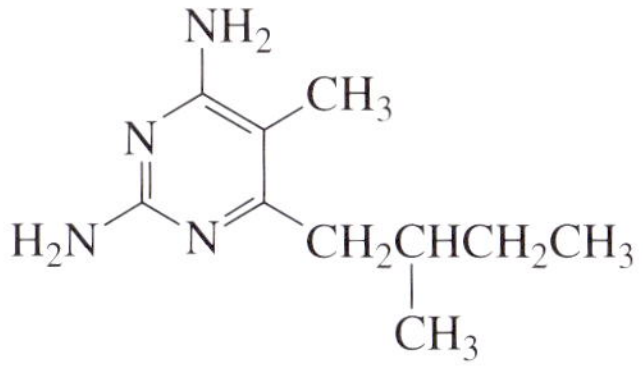

7. La dosis letal del tetrahidrocanabinol en ratones es de 2.0 g/kg y la dosis terapéutica en ratones es de 20 mg/kg. La dosis letal de pentotal sódico en ratones es de 100 mg/kg y la dosis terapéutica es de 30 mg/kg. ¿Cuál compuesto es más seguro?

8. El siguiente compuesto es un inhibidor suicida de la enzima que cataliza la racemización de aminoácidos:

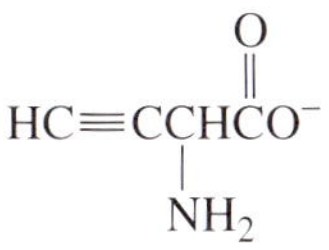

   $$HC\equiv CCH(NH_2)CO_2^-$$

   Proponga un mecanismo que explique la forma en que este compuesto inactiva de manera irreversible a la enzima.

9. Explique la forma en que cada uno de los medicamentos que se muestran en la sección 30.12 difiere del nucleósido natural que se le parece más.

10. Indique un mecanismo para la formación de un 4-óxido de benzodiazepina con la reacción de un 3-óxido de quinazolina con metilamina (sección 30.5).

11. Indique cómo se podría sintetizar Valium a partir de cloruro de benzoílo, *para*-cloroanilina, yoduro de metilo y el éster etílico de la glicina.

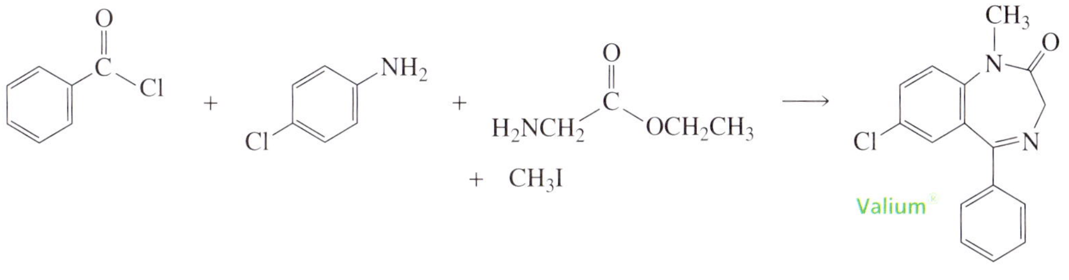

    cloruro de benzoílo + *p*-cloroanilina + H$_2$NCH$_2$C(O)OCH$_2$CH$_3$ + CH$_3$I ⟶ Valium®

12. Indique cómo se podría sintetizar Tagamet a partir de los materiales de partida indicados.

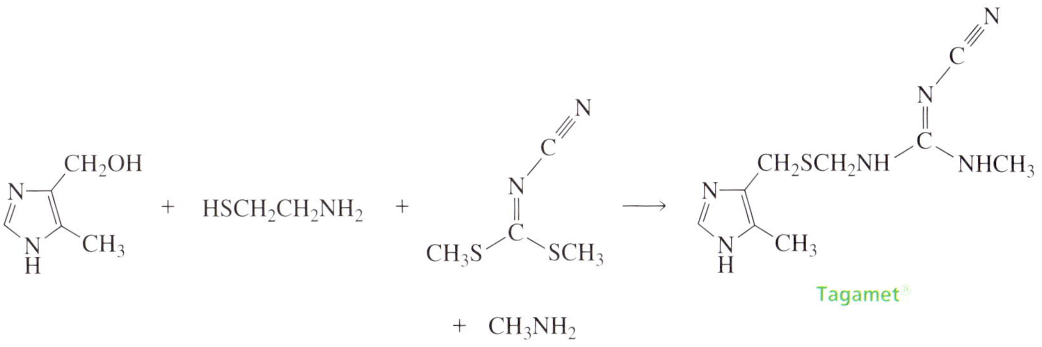

    [4-(hidroximetil)-5-metilimidazol] + HSCH$_2$CH$_2$NH$_2$ + [N-cianoditioimidocarbonato de dimetilo] + CH$_3$NH$_2$ ⟶ Tagamet®

13. Indique cómo se podría sintetizar lidocaína (página 1298) usando cloruro de cloroacetilo, 2,6-dimetilanilina y dietilamina.

Apéndice I

Propiedades físicas de los compuestos orgánicos

Propiedades físicas de alquinos				
Nombre	Estructura	P. f. (°C)	P. e. (°C)	Densidad (g/mL)
Eteno	$CH_2\!=\!CH_2$	−169	−104	
Propeno	$CH_2\!=\!CHCH_3$	−185	−47	
1-buteno	$CH_2\!=\!CHCH_2CH_3$	−185	−6.3	
1-penteno	$CH_2\!=\!CH(CH_2)_2CH_3$		30	0.641
1-hexeno	$CH_2\!=\!CH(CH_2)_3CH_3$	−138	64	0.673
1-hepteno	$CH_2\!=\!CH(CH_2)_4CH_3$	−119	94	0.697
1-octeno	$CH_2\!=\!CH(CH_2)_5CH_3$	−101	122	0.715
1-noneno	$CH_2\!=\!CH(CH_2)_6CH_3$	−81	146	0.730
1-deceno	$CH_2\!=\!CH(CH_2)_7CH_3$	−66	171	0.741
cis-2-buteno	cis-$CH_3CH\!=\!CHCH_3$	−180	37	0.650
trans-2-buteno	trans-$CH_3CH\!=\!CHCH_3$	−140	37	0.649
Metilpropeno	$CH_2\!=\!C(CH_3)_2$	−140	−6.9	0.594
cis-2-penteno	cis-$CH_3CH\!=\!CHCH_2CH_3$	−180	37	0.650
trans-2-penteno	trans-$CH_3CH\!=\!CHCH_2CH_3$	−140	37	0.649
Ciclohexeno		−104	83	0.811

Propiedades físicas de alquinos				
Nombre	Estructura	P. f. (°C)	P. e. (°C)	Densidad (g/mL)
Etino	$HC\!\equiv\!CH$	−82	−84.0	
Propino	$HC\!\equiv\!CCH_3$	−101.5	−23.2	
1-butino	$HC\!\equiv\!CCH_2CH_3$	−122	8.1	
2-butino	$CH_3C\!\equiv\!CCH_3$	−24	27	0.694
1-pentino	$HC\!\equiv\!C(CH_2)_2CH_3$	−98	39.3	0.695
2-pentino	$CH_3C\!\equiv\!CCH_2CH_3$	−101	55.5	0.714
3-Metil-1-butino	$HC\!\equiv\!CCH(CH_3)_2$		29	0.665
1-hexino	$HC\!\equiv\!C(CH_2)_3CH_3$	−132	71	0.715
2-hexino	$CH_3C\!\equiv\!C(CH_2)_2CH_3$	−92	84	0.731
3-hexino	$CH_3CH_2C\!\equiv\!CCH_2CH_3$	−101	81	0.725
1-heptino	$HC\!\equiv\!C(CH_2)_4CH_3$	−81	100	0.733
1-octino	$HC\!\equiv\!C(CH_2)_5CH_3$	−80	127	0.747
1-nonino	$HC\!\equiv\!C(CH_2)_6CH_3$	−50	151	0.757
1-decino	$HC\!\equiv\!C(CH_2)_7CH_3$	−44	174	0.766

Propiedades físicas de alcanos saturados cíclicos			
Nombre	P. f. (°C)	P. e. (°C)	Densidad (g/mL)
Ciclopropano	−128	−33	
Ciclobutano	−80	−12	
Ciclopentano	−94	50	0.751
Ciclohexano	6.5	81	0.779
Cicloheptano	−12	118	0.811
Ciclooctano	14	149	0.834
Metilciclopentano	−142	72	0.749
Metilciclohexano	−126	100	0.769
cis-1,2-dimetilciclopentano	−62	99	0.772
trans-1,2-dimetilciclopentano	−120	92	0.750

Propiedades físicas de éteres				
Nombre	Estructura	P. f. (°C)	P. e. (°C)	Densidad (g/mL)
Dimetil éter	CH_3OCH_3	−141	−24.8	
Dimetil éter	$CH_3CH_2OCH_2CH_3$	−116	34.6	0.706
Dimetil éter	$CH_3(CH_2)_2O(CH_2)_2CH_3$	−123	88	0.736
Diisopropil éter	$(CH_3)_2CHOCH(CH_3)_2$	−86	69	0.725
Dibutil éter	$CH_3(CH_2)_3O(CH_2)_3CH_3$	−98	142	0.764
Divinil éter	$CH_2\!=\!CHOCH\!=\!CH_2$		35	
Dialil éter	$CH_2\!=\!CHCH_2OCH_2CH\!=\!CH_2$		94	0.830
Tetrahidrofurano		−108	66	0.889
Dioxano	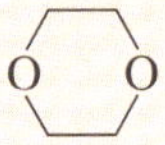	12	101	1.034

Propiedades físicas de alcoholes

Nombre	Estructura	P. f. (°C)	P. e. (°C)	Solubilidad (g/100 g H$_2$O a 25 °C)
Metanol	CH$_3$OH	−97.8	64	∞
Etanol	CH$_3$CH$_2$OH	−114.7	78	∞
1-propanol	CH$_3$(CH$_2$)$_2$OH	−127	97.4	∞
1-butanol	CH$_3$(CH$_2$)$_3$OH	−90	118	7.9
1-pentanol	CH$_3$(CH$_2$)$_4$OH	−78	138	2.3
1-hexanol	CH$_3$(CH$_2$)$_5$OH	−52	157	0.6
1-heptanol	CH$_3$(CH$_2$)$_6$OH	−36	176	0.2
1-octanol	CH$_3$(CH$_2$)$_7$OH	−15	196	0.05
2-propanol	CH$_3$CHOHCH$_3$	−89.5	82	∞
2-butanol	CH$_3$CHOHCH$_2$CH$_3$	−115	99.5	12.5
2-metil-1-propanol	(CH$_3$)$_2$CHCH$_2$OH	−108	108	10.0
2-metil-2-propanol	(CH$_3$)$_3$COH	25.5	83	∞
3-metil-1-butanol	(CH$_3$)$_2$CH(CH$_2$)$_2$OH	−117	130	2
2-metil-2-butanol	(CH$_3$)$_2$COHCH$_2$CH$_3$	−12	102	12.5
2,2-dimetil-1-propanol	(CH$_3$)$_3$CCH$_2$OH	55	114	∞
Alcohol alílico	CH$_2$=CHCH$_2$OH	−129	97	∞
Ciclopentanol	C$_5$H$_9$OH	−19	140	poco soluble
Ciclohexanol	C$_6$H$_{11}$OH	24	161	poco soluble
Alcohol bencílico	C$_6$H$_5$CH$_2$OH	−15	205	4

Propiedades físicas de halogenuros de alquilo

	P. e. (°C)			
Nombre	*Fluoruro*	*Cloruro*	*Bromuro*	*Yoduro*
Metilo	−78.4	−24.2	3.6	42.4
Etilo	−37.7	12.3	38.4	72.3
Propil	−2.5	46.6	71.0	102.5
Isopropilo	−9.4	34.8	59.4	89.5
Butilo	32.5	78.4	100	130.5
Isobutilo		68.8	90	120
sec-butilo		68.3	91.2	120.0
tert-butilo		50.2	73.1	desc.
Pentilo	62.8	108	130	157.0
Hexilo	92	133	154	179

Propiedades físicas de aminas

Nombre	Estructura	P. f. (°C)	P. e. (°C)	Solubilidad (g/100 g H$_2$O a 25 °C)
Aminas primarias				
Metilamina	CH$_3$NH$_2$	−93	−6.3	muy soluble
Etilamina	CH$_3$CH$_2$NH$_2$	−81	17	∞
Propilamina	CH$_3$(CH$_2$)$_2$NH$_2$	−83	48	∞
Isopropilamina	(CH$_3$)$_2$CHNH$_2$	−95	33	∞
Butilamina	CH$_3$(CH$_2$)$_3$NH$_2$	−49	78	muy soluble
Isobutilamina	(CH$_3$)$_2$CHCH$_2$NH$_2$	−85	68	∞
sec-butilamina	CH$_3$CH$_2$CH(CH$_3$)NH$_2$	−72	63	∞
terc-butilamina	(CH$_3$)$_3$CNH$_2$	−67	46	∞
Ciclohexilamina	C$_6$H$_{11}$NH$_2$	−18	134	poco soluble
Aminas secundarias				
Dimetilamina	(CH$_3$)$_2$NH	−93	7.4	muy soluble
Dietilamina	(CH$_3$CH$_2$)$_2$NH	−50	55	10.0
Dipropilamina	(CH$_3$CH$_2$CH$_2$)$_2$NH	−63	110	10.0
Dibutilamina	(CH$_3$CH$_2$CH$_2$CH$_2$)$_2$NH	−62	159	poco soluble
Aminas terciarias				
Trimetilamina	(CH$_3$)$_3$N	−115	2.9	91
Trietilamina	(CH$_3$CH$_2$)$_3$N	−114	89	14
Tripropilamina	(CH$_3$CH$_2$CH$_2$)$_3$N	−93	157	poco soluble

Propiedades físicas del benceno y bencenos sustituidos

Nombre	Estructura	P. f. (°C)	P. e. (°C)	Solubilidad (g/100 g H$_2$O a 25 °C)
Anilina	C$_6$H$_5$NH$_2$	−6	184	3.7
Benceno	C$_6$H$_6$	5.5	80.1	poco soluble
Benzaldehído	C$_6$H$_5$CHO	−26	178	poco soluble
Benzamida	C$_6$H$_5$CONH$_2$	132	290	poco soluble
Ácido benzoico	C$_6$H$_5$COOH	122	249	0.34
Bromobenceno	C$_6$H$_5$Br	−30.8	156	insoluble
Clorobenceno	C$_6$H$_5$Cl	−45.6	132	insoluble
Nitrobenceno	C$_6$H$_5$NO$_2$	5.7	210.8	poco soluble
Fenol	C$_6$H$_5$OH	43	182	poco soluble
Estireno	C$_6$H$_5$CH=CH$_2$	−30.6	145.2	insoluble
Tolueno	C$_6$H$_5$CH$_3$	−95	110.6	insoluble

Propiedades físicas de los ácidos carboxílicos

Nombre	Estructura	P. f. (°C)	P. e. (°C)	Solubilidad (g/100 g H$_2$O a 25 °C)
Ácido fórmico	HCOOH	8.4	101	∞
Ácido acético	CH$_3$COOH	16.6	118	∞
Ácido propiónico	CH$_3$CH$_2$COOH	−21	141	∞
Ácido butanoico	CH$_3$(CH$_2$)$_2$COOH	−5	162	∞
Ácido pentanoico	CH$_3$(CH$_2$)$_3$COOH	−34	186	4.97
Ácido hexanoico	CH$_3$(CH$_2$)$_4$COOH	−4	202	0.97
Ácido heptanoico	CH$_3$(CH$_2$)$_5$COOH	−8	223	0.24
Ácido octanoico	CH$_3$(CH$_2$)$_6$COOH	17	237	0.068
Ácido nonanoico	CH$_3$(CH$_2$)$_7$COOH	15	255	0.026
Ácido decanoico	CH$_3$(CH$_2$)$_8$COOH	32	270	0.015

Propiedades físicas de los ácidos dicarboxílicos

Nombre	Estructura	P. f. (°C)	Solubilidad (g/100 g H$_2$O a 25 °C)
Ácido oxálico	HOOCCOOH	189	S
Ácido malónico	HOOCCH$_2$COOH	136	muy soluble
Ácido succínico	HOOC(CH$_2$)$_2$COOH	185	poco soluble
Ácido glutárico	HOOC(CH$_2$)$_3$COOH	98	muy soluble
Ácido adípico	HOOC(CH$_2$)$_4$COOH	151	poco soluble
Ácido pimélico	HOOC(CH$_2$)$_5$COOH	106	poco soluble
ácido ftálico	1,2-C$_6$H$_4$(COOH)$_2$	231	poco soluble
Ácido maleico	cis-HOOCCH=CHCOOH	130.5	muy soluble
Ácido fumárico	trans-HOOCCH=CHCOOH	302	poco soluble

Propiedades físicas de cloruros de acilo y anhídridos de ácido

Nombre	Estructura	P. f. (°C)	P. e. (°C)
Cloruro de acetilo	CH$_3$COCl	−112	51
Cloruro de propionilo	CH$_3$CH$_2$COCl	−94	80
Cloruro de butirilo	CH$_3$(CH$_2$)$_2$COCl	−89	102
Cloruro de valerilo	CH$_3$(CH$_2$)$_3$COCl	−110	128
Anhídrido acético	CH$_3$(CO)O(CO)CH$_3$	−73	140
Anhídrido succínico	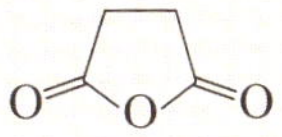		120

Propiedades físicas de los ésteres

Nombre	Estructura	P. f. (°C)	P. e. (°C)
Formato de metilo	$HCOOCH_3$	−100	32
Formato de etilo	$HCOOCH_2CH_3$	−80	54
Acetato de metilo	CH_3COOCH_3	−98	57.5
Acetato de etilo	$CH_3COOCH_2CH_3$	−84	77
Acetato de propilo	$CH_3COO(CH_2)_2CH_3$	−92	102
Propionato de metilo	$CH_3CH_2COOCH_3$	−87.5	80
Propionato de etilo	$CH_3CH_2COOCH_2CH_3$	−74	99
Butirato de metilo	$CH_3CH_2CH_2COOCH_3$	−84.8	102.3
Butirato de etilo	$CH_3CH_2CH_2COOCH_2CH_3$	−93	121

Propiedades físicas de las amidas

Nombre	Estructura	P. f. (°C)	P. e. (°C)
Formamida	$HCONH_2$	3	200 d*
Acetamida	CH_3CONH_2	82	221
Propanamida	$CH_3CH_2CONH_2$	80	213
Butanamida	$CH_3(CH_2)_2CONH_2$	116	216
Pentanamida	$CH_3(CH_2)_3CONH_2$	106	232

* d quiere decir que la sustancia se descompone.

Propiedades físicas de los aldehídos

Nombre	Estructura	P. f. (°C)	P. e. (°C)	Solubilidad (g/100 g H_2O a 25 °C)
Formaldehído	$HCHO$	−92	−21	muy soluble
Acetaldehído	CH_3CHO	−121	21	∞
Propionaldehído	CH_3CH_2CHO	−81	49	16
Butiraldehído	$CH_3(CH_2)_2CHO$	−96	75	7
Pentanal	$CH_3(CH_2)_3CHO$	−92	103	poco soluble
Hexanal	$CH_3(CH_2)_4CHO$	−56	131	poco soluble
Heptanal	$CH_3(CH_2)_5CHO$	−43	153	0.1
Octanal	$CH_3(CH_2)_6CHO$		171	insoluble
Nonanal	$CH_3(CH_2)_7CHO$		192	insoluble
Decanal	$CH_3(CH_2)_8CHO$	−5	209	insoluble
Benzaldehído	C_6H_5CHO	−26	178	0.3

Propiedades físicas de las cetonas

Nombre	Estructura	P. f. (°C)	P. e. (°C)	Solubilidad (g/100 g H$_2$O a 25 °C)
Acetona	CH$_3$COCH$_3$	−95	56	∞
2-butanona	CH$_3$COCH$_2$CH$_3$	−86	80	25.6
2-pentanona	CH$_3$CO(CH$_2$)$_2$CH$_3$	−78	102	5.5
2-hexanona	CH$_3$CO(CH$_2$)$_3$CH$_3$	−57	127	1.6
2-heptanona	CH$_3$CO(CH$_2$)$_4$CH$_3$	−36	151	0.4
2-octanona	CH$_3$CO(CH$_2$)$_5$CH$_3$	−16	173	insoluble
2-nonanona	CH$_3$CO(CH$_2$)$_6$CH$_3$	−7	195	insoluble
2-decanona	CH$_3$CO(CH$_2$)$_7$CH$_3$	14	210	insoluble
3-pentanona	CH$_3$CH$_2$COCH$_2$CH$_3$	−40	102	4.8
3-hexanona	CH$_3$CH$_2$CO(CH$_2$)$_2$CH$_3$		123	1.5
3-heptanona	CH$_3$CH$_2$CO(CH$_2$)$_3$CH$_3$	−39	149	0.3
Acetofenona	CH$_3$COC$_6$H$_5$	19	202	insoluble
Propiofenona	CH$_3$CH$_2$COC$_6$H$_5$	18	218	insoluble

Apéndice II

Valores de pK_a

Compuesto	pK_a	Compuesto	pK_a	Compuesto	pK_a
CH$_3$C≡$\overset{+}{N}$H	−10.1	O$_2$N-C$_6$H$_4$-$\overset{+}{N}$H$_3$	1.0	CH$_3$-C$_6$H$_4$-COOH	4.3
HI	−10	pirimidinio ($\overset{+}{N}$H)	1.0	CH$_3$O-C$_6$H$_4$-COOH	4.5
HBr	−9				
CH$_3$CH=$\overset{+}{O}$H	−8	Cl$_2$CHCOOH	1.3	C$_6$H$_5$-$\overset{+}{N}$H$_3$	4.6
CH$_3$C(=$\overset{+}{O}$H)CH$_3$	−7.3	HSO$_4^-$	2.0		
HCl	−7	H$_3$PO$_4$	2.1	CH$_3$COOH	4.8
C$_6$H$_5$-SO$_3$H	−6.5	purina ($\overset{+}{H N}$)	2.5	quinolinio ($\overset{+}{N}$H)	4.9
CH$_3$C(=$\overset{+}{O}$H)OCH$_3$	−6.5	FCH$_2$COOH	2.7		
CH$_3$C(=$\overset{+}{O}$H)OH	−6.1	ClCH$_2$COOH	2.8	CH$_3$-C$_6$H$_4$-$\overset{+}{N}$H$_3$	5.1
H$_2$SO$_4$	−5	BrCH$_2$COOH	2.9	piridinio ($\overset{+}{N}$H)	5.2
pirrol ($\overset{+}{N}$H H)	−3.8	ICH$_2$COOH	3.2	CH$_3$O-C$_6$H$_4$-$\overset{+}{N}$H$_3$	5.3
CH$_3$CH$_2$$\overset{+}{O}$(H)CH$_2CH_3$	−3.6	HF	3.2	CH$_3$C(=$\overset{+}{N}$HCH$_3$)CH$_3$	5.5
CH$_3$CH$_2$$\overset{+}{O}H_2$	−2.4	HNO$_2$	3.4		
CH$_3$$\overset{+}{O}H_2$	−2.5	O$_2$N-C$_6$H$_4$-COOH	3.4	CH$_3$COCH$_2$COCH$_3$	5.9
H$_3$O$^+$	−1.7	HCOOH	3.8	HO$\overset{+}{N}$H$_3$	6.0
HNO$_3$	−1.3			H$_2$CO$_3$	6.4
CH$_3$SO$_3$H	−1.2	Br-C$_6$H$_4$-$\overset{+}{N}$H$_3$	3.9	imidazolio	6.8
CH$_3$C(=$\overset{+}{O}$H)NH$_2$	0.0	Br-C$_6$H$_4$-COOH	4.0	H$_2$S	7.0
F$_3$CCOOH	0.2			O$_2$N-C$_6$H$_4$-OH	7.1
Cl$_3$CCOOH	0.64	piridina-COOH	4.2	H$_2$PO$_4^-$	7.2
piridinio-N-OH	0.79			C$_6$H$_5$-SH	7.8

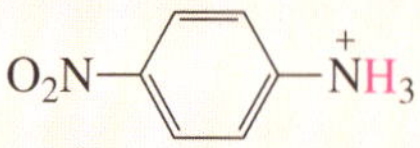

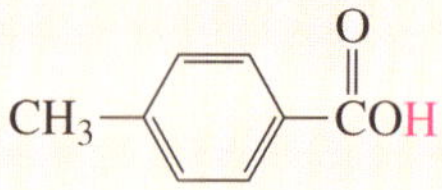

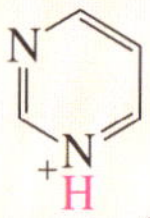

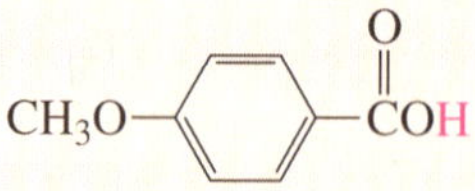

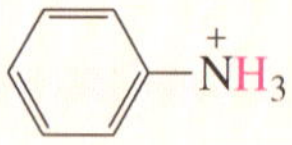

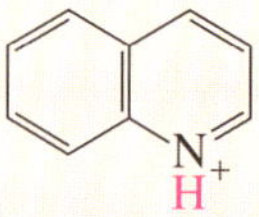

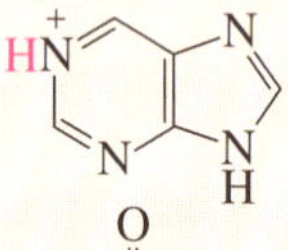

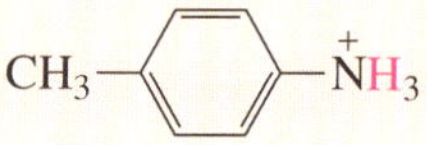

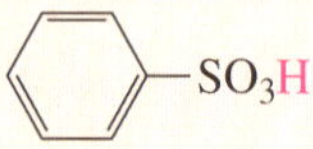

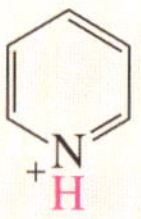

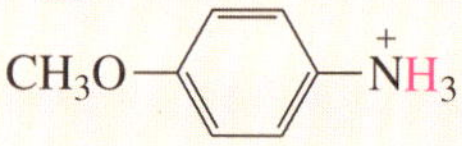

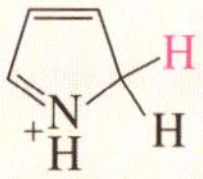

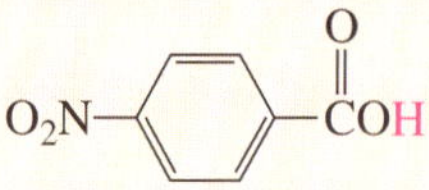

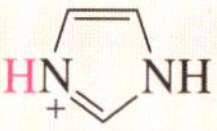

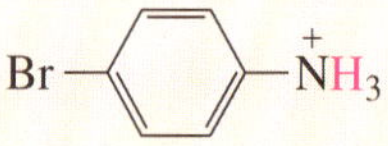

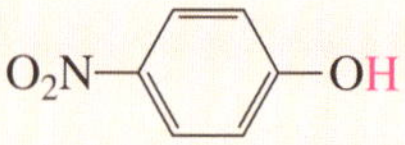

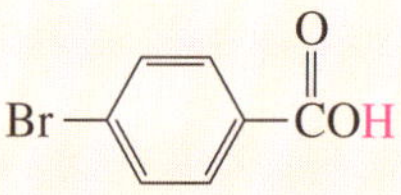

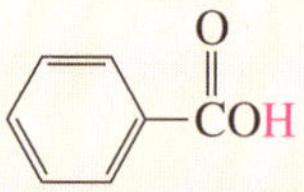

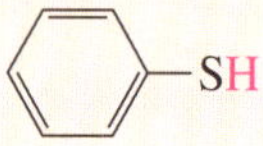

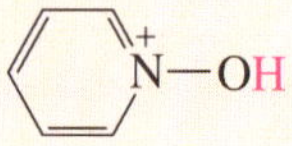

[a] Los valores de pK_a son para el H marcado con rojo en cada estructura.

Valores de pK_a (continuación)

Compuesto	pK_a	Compuesto	pK_a	Compuesto	pK_a
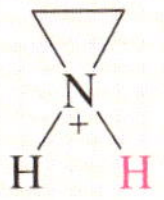 aziridinium (H-N+H-H, ring)	8.0	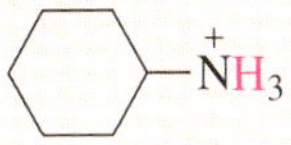 cyclohexyl-NH_3^+	10.7	CH_3CHO	17
$H_2N\overset{+}{N}H_3$	8.1	$(CH_3)_2\overset{+}{N}H_2$	10.7	$(CH_3)_3COH$	18
CH_3COOH	8.2	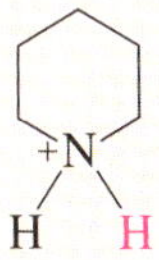 piperidinium	11.1	CH_3COCH_3	20
$CH_3CH_2NO_2$	8.6	$CH_3CH_2\overset{+}{N}H_3$	11.0	$CH_3COCH_2CH_3$ (ester)	24.5
$CH_3COCH_2COCH_3$	8.9	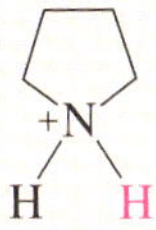 pyrrolidinium	11.3	$HC\equiv CH$	25
$HC\equiv N$	9.1			$CH_3C\equiv N$	25
morpholinium	9.3	$HOOH$	11.6	$CH_3CN(CH_3)_2$	30
		HPO_4^{2-}	12.3	NH_3	36
Cl-C6H4-OH	9.4	CF_3CH_2OH	12.4	pyrrolidine	36
$\overset{+}{N}H_4$	9.4	$CH_3CH_2OCCH_2COCH_2CH_3$	13.3	CH_3NH_2	40
$HOCH_2CH_2\overset{+}{N}H_3$	9.5	$HC\equiv CCH_2OH$	13.5	toluene (C6H5-CH3)	41
$H_3\overset{+}{N}CH_2CO^-$	9.8	H_2NCNH_2 (urea)	13.7	benzene	43
C6H5-OH	10.0	$CH_3\overset{+}{N}(CH_3)CH_2CH_2OH$	13.9	$CH_2=CHCH_3$	43
CH_3-C6H4-OH	10.2	imidazole	14.4	$CH_2=CH_2$	44
HCO_3^-	10.2	CH_3OH	15.5	cyclopropane	46
CH_3NO_2	10.2	H_2O	15.7	CH_4	60
H_2N-C6H4-OH	10.3	CH_3CH_2OH	16.0	CH_3CH_3	>60
CH_3CH_2SH	10.5	CH_3CNH_2	16		
$(CH_3)_3\overset{+}{N}H$	10.6	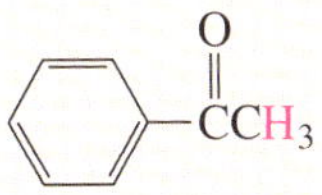 C6H5-CO-CH_3	16.0		
$CH_3CCH_2COCH_2CH_3$	10.7	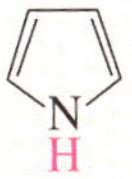 pyrrole	~17		
$CH_3\overset{+}{N}H_3$	10.7				

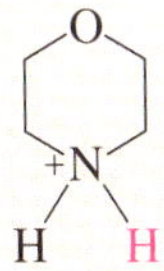

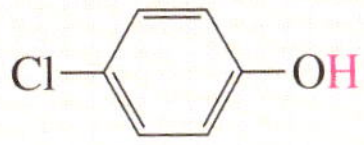

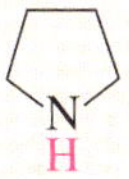

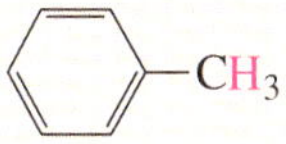

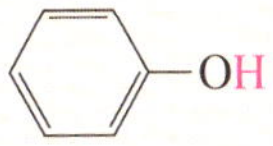

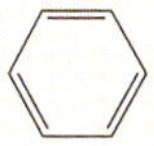

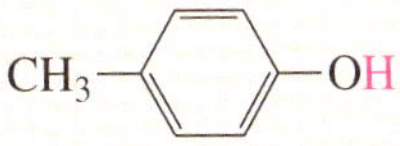

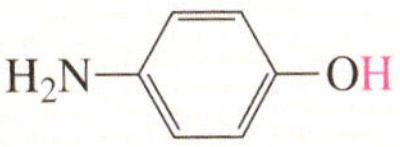

Apéndice III
Deducciones de las leyes de rapidez

Cómo determinar las constantes de rapidez

Un **mecanismo de reacción** es un análisis detallado de la forma en que se reordenan los enlaces químicos (o los electrones) en los reactivos para formar los productos. El mecanismo de una reacción dada debe obedecer la ley de rapidez observada para la reacción. Una **ley de rapidez** indica la forma en que la rapidez de una reacción depende de la concentración de las especies que intervienen en la reacción.

Reacción de primer orden

La rapidez es proporcional a la concentración de un reactivo:

$$A \xrightarrow{k_1} \text{productos}$$

Ley de rapidez: $\qquad$ rapidez $= k_1[A]$

Para determinar la constante de rapidez de primer orden (k_1),

Cambio de la concentración de A con respecto al tiempo:

$$\frac{-d[A]}{dt} = k_1[A]$$

Siendo a = concentración inicial de A;
$\qquad x$ = concentración de A que reaccionó hasta el tiempo t.
Por consiguiente, la concentración de A que queda en el momento t es $= (a - x)$
Sustituyendo en la ecuación anterior

$$\frac{-d(a-x)}{dt} = k_1(a-x)$$

$$\frac{-da}{dt} + \frac{dx}{dt} = k_1(a-x)$$

$$0 + \frac{dx}{dt} = k_1(a-x)$$

$$\frac{dx}{(a-x)} = k_1 dt$$

Al integrar la última ecuación se obtiene

$$-\ln(a-x) = k_1 t + \text{constante}$$

Cuando $t = 0$, $x = 0$; y entonces,

$$\text{constante} = -\ln a$$
$$-\ln(a-x) = k_1 t - \ln a$$
$$\ln \frac{a}{a-x} = k_1 t$$
$$\ln \frac{a-x}{a} = -k_1 t$$

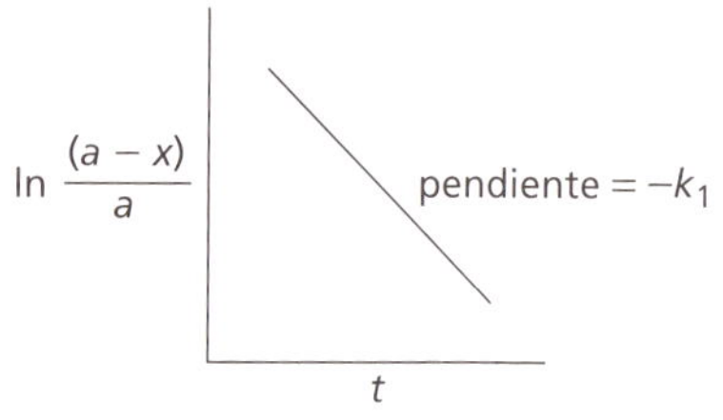

Vida media de una reacción de primer orden

La **vida media** ($t_{1/2}$) de una reacción es el tiempo que se necesita para que la mitad del reactivo reaccione (o para que se forme la mitad del producto). Para deducir la vida media de un reactivo en una reacción de primer orden, se parte de la ecuación

$$\ln \frac{a}{(a-x)} = k_1 t$$

Entonces, cuando $t_{1/2}$, $x = \dfrac{a}{2}$;

$$\ln \frac{a}{\left(a - \dfrac{a}{2}\right)} = k_1 t_{1/2}$$

$$\ln \frac{a}{\dfrac{a}{2}} = k_1 t_{1/2}$$

$$\ln 2 = k_1 t_{1/2}$$

$$0.693 = k_1 t_{1/2}$$

$$t_{1/2} = \frac{0.693}{k_1}$$

Nótese que la vida media de una reacción de primer orden es independiente de la concentración del reactivo.

Reacción de segundo orden

La rapidez es proporcional a la concentración de dos reactivos:

$$A + B \xrightarrow{k_2} \text{productos}$$

Ley de rapidez: $\qquad$ rapidez $= k_2[A][B] \qquad$ (k_2 es la constante de rapidez)

Para determinar la constante de rapidez de segundo orden (k_2), cambio de la concentración de A con respecto al tiempo:

$$\frac{-d[A]}{dt} = k_2[A][B]$$

Siendo $a =$ concentración inicial de A;
$\qquad b =$ concentración inicial de B;
$\qquad x =$ concentración de A que reaccionó hasta el tiempo t.

Por consiguiente, la concentración de A que queda en el tiempo t es $(a - x)$, y la concentración de B que queda en el momento t es $= (b - x)$.

Al sustituir se obtiene

$$\frac{dx}{dt} = k_2(a - x)(b - x)$$

Para el caso en el que $a = b$ (esta condición se puede definir experimentalmente),

$$\frac{dx}{dt} = k_2(a - x)^2$$

$$\frac{dx}{(a - x)^2} = k_2 \, dt$$

Al integrar queda

$$\frac{1}{(a - x)} = k_2 t + \text{constante}$$

Cuando $t = 0$, $x = 0$, y entonces

$$\text{constante} = \frac{1}{a}$$

$$\frac{1}{(a-x)} - \frac{1}{a} = k_2 t$$

Vida media de una reacción de segundo orden

$$\frac{1}{(a-x)} - \frac{1}{a} = k_2 t$$

Cuando $t_{1/2}$, $x = \dfrac{a}{2}$, por lo que,

$$\frac{1}{a} = k_2 t_{1/2}$$

$$t_{1/2} = \frac{1}{k_2 a}$$

Reacción de seudoprimer orden

Es más fácil determinar una constante de rapidez de primer orden que una de segundo orden porque el comportamiento cinético de una reacción de primer orden es independiente de la concentración inicial del reactivo. Por lo anterior, se puede determinar una constante de rapidez de primer orden sin conocer la concentración inicial del reactivo. En la determinación de una constante de rapidez de segundo orden se requiere no sólo conocer las concentraciones iniciales de los reactivos sino también que las concentraciones iniciales de los dos reactivos sean idénticas para simplificar la ecuación cinética.

Sin embargo, si en una reacción de segundo orden la concentración de uno de los reactivos es mucho mayor que la del otro se puede considerar que la reacción es de primer orden. Este tipo de reacción se designa como una **reacción de seudoprimer orden** y se define por

$$\frac{-d[A]}{dt} = k_2[A][B]$$

Si $[B] \gg [A]$, entonces

$$\frac{-d[A]}{dt} = k_2'[A]$$

La constante de rapidez obtenida para una reacción de seudoprimer orden (k_2') incluye la concentración de B, pero se puede determinar k_2 efectuando la reacción a varias concentraciones distintas de B y determinando la pendiente de una gráfica de la rapidez observada en función de [B].

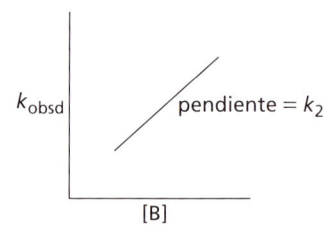

Apéndice IV

Resumen de métodos para sintetizar un determinado grupo funcional

SÍNTESIS DE ACETALES
1. Reacción de un aldehído y dos equivalentes de un alcohol catalizada por ácido (17.10).

SÍNTESIS DE ANHÍDRIDOS DE ÁCIDO
1. Reacción de un haluro de acilo con un ion carboxilato (16.8).
2. Preparación de un anhídrido cíclico calentando un ácido dicarboxílico (16.23).

SÍNTESIS DE CLORUROS DE ACILO O BROMUROS DE ACILO
1. Reacción de un ácido carboxílico con $SOCl_2$, PCl_3 o PBr_3 (16.21).

SÍNTESIS DE ALCOHOLES
1. Hidratación de un alqueno catalizada por ácido (4.5).
2. Oximercuración-desmercuración de un alqueno (4.8).
3. Hidroboración-oxidación de un alqueno (4.10).
4. Reacción de un haluro de alquilo con HO^- (8.2, 8.5).
5. Reacción de un reactivo de Grignard con un epóxido (10.12).
6. Reducción de un aldehído, una cetona, un cloruro de acilo, un anhídrido, un éster o un ácido carboxílico (17.6, 19.1).
7. Reacción de un reactivo de Grignard con un aldehído, una cetona, un cloruro de acilo o un éster (17.4).
8. Reducción de una cetona con $NaBH_4$ en etanol acuoso frío, en presencia de tricloruro de cerio (19.1).
9. Ruptura de un éter con HI o HBr (10.7).
10. Reacción de un reactivo de organozinc con un aldehído o una cetona. (Pág. 901).

SÍNTESIS DE ALDEHÍDOS
1. Hidroboración-oxidación de un alquino terminal con disiamilborano seguida por $H_2O_2 + HO^-$ (6.8).
2. Oxidación de un alcohol primario con clorocromato de piridinio (10.5, 19.2).
3. Oxidación de Swern de un alcohol primario con sulfóxido de dimetilo, cloruro de oxalilo y trietilamina (19.2).
4. Reducción de Rosenmund: hidrogenación catalítica de un cloruro de acilo (19.1).
5. Reacción de un cloruro de acilo con hidruro de tri(*tert*-butoxi)aluminio de litio (19.1).
6. Reacción de un éster con hidruro de diisobutilaluminio (DIBALH) (19.1).
7. Ruptura de un 1,2-diol con ácido peryódico (19.6).
8. Ozonólisis de un alqueno, seguida por un tratamiento bajo condiciones reductoras (19.7).

SÍNTESIS DE ALCANOS
1. Hidrogenación catalítica de un alqueno o un alquino (4.11, 6.9, 19.1).
2. Reacción de un reactivo de Grignard con una fuente de protones (10.13).
3. Reducción de Wolff-Kishner o de Clemmensen de un aldehído o una cetona (14.18, 16.8).
4. Reducción de un tioacetal o tiocetal con H_2 y níquel Raney (17.12).
5. Reacción de un reactivo de Gilman con un haluro de alquilo (10.13).
6. Preparación de un ciclopropano por reacción de un alqueno con un carbeno (4.9).

SÍNTESIS DE ALQUENOS
1. Eliminación de haluro de hidrógeno de un haluro de alquilo (9.1, 9.2, 9.3).
2. Deshidratación de un alcohol catalizada por ácido (10.4).
3. Reacción de eliminación de Hoffmann de un protón y una amina terciaria de un hidróxido de amonio cuaternario (20.4).
4. Metilación exhaustiva de una amina, seguida por una reacción de eliminación de Hoffmann (20.4).

5. Hidrogenación de un alquino con catalizador de Lindlar para formar un alqueno *cis* (6.9, 19.1).
6. Reducción de un alquino con Na (o Li) y amoniaco líquido para formar un alqueno *trans* (6.9, 19.1).
7. Formación de un alqueno cíclico usando una reacción de Diels-Alder (7.12, 29.4).
8. Reacción de Wittig: reacción de un aldehído o una cetona con un iluro de fosfonio (17.13).
9. Reacción de un reactivo de Gilman con un alqueno halogenado (10.13).
10. Reacción de Heck: acoplamiento de un haluro de vinilo con un alqueno en disolución básica en presencia de $Pd(PPh_3)_4$ (10.13).
11. Reacción de Stille: acoplamiento de un haluro de vinilo con estanano, en presencia de $Pd(PPh_3)_4$ (10.13).
12. Reacción de Suzuki: acoplamiento de un haluro de vinilo con un organoborano en presencia de $Pd(PPh_3)_4$ (10.13).

SÍNTESIS DE HALUROS DE ALQUILO

1. Adición de haluro de hidrógeno (HX) a un alqueno (4.1).
2. Adición de HBr + peróxido (11.6)
3. Adición de halógeno a un alqueno (4.7)
4. Adición de haluro de hidrógeno o un halógeno a un alquino (6.6)
5. Halogenación vía radicales de un alcano, un alqueno o un alquilbenceno (11.2, 11.8).
6. Reacción de un alcohol con haluro de hidrógeno, $SOCl_2$, PCl_3 o PBr_3 (10.1, 10.2).
7. Reacción de un sulfonato de alquilo con un ion haluro (10.3).
8. Ruptura de un éter con HI o HBr (10.7).
9. Halogenación de un carbono α de un aldehído, una cetona o un ácido carboxílico (18.5, 18.6).

SÍNTESIS DE ALQUINOS

1. Eliminación de haluro de hidrógeno de un haluro de vinilo (9.10).
2. Dos eliminaciones sucesivas de haluro de hidrógeno de un dihaluro vecinal o un dihaluro geminal (9.10).
3. Reacción de un ion acetiluro (que se forma eliminando un protón de un alquino terminal) con un haluro de alquilo (6.11).

SÍNTESIS DE AMIDAS

1. Reacción de un cloruro de acilo, un anhídrido de ácido o un éster con amoniaco o con una amina (16.8, 16.9, 16.10)
2. Reacción de un ácido carboxílico y una amina con diciclohexilcarbodiimida (22.10).
3. Reacción de un nitrilo con un alcohol secundario o terciario (pág. 785).

SÍNTESIS DE AMINAS

1. Reacción de un haluro de alquilo con NH_3, RNH_2 o R_2NH (8.4).
2. Reacción de un haluro de alquilo con ion azida seguida por reducción de la alquilazida (8.4).
3. Reducción de una imina, un nitrilo o una amida (19.1).
4. Aminación reductiva de un aldehído o una cetona (17.8).
5. Síntesis de Gabriel de aminas primarias: reacción de un haluro de alquilo primario con ftalimida de potasio (16.18, 20.8).
6. Reducción de un nitro compuesto (14.19).
7. Condensación de una amina secundaria y formaldehído con un carbono ácido (pág. 904).

SÍNTESIS DE AMINOÁCIDOS

1. Reacción de Hell-Vollhard-Zelinski: halogenación de un ácido carboxílico seguida por tratamiento con NH_3 en exceso (18.6).
2. Aminación reductiva de un α-cetoácido (22.6).
3. La síntesis del éster *N*-ftalimidomalónico (sección 22.6).
4. La síntesis del éster acetamidomalónico (sección 22.6).
5. La síntesis de Strecker: reacción de un aldehído con amoniaco seguida por la adición de ion cianuro e hidrólisis (sección 22.6).

SÍNTESIS DE ÁCIDOS CARBOXÍLICOS

1. Oxidación de un alcohol primario (10.5, 19.2).
2. Oxidación de un aldehído (19.3).
3. Ozonólisis de un alqueno monosustituido o un alqueno 1,2-disustituido seguido por tratamiento bajo condiciones oxidantes (19.7).
4. Ozonólisis de un alquino (19.8).
5. Oxidación de un alquilbenceno (14.19).
6. Hidrólisis de un haluro de acilo, un anhídrido de ácido, un éster, una amida o un nitrilo (16.8, 16.9, 16.10, 16.16, 16.19).

7. Reacción del haloformo: reacción de una metilcetona con Br_2 (o Cl_2 o I_2) en exceso + HO^- (18.5).
8. Reacción de un reactivo de Grignard con CO_2 (17.4).
9. Síntesis del éster malónico (18.19).
10. Reacción de Favorskii: reacción de una α-halocetona con ion hidróxido (pág. 904).

SÍNTESIS DE CIANOHIDRINAS
1. Reacción de un aldehído o una cetona con cianuro de sodio y HCl (17.7).

SÍNTESIS DE 1,2-DIOLES
1. Reacción de un epóxido con agua (10.8).
2. Reacción de un alqueno con tetróxido de osmio o permanganato de potasio (19.5).

SÍNTESIS DE DISULFUROS
1. Oxidación moderada de un tiol (22.8).

SÍNTESIS DE ENAMINAS
1. Reacción de un aldehído o una cetona con una amina secundaria (17.8).

SÍNTESIS DE EPÓXIDOS
1. Reacción de un alqueno con un peroxiácido (4.9).
2. Reacción de una halohidrina con ion hidróxido (pág. 480).
3. Reacción de un aldehído o una cetona con un iluro de sulfonio (pág. 845).

SÍNTESIS DE ÉSTERES
1. Reacción de un haluro de acilo o un anhídrido de ácido con un alcohol (16.8, 16.9).
2. Reacción de un éster o un ácido carboxílico con un alcohol catalizada por ácido (16.10, 16.15).
3. Reacción de un haluro de alquilo con un ion carboxilato (8.4).
4. Reacción de un sulfonato de alquilo con un ion carboxilato (10.3).
5. Oxidación de una cetona (19.3).
6. Preparación de un éster metílico por reacción de un ion carboxilato con diazometano (15.11).

SÍNTESIS DE ÉTERES
1. Adición de un alcohol a un alqueno catalizada por ácido (4.5).
2. Alcoximercuración-desmercuración de un alqueno (4.8).
3. Síntesis de Williamson de éteres: reacción de un ion alcóxido con un haluro de alquilo (9.9).
4. Formación de éteres simétricos calentando una disolución ácida de un alcohol primario (10.4).

SÍNTESIS DE HALOHIDRINAS
1. Reacción de un alqueno con Br_2 (o Cl_2) y H_2O (4.7).
2. Reacción de un epóxido con un haluro de hidrógeno (10.8).

SÍNTESIS DE IMINAS
1. Reacción de un aldehído o una cetona con una amina primaria (17.8).

SÍNTESIS DE CETALES
1. Reacción de una cetona con dos equivalentes de un alcohol catalizada con ácido (17.10).

SÍNTESIS DE CETONAS
1. Adición de agua a un alquino (6.7).
2. Hidroboración-oxidación de un alquino (6.8).
3. Oxidación de un alcohol secundario (10.5, 19.2).
4. **Ruptura** de un 1,2-diol con ácido peryódico (19.6).
5. Ozonólisis de un alqueno (19.7).
6. Acilación de Friedel-Crafts de un anillo aromático (14.14).
7. Preparación de una metilcetona por la síntesis del éster acetoacético (18.20).
8. Reacción de un reactivo de Gilman con un cloruro de acilo (10.13).
9. Preparación de una cetona cíclica por reacción de una cetona cíclica (de menor tamaño) con diazometano (pág. 848).

SÍNTESIS DE CETONAS α,β-INSATURADAS
1. Eliminación de una α-halocetona (18.7).
2. Selenenilación de una cetona, seguida por eliminación oxidativa (pág. 904).

SÍNTESIS DE NITRILOS
1. Reacción de un haluro de alquilo con un ion cianuro (8.4).
2. Reacción de una cetona con hidroxilamina seguida por deshidratación de la oxima resultante con anhídrido acético (21.9).

SÍNTESIS DE BENCENOS SUSTITUIDOS

1. Halogenación con Br_2 o Cl_2 y un ácido de Lewis (14.11).
2. Nitración con HNO_3 + H_2SO_4 (14.12).
3. Sulfonación: reacción con H_2SO_4 (14.13).
4. Acilación de Friedel-Crafts (14.14).
5. Alquilación de Friedel-Crafts (14.15, 14.16).
6. Reacción de Sandmeyer: reacción de una sal de arenodiazonio con CuBr, CuCl o CuCN (15.9).
7. Formación de un fenol por reacción de una sal de arenodiazonio con agua (15.9).
8. Formación de una anilina por reacción de un bencino intermedio con $^-NH_2$ (15.13).
9. Reacción de un reactivo de Gilman con un haluro de arilo (10.13).
10. Reacción de Heck: acoplamiento de un haluro de bencilo o un haluro de arilo o un triflato con un alqueno en una disolución básica en presencia de $Pd(PPh_3)_4$ (10.13).
11. Reacción de Stille: acoplamiento de un haluro de bencilo, o un haluro de arilo o un triflato con un estanano en presencia de $Pd(PPh_3)_4$ (10.13).
12. Reacción de Suzuki: acoplamiento de un haluro de bencilo o un haluro de arilo con un organoborano en presencia de $Pd(PPh_3)_4$ (10.13).

SÍNTESIS DE SULFUROS

1. Reacción de un tiol con un haluro de alquilo (8.4).
2. Reacción de un tiol con un sulfonato de alquilo (10.3).

SÍNTESIS DE TIOLES

1. Reacción de un haluro de alquilo con sulfuro de hidrógeno (8.4).
2. Hidrogenación catalítica de un disulfuro (22.8).

Apéndice V

Resumen de métodos para formar enlaces carbono-carbono

1. Reacción de un ion acetiluro con un haluro de alquilo o un sulfonato de alquilo (6.11, 8.4, 10.3).
2. Reacción de Diels-Alder y otras reacciones de cicloadición (7.12, 29.4).
3. Reacción de un reactivo de Grignard con un epóxido (10.8).
4. Alquilación y acilación de Friedel-Crafts (14.14-14.16).
5. Reacción de un ion cianuro con un haluro de alquilo o un sulfonato de alquilo (8.4, 10.3).
6. Reacción de un ion cianuro con un aldehído o una cetona (17.7).
7. Reacción de un reactivo de Grignard con un epóxido, un aldehído, una cetona, un éster, una amida o CO_2 (10.12, 17.4).
8. Reacción de un reactivo de organozinc con un aldehído o una cetona (pág. 901).
9. Reacción de un alqueno con un carbeno (4.9).
10. Reacción de un reactivo de Gilman (dialquilcuprato de litio) con una cetona α,β-insaturada o un aldehído α,β-insaturado (17.16).
11. Condensación aldólica (18.12-18.14, 18.17).
12. Condensación de Claisen (18.15-18.17).
13. Condensación de Perkin (pág. 900).
14. Condensación de Knoevenagel (pág. 901).
15. Síntesis del éster malónico y síntesis del éster acetoacético (18.19, 18.20)
16. Reacción de adición de Michael (18.11).
17. Alquilación de una enamina (18.10).
18. Alquilación del carbono α de un compuesto carbonílico (18.9)
19. Reacción de un reactivo de Gilman con un haluro de arilo o un alqueno halogenado (10.13).
20. Reacción de Heck: acoplamiento de un haluro de vinilo, o un haluro de bencilo, o haluro de arilo o un triflato con un alqueno en una disolución básica en presencia de $Pd(PPh_3)_4$ (10.13).
21. Reacción de Stille: acoplamiento de un haluro de vinilo, o un haluro de bencilo, o un haluro de arilo o un triflato con un estanano en presencia de $Pd(PPh_3)_4$ (10.13).
22. Reacción de Suzuki: acoplamiento de un haluro de vinilo, o un haluro de bencilo, o un haluro de arilo con un organoborano en presencia de $Pd(PPh_3)_4$ (10.13).

Apéndice VI
Tablas de espectroscopia

Espectrometría de masas

Fragmentos ion común*

m/z	Ion	m/z	Ion
14	CH_2	46	NO_2
15	CH_3	47	CH_2SH, CH_3S
16	O	48	$CH_3S + H$
17	OH	49	CH_2Cl
18	H_2O, NH_4	51	CHF_2
19	F, H_3O	53	C_4H_5
26	$C\equiv N$	54	$CH_2CH_2C\equiv N$
27	C_2H_3	55	C_4H_7, $CH_2=CHC=O$
28	C_2H_4, CO, N_2, $CH=NH$	56	C_4H_8
29	C_2H_5, CHO	57	C_4H_9, $C_2H_5C=O$
30	CH_2NH_2, NO	58	$CH_3\overset{O}{\overset{\|}{C}}CH_2 + H$, $C_2H_5CHNH_2$, $(CH_3)_2NCH_2$, $C_2H_5NHCH_2$, C_2H_2S
31	CH_2OH, OCH_3		
32	O_2 (aire)		
33	SH, CH_2F	59	$(CH_3)_2COH$, $CH_2OC_2H_5$, $\overset{O}{\overset{\|}{C}}OCH_3$, $CH_2C=O + H$, CH_3OCHCH_3, NH_2
34	H_2S		
35	Cl		
36	HCl		
39	C_3H_3		
40	$CH_2C\equiv N$	60	CH_3CHCH_2OH $CH_2COOH + H$, CH_2ONO
41	C_3H_5, $CH_2C\equiv N + H$, C_2H_2NH		
42	C_3H_6		
43	C_3H_7, $CH_3C=O$, C_2H_5N		
44	$CH_2CH=O + H$, CH_3CHNH_2, CO_2, $NH_2C=O$, $(CH_3)_2N$		
45	CH_3CHOH, CH_2CH_2OH, CH_2OCH_3, COOH, $CH_3CHO + H$		

* Todos estos iones tienen una sola carga positiva.

Espectrometría de masas

Fragmento perdido común

Ion molecular menos	Fragmento perdido
1	H
15	CH_3
17	HO
18	H_2O
19	F
20	HF
26	$CH\equiv CH$, $C\equiv N$
27	$CH_2=CH$, $HC\equiv N$
28	$CH_2=CH_2$, CO, (HCN + H)
29	CH_3CH_2, CHO
30	NH_2CH_2, CH_2O, NO
31	OCH_3, CH_2OH, CH_3NH_2
32	CH_3OH, S
33	HS, (CH_3 y H_2O)
34	H_2S
35	Cl
36	HCl, 2 H_2O
37	HCl + H
38	C_3H_2, C_2N, F_2
39	C_3H_3, HC_2N
40	$CH_3C\equiv CH$
41	$CH_2=CHCH_2$
42	$CH_2=CHCH_3$, $CH_2=C=O$, 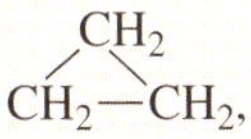 $CH_2\overset{CH_2}{-}CH_2$, NCO
43	C_3H_7, $CH_3\overset{O}{\underset{\|}{C}}$, $CH_2=CHO$, HCNO, CH_3 + $CH_2=CH_2$
44	$CH_2=CHOH$, CO_2, N_2O, $CONH_2$, $NHCH_2CH_3$
45	CH_3CHOH, CH_3CH_2O, CO_2H, $CH_3CH_2NH_2$
46	H_2O + $CH_2=CH_2$, CH_3CH_2OH, NO_2
47	CH_3S
48	CH_3SH, SO, O_3
49	CH_2Cl
51	CHF_2
52	C_4H_4, C_2N_2
53	C_4H_5
54	$CH_2=CHCH=CH_2$
55	$CH_2=CHCHCH_3$
56	$CH_2=CHCH_2CH_3$, $CH_3CH=CHCH_3$
57	C_4H_9
58	NCS, NO + CO, CH_3COCH_3
59	$CH_3\overset{O}{\underset{\|}{O}}C$, $CH_3\overset{O}{\underset{\|}{C}}NH_2$
60	C_3H_7OH

Desplazamientos químicos en RMN-^{1}H

Frecuencias en el infrarrojo características de grupo (S = fuerte, M = media, W = debil). (Cortesía de N.B. Colthup, Stamford Research Laboratories, American Cyanamid Company, y del editor del *Journal of the Optical Society*.) Las bandas de sobretono se marcan con 2ν.

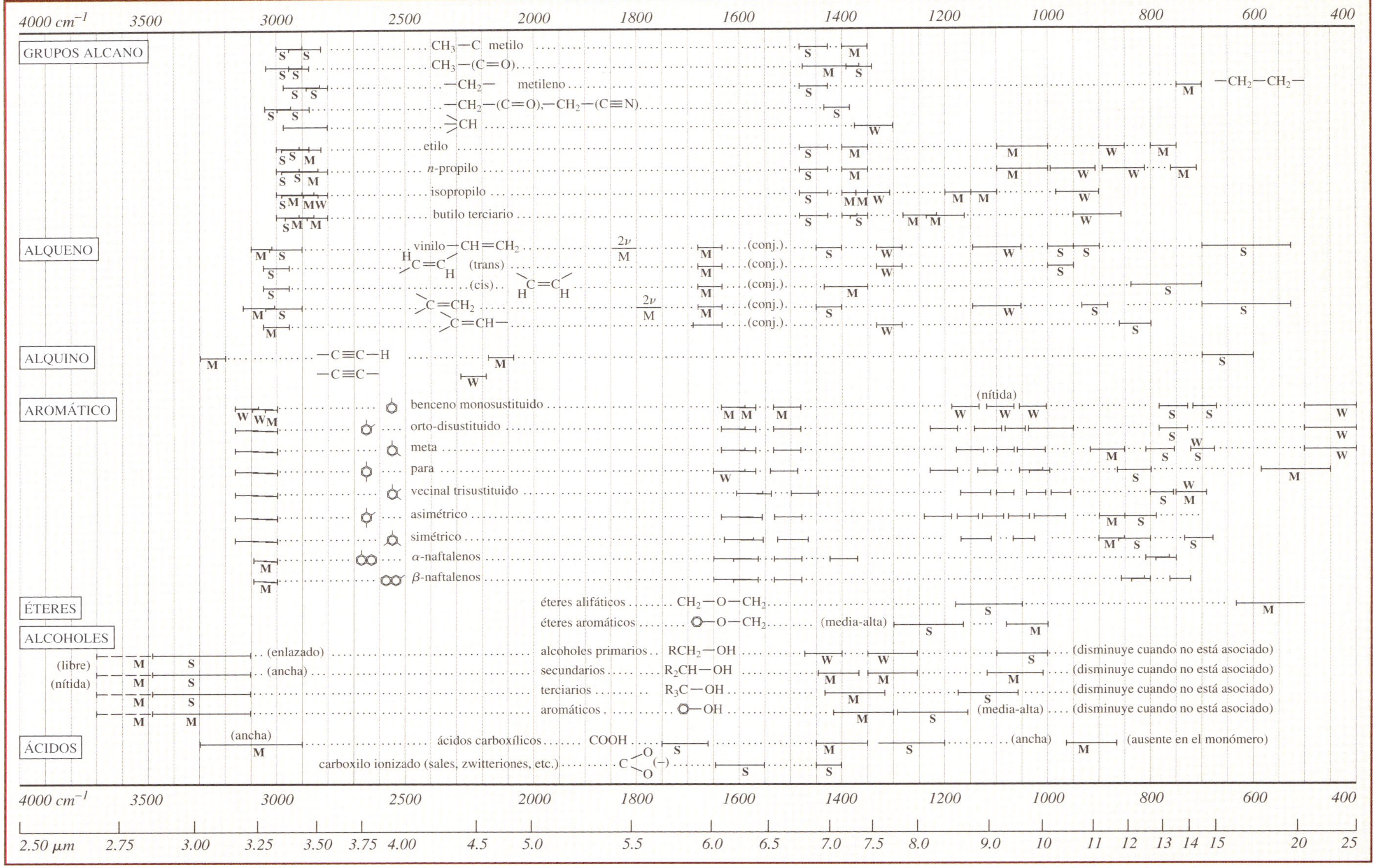

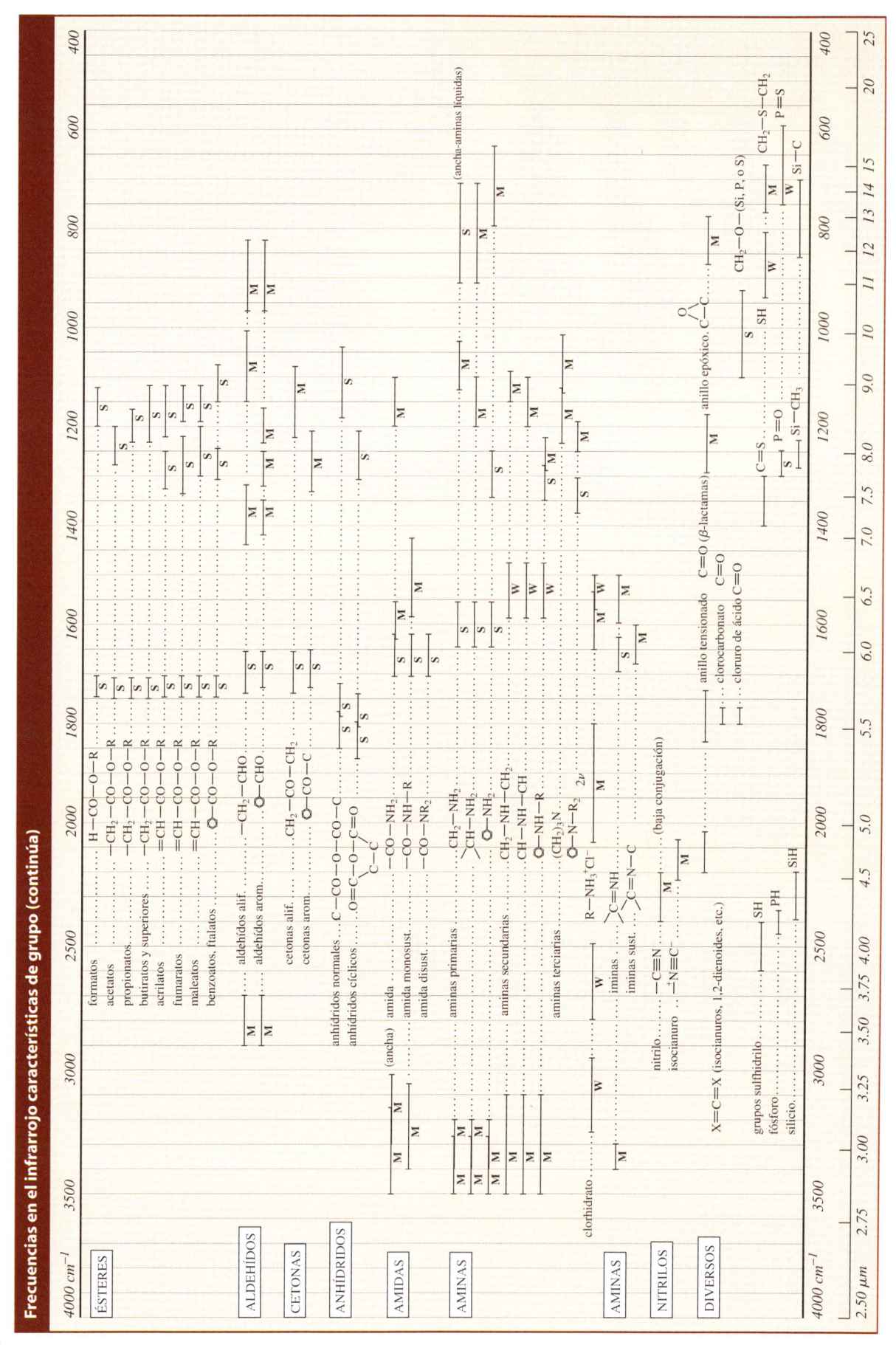

Frecuencias en el infrarrojo características de grupo (continúa)

2-4. c

2-5. a. CH₃CHOH
         |
         CH₃

d. CH₃CCH₂CH₃ with CH₃ above and OH below

b. CH₃CHCH₂CH₂F
         |
         CH₃

e. CH₃CNH₂ with CH₃ above and CH₃ below

c. CH₃CH₂CHI
            |
            CH₃

f. CH₃CH₂CH₂CH₂CH₂CH₂CH₂CH₂Br

2-6. a. éter etilmetílico **b.** éter metilpropílico **c.** *sec*-butilamina **d.** alcohol *n*-butílico **e.** bromuro de isobutilo **f.** cloruro de *sec*-butilo

2-7. a. CH₃CHCH₂CH₂CH₃ with CH₃ branches
d. CH₃CCH₂CHCH₂CH₂CH₃ with branches
b. CH₃CH₂C—CHCH₂CH₃ with various methyl and isopropyl branches
e. CH₃CHCH₂CHCH₂CH₂CH₃ with branches
c. CH₃CH₂CHCCH₂CH₂CH₂CH₂CH₃ with branches including CH₂CH₃
f. CH₃CH₂CHCHCH₂CH₂CH₃ with branches including (CH₃)₂CCH₃

2-9. a. 2,2,4-trimetilhexano **b.** 2,2-dimetilbutano **c.** 3-metil-4-propilheptano **d.** 2,2,5-trimetilhexano **e.** 3,3-dietil-4-metil-5-propiloctano **f.** 5-etil-4,4-dimetiloctano **g.** 3,3-dietilhexano **h.** 4-isopropiloctano **i.** 2,5-dimetilheptano

2-10. a. CH₃CH₂CH₂CH₂CH₃ — pentano
c. CH₃CHCH₂CH₃ with CH₃ — 2-metilbutano
b. CH₃CCH₃ with two CH₃ — 2,2-dimetilpropano
d. CH₃CHCH₂CH₃ with CH₃ — 2-metilbutano

2-12. a. (structure: pentanol–OH) **d.** (structure: CH₃O– ether)
b. (hexane chain) **e.** (amine: N–H with ethyl and propyl)
c. (branched heptane with two methyls) **f.** (branched with Br)

2-14. a. 1-etil-2-metilciclopentano **b.** etilciclobutano **c.** 4-etil-1,2-dimetilciclohexano **d.** 3,6-dimetildecano **e.** 2-ciclopropilpentano **f.** 1-etil-3-isobutilciclohexano **g.** 5-isopropilnonano **h.** 1-*sec*-butil-4-isopropilciclohexano **2-15. a.** cloruro de *sec*-butilo, 2-clorobutano, **secundario b.** cloruro de isohexilo, 1-cloro-4-metilpentano, **primario c.** bromuro de ciclohexilo, bromociclohexano, **secundario d.** fluoruro de isopropilo, 2-fluoropropano, **secundario 2-17. a. 1.** metoxietano **2.** etoxietano **3.** 4-metoxioctano **4.** 1-isopropoxi-3-metilbutano **5.** 1-propoxibutano **6.** 2-isopropoxipentano **b.** no **c. 1.** éter etilmetílico **2.** éter dietílico **3.** éter isopentilisopropílico **5.** éter butilpropílico **2-19. a.** 1-pentanol, **primario b.** 4-metilciclohexanol, **secundario c.** 5-cloro-2-metil-2-pentanol, **terciario d.** 5-metil-3-hexanol, **secundario e.** 4-cloro-3-etilciclohexanol, **secundario f.** 2,6-dimetil-4-octanol, **secundario**

2-20. CH₃CHCH₂CH₂CH₃ with CH₃ and OH — 2-metil-2-pentanol
CH₃CH₂CCH₂CH₃ with CH₃ and OH — 3-metil-3-pentanol
CH₃C—CHCH₃ with CH₃, OH, CH₃ — 2,3-dimetil-2-butanol

2-21. a. terciario **b.** terciario **c.** primario **2-22. a.** hexilamina, 1-hexanamina, **primaria b.** *sec*-butilisobutilamina, *N*-isobutil-2-butanamina, **secundario c.** ciclohexilamina, ciclohexanamina, **primaria d.** butilpropilamina, *N*-propil-1-butanamina, **secundaria e.** etilmetilpropilamina, *N*-metil-*N*-metil-1-propanamina, **terciaria f.** no tiene nombre común, *N*-etil-3-metilciclopentanamina, **secundaria**

2-23. a. CH₃CHCH₂NHCH₂CH₂CH₃ with CH₃ **b.** CH₃CH₂NHCH₂CH₃
c. CH₃CHCH₂CH₂CH₂NH₂ with CH₃ **d.** CH₃CH₂NCH₂CH₂CH₃ with CH₃
e. CH₃CH₂CHNCH₃ with CH₂CH₃ and CH₃ **f.** cyclohexyl–NCH₂CH₃ with CH₃

2-24. a. 6-metil-1-heptanamina, isooctilamina, **primaria b.** 3-metil-*N*-propil-1-butanamina, isopentilpropilamina, **secundaria c.** *N*-etil-*N*-metiletanamina, dietilmetilamina, **terciaria d.** 2,5-dimetilciclohexanamina, sin nombre común, **primaria**
2-25. a. 104.5° **b.** 107.3° **c.** 104.5° **d.** 109.5° **2-26. a.** 1, 4, 5 **b.** 1, 2, 4, 5, 6
2-28. HOCH₂CH(OH)CH₂OH > HOCH₂CH(OH)CH₃ > CH₃CH(OH)CH₂CH₃ > CH₃CH(NH₂)CH₂CH₃ > pentane > 2-methylbutane

2-30. a. HOCH₂CH₂CH₂OH > CH₃CH₂CH₂OH > CH₃CH₂CH₂CH₂OH > CH₃CH₂CH₂CH₂Cl
b. cyclopentyl–NH₂ > cyclopentyl–OH > cyclopentyl–CH₃

2-31. etanol

2-33. a. (Newman projection) **b.** (Newman projection) (third Newman projection)

2-34. a. 135° **b.** 140° **2-35.** hexetal **2-37.** 6.2 kcal/mol
2-38. 0.13 kcal/mol **2-39.** 84% **2-40. a.** cis **b.** cis **c.** cis **d.** trans **e.** trans **f.** trans **2-41.** *cis*-1-*terc*-butil-3-metilciclohexano **2-43. a.** uno ecuatorial y uno axial **b.** ambos ecuatoriales y ambos axiales **c.** ambos ecuatoriales y ambos axiales **d.** uno ecuatorial y uno axial **e.** uno ecuatorial y uno axial **f.** ambos ecuatoriales y ambos axiales **2-44. a.** 3.6 kcal/mol **b.** 0

CAPÍTULO 3

3-1. a. C₅H₈ **b.** C₄H₆ **c.** C₁₀H₁₆ **d.** C₈H₁₀ **3-2. a.** 3 **b.** 4 **c.** 1 **d.** 3 **e.** 13

3-4. a. (cyclopentene with two CH₃ substituents) **c.** CH₃CH₂OCH=CH₂
b. BrCH₂CH₂CH₂C=CCH₃ with two CH₃ branches **d.** CH₂=CHCH₂OH

3-5. a. 4-metil-2-penteno **b.** 2-cloro-3,4-dimetil-3-hexeno **c.** 1-bromociclopenteno **d.** 1-bromo-4-metil-3-hexeno **e.** 1,5-dimetilciclohexeno **f.** 1-butoxi-1-propeno
3-6. a. 5 **b.** 4 **c.** 4 **d.** 6
3-7. a. 1 y 3

b. 1. H₃C–CH₂CH₂CH₃ on C=C with H, H (cis); H₃C and H on C=C with H and CH₂CH₃ (trans)

3. H₃C and CH₃ on C=C with H, H (cis); H₃C and H on C=C with H and CH₃ (trans)

3-8. CH₃CH₂CH=CH₂   CH₃CH=CCH₃   CH₃CHCH=CH₂
                              | |
                              CH₃   CH₃

3-9. C   **3-10. a.** −I > −Br > −OH > −CH₃   **b.** −OH > −CH₂Cl > −CH=CH₂ > −CH₂CH₂OH   **3-12. a.** (E)-2-hepteno   **b.** (Z)-3,4-dimetil-2-penteno   **c.** (Z)-1-cloro-3-etil-4-metil-3-hexeno

3-16. electrófilos: CH₃C⁺HCH₃
nucleófilos: H⁻   CH₃O⁻   CH₃C≡CH   NH₃

3-20. a. todos   **b.** terc-butilo   **c.** terc-butilo   **d.** −1.7 kcal/mol o −7.1 kJ/mol

3-22. a. 1. A + B ⇌ C   **b.** ninguno
        2. A + B ⇌ C

3-23. a. 1. $\Delta G° = -1.5$; $K_{eq} = 7.2 \times 10^{10}$ 2. $\Delta G° = -16$; $K_{eq} = 1.8 \times 10^{8}$ **b.** mientras mayor sea la temperatura, la $\Delta G°$ **c.** mientras mayor sea la temperatura, será menor la K_{eq} **3-24. a.** −21 kcal/mol   **b.** −36 kcal/mol   **c.** exotérmica   **d.** exergónica   **3-25. a.** a y b   **b.** b   **c.** c   **3-28.** decreciente; creciente   **3-29. a.** disminuirá   **b.** aumentará   **3-30. a.** la primera reacción   **b.** la primera reacción   **3-32. a.** primer paso   **b.** regresa a los reactivos   **c.** segundo paso   **3-33. a.** 1   **b.** 2   **c.** k_{-1} **d.** k_{-1} **e.** B ⟶ C   **f.** C ⟶ B

CAPÍTULO 4

4-1. a. 0   **b.** catión etilo   **4-2. a.** 1. 3   2. 3   3. 6   **b.** catión sec-butilo

4-3. a. CH₃CH₂C⁺CH₃ > CH₃CH₂C⁺HCH₃ > CH₃CH₂CH₂C⁺H₂
              |
              CH₃

b. CH₃CHCH₂C⁺H₂ > CH₃CHCH₂C⁺H₂ > CH₃CHCH₂C⁺H₂
           | | |
           CH₃   Cl   F

4-4. a. productos   **b.** reactivos   **c.** reactivos   **d.** productos

4-5. a. CH₃CH₂CHCH₃   **c.** ciclopentilo-Br (1-metil)   **e.** ciclohexilo-Br (1-metil)
                |
                Br

b. CH₃CH₂CCH₃   **d.** CH₃CCH₂CH₃   **f.** CH₃CH₂CHCH₃
            | | |
            Br   Br   Br
            | |
            CH₃   CH₃

4-6. a. CH₂=CCH₃   **c.** ciclohexilo-C(CH₃)=CH₂
                |
                CH₃

b. ciclohexilo-CH₂CH=CH₂   **d.** ciclohexilo=CHCH₃ o ciclohexeno-CH₂CH₃

4-7. a. CH₃CH₂C=CH₂   **b.** metilenciclohexano
                |
                CH₃

4-8. mayor que −2.5 y menor que 15   **4-9. a.** 3   **b.** 2   **c.** segundo paso

4-10.

a. CH₃CH₂CH₂CHCH₃   **c.** CH₃CH₂CH₂CHCH₂CH₃   **d.** ciclohexilo con CH₃ y OH
                | |
                OH   OH
y
b. ciclohexanol   CH₃CH₂CH₂CH₂CHCH₃
                                            |
                                            OH

4-15. a. CH₃CCH₂CH₃   **c.** ciclohexilo con CH₃ y Br
                  |
                  Br

b. ciclohexilo-Br   **d.** CH₃CHCH₂CHCH₃
                                      | |
                                      CH₃   Br

e. CH₃CCH₃   **f.** metilciclohexilo-Br   y   metilciclohexilo-Br
         | |
         CH₃ Br

4-16. CH₃CCH₂CH₃   **4-20.** CH₃CH₂CHCH₂I
              | |
              Br   Cl
              (con CH₃)

4-21. a. CH₂CHCH₂CH₃   **c.** CH₂CHCH₂CH₃
                 | | | |
                 Br Br   Br OCH₂CH₃

b. CH₂CHCH₂CH₃   **d.** CH₂CHCH₂CH₃
           | | | |
           Br OH   Br OCH₃

4-24. a. epóxido-CH₂CH₂CH₃   **b.** epóxido fusionado a ciclohexano

c. H₃C, H₃C / O \ CH₃, CH₃   **d.** H₃C, H₃C / O \ CH₂CH₃

4-25. a. ciclohexeno   **b.** 1-buteno   **4-27.** 2/3 mol

4-28. a. CH₃CHCHCH₃   **b.** 2-metilciclohexanol
                 | |
                 CH₃ OH

4-31. A

4-32. a. 1,2-dietilciclohexeno   **b.** 3,4-dietilciclohexeno   **c.** 1,2-dietilciclohexeno (isómero)

4-33. cis-3,4-dimetil-3-hexeno > trans-3-hexeno > cis-3-hexeno > cis-2,5-dimetil-3-hexeno

4-35. También se formaría 3-metilciclohexanol

CAPÍTULO 5

5-1. a. CH₃CH₂CH₂OH   CH₃CHOH   CH₃CH₂OCH₃   **b.** 7
                                            |
                                            CH₃

5-3. a., b., c., f., h.   **5-4. a.** P, F, J, L, G, R, Q, N, Z   **b.** T, M, O, A, U, V, H, I, X, Y   **5-5.** a, c, and f   **5-7.** a, c, and f   **5-9.** A, B, and C

5-10. a. R   **b.** R   **c.** R   **d.** R   **5-11. a.** S   **b.** R   **c.** S   **d.** S   **5-12. a.** idénticos   **b.** enantiómeros   **c.** enantiómeros   **d.** enantiómeros

5-14. a. ¹—CH₂OH   ³—CH₃   ²—CH₂CH₂OH   ⁴—H

b. ²—CH=O   ¹—OH   ⁴—CH₃   ³—CH₂OH

c. ²—CH(CH₃)₂   ³—CH₂CH₂Br   ¹—Cl   ⁴—CH₂CH₂CH₂Br

d. ²—CH=CH₂   ³—CH₂CH₃   ¹—fenilo   ⁴—CH₃

5-15. a. levorrotatorio   **b.** dextrorrotatorio   **5-16.** +67   **5-17. a.** −24   **b.** 0   **5-18. a.** +79   **b.** 0   **c.** −79   **5-19. a.** no se sabe   **b.** 98.5% dextrorrotatorio; 1.5% levorrotatorio   **5-22.** no   **5-23. a.** enantiómeros   **b.** idénticos   **c.** diastereómeros   **5-24. a.** 8   **b.** $2^8 = 256$ **5-28.** 1-cloro-1-metilciclooctano, cis-1-cloro-5-metilciclooctano, trans-1-cloro-5-metilciclooctano   **5-30.** b, d, y f   **5-34.** izquierdo = R; derecho = R   **5-36.** la segunda   **5-37. a.** (2R,3R)-2,3-dicloropentano   **b.** (2R,3R)-2-bromo-3-cloropentano   **c.** (1R,3S)-1,3-ciclopentanodiol   **d.** (3R,4S)-3-cloro-4-metilhexano   **5-39.** S

5-40. a. R   **b.** R   **c.** S   **d.** S   **5-41.** b   **5-43. a.** no   **b.** no   **c.** no   **d.** sí   **e.** no   **f.** no   **5-46. a.** 1. trans-3-hepteno   2. cis-3-hepteno   **b.** también se formaría el enantiómero de cada epóxido

Respuestas a problemas seleccionados A-27

5-47. a. cyclohexanol
b. (two cyclohexane structures with HO and CH₂CH₃, trans enantiomers)
c. (two cyclopentane structures with HO, H₃C, CH₃)
d. (two structures with CH₃, CH₃CH₂, OH, H)

5-54. a. 1-bromo-2-cloropropano b. cantidades iguales de *R* y *S*
5-55. a. (*R*)-malato y (*S*)-malato b. (*R*)-malato y (*S*)-malato   **5-56.** >99%
5-57. la de la izquierda

CAPÍTULO 6

6-1. $C_{14}H_{20}$

6-2. a. $ClCH_2CH_2C\equiv CCH_2CH_3$ c. $CH_3CHC\equiv CH$ con CH_3 e. $HC\equiv CCH_2CCH_3$ con CH_3 y CH_3
b. (cyclooctyne)
d. $HC\equiv CCH_2Cl$ f. $CH_3C\equiv CCH_3$

6-3. a. 1-bromo-1,3-pentadieno b. 1-hepteno-5-ino c. 4-hepteno-1-ino

6-4.
$HC\equiv CCH_2CH_2CH_3$ $CH_3C\equiv CCH_2CH_3$ $CH_3CH_2C\equiv CCH_2CH_3$
1-hexino   2-hexino   3-hexino
butilacetileno metilpropilacetileno dietilacetileno

$HC\equiv CCHCH_2CH_3$ con CH_3 $HC\equiv CCH_2CHCH_3$ con CH_3 $CH_3CHC\equiv CCH_3$ con CH_3 $CH_3CC\equiv CH$ con CH_3, CH_3
3-metil-1-pentino 4-metil-1-pentino 4-metil-2-pentino 3,3-dimetil-1-butino
sec-butilacetileno isobutilacetileno isopropilmetilacetileno *terc*-butilacetileno

6-5. a. 5-bromo-2-pentino b. 6-bromo-2-cloro-4-octino c. 1-metoxi-2-pentino d. 3-etil-1-hexino **6-6.** a. 1-hepteno-4-ino b. 4-metil-1,4-hexadieno c. 5-vinil-5-octen-1-ino d. 3-butin-1-ol e. 1,3,5-heptatrieno f. 2,4-dimetil-4-hexen-1-ol **6-7.** pentano, 1-penteno, 1-pentino **6-8.** a. $sp^2–sp^2$ b. $sp^2–sp^3$ c. $sp–sp^2$ d. $sp–sp^3$ e. $sp–sp$ f. $sp^2–sp^2$ g. $sp^2–sp^3$ h. $sp–sp^3$ i. $sp^2–sp$
6-9. Si el reactivo menos estable tiene el estado de transición más estable, o si el reactivo menos estable tiene el estado de transición menos estable y la diferencia en estabilidades de los reactivos es mayor que la diferencia en estabilidades de los estados de transición.

6-10. a. $CH_2=CCH_3$ con Br b. CH_3CCH_3 con Br, Br c. $CH_3C=CCH_3$ con Br, Br d. $HC-CCH_3$ con Br, Br, Br, Br
e. $CH_3CH_2CCH_3$ con Br, Br f. $CH_3CCH_2CH_3$ con Br + $CH_3CH_2CCH_3$ con Br

6-11. H_3C, Br / Br, CH_3 C=C

6-12. $CH_3CH_2CCH_2CH_2CH_3$ (con O) y $CH_3CH_2CH_2CCH_2CH_3$ (con O)

6-13. a. $CH_3C\equiv CH$ b. $CH_3CH_2C\equiv CCH_2CH_3$ c. $HC\equiv C$–ciclohexilo

6-14. a. $CH_2=CCH_3$ con OH
b. $CH_3CH=CCH_2CH_3$ con OH y $CH_3CH_2C=CHCH_2CH_3$ con OH

c. $CH_2=C$–ciclohexilo con OH y CH_3C–ciclohexilo con OH

6-15. a. 1. $CH_3CH_2CCH_3$ (O) a. 2. $CH_3CH_2CH_2CH$ (O)
b. 1. $CH_3CH_2CCH_3$ (O) b. 2. $CH_3CH_2CCH_3$ (O)
c. 1. $CH_3CH_2CH_2CCH_3$ (O) y $CH_3CH_2CCH_2CH_3$ (O)
d. 2. $CH_3CH_2CH_2CCH_3$ (O) y $CH_3CH_2CCH_2CH_3$ (O)

6-16. etino (acetileno)

6-17. a. $CH_3CH_2CH_2C\equiv CH$ o $CH_3CH_2C\equiv CCH_3$ $\xrightarrow{H_2/Pt}$
b. $CH_3C\equiv CCH_3$ $\xrightarrow{H_2/\text{Catalizador de Lindlar}}$
c. $CH_3CH_2C\equiv CCH_3$ $\xrightarrow{Na/NH_3}$
d. $CH_3CH_2CH_2C\equiv CH$ $\xrightarrow{H_2/\text{Catalizador de Lindlar}}$ o $\xrightarrow{Na/NH_3}$

6-18. 25 **6-19.** a. $CH_3CH_2^+$ b. $H_2C=\overset{+}{CH}$ **6-20.** El carbanión que se formaría es una base más fuerte que el ion amiduro. **6-21.** a. $CH_3CH_2CH_2CH_2^- >$ $CH_3CH_2CH=\overset{-}{CH} > CH_3CH_2C\equiv\overset{-}{C}$ b. $^-NH_2 > CH_3C\equiv\overset{-}{C} > CH_3CH_2O^- > F^-$

CAPÍTULO 7

7-1. a. 1. 4 2. 2 b. 1. 5 2. 5 **7-3.** a. todos tienen la misma longitud b. 2/3 de una carga negativa

7-7. a. $CH_3CH_2\overset{+}{CH}=CHCH_2$ c. $CH_3\overset{O^-}{C}=CHCH_3$
b. $CH_3\overset{O}{C}CH=CHCH_3$ d. $CH_3-\overset{+NH_2}{C}-NH_2$

7-8. el dianión **7-9.** conjugado > aislado > acumulado

7-10. $CH_3C=CHCH=CCH_3$ (con CH₃, CH₃) > $CH_3CH=CHCH=CHCH_3$ >
2,5-dimetil-2,4-hexadieno   2,4-hexadieno

$CH_3CH=CHCH=CH_2$ > $CH_2=CHCH_2CH=CH_2$
1,3-pentadieno   1,4-pentadieno

7-11. a. ciclohexenil-$\overset{+}{CH}CH_3$ b. $CH_3N\overset{+}{H}CH_2$ c. fenil-isopropil catión

7-12. $\psi_3 = 3; \psi_4 = 4$ **7-13.** a. de enlace = ψ_1 y ψ_2; de antienlace = ψ_3 y ψ_4
b. simétricos = ψ_1 y ψ_3; antisimétricos ψ_2 y ψ_4 c. HOMO = ψ_2; LUMO = ψ_3; d. HOMO = ψ_3; LUMO = ψ_4 e. Si el HOMO es simétrico, el LUMO es antisimétrico, y viceversa. **7-14.** a. de enlace = $\psi_1, \psi_2,$ y ψ_3; de antienlace = $\psi_4, \psi_5,$ y ψ_6 b. simétricos = $\psi_1, \psi_3,$ y ψ_5; antisimétricos $\psi_2, \psi_4,$ y ψ_6 c. HOMO = ψ_3; LUMO = ψ_4 d. HOMO = ψ_4; LUMO = ψ_5 e. Si el HOMO es simétrico, el LUMO es antisimétrico y viceversa. **7-15.** a. $\psi_1 = 3$; $\psi_2 = 2$ b. $\psi_1 = 7; \psi_2 = 6$ **7-16.** a. $CH_3CH=CHOH$
b. $CH_3\overset{O}{C}OH$ c. $CH_3CH=CHOH$ d. $CH_3CH=\overset{+}{C}HNH_3$

7-17. a. etilamina b. ion etóxido c. ion etóxido

7-18. Ph–COOH > Ph–OH > Ph–CH₂OH

7-20. donación de electrones por resonancia **7-21.** 1-bromo-1-fenilpropano

CAPÍTULO 8

8-1. Sería el 0.05 de la rapidez original **8-2.** disminuye

8-3.

$CH_3CH_2CH_2CH_2CH_2Br > CH_3CHCH_2CH_2Br(CH_3) > CH_3CH_2CHCH_2Br(CH_3) > CH_3CH_2CBr(CH_3)_2$

8-4. b. (S)-2-butanol **c.** (R)-2-hexanol **d.** 3-pentanol **8-5. a.** RO⁻ **b.** RS⁻
8-6. a. aprótico **b.** aprótico **c.** aprótico **d.** aprótico **8-8. a.** CH₃CH₂Br + HO⁻
b. CH₃CHCH₂Br(CH₃) + HO⁻ **c.** CH₃CH₂Cl + CH₃S⁻ **d.** CH₃CH₂Br + I⁻

8-11. a. CH₃CH₂OCH₂CH₂CH₃ **b.** CH₃CH₂C≡CCH₃ **c.** CH₃CH₂N⁺(CH₃)₃Br⁻
d. CH₃CH₂SCH₂CH₃

8-14. $CH_3CBr(CH_3)_2 > CH_3CHBr(CH_3) > CH_3CH_2CH_2Br > CH_3Br$

8-16.

$CH_3CH_2C(CH_3)(Br)CH_2CH_3 > CH_3CHBr CH_2CH_2CH_3 > CH_3CHCl CH_2CH_2CH_3 > ClCH_2CH_2CH_2CH_2CH_3$

8-17. a, b, c, e **8-18.** 3-aceto-3-metil-1-buteno y 1-aceto-3-metil-2-buteno **8-20.** trans-4-bromo-2-hexeno

8-21. a. CH₃CHBr(CH₃) **e.** C₆H₅—CH₂Br
b. CH₃CH₂CHBr(CH₃) **f.** CH₃CH=CHCHBr CH₃
c. CH₃CH₂CHCH₂Br(CH₃) **g.** CH₃OCH₂Cl
d. C₆H₅—CH₂CH₂Br

8-22. a. CH₃CHBr(CH₃) **e.** C₆H₅—CH₂Br
b. igual de reactivos **f.** CH₃CH=CHCHBr CH₃
c. CH₃CH₂CH₂CHBr(CH₃) **g.** CH₃OCH₂Cl
d. C₆H₅—CH₂CHBr CH₃

8-25. a y b **8-27. a.** decrece **b.** decrece **c.** crece

8-28.
a. CH₃Br + HO⁻ ⟶ CH₃OH + Br⁻
b. CH₃I + HO⁻ ⟶ CH₃OH + I⁻
c. CH₃Br + NH₃ ⟶ CH₃N⁺H₃ + Br⁻
d. CH₃Br + HO⁻ —DMSO→ CH₃OH + Br⁻
e. CH₃Br + NH₃ —EtOH→ CH₃N⁺H₃ + Br⁻

8-30. sulfóxido de dimetilo **8-31.** HO⁻ en 50% agua/50% etanol

8-32. a. HO~~~Br
b. HO~~~~Br
c. HO~~~~~Br

7-24. [estructura]

7-25. a. CH₃CHCH(Cl)CH=CHCH₃ + CH₃CHCl CH=CHCH(Cl)CH₃
b. CH₃CH₂C(CH(CH₃)₂)(Br)—C=CHCH₃ + CH₃CH₂C(Br)=C(CH(CH₃)₂)CHCH₃
c. [ciclopenteno con Br,Br] + [ciclopenteno con Br,Br]

7-29. a. Adición en el C-1 forma el carbocatión más estable. **b.** Para que los productos 1,2- y 1,4- sean diferentes **7-30. a.** formación del carbocatión **b.** reacción del carbocatión con el nucleófilo

7-33. a. [benceno con dos grupos COCH₃] **c.** [anhídrido con dos CH₃]
b. [ciclohexeno con C≡N] **d.** [diceto-decalina con CH₃ CH₃]

7-34. CH₃O—[ciclohexeno]—CHO

7-35. a. [o-metilbencenonitrilo] + [m-metilbencenonitrilo]
b. [p-metilbencenonitrilo] + [m-metilbencenonitrilo]

7-36. a y d **7-38. a.** El producto es un compuesto *meso* **b.** El producto es una mezcla racémica

7-39. a. [butadieno] + CH(CN)=CH₂
b. [furano] + HC≡CH
c. [ciclopentadieno] + CH₃OOCC≡CCOOCH₃
d. [butadieno] + [ciclohexenona]
e. [butadieno] + [maleinaldehído cis]
f. [butadieno] + [ácido fumárico trans]

CAPÍTULO 9

9-1. a. $CH_3\overset{CH_3}{\underset{}{C}}=CHCH_3$ b. $CH_3\overset{CH_3}{\underset{}{C}}=CHCH_3$ c. $CH_3CH_2\overset{CH_3}{\underset{CH_3}{C}}CH=CH_2$

9-2. a. $CH_3CH_2\underset{Br}{CHCH_3}$ c. $CH_3CH_2CH_2\overset{CH_3}{\underset{Br}{C}}CH_3$

b. ciclohexil-Br   d. $CH_3\overset{CH_3}{\underset{CH_3}{CH}}CH_2CH_2Cl$

9-4. a. $CH_3CH=CHCH_3$ d. $CH_3CH=CHCH=CH_2$
b. $CH_2=CHCH_2CH_3$ e. ciclohexeno
c. $CH_3\overset{CH_3}{\underset{}{C}}=CHCH_2CH_3$ f. $CH_3CHCH=CHCH_3$

9-5. a. $CH_3\overset{CH_3}{\underset{}{CH}}\underset{Br}{CHCH_2CH_3}$ c. $CH_3CH_2\underset{Br}{CHCH_2CH_3}$

b. cicloheptenil-Br   d. C_6H_5-$\underset{Br}{CH_2CHCH_2CH_3}$

9-6.
$CH_3\overset{CH_3}{\underset{CH_3}{C}}=CH_2CH_3 > \underset{CH_3}{\overset{H_3C}{C}}=\overset{CH_3}{\underset{H}{C}} > \underset{CH_3}{\overset{H_3C}{C}}=\overset{H}{\underset{CH_3}{C}} > CH_3\overset{CH_2}{\underset{CH_3}{CHCH_2CH_3}}$

9-7. sí; la eliminación se efectúa a través del carbocatión   **9-8.** a. B b. B c. B d. A

9-10. a. E2 $CH_3CH=CHCH_3$ d. E2 $CH_3\overset{CH_3}{\underset{}{C}}=CH_2$
b. E1 $CH_3CH=CHCH_3$ e. E1 $CH_3\overset{CH_3}{\underset{CH_3}{C}}=CCH_3$
c. E1 $CH_3\overset{CH_3}{\underset{}{C}}=CH_2$ f. E2 $CH_3\overset{CH_3}{\underset{CH_3}{CCH}}=CH_2$

9-11. a. 96%   b. 1.2%

9-12. a. 1. $CH_3CH_2CH=\overset{CH_3}{\underset{}{CCH_3}}$ 3. $\underset{H}{\overset{CH_3CH_2}{C}}=\underset{C_6H_5}{\overset{H}{C}}$
2. $\underset{H}{\overset{CH_3CH_2}{C}}=\underset{CH=CH_2}{\overset{H}{C}}$
b. no

9-13. b. 2-metil-2-penteno   c. (E)-4-metil-3-hepteno   d. 1-metilciclohexeno   **9-14.** los átomos eliminados deben estar en posiciones axiales   **9-15.** la eliminación sólo del isómero *cis* sucede a través del conformero más estable   **9-17.** de izquierda a derecha 2, 5, 3, 1, 4 (1 es el más reactivo, 5 el menos reactivo)   **9-18.** ~1   **9-19.** aumentará   **9-20.** Cuando el Br está en posición axial, los dos H adyacentes están en posiciones ecuatoriales.   **9-21.** a. 1-bromopropano b. yodociclohexano c. 2-bromo-2-metilbutano d. 3-bromociclohexeno   **9-22.** a. 1. no reaccionan 2. no reaccionan 3. sustitución y eliminación 4. sustitución y eliminación b. 1. principalmente sustitución 2. sustitución y eliminación 3. sustitución y eliminación 4. eliminación   **9-23.** a. una S_N2 es difícil por impedimento estérico; no hay S_N1 porque no puede formar un carbocatión primario b. No hay E2 porque no hay hidrógenos en un carbono β; no hay E1 porque no puede formar un carbocatión primario.

9-24. a. $CH_3CH=CH_2$ b. $CH_3CH_2CH=CH_2$

9-26. $CH_3\overset{CH_3}{\underset{CH_3}{C}}-OH + CH_3\overset{CH_3}{\underset{CH_3}{C}}-OCH_2CH_3 + CH_3\overset{CH_3}{\underset{}{C}}=CH_2$

CAPÍTULO 10

10-1. no hay un par de electrones no enlazado   **10-4.** 3° > 1° > 2°

10-5. a. $CH_3CH_2\underset{Br}{CHCH_3}$ c. $CH_3\overset{CH_3}{\underset{Br}{C}}-\underset{CH_3}{CHCH_3}$

b. 1-metil-1-cloro-ciclopentano   d. 1-metil-1-cloro-2-etilciclohexano

10-8. D   **10-10.** 1-bromo-1-metilciclopentano   **10-11.** #2 > #3 > #1

10-13. a. $CH_3CH_2\overset{CH(CH_3)_2}{\underset{}{CH}}CH_2OH$ c. $CH_3CH_2\underset{OH}{CHCH_2CH_3}$

b. 1-metilciclohexanol   d. ciclohexil-CH_2OH

10-15.
a. $CH_3CH_2\overset{CH_3}{\underset{CH_3}{C}}=CCH_3$ b. 1-etilciclopentenilo   c. ciclohexadieno

d. 1-metilciclohexeno   e. $CH_3CH_2\overset{CH_3}{\underset{CH_3}{C}}=CCH_3$ f. $\underset{CH_3}{\overset{CH_3CH_2}{C}}=\underset{CH_3}{\overset{H}{C}}$

10-17. a. $CH_3CH_2\overset{O}{\underset{}{C}}CH_2CH_3$ d. $CH_3CH_2\overset{O}{\underset{}{C}}\overset{O}{\underset{}{C}}CH_2CH_3$
b. $CH_3CH_2CH_2CH_2\overset{O}{\underset{}{C}}OH$ e. ciclohexanona
c. no reaccionan   f. $HO\overset{O}{\underset{}{C}}CH_2CH_2\overset{O}{\underset{}{C}}OH$

10-21. No, F^- es un nucleófilo muy malo

10-23. a. $HOCH_2\overset{CH_3}{\underset{OCH_3}{C}}CH_3$ c. $HOCH\overset{OCH_3}{\underset{CH_3}{C}}CH_3$

b. $CH_3OCH_2\overset{OH}{\underset{CH_3}{C}}CH_3$ d. $CH_3OCH\overset{OH}{\underset{CH_3}{C}}CH_3$

10-24. éter no cíclico

10-26. 4-metilfenol (p-cresol, OH arriba, CH3 abajo)

10-27. Los productos son los mismos.   **10-32.** El primero es demasiado insoluble; el segundo es demasiado reactivo; el tercero es inerte.

10-33. a. CH₃CH₂CH₂CH₂CH₂OH

b. C₆H₅—CH₂CH₂CH₂OH

c. (cyclohexyl)—CH₂CH₂OH

10-36. Todas se efectúan.   **10-37.** (CH₃)₄Si

10-40.
a. C₆H₅—Br
b. C₆H₅—CH=CH—Br
c. C₆H₅—C(=CH₂)—CH₂Br

10-41. 1-pentino

10-42. CH₃C(O)—C₆H₄—Br   y   CH₂=CH—C₆H₄—OCH₃

CH₃C(O)—C₆H₄—CH=CH₂   y   Br—C₆H₄—OCH₃

CAPÍTULO 11

11-3. a. el que está en el tercer carbono de la izquierda **b.** 6   **11-5. a.** 3 **b.** 3 **c.** 5 **d.** 1 **e.** 5 **f.** 5 **g.** 2 **h.** 1 **i.** 4

11-6.

a. CH₃CH₂CH₂CH₂CH₂Cl (21%)   CH₃CH₂CH₂CHCH₃ | Cl (53%)   CH₃CH₂CHCH₂CH₃ | Cl (26%)

b. ClCH₂CHCH₂CH₂CH₃ | CH₃ (32%)   CH₃CCH₂CH₂CH₃ | CH₃, Cl (27%)   CH₃CHCHCH₂CH₃ | CH₃, Cl (41%)

c. ClCH₂CHCH₂CH₂CH₃ | CH₃ (21%)   CH₃CCH₂CH₂CH₃ | CH₃, Cl (17%)   CH₃CHCHCH₂CH₃ | CH₃, Cl (26%)

CH₃CHCHCH₃ | CH₃, Cl (26%)   CH₃CHCH₂CH₂Cl | CH₃ (10%)

11-8. a. CH₃CH₂CHCH₃ | Br   CH₃CH₂CH₂CH₂Br

$4 \times 82 = 328$ $6 \times 1 = 6$

$\frac{328}{328 + 6} = \frac{328}{334} = 0.98 = 98\%$

b. CH₃CCH₂CH₂CCH₃ | CH₃, Br | CH₃, CH₃   1600

$\begin{cases} 9 \times 1 = 9 \\ 2 \times 82 = 164 \\ 2 \times 82 = 164 \\ 6 \times 1 = 6 \end{cases}$ otros productos

$1 \times 1600 = 1600$ 1943

$\frac{1600}{1943} = 0.82 = 82\%$

11-9. a. cloración **b.** bromación **c.** no hay preferencia   **11-11.** 99.4% (vs. 36%)

11-12.

a. CH₃CH₂CH₂CH₂CH₂Br (1%)   CH₃CH₂CHCH₂CH₃ | Br (33%)   CH₃CH₂CH₂CHCH₃ | Br (66%)

b. BrCH₂CHCH₂CH₂CH₃ | CH₃ (0.3%)   CH₃CCH₂CH₂CH₃ | CH₃, Br (90.4%)   CH₃CHCHCH₂CH₃ | CH₃, Br (9.3%)

c. BrCH₂CHCH₂CH₃ | CH₃ (0.3%)   CH₃CCH₂CH₃ | CH₃, Br (82.6%)   CH₃CHCHCH₃ | CH₃, Br (8.5%)

CH₃CHCH₂CHCH₃ | CH₃ | Br (8.5%)   CH₃CH₂CH₂CH₂CH₂Br (0.2%)

11-14. a. CH₃CCH₂CH₃ | CH₃, Br   **c.** CH₃CHCHCH₃ | CH₃, Br

b. CH₃CCH₂CH₃ | CH₃, Cl   **d.** CH₃CHCH₂CH₃ | CH₃ | Cl

11-15. a. 2-2-metilpropano **b.** butano

CAPÍTULO 12

12-1. #2, #3, #5   **12-3.** $m/z = 57$ **12-6.** 8   **12-7.** $1:2:1$ **12-8.** C_6H_{14}
12-10. a. 2-metoxi-2-metilpropano **b.** 2-metoxibutano **c.** 1-metoxibutano
12-11. CH₂=ÖH⁺   **12-13. a.** 2-pentanona **b.** 3-pentanona
12-15. a. 3-pentanol **b.** 2-pentanol   **12-16. a.** IR **b.** UV   **12-17. a.** 2000 cm⁻¹
b. 8 μm **c.** 2 μm   **12-18. a.** 2500 cm⁻¹ **b.** 50 μm   **12-19.** C=O   **12-20. a. 1.** C≡C **2.** C—H estiramiento **3.** C≡N **4.** C=O **b. 1.** C—O **2.** C—C   **12-21.**
a. estiramiento carbono-oxígeno de un fenol **b.** estiramiento de enlace doble carbono-oxígeno en una cetona **c.** estiramiento carbono-oxígeno   **12-22.** sp^3

12-23. a. H—CHO > H₃C—CHO > H₃C—CO—CH₃

b. δ-valerolactona > ciclohexanona > δ-valerolactama

c. butenolida > γ-butirolactona > furanona

12-24. etanol disuelto en disulfuro de carbono   **12-25.** el enlace C—O del ácido pentanoico tiene carácter parcial de enlace doble   **12-26. a.** O—H tiene mayor cambio de momento dipolar **b.** grado mayor de puente de hidrógeno en el ácido carboxílico   **12-27.** el estiramiento C—N sería menos intenso   **12-28. a.** cetona **b.** amina terciaria   **12-31.** 2-butino, H₂, Cl₂, eteno   **12-32.** *trans*-2-hexeno   **12-33.** metilvinilcetona   **12-34.** no tiene orbital molecular de antienlace π*   **12-35.** 4.1×10^{-5} M   **12-36.** 10,000 M⁻¹cm⁻¹
12-37.

a. Ph—CH=CH—Ph > Ph—Ph > Ph—CH=CH₂ > Ph

b. Ph—N(CH₃)₂ > Ph—N⁺(CH₃)₃ > Cy—N(CH₃)₂ > Cy—N(CH₃)₂

12-38. el de la izquierda es púrpura, el de la derecha es azul   **12-39.** vigilar el aumento de absorción a 340 nm   **12-40.** 5.0

CAPÍTULO 13

13-1. 43 MHz   **13-2. a.** 8.46 T **b.** 11.75 T   **13-3. a.** 2 **b.** 1 **c.** 3 **d.** 3 **e.** 1 **f.** 4 **g.** 3 **h.** 3 **i.** 5 **j.** 4 **k.** 2 **l.** 3 **m.** 3 **n.** 4 **o.** 3

13-5. (cyclopropanes: 1, 2, 3 with Cl/H substitution patterns)

13-6. a. 300 Hz **b.** 500 Hz   **13-7. a.** 2.0 ppm **b.** 2.0 ppm **c.** 200 Hz
13-8. a. 1.5 ppm **b.** 30 Hz   **13-9.** a la derecha de la señal del TMS
13-10. a. en cada estructura es o son los protones en el carbono al lado derecho

de la estructura **b.** en cada estructura son los protones del grupo metilo en el lado izquierdo de la estructura

13-11.
a. CH₃CHCHBr (Br, Br)   **c.** CH₃CH₂CHCH₃ (Cl)   **e.** CH₃CH₂CH=CH₂
b. CH₃CHOCH₃ (CH₃)   **d.** CH₃CCH₂CH₃ (=O, CH₃)   **f.** CH₃OCH₂CH₂CH₃

13-12. a. CH₃CH₂CH₂Cl   **b.** CH₃CH₂CHCH₃ (Cl)   **c.** CH₃CHCH (=O)

13-14. 9.25 ppm = hidrógenos que sobresalen; −2.88 ppm = hidrógenos que apuntan hacia dentro   **13-15.** Los compuestos tienen distintas relaciones de integración: 2 : 9, 1 : 3 y 2 : 1   **13-17.** B   **13-18.** Los compuestos tienen distintas relaciones de integración = 1-yodopropano   **13-20. a.** ácido 2-cloropropanoico **b.** ácido 3-cloropropanoico   **13-25. a.** propilbenceno **b.** 3-pentanona **c.** benzoato de etilo

13-27. a. CH₃OCH₂CH₂OCH₃
b. CH₃CCH₂CH₂CCH₃ (O, O)
   CH₃OCH₂C≡CCH₂OCH₃
   (dioxano con 2 CH₃)
c. HC(=O)-C₆H₄-CH(=O) (para)

13-30. CH₃O—C₆H₄—CH₃ (para)

13-32. a. A **b.** B y D   **13-35.** etanol puro

13-37. CH₃CH₂C(=O)NH₂

13-41.
a. CH₃(CH₂)₄C(=O)(CH₂)₄CH₃   **b.** Br—C₆H₄—CH₃CH₂   **c.** ciclohexanona
d. CH₃CH₂CH=CHCH₂CH₃

CAPÍTULO 14

14-1. a. 4 **b.** será aromático si es cíclico, si es es plano y si cada carbono en el anillo tiene un orbital *p*.   **14-3. a.** catión ciclopropenilo **b.** catión cicloheptatrienilo   **14-4.** d y e   **14-5. b.** 5   **14-8.** quinolina = sp^2; indol = *p*; imidazol = 1 es sp^2 y 1 es *p*; purina = 3 son sp^2 y 1 es *p*; pirimidina = ambos son sp^2 **14-10.** el ciclopentadieno tiene menor pK_a.   **14-13. a.** el ciclopropano tiene el menor pK_a. **b.** 3-bromociclopropeno   **14-14.** c   **14-15.** uno de enlace, dos de no enlace, uno de antienlace; dos electrones π en el orbital molecular de enlace y uno en cada uno de los orbitales moleculares de no enlace   **14-16.** no

14-18. a. CH₃CHCH₂CH₂CH₂CH₃ (Ph)   **c.** CH₃CH₂CHCH₂CH₃ (CH₂Ph)
b. Ph—CH₂OH   **d.** Ph—CH₂—CHCH₂Br

14-26. a. etilbenceno **b.** isopropilbenceno **c.** *sec*-butilbenceno **d.** *terc*-butilbenceno **e.** *terc*-butilbenceno **f.** 3-fenilpropeno

14-28. a. C₆H₅—COOH   **b.** C₆H₄(COOH)₂ (meta)
c. C₆H₅—CH₂OCH₃   **d.** C₆H₅—CH₂CH₂NH₂

CAPÍTULO 15

15-1. a. *orto*-etilfenol **b.** *meta*-bromoclorobenceno **c.** *meta*-bromobenzaldehído **d.** *orto*-etiltolueno

15-2.
a. 4-aminotolueno   **b.** 3-hidroxitolueno   **c.** 3,4-dimetilbenceno   **d.** 2-clorobencenosulfónico

15-3. a. 3-clorotolueno   **b.** 4-bromofenol   **c.** 2-nitroanilina   **d.** 3-clorobenzonitrilo
e. 2-bromo-4-yodofenol   **f.** 3,5-diclorobenceno   **g.** 4-nitrobenzaldehído   **h.** 4-bromo-3-cloroanilina

15-4. a. 1,3,5-tribromobenceno **b.** 3-nitrofenol **c.** *para*-bromotolueno **d.** 1,2-diclorobenceno   **15-5. a.** dona electrones por resonancia y atrae electrones por efecto inductivo **b.** dona electrones por hiperconjugación **c.** atrae electrones por resonancia y por efecto inductivo **d.** dona electrones por resonancia y atrae electrones por efecto inductivo **e.** dona electrones por resonancia y atrae electrones por efecto inductivo **f.** atrae electrones por efecto inductivo   **15-6. a.** fenol > tolueno > benceno > bromobenceno > nitrobenceno **b.** tolueno > clorometilbenceno > diclorometilbenceno > difluorometilbenceno

15-9. a. 4-nitropropilbenceno + 2-nitropropilbenceno   **d.** 3-nitrobenzonitrilo
b. 4-bromonitrobenceno + 2-bromonitrobenceno   **e.** 3-nitrobencenosulfónico
c. 3-nitrobenzaldehído   **f.** 4-nitrociclohexilbenceno + 2-nitrociclohexilbenceno

15-10. Todos son directores *meta*.

15-12. a. ClCH₂COOH   **d.** C₆H₅COOH   **g.** FCH₂COOH
b. O₂NCH₂COOH   **e.** HOCCH₂COOH (diácido)   **h.** 4-clorobenzoico
c. H₃N⁺CH₂COOH   **f.** HCOOH

15-15. a. no reaccionan **c.** no reaccionan
b. 2,4,6-tribromoanilina (NH₂ con Br en 2,4,6)
d. CH₃-C₆H₄-CH₃ (p-xileno) + o-xileno

15-17. a. ácido 3-bromo-4-metilbenzoico **d.** 2-nitro-4-fluoroanisol (OCH₃, NO₂, F)
b. ácido 4-clorobenceno-1,2-dicarboxílico (2 COOH, Cl) **e.** 4-metoxi-3-nitrobenzaldehído (HC=O, NO₂, OCH₃)
c. ácido 3-bromo-4-clorobenzoico **f.** 4-terc-butil-2-nitrotolueno (CH₃, NO₂, C(CH₃)₃)

15-18. a. 2 **b.** 1 **c.** 2 **15-22.** Formaría un complejo con el grupo amino y lo convertiría en director *meta*.

15-27. CH₃CHCH₃ + CH₃CHCH₃ + CH₃CH=CH₂ + N₂
               | |
               Cl   OH

15-30. a. 1-cloro-2,4-dinitrobenceno > *p*-cloronitrobenceno > clorobenceno **b.** clorobenceno > *p*-cloronitrobenceno > 1-cloro-2,4-dinitroclorobenceno

CAPÍTULO 16

16-2. a. butanonitrilo, cianuro de propilo **b.** anhídrido etanoico propanoico, anhídrido acético propiónico **c.** butanoato de potasio, butirato de potasio **d.** cloruro de pentanoílo, cloruro de valerilo **e.** butanoato de isobutilo, butirato de isobutilo **f.** N,N-dimetilhexanamida, N,N-dimetilcaproamida **g.** 2-azaciclopentanona, γ-butirolactama **h.** ácido ciclopentanocarboxílico **i.** 5-metil-2-oxaciclohexanona, β-metil-δ-valerolactona **16-5.** El enlace más corto tiene la mayor frecuencia.

a. CH₃–C(=O)–O–CH₃ (O=3, C–O(éster)=2, O–CH₃=1; 1 = más largo, 3 = más corto)
b. CH₃–C(=O)–O–CH₃ (O=1, C–O=2, O–CH₃=3; 1 = máxima frecuencia, 3 = mínima frecuencia)

16-6. cloruro de acilo (1800 cm⁻¹); anhídrido de ácido (1800 cm⁻¹ y 1750 cm⁻¹); éster (1730 cm⁻¹); amida (1640 cm⁻¹) **16-7. a.** ácido acético **b.** no reaccionan **16-8.** cierto **16-9. a.** no reaccionan **b.** ácido acético **c.** anhídrido acético **d.** no reaccionan **16-10. a.** nuevo **b.** no reaccionan **c.** mezcla de dos

16-14. a. CH₃CH₂CH₂OH **c.** (CH₃)₂NH **e.** CH₃CO⁻
b. CH₃CH₂NH₂ **d.** H₂O **f.** HO–C₆H₄–NO₂

16-18. a. el grupo carbonilo del éster es relativamente inerte, el nucleófilo es relativamente inerte, el grupo saliente es una base fuerte **b.** aminólisis **16-20. a.** ácido benzoico y etanol **b.** ácido butanoico y metanol **c.** ácido 5-hidroxipentanoico **16-22. a.** ácido carboxílico protonado, intermediario tetraédrico I, intermediario tetraédrico III, H₃O⁺, CH₃OH⁺ **b.** Cl⁻, ácido carboxílico, intermediario tetraédrico II, H₂O, CH₃OH **c.** H₃O⁺ **d.** H₃O⁺ si se usó agua en exceso; CH₃OH₂⁺ si no se usó. **16-26.** butanoato de metilo y metanol **16-27. a.** el alcohol **b.** el ácido carboxílico **16-30. a.** ion butirato y yodometano **b.** ion acetato y 1-yodooctano **16-36.** C > B > D > A **16-37. a.** bromuro de pentilo **b.** bromuro de isohexilo **c.** bromuro de bencilo **d.** bromuro de ciclohexilo **16-39. a.** 1-bromopropano **b.** 1-bromo-2-metilpropano **c.** bromociclohexano **16-41. a.** ácido propanoico + cloruro de tionilo seguidos por fenol **b.** ácido benzoico + cloruro de tionilo seguidos por etilamina **16-43.** PDS

CAPÍTULO 17

17-1. si no fuera así no sería una cetona **17-2. a.** 3-metilpentanal, β-metilvaleraldehído **b.** 4-heptanona, dipropilcetona **c.** 2-metil-4-heptanona, isobutilpropilcetona **d.** 4-fenilbutanal, γ-fenilbutiraldehído **e.** 4-etilhexanal, γ-etilcaproaldehído **f.** 1-hepteno-3-ona, butilvinilcetona **17-3. a.** 6-hidroxi-3-heptanona **b.** 2-oxociclohexilmetanonitrilo **c.** 3-formilpentanamida
17-4. a. 2-heptanona **b.** *para*-nitroacetofenona **17-5. a.** 2-hexanol
b. 2-metil-2-pentanol **c.** 1-metilciclohexanol

17-6. CH₃C(=O)CH₂CH₃ + CH₃CH₂CH₂MgBr
CH₃CH₂C(=O)CH₂CH₂CH₃ + CH₃MgBr

17-7. a. dos; (R)-3-metil-3-hexanol y (S)-3-metil-3-hexanol
b. uno; 2-metil-2-pentanol **17-10.** A y C

17-12. RC≡C–C(OH)(R)–C≡CR

17-13. a. CH₃CH(CH₃)CH₂OH **c.** C₆H₅CH₂OH
b. ciclohexanol **d.** C₆H₅CH(OH)CH₃

17-14. a. C₆H₅C(=O)NHCH₃ **c.** CH₃C(=O)NHCH₂CH₃
b. CH₃C(=O)NH₂ **d.** CH₃C(=O)N(CH₂CH₃)₂

17-16. no **17-17.** Las bases conjugadas de los ácidos fuertes son débiles y se eliminan con facilidad **17-19.** ~ 8.5 **17-19.** 2-propanol y 3-pentanol
17-20. a. 1×10^{-12} **b.** 1×10^{-9} **c.** 3.1×10^{-3}

17-23. a. ciclopentilideno=NCH₂CH₃ + H₂O
b. 1-(N,N-dietilamino)ciclopentileno + H₂O
c. C₆H₅C(CH₃)=N(CH₂)₅CH₃ + H₂O
d. C₆H₅C(CH₃)=N-ciclohexilo + H₂O

17-26. una amina secundaria y una amina terciaria **17-30.** la cetona con los sustituyentes nitro **17-31. a.** 7 **b.** 2, 3 **c.** 1, 8 **d.** 5 **e.** 4, 6

17-34. a. 2-(hidroximetil)ciclohexanol **b.** NaBH₄

17-37. a. 26% **b.** 17%

17-40. a. C₆H₅C(OH)(CH₃)CH₂CH₃ (S) **c.** CH₃C(OH)CH₂CH₂CH₃ con CH₃ (el compuesto no tiene centro asimétrico)
b. C₆H₅CH(OH)CH₃ (R) **d.** CH₃CH₂CH₂–C(OH)(CH₃)–CH₂CH₃ (S)

17-43. Sin impedimento estérico

17-44. a. CH₃CHCH₂—C(=O)—OCH₃ with Br on CHCH₂
c. CH₃CH=CH—C(=O)—NH₂
b. CH₃CH=CH—C(=O)—OCH₃
d. CH₃CHCH₂—C(=O)—NH₂ with NH₃ on CHCH₂

CAPÍTULO 18

18-1. La base conjugada del propeno tiene electrones deslocalizados, pero están deslocalizados sobre un carbono.

18-2. a. CH₃C(=O)CH₂C≡N β-cetonitrilo
b. CH₃OC(=O)CH₂C(=O)OCH₃ β-diéster

18-3. El protón en el nitrógeno es más ácido que el protón en el carbono α.

18-4. Es más importante la deslocalización electrónica por el par de electrones no enlazado en N u O para la amida que para el éster

18-5. a. CH₃CH(=O) > HC≡CH > CH₂=CH₂ > CH₃CH₃
b. CH₃C(=O)CH₂C(=O)CH₃ > CH₃C(=O)CH₂C(=O)OCH₃ > CH₃OC(=O)CH₂C(=O)OCH₃ > CH₃C(=O)CH₃
c. cyclohexanone > δ-valerolactone > N-methyl-δ-valerolactam

18-7. a. enol/enolato = 1 × 10¹² **b.** enol/enolato = 1 × 10⁸
c. enol/enolato = 1 × 100

18-8. a. CH₃CH=C(OH)CH₂CH₃
b. Ph—C(OH)=CH₂
c. 1-hidroxi-ciclohexeno
d. 3-hidroxi-2-ciclohexenona (más estable) y 5-hidroxi-2-ciclohexenona
e. CH₃CH₂C(OH)=CHCH₂CH₃ (más estable) y CH₃CH=C(OH)CH₂CH₂CH₃
f. Ph—CH=C(OH)CH₃ (más estable) y Ph—CH₂C(OH)=CH₂

18-10. Se necesita sustituir tres H por halógenos para conseguir un grupo saliente que sea una base más débil que HO⁻.
18-11. El paso determinante de la rapidez de la reacción debe ser la eliminación del protón del carbono α de la cetona.

18-15. 2,2,6,6-tetradeuterociclohexanona

18-19. a. 2-ciclohexenona, CH₃C(=O)CH₂C(=O)CH₃, HO⁻
b. CH₃C(=O)CH=CH₂, CH₃C(=O)OCH₂C(=O)OCH₂CH₃, CH₃CH₂O⁻

18-21. a. CH₃CH₂CH₂CH(=O)
c. ciclohexil-CH₂CH(=O)
b. CH₃C(=O)CH₃
d. CH₃CH₂C(=O)CH₂CH₃

18-23. 2-ciclohexilidenciclohexanona

18-28. a. CH₃CH₂CH₂C(=O)CHC(=O)OCH₃ con CH₂CH₃ sustituyente
b. CH₃CHCH₂C(=O)CHC(=O)OCH₂CH₃ con CH₃ y CHCH₃

18-29. A, B y D

18-33. a. 1-hidroxi-1-metil-2-acetilciclobutano
b. 1-hidroxi-1-metil-ciclooctan-3-ona

18-36. a. biciclo hidroxicetona
c. 2-hidroxiciclohexilcarbaldehído
b. biciclo HO cetona
d. biciclo OH acetil

18-38. A y D **18-39. a.** bromuro de metilo **b.** bromuro de metilo (dos veces) **c.** bromuro de bencilo **d.** bromuro de isobutilo **18-42. a.** bromuro de etilo **b.** bromuro de pentilo **c.** bromuro de bencilo **18-45.** 7 **18-46. a.** 3 **b.** 7

CAPÍTULO 19

19-1. a. reducción **b.** ninguno **c.** oxidación **d.** oxidación **e.** reducción **f.** ninguno
19-2. a. CH₃CH₂CH₂CH₂CH₂OH **e.** no reaccionan
b. CH₃CH₂CH₂CH₂NH₂ **f.** CH₃CH₂OH
c. (Z)-2-penteno (CH₃CH₂CH₂ y CH₃ cis)
g. CH₃CH(=O)
d. ciclohexanol
h. N-metilciclohexilamina

19-3. El Na hará que un alquino terminal se convierta en ion acetiluro.

19-4. a. bencilamina (Ph—CH₂NH₂)
d. ciclohexilmetanol + CH₃CH₂OH
b. alcohol bencílico (Ph—CH₂OH)
e. CH₂CH₂CH₂NHCH₂CH₃
c. CH₃CH₂CH(OH)CH₂CH₃... CH₃CH(OH)CH₂CH₃
f. CH₃CH₂CH₂CH₂OH

19-5. Sí, porque los enlaces son polares.

19-12. trans-1-hidroxi-2-metoxiciclohexano y trans-1-metoxi-2-hidroxiciclohexano

19-13. Es estereoselectiva y estereoespecífica, pero no enantioselectiva.

19-14. a. $CH_3C(CH_3)(OH)-CH(OH)CH_2CH_3$ **b.** 1-(hydroxymethyl)cyclohexanol

19-16. dicyclohexylidene

19-17. a. cis-2-OH, trans-3-OH cyclohexyl with C(CH$_3$)$_3$ **b.** diastereomer with C(CH$_3$)$_3$

19-18. 2,3-dimetil-2-buteno **19-20. a.** 2,3-dimetil-2-buteno **b.** *cis*-4-octeno y *trans*-4-octeno **19-22.** si el alqueno tiene configuración *cis* o *trans*

19-25. a. cyclohexyl-C≡CH
b. $CH_3CH_2C≡CCH_2CH_2CH_2C≡CCH_2CH_3$

CAPÍTULO 20

20-1. a. 2,2-dimetilaziridina **b.** 4-etilpiperidina **c.** 3-metilazaciclobutano **d.** 2-metiltiaciclopropano **e.** 2,3-dimetiltetrahidrofurano **f.** 2-etiloxaciclobutano
20-2. El oxígeno, atractor de electrones, estabiliza la base conjugada.
20-3. a. quinuclidinone structure **b.** $pK_a \sim 8$ **c.** ácido conjugado de 3-cloroquinuclidina
20-5. La única diferencia es el grupo saliente.
20-6. $CH_3C(CH_3)=CH_2$ + $HN(CH_3)CH_2CH_2CH_3$
20-7. a. $CH_3CH=CH_2$ + $(CH_3)_2NCH_3$ **c.** methylenecyclohexane + $N(CH_3)_3$
b. $CH_2=CHCH_2CH_2NHCH_3$ **d.** $CH_3N(CH_3)CH(CH_3)CH_2CH=CH_2$
20-8. a. 2-metil-3-pentanamina **b.** 3-metilpirrolidina
20-10. semejante a carbanión
20-11. a. $CH_3N(CH_3)(OH)$ + $CH_2=CHCH_3$ **c.** $CH_2=CH_2$ + $CH_3N(OH)CH_2CH_3$
b. $CH_3N(C_6H_5)(OH)$ + $CH_2=CHCH_3$ **d.** $CH_2=CHCH_2CH_2CH_2CH_2NCH_3(OH)$
20-15. Las formas ácida y básica del pirrol son aromáticas; sólo la forma básica del ciclopentadieno es aromática.
20-17. N-etilpyridinium **20-20.** 4-Me-N-ethylpyridinium I$^-$ > 4-methylpyridine > 3-methylpyridine
20-21. 4-bromo-1-methylimidazole
20-22. pirrol > imidazol > benceno
20-23. El imidazol forma puentes de hidrógeno intramoleculares que no puede formar el *N*-metilimidazol. **20-24.** 24% **20-25.** sí

CAPÍTULO 21

21-1. La D-ribosa es una aldopentosa. La D-sedoheptulosa es una cetoheptosa. La D-manosa es una aldohexosa. **21-3. a.** L-gliceraldehído **b.** L-gliceraldehído **c.** D-gliceraldehído **21-4. a.** enantiómeros **b.** diasterómeros **21-5. a.** D-ribosa **b.** L-talosa **c.** L-alosa **21-6. a.** (2R,3S,4R,5R)-2,3,4,5,6-pentahidroxihexanal **b.** (2S,3R,4S,5S)-2,3,4,5,6-pentahidroxihexanal **21-7.** D-psicosa **21-8. a.** Una cetoheptosa tiene cuatro centros de asimetría ($2^4 = 16$ estereoisómeros). **b.** Una aldoheptosa tiene cinco centros asimétricos ($2^5 = 32$ estereoisómeros). **c.** Una cetotriosa no tiene centros asimétricos y en consecuencia carece de estereoisómeros. **21-11.** D-tagatosa, D-galactosa, y D-talosa **21-12. a.** D-iditol **b.** D-iditol y D-gulitol **21-13. a. 1.** D-altrosa **2.** L-galactosa **b. 1.** D-tagatosa **2.** D-fructosa **21-14. a.** L-gulosa **b.** ácido L-glutárico **c.** D-alosa y L-alosa, D-altrosa y D-talosa, L-altrosa y L-talosa, D-galactosa y L-galactosa **21-15. a.** D-arabinosa y D-ribulosa **b.** D-alosa y D-psicosa **c.** L-gulosa y L-sorbosa **d.** D-talosa y D-tagatosa **21-16.** D-gulosa y D-idosa **21-17. a.** D-gulosa y D-idosa **b.** L-xilosa y L-lixosa **21-18. a.** D-glucosa y D-manosa **b.** D-eritrosa y D-treosa **c.** L-alosa y L-altrosa **21-20.** A = D-glucosa B = D-manosa C = D-arabinosa D = D-eritrosa **21-24. a.** el grupo OH en el C-2 **b.** el grupo OH en el C-2, C-3, y C-4 **c.** el grupo OH en el C-3 y C-1 **21-25.** Una amina protonada no es un nucleófilo. **21-26. b.** α-D-talosa (reductor) **c.** metil α-D-galactósido (no reductor) **d.** etil β-D-psicósido (no reductor) **21-29. a.** No pueden recibir sangre tipo A, B o AB porque tienen componentes de azúcar que no tiene la sangre tipo O. **b.** No pueden donar sangre a quienes tienen sangre tipo A, B u O porque la sangre AB tiene componentes de azúcar que no tienen esos otros tipos de sangre.

CAPÍTULO 22

22-2. a. (*R*)-alanina **b.** (*R*)-aspartato **c.** El carbono α de todos los D-aminoácidos excepto la cisteína tiene la configuración *R*. **22-4.** Ile **22-5.** por el grupo amonio, atractor de electrones

22-7.
a. $HOOCCH_2CH_2CH(^+NH_3)COOH$ **c.** $^-OOCCH_2CH_2CH(^+NH_3)COO^-$
b. $HOOCCH_2CH_2CH(^+NH_3)COO^-$ **d.** $^-OOCCH_2CH_2CH(NH_2)COO^-$

22-10. a. 5.43 **b.** 10.76 **c.** 5.68 **d.** 2.98 **22-11. a.** Asp **b.** Arg **c.** Asp **d.** Met **22-13.** 2-metilpropanal **22-14.** La leucina y la isoleucina tienen polaridades y valores de pI semejantes, por lo que aparecen en una mancha. **22-17.** His > Val > Ser > Asp **22-18.** El ácido carboxílico protonará un equivalente de amoniaco. **22-19. a.** L-Ala, L-Asp, L-Glu **b.** L-Ala y D-Ala, L-Asp y D-Asp, L-Glu y D-Glu **22-20. a.** leucina **b.** metionina **22-21. a.** 4-bromo-1-butanamina **b.** bromuro de bencilo **22-22. a.** alanina **b.** isoleucina **c.** leucina **22-25.** A-G-M A-M-G M-G-A M-A-G G-A-M G-M-A **22-27.** los enlaces en ambos lados del carbono α **22-29.** Leu-Val y Val-Val **22-32. a.** 5.8% **b.** 4.4% **22-35.** Gli-Arg-Trp-Ala-Glu-Leu-Met-Pro-Val-Asp **22-36. a.** His-Lis Leu-Val-Glu-Pro-Arg Ala-Gli-Ala **b.** Leu-Gli-Ser-Met-Fen-Pro-Tir Gli-Val **22-39.** Leu-Tir-Lis-Arg-Met-Fen-Arg-Ser **22-40.** El reactivo de Edman produciría dos aminoácidos en cantidades aproximadamente iguales. **22-41.** 110 Å en una hélice α y 260 Å en una cadena recta **22-42.** grupos apolares en el exterior y los polares en el interior **22-43. a.** proteína en forma de puro **b.** subunidad de un hexámero

CAPÍTULO 23

23-1. $\Delta H^{\ddagger}$, E_a, $\Delta S^{\ddagger}$, $\Delta G^{\ddagger}$, $k_{rapidez}$ **23-3.** por ácido específico **23-7.** No tienen oxígeno con carga negativa en un carbono y un grupo carbonilo en un carbono adyacente. **23-9.** cercana a uno

23-10. cyclohexane with OH/SC$_6$H$_5$; SC$_6$H$_5$/OH ; OCH$_2$CH$_3$/SC$_6$H$_5$; SC$_6$H$_5$/OCH$_2$CH$_3$ (stereoisomers)

23-12. Los grupos nitro hacen que el ion fenolato sea mejor grupo saliente que el ion carboxilato **23-15.** 2, 3 y 4 **23-16.** Ser-Ala-Fen **23-18.** La arginina forma un puente de hidrógeno directo; la lisina forma un puente de hidrógeno indirecto. **23-20.** NAM **23-21.** El ácido desnaturaliza la enzima. **23-23.** lisina **23-24.** 2 **23-27.** Poner un sustituyente en cisteína con ácido yodoacético podría interferir con el enlazamiento o la catálisis del sustrato.

CAPÍTULO 24

24-1. Aumenta la susceptibilidad del carbono carbonílico frente al ataque nucleofílico, aumenta la nucleofilia del agua y estabiliza la carga negativa en el estado de transición.

24-2.
$$^-OCCCH_2CH_2CO^- \text{ (con COO}^-\text{)} + NADH + H^+$$

24-3.
$$CH_3CH(OH)-CO^- + NAD^+$$

24-4. pirofosfato **24-5. a.** 7 **b.** 3 aislados de otros 2 **24-14. a.** alanina **b.** aspartato **24-16.** el de la derecha
24-20.
$$CH_3CH_2CSCoA \xrightarrow[\text{biotina}]{E} CH_3CHCSCoA \xrightarrow[\text{coenzima B}_{12}]{E} CH_2CH_2CSCoA$$
(con COO$^-$ en el intermedio y producto)

24-21. el grupo metileno del N^5,N^{10}-metileno-THF

CAPÍTULO 25

25-1. Es una base estable porque la carga negativa está deslocalizada.
25-3. fosfocreatina **25-8.** El carbono β tiene una carga positiva parcial. **25-9.** ocho **25-10.** siete **25-12. a.** conversión de glucosa en 6-fosfato de glucosa, conversión de 6-fosfato de glucosa en 1,6-difosfato de glucosa **b.** conversión de 1,3-difosfoglicerato en 3-fosfoglicerato; conversión de 2-fosfoenolpiruvato en piruvato **25-13.** dos **25-14.** una cetona **25-15.** pirofosfato de tiamina **25-16.** un aldehído **25-18.** fosfato de piridoxal **25-19.** piruvato **25-20.** un alcohol secundario **25-21.** citrato e isocitrato **25-22.** 11

CAPÍTULO 26

26-2. ácido hexanoico, 3 ácidos malónicos y ácido glutárico **26-3.** tripalmitato de glicerilo **26-8.** no **26-9.** Las proteínas integrales tendrán mayor porcentaje de aminoácidos apolares. **26-10.** Las bacterias podrían sintetizar fosfoacilgliceroles con más ácidos grasos saturados. **26-14.** la de la izquierda **26-16.** Las dos mitades se sintetizan en forma de cabeza a cola y a continuación se unen en un enlace cola a cola. **26-24.** fusionado *cis*; fusionado *trans* **26-25.** un sustituyente β **26-28.** Dos son sustituyentes axiales y uno es sustituyente ecuatorial.

CAPÍTULO 27

27-7. a. 3'—C—C—T—G—T—T—A—G—A—C—G—5' **b.** guanina **27-11.** Met-Asp-Pro-Val-Ile-Lis-His **27-12.** Met-Asp-Pro-Leu-Leu-Asn **27-14.** 5'—G-C-A-T-G-G-A-C-C-C-C-G-T-T-A-T-T-A-A-A-C-A-C—3'

27-16. xantina, hipoxantina (estructuras)

27-18. a

CAPÍTULO 28

28-1. a. $CH_2=CHCl$ **b.** $CH_2=CCH_3$ (con $COCH_3$) **c.** $CF_2=CF_2$

28-2. poli(cloruro de vinilo) **28-5.** pelotas para playa

28-7. a. $CH_2=CH$-Ph-OCH_3 > $CH_2=CH$-Ph-CH_3 > $CH_2=CH$-Ph-NO_2
b. $CH_2=CHOCCH_3$ (O) > $CH_2=CHCH_3$ > $CH_2=CHCOCH_3$ (O)
c. $CH_2=CCH_3$(Ph) > $CH_2=CH$(Ph)

28-8. a. $CH_2=CH$-Ph-NO_2 > $CH_2=CH$-Ph-CH_3 > $CH_2=CH$-Ph-OCH_3
b. $CH_2=CHC\equiv N$ > $CH_2=CHCl$ > $CH_2=CHCH_3$

28-11. a. $CH_2=CCH_3$ (CH_3) + BF_3 + H_2O **c.** epóxido + CH_3O^-
b. $CH_2=CH$-pirrolidina + BF_3 + H_2O **d.** $CH_2=CH$-$COCH_3$ + BuLi

28-12. H_3C-oxetano-O^+-$CH_2C(CH_3)_2OCH_2C(CH_3)_2OCH_2C(CH_3)_2OH$

28-15. a. —$NHCH_2CH_2CH_2CNHCH_2CH_2C$— (con dos C=O)
b. —$NH(CH_2)_4NHCCH_2CH_2CNH(CH_2)_4NHCCH_2CH_2C$— (con cuatro C=O)

CAPÍTULO 29

29-1. a. reacción electrocíclica **b.** reordenamiento sigmatrópico **c.** reacción de cicloadición **d.** reacción de cicloadición **29-2. a.** orbitales de enlace = ψ_1, ψ_2, ψ_3; orbitales de antienlace = ψ_4, ψ_5, ψ_6; **b.** HOMO de estado fundamental = ψ_3; LUMO de estado fundamental = ψ_4 **c.** HOMO de estado excitado = ψ_4; LUMO de estado excitado = ψ_5 **d.** orbitales simétricos = ψ_1, ψ_3, ψ_5; orbitales antisimétricos = ψ_2, ψ_4, ψ_6 **e.** el HOMO y el LUMO tienen simetrías contrarias. **29-3. a.** 8 **b.** ψ_4 **c.** 7 **29-6. a.** conrotatorio **b.** *trans* **c.** disrotatorio **d.** *cis* **29-7. a.** correcto **b.** correcto **c.** correcto **29-8. 1. a.** conrotatorio **b.** *trans* **2. a.** disrotatorio **b.** *cis* **29-11.** sí

29-13. (esquema de reordenamiento de Claisen con marcaje ^{14}C)

29-18. a. inversión **b.** retención **29-19.** antarafacial

Glosario

absortividad molar absorbancia obtenida con una disolución 1.00 M en una celda que tiene 1.00 cm de trayectoria de luz.
aceite un triéster de glicerina que es líquido a temperatura ordinaria.
aceites esenciales fragancias y sabores aislados de las plantas que no dejan residuos cuando se evaporan; la mayor parte son terpenos.

acetal $R-\overset{\overset{\displaystyle OR}{|}}{\underset{\underset{\displaystyle OR}{|}}{C}}-H$

acíclico no cíclico.
ácido (de Brønsted) una sustancia que dona un protón.
ácido aldárico un ácido dicarboxílico con un grupo OH unido a cada carbono. Se obtiene oxidando el aldehído y los grupos alcohol primarios de una aldosa.
ácido aldónico ácido carboxílico con un grupo OH unido a cada carbono. Se obtiene oxidando el grupo aldehído de una aldosa.

ácido carboxílico $R-\overset{\overset{\displaystyle O}{\|}}{C}-OH$

ácido conjugado una especie acepta un protón para formar su ácido conjugado.
ácido de Brønsted sustancia que dona un protón.
ácido de Lewis sustancia que acepta un par de electrones.
ácido desoxirribonucleico (ADN) polímero de desoxirribonucleótidos.
ácido fosfatídico fosfoglicerol en el que sólo uno de los grupos OH del fosfato es un enlace de éster.
ácido graso ácido carboxílico de cadena larga.
ácido graso poliinsaturado ácido graso con más de un doble enlace.
ácido nucleico las dos clases de ácido nucleico son ADN y ARN.
ácido nucleico peptídico (PNA, de *peptide nucleic acid*) polímero que contiene al mismo tiempo un aminoácido y una base diseñado para enlazarse a residuos específicos de ADN o de ARNm.
ácido ribonucleico (ARN) polímero de ribonucleótidos.
ácidos biliares esteroides que actúan como emulsificantes para que se puedan digerir los compuestos insolubles en agua.
acilación de Friedel-Crafts una reacción de sustitución electrofílica que adiciona un grupo acilo a un anillo de benceno.
acoplamiento de espín el átomo causal de que una señal de resonancia magnética nuclear (RMN) se acople con el resto de la molécula.
acoplamiento de largo alcance escisión de un protón por otro protón que está a más de tres enlaces σ de distancia.
acoplamiento espín-espín la división de una señal de un espectro de resonancia magnética nuclear (RMN) que describe la regla de $N + 1$.
acoplamiento geminal la escisión mutua de dos protones no idénticos unidos al mismo carbono.
adenilato de acilo un derivado de ácido carboxílico con monofosfato de adenosina como grupo saliente (AMP, de *adenosine monophosphate*; también adenosín-monofosfato).
adición 1,2 (adición directa) adición a las posiciones 1 y 2 de un sistema conjugado.
adición 1,4 (adición conjugada) adición a las posiciones 1 y 4 de un sistema conjugado.
adición al grupo carbonilo (adición directa) adición nucleofílica al carbono del grupo carbonilo.
adición aldólica reacción entre dos moléculas de un aldehído (o dos moléculas de una cetona) que une al carbono α de uno con el carbono del grupo carbonílico del otro.
adición aldólica cruzada una adición aldólica en la que se usan dos compuestos carbonílicos distintos.
adición anti reacción de adición en la que se adicionan dos sustituyentes en los lados opuestos de la molécula.

adición cabeza con cola la cabeza de una molécula se adiciona a la cola de otra.
adición conjugada adición 1,4 a un compuesto carbonílico α,β-insaturado
adición directa adición 1,2.
adición sin reacción de adición en la que se unen dos sustituyentes al mismo lado de la molécula.
ADN (ácido desoxirribonucleico) polímero de desoxirribonucleótidos.
ADN recombinante ADN que se incorpora a una célula anfitriona.
afinidad electrónica la energía desprendida cuando un átomo adquiere un electrón.
agente antigén polímero diseñado para unirse al ADN en determinado sitio.
agente antisentido polímero diseñado para unirse al ARNm en determinado sitio.
alcaloide producto natural, con uno o más heteroátomos de nitrógeno, que se encuentra en las hojas, corteza o semillas de las plantas.
alcano hidrocarburo que sólo contiene enlaces simples.
alcano de cadena recta (alcano normal) alcano en el que los carbonos forman una cadena continua, sin ramificaciones.
alcano normal (alcano de cadena lineal) un alcano en el que los carbonos forman una cadena lineal sin ramificaciones.
alcohol compuesto con un grupo OH en lugar de uno de los hidrógenos de un alcano; (ROH).
alcohol primario alcohol en el que el grupo OH está unido a un carbono primario.
alcohol secundario alcohol en el que el grupo OH está unido a un carbono secundario.
alcohol terciario alcohol en el que el grupo OH está enlazado a un carbono terciario.
alcohólisis reacción con un alcohol.
alcoximercuración adición de alcohol a un alqueno, usando una sal mercúrica de un ácido carboxílico como catalizador.

aldehído $R-\overset{\overset{\displaystyle O}{\|}}{C}-H$

alditol compuesto con un grupo OH unido a cada carbono. Se obtiene reduciendo una aldosa o una cetosa.
aldosa un polihidroxialdehído.
aleno compuesto con dos dobles enlaces adyacentes.
alifático compuesto orgánico no aromático.
alqueno hidrocarburo que contiene un enlace doble.
alquilación de Friedel-Crafts una reacción de sustitución electrofílica que adiciona un grupo alquilo a un anillo de benceno.
alquino hidrocarburo que contiene un enlace triple.
alquino interno un alquino cuyo enlace triple no está al final de la cadena de carbonos.
alquino terminal alquino con el triple enlace en el extremo de la cadena de carbonos.

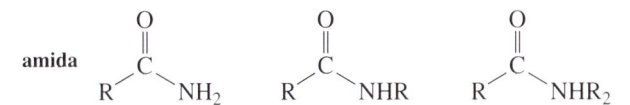

amida $R-\overset{\overset{\displaystyle O}{\|}}{C}-NH_2 \quad R-\overset{\overset{\displaystyle O}{\|}}{C}-NHR \quad R-\overset{\overset{\displaystyle O}{\|}}{C}-NHR_2$

amina compuesto con un nitrógeno en lugar de uno de los hidrógenos de un alcano; (RNH_2, R_2NH, R_3N).
amina primaria una amina con un grupo alquilo unido al nitrógeno.
amina secundaria amina con dos grupos alquilo unidos al nitrógeno.
amina terciaria amina con tres grupos alquilo enlazados al nitrógeno.
aminación reductiva reacción de un aldehído o una cetona con amoniaco o con una amina primaria en presencia de un agente reductor (H_2/Ni Raney).
aminoácido un ácido α-aminocarboxílico. Los aminoácidos naturales tienen la configuración L.

aminoácido C-terminal el aminoácido terminal de un péptido (o una proteína) que tiene un grupo carboxilo libre.
aminoácido esencial un aminoácido que los humanos deben obtener en su dieta porque no lo pueden sintetizar, para nada o en cantidades adecuadas.
aminoácido N-terminal el aminoácido terminal de un péptido (o una proteína) que tiene un grupo amino libre.
aminoazúcar azúcar en el que uno de los grupos OH se sustituye por un grupo NH_2.
aminólisis reacción con una amina.
amortiguador (*buffer*) un ácido débil y su base conjugada en las mismas concentraciones.
anabolismo reacciones que se efectúan en los organismos vivos para sintetizar moléculas complejas a partir de moléculas precursoras simples.
análisis conformacional la investigación de las diversas conformaciones de un compuesto y de su estabilidad relativa.
análisis de orbitales de frontera determinación del resultado de una reacción pericíclica usando orbitales de frontera.
análisis elemental determinación de las proporciones relativas de los elementos que hay en un compuesto.
analizador de aminoácidos instrumento que automatiza la separación de aminoácidos por intercambio iónico.
análogo de estado de transición compuesto estructuralmente similar al estado de transición de una reacción catalizada por enzima.
andrógenos hormonas sexuales masculinas.
angstrom unidad de longitud; 100 picómetros = 10^{-8} cm = 1 angstrom.
ángulo de enlace tetraédrico el ángulo de enlace (109.5°) formado por los enlaces adyacentes de un carbono con hibridación sp^3.

anhídrido de ácido

$$\underset{R}{\overset{O}{\underset{\|}{C}}}-O-\underset{R}{\overset{O}{\underset{\|}{C}}}$$

anhídrido mixto un anhídrido de ácido con dos grupos R distintos.

$$\underset{R}{\overset{O}{\underset{\|}{C}}}-O-\underset{R'}{\overset{O}{\underset{\|}{C}}}$$

anhídrido simétrico anhídrido de ácido que tiene grupos R idénticos:

$$\underset{R}{\overset{O}{\underset{\|}{C}}}-O-\underset{R}{\overset{O}{\underset{\|}{C}}}$$

anillación de Robinson una reacción de Michael seguida de una condensación aldólica intramolecular.
anisotropía magnética término para describir la mayor libertad que tiene una nube de electrones π como respuesta a un campo magnético a consecuencia de la mayor facilidad de polarización de los electrones π en comparación con los electrones σ.
anómeros dos azúcares cíclicos cuya configuración difiere sólo en el carbono del grupo carbonilo en la forma de cadena abierta.
antiaromático compuesto cíclico y plano con un anillo ininterrumpido de átomos con orbital p, que contiene una cantidad par de pares de electrones π.
antibiótico compuesto que interfiere con el crecimiento de un microorganismo.
anticodón las tres bases en el fondo de la espiral media del ARNt.
anticuerpo catalítico compuesto que facilita una reacción forzando la conformación del sustrato en dirección del estado de transición.
anticuerpos compuestos que reconocen partículas extrañas al organismo.
antígenos compuestos que pueden generar una respuesta del sistema inmunitario.
antiperiplanar sustituyentes paralelos en los lados opuestos de una molécula.
anuleno hidrocarburo monocíclico con enlaces dobles y simples alternantes.
apareamiento de bases de Hoogsteen el apareamiento entre una base en una cadena sintética de ADN y un par de bases en ADN de doble cadena.
apoenzima una enzima sin su cofactor.
apoyada cuando se traza una línea sobre los picos externos de una señal de RMN y apunta en la dirección de la señal emitida por los protones que causan la partición.
aquiral (ópticamente inactivo) una molécula aquiral tiene una conformación idéntica (que se puede sobreponer) a su imagen especular.

aramida una poliamida aromática.
árbol sintético esquema de las rutas disponibles para llegar a un producto a partir de los materiales de partida disponibles.
ARN (ácido ribonucleico) polímero de ribonucleótidos.
aromático compuesto cíclico y plano con un anillo ininterrumpido de átomos con orbital p, que contiene una cantidad impar de pares de electrones π.
asistencia anquimérica (catálisis intramolecular) catálisis en la que el catalizador es parte de la molécula que reacciona.
ataque por detrás ataque nucleofílico en el lado del carbono que es opuesto al sitio de unión al grupo saliente.
atracción de electrones por resonancia salida de electrones a través de un traslape de orbital p con enlaces π vecinos.
atracción electrostática fuerza de atracción entre cargas opuestas.
atracción inductiva de electrón atracción de electrones a través de un enlace σ.
autorradiografía técnica para determinar la secuencia de bases en el ADN. También se le llama así a la placa fotográfica expuesta obtenida con la autorradiografía.
auxiliar quiral un compuesto enantioméricamente puro que, cuando se une con un reactivo, forma un producto con una configuración particular.
auxocromo sustituyente que cuando está unido a un cromóforo, altera la $\lambda_{máx}$ y la intensidad de la radiación UV/Visible.
aziridina un compuesto con anillo de tres miembros en el que uno de los átomos del anillo es de nitrógeno.
azúcar no reductor un azúcar que no puede oxidarse con reactivos como Ag^+ y Cu^+. Los azúcares no reductores no están en equilibrio con su aldosa o cetosa de cadena abierta.
azúcar reductor azúcar que puede ser oxidado por reactivos como Ag^+ o Br_2. Los azúcares reductores están en equilibrio con la aldosa o cetosa de cadena abierta.
banda de absorción una señal en un espectro que se produce como resultado de la absorción de energía.
banda de combinación se encuentra en la suma de dos frecuencias fundamentales de absorción ($v_1 + v_2$).
banda de sobretono una banda de absorción que se presenta a un múltiplo de la frecuencia fundamental de absorción ($2v$, $3v$).
base conjugada una especie pierde un protón para formar su base conjugada.
base de Brønsted sustancia que acepta un protón.
base de Lewis sustancia que dona un par de electrones.
base de Schiff $R_2C=NR$.
base[1] una sustancia que acepta un protón.
base[2] un compuesto heterocíclico (una purina o una pirimidina) en el ADN y el ARN.
basicidad la tendencia de un compuesto a compartir sus electrones con un protón.
bencino intermediario un compuesto con un enlace triple en lugar de uno de los enlaces dobles del benceno.
β-cetoéster un éster con un segundo grupo carbonilo en la posición β.
β-dicetona una cetona con un segundo grupo carbonilo en la posición β.
biblioteca combinatoria grupo de compuestos con relación estructural.
bicapa lípida dos capas de fosfoacilgliceroles ordenadas de manera que sus cabezas polares dan hacia el exterior y sus cadenas no polares de ácido graso hacia el interior.
biopolímero polímero que se sintetiza en la naturaleza.
bioquímica (química biológica) la química de los sistemas biológicos.
biosíntesis síntesis en un sistema biológico.
biotina la coenzima necesaria para que las enzimas catalicen la carboxilación de un carbono adyacente a un grupo éster o ceto.
cadena antisentido (hebra de plantilla) la hebra o cadena del ADN que es leída durante la transcripción.
cadena de información (cadena de sentido) la cadena de ADN que no se lee durante la transcripción: tiene la misma secuencia de bases que la cadena sintetizada de ARNm (con una diferencia U, T).
cadena de plantilla (cadena de antisentido) la cadena en el ADN que se lee durante la transcripción.
cadena de sentido (hebra de codificación) la cadena en el ADN que no se lee durante la transcripción; tiene la misma secuencia de bases que la cadena sintetizada de ARNm (con una diferencia U, T).
calor de combustión la cantidad de calor desprendida cuando un compuesto que contiene carbono reacciona totalmente con O_2 para formar CO_2 y H_2O.
calor de formación el calor emitido cuando se forma un compuesto a partir de sus elementos, bajo condiciones normales.
calor de hidrogenación el calor ($-\Delta H°$) desprendido en una reacción de hidrogenación.

cambio de energía libre estándar de Gibbs ($\Delta G°$) la diferencia entre el contenido de energía libre de los productos menos el de los reactivos, en el equilibrio bajo condiciones estándar (1 M, 25 °C, 1 atm).
campo magnético aplicado el campo magnético aplicado externamente.
campo magnético efectivo el campo magnético que "siente" un protón a través de la nube de electrones que le rodea.
carbanión compuesto que contiene un carbono con carga negativa.
carbeno una especie con un carbono que tiene un par de electrones no enlazado y un orbital vacío (H_2C:).
carbocatión una especie que contiene un carbono con carga positiva.
carbocatión primario carbocatión con la carga positiva en un carbono primario.
carbocatión secundario carbocatión con la carga positiva en un carbono secundario.
carbocatión terciario un carbocatión con la carga positiva en un carbono terciario.
carbohidrato un azúcar o un sacárido. Los carbohidratos naturales tienen la configuración D.
carbohidrato complejo carbohidrato que contiene dos o más moléculas de azúcar unidas entre sí.
carbohidrato simple (monosacárido) una molécula de azúcar simple.
carbono ácido compuesto que contiene un carbono unido a un hidrógeno relativamente ácido.
carbono alílico un carbono con hibridación sp^3 adyacente a un carbono vinílico.
carbono anomérico el carbono en un azúcar cíclico que es el carbono de un grupo carbonilo en su forma de cadena abierta.
carbono bencílico un carbono con hibridación sp^3 unido a un anillo de benceno.
carbono planar trigonal un carbono con hibridación sp^2.
carbono primario un carbono enlazado sólo a otro carbono.
carbono proquiral de un grupo carbonilo carbono de un grupo carbonilo que se volverá un centro asimétrico si es atacado por un grupo, diferente a cualquiera de los grupos ya unidos a él.
carbono secundario carbono unido a otros dos carbonos.
carbono terciario carbono enlazado a otros tres carbonos.
carbono tetraédrico un carbono con hibridación sp^3; un carbono que forma enlaces covalentes usando cuatro orbitales híbridos sp^3.
carbono vinílico un carbono en un doble enlace carbono-carbono.
carbono α carbono unido a un grupo saliente o adyacente a un carbono de un grupo carbonilo.
carbono β carbono adyacente a un carbono α.
carga formal la cantidad de electrones de valencia − (la cantidad de electrones no enlazados + 1/2 de electrones enlazados).
cargas separadas una carga positiva y una negativa que pueden neutralizarse por el movimiento de los electrones.
carotenoide clase de compuestos (tetraterpeno) que determinan los colores rojo y naranja de frutas, verduras y las hojas de los árboles en otoño.
catabolismo reacciones que se efectúan en los organismos vivos para descomponer moléculas complejas formando moléculas simples y produciendo energía.
catálisis ácida específica catálisis en la que el protón se transfiere totalmente al reactivo antes de que se efectúe el paso lento de la reacción.
catálisis ácida general catálisis en la que un protón es transferido hacia el reactivo durante el paso lento de la reacción.
catálisis básica específica catálisis en la que el protón se elimina por completo del reactivo antes de que se efectúe el paso lento de la reacción.
catálisis básica general catálisis en la que un protón sale del reactivo durante el paso lento de la reacción.
catálisis con ion metálico catálisis en que la especie que facilita la reacción es un ion metálico.
catálisis covalente (catálisis nucleofílica) catálisis que se produce como resultado de un nucleófilo que forma un enlace covalente con uno de los reactivos.
catálisis de transferencia de fase catálisis de una reacción que permite una forma de llevar a un reactivo polar a una fase no polar para que pueda suceder la reacción entre un compuesto polar y uno no polar.
catálisis electrofílica catálisis en la que la especie que facilita la reacción es un electrófilo.
catálisis electrostática estabilización de una carga por una carga opuesta.
catálisis intramolecular (asistencia anquimérica) catálisis donde el catalizador que facilita la reacción es parte de la molécula que reacciona.
catálisis nucleofílica (catálisis covalente) catálisis que sucede como resultado de que un nucleófilo forme un enlace covalente con uno de los reactivos.

catalizador especie que aumenta o disminuye la rapidez de una reacción, sin consumirse en ella. Como no cambia la constante de equilibrio de la reacción, no cambia la cantidad de producto que se forma.
catalizador ácido catalizador que aumenta la rapidez de una reacción al funcionar como ácido.
catalizador básico un catalizador que aumenta la rapidez de una reacción al abstraer un protón.
catalizador de metal de transición catalizador que contiene un metal de transición, como por ejemplo $Pd(PPh_3)_4$, usado en reacciones de acoplamiento.
catalizador de transferencia de fase compuesto que lleva a un reactivo polar a una fase no polar.
catalizador de Ziegler-Natta un iniciador de aluminio-titanio que controla la estereoquímica de un polímero.
catalizador heterogéneo catalizador insoluble en la mezcla de reacción.
catalizador homogéneo un catalizador que es soluble en la mezcla de reacción.
catalizador nucleofílico catalizador que aumenta la rapidez de una reacción al funcionar como nucleófilo.
catión alílico sustancia con una carga positiva en un carbono alílico.
catión bencílico compuesto con una carga positiva en un carbono bencílico.
catión vinílico compuesto con una carga positiva en un carbono vinílico.
cefalina un fosfoglicerol en el que el segundo grupo OH del fosfato ha formado un éster con etanolamina.
centro asimétrico un átomo unido a cuatro átomos o grupos diferentes.
centro de proquiralidad carbono unido a dos hidrógenos que se convertirá en un centro asimétrico si se sustituye uno de los hidrógenos por deuterio.
centro de quiralidad un átomo tetraédrico unido a cuatro grupos diferentes.
centro de simetría toda línea que pasa por un centro de simetría encuentra ambientes idénticos a las mismas distancias.
centro estereogénico (estereocentro) átomo en el que el intercambio de dos sustituyentes produce un estereoisómero.
cera éster formado por un ácido carboxílico de cadena larga y un alcohol de cadena larga.
cerebrósido un esfingolípido en el que el grupo OH terminal de la esfingosina está unido a un residuo de azúcar.

cetal
$$R-\underset{\underset{OR}{|}}{\overset{\overset{OR}{|}}{C}}-R$$

cetona
$$R-\overset{\overset{O}{\|}}{C}-R$$

cetosa una polihidroxicetona.

cianohidrina
$$R-\underset{\underset{C\equiv N}{|}}{\overset{\overset{OH}{|}}{C}}-R(H)$$

ciclo de Krebs (ciclo del ácido cítrico, ciclo del ácido tricarboxílico, ciclo TCA) una serie de reacciones que convierten el grupo acetilo de la acetil-CoA en dos moléculas de CO_2.
ciclo del ácido cítrico (ciclo de Krebs) una serie de reacciones que convierte el grupo acetilo de la acetil-CoA en dos moléculas de CO_2.
cicloalcano alcano con su cadena de carbonos formando un anillo.
ciencia de materiales la ciencia de crear nuevos materiales que se usen en lugar de materiales conocidos, como metales, vidrio, maderas, cartones y papeles.
cierre conrotatorio de anillo forma un traslape de frente (cabeza con cabeza) de orbitales p, donde los orbitales giran en la misma dirección.
cierre disrotatorio de anillo forma un traslape de orbitales p de cabeza a cabeza al girar los orbitales en direcciones contrarias.
cinética el campo de la química que estudia la rapidez de las reacciones químicas.
cis **fusionado** dos anillos de ciclohexano fusionados de tal modo que si se considerara que el segundo anillo fuera dos sustituyentes del primer anillo, uno de los sustituyentes estaría en posición axial y el otro en posición ecuatorial.
código genético el aminoácido especificado por cada secuencia de tres bases en el ARNm.
codón secuencia de tres bases en el ARNm que especifica el aminoácido que se debe incorporar a una proteína.

codón de paro codón en donde se detiene la síntesis de proteína.
coeficiente de distribución relación entre las cantidades de un compuesto que se disuelve en cada uno de los dos disolventes en contacto entre sí.
coenzima un cofactor que es una molécula orgánica.
coenzima A un tiol que usan los organismos biológicos para formar tioésteres.
coenzima B_{12} la coenzima que necesitan las enzimas catalizadoras de ciertas reacciones de reordenamiento.
cofactor molécula orgánica o ion metálico que necesitan ciertas enzimas para catalizar una reacción.
colesterol esteroide precursor de todos los demás esteroides animales.
combinación lineal de orbitales atómicos la combinación de orbitales atómicos para producir un orbital molecular.
complejo corona-huésped molécula cíclica que se forma cuando se une un éter corona con un sustrato.
complejo pi (π) complejo que se forma entre un electrófilo y un enlace triple.
compuesto anfótero compuesto que puede comportarse como un ácido o como una base.
compuesto bicíclico un compuesto que contiene dos anillos que comparten al menos un carbono.
compuesto bicíclico fundido compuesto bicíclico en el que los anillos comparten dos carbonos adyacentes.
compuesto bicíclico puenteado un compuesto bicíclico en el que los anillos comparten dos carbonos no adyacentes.
compuesto bioorgánico un compuesto orgánico que se encuentra en los sistemas biológicos.
compuesto carbonílico compuesto que contiene un grupo carbonilo.
compuesto de cadena abierta un compuesto acíclico.
compuesto de inclusión compuesto que se une específicamente a un ion metálico o a una molécula orgánica.
compuesto de referencia compuesto que se agrega a una muestra a la que se va a tomar el espectro de resonancia magnética nuclear (NMF). Las posiciones de las señales en el espectro de RMN se miden desde la posición de la señal producida por el compuesto de referencia.
compuesto delantero el prototipo de una búsqueda de otros compuestos biológicamente activos.
compuesto espirocíclico compuesto bicíclico en el que los anillos comparten un carbono.
compuesto heterocíclico (heterociclo) compuesto cíclico en el que uno o más átomos son heteroátomos.
compuesto *meso* compuesto que contiene centros asimétrico y un plano de simetría.
compuesto orgánico compuesto que contiene carbono.
compuesto organometálico compuesto que contiene un enlace carbono-metal.
condensación aldólica adición aldólica seguida por la eliminación de agua.
condensación de Claisen reacción entre dos moléculas de un éster que une el carbono α de una con el carbono del grupo carbonilo de la otra y elimina un ion alcóxido.
condensación de Claisen cruzada una condensación de Claisen en donde se usan dos ésteres distintos.
condensación de Dieckmann una condensación de Claisen intermolecular.
condensación de Knoevenagel una condensación de un aldehído o una cetona sin hidrógenos α con un compuesto que dispone de un carbono α unido con dos grupos atractores de electrones.
condensación de Perkin condensación de un aldehído aromático y ácido acético.
configuración la estructura tridimensional de determinado átomo en un compuesto. La configuración se denomina *R* o *S*.
configuración absoluta la estructura tridimensional de un compuesto quiral. La configuración se identifica con *R* o *S*.
configuración electrónica de estado excitado configuración electrónica que resulta cuando un electrón en la configuración electrónica de estado fundamental pasa a un orbital de mayor energía.
configuración electrónica de estado fundamental descripción de cuáles orbitales ocupan los electrones de un átomo o molécula cuando todos los electrones de los átomos están en sus orbitales de energía mínima.
configuración *R* después de asignar prioridades relativas a los cuatro grupos unidos a un centro asimétrico, si el grupo de prioridad mínima está en un eje vertical de una proyección de Fischer (apunta alejándose del espectador en una fórmula en perspectiva), una flecha trazada del grupo de máxima prioridad al siguiente de máxima prioridad sigue la dirección de las manecillas del reloj.
configuración relativa la configuración de un compuesto en relación con la configuración de otro compuesto.
configuración *S* después de asignar prioridades relativas a los cuatro grupos unidos a un centro asimétrico, si el grupo de prioridad mínima está en un eje vertical de una proyección de Fischer (apunta alejándose del espectador en la fórmula en perspectiva), una flecha trazada desde el grupo de máxima prioridad hasta el grupo siguiente de máxima prioridad tiene dirección contraria a las manecillas del reloj.
conformación forma tridimensional de una molécula en un instante determinado que puede cambiar como resultado de rotaciones alrededor de enlaces σ.
conformación alternada conformación donde los enlaces de un carbono bisectan el ángulo de enlace en el carbono adyacente, vistos hacia los enlaces carbono-carbono.
conformación de bote la conformación del ciclohexano que se asemeja a un bote.
conformación de bote torcido una conformación del ciclohexano.
conformación de media silla la conformación menos estable del ciclohexano.
conformación de silla la conformación del ciclohexano que se asemeja a una silla. Es la conformación más estable del ciclohexano.
conformación *E* la conformación de un ácido carboxílico o de un derivado de ácido carboxílico en la que el oxígeno del grupo carbonilo y el sustituyente unido al oxígeno del grupo carboxílico o al nitrógeno están en lados opuestos del enlace sencillo.
conformación eclipsada conformación en la que los enlaces en carbonos adyacentes están alineados, vistos desde el enlace carbono-carbono.
conformación en espiral (conformación enrollada) la parte de una proteína que está muy ordenada, pero no en una hélice α ni en una lámina plegada β.
conformación *s-cis* la conformación en la que dos dobles enlaces están del mismo lado de un enlace simple.
conformación *s-trans* conformación en la que dos dobles enlaces están en lados opuestos de un enlace sencillo.
conformación *Z* la conformación de un ácido carboxílico o de su derivado, en el que el oxígeno del grupo carbonilo y el sustituyente unido al oxígeno del grupo carboxílico o al nitrógeno están del mismo lado del enlace sencillo.
confórmero anti el más estable de los confórmeros sugeridos.
confórmero gauche confórmero alternado donde los sustituyentes mayores son gauche entre sí.
confórmeros diferentes conformaciones de una molécula.
conjugación cruzada conjugación no lineal.
conjugación lineal los átomos en el sistema conjugado tienen un ordenamiento lineal.
constante de acoplamiento la distancia (en hertz) entre dos picos adyacentes de una señal dividida de resonancia magnética nuclear (RMN).
constante de disociación de un ácido medida del grado al que se disocia un ácido en disolución.
constante de equilibrio la relación de productos a reactivos en equilibrio o la relación de las constantes de rapidez para las reacciones directa e inversa.
constante de rapidez medida de la facilidad o dificultad de alcanzar el estado de transición de una reacción (sobrepasar la barrera de energía para la reacción).
constante de rapidez de primer orden la constante de rapidez de una reacción de primer orden.
constante de rapidez de segundo orden la constante de rapidez de una reacción de segundo orden.
constante de sedimentación indica dónde se sedimenta una especie en una ultracentrífuga.
constante dieléctrica medida de lo bien que un disolvente puede aislar cargas opuestas entre sí.
control cinético cuando una reacción está bajo control cinético, las cantidades relativas de los productos dependen de la rapidez a la que se forman.
control de equilibrio control termodinámico.
control termodinámico cuando una reacción está bajo control termodinámico, la cantidad relativa de los productos depende de sus estabilidades.
coordinación compartir un par de electrones no enlazado con un ion metálico.
copolímero polímero que se forma a partir de dos o más monómeros diferentes.
copolímero aleatorio copolímero con una distribución aleatoria de monómeros.
copolímero alternante copolímero en el que alternan dos monómeros.
copolímero de bloque copolímero en el que hay regiones (bloques) de cada clase de monómero.
copolímero de injerto un copolímero que contiene ramas de un polímero de un monómero injertadas en la espina dorsal de un polímero obtenido a partir de otro monómero.
corriente anular movimiento de electrones π en torno al anillo aromático de benceno.
criptado el complejo que se forma cuando un criptando se une con un sustrato.

criptando compuesto policíclico tridimensional que se une a un sustrato y lo abarca.

cristalitos regiones de un polímero donde las cadenas están muy ordenadas.

cromatografía técnica de separación donde la mezcla por separar se disuelve en un disolvente y el disolvente se pasa por una columna empacada con una fase estacionaria absorbente.

cromatografía de intercambio iónico técnica que usa una columna empacada con una resina insoluble para separar compuestos de acuerdo con sus cargas y polaridades.

cromatografía en capa fina técnica que separa los compuestos con base en su polaridad.

cromóforo la parte de una molécula que determina su espectro UV o visible.

cuarteto una señal de resonancia magnética nuclear (RMN) dividida en cuatro picos.

curva de titulación gráfica de pH en función de los equivalentes adicionados de ion hidróxido.

decaimiento de inducción libre relajamiento de núcleos excitados.

degradación de Hofmann metilación exhaustiva de una amina, seguida por la reacción con Ag_2O, y después por calentamiento, para tener una reacción de eliminación de Hofmann.

degradación de Ruff método para acortar una aldosa por un carbono.

degradación de Wohl método para acortar una aldosa por un carbono.

derivado de ácido carboxílico compuesto que se hidroliza y forma un ácido carboxílico.

desacoplamiento de espín el átomo causal de que una señal de resonancia magnética nuclear (RMN) se desacople del resto de la molécula.

desacoplamiento fuera de resonancia el modo en la espectroscopia de RMN-^{13}C en el que se presenta división espín-espín entre carbonos y los hidrógenos unidos a ellos.

desaminación pérdida de amoniaco.

descarboxilación pérdida de dióxido de carbono.

desconexión ruptura de un enlace al carbono que forma especies más simples.

deshidratación pérdida de agua.

deshidrogenasa enzima que efectúa una reacción de oxidación eliminando hidrógeno del sustrato.

deshidrohalogenación eliminación de un protón y un ion haluro.

desintegración térmica uso de calor para romper una molécula.

desnaturalización destrucción de la estructura muy organizada de una proteína.

desoxiazúcar azúcar en el que un H sustituye uno de los grupos OH.

desoxigenación eliminación del oxígeno de un reactivo.

desoxirribonucleótido nucleótido en el que la fracción azúcar es D-2′-desoxirribosa.

desplazamiento 1,2 de hidruro el movimiento de un ion hidruro de un carbono a un carbono adyacente.

desplazamiento 1,2 de metilo el movimiento de un grupo de metilo con sus electrones de enlace de un carbono a un carbono adyacente.

desplazamiento NIH desplazamiento 1,2 de hidruro de un carbocatión (obtenido de un óxido de areno) que conduce hasta una enona.

desplazamiento químico el lugar de una señal en un espectro de resonancia magnética nuclear (RMN). Se mide a campo bajo a partir de un compuesto de referencia (casi siempre tetrametilsilano, TMS).

despurinación eliminación de un anillo de purina.

desviación al azul o **desviación hipsocrómica** desviación hacia una longitud de onda más corta.

desviación hacia el rojo o **desviación batocrómica** desplazamiento a una mayor longitud de onda.

detergente una sal de un ácido sulfónico.

dextrorrotatorio enantiómero que hace girar el plano de polarización de la luz en el sentido de las manecillas del reloj.

diagrama de coordenada de reacción describe los cambios de energía que suceden durante el curso de una reacción.

diagrama de partición un diagrama que describe la partición de un conjunto de protones.

diasteréomero estereoisómero configuracional que no es enantiómero.

dieno hidrocarburo con dos enlaces dobles.

dienófilo alqueno que reacciona con un dieno en una reacción de Diels-Alder.

dihaluro geminal compuesto con dos átomos de halógeno unidos con el mismo carbono.

dihaluro vecinal compuesto con los halógenos unidos a carbonos adyacentes.

dímero molécula formada uniendo dos moléculas idénticas.

dinucleótido dos nucleótidos unidos por enlaces fosfodiéster.

dinucleótido de flavina adenina (FAD, de *flavin adenine dinucleotide;* **también flavinadenina dinucleótido)** coenzima que se necesita en ciertas reacciones de oxidación. Se reduce a $FADH_2$, que puede actuar como agente reductor en otra reacción.

dinucleótido de nicotinamida adenina (NAD^+; también nicotinamida-adenín-dinucleótido) una coenzima necesaria en ciertas reacciones de oxidación. Se reduce a NADPH, que puede actuar como reductor en otra reacción.

diol vecinal (glicol vecinal) compuesto con grupos OH unidos a carbonos adyacentes.

dipéptido dos aminoácidos unidos por un enlace amida.

disacárido compuesto que contiene dos moléculas de azúcar unidas entre sí.

diseño racional de medicamentos diseño de medicamentos con determinada estructura para alcanzar un objetivo específico.

dismutación transferencia de un átomo de hidrógeno, por un radical a otro radical, con formación de un alcano y un alqueno.

disolvente aprótico disolvente que no tiene un hidrógeno unido a un oxígeno o a un nitrógeno.

disolvente prótico disolvente que tiene un hidrógeno unido a un oxígeno o a un nitrógeno.

división de isopropilo una división en la banda de absorción infrarroja atribuible a un grupo metilo; es característica de un grupo isopropilo.

doblete una señal de resonancia magnética (RMN) dividida en dos picos.

doblete de dobletes una señal de resonancia magnética (RMN) dividida en cuatro picos de altura aproximadamente igual. Causada por la división de una señal en un doblete por un hidrógeno y en otro doblete por otro hidrógeno (no equivalente).

donación de electrones por resonancia donación de electrones a través de un traslape de orbital p con enlaces π vecinos.

donación inductiva de electrón cesión de electrones a través de enlaces σ.

droga compuesto que reacciona con una molécula biológica y desencadena un efecto fisiológico.

ecuación de Arrhenius relaciona la constante de rapidez de una reacción con la energía de activación y con la temperatura a la que se efectúa la reacción $(k = Ae^{-Ea/RT})$.

ecuación de Henderson-Hasselbalch $pK_a = pH + \log[HA]/[A:^-]$

ecuación de onda una ecuación que describe el comportamiento de cada electrón en un átomo o una molécula.

efecto anomérico la preferencia hacia la posición axial que muestran ciertos sustituyentes unidos al carbono anomérico de un azúcar con anillo de seis miembros.

efecto cinético de un isótopo comparación de la rapidez de reacción de un compuesto con la rapidez de reacción de otro compuesto idéntico en el cual uno de los átomos fue reemplazado por un isótopo.

efecto de *gem*-dialquilo dos grupos alquilo en un carbono; su efecto es aumentar la probabilidad de que la molécula tenga la conformación adecuada para cerrar el anillo.

efecto de proximidad efecto causado porque una especie se acerca a otra.

efecto isotópico cinético del deuterio relación de la constante de rapidez obtenida para un compuesto que contiene hidrógeno y la constante de rapidez para el compuesto idéntico donde se sustituyeron uno o más hidrógenos por deuterio.

efectos estereoelectrónicos combinación de efectos estéricos y efectos electrónicos.

efectos estéricos efectos debidos a que los grupos ocupan cierto volumen en el espacio.

elastómero polímero que se puede estirar y después regresar a su forma original.

electrófilo un átomo o molécula con deficiencia de electrones.

electroforesis técnica para separar aminoácido con base en sus valores pI (punto isoeléctrico).

electrón de valencia electrón en una capa incompleta.

electronegatividad tendencia de un átomo a atraer electrones.

electrones deslocalizados electrones compartidos por más de dos átomos.

electrones localizados electrones que se restringen a determinada localidad.

elemento electronegativo elemento que adquiere un electrón con facilidad.

elemento electropositivo un elemento que pierde un electrón con facilidad.

eliminación anti una reacción de eliminación en la que los dos sustituyentes que se eliminan salen de los lados opuestos de la molécula.

eliminación de Hofmann (eliminación anti-Zaitsev) se elimina un hidrógeno del carbono β que tiene la mayor cantidad de hidrógenos.

eliminación sin reacción de eliminación en que los dos sustituyentes que se eliminan salen del mismo lado de la molécula.

eliminación α eliminación de dos átomos o grupos del mismo carbono.

eliminación β eliminación de dos átomos o grupos de dos carbonos adyacentes.

empacamiento el agrupamiento de moléculas individuales en una red cristalina congelada.
enamina una amina terciaria α,β-insaturada.
enantioméricamente puro que sólo contiene un enantiómero.
enantiómeros moléculas con imágenes especulares no sobrepuestas.
enantiómeros eritro el par de enantiómeros que tienen grupos similares en el mismo lado, representados en una proyección de Fischer.
enantiómeros treo el par de enantiómeros con grupos similares en lados opuestos, cuando se traza una proyección de Fischer de ellos.
encefalinas pentapéptidos sintetizados en el organismo para controlar el dolor.
endo un sustituyente es endo si está más cerca al puente más largo o más insaturado.
endonucleasa de restricción enzima que rompe el ADN en determinada secuencia de bases.
endopeptidasa una enzima que hidroliza un enlace peptídico que no está en el extremo de una cadena de péptidos.
energía de activación experimental ($E_a = \Delta H^{\ddagger} - RT$) medida aproximada de la barrera de energía frente a una reacción (es aproximada, porque no contiene componente de entropía).
energía de disociación la cantidad de energía necesaria para romper un enlace o la cantidad de energía desprendida cuando se forma un enlace.
energía de ionización la energía necesaria para sacar un electrón de un átomo.
energía de resonancia (energía de deslocalización) la estabilidad adicional asociada a un compuesto como resultado de tener electrones deslocalizados.
energía deslocalizada (energía de resonancia) la estabilidad adicional de un compuesto, resultado de tener electrones deslocalizados.
energía libre de activación ($\Delta G^{\ddagger}$) la barrera real de energía frente a una reacción.
enlace axial un enlace de la conformación de silla del ciclohexano que es perpendicular al plano en el que se dibuja la silla (un enlace de arriba a abajo).
enlace azo un enlace $-N=N-$.
enlace banana los enlaces σ en anillos pequeños, que son más débiles debido al traslape en ángulo y no al traslape de frente.
enlace covalente enlace formado como resultado de compartir electrones.
enlace covalente no polar enlace formado entre dos átomos que comparten por igual los electrones de enlace.
enlace covalente polar un enlace covalente entre átomos de diferente electronegatividad.
enlace cruzado conexión de cadenas de polímero por formación de enlaces intermoleculares.
enlace de alta energía un enlace que desprende mucha energía cuando se rompe.
enlace doble un enlace σ y un enlace π entre dos átomos.
enlace ecuatorial enlace del confórmero silla del ciclohexano, que sobresale del anillo en aproximadamente el mismo plano que contiene la silla.
enlace fosfoanhídrido el enlace que mantiene unidas dos moléculas de ácido fosfórico.
enlace glicosídico el enlace entre el carbono anomérico y el alcohol en un glicósido.
enlace iónico un enlace formado por la atracción de dos iones de cargas opuestas.
enlace peptídico el enlace de amida que une a los aminoácidos en un péptido o una proteína.
enlace pi (π) enlace formado como resultado del traslape de orbitales p de lado a lado.
enlace sencillo un enlace σ.
enlace sigma (σ) enlace con una distribución de electrones con simetría cilíndrica.
enlace triple un enlace σ más dos enlaces π.
enlace α-1,4-glicosídico enlace entre el oxígeno del C-1 en un azúcar y el que está en C-4 en un segundo azúcar, con el átomo de oxígeno del enlace glicosídico en posición axial.
enlace β-1,4-glicosídico enlace entre el oxígeno del C-1 en un azúcar y el que está en C-4 en un segundo azúcar, con el átomo de oxígeno del enlace glicosídico en posición ecuatorial.
enlaces dobles acumulados enlaces dobles adyacentes entre sí.
enlaces dobles aislados dobles enlaces separados por más de un enlace sencillo.
enlaces dobles conjugados enlaces dobles separados por un enlace sencillo.
enolización interconversión ceto-enólica.
entalpia el calor desprendido ($-\Delta H°$) o el calor absorbido ($+\Delta H°$) durante el curso de una reacción.
entropía medida de la libertad de movimiento en un sistema.
enzima una proteína que es catalizadora.

enzima activada por metal una enzima que tiene un ion metálico débilmente unido.
epimerización cambio de la configuración de un centro asimétrico eliminando de él un protón y volviendo a protonar la molécula en el mismo sitio.
epímeros monosacáridos que difieren en su configuración sólo en un carbono.
epoxidación formación de un epóxido.
epóxido (oxirano) un éter en el que el oxígeno está incorporado en un anillo de tres miembros.
equivalente sintético reactivo que se usó realmente como fuente de un sintón.
escáner de IRM (imagen de resonancia magnética) un espectrómetro de resonancia magnética nuclear (RMN) que se usa en medicina para una IRM del cuerpo entero.
escualeno triterpeno precursor de moléculas esteroidales.
esfingolípido lípido que contiene esfingosina.
esfingomielina un esfingolípido en el que el grupo OH terminal de la esfingosina está unido a fosfocolina o a fosfoetanolamina.
espectro COSY (espectro de correlación) un espectro de resonancia magnética nuclear (RMN) bidimensional que muestra el acoplamiento entre conjuntos de protones.
espectro de infrarrojo gráfica de porcentaje de transmisión en función del número de onda (o de la longitud de onda) de la radiación infrarroja.
espectro de masas gráfica de la abundancia relativa de fragmentos con carga positiva producidos en un espectrómetro de masas en función de sus valores m/z.
espectro de RMN-^{13}C acoplado a espín un espectro de resonancia magnética nuclear de ^{13}C en el que cada señal de un carbono está dividida por los hidrógenos unidos a él.
espectro de RMN-^{13}C de protón desacoplado un espectro de RMN-^{13}C en el que todas las señales aparecen como singuletes porque no hay acoplamiento entre el núcleo y los hidrógenos unidos a él.
espectro de RMN-^{13}C DEPT (de *distortionless enhancement by polarization transfer*, **sin distorsión por transferencia de polarización**) una serie de cuatro espectros de resonancia magnética nuclear que puede distinguir entre los grupos $-CH_3$, $-CH_2$ y $-CH$.
espectro HETCOR un espectro de RMN en dos dimensiones que muestra el acoplamiento entre los protones y los carbonos con los que están unidos.
espectrometría de masas (EM) proporciona un conocimiento de la masa molecular, la fórmula molecular y ciertas propiedades estructurales de un compuesto.
espectroscopia estudio de la interacción de la materia y la radiación electromagnética.
espectroscopia de infrarrojo (IR) usa energía infrarroja para proporcionar un conocimiento de los grupos funcionales en un compuesto.
espectroscopia de RMN (de resonancia magnética nuclear) la absorción de radiación electromagnética para determinar las propiedades estructurales de un compuesto orgánico. En el caso de la espectroscopia de RMN, determina el armazón de carbono-hidrógeno de un compuesto.
espectroscopia de RMN de alta resolución espectroscopia de resonancia magnética nuclear que usa un espectrómetro de alta frecuencia de operación.
espectroscopia de UV/Vis la absorción de la radiación electromagnética en las regiones ultravioleta y visible del espectro; se usa para determinar información acerca de sistemas conjugados.
espiral aleatoria la conformación de una proteína totalmente desnaturalizada.
estabilidad cinética reactividad cinética indicada por $\Delta G^{\ddagger}$. Si $\Delta G^{\ddagger}$ es grande, el compuesto es cinéticamente estable (no es muy reactivo). Si $\Delta G^{\ddagger}$ es pequeña, el compuesto es cinéticamente inestable (muy reactivo).
estabilidad termodinámica Se define por $\Delta G°$. Si $\Delta G°$ es negativa, los productos son más estables que los reactivos. Si $\Delta G°$ es positiva, los reactivos son más estables que los productos.
estado de espín α los núcleos en este estado de espín tienen sus momentos magnéticos orientados en la misma dirección que la del campo magnético aplicado.
estado de espín β los núcleos en este estado de espín tienen sus momentos magnéticos orientados en dirección contraria a la del campo magnético aplicado.
estado de transición el punto más alto de una curva en un diagrama de coordenada de reacción; en el estado de transición los enlaces del sustrato que se rompen lo han hecho parcialmente y los enlaces del producto que se forman están parcialmente formados.

éster
$$\underset{ROR}{\overset{\overset{\displaystyle O}{\|}}{C}}$$

éster de Hagemann compuesto preparado tratando una mezcla de formaldehído y acetoacetato de etilo con base y después con ácido y calor.
estereoisómeros isómeros que difieren en la forma en la que se ordenan sus átomos en el espacio.
estereoquímica campo de la química que estudia las estructuras de las moléculas en tres dimensiones.
esteroide clase de compuestos que contiene un sistema de anillo esteroidal.
esteroides anabólicos esteroides que ayudan a desarrollar los músculos.
esteroides corticoidales adrenales glucocorticoides y mineralocorticoides.
estrógenos hormonas sexuales femeninas.
estructura cuaternaria descripción de la forma en que las cadenas individuales de polipéptido se ordenan entre sí en una proteína.
estructura de cuñas y rayas método para representar el ordenamiento espacial de grupos. Se usan cuñas para representar enlaces que apuntan saliendo del plano del papel hacia el espectador. Las líneas entrecortadas se usan para representar enlaces que apuntan desde el plano del papel hacia atrás, alejándose del espectador.
estructura de Kekulé modelo que representa a los enlaces entre átomos con líneas.
estructura de Lewis modelo que representa los enlaces entre átomos, como líneas o puntos, y los electrones de valencia como puntos.
estructura de resonancia una estructura con electrones localizados que se parece a la estructura real de un compuesto con electrones deslocalizados.
estructura esquelética carbonada muestra los enlaces carbono-carbono como líneas y no muestra los enlaces carbono-hidrógeno.
estructura primaria (de un ácido nucleico) la secuencia de bases en un ácido nucleico.
estructura primaria (de una proteína) la secuencia de aminoácidos en una proteína.
estructura resonante estructura con electrones localizados que se aproxima a la estructura de un compuesto con electrones deslocalizados.
estructura secundaria descripción de la conformación de la espina dorsal de una proteína.
estructura terciaria descripción del ordenamiento tridimensional de todos los átomos en una proteína.
éter compuesto que contiene un oxígeno unido a dos carbonos (ROR).
éter asimétrico éter con dos sustituyentes distintos unidos al oxígeno.
éter corona molécula cíclica que contiene varios enlaces de tipo éter.
éter simétrico éter con dos sustituyentes idénticos unidos al oxígeno.
eucariota organismo unicelular o multicelular cuya(s) célula(s) contiene(n) un núcleo.
evaluación aleatoria (evaluación ciega) la búsqueda de un compuesto farmacológicamente activo sin tener información acerca de cuáles estructuras químicas pueden mostrar esa actividad.
exceso enantiomérico (pureza óptica) cuánto exceso de un enantiómero está presente en una mezcla de un par de enantiómeros.
exo un sustituyente es exo si está más cerca al puente más corto o más saturado.
exón un tramo de bases en el ADN que son parte de un gen.
Exopeptidasa enzima que hidroliza un enlace peptídico al final de una cadena de péptidos.
fenilhidrazona $R_2C=NNHC_6H_5$.

fenona $C_6H_5-\overset{\overset{O}{\|}}{C}-R$

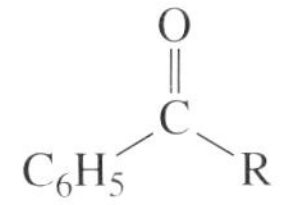

feromona compuesto secretado por un animal que estimula una respuesta fisiológica o de comportamiento en un miembro de la misma especie.
formación de enlace antarafacial formación de dos enlaces σ en los lados opuestos del sistema π.
formación de enlace suprafacial formación de dos enlaces σ del mismo lado del sistema π.
fórmula empírica fórmula que muestra las cantidades relativas de las distintas clases de átomos en una molécula.
fórmula en perspectiva método para representar el ordenamiento espacial de grupos unidos a un centro asimétrico. Se trazan dos enlaces en el plano del papel; se usa una cuña llena para representar un enlace que sale del plano del papel hacia el espectador, y una cuña entrecortada para representar un enlace que se proyecta desde el plano del papel hacia atrás, alejándose del espectador.
fosfato de acilo un derivado de ácido carboxílico con un grupo fosfato saliente.
fosfato de piridoxal la coenzima que requieren las enzimas que catalizan ciertas transformaciones de aminoácidos.

fosfoacilglicerol (fosfoglicérido) compuesto que se forma cuando dos grupos OH del glicerol forman ésteres con ácidos grasos y el grupo terminal OH forma un éster de fosfato.
fosfolípido lípido que contiene un grupo fosfato.
fosforilación oxidativa serie de reacciones que convierte una molécula de $NADH$ y una de $FADH_2$ en 3 y 2 moléculas de ATP, respectivamente.
fotosíntesis la síntesis de glucosa y O_2 a partir de CO_2 y H_2O.
fragmento de restricción fragmento que se forma cuando una endonucleasa de restricción rompe al ADN.
frecuencia la velocidad de una onda dividida entre su longitud de onda (unidades = ciclos).
frecuencia de estiramiento la frecuencia a la que sucede la vibración de estiramiento.
frecuencia de operación la frecuencia en la que funciona un espectrómetro de resonancia magnética nuclear.
fuerza de enlace la energía requerida para romper homolíticamente un enlace.
fuerzas de London interacciones dipolo inducido-dipolo inducido.
fuerzas de van der Waals (fuerzas de London) interacciones dipolo inducido-dipolo inducido.
funciones de onda una serie de soluciones de una ecuación de onda.
furanosa azúcar con anillo de cinco miembros.
furanósido glicósido con anillo de cinco miembros.
fusión *trans* dos anillos de ciclohexano fundidos entre sí, de tal modo que si se supusiera que el segundo anillo fuera los dos sustituyentes del primero ambos sustituyentes estarían en posiciones ecuatoriales.
gauche X y Y son gauche entre sí en esta proyección de Newman:

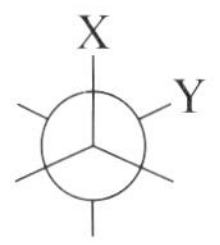

gem-diol (hidrato) compuesto con dos grupos OH en el mismo carbono.
gen un segmento de ADN.
genoma humano el ADN total de una célula humana.
glicol compuesto que contiene dos o más grupos OH.
glicólisis (ciclo glicolítico) la serie de reacciones que convierten a la D-glucosa en un enlace glicosídico.
glicósido el acetal de una azúcar.
gluconeogénesis la síntesis de D-glucosa a partir de un piruvato.
glucoproteína proteína unida en forma covalente a un polisacárido.
grasa triéster de glicerina que es sólido a temperatura ordinaria.
grupo acilo grupo carbonilo unido a un grupo alquilo o a un grupo arilo.
grupo alilo $CH_2=CHCH_2-$.
grupo arilo un grupo benceno o benceno sustituido.

grupo bencilo C$_6$H$_5$–CH$_2$–

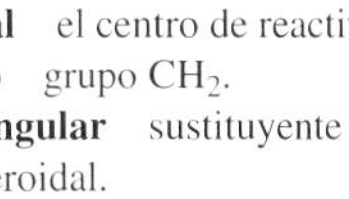

grupo benzoílo anillo unido a un grupo carbonilo.
grupo carbonilo un carbono y un oxígeno unidos con un doble enlace.
grupo carboxilo COOH.

grupo fenilo 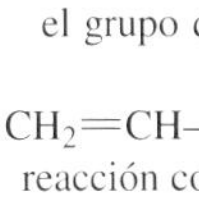 C_6H_5-

grupo funcional el centro de reactividad de una molécula.
grupo metileno grupo CH_2.
grupo metilo angular sustituyente metilo en la posición 10 o 13 de un sistema anular esteroidal.
grupo prostético coenzima fuertemente enlazada.
grupo protector reactivo que protege a un grupo funcional de reacciones no deseadas en una operación de síntesis.
grupo saliente el grupo que es desplazado en una reacción de sustitución nucleofílica.
grupo vinilo $CH_2=CH-$.
halogenación reacción con un halógeno (Br_2, Cl_2, I_2).
halohidrina molécula orgánica que contiene un halógeno y un grupo OH en carbonos adyacentes.

haluro de ácido

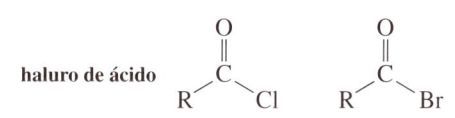

$$\underset{R}{\overset{O}{\underset{\|}{C}}}\!-\!Cl \qquad \underset{R}{\overset{O}{\underset{\|}{C}}}\!-\!Br$$

haluro de alquilo compuesto con un halógeno en lugar de uno de los hidrógenos de un alcano.
haluro de alquilo primario haluro de alquilo en el que el halógeno está unido a un carbono primario.
haluro de alquilo secundario un haluro de alquilo en que el halógeno está unido a un carbono secundario.
haluro de alquilo terciario haluro de alquilo en que el halógeno está unido a un carbono terciario.
hélice α (o α-hélice) la espina dorsal de un polipéptido enroscado en una espiral derecha, con puentes de hidrógeno dentro de la hélice.

hemiacetal $R-\overset{\overset{\displaystyle OH}{|}}{\underset{\underset{\displaystyle OR}{|}}{C}}-H$

hemicetal $R-\overset{\overset{\displaystyle OH}{|}}{\underset{\underset{\displaystyle OR}{|}}{C}}-R$

heptosa monosacárido con siete carbonos.
heteroátomos átomo distinto al carbono o al hidrógeno.
hexosa monosacárido con seis carbonos.
hibridación de orbitales mezcla de orbitales.
híbrido de resonancia la estructura real de un compuesto con electrones deslocalizados: se representa con dos o más estructuras con electrones localizados.
hidratación adición de agua a un compuesto.
hidratado se ha adicionado agua a un compuesto.

hidrato (diol *gem*) $R-\overset{\overset{\displaystyle OH}{|}}{\underset{\underset{\displaystyle OH}{|}}{C}}-R(H)$

hidrazona $R_2C=NNH_2$.
hidroboración-oxidación adición de borano a un alqueno o a un alquino, seguida por la reacción con peróxido de hidrógeno y ion hidróxido.
hidrocarburo compuesto que sólo contiene carbono e hidrógeno.
hidrocarburo no saturado hidrocarburo que contiene uno o más enlaces dobles o triples.
hidrocarburo precursor la cadena continua de carbonos más larga de una molécula.
hidrocarburo saturado hidrocarburo que está totalmente saturado con hidrógeno (es decir, no contiene enlaces dobles ni triples).
hidrogenación adición de hidrógeno.
hidrogenación catalítica la adición de hidrógeno a un enlace doble o triple, con ayuda de un catalizador metálico.
hidrógeno de metino un hidrógeno terciario.
hidrógeno primario un hidrógeno enlazado a un carbono primario.
hidrógeno pro-*R* si se sustituye este hidrógeno con deuterio se crea un centro asimétrico con la configuración *R*.
hidrógeno pro-*S* si se sustituye este hidrógeno con deuterio se crea un centro asimétrico con la configuración *S*.
hidrógeno secundario hidrógeno unido a un carbono secundario.
hidrógeno terciario un hidrógeno unido a un carbono terciario.
hidrógeno α en general, un hidrógeno unido al carbono adyacente a un carbono de un grupo carbonilo.
hidrógenos diastereotópicos dos hidrógenos unidos a un carbono que, cuando un deuterio sustituye a cualquiera de ambos, forman en conjunto un par de diastereómeros.
hidrógenos enantiotópicos dos hidrógenos unidos a un carbono, que a su vez está unido a otros dos grupos que no son idénticos.

hidrógenos homotópicos dos hidrógenos unidos a un carbono, que a su vez está unido a otros dos grupos que son idénticos.
hidrógenos mástil (en asta; hidrógenos transanulares) los dos hidrógenos de la conformación de bote del ciclohexano que están más cercanos entre sí.
hidrógenos transanulares (hidrógenos en asta) los dos hidrógenos en la conformación de bote del ciclohexano que están más cerca entre sí.
hidrólisis reacción con agua.
hidrólisis parcial técnica que sólo hidroliza algunos de los enlaces peptídicos de un polipéptido.
hiperconjugación deslocalización de electrones traslapando enlaces σ carbono-hidrógeno o carbono-carbono, con un orbital *p* vacío.
holoenzima una enzima y su cofactor.
homólogo miembro de una serie homóloga.
homopolímero polímero que sólo contiene una clase de monómero.
hormona compuesto orgánico sintetizado en una glándula y conducido por el torrente sanguíneo a su tejido de destino.
horquilla (origen) de replicación la posición, en el ADN, donde comienza la replicación.
iluro compuesto que tiene cargas opuestas en átomos adyacentes unidos covalentemente con octetos completos.
imagen de resonancia magnética (IRM) procedimiento usado en medicina. La diferencia en el comportamiento del agua propia en los distintos tejidos produce una señal variable entre los diferentes órganos así como entre tejidos sanos y enfermos.
imina $R_2C=NR$.
impedimento estérico indica que hay grupos voluminosos en el sitio de una reacción que hacen difícil que los reactivos se aproximen entre sí.
impedimento estérico (tensión estérica, tensión de van der Waals, repulsión de van der Waals) la repulsión entre la nube de electrones de un átomo o grupo de átomos y la nube electrónica de otro átomo o grupo de átomos.
índice terapéutico la relación de la dosis letal de una droga entre la dosis terapéutica.
ingeniería genética tecnología de ADN recombinante.
inhibidor competitivo compuesto que inhibe a una enzima compitiendo con el sustrato para formar un enlace en el sitio activo.
inhibidor de radicales compuesto que capta radicales.
inhibidor suicida (inhibidor basado en mecanismo) compuesto que desactiva una enzima al tomar parte en su mecanismo catalítico normal.
iniciador de radicales compuesto que forma radicales.
interacción 1,3-diaxial la interacción entre un sustituyente axial y los otros dos sustituyentes axiales del mismo lado del anillo de ciclohexano.
interacción dipolo inducido-dipolo inducido una interacción entre un dipolo temporal en una molécula y el dipolo temporal inducido en la otra.
interacción dipolo-dipolo una interacción entre el dipolo de una molécula y el dipolo de otra.
interacción gauche la interacción entre dos átomos o grupos que son gauche entre sí.
interacción ion-dipolo la interacción entre un ion y el dipolo de una molécula.
interacciones de apilamiento interacciones de van der Waals entre los dipolos mutuamente inducidos de pares adyacentes de bases en ADN.
interacciones hidrofóbicas interacciones entre grupos no polares. Pueden aumentar la estabilidad al disminuir la cantidad de agua de la estructura (aumentando la entropía).
intercambio químico la transferencia de un protón de una molécula a otra.
interconversión de amina la configuración de un nitrógeno con hibridación sp^3 con un par de electrones no enlazado, que rápidamente se voltea al revés (de adentro para afuera).
interconversión de grupo funcional la conversión de un grupo funcional en otro grupo funcional.
interconversión silla-silla conversión de la conformación de silla del ciclohexano en el otro confórmero silla. Los enlaces que son axiales en un confórmero silla son ecuatoriales en el otro.
intermediario especie que se forma durante una reacción que no es el producto final de la misma.
intermediario acilo-enzima un intermediario que se genera cuando un residuo de aminoácido o una enzima son acetilados.
intermediario común intermediario común a dos compuestos.
intermediario tetraédrico el intermediario formado en una reacción de sustitución nucleofílica en el grupo acilo.
intrón un tramo de bases en el ADN que no contiene información genética.
inversión de la configuración voltear al revés (de adentro hacia afuera) la configuración de un carbono, como una sombrilla en un ventarrón, de modo que el producto que resulte tenga una configuración contraria a la del reactivo.

ion de amonio cuaternario ion que contiene un nitrógeno unido a cuatro grupos alquilo (R_4N^+).
ion diazonio $ArN\equiv N$ o $RN\equiv N$.
ion hidrógeno (protón) un hidrógeno con carga positiva.
ion hidruro hidrógeno con carga negativa.
ion molecular (ion precursor) pico en el espectro de masa que tiene la m/z máxima.
ion oxonio compuesto con un oxígeno con carga positiva.
ion precursor (ion molecular) pico en el espectro de masas que tiene la máxima m/z.
ionóforo compuesto que se une con fuerza a iones metálicos.
isómero *cis* el isómero en el que los hidrógenos están en el mismo lado del enlace doble o de la estructura cíclica.
isómero *E* el isómero con los grupos de alta prioridad en lados opuestos del doble enlace.
isómero *trans* el isómero con los dos hidrógenos en lados opuestos del doble enlace o de la estructura cíclica. El isómero con sustituyentes idénticos en lados opuestos del doble enlace.
isómero *Z* el isómero en el que los grupos de alta prioridad están del mismo lado del doble enlace.
isómeros compuestos con la misma fórmula molecular pero que no son idénticos.
isómeros *cis-trans* isómeros geométricos.
isómeros configuracionales estereoisómeros que no se pueden interconvertir, a menos que se rompa un enlace covalente. Los isómeros cis-trans y los isómeros ópticos son isómeros configuracionales.
isómeros constitucionales (isómeros estructurales) moléculas que tienen la misma fórmula, pero que son distintas en la forma en que se unen sus átomos.
isómeros estructurales (isómeros constitucionales) moléculas que tienen la misma fórmula molecular, pero difieren en la forma en que se unen sus átomos.
isómeros geométricos isómeros *cis-trans* (o E-Z).
isómeros ópticos estereoisómeros que contienen centros de quiralidad.
isótopos átomos con la misma cantidad de protones, pero con distinta cantidad de neutrones.
jabón una sal sódica o potásica de ácido graso.
lactama una amida cíclica.
lactona un éster cíclico.
$\lambda_{máx}$ la longitud de onda donde está la absorbancia de UV/Vis es máxima.
lámina (hoja) β-plegada la espina dorsal de un polipéptido, que se extiende en zigzag con puentes de hidrógeno entre las cadenas vecinas.
lecitina un fosfoacilglicerol en el que el segundo grupo OH del fosfato formó un éster con colina.
levorrotatorio el enantiómero que hace girar la luz polarizada en dirección contraria a las manecillas del reloj.
ley de Hooke ecuación que describe el movimiento de un resorte que vibra.
ley de Lambert-Beer relación entre la absorbancia (o coeficiente de extinción molar) de la luz UV/Visible, la concentración de la muestra, la longitud de la trayectoria de la luz y la absortividad molar ($A = cl\varepsilon$).
lípido compuesto insoluble en agua, que se encuentra en un sistema vivo.
lipoato coenzima necesaria en ciertas reacciones de oxidación.
longitud de enlace la distancia internuclear entre dos átomos con la energía mínima (máxima estabilidad).
longitud de onda distancia desde un punto cualquiera en una onda hasta el punto correspondiente de la siguiente onda (en general, en unidades de μm o de nm).
luz polarizada luz que oscila en un solo plano.
luz ultravioleta (UV) radiación electromagnética con longitudes de onda que van de 180 a 400 nm.
luz visible (Vis) radiación electromagnética con longitudes de onda que van de 400 a 780 nm.
masa atómica la masa promedio de los átomos en el elemento tal como se encuentra en la naturaleza.
masa atómica de abundancia natural la masa promedio de los átomos en el elemento tal como está en la naturaleza.
masa nominal masa redondeada al número entero más cercano.
mecanismo de desplazamiento directo una reacción en la que el nucleófilo desplaza al grupo saliente en un solo paso.
mecanismo de desplazamiento en línea ataque nucleofílico sobre un fósforo concertado con la ruptura de un enlace de anhídrido fosfórico.
mecanismo de una reacción una descripción, paso a paso, del proceso por el que los reactivos se transforman en productos.

medicamento antiviral medicamento que interfiere con la síntesis de ADN o ARN para evitar que un virus se replique.
medicamento bactericida medicamento que mata a las bacterias.
medicamento bacteriostático medicamento que inhibe el crecimiento de las bacterias.
medicamentos huérfanos medicamentos para enfermedades o afecciones que afecten a menos de 200,000 personas.
membrana material que rodea a una célula para aislar su contenido.
mercaptano (tiol) el análogo con azufre de un alcohol (RSH).
metabolismo reacciones que efectúan los organismos vivos para obtener energía y sintetizar los compuestos que necesitan.
metaloenzima una enzima que tiene un ion metálico fuertemente unido.
metilación exhaustiva reacción de una amina con un exceso de yoduro de metilo para formar yoduro de amonio cuaternario.
método dideoxi método para determinar la secuencia de bases en fragmentos de restricción.
mezcla racémica (racemato, modificación racémica) mezcla con cantidades iguales de un par de enantiómeros.
micela disposición esférica de moléculas, cada una de las cuales cuenta con una larga cola hidrofóbica y una cabeza polar, ordenadas de tal modo que la cabeza polar apunta hacia el exterior de la esfera.
modelado molecular diseño de un compuesto, ayudado por computadora, con determinadas características estructurales.
modelo de ajuste inducido modelo que describe la especificidad de una enzima para su sustrato: la forma del sitio activo no es del todo complementaria de la del sustrato, sino hasta después que la enzima se une al sustrato.
modelo de cerradura y llave modelo que describe la especificidad de una enzima hacia su sustrato. El sustrato entra en la enzima como una llave entra en una cerradura.
modelo de repulsión de par de electrones en capa de valencia (VSEPR, de *valence shell electron-pair repulsion*) combina el concepto de orbitales atómicos con el de pares compartidos de electrones y la minimización de la repulsión del par de electrones.
modificación molecular cambiar la estructura de un compuesto delantero.
molaridad efectiva la concentración del reactivo que se necesitaría en una reacción intermolecular para obtener la misma rapidez que en una reacción intramolecular.
molécula bifuncional una molécula con dos grupos funcionales.
molécula objetivo producto final deseado en una síntesis.
molozónido intermediario inestable que contiene un anillo de cinco miembros con tres oxígenos en fila; se forma en la reacción de un alqueno con ozono.
momento dipolar (μ) medida de la separación de cargas en un enlace o en una molécula.
monómero unidad que se repite en un polímero.
mononucleótido de flavina (FMN, de *flavin mononucleotide*; también flavin-mononucleótido) coenzima necesaria en ciertas reacciones de oxidación. Se reduce a $FMNH_2$, que puede funcionar como agente reductor en otra reacción.
monosacárido (carbohidrato simple) una molécula de azúcar simple.
monoterpeno terpeno que contiene 10 carbonos.
multiplicidad la cantidad de picos en una señal de RMN.
mutagénesis específica del sitio técnica que sustituye un aminoácido de una proteína por otro.
mutarrotación cambio lento en rotación óptica hacia un estado de equilibrio.
neurotransmisor compuesto que transmite impulsos nerviosos.
N-glicósido un glicósido con un nitrógeno en lugar de un oxígeno en el enlace glicosídico.
nitración sustitución de un hidrógeno por un grupo nitro (NO_2) en un anillo de benceno.
nitrilo compuesto que contiene un enlace triple carbono-nitrógeno (RC—N).
nitrosamina (*N*-nitroso compuesto) $R_2NN=O$.
nodo la parte de un orbital donde hay probabilidad cero de encontrar un electrón.
nombre comercial (nombre patentado, marca comercial) identifica un producto comercial y lo distingue de otros. Sólo lo puede usar el dueño del nombre comercial registrado.
nombre común nomenclatura no sistemática.
nombre genérico nombre comercial sin protección de un medicamento.
nomenclatura IUPAC nomenclatura sistemática de compuestos químicos.
nomenclatura sistemática nomenclatura basada en la estructura.
nucleofilicidad medida de la facilidad con que un átomo o molécula con un par de electrones no enlazado ataca a otro átomo.
nucleófilo un átomo o molécula ricos en electrones.
nucleófilo ambidentado nucleófilo con dos sitios nucleofílicos.

nucleósido una base heterocíclica (una purina o una pirimidina) unida al carbono anómero de un azúcar (D-ribosa o D-2′-desoxirribosa).

nucleótido un heterociclo unido a en la posición β a una ribosa o una desoxirribosa fosforilada.

número atómico la cantidad de protones (o electrones) que tiene el átomo neutro.

número de masa la cantidad de protones más la cantidad de neutrones en un átomo.

número de onda la cantidad de ondas en 1 cm.

números cuánticos números que se obtienen en el tratamiento mecánicocuántico de un átomo; describen las propiedades de los electrones en el átomo.

olefina un alqueno.

olefina alfa olefina monosustituida.

oligómero proteína con más de una cadena peptídica.

oligonucleótido de 3 a 10 nucleótidos unidos por enlaces fosfodiéster.

oligopéptido de 3 a 10 aminoácidos unidos por enlaces amida.

oligosacárido de 3 a 10 moléculas de azúcar unidas por enlaces glicosídicos.

ópticamente activo que desvía el plano de polarización de la luz.

ópticamente inactivo que no desvía el plano de polarización de la luz.

orbital el volumen del espacio alrededor del núcleo donde es más probable que se encuentre un electrón.

orbital atómico un orbital asociado con un átomo.

orbital híbrido orbital formado mezclando (hibridando) orbitales.

orbital molecular un orbital asociado con una molécula.

orbital molecular antisimétrico un orbital molecular en el que la mitad izquierda (o superior) no es imagen especular de la mitad derecha (o inferior).

orbital molecular de antienlace orbital molecular que resulta cuando interactúan dos orbitales atómicos de signo contrario. Los electrones en un orbital de antienlace disminuyen la fuerza del enlace.

orbital molecular de enlace un orbital molecular que se forma cuando interaccionan dos orbitales atómicos en fase. En un orbital de enlace, los electrones aumentan la fuerza del enlace.

orbital molecular de mayor energía ocupado (HOMO, de *highest occupied molecular orbital*) el orbital molecular de máxima energía que contiene un electrón.

orbital molecular de menor energía desocupado (LUMO, de *lowest unoccupied molecular orbital*) el orbital molecular de menor energía que no contiene un electrón.

orbital molecular de no enlace los orbitales p se encuentran demasiado alejados para superponerse en forma significativa, de manera que el orbital molecular que resulta no favorece ni desfavorece el enlace.

orbital molecular simétrico orbital molecular en el que la mitad izquierda es imagen especular de la mitad derecha.

orbitales de frontera el HOMO y el LUMO.

orbitales degenerados orbitales que tienen la misma energía.

osazona producto obtenido tratando una aldosa o una cetosa con exceso de fenilhidracina. Una osazona contiene dos enlaces de imina.

oxianión compuesto con un oxígeno cargado negativamente.

oxidación pérdida de electrones por parte de un átomo o molécula.

oxidación de Baeyer-Villiger oxidación de aldehídos o cetonas, con H_2O_2 o peróxidos, para formar ácidos carboxílicos o ésteres, respectivamente.

oxidación β. serie de cuatro reacciones que elimina dos carbonos de una acil-CoA grasa.

óxido de areno compuesto aromático en el que uno de sus enlaces dobles se convirtió en un epóxido.

oxígeno del grupo carboxilo el oxígeno, con enlaces sencillos, de un ácido carboxílico o un éster del mismo.

oxima $R_2C=NOH$.

oximercuración adición de agua usando una sal mercúrica de un ácido carboxílico como catalizador.

oxirano (epóxido) éter en el que el oxígeno se incorpora en un anillo de tres miembros.

ozónido el compuesto con anillo de cinco miembros formado como resultado del reordenamiento de un molozónido.

ozonólisis reacción de un enlace carbono-carbono doble o triple con ozono.

par de electrones no enlazado electrones de valencia que no están siendo usados en un enlace.

par de electrones no enlazado electrones de valencia que no se usan en un enlace.

par de iones separados por el disolvente el catión y el anión están separados por una molécula de disolvente.

par iónico íntimo par tal que el enlace covalente que unió al catión y al anión se ha roto, pero el catión y el anión siguen estando juntos entre sí.

parafina un alcano.

paso de iniciación el paso en el que se crean radicales, o el paso en el que se crea el radical necesario para el primer paso de propagación.

paso de propagación en el primero de un par de pasos de propagación, reacciona un radical (o un electrófilo o un nucleófilo) para producir otro radical (o un electrófilo o un nucleófilo) que reacciona en el segundo paso para producir el radical (o el electrófilo o el nucleófilo) que era el reactivo en el primer paso de propagación.

paso de terminación cuando se combinan dos radicales para producir una molécula en la que todos los electrones están apareados.

paso determinante de la rapidez (paso limitante de la rapidez) el paso de una reacción que tiene el estado de transición con la máxima energía.

pentosa un monosacárido con cinco carbonos.

péptido polímero de aminoácidos unidos por enlaces de amida. Un péptido contiene menos residuos de aminoácido que una proteína.

perfil de actividad-pH gráfica de la actividad de una enzima en función del pH de la mezcla de reacción.

perfil de rapidez-pH gráfica de la rapidez observada de una reacción en función del pH de la mezcla de reacción.

peroxiácido ácido carboxílico con un grupo OOH en lugar de un grupo OH.

pH se usa la escala de pH para describir la acidez de una disolución (pH = $-\log_{10}[H^+]$).

pico base el pico con la máxima abundancia en un espectro de masas.

piranosa un azúcar con anillo de seis miembros.

piranósido un glicósido con anillo de seis miembros.

pirofosfato de acilo un derivado de ácido carboxílico con un grupo pirofosfato saliente.

pirofosfato de tiamina (TPP, de *thiamine pyrophosphate*) coenzima que requieren las enzimas que catalizan una reacción donde se transfiere un fragmento de dos carbonos a un sustrato.

pK_a describe la tendencia de un compuesto a perder un protón ($pK_a = -\log K_a$, siendo K_a la constante de disociación del ácido).

plano de simetría plano imaginario que divide una molécula en imágenes mutuamente especulares.

plastificante molécula orgánica que se disuelve en un polímero y permite que las cadenas de polímero se deslicen entre sí.

polarímetro instrumento que mide la rotación de la luz polarizada.

polarizabilidad indicación de la facilidad con la que se puede distorsionar la nube electrónica de un átomo.

poliamida polímero en el que los monómeros son amidas.

policarbonato polímero de crecimiento en etapas en el que el ácido dicarboxílico es ácido carbónico.

polieno compuesto que tiene varios dobles enlaces.

poliéster polímero en el que los monómeros son ésteres.

polimerización proceso de unir monómeros para formar un polímero.

polimerización aniónica polimerización de crecimiento de cadena donde el iniciador es un nucleófilo; por consiguiente, el sitio de propagación es un anión.

polimerización catiónica polimerización por crecimiento de cadena, donde el iniciador es un electrófilo; por consiguiente, el sitio de propagación es un catión.

polimerización con apertura de anillo polimerización de crecimiento en cadena que implica abrir el anillo del monómero.

polimerización por radical una polimerización por crecimiento de cadena en la que el iniciador es un radical; por consiguiente, el sitio de propagación es un radical.

polímero una molécula grande formada de la unión de monómeros entre sí.

polímero atáctico polímero en el que los sustituyentes se orientan al azar sobre la cadena extendida de carbonos.

polímero biodegradable un polímero que se puede descomponer en pequeños segmentos por una reacción catalizada por enzima.

polímero conductor polímero que puede conducir la electricidad.

polímero de adición (polímero de crecimiento de cadena) un polímero obtenido adicionando monómeros al extremo de una cadena en crecimiento.

polímero de condensación (polímero de crecimiento en etapas) polímero obtenido combinando dos moléculas y eliminando al mismo tiempo una molécula pequeña (normalmente agua o un alcohol).

polímero de crecimiento de cadena (polímero de adición) polímero obtenido adicionando monómeros al extremo en crecimiento de una cadena.

polímero de crecimiento en etapas (polímero de condensación) polímero formado combinando dos moléculas y eliminando una molécula pequeña (por lo general agua o alcohol).

polímero isotáctico polímero en el que todos los sustituyentes están en el mismo lado de la cadena de carbonos totalmente extendida.

polímero orientado polímero obtenido de estirar cadenas poliméricas y regresarlas en forma paralela.
polímero sindiotáctico polímero en el que los sustituyentes alternan con regularidad en ambos lados de la cadena de carbonos totalmente extendida.
polímero sintético polímero que no se sintetiza en la naturaleza.
polímero termoplástico polímero que tiene tanto regiones cristalinas ordenadas como regiones no cristalinas amorfas.
polímero vinílico polímero en el que los monómeros son etileno o un etileno sustituido.
polímero vivo polímero de crecimiento inconcluso de cadena que permanece activo. Ello significa que la reacción de polimerización puede continuar al adicionar más monómero.
polímeros termofijos polímeros de enlaces cruzados que, después de endurecer, no pueden volver a fundirse mediante calor.
polinucleótido muchos nucleótidos unidos por enlaces fosfodiéster.
polipéptido muchos aminoácidos unidos por enlaces amida.
polisacárido compuesto que contiene más de 10 moléculas de azúcar unidas.
poliuretano polímero en el que los monómeros son uretanos.
postulado de Hammond la estructura del estado de transición será más similar a las especies (reactivos o producto) más cercanas en energía.
principio de aufbau establece que un electrón siempre entrará en el orbital disponible que tenga la energía mínima.
principio de exclusión de Pauli no más de dos electrones pueden ocupar un orbital, y los dos electrones deben tener espín contrario.
principio de incertidumbre de Heisenberg la ubicación precisa y la cantidad de movimiento de una partícula atómica no se pueden determinar en forma simultánea.
principio de la reversibilidad microscópica indica que el mecanismo de una reacción en la dirección de avance tiene los mismos intermediarios y el mismo paso determinante de la rapidez que el mecanismo de la reacción en dirección inversa.
principio de Le Châtelier establece que, si se perturba un equilibrio, los componentes del equilibrio se ajustarán en forma tal que se elimine la perturbación.
principio de reactividad-selectividad mientras mayor es la reactividad de una especie, es menos selectiva.
prodroga compuesto que no se convierte en una droga efectiva sino hasta que sufre una reacción en el organismo.
producto cinético el producto que se forma con mayor rapidez.
producto natural producto sintetizado en la naturaleza.
producto termodinámico el producto más estable.
prostaciclina lípido derivado del ácido araquidónico que dilata los vasos sanguíneos e inhibe el agrupamiento de plaquetas.
protección (apantallamiento) fenómeno causado por donación de electrones al entorno de un protón. Los electrones protegen al protón frente al efecto total del campo magnético aplicado. Mientras más protegido está el protón, su señal aparece más hacia la derecha en un espectro de resonancia magnética nuclear (RMN).
proteína polímero que contiene de 40 a 4,000 aminoácidos unidos por enlaces amida.
proteína estructural proteína que produce resistencia mecánica en una estructura biológica.
proteína fibrosa proteína insoluble en agua en que las cadenas de polipéptido están ordenadas en haces.
proteína globular proteína soluble en agua que tiende a presentar una forma cuasi esférica.
protón un hidrógeno con carga positiva (H^+); una partícula con carga positiva en un núcleo atómico.
protones acoplados protones que se reparten entre sí. Los protones acoplados tienen la misma constante de acoplamiento.
protones químicamente equivalentes protones con la misma relación de conectividad al resto de la molécula.
protoporfirina IX el sistema de anillo de porfirina del hemo.
protoporfirina IX de hierro el sistema de anillos de porfirina de hemo más un átomo de hierro.
proyección de Fischer método para representar el ordenamiento especial de grupos unidos a un centro asimétrico. El centro asimétrico es el punto de intersección de dos líneas perpendiculares: las líneas horizontales representan enlaces que se proyectan saliendo del plano del papel hacia el espectador, y las líneas verticales representan enlaces que apuntan hacia atrás del papel o alejándose del espectador.
proyección de Haworth forma de mostrar la estructura de un azúcar; los anillos de cinco y seis miembros se representan como si fueran planos.

prueba de Lucas prueba que determina si un alcohol es primario, secundario o terciario.
prueba de Tollens se puede identificar un aldehído observando la formación de un espejo de plata en presencia del reactivo de Tollens (Ag_2O/NH_3).
prueba del yodoformo adición de I_2/HO^- a una metilcetona que forma un precipitado amarillo de triyodometano.
puente de disulfuro un enlace disulfuro (—S—S—) en un péptido o en una proteína.
puente de disulfuro entre cadenas puente de disulfuro entre dos residuos de cisteína en distintas cadenas de péptidos.
puente de disulfuro intracadena puente de disulfuro entre dos residuos de cisteína en la misma cadena de péptidos.
puente de hidrógeno una atracción excepcionalmente fuerte entre dipolo y dipolo (5 kcal/mol), entre un hidrógeno unido a O, N o F, y un par de electrones no enlazado de un O, N o F de otra molécula.
punto de ebullición la temperatura a la que la presión de vapor de un líquido es igual a la presión atmosférica.
punto de fusión temperatura a la cual un sólido se convierte en líquido.
punto de inflexión el punto medio de una región aplanada de una curva de titulación.
punto isoeléctrico (pI) el pH al que no hay carga neta en un aminoácido.
pureza óptica (exceso enantiomérico) cuánto exceso de un enantiómero está presente en una mezcla de dos enantiómeros.
química de los polímeros el campo de la química que estudia los polímeros sintéticos; parte de la disciplina más amplia llamada ciencia de materiales.
quiral (ópticamente activo) una molécula quiral tiene una imagen especular que no se puede sobreponer.
racemización completa la formación de un par de enantiómeros en cantidades iguales.
racemización parcial formación de un par de enantiómeros en cantidades desiguales.
radiación de rf radiación en la región de radiofrecuencia del espectro electromagnético.
radiación electromagnética energía radiante que tiene propiedades ondulatorias.
radiación infrarroja radiación electromagnética que nos es familiar como calor.
radical un átomo o una molécula con un electrón no apareado.
radical alquilo primario radical con el electrón no apareado en un carbono primario.
radical alquilo secundario un radical con el electrón no apareado en un carbono secundario.
radical alquilo terciario radical con el electrón no apareado en el carbono terciario.
radical anión especie con una carga negativa y un electrón no apareado.
radical catión especie con una carga positiva y un electrón no apareado.
radical vinílico compuesto con un electrón no apareado en un carbono vinílico.
radio de van der Waals medida del tamaño efectivo de un átomo o un grupo. Se produce una fuerza de repulsión (repulsión de van der Waals) si dos átomos se acercan entre sí a una distancia menor que la suma de sus radios de van der Waals.
rapidez relativa se obtiene dividiendo la constante real de rapidez entre la constante de rapidez de la reacción más lenta en el grupo que se compara.
reacción ácido-base reacción en la que un ácido dona un protón a una base, o acepta un par de electrones de una base.
reacción bimolecular (reacción de segundo orden) reacción cuya rapidez depende de las concentraciones de los dos reactivos.
reacción concertada reacción en la que todos los procesos de formación y ruptura de enlaces suceden en un paso.
reacción de acoplamiento reacción que une dos grupos alquilo.
reacción de adición reacción en la que los átomos o los grupos se adicionan al sustrato.
reacción de adición electrofílica reacción de adición en la que la primera especie que se une al reactivo es un electrófilo.
reacción de adición nucleofílica reacción que implica la adición de un nucleófilo a un reactivo.
reacción de adición nucleofílica-eliminación una reacción de adición nucleofílica seguida por una reacción de eliminación. La formación de imina es un ejemplo. Una amina se adiciona al carbono de un grupo carbonilo y se elimina agua.
reacción de adición nucleofílica-eliminación-adición nucleofílica una reacción de adición nucleofílica seguida por una reacción de eliminación, que a su vez es seguida por una reacción de adición nucleofílica. La formación de acetal es un ejemplo. Un alcohol se adiciona al carbono del grupo carbonilo,

se elimina agua y se adiciona una segunda molécula de alcohol al producto deshidratado.

reacción de adición por radicales libres una reacción de adición en que la primera especie que se adiciona es un radical.

reacción de alquilación reacción que adiciona un grupo alquilo a un reactivo.

reacción de anillación reacción donde se forma un anillo.

reacción de carboxilación de Kolbe-Schmitt una reacción que utiliza CO_2 para carboxilar al fenol.

reacción de cicloadición reacción en la que dos moléculas que contienen enlace π forman un compuesto cíclico.

reacción de cicloadición [4 + 2] reacción de cicloadición en la que cuatro electrones π provienen de un reactivo y dos electrones π adicionales del otro reactivo.

reacción de condensación reacción donde se combinan dos moléculas y al mismo tiempo se elimina una molécula pequeña (normalmente agua o un alcohol).

reacción de Diels-Alder una reacción de cicloadición [4 + 2].

reacción de eliminación una reacción que implica la eliminación de átomos (o moléculas) del reactivo.

reacción de eliminación de Cope eliminación de un protón y una hidroxilamina en un óxido de amina.

reacción de eliminación de Hofmann eliminación de un protón y una amina terciaria de un hidróxido de amonio cuaternario.

reacción de enamina de Stork usa una enamina como nucleófilo en una reacción de Michael.

reacción de esterificación de Fischer la reacción de un ácido carboxílico con alcohol en presencia de un catalizador ácido para formar un éster.

reacción de extrusión reacción en la que una molécula neutra (como CO_2, CO o N_2) es eliminada de una molécula.

reacción de Favorskii reacción de una α-halocetona con ion hidróxido.

reacción de haloformo la reacción de un halógeno y HO^- con una metilcetona.

reacción de Heck acopla un haluro o triflato de arilo, bencilo o vinilo, con un alqueno en disolución básica y en presencia de $Pd(PPh_3)_4$.

reacción de Hell-Volhard-Zelinski (HVZ) calentamiento de un ácido carboxílico con $Br_2 + P$ para convertirlo en un ácido α-bromocarboxílico.

reacción de Hunsdiecker conversión de un ácido carboxílico en un haluro de alquilo por calentamiento de una sal de metal pesado del ácido carboxílico con bromo o yodo.

reacción de Mannich condensación de una amina secundaria y formaldehído con un ácido carbonado.

reacción de Michael la adición de un carbanión α al carbono β de un compuesto carbonílico α,β-insaturado.

reacción de oxidación reacción en que la cantidad de enlaces $C-H$ disminuye, o la cantidad de enlaces $C-O$, $C-N$ o $C-X$ (X = halógeno) aumenta.

reacción de primer orden (reacción unimolecular) reacción cuya rapidez depende de la concentración de un reactivo.

reacción de pseudoprimer orden una reacción de segundo orden en la que la concentración de uno de los reactivos es mucho mayor que la del otro y permite que la reacción se considere como de primer orden.

reacción de reducción una reacción en la que aumenta la cantidad de enlaces $C-H$, o disminuye la cantidad de enlaces $C-O$, $C-N$ o $C-X$ (X = halógeno).

reacción de Reformatsky reacción de un reactivo de organozinc con un aldehído o una cetona.

reacción de Ritter reacción de un nitrilo con un alcohol secundario o terciario para formar una amida secundaria.

reacción de Rosenmund reducción de un cloruro de acilo para formar un aldehído mediante un catalizador de paladio parcialmente desactivado.

reacción de Sandmeyer la reacción de una sal de arildiazonio con una sal cuprosa.

reacción de Schiemann la reacción de una sal de arenodiazonio con HBF_4.

reacción de segundo orden (reacción bimolecular) reacción cuya rapidez depende de la concentración de dos reactivos.

reacción de selenilación conversión de una α bromocetona en una cetona α,β-insaturada, a través de la formación de un óxido de selenio.

reacción de Simmons-Smith formación de un ciclopropano usando CH_2I_2 + $Zn(Cu)$.

reacción de Stille acopla a un arilo, bencilo o haluro o triflato de vinilo con un estanano en presencia de $Pd(PPh_3)_4$.

reacción de sustitución de radicales una reacción que tiene un radical intermediario.

reacción de sustitución en α reacción que pone un sustituyente en un carbono α en lugar de un hidrógeno α.

reacción de sustitución nucleofílica reacción en la que un nucleófilo sustituye a un átomo o grupo saliente.

reacción de sustitución nucleofílica en el grupo acilo una reacción donde un grupo unido a un grupo acilo o arilo se sustituye por otro grupo.

reacción de Suzuki acopla a un haluro de arilo, bencilo o vinilo con un organoborano en presencia de $Pd(PPh_3)_4$.

reacción de transesterificación reacción de un éster con un alcohol para formar un éster diferente.

reacción de transferencia de fosforilo la transferencia de un grupo fosfato de un compuesto a otro.

reacción de transferencia de protón una reacción en la que un protón es transferido de un ácido a una base.

reacción de Wittig reacción de un aldehído o una cetona con un iluro de fosfonio, que produce un alqueno.

reacción E1 reacción de eliminación de primer orden.

reacción E2 reacción de eliminación de segundo orden.

reacción electrocíclica reacción en la que un enlace π del reactivo se pierde, por lo que se puede formar un compuesto cíclico con un nuevo enlace σ.

reacción en cadena de la polimerasa (PCR, de *polymerase chain reaction*) método que amplifica segmentos de ADN.

reacción en cadena por radicales libres una reacción en la que se forman radicales y reaccionan en pasos de propagación repetitivos.

reacción enantioselectiva reacción que forma un exceso de un enantiómero.

reacción endergónica una reacción con $\Delta G°$ positiva.

reacción endotérmica reacción con $\Delta H°$ positiva.

reacción entre radicales libres reacción en la que se forma un enlace nuevo usando un electrón de un reactivo y uno del otro reactivo.

reacción estereoespecífica reacción en la que el reactivo puede existir en forma de estereoisómeros y cada reactivo estereoisomérico forma un producto (o conjunto de productos) estereoisomérico distinto.

reacción estereoselectiva reacción que lleva a la formación preferencial de un estereoisómero frente a otro.

reacción exergónica una reacción con una $\Delta G°$ negativa.

reacción exotérmica una reacción con $\Delta H°$ negativa.

reacción fotoquímica reacción que se efectúa cuando un reactivo absorbe luz.

reacción intermolecular reacción que se efectúa entre dos moléculas.

reacción intramolecular reacción que se efectúa dentro de una molécula.

reacción pericíclica reacción concertada que sucede como resultado de un reordenamiento de electrones.

reacción polar reacción entre un nucleófilo y un electrófilo.

reacción regioselectiva reacción que produce la formación preferencial de un isómero constitucional respecto a otro.

reacción retro Diels-Alder una reacción de Diels-Adler inversa.

reacción S_N1 reacción de sustitución nucleofílica unimolecular.

reacción S_N2 reacción de sustitución nucleofílica bimolecular.

reacción S_NAr reacción de sustitución nucleofílica aromática.

reacción térmica reacción que sucede sin que el reactivo tenga que absorber luz.

reacción unimolecular (reacción de primer orden) una reacción cuya rapidez depende de la concentración de un reactivo.

reactivo de Edman isotiocianato de fenilo; se usa para determinar al aminoácido *N*-terminal de un polipéptido.

reactivo de Gilman organocuprato preparado con la reacción de un reactivo de organolitio y yoduro cuproso; se usa para sustituir un halógeno por un grupo alquilo.

reactivo de Grignard compuesto que resulta cuando se inserta magnesio entre el carbono y el halógeno en un haluro de alquilo (RMgBr, RMgCl).

reconocimiento específico del sitio reconocimiento de determinado sitio en el ADN.

reconocimiento molecular el reconocimiento de una molécula por otra como resultado de interacciones específicas, por ejemplo, la especificidad de una enzima por su sustrato.

reducción ganancia de electrones por parte de un átomo o una molécula.

reducción con un metal en disolución reducción realizada por medio de sodio o litio metálicos disueltos en amoniaco líquido.

reducción de Birch la reducción parcial del benceno a 1,4-ciclohexadieno.

reducción de Clemmensen reacción donde se reduce el grupo carbonilo de una cetona y forma un grupo metileno; se usa Zn(Hg)/HCl.

reducción de Wolff-Kishner reacción que reduce el grupo carbonilo de una cetona y forma un grupo metileno; mediante el uso de NH_2NH_2/HO^-.

región dactiloscópica el tercio derecho de un espectro infrarrojo, donde las bandas de absorción son características del compuesto en su totalidad.

región de grupo funcional los dos tercios de la izquierda en un espectro IR, donde la mayor parte de los grupos funcionales muestra bandas de absorción.

regla de Cram regla para determinar el producto principal de una reacción de adición a un grupo carbonilo en un compuesto con un centro asimétrico adyacente al grupo carbonilo.

regla de Hückel para que un compuesto sea aromático, su nube de electrones debe contener $(4n + 2)$ electrones π, siendo n un entero entero. Es lo mismo que decir que la nube de electrones debe contener una cantidad impar de pares de electrones π.

regla de Hund cuando hay orbitales degenerados, un electrón ocupará un orbital vacío antes de aparearse con otro electrón.

regla de Markovnikov la regla real es "cuando un haluro de hidrógeno se adiciona a un alqueno asimétrico, la adición se hace de tal modo que el halógeno se fija en el carbono con hibridación sp^2 del alqueno que tiene la cantidad mínima de átomos de hidrógeno". Una regla más universal es "el electrófilo se adiciona al carbono con hibridación sp^2 que está unido con la mayor cantidad de hidrógenos".

regla de $N + 1$ una señal de RMN-^{1}H para un hidrógeno con N hidrógenos equivalentes unidos a un carbono adyacente; se divide en $N + 1$ picos. Una señal de RMN-^{13}C para un carbono enlazado con N hidrógenos se divide en $N + 1$ picos.

regla de Zaitsev el alqueno más sustituido se obtiene eliminando un protón del carbono β que tiene menos hidrógenos.

regla del isopreno regla que expresa la unión de unidades de isopreno, cabeza a cola.

regla del octeto un átomo cederá, aceptará o compartirá electrones para llegar a tener una capa llena. Como una segunda capa llena contiene ocho electrones, eso se llama regla del octeto.

reglas de selección las reglas que determinan el resultado de una reacción pericíclica.

reglas de Woodward-Fieser permiten el cálculo de la λ_{max} de la transición $\pi \longrightarrow \pi^*$ para compuestos con cuatro dobles enlaces conjugados o menos.

reglas de Woodward-Hofmann serie de reglas de selección para reacciones pericíclicas.

relación cuantitativa estructura-actividad la relación entre determinada propiedad de una serie de compuestos y su actividad biológica.

relación giromagnética propiedad (sus unidades son rad $T^{-1} s^{-1}$) que depende de las propiedades magnéticas de determinada clase de núcleo.

reordenamiento antarafacial reordenamiento en el que el grupo migrante pasa a la cara opuesta del sistema π.

reordenamiento con expansión de anillo reordenamiento de un carbocatión donde el carbono con carga positiva está unido a un compuesto cíclico y, como consecuencia del reordenamiento, el tamaño del anillo aumenta en un carbono.

reordenamiento de carbocatión el reordenamiento de un carbocatión para formar un carbocatión más estable.

reordenamiento de Claisen un reordenamiento sigmatrópico [3,3] de un éter alilvinílico.

reordenamiento de Cope un reordenamiento sigmatrópico [3,3] de un 1,5-dieno.

reordenamiento de Curtius conversión de un cloruro de acilo en una amina primaria por medio de un ion azida ($^-:N_3$).

reordenamiento de Hofmann conversión de una amida en una amina, usando Br_2/H_2O.

reordenamiento de McLafferty reordenamiento del ion molecular de una cetona. Se rompe el enlace entre los carbonos α y β y un hidrógeno γ migra hacia el oxígeno.

reordenamiento de pinacol reordenamiento de un diol vecinal.

reordenamiento enediol interconversión de una aldosa en una o más cetosas.

reordenamiento sigmatrópico reacción en la que un enlace σ se rompe en el reactivo y se forma un nuevo enlace σ en el producto, y se reordenan los enlaces π.

reordenamiento suprafacial reordenamiento en el que el grupo migrante permanece en la misma cara del sistema π.

replicación la síntesis de copias idénticas de ADN.

replicación semiconservativa el modo de replicación que forma una molécula hija de ADN que tiene una de las cadenas de ADN original más una cadena de reciente síntesis.

residuo de aminoácido una unidad monomérica de un péptido o una proteína.

resina epóxica sustancia formada mezclando un prepolímero de bajo peso molecular con un compuesto que forme un polímero con enlaces cruzados.

resina intercambiadora de aniones resina con carga positiva que se usa en cromatografía de intercambio iónico.

resina intercambiadora de cationes una resina con carga negativa que se usa en cromatografía de intercambio iónico.

resistencia a la droga resistencia biológica a determinada droga.

resolución (separación) de una mezcla racémica separación de una mezcla racémica en los enantiómeros individuales.

resolución cinética separación de enantiómeros con base en la diferencia de su rapidez de reacción con una enzima.

resonancia se dice que un compuesto con electrones deslocalizados tiene resonancia.

resonancias señales de absorción en resonancia magnética nuclear (RMN).

retrosíntesis (análisis retrosintético) avance de atrás hacia adelante (en el papel) desde la molécula final hasta los materiales iniciales disponibles.

retrovirus virus cuya información genética se guarda en su ARN.

ribonucleótido nucleótido en el que el azúcar componente es D-ribosa.

ribosoma partícula formada aproximadamente por 40% de proteína y 60% de ARN en la que sucede la biosíntesis de proteínas.

ribozima una molécula de ARN que funciona como catalizador.

RMN con transformada de Fourier técnica en la que todos los núcleos se excitan en forma simultánea por un impulso de rf y a continuación se vigila su relajamiento; los datos se convierten matemáticamente en un espectro.

rotación específica cantidad de rotación causada por un compuesto cuya concentración es 1.0 g/mL en un tubo de muestra de 1 dm de longitud.

rotación observada la cantidad de rotación observada en un polarímetro.

ruptura (empalme) de ARN el paso en el procesamiento del ARN que corta y elimina bases sin sentido y empalma las piezas de información.

ruptura heterolítica de enlace (heterólisis) ruptura de un enlace, de donde resulta que ambos electrones de enlace se conservan en un átomo.

ruptura homolítica de enlace (homólisis) ruptura de un enlace de donde resulta que cada uno de los átomos obtiene uno de los electrones de enlace.

ruptura oxidativa reacción de oxidación que corta al reactivo y forma dos o más piezas.

ruptura α ruptura homolítica de un sustituyente alfa.

sal cuaternaria de amonio un ion de amonio cuaternario y un anión ($R_4N^+X^-$).

sal de diazonio un ion diazonio y un anión ($ArN \equiv \overset{+}{N}X^-$).

saponificación hidrólisis de un éster (por ejemplo, una grasa) bajo condiciones básicas.

secuenciación de Maxam-Gilbert técnica para secuenciar fragmentos de restricción.

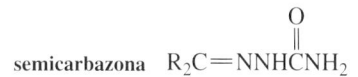

semicarbazona $R_2C=NNHCNH_2$ con un grupo $C=O$

serie homóloga una familia de compuestos en la que cada miembro difiere del siguiente en un grupo metileno.

sesquiterpeno terpeno que contiene 15 carbonos.

sinergia de drogas cuando el efecto de dos drogas o medicamentos que se usen es mayor que la suma de los efectos obtenidos administrando las drogas en forma individual.

singulete una señal de resonancia magnética nuclear (RMN) no dividida.

sin-periplanar sustituyentes paralelos del mismo lado de una molécula.

síntesis automatizada de péptidos en fase sólida técnica automática que sintetiza un péptido mientras que su aminoácido C-terminal está fijo a un soporte sólido.

síntesis convergente síntesis en la que se preparan partes del compuesto que se desea y después se ensamblan.

síntesis de Gabriel conversión de un haluro de alquilo en amina primaria usando ftalimida como material de partida.

síntesis de Kiliani-Fischer método para aumentar en uno la cantidad de carbonos en una aldosa de lo cual resulta la formación de un par de epímeros en C-2.

síntesis de Strecker método para sintetizar un aminoácido: un aldehído reacciona con NH_3, formando una imina, que es atacada por el ion cianuro. La hidrólisis del producto forma un aminoácido.

síntesis de varios pasos preparación de un compuesto por una ruta que requiere varios pasos.

síntesis de Williamson de éteres formación de un éter por la reacción de un ion alcóxido con un haluro de alquilo.

síntesis del éster acetamidomalónico método para sintetizar un aminoácido; es una variación de la síntesis del éster N-ftalimidomalónico.

síntesis del éster acetoacético síntesis de una metilcetona; se usa acetoacetato de etilo como material de partida.

síntesis del éster malónico la síntesis de un ácido carboxílico, usando malonato de dietilo como material de partida.

síntesis del éster N-ftalimidomalónico método para sintetizar un aminoácido, donde se combinan la síntesis del éster malónico y la síntesis de Gabriel.

síntesis en fase sólida técnica en la que un extremo del compuesto que se sintetiza está covalentemente unido a un soporte sólido.
síntesis iterativa una síntesis en la que se hace más de una vez una secuencia de reacciones.
síntesis lineal una síntesis que forma paso a paso a una molécula, a partir de los materiales de partida.
síntesis orgánica preparación de compuestos orgánicos a partir de otros compuestos orgánicos.
síntesis orgánica combinatoria la síntesis de una biblioteca de compuestos mediante la unión covalente de conjuntos de bloques de construcción de estructura variable.
sintón fragmento de una desconexión.
sistema de anillo corrina sistema de anillo de porfirina sin uno de los puentes metino.
sistema de anillo de porfirina está formado por cuatro anillos de pirrol unidos por puentes metino.
sitio activo una bolsa o hendidura en una enzima donde se adhiere el sustrato.
sitio promotor una secuencia corta de bases en el comienzo de un gen.
sitio propagador el extremo reactivo de un polímero de crecimiento en cadena.
sitio receptor sitio en el que una droga se une para ejercer su efecto fisiológico.
solvatación interacción entre un disolvente y una molécula (o ion).
solvólisis reacción con el disolvente.
subunidad cadena individual de un oligómero.
sulfonación sustitución de un hidrógeno en un anillo de benceno por un grupo de ácido sulfónico (SO_3H).
sulfonato de alquilo éster de un ácido sulfónico (RSO_2OR).
sulfuro (tioéter) análogo con azufre de un éter (RSR).
suma vectorial tiene en cuenta las magnitudes y también las direcciones de los dipolos del enlace.
sumidero de electrones sitio en el que los electrones pueden deslocalizarse.
surco menor el surco más angosto y más superficial de dos surcos que alternan en el ADN.
surco principal el surco más ancho y profundo de dos surcos que alternan en el ADN.
sustitución cine sustitución en el carbono adyacente al carbono que estaba unido al grupo saliente.
sustitución directa sustitución en el carbono que formaba el enlace con el grupo saliente.
sustitución electrofílica aromática reacción en la que el electrófilo sustituye a un hidrógeno en un anillo aromático.
sustitución nucleofílica aromática reacción en la que un nucleófilo sustituye a un grupo en un anillo aromático.
sustituyente activador un sustituyente que aumenta la reactividad de un anillo aromático. Los sustituyentes donadores de electrones activan a los anillos aromáticos frente al ataque electrofílico, y los sustituyentes atractores de electrones activan a los anillos aromáticos frente al ataque nucleofílico.
sustituyente alquilo (grupo alquilo) se forma eliminando un hidrógeno de un alcano.
sustituyente desactivador un sustituyente que disminuye la reactividad de un anillo aromático. Los sustituyentes atractores de electrones desactivan los anillos aromáticos frente al ataque electrofílico, y los sustituyentes donadores de electrones desactivan los anillos aromáticos frente al ataque nucleofílico.
sustituyente director *meta* sustituyente que dirige a un segundo sustituyente que llega a la posición *meta* respecto a él.
sustituyente director *orto-para* sustituyente que dirige a un segundo sustituyente que llega a la posición *orto* y *para* respecto a él.
sustituyente α sustituyente en el lado de un sistema de anillo de esteroide opuesto al de los grupos metilo angulares.
sustituyente β sustituyente del mismo lado de un sistema de anillo de esteroide que los grupos metilo angulares.
sustrato reactivo de una reacción catalizada por enzima.
tautomería interconversión de tautómeros.
tautomería ceto-enólica (interconversión ceto-enólica) interconversión de tautómeros ceto y enol.
tautómeros isómeros que llegan con rapidez al equilibrio entre sí, que difieren en el lugar donde están sus electrones de enlace.
tautómeros ceto-enol una cetona y su alcohol isómero α,β-insaturado.
tensión angular tensión introducida en una molécula como resultado de que sus ángulos de enlace se distorsionan respecto a sus valores ideales.
teoría de la conservación de la simetría orbital teoría que explica la relación entre la estructura y la configuración del reactivo, las condiciones en las que se efectúa una reacción pericíclica y la configuración del producto.

teoría del orbital de frontera teoría que, como la teoría de la conservación de simetría orbital, explica las relaciones entre el reactivo, el producto y las condiciones de una reacción pericíclica.
teoría del orbital molecular describe un modelo en el que los electrones ocupan orbitales como lo hacen en los átomos, pero con los orbitales extendiéndose sobre toda la molécula.
terapia génica técnica que inserta un gen sintético en el ADN de un organismo al que le falta ese gen.
termodinámica el campo de la química que describe las propiedades de un sistema en equilibrio.
terpeno un lípido, obtenido de una planta, que contiene átomos de carbono en múltiplos de cinco.
terpenoide terpeno que contiene oxígeno.
tetraeno hidrocarburo con cuatro dobles enlaces.
tetrahidrofolato (THF) coenzima que requieren las enzimas que catalizan reacciones que aportan a sus sustratos un grupo con un solo carbono.
tetraterpeno terpeno que contiene 40 carbonos.
tetrosa monosacárido con cuatro carbonos.
tiirano compuesto con anillo de tres miembros en el que uno de los átomos del anillo es de azufre.
tioéster el análogo con azufre de un éster:

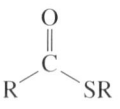

$$R-\underset{\underset{SR}{\|}}{\overset{O}{C}}$$

tioéter (sulfuro) el análogo con azufre de un éter (RSR).
tiol (mercaptano) el análogo con azufre de un alcohol (RSH).
tosilato de alquilo un éster del ácido *para*-toluensulfónico.
transaminación reacción en la que un grupo amino se transfiere de un compuesto a otro.
transcripción la síntesis del ARNm a partir de una plantilla de ADN.
transferencia de cadena una cadena de polímero en crecimiento reacciona con una molécula XY en tal forma que permite que X termine la cadena y deja atrás a Y, para iniciar una cadena nueva.
transición electrónica promoción de un electrón desde su HOMO hasta su LUMO.
transiminación la reacción de una amina primaria con una imina para formar una nueva imina y una amina primaria derivada de la imina original.
transmetalación intercambio de metal.
traslación la síntesis de una proteína a partir de una plantilla de ARNm.
trayectoria de simetría permitida trayectoria que produce un traslape de orbitales en fase.
trayectoria de simetría prohibida trayectoria que produce un traslape de orbitales fuera de fase.
triacilglicerol (triglicérido) compuesto formado cuando los tres grupos OH de la glicerina (glicerol) están esterificados con ácidos grasos.
triacilglicerol mixto un triacilglicerol en el que sus componentes de ácido graso son diferentes.
triacilglicerol simple triacilglicerol (o triglicérido) en el que son iguales sus componentes de ácido graso.
trieno hidrocarburo con tres dobles enlaces.
triosa monosacárido con tres carbonos.
tripéptido tres aminoácidos unidos por enlaces de amida.
triplete una señal de resonancia magnética nuclear (RMN) partida en tres picos.
triterpeno terpeno que contiene 30 carbonos.
umpolung inversión de la polaridad normal de un grupo funcional.
uretano compuesto con un grupo carbonilo; es a la vez una amida y un éster.
vibración de estiramiento vibración que tiene lugar a lo largo de la línea de un enlace.
vibración de flexión una vibración que no es a lo largo de la línea del enlace. Causa el cambio de los ángulos del enlace.
vinilogía transmisión de reactividad a través de dobles enlaces.
vitamina sustancia necesaria en pequeñas cantidades para las funciones normales del organismo; el organismo no la puede sintetizar o no puede hacerlo en cantidades adecuadas.
vitamina KH$_2$ coenzima que requiere la enzima que cataliza la carboxilación de las cadenas laterales de glutamato.
vulcanización aumento de la flexibilidad del hule al calentarlo con azufre.
zwitterión compuesto con una carga negativa y una positiva en átomos no adyacentes.

Créditos de fotografía

ACERCA DE LA AUTORA, p. xxxviii (superior e inferior) Dra. Paula Bruice

CAPÍTULO 1, p. 3 (inferior) Wikimedia Commons, p. 6 (izquierda) Wikimedia Commons, p. 6 (derecha) Cortesía de Paula Yurkanis Bruice, p. 7 Wikimedia Commons, p. 10 (izquierda) Ablestock, p. 46 (izquierda) © 1994 NYC Parks Photo Archive, Fundamental Photographs, NYC, p. 46 (derecha) © 1994 Kristen Brochmann, Fundamental Photographs, NYC, p. 62 Richard Megna/Fundamental Photographs.

CAPÍTULO 2, p. 99 Ablestock.

CAPÍTULO 3, p. 124 Ablestock.

CAPÍTULO 5, p. 214 Ablestock, p. 232 © Dr. Jeremy Burgess/Science Photo Library/Photo Researchers, Inc.

CAPÍTULO 6, p. 259 Getty Images/Hulton Archive Photos, p. 263 Jim Zipp/Photo Researchers, Inc., p. 278 Rick Friedman/Corbis.

CAPÍTULO 7, p. 290 Corbis, p. 326 AP/Wide World Photos.

CAPÍTULO 8, p. 345 Mike Severns/Tom Stack & Associates, Inc.

CAPÍTULO 9, p. 410a-d cortesía de la Dra. Paula Yurkanis Bruice.

CAPÍTULO 10, p. 451 (izquierda) Ablestock (derecha) Ablestock, p. 460 Ablestock.

CAPÍTULO 11, p. 505 Ablestock, p. 506 NASA/Goddard Space Flight Center.

CAPÍTULO 12, p. 535 Dr. Jeremy Burgess/Science Photo Library/Photo Researchers, Inc., p. 552 Perkin Elmer, Inc., p. 555 Jerry Alexander/Getty Images Inc.– Stone Allstock.

CAPÍTULO 13, p. 572 Ablestock, p. 619 (superior) Scott Camazine/Photo Researchers, Inc., p. 619 (inferior) Simon Fraser/Science Photo Library/Photo Researchers, Inc.

CAPÍTULO 16, p. 733 Ablestock, p. 756 Ablestock.

CAPÍTULO 17, p. 825 Ablestock.

CAPÍTULO 21, p. 1002 (izquierda) Dra. Paula Bruice, p. 1002 (derecha) Dra. Paula Bruice, p. 1005 Visuals Unlimited, p. 1006 (superior) Ablestock, p. 1006 (centro) Ablestock.

CAPÍTULO 24, p. 1133 Wikimedia Commons.

CAPÍTULO 25, p. 1138 Wikimedia Commons.

CAPÍTULO 26, p. 1165 (superior) Dra. Paula Bruice, p. 1165 (centro) Ablestock, p. 1165 (inferior) Ablestock, p. 1167 Ablestock, p. 1169 (superior) cortesía de Procter & Gamble Company, p. 1169 (inferior) Ablestock, p. 1172 (superior) Ablestock, p. 1172 (inferior) Ablestock.

CAPÍTULO 27, p. 1216 (izquierda) Ablestock, p. 1216 (derecha) Ablestock, p. 1221 George Poinar/Oregon State University, p. 1222 Ablestock.

CAPÍTULO 28, p. 1239 Ablestock, p. 1246 Wikimedia Commons, p. 1250 Stephen Frisch, Stock Boston.

CAPÍTULO 29, p. 1285 Wikimedia Commons.

CAPÍTULO 30, p. 1297 Ablestock, p. 1298 Ablestock.

Índice

A

Absortividad molar, 551
Aceite de limón, 1162
Aceites, 754, 1165-1169
   esenciales, 1178
   reacción con radicales, 503
Acesulfame de potasio, 1010-1011
Acetal(es), 816, 818
   de monosacáridos, 1013
Acetil CoA, 1115, 1138
   mecanismo de carboxilación, 1116-1117
Acetil-CoA por acetil-Co-A carboxilasa, 1116-1117
Acetilcolina, 1305
Acetileno, 259, 260. *Véase también* Etino
Acetilmetadol, 1300
Acetoacetato, 789, 884
Acidez, 44, A8
   hidrógenos α, 851-854
   y deslocalización electrónica, 312
Acidez relativa de haluros de hidrógeno, 53
Ácido acetilsalicílico, 678, 745, 865, 1077
Ácido aldónico, 987
Ácido araquidónico, 745, 1176
Ácido ascórbico (vitamina C), 504, 1007-1008
Ácido barbitúrico, 106
Ácido bencensulfónico, 695
Ácido benzoico, 725
Ácido carbámico, 774

Ácido carbónico, estructuras y propiedades, 772
Ácido carboxílico, 48, 62, 182, 296, 723, 764
   activación, 767-768
   aditivos, 55
   con ion hidruro, 803
   derivados, 795
   estructuras, 729-730
   halogenación en carbono α, 861
      estructuras, 729-730
      naturales, 731
      nomenclatura, 724-729
      reactividad relativa, 737-738
   naturales, 731
   nomenclatura, 724-729
   propiedades físicas, A5
   reacciones, 757-758
   reactividad relativa, 737-738
   valores de pK_a, 49, A8
Ácido cítrico, 731
   ciclo, 1139, 1155-1158
Ácido crómico, 445-447
Ácido de Lewis, 765, 1072
   catalizador, 694, 1244
Ácido desoxirribonucleico (ADN), 458, 1197, 1227
   apareamiento de bases, 1205
      complementarias, 1204
   bases, 1199
   biosíntesis, 1207-1208
   dactiloscopía, 1221
   determinación de la secuencia de bases, 1217-1220

doble hélice, 1206
espina dorsal de azúcar-fosfato, 1204
estabilidad, 1207
estructura, 1199
polimerasa, 1203
replicación, 1208, 1304
síntesis, 1203, 1220
síntesis en el laboratorio, 1222-1227
sintetizadores automáticos, 1225
timina o uracilo, 1216-1217
transcripción y traducción, 1215
Ácido desoxirribonucleico (ADN) polimerasa, 1203
Ácido fólico, 1127-1131
Ácido fórmico, 725
Ácido fosfatídico, 1170
Ácido fosfórico, 438, 1198
Ácido láctico, 209, 231, 731
Ácido L-ascórbico (vitamina C) 1007-1008
Ácido linoleico, 190, 1164-1165
Ácido nítrico, 658
Ácido nucleico, 1197-1228
Ácido peniciloico, 1308
Ácido ribonucleico (ARN), 1197-1227
   biosíntesis, 1209
   clases, 1210
   división, 1209
   polimerasa, 1203
   ruptura, 1207
Ácido sulfúrico, 438

I-1

Ácido tartárico, 227, 232
Ácido(s), 2, 67, 44-45, 47-50
    catálisis, 1066-1069
    definición, 44, 64-65
    definición de Lewis, 44
    estructura y acidez, 51-55, 275, 692
    factores que determinan la fuerza, 58-59
    fuerza relativa, 275
    valores de pK_a, 54, A8
Ácidos biliares, 1189
Ácidos carboxílicos de cadena larga, 1163-1164
Ácidos carboxílicos α,β-insaturados derivados de, adición nucleofílica, 834
Ácidos conjugados, 44
Ácidos dicarboxílicos,
    derivados, 772-775
    estructuras, nombres y valores de pK_a, 772-775
Ácidos grasos, 755, 1147, 1163-1164
    síntesis, 893
Ácidos grasos omega, 1165
Ácidos grasos poliinsaturados, 1164
Ácidos y bases de Brønsted-Lowry, 44
Acilación, 681
    intermediario de enamina en carbono α, 867-868
Acilación de Friedel-Crafts, 654, 660-661, 695-696, 765
Acilación-reducción y alquilación del benceno, 664
Acoplamiento a gran escala, 589
Acoplamiento espín-espín, 587
Acoplamiento geminal, 593
Acortamiento de cadena, 1013
Actividad antibiótica de las fluoroquinolonas, 1310
Adams, Roger, 188
Adenilato de acilo, 769, 1143
Adenina, 967, 1128
Adenosina, 1186
Adición 1,2, 318, 830-833

Adición 1,4, 318, 326, 830
Adición aldólica cruzada, 875
Adición aldólica mixta, 874-876
Adición anti, 238
Adición cabeza con cola, 1236
Adición cola con cola, 1237
Adición conjugada, 318, 830
Adición de agua catalizada por ácido, 170
Adición de hidrógeno,
    alqueno, 188-192
    alquino, 271-272
    catalítica, 188, 911
        alqueno, 189
    estereoquímica, 238
    grupo carbonilo, 914
Adición directa, 318, 830-833
Adición nucleofílica,
    a aldehídos y cetonas α,β-insaturados, 830
    a carbono β, 830
    a derivados de ácido carboxílico α,β-insaturados, 834
Adición sin, 238, 240
Adiciones a carbonilo catalizadas por enzimas, 827
Adiciones a compuestos carbonílicos α,β-insaturados catalizadas por enzima, 835
Adiciones aldólicas intramoleculares, 881
Adiciones catalizadas por enzimas a compuestos carbonílicos α,β-insaturados, 835
ADN recombinante (ADNc), 1221
Adrenalina, 677
Advil, 1297
Agente alquilante, 1315
Agente oxidante, 909
Agente reductor, 909
Agua
    enlaces, 37-38
    momento dipolar, 43
    valor de pK_a, 49
Agujero de ozono, 505-506
Ajuste inducido, 1080
Alanina, 1019, 1027-1028

Alargamiento de cadena, 1013
Alcaloides, 448
Alcanfor, 789
Alcanos, 71, 481
    cloración y bromación, 483-485, 488
    nomenclatura, 78
    propiedades físicas, 94-101
    propiedades físicas, A2
    puntos de ebullición, 95, 97
Alcanos de cadena lineal, 71
Alcaptonuria, 1155
Alcohol, 48, 74, 241
    alquilación de benceno, 663
    deshidratación, 440
    deshidratación E1, 438, 442
    deshidratación E2, 441
    diagrama de coordenada de reacción, 439
    en haluros de alquilo, 434-435
    en sulfonatos de alquilo, 435-438
    estructuras, 93
    fragmentación, 524-525
    halogenación, 435
    mecanismos de adición catalizada por ácido, 171-172
    nomenclatura, 87, 91
    oxidación, 445-447, 910, 917-919
    propiedades físicas, 94-101, A3
    puntos de ebullición, 95
    reacción con aldehídos, 816-818
    reacción con cetonas, 816-818
    reacción de eliminación, 438-445
    reacción de sustitución nucleofílica, 430-434
    reacción S_N1, 431
    reacción S_N2, 432
    reducción, 910
    sufijo de grupo funcional, 88
    sustituyentes, 88
    valores de pK_a, 49
Alcohol de grano, 434
Alcohol de madera, 434
Alcohol etílico, 75, 87
    valor de pK_a, 48

Alcohol metílico, 75
    valores de pK_a, 48
Alcohólisis, 744
Alcoholismo, 919
Alcoholismo y Antabuse (disulfiram), 919
Alcoximercuriación-reducción, 180-181
Aldehído con ion hidruro, 800-801
Aldehídos, 269, 272-723, 788, 807, 871
    halogenación del carbono α, 859-861
    hidrógenos α, 853
    nomenclatura, 790-791
    oxidación, 909-910, 919-921
    propiedades físicas, A6
    reacción con alcoholes, 816-818
    reacción de caracterización, 795
    reacciones con agua, 814-816
    reacciones con aminas, 806-813
    reacciones con cianuro de hidrógeno, 805-806
    reducción, 909-910
Aldehídos y cetonas α,β-insaturados
    adición nucleofílica, 830
    formación, 873-874
Alder, Kurt, 326-327
Alditol, 986
Aldohexosa, 995-997
    configuraciones, 982
    Adiciones aldólicas, 877
    cruzadas, 875
    deshidratación, 873-874
    mecanismo, 872-873
Aldolasa, 1092-1094
Aldosas, 980
    configuraciones, 982
    oxidación, 986
    reducción, 986
Aldosterona, 1188
Alenos, 261, 302
α-Sustitución catalizada por ácido, 858
α-Tocoferol, 504

Algas rojas, 345
Alprazolam (Xanax), 1303
Alquenos, 124-158, 481
    adición de agua, 169-170
    adición de alcohol, 171-172
    adición de borano, 184-185
    adición de bromo, 176, 281
    adición de halógenos, 175-179
    adición de haluros de hidrógeno, 160-161, 237, 493
    adición de hidrógeno, 188-192
    adición de peroxiácido, 182, 189
    adición de radicales, 493
    estabilidad relativa, 188-192
    estereoquímica de las reacciones de adición, 243
    estructura, 129-130
    fórmulas moleculares, 125-126
    grupo funcional, 127, 137
    halogenación, 166
    hidrogenación catalítica, 189
    insaturación, 125-126
    isómeros *cis* y *trans*, 130-133
    nomenclatura, 126-129
    oxidación-reducción, 909-910
    polimerización aniónica, 1242
    polimerización catiónica, 1241
    polimerización por radical, 1234
    propiedades físicas, A1
    reacción de Wittig, 822-827
    reacciones, 137-141, 159-195
    reacciones de adición electrofílica, 235-246
    reordenamiento de carbocatión, 173-174
    ruptura oxidativa, 926-931
    sistema de nomenclatura E,Z, 133-136
    sustituyentes, 127
    y alquilación de benceno, 663
Alquenos *trans*, 240
    conversión a alquino, 273
    síntesis, 273
    transaminación, 1117-1119
Alquilación, 681
    de benceno
        por acilación-reducción, 664

        por alcohol, 663
        por alqueno, 663
        por reacción de Friedel-Crafts, 661
    en carbono β,
        compuestos carbonílicos, 864-867
        enamina intermediaria, 867-868
        en carbono β, 869-871
Alquilación de Friedel-Crafts, 654, 662-663, 695
Alquilborano, 185-186, 241
Alquilo, 685. *Véase también* sustituyentes alquilo
    y estabilidad de alquino, 266
    y estabilidad de carbocatión, 161
    y estabilidad de radical, 485
Alquino interno, 260, 264
Alquino terminal, 260, 265
    adición de agua, 272
    hidroboración-oxidación, 272
Alquinos, 258, 481
    adición de agua, 269-270
    adición de haluros de hidrógeno y halógenos, 266-268
    adición de hidrógeno, 272-274
    estructura, 264
    hidratación catalizada por ion mercúrico, 270
    hidroboración-oxidación, 271-272
    nomenclatura, 260
    propiedades físicas, A1
    reacciones, 258-286
    ruptura oxidativa, 931
Altman, Sidney, 1210
Amapolas, 3
Amarillo mantequilla, 554
Amidas, 723
    catálisis de hidrólisis ácida, 760-763
    enlaces, 1017
    formación, 741
    hidrólisis catalizada por ácido, 761-763
    ion, 274
    nomenclatura, 727

propiedades físicas, A6
reacciones, 758-760
teoría del orbital molecular no reactivo, 759
Amiduro de sodio, 275
Amilopectina, 1003-1004
Amilosa, 1003, 1005
Aminación reductiva, 812
Aminas, 74, 943-974, 1100
   interconversión, 233
   mecanismo de la reacción con ácido nitroso, 704-706
   nomenclatura, 89-92, 944
   oxidación, 952-953
   papel de los heterociclos en la naturaleza, 966-968
   propiedades ácido-base, 447-449, 945
   propiedades físicas, 94-101, A4
   puntos de ebullición, 95
   reacción como bases, 946-947
   reacción como nucleófilos, 946-947
   reacciones con aldehídos, 806-813
   reacciones con cetonas, 806-813
   valores de pK_a, 49, 448, A8, 1025
Amino, grupo, 448
Aminoácido C-terminal, 1035
Aminoácido L, 1023
Aminoácido N-terminal, 1035
Aminoácidos, 456, 732-733, 1017, 1023
   analizador, 1031
   clasificación, 1018-1022
   con ninhidrina, 1029
   configuración, 1022-1023
   nomenclatura, 1018-1022
   N-protegidos, 1316
   propiedades ácido-base, 1024-1025
   reacción S_N2, 1044
Aminoácidos esenciales, 1022
Aminoácidos heterocíclicos, 1022
Aminoacilo-ARNt sintetasa, mecanismo, 1211
Aminólisis, 744
Amoniaco, 65, 89
   enlace, 38-39
   momento dipolar, 43
   valores de pK_a, 49
   y ácido acético, 51
Anabolismo, 1159
Analgésicos, 1299
Análisis conformacional, 101
Análisis retrosintético, 278, 423, 827
Análogos sulfurados de alcoholes, 462-463
Anaranjado de metilo, 554
Anemia falciforme, 1216
Anestésicos, 451
Anfetamina, 678
Ángulo de enlace tetraédrico, 30
Ángulos de enlace,
   agua, 37
   enlace carbono-carbono, 41
   enlace carbono-hidrógeno, 41
   etano, 31, 41
   eteno, 41
   predicción, 42
Anhídrido acético, 742
Anhídrido benzoico, 743
Anhídrido mixto, 726
Anhídridos, 726
Anhídridos de ácido, 726
   reacciones, 742-743
Anilina, 821
   formación del ion diazonio, 705
Anillación de Robinson, 883-884
Anillos fusionados, 711, 1187
Anión ciclopentadienilo, distribución electrónica, 650
Anión vinílico, 273
Anión vinílico *cis*, 273
Anisotropia diamagnética, 582-583
Anómeros, 993
Antarafacial,
   formación de enlaces, 1276
   rearreglo, 1280
Antiaromaticidad, 649
   descripción de orbital molecular, 650-651
Antibiótico, 1131, 1216
Antibiótico ionóforo, 462
Antibiótico peptídico, 1024
Anticodón, 1210
Antihistaminas, 1305
Antilewisita británica, 464
Anti-periplanar, 404
Antocianinas, 555
Antraceno, 711
Apareamiento de bases, 1220
Apoenzima, 1099
Aramidas, 1251
Árbol de desdoblamiento, 600-601
Arginina, 1020-1021, 1028
ARN de transferencia (ARNt), 1210
ARN mensajero (ARNm), 1210
ARN ribosomal (ARNr), 1210
Aromaticidad, 640-676
   criterios, 642
   descripción de orbital molecular, 650-651
Arrhenius, Svante August, 150
Asparagina, 1020
Aspartame, 780, 1010-1011, 1039
Aspartato, 1020, 1028, 1039
Aspirina (ácido acetilsalicílico), 678, 745, 865, 1077
Ataque por el lado de atrás, 348-349
Átomo(s),
   configuración electrónica, 5-8
   estructura, 4
Atracción inductiva de electrones, 55, 682
Atracciones electrostáticas, 9
Autorradiografía, 1219-1220
Auxocromo, 553
Azobencenos, 554
Azúcares, 979
   reductores y no reductores, 999-1000

B

Bacterias Gram-negativas, 1301
Baekeland, Leo Hendrik, 1256
Bandas características de absorción infrarroja, 533
Bandas de absorción, 532, 550

ausencia, 544-545
  forma, 544
  intensidad, 534
  posición, 535-543
Barton, Derek H. R., 409-410
Base conjugada (grupo saliente), 44, 358
Base de Schiff, 806
Base(s), 2-67, 1198
  definición, 44, 64-65
  estabilidad, tamaño y electronegatividad, 52
  y aminas, 447-449, 946-947
Bases heterocíclicas, 1128
Basicidad, 44, 353
Beer, Wilhelm, 551
Benceno, 287, 309, 456, 643, 686
  acilación Friedel-Crafts, 660-663
  bromación, 656
  diagrama de coordenada de reacción, 654
  distribución electrónica, 650
  electrones deslocalizados, 288-290
  enlaces, 291
  estructura de Kekulé, 289
  halogenación, 655-657
  hidrogenación, 668
  nitración, 657-658, 690, 695
  orbitales moleculares, 310
  óxido, 456
  propiedades físicas, A4
  reacciones, 640-676
  síntesis, monosustituido y disustituido, 696-697
  sulfonación, 658-659
  toxicidad, 652
Benceno Dewar, 290
Bencenos disustituidos
  nomenclatura, 678-681
  síntesis, 696-697
Bencenos monosustituidos,
  ciclohexanos monosustituidos, confórmeros, 110-113
  constantes de equilibrio, 112
  nomenclatura, 651-652
  síntesis, 696-697

Bencenos sustituidos,
  propiedades físicas, A4
  reacciones, 677-720
  reactividad relativa, 683
Bencino, 709
Bender, Myron L., 752
Benzo (α) pireno, 459
Benzocaína, 1298
Benzodiazepina, 1302-1303, 1315
Benzofenona, 792
Benzofurano, 960
Benzonitrilo, 652, 667, 728
Bergström, Sune, 1174
Berzelius, Jöns Jakob, 2
β-Caroteno, 553, 555, 825, 1178
β-Cetoácido, 885
β-Cetoéster, 853, 879
β-Dicetona, 853, 889
β-Lactama, 1308
β-Péptidos, 1055
Bicíclicos puente, compuestos, 321
Bijvoet, J. M., 231
Bilirrubina, 968
Biomolecular, 347
Bioorgánicos, compuestos, 978
Biopolímeros, 1233
Bioquímica, 246
Biosíntesis, 768
  pirofosfato de dimetilalilo, 1182-1183
  pirofosfato de isopentilo, 1180-1181
  proteínas, 1212-1213
  terpenos, 1180-1186
Biot, Jean Baptiste, 212, 232
Biotina, 1115-1117
Biotina unida a enzima, 1115
Black, James W, 1305
Bloch, Felix, 569, 1191
Borano, 64-65, 184-185
  adición de alqueno, 184-185
Boro, 185
  alqueno sustituido, 271
  trifluoruro, 64
Bradykinina, 1039
Bragg, William H., 410
Bragg, William L., 410
Broglie, Louis de, 5

Bromación, 655
  adición por radicales, 493
  alcanos, 483-485
  alquenos, 176, 242, 281, 493, 498
  benceno, 656
  estereoquímica, 242
  sustitución por radicales, 490
Bromuro de butilmagnesio, 796
Bromuro de cicloheptatrienilo, 648
Bromuros de acilo, 723
Bromuros de alquilo, rapidez relativa de reacciones S_N1, 361
Brønsted, Johannes Nicolaus, 44
Brown, Herbert Charles, 184
Brown, Michael S., 1189
Buckminsterfulereno, 644
Butanodiona, 792
Butenandt, Adolf Friedrich Johann, 1188
1,3-Butadieno, 306, 318-322, 1266-1267
Butil-litio, 469

C

Cadena continua más larga, 78
Cadena de plantilla, 1209
Cadena de sentido, 1209
Cafeína, 448, 732
Cahn, Robert Sidney, 206
Calor de formación, 108
Calor de hidrogenación, 189
Cambio de energía libre de Gibbs, 142-145
  y K_{eq}, 143
Campo arriba, 574
Campo bajo, 574
Campo magnético aplicado, 570
Campo magnético efectivo, 573-574
Campo magnético inducido, 582-583
Características de reacción de los compuestos carbonílicos clase I, 733-736
Caras Re y Si, 826
Carbamato, 1253

Carbaniones, 16
  estabilidad relativa, 397
Carbeno, 183
Carbocatión, 16, 138
  intermediarios, 159, 187
    polimerización catiónica, 1241
    rearreglo, 173
    y reacción de adición, 237-238
  rearreglo, 365, 440
    alqueno, 173-174
    estabilidad relativa, 162, 172, 266, 304, 363, 396
Carbocationes primarios incipientes, 663
Carbohidratos, 978-1016
  catabolismo de, 1149-1152
  clasificación de, 979-980
  en superficies celulares, 1008
Carbohidratos complejos, 980
Carbono,
  electronegatividad relativa, 52, 274
  enlace con hidrógeno, 274-276
  importancia, 3
  orbital sp^3, 31
  sustancias que contienen sólo, 33
Carbono α, 850
  acilación de enamina intermediaria, 867-868
  alquilación de compuestos carbonílicos, 864-867
  alquilación de enamina intermediaria, 867-868
  eliminación de protón, 885
  halogenación de ácidos carboxílicos, 861
  halogenación de cetonas, 859-861
  reacciones en sistemas biológicos, 891-895
Carbono alílico, 128, 303
Carbono anomérico, 993
Carbono bencílico, 303
Carbono carbonílico proquiral, 826
Carbono del grupo carbonilo en mapas de potencial electrostático, 814
Carbono proquiral, 603

Carbono tetraédrico, 30
Carbono trigonal plano, 32
Carbono vinílico, 128
Carbono α electrófilo, 862
Carbono α nucleófilo, 862
Carbono β, 391, 406, 1053
  adición nucleofílica, 830
  alquilación, 869-871
Carbonos ácidos, 852
  valores de pK_a, 851
Carbonos bencenoides policíclicos, 711
Carboxilación de Kolbe-Schmitt, 865
Carboxipeptidsa A, 1055
  estructura tridimensional, 1056
  mecanismo, 1081-1083
Carga formal, 15
Cargas separadas, 296
Carotenoides, 1178
Carothers, Wallace, 1250
Catabolismo
  carbohidratos, 1149-1152
  etapas, 1138-1139
  grasas, 1146-1148
  proteínas, 1153-1154
Catálisis, 171, 748, 1063-1097
  en reacciones biológicas, 1079
Catálisis ácida específica, 1067-1068
Catálisis ácida general, 1067-1068
Catálisis básica, 1069-1070
Catálisis básica específica, 1069-1070
Catálisis básica general, 1070
Catálisis covalente, 1070
Catálisis de transferencia de fase, 462, 951-952
Catálisis electrostática, 1085
Catálisis heterogénea, 188
Catálisis intramolecular, 1076-1079
Catálisis nucleofílica, 1070-1072
Catalizador, 171, 748, 1063
Catalizador de metal de transición, 470
Catalizador de Ziegler-Natta, 1245-1246
Catalizador electrofílico, 1072
Catalizador quiral, 248

Catión alílico, 303
Catión bencilo, 303, 369
Catión ciclopentadienilo, 643
  distribución electrónica, 650
Catión etilo, 162-163
  mapa de potencial electrostático, 162
Catión vinílico, 266
Cationes, 16
  cromatografía de intercambio, 1032
  resina intercambiadora de, 1030
Cech, Thomas, 1210
Celebrex, 1176
Celobiosa, 1001
Celulosa, 1005
Centro asimétrico,
  causa de quiralidad, 203
  y estereocentros, 205
Centro estereogénico. *Véase* Estereocentros
Centros asimétricos en el fósforo, 233-234
  Ataque nucleofílico a, 669-670, 1142
Ceras, 1165
Cerebrósidos, 1173
Cetales, 816
Cetoéster, 853, 879
Cetona, 269, 272-723, 765, 788, 871
  a partir de alcoholes, 445
  adición nucleofílica, 830
  condensación, 878
  fragmentación, 525-526
  halogenación de carbono α, 859-861
  hidrógenos α, 853
  nomenclatura, 791-793
  oxidación, 917, 919-921
  reacción con agua, 814-816
  reacción con alcoholes, 816-818
  reacción con aminas, 806-813
  reacción con cianuro de hidrógeno, 805-806
  reacción con ion hidruro, 800-801
  reacciones de caracterización, 795
  reducción, 917
  síntesis, A15

Cetosas, 980
    configuración, 983-984
    formas cíclicas, 994
    oxidación, 986
    reducción, 986
Cetosis, 789
Chain, Ernest B., 732
Chargaff, Erwin, 1204-1205
Chocolate
    antioxidantes, 1172
    salud alimenticia, 1172
Cianohidrinas, 805
Cianuro de hidrógeno, 805-806
Ciclación de monosacáridos, 993
Ciclamato de sodio, 1010-1011
Cicloalcanos,
    cálculo de la energía de deformación, 108
    calores de formación, 109
    deformación del anillo, 104-105
    descripción, 82
    nomenclatura, 82-84
Ciclobutadieno, 643, 650
Ciclobutano, 82, 106
Ciclohexano, 82, 287
    conformaciones, 107
    espectro de RMN-^{1}H, 605
    estructura, 107, 109
Ciclohexanos sustituidos,
    eliminación, 408-411
    reacción E1, 410
    reacción E2, 408-409
Ciclohexatrieno, 641-642
Ciclohexeno, 127, 641
    configuración, 239
    espectro de IR, 542
Ciclooctatetraeno, 643
Ciclocteno, configuración, 239
Ciclopentadieno, 643
    pK_a, 647
Ciclopropano, 82, 105, 500
Ciencia de materiales, 1233
Ciencia forense y espectrometría de masas, 526
Cimetidina (Tagamet), 1306
Cinética, 141-151, 346
Cinéticamente inestable, 148

Cisteína, 1020
Citarabina (Cytosar), 1316
Citocromo P$_{450}$, 459
Citosina, 967, 1128
Claisen, Ludwig, 876
Clemmensen, E. G., 664
Cloración, 655
    alcanos, 483-485
    comparada con bromación, 490
    mecanismos, 656
Cloro, 9, 39
    y alquinos, 268
    y dienos, 318, 324
    y reacciones de sustitución por radicales en alcanos, 483-495
Clorocromato de piridinio (PCC), 446
Clorofila, 554, 968
Clorofluorocarbonos (CFC), 505-506
Clorpromazina (Thorazina), 1307
Cloruro de acetilo (cloruro de etanoílo), 739
Cloruro de aluminio, 64
Cloruro de bencendiazonio, 699
Cloruro de polivinilo, 1237
Cloruro de sodio, 9, 10
Cloruro de tionilo, 434
Cloruros de acilo, 723
CoASH, 1113
Cocaína, 1298
    rotación específica, 214
Codeína, 1299
    rotación específica, 214
Código genético, 1212-1213
Codones, 1212
Codones de paro, 1213
Coeficiente de distribución de medicamento, 1312
Coenzima, 1098
    mecanismos orgánicos, 1098-1136
Coenzima A (CoASH), 1113
Coenzima B$_{12}$, 1124-1126
Coenzimas de nucleótidos flavina, 1107-1110
Cofactores, 1098

Colágeno, enlaces cruzados, 892
Colesterol, 83, 137, 1187-1188
    enfermedades cardiacas, 1189
    rotación específica, 214
    síntesis, 1190-1191
Colisiones y reacciones químicas, 148
Combinación constructiva, 24
Combinación destructiva, 24
Combinación lineal de orbitales atómicos (LCAO), 307, 1265-1266
Combustibles fósiles, 481-482
Combustión, 483
Comparación de control de reacciones termodinámicas y cinéticas, 321-326
Complejo corona-huésped, 460
Complejo de Meisenheimer, 708
Complejo pi, 267
Compuesto de inclusión, 460-461
Compuesto intermediario, 153
Compuesto iónico, 10
Compuesto N-nitroso, 705
Compuesto organometálico, 465-469
Compuesto protonado, 48
Compuesto quiral, 212-213
Compuestos alifáticos, 640
Compuestos aromáticos heterocíclicos, 646
Compuestos aromáticos, 310, 640
    estabilidad, 640-642
Compuestos bicíclicos, 321
Compuestos carbonílicos, 722-787, 850-906
    adición, 817
    adiciones catalizadas por enzima, 835
    alquilación de carbono α, 864-867
    descripción, 722
    propiedades físicas, 730-731
    puntos de ebullición, 730
    reacción de caracterización, 733-736
    reacciones con iones acetiluro, 800

reacciones con iones hidruro, 800-801
reacciones con reactivos de Grignard, 796
reactividad relativa, 793-795
Compuestos de organolitio, 466
Compuestos de plomo, 1297
Compuestos heterocíclicos, 943-974, 1102
  aromáticos, 646
Compuestos meso, 221-225
Compuestos organomagnesianos, 466
Compuestos para sobrevivencia, 345
Concentraciones de glucosa sanguínea, 988
Condensación aldólica, 873
Condensación aldólica biológica, 892
Condensación benzoínica, 905
Condensación de Claisen, 876-878, 892-893, 1181
  intermolecular, 880
  mixta, 878-879
Condensación de Claisen biológica, 892-893
Condensación de Claisen intramolecular, 880
Condensación de Claisen mixta, 878-879
Condensación de Dieckmann, 880, 890
Condensación de Knoevenagel, 901
Condensación de Perkin, 900
Condiciones $S_N1/E1$, 416-417
Condiciones $S_N2/E2$, 413-415
Configuración absoluta, 229
  gliceraldehído, 230-232
Configuración del *trans*-ciclooctano, 239
Configuración electrónica de estado excitado, 6
Configuración electrónica de estado fundamental, 6
Configuración endo, 321
Configuración exo, 321
Configuración *R*, 206-211
Configuración relativa, 229-230

Configuración *S*, 206-211
Configuración *Z*, 133
Configuraciones de D-Aldohexosa, 982
Conformación, 101, 103
Conformación anti, 103
Conformación de bote, 109, 223
Conformación de media silla, 110
Conformación eclipsada, 101
Conformación enrollada, 1054
Conformación espiral, 1054
Conformación gauche, 111
Conformación *s-cis*, 321
Conformación *s-trans*, 321
Confórmero de bote torcido, 110
Confórmeros de ciclohexanos disustituidos, 113-117
Confórmeros de silla, 107, 223
  metilciclohexano, 111
Confórmero escalonado, 101, 223
"Chardonnet, seda", 1233
Confórmeros del butano, 102-104
Conforth, Sir John, 246
Conrotatorio, 1271, 1287
Conservación de la simetría orbital, 1264
Conservadores de alimentos, 504
Constante de acoplamiento (*J*), 597-598
Constante de disociación de ácido (K_a), 45
Constante de equilibrio 45
  en función de cambio de energía libre de Gibbs, 143
Constante de Planck, 529, 571
Constante de rapidez de primer orden, 149
Constante de rapidez de segundo orden, 149
Constante dieléctrica, 375-376
Constantes de rapidez, 149, 347
  mecanismo de reacción, A10
Contenido de alcohol en la sangre, 447
Continuo de tipos de enlace, 12
Contracción de anillo, 444

Control cinético, 323
Control de reacciones, termodinámico o cinético, 321-326
Control del equilibrio, 323
Control termodinámico, 323
Conversión de alcoholes en sulfonatos de alquilo, 435-438
Copolímero aleatorio, 1248
Copolímero alternante, 1248
Copolímero de bloque, 1248
Copolímero de injerto, 1248
Copolímeros, 1248
Corey, Elias James, 278
Cortisona, 1162, 1188
Crafts, James Mason, 660
Cram, Donald J., 461
Crick, Francis, 1197, 1199, 1203
Criseno, 711
Cristalitos, 1254
Cromatografía de intercambio iónico, 1030-1031
Cromatografía en capa fina, 1029-1030
  tioésteres, 770
  tioéteres, 463
Cromatografía, 233
  intercambio de cationes, 1032
Cromatografía en papel, 1029-1030
Cromatograma, 1031
Cromóforo, 550
Crutzen, Paul, 505-506
Cuarteto, 586
Curl, Robert R., 644
Curvas de distribución de Boltzmann, 149

D

Dacrón, 774
Dactiloscopia del ácido desoxirribonucleico (ADN), 1221
D-aminoácido, 1023, 1109
Darvon, 1300
De Broglie (duque de), Louis Victor Pierre Raymond, 5

De Chardonnet, Louis, 1233
Debye (D), 13
Debye, Peter, 13
Decano,
    modelo, 104
    nomenclatura y propiedades físicas, 72
    Deducciones de las leyes de rapidez, A10-A12
Deficiencia de niacina, 1102
Definiciones de Lewis,
    ácidos y bases, 44
Degradación de Hoffmann, 952
Degradación de Wohl, 990
D-eritrosa, 982
Desaminación, 1217
Descarboxilación biológica, 894-895
Descarboxilación de ácidos 3-oxocarboxílicos, 884-886
Descarboxilación, 884, 894-895
    ácidos 3-oxocarboxílicos, 884-886
    catalizada por PLP, 1117
    mecanismo, 1119
Desconexión, 827
Deshidratación, 438-445
    de alcohol protonado, diagrama de coordenada de reacción, 439
    facilidad relativa, 440
    β-hidroxialdehídos, 873
    β-hidroxicetonas, 873
Deshidratación de hidroxialdehídos, 873
Deshidratación de hidroxicetonas, 873
Deshidratación de β-hidroxialdehídos, 873
Deshidratación de β-hidroxicetonas, 873
Deshidratación E1, 438, 442
Deshidrataciones biológicas, 443
Deshidrogenación, 391
Deshidrogenasa, 1103, 1146
Deshidrohalogenación E1, 442
Deshidrohalogenación E2, 391, 396
Desintegración catalítica, 482
Desnaturalización, 1058
Desoxiazúcar, 1006

Desoxigenación, 813
Desoxirribonucleótidos, 1201
Desplazamiento 1,2 de alquilo, 187
Desplazamiento 1,2 de hidruro, 173-174
Desplazamiento 1,2 de metilo, 173-174, 400
Desplazamiento químico, 609
    protones metílicos, 587-588
    señales de RMN, 577-578
    señales en RMN-^{13}C, 611
    valores característicos, 579-581
Desplazamientos químicos, A20
Desulfonación, 659
Detector quiral, 233
Detergentes, 754-756
Determinación de producto con reactivos sustituidos asimétricamente, 329-330
Deuterio, 135
    efecto isotópico cinético, 412
    espectro de RMN-^{1}H, 607-608
Dewar, Sir James, 290
D-fructosa, 978-979
D-galactosa, 983
D-gliceraldehído, 1023
D-glucosa, 978-979
Diagramas de coordenada de reacción, 141-142, 152-154, 453, 735, 1064
Diagramas de partición, 600-601
Diamante, 33
Diastereómeros, 217, 237, 983
    procedimiento para dibujarlos, 220
Diborano, 185
Dibromuro vecinal, 420
Dicarbonato de di-*terc*-butilo, 1041
Dicetona, 853, 881, 889
Diclorohexilcarbodiimida, 1041
Dicloruro vecinal, 176-177, 420
Dicromato de sodio, 445
Dideoxi, método, 1218
Dieckmann, Walter, 880
Diels, Otto Paul Hermann, 326
Diels-Alder, reacción de, 326-334, 1276

    descripción con orbital molecular, 328-329
    estereoquímica, 332-333
Dieno
    conformación, 330
    estabilidad, 301
    halogenación, 320, 324
    polimerización, 1246
Dieno aislado, 301
    reacciones, 317-320
Dienófilo, 326
Dienófilo *cis* y productos *cis*, 333
Dienófilo *trans* y productos *trans*, 333
Dienos conjugados, 301, 317, 326
    adición a, 318-320
Diferencia de electronegatividad, 12
Difosfato de adenosina (ADP), 1201
Digital, 1297
Dihaluro geminal, 267, 420
Dihidrolipoato, 1108
Dihidrolipoíl deshidrogenasa, 1108
Diisobutil aluminio (DIBAL-H), hidruro de, 802, 915
Diisopropilamiduro de litio (LDA), 863-864
Dímero, 185
Dímeros de timina, 1285
Dimetilformamida (DMF), 355
Dimetilo, sulfóxido de (DMSO), 355
Dinucleótido de flavina adenina (FAD), 1107-1110
Dinucleótido de nicotinamida adenina (NAD), 1101-1102
Dinucleótido, 1202
Dioles vecinales, 923
1,4-Dioxano, 944
Dipéptido, 1018, 1040
    éster metílico, 1039
Dipolo, 12
Dipolo de enlace,
    magnitud y dirección, 43
    momentos, 95, 132
Dirac, Paul, 5
Directores *meta*, 688, 696-697
Directores *orto-para*, 687
Disacáridos, 980, 1000-1003
Diseño de sustrato suicida, 1311

Diseño racional de medicamentos, 1315
Disiamilborano, 271
Disminución de distorsión por polarización (DEPT). *Véase* Espectros de RMN-^{13}C DEPT
Dismutación, 1236
Disolución amortiguadora (*buffer*), 63-64
Disolución de metal, reducción, 913-914
Disolvente aprótico, 376
Disolvente no polar, 99, 355
Disolvente polar, 98, 375
Disolvente polar aprótico, 354-355
Disolvente prótico, 354, 376
Disolventes,
   constantes dieléctricas, 376
   efecto de la polaridad, 378
   éteres, 450
   influencia sobre la nucleofilia, 355
   influencia sobre la rapidez de reacción, 377
   influencia sobre reacciones S_N1, 378
   influencia sobre reacciones S_N2, 378-379
Disrotatorio, 1271
Distancia internuclear, 23
División de señal, 588
D-Mannosa, 983
Doble hélice, 1205
   ADN, 1206
Doblete, 586
Doblete de dobletes, 601
Domagk, Gerhard, 1301
Donación de electrones por resonancia, 313, 315, 682
Donohue, Jerry, 1205
Dowd, Paul, 1132
Dowex 50, 1030
D-Treosa, 982
Du Vigneaud, Vincent, 1039
Dulcina, 1010-1011

Dumas, Jean-Baptiste-André, 992
Duque de Broglie, Louis Victor Pierre Raymond, 5

E

E2, deshidratación, 441
Ebullición, puntos de, 94-97, 263, 730
Ecuación de Arrhenius, 150
Ecuación de Henderson-Hasselbalch, 60, 62, 556, 1025, 1027
   deducción, 60
   disolución reguladora, 63
Ecuación de onda, 5
Ecuación de Schrödinger, 5
Efecto anomérico, 999
Efecto de dialquilo geminal, 1076
Efecto de proximidad, 325
Efecto isotópico cinético, 412
Efecto Thorpe-Ingold, 1076
Efectos de solvatación, 376
Efectos estéricos, 186, 349, 356
Efedrina, 448, 677
Ehrlich, Paul, 1300
Eijkman, Christiaan, 1100
Einstein, Albert, 5, 6
Elastasa, 1084
Elastómeros, 1256
Electrófilo, 137
Electroforesis, 1028
Electronegatividad relativa, 52
   átomos de carbono, 52, 274
Electronegativo, 9, 11, 466
   elementos, 11
Electrones de no enlace, 15
Electrones de valencia, 8
Electrones deslocalizados, 57-58, 287
   benceno, 288-290
   efecto sobre la estabilidad, 301-305
   efecto sobre pK_a, 312-315
   influencia sobre el producto de reacción, 316-321
Electrones internos, 8
Electrones localizados, 57, 287

Electrones π cíclicos, nube de, 642
Electrones pi, 642
Electrónico,
   arreglo, 5-8
   atracción, 312, 536-543, 683
   bombardeo, 513
   compartidos, 10
   configuraciones, 7
   densidad en enlaces dobles carbono-carbono, 327
   deslocalización, 57, 292, 298-300, 498, 1237
   distribución, 5
   donación por hiperconjugación, 682
   nube, 4
      anión ciclopentadienilo, 650
      benceno, 650
      catión ciclopentadienilo, 650
      ciclobutadieno, 650
   propiedades, 5
   repulsión, 27
   transferencia, 9
Electropositivo, 9
Eliminación anti, 404
Eliminación anti-Zaitsev, 949
Eliminación bimolecular (E2). *Véase* Reacción E2,
Eliminación sin, 404
Eliminación unimolecular (E1). *Véase* Reacción E1,
Empaquetamiento, 98
Enamina, 807, 809
   formación, 810
Enantioméricamente puro, 215
Enantiómero, 204, 222
   configuración *R*, 208
   dibujo de, 205, 220
   diferenciación por parte de las moléculas biológicas, 247-250
   nomenclatura con el sistema *R,S*, 206
   pares reconocedores, 210
   separación, 232-233
   trazado con la configuración deseada, 211

Enantiómeros eritro, 217
　fórmulas en perspectiva, 238
　proyecciones de Fischer, 238
Enantiómeros treo, 217, 239
Endonucleasas de restricción, 1218
Endopeptidasa, 1049
Energía de activación experimental, 151
Energía de deslocalización, 298-300, 312
Energía de disociación de enlace, 23, 145-146
Energía de tensión, 108
Energía libre de activación, 147, 151
Energía potencial del butano, 104
Enfermedad de Lou Gehrig, 1023
Enlace carbono-hidrógeno, 12, 34
　absorción en el IR, 541
　ángulos, longitudes y fuerzas de enlace, 41
　bandas de absorción, 540-542
　vibración de estiramiento, 541
　vibración de flexión, 541
　vibraciones de flexión, 543
Enlace covalente no polar, 11-12
Enlace doble carbono-carbono, 124
　densidad electrónica, 327
　rotación, 130
Enlace glicosídico, 1198
　identificación, 998
Enlace glicosídico, 997
Enlace iónico, 8-10, 12
Enlace pi, 26
Enlace sencillo carbono-carbono, longitud y orbitales usados, 302
Enlace triple, 34
Enlace triple carbono-carbono, 258
Enlace y estructura electrónica, 2-67
Enlace β-1,4-glicosídico, 1001, 1005
Enlace(s), 9 (*Véase también* el tipo específico)
Enlace(s), 9 (*Véase también* el tipo específico) fuerza, 23
Enlace(s), 9 (*Véase también* el tipo específico) tipo, 535

vibración de estiramiento en IR, 534
Enlaces 1,4-glicosídicos, 1000, 1005
Enlaces axiales, 107-108
Enlaces banana, 105
Enlaces carbono-carbono,
　ángulos, longitudes y fuerzas, 41
　formación, A17
　momentos dipolares, 13
　rotación, 101-104
Enlaces covalentes polares, 11-14
Enlaces covalentes, 8-10, 23
Enlaces de fosfoanhídrido, 769, 1140
　carácter de alta energía, 1144-1145
Enlaces disulfuro, 1037
　reducción, 910
Enlaces dobles, 17, 32, 302
Enlaces dobles acumulados, 302
Enlaces dobles aislados, 301
Enlaces dobles conjugados, 301, 318
Enlaces ecuatoriales, 107-108
Enlaces oxígeno-hidrógeno, 12
　bandas de absorción, 540
Enlaces sencillos, 31
Enlaces sigma, 23
Enlaces α-1,4-glicosídicos, 1000, 1005
Enlaces peptídicos, 295, 1035-1037
　ruptura por bromuro de cianógeno, 1050-1051
　síntesis,
　　automática, 1043
　　estrategia, 1040-1041
Enlazamiento cruzado, 1247
Enodino, 259
Enolasa, 443
Enoles,
　reacción característica, 857
　tautómero, 269, 855-856
Enolización, 856-857
Entalpia, 144-145
Entropía, 144
Enzima, 246-248, 1079
Enzima oxidante, 1106
Enzima reductora, 1106
Epimerización, 984-985
Epímeros, 983

Epoxidación de un alqueno, 182
Epóxido de vitamina K, 1133
Epóxidos, 182, 240
　reacciones de sustitución nucleofílica, 452-455
Equivalencia química de los hidrógenos diastereotrópicos, 603-604
Equivalente sintético, 827
Ergosterol deshidrocolesterol, 1286
Eritrosa, 982
Ernst, Richard R., 573
Esclerosis lateral amiotrófica, 1023
Esclerosis múltiple de capa de mielina, 1173
Escualeno, 1178, 1185
Esfingolípidos, 1172-1173
Esfingomielinas, 1173
Especificidad de ruptura de péptido, 1049
Espectro COSY, 617
Espectro de IR del,
　1-hexanol, 538
　2-ciclohexenona, 536
　2-pentanol, 533
　2-pentanona, 536
　3-pentanol, 533
　4-hidroxi-4-metil-2-pentanona, 531
　ácido pentanoico, 539
　butanoato de etilo, 537
　ciclohexeno, 542
　éter dietílico, 544
　etilbenceno, 542
　isopentilamina, 543
　metilciclohexano, 541
　N,N-dimetilpropanamida, 538
　pentanal, 543
Espectro de masas, 515-518
　de 1-bromopropano, 521
　de 1-metoxibutano, 523
　de 2-cloropropano, 521
　de 2-hexanol, 524
　de 2-isopropoxibutano, 522
　de 2-metilbutano, 517
　de 2-metoxi-2-metilpropano, 524
　de 2-metoxibutano, 524

de pentano, 515
definición, 515
Espectro de RMN-^{13}C acoplado a protón, 612
Espectro de RMN-^{13}C
 del 2,2-dimetilbutano, 613
 del 2-butanol, 611-612
 del citronelal, 616
Espectro de RMN-^{1}H del
 1-bromo-2,2-dimetilpropano, 577, 584
 3-bromo-1-propeno, 593
 butanoato de isopropilo, 592
 1-cloro-3-yodopropano, 602
 1,3-dibromopropano, 591
 1,1-dicloroetano, 586
 etanol con trazas de ácido, 606
 etanol puro, 606
 etilbenceno, 594
 nitrobenceno, 594
 2-propen-1-ol, 629
 resolución, 608
 2-sec-butilfenol, 608
Espectro electromagnético, 528-530
Espectro y color visibles, 554
Espectrometría de masas, 513-528
Espectrometría de masas de alta resolución, 520
Espectrómetro de IR con transformada de Fourier (FT-IR), 532
Espectros de correlación heteronuclear (espectros HETCOR). Véase Espectros HETCOR
Espectros de RMN-^{13}C DEPT, 616
Espectros HETCOR, 618-619
Espectroscopia, 528-530
Espectroscopia con efecto nuclear de Overhauser (NOESY), 619
Espectroscopia con efecto Overhauser y marco en rotación, 619
Espectroscopia de correlación de desplazamiento ^{1}H-^{1}H (COSY). Véase Espectro COSY

Espectroscopia de RMN bidimensional, 616-619
Espectroscopia de RMN-^{13}C, 610-616
 evaluación de estructura química, 614
Espectroscopia de RMN-^{31}P, 620
Espectroscopia de ultravioleta/visible (UV/Vis), 513, 549-555
Espectroscopia del visible, 549-550, 555
Espectroscopia en infrarrojo, 530-534
 definición, 513
 interpretación, 546-549
Espiral aleatoria, 1058
Estabilidad cinética, 148
Estabilidad relativa, 52
 alquenos, 188-192
 carbocationes, 162, 304, 396
 haluros, 53
 radicales alilo, 485
 radicales, 498
Estabilidad relativa de los radicales alquilo, 485
Estabilidad termodinámica, 148
Estado de espín α, 570
Estado de transición, 141
Estanano, 471
 y haluro de arilo, 665
Éster, 723, 727
 con ion hidróxido, 802
 con reactivo de Grignard, 798
 condensación, 878
 hidrógenos α, 853
 hidrólisis, 747, 749-750
 nomenclatura, 726-727
 propiedades físicas, A6
 reacciones, 743-746
Éster de Hagemann, 905
Estereocentros, 205
Estereoespecífico, 235
Estereoisómeros, 200, 217, 234
Estereoquímica, 200-257
Estereoquímica de E2, 406
Estereoselectivo, 234
Ésteres de alta masa molecular, 1165
Esterificación, 757
Esterificación de Fischer, 757

Esteroide(s),
 rearreglo químico, 1186-1187
 sistema de anillos, 1187
Estiramiento, 530
Estiramiento asimétrico, 531
Estiramiento simétrico, 531
Estructura cuaternaria de proteína, 1046
Estructura primaria,
 ácido nucleico, 1203
 proteína, 1045-1046
Estructura secundaria de proteínas, 1045-1046, 1052-1055
Estructura terciaria de las proteínas, 1046
Estructuras condensadas, 19, 72
Estructuras de esqueleto carbonado, 82-83
Estructuras de Kekulé, 18-19, 72
 benceno, 289
Estructuras de Lewis, 15
Estructuras E-Z, 136
Estructuras resonantes, 57, 291-293, 1036, 1111
 trazado, 293-296
 reglas, 293-294
 estabilidad calculada, 296-298
Etano. Véase también Etileno,
 ángulos de enlace, 31, 41
 energía potencial de las conformaciones, 102
 enlaces, 30-31
 figura de orbitales, 31
 fuerza y longitud de enlace, 41
 monobromación, 485
 propiedades físicas, 72
 puntos de ebullición, 263
 valor de pK_a, 274
Etanol, 87
 valor de pK_a, 312
Eteno, 124, 127, 137
 ángulos, longitudes y fuerzas de enlaces, 41
 distribución de los electrones, 306
 enlaces, 32-33
 puntos de ebullición, 263
 valor de pK_a, 274
Éter(es), 75, 451

disolventes, 450
estructuras, 93
fragmentación, 522-523
nomenclatura, 86, 91
propiedades físicas, 94-101, A2
puntos de ebullición, 95
reacciones de sustitución nucleofílica, 449-452
ruptura, 449
síntesis, 419
solubilidad en agua, 100
Éteres corona, 460-462
Etino, 260
enlaces, 34
puntos de ebullición, 263
valor de pK_a, 274
Evaluación aleatoria, 1300-1302
Evaluación aleatroria (o ciega), 1300
Exceso enantiomérico, 215-216
Exón, 1209
Exopeptidasa, 1048

F

Fahlberg, Constantine, 1010
Faraday, Michael, 640
Fenantreno, 644, 711
Fenilcetonuria (PKU), 1155
Fenilhidantoína (PTH), 1047
Fenil-litio, 465, 467
Fenol, 313, 553, 865
Fischer, Emil, 205, 990-991
Flechas curvas, 48, 137-141
Fleming, Alexander, 732
Flexión simétrica en el plano (oscilación), 531
Flexión simétrica en el plano (tijeras), 531
Flexión simétrica fuera del plano (balanceo), 531
Flexión simétrica fuera del plano (torsión), 531
Flores, Paul B., 1131
Florey, Howard W., 732
5-Fluoroacilo (5-FU), 1130

Forma resonante, 291
Formación de acetal o cetal catalizada por ácido, 817
Formación de cetal, 1013
  mecanismo, 817
Formación de enlace suprafacial, 1276
Formación de glicol *cis*, 924
Formación de glicósido, 997-999
Formación de hidrato catalizada por ácido, 814-816
Formaldehído, 788, 790, 1255
  en agua, 815
Formalina, 815
Fórmulas en perspectiva, 28, 101, 227-228
Fórmulas moleculares de alquenos, 125-126
Fosfato de acilo, 769, 1142
Fosfato de dinucleótido de nicotinamida adenina (NADP), 1101-1102
6-Fosfato de glucosa isomerasa, 1091-1092
Fosfato de isopentenilo, 1181-1184
  biosíntesis, 1180-1181
Fosfato de piridoxal (PLP), 1117-1118
  carboxilación catalizada de aminoácido, 1119
  racemización catalizada de un L-aminoácido, 1121
  ruptura catalizada de enlace carbono-carbono 1122
  transaminación catalizada de aminoácido, 1120
Fosfoacilgliceroles, 1170
Fosfodiéster, 1198
Fosfoglicéridos, 1170
Fosfolípidos, 1170-1173
Fosfomonoéster, 1198
Fosforilación oxidativa, 1139, 1158-1159
Fosfotriéster, 1198
Fosgeno, 774
Fragmentación, 515-518

alcoholes, 524-525
cetonas, 525-526
éteres, 522-523
haluros de alquilo, 520-521
Fragmentos de restricción, 1218
Franklin, Rosalind, 1199
Frecuencia, 529
Frecuencia de operación, 571
Friedel, Charles, 660
Ftalimida, 763
Ftalimida de potasio, 1033
Fuerza ácida relativa, 52, 275
  determinación de acuerdo con la estructura, 56-58
  haluros de hidrógeno, 53
Fuerzas de van der Waals, 94
Fukui, Kenichi, 1264-1265
Fumarasa, 246, 443
Fumarato, 246, 443, 1154
Funciones de onda, 5
Funk, Casimir, 1100
Furano, 646, 955
  estructura de los orbitales, 646, 955
Furanosa, 994, 998
Furanósido, 997

G

Galactosemia, 1002
Gas mostaza, 464
Gas natural, 482
Gasolina, 482
Geiling, Eugene, 1302
Gen, 1207-1208
Genoma humano, 1207-1208
Gibbs, Josiah Willard, 143
Gilbert, Walter, 1218
Gilman, Henry, 469
Gliceraldehído, 231, 980, 1023
  configuración absoluta, 230-232
Glicerina, 754
Glicol, 923-924
Glicoles vecinales, 923
Glicólisis, 891, 1149-1150
Glicoproteínas, 1008-1010

Glicósido, 998
Glifosfato, 1222
Glóbulos rojos,
  normales y falciformes, 1216
Glucógeno, 1004
Gluconeogénesis, 891
Glucosa, 978-979, 995-997
  conversión a piruvato, 1149
  estereoquímica, 990-992
Glucosa/dextrosa, 992
Glutatión, 1039-1040
Goldstein, Joseph Leonard, 1189
Goodyear, Charles, 1247
Gráficas de superficie, 617
Gramicidina S, 1024
Grasas, 754, 1165-1169
  catabolismo, 1146-1148
  reacción con radicales, 503
Grasas *trans*, 190
Grignard, Francis Auguste Victor, 466
Grupo acilo, 722
Grupo alilo, 129, 260
Grupo arilo, 685
Grupo bencilo, 652
Grupo butilo, 74
Grupo carbonilo, 269, 722
Grupo etilo, 74
  patrón de desdoblamiento, 609
Grupo fenilo, 652
Grupo funcional, 87-88, A13-A16
  interconversión, 932-933
  prioridades, 262, 793
Grupo metileno, 72
Grupo propargilo, 260
Grupo protector, 819-821
Grupo vinilo, 129
Grupos metilo angulares, 1187
Grupos peptídicos y puentes de
  hidrógeno, 1053
Grupos salientes, 44, 345, 358
  y reactivos metilantes biológicos, 382-383
Guerra química, agente, 464
  antídotos para, 464
Gutapercha, 1246

H

Haloalcanos. *Véase* Haluros de
  alquilo
Halogenación, 654, 681
  alquenos, 483-199
  ácidos carboxílicos, 861
  aldehídos, 859-861
  cetonas, 859-861
  alquinos, 266-268
  benceno, 655-657
  carbono α de alquenos, 175-179
  dieno, 320, 324
  promovida por base, 859-860
Halogenación activada por base, 859-860
Halogenación catalizada por ácido, 859-860
Halohidrinas, 177-179
Haluros alílicos, 368
Haluros de acilo,
  nomenclatura, 726
  reacciones, 739-741, 801
Haluros de alquilo, 75, 138, 345
  características de reacción, 346
  conversión de alcoholes en, 434-435
  deshidrohalogenación E1, 442
  fragmentación, 520-521
  nomenclatura, 85, 91
  predicción de la reactividad, 370
  propiedades físicas, 94-101, A3
  puntos de ebullición, 97
  reacción S_N1, 402
    mecanismo de la, 362
    reactividad relativa, 363, 365
  reacción S_N2, 402
    mecanismo de la, 348
    reacciones de sustitución, 344-388
    reactividad relativa, 349, 352
    solvólisis, 372
  reacciones de eliminación, 389-428
    reactividad relativa, 414
    reactividad relativa en reacciones E1, 400
  reactividad relativa en reacciones E2, 391, 393
Haluros de arilo, 369
  con estanano, 665
  con organoborano, 665
Haluros de bencilo, 368
Haluros vinílicos, 369
Hammond, George Simms, 164
Haworth, Walter Norman, 410, 993
Hebra antisentido, 1209
Hebra de información, 1209
Hélice α, 1053
Hemicetal, 816
Hemiacetales, 816
  y monosacáridos, 992-995
Hemiacetales y monosacáridos
  cíclicos, 992-995
Hemoglobina, 968, 1057
Hertz (Hz), 529
Heteroátomo, 646, 944
Heterociclos, 944
  anillo aromático de cinco
    miembros, 955-960
  anillo aromático de seis miembros, 960-966
Heterociclos aromáticos de cinco
  miembros, 955-960
Heterociclos aromáticos de seis
  miembros, 960-966
Heterólisis, 483
Hexoquinasa, 1080-1081
Hexosa, 980
Hibridación, 29-30, 40
Hibridación carbono-oxígeno-
  nitrógeno, 40
Hidratación catalizada por ion
  mercúrico, 270
Hidratación, 170
Hidratos, 918
Hidrazona, 811
Hidroboración-oxidación, 184-188, 272
  estereoquímica, 241
Hidrocarburo precursor, 78
Hidrocarburos, 71
  fórmula molecular general, 125
  puntos de ebullición, 263

Hidrocarburos muy tensionados, 105
Hidrocarburos no saturados, 126
   propiedades físicas, 263
Hidrocarburos saturados, 126, 481
Hidrogenación catalítica, 188-189, 911
Hidrogenación/catalizador de Lindlar, 272
Hidrógeno, 135
   átomo, 10
   enlace, 23, 274-276
      entre grupos peptídicos, 1053
   migración, 1282-1283
   orbitales atómicos, 24
Hidrógeno de metino, 580
Hidrógeno pro-R, 603
Hidrógeno pro-S, 603
Hidrógenos alílicos, sustitución con radicales, 497
Hidrógenos eclipsados, 105
Hidrógenos mástil (hidrógenos en posición axial en la conformación de bote del ciclohexano), 109
Hidrógenos α, 850
   acidez, 851-854
Hidrólisis,
   amidas, 760-763
   anhídridos de ácido, 742
   cloruros de acilo, 740
   ésteres, 747-754
   imida, 763-764
   nitrilos, 764-765
Hidrólisis de amidas catalizada por ácido, 761-763
Hidrólisis de ésteres catalizada por ácido, 746-750, 1066
Hidrólisis de ésteres favorecida por el ion hidróxido, 751-752
Hidrólisis de imida, 763-764
Hidrólisis de nitrilos catalizada por ácido, 764-765
Hidrólisis del anillo de lactama, 1308
Hidrólisis parcial, 1048
Hidróxidos de amonio cuaternario, 947-950

Hidroxilación de alquenos, 923-924
Hidroxilamina, 812
Hiperconjugación, 102, 162-263, 264, 682, 689
Histamina, 1304
Hodkin, Dorothy Crowfoot, 1124
Hoffmann, Roald, 1264
Holley, Robert, 1212-1213
Holoenzima, 1099
Homólisis, 483
Homólogos, 72
Homopolímeros, 1248-1249
Hooke, Robert, 535
Hopkins, Frederick G., 1100
Hormonas, 1162, 1186-1187
Horquilla de replicación, 1208
Hückel, Erich, 642
Hughes, Edward Davies, 347
Hule,
   fabricación, 1246
   rigidez, 1247
Hund, Friedrich Hermann, 8
Hyatt, John Wesley, 1233

I

Ibuprofeno, 1176, 1297
Ictericia, 968
Iluro, 823-824, 1111
Iluro de fosfonio, 822
Iluro de sulfonio, 845
Imagen especular sobreponible, 204
Imagen por resonancia magnética (IMR), 619-620
Imágenes especulares no sobreponibles, 202, 204
Imidazol, 647, 966-967, 1022
   estructura de orbitales, 966
Imina, 806
Impedimento estérico, 186, 349
Impedimento estérico (tensión estérica), 103, 109
Impulsos nerviosos, 771
Índice terapéutico, 1311

Indol, 647, 960, 1022
Ingeniería genética, 1221-1222
Ingesta diaria admisible, 1011
Ingold, Sir Christopher, 206, 347
Inhibidor basado en mecanismo, 1130
Inhibidor suicida, 1130
Inhibidores competitivos, 1130
Inhibidores de potencia, 1313
Insaturación,
   alquenos, 125-126
Insecticidas, 771
Integración, 584-585
Interacción gauche, 103
Interacción ion-dipolo, 355
Interacciones de apilamiento, 1205
Interacciones diaxiales 1,3, 111
Interacciones dipolo inducido-dipolo inducido, 94
Interacciones dipolo-dipolo, 95-96
Interacciones hidrofóbicas, 755
Intercambio de protones catalizado por ácido, 606-607
Intercambio iónico, resina, 1031
Interconversión ceto-enólica, 856
   catalizada por ácido, 856-857
Interconversión *cis-trans* catalizada por enzima, 835
Interconversión *cis-trans* en la visión, 132
Interconversión de anillo, 109
Interconversión silla-silla, 605
Intermediario acilo-enzima, 1085
Intermediario común, 323
Intermediario tetraédrico, 733
Intrón, 1209
Inversión de la configuración, 351, 366
Ion alcóxido, 418
Ion amonio, 945
   enlace, 38-39
Ion bromonio cíclico, 159, 176-177, 242
Ion bromonio, 159, 176-177, 242
Ion cianuro, 805

Ion diazonio a partir de anilina, 705
Ion enolato,
  alquilado, 864
  diisopropilamiduro de litio (LDA), 863-864
  reacción característica, 857
Ion enolato cinético, 865
Ion fenolato, 313, 553
Ion metálico, 1072, 1098
  catálisis, 1072-1074
Ion molecular, 513
Ion nitronio, 658
Ion oxocarbenio, 998
Ion yoduro, 354
  reacción catalizada, 1071
Iones acetiluro, 274, 276-277, 800
Iones haluro,
  basicidad relativa, 352
  estabilidad relativa, 53
Iones hidruro, 10, 800-805, 916-919
Isómero *cis*, 113, 201
Isómero *E*, 133-135
Isómero geométrico, 113. *Véase también* Isómero *cis*, Isómero *trans*
Isómero *meta*, 687
Isómero *orto*, 687
Isómero *para*, 687
Isómero *trans*, 113, 201
Isómero *Z*, 133-135
Isómeros, 200-201
  con dos enlaces dobles, 136
  con más de un centro asimétrico, 216-220
  con un centro asimétrico, 204
  dibujo de, 136
  nombre con más de un centro asimétrico, 225-229
Isómeros *cis-trans*, 113, 201-202
Isómeros constitucionales, 18, 73-74, 166, 200, 234
Isómeros de configuración, *Véase* Estereoisómeros
Isopreno, 261
Isoquinolina, 965

Isotiocianato de fenilo (PITC), 1047
Isótopo del carbono, (^{13}C). *Véase* Espectroscopia de RMN-^{13}C,
Isótopos, 4
  espectrometría de masas, 518-519
  masas exactas, 520

J

Jabón, 754-756
Jasmina, 732
Jasplankinolida, 390

K

K_a, 45
  a partir de cálculos de pK_a, 47
Kamen, Martin D., 709
Karplus, Martin, 598
Kekulé, Friedrich, 289-290
Keller, Elizabeth, 1211
Kelsey, Frances O., 249, 1302
Kendrew, John, 1055-1056
Kevlar, 774, 1251
Khorana, Har Gobind, 1212
Kiliani, Heinrich, 989
Kishner, N. M., 664
Kolbe, Hermann, 866
Kornberg, Arthur, 1209
Kroto, Harold W., 644

L

Lactonas, 727
Lactosa, 1001
  intolerancia, 1002
Ladenburg, Albert, 290
Lambert, Johann Heinrich, 551
Lámina plegada, 1054
Lámina plegada β, 1054
Lámina β-plegada antiparalela, 1054

Lámina β-plegada paralela, 1054
Látex, 1246
Le Bel, Joseph Achille, 212-213
Le Châtelier, Henri Louis, 145
Lehn, Jean-Marie, 461
Lentes de contacto, 1255
Leucina, 219, 1019
  encefalina, 1039
Leucotrieno, 1176
Levene, Phoebus, 1198
Levorrotatorio, 213
Lewis, Gilbert Newton, 8-9, 64
Lewisita, 464
Ley de Hooke, 535
Ley de Lambert-Beer, 551-552
Librium, 1302-1303
Lidocaína, 1298
Ligación, 968
Limoneno, 1162
Lindlar, Herbert H. M., 272
Lípido, 1162-1196
Lipitor, 1190, 1294
Lipmann, Fritz A., 770
Lisozima,
  hidrólisis catalizada de la pared celular, 1087-1089
  perfil pH-rapidez, 1090
Lluvia ácida, 46, 482
Longitud de enlace hidrógeno-hidrógeno, 23
Longitud de onda, 529, 549
Longitud y fuerzas de enlace hidrógeno-halógeno, 40
Longitudes de enlace, 23
  fuerza, 40-41
Longitudes y fuerzas de enlace carbono-halógeno, 92
Lowry, Thomas M., 44
Lucas, Howard J., 432
Luminiscencia, 1278
Luz fría, 1278
Luz ultravioleta, 529, 549
  y filtros solares, 551
Luz visible, 513, 529, 549
Lynen, Feodor, 1191

M

Mapa de potencial electrostático, 14, 162
Mapas de potencial, 14
Markovnikov, Vladimir Vasilévich 167
Masa atómica, 5, 519
Masa molecular, 5
Masa molecular exacta, 520
Masa molecular nominal, 515, 520
Mecánica cuántica, 5
Mecanismo catiónico,
 ácido de Lewis, 1244
 ácido donador de protones, 1244
Mecanismo de adición-eliminación, 707-708
Mecanismo de Hughes e Ingold, 350
Mecanismo de L-aminoácido oxidasa, 1109
Mecanismo de reacción, 138, 161
Mecanismo de reacción con ácido nitroso y aminas, 704-706
Mecanismo de ruptura de enlace peptídico por el bromuro de cianógeno, 1050-1051
Mecanismo de ruptura, bromuro de cianógeno, 1050-1051
Mechnikov, Ilya Ilich, 1301
Medicamentos (drogas), 1293-1319
 como inhibidores de enzimas, 1307-1311
 definición 1293
 desarrollo, 1302
 nombres, 1297
 reglamentos gubernamentales económicos, 1317
 seguridad, 1302
 sinergia, 1309
Medicamentos antiinflamatorios no esteroidales, 1176
Medicamentos antivirales, 1316-1317
Medicamentos huérfanos, 1317
Medicamentos quirales, 250
Medicamentos semisintéticos, 830

Medicinas sin receta, 1297
Meisenheimer, Joseph, 708
Merrifield, R. Bruce, 1043
Metabolismo, 1101, 1137-1161
Metabolismo basal, 1159
Metaloenzima, 1098
Metilación exhaustiva, 950
Método de Merrifield, 1043
Métodos de conversión de alcoholes en haluros de alquilo, 434-435
Meyer, Viktor, 349
Mezcla racémica, 215, 232, 1035
Micelas, 754-756
Michael, Arthur, 869
Micrometros, 529
Mitscherlich, Eilhardt, 232, 640-641
Modelado molecular, 1314
Modelo de bolas y palillos, 72
Modelo de cerradura y llave, 1080
Modelo de repulsión de par de electrones en capa de valencia (VSEPR), 27
Modificación molecular, 1298-1300
Molaridad efectiva, 1075
Molécula no polar, 28
Molécula objetivo, 421
Moléculas acíclicas, 82, 125
Moléculas bifuncionales, 381
Molozónido, 927
Momento dipolar, 12-13, 43-44
Momento dipolar del dióxido de carbono, 43
Monobromación de etano, 485
Monofosfato de adenosina (AMP), 769, 1201
Monofosfato de adenosina cíclico (cAMP), 1202
Monómeros, 1232
Monómeros de fosforamidito, 1223
Monómeros de H-fosfonato, 1226-1227
Mononucleótido de flavina (FMN), 1107-1110
Monosacáridos (azúcares sencillos), 980

 a partir de hemiacetales cíclicos, 992-995
 a partir de osazonas cristalinas, 987-989
 ciclación, 993
 epimerización catalizada por base, 984-985
 reacciones redox, 985-987
 rearreglo enodiol catalizado por base, 985
Monoterpenos, 1177-1178
Morfina, 3, 448, 1299
 rotación específica, 214
Mullis, Kary B., 1220
Multiplete, 592
Multiplicidad, 586
Multiplicidad de señal, 600-601
Mutagénesis específica del sitio, 1085
Mutarrotación, 994
Mylar, 1234

N

Naftaleno, 457, 644, 711
Nanómetro, 529
Naproxeno, 1176
Natta, Giulio, 1245
N-bromosuccinimida (NBS), 498
Neopreno, 259
Newman, Melvin S., 101
N-glicósido, 998
Nicol, William, 212
Nicotina, 448
Nieuwland, Julius Arthur, 259
Ninhidrina, 1029
Nitración, 654, 657-658, 681, 690, 695
Nitrilos,
 hidrólisis catalizada por ácido, 764-765
 nomenclatura, 728
Nitroglicerina, 1302
Nobel, Alfred Bernhard, 1065
Nodo, 21
Nodo radial, 21
Nombre comercial, 1297
Nombre común, 74

Nombre genérico, 1297
Nomenclatura de bencenos polisustituidos, 678-681
Nomenclatura IUPAC, 74
Nomenclatura sistemática, 74
Nomenclatura y propiedades físicas del docecano, 72
Notación D y L, 980-982
Notación L, 980-982
Novocaína, 1298
Noyroi, Royji, 923
Nube pi, 642
Nubes estratosféricas polares, 505
Núcleo, 4
Nucleofilia, 353
 y disolventes, 355
 y efectos estéricos, 356
Nucleófilo ambidentado, 858
Nucleófilos, 138, 868, 871
 en reacción S_N1, 365
 en reacciones S_N2, 353
 y aminas, 946-947
Nucleófilos con azufre, 822
Nucleósidos, 1198-1202
 nombres de bases, 1200
Nucleótidos, 1102, 1198-1202
Número atómico, 4
Número de masa, 4
Número de onda, 529
NutraSweet, 1039
Nylon 6, 774

O

Objeto quiral, 202
Objetos aquirales, 202
Ochoa, Severo, 1209
Olah, George, 161
Olefinas, 124
Olefinas α, 1234
Olestra, 1169
Oligómeros, 1057
Oligonucleótido, 1202
 síntesis, 1225
Oligopéptido, 1018
 secuenciación, 1048

Oligosacáridos, 980
Ondas de radio, 529
Opio, 3
Opsina, 132
Ópticamente activo, 212-213
Ópticamente inactivo, 213
Orbital de frontera, 1268
 análisis, 1277
 teoría, 1265
Orbital molecular de enlace sigma, 24
Orbital molecular de mayor energía ocupado (HOMO), 308, 328, 348, 553, 1267
Orbital molecular de menor energía desocupado (LUMO), 308, 328, 348, 553, 1267
Orbitales, 5, 21
Orbitales atómicos d, 5
Orbitales atómicos p, 5
Orbitales atómicos, 5, 21, 24
Orbitales de no enlace, 549
Orbitales degenerados, 6
Orbitales en fase, 1265-1266
Orbitales híbridos, 29
Orbitales moleculares, 22, 24-25
 benceno, 310
 descripción de antiaromaticidad, 650-651
 descripción de aromaticidad, 650-651
 hidrógeno, 24
 y estabilidad, 305-312
Orbitales moleculares antisimétricos, 1267
Orbitales moleculares de antienlace, 24, 306
 energía relativa, 549
Orbitales moleculares simétricos, 308, 1267
Organismos genéticamente modificados,
Organoborano, 471
 y haluro de arilo, 665
Organocupratos, 469
Organohaluros, 390
Orientación de sustituyentes, 687

Osazonas, 987-988
Overhauser, Albert Warner, 618
Oxicloruro de fósforo, 442
Oxidación, 182, 909
 de alcoholes, 445-447
 de aldehídos, 919-921
 de aminas, 952-953
 de cetonas, 919-921
Oxidación con fosforamidito, 1227
Oxidación de Swern, 918-919
Oxidaciones de Baeyer-Villiger, 920-921
Óxido de naftaleno, 457
Óxidos de areno, 455-460
Oxígeno del grupo carbonilo, 729
Oxígeno del grupo carboxilo, 726
Oxima, 811
Oximercuración-reducción, 180-181
Oxiranos, 944
Oxitocina, 1039
Ozónido, 927
 formación, 927-928
Ozonólisis, 926

P

Pantotenato, 1113
Par de electrones no enlazado, 15
Par iónico íntimo, 367
Parke, Alexander, 1233
Pascal, Blaise, 589
Paso de iniciación, 484
Paso determinante de la rapidez, 153
Paso limitante de la rapidez, 153
Pasos de propagación, 484
Pasos de terminación, 484
Pasteur, Louis, 232-233
Pauli, Wolfgang, 7
Pauling, Linus Carl, 29
Pedersen, Charles J., 461
Peerdeman, A. F., 231
Penicilina, 1308
 descubrimiento, 732
 uso clínico, 762

Penicilina G, 732
Penicilinasa, 1308
Pentotal sodio, 451
Peptidasa, 1048
Péptido, 1017, 1055
    determinación de estructura
        primaria, 1046
Perfluorocarbonos, 506
Periplanar sin, 404
Peroxiácido, 182, 920
    adición a alquenos, 182-184
        estereoquímica, 240
Peróxido, 493
    efecto, 495
Peróxido de hidrógeno, 186
Perutz, Max, 1055-1056
pH, 45-47
    determinación de la estructura, 61
    efecto sobre la estructura de
        compuestos orgánicos, 60
    perfil de rapidez, 808, 1089
Pico base, 516
Píldora somnífera natural, 760
Piranosa, 994-998
    y anillos de furanosa
Piranósido, 997
Piridina, 646, 960
    nucleótido coenzimas, 1101-1102
        mecanismos, 1103-1105
    estructura de orbitales, 646
Piridoxina, 1117
Pirimidina, 647, 967
Pirofosfato de acilo, 769
Pirofosrato de tiamina (TPP),
    1109-1115
Pirrol, 646, 955
    estructura de orbitales, 646, 955
    estructuras de resonancia, 956
Pirrolidina, 809, 956
Piruvato, 556, 1115, 1152-1153
    mecanismo de descarboxilasa,
        1111
    conversión de glucosa, 1149
    mecanismo de deshidrogenasa,
        1112-1115
pK_a de agua unida a metal, 1073
pK_a, 45-47, A8-A9

ácido acético, 312
ácido carboxílico, 49
ácidos, 54
ácidos carboxílicos protonados, 49
ácidos de carbono, 851
ácidos dicarboxílicos, 772-775
agua, 49
agua protonada, 49
agua unida a metal, 1073
alcohol, 49
alcohol etílico, 48
alcohol metílico, 48
alcohol protonado, 49
amina protonada, 49
aminas, 49, 448
amoniaco, 49
ciclopentadieno, 647
compuestos orgánicos, 314
de disoluciones, 46
etano, 274
etanol, 312
eteno, 274
etilamina protonada, 49
etino, 274
heterociclos con nitrógeno, 959
metilamina protonada, 49
sustituyentes, 691-693
y electrones deslocalizados,
    312-315
Planck, Max Karl Ernst Ludwig, 5, 7
Plano de luz polarizada, 212
Plano de simetría, 222
Plano nodal, 22
Plástico, 1233
Plastificantes, 1256-1257
Polaridad y disolventes, 378
Polarímetro, 213-214
Polarizabilidad, 96
Poliamidas, 1250
Policarbonatos, 1252
Polidioxanona (PDS), 774
Poliéster Kodel, 1252
Poliésteres, 1234, 1251-1252
Poliestireno, 1234
Polietileno, 1232
    propiedades, 1254
Polihidroxialdehídos, 979

estructura de cuñas y rayas, 979
proyección de Fischer, 979
Polihidroxicetona,
    estructura de cuñas y rayas, 979
    proyección de Fischer, 979
Polimerización, 1232
    alquenos, 1241
    carbocationes intermediarios, 1241
    catiónica, 1234, 1240-1241
    crecimiento de la cadena,
        1233-1244
    dienos, 1246
    emulsión, 1247
    estereoquímica, 1245-1246
    pasos de terminación, 1240
Polimerización aniónica, 1234,
    1242-1243
    alquenos, 1242
Polimerización catalizada por base,
    984-985
Polimerización catiónica, 1234,
    1240-1241
    alquenos, 1241
    carbocationes intermediarios, 1241
    pasos de terminación, 1240
Polimerización en emulsión, 1247
Polimerización por apertura de anillo,
    1242-1244
Polimerización y crecimiento de
    cadena, 1233-1244
    mecanismo por radicales, 1237
    usos, 1235
Polímero atáctico, 1245
Polímero conductor, 1245
Polímero isotáctico, 1245
Polímero sindiotáctico, 1245
Polímero(s), 1232
    convencionales, 1256
    diseño, 1255
    propiedades físicas, 1254-1257
Polímeros biodegradables, 1257
Polímeros de adición, 1233
Polímeros de crecimiento en etapas,
    1234, 1249-1254
    avance, 1249
Polímeros orientados, 1256
Polímeros ramificados, 1239

Polímeros termoplásticos, 1254-1255
Polímeros vinílicos, 1234
Polímeros vivientes, 1242
Polinucleótido, 1202
Polipéptido, 1018, 1038
   cadena, 1036
Polisacáridos, 980, 1003-1006
Poliuretanos, 1253
Porfirina, 968
Postulado de Hammond, 164
Prelog, Vladimir, 206
Premio Nobel, 1065
Prepolímero, 1252
Principio de Aufbau, 6
Principio de exclusión de Pauli, 7
Principio de incertidumbre de Heisenberg, 21
Principio de la reversibilidad microscópica, 659
Principio de Le Châtelier, 144
Principio de reactividad-selectividad, 489-493
Producto cinético, 321
   comparado con producto termodinámico, 322
Producto termodinámico, 321
   y producto cinético, 322
Progesterona, 789
   rotación específica, 214
Prolina, 966, 1021-1022
Promedicamento, 1301
Promoción, 29
Prontosil, 1301
Propadieno, 261
Prostaciclinas, 1175
Prostaglandinas de endoperóxido sintasa, 1174, 1176
Prostaglandinas, 731, 1174
   endoperóxido sintasa, 1173, 1176
Proteasas de serina, 1084-1087
Protección, 573-574
Protección diamagnética, 573-574
Proteína, 1017
   biosíntesis, 1212-1213
   catabolismo, 1153-1154
   desnaturalización, 1058
   especificidad de ruptura, 1049
   estructura cuaternaria, 1046, 1057
   estructura primaria, 1045-1046
   estructura secundaria, 1045-1046, 1052-1055
   estructura terciaria, 1046, 1055, 1056
   hidrólisis parcial, 1048
   nutrición, 1022
Proteínas fibrosas, 1018
Proteínas globulares, 1018
Protón, 10
   intercambio, 606
   reacciones de transferencia, 44
Protones acoplados, 586, 597-598
Protones con carga positiva, 4
Protones químicamente equivalentes, 574-575
Protones unidos a oxígeno, 605-606
Protones vinílicos, 598
Protoporfirina IX de hierro, 968
Proyección de caballete, 404
Proyección de Newman, 101
Proyecciones de Fischer, 205, 217, 980
Proyecciones de Haworth, 993, 995-996
Prozac, 1307
Prueba de Fischer, 990-992
Prueba de Lucas, 432
Prueba de Tollens, 920
Puente de hidrógeno, 16, 23, 95-96, 274-276, 1053
   entre bases, 120
   entre grupos peptídicos, 1053
   y bandas de absorción, 536-543
Puentes disulfuro, 1037, 1056
   intracadena e intercadena, 1038
   ruptura, 1046
Punto de fusión, 98
Punto isoeléctrico, 1026-1028
Purcell, Edward Mills, 569
Purina, 647, 967, 1127
Puromicina, 1216

Q

Química de polímeros, 1233
Quimoterapia del cáncer, 833, 1129
Quimotripsina, 1084
Quinasa, 1146
Quitina, 1006

R

Racemato, 215
Racemización, 367
   mecanismos, 1121
   PLP, 1117
Racemización completa, 367
Racemización parcial, 367
Radiación de radiofrecuencia (rf), 571
Radiación electromagnética, 528
Radiación infrarroja, 529, 531
Radical bencilo, 497-498
Radical libre, 16, 484
Radical vinílico, 273
Radicales, 16, 481
   aniones, 273
   catión, 513
   estabilidad relativa, 485, 498
   inhibidores, 495, 503
   iniciadores, 495, 1238
   polimerización, 1234-1239
   reacción en cadena, 484
   reacciones de adición, 494, 496-497
   reacciones de sustitución, 484, 496-497
   reacciones en sistemas biológicos, 502-504
   y ozono estratosférico, 505-506
Ramificación de cadena de polímeros, 1239
Raney, Murray, 912
Rapidez de reacción, 148
Rayón, 1233
Rayos cósmicos, 528
Rayos gamma, 528
Rayos X, 529
   cristalografía, 231
Reacción (reacciones). *Véase también* el tipo específico.
   descripciones, 192-194

diagrama de coordenada de reacción, 141
intermoleculares e intramoleculares, 381-382
mecanismo propuesto, 401-402
rapidez y disolventes, 377
Reacción catalizada por ácido, 171
Reacción concertada, 182
Reacción de adición nucleofílica-eliminación, 795
Reacción de anillación, 883
Reacción de Arbuzov, 848
Reacción de Cannizaro, 905
Reacción de condensación, 873
   cetona, 878
   éster, 878
   polímero, 1234
Reacción de eliminación 1,2, 391
Reacción de eliminación de Cope, 952-953
Reacción de eliminación de Hoffmann, 947-948
Reacción de eliminación, 344, 389, 391
   haluros de alquilo, 389-428
   hidróxidos de amonio cuaternarios, 947-950
Reacción de enamina de Stork, 870
Reacción de Favorskii, 904
Reacción de Heck, 470-471
Reacción de Hell-Volhard-Zelinsky (HVZ), 861
Reacción de Michael, 869-871, 883
Reacción de primer orden, 149, 362, A10
   vida media, A11
Reacción de pseudo-primer orden, A12
Reacción de Reformatsky, 901
Reacción de Ritter, 785
Reacción de Sandmeyer, 700
Reacción de Schiemann, 701
Reacción de segundo orden, 149, 347, A11
Reacción de Stille, 470-471, 665
Reacción de sustitución nucleofílica bimolecular (S_N2). *Véase* Reacción S_N2
Reacción de sustitución nucleofílica unimolecular (S_N1). *Véase* Reacción S_N1.
Reacción de Suzuki, 470-471, 665
Reacción de transferencia del grupo acilo, 734
Reacción de Wittig, 822-827
Reacción de β-eliminación, 391
Reacción del haloformo, 860-861
Reacción E1, 398-402
   ciclohexanos sustituidos, 410
   estereoselectividad, 406-407
   reactividad relativa de haluros de alquilo, 400
   regioselectividad, 399
Reacción E2, 390-393
   ciclohexanos sustituidos, 408-409
   efecto de factores estéricos, 395
   estereoselectividad, 403-404
   reactividad relativa de haluros de alquilo, 391, 393
   regioselectividad, 391
Reacción electrocíclica, 1263, 1269-1275
   reglas de Woodward-Hoffmann, 1273
Reacción en cadena de polimerasa (PCR), 1220-1221
   ciclos, 1221
Reacción enantioselectiva, 922
Reacción endergónica, 143, 164
Reacción endotérmica, 144
Reacción exotérmica, 144
Reacción fotoquímica, 1264
Reacción HVZ, 861
Reacción polar, 1262
Reacción quimioselectiva, 916
Reacción S_N1,
   alcoholes, 431
   estereoquímica, 367
   factores que afectan, 364-366
   grupo saliente, 364-365
   haluros de alquilo, 362, 402
   mecanismo, 361-364
   reactividad relativa de haluros de alquilo, 361, 363, 365
   ruptura de éter, 449
   y disolventes, 378
   y nucleófilos, 365
Reacción S_N2,
   alcoholes, 432
   aminoácidos, 1044
   estereoquímica, 366
   factores que afectan, 352
   grupo saliente, 352
   haluros de alquilo, 348, 402
   mecanismo, 346-352
   nucleófilo, 353
   reactividades de los haluros de alquilo, 349, 352
   reversibilidad, 357-361
   y disolventes, 378-379
Reacción S_NAr (sustitución nucleofílica aromática), 707
Reacción térmica, 1264
Reacción(es) de adición, 139
   de alquenos,
   formación de producto con un centro asimétrico, 236-237
   formación de productos con dos centros asimétricos, 237-246
   formación del carbocatión intermediario, 237-238
   formación del ion bromonio cíclico intermediario, 242
   predicción de estereoisómeros, 244-245
Reacciones ácido-base, 44
   predicción del resultado, 50
Reacciones anabólicas, 1101, 1137
Reacciones biológicas de cicloadición, 1285
Reacciones catabólicas, 1101, 1137
Reacciones catalizadas por enzimas, 246, 1081-1084
Reacciones de acoplamiento, 469-472, 665
Reacciones de adición catalizadas por ácido, 169-172

Reacciones de adición electrofílica, 139, 159-161, 166-172, 175-188, 194-195, 266-277, 868
   energía libre de activación, 265
   estereoquímica de los alquenos, 235-246
   mecanismo, 265
Reacciones de adición nucleofílica, 795
   estereoquímica, 826
Reacciones de cicloadición, 327, 1263, 1275-1279, 1285
   reglas de Woodward-Hoffman, 1278
Reacciones de Mannich, 904
Reacciones de oxidación-reducción, 908-942
Reacciones de reducción, 181, 800-801, 909, 911-917
Reacciones de sustitución nucleofílica del grupo acilo, 734, 795
   diagramas de energía libre, 735
   mecanismos, 738-739, 752-754
Reacciones de transferencia de fosforilo, 1140
   mecanismos, 669-670, 1141-1143
Reacciones E2 y E1,
   competencia entre, 402
   estereoselectivas, 403-407
Reacciones en cadena, 1233
Reacciones estereoespecíficas, 234-235
Reacciones exergónicas, 143, 147, 164
Reacciones intermoleculares, 381, 1074
   rapidez relativa, 1075
   y reacciones intramoleculares 381-382
Reacciones intramoleculares, 381, 1074-1076
   rapidez relativa, 1075
Reacciones pericíclicas, 327, 1262-1292
   sistemas biológicos, 1284-1287
   tipos, 1263-1265

Reacciones químicas y colisiones, 148
Reacciones redox, 908-942
   necesarias con vitaminas, 1101-1106
Reacciones reversibles de adición nucleofílica, 795
Reacciones S_N2 reversibles e irreversibles, 359
Reacciones S_N2 y S_N1,
   comparación, 371
   competencia, 371-375
   disolvente, 375-381
Reactividad relativa,
   bencenos sustituidos, 683
   compuestos carbonílicos, 793-795
   haluros de alquilo,
     en reacciones E1, 400
     en reacciones E2, 391, 393
     en reacciones S_N1, 363, 365
     en reacciones S_N2, 349, 352
Reactivo de Edman, 1047
Reactivo quiral, 247
Reactivos, 469
Reactivos de Gilman, 469, 832
Reactivos de Grignard, 466, 469, 832
   reacciones con compuestos carbonílicos, 796-799
Reactivos de metilación biológica, 382-383
Reactivos metilantes, 382-383
Rearreglo, 444
Rearreglo de Claisen, 1281
Rearreglo de Cope, 1281
Rearreglo de expansión de anillo, 440
Rearreglo de McLafferty, 526
Rearreglo enodiol, 985, 1013
Rearreglo enodiol catalizado por base, 985
Rearreglo suprafacial, 1280
Rearreglos sigmatrópicos, 1263-1264, 1279-1284, 1286
   reglas de Woodward-Hoffman, 1281
Receptores, 249, 1304-1307
Reconocimiento molecular, 461, 978, 1080, 1105

Reducción con borohidruro de sodio, 914-916
Reducción de Clemmensen, 664, 666
Reducción de Rosenmund, 912
Reducción de Wolff-Kishner, 664, 666, 813
Reducciones con hidruro metálico, 914
Región dactiloscópica, 532-533
Regioselectivo, 166, 234, 265
Regla central de la reactividad, 14
Regla de $4n + 2$, 642
Regla de Hückel, 642
Regla de Hund, 8
Regla de Markovnikov, 167
Regla de $N + 1$, 586-587
Regla de Zaitsev, 393-394, 407, 409, 420, 442, 949
Regla del isopreno, 1177
Regla del octeto, 9
Regla $N + 1$ para división de señales, 586-587
Reglas de Cahn-Ingold-Prelog, 229, 826
Reglas de selección, 1273
Reglas de Woodward-Hoffmann, 1273, 1281
Regnault, Henri Victor, 144
Relación cuantitativa estructura-actividad, 1312-1314
Relación giromagnética, 571
Relación *orto-para*, 693-694
Remsen, Ira, 1010-1011
Replicación semiconservativa, 1208
Replicación, 1207-1208
Resinas epóxicas, 1252-1253
Resistente a la penicilina, 1310
Resolución de mezcla racémica, 232
Resonancia, 298-300
   atracción de electrones, 682-683
   donación de electrones, 313, 315, 682
   energía, 298-300
   estabilización, 298-300
   estructura, 291

híbrido, 57, 291-293
Resonancia magnética de protones (RMN-^{1}H),
   desplazamientos químicos, 580
   número de señales, 574-576
   posición relativa, 578-579
Resonancia magnética nuclear (RMN),
   división de la señal, 588-589
   en función del tiempo, 604-605
   espectro, 572
   espectrómetros, 571
   espectroscopia, 529, 569-638
   integración de la señal, 584-585
Ribonucleótidos, 1201
RMN 2D. *Véase* Espectroscopia de RMN bidimensional
RMN con transformada de Fourier (FT-NMR), 572-573
RMN con transformada de Fourier (FT-NMR), 572-573
   espectro, 573
RMN-^{13}C y desplazamiento químico, 611
RMN-^{1}H, 570
   determinación de número de señales, 574-576
   posición relativa, 578-579
   valores de desplazamiento químico, 580
Roberts, John D., 710
Robinson, Robert, 883
Rockne, Knute, 259
Rosenmund, Karl W., 912
Rotación específica, 214
Rotación específica de la penicilina V, 214
Rotación específica de la sacarosa, 214
Rotación específica observada, 215
Rotación observada, 214
Rotación restringida, 201-202
Rowland, Sherwood, 505-506
RU 486, 1192
Ruptura con permanganato, 929-931
Ruptura de puentes disulfuro, 1046

Ruptura heterolítica de enlace, 483, 521
Ruptura homolítica de enlace, 483, 521
Ruptura oxidativa,
   alquenos, 926-931
   alquinos, 931
   dioles 1,2, 925
Ruptura oxidativa 1,2 de dioles, 925
Ruptura α, 521, 523
Ruta con traslape de orbitales en fase, permitida por la simetría, 1272
Ruta prohibida por la simetría, 1272
Ružicka, Leopold Stephen, 1177

S

Sabatier, Paul, 188
Sacárido, 979
Sacarina, 1010
S-adenosilmetionina (SAM), 383-384
Sales de arenodiazonio, 699, 947, 703-704
Sales de sulfonio, 463
Samuelsson, Bengt Ingemar, 1174
Sandmeyer, Traugott, 700
Sanger, Frederick, 1046, 1218
Sangre artificial, 506
Saponificación, 755
Schiemann, Gunther, 701
Schmitt, Rudolph, 866
Schrödinger, Erwin, 5
Seda Chardonnet, 1233
Semicarbazona, 811
Semiquinona, 504
Separación de cadenas, 1220
Serie homóloga, 72
Serotonina, 456, 1306
Sesquiterpenos, 1178
Sharpless, K. Barry, 923
Símbolos de reciclado, 1239
Simetría de orbitales, 1265-1269
   conservación, 1264
Singulete, 586-587

Síntesis, A13-A16
   aminoácidos, 1032-1035
   automática de enlaces peptídicos, 1043
   cadenas de ADN, 1222-1227
   colesterol, 1190-1191
   diseño, 277-282, 421-432, 500, 696-697, 765-766, 827-830, 889-891, 922-923, 932-933
   elección de reactivos, 190
   metil cetonas, 888-889
Síntesis automática de péptidos en fase sólida, 1043
Síntesis automatizada de ADN, 1225
Síntesis automatizada de péptidos en fase sólida, 1043
Síntesis de bencenos trisustituidos, 698-699
Síntesis de compuestos carbonílicos α-halogenados, 862-863
Síntesis de compuestos cíclicos, 765-766
Síntesis de éteres de Williamson, 374, 418
Síntesis de Gabriel, 954
Síntesis de Kiliani-Fischer, 989, 1034
Síntesis de metil cetonas, 706, 888-889
Síntesis de Skraup, 974
Síntesis de Williamson intramolecular, 766
Síntesis del éster acetamidomalónico, 1034
Síntesis del éster acetoacético, 888-889
Síntesis del éster malónico, 886-887
Síntesis en varios pasos, 277-282, 500
Síntesis ftalimidomalónica, 1033
Síntesis *N*-ftalimidomalónica, 1033
Síntesis orgánica combinatoria, 1314-1316
Sintones, 827
Sistema de anillo de porfirina, 968
Sistema de nomenclatura *E,Z*, 133
Sitio activo, 1079

Sitio de propagación en polimerización por radicales, 1235
Sitios promotores, 1209
Smalley, Richard E., 644
Solubilidad, 98-101
Solvatación, 99, 147
Splenda (Sucralosa), 1010-1011
Staudiger, Hermann, 1233
Sternbach, Leo H., 1302-1303
Stille, John K., 470
Stork, Gilbert, 870
Subunidad, 1057
Sucralosa (Splenda), 1010-1011
Sulfanilamida, 1131, 1301
Sulfona, 1308
Sulfonación, 654, 658, 681
Sulfonamida, 1131, 1307
Sulfonato de alquilo, 435-438
Sulfuros, 463
Superpegamento, 1242
Surco mayor en la hélice de ADN, 1206
Surco menor de la hélice de ADN, 1206
Sustancia anquimérica, 1076
Sustitución catalizada con base, 857
Sustitución cine, 710
Sustitución directa, 710
Sustitución electrofílica aromática, mecanismo, 703-704, 957
   reacciones, 653-655
Sustitución nucleofílica, 345, 373, 418
Sustitución nucleofílica aromática, 707-711, 963
   alcoholes, 430-434
   epóxidos, 452-455
   éteres, 449-452
Sustituyente axial, 111
Sustituyente ecuatorial, 111
Sustituyente nitro, 669
Sustituyentes,
   orientación, 687
   pK_a, 691-693
   reactividad, 681-687
Sustituyentes activadores, 681
Sustituyentes alquilo, 74

Sustituyentes débilmente activadores, 685
Sustituyentes débilmente desactivadores, 686, 688
Sustituyentes desactivantes, 682
Sustituyentes fuertemente activadores, 685
Sustituyentes fuertemente desactivadores, 686
Sustituyentes moderadamente activadores, 685
Sustituyentes moderadamente desactivadores, 686
Sustrato, 1079
Synge, Richard L. M., 410

T

Tagamet, 1306
Talidomida, 249
Tartrato de potasio e hidrógeno, 232
Tautómero ceto, 269, 855-856
Tautómeros ceto-enol, 855
Taxol, 829
TE-AC, 1287
Tendencia relativa de migración, 921
Tensión angular, 105
Tensión en anillo, 104-105
Teoría de Lewis, 8, 26
Teoría de los orbitales moleculares, 22-28, 349, 759, 1265-1269
Terapia genética, 1222
Termodinámica, 141-151
   y control cinético de reacciones, 321-326, 830-832
Terpenos,
   biosíntesis, 1180-1186
   vitamina A, 1179-1180
Tesla, 571
Tesla, Nikola, 572
Tetracloruro de carbono, 43
Tetrahidrofolato, 1127-1131
Tetrametilsilano (TMS),
Timidilato sintasa, 1128
Timina, 967, 1128

Tiofeno, 646, 955
Tioles, 462-463, 910, 1037
Tipo de sangre, 1009
Todd, Alexander R., 1198
Tollens, Bernhard, 920
Tomografía computada (CT), 619
Tosilato de alquilo, 437
Toxicidad,
   benceno, 652
   medición, 679
Transcripción, 1209
Transesterificación, 746-750
   poliéster Kodel, 1252
Transición electrónica, 549
Transiminación, 1118-1119
Transmetalación, 469
Traslación, 1209, 1212-1213
Traslape de orbitales p lado a lado, 27
Traslape en fase, 26
Traslape lado a lado, 26
Tratamiento σ,ρ de Hammett, 849
Treonina, 228, 1019
Triacilgliceroles mixtos, 1165
Triacilgliceroles, 1165
Trialquilborano, 186
Triángulo de Pascal, 588
Tricloruro de aluminio, 65
Triésteres de glicerina, 754
Triflato de alquilo, 437
Trifosfato de adenosina (ATP), 769, 1102
   estabilidad cinética, 1145
   interacción con magnesio, 1146
   ruta de reacción, 1140
Trifosfato de guanosina (GTP), 1202, 1316
Trihaluro de fósforo, 434, 767
Trióxido de cromo, 445
Triplete, 586
   diagrama de desdoblamiento, 601
Tromboxanos, 1175

U

Unidad de masa atómica (uma), 5
Unimolecular, 362

Uracilo, 967, 1128
Urea, 774
Uretano, 1253

V

Valor de *m/z*, 516
Valor de *m/z* para identificar
    fragmentos de iones, 516
    espectrometría de masas, A18-A23
Van der Waals, Johannes Diderik,
    94
Van't Hoff, Jacobus Hendricus,
    212-213
Vane, John Robert, 1174
Vasoconstrictor, 456
Vasodilatador, 1162
Viagra, 1303
Vibración de estiramiento, 530-531,
    540
Vibraciones de flexión, 530-531,
    543
Vibraciones inactivas en el infrarrojo,
    545-546
Vida media, 4, A11
    reacciones de segundo orden,
    A12
Villiger, Victor, 920

Vitamina A, 1162
Vitamina B_1, 1100, 1109
Vitamina B_{12}, 968, 1124-1126
Vitamina B_2, 1107-1110
Vitamina B_3, 1101-1106
Vitamina B_6, 1117-1118
Vitamina C, 481, 504, 1007-1008
Vitamina D, 1286
Vitamina E, 481, 504
Vitamina H, 1115-1117
Vitamina K, 1131-1133
Vitamina(s), 1098, 1162
    coenzimas, 1099
    y reacciones redox, 1101-1106
Volhard, Jacob, 861
Von Baeyer, Johann Friedrich
        Wilhelm Adolf, 105-106,
        920
Von Euler, Ulf Swante, 1174
Von Hell, Carl Magnus, 861
Von Hoffman, August Wilhelm, 947

W

Walden, Paul, 351
Watson, James D., 1197, 1199, 1203,
    1205
Westheimer, Frank H., 247

Whitmore, (Rocky) Clifford,
    172-173
Wieland, Heinrich, 1187
Wilkins, Maurice, 1199
Williamson, Alexander William,
    418
Windaus, Adolf, 1187
Winstein, Saul, 367
Wittig, Georg Friedrich Karl, 822
Wohl, Alfred, 990
Wöhler, Friedrich, 2-3
Wolff, Ludwig, 664
Woods, Donald D., 1131
Woodward, Robert B., 1265

X

Xanax (alprazolam), 1303
    estructura y usos, 1295

Z

Zaitsev, Alexander M., 393
Zelinski, Nikolai Dimitrievich,
861
Ziegler, Karl, 1245
Zwitterión, 1025

Esta obra se terminó de imprimir en Junio del 2011
en Editorial Impresora Apolo, S.A. de C.V. Centeno 162,
Col. Granjas Esmeralda, México D.F. 09810

Tabla periódica de los elementos

Grupos principales

1A[a] 1	2A 2											3A 13	4A 14	5A 15	6A 16	7A 17	8A 18
1 **H** 1.00794																	2 **He** 4.002602
3 **Li** 6.941	4 **Be** 9.012182											5 **B** 10.811	6 **C** 12.0107	7 **N** 14.0067	8 **O** 15.9994	9 **F** 18.998403	10 **Ne** 20.1797
11 **Na** 22.989770	12 **Mg** 24.3050	3B 3	4B 4	5B 5	6B 6	7B 7	8	8B 9	10	1B 11	2B 12	13 **Al** 26.981538	14 **Si** 28.0855	15 **P** 30.973761	16 **S** 32.065	17 **Cl** 35.453	18 **Ar** 39.948
19 **K** 39.0983	20 **Ca** 40.078	21 **Sc** 44.955910	22 **Ti** 47.867	23 **V** 50.9415	24 **Cr** 51.9961	25 **Mn** 54.938049	26 **Fe** 55.845	27 **Co** 58.933200	28 **Ni** 58.6934	29 **Cu** 63.546	30 **Zn** 65.39	31 **Ga** 69.723	32 **Ge** 72.64	33 **As** 74.92160	34 **Se** 78.96	35 **Br** 79.904	36 **Kr** 83.80
37 **Rb** 85.4678	38 **Sr** 87.62	39 **Y** 88.90585	40 **Zr** 91.224	41 **Nb** 92.90638	42 **Mo** 95.94	43 **Tc** [98]	44 **Ru** 101.07	45 **Rh** 102.90550	46 **Pd** 106.42	47 **Ag** 107.8682	48 **Cd** 112.411	49 **In** 114.818	50 **Sn** 118.710	51 **Sb** 121.760	52 **Te** 127.60	53 **I** 126.90447	54 **Xe** 131.293
55 **Cs** 132.90545	56 **Ba** 137.327	71 **Lu** 174.967	72 **Hf** 178.49	73 **Ta** 180.9479	74 **W** 183.84	75 **Re** 186.207	76 **Os** 190.23	77 **Ir** 192.217	78 **Pt** 195.078	79 **Au** 196.96655	80 **Hg** 200.59	81 **Tl** 204.3833	82 **Pb** 207.2	83 **Bi** 208.98038	84 **Po** [208.98]	85 **At** [209.99]	86 **Rn** [222.02]
87 **Fr** [223.02]	88 **Ra** [226.03]	103 **Lr** [262.11]	104 **Rf** [261.11]	105 **Db** [262.11]	106 **Sg** [266.12]	107 **Bh** [264.12]	108 **Hs** [269.13]	109 **Mt** [268.14]	110 [271.15]	111 [272.15]	112 [277]		114 [285]		116 [289]		

Metales de transición

Serie de lantánidos

57 *La 138.9055	58 **Ce** 140.116	59 **Pr** 140.90765	60 **Nd** 144.24	61 **Pm** [145]	62 **Sm** 150.36	63 **Eu** 151.964	64 **Gd** 157.25	65 **Tb** 158.92534	66 **Dy** 162.50	67 **Ho** 164.93032	68 **Er** 167.259	69 **Tm** 168.93421	70 **Yb** 173.04

Serie de actínidos

89 †Ac [227.03]	90 **Th** 232.0381	91 **Pa** 231.03588	92 **U** 238.02891	93 **Np** [237.05]	94 **Pu** [244.06]	95 **Am** [243.06]	96 **Cm** [247.07]	97 **Bk** [247.07]	98 **Cf** [251.08]	99 **Es** [252.08]	100 **Fm** [257.10]	101 **Md** [258.10]	102 **No** [259.10]

[a] Los encabezados (1A, 2ª, etc.) son de uso común en Estados Unidos. Los títulos abajo de los anteriores (1, 2, etc.) son los que recomienda la Unión Internacional de Química Pura y Aplicada.

No se han decidido los nombres y los símbolos de los elementos 112 y posteriores.

Las masas atómicas entre corchetes son las masas del isótopo de vida más larga, o el más importante, en los elementos radiactivos.

Se podrá encontrar más información en *http://www.shef.ac.uk/chemistry/web-elements/*.

Los científicos del Laboratorio Nacional Lawrence de Berkeley informaron la obtención del elemento 116 en mayo de 1999.

Grupos funcionales comunes

Alcano	RCH_3		Anilina	C$_6$H$_5$–NH$_2$
Alqueno	C=C (interno) C=CH$_2$ (terminal)		Fenol	C$_6$H$_5$–OH
Alquino	RC≡CR (interno) RC≡CH (terminal)		Ácido carboxílico	R–C(=O)–OH
Nitrilo	RC≡N		Haluro de acilo	R–C(=O)–Cl (cloruro de acilo) R–C(=O)–Br (bromuro de acilo)
Nitroalcano	RNO_2		Anhídrido de ácido	R–C(=O)–O–C(=O)–R
Éter	R—O—R		Éster	R–C(=O)–OR
Epóxido	(anillo de tres miembros con O)		Amida	R–C(=O)–NH$_2$, NHR, NR$_2$
Tiol	R—SH		Aldehído	R–C(=O)–H
Sulfuro	R—S—R		Cetona	R–C(=O)–R
Disulfuro	R—S—S—R			
Sal de sulfonio	R—S$^+$(R)—R X$^-$			
Sal cuaternaria de amonio	R—N$^+$(R)(R)—R X$^-$			

	Primario	Secundario	Terciario
Haluro de alquilo	R—CH$_2$—X (X = F, Cl, Br, o I)	R—CHR—X	R—CR$_2$—X
Alcohol	R—CH$_2$—OH	R—CHR—OH	R—CR$_2$—OH
Amina	R—NH$_2$	R—NHR	R—NR$_2$